スタンダード版

APG樹木図鑑

邑田　仁（東京大学大学院理学系研究科教授）
米倉浩司（東北大学植物園助教）

監修

北　隆　館

APG Standard
Illustrated Trees In Colour

Supervised by

JIN MURATA Dr.
Botanical Gardens, Graduate School of Science,
Professor, The University of Tokyo

KOJI YONEKURA Dr.
Botanical Gardens, Tohoku University

THE HOKURYUKAN CO., LTD.
TOKYO, JAPAN 2018

スタンダード版
APG樹木図鑑

目　次

目　次 ………… 1
凡　例 ………… 12
検索表 ………… 13
本　編 ………… 47～810

大葉シダ植物 MONILOPHYTA

ヘゴ目 Cyatheales
ヘゴ科 Cyatheaceae ………… 47
ヘゴ属 *Cyathea*（47）

（種子植物 SPERMATOPHYTA）
裸子植物 GYMNOSPERMAE

ソテツ目 Cycadales
ソテツ科 Cycadaceae ………… 47
ソテツ属 *Cycas*（47）
ザミア科 Zamiaceae ………… 48
ザミア属 *Zamia*（48）
イチョウ目 Ginkgoales
イチョウ科 Ginkgoaceae ………… 48
イチョウ属 *Ginkgo*（48）
グネツム目 Gnetales
マオウ科 Ephedraceae ………… 49
マオウ属 *Ephedra*（49）
マツ目 Pinales
マツ科 Pinaceae ………… 49
マツ属 *Pinus*（49），カラマツ属 *Larix*（58），ヒマラヤスギ属 *Cedrus*（59），トウヒ属 *Picea*（60），ツガ属 *Tsuga*（66），トガサワラ属 *Pseudotsuga*（67），モミ属 *Abies*（68），アブラスギ（ユサン）属 *Keteleeria*（74）
ナンヨウスギ目 Araucariales
ナンヨウスギ科 Araucariaceae ………… 75
ナンヨウスギ属 *Araucaria*（75），ナンヨウナギ属 *Agathis*（76）
マキ科 Podocarpaceae ………… 77
イヌマキ属 *Podocarpus*（77），ナギ属 *Nageia*（78）

ヒノキ目 Cupressales

コウヤマキ科 Sciadopityaceae ……… 78

コウヤマキ属 *Sciadopitys*（78）

ヒノキ科 Cupressaceae ……… 79

スギ属 *Cryptomeria*（79），コウヨウザン属 *Cunninghamia*（82），ヌマスギ属 *Taxodium*（83），スイショウ属 *Glyptostrobus*（83），セコイア（イチイモドキ）属 *Sequoia*（84），メタセコイア（アケボノスギ）属 *Metasequoia*（84），セコイアオスギ属 *Sequoiadendron*（85），タイワンスギ属 *Taiwania*（85），イトスギ属 *Cupressus*（86），ヒノキ属 *Chamaecyparis*（86），クロベ属 *Thuja*（93），コノテガシワ属 *Platycladus*（95），アスナロ属 *Thujopsis*（96），ネズミサシ属 *Juniperus*（96）

イチイ科 Taxaceae ……… 101

イヌガヤ属 *Cephalotaxus*（101），イチイ属 *Taxus*（102），カヤ属 *Torreya*（104）

被子植物 ANGIOSPERMAE

アウストロバイレヤ目（シキミ目） Austrobaileyales

マツブサ科 Schisandraceae ……… 105

マツブサ属 *Schisandra*（105），サネカズラ属 *Kadsura*（106），シキミ属 *Illicium*（106）

センリョウ目 Chloranthales

センリョウ科 Chloranthaceae ……… 107

センリョウ属 *Sarcandra*（107），チャラン属 *Chloranthus*（107）

コショウ目 Piperales

コショウ科 Piperaceae ……… 108

コショウ属 *Piper*（108）

モクレン目 Magnoliales

ニクズク科 Myristicaceae ……… 110

ニクズク属 *Myristica*（110）

モクレン科 Magnoliaceae ……… 110

モクレン属 *Magnolia*（110），ユリノキ属 *Liriodendron*（117）

バンレイシ科 Annonaceae ……… 118

バンレイシ属 *Annona*（118），ポポー属 *Asimina*（120）

クスノキ目 Laurales

ロウバイ科 Calycanthaceae ……… 120

ロウバイ属 *Chimonanthus*（120），アメリカロウバイ属 *Calycanthus*（122）

ハスノハギリ科 Hernandiaceae ……… 122

ハスノハギリ属 *Hernandia*（122）

クスノキ科 Lauraceae ……… 123

クスノキ属 *Cinnamomum*（123），タブノキ属 *Machilus*（125），アボカド属 *Persea*（126），ハマビワ属 *Litsea*（127），バリバリノキ属 *Actinodaphne*（128），クロモジ属 *Lindera*（129），シロダモ属 *Neolitsea*（132），スナヅル属 *Cassytha*（133），ゲッケイジュ属 *Laurus*（134）

(単子葉植物 MONOCOTYLEDONEAE)

タコノキ目 Pandanales

タコノキ科 Pandanaceae ……………………………………………… 134

タコノキ属 *Pandanus*（134）

ユリ目 Liliales

サルトリイバラ（シオデ）科 Smilacaceae ……………………… 135

サルトリイバラ（シオデ）属 *Smilax*（135）

キジカクシ目（クサスギカズラ目）Asparagales

キジカクシ（クサスギカズラ）科 Asparagaceae ………………… 138

ナギイカダ属 *Ruscus*（138），センネンボク属 *Cordyline*（139），イトラン属 *Yucca*（139），リュウケツジュ属 *Dracaena*（142）

ヤシ目 Arecales

ヤシ科 Arecaceae（Palmae） ……………………………………… 144

サゴヤシ属 *Metroxylon*（144），ニッパヤシ属 *Nypa*（145），シュロ属 *Trachycarpus*（146），シュロチク属 *Rhapis*（147），ビロウ属 *Livistona*（148），チャボトウジュロ属 *Chamaerops*（148），ワシントンヤシ属 *Washingtonia*（149），オウギヤシ属 *Borassus*（149），クジャクヤシ属 *Caryota*（150），ナツメヤシ属 *Phoenix*（150），アブラヤシ属 *Elaeis*（151），ババッスーヤシ属 *Oribignya*（152），ココヤシ属 *Cocos*（152），ビンロウジュ属 *Areca*（153），クロツグ属 *Arenga*（153）

イネ目 Poales

イネ科 Poaceae（Gramineae） ……………………………………… 154

ホウライチク属 *Bambusa*（154），マダケ属 *Phyllostachys*（155），ナリヒラダケ属 *Semiarundinaria*（159），トウチク属 *Sinobambusa*（159），オカメザサ属 *Shibataea*（160），ササ属 *Sasa*（160），ヤダケ属 *Pseudosasa*（164），アズマザサ属 *Sasaella*（164），メダケ属 *Pleioblastus*（165），カンチク属 *Chimonobambusa*（168）

(真正双子葉植物 EUDICOTS)

キンポウゲ目 Ranunculales

フサザクラ科 Eupteleaceae ………………………………………… 169

フサザクラ属 *Euptelea*（169）

アケビ科 Lardizabalaceae …………………………………………… 170

アケビ属 *Akebia*（170），ムベ属 *Stauntonia*（171）

ツヅラフジ科 Menispermaceae ……………………………………… 172

アオツヅラフジ属 *Cocculus*（172），ツヅラフジ属 *Sinomenium*（173），ハスノハカズラ属 *Stephania*（173），コウモリカズラ属 *Menispermum*（174）

メギ科 Berberidaceae ………………………………………………… 174

メギ属 *Berberis*（174），ナンテン属 *Nandina*（178）

キンポウゲ科 Ranunculaceae ……………………………………… 178

センニンソウ属 *Clematis*（178）

アワブキ目 Sabiales

アワブキ科 Sabiaceae ………… 188

アオカズラ属 *Sabia*（188），アワブキ属 *Meliosma*（188）

ヤマモガシ目 Proteales

スズカケノキ科 Platanaceae ………… 190

スズカケノキ属 *Platanus*（190）

ヤマモガシ科 Proteaceae ………… 191

ヤマモガシ属 *Helicia*（191），ハゴロモノキ（シノブノキ）属 *Grevillea*（192），マカダミア属 *Macadamia*（192），ステノカルパス属 *Stenocarpus*（193）

ヤマグルマ目 Trochodendrales

ヤマグルマ科 Trochodendraceae ………… 193

ヤマグルマ属 *Trochodendron*（193）

ツゲ目 Buxales

ツゲ科 Buxaceae ………… 194

ツゲ属 *Buxus*（194），フッキソウ属 *Pachysandra*（195）

ユキノシタ目 Saxifragales

ボタン科 Paeoniaceae ………… 196

ボタン属 *Paeonia*（196）

フウ科 Altingiaceae ………… 206

フウ属 *Liquidambar*（206）

マンサク科 Hamamelidaceae ………… 206

マンサク属 *Hamamelis*（206），マルバノキ属 *Disanthus*（208），トキワマンサク属 *Loropetalum*（209），トサミズキ属 *Corylopsis*（209），イスノキ属 *Distylium*（211）

カツラ科 Cercidiphyllaceae ………… 211

カツラ属 *Cercidiphyllum*（211）

ユズリハ科 Daphniphyllaceae ………… 212

ユズリハ属 *Daphniphyllum*（212）

ズイナ科 Iteaceae ………… 214

ズイナ属 *Itea*（214）

スグリ科 Grossulariaceae ………… 214

スグリ属 *Ribes*（214）

ブドウ目 Vitales

ブドウ科 Vitaceae ………… 219

ブドウ属 *Vitis*（219），ツタ属 *Parthenocissus*（222），ノブドウ属 *Ampelopsis*（223）

ハマビシ目 Zygophyllales

ハマビシ科 Zygophyllaceae ………… 223

ユソウボク属 *Guaiacum*（223）

マメ目 Fabales

マメ科 Fabaceae（Leguminosae） ………… 224

フジ属 *Wisteria*（224），ムラサキナツフジ属 *Callerya*（225），コマツナギ属 *Indigofera*（226），デイゴ属 *Erythrina*（227），トビカズラ属 *Mucuna*（229），インドシタン属 *Pterocarpus*（230），ツルサイカチ属 *Dalbergia*（230），ハギ属 *Lespedeza*（231），ミ

ヤマトベラ属 *Euchresta*（234），クズ属 *Pueraria*（235），エニシダ属 *Cytisus*（235），ムレスズメ属 *Caragana*（237），レダマ属 *Spartium*（237），ハリエンジュ属 *Robinia*（238），フジキ属 *Cladrastis*（239），エンジュ属 *Styphonolobium*（240），イヌエンジュ属 *Maackia*（240），タマリンド属 *Tamarindus*（241），ハカマカズラ属 *Phanera*（241），ハナズオウ属 *Cercis*（242），ジャケツイバラ属 *Caesalpinia*（243），サイカチ属 *Gleditsia*（243），モダマ属 *Entada*（244），ネムノキ属 *Albizia*（244），アカシア属 *Acacia*（245）

バラ目 Rosales

バラ科 Rosaceae …… 246

チョウノスケソウ属 *Dryas*（246），スグリウツギ属 *Neillia*（247），サクラ属 *Cerasus*（248），ウワミズザクラ属 *Padus*（272），バクチノキ属 *Laurocerasus*（274），スモモ属 *Prunus*（275），ヤナギザクラ属 *Exochorda*（297），ヤマブキ属 *Kerria*（298），シロヤマブキ属 *Rhodotypos*（298），ホザキナナカマド属 *Sorbaria*（299），シモツケ属 *Spiraea*（300），サンザシ属 *Crataegus*（306），タチバナモドキ属 *Pyracantha*（310），シャリントウ属 *Cotoneaster*（311），ザイフリボク属 *Amelanchier*（311），シャリンバイ属 *Rhaphiolepis*（312），ナナカマド属 *Sorbus*（313），アズキナシ属 *Aria*（316），カマツカ属 *Pourthiaea*（317），カナメモチ属 *Photinia*（318），リンゴ属 *Malus*（319），ナシ属 *Pyrus*（324），ボケ属 *Chaenomeles*（326），マルメロ属 *Cydonia*（331），セイヨウカリン属 *Mespilus*（331），ビワ属 *Eriobotrya*（332），キイチゴ属 *Rubus*（332），チングルマ属 *Sieversia*（345），バラ属 *Rosa*（346），キンロバイ属 *Dasiphora*（360）

グミ科 Elaeagnaceae …… 361

グミ属 *Elaeagnus*（361）

クロウメモドキ科 Rhamnaceae …… 365

ケンポナシ属 *Hovenia*（365），ナツメ属 *Ziziphus*（366），クマヤナギ属 *Berchemia*（367），ヨコグラノキ属 *Berchemiella*（369），クロウメモドキ属 *Rhamnus*（369），イソノキ属 *Frangula*（371），ハマナツメ属 *Paliurus*（372），ネコノチチ属 *Rhamnella*（372）

ニレ科 Ulmaceae …… 373

ケヤキ属 *Zelkova*（373），ニレ属 *Ulmus*（373）

アサ科 Cannabaceae …… 375

エノキ属 *Celtis*（375），ウラジロエノキ属 *Trema*（377），ムクノキ属 *Aphananthe*（377）

クワ科 Moraceae …… 378

イチジク属 *Ficus*（378），パンノキ属 *Artocarpus*（387），クワ属 *Morus*（388），コウゾ属 *Broussonetia*（390），ハリグワ属 *Maclura*（392）

イラクサ科 Urticaceae …… 393

ヤブマオ属 *Boehmeria*（393），ヤナギイチゴ属 *Debregeasia*（393），ハドノキ属 *Oreocnide*（394）

ブナ目 Fagales

ブナ科 Fagaceae …… 394

コナラ属 *Quercus*（394），オニガシ属 *Lithocarpus*（403），シイ属 *Castanopsis*（404），ブナ属 *Fagus*（405），クリ属 *Castanea*（406）

ヤマモモ科 Myricaceae …… 408
ヤマモモ属 *Morella*（408），ヤチヤナギ属 *Myrica*（409）

クルミ科 Juglandaceae …… 409
クルミ属 *Juglans*（409），ペカン属 *Carya*（411），サワグルミ属 *Pterocarya*（412），ノグルミ属 *Platycarya*（412）

モクマオウ科 Casuarinaceae …… 413
トクサバモクマオウ属 *Casuarina*（413）

カバノキ科 Betulaceae …… 414
ハシバミ属 *Corylus*（414），ハンノキ属 *Alnus*（415），カバノキ属 *Betula*（420），シデ属 *Carpinus*（424），アサダ属 *Ostrya*（427）

ウリ目 Cucurbitales

ドクウツギ科 Coriariaceae …… 427
ドクウツギ属 *Coriaria*（427）

ニシキギ目 Celastrales

ニシキギ科 Celastraceae …… 428
ニシキギ属 *Euonymus*（428），ツルウメモドキ属 *Celastrus*（435），クロヅル属 *Tripterygium*（436），モクレイシ属 *Microtropis*（437），ハリツルマサキ属 *Gymnosporia*（437）

カタバミ目 Oxalidales

カタバミ科 Oxalidaceae …… 438
ゴレンシ属 *Averrhoa*（438）

ホルトノキ科 Elaeocarpaceae …… 439
ホルトノキ属 *Elaeocarpus*（439）

キントラノオ目 Malpighiales

ヒルギ科 Rhizophoraceae …… 440
メヒルギ属 *Kandelia*（440），オヒルギ属 *Bruguiera*（441），オオバヒルギ属 *Rhizophora*（441）

トウダイグサ科 Euphorbiaceae …… 442
トウダイグサ属 *Euphorbia*（442），エノキグサ属 *Acalypha*（443），アカメガシワ属 *Mallotus*（443），アミガサギリ属 *Alchornea*（444），シラキ属 *Neoshirakia*（444），ナンキンハゼ属 *Triadica*（445），キャッサバ属 *Manihot*（445），パラゴムノキ属 *Hevea*（446），アブラギリ属 *Vernicia*（446），ナンヨウアブラギリ属 *Jatropha*（447），ヘンヨウボク属 *Codiaeum*（447），ハズ属 *Croton*（451）

ミカンソウ（コミカンソウ）科 Phyllanthaceae …… 451
コミカンソウ属 *Phyllanthus*（451），カンコノキ属 *Glochidion*（452），ヒトツバハギ属 *Flueggea*（452），ヤマヒハツ属 *Antidesma*（453），アカギ属 *Bischofia*（453）

キントラノオ科 Malpighiaceae …… 454
ヒイラギトラノオ属 *Malpighia*（454）

ヤナギ科 Salicaceae …… 454
ヤナギ属 *Salix*（454），ヤマナラシ属 *Populus*（469），クスドイゲ属 *Xylosma*（471），セイロンスグリ属 *Dovyalis*（472），イイギリ属 *Idesia*（472）

テリハボク科 Calophyllaceae ………… 473
テリハボク属 *Calophyllum*（473）
フクギ科 Clusiaceae（Guttiferae） ………… 473
フクギ属 *Garcinia*（473）
オトギリソウ科 Hypericaceae ………… 475
オトギリソウ属 *Hypericum*（475）
フトモモ目 Myrtales
ミソハギ科 Lythraceae ………… 476
サルスベリ属 *Lagerstroemia*（476），キバナミソハギ属 *Heimia*（477），ザクロ属 *Punica*（477）
アカバナ科 Onagraceae ………… 478
フクシア属 *Fuchsia*（478）
フトモモ科 Myrtaceae ………… 478
ユーカリノキ属 *Eucalyptus*（478），ネズモドキ属 *Leptospermum*（480），ブラシノキ属 *Callistemon*（481），フェイジョア属 *Acca*（482），テンニンカ属 *Rhodomyrtus*（482），ギンバイカ属 *Myrtus*（483），コバノブラシノキ属 *Melaleuca*（483），バンジロウ属 *Psidium*（484），オールスパイス属 *Pimenta*（485），フトモモ属 *Syzygium*（485），タチバナアデク属 *Eugenia*（487）
ノボタン科 Melastomataceae ………… 488
ノボタン属 *Melastoma*（488），ノボタンカズラ属 *Medinilla*（488）
クロッソソマ目（ミツバウツギ目）Crossosomatales
ミツバウツギ科 Staphyleaceae ………… 489
ミツバウツギ属 *Staphylea*（489），ゴンズイ属 *Euscaphis*（489），ショウベンノキ属 *Turpinia*（490）
キブシ科 Stachyuraceae ………… 490
キブシ属 *Stachyurus*（490）
ムクロジ目 Sapindales
カンラン科 Burseraceae ………… 491
カンラン属 *Canarium*（491）
ウルシ科 Anacardiaceae ………… 491
ウルシ属 *Toxicodendron*（491），ヌルデ属 *Rhus*（494），チャンチンモドキ属 *Choerospondias*（494），ランシンボク属 *Pistacia*（495），ケムリノキ属 *Cotinus*（496），マンゴー属 *Mangifera*（496），カシューナットノキ属 *Anacardium*（497）
ムクロジ科 Sapindaceae ………… 498
カエデ属 *Acer*（498），トチノキ属 *Aesculus*（516），モクゲンジ属 *Koelreuteria*（518），ムクロジ属 *Sapindus*（519），レイシ属 *Litchi*（519），リュウガン属 *Dimocarpus*（520），アキー属 *Blighia*（520），ランブータン属 *Nephelium*（521）
ミカン科 Rutaceae ………… 521
ミカン属 *Citrus*（521），ミヤマシキミ属 *Skimmia*（539），キハダ属 *Phellodendron*（541），サンショウ属 *Zanthoxylum*（542），ゴシュユ属 *Tetradium*（544），コクサギ属 *Orixa*（545）
ニガキ科 Simaroubaceae ………… 546
ニガキ属 *Picrasma*（546），ニワウルシ属 *Ailanthus*（546）

センダン科 Meliaceae ………………………………………………… 547
チャンチン属 *Toona*（547），マホガニー属 *Swietenia*（547），センダン属 *Melia*（548）

アオイ目 Malvales
アオイ科 Malvaceae ………………………………………………… 548
シナノキ属 *Tilia*（548），フヨウ属 *Hibiscus*（552），ボンテンカ属 *Urena*（561），イチビ属 *Abutilon*（561），ドリアン属 *Durio*（562），パキラ属 *Pachira*（562），アオギリ属 *Firmiana*（563），サキシマスオウノキ属 *Heritiera*（563），カカオ属 *Theobroma*（564），コラノキ属 *Cola*（564），ピンポンノキ属 *Sterculia*（565）
ジンチョウゲ科 Thymelaeaceae ………………………………………… 566
ジンチョウゲ属 *Daphne*（566），ミツマタ属 *Edgeworthia*（569），ガンピ属 *Diplomorpha*（570）

アブラナ目 Brassicales
ワサビノキ科 Moringaceae ………………………………………………… 571
ワサビノキ属 *Moringa*（571）
パパイヤ科 Caricaceae ………………………………………………… 572
パパイヤ属 *Carica*（572）
フウチョウボク科 Capparaceae ………………………………………… 572
ギョボク属 *Crateva*（572）

ビャクダン目 Santalales
ビャクダン科 Santalaceae ………………………………………………… 573
ビャクダン属 *Santalum*（573），ツクバネ属 *Buckleya*（573），ヤドリギ属 *Viscum*（574），ヒノキバヤドリギ属 *Korthalsella*（575）
オオバヤドリギ科 Loranthaceae ………………………………………… 575
マツグミ属 *Taxillus*（575），ホザキヤドリギ属 *Loranthus*（576）
ボロボロノキ科 Schoepfiaceae ………………………………………… 577
ボロボロノキ属 *Schoepfia*（577）

ナデシコ目 Caryophyllales
ギョリュウ科 Tamaricaceae ………………………………………………… 577
ギョリュウ属 *Tamarix*（577）
タデ科 Polygonaceae ………………………………………………… 578
ハマベブドウ属 *Coccoloba*（578）
オシロイバナ科 Nyctaginaceae ………………………………………… 578
イカダカズラ属 *Bougainvillea*（578）

ミズキ目 Cornales
ミズキ科 Cornaceae ………………………………………………… 579
ウリノキ属 *Alangium*（579），サンシュユ（ミズキ）属 *Cornus*（581），ヌマミズキ属 *Nyssa*（583）
アジサイ科 Hydrangeaceae ………………………………………………… 584
アジサイ属 *Hydrangea*（584），イワガラミ属 *Schizophragma*（593），ウツギ属 *Deutzia*（594），バイカウツギ属 *Philadelphus*（596），バイカアマチャ属 *Platycrater*（597）

ツツジ目 Ericales
サガリバナ科 Lecythidaceae ………………………………………… 597
ブラジルナットノキ属 *Bertholletia*（597），パラダイスナットノキ属 *Lecythis*（598）

ペンタフィラクス（サカキ）科 Pentaphylacaceae …… 598
モッコク属 *Ternstroemia*（598），ヒサカキ属 *Eurya*（599），サカキ属 *Cleyera*（600）

アカテツ科 Sapotaceae …… 600
サポジラ属 *Manilkara*（600）

カキノキ科 Ebenaceae …… 601
カキノキ属 *Diospyros*（601）

サクラソウ科 Primulaceae …… 603
イズセンリョウ属 *Maesa*（603），ヤブコウジ属 *Ardisia*（604），ツルマンリョウ属 *Myrsine*（606）

ツバキ科 Theaceae …… 606
ツバキ属 *Camellia*（606），ナツツバキ属 *Stewartia*（633）

ハイノキ科 Symplocaceae …… 635
ハイノキ属 *Symplocos*（635）

イワウメ科 Diapensiaceae …… 640
イワウメ属 *Diapensia*（640）

エゴノキ科 Styracaceae …… 641
エゴノキ属 *Styrax*（641），アサガラ属 *Pterostyrax*（642）

マタタビ科 Actinidiaceae …… 643
マタタビ属 *Actinidia*（643）

リョウブ科 Clethraceae …… 646
リョウブ属 *Clethra*（646）

ツツジ科 Ericaceae …… 646
ドウダンツツジ属 *Enkianthus*（646），ウラシマツツジ属 *Arctous*（649），エゾツツジ属 *Therorhodion*（650），ツツジ属 *Rhododendron*（650），カルミア（ハナガサシャクナゲ）属 *Kalmia*（695），ギョリュウモドキ（カルーナ）属 *Calluna*（696），ガンコウラン属 *Empetrum*（696），ジムカデ属 *Harrimanella*（697），スノキ属 *Vaccinium*（697），ヒメシャクナゲ属 *Andromeda*（703），ハナヒリノキ属 *Eubotryoides*（704），アセビ属 *Pieris*（704），ネジキ属 *Lyonia*（705），イワナシ属 *Epigaea*（706），ミネズオウ属 *Loiseleuria*（706），イワヒゲ属 *Cassiope*（707），ツガザクラ属 *Phyllodoce*（707），ホツツジ属 *Elliottia*（709），シラタマノキ属 *Gaultheria*（710）

ガリア目（アオキ目）Garryales

トチュウ科 Eucommiaceae …… 711
トチュウ属 *Eucommia*（711）

ガリア（アオキ）科 Garryaceae …… 712
アオキ属 *Aucuba*（712）

リンドウ目 Gentianales

アカネ科 Rubiaceae …… 713
ルリミノキ属 *Lasianthus*（713），アリドオシ属 *Damnacanthus*（714），ボチョウジ属 *Psychotria*（715），クロバカズラ属 *Gynochthodes*（716），シチョウゲ属 *Leptodermis*（717），ハクチョウゲ属 *Serissa*（717），ヘクソカズラ属 *Paederia*（718），カギカズラ属 *Uncaria*（718），タニワタリノキ属 *Adina*（719），ヘツカニガキ属 *Sinoadina*（719），コンロンカ属 *Mussaenda*（720），クチナシ属 *Gardenia*（721），アカミズキ属 *Wendlandia*（722），ギョクシンカ属 *Tarenna*（723），ミサオノキ属 *Aidia*（723），

コーヒーノキ属 *Coffea*（724）

マチン科 Loganiaceae …… 724

ホウライカズラ属 *Gardneria*（724）

キョウチクトウ科 Apocynaceae …… 725

キョウチクトウ属 *Nerium*（725），テイカカズラ属 *Trachelospermum*（727），サカキカズラ属 *Anodendron*（728），カリッサ属 *Carissa*（729），アリアケカズラ属 *Allamanda*（729），ツルニチニチソウ属 *Vinca*（730），ハートカズラ属 *Ceropegia*（730）

ムラサキ目 Boraginales

ムラサキ科 Boraginaceae …… 731

チシャノキ属 *Ehretia*（731），キダチルリソウ属 *Heliotropium*（732）

ナス目 Solanales

ナス科 Solanaceae …… 732

バンマツリ属 *Brunfelsia*（732），クコ属 *Lycium*（733），ナス属 *Solanum*（733）

シソ目 Lamiales

モクセイ科 Oleaceae …… 734

レンギョウ属 *Forsythia*（734），ソケイ属 *Jasminum*（736），モクセイ属 *Osmanthus*（737），オリーブ属 *Olea*（740），ヒトツバタゴ属 *Chionanthus*（741），トネリコ属 *Fraxinus*（741），ハシドイ属 *Syringa*（745），イボタノキ属 *Ligustrum*（747）

イワタバコ科 Gesneriaceae …… 750

シシンラン属 *Lysionotus*（750）

オオバコ科 Plantaginaceae …… 750

ハナチョウジ属 *Russelia*（750）

ゴマノハグサ科 Scrophulariaceae …… 751

フジウツギ属 *Buddleja*（751），ハマジンチョウ属 *Pentacoelium*（753）

シソ科 Lamiaceae（Labiatae）…… 753

ムラサキシキブ属 *Callicarpa*（753），チーク属 *Tectona*（756），ハマゴウ属 *Vitex*（756），クサギ属 *Clerodendrum*（757），ハマクサギ属 *Premna*（759），ラベンダー属 *Lavandula*（759），テンニンソウ属 *Comanthosphace*（760），マンネンロウ属 *Rosmarinus*（761），イブキジャコウソウ属 *Thymus*（761）

キリ科 Paulowniaceae …… 762

キリ属 *Paulownia*（762）

キツネノマゴ科 Acanthaceae …… 763

キツネノマゴ属 *Justicia*（763），パキスタキス属 *Pachystachys*（763）

ノウゼンカズラ科 Bignoniaceae …… 764

ノウゼンカズラ属 *Campsis*（764），キササゲ属 *Catalpa*（764）

クマツヅラ科 Verbenaceae …… 765

シチヘンゲ属 *Lantana*（765）

モチノキ目 Aquifoliales

ハナイカダ科 Helwingiaceae …… 766

ハナイカダ属 *Helwingia*（766）

モチノキ科 Aquifoliaceae …… 767

モチノキ属 *Ilex*（767）

キク目 Asterales
キク科 Asteraceae（Compositae）……776
コウヤボウキ属 *Pertya*（776），ハマギク属 *Nipponanthemum*（777），アゼトウナ属 *Crepidiastrum*（777）

マツムシソウ目 Dipsacales
レンプクソウ科 Adoxaceae……778
ニワトコ属 *Sambucus*（778），ガマズミ属 *Viburnum*（778）
スイカズラ科 Caprifoliaceae……785
スイカズラ属 *Lonicera*（785），タニウツギ属 *Weigela*（793），ウコンウツギ属 *Macrodiervilla*（797），ツクバネウツギ属 *Abelia*（797），イワツクバネウツギ属 *Zabelia*（799），リンネソウ属 *Linnaea*（800）

セリ目 Apiales
トベラ科 Pittosporaceae……800
トベラ属 *Pittosporum*（800）
ウコギ科 Araliaceae……801
エゾウコギ属 *Eleutherococcus*（801），コシアブラ属 *Chengiopanax*（803），タカノツメ属 *Gamblea*（803），ハリギリ属 *Kalopanax*（804），ハリブキ属 *Oplopanax*（804），カクレミノ属 *Dendropanax*（805），ヤツデ属 *Fatsia*（805），キヅタ属 *Hedera*（806），タラノキ属 *Aralia*（808），プレランドラ属 *Plerandra*（809），ツタヤツデ属 × *Fatshedera*（810），フカノキ属 *Schefflera*（810）

和名索引……811
学名索引　INDEX……839

凡　例

1．編集方針：この図鑑は樹木研究者や樹木愛好者を初めとして林業関係者，緑地保全行政関係者，造園関係者，木材業者，また画家，染色家，陶芸家，デザイナー等，実務家の資料として役立つように，携帯性を重視して編纂した。図版と記載は弊社刊『APG 原色樹木大図鑑』（邑田仁・米倉浩司監修，2016）より改訂・再録した。

2．掲載種（品種などを含む）：この図鑑では日本産の樹木を網羅したほか，日本で見られる外国産樹木，特に輸入木材・果樹・観葉植物を加えた。その種数は基本種 1528 種，関連記載種数約 1500 種，総数 3000 余種にのぼる。なおタケ・ササおよびつる性植物も樹木として本図鑑に掲載した。

3．分類体系：目，科の配列は『APG 原色樹木大図鑑』を踏襲し，原則として APG Ⅲシステムに準拠した弊社刊『維管束植物分類表』（米倉浩司，2013）に従っている。

4．和名・学名：この図鑑に収録した属名，種名，品種名などは，原則として弊社刊『日本維管束植物目録』（米倉浩司，2012）および『新牧野日本植物圖鑑』（大橋広好ほか編，2008）に従っている。和名の異名は括弧内に示した。なお，解説文中は，字数の都合上，原則として文中のみで紹介した植物についてだけ学名を併記した。

5．記載：各種や品種の解説は，原則として表題に和名，別名，属名，学名を，解説には【原産地】【系統】【分布】【自然環境】【用途】【形態】【植栽】【管理】【近似種】【学名】などの各項目を記載した。また，樹高については原則として高木（10m 以上），小高木（5 ～ 9m），低木（1 ～ 4m），小低木（1m 以下）として文中に記載した。各記載種の樹高はその平均樹高値を採用した。

6．図版：すべての記載種に樹形図を入れ，樹皮・葉・花・雄しべ・雌しべの拡大図等を付した。なお観葉植物の解説は自然樹について記載したが，図版については，資料入手が困難なものは，やむをえず鉢植え樹形を掲載したものもある。また，落葉樹の冬木は，樹形理解のため付したが，代表的なものにのみ記載するにとどめた。

7．検索表：本書の巻頭には本書掲載の樹木を種・属レベルで検索できる検索表を付した。検索表は以下の原則に従っている。

（1）記載された種番号のうち，註を付したものは当該種番号の種ではなく，記載文中に解説された種を示している。

（2）本書で取り扱っている樹木のうち，特に人為的に品種改良された園芸植物などの中には，形態等で種を識別することを目的とした検索表に組み込むことが困難な種が多い。そのため，本書の検索表では，原則的に開花のまれな園芸植物を除外した。除外した園芸植物は以下の通りである。

　ステノカルパス属（293），ユソウボク（354），エノキグサ属（793），ヘンヨウボク属（802 ～ 808），アキー属（948），ブラジルナットノキ属（1102），パラダイスナットノキ属（1103），サポジラ（1108），キダチルリソウ属（1371），バンマツリ属（1372）。

9．索引：巻末には和名・学名索引をそれぞれ付した。本書に掲載された樹木全体を網羅的に確認できるよう，各索引には原則として付図や文中に掲載した関連植物も含めた。

検索表

1. 茎は単一で分枝しないか主に下部だけ少数回分枝し，先端付近は太く，先端に放射状に大形の葉をつける（ニッパヤシ（198）のように幹が地下に埋もれているものもあるが，その場合は地表の1点から放射状に大形の葉を出す）。 …… **検索A**
1. 茎は下部および上部で分枝し，先端付近は細く，先端以外にも葉をつける（葉がないこともある）。

---

2. 茎はつる状にのび，他の物にからまるかはいのぼるかまたは地上をはい，後者の場合はしばしば途中から根を出して広がる。 …… **検索F**
2. 茎は直立または斜上し，つる状にはならず，普通途中から根を出すことはない。

---

3. 他の樹上に生えてそれに寄生し，根をその樹の組織に侵入させる。 …… **検索B**
3. 地上，岩上に生え，まれに樹上に生えるが，その場合でも根をその樹の組織に侵入させることはない。

---

4. 葉は針状か鱗状で小さく，表裏が不明瞭なことが多い。 …… **検索C**
4. 葉は上記のようではなく，表裏が明瞭（ナギイカダ（184）のように，真の葉は鱗片状に退化しているが，葉のように見える葉状枝をもつものを含む）。

---

5. 葉脈は多数が基部から平行に出るか，放射状に出るか，または1本の中央脈のみがあり，その場合は側脈はない。 …… **検索D**
5. 葉脈は網状か，平行に走る場合でも3本程度で，それらの葉脈を網状につなぐ細脈が目立つ。 …… **検索E**

●検索A

1. 普通の葉裏に胞子嚢をつけ，胞子で繁殖する。茎頂の若葉はわらび巻きになる。 …… **ヘゴ**（1）
1. 種子で繁殖し，葉裏に胞子嚢をつけない。茎頂の若葉はわらび巻きにならない。
  2. 葉は単葉で線形～披針形または倒披針形，細長い。
    3. 葉の縁に鋭い刺状の鋸歯が並ぶ。
      4. 葉は多肉質で厚く，断面はU字状となり，上面は凹む。
        5. 葉は多汁質で縁以外は柔らかい。花序は総状で朱赤色のものが多い。 …… **アロエ属** *Aloe*（ススキノキ科）
        5. 葉の表面は硬い。花序は穂状（ただしまれにしか開花せず，ふつう開花後は枯死する）。 …… **リュウゼツラン属** *Agave*（キジカクシ科）
      4. 葉は硬くて多肉質ではなく，断面はM字状に折れ曲がり，しばしば折り目に当たる部分の脈上にも刺が並ぶ。雄花は肉穂状，雌花は球状に集まり，果期にはパイナップル状の大形の複合果となる。 …… **タコノキ属**（176・177）
    3. 葉の縁は全縁か，様々な鋸歯があるが，鋭い刺状にはならない。花は円錐花序または総状花序につくか頭花をつくり，複合果をつくらない。
      4. 羽状脈をもつが，側脈は密に平行に並ばない。花は多数集まって頭花をつくる。日本の野生植物（キク科）。

5. 葉は白綿毛におおわれる。南西諸島の海岸岩場に生育する小低木。頭花は黄色の筒状花のみからなる ………………………… **モクビャッコウ** *Artemisia chinensis* L.（*Crossostephium chinense* (L.) Makino）
5. 葉は無毛。
6. 小笠原諸島の岩場に生育し，植物体を切ると白い乳液が出る。頭花は白色の舌状花のみからなる。………………………………………… **アゼトウナ属**（1462）
6. 東日本太平洋岸の岩場に生育し，植物体には白い乳液は含まれない。頭花は白色の舌状花と黄色の筒状花からなる。………………………… **ハマギク属**（1461）
4. 平行脈をもつ。花は円錐花序につき, 頭花をつくらない。観賞用に栽培される（キジカクシ科）。……………………………………………………………… **センネンボク属**（185），**イトラン属**（186～190），**リュウケツジュ属**（191～195）

また，温室や南西諸島などの暖地では，バショウ科 Musaceae やゴクラクチョウカ科 Strelitziaceae に属する植物が栽培される。これらは葉は羽状脈をもつが側脈は密に平行に並び，しばしば側脈に沿って裂ける。直立する幹をもつため木本に見えるが，これは葉鞘の重なった偽茎で厳密には木本ではないので，本書には収録していない。

2. 葉は複葉か，単葉の場合でも細長くない。
3. 葉は掌状複葉か単葉で掌状に分裂する。
4. 高木で幹は太く，単立する。
5. 幹は上部から下部まで古い葉鞘の分解した褐色の繊維に包まれる。……………………………………………………………………………… **シュロ属**（199・200）
5. 幹の少なくとも下部は繊維で包まれない。
6. 茎，葉柄，未熟果を傷つけると白い乳液が出る。葉の裂片は幅広く平たく，粗い鋸歯がある。果実は液果で縦長，長さ 10～20cm。…… **パパイヤ**（1051）
6. 植物体を傷つけても白い乳液は出ない。葉の裂片は幅狭く，蛇腹状の折れ目があり, 鋸歯はない（ヤシ科）。果実は核果状で楕円形, 球形またはやや扁平。
7. 熱帯産の樹木で日本では栽培されない。果実は大きく径 10～20cm。……………………………………………………………………… **オウギヤシ**（206）
7. 暖温帯～亜熱帯産の樹木で，日本でも野生するか栽培される。果実は小さく径 5cm 未満。
8. 花序には分枝する長い柄があり，葉よりも長い。北アメリカ～メキシコ原産で日本では公園に栽培される。……………… **ワシントンヤシ属**（205）
8. 花序には短い柄があり，葉よりも短い。南日本に野生するが栽培もされる。……………………………………………………………… **ビロウ属**（203）
4. 低木～小高木で幹は一般に細く，しばしば株立ちとなる。
5. 葉は単葉で楯状につく。幹は多肉質で基部がふくれ，繊維状の枯れた葉はない。……………………………………………………… **トックリアブラギリ**（801）
5. 葉は楯状につかない。幹は一般に細長くて基部はふくれず，全体が古い葉鞘の分解した褐色の繊維に包まれる。
6. 幹は直径 2 cm 以下。葉身の直径は 50 cm 以下。 … **シュロチク属**（201・202）
6. 幹は直径 10 cm 以上。葉身の直径は 60～90 cm。 … **チャボトウジュロ属**（204）
3. 葉は 1 回～複数回羽状複葉。

4. 雌雄異株。雄花序は円錐状ないし円柱状で，多数の葯をつけた鱗片がらせん配列する。雌花序は球形か円柱形で，2～数個の胚珠をつけた大胞子葉か鱗片が密集して構成されている。
5. 幹は直立し，長い。雌花序は球形で多数の大胞子葉からなる。南日本に野生し，普通に栽培もされる。 …………………………………… **ソテツ属**（2）
5. 幹はごく短い。雌花序は円柱形で多数の鱗片からなる。新大陸の原産で，日本では観葉植物としてまれに栽培される。 …………………………… **ザミア属**（3）
4. 雌雄同株，時に異株。花序は上記のようではなく，円錐花序か房状に多数の花をつける。
5. マングローブ林の後背湿地の泥土上に生え，幹は地上に出ず，高さ5～10 mの大形の葉を地上から叢生する。日本では八重山諸島にごくわずかに自生するのみ。 ……………………………………………… **ニッパヤシ**（198）
5. 直立した幹があるか，場合によっては幹がほとんどないこともあるが，その場合にはマングローブ林内には生えない。
6. 果実は大形で長さ20～30 cm，硬い果皮で覆われる。熱帯地方で広く栽培される。 ……………………………………………… **ココヤシ**（212）
6. 果実は長さ7 cm以下，果皮は柔らかい。
7. 葉は2回羽状複葉で，小羽片は扇形。 ………………… **クジャクヤシ属**（207）
7. 葉は単羽状複葉か，最下部の羽片が分裂することもあるが，裂片は線形～披針形で扇形とはならない。
8. 葉の裏は銀灰色。 …………………………………… **クロツグ属**（214・215）
8. 葉の裏は淡緑色。
9. 葉の基部に葉鞘はない。 ……………………… **ナツメヤシ属**（208・209），**アブラヤシ属**（210），**サゴヤシ属**（196・197），**クモイヤシ属**（211）
9. 葉の基部に葉鞘がある。 ……………………… **ビンロウジュ属**（213）

●検索 B

1. 葉は鱗片状で極めて小さく，枝が緑色でヒノキを思わせる。 …… **ヒノキバヤドリギ属**（1057）
1. 葉は扁平で目立つ。
2. 落葉性。 ………………………………………………… **ホザキヤドリギ属**（1060）
2. 常緑性。
3. 花は小さく放射相称。葉の表裏の違いは不明瞭。 ………… **ヤドリギ属**（1055・1056）
3. 花は大きく左右相称。葉の表裏の違いは明瞭なことが多い。 …………………………………………… **マツグミ属**（1058・1059）

●検索 C

1. 花弁がある低木または小高木。花は両全性か時に雌雄異株。果実は蒴果または液果で，球果とはならない。 …………………………………………… **検索 C1**
1. 花弁がない高木まれに低木。雌雄同株または異株で，前者の場合でも雄花と雌花の別がある。雌花は開花後球果をつくるか，液果状となる。 ………………… **検索 C2**

▼検索 C1

1. 庭に栽培される落葉小高木。花は総状に多数つく。種子の先に毛がある。
 …………………………………………………………………… **ギョリュウ属**（1062）
1. ごく稀に栽培される常緑低木。花は総状に多数つく。種子には毛がない。
 ……………………………………………… **カルーナ（ギョリュウモドキ）**（1299）
1. 高山に生える匍匐性の小低木。花は単生するか総状または散形状に少数つく。種子には毛がない。
 2. 葉は線形。
  3. 果実は液果で黒く熟する。 ……………………………… **ガンコウラン**（1300）
  3. 果実は蒴果。
   4. 葉は対生。 ……………………………………………………… **ミネズオウ**（1320）
   4. 葉は密に互生。 ……………………………………… **ツガザクラ属**（1322〜1325）
 2. 葉は鱗片状。果実は蒴果。 ……………………… **ジムカデ**（1301），**イワヒゲ**（1321）

▼検索 C2

1. 葉は線形か針状で長さ 8 mm 以上。
 2. 落葉性。
  3. 葉は枝上の短枝から放射状に出る。 …………………… **カラマツ属**（23・24）
  3. 葉は枝上にらせん状または羽状につく。
   4. 葉はすべて同形。
    5. 葉のつく枝は互生する。 ………………………………… **ヌマスギ属**（73）
    5. 葉のつく枝は対生する。 ………………………………… **メタセコイア**（76）
   4. 針状の葉と鱗片状の葉の両方があり，前者は短枝に，後者は長枝につく。
    ………………………………………………………………… **スイショウ**（74）
 2. 常緑性。
  3. 葉は脱落性の短枝に 2〜5 本ずつつき，針状で細長く，先は尖る。………… **マツ属**（6〜22）
  3. 葉は宿存性の短枝に放射状に多数つき，これとは別に長枝にもつく。
   4. 葉は長さ 5 cm 未満で針状，細い。球果は熟すと鱗片がばらばらになって落ちる。
    ……………………………………………………… **ヒマラヤスギ属**（25〜27）
   4. 葉は長さ 6 cm 以上で扁平，幅広い。球果は熟しても鱗片はばらばらにならない。
    ………………………………………………………………… **コウヤマキ**（64）
  3. 短枝はなく，葉は枝にらせん状または羽状につく。
   4. 雌花は普通 1 個，時に 2 個の胚珠を含み，開花後は球果状とはならず，少なくとも一部が多肉質となる。
    5. 雌花は長球形の 1 個の胚珠とその基部にある胚珠よりも大きな円柱形の花托からなり，花後熟すると胚珠は青緑色に，花托は赤色になり，肥大して目立つ。葉は長さ 4 cm 以上。 ……………………………… **イヌマキ属**（61・62）
    5. 雌花は上記のようではない。葉は長さ 3 cm 未満。
     6. 種子は赤色多肉質の杯状の仮種皮に先端を除き包まれる。
      ……………………………………………………… **イチイ属**（112〜114）
     6. 上記のような仮種皮はない。
      7. 胚珠は 1 個。葉は先端が鋭く尖り，裏面は淡緑色。 …… **カヤ属**（115・116）

7. 胚珠は2個。葉は先端がやや鈍く，裏面に白色の帯がある。
………………………………………………………………… **イヌガヤ属**（109〜111）

4. 雌花は3個以上の胚珠を含み，開花後は球果状となって多肉質とはならず，熟すと裂開する（ネズミサシ属では球果が多汁質となるが，胚珠は複数）。

5. 球果は小形の球形で，熟すと液果状になり，裂開しない。
………………………………………………………… **ネズミサシ属**（101，105〜108）

5. 球果は多汁質とはならず，熟すと裂開するかばらばらになる。

6. 葉の基部は枝に延下しない。

7. 球果は上を向く。

8. 球果は熟すると鱗片がばらばらになって落ち，中軸だけが残る。
……………………………………………………………………… **モミ属**（44〜55）

8. 球果は熟してもばらばらにならず，形を保ったまま落下する。日本には野生はなく，まれに栽培される。 …………… **アブラスギ(ユサン)属**（56）

7. 球果は下を向き，熟してもばらばらにならない。

8. 球果の鱗片のうち，基部に種子を抱いていないもの（苞鱗）の先は尖って長く伸び，基部に種子を抱く鱗片（種鱗）よりも長い。
……………………………………………………………… **トガサワラ属**（42・43）

8. 球果の鱗片の先は尖らず，基部に種子を抱いていない鱗片は抱いている鱗片よりも短い。

9. 球果は長さ3 cm以下で小形。葉は扁平で裏面には白色の帯がある。
……………………………………………………………………… **ツガ属**（39〜41）

9. 球果は長さ5 cm以上で大きく，細長い。葉は4稜形かやや扁平，両面か上面のみに白色の帯がある。 ……………………… **トウヒ属**（28〜38）

6. 葉の基部は枝に延下する。

7. 葉は枝にらせん状に互生する（水平に出る枝ではやや羽状になることがある）。

8. 球果は大形（直径5 cm以上）で多数の鱗片からなり，開花後2〜3年かけて熟する。南半球の固有で日本では暖地にまれに栽培される。
………………………………………………………… **ナンヨウスギ属**（57・59）

8. 球果は小形（直径3.5 cm以下）で比較的少数の鱗片（コウヨウザン（72）ではやや多数）からなり，開花したその年に熟する。

9. 葉は長さ2 cm以下，幅3 mm以下で小さく，白色の帯はない。

10. 球果の鱗片に刺針がある。 ………………………………… **スギ属**（65〜71）

10. 球果の鱗片に刺針がない。日本には野生はない。

11. 葉は扁平でやや羽状になる。 ……………………………… **セコイア**（75）

11. 葉は針状でらせん状に配列する。 ……………… **タイワンスギ**（78）

9. 葉は長さ2〜7 cm, 幅5〜7 mmで大きく, 裏面に幅広い白色の帯がある。日本には野生はないが，しばしば栽培される。
……………………………………………………… **コウヨウザン属**（72）

7. 葉は枝に十字対生する。野生はなく，栽培状態のみで知られる。
…………… **ヒムロ**（93），**シシンデン**（98）（セコイアオスギ(77)も見よ）

1. 葉は鱗片状か，細長い場合でも長さは8 mm未満。

2. 雌雄異株の小低木。雌花序は花後に液果状になる。日本には野生はなく，薬用植物園などで時に栽培される。 ………………………………………… **マオウ属**（5）

2. 高木か大形の低木。花に花弁はない。雌花序は花後に球果か球果状となり。液果状にならない（ビャクシン属では液果状になるが，雌雄同株）。種子には毛は無い。
  3. 葉は微小で枝に4～20個輪生する。 ………………**トクサバモクマオウ属**（733・734）
  3. 葉は枝に互生するか対生，まれに3個輪生する。
    4. 葉や球果の鱗片は互生する。
      5. 球果は大きく多数の鱗片からなり，開花後2～3年かけて熟する。種子も大きい。 ………………**ナンヨウスギ属**（58）
      5. 球果は小さく少数の鱗片からなり。開花したその年に熟する。種子は微小。 ………………**スギ属**（66，68），**スイショウ**（74），**セコイアオスギ**（77），**タイワンスギ**（78）
    4. 葉や球果の鱗片は対生か輪生する。
      5. 球果は液果状となり，裂開しない。 ………………**ネズミサシ属**（100～104）
      5. 球果は木質で裂開する。
        6. 球果は球形で，鱗片は先端が楯状となり，同一面上に並ぶ。
          7. 枝は平面的に広がる。球果は開花したその年のうちに熟する。 ………………**ヒノキ属**（80～92）
          7. 枝は平面的に広がらない。球果は開花した次の年に熟する。 ………………**イトスギ属**（79）
        6. 球果は倒卵球形で，鱗片は先端が楯状とならず，瓦重ね状に並ぶ。
          7. 葉裏には顕著な白色の部分がある。球果の鱗片にはそれぞれ3～5個の胚珠がつく。 ………………**アスナロ属**（99）
          7. 葉裏には白色の部分がないか，時に白色の小斑がある。球果の鱗片は3～5対あり，そのうち2対のみにそれぞれ2個の胚珠がつく。
            8. 枝は水平面に広がる。球果の鱗片は薄い。種子に翼がある。 ………………**クロベ属**（94～96）
            8. 枝は垂直面に広がる。球果の鱗片は厚い。種子に翼がない ………………**コノテガシワ属**（97）

●検索 D

1. 葉は扇形で，基部から放射状に葉脈が出て，葉脈は途中で二叉分枝する。 ………**イチョウ**（4）
1. 葉（葉状枝や偽葉の場合もある）は線形～楕円形または卵形で，葉脈は複数ある場合は葉の中部ではほぼ平行に走り，途中で二叉分枝することはない。
  2. 葉は原則として対生（一部の枝では互生）する。裸子植物。
    3. 球果をつくる。 ………………**ナンヨウナギ属**（60）
    3. 球果をつくらず，種子は径1～1.5 cmの球形で葉腋に単生する。 ………**ナギ属**（63）
  2. 葉（葉状枝や偽葉の場合もある）は全て互生する。
    3. 葉（葉状枝の場合もある）には1本の中央脈のみがある。
      4. 栽培される小低木。葉のように見えるもの（実は葉状枝で，真の葉は鱗片状に退化している）は卵形で無柄。 ………………**ナギイカダ**（184）
      4. 野生するか栽培される高木。葉は披針形で有柄。 ………………**イヌマキ属**（61・62）
    3. 葉（偽葉の場合もある）には平行に走る複数の葉脈がある。

4. 暖地に栽培される高木。葉身は退化し，葉柄が鎌状に伸長して偽葉をつくり，偽葉には数本の平行脈が走り表裏の区別はない。花は頭状花序に多数つき黄色，果実は豆果。…………………………………………………………………… **アカシア属**（398）

4. 暖地に栽培される高木で樹皮は薄紙状に何層にも重なる。葉は披針形，革質で厚い。花序は穂状で，花序軸の先端は花後に伸長して再び葉をつける。果実は壷形の蒴果で枝に長期間宿存する。
……………………………… **カユプテ**（874）（ブラシノキ属（869・870）も見よ）

4. 観葉植物として室内で栽培される低木で樹皮は発達しない。葉は披針形～卵形，革質で厚く，一般に密につく。花序は円錐花序か総状花序をなして多数つく。
…………………………………………………………… **リュウケツジュ属**（191～195）

4. 野生するか屋外で栽培される低木～高木。葉は草質または紙質で薄い。花序は散形花序をなすか小穂をつくる。

5. 小低木。花は散形花序をなし，果実は液果。
……………………………………………… **サルトリイバラ（シオデ）属**（180～182）

5. 低木～高木。花は小穂をなしてつき，果実は穎果（ただし開花はまれ）（イネ科）。

6. 小低木。葉には葉鞘がない。 ……………………………………… **オカメザサ**（227）

6. 葉には長い葉鞘がある。

7. 平行に走る葉脈の間を結ぶ横脈はない。地下茎は短く，稈は密に株立ちとなる。…………………………………………………… **ホウライチク属**（216）

7. 平行に走る葉脈の間を結ぶ横脈がある。地下茎は長く，稈はまばらに出ることが多い。

8. 稈の節からは1本の太い枝と1本の細い枝が対になって出て，枝の上の節間には凹みができる。 ……………………………… **マダケ属**（217～224）

8. 稈の節は上記のようにならない。

9. 筍は秋に出る。稈の節には刺状の気根が出る。稈鞘（竹の皮）は薄く，早落性か，宿存する場合でも年内に腐朽し，先の葉片は極めて小さい。
………………………………………………………… **カンチク属**（244・245）

9. 筍は春に出る。稈の節には気根は出ない。稈鞘は厚く，先の葉片は大きい。

10. 稈鞘は早落性。 ……………………………………………… **トウチク**（226）

10. 稈鞘は最下部のものを除き早落性だが，基部でしばらくくっついてぶら下がっている。 ………………………… **ナリヒラダケ属**（225）

10. 稈鞘は宿存性。

11. 稈は基部から直立し，枝は各節から普通3本以上出る。雄蕊は3本。葉鞘の先に肩毛は出ないか，直立する平滑な肩毛が出る。
………………………………………………………… **メダケ属**（237～243）

11. 枝は各節から1本，下部の節では時に2～3本出る。

12. 稈は基部から直立する。雄蕊は3～6本。

13. 稈鞘は節間と同長かそれより長い。枝先には1～6枚の葉をつける。葉鞘の先端に肩毛は出ない（ヤダケではまれに出ることがあるが，その場合は完全に平滑）。

14. 稈は高さ4～5 m，直径8～10 mmに達し，稈1本当たり4～6本の枝を出す。雄蕊は3本，時に4本。
………………………………………………………… **ヤダケ**（235）

14. 稈は高さ 3 m 未満，直径 7 mm 未満，稈 1 本当たり 1〜4 本の枝を出す。雄蕊は 6 本。………**スズタケ（ササ属）**（234）

13. 稈鞘は節間よりも明らかに短い。枝先には 5〜8 枚の葉をつける。葉鞘の先端に肩毛が出ることが多く，肩毛は下部には刺状の突起が出てざらつき，上部はほぼ平滑。
……………………………………………………**アズマザサ属**（236）

12. 稈は基部斜上する。稈鞘は（特に稈の基部近くのものは）節間よりも明らかに短い。葉鞘の先端には全体に刺状突起が出てざらつく肩毛がつくか，または肩毛がない。雄蕊は 6 本。
…………………………………………………… **ササ属**（228〜233）

●検索 E（幹はつる状とはならず，普通多く分枝し，枝先は細く，葉を枝先だけに密生しない。葉脈は網状）

1. 花の時期の植物で，葉はないか，あってもまだ展開していない。 ……………………**検索 E1**
1. 成熟した葉がある。
  2. 葉は 3 出または掌状複葉（単葉の葉が一部混じることもある）。……………………**検索 E2**
  2. 葉は単羽状複葉。……………………………………………………………………**検索 E3**
  2. 葉は 2〜4 回羽状複葉または 2〜3 回 3 出複葉。 ……………………………………**検索 E4**
  2. 葉はすべて単葉。
    3. 葉は掌状に切れ込み，それぞれの裂片には葉の基部から放射状に出ている葉脈が入る。 ……………………………………………………………………………………**検索 E5**
    3. 葉は上記のようではない。
      4. 葉は対生する（一部の枝では 3 輪生することもある。また，一部の葉が互生することもある）。
        5. 葉には中央脈以外に基部から 1〜2 対の脈が走り，葉の中部もしくはそれ以上に達する。……………………………………………………………………………**検索 E6**
        5. 葉の基部から出る側脈はその上の側脈と太さが異ならず，葉の中部までは達しない。
          6. 葉は円形〜広卵形で，長さは幅とほぼ同長か少し長い程度。
            7. 葉は全縁。 ……………………………………………………………………**検索 E7**
            7. 葉は鋸歯縁。 …………………………………………………………………**検索 E8**
          6. 葉は楕円形〜披針形で，長さは幅の 1.5 倍以上。
            7. 葉は全縁。 ……………………………………………………………………**検索 E9**
            7. 葉は鋸歯縁。 ………………………………………………………………… **検索 E10**
      4. 葉は常に輪生する。 …………………………………………………………………… **検索 E11**
      4. 葉は常に互生する（短枝上の葉は密につくために輪生状になることがある）。
        5. 葉には中央脈以外に基部から 1〜2 対の脈が走り，葉の中部もしくはそれ以上に達する。 …………………………………………………………………………… **検索 E12**
        5. 葉の基部から出る側脈はその上の側脈と太さが異ならず，葉の中部までは達しない。
          6. 葉は円形〜広卵形で，長さは幅とほぼ同長か少し長い程度。
            7. 葉は全縁。 …………………………………………………………………… **検索 E13**

7. 葉は鋸歯縁。 …………………………………………………………………………… **検索 E14**

6. 葉は楕円形～披針形で，長さは幅の 1.5 倍以上。

7. 葉は全縁。 …………………………………………………………………………… **検索 E15**

7. 葉は鋸歯縁か羽状に浅～中裂する。 ……………………………………………… **検索 E16**

▼検索 E1

1. 花被はないか，あっても不明瞭。

2. 花（少なくとも雄花）は頭状，総状または穂状の花序に多数つく。

3. 雄花序は直立する（やや下垂する場合もあるが，その場合は枝も著しく下垂する）。
……………………… **ヤチヤナギ**（725），**ヤナギ属**（816～832，835～837，839～842）

3. 雄花序は下垂する。

4. 雌花序は雄花序とほぼ同長で下垂する。花序は雌雄共に春に冬芽の中から現れる。

5. 側芽の鱗片は向軸側で縁が重なり合う 1 個の鱗片で包まれる。花は無柄。
…………………………………………………………………………………… **ヤナギ属**（843・844）

5. 側芽の鱗片は数個の鱗片で包まれる。花は有柄。…… **ヤマナラシ属**（845～849）

4. 雌花序は雄花序よりも著しく短く，直立またはやや下垂する（ウダイカンバ（750）では雌花序は雄花序の半分程度の長さがあり，著しく下垂するが，雄花序は冬芽に包まれず裸出する）。

5. 雄花序は細長い。

6. 雄花序は無柄か，ごく短い柄がある。

7. 雌花は球果状の花序をつくり，花序の苞は木質で熟してもばらばらにならず，翌年の開花期にも樹上や樹下に原型を保ったまま宿存する。
…………………………………………………………………………… **ハンノキ属**（738～747）

7. 雌花序は，もし球果状になる場合でも花序の苞は熟すとばらばらになるため，雌果序は翌年の開花期には残らない。

8. 雌花は少数が枝の先端近くに頭状に 2～4 個つき，赤色の花柱が目立つ。低木。 ………………………………………………………… **ハシバミ属**（735～737）

8. 雌花は多数が穂状につく。高木のことが多い。

9. 雄花に花被があり，雌花には花被はない。……… **カバノキ属**（748～755）

9. 雄花に花被はなく，雌花に花被がある。
…………………………………… **クマシデ属**（756～760），**アサダ属**（761）

6. 雄花序には長柄がある。………………………… **コナラ属**（696～698，700～704）

5. 雄花序は長球形～ほぼ球形で長柄がある。

6. 高木。若葉には波状の不明瞭な鋸歯がまばらにある。 …… **ブナ属**（94, 96, 99）

6. 低木か小高木。若葉には明らかな鋸歯がある。 ……………… **クワ属**（684～687）

2. 花は今年枝の葉腋に数個ずつ束生し，短柄があるか無柄。

3. 枝を折るとゴム質の糸を引く。日本には野生はなく，まれに栽培される。
……………………………………………………………………………………… **トチュウ**（1330）

3. 枝にゴム質は含まれず，折っても糸を引かない。

4. 若葉の葉脈は 6 対以下で，基部の 3 脈が目立つ。
…………………………………………………… **エノキ属**（658～660），**ムクノキ**（662）

4. 若葉の葉脈は 7 対以上で，基部の 3 脈は目立たない。
…………………………………………………………… **ケヤキ**（653），**ニレ属**（654～657）

2. 花は雌雄共に前年枝に生じた短枝上に1～数個束生し，基部に葉がつくことが多い。若葉は鮮赤色とならない。
3. 花をつける短枝や葉は互生。 ………… **フサザクラ**（246）
3. 花をつける短枝や葉は対生，または見かけ上対生。 ………… **カツラ属**（330・331）
2. 雄花は前年枝の葉腋に多数束生し，基部に葉がつかない。雌花は前年枝から出る短枝に頂生する穂状花序をなしてつき，基部に数枚の若葉がつく。若葉は鮮赤色となる。
………… **オオバベニガシワ**（795）
2. 花は枝先付近に対生または束生する円錐花序に多数つく。
………… **ランシンボク**（897），**トネリコ属**（1395・1396）
1. 花被があり，大きくて目立つ。
2. 花は黄色～黄緑色系統。
3. 枝は3叉分枝を繰り返す。 ………… **ミツマタ属**（1046）
3. 枝は3叉分枝を繰り返さない。
4. 枝と花序は互生する。
5. 花序は総状または円錐状で普通多数の花をつけ，下垂する。
6. 枝に刺がある。 ………… **メギ属**（256～259）
6. 枝に刺がない。 ………… **トサミズキ属**（326～328），**キブシ属**（888）
5. 花序は束状，頭状などで少数～多数の花をつけ，下垂しない。
6. 花は蝶形。 ………… **レダマ**（382）
6. 花は蝶形ではない。
7. 花弁は4枚で細長く，ちぢれる。 ………… **マンサク属**（320～323）
7. 花被片は細長くない。 ………… **アオモジ**（163），**クロモジ属**（165～168）
4. 枝や若葉は対生する。花序は枝上に対生するか，頂生する。
5. 花弁は多数で不同長。 ………… **ロウバイ属**（148～150）
5. 花弁は4～5枚で同長。
6. 花弁は互いに離生する。
7. 花にはやや長い柄があり，子房は扁平で翼状。
………… **カエデ属**（918，920～922，927～930，935～939）
7. 花には短柄があって多数が密な散形花序に集まり，子房は球形。
………… **サンシュユ**（1071）
6. 花弁は基部で互いに合着し，筒状になる。
………… **レンギョウ属**（1376～1379），**ソケイ属**（1380）
2. 花は白色～淡紅色～紅紫色系統。
3. 花は蝶形。 ………… **ハナズオウ属**（391・392）
3. 花は蝶形ではない。
4. 枝は対生し，花序は枝に頂生するか，枝上に対生する。若葉は対生し，掌状に分裂するか複葉となる。
5. 個々の花は小さく目立たない。 ………… **カエデ属**（903～917，931・932，934）
5. 花は大形で筒状となり，帯紫色，大形の円錐花序をつくって目立つ。
………… **キリ属**（1432）
4. 枝は互生する。若葉は互生するか，短枝上に束生し，輪生状となる。
5. 雌蕊は多数の心皮がらせん状に配列する。花被片は大形で多肉質，やや不同長。
………… **モクレン属**（128～132，134・135）

5. 雌蕊は上記のようにならない。花被片は小形で多肉質とはならず，同長のことが多い。
6. 花冠はなく，筒状の萼が花冠状となる。栽培される低木。
…………………………………………………………………………… **フジモドキ**（1045）
6. 萼と共に花弁がある。
7. 花弁は互いに分離している。雄蕊は多数あり，しばしば花弁化する（バラ科）。
8. 子房上位。 ……………………… **サクラ属**（403～451），**スモモ属**（458～501）
8. 子房下位または中位。
9. 花柱は1本。 …………… **ヤナギザクラ属**（502），**ザイフリボク属**（530），**リンゴ属**（546～555），**ナシ属**（556～559），**ボケ属**（560～568）
9. 花柱は複数あり，子房は分離した複数の心皮からなる。
…………………………………………………………… **シモツケ属**（510～512）
7. 花弁は互いに合着し，漏斗形または壷形の花冠となる。雄蕊は5～10本（ツツジ科）。
8. 花冠は漏斗形。 …… **ツツジ属**（1212，1215・1216，1218～1222，1294）
8. 花冠は壷形。………………………………………………… **コヨウラクツツジ**（1210），**ドウダンツツジ属**（1200），**スノキ属**（1302・1303，1306，1308）

▼検索 E2

1. 葉は5枚以上の小葉からなる掌状複葉（時に3出複葉や単葉が混じることもある）。
2. 葉は互生する。
3. 落葉性。小葉は鋸歯縁。
4. 花序は大形で円錐状。枝に刺はない。…………………………… **トチノキ属**（940～943）
4. 花序は散形状または複散形状。枝に刺があることが多い。
………………………………………………… **ウコギ属**（1510～1512），**コシアブラ**（1513）
3. 常緑性。小葉は全縁（若木では鋸歯があることがある）。
……………………………………………………… **パキラ属**（1032），**フカノキ属**（1528・1529）
3. 常緑性。小葉は常に鋸歯縁か羽状に分裂する。観葉植物。
…………………………………………………………………………… **プレランドラ属**（1526）
2. 葉は対生する。
3. 花は唇形ではない。果実に翼がある。 ……… **カエデ属**（904，905註，912註，914）
3. 花は唇形。果実に翼はない。 ………………………………………… **ハマゴウ属**（1421）
1. 葉は3出複葉（時に単葉が混じることもある）。
2. 葉は互生する。
3. 小葉は全縁。
4. 植物体に白い乳液が含まれる。熱帯で樹液からゴムをとるために栽培される。
…………………………………………………………………………… **パラゴムノキ**（799）
4. 植物体に白い乳液は含まれない。
5. 果実は豆果（ミヤマトベラ属では液果状となるが，子房柄はない）。花は蝶形（マメ科）。
6. 植物体に刺があることが多い。花は大形で橙赤色～鮮赤色。
…………………………………………………………………………… **デイゴ属**（362～364）

6. 植物体に刺はない。花は小形で白色，紫色，黄色などだが鮮赤色ではない。
7. 暖地の林下に生育する常緑低木で，葉は革質で厚い。果実は液果状。
…………………………………………………………………… **ミヤマトベラ属**（376）
7. 落葉低木。果実は乾いた豆果。
8. 小葉柄がある。 ………………………………………………… **ハギ属**（369～375）
8. 小葉はごく小形で小葉柄はない。 ……………………… **エニシダ属**（378～380）
5. 果実は液果で長い子房柄がある。花は蝶形ではなく，多数の雄蕊がある。暖地の海岸に生育する。……………………………………………………… **ギョボク**（1052）
3. 小葉は鋸歯縁。
4. 植物体に刺がある。低木。
5. 刺は節間から出る。葉には油点はない。果実は多汁質の核果が集まった集合果。…………………………………………………… **キイチゴ属**（584・585，587・588）
5. 刺は節のみから出る。葉には油点がある（ミカン科）。
6. 花は単生する。果実はミカン状果。 ……………………………… **カラタチ**（980）
6. 花は複数が小さな円錐花序をなす。果実は蒴果で中に光沢のある黒色の種子を含む。…………………………………………………………… **フユザンショウ**（992）
4. 植物体に刺はない。高木。
5. 温帯の林中に生え，葉は落葉性で縁の鋸歯は不明瞭，毛状となる。
………………………………………………………………………………… **タカノツメ**（1514）
5. 亜熱帯の林中に生え，葉は常緑性。縁の鋸歯は明瞭。 …………… **アカギ**（814）
2. 葉は対生する。
3. 果実は翼果。 ……………………………………………………… **カエデ属**（927，935，937）
3. 果実は蒴果。 ……………………………………………………………… **ミツバウツギ**（885）
3. 果実は痩果。柱頭は羽毛状になって宿存する。 ……………………… **クサボタン**（267）
3. 果実は液果。
4. 小葉は鋸歯縁。亜熱帯の林内に自生する。 …………………… **ショウベンノキ**（887）
4. 小葉は全縁。栽培される。 …………………………… **オウバイ（ソケイ属）**（1380）

▼検索 E3

1. 葉は対生する。花序はトネリコバノカエデを除き円錐状。
2. 果実は翼果。 ………………………… **トネリコバノカエデ**（927），**トネリコ属**（1390～1396）
2. 果実は蒴果。
3. 頂小葉がある。 …………………………………………………………………… **ゴンズイ**（886）
3. 頂小葉はない。熱帯で木材用に栽培される。 …………………………… **マホガニー**（1002）
2. 果実は液果。 ………………………………………………………………………… **ニワトコ属**（1463）
1. 葉は互生する。
2. 小葉は全縁。
3. 果実は豆果（マメ科）。
4. 花は蝶形。
5. 頂小葉はない。栽培される小低木。 ………………………………… **ムレスズメ**（381）
5. 頂小葉がある。
6. 側小葉は互生する。熱帯植物。 …… **インドシタン属**（367），**ツルサイカチ属**（368）
6. 側小葉は対生する。温帯～熱帯の植物。

7. 斜上または匍匐，ときに直立する低木。花序は総状で直立する。豆果は円柱形。……………………………………………………… **コマツナギ属**（359～361）
7. 直立する高木まれに低木。花序は円錐状，複総状か総状で，総状の場合は下垂する。豆果は扁平か数珠状。 …………… **ハリエンジュ属**（383・384），**フジキ属**（385・386），**エンジュ属**（387），**イヌエンジュ属**（388），**イソフジ** *Sophora tomentosa* L.（クララ属。沖縄などの海岸にはえる低木で全体に灰白色の毛を密生する）

4. 花は蝶形ではない。頂小葉はない。高木。 ……………………… **タマリンド**（389），**サイカチ属**（394），**ギンヨウアカシア（アカシア属）**（397）

3. 果実は蒴果。
4. 蒴果は扁球形。種子には翼はない。 …………………………… **ゴシュユ属**（996・997）
4. 蒴果は長卵形。種子には翼がある。 ……………………………… **チャンチン属**（1001）

3. 果実は翼果。 ……………………………………………………………… **ニワウルシ属**（1000）

3. 果実は核果。
4. 花序は頂生する。 ………………………… **キハダ属**（989・990），**ムクロジ**（945），**レイシ**（946），**リュウガン**（947），**ランブータン**（949）
4. 花序は腋生する。 ……… **ペルシャグルミ**（727），**カンラン**（889），**ウルシ属**（890・891，893・894），**チャンチンモドキ属**（896），**ランシンボク属**（897・898）

3. 果実は液果。
4. 熱帯で果樹として栽培される高木。果実は太い枝や幹に束生し，5 稜がある。
……………………………………………………………………………… **ゴレンシ属**（783・784）
4. 暖帯で観賞用に栽培される低木。果実は枝先の散房花序につき，稜はない。
……………………………………………………………………………………… **キソケイ**（1381）

2. 小葉は鋸歯縁。
3. 常緑性。……………………… **ヒイラギナンテン**（261），**ホソバヒイラギナンテン**（262）
3. 夏緑性。
4. 花序には雌雄性があり，雌花序は球果状に密に花をつける。 …… **ノグルミ**（732）
4. 花序には雌雄性があり，雌花序は穂状に多数の花をつけ，下垂する。果実は堅果で翼がある。……………………………………………………………… **サワグルミ属**（731）
4. 花序は上記のようではない。
5. 枝に刺がある。
6. 果実は蒴果。植物体に香気がある。花は小形で目立たない。
……………………………………………………………… **サンショウ属**（991～995）
6. 果実は多汁質。植物体に香気はない。花は大形で目立つ。
7. 子房は上位。果実は小形の核果が多数集まった集合果。
…………………………………………………… **キイチゴ属**（585～588，591～596）
7. 子房は下位。果実は痩果だが肥厚した多汁質の萼筒に包まれる。
……………………………………………………………………… **バラ属**（599～627）
5. 枝に刺はない。
6. 花序は散房状。果実は核果で赤，橙，または黒色に熟する。
7. 花序は頂生する（腋生の花序をもつこともある）。花は白色。果実は赤または橙色に熟する。 …………………………… **ナナカマド属**（534～539）

7. 花序は腋生する。花は黄緑色。果実は黒色。 …………………… **ニガキ**（999）
6. 花序は円錐状。
7. 果実は袋果。花は白色でやや小形。 ………**ホザキナナカマド属**（505・506）
7. 果実は膨れた蒴果で赤みを帯びる。花は黄色で大形。………**モクゲンジ属**（944）
7. 果実は核果。花は黄白色～緑色で小形。
………………………… **ウルシ属**（891），**ヌルデ属**（895），**ニガキ**（999）
6. 花序は上記のようではない。
7. 高山に生育し，しばしば栽培もされる小低木。果実は小形の痩果。
……………………………………………………………… **キンロバイ属**（628・629）
7. 低地に自生または栽培される高木。果実は大形の核果。
…………………………………**クルミ属**（726・728），**ペカン属**（729・730）

▼検索 E4

1. 頂小葉はない。果実は豆果（マメ科）。
2. 花序は穂状。 ……………………………………………………………………… **サイカチ属**（394）
2. 花序は頭状。 ……………………………………………… **ネムノキ属**（396），**アカシア属**（399）
1. 頂小葉がある。果実は豆果ではない。
2. 花は大きく，茎頂に単生する。 …………………………………………………… **ボタン属**（299～318）
2. 花は小さく，多数が総状，複総状または円錐状の花序をつくる。
3. 花は散形に集まり，それが複総状の花序をつくる。 …… **タラノキ属**（1524・1525）
3. 花は散形に集まらない。
4. 花序は腋生で総状。果実は卵形で膨らまない木質の蒴果。 ………**ハゴロモノキ属**（291）
4. 花序は腋生で円錐状，果実は豆果状の細長い下垂する蒴果。 …… **ワサビノキ**（1050）
4. 花序は頂生で円錐状。
5. 果実は裂開しない。…………………………………**ナンテン属**（263），**センダン属**（1003）
5. 果実は卵形の膨らんだ蒴果。………………………………………………**モクゲンジ属**（944）

▼検索 E5

1. 葉の先は凹み，裂片は偶数。
2. 花は大形で茎頂に単生する。 ………………………………………………………… **ユリノキ属**（142）
2. 花は小形で散房花序につく。 …………………………………………………**ヤハズアジサイ**（1092）
1. 葉の先は尖り，裂片は奇数。
2. 葉は対生する。
3. 果実は翼果。 …………………………………………… **カエデ属**（903～926，928～934，936）
3. 果実は蒴果。
4. 蒴果は卵球形で長さ 3 cm 程度。種子に毛はない。 ……………………… **キリ属**（1432）
4. 蒴果は細長い円柱形で長さ 20cm 以上。種子に毛がある。
…………………………………………………………………………… **キササゲ属**（1436・1437）
3. 果実は液果。 …………………………………………………………………… **カンボク**（1476）
2. 葉は互生する。
3. 枝に刺がある（老木には刺がないこともあるが，その場合でも幹に硬質の縦長の突起が散在する）。
4. 低木。……… **スグリ属**（336・337），**キイチゴ属**（577～580，583），**ハリブキ属**（1516）

4. 高木。……………………………………………………………… **ハリギリ属**（1515）
3. 枝に刺はない。
4. 葉に星状毛がある。
5. 花には雌雄性があり，雌花序は球状。 ……………… **スズカケノキ属**（287〜289）
5. 花は葉腋に単生。 …………………… **フヨウ属**（1014〜1021），**ボンテンカ属**（1029）
5. 花序は円錐状。 ………………………………………………………… **アオギリ**（1033）
4. 葉に星状毛はない。
5. 植物体に白い乳液が含まれる。
6. 地下に塊根をつくりデンプンを蓄える。花序は穂状で直立する。
………………………………………………………………………… **キャッサバ**（798）
6. 地下に塊根はない。花序は嚢状 …………………………………… **イチジク**（663）
5. 植物体に白い乳液は含まれない。花序は嚢状ではなく，穂状の場合は下垂する。
6. 常緑性。 ………………………………… **カクレミノ属**（1517），**ヤツデ**（1518）
6. 夏緑性。
7. 花序は頭状。 ……………………………………………………………… **フウ属**（319）
7. 花序は穂状。 ……………………………………………………… **ヤマナラシ属**（848）
7. 花序は上記のようではない。
8. 果実は小形の核果が多数集まった集合果。 ……… **キイチゴ属**（577，582）
8. 果実は液果。 ……………………………………………… **クロモジ属**（167，171），
スグリ属（338〜345），**ウリノキ属**（1066〜1068）
8. 果実は小形の袋果。 …………………………… **スグリウツギ属**（401・402）
8. 果実は球形の蒴果。 …………………………………… **アブラギリ属**（800）

▼検索 E6

1. 葉は全縁。
2. 葉は無毛。花は小形〜中形。果実は多汁質。
3. 花は中形で頂生の大きな下垂する円錐花序につく。 ……… **ノボタンカズラ属**（884）
3. 花は小形で腋生の小さな総状花序や集散花序につく。
4. 花序は集散状で柄には葉がない。高木まれに低木。果実は液果。
…………………………………………………………………… **クスノキ属**（154〜157）
4. 花序は総状で柄には葉がある。低木。果実は5個の分果からなり，多汁質の花弁に包まれる。 ………………………………………………………… **ドクウツギ**（762）
2. 葉は有毛。花は大きく美しい。
3. 花は車形。果実は球形で多汁質となるかやや多肉質。
…………………………………………… **テンニンカ属**（872），**ノボタン属**（883）
3. 花は鐘形。果実は細長い。 ……………………………… **キササゲ属**（1436・1437）
1. 葉は鋸歯縁。
2. 果実は痩果。小低木で花は目立たない。 ………………………… **ヤブマオ属**（693）
2. 果実は袋果。高木で長枝と短枝の違いは著しい。 ……………… **カツラ属**（330・331）
2. 果実は痩果。低木で花は白色で大きい。 ……………………… **バイカウツギ属**（1100）
2. 果実は翼果。高木で長枝と短枝の違いは不明瞭なことが多い。
…………………………………………………………… **カエデ属**（921・922，926，939）

▼検索 E7

1. 常緑性。
  2. 植物体に刺はない。
    3. 葉は帯青白色。栽培される。…………………………………… **ユーカリノキ属**（864）
    3. 葉は緑色～淡緑色または黄緑色。
      4. 花序は束状で枝頂の他に葉腋にも生じる。葉は非常に小形。
      ……………………………………………………………………………… **ツゲ属**（295～297）
      4. 花序は円錐状で頂生。葉は小形～中形。 …… **アデク**（879），**フクロモチ**（1402）
  2. 植物体に刺がある。 ……………………… **カリッサ**（1365），**アリドオシ属**（1336・1337）
1. 落葉性。
  2. 花序は頭状。
    3. 花序には花弁状で目立つ4枚の苞がある。果実は無柄の液果でしばしば互いに合着して球形の複合果となる。 ………………………… **サンシュユ(ミズキ)属**（1072・1073）
    3. 花序には花弁状の苞はない。
      4. 果実は有柄の液果。 ………………………………………………………… **サンシュユ**（1071）
      4. 果実は蒴果が球形に集合した複合果。 …………………………… **ヘツカニガキ**（1346）
  2. 花序は円錐状。 ………………………………………………… **チーク**（1419），**クサギ**（1422）

▼検索 E8

1. 花は1個，頂生し，4枚の白色の花弁をもつ。果実は黒色の痩果で，1花に普通4個つく。
……………………………………………………………………………………… **シロヤマブキ**（504）
1. 花は2～4個が枝先に束生する。果実は円柱形の痩果で，先端に2～5枚の萼が宿存する。花は鐘形。 ………………………………………………………… **ツクバネウツギ属**（1502～1504）
1. 花は複集散花序に多数つく。果実は液果状となり，着色する萼に包まれる。
…………………………………………………………………………………… **クサギ属**（1422，1424）
1. 花は散房花序に多数つく。果実は核果で，萼片は残存しない。
……………………………………………… **ガマズミ属**（1464～1467，1470，1473～1475）

▼検索 E9

1. 亜熱帯の海岸潮間帯の泥上に生えるマングローブ植物。
…………………………………… **メヒルギ**（788），**オヒルギ**（789），**オオバヒルギ**（790）
1. マングローブ植物ではない。
  2. 花は前年枝の葉腋から出るので，花や果実のつく枝の部分には葉はない。
  ……………………………………………………………………………… **ロウバイ属**（148～150）
  2. 花は今年枝の葉腋からだけ出る（葉腋から出る短枝に頂生するものも含む）。
    3. 花は葉腋から出る短枝上に単生し，短枝上には小形の葉がある。果実は痩果で，壷形の花托に包まれる。 ………………………………………… **アメリカロウバイ属**（151）
    3. 花は葉腋に単生し，有柄，柄には葉はない。果実は液果または核果。
    ………………………………………………………… **フェイジョア**(871)，**ギンバイカ属**(873)，
    バンジロウ属(875・876)，**タチバナアデク**(882)，**スイカズラ属**(1481・1482)
    3. 花は葉腋から出る長い柄の先に2個ずつ対になってつく。
    ……………………………………………………………………… **スイカズラ属**(1483～1493)

3. 花は腋生の花序に数個つき，長柄がある。
…………………… **バルバドスザクラ**（815），**テリハボク属**（853），**オリーブ属**（1388）
3. 花は腋生の花序に 2～数個つき，短柄があるかほとんど無柄。
4. 托葉はない。
5. 果実は大形の液果。
……………… **フクギ属**（854～856），**フェイジョア**（871），**バンジロウ属**（875･876）
5. 果実は縦に裂開する蒴果で中に赤色の少数の種子を含む。 …… **モクレイシ属**（781）
5. 果実は先端で裂開する蒴果で中に褐色の多数の種子を含む。
…………………………………………………………………………………………… **キバナミソハギ**（861）
5. 果実は小形の核果。…………………………………… **モクセイ属**（1382・1383，1385・1386）
5. 果実は宿存する萼に包まれた 4 分果。 ……………………………… **マンネンロウ属**（1429）
5. 花の時期で果実は不明。
6. 花は黄色，黄白色か緑白色で，赤紫色を帯びない。
7. 葉は小形。 ……………………………………………………………………… **キバナミソハギ**（861）
7. 葉は大形。
………… **フクギ属**（854～856），**モクレイシ**（781），**モクセイ属**（1382･1383）
6. 花は白色。
7. 雄しべは 5 本以下。 ………… **モクレイシ**（781），**モクセイ属**（1384～1386）
7. 雄しべは多数。………………………………………………………………… **バンジロウ属**（875・876）
6. 花は赤紫色か青紫色を帯びる。
7. 花は左右対称で唇形となる。 ……………………………………… **マンネンロウ属**（1429）
7. 花は放射対称。…………………………………………………………………………… **フェイジョア**（871）
4. 托葉がある。
5. 低木もしくは小高木。 ………… **ミサオノキ属**（1354），**コーヒーノキ属**（1355）
5. 小低木。 ………………… **アリドオシ属**（1335～1337），**ルリミノキ属**（1333・1334）
3. 花は腋生の頭状花序につき，長柄がある。 ……………………………… **タニワタリノキ**（1345）
2. 花は枝頂から出るか，茎頂と上部の葉腋から出る。
3. 花序は頭状またはやや束状。
4. 花序には少数の花をつける。……………… **ツゲ属**（295～297），**フジモドキ**（1045）
4. 花序には多数の花をつける。
………………………… **サンシュユ（ミズキ）属**（1072・1073），**ヘツカニガキ**（1346）
3. 花序は集散状か時に単生。
4. 托葉はない。
5. 花は小形～中形。子房下位。……………… **ビャクダン属**（1053），**ツクバネ**（1054），
オールスパイス（877），**フトモモ属**（878～881），**ヒトツバタゴ**（1389）
5. 花は大形。子房上位。 ………………………………………………… **オトギリソウ属**（857・858）
4. 托葉がある。
5. 果実は核果。葉は大きく長さ 8 cm 以上。
6. 花序の周辺にある少数の花は大形白色の萼片をもつ。
………………………………………………………………………………… **コンロンカ属**（1347・1348）
6. 花序の花はすべて同形，大形白色の萼片はない。
………………………………………… **ギョクシンカ属**（1353），**ボチョウジ属**（1338）

5. 果実は蒴果。葉は小さく長さ 3 cm 以下。
……………………………………………**シチョウゲ**（1341），**ハクチョウゲ属**（1342）

3. 花序は円錐状（小形のものでは総状に近くなることもある）。
4. 小低木。 ……………………………… **キガンピ（ガンピ属）**（1049），**フクシア属**（863）
4. 高木または大形の低木。
5. 花弁は互いに離生する。 ……………………………………… **サルスベリ属**（859・860）
5. 花弁は少なくとも基部で互いに合生する。
6. 花は小形。
7. 花序は細長く総状に近い。
…………………………… **イボタノキ属**（1403），**フジウツギ属**（1410〜1412）
7. 花序は明らかな円錐状。
8. 果実は蒴果。 ………………………………………………………… **ハシドイ属**（1397〜1400）
8. 果実は核果。
9. 托葉はない。 ………………………… **イボタノキ属**（1401，1404〜1406）
9. 托葉がある。 …………………………………………………… **アカミズキ**（1352）
6. 花は大形。花弁は幅広い。………………………**キョウチクトウ属**（1358〜1361）
6. 花は比較的大形。花弁は細長く，白色。 ……………………… **ヒトツバタゴ**（1389）
3. 花序は穂状。
………………… **ラベンダー属**（1426），**サンゴバナ**（1433），**パキスタキス属**（1434）
3. 花序は散房状。…………………………………………………………………… **クマノミズキ**（1070）
3. 花は枝先に数個束生し，大形。 ………… **ザクロ属**（862），**クチナシ属**（1349〜1351）

▼検索 E10

1. 常緑性。
2. 樹上に着生する小低木。果実は細長い蒴果。 ………………………… **シシンラン**（1407）
2. 栽培されるか，暖地に自生する小低木。花序は複穂状で白色の微小な花をつける。
…………………………………………………………………**センリョウ**（121），**チャラン**（122）
2. 上記のような植物ではない。
3. 花序は腋生する。
4. 花弁は離生。果実は蒴果。 ………………………………… **ニシキギ属**（769・770，772）
4. 花弁は互いに合生。
5. 枝先の葉は鱗片状に退化する。花序は少数花をつけ，しばしば 1 花のみとなる。
果実は蒴果。 ………………………………………………………………… **ハナチョウジ**（1408）
5. 枝先の葉は他と変わらない。花序は多数花からなる。果実は核果か核果状。
6. 葉は無毛で光沢がある。………………………………………… **モクセイ属**（1382〜1387）
6. 葉は有毛で光沢はない。 ……………………………… **シチヘンゲ属**（1438・1439）
3. 花序は頂生する。果実は核果。
4. 花は 4 数性。枝は濃緑色。果実は少数つき，1 年後に熟する。
…………………………………………………………………………**アオキ属**（1331・1332）
4. 花は 5 数性。枝はすぐに淡褐色となる。果実は多数つき，開花年の秋に熟する。
……………………………………………………………………… **ガマズミ属**（1467，1472）

1. 夏緑性。
2. 花序は穂状または総状，時にごく狭い円錐状。

3. 花序は腋生。果実は蒴果で種子は有毛。……………………………… **ヤナギ属**（819・820）
3. 花序は頂生。
4. 果実は翼果。……………………………………………………………………………… **チドリノキ**（938）
4. 果実は宿存する萼に包まれた4分果。………………… **テンニンソウ属**（1427・1428）
4. 果実は蒴果。種子は無毛。………………………………………… **フジウツギ属**（1409～1412）
2. 花序は散房状。
3. 果実は蒴果。花は4数性で花弁は離生。…… **アジサイ属**（1075～1085，1088～1091）
3. 果実は核果。花は5数性で花弁は互いに合生。
……………………………………… **ガマズミ属**（1464～1466，1468～1471，1473～1475）
2. 花序は円錐状。
3. 花序に装飾花がある。…………… **アジサイ属**（1086・1087），**バイカアマチャ**（1101）
3. 花序に装飾花がない。
4. 花は白色。果実は蒴果。……………………………………………… **ウツギ属**（1095～1099）
4. 花は黄色。果実は核果。……………………………………………… **ハマクサギ属**（1425）
2. 花序は集散状で腋生。
3. 花弁は黄緑色～帯紫色で離生。果実は蒴果。………**ニシキギ属**（763～768, 773～776）
3. 花弁は紫色（まれに白色）で基部は互いに合生して筒状となる。果実は核果。
…………………………………………………………………………… **ムラサキシキブ属**（1414～1418）
2. 花は葉腋に1～数個束生し，頂生しない。
3. 果実は液果。花は小形で目立たない。…………………… **クロウメモドキ属**（646～649）
3. 果実は蒴果。花は大形で目立つ。……………………………… **レンギョウ属**（1376～1379）
2. 花は枝頂に数個束生し，上部の葉腋にも1～数個ずつ束生する。花冠は合弁で鐘形（スイカズラ科）。
3. 果実は蒴果，先端には萼片が宿存しないか宿存する。
……………………………………… **タニウツギ属**（1494～1500），**ウコンウツギ属**（1501）
3. 果実は痩果，先端には萼片が宿存する。
…………………… **ツクバネウツギ属**（1502～1505），**イワツクバネウツギ属**（1506）

▼検索 E11

1. 樹上に着生する小低木。花冠は筒状。果実は細長い蒴果。…………… **シシンラン**（1407）
1. 上記のようではない。
2. 花被片はない。雄蕊は多数が放射状に出る。果実は輪生する5～10心皮からなる袋果。
………………………………………………………………………………………… **ヤマグルマ**（294）
2. 花被片がある。雄蕊は放射状に出ない。果実は堅果，蒴果または液果。
3. 果実は蒴果。枝に刺はない。
4. 葉は全縁（縁毛のあるものもある）。蒴果は室の側面で裂開する。
………………………… **ツツジ属**（1215～1226，他の種にも輪生状になる種多し）
4. 葉は鋸歯縁。蒴果は室の背面で裂開する。………**ドウダンツツジ属**（1200～1205）
3. 果実は液果。枝に刺がある。……………………………………………………… **クコ属**（1373）
3. 果実は堅果。枝に刺はない。…………………………………………… **マカダミア属**（292）

▼検索 E12

1. 葉は全縁。

2. 落葉性。
　3. 葉の基部は左右非対称。 ……………………………………………………… **シマウリノキ**（1068）
　3. 葉の基部は左右対称。
　　4. 花序は頂生の円錐花序に多数つく。 …………………………… **アカメガシワ属**（794）
　　4. 花序は腋生するか，葉腋から出る短枝上に2個の花がつく。
　　　5. 花は葉腋から出る短枝上に2個つく。果実は蒴果。 ……………… **マルバノキ**（324）
　　　5. 花は前年の葉腋に3〜6個束生する。果実は豆果。
　　　　……………………………………………………………………… **ハナズオウ属**（391・392）
　　　5. 花は今年の葉腋から出る柄の先に散形花序をなして数個〜多数つく。果実は液果。 ……………………………………………… **サルトリイバラ（シオデ）属**（180〜182）
2. 越冬して初夏に落ちる小形で光沢のある葉と夏緑性の大形の葉とを持つ。本州中部の日本海側山地に生える低木。花は漏斗形。果実は蒴果。 ……… **オオコメツツジ**（1260）
2. 常緑性。
　3. 亜熱帯の海岸に生える高木。葉は楯着する。 …………………………… **ハスノハギリ**（152）
　3. 葉は楯着しない。
　　4. 小笠原諸島固有の高木。葉は基部心形。花は大きく直径6〜7 cm。
　　　……………………………………………………………………………… **モンテンボク**（1013）
　　4. 葉は基部楔形。花は小形。
　　　5. 花序は集散状。 ……………………………………………………………… **クスノキ属**（153）
　　　5. 花序は束状。 …………………………**テンダイウヤク**（169），**シロダモ属**（172・173）
　　　5. 花序は円錐状。 ……………………………………………………… **イソヤマアオキ**（252）
　　　5. 花序は散形状。 ……………………………………………………………**カクレミノ属**（1517）
1. 葉は鋸歯縁。
　2. 常緑性。
　　3. 幹や枝にに刺はない。……………………………………………………………… **ハズ属**（809）
　　3. 幹や枝に刺がある。 …………………………………………………………**クスドイゲ属**（850）
　2. 落葉性。
　　3. 海岸の潮間帯の泥地に生える低木。
　　　4. 花は大きく果実は蒴果。 …………………………………………………… **ハマボウ**（1012）
　　　4. 花は小さく果実は翼果。 ……………………………………………………… **ハマナツメ**（651）
　　3. 海岸の泥地には生えない。
　　　4. 花序は常に頂生か，それに加えて上部の葉腋に小さい腋生花序をつける。
　　　　5. 花序は散房状で直立し，果時には花柄は肥厚して多肉質となる。花は両全性で雄しべは5本。 ………………………………………………………………**ケンポナシ属**（638）
　　　　5. 花序は円錐状で下垂し，花柄は肥厚しない。花は単性で雌雄異株，雄花の雄しべは多数。…………………………………………………………………………… **イイギリ**（852）
　　　4. 花序は全て腋生か，頂生花序がある場合でも腋生の花序の方が大きい。
　　　　5. 総花柄の途中にに大きなへら状の苞があり，総花柄は苞と途中まで合着する。
　　　　　…………………………………………………………………… **シナノキ属**（1004〜1011）
　　　　5. 総花柄の途中にへら状の苞はない（オオバベニガシワ（795）では雌花序に葉状の苞があるが，総花柄と合着しない）。
　　　　　6. 花序は穂状で多数の花をつけ，苞は葉状ではなく，下垂する。

7. 高木。花は単性で雌雄異株，種子は有毛。… **ヤマナラシ属**（845〜847，849）
7. 低木。花は両性で種子は無毛。………………………… **トサミズキ属**（327・328）
6. 花序は穂状ではないか，雌花序のみ穂状で葉状苞がある。
7. 花は大形で径 5cm 以上。 ……………… **フヨウ属**（1012，1014，1022〜1028）
7. 花は小形で径 3cm 以下。
8. 果実は液果または核果。 …… **エノキ属**(658〜660)，**ナツメ属**(639·640)
8. 果実は蒴果。
9. 葉の基部に腺体がある。花は単性で蒴果は 3 室。
………………………………………………………………… **アミガサギリ属**（795）
9. 葉の基部に腺体はない。花は両性で蒴果は 2 室。
………………………………………………………………… **マンサク属**（320〜323）

▼検索 E13

1. 常緑性。
2. 葉は楯着する。 ………………………………………………………………… **ハスノハギリ属**（152）
2. 葉は楯着しない。
3. 花序は嚢状で，花は微小で外からは見えない。 ……… **イチジク属**（671，678，681）
3. 花序は嚢状ではなく，花は比較的大きく外から見える。…… **シャリントウ属**（529）
1. 夏緑性。
2. 枝に刺がある。果実は核果の集合した複合果で，橙黄色に熟す。…… **ハリグワ属**(691)
2. 枝に刺がない。
3. 比較的長い枝に多数の小形の葉をやや密に生じ，花はその腋に束生する。
…………………………………………… **コミカンソウ属**（810），**ヒトツバハギ属**（812）
3. 枝には中〜大形の葉を少数まばらに生じる。
4. 花は枝頂に単生して下垂し，大形，雌蕊はらせん状に配列した多数の心皮からなる。 ………………………………………………………………… **モクレン属**（137）
4. 花は小形で数個〜多数集まって腋生または頂生の花序をつくる。
5. 栽培される高木。花序は円錐状で多くの不稔花を含み，花後にその小花柄が伸長して赤色または灰白色の長毛に覆われる。果実は核果。 ……**ケムリノキ属**（899）
5. 野生か栽培（ナンキンハゼ）される高木または低木。花序は総状か束状で，小花柄が花後に長毛に覆われるようなことはない。
6. 果実は核果または液果。花序は腋生する。
7. 栄養器官に香気がある。…………………………………………**クロモジ属**（167，170）
7. 栄養器官に香気はない。………**ボロボロノキ属**(1061)，**スノキ属**(1306·1307)
6. 果実は 3 室からなる蒴果。花序は総状で頂生する。
…………………………………………………… **シラキ**（796），**ナンキンハゼ**（797）

▼検索 E14

1. 葉の側脈は多数，直線的で平行に走り，表面で凹む。
2. 葉の鋸歯は波状。………………………………………………………… **マンサク属**（320〜323）
2. 葉の鋸歯は鋭い。
3. 果実は堅果で殻斗状または筒状の総苞に包まれる。 ………… **ハシバミ属**（735〜737）
3. 果実は痩果で多数集まって球形，長球形または円柱形の球果状の果序をつくる。

4. 果序の鱗片は宿存性。………………………………………… **ハンノキ属**（740〜743，747）
4. 果序の鱗片は脱落性。……………………………………………………**カバノキ属**（748〜755）
3. 果実は翼果で小さく，葉腋に束生する。……………………………………**フサザクラ属**（246）
3. 果実は蒴果。花序は穂状。……………………………………………… **トサミズキ属**（326〜328）
3. 果実は長球形〜倒卵形の核果。花序は散房状。…………… **アズキナシ属**（540・541）
1. 葉の側脈は少数〜多数，著しく内側に曲がり，あまり平行に走らず，表面で凹まないかまたは凹む。
2. 葉に星状毛がある。……………………… **エゴノキ属**（1189〜1191），**アサガラ属**（1192）
2. 葉には星状毛はない。
3. 果実は核果で多数集まり，球形または円柱形の複合果をつくる。
…………………………………………………………… **クワ属**（684〜687），**コウゾ属**（688・689）
3. 集合果をつくらない。
4. 果実は核果。子房上位。…………………………………………………… **スモモ属**(458〜479)，
モチノキ属(1441, 1448)，**マルバチシャノキ**(1370)
4. 果実はナシ状果。子房下位。……………………………………………**サンザシ属**(521〜526)，
リンゴ属(549, 554)，**ナシ属**(556〜559)
4. 果実は袋果。子房上位。………………… **シモツケ属**（508，513・514，516，518），
スグリウツギ属（401・402）

▼検索 E15
1. 常緑性。
2. 葉に半透明の油点がある。果実はミカン状果または核果。
…………………………… **ミカン属**（950〜979・981〜985），**ミヤマシキミ属**（986〜988）
2. 葉に半透明の油点はない。
3. 植物体に白色の乳液が含まれる。花は雌雄の別があって小さい。
4. 花は少数が杯状の花序をつくって茎頂に数個集散状につき，その周りにふつう赤く着色した多数の葉状の苞がある。
……………………………………………**ショウジョウボク**（792）（ハナキリン(791)もみよ）
4. 花は多数集まって肉穂状または嚢状の花序をつくり，花序の周りに多数の葉状の苞はない（クワ科）。
5. 花序は肉穂状で雄花序は円柱状，雌花序は長球形で，熟すると長さ60cmに達する巨大な複合果となる。…………………………………………………… **パラミツ**（683）
5. 花序は嚢状でその内側に花がつく。…… **イチジク属**（664〜673，677，679·680）
3. 植物体に白色の乳液は含まれない。花序は嚢状ではなく，複合果をつくらない。
4. 雌蕊はらせん状に配列する多数の心皮からなり，各心皮の先端に柱頭がある。果実は球形，円錐形または円柱形の集合果となる。
…………………………… **モクレン属**（136，139〜141），**バンレイシ属**（143〜146）
4. 雌蕊は輪状に配列した多数の心皮からなり，各心皮の先端に柱頭がある。果実は車輪状に連結した袋果。葉に精油を含み，芳香がある。………… **シキミ属**（120）
4. 雌蕊は上記のようではない。コラノキ属（1036・1037）やピンポンノキ属（1038）では果実は放射状の袋果となるが，雌蕊は車輪状ではなく柱頭は単一，植物体に芳香はない。
5. 暖地の海岸の林に生え，満潮時にはしばしば根が海中に没する。

6. 著しい板根が発達する ……………………………… **サキシマスオウノキ**（1034）
6. 板根は発達しない……………………………………………… **ハマジンチョウ**（1413）
5. 潮間帯には生えない。
6. 花序は頂生。
7. 熱帯果樹。花托は花後著しく肥大して倒卵形肉質となり，先端に半ば埋もれた形で勾玉状の核果をつける。 ………………… **カシューナットノキ**（902）
7. 暖帯～高山に自生するかまたは栽培される。花托は花後肥大しない。果実は様々だが，核果となる場合は球形か長球形で勾玉状とはならない。
8. 花序は総状または複総状。花は小形で目立たない。
………………………………………………………………………… **ヤマヒハツ属**（813）
8. 花序は円錐状，散形状または散房状。花は目立つ。
9. 花冠はなく，萼筒が花冠状に見える。果実は核果。
…………………………………………………… **ジンチョウゲ属**（1039～1042）
9. 花冠がある。
10. 果実は核果状。花冠は離弁で子房下位。 …… **シャリンバイ属**（532）
10. 果実は蒴果。子房上位。
11. 花冠は基部まで裂けほぼ離弁に近い。 ………… **イソツツジ**（1297）
11. 花冠は明らかな合弁。 ………………… **ツツジ属**（1226，1283～1293，1295･1296），**カルミア(ハナガサシャクナゲ)属**（1298）
6. 花序は腋生（開花時には頂生に見える場合もある）か，ときに幹や太い枝につく。
7. 果実は核果または液果（痩果だが肉質の花被片に完全に包まれて核果状となったり（ハマベブドウ），乾果だが中に多汁質の仮種衣に包まれた種子を含む（ドリアンなど）ものもここで扱う）
8. 果実は大形で直径 4 cm 以上。 ………………………………… **ニクズク**（127），**アボカド**（160），**マンゴー属**（900，901），**ドリアン**（1031），**カカオノキ**（1035），**コラノキ属**（1036･1037），**ケガキ**（1112）
8. 果実は小形で直径 2 cm 以下。
9. 花序は総状か穂状。
10. 果実の表面には粒状の突起を密生する。花序は穂状。
………………………………………………………………… **ヤマモモ属**（724）
10. 果実の表面は平滑。花序は総状。 ………………… **ヤマモガシ**（290），**ユズリハ属**（332～334），**ハマベブドウ**（1063）
9. 花序は束状で無柄か，散房状，散形状ないし集散状で有柄。有柄の場合，総花柄は小花柄よりもはるかに短い。
10. 庭に栽培され，時に野生化する低木。果実は赤色～橙赤色に熟する。
……………………………………………………… **タチバナモドキ**（527），**シャリントウ**属（529），**タマサンゴ(ナス属)**（1375）
10. 高木。
11. 果実は赤色に熟する。
………… **カゴノキ(ハマビワ属)**（161），**モチノキ属**（1452･1453）
11. 果実は橙黄色～橙赤色に熟す，乾くと暗褐色となる。
………………………………………………………… **カキノキ属**（1111・1113）

11. 果実は黒色〜黒紫色に熟する。…………………………… **サカキ属**（1107），
ツルマンリョウ属（1119），**ミミズバイ（ハイノキ属）**（1184）

9. 花序は円錐状または集散状に少数つくか時に単生し，小花柄と同長かより長い総花柄がある。

10. 小低木。花序は枝の節間から出る。……… **ルリヤナギ（ナス属）**（1374）

10. 高木。花序は節から出る。

11. 果実は黒色に熟する。…… **タブノキ属**（158･159），**ハマビワ**（162），
バリバリノキ（164），**ゲッケイジュ属**（175）

11. 果実は赤色に熟する。……… **モチノキ属**（1445，1451，1453，1455）

7. 果実は堅果で基部に椀状の殻斗がある。
…………………………………… **コナラ属**（710・711），**オニガシ属**（713，714）

7. 果実は蒴果。

8. 果実は木質で堅く，平坦な先端部のみで裂開する。種子は微小。オーストラリアとその周辺の原産の栽培植物（フトモモ科）。
…………………………………………………………………… **ユーカリノキ属**（864〜866），
ネズモドキ属（867･868），**ブラシノキ属**（869･870）

8. 果実は先端が平坦ではなく，少なくとも中部まで裂開する。種子は比較的大きい。

9. 種子は赤色。 ……………… **モッコク属**（1104），**トベラ属**（1508・1509）

9. 種子は黒色。 ……………………………………………… **トキワマンサク**（325），
イスノキ属（329），**ピンポンノキ**（1038）

1. 冬緑性（夏に落葉し秋に新葉を展開する）。 ………………… **ジンチョウゲ属**（1043・1044）

1. 越冬して初夏に落ちる小形で光沢のある葉と夏緑性の大形の葉とを持つ。
……………………………………………………… **ツツジ属［ツツジ亜属］**（1227〜1259，1261〜1281）

1. 夏緑性。

2. 植物体に刺がある。
…… **ハリグワ属**（691），**メギ属**（256・257），**カンコノキ属**（811），**クコ属**（1373）

2. 植物体に刺がない。

3. 雌蕊はらせん状に配列する多数の心皮からなり，各心皮の先端に柱頭がある。果実は球形，円錐形または円柱形の集合果となる。
…………………………………………………… **モクレン属**（128〜134，135，137〜139）

3. 雌蕊はらせん状に配列する多数の心皮からなり，各心皮の先端に柱頭がある。果実は紡錘形〜長球形の大形の多汁質の心皮が数個花床上に集まった集合果で，アケビの果実に似る。北アメリカ原産の栽培植物。 ……………………………… **ポポー**（147）

3. 果実は豆果。葉は小さくまばらにつく。花は黄色。 ………………………… **レダマ**（382）

3. 雌蕊，果実は上記のようではない。

4. 花序は腋生。

5. 植物体に強い臭気がある。葉序はコクサギ型。 ………………… **コクサギ属**（998）

5. 植物体に精油を含み芳香がある ………………………………… **アオモジ**（163），
クロモジ属（165・166，168，170）

5. 植物体に香気はない。

6. 葉裏は鱗片で覆われる。 ………………………………………… **グミ属**（630〜634）

6. 葉裏には鱗片はない。

7. 花序は頭状。花は葉に先だって開き，夏期には翌年の花序が枝先付近の葉腋に用意されている。枝は3叉分枝を繰り返す。 ……… **ミツマタ属**(1046)
7. 花序は頭状ではない。
8. 果実は蒴果。葉は枝先に集まってやや輪生状。
……………………………………………… **バイカツツジ(ツツジ属)**(1282)
8. 果実は液果か核果。葉は枝先に集まらない。
9. 総花柄は長さ2cm以上。北アメリカ原産でまれに栽培される。
…………………………………………………………… **ヌマミズキ属**(1074)
9. 総花柄はないか，あっても1cm以下。
10. 果実は黒紫色～濃青紫色に熟し,球形で小形。
…………………………………………………………… **スノキ属**(1306･1307)
10. 果実は黄色～橙黄色に熟し,中形～大形。……… **カキノキ属**(1109･1110)
4. 花または花序は頂生。
5. 花は枝頂に単生。……………………………… **マルメロ**(569)，**セイヨウカリン**(570)
5. 花序は総状。
6. 花被は目立たない。果実は3裂する蒴果。小高木。 …………… **シラキ**(796)
6. 花被は目立つ。果実は液果または蒴果。
7. 子房は半下位。果実は液果。低木。 ……………………………… **ナツハゼ**(1304)
7. 子房は上位。果実は蒴果。低木または小高木。
8. 花は5数性で蒴果は5裂する。低地～亜高山帯に生える低木または小高木。 ……………………………… **ハナヒリノキ属**(1315)，**ネジキ属**(1318)
8. 花は3数性で蒴果は3裂する。亜高山帯に生える小低木。
…………………………………………………………………… **ミヤマホツツジ**(1327)
5. 花序は円錐状。
6. 葉の側脈は多数，平行に並び，顕著。
……………………………… **クマヤナギ属**(643・644)，**ヨコグラノキ属**(645)
6. 葉の側脈は少数，平行に並ばず，あまり著しくない。
7. 花弁は5～9枚で大きく，基部は爪状に細まる。高木。
……………………………………………………………… **サルスベリ属**(859・860)
7. 花弁は3枚で小さく，基部は細まらない。低木。 ……… **ホツツジ**(1326)
5. 花序は頭状。 ……………………………………………………… **ガンピ属**(1047・1048)
5. 花序は散房状。 ……………………………………………………………… **ミズキ**(1069)
5. 花序は散形状。 ……… **ツツジ属**(1208～1214，1234・1235，1259，1281，1294)

▼検索 E16

1. 葉の中央部に花や果実をつける。 ……………………………………… **ハナイカダ属**(1440)
1. 葉には花や果実をつけない。
2. 常緑性。
3. 葉は（少なくとも上部のものは）羽状に浅～中裂する。植物体には白色の乳液が含まれる。熱帯～亜熱帯の植物。
4. 雌雄異株の熱帯果樹で花序は肉穂状となって枝の上部の葉腋につき，雄花序は棍棒状，雌花序は球形～長球形で，熟すると直径10～20cmの大形の複合果となる
……………………………………………………………………………… **パンノキ**(682)

4. 雌雄同株の鑑賞植物で，雄花と雌花は少数が杯状の花序につき，それが茎頂に集散花序をつくり，その周囲にはふつう赤く着色した多数の苞葉があって目立つ。果実はふつうできない。 ……………………………………… **ショウジョウボク**（792）
3. 葉は分裂しない。植物体には白色の乳液は含まれない。花序は上記のようではない。
4. 花序は頂生する。
5. 花被片はない。雄蕊は多数が放射状に出る。果実は輪生する 5〜10 心皮からなる袋果。…………………………………………………………………… **ヤマグルマ**（294）
5. 花被片がある。雄蕊は放射状に出ない。果実は上記のようではない。
6. 花冠は離弁。花序は総状ではない。
7. 雄蕊は多数。子房下位。……………………………… **シャリンバイ属**（531〜533），**カナメモチ属**（543〜545），**ビワ属**（571）
7. 雄蕊は 5 本。子房上位。……………………………………………………… **ヤマビワ**（286）
6. 花冠は合弁。花序は総状。
……………………… **シャシャンボ（スノキ属）**（1305），**アセビ属**（1316・1317）
4. 花序は腋生する。
5. 果実は堅果で椀状または壷形の殻斗に包まれる。
…………………………………… **コナラ属**（705〜709，712），**シイ属**（715・716）
5. 果実は木質の果皮に包まれた蒴果。花は上部の葉腋に単生するか少数が束生。
……………………………………………………………………………… **ツバキ属**（1120〜1173）
5. 果実は液果か核果。
6. 花序は明らかな総状。
7. 高木。……………………………… **ヤマモガシ**（290），**バクチノキ属**（455〜457），**ホルトノキ属**（785〜787），**ハイノキ属**（1177，1179）
7. 林床に生育する低木。 ……………………………… **イズセンリョウ属**（1114）
6. 花序は穂状か，時に基部から枝を出して複穂状。
7. 花には雌雄性があり，花被片はない。核果の表面には粒状の凹凸がある。
……………………………………………………………………………… **ヤマモモ**（724）
7. 花は両全性で花被片がある。核果の表面は平滑。
……………………………………………………………………… **ハイノキ属**（1180〜1182）
6. 花は葉腋に束生するかほとんど無柄の小さな集散花序をなす（雌花は葉腋から出る短柄の先に単生することがある）。
7. 葉は有毛でしばしばざらつく。……………………… **ウラジロエノキ属**（661）
7. 葉はほとんど無毛でざらつかない。
8. 枝に刺がある。 ……………………………………………………… **メギ属**（260），**カザンデマリ（タチバナモドキ属）**（528），**セイロンスグリ**（851）
8. 枝に刺はない。
9. 花冠は離弁。 ……………………………………… **ヒサカキ属**（1105・1106），**モチノキ属**（1447，1450，1456〜1458）
9. 花冠は合弁。……………………………… **ハイノキ属**（1178，1183・1184）
6. 花は明らかな柄のある集散花序，散房花序，散形花序またはそれらの複合花序につくか，長柄の先に単生する。
……………………… **モチノキ属**（1446，1454），**ヤブコウジ属**（1115〜1118）

2. 夏緑性。
3. 林下に生育する小低木で地上部は2年で枯死する。1年目の枝には卵形の葉を互生し，2年目の枝には前年の葉の腋から披針形の葉を多数束生する。花は多数集まって総苞に包まれた頭花をつくる。…………………………… **コウヤボウキ属**（1459・1460）
3. 上記のような植物ではない。
4. 葉の側脈は多数，直線的で平行に走り，先端は縁の鋸歯に達し，表面で凹んで目立つ。
5. 花序には雌雄性がある。花弁はない。
6. 果実は痩果または翼果で小さく，球果状の果序に多数つく。
7. 果序の鱗片は宿存するので，果実の散布後も果序は原型をとどめる。
……………………………………………………………………… **ハンノキ属**（744～746）
7. 果序の鱗片は果実が熟するとばらばらになる。
…… **カバノキ属**（751・752），**クマシデ属**（756～760），**アサダ属**（761）
6. 果実は堅果で大きく，1個または数個ずつ堅い総苞に包まれる。
7. 堅果は卵球形で基部に杯状の総苞（殻斗）がある。
…………………………………………………… **コナラ属**（697・698，700～704）
7. 堅果はやや扁平で幅広く，2～3個ずつ刺を密生する総苞に包まれる。
……………………………………………………………………………… **クリ属**（720～723）
7. 堅果は3稜形で，普通2個ずつ外側に鱗片を密生する総苞に包まれる。
……………………………………………………………………………… **ブナ属**（717～719）
6. 果実は痩果で，葉腋に単生し，熟すると葉とくっついたまま落下する。
……………………………………………………………………………………… **ケヤキ属**（653）
6. 果実は翼果で，葉腋に束生する。……………………………… **ニレ属**（654～657）
6. 果実は核果で葉腋に1～2個ずつつく。 ……………………… **ムクノキ属**（662）
5. 花は両全性。花弁はある。
6. 花序は散房状。 ……………………………………………… **アズキナシ属**（540・541）
6. 花は枝先に単生。 ……………………………………………………… **ヤマブキ**（503）
4. 葉の側脈は少数～多数，あまり平行に走らず，先端は曲がって縁の鋸歯に達しない。
5. 花序には雌雄性があり，しばしば雌雄異株。
6. 果実や（もしあれば）それを包む花被は乾質。
7. 果実は蒴果で穂状花序に多数つく。種子は有毛で風に乗って散布される。
…… **ヤナギ属**(816～818, 821～832, 835～837, 839～844)，**ヤマナラシ属**(849)
7. 果実は裂開しない。種子は無毛か，有毛の場合でも目立たない。
8. 果序は穂状かまたは球果状で，密に多数の翼のある果実をつける。
9. 高木。果実は痩果で，球果状の花序に多数つく。
……………………………………………………………………… **ハンノキ属**（738・739）
9. 低木。果実は乾核果で，基部に翼状の苞が合着し，短い穂状花序につく。 ………………………………………………………… **ヤチヤナギ**（725）
8. 果実は葉腋に束生するか，葉腋から出る短枝に少数が穂状につき，硬果か翼果。
9. 果実は堅果で，基部に杯状の殻斗がある。……… **コナラ属**（696・699）

9. 果実は翼果で，若枝の苞腋に束生する。葉を切るとゴム質の糸をひく。
……………………………………………………………… **トチュウ**（1330）
8. 果実は球形または短紡錘形で革質の外花被に包まれ，腋生の下垂する長い穂状花序につく。…………………………………………… **キブシ属**（888）
6. 果実またはそれを包む花被のいずれかには多汁質の部分がある。
7. 果実は核果か多肉質の花被に包まれた痩果で，多数が円柱形または球形に集まった複合果をつくる。………… **クワ属**（684·685），**コウゾ属**（688·689），**ヤナギイチゴ属**（694），**ハドノキ属**（695）
7. 果実は核果で腋生の集散花序または束状花序につく。
……………………………………………………… **モチノキ属**（1441～1444）
5. 花は両全性か，単性の場合でも同一花序中に混在する。
6. 花序は頂生する（枝が仮軸分枝をするために腋生に見えることもある）。
7. 花序は総状または基部から短い枝を出して複総状となる。
8. 植物体に星状毛がある。果実は蒴果。…………………… **エゴノキ属**（1189）
8. 植物体に星状毛はない。
9. 果実は蒴果。
……… **ズイナ属**（335），**ヤナギザクラ属**（502），**リョウブ属**（1199）
9. 果実は核果またはナシ状果。花冠は離弁。
……………… **ウワミズザクラ属**（452・453），**ザイフリボク属**（530）
9. 果実は液果。花冠は合弁。 ………………………… **スノキ属**（1302～1304）
7. 花序は円錐状。
8. 植物体に星状毛がある。果実は蒴果。………… **アサガラ属**（1192・1193）
8. 植物体に星状毛はない。果実は核果。…………… **アワブキ属**（284・285），**ハイノキ属**（1185～1187），**チシャノキ属**（1369）
8. 植物体に星状毛はない。果実は裂開する袋果。……… **ホザキシモツケ**（519）
7. 花序は散房状。
8. 果実はナシ状果。子房下位。
…………………………………… **サンザシ属**（520～526），**カマツカ属**（542）
8. 果実は袋果。子房上位。 ……………… **シモツケ属**（507，509，512～518）
7. 花序は散形状または束状。 ……………………………… **リンゴ属**（546～555）
7. 花は枝頂に単生。………… **ビロードイチゴ**（581），**スノキ属**（1302・1303）
6. 花序は房状で著しく短縮した短枝に頂生するため側生のように見えるが，短枝には数枚の葉がつく。
7. 果実は液果。短枝の腋に刺が出る。 ………………………… **メギ属**（258・259）
7. 果実はナシ状果。短枝の先が刺となることがある。
……………………………………………………………… **リンゴ属**（546～555）
7. 果実は袋果。刺はない。…………………………………… **シモツケ属**（510・511）
6. 花序は側生する。
7. 花序は総状で多数の花をつける。
……………………………………………… **ミヤマザクラ**（419），**イヌザクラ**（454）
7. 花序は束状，散房状または散形状に少数の花をつけるか，単生する。
8. 果実は蒴果。子房上位。 ………………………… **ナツツバキ属**（1174～1176）

8. 果実は核果。子房上位または周位。
9. 花は大きく，花弁は白色～淡紅色で目立つ。葉序は互生で，コクサギ型とはならない。 ………………………… **サクラ属**（403～418，420～451），**スモモ属**（480～485，487～501）
9. 花は小さく，花弁は帯緑色で小形，中に雄蕊を抱く。葉序はコクサギ型となることが多い。 ……………… **イソノキ**（650），**ネコノチチ**（652）
8. 果実はナシ状果。子房下位。 ……………………………………… **ボケ属**（560～568）
8. 果実は液果。子房下位。 …………………… **スノキ属**（1306，1308～1310）

●**検索 F**

1. 巻きひげで他物にからまりつく。 ……………………………………………………… **検索 F1**
1. 吸盤で他物に張り付き広がる。 …………………………………………… **ツタ属**（351・352）
1. 葉のない，全体が黄緑色のつるで，暖地の海岸に生育し，他の植物に寄生する。花は穂状花序につき，小形で地味。 ……………………………………………… **スナヅル属**（174）
1. 気根を茎の節と節間から出して他物に付着する。 ………………………………… **検索 F2**
1. 気根を茎の節の部分から出して他物に付着する。 ………………………………… **検索 F3**
1. 葉が複葉となり，葉柄または頂小葉の小葉柄が巻きひげのように他物にからまりつく。 …………………………………………………………… **センニンソウ属**（264～266，268～282）
1. 葉腋から出る枝が肥厚して鉤状になり，他物に引っかかる。 ……… **カギカズラ属**（1344）
1. 茎に刺があり，それによって他物に引っかかる。 ………………………………… **検索 F4**
1. 他物に付着したりからまりつくための特殊化した構造を持たず，茎そのものを他物にからまらせる。 …………………………………………………………………………… **検索 F5**
1. 地上を長く匍匐し，節から根を出して広がる。 …………………………………… **検索 F6**

▼**検索 F1**

1. 葉は単葉。
2. 葉は全縁。
3. 葉は先が2裂する。 …………………………………………… **ハカマカズラ**（390）
3. 葉は先が裂けず，鋭頭～円頭。 ……………… **サルトリイバラ(シオデ)属**（178・179），**カラスキバサンキライ**（183）
2. 葉は鋸歯縁。 ………………………………………………………… **ブドウ属**（346～350），**ノブドウ属**（ノブドウ *Ampelopsis glandulosa* (Wall.) Momiy.。本書に掲載なし）
1. 葉は複葉。小葉は普通鋸歯縁。 ………………………… **ノブドウ属(ウドカズラ)**（353）

▼**検索 F2**

1. 葉は互生。
2. 葉は単葉。 ………………………… **キヅタ属**（1519～1523）（ツタヤツデ（1527）も見よ）
2. 葉は3出複葉。 ………………………………………………………… **ツタウルシ**（892）
1. 葉は対生。
2. 花は散房花序につき，装飾花がある。
3. 装飾花の花弁は4枚。 ……………………………………………… **ツルアジサイ**（1093）
3. 装飾花の花弁は1枚。 ……………………………………………… **イワガラミ**（1094）

2. 花は集散花序につき，装飾花はない。
3. 花は黄緑色で小形。果実は球形で種子は赤色の仮種皮に包まれ，無毛。
……………………………………………………………………………… **ツルマサキ**（771）
3. 花は白色で大形。果実は線形で種子は有毛。………… **テイカカズラ属**（1362・1363）

▼検索 F3

1. 葉は対生。花は大きく花弁がある。
2. 葉は単葉。暖地に野生。……………………………… **シラタマカズラ（ボチョウジ属）**（1339）
2. 葉は羽状複葉。栽培。……………………………………………… **ノウゼンカズラ属**（1435）
1. 葉は互生。花は微細で花弁はない。
2. 花序は壷形で，壷の内側に花が多数つき，外からは見えない。…… **イチジク属**（674～676）
2. 花序は肉穂状で外から見える。……………………………………… **コショウ属**（123～126）

▼検索 F4

1. 葉は単葉。
2. 葉裏には星状毛や鱗片を密生する。………………………………………… **グミ属**（635・636）
2. 葉裏には星状毛や鱗片はない。
3. 葉は全縁。
4. 枝は緑色。花は葉の落ちた葉腋に束生し，径 6～8 mm，黄色，着色した苞片はない。
西日本にごくまれに野生。……………………………………………… **アオカズラ**（283）
4. 枝は褐色。花は枝先に花序をつくって数個つき，淡黄色，紅紫色，白色，黄色等の 3 枚の大形の苞片に包まれる。暖地に栽培される。
…………………………………………………………………… **イカダカズラ属**（1064・1065）
3. 葉は鋸歯縁。
4. 琉球列島の隆起サンゴ礁の上に生え，葉は円頭か鈍頭。果実は蒴果。
…………………………………………………………………………… **ハリツルマサキ**（782）
4. 暖地～寒地の地上に生え，葉は鋭頭。果実は核果が球形～半球形に集合した集合果。…………………………………………………………………… **キイチゴ属**（575，583）
1. 葉は複葉。
2. 果実には多汁質の部分がある。葉は 3 出複葉，掌状複葉または単羽状複葉（バラ科）。
3. 果実は核果の集合した集合果。……………………… **キイチゴ属**（584，588～593，597）
3. 果実は痩果だが，多汁質の壷状の萼筒に完全に包まれる。
…………………………………………………………… **バラ属**（600・601，607～612，625）
2. 果実は豆果で多汁質の部分がない。葉は 2 回羽状複葉。花は黄色。
……………………………………………………………………………… **ジャケツイバラ属**（393）

▼検索 F5

1. 葉は単葉。
2. 葉は対生。
3. 茎を切ると白色の乳液が出る（キョウチクトウ科）。
……………………………… **テイカカズラ属**（1362・1363），**サカキカズラ属**（1364），**アリアケカズラ属**（1366），**ツルニチニチソウ属**（1367），**ハートカズラ属**（1368）
3. 茎を切ると透明な汁が出ることはあるが，白色の乳液は出ない。

4. 托葉がある（アカネ科）。
………**ハナガサノキ属**（1340），**ヘクソカズラ属**（1343），**コンロンカ属**（1347）
4. 托葉がない。…………………………………………………… **ホウライカズラ属**（1356・1357），
クサギ属（1423），**スイカズラ属**（1477～1480）
2. 葉は互生（短枝のある種では輪生状となることがある）。
3. 枝先に葉を密につける短枝がある。果実は多数の心皮が房状または球状に集まった集合果。葉は無毛（マツブサ科）。
4. 葉は夏緑性。集合果は房状で黒熟または赤熟する。 ……… **マツブサ属**（117・118）
4. 葉は常緑性。集合果は球状で赤熟する。 …………………………… **サネカズラ属**（119）
3. 葉を密につける短枝はない。果実は球形の複合果，赤熟または黄熟する。
4. 葉は夏緑性で有毛。果実は赤熟する。 …………………… **ツルコウゾ（コウゾ属）**（690）
4. 葉は常緑性で無毛。果実は橙黄色に熟する。 ………………………… **カカツガユ**（692）
3. 葉を密につける短枝はない。果実は複合果とはならず，集合果となる場合でも心皮は少数。
4. 葉は楯着する。 …………………… **ハスノハカズラ属**（254），**コウモリカズラ**（255）
4. 葉は楯着しない。
5. 葉は鋸歯縁。
6. 花は白色で多数の雄蕊を持つ。果実は液果。枝端の葉は開花時に上半部が白色または帯赤色になることが多い。 ………………… **マタタビ属**（1194～1198）
6. 花は黄緑色または白色で5本の雄蕊を持つ。果実は蒴果または翼果。枝端の葉は緑色で白色を帯びない。
7. 花は黄緑色。果実は蒴果。 ……………………… **ツルウメモドキ属**（777～779）
7. 花は白色。果実は翼果。…………………………………………………… **クロヅル**（780）
6. 花は黄色で鮮赤色の壷形の萼をもち，雄蕊は多数あって花糸は互いに合着し，筒状になる。果実はできない。 ……………………………… **ウキツリボク**（1030）
5. 葉は全縁。
6. 葉には星状毛や鱗片を密生する。 ………………………………… **グミ属**（636・637）
6. 葉には星状毛や鱗片はない。
7. 葉は三角状卵形で長さと幅がほぼ等しく，側脈は少数。果実は球形。
………………………………**アオツヅラフジ属**（251），**ツヅラフジ**（253）
7. 葉は楕円形～卵形で長さは幅の2倍程度，側脈は6～12対。果実は長球形。
………………………………………………… **クマヤナギ属**（641・642，644）

1. 葉は複葉。
2. 葉は三出または掌状複葉。
3. 先端に葉を密生する短枝がある。
4. 葉は夏緑性。 ……………………………………………………………… **アケビ属**（247～249）
4. 葉は常緑性。 ……………………………………………………………………… **ムベ属**（250）
3. 先端に葉を密生する短枝がない。………… **トビカズラ属**（365・366），**クズ属**（377）
2. 葉は羽状複葉。
3. 花は蝶形，果実は豆果。………………**フジ属**（355～357），**ムラサキナツフジ属**（358）
3. 花は筒形，果実は液果。……………………………………………………… **ソケイ属**（1380）
2. 葉は2回羽状複葉。果実は巨大な豆果。 …………………………………… **モダマ属**（395）

▼検索 F6

1. 果実は核果が集合した球形ないし半球形の集合果。
……………………………………………… **キイチゴ属**（572〜576，584，588〜593，595〜597）
1. 果実は痩果で花柱は伸長し，羽状になる。花はクリーム色で花弁は5〜8枚。
  2. 葉は単葉。…………………………………………………………………… **チョウノスケソウ**（400）
  2. 葉は羽状複葉。 ………………………………………………………………… **チングルマ**（598）
1. 果実は筒状の萼の底にあって4つに分かれ（分果），熟すとそれぞれがばらばらになって落ちる。花は紫色まれに白色で2唇形。 ………… **イブキジャコウソウ属**（1430・1431）
1. 果実は乾いた小形の核果で，2叉分枝した直立する枝の先につく。花冠は鐘形で下垂する。葉は対生し卵円形，長さ1 cm以下，鋸歯縁。高山の半陰地に生える。
…………………………………………………………………………… **リンネソウ属**（1507）
1. 果実は乾いた核果で，枝に頂生する円錐花序につく。花冠は唇形。葉は対生し卵形，長さ3〜6 cm，全縁，裏面に灰白色の毛を密生する。海岸の砂地に生える。
……………………………………………………………………………………… **ハマゴウ**（1420）
1. 果実は液果。
  2. 花弁は無い。果実は白色。葉は互生し鋸歯縁。 ………………………… **フッキソウ**（298）
  2. 花弁がある。果実は白色ではない。
    3. 高山に生える。…………………………………………………………… **ツルツゲ**（1449），
スノキ属（1311・1312），**ウラシマツツジ属**（1206）
    3. 低地に生える。 …………………………………………………………… **ツルシキミ**（988），
ヤブコウジ属（1115・1116），**ツルマンリョウ**（1119 註）
    3. 北アメリカ原産でまれに栽培される ………………………… **オオミツルコケモモ**（1313）
1. 果実は蒴果。
  2. 花托が果時に肥大して多汁質となり，果実を包むため，一見液果のように見える。
……………………………………………………………… **シラタマノキ属**（1328・1329）
  2. 胎座が肥大して多汁質となるため，一見液果のように見える。種子は胎座の表面に散在する。 ………………………………………………………………… **イワナシ**（1319）
  2. 果実は蒴果で，果実の周辺には多汁質になる部分はない。
    3. 雌雄異株で花弁はない。蒴果は円錐形で2裂する。種子は有毛。
…………………………………………………………………… **ヤナギ属**（833・834，838）
    3. 花は両全性で花弁がある。蒴果は円錐形ではない。種子は無毛。
……………………… **イワウメ**（1188），**エゾツツジ**（1207），**ヒメシャクナゲ**（1314）

スタンダード版

APG樹木図鑑

1. ヘゴ（タイワンヘゴ）　〔ヘゴ属〕
Cyathea spinulosa Wall. ex Hook.

【原産地】日本の西南暖地。【分布】伊豆諸島，宮崎県と鹿児島県の南部，甑島，五島，八丈島，屋久島，種子島，沖縄に分布，また温室内でも栽培される。【自然環境】亜熱帯の湿度が高い林中や渓谷にはえ，半日陰の温室内で栽培される常緑木性シダの低木。【用途】観葉植物として鉢植えにして室内装飾に使うほか，用材をヘゴ板などにして，着生植物の栽培や，インテリア用に使う。また，新芽や若葉を蔬菜として用いる。【形態】高さ3〜4m。幹は分枝せず直立する。幹太く，径20〜50cmになり，先端部に1〜2mの大形羽状葉を群生させる。葉柄は紫褐色で基部にやや堅い鱗片があり，幹の表面を径0.2cmぐらいの黒褐色の気根が密におおう。幹の上方には枯死した葉柄が残る。葉柄の基部は径4cmぐらい，中軸とともに紫褐色で，多数のとげでおおわれる。葉身は2回羽状複葉，倒卵状長楕円形，小裂片は線状披針形で鋭頭，鋸歯縁。側脈が1〜2回叉状に分枝するのが特徴。【特性】半陰樹。高温と十分な空中湿度が必要。腐植質に富む排水のよい土地を好み，強健で，生長が早い。越冬温度は10℃ぐらい。【植栽】繁殖は株分けかさし木によるが，胞子をまいてもふやせる。適期は春，胞子は水ごけにまく。【管理】鉢植え用土は，粒の粗い軽石砂に腐葉土かピートモスを4割ぐらい混ぜた通気性のよいものがよい。直射日光を嫌うので半日陰で栽培する。夏は戸外に出してもよいが，湿度を保つため十分葉水を与える。【近似種】マルハチ *C. mertensiana* (Kunze) Copel. がある。常緑の木本性シダで，小笠原原産。

2. ソテツ　〔ソテツ属〕
Cycas revoluta Thunb.

【分布】九州（南部），沖縄，中国大陸南部。【自然環境】関東南部以南の地で植栽されている常緑低木または小高木。【用途】暖地の公園樹，庭園樹。茎よりデンプンをとる。種子は薬用，食用とする。外殻は加工して玩具とする。【形態】幹は単立か株立ちで高さ1〜5m。茎は暗黒色の円柱形で葉痕が全面に密布している。葉は大形の羽状複葉で長さ0.5〜2m，茎に頂生する。小葉は線形，濃緑色で光沢がある。雌雄異株で6月頃に茎の先端に開花する。雄球花は円柱状に直立してつき，雌球花は多数の雌しべが球状に集まる。種子は広卵形の朱赤色で2〜4cm，11〜12月に成熟する。【特性】乾燥した暖地を好む。湿地を嫌う。生長は遅い。耐潮性があり，大気汚染にも抵抗性がある。【植栽】繁殖は実生，さし木，株分けによる。実生は，常温貯蔵し，春に播種する。発芽率は高い。【管理】整枝，せん定の必要はない。初夏に新葉が開いたら，傷んでいる葉を切り更新をはかる。施肥は葉の出る前の2月頃に油かす，鶏ふんなどを根もとに施す。9月上旬に化成肥料を少し施せばよい。病害虫は特記するものはない。【近似種】ナンヨウソテツ *C. rumphii* Miq. は羽片の縁辺が外曲せず扁平である。ソテツは外曲する。【学名】種形容語 *revoluta* は反巻した，の意味。

3. ヒロハザミア　〔ザミア属〕

Zamia furfuracea Aiton

【原産地】メキシコ，西インド諸島，フロリダ原産。日本には第二次大戦後に渡来した。【分布】観葉植物として温室内に栽培される。【自然環境】熱帯から亜熱帯の乾燥地の植物で，日あたりを好む常緑小低木。【用途】鉢植えにして，室内植物として観賞する。【生態】幹は短く単立または分枝そう生し，高さ 5～15cm，径 8～12cm，葉は光沢のある常緑色の全裂羽状葉で，長さ 1～1.2m，革質で堅い。小葉は楕円形で多肉質，褐色の厚い糖状質におおわれる。雌雄異株，花は葉の中心（茎頂）から出る。種子は朱赤色の種皮に包まれる。【特性】生長は遅いが，寒さと乾燥に強く，越冬温度 3℃ぐらい。日あたりを好み，暖地では戸外でも越冬できる。【植栽】繁殖は実生による。【管理】用土は砂や軽石砂のような排水のよい土に腐葉土を 3 割ぐらい混ぜたものを使う。鉢替えは 4～5 月頃，周年日あたりのよい場所で育てる。冬期は，温室内か室内に保護する。寒さに比較的強いため，関東以西ではフレームでの越冬も可能。肥料は生長の旺盛な春から秋にかけ緩効性の肥料を 2 ヵ月に 1 度，置肥として与える。【近似種】ザミア属は北米，中南米の新大陸に約 30 種分布するが，ホソバザミア *Z. integrifolia* L.f. が鉢で栽培される。葉の長さ 50cm でやや湾曲し，濃緑色，茎は半地下性で，ごく短い。【学名】属名 *Zamia* はラテン語のマツカサに由来する。種形容語 *furfuracea* は糖状の，の意味。

4. イチョウ（ギンナン）　〔イチョウ属〕

Ginkgo biloba L.

【原産地】中国。【分布】北海道，本州，四国，九州，沖縄。【自然環境】日本全土に広く植栽されている落葉高木。【用途】公園樹，街路樹，社寺林に植えられ，防火樹，防風樹ともされる。また盆栽作りにもする。材は建築材，器具材，彫刻材に用いる。【形態】幹は直立，整形樹で高さ 30～45m，幹径 5m，樹皮は灰色で縦裂し太く，幹枝から「乳」を下垂する。全株無毛，葉は長枝で互生し，短枝で束生する。葉柄は長柄，葉身は扇形で中央が切れ込む。秋には黄葉する。雌雄別株で花は 4 月，雄花は淡黄色の短い穂となり，多数の雄しべがある。雌花は緑色で果柄の先に 2 個の胚球がある。種子は黄色肉質で内種皮は白く堅い。10 月成熟，食用とする。【特性】陽樹で生長は早い。強健で大気汚染にも強く，耐火性，耐寒性があり，移植も容易。せん定に強く萌芽力も十分である。潮害には弱い。【植栽】繁殖は実生，さし木，接木による。実生は果肉を除去し，水洗生干しし，土中に埋蔵して，春に播種する。発芽率は高い。【管理】自然に樹形が整うので手入れの必要はないが，根もとからのヤゴはかき取る。施肥はあらためては必要ないが，施す必要のある場合はリン酸，カリ肥料を主とする。枝葉が充実し黄葉が美しくなる。チッソ過多では黄葉が美しくあがらない。病害虫はほとんど発生しない。【近似種】オハツキイチョウ 'Epiphylla' は葉柄がやや長く，葉の上に果実を生ずるもの。【学名】種形容語 *biloba* は 2 浅裂の，の意味。

5. シナマオウ（マオウ）　〔マオウ属〕

Ephedra sinica Stapf

【原産地】中国北部，蒙古。【分布】原産地をはじめ欧米各国，日本に植栽。【自然環境】日あたりのよい乾燥地帯の砂地に自生するか，植栽されている常緑針葉小低木。【用途】薬用植物，エフェドリンの原料。植物園，薬草園などに見本植物として用いる。【形態】樹高 20cm ぐらいになり，茎は直立または斜上，ときに回旋，根もとから多くの枝を出し分枝する。茎の節間は 3～5cm，直径 0.1cm ぐらいでトクサに酷似する。葉は小さく白い小鱗状となり茎節に対生する。基部は合着し，茎を包み短いさやとなる。葉の長さは 0.2cm ぐらいで，表面は白色を帯び，裏面は紫褐色となる。雌雄異株。花は夏に茎の先端，または梢の端に小さな卵形の単生花序をつける。雄花は包片が 2～4 個，雄しべは 2～4 本あり合生，黄色の葯がある。雌花は包片の下部が合着し裸の胚珠をもつ。果実は液果状で赤色の包片があり，種子が 2 個入っている。種子は黒褐色で長卵形の堅果である。根茎は赤褐色の木質で太く，分枝する。【特性】耐乾性が強く，乾燥した砂地を好む。根および節を除く部分にエフェドリンが含有され，根および節は止血剤とする。【植栽】繁殖は実生，株分けによる。【管理】かん水に注意を要する。【近似種】本種はフタマタマオウ *E. distachya* の一変種とする説もある。【学名】種形容語 *sinica* は中国の，の意味。

6. クロマツ（オマツ）　〔マツ属〕

Pinus thunbergii Parl.

【分布】北海道南部，本州，四国，九州，沖縄。【自然環境】各地域の海岸に多く，海岸風景の主木となっている常緑針葉高木。【用途】庭園，公園の主木，植込み，列植。防風林，休養林，盆栽。材は建築材，船舶材，器具材，パルプ材などに用いられる。【形態】幹には曲幹，直幹がある。高さ 30～40m，直径 50～80cm，下部の樹皮は暗黒色で厚く亀甲状鱗片に剥離する。枝は車輪状に分枝する。若枝の鱗片は白っぽい。葉は針状で長さ 5～15cm，硬質で，短枝上に 2 本ずつ束生する。冬芽は円筒形で灰白色の小鱗片多数におおわれる。雌雄同株。花は 4 月に開花。新枝の先端に球形で紫紅色の雌球花をつけ，新枝の下部に長楕円状円柱形の長さ 1.5～1.8cm の雄球花をつける。黄色の花粉を出す。【特性】陽樹で耐乾性。耐潮性があり，せん定に耐え，萌芽力も強い。大木移植も可能である。生長も早い。都市の公害にもアカマツより強い。【植栽】繁殖は実生と接木による。実生は，種子を涼所に乾燥常温貯蔵し，春に播種する。【管理】仕立て物は 5 月にみどり摘み，冬に小枝の間引き，立枝の除去，もみあげなどを行う。中途から切ってはいけない。施肥は 3 月頃，固形肥料，油かすなどを根もとまわりに浅い溝を掘って施す。害虫にはマツノザイセンチュウ，マツカレハ，アブラムシ，キクイムシなどがある。【近似種】マンシュウクロマツ *P. tabulaeformis* は中国産。冬芽は褐色または帯黄赤褐色，球果の果鱗の先端にとげがある。【学名】種形容語 *thunbergii* はスウェーデン人 C.P. チュンベルクを記念したものである。

7. アカマツ (メマツ) 〔マツ属〕

Pinus densiflora Siebold et Zucc.

【分布】本州，四国，九州（屋久島）。【自然環境】北海道南部以南のよく日のあたる場所に自生または植林されている常緑針葉高木。【用途】庭園，公園の主木，植込み，列植。材は建築材，器具材，機械材，楽器材，土木用材，マッチ軸木。【形態】幹は曲幹，直幹で高さ 30～40m，幹径 60～80cm，樹皮は赤褐色，亀甲状に剥離する。主枝は車輪状に分枝する。葉は細長く，針状の 2 葉を束生する。長さ 7～12cm，軟質である。冬芽は円筒形で赤褐色の多くの鱗片におおわれている。雌雄同株で開花は 4～5 月。枝端に 2～3 個の紫紅色の雌球花をつけ，その下部に楕円体の雄球花を群生する。無数の黄色の花粉を出す。球果は 2 年目の秋に成熟する。木質で堅く，卵状円錐形で長さ 3～6cm，径 3cm ぐらいである。種子は倒卵形で長さ 0.5cm，約 3 倍の長さの翼がある。【特性】陽樹で，乾燥地にも耐えて生育する。萌芽力があり，せん定にも耐える。大木の移植も可能である。大気汚染に弱く，病害虫が著しい。実生は秋にもぎとり，天日で乾燥脱粒後に羽をとり，涼しい所で乾燥常温貯蔵し 3～4 月に播種する。発芽率は高い。【管理】一定の姿を保つために 5 月頃，みどり摘みを行う。立枝，枯枝，小枝を透かし，古葉を摘み取る。施肥はほどほどに行ったほうがよい。病気にはコブ病，害虫にはマツノザイセンチュウ，マツカレハ，カイガラムシ，アブラムシなどがある。【近似種】タギョウショウはアカマツの園芸品種。

8. タギョウショウ (ウツクシマツ) 〔マツ属〕

Pinus densiflora Siebold et Zucc. 'Umbraculifera'

【分布】園芸品種。北海道中部から九州まで植栽されている。【自然環境】日照通風が十分な乾燥した壌土を好む常緑針葉低木～小高木。【用途】庭園や公園の植込みや列植に用いる。【形態】幹は根もと近くから株立ち状に多数出る。樹形は傘状になる。高さ 3m 内外で幹径は 20cm。樹皮は赤褐色。針葉は細長く，2 本束生し鋭頭である。雌雄同株。4～5 月に開花する。雌球花は枝端につき紫色，種鱗に 2 胚珠で，雄球花は下部に多数集まり，楕円形。球果の成熟はまれである。【特性】陽樹。生長は遅い。萌芽力があり，せん定に耐える。大木の移植も可能である。短命のものが多い。大気汚染には弱い。【植栽】繁殖は接木による。クロマツの実生 2 年生に割接ぎする。【管理】樹形が乱れないように，5 月頃，みどりを摘み，11～2 月にもみあげを行う。均等に枝条を張るようにする。施肥は通常では必要ないが，樹勢が弱いものには，堆肥，有機質肥料を施す。害虫には，マツノザイセンチュウ，マツカレハ，アブラムシ，カイガラムシがある。【近似種】アカマツがある。【学名】種形容語 *densiflora* は密に花のある，の意味。

9. ジャノメアカマツ　〔マツ属〕

Pinus densiflora Siebold et Zucc. 'Oculus-draconis'

【分布】園芸品種で本州，四国，九州に分布。【自然環境】日あたりのよい庭園などに植栽される常緑針葉高木。【用途】庭園樹，鉢植え，盆栽などに用いる。【形態】幹は直立またはやや曲折。樹皮は赤褐色または黄赤褐色で下部は暗褐色となり，幼樹では薄く，老樹では厚く亀甲状に剥離する。頂芽は赤褐色の卵状円柱形で，先端は鋭尖，反巻する鱗片があり，やや樹脂に包まれる。葉は短枝上に2個ずつ着生，やや捩回し，長さ7～12cm，幅0.1cmぐらいの針状で細長い。葉色は淡黄緑色で下方に黄白斑が規則正しく2～3ヵ所または1ヵ所に現れる。葉の束生状態を上部から見ると蛇の目傘のように見える。基部に葉鞘があり，横断面は半円形である。【特性】陽樹で土地に対する適応力は強い。排水が良好で適潤な肥沃地を好む。都市環境，大気汚染に対しては生育がやや不良である。移植は比較的容易。移植適期は2～4月。【植栽】繁殖はさし木，接木による。【管理】手入れはみどり摘みやもみあげなどを毎年行い樹形を整える。肥料はチッソ成分をひかえ，草木灰や骨粉をやや少なめに施す。害虫にはマツノマダラカラカミキリの媒介によるマツノザイセンチュウの害が著しい。【近似種】枝のしだれるシダレジャノメマツ，黄白斑が不規則なトラフアカマツ 'Tigrina' などがある。【学名】園芸品種名 'Oculus-draconis' は龍の眼，または龍の芽・葉芽，の意味。

自然樹形

葉枝

球果

10. リュウキュウマツ（オキナワマツ）　〔マツ属〕

Pinus luchuensis Mayr

【分布】鹿児島県（悪石島～与論島），沖縄諸島，久米島，宮古島，西表島などに分布。小笠原諸島には明治32年に導入したものが生育している。【自然環境】海岸低地から深山に自生し，または植栽される常緑針葉高木。【用途】庭園樹，公園樹，防潮林。材は建築，土木用材，船舶，パルプなどに用いる。【形態】幹は直立し高さ15～20m，幹の直径50～60cm，老木は樹冠が広がり多少曲がってくる。樹皮は初め平滑だが，のちに粗くなりはげてくる。針葉は2葉で柔軟，長さ10～20cm，幅0.1cmぐらい。樹脂道は3個で，2個は両角隅に近く下表皮に接圧し，他の1個は葉肉中にある。冬芽は帯赤褐色。雌雄同株で，開花は4月。雄球花は新枝の下部に多数つき，円筒形で淡緑黄色。雌球花は新枝の上端につき，球状で紫紅色。球果は10月頃熟し，卵状で長さ3～6cm，径2～3cm，種鱗の外部に露出する部分にクロマツより大きいとげ状突起または細い突起がある。【特性】陽樹。排水がよい肥沃な砂質壌土を最も好む。生長早く耐乾性，耐潮性がある。【植栽】繁殖は実生による。移植はできる。【管理】庭木はみどり摘みや古葉もみなどを毎年行う。施肥の必要はほとんどない。病害虫はクロマツに準ずる。【学名】種形容語 *luchuensis* は琉球の，の意味。

11. ヨーロッパアカマツ （オウシュウアカマツ）

〔マツ属〕

Pinus sylvestris L.

【原産地】ヨーロッパからシベリア。**【分布】**ヨーロッパ全域からシベリア，アムール地方に分布。**【自然環境】**海抜の低い軽くて粗い土壌や砂質土壌でよく育ち，乾燥した草原地帯にも強いとされる常緑針葉高木。**【用途】**材は建築，土木用，船舶などに用いる。天然木は日本産のアカマツと同様な用途に用いられる。**【形態】**原産地では通常樹高 20〜30m，直径 0.6〜1m，大きいものは高さ 45m，径 1.5m にもなる。樹皮は灰褐色または黄褐色でかなり厚く深裂し，鱗状になって剥離する。葉は 2 針で堅く青緑色をなし，長さは 4〜7cm ほどである。下面にははっきりとした青白色の気孔線がある。冬芽は長卵形で赤褐色。球果は長さ 2〜7cm，径 2〜3cm で卵球形，下向きに 1〜3 個着生，通常 3 年以上かかって成熟。種子は小形で長卵形，灰黒色を呈し，種子の 3〜4 倍の翼がある。**【特性】**陽樹。寒害には強いが煙害に弱い。材は軽くて軟らかく，耐朽力が強い。**【植栽】**繁殖は実生による。日本の適地は北海道で，関東以南の暖地ではよく育たない。**【管理】**北海道の造林地では，成功している例は比較的少ない。成林するまでは，下草刈り，つる切りなど，かなりの手入れが必要。**【近似種】**アカマツとはやや類似しているが，樹皮，葉，球果などに相違点がある。**【学名】**種形容語 *sylvestris* は森林生の，または野生の，の意味。

12. シロマツ （ハクショウ）

〔マツ属〕

Pinus bungeana Zucc. ex Endl.

【原産地】中国北西部。**【分布】**中国（おもに山東，湖北，陝西の各省），ヨーロッパ，北米，朝鮮半島，日本などにも植栽分布する。**【自然環境】**日あたりのよい酸性土壌や岩場の山上に自生する常緑針葉高木。**【用途】**寺院や庭園，公園などに植栽。材は器具，燃料などに用いられる。**【形態】**幹は直立し高さ 20〜25m，径 0.6〜1.2m。樹皮に特徴があり，幼時は光沢ある淡灰色で薄く滑らかで，20 年前後から剥離し青褐色，40 年頃から汚白色大形不整鱗片となって剥落する。そのあとは斑状で帯青白色となる。枝は大きく小枝は多い。若枝は灰白色，無毛。葉は 3 葉，丈夫で鋭くとがり，長さ 5〜10cm，3 稜形で鋸歯を有する。雌雄同株。球果は枝に頂生または腋生し，円錐状卵形で長さ 5〜7.5cm，淡黄褐色で，1〜2 個つき，中央部にとげ状のへそがある。種子は広卵形，長さ 0.06〜1cm，黄褐色か暗褐色で条紋あり，翼は不完全で短い。4〜5 月に開花し，翌年 10 月頃に成熟する。**【特性】**陽樹。耐寒性があり，肥沃な深層土でよく生長。耐煙性があり，都市での植栽可能。**【植栽】**繁殖は実生およびさし木による。さし木は春 1 年枝を団子ざしする。実生は秋に種子を集め 5℃ で春まで貯蔵，3 月下旬〜4 月上旬に播種すると 3 週間ぐらいで発芽し，7 月頃まで随時発芽する。発芽率は 60% ぐらいである。**【管理】**実生苗では，1 年は立枯れ病，ヨトウムシに注意。排水のよい土に定植する。

13. ラジアータマツ

（モントレーマツ，ニュージーランドマツ）　〔マツ属〕
Pinus radiata D.Don

【原産地】米国，ニュージーランド。**【分布】**米国のサンフランシスコ湾よりモントレー湾の間に分布。**【自然環境】**気候温和で適湿地に自生する常緑針葉高木。**【用途】**海岸防風林。材は木型，建具などヒメコマツのような用途に用いられる。**【形態】**幹は一般に直立で，樹高 25〜30m，直径 1.5〜2m になるが，不適地では低木状となる。樹形は広楕円体もしくは半球形である。枝は太くふぞろいで，幼時期の枝は幹より多数の腋芽が密生している。若枝は黄褐色で無毛。樹皮は老木になると暗赤褐色で厚く，深く縦状に裂ける。冬芽は円筒形で栗褐色を呈し光沢がある。長さ 1.2〜1.8cm。葉は 3 針葉で軟らかく，鮮緑色を呈し，鋸歯があり各面に気孔線がある。長さ 10〜16cm。球果は長さ 7〜14cm，径 5.5〜8cm の大形長卵形もしくは球果は長褐色を呈し，3〜5 個着生，閉果のまま枝上に長くつく。果鱗は先端が厚く，へそは背面にある。種子は長さ 0.5〜0.7cm で黒色を呈し，卵形。翼は長さ 1.7〜2.1cm，子葉は 5〜7 枚ある。**【特性】**海岸によく生育する。生長が早く 1 年に 1m ものび，広くニュージーランドで植栽されている。材は心材が淡褐色，辺材は淡黄色で，年輪が非常に広い。**【学名】**種形容語 *radiata* は放射状の，射出状の，という意味。

14. リギダマツ

〔マツ属〕
Pinus rigida Mill.

【原産地】北米大西洋沿岸。**【分布】**米国のマサチューセッツ，ニュージャージー，デラウェアーの各州におもに生じ，日本，ヨーロッパなどの植物園に見られる。**【自然環境】**日あたりのよい多湿地や乾燥地に自生，植樹される常緑針葉高木。**【用途】**防火，砂防，公園，庭園などの造園木に，材は建築，器具，土木，燃料などに利用。**【形態】**幹は直立，高さ 15〜24m に達し，樹皮は赤褐色か黒褐色，深い裂け目がある。枝を水平に広げ，広円錐形か不整扁平円錐形の樹形となる。小枝は淡褐色。葉は 3 本ずつ束生，硬質，幹枝の鱗片の間から生じる。長さ 8〜13cm，細鋸歯があり，暗緑色。雌雄同株。球果は卵状楕円形か卵状円錐形，淡褐色で光沢がある。種鱗の頂端に鋭い反巻したとげがある。種子は長さ 0.6cm，アカマツより大形，暗緑色で 1.8cm の翼がある。**【特性】**陽樹。本来湿地を好むが，土地を選ばずよく生育する。耐寒性があり，火災などにも強い。**【植栽】**繁殖は実生により，秋に球果を集め乾燥，はぜた種子を春まで冷暗貯蔵，3 月中〜下旬にまく。2〜3 週間で発芽する。**【管理】**特別に手入れは必要としないが，クロマツに比して萌芽性があり，せん定は容易である。病害虫も少ない。**【近似種】**日本産のクロマツに似るが，3 葉であるので区別できる。**【学名】**種形容語 *rigida* は硬直の意味で，葉の様子から名づけられた。

15. テーダマツ　〔マツ属〕
Pinus taeda L.

【原産地】米国（東海岸地方）。日本には明治末年に渡来した。【分布】本州の関東以南の暖地に見本林としてところどころに植栽されている。【自然環境】湿気のある砂質地などに多く自生し，または植栽される常緑針葉高木。【用途】材は建築，器具，船舶，土木用材などに用いる。樹から松脂をとる。【形態】幹は直立し，原産地では通常高さ25～30m，幹の直径70～90cm。樹皮は幼時は灰色または帯黄色で平滑，老樹では赤褐色で深い裂け目を生じ鱗片状に剥離する。葉は3葉で細長く，やや剛強で少しねじ曲がり，鮮緑色をしている。冬芽は円錐形，鮮褐色で樹脂はない。雌雄同株。球果は長卵状楕円形または卵状円錐形で，長さ5～12cm，径4～5cm，薄赤褐色または暗褐色をなし，2年で成熟し，よく裂開して落下する。果鱗にとげがあり，種子は菱形で暗褐色，長い翼がある。【特性】陽樹。適潤性であるがマツ類中ではやや湿気を好む種である。【植栽】繁殖は実生による。移植はできる。【管理】一般には林木として植えるため，みどり摘みなどの手入れは必要ない。施肥の必要はほとんどない。病気は葉枯れ病，ディプロディア病（葉枯れ病）など，害虫はマツカレハ，ゾウムシ類などがある。【学名】種形容語 *taeda* は松脂のある，またはたいまつの，の意味。

16. ダイオウマツ（ダイオウショウ）　〔マツ属〕
Pinus palustris Mill.

【原産地】北米東南部。【分布】本州の関東以南，四国，九州，沖縄。【自然環境】排水良好な湿気に富む深層の砂質壌土を好む常緑針葉高木。【用途】庭園，公園の主木。材は建築材，器具材，薪炭材とする。鉢物，生花用とする。【形態】幹は直立，太枝を長く派生する。樹高は25～30m，幹径60～80cm，樹皮は暗褐色，上部では暗赤褐色となる。葉は短枝上に3葉束生し，密生して下垂する。長さは老木で20～25cm，幼木では40～60cmもある。マツ類中で最も長い。冬芽は長楕円体，尖頭，鱗片には銀白色の軟毛でおおわれている。雌雄同株で花は4月，雄球花は枝条の下部に生ずる。球果は無柄で頂生する。長楕円形の暗褐色で長さ15～25cm，径5～7.5cm，種子は楕円体で長さ1～1.3cm，幅0.6cm，翼は2.5～4cmである。【特性】空中湿気量の多い所で生育する。比較的暖地でないと生育が悪い。直根性で細根が少ない。移植は難しい。せん定も好ましくない。生長は初め遅く，のちに早くなる。台風に弱い。【管理】日本のマツのような細かい手入れは必要としない。萌芽性がほとんどないので，樹形を大きくしない場合にはみどりを摘み取る。害虫にはマツケムシ，マツカレハがある。【近似種】ヒマラヤマツ *P. roxburghii* Sarg. は冬芽の鱗片が淡褐色。幼木の葉長は20～30cmで質が軟らかい。【学名】種形容語 *palustris* は沼地生の，の意味。

17. ヒメコマツ（ゴヨウマツ）　〔マツ属〕

Pinus parviflora Siebold et Zucc. var. *parviflora*

【分布】北海道南部以西から四国，九州。【自然環境】やや乾燥地に自生し，また各地の人家に植栽されている常緑針葉高木。【用途】庭園の主木，盆栽。材は建築材，器具材，機械材，経木材などに用いる。【形態】幹は直立，分枝し，通常高さ20〜30m，幹径50〜60cm，樹皮は暗灰色，老樹は小鱗片となってはげる。若枝には毛がある。葉は短枝上に5本ずつ束生する。針状で長さ3〜6cm，上面は深緑色，下面には白色の気孔線がある。雌雄同株。花は5月開花，雄球花は卵状長楕円体，黄色の花粉を生ずる。雌球花は新枝に頂生し，楕円体，多くは紫紅色を呈する。球果は2年目に成熟，卵状楕円形で長さ4〜8cm，種子は倒卵形で黒褐色で黒斑があり，長さ0.8〜1cm，翼は長さ1〜1.2cm。【特性】陽樹〜中庸樹だが日陰地，やや乾燥地にも耐える。生長は遅い。水湿地は好まず，潮風と大気汚染に弱い。刈込みにはやや耐えるが，移植はやや困難。【植栽】繁殖は実生と接木による。実生は混り気のある砂に混ぜて低温埋蔵し播種する。接木はクロマツ苗に1月下旬〜3月上旬に割接ぎする。【管理】5月にみどり摘み，冬に混みすぎ部分の枝抜き，もみあげなどを行う。施肥の必要はない。害虫にはカイガラムシ，アブラムシがある。【近似種】キタゴヨウは北方型の変種。球果はよく裂開し，種子の翼は種子より長い。【学名】種形容語 *parviflora* は小形花の意味である。

18. キタゴヨウ（キタゴヨウマツ）　〔マツ属〕

Pinus parviflora Siebold et Zucc. var. *pentaphylla* (Mayr) A.Henry

【分布】北海道，本州（中部以北）に分布。【自然環境】山地の尾根すじなどに自生，または植栽される常緑針葉高木。【用途】庭園樹，盆栽。材は建築，器具，楽器などに用いる。【形態】幹は直立し，通常高さ20〜30m，幹の直径50〜60cm，樹皮は暗灰色，老木では鱗片状に剥離する。葉は5本ずつ束生し，長さ3〜8cm，質は堅く裏面に淡緑白色の気孔のすじが目立つ。冬芽は卵形で先端が丸い。雌雄同株で，開花は5月。雄球花は新枝の下部に密生し，雌球花は新枝の先端につき紫紅色で楕円形。球果は翌年10月に成熟し，卵状円柱形で長さ5〜10cm，径3〜4cmあり，熟すと著しく裂開する。種子の翼は種子より長く，質が堅い。【特性】陽樹であるが，中庸性を帯びる。土質は選ばず育つが，排水のよいやや肥沃な土壌が最適。生長は遅い。やや耐乾性があり，大気汚染には弱い。【植栽】繁殖はおもに実生による。小木の移植は容易。【管理】みどり摘みはアカマツ，クロマツより弱度に行う。施肥はチッソ分は少なめに，冬に油かす，骨粉などを混ぜて施す。病気はアカマツに準ずる。害虫はマツノミドリハバチ，モモノゴマダラノメイガ，マツカサアブラムシなどの被害がある。【学名】変種名 *pentaphylla* は5葉の，の意味。

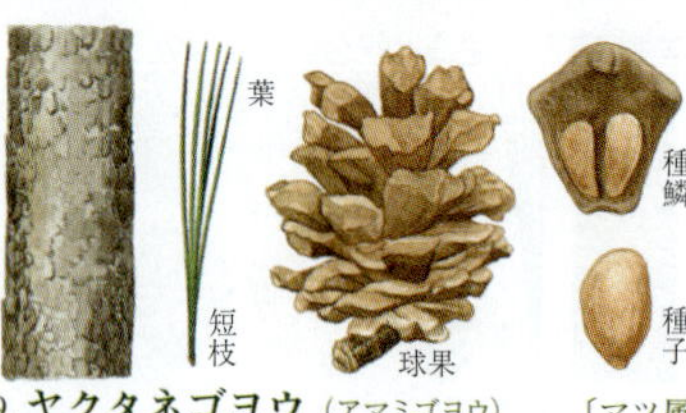

19. ヤクタネゴヨウ（アマミゴヨウ）　〔マツ属〕
Pinus amamiana Koidz

【分布】鹿児島県屋久島，種子島に自然分布。本州南部，四国，九州に植栽分布。**【自然環境】**日あたりのよいやや乾燥した尾根すじなどに自生，またはまれに植栽される常緑針葉高木。**【用途】**材は建築材，船舶材，橋梁材，松明材。また，まれに庭園樹などに用いる。**【形態】**幹は通直で分枝し，樹高 20～25m，直径 60～80cm，ときに樹高 30m，直径 1m に達する。樹形は円錐形であるが，老樹ではやや傘形になる。樹皮は灰褐色または灰黒色で，ふぞろいの厚い鱗片となって剥離する。幼樹の樹皮は平滑で淡灰褐色となり，枝は無毛で褐色を帯びる。葉は帯青緑色で長さ 5～8cm，幅 0.08～0.1cm の針形で 5 個が束生する。葉梢はきわめて短い。葉の横断面は 3 稜形で，側方 2 面に白色の気孔線があり，稜には細鋸歯がある。雌雄同株。花期は 5 月頃で，雌球花は新枝の先端に着生，雄球花はその下方に着生する。球果は長さ 4～11cm の卵円形または卵状楕円形で，種鱗は広いくさび形となる。種子は茶褐色で，長さ 1.1～1.3cm の長楕円形，翼はない。翌年 10 月頃成熟する。**【特性】**稚幼樹は比較的耐陰性があり，成木でもやや日陰地に耐えるが，十分な陽光下で良好な生育をする。やや乾燥に耐え，耐潮性もやや強い。温暖な地方を好む。**【植栽】**繁殖はおもに実生による。**【管理】**ほとんど手入れの必要はなく，自然樹形のまま生育させる。

20. チョウセンゴヨウ（チョウセンマツ）〔マツ属〕
Pinus koraiensis Siebold et Zucc.

【分布】本州中部，四国の山地，朝鮮半島，中国。**【自然環境】**日本の一部に自生があり，朝鮮半島に多い常緑針葉高木。北海道まで植栽されている。**【用途】**ときに庭園樹として植栽。材は建築材，器具材，船舶材などに用いる。また種子を食用，油とする。**【形態】**幹は直立，分枝し，通常高さ 20～25m。幹径 40～70cm，樹皮は灰褐色，初め平滑，のちに鱗片状にはげる。枝は長く太い。幼枝には軟毛がある。葉は針状で細長く，長さ 6～15cm で 5 本ずつ束生する。内面は帯白色をしている。冬芽は円柱状卵形で鋭頭，赤褐色の鱗片におおわれている。花は 5 月に開花し，雄球花は新枝の下方につき，卵状楕円体で紅黄色をし，雌球花は卵状円柱形で枝端に生じ包鱗は帯黄紅色をしている。球果は卵状円柱形で長さ 9～14cm，径 5～6cm，2 年で成熟する。**【特性】**陽樹であり，耐乾性がある。幼樹はやや耐陰性がある。生長はやや早い。耐寒性がある。**【植栽】**繁殖は実生による。播種すると 2 年目に発芽する。**【管理】**自然に樹形が整う。仕立て物は 5 月頃みどり摘みを行い，冬に混みすぎ枝の枝抜き，もみあげを行う。施肥の必要はない。害虫にはカイガラムシ，アブラムシがある。**【近似種】**ヒメコマツは葉が 3～6cm でチョウセンゴヨウより短い。**【学名】**種形容語 *koraiensis* は朝鮮半島産の，の意味。

21. ハイマツ 〔マツ属〕

Pinus pumila (Pall.) Regel

【分布】北海道，本州北中部の寒地にはえる。【自然環境】高山帯にはえる常緑針葉低木。【用途】ときに庭園や盆栽に見られる。材は器具材，種子からテレビン油，オタールをとる。また食用とする。【形態】幹は主幹がなく株立ち状になる。樹皮は暗褐色，若枝は淡赤褐色の短軟毛を密生するが，のちに無毛となる。柔軟で折れにくい。葉は針状で細長く，長さ5～10cm，5本ずつ束生し，3稜状鋸歯縁で先端はとがり，内面両側に突出した白色気孔線がある。花は6月，雄球花は新枝に側生し，雌球花は頂生する。球果は卵状楕円体で長さ3.5～4.5cm，種子は翼なく三角状倒卵形をしている。【特性】陽樹。生長は遅い。やや乾燥地にも耐える。水湿地は好まない。壌土質を好む。移植はやや困難。せん定にはやや耐える。大気汚染に弱い。【植栽】繁殖は実生による。種子を乾燥常温貯蔵して春に播種する。【管理】自然の状態にまかせる。のびすぎ枝は短いほうと枝を切り替えたり，枝抜きしたりして樹形維持に努める。一般には施肥の必要はない。害虫にはカイガラムシ，アブラムシがある。【近似種】ヒメコマツやキタゴヨウは種子が有翼である。【学名】種形容語 *pumila* は丈の低い，の意味。

22. ストローブマツ (ストローブゴヨウ) 〔マツ属〕

Pinus strobus L.

【原産地】北米北東部，カナダの産。【分布】北海道，本州，四国，九州。【自然環境】寒い地方のやや適湿地を好み，乾燥地でも育つ常緑針葉高木。【形態】幹は直立，分枝し，通常高さ30～40m，樹幹径0.7～1m。樹皮は緑褐色から灰褐色となる。浅く鱗片状にはがれる。葉は5本ずつ束生，針状で長さ8～14cm，青緑色で内面に白色気孔線がある。特有の香気がある。冬芽は鋭尖の長楕円体で赤黄色をしている。雌雄同株。花は5月開花，雌球花は帯紅緑色，球果は尖頭円筒形で長さ8～15cm，成熟して帯褐色となる。種子は卵形，褐色で長さ0.5～0.7cm，幅0.4cm，1果に100～200粒入る。【特性】陽樹。適湿地がよい。生長はふつう。大気汚染にはやや弱い。2年で結実する。【植栽】繁殖は実生による。種子を乾燥常温貯蔵して，3～4月頃種まきする。【管理】枯枝，混みすぎ枝，病枝などを除き樹形維持に努める。仕立て物はみどり摘み，もみあげを行う。【近似種】ヒマラヤゴヨウ *P. wallichiana* はヒマラヤ原産，樹皮は暗灰褐色，幼枝は粉白緑色で無毛。【学名】種形容語 *strobus* は球果という意味。

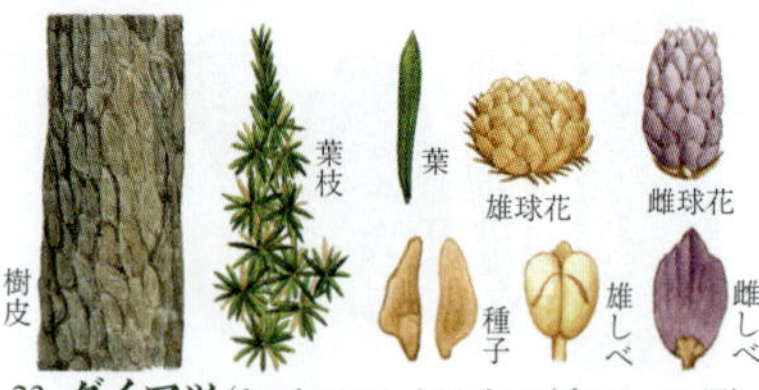

23. **グイマツ**（シコタンマツ，カラフトマツ）〔カラマツ属〕
Larix gmelinii Rupr. ex Kuzen.
var. *japonica* (Maxim. ex Regel) Pilg.

【原産地】南千島，サハリン，シベリア東部，カムチャツカ，沿海州，中国東北部。【分布】日本では北海道などに植栽されている。【自然環境】湿地に多く自生し，または植栽される落葉針葉高木。【用途】庭園樹，公園樹。材は建築，器具，土木用材（電柱，枕木，橋梁），舟具などに用いる。【形態】幹は直立し通常高さ 15〜20m，幹の直径 30〜50cm。樹皮は褐色で裂片となって剥離し，そのあとは赤色。1 年生枝は通常有毛。葉は線形でカラマツより短く，長さ 1.5〜2.5cm，短枝上に 30〜52 束生する。表面は濃緑色で裏面は白緑色。雌雄同株で開花は 4〜5 月。球果は 9〜10 月熟し，小形で長さ 1.2〜1.6cm，径 1〜1.3cm，種鱗は卵円形で外側には乳頭毛を生ぜず平滑であり，包鱗はやや短く，あまり外へそり返らない。【特性】陽樹。やや湿潤で肥沃な土壌を好む。潮風に耐えて育つ。【植栽】繁殖は実生とさし木による。実生は春まき，さし木は幼木の枝をさす。大木の移植は困難。【管理】せん定は幼壮時はできる。施肥は寒肥として油かす，化成肥料を施す。病気は落葉病，スス病，葉サビ病，先枯れ病，胴枯れ病，ナラタケ病など，害虫はマツノオオキクイムシ，マイマイガなどがある。【学名】種形容語 *gmelinii* はドイツの分類学者 K.C. グメリンの記念名である。

24. **カラマツ**（フジマツ，ニッコウマツ）〔カラマツ属〕
Larix kaempferi (Lamb.) Carrière

【分布】本州の東北（宮城県以南），関東，中部（静岡県以北）のおもに亜高山帯に分布。【自然環境】日あたりのよい，主として火山灰土壌の寒冷な高山に自生する落葉針葉高木。【用途】寒地の街路樹，庭園樹，公園樹などの造園用として，材は建築材，器具材，土木用材，パルプ材，合板などに，また，樹脂からテレビン油，樹皮は染料に用いる。【形態】幹は直立し高さ 20〜30m，直径 60〜80cm に達し，樹皮は灰褐色か暗褐色で長い鱗片となってはげる。横枝は開出し，ときに下向する。長枝と短枝があり，若枝の長枝は帯白緑色から淡黄赤褐色となり無毛，短枝は 0.4cm ぐらいで葉が束生する。葉は線形，先は鋭く長さ 2〜4cm，幅 0.1〜0.12cm，初め青緑色，ついで鮮緑色，のちに黄色または黄褐色となって落葉する。雌雄同株。雄球花は葉をつけない短枝に頂生，卵形か長卵形で黄色を呈し，雌球花は薄紅色で卵形，それぞれ 5 月に開花。球果は卵球形，長さ 2.5cm ぐらい，初め帯白緑色から黄褐色となり 10 月頃成熟する。【特性】陽樹で日陰地を嫌う。耐寒性が強く，適潤な肥沃地で生長が早く，乾燥にも耐えて育つ。【植栽】繁殖は実生がおもで，わずかにさし木でも活着する。【管理】せん定は，一般に自然形では 2〜3 年に 1 回，落葉期に不要枝の枝抜きを行う。病害虫はカラマツの暗色枝枯れ病や，葉を食害するツガカレハなどがある。【近似種】サハリン，千島に分布するグイマツがある。【学名】種形容語 *kaempferi* は江戸中期に日本に来たケンフェルの，の意味。

25. レバノンシーダー　〔ヒマラヤスギ属〕

Cedrus libani A.Rich.

【原産地】小アジアのレバノン山地，トルス山地。【分布】小アジアのレバノン，トルコに分布。ヨーロッパ，北米，日本などの植物園などに植栽が見られる。【自然環境】日あたりのよい，とくに海岸寄りの乾いた場所に自生，植栽される常緑針葉高木。【用途】樹は観賞用，乾燥地・海岸地などの造園木。材は木材に利用，樹脂を防腐剤に用いる。【形態】幹は直立し，高さ 20～40m ぐらい。樹冠は広ピラミッド形～扁平な円錐形を呈する。樹皮は灰黒色で縦裂する。枝は広く水平に開出し，主枝の先はわずかに下垂する。若枝は無毛か軟毛がはえる。葉は短枝に 30～40 束生，堅く濃緑色か淡青緑色，長さ 1.5～3.5cm で短く，断面は扁四角形。球果は 2 年目の秋に成熟，単一で頂生し，卵球形で凹頭，長さ 8～10cm，径 4～6cm，褐色で樹脂におおわれる。【特性】陽樹で，ヒマラヤスギに比べ生長は遅く，乾燥した肥沃地や砂壌土でよく生育する。【植栽】繁殖は実生を主とする。11 月に箱まきし，発芽後 7～8cm に生長した苗を育苗床に移植する。【管理】主幹は単一とし，あまりせん定しないほうがよい。不用枝，むだ枝は，2～4 月にせん定する程度にとどめる。【近似種】変種にキプロスシーダー var. *brevifolia* がある。【学名】種形容語 *libani* はレバノン産の，の意味。

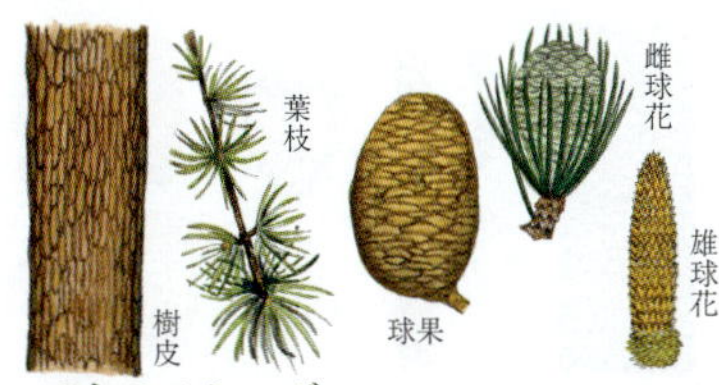

26. アトラスシーダー　〔ヒマラヤスギ属〕

Cedrus atlantica (Endl.) Manetti ex Carrière

【原産地】北アフリカ。【分布】北アフリカ，英国，ドイツ，北米，日本などの，おもに植物園に植栽分布する。【自然環境】地中海性気候の山地に自生する常緑針葉高木。【用途】庭園樹や公園樹として植栽。材は建築材などに用いる。【形態】樹皮は灰黄色，高さ 30～40m に達し，樹冠は円錐形。枝は直立し，若枝には短軟毛が密生する。葉は淡い緑色か青緑色で，長さ 2.5～5cm。開花は 9 月で，一般に小さい雄球花が枝の上側につく。球果は円柱状卵形で，長さ 5～7.5cm，径 4cm，淡い褐色で，枝に直立，頂生する。種子は褐色の三角状で，長さ 1.2cm，翼は 1.2～1.5cm である。【特性】陽樹で，生長は他のシーダー類に比し，さらに早く，樹形の点は他よりも劣るが，耐寒性は大きい。本種には多数の園芸品種がある。【植栽】繁殖は実生，接木，さし木で行う。さし木と接木は春と夏に行い，実生は種子を秋に鉢へまいて，霜を防ぎ越冬させる。もしくは冷暗貯蔵し春にまく。【管理】ヒマラヤスギ，レバノンシーダーに準ずる。【近似種】変種にギンヨウアトラスシーダー var. *glauca* がある。【学名】種形容語 *atlantica* は，大西洋岸北アフリカ，モロッコのアトラス山脈の，という意味。

27. ヒマラヤスギ（ヒマラヤシーダー）

〔ヒマラヤスギ属〕

Cedrus deodara (Roxb.) G.Don

【原産地】ヒマラヤ北西部，アフガニスタン。【分布】カシミール，ヒマラヤ，アフガニスタン，ベルギスタンの海抜 1100〜4000m に分布。【自然環境】温帯の高地で，日あたりのよい適潤な肥沃地に自生する常緑針葉高木。【用途】世界三大公園樹。庭園樹。材は建築材，器具材，土木用材として用いる。【形態】幹は直立。高さ 20〜30m，直径 0.8〜1m，原産地では高さ 50m，直径 3m に達する。樹皮は灰褐色で割れてはげ落ちる。葉は暗緑色，針状で長さ 2.5〜5cm，若い長枝では互生し，短枝では 20〜60 枚がつく。花は 10〜11 月に開花。雌雄同株。雄球花は短枝に頂生，直立し長楕円形で長さ 3cm の穂状。雌球花は円錐形，枝の上に単立，浅緑紫紅色。球果は翌年 10〜11 月成熟，直立し卵形か長卵形，長さ 6〜13cm，径 5〜6cm。種子は大形の翼をもつ。【特性】陽樹。樹勢強く，耐寒･耐暑性があり，比較的土地を選ばず，大木移植も可能。【植栽】繁殖は実生かさし木による。さし木は，春ざし，夏ざし。【管理】萌芽力があり強せん定にも耐える。病害虫はアブラムシ，ハマキムシなど。

28. アカエゾマツ（シコタンマツ，シンコマツ）

〔トウヒ属〕

Picea glehnii (F.Schmidt) Mast.

【分布】北海道，サハリン，中国東北部，東シベリアに分布。【自然環境】北方の日あたりのよいやや湿度の高い所に自生，または植栽される常緑針葉高木。【用途】盆栽，材は建築材，器具材，パルプ，ときに庭園樹，公園樹などに用いる。【形態】幹は通直で分枝し，樹高 30〜40m，直径 1.5m に達し，狭円錐形の樹形となる。樹皮は帯紫赤褐色または赤褐色で，不整な薄片となって波状に浮き上がり鱗片状に剥離する。幼枝は赤褐色または帯褐色の剛直な短毛を密生し，翌年この短毛は灰黒色となる。冬芽は帯褐色の小卵形で樹脂に包まれる。葉は長さ 0.5〜1.2cm の線形で，本属中最小の葉形であり，断面は四角形となり四面に白色気孔線がある。表面は濃緑色，裏面は緑白色となる。葉枕は密にらせん状に並び隆起する。雌雄同株で，花は 5〜6 月に枝先に着生する。雄球花は帯紅色で円柱形，雌球花は紫紅色で円柱形となる。球果は暗紫色で長さ 4.5〜8.5cm，直径 2〜2.5cm の長楕円状円柱形または卵状円柱形で下垂する。種子は帯黄褐色で長さ 0.25〜0.35cm，幅 0.12〜2.2cm の倒卵状くさび形で，長さ 0.65〜0.7cm の翼がある。【特性】日あたりがよく，空中湿度の高い，排水の良好な土壌を好む。湿潤な谷間，峰では純林となることが多い。【植栽】繁殖はおもに実生，さし木による。【管理】自然形のまま生育させる。盆栽では摘芽，摘芯により樹形を整える。

29. エゾマツ（クロエゾ）〔トウヒ属〕
Picea jezoensis (Siebold et Zucc.) Carrière

【分布】北海道，南千島，サハリンに分布。【自然環境】北方の寒冷な地方で空中湿度が高く，夏と冬の気温較差の大きい地方に自生，または植栽される常緑針葉高木。【用途】材を建築材，器具材，楽器材，船舶材，パルプ，また庭園樹，公園樹などに用いる。【形態】幹は通直で分枝し，ふつう，樹高 20〜30m，直径 70〜80cm，大木では樹高 40m，直径 1m に達する。樹形は円錐形で，先端が鋭尖する。樹皮は帯黒褐色，やや厚く不規則な鱗片状で深い裂け目がある。枝は灰白色を呈することが多く，細長く密生し水平に開出またはやや下垂する。当年枝は淡橙黄色または黄褐色，無毛平滑で光沢がある。葉は濃緑色で光沢があり，長さ 1〜2cm，幅 0.15〜0.2cm の線形で扁平，裏面は淡白色または灰白色となる。葉枕は高さ 0.15〜0.2cm で突出する。雌雄同株で，雌球花は紅紫色で長さ 1〜2cm，直径 0.5〜0.7cm の長楕円形で小枝の先につき，雄球花は紅色で楕円形となり多数の雄しべがある。球果は淡黄褐色で長さ 4〜8.5cm，直径 2〜3cm の長楕円形で，初め上向しのちに下向する。種子は淡褐色で長さ 0.3cm ぐらいの倒卵状くさび形，長さ 0.7cm ぐらいの翼がある。【特性】日あたりがよく空中湿度の高い，排水の良好な土壌を好む。浅根性で風害を受けやすく，土壌の乾燥，過湿に弱い。【植栽】繁殖はおもに実生による。【管理】肥料は寒肥として油かす，化成肥料を施す。害虫としてハバチ，アブラムシ，カイガラムシなどがある。【学名】種形容語 *jezoensis* は蝦夷（北海道）産の，の意味。

30. トウヒ（トラノオモミ）〔トウヒ属〕
Picea jezoensis (Siebold et Zucc.) Carrière var. *hondoensis* (Mayr) Rehder

【分布】本州（関東，中部一帯，大和山地）に分布。【自然環境】おもに亜高山帯に自生，または植栽される常緑針葉高木。【用途】庭園樹。材は建築，器具，土木用材，船舶，パルプなどに用いられ，またヒノキの代用品として用途が多い。【形態】幹は直立し，通常高さ 20〜25m，幹の直径 50〜60cm，樹皮は暗赤褐色で多少灰白色を帯び，小形の薄い鱗片となって剥離する。葉は枝条に密着し，線形で短く，やや湾曲し，先端は鈍形で，わずかに微凸頭，表面は濃緑色，裏面は 2 条の気孔線があって灰白色，長さ 0.7〜1.5cm，幅 0.2〜0.22cm，横断面は扁平で樹脂道は 2 個表面に接している。葉枕はエゾマツより主軸に対して寝てつく。冬芽は円錐形で鈍頭。雌雄同株で，5〜6 月に開花。雄球花は円柱形で小枝につき，雌球花は円柱形で，紅紫色，小枝の端に斜め上に向いてつく。球果は 10 月に熟し，円柱形または長楕円形で長さ 3〜6cm，径 2〜2.5cm，初めは帯紅紫色だが，のち熟して緑褐色となる。種子は 10 月に成熟する。【特性】耐陰性はやや弱い。適潤で肥沃な土壌を好む。【植栽】【管理】はエゾマツに準ずる。【近似種】オゼトウヒ f. *ozeensis* Hayashi の樹皮は灰褐色で厚く，不規則な鱗片状をなし深い裂け目がある。尾瀬周辺に分布。【学名】変種名 *hondoensis* は日本本州産の，の意味。

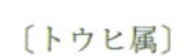

31. カナダトウヒ 〔トウヒ属〕

Picea canadensis (Mill.) Link

【原産地】北米北部（アラスカ，カナダ，ニューイングランド，ハドソン湾沿岸）に分布。日本には京都大学に入る。**【分布】**植栽は北海道などの寒地に適する。**【自然環境】**北米北部に自生し，またはカナダ，英国，北ヨーロッパなどで造園樹として植栽される常緑針葉高木。**【用途】**庭園樹，公園樹。**【形態】**幹は直立し通常高さ 15～25m，幹の直径 40～50cm，樹冠は円錐形または円柱形で，老樹は枝が下垂する。樹皮は灰褐色で薄い鱗片に剥離する。若枝は灰黄色，帯白色，無毛または少し毛がある。葉は鈍頭または鋭頭で四面に気孔線があり，青緑色，長さ 0.8～1cm，横断面は四角形。葉肉内に悪臭がある。葉枕は高い。冬芽は大形で短卵形，褐色，樹脂はない。雌雄同株で開花は 4 月頃。雄球花と雌球花は 2.5cm ぐらいの長さになる。球果は円筒状長楕円形で，長さ 3～6cm，径 1.5～2cm，褐色。種子は褐色，長さ 0.2cm, 翼は種子の 2 倍の長さがある。**【特性】**中庸樹。排水のよい湿気に富む礫質地を好むが岩石地にも生育し，乾燥にも耐える。**【植栽】**繁殖は実生による。移植はできる。**【管理】**せん定はせずに自然形に育てる。施肥は寒肥として油かす，堆肥，有機質肥料などを与える。病害虫はアブラムシ，カイガラムシなどがある。

32. ハリモミ（バラモミ） 〔トウヒ属〕

Picea torano (Siebold ex K.Koch) Koehne

【分布】本州（福島県，関東，中部，東海，紀伊半島），四国，九州（南限は高隈山）に分布。**【自然環境】**温帯～亜高山帯下位の山地に自生する常緑針葉高木。**【用途】**材は建築，器具，楽器，パルプなどに用い，まれに庭園樹として植栽される。**【形態】**幹は直立，枝は多数で太く，ほぼ水平に開出する。通常高さ 20～30m，幹の直径 50～60cm。樹皮は灰褐色で，比較的薄く浅く裂け，不規則な鱗片となって剥離する。1 年生枝は太く，黄褐色，無毛で光沢がある。2 年生枝は灰青色に変わる。葉は緑色で太く剛強で少し湾曲し，先端は針状でさわると痛い。長さ 1.5～2.5cm，径 0.2～0.25cm，葉の横断面は四角形で四面に気孔をもつ。樹脂道は 2 個あり裏面の皮層にそって存在する。葉枕は枝に直角で長さ 0.13～0.17cm。冬芽は卵形または円錐形。雌雄同株で，開花は 6 月。雄球花は小枝に出て紅紫色をなす。雌球花は枝端に頂生または側生し，淡緑色または淡紫色。球果は 10 月に熟し，卵状楕円形または卵形で長さ 7～12cm，径 3～5cm，初め緑色で熟すと褐色に変わり下垂する。種子の翼は長く，不明瞭な牙歯がある。**【特性】**夏の西日を嫌う。肥沃で排水のよい壌土質を好む。**【植栽】【管理】**はエゾマツに準ずる。

33. ヤツガタケトウヒ　〔トウヒ属〕

Picea koyamae Shiras.

【分布】長野県八ヶ岳の西岳を中心に自然分布。【自然環境】やや海抜の高い，日あたりのよい適潤な山中に自生，またはきわめてまれに植栽される常緑針葉高木。【用途】材は建築材，器具材，楽器材，パルプなどに用いられる。まれに庭園樹とすることもある。【形態】幹は通直で分枝し，樹高 20～25m，直径 50～70cm に達し，樹形は狭円錐形となる。樹皮は灰褐色で鱗片状，浅裂して小鱗片となり剥離する。枝はやや細く水平に開出し，先端は上向する。当年枝は褐色で多小白粉を帯び，腺毛があり，生長とともに光沢を生じ灰褐色に変化する。冬芽は褐色の円錐形で樹脂に包まれる。葉は淡緑色で長さ 0.7～1.5cm，幅 0.12～0.15cm の線形，先端は鋭尖または鈍頭でときに湾曲する。断面は四角形となり四方に気孔がある。雌雄同株で，花は 5～6 月頃，小枝の先に着生する。雄球花は円柱形で黄色の花粉を出し，雌球花は紅紫色の円柱形で上向して着生する。球果は長さ 4～9cm，直径 2～2.5cm の卵状長楕円形で，成熟すると光沢のある褐色となる。種子は暗緑色で長さ 0.2～0.4cm，幅 0.15～0.2cm の倒卵形で，長さ 0.5～1.2cm の翼がある。【特性】耐陰性が比較的強い。日あたりのよい適潤な腐植質に富む肥沃土を好む。【管理】平地や都市環境での生育は不良である。【近似種】本種に酷似するものにチョウセンハリモミ *P. koraiensis*，ホウザンハリモミ *P. pungsanensis* などがある。

34. ヒメバラモミ　〔トウヒ属〕

Picea maximowiczii Regel ex Carrière

【分布】長野，山梨県（八ヶ岳，仙丈岳付近）に分布。【自然環境】おもにブナ帯上部に自生する常緑針葉高木。【用途】まれに庭園樹とする。材は建築，器具，楽器，パルプなどに用いる。【形態】幹は直立し，通常高さ 10～24m，幹の直径 30～75cm。枝はやや細く多数で，大木ではほぼ水平に開出する。樹皮は厚く灰褐色で，厚い鱗片に剥離する。1 年生枝は帯赤褐色または黄褐色，2 年生枝は灰白色。葉は枝条の周囲に生じ，短く太く，先端はやや鈍形。若木または内部の葉は細長く先端は鋭形。冬芽は円錐形で鋭頭，赤褐色で樹脂が多い。雌雄同株で開花は 5 月頃。球果は 10 月頃熟し，無柄で長さ 2.5～4.5cm，径 1.3～1.5cm，裂開すると 2～2.5cm になる。初め淡緑色だが，のちに光沢のある褐色となる。種子は倒卵形で長さ 0.25～0.3cm，幅 0.15～0.2cm，灰褐色，翼は長楕円形で長さ 0.5～0.6cm，淡紅褐色。葉が 1.2～1.8cm と長く，球果の長さが 7～9cm と大形な個体をアズサバラモミという。【特性】中庸樹。稚幼樹は日のよくあたる土地でも育つ。適潤で肥沃な土壌を好む。【植栽】【管理】はエゾマツに準ずる。【学名】種形容語 *maximowiczii* はロシアの分類学者マキシモウィッチを記念した名である。

35. シトカハリモミ （シトカトウヒ，ベイトウヒ）

〔トウヒ属〕

Picea sitchensis (Bong.) Carrière

【原産地】北米。【分布】カナダより太平洋岸にそって南下し，米国中部地方にも分布する。太平洋岸の幅およそ80km，北カリフォルニアから北メキシコ，アラスカに至るおよそ3,200kmの範囲に分布している。【自然環境】湿地や水流辺，海岸を好む常緑針葉高木。【用途】公園樹，庭園樹。材は建築，建具，箱，土木，器具，楽器，パルプなどに用いる。【形態】幹は直立で樹高50～60m，直径1～1.5mに達し，樹冠は円柱形または円錐形で米国では最も大きな樹木である。樹皮は赤褐色，若枝は褐色を帯び無毛で，きわめて強く堅い。葉は漸尖で，緑色を呈し，不規則な気孔線があり，長さ1.5～1.8cmである。冬芽は黄褐色の円錐形で樹脂分はほとんどない。卵状円筒形の球果は鮮やかな褐色を呈し，長さ6～10cm，径2.5～3cmである。種子は褐色で長さ0.2～0.3cm，3～4倍の長さの翼がある。【特性】湿地，水辺や河岸を好み土木跡地に適する。【学名】種形容語*sitchensis*は米国アラスカ州シトカの，という意味である。シトカ，バンクーバー，コロンビアなどに混交林，純林が見られる。

36. イラモミ （マツハダ）

〔トウヒ属〕

Picea alcoquiana (Veitch ex Lindl.) Carrière

【分布】本州の関東および中部地方の一部に自然分布。【自然環境】日あたりがよく適湿な山中に自生，またはまれに植栽される常緑針葉高木。【用途】材は建築材，器具材，パルプ材。また庭園樹などに用いる。【形態】幹は通直で分枝し，ふつう樹高20～30m，直径1mに達する。樹形は広円錐形となる。樹皮は灰色，灰青色または灰褐色で，不規則に亀裂が生じ厚い鱗片状となり，剥離する。枝はやや細く灰色，当年枝は黄褐色，無毛であるが，褐色の細毛があることもある。冬芽は褐色で卵形または円錐形，樹脂に包まれることが多い。葉は長さ0.8～1cm，幅0.1cmぐらいの線形でやや湾曲し，鋭尖頭または鈍頭。直立する枝にはその周囲に密着し，側枝の下方のものは上方にねじ曲がる。葉の断面は菱形で四面に気孔がある。雌雄同株で，花は5～6月に小枝の先端付近に着生する。雄球花は淡褐色で狭長楕円形，雌球花は暗紫色。球果は初め紫色で成熟後汚褐色，長さ5～12cm，直径2.5～4cmの円柱形または長楕円状円柱形で下向きに着生する。種子は黒褐色で，長さ0.4～0.45cm，幅0.25～0.3cmの長楕円状倒卵形で翼がある。【特性】稚幼樹は耐陰性があるが，生長するにしたがって日照を要求する。適潤な腐植質に富む肥沃土を好む。【植栽】繁殖は実生による。【管理】ほとんど手入れの必要はない。平地や都市環境での生育は不良である。

37. ドイツトウヒ

（オウシュウトウヒ，ヨーロッパトウヒ）　〔トウヒ属〕
Picea abies (L.) Karst.

【原産地】ヨーロッパ北・中部。【分布】北海道，本州，四国，九州。【自然環境】適潤のやや軽くて粗い朽木質の地を好んで生育する常緑針葉高木。【用途】庭園樹，公園樹，街路樹，防風樹，クリスマスツリー。材は建築材，器具材，楽器材，マッチの軸木，パルプ用材に用いる。【形態】幹は直立，枝序は斉整，高さ 30～40m，幹径 0.6～1m，樹皮は暗褐色で鱗片状にはげる。幼枝は淡褐色，無毛かやや無毛。葉は針状線形で長さ 1.2～1.7cm，先端は鋭尖で多少曲がる。断面は平たい四角形。冬芽は卵状円錐形。花は5月に開花，雌雄同株で雄球花，雌球花とも頂生する。球果は円筒形または長楕円形で長さ 10～20cm，径 3～4cm と大きく，下垂する。【特性】陰樹から中庸樹。生長は早い。樹勢はおおむね強健である。乾燥地は嫌う。浅根性であるから強風の所は避ける。【植栽】繁殖は実生による。乾燥常温貯蔵し，春に播種する。発芽率は中ぐらい。【管理】樹形が自然に整うので，ふところ枝，枯損枝を整理する程度。強い刈込みは好ましくない。施肥はとくに必要としない。施肥を必要とする場合には，春先と9月に鶏ふん，化成肥料を施すとよい。害虫にはアブラムシ，カイガラムシの発生がある。【近似種】ヒメマツハダ *P. koyamae* Shiras. var. *acicularis* (Shiras. et Koyama) T.Shimizu は日本産で葉の断面は菱形をしている。球果は 6～15cm でドイツトウヒより小さい。【学名】種形容語 *abies* はモミ属のような，の意味。

38. エンゲルマントウヒ（アリゾナトウヒ）〔トウヒ属〕

Picea engelmanii Parry ex Engelm.

【原産地】北米大陸。【分布】米国西部，中部，コロンビア州，太平洋岸に分布。【自然環境】ユーコンからアリゾナにわたるロッキー山脈の海抜 2400～3600m の範囲に自生する常緑針葉高木。【用途】庭園樹。材は建築，建具，箱，土木，器具，楽器，パルプなどに用いる。【形態】幹は直立で樹高 25～30m，直径 0.6～1m，大きいものは樹高 50m，直径 1.5m にも達し，樹冠は狭円錐形である。樹皮は褐色あるいは紅色を帯び，樹脂分が多く薄片状に剥離する。一般に枝は垂れ下がり，若枝は青白色で腺毛がある。葉はやや薄い青緑色を呈し，断面はほぼ四角形で各面に気孔線がある。長さ 1.5～2.5cm，葉枕が高い。冬芽は褐色，円錐形で樹脂分が多く特異な香りがある。球果は褐色で卵形または円筒形を示し，長さ 0.4～0.7cm，径 2.5～3cm である。種子も褐色を呈し，倒卵形でその 1.5 倍ほどの翼をもつ。雌雄同株。【特性】高山地帯にはえ，水源かん養など保安林樹種として用いられている。陰樹。材は心材と辺材の境界が明らかでないものが多い。耐久性は低い。【学名】種形容語 *engelmanii* は分類系の基礎を作った A. エングラーを記念したものである。

自然樹形

39. ツガ（トガ，ツガマツ）　〔ツガ属〕
Tsuga sieboldii Carrière

【分布】本州福島県以西，四国，九州。【自然環境】表日本の雨量の多い温暖地の尾根すじやそれに接する斜面地に多く群生する常緑針葉高木。【用途】庭園樹。材は建築材，器具材，パルプ材に用いる。樹皮よりタンニンをとる。【形態】幹は直立，分枝し，通常高さ 20～25m，幹径は 50～80cm，樹皮は赤褐色～灰褐色で深く縦裂し鱗片をなして剥離する。枝条は大きく開出する。若枝は黄褐色で無毛。葉は扁平の線形，微凹頭で長さ 1～1.5cm，多くは長短あり，縁は全縁，上面は濃緑色で光沢があり，下面は緑色の中肋があり，その両側に白色の気孔線がある。冬芽は褐色，卵状球形で，芽鱗には縁毛がある。雌雄同株。花は 3～4 月，雌球花，雄球花とも長卵形で前年枝の枝端につく。球果は 10 月成熟，卵状球形で長さ 2～3cm で枝の先端に 0.7cm くらいの柄があって下垂する。【特性】中庸樹。適潤性であるが，やや乾燥する肥沃な壌土を好む。生長は遅い。浅根性で移植に鈍い。萌芽力はある。都市公害に弱いが耐潮性はある。【植栽】繁殖は実生により，秋に採種し，天日乾燥脱粒し，乾燥常温貯蔵を行い 3～4 月頃播種する。【管理】自然に樹形が整うので手入れはほとんど必要ない。ふところ枝，徒長枝は整理する。【近似種】コメツガの樹皮は帯灰色で 1 年生枝に褐色の毛がある。冬芽は西洋ナシ形をしている。【学名】種形容語 *sieboldii* は人名で，シーボルトの，の意味。

自然樹形

雌球花
球果
未熟な球果
果枝
花枝

40. コメツガ　〔ツガ属〕
Tsuga diversifolia (Maxim.) Mast.

【分布】本州の中部，北部亜高山帯。【自然環境】寒い地方の海抜の高い所の尾根すじの急斜面などで，冬期は乾燥期をもつ地方に適合して生きている常緑針葉高木。【用途】寒地の庭園樹。材は天井板などの建築材，器具材，土木用材，パルプ材。また樹皮からタンニンをとる。【形態】幹は直立，分枝し，通常高さ 15～20m，幹径 40～60cm，樹皮は灰色で堅く，浅い裂け目がある。内皮は帯紅色を呈する。幼枝には褐色の短毛がある。葉は線形で先は微凹形または円形で長さ 0.5～1.5cm，幅は 0.15cm，上面は暗緑色で下面には 2 本の狭い白色気孔線がある。縁は全縁，葉は小枝にらせん状につき，小形で長短 2 形がある。冬芽は西洋ナシ形で，暗赤褐色にして無毛。花は 6 月，雌雄同株，雌球花，雄球花とも前年枝の先端に単生し，雄球花は無柄，雌球花は短柄がある。球果は 10 月成熟，卵形で長さ 1.5～2cm，枝端に下垂する。【特性】中庸樹。幼樹は耐陰性がややあり，また陽光下でもよく生育する。乾燥にも耐えうる樹種である。【植栽】繁殖は実生による。10 月採種し，乾燥常温貯蔵し，3 月頃，砂質壌土の苗床に播種する。【管理】自然に樹形が整う。徒長枝などを整理する。【近似種】ツガの樹皮は赤褐色。1 年枝は無毛。冬芽は卵状球形で先端がややとがる。【学名】種形容語 *diversifolia* は不同の葉の，の意味。

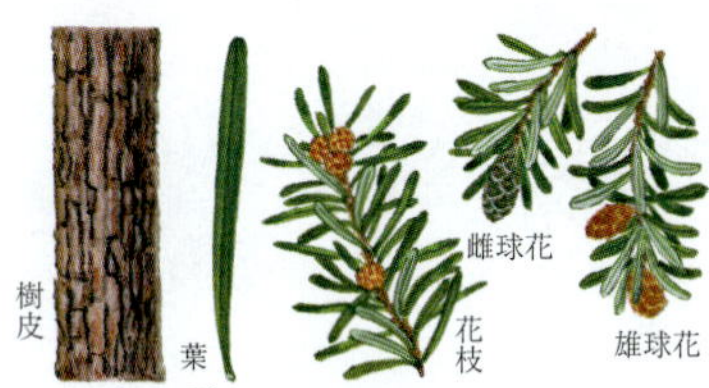

41. ベイツガ（アメリカツガ） 〔ツガ属〕

Tsuga heterophylla (Raf.) Sarg.

【原産地】米国，カナダ。【分布】アラスカ南部からカナダを経てカリフォルニア北部までの北米の太平洋岸と，一部やや内陸に入って分布する。【自然環境】海抜 1500m 以上の高地で，多雨地方に自生，または植栽される常緑針葉高木。【用途】公園樹。材は建築の柱や梁，土台，そのほか造作材に用いる。米栂と称して多く日本に輸入されている。【形態】幹は直立，高さ 45m，大きいものは 70m にもなり本属中最高。樹冠は狭円錐形～広円錐形。樹皮は帯赤褐色で厚さ 1cm 以上の鱗片状に剥離する。幼枝は黄褐色で有毛。葉は鋭頭または鈍頭，多少の微鋸歯がある。表面は濃緑色，裏面には 2 条の青みを帯びた気孔線がある。長さ 0.5～2cm で大小ふぞろい。葉をつぶすと芳香がある。冬芽は卵球形で有毛。雌雄同株で開花は 4～5 月。雄球花は暗紅色，雌球花は赤紫色で両方とも長さ 0.3cm ぐらい。球果は無柄で長楕円体，長さ 2.5～3cm。種子には長い翼がある。【特性】中庸樹。適潤で排水のよい肥沃な土壌を好むが，植栽する場合は比較的土地を選ばない。【植栽】繁殖は実生による。移植はできる。【管理】せん定はほとんど必要ない。施肥は寒肥として油かすなどを施す。病気にはサビ病，害虫にはカイガラムシなどがある。【学名】種形容語 *heterophylla* は，異形葉性の，の意味。

42. トガサワラ（サワラトガ） 〔トガサワラ属〕

Pseudotsuga japonica (Shiras.) Beissner

【分布】本州の紀伊半島，四国の魚梁瀬地域に自然分布。本州，四国，九州に植栽分布。【自然環境】よく日のあたる急斜面あるいは尾根すじなどに自生，または植栽されることもある常緑針葉高木。【用途】きわめて少量を建築材，器具材，船舶材，桶材とする。またきわめてまれに樹木園，植物園の標本木などに用いることもある。【形態】幹は通底で分枝し，樹高 20～30m，直径 60～80cm，ときに樹高 40m，直径 1.5m に達する。樹形は高円錐形またはやや扁平になり，枝葉はややまばらである。樹皮は赤褐色で光沢がなく厚く，老樹では灰褐色となり，縦裂し薄片となり剥離する。当年枝は黄灰色で無毛，平滑，2 年枝は灰白色となる。老樹の枝は広く開出しやや下垂する。葉は緑色で長さ 2～2.5cm，幅 0.2～0.3cm の線形でやや湾曲し，裏面は白色となる。葉の先端はやや凹頭または鋭頭となる。雌雄同株で，花期は 4 月頃，雄球花は長さ 0.75～0.85cm，幅 0.3cm ぐらいで，前年枝の葉腋に着生，基部に多くの雄しべと鱗片がある。雌球花は前年枝の枝端に花序となり着生する。球果は木質で長さ 4～6cm，幅 2～2.5cm の卵形または円柱状卵形で，黒紫褐色となり多少白粉をかぶる。種子は長さ 0.9～1cm，幅 0.45～0.5cm の不等辺三角形で，腹面は灰白色で褐色の斑点があり，背面は淡褐色，翼は種子とほぼ同長または 1.5 倍ぐらいの大きさである。【特性】陽光を好むが，やや日陰地にも耐える。【学名】種形容語 *japonica* は日本産の，の意味。

43. ベイマツ（ドグラスファー，オレゴンパイン）
〔トガサワラ属〕
Pseudotsuga menziesii (Mirbel) Franco

【原産地】米国，カナダ，メキシコ。**【分布】**北米の太平洋沿岸地方，カナダの西南部，メキシコの北部から中部地方に広く分布。**【自然環境】**湿気ある排水のよい肥沃な土地で最も旺盛に生長する。やや乾燥地でも育つ常緑針葉高木。**【用途】**庭園樹，クリスマスツリー。材は建築，土木，器具，家具，坑木，車両，箱，水槽，バット，ベニヤ，パルプなど用途が広い。**【形態】**幹は直立で通常の樹高 50〜60m，直径 1〜1.5m，大きいものは樹高 90m，直径 3.5m に達する。樹皮はコルク質をなし粗く縦状に裂ける。枝は水平に長くのび下枝は垂れ下がる。葉は暗緑色または青緑色を呈し，長さ 2〜3cm で先は円頭をなす。球果は卵形または狭楕円形で淡褐色を帯び，垂れ下がる。長さは 5〜10cm，径 0.2〜0.35cm。包鱗は著しく超出し，先端は直生。種子は暗褐色で光沢があり，長さ 0.5〜0.6cm である。**【特性】**中庸樹。気候や土質により向陽地にも，やや日陰地にも自生し生長するが，一般には，日あたりのよい土地を好む。材質は硬軟中ぐらいで肌目が粗であり，加工はやや難しい。米国ではセコイア類に次ぐ第 2 の長大木である。**【近似種】**日本産のトガサワラとやや類似する。**【学名】**種形容語 *menziesii* はスコットランドの植物学者 A. メンジーズを記念したもの。

44. オオシラビソ（アオモリトドマツ）〔モミ属〕
Abies mariesii Mast.

【分布】東北地方および本州中部の亜高山帯。**【自然環境】**適潤な緩傾斜地などの深土を好み，森林を形成している常緑針葉高木。**【用途】**寒冷地の庭園樹，風致樹。材は建築材，器具材，パルプ材，クリスマスツリー。**【形態】**幹は直立，分枝し，通常高さ 20〜25m。幹径 40〜60cm，ときに 1m の巨木もある。樹皮は灰白色または灰青紫色で平滑。枝条は太く密に生じる。1 年枝には赤褐色の短毛が密生する。葉は線形で，円頭または凹頭で長さ 1〜2cm，幅 0.2〜0.25cm，上面は濃緑色，下面には白色の気孔線がある。雌雄同株。雄球花も雌球花も小枝の先端につく。冬芽は円錐形で白褐色，芽鱗に毛がある。球果は卵状円筒形で長さ 6〜8cm，径 3.5cm で暗紫色。包鱗は卵状のくさび形で外部に超出する。種子は 9〜10 月に成熟する。1kg あたりの種子数は 55,000〜57,000 粒。**【特性】**陰樹で耐陰性がある。生長は遅い。積雪寒冷地にも強い。**【植栽】**繁殖は実生による。種子を乾燥常温貯蔵し，3〜4 月に播種する**【管理】**自然に樹形が整うので手入れの必要はない。**【近似種】**シラビソは樹皮が灰青色で，球果は 4〜6.5cm でオオシラビソより小形である。**【学名】**種形容語 *mariesii* は H. マリーズの記念名である。

45. シラビソ（シラベ）　〔モミ属〕

Abies veitchii Lindl.

【分布】本州の福島県吾妻山以南より紀伊半島の大峰連峰などの亜高山帯，海抜およそ 1600〜2400m 間に分布。【自然環境】低温で夏は涼しく冬は厳寒，寒さの割に雪の少ない所で，火山のすそ野や中腹の火山灰，火山砂の堆積した地帯に自生する常緑針葉高木。【用途】材は建築材，器具材，薪炭材，パルプ材などに用いる。寒地の庭園樹やクリスマスツリーなどに利用する。【形態】幹は直立し，高さ 20〜35m，胸高径 30〜50cm に達する。樹皮は灰白色または灰青色をし，滑らかで樹脂が多い。1 年枝は灰褐色か赤褐色で，褐色の細い毛が密生する。葉は線形，長さ 1〜2.5cm，幅 0.18〜0.2cm，先端はわずかに凹形，下面は粉白色を帯びる。雌雄同株。6 月に開花，雄球花は円柱形で前年枝の葉腋に群生，雌球花は長い円柱形で前年枝の上に直立する。球果は円柱形，長さ 4〜6.5cm で暗青紫色。種鱗は半月形で，基部はくさび形，種子は倒卵状くさび形で黄褐色をなし，9〜10 月頃に成熟する。【特性】陰樹で耐陰性強く，樹陰下でもよく育ち，適潤な土壌を好む。【植栽】繁殖は実生による。【管理】白紋羽病，雪腐れ病，カイガラムシ，ツガカレハなどの病虫害に注意する。【近似種】本種はオオシラビソによく似る。【学名】種形容語 *veitchii* は J. ベイッチを記念したもので，和名シラビソは白檜曽で，白いヒノキという意味。

自然樹形
雄球花
雌球花
球果
果枝

46. バルサムモミ（バルサムファー）　〔モミ属〕

Abies balsamea (L.) Mill.

【原産地】米国，カナダ。【分布】カナダの南東部および米国北東部の寒冷地に分布。プレリー地方の東側とカナダ東南部の半島およびニューイングランドの西側の範囲に広く分布している。【自然環境】耐寒力が強く，山頂に自生し，沼沢地にも自生する常緑針葉高木。【用途】公園樹。材は建築，建具，器具，かまぼこの板，パルプなどに用い，樹脂は薬品（バルサム）の原料となる。クリスマスツリーにも用いられる。【形態】幹は直立で，樹冠は均整のとれた円錐形をなし，樹高 15〜25m，直径 1m に達する。樹皮は灰白色もしくは灰褐色で，老木になると鱗片に剥離が見られる。若枝は初め有毛。葉は長さ 1〜3cm の線形で円頭または微凹状頭，下面は灰色で白色 2 条の気孔線があり，香気がきわめて強く，生薬，乾葉ともにもむとよくにおう。雌雄同株で，球果は直立，卵形または円筒形。長さ 6〜10cm，径 2.5cm，灰褐色で樹脂を含む。種子は赤褐色でくさび形を示し，長さ 0.5cm，1cm の翼がある。一般に球果は多産であるが，受精不完全な種子が多いといわれる。【特性】陰樹。冷涼で湿潤な深層土を好み，都市部における植栽は不適当。耐久性は低い。【近似種】日本産のモミやトドマツとよく似ている。【学名】種形容語 *balsamea* は，バルサム（樹脂からとれる薬品）のような，という意味。

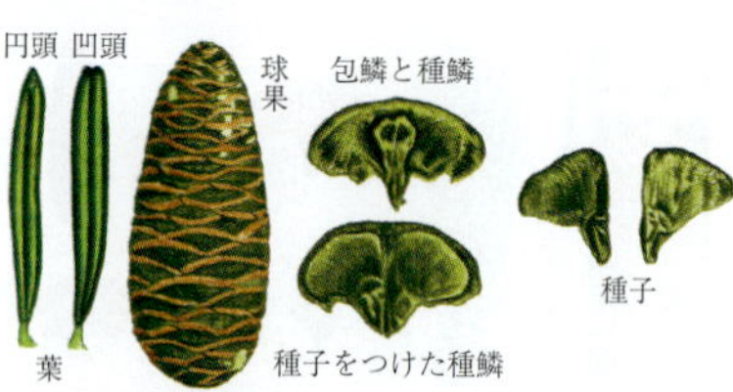

47. ミツミネモミ　〔モミ属〕

Abies × umbellata Mayr

【分布】本州中部に自然分布。本州，四国，九州に植栽分布。【自然環境】適潤な山中に自生，または植栽されることもある常緑針葉高木。【用途】樹木園や植物園の標本木。ときに庭園樹，材は建築材，パルプ材などに用いる。【形態】幹は通直で樹高 20〜30m，直径 50〜80cm ぐらいで樹形は卵状円錐形になる。樹皮は灰褐色で老樹になると鱗片状に剥離する。枝は太く水平に開出，当年枝は黄褐色で光沢があり，無毛で太い。葉は濃緑色で長さ 1.5〜2.5cm，幅 0.2〜0.3cm の線形，先端は円頭または凹頭となる。雌雄同株。花期は5〜6月，雄球花は円柱形で前年枝に着生，雌球花も円柱形で紫色，枝上に直立する。球果は円柱形で母種ウラジロモミの球果よりも丸みがあり，太く大きい。帯黄緑色で先端がへそ形となる。種鱗は大きく，横に張る。包鱗は長く，種鱗の上部に達する。【特性】稚幼樹は耐陰性が強く日陰地でも良好な生育をするが，生長するにしたがって十分な陽光を要求する。寒冷地を好み，暑さに弱い。生長は比較的早い。大気汚染に弱く，都市環境では生育不良である。【植栽】繁殖はおもに実生による。【管理】ほとんど手入れの必要はなく，自然樹形のまま生育させる。【学名】種形容語 *umbellata* は散形の，の意味。

48. モミ（モムノキ，オミノキ，サナギ）　〔モミ属〕

Abies firma Siebold et Zucc.

【分布】本州（青森県を除く），四国，九州に分布。【自然環境】山地に自生，または植栽される常緑針葉高木。【用途】庭園樹，公園樹。材は建築，器具など用途は多い。【形態】幹は直立し高さ 20〜30m，幹の直径 50〜80cm。樹齢は短く 100〜150 年ぐらい。樹皮は暗灰色，鱗片状に剥離する。1 年生枝は灰黒褐色の密軟細毛を生ずる。葉は線形で先端は円形または微凹形，長さ 2〜3.5cm，幅 0.2〜0.35cm，若木や不定芽の葉の先端は 2 裂する。裏面には 2 条の白色気孔線があるが，のち消失する。冬芽は大形で卵状球形または円錐形，灰褐色で光沢があり，雌雄同株で，開花は 5 月頃。雄球花は前年枝の葉腋に生じ，円筒形で黄緑色。雌球花は前年枝の枝上に直立し緑色。球果は 10 月頃，灰褐緑色に熟し，円柱形で長さ 10〜15cm，径 3〜5cm。種鱗は半円形，包鱗は線状披針形で鋭尖頭をなし，種鱗の間からとび出すが反曲はしない。種子には長い翼がある。【特性】陰樹。深根性で適潤な肥沃地を好む。大気汚染には弱い。【植栽】繁殖は実生による。寒地以外では大木の移植は困難。【管理】自然形に育てる。施肥は冬に油かすなどを施す。病気は葉フルイ病，スス病，胴枯れ病など，害虫はハラアカマイマイや，カミキリムシ類の被害がある。【学名】種形容語 *firma* は強い，の意味。

49. コロラドモミ（ホワイトファー，ベイモミ）〔モミ属〕
Abies concolor (Gordon et Glend.) Hildebr.

【原産地】北米西部。**【分布】**米国オレゴン州より，カリフォルニア州を経てメキシコに及び，東は米国中部に分布。ヨセミテ，シエラ地方で多く賞用されている公園樹である。**【自然環境】**冷涼で湿潤な土壌を好む常緑針葉高木。**【用途】**公園樹，庭園樹。材は建築，建具，器具，パルプなどに用いる。**【形態】**幹は直立で樹高 25～50m，直径 0.7～1.3m に達する。樹冠は均整のとれた円錐形である。樹皮は一般に灰色で，老木になると剥離する。若枝は黄緑色あるいは灰緑色で短い毛が粗生する。葉は長さ 6～8cm，細長い線形で短尖頭，円頭，凹頭を示し，上面は暗緑色，下面は青白色で 2 条の気孔線がある。球果は直立で長円筒形もしくは長楕円体であり，初めは灰緑色であるが，のちに暗紫色となる。長さは 8～14cm。径 3.5～5cm。種子は倒卵形である。雌雄同株。**【特性】**陰樹。モミ属の中では乾燥地にも生育する唯一の種類である。ヨーロッパにも入って広く公園樹に用いられている。**【学名】**種形容語 *concolor* は，同様に色づいている，という意味である。一般に辺材と心材の色調差はほとんどなく白色もしくは淡黄白色である。

50. ウツクシモミ（アマビリスファー）〔モミ属〕
Abies amabilis Dougl. ex J.Forbes

【原産地】北米西部。**【分布】**コロンビア，アルバータより南下して米国西海岸に分布。米国のレニア国立公園の中にこの美林があるといわれる。日本ではあまり植栽されていない。**【自然環境】**冷涼で湿潤な深層土を好む常緑針葉高木。**【用途】**材は建築，建具，器具，パルプ材などに用いる。**【形態】**幹は直立，樹高 50～70m，直径 2m に達し，均整のとれた円錐形である。さかんに分枝し，下部の枝は下垂する。樹皮は銀白色で，老木になると条裂する。若枝は灰褐色で褐色の軟毛が密生する。葉は線形，凹頭で集合的に規則正しく配列しており，下面に銀白色の気孔線がある。葉長 2～3.5cm，球果は長さ 10～40cm，径 6～7cm で卵状円錐形であり，初めは紫色であるが，のちに黄褐色となる。ほぼ直立につく。**【特性】**陰樹。幼齢期の生長はきわめて遅い。樹脂が多く，香気が強い。都市部での植林は不向き。**【近似種】***A. nordmanniana* (Steven) Spach によく似ている。**【学名】**種形容語 *amabilis* は愛らしい，かわいい，の意味で，モミ属の中でも美しい樹形をもつものの 1 つである。

51. アカトドマツ 〔モミ属〕

Abies sachalinensis (F.Schmidt) Mast.
var. *sachalinensis*

【分布】北海道のほか，サハリンと南千島に自然分布する。**【自然環境】**幼樹は耐陰性が強く，樹林下でも庇陰に耐えよく生長する常緑針葉高木。植栽は，海抜 600m 以下の適潤肥沃な所が適する。小面積皆伐跡地的な所がよい。**【用途】**寒地の庭園樹。材は建築，器具，土木，船舶，包装，マッチ軸木，パルプなどに用いる。クリスマスツリーとして使う。**【形態】**通常高さ 20～25m，胸高直径 30～50cm。幹は直幹で枝条は密生する。樹皮はやや平滑で，帯紫褐色または灰褐色であるが，老木は縦裂を生じ，赤みを帯びる。また，通常地衣の着生により灰白色を呈していることが少なくない。葉は線形で長さ 1.5～2cm，幅は 0.15cm 内外であり，上面は濃緑色，下面は淡色で，その両側に 2 条の白色気孔線がある。冬芽は卵状球形で長さ 0.3～0.4cm あり，赤褐色で白色の毛を疎生し，樹脂でおおわれている。雌雄同株で，雌球花，雄球花ともに 2 年生枝に生じる。球果は無梗，円柱形または楕円状柱形をなし，先端は円形または鈍形，基部は円形で長さ 5～8.5cm，幅 2～2.5cm である。6 月に開花し，9～10 月頃種子が成熟する。**【特性】**陰樹。強健で深根性で，適潤肥沃な深い土壌を好む。**【植栽】**繁殖は実生による。種は秋まきが多い。**【管理】**かなり手入れの必要がある。とくに幼齢期に霜害にかかりやすい。また老齢になるとサルノコシカケ類の木材腐朽菌の寄生を受ける。**【近似種】**アオトドマツがある。**【学名】**種形容語 *sachalinensis* はサハリンの，という意味。

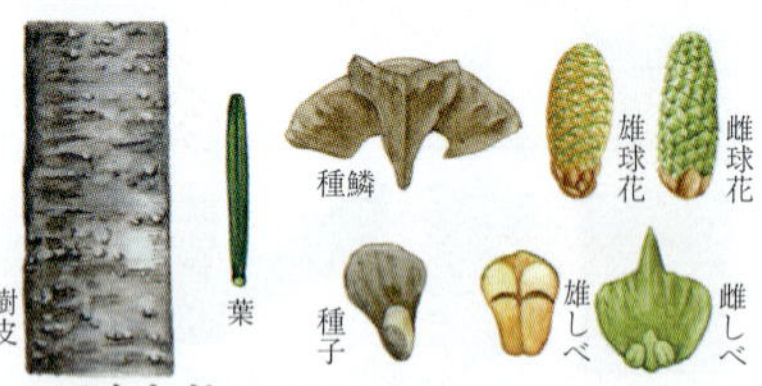

52. アオトドマツ（アオトド） 〔モミ属〕

Abies sachalinensis (F.Schmidt) Mast.
var. *mayriana* Miyabe et Kudô

【分布】北海道，サハリン，南千島に分布。**【自然環境】**山野に自生，または植栽される常緑針葉高木。**【用途】**庭園樹，公園樹。材は建築，器具，土木用材，船舶，パルプなどに用いる。**【形態】**幹は直立し大きいものは高さ 35m，幹の直径 80cm に達する。樹皮は灰青色でやや平滑，樹脂だまりが多い。若い枝には茶褐色の毛がある。葉は線形で長さ 1.5～2cm，幅は上下ともほぼ一様で 0.15cm 内外あり，先端は微凹，円頭，ときに微凸頭，基部は細く吸盤状となって枝につく。表面は濃緑色，裏面は淡色で主脈があり，その両側に 2 条の白色気孔線がある。冬芽は球形，灰白色，樹脂がおおう。雌雄同株で，開花は 6 月頃。雄球花は紅色で 2 年生枝の下側に多数つく。雌球花は 2 年生枝に点々と生ずる。球果は 9～10 月に黒褐色に熟し，楕円状円柱形をなし，長さ 5～8.5cm，径 2～2.5cm，包鱗は黄緑色で，種鱗より長く，その先端は著しく超出し背反する。種子はくさび形で翼がある。**【特性】**陰樹。適潤で肥沃な土壌を好む。**【植栽】**繁殖は実生による。幼樹の生長は遅い。移植は可能。**【管理】**せん定は必要ない。施肥は寒肥として油かすなどを与える。病害虫はアデロプス落葉病，葉サビ病，その他モミに準ずる。**【学名】**変種名 *mayriana* は H. メイラの記念名である。

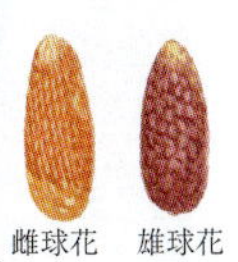

53. カクバモミ（カリフォルニアレッドファー）〔モミ属〕

Abies magnifica A.Murray bis

【原産地】北米西部。**【分布】**ジャスタ，カスケード山脈よりコロンビア河流域に分布。**【自然環境】**冷涼で湿潤な土壌によく育つ常緑針葉高木。**【用途】**公園樹，庭園樹，材は建築，建具，器具，箱，パルプなどに用いる。**【形態】**幹は直立で狭円錐形の樹冠を呈し，樹高 60～75m，直径 2～3m に達する。樹皮は赤褐色でかなり厚い。若枝は褐色を帯び短毛がある。葉は線形，円頭または鋭頭で長さ 1.5～4cm，下面に 2 条の淡い白色の気孔線がある。冬芽は小卵形。球果は円筒形で紫色を帯び，長さ 15～22cm，径 7～9cm である。種子は長さ 2.4cm ほどで暗赤褐色である。**【特性】**陰樹。モミ属の中にあっては最大のものの 1 つである。樹勢はやや弱いが庭園樹には適している。**【植栽】**日本には京都大学に庭園樹として植えられている。**【近似種】**var. *shastensis*，var. *xanthocarpa*，var. *argentea*，var. *glauea*，var. *prostrata* などがある。**【学名】**種形容語 *magnifica* は壮大な，または大規模な，という意味。また，中国では美魁松と呼ばれている。

54. アメリカオオモミ（グランドファー）〔モミ属〕

Abies grandis (Dougl. ex D.Don) Lindl.

【原産地】バンクーバー島に多く生育し，ブリティッシュ・コロンビア州より南下，カリフォルニア州までの北米太平洋沿岸。**【分布】**原産地に自然分布。また北米各地に植栽分布。**【自然環境】**山野に純林あるいは混交林を形成して自生，または植栽される常緑針葉高木。**【用途】**建築材，家具材，器具材，パルプ材，航空機用材。また庭園樹などにも用いる。**【形態】**幹は通直で樹高 30～90m，胸高直径 1～1.5m。樹高 100m に達することもある。幼枝は青緑色で細毛を密生する。冬芽は卵状円柱形で長さ 0.2cm ぐらい，濃紫色を呈する。若木の樹皮は褐色を帯びた灰色で，平滑，多数の樹脂だまりがあり，成木では暗褐色となり割れ目が生じ，老木では剥離する。葉は線形で長さ 2～5cm，表面はわずかに光沢のある暗緑色または緑色，裏面に 2 条の白色の気孔線がある。葉質は軟質で薄い。先端はわずかに凹頭。雄球花は淡紫色で樹脂質，0.2cm ぐらいの卵形でモミ属の中では小さく，樹冠の上部の側枝の裏面に形成され，4 月に花粉を発散する。球果は枝上に直立，先細りの円柱形で長さ 5～10cm，滑らかなしわがあり，明緑色を呈し，成熟すると赤茶褐色になる。**【特性】**生長が早いが，初期の 5 年間ぐらいは生長が遅い。**【植栽】**繁殖はおもに実生による。**【学名】**種形容語 *grandis* は偉大なる，の意味。

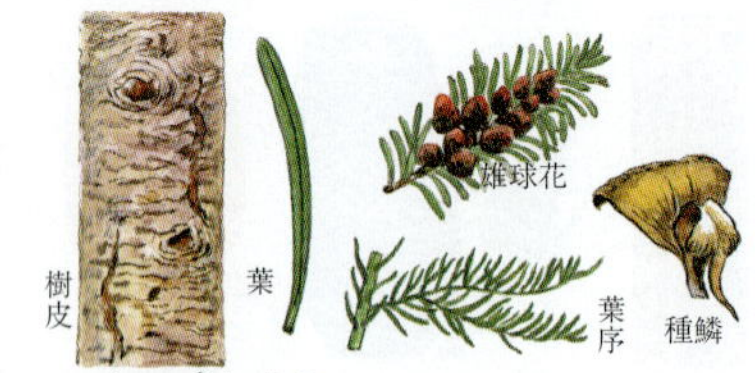

55. ノーブルモミ（ノーブルファー）　〔モミ属〕

Abies procera Rehder

【原産地】北米西部。【分布】米国太平洋沿岸地方からさらに東の中部地方にも及ぶ。【自然環境】比較的冷涼な気候で，湿潤な地域に自生する常緑針葉高木。【用途】公園樹，庭園樹。材は建築，建具，器具，パルプなどに用いる。【形態】幹は直立で樹高 60～90m，直径 2.4m に達し，均整のとれた円錐形をなす。樹皮は一般に赤褐色で平滑であるが，老木になると褐色となり，深い溝をなして剥離する。若枝は赤褐色を呈し軟毛が密生している。葉は線形で円頭または凹頭を示し，一般に青緑色で下面に青白色の 2 条の白色気孔線がある。長さ 2.5～3.5cm，冬芽は小卵形もしくは小球形である。球果は長さ 16～25cm，径 7～8cm の大形円筒形または長楕円体で，初めは緑色であるが，のちに紫褐色となる。種子はくさび形で稜がある。【特性】陰樹で生長がきわめて遅く，20 年生で 2m 内外であるといわれる。モミ属の中では最も美しいものの 1 つ。耐寒力はそれほど強くない。【植栽】英国やドイツで庭園樹として植えられている。日本には京都大学に植えられている。【学名】種形容語 *procera* は高い，丈のあるという意味。

56. テッケンユサン（ユサン，アブラスギ）　〔アブラスギ（ユサン）属〕

Keteleeria davidiana (Bertrand) Beissner

【原産地】中国中西部，台湾。【分布】中国中西部，台湾（南北両端に極限地），インドシナの暖帯に分布。【自然環境】山地の日あたりのよい場所，台湾では標高 300～900m の間に自生する常緑針葉高木。【用途】庭園樹や公園樹として植栽，材は建築材，土木用材，器具材などに用いられる。【形態】幹は直立し高さ 20～30m，直径 60～80cm に達する。樹皮は暗灰褐色か灰褐色で不規則な縦裂がある。枝は四方に開出し，若枝は赤褐色で，綿毛が密生する。葉はらせん状につくが左右 2 縦裂に開出し，扁平な綿状披針形で長さ 2～4cm，幅 0.3～0.4cm，上面は深緑色で光沢があり，下面は緑色，先端は鋭くとがる。雌雄同株。雄球花は円柱形で長さ 1.1～1.4cm。球果は単一で円筒形，長さ 5～10cm，径 4～4.5cm，淡紅色から熟して栗色となる。種子は帯黄淡褐色，くさび形。【特性】陽樹で，やや乾燥地を好む。関東以西の暖地での栽培に適する。【植栽】日本の国内でもよく結実するので，繁殖は実生を主とし，秋の採りまきか，春まで冷暗所に貯蔵し 2～3 月に播種するとよい。【学名】属名 *Keteleeria* はフランスの園芸家 J.B. ケテリリアを記念したもので，種形容語 *davidiana* は中国植物の採集家 A. ダビットを記念した名である。

57. パラナマツ（ブラジルマツ）〔ナンヨウスギ属〕
Araucaria angustifolia (Bertol.) Kuntze

【原産地】ブラジル南部のミナスヘラエス州，サンパウロ州の山地原産で，日本には明治末年に渡来した。【分布】観葉植物として温室や室内で栽培される。【自然環境】冬は温室，夏は通風のよい露地に置いて栽培する日あたりを好む常緑針葉高木。【用途】幼樹を鉢植えにする。【形態】直立した幹に，大枝を規則正しく輪生。高さ30mになる。葉は線形または披針形で濃緑色，らせん状に密生する。葉長2.5〜5cm。【特性】日あたりを好み，冬は温室や室内で5℃ぐらいで越冬する。発育はやや遅いほうで，室内植物として樹形が崩れず長もちするので，好まれる。【植栽】おもに実生で繁殖するが，さし木もできる。発芽，発根の適温は20〜25℃ぐらい。【管理】鉢植え用土は，肥沃で，通気，排水のよいものがよく，砂質壌土に，腐葉土，完熟堆肥を混ぜたものに植える。植替えの適期は春〜夏，病害虫が少なく栽培しやすい。肥料は置肥を春〜夏に与える。【近似種】形態がチリマツに非常によく似ているが，チリマツの葉は卵状披針形で厚みがあり，鱗状につくのに対し，本種は葉が細長く線形，葉の厚みも薄い。本種がモンキー・パズルの名で売られたこともあるので，未だに混同されていることも多い。【学名】種形容語 *angustifolia* はせまい葉の，の意味。

58. コバノナンヨウスギ
（シマナンヨウスギ，アロウカリア）〔ナンヨウスギ属〕
Araucaria heterophylla (Salisb.) Franco

【原産地】ノーフォーク島，ニューカレドニア。【分布】世界の暖帯，亜熱帯に分布。日本では本州の関東南部以南，四国，九州の暖地，沖縄に分布。【自然環境】温暖で日あたりのよい海岸地帯に自生，または植栽される常緑高木。【用途】庭園樹，街路樹，公園樹，鉢植えなどに用いる。【形態】幹は直立，原産地では樹高50〜60m，直径2〜3mに達する。ときに枝下が25〜30mになる。枝は4〜7本が輪生し，大枝は水平に伸長，小枝は互生して2列生し，相互に接近し水平または下垂，円錐形の樹形となり美しい。若葉は1，2cmぐらいの針状で軟質，反巻して光沢のある緑色，成葉は長さ0.6cmの披針形ないし卵状三角形で，スギの葉に酷似している。球果は直径7〜10cmの球形でやや横が広い。果鱗はとげ状となる。種子は長さ2.5cmぐらいで発達した翼がある。【特性】日照を好むが夏の強い日ざしを嫌い，やや日陰地にも耐える。日本でも暖地では露地で越冬するが，通常温室やフレームで越冬させる。幼時の生長は早い。【植栽】繁殖は実生，さし木による。実生の発芽率は低い。さし木は温床で行い，穂は主軸枝を用いる。【管理】萌芽力があり，せん定に耐えるが，樹形を崩すことが多くほとんど手入れの必要はない。【近似種】類似種にヒロハノナンヨウスギ *A. bidwillii* Hook.，ナンヨウスギ *A. cunninghamii* Aiton ex D.Don などがある。【学名】種形容語 *heterophylla* は異形葉性，の意味。

59. チリマツ

（アメリカウロコモミ，チリアロウカリア，ヨロイスギ）

〔ナンヨウスギ属〕

Araucaria araucana (Molina) K.Koch

【原産地】チリ。【分布】チリ南部アンデス山中の海抜650～1500m の範囲および，北パタゴニアのコルディレラ海岸地域に分布。【自然環境】石灰質の開放地を好む常緑針葉高木。湿潤地にも生育する。【用途】公園樹，庭園樹，街路樹。材は建築，屋根，床板，羽目板，家具，キャビネット，単板，合板，バッテリーセパレーター，パルプなどに用いる。種子の仁は食品として市販されている。【形態】雌雄異株まれに同株で，樹高 30～50m，直径 1～1.5m，樹形は球状円錐形。樹皮は厚くコルク質，枝は輪生で下枝は地表まで垂れ下がる。葉は瓦状に配列着生し，暗緑色で両面に光沢がある。卵状披針形が長さ 2.5～5cm。球果はほぼ球形で大きく，12～15cm，暗褐色を呈し成熟までに 2～3 年かかる。種子は倒卵形で赤褐色を呈し，無毛で光沢がある。長さ 4cm，幅 1.2cm，1 個の重さは約 2g。【特性】排水のよい適潤の重い砂質壌土で石灰質を好む。世界の三大公園樹といわれており，広く公園，街路などに植栽されている。また種子の仁は，陽乾して生食するほか，煮物，揚げ物，炒め物および酒の原料などになる。【植栽】植栽するには 3～5m の高さのものがよく，実生苗木が最もよいが，さし木，取り木も可能である。【学名】種形容語 *araucana* はアラウコ（チリ南部アンデス山中）産の，という意味。

60. ダンマルジュ（コーパルノキ，インドナギ，ナンヨウナギ）

〔ナンヨウナギ属〕

Agathis dammara (Lamb.) Rich. et A.Rich.

【原産地】東南アジア。【分布】沖縄などの暖地に適するが，長崎市に樹齢 100 年ぐらいの大木がある。【自然環境】湿潤な熱帯降雨林に自生，または植栽される常緑針葉高木。【用途】庭園樹，公園樹，街路樹。樹脂はワニスなどの原料，材は建築，パルプに用いる。【形態】幹は直立し，高さ 45～60m，幹の直径 3m になる。上方で大きい枝を輪生して張り出す。樹皮は灰緑色から帯緑褐色，初め平滑だが，のちに鱗片状に剥離する。葉はナギに似た単葉で通常対生ときに互生，有柄，葉身は広披針形で上部はしだいに細くなり，先端は鈍い。長さ 4～12cm，幅 1.5～4cm，厚い革質で表面は濃緑色で光沢があり，裏面は灰白色を帯びる。葉柄の長さ 0.6～1.2cm。雌雄異株まれに同株で，雄球花は楕円形で長さ 4～6cm，幅 2～2.5cm，雌球花は短枝上に着生する。球果は球形，広卵円形で径 7.5～13cm，初め緑色，のちに紫色に熟す。種鱗は扇形で幅 2.5cm，先端は切形，種子は種鱗から離生しており，長さ 1.2cm ぐらいで大きな翼がある。【特性】中庸樹。空中湿度が高く，適潤で肥沃な土壌を好む。【植栽】繁殖は実生，さし木による。【管理】自然形に育てる。施肥は堆肥，油かすなどを与える。病害虫は少ない。【学名】種形容語 *dammara* はダマール樹脂の，の意味。

61. ラカンマキ　〔イヌマキ属〕

Podocarpus macrophyllus (Thunb.) Sweet
f. *macrophyllus*

【分布】本州（関東南部以西の太平洋岸），四国，九州に自生，植栽する。**【自然環境】**温暖な地で，他の樹木と混合し，海岸に近い山林内に生ずる常緑針葉小高木。**【用途】**庭園，公園，神社仏閣境内に植栽され，おもに造園樹として用いられる。**【形態】**幹は直立，高さ5〜6mぐらい。多数の枝を発生させ，葉を茂らせる。葉は広線形，線状披針形，長さ0.5〜0.8cm，幅0.4〜0.6cmで厚く，深緑色を呈し，先端は鋭くとがるが丸みをもつ。基部は細く短柄となる。互生し密に四方に広がる。雌雄異株。花は5月に開花。雄球花は円柱形穂状で葉腋に2〜3個束生，黄白色。雌球花は有柄，前年枝の葉腋に単生，胚珠の下に大きな果托があり，秋に赤熟する。種子は広楕円形，白粉を帯び青緑色。**【特性】**陰樹。よく日のあたる土地でよく育ち，生長は遅い。萌芽力強く，刈込みや強せん定に耐える。移植は容易で，潮風にも強い。**【植栽】**繁殖は実生かさし木による。実生は秋の採りまきか，貯蔵し翌春3月に床まきする。秋まきの場合は，霜害に注意する。さし木は夏ざしで，本年枝の15cmを，赤土，畑土にさす。**【管理】**仕立て物，生垣は，基本形にそって6〜7月に刈込む。病害虫はハマキムシ，カイガラムシ，アブラムシの発生があり注意する。**【近似種】**本種に比較して葉の大きいイヌマキがある。

62. イヌマキ（マキ，クサマキ）　〔イヌマキ属〕

Podocarpus macrophyllus (Thunb.) Sweet
f. *spontaneus* H.Ohba et S.Akiyama

【分布】日本の本州（関東南部以西の太平洋岸），四国，九州，沖縄，中国南部に分布。**【自然環境】**暖地の山林内，緩傾斜の適潤な場所に生ずる常緑針葉高木。**【用途】**暖地の庭園，生垣（防風垣），社寺境内などに植栽。材は建築，器具材に用いる。**【形態】**主幹は直立，高さ15〜20m，径50〜80cmに達し，樹皮は灰褐色，浅く縦裂する。枝は老木で下垂する。葉は扁平な線形，披針形で長さ10〜15cm，幅0.8〜1.2cm，先端は鈍尖，全縁，革質で上面は深緑色，下面は淡緑色，密に互生する。雌雄異株。花は5月開花，雄球花は円柱形，穂状で有柄，黄緑色，小枝の葉腋に3〜5本束生する。雌球花は葉腋に1個つけ緑色の果托がある。果実はほぼ球形，径1cm，9〜10月に白粉を帯びた緑色に熟す。赤紫色に熟した果托の上につく。果托は食べられる。**【特性】**陰樹。向陽地でもよく育つ。生長遅く，萌芽力がある。潮風に強く，土壌水分の多い土地に適する。**【植栽】**繁殖はラカンマキに準じ，実生かさし木による。**【管理】**ラカンマキに準ずる。**【近似種】**ラカンマキに似る。葉に白い条のあるものをオキナマキ，枝の石化したものをセッカマキ，葉が非常に細く針状のものをハリマキ，葉が4稜をなすものをカクバマキという。**【学名】**種形容語*macrophyllus*は長葉の，または大葉の，という意味。

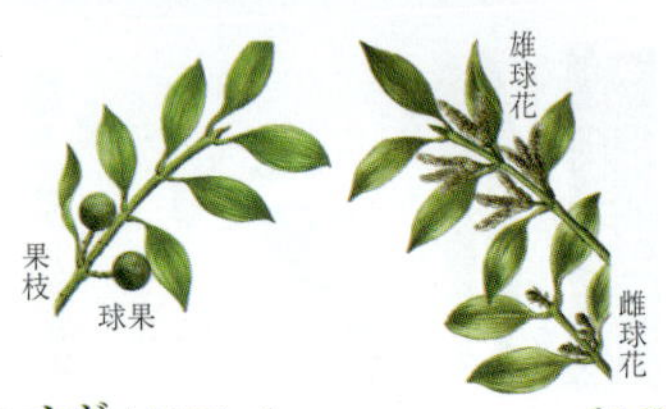

63. ナギ（チカラシバ）〔ナギ属〕
Nageia nagi (Thunb.) Kuntze

【分布】本州西部, 四国, 九州, 沖縄, 台湾に分布。【自然環境】暖地の山中に自生, または植栽される常緑針葉高木。【用途】庭園や神社に植栽される。材は床柱, 家具, 器具材, 彫刻材, 樹皮はなめし皮用, 染料などに用いる。【形態】幹は直立し, よく分枝する。通常樹高 15〜20m, 直径 50〜60cm, まれに樹高 25m, 直径 1.5m に達する。樹皮は紫褐色で滑らかであるが, 外皮は大きく不規則な鱗状になって剥離する。痕跡は紅黄色になる。葉は対生, 短い葉柄がある。葉身は披針形または楕円状披針形, 卵状で長さ 3〜8cm, 幅 1.2〜3cm, 先端は鈍頭または鋭頭で全縁, 葉質は革質で強靱, 表面は光沢のある濃緑色, 裏面は帯緑黄色である。雌雄異株。花は 5〜6 月に前年枝の葉腋に着生, 雄球花は黄緑色で円柱状の穂になり, 3〜4 個束生する。雌球花は数片の小包片があり, 卵子は倒生し倒卵形である。果実は青緑白色の球形で直径 1〜1.5cm, 種子は 10〜11 月頃成熟する。【特性】日照を好むが半日陰地にも耐える。乾燥を嫌い, 適潤で通気性のよい肥沃地を好む。生長はきわめて遅い。【植栽】繁殖は実生, さし木, 接木による。実生は春まきにする。【管理】自然樹形仕立ての場合は 4 月頃, 枝抜きや切りつめを行う。萌芽力はある。寒地では小木のときに防寒をする。大気汚染には弱い。

64. コウヤマキ〔コウヤマキ属〕
Sciadopitys verticillata (Thunb.) Siebold et Zucc.

【分布】本州（福島県以南）, 四国, 九州に分布。【自然環境】海抜 600〜1200m の山地で, 通風, 日あたりのよい北尾根などに生ずる常緑針葉高木。【用途】庭園や寺院, 墓地に植栽される。材は水に強く風呂桶, 流し板に, 表皮は水漏れ防止材料となる。【形態】幹は直立し高さ 30〜40m, 径 1m に達する。樹皮は赤褐色で縦裂し, 長い片となってはがれる。樹冠は狭い円錐形となる。枝は細く輪生し, 若い長枝は淡緑色ののち褐色, 無毛。葉は長枝で鱗片葉で疎生し, 枝先では群生する。また長枝の葉腋より生じた短枝では, 葉が 15〜20 片輪生する。この葉は 2 個の針葉が融合したものである。長さは 8〜12cm。雌雄同株。花は 4 月に開花, 雄球花は枝先に頂生, 卵形の穂状花序。雌球花も枝先に頂生する。球果は翌年の 10 月に熟す。緑褐色の楕円形で長さ 6〜8cm, 種鱗は扇形。種子は両側に狭い翼があり, 上端に白色のへそがある。【特性】陰樹であるが日あたりも好み, 肥沃な有機質の多い適潤地を好む。生長は遅い。【植栽】繁殖は実生, さし木をおもに行う。実生は保水力のある用土に採りまきし, 播種後, 低温湿層処理すると発芽がよい。しかし発芽は 2 年目の春が大部分となる。さし木は 8〜10 月の天ざしで行う。【管理】手を入れず自然形に育てるほうがよい。病害虫は幼苗の立枯れ病やカイガラムシに注意。【学名】種形容語 *verticillata* は輪生の, の意味。

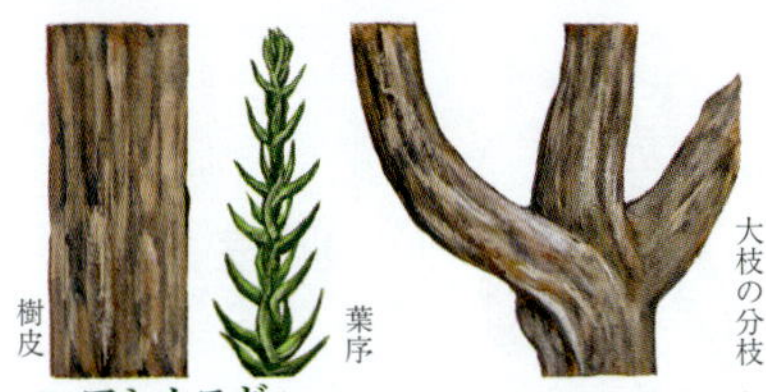

65. アシウスギ（ウラスギ，キタヤマダイスギ，ダイスギ）

〔スギ属〕

Cryptomeria japonica (L.f.) D.Don var. *radicans* Nakai

【分布】本州の日本海側の多雪地帯に自然分布。本州，四国，九州に植栽分布。**【自然環境】**本州の日本海側の多雪地帯に自生，または植栽される常緑針葉高木。**【用途】**庭園樹，公園樹，神社に植栽され，街路樹，生垣ともなる。材は磨丸太，床柱などに用いる。**【形態】**幹は直立，分枝する。積雪地の下枝は下垂して地につき匍匐，そこから根を発生し新しい株を形成する。また幹は下部より大枝に分かれることが多く，大枝の下部は地につき，その先は上向する。下枝は枯れあがらず長く生存し，枝葉は密生，狭い円錐形の樹形となる。葉の角度は狭く，先端は鉤状に内曲，冬期でも葉は緑色を保つ。雌雄同株で，花期は4月頃であるが，開花することはまれである。雄球花は多く着生するが，雌球花は少なく結実することはきわめてまれである。**【特性】**陽樹であるが耐陰性もある。母種 *C. japonica* に比較し，発芽力，発根力が旺盛である。排水のよい，やや湿潤な肥沃土壌を好む。生長はやや早い。大気汚染に弱く，都市環境では生育不良。**【植栽】**繁殖はさし木による。適期は前年枝の場合3～4月，当年枝では6～7月である。**【管理】**ほとんど手入れの必要はないが，混みすぎた枝葉を除いたり，著しく伸長した枝を適宜切り戻したり，除いて樹形を整える。病気には赤枯れ病，芽枯れ病，害虫にはスギハダニ，スギタマバエなどがある。

66. エンコウスギ

〔スギ属〕

Cryptomeria japonica (L.f.) D.Don 'Araucarioides'

【分布】スギの園芸品種で，本州，四国，九州に植栽分布。**【自然環境】**日あたりのよい庭園などに植栽される常緑針葉低木。**【用途】**庭園樹，切枝などに用いる。**【形態】**幹は直立，枝分かれは少なく枝が輪生する。樹高1～4m，枝は長さ20cm～1mぐらいのものまであり著しく伸長するが，長短ふぞろいで枝の伸長とともに下垂する。葉は粗雑で丈夫な鎌形，先端は鋭尖し内曲，濃緑色で長さ0.3～0.5cmぐらいの短針葉と，1.3～1.5cmぐらいの長針葉が交互に小枝に密生し，上向して着生する。葉は冬期に褐色となり，枝葉の形態はテナガザルの腕に似，細いものはひも状となる。側枝は節間から集まって生じるが，不定芽の萌芽は少ない。開花結実することはほとんどない。**【特性】**稚幼樹はやや耐陰性があるが，成木になると十分な日照を要求する。排水が良好でやや湿潤な肥沃地を好み，生長はやや早い。大気汚染に弱く，都市環境では生育が不良。**【植栽】**繁殖はおもにさし木による。適期は前年枝の場合3～4月，当年枝では6～7月である。**【管理】**ほとんど手入れの必要はないが，混みすぎた枝葉を除いたり，著しく伸長した枝を適宜切り戻したりして除去し，樹形を整える。肥料は寒肥として油かす，鶏ふん，化成肥料，堆肥，腐葉土などを施す。害虫にスギハダニ，スギタマバエなどがある。**【学名】**園芸品種名 'Araucarioides' はナンヨウスギ属に似ている，の意味。

67. スギ（ヨシノスギ, オモテスギ, マキ） 〔スギ属〕

Cryptomeria japonica (L.f.) D.Don

【分布】本州, 四国, 九州に分布。【自然環境】西日のあたらない谷間で腐植質に富む肥沃で湿潤な土壌に自生する常緑針葉高木。【用途】庭園樹, 生垣, 盆栽, 街路樹などの観賞木や造園樹。材は日本における優良な木材で, 葉は線香, 香, 樹皮は屋根材などに利用する。【形態】幹は直立し, ふつう高さ 30～40m, 胸高径 1.5～2m に達し, 樹皮は赤褐色で縦に裂け, 細長く剥離する。枝葉は密生し楕円状円錐形の樹形を示す。生長の衰えた樹では円形となる。葉は鎌状針形, 緑色, 無毛で離生部の長さは 0.2～2cm, 冬期は赤褐色となり春に緑色となる。雌雄同株。花は 3～4 月に開花, 雄球花は楕円形で長さ 0.5～0.6cm, 淡黄色。球果は初め緑色, 熟して褐色となり球形で, 径 2～2.5cm, 鱗片が裂開し種子が出る。種子は長楕円形, 黒褐色で縁に翼ができ, 長さ 0.6～0.7cm である。【特性】陽樹で耐陰性弱く, 日あたりのよい深層土で生育良好。耐煙, 耐潮, 耐熱などに弱く, 都市植栽には不向き。萌芽力があり, せん定に耐える。【植栽】繁殖は実生, さし木で行う。さし木は病虫の少ない用土に 6～7 月, 本年枝の 15cm ぐらいをさし木する。実生は採果後乾燥, 種子を取り出し, 秋～春にかけて播種する。播種床は腐植質に富む埴質土がよい。【管理】せん定して通風, 射光をはかる。幼苗時は赤枯れ病, 立枯れ病に注意し, 害虫にはスギドクガがある。【近似種】台湾に産するタイワンスギがあり, 葉や球果などで区別できる。【学名】種形容語 *japonica* は日本の, という意味。

68. ヨレスギ（クサリスギ, タツマキスギ） 〔スギ属〕

Cryptomeria japonica (L.f.) D.Don 'Spiralis'

【分布】スギの園芸品種で植栽品である。【自然環境】各地の庭園などに植栽される常緑針葉小高木。【用途】庭園樹, 切枝などに用いる。【形態】幹は直立し, 高さ 4～5m, 樹皮は赤褐色で縦に長く裂け, 繊維質で細長く剥離する。葉は密に枝につき, 針葉がらせん状に茎の周囲を回り, 縄をよったようになる。葉は枯死しても脱落することはない。葉の横断面は長い菱形をなし, 樹脂溝は 1 個, 中央に近く, 維管束の下側に位置する。雌雄同株で, 開花は 4 月頃。雄球花は前年の小枝の先端部の葉腋につき, 淡黄色で楕円形, 雌球花は前年の枝先に 1 個ずつつき, 緑色で球状, 下向する。球果は 10 月頃熟し, 初め緑色であるが裂開後褐色となり, 木質で卵状球形, 長さ 2～3cm, 種鱗, 包鱗は中央部までゆ合する。【特性】陽樹。稚幼樹は半日陰にも耐えない。やや湿潤で肥沃な土地を好む。深根性で風に強いが, 都市環境には適さない。【植栽】繁殖は春と梅雨期にさし木で行う。移植は大木はやや困難。【管理】萌芽力があり強いせん定ができる。施肥は寒肥として油かす, 鶏ふん, 堆肥などを与える。病気は赤枯れ病, 芽枯れ病などがあり, 害虫にはスギハダニ, スギタマバエ, カミキリムシ類などがある。【学名】園芸品種名 'Spiralis' は螺旋形の, の意味。

69. セッカンスギ（オウゴンスギ）〔スギ属〕
Cryptomeria japonica (L.f.) D.Don 'Sekkansugi'

【分布】スギの園芸品種で本州，四国，九州に植栽分布。**【自然環境】**日あたりのよい庭園などに植栽，きわめてまれに自生している常緑針葉低木。**【用途】**庭園樹，生垣，街路樹，切枝などに用いる。**【形態】**幹は直立，分枝し，樹高3～4mになる。枝葉は密生し，樹形は楕円状円錐形またはやや卵形となる。樹皮は褐赤色または帯赤褐色で，条線があり裂片が繊維状に剥離する。葉は針状方錐形で，先端は鋭尖し刺頭となり，通直またはやや内曲し斜立する。葉色は帯赤緑色または帯赤褐色で，葉の先端に黄色または黄白色の斑が入り，5～6月から樹冠の先端が黄白色となりしだいに緑化するが，9～10月には再び黄白色となる。**【特性】**稚幼樹はやや耐陰性があるが，成木は十分な日照を要求する。排水のよいやや湿潤な肥沃土を好み，樹勢は強健，生長は早い。大気汚染に弱く，都市環境ではやや生育が不良。**【植栽】**繁殖はさし木により，適期は前年枝の場合3～4月，当年枝では6～7月である。**【管理】**萌芽力があり，せん定にも耐える。自然樹形では手入れの必要はほとんどないが，著しく伸長したり，密生した枝葉のせん定，枯枝の除去などをして樹形を整える。肥料は寒肥として油かす，鶏ふん，化成肥料，堆肥，腐葉土などを施す。**【学名】**園芸品種名 'Sekkansugi' は和名に由来。

70. セッカスギ〔スギ属〕
Cryptomeria japonica D. Don f. *cristata* Beiss.

【分布】スギの園芸品種で，植栽品である。**【自然環境】**各地の庭園などに植栽される常緑針葉低木。**【用途】**庭園樹，切花に用いる。**【形態】**幹は直立し，高さ2mぐらい。樹形は広円錐形，樹皮は赤褐色で縦に長く裂け，繊維質で細長く剥離する。枝は分枝点で扁平帯化現象を示し，鶏冠状となり短い針葉を密生する。普通枝は剛強密生し，帯化枝と混生する。普通枝を除去すると帯化は著しく現れる。雌雄同株で，開花は4月頃。雄球花は前年の小枝の先端部の葉腋につき，淡黄色で楕円形，雌球花は前年の枝先に1個ずつつき，緑色で球状。球果は10月頃熟し，初め緑色であるが裂開後褐色となり，木質で卵状球形，種鱗，包鱗は中央部まで合着する。包鱗の先端は三角状でやや反巻し，種鱗の先端は4～6個の鋸歯状をなす。種子は2～5個。**【特性】**陽樹。やや湿潤で肥沃な土地を好む。深根性で風に強いが，都市環境には適さない。**【植栽】**繁殖はさし木と接木による。さし木は前年枝を3月，本年枝を梅雨期にさす。**【管理】**石化葉を残し，普通葉をせん定する。施肥は，寒肥として油かす，堆肥などを与える。病気は赤枯れ病，葉枯れ病など，害虫にはスギハダニ，スギタマバエなどがある。**【学名】**品種名 *cristata* は鶏冠状の，の意味。

71. ミドリスギ　〔スギ属〕

Cryptomeria japonica D. Don f. *viridis* Hort.

【分布】スギの園芸品種で本州，四国，九州に植栽分布。**【自然環境】**日あたりのよい山野，庭園などに植栽される常緑針葉高木。**【用途】**庭園樹，公園樹，生垣，盆栽，切枝。材は建築，器具，丸太などに用いる。**【形態】**幹は細長く通直で樹高 30～60m，直径 1～2m に達する。枝葉は密生，枝は開出または斜上し楕円状円錐形の樹形となる。樹皮は褐赤色または帯赤褐色で，条線があり繊維状に長く剥離する。幼枝は緑色で無毛。葉は鮮緑色で秋冬の頃でも変色せず，長さ 0.4～1cm の針状方錐形で通直またはやや内曲し斜上，先端は鋭尖し刺頭となり，幼時は両面に白色気孔がある。雌雄同株で，花は 3～4 月頃開花する。雄球花は前年枝の先端に腋生，淡黄色または黄褐色で，長さ 0.9cm，直径 0.3cm の長楕円形，多数の雄しべにより穂状となる。雌球花は緑色の球形で，前年枝の先に 1 個ずつ下向きに着生する。果実は球形または卵状球形で，長さ 1.5～3cm，直径 1.6～3cm の毬果である。初め緑色であるが，10 月頃成熟，開裂して褐色となる。種子は赤褐色，長さ 0.6～0.8cm，幅 0.25～0.3cm の倒披針形で両側に狭い翼がある。**【特性】**陽樹であるが稚幼樹はやや耐陰性がある。排水のよい，やや湿潤な肥沃土壌を好み，大気汚染に弱く都市環境では生育が不良。生長は早い。**【植栽】**繁殖はさし木による。**【管理】**萌芽力がある。病気には赤枯れ病，芽枯れ病，害虫にはスギハダニ，スギタマバエなど。**【学名】**品種名 *viridis* は緑色の意。

72. コウヨウザン（オランダモミ，カントンスギ）　〔コウヨウザン属〕

Cunninghamia lanceolata (Lamb.) Hook.

【原産地】中国，台湾。**【分布】**中国南部，台湾，インドに生じ，ヨーロッパ，北米の暖地や日本などに分布。**【自然環境】**半日陰地の砂質壌土や砂岩地に自生する常緑針葉高木。**【用途】**庭園や公園，社寺，学校，植物園に植えられ，材は建築材，器具，マッチの軸などに用いられる。**【形態】**幹は直立し高さ 35m，径 1m に達し，樹皮は褐色で長い繊維状に剥離する。枝は幹より輪生し，のちに不規則となる。幼枝はほぼ対生し初め緑色，無毛。葉は堅く扁平で，鎌状長披針形となり，長さ 3～7cm，幅 5～7mm，先は鋭尖で光沢のある濃緑色，葉縁は多少ざらつく。下面には，2 条の幅広い白色気孔線がある。雌雄同株。花は 4 月開花，雄球花は長楕円形，枝先に群生，雌球花は卵状球形，枝先に単立する。球果は卵球形，長さ 3～5cm，成熟して褐色となる。種子は黄褐色，1 果鱗内に 3 個を有する。**【特性】**日あたりを好み生長は早く，萌芽力が強い。適潤かやや湿気のある肥沃な深層土でよく生育する。**【植栽】**繁殖は実生，さし木，株分けで行う。秋に球果を乾燥，採種し春までにまく。発芽は 1 年目の春か 2 年目なるので，その後定植。さし木は枝ざしで，3～4 月に上向きの主軸を 20～30cm に調整し，さし木する。**【管理】**肥料は寒肥とし，油かす，鶏ふんなどを施用する。病害虫は少ない。**【近似種】**台湾産のランダイスギ var. *konishii* (Hayata) Fujita とよく類似する。

73. ヌマスギ（ラクウショウ）〔ヌマスギ属〕

Taxodium distichum (L.) Rich.

【原産地】北米南部。【分布】北米南部諸州（オハイオ，ルイジアナ，フロリダ），メキシコに分布。世界の各地に植栽されている。【自然環境】日のあたる沼地や海岸などの湿潤で肥沃な場所や石灰岩地域に自生する落葉針葉高木。【用途】庭園や公園の水辺に植栽する。材は建築，船舶，土木などの用材に利用。【形態】幹は直立，高さ20～50m，胸高径3mに達し，樹皮は赤褐色を呈する。樹冠はピラミッド状をなし，野生では広がって傘状となる。大枝は水平に開出，先端やや下垂，若枝は緑色，のちに光沢ある褐色となる。葉は長さ5～10cmで脱落性の短枝に，互生に2列生し，線状披針形，鋭尖頭，長さ1～1.7cm，幅0.1cm。雌雄異株。雄球花は枝上に並び，雌球花は枝先に単立か双生する。球果は小枝の先につき，球形，長さ2～3cm，暗褐色に熟す。種子は不稔性のものが多い。【特性】日あたりを好み，壌質土でよく生育し，耐湿性が強く，耐乾性もある。強せん定に耐える。【植栽】繁殖は実生かさし木による。【管理】手入れはとくに必要ないが，ときおり落葉期に密生した枝の整理を行うとよい。病害虫は赤枯れ病や，葉を食害するオオミノガ，チャノヒメハダニの発生がある。【近似種】本種とタチラクウショウ（ポンドサイプレス）var. *imbricatum* (Nutt.) Croom と似ているが，葉で容易に区別できる。【学名】種形容語 *distichum* は2列生の，という意味。

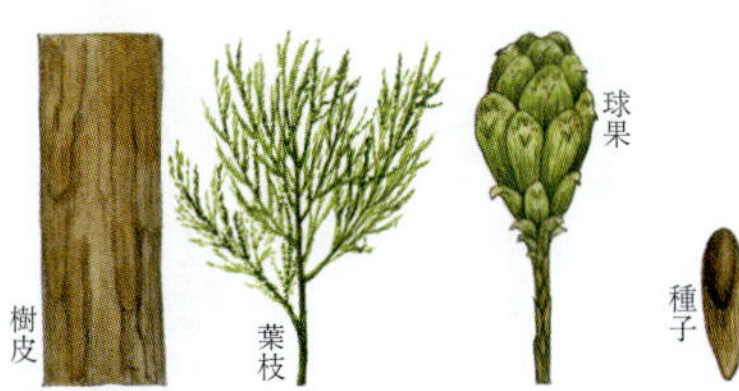

74. スイショウ（イヌスギ，ミズマツ）〔スイショウ属〕

Glyptostrobus pensilis (Staunton ex D.Don) K.Koch

【原産地】中国東南部（広東，福建，江西各省）。日本には明治末年に入る。【分布】本州の関東以南の暖地に適する。【自然環境】水辺，沼沢地方などに自生，または植栽される落葉針葉小高木または低木。【用途】庭園樹，公園樹などに用いる。【形態】幹は直立し高さ8～10m，下枝は開出，水平または下垂し，上枝はやや直立する。樹皮は黒褐色で縦に裂けて薄くはげる。若枝は緑色，無毛。葉は3形あり，実生木や幼木の枝につく葉は鋭頭，扁平線形，2列またはらせん状につき長さ1.2cm。成木の短枝につく葉は針状，鈍頭，長さ0.3～1.5cm，基部は茎に沿下する。長枝の葉は鱗片状，先は離生し鈍頭。秋にいずれも紅葉する。雌雄同株。雄球花は小枝の先に多数集まってつく。球果は有柄，直立し，倒卵形で長さ1.5～1.8cm，径1～1.5cm，帯青赤褐色，果鱗は短く覆瓦状につき脱落性。種子は2個つき卵状長楕円形～長卵形，長さ0.45～0.6cm，翼は長さ0.3cm。【特性】陽樹。湿潤で肥沃な土地を最も好む。枝が折れやすく，樹形も比較的悪い。幼木の耐寒力は弱い。【植栽】繁殖は実生または接木により，スギやメタセコイアの台木に接ぐことができる。【管理】せん定はとくに必要ない。施肥は寒肥として油かす，化成肥料などを施す。病害虫は少ない。【学名】種形容語 *pensilis* はけん垂の，の意味。

75. セコイア（イチイモドキ，セコイアメスギ）

〔セコイア（イチイモドキ）属〕

Sequoia sempervirens (D.Don) Endl.

【原産地】北米西部。【分布】北はオレゴン南西部から南はカリフォルニアまで北米の 700～1000m の高地に自然分布する。【自然環境】海岸寄りの温暖な気候の空中，地中水分の多い場所に自生する常緑針葉高木。【用途】広い庭園や公園に植栽，材は建築，器具，土木などの用材として利用。【形態】幹は直立し，高さ 90～110m，径 3～7m に達する。基部には板根があって，基部周り 30m に及ぶものもある。樹皮は赤褐色，繊維質で厚い。枝は水平または下垂し光沢がある。横冠は円錐形。葉は線状披針形で，互生し，側枝上につくものと，櫛の歯状につくものとがある。上面は暗緑色。雌雄同株。花は 4～5 月に開花，雄球花は雌球花より小さく雌球花は球形で頂生する。球果は卵形，黒褐色，長さ 1.5～2.5cm，径 1.2～1.8cm，柄部があり，果鱗は 15～25 個，圧扁四辺形。種子は楕円形，長さ 0.5cm，幅 0.4cm で，10 月に成熟する。【特性】暖地性で空中湿気の多い，深層で肥沃な，やや湿気の多い土壌でよく生育する。萌芽力がある。【植栽】繁殖は実生，さし木（園芸種）による。種子多産の割に発芽力は小さい。さし木は 4 月上旬，梅雨期に若枝の太いものをさすとよい。【管理】5 月，スギハムシの被害に注意する。【近似種】メタセコイアとよく類似する。【学名】種形容語 *sempervirens* は常緑の，という意味。

76. メタセコイア

（アケボノスギ，イチイヒノキ，ヌマスギモドキ）

〔メタセコイア（アケボノスギ）属〕

Metasequoia glyptostroboides Hu et W.C.Cheng

【原産地】中国（四川省，湖北省）に自生し，日本には 1947 年ハーバード大学教授メリルが原寛博士に種子を送ったのが最初である。その後，各ルートにより北米から輸入された。【分布】北海道～九州に植栽できる。【自然環境】各地に植栽されている落葉針葉高木。【用途】公園樹，街路樹などに用いる。【形態】幹は直立し，原産地では通常高さ 25～30m，幹の直径 1～1.5m となる。樹皮は赤褐色で，薄く，縦裂する。枝は対生し無毛。葉は 2 列対生し線形で，長さ 0.8～3cm，幅 0.1～0.2cm。秋には橙赤色に色づき，小枝は葉とともに落ちる。雌雄同株で，開花は 2～3 月。雄球花は総状または円錐花序状につき長く垂れ下がる。雌球花は対生葉をもつ果梗の先に単生する。球果は角状球形または短円柱形で径 1.5～2.5cm。果鱗は十字対生で種子が 5～9 個つき，10 月頃熟す。【特性】陽樹。湿気のある排水のよい肥沃地を最も好む。生長はきわめて早い。耐寒性が強く，−40℃でも露地で育つ。【植栽】繁殖は一般にさし木による。さし木は 3 月が適期。大木の移植はやや困難。【管理】せん定はしないで自然形に育てるのが最もよい。施肥は寒肥として油かす，鶏ふんなどを施す。病害虫は少ない。【学名】種形容語 *glyptostroboides* はスイショウ（水松）によく似た，の意味。

77. セコイアオスギ（セコイアデンドロン）

〔セコイアオスギ属〕

Sequoiadendron giganteum (Lindl.) J.Buchholz

【原産地】北米カリフォルニア州，シエラネバダ山脈西側の海抜 1400～2400m。【分布】原産地に自然分布。欧米各地と日本に植栽分布。【自然環境】年間雨量 1100～1500mm の高地に自生，またはごくまれに植栽される常緑針葉高木。【用途】樹木園，植物園などの見本樹として用いる。【形態】幹は直立で枝を出し，樹高 45～98m，直径 3～9m に達する巨木。老木の樹形は不整形または円形，幼木ではピラミッド状となる。老木の樹皮は赤褐色で，厚さ 30～60cm に及び，縦列して裂片が繊維状に剥離する。幼木の樹皮は灰色，幼枝は初め暗青緑色でのちに褐色となり，ひも状に下垂する。葉は暗青緑色または青緑色で，鱗片状，斜上して，3 列のらせん状に小枝に着生する。幼木および大木の下枝の葉はわずかに対生する。長さ 0.3～1.5cm，先端は鋭尖頭，基部は広脚で，スギの葉に酷似する。雌雄同株で，花は 1～2 月，ときに 3 月頃開花，雄球花は淡紅褐色または黄褐色，雌球花は帯紫黄褐色である。球果は卵形，長さ 5～9cm，直径 3～5cm で単生または群生し，初め直立でのち下垂する。果鱗は 25～40 個，翌年 8～9 月頃成熟し，暗赤褐色または赤褐色となる。種子は長楕円形または卵形で，翼がある。【特性】高地の多湿地方を好む。【植栽】繁殖はおもに実生であるが，近年メタセコイアを台木として接木が行われている。【管理】病気としてスギの赤星病が著しい。【学名】種形容語 *giganteum* は巨大な，の意味。

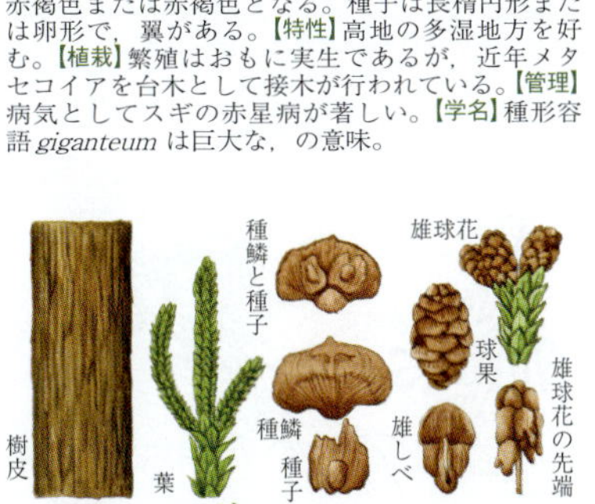

78. タイワンスギ（アサン）

〔タイワンスギ属〕

Taiwania cryptomerioides Hayata

【原産地】台湾，中国。【分布】台湾の高山（海抜 200～2600m）や中国西南部に分布。【自然環境】亜熱帯の高山または温帯の肥沃な深層土に自生，または植栽される常緑針葉高木。【用途】植物園等の見本木や庭園樹として用いる。【形態】幹は直立し高さ 50m，周囲 8m に達する。樹皮は茶褐色で，繊維状に剥離する。大枝は開出し円錐，円筒形の樹形となり，小枝は下垂する。葉は幼樹で鋭い線状，長さ 2cm，スギによく似るが，老木は細かい鱗片状で，枝先のものは鎌形となる。雌雄同株。花は 3 月に開花，枝に頂生する。球果は長楕円形で，長さ 1.5～2.5cm，9～10 月に成熟し褐色となる。ツガに似る。種子は種鱗に 2 個有し，翼がある。【特性】日あたりを好み，壌土で生長良好，生長は割と早い。東京でも露地で越冬する。【植栽】繁殖は実生，さし木で行う。さし木は枝ざしでよく活着する。時期は 3 月中旬～4 月に行う。実生は秋～春にかけて採りまきか，冷暗貯蔵後播種すると発芽がそろう。【管理】スギに準じて行えばよい。【近似種】日本産のスギによく似るが，葉がやや大形で，結果枝が鱗片状などの違いで区別できる。【学名】種形容語 *cryptomerioides* はスギ属 *Cryptomeria* に似ている，の意味。

79. ホソイトスギ（イタリアサイプレス，イトスギ）〔イトスギ属〕
Cupressus sempervirens L.

【原産地】地中海沿岸地方，中東，アフガニスタンなどに分布。日本には明治中期に渡来。【分布】関東地方南部以西の暖地に適する。【自然環境】石灰質の土地に自生，または植栽される常緑針葉高木。【用途】庭園樹，公園樹，街路樹，材は建築，器具，船舶などに用いる。【形態】幹は直立し，原産地では通常高さ 20〜30m，幹の直径 60〜70cm，大きいものは高さ 45m，直径 1m に達する。樹冠は狭円錐形，狭円柱形。樹皮は灰褐色で薄く繊維状に剥離する。小枝は暗緑色。葉は鱗片状で卵形，十字対生して 4 稜形をしている。鈍頭で表面は暗緑色。雌雄同株で，開花は春。小枝の先に雌球花と雄球花が分かれてつく。球果はイトスギ属中最大，卵球形で径 2.5〜3.5cm，果鱗の露出面は四〜五角形で中央にとげ状突起がある。種子は各片の内側に 7〜20 個ずつ入っている。球果は灰緑色のまま越冬し，翌年の秋に暗褐色に熟す。【特性】陽樹。原産地では適潤な石灰質土壌を好む。日本ではやや乾燥または適潤な土地なら生育する。風に弱い。【植栽】繁殖は実生，さし木による。移植は困難。【管理】せん定は徒長枝を摘み取る。施肥は寒肥として油かす，鶏ふん，化成肥料を施し，ときどき石灰を与えるとよい。病害虫は少ない。【学名】種形容語 *sempervirens* は常緑の，の意味。

80. ローソンヒノキ（グランドヒノキ）〔ヒノキ属〕
Chamaecyparis lawsoniana (A.Murray bis) Parl.

【原産地】米国。【分布】北米のオレゴン州南部〜カリフォルニア州北部に生じ，広くヨーロッパ，日本に植栽分布する。【自然環境】海岸に近い山地で，海抜 1000m 以下に他の樹木と混合自生する常緑針葉高木。【用途】樹は庭園樹，公園樹に，材は建築材や器具材として利用される。【形態】幹は直立し，高さ 20〜30m，径 0.8〜1m に達する。樹皮は赤褐色，縦に裂け剥離する。枝は水平またはやや下垂ぎみに開張する。鋭円錐形の樹形となる。小枝は扁平，多数が平面状に分枝する。葉は小形，鱗状で，緑色または青緑色，光沢がある。裏側に不明瞭な X 字形の気孔線がある。雌雄同株。球果は球形，径 0.8cm，初め青緑色，熟して褐色となる。鱗片 8 個，種子は卵形である。【特性】陽樹。やや湿気の多い肥沃地を好む。乾燥地やわずかな日陰でも耐える。多数の園芸品種がある。【植栽】繁殖は通常実生により，2〜4 月に播種用土か畑土にまく。2 月は霜よけを施す必要がある。さし木は園芸種に行う。春に，1 年枝の若枝を 12〜15cm に調整，ヒールを付け砂質土にさし木。【管理】せん定はほとんど必要としない。病害虫は少ない。【学名】種形容語 *lawsoniana* は人名で，ローソンを記念した名である。

81. アメリカヒノキ

（アラスカヒノキ，ベイヒバ，イエローシーダー）

〔ヒノキ属〕

Chamaecyparis nootkatensis (D.Don) Spach

【原産地】米国。**【分布】**南西アラスカよりオレゴン州に至る北米の太平洋岸に分布。コロンビア，ジトカ島，プリンスウィリアム湾沿岸地方に多い。**【自然環境】**湿気のやや多い肥沃地に自生する常緑針葉高木。**【用途】**庭園樹。材は建築，建具，家具。その他ヒノキの用途に準じて用いる。バッテリーセパレーター。**【形態】**幹は直立で樹高25〜40m，直径1〜2mに達し，樹冠は狭い円錐形である。樹皮は一般に灰褐色でかなり幅広く剥離する。枝は上向きまたは水平にのび端が垂れ下がっている。若枝は断面が4稜形をなす。葉は鱗状，鋭尖で暗緑色を呈し，腺体および白条ともにない。雌雄同株。球果はほぼ球形で径1cm程度，白赤褐色を帯び2年目の5月に成熟する。果鱗は4〜6片，種子は1果鱗に2〜4個で翼を伴う。**【特性】**葉肉にヒバに似た特異臭がある。耐久性が高い。**【近似種】**ローソンヒノキとよく似ているが，アメリカヒノキは枝葉が粗で，暗緑色の樹冠をなし，葉がやや大きく，球果は2年目に成熟し，とくに果鱗に突起のある点で区別される。**【学名】**種形容語 *nootkatensis* は Nootka 半島（カナダ，バンクーバー島付近）の，という意味。

82. ヒノキ

〔ヒノキ属〕

Chamaecyparis obtusa (Siebold et Zucc.) Endl.

【分布】本州（福島県以南），四国，九州に分布。**【自然環境】**山地のやや傾斜のある適潤地や，急傾斜地，尾根すじ，岩盤上に自生する常緑針葉高木。**【用途】**材は建築材として優良で，そのほか器具や土木用材として用いる。また庭園樹，生垣などの造園木として利用される。**【形態】**幹は直立し，高さ30〜40m，径0.5〜1.5mに達する。樹皮は赤褐色，外面は灰色を帯びる。平滑で縦に裂け，幅の広く長い裂片となり剥離する。枝は細く水平に開出，密な卵形の樹形をつくる。葉は鱗状，交互対生し，上面は濃緑色，下面はY字状の白色気孔線があり，葉端はすべて鈍形。冬芽は裸芽である。雌雄同株。雄球花は多数着生，広楕円体，紫褐色，雌球花は枝の梢につき，球形で長さ0.3〜0.5cm，雄球花より大きい。球果はほぼ球形，径0.8〜1.2cm，初め緑色，熟して赤褐色となる。種子は卵形，赤褐色で光沢があり，長さ0.3cm，幅0.27〜0.3cm，幅の狭い翼がある。**【特性】**陽樹で耐陰性もある。生長は酸性の腐植質の多い適潤地で早い。耐潮性，耐煙性もあり都市の環境にも育つ。**【植栽】**繁殖は実生かさし木で行う。実生は毬果を秋採取し，乾燥させ種子を取り出し，採りまきする。また，春まで5℃で貯蔵，春まく。用土は腐植質に富んだ土壌。さし木は3〜4月，6〜7月，9〜10月に行う。**【管理】**手入れはほとんど必要ない。せん定は実施する場合は弱く行う。肥料は寒肥で油かす，鶏ふん，化成肥料を施す。**【近似種】**台湾産のタイワンヒノキ var. *formosana* (Hayata) Hayata とよく類似する。**【学名】**種形容語 *obtusa* は鈍形の，という意味。

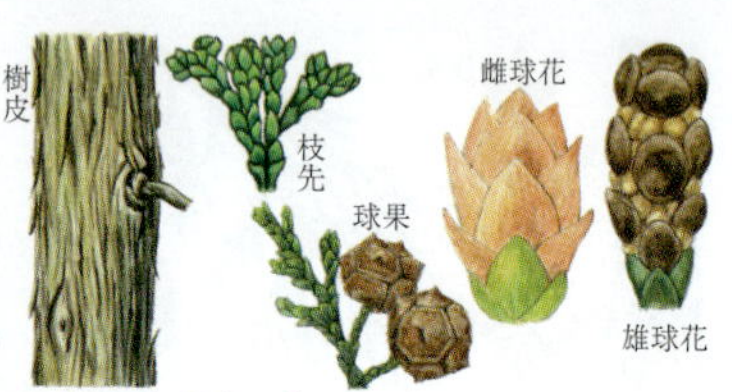

83. カマクラヒバ（チャボヒバ）〔ヒノキ属〕
Chamaecyparis obtusa (Siebold et Zucc.) Endl. 'Breviramea'

【分布】ヒノキの園芸変種。本州（福島県以南，関東以西），四国，九州に広く植栽分布する。【用途】庭園，公園などの生垣，列植や単木で植栽される常緑針葉小高木。【形態】幹は直立するが，あまり大きくならず，高さ5mぐらい。枝は多数水平に短く出て，密に枝分かれし，分枝が重なりあい，枝や葉が小群に密生，階段状となる。樹冠は狭楕円形を形成する。葉はヒノキによく類似して濃緑色，鱗状で対生し，先は円形で小さく緻密である。ときにヒノキと同じような枝が部分的に発生することがある。【特性】陽樹。日あたりを好み，砂質土でよく育つが，生長は遅い。萌芽力は強く，刈込みにも耐えるが，強せん定は不可能。移植力にやや欠ける。【植栽】繁殖はさし木による。春ざし，梅雨ざし，秋ざしが可能。春は1年枝～3年枝，梅雨期と秋は当年枝～2年枝までの，枝先10～15cmを赤土や鹿沼土にさす。日よけが必要。【管理】こまめな手入れが必要。葉が密生しているため手入れを怠ると，枯葉が目立つ。せん定は枝抜きせん定をし，枯葉を両手でもみ落とし，葉を手で摘みイチョウの葉形に整える「イチョウ透かし」がある。病害虫はサワラ，ヒノキに準ずる。肥料は成木で年1回寒肥を与え，中幼木は寒肥のほか年2回追肥を施すとよい。【学名】園芸品種名'Breviramea' は短枝の，という意味。

84. アオノクジャクヒバ（クジャクヒバ）〔ヒノキ属〕
Chamaecyparis obtusa (Siebold et Zucc.) Endl. 'Filicoides'

【分布】ヒノキの園芸品種で日本の各地に植栽される。【用途】おもに庭園や盆栽に利用される常緑針葉小高木。【形態】ヒノキの変種である。枝は正しく対生，長く伸長する。この両側に水平に並んで，同長の小枝を生ずる。葉は密生し，厚く，濃緑色でクジャクの尾に似ている。【特性】陽樹である。チャボヒバより移植力があり，土地を選ばず生育するが，肥沃な湿潤地で美しい樹形となる。【植栽】繁殖はさし木による。3月中旬～4月に充実し，すなおに伸長した枝先を，10cmの長さに切り，葉を少し切り取り，さし木する。十分かん水し日よけを施す。【管理】手入れは欠かせない。放任すると小枝や葉が密生し，葉枯れが目立つ。年に1回，小枝の整理や摘葉し，同時に枯枝，枯葉をもみ落とす。摘葉はできるだけ手で行うように心がける。肥料は冬期に有機質肥料を埋肥する。病害虫はサビ病，ハダニに注意。ナシやボケ，カイドウなどとの同植は避ける。【近似種】クジャクヒバによく類似し，葉はやや薄く軟らかく，全葉に黄金色を呈し，冬期に鮮やかさが出るオウゴンクジャクヒバ 'Filicoides-aurea' がある。別名キンクジャク，モエギクジャクなどと呼ぶ。【学名】園芸品種名 'Filicoides' はシダ *Filix* に類する，シダに似た，の意味。

85. オウゴンチャボヒバ（オウゴンヒバ, キンヒバ）

〔ヒノキ属〕

Chamaecyparis obtusa (Siebold et Zucc.) Endl. 'Breviramea Aurea'

【分布】ヒノキの園芸品種で，北海道南部，本州，四国，九州に植栽できる。【自然環境】庭園などに植栽される常緑針葉小高木。【用途】庭園樹，公園樹，切花などに用いる。【形態】幹は直立し，高さは7～8mになる。樹冠は楕円形を呈し，枝葉は短くかつ密生し，通常上下階段状をなす。葉は黄金色である。雌雄同株で，開花は4月頃。雄球花は小枝の先に多数つき広楕円体で紫褐色，雌球花は球形，黄色で雄球花より大きい。球果はほぼ球形で初め緑色であるが，9～10月に赤褐色に熟す。種子は卵形で狭い翼がある。【特性】陰樹。幼樹は日陰に耐えるが，成樹は日あたりよい場所を好む。また向陽地のほうが枝葉の色が鮮やかとなる。植栽する場合はとくに土性を選ばず育つが，湿地や砂地は好まない。【植栽】繁殖はおもにさし木により，梅雨期にさすとよくつく。移植力は弱く，大木の移植は根回しが必要。【管理】いろいろな形に刈込むことができるが，強く刈込むと枝枯れを起こしやすいので1回のせん定は弱度に行う。施肥は寒肥として油かす，鶏ふん，化成肥料などを施す。病気は葉フルイ病，ペスタロチア病など，害虫はビャクシンカミキリ，スギマルカイガラムシなどがある。【学名】園芸品種名のBrevirameaは短枝の，Aureaは黄金色の，の意味。

86. スイリュウヒバ

〔ヒノキ属〕

Chamaecyparis obtusa (Siebold et Zucc.) Endl. 'Pendula'

【分布】園芸品種で本州の東北地方南部以南，四国，九州に植栽分布。【自然環境】庭園や公園などに植栽されている常緑針葉高木。【用途】庭園樹，公園樹，寺院の境内などに用いられる。【形態】幹は直立，分枝し，樹高8～10m，幹の直径30～50mに達する。樹形はやや広い円錐形またはやや狭い卵形になる。樹皮は赤褐色で外面は灰色，平らで滑らかであるが，縦に裂け目が入り，裂片となり剥離する。枝は粗生し，長く伸長して下垂する。枝の分枝は長い枝のみに見られ，ほかは短枝的存在となる。葉は鱗状で鈍頭，やや光沢のある淡緑色で，細い枝に着生する。本種は母種のヒノキの節間が伸長し，枝の下垂する性質が加わったものである。【特性】陰樹で，稚幼樹は耐陰性があるが，成木は日あたりのよい所を好む。生長は遅い。適潤で，やや肥沃な砂質壌土を好むが，耐乾性も比較的強く，とくに土質は選ばない。耐潮性，耐煙性もある。【植栽】繁殖はおもにさし木による。さし木の時期は3～4月，梅雨期，9～10月で，春は前年枝，夏以降は当年枝に前年枝をつけて行う。【管理】萌芽力があり，せん定ができるが，強せん定は嫌う。伸長した枝やむだ枝を取り除き，樹形を整える程度にとどめる。成木の移植は難しい。肥料は油かす，鶏ふん，化成肥料を施す。【近似種】園芸品種として，萌芽時の葉が黄色になるオウゴンスイリュウヒバがある。【学名】園芸品種名 'Pendula' は下垂の，傾下垂の，の意味。

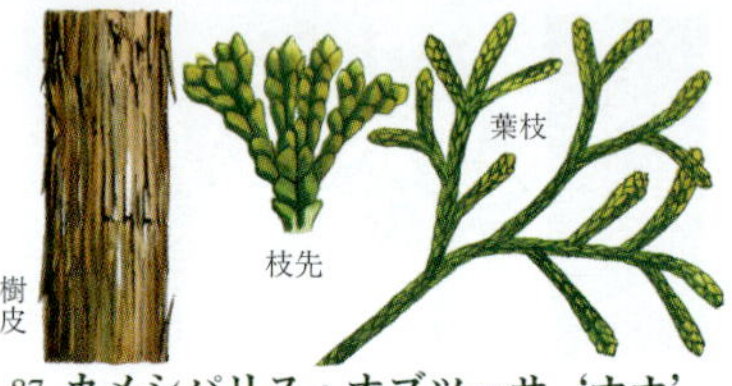

87. カメシパリス・オブツーサ‘ナナ’

〔ヒノキ属〕

Chamaecyparis obtusa Siebold et Zucc. ‘Nana’

【原産地】園芸品種で原産地は不明。一説では，シーボルトにより日本からヨーロッパに渡ったとされている。**【分布】**ヨーロッパ，北米をはじめ，日本に植栽分布。**【自然環境】**日あたりが良好で，排水のよい庭園などに植栽される常緑針葉低木。**【用途】**庭園樹，鉢植えなどに用いる。**【形態】**幹はほとんどなく枝が下部より密に分枝し，樹高 1m ぐらいになる。樹形は半円形または卵円形状で，頂端はややとがり，枝葉は短く密生。葉は鈍い緑色またはやや濃い緑色で，枝よりもさらに密生し層状を呈する。**【特性】**きわめて生長が遅い。排水の良好な土壌を好み，また日照を好み十分な陽光を必要とする。**【植栽】**繁殖はおもにさし木による。植付けの適期は 10～12 月，3～4 月。**【管理】**自然のまま放置しても特有の樹形に整うので，ほとんど手入れの必要はない。肥料は寒肥として油かす，鶏ふん，化成肥料を適宜に施す。**【近似種】**葉が黄色，または黄金色になり樹形が円錐形の‘ナナ・ルテア Nana Lutea’，‘ナナ・オーレア Nana Aurea’など多くの品種がある。生長は極めて遅く，枝葉の形態はナナとほぼ同様。ナナ・オーレアは樹高 2m ぐらいに達するが，この名称は葉の黄色系のものの総称として用いられる。**【学名】**園芸品種名‘Nana’は矮性の，低い，小さい，の意味。

88. ヒヨクヒバ（イトヒバ）

〔ヒノキ属〕

Chamaecyparis pisifera (Siebold et Zucc.) Endl. ‘Filifera’

【分布】サワラの園芸品種。日本の各地に広く植栽分布する。**【自然環境】**庭園や公園などの造園樹として植栽される常緑針葉低木。**【用途】**庭園樹，公園樹。**【形態】**高さは 3～5m ぐらい，枝は開張し細い。樹形は広円錐形樹冠を形成，優美である。葉は下垂し，緑色，鱗状を示す。まれに結実。球果は母種サワラとほぼ同じようである。**【特性】**ほぼサワラに準ずるが，生長はサワラより遅く，日陰地でも耐え，移植も容易である。**【植栽】**繁殖はさし木による。4 月か，新梢固まった 6 月に，充実枝を 20cm に切り，半日陰にさし木する。**【管理】**小枝や葉が密生しやすく，定期的なせん定管理を要する。実施する場合は，枝をつめずに，枝抜きをおもに行う。肥料は早春に鶏ふんなどの有機質肥料を施し，9 月頃，化成肥料で追肥するとよい樹形となる。病害虫はヒノキ，サワラに準ずる。**【近似種】**ヒノキの変種にスイリュウヒバがあり，本種とよく似る。この 2 種を総じてイトヒバと呼ぶ。しかし庭に多く植栽されるのは本種であり，スイリュウヒバは少ない。また本種の枝変わりで，葉先が黄金色となるオウゴンヒヨクヒバがある。**【学名】**園芸品種名‘Filifera’は糸のある，という意味。和名ヒヨクヒバは比翼檜葉で，並んで垂れ下がった枝の様子から名づけられたもの。

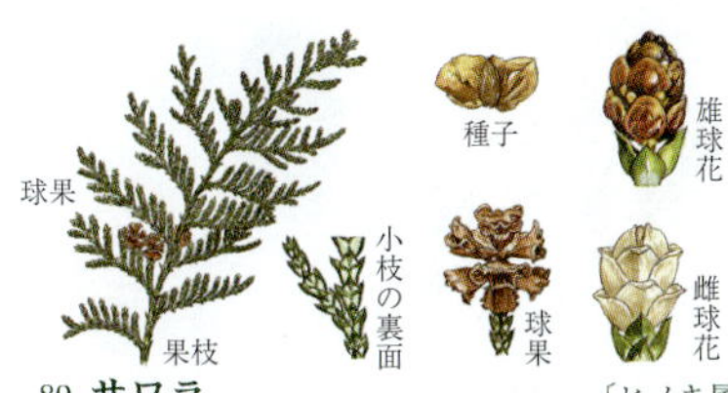

89. サワラ

〔ヒノキ属〕

Chamaecyparis pisifera (Siebold et Zucc.) Endl.

【分布】本州（岩手県以南），九州の一部。**【自然環境】**湿気の多い肥沃地で，渓流ぞいに多く生ずる常緑針葉高木。**【用途】**庭園樹，生垣，公園樹として植栽され，材は器具材に多く用いられる。**【形態】**幹は直立，高さ 30～40m，径 0.8～1m になる。樹皮は赤褐色，縦の薄片となり剥離。樹形は円錐形，枝はやや下垂する。葉は交互対生し，上下両面の葉は卵状三角形で短く，左右両縁の葉は，多くわずかにそり返り，上部が舟形となる。それぞれ先はとがり，上面は濃緑色，下面には白色気孔線があり，ときにX字形をなす。雌雄同株。開花は 4 月。花は小形，枝先に生じ，雄球花は楕円形，紫褐色，鱗片内に 3 個の葯がある。雌球花は球形，鱗片内に 2 個の胚珠がある。球果は径 0.6～0.7cm の球形，緑色から黄褐色となり 10 月に熟す。種子は長楕円形，0.2～0.25cm，褐色で両側に翼がある。**【特性】**陰樹。日あたりでも育つ。生長は早く萌芽力があり，刈込みに耐える。強せん定は嫌う。煙害に耐える。**【植栽】**繁殖は実生かさし木による。実生は採果後乾燥させ，その種子を採りまきするか，春まで冷暗貯蔵してまく。さし木は 3～4 月，1 年枝の先端をさし木する。この際，遮光は必ず行う。**【管理】**生垣などは年 1～2 回刈込む。通常，手入れは要しないが，放任すると枝葉が枯れあがるので，通風をよくすることが大切である。肥料は寒肥を施す。病害虫はヒバノキクイムシの発生がある。**【近似種】**ヒノキに似るが，葉裏の白色気孔線が本種はX字形に対し，ヒノキはY字形となる。**【学名】**種形容語 *pisifera* はエンドウ（pisum）をもった，という意味。

90. オウゴンヒヨクヒバ（オウゴンイトヒバ）

〔ヒノキ属〕

Chamaecyparis pisifera (Siebold et Zucc.) Endl. 'Filifera Aurea'

【分布】サワラの園芸品種で北海道南部～九州に植栽できる。**【自然環境】**庭園などに植栽される常緑針葉高木。**【用途】**庭園樹，公園樹などに用いる。**【形態】**幹は直立し，高さ 10m，幹の直径 40cm になる。樹冠は広円錐形，枝は開張し，細枝は細長く下垂する。葉は鱗状で先端は鋭くとがり，上部はそり返る。黄金色で冬もこの色を保つ。雌雄同株で，まれに開花結実する。開花は 4 月頃。雄球花は小枝の先につき楕円形で紫褐色，雌球花は球形で直径 0.6～0.7cm，球果は最初緑色であるが，10 月頃黄褐色に熟す。種鱗の中央が盃状にへこむ。**【特性】**陰樹。稚幼樹ではヒノキより耐陰性が強い。半日陰地でも育つが，日あたりのよい所のほうが樹姿がしまってしだれが美しい。植栽する場合は土性を選ばず育つが，湿潤で肥沃な深層土を好む。**【植栽】**繁殖はさし木により，梅雨期にさす。移植は小・中木では容易であるが，大木ではやや困難であるため 1 年前に根回しをして植える。**【管理】**萌芽力はあるが，せん定は弱度にとどめて整姿するのがよい。施肥は寒肥として油かす，鶏ふん，化成肥料などを施す。病気は葉フルイ病，黒粒葉枯れ病，ペスタロチア病，サビ病など，害虫はカミキリムシ類などがある。**【学名】**園芸品種名の Filifera は糸のある，Aurea は黄金色の，の意味。

91. シノブヒバ（ツマジロヒバ） 〔ヒノキ属〕

Chamaecyparis pisifera (Siebold et Zucc.) Endl. 'Plumosa'

【分布】サワラの園芸品種。欧米や日本の各地に植栽分布する。**【自然環境】**庭園などに植栽される常緑針葉小高木。**【用途】**庭園，公園の列植，生垣として広く植栽される。**【形態】**単幹状，株立ち状のものもある。小枝は羽毛状に着生する。樹形は密な円錐形。葉は細くて長く，とがっていて外にそり返る。やや線状で，白色を帯びた淡緑色で軟らかい。まれに球果を生じるが，サワラと同形か，やや小形である。種子も結実するが，やはり小形である。**【特性】**陽樹。樹勢弱く短命。適度の刈込みには耐えるが，強せん定は不向き。耐潮性に欠ける。**【植栽】**繁殖はさし木による。まれに結実する種子を播種し，発芽しても母種と異なる形態の苗を生じやすく，そのためさし木を中心に行われる。さし木は3月下旬～4月が適期で，前年枝を15cmに切りさし木する。また，6～7月に本年枝を使ってさしてもよく活着する。**【管理】**手入れはサワラに準ずるが，サワラより小枝や葉が密生しやすいので，手入れは欠かせない。せん定は枝抜きせん定で行い。切りづめせん定は枝，葉のある所でせん定する。**【近似種】**本種とよく類似し，葉に黄金色の斑が入るオウゴンシノブヒバがある。**【学名】**園芸品種名 'Plumosa' は羽毛状の，という意味。

92. オウゴンシノブヒバ（ホタルヒバ）〔ヒノキ属〕

Chamaecyparis pisifera (Siebold et Zucc.) Endl. 'Plumosa Aurea'

【分布】サワラの園芸品種の1つで，北海道南部，本州，四国，九州などの各地に植栽分布し，欧米などにも植栽が見られる。**【自然環境】**庭園などに植栽される常緑針葉高木。**【用途】**公園や庭園などに生垣，仕立て物，列植の材料として利用される。**【形態】**高さ10mぐらい，直径20cm前後で幹が直立する場合が多い。枝は横へ開出するが，先がやや斜上する。葉はサワラより細く長くとがり，外側にそり返りやや線状で軟質である。シノブヒバによく似る。幼枝と新葉に黄金色の斑が入るが，つねに入るものと，のちに緑色に変わるものとがある。まれに開花結実する。ドイツなどに植えられているものはよく結実する。球果も種子もサワラより小形となる。**【特性】**陽樹であるが，耐陰性もややある。萌芽性があり，せん定できるが，強せん定は嫌う。移植は小さいうちは容易で，大木では難しい。**【植栽】**繁殖はさし木による。まれに結実する種子をまくと，様々な樹形となるので，さし木を中心に実施する。さし木は梅雨期に本年枝の先15cmぐらいをさすと，よく活着する。**【管理】**手入れはシノブヒバに準ずる。移植適期としては春秋の彼岸頃に実施するとよいが，梅雨期でも可能である。肥料は有機質肥料を寒肥として与える。病害虫はシノブヒバに準ずる。**【学名】**園芸品種名の Aurea は黄金色の，の意味。

93. ヒムロ（ヒムロスギ）〔ヒノキ属〕

Chamaecyparis pisifera (Siebold et Zucc.) Endl. 'Squarrosa'

【分布】サワラの園芸変種。欧米や日本の各地で植栽分布する。【自然環境】庭園などに植栽される常緑針葉小高木。【用途】庭園や公園の装飾，寄植え，列植，単植などに用いられる。【形態】幹は直立し，高さ13m，直径35cmぐらいに達する。通常は高さ4～5mぐらいである。枝はよく密生し，軟質で樹形は広い球形か楕円形となる。葉は細く針形で，上面は灰緑色，下面は銀緑色を呈し全体的には青白緑色となる。まれに開果結実し，球果はサワラに似るがやや小形である。ヨーロッパではよく結実する。【特性】陽樹。耐陰性もあるが，日あたりのよい場所で美しい樹形となる。樹勢はあまり強くなく短命である。萌芽力があるが強せん定を嫌う。【植栽】繁殖はさし木による。まれに結実する種子をまくが，母樹と異なった樹形の苗木となる。さし木は梅雨期に本年枝を15cmぐらいに切ってさす。【管理】手入れは欠かせない。9～12月にかけて，枯れ葉や枯枝をもみ上げて整理し，小枝や葉の密生した枝は，枝透かし，摘葉してすっきりさせる。肥料は寒肥とし，有機質か化成肥料を施す。病害虫は少ない。【近似種】品種にチリメンヒムロ（ヒメヒムロ）'Squarrosa Leptoclada' やツクモヒバ 'Squarrosa Intermedia' などがある。【学名】園芸品種名 'Squarrosa' は表面が平坦でない，という意味。

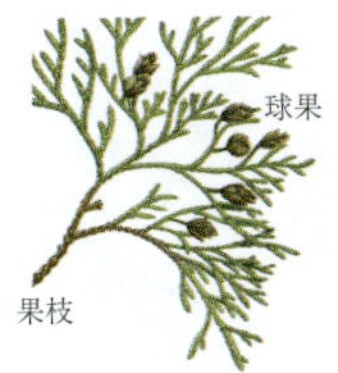

94. ネズコ（クロベ，ゴロウヒバ）〔クロベ属〕

Thuja standishii (Gordon) Carrière

【分布】日本特産で，本州，四国に分布。【自然環境】日本の低山～亜高山帯（600～2000m）の山地のやや傾斜のある適潤地に自生する常緑針葉高木。【用途】庭園樹。材は建築，器具，経木材に用い，樹皮は火縄用とする。【形態】幹は直立，ときに数個の主幹が分枝，高さ25～30m，径40～60cmに達する。樹皮は薄く帯赤褐色で平滑，光沢がある。大小不同の薄片で剥離する。枝条は細く多数，水平に開出，先端は斜上する。円錐形，鐘形の樹冠となる。葉は交互に対生し，鱗片状で，上面は濃緑色，腺点があり，下面には狭い白色の気孔線がある。雌雄同株。花は小形，細枝の端に単生，藍色。雄球花は楕円形，黄色の花粉を出し，雌球花は短く，鱗片内に3胚珠をもつ。球果は楕円形，卵円形，黄褐色で長さ0.8～1cm，径0.45～0.5cm，種子は線状披針形，長さ0.5～0.7cm，幅0.2～0.3cm，褐色で縁に狭い翼がある。【特性】陰樹で，幼樹の耐陰性強く，湿気の多い土地でも育つ。生長は遅く，移植力に欠ける。【管理】手入れはあまり必要としないが，適宜せん定を行い樹形を整える。病害虫は黒粒葉枯れ病，テングス病などに注意。肥料は寒肥として油かす，化成肥料を施す。【近似種】朝鮮半島中部以北の高山に産するニオイネズコ *T. koraiensis* Nakai とよく類似する。【学名】種形容語 *standishii* は人名で，スタンディッシュの記念名である。

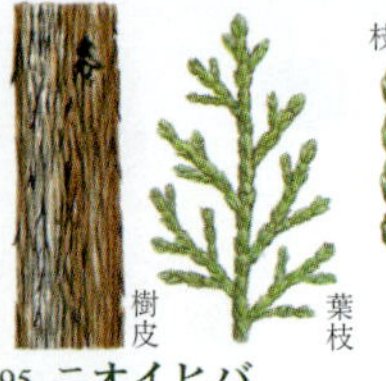

95. ニオイヒバ 〔クロベ属〕
Thuja occidentalis L.

【原産地】北米。【分布】北米北部，カナダに生じ，世界の温帯諸国に植栽分布する。【自然環境】日あたりのよい山腹や山頂の岩質土に好んで生育し，ときに湿地にも生じる常緑針葉高木。【用途】庭園，公園，生垣などの造園樹木。材は建築，器具，土木用材に用い，葉は精油をとり薬用として利用する。【形態】幹は直立し通常高さ15～20m，径0.6～1mに達する。樹皮は赤褐色か灰褐緑色を呈し，老樹で浅く長く剥離する。枝はやや斜上，密生し，狭円錐形，円柱の樹形を形成する。小枝は圧扁，上面は暗緑色，下面は淡緑色。葉は鱗片状，卵形で鋭尖，下面は青緑色。背腹葉に腺体が発達，芳香性精油を含み，もむと芳香を発する。球果は短枝上につき，淡褐色，卵形で長さ0.8cmぐらい，種子は各鱗片に2個ずつつき翼がある。【特性】陽樹。生長は早く萌芽力強い。耐煙性があり都市の植栽も可能である。【植栽】繁殖は実生，さし木で行う。実生は秋採りまきするか，冷暗貯蔵したものを春に播種する。さし木は，6～7月に本年枝の枝ざしでよく活着する。【管理】ほとんど手を入れずに樹形を保つ。生垣は適宜，刈込みを行う。病害虫は葉フルイ病，オオミノガに注意する。【近似種】アメリカネズコとよく類似するが，ニオイヒバより芳香が少ない。【学名】種形容語 *occidentalis* は西方の，西部の，という意味。

96. アメリカネズコ
（ベイスギ，ウエスタンレッドシーダー） 〔クロベ属〕
Thuja plicata Donn ex D.Don

【原産地】米国西海岸地方，ロッキー山脈北部。【分布】コロンビアでは海岸より200mの高さまで，アラスカ，プジェット湾，バンクーバーなどに多く分布。【自然環境】湿気のある排水のよい肥沃な土地で自生する常緑針葉高木。純林を形成することは少なく，多くはダグラスファーと混生する。【用途】庭園樹。材は建築，建具，屋根などに最高級品とされている。日本では，集成材用，挽板天井（杉の代用）として用いられる。【形態】幹は直立で樹高30～60m，幹直径4m，枝下高30mに達し，クロベ属の中では最大のものである。樹冠は尖円錐形，樹皮は赤褐色を呈し，薄く鱗片状に剥離する。枝は長くのび下枝は上枝よりわずかに長い。葉は卵形鱗片状で鋭頭，下面は暗緑色を呈するが，冬期になると黄褐色に変化する。球果は褐色，長卵形で長さ1.2cm，果鱗4～5双で中央3片に成熟した種子を各2～3個つける。【特性】湿地をとくに好み，耐陰性ならびに耐寒性の強い樹種。昔のアメリカインディアンは内皮を食用に，そして材はトーテムポール，独木舟を作っていたといわれる。枝葉には特有の香気がある。材は耐久性が高い。【学名】種形容語 *plicata* は扇たたみの，という意味である。ベイスギの名がついているが，日本産のネズコと同属で米国産のスギではない。

97. コノテガシワ（ハリギ）〔コノテガシワ属〕
Platycladus orientalis (L.) Franco

【原産地】中国。【分布】中国北西部および西部に生じ，日本，米国，ヨーロッパ，インドなどに植栽される。【自然環境】日あたりのよい適潤地に自生，植栽される常緑針葉高木。【用途】庭園，公園，生垣，社寺などに植栽され，材は建築，器具に用いられ，枝や葉からは線香や香料をとる。【形態】幹はしばしば基部から群生し，高さ 5～15m に達する。樹皮は赤褐色，帯褐灰白色で，老樹では繊維状に縦裂する。枝は斜上し狭卵状，円錐状の樹冠となる。小枝は圧扁し上下両面とも鮮緑色で，直立して広がり表裏の区別がつかない。葉は卵形で鋭頭。雌雄同株。雄球花は小枝に頂生，球状，黄褐色。雌球花は小枝の先に単生，淡紫褐色。球果は緑褐色，光沢があり，卵球形，長楕円形，長さ 1～2.5cm。種子は長卵球形で黒褐色，扁平で翼はない。【特性】陽樹。幼時期の生長は早く，樹形は生育にともなって崩れる。耐陰性はややあり，刈込みに耐えるが，生長すると移植力に欠ける。【植栽】繁殖は実生，さし木で行う。園芸品種はさし木。前年枝は 4 月頃，本年枝は 7 月，枝ざしする。実生は球果を乾燥させ，採りまきか，冷暗貯蔵後，春に播種する。【管理】小枝が密生し通風が悪くなるので，適宜枝ぬきせん定を行う。肥料は寒肥で，油かす，鶏ふんを施す。病害虫はアブラムシ，ハダニ，カイガラムシに注意する。【近似種】園芸品種ワビャクダン‘Falcata’など数種がある。

98. シシンデン（ホウオウヒバ）〔コノテガシワ属〕
Platycladus orientalis (L.) Franco ‘Ericoides’

【分布】本州，四国，九州に植栽分布。【自然環境】日あたりの良好な庭園など，多く西日本方面に植栽される常緑針葉低木。【用途】庭園樹，鉢植え，盆栽などに用いる。【形態】幹は直立するが，根もと近くから分枝し，樹高 1～2m になる。樹冠は円錐形またはやや球状，樹皮は褐色で縦裂する。枝は屈曲し細く，非常に折れやすい。枝分かれはやや少ない。葉は青灰色から灰緑色で対生し，長さ 0.8～1cm の線状長楕円形で鈍頭，短針状，葉質は革質で枝に直角につき，葉脚はやや枝に接する。中脈はやや表面からくぼみ裏面に突き出る。葉の横断面には樹脂道が 1 個あり，表面には緑線があるが気孔線はない。【特性】陽樹であり，適潤で日あたりの良好な肥沃地を好む。樹勢はきわめて弱いが樹容が美しい。【植栽】繁殖はさし木による。【管理】ほとんど手入れの必要はなく，樹形を整える程度のせん定でよい。肥料は寒肥として油かす。鶏ふん，化成肥料を施す。【近似種】従来，本種は多くの分類学的考察を経て，ヒノキの品種，独立種（*Shishindenia*）とされていたが，1965 年に発表された林弥栄の研究により，コノテガシワに近い植物であることが確認された。【学名】園芸品種名‘Ericoides’はエリカ属に類する，の意味。

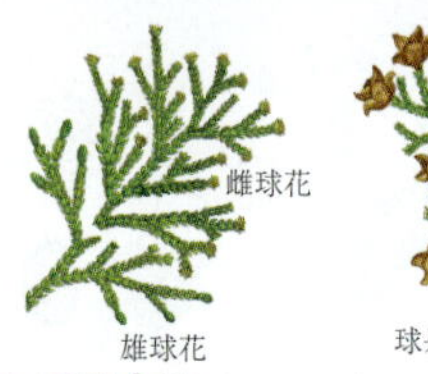

99. アスナロ（ヒバ，アテ）　〔アスナロ属〕

Thujopsis dolabrata (L.f.) Siebold et Zucc. var. *dolabrata*

【分布】本州，四国，九州に分布。【自然環境】山地の適潤地やときに湿潤地に自生，または植栽される常緑針葉高木。【用途】庭園樹，生垣。材は優良で建築，器具などの用途が多い。樹皮は屋根葺用，材の精油は薬用。【形態】幹は直立するが，ねじれたり湾曲することが多い。通常高さ20～30m，幹の直径60～80cm，樹皮は黒褐色で縦に裂ける。葉はやや質が厚く大きな鱗状をなし，小枝や細枝に交互に対生し，表面は濃緑色，裏面は雪白色。雌雄同株で，開花は4～5月。雄球花は長楕円形で青緑色，黄色の花粉を出す。雌球花は8～10個の厚い鱗片があり，淡紅緑色。球果はほぼ球形で長さ1～1.6cm，種鱗の先は三角状針形で鉤状をしている。10月頃淡褐色に熟し，種子は各種鱗中に3～5個あり，灰褐色で両側に狭い翼がある。【特性】極陰樹。適潤の肥沃地を好み，乾燥には弱い。【植栽】繁殖は実生とさし木による。大木の移植は困難。【管理】せん定は弱く行うかまたは行わない。施肥は寒肥として堆肥，油かすなどを施す。病害虫は少ない。【近似種】ヒノキアスナロ var. *hondae* Makino の球果は球形で突起が少なくやや大形。津軽，下北両半島に多い。ヒメアスナロ var. *hondae* ‘Nana’ は多幹性の低木で植栽品。【学名】種形容語 *dolabrata* は斧状の，の意味。

100. イブキ　〔ネズミサシ属〕

（イブキビャクシン，カマクラビャクシン，ビャクシン）

Juniperus chinensis L.

【分布】本州，四国，九州，沖縄，朝鮮半島の中部以南に分布。【自然環境】日あたりのよい沿岸地に自生，または植栽される常緑針葉高木。【用途】庭園樹，生垣，盆栽。材は床柱，器具材，彫刻材，寄木細工。また香料，薬用などに用いる。【形態】幹は直立するがよく分枝し，通常円錐形の樹冠となる。樹高15～20m，直径40～60cm，ときに高さ25m，直径2.5mに達する。主幹は転捩することが多く，樹皮は赤褐色で縦裂し薄片となって剥離する。枝は斜上または上向し密生する。葉は鱗片葉と針状葉の2形葉，鱗片葉は披針状線形で先端は鈍頭，交互に対生する。針状葉はとげ状で長さ0.5～1cm，幅0.1～0.15cm，表面は凹形で2条の白色気孔線があり，裏面は緑色で交互に対生または3輪生する。雌雄異株，まれに同株のこともある。花は4～5月開花し，枝端に着生，雄球花は黄褐色，0.3～0.4cmの楕円形で約8対あり，鱗片内に2つの葯がある。雌球花は紫緑色で厚質鱗片がある。果実は肉質の球果で直径0.6～0.9cmの球形，翌年10月頃紫黒色に成熟し白粉をかぶる。種子は通常4個，卵円形で光沢があり，褐色を呈する。【特性】陽樹であり，樹勢は比較的強健，十分な日照を要求し日陰を嫌う。生長はやや遅い。成木の移植は難しい。【植栽】繁殖はさし木，取り木による。【管理】肥料は油かす，鶏ふん，化成肥料を施す。【近似種】近似種としてタチビャクシン var. *jacobiana* がある。【学名】種形容語 *chinensis* は中国産の，の意味。

101. ハイビャクシン（イソナレ, ソナレ）〔ネズミサシ属〕
Juniperus chinensis L.
var. *procumbens* Siebold ex Endl.

【分布】原産地不明。栽培品であるが，九州（対馬，壱岐）に分布するという説がある。**【自然環境】**海岸に自生，または全国に植栽される常緑針葉低木。**【用途】**庭園樹，公園樹，盆栽，砂防林などに用いる。**【形態】**幹や枝は匍匐して著しく伸長する。樹皮は赤褐色，葉は多くは針葉で3片輪生するが，老生するとまれに鱗片葉を生ずる。針葉は長さ0.5～0.8cm，幅0.1～0.15cm，線状披針形で鋭くとがる。雌雄異株，球果は球形で，径0.8～0.9cm，翌年秋に紫黒色に熟する。**【特性】**陽樹。やや乾燥ぎみの，排水のよい肥沃土壌を好み，石灰質の土地や砂地でも育つ。大気汚染や潮害に強い。**【植栽】**繁殖はさし木による。大木の移植は困難で根回しが必要。**【管理】**せん定は混みすぎた枝や徒長枝を摘み取り，日照や通風をよくしないと内部に枝枯れを生ずる。施肥は寒肥として油かすや鶏ふん，化成肥料を与える。病気は芽枯れ病，サビ病，害虫はビャクシンカミキリ，ヒバノキクイムシ，カイガラムシ，ハダニなどが発生する。**【学名】**変種名*procumbens*は倒伏形の，の意味。

102. ミヤマビャクシン（シンパク）〔ネズミサシ属〕
Juniperus chinensis L. var. *sargentii* A.Henry

【分布】北海道，本州，四国，九州などの高山，北方の海岸，朝鮮半島，台湾に分布。**【自然環境】**日あたりのよい高山や，北方の海岸の岩地などに自生，または植栽される常緑針葉低木。**【用途】**庭園樹，公園樹，鉢植え，盆栽などに用いられる。**【形態】**幹は匍匐し著しく屈曲する。枝は斜上または上向し，よく分枝し密に茂る。樹高60cm，枝張り3～4mぐらいになる。葉は2形葉で，若木や長く伸長した枝には針状葉がある。古い小枝や果枝上には鱗片葉が着生，葉は帯白青緑色で茎に十字対生する。鱗片葉は菱形で鈍頭，外面中央にへこみがある。雌雄異株。花は4～5月頃，枝端に開花する。雄球花は楕円形で黄色の花粉を出す。雌球花は厚い鱗片があり，紫緑色。果実は肉質の球果で，直径0.6～0.8cmの球形，翌年10月頃，帯青褐色に成熟し，やや白粉をかぶる。種子は2～3個ある。**【特性】**陽樹で，樹勢は比較的強健，十分な日照を要求し，日陰地を嫌う。生長はやや遅く，耐寒性，寒暑性を備えている。排水が良好で肥沃な土壌を好む。成木の移植はやや難しい。ナシの赤星病の中間寄主となるので植栽地に注意する。**【植栽】**繁殖はおもにさし木による。さし木の適期は3～4月または9～10月である。**【管理】**とくに手入れの必要はないが，数年に1度混みすぎた枝をせん定し，枝が広く伸長するように手入れする。肥料は油かす，鶏ふん，化成肥料などを十分に与える。病気はサビ病，害虫にはカイガラムシ，ハダニなどがある。

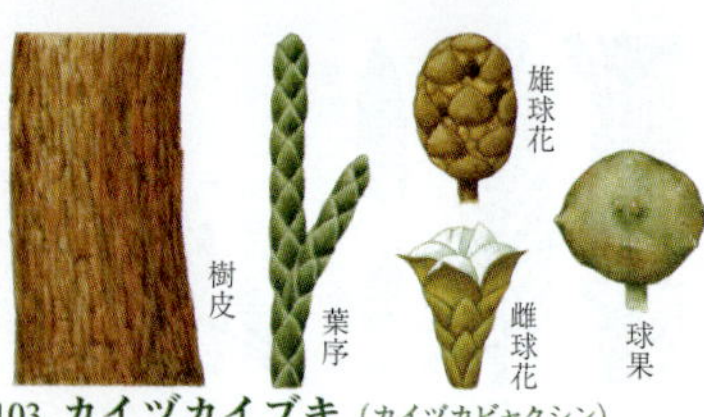

103. カイヅカイブキ（カイヅカビャクシン）

〔ネズミサシ属〕

Juniperus chinensis L. 'Kaizuka'

【分布】イブキの園芸変種。北海道南部，本州，四国，九州に植栽分布する。【自然環境】庭園などに植栽される常緑針葉高木。【用途】おもに造園樹として，庭園，公園，学校，工場，病院などに植栽され，生垣としても広く用いられる。【形態】枝は太く直立する。側枝は旋回し，小枝は鋭角をなす。葉は針葉なく鱗片葉のみで，母種イブキより太く，ミヤマビャクシンによく類似している。【特性】陽樹。生長はやや遅く，潮風，大気汚染に強く，耐乾性もある。下枝の枯れ上がりは少なく，浅根性で移植も容易である。【植栽】繁殖はさし木による。通常4月に1年枝，9月に本年枝をさし木する。露地ざしでは，活着が50％前後であるが，ミストざしで行うと活着率が高まる。【管理】手入れは，徒長枝を軽くせん定する程度にとどめる。強くせん定すると，母種と同形態の針葉が発生することがある。病害虫は少ないが，サビ病（赤星病）があり，果樹園（ナシ類）近くでは，ナシの赤星病の中間寄宿木で，植栽を避けるか，防除に努める。肥料は寒肥と追肥で行い，鶏ふんや堆肥などの有機質や，化成肥料を施す。また肥料不足になると，小枝が枯れ，樹全体が透けてくるので注意する。【学名】園芸品種名 'Kaizuka' の由来は不明である。またイブキは，伊吹柏槇の略言。

104. タマイブキ

〔ネズミサシ属〕

Juniperus chinensis L. 'Globosa'

【分布】イブキの1品種で，北海道南部，本州，四国，九州に広く植栽される。【自然環境】庭園などに植栽される。【用途】庭園や公園の造園樹として，芝庭に単植，園路や建物にそって列植，または縁どり用として利用される。【形態】直幹は生じない。低木で根もとから枝が発生し株立ち状となり，樹冠は自然に球形となる。葉は密生し鱗片をなすが，ときに針葉を生ずることもある。通常は緑色を呈するが，冬期に紫緑色となることもある。【特性】陽樹。乾燥した砂質壌土で肥沃な土地でよく生育し，大気汚染や潮風害に強い。浅い刈込みに耐えるが，強せん定は不向き。【植栽】繁殖はさし木をおもに行う。時期は4月か，6月上旬～8月上旬で，前年枝や本年枝を15cmに切ってさす。用土は赤土や鹿沼土がよい。さし木後日よけを施す。さし木後2年目ぐらいで芯を止め，側枝を出させて球形にするとよい。【管理】手入れは刈込みで行う。年1～2回，6月と11月頃に浅く樹冠をそろえる程度に刈込む。植栽本数が少ないときは，葉先を手でつまんでそろえると切口の赤変が見られない。肥料は寒肥とし，有機質肥料を施す。病害虫はサビ病やハダニ。【近似種】葉に黄色の斑が入るオウゴンタマイブキがある。【学名】園芸品種名 'Globosa' は球形の，の意味。

105. ネズミサシ（ネズ，トショウ）〔ネズミサシ属〕

Juniperus rigida Siebold et Zucc.

【分布】本州，四国，九州，朝鮮半島，中国東北部，ウスリーなどに分布。【自然環境】日あたりのよい山地や丘陵地の砂地や花崗岩地帯などのやせ地に多く自生，または植栽される常緑針葉高木。【用途】庭園樹，生垣，盆栽，材は建築，器具，土木用材，船舶などに用い，種子の油は杜松子油といい，薬用，灯用になる。【形態】幹は直立，通常高さ 3〜12m，幹の直径 20〜25cm，樹皮は赤褐色で灰色を帯び，老木では深い裂け目を生ずる。1 年生枝は黄褐色で平滑。葉は粗生し，とげ状で先端は鋭尖形，長さ 1.2〜2.5cm，3 個ずつ輪生する。表面は平らで真ん中に細い 1 条の白色気孔線がある。雌雄異株で，開花は 4 月頃。雄球花，雌球花とも前年の枝の葉腋に単生する。雄球花は無柄，楕円形で緑色，長さ 0.4cm ぐらい。雌球花は卵円形で質厚く緑色。球果は肉質，球形で径 0.6〜0.9cm，先端に 3 つの突起があり，翌年 10 月または翌々年の 10 月頃紫黒色に熟す。【特性】陽樹。乾燥に強く花崗岩の風化土壌のようなやせた土地でも生育する。【植栽】繁殖は実生，さし木による。大木の移植は困難。【管理】せん定は弱度に行う。施肥は寒肥として油かすなどの有機質肥料を施す。病気はサビ病があり，ザイフリボクが中間寄主となる。【学名】種形容語 *rigida* は硬直の，の意味。

106. ハイネズ 〔ネズミサシ属〕

Juniperus conferta Parl.

【分布】北海道，本州，九州，サハリンに分布。【自然環境】日あたりのよい海岸砂地に自生，または植栽される常緑針葉低木。【用途】庭園，公園などの地被，鉢植え，盆栽などに用いる。【形態】幹はほとんどなく，四方に枝をよく分枝し匍匐する。枝先は斜上または上向する。樹皮は赤褐色または灰黒色で縦に剥離する。枝は淡褐色で太く節間が短い。葉は長さ 0.8〜2cm，幅 0.15cm ぐらいの針形でまっすぐであるが基部が湾曲しやや内側に曲がり，3 個輪生，枝に密生する。先端は針状に鋭尖，表面にはやや深い白色気孔線がある。雌雄異株またはまれに雌雄同株。花は 4 月頃，前年枝に腋生または頂生し開花する。雄球花は黄褐色で長さ 0.4〜0.45cm の楕円形，葉腋の短枝上に着生し黄色の花粉を出す。雌球花は緑色の卵円体で厚質の鱗片がある。果実は肉質の球果で直径 0.8〜1cm の球形，翌年 10 月頃，黒紫色に成熟し白粉をかぶる。種子はふつう 1 果に 3 個あり，長さ 0.6cm ぐらいの尖頭三角状卵形，基部に樹脂塊が多くある。【特性】陽樹で，樹勢は比較的強健である。十分な日照を要求し，日陰を嫌う。通気性が良好で肥沃な土壌を好み，生長はやや早い。都市環境でも比較的生育は良好。成木の移植は難しい。【植栽】繁殖はおもにさし木による。【管理】著しい立ち枝は枝のつけ根近くでせん定する。病気はサビ病がある。【近似種】近縁種にシマムロ *J. taxifolia* Hook. et Arn. var. *taxifolia* がある。【学名】種形容語 *conferta* は密生する，の意味。

自然樹形

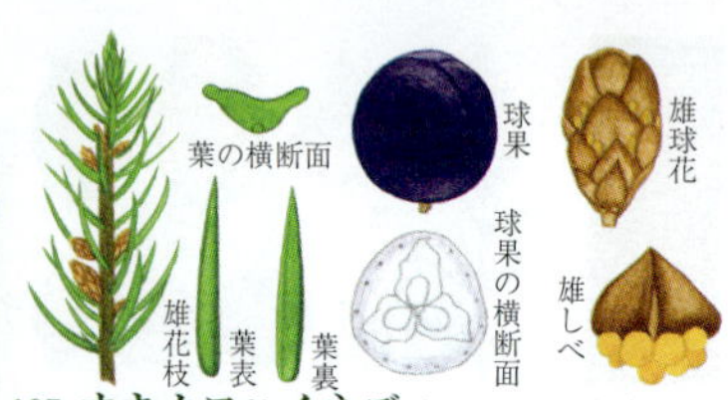

107. オキナワハイネズ（オオシマハイネズ）

〔ネズミサシ属〕

Juniperus taxifolia Hook. et Arn.
var. *lutchuensis* (Koidz.) Satake

【分布】本州の房総半島，伊豆諸島，伊豆半島，東海，奄美，沖縄に分布。【自然環境】海岸に自生，または植栽される常緑針葉低木。【用途】庭園樹，防潮林などに用いる。【形態】幹は匍匐し，四方に広がり枝葉は密生する。葉は3個輪生し枝に対して開出し，針形で長さ1～1.2cm，内側に曲がり表面は濃緑色，内面は白色。先端は鋭いとげがないため，つかんでも痛くない。雌雄異株で，開花は4月，雄球花は腋出の短枝上につき，楕円体で黄褐色，雌球花は卵円体で緑色。球果は球形で液果状をなし黒褐色に熟す。種子は翌年9～10月頃成熟する。【特性】陽樹。やや乾燥ぎみの，排水のよい肥沃な土壌を好む。【植栽】繁殖は実生もできるが，おもにさし木による。大木の移植はやや困難で根回しが必要。【管理】せん定は4～5月にかけて徒長枝を摘み取る。施肥は寒肥として有機質肥料を施す。病気はサビ病，害虫はカイガラムシなどがある。【近似種】小笠原諸島特産の母変種シマムロの幹は直立性で，葉の表面に中肋があり，2条の白色気孔線がある。裏面は淡黄緑色。【学名】種形容語 *taxifolia* はイチイ（*Taxus*）のような葉の，の意味。

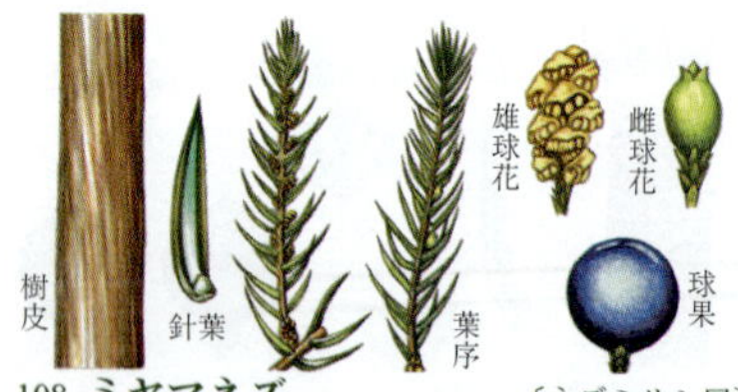

108. ミヤマネズ

〔ネズミサシ属〕

Juniperus communis L.
var. *nipponica* (Maxim.) E.H.Wilson

【分布】北海道，本州（北部）。【自然環境】高山帯に自生する常緑針葉低木。【用途】ときに庭園樹などに用いる。【形態】セイヨウネズの変種。高さ1～2m，幹は地上をはう。葉は3個輪生し，関節をもって枝と直角につづき，線形で長さ0.7～1.1cm，幅0.1～0.12cm，表面はゆるやかに湾曲し，やや深くへこんだ幅0.03～0.04cmの白色気孔線がある。裏面は丸みを帯び，光沢をもった濃緑色。雌雄異株で，開花は6月。球果は翌々年の秋に熟し，藍黒色で径0.8cmぐらい，頂は浅くへこむ。【特性】陽樹。排水のよい砂質壌土を好む。夏のむし暑さを嫌うので西日を避けるように植栽する。【植栽】繁殖は実生によるが，さし木もできる。大木の移植は困難。【管理】せん定は徒長枝を摘み取る。施肥は寒肥として有機質肥料の油かす，鶏ふんなどを施す。病気はサビ病，害虫にはカイガラムシなどがある。【近似種】リシリビャクシン var. *montana* Aiton は本種に似るが，葉は著しく湾曲し，表面は深くへこむ。北海道の高山に自生。北半球北部全域に広く分布。ホンドミヤマネズ var. *hondoensis* (Satake) Satake ex Sugim. も本種に似るが，葉の幅が広く0.17～0.2cm，表面はやや平坦で白色気孔線は0.07～0.09cm，果実の頂は丸みがある。本州中部の高山に自生。【学名】変種名 *nipponica* は日本本州の，の意味。

109. イヌガヤ 〔イヌガヤ属〕

Cephalotaxus harringtonia (Knight ex Forbes) K.Koch

【分布】日本（関東以西），朝鮮半島南部，中国の陝西，湖北，四川などに分布。【自然環境】暖帯や温帯林内の谷側に生ずる常緑針葉低木または小高木。【用途】庭園や公園に下木などとして植栽される。材は床縁，碁盤，土木用材に，種子は油をしぼり灯火用，理髪用とする。【形態】幹は直立，高さ 10～15m，径 20～30cm，樹皮は暗褐色，縦裂し長い薄片ではげる。枝は横に広がり，1 年枝は緑色。葉は互生，横枝では 2 方向に対列し，立枝ではらせん状に着生，線形，長さ 2～5cm，幅 0.25～0.35cm，軟質でさわっても痛くない。上面は暗緑色，裏面には白色の 2 本の気孔線が通る。雌雄異株。開花は 3～4 月。雄球花は前年枝の葉のつけ根に，黄色，球状に集まって着花させ，雌球花は枝先に 1～2 個つき，緑色で短柄を有し多数の鱗片がある。球果は球形，倒卵形，長さ 2～2.5cm，径 0.15～0.2cm，翌年の秋に赤褐色に熟す。【特性】陰樹。生長遅く，萌芽力大。刈込み，水湿地に耐え，耐煙性がある。【植栽】繁殖は実生かさし木により，実生は採果して果肉を取り，冷暗貯蔵後に播種，翌春に発芽するものもある。さし木は枝ざしで，6～7 月に遮光を強くしてさし木する。【管理】カヤに準ずる。【近似種】カヤと葉がよく似るが，さわるとカヤは痛いが，本種は痛くない。

110. ハイイヌガヤ（エゾイヌガヤ） 〔イヌガヤ属〕

Cephalotaxus harringtonia (Knight ex Forbes) K.Koch var. *nana* (Nakai) Rehder

【分布】北海道，本州（日本海側の多雪地帯に多い），四国（石鎚山など），朝鮮半島に分布。太平洋岸地域では丹沢山系，富士山，天城山，恵那山，鈴鹿山脈，大台ケ原などに自生。【自然環境】温帯，亜寒帯の落葉広葉樹林下に自生または植栽される常緑針葉低木。【用途】庭園樹。外種皮は食用，種子の油は灯火用，理髪用になる。【形態】幹は立つものもあるが，ほとんど伏臥し横に長く走り接地して発根する。高さ 0.5～4m，葉はイヌガヤに比べ幅が狭く長さも短い。長さ 2.5～3.5cm，幅 0.25～0.3cm，先端はとがり，立枝ではらせん状に互生，横枝では羽状に並ぶ。雌雄異株で，開花は早春。雌球花はイヌガヤに比べて長い柄をもち，この柄はほとんど鱗片をもたず裸出する特徴があり，鱗片をつけるイヌガヤと区別される。球果は翌年秋に熟し，長球形で長さ 2.5cm ぐらい。外種皮は淡紅紫色に熟し，甘味に富み食用となり，内に堅い内種皮がある。【特性】陰樹で，耐陰性は強い。樹勢強健，適潤で肥沃な土壌を好む。【植栽】繁殖は実生，さし木，取り木による。取り木は伏せ取りが容易で，枝に環状剥離をして土をかけ，押えておき，翌年新芽の動き出す頃切り取って植付ける。移植はできる。【管理】萌芽力があり，せん定はできる。施肥は寒肥として油かす，鶏ふんなどを施す。病害虫は少ない。【学名】変種名 *nana* は低い，の意味。

111. チョウセンマキ 〔イヌガヤ属〕
Cephalotaxus harringtonia (Knight ex Forbes) K.Koch 'Fastigiata'

【分布】イヌガヤの変種で，本州（関東以西），四国，九州などの暖地に植栽する。【用途】庭園樹として用いたり，生花材料として栽培される常緑針葉低木。【形態】幹は直立，高さ1～3m位。葉は密に輪生し，長葉群と短葉群がやや間をおいて交互に発生する。長さは5cm前後でまれに10cmになり，濃緑色の細長い線形で，質が厚く，先端はとがり弓状に下方に曲がる。ときに2列羽状葉が出て，イヌガヤとよく似た枝状を示す場合がある。開花結実は見られない。【特性】陰樹。耐陰性強く，日陰でも育つ。樹勢は強健。萌芽力があり，強せん定にも耐える。【植栽】繁殖はさし木による。さし木は3～4月の春と9～10月の秋が適期で，前年枝および本年枝を18cmぐらいに切ってさす。発根率は約90％ぐらいでよく活着する。日よけは必ず施す。【管理】手入れはほとんど要しない。徒長枝や枝変わりを抜く程度。肥料は油かすを元肥に，追肥は化成肥料を与える。切花栽培では適切な肥培管理が必要。病害虫は少ないが，風通しの悪い所では，カイガラムシの発生もある。【学名】園芸品種名 'Fastigiata' は数枝直立し集まった，の意味。

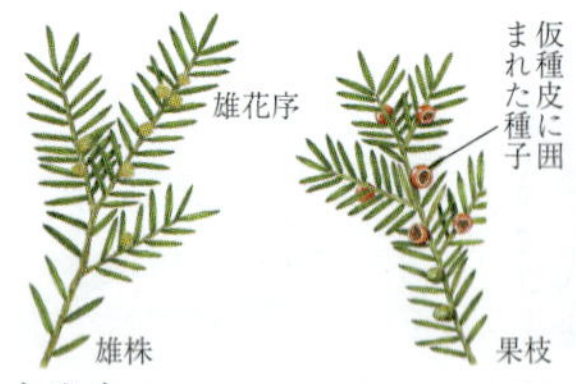

112. イチイ（アララギ，オンコ） 〔イチイ属〕
Taxus cuspidata Siebold et Zucc. var. *cuspidata*

【分布】北海道，本州，四国，九州。【自然環境】とくに東北地方や北海道などの寒地に多い常緑針葉高木。【用途】庭園の主木や生垣，仕立て物とする。材は建築材，器具材，機械材，彫刻材，鉛筆材に用いる。【形態】幹は直立，分枝し高さ10～20m，幹径0.5～1m，樹皮は赤褐色で縦に浅く裂ける。葉は扁平の線形で急尖突頭，長さ1.5～2.5cm，上面は深緑色で下面は淡緑色，主脈両側に2条の気孔線があり，葉枕はやや隆起する。葉は2列に水平に着生することが多い。花は3～4月，前年枝に腋生する。雌雄異株。雄球花は小形，楕円体の花穂をなす。雌球花は緑色，卵形，種子は卵球形で長さ0.5cm，仮種皮は赤色で甘味があり食用とする。【特性】陰樹で，耐陰性が強い。生長は遅い。せん定はできるが移植力は乏しい。【植栽】繁殖は実生とさし木による。実生は秋に採種し，果肉を水洗，陰干しし，土中に埋蔵，春に播種する。さし木は春は前年生枝をさし，夏秋には当年生枝をさす。【管理】円柱状仕立て，散し玉，生垣などは，形を維持するために，新梢の固まる7月頃と，11月か春の3月萌芽前に刈込みを行う。徒長枝，とび枝などは早く切る。施肥は萌芽前と，葉の固まる7月頃と，寒さに向かう9～10月に鶏ふん，油かすなどを株の周囲に埋める。樹勢が弱まるとカイガラムシ，ハダニなどが発生する。【近似種】キャラボクは全体が低木状で，葉はイチイより幅広く，2列に配列しない。【学名】種形容語 *cuspidata* は突頭の，という意味。

113. キャラボク 〔イチイ属〕

Taxus cuspidata Siebold et Zucc. var. *nana* Hort. ex Rehder

【分布】本州(鳥海山から大山まで)。【自然環境】海岸地方や島根県の大山などに自生が見られる。また，各地に植栽されている常緑針葉低木。【用途】庭園樹，公園樹として水辺や路傍などに列植する。生垣にもする。【形態】幹は短く斜上することが多い。密に枝分かれする。葉は線形で長さ1.5～3cmで先端は鋭くとがり，やや厚手，枝にらせん状に四方につく。雌雄異株。3～4月に開花，雄球花は球形で葯胞は4～8あり黄色である。雌球花はやや細長く鱗片に包まれている。種子は卵球形で長さ0.5cm，赤い多肉質の仮種皮に包まれ上端はあいている。9～10月頃に成熟する。【特性】極陰樹で生長は遅い。適地は湿り気ある土地であるが，やや乾燥地にも耐える。せん定はできるが移植力に乏しい。耐寒性がある。【植栽】繁殖は実生，さし木による。実生は秋に採種し，果肉水洗，陰干しし，土中埋蔵，3～4月頃に播種する。発芽率は並である。【管理】生長が遅いので手入れも必要ないが，仕立て物は6～9月頃に新梢を軽く刈込む。施肥は葉色の悪い生育のよくないものには，根まわりに固形肥料を2～3月頃施肥する。病気はほとんどないが，害虫には，ヒバノキクイムシ，カイガラムシ，ハダニがある。【近似種】イチイは常緑高木で葉が水平に並ぶ。

114. セイヨウイチイ (ヨーロッパイチイ) 〔イチイ属〕

Taxus baccata L.

【原産地】ヨーロッパ，北アフリカ，西アジア。【分布】原産地をはじめ北米に分布。日本には明治末年に渡来。【自然環境】欧米の森林内に自生，または植栽される常緑針葉高木または低木。【用途】庭園樹，公園樹，生垣，トピアリー。材はきわめて緻密で固く建築材，細工材，彫刻材，弓，槍の柄などに用いる。ヨーロッパでは墓地に多く植栽される。【形態】幹は直立，枝は多く密生し樹高12～20m，直径2.5mに達する。樹皮は赤褐色で深裂し薄片となって剥離する。ふつう小枝は2年枝でも緑色を呈する。葉は表面が暗緑色または濃緑色，裏面は淡緑色で長さ2～3cmの線形，先端は漸尖頭，主脈は著明である。2列状またはらせん状に着生し，枝への着生期間がきわめて長い。雌雄異株で，球花は3～4月に葉脈に着生する。ふつう種子は2稜形で長さ0.8～1.2cmの楕円体となり，赤色または橙黄色の仮種皮に包まれている。仮種皮は食用となる。【特性】耐陰性が強く，稚幼樹は日陰地でも生育が良好であるが，生長するにしたがって陽光を好む。生長はきわめて遅い。適潤で腐植質に富む肥沃地，また寒冷地を好む。成木の移植は難しいが，寒冷地では比較的容易である。【植栽】繁殖は通常実生による。【管理】萌芽性があり強せん定に耐えられるが，軽いせん定を回数多く行うほうがよい。【近似種】変種として，アイルランドイチイ var. *fastigiata*，ドバストンイチイ var. *dovastonii* などがある。

115. カヤ（カヤノキ，ホンガヤ）〔カヤ属〕
Torreya nucifera Siebold et Zucc.

【分布】本州の宮城県以南，四国，九州，朝鮮半島。**【自然環境】**山地に自生し，人家にも植栽される常緑針葉高木。**【用途】**庭園樹，公園樹。材は建築材，器具材，彫刻材に用いられる。**【形態】**幹は直立，高さ 20～30m，幹径 90cm。樹皮は灰褐色で老木になると縦にはげる。枝条は車輪状に着生し，小枝は三叉状で 1 年枝は緑色，2 年枝は赤褐色をしている。葉は線形で先は針状で痛い。長さ 2～2.5cm，上面は濃緑色で光沢がある。下面は淡緑色で中央に細い 2 条の淡黄色の気孔線がある。雌雄異株。花は 4～5 月，前年枝に雄球花は腋生，雌球花は頂生する。仮種皮に囲まれた種子は翌年 10 月頃成熟し，長さ 2～3cm，径 1～2cm，楕円形で肉質，初め緑色，のち熟して紫褐色となる。**【特性】**耐陰性があり，生長はあまり早くない。強せん定に耐えて萌芽力も強い。耐煙性もあり都市環境にも適する。**【植栽】**繁殖は実生による。種子を土中埋蔵し，春まきにする。発芽率は低い。**【管理】**円柱状仕立て，胴切り仕立て，枝抜き仕立て物などがあるが，胴ぶき，ひこばえなどは早めに取る。施肥はほとんど必要ない。病害虫は少ないが通風が悪いとスス病が発生する。媒介するアブラムシ，カイガラムシの駆除が必要。**【近似種】**チャボガヤは低木状で葉は下部の幅が広く，上部は急に細くなっている。**【学名】**種形容語 *nucifera* は堅果を有する，の意味。

116. チャボガヤ（ハイガヤ）〔カヤ属〕
Torreya nucifera Siebold et Zucc.
var. *radicans* Nakai

【分布】本州（山形県以西の日本海側，紀伊半島の大台ケ原山・藤原ケ岳・御在所山），四国（石鎚山）に分布。**【自然環境】**温帯多雪地帯に広く自生する常緑針葉低木。**【用途】**庭園樹。種子は食用，薬用，採油に用いる。**【形態】**低木状で，斜上または匍匐する。枝は地についたところから発根し，そう状をなす。2 年生枝以上は赤褐色である。葉は水平に 2 列に並び，下部の幅が広く上部は急に細くなり，先端は鋭くとがる。表面は濃緑色で光沢があり，主脈は，不著明，裏面には中肋の両面に 2 本の黄白色の気孔線がある。雌雄異株で，5 月頃開花する。雄球花は黄色で楕円形をなし，裏面の葉のつけ根に並んで多数咲く。雌球花は小枝の先に群がりつき，柄がなく，数層の細かい鱗片をもち，中央に 1 個の胚珠がある。仮種皮に囲まれた種子は 10 月頃熟し，種子は卵形で長さが短い。カヤは高木にならないと開花結実しないが，チャボガヤは 1～2m の低木で開花結実する。**【特性】**陰樹。日陰地でも生育する。適潤で肥沃な土壌を好む。**【植栽】**繁殖は実生によるが，雌木は接木，取り木による。移植は早春が適期。**【管理】**萌芽力があり強いせん定ができる。施肥は堆肥，油かすなどを寒肥として与える。病害虫は少ないが，通風が悪いとアブラムシやカイガラムシがつき，スス病を併発する。**【学名】**変種名 *radicans* は根を生ずる，の意味。

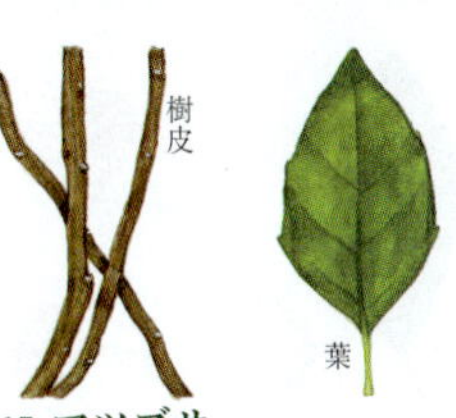

117. マツブサ　〔マツブサ属〕

Schisandra repanda (Siebold et Zucc.) Radlk.

【分布】北海道, 本州, 四国, 九州, 朝鮮半島南部。【自然環境】山地のややうす暗いところにはえる落葉つる性植物。【形態】茎は他物にからみついて長くのび, まばらに枝分かれする。古いつるの表面はコルク質となる。節には短枝が発達し, 葉は通常短枝の先に数個ずつ集まってつく。葉柄は長さ2～4cm, 葉身は卵形あるいは広楕円形で, 長さ4～8cm, 幅3～7cm, 先はややとがって鈍端となり, 基部は円形またはくさび形となる。質はやや厚く軟らかで, 表面は緑色, 裏面は淡緑色となり, 縁には3～4対の低い歯牙がある。雌雄異株。6～7月, 短枝の葉腋から2～5cmの細い花柄を出し, その先に淡黄白色の小さな花を垂らす。花被片はほぼ円形で9～10個あり, がく, 花弁の区別はなく, 内側のものがやや大形である。雄花には肥厚した雄しべが多数つく。雌花には多数の雌しべがあり, 結実すると花托が著しく延長し, 球形の液果をつけて穂状に垂れ下がる。液果は球形で径0.8～1cmぐらいあり, 藍黒色に熟す。種子は2個ある。【特性】つるを傷つけるとマツの香りがする。そして実が房になるところからマツブサの和名がある。【学名】種形容語 *repanda* はさざなみ形の, の意味。

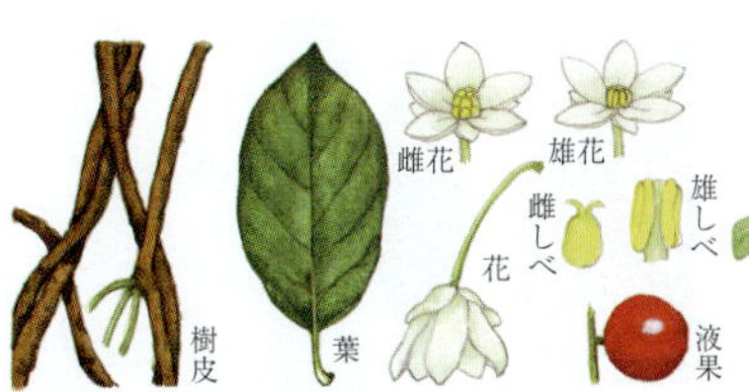

118. チョウセンゴミシ　〔マツブサ属〕

Schisandra chinensis (Turcz.) Baill.

【分布】本州（中部地方以北), 北海道, サハリン, 朝鮮半島, アムール, 中国。【自然環境】山地の落葉広葉樹林などにはえる落葉つる性植物。【用途】漢方で果実を滋養強壮ならびに鎮咳薬に用いる。【形態】茎はあまり長くならず, まばらに枝分かれし褐色をしている。葉は互生または短枝に集まってつく。葉柄は1～3cm。葉身は楕円形もしくは卵状楕円形で長さ3～8cm, 幅2～6cm, 先端は鋭尖形, 基部は広いくさび形, 縁にはまばらな波状鋸歯がある。葉質は厚い膜質で表面は淡緑色, 葉脈は表面でくぼむ。雌雄異株。6～7月, 新枝の基部の鱗片の腋から細長い柄を出し, 黄白色の花を下垂する。花柄は2～3cm, 花径は約1cmで広い鐘形である。花被はふつう9個ほどあり, 卵状楕円形。雄花には6個の雄しべが中央にあり, 雌花では多数の雌しべが集合して円形の花托の上に並んでいる。果実になると花托がのびて穂状となり, 球形の径0.7cm内外の紅色の実をつける。【特性】薬用植物として享保年間（1716～1735）に朝鮮から伝えられ, 日本で栽培されたが, その後, 明治時代になって日本の山地にも自生することがわかった。漢名は五味子である。五味子とは果実に甘, 酸, 辛, 苦, 塩の五味があることによる。【学名】種形容語 *chinensis* は中国の, の意味。

119. サネカズラ　〔サネカズラ属〕

Kadsura japonica (L.) Dunal

【分布】本州（関東地方以西），四国，九州，済州島，中国，台湾。【自然環境】各地の山地にはえ，また庭園に植えられる常緑つる性植物。【用途】庭園樹，盆栽，また果実を薬用とする。木部に粘液があり，古くはこれを整髪に使用した。【形態】古い茎は褐色で厚く，軟らかいコルク質の外皮に包まれ，径 2cm ぐらいになる。葉は有柄で互生し，葉身は長楕円形で長さ 4～10cm，幅 3～5cm あり，質は厚くて軟らかく，表面に光沢があり，縁には低い鋸歯がある。裏面はしばしば紫色を帯びる。7～8 月，葉腋から花柄を出し，淡黄白色の径 2cm の花を 1 個ずつ開く。花被は大小合わせて 12 片ほどある。雌雄同株異花。雄花は多数の紅色の雄しべが球状に集まって目立つが，雌花は淡緑色の雌しべが多数集まって球状となっている。果実は肉質の肥大した花托に，小球形の液果が多数ついた集合果で径 3cm ほどになり，紅色に熟す。【特性】漢方では実を南五味子といい，五味子（チョウセンゴミシ）の代用とする。【植栽】繁殖は実生，さし木，株分けによる。土性もあまり選ばず，どこでもよく育つ。【管理】耐寒性はやや弱い。樹勢は強く，よく繁茂するので，せん定を強くしたほうが実つきもよい。耐陰性もある。【学名】種形容語 *japonica* は日本の，の意味。

120. シキミ（ハナノキ）　〔シキミ属〕

Illicium anisatum L.

【分布】本州の中南部，四国，九州，沖縄。【自然環境】暖地の山地に広く分布している常緑小高木または高木。【用途】寺社，墓地に植栽され，材は器具材，鏇作材，鉛筆用材に用いる。また樹皮は染料，種子は薬用にするが猛毒である。【形態】幹は直立，分枝し高さ 5～8m，幹径 10～20cm，樹皮は暗灰色で枝条は密生する。葉は互生，短柄で葉身は長楕円形，倒卵状披針形，鋭頭で長さ 4～10cm，幅 2～5cm，縁は全縁，無毛で光沢がある。葉には香気がある。花は 4 月頃，小枝の葉腋から短い花柄を出し，淡黄白色で 2.5～3cm の花を開く。花被片は 10～15 個，肉質で披針形，長さ 1.8～3cm，心皮は 8～20 個で環状に並ぶ。果実は 9 月に成熟，八角形の袋果がある。【特性】水湿ある陰地を好む。肥沃な深層土がよい。実は猛毒。樹性強健で，萌芽力強く，せん定に耐える。生長はやや遅く，移植はやや困難である。【植栽】繁殖は実生とさし木による。さし木は6月頃にさす。【管理】とくに手入れの必要はない。施肥は寒肥として化成肥料を施す。病害虫はほとんどない。【近似種】ミヤマシキミ *Skimmia japonica* はミカン科の低木。液果は球形で赤色に熟す。葉は互生，やや輪生状に枝上に集まる。

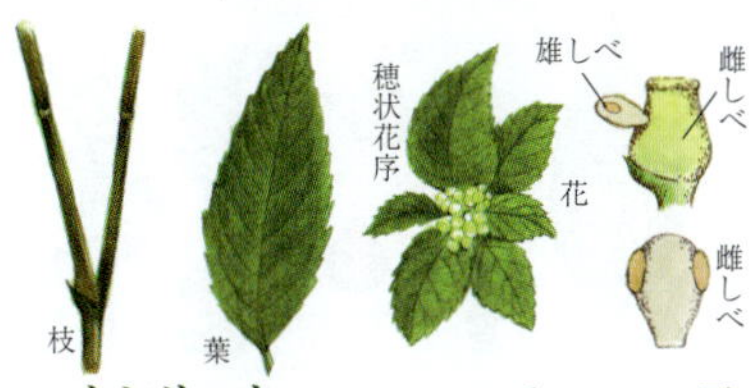

121. センリョウ 〔センリョウ属〕

Sarcandra glabra (Thunb.) Nakai

【分布】本州（関東南部以西，東海道，近畿南部），四国，九州，朝鮮半島南部，台湾，中国，フィリピン，インド，マレー。【自然環境】暖地の樹林内にはえる常緑小低木。【用途】庭園に植栽され，また正月用の切花とされる。【形態】緑色の茎が群生し，高さ 50〜90cm になる。節は明らかにふくらむ。葉は短い柄があって対生し，長楕円形または卵状楕円形で先はとがり，長さ 6〜14cm ほどである。上半部に粗い鋸歯があり，革質で光沢がある。6〜7 月，枝先に穂状花序を出し，無柄の黄緑色の小さな花をつける。花にはがくも花弁もない。雄しべは 1 個で分岐しない。果実は肉質で丸く，径 0.5〜0.7cm あり，12 月頃朱赤色に熟す。【特性】耐陰性は強いが，耐寒性は弱く，東京周辺では露地植えは難しい。乾燥にも弱い。温度が高く，多湿の砂質の土を好む。【植栽】繁殖は実生と株分けによるが，さし木もできる。さし木は 4〜5 月に行う。夏に乾燥する地域ではアカダニの発生が多く，栽培しにくい。【学名】種形容語 *glabra* は無毛という意味。センリョウの和名はサクラソウ科のマンリョウに対して名づけられたものである。両者は近縁の植物のように見えるが花の構造などは全く違い，分類学的には縁が遠い。【近似種】花色が黄色の園芸品種にキミノセンリョウ f. *flava* (Makino) Okuyama がある。

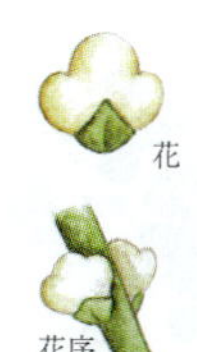

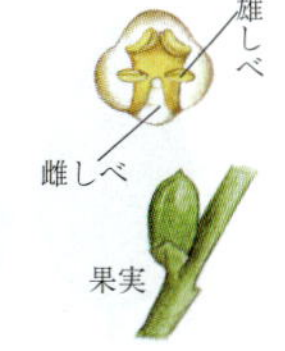

122. チャラン 〔チャラン属〕

Chloranthus spicatus (Thunb.) Makino

【原産地】中国南部。【自然環境】観賞植物として栽培されている草本状の常緑小低木。【用途】観賞用に鉢植え，または生花に用いられる。【形態】茎は群生し，高さ 30〜70cm になる。鉢仕立てのものはふつう 30〜40cm である。緑色をした茎はやや軟らかい。葉は有柄で対生し，楕円形でチャの葉によく似ている。長さは 5〜8cm，先端はややとがり，基部はくさび形または鋭尖形となり，縁には低い波状の鋸歯がある。革質で厚みがあり，滑らかで光沢がある。5〜6 月の頃，茎の頂に複穂状花序をまっすぐに立て，無柄の黄色の小花をつける。裸花で花被はなく，芳香がある。雄しべは 1 個で太く，3 個に割れて各片の内側下部に葯をつける。雌しべは 1 個。果実は楕円形で，中に種子が 1 個はいっている。日本には江戸時代に渡来して栽培されるようになったものである。【特性】耐寒性が弱いのでふつうは鉢栽培がよい。【植栽】繁殖は株分けによる。鉢植えの場合，腐葉土，田土，川砂などを混ぜたものに植込む。【管理】夏は半日陰におき，冬はフレームか温室，または軒下の暖かい所で保護してやる。【学名】種形容語 *spicatus* は穂状の花の意味。和名チャランは葉がチャの葉に似ていることによる。

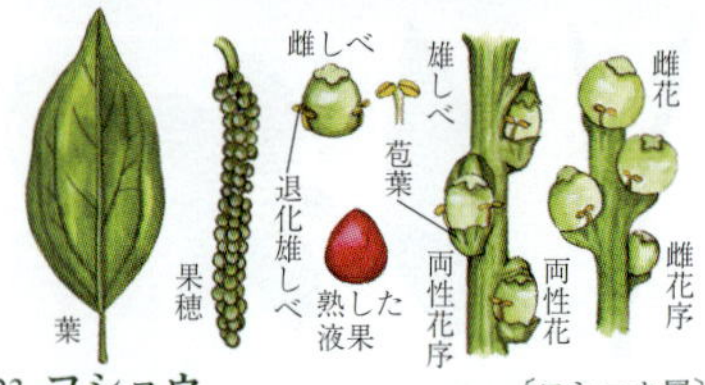

123. コショウ　〔コショウ属〕

Piper nigrum L.

【原産地】インド，ビルマ。【分布】主産地はインド，インドネシア，マレーシア，スリランカだが，熱帯の各地で栽培されている。【自然環境】高温多湿な熱帯気候を好む常緑つる性植物。【用途】果実を乾燥して砕いたものを香辛料とするほか，薬用や防腐効果があるので肉の保存などに使用する。果実をそのまま乾燥させたものが黒コショウで，黒色をして香りと辛味が強く，水に1週間ほど漬けて半発酵させて皮と果肉を除き乾燥したものが白コショウで，灰白色または灰黄色をして上品な味と香りがする。【形態】高さ5〜10mになり，全体が無毛，中軸の枝は直上し，節に側芽か根を出して異物に吸着し，その側芽は横向きか下垂してその先に花穂をつける。葉は有柄で長さ10〜15cmの広楕円形で，葉先は鋭頭，やや厚く，表面は緑色で光沢があるが，裏面は緑白色である。雌雄異株だがその性質は不安定で，両性のものもあり，栽培品種は両性のものが選び出されている。花穂は葉の反対側に生じ，長さ10〜17cmの房状である。果実はエンドウマメ大で，緑色より黄色，赤色と熟し，収穫はこれらが混じった穂を採集する。次々と開花結実し年中収穫する。【植栽】繁殖はおもにさし木による。腐植質に富む肥沃な土壌がよい。木性シダの材にはわせて栽培する。植付け後3年で収穫が始まり，25〜30年寿命がある。栽培品種が多いのは地域適応性の幅が狭いためで，新しく栽培を始めるには品種選択に注意しなければならない。【学名】種形容語 *nigrum* は黒い，の意味。

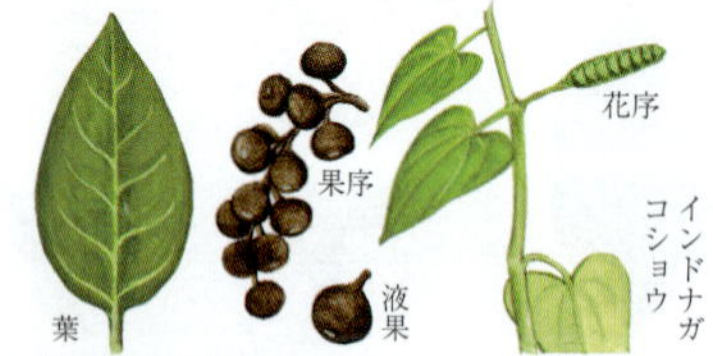

124. ヒッチョウカ　〔コショウ属〕

Piper cubeba L.f.

【原産地】マレーシア。【分布】マレーシア，インドネシア，タイ，スリランカ，西インド地方。【自然環境】熱帯性気候で降雨が多い所を好む常緑つる性植物。【用途】果実を乾燥したものをクベバ実といい，薬用に供する。カタル性疾患，利尿剤となる。【形態】回旋性のつるまたは小木状で，葉は互生し，卵形で，先端はとがる。葉柄がある。雌雄異株，雄花序は10〜12cm，雌花序は15cmぐらい，果実は液果で穂状につく。熟すと黒褐色となる。多汁で，強い香りがする。【特性】半蔭樹で庇蔭樹を要する。特性はコショウに似る。【植栽】繁殖は実生またはさし木による。支柱は庇蔭樹を兼ねて，ネムノキ，カポックなど生育の早い木を植えるか，永久支柱を立て，1柱に2本植付ける。植付け距離は土地により異なるが，3〜4m × 3〜4m とする。植付け後3〜4年で開花するが，6〜7年で成木となる。施肥は油かすがよい。【近似種】近縁種にコショウ，キンマ，インドナガコショウ *P. longum* L. などがある。このうちコショウは熱帯多雨地方，とくにマレーシア，ブラジルで多く作られており，ブラジルのコショウ栽培は日本移民が開発したので有名。【学名】属名 *Piper* は旧ラテン名でギリシャ名の peperi よりきている。種形容語 *cubeba* はアラビア名による。

125. キンマ 〔コショウ属〕

Piper betle L.

【原産地】マレーシア。【分布】東洋の熱帯地方に分布。【自然環境】熱帯地方に産する常緑つる性植物。【用途】葉にコーゲノール，テルペンを含みベテルチューイングの材料とする。ビンロウ *Areca catechu* L.（ヤシ科）の未熟な堅果を割り，削ったものに練った石灰と，場合によりこれらに丁字やシナモン，カルダモン，グローブなどのいろいろな香料を加えてこの新鮮な緑葉に包んだものをベテルと称し，これを口中に入れてかむことをベテルチューイングという。ベテルはかむことにより，キンマの辛味とヤシの渋味，石灰の焼きつくような強い刺激味が一体となって口中に広がり，唾液を分泌して口中の清涼剤となり，口中の臭みも消してくれる。口の中が赤い唾液でいっぱいになるとこれを吐き出すので地面が赤く染まり，続けると歯が黒く染まるのでよくわかる。この習慣は東アフリカ，インド，東南アジア，ミクロネシアの一部などの広い地域で行われている。【形態】基部は木本になり全株無毛である。葉は黄みがかる緑色で大きく，卵状の楕円形で葉先がとがり5～7のはっきりした葉脈を基部より分岐する。節に根か芽のいずれかを出し，吸着根により異物に付着上昇し，側芽は横にのび，その先に穂状花序をつける。雌雄異株で雄花穂は8～16cm，雌花穂は3～12cm，果実は多肉質で下半分は互いに接着して円柱状の塊となる。【学名】種形容語 *betle* は現地名に由来する。

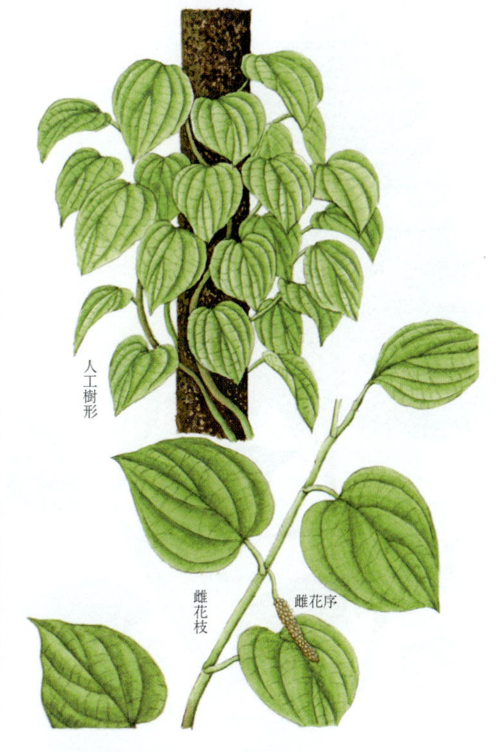

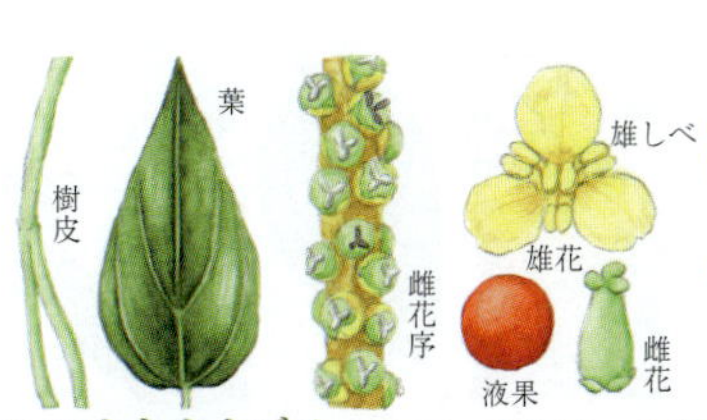

126. フウトウカズラ （ツルコショウ）〔コショウ属〕

Piper kadsura (Choisy) Ohwi

【分布】本州（関東南部以西），四国，九州，沖縄および済州島に分布。【自然環境】海岸に近い山林中にはえる常緑つる性植物。【用途】吊鉢，壁面緑化，庭園樹として用いることが可能であり，また果実は薬用，生葉は浴湯に用いる。【形態】茎は暗緑色で節から気根を出し，樹幹や岩壁などにはい上がる。高さは10数mに達することもある。葉は互生，有柄，葉身は長卵形または卵状楕円形で先端はとがり，全縁。基部は浅い心臓形，表面は暗緑色でつやがなく，5本の脈がはっきりしている。裏面は淡緑色でしばしば軟毛を散生する。長さ5～8cm，幅3～4cm。雌雄異株で，開花は5～6月頃。花は茎の先の葉と向かい合って黄色の穂状花序を垂れ下げる。雌花序は長楕円形，雄花序はひも状で長い。雌花には1個の雌しべ，雄花には3個の雄しべがある。果実は球形で直径0.3～0.4cm，11～3月に熟す。伊豆大島に分布し，葉が長さ15cmと大形なものをオオバフウトウカズラという。【特性】陰樹，潮風に強く，腐植質に富んだ土壌を好む。【植栽】繁殖は実生とさし木による。実生は採りまきがよい。さし木は3～7月がよい。【管理】ほとんど手入れの必要がない。肥料は油かすがよい。移植は春。【学名】種形容語 *kadsura* はサネカズラの属名からとっている。

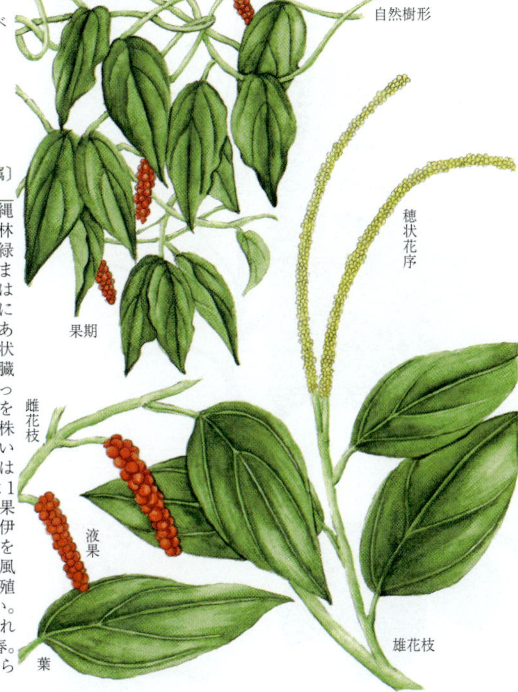

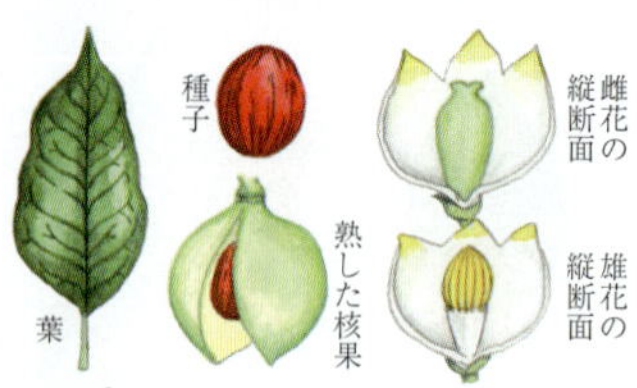

127. ニクズク（シシズク）　〔ニクズク属〕

Myristica fragrans Houtt.

【原産地】マラッカ諸島。【分布】野生品はすでになくなったとみられている。日本には 1848 年に長崎に生植物が渡来した記録がある。【自然環境】熱帯に栽培される常緑高木。【用途】薬用，調味料，芳香料。油は石けんの原料。【形態】幹は直立して，高さ 10～20m を呈し，枝は広く開出する。小枝は緑色，全体無毛。葉は短柄を有し互生，葉身は卵状楕円形または楕円状披針形，鋭頭，基部は鋭形，全縁で，長さ 5～12cm，幅 4～5cm，革質で，葉肉厚く，香気がある。若葉のうちは少し毛があるが，のちに無毛，表面は光沢があり濃緑色，裏面は灰白色。雌雄異株。花は枝の先の葉腋に小形の集散花序を出し，黄白色肉質の花を下垂する。花被は鐘形，3 裂し，宿有性の小苞があり芳香を有する。雄花には雄しべが 9～12 個あり，花糸は下方で合着，雌花には雌しべ 1 個のみあり，花柱はきわめて短い。核果は短柄を有し，下垂，卵形か洋ナシ状，橙黄色，長さ 5cm くらい。熟すと厚い肉質の殻は 2 片に開裂し，種子を半ば露出する。種子は 1 個で，長さ 3cm，浅い溝があり，朱紅色の仮種皮におおわれる。【特性】日本の露地では栽培不可能。【植栽】繁殖は実生による。【近似種】コロルニクズク，ボンベイニクズク，コウトウニクズクなどがある。【学名】種形容語 *fragrans* は強い芳香のある，の意味。

128. ハクモクレン（ハクレン）　〔モクレン属〕

Magnolia denudata Desr.

【原産地】中国中部。【分布】植栽分布は北海道南部，本州，四国，九州，沖縄。【自然環境】各地の日あたりのよい肥沃地に植栽がみられる落葉高木。【用途】公園，庭園，学校などに景趣木，花木，記念樹などとして植栽されている。切花，花材。【形態】幹は直立し，雄大，高さ 5～15m，幹径 30cm，樹皮は灰褐色で平滑，枝は横に広がる。葉は互生，短柄，倒卵形で長さ 8～15cm，葉縁は全縁でやや波状縁，葉先は短く突き出している。冬芽は卵形で有毛，花は 3 月頃葉より先に枝端に開花する。花径は 10～15cm，白色の大形花で，香りが強い。がく片 3，花弁 6 で同形，同大である。果実は 10 月成熟，長楕円体で長さ 9～12cm，種子は紅色である。【特性】中庸樹～陽樹で生長は早い。移植力は乏しい。大気汚染への耐性は中ぐらいである。【植栽】繁殖は実生，さし木，接木による。実生は秋に採種，赤い実を水洗生干しし，土中に埋蔵，3～4 月に播種する。さし木は枝ざしで，春は前年枝を，夏は当年生の充実枝をさす。接木の台木はコブシ，モクレンを用いる。【管理】せん定はできるが好ましくない。混みすぎ枝，不用枝を切る程度。施肥は 1～2 月に堆肥，鶏ふんを施す。害虫にはカイガラムシがある。【近似種】サラサレンゲ var. *purpurascens* (Maxim.) Rehder et E.H.Wilson は花色が外面の弁が紅紫色に淡く色づいて，内弁は白色である。【学名】種形容語 *denudata* は裸の，露出した，の意味。

129. シモクレン（モクレン）　〔モクレン属〕

Magnolia liliiflora Desr.

【原産地】中国中部。【分布】北海道，本州，四国，九州，沖縄。【自然環境】観賞花木として人家に植栽されている落葉低木。肥沃な日あたりのよい土地を好む。【用途】庭園，公園に花木として植込まれ，また切花として用いられる。【形態】幹は主幹がなく株立ち状に何本か出る。高さ 2〜4m，枝は黒褐色，葉は互生，短柄で葉身は広倒卵形または卵状楕円形で長さ 8〜18cm，幅 4〜11cm，先端は凸形である。縁は全縁で表面は無毛，裏面葉脈上に毛がある。冬芽はとどけたいら扁平卵形で有毛である。花は 3〜4 月，葉に先立って枝先に暗赤紫色の大形花が半開して咲く。がくは 3 片，緑紫色。花弁は 6 個で 2 列に並び，長さ 5〜12.5cm。果実は卵状楕円形，褐色で多数の袋果よりなる。種子は紅色である。【特性】陽樹で生長は早い。夏の乾燥を嫌う。移植力は鈍い。細根は少なく太い直根が主である。【植栽】繁殖は実生，株分け，さし木による。実生は赤実を水洗生干しし，土中に埋蔵して春に播種する。株分けは 2 月下旬〜3 月上旬に株分け定植する。【管理】せん定は好ましくない。施肥は 1〜2 月に堆肥と有機質肥料を施すとよい。害虫にはカイガラムシがある。【近似種】トウモクレンは，モクレンより葉がやや細く，花もやや小さく，花序も細い。【学名】種形容語 *liliflora* はユリ属のような花，の意味。

130. トウモクレン（ヒメモクレン）　〔モクレン属〕

Magnolia liliiflora Desr.
var. *gracilis* (Salisb.) Rehder

【原産地】中国。【分布】北海道〜九州に植栽される。【自然環境】庭に植栽される落葉低木。【用途】庭園樹，公園樹。【形態】主幹がなく，枝を多く分枝しそう生する。高さ 3〜4m。枝は細い。葉は互生，有柄，葉身は倒卵状くさび形で先端は急に鋭くとがり，全縁。質は薄く，裏面の脈上に細毛がある。長さ 8〜13cm，幅 4〜6cm。冬芽は密に圧毛におおわれる。雌雄同株で，開花は開葉と同時に，枝先に半開で香りがある，モクレンよりもやや小形の花をつける。花弁は濃赤紫色で内面やや白色，幅はやや狭く先はとがる。果実は長楕円体で，9〜10 月熟すと裂開し，赤色の種子が白色の糸で垂れ下がる。【特性】陽樹。生長は早く，適潤肥沃な壌土質で日あたりのよい所を好む。【植栽】繁殖は実生，さし木，株分け，取り木などによる。実生は秋採りまきする。さし木は 3 月頃さすとつくが，活着率は低い。株分けは秋に親株から分離して仮植しておき，春植付けるのが最もよい。取り木は，少し葉が開いた頃環状剥離する。【管理】せん定はしないほうがよいが，徒長枝やひこばえは切り取る。施肥は冬季に堆肥，有機質肥料を施す。移植力は弱い。害虫にカイガラムシなどがあるが，格別の病害虫はない。【学名】変種名 *gracilis* は繊細な，の意味。

131. コブシ

（ヤマアララギ，コブシハジカミ）　〔モクレン属〕
Magnolia kobus DC.

【分布】北海道，本州，四国，九州。【自然環境】各地の山林中にあるいは原野に見られる落葉高木。【用途】公園樹，庭園樹，街路樹，風致樹などに植栽される花木。材は床柱，器具材，樹皮は薬用とする【形態】幹は直立し，樹皮は灰白色で平滑，樹高は通常 8〜10m，幹径 20〜30cm，高いものは 20m に達する。枝序正しく，枝張り大。葉は互生し，倒卵形で長さ 6〜15cm，全縁で少し波状縁。上面は緑色で無毛，下面は淡白緑色，脈上に小毛がある。冬芽の花芽は頂尖の長卵形，花は 3〜4 月，葉に先立って大輪の白色花を頂生，または腋生する。花の直下に 1 枚の葉がつく特性がある。花径は 10cm，香りが強い。果実は長楕円体で長さ 6〜15cm，種子は赤色で扁球形である。【特性】陽樹，肥沃の深層土で適湿の地を好む。生長はやや早い。移植は難しく，せん定は好ましくない。SO2 にも弱い。【植栽】繁殖は実生赤実をよく水洗生干しし，土中に埋蔵し，春まきする。発芽率は中ぐらい。【管理】自然に樹形が整斉になる。施肥も必要ない。病気には，ウドンコ病，斑点病，害虫にはグンバイムシ，カイガラムシ。大気汚染には弱い。

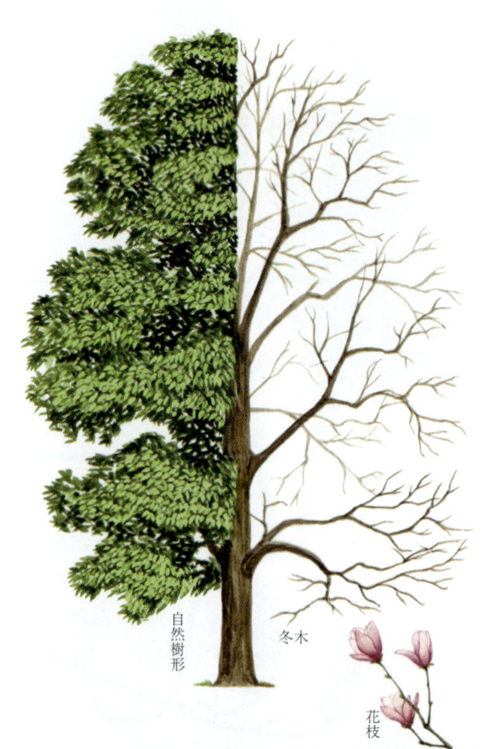

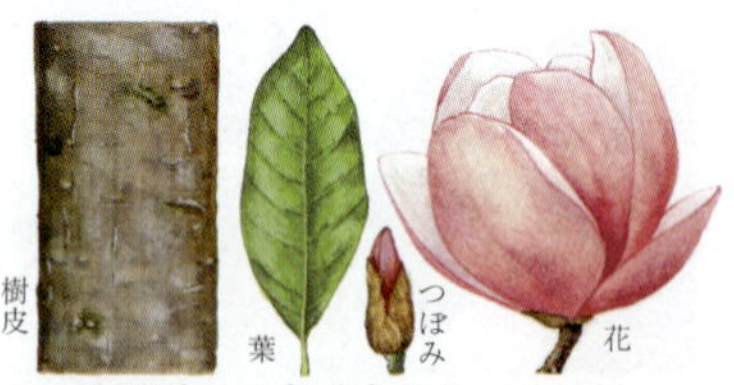

132. ソコベニハクモクレン（ニシキモクレン）

〔モクレン属〕
Magnolia × soulangeana Soul.

【原産地】ハクモクレンとシモクレンの雑種と推定され，原産地不明で，栽培品種である。【分布】北海道〜九州に植栽できる。【自然環境】庭園などに植栽される落葉小高木。【用途】庭園樹，公園樹，生花に用いる。【形態】幹はやや直立性。花弁は 6 枚で白色であるが，外面の基部は帯紫色である。花糸，葯ならびに花柱は紫色，花粉は淡黄色である。ハクモクレンとモクレンの交雑は 150 年ほど前からヨーロッパで試みられ，多くの品種が作られた。これらを総称して *Magnolia soulangeana* といい，日本に古くからある本種やサラサレンゲもこのグループに属するとみられる。*M. soulangeana* は，樹形がやや直立性，花弁の外側が紅紫色で内側が白いことなどが特徴であるが，品種によって樹形も違い，花の色も濃紅紫色，淡桃色，乳白色などがある。花径は 9cm から 20cm に及ぶものまである。有名な品種にはアレキサンドリナ，レンネイ，ピクチュア，ブロゾニーなどがある。【特性】陽樹。排水がよければとくに土質は選ばない。【植栽】繁殖はおもに接木，さし木による。接木は芽接ぎで 9 月中〜下旬，さし木はミスト環境下で 6 月中旬から 8 月下旬がそれぞれ適期。【管理】管理はモクレンに準ずる。

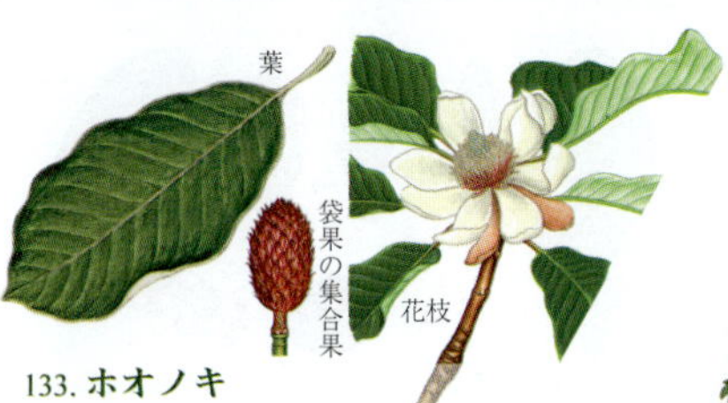

133. ホオノキ

（ホオガシワノキ，ホオガシワ）〔モクレン属〕
Magnolia obovata Thunb.

【分布】日本各地，南千島，中国中部に分布。【自然環境】山地や平地の林中に自生，または植栽される落葉高木。【用途】公園樹，庭園樹。材は建築，器具，細工物，楽器，彫刻，下駄，炭。樹皮は薬用などに用いる。【形態】幹は直立，まばらに分枝し，通常高さ 15～20m，幹の直径 40～50cm。樹皮は灰白色で裂け目はなく，円形の皮目が散生する。枝は太く帯紫色で無毛。葉は大形で枝端に集まって開出し，互生で有柄。葉身は倒卵形または倒卵状長楕円形で先端はとがり，縁には鋸歯はない。長さ 20～40cm，幅 10～25cm，裏面は通常帯白色で細毛がある。冬芽は円柱形の 1 個の芽鱗に包まれる。開花は 5～6 月頃。花は大形で黄色を帯びた白色である。果実は狭長楕円形で長さ 15cm ぐらい。秋に成熟する。【特性】陽樹で十分な日光が必要。生長は早く，適潤で肥沃な深層土を好む。大気汚染に弱い。移植力は弱い。【植栽】繁殖は実生による。【管理】施肥は寒肥として堆肥，有機質肥料を与える。病気にスス病がある。【学名】種形容語 *obovata* は倒卵形の，の意味。

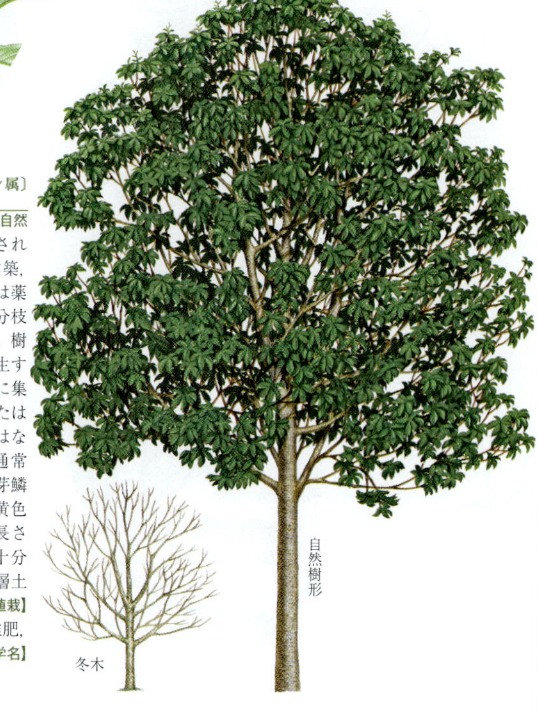

134. タムシバ

（カムシバ，ニオイコブシ）〔モクレン属〕
Magnolia salicifolia (Siebld et Zucc.) Maxim.

【分布】本州，四国，九州。【自然環境】山地の尾根すじやこれに接する斜面に生ずる落葉小高木で，適湿地を好む。【用途】地方で庭園樹として，ときに植栽される。材は器具材，枝葉は香水の原料とする。【形態】幹は直立，曲立し，分枝する。通常高さ 5～10m，径 12～20cm，樹皮は灰褐色で平滑，小枝は紫褐色で無毛，葉は互生，広披針形または卵状長楕円形で長さ 6～12cm，幅 2～5cm。花は 4～5 月頃，葉に先立って，花径約 10cm の白色大形花を開く。がく片 3 は披針形。花弁は 6 片で狭倒卵形である。果実は円柱形に集まり長さ 4～8cm，種子は赤色。【特性】中庸樹でやや陽性を帯びる。樹勢は強く，萌芽力あるが，せん定は好ましくない。移植はやや困難。肥沃の深層土を好む。適湿地がよい。耐寒性はある。【植栽】繁殖は実生による。赤い実を水洗生干しし，土中に埋蔵して 3～4 月頃まきつける。【管理】手入れの必要はないが，一定樹形を維持するものは長枝を短枝と切り替え整える。生育の悪いものには，肥料は冬に堆肥，固形肥料を施して覆土しておく。病気にはウドンコ病がある。【近似種】コブシは本種より大形で，花序の下に葉がある。【学名】種形容語 *salicifolia* はヤナギ属のような葉の，の意味。

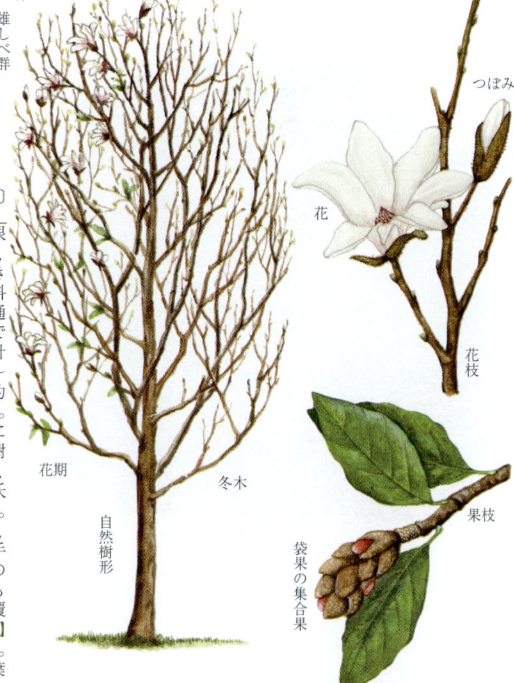

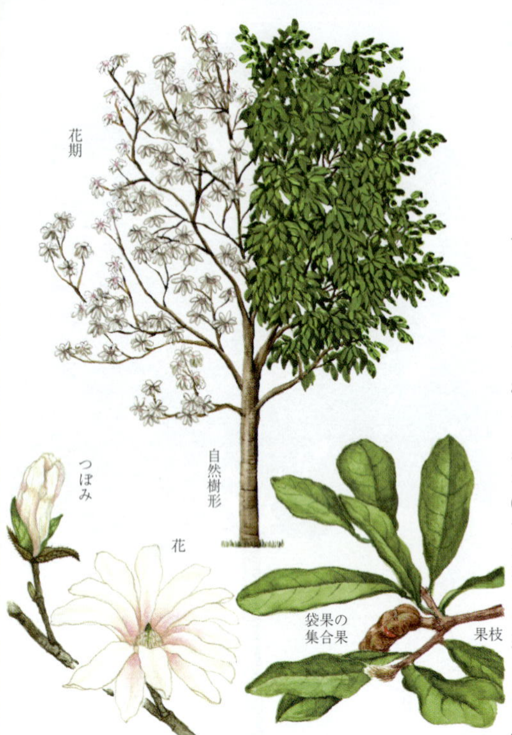

135. シデコブシ（ヒメコブシ）〔モクレン属〕
Magnolia stellata (Siebold et Zucc.) Maxim.

【分布】本州東北以南，四国，九州。**【自然環境】**長野，岐阜，愛知県などの湿地に自生があり，庭に植栽も多い落葉低木。**【用途】**庭園，茶庭の好材料。花木。**【形態】**幹は単幹性で分枝する。高さ 3～4m，幼枝には毛が密生する。葉は互生，短柄で，葉身は長倒楕円形または狭披針形で鈍頭，長さ 5～8cm，幅 1～3cm，縁には鋸歯がない。洋紙質で上面は無毛，下面は無毛または幼時脈ぞいに多少の軟毛がある。花は 4 月，葉に先立って，枝頭に微紅を帯びた花径 7～10cm の白色花を開く。花被は 12～18 片で倒披針形，鈍頭で長さ 4cm，幅 0.8～1.2cm，集合果は長さ 3cm，種子は紅色，通常は 1 子房に 1 個。**【特性】**中庸樹であるが向陽の適湿地を好む。せん定は好まない。移植はやや困難。生長は早い。**【植栽】**繁殖は実生，接木，株分けによる。接木はコブシ台に呼接ぎする。**【管理】**自然に樹形が整うので必要ないが，行う場合でも弱度にとどめる。肥料は冬に堆肥，有機質肥料などを施すとよい。病害虫は格別ない。**【近似種】**ベニコブシ var. *keiskei* はシデコブシの変種。栽培品種で花は小形，淡紅色である。**【学名】**種形容語 *stellate* は星形の，星状の，の意味。

136. タイサンボク〔モクレン属〕
Magnolia grandiflora L.

【原産地】北米南部。**【分布】**植栽分布は本州（東北以南），四国，九州，沖縄。**【自然環境】**肥沃な適湿地を好む常緑高木。**【用途】**庭園，公園の主木，植込み，花木，記念樹，とくに洋風の庭園に適する。**【形態】**幹は直立，樹容は整然としている。高さ 10～20m，樹皮は暗褐色，幼枝には赤褐色の短毛が密生する。葉は互生，有柄，葉身は長楕円形ないし長倒卵形で鈍頭，葉は全縁，長さ 12～25cm，幅 5～12cm，上面は光沢のある濃緑色で下面には鉄さび色の密毛がある。花は 5～6 月，枝先に香気のある白色の大輪花を開く。花径 10～15cm，がく片は 3 個，花弁は通常 6 個，雄しべは多数で花糸は紫色をしている。果実は広楕円形の集合果で長さ 13～15cm，成熟は 11 月。種子は扁平楕円形で紅色，長さ 0.6cm で核は白色である。**【特性】**陽樹で生長はやや早く，移植はやや困難。大気汚染には強い。**【植栽】**繁殖は実生，接木，さし木による。**【管理】**せん定はあまり好まない。施肥はやせ地以外は必要としない。害虫にはカイガラムシの発生がある。**【近似種】**ホソバタイサンボクは葉の裏面の毛がほとんどない。**【学名】**種形容語 *grandiflora* は大きい花の，の意味。

137. オオバオオヤマレンゲ 〔モクレン属〕

Magnolia sieboldii K.Koch subsp. *sieboldii*

【原産地】朝鮮半島。【自然環境】山地の多少湿気のある肥沃地に生育している落葉小高木。【用途】庭園樹や生花材料に用いる。材は工芸用とする。【形態】幹は直立する。枝はまばらに分枝し，幼枝は灰白色で絹毛がある。葉は有柄で，葉身は広倒卵形を呈し，急短尖で長さ7～16cm，幅5～10cm。縁は全縁で，表面は平滑，裏面は粉白色で白毛を密生する。冬芽はやや曲がった筆の穂に似ている。花は5～6月，本年枝の先端に花径5～9cmの洋盃状の芳香ある白色花をやや下向きか横向きに開く。がくは3片，花弁は6～9片，倒卵形で長さ3.5cmほど，果実は9月に成熟，楕円体で長さ2.5～5cm，成熟すると紅色の種子を下垂する。【特性】向陽地，半日陰地にも育つ。多少湿気ある壌土を好む。生長は早い。萌芽力があるがせん定を好まない。移植は困難。【植栽】繁殖は実生，接木，株分け，取り木による。接木はホオノキ台に3月切接ぎする。【管理】自然樹形を賞する。せん定はしないほうがよい。肥料は冬に堆肥，有機質肥料などを施すとよい。病気には斑点病，ウドンコ病，害虫にはカイガラムシ，グンバイムシなどがある。【学名】種形容語 *sieboldii* は人名で，シーボルトの，の意味。

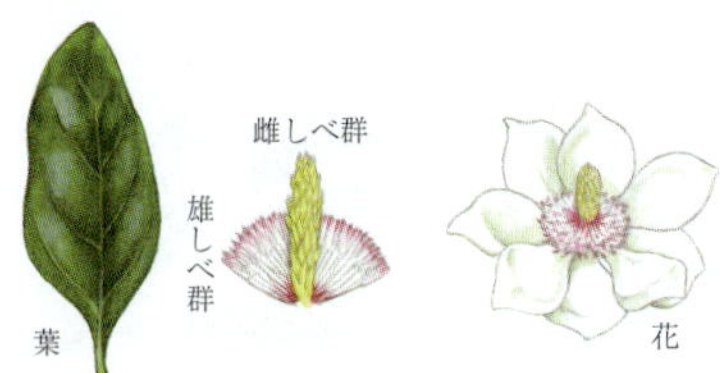

138. ウケザキオオヤマレンゲ（ギョクセイ） 〔モクレン属〕

Magnolia × *wieseneri* Carrière

【分布】自生地不明（ホオノキとオオバオオヤマレンゲの雑種とされている）。東北地方南部～沖縄まで植栽可能とされる。【自然環境】庭に植栽される落葉小高木。【用途】庭園樹，茶花。【形態】幹は直立，高さ5～6m。枝は太く無毛。葉は互生，有柄，葉身は倒卵形または倒卵状長楕円形で先は鈍形，縁は全縁。長さ14～16cm，裏面は粉白色で軟らかい絹毛が密生する。開花は5～7月頃。枝先に短くて太い有毛の花柄を出し，白色で芳香のある花を上向きに開く。花径は12～15cm，花弁は10枚程度で浅い皿形である。果実は結果しない。【特性】日あたり地でも半日陰地でも育つ。生長はやや早く，少し湿気のある肥沃な土壌を好む。大気汚染には弱い。【植栽】繁殖は接木，取り木による。接木は3月中～下旬，ホオノキ（3年生）に切接ぎする。取り木は6月上旬～梅雨期に圧条法で行う。移植力は弱い。【管理】せん定はしないほうがよいが，徒長枝や台芽などを切り取る。施肥は冬に，堆肥，有機質肥料などを与える。病害虫は少ないが，夏期にウドンコ病が発生することがあるが，生育にとくに問題はない。

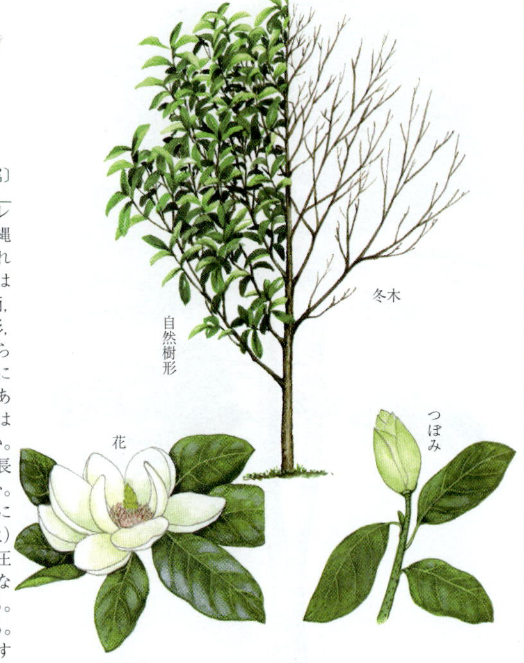

139. ヒメタイサンボク

（ウラジロタイサンボク，バージニアモクレン）〔モクレン属〕
Magnolia virginiana L.

【原産地】米国南部。【分布】本州東北南部以西に適する。【自然環境】庭に植栽される半常緑小高木または低木。【用途】公園樹，庭園樹。【形態】幼木は一般に多少の株立ちとなり，老木では枝が水平に広がる。高さ 2～10m。樹皮は灰白色で鱗片にはげる。若枝は平滑で光沢のある緑色。葉は互生，有柄，葉身は楕円形または披針形で先は鈍頭，縁は全縁。長さ 6～12cm。表面は光沢があり，裏面には白色の絹毛が密生する。開花は 5 月頃。枝先に香りのある白黄色の花を 1 個開く。花径は 6～7cm，花弁は 9～12 枚。果実は秋に成熟し，楕円形で長さ 5cm，種子は紅色の種衣を有している。【特性】陽樹。生長が速く，日光のよくあたる肥沃地で，やや湿気があり，排水のよい砂質壌土を好む。大気汚染にはやや強い。【植栽】繁殖は接木と実生による。接木はコブシの実生 2～3 年生苗に 3 月下旬から 4 月上旬に切接ぎすると 3～4 年で開花する。実生は採りまきまたは春に床まきする。【管理】ほとんど手入れの必要がなく，数年に 1 度枝抜きすればよい。せん定は 3 月中～下旬，10～11 月が適期。施肥は 1～2 月に堆肥，有機質肥料を施す。病害虫は少ないがカイガラムシがつく。【学名】種形容語の *virginiana* は北米バージニアの，の意味。

140. オガタマノキ

〔モクレン属〕
Magnolia compressa Maxim.

【分布】本州関東中南部以西，四国，九州，沖縄。【自然環境】温暖地方の山地などに自生する常緑高木。【用途】庭園や神社，公園に植栽したり街路樹とする。材は床柱，家具材に用いる。【形態】幹は直立，枝分かれが多い。高さ 10～15m，幹径 30～40cm，皮は帯緑灰色で平滑，幼枝には帯褐色の短伏毛があるが，のちに無毛となる。葉は互生，有柄，葉身は長倒楕円形または長倒卵形で短尖，狭脚で長さ 5～10cm，幅 2～4cm。葉縁は全縁で波状縁をなし，下面は帯青色である。冬芽はさび色の毛が密生する。花は 3～4 月頃，香気の強い白色の花を枝端近くに腋生する。花径約 3cm，がくと花弁は各 6 片でともに長倒卵形で白色，その基部に紅紫色のいろどりがある。果実は 10 月に成熟，こぶし状に集まり，長さ 5～10cm，種子は赤色である。【特性】陰樹で稚幼樹は樹下でもよく生育する。肥沃で深層の壌土を好む。適湿地によく育つ。移植力はきわめて不良，せん定は好ましくない。【植栽】繁殖は実生が主でさし木はやや困難，実生は秋に採種し水洗生干しし，土中に埋蔵，春に播種する。【管理】自然に樹形が整う。細枝はやがて枯れるので，花後，早めに枝抜きをしてやる。やせ地で花つきの悪いものには鶏ふんか油かすなどを根もとに埋めてやる。害虫はカイガラムシの発生に注意。【学名】種形容語 *compressa* は扁平の，の意味。

141. カラタネオガタマ（トウオガタマ，バナナノキ）

〔モクレン属〕

Magnolia figo (Lour.) DC.

【原産地】中国南部。【分布】関東以南の本州，四国，九州，沖縄。【自然環境】暖地の日あたりのよい湿気の多い所を好み生育する常緑低木〜小高木。【用途】庭園，公園，学校などに植栽し，芳香ある花を楽しむ。神社，寺院にも植えられる。【形態】幹は単幹か株立ち状で通常高さ3〜4m，枝は密生し，若枝には褐色の毛が密生する。葉は互生，葉身は長楕円形で鈍頭，長さ4.5〜8cm，幅2〜2.5cm，縁は全縁でやや波状縁。上面は深緑色，下面は淡色である。花は3〜4月頃，2年枝に単生，淡黄色で径約2.5〜3cm，正開はしない。強い芳香がある。果実は赤熟する。【特性】陽樹であり，日陰地での生育は悪い。生長は遅い。刈込み耐性はふつう。移植はやや困難。大気汚染にはそれほど強くない。深根性である。【植栽】繁殖は主としてさし木による。7〜9月頃さし木する。実生は種子の結実が少ないが，10月に採取し，果肉を取り除き採りまきすると，翌年5月に発芽する。【管理】生長が遅いのでせん定の必要はない。強せん定は避ける。混みすぎ枝の枝抜き程度にする。施肥は3月頃，固形肥料を施す。害虫にはルビーロウムシがある。【近似種】オガタマノキは日本に自生し，葉柄の長さ1.5cm，小枝緑色でカラタネオガタマのような褐色の毛がない。

142. ユリノキ（ハンテンボク，チューリップヒノキ）

〔ユリノキ属〕

Liriodendron tulipifera L.

【原産地】北米東部。【分布】北海道南部，本州，四国，九州，沖縄。【自然環境】日あたりのよい深層肥沃の土地を好む落葉高木。【用途】公園樹，庭園樹，緑陰樹。材は建築材，器具材，パルプ用材などに用いる。【形態】幹は直立して分枝する。樹高20〜30m，幹径0.5〜1m，樹皮は暗灰白色，老樹では縦に細かい割れ目を生ずる。葉は互生，長柄で葉身はやや四角形の特異な形（はんてんに似る）をしている。長さ幅とも10〜15cm，縁は2〜4裂する。托葉は大形，冬芽は楕円体で円頭，花は5月頃，枝先にチューリップに似た緑黄色で一部がオレンジ色がかった花を1個つける。花径は約6cm。【特性】陽樹で生長は早い。せん定を嫌う。移植力が乏しい。秋に黄葉する。【植栽】実生は秋に採種し，採りまきする。【管理】自然に育てるのがよい。強せん定は避ける。せん定は枝抜き程度でよく，3月上旬頃に行う。根もとからのヤゴは早めにかき取る。施肥は特別に必要としない。病気に紫もんぱ病，害虫にはテッポウムシ。大気汚染には中程度に耐える。【近似種】シナユリノキ *L. chinense* (Hemsl.) Sarg. の花はユリノキより小形でオレンジ色を帯びない。【学名】種形容語 *tulipifera* はチューリップ形の花が咲く，の意味。

143. バンレイシ（シャカトウ） 〔バンレイシ属〕
Annona squamosa L.

【原産地】熱帯アメリカ。【自然環境】熱帯地方の乾燥ぎみの気候を好む半常緑低木。【用途】果実を生食する。そのほか，シャーベットに入れたりジャムに加工したり発酵飲料の原料とする。【形態】高さ 5m 前後。根もとより分枝しやすい。葉は長楕円形で長さ約 15cm，全縁で葉先がとがり，表面は濃緑色で裏は白みがかる。1～4 花を葉腋につけ，3 枚の外花弁は厚く大形で，長さ約 2.5cm の長楕円線形で先がとがり黄緑色，3 枚の内花弁は小形で卵形，果実はほぼ球形で直径約 7cm 前後，白粉をかぶった緑色で，表面は全体に丸いいぼ状にふくれあがっており，それぞれが 1 個の子房で，中に 1 組の黒褐色の種子が入っている。果肉は白色で軟らかく，酸味が少なく甘味が非常に強く，芳香があっておいしい。完熟すると軟らかくなりすぎ果皮が破れやすくなる。【特性】乾燥ぎみの熱帯気候を好み，耐寒性は 0℃ 付近で，暖地では無加温室で越冬可能である。【植栽】繁殖は採りまきによる実生によるが，良系統には共台やギュウシンリなどの台木に接木する。多湿を嫌うので排水のよい土壌がよい。【学名】種形容語 *squamosa* は鱗片の多い，の意味。漢名は果実がレイシに似て外国産という意味で蕃茘枝，果実の表面が丸い突起でおおわれ仏像の頭に似る意味で釈迦頭，英名は果実が甘味の強いことを意味し Sugar-apple。

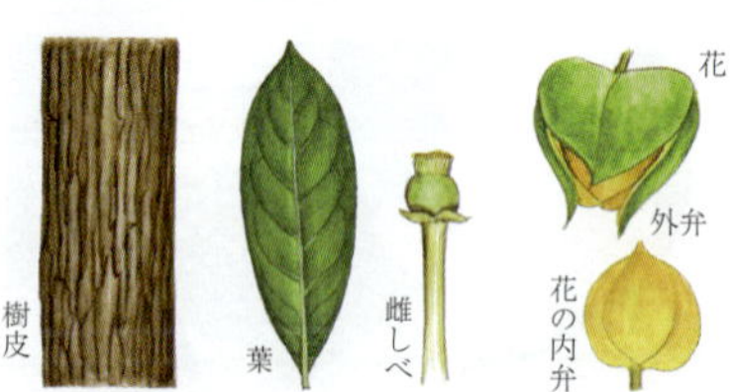

144. トゲバンレイシ（オランダドリアン） 〔バンレイシ属〕
Annona muricata L.

【原産地】熱帯アメリカ。【分布】広く熱帯各地で栽培されている。【自然環境】高温多湿な熱帯地方に産する常緑小高木。【用途】熟果を生食するほか果汁をシャーベットやジュースの原料とし，いくぶん未熟の生果を刻みクリーム，バニラ，砂糖などで味つけをして生食する。【形態】高さ約 5m。葉は互生し，長さ 7～15cm の長楕円形で葉先は鈍頭，全縁で薄い革質，表面は濃緑色または鮮緑色で平滑，光沢があり，裏面は淡緑色でカキの葉に似る。花は6花弁があり，3枚ずつ二重に互生し香りがある。外花弁は厚く広卵形で先がとがり，長さ約 5cm で毛を密生し，緑色よりしだいに緑白色となる。内花弁は黄色で外弁より薄く小さい。枝先や太い枝や幹にも開花結実する。果実は集合果で大きく，長さ 20～30cm の心臓形で重さ 2kg を越えるものもある。果皮は濃緑色で，果尻の方向に湾曲した多肉質のとげを多数つける。果肉は白色の海綿状で，中に黒褐色の種子が多数ある。よく熟した果実の果肉は多汁でビタミン C や B に富み，甘味，酸味がほどよく調和し香気がある。繊維質の舌ざわりはやや軟らかいがワタをかむように最後まで口に残る。【特性】高温多湿の熱帯気候を好み，1000m 以下の低地の栽培に適している。いずれの土壌にも生育するが排水のよい肥沃地がよい。【植栽】繁殖は採りまきによる実生や，接木による。【学名】種形容語 *muricata* は硬尖面の，の意味。

145. チェリモヤ　〔バンレイシ属〕

Annona cherimola Mill.

【原産地】ペルー，エクアドルの山地。【用途】果実を追熟して生食する。【自然環境】熱帯の山地原産の半常緑小高木。【形態】高さ5mで，若木は全体に灰色の毛を密生する。葉は卵状，卵状披針形で先端は鈍くとがり長さ10～25cm，品種により大小がある。花は芳香があり，3枚の外花弁は線形で長さ約2.5cmで外側が緑黄色または褐色を帯び，内側は黄白色，3枚の内花弁は球形または三角形の鱗片状で非常に小さい。果実は集合果で球形，卵形，心臓形，不整形なものなど，重さは数10gから2kgまでの大小があり一定しない。果皮はあばた状のもの，円錐状の突起のあるもの，平滑なものなどがあり，緑色で熟すと灰緑色となる。果肉は白色でバター状，糖分とタンパク質に富み酸は少なく，適度の果汁を含み，舌ざわりはアイスクリームのように溶けるようでおいしい。ドリアン，マンゴスチンとともに熱帯果樹の三銘果といわれるほど，世界でも最も美味な果実の1つである。エンドウマメより少し大きい黒褐色の種子が多数ある。【特性】原産地が熱帯の山地で気温が年中一定しているように，冬温暖で夏冷涼かつ大気が乾燥するような気候を好む。亜熱帯性の性質であるため，耐寒性は強い品種でも－2℃以下には耐えず，若木には零下にならないほうがよい。【植栽】繁殖は採りまきによる実生，よい品種には芽接ぎ，割接ぎで殖す。【学名】種形容語 *cherimola* は現地名 chirimya（種子が冷たい）から転じたもの。

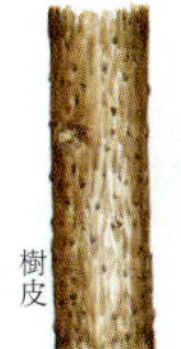

146. ギュウシンリ　〔バンレイシ属〕

Annona reticulata L.

【原産地】熱帯アメリカ。【分布】熱帯地方各地に栽培されている。【自然環境】高温多湿な熱帯気候を好む半常緑小高木。【用途】果肉を生食するほか，ジュースとしたり小さく刻んで野菜として料理材料に使う。【形態】高さ5～8m。葉は長さ約20cm，幅約5cmの長披針形で全縁，葉先および基部はともに狭くなり鋭頭，葉質は薄い革質で，表面鮮緑色で平滑，光沢があり，裏面は灰色を帯び，隆起する葉脈上に少々毛がありクリの葉に似ている。葉柄は長さ約1.5cmで毛があり互生する。花は両性花で外花弁は3枚あり，長さ約2.5cmの細長い楕円形，厚い肉質で黄緑色，内花弁は3枚，黄色で鱗片状卵形に小さく退化し，またはときとして欠く。1年を通じて開花し結実する。果実は集合果で直径7～12cmの卵状球形で先のほうが狭くなる。果表は亀の甲状の五～六角形の網目があり，バンレイシのようにはあまり隆起はしない。熟すと赤みを帯びた黄緑色または赤褐色で，陽光があたる部分がとくに赤みを帯びるものもある。果肉は乳白色で，皮に近い部分は多少ざらつくが香りがあって甘い。種子は黒褐色で果肉より離れにくい。食味はバンレイシより劣る。【植栽】繁殖は採りまきによる実生，さし木，接木による。【学名】種形容語 *reticulata* は網目状の，の意味で，漢名の牛心梨は果形が牛の心臓に似て西洋ナシのような舌ざわりであることによる。

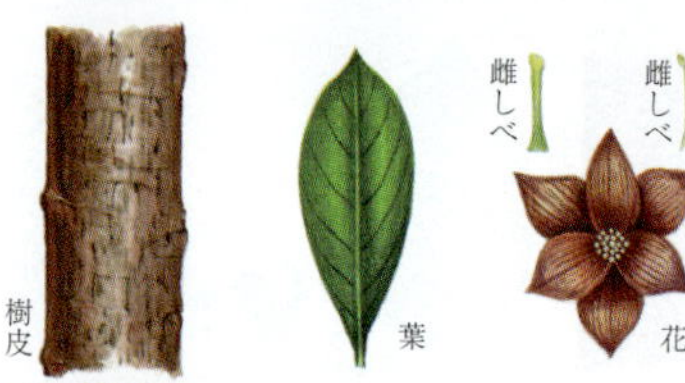

147. ポポー　〔ポポー属〕

Asimina triloba (L.) Dunal

【原産地】北米中南部から北東部。【用途】完熟した果実を生食する。【自然環境】水分の多い肥沃で耕土の深い川の堤などに自生する落葉小高木。【形態】高さ約10m。枝は初め黄色の毛におおわれるが，のちに無毛となり褐色となる。葉は長さ15～30cmの長楕円形で葉先がとがり，基部に向かって狭くなり全縁で薄く垂れ下がる。約1cmの短い葉柄があり互生する。花は前年枝の中央部の葉の落ちた節に1～数個を，春4月中旬から5月上旬のまだ葉の出ないうちにつける。花弁は6枚で直径5cm前後，卵形で外側にそり返る大形の外花弁3枚と直立する小形の内花弁3枚が二重に互生して並び，暗赤紫色で光沢がある。雌しべは3～15個，雄しべは多数あり，雌しべより短くそのまわりに塊となっている。果実は長さ5～10cmの長楕円形，外観は裂開しないアケビに似ており，1～数個がまとまってつく。緑色だが熟すと黄色になり香りが出る。果肉は黄色で非常に軟らかく，クリーム状で強い芳香があり甘い。果皮は薄く日もちが悪い。種子は厚みのある扁平なもので長さ約2cm，黒褐色で果肉に2～10数個2列に並ぶ。【植栽】繁殖は採りまきによる実生，芽接ぎ，分けつしたひこばえの株分けによる。実生は最初の2年間ぐらいは生育が悪く，その後4～5年で結実する。乾燥しない耕土の深い肥沃地を好む。移植は嫌う。【学名】種形容語 *triloba* は3片の，の意味。

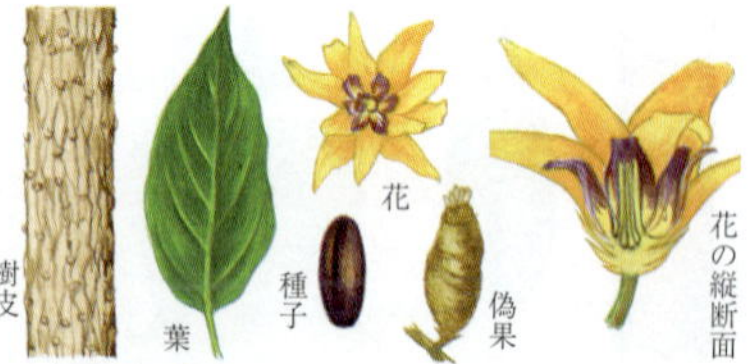

148. ロウバイ（カラウメ）　〔ロウバイ属〕

Chimonanthus praecox (L.) Link

【原産地】中国。【自然環境】各地で栽培されている落葉低木。【用途】観賞用に庭に植えたり，切花用とする。【形態】高さ2～4mぐらいになる。幹はそう生して分枝する。葉は有柄で対生し，長楕円形または卵形で，全縁，葉身は長さ7～15cmあり，葉面はざらざらする。1～3月，開葉前に径2cmほどの香りのよい黄色の花を開く。花被片は多数ある。小形の内層片は暗紫色，大形の中層片は黄色で薄く，やや光沢があり，外層片は細鱗片となる。雄しべは5～6個，雌しべは多数で，つぼ状にくぼんだ花托の中にある。この花托は生長して長卵形の偽果になる。偽果の中に1～4個のそう果がある。【特性】寒中に咲く花として親しまれ，日本でも古くから栽培されていた。後水尾天皇の時代（1611～1629）にはすでに渡ってきたものといわれる。【植栽】繁殖は実生，さし木，接木，とり木，圧条などによる。実生は秋に結果したものをとり，3月ごろ播種するとよく発芽する。実生1年で30～60cmに生育する。【管理】日あたりを好むが西日を嫌う。【学名】種形容語 *praecox* は早期の，という意味でその花期に由来する。和名ロウバイは漢名の蝋梅の音読みによる。蝋梅は花がロウ細工のように見えるからだという。また蝋月，すなわち陰暦の12月に咲くからだという説もある。

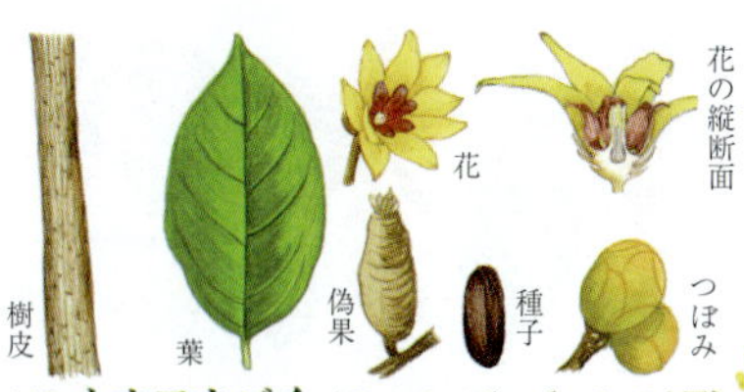

149. トウロウバイ （ダンコウバイ） 〔ロウバイ属〕

Chimonanthus praecox (L.) Link
var. *grandiflorus* (Lindl.) Makino

【原産地】中国。【自然環境】各地で庭などに植えられている落葉低木。【用途】庭園樹，および切花用とされる。【形態】枝は多く分枝して細く，高さは2〜4mになる。葉には短い柄があって対生し，卵形または卵状楕円形で，ロウバイよりやや小さい。全縁で，葉質は堅く，葉面はざらざらしている。花は早春に葉がのびるより前に，昨年の葉腋に下向きに密接してつく。花の径は2.5〜3.5cmぐらいである。花被は多数で，内層片は小形で暗紅色，中層片は大形で強い光沢のある黄色，外層片は鱗片状となる。雄しべはふつう5個で，葯は外向き，雌しべは多数あり凹形をした花托内にある。【特性】本種はロウバイの変種であるが，母種より花が大きく，花弁の幅がやや広い。【植栽】繁殖は接木による。ロウバイの実生苗2年生を台木にして3月頃に接ぐ。【近似種】やはりロウバイの変種でロウバイとトウロウバイの中間ぐらいの大きさの花をつけるものにカカバイ f. *intermedius* (Makino) Okuyamaがある。【学名】変種名*grandiflorus*は大きな花という意味。和名トウロウバイは唐のロウバイの意味である。なお，漢名は檀香梅である。香りのよい花に由来するが，日本の山地に自生するクスノキ科の樹木にダンコウバイがあり，まぎらわしい。

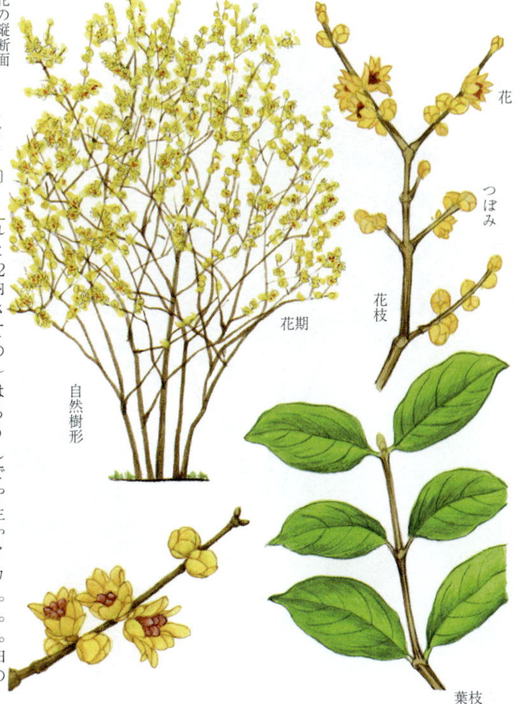

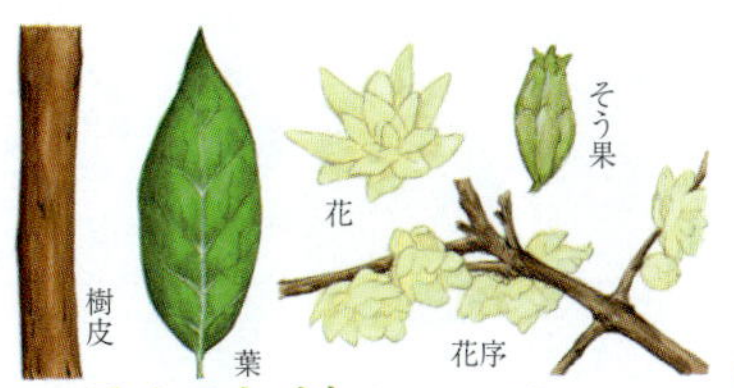

150. ソシンロウバイ 〔ロウバイ属〕

Chimonanthus praecox (L.) Link
f. *concolor* (Makino) Makino

【原産地】中国。【自然環境】各地でよく栽培されている落葉低木。【用途】庭園樹，および切花用。【形態】高さ2〜4mになる。樹形は下部より枝分かれして株立ち状になる。葉は0.5〜1cmほどの葉柄があり，対生する。葉身は長楕円形または卵形で，全縁。洋紙質でやや薄く，表面はざらつく。1〜3月頃，葉がのびるより前に，芳香のある黄色の花を開く。花の径は2cmぐらいである。なお，栽培用の園芸品種として早咲ソシンロウバイと呼ばれるものがあり，これは12月頃には咲きはじめる。【特性】母種およびトウロウバイでは花被片のうち，内側のものが暗色となるが，本種はすべて黄色である。ロウバイは寒さに負けず冬に咲くので珍重されるが，なかでもこのソシンロウバイは茶人に好まれ茶庭などにもよく植えられる。【植栽】繁殖は接木をふつう行う。母種ロウバイの実生2年苗に3月頃，枝を接ぐ。適当な湿気があり，よく日のあたるところを好むが，乾燥地でなければ土性は選ばない。【管理】せん定は弱度に行うと花つきがよくなる。病害虫は少なく，比較的手がかからない。肥料は年1〜2回，油かすや化成肥料を施す。鉢植えや盆栽としてもよく栽培する。【学名】品種名*concolor*は同色の，の意味でその花被片の色による。

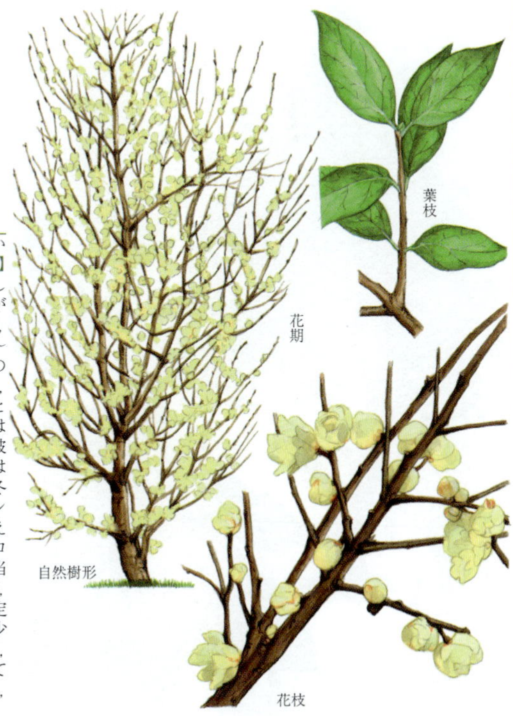

151. ニオイロウバイ（クロバナロウバイ）

〔アメリカロウバイ属〕

Calycanthus floridus L.

【原産地】北米バージニア州からフロリダ州。**【自然環境】**各地に植栽されている落葉低木。**【用途】**観賞花木として庭園に植えられる。**【形態】**高さ1～2mになる。葉は有柄で対生し，卵形ないし狭楕円形で長さ5～12cmほど，縁には鋸歯はない。表面は暗緑色で，裏面は帯白色となり，軟らかい毛を密生する。5～7月，短枝の頂に暗赤褐色の花を開く。花径は5cmぐらい，イチゴのような強い香気がある。枝を折ると枝にも香気がある。花被片は多数，雄しべと雌しべはともに多数で，凹形をした花托内にある。偽果は長楕円体で，長さ4～6cmあり，中に14個内外の黒紫色のそう果がある。**【特性】**有毒植物。有毒成分はアルカロイドのCalicathinである。家畜とくにヒツジに有毒であるという。**【植栽】**繁殖は実生または株分けによる。根もとからランナーを引き，たくさんの子苗ができるので，それでいくらでもふやせる。植える場所は肥沃で，排水のよいところを好む。半日陰地でも育つが，日あたりのよいほうが花つきがよい。せん定はあまりしないほうがよい。**【近似種】**やはり北米原産のアメリカロウバイ var. *glaucus* (Willd.) Torr. et A.Gray が日本で栽培されるが，香りが弱く，葉の裏面に毛がない。**【学名】**種形容語 *floridus* は花の咲く，という意味。

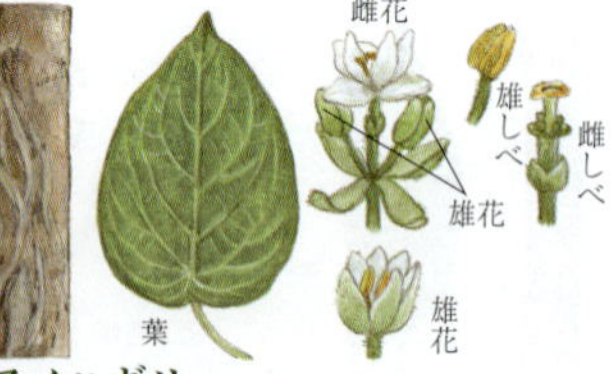

152. ハスノハギリ

〔ハスノハギリ属〕

Hernandia nymphaeifolia (C.Presl) Kubitzki

【原産地】日本，旧世界の熱帯各地。**【分布】**沖縄諸島。**【自然環境】**海岸林に多く自生する常緑高木。潮風によく耐え，適潤またはやや乾燥する土壌を好み繁茂する。**【用途】**材はキリに似て軽くて軟らかで加工しやすいのでカヌー，箱，下駄，合板，室内用材などに利用される。葉は脱毛剤，果実は子供の玩具とする。木はときに防潮風樹として植えられる。**【形態】**幹は直立し，高さは5～12mとなる。樹皮は平滑。葉は互生し，円心状楯形，革質で長さ20～40cm，先端はとがり，基部は丸く，全縁，表面には光沢がある。全体に毛がない。葉柄は葉身とほぼ同長。腋生の散房状円錐花序を出し，葉よりも長く，苞および小苞があり，銀白色の柔毛を密布する。花は白色クリーム色または銀白色で径0.3cmと小さく，2個の雄花と1個の雌花が複合してつく。果実は核果で卵円形をなし径3～4cm，白く熟し，外側は花後増大した肉質の総苞で包まれ，その頂端に1個の孔がある。種子は楕円形で黒く，長さ2.3～2.6cmある。**【特性】**陽樹。強健。耐潮性が強い。生長はやや早い。大気汚染にはやや強い。**【植栽】**繁殖は実生による。採取した種子は採りまきするか貯蔵しておいて翌春まくと発芽する。苗木の生長は早い。**【管理】**一般に庭木として植えられることはほとんどないので，手入れせず，自然のままに放任している。病害虫は少ない。**【学名】**属名の *Hernandia* はスペイン人のF. Hernandez氏にちなむ。種形容語 *nymphaeifolia* はヒツジグサ属に似た葉の意味。ハスノハギリの和名は葉の形状をハスの葉に見立て，材質がキリに似ているのでつけられた。

153. クスノキ　〔クスノキ属〕

Cinnamomum camphora (L.) J.Presl

【分布】本州（関東以西），四国，九州に分布。【自然環境】暖地に自生および植栽される常緑高木。【用途】庭園樹，公園樹，街路樹として植え，材は建築，家具，彫刻などに用い，葉と材片から樟脳がとれる。【形態】樹形は雄大で，高さ 20m 以上，直径 2m に達し，保存樹の中には幹の周囲 22m になるものもある。枝張りは広く，枝葉を密に茂らせる。樹皮は帯黄褐色，縦に狭い裂け目があり，表面粗渋。若枝は緑色，無毛，枝葉を傷つけると樟脳の香りがする。葉は互生，柄の長さ 1.5cm 内外，葉身の長さ 6～11cm，幅 3～6cm，楕円形から卵形，革質で，漸尖鋭頭，基部鈍形，全縁でやや波状縁を呈し，葉脈の分岐点には小さないぼ状の点があり，中にダニの 1 種がいる。上面濃緑色で光沢があり，下面は淡緑色，両面無毛，新芽は赤褐色で美しい。開花は 5 月頃，多数の黄色の両性花を集めた円錐花序を，新枝の葉腋につけ，長さ 5～7cm，無毛，花被片は 6，広楕円形，長さ 0.2cm，雄しべは 12 で，4 輪に並び，最内輪は退化雄しべとなる。雌しべは 1，果実は 11 月に熟し，径 0.8cm の球形，黒色，中に 1 種子を入れる。【特性】適潤で肥沃な深層土を好む。【植栽】1 年以内の種子をまくと 80％発芽する。【学名】属名 *Chinnamomum* は桂皮，種形容語 *camphora* は樟脳の意味。

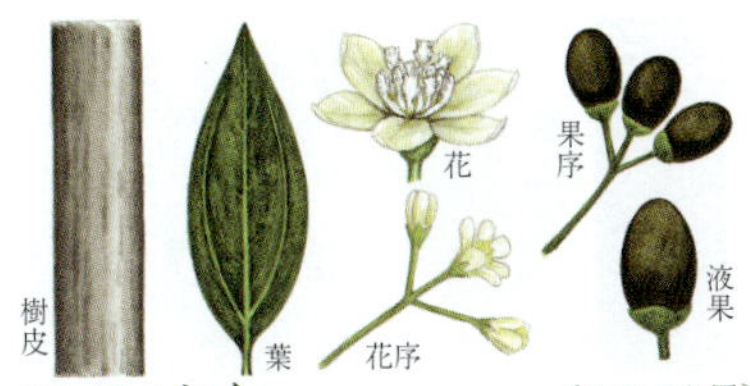

154. ニッケイ　〔クスノキ属〕

Cinnamomum sieboldii Meisn.

【原産地】中国南部。【分布】本州，四国，九州で植栽され，沖縄県に野生化する。【自然環境】暖地を好む常緑高木。【用途】幹と根の皮を薬用，浴料および菓子の香味料に用いる。【形態】幹は直立し，樹形は半球形，高さ 12～20m，直径 0.6～1.4m に達する。樹皮は暗灰色，平滑。小枝は帯緑黄色，初め短伏毛があるが，のちに無毛。枝には芳香と甘辛い味がある。葉は偽対生，有柄，葉身の長さは 8～15cm，幅 2～6cm，革質で，楕円形から卵状長楕円形，鋭尖から漸鋭尖頭，基部は鋭形で葉柄に移行し，全縁やや波状縁，三行脈が著しく，葉の基部より少し上部で 3 分枝し，裏に突出する。表面は濃緑色で光沢があり，裏面灰緑色，細毛がある。冬芽は卵形，十字対生する鱗片に包まれ，短毛がある。開花は 6 月，新枝上部の葉に腋生し，長柄ある集散花序を出し，淡黄色の小花をつける。花被は 6 片で，各片は長楕円形，短毛があり，雄しべは 12 個，4 輪に並び，最内輪の 3 個は退化雄しべとなる。雌しべは 1 個。液果は 12 月に黒熟し，球形から楕円形，長さ 0.8～1.5cm。【特性】温暖で肥沃な土地を好む。幼木は陰樹，成木は陽樹。【植栽】繁殖は実生による。【管理】耐寒性に欠けるが，関東の平地では，幼時に防寒すれば生育できる。暖地では生育は早い。【学名】種形容語 *sieboldii* は人名で，シーボルトの，の意味。

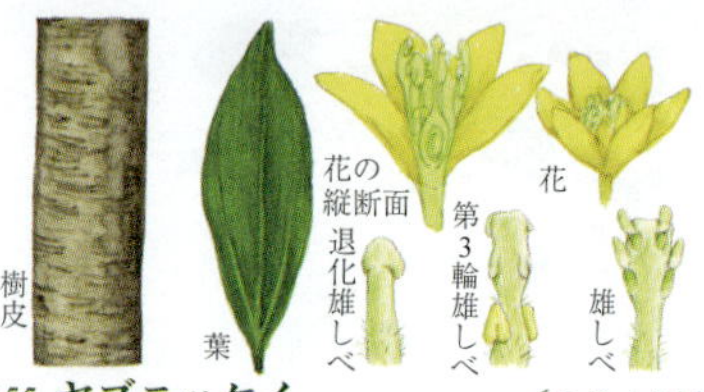

155. ヤブニッケイ　〔クスノキ属〕
Cinnamomum yabunikkei H.Ohba

【分布】本州（宮城県以南），四国，九州，沖縄に分布。**【自然環境】**暖地の山林にはえ，また人家に栽培する常緑高木。**【用途】**材は家具，器具，建築材。種子から製菓用の肉桂脂をとる。生葉からは香油をとる。皮と葉は浴料に用いる。**【形態】**幹は高さ15m，直径50cm以上，中には1mにも達するものもある。樹皮は灰黒色で平滑，若枝は緑色，無毛，皮目散生。葉は互生または対生，有柄，革質，葉身は長楕円形，短鋭尖頭，基部鈍形，全縁やや波状，三行脈が著しい。上面は濃緑色，光沢あり，下面灰青色，両面無毛，長さ9〜12cm，幅3〜5cm，柄の長さは1〜1.5cm。花は6月開花，新枝の葉腋から長柄を出し，5〜13個の両性花を散形花序につける。花柄は1cmくらい，花被は6片，楕円形，雄しべは12で，4輪に並び，最内輪は退化雄しべとなる。雌しべは1個。液果は11月に成熟し，径1.2cm前後の球形，黒色，種子は1個。**【特性】**葉をもむと香りがあるが，強くない。暖地では生長が早い。適潤で肥沃な深層土を好む。**【管理】**移植困難。せん定に弱い。**【近似種】**タイワンニッケイ，オガサワラニッケイは本種と区別する必要はない。

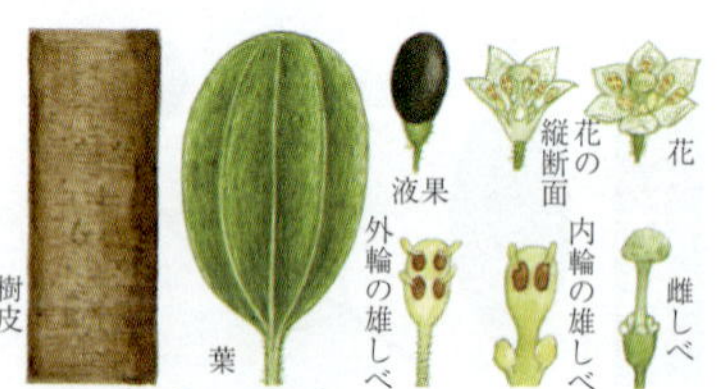

156. マルバニッケイ（コウチニッケイ）　〔クスノキ属〕
Cinnamomum daphnoides Siebold et Zucc.

【分布】九州以南，琉球諸島に分布。**【自然環境】**亜熱帯の海に近いがけに自生する常緑小高木。**【用途】**庭園や公園などで植栽樹として用いる。**【形態】**高さ10m，直径20〜30cm，樹皮は黒褐色，平滑。新枝は4稜があり，淡緑色で伏絹毛が密生し，のちにやや無毛となる。葉は有柄，亜対生，葉身は倒卵形，厚い革質で，長さ3〜6cm，幅2〜3cm，鈍頭または円頭，基部鈍形，全縁で，葉縁は少し外曲する。上面は濃緑色，幼時のみ伏毛があり，下面淡緑色で絹毛密生し，三行脈が著明で裏面に突出する。葉柄の長さ0.5〜0.8cm。根葉をもむと芳香がある。冬芽は卵形，鱗片は対生し，細毛が密生する。花は6月に開く。当年枝の葉腋から円錐花序を出し，淡黄色の小花をつける。花被片は6，広卵形で長さ0.3〜0.35cm，内面に短毛がある。雄しべは12個で4輪に並び，最内輪のものは退化して葯がなく，雌しべは1個で長さ0.4cm。液果は10月に熟し，広楕円形で，長さ0.6〜1cm。温暖で肥沃な所を好む。生長の早さは中ぐらい。**【植栽】**繁殖は実生による。**【管理】**亜熱帯原産にしてはやや耐寒性があり，成木ならば東京地方でも越冬できる。**【近似種】**シバニッケイ，ケシバニッケイも奄美・琉球諸島原産。マルバニッケイとヤブニッケイとの雑種をヒロハヤブニッケイ*C.* × *durifruticeticola* Hatus.という。**【学名】**種形容語*daphnoides*はジンチョウゲ属*Daphne*に似た，の意味。

157. セイロンニッケイ（シナモン）〔クスノキ属〕
Cinnamomum verum J.Presl

【原産地】セイロン，インド南部のマラバル地方。【分布】現在では熱帯の各地でさかんに栽培される。【自然環境】熱帯気候を好む常緑高木。【用途】香味料や薬用が主である。樹皮はセイロン桂皮（シナモン）と称し，淡褐色で薄く淡い辛味と芳香性の上品な甘味があり，高級な香味料としてケーキやクッキーなどの菓子やシチュー，カレー，肉料理などの料理や飲料，漬物などに用いられる。部分ごとに異なった精油成分を含み，葉はベイリーフ（ローリエ，ゲッケイジュの葉の乾燥品）のように，未熟果はチョウジと同じように使われ，根にはカンファー（樟脳）が含まれ，ほとんど全株が利用される。【形態】高さ10～15m。全株よりよい香りを放つ。樹皮は赤褐色で枝をよく分枝し，よく繁茂する。幼枝は平滑で四角形をしている。葉は長さ15～20cm，幅4～6cmの卵形または楕円形の革質で，表面は濃緑色で光沢があり，裏面は淡緑色，若葉は赤みを帯びており，対生ときに互生する。葉腋や枝先に円錐花序を出し，花は黄白色で非常に小さい。果実は直径1cmぐらいで先端がとがる。【植栽】肥沃な砂質壌土に適し，繁殖は実生によるが，さし木もできる。シナモンは若木を地ぎわで切って新たに萌芽した指ぐらいの太さの2年生の若い枝を根もとより切り取り，小屋に運んでムシロをかけ，発酵させて皮をはぎ，棒状に巻いて日陰干しで乾燥したもの。【学名】種形容語 *verum* は正統の，純正の，の意味である。

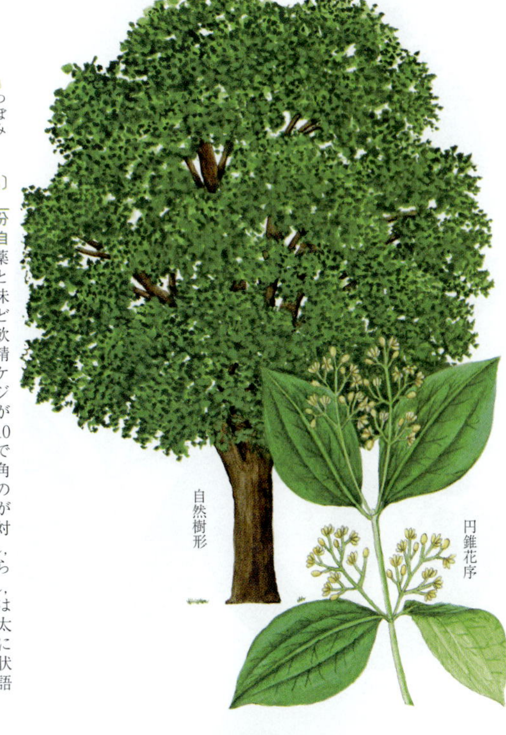

158. タブノキ（イヌグス）〔タブノキ属〕
Machilus thunbergii Siebold et Zucc.

【分布】本州，四国，九州，沖縄に分布。【自然環境】暖地の海に近い山林に多く自生する常緑高木。【用途】材は建築，器具，家具などに用い，樹皮は粉末にして線香に混ぜる。海岸近くの防風・防潮樹に適する。【形態】幹は巨大で，高さ20m，直径2mにも達し，樹皮は暗褐色，灰色の縦のすじが入り，老木では鱗状にはがれる。若枝は緑色無毛，葉は枝先に多く集まり，互生，有柄，厚い革質，長楕円形から倒卵形，鈍頭，基部鋭形，光沢あり，上面深緑色，下面は白緑色，両面無毛。葉身の長さ8～15cm，幅3～7cm，柄は2～3cm，若葉は裏面に褐色毛を密生。花期は5月，新葉の展開とともに，基部に大きな芽鱗を有する円錐花序が現れ，多数の黄緑色の両性花をつける。花序の長さ4～7cm，無毛，花は径0.9cm，花被片は6，内面に褐色毛あり，雄しべは12，4重に輪形に並び，第3輪の雄しべに腺体があり，第4輪は退化，雌しべは1。液果は8～9月に熟し，径1～1.5cm，球形，暗紫色，柄は太く，長さ1cmぐらい。花被片を宿存し緑色，種子1。【特性】耐陰性，耐潮性，耐風性強い。肥沃な適潤地を好む。【植栽】繁殖は実生による。【学名】種形容語 *thunbergii* は人名で，チュンベルクの，の意味。

159. ホソバタブ（アオガシ）　〔タブノキ属〕
Machilus japonica Siebold et Zucc.

【分布】本州（近畿以西），四国，九州，沖縄に分布。【自然環境】暖帯の山地に自生する常緑高木。【用途】材は建築，家具などに用いる。【形態】幹は直立，高さ 10～15m，直径 70cm に達し，樹皮は灰褐色，平滑，狭く短い割れ目が入る。若枝は無毛。葉は有柄，互生，枝の先に多く，葉身の長さ 15～20cm，薄い革質でやや光沢があり，披針形か狭長楕円形。漸尖か尾状の鋭尖頭，基部は鋭形，全縁で，両面無毛，表面深緑色，裏面は淡緑色。側脈は目立ち，葉柄の長さ 1.2～2.2cm。開花は 5～6 月，新葉とともに枝端に円錐花序を出し，淡黄緑色の小花をつける。小花には長さ 0.6cm ほどの柄がある。花被は 6 で，3 片ずつ 2 輪に並ぶ。花被片は長楕円形，長さ 0.5cm，内面に短毛がある。雄しべは 9 個，3 輪に並び，さらに内側に退化雄しべ 3 個があり，葯はなく腺体がある。中心に長さ 0.35cm の雌しべ 1 がある。液果は秋に紫黒色に熟し，球形で径 1cm 内外，基部に花被片が宿存する。【特性】適潤な肥沃地を好む。耐潮性は強い。生長は早い。タブに似て冬芽は狭長，葉はやや薄い。タブほどの大木にはならない。【植栽】繁殖は実生による。【管理】深根性で移植は困難。【近似種】ナガバイヌグスはホソバタブと同一である。【学名】種形容語 *japonica* は日本の，の意味。

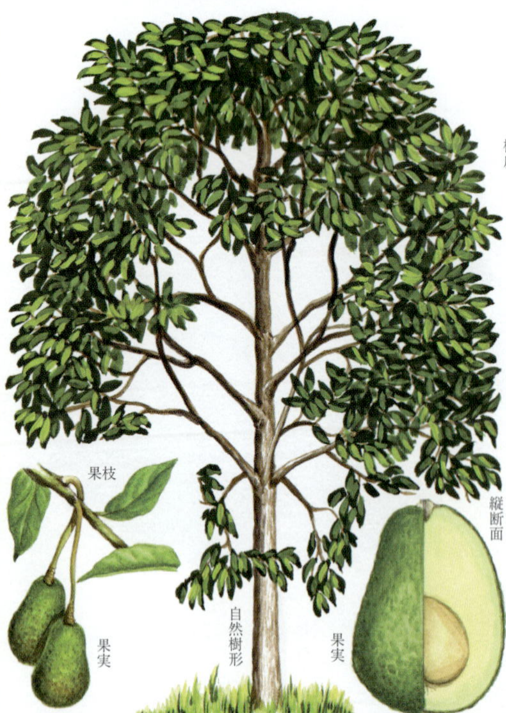

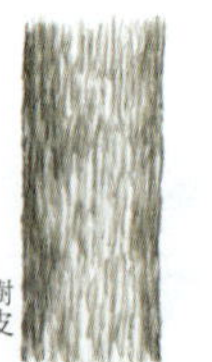

開きかけのつぼみ

160. アボカド（ワニナシ）　〔アボカド属〕
Persea americana Mill.

【原産地】熱帯アメリカ。【自然環境】熱帯地方に産する常緑高木。【用途】果実を追熟させ，または熟果を食用にする。利用法は半切りにしてレモン汁や塩をかけて生食するほか，料理やアイスクリームの材料とする。アボカド油は化粧用オイルとして利用される。【形態】高さ 6～25m。葉は楕円形で長さ 10～25cm，幅 3～10cm，表面は暗緑色，裏面は緑灰白色で枝の先に密に互生してつく。花は淡緑黄色の直径 1cm 内外の小さな花で香りがあり，枝先に円錐状につける。果実は 10～20cm × 7～12cm で重さは 300g～1kg を超えるものもあり，形や色など品種によって異なる。果形は球形，卵形，洋ナシ形など，果皮は赤茶色，紫褐色，濃緑色，黄緑色など。光沢のあるものないもの，ざらざらしたもの比較的滑らかなものなどがある。果肉は淡黄色，淡緑色などで熟すと軟らかく，外観，舌ざわりともにバター状で約 25% もの脂肪が含まれ，そのほか炭水化物，タンパク質に富みカロリーが高く，ビタミン類を多く含み，栄養価に富む。種子は 1 個で大きく，長さ約 10cm で球形または卵形，円錐形でほとんどが太く厚い 2 枚の子葉で果肉とは離れやすい。【植栽】熱帯性ではあるが栽培は温州ミカンの生育可能地を限度とし，深根性であるため表土が深く排水のよい土地がよい。風に弱く，とくに冬の寒風を避ける山の南斜面の温暖な場所がよい。繁殖はふつう接木を行う。台木は耐寒力の最も強いメキシコ系の実生がよい。

161. カゴノキ（コガノキ）　〔ハマビワ属〕

Litsea coreana H.Lév.

【分布】本州（千葉県以西），四国，九州に分布。【自然環境】暖地に自生する常緑高木。【用途】材は建築，器具，楽器，船舶などに用いる。【形態】皮は平滑。帯紫褐色，ところどころはがれて，鹿の子模様の斑紋ができる。和名はこれに由来する。幹は直立，高さ 15m，径 60cm に達する。葉は有柄，互生，葉身は革質，倒卵状長楕円形か広倒卵状披針形，長さ 5～10cm，幅 2～4cm，鋭尖頭，鈍端，基部くさび形，全縁，表面暗緑色，滑沢，裏面灰白色。初め絹毛があり，のちに無毛。幼時は細毛密生，葉柄の長さ 0.8～1.5cm。雌雄異株，開花は 7 月，葉腋に散形花序を出して，2～3 花をつける。花柄は太く，有毛，花被は 6，各片は楕円形，雄花には雄しべ 9 が 3 輪に並び，最内輪のものは腺体のみ。雌花には退化雄しべ 9，葯はなく有毛。雌しべ 1。液果は卵球形，翌年 8 月成熟し，紅色で，長さ 0.7～1cm，径 0.6～0.7m，果柄は太く短い。種子は 1 個。【特性】陰樹で，幼木はかなりの日陰地でも育つ。適潤な傾斜地を最も好み，生長が早い。環境への適応力は強い。【植栽】繁殖は実生による。【管理】萌芽力があり，せん定に耐える。特別な病害虫はない。【近似種】タブやアオガシに似ているが，葉の基部が，カゴノキでは葉柄に流れないで終わるのがよい区別点。【学名】種形容語 *coreana* は韓国の，の意味。

162. ハマビワ　〔ハマビワ属〕

Litsea japonica (Thunb.) Juss.

【分布】本州（島根県以西），四国，九州，沖縄。【自然環境】暖地の海岸近くの林内にはえる常緑小高木。【用途】庭園樹のほか海岸の防風，防潮，砂防用に植える。材は器具や燃料。【形態】幹は直立，高さ 7m，径 30cm，樹皮は紫褐色，濃褐色。葉は互生，有柄，厚い革質，狭長楕円形ときに長楕円形または線状長楕円形。鈍頭，鋭脚，全縁，葉縁は少し裏に曲がる。長さ 7～18cm，幅 2～7cm で表面暗緑色，平坦で光沢あり，裏面黄褐色，絹毛が密にはえ，葉脈は著しく隆起する。葉柄の長さ 2～3.5cm。雌雄異株。開花は 10 月，葉腋から出る短枝に 2～4 個の散形花序をそう生する。各花序には柄があり，長さ 0.5～1.4cm で軟毛を密生する。総苞は 3～5 個で褐色毛をかぶる。花被は 6 片，各片は披針形で長さ 0.4cm。雄花には雄しべが 9～12 個あり，長さ 0.6～0.9cm で花披から超出し，内側の雄しべには腺体があり，雌しべは小さく，不稔。雌花には退化雄しべ 6 個，雌しべは 1 個で長さ 0.45cm，柱頭 2～3 裂。液果は翌年の 10 月頃熟し，楕円形，長さ 1.5～1.8cm，径 1.2cm，青紫色。【特性】耐陰性は強い。肥沃な土地を好む。和名のとおりビワの葉に似ているが，細葉のものはシャクナゲの葉に似る。【植栽】繁殖は実生による。【管理】せん定に耐える。病害虫はない。【学名】種形容語 *japonica* は日本の，の意味。

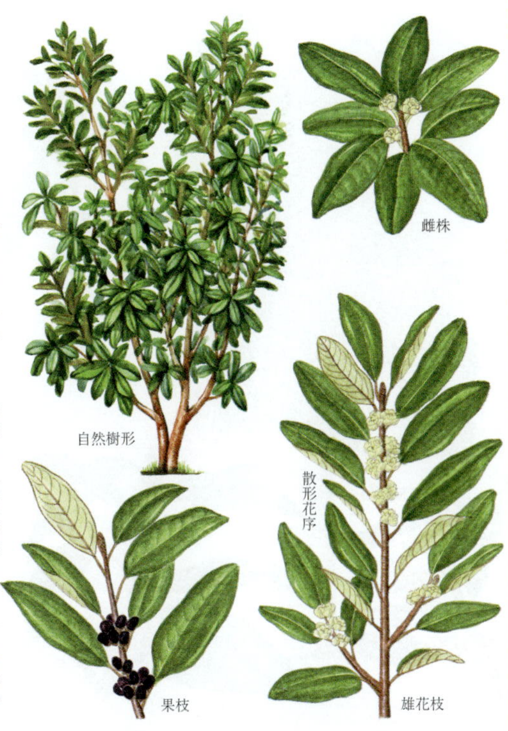

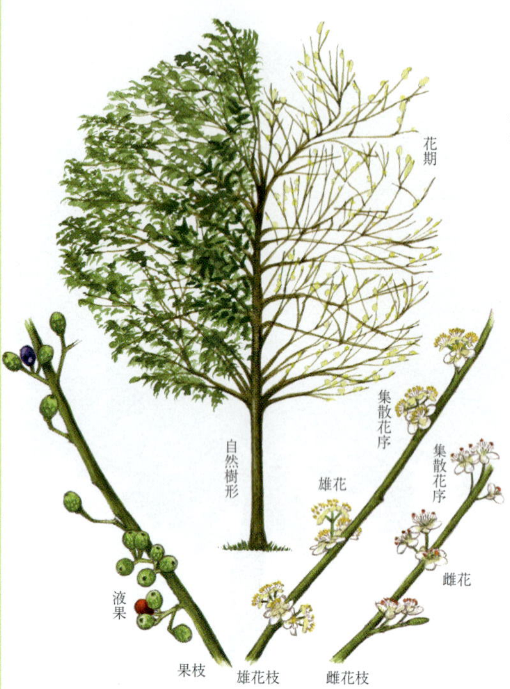

163. アオモジ 〔ハマビワ属〕

Litsea cubeba (Lour.) Pers.

【分布】本州（岡山県以西），九州，沖縄に分布。【自然環境】暖地の山林にはえる落葉小高木。【用途】果実は香料，材は楊子，雄花の枝は切花に用いる。【形態】幹は直立し，高さ 5m，直径 15cm に達し，樹皮は灰褐色，平滑。若枝は濃緑色，全株無毛，皮下に芳香がある。葉身は広披針形か長楕円形，長さ 10cm，幅 3cm 内外，長鋭尖頭，基部鋭形，薄い洋紙質で表面鮮緑色，裏面粉白色，柄の長さ 1～2cm。葉の冬芽は互生，紡錘形，先端は鋭くとがり，裸芽状の不完全な芽鱗 2～3 枚にゆるく包まれる。花序の冬芽は球形で，径 0.3cm 内外，秋に現れて越冬，総苞片に包まれ，湾曲した長い柄で下を向く。雌雄異株。開花は 3～4 月，葉に先立って，2 年枝の葉痕から 2～4 個の集散花序を腋生する。花序の柄は長さ 0.5～1.2cm。総苞片は白色，花弁状で美しい。花被片の色は黄白花で 6 個。雄花は大きく，雄しべは 9 個，雌しべは 1 個で小さく退化。雌花は退化おしべ 9 個，雌しべ 1 個ある。雌雄どちらも内側の花糸に腺体がある。液果は 9～10 月，赤から紫黒色に熟し，球形で径 0.7cm。【特性】温暖で，明るく，適潤で肥沃な所を好む。【植栽】繁殖は実生による。【学名】種形容語 *cubeba* は尾のある胡椒の意味。

164. バリバリノキ（アオガシ）〔バリバリノキ属〕

Actinodaphne acuminata (Blume) Meisn.

【分布】本州（千葉県以西），四国，九州，沖縄に分布。【自然環境】暖地の山中にはえる常緑高木。【用途】材は建築，器具，船舶材に，樹皮は染料，線香に用いる。【形態】幹は直立し，高さ 15m。直径 50cm に達し，樹皮は帯褐灰色，平滑，枝は太く，若枝は緑色で無毛，多数の葉をつける。葉は互生，有柄，葉身は長大な披針形で，長さ 20cm，幅 3cm 内外。薄い革質で，先は長尾漸尖頭，基部は鋭尖形，全縁，無毛，表面濃緑色，平滑，裏面青白色，両面無毛，葉脈は裏面に隆起する。柄は長さ 1.5～3cm。雌雄異株。花期は 8 月，葉腋の短枝に小球状の散形花序をつけ，その外部は数個の総苞片で包まれる。総苞片は卵形，覆瓦状に並び，外側には密毛がある。花は淡黄緑色，花被は 6。雄花には雄しべ 9 個が 3 輪に並び，内輪の雄しべには腺体がある。雌花には，雄しべ 9 個と雌しべ 1 個がある。雄しべは退化して葯はないが，内輪の 3 個には腺体がある。果実は翌年夏に熟し，黒紫色，楕円形で長さ 1.5cm，中に大きな種子 1 個がある。【特性】陰樹で，適潤の谷あいのような所を好む。【植栽】繁殖は実生による。【管理】幼木はかなり暗い所でも育つ。特別な病害虫はない。【学名】種形容語 *acuminata* は長葉の，の意味。和名バリバリノキは，堅く長い葉が風にゆれて鳴る音に由来する。

165. クロモジ 〔クロモジ属〕

Lindera umbellata Thunb.

【分布】本州，四国，九州に分布。【自然環境】山中林下に自生する落葉低木。【用途】材は楊子に用いる。枝は袖垣として高級のものとされる。【形態】幹は直立し高さ 5m，直径 10cm に達することもあるが，ふつうは高さ 2～3m，直径 3～4cm までのものが多い。小枝を折ると香気を放つ。古い樹皮は灰褐色か黒褐色。皮目があり，若い枝の皮は平滑で光沢があり皮目がなく，緑色に黒斑がある。葉は有柄，互生，葉身は長さ 5～9cm，幅 2～4cm，狭楕円形，鋭頭，鋭脚，全縁で質薄く，上面深緑色，無毛，下面帯白色，初め白毛があるが，のちに無毛，または中肋にそって軟毛が残る。側脈は 4～6 対，葉柄は 0.7～1.2cm，軟毛散生。芽立ちの頃の新葉は白色の絹毛が密生する。雌雄異株，4 月に葉とともに開花。葉腋に淡黄色の小花を散形花序につける。花序の柄は 0.3～0.6cm で有毛。花被片より短く，内側の雄しべの花糸には腺体がある。中心に退化した雄しべがある。雌花には退化した雄しべ 9 個，雌しべは 1 個，長さ 0.18cm。雄花は雌花に比べ大きく，数も多い。液果は球形，10 月に黒熟する。種子は 1 個。【特性】日あたりを好むが，土質は選ばない。【植栽】繁殖は実生による。【管理】ふつうの庭園樹ではないが，野趣に富む庭に適する。病害虫はない。萌芽力あり，刈込みに耐える。【学名】種形容語 *umbellata* は傘形の，の意味。

自然樹形
液果
散形花序
散形花序
冬の花芽
雌花枝
雄花枝

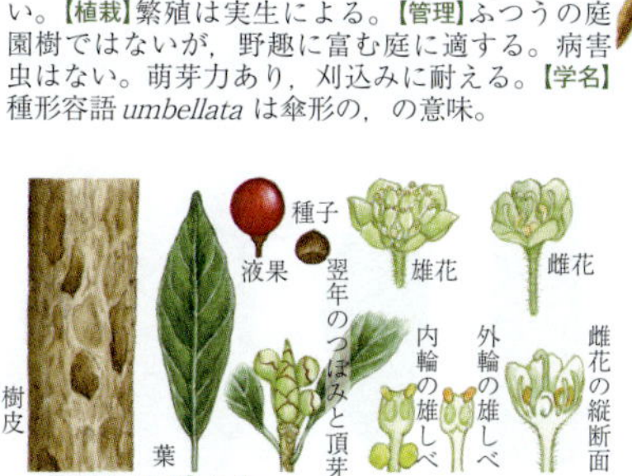

166. カナクギノキ 〔クロモジ属〕

Lindera erythrocarpa Makino

【分布】本州（千葉県以西），四国，九州に分布。【自然環境】暖地の山林にはえる落葉高木。【用途】庭木に植え，材は楊子，器具に用いる。【形態】幹は直立し，高さ 6～15m，直径 40cm に達し，枝は多く分枝する。樹皮は灰色から黄白色，老木になると一部剥落する。小枝は淡黄褐色。葉は互生，帯紅色の柄があり，葉身は倒披針形から長楕円形，長さ 4.5～15cm，幅 1.5～3cm。鋭頭か鈍頭で，基部は長くて細く鋭尖形，表面緑色，裏面粉白色，少し長毛があるが，のちに無毛に近くなる。雌雄異株。4～5 月に開花。新枝の基部の葉腋に散形花序を出し，有柄で淡黄色の小花を 12～15 個つける。小花の柄は長さ 0.6～1cm，有毛。雄花には雄しべ 9 個があり，3 輪に並び，内側の 3 個の雄しべには腺体がある。中心には退化雌しべがあり，長さ 0.1cm。雌花には退化雄しべ 6 個があるが葯はなく，内外の 3 個には腺体があり，雌しべは 1 個で柱頭は 2 裂。液果は球形，径 0.6cm，10 月に紅熟する。【特性】名前から感じるほど材は強くはない。陽樹で，十分な光と，適潤で肥沃な深い土の所を好む。中腹より下の傾斜地では生育はやや早い。【植栽】繁殖は実生による。【学名】種形容語 *erythrocarpa* は赤い果実の，の意味。

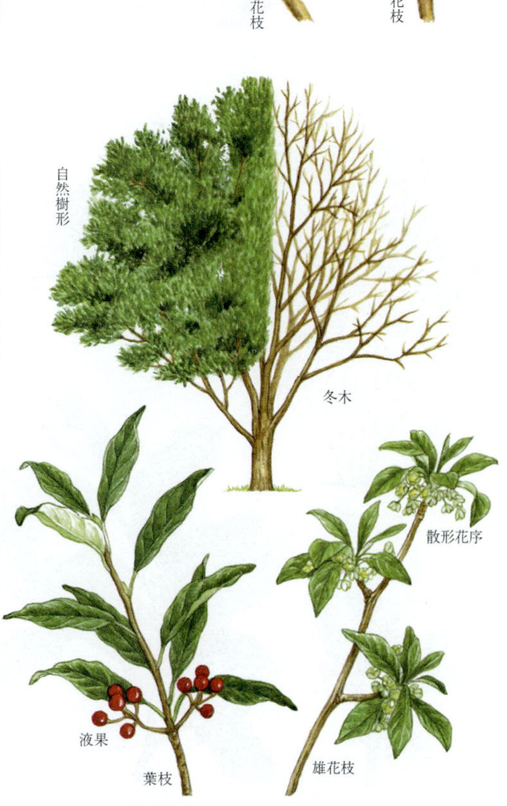

167. ダンコウバイ（ウコンバナ）〔クロモジ属〕

Lindera obtusiloba Blume

【分布】本州（関東以西），四国，九州に分布。**【自然環境】**暖地の山中に自生する落葉低木。**【用途】**雑木林風の庭園樹にする。**【形態】**高さ2〜6m，直径20cmに達するものがある。樹皮は平滑，灰白色，枝はまばらに出，折ると香りがある。葉は互生，有柄，広円形から広卵形，やや厚質，多くの葉は3裂する。各裂片は卵状三角形で，脈が目立つ。鈍頭，基部やや心臓形，全縁で，上面鮮緑色，下面は帯白緑色，若葉には絹毛を多く生じ，のちに無毛，葉身の長さと幅は10cm内外，柄の長さ1.5〜3cm。葉の冬芽は紡錘形で先端がとがり，花芽は扁球形，直径0.4〜0.6cmでよく目立つ。雌雄異株。3〜4月，葉に先立って香りのある花を開く。軟毛のある総苞片の中に，黄色の小花が散形花序をなして集まり，花被片は6，雄花は雄しべ9で，最内輪の3本の花糸には腺体があり，雌しべは退化。雌花は退化雄しべ9で，葯はない。最内輪の3本の花糸には腺体がある。雌しべは1個，長さ0.3cm，柱頭は盤状。果実は9月に熟し，果柄は長さ2cm，液果で球形，黒色，径0.8〜0.9cm，種子は1個。**【特性】**向陽の傾斜地を好む。土質を選ばない。**【植栽】**繁殖は実生による。採りまきすると発芽がよい。**【管理】**せん定して樹容を縮めると観賞価値が高まる。**【学名】**種形容語 *obtusiloba* は鈍頭浅裂の，の意味。

168. ヤマコウバシ〔クロモジ属〕

Lindera glauca (Siebold et Zucc.) Blume

【分布】本州（関東以西），四国，九州に分布。**【自然環境】**暖帯の山地に自生する落葉低木。**【用途】**昔は凶作のとき葉を乾かして団子に混ぜて食べた記録がある。**【形態】**幹は直立，高さ5m，直径13cmに達するものもあるが，ふつうには高さ3m以下，直径3cm以下のものが多い。樹皮は灰褐色，平滑，皮目はあるが不明瞭。よく分枝し，枝は剛性が強い。葉は互生，有柄，洋紙質で，葉身は長楕円形，鋭頭，基部鋭形，全縁で波状，長さ4〜6cm，幅1.5〜2cm，表面濃緑色，裏面帯白緑色，脈が突出し，軟毛が残る。葉柄は表面がへこみ，短毛が密生し，長さ0.3〜0.5cm。冬芽は混芽で，新枝，葉，花芽が包まれている。雌雄異株。日本には雄株はないとみられているが，果実はできる。雌花は4月，葉とともに開花。葉腋に散形花序を出し，有柄で，柄は有毛，黄色い花被片は6，広楕円形，長さ0.15cm，退化雄しべは9個で葯はない。内側の3花糸には腺体がある。雌しべは1個，長さ0.25cm。液果は9月に成熟し，黒色，球形で径0.6〜0.7cm，種子1を含む。**【特性】**枝葉を折れば香気があり，和名のもとになっている。冬でも枯葉を枝につけているので，冬のほうがよく目立つ。肥沃の傾斜地を好む。**【植栽】**繁殖は実生による。**【管理】**せん定に耐え，病害虫はない。**【学名】**種形容語 *glauca* は灰青色の，の意味。

169. テンダイウヤク（ウヤク）〔クロモジ属〕

Lindera aggregata (Sims) Kosterm.

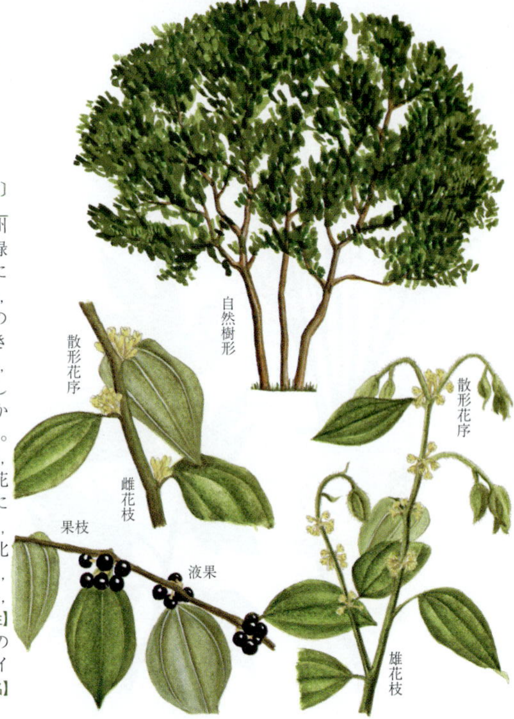

【原産地】中国中部。【分布】本州の静岡県以西，九州に野生化している。【自然環境】暖地にはえる常緑低木。【用途】根を薬用にする。【形態】根は紡錘状に肥厚し，暗褐色，木質。幹はそう生し，高さ5m，直径3cmに達する。若枝は細く緑色，淡褐色の軟毛を密生，皮目はない。古くなると皮目ができる。葉は互生，有柄，葉身は薄い革質で広楕円形，先は尾状の鋭尖頭，長さ4～6cm，三行脈が著しい。表面緑色，裏面白色，若葉は密に長軟毛をかぶり，のちには完全に無毛，平滑で光沢がある。柄の長さ0.4～0.9cm，有毛。雌雄異株。3～4月頃，葉腋から出る短枝に，淡黄色小花を無柄の散形花序につけ，密に毛をかぶる。花被片は6，雄花には雄しべ9，内側の3本の花糸には腺体があり，退化雌しべは有毛。雌花は雄花より小さく，退化雄しべ9，内側の3本には腺体があり，雌しべ1，柱頭は大きい。液果は楕円形，長さ1cmあまり，初め緑色から赤褐色を経て，秋に黒く熟す。【特性】この植物の根の肥大部分を烏薬というが，中国の天台山のものが最も良質とされたので，テンダイウヤクとなった。【植栽】繁殖は実生による。【学名】種形容語 *aggregata* は群生の，密集の，の意味。

170. アブラチャン（ムラダチ）〔クロモジ属〕

Lindera praecox (Siebold et Zucc.) Blume

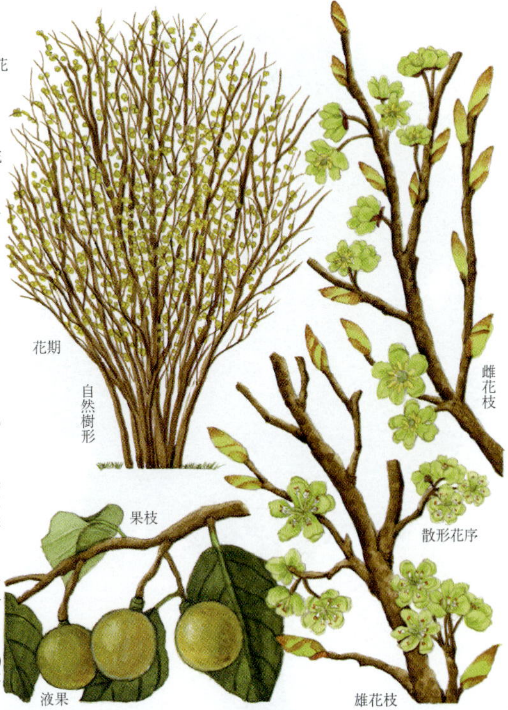

【分布】本州，四国，九州に分布。【自然環境】適湿の山地に自生する落葉低木。【用途】昔は果実から灯用の油をとった。材は杖やかんじきに適する。また庭園に植栽される。【形態】幹は別名ムラダチとあるように多数がそう生することが多く，ときに100本を超える株もある。高さ5m，直径15cmに達することもあるが多くは5cm以下。樹皮は平滑，灰褐色，若枝は緑色，無毛。葉は互生，有柄，葉身は長さ4～7cm，幅2.5～4cm，卵形から楕円形，鋭尖頭，基部はくさび形，全縁，両面無毛，表面緑色，裏面白緑色，側脈は4～5対。雌雄異株。花芽は晩秋に現れて越冬，球形，径0.3cm内外。開花は3～4月，葉芽より先に開く。花序は腋生，有柄，淡黄緑色の小花は散形に集まる。雄花序には3～5花あり，雄しべは9，雌花序には3～5花あり，雌しべは1。花被は6深裂し長さ0.2cmくらい。果実は10月に熟し，球形，帯黄褐色，径1.3～1.5cm，果皮は不規則に破れ，種子が露出する。【特性】生長は早いが株立ちが多く，肥大は遅い。土質を選ばないが湿り気を好む。【植栽】繁殖は実生による。【管理】萌芽力強く，せん定に耐えるので，庭園樹として用いられる。【近似種】ケアブラチャン var. *pubescens* (Honda) Kitam. は葉大きく，開出毛がある。【学名】種形容語 *praecox* は早期の，の意味。

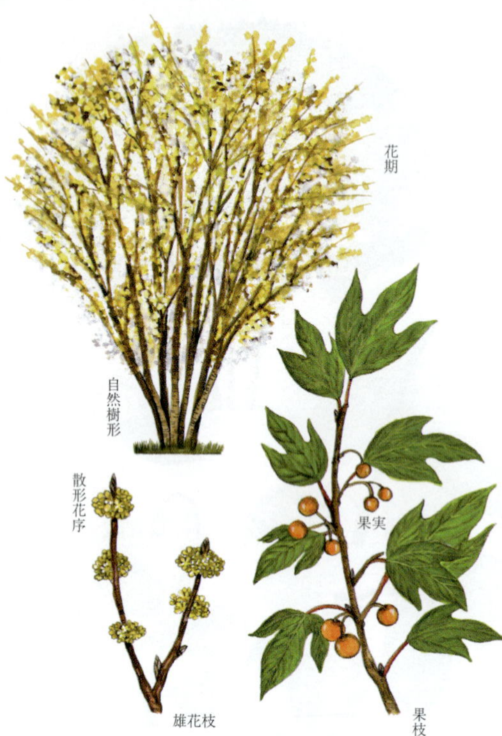

171. シロモジ　〔クロモジ属〕

Lindera triloba (Siebold et Zucc.) Blume

【分布】本州（長野県，静岡県以西），四国，九州に分布。**【自然環境】**山地にはえる落葉低木。**【用途】**庭園樹。**【形態】**幹はそう生，高さ 5m 内外，大きなものは直径 15cm に達するものもある。樹皮は幹では灰緑色，古根は灰黒色，新枝は緑色，皮目ははっきりしない。葉は互生，有柄，葉身は広倒卵形で 3 裂，長さ 10cm 内外，基部は円形か広いくさび形，裂片は長楕円形，鋭尖頭，縁は全縁，表面濃緑色で無毛，裏面淡緑色，脈上に開出毛があるほか無毛。基部の 0.5～0.7cm 上から三行脈が目立つ。葉柄は長さ 1～2cm。雌雄異株。花芽は球形で，径 3mm 内外。花は 4 月，葉とともに開き，黄色い小花は小散形花序に集まり，花序の柄は 0.1～0.4cm，無毛。花被片は 6。雄花序は 4～5 花からなり，雄しべは 9 個，内側の花糸には腺体がある。退化雌しべは 1，先はとがる。雌花序は 3～4 花からなり，退化雄しべは 9，葯はないが，内側の花糸には腺体があり，雌しべは 1。果実は 10 月に成熟し，球形，黄色，肥厚する果柄について下垂。径 0.9～1.3cm，先のほうは不規則に開裂して種子を露出する，種子は大形で 1 個。**【特性】**土質を選ばない。日あたりを好む。**【植栽】**繁殖は実生による。**【管理】**ふつうの庭園樹ではないが，野趣に富む庭に適する。特別な病害虫はない。**【学名】**種形容語 *triloba* は 3 浅裂の，の意味。

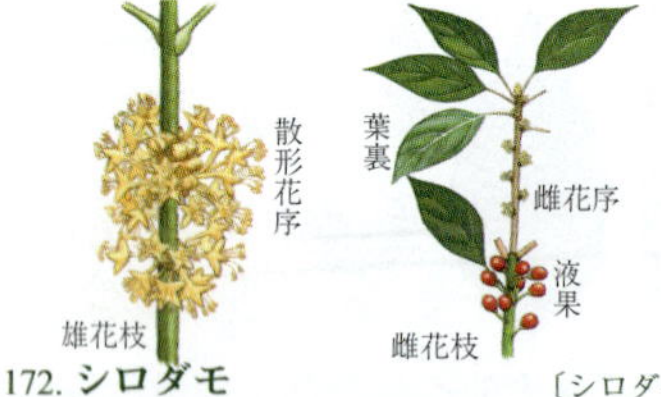

172. シロダモ　〔シロダモ属〕

Neolitsea sericea (Blume) Koidz.

【分布】本州（宮城，山形以南），四国，九州，沖縄に分布。**【自然環境】**暖地の山林にはえる常緑高木。**【用途】**材は建築，器具に用いるほか，庭園や公園に植える。種子からは油と，ロウをとる。**【形態】**幹は高さ 10m，直径 40cm に達し，樹皮は暗灰色，平滑，老木でも割れない。若枝は緑色，無毛。葉は互生で枝先にそう生し，有柄，革質，葉身の長さ 6～18cm，幅 3～7cm，楕円形，全縁，鋭尖頭，基部鋭形，表面濃緑色，裏面は幼時褐色で密毛があるが，のちに無毛となり，成葉ではロウ質におおわれ白色，こすると緑色が出る。葉脈は目立つ。柄の長さは 2～3cm だが若葉のうちは葉身は下垂する。雌雄異株。開花は 10 月，梢端に近い枝の葉腋に黄褐色の小花を集めた無柄の散形花序をつける。花被は 4 深裂し，裂片は楕円形，雄花には雄しべ 6～8 個，内側の雄しべには腺体があり，中心に長さ 0.4cm の雌しべがあるが結実はしない。雌花には退化雄しべと雌しべがあり，子房は無毛，花柱は長い。果実は液果，翌年秋赤色に熟し，楕円形，長さ 1.2～1.5cm。**【特性】**生長はやや早い。樹勢は強い。肥沃地を好む。**【植栽】**繁殖は実生による。**【管理】**せん定に耐える。移植は困難。**【近似種】**キミノシロダモ f. *xanthocarpa* (Makino) Okuyama は果実が黄熟する。**【学名】**種形容語 *sericea* は絹毛状の，の意味。

173. イヌガシ（マツラニッケイ）〔シロダモ属〕

Neolitsea aciculata (Blume) Koidz.

【分布】本州（房総半島以西），四国，九州，沖縄に分布。【自然環境】暖地の山林に自生する常緑低木。【用途】器具材。【形態】幹は直立，高さ4m，直径10cmに達する。樹皮は灰黒色で平滑。若枝は緑色，淡褐色の絹毛があるが，のち無毛。葉は有柄，互生，葉身は長楕円形から倒卵状長楕円形。両端がとがり，全縁，長さ5～12cm，薄い革質。表面は緑色で光沢があり，裏面はろう白色，3行脈が明らか。柄の長さ0.8～1.5cm。雌雄異株。3～4月，葉腋および下部の葉痕から腋生して，3～5個の集散花序を出し，暗赤色の小花を密につけ，ほとんど無柄，総苞片は4～6個。花被は4片，各片は広楕円形で，長さは雄花で0.3cm，雌花では0.2cm，外側に灰褐色の毛が密生する。雄花には雄しべ6個，内側の2個には腺体があり，雌しべは1個あり，柱頭は2裂するが，小さく不稔。雌花には退化雄しべが6個あるが，葯がなく内側の2個には腺体があり，雌しべは1個で柱頭は頭状。10～11月に，紫黒色，楕円形で長さ1cm内外の液果を結ぶ。【特性】耐陰性強い。海に近い適潤な肥沃土を好み，山の中腹以下の緩傾斜地では生育は速い。【植栽】繁殖は実生による。【近似種】シロダモに似ているが，花および果実の色が全然異なる。【学名】種形容語 *aciculata* は針形の，の意味。

174. スナヅル 〔スナヅル属〕

Cassytha filiformis L.

【分布】九州南端，屋久島，小笠原以南に分布。【自然環境】海岸にはえる無葉寄生のつる植物。【用途】マレーシアでは薬用や香味料にするという。【形態】茎は糸状で細長く，無毛黄褐色，吸収根で他の植物に着生する。葉は長さ0.2cm内外の小さな鱗片に退化して互生し，細かい縁毛がある。花期は周年，茎の所々から長さ3～4cmぐらいの穂状花序を直立して，両性花をつける。花は無柄で7～11個あり，下から順次開く。卵形，長さ0.3cm，基部に2個の小さな苞葉が花を包む。花被は6あり，淡黄色で卵円形，外輪の3枚は小さく，長さ0.08cm，内輪の3枚は長さ0.15cm。雄しべは9，3個ずつ3輪に並ぶ。雌しべは1個で長さ0.2～0.3cm。果実は宿存して肉質になった花被の筒部に包まれ，球形で径0.7cmくらい。肉質で，初め緑色，熟すと白色となる。種子は円形で黒褐色，径0.3～0.4cm。【特性】密に寄生すると，宿主の植物は枯れる。本種はクスノキ科の中では特異な存在で，草本として扱う場合もある。【植栽】栽培はしない。【近似種】ケスナヅル *C. pubescens* R.Br. はスナヅルより細く，全体に毛が多い。沖縄本島に産する。イトスナヅル *C. pergracilis* Hatus. は沖縄諸島の一部に産し，スナヅルより茎が細く，赤い。果実は長さ0.35cm。【学名】種形容語 *filiformis* は糸のような，の意味。

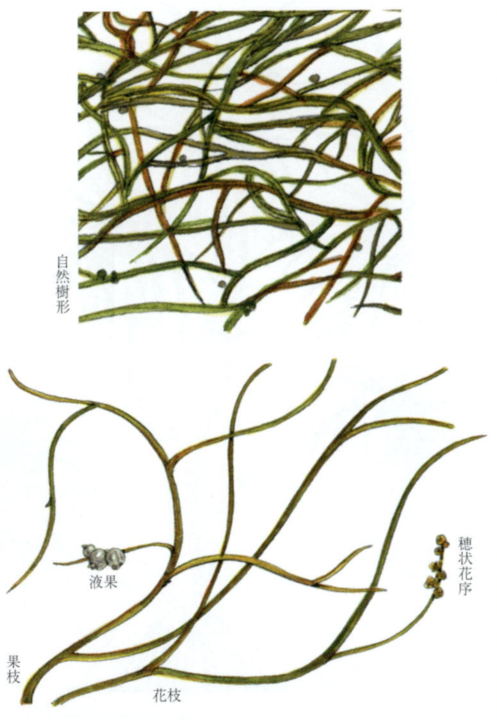

175. ゲッケイジュ〔ゲッケイジュ属〕

Laurus nobilis L.

【原産地】地中海沿岸。【分布】日本各地に庭園樹，記念樹として植栽される。【自然環境】温暖な気候を好む常緑高木。【用途】庭園樹として観賞するほか，干した葉は料理の香りづけ，実の油は塗布薬とする。【形態】幹は高さ18m，直径0.3mに達し，強壮な樹容を形成する。樹皮は灰黒色，皮目が突出する。よく枝を生じ，若枝は緑色に紫褐色を帯びる。葉は密に茂り，互生，有柄，革質，葉身の長さ7〜9cm，幅2〜5cm，狭長楕円形，鋭尖頭，基部くさび形，全縁で波状，上面深緑色，光沢あり，下面浅緑色，両面無毛，柄の長さ0.7〜1cm。雌雄異株。花序の蕾は前年の秋に枝先の葉腋に現れ，径0.4〜0.5cmの球形，黄緑色無毛で十字対生する総苞片に包まれる。4〜5月，黄色の散形花序を開き，花被片は4，倒卵形。雄花は雄しべ12内外，花糸の中間に腺体がつく。液果は10月に成熟し，広楕円形，暗紫色，光沢があり，長さ0.9cm，種子は楕円状球形，茶褐色で長さ0.7cm，1個。【特性】肥沃土を好む。生長は速い。日本では雌株は少ない。【植栽】種子をまくとよく発芽する。株分け，取り木も可能。【管理】萌芽力が強く，せん定に耐える。耐寒性がやや劣るので，東京地方では根づくまで防寒が必要。カイガラムシがつく。【学名】属名 *Laurus* は緑，種形容語 *nobilis* は高貴の，の意味。

176. タコノキ〔タコノキ属〕

Pandanus boninensis Warb.

【分布】小笠原諸島に自然分布。熱帯，亜熱帯の各地に植栽分布。【自然環境】日あたりのよい海岸付近の林や岩間に自生，またはごくまれに植栽される常緑高木。【用途】観葉植物として温室内に植栽されたり，鉢物として観賞する。葉は乾燥して織物，編物の材料とする。海岸の防風用の植物として有用である。【形態】幹は直立，枝は粗生，下部に多数の気根があり，樹高5〜10mぐらいになる。葉は枝の先端に密に頂生し，上部ほど細長くとがり長さ1.2m，幅7cmぐらいの刀剣状となる。葉質は堅い革質で，縁には鋭い鋸歯がある。雌雄異株で雄花は黄色，多くの細花が円柱状に密生して総状花序となり，この花房が中軸の狭長で漸尖頭の苞葉の腋に着生し花そうとなる。雌花は緑色，多数の花が密集して卵状球形となり，多数の痩長，鋭尖頭の苞葉に包まれる。有柄で単生。果実は100個ぐらいの核果の集合からなり，やや球形で人頭大の果序となり下垂する。果実は初め緑色で，成熟すると赤黄色になり，個々に散落する。核果は長さ8cm，直径3〜4cmぐらいの倒卵形で稜角があり，頂部は短く3岐する。【特性】高温，多湿を好み潮風に耐える。越冬には15℃以上が好ましく，腐植質に富む排水のよい粗粒の土壌を好む。【植栽】繁殖は実生，株分けによる。実生による発芽には30〜35℃を必要とする。【管理】ほとんど手入れの必要はない。肥料は油かす，化成肥料の混合したものを施す。【近似種】琉球列島には近縁のアダン *P. odoratissimus* L. F. が分布する。【学名】種形容語 *boninensis* は小笠原島の，無人島の，の意味。

177. **キフタコノキ** 〔タコノキ属〕
Pandanus tectorius Sol. ex L.f.
var. *sanderi* (hort. ex Sander) B.C.Stone

【原産地】ソロモン群島，マレー諸島原産。日本には大正末年に渡来した。**【分布】**観葉植物として温室内で栽培される。**【自然環境】**熱帯の海岸地帯に自生する高温多湿と日あたりを好む常緑低木。**【用途】**鉢植えにして室内で観賞される。**【形態】**高さ1～2m，葉は長披針形で細長く，長さ80cm，幅4～5cm，葉縁のとげは短い。中脈から葉縁まで，暗緑色地に帯黄色または黄金色の縞が入りきわめて美しい。実生苗の葉は橙黄色で，のちに緑色に変わる。雌雄異株。**【特性】**越冬温度10℃ぐらい。斑入り葉で葉やけを起こしやすいので，夏は日よけをする。**【植栽】**繁殖は実生，または株分けによる。6～7月が適期。**【管理】**冬期は温室内に保護する。夏は戸外に出し，よしず下か樹陰に置く。鉢替えは6～7月，鉢植えの用土は，腐植質に富むものがよく，粘質壌土に，砂1割，腐葉土4割を混ぜたものを使う。肥料は夏の間，油かすの乾燥肥料を置肥として与える。水は，冬期はやや乾かしぎみにするが，夏の間は葉の上からたっぷりかん水するとよい。カイガラムシがつきやすいので注意する。**【近似種】**白色または銀白色の帯状斑が入るものをフイリタコノキ *P. veitchii*，葉縁に赤いとげのあるものをビヨウタコノキ *P. utilils* という。**【学名】**変種名 *sanderi* は人名からきたもので，サンダーの，という意味。

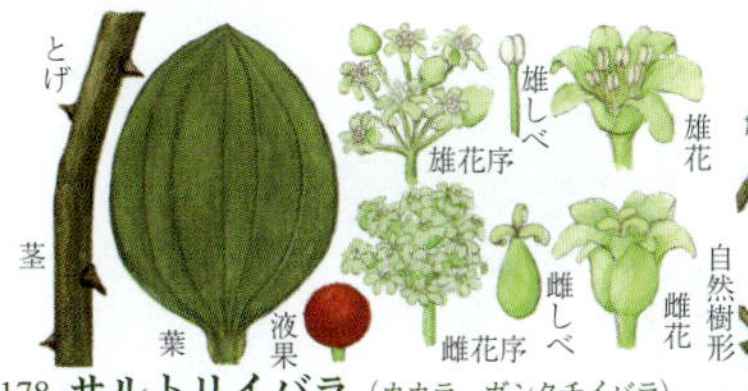

178. **サルトリイバラ**（カカラ，ガンタチイバラ）
〔サルトリイバラ（シオデ）属〕
Smilax china L.

【分布】北海道，本州，四国，九州，沖縄，朝鮮半島，台湾，中国，インドシナ，フィリピン。**【自然環境】**山野にふつうにはえる落葉つる性植物。**【用途】**庭園樹，鉢植えのほか，果実のついたものを生花材。根茎を薬用。葉を餅を包むのに使う。**【形態】**茎は堅く，緑色で，節ごとに曲がり，まばらに強いとげがあって他物にひっかかる。葉は有柄で互生する。葉身は卵円形または卵形で長さ3～12cm，革質で堅く，光沢があり，全縁で葉脈は3～5脈ある。巻ひげによって他物に強くからみつく。4～5月，葉がまだあまりのびきらないうちに葉腋から柄のある散形花序を出し，多数の黄緑色の小さな花を開く。雌雄異株。花被片は長楕円形，長さ0.4cmほどでそり返る。雄花には雄しべ6個。雌花の柱頭は3裂し，そり返る。果実は球形でつやがあり，径0.7～0.8cmぐらいで10～11月に赤く熟し，中に黄褐色の堅い種子が入っている。日本の西南部ではこの葉を餅を包むのによく使う。**【学名】**属名の *Smilax* はひっかくという意味。種形容語 *china* は中国の，という意味である。和名サルトリイバラは猿捕り茨で，本種の茎のとげにサルがひっかかるという意味である。

179. ヤマカシュウ〔サルトリイバラ（シオデ）属〕

Smilax sieboldii Miq.

【分布】本州，四国，九州，朝鮮半島，中国。**【自然環境】**山地の荒地のような所によくはえている落葉つる性植物。**【形態】**茎はよく枝分かれし，細長く緑色で，堅い稜があり，とげが多い。とげは細く大小ふぞろいで直角に出ている。葉は柄があって互生する。葉柄は0.7～2cm。葉柄の下部には左右に1対の巻ひげが出ており，他のものに巻きつく。葉は広卵形か卵心形，または三角状卵形で長さ5～12cm，幅3～9cm，先端は短く鋭くとがり，基部は心臓形で，ときに円形となり，5～7脈がある。洋紙質で両面無毛，表面には光沢があって濃緑色，裏面は淡色となる。縁にはまばらに小突起がある。5～6月，葉の腋から1本の柄を出し，その先に散形花序をつける。柄の長さは葉柄よりも長い。雌雄異株。花は黄緑色で広い鐘形である。花被片は長楕円形で長さ0.5cmぐらいで多少肉質，平開するがほとんどそり返らない。雄花には雄しべが6個あり，長さ0.4cmほどで花被片よりやや短い。葯は長さ0.1cmほど。雌花には子房が1個ある。液果は球形で紫黒色に熟し，径0.6cmぐらいである。**【特性】**蛇紋岩地帯や石灰岩地常にもよくはえている。**【学名】**種形容語 *sieboldii* は人名で，シーボルトの，という意味。和名ヤマカシュウは山地にはえる何首烏（ツルドクダミの漢名）の意味かといわれる。

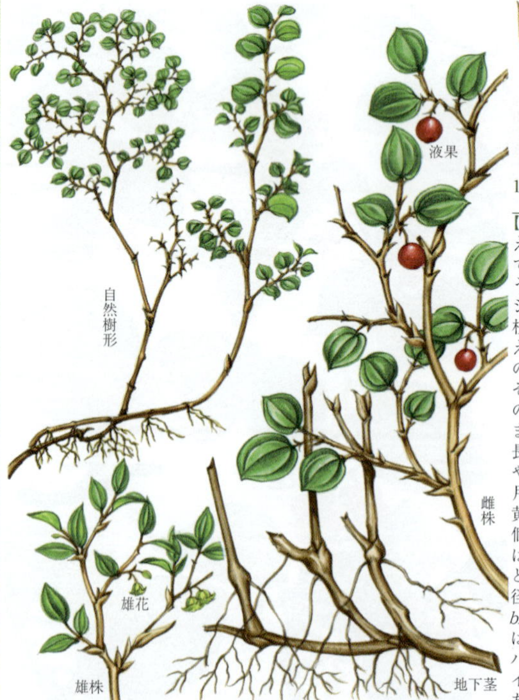

180. ヒメカカラ〔サルトリイバラ（シオデ）属〕

Smilax biflora Siebold ex Miq. var. *biflora*

【分布】屋久島。**【自然環境】**暖かい地方の山地にはえる落葉つる性植物。**【用途】**山草的に平鉢に植えて観賞する。**【形態】**根茎は木質で，地中を横にはう。茎は堅い木質でよく枝を分かち，ときどきジグザグに曲がり，高さ15～30cmになる。小枝には稜があり，外側に向かって鋭いとげがはえている。葉は小形で群がって互生。0.1～0.3cmのごく短い葉柄は，托葉とくっついて幅が広く，その肩にごく短い針状の巻ひげがある。巻ひげの長さは0.15cmぐらいである。葉身は広卵形または円形で，両端はふつう丸くて突端をなし，長さ0.5～1.5cm，幅0.3～0.8cm，3脈がある。やや革質で，表面は緑色，裏面は帯白色となる。4月頃，葉の腋から細い花梗を出し，2花内外の淡黄緑色の小さな花を開く。雌雄異株。花被片は6個あり，長楕円形で長さ0.2cmぐらい，雄花には6個の雄しべがあり，雄しべは花被片よりずっと短い。葯は長さ0.03cmほど。果実は液果で，径0.4～0.5cmとなり，赤く熟す。**【学名】**種形容語 *biflora* は2花の，という意味。和名ヒメカカラは小形のカカラの意味で，カカラはサルトリイバラの九州地方の方言名である。ヒメサルトリイバラはやはり小形のサルトリイバラの意味である。

181. サルマメ　〔サルトリイバラ（シオデ）属〕
Smilax trinervula Miq.

【分布】本州（関東地方以西），中国大陸。**【自然環境】**山地にはえる落葉小低木。**【形態】**地下茎は長く，地中を横にはって節から根を出す。茎はつるにならないで，やや直立し，少し枝分かれして高さ20〜50cmぐらいになる。細い茎は少しジグザグで，全く滑らかであるか，もしくは少数の短いとげがある。葉は有柄で互生し，小さく，楕円形もしくは長楕円形で，長さ1.5〜4cm，幅1〜2.5cm，主脈の3本が目立つ。やや革質で，裏面は多少白みを帯びる。葉柄は長さ0.2〜0.3cmぐらい。葉柄の基部には長さ0.3cmほどのごく短い巻ひげがある。5月頃，葉の腋から細い花梗をのばし，1〜4個の淡黄緑色の小さな花を総状につける。雌雄異株。小さな苞葉は線状披針形で，先端は糸状にとがっている。花は径0.6cmぐらい。花被片は6個あり，楕円形で長さ0.35cmぐらい，先は少しそり返る。雄花では雄しべが6個ある。雄しべは長さ0.25cm，葯は長さ0.05cmぐらいである。雌花では先が3個に分かれた柱頭をもつ雌しべが1個ある。果実は球形の液果で，赤く熟す。**【学名】**和名サルマメは猿豆で，小さな果実をマメに見立て，サルトリイバラの類なので，サルを上に冠したものである。

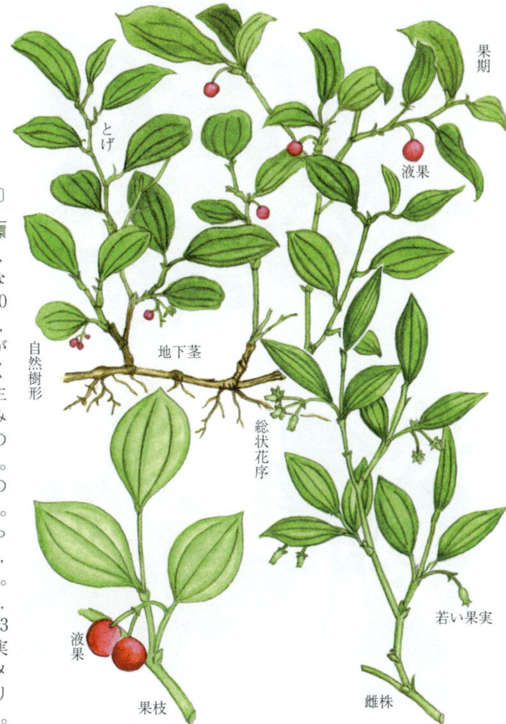

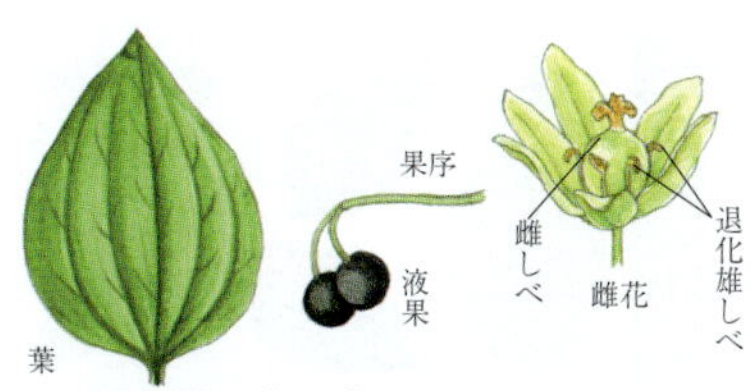

182. マルバサンキライ〔サルトリイバラ（シオデ）属〕
Smilax stans Maxim.

【分布】本州，四国，九州。**【自然環境】**深山にややまれにはえる落葉低木。**【形態】**横に広がるが，つる性となることはほとんどなく，高さ30〜50cmになる。茎は堅く，緑色で稜があり，とげはなく，よく枝分かれして多少ジグザグになる。葉は長さ0.6〜1.2cmの葉柄があって互生する。葉身は広卵形または三角状卵形で，先は短く鋭くとがり，基部は円形もしくは浅い心臓形で，長さ4〜7cm，幅3〜6cm，やや薄い洋紙質で3〜5脈がよく目立つ。表面は緑色，裏面は灰白色となる。葉柄の下部は扁平となるが巻ひげはない。5〜6月，葉の腋から花梗を出して少数の淡黄緑色の花を散形花序につける。雌雄異株。花被片は6個，楕円形。雌花では雌しべ1個と退化雄しべがある。果実は球形で径0.6〜0.8cm，熟すと黒くなる。**【学名】**種形容語 *stans* は直立の，という意味。和名マルバサンキライは丸葉のサンキライの意味である。サンキライはサルトリイバラのことで，サルトリイバラに比べ，こちらのほうが葉先がとがっているが，葉に丸みがあることを表したものであろう。なお，サルトリイバラを各地でサンキライと呼びならわしているが，薬用で有名なサンキライ（山奇粮すなわち土茯苓）は中国産で，日本には産しない。

183. カラスキバサンキライ

〔サルトリイバラ（シオデ）属〕

Smilax planipedunculata Hayata

【分布】九州（屋久島），沖縄，中国大陸南部，台湾，インドシナ。【自然環境】道ばたや海岸にはえる常緑つる性植物。【形態】茎は長くのびて丸く，つる性で毛はなく，とげもない。葉は有柄で互生し，冬も枯れない。葉身は広卵形または三角状卵形で，先は急に鋭くとがり，基部は円形もしくは心臓形となり，長さ6～14cm，幅3～8cm，5～7脈が目立つ。洋紙質でやや光沢があり，両面毛なく，網状の小脈は両面でやや隆起する。葉柄は長さ1～2.5cm，基部の上方に長い巻ひげをつける。5～8月頃，葉のわきから柄のある散形花序を出し，多数の小さな花をつける。雌雄異株。花柄は長さ1cmぐらい。雄花の花被は筒状で長さ0.35cmぐらいあり，先端は浅く2～5裂する。雄しべは3個，基部で合生し，長さ0.3cmぐらい。葯は心臓形で長さ0.1cmほどである。雌花の花被はつぼ状で，柱頭が3裂する雌しべと退化雄しべがある。果実は液果となり，球形で径0.7～1cm，黒熟する。種子は長さ0.5cmぐらい。【学名】和名カラスキバサンキライは全体の姿がサンキライ（サルトリイバラ）に似て，葉が唐鋤の刃に似ていることによるという。

184. ナギイカダ

〔ナギイカダ属〕

Ruscus aculeatus L.

【原産地】地中海沿岸の南ヨーロッパ，北アフリカ。【自然環境】各地で広く栽培されている常緑小低木。【用途】庭園樹，公園樹，鉢植え。【形態】茎は多数束生して株立ち状となり，高さ20～50cmになる。暗緑色でよく枝分かれする茎には細かい縦の溝がある。地中には節の多い黄色の根茎がある。葉のように見える三角形のものは葉でなく葉状枝である。真の葉はごく小形で鱗片状に退化し，葉状枝のつけ根にある。葉状枝は基部がねじれて斜出し，卵形で長さ1.5～2.5cm，先端は鋭尖形で鋭いとげとなり，基部は狭く，革質で堅く，深緑色で滑らかである。3～5月頃，緑白色の小さな花を葉状枝の中脈下部につける。花にはごく短い柄がある。雌雄異株。花被片は6個あり，外片3個は内片3個より大きい。雄花には雄しべが3個あって合着し，雌花には雌しべが1個とまわりに退化雄しべがある。液果は球形で径0.8cm内外，秋に赤く熟す。【特性】日あたりのよい所でも日陰地でも育つが，半日陰地が最も適する。やや湿気の多い所を好む。【植栽】繁殖は実生，株分けによる。【学名】属名*Ruscus*はラテン名。種形容語*aculeatus*は針のある，という意味。和名ナギイカダは葉がナギに似て，花を乗せた様子が筏を思わせることによる。

185. ニオイシュロラン（センネンボクラン）

〔センネンボク属〕

Cordyline australis (G.Forst.) Hook.f.

【原産地】ニュージーランド原産。日本には明治の初めに渡来した。**【分布】**関東以南では戸外で育つので，庭園に植栽する。**【自然環境】**日あたりよく，北風を避ける場所が適地の常緑高木。**【用途】**おもに庭園に植え観賞するが，幼樹を鉢植えにして，室内装飾にも使う。**【形態】**幹はおもに単幹，直立し，高さ 4〜10m，直径 20〜30cm，基部がふくれる。老木は頂部で分枝したり，地ぎわより腋枝を出す。葉は無柄で，剣状，長さ 0.6〜1m，幅 4〜6cm，革質で光沢のある緑色，茎頂に直立または斜上してそう生し，下葉はアーチ状に垂下する。花期は3〜5月，葉腋より複円錐花序を出し，香気のある釣鐘状の白色花をつける。液果は青白色，種子は黒い。**【特性】**比較的耐寒性があり，−7〜−8℃までは耐える。乾燥に強く，丈夫で栽培しやすい。**【植栽】**繁殖は実生が容易。春〜夏に播種し，冬期はフレームか温室内で保護する。**【管理】**病害虫は少ない。苗木の移植適期は4〜5月，北風を避ける場所に植え，幼苗時は冬期こもなどでおおい，防寒保護する。鉢植えにする場合は，用土に粒の粗い排水のよい用土を使う。壌土に砂２割，腐葉土３割ぐらい混ぜた土がよい。日光を好むので，なるべくよく日にあてるようにする。**【近似種】**アツバセンネンボクラン *C. indivisa* (G.Forst.) Kunth がある。同じニュージーランド産で，耐寒力もあり，暖地では戸外で栽培できる。**【学名】**種形容語 *australis* は南の，の意味。

186. アツバキミガヨラン（アメリカキミガヨラン）

〔イトラン属〕

Yucca gloriosa L. var. *gloriosa*

【原産地】米国南カロライナ，フロリダの海浜が原産地。日本には明治中頃に渡来した。**【分布】**庭園樹，ときに鉢植えとして各地に広く栽培されている。**【自然環境】**日あたりと排水のよい場所，とくに海浜の砂質壌土の地帯に植栽されている常緑低木。**【用途】**庭園樹や公園樹として用いられる。**【形態】**幹はふつうは短いが，ときに高さ 2m 内外になり，単立または分枝する。葉は茎頂に 100 枚以上そう生する。革質で厚みがあり，剣状で長さ 60〜70cm，幅 5cm，先端はとがりとげ状，灰緑色で上面は平滑，裏面はざらざらしている。花期は 7〜9 月，高さ 1〜2m の花茎をのばし，円錐花序に緑白色ないし帯赤白色の鐘形の大輪花を多数下垂する。花の長さ 7.5〜10cm, 弁端は鋭くとがる。**【特性】**陽樹で日照を好み，耐乾性がきわめて強い。耐寒性もかなりあり，本州中部以南では戸外で越冬する。**【植栽】**繁殖は株分けによる。移植，植付けの適期は春〜初夏，日あたりと排水のよい場所に植える。**【管理】**性質強健で，病害虫もほとんどなく放任状態でも栽培できる。手入れは，枯葉やむだ枝の整理など，随時行えばよい。咲きがらは，花穂のつけ根からとる。**【近似種】**キミガヨランがあるが，本種は葉が剛直で，やや内曲しているのに対し，キミガヨランは葉が薄く，やや外側に垂れ下がる。**【学名】**種形容語 *gloriosa* はりっぱなという意味で，花や葉の見事さをいう。

187. **キミガヨラン**（ネジイトラン）〔イトラン属〕

Yucca gloriosa L.
var. *recurvifolia* (Salisb.) Engelm.

【原産地】北米のジョージア州。日本には明治の中頃渡来した。**【分布】**アツバキミガヨランと同様に庭園樹として各地で広く栽培されている。**【自然環境】**日あたりと排水のよい場所がよく，砂質壌土が適する。耐寒性のある常緑低木。**【用途】**庭園樹，公園樹として用いられる。**【形態】**幹は短く1.5m くらい，単立ときに分枝する。葉は枝頭につき 100〜150 枚群生する。革質で剣状，長さ 60〜90cm，幅 5cm，アツバキミガヨランよりも葉幅が狭く，葉肉も薄い。灰緑色で下葉は著しく背曲し多少ねじれる。花期は春秋の年 2 回，花茎 1m 内外とあまり高くならない。円錐花序に鐘形の白色花を多数つけるが，弁裏に薄い紫色の条線が入る。**【特性】**陽樹で日照を好み，耐乾性が強い。耐寒性もあり，戸外で越冬する。**【植栽】**繁殖は株分けによる。春〜初夏に株ぎわに出る新芽を分ければよい。移植，植付けも春〜初夏がよい。日あたりと排水がよく，通風のよい場所が適地。**【管理】**性質きわめて強健で病害虫もほとんどない。手入れは，枯葉の整理と咲き終えた花穂の除去，整枝程度で，随時行えばよい。**【近似種】**アツバキミガヨランに似るが，アツバキミガヨランが葉が剛直で立つのに対し，本種は葉幅もやや狭く，葉肉薄く，葉先は下垂する。**【学名】**変種名 *recurvifolia* は，葉が反曲する，という意味。

188. **キンポウラン** 〔イトラン属〕

Yucca aloifolia L. 'Tricolor'

【原産地】北米，メキシコ，ジャマイカ原産のセンジュランの園芸品種。日本には明治中期に渡来した。**【分布】**暖地の庭園樹，鉢植えとして植栽される。**【自然環境】**日あたりのよい排水のよい場所を好む常緑高木。**【用途】**公園樹，庭園樹として用いるほか，観葉植物としても使う。**【形態】**幹は細長く直立し，高さ 4〜6m に達する。枝はなく，単立した幹の先端部に強剛な剣状葉を 50〜100 枚そう生する。葉長 30〜45cm，幅 2.5〜3cm，灰緑色で葉縁が黄色，細鋸歯がある。花期は 8〜9 月，長さ 30〜60cm の円錐花序に緑白色の花を多数つけ下垂する。花蕾は白色で，しばしば弁端は紫色を帯びる。果実は液果状で長楕円形，黒色，径 0.3cm ぐらいの種子を蔵するが結実することは少ない。**【特性】**陽樹。強健で日照り，乾燥に強く，風にも強く，土質を選ばずに栽培できるが，やや寒さに弱く，寒地には向かない。**【植栽】**繁殖は株分け，さし木によるが，一般には地ぎわから出る新芽を分ける。**【管理】**東京近辺でも戸外で越冬するが，幼苗時には霜よけがいる。成木は，枯葉を除く程度で，ほとんど手入れの必要はなく，かん水や施肥もいらない。病害虫もなく放任でよい。**【近似種】**本種はセンジュラン *Y. aloifolia* の園芸品種であるが，近似種にセンジュランの変種として，サンシキセンジュラン var. *tricolor* がある。**【学名】**種形容語 *aloifolia* はアロエのような葉の，の意味。

189. イトラン（ジュモウラン）　〔イトラン属〕
Yucca flaccida Haw.

【原産地】北米のフロリダからミシシッピー，南北カロライナに分布。日本には天保年間に渡来した。【分布】庭園樹として各地に広く栽培をみるユッカ。【自然環境】日あたりと排水のよい場所，とくに海浜地帯の砂質壌土に植栽されている常緑低木。【用途】庭園樹や公園樹として植えられ，観葉植物として鉢植えにされることも多い。【形態】幹は短くほとんどなく，短い根茎が地中を走り，芽を吹いて株立ちになる。葉は短茎から生じ，30～50 枚を四方にそう生する。革質，剣形で先端がとがり，長さ 30～45cm，幅 2.5cm で上半分が垂れ下がる。花は初夏，茎の先端部より太い花茎を直立し，円錐花序に多数の白色花をつける。花茎の長さは 0.9～3.6m，花数多く 200 花前後，白色花だが，外面はやや緑色を帯び，長さ 3.5～5cm，実を結ぶことは少ない。【特性】陽樹で，日照を好み，耐乾性がきわめて強い。耐寒性もあり，戸外で楽に越冬する。【植栽】繁殖は株分けによる。移植は冬を除いていつでもできる。【管理】秋に枯葉や咲き終わった花穂を取る程度で，ほとんど手入れの必要はないが，過湿になると白絹病が発生し，根腐れを起こすことがあるので，排水だけは気をつける。また花蕾にアブラムシがつくことがあるので注意する。

190. メキシコチモラン（ユッカ·エレファンティペス）　〔イトラン属〕
Yucca elephantipes Regel ex Trelease

【原産地】メキシコ南東部からグアテマラにかけて自生する。日本への渡来年は不明。【分布】暖地の庭園樹として，本州の房総以南の海岸地帯で植栽される。【自然環境】日あたりと排水のよい砂質壌土がよい。耐寒性が弱いので，霜や北風を避ける場所に植える常緑高木。【用途】無霜暖地の公園樹，庭園樹として用いられ，幼樹は鉢植えにして観葉植物として栽培する。【形態】茎幹の地ぎわが椀を伏せたように肥大する大形つぼ形樹の 1 つで，幹は高さ 13m にも達し，上部で分枝する。葉は幹頂および枝頭に密生する。革質剣形で灰緑色，大形で長さ 1m，幅 10cm にもなる。花は鐘形で淡黄白色，円錐花序につく。花期は夏。【特性】大形の陽樹で，日照を好み，耐乾燥性が強いが，耐寒性が弱いので，戸外に植える場合は無霜暖地に限られる。【植栽】繁殖は主として実生によるが，さし木もできる。幹を途中で切り，出てくる不定芽をつぎつぎにかき取ってさす方法がとられる。時期は春～初夏がよい。鉢植えにする場合，排水のとくによい土に植え，過湿にならぬよう水やりに注意する。【学名】種形容語 *elephantipes* は象の足の意味で，幹の地ぎわの形態が似ているところからつけられたものである。

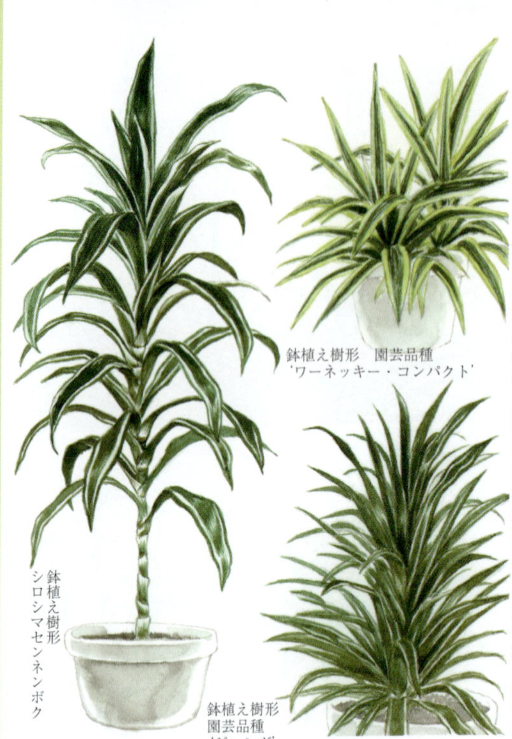

191. シロシマセンネンボク〔リュウケツジュ属〕

Dracaena deremensis Engl. Warnechii group

【原産地】熱帯アフリカ。日本には大正末年に渡来した。【分布】観葉植物として温室内で栽培される。【自然環境】高温多湿と日照を好む常緑低木。【用途】鉢植えにして室内で観賞する。【形態】幹は単幹で直立し，高さ3〜4.5m。葉は無柄，狭披針形で鋭頭，長さ50cm，幅5cmぐらい，茎に群生し，斜上するが，古葉は垂下する。葉色は暗緑色で光沢があり，白色の条線が入る。花は大きな円錐花序につき，外側は暗赤色，内側は白色で臭気がある。【特性】高温多湿と日照を好むが，光線不足の室内にもよく耐える。生育適温20〜25℃，低温にも比較的耐え栽培しやすい。越冬温度5〜10℃。【植栽】繁殖は取り木，さし木，茎伏せによる。適温が得られれば周年できるが，戸外では初夏から夏にかけてがよい。【管理】鉢植えの用土は，苗が小さいうちは水ごけ単用でもよいが，大きなものは，粘質土壌に腐葉土，砂を配合したものを使う。生育旺盛な夏の間は，水と肥料をたっぷり与え，半日陰にして育てるようにする。【近似種】ワーネッキーには，変種や園芸品種が多いが，最も似ているのがオオシロシマセンネンボク *D. deremensis* var. *bausei* で，ワーネッキーの変種の枝変わりといわれ，樹形や樹姿はワーネッキーに酷似するが，葉に出る乳白色の帯状斑が広く半分ぐらいまで占める。

192. リュウケツジュ〔リュウケツジュ属〕

Dracaena draco L.

【原産地】カナリー諸島。日本には明治末年に渡来した。【分布】暖地の庭園樹として植えられる。寒地では温室内で栽培する。【自然環境】日のよくあたる水はけのよい場所を好む常緑高木。低温に弱いので，無霜地帯で北風を避ける場所に植える。【用途】暖地の庭園樹，公園樹として用いるほか，まれに幼樹を鉢植えにして観賞する。【形態】幹は直立し高木状，上部でやや分枝する。高さ12m。葉は幹頂に密生し，葉冠をなす。剣形で硬質，長さ45〜60cm，幅3〜4cm，上部の葉は直立または斜上し，下部の葉は下垂する。葉は灰白色がかった緑色で，葉縁は半透明，日にあたると赤く見える。花は薄緑色がかった白色，葉縁は橙色。本種はキジカクシ科の巨木で，大きいものは高さ18m，周囲14.5m，樹齢7000年に達するという。【特性】温暖な気候が適する。大きな樹は耐寒性がかなりあり，0℃ぐらいまでは耐えるが，幼苗時は最低5℃を保つようにする。【植栽】繁殖は実生による。温室内で行う。【管理】鉢植えの用土は，粘質壌土に腐葉土，砂を配合したものを用いる。庭園に植える場合は，日あたりよく，北風を避ける場所で，水はけのよい土地がよい。【学名】種形容語 *doraco* は龍の，の意味で葉から出る樹脂が暗赤色で，龍の血の色に似ているという言い伝えからつけられたものらしい。

193. ウスイロフクリンセンネンボク

〔リュウケツジュ属〕

Dracaena fragrans (L.) Ker Gawl. 'Lindenii'

【原産地】熱帯東南アフリカ原産のニオイセンネンボク *D. fragrans* の園芸品種。日本には明治41年に渡来した。【分布】観葉植物として温室内で栽培される。【自然環境】高温多湿で日のよくあたる所を好む常緑小高木。【用途】大形観葉植物として鉢に植え，温室内や室内で観賞する。【形態】幹は直立して単幹，ときに分枝する。高さ6mぐらい。葉は長楕円状披針形で，長さ30～90cm，幅3～10cm，茎上に群生し，反巻する。葉色は濃緑色で基部から先端まで黄白色の広い縦縞が入り，覆輪のように見える。縞模様は薄く，老成した葉は黄緑色になる。【特性】高温多湿と日照を好み，夏の間よく生育する。【植栽】繁殖は，取り木，さし木による。さし木は温室内のさし床で行い，床土に水ごけを使う。半日陰にして十分湿度を保つのがこつ。【管理】鉢植え用土は，育苗中の小苗は水ごけ単用でもよいが，鉢栽培には，粘質壌土に川砂，腐葉土を配合した水はけのよい土を使う。肥料，水は，生育のさかんな夏の間に十分与え，冬はひかえめにする。日光によくあてたほうが，斑は鮮やかに出るが，真夏の強い日ざしは避けたほうがよい。【近似種】フクリンセンネンボク *D. fragrans* 'Victoriae' によく似るが，フクリンセンネンボクの縦縞は黄白色地に緑色が鮮やかに入る。

194. ホシセンネンボク　〔リュウケツジュ属〕

Dracaena surculosa Lindl.

【原産地】ギニア北部。日本には大正2年に渡来した。【分布】観葉植物として温室内で栽培される。【自然環境】高温多湿で日あたりのよい場所を好む常緑低木。【用途】鉢植えにして室内に飾るほか，ミニ観葉植物として寄植やテラリウムに用いる。【形態】幹は細く低木状で，輪状に多数の枝を出す。葉は節ごとに2～3枚つき，短柄のある長楕円状卵形葉で，葉長10～13cm，葉端が急にせばまり独特の葉形になる。葉色は緑色地に白色の星形斑点が多数入り美しい。花は夏期，若木で咲き，緑黄色長筒花の小花で，長さ1.8cm，総状花序に多数つき，芳香がある。液果は球形で緑黄色または赤色，径2.5cm内外。【特性】半日陰でも育つが，日にあてたほうが斑が鮮やかになる。高温多湿を好み，冬期の最低温度も5～10℃は必要。【植栽】実生，株分けもできるが，おもにさし木でふやす。20～25℃の温度を与えれば，いつさしてもよく活着する。幼苗時は半日陰がよい。【管理】排水よく保水性のある用土で鉢に植えて栽培する。秋から春まではよく日にあてたほうがよいが，夏の間は半日陰がよい。肥料は生育のさかんな初夏から秋にかけて与え，冬はひかえる。高温多湿を好むため冬期は温室などに入れる。【近似種】'フロリダ・ビューティー' 'Florida Beauty' は，本種の園芸変種で昭和35年頃渡来したもの。形態は原種に酷似するが，葉の斑点模様が多い。

195. トラフセンネンボク〔リュウケツジュ属〕
Dracaena goldieana Hort. ex Bull

【原産地】ギニア。日本には大正2年に渡来した。【分布】観葉植物として温室内で栽培される。【自然環境】高温多湿で日あたりのよい場所を好む常緑低木。【用途】鉢植えにして室内に飾り観賞する。【形態】幹は細長く単立し，高さ2mぐらい。葉は長さ10～22cm，幅7.5～12.5cm，卵形で深い溝のある葉柄があり，群生する。表面は緑色で光沢のある地に鮮緑色や銀灰色の虎斑模様が入り美しい。裏面は赤みを帯びる。花は球形で密頭状，花被は白色で長さ2.5cmぐらい。【特性】光線不足の室内でも長もちするが，斑は日にあてたほうが鮮やかになる。生育適温20～25℃，高温多湿を好み，越冬温度も5～10℃は欲しい。【植栽】繁殖はさし木による。生育適温の温室内でさすが，夏の間は屋外でもさせる。さし床は半日陰にし，十分湿度を与えるようにする。【管理】鉢植えの用土は幼苗時は水ごけ単用でもよいが，大きなものは腐植質に富む排水のよい粘質の培養土がよい。赤玉土に砂1，腐葉土またはピートモス3を混ぜたものを使う。温度とともに十分な湿度を与えることが大切で，ときどき葉水を与えるとよい。秋から春まではなるべく日にあてるようにするが，夏は半日陰にする。肥料は春から夏に与え，冬はひかえる。チッソ過多は斑がぼけるので注意する。【学名】種形容語 *goldieana* は人名で，ゴルディーの，という意味。

196. サゴヤシ（マサゴヤシ，ホンサゴ）〔サゴヤシ属〕
Metroxylon sagu Rottb.

【原産地】マレーシア。【分布】マレー半島からインドネシア，ニューギニアへわたる地域。【自然環境】海岸近くの低湿地に大群落をつくる常緑高木。人間の移植により運ばれ，栽培と野生の中間の半栽培の状態で適地に自然状態で繁殖している。【用途】幹よりとれるデンプンを煮たりパン状にして食用にする。粗製サゴデンプンより粒状に精製加工したサゴパールを輸出する。葉は屋根材，葉柄の繊維をロープにする。【形態】高さ9～15m，直径30～60cmになり，若木が地下茎より多数出る。若木では茎がごく短くニッパヤシに似るが，生長するにつれてのび，幹に環状の浅い葉痕紋が残り根もとが湾曲する。葉は羽状複葉で長さ約6m，緑色で光沢があり，小葉は長さ約1m，幅8cmで相対したものは互いにV形に斜上する。10～15年ぐらいで茎の先端に，長さ約1m以上にもなる20本以上分枝した花序を出す。雌雄同株で雄花と両性花の淡紅褐色の花をつけ，開花結実後その幹の髄は乾いて枯死する。開花直前の太い幹に100～500kgの多量のデンプンが含まれ，切り倒して幹を砕き，繊維についているデンプンを水で流し水に沈澱したデンプンをとる。果実は長さ，直径ともに4～5cmで暗黄色の光沢ある鱗片におおわれ，種子は直径約2.5cmで黒色である。【植栽】地下茎より出た子苗を分けて繁殖。高温多湿の熱帯気候を好み，日当りのよい低地の淡水湿地によく生育。

197. トゲサゴヤシ（トゲサゴ）　〔サゴヤシ属〕
Metroxylon sagu Rottb.

【原産地】ニューギニア，モルッカ諸島。**【分布】**原産地に準ずる。**【自然環境】**熱帯の低地に生育する常緑小高木。**【用途】**サゴヤシと同様，幹よりとれるデンプンを食用とする。ニューギニアの現地ではこれに熱湯を加えながら煮て主食とする。**【形態】**高さ 8～10m，直径約 60cm で地下茎より若木を多く出し，分けつ繁殖力は旺盛である。幹肌は葉痕の環状紋が薄く残るだけで平滑であり，根もとは湾曲する。葉は羽状複葉で長さ 6～8m で斜上し，葉柄，葉鞘や中肋に長いとげが多くあるのでサゴヤシと区別される。葉柄と葉鞘には長さ 3～8cm の長い鋭い針状のとげを虎斑模様の横縞状に並んでつける。小葉は，本属の特徴としての相対するものが約 45 度のＶ形に斜上してつく。花は茎の先端に長さ 1.5cm 以上の肉穂花序をつけ，雌雄同株で雄花と両性花があり淡紅褐色である。開花直前の幹にはサゴヤシと同様，多量のデンプンが含まれ，同様にデンプンを採集する。サゴヤシよりは収量が少ないが，生長が早いので経済的には有利で栽培が多い。果実は暗黄色の光沢ある鱗片におおわれ，長さ，直径ともに 4～5cm，中果皮は褐色の海綿状で直径 2.5cm の種子がある。開花結実後の幹は枯死する。**【植栽】**繁殖は地下茎より生ずる若木の株分けによる。高温多湿の熱帯気候を好み, 日光のよくあたる淡水湿地によく生育する。**【学名】**属名 *Metroxylon* は髄を有する材，の意味。

羽状複葉
果実
果枝
自然樹形
若木

198. ニッパヤシ　〔ニッパヤシ属〕
Nypa fruticans Wurmb.

【分布】西表島，インド，マレーシア，ポリネシア，オーストラリアなどに分布。**【自然環境】**マングローブ林のすぐ後方の湿地に群生する常緑小高木。**【用途】**花序を切った液からから砂糖，アルコール，果実からヤシ油，葉は屋根ふき用，編物，葉柄は壁や弓矢用に用いる。約 40a のニッパヤシ林から約 12,000kℓ の液がとれる。**【形態】**幹はなく，根茎は地中をはって分枝する。葉はそう生，羽状複葉で高さ 5～10m になる。羽片は線状披針形で，長さ 1m，幅 2～7cm，裏面の葉脈上に褐色の圧毛がある。サゴヤシの若い木によく似ているが, この褐色の毛で区別がつく。花は雌雄同株。雌花は頭状に集まって多くの苞と小苞で包まれている。果実は多数の石果が集まった頭状の集合果で，直径約 30cm に達する。石果はやや扁平な円形で，長さ 10～15cm，濃褐色。中果皮は繊維質で内果皮との間に空気を含み，海水に浮いて分布し日本の南部の海岸にもよく漂着する。**【特性】**陽樹。湿気のある肥沃な土壌を好む。耐塩性が強い。**【植栽】**繁殖は実生による。**【管理】**手入れは枯れた下葉を切り取る。施肥は油かすや鶏ふん，化成肥料を施す。病害虫は少ないが，カイガラムシの被害がある。**【学名】**種形容語 *fruticans* は低木状の，の意味。

199. シュロ（ワジュロ，ノジュロ）〔シュロ属〕
Trachycarpus fortunei (Hook.) H.Wendl.

【分布】東北南部以南の本州，四国，九州，沖縄。【自然環境】暖地の適潤地に野生化している常緑高木。【用途】庭園，公園の植込み。皮は，シュロ縄，網，敷物，ハケなどの原料とする。【形態】幹は円柱形で通直，主として暗褐色，枝はない。高さ3〜8m，葉は頂生し，長柄があり，扇状円形で径50〜80cm，先端はさらに浅く2裂する。葉の先端が先のほうで折れて垂れる。雌雄異株。花は5〜6月，大形の花序は葉の間に抽出し下を向き，長さ20〜25cm，分岐する。粒状の細かい淡黄色の小花を密集して開く。花被片は6，雄花には6雄しべ，雌花には1雌しべがある。果実は平たい球形，青黒色に成熟する。【特性】土性を選ばず，乾湿，陰陽にも適応性がある。萌芽力少なく，生長は遅い。樹勢は強健で，耐潮性，耐煙性がある。【植栽】繁殖は実生による。秋に採種し，室内で乾燥，4月に播種する。5月に実生苗を集めて育成してもよい。【管理】枯葉や下垂枝を切り取る。花房も切り取る。シュロ毛はシュロ縄で幹を巻きつける。施肥の必要はない。病害虫の防除の必要もない。【近似種】トウジュロは中国産で，葉の先端が折れて垂れずにぴんとしている。【学名】種形容語 *fortunei* は東アジアの植物採集家R.フォーチュンを記念したもの。

200. トウジュロ〔シュロ属〕
Trachycarpus wagnerianus Hort. ex Becc.

【原産地】中国南部。【分布】東北中部以南の本州，四国，九州，沖縄。【自然環境】宮城県以南の主として暖地の前庭などに植えられている常緑小高本。【用途】庭園樹，公園樹，皮はシュロ縄などに用いる。【形態】幹は円柱形で直立し，高さ5m程度。枝は出ず，葉は長柄，円形で径50〜80cm，扇状深裂する。雌雄異株。葉腋から数枚の苞に包まれた円錐花序を出す。雌株の花序には雌花と両性花が雑居する。淡黄色の粒状の小花を密集する。がく片3枚，花弁3枚，雄しべ6本。葯は短く底着，心皮3，花柱は3裂する。果実は平たい球形で青黒色に熟し，表面は白い粉でおおわれている。【特性】中庸樹〜陽樹。若木は日陰地でも育つ。粘質土から砂質土まで，土壌を選ばず，性質はきわめて強健。生長は遅い。浅根性である。耐火，耐潮，耐煙性がある。萌芽力は少ない。【植栽】繁殖は実生による。秋に採種，室内乾燥し，4月に播種する。【管理】手入れは枯葉や下垂葉を切り取る。シュロ縄で毛を巻きつける。そのままの姿でもよい。施肥の必要はない。病害虫はほとんどない。【近似種】シュロは日本産。葉先が折れて垂れる。

201. シュロチク（イヌシュロチク）〔シュロチク属〕
Rhapis humilis Blume

【原産地】中国南部。**【分布】**本州，四国，九州の暖地に植栽分布。屋久島では野生化している。**【自然環境】**温暖なやや湿り気のある半日陰地などに植栽されている常緑低木。**【用途】**庭園樹，鉢植えなど観葉植物として用いる。**【形態】**幹は長い間繊網があり，高さ1～5m，直径1～2.5cmで直立しそう生する。葉は光沢のある濃緑色で，幹の上部に7～8個互生に開出する。葉身は半円形で掌状に7～18深裂する。裂片は長さ15～30cm，幅1.2～3cmで先端はやや鋭尖し，脈すじごとに浅裂または歯状となる。基部には長さ15～20cmの細長く強剛な葉柄がある。雌雄異株で花は7～8月頃，葉腋から堅いさや状の苞に包まれ，分枝した花序を出す。主梗の長さ25cm，直径0.7cmぐらいで3～4本の枝梗に分枝する。小枝梗の長さ7cmぐらいである。雄花は長さ0.6～0.7cmの倒卵錘状コップ形で，6個の雄しべと退化した雌しべがある。雌花は長さ0.4cmぐらいで3個の子房と短い6個の雄しべがある。果実は黄褐色で直径1cm，種子は直径0.6cmぐらいである。**【特性】**亜熱帯性植物であるが暖地では露地栽培ができる。鉢植では排水と保水性のよい用土を用いる。夏の強い日ざしを嫌い，空中湿度の高い所を好む。生長は遅い。**【植栽】**繁殖はおもに株分けによる。**【管理】**枯れた古葉を除く程度でよい。鉢替えを3～4年に1度行う。肥料は油かす，米ぬか，骨粉の腐熟したものを置肥とする。**【近似種】**変種としてシマシュロチク var. *variegata* がある。

202. カンノンチク（リュウキュウシュロチク）〔シュロチク属〕
Rhapis excelsa (Thunb.) A.Henry ex Rehder

【原産地】中国南部の原産で，日本へは元禄の初め頃渡来した。**【分布】**露地植えでは九州南部や沖縄などの暖地に植栽される。**【自然環境】**観葉植物として温室や室内で栽培されている常緑低木。**【用途】**鉢物などに用いる。**【形態】**幹はそう生，直立し高さ1～2m，幹の直径は約2cm。分枝はなく幹は緑色。葉は頂上で四方に出て，葉柄は細長く20～30cm。葉身は扇形で4～8片に掌状に深裂し，長さ15～20cmぐらい。裂片は狭長楕円形で幅約3cm，先端は割れて，葉の縁には鋭鋸歯がある。雌雄異株で，初夏にしばしば淡黄色の花が開く。穂状花序は長さ20～30cm，まばらな円錐形に集まる。雄花は長さ0.5～0.6cm，鐘状で3裂し，6本の雄しべと退化した雌しべがある。雌花は長さ約0.4cm，3本の雌しべがあり，花柱の先は肥大する。果実は広楕円状球形で，外側はそり返った堅い鱗片で包まれている。**【特性】**中庸樹。夏の直射日光と通風不良を嫌う。適潤で排水のよい肥沃な土壌を好む。**【植栽】**繁殖は通常植替えどき（5月上旬）に本葉が5～6枚ある子株を分ける。せん定はほとんど必要ない。施肥は4～10月にかけて月1回，固形肥料を置肥する。病気は斑点病，白毛病，害虫はカイガラムシ，ダニなどがある。**【学名】**種形容語 *excelsa* は高い，の意味。

203. ビロウ（ワビロウ）〔ビロウ属〕

Livistona chinensis (Jacq.) R.Br. ex Mart. var. *subglobosa* (Hassk.) Becc.

【分布】四国南部，九州沖ノ島以南，沖縄の亜熱帯に自然分布。植栽分布は成木で本州の関東南部以南の暖地。**【自然環境】**暖地の島，海岸の樹林中に自生，または植栽される常緑高木。**【用途】**庭園樹，街路樹，公園樹などに用いる。**【形態】**幹は直立で枝分かれせず，樹高 10～15m，直径 0.3～0.6m に達する。樹皮は灰白色で近接する環紋がある。葉は幹から多数頂生し，直径 1～1.5m ぐらいの円形または扇状円形で，掌状に多数中～深裂する。裂片は線形で内曲し，中ほどまで２裂し先端は下垂する。葉柄の長さは 1～1.8m，両側の基部近くには逆刺がある。花は春に葉腋から舟形の大きな苞葉とともに花序を出す。花序は多数分枝し，長い柄があり，長さ 1m ぐらいになる。花は両性花で白色または緑色，長さ 0.4cm，臭気があり，密に集まり長花序となる。がく片は広卵形，花弁は卵形，雄しべは６個，雌しべは１個。果実は長さ 1.5～3.5cm の球形または楕円形で，黒色または碧黒色に成熟する。種子は堅くチャノキの種子に似る。**【特性】**暖地を好むが耐陰性があり，日陰地でも生育し，向陽地にも耐える。耐寒性，耐アルカリ性，耐高塩基性もある。若木の耐寒性は乏しい。砂質～埴質壌土を好む。**【植栽】**繁殖は実生。4～5 月に播種，発芽率は 30％ぐらい。発芽後 5～6 年の生長は遅い。**【管理】**ほとんど手入れの必要はない。**【近似種】**オガサワラビロウ *L. boninensis* (Becc.) Nakai。

204. チャボトウジュロ（ヨーロッパウチワヤシ）〔チャボトウジュロ属〕

Chamaerops humilis L.

【原産地】地中海沿岸原産。**【分布】**日本各地の西南暖地で戸外に植え観賞用に栽培する。**【自然環境】**無霜暖地の日あたりと排水のよい場所が適地の常緑低木。**【用途】**暖地で庭園樹として利用する。また幼樹を鉢植えにして観賞する。原産地では茎および葉柄基部の繊維からテントや敷物，網を作る。また葉からかごを作る。**【形態】**幹は通常 1～2m。低部から枝および吸枝を出し，株立ちになる。葉は掌状で，細長い葉柄があり，葉柄の両縁にとげがある。また葉柄基部に褐色の繊維が付着する。葉の切れ込みは深く，1/3 から 2/3 ぐらいまで分裂する。葉の直径は 60～90cm，青緑色で堅い。雌雄異株。肉穂花序は短く，花は黄色。果実は球状または卵状で長さ 1.3～3cm，黄色または褐色に熟す。**【特性】**耐寒性が強く，－7℃ぐらいまで耐える。発育生長はきわめて遅い。**【植栽】**繁殖は，株分け，実生による。**【管理】**生長は遅いが，きわめて強健な種類で，暖地で適地に植えれば，放任状態でよく育つ。定植して 2～3 年は，冬期に防寒のこも巻きをするとよい。鉢植えの場合は，冬期は室内に保護するが，夏はなるべく戸外に出し，日によくあてるようにする。**【近似種】**中国産のトウジュロに似る。トウジュロは単幹の常緑高木で，掌状葉の切れ込みが葉柄の先端までと深い。**【学名】**種形容語 *humilis* は低い，という意味。

掌状深裂葉
樹皮
葉
花序

205. オニジュロ（ワシントンヤシモドキ）

〔ワシントンヤシ属〕

Washingtonia robusta H.Wendl.

【原産地】米国カリフォルニア州南部，メキシコ北部原産。【分布】街路樹，公園樹として，寒地を除く広い地域に植栽される。とくに西南暖地に多い。【自然環境】温帯から亜熱帯にかけての乾燥地に自生するヤシで，耐寒性強く日照を好む常緑高木。【用途】日本ではおもに街路樹として植えられる。【形態】幹は単一で直立し，根もとがやや肥大する。肌は褐色，高さ 20～25m，葉は鮮緑色の深裂掌状葉で径 1m ぐらい。長さ 1～2m の葉柄があり，幹の先端に集まってつく。葉柄は赤褐色，基部は淡色，両縁に赤みを帯びたとげをもつ。小葉は葉身の中央近くまで裂け，多くの糸状の繊維がつく。樹が古くなると糸は消失する。雌雄同株。肉穂花序は長く下垂する。果実は長さ約 1cm，黒褐色で楕円形。【特性】性質強健，耐寒性もかなりあり，－5℃以上で越冬する。日あたりのよい乾燥地を好み，高温多湿を嫌う。【植栽】繁殖は実生による。発芽は容易。【管理】適地に植えれば栽培は容易。植えてからよく根を張るまでの 2～3 年は，冬期コモなどでおおったほうがよい。古い葉が枯れても長く固着しているため，葉柄のつけ根から切り取るようにする。病害虫はほとんど問題はない。【近似種】ワシントンヤシ *W. filifera* がある。形態は非常によく似ているが，葉柄が長く，小葉の切れ込みが半分以上と深い。【学名】種形容語 *robusta* はたくましい，という意味。

206. オウギヤシ（パルミラヤシ，ウチワヤシ）

〔オウギヤシ属〕

Borassus flabellifer L.

【原産地】東アフリカ。【分布】インド，スリランカ，マレーシア，ビルマなどの南アジア。【自然環境】やや乾燥した地域で栽培，また一部に野生化している常緑高木。【用途】幹は堅く耐久性が強いため建築，家具などの用材，またとくに耐塩性があるため舟（カヌー）に利用される。葉は屋根材，うちわ，敷物，かご，帽子などの編物用として，またインドでは古くから短冊状に切りインド教典用の紙として使用してきた。葉柄基部の繊維はパルミラ繊維と称してタワシ，ブラシ，縄を作る。若い花軸を切って出る液より砂糖，酒，酢を作る。若い果の胚乳のゼリーを生食し，果汁は飲用とする。また熟果の胚乳は乾燥させて粉末にしたりして食用とする。若苗や若い芽は野菜として煮物や汁の実とする。【形態】高さ約 30m，直径約 1m にも達する直立性の高木で，雌雄異株である。葉は掌状に 60～80 裂する扇形で，直径 1～3m，堅い革質で光沢がある。葉柄は長さ約 1m，半円筒状で縁にややとげ状の歯牙があり，基部がふくらみ放置すると幹に残る。果実は扁球形の核果で直径 10～20cm，内部は繊維に包まれた種子が 1～3 個あり，熟すと黒褐色になる。【植栽】繁殖は実生により，発芽は容易であるが，生長は他のヤシ類に比べて遅い。乾期のある土地を好む。【学名】属名 *Borassus* はヤシの実の皮，種形容語 *flabellifer* は扇形を有する，の意味。

207. クジャクヤシ　〔クジャクヤシ属〕

Caryota urens L.

【原産地】インド，ビルマ，マレーシア，タイ，インドシナ。【分布】原産地に準ずる。【用途】若い花梗よりとれる汁を飲料としたり，煮つめて砂糖を作ったり，発酵させてトッディー酒を作る。髄からサゴデンプンがとれる。種子はマホメット教の数珠になり，胚乳は食用となるが，果汁は皮膚を刺すように痛い。幹のまわりの繊維でロープや魚網を作る。新芽は野菜とする。【形態】幹は単立し，原生地では 20m の高さになる。葉は長さ 5～6m，幅 3.5m で，小葉は厚くて堅く魚の尾ひれに似る。肉穂花序には毛がなく，長さ約 3m で下垂し，上部より出穂・開花し，下部へ移り枯死に至る。雌雄同株の単生花で，雄花を生じた翌年に雌花を生じるので花粉を貯蔵して授粉させる必要がある。果実は直径約 2cm で，熟すと赤紫色になる。種子は黒褐色で果実中に1個含まれる。【植栽】繁殖は実生により，温室内の日あたりのよい場所に植え，越冬最低温度は 8℃ 以上である。【近似種】コモチクジャクヤシ（カブダチクジャクヤシ）*C. mitis* は熱帯アジア原産。高さ約 10m で株立ちとなり，葉は灰緑色で軟らかく長さ 1.5～3m，小葉は 15cm ぐらいでくさび形，果実は径 1.5cm，暗赤紫色に熟し，種子は球形。肉穂花序はクジャクヤシよりはるかに小さく，灰褐色の綿毛がある。用途はほぼクジャクヤシに準ずる。また，同属の別種がクジャクヤシの和名で栽培されることがある。【学名】種形容語 *urens* は肉穂。

208. ナツメヤシ　〔ナツメヤシ属〕

Phoenix dactylifera L.

【原産地】イランと推定されている。【分布】中近東，アフリカ。【自然環境】乾燥地帯に栽培が多く，熱帯，亜熱帯の各地に見られる常緑高木。【用途】熟果を生食するほか乾燥果として貯蔵して食し，プレザーブ，ゼリー，ジャムなどに加工し発酵させて酒を作る。種子はラクダの飼料，葉は屋根材，燃料，編物などとし，材は建築材とされる。【形態】高さ 20～30m の高木で幹径 50～80cm，直立，単幹で葉痕が残り凹凸が激しい。根もとより吸芽を出し放置すると群生する。葉は羽状複葉で長さ 3～6m，頂部に群生する。葉柄は長く約 1m で強いとげが並び，基部は繊維で幹を包む。花は雌雄異株の風媒花で，花序は長さ約 2m で多数分枝し，黄色または橙色で葉腋に生じる。果実は房状になって多量につき，長さ 3～7cm，直径 2～3cm の円筒形の核果で，緑色で堅く，熟すと黄色または赤色になり，果肉は軟らかく多汁で 70％内外の糖分が含まれ甘い。中に褐色の種子が1個あり，片側に縦溝が走っている。【植栽】開花時期に雨のないことが結実の条件であるから，栽培は乾燥地帯の水分のあるオアシスなどに多い。繁殖は実生で容易に得られるが，雌株がほしいので株分けによる。農園では雌 50 株に対し雄1株の割合で植え人工受粉を行う。高さ 15m 以上になると受粉や収穫作業が困難になるので植替える。耐寒性は強く，零下にも耐え暖地では戸外で越冬する。【学名】種形容語 *dactylifera* は指状物のある，の意味。

209. カナリーヤシ 〔ナツメヤシ属〕
Phoenix canariensis Hort. ex Chabaud

【原産地】カナリー諸島原産。**【分布】**観葉植物として温室内で栽培されるほか，西南暖地で庭園や街路に植えられる。**【自然環境】**ヤシのうちでは耐寒性のあるほうで，亜熱帯気候を好み，日あたりと排水のよい場所が適地の常緑高木。**【用途】**無霜暖地の庭園樹，街路樹として用いられる。また幼樹を鉢植にして，室内に飾り観賞する。**【形態】**幹は単一で太く，まっすぐに伸長する。高さ 15～20m，太さ 0.8～1m。幹に葉柄基の脱落したあとが横波状の模様に残り美しい。葉は頂部に密生し長さ 4～5m，四方に伸長して，優美な葉冠をつくる。光沢のある緑色の羽状葉で，小葉はV字形に内側に向き，長さ 30～50cm，先端はとがる。葉柄基部に鋭いとげがある。肉穂花序は長さ約 2m，多数枝分かれし花は黄色，果実は橙色で房状に結実し，下垂する。**【特性】**耐寒性強く，－5℃ぐらいまで耐える。**【植栽】**繁殖は実生による。**【管理】**暖地で露路植えする場合は，晩春から初夏に植える。北風を避ける日あたりのよい場所が適地。植えて 2～3 年は，冬の防寒が必要。鉢植え，鉢替えは春～夏が適期。用土は粘質壌土に砂 1 割，腐葉土 3 割を混ぜた排水のよい土を使う。肥料も生育のさかんな春～夏に与える。**【近似種】**ナツメヤシや，シンノウヤシ *P. roebelenii* O'Brien がある。いずれも樹冠は似るが，本種が最も頑健に見える。**【学名】**種形容語 *canariensis* は，カナリー群島産の，の意味。

210. アブラヤシ 〔アブラヤシ属〕
Elaeis guineensis Jacq.

【原産地】熱帯西アフリカ。**【分布】**西アフリカ，インド，マレーシア，インドネシア，南米，中米などの熱帯圏で広く栽培されている。**【自然環境】**熱帯性気候で年間降雨分布が平均している所を好む常緑高木。**【用途】**果実の中果皮に含まれているパーム油および核よりパーム核油をとる。食用油，各種油脂工業の原料となる。また雄花梗を切って出た液で酒を作る。葉から繊維をとる。**【形態】**高さ 20m ぐらいに達する。葉は長さ 5m ぐらいに達し，130～150 対の小葉からなる。小葉は線状披針形，先端はとがり，樹冠に群生してつく。雌雄同株。花は単生で花序を異にしてつく。風媒花。果実は集合して房状になり，1 花序に 1000～1500 の果実がつく。各果実は卵形または倒卵形，長さ 3～5cm，幅 2～4cm，8～16g。外果皮は赤黄色の繊維質よりなり，中果皮に 55～60％の油（パーム油）を含み，内果皮は黒色，堅く内部の仁に 50～55％の油（パーム核油）を含む。**【特性】**年平均気温 24～30℃，年間降雨量 3,000mm ぐらいを必要とする。**【植栽】**繁殖は実生による。播種は苗床かポットにまき，本葉 7～8 枚になったとき定植する。植付けは 9m 角とする。**【管理】**風媒花であるが，人工受粉を行うと収量が増加する。**【学名】**属名 *Elaeis* はギリシャ語の elaion（オリーブ）の変形，種形容語 *guineensis* はギネア産の意味。

211. クモイヤシ（コフネヤシ）〔ババッスーヤシ属〕

Oribignya cohune (Mart.) Dahlgren et Standl.

【原産地】英領ホンジュラス。【分布】中米から南米。【用途】果実中に40％含まれる脂肪はコーフン油と呼ばれ，黄色でココヤシ油に似た品質をもつ。おもにマーガリン製造または石けん原料に用いられる。【形態】幹は単幹で直立し，樹高は15〜20m，幹の直径は30〜35cmである。葉柄は葉身の落葉後も長い間残り，その後脱落する。脱落した跡は波状環紋をなし平滑である。葉には光沢があり濃緑色，斜めにのび先端近くで湾曲する。葉柄の上部の幅は11cm，基部の幅は40cmくらいあり，長さは1.6mくらいである。中軸は背面が褐色で上面は光沢のある緑色である。花序は穂状をなし長さ1.4mくらいで，雌花1個に雄花2個が1組となり，各小梗に1個ずつ着生する。雄花は長さ1cm，雄しべの長さは0.5cmくらいで，葯はらせん状をなす。がくは小さく，雌花は長さ2〜3cm，径2cmくらいで，花弁は円錐形をなし先はとがり幅が広い。雌花の柱頭は3裂し，舌状をなし外に曲がる。果梗は成熟するに従い湾曲して垂れ，多数の果実が密接して固まってつく。果実は緑褐色，黒褐色で網目模様があり，内部に長楕円形の胚乳が充満している。胚乳は白色で，多量の油脂を含み食用に供される。胚は胚乳の下部に位置している。【植栽】温室栽培の場合は湿度が高く，室温15℃以上が好ましい。種子の発芽は遅い。鉢植えに用いる用土は砂質壌土で排水のよいものが適する。

212. ココヤシ〔ココヤシ属〕

Cocos nucifera L.

【原産地】熱帯アジア，ポリネシアと推定されている。【分布】世界の熱帯各地に栽培される。【自然環境】高温多湿の熱帯気候で水分の豊かな土地を好み，寒暖の差のない海岸地帯に多く栽培される常緑高木。【用途】中果皮の繊維によりロープやマット，タワシを作り，内果皮は活性炭にされる。未熟果の果汁を飲用とし胚乳を生食するほか，半熟果の白濁粘状のものをココナットミルクと称し料理に用い，熟果の胚乳を乾燥させてコプラとし石けんやマーガリンなどを製造する。材は建築用や細工物に，葉は屋根材にしたり敷物や，食物を入れるかごを編む。花序の軸を切ってとれる液より砂糖，酒，酢を作る。【形態】高さ20〜30m，幹径30〜70cmになる高木で単幹，直立し，葉は羽状複葉で長さ5〜9cm，幹頂部に密生する。長さ1〜1.5mの大きな花序を葉腋より出し，多数分枝しその基部に1〜2の雌花をつけ，その先に雄花をつける。果実は長さ20〜30cm，直径約20cmの3稜角形で開花後約1年で熟す。果皮は緑色，黄色，褐色などがあり，中果皮は厚い繊維質で，内果皮は堅く3つの珠孔があり，その中に未熟なうちは汁液が多く内側にゼリー状の肉があるが，しだいに堅くなり厚さ約1cmの乳白色の胚乳となる。【植栽】繁殖は実生による。

213. ビンロウ（ビンロウジュ，ビンロウジ）

〔ビンロウジュ属〕

Areca catechu L.

【原産地】インド，マレーシア原産で，日本には長崎に享保5年（1720）に入った。【分布】沖縄，奄美大島，小笠原などに植栽される。【自然環境】熱帯各地で植栽される常緑高木。【用途】庭園樹，公園樹。種子は駆虫剤，熱帯アジアでは未熟の果実を嗜好料とする。【形態】幹は単一でまっすぐにのび，枝はなく，高さは通常10mぐらいで基部は少し膨大する。幹は古くなると緑色から灰色になり，白い輪状の葉痕がある。葉は羽状複葉で頂上に集まってつき，長さ1～2m。濃緑色で，葉部の葉鞘は幹を包む。小葉は長さ30～60cm，成葉はしばしば下方に曲がる。花序は最下の葉鞘の腋から出る。箒状に分枝して50～70cmくらいに達する。上方に多数小形の雄花，下方に少数大形の雌花をつけ，ともにがく片，花弁各3個ある。果実は6月頃に熟し，長さ7cmぐらいのゆがんだ卵形で初め緑色のちに橙黄色となる。【特性】陽樹。他のヤシ類より土地に対する要求度が少なくて育てやすい。【植栽】繁殖は実生による。採りまきで行い，2週間前後で発芽し，7～8年で結実する。【管理】手入れは枯葉を切り取る。施肥は油かす，鶏ふん，化成肥料などを施す。病害虫は少ないが，カイガラムシの被害がある。【学名】種形容語 *catechu* はビンロウのインド名である。

214. クロツグ（ツグ，ヤマシュロ，コミノクロツグ）

〔クロツグ属〕

Arenga ryukyuensis A.J.Hend.

【分布】沖縄，台湾に自然分布。本州，四国，小笠原の暖地に植栽分布。【自然環境】暖地の林内に自生，または植栽される常緑低木。【用途】庭園樹，鉢植えなど観賞に用いる。【形態】幹はなく基部に黒色の繊維がある。ふつうは2mぐらいの高さになるが，老木では幹がやや立ち5mに達することもある。葉は根生し長さ2～3mの羽状複葉である。小葉は多数の対があり，長さ25～60cm，幅1.5～3cmの広線形となり，先端は食いちぎったような不規則な歯牙がある。葉質は革質，緑色で，葉鞘の部分には黒色の繊維が密生する。雌雄同株の単生花で雌雄の花房を異にする。花序は初夏に出現して，黄色で多く分枝する。雄花のがくは小さく，花弁は長さ1.5～2cmの長楕円形，雄しべは多数で葯は0.4cmぐらいの線形となる。雌花のがくは扁三角形で円頭，花弁は長さ0.7～0.9cmの三角形となる。果実は核果，直径1.5～2cmの球形または倒卵形で，緑色から紅色になり成熟する。種子は1果に3個あり，長さ1～1.2cm，直径0.9cmぐらいで，1面は半円形を呈し，灰褐色の斑点がある。【特性】十分な日照を要求するが，半日陰地でも生育する。排水の良好な，有機質や肥料分の多く含まれた，やや重い土を好む。耐寒性が比較的あり，5℃ぐらいで越冬する。【繁殖】繁殖は実生または株分けによる。【管理】枯れた古葉を除く程度でよい。肥料は油かす，鶏ふんなどを主体に施す。害虫にはカイガラムシ，赤ダニなどがある。

215. サトウヤシ　〔クロツグ属〕
Arenga pinnata (Wurmb) Merr.

【原産地】東インド。【分布】インドからマレーシアで栽培される。【自然環境】熱帯気候のもとに生育する常緑高木。【用途】花序を切って出る液を煮つめて砂糖を，発酵させて酒や酢を作る。生長点，若葉，胚乳，髄のデンプンを食用とする。幹の黒い繊維よりロープや箒を作る。【形態】高さ 9～12m の直立する高木で幹は太く，非常に粗い黒色の繊維がその表面をとりまく。葉は長さ 6～7m の羽状複葉で小葉は線状披針形で，先端は引きちぎったような鋸歯状になっている。表面は濃緑色で葉裏は銀灰白色である。雌雄同株で，花序は長さ 1～2m，上部より順に下部へ出穂，開花し枯死する。果実は扁球状の核果で，熟すと黄褐色になり，中に種子 2～3 個を含み，果肉は刺激性で，触れた舌や皮膚が刺すように痛い。【植栽】繁殖は実生による。温室内の日あたりのよい所に植え，越冬最低温度は 8℃以上である。【近似種】クロツグは沖縄の固有種，*A. engleri* は台湾の固有種，*A. tremula* はフィリピンの固有種。ともに株立ちで，のびきった幹の上部より順に下部へ花穂を出して開花し，最後にその幹は枯死する。花期は初夏で，よい香りがする。【学名】種形容語 *pinnata* は羽状の，の意味。

216. ホウライチク（ドヨウダケ）〔ホウライチク属〕
Bambusa multiplex (Lour.) Raeusch. ex Schult. et Schult.f.

【原産地】中国南部。【分布】沖縄から本州中南部と世界の温・熱帯で栽培されるタケ。【用途】公園樹，庭園樹に利用する。さし木が簡単で，河岸，山麓などの土止めとする。またかつては火縄にした。稈は水揚げがよく，生花材として最適。【形態】稈は高さ 8m，直径 3.5cm，初め緑色であるが 2 年後には黄変する。筍は夏から秋に生じ，稈鞘は無毛，節間の半分ほどで，1 年後に脱落するが，晩秋ものは翌春にいたって出る。肩毛は大きい葉耳から射出する。葉は中形，無毛，裏面は白色を帯びる。平行脈が発達し，格子目は貧弱である。【特性】排水のよい土地を好む。夏から秋に出筍するため，寒い北風を嫌う。地下茎がすぐ上向して筍となるため株立ちとなり，生垣に適する。【植栽】繁殖はさし木により，昨年出筍した枝のある稈を，節の上下を 3～5cm に切って，半日陰にさす。4 月下旬から 5 月中旬が最適で，せん定は 8 月上旬に長くのびた太いものを基部から 10cm 内外で切る。このとき 1 本ずつ切り，葉を途中から切らないように注意する。【管理】稈は黄変が進むと観賞価値がなくなるので，株もとから切り取る。【近似種】コマチダケの稈には穴がない。【学名】種形容語 *multiplex* は葉を多くつける，の意味。

217. モウソウチク（ワセダケ，トウモウソウ）

〔マダケ属〕

Phyllostachys edulis (Carrière) Houz.

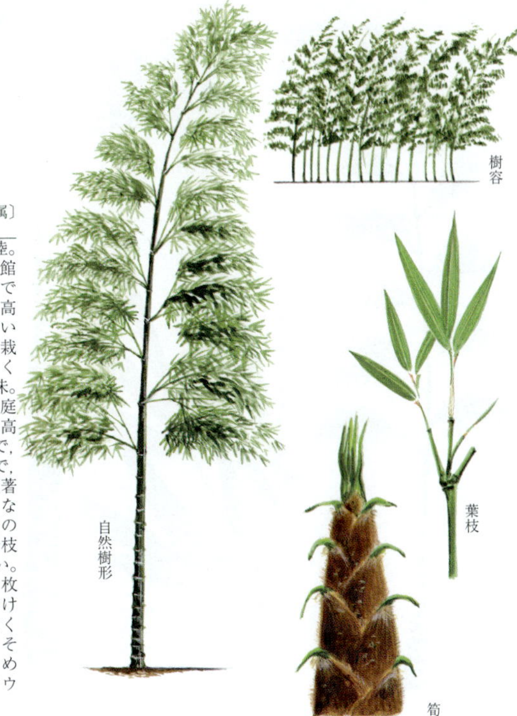

【原産地】中国。【分布】日本中南部から中国大陸。日本の栽培の北限は北海道函館市松前町や函館市公園で，最低温度は－18℃である。沖縄地方では暑すぎて生育不良。台湾では800～1200mの高地で栽培する。【自然環境】冬の強風にあたらない所に栽培するタケ。【用途】おもに食用筍として栽培し，出筍前に施肥，覆土する。白色で大きく軟らかい筍を白子といい，アクが少なくて美味。放任状態の黒色の堅い筍は黒子という。また庭園樹としたり竹垣，竹箒に用いる。【形態】稈は高さ25m, 周り77cm。筍の1日の生長量は1.2mで，筍は粗毛で包まれる。節は60～70節がふつうで，大きいものほど節数が多い。節は生長帯が不顕著で，稈鞘の付着点しか発達しない。このような節を1環節といい，日本では本種だけで，他の種は2環節という。枝は1.5m，小枝が多く分枝し，節が高いので，竹箒，竹垣として最も美しい。枝は1節から2本出し，この2本の枝に3000枚の小葉をつける。1本の稈には8～10万枚をつける。【植栽】筍用，用材のほか，庭園樹として広く栽培する。竹は稈が緑色のときだけ美しい。そのためには直射日光をあてないよう高い垣をめぐらすのが望ましい。【近似種】オウゴンモウソウは黄金色のもの。

218. キンメイモウソウ

〔マダケ属〕

Phyllostachys edulis (Carrière) Houz. 'Tao Kiang'

【分布】本州の福岡，宮崎，佐賀，熊本，鹿児島，大分，島根，静岡の各県に分布。【自然環境】ゆるやかな傾斜面に産し，半日陰地に植栽されるタケ。【用途】モウソウチクの稈に黄条の出る1品で，稈の美しいものを観賞するために庭園に栽培する。【形態】稈の黄条のあり方から2品種に分けられる。1つは金明竹型で稈が黄金色，芽溝部が緑色のもの（成因についてはキンメイチクを参照）と，他に縦型がある。このほうは緑稈中に黄金条がアトランダムに入るものである。この黄条は各節の生長帯の突然変異によってできたもので，多くは地面に近いほうが鮮やかである。いずれも葉には黄条が少ない。【特性】黄金条には，色の薄いものと濃いものとがあるが，1つの層だけが黄金色の遺伝子をもつものと，2～3層がともにもつものがあり，すべての層に遺伝子をもつときはいたって美しい。そのためには美しい親株を植えることである。【植栽】適地は樹冠に日があたり，稈にはあたらない所のものが，最も美しい。突然変異によって緑稈のもの，縞が少なく色の悪いものが出たときは早めに切ってしまう。【近似種】金明竹型と縦型は，混生することはない。

219. キッコウチク（キコウチク，ブツメンチク）

〔マダケ属〕

Phyllostachys edulis (Carrière) Houz. 'Kikko-chiku'

【分布】日本および中国。【自然環境】肥沃で排水のよい土壌に適するタケ。【用途】庭園樹。【形態】モウソウチクの1品で，稈の基部1～3cm の上下の節が交代にくっつき合って離れないため，節間が平等に生長できず，一方側が膨出して亀甲状になる。この節の接着面は芽の側のときと，反対面のときがあり一定していない。施肥が少ないと膨出は少なく，やせ地では平凡な稈になってしまう。出筍期に乾燥し，急に雨が降ると膨出面が急にのびるために，接着部が切れて穴があく。異状節間の上部はふつうの竹稈になるが，急に細まる。キッコウチクの出筍はモウソウチクより少し早い。【特性】キッコウチクは竹稈のみに現れることが多いが，ごくまれに地下茎にも出現する。この現象はモウソウチクのやぶに生じた芽条変異であるので，モウソウチクが出現したら早めに切除する。もし放任すると，モウソウチクのやぶになってしまう。【植栽】この亀甲部分の上部から枝を出すが，亀甲部が終わると正常型に移る。ここから5～6枚おいて，節の直上から水がたまらないように低く切断する。これを注意しないと，台風などのときに稈が裂けてしまう。【近似種】もとは膨出部に稜のないものをキッコウチク，あるものをブツメンチクとした。

220. マダケ

〔マダケ属〕

Phyllostachys reticulata (Rupr.) K.Koch

【分布】本州の青森県以南から沖縄までと中国大陸。最も広く栽培する。【自然環境】樹冠に日があたり，稈に日光照射のない所に節の低い良竹を産するタケ。稈に日をあてないためにやぶに垣をめぐらす。【用途】竹細工。【形態】稈は高さ20～24m，直径5cm，節間30cm に達する。各節2本ずつ枝を出すが，多くの場合，最下枝は1本または2本で，最上部は1本枝となる。枝の長さは0.8～1m で，2本の枝に6000～8000の葉をつけるので，1稈では約20万枚である。葉は披針形，洋紙質で，長さ10～12cm，幅1.8～2cm，下面は短毛をしく。肩毛は黒くて長く，稈に直角に出る。【特性】稈鞘は広く，セルロースに富み，弾力性が強い。維管束が細かく，節部が軟らかいことはタケ類中第1位で，竹細工に適している。竹稈は堅く，よい音が出るので尺八などとして最高である。【植栽】用材目的のために栽培する。移植は3月中に地下茎のみを移す。枝が粗くつくので，庭園樹にはほとんど利用しない。【管理】竹稈は3～5年ものが竹材用として最適であるので，この時期の冬に伐竹する。厳寒期に切ると，昆虫の少ない時期だけに害虫の被害が少ない。【近似種】ハチクに似るがいちばんの区別点は，枝の第1節間を切るとハチクには穴がないが，マダケには穴があること。

221. キンメイチク（キンギンチク）　〔マダケ属〕

Phyllostachys sulphurea (Carrière) A. et C.Riviere

【分布】日本中南部から中国で栽培される。【自然環境】日あたりの悪い谷間に自生し，大きい垣根の内の風のあたらない所が栽培に適するタケ。【用途】稈が美しいので観賞用として，庭園や鉢に植える。【形態】高さなどはマダケに準ずる。稈はほとんど黄金色で，芽溝部（芽の上の溝）のみが緑色である。したがって遠望すると，稈は黄金色と緑色部とが交互に見える。枯れると美しさはなくなる。この黄金色と緑色部とが交代するのは，稈の第１層（最外部）の緑色が突然変異を起こして黄金色となり，第２層（第１層の次の層）がもとどおり緑色をしているためである。これは周縁キメラである。節の部分で枝が出ると，芽溝部では第１層が枝にも分かれるために薄くなって，第２層の緑色が透けて見えることになる。タケの枝は交互に出るため，2色が交互につくことになる。この２色の交代は枝にも同様に現れる。【特性】古くは稈の黄金色の美しさと，交互につくことなどが解明できず，不思議に思って天然記念物にしたものである。【植栽】庭園樹としては，木々の茂った間や日陰に植える。日光が照射したり，古くなると美観が失われるから，３年生の稈は切るとよい。

222. ホテイチク（ゴサンチク）　〔マダケ属〕

Phyllostachys aurea Carrière ex A. et C.Riviéere

【原産地】中国。【分布】日本中南部から世界中の温・熱帯。【自然環境】あらゆる所で場所を選ばず栽培できるタケ。【用途】稈の基部が膨出し滑らないので，杖，釣竿の持ち手など，また稈の先端がまっすぐなことと，細竿が丈夫なところから釣竿にする。ハチクの２倍の力がある。また鉢植えや庭園樹として観賞する。【形態】稈は高さ 12m，周り 24cm，直径 3〜5cm，稈の節部が異常膨出する。大きい稈ほど異常部が上にある。枝は１節１本か２本出し，基部のものは鋭角に出て１節１本，上部のものは水平に出て１節２本，その節間には小さい穴がある。葉は中大で，5〜6 月は濃緑色，冬期は黄変するので遠望しても区別がつく。【特性】野生状のものをノホテイといい，稈の肉は薄く，軽くて細長，まっすぐなので釣竿の高級品である。材が堅固で，他のタケのように割れない。寄り節ができるのは，筍に先立って節部に厚膜細胞ができるためである。釣竿には３年生が最強である稈を切断して用いる。鉢物用にするのは，本種とキッコウチクだけである。庭園樹としては，寄り節の所まで枝を基部から切って観賞用とする。【近似種】稈に寄り節のないものをウサンチクといい，竿竹として最高。【学名】種形容語 *aurea* は黄金色の，の意味，夏から葉が黄緑化するため。

223. クロチク（シチク）　〔マダケ属〕

Phyllostachys nigra (Lodd. ex Loud.) Munro var. *nigra*

【原産地】中国。【分布】日本各地から世界中に広く栽培されている。【自然環境】所を選ばず栽培されるタケ。【用途】ほかの植物の色と違うために庭に植えたり，筆軸，軸掛けなどにして珍重する。しかし，外国人の多くは黒色を嫌い，竹細工ものもあまり好まれない。【形態】ハチクと同種で，稈が黒いだけが違う。ハチクが開花した再生竹中にしばしば出現する。黒色色素のあるものは，緑色のハチクより一般に小さい。黒色色素の量によって，真っ黒いものをホングロ，ただ点状に散在してついているものをニタグロチク，黒斑としてついているものをタンバハンチクとよぶ。稈が真っ黒くなるものほど筍の生長後，早く色づきはじめる。ホングロは5月から着色し，2年目に真っ黒となる。【特性】稈の黒変は半日陰面から始まる。直射光線のもとでも，日陰地でも，きれいに着色しない。【植栽】手水鉢の付近によく植えられるが，真っ黒なホングロほど枝葉が細かくて美しい。ことに盆栽，庭園の植込みはホングロに限る。【管理】庭園に栽培するとき，密生すると暑苦しさ，不潔さを感じるので，まばらに間引くことが望ましい。ことに3年以上すると稈の黒色部が白化し見苦しいので，地ぎわで切除する。【学名】種形容語 *nigra* は黒色の意味で，稈の色にちなむ。

224. ハチク（クレタケ，カラタケ）　〔マダケ属〕

Phyllostachys nigra (Lodd. ex Loud.) Munro var. *henonis* (Bean ex Mitford) Stapf ex Rendle

【分布】日本と中国で栽培される。【自然環境】ゆるやかな傾斜地，ことに寒風のあたらない所を好むタケ。【用途】枝葉が細かいので庭園樹に多く用いる。稈は細く割りやすいことは竹稈中第1位で，茶筅に好まれる。枝が細く優美なので竹箒として最高である。【形態】稈は高さ21m，周り36cm，節間40cmに達する。稈の太さはマダケより太くなるが，小さいものが多く用途は少ない。枝は各節2本ずつ出る。枝下高さはマダケの半分ぐらい。節はマダケより低いが，枝の節はマダケより高い。マダケによく似るが，枝の第1節は節間に穴はないが，マダケにはある。また，稈鞘は薄茶色で黒斑はないが，マダケには黒斑があり，アクと苦味が強い。葉は中形で，肩毛はマダケより短く，枝に1/2直角にのびる。【特性】土質は選ばず，耐寒性も強く，北は札幌付近まで栽培できる。建物にそって植え，筍が大きすぎると，7～8cmにのびたときに切ると，ひとまわり小さいものがすぐできる。【植栽】枝葉が細かいので庭に植えて美しい。2～3年になると稈が黄化し，枝葉が混みすぎて美しさが減じるので，8月に株もとから切る。【管理】密生すると暑苦しいので，まばらに間引くことと，梢を絶対に切らないこと。【近似種】ヒメハチクに似るが，ヒメハチクは梢端が曲がる。【学名】変種名 *henonis* は英国人ヘノニスにちなむ。

225. ナリヒラダケ　〔ナリヒラダケ属〕

Semiarundinaria fastuosa (Mitford) Makino ex Nakai

【分布】本州中南部，四国，九州のところどころに自生する。【自然環境】日本の暖地に散在栽培するタケ。1955年頃までは，東京都のところどころに栽培され，開花したこともあったが，その頃からスズコナリヒラと交代し，今ではスズコナリヒラが都内の90％を占めるにいたった。【用途】庭園樹。【形態】稈は高さ7～8m，直径3cm内外，節間は15～18cmで薄紫色を帯びる。枝は1節から初め3本出し，2年目から7～10本を出す。枝の長さは25～30cmで，樹形が細長となる。稈鞘は節間よりやや短くて平滑，また，よくできると節部に毛を密生する。筍の生長期の夏に，稈鞘の中央部が稈から離れて下垂する。葉は広披針形，無毛，長さ10～13cm，幅は2～2.5cmになる。【特性】陽樹。枝が短く，全形がスマートで，自然形は細長く美しいところから，男性美で知られた在原業平に献名された。【植栽】繁殖は地下茎による。時期は3月中～下旬に枝を半分ぐらいに切って行う。【管理】枝葉が繁茂しすぎると見苦しいので，古稈は根もとから切る。もし竹が大きくなりすぎて家屋などと均衡を欠くときは，1回目に出た太い筍が20cm未満のときに株もとから切ると，ひとまわり小さいものがすぐ出る。梢を切り縮めると見苦しくなるので，梢の折れたものは株もとから切ること。【近似種】アオナリヒラは稈が15mにもなり，大きい建物によくあう。【学名】種形容語 *fastuosa* は非常に美しい，の意味。

226. トウチク（ダイミョウチク，ハンショウダキ，ダンチク）　〔トウチク属〕

Sinobambusa tootsik (Makino) Makino ex Nakai

【原産地】中国。【分布】日本中南部から中国に栽培。【自然環境】日あたりのよい，風あたりの少ない所に栽培するタケ。【用途】公園樹，庭園樹に植栽される。【形態】高さ2～8m。筍は春季性，稈鞘は早落性，小さいものは全面無毛であるが，3mを越すものは節に黒褐色毛を密生し，皮面にも黒色毛を散生する。肩毛は剛直，平滑で著しい付属物がある。稈は直径4cm，節間は20～80cm。節は明らかに2輪状になる。節下は若いときは白ロウ質に包まれるが，3ヵ月後に落下する。若い稈には微毛が密生するが，のちに無毛となる。枝の小さいものは40cm，巨大なものは1mぐらいから，はじめ3枝を出すが，巨大なものは7～10枝を出す。枝は下半分は水平に広がるが，上半分は斜上し，長さ50～100cmにのびる。葉は小形，緑色で，長さ10～15cm，幅は1.5～2cm，下面に微毛をしく。【植栽】庭園樹としては，枝ののびた7～8月に茎部から5～6cmで切断すると図のような樹形となるが，放任すると観賞価値がなくなる。戦前は東京では栽培不可能であったが，今日ではビルが防風になるので，タケ類中，最も広く栽培されている。【管理】稈は3年生のものは白化して観賞価値がなくなるので切断する。

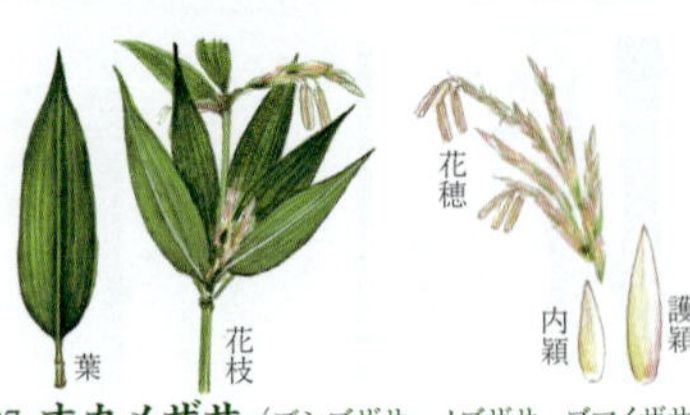

227. オカメザサ（ブンゴザサ，メゴザサ，ゴマイザサ）〔オカメザサ属〕

Shibataea kumasasa (Zoll. ex Steud.) Nakai

【分布】正確な野生地は失われたが，日本各地およびヨーロッパで栽培される。【自然環境】樹冠によく日があたる傾斜地を好んで生育するタケ。【用途】日光の照度や乾燥によって背高が決まるために，グリーンベルトとして最高である。近年，公園などに広く用いられる。【形態】稈は高さ1～2m，直径0.3～0.4cm，世界中で最も背の低いタケである。稈は密生するが，節に日光をあてるとその方向に膨出する。1節から5本の枝を出す。そのおのおのに1枚ずつ葉をつける。ごくまれに2枚の葉をつける。葉は広い披針形で，タケの葉のうち最も短く，最も肥厚する。このことは他に比を見ない。筍は春に出るが，扁平で特異である。【特性】本種は全面開花するが，開花後，枯れることもなく，筍も翌春によく出る。また，実は不稔性らしく，いまだに1粒も発見されていない。稈は細く，生時は柔軟であるが，乾燥すると固化するので，オカメザサのざるは，トウ，針金でしばったものを見ることがない。【管理】グリーンベルトに使用したとき，稈が密生するので雑草抜きなどの費用がいっさいかからない。出筍前の3月下旬に皆伐すると，年中見事である。【学名】種形容語 *kumasasa* はクマザサにちなむ。

228. チシマザサ（ネマガリダケ）〔ササ属〕

Sasa kurilensis (Rupr.) Makino et Shibata

【分布】千島，サハリン，朝鮮半島北部，北海道，本州では日本海方面に分布する。【用途】筍はアクがほとんどなく，ミスズ，姫筍などの名で広く食用にされる。筍のうち最も味がよいといわれる。斑入り品にキンタイチシマ（黄金色の斑）や霜降り斑など多くの品種が栽培され，庭植えや盆栽として重宝がられる。東北の温泉場に近い所のものは，伐竹後，熱湯中につけて殺虫し，曲がりを温泉熱を使ってのばし，各種の工芸品に利用する。【形態】稈は高さ0.1～4mで，千島あたりでは10cmぐらいであるが，本州にくると4mにもなり，その差が著しい。一般に北方，または高山に進むにつれて小さくなる。太い稈は直径1.5cm，1年生の稈はほとんど分枝せず，多くは2年生で3～5本の枝を出す。稈の基部が湾曲するのは，地下茎が地中をはい，先端が地上に出るからである。湾曲の原因は雪とか山の傾斜とは関係がない。葉は大きいものは20cm以上，幅6cmに達するものがある。稈鞘は薄く，節間の1/3ほど，2年生になると繊維だけになる。【植栽】3月下旬頃に移植する。【近似種】各地の竹稈を大きさは別にして，チシマザサ，オオネマガリ，チャボネマガリなどとして和名，学名がついているが，すべて環境による分類で，区別の必要はない。【学名】種形容語 *kurilensis* は最初の発見地の千島産の，の意味。

229. チマキザサ（サトチマキ，ヤネフキザサ）〔ササ属〕
Sasa palmata (Lat.-Marl. ex Burb.) E.G.Camus

【原産地】日本，サハリン，朝鮮半島南部。【分布】千島から九州まで，サハリン，済州島に広く自生する。【自然環境】日本海沿岸や，四国は北半分の山地で 1500m まで分布するタケ・ササ。【用途】日本海方面で，葉を用いて食品を包む。かつては夏の晴天に刈って干しあげ，屋根をふいた。屋根ふきに本種だけが用いられるのは，葉にケイ酸質が多く堅いためである。【形態】稈は高さ 1.3～2m，太さ 1cm 内外，枝は上部から 2～3 本が，各節 1 本ずつ出る。稈鞘，節，節間，葉の両面など，すべて無毛。葉は楕円形，あるいは卵状長楕円形で堅い紙質。長さ 20～32cm，幅 6～10cm。基部は丸く，くさび形，先端は急にとがる。葉縁は冬も隈どらないが，谷間の多湿地にはえたものは多少隈どる。肩毛は放射状に広がるが，株によってはしばしば欠落する。【植栽】日本の庭園にまれに植栽する。栽培しやすく，冬に隈どらないので落葉中の庭園樹として緑が美しく常用される。【管理】移植は 3 月上旬～下旬で，地下茎のみを用いる。環境にあわせて稈高をきめる。筍が大きすぎするときは，第 1 回の筍を 4～7 日のうちに切り取ると，ひとまわり小さいものが出る。春以外の移植は，葉をつけたまま半分に間引くことである。【近似種】葉の下面が有毛のものをクマイザサという。【学名】種形容語 *palmata* は掌状の意味で，葉の枝先へのつき方による。

230. クマザサ（ヤキバザサ，ヘリトリザサ）〔ササ属〕
Sasa veitchii (Carrière) Rehder

【分布】日本中に最も広く栽培される。【自然環境】夜に冷えるような多湿な所や，太陽の直射のない樹下のものが，とくに美しく隈どるササ。【用途】冬の観賞のために庭園に植栽する。【形態】稈は高さ 30～60cm，直径 0.3～0.4cm，節間 8～10cm，枝は各節 1 本ずつ中央以上で分枝する。稈鞘には白い粗毛が密生し，葉鞘，葉の両面には毛がない。葉は 1 枝に 4～8 枚をつけ，長さ 18～25cm，幅は 3～7cm，肩毛は短くて剛直。【特性】隈どるということは，寒さに枯れることである。そのため，樹下や水辺などでよく葉がのびたほうが，白く枯れることになる。葉に毛がなく，稈鞘の毛が白く，粗毛が密生したものほど美しく隈どる。【植栽】日陰のある湿度の高い庭に植えるとよい。2 月中～下旬に株もとから茎を切って地下茎だけを植える。施肥をしないと葉が黄ばんで美しくならない。美しい隈を見るためには，正しい種類を植えなければならない。【管理】古稈を伐採しないと，稈の高さが増して観賞価値が減る。毎年 2 月中旬に稈を皆伐すると，3 月から新芽が出て美しくなる。3 月に入って古稈を切ると，筍が折れて，その年は美しさが観賞できないし，4 月以後に古稈を切るとたいへんな手間がかかる。【学名】種形容語 *veitchii* は英国の学者ベーチュにちなむ。

231. オオバザサ 〔ササ属〕

Sasa megalophylla Makino et Uchida

【分布】本州の中部地方から青森まで。一品キンタイザサは葉に金色の縞のある品種であったが，昭和 35～40 年にかけて，日本中のものが開花枯死した。**【自然環境】**キンタイザサは昭和 10 年，岩手県のブナ原生林で発見され，北は北海道から南は鹿児島まで何万株かが庭園に栽培されたが，開花と同時に 1 株も残さず枯死した。**【用途】**葉裏に密毛があって，稈鞘の粗毛が少ないために，いかに工夫しても隈の美しさは望めない。葉の大きいのを利用して，チマキなど物を包むのに用いられる。広い公園のグリーンベルトなどに用いられるが，一部だけ隈をとるので，隈を観賞するにしても，緑の美しさを観賞するにしても満足感は得られない。**【形態】**稈は高さ 1m 内外，枝は中央以上で分枝し，1 節 1 本である。稈鞘には粗毛が密生，または散生する。節は多少隆起し，長粗毛がはえる。葉裏にもビロード状の毛を密生する。葉は大きく，全面緑色で長さ 25～30cm，幅 5～9cm。**【特性】**クマザサに比べて美しさは劣るが，性質が強いので栽培しやすい長所はある。**【近似種】**葉裏だけに密毛のあるチマキザサ，稈鞘にのみ粗毛の出るクマザサ，短小毛が全面にはえるタナハシザサ，全株無毛のシャコタンチク，クザカイザサなどがある。**【学名】**種形容語 *megalophylla* は大葉の意味。

232. クマイザサ 〔ササ属〕

Sasa senanensis (Franch. et Sav.) Rehder

【分布】日本の中南部以北に自生する。**【自然環境】**北海道から東北の日本海方面に多く自生するササ。**【用途】**葉の広さ，緑葉を利用してすしの材料，魚の敷きものなどにする。美しさと防腐を兼ねて利用する。日本海方面の庭園にごくまれに栽培することがあるが，あまり普及していない。**【形態】**稈は高さ 1～1.5m，太さ 0.7～0.8cm，枝は稈の中央以上で 1 節 1 本ずつ分枝する。稈鞘は薄く，節間より短くて無毛である。葉は長大で，長さ 12～35cm，幅 3～8cm，先端は急に細くなり，枝先に 5～9 枚つける。上面は無毛で下面には短毛がはえ，両縁には細かい鋸歯がある。寒さに合うと多少隈どることがあるが，多くは隈どらない。**【特性】**日本海方面で葉を用いて笹団子を作る。隈どることがないので，年中新鮮みを感じることができる。**【植栽】**移植は出筍前の 3 月中～下旬に地下茎のみを植える。他の時期には稈と葉をつけて行うが，稈を間引き，葉も半分ほどに切るとよく活着する。**【管理】**庭園に栽培するときは，必ず樹下の水辺に植え，新竹が伸長すると古稈を基部から切ることが必要。そして，つねに緑葉を見るようにしたい。施肥が不足すると葉が褐色になる。**【近似種】**稈鞘に粗毛が出たものをチュウゴクザサという。**【学名】**種形容語 *senanensis* は信濃産の，信州の，の意味。

233. ミヤコザサ 〔ササ属〕

Sasa nipponica (Makino) Makino et Shibata

【分布】北海道から九州までの太平洋側にのみと，四国は全域に野生する。葉が薄く，自生地以外での庭園栽培は難しい。【自然環境】山地でも湿度の高い所か，大きい谷川のそばなどに自生するササ。少しでも乾燥すると，初め葉が巻いて，続いて枯死してしまう。【形態】稈は高さ 0.3～1m，直径 0.3～0.4cm，節間は長くて 15～18cm，節は著しく球形をなす。枝は稈が倒れると 1～2 本を出すが，直立したものは枝を分かたず，翌年は地中から筍を出す。稈鞘は紙質無毛である。葉は披針形，紙質で，乾燥に弱い。肩毛はよく発達する。【特性】世界中のタケで枝がほとんどないのは，ミヤコザサのグループだけである。また，節が球状にふくれることも大きな特徴で，全く類例を見ない。浅緑色，ことに春から夏の葉は美しいが，グリーンベルトに用いることができないのは，非常に残念である。【植栽】自生地付近というか，多湿地ではグリーンベルトに利用できる可能性はあるが，空気が乾燥する都会や，風がよくあたる所では栽培が難しい。【近似種】全株無毛のホソバミヤコザサ，全面に毛の多いビロードミヤコザサがある。【学名】種形容語 *nipponica* は日本産の意味。

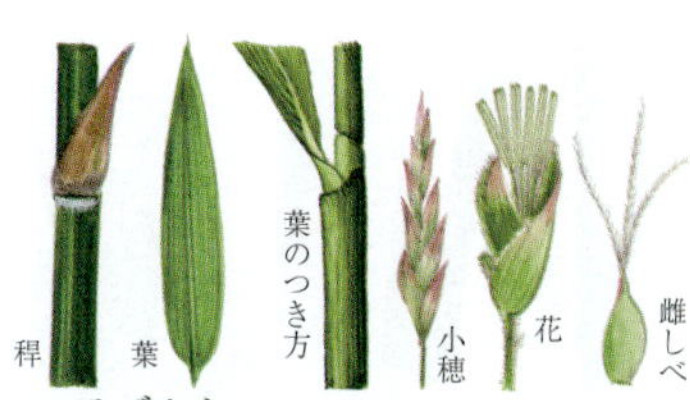

234. スズタケ （スズ，ミスズ） 〔ササ属〕

Sasa borealis (Hack.) Makino et Shibata

【分布】北海道の南半分，本州。九州は太平洋側のみ。四国は全域。朝鮮半島。【自然環境】広葉落葉樹などの湿度の高い林床中に多く自生するタケ。【用途】庭園樹。【形態】稈の高さ 2～3m，直径 0.6～0.7cm，節間 7～10cm，節が低く，稈は紫色で強い。枝は梢端に 2～4，葉は梢に 2～4 枚をつける。葉は長大，革質，無毛で，長さ 10～30cm，幅は 1～6cm，強い光沢があり，葉先は下垂する。【特性】稈には光沢があって美しいので，丸のまま曲げものに細工する。稈は節から折れる心配があるので，日にさらしてから使うと折れにくい。山麓性のものは折れやすいが，400m より高所のものは折れにくい【植栽】冬期の緑を求めて，よく東北地方で栽培する。冬に隈どったり，葉先が枯れることがない。そのため雪積地帯の庭に植えるといっそうひきたつ。【管理】低く育てることがこつで，そのため 2 年生のものは 7 月中に根もとから伐採する。害虫にかかりにくいが，10 月以降に切ったものは，ほとんどかからない。【近似種】スズダケ属は肩毛がないことと，稈鞘が長いことが特徴であったが，スズダケに肩毛のあるイヌスズが発見された。また，スズダケ属とクマザサ属の中間系と思われるスズモドキ属などがあって，属を見分けることは困難であった。

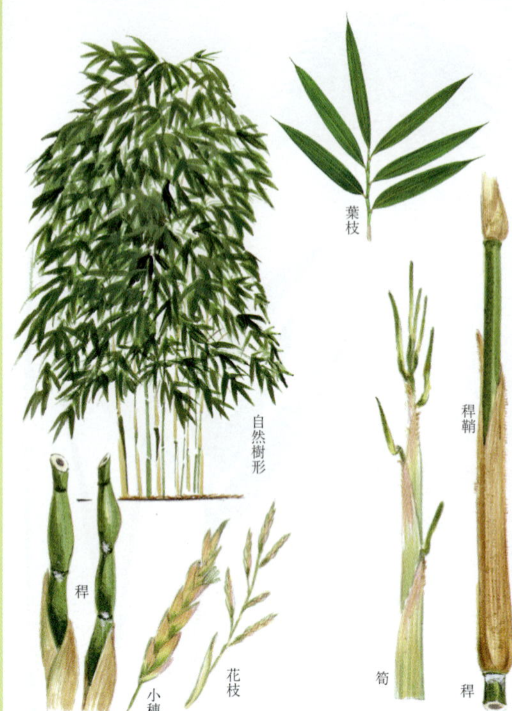

235. ヤダケ（シノベ，ヤジノ）〔ヤダケ属〕

Pseudosasa japonica (Siebold et Zucc. ex Steud.) Makino ex Nakai

【分布】もとは屋久島あたりの原産で，日本民族の北進とともに，矢などにする目的で植え歩いたものであろう。済州島や朝鮮半島南部などでも植えたものと思われる。**【自然環境】**各地に群落をつくって野生するタケ。**【用途】**庭園樹，弓矢材。**【形態】**稈は高さ 4～4.5m，直径 0.8～1cm，節間の長いものは 30cm にもなる。枝は稈の上部から 4～6 本出す。初年目はほとんど分枝せず，枝は各節に 1 本である。稈鞘は節間より長く剛毛がはえるが，節の上は無毛である。葉は狭披針形で，長さ 8～30cm，幅 1～4.5cm，両面無毛で革質である。**【特性】**稈はまっすぐで堅く，節が低く矢作りに最高である。ふつう 3～4 年目のものを使い，岩上のものは竹がもろいので，日あたりのよい砂地で育ったものが適する。**【植栽】**自生が神社叢，豪族邸跡に見られるが，「延喜式」を見ると税として生株を納めた記録があることから，自然のものではなかろう。弓矢を武器とした当時は藩などで弓矢奉行をおき，極秘に栽培させたが，今日では庭園に植えて観賞用にするにすぎない。**【管理】**タケを植えるとき玄関先などに並べて植える。春の筍は真っ白い稈鞘が見事であるし，7 月に入って剥皮すると 1 週間で白い稈が真っ青になって美しい。古稈はその後に伐採する。**【近似種】**変種にラッキョウダケがある。また 1 節から数本の枝を出すものをメンヤダケという。**【学名】**種形容語 *japonica* は日本産の，の意味。

236. アズマザサ〔アズマザサ属〕

Sasaella ramosa (Makino) Makino

【分布】本州中部以北，関東以北に多い。ことに岩手，秋田，宮城の各県の山麓から河川，人家付近に多く，人里植物の代表である。**【自然環境】**よく日のあたる所，とくに多湿の所に自生するササ。**【形態】**稈は高さ 0.5～1.5m，直径 0.3～0.5cm，節間 8～13cm，中形のササである。枝は各節 1 本ずつ稈の中央以上から出す。葉は披針形，洋紙質で，長さ 8～12cm，枝先に 5～8 枚を 2 列に着生する。肩毛は貧弱で斜上する。稈鞘は多少紫色を帯び，節間より短く，付属物も貧弱である。**【特性】**本種は河川の堤防に多く，続いて人家の周辺，それから山麓に入ると，密生した林を除いて大群落をつくる。人家付近はネザサとクマザサの両属の接点である。開花後，結実がほとんどないから，上記の雑種かと思われる。**【特性】**牛馬を飼っていたときは，アズマザサの葉が軟らかいうえ，人里植物の代表として群をつくっていたので飼料として重宝していたが，今日では稈も細いうえ短いこともあって，人間生活と縁が切れてしまった。**【植栽】**稈の色の汚なさが嫌われるためほとんど植栽されない。**【学名】**種形容語 *ramosa* は枝分かれした，の意味でよく枝が出ることからついた。

237. リュウキュウチク（ゴザダケザサ）〔メダケ属〕
Pleioblastus linearis (Hack.) Nakai

【分布】沖縄西表島の最高峰御座岳頂上の特産。【自然環境】御座岳頂上700mに群生する特産のササの一種である。【形態】稈は高さ3.5～4m内外，直径1～1.5cm，節間20cm内外のメダケに似たササである。節はふくれ，無毛である。葉は披針形で，堅く革質，強靱で両面ともに光沢がある。葉の中央部から徐々に細くなり，先端は鋭くとがる。両面ともに毛はない。肩毛の付着部が斜上するので，メダケ節の植物である。【特性】葉の中央部からしだいに細くなって，先端は鋭くとがる。このような形式の葉形は少なく，フシダカシノに見られるだけである。稈はかつては壁下の小舞竹として貴重な存在であったが，現在の建築用式では全く用途を失ってしまった。【植栽】移植は2月下旬～3月上旬，若い芽のついた地下茎のみを植込む。茎葉をつけて植えると，活着は難しい。【管理】生垣として枠内に植込み，目の高さで刈込むと，おもしろい葉形をいかしたものとなる。【近似種】フシダカシノもよく似たものであるが，フシダカシノは節に長毛があることと，葉が軟らかいことですぐ区別がつく。【学名】種形容語 *linearis* は線形の，の意味。

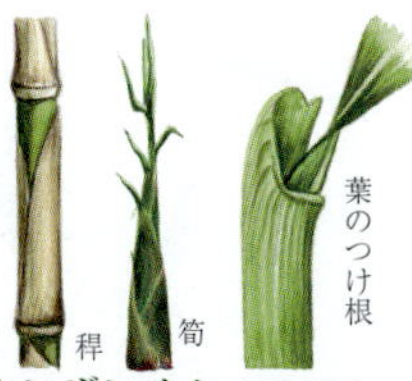

238. カンザンチク（ゴキダケ）〔メダケ属〕
Pleioblastus hindsii (Munro) Nakai

【原産地】中国。【分布】本州の関東以西および中国大陸で栽培されるタケ。ことに九州では筍用として栽培する。【用途】筍を食用とするほか，笹箒を作る。また防風樹として植栽される。【形態】稈は無毛で12～13m，直径5～6cmに達する。節間10～20cm，メダケ属中，最も巨大で筍の美味な種類である。稈鞘はケイ酸が少なく軟らかで無毛であるが，沖縄方面でよくできると黒色粗毛が出る。葉は深緑色で立性，狭披針形，長さ15～30cm，幅1～2cm，無毛で肩毛は貧弱である。【特性】タケのうちでは葉は水平にならずに立ち，枝が枯れても葉が落ちることがないので，笹箒を作る。葉が大きく防風林として仕立てる。【植栽】筍にアクが少なく，タケ類中いちばんおいしい。鹿児島では4～8月までも続いて出筍し，農家でよく利用する。3月中～下旬に葉を1/3ぐらい残して移植するとよく活着する。鹿児島，宮崎などでは農家の囲いに植えて盗難防止と防風にするので，ゴキダケ（護基竹）の名でよんでいる。昔から中国で墨絵の材料とした。【管理】竹稈が大きいだけに筍用には施肥をする。しかし，庭園などでは小さいものは小さいなりに美しいタケで，貧弱にできても葉は濃緑色で美しさは変わらない。【近似種】日本には立性で，このような美しいものはない。【学名】種形容語 *hindsii* は植物学者ハインズを記念したもの。

239. タイミンチク 〔メダケ属〕

Pleioblastus gramineus (Bean) Nakai

【分布】沖縄の石灰岩地帯に野生する。本州の関東以西に多く栽培される。【自然環境】樹冠に日光があたる広々とした公園などに適すタケ。【用途】公園樹，庭園樹。【形態】稈は高さ4～5m，直径1～1.5cm，各部無毛で，各節に多数の枝を出す。多くの場合，稈の中央以上で分枝する。枝葉の重みで稈は湾曲する。葉は披針形で長さ20cm，鮮緑色で冬の寒風にあっても変色することはない。舌は高くて肩毛はなく，先端が平面をなす。【特性】葉に捻性があるのでねじれる。沖縄などの無肥料のサンゴ礁の中にはえても，葉色は鮮緑色に育つ。葉の緑と捻性によって，葉のかもし出す立体的な温かみは，他のタケ類では感じられない。【植栽】公園内の一隅に土を盛って植込むと株立ちとなり，タケ類中最も美しい。ことに細稈が四方に垂下する自然的な雰囲気は，心を落ちつかせてくれること，植物中第1位である。とくに冬のタケとして見事である。移植は3月中～下旬に地下茎のみを植える。【管理】タケ類の古稈を切ることは絶対的な行事であるが，本種はその必要がなく，枯れた株もとから切ればよい。株もとへ毎春施肥をする。【近似種】リュウキュウチクがある。この種は稈鞘に粗毛があり，葉は少し小形である。【学名】種形容語 *gramineus* はイネ科に似ている，の意味。

240. メダケ（オナゴダケ） 〔メダケ属〕

Pleioblastus simonii (Carrière) Nakai

【分布】日本各地，およびヨーロッパで栽培される。【自然環境】河川の流域に生育するタケ。【形態】稈は高さ5～7m，直径3cm，ササの代表種である。筍は春に出て生長するが，稈鞘は腐敗するまで付着する。筍は付属物が長大で，枝は先端から7～15本出す。葉は長大，無毛で先端が下垂する。太いものでは節に長毛が密生する。節の直下には白いロウ質を分泌し，しだいに黒くなる。【用途】ざるなどの縁どりに用いるが，その白さが重要である。本種の稈は軟らかくて粘性に富むので，農家などでは用途が広い。また河川のそばに自生し，多量の水分を要求するため，田のあぜの崩壊，山崩れなどの防止に用いられる。稈を伐採すると地下茎がよく発達するので，冬の防風を兼ねていちばん多く用いられる。【特性】筍は苦味が強く，アク抜きしても食べられない。【管理】稲田などの防風林として育てるには，筍が40～50cmに生長したときに梢を切断すると，枝葉がよく出る。もし生長してから切ると，枝葉が出ないで枯れてしまう。材は2～3年すると固くなり粘性も増すので，伐採の指標にする。株もとから5節目までが黒くなる9～10月が切りどきである。【近似種】山麓，林床にはえる葉の軟らかいものはネザサで，太くならない。【学名】種形容語 *simonii* は人名で，ハンガリーのシイモニカイの記念名。

241. アズマネザサ（シナガワダケ，オオシマダケ）

〔メダケ属〕

Pleioblastus chino (Franch. et Sav.) Makino

【分布】本州の中部から東北，北海道南部まで野生する。【自然環境】河川の堤防や山麓のよく日のあたる所を好むササ。森林中ではすぐ絶滅する。【用途】土砂止め，生垣。【形態】稈は高さ1mまで，直径2cm，最長節間33cmとなる。葉は小さく無毛で，長さ5～25cm，幅は0.5～2cm，大小の差が著しい。筍は5月に出た大きいものは，稈の中央以上で分枝する。枝は10～20本も出るが，初夏に出た筍は年内には分枝しない。【特性】あらゆる土地に生育する。やせ地や人に踏まれるような所では3～10cmになり，肥沃地では0.5～0.6mになる。堤防などで年に2～3回も刈られると，稈は3cm，よくできて25cmとなる。稈，葉ともに懸隔の差がある。日本を訪れた外国人などには，同一種であることがなかなか理解できない。また，大小様々のものが，同一年に開花結実することもある。【植栽】山麓の土砂止めなどには，2～3月に地下茎と土砂をたわらなどに入れ，そのたわらを積み重ねておくと，1回もかん水しなくても活着する。しかし，地下茎は1度白く乾燥すると枯死する。【管理】生垣などのコンクリート枠に植えつけたものは，その中で生長する。高さを決めて大バサミで刈ると，自然の垣根ができる。【近似種】葉の広い関西型をネザサといい，関西，四国，九州に広く見られる。【学名】種形容語 *chino* は方言シノから。

242. ハコネダケ

〔メダケ属〕

Pleioblastus chino (Franch. et Sav.) Makino

【分布】箱根山を中心とするフォッサマグナ地帯に分布する。箱根を遠望するとき，芝草のようにみえる地帯はハコネダケの群生地で，雑木など1本も入る余地がない。【自然環境】よく日のあたる火山灰や火山礫，あるいは原生林中に密生し，土砂の崩壊をくい止めるササ。【用途】土砂止め。【形態】稈は高さ20cm～3.5m，太さ0.8～1cmで稈は著しく密生する。多くのものは2年目に稈の半分以上で分枝する。枝は1節から5～8本を出す。葉は無毛で狭披針形，アズマネザサよりいっそう細く，長さ5～18cm，幅は0.5～1.5cmである。地下茎は1㎡に50mものび，深さは1.5mも入っている。【植栽】地震で有名になった伊豆，富士の急峻な火山灰を止める土砂崩壊防止に大きい力がある。【特性】本種はネザサ類中でも，最も稈が粘り強く，他のタケ類のように節から折れることがない。ことに1年生のものは分枝がほとんどなく，肉が薄いことを利用して，昭和20年代までは稈を切って裂き，軍用の行李をはじめ，物を入れるかごをさかんに作った。【近似種】アズマネザサに近いが，アズマネザサに比べ，1年生の稈の分枝がなく，大いに粘り気に富み，枝が鋭角に出る。

243. ケネザサ　〔メダケ属〕
Pleioblastus shibuyanus Makino ex Nakai
var. *basihirsutus* Sad.Suzuki

【分布】本州中部以南，四国，九州に最もふつうに自生する。【自然環境】河川の堤防，山麓，広葉樹林下などにはえるごくふつうのササで，量的にもいちばん多い。【用途】土砂止め。また防風樹，生垣に植栽する。【形態】稈は高さ20cm～3m，環境によって差が著しい。太さは太いものでは直径1cmになる。枝は小形のものは1節から1本であるが，大きいものは8～10本を出し，長いものは50cmにも達する。葉は広く表面は微毛，裏面にビロード状の毛を密生する。節にも長粗毛を密生する。葉鞘と稈にだけは毛がない。【特性】日本の暖地の日あたりのよい所はほとんどこのササでおおわれ，洪水の被害を最小限にくいとめている。かつては，この葉を牛馬が最も好んで食べた。【植栽】土砂崩壊防止などに植えるには，3月中～下旬に地下茎のみを移植する。地下茎や根が白く乾燥すると活着不能となるので，迅速にする必要がある。枝葉をつけて移植すると枯死する。【管理】防風用や生垣として植えたとき，小形にするにはせん定バサミで切りそろえるとよい。ケネザサを取り除きたいときは，5月の筍が生長したときに株もとから切り，1～2週間後にまた切ることを4～5回線り返す。1回だけでは効果がない。【近似種】葉に黄斑があるものをチゴザサといい，庭園に広く栽培する。

244. カンチク　〔カンチク属〕
Chimonobambusa marmorea (Mitford)
Makino ex Nakai

【分布】本州中南部以西に栽培されるが，すでに自生地を失ってしまった。【自然環境】樹冠に日光があたる肥沃地によく育つササ。【用途】稈は細長くて節は高く，紫黒色で光沢があるので，飾り窓などに丸竹のまま使用する。竹材は柔軟で弾力性に富み，牛馬のムチに喜ばれる。かつて，地下茎は将軍家以外の使用を禁止された。生花材料として使い，熱湯につけて用いると3～4日はもつが，冬期は難しい。また筍を食用とし，観賞用として栽培する。【形態】稈は高く2～6m，直径2cm，枝は各節5～8本で，上部の枝ほど早くのび，下枝は遅くのびるが長い。枝は20～30cm，2年生の稈の先は下垂する。稈鞘には虎斑模様があり，薄く落ちずに稈にくっついてしまう。芽の上部のみに長粗毛がはえる。筍は秋の9～10月に出て，太いものは食用になる。葉は長さ6～15cm，幅0.8～1.2cm，無毛である。【植栽】日本庭園の手水鉢に添えて植えると，いちばんよく似合う。移植の時期は5月上旬がよく，必ず枝葉のまま半分に切りつめて植える。ふつうのタケのように3月や，地下茎のみの移植は活着率が悪い。【管理】日本庭園の石，手水鉢などに添えるには枝を半分ほどに切るが，梢を切ると美しさがなくなる。本種の伐竹は7～9月がよい。【学名】属名 *Chimonobambusa* は冬に筍の出るバンブー，種形容語 *marmorea* は大理石模様の，の意味で稈鞘の大理石模様による。

245. シホウチク（シカクダケ, カクダケ）〔カンチク属〕

Chimonobambusa quadrangularis (Franceschi) Makino

【原産地】中国。【分布】本州の宮城県仙台以南, 中国, ヨーロッパに広く栽培されるが, ヨーロッパなどでは株立ちとなり横に広がることが少ない。【自然環境】日のよくあたる肥沃な地によく生育するタケ。【用途】庭園樹, 食用。【形態】稈は方形で, 高さ 12～13m, 直径 6～7cm に達する。稈の下部 10cm 内外までとげ状突起（気根）を 10～12 本出す。このとげは担根体といわれ, 根ではない。また, 稈面には小突起が散在し, ざらつく。直径 1cm 未満のものは円形である。枝は 3～10 本を出す。7～13 枚の細い葉を出すが, 重みのために葉先が垂れ下がる。この細葉は無毛で, 長さ 20～25cm, 幅 1～2cm, 著しく緑色が鮮やかである。筍は 9～10 月に出るが, 熱帯では 1 年中見られる。筍は淡紫色, 付属物はタケ類中最も貧弱である。【特性】1 属 1 種で, タケ類中, 本種の稈だけが四角である。これは四隅だけの管束が発達するためである。【植栽】5 月に排水のよい肥沃な場所に植える。筍は秋に生のものが得られる。【管理】3 年生になると稈は灰褐色になって見苦しいので, 株もとから切る。【学名】種形容語 *quadrangularis* は 4 つの稜のある, の意味で稈の角形にちなむ。

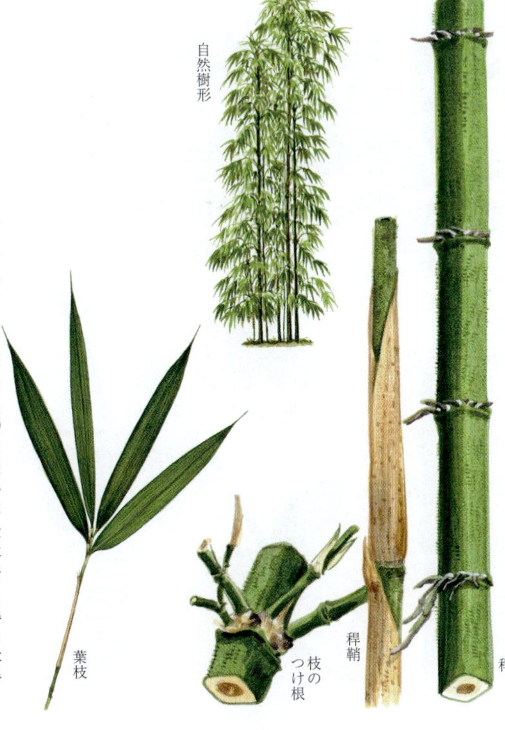

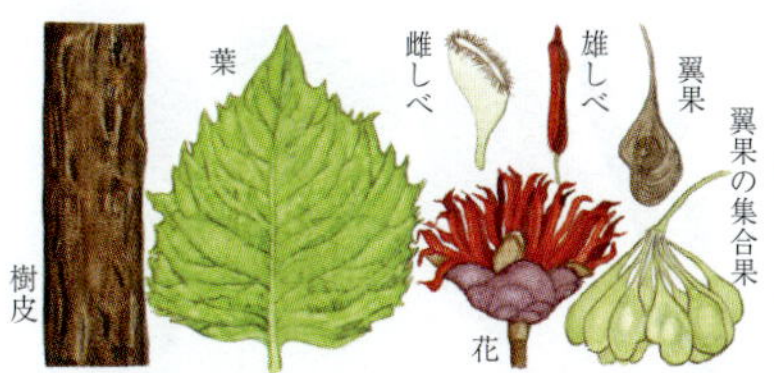

246. フサザクラ 〔フサザクラ属〕

Euptelea polyandra Siebold et Zucc.

【分布】本州, 四国, 九州。【自然環境】山中の谷間などによくはえる落葉高木。【用途】材は建具などの建築材, 艪, 櫂など船舶材, 薪炭材などにする。【形態】幹は根元より分枝し, 高さ 5～15m。樹皮は暗緑褐色で楕円形, 褐色の明らかな皮目がある。冬芽は長楕円状卵形で先は鋭く, 多数の暗紫褐色の芽鱗に包まれ, 光沢がある。葉は長枝では互生し, 短枝では数個を束生する。葉柄は 3～7cm ある。葉身は広卵形または扁円形で先は急に尾状にとがり, 基部はやや切形で長さ 4～12cm, 幅 3～10cm ほどである。縁にはふぞろいの鋸歯があり, 表面脈上に毛がある。3～4 月, 葉に先立って短枝の上に群生して花を開く。花は両性花で短い柄があり, 裸花で花被はない。雄しべは多数, 花糸は細く, 葯は線形で暗紅色である。雌しべは多数ある。果実には細い柄があり, 扁平な翼状をしていて片側がくぼみ, 開裂しない。10 月頃に種子は成熟する。【特性】陽樹であり, 湿気のある渓流ぞいの向陽地に群をなしてはえる。生長は早い。【学名】種形容語 *polyandra* は雄しべが多い, という意味。和名フサザクラは総桜の意味で, その花の様子からの名である。一名のタニグワは葉の形がクワに似て谷にはえることから。

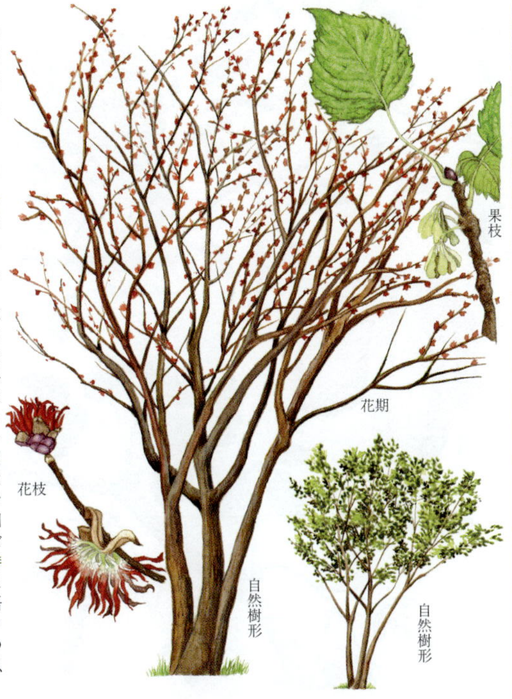

247. アケビ（アケビカズラ）　〔アケビ属〕

Akebia quinata (Houtt.) Decne.

【分布】本州，四国，九州，朝鮮半島，中国大陸に分布する。**【自然環境】**山野にふつうにはえる落葉つる性植物。**【用途】**果肉，果皮，若葉を食用。つるは細工物，薬用，炭俵に使用する。**【形態】**つるは長く伸長し，左巻き。樹皮は暗褐色を帯び無毛。葉は長柄があり，互生または短枝に束生し，葉身は5個の小葉からなる掌状複葉で，小葉は長楕円形または長倒卵形で長さ3～5cm，先端はへこみ，微突起があり，全縁で，両面無毛。基部には長さ0.4～1.5cmの小葉柄があり，葉柄との接点には節がある。葉柄は長さ2～10cm。開花は4～5月，短枝の先から総状花序を下垂し，先のほうには雄花を数個つけ，基部に1～3個の雌花をつける。雄花では，花柄は長さ1～2cm，花弁はなく，がく片は3個，やや多肉質で淡紫紅色，広楕円形で長さ0.7～0.8cm，雄しべ6個は球状に集まる。雌花では，花柄は長さ4～5cm，がく片3個は広楕円形で長さ1.5～2cm，雌しべは3～9個，短い円柱形で，柱頭は粘液をもち，紫色で，1～3個が成熟する。果実は長楕円形で長さ6～10cm，幅3～4cm，果皮は厚く紫色を帯び，熟すと縦に裂開する。果肉は白色半透明で多数の黒色種子を含む。果肉は甘く食用とする。**【学名】**種形容語 *quinata* は5小葉の意味。和名アケビの語源の説は多数あり，開け実，あくび，開けつびという多肉説，アケウビの短縮形説などある。

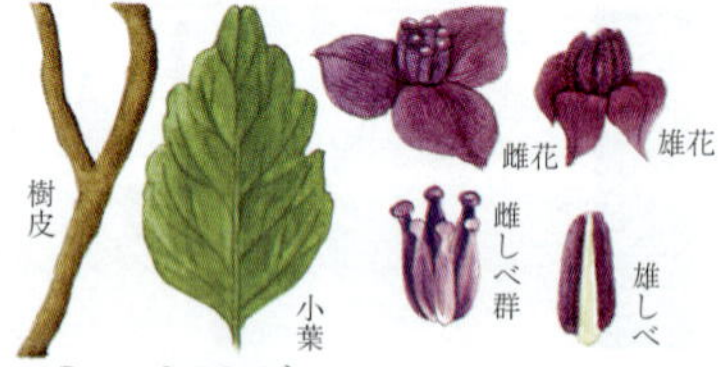

248. ミツバアケビ　〔アケビ属〕

Akebia trifoliata (Thunb.) Koidz.

【分布】本州，四国，九州，中国大陸に分布する。**【自然環境】**山野にふつうにはえる落葉つる性植物。**【用途】**庭園樹，細工物。果肉，果皮，若葉を食用とする。**【形態】**茎は左巻きに巻きついて長く伸長する。茎は根もとから細い匐枝を出し，地表を長くはう。樹皮は灰黒褐色。葉は長柄があり，互生し，短枝上では数個が束生する。葉身は3小葉からなる複葉で，小葉は卵形または広卵形で長さ4～6cm，先端は少しへこみ，縁には波形の粗い鋸歯があり，両面無毛。小葉柄と葉柄との接合部には節がある。開花は4～5月，短枝の先より長柄のある総状花序を下垂し，多数の黒紫色の花をつける。雌雄同株で，花序の先に短い柄のある10数個の小形の雄花を密集し，基部には長い柄のある大形の雌花を1～3個つける。花弁はなく，がく片は3個でやや肉質，円形または広卵形。雄花では小花柄は長さ約0.3cm，がく片は長さ約0.2cm，雄しべは6個で球状に集まる。雌花では小花柄は長さ2～4cm，がく片は長さ約0.8cm，雌しべは短い円柱形で粘性があり，4～6個。果実は液果で，長楕円形で長さ約10cm，果皮は厚く熟すと紫色になり縦に裂開し，黒色種子を多数含む白色半透明の果肉があり，甘く食用となる。**【学名】**種形容語 *trifoliata* は3小葉の意味。

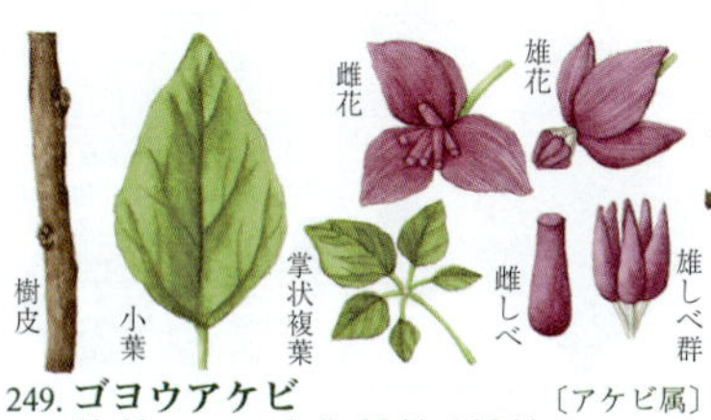

249. ゴヨウアケビ 〔アケビ属〕

Akebia × *pentaphylla* (Makino) Makino

【分布】本州，四国，九州に分布する。**【自然環境】**山野にしばしば見られる落葉つる性植物。**【形態】**アケビとミツバアケビの雑種と推定されている。茎は左巻きに長く伸長する。葉には長い柄があり，長枝には互生し，短枝には束生する。葉身は3～5個の小葉からなる掌状複葉で，小葉は卵形または広卵形で3～5cm，先はわずかにへこみ，基部は広いくさび形，縁に波状の粗い鋸歯があるか，またはほぼ全縁で，両面無毛。頂小葉は側小葉よりやや大きい。小葉柄も頂小葉につく柄は他より長い。開花は4～5月，短枝上から長柄を出して総状花序を下垂し，3がく弁で暗紫色の花を多数つける。雌雄同株で，先端部には短い花柄の先に直径0.5～0.6cmの雄花をつけ，多数総状に集まる。雄しべは6個で球状に集まる。雌花は花序の基部に2～3個つき，長さ3～4cmの花柄の先に直径約1.8cmと大形の花をつけ，短い円柱状で粘性のある雌しべを4～8個つける。**【特性】**葉形は変化が多く，アケビ形のものから，ミツバアケビ形まで様々ある。**【学名】**種形容語*pentaphylla*は5小葉の意味。和名ゴヨウアケビは小葉が5個あることによる。

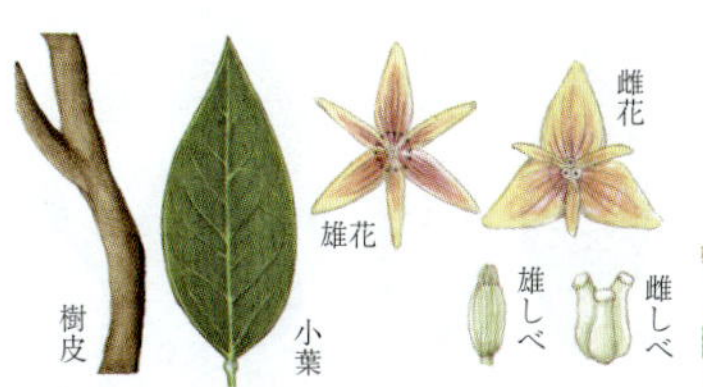

250. ムベ（トキワアケビ，ウベ） 〔ムベ属〕

Stauntonia hexaphylla (Thunb.) Decne.

【分布】本州（関東地方以西），四国，九州沖縄，朝鮮半島南部，台湾，中国大陸に分布する。**【自然環境】**暖帯から亜熱帯にかけての山野に自生する常緑つる性植物。**【用途】**庭木，生垣，盆栽，果実を食用。**【形態】**茎は左巻きで長く伸長し，ときに直径6cmにもなる。葉は長柄があり，互生し，葉身は5～7小葉からなる掌状複葉で，小葉は楕円形から倒卵形で長さ6～10cm，先端は鋭くとがり，全縁で，質厚く，両面無毛，裏面は淡緑色で網状脈が明らか。小葉柄は長さ1～4cm，各接点に節がある。開花は4～5月，新葉の腋または鱗片の腋から総状または散形状の花序を出し，白緑色で内面暗紅色を帯びた無花弁の花を3～7個つける。雌雄同株で，雄花では，がく片6個のうち外片3個は広披針形で長さ1.3～3cm，内片3個は線形で外片よりやや長く，ともにそり返り，雄しべ6個は合生する。雌花は3個の徳利形の雌しべと6個の不完全雄しべがある。果実は紫色の液果で，長さ5～8cm，卵円形で，熟しても裂開しない。果肉は白色半透明で多数の黒色種子を含み，甘く食用となる。**【学名】**属名*Stauntonia*はイギリス人医師のG.L.ストーントンにちなむ。種形容語*hexaphylla*は6葉の意味。和名ムベは昔，朝廷に献上したので大贄または苞苴（オオムベ）といい，これが転化してウベ，ムベとなったという。また口を閉じた実からとの説もある。

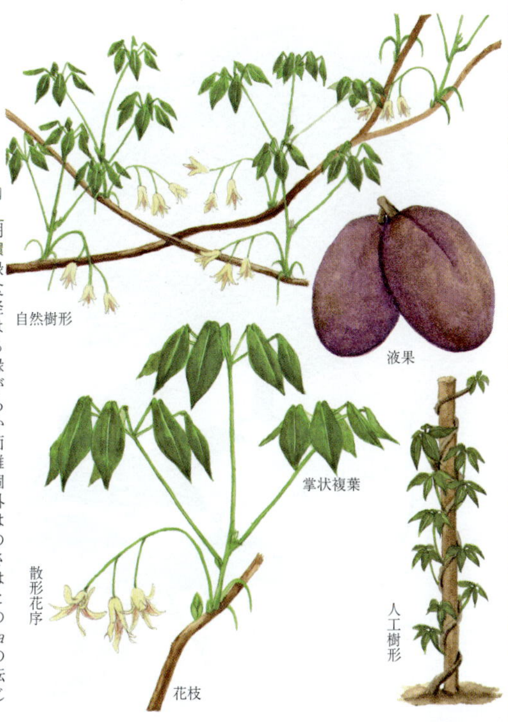

251. アオツヅラフジ（カミエビ）

〔アオツヅラフジ属〕

Cocculus trilobus (Thunb.) DC.

【分布】本州，四国，九州，沖縄，台湾，中国大陸に分布する。【自然環境】山野の林の縁や道ばたなどにふつうにはえる落葉つる性植物。【用途】根，茎を薬用（鎮痛，消炎），つるを編物（かご）に用いる。【形態】茎は細く，他物に左巻きに巻きついて長くのびる。大きなものは高さ 10m 以上，直径 0.8〜1cm ほどになる。小枝には細毛がある。葉は広卵形か卵心臓形，または 3 浅裂し，長さ 6〜9cm，幅 4〜8cm，先端は鈍形または鋭形，両面に細毛があり，全縁。葉柄は長さ 1〜3cm。開花は 7〜8 月，枝先や葉腋から細長い長さ 3〜9cm ほどの円錐花序を出し，多数の黄白色の小花をつける。花径約 0.6cm，がく片，花弁とも 6 個で，長楕円形，3 個ずつ 2 列に配列する。雌雄異株で，雄花には雄しべが 6 個あり，葯は横に裂開する。雌花には退化雄しべ 6 個，中央に心皮が 6 個あり，花柱は円柱状で柱頭は分岐しない。核果は球形で径 0.6〜0.8cm，液果状で藍黒色，白粉をかぶり，中に 1 個の核がある。核は馬蹄形で背部に小突起が並ぶ。長さ 0.3〜0.4cm。【特性】本種はツヅラフジと同様アルカロイドを含み，鎮痛作用にすぐれているが，利尿効果は少ない。【学名】属名 *Cocculus* は coccus（液果）の縮小形。

252. イソヤマアオキ（コウシュウウヤク，イソヤマダケ，ゴメゴメジン）

〔アオツヅラフジ属〕

Cocculus laurifolius DC.

【分布】九州（南部，屋久島，種子島），沖縄，台湾，中国大陸，東南アジアに分布する。【自然環境】暖地の常緑林内にはえる常緑低木。【用途】生垣，根を薬用。【形態】幹は直立して高さ 2〜3m となり，よく分枝して茂る。枝は緑色でやや扁平，縦の脈が多数ある。葉は有柄，互生し，葉身は長楕円状倒卵形あるいは倒卵形，ときに楕円形で両端はとがり，長さ 5〜12cm，全縁，基部から著しい 3 脈が走り，クスノキ科のニッケイに類似する。表面は濃緑色で光沢があり，質やや革質で堅く，脈は裏面にうち出し，細脈は主脈に対し直角状に配列する。葉柄は長さ 0.6〜1cm，背面に稜がある。開花は 5〜7 月，小枝の先や葉腋に短い円錐花序をつけ，黄色の小花をつける。雌雄異株で，がく片は 6 個，3 個ずつ 2 列につき，内側の 3 個は花弁状となり，外側の片は小さい。花弁 6 個も 3 個ずつ 2 列に配列し，雄花では 6 個の雄しべがつき，雌花では 6 個の仮雄しべと 1 個の心皮がある。核果は球形で径 0.6〜0.8cm，やや扁平となり，黒く熟す。【学名】種形容語 *laurifolius* はゲッケイジュのような葉の，の意味。和名イソヤマアオキは磯山青木で，一名イソヤマダケとも呼ばれ，ともに鹿児島県の方言で，磯山にはえるアオキ＝ヤマダケの意味。コウシュウウヤクの名は衡州烏薬（クスノキ科のウヤク）であり，本種に当てるのは誤りであるという。

253. ツヅラフジ（オオツヅラフジ，ツタノハカズラ，アオカズラ，アオツヅラ）〔ツヅラフジ属〕

Sinomenium acutum (Thunb.) Rehder et E.H.Wilson

【分布】本州（関東南部以西），四国，九州，沖縄，台湾，中国大陸に分布する。【自然環境】暖地の山地の谷ぞいなどに多くはえる落葉つる性植物。【用途】つる，根を薬用（消炎，鎮痛，利尿）に，つるを編物に用いる。【形態】茎は長くのび，高さ 10m 以上，直径 1cm ほどになり，木質で堅く，緑色で平滑。乾くと黒くなる。つるは左巻き。また根もとから細長い走出枝を出して地上を長くはう。葉は長い葉柄をもち，互生し，葉身は広卵形またはやや円形，若い葉や茎の下部では多角状，掌状となり，3〜7 浅裂し，長さ 6〜15cm，幅 5〜13cm，基部は心臓形，両面無毛。若葉では裏面有毛。葉質は薄い革質。開花は 7 月頃，葉腋から長さ 8〜20cm の円錐花序を出し，淡緑色の細かな花をつける。雌雄異株。雄花ではがく片は 6 個，外側に毛がある。花弁は 6 個，細長く先は 2 裂する。雄しべは 9〜12 個。雌花では仮雄しべ 3 個と心皮 3 個があり，花柱はそり返る。核果はやや扁平な球形で，長さ 0.5cm 内外，藍黒色に熟す。種子（核）は扁平な半月形で，背部にうね状の突起が並ぶ。【学名】属名 *Sinomenium* は Sina（中国）＋ men（月）の意味で，果実の核の形による。種形容語 *acutum* は鋭形の，の意味。和名ツヅラフジのツヅラはつる，かずらの意味で，このつるで編んだかごをツヅラコ，ツヅラと呼ぶ。

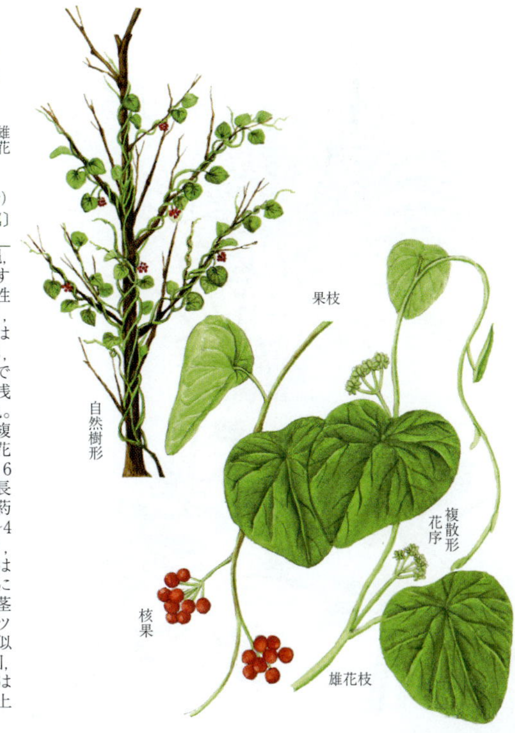

254. ハスノハカズラ（イヌツヅラ，ヤキモチカズラ）〔ハスノハカズラ属〕

Stephania japonica (Thunb.) Miers

【分布】本州（東海道地方以西），四国，九州，沖縄，台湾，中国大陸，マレーシア，インドに分布する。【自然環境】海に近い山野にはえる落葉つる性植物。【用途】薬用。【形態】茎は高さ 2m ほどになり，分枝して茂る。全株無毛。茎は草本状で下部は木質化する。葉は長さ 3〜12cm の長柄をもち，互生する。葉身は三角状卵円形または広卵形で長さ 4〜10cm，先は鈍形，基部は円形または浅い心臓形，全縁。葉質は洋紙質，下面は帯白色。葉柄は楯状につく。開花は 7〜9 月，葉腋から複散形花序を出し，淡緑色で径 0.2〜0.3cm の小花を多数つける。雌雄異株。雄花では，がく片は 6〜8 個，花弁は 3〜4 個で倒卵形，やや肉質で長さ約 0.15cm，雄しべは 6 個，互いに合生し，葯は横に裂ける。雌花はがく片，花弁ともに 3〜4 個あり，倒卵形で放射相称につく。雄しべはなく，雌しべは 1 個，柱頭は数個に分かれる。核果は赤熟し，球形で径約 0.6cm，核は馬蹄形で背部に著しいいぼ状隆起がある。【特性】日本では昔，茎と根を肺結核の薬とした。【近似種】ミヤコジマツヅラフジ *Cyclea insularis* (Makino) Hatus. は，似ているが有毛。本州（紀伊半島，中国地方），四国，九州，沖縄に稀産する。【学名】属名 *Stephania* はギリシャ語の冠，つまりこの属の 1 種の核の上の冠からきている。

255. コウモリカズラ 〔コウモリカズラ属〕

Menispermum dauricum DC.

【分布】北海道，本州，四国，九州，朝鮮半島，中国東北部，東シベリアに分布する。【自然環境】山地の林の縁などにはえる落葉つる性植物。【形態】茎は長くのび，先端はつるになって他物に巻きつく。茎は滑らかで，縦の溝が著しい。全体無毛であるが，若い先端部分にわずかに毛がある。葉は長い柄をもち，互生し，葉身は三～七角形，ときに裂片状となり，基部は心臓形で，長さ，幅とも5～15cm，上面は濃緑色で平滑，下面はやや粉白色を帯びる。両面脈上に短毛のはえるものもある。その場合は学名上の母種をケナシコウモリカズラ，有毛種をコウモリカズラ f. *pilosum* (C.K.Schneid.) Kitag. という。開花は5～6月，葉腋より0.2cmくらい上部から，葉柄より短い総状花序を出し，淡黄緑色の小花をつける。雌雄異株。花序の柄は長さ約1.5cm，花柄は細く長さ0.2～0.3cm，雄花は頂生するものでは，がく片6個，花弁は9～10個でがく片より短く，雄しべ20個，は4裂する。側生の雄花では各片とも頂生のものよりやや数が少ない。雌花は3～4個の心皮と2裂する柱頭がある。花弁は雄花とほぼ同形。核果は丸い腎臓形で径0.8～1cm，黒く熟す。種子は馬蹄形で中央はへこむ。【学名】属名 *Menispermum* は men（月） + sperma（種子）でギリシャ語の半月形の種子の意味。種形容語 *dauricum* はダフリア地方の，の意味。和名コウモリカズラは葉の形をコウモリにたとえたもの。

256. メギ 〔メギ属〕

Berberis thunbergii DC.

【分布】本州（関東地方以西），四国，九州に分布する。【自然環境】山野にはえる落葉低木。【用途】材の煎じ汁を薬（苦味健胃薬，眼炎の洗薬），また染料や生垣に用いる。【形態】幹は高さ0.6～2m，直立して多数分枝し，密な茂みをつくる。材は黄色。枝には稜があり，褐色でとげがある。葉は新枝に互生し，短枝にはそう生し，基部に葉の変形したとげがあり，単一または3岐する。若木の葉は円形で関節のあるひげ状の長い柄がつく。通常の葉身は，倒卵形あるいは狭倒卵形で長さ1～5cm，先端は鈍頭か円頭，基部はくさび形で，全縁，上面は無毛，下面は白緑色を帯びる。葉柄はごく短い。開花は4月頃，新葉とともに短枝上に短い柄のある総状花序を出し，少数の淡黄色小花を下向きにつける。がく片は6個で，長楕円形，淡緑色で赤みを帯び，長さ約0.3cm。花弁も6個でがくよりやや小さく，長楕円形で長さ約0.2cm，2列に配列する。雄しべは6個，葯は2個の弁をもち，裂関して花粉を出す。開花時，雄しべに触れると内曲運動を起こす。雌しべには1個の子房があり，1室。柱頭は楯形。果実は楕円形で長さ0.7～1cm，液果で赤熟し，1～数個の種子がある。【学名】種形容語 *thunbergii* はスウェーデンの植物学者C.P.チュンベルクの，の意味。和名メギは日本で，材を煎じて洗眼薬に用いたことによる。別名コトリトマラズ，ヨロイドオシはとげが多く鋭いことによる。

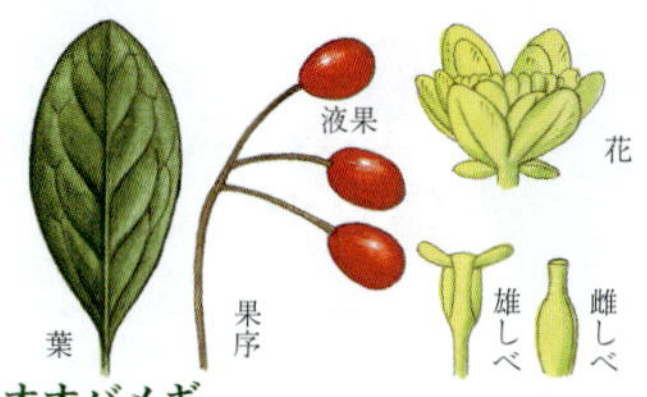

257. オオバメギ

（ミヤマヘビノボラズ，ミヤマメギ，シコクメギ）〔メギ属〕
Berberis tschonoskyana Regel

【分布】本州（関東地方北部以西），四国，九州に分布する。【自然環境】深山の山中にはえる落葉小低木。【用途】生垣。材は薬用，染料とする。【形態】幹は直立し，高さ50〜70cm，枝は細く，まばらに分枝し，円柱状で稜はない。メギに比べとげは小形で少ない。葉は新枝では互生し，短枝では数個が束生する。葉身は広倒卵形で，長さ3〜9cm，幅1〜2cm，全縁で，鈍頭，基部はしだいに細くなって短い葉柄に移行する。両面無毛，下面はやや白みを帯びる。開花は6月頃，短枝に束生する葉の中から総状花序を出し，黄色小花を数個つける。花序はふつう葉よりも短く，花軸や小花柄は細長。がく片，花弁，雄しべともに6個。葯には2室があり，弁があって上方にそり返り，花粉を出す。雌しべには子房が1個あり，花柱は短い。果実は液果で，長楕円形で長さ約1cm，赤く熟する。【学名】属名*Berberis*はこの植物のアラビア語名berberysに由来する。また一説に貝殻（berberi）に葉形が似ているからという。種形容語*tschonoskyana*はロシアの植物学者マキシモウィッチのために日本の植物を採集した須川長之助の意味。和名オオバメギは，メギに似ているが葉が大形であることによる。一名ミヤマヘビノボラズ，ミヤマメギは，深山にはえるヘビノボラズまたはメギの意味。シコクメギは四国に産するメギの意味。

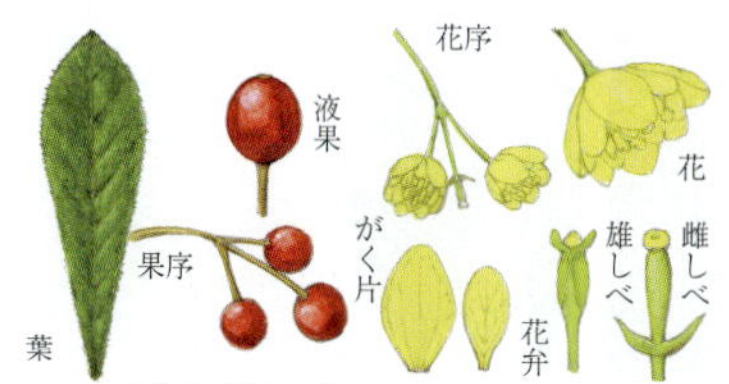

258. ヘビノボラズ（トリトマラズ，コガネエンジュ）

〔メギ属〕
Berberis sieboldii Miq.

【分布】本州（中部地方西南部，近畿地方，中国地方），四国，九州に分布する。【自然環境】やせた山野の湿地のほとりなどにはえるややまれな落葉小低木。【用途】材を染料，薬用。【形態】幹は直立し，高さ50〜70cmとなり，よく分枝する。小枝は丸く，細い稜があり，暗灰色。材は黄色。葉身は長い倒卵形または倒披針形で，先は鋭くとがり，基部はくさび形で，長さ4〜8cm，幅1.5〜2cm，縁に小さな刺毛が密に並ぶ。表面は緑色で中脈がくぼみ，裏面は白緑色で脈が隆起する。両面無毛。葉柄はごく短い。束生する葉の基部に長さ1〜1.5cmの，単一または3岐する刺針がある。秋，赤褐色に美しく紅葉する。開花は5〜6月，短枝の先の葉の基部から，やや散形状の総状花序を出し，黄色の小花を下向きに数個つける。穂の長さは約3cm。がく片は6個で広倒卵形，長さ約0.6cm。花弁は6個で，倒卵形で長さ約0.4cmとがく片より短く，基部に腺が2個ある。雄しべ6個，葯は2室で，それぞれ上方に反転する弁があり，裂開して花粉を出す。雌しべには子房が1個あり，花柱は短い。果実は液果でほぼ球形で赤く熟し，径約0.6cm。【学名】種形容語*sieboldii*はシーボルトの，の意味。和名ヘビノボラズは蛇上らずで，枝にとげがあって蛇でも登れないという意味。一名トリトマラズも同様の意味。コガネエンジュは花が黄色であることによる。

259. ヒロハヘビノボラズ 〔メギ属〕

Berberis amurensis Rupr.

【分布】北海道，本州，四国（東赤石山），九州（白岩山）に分布する。【自然環境】山地にはえる落葉低木。【用途】材と根を苦味健胃薬。【形態】幹は直立し，高さ1～3mとなる。細長の枝を密に分枝する。枝は灰褐色を帯び，縦に稜角がある。枝には3分岐したとげがある。葉は倒卵形または長楕円形で，長さ3～10cm，幅1.5～3cm，鈍頭または鋭頭で，基部は細長くとがって短い葉柄に移行する。縁には小さな刺毛が密に列生する。葉は乾くと灰緑色となって光沢がなく，両面無毛で，下面は淡緑色，細脈は網目状に著しく隆起し，洋紙質である。開花は6月頃，短枝の先に束生する葉の基部から，長さ4～7cmの総状花序を下垂し，黄色小花を10数個つける。小花柄は長さ0.6～1cm，がく片6個，花弁は6個で丸く，長さ約0.45cm，がく片より短い。果実は液果で，長さ約1cm，赤く熟す。和名は広葉蛇上らずで他種に比べ葉の幅が広いことによる。母種は朝鮮半島，中国大陸，アムールに自生する。【近似種】前年枝や葉柄が赤褐色のものをアカジクヘビノボラズ f. *bretschneideri* という。また，葉が倒卵円形または倒卵形で長さ2～5cmのものをマルバヘビノボラズ（マルバメギ）f. *brevifolia* といい，高山に自生する。タイプ産地は尾瀬至仏山。【学名】種形容語 *amurensis* はアムール地方の，の意味。

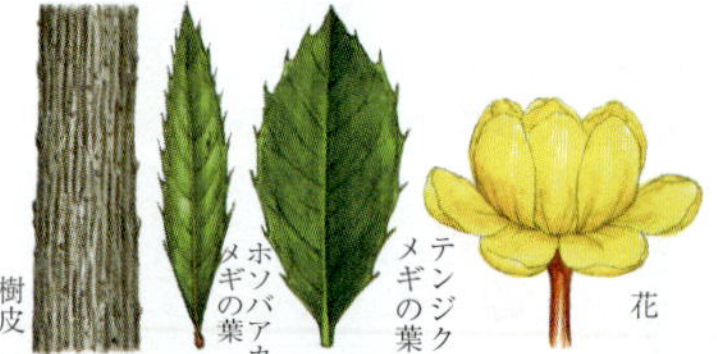

260. ホソバアカメギ（ホソバテンジクメギ）〔メギ属〕

Berberis sanguinea Franch.

【原産地】中国西部原産。【自然環境】近年（第二次大戦以後）日本に渡来し，植物園などにときに植栽される常緑低木。【用途】庭園樹として生垣，植込みに植栽。【形態】幹は高さ1～1.5mとなり，下部からよく分枝して茂る。樹皮は灰褐色で古くなると縦に裂け目ができる。枝は灰白色で互生し，短枝の基部に葉の変形した3本の鋭いとげがある。長さ1.5～3cm，ときに5cmに達する。葉は3～4個が束生し，線状披針形で長さ5～10cm，幅1～1.8cm，両端はとがり，縁に針状の鋸歯がある。葉質は革質で，表面は濃緑色で光沢があり，裏面は淡緑色でともに無毛。葉柄は長さ0.3～0.5cm。秋から冬にかけて1～2枚が黄赤色または紅色に染まり美しい。花期は4月中～下旬。短枝の先に7～8個の黄色6弁花を散形花序につける。がく片は6個で花弁状をなす。花後30日ほどたつと果実は葉柄とともに紅色に染まって美しく，その後色はあせるが，秋には長楕円形で青黒色に熟する。【特性】暖地の日あたりを好み，とくに土地を選ばない。【植栽】繁殖は実生，さし木による。強度のせん定に耐える。【近似種】テンジクメギ *B. pruinosa* は中国雲南省原産の常緑低木で，古くから公園などに植栽され，葉は長楕円形で長さ5～7cm，幅1.5～3cm，縁に針状鋸歯があり，4～5月，約1cmの黄色6弁花をつける。果実は粉白色を帯びた青黒色に熟す。

261. ヒイラギナンテン（トウナンテン）〔メギ属〕
Berberis japonica (Thunb.) R.Br.

【原産地】中国大陸，台湾，ヒマラヤ原産。【自然環境】17 世紀後半に渡来し，本州以南に観賞用として広く植栽される常緑低木。【用途】庭園樹，公園樹，花材。【形態】幹は直立して高さ 1〜3m，株立ちとなり，ほとんど分枝しない。樹皮はコルク質で灰黒色を帯び，縦に裂ける。材は黄色。全株無毛。葉は茎頂に集まって互生し，大形の奇数羽状複葉で長さ 30〜40cm，羽軸は小葉のつく節で関節する。小葉は 5〜8 対，厚い革質で光沢があり，側小葉はゆがんだ卵状披針形で無柄，長さ 4〜10cm，先は鋭くとがり，基部は外側に張り出し，縁には粗い鋸歯があり，先は鋭く針状でヒイラギに似る。開花は 3〜4 月，茎頂に数個の長さ 10〜15cm の総状花序を出し，先は垂れ下がる。花は黄色で短い柄があり，基部に宿存性の長卵形の小さい苞がある。がく片は 9 個が 3 列に並び，花弁は 6 個が 2 列に並び，弁先は 2 裂し，基部に 2 個の腺点がつく。雄しべ 6 個，葯には 2 個の弁があって反曲し花粉をはき出す。果実は液果で，楕円状球形で径約 1cm，藍黒色に熟し，表面は粉白色を帯びる。種子は少数。【特性】半日陰でやや湿り気のある肥沃土を好む。生長は早い。【植栽】繁殖は実生，さし木，株分けによる。【管理】せん定はあまり好まない。病害虫は少ない。【学名】種形容語 *japonica* は日本の，の意味。

262. ホソバヒイラギナンテン〔メギ属〕
Berberis fortunei Lindl.

【原産地】中国大陸原産。【自然環境】明治の初め頃日本に到来し，観賞用として植栽される常緑低木。【用途】庭園樹，生垣，花材。【形態】幹は高さ 1〜2m，株立ちとなる。材は黄色。全株無毛。葉は有柄で互生し，葉柄の基部はやや輪状に茎を抱く。奇数羽状複葉で長さ 15〜25cm，小葉は 2〜4 対つき，線状長楕円形で長さ 7〜13cm，幅 1〜2cm，革質で表面はやや光沢があり，先端が針状となる低い鋸歯があり，先端は鋭くとがり，基部はくさび形，葉軸に関節がある。開花は 9〜10 月，茎の先端間から，細長い，長さ 5〜7cm の総状花序を数個出し，多数の花をつけ，先端は垂れ下がる。花には短い花柄がつき，基部に広卵形で長さ約 0.5cm の苞がつく。がく片は 9 個あり，3 列に並び，広卵形で長さ約 0.3cm。花弁は 6 個が 2 列に並び，がく片より短い。花弁基部に 2 個の腺点がある。雄しべは 6 個，葯は 2 個の弁をもち，反曲して裂開する。雌しべは 1 個，花柱は短く，1 個の子房がある。液果は藍黒色に熟す。【特性】半日陰，湿り気のある肥沃土壌を好む。【植栽】繁殖は実生，さし木，株分けによる。【管理】病虫害は少ない。【学名】属名は米国の植物学者 B.Mc.Mahon にちなむ。種形容語 *fortunei* は植物採集家 R. フォーチュンの，の意味。

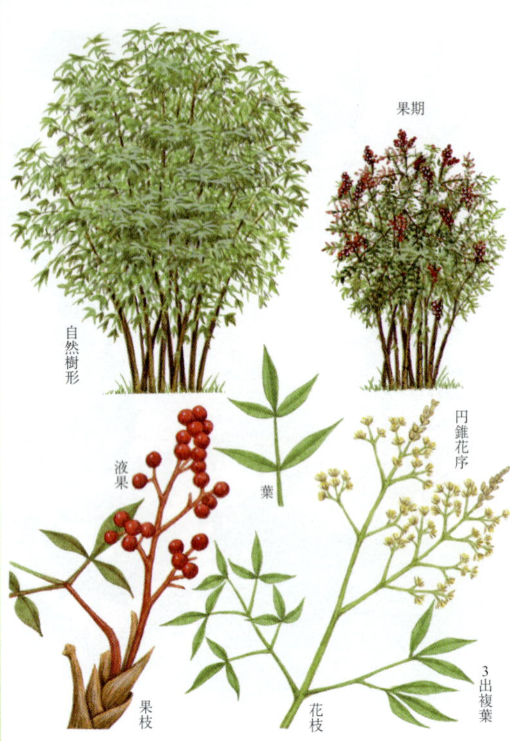

263. ナンテン 〔ナンテン属〕

Nandina domestica Thunb.

【分布】本州（東海道以西），四国，九州，中国大陸，インドに分布する。【自然環境】観賞用常緑低木として庭や庭園などに広く植栽されるほか，暖地の山地に広く野生化し，また石灰岩地にもよく生育するので，鳥による野生化か自生かの判断は難しい。【用途】庭園樹，盆栽，花材，薬用（果実，枝葉，根皮，材）。葉は赤飯の敷物。【形態】幹は高さ1～2m，株立ちとなる。樹皮は灰黒色，縦に溝ができる。材は維管束の間の細胞壁が木化したもの。内皮と根は黄色。若枝は紅褐色。葉は枝端に集まり，互生，有柄，大形の3回3出羽状複葉で長さ45cm，幅30cm，基部に関節がある。小葉は無柄で対生し，広披針形で先はとがり，長さ3～7cm，全縁，革質，濃緑色で光沢がある。開花は6月，枝端に大形の円錐花序を直立し，長さ20～40cm，ときに葉腋から花序を出す。花は径0.6cm内外で白色，多数のがく片が3個ずつ重なり，内側のものほど大きい。花弁は6個，披針形で光沢がある。蕾は球形で紅色を帯びる。雄しべ6個，子房1個，花柱は短く，柱頭は掌状。果実は10月頃成熟し，液果で朱赤色，光沢があり，径0.7～1cm。種子は2個，まれに1個のものがある。【特性】向陽地，半日陰地，適湿の土質を好む。【植栽】繁殖は実生，さし木，株分けによる。【管理】移植は春，秋の彼岸前後。病害虫は少ないが，ときにカイガラムシがつく。【学名】属名 *Nandina* は和名ナンテンによる。種形容語 *domestica* は国内の，の意味。

264. カザグルマ 〔センニンソウ属〕

Clematis patens C.Morren et Decne.

【原産地】中国山東東部，朝鮮半島，日本の秋田より九州までの全域。【自然環境】低木中，林の辺縁，くさむら，谷あいに自生する落葉つる性植物。【用途】鉢植え，庭園樹，切花。【形態】葉柄で他にまきつき，低木などにおおいかぶさる。根は橙黄褐色で針金状で長く，細根は少ない。茎は円柱状で長く幼時に白色柔毛におおわれているが，剥落し，節上にわずかに残る。葉は対生，単葉，3出葉で小葉は全縁で卵形または狭卵形で鋭尖，基部より3～5主脈があり，脈上にわずかに柔毛があり他は無毛。5月の頃，前年のびたつるより出た枝端に1花を平開し，花弁はなく，通常淡紫色，または青白色，八重咲の品種もある。花径は8～20cmぐらいあり，この仲間では最大に近い。がく片は8枚で長楕円形またはさじ形の鋭尖形，内面は無毛，基部より3条の中脈がある。中脈の外面には長い柔毛があり，その外側はしだいにまばらになり辺縁は無毛，雄しべは多数，花糸は扁平で白く，葯は細長く褐紫色。雌しべは多数で，そう果は多数が頭状に集まり，宿存花柱は3cmぐらいに育ち褐色の毛でおおわれている。【近似種】満州黄花カザグルマは林博太郎が満州より朝鮮半島に向かう途中の釣魚台付近より持ち帰った。この種は『中国植物志』の *C. patens* の記載に白色あるいは淡黄色とあり，カザグルマの1種と思われる。白色八重咲を'ユキオコシ'青色の八重咲を'ルリオコシ'という。【学名】種形容語 *patens* は開出の，の意味。

265. センニンソウ 〔センニンソウ属〕

Clematis terniflora DC.

【分布】北海道（南部），本州，四国，九州，朝鮮半島中南部，中国中部，台湾。**【自然環境】**日あたりのよい山野や道ばたなどの低木にからみついている落葉つる性植物。**【用途】**有毒植物であるが薬用にも使う。**【形態】**茎は長くのびてまばらに枝分かれし，太いものでは径 0.7cm くらいで木質となる。初めは短毛があるが，のちに無毛となる。葉は長い柄があって対生し，奇数羽状複葉で 3〜7 枚の小葉からなる。小葉は卵形または長卵形で 3〜5 脈があり，長さ 3〜7cm，幅 2〜4cm ある。質はやや厚く，全縁で，まれに 2〜3 裂し，両面に初め毛を散生するがのち無毛となる。7〜9 月の頃，葉腋から円錐状の花序を出し，多数の花をつける。花序は長さ 5〜15cm ほどである。花は上を向いて平開し，花の径は 2.5〜3cm くらいである。がく片は 4 個で，倒披針形をしており，白色の花弁状となる。花弁はない。雄しべは多数あり，花糸は長さ 0.7〜0.9cm で無毛，葯は長さ 0.3cm ほどである。雌しべも多数あり，花柱には細毛がある。そう果は扁平な卵形で長さ 0.7〜0.9cm ある。のびた花柱は白色で長さ 3cm ほどあり羽毛状である。**【特性】**有毒植物ではあるが，古くから利尿，鎮痛など，また発泡剤にも薬用として使われている。**【学名】**種形容語 *terniflora* は 3 出花の，の意味。

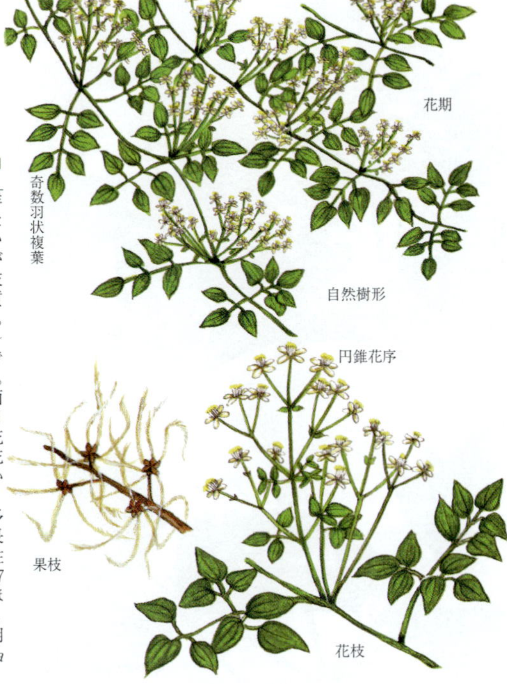

266. ボタンヅル 〔センニンソウ属〕

Clematis apiifolia DC.

【分布】本州，四国，九州，朝鮮半島，中国。**【自然環境】**日あたりのよい原野にはえる落葉のつる性植物。**【形態】**茎は稜角があり長くのびてまばらに分枝し，大きいものでは径 1.5cm ぐらいになる。葉は柄があって対生し，1 回 3 出複葉で，全体にかすかに短毛がある。小葉はやや厚く，狭卵形または広卵形で，長さ 3〜6cm くらい，先端は鋭尖形となり，基部は円形である。縁にはまばらに鋸歯がある。8〜9 月頃，茎の先端もしくは葉腋から長さ 5〜10cm の集散状円錐花序を出し，白色の小さな花を群がってつける。花の径は 1.5〜2cm ほどである。がく片は 4 個で十字形に平開し，長楕円形で，外側に白色の短毛がある。花弁はない。雄しべは多数でがくよりもやや短く，花糸は扁平である。雌しべも多数ある。そう果は狭い卵形で，宿存する花柱が長さ 1cm ぐらいの羽毛状となる。**【近似種】**変種にコボタンヅル var. *biternata* Makino がある。ボタンヅルによく似ているが，葉が小形で，関東地方中心に多く見られる。この葉はふつう 2 回 3 出状に複生し，花糸にしばしば長毛を生ずる。**【学名】**種形容語 *apiifolia* はオランダミツバのような葉をしているという意味。和名ボタンヅルは葉がボタンの葉に似ることに由来する。

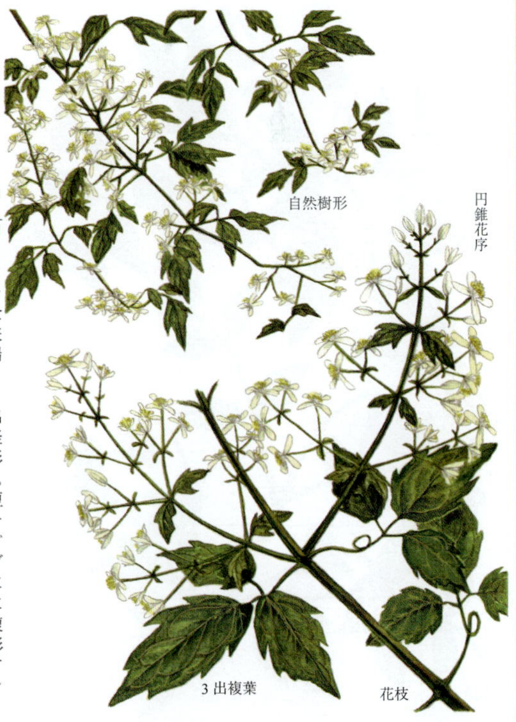

267. クサボタン 〔センニンソウ属〕

Clematis stans Siebold et Zucc.

【分布】本州。【自然環境】温帯林の林縁や草原，山道のわきなどに見られる落葉低木。【形態】多年草とされていることもあるが木質化した茎が残り，かなり太くなっていることも多い。茎は直立して高さ 50～100cm ほどになり，よく枝分かれして短毛がはえている。葉は長い柄があって対生し，3出複葉である。小葉は広卵形または卵形で，長さ8～13cm，幅 4～10cm あり，先端は短くとがり，しばしば3浅裂する。葉質はやや堅く，縁には粗い鋸歯があり，両面に毛がある。7～9月の頃，茎の先や葉腋に短い集散花序を出し，これが集まってしばしば大形の円錐花序をつくり，多数の鐘形の花を下向きに開く。がく片は4個あり，長さ 1.2～1.4cm ほど，中央部以上までは筒状となって上部は開花後次第にそり返り，外側は白色の絹毛をかぶって灰白色をしており，内側は淡紫色となる。雌雄異株。雄花は雌花よりやや大きい。雄しべは多数あり，花糸は 0.3～0.4cm で毛があり，葯は 0.4～0.5cm ほどある。雌しべは多数。そう果は卵形で花柱が宿存し，長さ 1.5cm ほどで羽毛状となる。【特性】草のように見えるが茎の下部は木質である。【近似種】花糸が葯の 2～3 倍長く，葯の長さが 0.3cm あるものをツクシクサボタンといい四国，九州に分布する。【学名】種形容語 *stans* は直立という意味。和名クサボタンは葉がボタンのようで，草のように見えることによる。

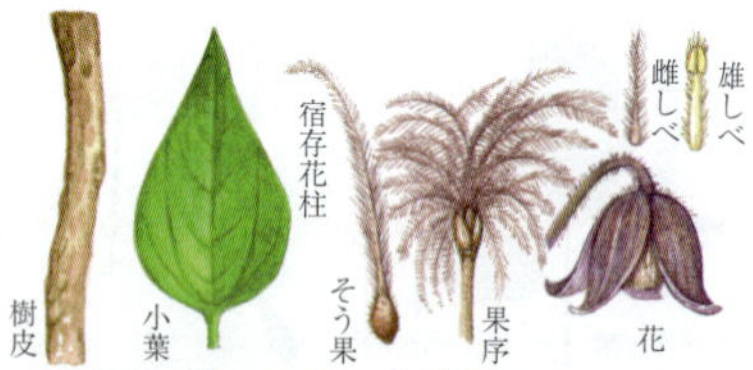

268. クロバナハンショウヅル（エゾハンショウヅル） 〔センニンソウ属〕

Clematis fusca Turcz.

【分布】北海道，千島，サハリン，カムチャツカ，東シベリア。【自然環境】寒地の草原などにはえる落葉つる性植物。【形態】茎は木化し，枝は草質で毛を散生する。葉は有柄で対生し，羽状複葉となり，ふつう 5～9 個の小葉をもつが，頂裂片は鉤形となることがある。小葉はごく短い柄をもち，卵形または卵状披針形で先端は鋭形となり，長さ 2～7cm，幅 1～4cm ほどである。全縁であるが，ときに 2～3 深裂することがあり，堅い洋紙質で，葉の裏面脈上にそって短毛がある。7～8月の頃，今年のびた枝の頂や葉腋から葉よりも短い花柄を出し，その先端に暗紫色の花を1個つける。花は広い鐘形で長さ 1.5～2cm あり，下向きに開く。がく片は4個で卵形をしており，長さ 1.7cm ぐらいあって花柄とともに暗褐色の毛におおわれていて，先は少し外側に曲がる。雄しべは多数で，葯は 0.3cm ぐらいあり，花糸は長さ 0.9～1cm ほどで上部に長毛がある。雌しべも多数ある。そう果は楕円形で毛があり，花柱は宿存してやや褐色を帯びた長さ 3cm ほどの羽毛状となる。【学名】種形容語 *fusca* は赤褐色という意味。和名クロバナハンショウヅルはこの花の色に由来する。

269. ハンショウヅル〔センニンソウ属〕
Clematis japonica Thunb.

【分布】本州，九州。【自然環境】主として温帯林の林縁や林中などによく見られる落葉つる性植物。【形態】茎は木化し，節間がのび，大きなものでは直径 1cm ぐらいになる。本年枝には軟毛があるが，のちに落ちる。葉は長柄があって対生し，3 小葉の複葉となる。小葉はわずかな柄があるか，ほとんど無柄で，卵形または楕円形，先端は短い鋭尖形で，長さ 4～9cm，縁には鋸歯がある。葉質はやや堅く，両面脈にそって毛がはえている。5～7 月の頃，長い花柄を，そう生した葉の間から出し，先端に紅紫色の花をつける。花柄は長さ 6～12cm あり，その中央あたりに 1 対の披針形の小苞がある。花は形のよい鐘形で，全開しない。長さは 2.5～3cm ある。がく片はやや肥厚質で 4 個あり，広披針形または狭長卵形をして，縁に密毛がある。花弁はない。雄しべは多数あり，葯は小さく，花糸は扁平で長さ 1.3cm ほど，上部に長毛がある。葯は 0.25cm ほどである。雌しべも多数ある。そう果は長卵形で長さ 0.6cm ぐらいあり，まばらに毛がはえている。花柱が宿存し，長くのびて尾状となり，長さ 3cm ほどもあって，白色の羽毛状となる。【学名】種形容語 *japonica* は日本の，の意味。和名ハンショウヅルはその花の形がつり下げた半鐘の形によく似ていることに由来する。

270. トリガタハンショウヅル〔センニンソウ属〕
Clematis tosaensis Makino

【分布】四国，本州。【自然環境】山地の林縁や林の中に自生する落葉つる性植物。【形態】茎は古いものでは木化しているが，本年枝は細くて軟らかく，軟毛があるがのちには落ちる。全体にあまり大きくならず，草本や低木の上をはうようにしてのびていることが多い。葉は柄があって対生し，3 小葉からなる複葉である。小葉は無柄か，またはわずかに柄があり，楕円形で先端はとがり，長さ 4～9cm あり，縁には鋸歯がある。葉質もやや堅く，ハンショウヅルによく似ているが葉面の緑色が薄く，小葉はやや幅が狭い。5～7 月頃，ハンショウヅルに比べるとずっと短い，長さ 1～4cm の花柄を出し，その先に黄白色または乳白色の花を下垂する。花柄の小苞は基部にあって目立たない。鐘形の花は長さ 2～3cm ほどである。がく片は 4 個あり，やや薄質で，先は丸く，内面は無毛で外面には長毛があり，縁辺はやや密毛がある。雄しべは多数あり，葯は小さい。そう果は狭卵形で，花柱は宿存し，これが長くのびて尾状となり，羽毛状をしている。【学名】種形容語 *tosaensis* は最初の発見地，高知県（土佐）にちなんでつけられたもの。和名トリガタハンショウヅルも本種の最初の発見地である高知県の鳥形山に由来する。

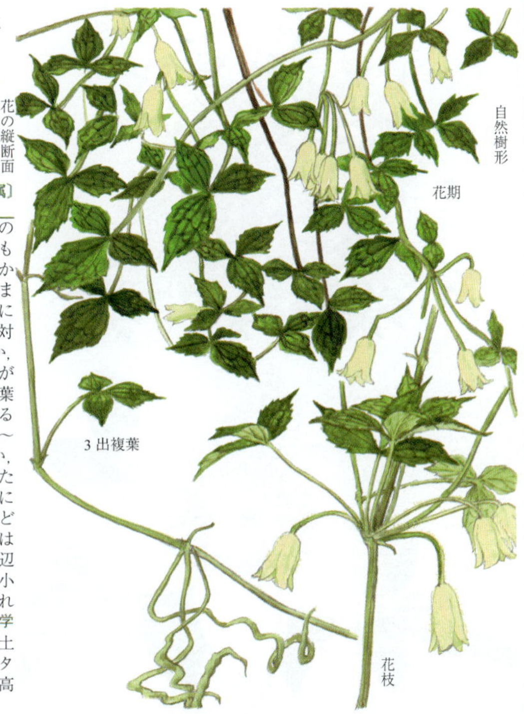

271. ミヤマハンショウヅル〔センニンソウ属〕

Clematis alpina (L.) Mill. subsp. *ochotensis* (Pall.) Kuntze var. *fusijamana* Kuntze

【分布】本州（中部地方以北），北海道，千島，サハリン，カムチャツカ，東シベリア。【自然環境】高山帯から亜高山帯などにはえる落葉つる性植物。【形態】茎は細長く，初め軟毛があるがのちに毛はなくなり，円柱形である。葉は柄があって対生し，2回3出複葉となる。小葉は卵形または卵状披針形で，先は急にとがり，長さ2.5～8cm，幅1.5～4cmほどある。葉質は薄く，両面にまばらにねた毛がある。7～8月の頃，長い花柄を，そう生した実の間から出し，柄の先に鐘形の大きな濃紫色の花を1個下向きにつける。花柄は8～15cmほどあり，小苞はない。がく片は4個あり，狭卵形で先端は鋭尖形となり，長さ3～4cmほどあり，縁には白毛がはえ，背に少し毛がある。雄しべは多数，葯は小さく，花糸に短毛がある。10数個の外部の花糸には葯がない。線状へら形で長さ1.5～1.8cm，幅0.3cmぐらい，円頭で白色。雌しべは長さ0.7～0.9cmあり，花柱の上端を除いて白色の軟毛を密生する。そう果は円形または倒卵形で扁平となり，長さ0.3～0.4cm，両側に短毛がある。花柱は宿存し，長くのびて尾状となり長さ2～3cmあって，やや褐色を帯びた羽毛状となる。【学名】亜種名 *ochotensis* はシベリア東岸の Ochotsk の意味。

272. テッセン〔センニンソウ属〕

Clematis florida Thunb.

【原産地】中国（広西，広東，湖南，江西省）。日本では栽培している。【自然環境】低山の低木中，山谷の小川のそばに自生する落葉つる性植物。東京では冬期でも葉が残る。【用途】観賞用に鉢や庭に植える。薬用。全草を利尿，解毒，痛風，虫蛇よりの傷に，根は解毒，利尿，去痰に効がある。【形態】高さ1～2m，茎は茶褐色～紫紅色で6すじの縦縞があり，円柱形で短毛がまばらにはえている。葉は有柄で対生し1回3出か2回3出複葉で12cmになる。小葉は狭卵形～披針形で2～6cm，葉の幅は1～2cmの全縁または欠刻があり，両面無毛で，小葉柄があり，葉柄で支えに巻きつき伸長していく。花は5～6月，葉腋より出て，花梗は5～10cmで中央より下に2cmぐらいの葉状の苞を対生し，軟毛がはえている。花は5～6cm，平開し花弁なく，がく片は6枚，白色，倒卵形で鋭尖，長さ3cm，幅2cm，内面は無毛，外面には3すじの中脈があり，密な絨毛でおおわれている。辺縁は無毛，雄しべは多数で紅紫色，花糸は変形し扁平で無毛，雌しべは多数あるが結実しない。【近似種】シロマンエ（白万重）はテッセンの枝変わりである。また中国のテッセンは結実し，*C. florida* 'Plena' はシロマンエと同種と思われるが，『中国植物志』28巻によると，自生地は雲南，浙江両省。マンシュウキ（満州黄）は5～6月に微黄色の8弁花を開く。【学名】種形容語 *florida* は花の目立つ，の意味。

273. クレマチス 'エドムラサキ'

〔センニンソウ属〕

Clematis 'Edomurasaki'

【系統】クレマチスの園芸品種。クレマチスは，1596 年スペインよりビチセラが入ったが，インテグリフォリアなどの 4 弁，横向きか下向きの花しか知られていない。英国に，1805 年ツンベルグにより東洋より *C. florida*（八重咲白色ユキオコシ？）が，1836 年日本よりカザグルマが，1850 年中国よりラヌギノサがロバート・フォーチュンによりもたらされた。カザグルマ，ラヌギノサが主で，ビチセラ，インテグリフォリアなどと交配し，ジャックマン，ヘンダーソン両農園が改良に大きな力があった。この頃，日本よりヤマユリが輸入され，センセーションを起こしたのと同時期であるが，19 世紀末になると病気により急激に人気が衰えていった。【形態】ビロード状の古代紫色で咲き始め，しだいに菫色に変化する。葯は紅紫色，花糸白色。がく片は 6 枚，幅は広く花径 18cm，新旧両枝に花をつけ，四季咲性強い晩生種。つるはよくのび 1.5m，夏期の高温を嫌うが栽培しやすい種。【近似種】'フジナミ（藤浪）' は，花色は鮮藤色の波状の 6～8 弁花，花心は黄色。やや晩生の中輪花で花心とのコントラストは優雅である。どちらかというと新梢咲で太いつるによく花をつけ四季咲性強く，秋にもよく花をつける丈夫な種で，高さ 1.5m。'フジムスメ（藤娘）' は，すっきりした藤色の 6～8 弁花で花形は整い，旧枝には大輪，新梢には側枝より次々と花をつけ，数十輪の花を見ることができるが，多花のためつるののびが悪く，1m 前後。

274. クレマチス 'ミサヨ'

〔センニンソウ属〕

Clematis 'Misayo'

【系統】クレマチスの園芸品種。日本の四季咲クレマチスは，大正の頃より輸入され，林博太郎が英国よりザ・プレジデントを持ち帰った。以後，荒井正十郎，久保田好雄，久保田美夫，石綿光太郎，金子佑，西部由太郎，小沢一薫や坂田種苗などで改良が行われ，桜井元は多数改良命名したがほとんど品種が残っていない。ごく最近になると多くの改良家が出ているが，その品種はまだ入手しがたい。また，戦後 1950 年頃に外国より新品種が，1960 年以後は園芸品種ととくに原種の輸入がさかんになった。【形態】白地に薄藤色の覆輪 6～8 弁の剣弁受咲頂点 1 花で，雄しべは紅紫色，花糸は白色の切花品種として改良された品種。花径は約 13cm。【近似種】'ゲンジグルマ（源氏車）' は薄桃地の中央に紅色のすじが入る 6～8 弁花で，葯は紅紫色，花糸白色で頂点 1 花咲き，がく片は薄く平開すると外側に弁端がそるので，軟らかな感じの花。花径は 10cm，高さ 1.5m。肥培によりセミダブルになることがある。'ミサヨ' と 'ゲンジグルマ' は石綿光太郎作出。'ジョウネン（常念）' は紫色で，花径が 20cm にもなる大輪で，葯は茶褐色，花糸は白色，弁は厚く花もちはよく，新梢，旧枝ともに咲くが，どちらかというと花つきがよいほうではない。坂田種苗作出。

人工樹形 ‘カキオ’

‘カキオ’

‘カワサキ’ ‘アサウ’

275. クレマチス ‘カキオ’ 〔センニンソウ属〕
Clematis ‘Kakio’

【系統】クレマチスの園芸品種。【形態】形の整った丸弁の8弁花。弁は厚く花もちのよい赤花で，弁の三中脈上が多少花色が薄い。花心は黄色で大輪，多花性の早生種で，旧枝咲。芽ぶきもよく栽培しやすい品種。花径15cm，高さ1.5m。【植栽】クレマチスの植付けには，用土は保水性と排水性に富んだ中性用土を用いる。有機質が多く含まれていると生育はよいが，病気の発生も多い。用土として，鹿沼土，赤玉土単用，またはそれらに2〜3割の腐葉土，ピートモスなどを配合するのもよい。植付け時に5〜6号鉢に1節深植えし，マグアンプKの大粒を15〜20粒程度施しておくとよい。【近似種】‘カワサキ（川崎）’は，花色は濃青紫色の大輪剣8弁花で，施肥の状態で赤みを帯びることもある。カザグルマのような渋味のある花で，花心は紅紫色で，花形が乱れるくせがある。丈夫で新梢，旧枝ともよく咲く多花性で樹勢もよい。花径13cm。‘アサウ（麻生）’は，8弁の剣弁花で，がく片の基部より三中脈上は淡桃色，外側は濃桃色，外側は濃桃色の一季咲で，新梢，旧枝ともよく花がつき，花径は15〜18cm。花心は黄色の優良種。以上3種は小沢一薫作出。高さ1.5m。

鉢植え樹形 ‘テシオ’

‘テシオ’

‘ウンゼン’ ‘シラネ’

276. クレマチス ‘テシオ’ 〔センニンソウ属〕
Clematis ‘Teshio’

【系統】クレマチスの園芸品種。【形態】花色は薄いピンクがかった藤色。弁数は約40枚。中輪，多花性。育ちにより弁の外側が葉のようになるのが欠点。樹勢は強く作りやすい。【植栽】繁殖はさし木による。用土はパーライト単用，かん水は毎日行い，日中葉がかすかにしおれるぐらいのなるべく強い日照の所に置く。時期は5〜8月中旬まで（地温20℃以上になった時期）。つるの細い品種は新梢を2〜3節穂とすると2〜3週間で発根，つるの太い品種はその年のびたつるで皮が橙色〜褐色になったとき1節ざしをすると，40〜50日で発根する。このときの穂は単葉の場合は半分，3出葉の場合は小葉を2枚切り取る。さし木をしてから2週間ぐらいよりチッソ，リン酸，カリが等量に近い化成肥料の1000倍液をかん水代わりに週1回施し，発根してから2週間後に3号のビニールポットに1本ずつ定植する。このときマグアンプKの大粒を3〜4粒入れる。用土は鹿沼土，その後は秋まで1000倍の液肥を7〜10日に1回施す。新梢ざしはつるがのびるが，堅いつるをさした場合ほとんど翌春にならないとつるはのびてこない。堅いつるの場合は葉面積が大きいので，場合によっては半日陰か，寒冷紗で日よけをしなければならないときがある。さし床は5〜6号の半鉢にパーライトを使用する。【近似種】‘ウンゼン（雲仙）’は薄い藤色花，‘シラネ（白根）’は白色花。

277. クレマチス ‘アサガスミ’ 〔センニンソウ属〕
Clematis ‘Asagasumi’

【系統】クレマチスの園芸品種。【形態】咲き始めは白地に淡い青色の入った剣弁花で，平開すると白色。弁質の厚い花径は 18cm に及ぶ。がく片は 6～8 枚，花心は淡黄色の中性花で，つるは太く 3 出葉も大きい。花もちのよい名花である。【植栽】クレマチスを栽培するには，夏の高温を嫌うので東京では春より 5 月までと，9 月中旬より全日日照，夏期は半日陰に置く。水をたいへん好み，湿度があり風通しのよい中性で栄養分に富んだ土壌を好む。肥料は好むが，薄い肥料を回数多く施すとよい。早くつるをのばすには支柱を立ててつるを誘引する。【近似種】‘ハクオウカン（白王冠）’は濃紫赤色，極早生の多花種で，弁は 8 枚の剣弁花，花心は花に比べて大きく白色で，王冠のようでコントラストがよい。ただ花粉が多く弁を汚すのが欠点である。高さは 1～1.5m で鉢物栽培によい。英国で入賞した名花。多肥栽培するとセミダブルに咲くことがある。‘アッパレ（天晴）’は光沢のある紫色で，弁端には赤紫色の覆輪が入る。がく片は波状弁で 6～8 のしっかりした早生種。大輪で花心は紅紫色，蕾は長い軟毛におおわれ，古株になると，花つきがよいため，つるは長くのびない。以上 3 種は久保田好雄の作出。

278. クレマチス ‘イセハラ’ 〔センニンソウ属〕
Clematis ‘Isehara’

【系統】クレマチスの園芸品種。【形態】濃い空色花，がく片は細い丸弁，花径 15～20cm，がく片の中央はわずかに色が薄い。花心は白色，多花性で秋までよく花をつける。つるは太く矮性種で，丈夫で栽培容易。【植栽】クレマチスの肥料は，植付け時および春の芽出し前に緩効性のマグアンプK（大粒）を露地植えでは 1 握りぐらいを 30cm ぐらい離して施し，6 号鉢ぐらいでは 30 粒ぐらいを鉢の縁に埋めてやる。追肥としては葉類野菜用のチッソ分の多い肥料の 1000 倍液を，露地では月に 1 回，鉢植えでは週 1 回かん水代わりに施し，期間は 4～10 月，花の咲く前は 1 回ひかえる。梅雨前，11 月には少量の草木灰を施すとよい。【近似種】‘ハコネ（箱根）’は桃色の剣弁花でがく片中央に濃桃色のすじが入り，がく片は 8 枚，花径は 10～15cm で花つきはよいほどではないが，秋にはりっぱな花を多くつける。花心は白色，つるは約 3m ぐらい，分枝も株立ちもよい。‘フジヤエ（富士八重）’は白色八重咲種。がく片は薄く透き通るような感じで，いくらか外側に垂れる。軟らかな感じの花で花径 10cm，多花性で春の花つきはことによい。四季咲性で丈夫で栽培しやすい品種。高さは 1.5～2m で鉢栽培によい。以上 3 種は，西部由太郎の作出。

鉢植え樹形
‘ワカムラサキ’

‘ワカムラサキ’

‘ギンガ’　‘ジョウザンノサト’

279. クレマチス ‘ワカムラサキ’ 〔センニンソウ属〕

Clematis ‘Wakamurasaki’

【系統】クレマチスの園芸品種。【形態】春は，咲き始めは紫色の地に弁の中央に紅色のすじが入りしだいに退色し，夏はベルベット状の花が咲く。雄しべは海老茶色でコントラストのよい中輪多花種。幅の広い6弁の剣弁花で，花形もすっきりしている。早川広作出で，花径は12cm。【管理】露路植えの株は，夏期降雨がないときたっぷりかん水する。鉢栽培では水を好むので毎日のかん水でよい。水に多く酸素を含んでいる場合は腰水をしてもよいが，ビニールプールなどの大きい所で行うと，病気やネマトーダを広めることがあるので注意する。【近似種】‘ギンガ（銀河）’は，咲き始めは白地に青色のぼかしのある美しい花で，退色し平開すると白色になる。6〜8弁の中輪多花の矮性種で，花心は淡黄色，葉は小さく薄い。鉢物栽培に向く品種。早川広，樫本潔合作で，命名は早川広による。‘ジョウザンノサト（丈山の里）’は旧枝についた花は白地に淡赤色のすじ入りで，そのコントラストはすばらしい。若株についた花はすじが入りにくく，花心は茶褐色，中輪多花性の，弁幅の広い剣弁の6弁花で受咲。花の散りぎわにがく片が外側に垂れる欠点がある。鉢栽培にはよい品種。早川広の作出。

人工樹形 ‘ミョウコウ’

‘ミョウコウ’

‘ノリクラ’　‘ツバクロ’

280. クレマチス ‘ミョウコウ’ 〔センニンソウ属〕

Clematis ‘Myōkō’

【系統】クレマチスの園芸品種。【形態】がく片の細い波状の剣弁花。赤地にピンクの覆輪の入った派手な花をつける。その赤色は他に比して澄んでおり，花径は15〜17cmの6〜8弁花。雄しべは茶褐色，花糸は淡黄色，新梢，旧枝によく花がつく，丈夫で樹勢も強い派手な品種。欠点はいくらか花形が乱れることである。【管理】クレマチスの病気は，立枯れ病，白絹病，ウドンコ病，赤サビ病が主で，高温高湿期にいちばん恐ろしい，地上部の枯れる立枯れ病を発生するが，どの病気も殺菌剤を散布して予防し治すことができる。立枯れ病が発病したら周囲の消毒を2〜3回行い，完全に絶やすこと，白絹病の場合は用土を殺菌剤で2〜3回かん注消毒すると以後の発病率が下がる。【近似種】‘ノリクラ（乗鞍）’は赤みを帯びた青色で，咲き始めて平開すると渋味のある青色。8弁の剣弁花で弁の中央は多少色が薄い。弁質厚く新梢，旧枝にも花をつけ，花径は13cm。花心は紅紫色，節間が非常に短く，無支柱や4号鉢ぐらいでも栽培のできる品種。高さは1m前後。‘ツバクロ（燕）’は江戸紫を鉢物品種に改良したような品種で，弁の広い剣弁花。花心はチョコレート色，花径は18cm，高さは1〜1.5m。江戸紫よりがく片のつやが多少劣り，波状弁である。花は新梢，旧枝ともによくつく。以上3種は坂田種苗の作出。

‘ハクチョウ’　‘キリガミネ’

鉢植え樹形
‘タテシナ’

‘タテシナ’

281. クレマチス‘タテシナ’　〔センニンソウ属〕
Clematis ‘Tateshina’

【系統】クレマチスの園芸品種。【形態】咲き始めは淡赤色を帯びた藤紫色。平開すると地味な藤紫色の丸弁で6～8弁花。がく片は薄く，花心は淡黄色。この仲間の種苗登録1号の品種で，無支柱栽培品種として発表された。暖地では，数節のびたら2～3節残して切り戻すことを続ければ，春は無支柱で開花を見ることができる。根もとへの日照と通風に十分留意する。旧枝咲性が強く，高さは1～1.5m。【管理】クレマチスを食害するものには，アブラムシ，アカダニ，カイガラムシ，ナメクジ，カタツムリ，ヨトウムシ，ハマキムシなどの地上の害虫，地下にはネマトーダ，ネキリムシおよびミミズを食べにくるモグラがある。駆除についてはそれぞれ特徴のある農薬を使用したほうが効率的ではあるが，家庭園芸では種類を少なくしたほうがよい。【近似種】‘ハクチョウ（白鳥）’は咲き始めに薄ピンク色を帯びるが，平開すると白花で金属光沢を帯び，丸弁の6～8弁花。花心は淡黄色，旧枝咲で分枝は少なく，花径は15cm，高さは1～1.5mの栽培しやすい品種。‘キリガミネ（霧ヶ峰）’は深みのある青色細弁の抱え咲の6～8弁花で，花径13～15cm，花心は茶褐色，新梢，旧枝ともに花つきがよく，行燈作り，フェンス作りには最適品種。以上3種は坂田種苗作出。

‘キキョウ’　‘コチョウ’

鉢植え樹形
‘ヒサ’

‘ヒサ’

282. クレマチス‘ヒサ’　〔センニンソウ属〕
Clematis ‘Hisa’

【系統】クレマチスの園芸品種。【形態】濃紫色の整った姿の花で先が鋭尖の丸弁の6弁花，がく片の基部からのびている三中脈がはっきりしている。花径は13～15cm，花心は白色，花つきはふつうで頂点1花咲，高さは1.5m。分枝は少ない。金子寿子作出。【管理】クレマチスの農薬は，ネマトーダの薬は薬害が多いのでかけないほうがよい。よほどひどくなっても枯れることはないので，さし木で次の株を育てる。カイガラムシは冬期1～2回殺菌剤で，カタツムリ，ナメクジは専用の駆除剤で，他の害虫は浸透移行性の殺虫殺菌剤で駆除するが，発生時には，虫体に散布液がつくと死滅する接触剤の散布を行う。ただヨトウムシの3齢以後にはあまり効果がないので捕殺する。【近似種】‘キキョウ（桔梗）’。現在キキョウとして市販されている品種は，桜井元の品種と異なり，紫色の受咲でしだいに退色しキキョウ色となる。このとき弁も育っていき，車のような咲き方になる。弁は8枚丸弁で，花心は白色。昔の品種より花つきがよい。高さは2m。分枝はふつう。‘コチョウ（胡蝶。旧名保名）’は白地に紅色のすじの入った中輪多花性品種で，がく片間の基部が糸状にすく。花径8～10cmの6弁花で，環境の変化に反応しやすく，ピンク色になったり，ほとんど色の出ないこともある。高さは矮性で，花つきよく，ピンチ後40～45日で次の花が見られる。花心は白色，鉢栽培には最適種。可憐な花である。作出者不明。

283. アオカズラ（ルリビョウタン）〔アオカズラ属〕
Sabia japonica Maxim.

【分布】四国，九州，中国大陸に分布する。**【自然環境】**暖地の山野に自生する落葉つる性植物。**【用途】**庭園樹。**【形態】**新しい枝は緑色で曲がりくねり，褐色の短毛がある。次年枝は葉柄基部が木化して先は2裂し，うち1片はとげ状となる特徴がある。葉は有柄で互生し，葉身は卵状長楕円形で長さ4～9cm，先端はとがり，基部はくさび形か円形で，全縁，表面は深緑色で，革質，光沢があり，裏面は淡緑色でときに白色を帯び，主脈上にわずかに粗毛がある。開花は3～4月，葉に先立って，落葉した葉腋から1～3個の黄色小花を束生する。花柄は長さ0.5～0.7cmで有毛。がくはごく小形で4～5裂する。花弁は5個で，倒卵形で長さ約0.35cm。雄しべは5個で花弁より短く，葯は丸い。花柱は長さ約0.3cm，基部はしだいに太くなり，子房は上位で1～2室があり，基部に花盤がある。果実はやや扁平でゆがんだ球形で長さ約0.6cm，青く熟し，ときに2心皮とも熟して双生状となる。果柄は長さ2～3cm，先のほうがしだいに太くなる。**【学名】**属名*Sabia*はベンガルの土俗名sabialatに由来する。種形容語*japonica*は日本産の意味。和名アオカズラは枝が青緑色の葛であることによる。また，実がしばしば双生することから瑠璃瓢箪（ルリビョウタン）と呼び，観賞用に栽培される。

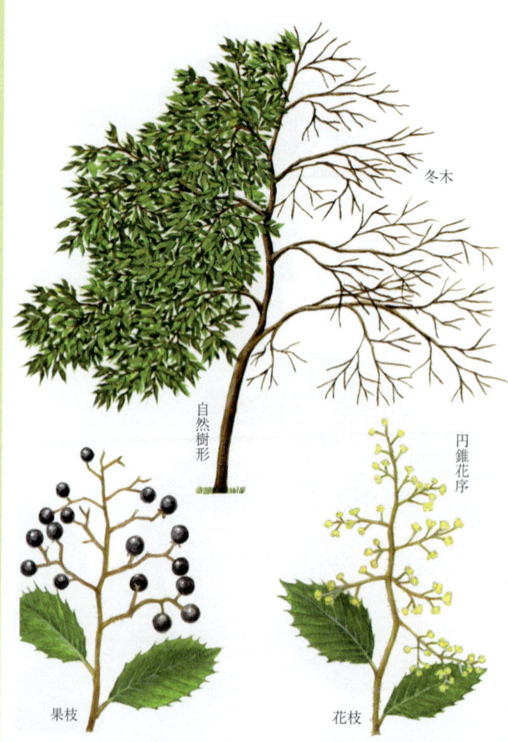

284. ミヤマハハソ（ミヤマホウソ）〔アワブキ属〕
Meliosma tenuis Maxim.

【分布】本州，四国，九州，中国大陸に分布する。**【自然環境】**山地にはえる落葉低木。**【用途】**籠の縁材。**【形態】**幹は高さ3～5m。樹皮は淡褐色。枝は暗紫色を帯び，若枝には褐色毛が密生する。冬芽は裸芽で褐色毛が密生し，卵形か広倒卵形で先端は円形またはとがり，頂芽は側芽より大きく長さ0.3～0.5cm。葉は有柄で互生し，葉身は倒卵状長楕円形で長さ6～15cm，幅3～6cm，先端は尾状に鋭くとがり，基部はくさび形で，縁には三角状または波状の粗い鋸歯があり，葉質は薄い。表面にはまばらに多細胞の毛があり，裏面，とくに脈腋に褐色毛を密生する。側脈は7～14対ある。葉柄は長さ1～1.5cm。開花は5～6月，枝先に三角状で長さ10～15cmの円錐花序を傾け，黄緑色5弁で直径約0.4cmの小花を多数つける。花柄は長さ0.1～0.3cm。がく片は小形，広卵形で3～4個。花弁は5個で，3個は円形で直径約0.25cm，2個は先が2裂した鱗片状で，2個の完全雄しべの基部につき，雄しべは虫がとまるとはじけて花粉を虫のからだにつける。果実はやや球形で黒く熟し，直径約0.4cm。**【学名】**種形容語*tenuis*は薄いの意味。別和名ミヤマホウソは葉がホウソ（コナラ）に似て深山にはえることによる。

285. アワブキ　〔アワブキ属〕

Meliosma myriantha Siebold et Zucc.

【分布】本州，四国，九州，朝鮮半島，中国大陸に分布する。【自然環境】山地にふつうにはえる落葉高木。【用途】薪材。【形態】幹は高さ 10～15m，胸高直径 30～40cm になる。樹皮は褐色で，皮目が多数つく。若枝には褐色の細毛がある。冬芽は裸芽で褐色の毛を密生し，互生する。頂芽は側芽より大きく，広倒卵形で長さ 0.6～0.8cm，数個が束生し，先端は内側に少し曲がる。葉は有柄で互生し，葉身は長楕円形または倒卵状長楕円形で，長さ 10～25cm，幅 4～8cm，先端はとがり，基部は狭いくさび形で，縁には短い芒状の鋸歯があり，側脈はやや平行して 20～27 対あり，洋紙質。表面は深緑色で表裏とも多少細毛があるが，裏面脈上には汚黄色の短毛がある。開花は 6～7 月，枝先に直立した大形の円錐花序をつけ，多数の淡黄白色で直径約 0.3cm の小花をつける。花柄は長さ 0.1～0.2cm。がく片は 5 個，花弁は 5 個で，3 個はほぼ円形，2 個は線形。雄しべは通常 2 個が完全で，3 個は退化して鱗片状となり，円形の花弁の基部について子房を包む。雌しべは 1 個，花柱は短く，子房は 1 室。果実は球形で直径約 0.4cm，秋に赤熟する。【学名】属名 *Meliosma* は meli（蜜）と osme（香り）の合成語で，蜂蜜の香りの意味。種形容語 *myriantha* は多数花の意味。和名アワブキは枝を燃すと切口からさかんに泡を吹き出すことによる。

286. ヤマビワ　〔アワブキ属〕

Meliosma rigida Siebold et Zucc.

【分布】本州（静岡県以西），四国，九州，沖縄，台湾，中国大陸に分布する。【自然環境】暖地の常緑林内にはえる常緑小高木。【用途】器具材（担棒，柄，箸，砂糖樽など），シイタケ榾木，薪炭材。【形態】幹は高さ 7～10m となり，胸高直径 30cm に達する。材は黄赤色を帯び，軽く，堅くて丈夫である。若枝や花序，葉裏，葉柄などには褐色の綿毛が密生する。葉は有柄で互生し，葉身は倒披針形で長さ 10～30cm，幅 3～7cm，先は急に鋭くとがり，基部はしだいに細まって葉柄に流れる。縁は全縁または上半部にまばらに鋸歯があり，若木の葉では芒状の粗い鋸歯になる。葉質は厚く革質。裏面の脈は隆起し，褐色毛を密生する。側脈は 10～16 対。開花は 5～6 月，枝の先端に大形の円錐花序をつけ，ほぼ無柄の白色で直径約 0.4cm の小花を多数密生する。がく片は 5 個で大小不同。花弁は 5 個，うち 3 個はやや円形で長さ約 0.25cm あり，2 個は小形で先は 2 分する。雄しべは 5 個あり，うち 2 個が完全で，外側へそり返る。3 個は鱗片状に退化し，大きい花弁の基部につき，先は浅く 2 裂する。果実は核果で，球形，直径約 0.6cm で晩秋赤く熟し，やがて黒紫色となる。【特性】伊勢神宮では発火用のキリに本種を昔から用いている。【学名】種形容語 *rigida* は堅い材の意味。和名ヤマビワは葉の形がビワに似ているところからきている。

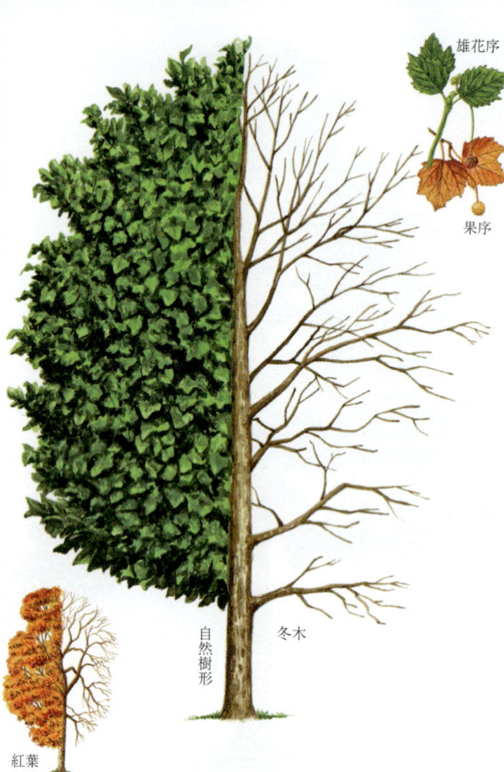

287. アメリカスズカケノキ（ボタンノキ）〔スズカケノキ属〕

Platanus occidentalis L.

【原産地】北米。【自然環境】各地で植栽されている落葉高木。【用途】公園樹，庭園樹，街路樹。【形態】ふつう樹高は 15～20m になるが，35m に達するものもある。樹皮は暗褐色で縦に割れ目ができ，ほとんどはげ落ちることはない。葉は有柄で互生し，広卵形で長さ 7～20cm，幅 8～22cm，浅く 3～5 裂する。縁には粗い歯牙があり，若葉のときは両面に星状の綿毛が多いが，のちには裏面の脈上に短毛を残すのみとなる。葉の中央裂片は下に折れ下がる傾向が強い。葉柄は長く，基部は冬芽を包んでいる。托葉は大形で茎をとりまき，縁には鋸歯がある。4 月頃，雌雄花がそれぞれ球状の花序にまとまり，長い花序柄の先に下垂する。雄花序は暗黄赤色で，雌花序は淡緑色である。果実は球状に集まり，ふつう 1 個まれに 2 個，垂れ下がってつく。球状果は径 2.5～3cm，果実のとげは鋭くない。【特性】新葉に綿毛が多く，病弱の人や乳児などにアレルギーを起こさせるといわれる。適潤な，土壌の深い肥沃地を好み，乾燥には弱いが樹勢は強いのでふつうの土地なら育つ。【植栽】繁植は実生またはさし木による。さし木はスズカケノキに準ずる。【管理】強いせん定ができるので樹形は自由に整えることができる。【学名】種形容語 *occidentalis* は西方の，という意味。

288. スズカケノキ（プラタナス）〔スズカケノキ属〕

Platanus orientalis L.

【原産地】西部アジア，南東ヨーロッパ。【自然環境】各地に植栽されている落葉高木。【用途】公園樹，庭園樹，街路樹。【形態】樹高はふつう 15～20m であるが，大きいものでは樹高 35m に達するものもある。樹皮は滑らかで大きくはがれ落ち，そのあとが白と緑のまだらとなり特徴的である。冬芽は葉柄に包まれている。葉は有柄で互生し，広卵円形で長さは 6～20cm，幅 7～23cm，手のひら形に深く中裂して，裂片には大きく鋭い鋸歯がある。初めは星状毛が多いが，のちやや無毛となる。托葉は小形で全縁。4～5 月，雌雄花を別々の球状花序につける。雌花序，雄花序は 3～4 個ずつ穂状に 1 花軸につく。雄花序は黄色で雌花序は淡緑色である。果実は球形に集まり，熟して黄褐色となり，果軸に 3～4 個下垂する。そう果は上部が鋭くとがるので，球状花の表面は高い突起が密生しているように見える。日本には明治の終わり頃輸入された。【植栽】繁殖は実生またはさし木による。さし木は 3 月頃，または新枝を 7 月頃にさす。活着はよく生育も早い。【学名】属名 *Platanus* は広いという意味。種形容語 *orientalis* は東方の，という意味。スズカケノキの和名は，球状花が花軸に連なって垂れ下がる姿を山伏の首にかける装飾に見立てたもの。

289. モミジバスズカケノキ（カエデバスズカケノキ）
〔スズカケノキ属〕
Platanus × *acerifolia* (Aiton) Willd.

【系統】スズカケノキとアメリカスズカケノキとの雑種。【自然環境】各地でさかんに植栽されている落葉高木。【用途】公園樹，庭園樹，街路樹。【形態】大きいものでは樹高35mぐらいになる。広く枝を張り，若枝には褐色の綿毛を密布する。樹皮は大きくはがれ落ちる。葉は有柄で互生し，広卵形で浅く3～5裂し，基部は心臓形または切形で，全縁あるいはわずかに歯牙がある。葉の形はアメリカスズカケノキに似るが，中央裂片は下に折れ下がることはない。托葉はふつう大きいものが多い。4～5月，雄花序，雌花序を別々の花序柄につける。球状果はふつう2個つくが，まれに1個，3個のこともあり，径2.5cmほどあり，果実の先のとげは鋭くとがる。【特性】厳しい乾燥と湿気には弱く，適度に湿気のある深い肥沃な土壌によく育つが，樹勢は強く，媒煙などにも耐える。他の2種よりも，日本では最近よく植えられている。【植栽】繁殖は実生もしくはさし木による。さし木はプラタナスに準ずる。【管理】移植は葉の開く前の3月頃がよい。肥料は冬期に鶏ふん，化成肥料などを施す。この類はアメリカシロヒトリの害には十分気をつけなければならない。【学名】種形容語 *acerifolia* はカエデ属 *Acer* のような葉という意味。

290. ヤマモガシ（カマノキ）　〔ヤマモガシ属〕
Helicia cochinchinensis Lour.

【分布】本州（東海，南紀，山陽），四国，九州，沖縄，台湾，中国，インドシナに分布。【自然環境】温暖な海岸地方の森林内に自生，または植栽される常緑小高木。【用途】公園樹，庭園樹，街路樹。材は器具，装飾などに用いる。【形態】幹は直立，枝多く高さ5～8m，幹の直径15～20cmであるが，大きいものは高さ13m，直径40cmに達する。樹皮は紫褐色で平滑である。小枝は緑色無毛，枝は紫褐色。葉は互生，有柄，葉身は倒披針形または長楕円形で，両端は鋭尖形である。縁は上半部に鋸歯があるか全縁。若木の葉には明瞭な刺尖鋸歯がある。長さ5～12cm，幅1.5～5.5cm。革質で無毛，滑らかで淡緑色をしている。雌雄同株で，開花は8～10月頃。葉腋から10～15cmの総状花序を出し，多数の柄のある白い花をつける。果実は堅い液果で楕円形をなし長さ1～1.2cmあり，黒熟する。【特性】陰樹。暗い樹陰下でも稚樹を発生し生育する。適潤な谷あい，緩傾斜地を好む。【植栽】繁殖は実生による。採りまきか，春床まきする。【管理】ほとんど手入れの必要がなく，数年に1度枝抜きすればよい。せん定は芽出し前，または7月あるいは10月頃。【学名】種形容語 *cochinchinensis* は交趾支那（今のベトナムあたり）の，の意味。

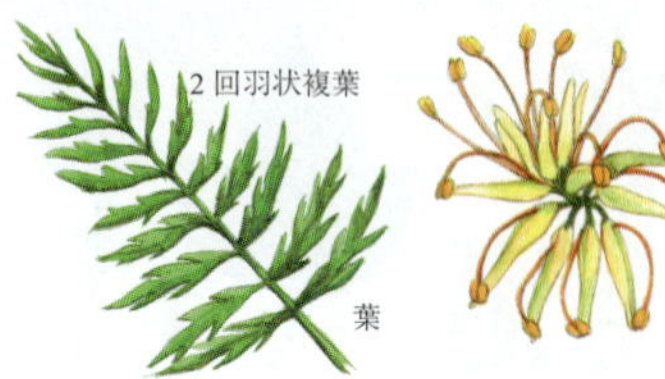

291. ハゴロモノキ（シノブノキ，キヌガシワ）

〔ハゴロモノキ（シノブノキ）属〕

Grevillea robusta A.Cunn. ex R.Br.

【原産地】オーストラリアのクイーンズランド州，ニューサウスウェールズ州原産。日本には明治末年に渡来した。【分布】温室内で観賞用に栽培する樹木。【自然環境】温暖な日あたりよい乾燥した場所を好む常緑高木。【用途】幼木を鉢植にして室内植物に使う。他種をスタンダード仕立てにする場合の台木にもする。原産地では，加工用の器具材として利用される。【形態】高さ30mに達する高木で，分枝してピラミッド形の樹姿になる。葉は淡緑色で羽状，長さ15～20cm，2回羽状複葉で，光沢がある。表面は無毛であるが，裏面は有毛。花は橙黄色を呈し長さは15cmぐらい，歯ぶらし状の総状花序につく。花期は5～6月。【特性】とくに日あたりのよい乾燥した環境を好む。越冬温度5℃ぐらい。【植栽】繁殖はさし木または実生による。さし木は夏に熟枝をさす。種子の発芽には光が必要。【管理】暖地では戸外でも越冬する。温室内では過湿にならぬよう注意し，かん水時も枝葉をなるべくぬらさないようにする。周年よく日にあてるようにする。鉢替えは4～5月。用土は壌土に砂1割，腐葉土3割を混ぜたものがよい。【近似種】変種にベニハゴロモ var. *forsteri* がある。羽状に浅裂した葉をもち鮮紅色の花をつける。【学名】種形容語 *robusta* は，強い，がっちりしたという意味。

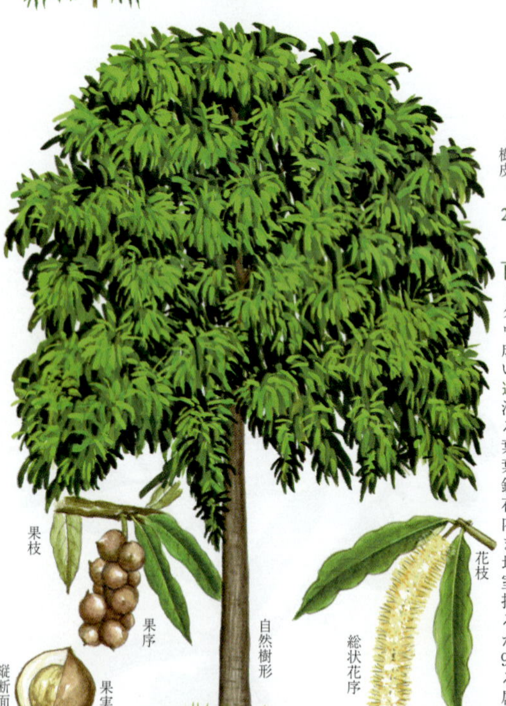

292. マカダミア（クインスランドナットノキ）

〔マカダミア属〕

Macadamia ternifolia F.Muell.

【原産地】オーストラリア東部地方。【分布】オーストラリア，米国（ハワイ）。近年ハワイではマカダミアの栽培がさかんで，ハワイ大学ではケアウホウ，イカイカ，カケアなど優良な品種を育成している。日本での栽培はごくわずかしかない。【自然環境】温暖な気候を好む常緑高木。【用途】観葉植物あるいは種子内の子葉を食用とする。油分をサラダ油，高級石けんあるいは薬用とする。【形態】枝条は密に出る。幼枝には細毛がある。葉は長楕円形または披針形，3～4枚輪生する。葉長10～30cm，革質で光沢がある。全縁または鋸歯縁。花は総状花序につき，淡黄または淡紅色。花柱こん棒状。果実は2枚の革質外果皮があり，内果皮は平滑，厚く堅い。種子は1～2個，球形または半球形，白色。【特性】寒さには弱いが無霜地帯では露地栽培可能。【植栽】日本では一般に温室内で栽培する。繁殖は主として実生によるが，接木，取り木も行われている。【管理】播種は砂あるいは砂質壌土がよい。発芽まで1ヵ月ぐらいかかる。6～12ヵ月後定植する。植付け間隔は9m × 9m。若木の間は支柱をする。樹冠を広げるようにせん定する。7～8年で結実する。【学名】属名 *Macadamia* は人名で，オーストラリアビクトリア自然科学協会 J. マカダムに由来する。種形容語 *ternifolia* は3出葉の，の意味。

293. ステノカルパス・シヌアタス

〔ステノカルパス属〕

Stenocarpus sinuatus (A.Cunn.) Endl.

【原産地】オーストラリア東部原産。【分布】観葉植物として，温室内や室内で栽培する。【自然環境】高温多湿の日なた地を好む常緑高木。【用途】小木を鉢植えにして葉を観賞する。【形態】高さ9～30m。幹は平滑，葉は葉柄があり，葉の長さ18～24cmで，羽状分裂，または分裂しない長楕円状披針形のものがある。革質で光沢のある鮮緑色をしているが，新葉は褐赤色を帯びる。葉裏は帯赤色，花は花被の長さ3cmの小花で赤色，20～30花を集散花序につける。花期は8～9月。【特性】性質は強健，高温多湿を好み，越冬温度は5℃ぐらい。【植栽】繁殖はさし木か実生による。夏期，熟枝をフレーム内で鹿沼土か赤玉土にさす。実生も夏の間に行う。【管理】寒さに弱いので冬期は温室内か室内に入れて保護する。鉢替えは4～5月頃に行う。用土は粘質壌土に砂2割，腐葉土3割を混ぜたものがよい。肥料は春から夏にかけ，油かすの固形肥料を置肥として与える。夏は戸外に出し，十分葉水を与えるとよい。【近似種】近縁種に*S. salignus* がある。オーストラリア原産の常緑低木で，分枝多く，葉は革質で卵状披針形，花は黄色で10～30花を散形状につける。【学名】種形容語 *sinuatus* は強波状の意味で，葉が羽裂し，また葉縁が波状になるところからつけられたもの。

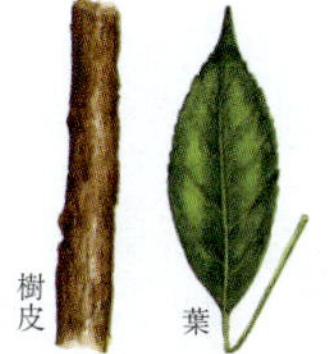

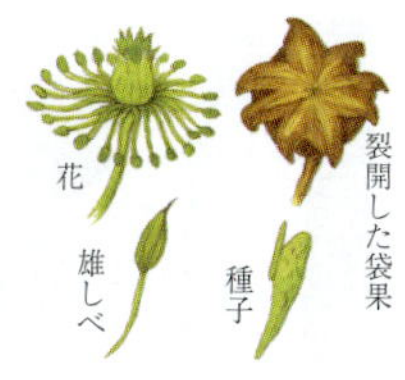

294. ヤマグルマ

〔ヤマグルマ属〕

Trochodendron aralioides Siebold et Zucc.

【分布】本州，四国，九州，朝鮮半島南部，台湾，中国南部。【自然環境】適湿な谷間のがけや岩場などによくはえる常緑高木。【用途】庭園樹。材は器具材。樹皮から鳥もちをつくる。【形態】樹高は10～20mになる。枝はやや太く，枝分かれが多く，まっすぐな幹とはならない。樹皮は灰褐色で平滑である。1～2年生枝は緑色を帯び，のち灰色となる。冬芽は開葉前に大形の赤い紡錘形となる。葉は5～6cmの葉柄をもち互生であるが，枝先に輪生状につく。葉身は長さ5～11cm，幅3～5cm，広楕円形または長卵形で，先は尾状となり，質厚く，上半部に鈍い鋸歯がある。5～6月，枝先に総状花序を出し，黄緑色の両性花を開く。花柄は非常に長く，裸花で花被はない。雄しべは多数で花糸は細く，葯は淡黄色である。雌しべは5～10個の心皮が輪状に合着してつぼ状となる。果実は袋果で広倒卵形をなし，心皮の上端が宿存して星形となる。【特性】カツラ，フサザクラとともに導管をもたない被子植物である。陰樹であり，幼樹はかなり暗いところでも育つが大きくなるにしたがって日のあたるほうが生育がよい。

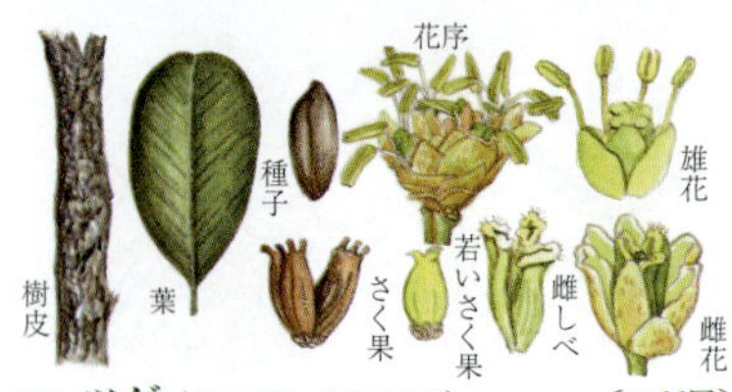

295. ツゲ(ホンツゲ，アサマツゲ) 〔ツゲ属〕

Buxus microphylla Siebold et Zucc. var. *japonica* (Müll.Arg. ex Miq.) Rehder et E.H.Wilson

【分布】本州(関東地方，山形県，佐渡島以西)，四国，九州に分布。【自然環境】山地の石灰岩地や蛇紋岩地に多く自生または植栽される常緑低木または小高木。【用途】庭園樹，生垣，盆栽。材は器具，機械，楽器，彫刻，印鑑，櫛などに用いる。【形態】幹は直立，分枝し高さ通常1〜5m，幹の直径5〜10cm。樹皮は灰黄色〜灰褐色。小枝は四角形で無毛。葉は対生，短柄，葉身は楕円形，倒卵形または長楕円形で先は丸いかへこみ，基部はくさび形。縁は全縁。長さ1.5〜3cm，幅0.6〜1.5cmで，革質，平滑で光沢がある。雌雄同株で，開花は3〜4月頃。小枝の先や葉腋に無柄で淡黄色の花を群生する。花序は雄花が集まっていて頂上に1個の雌花がある。さく果は10月頃緑褐色に熟し，楕円形か球形で長さ約1cm。【特性】陽樹だが少し耐陰性もある。生長は非常に遅く，適潤で排水のよいアルカリ土壌を好むので，植栽地は排水をよくする。都市環境にも育つ。【植栽】繁殖は実生，さし木(梅雨期)による。【管理】刈込んで玉物や生垣などにできる。せん定時期は3，7，9月頃。施肥は石灰質の肥料も施す。病気はサビ病，根腐れ病，トサカ病，害虫はクロネハイイロハマキの幼虫が6，9〜10月発生。【学名】変種名*japonica*は日本の，の意味。

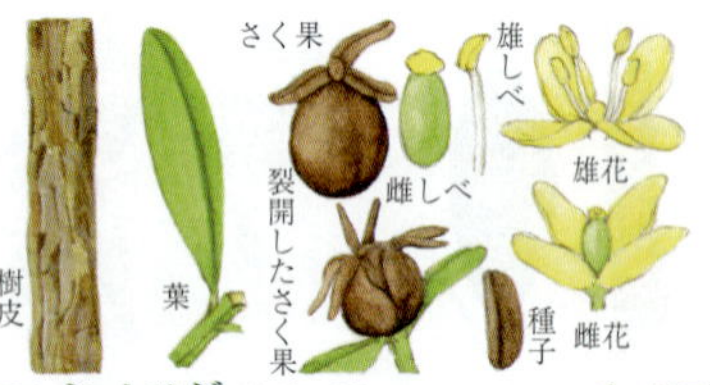

296. ヒメツゲ(クサツゲ) 〔ツゲ属〕

Buxus microphylla Siebold et Zucc. var. *microphylla*

【分布】自生地は不明で，本州(関東南部以南)，四国，九州に植栽分布する。【自然環境】日あたりのよい所に植栽されている常緑小低木。【用途】庭園樹，公園樹，とくに花壇などの境栽に用いる。【形態】幹はほとんど目立たず，基部からよく分枝し枝葉が密になる。直立性，またはやや横臥性で，高さ60cmぐらいに達する。全株無毛。枝は緑灰色で細く，小枝は4稜がある。葉は対生，長さ1〜2cm，幅0.4〜0.7cmの倒卵形，あるいは長楕円形または倒卵状披針形で，全縁，先端は円または凹頭，基部はくさび形または狭脚，葉柄はほとんどない。葉はツゲに似るが，本種は狭小で薄質である。花は淡黄色で，3〜4月頃に頂生または腋生する。雄花は4〜6個がそう生し，その頂部に雌花が1個ある。雌雄花ともがく片は4枚，雄しべは4本，雌花の花柱は3本である。果実は緑褐色のさく果で広楕円体，成熟すると包背より3殻片に開裂する。種子は黒色。【特性】日あたりを好むが，やや半日陰地にも耐える。適湿な肥沃地，とくに石灰岩質，アルカリ土壌を好む。生長はやや遅い。【植栽】繁殖はさし木による。【管理】萌芽力に富み，強せん定，刈込みに耐える。せん定時期は3，7，9〜10月頃。アルカリ土壌を好むので石灰質の肥料を施す。病気はサビ病，根腐れ病，トサカ病がある。害虫は，ハマキムシによる。

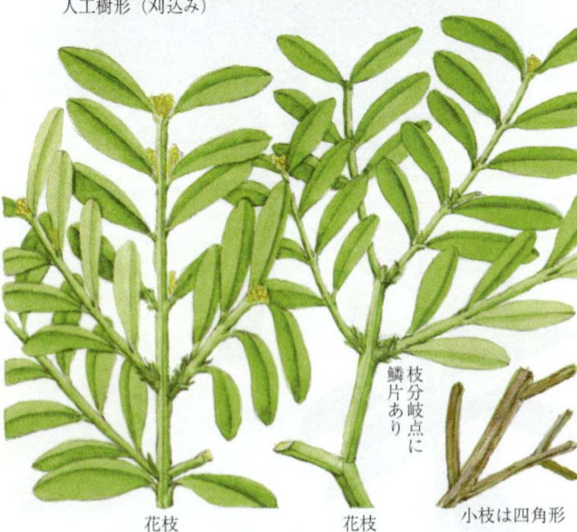

297. セイヨウツゲ（スドウツゲ）〔ツゲ属〕
Buxus sempervirens L.

【原産地】北アフリカ，南ヨーロッパ，西アジア。【分布】本州（関東南部以西），四国，九州などに植栽され，欧米各地に分布。【自然環境】日あたりの比較的よい山野に自生，または植栽される常緑低木。原産地ではまれに小高木となる。【用途】庭園樹，公園樹，生垣，トピアリー，鉢植え，木版，彫刻材，寄木材などに用いる。【形態】幹はやや屈曲，分枝し，樹高 4〜6m に達する。枝は灰緑色か濃緑色で細く，小枝は 4 稜がある。葉は濃緑色または鮮緑色で光沢が強く，対生，長さ 1.5〜3cm 内外の卵形で全縁。先端は円または凹頭，基部はくさび形または狭脚で，短い葉柄がある。若葉や葉柄などに毛がある。花は黄色または淡黄色で，4 月頃に頂生または腋生する。果実は緑褐色の長さ 0.8cm ぐらいの 3 本の角のある広楕円形のさく果である。果実は 9 月に裂開し，木から落ちる。【特性】日あたりを好むが，高温乾燥に弱く，夏期冷涼な地域に向く。生長はやや遅い。【植栽】繁殖はさし木による。さし木は 5〜6 月に新梢の成熟したものを用いる。用土は鹿沼土，川砂など排水のよいものを用いる。【管理】萌芽力に富み，強せん定，刈込みに耐える。せん定時期は春と秋である。本種はアルカリ性土壌での生育は不良である。【近似種】本種には多くの変種，園芸品種がある。【学名】種形容語 *sempervirens* は常緑の，の意味。

298. フッキソウ（キチジソウ）〔フッキソウ属〕
Pachysandra terminalis Siebold et Zucc.

【分布】北海道〜九州に分布。【自然環境】山地の樹林下に自生，または植栽される常緑の草本状小低木。【形態】茎はよく伸長し少し分枝，匍匐して，上部は斜上。高さ 20〜30cm で緑色で，初め微毛をつける。葉は互生で輪生のように見え，有柄。葉身は菱形をした楕円形で，基部はくさび形。上半部の縁は粗い鋸歯がある。葉質は厚手で表面が濃緑色で光沢があり，裏面は淡緑色。雌雄同株で開花は晩春頃。茎の先に直立した 2〜4cm の短い花序がつき，多数の小さな雄花が密生し，そのもとに少数の雌花がある。がく片は 4 個で広卵形，細縁毛があり長さ 0.3cm ぐらい，花弁はない。雄花は雄しべ 4 本で，花糸が白くて太く，葯は褐色。雌花は 1 個の雌しべで花柱は 2 本。果実はさく果で秋にまれに結実し，液質で白色，無毛，卵形で直径 1.5cm。【特性】やや湿った半日陰地を好むが，日陰地，向陽地でも育つ。また寒さに強い。都市環境でも育つ。【植栽】繁殖は春，株分けによる。移植は活着が悪いのでていねいに植付ける。【管理】せん定はとくに必要としない。夏の乾燥時はかん水を行う。施肥は冬季に化成肥料などを施す。病害虫は少ない。【学名】種形容語 *terminalis* は頂生の，の意味。

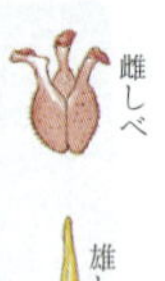

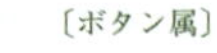

299. ボタン　〔ボタン属〕

Paeonia suffruticosa Andrews

【原産地】中国西部原産。日本へは8世紀頃に薬用植物として渡来したといわれている。その後，日本人の好みに合うような観賞植物として園芸品種の改良が重ねられ，一部中国系品種を除きほとんど日本で作出された品種である。【分布】日本では栽培環境を多少工夫してやることによって，ほとんどの地域で栽培可能である。【自然環境】寒冷地を好む落葉低木。【用途】庭園用花木，鉢物，まれに切花。【形態】高さ3m，枝の太さは直径15cmぐらいになるものがある。地ぎわから粗い枝を不規則に出すが枝数は多くない。葉は大形で2回羽状複葉，小葉は2〜3裂。花は春，今年のびた新しい枝の先端に1個つける。開花期は4〜5月。花色は野生種で紫紅色，弁数5〜10弁，花径20cm前後であるが，園芸品種は赤（一部黄）色を基準に多様に変化し，弁数も一重から万重まで多彩である。1花は3〜6日の開花期間。【植栽】繁殖は実生もでき冬が，園芸品種はボタンかシャクヤクの根に接木する。【管理】植付けは9月中旬〜10月上旬が適期。土壌は排水がよく，かつ腐植質に富んだ土がよい。【近似種】ボタンは木本で地上部は年々生長するが，シャクヤクは草本で冬期株もとまで枯れ，翌年再び地ぎわより新芽が出てくる。【学名】属名 *Paeonia* はギリシャ神話の医者名，種形容語 *suffruticosa* は亜低木の意味。和名ボタンは中国名牡丹よりつけられた。

300. ボタン ‘タマフヨウ’　〔ボタン属〕

Paeonia suffruticosa Andrews ‘Tamafuyō’

【系統】ボタンの園芸品種。【形態】ボタンでもごく早咲で一般品種より10〜14日早く開花する。上品な淡い桃色で，花弁の基部がやや色が濃くなっている程度で色の大きな変化はない。花の大きさは中形，抱え咲，八重咲，弁のちぢれは少ない。樹勢強く，やや縦に枝をのばす傾向がある。鉢に植えて冬期，屋内の加温下で管理すれば，促成栽培が可能。【管理】ボタンの害虫にはボクトウガ，土壌線虫類，カイガラムシなどがある。ボクトウガは，幹の根もとに穴をあけて食い込み，ふんを外に出してこんもりとした小山をつくる。発見ししだい食害されている部分に殺虫剤（一般家庭用で可）を注入する。土壌線虫類は根にコブをつくるネコブセンチュウや根を腐らせるネグサレセンチュウが寄生し，最後には木を枯らしてしまう。植栽予定地を土壌消毒するか客土した新しい土に替える。苗を求める際には根をよく調べて健全なものを求める。カイガラムシ類は風通しの悪い場所で枝に寄生する。この虫は防除適期を逃すと殺虫剤による退治が困難。少数の場合は竹べらやハブラシ，タワシなどでけずり取ってしまうのがよいが，発生の初期（5〜6月）に殺虫剤を2〜3回散布する。ミノムシ類は葉を食害し樹皮を食べてしまうのでよく観察し，発見しだい捕殺する。【近似種】‘八重桜’がある。【原産地】【分布】【自然環境】【用途】【形態】【植栽】はボタンに準ずる。

301. ボタン‘スイガン’　〔ボタン属〕

Paeonia suffruticosa Andrews ‘Suigan’

【系統】ボタンの園芸品種。【形態】ごく淡い桃色，弁の基部がやや濃色になる。大輪，八重咲で清そな雰囲気の品種。樹は強健で勢いがよく，葉は幅広く大形。早咲。【管理】ボタンの病気には白紋羽病，菌核病，サビ病などがある。白紋羽病は，株の地際部から根にかけて白い菌糸が付着して根は腐ってくる。この病気にかかると樹に勢いがなくなり，最後には枯れる。苗を植える際に根をよく調べて健全なものを選ぶ。また，植える場所に未熟な有機質（枯枝や根）があると病気が発生しやすい。発病した株は根ごと掘り上げ焼き捨て，その場所は新しい土と替える。菌核病は，葉や花，枝に発生する。日あたりの悪い場所や多湿時に発病多く，葉では灰白色，花ではあめ色の病斑ができる。よく日のあたる場所でチッソ肥料を少なめにして栽培，花に雨水がかからないようにする。サビ病は，高温多湿時に葉の表面に黄褐色の病斑ができ早期に落葉する。殺菌剤を散布する。そのほか植え場所はつねに清潔に保ち，病葉の除去などに努めることが必要。【近似種】‘酔顔’と色のよく似た品種に‘八千代獅子’がある。【原産地】【分布】【自然環境】【用途】【植栽】はボタンに準ずる。

302. ボタン‘リンポウ’　〔ボタン属〕

Paeonia suffruticosa Andrews ‘Rinpō’

【系統】ボタンの園芸品種。【分布】江戸時代より兵庫県山本や大阪府池田がボタンの産地で，多くの品種が生まれた。品種名で門がついているものは関西系といわれ，この地方から出たものである。明治時代後期に新潟県新津へ関西から実物と栽培技術が導入された。とくにシャクヤクの根にボタンを接木する方法が当地で開発されると，新潟県のボタン生産は飛躍的に増加した。この方法は繁殖が従来の方法に比べて容易なことから輸出産業としても認められた時期があった。また，島根県大根島も明治時代中頃から観賞用ボタンの栽培が行われていたが，現在のような規模になったのは昭和20年代後半からである。関西ではボタンの根にボタンを接ぐ方法がとられていたが，他の地方ではシャクヤクの根への接木が多かった。現在では新潟県と島根県が生産の中心地になっている。【形態】花色は濃い紫紅色で，弁数多く，盛り上がったように咲く。やや晩生。樹勢は強く立性で，大きな樹に生長する。葉は濃緑色で厚く，わずかに赤みを帯びる。【近似種】‘紫雲殿’がある。【原産地】【自然環境】【用途】【植栽】【管理】はボタンに準ずる。

303. ボタン ‘ハナキソイ’ 〔ボタン属〕
Paeonia suffruticosa Andrews ‘Hanakisoi’

【系統】ボタンの園芸品種。【形態】鮮やかな薄い桃色で大輪八重咲。雌しべを中心に抱え込むように花を開く。早生品種で促成ができる。葉はやや淡色で切れ込みが深く，葉柄は褐色を帯びる。枝は立性で強健。【管理】花時の注意をいくつかあげる。ボタンは3月より新芽が生長を始め，その芽がのびて新しい枝の先端に数10cmの大きな花を咲かせる。その間2カ月弱の生育期間しかなく，急な生育のためどうしても軟弱に育っている。花どきの天候によってはせっかくの花を痛めてしまうことがある。そこでこの花が咲く前にまず，支柱を必ず立てる。風に吹かれて新しい枝の元から折れてしまうことがある。細い竹などで1花ずつていねいに支えをしておく。また晴天が続く時期なので，花や葉がみずみずしさを失うことがある。乾燥には敏感なので，かん水には気を配ることが必要である。ボタンの根は地表近くに分布しているから，とくに乾きやすい。よく花どきに傘をさしているのを見かけるが，これは強い直射日光を避け，強風を防ぎ，地面を乾燥させないために有効な方法である。【近似種】‘七福神’ はやや花色の濃い抱え咲の桃色花である。【原産地】【分布】【自然環境】【用途】【植栽】ボタンに準ずる。

304. ボタン ‘ビフクモン’ 〔ボタン属〕
Paeonia suffruticosa Andrews ‘Bifukumon’

【系統】ボタンの園芸品種。【形態】やや黒みを帯びる藤紫色の八重で抱え咲大輪，弁の外側につめで引っかいたような白い絞りが入る。葉は中形で広幅。【植栽】ボタンの樹は鉢植え栽培が可能である。その際に使うものは，ボタン台のものよりもシャクヤク台のボタンのほうが根の状態が鉢植えに適している。植付けの時期は10〜11月。植木鉢は9号か10号の素焼鉢または菊鉢を使う。培養土は有機質に富んだ水もちと水はけのよい土を使用する。たとえば畑土，または赤玉土のような市販の土6につき完熟した腐葉土または堆肥4を混ぜ，園芸用化成肥料を1鉢に大さじ1杯加える。植木鉢の底に鉢がらを置きその上に粗めの赤玉土か小砂利を厚さ3cm敷いて排水をよくする。その上に用意した培養土を数cm敷いてからボタン苗を植える。鉢の縁より2cm下げた所に，埋めた土の表面がくるようにし，苗は接木部分がさらにそれより1cmほど下がって埋められるように苗の深さを調整する。植え終えたらたっぷりとかん水をしておく。冬期乾燥する心配があるときには，日あたりのよい場所に鉢ごと埋めておき，新芽がのび始める頃に掘り上げて日あたりのよい場所で管理する。【近似種】‘綾倚門’がある。【原産地】【分布】【自然環境】【用途】【管理】はボタンに準ずる。

305. ボタン ‘ハツガラス’ 〔ボタン属〕
Paeonia suffruticosa Andrews ‘Hatsugarasu’

【系統】ボタンの園芸品種。【形態】‘ウバタマ（烏羽玉）’と同一品種と考えられている。黒牡丹といわれるグループの代表種。暗い紫紅色で花弁に光沢があり，花が開くにつれて黒みを増す。ときに花弁の先端に白く斑が入ることがある。八重咲で中形花弁，幅やや狭くよじれて乱れる。樹勢はやや弱く，葉は淡色でやや細い。【植栽】ボタンの園芸品種は通常接木によってふやされている。接木の台木にはボタンかシャクヤクの根のどちらかが使われている。ボタン台は実生苗を使うが，今あるボタンの根を掘り上げて使用する。シャクヤク台の場合は，シャクヤクの実生苗の根に接ぐ場合とシャクヤクの株から根を掘ってそれに接ぐ場合がある。両者を比較してみると庭に植えた場合，ボタン台のほうが幹や茎もたくましい。花も大きく，りっぱで長寿である。一方，シャクヤク台のボタンは幹は細くなんとなく軟弱に見える。ただし鉢植えにはシャクヤク台が鉢に植えやすい。台木を手軽に入手できることから現在はシャクヤク台がほとんどである。【近似種】‘崑崙黒’がある。【原産地】【分布】【自然環境】【用途】【管理】はボタンに準ずる。

306. ボタン ‘ハルノアケボノ’ 〔ボタン属〕
Paeonia suffruticosa Andrews ‘Harunoakebono’

【系統】ボタンの園芸品種。【形態】白色で基部がやや桃色のぼかしになり，全体としては淡い桃色の花に見える。八重咲，葉はやや淡色で樹勢は弱い。【植栽】ボタンを植付ける際の株は次のように処置する。市販の苗は水ごけを根の周りにつけてビニールシートでおおっている場合が多い。買う際には芽が充実していてかつ生き生きしていて接木部分がぐらついていないことと，根の一部でも病気で腐敗していることがないよう，また細根がたくさん出ているようなものを選ぶことが必要である。植える前には包んでいる水ごけをていねいに全部取り除き，もう一度根をよく見て，腐敗している場所などは切り取り，健全な根だけをつけて植えるようにする。植付けは，別記のように準備した場所に植えるが，やや大きめに穴を掘り，周囲はよく耕して土を軟らかくしておき，全体をやや盛り上げ排水がよいようにし，株を埋める程度は接木した位置が3〜4cm土に埋まるぐらいがよい。かん水をたっぷりした後で支柱や防護柵をしておく。ボタンは一度植えて育てたならば，あとはなるべく植替えをしたくない。そのため，数多く植えるならば2m以上の間隔はとっておく必要がある。【近似種】‘明石潟’がある。【原産地】【分布】【自然環境】【用途】【管理】はボタンに準ずる。

307. ボタン ‘ヒグラシ’ 〔ボタン属〕

Paeonia suffruticosa Andrews ‘Higurashi’

【系統】ボタンの園芸品種。**【形態】**鮮やかな紅色で八重咲大輪である。葉は小形で細長くやや褐色を帯びている。幹ののびはよく，性状強健である。**【特性】**園芸品種のボタンの仲間に寒ボタンといわれるグループがある。学名 *P. suffruticosa* var. *hiberniflora* といって，分類上は今栽培されている園芸品種が親でその変種として位置づけられている。寒ボタンは二季咲性の性質があり，初冬と初夏に花が咲く。冬に咲かせる際には葉や花を寒さから保護するためにコモなどで霜よけをし，それが冬の庭園の風情にもなっている。樹は貧弱で小形，花は 10～20cm，樹姿や花からみても，寒ボタンのグループは分類上の親のグループに比較して見劣りがする。江戸時代などの文献にも見られるほど歴史があるものであるが，ボタン独特の豪華さがないので一般に広まることもなく，寺院や趣嗜の家に植えられている程度である。品種としては，鮮やかな黒紅色で二～三重咲の‘ムレガラス（群烏）’，紅色八重咲の‘クリカワコウ（栗皮紅）’，淡紅色で底濃色八重咲の‘カスガヤマ（春日山）’など 20～30 種が記録されている。**【近似種】**‘旭鶴’がある。**【原産地】【分布】【自然環境】【用途】【植栽】【管理】**はボタンに準ずる。

‘ゴショザクラ’

308. ボタン ‘ヤチヨツバキ’ 〔ボタン属〕

Paeonia suffruticosa Andrews ‘Yachiyotsubaki’

【系統】ボタンの園芸品種。**【形態】**淡い桃色で八重桜，花弁の縮みや弁端の切れ込みが少ない。中輪。葉は幅が狭くほっそりとしていて，先端がとがっている。幹は立性で花と葉とのバランスがよく整っている。樹勢強健。**【特性】**ボタンは，聖武天皇の時代（724 年）に空海が日本に，中国から薬用植物として持ち帰ったのが最初の渡来であるという説がある。そして寺院の庭などで栽培され続け，ときとして文芸作品にもとり上げられるようになり，徐々に観賞用の植物として扱われるようになった。ボタンにとって大きな変革は江戸時代で，ツバキやハナショウブなど他の園芸植物と同じように園芸品種の発達が著しく進み，当時の文献には数百種が記録されている。明治時代に入ると，おもに兵庫や新潟で生産が続けられてきたが，明治末期からは輸出花木として扱われるようになり，日本の伝統花木として世界に普及されていった。現在は植物検疫などの関係から輸出は多くなく，むしろ外国の改良種の導入を含め新しい展開を待つ時代である。**【近似種】**桃色八重咲には‘御所桜’がある。**【原産地】【分布】【自然環境】【用途】【植栽】【管理】**はボタンに準ずる。

309. ボタン ‘ジツゲツニシキ’ 〔ボタン属〕
Paeonia suffruticosa Andrews ‘Jitsugetsunishiki’

【系統】ボタンの園芸品種。【形態】わずかに紫色を帯びた濃紅色の八重大輪種。花弁の先端に爪で引っかいたような白い斑が覆輪状に入る。花立ちはよく丈夫な品種である。やや早生，促成栽培可。【管理】ボタンは地表近くに太い根がのびているので，なるべくその根を痛めないようにしながら肥料を与える。施肥は年に3回，11月と3月，5月を基準にする。11月には，元肥と土壌改良も兼ねて園芸用化成肥料といっしょによく熟した堆肥を，株もとからやや離れた場所に穴を20cmほど掘って埋める。3月には，芽出し肥として園芸用化成肥料か液肥をまんべんなくいきわたるよう根のまわりに均等にほどこす。5月は花後でできるだけ早く与える。この時期は花を咲かせたお礼肥と同時に来年の花芽をつけさせ，かつ充実した芽にする目的もある。真夏に直射日光が根もとを直撃したり，晴天に影響されて乾燥したり，降雨のため表土が流されてしまうような場所では，ワラを株もとに敷いてやる。また，冬期乾燥する場所では敷ワラをする。ワラが入手できない場合には市販の腐葉土などでもよい。【近似種】‘織姫’も‘日月錦’と同様に白斑が入る鮮やかな濃紅色花である。【原産地】【分布】【自然環境】【用途】【植栽】ボタンに準ずる。

310. ボタン ‘ハナダイジン’ 〔ボタン属〕
Paeonia suffruticosa Andrews ‘Hanadaijin’

【系統】ボタンの園芸品種。【形態】いわゆる牡丹色で八重咲，大輪である。葉はやや淡色広幅で，葉柄は短くずんぐりとしている。株立ち性が強く樹の勢いはよい。ボタンの代表的品種で広く普及している。【植栽】ボタンの開花は早咲種で4月に入ってからであるが，多少工夫することで庭植えより早く花を咲かせることができる。9月中～10月中旬にはボタンの株を7～8号の鉢植えにして，植え傷みのないように再び鉢ごと日あたりのよい庭の土中に埋めておく。秋から冬にかけて寒さに十分あてながら，樹と花を充実させる。あわてて秋のうちから屋内で加温して栽培する必要はない。1月から2月頃に鉢を掘り上げて，温室や日あたりのよい屋内にとりこむ。開花時の気温は15～20℃ぐらいであるが，急激にその温度下で栽培するのではなく，外気温と同じ程度から始めて徐々に暖房下で栽培する。暖房して蕾や葉がのび始めたら乾燥させないように，ときどき枝葉にかん水してやる。花を早く咲かせる品種としては‘ハナダイジン（花大臣）’，‘ジツゲツニシキ（日月錦）’，‘タマフヨウ（玉芙蓉）’，‘ゴダイシュウ（五大州）’などがよい。【近似種】‘殷富門’がある。【原産地】【分布】【自然環境】【用途】【管理】はボタンに準ずる。

人工樹形
'ハクオウジシ'

2回羽状複葉

'ハクオウジシ'

'オキナジシ'

311. ボタン 'ハクオウジシ' 〔ボタン属〕
Paeonia suffruticosa Andrews 'Hakuōjishi'

【系統】ボタンの園芸品種。【形態】純白色の大輪，八重咲であるが花弁数は多くない。樹勢は強い。【特性】多くの園芸品種のボタンは，春3月頃より昨年の枝の先端のほうの数芽から新しい枝をのばし，その先端に花を咲かせる。開花の時期は早咲品種で4月中旬から，遅咲で5月中旬までの幅がある。花芽の分化は前年の7月ぐらいには始まる。その年にのびて花を咲かせた枝は途中まで枯れ下がるが，成育状態によって違うが枝の生きている部分の先端の数芽が花芽になっているとみてよい。そのため秋などに枝の手入れをする際に新しい枝を途中から切ってしまうと，花芽を取ってしまうことになる。古くから栽培されているボタンの仲間に寒ボタンがあるが，このグループに属する園芸品種の花は初冬と初夏に花を咲かせる。また金ボタンといわれるグループは，在来のボタンとルテアという原種の交配種からの改良種で，開花は2週間ほど在来のものより遅い。【近似種】純白色の美しい八重咲のボタンでは'翁獅子'がある。【原産地】【分布】【自然環境】【用途】【植栽】【管理】はボタンに準ずる。

人工樹形
'タイヨウ'

'ヒノデセカイ'

312. ボタン 'タイヨウ' 〔ボタン属〕
Paeonia suffruticosa Andrews 'Taiyō'

【系統】ボタンの園芸品種。【形態】濃紅色の八重咲で大輪，抱え咲で花に厚みがある。樹勢は強健で大きくなる。【植栽】ボタンを植える時期は，秋遅くなると根は活動を始めるので，できるだけその前の初秋に移植をしたほうが無難であるが，その時期はまだ葉がついていて移植に不便であったり，高温で根が腐ったりする。一般にはもう少し遅くなってからになるが，冬が来る前には植えておく必要がある。植える場所は，できるだけ近くから豪華な花とバランスのとれた樹姿を観賞するので，そのためには建物から遠くない場所や通路ぞいに植えるのが望ましい。栽培上からは夕日を避けて1日3〜4時間は日照が欲しい。ただし株もとは根が暑さや乾燥で弱ることがないよう日陰であったほうがよく，地ぎわだけ日陰になっていて，幹や花の咲く位置に日あたりがよければより望ましい。植える場所については，太い少数の根が地表近くに分布するので，腐葉土や完熟した堆肥を加えて深さ30cm，幅50cmぐらいはよく耕し，植付けの部分はやや盛り上げるように地ならしをしておく。【近似種】近似品種に'日出世界'がある。【原産地】【分布】【自然環境】【用途】【管理】はボタンに準ずる。

'タイヨウ'

313. ボタン ‘カマタフジ’ 〔ボタン属〕
Paeonia suffruticosa Andrews ‘Kamatafuji’

【系統】ボタンの園芸品種。【形態】明るい藤紫色で，花弁のしわが多くかつ弁端の切れ込みが目立つ。八重の抱え咲大輪で盛り上がって咲き，多花性である。葉は広幅で丸みを帯び，葉柄は短く濃緑色，幹はあまりのびず樹高は低い。豊潤な感じのするボタンである。【管理】シャクヤク台ボタンはシャクヤクの根でボタンの花を咲かせているのであるが，これを自根のボタンにする方法がある。シャクヤク台のボタンはどことなくボタンらしくなく，樹も小形で花も小輪でシャクヤクのような感じがする。穂木のボタンから根を出させ，その根でボタンを育てるようにすれば，樹形も花も本来のボタンになる。ボタン苗を入手したら，穂木は1芽を残して切ってしまい，植付ける。この際穂木も3cmほど埋めてしまう。翌春，新芽がのびてくるので6月頃に新しくのびた茎の芽をさらに下から数芽土をかぶせてしまう。地上部にある茎から新芽が出て，その先にできた新しい芽を摘んでおくと，翌年には土中に埋まった枝から根が出てくるので掘り下げ，台木のシャクヤクの根を切り離し植えなおせばよい。【近似種】藤紫色の品種に，‘群芳殿’がある。【原産地】【分布】【自然環境】【用途】【植栽】ボタンに準ずる。

314. ボタン ‘ゴダイシュウ’ 〔ボタン属〕
Paeonia suffruticosa Andrews ‘Godaisyū’

【系統】ボタンの園芸品種。【形態】花は純白色の八重で大きさ30cm近くになる大輪種である。弁数がそれほど多くなく広幅であるために，全体がゆったりとした感じの花になる。枝ののびはよく樹勢は強い。【管理】ボタンの樹形を整える際は次のような方法による。ボタンは他の花木に比べ枝数も少なくむだな枝もそれほど多くないが，放っておくとまのびした枝になってしまったり，花がつきすぎて木を疲れさせることがある。ボタンの樹形としては，枝がどんどん上にのびていくよりも，しっかりとした短い枝でずんぐりとした樹のほうが花どきに見栄えがあるので枝をあまりのばさないようにすると同時に，翌春のための花数を制限したほうが見栄えがするボタンの樹になる。その方法は咲き終えた花がらを切り取って整理するときに，今年のびた枝で地ぎわから新しく出た枝や弱小枝を元からせん定して，樹全体の姿を整えてやる。次に今年のびて花を咲かせた枝をよく見ると，葉のつけ根に小さな新しい芽ができている。新しい枝には，成育がよいと4〜5芽も出る場合があるので，下のほうの2〜3芽を残して上の芽をピンセットなどで摘み取っておくと，残された芽が充実して7月に花芽になる。【近似種】同じく純白色八重の大輪に‘朔平門’がある。【原産地】【分布】【自然環境】【用途】【植栽】ボタンに準ずる。

人工樹形
‘ホウダイ’

‘ホウダイ’

‘タイショウノヒカリ’

315. ボタン **‘ホウダイ’** 〔ボタン属〕
Paeonia suffruticosa Andrews ‘Hōdai’

【系統】ボタンの園芸品種。**【形態】**開花するにつれて紅色が濃さを増す。千重咲花弁が盛り上がって咲き，厚みのある形になる。樹形は短く，花数は多い。やや早咲で，鉢植えに向く。**【植栽】**現在ではボタンの繁殖はシャクヤクの台木にボタンの枝を接木するのが一般的であるが，それ以外でもボタンをふやす方法として実生と株分けが考えられる。ボタンの種子の皮は非常に硬くて，一度乾かしてしまうとなかなか発芽しなくなる。種子の色が黒くなってきたら採種し，すぐに赤玉土を用土にして鉢にまき，冬期でも鉢を屋外に置いて寒さにあて，ときどき水をかけて用土を乾燥させないようにする。翌春発芽してきたものを1芽ずつていねいに掘り上げて，赤土と腐葉土を混ぜた土に植えなおして日なた地で管理する。用土はできるだけ新しい消毒した土を使う。実生からできた株は優れた新品種が出る可能性がある。株分けでは，地ぎわから数芽残して枝を切り，新しい赤玉土をかぶせておくと新芽が出てくる。その新芽のもとから発根したら，切り離して別の鉢や花壇に植える。**【近似種】**同じく紅色八重の品種に‘大正の光’がある。**【原産地】【分布】【自然環境】【用途】【管理】**はボタンに準ずる。

人工樹形
‘フソウツカサ’

‘フソウツカサ’

‘シロバンリュウ’

316. ボタン **‘フソウツカサ’** 〔ボタン属〕
Paeonia suffruticosa Andrews ‘Fusōtsukasa’

【系統】ボタンの園芸品種。**【形態】**純白で弁数多く盛り上がって咲く。花の大きさは30cmにもなる大輪種。やや晩生，葉は広幅でやや淡色，丸みを帯びている。花首が徒長して弱く，ときに折れることがある。樹ののびはよいほうではない。白色系の代表的名花である。‘ゲッキュウデン（月宮殿）’と異名同種。**【特性】**花がどのような状態になっているかを表現するときに，花弁の様子がポイントになる。ボタンの場合は原種の一重咲から実に様々に変化していて，その状態をできるだけ正確に表現するには通常は一重，二〜三重，八重，千重，万重というように分類されている。一重は花弁数10枚前後，二〜三重は15枚前後，八重は30〜40枚，千重は60〜70枚，万重がそれ以上の弁数と一応の目安にはなっている。しかしボタンの場合，成育の状態によって花弁の数も違ってくるし，また花弁の形が一様でなく，花弁の広い狭い，花弁のちぢれ具合などによって受ける印象が違ってきて，記載によって同一名のものが八重であったり，千重，万重のことがある。花の重なりの記載そのものに客観的基準はないので，どれが間違いであるとはいえない。花形や葉や樹形，開花期にも変化が少なく，品種のきめ手となる表現が難しい。**【近似種】**‘白幡竜’がある。**【原産地】【分布】【自然環境】【用途】【植栽】【管理】**はボタンに準ずる。

317. ボタン ‘ニッショウ’ 〔ボタン属〕
Paeonia suffruticosa Andrews ‘Nisshō’

【系統】ボタンの園芸品種。【形態】濃緋紅色で大輪千重，盛り上がって咲く。葉はやや細く樹の姿はよい。【植栽】ボタンの接木はシャクヤクを台木にしたほうが接ぎやすく活着率も良好である。産地ではシャクヤクの種子をまいて育てて3年目の根を使うが，すでにあるシャクヤクの根を使ってもかまわない。時期は9月，シャクヤクの根の先端が5〜10cmのものを選び，浅い切れ込みを根の切口に入れて穂木をさし込み，ビニールテープなどで固く結束して鉢に植える。その鉢を花壇にそのまま埋め，盛土して接穂ごと土中に埋めておくか，植木鉢を逆さにして接穂にかぶせておく。翌春3月に盛土や鉢を取り除いて鉢を掘り上げ，日あたりのよい場所に移し肥培管理をする。根が十分にのびたものはそのまま地面に植えてもよい。2年も注意して育てればりっぱな花が咲くようになる。ビニールテープは翌年になって活着した頃をみはからってからテープを切り取って，穂木の芽は地上部に露出しておく。【近似種】近似品種として‘司獅子’がある。【原産地】【分布】【自然環境】【用途】【管理】はボタンに準ずる。

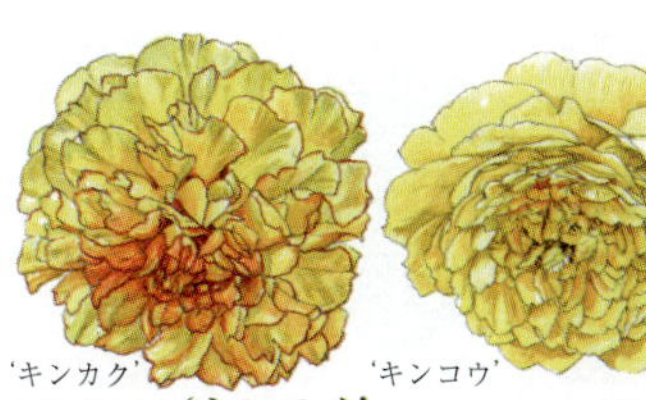

318. ボタン ‘キンテイ’ 〔ボタン属〕
Paeonia lemoinei Rehder ‘L. Esperance’

【系統】ボタンの園芸品種。【原産地】ボタン*P. suffruticosa*と黄緑色のルテア*P. lutea*の交配種から，1910年頃よりフランスで作出された黄金色の花のグループの1品種で，日本では1940年代には販売されている。【形態】花は淡い黄色の二重咲で花弁の基部が濃紅色のぼかし，中輪。【特性】黄金系ボタンの開花期は一般のボタンより10〜20日遅く，シャクヤクとの中間になっている。株立ち性が非常に強く，そう生するが地上部ではほとんど枝分かれしないで樹高1m程度。樹勢は強いが，花梗が短く受け咲。芳香は強い。【管理】樹高の低い割に多花性のため花首が下がる心配があるので支柱は早めにしておく。【近似種】日本の黄色ボタンはこのフランス系ボタンがほとんどを占めている。‘キンテイ’の同系統の品種には‘キンカク（金閣）’，‘キンシ（金鵄）’，‘キンコウ（金晃）’，‘キンヨウ（金陽）’などがある。‘キンカク’は花弁の縁が橙色のぼかし，盛り上がって咲く。花首が弱いので支柱をする必要がある。‘キンシ’は鮮やかな黄金色万重，花弁の底と端は紅色。‘キンコウ’は明るい濃黄色八重，花首は短く強い。‘キンヨウ’は淡い澄んだ黄金色で基部濃橙色，八重大輪，盛り上がって咲く。【学名】品種名は作出者レモイネ（仏）に由来する。【分布】【用途】【植栽】はボタンに準ずる。

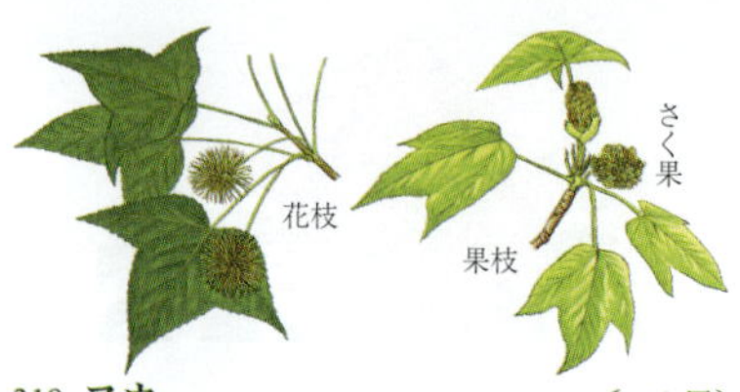

319. フウ 〔フウ属〕
Liquidambar formosana Hance

【原産地】中国西東部，台湾，海南島。**【自然環境】**各地に植栽されている落葉高木。**【用途】**公園樹，庭園樹，街路樹。材は建築材，器具材。葉は天蚕の飼料とする。**【形態】**ふつう樹高は20～25mであるが，原産地では60mに及ぶものがある。樹皮は幼木では灰褐色で滑らかであるが，老木になると帯紅黒灰褐色となり，少しはげる。葉は長い柄があって互生し，枝端に束生し，掌状に3裂する。長さ，幅ともに5～12cm，洋紙質の葉は両面無毛で秋には多少色づく。雌雄同株，4月頃開花する。雌雄花ともに花被はない。雄花序は頭状のものがさらに総状に集まり，雌花序は頭状で淡黄緑色で単生する。集合さく果は径2.5～3cmあり，長い柄でぶら下がり，多くの軟らかいとげに囲まれる。**【特性】**葉，枝，芽，樹脂に香りがある。**【植栽】**繁殖は実生による。さし木の活着は悪い。**【近似種】**北米から中米に産するモミジバフウ *L. styraciflua* L. は葉が5～7の掌状に裂ける。最近，日本ではこちらのほうがよく植えられている。**【学名】**属名 *Liquidambar* は液体と琥珀の混成語で，樹液の芳香性による。種形容語 *formosana* は台湾の，という意味。フウの和名は漢名楓の音読みである。ふつう日本ではカエデに楓の字をあてているが，これは誤りである。

320. マンサク 〔マンサク属〕
Hamamelis japonica Siebold et Zucc. var. *japonica*

【分布】北海道（南部），本州，四国，九州。**【自然環境】**山地にはえる落葉小高木。**【用途】**庭園樹。**【形態】**高さはふつう5～6mになる。葉は有柄で互生し菱状円形で質厚く，縁には波状の粗い鋸歯があり，裏面脈上に星状毛がある。秋に黄葉する。花は2～3月，葉の出ない前に前年の枝の節に数個ずつ集まって開く。花弁は黄色で線形となり，長さ1.5～2cmほど。がく片は4個で内面は紫色を帯びる。雄しべは4個。花柱は2個。さく果は黄褐色で長さ0.8～1cmあり，褐色の毛が密生し熟すと2つに裂ける。**【植栽】**繁殖は実生，接木，さし木による。さし木の活着率は悪い。**【管理】**近年葉枯れ病が広がっている。**【近似種】**変種のアテツマンサク var. *bitchuensis* (Makino) Ohwi は本州（中国地方の岡山，広島県など），四国（愛媛県）に産する。成葉の両面に星状毛が多く，花弁は細く短く黄金色である。アカバナマンサク var. *discolor* (Nakai) Sugim. f. *incarnata* (Makino) Ohwi は花弁が帯赤色となる品種である。ニシキマンサク var. *discolor* (Nakai) Sugim. f. *flavopurpurascens* (Makino) Rehder は花の基部だけが帯赤色となる。**【学名】**種形容語 *japonica* は日本の，の意味。和名マンサクは満作の意味で，枝いっぱいに花をつけた様子を穀物が豊かにみのった姿にたとえたものといい，一説に本種は早春真っ先に花を開く，すなわちまず咲くからの名だという。

321. マルバマンサク 〔マンサク属〕

Hamamelis japonica Siebold et Zucc. var. *discolor* (Nakai) Sugim. f. *obtusata* (Makino) H.Ohba

【分布】北海道（西南部），本州（東北地方から佐渡などを含め日本海岸に分布し中国地方まで）。【自然環境】山地にはえる落葉小高木。【用途】庭園樹。【形態】葉は有柄で互生し，葉身は菱状卵形で先端は半円形となり，基部は広いくさび形で，縁には葉の半ば以上に波状の浅い鋸歯がある。革質の葉は脈が表面でへこみ，裏面で突出する。星状毛は落ち，成葉では全く無毛となる。早春，葉が開くより前に葉腋に4花弁の花を開く。がく片は4個でそり返り，外面には毛がある。花弁は線形で長さ1～1.5cm，ふつう黄色で屈曲する。雄しべは短くて4本あり，他に仮雄しべが4本ある。雌しべの花柱は短く，2つに分かれる。さく果には宿存するがく片があって卵形，果皮の外面には密毛があり，中に光沢のある黒い球形の種子が入っている。【特性】日あたりがよく，いくらか湿気のある肥沃な土地を好む。【植栽】繁殖は実生による。【管理】萌芽力もあり，せん定もできる。移植は容易である。【学名】属名 *Hamamelis* は西洋サンザシまたはこれに似た西洋カリンにつけられた古代ギリシャ名で，hamos（似た）+ melis（リンゴ）が語源とされる。変種名 *discolor* は二色の，異なった色の，という意味。品種名 *obtusata* は鈍頭の，の意味。和名マルバマンサクはマンサクに比べ葉が丸みを帯びていることによる。

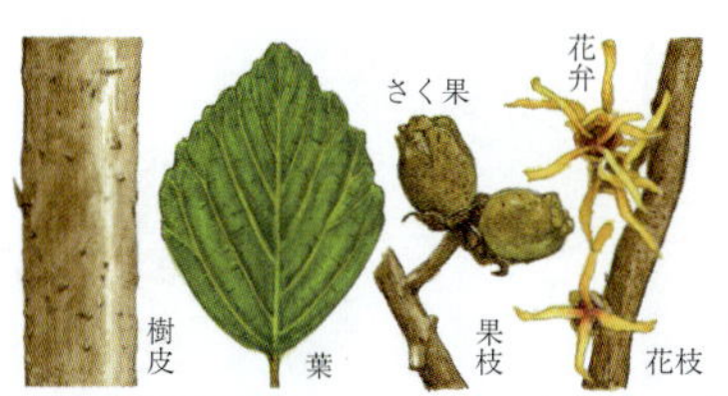

322. シナマンサク 〔マンサク属〕

Hamamelis mollis Oliv.

【原産地】中国。【自然環境】各地に植栽されている落葉小高木。【用途】庭園樹，切花。【形態】高さは2～9mになり，若枝は密綿毛におおわれている。葉は有柄で互生し，ややゆがんだ倒卵形で先端は短くとがり，長さ8～16cm，縁には波状の歯牙があり，両面に灰白色の毛を密生する。葉柄は長さ0.5～1cmあり，軟毛が密にはえている。1～3月頃開花する。がくは外面が鉄さび状の軟毛におおわれ，内面は紫紅色となる。花弁は黄金色の線形で長さ1.5～2.3cm，基部は紅色を帯びている。芳香がある。さく果は鉄色の綿毛がはえ，10～11月に熟して2裂し，中から黒色の種子を出す。【特性】日あたりのよい肥沃な適潤地を好む。【植栽】繁殖は実生，さし木，接木を行うがふつうは実生による。種子の皮が堅く，春に播種するとその年に発芽することは少なく，翌春に発芽する場合が多い。さし木は活着が悪い。【管理】萌芽力もあり，せん定もできる。移植も容易で，落葉後の11月から3月頃までの間に行うとよい。肥料は寒肥として鶏ふん，化成肥料などをやる。葉枯れ病にかかりやすい。【学名】種形容語 *mollis* は軟らかい，という意味。和名シナマンサクは支那（中国）産のマンサクの意味である。

323. アメリカマンサク　〔マンサク属〕
Hamamelis virginiana L.

【原産地】北米中南部。【自然環境】各地に植栽されている落葉低木。【用途】庭園樹，切花。【形態】高さはふつう 2〜3m になる。葉は卵状長楕円形または倒卵形で長さ 7〜12cm，幅 5〜8cm，先端はやや短くとがり，基部はくさび形で，縁の上半部は鈍歯牙縁となり，下半部はほぼ全縁である。葉脈は 4〜7 対あり，両面に星状毛がある。秋には黄葉する。早春の 1〜3 月頃開花する。がく片は 4 個あり，暗紅紫色で反曲しない。花弁は 4 個，線形で長さ 2cm の黄色であるが，基部はしばしば赤色を帯びる。花には香りがある。果実は広倒卵形，長さ 1.2〜1.4cm で下半部はがく片に包まれる。翌春になって成熟する。【特性】土質はあまり選ばないが，やや湿気のある半日陰地で生育がよい。乾燥地では生育がよくない。【植栽】繁殖は実生，接木による。実生は生育から開花まで年数を要するので，接木を行うほうがよい。接木して 3〜4 年で成木となる。台木はマンサクの実生苗かイスノキを使い，3 月中旬頃に行う。【管理】せん定もでき，移植も容易であるが，大株では根回しを必要とする。北海道から九州まで栽培可能である。有機質の多い肥沃地でよく育つ。【学名】種形容語 *virginiana* は北米バージニアの，の意味。

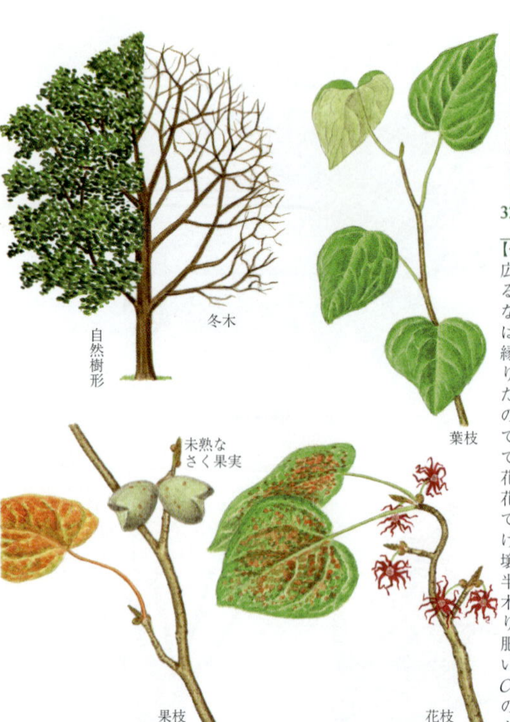

324. マルバノキ（ベニマンサク）　〔マルバノキ属〕
Disanthus cercidifolius Maxim.

【分布】本州（長野，愛知，岐阜，福井各県，近畿北部，広島県），四国（高知県）。【自然環境】山地にはえる落葉低木。【用途】庭園樹。【形態】高さ 2〜4m になる。葉は長い柄があって互生し，卵円形または円形で基部は心臓形となり長さ 5〜10cm，全縁で毛はなく，表面は緑色で裏面は帯白色となり，秋には紅葉して美しい。10〜11 月，紅葉した葉が落ち始める頃，葉腋に短い柄を出し，2 個の暗紅色の花が背中合わせにくっつくようにして星形に開く。がくは小形。花弁は 5 個，狭くて長く，先は糸状になる。5 個の雄しべは短い。花柱は 2 本，さく果は 2 個並んでつき，翌年の花の時期になって熟す。初め緑色を帯びた白色であるが，のち暗褐色に変わり，短く 4 つに裂けて黒い光沢のある種子を出す。【特性】肥沃な土壌で，やや湿気のある所を好む。耐陰性があり，半日陰地で生育がよい。【植栽】繁殖は実生，さし木による。【管理】萌芽力はあるが，せん定はあまり強くやらないほうがよい。寒肥として有機質肥料などをやる。【学名】属名 *Disanthus* は 2 花という意味。種形容語 *cercidifolius* はハナズオウ属 *Cercis* のような葉の，という意味。マルバノキの和名はその葉が丸いことにより，ベニマンサクは花の色が紅色を帯びていることによる。

325. トキワマンサク 〔トキワマンサク属〕

Loropetalum chinense (R.Br.) Oliv.

【分布】本州（三重県伊勢神宮林），九州（熊本県荒尾市），台湾，中国（中南部），インド。【自然環境】山地にはえる常緑小高木で，日本では自生が限られており珍しい植物である。【用途】庭園樹，鉢植え，盆栽。【形態】高さ5～8mになる。多くの枝を出し，小枝および花序には星状毛がある。葉は短い柄があって互生する。葉身は卵状長楕円形で長さ2～7cm，先端は鈍形となり，全縁で，裏面に星状毛がある。5月頃，小枝の先に短い柄を出し，数個の花を群生してつける。がく片は4個で卵形。花弁も4個，狭長線形で帯黄緑色をしており，がく片よりはるかに長く，多少屈曲する。短い雄しべが4本あり，鱗片状の仮雄しべも4本ある。花柱は短く，2分する。さく果は広卵形で毛が密生し，10月頃褐色に熟して2つに裂け，光沢のある黒い種子を2個出す。【特性】日あたりのよい所を好むが半日陰地でも育つ。土性はあまり選ばない。耐寒性は強くないので，関東地方以北では栽培は難しい。【植栽】繁殖は実生，さし木による。さし木は梅雨期にさすと活着がよい。【管理】萌芽力があり，せん定もできる。移植はやや難しい。【近似種】葉から紫色を帯び，花が紅紫色のベニバナトキワマンサクがある。【学名】属名 *Loropetalum* は革ひもと花弁の混成語。種形容語の *chinense* は中国の，という意味。

326. トサミズキ 〔トサミズキ属〕

Corylopsis spicata Siebold et Zucc.

【分布】四国（高知県）。【自然環境】蛇紋岩地帯や石灰岩地に自生する落葉低木。【用途】庭園樹，公園樹，切花。【形態】高さ2～4mになる。葉は有柄で互生し，円形または倒卵状円形で先端は短くとがり，基部は心臓形となり，長さ5～10cm，幅4～9cm，表面は無毛でしわがあり，裏面には軟毛が多く，縁には波状の鋸歯がある。3～4月，開葉前に前年枝の先や節から穂状花序を垂らし，7～8個の淡黄色の花を開く。花序の軸には毛を密生する。苞葉は卵状円形で毛がある。がくは卵状披針形で5つに裂ける。花弁は5個，長いへら形で長さ0.7cm内外。雄しべは5個で花弁より短い。雌しべの花柱は長さ0.8cmほどで，花弁より長い。さく果は9～10月に熟し，2裂して光沢のある黒色の種子を出す。【特性】自生地はふつう蛇紋岩地帯のような所であるが，栽培する場合，実際には適当な湿気のある土地ならどこでも育つ。【植栽】繁殖は実生またはさし木による。さし木は春にさすとよく活着し，1～2年で開花する。【管理】萌芽力はあるが，せん定は弱度に行う。移植はやさしい。肥料は寒肥として化成肥料などを施す。【学名】種形容語 *spicata* は穂状花序のある，という意味。和名トサミズキは本種が土佐（高知県）に産することによる。

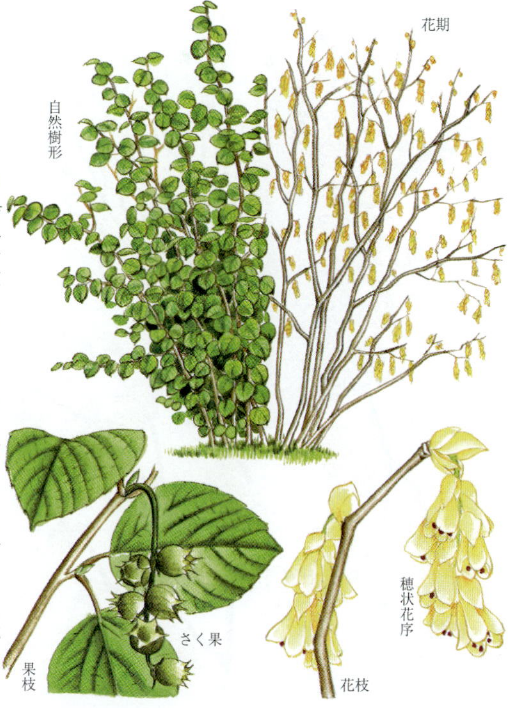

327. ヒュウガミズキ〔トサミズキ属〕

Corylopsis pauciflora Siebold et Zucc.

【分布】本州（石川，福井，岐阜，京都，兵庫各県），四国（高知県），九州（宮崎県），台湾。**【自然環境】**山地に自生する落葉低木。**【用途】**庭園樹，公園樹，切花。**【形態】**高さ 2～3m ほどで株立ちとなる。多く枝分かれし，枝は細くて折れやすい。葉は有柄で互生し，卵形で小さく，先端は鋭形で基部はやや心臓形となり長さ 2～5cm，幅 1.5～2cm，縁は波形の歯牙状で質は薄く，表面は無毛で裏面には毛がある。3～4 月，開葉前に前年の枝先や節から 2cm ほどの穂状花序を出し，1～3 個の鮮やかな黄色の花を開く。苞葉は大きく膜質卵円形。がくは短い鐘形で 5 裂する。花弁は 5 個で倒卵状楕円形，先端は丸い。雄しべは 5 個あり，葯は黄色。さく果は 10～11 月に熟し，2 裂して黒色の種子 2 個を出す。**【特性】**日あたりのよい所を好む。土性は選ばないが乾燥を嫌う。**【植栽】**繁殖は実生，さし木，株分けなどによる。実生でもよいが，さし木が簡単である。3 月か梅雨期にさすとよく活着する。**【管理】**萌芽力もあり，せん定もできるが，弱いせん定のほうが花つきがよい。**【学名】**属名 *Corylopsis* はハシバミ属 *Corylus* に似た，という意味。種形容語 *pauciflora* は少数花の意味。和名ヒュウガミズキは日向（宮崎県）ミズキの意味である。

328. コウヤミズキ（ミヤマトサミズキ）〔トサミズキ属〕

Corylopsis gotoana Makino

【分布】本州（中部，南部），四国，九州。**【自然環境】**山地にはえる落葉低木。**【用途】**庭園樹，公園樹，生花。**【形態】**幹は高さ 3～5m になる。枝はややまばらで皮目が散在し，細い。葉は有柄で互生する。葉身は広倒卵形または卵状長楕円形で先端は鋭くとがり，基部は心臓形で長さ 4～12cm，幅 3～8cm，質はやや薄く，縁は整った波状の鋭くとがった歯牙状で，裏面はわずかに白みを帯びる。4 月頃，葉を開くより前に，前年枝の先端や葉腋から 2～5cm の穂状花序を垂らし，径 1cm ほどの淡黄色の花を 7～8 個開く。花序の基部には同じ色の大きな膜質の鱗片が数個ある。花序の軸は無毛。花弁は長い倒卵形で 5 個ある。雄しべは花弁とほぼ同じくらいの長さで 5 個ある。さく果は 10～11 月に褐色に熟し，先端が 2 裂し，黒色の光沢のある種子を 4 個出す。**【特性】**トサミズキよりもやや日陰地で育つ。やや湿気のあるような所を好む。**【植栽】**繁殖は実生とさし木による。実生は 3～4 月にまく。さし木は 3 月頃に行うとよく活着する。**【管理】**萌芽力はあるが，せん定はあまり強くないほうがよい。移植は容易である。病害虫はほとんどない。**【学名】**種形容語 *gotoana* は人名にちなむ。

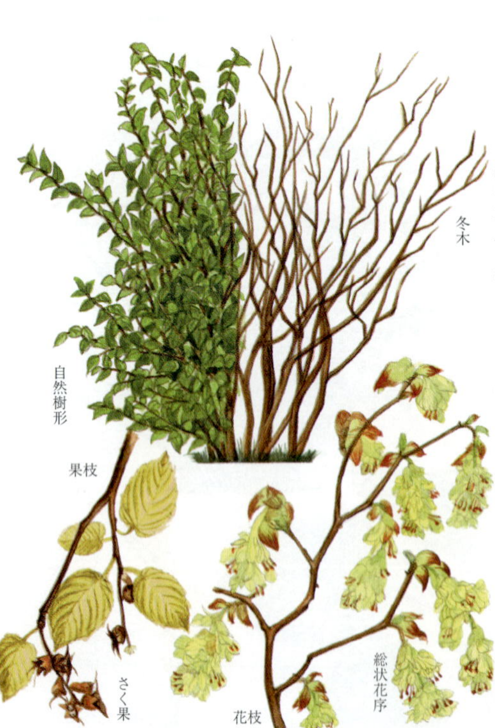

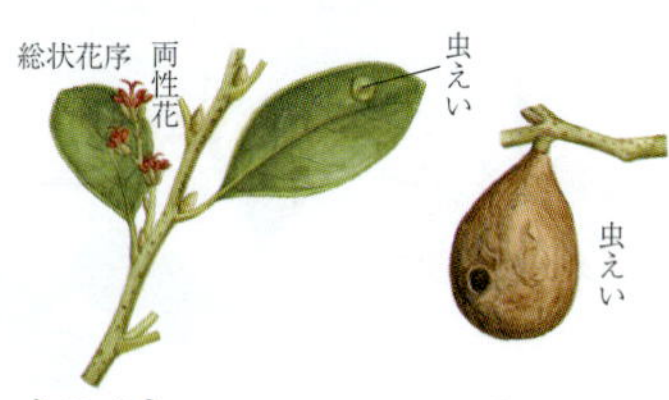

329. イスノキ（ヒョンノキ）　〔イスノキ属〕
Distylium racemosum Siebold et Zucc.

【分布】本州（西南部），四国，九州，沖縄，台湾，済州島，中国。【自然環境】暖地の山中にはえる常緑高木。【用途】庭園樹，公園樹，生垣。材は建築材，器具材。樹皮から鳥もちを作る。【形態】幹は高さ10〜20mになる。樹皮は暗灰色で初め滑らかであるが老樹では粗雑となり，鱗片となってはげる。葉は有柄で互生し，長楕円形または狭倒卵形で長さ5〜8cm，幅2〜4cm，先端は鈍形，基部はくさび形となる。革質で全縁，両面無毛で厚く滑らかであるが光沢はない。しばしば葉身に大きな虫えいができる。4月頃，葉腋に総状花序を出し，その上方に両性花，下部に雄花をつける。花には花弁がなく，がく片は披針形，緑色で3〜6個ある。雄しべは5〜8個。雌しべは雄花では退化し，両性花には1個ある。花柱は紅色で2つに分かれる。さく果は広卵形をしており木質で堅く，長さ0.8cmほど，黄褐色の毛が密にはえ，2つに裂けて黒色の種子を出す。【植栽】繁殖は実生による。【学名】属名 *Distylium* は2個の花柱の，という意味。種形容語 *racemosum* は総状花序の，という意味。イスノキの和名の意味は不明である。ヒョンノキは子供がこの木の虫えいを笛にして吹くとき，ひょうひょうと鳴る音に基づく。

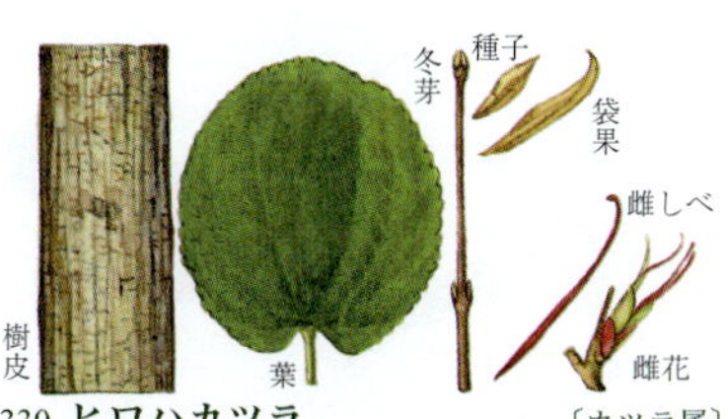

330. ヒロハカツラ　〔カツラ属〕
Cercidiphyllum magnificum (Nakai) Nakai

【分布】本州（中部地方以北）。【自然環境】渓谷ぞいの林などに自生する落葉高木。【用途】庭園樹，公園樹のほか，材はカツラと同じように利用される。【形態】幹は直立し，高さ15〜20mになる。カツラの樹皮は若いときから浅い裂け目を生じ，薄片となってはげ落ちるが，本種の樹皮は樹齢20年ぐらいになっても裂け目ができない。冬芽は対生し，長楕円状卵形で2個の芽鱗があり，紫紅色をしている。葉は長枝では対生してつくか，またはやや互生状につき，短枝では先端に1個つく。葉は長さ1.5〜4cmの葉柄をもつ。葉身はカツラより大形となる。短枝の葉はほとんど円形で円頭をなし，基部はふつう深い心臓形となり，長さ5〜11cm，幅4〜10cmほどである。表面はしわ状になり，両面に毛がなく，表面は緑色で，裏面は粉白色を帯び，縁には細かい波状の鈍鋸歯がある。長枝の葉は多くは鈍頭である。雌雄異株。4〜5月頃，葉に先立ち，葉腋か短枝上の鱗片の腋に花を開く。裸花で花被はない。雄しべは多数あり，暗褐色である。雌花は4〜5個で，花柱は長く，暗赤色を帯びる。袋果は淡緑色で滑らかである。熟すと開き，両端に翼のある種子を出す。【学名】種形容語 *magnificum* は大形という意味で，その葉の大きいことによる。

331. カツラ 〔カツラ属〕
Cercidiphyllum japonicum
Siebold et Zucc. ex Hoffm. et Schult.

【分布】北海道，本州，四国，九州（鹿児島県北部まで）。【自然環境】水湿のある渓谷の林などによくはえる落葉高木。【用途】庭園樹，公園樹。材は建築，器具材（和洋家具，まな板，碁盤など），楽器材（琵琶の胴など），ベニヤなどに利用される。【形態】幹は直立し，高さ20～25mになる。しばしば根もとからたくさんの幹を出すことがある。樹皮は暗褐灰色で浅い裂け目ができ，薄片となってはげる。冬芽は対生してつき，長楕円状卵形で2個の紫紅色の芽鱗に包まれる。葉は長枝では対生し，またはやや互生し，短枝では先端に1個つく。葉は長さ2～2.5cmの柄があり，葉身は長さ4～8cm，幅3～7cmくらい，広卵円形で先端は円形，基部は心臓形となる。表面は緑色で裏面は粉白色を帯び，縁には波状の鈍鋸歯がある。雌雄異株。4～5月，葉よりも早く，苞につつまれた花を葉腋につける。裸花で花被はない。雄花は雄しべが多数あり，花糸はきわめて細く，葯は線形で紅色である。雌花は3～5個の雌しべからなり，柱頭は糸状で淡紅色である。果実には短い柄があり，袋果は円柱形である。種子は一方に翼がついている。【特性】陽樹であり，渓流ぞいなどの向陽地に群生している。生長は早い。【学名】属名 *Cercidiphyllum* はハナズオウ属の葉の意味。種形容語 *japonicum* は日本の，の意味。

332. ユズリハ 〔ユズリハ属〕
Daphniphyllum macropodum Miq.
subsp. *macropodum*

【分布】本州（中南部）および，四国，九州，朝鮮半島南部，中国大陸中部に分布する。【自然環境】山地に自生するほか，庭に植栽される常緑高木。【用途】庭園樹，公園樹，正月飾り，器具材（ろくろ）。【形態】幹は直立して高さ4～10mとなる。枝は太くまばらに分枝する。若枝は帯紅色，2～3年枝には大きな葉痕が目立つ。葉は互生し，枝先に車輪状に集まる。葉身は狭長楕円形から長楕円形で，先は急にとがり，基部は広いくさび形で長さ15～20cm，革質で，上面は光沢のある深緑色，下面は粉白色，全縁，幼樹や萌芽枝の葉にはしばしば粗い鋸歯がある。葉柄は帯紅色で長さ4～6cmと長い。緑色のものをアオジクユズリハ f. *viridipes* (Nakai) Ohwi という。開花は4～5月，前年の葉腋に長さ4～8cmの総状花序を出し，緑黄色花を多数つける。雌雄異株。雄花は花柄が長さ0.3～0.5cm，花弁，がく片はなく，雄しべは7～8個つく。雌花は花柄0.5～0.9cm，花片，がく片ともになく，子房は卵形で長さ0.2cm，基部に退化した雄しべが7～8個つく。花柱は短く，2（～4）深裂してそり返る。核果は楕円形で長さ0.8～0.9cm，紫黒色で白粉をかぶる。種子は1個。【学名】属名 *Daphniphyllum* は daphne（ゲッケイジュの古名）＋ phyllon（葉）の意味。種形容語 *macropodum* は長柄の意味。和名ユズリハは，葉の新旧交代が著しく目立つことによる。

333. エゾユズリハ　〔ユズリハ属〕

Daphniphyllum macropodum Miq. subsp. *humile* (Maxim. ex Franch. et Sav.) Hurus.

【分布】北海道，本州（北・中部），南千島（エトロフ）に分布する。【自然環境】本州では日本海側の山地に多く，ユズリハの多雪地帯型と考えられる常緑低木。【用途】庭園樹，正月飾り。【形態】幹は高さ 1～3m，下部から分枝してそう生する。枝は緑色で滑らか。北部山地では幹の下部が地面をはい，高さ 1m に達しない降雪地帯型となるが，近畿地方では直立性のものが見られ，ユズリハによく似てくる。葉は長柄をもち，互生し，枝先に集まる。葉身は楕円形または倒卵状長楕円形で長さ 10～15cm，先端は急に鋭くとがり，基部はくさび形または鋭いくさび形となり，全縁で，表面淡緑色で平滑，下面は粉白色を帯び，支脈の数は 8～10 個で，ユズリハに比べ少ない。葉質もやや薄い。葉柄は帯赤色または緑色で長さ 4～6cm。開花は 5～6 月頃，前年枝の上部の葉腋に総状花序を出し，まばらに赤橙色で花弁やがくのない小花をつける。雌雄異株。雄花は 7～8 個の雄しべがあり，雌花には 1 個の子房と，その基部に 7～8 個の退化した雄しべがつく。子房は卵形で長さ約 0.2cm，花柱は短く，先は 2 裂ときに 4 裂してそり返り，内面は柱頭となる。果実は楕円状で長さ 0.8～0.9cm，紫黒色で白粉をかぶる。種子は 1 個。

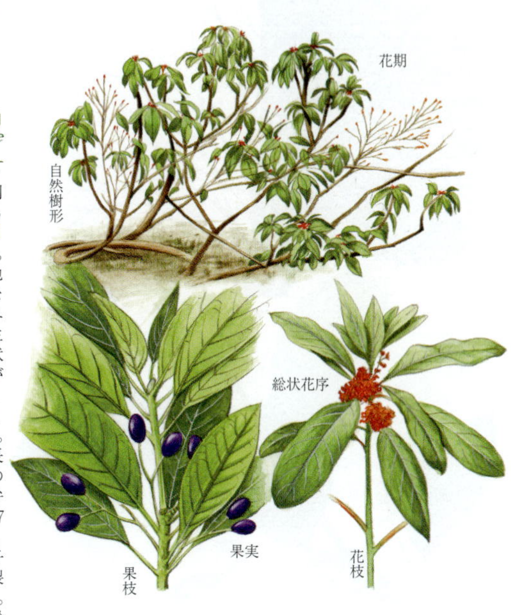

334. ヒメユズリハ　〔ユズリハ属〕

Daphniphyllum teijsmannii Zoll. ex Kurz

【分布】本州（福島県以南），四国，九州，沖縄，朝鮮半島，台湾に分布する。【自然環境】暖地の海岸ぞいに多い常緑小高木。【用途】庭園樹，防潮樹，正月飾り。【形態】幹は高さ 3～10m となり，枝はやや太く無毛，葉痕は大きい。葉は有柄で互生し，枝先に集まり，葉身は狭長楕円形，鈍頭または鋭頭，基部は広いくさび形で，長さ 6～12cm，全縁，若木では 2～3 個の浅い切れ込みがある。厚い革質でやや光沢があり，表面は深緑色，裏面は淡緑色，乾くと両面に網脈が浮き出す。葉柄は帯紅色で長さ 2～4cm。開花は 5 月，前年枝の葉腋に長さ 4～6cm の総状花序を立てる。雌雄異株で，雄花の花柄は長さ約 0.5cm，がく片はふぞろいで数個つき，長さ約 0.1cm。花弁はなく，雄しべは 7～9 個。雌花の花柄は長さ 0.3～0.5cm，がく片はふぞろいで数個つき，子房は楕円形で長さ 0.3～0.4cm，花柱の先は 2 深裂してそり返る。仮雄しべはない。果実は楕円形で長さ 0.8～0.9cm，黒熟する。【近似種】スルガヒメユズリハ var. *hisautii* Hurus. は花序が下垂し，葉質は紙質で，ヒメユズリハと分布を同じくする。シマユズリハ var. *oldhamii* (Hemsl.) Hurus. は細長い葉をもち，沖縄県から台湾にかけて分布する。【学名】和名ヒメユズリハはユズリハに比べ葉が小形だから。しかし幹はユズリハよりはるかに大きくなる。

335. ズイナ（ヨメナノキ）　〔ズイナ属〕
Itea japonica Oliv.

【分布】本州（近畿南部），四国，九州に分布。【自然環境】暖地の山中に自生する落葉低木。【用途】庭園樹。若葉を食用，髄を灯心代用とする。【形態】幹は直立またはやや株立ち状，分枝し高さ1〜2m。株全体に毛がなく滑らかで，若枝は黄緑色。葉は互生，有柄。葉身は卵状楕円形で先端は鋭くとがり，基部はくさび形か細くなり，縁には細かな鋸歯がある。長さ7〜12cm，幅3〜6cm。膜質で黄緑色を示し，平行した支脈が裏面に出ている。表面は脈上に短毛がはえ，裏面は淡色で短毛があるか，または無毛。秋に紅葉する。雌雄同株で，開花は5月頃。枝先に穂状の総状花序をつけ，多数の小さな白い花を開く。花序の長さは10cmぐらいで上向する。中軸に開出毛がある。果実は真夏に熟し，さく果は卵形で長さ0.4cmぐらい，外面には花弁やがく片が残っている。【特性】陽樹。生長が早く土地を選ばない。【植栽】繁殖は実生，さし木，株分けによる。【管理】萌芽力が弱く，せん定はとくにしない。施肥は寒肥として堆肥，油かすなどを施す。病害虫は少ない。【近似種】コバノズイナ *I. virginica* L. は米国東部産で庭に植えられており，本種よりも花序は短く，花はやや大きい。花弁，雄しべは花後に脱落する。【学名】種形容語 *japonica* は日本の，の意味。

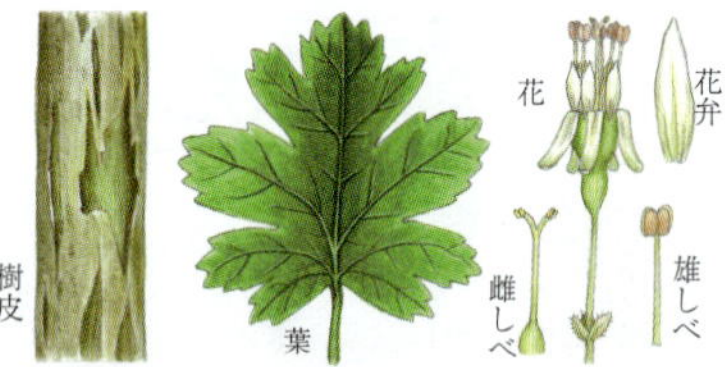

336. スグリ　〔スグリ属〕
Ribes sinanense F.Maek.

【分布】本州中部の長野，山梨県に分布する。【自然環境】夏期，冷涼な気候を好む落葉低木。【用途】果実を生食するほか，ジャム，ゼリーに加工する。【形態】高さ1mぐらい，多数の枝を分枝し，枝条は鋭稜，葉柄基部に3本の鋭いとげがある。葉は互生または短枝に群生，円形で浅く3〜5裂する。粗鋸歯縁，両面に短毛が散生する。花は5月，短枝に頂生する花梗に1〜2個つき，垂れ下がる。がくは筒状で先端が分かれ，そり返っている。花弁は長さががくの半分ぐらいで白く直立している。果実は液果で球形または長楕円形，表面滑らか。長い果梗をもち下垂する。熟すと赤褐色となり食べられる。酸味がある。【特性】−35℃にも耐えるほど耐寒性大。【植栽】繁殖は取り木かさし木による。土壌を選ばないが，粘土質の土壌がよい。【管理】枝を地ぎわから15本ぐらい出させ，そう状に仕立てる。施肥は堆肥や鶏ふんを秋末に施す。【近似種】スグリには多数の種があり，だいたいとげのあるものを gooseberry，とげのないものを currant といっている。日本のスグリはあまり栽培されていない。栽培種としてはマルスグリとアメリカスグリ *R. hirtellum* Michx. の2種がある。【学名】属名 *Ribes* はアラビア名 ribas からきている。

337. マルスグリ（セイヨウスグリ）〔スグリ属〕
Ribes uva-crispa L.

【原産地】ヨーロッパ，北アフリカ，西南アジア。日本には明治初年導入された。【分布】ヨーロッパ（英国，ドイツ，ポーランド）。日本では北海道，東北，その他の高冷地に分布。【自然環境】夏期，冷涼な気候を好む落葉低木。【用途】果実を生食するが，主としてジャム，ゼリー，ジュースなどに加工する。【形態】高さ1mぐらい，群生分枝する。葉柄基部に1～3分した大形のとげがある。葉は互生または短枝に群生，円形で3～5裂，粗鋸歯縁，表裏とも毛が多い。花は4～5月に短枝に頂生する花柄に1～2個つき，がくは筒状，楕円形，裂片5，花弁5で小形，直立している。果実は液果，球形で熟すと黄緑色となり，芳香があり甘い。【特性】耐寒性大。ウドンコ病に弱い。【植栽】繁殖は取り木による。10aあたり植栽本数は約450～500本。【管理】枝を地ぎわより出させ，そう状に仕立てる。秋末に堆肥，鶏ふんを施す。本種はとくにウドンコ病に弱いので，発芽時に殺菌剤をかけ，以後6月中旬ぐらいまで，10日おきに散布する必要がある。【近似種】スグリの栽培種はとげのあるものをgooseberry，とげのないものをcurrantと呼んでいる。本種の品種としてはドイツ大玉，赤実大玉がある。

338. フサスグリ（アカフサスグリ）〔スグリ属〕
Ribes rubrum L.

【原産地】ヨーロッパ中部および北部，アジア東北部。【分布】ヨーロッパ，米国，カナダ。日本には明治初年導入され，北海道で自家用として栽培されている程度。【自然環境】冷涼な気候を好む落葉低木。【用途】果実を主としてゼリー，シロップに加工する。【形態】高さ1～1.5m，枝は無刺，無毛，灰色。葉は互生，長柄があり，円形，3～5裂し，裂片不整鋸歯縁で，先端がとがる。下面に軟毛がある。花は総状花序で多数つき下垂する。帯緑色または帯紫白色。がくの裂片は平開し，先が反り返る。花期4月，果実は液果で球形，美しい紅色ときに白色，多汁。【特性】耐寒性は大。【植栽】ヨーロッパでは家庭果樹として植栽している。繁殖は主としてさし木による。植付けは秋末か早春，10aあたり植栽本数は350本ぐらい，米国で機械栽培する場合では130～150本ぐらい。【管理】強いせん定に耐え，つる垣状または柵支立てとする。果実は2～3年生の枝につくから，古い枝を除きつねに2～3年の枝を出すようにする。【近似種】スグリのうちとげのないものをcurrantといっており，これに黒色種と赤色種があり，本種は赤色種で，その代表品種として‘ロンドンマーケット’，‘レッドダッチ’などがある。日本で作っているのは後者である。【学名】種形容語*rubrum*は赤色の，という意味。

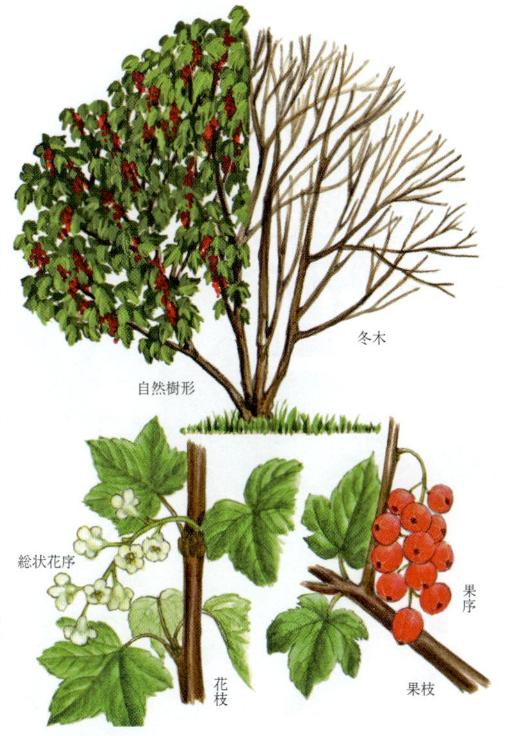

339. エゾスグリ 〔スグリ属〕

Ribes latifolium Jancz.

【分布】本州北部，北海道，南千島，サハリン，中国東北部，ウスリー。【自然環境】冷涼な気候を好む落葉低木。【用途】果実は食用となる。庭園樹としても植栽される。【形態】幹は直立性，枝はやや太く，若枝に褐色の短毛があり，外皮は短冊形にはげる。とげはない。葉は互生，ふつう5裂し裂片は三角状広卵形，基部心臓形，裏面に短軟毛がある。二重鋸歯縁，5〜6月頃6〜20花の総状花序をつける。この軸には軟毛がある。がく筒は鐘形で無毛，裂片5，花弁は小形で5個，果実は球形，紅色に熟し，径0.6〜0.9cm，酸味がある。種子は円形。【特性】耐寒性は大。【植栽】繁殖は実生によるが，アカフサスグリやセイヨウスグリのような採果用スグリとして経済栽培は行われておらず，一部で庭園樹として植えられているにすぎない。【近似種】スグリ属のものを枝にとげのあるものとないものに分けると，日本における野生種のヤブサンザシ，ザリコミ，ヤシャビシャク，コマガタケスグリ，トガスグリ，およびエゾスグリなどはとげがないものに属している。スグリはとげがある。【学名】種形容語 *latifolium* は広葉のという意味。

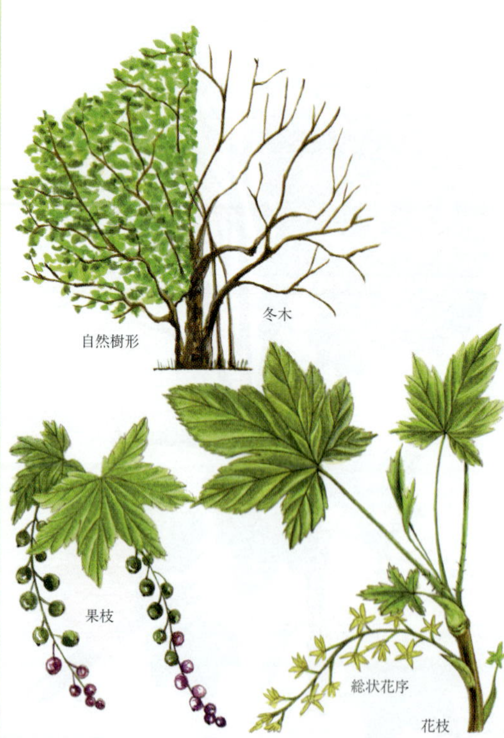

340. コマガタケスグリ 〔スグリ属〕

Ribes japonicum Maxim.

【分布】北海道，本州，四国の高山や林地に自生している。【自然環境】針葉樹林下に生育している落葉低木。【用途】果実を生食する。【形態】高さ2mぐらい，低木状で群生する。枝はまばらに分枝，若枝に軟毛密生，外皮は縦に裂けてはげる。次年枝は紫黒色，丸い皮目がある。葉は互生，長柄があり，葉身は五角状円形，5〜7裂，裂片卵状披針形，欠刻状鋸歯縁，表面の葉脈は落ち込み，裏面に短毛があり，独特のにおいがある。花は5〜7月，前年枝の葉腋から長い総状花序を出す。花は下垂し，多数つく。花軸に毛が密生，両性花，がく筒卵球形，がく片5，花弁5で黄緑色。果実は液果，球形，径0.8cm，熟すと赤黒色となる。種子は楕円形，黒色。【特性】山林内の渓谷近くで，湿気のある所を好む。【植栽】一般には栽培されていない。【学名】種形容語 *japonicum* は日本産の，の意味。本種は木曽駒ヶ岳で初めて採集されたのでこの名がつけられた。スグリ属のものは，日本における野生種としては別項エゾスグリの項で記述したように，数多くのものがあるが，またマルスグリ，フサスグリ，クロスグリ *R. nigrum* L. のような採実用として広く栽培されているものもある。

341. トガスグリ 〔スグリ属〕

Ribes sachalinense (F.Schmidt) Nakai

【分布】サハリンから本州中部および四国の深山に自生する。【自然環境】冷涼な気候を好む落葉低木。【用途】果実を生食する。【形態】幹は地をはい，幹の上部または枝は立ち上がる。若枝には軟毛密生，外皮は縦に裂けて短冊状にはげ落ちる。次年枝は紫黒色を呈す。葉は互生，葉柄長く腺毛が散生，托葉の縁に長い腺毛が並んではえている。葉身は五角状円形，膜質，5～7裂，裂片菱形，鋭尖頭，基部心臓形，欠刻状鋸歯があり，6月頃葉腋より総状花序を出す。花は両性花，淡黄色ときに暗紫色，花柄長く，花軸とともに長い腺毛があり，がく筒はつぼ状，暗紫色，腺毛密生，がく片5，花弁5，花期は5～6月，果実は球形，長い腺毛が密生する。熟すと濃紅色となる。種子は楕円形，黒色。【特性】耐寒性は大。【植栽】一般には栽培されていない。【近似種】日本の野生スグリは別項でも記したとおり，スグリ（栽培もされている），エゾスグリ，コマガタケスグリ，ヤブサンザシ，ヤシャビシャクなどがあるが，そのうちでヤシャビシャクは本州，四国，九州の深山で樹上にはえる落葉小低木で，茎の下部が横にねる。観賞用として珍重されている。【学名】種形容語 *sachalinense* はサハリン産の，の意味。

342. ヤブサンザシ（キヒヨドリジョウゴ）〔スグリ属〕

Ribes fasciculatum Siebold et Zucc.

【分布】本州（中部以西），四国，九州，朝鮮半島，中国に分布。【自然環境】山野にまれに自生，または植栽される落葉低木。【用途】庭園樹，茶花などに用いる。【形態】幹は根もとからよく分かれて株立ちになり高さ1mぐらい。若枝は軟毛を密生するが，のち毛は落ち灰白色，外皮は縦に裂けて落ち紫褐色になる。葉は互生，長柄がある。葉身は卵状楕円形で鋭く3～5裂し，裂片には欠刻状の鋸歯がある。基部は心臓形あるいは切形。長さ，幅ともに2～3cmぐらい。裏面と葉柄に多少短毛がはえる。冬芽は披針形で鱗片の先は緑色。雌雄異株で，開花は新葉とともに4月頃，前年の枝の葉腋から出る短枝に数個を束状に出す。花弁は小形。がく片は黄緑色で5枚あり，大形で花弁状，多くは平開あるいはそり返る。液果は秋に赤く熟し，球形の液果で直径0.5cmぐらい。無毛。食用には不適。【特性】陰樹。乾燥を嫌い，湿潤で肥沃な土壌を好む。大気汚染に弱い。【植栽】繁殖はおもにさし木，取り木，株分けによる。さし木は前年枝を開葉前にさす。株分けは早春と秋がよい。【管理】せん定は春に古い枝を根もとから切り，新しい枝と更新する。施肥は寒肥として堆肥，抽かすなどを施す。病気はウドンコ病，ベト病，害虫はアブラムシなどがある。【学名】種形容語 *fasciculatum* は束生の，の意味。

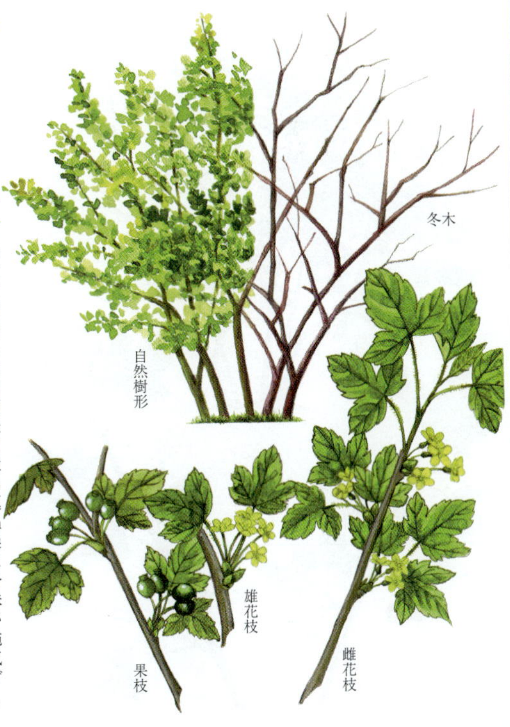

343. ヤシャビシャク（テンバイ，テンノウメ）

〔スグリ属〕

Ribes ambiguum Maxim.

【分布】本州，四国，九州に分布。【自然環境】深山の樹上などに自生する落葉小低木。【用途】盆栽，果実は薬用に用いる。【形態】幹はしばしば横に倒れ，老大なものは長さ 1m，直径 3cm になる。枝は短枝状となり，灰色で外皮は縦に裂けて落ちる。とげはない。若枝には短毛がある。葉は互生，有柄，あるいは短枝の端に群生する。葉身は円腎臓形で浅く 3～5 裂し，縁には鈍い鋸歯がある。長さ，幅ともに 3～4cm ぐらい。基部は心臓形で両面に軟毛が多い。葉柄は長さ 2～3cm で軟毛が密生している。冬芽は楕円形，鱗片は膜質。開花は 5 月頃。短枝の先に 1～3 個の柄のある花をつける。花は淡緑白色でウメの花に似ている。がくは子房に着生し，外面には腺毛が密生する。先端は 5 裂して花弁状，長さ 0.7cm ぐらい。花弁はがく片の半分。液果は秋に熟し緑色，球形で直径 1～1.2cm，腺毛が密生する。【特性】陰樹，樹のうろなどに生育し，植栽する場合は腐葉土などに定植する。【植栽】繁殖は実生とさし木による。移殖は容易。【管理】せん定はほとんど必要ない。施肥は寒肥として油かす。化成肥料などを施す。病気はウドンコ病，ガンシュ病などがある。【近似種】ケナシヤシャビシャク var. *glabrum* Ohwi は葉，葉柄ともに無毛のもの。【学名】種形容語の *ambiguum* は不確実の，の意味。

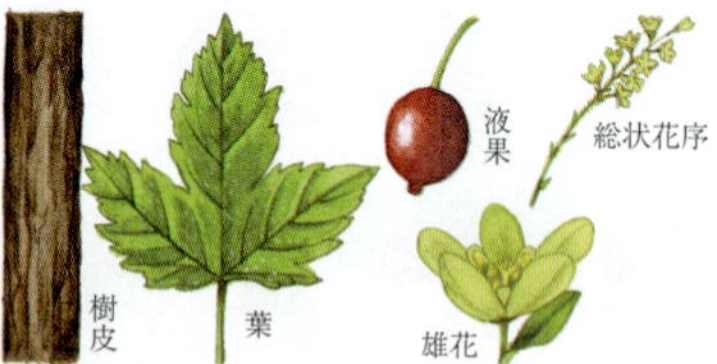

344. ザリコミ（ザリグミ）

〔スグリ属〕

Ribes maximowiczianum Kom.

【分布】本州中部，四国（高知県），朝鮮半島，中国東北部に分布。【自然環境】深山の林下に自生する落葉低木。【用途】庭園樹。【形態】幹は根もとから分かれて株立ち状になり高さ 1m ぐらい。枝は細く灰色。若枝には短軟毛と腺毛がある。外皮は縦に裂けて短冊状にはげる。葉は互生，有柄。葉身は掌状に 3 つに鋭く裂け，裂片は披針状の卵形でとがり，欠刻状の重鋸歯がある。側裂片はしばしば小形でときに 2 裂する。長さと幅 2～4cm。膜質，両面に疎毛があるか，ほとんど無毛，しばしば裏面の脈腋に毛がある。冬芽は披針形。雌雄異株で，開花は 5～6 月頃。短枝の端に穂状の総状花序を出し，黄緑色の小花をつける。雄花序はやや長く 2cm ぐらい，がく片は 5 個，花弁より大きい。雌雄の花弁とがくは雄花に同じ。果実は秋に赤熟し，球形の液果が垂れ下がる。直径 7cm ぐらいで無毛，頭部にがく片が残る。【特性】陰樹。乾燥を嫌い，湿潤で肥沃な土壌を好む。大気汚染に弱い。【植栽】繁殖はおもにさし木，取り木，株分けによる。【管理】せん定は春に古い枝を根もとから切り，新しい枝と更新する。施肥は寒肥として堆肥，油かすなどを施す。病気はウドンコ病，ベト病，害虫はアブラムシがある。【学名】種形容語 *maximowitczianum* は，ロシアの分類学者マキシモウィッチを記念した名である。

345. **ハナスグリ**　〔スグリ属〕
Ribes sanguineum Prush

【原産地】北米西部。**【分布】**北米西部地方に分布。**【自然環境】**温帯性気候のもとに生育する落葉低木。**【用途】**観賞用花木として庭園などに植栽する。**【形態】**高さ1.8～2.5mの低木で，枝にとげはない。綿毛におおわれる。葉は3～5に深く裂刻，円心形，不整鋸歯縁，下面灰緑色。花は総状花序に出，花穂5～10cm，花色は濃赤色で美しい。花期4～5月，果実は液果，球形，径10cmぐらい，熟すと青黒色となる。**【特性】**樹勢は強く，耐寒性大**【植栽】**繁殖はさし木または取り木による。刈込みを行い枝を多く出させ，そう生させる。管理は一般のスグリに準ずる。**【近似種】**品種として，'キング・エドワード7世 King Edward VII'，'プルボロウ・スカーレット Pulborough Scarlet'，などがある。近縁種としてキバナスグリ *R. odoratum* H.L.Wendl. がある。別名ハナスグリで本種と同じ名でも呼ばれている。北米中部産で，花は総状花序につき，花色黄色，のちに弁端紅色となる。芳香があり，観賞用庭園樹として植栽される。果実は生食され，近年，果樹として栽培されるようになった。栽培用スグリ属の中ではハナスグリ，キバナスグリは花木としての用途をもつものとして注目される。**【学名】**属名 *Ribes* はアラビア名 ribas からきている。種形容語 *sanguineum* は血紅色の，という意味。

346. **ヤマブドウ**　〔ブドウ属〕
Vitis coignetiae Pulliat ex Planch.

【分布】北海道，本州，四国に分布。**【自然環境】**温帯の山地にはえる落葉つる性植物。**【用途】**果実は食用，ジャムの原料用。**【形態】**つるは太く堅く，高くのび，太さは径10cmにも達する。樹皮は濃褐色，縦に薄くはがれる。小枝は平滑で赤褐色。皮目は不明瞭。新しい枝は長さ2mものび，褐色のクモ毛におおわれる。巻ひげは葉に対生して出て，2節続けて出ると1節休むことの繰り返しを行い，他の植物にからまる。葉は有柄，互生，葉身は五角形に近く，基部は深い心臓形，長さ10～30cm，幅10～25cm，葉縁に低いとがった鋸歯がある。上面緑色，初めはクモ毛があるがのちに無毛，下面は赤褐色のクモ毛が密生する。花は6月に開き，小形で黄緑色，葉に対生して出る有柄の円錐花序に集まり，がくは輪形，花弁は5，上部合体し，下部は分離する。雄しべ5，花糸の間に蜜槽があり，雌しべは1で，雄しべより短い。液果は秋に熟し，房になって下垂する。球形，径0.8cm，紫黒色。種子は広倒卵形，長さ0.5cm，暗褐色。**【特性】**生長はきわめて早く，他の植物を圧倒する。**【植栽】**繁殖は実生による。ふつうには栽培しない。**【近似種】**ヤマブドウのワインで有名な酒の原料は，本種ではなく，朝鮮半島，中国に自生するシラガブドウ *V. amurensis* Rupr. の栽培品である。**【学名】**種形容語 *coignetiae* は人名でコアイネの，の意味。

347. サンカクヅル（ギョウジャノミズ）〔ブドウ属〕
Vitis flexuosa Thunb.

【分布】本州，四国，九州に分布。【自然環境】山地や丘陵にふつうにはえる落葉つる性植物。【用途】果実は甘く，食べられる。【形態】茎は細く無毛，ヤマブドウのようには高くのびない。巻ひげは葉に対生して出て他の植物にからまるが，2節続けて出て1節休むことを繰り返す。葉は三角状卵形，あるいは卵円形，鋭尖頭，基部は切形または心臓形，歯牙状の低鋸歯があり，葉身の長さ4〜9cm，幅3〜7cm，葉質は薄く，表面緑色，裏面淡緑色で脈腋に毛があるほか両面無毛，葉柄の長さ2〜5cm。花期は5〜6月，葉に対生して，長さ4〜8cm，小さな円錐花序を出し，淡黄緑色の小花を多数つける。がくは輪形，花弁5，上部合着し，下部は離れる。雄しべ5，雌しべ1があり，雌雄同花の形をしているが，雄しべが不熟の株と雌しべが不熟の株とに区別される。液果は秋に黒熟し，小球形，径0.7cm。種子は卵円形で茶褐色，長さ0.45cm。【近似種】ウスゲサンカクヅル var. *tsukubana* Makino は若枝にクモ毛があり，葉の下面にも黄褐色のクモ毛がある。ケサンカクヅル var. *rufotomentosa* Makino は毛が多く西日本に分布する。【学名】種形容語 *flexuosa* は波状の，の意味。別和名ギョウジャノミズは，つるの切口から出る液で行者が喉をうるおしたという意味である。

348. アマヅル（オトコブドウ）〔ブドウ属〕
Vitis saccharifera Makino

【分布】本州東海以西，四国，九州に分布。【自然環境】暖地の山林にはえる落葉つる性植物。【用途】果実は食べられる。昔は茎の汁を甘味料に用いた。【形態】茎は細く，丸みがあり縦にすじがある。巻ひげは葉と対生し，他の植物にからまる。葉は対生，有柄，節の部分はふくらむ。葉身は長さ4〜8cm，幅3〜7cm，肉質厚く，光沢があり，三角状卵形，鋭尖頭，基部は心臓形か切形，低平な波状鋸歯があり，上面は脈上に毛があるほか無毛，下面脈上に初め赤褐色のクモ毛があり，のちに腋にのみ残る。葉柄は1.5〜4cm。開花は5〜6月，葉に対生して長さ3〜6cm，有柄の円錐花序を出し，淡黄緑色の小花を多数つける。雌雄異株。がくは小さい輪状，花弁は5，早落性。雄花には雄しべ5があり，花糸は長さ0.15〜0.2cm，雌しべ1個があるが不稔。雌花にもこれと同数の不稔雄しべがある。液果は球形，径0.5cm内外。種子は茶褐色，長さ0.4cmくらい。【特性】温暖，湿潤で肥沃な傾斜地を好む。【植栽】繁殖は実生による。【近似種】ヨコグラブドウ var. *yokogurana* (Makino) Ohwi はサンカクヅルとアマヅルとの雑種といわれ，葉の裏面に赤褐色のクモ毛がある。【学名】種形容語 *saccharifera* は甘味のある，の意味。

349. エビヅル (エビカズラ) 〔ブドウ属〕

Vitis ficifolia Bunge

【分布】本州，四国，九州に分布。**【自然環境】**山野にごくふつうにはえる落葉つる性植物。**【用途】**果実は食用。茎の中にすむ昆虫は釣りに利用される。**【形態】**古い茎は褐色，髄は太く，やや扁平，1年枝のつるは細く，径0.1～0.4cm，若枝には白いクモ毛がある。巻ひげは葉に対生し，他の植物にからみつく。葉は有柄，互生，心円形で3～5裂，ときに深裂し，裂片は鋭頭または鈍頭，基部は広い心臓形，葉縁に低い鈍鋸歯がある。葉身の長さと幅は5～15cm。表面無毛，裏面は白色または淡褐色のクモ毛が密生する。葉柄の長さ2.5～8cm，開花は6～8月，円錐花序は葉に対生して現れ，長さ6～8cm，幅2～4cm，淡黄緑色の小花を密につける。花序の下部には短い巻ひげがついていることが多い。雌雄異株。がくは輪形。花弁は5，上部は合着し下部は分離し，花托から帽子をぬぐように離れて落ちる。雄花には雄しべ5，雌しべは1あるが不稔，雌花にもこれと同数の雄しべがあるが不稔。花柱は円錐形。液果は房になり，球形で径0.6cm，黒熟し食べられる。**【特性】**ヤマブドウを全体に小さくした形で，樹勢もヤマブドウより強くない。**【植栽】**繁殖は実生による。**【近似種】**葉の深裂の度が深く，裂片がくびれるものをキクバエビヅル f. *sinuata* (Regel) Murata という。**【学名】**種形容語 *ficifolia* はイチジク属 *Ficus* のような葉の，の意味。

350. ヨーロッパブドウ (ブドウ) 〔ブドウ属〕

Vitis vinifera L.

【原産地】カスピ海沿岸地方。**【分布】**世界中に広く栽培されているが，とくにヨーロッパ，北米，中近東が主産地となっている。日本には古くからヤマブドウの利用があったが，本種は明治初年にフランスより初めて導入された。**【自然環境】**温暖な気候を好む落葉つる性植物。**【用途】**果実を生食するほか，果実酒，乾果，ジュースにする。**【形態】**樹皮は薄く細裂性，巻ひげは間絶性，葉は掌状に浅い切れ込みがあり，基部は心臓形，3～5裂。花房は長大，果実の大きさ，形，色は一定しない。品種は多い。**【特性】**年平均気温9～17℃の地で良品を産する。乾燥に対して強い。**【植栽】**繁殖は接木による。台木はフィロキセラ抵抗性台木を用いる。植栽本数は露地栽培の場合，成木園で10aあたり12～20本。**【管理】**一般に棚作りとする。米国，ヨーロッパ，中近東の乾燥地では株作りが多い。芽かき，摘芯，副梢管理，摘果などは重要作業となっている。フィロキセラに対抵抗性を欠き，また白渋病，露菌病に弱い。**【近似種】**栽培品種の数は非常に多い。露地栽培生食用品種では‘デラウェア’，‘キャンベルス・アーリー’，‘甲州’，‘巨峰’，醸造用では‘マスカット・ベリーA’，‘ブラック・クイン’，温室用の‘マスカット・オブ・アレキサンドリア’などがある。**【学名】**属名 *Vitis* はギリシャ語の vieo（結ぶ）からきており，ブドウが他の物に巻きつく性質があることに由来する。種形容語 *vinifera* はブドウ酒ができる，との意味。

351. ツタ（ナツヅタ）〔ツタ属〕

Parthenocissus tricuspidata (Siebold et Zucc.) Planch.

【分布】北海道，本州，四国，九州に分布。【自然環境】日本各地の山林，岩壁などに自生し，また壁面，石垣にからませるため栽培される落葉つる性植物。【用途】外壁面装飾，盆栽。昔はこの幹の液汁を甘味料とした。【形態】茎は高く伸長し，太さは5cm に達するものもある。つるは無毛，巻ひげは葉に対生して，2節ずつついて出て次の節は休むことの繰り返しをする。先は分枝し，先端に円形吸盤をそなえて他の物に吸着する。葉は有柄，互生，長枝に出るものは小さく卵形あるいは2～3裂し基部心臓形，短枝に出るものは3裂して裂片は三角形で鋭頭，粗い鋸歯があり，葉柄はことに長く，葉身の長さと幅はともに5～20cm，下面脈上は有毛。秋に落葉するときは，まず葉身が先に落ち，あとから葉柄だけが落ちる性質がある。花期は6～7月，短枝の先に出る円錐花序に黄緑色の両性小花をつける。花弁は5，雄しべ5，雌しべ1。液果は10月に熟し，球形で径0.6cm くらい，表面に白粉をかぶる。種子は1～3個，黒褐色，長さ0.4～0.5cm。【特性】食用にはならない。栽培にあたり，土地を選ばず，生長は早い。せん定に耐え，萌芽力が強い。【植栽】繁殖は実生，さし木による。【管理】さし木のものより，実生から育てたもののほうが，後日の生育がとくによい。【学名】属名 *Parthenocissus* は処女のツタ，種形容語 *tricuspidata* は3凸頭の，の意味。

352. アメリカヅタ〔ツタ属〕

Parthenocissus inserta (Jos.Kern.) Fritsch

【原産地】北米東南部，メキシコ。【分布】日本には大正初期に渡来した。【自然環境】公園や庭などに植栽されるほか，しばしば野生化する落葉つる性植物。【用途】公園，庭などの生垣，壁面緑化に用いられる。【形態】茎は長さ15m，径2～3cm になり，葉柄と対生する巻ひげの先の吸盤で吸着する。樹皮は灰黒褐色を帯び，薄くはげる。若枝は赤褐色を帯び4稜がある。葉は長柄があり，互生し，5小葉からなる掌状複葉で，頂小葉が最も大きく，倒披針形で長さ6～12cm，先は鋭くとがり，基部はくさび形，縁に粗い鋭鋸歯があり，無毛。表面は濃緑色で光沢があり，裏面は淡緑色で粉白を帯びる。新葉は赤褐色を帯びる。開花は7～8月，花序は葉柄に対生し，長い柄の先に叉状に分枝し，多数の淡緑色小花をつける。花弁は舟形で4～5個が平開し，のち反曲する。雄しべ4～5個。雌しべ1個。子房は2室あり，基部は淡黄赤色の花盤に囲まれる。がくは浅い皿状。果実は球形で径0.7cm，紫黒色で白粉を帯びる。種子は4個，楕円状で長さ0.5cm。【特性】日あたりを好む。伸長はツタより早いが，吸着力は弱い。紅葉は美しい。【植栽】繁殖は実生，さし木（2～4月）による。初期は支柱，針金で誘導する。【管理】かん水はふつうに行う。ハマキムシ防除には6月から浸透移行性殺虫剤を定期散布する。【学名】種形容語 *quinquefolia* は5出葉の，の意味。

353. ウドカズラ 〔ノブドウ属〕
Ampelopsis cantoniensis (Hook. et Arn.) Planch. var. *leeoides* (Maxim.) F.Y.Lu

【分布】本州（紀伊半島以西），四国，九州，沖縄諸島に分布。【自然環境】暖帯南部の山地にはえる落葉つる性植物。【形態】つるは長くのび，太さは径2cmほどになり気中根を出す。新枝は丸く，無毛で皮目がある。巻ひげは葉と互生の位置につき，先は2つに分かれて他の植物にからみつき，先に吸盤はない。葉は有柄，羽状複葉で，全長12～30cm，2～3対の3出で，最下部のものはさらに3出する。小葉は0.2～1cmの柄があり，葉身は卵形あるいは長楕円形，長さ3～10cm，幅1.5～5cm，ほとんど無毛で，両面の脈上のみ短毛がある。葉縁には粗い低鋸歯があり，鋭尖頭，基部円形。花は6～7月に開花，緑黄色の両性小花を毛のある集散花序につける。花には短柄があり，径0.2cm，がくは5歯あり，花弁5，雄しべ5，雌しべ1，子房は2室。液果は球形，赤熟し，径0.7cmくらい。種子は1～4個。【特性】ブドウ科の中で羽状複葉は特異な存在である。温暖湿潤で肥沃な谷間を好む。【植栽】繁殖は実生による。【管理】樹勢が強いのでつるの手入れを怠らないようにする。【学名】種形容語 *cantoniensis* は中国広東の，の意味。和名ウドカズラは，葉がウドの葉に似て，つる性であることに由来する。

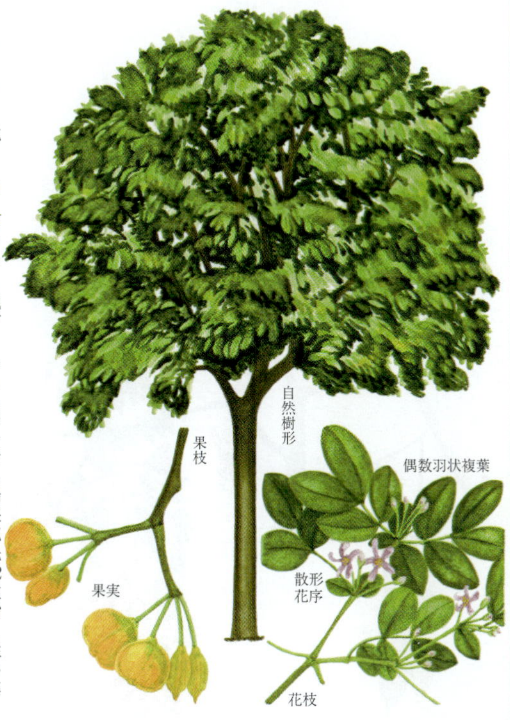

354. ユソウボク（リグナムバイタ）〔ユソウボク属〕
Guaiacum officinale L.

【原産地】西インド，コロンビア，ベネズエラ。【分布】バハマ諸島および大アンティル諸島から小アンティル諸島のマルティキワ島までの西インド諸島，またグアテマラ，ホンジュラス，パナマ，コロンビア，ベネズエラ，ガイアナの海岸地域に分布。【用途】船のプロペラシャフトのチューブの裏張り，滑車，日よけや雨おおいのローラー，家具，ボーリングボール，細工物などに用いる。【形態】幹は直立で樹高5～10m，直径10～45cm，大きいものは直径45～70cmになることもある。樹冠は円形で密，樹皮は淡褐色で平滑，緑色の斑があり，薄く鱗状にはがれる。葉は長さ3.8～7.5cm，偶数羽状複葉である。小葉は4～6枚で広い楕円形または倒卵形，基部，尖端とも丸い。長さ2～5cm，幅1.2～3.2cm，一般に革質で先端の小葉対は最も大きい。花は散形花序に多く咲き，わずかに香る。5枚の濃または淡紫色の花弁をもち，長さ1.2cmの花弁は基部が細まり先端は丸い。果実は扁平で倒卵形。裂開して1～2個の種子（1.3cm）を放つ。【特性】世界で最も重硬な木材の1つ。材中多量（25%前後）の樹脂を含有し，油状の感触をもつ。材は堅硬，緻密，粘りがあり，気乾比重は1.2～1.3である。耐久性は著しく高く，腐敗やシロアリの侵害にきわめて強い。【学名】種形容語 *officinale* は薬用の，薬効のある，という意味。

355. ノダフジ（フジ）　〔フジ属〕

Wisteria floribunda (Willd.) DC.

【分布】本州，四国，九州，沖縄，朝鮮半島の暖帯および温帯に分布。【自然環境】日あたりのよい湿気のある山野に自生，または広く諸外国にも植栽されている落葉つる性植物。【用途】鉢植え，盆栽，庭園樹，公園樹。若枝の材は結束，工芸，製紙，製織などに用いる。また花は食用に供する。【形態】幹枝はつる状で著しく長く伸長し，他物に右巻きに巻きつく。若枝に多少の毛があるが，のちにほとんど無毛。葉は互生で有柄の奇数羽状複葉，小葉は 11〜19 枚，卵形，卵状長楕円形や長楕円状披針形で，先端はやや鋭尖形，基部は鈍形または円形。葉は薄質で全縁，上面は濃緑色，両面とも多少絹毛状の毛があるが，成葉ではほとんど無毛。開花は当年枝の葉腋から出た短枝に 4〜6 月頃。花は紫色の長さ 1.2〜2cm の蝶形花で，長さ 30〜90cm の総状花序となる。果実のさやは，長さ 10〜15cm の扁平長楕円体。果皮は黒褐色で堅く，短毛が密生。種子は黒色で扁平の円形。9〜10 月成熟。【特性】やや湿気のある肥沃地を好むが，とくに土性は選ばない。【植栽】繁殖は実生，さし木，根分け，取り木，接木による。【管理】せん定は 7 月上旬，3〜4 節残して行い，花芽形成を促す。冬期せん定は 2 月中〜下旬。病害虫にはコブ病，フジシロナガカイガラムシなどがある。【近似種】ノダフジには園芸品種としてシロバナフジ f. *alba*，ヤエフジ f. *vaiolaceo-plena* などがある。【学名】種形容語 *floribunda* は花の多い，の意味。

356. ヤマフジ（ノフジ）　〔フジ属〕

Wisteria brachybotrys Siebold et Zucc.

【分布】本州西部，四国，九州に自然分布。植栽分布の北限は北海道。【自然環境】日あたりのよい湿気のある山野に自生，または植栽される落葉つる性植物。【用途】鉢植え，盆栽，庭園樹，公園樹。棚作りともする。花を食用。【形態】幹枝はつる状で著しく長く伸長し，他物に左巻きに巻きつく。葉は互生で有柄の奇数羽状複葉，小葉は 9〜13 枚，長さ 4〜6cm，幅 1.5〜3cm，卵形〜卵状長楕円形で，全縁，基部は円形，先端は鋭尖，両面に細毛があり，成熟後も裏面には著しく残る。葉質はやや厚い。開花はノダフジよりやや早く 4〜6 月，当年枝の葉腋から出た短枝に長さ 10〜20cm の紫色の総状花序を出す。花は紫色の蝶形花で長さ 2〜3cm，果実のさやは倒披針形で長さ 15〜20cm，果皮は堅硬で短毛を密生している。種子は円形で扁平の光沢ある黒紫色，さやの中に 5〜6 個，11 月頃成熟する。【特性】やや湿気のある肥沃地を好むが，とくに土性は選ばず，やや乾燥地にも耐える。【植栽】繁殖は実生，さし木，取り木，接木による。【管理】萌芽力が強く，刈込みにも耐える。せん定は 7 月上旬に 3〜4 節残して行い，花芽形成を促す。冬期は 2 月中〜下旬に行う。大気汚染にも耐える。生長は早い。病害虫にはコブ病，フジシロカイガラムシ，フジハムシなどがある。【近似種】白花のシラフジ f. *alba* (Mill.) Ohwi がある。【学名】種形容語 *brachybotrys* は短い総状の，の意味。

357. ナツフジ（ドヨウフジ）　〔フジ属〕

Wisteria japonica Siebold et Zucc.

【分布】本州（関東以南），四国，九州（対馬，屋久島まで），朝鮮半島南部に分布。【自然環境】低地の林中に自生，または植栽される落葉つる性植物。【用途】庭園樹，盆栽に用いる。【形態】右巻きつる性の木本で，つるは3～4mにのびる。若いときには全体に短い圧毛がまばらにはえ，のちにやや無毛となる。葉は互生，有柄，奇数羽状複葉をなし，小葉を多数つけ，長さ30cm以上になる。小葉は狭卵形～卵形，漸尖頭で鈍端，基部は鋭形～円形で短柄がある。縁は全縁。長さ2.5～4cm，幅1～2cm。質は薄く両面はほとんど無毛。雌雄同株で，開花は7月。葉腋から長さ10～30cmの細長い総状花序を出し，帯緑白色の小さい蝶形花を多数下垂して開く。花は長さ1.3～1.5cmぐらい。がくは鐘形で頭部は歯状に浅く5裂する。豆果は10月頃熟し，扁平で長楕円形，長さ6～9cmで無毛。中に15個ぐらいの扁平で円形の種子がある。【特性】陽樹。フジのように水湿を欲せず，土性を選ばない。生長は早いがフジのように強大にならない。【植栽】繁殖は実生による。【管理】フジに準ずる。【近似種】ヒメフジ（メクラフジ）f. *microphylla* (Makino) H.Ohashi は高さ60～100cm，葉は小さくやや密につき，小葉は披針形。毛がやや多い。花はまだ知られていない。【学名】種形容語 *japonica* は，日本の，の意味。

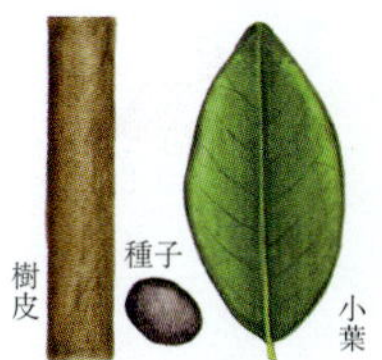

358. ムラサキナツフジ（サッコウフジ）　〔ムラサキナツフジ属〕

Callerya reticulata (Benth.) Schot

【分布】沖縄，台湾，中国南部に分布。九州南部には植栽されている。【自然環境】日あたりのよい山地や原野に自生，または植栽されている常緑つる性植物。国内で栽培しているものは，冬期に落葉する。【用途】庭園樹，鉢植え，盆栽などに用いる。【形態】茎は右巻きである。葉は互生し奇数羽状複葉，小葉は5～9枚で卵形または楕円形で全縁，表面は深緑色で裏面は淡黄緑色，頂端はわずかに凹頭，基部は鈍脚，裏面のみ毛がある。葉質はフジの葉に似ているが，厚くやや革質。花は紫色または暗紫色～帯紅紫色の長さ1.5cmぐらいの蝶形花で，7～8月に葉脈から出た枝の先端に総状花序となる。細毛があり，やや下垂するものもある。旗弁の中央部は緑色で，両縁が内側に反巻する。果実のさやは暗緑色から黒褐色になり，長さ9～12cm，幅1.2cmぐらいで扁平，革質。【特性】陽樹であり十分な日照を要求する。湿潤で水はけのよい場所を好む。樹勢は強いが寒さに弱い。暖地では露地栽培ができるが，冬期の最低気温が5℃以下では保温が必要である。生長は早い。【植栽】繁殖はさし木，取り木による。実生は発芽率がやや悪い。【管理】新芽のつるが徒長しないように芯止めを行い，花芽の形成を促す。肥料は骨粉と油かすの混ぜたものを置肥とする。【近似種】盆栽に多用されているものにサツマサッコウ（薩摩醋甲）がある。【学名】種形容語 *reticulata* は網状の，の意味。

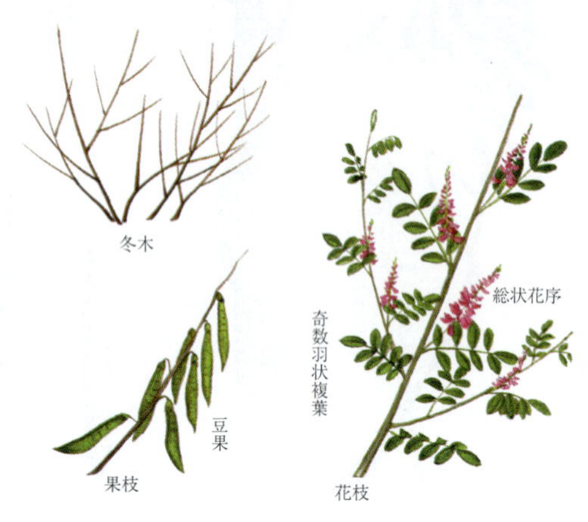

359. コマツナギ（クサハギ）〔コマツナギ属〕
Indigofera bungeana Walp.

【分布】本州中南部，四国，九州，朝鮮半島，中国中部に分布。**【自然環境】**野原や土手などにふつうに生育している草本状落葉小低木。**【用途】**庭園樹，鉢植え，吊鉢，ロックガーデン，生花材料，飼料，生薬などに用いる。**【形態】**樹高は60～90cm，直径1.5cmぐらいに達する。枝は強靱でよく分枝し，細長く緑色。全株に伏毛がある。葉は互生で短い葉柄のある奇数羽状複葉。小葉は3～5対で長さ1～2.5cm，幅0.5～1.2cmの長楕円形または倒卵形，全縁で，両面は若枝と同様の軟らかい伏毛がある。裏面は粉白色，頂端は円形で細い微突起があり，基部も円形できわめて短い柄がある。花は7～9月にかけて，長さ0.5cmぐらいの紅紫色の蝶形花が長さ3cmぐらいの総状花序となり葉腋につく。小花柄はがくよりも短く，がくは0.2cmぐらいの筒状で5裂し有毛。果実のさやは長さ3cmぐらいの線状円筒形でふつう直立，ときに下垂し短毛がある。種は緑黄色で数個あり，秋に熟す。**【特性】**陽樹であり，十分な日光を要求し，風通しと水はけのよい場所を好む。樹勢は強く，生長は早い。**【植栽】**繁殖は実生，さし芽による。実生用の種子の入手は容易であり，発芽率も高い。さし芽は芽出し時期に行う。**【管理】**せん定時期は芽出しの頃がよく，ほとんど手入れの必要はない。強せん定にも耐える。**【近似種】**品種としてシロバナコマツナギ f. *albiflora* (Honda) Okuyamaがある。このほかにミツバノコマツナギモドキ *I. trita* L.f. などがある。

360. チョウセンニワフジ（コウライニワフジ）〔コマツナギ属〕
Indigofera kirilowii Maxim. ex Palib.

【分布】九州北部（対馬，平戸島，佐賀県黒髪山），朝鮮半島，中国（北部，東北部）に分布。**【自然環境】**岩石地などに自生，または植栽される落葉小低木。**【用途】**庭園樹，砂防用に用いる。**【形態】**基部より分枝し高さ30～60cm。枝は細く，よく分枝し，ほぼ無毛。葉は互生し，短い葉柄をもった奇数羽状複葉をつける。小葉は楕円形または広卵形を呈し，先端は鈍形で微突起があり，基部は円形または鈍形で短柄がある。長さ1.5～3cm。表面は淡緑色で光沢はなく，裏面は粉白色を帯びる。両面にまばらに伏毛がある。雌雄同株。5～7月頃，葉腋から長い総状花序を出して淡紅色の蝶形花を多数つける。花序はニワフジよりやや短く，長さ5～10cm。直立または斜上する。花は1.5cmぐらいで，短い小梗がある。がく裂片は小さな三角形で微毛がある。豆果は10月頃熟し，円柱形で先はとがり長さ4～5cm，幅0.4cmぐらい。**【特性】**陽樹。向陽地を好み，ふつうの土壌で育つ。**【植栽】**繁殖は実生，株分けによる。ともに3月が適期。移植は容易。**【管理】**せん定により枝を切りつめ，樹形を密にする。施肥は寒肥として化成肥料などを施す。病害虫は少ない。**【学名】**種形容語 *kirilowii* は採集家キリロフを記念した名である。

361. ニワフジ（イワフジ）　〔コマツナギ属〕
Indigofera decora Lindl.

【分布】本州（東海道以西），四国，九州（対馬，屋久島まで），台湾，中国に分布。【自然環境】山地の川岸などに自生，または植栽される落葉小低木。【用途】庭園樹，公園樹，とくにロックガーデンに適する。【形態】そう生，基部から分枝し高さ 30～60cm。枝は細長い。葉は互生し，有柄，奇数羽状複葉。小葉は 3～5 対ついて，長楕円形または狭卵形，先端は鋭くとがり微突起がある。基部は鋭形または鈍形で短柄がある。長さ 2.5～4cm，幅 1～1.5cm。表面は鮮緑色で無毛，下面は粉白色を帯び，白色の伏毛が散生する。開花は 5～6 月。葉腋から大形の総状花序を出し，紅色の蝶形花を開く。花序の長さ 10～20cm。花は長さ 1.5cm ぐらい，旗弁は大きく長楕円形。がく片は三角形で微毛がある。豆果は長さ 5cm ぐらいの円柱形で，9 月に褐色に熟し 2 裂する。【特性】陽樹。日あたりを好み，ふつうの土壌で育つ。【植栽】繁殖は実生，株分けによる。ともに 3 月が適期。移植は容易。【管理】せん定により枝を切りつめ，樹形を密にする。施肥は寒肥として化成肥料などを施す。病害虫は少ない。【近似種】白色花をつけるシロバナニワフジ f. *alba* (Sarg.) Honda がある。【学名】種形容語 *decora* は装飾する，の意味。

362. デイゴ（デイグ，デイコ）　〔デイゴ属〕
Erythrina variegata L.

【原産地】インド。【分布】東南アジア，ミクロネシア，小笠原，沖縄に分布。九州南部を北限とする。【自然環境】日あたりのよい海岸付近に自生，または植栽されている落葉高木。【用途】庭園樹，公園樹，街路樹，防風樹，防潮樹。緑肥や琉球漆器の木地，下駄，琴，薬用。【形態】幹は直立，枝は粗く分枝し高さ 10～15m，幹の直径 0.6～1m に達する。樹皮は灰白色～淡黄色で，粗面，こぶ状に乳房状突起がある。枝や幹の一部に黒く太いとげがある。葉は葉身と同じぐらいの長さの葉柄をもった 3 出複葉で，互生する。小葉は三角状広卵形，基部は切形，浅心形，先端は漸尖頭で全縁。頂生葉はやや大形である。葉質は膜質，光沢のある緑色。短毛を密生，ときに無毛となる。花は 4～5 月に長さ 25～30cm ぐらいの総状花序を頂生する。濃赤色～鮮赤色の長さ 6～8cm の蝶形花がやや下向きに密集してつく。果実のさやは長さ 30cm ぐらいで黒色，無毛，中には深紅色の直径 1.5cm ぐらいの種子が 6～8 個ある。【特性】日照を要求し，水はけの良好な土地を好む。生長はきわめて早い。耐潮性に富む。【植栽】繁殖は実生，さし木による。日本ではまれにしか結実しないので実生は不向きであるが，根ざしによるさし木で容易に増殖できる。【管理】暖地性であり，北限付近の露地では冬季に幹の保護を要する。萌芽力強。【近似種】シロフシトウ，フイリデイコ。

363. カイコウズ（アメリカデイゴ）　〔デイゴ属〕
Erythrina crista-galli L.

【原産地】ブラジル。日本には江戸時代末期に導入。【分布】本州の関東南部以西の暖地に植栽可能。【自然環境】暖地の庭園などに植栽される落葉低木〜小高木。【用途】庭園樹，公園樹，街路樹。樹皮よりタンニンをとる。【形態】高さ 2〜10m。葉は，互生し 3 出複葉。小葉は卵状楕円形で全縁，先端は鈍頭，基部は円脚。長さ 8〜10cm，幅 3〜5cm。質はやや厚く，表面は光沢があり，裏面は白っぽい。無毛。雌雄同株で，開花は 6〜9 月。新枝の先端に大型の総状花序を出して，緋紅色〜暗紅色の大形の蝶形花を多数開く。旗弁は倒卵形で大きい。がくは鐘形。豆果は 9〜10 月頃に熟し，長さ 10〜15cm，幅 1〜2cm。【特性】陽樹。向陽地で，排水のよい砂質土を最も好む。デイゴ属の中では耐寒性がある。【植栽】繁殖はおもにさし木による。移植は春と秋。【管理】萌芽力があり，強いせん定に耐える。施肥はとくに必要がない。病害虫は少ない。東京付近では冬期，幹を保護したほうがよい。【近似種】マルバデイゴは小葉が卵形で幅広く，枝先は下垂しない。一般にはこれをアメリカデイゴと称して栽培している。【学名】種形容語 *crista-galli* はニワトリのとさか，の意味である。

364. サンゴシトウ（ヒシバデイゴ）　〔デイゴ属〕
Erythrina × bidwillii Lindl.

【原産地】熱帯アメリカ，西インド諸島。【分布】世界各地の熱帯，亜熱帯。日本では本州，四国，九州の暖地から沖縄に分布。【自然環境】日あたりのよい海岸付近に自生，または植栽されている落葉小高木。【用途】庭園樹，公園樹，街路樹，鉢植えなどに用いる。【形態】幹は直立，枝は粗く分枝し，高さ 5〜6m，幹の直径 20〜25cm に達する。全株無毛でとげがある。小枝は帯褐紫緑色でまれにとげがあり，枝は横に広がる。葉はやや長い葉柄のある 3 出複葉，小葉は紙質で，頂小葉は広卵状菱形，長さ 8.5〜11cm，幅 7.5〜10cm，側小葉は幅がやや狭く，ときに下面脈上にとげがある。葉柄は長さ 8〜11cm で暗紫赤色，ふつう葉柄にもとげがある。花は鮮深紅色の直立総状花序となり，長さ 50〜60cm，3〜5 花ずつ多数着生する。小花梗の長さは 1.1〜1.3cm。盛花期になっても花は全開しない。果実のさやは木質で暗褐色の長さ 12〜15cm の鎌形である。【特性】日照を要求し，水はけの良好な土地を好む。生長はきわめて早い。デイゴ属の仲間では比較的耐寒性がある。耐潮性に富み，海岸近い暖地で生育がよい。【植栽】繁殖は実生，さし木による。【管理】萌芽力が強く強せん定に耐える。北限付近の露地では，冬期に枝を切りつめ幹の保護をする。著しい病害虫はない。

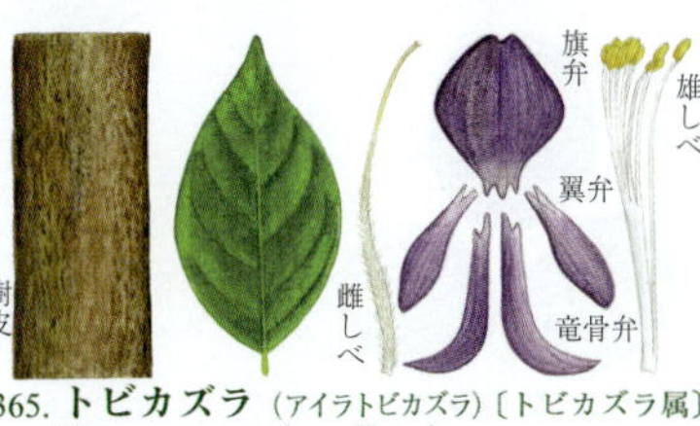

365. トビカズラ（アイラトビカズラ）〔トビカズラ属〕

Mucuna sempervirens Hemsl.

【分布】九州（熊本県），中国に分布。最近長崎県からも報告されている。【自然環境】熊本県鹿本郡菊鹿町相良にあり，国の特別天然記念物になっている常緑つる性植物。【形態】幹の直径は40cmぐらいになり，小枝は無毛であるが，若時には淡黄色の圧毛がまばらにはえる。葉は互生，有柄の3出複葉。小葉は長楕円形，先端は急に細くなって鋭尖型，基部は円形でごく短い柄があり，全縁，長さ7～15cm，幅4～8cm，革質で表面は光沢があり深緑色，若時のみ白圧毛を散生する。側小葉は基部が左右不同でゆがんだ円形となる。雌雄同株で，開花は5月頃，太い枝から総状花序を出して垂れ下がり，長さ7cmぐらいの暗紫色の花を10数個つける。花序の軸および花柄には汚褐色の短毛を密生。がくは筒形で，5歯があり，短毛および黄褐色の刺毛がある。竜骨弁は長さ6～8cm，上方が内曲し先はとがる。旗弁は卵形でそって立ち，翼弁は長楕円形で竜骨弁より短い。豆果は長さ約40cm，6～8個の種子があり，褐色のビロード毛を密生する。【特性】中庸樹。強健で生長が早く，適潤で肥沃な土壌を好む。【植栽】人工受粉すると種子がまれにでき，発芽する。【管理】せん定の必要は少ない。寒肥として堆肥，油かすなどを与える。病虫害は少ない。【学名】種形容語 *sempervirens* は常緑の，の意味。

カショウクズマメの花序と果実

366. ウジルカンダ（イルカンダ，クズモダマ）〔トビカズラ属〕

Mucuna macrocarpa Wall.

【分布】九州の馬毛島，沖縄などの亜熱帯に分布。【自然環境】亜熱帯の林中に自生している常緑つる性植物。【用途】鉢植えなどで栽培。【形態】高さ10m以上によじ登ることもある。初めつる枝には逆生するさび色の刺毛があるが，のちに無毛となり，暗紫色から灰白色となる。葉は長さ10cmぐらいの葉柄のある3出複葉で互生し，初め淡紫褐色でさび色の絹毛があるが，のちに無毛となり深緑色となる。葉質は革質または羊紙質。頂小葉は長さ7～15cm，幅4～5cmの楕円形，長楕円形で短柄があり，頂端は鋭尖，基部は鈍形または切形となり全縁。やや細かい明らかな小脈がある。側小葉は斜形で短柄のある長さ10～13cm，幅5～7.5cmの長楕円状となり，頂端はやや細くとがり鋭尖，基部は円形となり全縁。花は暗紅紫色で，やや古い太い茎から幹生，長さ10～30cmぐらいの総状花序となり下垂し，20個ぐらいの多数の花をつける。花柄は1～1.5cm。がくは長さ1～1.2cm，幅1.5cmぐらいのゆがんだ鐘形，褐色の圧毛を密生，赤褐色の刺毛がある。旗弁は淡緑色。翼弁は紫黒色。竜骨弁は長さ5～5.5cmで淡紫色，上部は内曲して先は白い。果実のさやは長さ20～25cm，幅3.5cmぐらいで褐色の圧毛を密生。種子は腎臓形で両面が平たく，長さ2.8cmぐらい，通常さやには5種子ある。【特性】やや日陰に耐え，樹勢は比較的強い。【植栽】繁殖は実生，さし木による。【近似種】花序が暗赤紫色で球状にまとまり，果実が楕円形のカショウクズマメ *M. membranacea* Hayata がある。【学名】種形容語 *macrocarpa* は長果の，大果の，の意味。

367. サンダルシタン（シタン）〔インドシタン属〕
Pterocarpus santalinus L.f.

【原産地】インド，ビルマ，マレーシア。【分布】東南アジアから台湾に分布。【自然環境】熱帯，亜熱帯降雨林中に自生するか，または植栽される常緑小高木。【用途】材は建築材，家具材，工芸材，彫刻材，鏇作材として用いる。【形態】樹高 7〜15m，幹の直径 30〜50cm に達する。樹皮は黒褐色。枝には灰色の短軟毛がある。葉は互生，有柄で，奇数羽状複葉，小葉は 3〜5 個で長さ 5〜15cm，卵形または広楕円形。頂端は凹頭またはやや凸形で鈍頭，基部は円形または鈍形，側小葉は短柄，濃緑色で表面には光沢があり，裏面には灰色の微伏毛が密生する。葉質は薄革質。花は淡黄色または黄色の条線がある長さ 1cm ぐらいの蝶形花。茎の先端または葉腋から 10 数個の花を総状につけ，直立し分岐した円錐状花序となる。花柄は短く，がく筒は鐘形で短毛があり，先端は歯状に 5 裂する。花弁の基部は細く短い柄となり，竜骨弁を除きそり返る。雄しべは 10 個，子房は有柄で毛があり，柱頭は糸状。果実のさやは直径 3〜4cm の扁球形で，長さ 1cm ぐらいの柄がある。周囲には，放射状の条紋があり縁は波状となる円形の広い翼がある。種子は 1 個または 2 個で直径 1cm ぐらい，黒褐色，無毛である。さやは成熟しても裂けない。【特性】高温でやや乾燥している肥沃な場所を好む。材は堅くて重い。木目は緻密である。生長はやや遅い。【植栽】繁殖は実生，さし木による。【学名】種形容語 *santalinus* はビャクダン属のような，の意味。

368. シッソノキ（シッシェム，インドオウダン）
〔ツルサイカチ属〕
Dalbergia sissoo Roxb. ex DC.

【原産地】インド，パキスタン。【分布】インドのヒマラヤのふもとの亜熱帯地方から熱帯地方に分布。【自然環境】向陽地を好んで生じ，とくに排水のよい川ぞいの地に自生，もしくは植栽される落葉高木。【用途】街路樹，庇陰樹。材は装飾，家具，建具，建築，ベニヤ，ナイフの柄などに用いられる。【形態】幹は直立し樹高 25〜30m，直径 2.5m に達する。丸みのある樹冠をもつ。樹皮は灰色を呈し厚さ 1〜1.7cm，幅の狭い縦状の粗皮を剥離する。葉は羽状複葉で 3〜5 の小葉は楕円形または卵形で鋭頭，若葉には軟毛があるが成葉は無毛となる。長さ 3〜9cm，花は白色ないし黄白色で，短い腋生円錐花序をなし，3〜4 月開花。果実（さや状）は 12〜1 月に成熟し，糸状の披針形をなし，中に 1〜3 個の淡褐色の種子をもっている。【特性】陽樹。若いときの生長が早く，砂地固定や砂丘結束用に適している。【植栽】繁殖は実生またはさし木による。播種造林は容易であるが，深根性であり移植は困難である。生長は早く，30 年生で直径 45cm に達する。【管理】生育が早く，樹形が崩れやすい。また萌芽も旺盛であるから，せん定などを強度に行う必要がある。【近似種】ローズウッド *D. latifolia* などがある。【学名】種形容語 *sissoo* はインド，パキスタンの土語による。

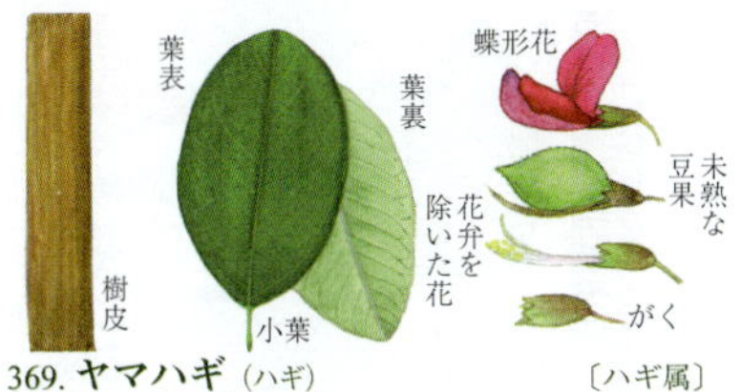

369. ヤマハギ（ハギ） 〔ハギ属〕

Lespedeza bicolor Turcz.

【分布】北海道，本州，四国，九州，朝鮮半島，中国に分布。【自然環境】日あたりがよく排水の良好な山野に自生，または植栽される落葉低木。【用途】庭園樹，生垣，鉢植え，切花，家畜用飼料。【形態】高さ2m内外で，ときに5mぐらいになる。明確な幹はなく，多くの細い枝を分枝し，下垂する。枝には短い微毛がある。葉は3出複葉で互生し，長さ1〜5cmの細長い葉柄がある。小葉は広楕円形〜広倒卵形で先端は円形または多少へこむ。若い枝から出た葉の先端は鋭形。基部は円形でごく短い柄がある。表面は緑色で初め微毛があるが，のちに無毛，裏面は白色を帯び，微毛かときに無毛のこともある。花は7〜9月に新梢の上部の葉腋から多数の長い総状花序を出し，紅紫色の蝶形花を開く。花弁は長さ1cmぐらいで翼弁は色が濃い。がくは深く4裂する。豆果は平たい楕円形で10月頃成熟するが，裂けない。中の種子は1個である。【特性】樹勢は強健。陽樹であるが，やや日陰地でも花数が少なくなるが生育する。腐植質に富む肥沃地を好む。【植栽】繁殖は実生，さし木，株分けによる。さし木は当年枝では3月中旬，前年枝では6月下旬〜7月上旬に行う。【管理】枝がよく伸長するので，地上部を切り取り新梢を萌芽させる。とくに施肥の必要はない。おもな病気には葉に出るサビ病，害虫にはアブラムシがある。【近似種】変種として花の白いシロバナヤマハギ f. *albiflora* Matsum. がある。

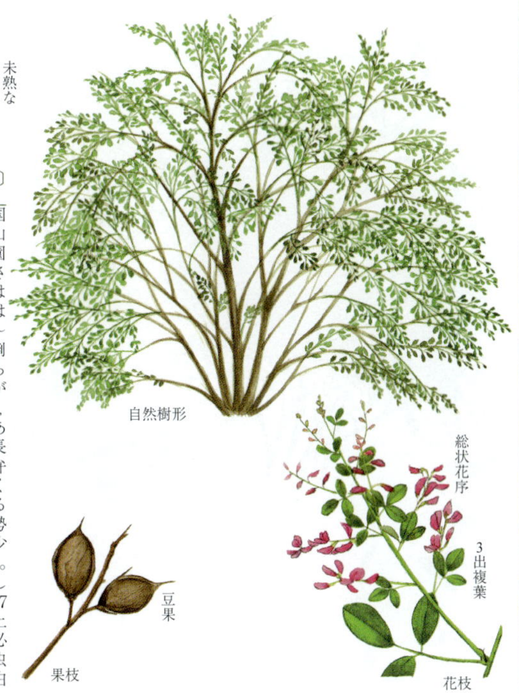

370. ツクシハギ（ニッコウシラハギ，ヤブキハギ） 〔ハギ属〕

Lespedeza homoloba Nakai

【分布】本州，四国，九州に分布。【自然環境】日あたりのよい山野に自生，または植栽される落葉低木。【用途】庭園樹，切花，家畜用飼料などに用いる。【形態】明確な幹はなく分枝し開出する。高さ3〜4mに達する。枝は細くよく伸長し，白毛を生じ稜線がある。葉は互生で3出複葉。小葉は長さ2〜5cm，幅1〜2.5cmの楕円形または卵状楕円形で，頂端は鈍頭あるいは凹頭，基部は鈍脚。葉質は紙質またはやや革質で，表面は少し光沢があり，裏面は帯白色で微毛があるが，のちにほとんど無毛となることもある。花は8〜10月に長さ9〜12cmの総状花序となり腋生し，紫紅色または淡紫紅色で長さ1〜1.5cmの蝶形花。苞はきわめて小さく鈍頭，小苞は苞よりも長くて鋭頭。がくの4裂片ともほぼ同一で鈍頭，花梗とともに短毛がある。旗弁は淡紫色または淡紅色で，長楕円形，凹頭，翼弁は濃紫色，竜骨弁は長さ1.2cmぐらい，白色または紫色で翼弁よりもかなり長い。果実のさやは長さ0.8cmぐらい，幅0.5〜0.6cmの広倒卵形または卵球形で圧毛がある。【特性】陽樹であり十分な日照を要求し，肥沃な土地を好む。樹勢は比較的強く，生長も早い。耐寒性がある。【植栽】繁殖は実生，株分け，さし木による。【管理】萌芽力があり，強せん定にも耐える。【近似種】品種として白花のシロバナツクシハギ f. *luteiflora* Akasawa がある。【学名】種形容語 *homoloba* は同裂片の，の意味。

371. ミヤギノハギ（ナツハギ）　〔ハギ属〕

Lespedeza thunbergii (DC.) Nakai

【分布】本州（東北, 北陸, 中国）に分布。【自然環境】山野に自生，または植栽される落葉低木。【用途】庭園樹，公園樹，切花。【形態】幹はそう生し高さ1〜2m, 枝はよくしだれる。若枝には伏毛がある。葉は互生，有柄の3出複葉。小葉は両端のとがった楕円形で長さ3〜5cm，幅1〜2.5cm。表面は深緑色で無毛，裏面は淡緑色で伏毛が多い。雌雄同株で開花は7〜9月。葉腋から総状花序を出し，紫紅色の蝶形花を多数開く。花序は多くは葉より長く，白毛が密生。旗弁は楕円形で強く外側にそり返る。がくは深く5裂し，裂片は披針形で先はとがる。雄しべは10本，下側の9本は基部で合着する。豆果は10〜11月，褐色に熟し，広楕円形で細毛があり長さ1〜1.3cm。中に種子が1個あるが，熟しても裂開しない。【特性】陽樹。日あたりのよい肥沃地を好むが，やせた乾燥地でも育つ。耐潮害，公害はともに中ぐらい。【植栽】繁植は一般に株分け，さし木による。【管理】寒肥として鶏ふん，化成肥料などを与えると花つきがよくなる。病気はウドンコ病，サビ病，褐斑病，葉枯れ病など，害虫はヒゲナガアブラムシの被害がある。【学名】種形容語 *thunbergii* は，植物学者チュンベルクを記念した名である。

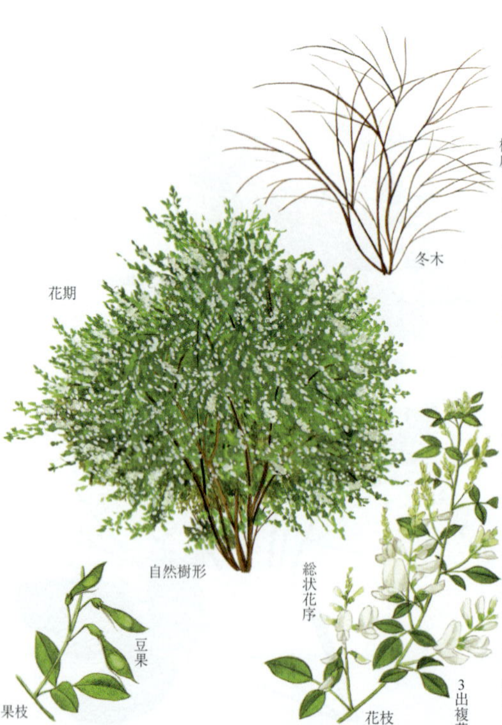

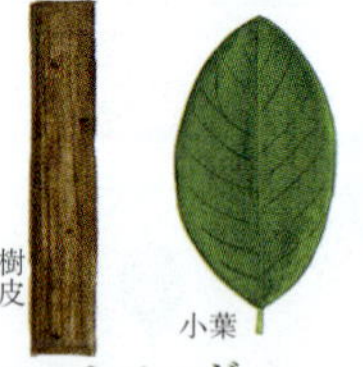

372. シラハギ　〔ハギ属〕

Lespedeza thunbergii (DC.) Nakai
subsp. *thunbergii* f. *alba* (Nakai) H. et K.Ohashi

【分布】本州，四国，九州，朝鮮半島，中国に分布。【自然環境】日あたりのよい山野に自生，日本では庭園などに植栽されている草本状落葉低木。【用途】庭園樹などの観賞用，生垣，肥料木などに用いる。【形態】根もとから茎が分枝し，高さ1.5〜2mの株となり，枝先は少し垂れる。ふつう，茎は冬期に根もと近くまで枯れる。枝には伏毛がある。葉は互生で，3出複葉をつける。小葉は，楕円形を呈し頂端はやや鋭形，基部は鈍形。側小葉はほとんど無柄，表面は深緑色で微細な伏毛がある。花はふつう白色ときに紅紫色，まれに白色と紫色が混じることもある。【特性】陽樹であり十分な日照を要求するが，多少日陰でも花つきが減少する程度で十分生育する。樹勢は強健で土質はあまり選ばないが，多少有機質を含んだやや軟質，適潤な肥沃地を好む。【植栽】繁殖は実生，株分けによる。株分けは地上部が枯れた冬期に行う。【管理】萌芽性があり強せん定に耐えるが，毎年枯れた茎枝を切り取るだけでも樹形を保つことができる。病気としてサビ病，ウドンコ病があり，害虫にはアブラムシ，マメコガネなどがある。【近似種】シラハギは，朝鮮半島原産のチョウセンヤマハギ subsp. *thunbergii* f. *angustifolia* (Nakai) Ohwi の白花品種で，栽培品のニシキハギ subsp. *thunbergii* 'Nipponica' も同じ起源のものと考えられている。

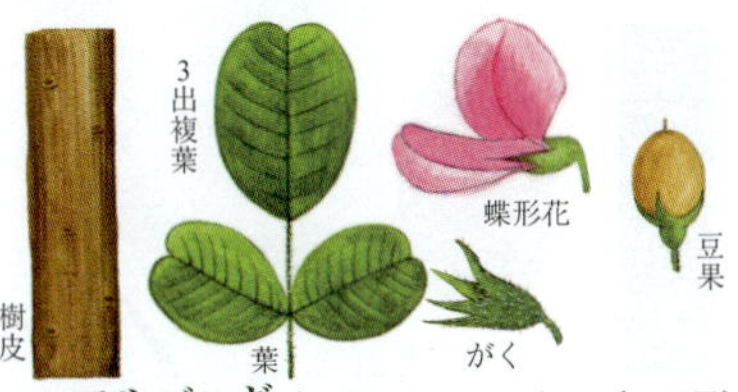

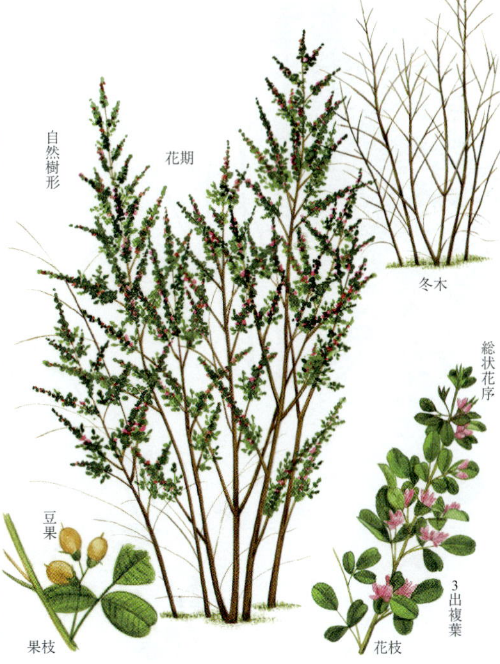

373. マルバハギ（ミヤマハギ，コハギ）〔ハギ属〕
Lespedeza cyrtobotrya Miq.

【分布】本州，伊豆諸島，四国，九州，種子島，屋久島，朝鮮半島，中国に分布。【自然環境】山野に自生，または植栽される落葉低木。【用途】庭園樹，公園樹。【形態】幹はそう生し高さ2〜3m。枝は縦に稜線が走り，白い短毛がある。葉は互生，有柄の3出複葉。小葉は円形か倒卵形でヤマハギより丸い。長さ2〜3cm，先端は円形，やや切形またはやや凹形，基部は円形または鈍形。側小葉はほとんど無柄，裏面は短毛が多くはえ淡白色となる。雌雄同株で，開花は8〜9月。葉腋から葉より短い総状花序を出し，濃紅紫色の蝶形花を密集して開く。花は長さ1〜1.5cm。がくは深く4裂し先は鋭くとがる。豆果は10〜11月熟するが割れない。平たい楕円形で白圧毛があり，長さ0.6〜0.7cm，幅0.5cm。【特性】陽樹。日あたりのよい肥沃地を好むが，やせた乾燥地でも育つ。耐潮害，公害はともに中ぐらい。【植栽】繁殖は一般に株分け，さし木による。株分けは3月頃1〜2本ずつ分ける。さし木は春，発芽前か梅雨期だが，発根率は低い。移植は容易。【管理】ミヤギノハギに準ずる。【近似種】カワチハギ f. *kawachiana* (Nakai) Hatus. は枝および花部の毛の開出する変種で，母種の自生する地域に分布する。【学名】種形容語 *cyrtobotrya* は，曲がった総の，の意味。

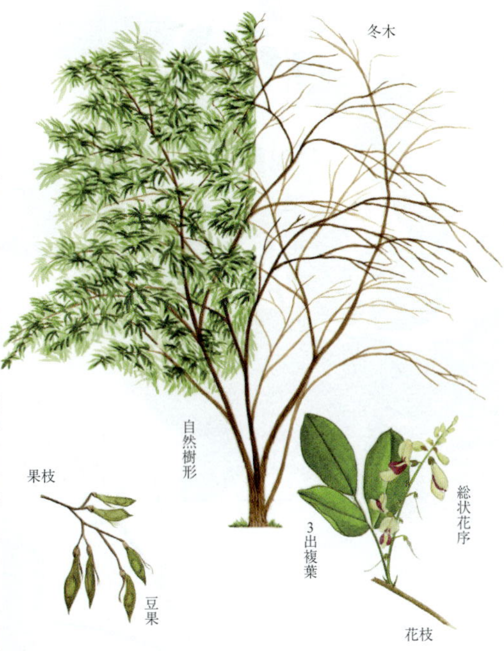

374. キハギ（ノハギ）〔ハギ属〕
Lespedeza buergeri Miq.

【分布】本州，四国，九州に分布。【自然環境】日あたりのよい山野や海岸のがけ地などに自生，または植栽される落葉低木。【用途】庭園樹，鉢植，切花，家畜用飼料。【形態】高さ2mを越え，幹の直径4cm以上となり小高木となることもある。枝の上部は細長くよく分枝し下垂する。枝には微毛を密生する。葉は3出複葉で互生，小葉は長卵形あるいは長楕円形で先端，基部ともに鋭形または鈍形。全縁で裏面は白色を帯び絹毛がある。花は7〜9月に新梢の上部の葉腋から葉よりも短い総状花序を出し，淡紫白色の蝶形花をつける。翼弁は披針形で紫色，豆果は長楕円形で先端が急鋭形。10月頃熟す。表面に細毛と網状脈があり，中に平たい楕円形の種子が1個ある。【特性】陽樹であるが，やや日陰地でも花数は少なくなるが生育する。耐寒性が強く，腐植質に富む肥沃地を好む。【植栽】繁殖は実生，さし木，株分けによる。前年枝の場合，さし木は3月中旬，当年枝では6月下旬〜7月上旬に行う。株分けは3月頃が適期。【管理】毎年同じ樹形を維持するには，秋か早春に地上部を切り取り新梢を萌芽させる。とくに施肥の必要はないが，施肥は2月に油かす，化成肥料を与える。病気にはウドンコ病，サビ病，褐斑病，葉枯れ病などがある。【学名】種形容語 *buergeri* は人名で，ブュルゲルの，の意味。

375. マキエハギ 〔ハギ属〕

Lespedeza virgata (Thunb.) DC.

【分布】本州（中南部），四国，九州，沖縄，朝鮮半島，台湾，中国に分布。**【自然環境】**乾いた丘陵や浅い山の道ばたなどに自生，または植栽される落葉小低木。**【用途】**庭園樹，鉢植えに用いる。**【形態】**茎は多少束生し高さ 30〜60cm。枝は細く稜が走り角張っており，紫色を帯び多少毛がある。葉は互生，有柄の3出複葉。小葉は短柄をもち長楕円形または楕円形で，先端は円形，ときには鈍形あるいはへこむこともあり，頂部に1本の剛毛がある。長さ 0.7〜2cm，幅 0.5〜1cm，やや硬質で，裏面には短毛がある。雌雄同株で，開花は8〜9月。葉腋から毛のように細長い花柄を出し，その上部に少数の花をつける。長さ 0.4〜0.5cm で淡紅色または白色。がくは密に粗毛があり，裂片は長くとがる。豆果は広卵形でわずかに短毛があり，長さ 0.3〜0.4cm，脈は目立つ。**【特性】**陽樹。土性は選ばない。**【植栽】**繁殖は株分け，実生による。株分けは開葉前の3月，実生は春まきする。移植は容易。**【管理】**混んだ細い枝を根もとから切る。施肥，病害虫はハギ類に準ずる。**【近似種】**オオマキエハギ *L.* × *macrovirgata* Kitag. は全体やや太く，斜上する毛が多い。本州（近畿），四国，朝鮮半島，中国東北部に分布する。**【学名】**種形容語 *virgata* は，細くて長い分枝を出した，の意味。

376. ミヤマトベラ 〔ミヤマトベラ属〕

Euchresta japonica Hook.f. ex Maxim.

【分布】本州（南関東以西），四国，九州に分布。**【自然環境】**深山の林中にまれに自生する常緑小低木。**【用途】**根を薬用（吐剤）に用いる。**【形態】**茎は淡褐色の短毛があり，円柱形で直立する。高さ 30〜80cm でほとんど分枝しない。葉は互生，長柄をもった3出複葉で，葉柄には淡褐色の短毛がある。小葉は楕円形または倒卵形で，先端は鈍頭または円頭，基部は丸く短柄があり，縁は全縁，長さ 5〜8cm，幅 3〜5cm。葉質は厚く，表面は深緑色でつやがあり，裏面は白色で淡褐色の短毛がある。雌雄同株で，開花は6〜7月。茎の末端から頂生の総状花序を出し，白色の蝶形花を多数つける。花は長さ 1cm ぐらい。がくは盃形で先端は浅い歯状に凹凸が5個あり，花柄とともに淡褐色毛を密生する。豆果は秋，黒紫色に熟し，広楕円形でやや肉質，長さ 1.5cm ぐらい。中に1個の種子を生じる。**【特性】**陰樹。適潤で肥沃な土壌を好む。生長はやや遅く，都市環境では育ちにくい。**【植栽】**繁殖は実生による。移植はできる。**【管理】**せん定はほとんど必要ない。施肥は寒肥として堆肥，油かす，鶏ふんなどを施す。病害虫は少ない。東京付近では冬期に霜よけが必要。**【学名】**種形容語 *japonica* は，日本の，の意味であり，属名 *Euchresta* は有用な，の意味。

377. クズ（マクズ，クズカズラ）　〔クズ属〕
Pueraria lobata (Willd.) Ohwi

【分布】北海道，本州，四国，九州，沖縄，朝鮮半島，台湾，中国，東南アジアに分布。【自然環境】日あたりのよい山野に自生，ときに植栽されることもある落葉つる性植物。【用途】薬用，葛粉，葛布，斜面緑化，家畜用飼料，グラウンドカバーなどに用いる。【形態】茎はつる状であるが基部は木質となる。全株に褐色の毛があり，茎は著しく伸長し 10m 以上となることもある。葉は大きな 3 出複葉で，長い葉柄があり互生している。小葉は全緑で葉質は厚く，表面は緑色で粗い伏毛があり，裏面は白色を帯び白色の毛をやや密生する。花は 7～9 月に，紅紫色で長さ 15～20cm の総状花序を腋出する。小形の蝶形花には香気がある。豆果は扁平線形で長さ 5～10cm，褐色の粗い開出毛におおわれている。さやは開裂し，種子は小形で褐色。根は肥大し，ときに直径 12cm，深さ 2m に達する。【特性】有用植物であるが，生育が旺盛で性質も強健であることから，植林地などに大きな被害を与えることがある。荒廃地や都市環境下でもよく生育する。【植栽】繁殖は実生，さし木による。【管理】生育が旺盛であり著しく繁茂するので，強度のせん定，整枝を要する。とくにかん水，施肥の必要はない。著しい病害虫はない。【学名】種形容語 *lobata* は浅裂した，の意味。

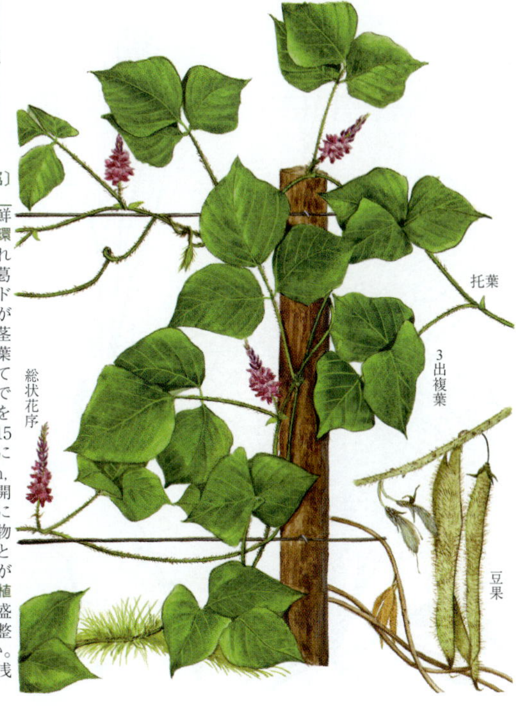

378. シロバナエニシダ　〔エニシダ属〕
Cytisus multiflorus (L'Hér. ex Aiton) Sweet

【原産地】ヨーロッパ南東部。【分布】ヨーロッパ南東部から世界各地に分布。日本では北海道から沖縄まで全国に分布。【自然環境】日あたりのよい原野に自生，または植栽される落葉小低木。【用途】庭園樹，生垣，切花などに用いる。【形態】幹は細くそう出した枝が斜上し，高さ 0.3～1m になる。若枝は初め緑色でのちに褐緑色となり，毛がある。葉は長さ 0.6～2cm の小葉で 3 出複葉。花は 6～7 月に枝の頂部に密生散形花序を出し，淡黄白色あるいは白色の蝶形花を 3～6 個着生する。果実のさやは黒色で毛がある。【特性】日あたりがよく，水はけが良好で，とくに通気性のよい土地を好む。とくに土性は選ばず，生長は早い。【植栽】繁植は実生，さし木による。実生は 3～4 月，さし木は出芽前に前年生枝で行うが，活着率はあまりよくない。移植や定植の時期は発芽前がよく，小苗では容易であるが，古い木では枯損しやすい。【管理】萌芽力が強く，強せん定に耐える。定期的にせん定を行わないと，樹形が乱れる。とくに施肥の必要はなく，都市環境にも比較的耐える。害虫にはイセリアカイガラムシ，ヒメコガネがある。病気にはスス病などがある。【近似種】シロバナセッカエニシダがあり，生花材料とされる。繁殖は帯化（石化）枝のさし木による。【学名】種形容語 *multiflorus* は多数花の，の意味。

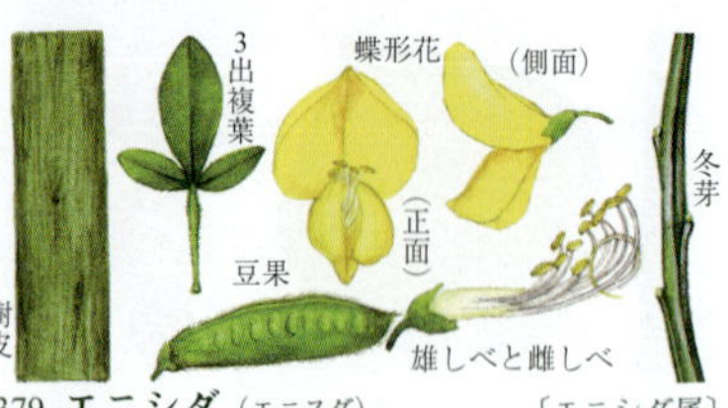

379. エニシダ （エニスダ） 〔エニシダ属〕

Cytisus scoparius (L.) Link

【原産地】ヨーロッパ。【分布】ヨーロッパ西部，南ヨーロッパ，地中海沿岸地域に広く分布。日本の暖地に広く植栽される。【自然環境】日あたりのよい壌土に生育，植栽される花木で，落葉低木。【用途】庭園樹や緩衝帯・道路などの緑化樹，公園樹，生垣としての造園に利用されるほか，肥料木として，また茎・枝は薬用として利用する。【形態】幹は直立するが，上部は多数分枝し，高さ1～1.5m，古木では3～4mに達する。枝は緑色で細く，稜があり弓状に下垂する。葉は有柄，互生し，3出複葉か単葉で，小葉は倒卵形または倒披針形，長さ0.6～1.5cm，濃緑色，軟毛がある。花は5月，前年枝の葉腋に花柄0.8cmをつけ，無毛，濃黄色のそり返った旗弁をもつ蝶形花をつける。果実は扁平で長さ5cm内外，両縁に毛のある豆果を，7～8月に黒く熟す。中に多数の種子を有する。【特性】陽樹。生長は早く，耐煙，耐潮性強く，都市環境や粗悪な土質でも耐えて育つ。【植栽】繁殖は実生かさし木で行う。実生は採りまきすると発芽良好。さし木は6～7月に本年枝をさす。移植力が弱く注意を要する。【管理】肥料はほとんど不要であるが，植付け時にチッソ分の少ない元肥を与える。放任すると地上部が大きくなり，倒伏するので枝抜きせん定する。【近似種】エニシダ属ではないが，似たものにヒトツバエニシダがある。【学名】種形容語 *scoparius* は箒状の，という意味。

380. ホオベニエニシダ

（ニシキエニシダ，アカバナエニシダ） 〔エニシダ属〕

Cytisus scoparius (L.) Link 'Andreanus'

【原産地】ヨーロッパ。日本には明治末年に渡来した。【分布】北海道～沖縄に植栽可能。【自然環境】ヨーロッパ西部の山野に自生し，または世界各地で植栽される落葉低木。【用途】庭園樹，公園樹，鉢物，切花などに用いる。【形態】葉や花などの形態は母種のエニシダに準ずる。エニシダの花は全部が黄色であるが，この変種は翼弁に暗赤色のぼかしがある。この変種は1886年頃，フランスの園芸家アンドレーが野生の1株を発見し，それより増殖されたものといわれているが，エニシダの実生品の中からも，ときにこの変種を生ずるといわれる。この変種と基本種との交雑によって多くの園芸品種が作られている。【特性】陽樹。日あたりと排水がよければ土性を選ばない。根に根粒菌があるのでやせ地でも育つ。潮風に強く海岸地方にもよく育ち，また大気汚染にも強いので，都市環境でも育つ。【植栽】繁殖は実生，さし木，株分けによる。実生は春まけばその年のうちに40cmぐらいのび，3～4年目で開花する。さし木は梅雨期に前年枝をさす。株分けは早春に枝を半分に切りつめて行う。生長はきわめて早いが樹齢は短い。大木の移植は困難。【管理】強いせん定を行い樹形を整えるが，前年枝を残さないと花がつかない。病害虫は少ない。【学名】園芸品種名'Andreanus'は園芸家アンドレーを記念した名である。

381. ムレスズメ 〔ムレスズメ属〕

Caragana sinica (Buc'hoz) Rehder

【原産地】中国。日本には江戸時代に入る。【分布】本州，四国，九州，北海道。【自然環境】観賞品として各地の人家に植栽される落葉低木。【用途】庭園樹。人止垣。黄花を賞す。【形態】細幹が多く出る。高さ 2m 以上にもなる。樹皮は黄褐色を呈し，小枝には稜角がある。托葉はとげに変形する。葉は偶数羽状複葉で短枝上では束生し，長枝では互生する。小葉は 2 対 4 枚で，倒卵形または長楕円形を呈し，長さ 0.6～3cm，幅 0.2～1.2cm で，上面は暗緑色，下面は淡緑色である。花は 5～6 月，葉腋に黄色の蝶形花を下垂して開く。花径は 2.5～3cm，落花の前に赤黄色に変色する。がくは筒状，頭部は 5 裂する。果実は扁平円柱形，尖頭で長さ 3～3.5cm，まれに結実する。【特性】乾湿，陰陽など土地を選ばないが，酸性土を嫌う。生長は早い。樹勢は強健でせん定にも強い。【植栽】繁殖は地下茎より発したものを株分けする。【管理】単幹仕立ての場合はヤゴや胴ぶきを早めに取る。株立ちの場合は地下茎より出るものを取り除く。樹形を整える整枝は 12～2 月に行う。病害虫はほとんどない。酸性土を嫌うので，石灰を施し弱アルカリ性にしてやる。【近似種】コバノムレスズメ *C. microphylla* Lam. はシベリア，中国北部・東北部の産。小葉は 12～18 枚，長さ 0.3～0.8cm。【学名】種形容語 *sinica* は中国の，の意味。

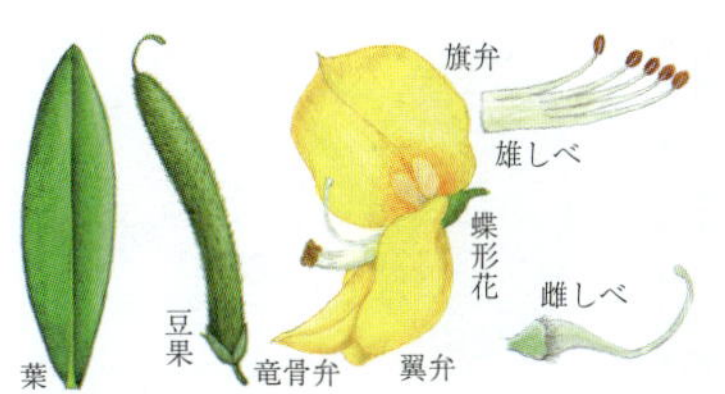

382. レダマ（キレダマ，モクレダマ） 〔レダマ属〕

Spartium junceum L.

【原産地】地中海沿岸地方，カナリー諸島。日本には宝永年間（1704～1711）に渡来。【分布】関東南部以西の暖地に植栽可能。【自然環境】地中海沿岸の乾燥地に自生し，また広く植栽されている落葉低木。【用途】庭園樹，繊維，染料，編物細工に用いる。【形態】小枝が箒状に多数出て高さ 1～3m。樹皮は灰褐色，小枝は灰緑色で，丸いかやや平たい。まばらに葉をつけ，無葉の枝も多い。葉は単葉で互生，ほとんど無柄。葉身は倒披針形または線形で先端がとがり，基部はくさび形。全縁，長さ 3cm ぐらい。托葉はない。雌雄同株で，開花は 6～9 月。枝の先端に直立する総状花序をつけ，香りのよい大きな黄色の蝶形花を数個まばらにつける。がくは仏炎苞状に 1 唇となり，先は浅く 5 裂する。果実は長さ 6cm ぐらい，細毛があり，多数の種子を生ずる。【特性】陽樹。日あたりのよい乾燥した砂質土を好む。寒地での越冬は困難。【植栽】繁殖は実生とさし木による。実生は 5 月頃床まきする。移植は困難。【管理】ほとんど手入れの必要がない。施肥はとくに必要がない。病害虫は少ない。降霜地は霜よけが必要。【学名】種形容語 *junceum* はイグサに似た，の意味である。和名レダマはスペイン・ポルトガル名の *retama* に由来。

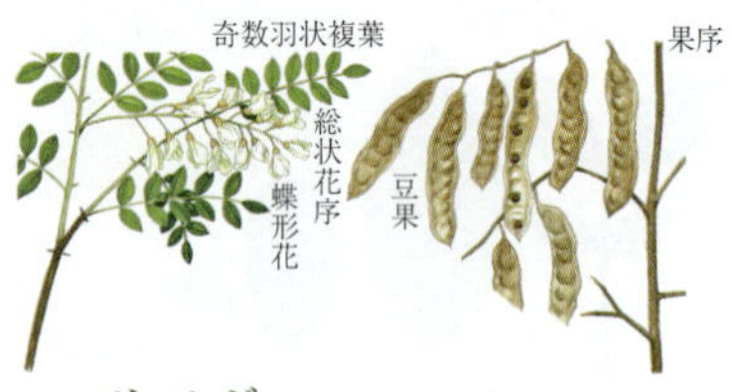

383. ハリエンジュ（ニセアカシア）〔ハリエンジュ属〕
Robinia pseudoacacia L.

【原産地】北米。【分布】北海道, 本州, 四国, 九州, 沖縄。【自然環境】全国各地の日あたりのよい原野に繁茂し, または植栽される落葉高木。【用途】庭園樹, 公園樹, 街路樹, 飼料, また土地改良や砂防用として植栽されている。材は器具材, 土木用材に用いる。蜜源植物の1つである。【形態】幹は直立または多少屈曲する。高さ10～15m, 幹径30～40cm, 樹皮は灰褐色で縦に深い割れ目ができる。枝は粗生して太い。双生のとげがある。葉は互生, 奇数羽状複葉で長さ20～30cm, 小葉は卵形または長楕円形で長さ2～5cmで先は丸い。針状の小托葉がある。全縁かまたは上部に細鋸歯がある。花は5～6月, 総状花序を下垂する。長さ10～15cm, 花は白色の蝶形花で長さ1.5～2cm, 香りがある。果実は10月成熟, 平たい長楕円形をしたさやで, 長さ7～8cm, 幅1～1.2cm, 熟すと褐色になる。【特性】向陽の地を好む。生長は非常に早い。萌芽力は強い。浅根性で, 台風などには弱い。【植栽】繁殖は実生, 株分け, 根ざしによる。【管理】混みすぎた部分の枝抜き, 地ぎわから出るひこばえを切り取る。施肥は必要としない。病気には炭そ病, ペスタロッチ病, 害虫にはカミキリムシ, オオミノガ, アメリカシロヒトリなど。【近似種】トゲナシハリエンジュ f. *inermis* (Mirb.) Rehder は北米産でとげのないもの。樹形は直立形で, 老木になると球形となる。【学名】種形容語 *pseudoacacia* はアカシアに類似した, の意味。

384. ハナエンジュ（バラアカシア, ハナアカシア）〔ハリエンジュ属〕
Robinia hispida L.

【原産地】米国（南部）。日本には明治30年に渡来した。【分布】北海道から九州まで植栽可能。【自然環境】山地の礫質の斜面, 砂地, 岩石地に自生, または世界各地に植栽される落葉低木。【用途】庭園樹。【形態】幹はそう生し高さ1～2m。地下に匍匐枝を出してふえる。枝や葉柄などに赤褐色の剛毛が密生するが, とげはほとんどない。葉は互生, 奇数羽状複葉で小葉は3～6対, 円形, 卵形または長楕円形で先端は鈍形または微凸形, 全縁, 長さ2～4cmでほぼ無毛。雌雄同株で, 開花は5～6月頃。葉腋から総状花序を出し, 淡紅色または淡紅紫色の花が4～10個垂れ下がって咲く。花は長さ2～3cm。旗弁は円形で大きいが他弁より長くない。豆果は楕円形～線形で, 剛毛が密生し長さ5～8cm, 種子はまれにできる。【特性】陽樹。日あたりがよく, 排水の良好な有機質に富む土壌を好む。【植栽】繁殖は接木, 株分け, 根ざし, さし木による。接木は3月にニセアカシアの台木に切接ぎする。株分けは開葉前の3月。根ざしは3月中旬頃, 太い根を3～6cmに切って埋める。移植は2～3月。【管理】せん定は軽度に行う。施肥は寒肥として油かす。鶏ふんなどを施す。病害虫は少ない。【学名】種形容語 *hispida* は剛毛のある, の意味。

385. フジキ（ヤマエンジュ）〔フジキ属〕
Cladrastis platycarpa (Maxim.) Makino

【分布】本州の中南部，四国。【自然環境】福島県以西の湿気ある山中にまれにはえている落葉高木。【用途】ごくまれに，庭園や植物園などに植栽される。材は建築材，器具材，土木用材，鏇作材に用いる。【形態】幹は直立，分枝し，通常高さ 10〜15m，胸高直径 30〜40cm。樹皮は灰白色で平滑。若枝はほとんど無毛。葉は互生の奇数羽状複葉で長さ 20〜30cm，小葉は長楕円形で長さ 5〜10cm，幅 2〜4cm，互生状を特徴とし，9〜13 枚，縁は全縁，上面の脈上に細毛があり，下面はやや淡緑色で短毛がある。冬芽は帯白色で葉柄基部に隠れる。花は 6〜7 月，枝の先に長さ 15〜25cm の複総状花序を出し，白色の蝶形花を開く。がくは鐘状で上部5浅裂，帯紫色をしている。雄しべは 10 個。果実は 9〜10 月成熟，広線形，扁平で長さ 4.5〜9cm，種子は扁平長楕円体で褐色，長さ 0.6cm。【特性】中庸樹で湿気のある所を好む。【植栽】繁殖は実生による。【管理】自然樹形のまま生育させるが，とくに枝葉が密生する場合には樹形を整える程度に手入れを行う。【近似種】ユクノキは冬芽の色は黄褐色をしている。葉裏が粉白色をしている，がくも白色である。【学名】種形容語 *platycarpa* は広果の，の意味。和名フジキは，フジの葉に似ているところからこの名がある。

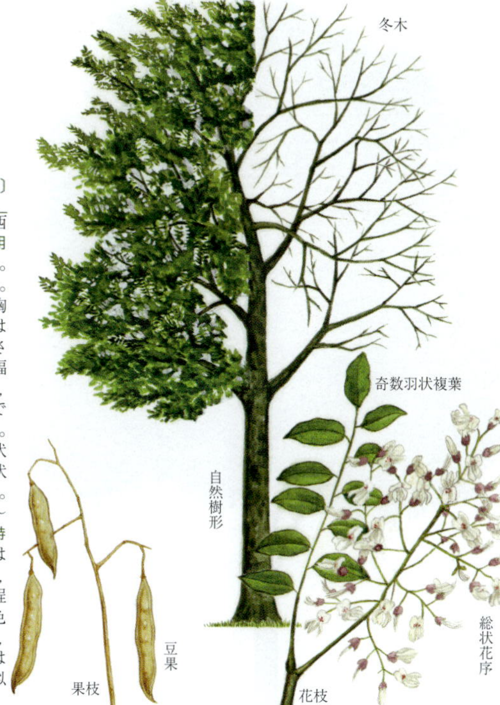

386. ユクノキ（ミヤマフジキ）〔フジキ属〕
Cladrastis sikokiana (Makino) Makino

【分布】本州（関東以南），四国，九州，または対馬の暖帯，温帯に分布する。【自然環境】日あたりのよい深山にまれに自生する落葉高木。【用途】公園樹に用いたり，材は建築，器具，土木，薪炭などに，また樹皮は縄の素材としても利用する。【形態】幹は直立し高さ 15m，胸高直径 60cm までに達する。樹皮は灰白色で滑らか。枝は無毛平滑で，若枝には褐色の綿毛がはえる。新芽は葉柄の基部に包まれている。葉は互生し，有柄，奇数羽状複葉，長さは 15〜30cm。小葉は 9〜11 枚が互生し，短柄，長楕円形，全縁，下面は粉白色。花は枝先より複総状花序を頂生，白色の蝶形花をやや密に開く。長さ 1.5cm ぐらい。6〜7 月に開花する。豆果は長さ 6〜9cm の線形で，10 月頃に成熟する。種子は 3〜9 粒。【特性】陽樹で，適潤，肥沃なゆるやかな傾斜地によく生育する。また，やや日陰にも耐えて育つ。【植栽】繁殖は実生により，秋に成熟果を採取し，採りまきをするとよく発芽する。【近似種】一名ヤマエンジュといわれるフジキは，小葉が 8〜13 枚，卵状長楕円形，下面は淡色で圧毛をわずかに生じる。花はやや小形，豆果の両縁には翼があるなどの相違点がある。【学名】種形容語 *sikokiana* は四国の，の意味。

387. エンジュ 〔エンジュ属〕
Styphonolobium japonicum (L.) Schott

【原産地】中国。【分布】北海道, 本州, 四国, 九州。【自然環境】適湿の肥沃な深層地を好む落葉高木。【用途】庭園樹, 街路樹, 縁起木, 風致樹。材は建築材, 器具材, 家具材, 彫刻材などに用いる。【形態】幹は直立, 太い枝を拡開し, 高さ 10～25m, 幹径 30～40cm, 樹皮は暗灰色で縦に割れ目ができる。小枝は帯緑色, 葉は互生し, 奇数羽状複葉で長さ 15～25cm, 小葉は 4～5 双ときに 7 双つき, 短柄で, 葉身は長楕円形で 3～4cm, 全縁である。裏は緑白色。冬芽は小形で青紫色の密毛がある。花は 7～8 月, 枝先に長さ 20～30cm の複総状花序を出し, 淡黄白色の長さ 1～1.5cm の蝶形花を多数開く。果実は 10 月成熟, 長さ 5～8cm で円筒状の数珠形, 種子の間はくびれている。種子は腎臓形で 1～4 個。【特性】適湿地を好む。生長はやや早い。大気汚染の耐性は中ぐらいである。【植栽】繁殖は実生, 枝ざし, 根ざしによる。実生は脱粒後, 水に浸し, 土中埋蔵して, 春まきする。枝ざしはやや難, 根ざしは容易。【管理】自然にのばしたい樹木であるので, これといった手入れの必要はない。若木のうち, ヤゴや胴ぶきをかき取る程度。施肥はほとんど必要ない。葉が色あせてきたものには, 鶏ふんなどを少しずつ施すと効果がある。

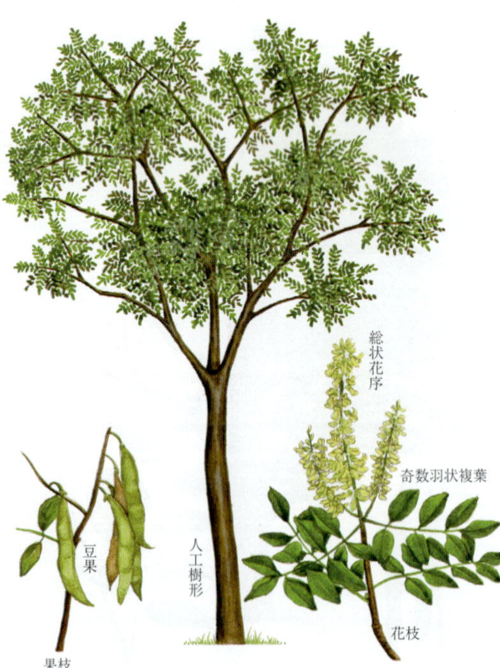

388. イヌエンジュ 〔イヌエンジュ属〕
Maackia amurensis Rupr. et Maxim.

【分布】日本全土。極東アジア。【自然環境】寒い地方の適湿地を好み, やや乾燥地にも育っている落葉高木。【用途】公園, 庭園の植込み, 街路樹, 風致林とし, 材は建築材, 器具材, パルプ材などに用いる, 樹皮は染料とする。【形態】幹は直立, 分枝し, 通常高さ 10～15m, 幹径 20～30cm, 樹皮は淡緑褐色, 若枝には軟毛がある。葉は互生, 奇数羽状複葉で長さ 15～30cm, 小葉は 3～6 対, 倒卵形で全縁, 下面には細毛が密布する。花は 7～9 月, 枝の先端に総状花序を出し, 黄白色の長さ 1cm ほどの蝶形花を多数つける。果実は 10 月成熟, 扁平の披針形～広線形で長さ 5～9cm, 種子は扁平の長楕円体で 3～6 個入り, 淡褐色である。【特性】陽樹。湿潤な壌土によく生育する。肥沃の深層土を好む。生長は早い。せん定に耐えるが好ましくない。耐寒性がある。【植栽】繁殖は実生と根ざしによる。【管理】手入れは自然樹形を維持させるために, 混みすぎ枝, 長すぎる枝の枝透しを行う。害虫にはカイガラムシがある。施肥, かん水の必要はない。【近似種】本州南西部, 四国, 九州のものは果実の翼が広く, 小葉がやや小さいのでハネミイヌエンジュ *M. floribunda* として区別する意見もある。【学名】種形容語 *amurensis* はアムール地方の, の意味。

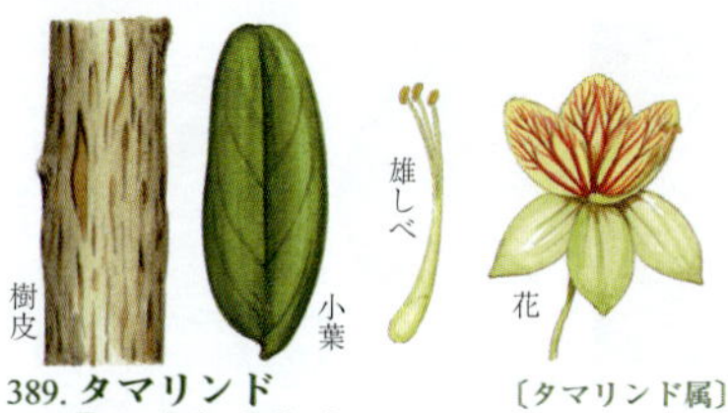

389. タマリンド　〔タマリンド属〕

Tamarindus indica L.

【原産地】熱帯アフリカ。【分布】インドには古くから伝わり栽培されており，世界各地で栽培される。【自然環境】熱帯性気候の地に産する常緑高木。【用途】未熟果を生食するほか，塩蔵してカレーとともに食する。内果皮を酸味調味料，種子を食用とする。材は非常に堅く有用材となり，そのほか熱帯地方では緑陰樹としたり街路樹として植えられる。【形態】高さ 12〜25m にも達し，樹冠が横に広がる。葉は長さ 6〜12cm の偶数羽状複葉で互生し，早落性の托葉がある。小葉は 8〜12 対で中軸の両側に密集して並列し，長さ約 2cm，幅約 0.6cm の長楕円形で表面は鮮緑色，裏面は淡緑色で軟らかく，若葉は表面がロウを帯びたように滑らかで少々灰色を帯びる。房状の総状花序を腋生または頂生させて 10〜15 花をつけ，4〜5 月頃開花する。がくは 4 枚で長さ約 1cm，花弁は長卵形で長さ約 1cm，淡黄色に紅色の条縞があり，5 弁のうち 3 弁が大きく 2 弁は退化して小さい。さやは紫褐色で厚く，長さ 10〜20cm，やや湾曲して不規則にふくれて裂開はしない。外果皮は薄くて堅くもろいが，内果皮は褐色で肉質で軟らかく酸味があり，品種によっては甘いものもあり，酸と糖分のほかビタミン B 類が多く含まれている。秋から冬にかけて熟し，熟すと綿状になり，強い繊維からできている。その中に扁平な卵形の種子が 3〜10 個あり，デンプンとタンパク質に富んでいる。【植栽】繁植はふつう実生による。【学名】種形容語 *indica* はインドの，の意味。

390. ハカマカズラ（ワンジュ）〔ハカマカズラ属〕

Phanera japonica (Maxim.) H.Ohashi

【分布】本州南部，四国，九州，沖縄に分布。【自然環境】温暖な海岸付近の森林に自生している常緑つる性植物。【用途】鉢植え，あるいは庭園樹などに用いる。【形態】幹の太さは最大 10cm に達し，灰褐色で縦に溝がある。幼枝に初め赤褐色の伏毛があるが，のちに無毛となる。小枝には 1 対の巻ひげがある。葉は互生で長さ 2.5〜4cm の葉柄のある円心形で先端は 2 裂する。裂片は対向しており鋭頭。幼葉には初め赤褐色の伏毛が密生しているが，のちに無毛，またはわずかに表面に残る。長さ 6〜10cm，主脈 7〜11 対。花は 5 月頃，長さ 10〜20cm の頂生または腋生で総状花序となり，全体的に赤褐色の短伏毛を密生する。小花は緑色で小形，花弁は 5 弁，円形。雄しべは 10 本で長さに変化があり，そのうち 3 本がとくに長くとび出す。果実のさやは長さ 5〜8.5cm の扁平長楕円体，あるいは卵形で短褐色毛を密生する。果皮は堅く裂開する。種子は 2〜4 個，黒褐色で直径 1.3cm ぐらい，円形でやや扁平。【特性】日照を要求し，腐植質が多く排水のよい中性土を好む。【植栽】繁殖は実生，さし木，取り木による。さし木には若い枝のやや固まった部分を用いる。【管理】暖地産であり，一般には温室内で栽培される。とくに冷涼地や寒冷期では保温する必要がある。栽培環境としては十分日光のあたる場所が適する。【学名】種形容語 *japonica* は日本の，の意味である。和名ハカマカズラは，袴に似た葉形に由来する。

391. ハナズオウ　〔ハナズオウ属〕
Cercis chinensis Bunge

【原産地】中国の北中部。【分布】北海道（南部），本州，四国，九州。【自然環境】排水のよい肥沃な砂質土を好む落葉小高木。【用途】公園，庭園の植込み，切花用。根と樹皮は薬用とする。【形態】幹は直立，根もとから少数株立ち状，高さ3～6m，樹皮は灰褐色，幼枝はジグザグにのびる。葉は互生，長柄，葉身は円心形，広卵形で短鋭尖，深心脚，葉縁は全縁である。長さ5～8cm，幅4～8cm。花は4月，葉に先立って枝上のところどころから紅紫色の蝶形花を束生する。幹生花である。がくは筒形で浅く5裂し，花弁5，雄しべ10は離生する。果実は10月成熟，扁平長楕円形で両端がとがり，長さ5～7cm，種子は扁平球形，小粒，1果に2～3個。【特性】陽樹。生長は早い。根系は粗生であるが移植力はある。【植栽】繁殖は実生，さし木，株分けによる。実生は秋に採種し，春に播種する。さし木は2月に採穂し冷蔵保管，3月に床ざしする。【管理】花をつけない細弱枝は間引いて枝抜きしたほうがよい。施肥は花後に油かす，鶏ふん，化成肥料を与えるとよい。病気には褐斑病が，害虫にはアメリカシロヒトリ，アブラムシ，カイガラムシがある。【近似種】アメリカハナズオウ *C. canadensis* L. は北米原産で高さ7～12mになる。花はハナズオウより小形で淡紅色である。【学名】種形容語 *chinensis* は中国の，の意味。

392. セイヨウハナズオウ　〔ハナズオウ属〕
Cercis siliquastrum L.

【原産地】南ヨーロッパ，西アジア。【自然環境】日あたり，水はけのよい肥沃な土地を好む落葉小高木。【用途】ヨーロッパでは庭園樹として植えられている。日本には明治28年頃入り，花木として庭園，公園に植えている。また樹皮を利尿，解毒の薬用にする。【形態】幹は多幹，単幹で分枝し，樹皮は灰褐色で幼枝は赤褐色をしている。通常高さ6～7m，ときに12mに達する。葉は円形で全縁，無毛で鈍頭または凹頭，脚部は深心形で幅6.5～10cm。花は4～5月頃，葉に先立って菫桃色の蝶形花，長さ2cmぐらいを3～6個，房状に群生する。果実は10月成熟，豆果は固まって幹枝につき下垂し，扁平長楕円形で両端がとがり，長さ7.5～10cm，種子は扁平球形である。【特性】陽樹で生長は早い。肥沃なやや湿った砂質壌土を好む。寒い地方では霜よけを必要とする。移植はやや困難。【植栽】繁殖は実生，さし木，株分け，取り木による。実生は3～5年で開花する。さし木は新枝をさす。取り木は3月頃行う。【管理】手入れはあまり必要ないが，大きくなると樹冠の上部に分枝が多くなり下部が少なくなるので，頂部を間引いて均整をはかる。病気に褐斑病，害虫にカイガラムシ，アブラムシがある。【近似種】ハナズオウは中国原産であり，日本で多く見られる。【学名】種形容語 *siliquastrum* は *Siliquastrum* 属の名による。

393. ジャケツイバラ（カワラフジ）

〔ジャケツイバラ属〕

Caesalpinia decapetala (Roth) Alston
var. *japonica* (Siebold et Zucc.) H.Ohashi

【分布】本州（山形，福島県以西），四国，九州，沖縄に分布。**【自然環境】**山野あるいは河畔に自生する落葉つる性植物。**【用途】**種子を数珠，果実を薬用，ときには生垣とする。**【形態】**枝はつる状に長くのびて，幹の太いものは径8cmになる。多く分枝して先の鋭くとがった鉤状のとげが多い。若枝には短軟毛があるが，のちほとんど無毛。葉は互生して2回羽状複葉となり，羽葉は3〜8対，葉軸，葉柄にもとげがある。小葉は5〜10対で，葉身は長楕円形，両端とも円形。長さ1〜2cm。表面は鮮緑色，裏面は粉白色，小さい明色の細点があり，ときに短圧軟毛がある。托葉は小形で早落性。雌雄同株で，開花は4〜6月。枝の先に長さ20〜30cmの総状花序を出して，左右相称形の黄色花をつける。径は2〜3cm。苞は狭卵形で褐色毛があり長さ0.3〜0.4cm，早落性。雄しべは10本で赤色，花糸の下部に毛が密生する。豆果は10月に黒褐色に熟し，少し曲がった長楕円形で無柄，扁平，無毛，長さ7〜10cm，幅3cm，外縫線はやや厚い翼状に突き出る。**【特性】**陽樹。強健で土性は選ばない。**【植栽】**繁殖はおもに実生による。**【管理】**せん定は花後に行う。施肥は油かす，化成肥料などを施す。病害虫は少ない。**【学名】**種形容語 *decapetala* は十花弁の，の意味。

394. サイカチ（カワラフジノキ）

〔サイカチ属〕

Gleditsia japonica Miq.

【分布】本州（中部以南），四国，九州の各地に分布。**【自然環境】**日あたりのよい山野や河原に自生，また人家周辺にも植栽されている落葉高木。**【用途】**緩衝緑地や，植込みなどとして庭園，公園の造園樹や，材は器具材，薪炭材に，葉は食用，豆果はサポニンを含み薬用，洗濯用に，とげは利尿，解毒剤として利用する。**【形態】**幹は直立し枝は開出する。高さ10〜15m，直径0.6〜1mにも達する。樹皮は灰白色，幹や枝に枝の変形した鋭くとがったとげが多い。葉は互生し，1〜2回偶数羽状複葉で短柄があり，葉軸に短毛を疎生，長さ15〜30cm，幅8〜15cmである。小葉は12〜24枚，卵形〜楕円形で全縁もしくは波状鋸歯，長さ1.5〜5cm，幅0.8〜1.5cm，2年枝の葉は単羽状で4〜5束生する。花は5〜6月に2年枝の葉腋に，雌花，雄花および両性花を長さ10cm前後の総状花序につけ，黄緑色〜淡黄緑色の小形花を多数開花させる。豆果は長さ20〜30cm，幅2cm内外で，秋に成熟する。**【特性】**陽樹で生長は早く，土性を問わない。**【植栽】**繁殖は実生による。秋にさやが少し色づいた頃を見計らって，採りまきすると良好な発芽が望める。**【管理】**肥料はほとんど必要としない。植栽地によっては，とげの処理（せん定）が必要となる。病害虫も目立ったものはない。**【近似種】**サイカチの1品種で，トゲナシサイカチ f. *inermis* Mayr がある。**【学名】**種形容語 *japonica* は日本の，の意味。

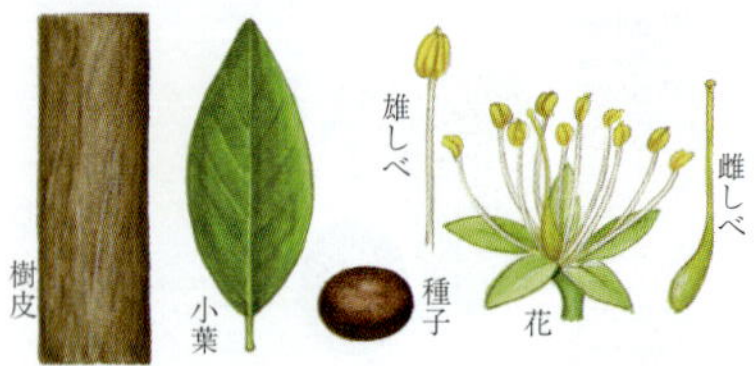

395. モダマ（モダマヅル）　〔モダマ属〕
Entada tonkinensis Gagnep.

【分布】屋久島，奄美大島，台湾，中国，ベトナム北部に分布。【自然環境】海岸付近の常緑樹林の中にはえる大形の常緑つる性植物。【用途】装飾品，細工物などに用いる。【形態】幹は直径 30cm になる。よく分枝し，枝は無毛。葉は互生，有柄，2回羽状複葉で2対の羽片がある。長さ 20～30cm。小葉は各羽片に2～3対つき，対生し無毛，革質で両面に光沢があり，長楕円形，または倒卵形で先端はやや鋭形または鈍形，基部は円形または鈍形で短柄があり，縁は全縁。長さ 3～8cm。葉軸の先端はふつう2本の巻ひげになる。雌雄同株で，開花は春から夏にかかる。葉の腋か，その少し上方に穂状花序を単生または双生し，しばしば枝頂に集まって円錐花序となる。穂状花序は長さ 15～25cm，軸には披針形，長さ 0.1～0.2cm の苞がある。花は黄緑色で長さ約 0.6cm。豆果は木質で大形，長さ 30～100cm，幅 9～12cm になる。種子は径 5～7cm，平たく褐色で光沢がある。【特性】中庸樹。適潤で肥沃な土壌を好む。【植栽】繁殖は実生による。種子は長く海上を漂流しても発芽力を失わない。【管理】せん定はのびすぎたつるを切る。施肥はとくに必要なく，病害虫も少ない。【近似種】コウシュンモダマ *E. phaseoloides* は豆果の幅が 5cm 以下，種子は中央が凸型で周囲が角ばり，沖縄，台湾から太平洋地域に広く分布する。タイワンモダマ *E. rheedei* は羽片の小葉が 4～5 対と多く，種子に厚みがあり，台湾からオーストラリア，アフリカにかけて広く分布する。【学名】種形容語 *tonkinensis* は，地名 tonkin に由来する。

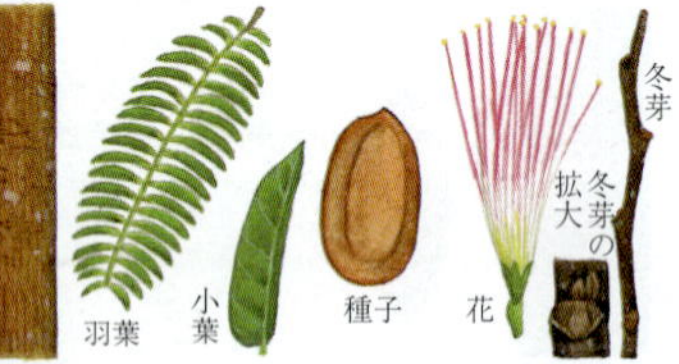

396. ネムノキ（コウカギ，コウカ，ネブノキ，ネブ）　〔ネムノキ属〕
Albizia julibrissin Durazz. var. *julibrissin*

【分布】本州，四国，九州，沖縄，朝鮮半島，中国，南アジアの暖帯から熱帯に分布。【自然環境】日あたりのよい乾燥した山野，川岸に自生，または植栽される落葉小高木。適潤な肥沃地に生じるものが最も良好な生育をする。【用途】庭園樹，公園樹，街路樹，緑化樹。材は建築材，器具材など。【形態】幹は直立または斜上し高さ 5～10m。幹の直径 45cm に達する。樹皮は灰褐色で平滑，枝はほとんど無毛で太く疎生し，皮目は褐色で長楕円形または円形。葉は互生，2回羽状複葉，長さは 20～30cm。羽葉は 5～15 対で，小葉は 15～40 対。葉柄の基部の上面に盃状の腺がある。葉軸，小葉軸の上面に短毛がある。小葉は革質，全縁で 0.5～1.3cm。上面は光沢のある濃緑色，下面は粉白色。葉は夜間睡眠現象を示す。花は 6～8 月，小枝の先に約 20 個の花が集合した頭状花序となる。無梗で夕方開く。淡紅色で長さ 0.7～1cm，花糸は細長く抽出し，雄しべはきわめて多く淡紅色，長さ 3.5～4cm。雌しべは白色の糸状で雄しべより長い。果実のさやは扁平で長楕円体，長さ 10～13cm。10 月頃成熟。種子は 6～12 個で鮮褐色の扁平楕円形。【特性】陽樹。日照を好む。生長が早い。暖地性であるが北海道南部にも植栽される。【植栽】繁殖は実生，根ざしによる。実生は春まき，根ざしは 3 月に行う。【管理】自然樹形のまま放任してもよい。【近似種】ヒロハネム var. *glabrior* (Koidz.) H.Ohashi が九州に見られる。

397. ギンヨウアカシア（ギンバアカシア，ハナアカシア）〔アカシア属〕

Acacia baileyana F.Muell.

【原産地】オーストラリア。オーストラリアの国花である。日本には明治末年に入った。【分布】日本では関東以西の暖地に植栽されている。【自然環境】ニューサウスウェールズ州のごく限られた地域の南西斜面にだけ自生し，また世界に広く植栽されている常緑小高木。【用途】庭園樹，公園樹，街路樹，切花に用いる。【形態】幹は直立，分枝し高さ3〜10m，小枝は青白色。葉は1回羽状複葉を互生する。葉は無毛で，全体に白粉を帯びて青緑色となり，羽片は3〜4対で対生。小葉は18対で規則正しく並び，狭い線状披針形で先端は鋭形。雌雄同株で，開花は3〜4月。枝の先端部の葉腋から総状に，10〜15の暗黄色の丸い頭状花序をつける。豆果は10月頃成熟し，種子の間がくびれる。【特性】陽樹。強健で日あたりがよければ土質を選ばない。生長は早いが，浅根性のため高齢木は風などの外力によって倒伏しやすく，また枝折れも多い。大気汚染に強く都市環境でも育つ。【植栽】繁殖は実生により，3〜4月にまく。

398. ソウシジュ（タイワンアカシア）〔アカシア属〕

Acacia confusa Merr.

【原産地】フィリピン。【分布】小笠原，沖縄，奄美群島，台湾，中国に分布。【自然環境】日あたりの良好な所では，土性を選ばず生育する常緑高木。【用途】公園樹，街路樹，防風樹，緑肥，薪材などとして用いる。【形態】幹は直立で，枝はまばらに分枝し，高さ15m，幹の直径80cmに達する。樹皮は灰褐色で平滑，小枝は細く分枝し球形の樹冠を形成する。葉身状に見えるものは葉柄にあたる部分である（偽葉）。偽葉は互生，無毛で濃緑色，表裏面の区別はなく刀剣状に曲がる。長さ9〜12cm，幅1〜1.5cm，鋭尖頭，鋭脚。葉質は革質で3〜5条の平行脈がある。花は黄金色で5月頃，葉腋に短梗のある直径1cmぐらいの小球状の腋生頭状花序がつく。果実のさやは褐色で長さ9〜12cm，幅は0.6〜1cmの扁平長楕円形，数珠形となる。種子は7〜8個，扁平で光沢のある黒褐色。【特性】向陽性で十分な日光が必要。温暖な地を好み，日本では九州以南でないと良好な生育は期待できない。生長は著しく早いが短命である。成木は移植がやや難しい。【植栽】繁殖は実生，根ざしによる。実生は4月に播種する。根ざしは3〜4月に行う。【管理】せん定方法を誤ると樹形を著しく崩す。【近似種】変種として台湾恒春地方を産地とする，葉もさやも細くねじれるホソバソウシジュ var. *inamurai* がある。【学名】種形容語 *confusa* は不確かな，の意味。

399. フサアカシア（ハナアカシア）〔アカシア属〕
Acacia dealbata Link

【原産地】オーストラリア。日本には明治初年に入った。【分布】関東南部以西の暖地に植栽可能。【自然環境】ニューサウスウェールズ州，タスマニア島に自生，または世界に広く植栽される常緑高木。【用途】公園樹，街路樹，防風･防潮･砂防林，切花に用いる。【形態】幹は直立，分枝し高さ 15m になる。若枝は有毛。葉は 2 回羽状複葉で長さ 8～16cm，小葉は線形で長さ 0.5cm，短軟毛があり裏面は銀白色をしている。雌雄同株で，開花は 2～4 月，頂生または腋生に花序枝を出し，濃黄色で芳香のある頭状花序を 30 以上つける。豆果は扁平，濃褐色で無毛，長さ 3～12cm，幅 0.8cm。【特性】陽樹。強健で日あたりがよければ土質を選ばず，乾燥地やアルカリ土，やせ地にも育つ。生長は早い。浅根性のため外力によって倒伏しやすく，また枝折れも多い。大気汚染に強く都市環境でも育つ。他のアカシア類同様，根粒菌をもち肥料木として利用される。【植栽】繁殖はおもに実生により 3～4 月にまく。実生 3 年で 3m になる。移植は困難。【管理】ほとんど手入れの必要がないが，風による被害を防ぐには夏に枝透かしをするとよい。施肥の必要はない。太枝の切り口から腐敗菌が入りやすいので，切り口にゆ合剤を塗布する。【学名】種形容語 *dealbata* は白くなった，の意味。

400. チョウノスケソウ〔チョウノスケソウ属〕
Dryas octopetala L. var. *asiatica* (Nakai) Nakai

【分布】本州（中部以北），北海道，千島，サハリン，カムチャツカ，東シベリア，ウスリー，朝鮮半島北部。【自然環境】高山帯の草地にはえる草本状の落葉小低木。【形態】茎は枝分かれしながら地上をはう。枯葉はすぐには落ちず，古い枝は枯葉の基部でおおわれる。葉は有柄で地面にはった枝の先に互生するが，低く地表にあるので平らに並んでいるように見える。葉身は広楕円形で長さ 2～3cm，幅 0.6～1.5cm，先端は丸く基部は円形，縁には 6～8 対の羽状で規則的に並んだ鋸歯がある。葉質は厚い革質で，表面で葉脈はへこみ，薄く伏毛をつけ，裏面は綿毛を密生して純白色となる。7～8 月，5cm ほどの花柄を立て，径 2～2.5cm の白花を開く。花柄には白色の短軟毛と腺毛がある。がく片，花弁ともにふつう 8 個。がく裂片は披針形で長さ 0.7～0.8cm，花弁は楕円形で長さ 1～1.5cm。雄しべは多数あり，長さ 0.5～0.6cm。雌しべも多数ある。そう果は倒披針形で長さ 0.4cm 内外，花柱は羽状で長さ 2～2.5cm。【学名】属名 *Dryas* は森の女神の名。種形容語 *octopetala* は 8 花弁の，という意味。変種名 *asiatica* はアジアの，という意味。和名チョウノスケソウはロシアの植物学者マキシモウィッチに日本の植物標本を送っていた須川長之助にちなむもの。

401. コゴメウツギ　〔スグリウツギ属〕
Neillia incisa (Thunb.) S.H.Oh var. *incisa*

自然樹形

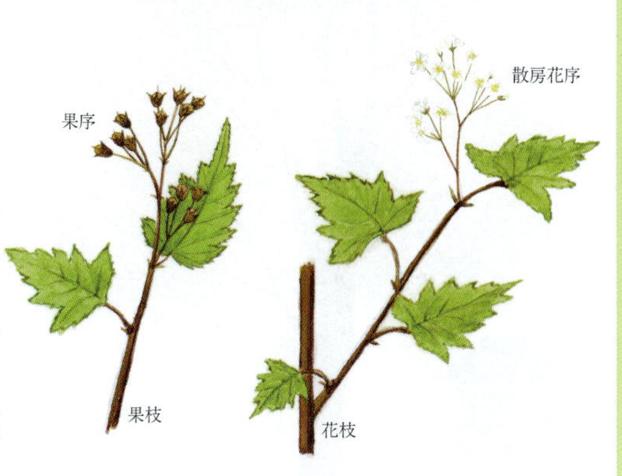

【分布】北海道，本州，四国，九州，朝鮮半島，中国。【自然環境】山地の日あたりのよい所にごくふつうにはえる落葉低木。【形態】幹は株立ちとなり，高さ1～1.5mほどで多く枝分かれする。枝は細く折れやすく，軟毛がある。葉は有柄で互生し，葉身は卵形で先端は長く鋭くとがり，基部は心臓形で，羽状に浅裂もしくは中裂し，裂片は鈍鋸歯があり，長さ2～4cm，幅1～3cm，両面に軟毛がはえている。葉柄は長さ0.3～0.7cm，軟毛がある。托葉は披針形もしくは線形で長さ0.5cm，有毛であとまで残る。5月頃，本年枝の先と葉腋から0.2～0.6cmぐらいの円錐または散房花序が出て，小さい白花を開く。花冠は径0.4cmぐらいである。花序は無毛，花柄は細く，長さ0.3～0.6cmほどで毛はない。がく片は5個で長さ0.15cmばかり。卵円形で縁には細毛がある。花弁は5個，へら形で縁毛がある。雄しべは10本あり，花糸は長さ0.1cmほどで毛はなく，内側に曲がる。雌しべは1本，子房は円形で短毛を密布する。柱頭は円盤状。果実は球形で，径0.2cmくらいである。【学名】属名 *Stephanandra* は冠状の雄しべの意味。種形容語 *incisa* は不整深裂の，という意味である。和名コゴメウツギはその小さな白花を小米に見立てたものである。

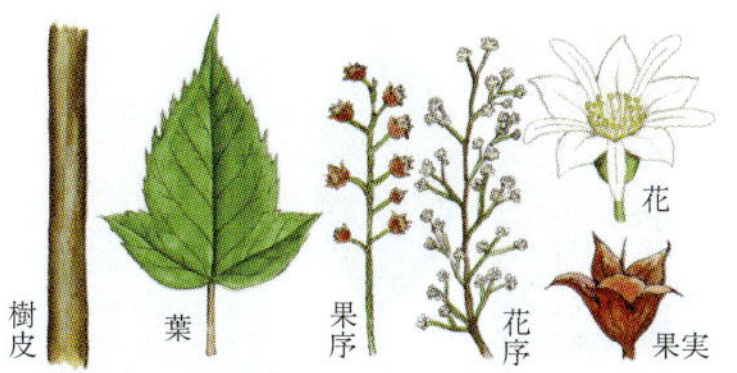

402. カナウツギ　〔スグリウツギ属〕
Neillia tanakae (Franch. et Sav.) Franch. et Sav. ex S.H.Oh

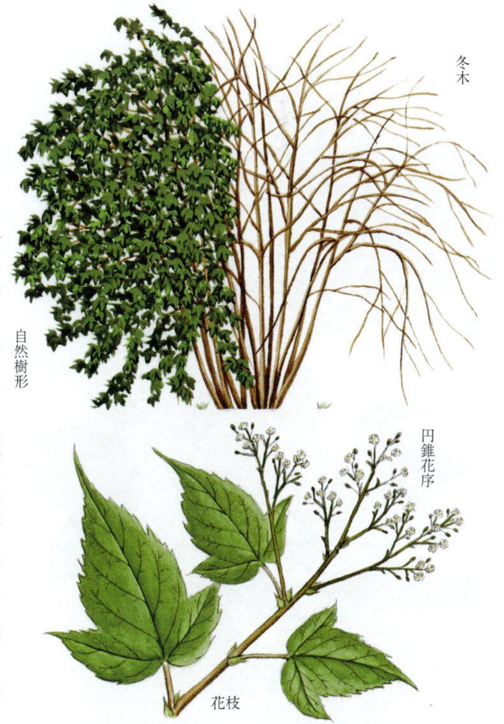

【分布】本州（静岡県，神奈川県，山梨県）。まれに秋田，新潟，群馬，東京，奈良の各県に見られる。【自然環境】山中にはえるややまれな落葉低木。【形態】茎は株立ちとなり高さ1～2mになる。枝は細くジグザグに曲がり，しばしば弓状になって垂れ下がる。若枝は赤褐色で，古い枝は暗灰色となる。葉は有柄で互生し，葉身は卵形または広卵形で先端は尾状にとがり，基部は浅い心臓形で縁には切れ込みがあり，しばしば3裂片状に切れ込み，さらに鋭い鋸歯があって長さ5～11cm，幅3.5～6cmほどである。表面は無毛で葉脈にそってへこみ，裏面は葉脈にそって微毛がある。葉柄は長さ1.2～1.7cmほど。托葉は長卵形で先は鋭くとがり，長さ1～1.2cmで縁には鋸歯がある。6月頃，本年の枝の先の長さ5～10cmの円錐花序に多数の小さな白花を開く。花柄は細く無毛で長さ0.4cm，がく片は5個，卵形で長さ0.15cmほどあり，先がとがる。花弁は5個，円形で平開し，長さ0.2cmくらいあり，がく片より少し長い。雄しべは20個ぐらいあり，花糸は長さ0.15cmで内曲する。雌しべは1個。果実は楕円形で長さ0.25cm，短毛を密生し宿存がくに包まれる。【特性】枝が垂れて地面についた所にしばしば新苗を生じる性質がある。【学名】種形容語 *tanakae* は人名に由来する。

403. ヤマザクラ（シロヤマザクラ）〔サクラ属〕

Cerasus jamasakura (Siebold ex Koidz.) H.Ohba

【分布】本州の宮城県，新潟県以南，四国，九州，朝鮮半島南部に分布。**【自然環境】**暖帯，温帯の丘陵から低山地に広くはえ，植栽もされる落葉高木。**【用途】**公園樹，街路樹，材は建築，器具，樹皮は樺細工，薬用などに用いる。**【形態】**横に長い皮目がある。葉は互生し有柄，葉身は長楕円形または倒卵形，長さ7～12cmで，先は尾状にとがり，縁に鋭鋸歯があり，裏面は帯白色。葉柄の上部に蜜腺が2個ある。冬芽は長卵形。4月，赤褐色または淡茶色の新葉とともに開花し，淡紅白色，径3～3.5cmの5弁花が散房花序に咲く。がく片は5，縁に鋸歯はない。雄しべ40内外，花柱は無毛である。果実は球形，径約0.9cmの核果で6月に赤色から紫黒色に熟す。**【特性】**陽樹。肥沃地を好むが，やや乾燥地でも育ち，生長は早い。**【植栽】**繁殖は実生または接木。6月に果実の果肉を除き，種子を土中埋蔵しておき，翌春2～3月に取り出して播種する。接木は3月の切接ぎと9月の芽接ぎがある。**【管理】**サクラは枝を切るのを嫌うから，切口には必ず癒合剤を塗布する。オビカレハ，モンクロシャチホコなどの食葉性の害虫により大被害をうけるので早期に防除し，テングス病は病枝を切り取る。

404. サクラ 'イチハラトラノオ'〔サクラ属〕

Cerasus jamasakura (Siebold ex Koidz.) H.Ohba 'Ichihara'

【分布】北海道西南部，本州，四国，九州の暖帯から温帯に植栽される。**【自然環境】**ヤマザクラ系の園芸品種で，日あたりのよい人家近くに植栽される落葉小高木。**【用途】**庭園，公園の花木。**【形態】**樹皮は灰褐色，枝は横に斜上し，ごつごつしている。若芽は淡茶緑色，葉は楕円形，長さ6～10cm，幅3～5cm，先は尾状にとがり，基部は鈍形～鋭形，縁に鋭い鋸歯がある。両面に毛がなく，裏面は帯白色である。葉柄の上部に2～3個の蜜腺がある。4月中～下旬に葉を開きつつ淡白紅色八重，花径3.5～4cmの花を開き，満開になると白色になる。3～4花を散房状につけ，花柄は長さ1.5～2cmで毛がない。花は枝に固まってつく特徴があり，蕾は淡紅色である。花弁は楕円形，35～40枚あり，がく筒は漏斗状，がく片は長三角形状で鋸歯がない。雄しべ25～30本で短く，葯の先に突起がある。雌しべは無毛で雄しべよりはるかに高い。果実はつかない。**【特性】**陽樹。排水のよい肥沃地を好むが，ふつうの土地でよく育つ。樹勢はやや強く，小庭園の植栽によい。**【植栽】**繁殖は接木による。**【管理】**ヤマザクラに準ずる。**【学名】**栽培品種名 'Ichihara' は和名による。京都洛北の市原にあったサクラで，枝に咲く様子が虎の尾に似るとして，和名イチハラトラノオは大谷光瑞が命名した。

405. サクラ 'ゴシンザクラ' 〔サクラ属〕

Cerasus jamasakura (Siebold ex Koidz.) H.Ohba 'Goshinzakura'

【分布】北海道西南部，本州，四国，九州の暖帯から温帯に植栽される。【自然環境】ヤマザクラ系八重の園芸品種で，人家に近い日あたりのよい所に植栽される落葉高木。【用途】庭園，公園の花木。【形態】樹皮は灰褐色。若芽は茶赤色。葉は長楕円形，長さ5〜11cm，幅2〜5cm，先は短く尾状にとがり，基部は鈍形，縁の鋸歯の先は短芒状である。若葉の表面には細毛があり，裏は白っぽくて無毛。葉柄には毛がなく上部に蜜腺が1対ある。4月中旬，新葉とともに淡紅色八重，花径3〜3.5cmの花を開く。散形または散房花序に2〜3花つき，花柄は長さ1.8〜2cmで毛がない。満開になると淡白紅色となり，花弁は長楕円形，先は浅く裂け，基部は鋭形で，28枚内外あり，少数の旗弁を混じえる。がく筒は鐘形，5個のがく片は披針形でほとんど歯がなく，ともに無毛。内側に花弁化した副がく片が出る。雄しべ62〜70本，雌しべは無毛，雄しべよりやや低い。果実はまれにつく。【特性】陽樹。排水のよい適潤な肥沃地を好むが，ふつうの土地でよく育つ。樹勢はやや強い。【植栽】繁殖は接木による。【管理】ヤマザクラに準ずる。【学名】栽培品種名'Goshinzakura'は和名による。京都付近で佐野藤右衛門が作出し，大谷光瑞が「御信桜」と命名したという。

406. オオヤマザクラ（エゾヤマザクラ，ベニヤマザクラ） 〔サクラ属〕

Cerasus sargentii (Rehder) H.Ohba

【分布】サハリン，南千島，北海道，本州，四国の剣山，石鎚山脈，朝鮮半島に分布し，本州中部以北，北海道に多い。【自然環境】温帯の山地にはえ，本州中部ではヤマザクラより上部の山地に出る落葉高木。【用途】北地の公園樹，材は建築，器具，樹皮は樺細工などに用いる。【形態】高さ20m，胸高直径1mに達し，樹皮は暗紫褐色で横に長く皮目が出る。葉は互生し，葉柄は無毛で上部に蜜腺が2個ある。葉身は楕円形，卵状楕円形，倒卵状楕円形で長さ8〜15cm，先はとがり，基部はやや心臓形，縁に三角状の単鋸歯があり，毛はなく，芽鱗は粘着する。冬芽は長楕円形。4〜5月，花径3〜4cmの紅色または淡紅色の5弁花を散形状に1〜3個開く。がく筒は長鐘形，がく片は5で全縁。果実は球形，径約1cmで6月に紫黒色に熟し，苦味がある。【特性】陽樹。適潤地またはやや乾燥地でも育ち，生長は早い。【植栽】繁殖は実生または接木による。【管理】オビカレハ，モンクロシャチホコなどの害虫は初期に殺虫剤を散布する。ウメシロカイガラムシが多量につくと枝が枯れるので，幼虫のふ化する4〜6月に殺虫剤を2〜3回散布する。【学名】種形容語 *sargentii* は米国のCh.S.サージェントを記念した名である。

407. カスミザクラ 〔サクラ属〕
Cerasus leveilleana (Koehne) H.Ohba

【分布】北海道，本州，四国，朝鮮半島，中国東北部に分布する。【自然環境】温帯の山地にはえ，本州中部以北に多く，ヤマザクラより上方にまではえ，花期も遅れる落葉高木。【用途】北地の公園樹，材は建築，器具，樹皮は樺細工，薬用などに用いる。【形態】高さ15〜20m，胸高直径50cm以上になる。樹皮は灰褐色または紫褐色。葉は互生し，葉柄は開出毛があり，上部に1対の蜜腺がある。葉身は倒卵形，倒卵状楕円形で長さ8〜12cm，先は尾状にとがり，縁に鋭い重鋸歯があり，両面または裏面に軟毛を散生し，裏面は淡緑色でヤマザクラのように白くない。4〜5月，葉と同時に白色または淡紅色，径2.5〜3.5cmの花が散房状に咲き，花柄に毛がある。がく筒は長鐘形，がく片は5，全縁で無毛。果実は球形，径約1cmで黒紫色に熟し，苦味がある。【特性】陽樹。適潤地を好むが，やや乾燥地にも生育し，生長は早い。【植栽】繁殖は実生または接木による。【管理】ヤマザクラと同じ。【近似種】これまでケヤマザクラと呼ばれてきたものの大半はカスミザクラである。八重咲の品種で奈良市の知足院にあるナラヤエザクラはカスミザクラの品種である。【学名】種形容語 *leveilleana* はフランスのA.A.H. レベーユを記念した名である。

408. サクラ 'ナラヤエザクラ'（ナラザクラ） 〔サクラ属〕
Cerasus leveilleana (Koehne) H.Ohba 'Nara-zakura'

【分布】北海道西南部，本州，四国，九州の暖帯から温帯に植栽される。【自然環境】カスミザクラ系の八重桜で，古くから人家近くの日あたりのよい所に植栽される落葉高木。【用途】庭園，公園の花木。【形態】樹皮は灰褐色。若芽は淡茶色〜茶緑色。葉は倒卵状楕円形，長さ8〜12cm，幅4〜6cm，先は尾状にとがり，基部は円〜鈍形，縁には鋭形の鋸歯がある。表面に毛を散生し，裏面は淡緑色で，脈上に毛があり，ヤマザクラのように白みがない。葉柄には開出した毛があり，上部に1対の蜜腺がある。4月下旬〜5月上旬，開葉してから淡紅色八重，花径2.5〜3cmの花を開く。散形状に2〜3花がつき，小花柄は1.5〜2.5cmで毛がある。花弁は倒卵状楕円形，基部は鋭形で30〜35枚あり，満開になると淡白紅色になる。がく筒は鐘形，がく片は長卵形，雄しべ35〜45本，雌しべは無毛で雄しべと同高または少し高く，1〜3本ある。果実はほぼ球形，径0.8〜1cmで黒紫色に熟す。【特性】陽樹。排水のよい肥沃地を好むが，ふつうの土地ならばよく育ち，樹勢はやや強い。【植栽】ヤマザクラに準ずる。【学名】栽培品種名 'Nara-zakura' は和名による。奈良市の知足院，三重県上野市予野に保存されてきた品種で，伊勢大輔に「いにしえのならの都の八重桜…」と古くからうたわれている。

409. オオシマザクラ 〔サクラ属〕

Cerasus speciosa (Koidz.) H.Ohba

【分布】伊豆七島，伊豆半島，房総半島に分布するが，伊豆七島のみが自生で，他は野生化したものといわれる。**【自然環境】**暖帯の沿岸地方にはえ，広く植栽もされる落葉高木。**【用途】**公園樹，街路樹，材は建築，器具，薪炭材とし，樹皮は薬用，葉は塩漬にして桜もちを包む。**【形態】**高さ 10〜15m，胸高直径 50〜70cm に達する。樹皮は灰紫褐色で皮目は横に長く目立つ。葉は倒卵状楕円形，または倒卵状長楕円形で，長さは 9〜13cm，先は尾状にとがり，縁に重鋸歯があり，鋸歯の先は芒状になる。両面無毛で葉柄の上部に蜜腺がある。冬芽は長卵形。3〜4 月，白色で花径 4〜4.5cm の花が数個，散房状につき，淡緑または淡褐緑色の新葉とともに開いて芳香がある。がく筒は長鐘形，がく片は披針形で縁に鋸歯があり，小花柄とともに無毛。果実は球形，径約 1.2cm で 5〜6 月に黒紫色に熟す。**【特性】**陽樹。適潤地またはやや乾燥地でも育ち，生長は早い。耐潮性強く，大気汚染にやや強い。**【植栽】**繁殖は実生または接木，あるいはさし木による。実生苗は台木に多く用いられる。さし木は発根剤を使用して，ミストかん水による 7 月上旬の緑枝ざしがよい。**【学名】**種形容語 *speciosa* は美しい，の意味。

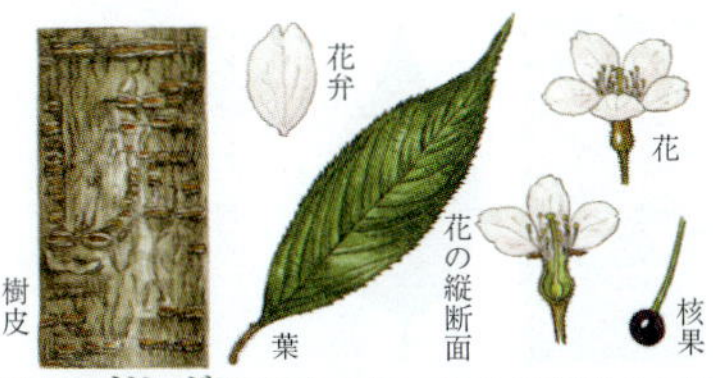

410. エドヒガン（アズマヒガン，ウバヒガン）〔サクラ属〕

Cerasus spachiana Lavalée ex H.Otto f. *ascendens* (Makino) H.Ohba

【分布】本州，四国，九州，済州島に分布する。**【自然環境】**温帯の山地にはえ，植栽もされる落葉高木。**【用途】**公園樹，材は建築，器具，薪炭材などにする。**【形態】**高さ 20m，胸高直径 1m 以上になり，樹皮は灰色で浅く縦裂し，若枝には軟毛があり，小枝は細い。葉は互生し，葉身は長楕円形，狭倒卵形で長さ 5〜10cm，先はとがり，縁は単鋸歯になることが多く，両面と葉柄に毛がやや多い。蜜腺は葉身の基部につく。冬芽は長卵形。3〜4 月，葉に先立って淡紅白色，花径約 2.5cm の 5 弁花が散形状に 2〜5 個開く。がく筒はつぼ形でふくらみ，がく片は披針形で縁に鋸歯があり，花柄とともに有毛。雄しべは 20〜27 本，花柱の下半部に上向する軟毛がある。果実は球形，径約 0.9cm で 5〜6 月に黒紫色に熟す。**【特性】**陽樹。適潤地を好むが，やや乾燥地でも育ち，生長は早く，郊外では強健で，各地に大木がある。大気汚染にはやや弱い。**【植栽】**繁殖は実生または接木による。エドヒガンおよびその品種の接木の台木には，エドヒガンの実生苗を用いる。**【管理】**開葉期に出るモニリア病の被害は新葉を枯らすので，殺菌剤を散布する。**【学名】**種形容語 *spachiana* はフランスの E. スパックを記念した名。品種名 *ascendens* は枝が斜上するのでつけられた。

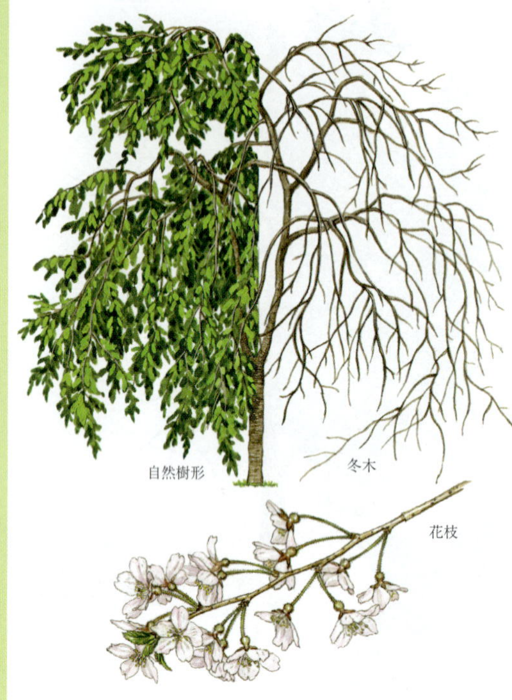

411. イトザクラ（シダレザクラ）　〔サクラ属〕
Cerasus spachiana Lavalée ex H.Otto f. *spachiana*

【分布】北海道，本州，四国，九州の暖帯から温帯に植栽される。【自然環境】エドヒガンを母種とした品種で古くから知られ，日あたりのよい人家近くに植えられる落葉高木。【用途】庭園，公園，社寺などに植える花木。【形態】高さ10～15m，胸高直径1m以上にもなり，枝は細くて下垂し，個体によっては枝が地に接する。太い枝は横に広がる。若枝，葉，小花柄，がくは有毛で，エドヒガンに似る。3～4月，淡紅白色の花が葉の出る前に下向きに咲き，ソメイヨシノより先に開く。京都御苑の北部の近衛家には室町時代からシダレザクラが植えられていたが，今でも京都には祇園の円山公園のシダレザクラ，京北町の常照皇寺の九重シダレなど名木が多い。【特性】陽樹。排水のよい肥沃地を好むが，やや乾燥地でも育ち，生長は早い。【植栽】一般にはエドヒガンの実生苗を台木にして接木をする。切接ぎは3月，芽接ぎは9月にする。実生では立性が多く，しだれ性は一部に出てくる。【管理】苗木は竹などを添えて，主枝を誘導して樹形を整えてやる。そのほかはエドヒガンと同じ。【近似種】花が紅色なベニシダレ‘Pendurarosea’や紅色八重のヤエベニシダレ‘Plenorosea’などの品種がある。【学名】種形容語 *spachiana* はフランスのE.スパックを記念した名。和名は小枝が細く垂れ下がる性質による。

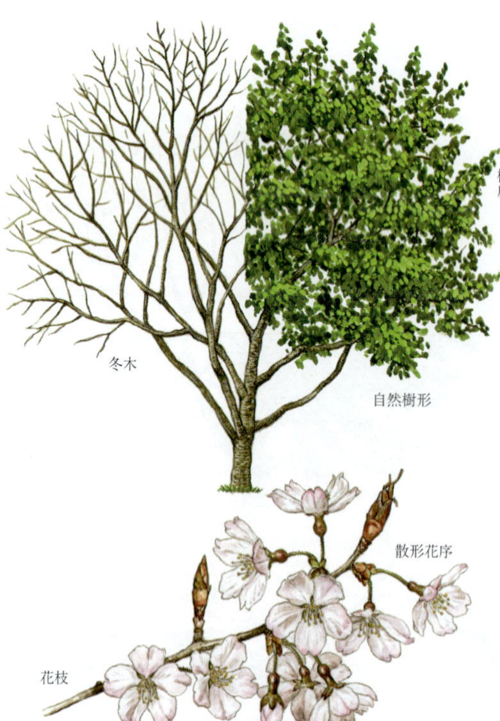

412. コヒガンザクラ（ヒガンザクラ）〔サクラ属〕
Cerasus subhirtella (Miq.) S.Y.Sokolov

【分布】本州の房総半島，伊豆半島の山地に自生が知られているが，一般には栽培されている。【自然環境】エドヒガンとマメザクラの雑種といわれており，ふつう日あたりのよい人家近くに植栽されている落葉小高木。【用途】公園，庭園の花木にする。【形態】高さ3～5mで，樹皮は灰褐色，縦に裂け，枝はよく分枝する。若枝には毛があり，葉は卵状長楕円形，倒卵状長楕円形，長さ5～8cmで先はとがり，縁に重鋸歯がある。裏面は淡緑色で葉柄は短く，ともに伏毛が多い。蜜腺は葉身の基部に2個ある。3～4月，葉の出る前に，淡紅色または淡紅白色，花径2.5～3cmの5弁花が2～3個散形状につく。がく筒は下部がふくらみ，がく片は長卵状三角形で縁に低い鋸歯があり花柄とともに伏毛がある。雄しべは30本内外で花柱に毛がない。着果は少なく，球形，径約0.7cmで小さく，黒紫色に熟す。【特性】陽樹。適潤な肥沃地を好む。【植栽】繁殖は接木による。エドヒガンを台木にする。【管理】エドヒガンに準ずる。【近似種】花が八重咲になったヤエヒガン‘Fukubana’や紅色八重の花が咲くチヨヒガン‘Plenorosea’などの品種がある。【学名】種形容語 *subhirtella* はやや短剛毛のあるという意味。和名ヒガンザクラは彼岸頃，花を開くのでつけられた。

413. ジュウガツザクラ 〔サクラ属〕

Cerasus subhirtella (Miq.) S.Y.Sokolov 'Autumnalis'

【分布】北海道南部，本州，四国，九州の暖地から温帯に植栽される。【自然環境】エドヒガンとマメザクラの雑種といわれるヒガンザクラの八重咲で，四季咲性になったもの。日あたりのよい肥沃な人家近くに植栽されている落葉小高木。【用途】公園，庭園にまれに植栽する。【形態】樹皮は灰色で若枝は毛がある。葉は互生し，倒卵形，長さ 2〜5cm，先はとがり，縁に重鋸歯があり，毛は表面に少し，裏面脈上に伏毛が多く，葉身基部に 1 対の蜜腺があり，葉柄にも伏毛が多い。淡紅白色，径 2.5cm 内外の八重咲で，花弁は 17 枚内外あり，がく筒は下部が少しふくらみ，がく片は卵形で鋸歯がある。雄しべは 50〜80 本あり，花柱は毛がなく，雄しべより高い。暖地では 10 月中旬から開花を始め，冬中少しずつ咲き，4 月上旬になって多く咲く。寒地になると晩秋と春の二季咲になり，冬の花は春より小形で小花柄も短い。【特性】陽樹。排水のよい肥沃地で日あたりを好み，耐寒性があるが，樹勢はとくに強くない。【植栽】繁殖はエドヒガンの実生苗に接木する。【管理】テングス病にかかった枝は，ヒガンザクラと違って秋に胞子を出すので，薬剤散布が必要である。【学名】栽培品種名 'Autumnalis' と和名ジュウガツザクラは，秋に花が咲くのでつけられた。

414. サクラ 'シキザクラ' 〔サクラ属〕

Cerasus subhirtella (Miq.) S.Y.Sokolov 'Semperflorens'

【分布】北海道南部，本州，四国，九州の暖帯から温帯に植栽される。【自然環境】エドヒガンとマメザクラの雑種といわれるヒガンザクラの一重咲で，四季咲性になったもの。日あたりのよい人家近くにしばしば植えられている落葉小高木。【用途】公園，庭園にときに植栽される。【形態】樹皮は灰色で若枝には毛を散生する。葉は楕円形，長楕円形で長さ 5〜6.5cm，先はとがり，縁に重鋸歯があり，欠刻状鋸歯も混じる。両面と葉柄に伏毛が多く，葉身基部に 1 対の蜜腺がある。花は淡紅白色，秋の花は径 1.7〜2cm でやや小さく，春の花は径 2〜2.8cm で散形状に咲き，花柄は毛を散生する。がく筒はつぼ形で下部がふくらみ，がく片は披針状長卵形で縁に鋸歯があり，毛はない。花柱は雄しべより高く，下部に毛を散生するか，またはない。暖地では 10 月から咲き，冬中も少しずつ開き，4 月に多く咲く。寒地では秋から初冬と春の二季咲性である。果実は楕円状球形，径約 0.8cm で少数つき，6 月に黒紫色に熟す。【特性】陽樹。適潤地で，日あたりを好み，耐寒性がある。【植栽】繁殖はエドヒガン系の台木を用いて春に切接ぎをする。【学名】種形容語 *subhirtella* はやや短剛毛のあることで，栽培品種名 'Semperflorens' は四季咲の意味。

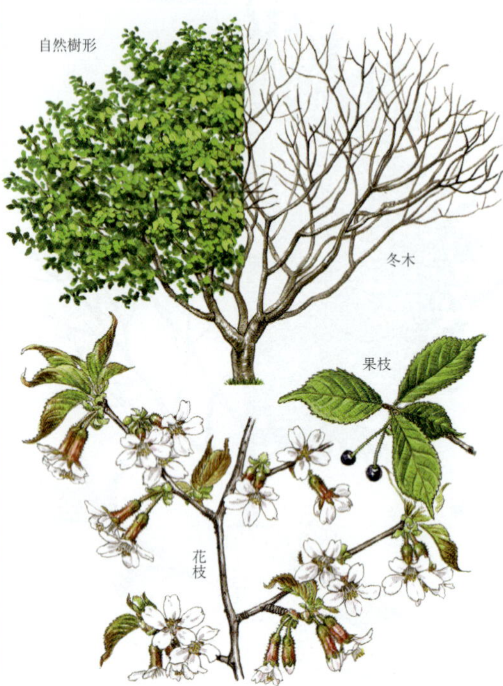

415. チョウジザクラ（メジロザクラ）〔サクラ属〕

Cerasus apetala (Siebold et Zucc.) Ohle ex H.Ohba

【分布】本州の北部から中部の太平洋側，近畿，中国，九州の熊本県に分布する。**【自然環境】**温帯の山地にはえる落葉小高木。**【用途】**まれに庭園樹にする。**【形態】**高さ3〜7mになり，樹皮は灰褐色で，若枝に開出毛が多い。葉は互生し，葉柄は開出毛を密生し，葉身は倒卵形または倒卵状楕円形，長さ4〜9.5cmで先は尾状にとがり，縁に欠刻状の重鋸歯があり，裏面脈上に開出毛が多く，表面は散生する。葉身基部に蜜腺がある。3〜4月，花径約1.5cmの小さい花が開葉前に開き，散形状に1〜3花が下向きにつく。がく筒は筒状で太く短毛を密生し，長さ0.7〜1cmで，小さいがく片があり，花弁も長さ0.5〜0.8cmで小さくて5枚ある。雄しべ27本内外，花柱の下半部に開出毛がある。果実は卵球形，径約0.8cmで6月に黒紫色に熟し，甘味がある。**【特性】**適潤地を好むが，やや乾燥地でも生育し，生長はやや遅い。**【植栽】**繁殖は実生による。園芸品種は接木による。**【管理】**マメザクラに準ずる。**【近似種】**変種のオクチョウジザクラは日本海側に分布し，花はやや大きく，葉やがくに毛が少ない。この園芸品種に菊咲のヒナギクザクラ var. *pilosa* f. *multipetala* (Kawas.) H.Ohba がある。**【学名】**種形容語 *apetala* は無弁の意味であるが，実際には小さい花弁がある。

416. オクチョウジザクラ〔サクラ属〕

Cerasus apetala (Siebold et Zucc.) Ohle ex H.Ohba var. *pilosa* (Koidz.) H.Ohba

【分布】本州の日本海側を主として，青森県から北陸地方，長野県北部，滋賀県御池岳に分布。**【自然環境】**温帯の丘陵および低山地にはえる落葉低木または小高木。**【用途】**まれに庭園樹にする。**【形態】**高さ3〜5mになり，根もとから枝を分け，樹皮は紫褐色，若枝は無毛で，母種のチョウジザクラに比べて，全体に毛が少なく，花は大きい。葉は倒卵形または倒卵状楕円形を呈し，長さは2.5〜7.5cmで先は尾状にとがり，縁に欠刻状の重鋸歯があり，両面に毛を散生し，葉柄に開出毛がある。4月〜5月上旬，葉に先立って1〜3花が散形状になって開く。花径2〜2.4cm，白色，または微紅色を帯び，花弁は5個，がく筒は狭長筒形，がく片は広卵状三角形，全縁でほとんど毛がない。雄しべ約30本，雌しべの花柱は無毛またはわずかに毛がある。果実は球形，径約0.8cm，黒紫色に熟し，甘味がある。**【特性】**適潤地を好み，生長はやや遅い。**【植栽】**繁殖は実生，園芸品種は接木による。**【管理】**マメザクラに準ずる。**【近似種】**ヒナギクザクラ var. *pilosa* f. *multipetala* (Kawas.) H.Ohba はオクチョウジザクラの園芸品種で，原木は新潟県の弥彦神社にある。花は花弁が100〜200個ある菊咲で，がくに副片があり，二段咲になっている。**【学名】**変種名 *pilosa* は軟毛のある，の意味。

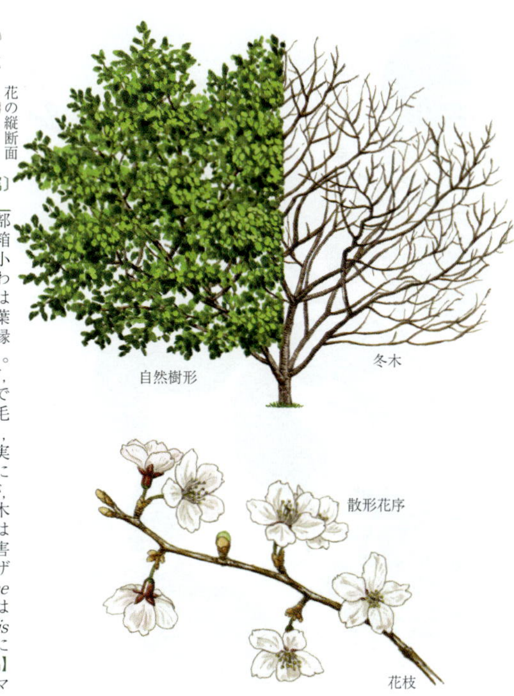

417. マメザクラ（フジザクラ，ハコネザクラ）〔サクラ属〕
Cerasus incisa (Thunb.) Loisel.

【分布】本州の関東南部，甲信地方，静岡県東半部に分布。【自然環境】温帯の山地にはえ，富士，箱根地方に多く，また，植栽される落葉低木〜小高木。【用途】公園，庭園に植え，盆栽によく使われる。【形態】高さ3〜5m，樹皮は暗灰色で小枝は細くて多数分枝する。若芽は緑茶色を帯び，葉は倒卵形，長さ3〜5cm，先は鋭くとがり，縁に欠刻状の鋸歯があり，両面に伏毛を散生する。蜜腺は葉身基部にある。3〜4月，葉の出る前，または同時に，白色〜微紅色，花径2〜2.5cmで小輪の5弁花が1〜3個散形状につき，花柄に毛を散生する。ふつうはがく筒と花柱に毛がなく，がく片は卵形で，雄しべは35本内外ある。果実は楕円状球形，径約0.8cm，5〜6月に黒紫色に熟し，甘味がある。【特性】陽樹。適潤地を好むが，やや乾燥地でも育つ。生長はやや遅いが，若木のうちから花をつける。【植栽】繁殖は実生またはさし木により，さし木は容易。【管理】比較的病害虫が少なく，小樹形に保てる。【近似種】ミドリザクラ（リョクガクザクラ）var. *incisa* f. *yamadae* (Makino) H.Ohba は葉やがくが鮮緑色で花は純白。変種のキンキマメザクラ var. *kinkiensis* (Koidz.) H.Ohba は中部地方以西，近畿，北陸に分布し，マメザクラよりがく筒が細長い。【学名】種形容語 *incisa* は欠刻のある，の意味。和名マメザクラは小形のサクラの意味。

418. タカネザクラ（ミネザクラ）〔サクラ属〕
Cerasus nipponica (Matsum.) Ohle ex H.Ohba

【分布】北海道，本州の中部，北部に分布。【自然環境】温帯上部，亜寒帯の山地にはえる落葉低木または小高木で，サクラのうちではいちばん高い所に分布している。【用途】北地の公園樹，庭園樹。【形態】高さ2〜6m，樹幹は直立，よく分枝する。樹皮は古くなると紫褐色になり光沢がある。若芽は緑茶色で成葉は倒卵形，長さ4〜9cmで先は尾状にとがり，縁に欠刻状の鋸歯があり，両面にほとんど毛がなく，葉柄も無毛で，蜜腺が上部にある。5〜6月，葉とともに淡紅色〜淡紅白色，径2cm内外の小輪の花が散形状に2〜3個開く。がく筒は長鐘形，無毛で紅紫色，がく片は披針形で全縁。花柱は無毛で，雄しべとほぼ同高である。果実は球形，径約0.8cmで黒紫色に熟す。【特性】陽樹。やや乾燥する所でも生育し，生長はやや遅く，高山では雪どけとともに開花する。【植栽】繁植は実生または接木による。種子を土中に貯蔵し，翌春まく。北国でよく生育する。【管理】マメザクラに準ずる。【近似種】変種のチシマザクラ var. *kurilensis* (Miyabe) H.Ohba は本州近畿以北，北海道ではタカネザクラとともにはえ，南千島，サハリンに分布する。葉の両面，葉柄，花柄，がくなどが有毛。【学名】種形容語 *nipponica* は日本の，の意味。

419. ミヤマザクラ 〔サクラ属〕
Cerasus maximowiczii (Rupr.) Kom.

【分布】北海道，本州，四国，九州の深山のほか朝鮮半島，中国東北部，サハリン，ウスリーに分布。【自然環境】温帯上部の山地にはえる落葉高木。【用途】公園樹，薪炭材になる。【形態】高さ 10m，胸高直径 30cm になり，樹皮は紫褐色で皮目は多くて横に並ぶ。小枝は細く，伏毛が多い。葉は広倒卵形，倒卵状長楕円形，長さ 4～7cm，先は短く尾状にとがり，縁に欠刻状の重鋸歯があり，両面に細毛が多い。蜜腺は葉身の基部にあり，葉柄は暗紫紅色で伏毛が多い。5～6 月，葉を開いてから 4～7 花が，長さ 5～8cm の総状花序になって上向きに開く。白色，径 1.5～2cm，花弁は 5 個で円形，がく筒は鐘状つぼ形，がく片は三角状卵形で縁に鋸歯があり，ともに毛がある。花柄も伏毛があり，基部の苞は広卵形で縁に鋸歯があり，緑色の葉状で宿存する。雄しべは 40 本内外，花柱の下部に毛がある。果実はほぼ球形，径約 0.8cm で黒紫色に熟し，苦味がある。【特性】陽樹。適潤地を好むが，やや乾燥地にもはえ，生長はやや遅い。【植栽】繁殖は実生または接木，またはさし木による。種子はヤマザクラと同じに処理する。夏の緑枝ざしで当年枝の活着がよい。【学名】種形容語 *maximowiczii* はロシアの K. J. マキシモウィッチを記念したもの。

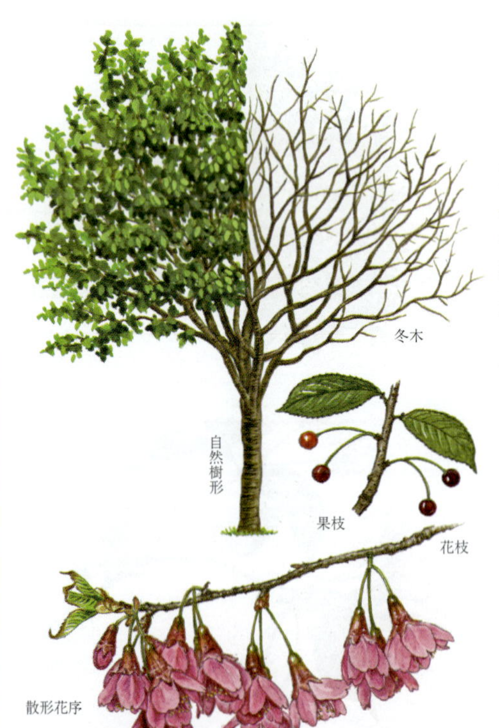

420. カンヒザクラ（ヒカンザクラ） 〔サクラ属〕
Cerasus campanulata (Maxim.) A.V.Vassil.

【分布】中国中・南部，台湾に分布し，琉球諸島に野生化している。【分布】本州の関東以南，四国，九州，沖縄で植栽される。【自然環境】暖帯南部，亜熱帯の山地にはえる落葉小高木で植栽される。【用途】公園樹，庭園樹。【形態】高さ 5～10m になり，樹皮は灰黒色で肌があれ，横の皮目が目立つ。葉は互生し，楕円状卵形～卵状長楕円形，長さ 5～11cm，先は長くとがり，縁に単または重鋸歯があり，両面に毛がない。葉柄の上部に蜜腺がある。2～3 月，葉に先立って紫紅色の半開した花が下を向き，散形状に 2～3 個開く。がくは濃紫紅色で毛がなく，がく筒は鐘状筒形，がく片は三角状卵形，花弁は 5 個，卵状長楕円形，長さ約 1.2cm，雄しべ 34～37 本，花柱は無毛である。果実は卵状球形，径約 1.5cm，6 月に黒紫色に熟す。【特性】陽樹。適潤な肥沃地を好むが，やや乾燥地でも育ち，生長はやや早い。【植栽】繁殖は実生または接木による。さし木は困難である。【管理】比較的病害虫が少ないが，ときには葉にモニリア病の被害が出るので，開葉前に殺菌剤を散布する。【近似種】沖縄のものは実生で増殖しており，花がやや平開して花色が明るく花弁もやや大きいので，リュウキュウヒザクラ（琉球緋桜）といい品種にすることがある。【学名】種形容語 *campanulata* は鐘形の意味で，花形による。

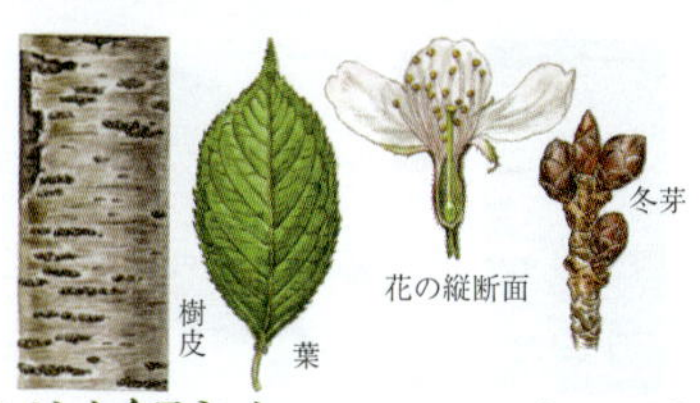

421. ソメイヨシノ 〔サクラ属〕

Cerasus × yedoensis (Matsum.) A.V.Vassil.

【分布】北海道，本州，四国，九州の暖帯から温帯にかけて植栽される。【自然環境】オオシマザクラとエドヒガンの間に生まれた雑種で，日あたりのよい所に植栽される落葉高木。【用途】庭園，公園の花木，街路樹。【形態】高さ7〜15m，胸高直径50cmに達し，樹皮は暗灰色。葉は互生し，広い倒卵形，長さ7〜10cmで先がとがり，縁に重鋸歯があり，裏面は淡緑色で葉柄とともに細毛がある。蜜腺は葉柄上部にある。3〜4月，葉に先立って淡紅白色，径約4cmの5弁花を散形状に2〜5個開く。がく，花柄は有毛，がく筒は狭長つぼ形，がく片は三角状長卵形で縁に鋸歯がある。雄しべ約35本，花柱の基部に毛がある。果実はややつきにくく，球形，径約1cmで5〜6月に黒紫色に熟す。【特性】陽樹。排水のよい適潤な肥沃地を好み，生長は早い。【植栽】繁殖は通常接木により，オオシマザクラと同じ。さし木は夏の緑枝ざしで容易に活着する。【管理】テングス病，樹皮の間に入るコスカシバの被害が多く，食葉害虫のオビカレハ，アメリカシロヒトリ，モンクロシャチホコなどは初期に防除する。【学名】種形容語 *yedoensis* は江戸の意味で，江戸染井村（東京都豊島区）から明治初年に吉野桜の名で売り出され，のち明治33年（1900）に染井吉野と改めたもの。

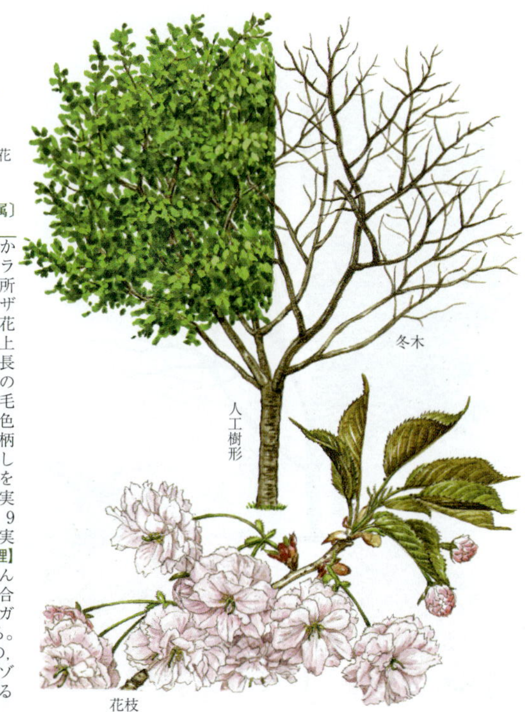

422. サクラ‘フゲンゾウ’（フゲンドウ） 〔サクラ属〕

Cerasus lannesiana Carrière ‘Alborosea’

【分布】北海道西南部，本州，四国，九州の暖帯から温帯にかけて植栽される。【自然環境】サトザクラの代表的な品種で，人家近くの日あたりのよい所に植栽される落葉高木。オオシマザクラとヤマザクラとの雑種に由来する。【用途】庭園，公園の花木。【形態】葉は互生し，若芽は帯茶色，葉柄の上部に1対の蜜腺がある。葉身は広楕円形または長楕円形，長さ8〜12cm，先は尾状にとがり，縁の鋸歯の先は芒状になる。裏面は帯白色で両面に毛がない。開葉とともに4月下旬に開花し，淡紅色八重，径約5cmの大きな花が，長さ約5cmの柄があって垂れて咲く。緑色の葉状に変化した雌しべが2個ある。【特性】陽樹。排水のよい肥沃地を好み，都市環境でも比較的よく育つ。【植栽】結実しないので繁殖は接木による。3月の切接ぎ法，9月の芽接ぎ法があり，台木はオオシマザクラの実生苗がよい。接木して2〜3年で開花する。【管理】大枝を切るのはなるべく避け，小枝のうちにせん定して樹形を整える。切口は殺菌剤の入った癒合剤を必ず塗布する。オビカレハ，ウメシロカイガラムシ，コスカシバなどの害虫を初期に防除する。【学名】園芸品種名‘Alborosea’は帯白紅紫色の，の意味。フゲンゾウの和名は普賢菩薩の乗ったゾウの鼻を花にたとえ，葉化した雌しべの先に残る2個の花柱をきばに見立てて名づけられたという。

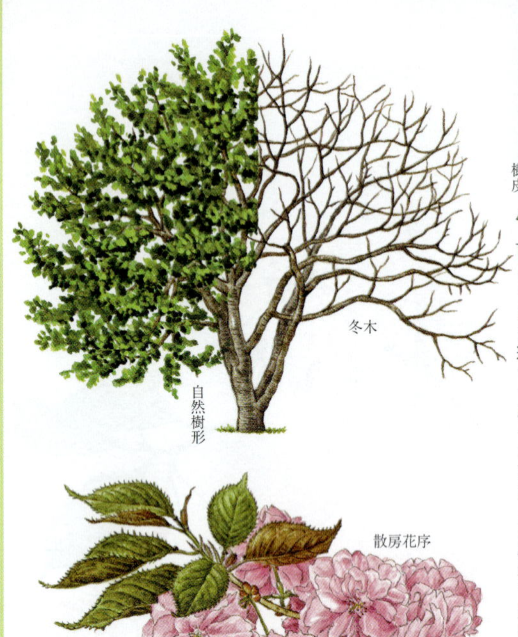

423. サクラ ‘カンザン’（セキヤマ）〔サクラ属〕
Cerasus lannesiana Carrière ‘Sekiyama’

【分布】北海道西南部，本州，四国，九州の暖帯から温帯で植栽される。【自然環境】オオシマザクラ，オオヤマザクラなどが母種と思われている園芸品種で，サトザクラの代表的な品種。日あたりのよい人家近くに植栽される落葉高木。【用途】庭園，公園の花木，街路樹。花を桜湯用として塩漬にする。【形態】葉は互生し，樹皮は灰褐色で横に長い皮目がある。若芽は帯茶色。葉は倒卵状楕円形または長楕円形，長さ 6～13cm，幅 3～7cm で，先は尾状にとがり，基部は円形またはくさび形になり，縁の鋸歯の先は芒状になる。両面に毛がなく，裏面は帯白緑色である。蜜腺は葉柄の上部に 1 対ある。4 月中～下旬に開葉とともに開花し，紅色八重，径約 5cm の大きな花が，長さ 2.5～3cm の花柄の先につき，2～3 花が散房状になる。花弁は 30 内外あり，広楕円形または楕円形，がく筒は漏斗形，がく片は三角状卵形でともに無毛。雄しべは多数で葯の頂部に小突起がある。雌しべは 2 個で緑色に葉化している。果実はつかない。【特性】陽樹。排水のよい肥沃地を好み，都市の公園でもよく育つ。【植栽】繁殖は接木による。扱いは‘フゲンゾウ’に準ずる。【管理】‘フゲンゾウ’に準ずる。【学名】栽培品種名‘Sekiyama’は小泉源一が関山をセキヤマとしたもの。

424. サクラ ‘イチヨウ’〔サクラ属〕
Cerasus lannesiana Carrière ‘Hisakura’

【分布】北海道西南部，本州，四国，九州の暖帯から温帯にかけて植栽される。【自然環境】オオシマザクラを母種とした園芸品種のサトザクラ類で，日あたりのよい人家近くに植栽される落葉高木。【用途】庭園，公園の花木。【形態】樹皮は灰褐色で横に長い皮目がある。若芽は淡茶緑色。葉柄は無毛で上部に蜜腺が 2～3 個ある。葉は広楕円形または楕円形，長さ 6～11cm，幅 3～7cm で先は尾状にとがり，縁の鋸歯の先は芒状になる。両面が無毛，裏面は淡白緑色である。4 月中旬に開葉とともに散房状に 2～4 花を開き，淡紅色八重，径約 5cm で，花柄は長さ 3～4cm あり，やや下垂して咲く。花弁は 30 内外，やや円形または楕円形，旗弁も少し出る。がく筒は漏斗状，がく片は三角状卵形でともに無毛，雄しべは 30 本内外，雌しべは 1～2 本あり，緑色に葉化しており，雄しべより高くとび出ている。果実はつかない。【特性】陽樹。排水のよい適潤な肥沃地を好み，都市の公園でもよく育つ。【植栽】繁殖は接木による。【管理】‘フゲンゾウ’に準ずる。【学名】栽培品種名‘Hisakura’は緋桜の意味である。市橋長昭・桜井雪鮮の『花譜』（1803～1804）に載っており，東京・新宿御苑には大木がある。和名イチヨウは花の中心に葉化した雌しべが 1 本ある意味であるが，2 本の花もある。

425. サクラ 'ショウゲツ'　〔サクラ属〕

Cerasus lannesiana Carrière 'Superba'

【分布】北海道西南部，本州，四国，九州の暖帯から温帯に植栽される。【自然環境】オオシマザクラを母種とした園芸品種のサトザクラ類で，日あたりのよい人家近くに植栽される落葉小高木。【用途】庭園，公園の花木。【形態】枝を横に張り傘状の樹形になり，樹皮は灰褐色。若芽は淡黄緑色。葉は広楕円形または長倒卵形，長さ 6～11cm，幅 3.5～6cm で先は尾状にとがり，縁に単または重鋸歯があり，鋸歯の先は芒状になる。両面とも無毛，裏面はやや白みのある淡緑色である。葉柄は長さ 2～3cm で無毛，上部に蜜腺が 2～3 個ある。4 月下旬に開葉とともに散房状に 3～4 花を開き，蕾は淡紅色であるが，開くと淡紅白色になり八重，径約 5cm で，花柄は長さ 3～4.5cm，淡緑色，無毛で下垂して咲く。花弁は 30 内外，円形または広楕円形～楕円形で上辺に歯牙がある。がく筒は漏斗形，がく片は広卵形で縁に鋸歯があり，ともに無毛。雄しべは 25 本内外，雌しべは 1～2 本あり緑色に葉化している。果実をつけない。【特性】陽樹。排水のよい適潤な肥沃地を好む。【植栽】繁殖は接木による。【管理】フゲンゾウに準ずる。樹勢がやや弱く，コスカシバの被害を受けやすいので初期に防除し，肥培管理する。【学名】栽培品種名 'Superba' は気高いという意味。

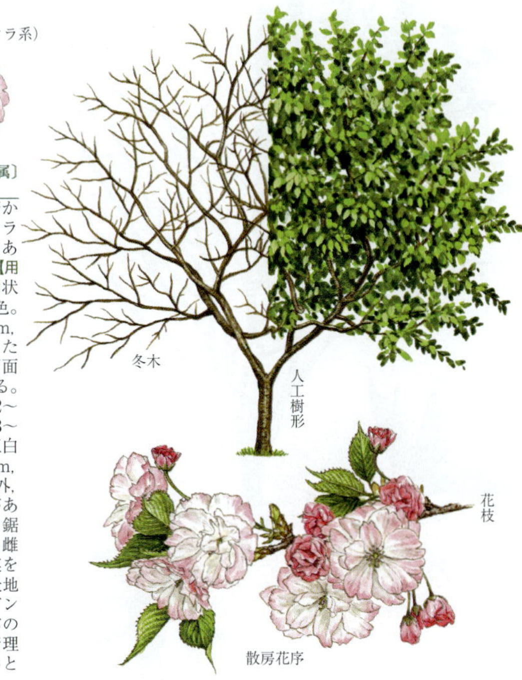

'ホソカワニオイ'
（オオシマザクラ系）

426. サクラ 'シロタエ'　〔サクラ属〕

Cerasus lannesiana Carrière 'Sirotae'

【分布】北海道西南部，本州，四国，九州の暖帯から温帯に植栽される。【自然環境】オオシマザクラ系のサトザクラで園芸品種として，日あたりのよい人家近くに植栽される落葉高木。【用途】庭園，公園の花木。【形態】樹皮は灰褐色で小枝は無毛。葉は互生し，楕円形，長さ 9～12cm，幅 5～6.5cm，先は尾状にとがり，基部は鈍形，縁にやや深い鋸歯があり，先は芒状になる。両面に毛がなく，裏面は帯白緑色で，葉柄も無毛で，上部に 2～3 個の蜜腺がある。4 月中～下旬，淡黄緑色の若芽を開くとともに白色八重，径 5～5.5cm の花が散房状に 2～3 個ついて開き，蕾は淡紅色を少し帯びる。花弁は 9～12 枚あり，ほぼ円形で，旗弁が混じる。花柄はやや太く，長さ 1.7～2cm で花序軸とともに無毛。がく筒は鐘形，がく片は卵形で先が長くとがり，ほとんど全縁で，ともに毛がない。雄しべは 30～36 本，雌しべと雄しべは同高で，花柱に毛がない。果実は球形，径約 0.8cm で紫黒色に熟し，まれにつく。【特性】陽樹。排水のよい肥沃地を好み，樹勢はやや強く，大きくなる。【植栽】繁殖は接木による。【管理】'フゲンゾウ' に準ずる。【学名】栽培品種名 'Sirotae' は白妙の意味。白妙といわれているが，外側の花弁がわずかに紅色を帯びるもので，完全に白色ではない。

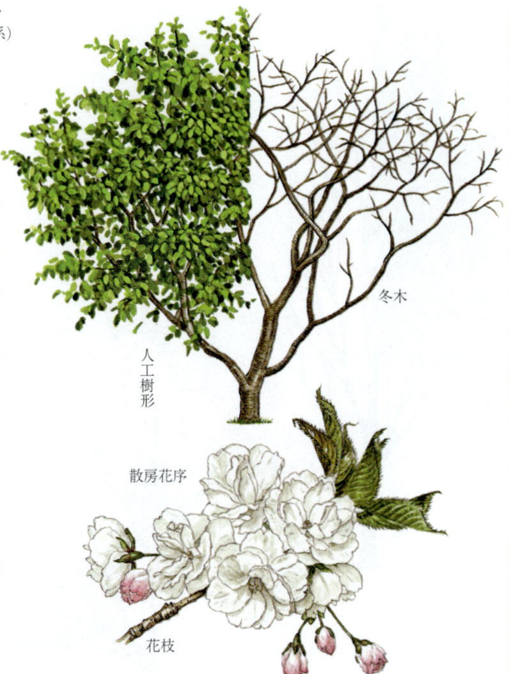

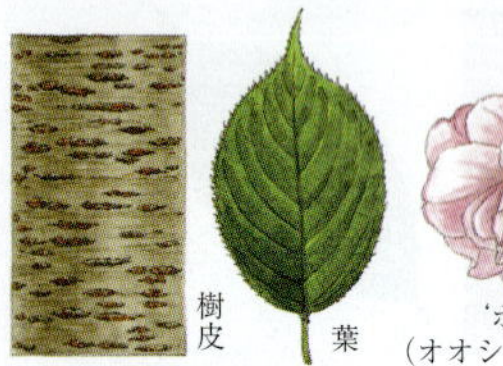

‘ボタン’
（オオシマザクラ系）

427. サクラ ‘ヨウキヒ’ 〔サクラ属〕

Cerasus lannesiana Carrière ‘Mollis’

【分布】北海道西南部，本州，四国，九州の暖帯から温帯に植栽される。【自然環境】オオシマザクラを母種とした園芸品種のサトザクラで，人家近くの日のよくあたる所に植栽される落葉小高木。【用途】公園，庭園の花木。【形態】樹皮は灰褐色。若芽は淡緑茶色，葉柄は無毛で上部に 1～2 個の蜜腺がある。葉は広楕円形，長さ 6～12cm，幅 3.5～6cm で先は尾状にとがり，基部は鈍形，縁の鋸歯の先は芒状になる。両面ともほとんど無毛。4 月中～下旬，新葉とともに散房状に 3～4 花を開く。蕾は紅色で，淡紅色八重，径約 4.5cm の美しい花が枝にやや固まって咲く。花弁は 15～20 枚で広楕円形，がく筒は鐘形，がく片は長卵状三角形，花柄は長さ 2.5～3cm でともに毛がない。雄しべ 30～40 本，雌しべは雄しべよりやや高くて無毛。果実は径約 1cm で 6 月に黒紫色に熟す。【特性】陽樹。排水のよい適潤な肥沃地を好む。【植栽】繁殖は接木による。【管理】フゲンゾウに準ずる。【学名】栽培品種名 ‘Mollis’ は軟らかい，の意味。和名ヨウキヒは，昔奈良にあった花の大きい美しいサクラに，中国の楊貴妃を連想して名づけたといわれる。水野元勝著『花壇綱目』（1681）の中にある桜珍花異名の事項に，フゲンゾウなどとともに「楊貴妃　中輪なり」と出ている。

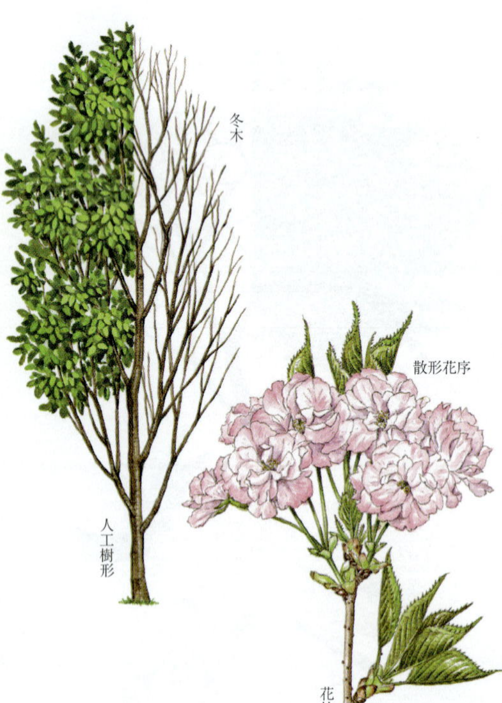

‘キリン’
（オオシマザクラ系）

428. サクラ ‘アマノガワ’ 〔サクラ属〕

Cerasus lannesiana Carrière ‘Erecta’

【分布】北海道西南部，本州，四国，九州の暖帯から温帯にかけて植栽される。【自然環境】オオシマザクラを母種とした園芸品種のサトザクラ類で，人家近くの日あたりのよい所に植栽される落葉小高木。【用途】庭園，公園の花木。【形態】樹皮は褐色で，枝は上を向いて直立し，箒状になる。若芽は帯茶緑色，無毛で成葉は楕円形または長楕円形，長さ 6～15cm，幅 3～7cm，先は尾状にとがり，基部は鈍形，縁の重鋸歯の先は短芒状になる。葉柄は無毛で上部に 2～3 個蜜腺がある。4 月中～下旬，開葉とともにやや散形状に 3～4 花を上向きに開く。花柄は長さ 1.5～2.5cm で無毛，花径 4～4.5cm で淡紅色，ほとんど円形の花弁が約 15 枚ある。がく筒は鐘形，がく片は長卵形で縁に鋸歯があり無毛。雄しべ 30～45 本，雌しべは雄しべとほぼ同じ高さで 1 本。果実は球形，径約 1cm，黒紫色に熟す。【特性】陽樹。排水のよい適潤な肥沃地を好む。円柱状の狭い樹形になるので，小庭園の植栽に適する。【植栽】繁殖は接木による。樹形に特色のある品種なので，外国でも ‘カンザン’ とともによく植栽している。【管理】‘フゲンゾウ’ に準ずるが，樹勢は中程度である。【近似種】‘タナバタ（七夕）Erecta-albida’ は花の白色のもの。【学名】栽培品種名 ‘Erecta’ は直立した，の意味。

429. サクラ ‘ウコン’ 〔サクラ属〕

Cerasus lannesiana Carrière ‘Grandiflora’

【分布】北海道西南部，本州，四国，九州の暖帯から温帯に植栽される。【自然環境】オオシマザクラを母種とする園芸品種のサトザクラで，日あたりのよい人家近くに植栽される落葉高木。【用途】庭園，公園の花木。【形態】樹皮は灰褐色。若芽は淡茶緑色。葉は楕円形または長倒卵形，長さ7～11cm，幅3～5cmで先は尾状にとがり，基部はやや くさび形である。縁の鋸歯の先は芒状で，葉の両面と葉柄は無毛，葉柄の上部に蜜腺が2～4個ある。4月中～下旬，新葉を開くとともに，淡黄緑色八重の花が散房花序になって2～4花開く。花径3.5～4cm，花弁11～15枚あり，円形～広楕円形で縁に波状鋸歯が出る。満開を過ぎると花弁の基部が淡紅色を帯びることがある。がく筒は漏斗形，がく片は卵形で毛がなく，雄しべは25～30本，雌しべは雄しべよりはるかに高くなる。果実はつかない。【特性】陽樹。排水のよい適潤な肥沃地を好む。【植栽】繁殖は接木による。【管理】‘フゲンゾウ’に準ずる。【近似種】花色が黄緑色でやや花が小形な‘ギョイコウ’がある。【学名】栽培品種名‘Grandiflora’は大きい花の意味。和名ウコンは，ショウガ科の多年草ウコンの根茎で染めた黄色に花色が似ているのでいう。『都名所図会』(1780) には京都・仁和寺での栽培を載せている。

430. サクラ ‘ギョイコウ’ 〔サクラ属〕

Cerasus lannesiana Carrière ‘Gioiko’

【分布】北海道西南部，本州，四国，九州の暖帯から温帯に植栽される。【自然環境】オオシマザクラを母種とした園芸品種のサトザクラ類で，よく日のあたる人家近くに植栽される落葉高木。【用途】庭園，公園の花木。【形態】樹皮は褐色で横並びの皮目がある。若芽は淡茶緑色で，成葉は倒卵状楕円形，長さ7～15cm，幅3～7cmで，先は尾状にとがり，基部は鈍形，縁の鋸歯の先は芒状になり，裏面は帯白緑色で両面とも無毛。葉柄の上部に2～3の蜜腺がある。葉を開いてから4月下旬に淡黄緑色八重咲，径3～3.5cmの花が2～4個散形状または散房状になり，花柄は長さ2～3cmある。花弁約15枚，そり返り，淡緑色と淡黄色の部分が混じり，中央に初め緑色の線があり，満開になると紅色の縦線になる。がく筒は漏斗状，がく片は卵形，雄しべは20本内外でやや退化しており，雌しべは雄しべより高くて長い。果実はつかない。【特性】陽樹。排水のよい適潤な肥沃地を好む。【植栽】繁殖は接木による。【管理】‘フゲンゾウ’に準ずるが，樹勢は中程度。【近似種】花色がよく似て花の大きい‘ウコン’がある。【学名】栽培品種名‘Gioiko’は和名による。変わった花色が珍重がられるが，緑色の花弁は，葉から花弁が変化してきたことを物語っている。

431. サクラ 'スルガダイニオイ' 〔サクラ属〕

Cerasus lannesiana Carrière 'Surugadai-odora'

【分布】北海道西南部，本州，四国，九州の暖帯から温帯に植栽される。【自然環境】オオシマザクラを母種とした園芸品種のサトザクラ類で，日あたりのよい人家付近に多く植栽される落葉高木。【用途】庭園，公園の花木。【形態】樹皮は紫褐色。若芽は茶色。葉は楕円形または倒卵形，長さ 9～14cm，幅 4～6cm で先は尾状にとがり，基部は鈍形で両面に毛がなく，裏面は淡白緑色である。縁の鋸歯の先は芒状になる。葉柄は長さ約 3cm で無毛，蜜腺は上部に 2～4 個ある。4 月下旬に開葉とともに散房花序になって 3～5 花を開き，花柄は長さ 2.5～3cm ある。蕾は淡紅白色，花は白色一重または 6 弁，旗弁を混じえる花もある。径 3.5～4cm で，花弁は楕円形，雄しべ 35～40 本，雌しべは雄しべと高さが同じで無毛。がく筒は長鐘形，がく片は長卵形で縁に鋸歯があり，ともに無毛。花の香りがよい。果実は球形，径約 1cm で黒紫色に熟す。【特性】陽樹。排水のよい適潤な肥沃地を好むが，ふつうの土地でよく育ち，樹勢は強い。【植栽】繁殖は接木によるが，夏の緑枝ざしで中程度活着する。【管理】'フゲンゾウ' に準ずる。【学名】栽培品種名 'Surugadai-odora' は和名の意味からつけられた。匂い桜の代表的品種で，和名スルガダイニオイは東京の駿河台にあった香りのよいサクラの意味である。

432. サクラ 'ケンロクエンキクザクラ' 〔サクラ属〕

Cerasus lannesiana Carrière 'Sphaerantha'

【分布】北海道西南部，本州，四国，九州の暖帯から温帯に植栽される。【自然環境】オオシマザクラを母種としたサトザクラのうちの菊桜類で，人家に近い日あたりのよい所に植栽される落葉小高木。【用途】庭園，公園の花木。【形態】樹皮は灰褐色。若芽は緑茶色。葉は楕円形，長さ 7～10cm，幅 4～4.5cm，先は尾状にとがり，基部はやや円形，縁の鋸歯の先は芒状で，単鋸歯が多い。両面無毛，葉柄は長さ 2.5～3cm で上部に蜜腺がある。4 月下旬～5 月上旬，緑色の葉を開いてから淡紅色八重，2 段咲の花を球状に開く。散房状に 2～3 花つけ，花柄は長さ 3.5～4cm ある。花弁は総数 300～350 あり，外側の花弁は白っぽく，楕円形，基部は鋭形で内部の花弁ほど小さくなり，中心部の内側の花は紅色で小さい花弁が多数ある。雄しべは全体で 15～20 本あり，雌しべは中心部に葉化して 1～2 本ある。がく筒は盤状でふくらみがなく，がく片は卵形で 5 片，副がく片があり，長卵形で小さく，花弁化したものもある。果実はつかない。【特性】陽樹。排水のよい肥沃地を好むが，ふつうの土地で育ち，樹勢は中程度。【植栽】繁殖は接木による。【管理】'フゲンゾウ' に準ずる。【学名】栽培品種名 'Sphaerantha' は球形花の意味。和名ケンロクエンキクザクラは金沢市の兼六園にあった菊桜の意味。

433. サクラ ‘オオムラザクラ’ 〔サクラ属〕
Cerasus lannesiana Carrière ‘Mirabilis’

【分布】北海道西南部，本州，四国，九州の暖帯から温帯に植栽される。【自然環境】サトザクラ類のうち花弁が100枚以上ある菊桜の仲間で，日あたりのよい人家近くに植栽される落葉高木。【用途】庭園，公園の花木。【形態】樹皮は灰褐色。若芽は茶色，葉は楕円形，長さ5～11cm，幅3～6cm，先は尾状にとがり，基部はややくさび形，鋸歯の先はやや芒状で，両面とも無毛，裏面は帯白緑色。葉柄の上部に1対の蜜腺がある。4月下旬，散房花序に2～4花あり，花柄は長く3～4cmでやや垂れて咲く。蕾は紅紫色，花は淡紅色～淡白紅色で花径は約4cmある。2花が重なって2段咲になり，がく筒は太く短く，がく片は卵形で5個あり，さらに小形の副がく片が2～5個出る。さらにややがく片化した花弁が外部に出てくる。内外の花弁総数は80～200枚あり，長楕円形である。雄しべは総数60～90本あり，内側の花にもがく片が3～5個出てくる。内部に1～2本雌しべがあるが，結実しない。【特性】陽樹。排水のよい適潤な肥沃地を好み，樹勢は中程度である。【植栽】繁殖は接木による。【管理】‘フゲンゾウ’に準ずる。【学名】栽培品種名‘Mirabilis’は驚異の，の意味。和名オオムラザクラは原木が長崎県大村市大村神社境内にあるため。

434. サクラ ‘ウスズミ’ 〔サクラ属〕
Cerasus lannesiana Carrière ‘Nigrescens’

【分布】北海道西南部，本州，四国，九州の暖帯から温帯に植栽される。【自然環境】サトザクラの園芸品種で，オオシマザクラとカスミザクラの交雑種ではないかと思われ，人家近くに植栽される落葉高木。【用途】庭園，公園の花木。【形態】樹皮は灰褐色。若芽は緑色。葉は楕円形，長さ6～14cm，幅3.5～7cmで先は尾状に長くとがり，縁の鋸歯の先は芒状になる。葉柄は長さ2～2.5cmで上面に軟毛があり，蜜腺は葉柄と葉身の境に1～2個ある。4月中旬，散房花序に2～3花が咲き，花柄は長さ1.5～2cmで軟毛がある。葉も同時に開く。白色一重，径約4cmで，花弁は倒卵状広楕円形で基部はせばまる。がく筒は鐘形，がく片は卵形で縁に鋸歯があり，ともに毛を散生する。雄しべは30～40本，雌しべは無毛で雄しべと同高である。果実は球形，径約1cmで黒紫色に熟す。【特性】陽樹。排水のよい適潤な肥沃地を好むが，ふつうの土地でも成育する。樹勢はやや強い。【植栽】繁殖は接木による。【管理】‘フゲンゾウ’に準ずる。【近似種】サトザクラ類の品種‘シラユキ’も，白色一重の花で花柄が有毛なのでよく似ている。【学名】栽培品種名‘Nigrescens’は黒っぽい（黒みがかった），の意味。和名ウスズミは若芽が緑色で花が白いので，赤芽，紅花のサクラに比べて暗く感じるから薄墨とした。梶尾谷の淡墨桜は本種ではなくエドヒガンである。

435. サクラ ‘バイゴジジュズカケザクラ’

〔サクラ属〕

Cerasus lannesiana Carrière ‘Juzukakezakura’

【分布】北海道西南部，本州，四国，九州の暖帯から温帯に植栽。【自然環境】カスミザクラ系のサトザクラ類といわれている菊咲の品種で，日あたりのよい人家近くに植栽される落葉小高木。【用途】庭園，公園の花木。【形態】樹皮は灰紫褐色。若芽は淡茶緑色。葉は楕円形～倒卵状長楕円形，長さ 8～12cm，幅 4～6cm，先は尾状にとがり，基部は円形～鈍形，縁に重鋸歯があり，鋸歯は三角状で先は短芒状である。両面に毛がなく，裏面は帯白緑色である。葉柄の上面にわずかに毛を散生し，上部に蜜腺が 2～4 個ある。4 月下旬，葉を開いてから，淡紅色，径 3.5～4cm，2 段咲で，2～4 花が散房花序になり，長さ 4～5cm で長く，無毛で下垂する花柄の先に開花する。花弁は楕円形～披針状卵形で，内外の花を合わせて 140～200 枚あり，雄しべは 60 本内外，雌しべは中心に 1～3 本ある。がく筒は発達が悪く，がく片は三角状で全縁，5 片あり，副がく片は長楕円形で小さく，5 片内外あり，がく片はそり返る。果実をつけない。【特性】陽樹。排水のよい適潤な肥沃地を好むが，ふつうの所で育ち，樹勢は中程度。【植栽】繁殖は接木による。【管理】‘フゲンゾウ’に準ずる。【学名】原木は新潟県京ヶ瀬村の梅護寺にある。

436. サクラ ‘ウズザクラ’

〔サクラ属〕

Cerasus lannesiana Carrière ‘Spiralis’

【分布】北海道西南部，本州，四国，九州の暖帯から温帯に植栽される。【自然環境】オオシマザクラを母種としたサトザクラ類の園芸品種で，日あたりのよい人家近くに多く植栽される落葉高木。【用途】庭園，公園の花木。【形態】樹皮は灰褐色。若芽は淡緑茶色。葉は楕円形，長さ 7～10cm，幅 5～6cm で両面無毛，縁の鋸歯の先は芒状になる。葉柄は長さ 2.5～3cm，無毛で上部に 1～2 個の蜜腺がある。4 月中～下旬に淡白紅色八重の花が散房花序になって 3～4 個開き，花径約 3.5cm。花序軸は長さ 2cm で，やや散状に長さ約 3cm の花柄をつけ，やや下垂する。花弁は 20～30 枚，倒卵円形，雄しべ 15 本内外，雌しべは雄しべとほぼ同高。がく筒は鐘形，がく片は卵形で縁に鋸歯がある。果実はほとんどつかない。【特性】陽樹。排水のよい適潤な肥沃地を好むが，ふつうの土地でも育ち，樹勢は中程度の強さである。【植栽】繁殖は接木による。【管理】‘フゲンゾウ’に準ずるが，樹皮と木部の間を食害するコスカシバをよく防除する必要がある。【学名】栽培品種名‘Spiralis’はらせん形の意味で，花弁がややらせん状に配列するためである。和名ウズザクラも同じ意味からつけられた。京都・鞍馬山の本殿の前庭に植栽されているウズザクラ（雲珠桜）は別の品種である。

437. サクラ 'アサヒヤマ' 〔サクラ属〕
Cerasus lannesiana Carrière 'Asahiyama'

【分布】北海道西南部，本州，四国，九州の暖地から温帯に植栽される。【自然環境】オオシマザクラを母種としたサトザクラ類で，日あたりのよい人家近くに植栽される高さ1～2mになる落葉低木。【用途】庭園または鉢植えの花木。【形態】樹皮は灰褐色。若芽は淡茶緑色，葉は倒卵状楕円形，長さ6～11cm，幅3～4.5cm，先は尾状にとがり，基部は鈍～鋭形，縁の鋸歯の先は芒状になり，両面に毛がない。蜜腺は葉柄の上部に1対ある。4月中～下旬，新葉とともに開花し，淡紅色二重，径約4cmの花が3～4個，散形状に固まって咲き，花柄は無毛で長さ0.8～1cmで短い。花弁は広楕円形，約10枚あり，内部のものはやや小さく，旗弁が混じる。がく筒は鐘形，がく片は長卵形，雄しべ30～35本，雌しべは無毛で雄しべとほぼ同高。果実はごくまれにつき，球形で黒紫色に熟す。【特性】陽樹。排水のよい適潤な肥沃地を好み，樹勢はやや弱く，鉢植えにすることが多い。【植栽】繁殖は接木による。【管理】'フゲンゾウ' に準ずるが，周囲の除草をよくし，コスカシバの被害を初期に防除する。【近似種】小木で開花する1歳ものには，このほか，ヤマザクラ系のワカキノサクラ，カスミザクラ系のカタオカザクラがある。【学名】栽培品種名 'Asahiyama' は和名による。

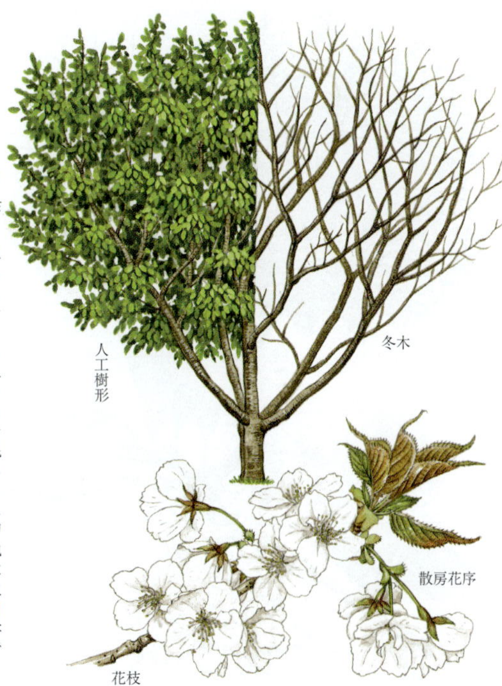

438. サクラ 'ワシノオ' 〔サクラ属〕
Cerasus lannesiana Carrière 'Wasinowo'

【分布】北海道西南部，本州，四国，九州の暖帯から温帯に植栽される。【自然環境】オオシマザクラを母種としたサトザクラの園芸品種で，人里近くの日あたりのよい所に植栽される落葉高木。【用途】庭園，公園の花木。【形態】樹皮は灰褐色。若芽は淡茶色～茶緑色。葉は楕円形，長さ10～13cm，幅5～7cm，先は尾状にとがり，基部は円形，縁の鋸歯は先が芒状になり，両面とも毛がない。葉柄は長さ2.5～3cmで無毛，蜜腺が2～3個上部にある。4月中～下旬，散房花序に3～6花を開き，花柄は長さ1.5～2cmで無毛。蕾は淡紅色。花は淡紅白～白色で花径4～4.5cm，花弁は5～7枚，円形で少し波を打ってちぢれる。旗弁が混じることもある。雄しべは45本内外あり，雌しべは無毛で，雄しべと同高である。がく筒は鐘形，がく片は長卵形で縁に浅い鋸歯があり，ともに毛がない。果実は球形，径約0.9cmで6月中旬に黒紫色に熟す。【特性】陽樹。排水のよい適潤地を好むがふつうの所でもよく生育する。樹勢はやや強い。【植栽】繁殖は接木による。植栽後の生長は早い。【管理】'フゲンゾウ' に準ずる。【学名】栽培品種名 'Wasinowo' は和名と同じ。三好学の『日本の山桜』の図に相当するものをここでは採用したが，小泉源一は花がダブルで白色としている。

‘スジャク’
（オオシマザクラ系）

439. サクラ ‘フクロクジュ’ 〔サクラ属〕

Cerasus lannesiana Carrière ‘Contorta’

【分布】北海道西南部，本州，四国，九州の暖帯から温帯に植栽される。【自然環境】オオシマザクラを母種としたサトザクラ類の園芸品種で，人里に近い日あたりのよい所に植栽される落葉高木。【用途】庭園，公園の花木。【形態】樹皮は灰褐色。枝は斜め横に広がった樹形になる。若芽は淡茶緑色。葉は楕円形，長さ 6～15cm，幅 4～7cm，先は尾状にとがり，基部は鈍～鋭形で，縁の鋸歯は先が芒状になり，両面とも無毛，裏面は淡白緑色である。蜜腺は葉柄の上部に 1 対ある。4 月中～下旬，開葉とともに淡紅色八重，径 4.5～5cm の大輪が 3～4 個，散房花序をなして開く。花弁はほぼ円形で少し波打ち，15～20 枚あり，がく筒は鐘形，がく片は長卵形で鋸歯がなく，花柄とともに毛がない。花柄は長さ 1～1.5cm でやや短く，花は枝に密につく。雄しべ 25～30 本，雌しべは雄しべよりやや長い。果実はまれにつく。【特性】陽樹。排水のよい適潤地を好むが，ふつうの土地でよく育ち，樹勢はやや強い。【植栽】繁殖は接木による。生長はやや早い。【管理】‘フゲンゾウ’に準ずる。【学名】栽培品種名 ‘Contorta’ はねじれた，または旋回したという意味で，花弁の重なりの状態によったものである。和名フクロクジュは花房が固まって美しく咲くので，福禄寿にたとえたもの。

‘アマヤドリ’
（オオシマザクラ系）

440. サクラ ‘センリコウ’ 〔サクラ属〕

Cerasus lannesiana Carrière ‘Senriko’

【分布】北海道西南部，本州，四国，九州の暖帯から温帯に植栽される。【自然環境】オオシマザクラ系の園芸品種で，日あたりのよい人家近くに植栽される落葉高木。【用途】庭園，公園の花木。【形態】樹皮は紫褐色。若芽は黄緑色。葉は楕円形，長さ 14～18cm，幅 8～10cm で先は尾状にとがり，基部は鈍～円形，縁の鋸歯は先が芒状になり，両面に毛がない。葉柄は長さ 2.8～3.5cm で上部に蜜腺がある。4 月中～下旬，新葉とともに白色半八重，径 4.5～5cm の香りのよい花を開く。散房状に 3～6 花つき，花柄は長さ約 3cm で毛がなく黄緑色である。花弁はほぼ円形でしわがあり，5～8 個ある。がく筒は鐘形，がく片は長卵形，全縁でともに毛がない。雄しべ 30～40 本，雌しべは雄しべより長い。果実は球形で紫黒色に熟す。【特性】陽樹。排水のよい適潤な肥沃地を好むが，ふつうの土地でも育ち，樹勢はやや強く，生長は早い。【植栽】繁殖は接木による。【管理】‘フゲンゾウ’に準ずる。【近似種】同じオオシマザクラ系の‘マンリコウ（万里香）’も香気がよく，白色八重の花を開くが，花弁は 14～15 枚あり，花柄が短い。‘センリコウ’とともに東京・荒川堤にあったサクラである。【学名】栽培品種名 ‘Senriko’ は和名によるもので，花の香りのよいことをたとえたもの。

441. サクラ ‘アラシヤマ’ 〔サクラ属〕
Cerasus lannesiana Carrière ‘Arasiyama’

【分布】北海道西南部，本州，四国，九州の暖帯から温帯に植栽される。【自然環境】ヤマザクラ系のサトザクラ類で，日あたりのよい人家近くに植栽される落葉高木。【用途】庭園，公園の花木。【形態】樹皮は灰褐色で若枝は無毛，若芽は茶色である。葉は楕円形～長楕円形，長さ 8～12cm，幅 4～6cm，先は尾状にとがり，基部は鈍～鋭形，縁の鋸歯は単鋸歯が多く，先は短い芒状になる。両面とも毛がなく，裏面は淡白緑色である。葉柄の上部に蜜腺が 2～3 個ある。4 月中旬，葉とともに淡紅色一重，径 4～4.5cm の花を開き，花弁はほとんど円形で 6～7 弁の花も混じる。2～3 花が散房状につき，満開になると淡紅白色になる。がく筒は鐘形でやや細く，がく片は披針形で縁に鋸歯があり，ともに無毛。花柄は長さ 2.5～3.5cm で毛がない。雄しべ 40～45 本，雌しべは雄しべとほぼ同高で毛がない。果実はほぼ球形，径約 1cm，6 月に黒紫色に熟す。【特性】陽樹。排水のよい適潤な肥沃地を好むが，ゆるい傾斜の山地でもふつうの土地ならば育つ。生長は早く，樹勢は強い。【植栽】繁殖は接木による。夏期の緑枝ざしで少数活着する。【管理】ヤマザクラ，‘フゲンゾウ’に準ずる。

442. サクラ ‘ホウリンジ’ 〔サクラ属〕
Cerasus lannesiana Carrière ‘Horinji’

【分布】北海道西南部，本州，四国，九州の暖帯から温帯に植栽される。【自然環境】オオシマザクラを母種としたサトザクラの園芸品種で，日あたりのよい人家近くに植栽される落葉高木。【用途】庭園，公園の花木。【形態】樹皮は灰褐色。若芽は淡茶色。葉は楕円形，長さ 6～12cm，幅 3.5～6cm，先は尾状にとがり，基部は円～鈍形，縁の鋸歯の先はやや短い芒状である。両面とも無毛，裏面は淡白緑色である。蜜腺は葉柄の上部に 2～3 個ある。4 月中～下旬，新葉とともに淡白紅色八重，花径 4.5～5cm の美しい花を開く。散房状に 3～5 花つけ，花柄は長さ 3～4cm でやや下垂し毛がない。花弁はほぼ円形で 15～20 枚あり，がく筒は太くて短く，がく片は卵形で鋸歯がなくともに無毛。雄しべ 32～35 本，雌しべは無毛で雄しべより長い。果実は結実しない。【特性】陽樹。排水のよい肥沃地を好むが，ふつうの土地でよく育ち，樹勢はやや強く，生長は早い。【植栽】繁殖は接木による。【管理】‘フゲンゾウ’と同じ。少し急な斜面の植栽には，台風の被害を受けやすいので支柱を十分にしてやる。【学名】栽培品種名 ‘Horinji’ は和名による。もと京都嵐山の虚空蔵法輪寺にあった名桜に，後水尾天皇が勅銘で法輪寺とつけたといわれる。

443. サクラ **'オオヂョウチン'** 〔サクラ属〕
Cerasus lannesiana Carrière 'Ōjōchin'

【分布】北海道西南部，本州，四国，九州の暖帯から温帯に植栽される。【自然環境】オオシマザクラを母種としたサトザクラの園芸品種で，人家近くの日あたりのよい所に植栽される落葉高木。【用途】庭園，公園の花木。【形態】樹皮は灰褐色，根は斜上して分枝し傘状になる。若芽は淡茶色，葉は楕円形，長さ7.5～13cm，幅4.5～7.5cm，先は尾状にとがり，基部は円～鈍形で，縁の鋸歯の先は芒状になる。両面無毛で，裏面は淡白緑色である。葉は無毛で上部に蜜腺が2～3個ある。4月中～下旬，淡紅色の蕾が新葉とともに淡紅白色半八重，花径4.5～5cmの花に開く。3～5花が散房状につき，花序軸は長さ2.5～3cm，花柄は長さ2.5～3cmでともに無毛。花弁はほぼ円形で波状のしわがあり，5～13枚で旗弁が混じる。がく筒は鐘形，がく片は卵形で縁に鋸歯がなく，ともに無毛。雄しべ40本内外，雌しべは無毛で雄しべより少し高い。果実はほぼ球形，径0.8～1cmで6月に黒紫色に熟す。【特性】陽樹。排水のよい適潤な肥沃地を好むが，ふつうの土地でも育つ。樹勢は中程度である。【植栽】繁殖は接木による。【管理】'フゲンゾウ' に準ずる。初期にコスカシバを防除すること。【学名】栽培品種名 'Ōjōchin' は和名による。花柄が長く，提灯のように大きな花がぶら下がるので，大提灯の名がついた。

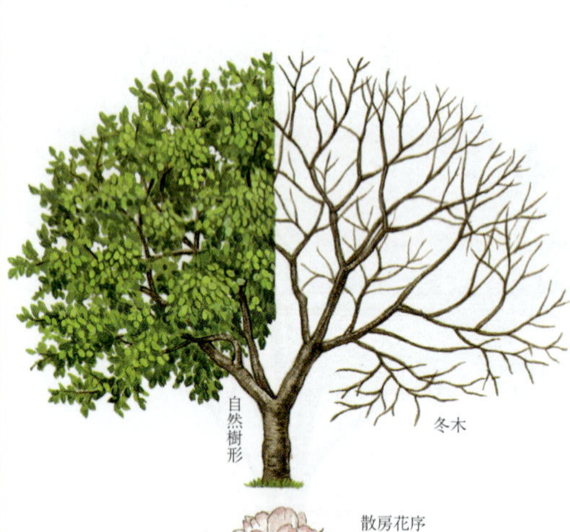

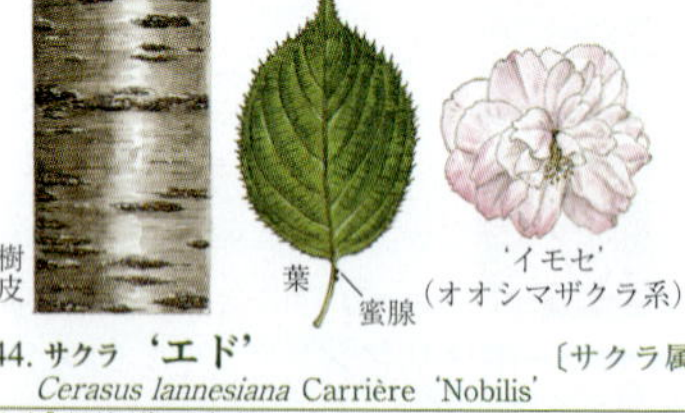

444. サクラ **'エド'** 〔サクラ属〕
Cerasus lannesiana Carrière 'Nobilis'

【分布】北海道西南部，本州，四国，九州の暖帯から温帯に植栽される。【自然環境】オオシマザクラを母種としたサトザクラの園芸品種で，日あたりのよい人家付近に植栽される落葉高木。【用途】庭園，公園の花木。【形態】樹皮は灰褐色。枝は横に広がり，樹冠が扁平状になる。若芽は淡茶色，葉は広楕円形～楕円形，長さ7～11cm，幅4～7cm，先はやや短く尾状にとがり，基部は円形，縁の鋸歯の先は短い芒状になる。両面無毛，裏面は淡白緑色である。葉柄は無毛で上部に蜜腺が2～4個ある。4月中～下旬，新葉とともに淡紅色八重，花径4.5～5cmの花を開く。散房花序に3～5花つき，花序軸は1～1.5cmで短く，花柄は1.8～2.3cmでやや囲まって花がつく。花弁は倒卵状広楕円形で15～20枚あり，少数の旗弁が混じる。外弁は紅色で，花弁の大小がある。がく筒は鐘形，がく片は長卵形で縁に鋸歯がない。雄しべ25～30本，雌しべは無毛で，雄しべより少し高い。雌しべの葉化している花もある。果実はつかない。【特性】陽樹。排水のよい適潤な肥沃地を好むが，ふつうの土地で育つ。樹勢は中程度。【植栽】繁殖は接木による。【管理】'フゲンゾウ' に準ずる。【学名】栽培品種名 'Nobilis' はりっぱな，の意味。和名エドは東京の江北堤などに植えられていたことによる。

445. ナデン（ムシャザクラ）　〔サクラ属〕
Cerasus sieboldii Carrière

【分布】北海道西南部，本州，四国，九州の暖帯から温帯に植栽される。【自然環境】チョウジザクラとオオシマザクラ系の八重のサトザクラとの雑種と思われている園芸品種で，人家近くに植栽される落葉小高木。【用途】庭園，公園の花木。【形態】樹皮は紫褐色，花とともに葉をほころばせ，若芽はビロード状の密毛があり，帯茶色または緑茶色である。葉は楕円形，長さ 6〜8cm，幅 3〜4cm，先は尾状にとがり，基部は円形または鈍形で縁に重鋸歯があり，鋸歯の先に腺がある。両面と葉柄に細毛を密生し，葉柄の上部に 1 対の蜜腺がある。4 月中〜下旬に紅色から淡紅色になる八重の花が 2〜4 個，散形状または散房状に咲く。花径 4〜4.5cm，花弁は倒卵状円形で 11〜14 枚ある。がく筒は鐘形，がく片は広卵状三角形で，花柄はやや短くて，がくとともに毛がある。雄しべ約 37 本，雌しべは花柱の下半部に毛を散生する。果実はまれに結実する。【特性】陽樹。排水のよい肥沃地を好み，葉や花柄に毛が多い。【植栽】繁殖は接木による。【管理】‘フゲンゾウ’ に準ずるが，樹勢はあまり強くない。【学名】種形容語 *sieboldii* はシーボルトの，の意味。

‘オシドリザクラ’
（フユザクラ交配親）
（マメザクラの園芸品種）

446. コバザクラ（サクラ‘フユザクラ’）　〔サクラ属〕
Cerasus parvifolia (Matsum.) H.Ohba ‘Parviflora’

【分布】北海道西南部，本州，四国，九州の暖帯から温帯に植栽される。【自然環境】マメザクラとヤマザクラの雑種ともいわれる園芸品種で，人家に近い日あたりのよい所に植栽される落葉小高木。【用途】庭園，公園の花木。【形態】樹皮は灰褐色で小枝は細い。若芽は淡茶緑色。葉は倒卵状広楕円形，長さ 4〜7cm，幅 2.5〜4cm，先は短く尾状にとがり，基部はやや円形，縁に単および重鋸歯があり，先はとがる。表面はやや毛が多く，裏面には散生する。葉柄は長さ 0.8〜1cm で伏毛を密生し，上部に蜜腺が 1 対ある。毎年初冬と春に散房状に 2〜3 花を開く。冬期は 10〜12 月に開き，淡紅白色〜白色一重，花径 2.5〜3cm で花柄も短く，春期は花径 3.3〜3.7cm で大きく，花柄も長い。花弁は円状広楕円形で，冬期のものは楕円形で基部やや鋭形の花弁も混じる。がく筒は筒形，がく片は長卵形，ほとんど全縁で毛がない。雄しべ 32〜39 本，雌しべは無毛で雄しべより少し長い。果実は球形，径 0.8cm，黒紫色に熟す。【特性】陽樹。排水のよい肥沃地を好むが，やや乾燥地でも育つ。樹勢は中程度。暖地では冬の間も花が少しずつ咲く。【植栽】繁殖は接木による。【管理】ヤマザクラに準ずる。【学名】種形容語 *parvifolia* は小形葉の，の意味で，別名を小葉桜とも呼ぶ。

447. セイヨウミザクラ　〔サクラ属〕
Cerasus avium (L.) Moench

【原産地】西アジアの原産。ヨーロッパ東部には野生化している。日本には明治初年に米国やフランスから入った。【分布】北海道，本州の中部以北で，山形，福島，新潟，長野，山梨の各県と北海道に多く栽培されている。【自然環境】イラン北部からコーカサスを経てヨーロッパ東部に野生し，栽培される落葉高木。【用途】果実を生食または加工して食用にする。【形態】高さ 15〜20m に達し，円錐形の樹冠になる。葉は互生し，倒卵状長楕円形，長さ 5〜10cm，先は短くとがり，縁に重鋸歯があり，裏面は若葉のとき軟毛がある。蜜腺は葉柄の頂部にある。4〜5 月，葉より先または同時に，白色 5 弁花を散形状に 3〜4 個開く。がく片はがく筒と同長で，長楕円形，無毛でそり返る。果実は球形，径 1.5〜2.5cm，6 月に黄赤色または紫黒色に熟す。【特性】陽樹。適潤な肥沃地を好み，生長は早い。【植栽】品種の繁殖は接木により，台木はおもに *C. mahaleb* を用いる。寒冷地に向く果樹で，梅雨期に降雨の少ない所に適する。【管理】モニリア病および，収穫期の果実に灰星病が出るので春から初夏に殺菌剤を散布する。栽培品種が多く，'ナポレオン'，'佐藤錦' などがある。【学名】種形容語 *avium* はセイヨウミザクラの古名。

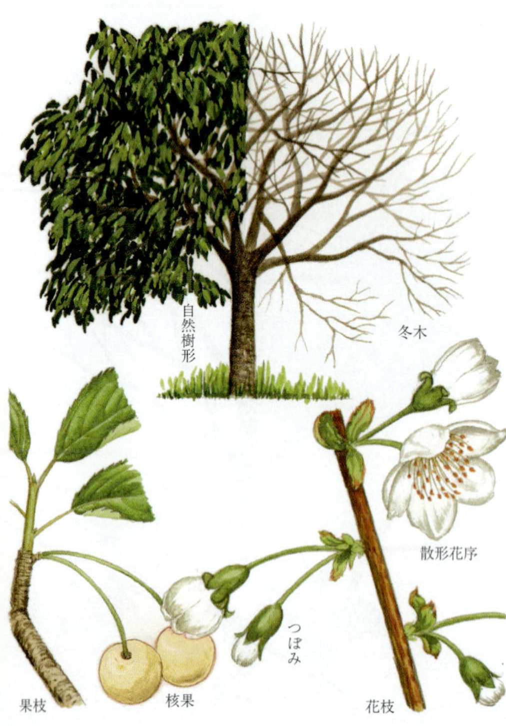

448. スミミザクラ（サンカオウトウ）　〔サクラ属〕
Cerasus vulgaris Mill.

【原産地】ヨーロッパ東南部および西南アジア。【分布】ヨーロッパおよび米国，カナダ。日本での栽培はほとんどない。【自然環境】耐寒性に富む落葉小高木。【用途】果実を缶詰か料理用とする。【形態】樹冠円形，枝は細く開張的。葉は楕円状倒卵形，縁は細鋸歯。花は散形花序，白色，葉が出るより先に咲く。果実は心臓形または扁円形，淡黄色。果肉は濃赤色，赤紫色または淡黄色で軟らかい。酸味強く，品種によっては渋味をもつものもある。生食不適。【特性】オウトウより耐寒性がある。オウトウの栽培不適な北部地帯でも栽培可能。【植栽】オウトウに準ずる。【管理】ほぼオウトウに準ずる。【近似種】スミミザクラの品種としては，英国およびヨーロッパでは 'イングリッシュモレロ'，米国では 'モンモランシイ' が主要品種となっている。'イングリッシュモレロ' は晩生種で，果色は紫黒色，果肉は濃赤色，柔軟，離核。缶詰用に適する。'モンモランシイ' は晩生種で，果色は赤色または濃赤色，果肉は淡黄色でやや赤みがある。肉質柔軟，離核で，缶詰とくに冷凍貯蔵に耐える。近年日本でもサンカオウトウが見直されはじめた。【学名】種形容語 *vulgaris* は普通の，通常の，の意味。

449. カラミザクラ（シナミザクラ）〔サクラ属〕
Cerasus pseudocerasus (Lindl.) G.Don

【原産地】中国原産。日本へは江戸時代から伝来していたが，明治初年に再び輸入された。【分布】本州の関東南部以南，四国，九州。西日本の暖地に多く栽培されるが，栽培価値は低い。【自然環境】中国中南部に主として栽培されている落葉低木。【用途】果実は食用になるが，あまり用いられない。【形態】高さ3～4mになり，株立ち状に根もとから枝をよく分け，下部の幹から気根を出す。若枝に細毛がある。葉は互生し，倒卵状長楕円形，長さ6～15cmで，先はとがり，基部は円形，縁に重鋸歯があり，裏面に軟毛が少しある。葉柄は有毛で蜜腺は頂端にある。3月中旬，葉の出る前に淡紅白色，径約2.3cmの花を散形状に4～6花開く。がく筒は倒卵状球形で，花柄とともに毛があり，雄しべは35～40本で目立つ。果実は楕円状球形，長さ約1.3cmで紅色に熟す。【特性】陽樹。適潤な肥沃地で生育がよく，生長はやや遅い。【植栽】繁殖は実生または接木によるほか，さし木も容易。【管理】開葉期に葉がモニリア病の被害を受け，コスカシバによる幹の被害も多い。【近似種】中国には数品種があり，一般にはユスラウメとともに桜桃または中国桜桃といわれている。【学名】種形容語 *pseudocerasus* はセイヨウミザクラに似ている，の意味。

450. カンザクラ〔サクラ属〕
Cerasus × kanzakura (Makino) H.Ohba

【分布】本州，四国，九州の暖帯に多く植栽される。【自然環境】ヒカンザクラとヤマザクラとの雑種といわれている園芸品種で，日あたりのよい人家近くに植栽される落葉小高木。【用途】庭園，公園の花木。【形態】樹皮は黒紫色で皮目は横に並ぶ。若芽は茶色，葉は倒卵状楕円形，長さ6～12cm，幅3～6cm，先は尾状にとがり，基部は鈍形，縁の鋸歯の先は鋭形である。葉柄の上部に蜜腺が1～2個ある。2月上～中旬に淡紅色一重，径2.5～3cmの花が散形状になって2～4花が，葉の出る前に開く。花柄は長さ1～1.5cmで短く毛がない。花弁は卵円形で5枚，旗弁はない。がく筒は鐘形，がく片は長卵形でともに紅紫色を帯びる。雌しべは無毛で雄しべとほぼ同高。雄しべは35～40本ほどある。果実は球形，径約1cmで黒紫色になる。【特性】陽樹。排水のよい適潤な肥沃地を好むが，ふつうの土地でも育つ。霜や雪の多い地方では開花がふぞろいになり，美しさが劣る。【植栽】繁殖は接木による。【管理】‘フゲンゾウ’に準ずるが，若葉はモニリア病の被害を受けやすい。【近似種】オオカンザクラ（大寒桜）は枝先が波を打つ樹形になり，花期が少し遅く，花径3～3.5cmで花が少し大きい。【学名】種形容語 *kanzakura* は和名による。

451. サクラ‘タイザンフクン’ 〔サクラ属〕

Cerasus × miyoshii (Ohwi) H.Ohba ‘Ambigua’

【分布】北海道西南部，本州，四国，九州の暖帯から温帯に植栽される。【自然環境】ヤマザクラ系のサトザクラとカラミザクラの雑種といわれ，人家近くの日あたりのよい所に植栽される落葉小高木。【用途】庭園，公園の花木。【形態】樹皮は紫褐色。枝はよく分枝し，箒状の樹形になり，新枝は細くて毛がある。若芽は淡茶緑色。葉は卵状楕円形，長さ10～13cm，幅4.5～5.5cm，先はやや尾状にとがり，基部は鈍形，縁に重鋸歯がある。両面に毛を散生し，葉柄は毛がやや多く，上部に1対の蜜腺がある。4月中～下旬，葉とともに開花し，淡紅色八重，径3～3.5cmの花が散房花序に2～4花開く。花柄は長さ約3cmで毛がある。花弁は長楕円形で40～60枚，雄しべは100本内外，雌しべは無毛で雄しべより高い。がく筒は鐘形，がく片は正三角形状広卵形である。果実はつかない。【特性】陽樹。排水のよい適潤な肥沃地を好むが，ふつうの土地でも育つ。樹形が箒状に立つので小庭園に向く。【植栽】繁殖は接木による。【管理】‘フゲンゾウ’に準ずる。【学名】種形容語 *miyoshii* はサクラの研究者三好学を記念したもの。栽培品種名‘Ambigua’は不確実の，の意味。和名タイザンフクンは，中世に桜町中納言が花の命を長くするため泰山府君に祈ったところ，21日も散るのが延びたという故事による。

452. ウワミズザクラ（ハハカ，コンゴウザクラ）

〔ウワミズザクラ属〕

Padus grayana (Maxim.) C.K.Schneid.

【分布】北海道西南部，本州，四国，九州に分布。【自然環境】暖帯から温帯の山野にふつうにはえている落葉高木。【用途】緑化樹や公園樹にする。材は器具材，ろくろ細工，版木，薪炭材などとし，樹皮は樺細工に用い，根皮は染料になる。果実は緑色のうちに採取して塩漬にして食べる。【形態】高さ10～20mになり，樹皮は暗紫褐色で横に皮目が多い。葉は長楕円形，長さ5～12cm，先は尾状にとがり，基部は丸く，縁に先のとがった鋸歯がある。蜜腺は葉の基部にあるか，またはない。4～5月，新枝の先に長さ10～20cmの総状花序を出し，花序のもとに葉がある。花弁は5，雄しべは花弁より長い。果実は卵円形で先がとがり，長さ約0.7cm，7月に黄赤色から黒紫色に熟す。【特性】陽樹ないし中庸樹。適潤地またはやや湿性を好むが，やや乾燥地にも生育して生長は早い。【植栽】繁殖は実生により，イヌザクラに準ずる。【管理】ヤマザクラに準ずる。【近似種】エゾノウワミズザクラ *P. avium* Mill. var. *avium* は北海道の山地にはえ，シベリアからヨーロッパまで分布し，花序が前年枝につき，雄しべは花弁より短いのでウワミズザクラと区別でき，また，イヌザクラは花序の元に葉がない。【学名】種形容語 *grayana* は米国のA.グレイを記念したもの。

453. シウリザクラ（シオリザクラ，ミヤマイヌザクラ）

〔ウワミズザクラ属〕

Padus ssiori (F.Schmidt) C.K.Schneid.

【分布】本州の中部以北，北海道，南千島，サハリン，中国東北部，ウスリーに分布。【自然環境】温帯上部の山地にはえ，北海道に多い落葉高木。【用途】緑化樹。材は器具材，船舶材，楽器材，版木などにする。【形態】高さ10〜20m，胸高直径50cmに達する。樹皮は淡紫褐色で縦に裂け目ができる。葉は互生し，倒卵状長楕円形，長さ7〜14cm，先は鋭くとがり，基部は心臓形で，縁に細鋸歯があり，ほとんど毛がない。葉柄の上部に蜜腺がある。6月，新枝の先に，長さ10〜15cmの総状花序を出し，径約1cmの白色の5弁花を多数開く。花は平開し，雄しべと花弁は同長であり，花序の下部に葉がある。果実は核果で球形，径約0.9cm，9月に黒紫色に熟す。【特性】陽樹または中庸樹で，谷間などのやや湿性の肥沃地，または適潤地でよく生育し，生長は早い。【植栽】繁殖は実生を主とし，イヌザクラに準ずるが，ミストかん水による夏の緑枝ざしによって，中程度活着する。【管理】ヤマザクラに準ずる。【学名】種形容語 *ssiori* と和名シウリザクラはアイヌ名によってつけられた。シウリザクラの葉はやや大形で厚みがあり，基部が心臓形であるが，よく似たウワミズザクラの葉は基部が丸く，イヌザクラは基部がくさび形なので区別がつく。

454. イヌザクラ（シロザクラ）〔ウワミズザクラ属〕

Padus buergeriana (Miq.) T.T.Yū et T.C.Ku

【分布】本州，四国，九州，済州島に分布。【自然環境】暖帯，温帯の丘陵から低山地にはえる落葉高木。【用途】公園樹にまれに植え，材は器具材，薪炭材とし，根皮を染料に，果実は塩漬にして食べる。【形態】高さ10〜15mになり，樹皮は灰色で，若枝に毛がない。葉は倒卵状長楕円形，長さ5〜8cm，先はとがって，基部はくさび形になり，縁に伏せた細鋸歯がある。蜜腺は葉身の基部にある。枝葉をもむと青くさいのでクソザクラともいわれる。4〜5月，長さ6〜10cmの総状花序を前年枝に出し，小白花を多数開き，花序の軸は微毛を密生し，葉をつけない。がく筒は盃状，雄しべは花弁より長い。果実は卵円形，基部にがくと雄しべが残存し，7月に黄赤色になって美しく，のち紫黒色に熟す。【特性】中庸樹または陽樹で，適潤地から弱湿性の壌土を好み，生長は早い。根は斜出および垂下根が出る。【植栽】繁殖は実生による。7月に成熟した果実を採取し，果肉を除去して種子を水洗したのち，生乾き程度に干してから，土中に貯蔵しておく。2月中旬頃，種子を取り出してまく。【管理】ヤマザクラに準ずる。【学名】種形容語 *buergeriana* は日本植物の採集家であったH.ベルガーを記念してつけられた。

455. バクチノキ（ビラン，ビランジュ）〔バクチノキ属〕
Laurocerasus zippeliana (Miq.) Browicz

【分布】本州の千葉県以南，四国，九州，沖縄，台湾に分布。**【自然環境】**暖帯から亜熱帯の照葉樹林にはえ，栽培もされる常緑高木。**【用途】**緑化樹，公園樹。葉を蒸留してバクチ水をとり薬用にしたこともある。**【形態】**高さ10～20mとなり，まだら状になる。葉は互生し，長楕円形，長さ10～20cm，先は鋭くとがり，基部はやや丸い。縁に細鋸歯があり先は腺になる。やや薄い革質で毛がなく，葉柄の上部に1対の蜜腺がある。9～10月，葉腋に葉より短い穂状の総状花序を出し，小白花を多数開き，花柄やがくに褐色の短毛を密生する。がく筒は浅い盃状，がく片は卵状三角形で5個，花弁は円形，微小で5個あり，雄しべは30～50個あって花弁よりはるかに長く，雌しべは1個。果実はゆがんだ卵形から楕円形，長さ1.5～2cmで，翌年の5月に紫黒色に熟す。**【特性】**やや耐陰性の強い中庸樹。適潤な肥沃地で生育がよく，生長はやや早い。**【植栽】**繁殖は実生またはさし木による。実生は採りまきする。さし木は容易。**【管理】**関東以南で栽培できる。**【学名】**種形容語 *zippeliana* はオランダのH.Zippelを記念したもの。和名バクチノキは樹皮がはがれ，木肌の出ることを博打に負けた様子にたとえたもの。

456. セイヨウバクチノキ〔バクチノキ属〕
Laurocerasus officinalis M.Roem.

【原産地】ヨーロッパ東南部，アジア中部原産。**【分布】**本州の関東以南，四国，九州，沖縄で植栽される。**【自然環境】**暖帯から亜熱帯の照葉樹林にはえ，広く栽培されている常緑低木から小高木。**【用途】**庭園樹，公園樹。葉を蒸留してバクチ水をとり薬用にする。**【形態】**高さ2～5mになり，樹皮は緑褐色。葉は互生して，長楕円形，長さ8～15cmでタラヨウの葉に似ていて大きく，先は急にとがり，縁に低い鋸歯があるか，またはない。濃緑色の革質で厚く，短い葉柄がある。蜜腺は葉身の基部近くに埋まっており，時に不明。4月，葉腋に長さ10cmの穂状の総状花序を出し，径約1cmの小白花を多数開く。花弁は卵円形，5個あり平開し，雄しべは20本内外あり，花弁より長い。果実は核果で，広卵形，長さ約1.2cm，6月に紫黒色に熟す。**【特性】**やや日陰にも耐える中庸樹。適潤な肥沃地を好むが，やや乾燥地でも生育する。生長はやや遅い。**【植栽】**繁殖は実生またはさし木による。実生は採りまき，または，土中貯蔵して翌年の2月に取り出してまく。さし木は容易で，一般にはさし木でふやす。**【管理】**病害虫は比較的少なく，バクチノキよりやや寒さに強いが，寒風の強い所では被害を受ける。**【学名】**属名 *Laurocerasus* はゲッケイジュのように常緑で，かつサクラなので，その意味でついた。

457. リンボク（ヒイラギガシ，カタザクラ）

〔バクチノキ属〕

Laurocerasus spinulosa (Siebold et Zucc.) C.K.Schneid.

【分布】本州の関東以西，四国，九州，沖縄，台湾に分布。**【自然環境】**暖帯の低山地にはえる常緑高木。**【用途】**緑化樹。材は器具材，樹皮は紙を染色するのに用いる。**【形態】**高さ 10～15m，胸高直径 20～40cm になる。樹皮は黒紫褐色で横に長い皮目がある。葉は互生し，革質で光沢があり，狭長楕円形，長さ 5～8cm，先は長くとがり，葉の縁は波打ち，若木の葉には，縁に長く針状にとがる鋸歯がある。蜜腺は葉柄の頂端に 1 対ある。9～10 月，葉腋に穂状の総状花序を出し，長さ 5～6cm で，下部に葉がなく，小白花を多数開く。がく筒は盃状，がく片は楕円形，花弁は円形で 5 枚あり小さく，雄しべは 30～50 本で，花弁より長い。果実は核果で楕円形，先がとがり，径 0.6～0.8cm で，翌年の 5～6 月に黒紫色に熟す。**【特性】**やや耐陰性の強い中庸樹。適潤な肥沃地を好むが，やや乾燥する所にも育ち，萌芽性は強い。生長はやや遅い。**【植栽】**繁殖は実生による。取扱いはイヌザクラに準ずる。**【管理】**バクチノキより耐寒性が強いが，稚苗のときは防寒してやる。病害虫は比較的少ない。**【学名】**種形容語 *spinulosa* はややとげのある，の意味で，葉の針状の鋸歯による。和名リンボクは誤って隣木にあてたためである。

458. アンズ

〔スモモ属〕

Prunus armeniaca L.

【原産地】中国北部。**【分布】**中国，日本，ヨーロッパ，米国など世界各地で栽培されている。日本での主産地は長野県，青森県。**【自然環境】**冷涼で生育期間中に比較的乾燥する地帯を好む落葉小高木。**【用途】**果実は生食およびジャムに加工。**【形態】**葉は互生し，卵円形あるいは広楕円形，縁は鈍鋸歯状。春，葉より先に開花，花色は淡紅色，5 弁。果実は核果，熟すと黄色となる。離核，酸味適当。**【特性】**耐寒性大。開花は早春なので霜害を受けやすい。**【植栽】**繁殖は接木による。台木はモモ台かウメ台を使う。土壌の適応性は広い。植栽本数は 10a あたり 10～18 本ぐらいが適当。樹の支立て方は開心自然形とする。アンズは粗放栽培に耐え，無整枝，無せん定でもある程度の収量を得られる。結果習性としてはウメやモモと同様，本年できた枝の葉腋に花芽をつくり，翌年開花結実する。結果枝は短果枝，中果枝，長果枝の別がある。アンズは自家稔性の高い果樹であるが，授粉樹の混植を行ったほうが安全である。摘果は生食用大形果を目的とする場合，重要な作業となる。**【近似種】**中央アジア品種群，イラン，コーカサス品種群，ヨーロッパ品種群のアンズは日本の気候風土に合わず栽培されていない。**【学名】**種形容語 *armeniaca* は地名で，アルメニアの意味。

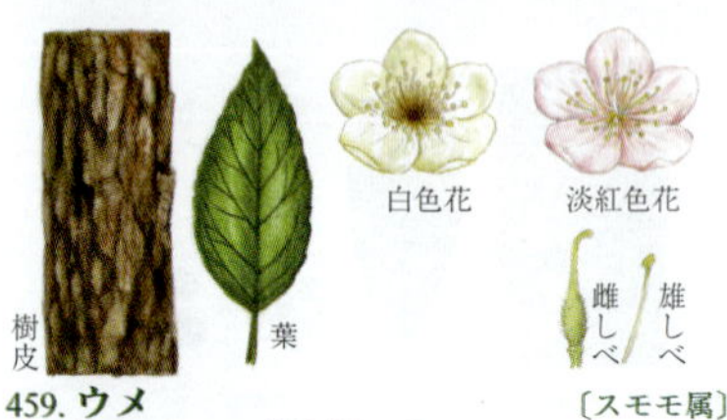

459. ウメ 〔スモモ属〕
Prunus mume Siebold et Zucc.

【原産地】中国。日本には古代渡来したものと思われる。【分布】中国，日本。日本では東北地方から九州全域に植栽されている。【自然環境】比較的温暖な気候を好む落葉小高木。【用途】観賞用として庭園，盆栽に植栽するほか，果実を塩漬（梅干し）して食べる。また薬用にも利用。【形態】樹皮は灰色または帯緑灰色，枝は緑色，葉は互生し，卵形，先端は急に細くなる。縁は小鋸歯。花は早春，葉より先に開く。白色，紅色，一重，八重など品種が多い。芳香があり，果実は核果，球形で，細毛がある。浅い溝を有する。梅雨の頃，黄色に熟す。酸味がある。【特性】樹勢は強く，頂部優勢で新梢の発生が多い。休眠の破れるのが早く早春開花する。【植栽】繁殖は接木による。台木は共台またはアンズ。適地は排水のよい向陽地。植栽距離 5～7m 四方。【管理】樹は開心自然形または変則主幹形に仕立てる。結果習性は本年に出た梢の腋芽に花芽がつき，翌年開花する。結果枝に短果枝，中果枝，長果枝の別があるが，短果枝の生成に努める。ウメは自家不稔性のものが多いので，授粉樹の混植が必要。施肥は開花，成熟が早いため，初冬に元肥をし収穫直後に追肥する。【近似種】果実用品種としては‘白加賀’,‘城州白’,‘大平’,‘南高’（農林省登録品種）などがある。【学名】種形容語 *mume* はウメの意味。

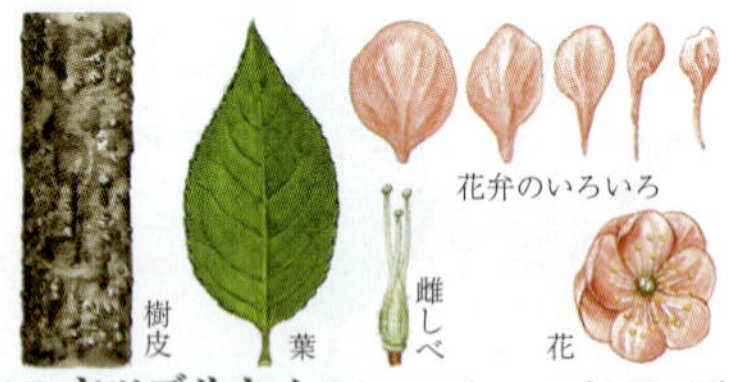

460. ヤツブサウメ（ザロンバイ） 〔スモモ属〕
Prunus mume Siebold et Zucc.
var. *pleiocarpa* Maxim.

【系統】ウメの園芸品種で，野梅系の野梅性品種。園芸書で最も古い，水野元勝著の延宝 9 年（1681）に刊行された『花壇綱目』の中に記載があり，その文中に「花座論八重の薄色中輪」と，「実座論　八重の薄白色中輪」とあり，その品種が江戸の植木栽培業者により栽培され，『花壇地錦抄』元禄 8 年（1695）に，「座論　白七八葉に咲く，花ざろんという，実座論というは梅ならびてなる」とあり，現在でも銘木として，新潟県，栃木県，宮城県などにあり，品種として現存している。【形態】樹皮はやや濃い灰褐色の荒れた幹で，高さは 8m ぐらいになって枝も大きく広げる立性である。花は八重咲で紅花，花弁数は 8～15 弁，丸弁でややしわが多く，雄しべは花弁と同長で広く白色の花糸があり，葯は黄色。雌しべは本数が多く，3～7 本で子房も分岐している。葉は卵形で，葉先は鋭く，鈍脚。【特性】1 花の中に実が多く結実し，2～3 ときには 5 果も結実する品種である。【近似種】本品種は 1 個体品種ではなく，1 花に数個の実がなる系統品種として理解したほうがよい。そのためか，各地にその名で残る銘木は，それぞれ個体は異なり，花座論と実座論との区別もあるが，それ以上に個体差がある。とくに宮崎県の座論梅は，国の天然記念物で銘品であるが，ヤツブサウメではない。結実はするが 1 花に 1 果である。新潟県のウメは花座論で結実も多く，栃木県の品種と同系であるとされている。

461. コウメ（シナノウメ）　〔スモモ属〕

Prunus mume Siebold et Zucc. var. *microcarpa* Makino

【系統】ウメの園芸品種は，花を観賞するための花梅と，実を目的とする採果用の実梅とに分けられる。コウメは実梅の中で変わっている品種で，その系統は野梅系の野梅性である。【用途】小数の実は食用とされ，現在では台湾産が多く輸入されている。梅林としては花粉が多いので，花粉樹として植込まれている。採果には粒が小さいため，収益が少ないという。【形態】樹姿も枝葉も野梅と同一であるが，果実が小さく，核も薄いほうである。花は一重で白色花，雄しべも多く，葯も発達し健全で結実しやすい。文献としては，松岡玄達の『梅品』に記録があり，中国の消梅にあたると書かれ「実円ク小ニシテ核脆シ甲州梅ハ狭長ナリ倶ニ小ムメト云，信濃梅ハ小ナレトモ肉多シ」と書かれて区別している。【管理】果樹としての品種で，苗木は11～12月に植付け，高さ60cmぐらいでせん定し，春に芽を三方に3芽だけ残して，主枝として育て，盃状になるように仕立てる。結実まで5年あまり樹姿を作り，その間の収穫は二次的にして育てる。冬期せん定と夏期せん定とに分けて仕立てると，年の収穫量が大きくなる。【近似種】現在，コウメとして取扱われている品種は次のものがある。‘甲州最小’（1果平均3.05g），‘甲州深紅’（5.5g），‘甲州黄熟’（4.80g），‘竜峡小梅’（1.95g），‘小梅’（4.25g）。

462. ブンゴウメ　〔スモモ属〕

Prunus mume Siebold et Zucc. var. *bungo* Makino

【系統】ウメとアンズの交雑種であろうという説が多く，園芸分類学上でも注目されている種類である。ウメがアンズの性質に似た形態をもつ種類であるか，交雑種であるかは不詳で，その作出も不詳である。豊後国（大分県）での産とされ，その名があるが，生産地としての名称であるかも不詳で，『梅品』には鶴頂梅がブンゴムメまたはヒゴムメ，エッチウムメと書かれており，中国渡来品種説を書いている。【形態】樹勢は強健で枝は太く，若枝は冬期には褐緑色に日焼けた紅褐色と変わり，葉は丸く大きい。新葉は毛が多くあり，先端は鋭凸頭，円脚か鈍脚で細鋸歯がある。花は花径3～4cm，淡紅色。ウメと異なる点はがく片は反転するし，短鐘形であること。この系統の品種群を豊後系とよび，90品種あまりが知られている。また杏性とよぶ品種群はさらにアンズに酷似する品種群で，15余種ある。ともに果実は球形で，径5cmぐらいはあり，大きい。【植栽】繁殖は接木による。春に切接ぎを行うか，晩夏に芽接ぎおよび小枝接ぎを行う。生育は早く，3年で開花させることができ，果樹としての採果は5年目からである。【近似種】ブンゴウメの系統は多く，実梅では‘養老’，‘泰平’，‘高田梅’などの園芸品種があり，花梅では‘滄溟の月’，‘谷の雪’など70品種あまりの品種があり，花梅の約1/3は豊後系の品種である。

463. カンコウバイ　〔スモモ属〕
Prunus mume Siebold et Zucc. f. *alphandii* Rehder

【系統】ウメの園芸品種で野梅系の野梅性。小枝は密で，小枝はときにとげ状となる原種に近い性質のものである。花色は紅花で一重咲と八重咲があり，八重咲は八重寒紅梅とよばれている。江戸時代からの品種で記録的には，『花壇地錦抄』（1695）には，「寒紅　一重紅梅　色よし，寒中より花咲く」とあり，図譜としては春田久啓の『韻勝園梅譜』に描かれている。さらに，明治16年の『梅花集』に記載があり，現代に続いている。**【用途】**庭園樹として植栽され，花期が早く，ほかの品種より半月以上は早く咲き，東京周辺では2月上～中旬に咲く。盆栽としての活用も多く，正月用の盆梅の紅梅は多くは本種で，八重寒紅梅が多く植えられている。一重咲のほうが少ない。**【形態】**落葉低木で，高さ2～5m。幹は黒褐色で縦に割れ，枝は密で小枝が多く，枝は細い。花は15～20弁ぐらいの八重咲で，花色は濃い紅色である。花糸は白黄色，葯は黄色。花弁はやや細い。一重咲は5弁の加賀梅形の花形で，花色は八重咲のものよりやや薄い紅色を呈す。花期は八重咲のほうが一重咲より早く花をつける。本来この八重咲種と一重咲種とは別種であったが，花期が同じで，寒中に咲くところからカンコウバイと同名で呼ばれるようになったものである。**【植栽】**栽培はしやすく，広く普及して，全国的に栽培されている銘品である。**【近似種】**早咲の品種に‘冬至梅’，‘初雁’，‘紅冬至’，‘八重冬至’などがある。

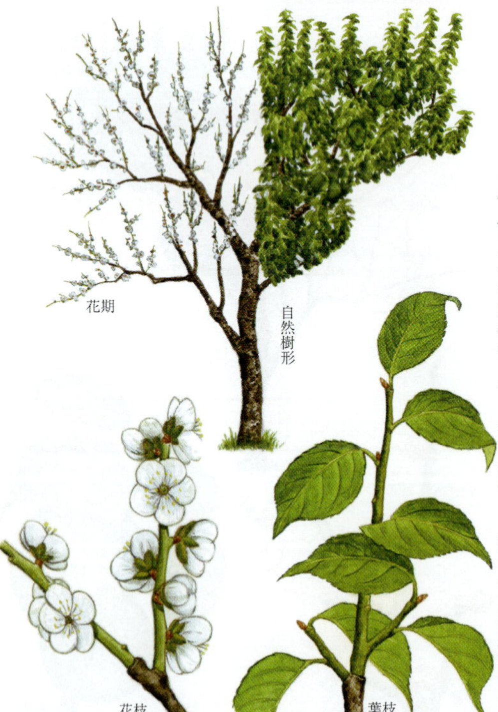

464. ウメ‘アオジクウメ’（リョクガク）〔スモモ属〕
Prunus mume Siebold et Zucc. ‘Viridicalyx’

【系統】野梅系の品種群の1つで，青軸性とよばれる。**【形態】**特徴としては，新枝が緑色で，冬期になっても緑色であり，開花のときに，がくも緑色または黄緑色で，花色は白色の特徴をもつ。代表品種には‘リョクガク（緑萼）’があり，花色は白色花でも淡緑色がかり，八重咲で15弁ぐらいで中輪の花。雄しべも完全で結実するが，結実量は少なく花粉樹として実梅の畑に植えられている。この青軸性には15種あまりの品種がある。一重咲には‘ツキカゲ（月影）’があり，花は青白く，中輪で花弁は丸く盃状となり，梅鉢形のよい形をした品種で，‘ツキカゲシダレ（月影枝垂）’とよぶ樹姿がしだれる品種もある。‘ツキノカツラ（月の桂）’は似ているが，花弁が波状になり，ときに6弁花も咲くという違いがある。‘ダイリンリョクガク（大輪緑萼）’は花が‘緑萼’よりやや大きく花径2.7cmあまりになる。そのほか‘キンジシ（金獅子）’は矮性品種で，節間が短く生育は遅い。花は‘月の桂’に似て咲く品種。‘シラタエ（白妙）’，‘シラタマウメ（白玉梅）’など採果用品種もある。**【管理】**鉢作りとされたウメは，2年に1度は植替える。用土は赤玉土か粗い川砂に腐葉土を2割は混ぜて，植える。根は外周の細根をせん定して，新しい根を多く発根させるようにしてから植付ける。植替える時期は花の終わったときから芽がのびる前で，小枝もせん定する。

465. ウメ ‘ミチシルベ’ 〔スモモ属〕

Prunus mume Siebold et Zucc. ‘Michishirube’

【系統】ウメの園芸品種。文化８年（1811）の『韻勝園梅譜』は江戸城西の丸御香の職にあった春田久啓の家に植えられた品種を描いた図譜であるが，その中に‘道知辺’が描かれている。現在の紅梅と異なり淡紅色の品種であり，現代の品種は同じ花色の記載より濃く異なると考えられる。この品種に類似したものが多いための混同であろう。【用途】盆栽，庭園樹として観賞用に栽培する。結実は少ない。【形態】高さ4mぐらいになり，樹皮は黒褐色，枝は密で小枝が多く，新枝は緑褐色。花は多花性で５弁，花形は捻向梅形で，花弁と花弁が重なり，丸弁で盃状になり，雄しべは花弁と同長。花色がやや淡紅色で花糸は白く，葯が大きく黄色で目立つ。花径2.5cm。花期はやや早く，3月上旬。がくは紅褐色で濃く，長楕円形。雌しべは１本，子房は緑色で有毛。【植栽】庭園樹としては，白梅よりも前に植付けて紅白のウメとして観賞すると効果的。樹勢は弱いほうではない。【管理】多花性であるために，完全な葉芽をよく見てせん定する。小枝が多いので花後に芽の動きを見てせん定するとよい。また，夏のせん定を行うことも必要で，枝数を少なくする。【近似種】‘寒紅梅’は早咲で紅花だが，雄しべの花糸が紅色である。‘紅冬至’はとくに早咲で12月頃より開花する。花弁も小さい。

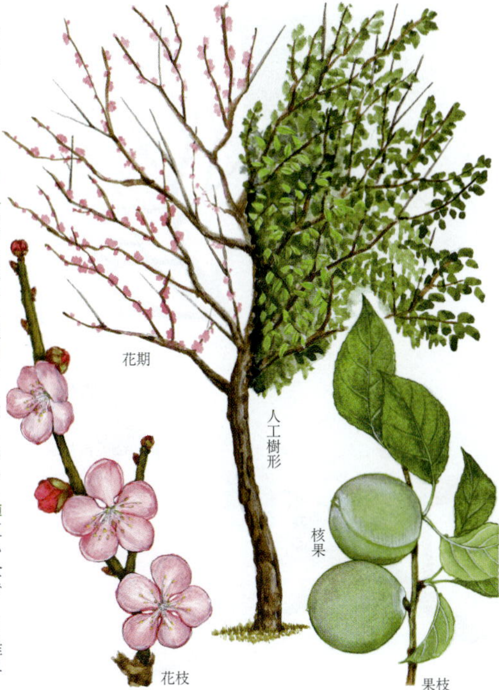

466. ウメ ‘コウテンバイ’（ウンリュウバイ） 〔スモモ属〕

Prunus mume Siebold et Zucc. ‘Spiralis’

【系統】野梅系の野梅性園芸品種。【用途】一般のウメより小さいので，庭園よりも鉢栽培がよい。花はふつうの品種より咲く量は少ないが，樹形を楽しむことができる。【形態】樹は枝が変形しており，枝がよじれるように節々で曲がり生育する。樹高は2mあまりで，幹は根もと周囲30cm以上の株はまれで，多くは樹齢20～30年で，枯れやすいため大樹を見ない。花は白色花で花弁はやや細弁，がく片は緑褐色で５片，雄しべは多数で雌しべは１本。雌しべは花糸と同長，まれに結実する。実は小形で長さ1.9cm，幅1.7cm，緑色。生育は遅く，幹の下部より多く枝をのばし，小枝が多く密となる。新枝は緑色で，冬期はやや褐色となる。葉は楕円形で葉端は尾状鋭尖頭か鋭尖頭で円脚，重鋸歯で長さ10～12cm，幅7～8cm，枝は節々が太くなり折曲する。【植栽】繁殖は接木による。実生苗かさし木苗に２月下旬に接木する。【管理】枝が下から密にのびるので，3～5本ぐらいに大枝を残し，小枝をせん定して，樹姿を作る。害虫はカイガラムシがつきやすいので，冬期に殺菌剤を散布し防除する。そのほかコスカシバの幼虫を防ぐ。幼虫が幹に入っていたら幼虫を捕殺するか，殺虫剤を枝幹の食入孔に注入するとよい。ウメケムシ（オビカレハ）は４月下旬～６月に発生するケムシで，群生しているときに巣ごと焼却するか，アブラムシ類と兼ねて，殺虫剤を散布する。

467. ウメ ‘ホウリュウカク’ 〔スモモ属〕

Prunus mume Siebold et Zucc. ‘Hōryūkaku’

【系統】ウメの園芸品種。『梅花集』,『梅花名品集』に記載がある。昭和20年以後は千葉大学園芸学部に植載され保存されていた品種で，現在では各地で栽培を見るようになった。【用途】観賞用で，とくに庭園樹や公園の梅林に植栽されている。強健であり，花が大きく香りもよい特徴をもった品種で，盆梅としてはあまり用いられない。結実もまれであり採果用にならない。【形態】樹高は4〜5mになり，立性で枝は野梅性であるが，その中ではやや枝つきは粗く，太く緑色の枝を力強くのばす。花は一重で花径は3.5cm以上あり，花形は白加賀梅の型で満開時には花弁と花弁の間は広くあく。普通5弁花だが，ときに6弁花もあり，雄しべが旗弁になるものから完全な花弁状になるものまででることがある。抱え咲で，白色の玉状をした蕾は観賞的に上品とされている。雌しべは雄しべより短く1本で，子房は小さい。花の底は緑色でがくも緑褐色。【特性】花は極大輪で，1節に1〜2花つき，芳香性があり，花期は中頃である。【植栽】庭園樹としては，手近に植栽し，輪の大きさや香りをよく見せるようにする。強健なので，門わきや窓辺の植栽がよい。【近似種】‘流芳’ は花形も似ているが，花の大きさが2.1cmぐらい。‘佐橋紅’ の枝変り ‘紅千鳥’ は紅梅性の品種。

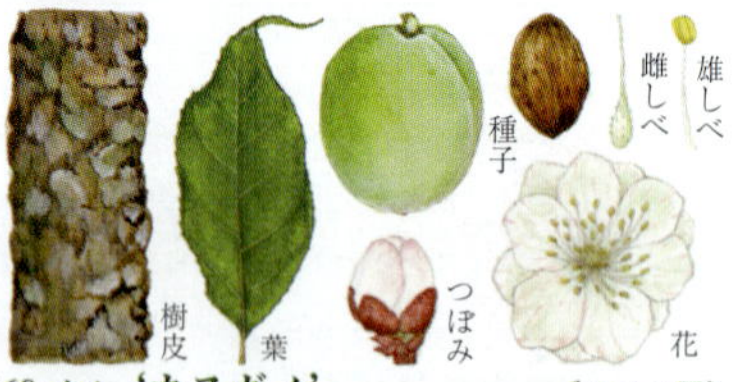

468. ウメ ‘カスガノ’ 〔スモモ属〕

Prunus mume Siebold et Zucc. ‘Kasugano’

【系統】ウメの園芸品種で野梅系の品種。花色が紅白で絞りの品種。寛政3年(1791)，窪田正従によって書かれた『上苑梅譜』にその名称が記載されており，「春日野　八重白大輪咲出し爪紫」とある。その文書では理解がしがたいが，本種の特徴である咲き分けの品種は『花壇綱目』(1681)に記載があり，「咲分紅白，八重一重中輪大輪あり」と書かれて，古い時代から存在していたが，名称がついていなかったと考えられる。【形態】幹の色は黒褐色で，幼樹では灰褐色である。樹高は3〜4mになり，新枝は緑褐色を呈し古枝は褐色となる。枝に黄色のすじが入る品種は，‘春日野錦’ または ‘錦性春日野’ とよばれる。この記録は，谷文晁『畫李斉梅譜』(1793)に描かれている。現代の ‘春日野’ と同じとみられ，花色は白花と淡紅色に紅色の斑入り花弁と絞りが混じって描かれ正確である。花は白花が多く，よく観察すると白地に点々と紅色の吹掛絞りが入っている。また，蕾のときは紫紅色に見えるが開くと白花で，ときに紅色の花弁が混じり，紅花も現れる。雄しべは花弁より短く，やや束生し，花糸は白いが，葯は早く茶褐色となる。雌しべは2〜3本ある。結実する。【近似種】ウメの品種で紅白に咲き分ける品種はほかに，‘輪違い’，‘無類絞り’ などがあるが，これは八重で酷似するが，これらを造園では，枝により紅花や白花が咲くので「思いのまま」と称する。

469. ウメ ‘メオトシダレ’ 〔スモモ属〕
Prunus mume Siebold et Zucc. ‘Meotoshidare’

【系統】ウメの園芸品種で枝が下垂する性質の類を，シダレウメ（枝垂梅）とよぶ。多くの品種は枝幹は立つのであるが，枝条変異または実生変異でしだれる品種群がある。【用途】庭園樹，盆栽。公園用では梅林や自然林の修景的な点景としての植栽がある。【形態】生育のよい強健種で，樹高5m前後。枝は大きく垂れ下がる。花は2月下旬に白花八重のものをつける。花糸は白色，葯は黄色，しべの基部は赤褐色を呈し，がく片は茶褐色。梅雨時に節々に2個ずつ核果をつけるため，夫婦枝垂の名がつけられている。【植栽】接木繁殖でふやしたものは，11月に掘り上げて，仮植えを3月までしておいたものを3～4月に植栽し，支柱を完全にして植え付け，主幹を支柱に結束してのばし，下垂させないように生育させることが必要である。【管理】支柱は毎年のように替えることが大切である。【近似種】紅梅系では，‘ヒノツカサシダレ（緋の司枝垂）’があり，黒紅色の八重咲花で枝は直に垂れる。生育は遅いが，花と樹姿がよく有名品種となっている。そのほか，‘唐梅枝垂’，‘鶯宿枝垂’，‘遠州枝垂’，‘玉牡丹枝垂’，‘杉田枝垂’，’玉垣枝垂’，‘青竜枝垂’，‘養老枝垂’，‘残雪枝垂’，‘曙枝垂’などが栽培されている。

470. ウメ ‘トヤデノタカ’ 〔スモモ属〕
Prunus mume Siebold et Zucc. ‘Toyadenotaka’

【系統】ウメの園芸品種。野梅系一重の淡紅色，大輪。江戸時代の梅譜に，楠本渓山が描いたものがある。安政6年（1859）に花魁園の編んだ『梅花』が出され，その中に塒出枝垂が描かれている。また，現代の品種は千葉大学園芸学部に植栽されていた‘蒔出の鷹錦’である。枝に黄色の斑が現れるのが珍しく，一般に繁殖されて普及した。【用途】錦性の品種では鉢植えでも栽培される。ふつうの品種は庭園樹や公園樹とされる。しだれは現在では見られない品種である。【形態】幹は黒褐色で，枝は新枝では緑色で太く，節間は短い。旧年枝では茶褐色となり，錦性の枝は冬期は紅色と黄色に斑が現れる。花は蕾では紅色か淡紅色で，がくは紅褐色の中に現れ，球状で美しい。開花すると大輪で花径約3cmあまりで，花弁は5，横楕円形。白色にやや淡紅色の花色で，花形は花弁が重なり捻向梅形となる。花期は3月中旬～下旬でやや遅い。雄しべは黄白色の花糸に黄色の葯で大形，花弁より短く束状で，花底は茶褐色で大きい。雌しべは雄しべと同長で，ときに2本もあるが，通常は1本。葉は大きく，長卵形で葉の先端は鋭尖形，鈍脚。結実はほとんど見られない。【植栽】庭園樹として植えられるが，花が大きいので遠目でも明るい色彩でよく見える。【管理】錦性では斑を選ばないとよく現れないので，せん定には注意して切る必要がある。【近似種】‘梓’は花色も似るが，やや‘梓弓’のほうが花色が濃い。花弁が倒卵形である。

471. ウメ ‘テッケンバイ’（チャセンバイ）〔スモモ属〕

Prunus mume Siebold et Zucc. ‘Cryptopetala’

【系統】ウメの園芸品種。ウメ本来の性質をもつ系統に，野梅系とよばれるものがある。実生すると，主幹は細く，小枝はとげ状になり，成木後も太枝，小枝にかぎらずこの性質がある。枝および幹の髄は白色で，花色も白色かやや淡紅色の品種が多い。その野梅系統の園芸品種は最も多く150～200種あり，その中で性質を区分して，難波性，青軸性，紅筆性と，原種の性質に近い野梅性とに区分して，その品種が100種あまりある。テッケンバイはその野梅性の変わった品種の代表。【形態】花弁が退化して，雄しべは完全であり，ちょうど茶筅の姿に似ているため，チャセンバイ（茶筅梅）とよばれている。花弁は全く退化したのではなく，栽培条件がよいと小さな花弁が5個ある。雌しべは1本で，花糸と同じ長さで少ないが結実する。類似した品種に黄梅または黄金梅とよばれる園芸品種があり，この花弁は黄色で花弁も小さい。【植栽】鉢作りの場合は，幼苗より鉢で栽培するか，幹を畑地で肥培させて，のちに鉢植えにする方法とがあり，ともに鉢植えするものは11月までに掘り上げて，仮植えしたものを春に鉢植えとする。鉢替えは2～3年に1回は植替えをするが，この時期は萌芽前の春が適期である。【近似種】‘未開紅’は鮮やかな桃色花，‘桜鏡’はやや薄桃色花をつける。

472. ウメ ‘フジボタンシダレ’〔スモモ属〕

Prunus mume Siebold et Zucc. ‘Fujibotanshidare’

【系統】ウメの園芸品種。野梅系の八重咲，薄紅色の花でしだれる品種である。明治16年の『梅花集』に記載され，現代に続く。【用途】庭園樹，公園樹に植栽。【形態】樹高は4mぐらいになり，幹は黒褐色で枝はしだれ，旧枝は黒褐色となり，2年枝では灰褐色，新枝は緑色で，新枝に花芽をつけ，早春に開花する。花は八重咲で花弁は15弁あまりで，雄しべは広く広がり，花糸は白色で花弁と同長，葯は黄色，がくは紅褐色。花期は3月中旬（関東）。花弁はやや抱え咲で，ボタンに似た花形。【植栽】ウメのしだれは単植では強健な品種を選び植栽する。寄植えの場合は花色と樹形を考えて植栽し，立性のウメと区別して植えるが，立性の前列に植えるようにする。前植えでは紅梅を前にして，後ろに白梅を配置したほうが美しい。【管理】しだれのウメは枝張りを大きく仕立てる。単植の場合は上芽を残してせん定し，狭い場所の場合は下芽または内芽でせん定すると，しだれは滝のような垂れた枝になり，樹形も幅が狭く仕立てることができる。【近似種】八重咲のしだれには次の種類がある。‘玉牡丹枝垂’は白花の大輪で抱え咲，‘遠州糸枝垂’は紅色のやや深い中輪で，しだれが見事に下垂し，枝は細い。水戸偕楽園の銘木‘玉垣枝垂’は蕾が紅色で，開花すると白花の中輪で，やや口紅状になる。八重咲。

473. ウメ ‘ツキノカツラ’ 〔スモモ属〕

Prunus mume Siebold et Zucc. ‘Tsukinokatsura’

【系統】ウメの園芸品種。野梅系の青軸性，一重咲，白色花。明治16年の『梅花集』には記載がなく，明治38年の『梅花集』に初めて記載があり，現代に続く。**【用途】**庭園樹および鉢植え。**【形態】**樹高は3~5mぐらいで生育はふつう。幹は褐色で枝は灰褐色となり，新枝は緑色で鮮やか。がくは淡緑色。花期は3月上旬。花は白色で一重咲，5弁の花は丸弁で梅鉢形で正しく，花弁は互いについて開花し，のちもくずれない。雄しべは八方へ散り，葯は黄色で花糸の長さは花弁と同じ。ときどき6弁花が現れる。結実はまれである。**【植栽】**庭園樹としての植栽は紅梅の背景に植栽すると効果的な品種で，一重咲で香りも高い。**【管理】**一般のウメの手入れと同じ。**【近似種】**青軸性の‘緑萼’は八重咲である。‘大輪緑萼’は花の輪が大きく，径3~3.5cmぐらいで八重咲の品種。花弁は丸弁。‘月影’は江戸時代からの青軸性の代表品種で一重咲。‘月之桂’によく似るが，花弁が丸弁であるが，花弁と花弁が開き，梅鉢でも正面より見てがく片と空間が見える。雄しべも束状に立性である点が異なる。‘月影’のほうが強健であり，しだれや錦性の品種がある。‘金獅子’の枝は石化したように節間が2cmぐらいで短く，1mぐらいになるのも時間がかかるが，鉢作り品種として珍品として扱われている。そのほか，‘白妙’，‘白玉’などがある。

474. ウメ ‘ツキカゲシダレ’ 〔スモモ属〕

Prunus mume Siebold et Zucc. ‘Tsukikageshidare’

【系統】ウメの枝垂れ性の園芸品種。安政6年に書かれた『梅花』および『梅花千集』に記載されている。現代も全く同品と見られる。**【自然環境】**日あたりのよい適湿地で，排水良好な場所を好み，緩斜面地などによく育つ。有機質の多い肥沃な壌土に植栽する。**【用途】**庭園樹，盆栽，鉢植え。**【形態】**幹は灰褐色となり，さらに成長すると黒褐色となって幹肌は縦に割目を生じ，太さは根元直径12cmあまり（樹齢30年生）になる。枝は仕立て方により差異はあるが，よく下垂する。新枝は鮮緑色で，花梅の分類では青軸性とよばれる野梅系の品種群に入る。花は一重咲で，がくも黄緑色で5裂し，花弁は5弁でやや長い円形の花弁で梅鉢形の花形である。雄しべは多く細い。葯は黄色で小さい。雌しべは枝垂では約半数は退化した個体が多い。結実は少ない。花後に開葉しはじめ，葉形は長楕円形。葉先はのぎ形で基部は鍾形，葉色も鮮緑色で特徴がある。**【植栽】**繁殖は接木による。3月に揚げ接ぎによりふやすか，9月に小枝の腹接ぎによりふやす。幼苗より支柱によって主幹を育て，3~5年後より枝の仕立てをする。主枝を四方にのばし，小枝をさらに多くさせて，傘状に仕立てるとよい庭木になる。**【管理】**せん定は花後3月下旬か4月上旬に行い，昨年にのびた枝を10~15cmぐらい下芽を残してせん定すると，下垂した枝になり，樹張りは小さく仕立てられる。上芽でせん定すると樹張は広く仕立てられる。

475. ウメ ‘サバシコウ’ 〔スモモ属〕

Prunus mume Siebold et Zucc. ‘Sabashikō’

【系統】ウメの江戸時代からの園芸品種。紅梅系の一重咲。「佐橋」というのは人名で染井の植木屋の名で，たぶん，この地で作出された品種であろう。明治 16 年の『梅花集』に記載され，以後は銘品として現代に続いている。【用途】鉢植え，庭園樹。【形態】紅梅系で，枝を折ると紅色をしており，根も自根であれば木質部は紅色をしている。高さ 3～4m になり，幹は黒褐色となって，枝は紅褐色で濃く，生長はやや悪い。花は本紅色で一重咲，5 弁花で，花径 1.8～2cm，花形は捻向梅形で，花弁がやや卵形で内にへこみ盃状弁となり，全開とまではいかない。雄しべは花弁と同長だがやや束生状で，花糸は紅色，葯は純黄色で，鮮やかな調和で美しい品種である。雌しべは 1 本で雄しべと同長，結実はまれである。【植栽】紅梅系は生育が遅く，小形になりやすいので，手前に植える。鉢物は 11 月に定植するが，2 月に植付けて養生して越冬させる。繁殖は一般のウメと同様である。【管理】紅梅系は開花後に芽の動きを見てせん定するほうが無難である。肥培管理を十分に行わないと，ときに枯らすことがある。【近似種】紅梅系でよく似た品種に‘大盃’があり，このほうは梅鉢形で花形が正五角形の形で丸弁である。‘佐橋紅’の葯が少し弁化した品種を‘紅千鳥’とよんでいる。‘緋梅’は花色が緋色で明るい色彩である。

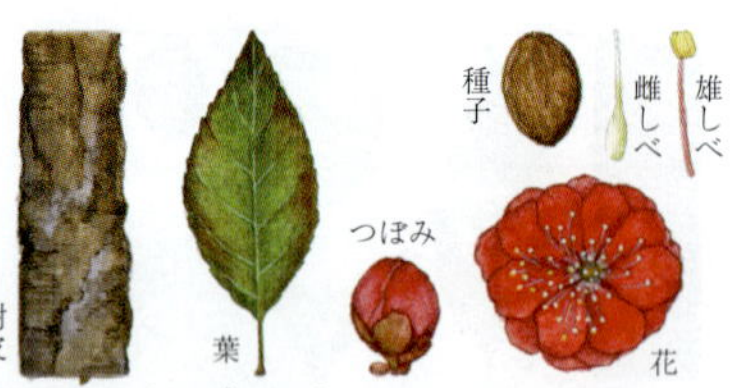

476. ウメ ‘カゴシマ’ 〔スモモ属〕

Prunus mume Siebold et Zucc. ‘Kagoshima’

【系統】ウメの園芸品種。紅梅系八重咲，本紅中輪。江戸時代の園芸品種で，『梅譜』に記載があり，明治 16 年の『梅花集』へと引き続き，現代に至っている。【用途】庭園樹，鉢植えで観賞用として栽培。【形態】樹高 3m ぐらいで大樹は見ない。幹は黒褐色で枝は褐色か紅褐色になり，新枝は緑褐色となる。花は八重咲で 12～15 弁で花径は 1.8～2cm の中輪，蕾の色は黒紅色で丸みがあって，がくは紅褐色で濃く，開花始めはややとがり，花色も濃黒紅色で鮮明な色彩である。花弁は長卵形から円形の変化ある花弁が重なり，散るときまで色彩を保つが，霜にあうと黒く変化する。雌しべは雄しべと同長，1 本。結実はまれにし，小形で径 1.7cm，紅緑色の長楕円形。【特性】樹勢はやや弱い。【植栽】単植では色彩的な対比がなく，おもしろみがないために，淡紅色のものや白梅と混植して効果がある品種で，梅林に植栽するとよい品種である。【管理】樹勢がやや弱いので注意し，強せん定は不適である。せん定は夏に行い，通風と採光をよくしてやる。花後は早めにせん定する。【近似種】本種を黒いウメとよぶことがあるが，本種に似た花色の品種には‘黒雲’があり，八重で花径は 2.8cm，花弁は丸弁，花の中心部は黄緑色である。‘鹿児島’のような明るさは少ない。‘栄冠’は近年作出された品種で，紫紅色の黒いウメで濃く，花径 1.2cm，八重咲 15 弁，雄しべ 0.5cm，雌しべ 3 本。

477. ウメ ‘トウバイ’ 〔スモモ属〕
Prunus mume Siebold et Zucc. ‘Tōbai’

【系統】ウメの園芸品種。紅梅系の中の八重咲品種群を総称してヤエコウバイ（八重紅梅）とよぶ。花色が紅花でも枝や木部の髄が白ければ野梅系で，紅梅系ではない品種になる。八重紅梅の代表的品種には，‘唐梅’，‘蓮久’，‘緋の司’，‘鹿児島紅’，‘黒雲’などがあり，品種は20種あまりがある。【用途】庭園樹，とくに梅林としての植付けが多く，八重紅梅は生育が遅く小形であるので，肥沃地に植えたい。【形態】代表的な品種‘唐梅’は中国より天徳4年（960）に渡来したもので，一重もあるが少なく八重を‘唐梅’とする。同一と見られる品種に‘エンオウ（鴛鴦）’とよぶ品種があり，果実が1花に2～3個結実する。ともに花は酷似して，紫紅色の花はのちに弁先が白みをなし，弁脈が紅色として残る。花弁は20弁あまりで，花糸は白く，多数。雌しべは2～5本あり緑色で，結実すると紅褐色の実で果肉は薄く，核果は大きい。【特性】樹勢はふつうのウメよりやや性質は弱く，生長は遅い。八重紅梅の系統は実生してもこの形質を保つものが多く，実生をしてふやしてもよいが，生育は遅い。【管理】せん定は冬期の12～3月までに行い，夏は6～8月にする。とくに徒長枝の芽摘みが必要である。

478. ウメ ‘ソウメイノツキ’ 〔スモモ属〕
Prunus mume Siebold et Zucc. ‘Sōmeinotsuki’

【系統】ウメの園芸品種で豊後系。【形態】樹勢は強健で，樹皮は灰褐色，縦に粗く割れる性質がある。枝は太く冬に紅褐色となり，枝数はややまばらで，花つきも多くないので，仕立て方で花つきを多くすることが必要である。葉はブンゴウメの性質を多くもち，若葉は両面に白毛が多く見られ，夏も下面は毛が多く判明しやすい。花はやや遅く3月に開花し，花径は3cmあまりで大輪，花色は白色花に近いやや淡紅色。花弁は5個，丸弁で少し波状になり，裏面はやや紅色を帯びている。雄しべは多く，二重に出ることがある。しべの基部は黄褐色でやや深く，がくは赤褐色でがく片は反転する。結実はまれに結実するものがあり，大実である。【植栽】繁殖は接木によるが，実生によって接木用の台木を生産する方法と，野梅系の種類でさし木でふやせるものをさし木し，苗を台木とする方法とがあり，後者のほうが活着しやすく，生育がよい。植付けは秋，11～12月がよいが，寒い地方では3～4月に植える。接木は2～3月に台木を掘り上げて，切接ぎして苗床で活着させてから畑地に育苗する。【近似種】類似品種には，‘タニノユキ（谷の雪）’があり，花弁は純白で大輪，がくは緑がかった赤褐色で反転する。枝が紅褐色で太く節が高く，特徴ある品種である。そのほか，‘イリヒノウミ（入日の海）’の花色は，ごく淡い紅色で大輪の品種である。

479. ウメ 'クロダ' 〔スモモ属〕

Prunus mume Siebold et Zucc. 'Kuroda'

【系統】ウメの園芸品種で，豊後系の八重咲，薄色大輪。明治16年の『梅花集』に記載があり，のちの平尾の『梅花名品集』に記載されたものが，千葉大学の園芸学部に植栽され，それを繁殖し一般化したものが多い。【形態】樹高4mあまりになり強健で，幹は灰褐色で枝は太く緑褐色，1年枝は日陰は緑色だが上部のほうは紅緑色になって焼けた色に現れる。花は大輪で花径3cmあまり，花弁は20弁，蕾のときより開き始めるまでは濃紅色で，開花とともに淡色となり，完全に開くと白色に近い色となる。花芯は淡緑色で，雄しべは多く花糸は白色，葯は大きく黄色，花弁はやや波状となる。雌しべは1本，がくは紅褐色で花梗は少しある。花期は3月下旬で遅咲。【特性】花色は淡紅色から白色に近い色彩で，葉は大きく，丸い楕円形に近い。枝は太く冬期に紅紫色となる新枝が特徴で，がくが開花とともに反転する。葉柄がやや紅色であることも特徴の1つである。【近似種】'武蔵野' は古い品種で，花は最も大輪で '黒田' より大きく，花色もやや濃く，幹の色彩が紅灰褐色であることが特徴である。'蝶の羽重' は花弁が波状に八重化した品種。'雲井' は花色がやや濃い。'乙女袖' は花弁数が15弁ぐらいの大輪である。

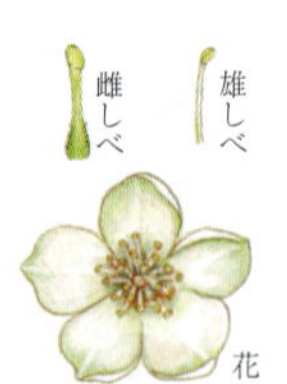

480. セイヨウスモモ（ヨーロッパスモモ）〔スモモ属〕

Prunus domestica L.

【原産地】西アジア。【分布】ヨーロッパを中心に世界各地で栽培されている。わが国での栽培は少ない。【自然環境】温暖で夏期雨の少ない所を好む落葉小高木。【用途】果実は生食のほか乾果，缶詰に加工。【形態】枝は灰褐色，赤みを帯びる。葉は互生，楕円形または倒卵形，縁は粗鋸歯。花は1芽に1～2個，緑色がかった白色，果実は楕円形，赤黒色または黄色，果肉は黄色で，硬い。酸味は適当で，芳香がある。核は品種により離れやすいものと，離れにくいものとがある。【特性】樹勢は強い。排水よく耕土の深い所がよい。開花はスモモより7～10日ぐらい遅い。【植栽】繁殖はふつう芽接ぎによる。台木としてはミロバランスモモが使われている。植栽本数は10aあたり20～28本。樹の仕立て方は開心自然形とする。セイヨウスモモもまたスモモと同様，自家不稔性のものが多い。花粉樹の混植を要し人工受粉，摘果は重要作業となっている。施肥はスモモに準ずる。ヨーロッパや米国では青果として出荷するほか，乾燥して乾果（プルーン）としている。【近似種】米国の主要品種として 'シュガー・プルーン'，'ソルダム'，'ケルシー' などがある。セイヨウスモモもスモモとの交雑により改良種ができている。【学名】属名 *Prunus* はラテン語 plum, 種形容語 *domestica* は庭の（栽培する），の意味。

481. **ブレース**（ダムソンプラム）　〔スモモ属〕
Prunus domestica L. var. *insititia* Bail.

【原産地】ヨーロッパ，西アジア。【分布】ヨーロッパ，米国。日本での栽培はほとんど見られない。【自然環境】温暖な気候を好む落葉小高木。【用途】果実を主として生食またはジャム，プリザーブとする。【形態】葉は楕円形または倒卵形，緑は粗い鋸歯状。葉の裏面には葉脈がはっきり出ている。花は白色，1芽より1～2花ときに3花つく。果実は球形または卵形，果色は青黒色または紅黄色，黒粉をふいている。果肉は多汁，甘味と酸味がある。セイヨウスモモに比べ，樹全体が小さく，また果実も小さい。【特性】樹勢は強い。セイヨウスモモに比べ耐寒性大。【植栽】繁殖は接木による。植栽本数は10aあたり10～30本。【管理】整枝せん定はセイヨウスモモに準じて行われるが，樹勢強く粗放的な栽培に耐えるため，栽培面積がふえてきている。【近似種】ヨーロッパにおけるブレースの栽培はセイヨウスモモより古く，欧米のスモモ栽培地ではブレースを必ず植えている。セイヨウスモモとの交配種も優良なものができている。ブレースにはブレースとダムソンがあるが，ブレースの果実は円形，青黒色，ダムソンは楕円形，紅黄色である。【学名】種形容語 *domestica* は国内の，変種名 *insititia* は接木をした，という意味。

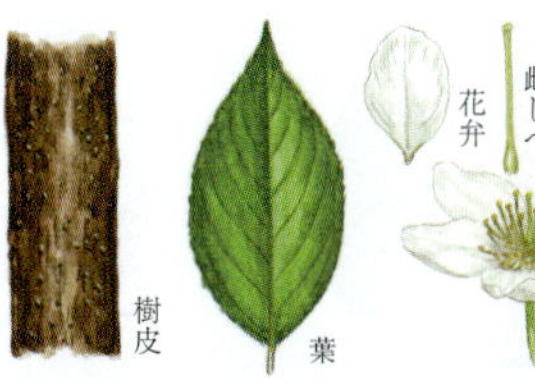

482. **スモモ**（ハタンキョウ，イクリ）　〔スモモ属〕
Prunus salicina Lindl.

【原産地】中国。日本には万葉時代以前に渡来していたという。【分布】改良種は日本全土で栽培されている。また米国に導入され，アメリカスモモとの交雑種は優良品種として広く栽培されている。【自然環境】耐寒性強く，夏期の乾燥に対しても強い落葉小高木。【用途】果実は生食のほかジャムにする。日本で栽培されている品種は米国で改良され逆輸入されたものが多い。‘ビューティ’，‘サンタローザ’，‘メスレー’，‘ソルダム’など。【形態】枝は多数分枝する。葉は互生，細長い楕円形または倒披針形，表面緑色，裏面淡緑色で無毛，花は1芽に3個，白色，春早く開く。果実はモモに似るが小形，無毛，果色は赤色または黄色，果皮は薄い。果肉は赤色または黄色。繊維を含み多汁，品種により酸味の強いものと強くないものとがある。【特性】樹勢は強い。排水のよい，耕土の深い所で開花期霜害を受けない所が適地とされる。自家不稔性の高いものが多い。【植栽】繁殖は接木による。台木は野生モモ，野生スモモを用いる。植栽本数は10aあたり12～25本。樹の仕立て方はふつう開心自然形に整枝する。一部棚作りとする所もある。今年出た新梢の腋芽が花芽に分化する結果習性をもつ。人工授粉，摘果は重要な作業である。【学名】種形容語 *salicina* はヤナギ属のような，の意味。

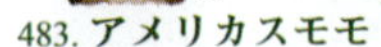

483. アメリカスモモ 〔スモモ属〕

Prunus americana Marshall

【原産地】米国。【分布】米国，カナダ，メキシコ。【自然環境】耐寒性の強い落葉小高木。【用途】果実は食用またはジャム，プリザーブに加工される。【形態】枝条密生，多少とげがある。葉は長楕円状倒卵形，縁は鋭鋸歯状。花は白色，2～5 個をそう生する。葉が出るより遅れて開く。果実は球形，扁円錐形，赤色または黄赤色，果皮厚く，表面ざらざらして光沢がない。果肉は黄色，酸味があり，多汁。【特性】樹勢は強い。耐寒性大。【植栽】繁殖は接木による。土壌をあまり選ばず粗放栽培に耐える。【管理】スモモやセイヨウスモモに準ずる。【近似種】一般に Common Wild Plum と呼ばれている。野生種，栽培種を通じ多数の品種がある。中にはセイヨウスモモに匹敵する品質のよいものもある。主要品種としては，‘デソート’，‘ハンマー’，‘ブラックホーク’，‘ホーキー’などがある。米国は 1870 年以降スモモを導入し，ルーサー・バーバンクによるスモモとアメリカスモモとセイヨウスモモとの交配により，数多くの優良品種が育成された。これらが日本に逆輸入され，日本におけるスモモ栽培の主要品種となっている。その代表品種としては，‘サンタローザ’，‘ビューティ’，‘ソルダム’がある。【学名】種形容語の *americana* は米国産の意味。

484. ベニスモモ 〔スモモ属〕

Prunus simonii Carrière

【原産地】中国。【分布】中国河北省，米国各地。【自然環境】耐寒性の比較的強い落葉小高木。【用途】果実は主として生食。【形態】樹は直立性，葉は細長く，倒披針形または倒卵状披針形，葉縁に細かい鋸歯縁を有する。裏面葉脈がはっきり出ている。花は白色，1 芽から 1～3 個出る。果実は扁円形で，縫合線深く，果柄が短いのが特徴。果色は紫紅色または暗紅色，ろう質粉をかぶる。果肉は黄色，多汁，質はち密，酸味は少ない。【特性】開花期が早いため晩霜の害を受けやすい。自家不和合性。【植栽】繁殖は接木による。植栽本数は 10a 当たり 30 本ぐらい。【管理】樹の仕立て方は自然開心形とする。自家不和合性のため花粉樹の混植を要する。台木は山桃 *Amygdalus davidiana* (Carrière) de Vos ex L.Henry との親和性高く，かつ耐寒性を増すという。【近似種】ベニスモモは 1867 年中国駐在のフランス大使シモンズ氏によりフランスに送られ，それが 1880 年米国に渡り米国各地で栽培されるに至った。しかし果実の味にこれといった特徴がなく，一般の需要少なく，自家用として栽培されているにすぎない。しかし近年スモモとの交雑により数多くの品種ができてきている。代表的な品種として‘バートレット’，‘シロウ’，‘ウイルソン’等がある。【学名】種形容語の *simonii* は人名による。

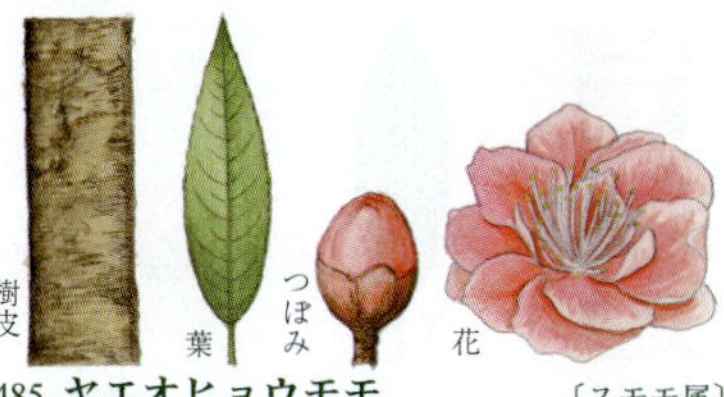

485. ヤエオヒョウモモ 〔スモモ属〕

Prunus triloba Lindl. 'Petzoldii'

【原産地】中国北東部の河北，山東，遼寧省。**【分布】**暖地を除く日本各地，ヨーロッパ，英国などに植栽される。**【自然環境】**日あたりのよい所を好む落葉低木。**【用途】**庭園樹，公園樹，鉢物，切花。**【形態】**幹はそう生した株状となり，高さは1mぐらい，樹皮は黒褐色で皮が縦に裂け，はがれる。新しい樹皮は赤みを帯びる。横に皮目がふくらんでいる。枝は紫紅色で短い伏毛がある。葉は互生し広楕円形を呈し，おのおのの先端は鋭くとがる。二重鋸歯，軟毛がある。葉芽を中央にして両側に花芽をつける。花は葉に先立ち4月下旬に咲く。八重，濃紅色で，色の濃淡がある。果実をつけるがコウメ程度で，幼時紅毛があるがのちに無毛，紅黄色に9月に熟す。**【特性】**小形で花つきがよく，性質はとくに耐寒性強く，北海道など寒地によい。**【植栽】**繁殖はスモモ台に3月切接ぎを行う。さし木は活着困難である。**【管理】**庭木としてコンパクトに作るには，開花枝を花後，直ちに切り戻すこと。根もとからひこばえが出るが適宜切り取る。切花では，根ぎわまで切りつめ，徒長枝を出させるように仕立てる。促成は根つきで15℃前後で行う。病害虫はふつうのモモより少ない。原種の花は一重である。**【学名】**園芸品種名 'Petzoldii' は葉がニレ科のオヒョウに似ているため。

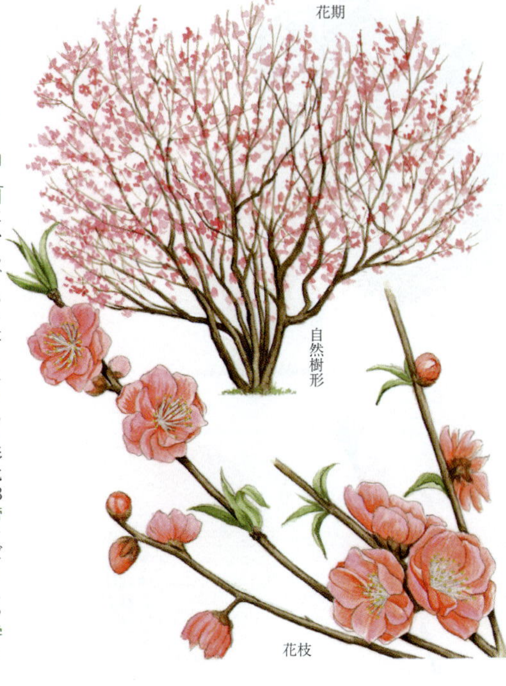

486. ベニバスモモ (ベニスモモ，アカハザクラ) 〔スモモ属〕

Prunus cerasifera Ehrh. 'Pissardii'

【原産地】西南アジア，コーカサスに自生，ミロバランスモモ *P. cerasifera* Ehrh. の変種。**【用途】**庭園樹，生花材料。**【形態】**花は展葉前に咲き，一重5弁淡紅色で一花柄に1～3花をつける。花期は4～5月，あまり結果しない。樹形は立性。葉は有柄で互生。葉の色に特徴があり，若葉のときから周年紫紅色で，長楕円形，無毛，系統により広葉と細葉系がある。実は9月に成熟する。**【植栽】**繁殖は，さし木，接木による。さし木は冬期と7月の緑枝ざしであるが活着率は低く，一般には接木による場合が多い。台木はスモモ台で実生の2年生台木を用いる。接木法は2月の切接法または8月の芽接法による。庭木には広葉系が適し，花と葉色を観賞する。仕立方は自然型とするが，庭木としての利用度は低い。生花材料には細葉系を選ぶ。植付けは90cm×180cmとし，3月中旬に苗の定植を行い，1.2mの高さで切り，主枝を3～4本として枝は低く切り戻し，徒長枝が多く出るように仕立てる。徒長枝から紫紅色の新葉が出る6月頃1.2m程度の切枝として出荷する。切枝を温室で芽を早くふかせる場合もある。**【近似種】**系統(品種)としてほかに米国で，'ロゼア' があり，夏になると葉色が緑色になる。

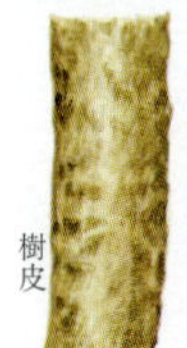

487. モモ 〔スモモ属〕
Prunus persica (L.) Batsh.

【原産地】中国甘粛，陝西省の高原地帯。日本には古くから渡来した。【分布】世界温帯中南部各地に栽培されており，日本では福島，山形，山梨，岡山の諸県が主産地。【自然環境】夏湿帯気候に適する落葉高木。【用途】果実は生食，缶詰に加工。【形態】枝は無毛。葉は互生し，細長い披針形，または倒卵形，縁は粗い鋸歯がある。花は白色，淡紅色，紅色花をつけ，葉より少し先に開く。果実は円形を呈し，果底陥入。果色は帯緑白色で赤色を帯びる。核は大きく深いしわがある。【特性】樹勢は強い。品種により花粉のないものがある。果肉は白く多汁。【植栽】繁殖はおもに接木による。接木は主として芽接ぎ，台木としてはヤマモモまたは共台。秋植えがよい。適地としては日のよくあたる所で，排水のよい肥沃地。植栽本数は10aあたり20～30本が標準。【管理】樹の仕立て方は開心自然形がよい。せん定は，今年生長した枝の腋芽に花芽ができ，翌年開花結実するという結果習性に基づいて行う。‘白桃’のような花粉のないものに対しては授粉樹の植栽が必要。人工授粉，摘果，袋かけは重要作業となっている。【近似種】品種は多い。代表的な品種は‘大久保’，‘白桃’，‘白鳳’など。【学名】属名 *Prunus* は Plum のラテン名による。種形容語 *persica* はペルシャの意味。

488. ネクタリン（ズバイモモ，ユトウ）〔スモモ属〕
Prunus persica (L.) Batsh. var. *nucipersica* Schneider

【原産地】中国甘粛，陝西省の高原地帯。【分布】地中海沿岸，南ヨーロッパで栽培されている。日本での栽培は原種の改良種がわずかに栽培されている程度である。【自然環境】夏期乾燥を好む落葉小高木。【用途】日本では主として改良種を缶詰に加工している。【形態】一般形態はモモとあまり変わらない。果実は扁円形。果頂は乳房状にややとがる。果実の色は赤味がかった橙黄色を呈する。果実の表面に毛がない点がモモと異なっている。【特性】栽培適地は排水のよい肥沃な壌土。果肉はしまっており香りが高い。樹勢は中程度。黒星病に弱い。【植栽】モモに準ずる。【管理】原種は日本の気候にあわず，露地栽培は困難なので温室内で栽培されている。改良種は‘オキツ（興津）’が代表的品種であるが，その栽培面積はわずかである。繁殖はモモと同様接木による。果実が直射日光にあたると缶詰にした場合，製品が赤く着色するし，また黒星病に弱いこと，および裂果ができやすいことから，必ず袋がけをしなくてはならない。ネクタリンは最近需要がのびてきており，今後の改良により，日本の気候風土にあった品種の出現が待たれている。【近似種】バントウがある。【学名】種形容語 *persica* はペルシャ，変種名 *nucipersica* の nuci は堅い，persica はモモの種形容語。

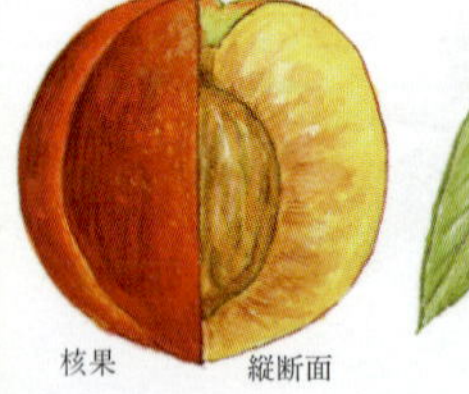

489. バントウ（ザゼンモモ）　〔スモモ属〕
Prunus persica (L.) Batsh. var. *platycarpa* Bailey

【原産地】中国。【分布】中国および北米南部，日本ではごくわずかしか栽培されていない。【自然環境】夏期に温度高く湿潤な気候を好む落葉小高木。【用途】果実を生食する。【形態】葉は長楕円状披針形，果実は扁平でゆがみ，特異な形を呈す。果色は黄橙色，熟すと紅味を帯びる。細毛がある。果肉は軟らかく，果肉の色は白，紅，黄など種々ある。多汁，甘味がある。【特性】樹勢は強いが，スモモの中で最も寒さに弱い。【植栽】繁殖は接木による。排水よく，かつ土壌の深い所が適地。現在栽培されているモモはふつうのモモとネクタリンとこのバントウの3種に分類されている。バントウは古くより中国華中，とくに上海を中心にいわゆる上海水蜜とともに広く栽培されている。米国に渡り，温暖なフロリダ地方で栽培されている。【管理】樹の仕立て方は自然関心形。結果枝のせん定，人工授粉，摘果などの作業は一般モモに準ずる。【学名】種形容語 *persica* はペルシャ，変種名 *platycarpa* の platy は広い，carpa は果実を指す。バントウは別にザゼンモモともいわれているが，これは果実の断面が座禅を組んだような形からきたものであろう。

490. モモ‘ヤグチ’　〔スモモ属〕
Prunus persica (L.) Batsh. ‘Yaguchi’

【系統】中国原産のハナモモの園芸品種。【分布】日本全土で植栽。【自然環境】耐寒力強く，日あたりよく，耕土の深い所に適し，低湿地を非常に嫌う落葉低木。【用途】切花，庭園樹，公園樹。【形態】ドウザカヤグチとは東京の豊島区駒込の動坂に産し，その地名をとって名づけられたもの。その後産地が現在の埼玉県川口市に明治初期頃に移った。品質は枝ぶりが細く，枝先までも花つきがよく，促成後も花色が退色しないものがよい。ヤグチは桃色で花径 3.5cm，花弁数 15 枚前後が標準。季咲で3月下旬に咲く。現在これらのうち優良系統は選別され，関係機関に保存育成されつつある。【植栽】繁殖は，実生と接木を行う。台木は実生による。種子を乾燥させないようにして貯蔵しておき翌春にまく。種子をとくに割る必要はない。2年生を台木とし，8月に芽接ぎ，または2月に切接ぎを行う。【管理】ハナモモの適地は水はけのよい砂質壌土で，表土が深いほど樹齢が長い。日あたり，風通しのよいことも要件である。切枝ぎに用いるモモの樹齢は 20～25 年。庭木としても樹齢の短いほうで，ウメのような古木が見られない。【近似種】花形が似ていて色の緋紅色の品種のカンヒトウ（寒緋桃）*P. persica* f. *dianthiflora* は促成して花の開き方が悪い。開花は3月中旬。生育旺盛で庭園樹，公園樹に適する。【学名】種形容語 *persica* はペルシャの，の意味。

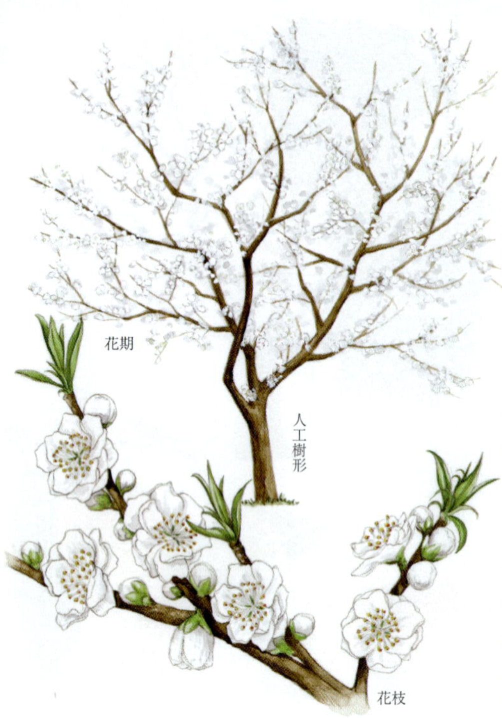

491. モモ‘ハクトウ’（カンパク）〔スモモ属〕
Prunus persica (L.) Batsh. ‘Albo-plena’

【系統】ハナモモの園芸品種。【分布】日本全土で植栽の落葉低木。【用途】切花用や公園樹，庭園樹。【形態】結実し実生苗ができるので，その後切花生産者などにより，花つきや促成結果の良否などにより系統が分けられている。この点ヤグチと同じである。純白八重の花弁数15枚前後で，雄しべの弁花が見られるものが結実し，実生のものでもほぼ親と同じ形質を出現する。樹皮はどの品種でも大差ないが，若い枝では白花系は緑色，赤花系は紫紅色となる。現在切花としてはヤグチとこの2品種のみに限られているが，戦前には他の品種も用いられた。【植栽】促成方法は，苗木を植えてから4年目から採枝ができ，その後2年ごとに採枝する。25年ぐらいで更新する。採枝量は1回目12シオリ束（2シオリで立花1杯分），2回目20シオリ，3回目24シオリ，4回目から48～72シオリが標準。促成は3月の節句を目的として2月25日に出荷する場合の標準として，水揚げ5日，ムロ入れ7日として2月12日頃が採枝の時期となる。ムロ入れの日数は時期が早いほど長くなる。ムロは，土ムロか温室を用いる。温度は18～20℃，開花まで枝にシリンジを行う。【近似種】白色のモモでは一重の‘中生白’があり，生産地で‘ノバリ’，‘トンボ’と呼んでいる八重の良質な花で‘徳丸’がある。促成できない。

492. モモ‘ゲンペイモモ’（サキワケモモ）〔スモモ属〕
Prunus persica (L.) Batsh. ‘Versicolor’

【系統】ハナモモの園芸品種。【分布】日本全土のほか中国北東部，ヨーロッパでも植栽される落葉低木。【用途】庭園樹，公園樹。【形態】八重と一重，また1本の木でも八重と一重になるものがあり，白色と桃色の花を咲き分けたり，1花の中で白色に桃色の花弁を混じえたりする。枝により白色だけのもの，桃色の多いもの，適宜に咲き分けるものがあり，繁殖の場合，採種する枝を開花中に印をつけておくとよい。このような例はサツキの咲き分ける品種や，ハナウメの‘オモイノママ’と同じである。江戸時代からの有名種で古文書に説明がある。『大和本草』（宝永5年，1708）に「……八重の色紅に又白く或咲別け或は飛入ありて紅白なるをカラの書に金銀桃と云国俗之を江戸桃と云，又源平桃と云……」。『花譜』（元禄7年，1694）に「……日月桃は又金銀桃とも云ふ，倭俗に源平桃とも江戸桃とも云ふ，一枚のうちに紅花あり，白花あり，あるひは一花のうち紅白相まじれり八重あり……」などである。【近似種】花が同じの‘ゲンペイシダレ’と‘ゲンペイヤエホウキモモ’がある。似ている品種で‘キョウサラサ’といって，一重，花弁はゲンペイモモより細く，絞り咲のものがある。

493. モモ‘ザンセツシダレ’ 〔スモモ属〕

Prunus persica (L.) Batsh. ‘Pendula’

【系統】ハナモモの園芸品種。【分布】日本中で植栽される落葉低木。【用途】庭園樹，公園樹。【形態】八重白花の大輪，枝先までも花つきがよく，しだれのため枝先が地面につくように仕立てると，満開時には枝も幹も見えなくなり全体が白くおおわれて雪が積もったようである。開花期は最も遅く，他のモモが咲き終わった4月上～中旬になり，周囲緑を増しその中で白い塊のように咲く様子は，残雪を思わせる。枝もがくも緑色，樹勢は強く，樹高は5m 程度までにもなる。【植栽】ハナモモも実モモと同じくふつうではさし木が不可能で，繁殖は接木による。実生は親と同形質のものが得られないため原則として行わない。しかし箒性，ヤグチ系，カンパクなどの古くからある品種では，親とかなり同形質のものが出現する。接木台木は野モモを用いるが，切花生産者はヤグチ系やカンパクなどの種子を利用している。この場合，カンパクの台木に‘ヤグチ’を接木すると切花の花色が悪くなるといわれるが，確実なところは不明である。種子は8～9月に完熟した果実をとり，少し果肉を腐らせてからよく果肉を洗い落とし，乾燥しないように貯蔵し，2月下旬頃播種し，5月上旬頃，本葉6～7枚のとき移植し，育成して8～9月の芽接ぎ台または翌春の切接ぎ台として用いる。最近実モモの矮化台としてのユスラウメも利用される。

494. モモ‘ハゴロモシダレ’ 〔スモモ属〕

Prunus persica (L.) Batsh. ‘Rubro-pendula’

【系統】ハナモモの園芸品種。【分布】日本全土で植栽される落葉低木。【用途】庭園樹，公園樹。【形態】4月上旬に濃い桃色の大輪八重咲花をつける。樹勢強く，放置しておくと樹形が乱れるので，四方にしだれるように支柱を立て枝を誘引する。【管理】ハナモモを公園樹，庭園樹とする場合とくに肥料を施すことはないが，切花種は，枝切りした年に寒肥を1回施すだけでよい。病害虫では，食用モモより抵抗力があるようであるが，発生するものは同じである。コスカシバは，最もやっかいな害虫で樹勢が衰え，幹から樹脂が出て非常に見苦しくなる。4～5月に樹脂の出ている個所を削って幼虫を捕殺する。葉を輪状に食害するモモハモグリガも多く，エカキムシともいわれる。葉を縦に巻くモモアカアブラムシなどがよく発生する。病気では，縮葉病，穿孔性細菌病，炭そ病が多い。【近似種】しだれ性の品種には，‘サガミシダレ’，‘ゲンペイシダレ’，‘キョウサラサ’がある。‘サガミシダレ’はハナモモ中最も色濃く紅色で，大輪八重，樹形は大形になり，古い品種で，公園や庭園によく植えられている。‘ゲンペイシダレ’は桃白色八重の咲き分けるゲンペイモモのしだれ性品種。‘キョウサラサ’は桃白色一重の咲き分けで花弁に絞りの入るもの。

495. モモ‘カラモモ’（アメントウ）〔スモモ属〕
Prunus persica (L.) Batsh. 'Densa'

【系統】ハナモモの園芸品種。【分布】日本全土で植栽される落葉小低木。【用途】鉢物，庭園樹，公園樹。【形態】矮性で高さ 1m 程度で，樹形は円形になり，色は桃，赤，白，白に桃の絞りと，一重と八重とがある。接木1年目からでもよく花をつけるので鉢物として市場に出されている。一般にはアメントウと呼ばれるが，関西では「紅南京」「白南京」「絞り南京」といっている。1本の木で白花と赤花の咲いているものは，1本の台木に2種接木したものである。他の植木に比べ寿命が短く，鉢の場合5~6年が限度である。【管理】高性のハナモモでも鉢物として楽しむことができる。ふつうの苗木を6号鉢に鉢植えし，30~40cm に切りつめ，肥料をひかえ，短枝を出させるとその年に花芽をつける。しだれ性の品種やオヒョウモモが適する。そのほか昔から，錨（いかり）作りという鉢作りがある。接木してのびてきた新梢の基部に，7月頃，枝の固まらないときに模様をつけた苗木を作り，春に鉢に植え 4~50cm に切りつめ，若い枝を針金でしだれさせる。その年に花芽をつける。この鉢作りはゲンペイ，カンヒ，キクモモ，カンパク，ヤグチ系のような普通種に適応し，矮性種，しだれ種や箒性のモモには不都合である。実モモ用として外国から導入された矮性種のボナンザなども果実を楽しめるが，着果が多いときは 3~5 個に摘果してやる。

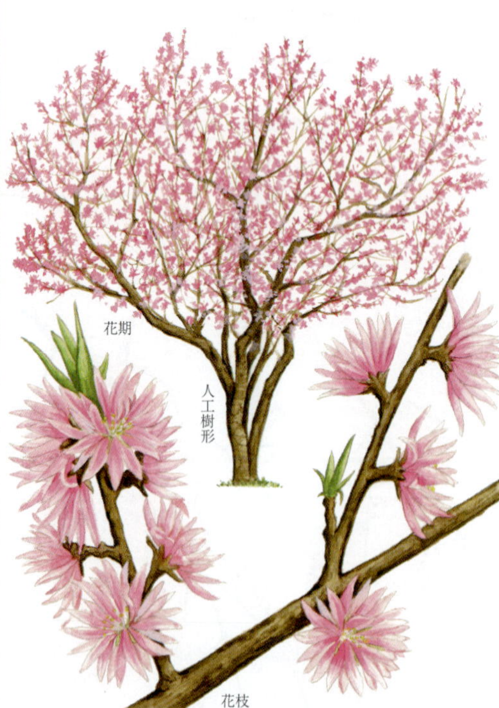

496. モモ‘キクモモ’（ケモモ，イシモモ，ゲンジグルマ）〔スモモ属〕
Prunus persica (L.) Batsh. 'Stellata'

【系統】ハナモモの園芸品種。【分布】日本全土で植栽される落葉低木。【用途】庭園樹，公園樹，鉢物。【形態】濃桃色で花弁が細く数10枚ある八重咲の花が特徴で，花を見れば他品種と容易に区別できる。葉，枝などは花ほど特徴はないが，枝ぶりは細く，あまり張り出さないでまとまった樹形となる。八重咲の花弁は雄しべが弁化したものでなく，1枚の花弁が分かれて細くなったようである。雌しべも完全で結実する。花つきは枝先までよくつき，満開時には枝が見えないようになる。開花期は4月中~下旬で約10日間ぐらい観賞できる。【学名】園芸品種名 'Stellata' は星状の，の意味。ハナモモの種形容語 *persica* はペルシャの，の意味で，中国が原産地であるにもかかわらずペルシャ産となっているが，ヨーロッパの学者の誤認とされている。中国ではモモは邪気を払うといわれ，武陵桃源など伝説もあり，日本では平安時代にモモの花と3月の節句が組み合わされた。

497. モモ‘ホウキモモ’ 〔スモモ属〕
Prunus persica (L.) Batsh. ‘Pyramidalis’

【系統】ハナモモの園芸品種。【分布】日本全土で植栽される落葉低木。【用途】庭園樹，公園樹。【形態】樹形がポプラに似て直立した細長い紡錘形をしており，細い枝を多く出し，その形がヒユ科のホウキギで作った草ほうきに似ている。花はゲンペイモモと同じで桃色と白色の咲き分けの八重で，花のみを見ただけでは区別がつかない。1本の木でも自家受粉するため結実する。その種子をまけば親と同形質の苗が得られる。【管理】風の強い所では，樹高が高くなると途中で折れることがある。昔からあり，『本草図譜』（文政10年，1827）にも記載されている。【近似種】ハナモモは江戸時代前期にかなりの品種が作出されたと思われるが，これらの品種は，神奈川県園試相模原分場での調査によると，自殖，採種して育成すると親品種と同形質のものが出現するため，異品種の交配によるものでなく，突然発見された固有の品種であると考えられている。そのほか，古い植木産地である安行地帯に‘ナラヤマ（楢山）’（花濃紅色），‘クロカワ（黒皮）’（濃紅色，枝横向き），‘アツザワ（厚沢）’（濃桃色，大輪で紅桃ともいう），‘トクマル（徳丸）’（白花）などがあったが，現在は見られなくなった。花は一重桃色であるが葉が赤紫色をした‘モミジモモ（紅葉桃）’，枝がうねる‘ウンリュウモモ（雲竜桃）’もある。

498. ヘントウ（アーモンド，アメンドウ）〔スモモ属〕
Prunus communis (L.) Fritsch

【原産地】西アジア。【分布】ヨーロッパ，地中海沿岸地帯，米国カリフォルニア。日本には明治初年導入されたが，普及せず，暖地でわずか栽培されているにすぎない。【自然環境】温暖な気候を好む落葉小高木。【用途】甘味種と苦味種があり，前者は種子を食用とし，苦味種は薬用とする。【形態】樹皮は灰褐色で，葉はふつう卵状披針形かまたは長披針形，光沢がある。花は1～2花腋生し，白色または淡紅色で大形。葉より先に出る。果実は楕円形，扁平，果肉は薄く，熟すと裂開する。【特性】耐寒性小。開花期が早く晩霜の被害が多く，このような所では栽培不適。【植栽】繁殖は接木による。台木はふつう苦味種アーモンドを用いるが，モモ，スモモも台木として使用できる。土壌をあまり選ばないが，土壌深く透水性のよい所がよい。停滞水を最も嫌うから排水に留意する必要がある。植栽距離は10aあたり約15本。【管理】樹の支立て方は開心自然形。アーモンドは自家不稔性のものが多いので，授粉樹の混植を必要とする。施肥その他の管理はモモに準ずる。収穫は外果皮が裂開し始めたとき，棒で落とし集める。核は十分日干しし，イオウで仁が黄変するまでくん蒸する。【学名】種形容語 *communis* はふつうの，という意味。

499. ニワウメ（リンショウバイ，コウメ）〔スモモ属〕
Prunus japonica Thunb.

【原産地】中国北部・中部，東アジア。【分布】日本全土，世界温帯各地に植栽されている。【自然環境】耐寒力強く，日あたりを好み乾燥地を嫌う落葉小低木。【用途】鉢物，切花。【形態】地ぎわより細い枝を出し株立ちとなり，上部で分枝する。枝幹は細く，若枝に微毛があり，のちに褐色となり，樹皮が薄くはがれる。葉は卵状披針形，短葉柄，細かい重鋸歯があり，表面無毛，裏面の葉脈上にわずかに毛がある。花芽は8月中旬から10月上旬に当年生の各腋芽の芽鱗に分化し，頂芽は葉芽となる。3〜4月に開花，両性花でよく結実する。花は各節に2〜3花，淡紅色または白色，蕾のうちは先端が紅色だが，開花が進むと白色となる。一重，5花弁，多数の雄しべがある。果実は球形，紅色。【植栽】繁殖は株分けによるが，そのほか根伏せ，実生もできる。さし木は活着のよいほうではない。株分けは2月下旬頃行う。【管理】庭木にはあまり用いられない。切花は親株を育成しておき，おもに促成して2〜3月に出荷する。鉢物として曲げ木作りが昔から行われ，枝に針金を巻いて曲げる。病害虫の心配はいらない。【学名】種形容語 *japonica* は日本の，の意味。

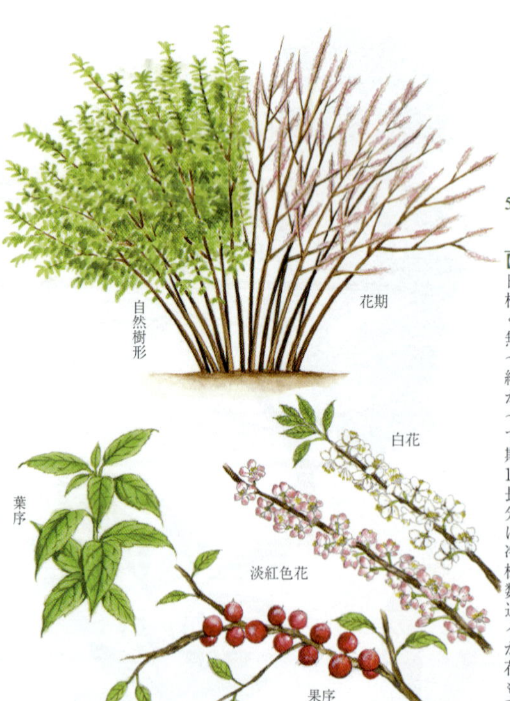

500. ニワザクラ（ヒトエニワザクラ，リンショウバイ）〔スモモ属〕
Prunus glandulosa Thunb.

【原産地】中国。【分布】中国中部から北部山東省。日本での栽培は広い。【用途】観賞用に庭園などに植栽。果実は食用。【形態】落葉低木で，高さ1.5mぐらいのそう生となり，幹にならず，小枝は平滑，無毛で，葉は卵状長楕円形か長楕円形で，長さ5〜6cm，先端はとがり基部はくさび形となる。辺縁には鋸歯があり，葉裏は無毛だが，葉脈に毛がわずかにある。葉柄は0.4cmぐらい。花は1〜2花を節々に咲かせ，花色は淡紅色から白色まで個体により差があり，花柄は1cmあまり，花期は4月。結実は6月で果実は球状，直径1〜1.2cmぐらい。【特性】適湿地で耐寒性があり，生長もよい，土質は砂質壌土または壌土。【植栽】株分け，さし木，実生などで繁殖し，暑さと乾燥には弱いので夏は日よけして育苗する。実生は冷蔵処理して発芽を早めることができる。【管理】株が大株になる場合は株分けを行うか，株を少数にしてせん定をする。施肥は寒肥と，花後の追肥をする。【近似種】園芸品種にはリンショウバイ‘Rosea’があり，花色が淡紅色の八重と一重がある。ほかにニワザクラ‘Alboplena’があり，花は八重で白花の品種。雄しべが現れず，結実もしない。ホソバニワウメ‘Sinensis’の花は八重咲で花色が紅色の品種。ニワウメは中国原産で湖北から福建，広東に分布する落葉小低木。

501. ユスラウメ 〔スモモ属〕

Prunus tomentosa Thunb.

【原産地】中国華北地方。【分布】中国，朝鮮半島，日本。日本には17世紀以前に渡来したという。【自然環境】冷涼な気候を好む落葉低木。【用途】果実を生食する。日本では主として観賞用として庭に植えられている。【形態】幹は細く開張性。葉は互生し，倒卵形で先端がとがる。粗鋸歯縁。葉の表面に細毛をしき，裏面にはちぢれた毛が密生している。花は2年生の枝の葉腋に単生または双生，春に葉より先にあるいは同時に開く。白色または淡紅色。果実は核果，球形小形，わずかに毛がある。紅色で，果汁は酸味がある。【特性】耐寒性大。【植栽】繁殖は株分け，接木による。植付けは春の萌芽以前に行う。12月が適期。【管理】せん定を強く行うと花，果実のつきが減少するから軽く行う。施肥は秋末から冬期中，堆肥または緩効性の肥料を施す。【学名】種形容語 *tomentosa* は綿毛のあるという意味。ユスラウメは日本では，観賞用として庭に植えているにすぎないが，中国では市場性のある果樹として多く植えられている。ユスラウメのユスラは中国，朝鮮半島でのイスラ，移植するということからきているという説がある。

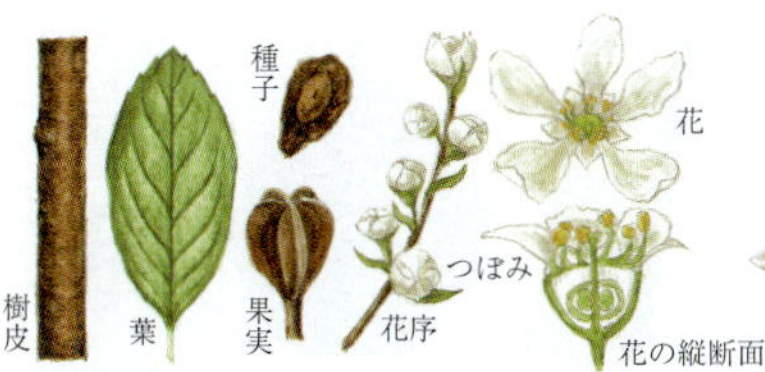

502. リキュウバイ

（ウメザキウツギ，マルバヤナギザクラ，バイカシモツケ）

〔ヤナギザクラ属〕

Exochorda racemosa (Lindl.) Rehder

【原産地】中国。【自然環境】日本では各地の庭園，公園に栽培される落葉低木。【用途】庭園樹，切花。【形態】株立ち状となり高さ2～4mになる。樹皮は灰褐色で，縦にふぞろいに裂けて落ち，あとは赤褐色になる。葉は有柄で互生し，楕円形または狭倒卵形の円頭で長さ3～8cmほど，上部にだけ鋸歯があり，基部は広いくさび形，葉質は薄く両面が無毛で，裏面は粉白色を帯びる。4～5月，本年の枝の先に総状花序をつけ，純白色で径3～4cmの5弁の花を6～10個開く。花弁は倒卵形で，基部は急に狭くなる。雄しべは15～25本。果実は倒卵形で5稜あり，長さ1～1.2cm，秋に熟すと5裂開し，中から翼のある種子を出す。欧米では広く栽培されているが，日本ではまだあまり普及していない。【特性】日あたり，水はけのよい適潤で肥沃な砂質壌土を好む。【植栽】繁殖は実生，さし木，接木，取り木によるが，さし木がふつうに行われ，新枝を7月頃さすとよい。【管理】萌芽力もあり，せん定もできるが，徒長枝などを切る程度にする。移植の適期は3月の開葉前である。肥料は寒肥として堆肥，油かす，化成肥料などを与える。【学名】種形容語 *racemosa* は総状花序の，という意味。ウメザキウツギの和名は花の形に基づく。最近はリキュウバイ（利久梅）の名のほうが一般的である。

503. ヤマブキ 〔ヤマブキ属〕

Kerria japonica (L.) DC.

【分布】北海道南部，本州，四国，九州。**【自然環境】**山地の谷川ぞいなどの適湿地を好んで自生し，また広く人家などに植えられている落葉低木。**【用途】**庭園樹として古くから植栽されている。公園でも風致を作る下木として植えられ，日陰地を明るくする効果がある。**【形態】**主幹はなく，株立ちとなる。高さ 2m。幹枝は細く緑色，老成して褐色木質となる。葉は互生，有柄で，葉身は卵形または狭卵形で先は長鋭尖頭をしている。長さ 3〜7cm，幅 2〜3.5cm，葉縁には欠刻状重鋸歯がある。上面は鮮緑色，下面は淡色をしている。花は 4〜5 月，小枝端に径 3〜5cm の黄色の 5 弁花を単生する。八重花もある。果実は 9 月成熟，卵球形，扁半形で長さ 0.2cm，4〜5 個つく。**【特性】**水湿に富む肥沃地を好む。生長は早い。**【植栽】**繁殖は実生性およびさし木，株分けによる。**【管理】**とくに必要ないが，一定の場所以外から出ている枝は早めにとる。3〜4 年くらいで切り取り更新してやると樹勢を保つ。強いせん定は花の終わった直後に行う。施肥は 1〜2 月頃，株のまわりに寒肥として堆肥，落葉などを埋めてやる。病害虫はとくにない。**【近似種】**シロバナヤマブキ f. *albescens* (Makino ex Koidz.) Ohwi は花は白色であるが，淡黄色を帯び，径 3〜4cm でヤマブキより小形。**【学名】**種形容語 *japonica* は日本の，の意味。

504. シロヤマブキ 〔シロヤマブキ属〕

Rhodotypos scandens (Thunb.) Makino

【分布】日本の中国地方，瀬戸内海側にまれに野生する。朝鮮半島，中国。**【自然環境】**向陽地，半日陰地の保水性のある土地を好んで生育している落葉低木。**【用途】**庭園の下木，野趣的で風致的な景観とされる場所に群植する。**【形態】**幹はそう生する。高さ 1〜2m。樹皮は帯褐色で無毛。枝は無毛で対生し開出する。葉は対生し，短柄，葉身は卵形，鋭尖で長さ 4〜8cm，縁には鋭い重鋸歯がある。上面は深緑色，しわがあり葉脈はへこむ。下面は淡緑色で絹毛がある。葉脈は突出する。托葉は線形，白色で脱落性である。花は 4〜5 月，新梢の先端に白色花を単生する。花弁は 4 片，広円形で花径は 3〜4cm，雄しべは短く多数つく。果実は 8 月成熟，1 花に 4 個を標準とする。果実はほぼ楕円体で，径 0.5〜0.7cm，種子は白色で 1 個入っている。**【特性】**湿り気のある土壌を好み，乾燥地を嫌う。生長は早い。**【植栽】**繁殖は秋に採りまきしても春に播種してもよく発芽する。さし木は早春に行う。**【管理】**ほとんど必要ないが，飛び枝，混みすぎ枝の枝抜きを行う。また株が古くなったら地ぎわから切り更新してやる。害虫には，葉裏につくハダニがある。**【近似種】**ヤマブキは葉が互生し，花弁 5 枚，がく片も 5 枚である。**【学名】**種形容語 *scandens* はよじ登る性質の，の意味。

505. ニワナナカマド（チンバイ）

〔ホザキナナカマド属〕

Sorbaria kirilowii (Regel) Maxim.

【原産地】中国北部。**【自然環境】**庭木としてさかんに植えられている落葉低木。**【用途】**庭園樹，切花。**【形態】**根もとから小枝を多く出してそう生し，高さ3〜4mになる。地下にはう枝を出して新しい株をつくる。葉は奇数羽状複葉で互生する。小葉は披針形で，先端は鋭くとがっており，縁には内曲する鋸歯をもっている。葉の裏面の中肋基部に毛があるほかは全株無毛である。7〜9月頃，新枝の先に扁平な円錐花序を出し，白色5弁の花を多数開く。花径は0.4〜0.7cmほど。花序や花柄も無毛である。雄しべは多数ある。袋果は円柱形で無毛。**【特性】**樹勢は強く，向陽地であれば土性を選ばずよく育つ。かなり耐寒性もある。**【植栽】**繁殖はさし木，株分け，実生などによる。さし木は落葉期になったら，1年枝を20cmぐらいに切ってさすとよい。株分けは秋に地ぎわから出ているひこばえを切り取り分ける。若木の生長はよい。**【管理】**萌芽力があるので，花後と開葉前にせん定して樹形を整える。移植は容易で，寒暑の時期を除けばいつでもよい。肥料は寒肥として油かす，鶏ふん，化成肥料などを与える。病害虫は少ない。**【学名】**種形容語 *kirilowii* は採集家キリロフにちなむものである。

506. ホザキナナカマド〔ホザキナナカマド属〕

Sorbaria sorbifolia (L.) A.Braun

【分布】北海道，本州（北部），朝鮮半島，中国東北部。**【自然環境】**北国の山地にはえる落葉小高木。**【用途】**庭園樹。**【形態】**高さ5〜6mになり，根もとから多数の小枝を出して株立ちとなる。葉は奇数羽状複葉で互生し，長さ20〜30cmほどある。それぞれの小葉は披針形で，長さが3〜10cm，幅1〜3cm，先は鋭くとがり，基部は丸く無柄で，縁には重鋸歯があり，表面は無毛で裏面にやや堅い毛と星状毛がある。7〜8月，枝の先に大きな円錐花序を出し，小白花を多数つける。花序の枝には短毛を密生し，花柄は0.2〜0.5cmでやはり短毛を密生する。がく筒にも短毛が多い。がく片は5個，卵形で長さ0.1cmほど。花冠は0.8〜1cmある。花弁は5個，円形で長さ0.3cm。雄しべは多数あり，花の2倍くらいの長さがある。果実は長さ0.4cmで密毛がある。**【特性】**蛇紋岩地帯にも耐えてはえる。**【植栽】**繁殖はさし木，株分け，実生による。**【管理】**萌芽力があるので3月と7月頃，せん定をして樹形を整える。**【近似種】**花時にも葉の裏面に星状毛のごく少ないものをエゾホザキナナカマド f. *incerta* (C.K.Schneid.) Kitag. という。**【学名】**種形容語 *sorbifolia* はナナカマド属 *Sorbus* に似た葉という意味。

507. シモツケ（キシモツケ）〔シモツケ属〕

Spiraea japonica L.f.

【分布】本州，四国，九州，朝鮮半島，中国。【自然環境】山地や原野の日あたりのよい場所にはえる落葉低木。【用途】庭園樹，鉢植え，切花。【生態】主幹はなく株立ち状となり，高さ1mほどになる。葉は0.2～0.3cmの葉柄があって互生する。葉身は長楕円形または広披針形で，長さ3～9cm，幅2～3cm，裏面はやや白く，縁には重鋸歯がある。葉脈は表面でへこみ，裏面で突出する。6～8月，新枝の先に複散房花序を出し，淡紅色で小さな花を群がってつける。花径は0.3～0.6cm，一種の香りがある。がくは花柄とともに毛があり，裂片は5個，卵形でうしろにそり返る。花弁は広卵形から円形で長さ0.2～0.3cm，無毛で平開する。雄しべは多数，花弁よりはるかに長く，葯は白色。果実は袋果で長さ0.2～0.3cm，無毛で光沢がある。【特性】樹勢強くどこでもよく育つが，日あたりのよい乾燥地を好む。変異が多く，変種，品種が多い。【植栽】繁殖は実生，さし木，株分けによる。さし木は開葉前か梅雨期にさす。株分けは簡単である。生長は早い。【管理】移植は容易で，寒暑の時期を除けばいつでもできる。病害虫は少ないが，ウドンコ病にかかることがある。【学名】種形容語 *japonica* は日本の，の意味。和名シモツケは下野の国（栃木県）で最初に見つけられたことによる。

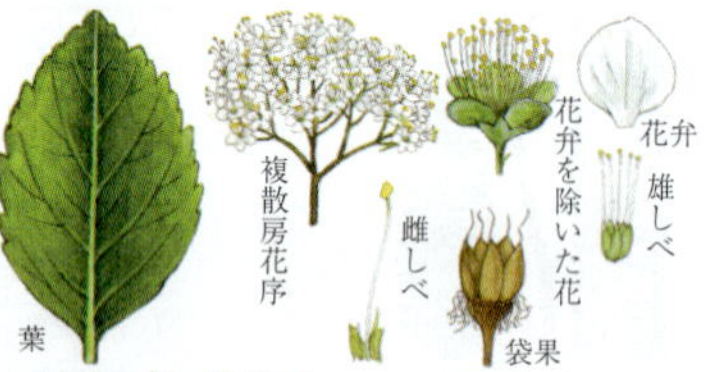

508. マルバシモツケ〔シモツケ属〕

Spiraea betulifolia Pall. var. *betulifolia*

【分布】本州（栃木県，茨城県以北），北海道，千島，サハリン，カムチャツカ，シベリア東部。【自然環境】高山の日あたりのよい所や山地の岩礫地にはえる落葉低木。【用途】ふつう栽培されないが，ロックガーデンには好適な植物である。【形態】茎はそう生し，下部からよく枝分かれして高さ10～100cmになる。茎は赤褐色で，ときに稜角があり，古くなると灰色を帯び，樹皮は縦に裂ける。葉は短い柄があって互生し，広卵形または円形で先は丸く，長さ1.5～5cm，幅1～4cm，上部に鈍鋸歯があり，表面はやや白色を帯び葉脈が隆起する。6～7月の頃，枝先に複散房花序を出し，径0.7cmほどの白花を密集して開く。花序は径2.5～5cmほどあり，花序の枝は花柄，がくとともに無毛。花柄は長さ0.3～0.5cmぐらい。がく片は5個，三角形で長さ0.1cm内外，花弁は5個，長さ0.2cmほどで平開する。雄しべは5個。袋果は5個，直立して並ぶ。【特性】蛇紋岩地域や安山岩地域にも耐えてはえ，しばしば群生することがある。【近似種】変異の多い植物である。北海道からシベリアを経て北米東部にまで分布する変種のエゾノマルバシモツケ var. *aemiliana* (C.K.Schneid.) Koidz. は高さ10～30cm，葉が小さく，1.5～2.5cmで裏面は緑白色となり，若枝，花序，がくに短毛がある。【学名】種形容語 *betulifolia* はカバノキ属のような葉の，の意味。

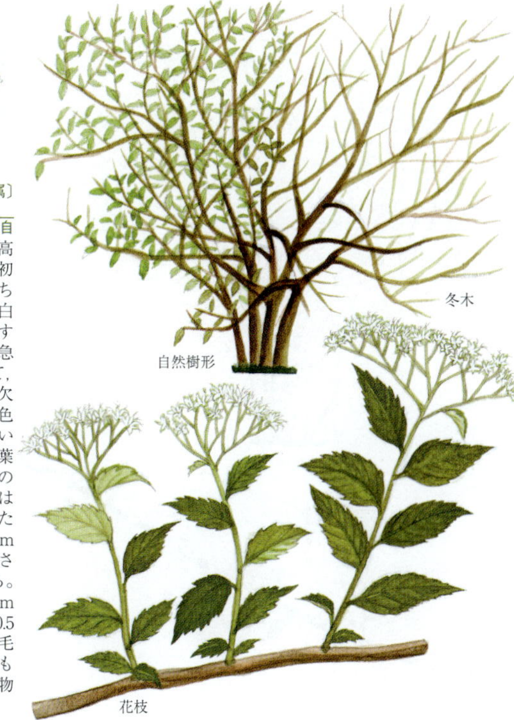

509. エゾノシロバナシモツケ　〔シモツケ属〕

Spiraea miyabei Koidz.

【分布】本州（北部），北海道（西部），朝鮮半島。【自然環境】北国の山地に生育する落葉低木。【形態】高さ1mぐらいになる。若枝には稜角があり，初めのうちは赤褐色の曲がった毛があるが，のち無毛となる。よく枝分かれし，古くなると灰白色となって縦に裂ける。葉は柄があって互生する。葉身は広披針形または狭卵形で，先端は急にとがり，基部は丸いか広いくさび形となって，長さ3～8cm，幅1～3cmほど，基部を除いて欠刻状の鋭い重鋸歯がある。質は薄く，両面同色で，表面に毛がなく，裏面の中肋の基部に近い部分および縁辺に白軟毛をまばらにつける。葉柄は長さ0.3～0.6cmほど。6月頃，本年の枝の先に径0.8cm内外の小白花を多数開く。花序は径5cmほどあり，花柄とともに曲がった毛がたくさんはえている。花柄は細く，長さ0.3～0.7cmぐらいある。がく片は5個あり，三角形で長さ0.1cmほど，縁には毛があり，先は鈍頭となる。花弁は5個あり，円形で短毛を密生し，長さ0.2cmぐらい。雄しべは多数あり，花糸は無毛で長さ0.5～0.8cmほど。袋果は5個，長さ0.2cmで，短毛を密生する。【特性】蛇紋岩地帯や石灰岩地帯にも耐えて生育する。【学名】種形容語 *miyabei* は植物学者宮部金吾にちなむ。

510. ユキヤナギ　〔シモツケ属〕

Spiraea thunbergii Siebold ex Blume

【分布】本州（関東以西），九州，中国（中西部）。【自然環境】川岸の岩の上などによくはえる落葉低木。【用途】庭園樹，切花。【形態】株立ち状となり，高さ1～2mになる。茎は細く，斜上するか弓状に曲がり，若枝は縦すじがある。葉は短柄があり互生して数多くつく。葉身は狭披針形で先は鋭くとがり，基部はくさび形で長さ2～3cm，幅0.5～0.7cmほど。両面無毛で縁には鋭い鋸歯がある。4月頃，新葉が出ると同時に，前年枝に白色の小花が2～7個ずつ固まって開く。花径は0.8～1cmほど。がく片は5個で広卵形。花弁は5個，倒卵形で平開し，長さ0.4～0.5cm。雄しべは20個ほど，雌しべは5本ある。袋果は長さ0.3cmぐらい。【特性】樹勢は強く，日あたりがよく排水のよい所なら土性を選ばずよく育つ。耐寒性もあり，東北地方などでもよく育つ。切花用に花の促成栽培も行われている。【植栽】繁殖はさし木，株分けによる。どちらも3月頃に行うとよい。【管理】あまり強いせん定はせず，開花後に切り透かして地ぎわから新枝を出させ，古い枝を取り除くぐらいにする。移植は容易で3月頃がよい。病害虫も少ない。肥料は寒肥として油かす，化成肥料などを施す。【学名】種形容語 *thunbergii* はスウェーデンの植物学者C.P. チュンベルクの名による。ユキヤナギの和名は花が雪を思わせ，葉が柳に似ていることによる。

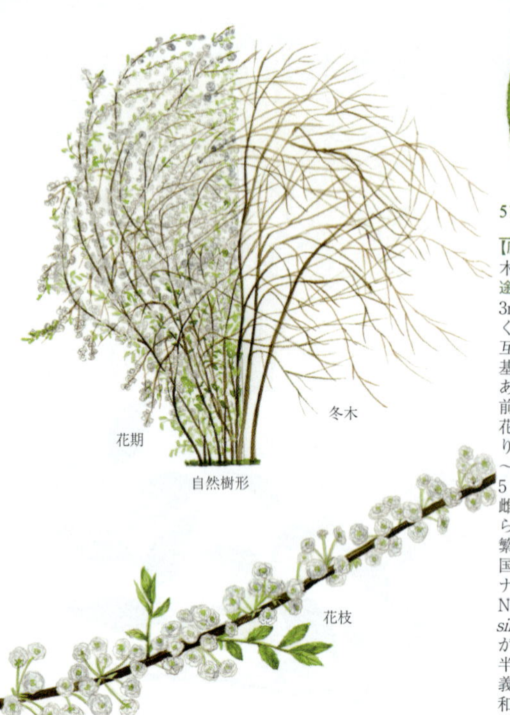

511. シジミバナ 〔シモツケ属〕

Spiraea prunifolia Siebold et Zucc.

【原産地】中国。【自然環境】古くに日本に渡来し，花木として庭園などに植えられている落葉低木。【用途】庭園樹，切花。【形態】茎はそう生し，高さ1～3mになる。若枝は褐色で短毛があるが稜角はなく，古くなると灰黒色になる。葉は短柄をもち互生する。葉身は卵状楕円形で先は鈍頭となり，基部はくさび形で長さ2～3.5cm，両面に軟毛があり，中央部以上に細かい鋸歯がある。4月頃，前年枝の葉腋から散形花序を出し，3～10個の白花を開く。花は八重咲でやや平たい小球状となり，径0.8cmほど。花柄は細く軟毛があり，長さ1.5～3cm，基部に楕円形の苞が数個ある。がく片は5裂し，裂片は卵形。雄しべは花弁状に変化し，雌しべは発達しない。【特性】日あたりのよい所なら乾湿を問わず，土性も選ばずよく育つ。【植栽】繁殖はさし木，株分けによる。【近似種】台湾，中国中部産のものに花が5弁のタイワンシジミバナ var. *prunifolia* f. *pseudoprunifolia* (Hayata ex Nakai) Kitam. がある。ヒトエノシジミバナ var. *simpliciflora* (Nakai) Nakai は花が白色5弁で，葉が大きく，長さ4～4.5cmの楕円形であり，朝鮮半島原産である。【学名】種形容語 *prunifolia* は広義のサクラ属 *Prunus* のような葉の，という意味。和名シジミバナは，白色八重咲の花をシジミ貝の内臓に見立てたものといわれる。

512. コデマリ 〔シモツケ属〕

Spiraea cantoniensis Lour.

【原産地】中国中部。【自然環境】古くから日本に渡来し，ごくふつうに各地に栽培されている落葉低木。【用途】庭園樹，切花。【形態】主幹なく株立ち状となり，高さ1～2mになる。茎は細く先端はやや垂れ下がる傾向がある。葉は有柄で互生し，葉身は披針形または長楕円形で長さ2～4cm，幅0.8～1cm，先はとがり，基部はくさび形でしだいに狭くなって葉柄に続く。両面とも無毛で，裏面は白色を帯び，中央部以上に鈍鋸歯がある。葉柄は長さ0.2～0.6cm。4～5月，本年の枝の先に散房花序を出し，径1cmほどの多数の白花を固まってつける。花序は径2.5～3cm，花柄は長さ0.8～1.2cm，がく片は5個で長さ0.15cm。花弁は5個，円形で長さ0.4cmほど。雄しべは25個ぐらい。雌しべは5個，袋果は5個あり，緑褐色に熟して内側から割れる。【特性】日あたりのよい肥沃な土地がよいが，ふつうの土壌ならどこでも育つ。【植栽】繁殖はさし木，株分けによる。さし木は開葉前か梅雨期にさすとよく活着する。生長はよい。【管理】移植は容易で，寒暑のとき以外はいつでもよい。病害虫はほとんどない。【学名】種形容語 *cantoniensis* は中国広東産の，という意味。和名コデマリは手まり状になって枝の上に並ぶ花の集まりに由来する。

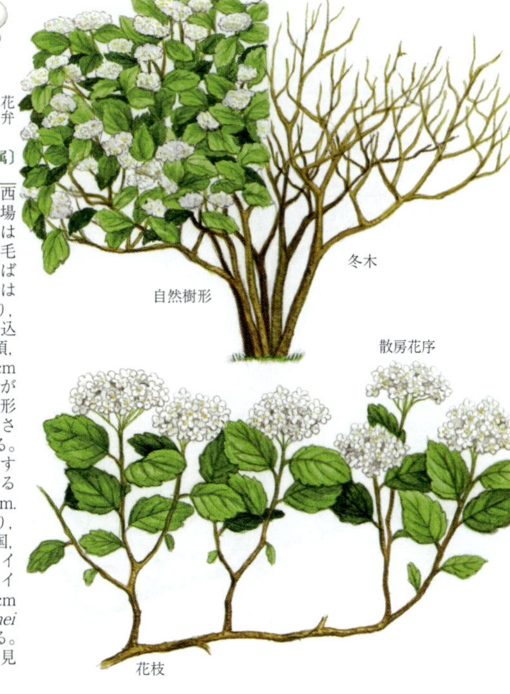

513. イワガサ 〔シモツケ属〕

Spiraea blumei G.Don

【分布】本州（近畿以西），四国，九州，中国（中西部）。【自然環境】日あたりのよい山地や海岸の岩場などにはえる落葉低木。【用途】庭園樹。【形態】茎は株立ちとなり，高さ1～1.5mになる。全株は無毛であるが，若枝には褐色の微毛があり，茎は角ばらない。葉は有柄で互生する。葉身は卵形または広卵形で先端は丸く，基部は広いくさび形となり，長さ2～4cm，上半部の縁にはふぞろいの切れ込み状の鋸歯がある。葉柄は長さ0.3～0.7cm。5月頃，本年枝の先に円頭の短い散房花序を出し，径0.7cm内外の白花を多数つける。花序は径2～4cm。がく片5個，三角形で長さ0.1cm。花弁5個，円形で長さ0.15～0.3cm。雄しべは20個。袋果は長さ0.2cmくらい。【特性】蛇紋岩地帯にも耐えてはえる。【植栽】繁殖は株分けとさし木による。3月末にさすとよく活着する。【近似種】葉がふつう3浅裂する品種にミツバイワガサ var. *obtusa* (Nakai) Sugim. がある。葉も大きく，葉身の長さは3～6cmあり，本州（福井県，兵庫県北部），対馬，朝鮮半島，中国，トルキスタン，シベリアなどに産する。コゴメイワガサ var. *blumei* f. *amabilis* (Koidz.) Sugim. はイワガサより葉が小さく，倒卵形で長さ0.7～1.7cmほど，鹿児島県に産する。【学名】種形容語 *blumei* はオランダの分類学者K.L.ブルームの名による。和名イワガサは岩場にはえ，花序が傘のように見えることによる。

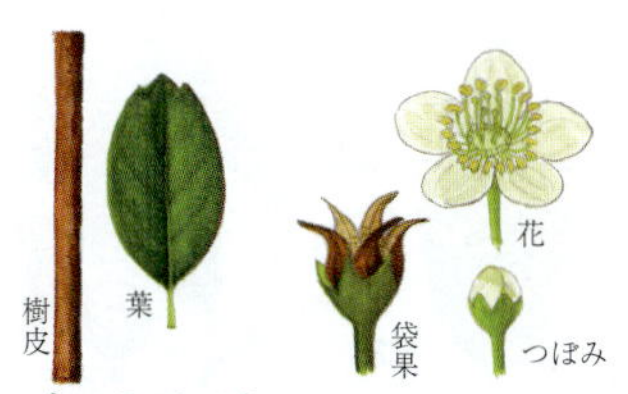

514. イワシモツケ 〔シモツケ属〕

Spiraea nipponica Maxim. var. *nipponica*

【分布】本州（近畿地方以東）。【自然環境】高い山地の日あたりのよい岩場などにはえる落葉低木。【用途】庭園樹，切花。【生態】茎はそう生し，高さ1～1.5mになる。さかんに枝分かれし，若枝の先は緑色であるが，まもなく褐色となり無毛，古い幹は灰黒紫色で小さいこぶ状の皮目が目立つ。葉は長さ0.2～0.8cmの柄があって互生する。葉身は楕円形または倒卵形で長さ1～4.5cm，上部に鈍鋸歯があり，両面無毛で裏面は粉白色を帯びる。5～6月，本年の枝の先に散房花序を出し，多数の小白花を群生して開く。花序は径3～3.5cm，花柄は0.6～1.2cm，ともに無毛。がく片は5個で卵状三角形，長さ0.1～0.15cm，花冠は開出し径0.7～1cm，花弁は5個，広倒卵形で長さ0.3～0.4cmほどあり，先はへこむ。雄しべは20本。袋果は無毛。【特性】蛇紋岩地域や石灰岩地域にも耐えて生育する。【植栽】繁殖は実生，さし木，株分けによる。さし木は開葉前か梅雨期にさす。【管理】日あたりのよい所なら土性を選ばず育つ。萌芽力もあり，せん定もできる。【近似種】葉の丸い品種にマルバイワシモツケ f. *rotundifolia* があり，和歌山県の蛇紋岩地帯の特産に葉が狭長楕円形から長楕円形になるキイシモツケ var. *ogawae* がある。【学名】種形容語 *nipponica* は本州の，の意味。

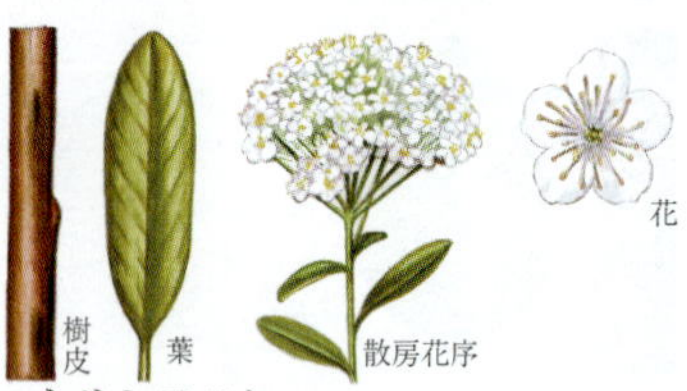

515. トサシモツケ　〔シモツケ属〕
Spiraea nipponica Maxim.
var. *tosaensis* (Yatabe) Makino

【分布】四国（高知県，徳島県）。【自然環境】日あたりのよい川岸の岩の上などにはえる落葉低木。【用途】観賞花木として庭に植える。【形態】茎は株立ちとなり，高さ 2m ぐらいになる。若枝は赤褐色，無毛で稜角があり，古くなると樹皮は縦に裂けて落ち灰黒色となる。葉は有柄で互生し，葉身は倒披針形で長さ 1.5～5cm，上部に鋸歯があり，洋紙質で裏面はやや灰白色となる。葉柄は 0.2～0.5cm ほど。5 月頃，本年の枝の先の散房花序に径 0.7cm 内外の白花を固まってつける。花序はがくとともに無毛で，径 2～3cm ばかり。がく片は 5 個で三角形。花弁は 5 個，円形で長さ 0.2cm ほど。雄しべは 20 個，袋果は直立し，長さ 0.3cm，宿存したがく片は立つ。【特性】樹勢強健で，土性を選ばずよく育つ。【植栽】繁殖はふつう株分け，さし木による。さし木は開葉前か梅雨期にさすとよく活着する。【管理】萌芽力もあり，せん定をしてもかまわないが弱くとどめ，自然に枝をのばしたほうがよく開花する。移植も容易で，夏の暑いときと寒中を除けばいつでもできる。肥料は寒肥として鶏ふん，油かす，化成肥料などを与えればよい。病害虫も少ない。【学名】和名トサシモツケは土佐産のシモツケの意味である。

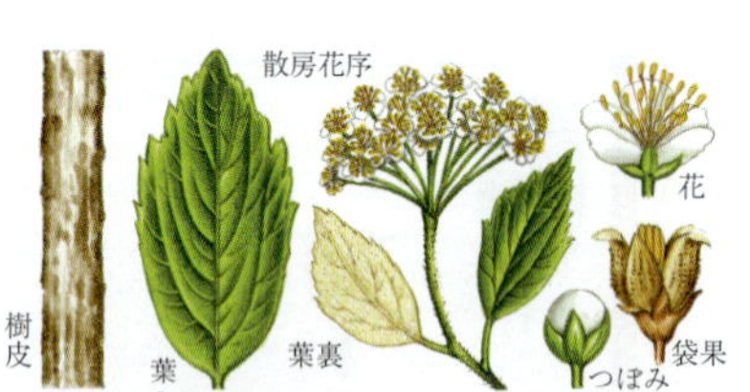

516. イブキシモツケ　〔シモツケ属〕
Spiraea dasyantha Bunge

【分布】本州（近畿地方以西），四国，九州，朝鮮半島，中国。【自然環境】山地の日あたりのよい岩礫地などにはえる落葉低木。【形態】茎はそう生し，高さ 1.5m ほどになる。ジグザグに曲がった枝はよく枝分かれし，若枝には短毛が密生して黄褐色となり，のちに樹皮は縦に裂けて落ち，こぶ状の皮目ができて，古くなると灰黒紫色となる。葉は有柄で互生し，葉身は卵形あるいは菱形状長楕円形で，先端はやや鈍くとがり，基部は広いくさび形で長さ 2.5～7cm ほど，縁には重鋸歯があり，しばしば浅く 3 裂する。葉質は堅く，表面は緑色で軟毛があり，裏面は淡緑色で軟毛をやや密生する。葉脈は表面でへこみ，裏面で網状に突出する。葉柄は 0.4～1.1cm で短い毛がある。5～6 月，本年の枝の先に平たい短い散房花序を出し，白色の小花を密に開く。花径は 0.7cm ほど。花序は径 0.25～0.35cm ぐらい。花柄は長さ 1cm ほどで，がく筒とともに短軟毛が多い。がく片は 5 個，三角形で長さ 0.1cm。花弁は 5 個，円形で長さ 0.2～0.3cm，雄しべは 20 個，花糸は長さ 0.25cm ある。袋果は長さ 0.2cm，がく裂片は宿存し，そり返らない。【特性】石灰岩，蛇紋岩，安山岩などの地域にもよく生育する。【学名】種形容語 *dasyantha* は粗毛のある花の，の意味。和名イブキシモツケは滋賀県伊吹山で最初に発見されたことに由来する。

517. エゾシモツケ　〔シモツケ属〕

Spiraea media F.W.Schmidt
var. *sericea* (Turcz.) Regel ex Maxim.

【分布】北海道，南千島，サハリン，カムチャツカ，朝鮮半島，中国東北部，蒙古。**【自然環境】**日あたりのよい山地にはえる落葉低木。**【形態】**茎は高さ1mぐらいになり，下部からよく枝分かれする。若枝は赤褐色で軟毛があり，わずかに稜角があるか，またはない。古くなると樹皮は縦に裂けて落ち，灰紫黒色になり，こぶ状の皮目が目につく。葉は短柄があって互生し，葉身は長楕円形または楕円形で鈍頭，基部は広いくさび形で長さ2〜4cm，幅0.6〜2cmほど，表面は緑色で軟毛があり，裏面はやや白色を帯び絹毛がはえ，葉の上部にだけ少数の鋭い鋸歯がある。葉柄は長さ0.1〜0.2cm。花は6〜7月に本年の枝の先に散房花序につくが，イブキシモツケのように先にだけ集まることはない。花序は径2〜3cm，がくとともに短毛がある。花柄は細く長く0.8〜1.5cmほど。がく片は5個，楕円形で円頭，長さ0.1cm，開花時にそり返る。花冠は白色で径0.5〜0.6cm，花弁は5個，広倒卵形で長さ0.15〜0.2cmぐらい。雄しべは20本，花糸は長さ0.3cmほど。袋果は長さ0.3cm，有毛で宿存がくはそり返る。**【特性】**蛇紋岩地帯にも耐えて生育する。**【近似種】**基本種ナガバシモツケは朝鮮半島，東ヨーロッパ，シベリアに産し，がく片がとがる。**【学名】**変種名*sericea*は絹毛状の，の意味。

518. アイズシモツケ　〔シモツケ属〕

Spiraea chamaedryfolia L.
var. *pilosa* (Nakai) H.Hara

【分布】北海道，本州（中部以北），九州（熊本県），朝鮮半島，中国東北部，ウスリー，アムール。**【自然環境】**山地にはえる落葉低木。**【用途】**庭園樹，切花。**【形態】**高さ2〜3mになる。若枝には稜角があり，褐色で短毛があるが，のち樹皮は縦に裂け，灰黒紫色になる。葉は有柄で互生し，葉身は狭卵形または広楕円形で先はとがり，基部は丸く長さ3〜5cmほど，縁には重鋸歯があり，両面軟毛がはえ，表面は緑色で裏面は淡緑色となる。葉柄は長さ0.6〜0.8cm。5〜6月，本年の枝の先に散房花序をつけ，径1cmほどの白花を多数開く。花序は径3cm，短毛がやや多い。花柄は1.1〜1.6cm。がく片は5個，広卵状三角形で短毛がある。花弁は円形で長さ0.4cmほど。雄しべは40個，花糸は長さ0.6cmぐらい。袋果は長さ0.3〜0.35cmで短毛を密生する。**【特性】**蛇紋岩地域や石灰岩地域にも耐えて生育する。適潤で日あたりのよい所でよく育つ。**【植栽】**繁殖は実生，さし木による。生長はやや早い。肥料は寒肥として油かす，化成肥料などを与えればよい。**【近似種】**基本種はヨーロッパに産し，花序の軸が長く2cm内外ある。アイズシモツケの花序の軸は1cm内外である。**【学名】**変種名*pilosa*は軟毛のある，の意味。和名アイズシモツケは最初に会津地方（福島県）で発見されたことに基づく。

519. ホザキシモツケ　〔シモツケ属〕
Spiraea salicifolia L.

【分布】本州（栃木県日光，長野県霧ヶ峰），北海道，千島，サハリン，カムチャツカ，朝鮮半島，中国東北部，蒙古，チベット，シベリア，ヨーロッパ。【自然環境】日あたりのよい山地の湿原などにはえる落葉低木。【用途】庭園樹。【形態】株立ちとなって直立し，高さ1～2mになる。茎の上部は枝分かれし，褐色の短毛がはえ，しばしば赤褐色となる。葉はごく短い柄があって互生する。葉身は楕円状披針形で先はとがり長さ5～8cm，幅1.5～2cmほど，縁には鋭い鋸歯がある。6～8月，茎の先に長さ6～15cmの円錐花序をつけ，淡紅色の小花を多数つける。花軸と花柄には毛が多い。がく片は5個で三角形，花弁は5個，円形で長さ0.15cmあり開出する。雄しべは多数あり，花弁の2倍ほどの長さがある。袋果は5個あり，長さ0.35cmほど。【特性】地下茎をのばして繁殖する性質がある。したがって広い面積に群生することがあり，美しい。【植栽】さし木，株分けがふつうであるが，実生もできる。さし木は開葉前か梅雨期に行う。【管理】せん定はしないほうがよい。【学名】種形容語 *salicifolia* はヤナギ属 *Salix* のような葉の，という意味。和名ホザキシモツケは他のシモツケ類の丸い花序に対して，本種は穂咲になることに由来する。

520. サンザシ　〔サンザシ属〕
Crataegus cuneata Siebold et Zucc.

【原産地】中国，蒙古原産。【分布】北海道，本州，四国。【自然環境】適湿の肥沃地を好む落葉低木。【用途】庭木として栽培。添景樹，花木として取り扱われる。果実は生食，薬用とする。【形態】樹高は通常1.5～2mになり，枝は分枝が多く，枝の変形した鋭いとげがある。若枝には短毛がある。葉は互生，有柄，葉身は倒卵状くさび形で鈍頭，長さ2.5～7cm，幅1～4cm，上縁に浅くまたは深く3～5裂し，鈍形の欠刻状鋸歯がある。上面は深緑色で少し有毛，ときに無毛，下面はやや多毛である。花は4～5月，散房花序に約1.5～2cmの白色5弁花を開く。雄しべは20，葯は赤い。花柱は5～6，果実は10月成熟，ほぼ球形で径1～2cm，紅熟する。種子は扁半月形で濃黒褐色，1果に4～6個入っている。【特性】向陽の肥沃地を好む。生長は早い。やや乾いた土壌を好む。萌芽力があり刈込みにも強い。移植も容易である。耐寒性がある。【植栽】繁殖はさし木と実生による。さし木は2月採穂し，さす。実生は秋に採種し，湿度ある冷蔵庫で越冬させて2月中旬に播種する。【管理】自然樹形を賞するが2～3年に1度，混みすぎ部分の枝抜きを行い，一定樹形の維持に努める。施肥は春に固形肥料を施す。害虫にはカイガラムシ，アブラムシがある。【近似種】セイヨウサンザシはとげが太く長い。若枝は無毛，葉はやや小形。【学名】種形容語 *cuneata* はくさび形，の意味。

521. **アカミサンザシ**（アカミホーソン）〔サンザシ属〕
Crataegus mollis Scheele

【原産地】米国。**【分布】**米国。**【自然環境】**冷涼な気候を好む落葉高木。**【用途】**観賞用として庭園に植栽されている。果実は生食せずジャムにする。**【形態】**枝に短くて強いとげがある。葉は倒卵形，重鋸歯縁，花は大形，紅色で美しい。花期は6月。果実は8月頃紅熟する。米国産サンザシ属の中で最も大きい。果実は熟すると直ちに落下する。種子は白く，オオミサンザシの種子は黒いので区別できる。**【特性】**樹勢は強く，耐寒性大。やせ地でもよく育つ。**【植栽】**繁殖は実生により春に播種する。果実のまま秋にとり，種子が乾燥すると発芽しなくなるので春まで土中に貯蔵する。秋，種子を取り出し砂と混ぜ，乾かないように土中に埋めておいてもよい。冬期，自然の寒さにあわせたほうが発芽はよいようである。**【管理】**春3〜4月に苗床に播種，土が乾かないよう適時かん水する。発芽後は周到に管理し，苗の育成をはかる。移植は苗の発芽前に行う。**【近似種】**サンザシ類は多くの種があり，とくに米国に多い。そのうちオオミサンザシは果樹として栽培されている唯一のもので，他は観賞用庭木として植栽されているにすぎない。**【学名】**属名 *Crataegus* はギリシャ語の kratos（力）と agein（持つ）の合成語。種形容語 *mollis* は軟毛のある，という意味。

522. **オオミサンザシ**〔サンザシ属〕
Crataegus pinnatifida Bunge var. *major* N.E.Br.

【原産地】中国原産のオオサンザシ（キレバサンザシ）*C. pinnatifida* Bunge をもとにした栽培種。**【分布】**中国河北省，山東省，東北地方，米国。日本ではほとんど栽培されていない。**【自然環境】**冷涼な気候を好む落葉小高木。**【用途】**果実を生食するほかジャム，乾果を作る。**【形態】**基本種は枝にとげがあるが栽培種はなく，樹冠は開張。葉は倒卵形で深い切れ込みがある。粗鋸歯縁。花は散房花序，淡紅色，果実は洋ナシ形で大形，暗紅色。**【特性】**樹勢強く，寒さややせ地に耐える。**【植栽】**繁殖は実生または接木による。台木はサンザシを用いる。排水のよい粘土質の土地がよい。**【管理】**萌芽力強く粗放栽培に耐え，一般に集約管理は行われていない。**【近似種】**サンザシ類は非常に数多く，北半球温帯に1000種以上ある。しかし果樹として栽培されているのはこのオオミサンザシのみで，他のいくつかは観賞用庭木として植えられているにすぎない。日本で庭木か盆栽にしているのは，サンザシで18世紀頃中国より渡来したものである。**【学名】**属名 *Crataegus* はギリシャ語の cratos（力）と agein（持つ）ということからきており，堅い木質をさしている。種形容語 *pinnatifida* は羽状中裂の，の意味で，変種名 *major* は大きい，という意味。

523. ヒトシベサンザシ（クラタエグス・モノギナ）
〔サンザシ属〕
Crataegus monogyna Jacq.

【原産地】ヨーロッパ，北アフリカ，西アジア，ヒマラヤの原産で，日本では明治末年から小石川植物園で栽培されている。【分布】北海道から九州まで植栽可能。【自然環境】英国ではきわめてふつうに植栽されている落葉小高木。【用途】庭園樹，公園樹。接木の台木とする。【形態】幹の高さは6～10mほど，樹皮は褐色で，短冊状のひびができる。とげは短い。葉は互生し，有柄，セイヨウサンザシに比べ，葉柄は細く，葉身は卵形で深く3～7裂し，長さ2～5cm，裂片はより狭く，先端は鋭くとがる。先端の縁に2～3の鋸歯がある。雌雄同株で，開花は5～6月頃。本年枝の枝先に白色の散房花序をつける。花の径は1.2cmぐらい。花柄およびがくには，ときに毛がある。花柱は1まれに2。果実は秋に赤熟し，卵形または球形で，直径2.4cmぐらい。披針形のがくが残る。種子は1個。【特性】陽樹。排水のよい適湿な肥沃地を好む。気候に対して適応性が高い。【植栽】繁殖は実生，接木による。実生は秋に採種し，乾燥しないようにして春まきする。発芽まで2～3年かかる。接木は春に切接ぎを行う。本種を接木の台木として多く用いる。【管理】強いせん定は開葉前に行い，生長期はあまり切りつめない。病害虫はカイガラムシ，ハダニ，アブラムシ。

524. セイヨウサンザシ
〔サンザシ属〕
Crataegus laevigata (Poir.) DC.

【原産地】ヨーロッパ，北アフリカ，西アジア。明治中期に日本に入る。【分布】北海道から九州まで植栽可能。【自然環境】ヨーロッパにふつうに見られる落葉低木または小高木。【用途】庭園樹，公園樹。果実を薬用に用いる。【形態】高さ4～8m，全体に無毛。枝は拡開して，小枝の変形した丈夫なとげがある。新枝も通常無毛。葉は互生，長柄がある。葉身は深緑色で卵形または広卵形，3～5羽状浅裂，基部は広いくさび形，裂片は鈍頭で上方にふぞろいの鋸歯がある。長さ1.5～5cm。葉柄の基部に1対の三日月形の膜質の托葉があるが，花が終わる頃には脱落する。雌雄同株で，開花は5月頃。枝の先に白色5弁の花を散房花序につける。花序は無毛，数個～10個の花をつけ，直径は1.5cm。花柱は2～3個。果実は秋赤熟し，卵形または球形で直径は1cmぐらい，がくが残る。種子は2個。【特性】～【管理】ヒトシベサンザシにほぼ準ずる。【近似種】母種の園芸品種は次のとおり。アカバナサンザシ 'Poul's Scarlet' は紅花八重咲種で，母種よりも花期が長く，果実はめったにならない。'Punicea' は花が一重で緋赤色，花径2cm。'Masekii' は花が八重で濃紅色，非常に多花性。【学名】種形容語 *laevigata* は無毛の，の意味。

525. エゾサンザシ（エゾノオオサンザシ）〔サンザシ属〕

Crataegus jozana C.K.Schneid.

【分布】本州中部（菅平），北海道，サハリンに分布。【自然環境】湿地に近い林地などに自生，または植栽される落葉小高木。【用途】庭園樹，公園樹，盆栽。実は食用。【形態】高さ 3～9m，多く分枝する。若枝には白毛が多いが，翌年には毛が落ち黒紫色，のちに灰白色となる。短枝はとげになり，0.7～1.2cm。葉は互生，有柄，葉身は卵形～広卵形で先端は鈍頭，きわめて浅く羽状浅裂し，縁にはふぞろいな鋸歯がある。基部は広いくさび形。長さ 5～10cm，幅 3.5cm。表面は緑色，短毛があり，網状脈までへこみ，しわが多い。裏面は淡緑色，短毛があり，中肋と側脈とに開出毛がある。冬芽は卵形または長卵形。雌雄同株で，開花は 6 月頃。短枝の先に散房花序をつけ，5 弁の白い花を密につける。花序，がく，花柱の基部に白毛を密生する。果実は秋に黒熟し，球形で直径 1cm ぐらい。【特性】陽樹。湿潤な肥沃地で最もよく生育する。【管理】繁殖はおもに実生と接木による。実生は秋に採種し，乾かさぬように貯蔵し，春まきする。発芽まで 2～3 年かかる。接木は春に切接ぎを行う。【管理】強いせん定は早春に行い，生長期は切りつめない。施肥は寒肥として有機質肥料を施す。病害虫はカイガラムシ，アブラムシ，ハダニなど。【学名】種形容語 *jozana* は札幌の定山渓の意味。

526. クロミサンザシ〔サンザシ属〕

Crataegus chlorosarca Maxim.

【分布】北海道，サハリン，中国東北部に分布。【自然環境】日あたりのよい山野に自生している落葉小高木。【用途】果実を食用，あるいは庭園樹，鉢植えなどに用いることがある。【形態】小高木で枝はよく分枝し，黒紫色または暗紫色で，無毛，幼枝には毛のあることもある。楕円形の皮目があり，2 年枝からは灰黒紫色となる。とげは長さ 0.6cm ぐらいで太くて短く，わずかに開出したものが少しある。葉は互生，膜質で光沢はない。長さ 0.8～2cm の葉柄があり，托葉は 1.5cm ぐらいの長楕円形で鋸歯縁となる。葉身は卵形～広卵形で長さ 5～10cm，幅 3.5～5cm，羽状に 5～9 浅裂または欠刻状となり，裂片にはふぞろいな鋸歯がある。両面にわずかに毛があり，表面は粗生，やや少ないこともある。花期は 5～6 月，直径 1～1.5cm の白色の花が直径 4～7cm の散房花序となり頂生，無毛またはわずかに毛があり，がく片は 5 で狭卵状披針形，鋸歯縁となりそり返る。雄しべは 20，花柱は 5，花柱の基部に白毛を密生する。果実は直径 0.8～0.9cm で無毛，黒く熟する。【特性】陽樹であり，十分な日光を必要とするが，寒冷地原産なので，温暖な地方での栽培は難しい。【植栽】繁殖は実生，接木によることが多い。さし木，取り木は活着率が低い。種子は乾燥すると発芽率が著しく低下する。一般に実生による発芽は 2 年目の春となる。【管理】あまり手入れの必要はない。【学名】種形容語 *chlorosarca* は緑色肉質の，の意味。

527. タチバナモドキ

（ホソバトキワサンザシ，ピラカンサス）〔タチバナモドキ属〕
Pyracantha angustifolia (Franch.) C.K.Schneid.

【原産地】中国西南部。【分布】東北南部以南の本州，四国，九州，沖縄。【自然環境】向陽の土地を好み，しばしば庭園樹や生垣として植栽されている常緑低木～小高木。【用途】庭園樹，生垣，盆栽，切花などに用いる。【形態】幹は曲幹，根もとから枝を分枝し，高さ2～5m。枝の先端はとげ状に変ずる。幼枝には黄褐色の軟毛が密生する。葉は互生，束生，無柄で，葉身は狭長楕円形または狭倒卵形の鈍頭で，葉縁は全縁である。下面に灰白毛の軽毛がある。長さ2～5cm，幅1～1.5cm，花は5～6月，散房花序をなし，腋生し，径4cm，白色の5弁花を多数つける。花径0.8cm，果実は10月成熟，球形，橙黄色で小形，種子は1果に5粒，黒色でゴマに似る。【特性】陽樹。強剛で生長は早い。萌芽性が強い。移植力は劣る。【植栽】繁殖は実生，さし木による。【管理】手入れを怠るとのびすぎて樹形が乱れるので，枝の切りつめが必要である。新生枝に花芽ができる。生育の悪いものには春に固形肥料などを施すとよい。病気には赤褐色の斑点などの出る黒腐れ病，害虫には葉を食うミノウスバがある。【近似種】トキワサンザシ *P. coccinea* M.Roem. は南ヨーロッパ，西アジア原産，葉は楕円形か倒披針形，葉の裏面と茎は無毛，果実は球形で赤熟する。【学名】種形容語 *angustifolia* は細葉の，の意味。

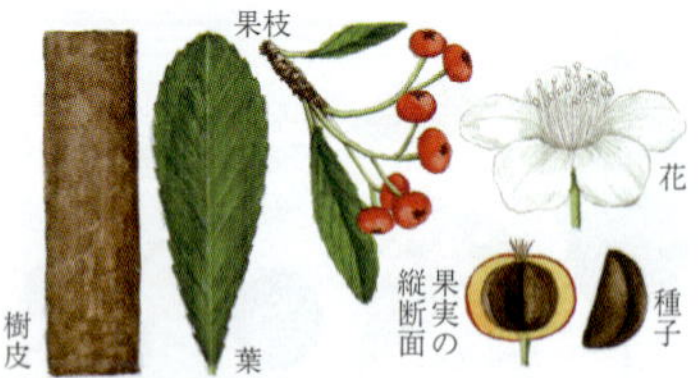

528. カザンデマリ

（ヒマラヤトキワサンザシ，インドトキワサンザシ）
〔タチバナモドキ属〕
Pyracantha crenulata (D.Don) M.Roem.

【原産地】ヒマラヤ地方。【分布】日本には昭和初期に渡来し，各地に植栽されている。【自然環境】海抜750～2400mの乾燥地に自生する常緑低木。【用途】庭園樹，公園樹，生垣，盆栽などに用いる。【形態】幹は屈曲，よく分枝し高さ2～5m。枝は開出し，小枝と葉柄に短毛がある。短枝はとげとなる。葉は互生，有柄。葉身は長楕円形または披針形で縁には細かい鋸歯がある。長さ2～4cm，幅0.5～0.8cm。表面は暗緑色でつやがある。雌雄同株で，開花は5～6月頃。短枝の先に短い無毛の散房花序を出し，白色5弁の小花が10数個咲く。果実は10月頃，光沢のある鮮紅色か橙紅色に熟する。球形で，直径0.7～0.8cm，頭部にがくを宿存。【特性】陽樹。生長が早く，日のよくあたる排水のよい所なら土質を選ばない。都市環境でもよく育つ。【植栽】繁殖は実生とさし木による。実生は採りまきするか，暗冷所に貯蔵しておいて3月にまく。さし木は，新枝を梅雨期にさす。大木の移植は難しく，根回しが必要。【管理】毎年開花結実を望むなら，徒長枝を切る程度がよい。せん定は花後に行う。施肥は4月頃，油かすや配合肥料などを施す。病害虫は少ないが，アブラムシやハマキムシの被害がある。【学名】種形容語 *crenulata* は細円鋸歯の，の意味。

529. ベニシタン 〔シャリントウ属〕

Cotoneaster horizontalis Decne.

【原産地】中国西部。【分布】北海道南部，本州，四国，九州。【自然環境】おもに温暖地の日あたりのよい所を好んで生育している常緑低木。【用途】庭木として根締めに用いる。紅実を賞する。小鳥の飼料木ともなる。【形態】横這性で高さは 1m 内外。枝は灰褐色。幼枝は有毛。葉は互生，極小短柄を有する。葉身は長楕円形または倒卵形で，鋭頭または鈍頭，長さ 0.5～1.6cm，上面は無毛，下面は有毛である。紅葉する。花は 6 月，淡紅色で，花序上に 1～3 個つける。花径は 0.6cm ぐらいで 5 弁花である。果実は 9～10 月結実，球形または卵形で径 0.5cm，鮮紅色で通常 3 つの種子がある。【特性】陽樹。乾燥に耐えるが多湿を好まない。樹勢強健で生育旺盛である。耐寒性がある。通常移植困難であるが，ポット苗は活着しやすい。【植栽】繁殖はさし木と実生による。さし木は 7～9 月にさす。実生は 10 月採種し，春に播種する。【管理】手入れは，混みすぎ枝，徒長枝などをせん定する程度。乾燥地ではときにかん水する。施肥は春に固形肥料などを施す。害虫にはコウモリガの幼虫が発生する。【近似種】ヒメシャリントウ（コゴメシャリントウ）*C. microphyllus* Wall. ex Lindl. は樹姿，葉もベニシタンより小形で，花は白色で 5 月開花する。果実は秋に紅熟する。【学名】種形容語 *horizontalis* は水平の，の意味。

530. ザイフリボク（シデザクラ，ニレザクラ） 〔ザイフリボク属〕

Amelanchier asiatica (Siebold et Zucc.) Endl. ex Walp.

【分布】本州中南部，四国，九州。【自然環境】尾根すじや斜面に自生し，また植栽もする落葉高木。【用途】庭園，公園の植込み，材は器具材，櫛材，薪炭に用いる。【形態】幹は直立，分枝し高さ 5～15m，樹皮は暗灰紫色。枝は帯紫色，葉は互生，やや長い柄があり，葉身は倒卵形または楕円形で長さ 4～7cm，鋭頭，葉縁には細鋸歯がある。ときに全縁，若葉の裏面は白綿毛を密生するが，のちに無毛となる。花は 4～5 月，短枝頭に散房状の総状花序を直立，白花を開く。花弁は 5 個で線形，長さ 1～1.5cm，がく片は披針形でそり返って巻く。がく，花柄に白毛がある。果実は 9 月成熟，球形で径 0.4～0.6cm，紫黒色，種子は 1 個で淡褐色。【特性】中庸樹。稚幼樹の頃は耐陰性がある。適湿地を好み，やや乾燥にも耐えるが，乾燥地を嫌う。生長はやや早い。萌芽性はある。【植栽】繁殖は実生，さし木による。実生は果肉をつぶし，土を混ぜてもみ，水洗生干しし，5℃で貯蔵，春に播種する。発芽率は中ぐらい。長期休眠型種子である。【管理】自然に樹冠が整うので手入れの必要はない。切りつめる必要のあるときは開葉前に行う。せん定には耐える。とくにかん水，施肥の必要はないが，乾燥を嫌うので根もとに堆肥，落葉，鶏ふんなどを，溝を掘り，施してやれば効果がある。害虫にはカイガラムシ，アブラムシがある。【学名】種形容語 *asiatica* は，アジアの意味。

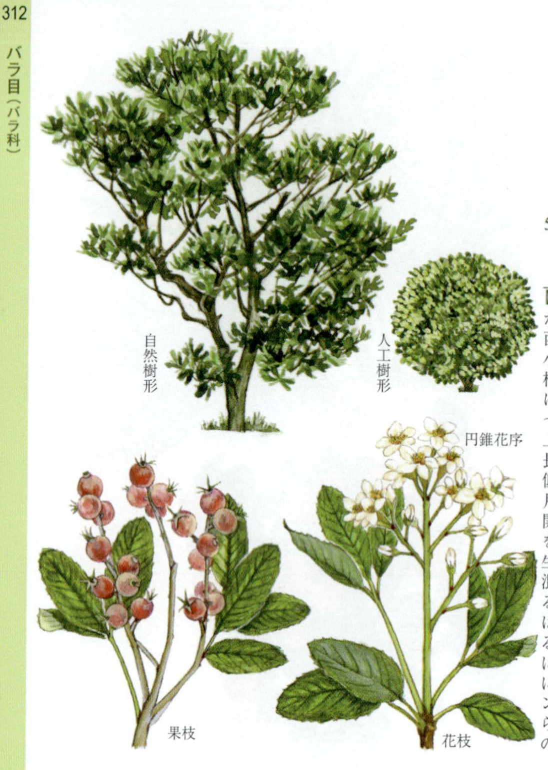

531. シャリンバイ（タチシャリンバイ）

〔シャリンバイ属〕

Rhaphiolepis indica (L.) Lindl. ex Ker
var. *umbellata* (Thunb.) H.Ohashi

【分布】本州の東北南部から，四国，九州，沖縄にかけて分布。【自然環境】主として本州中国地方以西の海辺に自生し，また植栽される常緑低木〜小高木。【用途】庭園，公園，工場，道路の分離に植栽，また樹皮は大島紬の染料とする。【形態】幹は直立，小枝は車輪状に規則正しく出る。高さ2〜5m，枝には幼時に褐色の軟毛がある。葉は枝上に車輪様に互生し，葉身は倒卵状長楕円形で長さ5〜8cm，革質で光沢があり鈍頭，葉縁には低鋸歯がある。下面は帯白淡緑色である。花は5月，円錐花序は直立し，白色5弁の小花が多数開く。果実は球形で径1cm，赤紫色に熟し白粉をかぶる。【植栽】繁殖は実生，さし木による。実生は，果肉を水洗生干しし，湿り気のある砂に混ぜて涼所に置くか土中に埋蔵し，3月頃播種する。【管理】自然に樹形が整うので手を加える必要はないが，若木のうちに新梢が元気よく伸長するので，芽を切って樹形を整える。施肥はとくに施す必要はない。病害虫には，カイガラムシによりスス病を併発する。【近似種】マルバシャリンバイは葉が卵形で葉縁は全縁，庭園樹に用いられる。【学名】変種名 *umbellata* は散形花序の，の意味。

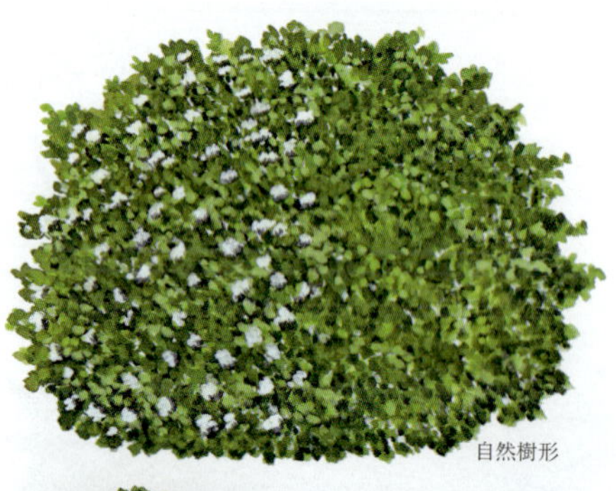

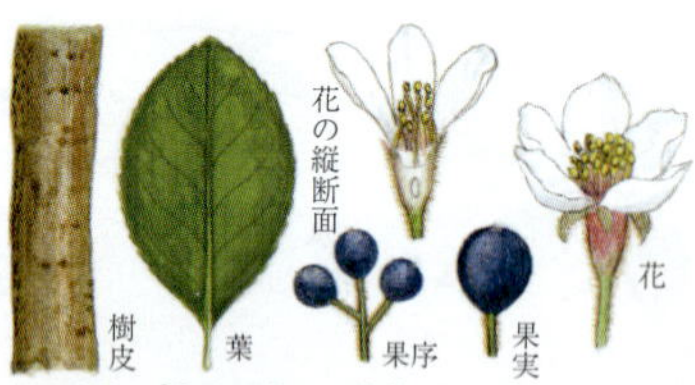

532. マルバシャリンバイ

〔シャリンバイ属〕

Rhaphiolepis indica (L.) Lindl. ex Ker
var. *umbellata* (Thunb.) H.Ohashi

【分布】シャリンバイに同じ。【自然環境】主として暖地の海岸地に自生している常緑低木。【用途】海岸造園に適し，公園，庭園，工場，道路などに植栽される。【形態】幹は株立ち状で分枝し，通常高さ1m内外。小枝は車輪状に出る。幼木には初め褐色の毛があるが，のちに無毛となる。葉は互生，有柄で葉身は卵形または広楕円形で長さ3〜6cm，幅2〜4cm，葉縁は全縁，ときに一部微鈍鋸歯があり，縁は下面に反巻している。上面は光沢のある暗緑色，下面は初め有毛，のちに無毛となる。花は5月頃，円錐花序につき，白色で径1〜1.5cmの小形花を開く。花弁は5片，雄しべ20でがく筒は漏斗形をしている。果実は10月に成熟，紫黒色，球形で径0.8〜1cm。種子は扁球形，濃褐色で1個入っている。かつてはシャリンバイの変種とされたが最近は区別しない。【特性】陽樹だがやや日陰地にも耐える。生長は遅い。萌芽力は強くなく，せん定を好まない。移植はやや困難。耐潮性，耐煙性があり，都市環境にも強い。【植栽】繁殖は実生とさし木による。実生は果実をとり直まきするか，実を湿砂の中に埋蔵して3月下旬〜4月上旬に播種する。さし木は7月頃新枝をさす。【管理】樹形が整うので手入れの必要はない。生育の悪いものには春に固形肥料を根のまわりに施すとよい。病気にはスス病，害虫にはカイガラムシ，アブラムシがある。

樹皮　葉　果実　花の縦断面　子房の縦断面　花

533. ヒメシャリンバイ 〔シャリンバイ属〕

Rhaphiolepis indica (L.) Lindl. ex Ker
var. *umbellata* (Thunb.) H.Ohashi
f. *minor* (Makino) H.Ohash

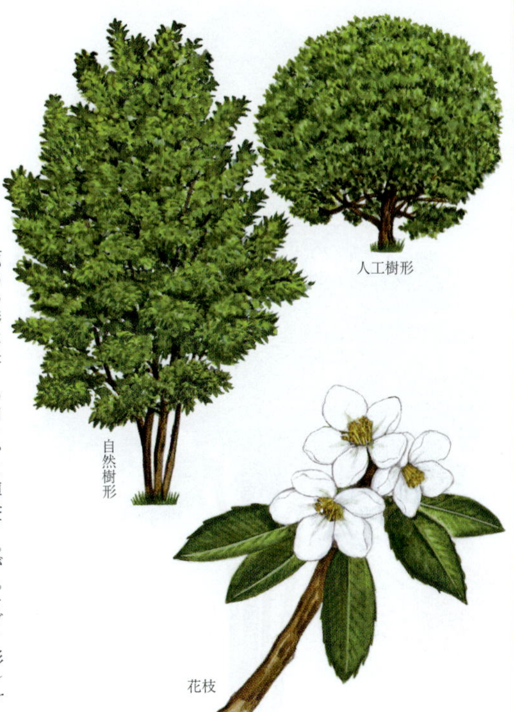

【原産地】原産地不明の園芸品種。【分布】関東南部から沖縄まで植栽されている。【自然環境】暖地の日あたりのよい所を好む常緑低木。【用途】観賞のため，ときに公園や庭園に植栽されている。【形態】株立ち状に分枝し，通常高さ 2～4m，小枝は車輪状に出す。葉は互生，有柄で葉身は卵状長楕円形あるいは長楕円形で鈍頭，長さ 2～4cm，幅 1.2～2cm，縁は全縁または少し鈍鋸歯がある。花は 5～6 月，枝の先に円錐花序をつけ，白色の 5 弁花を開く。果実は 1cm。【特性】日あたりのよい所を好む。生長はやや遅い。萌芽力はやや弱いので，せん定はなるべくしないほうがよい。移植はやや困難，耐寒性は弱い。【植栽】繁殖は実生，さし木による。実生は初冬に採種し果肉を除き，乾燥しないように貯蔵し，3 月中～下旬に床まきする。さし木は梅雨期に新梢をさす。【管理】自然に形が整うので手入れの必要もないが徒長枝，混みすぎ枝は枝抜き，切りつめを行う。生育の悪いものには，油かす，化成肥料などを施すとよい。病気にはスス病，害虫にはカイガラムシなどがある。【近似種】ホソバシャリンバイ var. *liukiuensis* (Koidz.) Kitam. は，葉は倒披針形で鈍鋸歯があるが全縁のものもある。長さ 5～11cm，幅 1～3cm と大きい。【学名】品種名 *minor* はより小さな，の意味。

534. サビバナナカマド

（アカテツナナカマド，オニナナカマド）〔ナナカマド属〕
Sorbus commixta Hedl.
var. *rufoferruginea* C.K.Schneid.

【分布】本州，四国，九州の温帯と亜高山帯に分布。【自然環境】山地に自生，または植栽される落葉小高木。【用途】ナナカマドにほぼ準ずる。【形態】幹は直立，分枝し高さ 3～7m ぐらい。枝は，紅紫色で無毛。葉は互生，奇数羽状複葉で，小葉を多くつけ，線状長楕円形または披針形で，先端はとがり，基部は鈍形。縁には低くて鋭い鋸歯がある。表面は無毛，裏面はとくに中脈にそって長い赤褐色の毛がある。紅葉が美しい。冬芽は卵状長楕円形で濃紅色。雌雄同株で，開花は 5～6 月頃。新枝の先に複散房花序を出す。がく片は 5 個で卵状三角形。花序，花時のがく筒に赤褐色の毛がある。果実は秋に赤熟し，球形で直径 0.5cm ぐらい。【特性】冷涼地の日あたりを好む。生長はやや遅く，適潤で肥沃な深層土を好む。耐暑性と大気汚染には弱い。【植栽】繁殖はおもに実生によるが，さし木もできる。実生は秋に採種，貯蔵して春床まきする。花が咲くまでに 10 年ぐらい要する。さし木は 3 月がよい。移植は開葉前。【管理】せん定は好まず自然形のほうがよい。癒傷組織が生じにくい。施肥は寒肥として鶏ふんなどを施す。病気はウドンコ病，黒斑病など，害虫はハマキムシ，ミノムシ，カミキリムシ，アブラムシなどがある。【学名】変種名 *rufoferruginea* は，赤褐鉄さび色の，の意味。

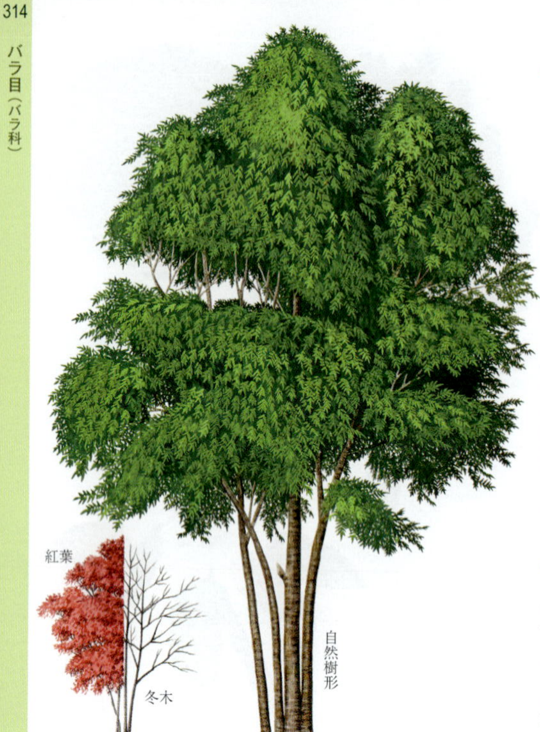

535. ナナカマド　〔ナナカマド属〕
Sorbus commixta Hedl. var. *commixta*

【分布】北海道，本州，四国，九州。【自然環境】山地に自生し，ときに植栽されている落葉高木。【用途】温帯の庭園樹，公園樹，寒地の街路樹。材は器具材，機械材，薪炭材として用いられる。【形態】幹には，単幹，双幹，株立ちなどがあり，高さ6～15m，径15～20cm。樹皮は暗灰褐色で皮目が著明。特有の臭気があり，枝は濃紅紫色。葉は互生し，奇数羽状複葉で長さ15～20cm，小葉は4～7対，披針状長楕円形，長さ3～7cm，幅2.5cm，葉縁は単または重鋸歯である。秋には美しく紅葉する。冬芽は卵状楕円形で濃紅色。花は6～7月に複散房花序をなして，白色の5弁花多数をつける。果実は10月頃成熟，球形で径0.4～0.6cm，光沢のある朱紅色で美しい。種子は1個で淡褐色。【特性】冷涼地の日あたりのよい肥沃な深層土を好む。生長はやや遅い。せん定は好まない。【植栽】繁殖は実生，さし木による。実生は秋に採取し，果肉を水洗生干しし，3月に播種する。発芽率は中ぐらいである。【管理】手入れはほとんど必要ない。せん定は地ぎわや幹から出るひこばえをつけ根から切る。混みすぎた部分の枝抜きを落葉期に行う。施肥は春に固形肥料などを施してもよい。病気にはサビ病がある。【近似種】サビバナナナカマドは本州の北部から中部に分布し，花序と葉裏に赤褐色の毛が多い。【学名】種形容語 *commixta* は混合した，の意味。

536. オウシュウナナカマド（セイヨウナナカマド）　〔ナナカマド属〕
Sorbus aucuparia L.

【原産地】ヨーロッパ，北アフリカ，小アジア。【分布】北海道，東北北部などの寒冷地の植栽に適する。【自然環境】欧米で広く植栽される落葉高木。【用途】庭園樹，公園樹，街路樹。材は器具の柄などに用いられ，果実はゼリーの原料になる。【形態】幹は直立し，高さ15mぐらいになり，樹形は整形。樹皮は光沢のある灰褐色で点状または紡錘形の皮目がある。奇数羽状複葉。小葉は細長く先がとがり，低くて鋭い鋸歯がある。冬芽は細長く，暗紫色で有毛。雌雄同株で，開花は5月頃。新枝の先に直径10～15cmの複散房花序を出し，白色の5弁花が密集して咲く。果実は9月頃赤く熟す。【特性】気候冷涼地の日あたりを好む。生長は早く，適潤で肥沃な深層土を好むがふつうの土壌で育つ。耐暑性に劣る。【植栽】繁殖はおもに実生によるが，さし木もできる。実生もさし木も適期は3月。移植は大木では根回しをしたほうがよい。【管理】せん定は好まず自然形がよい。施肥は寒肥として鶏ふん，有機固形肥料などを施す。チッソ過多は花がつきにくい。病気はウドンコ病，黒斑病，害虫はアブラムシ，ハマキムシ，テッポウムシなどがある。【学名】種形容語 *aucuparia* は捕鳥用の，の意味。

樹皮 小葉 冬芽 果序 花

537. タカネナナカマド（オオミヤマナナカマド）

〔ナナカマド属〕

Sorbus sambucifolia (Cham. et Schltdl.) M.Roem.

【分布】北海道，本州（北・中部），サハリン，千島，朝鮮半島北部，中国東北部，東シベリア，カムチャツカに分布。【自然環境】高山または北地に自生する落葉低木。【用途】庭園樹。【形態】高さ 2m ぐらい。若枝は軟毛が疎生し，2 年生枝は灰褐色で無毛。葉は互生し，有柄，奇数羽状複葉。小葉は 3～4 対，卵状長楕円形で先端は鋭くとがり，基部は鈍形，縁には重鋸歯がある。長さ 4～6cm，幅 1～2.5cm。葉質は洋紙質で表面はやや光沢があり濃緑色，葉脈が目立つ。幼時には少し軟毛があるが，のちにはほとんど無毛。托葉はきわめて小形で細く，葉柄の基部につく。雌雄同株で，開花は 7 月頃。茎の頂に 10 数花の散房花序を出し，紅色を帯びた白色の花を開く。花序は無毛またはわずかに毛がある。がく片の縁にはちぢれた毛がある。果実は梨果で秋に赤熟し，球形で直径 1cm ぐらいあり，先端には直立したがく片 5 個が宿存する。果序は点頭。【特性】～【管理】ナナカマドにほぼ準ずる。【近似種】ミヤマナナカマド var. *pseudogracilis* C.K.Schneid. は基本種に比して樹高が低く小形，果序はほとんど下垂しない。がく片は上方がやや内曲することが多く，果実は少し小形。北海道，本州（北・中部）の高山帯に自生する。【学名】種形容語 *sambucifolia* は，ニワトコのような葉の，の意味。

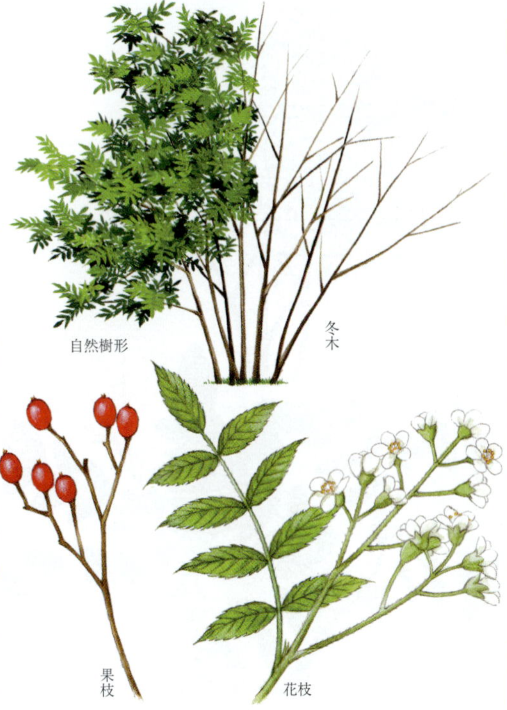

538. ウラジロナナカマド

〔ナナカマド属〕

Sorbus matsumurana (Makino) Koehne

【分布】北海道，本州（北・中部）に分布。【自然環境】亜高山帯や高山帯に自生する落葉低木。【用途】庭園樹。【形態】幹はよく分枝し，高さ 2m ぐらい。若枝は無毛，緑褐色，2 年生枝は黒紫色。葉は互生し，有柄，奇数羽状複葉。小葉は 4～6 対，長楕円形でやや鋭頭で凸形の先端をもち，縁は上半部に鋸歯があり，下半部は全縁。基部はゆがんだ円形でほとんど無柄。長さ 2～6cm。表面は鮮緑色で光沢なく，裏面は粉白色。葉軸の各節に毛がある。托葉は卵状披針形，長さ 0.5～0.8cm。紅葉は美しい。冬芽の鱗片に毛がある。雌雄同株で，開花は 7 月頃。枝の先に上面の平らな散房花序を生じ，直径 6～8cm。花は白色の 5 弁で，径 1cm。がく片には褐色の縁毛がある。果実は梨果で秋に紅黄色に熟し，長円形で直径 1cm ぐらい。【特性】中庸樹だが日あたりを好む。生長はやや遅く，適潤で肥沃な土壌を好む。耐暑性に劣るので寒地に適する。大気汚染に弱い。【植栽】繁殖はおもに実生より，秋採取した果実を春床まきする。【管理】ナナカマドにほぼ準ずる。【近似種】ナンキンナナカマドモドキ f. *pseudogracilis* (Koidz.) Ohwi は托葉が大形で牙歯のあるもので，北海道，本州中北部に分布する。【学名】種形容語 *matsumurana* は分類学者松村任三を記念してつけられた名である。

539. ナンキンナナカマド（コバノナナカマド）

〔ナナカマド属〕

Sorbus gracilis (Siebold et Zucc.) K.Koch

【分布】本州（関東以西），四国，九州に分布。【自然環境】山地，ときに岩上に自生，または植栽される落葉低木。【用途】庭園樹，切花などに用いる。【形態】高さ 2m ぐらい。若枝には毛があり，細くて灰褐色。葉は互生し，有柄，奇数羽状複葉で，葉柄には軟毛がはえる。小葉は 3～4 対，上部の小葉は大形，下部のものほど小形になる。楕円形で先端は鈍頭～円頭，ときに鋭頭，縁には上半部に浅い鈍鋸歯がある。長さ 2～2.5cm，幅 1～2.5cm。表面は無毛またはやや無毛，裏面は粉白色でしばしば黄褐色毛があり，とくに中肋に白毛がまじり，中軸にはしばしば軟毛がある。托葉はやや宿存し，花序直下のものは大形，扇状で牙歯があり，幅および長さ 1～2cm。雌雄同株で，開花は 5 月頃。枝の頂に帯黄白色の散房花序を出し，無毛または軟毛がある。がく片は卵形でほとんど無毛。果実は秋に赤熟し，球形で直径 0.6～0.8cm。ほかのナナカマド類とは，羽状複葉の小葉が下部のものほど小さくなること，下半部は全縁で大形の托葉のあることなどにより区別できる。【特性】～【管理】ナナカマドにほぼ準ずる。【学名】種形容語 *gracilis* は繊細な，の意味である。和名のナンキンとは小形のものにつける形容詞で，“外来”を意味しない。

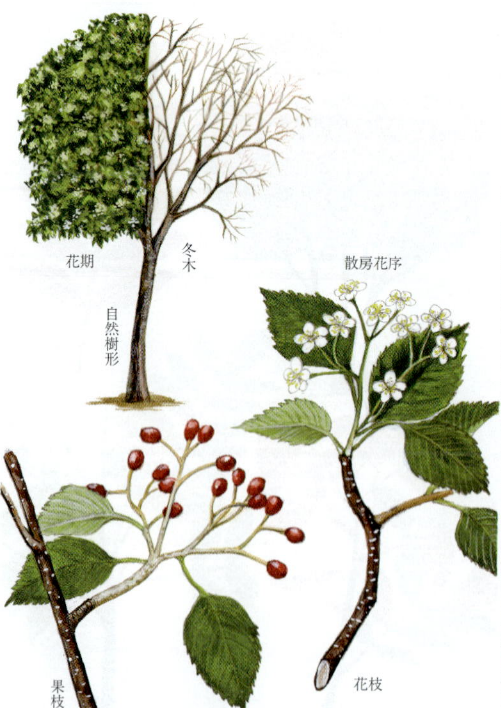

540. アズキナシ（ハカリノメ）　〔アズキナシ属〕

Aria alnifolia (Siebold et Zucc.) Decne.

【分布】北海道，本州，四国，九州，朝鮮半島。【自然環境】各地の山地に分布している落葉高木。【用途】秋の紅実がよく，野趣に富むので，ときに庭園に植えられる。材は建築材，器具材，鏇作材などに用いる。また樹皮は染色に用いる。【形態】幹は直立，分枝し，通常高さ 10～15m，胸高直径 20～30cm。樹皮は帯紅黒褐色，若枝は紫黒色で白色の皮目が点在している。葉は互生，有柄，葉身は卵形から楕円形で短鋭尖頭で長さ 5～10cm，幅 3～7cm，縁には重鋸歯がある。葉脈は 8～12 対，上面は深緑色で初め粗毛があるが，のちに無毛，下面は淡色で無毛あるいは初め粗生状毛がある。冬芽は紅色で光沢がある。花は 5～6 月，新枝の先や上方の葉腋から散房花序を出し，花は白色，径 1.5cm ぐらいで短梗あり平開する。がく筒は長楕円体，花弁は 5 片，雄しべ 20，果実は 10 月成熟，楕円形で長さ 0.6～1cm，紅熟し白粉を帯びる。種子は 0.6cm で半球形で淡褐色，1 果に 4 個入っている。【特性】冷涼地の日あたりを好む。肥沃の深層土を好み，生長は早い。萌芽力がありせん定には耐える。大気汚染には弱いほうである。【植栽】繁殖は実生による。【管理】自然に樹形が整うのでほとんど必要ない。不要枝を除く程度。病気にはスス病，害虫にはアブラムシがある。【学名】種形容語 *alnifolia* はハンノキ属のような葉の，の意味。

541. ウラジロノキ　〔アズキナシ属〕

Aria japonica Decne.

【分布】本州，四国，九州。【自然環境】山地の尾根すじや接する斜面の向陽地に生ずる落葉高木。【用途】野趣に富み，紅実やとくに葉裏面が白いのを賞する。材は箱などを作る器具材となる。果実を食用とする。【形態】幹は直立，分枝し，通常高さ10～15m，胸高直径30～40cm，枝は黒紫色で皮目が散生する。短枝がある。幼枝には白色の軟毛が密生する。葉は互生，有柄で，葉身は広楕円形から卵円形で鋭尖頭，長さ6～12cm，幅4～9cm，浅く分裂し欠刻状大形の重鋸歯がある。上面は初め白綿毛があるが，のちに無毛となる。下面は白色著明で白い綿毛が密布している。托葉は早落性，花は5～6月，新枝の先と葉腋に散房花序をつけ，白色の少数花，1～1.5cmを開く。がく筒は楕円形，上部皿形，裂片は5。雄しべ20。花弁は5である。果実は10月紅熟，楕円体で長さ1cm，種子は1果に4個で線状長楕円形，長さ0.7cmで紫黒色としている。【特性】陽樹。適潤地を好み，生長は早い。萌芽力は旺盛でせん定にも耐える。移植力は中ぐらいである。【植栽】繁殖は実生による。【管理】自然に樹形が整うので手入れの必要はない。葉裏が美しいので汚れないように注意する。病気はスス病，害虫はアブラムシなどがある。【近似種】アズキナシは葉の下面は淡色で無毛，あるいは初め有毛であるが，ウラジロノキのように下面に白色綿毛が密布しない。【学名】種形容語 *japonica* は日本の，の意味。

542. カマツカ（ウシコロシ）　〔カマツカ属〕

Pourthiaea villosa (Thunb.) Decne. var. *villosa*

【分布】本州，四国，九州，朝鮮半島，中国，タイ。【自然環境】山地や丘陵にふつうに見られる落葉小高木。【用途】庭園樹，盆栽。材は器具材（洋傘の柄，鎌の柄，古くは牛の鼻輪）。【形態】幹はふつう高さ5mぐらいになる。若枝にはほとんど毛がなく，楕円形の皮目があり，古くなると紫黒色になる。葉は有柄で互生し，葉身は倒卵形または狭長倒卵形で先端はとがり，基部はくさび形となり，長さ4～8cm，幅2～5cm，縁には細かい先のとがった鋸歯があり，両面にほとんど毛はない。葉柄は0.4～0.5cm。4～5月，枝の端に散房花序をつけ，白色の小花が固まって開く。花径は0.8～0.9cm。がくは5浅裂し，ほとんど無毛。花弁は5個，円形で先はへこむ。雄しべは20個。果実は楕円形で長さ0.6～0.65cm，赤く熟す。【近似種】母種のワタゲカマツカ（オオカマツカ）は，葉がカマツカより大きく倒卵状長楕円形で長さ10cmぐらいあり，葉の裏に毛が多く，花序やがくに綿毛を密生する。北海道，本州，四国，九州，朝鮮半島に分布する。【学名】種形容語 *villosa* は長軟毛のある，の意味。カマツカの和名は材が丈夫で鎌の柄に利用したことによる。ウシコロシの別和名は昔，この枝で牛の鼻輪を作ったことに基づく。

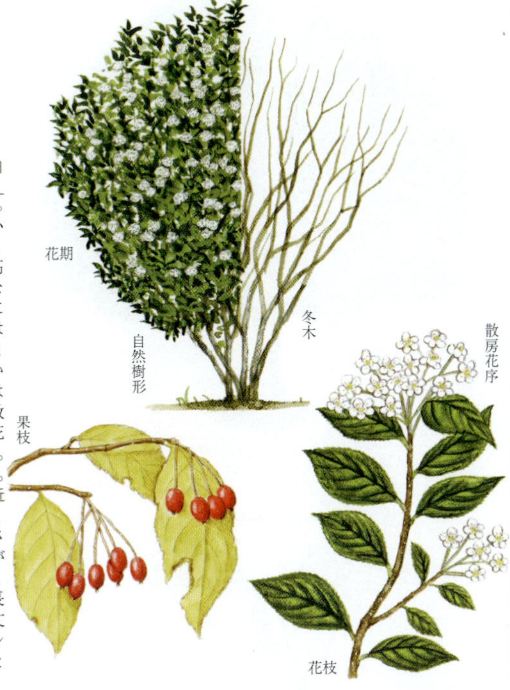

543. カナメモチ（アカメモチ，ソバノキ）

〔カナメモチ属〕

Photinia glabra (Thunb.) Maxim.

【分布】本州（東海以西），四国，九州，中国。【自然環境】肥沃な傾斜地に多く，また尾根すじや沿海地にも生育する常緑小高木。【用途】庭園や公園に植栽され，生垣にも利用。材は器具材，船舶材，薪炭材に用いる。【形態】主幹は直立，分枝し高さ 5～10m，幹径 15～30cm。樹皮は暗褐色でざらつく。新芽は赤く目立つ。葉は互生，有柄，葉身は長楕円形または狭倒卵形で長さ 6～12cm，幅 2～4cm あり，先は鋭くとがり，葉縁には細かい鋸歯がある。花は 5～6 月頃，頂生の円錐花序をなし，白色の 5 弁花を多数開く。果実は 10 月に成熟，ほぼ球形，楕円体で径 0.4～0.5cm，紅熟する。種子は 1 個，長卵形で淡黄白色で光沢がある。新葉が特に赤いものはアカメと呼ばれる。【特性】陽樹であるが，樹陰下でも耐えて生育している。生長はやや早い。耐寒性に乏しい。【植栽】繁殖は実生，さし木による。実生は秋に採種し，種子だけにしたものを砂か冷蔵保存し，春に播種する。さし木は 7 月中～下旬に枝ざしする。【管理】新梢の紅色を賞するためには，軽く何回か刈込みを行う。施肥はとくに必要がない。生垣などは 2 月頃，20cm ぐらいの溝を掘り鶏ふん，油かすなどを施す。病気には葉に現れるゴマ色斑点病，褐斑病，害虫にはアブラムシ，ハマキムシ，テッポウムシなどがある。【近似種】オオカナメモチがある。【学名】種形容語 *glabra* は無毛の，の意味。

544. オオカナメモチ

〔カナメモチ属〕

Photinia serratifolia (Desf.) Kalkman

【原産地】中国。【分布】関東以南の本州，四国，九州，沖縄。【自然環境】暖地の庭園，公園などに植栽されている常緑小高木。【用途】公園樹，墓樹，庇陰樹，米国では生垣。幼葉が帯紅色，秋に旧葉の紅葉が美しい。【形態】幹は直立，分枝し，通常高さ 3～14m，胸高直径 60cm，幼枝は黒褐色，葉は互生，短柄で葉身は長楕円形あるいは倒卵状円形で長さ 10～20cm，幅 4～9cm，縁はとげ状細鋭鋸歯がある。表面は光沢ある深緑色で無毛，下面は緑白色で無毛。花は 5～7 月，散房花序に白色の 5 弁花，径 0.6cm を開く。果実は 10 月赤熟，球形をしている。【特性】日あたりのよい土地を好む。刈込みにも耐える。適湿地を好む。【植栽】繁殖は実生，さし木，低取り木による。実生は秋に採種し，種子を砂か，冷蔵保存をして 3 月頃に播種する。さし木は 7 月中旬頃，新枝をさす。【管理】仕立て物は一定樹形を維持するために，中透かしによる枝抜き，先端小枝での小透かしを行う。寒いときのせん定は避けるようにする。施肥は一般には必要ないが，生育の悪いものには油かす，鶏ふんなどを春に施すとよい。病気には褐斑病，害虫にはテッポウムシ，アブラムシ，ハマキムシなどがある。【近似種】カナメモチは葉の長さが 5～12cm でオオカナメモチより小形である。【学名】種形容語 *serratifolia* は鋸歯葉の，の意味。

545. レッドロビン（ベニカナメモチ，セイヨウカナメモチ）〔カナメモチ属〕

Photinia × *fraseri* W.J.Dress 'Red Robin'

【原産地】ニュージーランドで育成されたカナメモチとオオカナメモチの雑種で，日本には近年導入された。【分布】積雪寒冷地を除いた比較的暖かい地域がよく，植栽分布はカナメモチに準じる。【自然環境】庭園などに植栽される常緑小高木。【用途】庭園樹，公園樹，とくに生垣として賞用される。【形態】樹形や葉の形，大きさはカナメモチとオオカナメモチの中間形を呈し，カナメモチに比べ葉が大きく，枝が太く粗で，下部からよく萌芽する。新葉は紅色を帯びる。雌雄同株で，開花は5～6月。新枝の先に円錐花序を出し，白色の5弁花を密集する。【特性】陽樹。日あたりのよい適度に湿った肥沃土を好む。半日陰でも育つが，木ぶりが粗くなり，花つきや新葉の紅色が悪くなる。植栽する場合は土地を選ばないが，やや粘質土壌のほうが樹形がしまる。大気汚染には比較的弱い。【植栽】繁殖はさし木により，新枝を7～8月にさす。移植はできるが大木は根回しが必要。【管理】萌芽力があり，強いせん定に耐える。3月下旬～4月下旬，8月の年2回ほど刈込むとよい。施肥は寒肥として油かす，鶏ふん，化成肥料を与える。病害虫は比較的少ないが，害虫にハマキムシ，ヒメシンクイガ，アブラムシの被害がある。【近似種】葉が紅色のカナメモチ（アカメ）がある。

546. カイドウズミ〔リンゴ属〕

Malus floribunda Van Houtte

【分布】北海道から九州までの温帯地に植栽可能で，温暖地でも栽培できる。【自然環境】日照，通風のよい場所でよく育ち，植栽される落葉小高木。【用途】庭園樹および公園樹。【形態】幹は直立し，茶褐色の幹肌で平滑，老木になると縦割れとなる。枝は多く，他の種より密になり，やや細く下垂しやすい，黒褐色でとげ状の短枝が多い。葉は長円形または卵形，披針形で長さ6～7cm，幅3～3.5cm。葉柄は長く0.5cm。花は短枝の頂芽に房状花序をつけ3～7花からなる。花色は蕾では鮮紅色で，開花して白色となり，外側はやや淡紅色となる。花期は4月下旬～5月上旬，多花性で，樹冠一面に花をつける。花は一重咲で花径は2～2.5cm，5弁，雄しべは多数で15～30本，雌しべは花柱は2本で基部が合一である。果実は径0.7cmで下垂し黄熟する。【特性】陽樹。多湿を嫌い，適湿で肥沃な土壌を好む。大気汚染にはやや弱い。【植栽】繁殖は接木による。台木はマルバカイドウを使用し，穂木は2月上～中旬に採穂して冷蔵庫に保存し，3月に接ぐ。活着はよいほうである。秋に掘り上げて定植し，3年あまりで開花し高さ3mになる。植栽地は肥沃な培土とし，よい土を客土することが必要である。植付けは11～3月がよい。【管理】施肥は2～3月に寒肥として有機質の固形肥料を施す。せん定は夏期と冬期の2回に分け整枝する。【学名】種形容語 *floribunda* は花の多い，の意味。

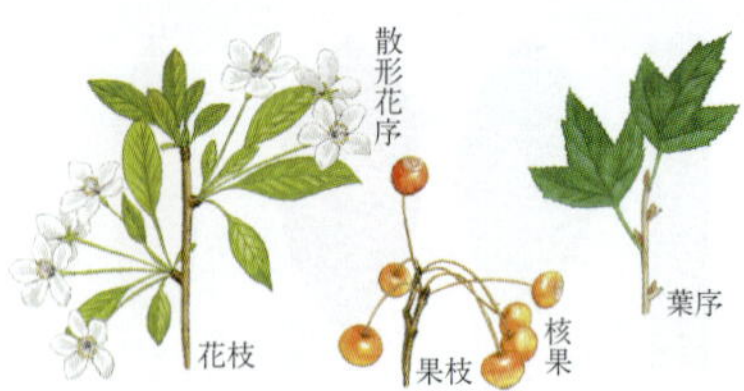

547. ズミ（コリンゴ）〔リンゴ属〕

Malus toringo (Siebold) Siebold ex de Vriese

【分布】北海道，本州，四国。【自然環境】山地の原野の日あたりのよい適潤地を好んで生ずる落葉小高木。【用途】野趣ある小白花を賞して，ときに庭園に植えられる。材は櫛，鏇作，器具に用いる。樹皮は黄色の染料とする。またセイヨウリンゴの台木とする。【形態】株立ち状で，枝が多く分枝し，通常高さ 6～10m，胸高径 30～40cm，小枝は帯紫色でしばしばとげ状となる。若枝には軟毛がある。葉は互生，有柄で，花枝の葉は長楕円形あるいは狭卵形で長さ 3～8cm あり，長枝の葉は卵形で 3～5 中裂するものがある。縁には鋸歯がある。新葉には軟毛があるが成葉はやや無毛。花は 5～6 月，新生枝の短枝端に白色 5 弁花 3～7 個が散状につく。花柄は細く長さ 2.5～4.5cm，花冠は径 2.5cm。果実は 9 月成熟，球形で径 0.6～1cm，紅熟する。種子は淡褐色で倒卵状楕円形をしている。【特性】陽樹。水湿に富む向陽の地を好む。生長は早い。萌芽力がありせん定できる。移植力はふつうである。耐寒性はある。【植栽】繁殖は実生による。秋に降霜後もぎとり，果肉を水洗して陰干しし，常温冷所で貯蔵し 3～4 月頃播種する。【管理】あまり手入れの必要はないが，徒長枝などはせん定して樹形を整える。病気には赤星病がある。

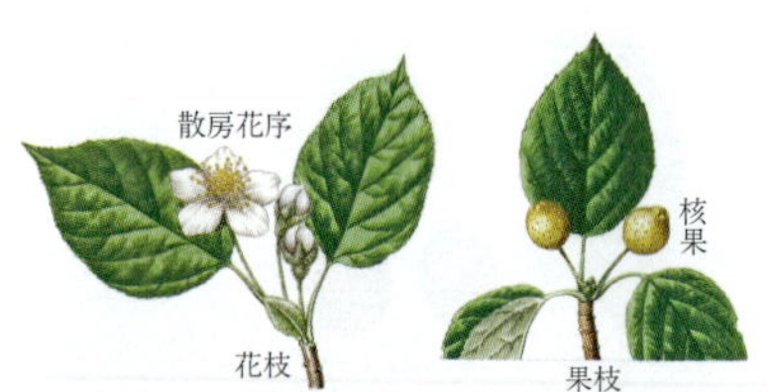

548. オオウラジロノキ（オオズミ，ヤマリンゴ）〔リンゴ属〕

Malus tschonoskii (Maxim.) C.K.Schneid.

【分布】本州，四国，九州（九重山）に分布。【自然環境】山地のやや乾燥した尾根などにまれに自生する落葉高木。【用途】材は器具，家具，柄などに用いる。樹皮は染料，織物の銀箔偽物にする。【形態】幹は直立，分枝し高さ 10～15m，幹の直径 30～40cm。樹皮は紫褐色でやや平滑であるが，老樹では縦裂する。短枝はしばしば太い刺状になる。小枝は紫褐色で皮目が散在し，若枝は黄緑色で綿毛を生ずる。葉は互生，有柄。葉身は卵形または卵状長楕円形で先端はとがり，基部は円形または浅心形，縁には不整歯牙状の鋸歯がある。長さ 4～13cm，幅 4～8cm。若葉は綿毛をかぶり，成葉の表面は滑らかで無毛，裏面は白い綿毛でおおわれている。葉柄にも白綿毛が多い。冬芽は卵形。雌雄同株で開花は 5 月。葉をつけた短い新枝の先端に数個，散房花序に開く。花径は 1.5～2cm。花柄とがくに綿毛を生ずる。梨果は 10 月に帯紅黄緑色に熟し，球形または卵状球形で径 2cm ぐらい。【特性】陽樹。日あたりがよく排水のよい肥沃な土壌を好む。【植栽】繁殖は実生，接木による。【管理】徒長枝などの枝抜きをする。施肥は早春に堆肥や化成肥料を施す。病気は赤星病など，害虫はハマキムシ，オビカレハ，アブラムシ類などがある。【学名】種形容語 *tschonoskii* は須川長之介を記念したもの。

549. リンゴ（セイヨウリンゴ）〔リンゴ属〕
Malus pumila Mill.

【原産地】西アジア。現在，日本で栽培されているリンゴは明治初期，米国より導入された。【分布】ヨーロッパ，米国，アジア各地に分布。日本での主産地は東北，北海道，関東北部地方。【自然環境】耐寒性の強い落葉高木。【用途】果実は主として生食。そのほか果実酒，ジャムに加工。【形態】樹冠は円形，葉は互生し，楕円形，先端がとがる。緑は浅い鋸歯。花は白色，薄い紅色を帯び，5弁。果実は一般に長円錐形または亜球形，品種により差がある。果色は濃紅，緑黄，黄色。果肉はしまり，甘酸味適度。【特性】冬期の高温高湿を嫌う。土壌深く排水のよい所を適地とする。樹勢旺盛。【植栽】繁殖は接木による。10a あたり植付け本数は，台木，土地の肥瘦により異なるが12～25本，植付けは秋がよい。【管理】樹の仕立て方は開心形または遅延開心形とする。結果枝のせん定は，前年のびた枝の葉芽が本年のびて，その頂芽が花芽となり翌年結果するという結果習性に基づいて行う。人工授粉，摘果，袋かけは重要作業となっている。【近似種】リンゴには多数の品種があり，そのうち‘スターキング’，‘ゴールデンデリシャス’，‘陸奥’は中生品種，‘ふじ’は晩生品種として市場性大。【学名】属名 *Malus* はラテン名 malus より。種形容語 *pumila* は小さい，の意味。

550. ミカイドウ（カイドウ，ナガサキリンゴ）〔リンゴ属〕
Malus micromalus Makino

【原産地】中国。【分布】中国の河北省，延慶，懐來，宣化などに野生し，植栽分布は広く世界中で植栽されるが温帯に多い落葉小高木。【用途】鉢植え，庭園樹。【形態】高さ7mぐらいになり，枝は密に茂り，枝は細く無毛で，幹は太くなり枝を多く分枝する。葉は互生で葉柄長く，長楕円形の鋭頭で鋭脚，長さ4.5～10cm，幅2～3cm，辺縁は小さな鋸歯があり，萌芽期は毛がある。表面は光沢があり葉質は堅いほうである。葉柄は1.8～3cm。花は淡紅色で，径3～4cm，散形花序に3～7花をつける。花期は3～4月，果実は扁球形で初め緑色で順次紅色となり，黄熟して食用となる。ハナカイドウとの差は，花が垂れない点と実が大きく径1～1.5cmぐらいになり，花柄が短く葉の裏面に毛がある点などがあげられる。【特性】砂質壌土で排水がよい肥沃地によく育ち，生長は早い。【植栽】さし木でも可能であるが，多くは接木により繁殖する。実生もよいが，開花年数がかかる。【管理】病気は斑点落葉病，ウドンコ病，赤星病などがあり，5～6月上旬に殺菌剤の散布を行う。害虫にはグンバイムシがあり，被害は6月中～下旬で，発生初期に2～3回殺虫剤を散布する。ハマキムシ類が7～9月に発生するので，浸透移行性殺虫剤を散布する。

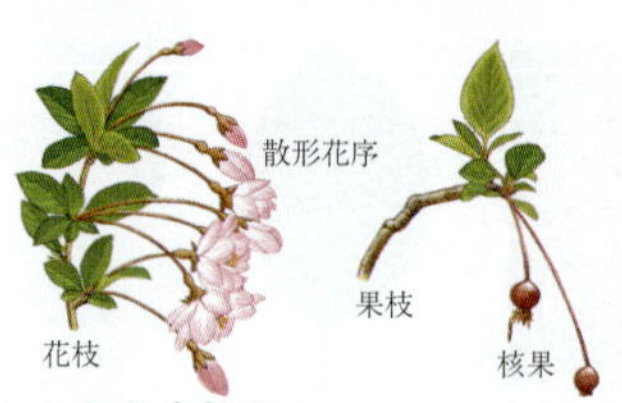

551. ハナカイドウ（カイドウ，スイシカイドウ）

〔リンゴ属〕

Malus halliana (Voss.) Koehne

【原産地】中国中部。【分布】中国産の園芸種として栽培の歴史が古い。八重咲の品種が一般的で，温暖帯に植栽される落葉小高木または低木。【用途】観賞樹として庭園樹，盆栽鉢物とする。【形態】幹は直立するが枝は密にして，樹高 3～8m になり，幼枝は紫色で初め有毛，すぐに平滑となって灰褐色となり，幹は太くなる。葉は卵形か長楕円状の卵形で先端は鋭く，基部は鋭形，縁は鋸歯が細かく鈍い。長さ 4～9cm，幅 1.5～6cm，幼葉は帯紅色で萌芽し，成葉は緑色か濃緑色，平滑で質は堅く鋸歯は浅い。葉柄は 1～2.5cm ぐらい，托葉は小さく萌芽とともに落ちる。花は 4 月に開き，散形をして枝の端に花を下垂する。花梗は細長く 3.5～5cm，紅色花で美しく，花弁 5～15 弁，がく片は三角状の卵形で外は無毛，内面は白い毛がある。1 房に 3～7 花の房状花序となる。果実は小形で，径 0.3～0.5cm ぐらいで堅く，熟すると暗褐色となる。10 月に熟す。【特性】砂質壌土を適土として，肥沃地を好み，生育は良好で寒さに強い温帯産種。【植栽】2～3 月にミツバカイドウ（ズミ）やマルバカイドウに接木をする。1 年で 1～2m の苗木ができる。【近似種】園芸品種が多い。ハナヤエカイドウは花弁が多い八重咲の品種で，栽培品はこのほうが多い。シダレハナカイドウは枝の垂れる品種で珍しい。フイリカイドウは葉に斑が白く入る品種。

552. エゾノコリンゴ

（ヒロハオオズミ，ヒメリンゴ，マンシュウズミ，カラフトズミ）

〔リンゴ属〕

Malus baccata (L.) Borkh.
var. *mandshurica* (Maxim.) C.K.Schneid.

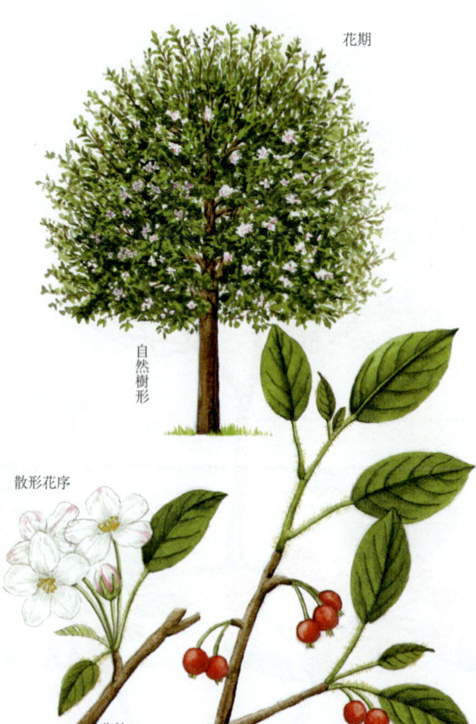

【分布】北海道，本州（中部以北），南千島，サハリン，ウスリー，中国東北部，朝鮮半島に分布。【自然環境】山地にまれに自生，または植栽される落葉小高木。【用途】庭園樹，盆栽，台木，樹皮は染料に用いる。【形態】幹は直立し，高さ 5～10m，幹の直径 50cm。若枝は軟毛があり，のちに紫黒色となる。葉は互生，有柄。葉身は広楕円形から長楕円形で先端は尖り，基部は広いくさび形か円形。両面に初め軟毛があり，裏面中肋，葉縁，葉柄に軟毛が残る。雌雄同株で，開花は5～6月頃。短枝の先に 4～6 個が散形につく。花は白色で直径 2.5～3.5cm，花弁は 5 枚で下部で合生し，中央部以下に白色の軟毛を生ずる。果実は秋に濃紅色に熟し，球形で直径 0.8cm ぐらい。頭にがくの跡が残る。【特性】陽樹。樹勢は強健で土質を選ばないが，やや粘土質のほうが花つきがよい。【植栽】繁殖は実生，さし木による。種子は秋に採種し春まきする。さし木は 1 年生枝をさす。【管理】長い枝は 5～8 芽ぐらい残して早春にせん定し，徒長枝などは根もとから切る。施肥は，早春に堆肥や固形肥料を施す。病虫害は少ない。【学名】種形容語 *baccata* は液果の，の意味。変種名 *mandshurica* は満州（中国東北部）産の，の意味。

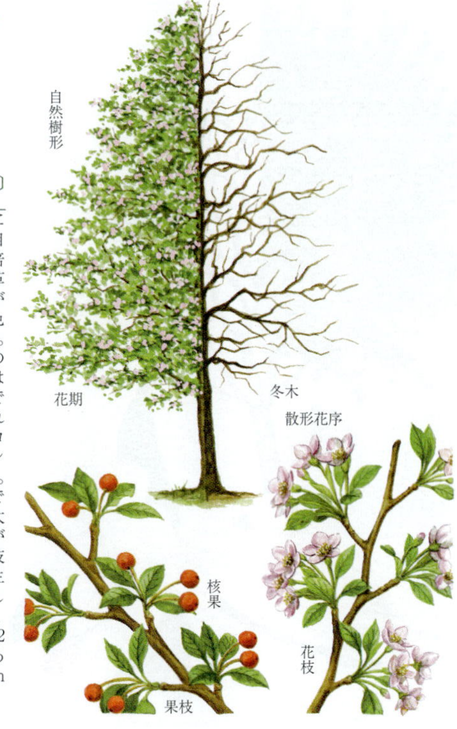

553. ノカイドウ（ヤマカイドウ） 〔リンゴ属〕

Malus spontanea (Makino) Makino

【分布】九州霧島山に自生。【自然環境】亜高山帯に分布し，霧のかかるくらいの温帯で疎林地に自生する落葉小高木。【用途】盆栽としてまれに栽培するが，一般的には栽培は少ない。【形態】葉は革質，倒卵状の楕円形で，鋭頭，葉縁には鋸歯があり，花は散形花序で 2~5 花つける。花は白色花で径 3cm ぐらい，蕾のときは淡紅色である。花期は 5 月。【特性】排水のよい壌土で育ち，夏の暑さには弱く，冬期の寒さには耐える。生長はよい。【植栽】繁殖は実生または接木によるのであろうが，一般的に栽培は少なく繁殖も行われていない。【近似種】ズミは別名ヒメカイドウ，コリンゴ，ミツバカイドウなどとよばれて，リンゴやカイドウ類の接木用台木として栽培される。原産は日本で山地に多く分布し，落葉小高木で高さ 8m ぐらいになる。枝は広く開き枝張りも大きい。小枝はやや紫色をもった褐色で，小枝がとげ状となることがある。葉は対生で，若い枝の葉は 3 裂になったり，羽状に分裂する。実生苗などの幼苗は多くこの形であるが，成木化しては長楕円形か楕円形でとがり，長さ 4～10cm，幅 2～8cm，花は散形花序で 3~7 花つけ，花径 2～5cm の白い花を咲かせるか，蕾は淡紅色である。果実は 3~7 個なり，小形で球形 0.6～1cm で紅色となる。

554. ヨーロッパカイドウ 〔リンゴ属〕

Malus sylvestris Mill.

【分布】ヨーロッパの中部から西部一帯に分布して，アジアには分布しない落葉小高木または高木。【用途】庭園樹。【形態】多幹となり，実生変異は多く，差が大きい。生育はよく，枝は密にして，太い枝に刺針が多く，新梢およびそのほかの部分は無毛であるか，わずかに毛を残すぐらいである。葉は広楕円形か卵円形で鋸歯がある。花は 5 弁で淡紅色，花柱の基部が無毛であるのが特徴である。リンゴの母樹としての 1 系統となっている。【植栽】日本では植栽は原種としての植栽は少なく，交雑種の園芸品種が多く欧米より入り，これらが栽培されている。その代表的な最も古い品種は Api Apple または Lady Apple とよばれ，英国では 12 世紀から栽培されていて，さらに 19 世紀の中頃までさかんに栽培された。リンゴが生まれてからは園芸的な流れは果樹としては Apple とされ，Crab Apple と区別されるようになり，花と実を観賞し，生垣や庭園樹に仕立てられるように変わったのが現代の品種群である。【近似種】リンゴ属は北半球に 35 種あまりあり，別名カイドウ属ともよばれ，リンゴもこの代表植物であるが，本属は交雑が多く，果樹として古い時代よりその交雑が発達し，区別され，日本でも‘姫国光’，‘姫リンゴ’などの園芸品種以外にも多くの品種が作られている。

555. ウケザキカイドウ（ベニリンゴ，リンキ）

〔リンゴ属〕

Malus prunifolia (Willd.) Borkh. var. *rinki* Rehder

【原産地】中国か。**【分布】**本州北部。中国から朝鮮半島を経て本州へ渡来したという説がある。本種は江戸時代より不詳の果実で，原産地は蒙彊地域にあるという（菊地秋雄説）。古くから，リンキとよばれている語源はリンゴのリンキへの転訛であろう。現代のリンゴが入ってきて，観賞用のみが残ったもので，現在での栽培は少ない。**【用途】**観賞用。果は食用とする落葉小高木。**【形態】**高さ 5m ぐらいになる。樹形は長楕円形で幹は多く立性となり，葉は卵形か長楕円形で鋭尖頭，鋭脚，長さ 4～9cm，幅 2.5～5cm，葉柄は 2～3cm，辺縁は鋸歯で粗鋭。葉裏の主脈上に短柔毛あり他は無毛。果実はワリンゴ *M. asiatica* Nakai よりはやや小さく，円形か長円形，果皮は深紅色か暗紅色で，果肉は甘味が多くわずかに酸っぱく渋い。花は上向きに立って咲くのが特徴である。花梗は太く短い。**【植栽】**繁殖はさし木によっても可能であるが，接木が一般的に行われ，台木はマルバカイドウ var. *ringo* (Siebold ex Koehne) Asami，別名キミノイヌリンゴがあり，接木用の台木として栽培されている。**【近似種】**雑種起源のワリンゴ（チョウセンリンゴ）がある。樹形は長楕円形で円頭状をし，葉は広楕円形で円脚，果実は円形で黄地に紅斑が入り，頂部浅凹となる。

556. ヤマナシ

〔ナシ属〕

Pyrus pyrifolia (Burm.f.) Nakai

【分布】本州，四国，九州，朝鮮半島，中国。日本のものは古い時代に渡来したものであるという説もある。**【自然環境】**山地の日あたりのよい所，中腹や，やや湿気のある谷すじなどにはえる落葉高木。**【用途】**材は器具材。果実は堅く，酸味が強くざらざらするが食べられる。**【形態】**幹は直立し，高さ 10～15m になる。樹皮は褐黒色で不整に裂け，小枝はとげとなる。枝は幼時にしばしば綿毛があり，灰白色をしている。葉は長柄をもって互生する。葉身は狭卵形または卵形で長さ 7～12cm，幅 4～6cm あり，先端は鋭尖形，基部は円形で，縁に刺毛状の鋸歯がある。花は 4 月頃に 5～6 個が短枝の先に散房状につく。花径は 3～3.5cm ほど。小花梗は長く 3～5cm ある。がく裂片は披針形，花弁は白色の卵形で 5 個ある。雄しべは 20 個ほどあり，葯は紫色を帯びる。花柱は無毛で 5 個。果実は球形で径 2～3cm あり，栽培のナシよりも遅く熟す。**【近似種】**ミチノクナシ（イワテヤマナシ）*P. ussuriensis* Maxim. var. *ussuriensis* は本種とよく似ているが，がく片の基部が宿存する特徴がある。東北地方および北陸地方に分布する。**【学名】**属名 *Pyrus* はナシの木の古典名。種形容語 *pyrifolia* はナシ状葉という意味。

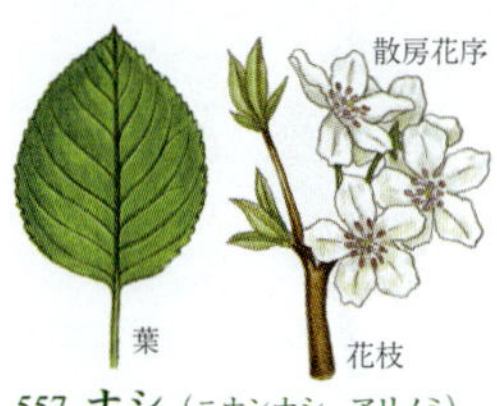

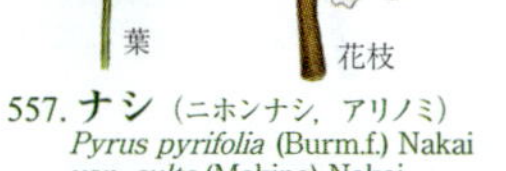

557. ナシ（ニホンナシ，アリノミ）　〔ナシ属〕
Pyrus pyrifolia (Burm.f.) Nakai
var. *culta* (Makino) Nakai

【分布】宮城県と山形県を結ぶ線以南。【自然環境】春から夏にかけて，気温が高く雨量が比較的少ない気候を好む落葉高木。【用途】果実は主として生食される。【形態】枝は紫黒色。葉は倒卵形，先端がとがる。縁は鋸歯状。4月頃開花し，花弁5，白色，1芽に5〜10個つく。果実は扁円形，果色は黄褐色または黄緑色，多汁，石細胞を含むがその多少は品種により差がある。甘味適当。香気を欠く。【特性】樹勢は強い。セイヨウナシに比べ腐らん病に著しく強い。【植栽】排水良好で，かつ地下水の高くない所を適地とする。繁殖は接木による。植付け本数は土地の肥痩，経営形態（大型機械の導入の有無）により異なるが，およそ10aあたり18〜33本ぐらいを標準とする。【管理】樹の仕立て方は一般に棚作りとする。結果習性は，今年出た枝のうち充実した枝の頂芽および腋芽に花序をつけ，翌年開花結実する。ナシは自家不稔性が強いので授粉樹の混植を要し，人工授粉，摘果，袋かけをする。近年，無袋栽培が行われるようになってきた。施肥は元肥を中心とし，新梢の伸長の止まった頃，少量のチッソを施す。おもな病気は黒星病。【近似種】多数の品種がある。‘長十郎’，‘幸水’，‘二十世紀’，‘八雲’など。【学名】属名*Pyrus*はラテン語のpyrus，ナシの木より。種形容語*pyrifolia*はナシのような葉の，変種名*culta*は栽培，の意味。

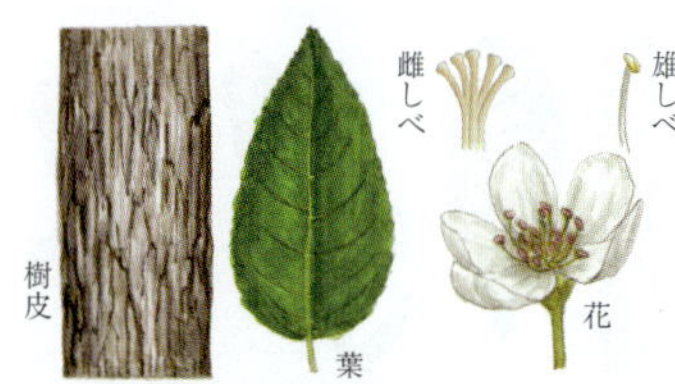

558. シナナシ（チュウゴクナシ）　〔ナシ属〕
Pyrus bretschneideri Rehder

【原産地】中国。【分布】中国華北，東北地方，遼東半島。日本では北海道，東北地方。【自然環境】冷涼な気候を好む落葉高木。【用途】果実は主として生食用。【形態】枝は黄褐色，葉は卵形，先端がとがる。縁は鋭鋸歯状，4月頃，白色の花を開く。果実大きく，果梗は長い。果色は黄緑色，果面は小さな凹凸がある。肉質軟らかく，石細胞は少ない。多汁で香気が強い。【特性】開花が早く晩霜の害を受けやすい。【植栽】ニホンナシに準ずる。【管理】ほぼニホンナシに準ずるが，結果枝の寿命が比較的短いので，側枝のせん定を十分行わねばならない。授粉樹は開花期をそろえるためシナナシを用いる。主要病気は黒星病，害虫としてはコナシヒメシンクイ。【近似種】シナナシには多数の品種があるが，その中で‘ヤーリー（鴨梨）’と‘ツーリー（慈梨）’が有名。熟期は‘ヤーリー’は10月上〜中旬，‘ツーリー’は9月下旬〜10月中旬，貯蔵性は両品種とも良好。生産力は‘ヤーリー’が良，‘ツーリー’は中程度。‘ヤーリー’は黒星病に弱い。シナナシは明治初年，中国より渡来してきたといわれている。【学名】属名*Pyrus*はラテン語のPyrusでナシの木，種形容語*ussuriensis*はウスリーの意味。

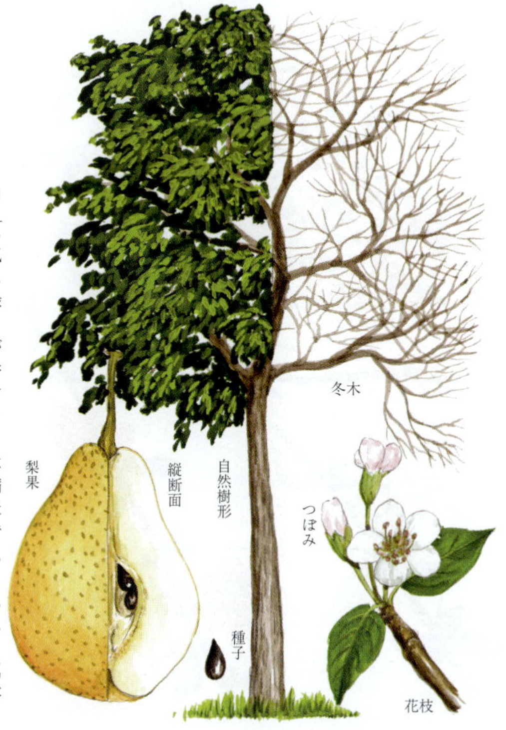

559. セイヨウナシ 〔ナシ属〕
Pyrus communis L.

【原産地】ヨーロッパおよび西アジア。【分布】ヨーロッパを中心とし，アジア，米国など広く栽培されている。日本には明治初年導入された。主産地は山形県。【自然環境】地中海沿岸的な夏期の乾燥気候を好む落葉高木。【用途】果実を生食または缶詰に加工する。【形態】樹冠は広円錐形，葉は互生し，卵円形または鋭形，縁は鋸歯状，花は白色，果実はとっくり状で，表面に凹凸がある。果色は黄緑色，品種により日にあたる所は赤色を帯びる。果肉は白色で，肉質緻密，生食用には2週間ぐらい追熟させる。追熟果は甘味強く，芳香がある。豊産。胴枯れ病に弱い。【植栽】繁殖は接木による。【管理】一般に棚支立てとするが，立木仕立ても行われている。主枝数2～3本とし，各主枝に1～2本の亜主枝をつける。結果枝のせん定は今年のびた枝が翌年さらにのび，その先に花芽がつき翌年開花するという結果習性に基づいて行う。施肥はほぼニホンナシに準ずる。果実は生食用の場合，1花そうに1果のみをつける。缶詰用の場合は2～3個とする。病害としては胴枯れ病，輪紋病，虫害としてはナシヒメシンクイ，モモシンクイガ，ナシオオシンクイガなど。【近似種】品種は非常に多い。日本での主要品種は‘パートレット’，‘マックス・レッド・パートレット’。【学名】種形容語 *communis* はふつうの，の意味。

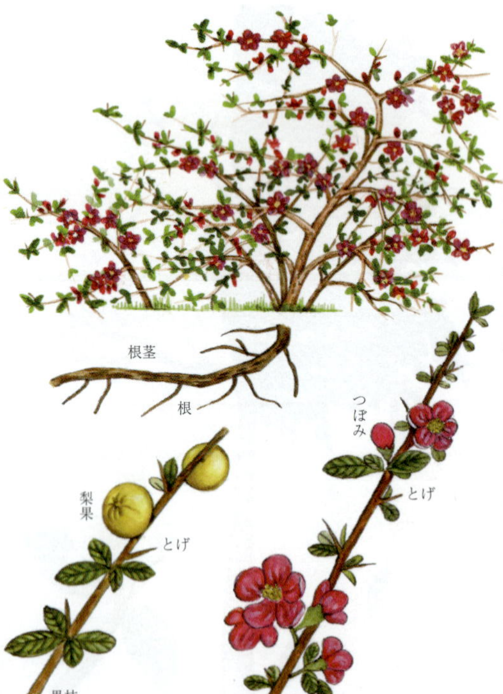

560. クサボケ（シドミ） 〔ボケ属〕
Chaenomeles japonica (Thunb.) Lindl. ex Spach

【分布】本州，九州。植栽分布は温暖帯で北海道から四国，九州までで，耐寒性もある。【自然環境】樹林下の立地で日あたりのよい場所を好み，排水のよい土質を好む落葉小低木。【用途】庭園樹。【形態】主幹はなく，高さ30～60cmになり，枝は地下部よりそう生し，枝条は細く，表皮は粗糙で2年枝で木質化し，大枝は堅く斑紋を生ずる。枝先はとげ状，芽は互生して葉芽は三角形で小さく，花芽は球形で大きくなり，2年枝と当年枝の一部につく。葉は花とともに開き，倒卵形か広卵形で無毛，鈍鋸歯縁，長さ2～5cm，幅1～3cm，托葉は葉状で腎臓形，本葉より薄い。花は葉とともに咲き，1節に3～4個を群生して鮮紅色の5弁花を咲かす。がくおよび花柱は無毛で，雌しべのない雄花と完全花の花があり，雌しべは下位子房で肥厚し，花後結実する。果実は黄色で球形，芳香あり，径2～5cm。【植栽】繁殖は実生またはさし木により，また株分けも可能である。実生法はボケと同様，さし木は秋にさし，活着は良好である。土質は砂質壌土に腐葉土を多く加えて，植付ける。開花まで3年を要する。ボケとの違いは，クサボケは地下茎でのび，幼条は粗糙であるのに対して，ボケは地下茎はなく，根ぎわより枝をのばす。【近似種】品種に白花のものがあり，シロバナクサボケ f. *alba* (Nakai) Ohwi という。園芸品種も多い。【学名】種形容語 *japonica* は日本の，の意味。

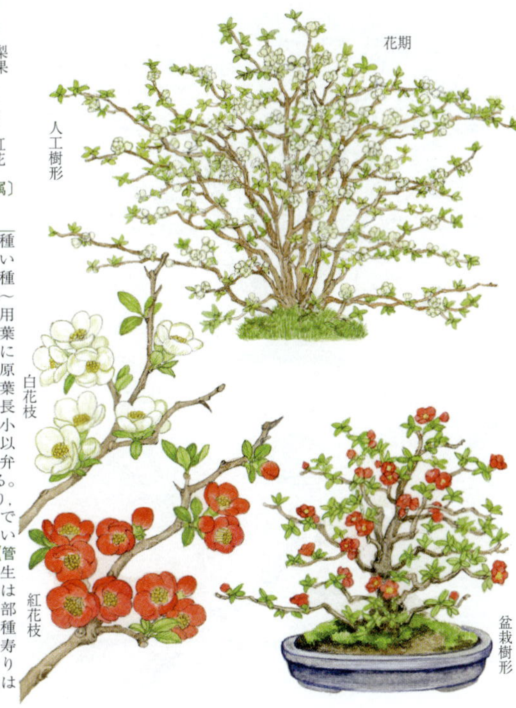

561. ボケ **‘チョウジュバイ’** 〔ボケ属〕
Chaenomeles japonica (Thunb.) Lindl. ex Spach
‘Chōjubai’

【系統】クサボケの園芸品種で，島根県での自生種であったものを培養した品であると伝えられている。この系統をもつ園芸品種は多く，結実した種子をまいても類似した系統ができるが年数は3～5年を要する。**【自然環境】**排水よく保水力のある用土に植栽する。日照を好み，水分を好むので腐葉土を多くして植える。枝は横にのび生長は非常に遅い。**【用途】**盆栽。**【形態】**‘チョウジュバイ’の原木は不詳であるが，古い品種では四季咲性で，葉は小さく春葉は楕円形か倒卵形で先端が凹形で長さ1.5cm，幅0.5cmあまりで，照りのある葉は小枝に頂生し，枝も多く密にして，樹高は30cm以上にはならない。花は白色または濃鮮紅色で5弁花，まれに結実し径1.5～2cmあまりの実がなる。花は四季咲性があり，寒中でも室内で開花したり，夏にも咲く性質がある。**【植栽】**さし木か株分けでふやす。ときには根伏せでふやす。腐植質の多い土で肥培し，かん水量を多く液肥で培養する。**【管理】**炭そ病とウドンコ病が長雨の梅雨期と秋に発生しやすいので，殺菌剤を散布する。根頭癌腫病は植替えのときに手術をして抗生物質の農薬に根部を浸漬する。**【近似種】**実生により生じた園芸品種が多く，‘大葉長寿梅’，‘白花長寿梅’，‘八重長寿梅’，‘白八重長寿梅’などの類があるが，やはり長寿梅が四季咲性なので鉢栽培に最もよい。他は小庭園や岩石園などに利用したい。

562. ボケ（カラボケ） 〔ボケ属〕
Chaenomeles speciosa (Sweet) Nakai

【原産地】中国。**【分布】**植栽分布は広く，世界各地で栽培され，日本でも北海道から九州までの温暖地に適する落葉低木。**【用途】**観賞用として庭園樹や公園樹として植栽されている。果実は10月に採果し，薬用となり，ボケ酒ともなる。園芸品種も多く，早春に咲き，花色は豊富である。**【形態】**幹は多く高さ2mあまりに根ぎわから株状となり，短枝はとげ状となる。幹枝ともに平滑無毛で黒褐色，葉は卵形から楕円形で先端は鋭尖，長さ3～7cm，幅1～5cm，鋭鋸歯，表面は平滑で光沢があり，托葉は披針形か卵形，花は春，朱紅色や白花などの花を咲かせる。花は雑居性で，雌しべのない花が多い。花は前年枝と旧年枝の休眠芽がときに花芽となり開花し，径2～6cm。5弁花を基本とし，八重咲も多い。花梗は短く毛が残る。がくは鐘形で無毛，花柱の基部に毛が密生するが，花柱は平滑，無毛，花後に楕円形の果が黄熟する。長さ4～5cmある。果実は品種により特徴がある。**【植栽】**繁殖は実生で品種改良を行う。多くはさし木繁殖で9月中～下旬にさす。用土は鹿沼土か赤玉土でよく活着し，翌秋に植付ける。実生は採種した種子を10℃以下でピートモスか砂に混ぜ越冬させ，3月に播種する。発芽した苗は6月か9～10月に小苗として植替える。**【学名】**種形容語 *speciosa* は美形の意味。

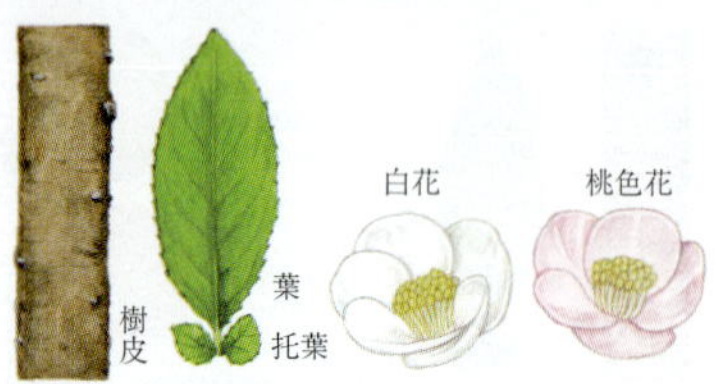

563. ボケ‘カンサラサ’ 〔ボケ属〕
Chaenomeles speciosa (Sweet) Nakai ‘Kansarasa’

【系統】ボケの園芸品種。【用途】切花用として多く栽培。花は11月から咲き，多少四季咲的な性質もあるくらい花つきは良好で，鉢作りもされる。【形態】樹高は0.6〜1.5mぐらいになり，枝は太く緑褐色で萌芽力があり，枝は密にのびる。小枝もとげ状になるが，他の品種よりは少ない。葉は大きいほうである。【植栽】さし木で繁殖する。ボケは晩夏から秋口にさすほうがよく活着し，病害にかからない。とくに根頭癌腫病の被害が少ないが，他の季節でもさし木用土を消毒して無菌にした用土を使用すればよい。実生は花や特性が変異するために行わない。苗木は春より液肥で培養して，秋までに完全な苗に仕立てたものを鉢植えか床植えにして培養し，4〜5年で切花用に供するが，のちに2年に1回切花用として出荷する。【管理】ボケはグンバイムシとハダニの被害により，葉の緑が少なくなり樹勢が弱るので，初夏より夏に防除をすることが大切である。病気にはサビ病（赤星病）の被害があるので，4月上旬から下旬に葉が出たときに殺菌剤を散布する必要がある。ボケの花芽ができる時期は，9月中〜下旬であるが，本品種は早く8月に花芽ができるので，せん定は7月上旬までに芯止めを行い仕立てると，花つきがよくなる。適質な用土は砂質壌土で，適湿を保つ管理が必要である。

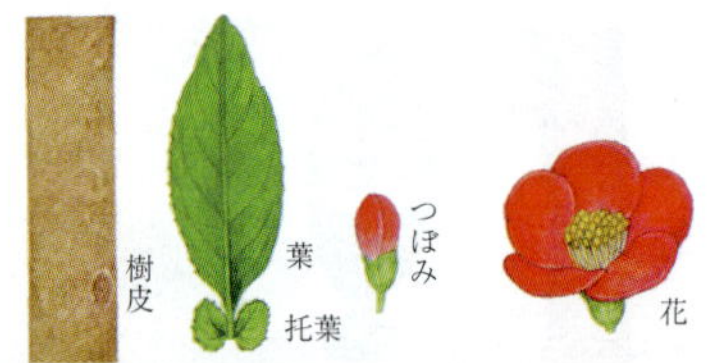

564. ボケ‘カンボケ’ 〔ボケ属〕
Chaenomeles speciosa (Sweet) Nakai ‘Kanboke’

【系統】ボケの園芸品種。ふつう寒中に咲く類の総称として寒木瓜とよばれ，切花や鉢物として利用されているが，ときには温室で促成して咲かせたものを含めてよばれる場合が多い。その中で，とくに寒中によく咲く鮮紅色の一重で，緋色のボケの類をさしてよぶことが多い。そのほかに，‘緋の御旗’，‘舞妓’，‘寒更紗’などをさすこともある。【形態】カンボケとして切花用に供するので，立性の樹形で，高さ1m以上になり，強健である。花期は1〜2月。【特性】切花用ではできるだけとげのない品種が選ばれ，その代表品種が，‘舞妓’である。【植栽】繁殖は8月下旬〜9月上旬にさし木を行い，穂木は今年のびた太めの枝を選び採穂し，長さ12cmぐらいに切ってさし，さし木後は十分にかん水をし，冬期は霜よけをする。株分けの場合も秋がよく，10〜11月に株分けする。育苗された苗は翌年の秋に床植えして育成し，定植は2年養成苗を植替え管理する。さし木から6年目で切花用となる。【管理】毎年6月に従来枝を1〜1.2cmに切りつめて株を作り，のちに9月に側枝を摘芯して，樹姿を作る。病害虫の防除には，根頭癌腫病があり，ボケに最も多いもので，発病したものは抜き取り焼却する。その跡地は土壌消毒をする。軽症の株は切り除き，ストレプトマイシン剤で根を浸漬する。サビ病は4〜5月に発生するので，殺菌剤を散布する。アブラムシには殺虫剤を散布するとよい。

565. ボケ‘チョウジュラク’ 〔ボケ属〕
Chaenomeles speciosa (Sweet) Nakai‘Chōjuraku’

【系統】ボケの園芸品種で八重咲の緋紅色，極大輪。昭和12年頃に新潟県の岡田長吉により作出された品種で，‘残雪’と‘黒光’の交配実生といわれている。**【用途】**観賞用として，庭園樹，鉢作りとして栽培され，ときに切花用に利用され，実はまれに結実する。**【形態】**幹は株状に太く多幹となり，蕾は緑色からサーモンピンクとなり，朱紅色となる。八重咲で大輪。花径3～4cmになり，花弁数13～15弁で，雄しべの花糸は黄緑色で長さ2cmで細く，葯は黄色，雌しべは3～5本でがくは緑色。葉は新葉は紅緑色に萌芽し，葉は鋭鋸歯で長さ3～4cm，幅1.5～2cm。結実は長楕円形。**【特性】**花形がボタンに似た抱え咲の花で，朱紅色。花弁は盃状で丸く，大きい花弁が13～15弁重なり，しべを抱えた姿がよい。強健な品種。**【植栽】**庭園樹として窓下や境界，斜面などの植栽に適し，有刺植物で人止め用としても役立ち，春の開花を楽しむことができる。**【管理】**大きな株物として仕立てるとよい。**【近似種】**‘世界一’は緋紅色で八重咲，花径8cm，花弁は30～35枚，雄しべの径2cm，紅色で長さ1.2cm，中心部は白い花糸，葯は未発達のものが多い。雌しべも未発達なものが多い。がく片は5裂で楕円形，花色はよく似るが，花弁はちぢれ弁で花弁数も多い。樹形も地上を低くはう樹形となり，‘長寿楽’と異なる。昭和42年の‘長寿楽’と‘昭和錦’の交配実生による。鶴巻清二郎の作品。

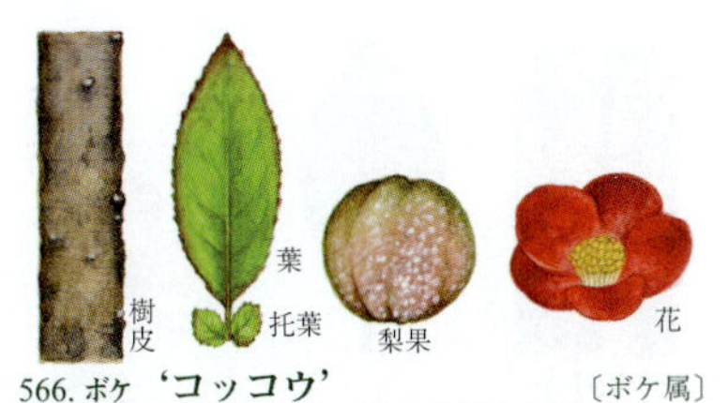

566. ボケ‘コッコウ’ 〔ボケ属〕
Chaenomeles speciosa (Sweet) Nakai‘Kokkō’

【系統】ボケの園芸品種で，ボケの中で黒いほうの花色として珍しがられた品種。作出は新潟県白根市で，大正3年頃にボケの園芸品種栽培がさかんとなり，越後から関東へと流行した，その代表的な品種である。**【用途】**盆栽。**【形態】**樹は20～30cmぐらいで大きくはならない。枝は粗で直立性か斜上する。花色は黒紅色をしており，花弁は10～15弁ぐらいの八重咲で，花期は秋に少し咲き春に開花する性質がある。花形は抱え咲で葯の黄色がわずかに現れて，花形がよい。花期は3月下旬でふつうに咲き，秋は11月に咲く。花つきの良好な品種。**【植栽】**晩夏にさし木でふやす。夏に太くのびた枝を穂木として，10cmぐらいに切り，赤玉土へさすが，このときに大切な点は，切口を切り水揚げをしたのちにさすことで，11月末にはわずかに発根するが，完全な発根は翌春になるため防寒が必要である。**【管理】**翌春3～4月に萌芽しはじめた頃より，薄い液肥を散布して培養する。植付けや植替えは10～11月にする。**【近似種】**‘コッコウ’は八重咲だが，‘コッコウツカサ（黒光司）’がのちに作出され，一重咲でよく似た品種である。‘コクボタン（黒牡丹）’は花が極大輪で，八重咲の品種だが，黒紅色がややかかる明るい緋紅色である。‘クロサンゴ（黒珊瑚）’は紅色の濃い色彩で，‘コッコウ’の色より鮮紅色の品種で八重咲大輪。

567. ボケ **‘トウヨウニシキ’** 〔ボケ属〕
Chaenomeles speciosa (Sweet) Nakai
‘Tōyōnishiki’

【系統】ボケの代表的な園芸品種。花は大輪で，花色は白色や淡紅色，朱紅色などの花にさらに竪絞りが入って咲き分ける品種である。【分布】温暖地に適し，耐寒性もあり南北海道まで植栽可能。【用途】鉢栽培が多いが，庭園樹にも適する。【形態】主枝は直上か斜上に伸長し，多くの側枝をのばして，小枝はとげとなる。新枝は無毛で，葉は楕円形か卵形で鋸歯があり，長さ 6～8cm，幅 2～4cm，托葉は腎臓形で鋸歯があり長さ 0.7cm あまり，花は 1 節に 2～5 花を咲かせ，花形は椀咲で白色花を主体に朱紅色の花やその絞りや吹掛け絞りなど様々な色の花が咲く特徴が賞されている。雄しべは 40 本ぐらいで，葯は黄色，雌しべは 5 本あり，基部で合わさり子房につく。果実は洋ナシ形で径 6cm ぐらい。【特性】生長はやや遅い。【植栽】繁殖はさし木による。さし木は秋の 9～11 月まで行われ，活着はよいほうである。実生もまれに行われるが，よい園芸品種は少なく，紅花が多くなる。【管理】ボケの植替え適期は 9 月上旬～10 月上旬で，植替え用土は赤玉土を主体に腐葉土と荒木田土を 2 割ぐらい混ぜて植付ける。肥料は液肥で肥培し，骨粉と油かすを適期に施肥し補う。【近似種】‘安田錦’は新しく作出された小輪一重の咲分け品種で生育も遅い。‘日月星’ は純白に紅色の絞り，一重咲で大輪だが早咲で盃状咲。

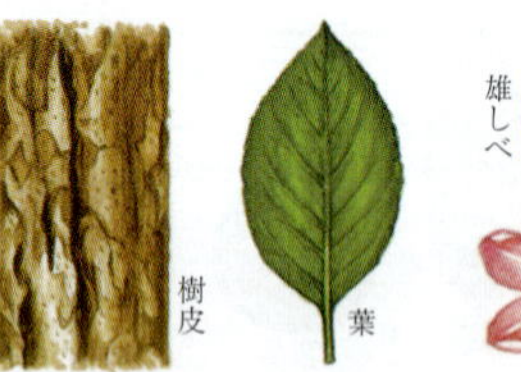

568. カリン 〔ボケ属〕
Chaenomeles sinensis (Thouin) Koehne

【原産地】中国。日本への渡来は明治より古いが詳細不明。【分布】中国，日本。日本では信越，東北地方。【自然環境】冷涼な気候を好む落葉高木。【用途】観賞用として庭園に植え，また盆栽にする。洋ナシやマルメロの台木にする。果実は薬用あるいは香気が強いので，菓子，ジャムなどに添加する。【形態】樹皮は鱗片状にはがれ，雲紋状を呈し美しい。葉は卵形または倒卵形，葉縁は細鋸歯状。花は 4～5 月開花，花弁 5，淡紅色。果実は大形，長楕円形または球形，黄色，果面は無毛。強い芳香をもつ。【特性】樹勢は強く，耐寒性大。種子発芽力は非常によい。【植栽】繁殖は庭木の場合，実生を主とするが，さし木，接木も行う。台木は共台，植栽本数は果樹園の場合，マルメロと同様 10a あたり 30～40 本。【管理】樹の支立て方は開心自然形とする。カリンは短果枝によく結実するので，短果枝の生成に努めるようにする。施肥はリンゴに準ずる。カリンは病害虫に強いが，病気として赤星病，害虫としてシンクイムシがある。これらの防除のため袋かけをする。【学名】種形容語の *sinensis* は中国の意味。和名カリンはこの樹木の木目がカリン（フタバガキ科）に似ているのでこの名がついたといわれている。

569. マルメロ（カマクラカイドウ）〔マルメロ属〕
Cydonia oblonga Mill.

【原産地】イラン，トルキスタン地方。日本には寛永年間に中国より渡来した。【分布】ヨーロッパ，西アジア，中国。日本では長野県，新潟県および東北の一部で栽培されているが，その面積は大きくはない。【自然環境】温暖な気候を好む落葉高木。【用途】果実は生食せず，砂糖漬，ジャム，缶詰に加工される。【形態】枝は細長く，とげはない。葉は互生し，卵形または楕円形，全縁，葉の裏面は灰白色の綿毛でおおわれる。花は淡紅色で5月に咲く。果実は楕円形，頂部にがく片を残す。果皮に白色綿毛がある。芳香は強い。【特性】生育期間中に降雨の少ない地方がよい。自家稔性が高い。【植栽】繁殖は芽接ぎによる。10a あたりの植栽本数は約 30～40 本。【管理】樹の支立て方は自然開心形とする。台木は共台またはカリンを用いる。結果習性は，前年生じた結果母枝の頂芽および腋芽から出た新梢の先端に1花をつける。自家稔性が高いので特別に授粉樹を混植する必要はない。施肥は 11 月の元肥を中心に，樹の勢いを見て少量のチッソ肥料を施す。その他の作業はリンゴに準ずる。【学名】属名 *Cydonia* はクレタ島の Cydon から，種形容語 *oblonga* は長楕円形の意味。和名マルメロはポルトガル語の marmereiro よりきた。マルメロとカリンを混同している場合が多い。

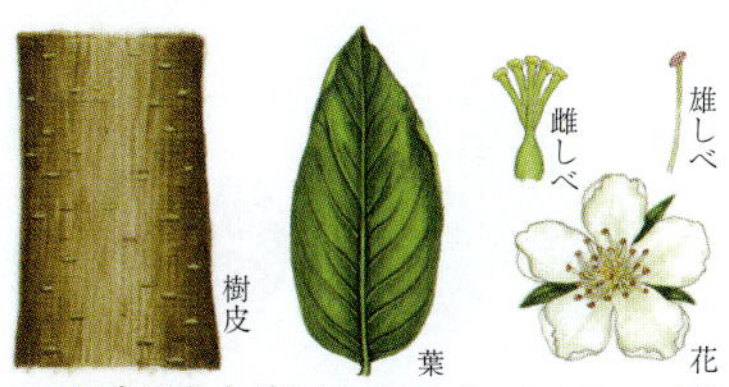

570. セイヨウカリン（メドラー）〔セイヨウカリン属〕
Mespilus germanica L.

【原産地】ヨーロッパ，西南アジア。日本には明治中期に渡来した。【分布】ヨーロッパ。日本では観賞用としてごくわずかしか栽培されていない。【自然環境】冷涼な気候を好む落葉小高木または低木。【用途】ヨーロッパでは生食するほかジャムにする。日本では主として観賞用。【形態】枝は開張性，野生種にはとげがあるが，栽培種にはない。葉は互生，長楕円形，細かい鋸歯縁。花は白色，本年生の枝の先端に単生。花期6月。果実は洋ナシ形，宿存がくがある。やや酸っぱい。熟期 10～11 月。【特性】耐寒性大。【植栽】繁殖は接木による。台木はサンザシ，マルメロ，ニホンナシを用いる。土壌は排水良好で保水力のある壌土がよい。【管理】台木から芽がさかんに出るから切除する。せん定は短果枝の生成に努める。その他はカリンに準ずる。【近似種】この種に var. *gigantea*（大果品種）と var. *abortica*（無核品種）の2変種がある。メドラーの代表品種としては‘ダッチ’または‘ホーランディア’,‘ノティン’（無核品種）がある。メドラーは経済果樹としては過去のもので，観賞用または一部の愛好家が栽培している程度のものとなっている。【学名】属名 *Mespilus* はギリシャ語の mesos（中央）と spilos（核）の合成語。種形容語 *germanica* はドイツの，の意味。

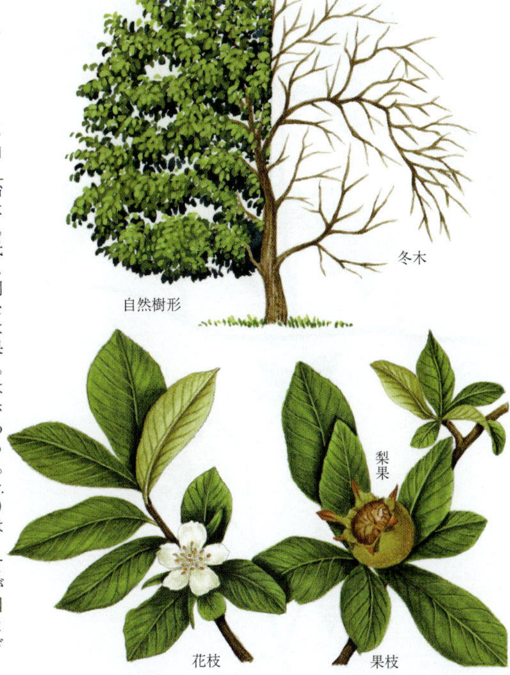

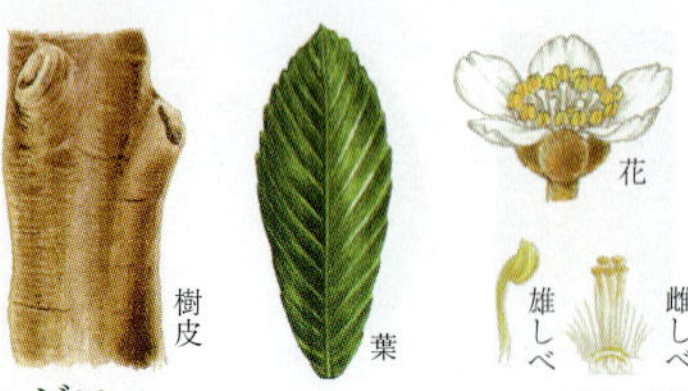

571. **ビワ** 〔ビワ属〕
Eriobotrya japonica (Thunb.) Lindl.

【原産地】中国および日本（九州，四国の石灰岩地帯）。【分布】中国浙江省，江蘇省，日本では千葉県以西の太平洋側。【自然環境】温暖な気候を好む常緑小高木。【用途】果実を主として生食するほか，缶詰にする。葉は民間薬として利用される。【形態】樹冠は円形，若枝は細毛が密生している。葉は互生，倒披針状長楕円形，縁は細鋸歯，10月から3月頃，枝頂に円錐花序をつける。花色は白色，果実は楕円状球形，黄色，表面に細毛があり，大形，赤褐色の種子数個がある。多汁で甘味多い。【特性】冬期に開花結実するので寒害にかかりやすい。年平均気温15℃，最低気温－3℃以下の所は栽培不適。【植栽】土地を選ぶことの少ない果樹であるが，排水のよい，耕土の深い所が適地。繁殖は接木による。台木は共台，植栽本数10aあたり30本ぐらい。【管理】樹の仕立て方は一般に盃状または変則主幹形仕立て。ビワは今年生長した新梢の頂に花芽が形成される。芽かきにより枝の数を制限すると，今年結果した枝の基部から新梢が出，花芽をつける。摘蕾，摘果，袋かけは重要作業。癌腫病に弱いからせん定に注意する。【近似種】主要品種は'田中'（千葉，愛媛），'茂木'（九州）。【学名】属名 *Eriobotrya* はギリシャ語の erion（羊毛）と botrys（ブドウの房）から，種形容語 *japonica* は日本の，の意味。

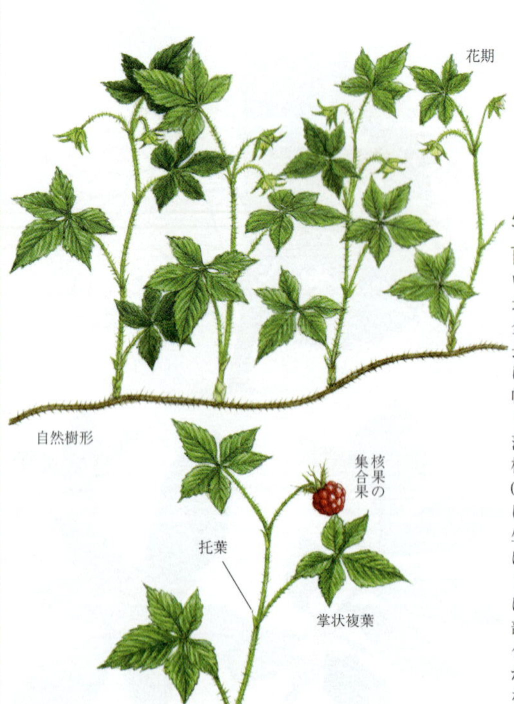

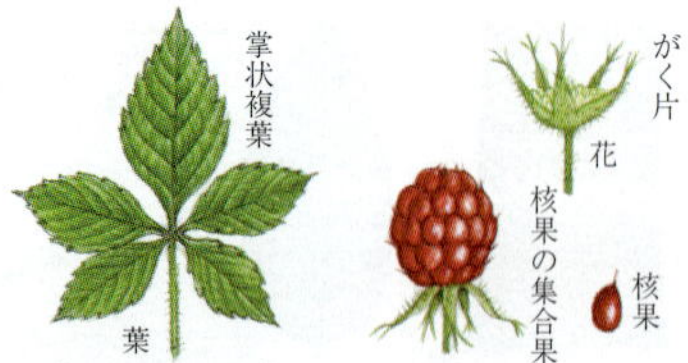

572. **ゴヨウイチゴ** 〔キイチゴ属〕
Rubus ikenoensis H.Lév. et Vaniot

【分布】本州（中部以北）。【自然環境】深山のやや明るい樹下などにはえる落葉小低木。【形態】茎は長く地上を横にはい，草質であるが，基部は木質となる。全体に長い剛毛ととげが多数つく。花枝は前年の長枝から出て直立し，高さ10～20cmになる。葉は有柄で互生し，葉身は鳥足状の5小葉からなり，幅6～8cm。小葉は倒卵状楕円形で先端は急にとがり，基部はくさび形で縁には重鋸歯がある。質は薄く，両面有毛で裏面中肋にとげを散生する。葉柄は長さ4～12cm。托葉は長楕円状披針形で長さ0.4～1cm。7月頃，枝の先に1～3個の花を下向きにつける。がく筒は半球形で椀形，細いとげを密生する。がく片は5個，卵状披針形で先はしばしば3裂する。花弁は退化してはっきりしない。雄しべと雌しべは多数ある。果実は赤く熟し，小核は長さ0.25cmほど。【近似種】北海道と本州の中北部の亜高山帯のやや暗い所にヒメゴヨウイチゴ（トゲナシゴヨウイチゴ）*R. pseudojaponicus* Koidz. がある。ゴヨウイチゴに似るが，植物体にとげがなく，白色の花弁が7個あって，がく片も7個ある。【学名】属名 *Rubus* は赤色という意味。和名ゴヨウイチゴはその葉が5個からなることによる。

573. フユイチゴ（カンイチゴ）　〔キイチゴ属〕
Rubus buergeri Miq.

【分布】本州（関東南部以西），四国，九州，朝鮮半島南部，台湾，中国。【自然環境】暖地の山地や丘陵の木陰にはえる常緑小低木。【形態】茎は直立または斜上して高さ 20〜30cm になる。全株に短毛がはえているが，とげはない。別に長い匐枝をのばし 2m ぐらいになり，その先に新苗をつくって繁殖する。直立する茎につく葉は長柄をもち，互生する。葉身は心臓形で浅く 5 裂し，鈍頭または円頭で長さ，幅ともに 5〜10cm ぐらい。洋紙質で，縁には細かい歯牙状の鋸歯があり，両面脈にそって短毛がある。葉柄は長さ 4〜9cm で短毛を密生する。托葉は落ちやすく，長さ 1〜1.5cm で羽裂し，有毛である。9〜10 月，茎の先または葉腋から短い円錐花序を出し，5〜10 個の径 1cm ほどの白花をつける。花柄は長さ 0.3〜0.6cm あり，淡褐色の短毛を密生する。がく片は 5 個，卵形で長さ 0.7〜0.9cm あり，先は鋭くとがる。花弁は 5 個，広楕円形で長さ 0.6cm 内外。雄しべは多数あり，花糸は白色。雌しべも多数あり，花柱は白色で長い。果実は冬になって赤く熟し，球形で食べられる。核果は卵形で長さ 0.2cm ほど。【学名】種形容語 *buergeri* は人名で，ビュルゲルの，という意味。フユイチゴの和名は冬になって実が熟すことによる。カンイチゴの名も同じことに由来する。

574. ミヤマフユイチゴ　〔キイチゴ属〕
Rubus hakonensis Franch. et Sav.

【分布】本州（関東以西），四国，九州。【自然環境】山地の樹陰などにはえる常緑小低木。【形態】茎はつる状になって地面を横にはい，小さなとげがある。花をつける茎はやせて細く，直立または斜上して高さ 30cm ぐらいになるが，地面にはってしまうことも多い。葉は有柄で互生する。葉身は卵形または広卵形で先は鋭くとがり，基部は心臓形で，縁は 3〜5 浅裂し，細かい歯牙状の鋸歯があって長さ 4〜9cm ほどである。葉質はやや堅い洋紙質で，両面に毛は少なく，裏面中肋にはときにとげがある。葉柄は長さ 3〜7cm ぐらいで毛がわずかにはえ，小さいとげがある。托葉は離生，落ちやすく，長さ 0.5〜0.9cm で羽状に裂け，裂片は線形となる。9〜10 月，枝の先や葉腋から短い円錐花序を出し，小白花をつける。花柄は 0.6cm ほどで短毛がはえている。がく片は 5 個，卵形で尾状に鋭くとがり，長さ 0.8cm 内外，縁と内面には白毛があり，開花時には開出する。花弁は 5 個，開出し，卵形で長さ 0.5〜0.6cm。雄しべは多数で，花糸は無毛。果実は 11〜12 月に熟し，球形で径 0.9cm，赤熟して食べられる。核果は長さ 0.5cm ほど。【学名】種形容語 *hakonensis* は相模箱根山にちなむものである。和名ミヤマフユイチゴは深山にはえるフユイチゴの意味である。

575. ホウロクイチゴ（タグリイチゴ）〔キイチゴ属〕
Rubus sieboldii Blume

【分布】本州（伊豆，紀伊半島以西），四国，九州，沖縄。中国南部。【自然環境】暖地の海岸地方の山地にはえる常緑低木。【形態】茎は太く，のびて弓なりに曲がってややつる状となり，末端は地面について新苗を生じる。綿毛を密生し，針状のとげをまばらにつける。葉は有柄で互生する。葉身は大形の卵円形あるいは卵形で，長さ 8〜17cm，基部は心臓形で縁にはふぞろいの切れ込み状の鋸歯がある。表面は初め褐色の綿毛があるが，のちやや無毛となり，裏面には褐色綿毛を密生する。葉柄は長さ 2〜7cm，まばらなとげと密毛がある。托葉は離生，落ちやすく，楕円形で長さ 1.5〜1.7cm，羽状に中裂する。4〜5 月，葉腋に 1〜3 個の花を束生して白花を開く。花径は 2.5〜3cm。苞は楕円形または広卵形で長さ 1.5〜1.7cm あり，羽状浅裂する。花柄は太くて短く，褐色の軟毛が密にはえている。がく片は 5 個，広卵形で長さ 1〜1.2cm，縁と内面に毛があり，縁には波状のしわがある。花弁は 5 個で平開し，円形で長さ 1.8cm。雄しべは多数で，花糸は無毛。果実は球形で径 1.8cm ほどあり，赤く熟す。核果は長さ 0.18cm 内外。【学名】種形容語 *sieboldii* はシーボルトにちなむもの。和名ホウロクイチゴは核果が集まって空洞になっており，逆さにすると炮烙鍋の形になることによる。

576. コバノフユイチゴ（マルバフユイチゴ）〔キイチゴ属〕
Rubus pectinellus Maxim.

【分布】本州，四国，九州。【自然環境】山地の林下にはえる常緑小低木。【形態】茎は細く，地面を横に長くはって枝分かれし，開出する細かい毛があり，とげもはえている。茎の節からは根を出し，短い枝を立てる。葉は長柄があって互生する。葉身は円形または円心形で先端は丸く，基部は深く心臓形になってへこみ，長さ 3〜5cm ほど，縁には細かくて鈍い鋸歯がある。濃緑色で両面に細かい白毛があり，裏面の脈にそって小さなとげがある。葉柄は長さ 4〜7cm ほどで細かい毛と白毛がある。托葉は長さ 0.7〜0.9cm で深く切れ込み，裂片は細かく欠刻し，宿存する。5〜7 月の頃，枝の先に花柄を直立して出し，1 個の白花を開く。花径は 2cm ほど。花柄は 1.5〜2cm。がく片は 5 個，卵状披針形で長さ 1.5〜2cm，縁は櫛歯状に浅裂し，白色の短毛があり，花後そり返る。花弁は 5 個，卵形で長さ 1cm ぐらい，がく片より短い。果実は球形で赤く熟す。核果は曲がった卵形で長さ 0.25cm ほどである。【特性】托葉がいつまでも残る特徴がある。【学名】種形容語 *pectinellus* はやや櫛歯状の，という意味。コバノフユイチゴの和名はフユイチゴに比べて葉が小さいことから。マルバフユイチゴはその葉が丸いことによる。

577. カジイチゴ（トウイチゴ，エドイチゴ）

〔キイチゴ属〕

Rubus trifidus Thunb.

【分布】本州（大平洋岸，伊豆半島など）。**【自然環境】**海岸地方によくはえ，人家にも栽培される落葉低木。**【用途】**庭園樹。**【形態】**幹はそう生し，高さ2mぐらいになる。よく枝分かれし，若枝は初め軟毛が多くとげもあるが，古くなるとどちらもなくなる。葉は長柄をもち，互生し大形で，大きいものは径20cmほどになる。葉身はふつう掌状に3〜7裂し，裂片は卵形で先はとがり，縁には重鋸歯があり，基部は心臓形となる。両面はほとんど無毛であるが，裏面の脈上には軟毛が目につく。葉柄は長さ2.5〜8cm。托葉は楕円形で長さ1.3〜1.5cm。4〜5月，枝の先に散房状集散花序を出し，白色の径3cm内外の花を3〜5個開く。がく裂片は5個，卵状披針形で長さ1〜1.2cm。花弁は5個，広倒卵形でがく片より長い。雄しべ，雌しべともに多数ある。果実は淡黄色に熟し，甘酸っぱくて食べられる。**【近似種】**関東南西部にまれに産するものにヒメカジイチゴ *R.* × *medius* Kuntze がある。これはカジイチゴとニガイチゴの雑種と思われ，全体がカジイチゴに似て，より小さく枝にとげがあり，実ができない。**【学名】**種形容語 *trifidus* は3分裂という意味。和名カジイチゴはカジノキに葉が似ていることによる。トウイチゴは中国渡来とまちがえたもの。エドイチゴは江戸から来たイチゴの意味である。

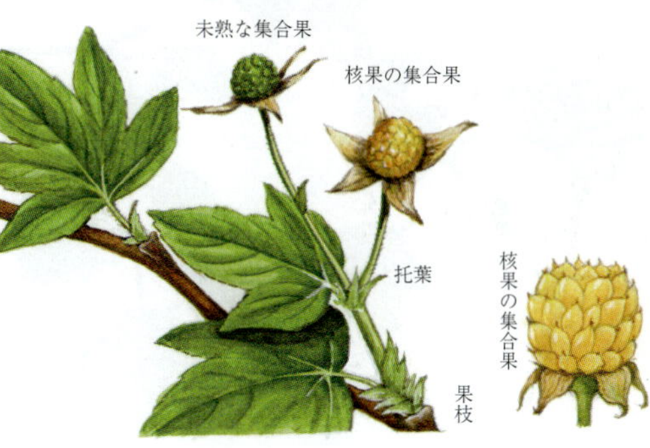

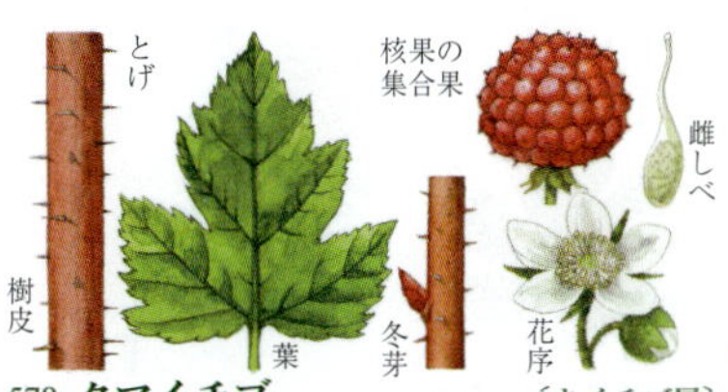

578. クマイチゴ

〔キイチゴ属〕

Rubus crataegifolius Bunge

【分布】北海道，本州，四国，九州，朝鮮半島，中国。**【自然環境】**日あたりのよい山地の林の縁や荒地にはえる落葉低木。**【形態】**茎は高さ1〜2mになり，荒地など大きな面積に広がることがある。緑色の茎は黒っぽい斑点があり毛はほとんどなく，やや太く扁平なとげが多い。葉は有柄で互生し，葉身は広卵形で長さ6〜10cmあり，3〜5裂片に中裂し，裂片はとがり，縁には切れ込み状の鋸歯がある。葉質はやや厚く，表裏ともに無毛であるが，裏面脈上に軟毛がある。葉柄は長さ3〜8cm，軟毛と扁平なとげがある。托葉は線形で葉柄の基部につく。5〜7月，枝の先に1〜6個の白色の花が集まってつく。花の径は2.5cm内外。花柄は短く，長さ0.5〜1cmあり，軟毛を密布する。がく片は5個，卵状披針形で先はとがり，長さ0.8〜1cm，外面には軟毛がはえ，内面にビロード状の細かい毛が密にはえている。花弁は5個，倒卵形で長さ0.9cmあり，内面基部に短毛がはえ，平開する。雄しべは多数あり，花糸は無毛。果実は球形で径1cm内外，赤く熟して食べられる。**【学名】**種形容語 *crataegifolius* はサンザシ属 *Crataegus* のような葉の，という意味。和名クマイチゴは熊の出るような所にはえ，食べられるので，熊が食べるイチゴの意味であろう。

579. ニガイチゴ 〔キイチゴ属〕
Rubus microphyllus L.f.

【分布】本州，四国，九州，中国。【自然環境】山野の荒地のような所に多くはえる落葉小低木。【形態】茎は細く，直立して高さ 30〜70cm になる。よく枝分かれし，上方はしばしば下に垂れ，無毛でとげが多く，粉白色を帯びる。葉は有柄で互生し，葉身は広卵形で長さ 3〜5cm，幅 1.5〜4cm，多くは 3 中裂し，裂片はとがり，基部は心臓形となる。縁にはふぞろいの鋸歯があり，表面は緑色で裏面は粉白色を帯び，両面無毛であるが，裏面脈上には小さなとげがある。4〜5 月，短枝の先端に上向きに白花を 1 個，まれに 2 個開く。花径は 1cm 内外。花柄は細く長く 1.5〜2.3cm あり，小さいとげがある。がく片は 5 個，披針形で長さ 0.4〜0.6cm，縁と内面に白色の短毛がある。花弁は 5 個，楕円形で長さ 1〜1.2cm，平開する。雄しべは多数。果実は球形で径 0.9cm ほど，赤く熟し，液汁は甘いが核は苦い。【近似種】本州の特産で，ニガイチゴより高い山にはえるものにミヤマニガイチゴ *R. subcrataegifolius* (H.Lév. et Vaniot) H.Lév. がある。海抜 1500m によく見られる。ニガイチゴに似るが，葉身の長さ 4〜10cm と大きく，花弁は広く，果実が径 1〜1.5cm あって大きく，秋に葉がきれいに紅葉する。【学名】種形容語 *microphyllus* は小葉が小さい，という意味。ニガイチゴの和名は，果実の核の苦味による。

580. モミジイチゴ 〔キイチゴ属〕
Rubus palmatus Thunb.
var. *coptophyllus* (A.Gray) Kuntze ex Koidz.

【分布】本州（中部地方以北）。【自然環境】山野の日あたりのよい所や荒地にはえる落葉低木。【形態】茎は高さ 2m ほどになり，よく枝分かれし，無毛であるがとげが多い。葉は有柄で互生し，葉身は卵形で先は鋭くとがり，基部は心臓形または切形で，やや掌状に 3〜5 裂する。裂片は卵状披針形で，切れ込み状の大形の重鋸歯がある。両面はほとんど無毛であるが葉脈にそって細かい毛がある。托葉は線形。4〜5 月，前年の枝の葉腋から，下部に葉をつけた短い枝を出し，その先に花径 3cm ほどの白花を 1 個開く。がく片は楕円状披針形で先は鋭くとがり，縁に腺毛がある。花弁は 5 個，広楕円形で開出する。雄しべ，雌しべは多数ある。果実は下垂し，球形で径 1〜1.5cm あり，橙黄色に熟して食べられ味がよい。【特性】林などを伐採して明るくなった所に群生することが多い。【近似種】基本種はナガバモミジイチゴで，本州の近畿以西，四国，九州，朝鮮半島，中国に産し，葉が長卵形で 3〜5 浅裂，または分裂せず，長さ 3〜9cm ある。【学名】種形容語 *palmatus* は掌状の，という意味。変種名 *coptophyllus* は分裂葉の，という意味。モミジイチゴの和名はその葉の形がカエデに似ることによる。キイチゴは木苺，もしくはその果実から黄苺の意味といわれる。

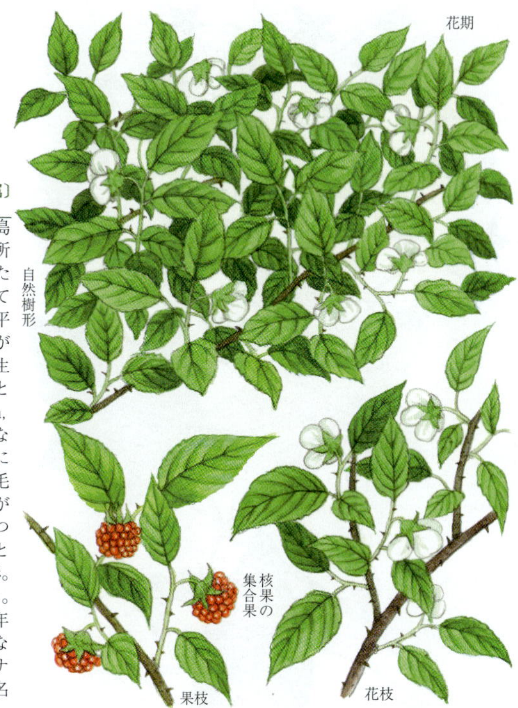

581. ビロードイチゴ　〔キイチゴ属〕

Rubus corchorifolius L.f.

【分布】本州（静岡県以西），四国，九州，朝鮮半島南部，中国。【自然環境】山地の日あたりのよい所や荒地にはえる落葉低木。【形態】茎は立ち，または斜めに傾き，全体にビロード状の短毛がはえている。前年枝にもビロード状の短毛を密布し扁平なとげがある。花枝は長さ2～5cmあり，軟毛が多く，扁平なとげもある。葉は長柄があって互生し，葉身は狭卵形または三角状卵形で先は鋭くとがり，基部は心臓形または切形で長さ3～10cm，幅2～4cm，ときに浅く3裂する。縁には不整な鋸歯があり，両面脈にそって軟毛があり，裏面にはビロード状の短毛がある。葉柄には短い開出毛や軟毛がはえ，裏面の中肋とともに小さいとげがある。4～5月の頃，花枝の先に白花を1個ずつ下向きに開く。花柄は長さ0.5～1.2cm，がくとともに軟毛がある。がく裂片は5個で三角状披針形。花弁は5個，長さ1cmほどの倒卵形で平開する。果実は球形で径1cm内外，赤く熟す。【特性】前年枝にも開出した短毛を密生するのは本種の大きな特徴である。【学名】種形容語 *corchorifolius* はツナソ属 *Corchorus* のような葉の，という意味。和名ビロードイチゴは葉の手ざわりに由来する。

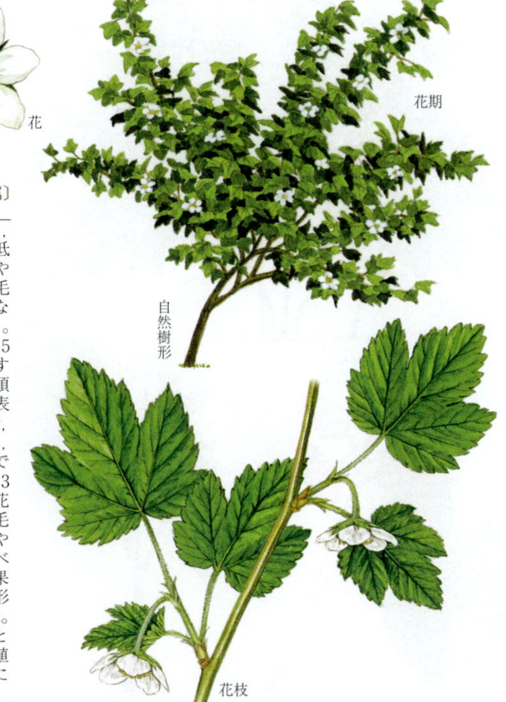

582. ハチジョウイチゴ（ビロードカジイチゴ）　〔キイチゴ属〕

Rubus ribisoideus Matsum.

【分布】本州（太平洋岸の暖地），四国（太平洋岸），九州。【自然環境】暖地の海岸付近にはえる落葉低木。【形態】幹は直立してよく枝分かれし，枝はやや太く，開出する。若枝にはビロード状の短毛が密生しているが，古くなるとこの毛はなくなる。枝にとげはない。葉は長い柄をもち互生する。葉身は円心形または円形で，長さ6～8cm，幅5～7cm，ふつう3裂またはまれにやや5中裂する。基部は心臓形もしくは切形で，裂片は鋭頭または鈍頭となり，縁には二重鋸歯があり，表裏ともに脈にそって短毛がある。表面は緑色で，裏面は淡緑色となる。葉柄は長さ2～5.5cmあり，ビロード状の密毛がはえている。托葉は線形で0.3～0.7cmあり，葉柄上について落ちやすい。3～4月，短い花枝に径3～4cmの白花を開く。花柄は1～3cmあり，がくとともにビロード状の毛を密生する。がく片は5個，卵状披針形でやや革質。花弁は5個，広卵形で平開する。雄しべは多数で，花糸は無毛。雌しべも多数ある。果実は球形で，核果は長さ0.2cmほど。【学名】種形容語 *ribisoideus* はスグリ属に類するという意味。ハチジョウイチゴの和名は八丈島に産することに由来する。別和名ビロードカジイチゴは，植物体にビロード状の毛がはえカジイチゴの葉に似ていることに基づく。

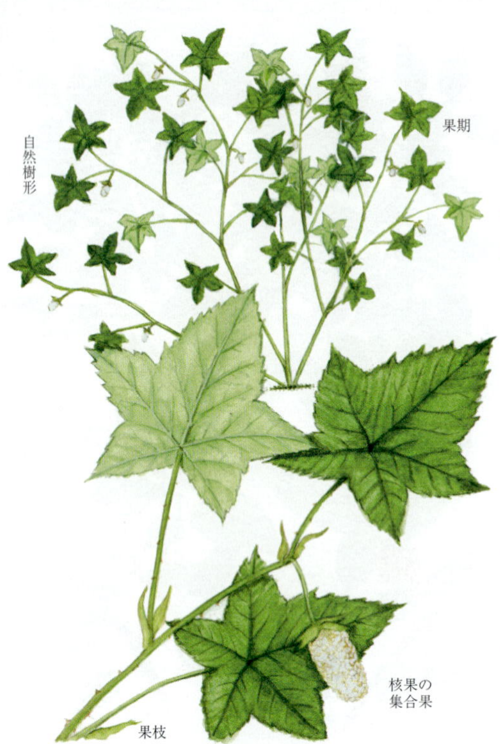

583. ハスノハイチゴ　〔キイチゴ属〕

Rubus peltatus Maxim.

【分布】本州（中部以西），四国，九州。【自然環境】深山のやや日のあたる樹陰などにまれにはえる落葉小低木。【形態】高さ 60～100cm ぐらいになる。枝はやや細く，緑色にやや粉白色を帯び，無毛で，開出する短いとげがまばらにつく。花枝は前年の茎から出て，長さ 12～30cm になり，長い柄のある数個の葉を互生する。葉身は五角形の楯状で，長さ 12～18cm，幅 10～17cm ほどあり，縁にはふぞろいの細かい鋸歯があって，基部は広い心臓形となる。表面にねた軟毛があり，裏面は初め短毛を密生するが，のちには脈上にだけ毛が残り，ここには小さなとげもある。葉柄は長さ 8～10cm，小さなとげがある。托葉は広披針形で長さ 1～1.1cm あり，葉柄基部につく。6 月頃，枝の先に白花を 1 個開く。花径は 3cm ぐらい，下向きにつく。花柄は長さ 1.5～4cm で無毛。がく片は 5 個，卵形で先はとがり，長さ 1.2～1.6cm，内面にわずかに短毛がある。花弁は 5 個，円形で長さ 1.6cm ぐらい。雄しべは多数あり，花糸は無毛。雌しべも多数ある。核果は長さ 0.2cm ほど，これが集まって円柱形の長さ 3～4cm の果実になり，白く熟して下垂する。【学名】種形容語 *peltatus* は楯状の，という意味。和名ハスノハイチゴはハスの葉のような葉のつき方からつけられた。

584. エビガライチゴ（ウラジロイチゴ）〔キイチゴ属〕

Rubus phoenicolasius Maxim.

【分布】北海道，本州，四国，九州，朝鮮半島，中国。【自然環境】山地のがけや荒地にはえる落葉低木。【形態】茎は初めは直立するが，のちにつる状となってのびる。全株に紫紅色の長い腺毛が密にはえ，とげも散生する。葉は有柄の 3 出複葉となる。小葉は卵形または広卵形，表面はまばらに毛があるか，またはやや無毛，裏面は白い綿毛を密生して白色を帯び，脈上には多少の腺毛ととげがはえ，縁には切れ込み状の大きな鋸歯がある。頂小葉は長さ 5～8cm，幅 4～6cm あり，やや大形でときに 3 裂する。側小葉はやや小さい。6～7 月，枝の先に円錐花序を出し淡紅紫色の花をつける。花序とがくには紫紅色の長い腺毛がある。花柄は長さ 0.7～1cm。がく片は 5 個，卵状披針形で長さ 1.1～1.7cm ある。花弁は 5 個，倒卵形で長さ 0.5cm ほど，がくよりずっと短い。雄しべは多数あり，花柱は長さ 0.18cm ぐらいでごく短い。果実は球形で径 1.5cm 内外あり，赤く熟す。【学名】種形容語 *phoenicolasius* はザクロ紅色の軟毛があるという意味。エビガライチゴの和名は，茎や葉柄などに紫紅色の毛が多いところをエビの殻に見立てたもの。別和名ウラジロイチゴはその葉の裏の白いことによったものである。

585. エゾイチゴ　〔キイチゴ属〕

Rubus idaeus L. subsp. *melanolasius* Focke

【分布】本州（中部以北にまれ），北海道，サハリン，朝鮮半島，中国東北部，蒙古，シベリア，カムチャツカ，北米。【自然環境】やや高い山地にはえる落葉小低木。【形態】茎には開出する針状の鋭いとげが多く，その上部には腺毛と軟毛がはえている。古い長枝から30〜40cmの花をつける枝を出し，5〜10個の葉を互生する。小葉はふつう3小葉からなるが，5小葉となることもある。頂小葉は少し大形の卵形で長さ5〜7cmほど，側小葉はやや小さく卵形または卵状楕円形で，先端はしだいに細くなってとがる。縁にはふぞろいの鋭い鋸歯があり，裏面は白色の綿毛を密生し，葉脈にそって小さいとげを散生する。葉柄にはとげと軟毛がはえる。托葉は長さ0.4〜0.7cmの線形で，葉柄基部につく。6〜7月，枝先に集散花序を出し，数個の白花を開く。花柄は長さ0.8〜4cmあり，がくとともにとげ，腺毛，軟毛がある。がく片は5個，長楕円状披針形で長さ0.6〜0.8cm，両面に白綿毛がある。花弁は狭倒卵形で長さ0.5cmほど。雄しべ，雌しべともに多数ある。果実は径1〜1.5cmあり，赤く熟す。【学名】種形容語 *idaeus* は地中海クレタ島のIda山のという意味。和名エゾイチゴは北海道に産することに基づく。

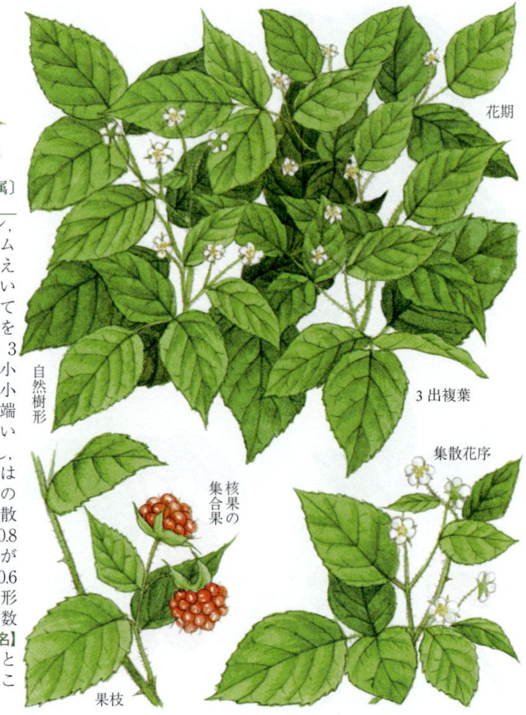

586. ミヤマウラジロイチゴ　〔キイチゴ属〕

Rubus idaeus L. subsp. *nipponicus* Focke

【分布】本州（中部以北），ヨーロッパ。【自然環境】高山にはえる落葉小低木。【用途】ヨーロッパでは果実を生食するほか，ジャム，シロップなどを作る。ソ連ではよく果実酒にする。日本では生食する以外あまり利用しない。【形態】エゾイチゴによく似るが，全体はもっと弱々しい感じである。茎にはまばらにとげがはえている。茎や葉に腺毛はなく，ときには花柄にだけ腺毛がある。花のつく枝は30〜40cmぐらいのび，葉は互生する。小葉はふつう3小葉であるが，5小葉となることもある。小葉は縁にふぞろいの鋭い鋸歯があり，裏面には白色の綿毛を密生している。頂小葉は広卵形で少し大きく，側小葉は卵形または狭卵形でやや小さい。葉柄にはとげと短い軟毛がある。7〜8月の頃，枝の先または葉腋から集散花序を出し，数個の白花をつける。花柄は長さ1〜4cmでとげがある。がく裂片は5個，卵状披針形で長さ0.9〜1.3cm，両面に白い綿毛が密にはえている。花弁は5個，狭倒卵形で長さ0.5〜0.6cmあり，斜めに開く。雄しべは多数。雌しべも多数あり，花柱は無毛で長さ0.3cmほどである。果実は球形で径1〜1.5cmあり，赤く熟す。【学名】和名ミヤマウラジロイチゴは深山にはえ，エビガライチゴ（ウラジロイチゴ）に似ていることによる。

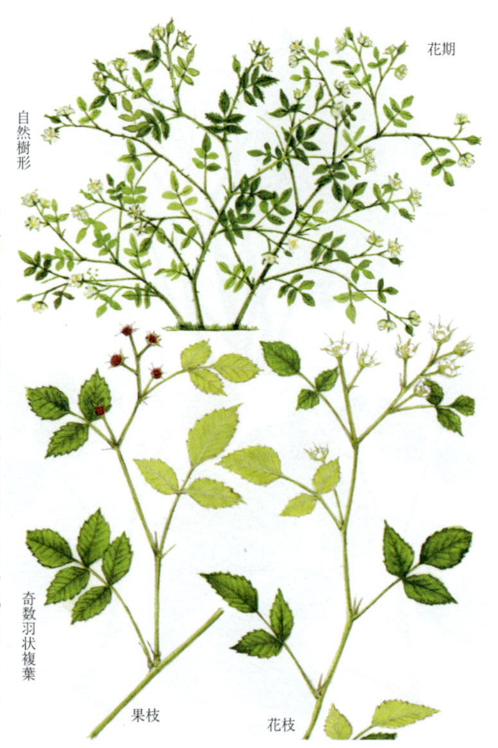

587. ヨーロッパキイチゴ（ラズベリー）

〔キイチゴ属〕

Rubus idaeus L. subsp. *idaeus*

【原産地】ヨーロッパおよびアジア。【分布】ヨーロッパ，西アジア，米国東海岸の一部。日本には明治初年導入されたが普及しなかった。【自然環境】冷涼な気候を好む落葉低木。【用途】果実は生食のほか，ジャム，ゼリー，シロップ漬などに加工するほか，冷凍される。【形態】枝は直立性，表面にとげを密生する。葉は3～5枚の小葉よりなり，各小葉は卵形または長卵形，裏面に白毛を密生する。花は小形で白色，総状花序をなし，花柄に細毛があり，また堅い曲刺を粗生する。果実は長楕円形または円錐形で，淡紅色，紅色，白色，黄色などがある。小核果が集合したもので，集合果は熟すと花托から分離する。生育期間中は連続的に結実する。【特性】株より吸枝の発生が多い。耐寒性は比較的大であるが，米国ではより耐寒性が大である米国原産のアメリカアカミキイチゴ*R. strigosus* に駆逐され減少しつつある。【植栽】繁殖は吸枝をとって植付ける。植付けは秋末，早春に行う。【管理】株支立てまたは垣根支立てとする。施肥は一般果樹よりリン酸を多く必要とする。主要な病気は炭そ病，害虫はナミハダニ。【近似種】主要品種は'ラサム''カスパード'など。【学名】属名 *Rubus* はケルト語の rub（赤い）で，果実が赤いということからきており，種形容語 *idaeus* はクレタ島のイダ山の，という意味。

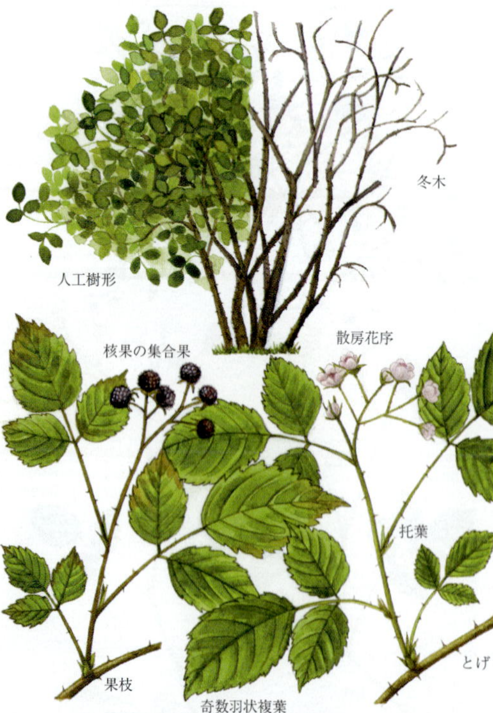

588. クロイチゴ

〔キイチゴ属〕

Rubus mesogaeus Focke

【分布】北海道，本州，四国，九州，台湾，中国。【自然環境】山林内にはえる落葉低木。【形態】茎は細長く，つるのようになってのびて枝分かれし，下向きのとげと細かく軟らかい毛がはえている。葉はまばらに互生して長い葉柄をもち，ふつうは3小葉からなるが，ときには5小葉になることもある。小葉の先はとがり，縁には歯牙状の鋸歯があり，表面には軟毛がはえ，裏面は綿毛が密生して白色を帯び，脈上には小さいとげがある。頂小葉はやや大形の卵円形で長さ6～12cm，幅4～8cm あり，側小葉は卵形で少し小さい。托葉は線形で長さ0.8～2cm あり，葉柄の基部につく。6～7月頃，枝の先または葉腋から散房花序を出し，少数の淡紅色の花をつける。花柄は長さ0.6～1cm あり，短毛が密にはえている。がく片は5個，長さ0.4～0.5cm の長楕円状披針形で，両面に毛がはえている。花弁は5個，倒卵形で長さ0.3～0.35cm ほどである。雄しべは多数あり，花糸は無毛。雌しべの花柱は無毛であるが，子房の先に毛がある。果実は球形で径1cm ぐらいあり，8月頃に紫色から黒く熟す。小核は長さ0.2cm ほどである。【学名】和名クロイチゴは果実が黒く熟すことからつけられた。

589. ナワシロイチゴ（サツキイチゴ）〔キイチゴ属〕

Rubus parvifolius L.

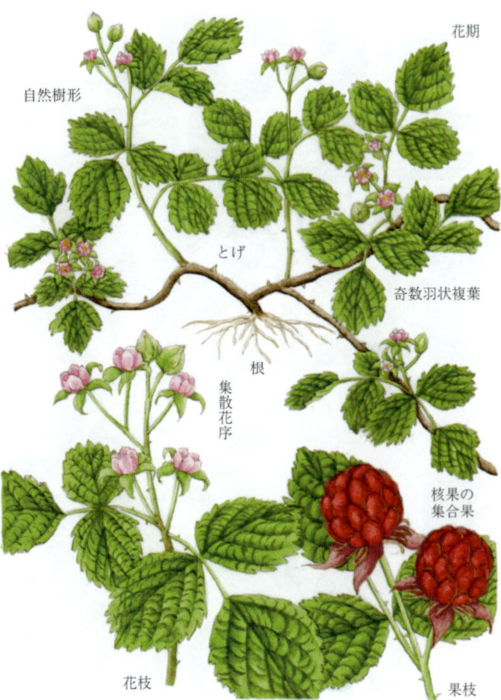

【分布】北海道，本州，四国，九州，沖縄，朝鮮半島，中国，ベトナム。【自然環境】山地や原野のいたる所にふつうにはえる落葉小低木。【形態】茎はつる状になって横にはい，長さ 1.4m ぐらいになり，直立茎は 30cm ぐらいである。茎には軟毛と小さなとげが散生している。葉は互生し，ふつう 3 小葉からなるが，ときには 5 小葉の羽状複葉となることもある。頂小葉が大きく菱円形で，長さ，幅ともに 3～5cm，側小葉はやや小さく倒広卵形となり，葉軸には軟毛と小さなとげがある。葉の縁には切れ込み状の粗い歯牙があり，表面には軟毛があって裏面には白色の綿毛を密生する。葉脈は表面でへこみ，裏面で突出する。托葉は線形で長さ 0.4～0.6cm あり，葉柄の基部につく。5～6 月，枝先または葉腋からまばらな集散花序を出し，数個の紅紫色の花を上向きに開く。花柄は長さ 1～5cm，がくとともに軟毛と小さいとげがある。がく片は 5 個，卵状披針形で長さ 0.7～0.8cm，両面に短毛がある。花弁は 5 個，倒卵形で長さ 0.5cm ほど，がく片より短い。雄しべは多数。果実は球形で赤く熟し，食べられる。【学名】種形容語 *parvifolius* は小形葉の，という意味。和名ナワシロイチゴは 6 月の苗代の頃，実が赤くなることによる。別和名サツキイチゴは陰暦の 5 月に赤く熟すことによる。

590. サナギイチゴ 〔キイチゴ属〕

Rubus pungens Camb. var. *oldhamii* (Miq.) Maxim.

【分布】本州，四国，九州，朝鮮半島。【自然環境】深山にややまれにはえる落葉低木。【形態】枝は長く横にのびてはい，初め軟毛ととげがあるが，古くなると無毛となり，とげは散生して残る。花枝は短く，直立して長さ 5～10cm くらいである。数個の葉を互生するが，葉は奇数羽状複葉で，2～3 対の小葉をつける。小葉は卵形の薄い革質で，縁には切れ込み状の鋸歯があり，先はとがり基部は鈍形となる。両面に軟毛を散生し，中肋には葉軸とともに小さなとげがある。側小葉に比べ頂小葉はやや大形で，菱形状の卵形となり，長さ 2～4cm，幅 1～3cm でしばしば浅く 3 裂する。托葉は長さ 0.4～0.8cm の線形。5～6 月，花枝の先に 1～3 個の白色または淡紅色の花をつける。花冠は径 2cm ほどで斜開する。花柄は 0.6～4cm あり，小さいとげがある。がくは針状のとげを密生し，腺毛もはえている。がく片は 5 個，卵状長楕円形で長さ 0.7cm 内外，軟毛を密生する。花弁は 5 個，長倒卵形で長さ 1～1.2cm，がく片よりも長い。雄しべは多数あり，花糸は無毛である。核果は長さ 0.2cm ほど，これが集まって径 1.2cm ぐらいの果実となり赤く熟す。【学名】変種名 *oldhamii* は採集家オルダムの，の意味。和名サナギイチゴはサナゲイチゴがなまったもので，愛知県の猿投（さなげ）山で採集されたことによる。

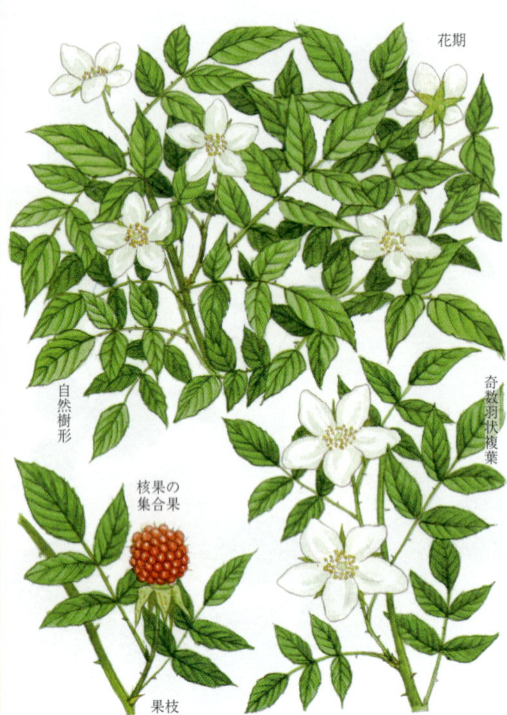

591. ヒメバライチゴ 〔キイチゴ属〕

Rubus minusculus H.Lév. et Vaniot

【分布】本州（中南部），四国，九州。【自然環境】暖かい地方の日あたりのよい所にはえる落葉小低木。【形態】長くのびた枝は地面を横にはう。初め軟毛および腺毛があるが，のち無毛となり，やや平たい小さなとげがまばらに残る。花をつける枝は短く，7〜11cm ほどで，3〜5 葉を互生する。葉は奇数羽状複葉で，小葉は 2〜3 対でごく短い柄をもち，卵状披針形で先は鋭くとがり，質は薄く，縁には二重鋸歯があり，両面に軟毛がはえ腺点がある。側小葉に比べ頂小葉が少し大きめとなる。葉軸には小さなとげがある。托葉は狭長楕円形で，先端は鋭くとがり長さ 0.8cm ほど。5 月頃，枝の先に白色の径 3.5cm の大きな花をふつう 1 個，まれに 2 個つける。花柄は 1〜2cm。がく片は 5 個，卵形で先は尾状になり，長さ 1〜1.2cm ほどで，両面に短軟毛がある。花冠は上向きに平開する。花弁は 5 個，広卵形で長さ 1.3〜1.5cm ほどである。雄しべは多数あり，花糸は無毛。核果は小形で長さ 0.15cm ほど。これが集まって球形の赤い果実となる。【近似種】コジキイチゴとよく似るが，葉の下面に腺毛がなく，腺点があること，果実が球形になることなどで区別できる。【学名】種形容語 *minusculus* はやや小さな，という意味。和名ヒメバライチゴはバライチゴに比べ小形で弱々しいことによる。

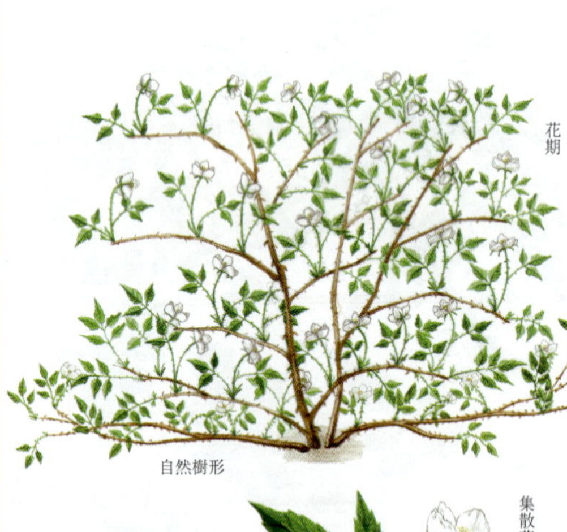

592. オオバライチゴ 〔キイチゴ属〕

Rubus croceacanthus H.Lév.

【分布】本州（房総半島，紀伊半島），四国，九州，台湾，朝鮮半島南部。【自然環境】暖地の山地にはえる落葉低木。【形態】幹は立ち，下部からよく枝分かれする。枝は長く横にのび，扁平なとげがはえ，腺毛を密生し，しばしば軟毛を散生する。葉は 2〜3 対の小葉からなる奇数羽状複葉となる。小葉は卵状披針形または卵形で，先端は急に鋭くとがり，長さ 2〜7cm，幅 1〜3cm ほど，基部は円形または鈍形で軟毛を散生し，縁には二重鋸歯があり，裏面の中肋にそってわずかに小さなとげがある。葉軸には短い腺毛を密生し，まばらに軟毛がはえている。托葉は線形で長さ 0.4〜0.5cm，葉柄の基部につく。4〜5 月，短い枝に集散状に 1〜3 個の白花をつける。花径は 4cm ぐらいある。花柄は長さ 2〜4.5cm ほどあり，がくとともに腺毛がある。がく裂片は卵状三角形で先は線状にのび，長さ 1〜2cm ある。花弁は 5 個，やや円形で長さ，幅ともに 1.5cm くらい。雄しべは多数あり，花糸は無毛。雌しべも多数あり，花柱は長さ 0.08cm で無毛。果実は径 1cm の球形で，核果は長さ 0.1cm 内外。【学名】種形容語 *croceacanthus* はアカネ科 canthus のようなサフラン黄色の，の意味。オオバライチゴの和名は小葉の形や数がバライチゴに似て，より大きいことによる。

593. **クサイチゴ**（ワセイチゴ，ナベイチゴ）

〔キイチゴ属〕

Rubus hirsutus Thunb.

【分布】本州，四国，九州，朝鮮半島，中国。**【自然環境】**山地や野原のやぶや荒地にふつうにはえる落葉小低木。**【形態】**高さ 20〜60cm になる落葉の低木ではあるが，葉は多少冬を越して緑色をしているのもある。地下茎は長く横にはい，ところどころに新苗を出して群生する。茎はよく枝分かれし，基部が扁平なとげがあり，腺毛を密布する。葉は有柄の奇数羽状複葉で互生する。小葉は 3〜5 個，卵形または卵状長楕円形で先はとがり，長さ 3〜6cm，幅 1.5〜3cm，縁には切れ込み状の鋸歯があり，両面に軟毛がある。表面は葉脈にそってへこみ，裏面で突出し，裏面の中肋には小さなとげがある。葉柄基部には披針形で長さ 0.9cm 内外の托葉がある。4〜5 月，前年の枝から側生して出る短枝の先に 1〜2 個の白花をつける。花径は 4cm ぐらい。花柄は長さ 1〜4cm。がく片は 5 個，長さ 1.1〜1.4cm の卵状披針形。花弁は 5 個，長さ 1.5cm ほどで先は丸く，平開する。雄しべ，雌しべともに多数ある。果実は球形で径 0.8cm ほどあり，赤く熟す。よい香りがあり食べられる。**【学名】**種形容語 *hirsutus* は粗剛毛のある，という意味。クサイチゴの和名は全体が草状に見えることによる。別和名ワセイチゴは他のイチゴより早く熟すことにより，ナベイチゴは果実の集まりが中空なのを鍋にたとえたもの。

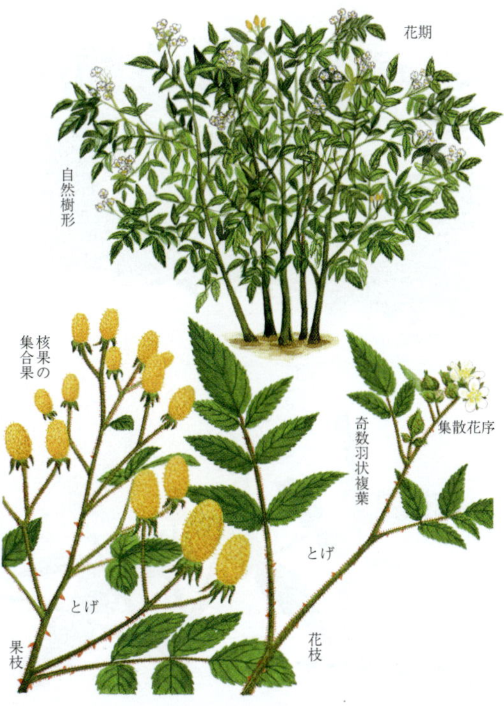

594. **コジキイチゴ**

〔キイチゴ属〕

Rubus sumatranus Miq.

【分布】本州（東海以西），四国，九州，朝鮮半島南部，中国，インドシナ，タイ，マレー半島，スマトラ，アッサム，ブータン，シッキム。**【自然環境】**山地の日あたりのよい所にはえる落葉低木。**【形態】**幹は株立ちとなり，高さ 1〜2m になる。茎は直立し，またはしばしば横に倒れ，枝分かれし，長さ 3〜5cm の紫褐色の腺毛を密布し，平たい鉤状に曲がったとげをまばらにつける。葉は奇数羽状複葉で互生する。小葉は 2〜3 対あり，卵状楕円形または披針形で先はとがり，基部は円形で長さ 4〜8cm，幅 1.5〜4cm ほどあり，やや頂小葉が大きい。葉質は薄く軟らかで二重鋸歯があり，両面に軟毛と腺毛がある。表面は葉脈にそってへこみ，網状のしわがある。葉軸には長い腺毛と平たい鉤状のとげがある。托葉は線形で長さ 0.3〜0.4cm。5〜6 月，枝先に集散花序を出して数個の白花を開く。がく片は 5 個，披針形で長さ 0.8〜1cm，外面に長い腺毛があり，内面に密毛があって花後そり返る。花冠は斜開し，花弁は 5 個，倒卵形で長さ 0.8〜1cm。雄しべは多数ある。核果は小形で長さ 0.12cm ぐらい，これが集まって長楕円形の長さ 1.5cm 内外の果実になり，黄赤色に熟す。**【学名】**種形容語 *sumatranus* はスマトラの，という意味。

595. トキンイバラ（ボタンイバラ）　〔キイチゴ属〕
Rubus tokinibara (H.Hara) Naruh.

【原産地】中国。【自然環境】各地で栽培されている落葉低木。【用途】庭園樹。【形態】幹は高さ1～1.5mになり，緑色で稜があって角ばり，無毛で扁平なとげを散生する。葉は互生し，奇数羽状複葉で，下部ではふつう5小葉であるが上部では3小葉となる。小葉は卵状披針形で側脈にそって著しいしわがあり，縁には重鋸歯または欠刻状の鋸歯がある。表面は光沢があり葉脈にそってへこみ，葉軸には扁平なとげがある。5～6月，側生の小枝の先に径5～6cmの白色八重咲の花を1個開く。一見バラ属の花のように見える。がく裂片は5個，楕円形で先は尾状になり，長さ1.2～1.4cmあり，外面の縁と内面に短毛を密生する。雄しべは花弁化し，雌しべは退化している。結実しない。日本には宝永年間に渡来したといわれる。【特性】地下茎でふえるので庭に植える場合，あまりまわりにふえすぎないように注意する。ただし，樹勢はあまり強くない。【植栽】繁殖は株分けによる。【管理】古い茎や虚弱な茎は思いきって整理する。【学名】種形容語 *tokinibara* は和名に由来。トキンイバラの和名は，八重咲の花を山伏がひたいの上にのせる頭巾（ときん）のひだに見立てたもの。別和名ボタンイバラはその花をボタンの花に見立てたものである。

596. バライチゴ（ミヤマイチゴ）　〔キイチゴ属〕
Rubus illecebrosus Focke

【分布】本州（中部地方以西），四国，九州。【自然環境】山地の林縁や日あたりのよい荒地のような所にはえる草本状の落葉小低木。【形態】地下茎が長く横にはって新苗をつくって繁殖する。茎は高さ40cm以下で角ばり，無毛で，とがったとげを散生する。葉は有柄で互生し，奇数羽状複葉となる。小葉は2～3対でごく短い柄があり，披針形で先は鋭くとがり，基部は円形で長さ4～8cm，幅1～3cmほど，表面にはわずかに軟毛があり，裏面は無毛，裏面中肋にそってわずかにとげがある。縁には二重鋸歯あるいは切れ込み状の深い鋸歯がある。托葉は線形で長さ1.2cm，葉柄の基部につく。6～7月，枝の先の散房状集散花序に白花を開く。花径は3cmぐらい。花柄は長さ2～5cm，無毛であるが小さいとげがある。がく片は5個，卵状披針形で先は線形となり，長さ1.5cm，細かい毛がある。花弁は5個，水平に開出し，広楕円形で両面に少し毛があり，長さ1.8cmでがく片よりわずかに長い。雄しべは多数あり，花糸は無毛。雌しべの子房と花柱は無毛，花柱は長さ0.15cmほど。核果は小形の楕円形で長さ0.18cmぐらいあり，これが集まって広楕円形の果実となる。長さ1.2～1.8cmで赤く熟す。【学名】種形容語 *illecebrosus* はナデシコ科 *Illecebrum* 属のような，という意味。

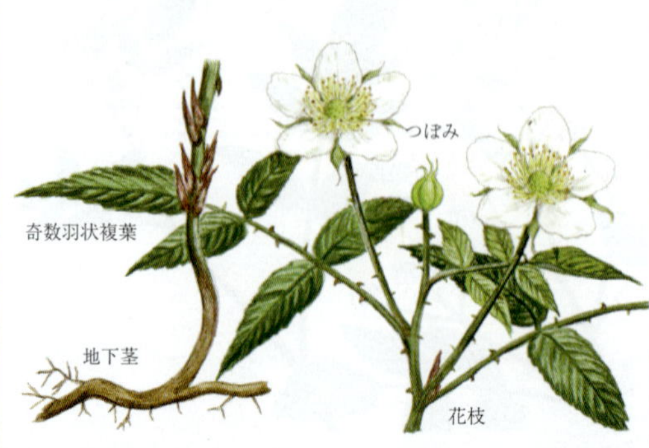

597. セイヨウヤブイチゴ

（ブラックベリー，クロミキイチゴ）　〔キイチゴ属〕
Rubus fruticosus L. (s.l.)

【原産地】米国中部，カナダ。【分布】米国中部およびカナダ。日本には明治初年導入されたが普及しなかった。【自然環境】冷涼な気候を好む落葉低木。【用途】果実を生食するほかジャムに加工する。【形態】野生種より果樹として改良されたもので，その歴史は新しい。立性または半立性，茎に多数のとげがある。花のつき方はまばらで，花序の基部より先端へ開花する。花色は白。果実は核果の集合体で，熟しても花托より離れない。この点はラズベリーと異なる。未熟果は紅色で熟すと黒色となる。【特性】多くの品種があり耐寒性に相異があるが，耐寒性，高温抵抗性ともに大きくない。【植栽】繁殖は根ざしによる。排水良好な腐植質に富む粘土質壌土がよい。植付けは秋末か早春，10a あたり根付け本数は 300～400 本。【管理】株仕立てまたは垣根仕立てとする。前年の夏期せん定によってのびた側枝を短くせん定する。その長さは 40cm を標準とする。つる性のものは夏期には摘芯せず，冬期せん定のとき 1.7m ぐらいに切りつめる。おもな病気は炭そ病。害虫はナミハダニ。【近似種】本種は多数の種からなる複合体で，栽培品種も多いが，‘アイスバーク’は果実大きく，こはく色をなし珍重されている。【学名】属名 *Rubus* はケルト語の rub（赤い），すなわち赤い果実をさしており，種形容語 *fruticosus* は低木状の，という意味。

598. チングルマ

〔チングルマ属〕
Sieversia pentapetala (L.) Greene

【分布】本州（中部地方以北），北海道，千島，サハリン，カムチャツカ，アリューシャン。【自然環境】高山帯の日あたりのよい所にはえる落葉小低木。【形態】茎は地上を横にはい，よく枝分かれして広がる。先端部は直立し，高さ 7～10cm ほどになり，数個の葉をつける。葉は奇数羽状複葉で長さ 3～5cm，幅 1.5～2cm ほど。小葉は 2～5 対あり，倒卵状披針形で先端はとがり，基部はくさび形で縁にはふぞろいの切れ込み状の鋸歯があり，両面無毛，深緑色で光沢がある。托葉は線形で 0.6～0.7cm，ときに短毛がある。7～8 月頃，茎の頂から花茎を出し，先端に白花を開く。花径は 3cm ぐらい。がく筒は無毛。がく裂片は広披針形で長さ 0.7～0.9cm，幅 0.3cm ほど，先は尾状にのび，内面および縁に綿毛を密生する。副がく片は線状楕円形で長さ 0.6cm 内外，無毛で先端は鈍頭もしくはしばしば 2 裂する。花弁は広楕円形で長さ 0.8～1.2cm，幅 0.7～1cm あり，水平に開く。雄しべは多数あり，長さ 0.3～0.6cm。雌しべも多数あり，長さ 0.5cm 内外。花後，多数のそう果は花柱がのびて尾状になり，羽状に毛がはえる。【学名】属名 *Sieversia* は人名で，J. シーバーの，という意味。種形容語 *pentapetala* は 5 花弁の，という意味。

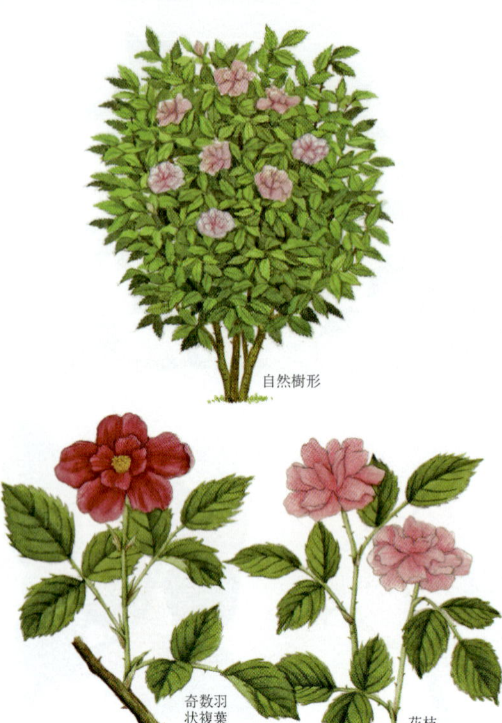

599. コウシンバラ 〔バラ属〕

Rosa chinensis Jacq.

【原産地】中国。【分布】中国西北部および中部。【自然環境】日あたりのよい場所に植栽される常緑低木。【用途】観賞用庭園樹。【形態】幹は直立または半直立で，高さ1m前後，花枝は細く分枝する。成木の樹皮は茶褐色，若木の樹皮は浅緑色または緑色，いずれも毛がない。とげはやや小さく曲がっていてまばらである。小葉3～5枚の羽状複葉で，小葉は頂小葉が大きく長さ3～5cm，基部に近い小葉は小さく長さ2～2.2cm，濃緑色で照りがあり美しい。楕円形，長楕円形または長卵形で鋭頭，縁には鋭い鋸歯がある。葉脈は明瞭で，中肋を軸にして中折れの形になるものもある。托葉は細長く滑らかである。花は本葉3段，苞葉1～2枚の上につく。がくには小裂片がなく，縁に向かい絨毛があり，外側に赤みを帯びた細い腺毛があり，内側には微細な絨毛が密にある。花房は3～4花からなり，段違いに3段ほどつく。蕾のときは濃い赤色を帯びるが花は淡い桃色で，弁裏がやや薄いことが多い。開花してからは日光にあたると淡いピンク色が紅色に変わることが多い。花径6～8cm，外弁は幅が3cm，内側の花弁は小さくなり，花弁数約15～25枚である。花は春から秋遅くまで，約50日を周期として返り咲するというのが庚甲（60日に1度くる）バラといわれる所以である。正しい原種は一重であり5枚の花弁である。【学名】種形容語 *chinensis* は中国の，の意味。

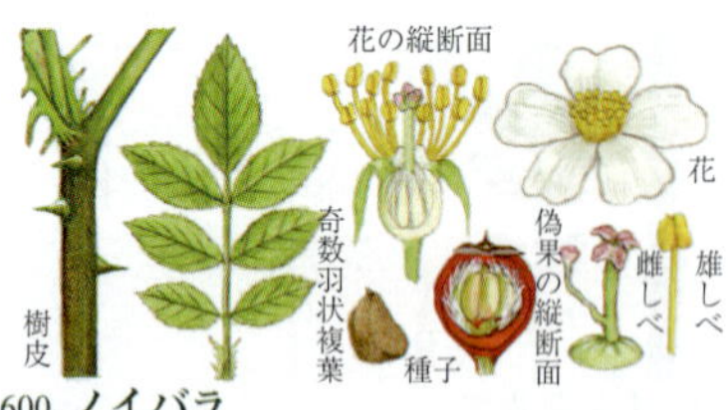

600. ノイバラ

（ノバラ，シロイバラ，グイ，コモチイバラ，シロバラ）〔バラ属〕

Rosa multiflora Thunb.

【分布】日本全土，朝鮮半島。【自然環境】日あたりのよい山野で土質に湿気を含む場所で河川域，湖畔などに多い落葉低木。【用途】園芸品種のバラの繁殖用台木として用いられるほか，果実は薬用に供される。【形態】幹は半直立し，高さ1～1.5m，多く分枝する。幹の樹皮は初め明緑色，のちに褐色を帯びる。10年も経た幹はげた剥皮を生ずる。枝には鉤形のとげがあり，これによって他物に寄りかかって登る。葉は小葉5～9枚からなる羽状複葉である。小葉は頂小葉がとくに大きいものが多く，卵状長楕円形でやや尖頭，長さ1.5～5cm，鋸歯ははっきりしている。多少葉脈がへこみ，光沢は少なく，やや軟らかい。下面と葉軸には絨毛がある。花は5～6月，円錐花序に多数つく。花柄は長さ1～1.5cm，花序の軸と分枝，花柄，がくには軟毛，絨毛，腺毛がある。がく片は縁に裂片が出ることが多い。花は純白色またはわずかにクリーム色を帯びた白色で径2～3cm，花弁は5枚，倒卵形で凹頭。雄しべは多数で葯は黄色，花柱は無毛。果実は小さく径0.7～1cmの球形，秋に赤くなる。【特性】耐寒性，耐暑性，耐病性，耐湿性，耐乾性がある。【近似種】現在のPolyantha Rose，Floribunda Roseの改良親となっている。【学名】種形容語 *multiflora* は多花の，の意味。

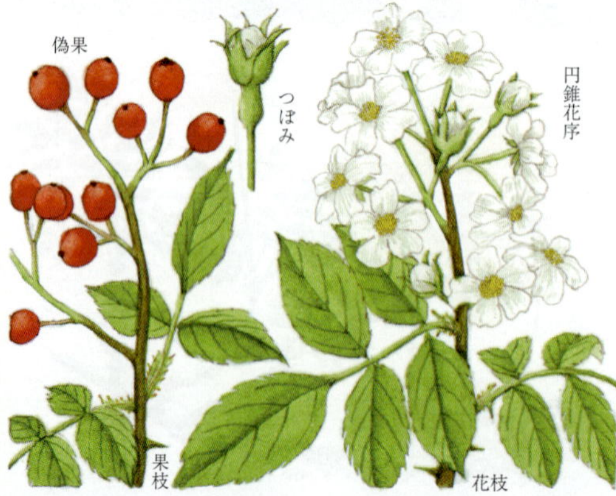

601. テリハノイバラ（ハイイバラ，ハマイバラ）

〔バラ属〕

Rosa luciae Rochebr. et Franch. ex Crép.

【分布】本州，四国，九州，沖縄，朝鮮半島，中国に分布する。北海道，東北北部にはない。**【自然環境】**日あたりのよい環境を好み，温地の海岸に多い落葉低木だが，箱根仙石原など内地の寒冷地にもある。**【形態】**幹は高さ1mくらい，半直立したのち横にはってのびる。場所によって垂れ下がることもある。幹は濃緑色または明緑色で毛はない。とげは多くはなく，鉤状でかかりやすい。葉は小葉5～9枚よりなる羽状複葉で長さ4～9cm。小葉は倒卵状楕円形で長さ1～2.5cm，幅0.8～1.5cm，縁に粗い鋸歯があり，濃緑色または緑色で無毛，革質で厚みがあり，光沢があって美しい。花はやや遅く6～7月，花序の枝は斜めに出，円錐花序または数花がつく。がく片は卵形で外面は無毛，内面は密短毛，縁は裂片にはならない。花は白色で径3cmくらい，平開する。花弁は5枚で倒卵形，凹頭。雄しべは多数で純黄色，雌しべは合柱有毛である。甘い香りがある。果実は卵球形で光沢があり，紅色の美果。**【特性】**耐寒性，耐暑性があり，匍匐性である。**【近似種】**奄美，沖縄には花序やがくに腺の多いもので f. *glandulifera* (Koidz.) H.Ohba がある。また，ハマナスと自然交雑されたテリハコハマナシと称されるものもある。**【学名】**種形容語 *luciae* は栽培家ルシア夫人の，の意味。和名テリハノイバラは葉が照るところからつけられたもの。

602. ハマナス（ハマナシ）

〔バラ属〕

Rosa rugosa Thunb.

【分布】日本の北海道から太平洋側は茨城県，日本海側は鳥取県まで。朝鮮半島，サハリン，中国東北部および北部，千島，カムチャツカ，沿海州。**【自然環境】**日あたりのよい海浜などに自生，または植栽される落葉低木。**【用途】**果実はビタミンC補給の薬用として，花弁は陰干しして目薬や風邪薬とされた。根皮は染色に用いる。**【形態】**樹高は1m以下。暖地では2m近くに及ぶ。幹は太く，枝は細かく分枝し，太いとげのほかに細い鋭いとげが多数幹肌をおおう。とげ自体にも細かな毛を密生し，小葉の下面や葉軸などにも小さなとげがある。托葉はとくに幅広く，耳片は半卵形で先がとがる。小葉数7～9枚からなる羽状複葉で，小葉は長さ3～5cm，長楕円形または倒卵形をなして先は鈍頭または円頭，上面は深緑色で半光沢，毛がなく，深い葉脈のしわがあり網状にへこみ，葉の裏に突出する。下面には絨毛，軟毛，腺毛があり，白く見える。葉縁は鈍鋸歯。花は6～7月，開花後少しずつ続いて返り咲する。枝先に1～数個の花をつけ，花柄は太く短く，長さ1～3cmで小さなとげがある。がく筒は無毛。花は深紅紫色の鮮やかな美色で，径6～10cm，おおらかな広倒卵形の花弁5枚が平開する。雄しべが多く葯の黄色が目立つ。花柱は離生合柱で有毛，強い芳香がある。果実は扁球形で橙紅色。**【近似種】**白花のものをシロバナハマナス f. *alba* (Ware) Rehder という。

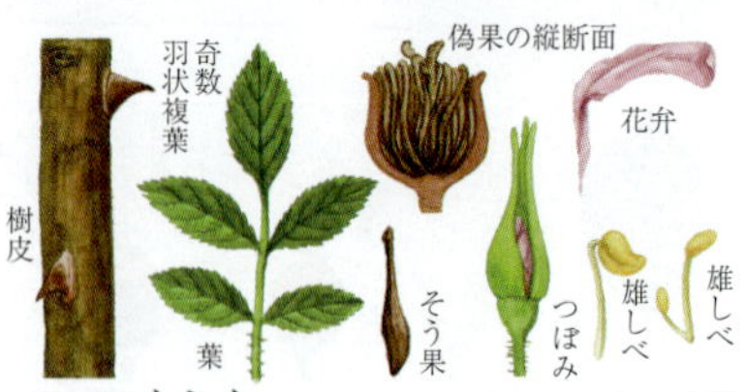

603. マイカイ 〔バラ属〕

Rosa maikwai H.Hara

【原産地】中国。【分布】中国北部。【自然環境】日あたりのよい場所に植栽される落葉低木。【用途】観賞用植物として庭園に植栽。蕾を蔭干ししてマイカイ茶，醸造してマイカイ露酒として利用される。【形態】幹は直立し，高さ1～1.5m，分枝は少なく，地下茎で直幹が密生する。成枝は濃茶褐色で，鋭い針状のとげが大小点在している。新梢には小さなとげが密生している。葉軸の基部のとげは必ずしも対になっていない。花枝には約3段の本葉がある。小葉7～9枚からなる羽状複葉で，小葉は卵状披針形で基部も葉先のようにやや細く，ハマナスに似ているが，やや小さく，薄く，平たい感じがする。托葉はハマナスに似て広倒卵形である。がく片は蕾よりやや上に突出し，外側は腺毛でおおわれ，がく筒には毛はない。小花梗には腺毛と絨毛が密生している。5～6月，藤色を帯びた桃色または桃紅色の花を開く。花径6～8cm，弁数約45枚，外弁は大きいが中央の密集した花弁は小さく，花によって弁数の差が大きい。ハマナスに似た芳香があるがやや違う。ハマナスよりわずかに遅れて咲き出し，返り咲もする。マイカイとは実が宝石のように美しいという意味。ハマナスにマイカイをあてたのは牧野富太郎の説により誤りであると認められた。マイカイの先祖は自然交雑種か園芸品種と考えられる。

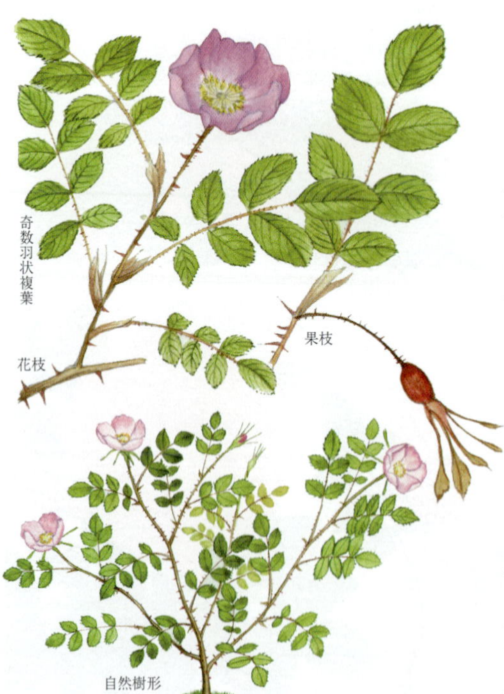

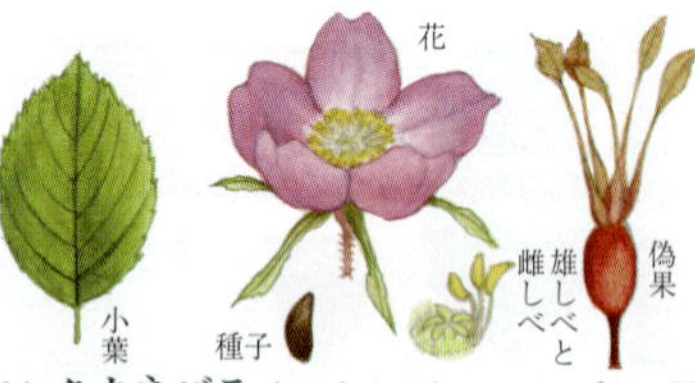

604. タカネバラ（タカネイバラ） 〔バラ属〕

Rosa nipponensis Crép.

【原産地】日本，朝鮮半島，サハリン。【分布】北海道から本州中部地方北部の高山，四国（剣山）に分布。【自然環境】半日陰の湿気を含む山野に自生し，蛇紋岩，石灰岩，火山岩地帯にも生育する落葉小低木。【形態】樹高30～40cm。枝は細く，赤みを帯びた茶褐色で，直角に細枝が出る。枝には細いまっすぐな鋭いとげがある。葉は小葉5～7枚からなる羽状複葉で，長さ6～8cm，光沢は少なく，表面は緑色または深緑色，下面は白色を帯びた緑色で主脈上に軟毛または刺毛がある。小葉は長楕円形，先頭はやや鈍円形，葉縁にはっきりした鋸歯がある。葉軸には刺毛や腺毛がある。花期は6～7月。枝先に1～2個の花がつき，花数は少ない。がくは細長く短軟毛があり，がくの先が幅広く葉状になることがある。花は淡紅色または帯紫紅色，花径3.5～4cm，花弁は5枚，倒卵形，凹頭である。雄しべは多く長さ0.6～0.7cm，葯は黄色，花柱に毛がある。果実は紡錘形で長く，1.5cmで濃紅色，輝きがあり美果である。【近似種】オオタカネバラ *R. acicularis* Lindl.，英名Prickly Roseはタカネバラに酷似しているが，樹高0.5～1mと大きく，葉も花も全体に大きく，果実は長楕円形で長く2～3cm，径1cm，先は細く，残存する直立性のがく片がある。8～9月に紅熟する。自生地は本州や北海道の高冷地，朝鮮半島，サハリン，中国東北部，シベリア，カムチャツカに分布。タカネバラの染色体2n = 14に対し，オオタカネバラは倍数体が多い。

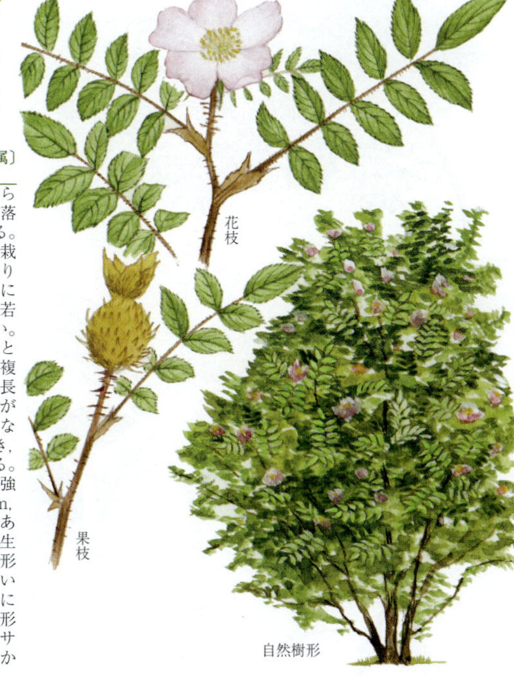

605. サンショウバラ 〔バラ属〕
Rosa hirtula (Regel) Nakai

【分布】本州の富士箱根地方。**【自然環境】**クリ帯からブナ帯にわたる山野の陽光十分な所に自生する落葉小高木。**【用途】**樹質が堅いので斧の柄に用いる。最近，花は茶花にも用いられ，庭園樹として植栽するむきもある。**【形態】**幹は直立で枝が半横張りに分枝し，高さ3～5m，林間にあるものは8mに及ぶものがある。樹皮が剥皮し灰褐色になる。若枝は緑色または浅緑色で分枝が直角に出やすい。とげは葉のつけ根に双生し，扁平な鉤形の鋭いとげがまばらにある。葉は小葉が9～19枚の羽状複葉で，小葉は幅の狭い長楕円形で先がとがり，長さ1～2.5cm，幅0.5～1.5cm，縁には多数の鋸歯がある。下面には主脈や葉脈に軟毛，腺毛や小さなとげがある。花は6～7月，小枝の先に1個つき，1～2日で落花する。花柄は短く強くとげがある。がく筒は明緑色で扁球形で，全面に基部の広い強いとげがある。花は淡紅色ぼかしで，径5～6cm，弁数5枚で平咲，花弁の形は広倒卵形で凹頭である。雄しべが多く葯は黄色で大きい。花柱は離生して綿毛がある。香りはやや甘い。果実は扁球形で大きく径2cm，とげが多くて堅い。熟すと甘い香りが強い。**【特性】**バラ属の中で唯一の小高木になる種。将来の改良進歩が望まれる。**【学名】**種形容語 *hirtula* はやや短剛毛がある，の意味。和名サンショウバラは葉がサンショウに酷似しているからである。

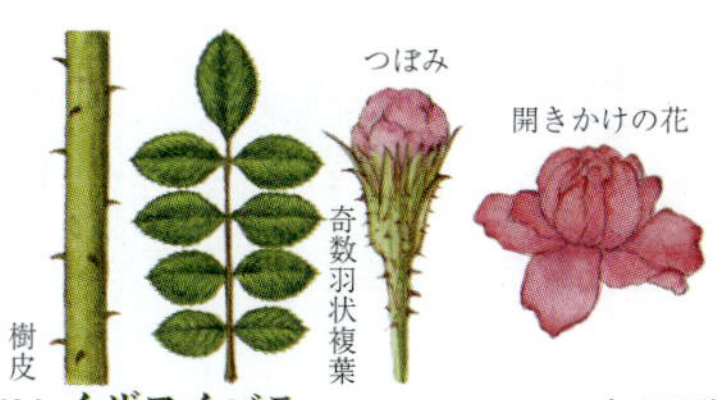

606. イザヨイバラ 〔バラ属〕
Rosa roxburghii Tratt.

【分布】日本，中国，朝鮮半島，北米。**【自然環境】**日あたりのよい場所に植栽される落葉低木。**【用途】**園芸植物として観賞用に盆栽または庭園樹として用いられる。**【形態】**幹は半直立で，分枝して開出する。幹の高さは1.5m，樹皮は白色を帯びた茶褐色であるが，成木になると剥皮して下地は灰白色に見える。若枝には浅緑色で鉤形のとげが，葉の基部に双生し，ほかにもまばらにある。葉は小葉が9～15枚よりなる羽状複葉で，小葉の形その他は全くサンショウバラと同じであるが，ごくわずかに小ぶりな感じがする。小葉の形は幅の狭い長楕円形で先がとがり，縁には細い多数のはっきりした鋸歯がある。小葉の下面は無毛で，サンショウバラとの区別はこの点が最も大きな差異である。花は5～6月で，万重咲になり花弁数が多い。花色はわずかに藤色を帯びた薄桃色。花が全開しても花弁が一部欠如したところが見られる。これは雄しべ，雌しべが欠如して不完全だからである。**【近似種】**中国には原種としてこの一重咲のものがあるが，日本には来ていない。この八重咲のものは盆栽に適しており，江戸時代よりもてはやされた。**【学名】**種形容語 *roxburghii* はインドの植物学者W.ロクスバーグの記念名である。和名イザヨイバラは花弁の一部が欠如しているところから，満月（十五夜）に一日欠けた十六夜という名がつけられたもの。

607. **ナニワイバラ**（ナニワバラ）〔バラ属〕
Rosa laevigata Michx.

【原産地】中国。**【分布】**日本，中国南部・中部および西部，北米のジョージア州を中心とする南部。**【自然環境】**暖地では常緑であるが寒い所では落葉するつる性植物。四国，九州の暖地に野生化しているものを野生種とする説もある。**【用途】**観賞用庭園樹に，また薬用にもされる。**【形態】**茎は長くのびて地上を半ばはうようにのびるが，他物によりかかって高く登り，5m に及ぶこともある。とげは下へ曲がって強い。小葉が3，まれに5枚の羽状複葉。小葉は長さ3～5cm，披針状卵形または長楕円形で鋭尖頭，縁に鋭鋸歯があり無毛，上面は深緑色できれいな光沢がある。托葉はほとんど基部近くまで離脱する。葉軸にはとげがある。花は5月，小枝の先に1個つき，弁数は5枚，純白で平開し，花径6～8cm の大形である。花柱は有毛で微芳香がある。果実は洋ナシ形で小さなとげがあり，蜜柑色で，バラ属の中では大形である。**【近似種】**ハトヤバラ f. *rosea* (Makino) Makino の性状は全くナニワバラと同一であるが，花色が薄紅色ぼかしである。ナニワバラよりも若干低温に弱いといわれている。大正時代にはナニワバラよりも貴重とされ，垣根にも植えられた。語源は埼玉県の園芸地，鳩ヶ谷から売り出されたことによる。**【学名】**種形容語 *laevigata* は平滑な，の意味。和名ナニワバラは大阪（難波）の商人が中国より輸入し販売したことにちなむという。

608. **モッコウバラ**〔バラ属〕
Rosa banksiae R.Br.

【原産地】中国南西部。**【分布】**原産地に同じ。**【自然環境】**日あたりのよい地に園芸植物として植栽される落葉低木。**【用途】**庭園用園芸植物，盆栽。**【形態】**つる性で，分枝した若枝は下に垂れる。若枝の樹皮は平滑で赤みを帯びた緑色であるが，古くなると茶褐色の老樹皮となる。茎は長いのは8m に及ぶ。通常とげはない。小葉3～5枚からなる羽状複葉で，小葉は長楕円形，鋭頭または半鋭頭で，縁に細かい鋸歯がある。下面の中軸と葉脈には短毛がある。托葉は離生して線形となり落ちやすい。花は5～6月，枝の先に散房花序をなす。がく片は5枚，披針状長楕円形で，内面に密毛がある。花径1.5～2.5cm。花弁は多数で，いわゆる万重咲，花色は淡黄色から黄色で，白色のものは白モッコウといい香りがよい。黄色のものを黄モッコウバラという。花柱は有毛で，結実はしない。日本には江戸時代に輸入され尊重されて今に及んでいる。樹木のモッコウ（木香）とは関係ないが，香りがあるということからこの名によったものである。**【学名】**種形容語 *banksiae* は英国のジョセフバックス卿の名に因む。

609. ヤマイバラ　〔バラ属〕

Rosa sambucina Koidz.

【分布】本州の中部·南部，四国，九州に分布する。【自然環境】山地にはえる半ばつる性の落葉低木。【形態】幹が太く，枝には先の曲がった鉤状の強いとげがあり，他物によりかかって高く登っていくので半つる性に見え，5m に及ぶ。小枝は細い。葉は5～7枚の小葉からなる羽状複葉で長さ 11～15cm，小葉は長楕円形または倒卵形で基部は丸みがあり，長さ 5～11cm で頂小葉はやや大きい。縁には鋭い鋸歯がある。上面は深緑色で，光沢または半光沢があり，下面はやや白みがかり無毛である。葉軸に小さい鉤状のとげがある。托葉は幅狭く，ほとんど全縁で耳片は細い。苞葉は披針形で縁に腺があり早く落ちる。花は5～6月，散房形または複散房形で花序の上がやや細く，10～20個の花がつく。花柄は 3～4cm でやや平たく，軟毛と腺がある。がく筒は球形または長紡錘形，がく片は狭卵形で長く，1.5～2cm。まばらに小腺があり，内面に綿毛がある。花は白色，径 3～5cm，花弁は5枚，倒卵形で凹頭，雄しべは多数，花柱は有毛。果実は扁球形で径 1cm，上部に五角形の花盤があり，がく片が宿存する。【近似種】中国からヒマラヤにかけて近縁の種類がある。台湾の山地には花や葉に毛のある変種タカサゴヤマイバラ var. *pubescens*，またヒマラヤに *R. brunonii* がある。*R. moschata* もこれから遠縁でないと思われる。【学名】種形容語 *sambucina* はニワトコのような，の意味。

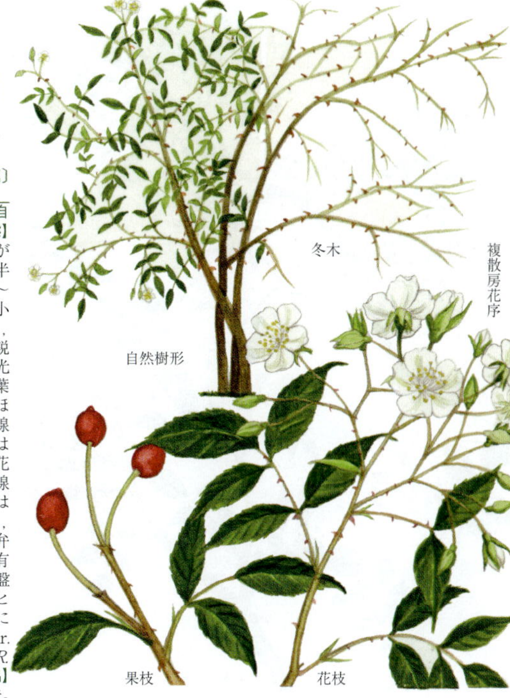

610. フジイバラ　〔バラ属〕

Rosa fujisanensis (Makino) Makino

【分布】本州中部の富士，箱根，丹沢方面に多く，秩父，奈良，中国山地にも分布する。【自然環境】バラ属の中では最も標高の高い地に産する1種で，まばらに日のあたる山林地または山地の日あたりのよい傾斜地に自生する落葉低木。【形態】幹は半直立，やぶ状に分枝し高さ 2m 内外，基部からの長枝が他物によりかかって長くのびることがある。成木は堅く径 10cm くらいになり，最も太いものでは 20cm に及ぶものもある。全株，花軸とも無毛であることで他種と区別できる。とげは鉤形，まれに直刺があり大きくはない。葉は7～9枚の小葉からなる羽状複葉で，小葉は広楕円形または楕円形で，長さ 3～5cm，側脈がやや目立ち，光沢または半光沢のある革質，上面は深緑色，下面やや白色である。葉縁は細い鋭鋸歯ではっきりしている。托葉はやや全縁で腺鋸歯がある。苞葉は幅広く披針形，縁に腺鋸歯があり早く落ちる。花は6～7月開花，円錐花序で多く，花柄はやや平らに出る。がく片は内面全体と背面の縁に毛があり，卵状披針形で1～2の裂片となる。がく筒は卵状紡錘形である。花は白色で平開し径 2.5～3cm，花弁は5枚，倒心形で凹頭の美形である。果実は紅色となり球形で 0.8～1cm，果上に花柱が残ることがある。【近似種】オオフジイバラ（ヤマテリハノイバラ，アズマイバラ）*R. onoei* Makino var. *oligantha* (Franch. et Sav.) H.Ohba はフジイバラに比べ，樹，とげ，葉，花など全体に大柄である。【学名】種形容語 *fujisanensis* は富士山の，の意味。

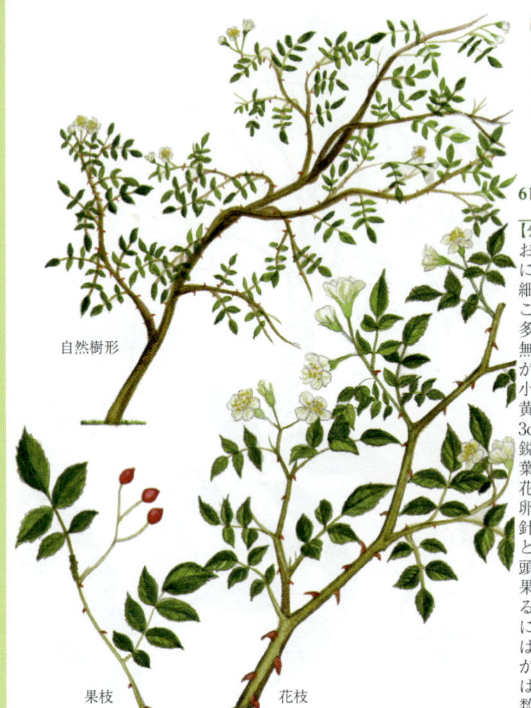

611. ヤブイバラ（ニオイイバラ）　〔バラ属〕

Rosa onoei Makino

【分布】本州（近畿），四国，九州に分布。【自然環境】おもに近畿以西の太平洋側，斜面の山地の林中にはえる落葉低木。【形態】幹は細長くよく分枝し，細枝が他物によりかかって登るときは2mに及ぶことがある。よりかかる所がないときは細枝の多いやや横張りのやぶ状になる。枝はほとんど無毛。とげは0.3～0.5cmの鉤形で，多くはないが葉の基部にあるものもあり引っかかりやすい。小葉5～7枚からなる羽状複葉で葉長3～5cm，黄緑色を含んだ深緑色である。小葉の長さ1.5～3cm，頂小葉は側小葉より大きく，卵状披針形，鋭尖頭，鋸歯が鋭い。下面の中肋に伏毛があり，葉質は薄い。花は5～6月，細めの花序で少数の花がつき，花梗，小花梗に毛がある。がく筒は卵状紡錘形，がく片は伏毛，腺毛があり卵状披針形。花は径1.5cm，白色で縁が紅色かぼかしのときがある。花弁は5枚で平開し，倒卵形，凹頭，雄しべは葯が黄色で多数，花柱に綿毛がある。果実は小形の球形で径0.4～0.6cm，秋に紅熟する。【近似種】関東では600～1200mの高地の山林に生ずるモリイバラに似ているが，ヤブイバラは葉軸，小葉下面，中肋，花序軸，花柄，がく筒，がく片に伏毛があることで異なる。ヤブイバラはモリイバラほど高くない山地に生ずる。着花数がモリイバラよりやや多い。

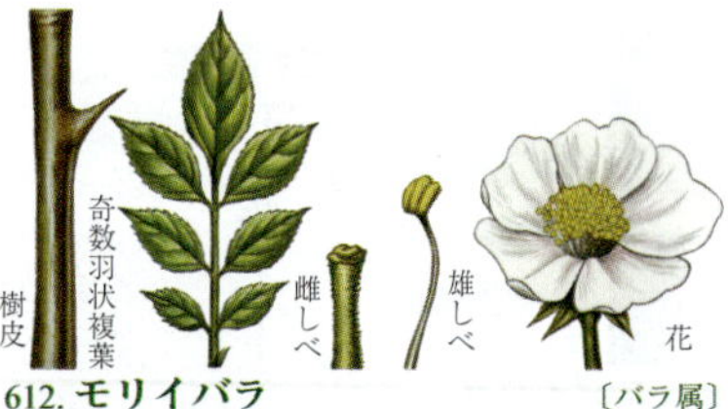

612. モリイバラ　〔バラ属〕

Rosa onoei Makino
var. *hakonensis* (Franch. et Sav.) H.Ohba

【分布】本州の関東以西，四国，九州。【自然環境】クリ帯の山地で，関東では600～1200mの山地に自生し，森林の中にもはえる落葉低木。日本海側にはない。【形態】幹は直立または半直立で高さ0.7～1m，前年の枝はやや太くなり，とげによってよりかかってよじ登ることがある。直角に近い枝が開出して細枝が広がる。とげは細長い。葉は5～7枚の小葉からなる羽状複葉で葉柄は短い。小葉は長さ2.5～4cm，楕円形または楕円状卵形，頂小葉は鋭頭，側小葉はやや鈍頭，葉縁には鋸歯がある。托葉は縁に腺毛がある。花は5～6月，小枝の先に1個つくのが多く，まれに散形となって1～3個，きわめてまれに4～5個つくことがある。花柄はやや湾曲し，有柄の腺毛があり，がくの縁にも腺毛がある。花は白色で花径は2.5cm内外，花弁は5枚，水平に開き凹頭，雄しべは黄色で多数，花柱に密毛がある。果実は近縁中では大きいほうで，コウシンバラの果形を思わせる楕円形で，長さ0.7～1.2cmである。【学名】変種名*hakonensis*は箱根に自生が多いことからつけられた。

613. バラ ‘シュウゲツ’ 〔バラ属〕
Rosa ‘Shūgetsu’

【原産地】日本。京成バラ園芸が1982年に作出。**【分布】**日本全土で植栽される落葉低木。**【用途】**観賞用。**【形態】**系統はハイブリッド・ティー系（HT，四季咲大輪）で1枝に1輪。13cmほどの大輪花を咲かせる。花色は濃黄色で春の1番花は，とくに花弁裏の一部に橙色がかった色を出すことがある。現在ある黄色バラとしては濃いほうであるが，どうしても黄色独特の退色もある。花形は半剣弁咲となり，花弁数は30枚ぐらいで，わずかに少ない感じもある。葉は光沢の強い緑色葉で，新芽では葉脈近くにそって葉表，葉裏ともに赤みが入る。葉脈や葉の縁の切れ込みは浅いほうの大葉となる。とげは新梢は薄い赤紫色，古い枝は白っぽい色をし，全体的には中ぐらいの大きさで少ないほうである。樹形は半直立盃状形となり，多少発生する枝それぞれの太さにばらつきがあり，枝数は多いとはいえない。**【特性】**香りは少ない。鉢および花壇向き。**【管理】**多肥およびかん水量を多めにする栽培が好ましく，バラに平均的なウドンコ病，黒点病の防除に注意を要し，とくに夏以後の黒点病による落葉は，冬枯れの心配があるので防ぐようにしたい。あまり気温の高くなる場合は，思うような色彩が出にくい。**【近似種】**ランドラ ‘Landora’は1970年にドイツのタンタウが作出。花は12cmほどで同系としては小さめ。花弁数は多い。とげは多くなる。‘シンセイ（新星）’も日本で作出された美しい黄バラの1品種である。

614. バラ ‘アマツオトメ’ 〔バラ属〕
Rosa ‘Amatsuotome’

【原産地】日本。1961年，作出者は寺西。**【分布】**日本全土で植栽される落葉小低木。**【用途】**観賞用。**【形態】**系統としてはハイブリッド・ティー系（HT，四季咲大輪）で1枝に1輪を主体とし，ときには1枝に2輪ほどの花を咲かせる。花の大きさは12cmぐらいでやや大輪系としては小ぶりに入るが，非常に花数を多く咲かせる。花弁数は40〜50枚ほどで半剣弁咲となり，花色は淡黄色に入る。外弁の裏面一部に赤みが入るときがある。花弁は幅がやや狭い。葉は黄みのある明るい緑色，葉裏は赤みを含んだ色でわずかな光沢があるが，成葉は光沢が少ない。大きさはバラ，とくに大輪系品種としては小さく，5小葉からなる成葉が基本となる。とげは新梢の頃は赤みが強く，成枝になるにしたがって白っぽい色，ハバナ色となる。とげの数は少し多めとなる。枝1本ずつの生育は短めで，そのぶん樹高は低く，矮性。枝数は多い。**【特性】**コンパクトな樹形で花つきが多いところから，鉢植え向きといえる。**【植栽】**日あたりのよい，排水のよい場所を好む。**【管理】**肥料とかん水量を多くする。黒点病の発生にとくに注意を要する。品種中早咲系で，秋の整枝は枝数をある程度制限したり，一般品種より深切りにしたほうがよい。**【近似種】**ヘルムット・シュミット ‘Helmut Schmidt’は1981年にドイツのコルデスが作出。花は大きめでより濃い黄色。ほかに‘サン・ブライト’がある。

615. バラ ‘ホウジュン’ 〔バラ属〕
Rosa ‘Hōjun’

【原産地】日本。京成バラ園芸が 1981 年作出。**【分布】**日本全土で植栽される落葉低木。**【用途】**観賞用。**【形態】**系統としてはハイブリッド・ティー系（HT，四季咲大輪）で 1 枝に 1 輪，ときに 2 輪咲となる。花径は 12～13cm，丸弁に近い半剣弁高芯咲，花弁数 30 枚前後，花色はさんご色がかった濃桃色で，開花終期には退色して明るい色彩となる。葉は新芽葉も含めて光沢はほとんどなく，新芽の色は赤紫色で，成葉になるにしたがって暗緑色となる。葉脈は一般的深さであるが，葉縁の切れ込みはやや深く，また葉は多少ウェーブがかるように波打ち平坦ではない。小葉 1 枚ずつの幅は長さに比較し広く，大葉に見える。とげはやや大きめで赤みのある色彩，数はふつう程度である。枝の長さは短めで，この系統品種としては矮性ぎみの半横張盃状形の樹形となる。**【特性】**ダマスク系の香気ではないが，芳香の強い品種である。鉢植え，花壇向き。**【植栽】**通常のバラ栽培に向く，日あたりがよく，排水のよい，風通しのよい場所を選ぶ。**【管理】**耐病虫性には優れているので通常の薬剤管理で十分であるが，多湿状態ではベト病の発生があるので注意を要する。肥料はリン酸，カリ分を多めにする。**【近似種】**スーザン・ハンプシャー ‘Susan Hampshire’ は 1974 年にフランスのメイアンが作出し，よりローズ色が濃い。香りはダマスク系で強い。花径 14cm ほどで大きく，花弁数も 40 枚以上で大きい。ほかに花色の似た ‘ソニア’ がある。

616. バラ ‘スーパー・スター’ 〔バラ属〕
Rosa ‘Super Star’

【原産地】ドイツ。タンタウが 1960 年作出。日本には 1961 年渡来。**【分布】**日本全土で植栽される落葉低木。**【用途】**観賞用。**【形態】**系統としてはハイブリッド・ティー系（HT，四季咲大輪）で，完全なる 1 枝 1 輪咲。花色は明るい朱色系で，この色彩としては初めての品種といえる。花径は 12cm，花弁数 30 枚ほどで丸弁に近い半剣弁高芯咲となる。葉は新葉の頃にはやや光沢のある淡緑色で，表面と裏面は赤みを含んだ色となるが，成葉になるにしたがって明るい緑色となる。葉脈はやや浅めで，真平な感じのする葉としては中葉である。とげは多く，あまり長くそして大きいとはいえないが，基部より枝上部まで大小のふぞろいのとげが密生する。しかし気温の変化などによっては，とくに室内で栽培したような場合ではごく少なくなる場合もある。株はすこぶる生育よく，半直立性で 1.3～1.5m の株立ちとなる。太くがっちりとした分枝の発生がよい。**【特性】**この花色系としては中ぐらいの香りのある品種。花壇や鉢植など庭園用と，温室，ビニールハウスなど施設内切花用品種としても用いられている。**【管理】**強健で生育がよいが，ウドンコ病の発生に注意する。分枝は早めに摘芯を行う。**【近似種】**アトール ‘Atoll’ は 1973 年にフランスのメイアンが作出。より濃い朱色，直立性，そのほかニュー・アベマリア ‘New Ave Maria’ も近い品種。

617. バラ 'カンパイ' 〔バラ属〕
Rosa 'Kampai'

【原産地】日本。京成バラ園芸が1983年に作出。【分布】日本全土で植栽される落葉低木。【用途】観賞用。1982年，イタリアのローマバラ国際コンクール金賞受賞。【形態】ハイブリッド・ティー系（HT，四季咲大輪）で1枝に1輪咲となる。花色は赤色としては明るいほうに入る。高温期や多湿期には，とくに花弁裏側がローズ色がかった色彩となるときがある。花径12～13cm，花弁数30～45枚で開花枝によっての差が大きい。花形は丸弁に近い半剣弁高芯咲で，ときとしてウェーブのかかった独特な花形となる場合がある。葉は新葉，成葉ともに半光沢ぎみで，新葉は赤系としては薄い赤みのある色，成葉になって明るい緑色となり，先端葉がやや細長く，葉の切れ込みはやや深めとなる。とげはやや鋭く多めにあり，新梢では明るい透き通るような赤銅色である。樹形は半直立盃状形で1.2～1.5mの樹高，花枝は長めで生育がよい。【特性】耐病虫性に優れる強健種。【植栽】風通しのよい，排水のよい場所を選ぶ。高性に入るので花壇後方に植付ける。【管理】チッソ分の施用を少なめに，リン酸，カリ分を多めに行うほうが，花色安定につながる。【近似種】アントニア・リッジ 'Antonia Ridge' は1976年にフランスのメイアンが作出。弁底に黄みを含む。ローズ色がかることがほとんどない。花弁数が少なめの30枚ほどである。

618. バラ 'パパ・メイアン' 〔バラ属〕
Rosa 'Papa Meilland'

【原産地】フランス。メイアンが1963年に作出。日本には1965年に渡来。【分布】日本全土で植栽される落葉低木。【用途】観賞用。【形態】ハイブリッド・ティー系（HT，四季咲大輪）で1枝1輪咲となる。花色は黒赤色，ビロード状でとくに涼しい気温下で生育した蕾は光沢のある花色となる。花径13～14cm，花弁数30～35枚，半剣弁高芯咲の雄大な花となる。花色は気温の高いときでは，暗赤色で外弁が退色し紫色がかる場合がある。葉はいかにも黒紅色の品種らしく，赤みの強い新葉から，成葉になって濃緑色となるが，光沢はごく少ない。とげは多いほうで，新芽のときから細く細かいとげが多く，古くなってやや幅広い銅色となる。枝は長く伸長し，分枝では1mほどにものび，そのぶん樹高1.5mぐらいの高性，半横張性盃状形となる。【特性】香りの強い品種の代表的なもので，ダマスクの強い芳香を有する。黒バラとしての代表的品種。早咲系種。【管理】施肥は多肥ぎみに与えリン酸，カリ分の比率を高くする。薬剤管理は通常のウドンコ病，黒点病の予防を行い落葉をさせないようにし，冬期の枝枯込みの多いことをなくす。【近似種】オクラホマ 'Oklahoma' は1964年に米国のスイム＆ウィークスが作出。より紫色がかったように見える暗黒色。1.2mほどで矮性株となる。ミスター・リンカン 'Mister Lincoln' は1964年に米国のスイム＆ウィークスが作出。香りは同系で強い。花はやや明るい黒紅色で最後に退色しやすい。より強健で枝数が多く直立性となる。

619. バラ 'セイカ' 〔バラ属〕
Rosa 'Seika'

【原産地】日本。京成バラ園芸が1967年に作出。1972年，ニュージーランド国際バラコンクール特別賞受賞。【分布】日本全土で植栽される落葉低木。【用途】観賞用。【形態】ハイブリッド・ティー系（HT，四季咲大輪）で，1枝に1輪咲。花径14cmほどで秋の花はやや小さめとなる。花形は半剣弁高芯咲で，クリーム白色に花弁まわりが1/3ぐらい赤みがかった桃色，弁先は部分的に赤みが強い花に開花する。開花後，日のあたる部分は赤みがかってくる。葉はやや丸みをもつように縁の部分が下がりぎみで，新葉は赤みのある青銅緑色から，成葉になって濃緑色より暗緑色となり，光沢のある葉である。とげは赤みのある青銅色から，開花枝は赤紫色に近い色，ごく古いとげでは白色がかったハバナ色となる。株は横張性でとくに2〜3年生の株ではまとまりにくい樹形となる。樹高は1.5mほどで強く太い枝を多く出す。【特性】晩咲性。強健種。【植栽】耐病性強くバラとしてはあまり条件のよくない場所でも育ちやすい。鉢植え，花壇植えともに向く。【管理】薬剤管理，施肥管理ともに通常より少なめでもよく，黒点病の予防に心がければ安定してよい花が見られる。かん水量は多めに，肥料分はリン酸を多めに行うほうがよい。【近似種】ローズ・ゴジャール 'Rose Gaujard' は1957年にフランスのゴジャールが作出。覆輪の紅色部分が多く，やや紫色がかった紅ローズ色。

'レディ・エックス''シャルル・ド・ゴール'
奇数羽状複葉

620. バラ 'ブルー・ムーン' 〔バラ属〕
Rosa 'Blue Moon'

【原産地】ドイツ。タンタウが1964年に作出。日本へは1964年に渡来。【分布】日本全土で植栽される落葉低木。【用途】観賞用。【形態】ハイブリッド・ティー系（HT，四季咲大輪）。1枝に1輪，ときには2輪咲となる場合がある。花径は12〜13cmほどの大輪で，花弁数30〜35枚ほどで半剣弁高芯咲となる。花色は藤色系品種の中で明るいほうに入る。蕾の頃にはがく割れして見える裏弁の一部がアズキ色がかった赤紫色になることがあるが，全般的には濃淡差の少ない花色となる。退色もするが，多少明るい感じになる程度で少ないほうである。葉は丸みを帯びた5枚葉である。新葉の頃は裏面がやや赤みがかかるが，全体的に明るい緑色を呈す。成葉もわずかに銀色がかった濃緑色となる。枝の色も同様の緑色で，とげは大きめになり，あまり数は多くなく，淡緑色から白っぽいハバナ色となる。株は強健であるが半直立性で枝数は多くはない。樹高1.5m程度。【特性】早咲性。芳香が強い。【植栽】花壇向き品種。【管理】多肥を好む。とくに分枝の発生を多くする意味も含み，生育期にはチッソ分を十分に与える。かん水も十分に行う。秋の整枝はあまり堅い枝でなく，遅く浅めに行ったほうがよい。【近似種】レディ・エックス 'Lady X' はフランスのメイアンが1966年に作出。ブルー・ムーンより部分的に赤みが入り，剣弁高芯の花形となる。シャルル・ド・ゴール 'Charles de Gaulle' はやや赤味を帯びる。

621. バラ 'ブラック・ティー' 〔バラ属〕
Rosa 'Black Tea'

【原産地】日本。ひらかたばら園が1973年作出。【分布】日本全土で植栽される落葉低木。【用途】観賞用。【形態】ハイブリッド・ティー系（HT，四季咲大輪）で，1枝に1輪咲く。花径12〜13cm，花弁数30枚前後，丸弁に近い半剣弁咲となる。花色は発売されている品種中独特なもので，濃く紅茶色がかった茶色，とくに気温の低いときには発色がよいが，夏期など気温の高い季節に咲く花色はにごった黒ずんだ朱紅色となる。葉はやや光沢をもった赤芽から展開を始め，成葉になって濃緑色となるが，新葉，成葉ともに暗緑色である。とげは平均的で赤みの強い色から成熟してハバナ色となり，やや細長いもの，大きなものとが混じって発生する。花枝基部近くでは多めとなる。株はやや横張性で強い分枝がよく発生する。樹高は1〜1.2mほどで，あまり高性ではない。【特性】強健，香りは少ない。【植栽】鉢植え，花壇用ともによい。風通しのよい場所をとくに選ぶ。【管理】丈夫で育ちやすいので，とくに注意を要しないが，独特の花色を出すために，リン酸分の施用を多めにしてチッソ分の施肥量を減らすようにするとよい。【近似種】'シュオウ（朱王）' は京成バラ園芸が1982年に作出。濃朱赤色で花色は異なるが，株の生育などが 'ブラック・ティー' と近い。'ブラック・ティー' も系統的には朱色系のベースをもった花色である。

622. バラ 'プリンセス・ミチコ' 〔バラ属〕
Rosa 'Princess Michiko'

【原産地】英国。ディクソンが1966年作出。日本への渡来は1966年。品種名は美智子妃殿下にちなむ。【分布】日本全土で植栽される落葉低木。【用途】観賞用。【形態】フロリバンダ系（F，四季咲中輪房咲）で，1枝より2〜5輪の房咲状，あるいはときとして一輪咲の場合もあり，フロリバンダ系としては平均的な花つきである。花弁数15枚前後，花径7〜8cmとなる半剣弁平咲となる。花色は中心部はやや黄みを含んでいるので明るい橙色となるが，全体的には赤みのある橙色となる。またときとして開花終わりに近く退色し，桃色を含んだ色となる。葉は新葉，成葉ともに半光沢に近い程度となるが，生育環境によってはごく少ない光沢となる。新梢ではやや青銅色がかった淡緑色から，成葉となって濃緑色で，バラとしては小さめである。とげは細く小さめで，数を多く有する。花枝基部および中間部には大きめのものを2〜3個のほか小さいとげがあり，花首部には剛毛程度をもつ。株は半直立性で枝数多く出し，樹高1m程度の適度な株となる。【特性】強健，耐病性に優れる。早咲性。【植栽】鉢植えとしても向く。【管理】丈夫で通常管理程度で十分生育するが，開花期にあまり湿度が高くなることは好まない。【近似種】スプリングフィールズ 'Springfields' は1979年に英国のディクソンが作出。同系橙色であるが，花色はやや明るい橙色で，また花弁数25枚程度で多くなる。

623. バラ 'ヨーロピアーナ' 〔バラ属〕
Rosa 'Europeana'

【原産地】オランダ。デ・ルイターが1963年作出。日本には1964年渡来。【分布】日本全土で植栽される落葉小低木。【用途】観賞用。【形態】フロリバンダ系（F, 四季咲中輪房咲）でとくに花つきの多い品種。1枝に3〜20輪の房咲となる。当年分枝などではそれ以上にもなる。花径7cm前後，花弁数15枚ほどになる。花色は濃紅色で，花弁の光沢は少なくビロード状とはいえない。丸弁平咲であるが，花弁縁はややウェーブがかることがある。葉は独特な紫赤色の新葉から，成熟葉となっても赤みを含んだ濃緑色である。新葉は光沢があり，成熟葉となっても少ないながら光沢がある。一般的品種より大きい葉で，5〜7枚小葉となる。とげはふつうの大きさで，葉に伴って赤紫色の美しいとげからハバナ色に変わっていく。株は半横張性で枝の伸長もよいが，花が咲き終わって切り込むと高性の株とはならない。成株で70〜80cmの樹高となる。枝数も多い。【特性】とくに多花性。強健種。【植栽】鉢植え，花壇用としてよい。風通しのよい場所を選ぶ。【管理】黒点病に対しては耐病性があるが，ウドンコ病が発生しやすいので注意を要する。多湿，多肥，とくにチッソ分が多くなると発生が早い。【近似種】イングリッド・ウェイブル 'Ingrid Weibull' はドイツのタンタウが1982年作出。朱色を含んだ暗赤色で房咲性は少ない。矮性で半横張の樹形。ほかに赤色花'ラバグルート'がある。

624. バラ 'エヒガサ' 〔バラ属〕
Rosa 'Ehigasa'

【原産地】日本。ひらかたばら園が1974年作出。【分布】日本全土で植栽される落葉小低木。【用途】観賞用。【形態】フロリバンダ系（F, 四季咲中輪房咲）で1枝より2〜5輪の房咲状に花を咲かせる。花径7〜8cm，花弁数30〜35枚をもち，花弁先はとがるが丸弁の椀咲となる。花色は蕾の濃黄色から，日があたるにつれて橙紅色へと変わっていく鮮やかな色彩。葉は新葉，成葉ともに半光沢で，新葉時には葉縁近くはやや赤みのある淡緑色から，成葉となって濃緑色になっていく。全体的に小ぶりであるが，はっきりとした感じを与える葉である。とげは少なめで，小さめの下部えぐれ形，下向きである。茎は成熟して濃緑色で赤みが日あたり部分に色づくが，新梢は淡緑色である。株は50〜60cm程度の樹高で分枝が多く，コンパクトにまとまった株形となる。【特性】強健，耐病性大。【植栽】花壇用としては前方に植付ける。また鉢え植としても美しい樹形でよい。花色の特徴からできるだけ日あたりのよい場所を選ぶ。【管理】株の育成期間を過ぎればチッソを少なめにし，リン酸，カリ分を蕾が色づくまでに2〜3回与えるようにすればよりよい色彩となる。【近似種】ルンバ 'Rumba' は1958年，英国のポールゼン作出。ごく類似した品種であるが，開花初期の黄色が薄く，花はやや小輪となる。

625. バラ 'シンセツ' 〔バラ属〕
Rosa 'Shinsetsu'

【原産地】日本。京成バラ園芸が1969年作出。【分布】日本全土で植栽される落葉つる性植物。【用途】観賞用。【形態】クライミング・ローズ系（CL，つるばら）で花は12〜13cmの大輪咲。花弁数40〜45枚となる。花色はわずかにクリームがかる白色で，中心部は花弁が抱えるが剣弁高芯咲となる。晩秋などでは雨などによって花弁にスポット状の赤色が入る場合があるが，全般的には弁質のよい品種で花もちもよい。葉は厚みがあって新葉，成葉ともに半光沢状となる。葉脈が浅く，表面は滑らかな美しい淡緑色の新葉から展開し，成葉となっても明るい感じのする緑色である。とげは下部がえぐれる一般的な形の大きさで，数も多いとはいえないが花枝中央部から基部にかけて発生する。新梢は赤みのない淡緑色から，成熟してハバナ色に変わっていく。樹勢強く，太めの分枝もよく出る。枝の伸長は2〜3mほどで，のびた先端にほとんど花をつける。【特性】四季咲性。耐病性は優れ，とくに黒点病の発生がほとんどないほど抜群。微香。【植栽】垣根などの平面的に枝をはわす場所に適する品種。【近似種】Cl. フラウカール・ドルスキー 'Cl.Fraukarl Druschki' はドイツのランベルトが1906年に作出。開花すると純白色となる。ほかにホワイト・クリスマス 'White Christmas' がある。

626. バラ 'シンデレラ' 〔バラ属〕
Rosa 'Cinderella'

【原産地】オランダ。バンクが1953年作出。日本には1953年に渡来。【分布】日本全土で植栽される落葉小低木。【用途】観賞用。【形態】ミニアチュア系（Min，極矮性四季咲小輪房咲）で花径2cmほど，花弁数35〜40枚の半剣弁咲で，花色はごく淡い桃色，花弁1枚は白色に近く，花弁が重なりあって，とくに花中心部は淡い桃色に見える。雄しべ，雌しべはごく少なく，開花後放置してあっても結実性はない。花弁質は軟らかく絹状で，開花後も花びらは散らないで残る。葉は淡緑色で展開し，成葉になっても比較的淡いほうの緑色で光沢は少ない。本葉はごく小さい。株は同系の中でも最も矮性といえ，成株となっても20cm程度の樹高にしかならない。分枝，あるいは1株あたりに発生する枝数多く，樹形としてはコンパクトにまとまった姿となる。【特性】矮性，早咲系。【植栽】鉢植え，プランター用に適する。花壇植えの場合は，高花壇やロックガーデン的植栽を行ったほうが管理しやすい。【管理】排水よく，かん水量を多くできる用土を使用する。葉の裏に発生するハダニには，殺ダニ剤を散布，夏期はとくに重点的に防除する。【近似種】'サザナミ（細波）'は京成バラ園芸が1982年に作出。花径4cmぐらいとなり大きめで，株も30〜40cmの高さになりボリュームがある。

627. バラ‘オレンジ・メイアンディナ’〔バラ属〕

Rosa ‘Orange Meillandina’

【原産地】フランス。メイアンが1981年に作出。登録名メイジカタール。日本には1981年に渡来。**【分布】**日本全土で植栽される落葉小低木。**【用途】**観賞用。**【形態】**ミニアチュア系（Min，極矮性四季咲小輪房咲）としては大きめの4cmほどの花をつける。房咲性は同系の中では少なめで，多くとも1枝に3～4輪，単花咲枝も多く発生する。花弁数は30～35枚，花形はらせん状ではなく，中心部が乱れて開花する。花弁質はよく，堅くしっかりしている。花色は鮮やかな橙朱色で，非常に退色が少ない。葉は5～7枚小葉で，Min系の中では最も大きい濃緑葉で，展開直後はやや赤みを帯びた淡緑色である。とげは細めで鋭く，横向きに近く一般的な多さである。株はあまり高くならず，成木でも30cmほどの半横張性の樹となる。**【特性】**非常に花もちよく，通常15～20℃程度の気温下で3週間は満開状態を保つ。促成栽培によく順応し，気温，湿度の高い状態でよりよい生育をする。**【植栽】**鉢，プランター植えに適する。**【管理】**かん水量を多めにする。水が少ない場合には株の生育が止まりぎみとなり，ハダニの発生も多くなる。**【近似種】**ブリリアント・メイアンディナ‘Brilliant Meillandina’，登録名メイラノガはフランスのメイアンが1982年に作出。花弁数が少なめで，葉に光沢を有する。朱色の色は気温の低いときにはやや濃いめとなる。ほかにスターザンストライプ‘Stars and Stripes’がある。

628. キンロバイ（キンロウバイ）〔キンロバイ属〕

Dasiphora fruticosa (L.) Rydb. var. *fruticosa*

【分布】北海道，本州中部以北の高山，中国，ヒマラヤ，欧米など北半球の亜寒帯。**【自然環境】**高冷地を好む落葉小低木だが，東京付近では露地栽培が可能。**【用途】**庭園樹，鉢植え，盆栽，ロックガーデンに最適。**【形態】**樹高は0.3～1mでよく分枝し，樹皮は黒褐色で長い薄片となり剥離する。若枝は赤褐色で白絹毛を密生する。葉は互生，奇数羽状複葉，長さ1.5～3.5cm。小葉は3～7枚，楕円形または倒卵状長楕円形で全縁，長さ0.9～1.8cm，鈍頭，両面に絹毛があり上面にやや多く密生する。花は6～9月，花梗は短く絹毛が密生，頂生または新梢上部の葉腋から出る単生，ときに2～3花着き，鮮黄色の5弁花。花弁は倒卵形。果実は卵形のそう果で，光沢があり長毛を粗生する。**【特性】**とくに土性は選ばないが，高冷地原産であるから暖地の栽培には注意を要する。**【植栽】**繁殖は実生，さし木，株分けによる。**【管理】**移植は比較的容易。せん定は樹形を整える程度に軽く行う。古枝は根もとから切り取り，新枝を萌芽させる。**【近似種】**変種には白色の直径2～3cmの単生花をつけるギンロバイ，葉が線状長楕円形で葉縁が反り巻くvar. *tenuifolia*，花が淡黄色で大形のvar. *friedrichsenii*，花が乳白色のvar. *ochroleuca*などがある。**【学名】**種形容語*fruticosa*は低木の意味。

629. ギンロバイ（ハクロバイ）〔キンロバイ属〕

Dasiphora fruticosa (L.) Rydb.
var. *mandshurica* (Maxim.) Nakai

【分布】本州の中部，近畿地方，四国の高山にまれに生じ，シベリア東部，中国北部にも分布。【自然環境】亜高山帯で石灰岩の岩地に生ずる落葉低木。【用途】庭園樹や鉢植え，盆栽，ロックガーデンなどの観賞用に植栽。葉は中国で茶の代用として用いられる。【形態】キンロバイの白花変種で，高さ1m内外，根もとより多くの枝を分枝させる。葉は互生し，奇数羽状複葉で3～7の小葉を有し，有柄である。小葉は長楕円形～卵状長楕円形で，葉先はしばしば微凸頭をなし，毛が多く，全縁となる。花は白色，6～8月小枝の先に着き，花径2～3cm，5枚の花弁を有する。雄しべ，雌しべとも多数。そう果は短毛を密生する。【特性】陽樹。日あたりのよい所でよく生育し，石灰岩土質への植込みに適する。寒地向きの植物で，暖地では栽培に注意。高山植物的取扱いとする。弱いせん定は可能。【植栽】繁殖は実生，さし木，株分けによる。実生は3～6月までに平鉢にまく。さし木は3月中旬～6月までに前年枝か本年枝の10～15cmのものをさす。【管理】手入れはあまりせず，好み以上の大きさになれば刈込む。せん定は密生した所を透かす程度で，11月～翌年3月までに実施する。肥料は苦土石灰を施し土壌を改良する。【近似種】花が黄金色のキンロバイがある。【学名】変種名 *mandshurica* は満州（中国東北部）産の，という意味。

630. ナツグミ〔グミ属〕

Elaeagnus multiflora Thunb. var. *multiflora*

【分布】北海道，本州，四国，九州。【自然環境】山野の日あたりのよい所にはえる落葉低木。【用途】庭園樹。果実は食用。【形態】高さ3～5mになる。幹は立ち上がり，よく枝分かれし，古木では枝が垂れ下がる。葉は柄があって互生し，楕円形または長卵状楕円形で長さ5～8cm，幅2～5cm，表面は緑色で初め灰白色の鱗片および鱗毛があるが，のちに落ちる。裏面は白色と褐色の鱗片を密生して白く見える。雌雄同株で4～5月，葉腋から長い花柄のある淡黄色の花を垂れ下げる。がくは筒形で先端は4裂し，下部は子房のある所でくびれる。4個の雄しべと1個の雌しべがある。6月頃，広楕円形で長さ1.5cmの果実が赤く熟し，長さ2.5～5cmの細い柄で垂れ下がる。和名のナツグミは夏に果実が熟すことによる。果実は酸味があるが生で食べられる。【植栽】繁殖は実生とさし木による。【管理】病気としては，サビ病にかかることがあるので気をつける。アブラムシがつくこともある。【学名】属名 *Elaeagnus* はギリシャ語の elaios（オリーブ）と agnus（セイヨウニンジンボク）の2語からなり，前者に似た果実と後者に似た白っぽい葉からつけられたもの。種形容語 *multiflora* は多花の，という意味。

631. トウグミ 〔グミ属〕
Elaeagnus multiflora Thunb.
var. *hortensis* (Maxim.) Servett.

【分布】日本の温帯，暖帯地方に分布。【自然環境】温暖な気候を好む落葉低木。【用途】主として庭園に観賞用に植えられ，果実は食用となる。【形態】枝は赤褐色でとげはない。葉は互生，楕円形または長楕円形。若い葉の上面に星状毛が粗生するが，のちに脱落する。初夏，葉腋に淡黄色の小花1～2個がつき，花梗が長く垂れ下がる。がく筒は筒状で先端4裂，内側に巻き返る。果実は長楕円形，紅色，銀白色の斑点がある。大きさはナツグミより大きい。渋味がある。【特性】耐寒性は中または小。樹勢は強い。【植栽】繁殖は，さし木はきわめて簡単でよく活着する。土地を選ぶことが少ない。【管理】弱いせん定により，徒長枝を除き，樹形を密生させる。日がよくあたらないと結実が悪い。【近似種】トウグミはナツグミの変種で，果実が大きく果樹としても扱われ，とくにビックリグミは大きさ2cmぐらいになる。【学名】種形容語 *multiflora* は多花の，の意味。また変種名 *hortensis* は園芸の，の意味。トウグミのトウは唐で，外国から来たものと誤認して名づけられたもの。

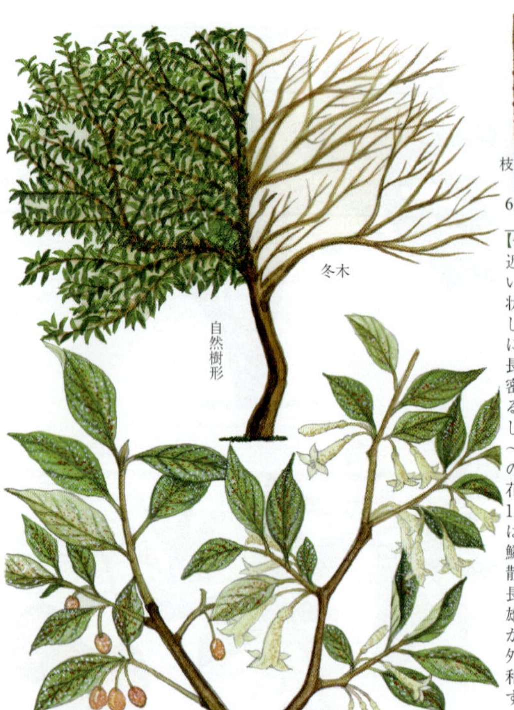

632. マメグミ 〔グミ属〕
Elaeagnus montana Makino

【分布】本州，中国，九州。【自然環境】深山の尾根近くなどにはえる落葉低木。【形態】高さ2mぐらいになる。枝はよく枝分かれし，暗赤褐色の星状鱗片に密におおわれる。葉は柄があって互生し，卵状楕円形または長楕円状披針形，やや急に鋭尖頭で鈍端，基部は鋭形またはやや鈍形，長さ4～8cm，幅2～4cm，洋紙質で表面は初め密に鱗片があるが，のちまばらに残るだけとなる。裏面は銀白色の鱗片を密生し，ときにしばしばまばらに赤褐色の鱗片を散生する。葉柄は0.7～0.9cmぐらいである。6月頃，葉腋に1～3個の花を垂れ下げてつける。花柄は花よりも短い。花はナツグミに似ているがやや小さく，長さ1.1cmぐらい。がくの基部はくびれる。がく筒は長さ0.6～0.7cm，外面は白色の鱗片と褐色の鱗片に密におおわれており，内側には星状毛を散生する。がく裂片は卵状三角形で先はとがり，長さ0.3～0.4cmほどでがく筒より短い。4個の雄しべはがく筒の口にわずかに現れ，葯の背中が付着している。果実は広楕円形で長さ1cm内外，7～9月に熟す。果柄は1.5～3cmほどである。和名のマメグミはその果実が小さいことに由来する。【学名】種形容語 *montana* は山地生の，という意味。

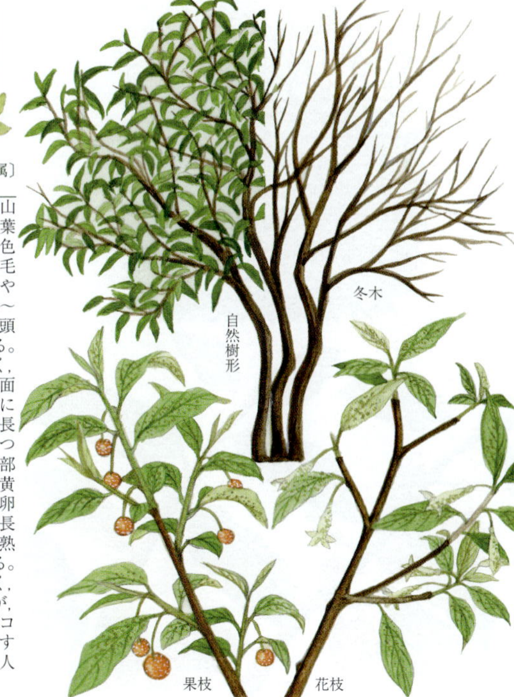

633. ハコネグミ　〔グミ属〕

Elaeagnus matsunoana Makino

【分布】本州（神奈川，静岡県など）。【自然環境】山地の日あたりのよい所などにまれにはえる落葉低木。【形態】小枝は細く灰褐色で，淡い黄褐色の鱗片におおわれ，さらに同じ色をした星状毛がはえている。葉は卵状長楕円形もしくはやや長楕円状披針形で膜質，長さ 4～8cm，幅 1.5～4cm ぐらいあり，先端は尾状鋭尖頭または鋭頭で，基部は鈍形か円形，もしくはやや鋭形となる。質はやや薄く，表面は緑色であって光沢がなく，成木にも淡色の星状毛がやや著しくつく。裏面は白色の鱗片を密生し，さらにとくに中肋上に淡色の星状毛がまばらにはえている。葉柄は長さ 0.3～0.5cm ほどである。5 月の頃，葉腋にふつう 1 個の花をつける。がく筒はやや太く，基部は急に狭くなり，長さ 0.7cm ぐらいあり，淡黄色の星状毛および星状の鱗片がある。裂片は卵形で先は鋭尖頭となり，筒部よりはやや短く長さ 0.5～0.6cm ほどである。果実は 6～7 月頃に熟し，広楕円形で小形，長さ 0.6～0.7cm ぐらいある。紅色に熟し，先端はややへこむ。果柄は細長く，長さ 3～4cm ぐらいで，初め少し星状毛があるが，のちに淡色の鱗片だけを残すのみになる。ハコネグミの名は本種が神奈川県の箱根地方に産することによる。【学名】種形容語 *matsunoana* は人名に基づく。

634. アキグミ　〔グミ属〕

Elaeagnus umbellata Thunb.

【分布】北海道（西南部），本州，四国，九州，朝鮮半島南部，中国。【自然環境】山野や河原などにはえる落葉低木。【用途】庭園樹。果実は食用。【形態】高さ 3m ぐらいになる。小枝は初め白色の鱗片を密生し，のちに灰色を帯びる。葉は有柄で互生し，長楕円状披針形で先はあまりとがらず，長さ 4～8cm，幅 1～2.5cm，表面は初め白色の鱗片があるが，のち無毛となり，裏面は銀白色の星状鱗片を密生し白く見える。葉柄は長さ 0.5～0.7cm。4～5 月，葉腋に 1～7 個の花を散形状につける。花は初め白色であるが，のちに黄色に変わる。がく筒は細く，銀白色の鱗片を密生し長さ 0.5～0.6cm，下部はしだいに細くなる。裂片は卵状三角形で長さ約 0.3cm。雄しべ 4 個，雌しべ 1 個，子房はがくの底部にある。果実はほぼ球形または広楕円形で長さ 0.6～0.8cm，10～11 月に赤く熟し，表面には白い星状の鱗片がつく。生食できるが渋味多い。果柄は長さ 0.5～1cm ほど。果実が秋に熟すことからアキグミの名がある。【特性】日のあたる所なら土性を選ばずよく育つ。海岸砂防用などにも植えられる。【植栽】繁殖は実生のほかさし木もできる。萌芽力もあり，樹勢も強い。移植も容易。【学名】種形容語 *umbellata* は散形の，という意味。

635. ナワシログミ 〔グミ属〕
Elaeagnus pungens Thunb.

【分布】本州（関東地方以西），四国，九州および中国大陸。【自然環境】暖地の海岸地方や山野にはえる常緑低木。【用途】庭園樹，生垣，公園樹。果実を食用。【形態】高さ 2～3m になる。堅く強い枝をよく分枝し，短枝の先は鋭いとげになるものが多い。若枝には褐色の鱗片が密生する。葉は互生し，革質で厚く，長楕円形で長さ 5～8cm，幅 2～3.5cm，先は丸いかややとがり，縁は波形に縮み，やや裏に曲がる。表面は無毛で光沢があり，裏面は銀色の鱗片が密生し，まばらに褐色の鱗片が混ざる。10～11 月，葉の腋に数個の長さ約 1cm の花をつける。がくは太い筒状で 4 裂し，下部にくびれがあり，外側は銀白色および褐色の鱗片におおわれている。雄しべは 4 個，雌しべは 1 個ある。果実は長楕円形で長さ 1.5cm ぐらい，密に鱗片があり，5～6 月赤く熟す。ナワシログミの名は苗代をつくる初夏の頃に熟すことによる。果実はやや渋いが食べられる。【特性】日あたりのよい排水のよい所を好む。樹勢は強い。【植栽】繁殖は実生でもよいが，さし木でもよく活着する。さし木は新枝の固まった 6～7 月上旬ぐらいに行うとよい。植替えは春の出芽前に行う。【学名】種形容語 *pungens* は刺針があるという意味。

636. ツルグミ 〔グミ属〕
Elaeagnus glabra Thunb.

【分布】本州（福島県以西），四国，九州，沖縄，朝鮮半島南部，台湾，中国。【自然環境】山野にはえる常緑つる性植物。【用途】果実は食用。【形態】高さ 2～3m になる。枝は開出し，やや細く，さかんに枝分かれして長くのびるが物には巻きつかない。小枝は赤褐色の星状鱗片を密生する。葉は柄があって互生し，やや厚くて革質，長楕円形または卵状長楕円形で長さ 4～8cm，幅 2.5～3.5cm ほど，先端は尾状になるが鈍端，基部は円形または鋭形となる。縁には鋸歯はなく，表面は初めはときに星状鱗片があるが，すぐに無毛となり淡緑色，裏面は赤褐色の鱗片が密生し，赤褐色に見える。葉柄は長さ 0.7～1cm で鱗片を密生する。10～11 月頃，葉の腋に数個の花を垂れ下げる。花柄は 0.4～0.7cm ほど。がく筒は細く長く，長さ 0.4～0.5cm，がく片は 4 裂し，裂片は広卵状三角形で長さ 0.2～0.25cm。雄しべは 4 個あり，がく筒の内部につく。雌しべは 1 個あり，子房はがくの底に隠れている。果実は長楕円形で長さ 1.2～1.8cm あり，5 月頃に赤く熟して垂れ下がり，銀褐色の鱗片が散生する。果実は食べられる。和名はつる性のグミの意味である。【学名】種形容語 *glabra* は無毛の，という意味。

637. オオバグミ（マルバグミ）　〔グミ属〕
Elaeagnus macrophylla Thunb.

【分布】本州，四国，九州，沖縄，朝鮮半島。【自然環境】暖地の海岸近くの林の中などにはえる，ややつる状になる常緑低木。【用途】果実は食用。【形態】高さ2mぐらいになる。枝はやや太く，初め白色または淡褐色の鱗片がある。葉は有柄，やや厚い革質で互生し，葉身は卵円形または卵状広楕円形，ときにやや円形となり，長さ5～7cm，幅4～6cm，鈍頭または急鋭尖頭であって鈍端，ときに円頭となり，基部は丸い。全縁で，表面は深緑色，初めだけ白色の鱗片があり，裏面は白色の鱗片に密におおわれている。葉柄は長さ1～2.5cmほど。10～11月頃，葉の腋に数個の花を束生する。花柄は長さ0.5～0.8cmぐらい。がくは白黄色をしており，基部はくびれる。がく筒部は大きな鐘形でやや4稜があり，長さ0.4～0.5cm，裂片は4個，卵状三角形で筒部よりやや短く，半ば外側に開いている。雄しべは4個，葯はその背中でがくの開口部に付着している。雌しべは1個。果実は長楕円形で長さ1.5～2cmあり，翌年の4～5月の頃に赤く熟し，白色の鱗片が密着する。果実は食べられる。マルバグミの名はその葉に丸みがあることにより，オオバグミは葉が大きいことによる。【学名】種形容語 *macrophylla* は大葉の，という意味。

638. ケンポナシ　〔ケンポナシ属〕
Hovenia dulcis Thunb.

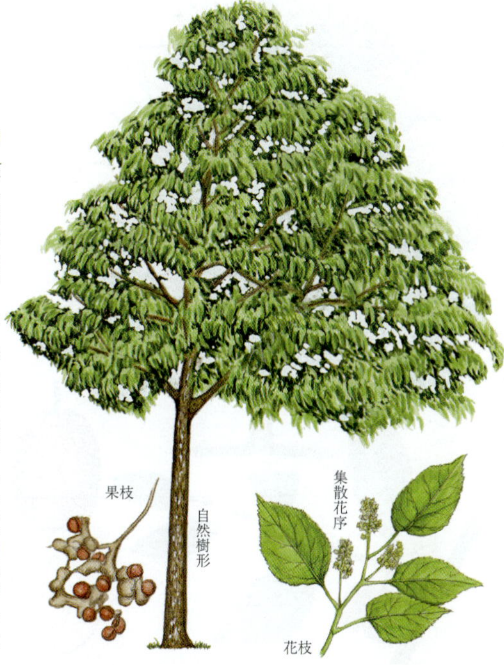

【分布】北海道（奥尻島），本州，四国，九州，朝鮮半島，中国大陸に分布する。【自然環境】山野にはえるほか，ときに植栽される落葉高木。【用途】建築材，家具材，楽器・彫刻材，薬用。【形態】幹は直立して高さ20mに達する。樹皮は灰黒褐色で鱗片状に縦にはがれる。材は周辺が黄白色，芯が赤褐色で木目が美しい。葉は有柄で，左右2枚ずつつき，葉身は広卵形で長さ10～20cm，幅6～15cm，先端はとがり，基部は円形か浅い心臓形で，縁に低い鋸歯があり，質やや厚く，表面に光沢があり，裏面脈上に赤褐色の細毛が散生するか，ときに無毛。脈は縦に3脈が走る。葉柄は長さ2～5cm。開花は6～7月，小枝の先端または葉腋に集散花序をつけ，淡緑色で径約0.7cmの5弁花を多数つける。がく片は披針形で5個，花弁は筒状に雄しべを包み込む。雌しべ1個，花柱は3個合生し，先が3裂する。花盤は有毛。果実は球形で径約0.7cm，外果皮は無毛で，中に3個の褐色扁平で光沢のある種子がある。花序軸は秋に肥厚し，肉質となって甘く，生食する。和名ケンポナシはその形をハンセン病患者の手にみなして手棒梨（テンボウナシ）と名づけたものの転訛といわれる。【近似種】ケケンポナシ *H. trichocarpa* Chun et Tsiang var. *robusta* (Nakai et Y.Kimura) Y.L.Chen et P.K.Chou は花序，果実が有毛で，本州の関東以西，四国，九州に自生する。【学名】属名 *Hovenia* はオランダ人宣教師ホベンの名にちなむ。種形容語 *dulcis* は甘味のある，の意味。

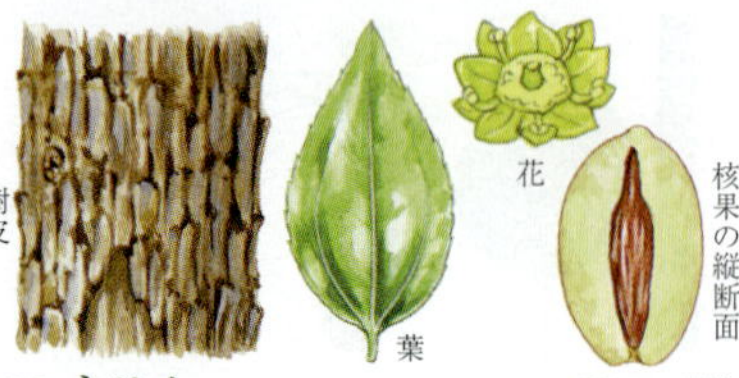

639. ナツメ 〔ナツメ属〕
Ziziphus jujuba Mill. var. *inermis* (Bunge) Rehder

【原産地】ヨーロッパ南部，アジア西南部。**【分布】**ヨーロッパ，中国。日本には万葉時代に中国より渡来した。現在日本での栽培は庭木として植栽されている程度である。**【自然環境】**温暖で乾燥を好む落葉低木または小高木。**【用途】**果実を生食するほか乾果として菓子用，料理用，薬用に供する。庭園樹ともする。**【形態】**葉は互生し，長楕円形，卵状披針形，3本の主脈がある。縁は細い鋸歯がある。葉腋のとげは退化して痕跡状をしている。花は黄色で小形，葉腋に数個，短集散花序をなしてつく。花期は初夏，果実は核果で球形または長円形，熟果は赤褐色または黒褐色，甘味がある。核は細長く両端がとがる。**【特性】**樹勢は強く，乾燥に強い。**【植栽】**繁殖は主として株分け，根ざしによるが，実生によることもある。**【管理】**放任的でとくに集約的な栽培は行われていない。**【近似種】**サネブトナツメは中国，中国東北部の南部に広く分布し，枝にとげがあり，果実は小形，核を薬用とする。**【学名】**属名 *Ziziphus* はギリシャの古語 zizyphon よりきており，種形容語 *jujuba* はアラビア語の zizuf（ナツメ）による。変種名 *inermis* は無刺の，という意味。ナツメの語源は夏芽で，初夏に芽が出る特性からきているという。

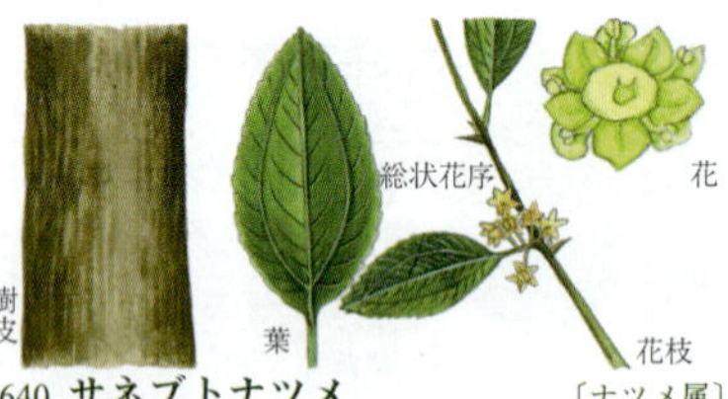

640. サネブトナツメ 〔ナツメ属〕
Ziziphus jujuba Mill.
var. *spinosa* (Bunge) Hu ex H.F.Chow

【原産地】中国華北，東北部。**【分布】**中国，インド，インドシナ半島，ハワイ。日本には享保年間に渡来したという。現在は庭園樹として植栽されているにすぎない。**【自然環境】**温暖な気候を好む落葉小高木。**【用途】**果実を生食，乾果に加工，核は薬用に供する。**【形態】**形態はほとんどイヌナツメに似ているが，とくに葉の裏面無毛の点がイヌナツメと異なる。樹皮灰色，托葉は刺針となる。とげは直立したものと鉤状のものと2種ある。葉は互生，長卵形，鈍鋸歯縁，花は腋生，総状花序をなし小形，淡緑色または黄色，核果はほとんど球形，径1cmぐらい，無毛，褐色，堅い1核を蔵す。果肉白色。**【特性】**耐寒性はイヌナツメより大。**【植栽】**繁殖は株分け，根伏せによる。実生による繁殖は生育が遅いのであまり行われない。**【近似種】**イヌナツメ *Z. mauritiana* Lam. はインド，スリランカに多く栽培されている重要果樹である。**【学名】**属名 *Ziziphus* はギリシャ語の zizyphon あるいはラテン語の zizyphum よりきており，種形容語の *jujuba* はアラビア語の zizuf（ナツメ）からきている。

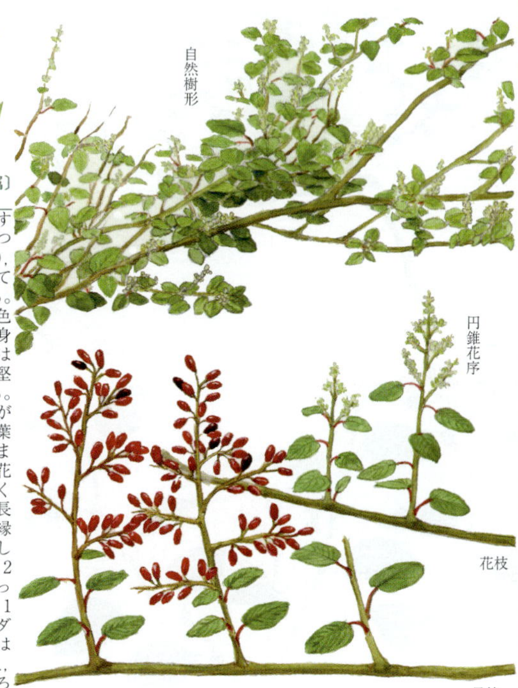

641. クマヤナギ 〔クマヤナギ属〕

Berchemia racemosa Siebold et Zucc.

【分布】北海道，本州，四国，九州，沖縄に分布する。【自然環境】山野の林の縁などにはえる落葉つる性植物。【用途】器具材（むち，輪かんじき，杖），民間薬。【形態】茎は他の木に右巻きに巻きついて高くはい上がる。幹は太いもので径数cmになる。枝は丸く平滑で，若枝は緑色，古い枝は紫褐色を帯び，強靱である。葉は有柄で互生し，葉身は卵形または卵状楕円形で長さ約5cm，先端は短くとがり，基部は円形で，全縁，質はやや堅い革質で，側脈は7～8対あり，斜めに平行する。表面は無毛，裏面は葉脈の基部にわずかに毛がある。葉柄は長さ0.7～1.5cm，基部内側に前葉性の托葉がある。開花は7～8月，小枝の先端または葉腋に大きな円錐花序をつけ，緑白色小花を総状に密生する。花柄は長さ0.2～0.3cm。がく片は5個，長三角形で，先端は鋭くとがり，長さ約0.15cm。花弁は5個で，がくより短く，縁は内側に巻いて花糸を包む。雄しべ5個，雌しべ1個，花柱の先はわずかに2裂する。子房は2室。核果は長楕円形で長さ0.5～0.7cm，赤くなったのち，黒色に熟し，甘く生食できる。中に1個の核がある。【学名】属名*Berchemia*はオランダ人植物学者の名にちなむ。種形容語*racemosa*は総状花序の意味。和名クマヤナギは山中にはえ，その茎が強いことから熊にたとえたものであろう。葉がヤナギに似ていることによる。

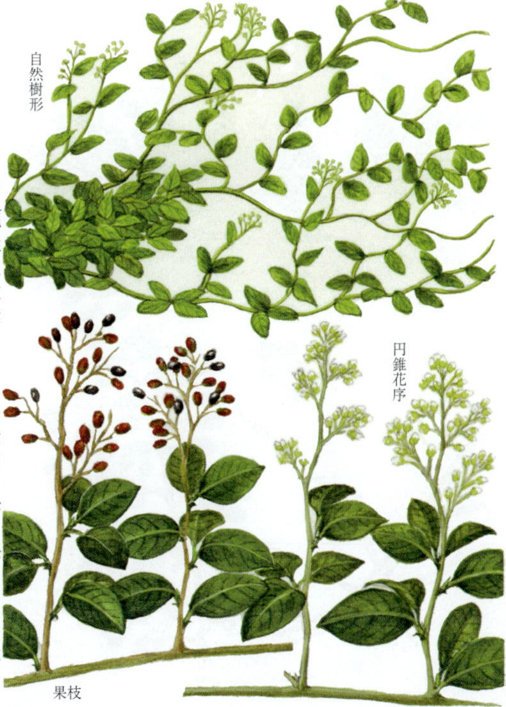

642. オオクマヤナギ 〔クマヤナギ属〕

Berchemia magna (Makino) Koidz.

【分布】本州（関東地方以西），四国，九州，沖縄に分布する。【自然環境】山地にはえる落葉つる性植物。【形態】茎は他の木に巻きついて高くはい上がる。枝は丸く，平滑で，若枝は緑色，古い枝は紫褐色で強靱である。葉は有柄で互生し，葉身は卵形または卵状長楕円形でクマヤナギより大きく，長さ5～10cm，幅3～5cm，先はとがり，基部は円形で全縁，側脈は7～8対ある。表面は濃緑色で無毛，裏面は緑白色で葉脈にそってわずかに毛がある。葉は乾くと黄褐色になる。葉柄は長さ1.5～3cm，基部内側に托葉がある。開花は7～8月，枝先または上部葉腋に円錐花序を直立し，総状に多数の緑白色小花をつける。がく片は5個で狭三角形，長さはクマヤナギより短く，先はあまりとがらない。花弁は5個でがく片より短く，縁は内側に巻いて花糸を包む。雌しべ1個，柱頭の先端はわずかに2裂する。核果は長楕円形で長さ0.5～0.7cm，赤くなったのち黒色に熟する。【学名】種形容語*magna*は大きい，の意味。和名オオクマヤナギはクマヤナギに比べて葉が大きいことによる。

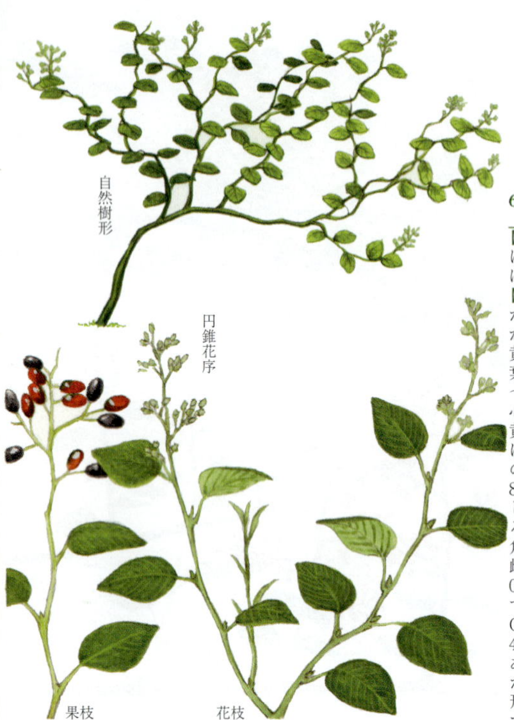

643. ミヤマクマヤナギ　〔クマヤナギ属〕
Berchemia pauciflora Maxim.

【分布】本州（関東地方および山梨県，長野県南部）に分布する。【自然環境】太平洋側の深山（しばしば石灰岩地帯）にはえる，ややつる性の落葉低木。【形態】幹は高さ 1〜3m ほどで，他の木によりかかってつる状にのびるほか，低木状に立つことが多い。枝はよく分枝し，細く，ジグザグにのび，黄褐色で強靱。若枝は緑色。葉は有柄で互生し，葉身は卵形または楕円形で，長さ 3〜4cm，幅 1〜3cm，先は鈍くとがり，基部は円形またはやや心臓形で全縁。葉質は薄く，表面無毛，裏面に黄褐色の軟毛が散生する。側脈は 5〜8 対。葉柄は長さ 0.5〜1cm，基部内側には長さ 0.3〜0.5cm の針状の托葉があり，2 個合生する。開花は 7〜8 月，本年枝の先に長さ 1〜3cm の円錐花序を出し，緑白色で径約 0.3cm の 5 弁花を 10 数個つける。小花柄は長さ 0.2〜0.3cm。がく片 5 個は三角状で長さ約 0.1cm。花弁は小さく，雄しべ 5 個，雌しべ 1 個。果実は核果で，長楕円形，長さ 0.7〜0.8cm，赤くなったのち，翌年夏に黒く熟す。【近似種】ホナガクマヤナギ *B. longiracemosa* Okuyama は，本種よりつる性が強く，葉は長さ 4〜10cm，幅 4〜6cm と大きく，側脈は 7〜11 対あり，花序は長さ 5〜8cm あり，下部は多少枝分かれする。本州の日本海側に分布する。【学名】種形容語 *pauciflora* は少数花の，の意味。和名ミヤマクマヤナギは深山にはえるクマヤナギの意味。

644. ヒメクマヤナギ　〔クマヤナギ属〕
Berchemia lineata (L.) DC.

【分布】九州（黒島，奄美大島），沖縄，台湾，中国大陸南部，インドシナ半島，インドに分布する。【自然環境】亜熱帯地方の海岸に自生する，ややつる性の半常緑小低木。【形態】幹は地上をはい，長さ約 1m，高さ 10cm 内外となる。枝は細く，多数分枝する。枝は紫黒色を帯びる。葉は小枝に密に互生し，葉身は卵形あるいは卵円形で，長さ 0.7〜1.8cm，幅 0.5〜1cm，先端は鈍形またはややへこみ，基部はくさび形または広いくさび形で，全縁。葉質は薄い革質で，両面無毛。表面は緑色，裏面は粉白色を帯び，支脈は羽状に斜めに平行する。葉柄はごく短く，基部にごく小さな針状の托葉が 1 対ある。開花は夏から秋にかけて，本年枝の先端，または葉腋に束生状の小さな円錐花序をつけ，白色で花径約 0.3cm の 5 弁花を少数つける。がく片は 5 個で長さ約 0.2cm。花弁は披針形で，がく片よりやや短い。雄しべは 5 個で，花弁よりやや長く，対生する。雌しべは 1 個，花柱は雄しべより短い。子房は 2 室。果実は核果で，卵状楕円形で長さ約 0.5cm，青黒色に熟し，基部に径 0.25cm ほどの皿状の宿存がくがある。【学名】種形容語 *lineata* は線条のある，線紋のある，の意味。和名ヒメクマヤナギは，クマヤナギに似て葉が小さいことによる。

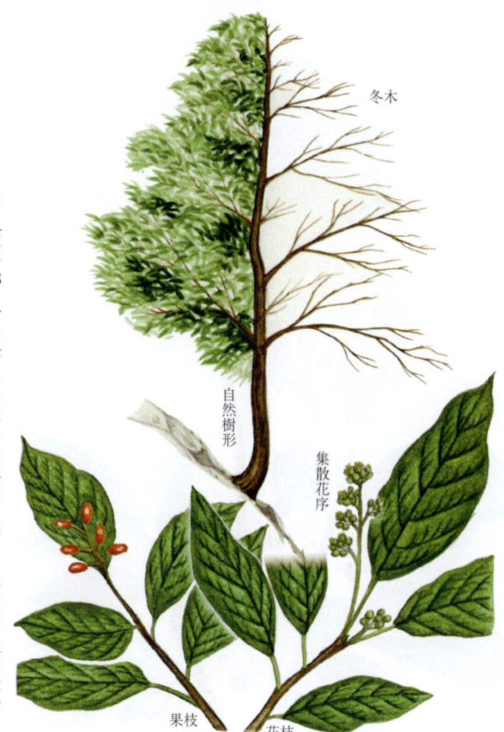

645. ヨコグラノキ（エイノキ）〔ヨコグラノキ属〕
Berchemiella berchemiifolia (Makino) Nakai

【分布】本州，四国，九州，朝鮮半島南部，中国大陸に分布する。**【自然環境】**暖地の山地にはえる落葉小高木または高木。**【形態】**幹は直立し，高さ3〜15m となる。枝は赤褐色を帯び，無毛で皮目が目立つ。葉は有柄で，2個ずつ互生（コクサギ型葉序）し，葉身は長楕円形または卵状長楕円形で長さ6〜13cm，幅3〜5cm，先端は鋭くとがり，基部はくさび形で，縁は全縁でやや波状となる。表面は濃緑色でやや青みのある光沢があり，裏面は粉白緑色で，脈上に細かい毛が散生する。葉質は薄く紙質で，側脈は7〜10対ある。葉柄は長さ0.6〜1cm。花期は6月，本年の枝の先または上部の葉腋から，長さ1〜5cm の集散花序を直立し，黄緑色で径約0.35cm の小花を数個つける。花序は無毛で，花柄は長さ0.1〜0.2cm，がく片は5個で，三角状卵形で先はとがり，長さ約0.15cm。花弁は5個，卵形で長さ約0.1cm，雄しべを包み込む。雄しべは5個。雌しべは1個，柱頭は先が浅く2裂する。果実は核果で狭長楕円形で長さ0.6〜0.7cm，黄色から橙赤色，さらに暗赤色となる。核は2室で長さ約0.6cm。**【学名】**属名 *Berchemiella* はオランダの植物学者 B. von ベルチェムの名にちなんだものである。種形容語 *berchemiifolia* はクマヤナギの葉に似た，の意味。和名ヨコグラノキは，高知県横倉山で牧野富太郎が発見し命名した。

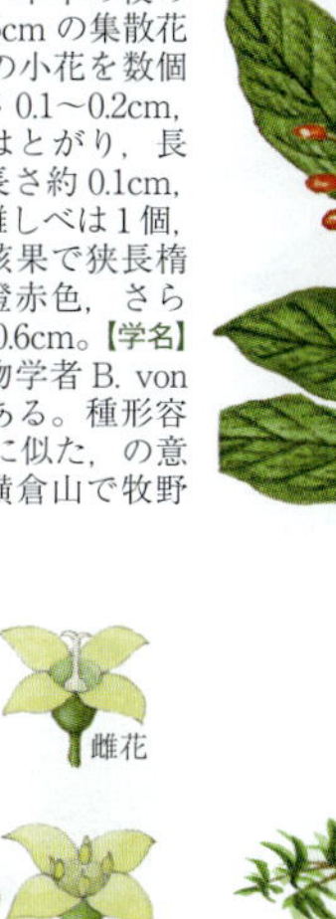

樹皮　葉　核果　雄しべ　雌花　果序　雄花

646. クロウメモドキ〔クロウメモドキ属〕
Rhamnus japonica Maxim. var. *decipiens* Maxim.

【分布】北海道，本州（太平洋岸），四国，九州。**【自然環境】**山地，丘陵などにはえるほか，石灰岩地帯に多くはえる落葉低木。**【用途】**器具材（洋杖，柄），薬用（樹皮，果実を下剤）。**【形態】**幹は高さ1.5〜6m になる。葉形，樹形に変化が多い。樹皮は平滑で灰褐色，灰白色の横斑がある。枝は多数分枝し，平滑で無毛，皮目は黒く小さい。短枝が多く，小枝の先は多くとげとなる。冬芽は卵形で，側芽は長さ0.2〜0.4cm，6枚の芽鱗に包まれる。葉は有柄で対生またはやや対生し，葉身は倒卵形，卵形，楕円形で，長さ2〜6cm，幅1〜2cm，先端はやや鈍頭または鋭頭，基部はくさび形で，縁に低い細かな鋸歯があり，表面は無毛，または短毛が散生し，裏面は脈腋に毛が固まってはえる。開花は4〜5月，小枝の基部近くの葉腋に，淡黄緑色で径約0.4cm の小花を束生する。花柄は長さ0.4〜0.6cm，がく片は4個で長三角形，先はとがり，長さ約0.2cm。花弁はごく小さい。雌雄異株で，雄花には雄しべが4個あり，雌花には1個の雌しべがあり，柱頭は2裂する。果実は核果で，球形で径0.6〜0.8cm，熟して黒色となり，中に2個の分核がある。**【学名】**属名 *Rhamnus* はとげのある低木の意味。種形容語 *japonica* は日本産，の意味。和名クロウメモドキは果実の様子がウメモドキに似ており，果実が黒色であるため。

647. クロカンバ　〔クロウメモドキ属〕
Rhamnus costata Maxim.

【分布】本州（北部から近畿地方まで），四国，九州（英彦山）に分布する。**【自然環境】**温帯の山地，ときに石灰岩山地にはえる落葉小高木。**【用途】**器具材（洋杖，柄）。**【形態】**幹は高さ 6〜7m になる。樹皮は灰黒褐色を帯び，薄く横にはげる。枝は黄褐色で無毛。とげはない。冬芽は頂芽と対生する側芽があり，頂芽は長楕円状披針形で先はとがり，高さ 1〜1.4cm で 12〜14 個の芽鱗に包まれる。葉は有柄で対生し，葉身は長楕円形または倒卵状長楕円形で，長さ 8〜18cm，幅 4〜10cm，先端はとがり，基部はくさび形で左右やや不同。縁に細かな鋸歯があり，側脈は 17〜23 対と多く，斜めに平行する。葉質はやや薄く，表面無毛，裏面脈上に黄褐色の軟毛が密生する。葉柄は長さ 0.3〜0.6cm。開花は 5〜6 月，本年枝の下部葉腋に黄緑色で径約 0.5cm の小花を数個束生する。雌雄異株。花柄は細く，長さ 2〜4cm，がく片は 4 個で長さ約 0.3cm，三角状披針形で先はとがる。雄花では花弁はごく小さく，雄しべの花糸を抱く。雌花は退化雄しべ 4 個と雌しべ 1 個があり，花柱の先は 2 裂する。果実は倒卵状球形で径約 0.8cm，10 月頃黒熟する。**【学名】**種形容語 *costata* は中脈のある，の意味。和名クロカンバは黒樺の意味で，樹皮が平滑で，うすく横にはげる様子をシラカバ類に見立て，その樹皮の色が黒褐色であることによる。

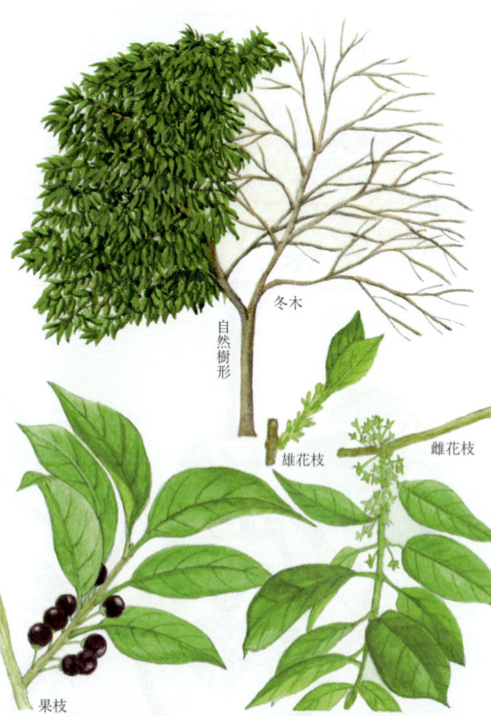

648. シーボルトノキ　〔クロウメモドキ属〕
Rhamnus utilis Decne.

【分布】九州（長崎県），中国大陸中・南部に分布する。**【自然環境】**日本では長崎市内にまれにはえるほか，植栽される落葉低木または小高木。**【用途】**薬用，染料。**【形態】**幹は高さ 2〜4m となり，短枝にはしばしばとげがある。葉は有柄で，短枝では輪生状につき，長枝では互生または対生，1 側に 2 個ずつつく。葉身は倒卵状長楕円形または楕円形で，長さ 4〜17cm，幅 2.5〜5cm，先端は鋭くとがるか，やや鈍くとがる。縁には波状の鈍鋸歯があり，両面緑色で，葉面に光沢があり，裏面脈上に黄色を帯びた短毛が散生する。側脈は 5〜8 対。葉柄は長さ 1.5〜3.5cm。開花は 5〜6 月，その年のびた小枝の葉腋に，黄緑色で径約 0.5cm の小花を数個束生する。花柄は糸状で長さ 0.5〜1.5cm，がく片は 4 個で三角状披針形で長さ約 0.2cm。花弁はほとんど発達しない。雌雄異株で，雄花では雄しべが 4 個，退化した子房がある。雌花では退化した短い雄しべ 4 個と，長さ 0.2cm ほどの花柱があり，先端は深く 2（ときに 3）裂する。果実は倒卵状球形で，径 0.6〜0.7cm，紫黒色に熟し，2 種子がある。**【学名】**種形容語 *utilis* は有用な，の意味。本種は長崎市鳴滝町のシーボルト邸跡にあり，明治末年田代善太郎によって採集され，*R. sieboldiana* と命名されたが，その後中国大陸に産する *R. utilis* と同種であることが判明した。

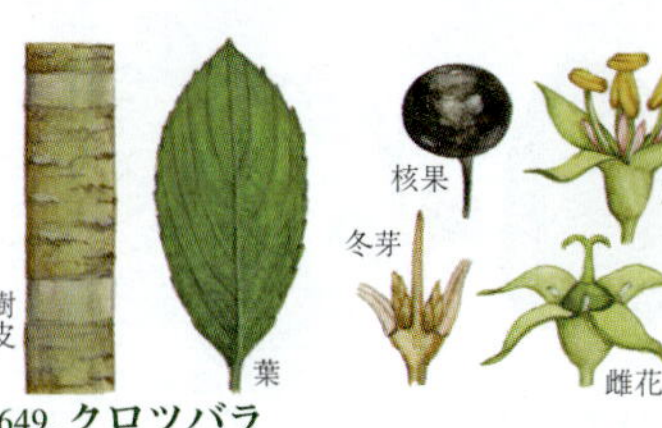

649. クロツバラ

（オオクロウメモドキ，ウシコロシ，ナベコウジ）

〔クロウメモドキ属〕

Rhamnus davurica Pall.

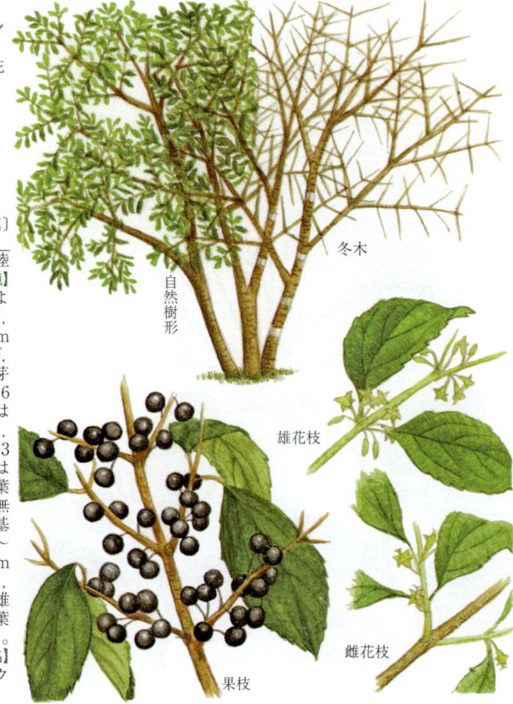

【分布】本州（中部地方以北），朝鮮半島，中国大陸北部·東北部，ダフリカ地方に分布する。**【自然環境】**暖帯北部から温帯にかけての山野の日あたりのよい場所にはえる落葉低木。**【用途】**器具材（洋杖，柄），薬用（樹皮，果実を下剤）。**【形態】**幹は高さ 2〜8m となり，樹皮は灰黒褐色。枝は堅く，紫褐色を帯び，よく分枝し，小枝の先はときに刺針となる。冬芽は卵形で先はとがり，側芽の長さ 0.3〜0.5cm，6 枚の芽鱗に包まれる。葉は有柄で，短枝の先には車輪状に集まり，長枝では対生またはやや対生し，葉身は長楕円形または倒卵状長楕円形で，長さ 3〜16cm，幅 2〜5cm，先端は短くとがり，基部はくさび形となる。縁には細かい鈍鋸歯があり，葉質はやや厚く，濃緑色で光沢があり，両面とも無毛。側脈は 4〜5 対。葉柄は長さ 1〜2cm。葉柄基部内側に早落性の托葉があり，針状。開花は 5〜6 月，本年枝の下部の葉腋に，黄緑色で径約 0.5cm の小花を束生する。雌雄異株で，雄花は多数つき，花柄は長さ 2〜3cm，がく片 4 個，花弁 4 個で雄しべを包む。雌花では 1〜3 花がつき，花柄は葉柄より短く，花弁の発達が悪い。雌しべ 1 個がつく。果実は核果で，球形，径 0.6〜0.8cm，黒熟する。**【学名】**種形容語 *davurica* はダフリカ地方の意味。和名クロツバラは黒い果実がつくとげのある樹の意味。

650. イソノキ

〔イソノキ属〕

Frangula crenata (Siebold et Zucc.) Miq.

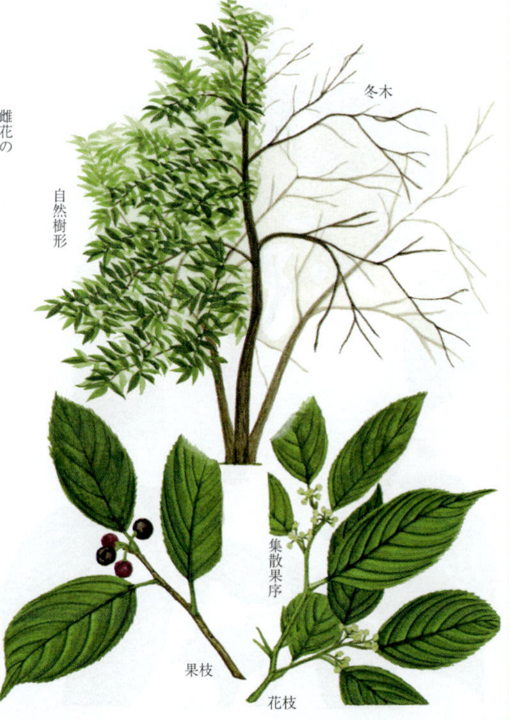

【分布】本州，四国，九州，朝鮮半島，中国大陸に分布する。**【自然環境】**暖地の山野の湿地に自生する落葉低木または小高木。**【用途】**樹皮を薬用（下剤）。**【形態】**幹は高さ 1.5〜3m，ときに 8m，胸高直径 30cm ほどになる。樹皮は灰褐色。若い枝には赤褐色の短毛があるが，のち無毛となる。冬芽は裸芽。葉は有柄で互生するほか，新枝ではコクサギ型で，1 側に 2 個ずつつく。葉身は長楕円形または倒卵形で，長さ 6〜12cm，幅 2〜6cm，先端は急に鋭くとがり，基部は円形または鈍形で，縁に細かい低い鋸歯がある。側脈は 6〜10 対あり，脈は裏面に打ち出し，淡緑色の毛がある。葉柄は長さ約 1cm で上面有毛である。開花は 6〜7 月，葉腋に小形の集散花序をつけ，短い柄の先に散形状に，花柄のある黄緑色の小花を 10 数個つける。花径約 0.5cm。がく片は 5 個で，三角形，先はとがり，細かい毛が密生する。花弁は 5 個で小さく，5 個の雄しべは花弁と対生し，包み込まれる。雌しべは 1 個で，花柱は短い。果実は倒卵状球形で，径約 0.6cm，緑色から赤紫色，さらに 9〜10 月頃に熟して黒くなる。核は 3 個ある。**【学名】**種形容語 *crenata* は円鋸歯状の意味。和名イソノキはこの植物が水辺にはえていることから磯の木との説がある。

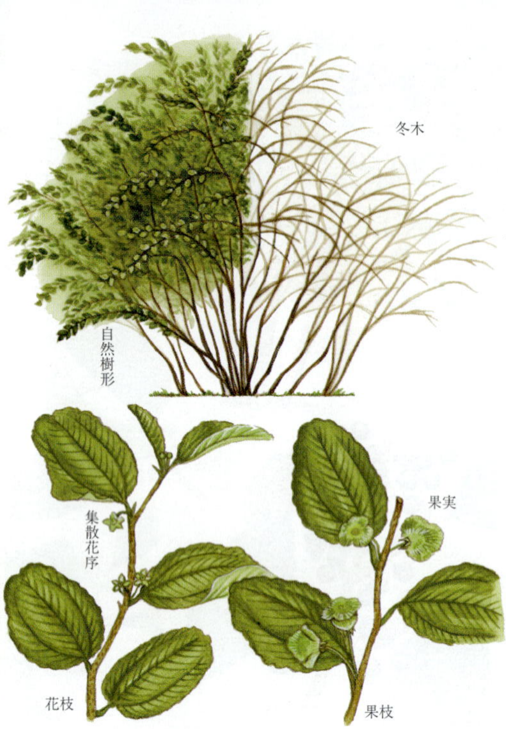

651. ハマナツメ 〔ハマナツメ属〕
Paliurus ramosissimus (Lour.) Poir.

【分布】本州（静岡県以西），四国，九州，済州島，沖縄，台湾，中国大陸，インドシナ半島に分布する。**【自然環境】**暖帯南部から亜熱帯にかけての海岸にはえる落葉低木。**【用途】**生垣，薬用。**【形態】**幹は高さ3m 以上になり，ときに地をはう。樹皮は灰褐色で小さい皮目があり，枝は細くよく分枝し，淡褐色の細毛がある。小枝はジグザグに曲がり，幼樹では托葉の変形した，長さ 0.5〜1cm の刺針がある。葉は有柄で互生し，葉身は広卵形または卵円形で長さ 3〜6cm，幅 3〜5cm，先は丸く先端はわずかにへこむ。基部は円形で縁に細かな鈍鋸歯がある。3 脈が縦に走り，裏面に著しく打ち出し，支脈は密に平行する。葉質は薄い革質で，表面はほぼ無毛，裏面脈上に斜上する軟毛が残る。葉柄は長さ 0.4〜0.6cm で脈上に軟毛がある。開花は 8〜9 月，本年枝の上部の葉腋に集散花序に数個ずつつき，花は淡緑色で径約 0.5cm。がく片は 5 個で三角形をなし，外面に密に毛がある。花弁は 5 個で卵円形，がくより短く長さ 1cm 内外。雄しべ 5 個，雌しべ 1 個がある。果実は半球形で木質，上部は浅く 3 裂して歯牙のある広い翼があり，短毛があり，径 1.5〜2cm となる。**【学名】**属名 *Paliurus* は paliouros（利尿の）から出たギリシャ名をラテン語化したもの。種形容語 *ramosissimus* は多く分枝する，の意味。和名ハマナツメは，海岸にはえ，葉がナツメに似ていることによる。

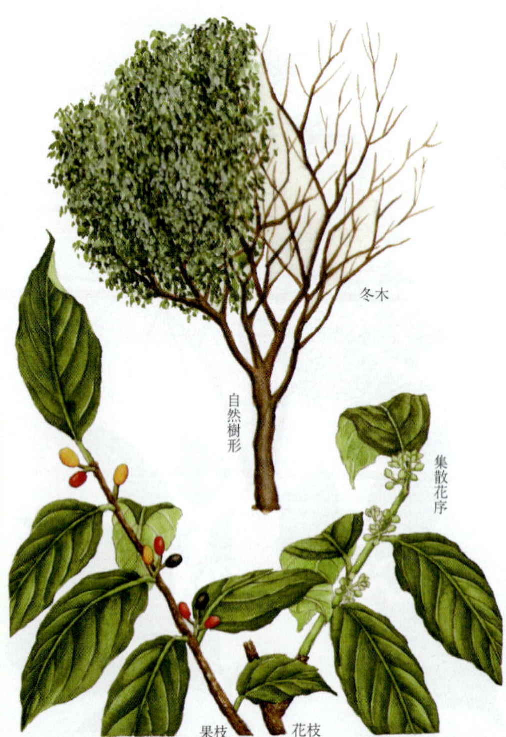

652. ネコノチチ 〔ネコノチチ属〕
Rhamnella franguloides (Maxim.) Weberb.

【分布】本州（神奈川県以西），四国，九州，朝鮮半島南部，沖縄，中国大陸に分布する。**【自然環境】**山野にはえる落葉高木。**【形態】**幹は直立し，高さ約 10m になる。樹皮は暗褐色で灰白色の斑紋があり，浅く縦に裂ける。枝は帯褐色で，若枝には開出する短毛がある。皮目は円形で多数ある。冬芽は互生し，三角形でとがり，長さ 0.1〜0.2cm，2〜3 枚の芽鱗に包まれる。仮頂芽，側芽ともほぼ同形。葉は有柄で互生，または 1 側に 2 個ずつつき，倒卵状長楕円形または長楕円形で，長さ 6〜12cm，幅 3〜5cm，先端は尾状に鋭くとがり，基部は円形，縁に細かい鋸歯がある。表面は黄色を帯びた暗緑色で無毛，7〜9 対の側脈があり，斜めに平行する。裏面の脈はしばしば紫赤色を帯び，有毛。葉柄は長さ 0.3〜0.8cm。開花は 5〜6 月，本年枝の葉腋に集散花序をつけ，黄白色で径約 0.3cm の小花を数個つける。花梗は長さ約 0.3cm，花柄は長さ 0.2〜0.4cm で短毛が散生する。がく片は 5 個で三角形，長さ約 0.12cm。花弁はほぼ同長で，雄しべを包む。雌しべは 1 個。果実は核果で長楕円形，長さ 0.8〜1cm，10 月に熟し，黄緑色から黄赤色，さらに黒く熟す。**【学名】**種形容語 *franguloides* はイソノキ（*Frangula*）のような葉の意味。和名ネコノチチは若い果実の形や色が猫の乳頭によく似ていることによる。

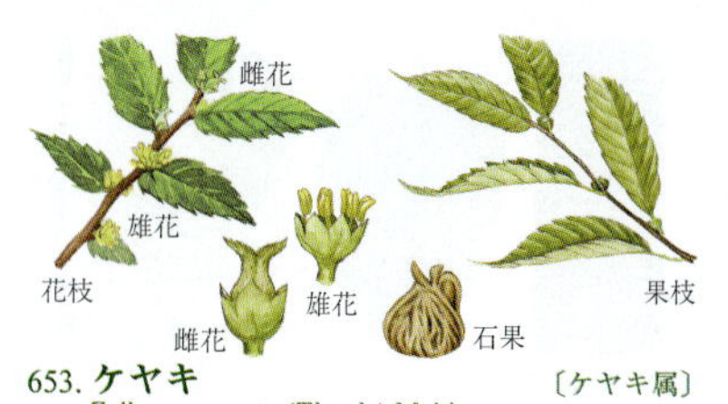

653. ケヤキ 〔ケヤキ属〕

Zelkova serrata (Thunb.) Makino

【分布】本州, 四国, 九州, 朝鮮半島, 中国。【自然環境】温帯, 暖帯に広く分布し, また植栽される落葉高木。【用途】公園樹, 広い庭園での庭園樹, 街路樹。材は建築, 器具, 楽器, 土木, 船舶, その他に用いる。【形態】幹は直立, 分枝し高さ20～25m, 幹径3mに達する。樹皮は灰褐色, 老木の樹皮は一部鱗片状にはげる。小枝は細かく分枝する。幼枝には微細な白毛がある。葉は互生, 短柄, 葉身は狭卵形または卵状長楕円形で長さ3～7cm, 幅1～2.5cm。若木では長さ13cm, 幅5cmにも達する。葉先は鋭尖, 葉脚は円脚, 浅心脚, 縁には鋭い凸頭の鋸歯がある。冬芽は小形, 卵状円錐形で鱗片に包まれている。花は4～5月, 淡黄緑色の綿花を開く。雌雄同株で雌花は枝の上部葉腋に単生, 雄花は新枝の下部に密集する。果実は10月に成熟, ゆがんだ球形で径0.5cm, 小枝とともに落ちる。【特性】肥沃の深層壌土を好む。陽樹であるが, 稚幼樹は樹陰下でも育つ。とくに関東ローム層に適する。樹形は盃状で整形。生長は早い。せん定に耐え, 移植も容易である。深根性で耐風性もある。大気汚染には弱い。【植栽】繁殖は実生による。麻袋に入れ, 踏んで実と軸を分け, 2～3日陰干しし, 土中に埋蔵して, 春に播種する。発芽率は中ぐらい。【管理】病害虫に白星病, ハンノキケムシなどがある。【近似種】オオバケヤキ *Z. schneideriana* はケヤキより一般に大形で葉質が厚く, 粗毛があり, 光沢がほとんどない。【学名】種形容語 *serrata* は鋸歯のある, の意味。

654. ハルニレ（アカダモ, コブニレ, ヤニレ）〔ニレ属〕

Ulmus davidiana Planch.
var. *japonica* (Rehder) Nakai

【分布】北海道, 本州, 四国, 九州, 朝鮮半島, 中国北部。【自然環境】北日本の山地に多い落葉高木。【用途】主として公園樹, 街路樹。材は建築材, 器具材, 楽器材, シイタケの榾木などに用いる。【形態】幹は直立, 分枝し, 高さ25m, 幹径約60cm, 樹皮は灰褐色で縦に不整の裂け目がある。幼枝には初め赤褐色の細毛が密生する。葉は互生, 短柄, 葉身は倒卵形または倒卵状楕円形で先端は急鋭尖, 左右不同, 葉縁には重鋸歯がある。長さ3～12cm, 幅2～6cm, 上面はざらつく。冬芽は扁平円錐形, 灰褐色の薄毛があり, 花は4～5月, 新葉に先立って帯黄緑色の小細花を開く。翼果は6～7月に成熟, 倒卵形で扁平, 膜質の広翼は広倒卵形で長さ1～1.6cm, 種子は上部にある。【特性】中庸樹で適湿地を好む。生長は早い。性質は強健で肥沃の地を好む。耐寒性があり, 北海道で多く植栽されている。【植栽】繁殖は実生とさし木による。実生は秋に採種し春に播種する。さし木は2月に採穂, 冷蔵保管し3月にさし床にさす。【管理】手入れはほとんど必要ない。のびすぎ枝の切り縮め, 混みすぎ枝の枝抜き程度。とくにかん水, 施肥の必要はないが, 生育の悪いものには春に固形肥料などを施す。害虫には, マイマイガ, ヒオドシチョウ。【近似種】テリハニレ f. *levigata* は葉の上面が平滑でやや光沢のあるもの。サハリン, 千島, 朝鮮半島などに広く分布する。【学名】種形容語 *davidiana* は A. ダビッドの記念名である。

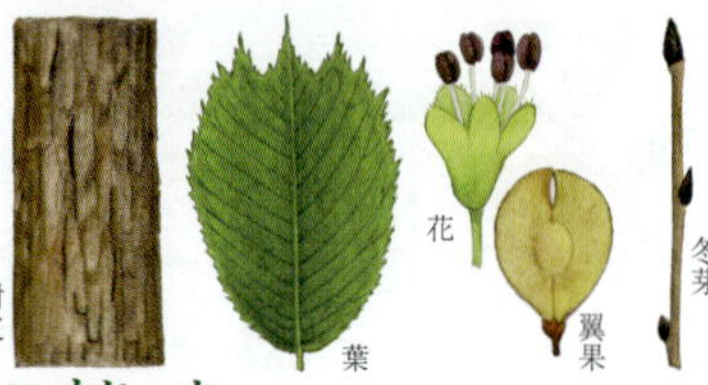

655. オヒョウ

（オヒョウニレ，アツシ，アツニ，ヤジナ，ネバリジナ）

〔ニレ属〕

Ulmus laciniata (Trautv.) Mayr

【分布】北海道，本州，四国，九州（熊本，宮崎両県下まで），朝鮮半島，中国北部・東北部，東シベリア，サハリン，カムチャツカの温帯から亜寒帯に広く分布。【自然環境】山地に自生する落葉高木。【用途】材は器具，薪炭などに用い，樹皮は縄や編物，製紙の原料などになる。【形態】幹は直立，分枝し，大きいものは高さ 25m，幹の直径 1m になる。樹皮は淡褐灰色で，浅く縦裂し長片となって剥離する。1 年生枝は淡褐暗色で滑らかであるが，ときに開出毛を散生する。葉は互生，短柄，葉身は倒卵形ないしくさび状広倒卵形で上方はふつう浅く 3～9 裂し，先端は裂片とともに長く急鋭尖頭をなす。基部はくさび形または鈍形，左右は著しく不同で，縁に鋭い重鋸歯がある。質はやや薄い。長さ 7～15cm，幅 5～7cm，両面短毛があってざらつく。冬芽は卵状紡錘形，紫褐色。雌雄同株で，春，前年の枝の上に細かい花が群がってつく。翼果は扁平，周囲に膜質の翼があり，長さ 1.5～2cm。【特性】中庸樹。生長はやや早く，適潤またはやや湿気ある肥沃な深層土を好む。【植栽】繁殖は実生による。【管理】ほとんど手入れの必要がなく，数年に 1 度枝抜きすればよい。病害虫は少ない。【学名】種形容語 *laciniata* は細く分裂した，の意味。

656. アキニレ（イシゲヤキ，カワラゲヤキ）〔ニレ属〕

Ulmus parvifolia Jacq.

【分布】本州中部以西，四国，九州，朝鮮半島，中国。【自然環境】河原などの水辺に自生する落葉高木。植栽は北海道南部まで可能。【用途】公園，庭園，学校の緑陰樹，街路樹。材は器具材，車両材，鏇作材，薪炭材として用いる。【形態】幹は直立，分枝し，ふつう高さ 10m 前後で胸高直径約 70cm，樹皮は灰褐色，小枝には短毛がある。葉は互生，短柄があり，葉身は長卵形から倒卵形で左右不同，長さ 2～6cm，幅 1～2cm，縁には鈍い鋸歯があり，中肋の上面にのみ綿毛がある。側脈は 7～15 対，秋に黄葉する。冬芽は卵形で尖頭，花は 8～9 月頃，葉腋に淡黄色の小花を群生する。雄しべ 4 本，がくより長く出ている。翼果は短柄ある扁平楕円形で長さ 0.7～1.3cm，中央部に種子が 2 個あり，10 月に成熟する。【特性】中庸樹。日照のあまり強くない適潤かやや湿気のある肥沃地を好む。乾燥地にも耐えて育つ。都市環境にも育つ。生長はやや遅い。移植はやや難しい。【植栽】繁殖は実生，さし木による。実生は秋に採種して貯蔵し，春に播種する。さし木は 3 月頃にさす。【管理】自然に樹形が整うが，街路樹などは 2～3 年に 1 度，混みすぎ枝を枝抜きする。病害にはウドンコ病，害虫にはハンノキケムシ，カミキリムシなどがある。【近似種】エルムはヨーロッパ，中央アジア原産。【学名】種形容語 *parvifolia* は小形の葉の，の意味。

657. エルム（セイヨウハルニレ）　〔ニレ属〕

Ulmus glabra Huds.

【原産地】ヨーロッパ，西アジア。【分布】欧米や中央アジアでは庭園樹，街路樹などになっている。【自然環境】山地や平地にはえる落葉高木。【用途】公園樹，街路樹，材は建築，器具などに用いる。【形態】幹は直立分枝し，枝多くときに下垂する。高さ30m，主幹の直径は2mになる。樹皮は若木では灰色で平滑。成木では茶色がかった灰色で縦裂する。若枝には毛が多く，次年枝は赤褐色である。葉は互生，有柄，葉身は広倒卵形で，縁は不整重鋸歯があり，表面は粗渋。長さ7.5～15cmで大形。冬芽は卵状楕円形で先はとがる。雌雄同株で，開花は3月頃，古い枝の上に群がりつく。翼果は扁平，周囲に膜質の翼があり，長さ2.5cmぐらいある。【特性】樹勢強健でヨーロッパでは北緯67度まで分布する。生長が早く，肥沃な土壌を好むが，比較的土地を選ばない。耐高塩基性があり，アルカリ土に耐えて育つ。【植栽】繁殖は実生による。秋に採取した種子を採りまきする。【管理】ほとんど手入れの必要がなく，数年に1度枝抜きすればよい。せん定は落葉期。とくにかん水，施肥の必要はない。病害虫は少ない。【学名】種形容語 *glabra* は無毛の，の意味。

658. エゾエノキ　〔エノキ属〕

Celtis jessoensis Koidz.

【分布】北海道，本州，四国，九州。【自然環境】山地の谷あいまたは中腹の緩斜面などに生ずる落葉高木。【用途】ときに寒地の庭園や学校などに植えられている。材は建築材，器具材，機械材，薪炭材に用いている。【形態】幹は直立，分枝し，通常高さ15～20m，胸高直径40～50cm，枝は帯黄褐色で皮目が目立つ。葉は互生，有柄で，葉身は卵形から長楕円形で先は鋭くとがり，基部は左右不同で長さ4～9cm，幅3～5cm，縁は1/3より上に鋭鋸歯がある。上面は深緑色で少し毛があり，下面は帯粉白色，淡緑色があり脈上に毛がある。雌雄同株。花は4月，新枝の葉腋につき，雄花は雄しべが4個あり，がく片と対生する。花糸は屈曲し白色，雌花の子房は楕円形で緑色をなし，柱頭は淡紅色で長い。果実は9月成熟，球形で径0.7～1cm，黒色に熟す。果梗は長く無毛である。【特性】中庸樹。やや樹林下でも稚幼樹の発生を見る。適潤地かやや湿地に育つ。生長の早さは中ぐらい。萌芽力はある。耐寒性はある。【植栽】繁殖は実生による。種子を乾燥低温貯蔵して3～4月頃播種する。【管理】一般に手入れの必要はない。混みすぎた部分は枝抜きする。施肥は必要ない。病気にはウドンコ病，害虫にはマイマイガ，カミキリムシがある。【近似種】エノキは葉縁が細鋸歯で，葉先は短鋭頭である。【学名】種形容語 *jessoensis* は北海道の，の意味。

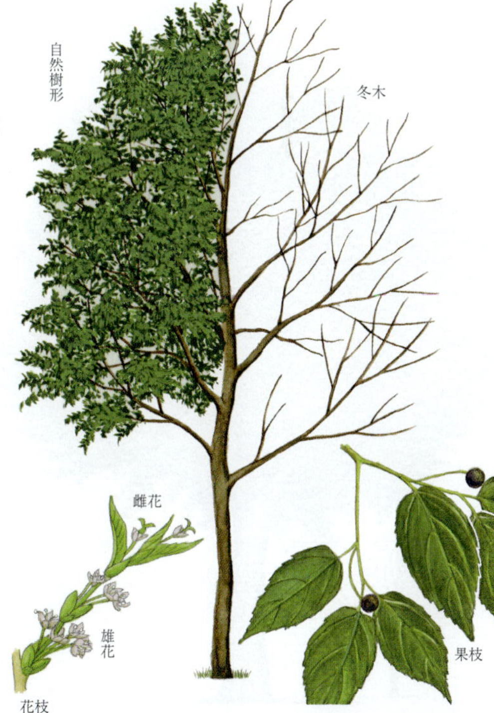

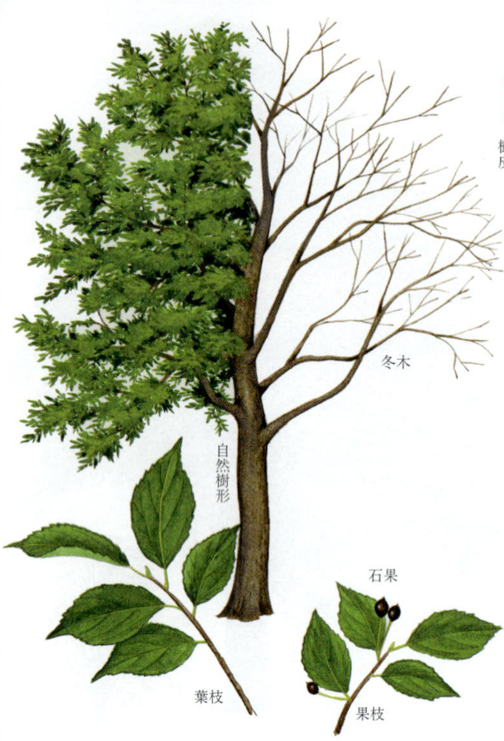

659. コバノチョウセンエノキ　〔エノキ属〕
Celtis biondii Pamp.

【分布】本州（近畿以西），四国，九州，沖縄，朝鮮半島，中国に分布。**【自然環境】**山地にまれにはえる落葉高木。石灰岩地帯に生育することがある。**【用途】**公園樹，材は薪炭などに用いる。**【形態】**幹は直立，分枝し，大きいものは高さ 15m，幹の直径 50cm ぐらいになる。樹皮は灰色。枝は灰褐色で，初め黄褐色の伏毛を密生する。葉は互生，有柄。葉身は卵状長楕円形か倒卵形または楕円形で，先は長尾状鋭尖頭。基部は左右不同，くさび形またはやや鋭形で，まれに円形をなす。縁には上半部に低鋸歯がある。長さ 3～7cm，幅 2～3cm。質はやや堅くて厚く，両面に少し堅い伏毛がある。裏面は淡白色をなす。冬芽はやや扁平，長楕円形，ねた褐色毛がある。雌雄同株で開花は 5 月頃，花柄は褐色の短毛が多い。石果は秋，黒褐色に成熟し，球形で長さ約 0.6cm。**【特性】**陽樹。肥沃な深層土を好むが，植栽する場合は土地を選ばない。**【植栽】**繁殖は実生による。秋に採取した種子を採りまきするか，春床まきする。**【管理】**ほとんど手入れの必要がなく，数年に 1 度枝抜きすればよい。とくにかん水，施肥の必要はない。病気はウドンコ病とベト病で，消毒を行う。害虫はマイマイガ，イラガなど。**【近似種】**葉の鋸歯が不明または不顕著なチュウゴクエノキ var. *holophylla* (Nakai) E.W.Ma がある。また小笠原などに産するクワノハエノキ *C. boninensis* Koidz. がある。

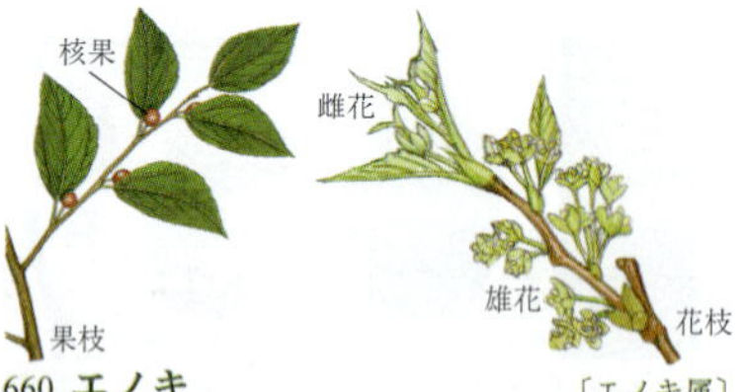

660. エノキ　〔エノキ属〕
Celtis sinensis Pers.

【分布】本州，四国，九州，朝鮮半島，中国（北部）。**【自然環境】**日本各地の谷あい，斜面，河川ぞいや平坦地に自生し，また植栽も見られる落葉高木。**【用途】**庭園樹，公園樹，社寺樹，屋敷木とする。昔は一里塚に植えられた。材は建築材，器具材，機械材として用いられる。**【形態】**幹は直立，分枝し，高さ 15～20m，幹径 50～60cm，樹皮は灰黒褐色できめが粗い。若枝は帯灰淡褐色で毛が密生する。2 年枝は濃紅褐色をしている。葉は互生，有柄，葉身は卵形で左右が不同，先は尖る。長さ 4～10cm，葉の上半に内曲する低平な鋸歯がある。葉面はざらつき，3 主脈がある。雌雄同株で開花は 4 月頃，淡黄色の細かい花を開く。雄花は新枝の下部に，雌花は新枝の上部葉腋につく。果実は 10 月に成熟，赤褐色の小球形で径 0.6cm，甘味がある。種子は 1 個，球形で白色をしている。**【特性】**中庸樹であるが，やや陽性を帯びた適湿地を好む。生長は早い。樹勢は強健で萌芽力があり，せん定力，移植力に富む。**【植栽】**繁殖は実生による。乾燥低温貯蔵し，3～4 月頃播種する。**【管理】**手入れはほとんど必要ない。せん定は混みすぎた部分の枝抜き程度。施肥はとくに必要としないが，生育の悪いものについては，3 月頃，固形肥料を施すとよい。病害には，ウドンコ病，害虫には，マイマイガ，イラガ，カミキリムシ。

661. ウラジロエノキ（ウラジロムク，ヤマフクギ）〔ウラジロエノキ属〕

Trema orientalis (L.) Blume

【分布】九州（屋久島），沖縄，小笠原諸島，台湾，中国南部，東南アジア，インド，オーストラリアなどに分布。【自然環境】熱帯および亜熱帯の山野に自生，または植栽される落葉小高木。【用途】公園樹。材は建築，器具，下駄材，パルプ材などに用いる。樹皮からはタンニンをとる。樹は護岸用。【形態】通常高さ8～10m，幹の直径20～30cm。よく分枝し，枝は開出する。樹皮は灰褐色で平滑である。小枝には短い圧毛が密生する。葉は互生，有柄，葉身は卵状長楕円形または広披針形で，漸尖頭，基部は歪心形，縁には鈍い細鋸歯がある。長さ7～15cm，幅1.5～5cm。基部から3脈が著しく，表面は粗渋で短い圧剛毛を生じ，裏面は絹状伏毛を密生し白色を呈する。雌雄同株で，開花は6～7月頃。花は集散花序をなし，花被は黄緑色である。核果は卵球形で径0.3～0.4cmあり黒色に成熟する。【特性】陽樹，強健で沿海の荒地，開墾跡地，山野に生じ，生長はきわめて早い。【植栽】繁殖は実生による。秋に採取した種子を春，床まきする。【管理】ほとんど手入れの必要がなく，数年に1度枝抜きすればよい。せん定は落葉期。とくにかん水，施肥の必要はない。病虫害は少ない。【学名】種形容語 *orientalis* は東方の，の意味。

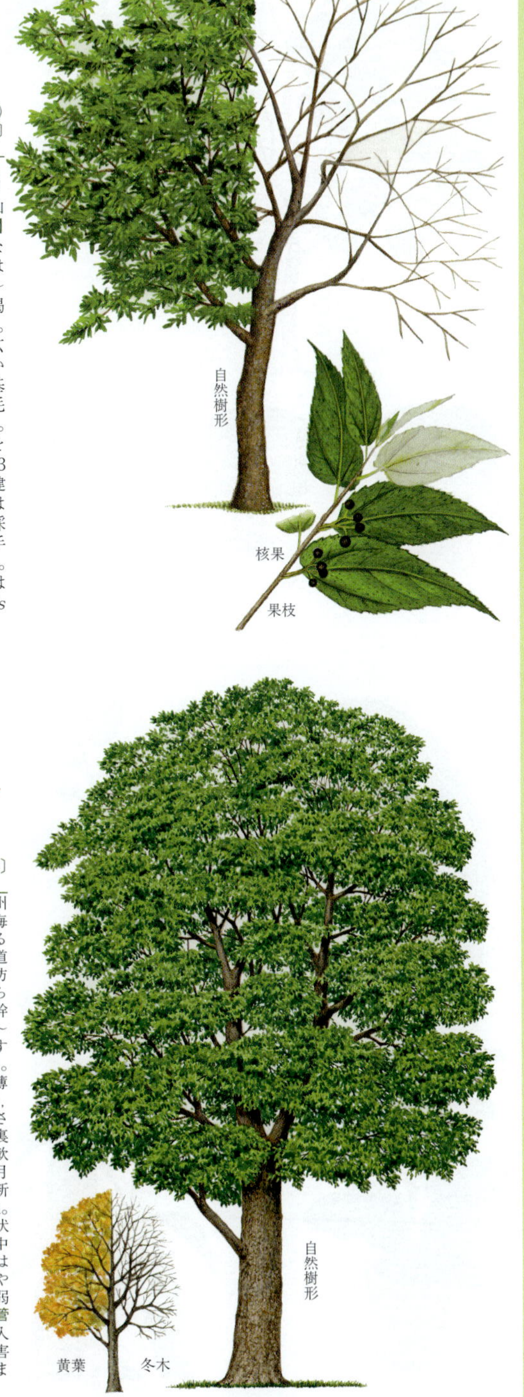

662. ムクノキ（ムクエノキ，ムク，モク）〔ムクノキ属〕

Aphananthe aspera (Thunb.) Planch.

【分布】本州（関東以南），四国，九州，沖縄，済州島，台湾，中国の暖地に広く分布し，とくに沿海地に多い。【自然環境】適潤またはやや湿気のある谷あいなどに自生するが，しばしば人家付近や道ばたにも植栽される落葉高木。【用途】公園樹，防風林。材は建築，器具，機械，薪炭などに用いられ，葉は骨・角細工を磨くのに用いる。【形態】幹は直立，分枝し，高さ15～20m。幹の直径約50～60cm。大きいものは高さ30m，直径1.5mに達する。樹皮は灰白色で縦走する溝状の隆起がある。若枝には粗毛がある。葉は互生，有柄で質やや薄い。葉身は卵形または狭卵形で先端は長くとがり，基部は広いくさび形。縁に鋭い鋸歯がある。長さ4～10cm，幅2～6cm。表面はひどくざらつき，裏面には短い伏毛がある。冬芽は楕円状紡錘形で軟毛がある。雌雄同株で，開花は若葉とともに5月頃。雄花は新枝の下部に集まって咲く。雌花は新枝の上方の葉腋に1～2個つき，長さ0.3～0.6cm。核果は秋成熟し，長梗（0.7～0.8cm）のある卵状球形で短い伏毛がある。径0.7～1.2cm。【特性】中庸樹であるが陽性を帯びる。しかし，稚幼樹ではやや日陰に耐える。生長が早く，適潤またはやや湿気のある肥沃な深層土壌を好む。大気汚染に弱い。移植力はある。【植栽】繁殖は実生による。【管理】せん定に耐え，萌芽力が強いが，ほとんど手入れの必要はない。とくに施肥の必要はない。病害虫は少ない。【学名】種形容語 *aspera* は粗渋の，または粗雑の，の意味。

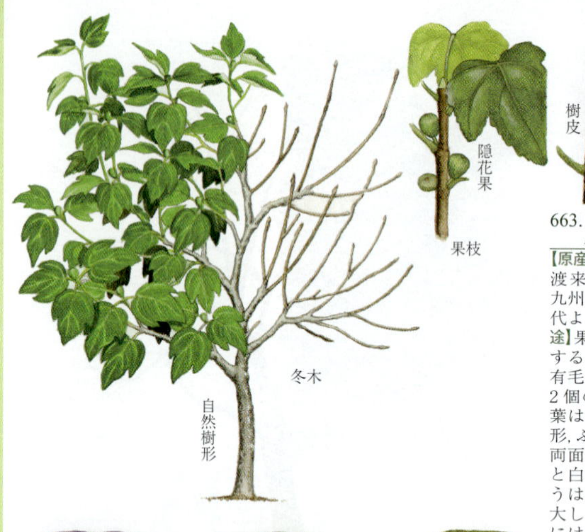

663. イチジク　〔イチジク属〕

Ficus carica L.

【原産地】小アジア。日本へは寛永年間（1630 年頃）渡来。【分布】本州の宮城県，秋田県以南，四国，九州，沖縄にかけて広く植栽される。【自然環境】古代より世界の暖地に広く植栽される落葉低木。【用途】果実を生食。【形態】幹は高さ 2～4m，よく分枝する。樹皮は灰白色または淡褐色で平滑。若枝は有毛。冬芽では頂芽が大きく，円錐状で長さ 1.5cm，2 個の芽鱗に包まれる。托葉痕は茎をとりまく。葉は互生し，長柄がある。葉身は大形で卵状心臓形，ふつう 3 裂し，縁に波状鋸歯がある。葉質厚く，両面短毛があってざらつく。茎，葉など傷つけると白乳液を出す。花期は春～夏。雌雄別株。花のうは葉腋に単生し，倒卵形で基部は細く，花は肥大した花軸の内側に多数つく（隠頭花序）。雄花にはイチジクコバチの一種が共棲し，虫えいをつくり，雌花は線形の花被片と長い花柱をもち，ハチによる受粉で結実する。日本には受粉を必要とせず単為結実する種類だけが植栽される。品種としては‘蓬莱柿’（最初の渡来種），‘ホワイトゼノア’（明治初年輸入），‘桝井ドーフィン’（明治 42 年輸入）などがある。【特性】暖地の適潤な肥沃土を好む。【植栽】繁殖はさし木による。【管理】害虫はカミキリムシ。【学名】属名 *Ficus* はイチジクのラテン語の古名。語源はギリシャ語の sycon とされている。種形容語 *carica* はイチジクの意味。和名イチジクはペルシャ語 anjir の音訳漢名「映日果（インジェクオ）」の転訛という。

664. インドゴムノキ　〔イチジク属〕

Ficus elastica Roxb. ex Hornem.

【原産地】熱帯アジア原産。日本には明治末年に渡来した。【分布】観葉植物として温室内で栽培される。【自然環境】高温多湿を好む常緑高木。【用途】鉢植えにして室内に飾り，観賞する。【形態】樹高 20～25m，樹皮は褐色。葉は幼時には内に巻き赤色であるが，成木では緑色，葉身は厚革質，楕円形または長楕円形で鈍頭，先は急に鋭くとがる。長さ 10～25cm，表面平滑，主脈は明瞭である。隠花果は双生しほとんど無柄，長楕円形，緑黄色に熟す。【特性】高温多湿を好み，越冬温度 10℃以上。日あたりを好むので明るい室内で栽培する。【植栽】繁殖は取り木かさし木による。【管理】鉢植の用土は，幼苗時は水ごけ単用でもよいが，粘質壌土に砂，腐葉土を混ぜた水はけのよいものを使う。鉢替えは春夏。秋から春までは温室や室内に保護するが，夏は戸外に出す。【近似種】枝変わり品種で斑入りのものにフイリインドゴムノキ‘Variegata’がある。全体に基本種によく似ているが，長楕円形の葉身がやや丸味を帯び，葉縁および葉脈にそって黄白色の斑が入り，緑色部も濃淡で出て美しい。インドゴムノキの枝変わり品種にシロフインドゴムノキ var. *doescheri* がある。長楕円状の葉身が基本種のインドゴムノキよりやや細長く，斑は白色，はけ目で美しい。この変種名 *doescheri* は，本品を選出したドシェリー H.C.Doescher の名からきたもの。【学名】種形容語 *elastica* は弾力性のある，の意味。

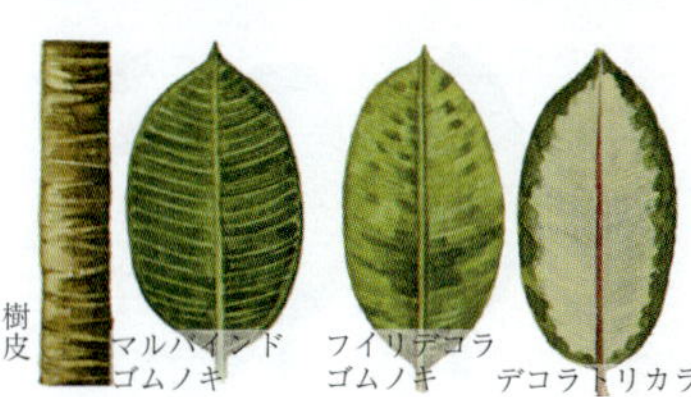

665. マルバインドゴムノキ (デコラゴムノキ)

〔イチジク属〕

Ficus elastica Roxb. ex Hornem. 'Decora'

【原産地】熱帯アジア原産のインドゴムノキ*F. elastica* の枝変わりといわれる。昭和31年，米国から日本に輸入された園芸品種。**【分布】**観葉植物として温室内で栽培される。**【自然環境】**高温多湿と，日あたりを好む常緑高木。**【用途】**幼木を鉢植にして，温室や室内で観賞する。**【形態】**全体は基本種のインドゴムノキに似るが，葉は広楕円形で長さ25cm，幅15cmと丸みを帯び大きく，肉厚で光沢があり，赤みがかった濃緑色，葉裏の中肋および葉柄は赤褐色，苞も紅色で美しい。全体が立葉で，がっしりした樹姿になる。**【特性】**高温多湿と日あたりを好むが，鉢に植えるぐらいの幼木は，光線不足の室内でも栽培できる。性質強健で，きわめて栽培しやすい。越冬温度5℃，生育適温20～25℃。**【植栽】**繁殖は，さし木，取り木による。さし木の方法は，基本種のインドゴムノキに準じるが，繁殖力旺盛で，よく発根する。**【管理】**鉢植の用土は，粘質壌土に砂，腐葉土を配合したもの。鉢替えは春から夏に行う。秋から春までは，温室か室内で，なるべくよく日にあて栽培するが，夏は戸外に出し，半日陰に置いて育てる。十分葉水を与えるとよい。肥料も生育のさかんな春から夏にかけて与える。**【近似種】**フイリデコラゴムノキ'Decora variegata' はマルバインドゴムノキの斑入りで，丸みを帯びた大形の葉に，葉縁および葉脈にそって黄白色の斑が入る。

'ロブスタ'

'ラ・フランス'

アサヒゴムノキ

666. フィカス 'ロブスタ'

〔イチジク属〕

Ficus elastica Roxb. ex Hornem. 'Robusta'

【原産地】熱帯アジア原産のインドゴムノキの変種，デコラ種の枝変わりとして分離されたもの。**【分布】**観葉植物として温室や室内で栽培する。**【自然環境】**高温多湿で日あたりのよい場所を好む常緑高木。**【用途】**鉢に植え室内植物として用いる。中～大鉢仕立てに向く。**【形態】**幹は直立し，赤みを帯びた濃緑色の広楕円形の葉をつける。長さ25～30cm，幅18cmとデコラ種よりも大形で，立葉性，下葉も下垂しないので姿がよい。肉厚で光沢があるので，ボリューム感がある。**【特性】**性質強健で，生育きわめて旺盛，繁殖力も強い。日陰にも強く，耐寒性も比較的あり，5℃ぐらいまでは耐える。**【植栽】**繁殖はさし木により，初夏から夏が適期。赤玉土や鹿沼土を，鉢か箱に入れてさす。頂芽ざし，節ざしも容易。半日陰に置き，毎日数回葉水を与えれば，3週間ほどで発根する。取り木もできる。**【管理】**秋から春までは室内の明るい場所に置いて管理する。夏は戸外の半日陰の場所に出し，十分葉水をやって育てる。鉢替えは春から夏，壌土に腐葉土を3割ぐらい混ぜた土を使う。肥料は，春から夏にかけ油かすで作った置肥や液肥を与える。秋から春までは，室内で液肥をときどき与えて育てる。**【近似種】**同じインドゴムの変種デコラゴムノキに似るが，やや大形で下葉まで立葉性。

667. アポロゴムノキ　〔イチジク属〕
Ficus elastica Roxb. ex Hornem. 'Apollo'

【原産地】熱帯アジア原産のインドゴムノキの変種。デコラゴムノキの枝変わりとして分離されたもの。【分布】観葉植物として温室で栽培される。【自然環境】高温多湿で日あたりのよい場所を好む常緑小高木。【用途】鉢植えにして室内に飾り観賞する。とくに小鉢作りに向く。【形態】幹は直立し，デコラゴムノキに似るが，幹細く葉も小さく全体に小形。葉は広楕円形で，長さ 10〜20cm，幅 5〜10cm。濃緑色で光沢があるが，葉縁は波状，葉脈間に凹凸があり，ちぢれたように見える。節間短く，葉を密生し，下葉も下垂しない。【特性】生長が遅い。光線不足の室内で樹姿がくずれず長もちする。高温多湿を好み，冬期も最低 10℃は欲しい。【植栽】繁殖はさし木，取り木で，初夏から夏の間に行う。高温性で，しかも生長が遅いので夏も早いうちにさし，9月頃までに鉢にとるようにするとよい。【管理】鉢植えの用土は，壌土に腐葉土3割ぐらいを混ぜたもの。鉢替えは春から夏に行う。高温性のため秋の鉢替えはなるべく避けるようにする。肥料は油かすの乾燥肥料や液肥を春から夏にかけて与える。日陰にも強いが，秋から春までは，なるべく窓辺に置いて日によくあてるとよい。夏は戸外に出し，日中の強い日ざしは避け，十分葉の上からかん水して育てるとよい。【近似種】'ラ・フランス La France' がある。やはりタチバゴムノキの園芸品種で，樹形はアポロゴムノキに似るが，葉面が平滑で，葉裏の中央脈が赤みを帯びる。

隠花果の縦断面
隠花果
果枝

668. アコウ（アコギ，アコミズキ）　〔イチジク属〕
Ficus superba (Miq.) Miq. var. *japonica* Miq.

【原産地】沖縄など日本の西南暖地，台湾，中国，東南アジア。【分布】暖地で庭木として植栽する。佐賀県東松浦郡入野村の自生地が北限で，天然記念物に指定されている。【自然環境】半耐寒性の落葉高木で，向陽地を好む。【用途】庭園樹として用いるほか，幼木を鉢植えにして，観葉植物として室内に置き観賞する。また和歌山地方では果実を「ようのみ」と呼び，まれに食用にする。【形態】高さ 20m ぐらい。幹から気根を出す。葉は枝先にそう生する。楕円形または長楕円形で，先端がとがり，全縁，長さ 10cm，幅 5cm，両面とも平滑，葉柄長く，互生する。葉腋につく隠花果は熟すと淡紅色になる。【特性】性質強健で栽培しやすい。越冬温度 0〜3℃。葉は1年に2回短期間落葉する。【植栽】繁殖は実生，さし木による。初夏から夏にかけてが適期。【管理】庭園に植える場合は，日あたり，排水のよい場所を選ぶこと。なるべく北風を避ける場所に植えるとよい。西南暖地以外では冬期ワラを巻き保護するか，鉢植えにしておいて，温室か室内に入れ保護する。鉢栽培は，壌土に腐葉土を3割ぐらい混ぜた土に植えるようにする。植替え，鉢替えは，晩春か初夏に行う。夏は戸外の半日陰の場所に置き，十分肥培する。【学名】種形容語の *superba* は気高い，という意味。

669. シダレガジュマル（ベンジャミンゴムノキ）〔イチジク属〕

Ficus benjamina L.

【原産地】インド。**【分布】**観葉植物として温室内で栽培される。**【自然環境】**高温多湿，日あたりを好む常緑高木。**【用途】**幼樹を鉢植，吊鉢仕立てにして，室内で観賞する。**【形態】**幹は直立し，高さ12m内外，枝は多数分かれ垂れ下がる。葉は小さく卵形ないし卵状楕円形で，長さ5～12cm，有柄で互生し，淡緑色で光沢がある。幹は灰白色，隠花果は無柄で葉腋に双生し，球形，径0.8cmくらい，熟すと暗赤色となる。**【特性】**日あたりを好むが，鉢植えで観賞する幼樹は，直射日光があたらなくとも明るい室内なら，周年栽培できる。高温多湿を好むが，水さえひかえめにすれば，最低5℃でも越冬する。**【植栽】**繁殖は，さし木，取り木による。20～25℃の温度で，湿度を十分保てばいつでもさせるが，戸外では梅雨期から夏がよい。**【管理】**鉢植の用土は，粘質壌土に，砂，腐葉土を混ぜたものがよい。植替えは春から秋，肥料も生育のさかんな春から秋に与える。寒さに弱いので，冬期は温室か室内に入れ保護するが，夏は戸外に出し，葉水をたっぷり与えてやるとよい。**【近似種】**フイリベンジャミナ‘Variegata’や，葉が斑入りで，枝がよく垂れ下がるフイリシダレベンジャミナ‘Penduliramea Variegata’があり，母種と同じ管理で栽培できる。**【学名】**種形容語*benjamina*は，古く東洋からもたらされた樹脂ベンゾイン（安息香）の原料に関係する樹木と考えられ，名づけられたといわれている。

670. カシワバゴムノキ〔イチジク属〕

Ficus lyrata Warb.

【原産地】熱帯西部アフリカ地方原産で，日本には明治42年に渡来した。**【分布】**観葉植物として，温室内で栽培される。**【自然環境】**多湿と日光を好む常緑高木。ゴムのうちでは，比較的高温を要しないほうで，5℃で越冬する。**【用途】**幼樹を鉢に植え，温室および室内で観賞する。**【形態】**高さ12mぐらい。葉はカシワ葉に似た形で，大きく，長さ20～40cm，幅15cm内外，革質で厚みがあり，葉縁が波状となる。表は光沢のある暗緑色，裏面は淡緑色。**【特性】**多湿と日光を好むが，幼樹は，半日陰ぐらいの光線量でも生育する。生育旺盛で，栽培は容易。越冬温度5℃，生育適温15～25℃。**【植栽】**繁殖はさし木が容易，取り木もできる。時期は初夏から夏がよい。水ごけ，赤玉土などにさし，半日陰にして高湿度を保つのがこつ。**【管理】**鉢植えの用土は，粘質壌土に，砂，腐葉土を加えたものがよい。植替えの適期は春から夏，肥料は春から秋に固形の油かすを置肥として与える。秋から春までは，温室や室内で，日光によくあてるようにし，夏は戸外に出し，風通しのよい半日陰地に置く。比較的寒さに強いので栽培は容易だが，葉を美しく保つには十分空中湿度を保つことが大切で，葉水を多く与えるようにする。**【学名】**種形容語*lyrata*は竪琴状の意味で，葉形からつけられたもの。

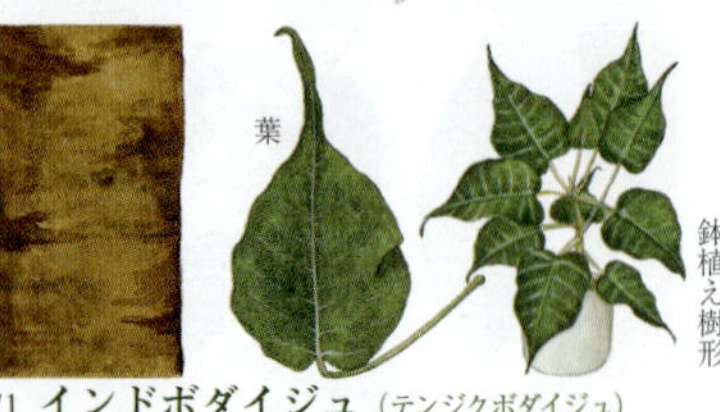

671. インドボダイジュ（テンジクボダイジュ）〔イチジク属〕

Ficus religiosa L.

【原産地】インド，スリランカ原産で，日本には明治中期に渡来した。【分布】観葉植物として温室内で栽培される。【自然環境】高温多湿と日あたりを好む常緑高木だが，低温にもよく耐え，－1～4℃で越冬する。【用途】釈迦がこの樹下で悟りを開いたという仏教の聖樹であるが，一般には，観葉植物として幼樹を鉢に植え，温室内や室内に置き，観賞する。【形態】高木で分枝が多く，全株無毛，枝は灰白色，葉は丸みを帯びた卵形で，全縁，先端が尾状に細長く突き出ている。革質で淡緑色，表面は滑らか，葉の長さ 10～15cm，細長い葉柄をもつ。【特性】多湿と日光を好むが，幼樹は半日陰ぐらいの光線量でも生育する。生育旺盛で，栽培は容易，越冬温度 3～4℃，鉢土が乾いていれば，－1℃ぐらいまでは耐える。生育温度は 15～25℃ぐらい。【植栽】繁殖はさし木による。高温期の梅雨時から夏に枝先をさすとよい。【管理】鉢植えの用土は，粘質壌土に腐葉土を混ぜたものがよい。植替えの適期は春から夏，秋から春までは，温室や室内で日光になるべくあてるようにし，夏は戸外に出し，半日陰の風通しのよい場所に置いて管理する。寒さに比較的強く栽培容易だが，光線不足，空気の乾燥を嫌うため，室内では窓辺に置き，ときどき葉水を与えるようにする。【学名】種形容語 *religiosa* は宗教的という意味で，本種が仏教の聖木であることからつけられたものであろう。

672. ガジュマル（タイワンマツ）〔イチジク属〕

Ficus microcarpa L.f.

【原産地】東南アジア，台湾，小笠原，屋久島以南，沖縄。【分布】亜熱帯の暖地で，海岸から山地にまで自生が見られるが，一般には温室で観葉植物として栽培されている。【自然環境】強い日ざしと高温多湿を好む常緑高木。【用途】一部暖地で，緑陰樹，防潮・防風用として植えられるが，ふつうは観葉植物として，幼樹を鉢植えにして温室や室内で観賞する。【形態】高さ 25m ぐらい。分枝多く樹幹に多数の気根を生じ垂下する。葉は 7～10cm の菱状楕円形，革質で濃緑色，光沢があり，黄白色の斑入り葉もある。下面は脈が網状になる。隠花果は球形で，径 0.8cm ぐらい，双生で，熟すと黄色または赤褐色になる。熟期は春から夏。【特性】高温多湿と強い日ざしを好む植物で，潮風にもよく耐え，樹勢きわめて強く，栽培しやすい。生育適温 25～30℃，越冬温度 7～10℃。【植栽】繁殖はさし木，取り木による。5～7 月が適期。【管理】鉢植えの用土は，土質はとくに選ばないが，腐葉土を 3 割ぐらい混ぜた通気性のよいものがよい。植替えの適期は初夏から夏，秋から春までは温室か室内で栽培し，夏は戸外に出す。十分日光にあて，葉水を多く与えるようにする。【学名】種形容語の *microcarpa* は小さい実の，の意味。

673. イヌビワ（イタビ，チチノミ，コイチジク，ヤマビワ）〔イチジク属〕

Ficus erecta Thunb.

【分布】本州（関東以西），四国，九州，沖縄。【自然環境】暖地の海岸ぞいの山野にふつうにはえる落葉低木または小高木。【用途】生食，飼料。【形態】幹は高さ2～5m。樹皮は平滑，若枝は無毛。全体に白乳液を含む。葉は有柄で互生。葉身は倒卵状長楕円形で長さ8～18cm，鋭尖頭，基部は浅い心臓形か円形，全縁，両面平滑で質やや薄い。葉柄は長さ1～4cm。開花は4月，新葉の葉腋に花のう（隠頭花序）を単生する。花のうは倒卵状球形で径1～1.7cm，表面に小白点を密生し無毛。雌雄異株。雄花のうの内部には虫えい花があり，イヌビワコバチが共棲し，熟期に羽化する。雄花は入口部分に密集し，数個の花被片と1～3個の雄しべがある。雌花のうには雌花だけがあり，花被片は3～5個，子房には花柱が側生する。果のうは紫黒色に熟し，生食する。【近似種】ホソバイヌビワ var. *erecta* f. *sieboldii* (Miq.) Corner は葉が披針形，鈍頭で，本州（近畿地方以西），四国，九州，沖縄，済州島に分布する。ケイヌビワ（アワジイヌビワ）var. *beecheyana* (Hook. et Arn.) King は，葉の両面や，果のうに短毛が多いもので，本州（淡路島），沖縄，台湾，中国大陸に分布する。【学名】種形容語 *erecta* は直立した，の意味。和名イヌビワは，ビワに似て劣るものとの意味。万葉集のチチノミはイヌビワとの説がある。果のうが乳首に似て乳液が出ることによる。

674. イタビカズラ（ツタカズラ）〔イチジク属〕

Ficus nipponica Franch. et Sav.

【分布】本州（新潟県，福島県以南），四国，九州，沖縄，中国，ベトナム，ビルマ，アッサム，ブータン，シッキムなど，暖帯，亜熱帯に分布する。【自然環境】岩上や石垣，塀，がけなどにややふつうにはえる常緑つる性植物。【用途】盆栽。【形態】幹はよく分枝し，枝から気根を出して岩や石垣などにからみつき，長さ2～5mになる。ときに太いものでは直径8cmに達する。若枝には細毛が密生し，褐色を帯びる。托葉は卵形で長さ約0.5cm，細毛を密生する。托葉痕は枝をとりまく。葉は互生し，有柄。葉身は長楕円状披針形または広披針形で，先端は長く鋭くとがり，基部は丸いか，やや浅い心臓形。長さ6～12cm。全縁，革質で表面は濃緑色，光沢があり，裏面は粉白色を帯び，葉脈が細かな網状に隆起する。葉柄は，ほぼ円柱形で，長さ1～2cm，細毛がある。開花は6～7月で，花のうは葉腋に1～2個つき，下部に3個の苞がある。苞は卵円形で長さ0.15cm，細毛がある。花のうは扁円形で径約1cm，細毛がある。雌雄異株で，雄花のうの内部には多数の雄花が密生し，入口付近を除くと大部分虫えいである。花被片4個，雄しべ2個がある。雌花のうの内部に生ずる雌花は，花被片4個，子房は倒卵形で1個，花柱1個がつく。秋遅く紫黒色に熟し，径約1cm。【学名】種形容語 *nipponica* は本州産の，の意味。和名のイタビはイヌビワの別名で，乳の実を意味する。イヌビワの類で茎がつる状なのでこの名がある。

675. オオイタビ 〔イチジク属〕
Ficus pumila L.

【分布】本州（房総半島以西），四国，九州，沖縄，台湾，中国大陸南部，北ベトナムに分布する。【自然環境】暖地の海岸，山地の岩上，がけなどにはえる常緑つる性植物。【用途】生垣，鉢物，盆栽。【形態】幹や枝はよく分枝し，気根を出して他物にはりつく。若枝には褐色の細毛が密生する。葉は有柄，互生，葉身は卵状楕円形で長さ5〜9cm，先端は鈍頭，基部は円形で全縁，葉質は軟らかい革質。表面は濃緑色で光沢があり，側脈は4対。裏面は白緑色で小脈は網状にうち出し，細毛がある。葉柄は長さ1〜2.5cmで褐色細毛を密生する。幼葉は小形の広卵形で鈍頭，基部心臓形で左右不同，長さ1〜3cm。托葉は卵形で長さ0.6〜1cm，細毛を密生する。開花は夏から秋，葉腋に短柄のある花のう（隠頭花序）を1個つける。花のうは倒卵状球形か球形で，長さ3.5〜4.5cm，外面に細毛が密生し，内面に多数の小花が密生する。雌雄異株。雄花のうの内部には虫えい花が多く，花被片4個，子房部分は球形で，共棲するハチの幼虫がいる。先端の孔部内面には雄花が密生する。雄花には糸状の柄がつき，4個の花被片と2個の雄しべがある。雌花のうには雌花だけが密生し，雌花には柄がつき，花被片4個と短柄のある子房があり，子房の側面から糸状の花柱が立つ。成熟した雌花のうは食べられる。【特性】丈夫で耐寒力があり，多湿を好む。半日陰がよい。【植栽】繁殖はさし木(5〜8月)による。【学名】種形容語 *pumila* は低いの意。

676. ヒメイタビ（クライタボ） 〔イチジク属〕
Ficus thunbergii Maxim.

【分布】本州（房総半島以西），四国，九州，沖縄，済州島，中国大陸。【自然環境】岩や樹幹，石垣などに着生する常緑つる性植物。【用途】生垣，庭園樹。【形態】枝はよく分枝し，若枝には赤褐色の軟毛を密生し，次年枝では縦や横に細かくひび割れて皮がはげ落ちる。托葉は卵状披針形で長さ0.5cm内外，早く落ちる。葉は互生し，有柄。葉身は楕円形または長楕円形，鈍頭，基部は丸く，長さ3〜5cm，全縁，革質，表面濃緑色で無毛，裏面粉白緑色，側脈は4対。葉脈は裏面に網目状に突出し，脈上に細毛が多い。葉柄は長さ0.5〜1.5cm。幼い葉は極端に小形となり，長さは1cmに満たず，葉の縁は波状に深い鋸歯があり，葉面に著しいしわがある。開花は6月頃，葉腋に球形の花のうを単生する。花のうは径1.6〜2cmで，表面に白点があり，細毛がある。イタビカズラより大きい。雌雄異株。雄花のうの内側上半部には多数の雄花があり，花被片4個，雄しべ2個は長さ約0.3cm。下半部は虫えい花となる。雌花のうには雌花だけがあり，花被片は4個で広線形，子房は有柄で，側生の細長い花柱がある。果のうは秋遅く熟し，粉白緑色，生食できる。【学名】和名ヒメイタビはつるにつく葉が小形であることによる。別名クライタボは和歌山県地方の方言で，食らいイタブであろうとの説がある。

677. フランスゴムノキ (コバノゴムビワ)

〔イチジク属〕

Ficus rubiginosa Vent.

【原産地】オーストラリアのニューサウスウェールズ州, クイーンズランド州原産。日本へは明治初年に渡来した。**【分布】**観葉植物として温室や室内で栽培する。**【自然環境】**高温多湿で日あたりのよい場所を好む常緑低木。**【用途】**鉢に植え室内植物として観賞する。**【形態】**高さ2~3m。幹から多数の気根を生じる。幼梢にさび色の軟毛がある。葉は卵形または楕円形で全縁。革質で長さ8cm内外, 表面は無毛で光沢があり, 裏面は赤褐色の軟毛がある。花のうは葉腋に双生し, 球形で, 径0.8cmぐらいになる。**【特性】**性質強健で栽培しやすい。日陰にも強く, 室内で長もちする。越冬温度5℃前後。**【植栽】**繁殖はさし木, 取り木による。初夏から夏が適期, さし木は枝先を20cmぐらいの長さに切り, 鹿沼土か赤玉土にさす。**【管理】**秋から春までは, 室内の明るい場所に置いて管理する。夏は戸外の半日陰地に置き, 毎日葉水をたっぷりやって育てる。鉢替えは春から夏が適期, 壌土に腐葉土を3割ぐらい混ぜた土に植えるとよい。肥料は春から夏にかけ, 油かすで作った乾燥肥料を置肥として与える。**【近似種】**変種に'Variegata'がある。卵形の葉で, 濃緑色の地に, 黄白色の斑点や斑紋が入る。**【学名】**種形容語の *rubiginosa* は赤褐色を帯びる, という意味で, 幼梢や葉裏に生じる赤褐色の軟毛からつけられたものであろう。

人工樹形(地植え)　人工樹形(観葉)

フィカス・
トライアンギュラリス
'バリエガタ'

樹皮

フィカス・
トライアン
ギュラリス

678. フィカス・トライアンギュラリス

〔イチジク属〕

Ficus triangularis Warb.

【原産地】熱帯アフリカ原産。**【分布】**熱帯産の観葉樹木として温室内で栽培される。**【自然環境】**高温多湿な温室内で鉢栽培される常緑低木。**【用途】**観葉植物として鉢に植え, 室内で観賞する。**【形態】**幹は直立, 分枝し, 高さ3~4m。鉢栽培では0.5~1m内外のものが多い。幹は灰白色, 葉は小形で長さ5cm内外, 革質で厚みがあり, 整った三角形をなす特異な葉形に特長がある。葉の表面は平滑で, 光沢があり, 暗緑色を呈す。**【特長】**水はけのよい土壌が適する。性質のやや弱い樹木で, 生長も遅いが, 日陰の室内で長もちする。**【植栽】**繁殖はさし木, 取り木による。さし木は高温多湿な温室内で, 半日陰にして行う。6~8月が適期, 赤玉土, 鹿沼土, 水ごけなどにさし, 毎日葉水を与えて, 十分湿度を保つようにすれば, 1ヶ月あまりで発根する。鉢替えは5~9月が適期, 小苗は水ごけ単用で植えてもよいが, 一般的には, 粘質土壌に砂1割, 腐葉土3割ぐらい混ぜた土に植える。**【管理】**冬は温室または室内で10℃以上に保つようにするが, 夏は戸外の半日陰に出し, 管理した方がよい。鉢土が過湿にならぬよう注意し, 葉水を多く与えるのが, 葉を美しく作るこつである。肥料は4~9月にかけ, 2ヶ月おきに, 油かすの乾燥肥料を, 置肥として与える。**【近似種】**本種の品種に'Variegata'がある。濃緑色地に淡黄白色の斑が入り美しい。

679. フィカス・ラディカーンス‘バリエガタ’

〔イチジク属〕

Ficus radicans Roxb. ex Hornem. ‘Variegata’

【原産地】*F. radicans* の斑入り園芸品種で，原種はヒマラヤ東部からフィリピン，カロリン諸島にかけ原産するもの。【分布】温室内で，観葉植物として栽培される。【自然環境】高温多湿で日あたりのよい場所を好む常緑つる性植物で，茎は回旋性がある。【用途】観葉植物として吊鉢仕立てにして観賞する。また枝葉をさし花用にも用いる。【形態】つる性低木で，分枝が多く，枝茎は匍匐したりよじ登り，また垂下する。葉は長楕円状披針形で先端がとがり全縁，長さ約5cm，葉の縁に淡黄色の掃込斑が入り，美しい。【特性】日がよくあたる高温多湿な場所を好むが，幼木は，半日陰でも生育する。生育きわめて旺盛，生育適温 25～30℃，越冬温度 5℃。【植栽】繁殖は，取り木，さし木による。高温多湿状態では，匍匐した茎が地に接する部分から発根するので，これを切り離して植えてもよい。繁殖の適期は初夏から夏。【管理】粘質壌土に，砂，腐葉土を混ぜた土に植える。幼木は水ごけ単用でもよい。植替えの適期は春から夏，肥料もこの時期に置肥，液肥を与える。秋から春までは温室か室内に置き，日になるべくよくあてるよう管理する。夏は戸外に出すが，日中の強い日ざしは避け，半日陰にする。【近似種】基本種の *F. radicans* は性質，形態は本種と変わらないが，葉の斑が入らず，性質強健で，より栽培しやすい。【学名】種形容語 *radicans* は根を生ずるの意味で，茎から自然に発根しやすいところからつけられたもの。

680. ベンガルボダイジュ（バンヤンジュ）

〔イチジク属〕

Ficus benghalensis L.

【原産地】熱帯アジア，スリランカ，インド，ヒマラヤ山麓。【分布】観葉植物として温室内で栽培される。【自然環境】高温多湿で，日あたりを好む常緑高木。【用途】鉢植えにした幼植物を，温室や室内で観賞する。【形態】幹は直立し，成木は高さ 30m ぐらい，上部で分枝開張し，枝から多数の柱状の気根を地表に下ろす。樹皮は灰白色，葉は円形または楕円形で，鈍頭，長さ 10～20cm で，革質，欠刻はなく，有柄。隠花果は葉腋に双生する。径 1.3cm ぐらい，球形で赤く熟す。【特性】高温多湿と日あたりを好み，冬は温室内で 5℃以上を保って保護するが，夏は戸外に出す。【植栽】繁殖はさし木による。20～25℃の発根適温の時期にさす。高温多湿の梅雨時が最適。赤玉土か鹿沼土にさし，半日陰にして葉水を毎日欠かさず与えれば，20 日あまりで発根する。【管理】鉢植えの用土は，粘質の壌土に砂 1 割，腐葉土 3 割を混ぜたものを使う。植替えは，春から夏，肥料も生育のさかんな春から夏にかけて置肥として与えるようにする。病虫害少なく，湿度さえ与えれば栽培は容易。【学名】種形容語の *benghalensis* は，インド・ベンガル産の，という意味。

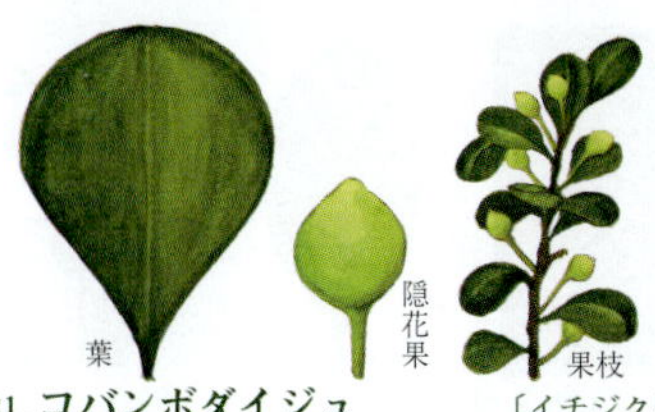

681. コバンボダイジュ　〔イチジク属〕
Ficus deltoidea Jack

【原産地】インドおよびマレー諸島。日本には大正初年に渡来した。【分布】観葉植物として温室内で栽培される。【自然環境】高温多湿で日あたりのよい場所を好む常緑小低木。【用途】幼樹を鉢植えにして，温室内，室内で観賞するほか，ミニ観葉として寄植えやテラリウムにも使う。夏は花壇にも使える。【形態】樹高 50～80cm，分枝多く，広倒卵形の長さ 1.5～5cm の小葉を密につける。革質で，表面濃緑色，裏面は淡黄白色，隠花果は葉腋に単生または双生する。径 0.7cm 内外で球形または洋ナシ形，熟すと黄色や赤みを帯びる。【特性】分枝多く，性質は強健，高温多湿の日なたを好むが，幼樹は半日陰でも栽培できる。冬期も 10～15℃の温度がいる。【植栽】繁殖はさし木による。夏の間，半日陰地でさせば，容易に発根する。【管理】鉢植えの用土は，幼苗時は水ごけ単用でもよい。ふつうは鹿沼土，軽石土のような多孔質で通気性のよい用土に，腐葉土，ピートモスなどを混ぜたものに植える。高温多湿を好むため，温室内，室内で栽培するが，夏は戸外に出す。日あたりを好むが，夏は半日陰がよい。肥料は初夏から夏に，油かすの置肥を与える。【学名】種形容語 *deltoidea* 三角形の，の意味。和名コバンボダイジュも葉形からつけられたもの。

682. パンノキ　〔パンノキ属〕
Artocarpus incisus (Thunb.) L.f.

【原産地】ポリネシア。日本には昭和初年頃に渡来した。【分布】観葉樹として，温室内で栽培される。【自然環境】高温多湿と日あたりを好む常緑高木で，腐植質に富む肥沃な土壌が適地。【用途】原産地では果実を生食または調理して食用とする。また樹幹から樹脂，繊維をとるが，日本では観葉植物として利用する。【形態】幹は直立し，高さ 10～15m，葉は大きく長さ 45～60cm，厚い革質で，太く丈夫な葉柄をもち，卵形，狭脚，先端部が羽状に 3～9 裂する。深緑色で葉脈が太い。雌雄異株。雄花序は長さ 15～30cm で，こん棒形，雌花序は球形ないし長楕円形で，枝端に生ずる。集合果は円形または楕円形，径 10～20cm，熟すと黄色になり垂下する。果肉の主成分はデンプン，肉質はサツマイモに似る。開花は 3～5 月，収穫は 8～10 月。【特性】高温多湿を要し，冬期も 15℃以上を要する。【植栽】繁殖は実生，さし木，取り木，株分けによる。【管理】培養土は，肥沃な壌土に砂 1 割，腐葉土 3 割を混ぜたものを使う。鉢替えは 5～6 月頃，実生の場合は，結果期まで 7～8 年を要する。高温多湿を好むので周年温室内で栽培するが，とくに生育期の夏は十分水と肥料を与えるようにする。【近似種】パラミツ（ナガミパンノキ）があり，葉は楕円形または倒卵形で，羽裂しない。【学名】種形容語 *incisus* は鋭く裂けた，の意味。

683. パラミツ（ナガミパンノキ）　〔パンノキ属〕
Artocarpus heterophyllus Lam.

【原産地】インド，マレー諸島。**【自然環境】**熱帯地方に産する常緑高木。**【用途】**よく熟した果実の種子のまわりは軟らかく香りがよいので生食する。種子はデンプン質で煮たり焼いたりして食する。若い果実は煮たり塩漬にして食する。材は建築材，家具材となり，心材の黄色い色素（モリン）は僧衣を染めるのに用いる。**【形態】**高さ約 15m になる。葉は楕円形で葉先がとがり，全縁であるが，幼樹では 3 裂することもある。表面は濃緑色で裏面は淡緑色，長さ約 25cm，幅約 8cm で堅い。葉柄は約 2cm で托葉は新芽を包み，葉が開くと落ちる。雌雄同株で花は単性。雄花序は細長い円筒状で 7～20cm，緑色で枝先または葉腋に生じる。雌花序は長楕円形の集合花で，枝にもつくが大枝や幹にも生じ，ときとして根もとについて生長とともに果実が土を割って現れることもある。果実は長楕円形で長さ 50～60cm，重さ 25kg 前後と巨大で，果樹のうち世界長大の果実といわれる。表面は堅いいぼ状の突起でおおわれ緑色で，熟すと黄緑色となる。**【特性】**熱帯の高温多湿気候を好むが，あまりの多湿な低地は好まず停滞水を嫌う。土質は選ばない。**【植栽】**繁殖は実生や芽接ぎによる。移植は好まないので鉢や畑に直接種子をまく。**【近似種】**コパラミツ *A. integer* (Thunb.) Merr. はマレー原産で，果実はパラミツより多汁で甘味強く香りも高い。パラミツとの区別は，幼枝と葉脈に褐色の堅い毛を密生することによる。**【学名】**種形容語 *heterophyllus* は異葉性の，の意味。

684. マグワ（カラヤマグワ）　〔クワ属〕
Morus alba L.

【分布】朝鮮半島，中国など温帯，暖帯に広く分布し，日本では養蚕用に栽培される。**【自然環境】**温暖な気候を好むが，耐寒性もある落葉高木。**【用途】**主として葉を養蚕に用いるが，材は優良な建築材，器具材となり，また樹皮は和紙の原料となる。果実は生食する。**【形態】**幹は直立して分枝し灰褐色。葉は互生，卵形または広卵形，先端がとがる。鋸歯縁，しばしば分裂する。雌雄異株，ときに同株。花は淡黄色小形，新枝の基部に腋生し，穂状花序をなして下垂する。果実はそう果で多肉質になったがくで包まれ，密に穂軸について長楕円形の果序をなす。増大したがく片は熟すと黒紫色となる。**【特性】**品種により耐寒性の大きいものと小さいものとがある。樹勢は強く萌芽力大。**【植栽】**繁殖は実生，接木，取り木，さし木など種々ある。クワは土地をあまり選ばない。植付け本数は養蚕の場合，根刈支立てで 450～1350 本，中刈支立てで 280～540 本ぐらい。**【管理】**養蚕の場合一般に根刈支立てが多い。施肥量は地方，土地の肥瘦などにより異なるが，10a あたりチッソ 23kg，リン酸 11kg，カリ 17kg ぐらいを春と夏に分けて施す。これとは別に堆肥を秋から冬にかけて 10a あたり 2,000kg ぐらい施すとよい。**【学名】**属名 *Morus* はケルト語のクワの意。

685. ハチジョウグワ 〔クワ属〕

Morus kagayamae Koidz.

【分布】八丈島から伊豆半島にかけて自生する。【自然環境】温暖な気候を好む落葉小高木。【用途】材は工芸品を作るのに用いられるが，材質はクワに比べ劣る。葉は養蚕飼料に，果実は生食する。【形態】枝は太い。葉は有柄で，両面に毛がなく，先端はとがる。二重鋸歯縁。葉肉厚く，上面に光沢があり，しばしば3裂する。雌雄異株。花は穂状花序で垂れ下がる。雄花はがく片4個，雄しべ4個。雌花もがく片4個，子房をかぶっている。花柱中央部まで2裂する。果実は宿存がくが多肉となり，密に集まり長楕円形の果序となり黒く熟す。長さ1.8～2cm。葉の無毛，二重鋸歯縁によりクワと区別できる。【特性】耐寒性は小さいが，樹勢は強い。【植栽】繁殖は実生による。さし木，取り木もできるが，一般にクワのようには栽培されていない。【近似種】本種のほか，栽培されているものにはマグワ（カラヤマグワ），およびロソウ *M. alba* L. var. *multicaulis* (Perr.) Loudon などがあり，また日本各地，東アジア一帯にヤマグワ（シマグワ）*M. australis* Poir. がある。これらは養蚕用として栽培されている。【学名】属名 *Morus* は旧ラテン語名でケルト語の mor（黒）ということからきており，果実の黒いことを意味する。種形容語 *kagayamae* は命名当時の蚕業試験場長の加賀山辰四郎を記念して名づけられたもの。

686. ケグワ（ノグワ） 〔クワ属〕

Morus cathayana Hemsl.

【分布】本州西部，九州，朝鮮半島南部，中国。【自然環境】温暖な気候を好む落葉高木。【用途】材は家具，工芸品になる。集合果を生食する。【形態】枝はやや太く若枝に軟短毛がある。樹皮は灰褐色。葉は互生，楕円形または広卵形で，先端がとがる。基部は深い心臓形，鈍鋸歯縁，まれに3裂または一方にのみ浅い裂片があり，左右不同。上面は粗毛があり，下面は軟短毛が多く，質薄い。雌雄異株。雄花は穂状につき軟毛が密生する。雌花序は短い穂状花序で新枝の基部につく。軟毛が密生，花柱は発達せず，柱頭2裂。集合果は円柱形，長さ1～2.5cm，赤色または黒色。【特性】樹勢は強く，耐寒性は小さい。【植栽】繁殖は実生，さし木によるが，一般には栽培はしていない。【近似種】よく似た野生種として小笠原にオガサワラグワ *M. boninensis* Koidz.，朝鮮・中国東北部にモウコグワ *M. mongolica* (Bureau) C.K.Schneid. などがある。【学名】属名 *Morus* はクワにつけられたラテン古名。クワが黒い集合果を持つことより，ケルト語の mor（黒）が元ではないかと思われる。種形容語 *cathayana* は中国の，の意味。

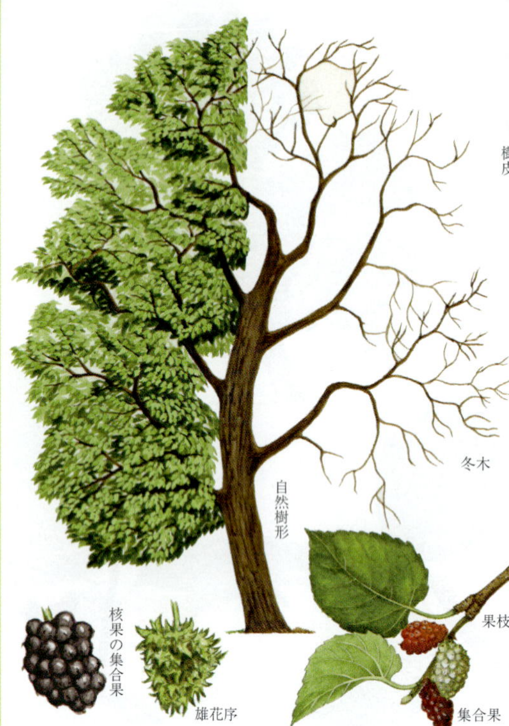

687. クロミグワ 〔クワ属〕

Morus nigra L.

【原産地】小アジア，イラン。【分布】小アジア，イラン，地中海沿岸地方。【自然環境】温暖な気候を好む落葉高木。【用途】集合果を生食または酒を作る。アフガニスタン，イラン地方では街路樹としても用いられている。【形態】樹皮は灰褐色，若枝には軟毛が密生する。淡赤褐色。葉は互生，円心形で鈍端，基部は深い心臓形，鈍鋸歯縁。葉質はクワより厚く，光沢がない。雌雄異株。雌花序は大きく，穂状花序の柄および花被に軟毛が密生する。花柱は発達せず，2裂，集合果は長さ1.5～2.5cm，熟すと黒色となる。食すと甘い。【特性】耐寒性は小さい。樹勢は強い。【植栽】繁殖は主として実生によるが，さし木，取り木，接木も行われる。排水のよい所ならばあまり土地を選ばない。【近似種】近縁の種としてアカミグワ *M. rubra* がある。これは米国原産で，ジョージア州，オハイオ州には大木がある。米国南部地方に多く，果実を生食用とする。*Morus* 属中わが国や中国のケグワ，朝鮮半島，中国のモウコグワ *M. mongolica* (Bureau) C.K.Schneid. などは材および集合果の生食用に供されている。【学名】属名 *Morus* はクワにつけられたラテン古名。クワが黒い集合果をもつことより，ケルト語の mor（黒）が元ではないかと思われる。また種形容語 *nigra* も黒色の意味。

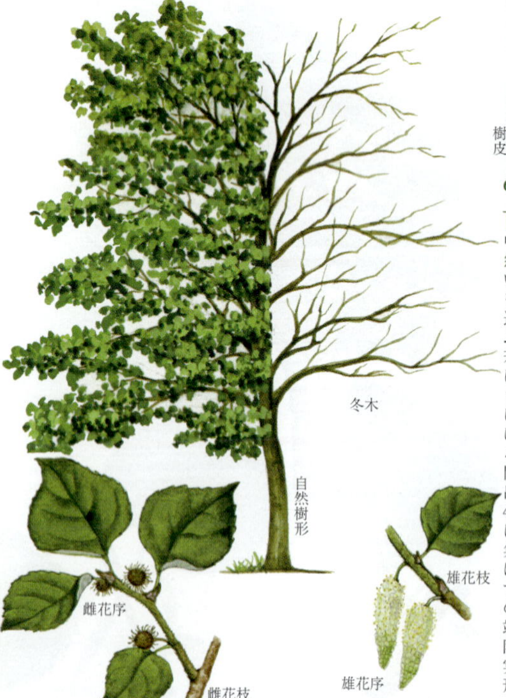

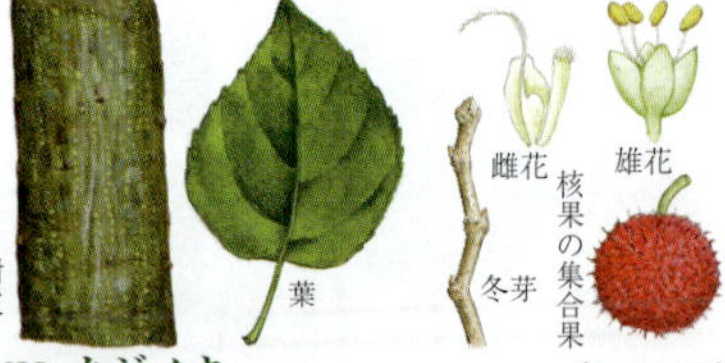

688. カジノキ 〔コウゾ属〕

Broussonetia papyrifera (L.) L'Hér. ex Vent.

【分布】本州（中部以南），四国，九州，沖縄，台湾，中国，アジア東南部，太平洋諸島などに分布。【自然環境】古くから植栽されているほか，野生化している落葉小高木または高木。【用途】樹皮で紙，布を製する。【形態】幹は高さ5～10m，直径60cmに達する。樹皮は灰黒褐色で黄褐色の皮目が密に並ぶ。古くなると縦に割れ目を生ずる。枝は太く，若枝には粗毛を密生する。実は有柄，互生，ときに対生，輪生し，葉身はややゆがんだ広卵形で長さ7～18cm，先はとがり，基部はやや心臓形，縁に鋸歯があり，ときに3～5裂し，質厚く，表面はざらつき，裏面には葉柄とともに短毛を密生する。葉柄は長さ2～10cm。托葉は卵形で早落性。開花は5～6月，花序は新枝のつけ根や葉腋から出る。雌雄異株で，雄花序は緑色，円柱状で長さ4～8cm，柄は長さ1～3cmで下垂する。花被（がく）は4裂し，雄しべ4個がある。雌花序は多数花が集まって球形となり，径約1cm，雌花の花被はつぼ状で1子房を包み，糸状で有毛の長い花柱を出す。柄は長さ0.4～0.8cm。果実はイチゴ状で多数の核果が熟すと表面に突き出し，赤色へら形で先端に花柱を残す。多汁で甘く生食できる。【特性】陽樹で適潤地を好む。生長は早い。【植栽】繁殖は実生，株分け，さし木，取り木による。【学名】種形容語 *papyrifera* は紙にする，の意味。和名カジノキはコウゾの古名カゾの転訛とする説がある。

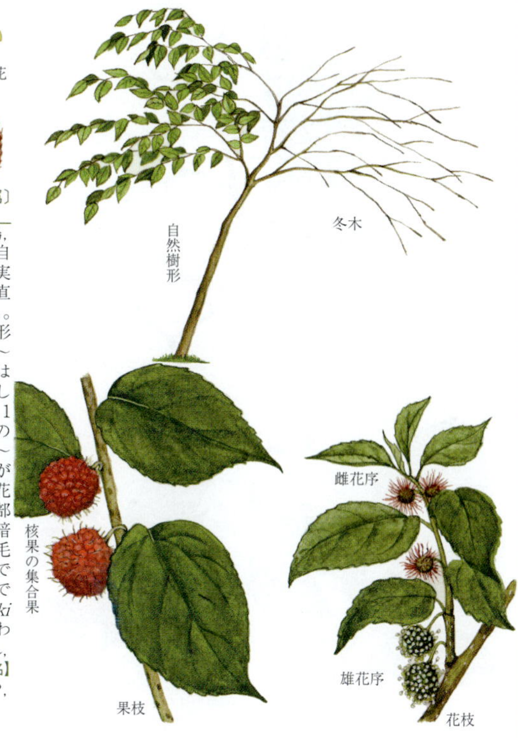

689. ヒメコウゾ

Broussonetia monoica Hance　〔コウゾ属〕

【分布】本州，四国，九州，沖縄，台湾，朝鮮半島，中国大陸に分布する。【自然環境】各地の山野に自生する落葉低木。【用途】樹皮は和紙，織物，果実は食用，薬用にする。【形態】幹は高さ 2〜5m，直径はときに 20cm になる。枝は細くよく分枝する。葉は互生し，葉身はゆがんだ卵形または広卵形で先は鋭くとがり，基部は浅い心臓形で長さ 7〜20cm，質薄く，上面はややざらつき，下面には初め短毛がある。縁に浅い鋸歯があり，しばしば深く 2〜3 裂あるいは 5 裂する。葉柄は短く 1〜2cm。雌雄同株。花期は 5 月，雄花序は新枝の下部につき，球形で径 0.6〜1cm，柄は長さ 1〜1.4cm で密に短毛がある。雄花は花被（がく）が 4 裂し，雄しべ 4 個，花糸は蕾の頃内曲し，開花時急にのびて花粉を出す。雌花序は新枝の上部の葉の腋に単生し，球形で径約 0.5cm，糸状で暗紫色の花柱が出る。柄は長さ 0.5〜0.6cm で短毛を密生する。果実は集合果で径約 1cm，球状で 6 月に赤く熟し，花柱が残存する。果実は多汁で甘く食べられる。【近似種】コウゾ *B.* × *kazinoki* Siebold は，ヒメコウゾとカジノキの雑種といわれ，製紙の原料として江戸時代から栽培され，雌雄異株で，両種の中間の形質をもつ。【学名】和名のコウゾは紙麻（かみそ）の音便との説や，古名カゾからきたとする説がある。

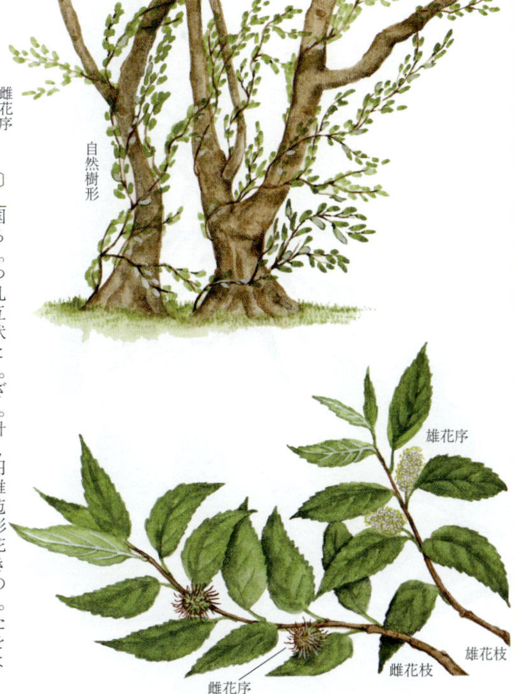

690. ツルコウゾ（ムキミカズラ，ムクミカズラ）

〔コウゾ属〕

Broussonetia kaempferi Siebold

【分布】本州（山口県），四国，九州，台湾，中国大陸中南部に分布する。【自然環境】山野にはえる落葉つる性植物。【用途】樹皮から紙が作られる。【形態】枝は褐色でつる状にのび，他物にからみつく。若い枝には初め短毛がはえ，切ると白い乳液が出る。次年枝は無毛となる。葉は有柄，互生し，葉身は長卵形または披針形で先端は尾状に鋭くとがり，基部は左右不同でやや心臓形となる。縁には微細な鋸歯があり，長さ 5〜15cm。表面は葉脈が網状に隆起し，短毛が散生してざらつき，裏面脈ぞいには開出する伏毛がある。質は洋紙質。葉柄は長さ 0.6〜2cm。托葉は披針形で薄く，長さ 0.4〜0.5cm で早落性。花期は 5 月，雌雄異株で，雄花序は新枝の葉腋に単生し，円柱状で長さ 1〜1.5cm，柄は長さ 0.5〜0.8cm。雄花の花被（がく）は 3 裂し，雄しべは 3 個。苞は披針形で鋭頭。雌花序は葉腋に単生し，球形で径 0.3〜0.4cm，柄は長さ 0.5〜1cm。雌花の花被は長いつぼ状で 1 個の子房があり，花柱はきわめて長く，赤紫色糸状で有毛。果実は小形の球形で赤熟し，コウゾと同様に甘く食べられる。【学名】種形容語 *kaempferi* は江戸中期に来日したドイツ人医師で博物学者の E. ケンフェルの名を記念したもの。別名は果実が裸出することによる。和名はつる性のコウゾの意味。

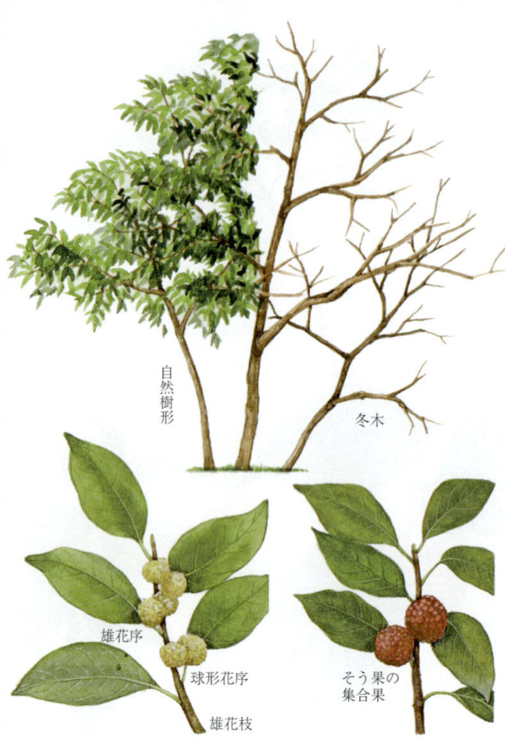

691. **ハリグワ**（ドシャ）〔ハリグワ属〕
Maclura tricuspidata Carrière

【原産地】中国大陸，朝鮮半島，済州島。**【自然環境】**人家に植栽される落葉小高木で，ときに野生化する。**【用途】**中国では古くから樹皮を製紙原料，樹皮や根を薬用，材は黄色染料や弓，器具に用い，葉は養蚕用，果実は食用，酒にした。日本には養蚕用として明治の頃輸入された。**【形態】**幹は高さ8〜10mとなり，側根から苗ができてふえる。枝には長さ0.5〜3cmのとげが出る。葉は互生し有柄で，葉身は卵形から倒卵形で鋭尖頭，基部は丸く，全縁または3裂し，長さ3〜9cm。表面緑色，裏面淡緑色で微毛がある。葉柄は長さ1.5〜3cm。托葉は披針形で長さ0.1〜0.15cm。開花は6月，雌雄異株で，雄花は葉腋から1〜2個，長さが0.7〜0.8cmの葉柄をもった径1cmほどの球形花序をつけ多数の黄色小花をつける。花弁は4個で倒卵状長楕円形で長さ約0.4cm，先端に微毛がある。雄しべ4個は花弁より短い。苞は2〜4個で倒披針形，花弁より短い。雌花では径2.5cmの頭状花序をつける。花片4個，花弁，苞とも肉質化して子房を包み，赤く熟し，食べられる。**【学名】**種形容語 *tricuspidata* は3尖頭の意味。和名はとげ状の小枝があり，葉がクワの代用に使用されることによる。

692. **カカツガユ**（ヤマミカン，ソンノイゲ）〔ハリグワ属〕
Maclura cochinchinensis (Lour.) Corner
var. *gerontogea* (Siebold et Zucc.) H.Ohashi

【分布】本州（紀伊半島南部，山口県），四国，九州，沖縄，台湾，中国大陸，インドシナに分布する。**【自然環境】**暖帯南部から亜熱帯にかけての丘陵地にはえる常緑つる性植物。**【用途】**中国では樹皮から紙，材から黄色染料，葉は養蚕，果実は食用や酒，根は薬用に用いた。**【形態】**幹はふつう高さ3m内外。しばしばとげでよじ登り高さ15mに達することもある。枝は密に分枝し，無毛。葉は互生し，有柄で，葉身は倒卵状長楕円形で長さ4〜7cm，先端は鈍頭，または浅く3裂し，全縁か，まれに上部に波状鋸歯が少しあり，両面無毛。葉柄は長さ0.8〜1.5cm。つけ根に枝の変形した1.5〜2cmの鋭いとげがある。花期は5月，葉腋から1〜2個の頭状花序を出す。花柄は長さ0.2〜0.5cmで伏した微毛を密生する。雌雄異株で，雄花序は球形で径0.5〜0.6m，花被片は4個，雄しべ4個。雌花序は球形で径0.6〜0.9cm，花被片は4個で先はふくれ，微毛を密生し，そのうち1個は雌しべをとりまく。花柱は細長く糸状で2つに分かれる。果実は集合果で黄熟し，球形で径1.5〜2cm，軟らかく食べると甘い。**【学名】**種形容語 *cochinchinensis* は交趾支那（今のベトナムあたり）の，の意味。

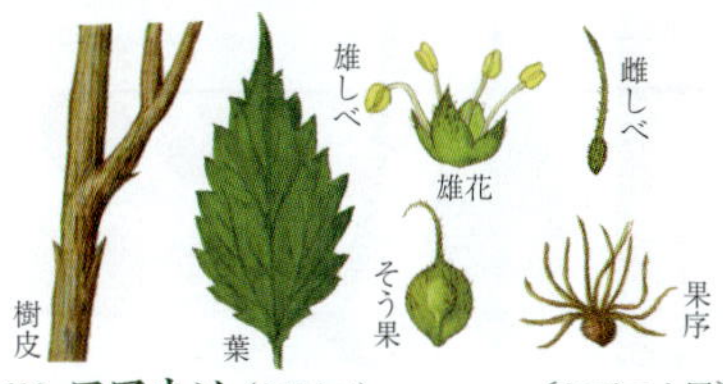

693. コアカソ（キアカソ）　〔ヤブマオ属〕
Boehmeria spicata (Thunb.) Thunb.

【分布】本州，四国，九州，朝鮮半島，中国大陸。【自然環境】山地や道ばた，林縁などにふつうにはえる落葉低木。【形態】幹は木質で高さ1〜1.5m，根もとから多数分枝し，葉柄とともに赤色を帯びる。毛は少ないか無毛。葉は有柄で対生し，葉身は菱形状卵形，先端は尾状に鋭くとがり，基部は広いくさび形，縁に鋭い欠刻状の鋸歯があり，両面に伏した短毛が散生する。葉の長さ4〜8cm，幅2〜4cm。托葉は早落性で線形を呈し，長さ約0.4cm。開花は8〜10月，葉腋から細長い穂状花序を出し，紅緑色の細かい小花をつける。雌雄同株で，雄花序は枝の下部につき，雄花は球状に集まり，花被は深く4裂し，4個の雄しべがある。雌花序は枝の上部につき，雌花は球状に集まり，筒状の花被に包まれた子房がある。花柱は糸状で有毛。果実はごく小形で，花被筒に包まれ，倒卵形で狭い翼があり，長さは0.13cm，全面に短毛がある。花柱は残存する。3倍体で無性生殖する。【近似種】葉柄や枝がともに緑色のものをアオコアカソ f. *viridis* という。また，葉が小形で，両性生殖するものをコバノコアカソ var. *microphylla* という。【学名】属名 *Boehmeria* はドイツ人のG.R. ベーメルの名にちなんだもの。種形容語 *spicata* は穂状花序をつける，の意味。和名コアカソはアカソに似て枝が細く葉が小形なことによる。

694. ヤナギイチゴ　〔ヤナギイチゴ属〕
Debregeasia orientalis C.J.Chen

【分布】本州（関東地方以西），四国，九州，沖縄，台湾，中国大陸。【自然環境】暖地の海岸や近海地の林縁などに自生する落葉低木。【用途】生食，樹皮から縄。【形態】幹は高さ2〜3m。枝は四方に伸長し，小枝には短い圧毛がある。樹皮は強靱で麻の代用とされる。葉は有柄，互生し，葉身は披針形〜線状長楕円形，長さ7〜18cm，幅1〜3.5cm，先端は鋭くとがり，基部は鋭形，縁に細かい鋸歯がある。上面は葉脈がへこんでしわがある。葉質は洋紙質でやや光沢があり，裏面は白綿毛が密生する。平行脈はよく目立つ。葉柄は長さ0.7〜2cm。托葉は合生し，先は2裂する。開花は3〜5月，葉ののびきらない前に，前年枝の葉腋に1cm内外の短柄をもつ集散花序をつけ，径0.2〜0.5cmの球形の花の集団を1〜数個つける。雌雄同株または異株で，雄花は4深裂した花被に4個の雄しべがある。雌花には雌しべ1個があり，花被は倒卵形のつぼ状となり子房を包む。5〜6月，花被は多汁質となり，粒状で橙黄色に熟し，密集して球形となり，径約0.7cm，甘く生食できる。【学名】属名 *Debregeasia* はS. I. デ・ブレギーズの名にちなむ。種形容語 *orientalis* は東方の，和名ヤナギイチゴは葉が細くヤナギに似て果実がミカン色のイチゴのようであることによる。

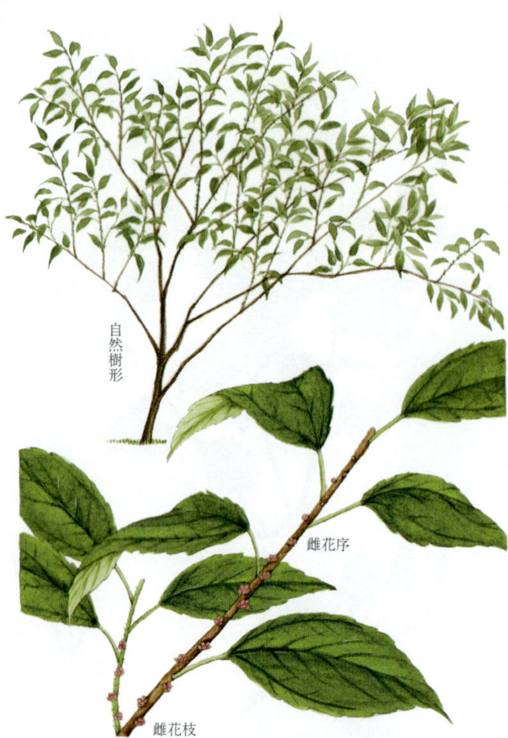

695. イワガネ（カワシロ）〔ハドノキ属〕
Oreocnide frutescens (Thunb.) Miq.

【分布】本州（和歌山県以南），四国，九州，中国大陸，ヒマラヤに分布する。**【自然環境】**暖地の岩石地によくはえる落葉低木。**【形態】**幹は直立し，高さ 2m 内外，小枝は細くまばらに分枝する。若い枝には短毛が密生する。葉は有柄，互生，葉身は卵状長楕円形から卵状披針形で，先は尾状に長くとがり，基部は丸く，長さ 5～10cm，縁の上半部に鋸歯がある。葉質は薄く，上面緑色で粗毛がありざらつく。下面は白綿毛が密生する。乾燥すると暗色となる。若枝の葉は大きい。主脈は著しく目立ち，下面に脈が隆起して格子状となる。葉柄は長さ 1～4cm で有毛。開花は 3～5 月，前年枝の葉の落ちた葉腋に細かい花が小球状に集まってつく。雌雄異株。雄花はほとんど無柄で，花被（がく）片は 3～4 個で細毛があり，雄しべは 3～4 個で長く花から突き出る。花糸は糸状で無毛。雌花序は無柄。8～12 個の花が集まって集散花序をつくる。花被は筒状で，子房の側面につく。子房は卵形で直立し，有毛。果実はそう果で集合し，卵形で長さ 0.15cm，種子状で，肉質の花被に包まれる。花柱は残存する。**【学名】**種形容語 *frutescens* は低木の，の意味。和名イワガネは和歌山県の方言で，この樹がしばしば岩地にはえるためであろう。一名ヤブマオはやぶにはえるマオ（カラムシ）の意味。カワシロは樹皮からとる繊維が白いことによる。

696. ヨーロッパナラ（イギリスナラ）〔コナラ属〕
Quercus robur L.

【原産地】南ヨーロッパ，北アフリカ，西アジア。**【分布】**英国，フランス，ドイツを中心にヨーロッパ，北米に広く分布。**【自然環境】**海抜 450m ぐらいまでの低地に自生，または諸外国にも植栽されている落葉高木。**【用途】**公園樹，庭園樹，または材木などに用いる。**【形態】**幹は直立で分枝し，樹高 30～35m，幹直径 2～3m に達する。樹形は広球形となる。樹皮は薄灰色できっちりと短い裂け目が入り，細い縦裂片となる。枝は緑褐色で，萌芽直後は青灰色，薄淡黄色の皮目がある。冬芽は卵形または円錐形で明るい茶色である。葉は長楕円形，長卵形で 3～7 裂片があり，表面は暗緑色，裏面は淡青緑色で長さ 6～12cm，幅 3～8cm，葉柄は短く，0.4～1cm。花は 4～5 月頃，新梢とともに出て新梢のつけ根につく。雄花は黄褐色，ときに黄緑色，長さ 2～4cm の細長い穂状で数本が集まり房状となる。雌花は薄褐色の球状で，新梢先端の長さ 2～5cm の花梗につく。柱頭は濃い赤色，果実は 1.5～3cm ぐらいの卵形または長楕円形の堅果で 1/3 ぐらいが殻斗におおわれ，長さ 4～8cm の柄につき，10 月頃成熟する。**【特性】**肥沃な壌土またはやや埴壌土を好む。ふつう生長は遅いとされているが，実際にはかなり早い。**【植栽】**繁殖はおもに実生による。**【管理】**自然樹形のまま生育させる。**【近似種】**葉が鮮黄色の var. *cordia*，葉が深裂している var. *filicifolia* がある。

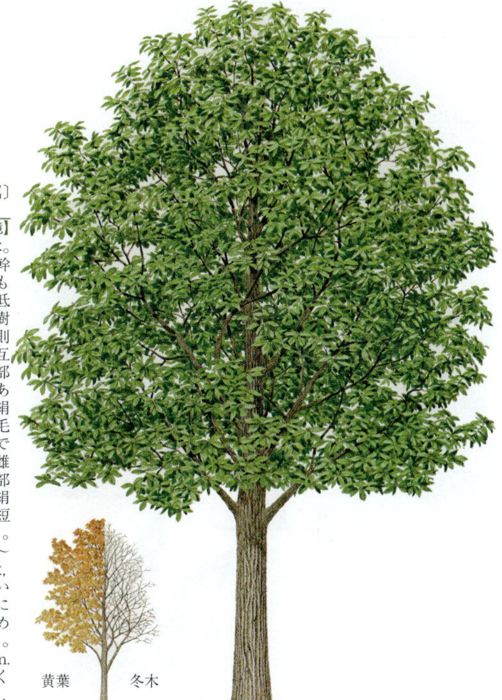

697. **コナラ**（ナラ，ハハソ）〔コナラ属〕
Quercus serrata Murray

【分布】日本全土に広く分布。朝鮮半島。**【自然環境】**日あたりのよい山地や丘陵に自生する落葉高木。**【用途】**家具，器具材や椎木，薪炭材など。**【形態】**幹は直立し，高さ 25m，直径 70cm に達するものもあるが，通常見かけるものはこれよりはるかに低く，高さ 15m，直径 40cm 以下のものが多い。樹皮は灰白色，平滑で光沢のある部分が縦に不規則な割れ目の間に残る。若枝には絹毛密生。葉は互生，有柄，倒卵形か倒卵状楕円形，鋭尖頭，基部はくさび形または円形，葉縁には鋭い粗鋸歯がある。葉身の長さ 7.5〜14cm，幅 4〜6cm。若葉は絹毛があるが，のち上面無毛，下面は灰白色で伏毛が残存する。葉柄は長さ 1〜1.2cm。冬芽は卵形で先がとがり，20〜25 枚の芽鱗が十字対生する。雌雄同株。開花は新葉と同時。雄花序は新枝の基部から多数垂れ下がり，長さ 6〜9cm，黄褐色で絹毛が密生する。雌花序は新枝の上部葉腋に出て短く，軟毛が密生し，2〜3 の無柄の雌花をつける。堅果は年内に熟し，長楕円形で褐色，長さ 1.6〜2.3cm，径 0・8〜1.2cm，花柱は残る。殻斗は椀状，外面に小鱗片が密に並ぶ。**【特性】**日あたりのよい肥沃地を好み，生長は早い。**【植栽】**繁殖は実生による。採りまきか，秋採取した果実を土中に埋めておいて翌春まく。**【管理】**数年に1度枝抜きをする。**【近似種】**テリハコナラ f. *donarium* (Nakai) Kitam. は葉の幅が狭く，表面に光沢があり，鋸歯が鋭く内曲する。**【学名】**種形容語 *serrata* は鋸歯のある，の意味。

698. **ミズナラ**（オオナラ）〔コナラ属〕
Quercus crispula Blume

【分布】北海道，本州，四国，九州。**【自然環境】**冷温帯の山林に自生する落葉高木。**【用途】**洋酒樽，家具，建築など。**【形態】**幹は直立，よく分枝し，高さ 30m，直径 1.7m に達する。樹皮は厚く，灰褐色，若いうちは鱗片状にはがれるが，のちには不規則に深く裂ける。小枝は太く淡灰褐色で平滑。葉は互生，大形で薄質，葉身の長さ 7〜15cm，幅 5〜8cm，倒卵形または倒卵状長楕円形，短鋭尖頭，基部はくさび形でしだいに狭くなり短い柄に移行する。葉縁には粗大な鋭鋸歯があり，両面には初め軟毛があるが，のち下面脈上だけ毛が残る。上面鮮緑色，下面淡緑色，側脈は 13〜17 対。冬芽は卵形，先がとがり，25〜35 枚の芽鱗に包まれる。雌雄同株。5 月開花。雄花序は新枝の基部から数本出て下垂，黄褐色で長さ 6〜7cm，軟毛がある。雌花序は新枝の上方葉腋につき，短く，1〜3 個の雌花をつける。堅果は年内に熟し，卵状楕円形，濃褐色，長さ 2〜3cm，径 1.5〜1.8cm，殻斗は深い椀状，外側に小鱗片が密に圧着，外面に灰白色の微毛がある。**【特性】**肥沃の深層土では生長が早い。**【植栽】**繁殖は採りまきか，果実を土中に貯えて春にまく。**【近似種】**モンゴリナラ *Q. mongolica* Fisch. ex Ledeb. は葉の鋸歯が鈍頭。ミヤマナラ *Q. crispula* var. *horikawae* H.Ohba は多雪地帯の山地に生え，低木状で葉は小さい。

699. **セイヨウヒイラギガシ**　〔コナラ属〕
Quercus ilex L.

【原産地】南ヨーロッパ地中海沿岸，米国西海岸。**【分布】**原産地をはじめ欧米各地に分布。**【自然環境】**日あたりのよい山野に自生，または植栽される常緑高木。**【用途】**街路樹，公園樹，庭園樹，生垣。材は建具類，つる植物の支柱，薪炭材などに用いる。**【形態】**幹は直立，分枝し，樹高 20m，ときに 28m に達することもあり，枝張りの大きい球状の樹形となる。樹皮は黒褐色または黒色で，小さな四角い浅い裂け目がある。若枝は鈍い灰茶色である。葉は互生で，同一の株でも葉形の変異が大きい。ほぼ卵形から披針形で長さ 3〜8cm，葉縁は裂片の深さ，鋸歯の形など様々であり，下枝の葉は刺端となることが多い。葉は 6 月頃，銀白色または淡黄色の毛に包まれて開葉する。のちに表面は光沢のある黒緑色となり，裏面は淡黄茶色の軟毛が密に残る。花は 6 月頃，新葉とともに開花，雄花は淡金色または銀灰色で穂状となり，長さ 4〜7cm，新枝に多数垂れ下がる。雌花は緑灰色の軟毛があり 2〜3 個，新枝の上部の葉脈につく。果実は卵形の堅果，殻斗は長さ 1.5〜2cm で果実の 1/2 ぐらいまである。2 年目に成熟する。**【特性】**陽樹。樹勢は強健で十分な日照を要求する。やや乾燥した暖地を好む。初期の生長は早い。都市環境下でも生育は良好。**【植栽】**繁殖はおもに実生による。**【管理】**せん定，整姿にも耐える。**【近似種】**変種としてヒロハウバメガシ var. *spinosa* などがある。**【学名】**種形容語 *ilex* はモチノキ属の意味。

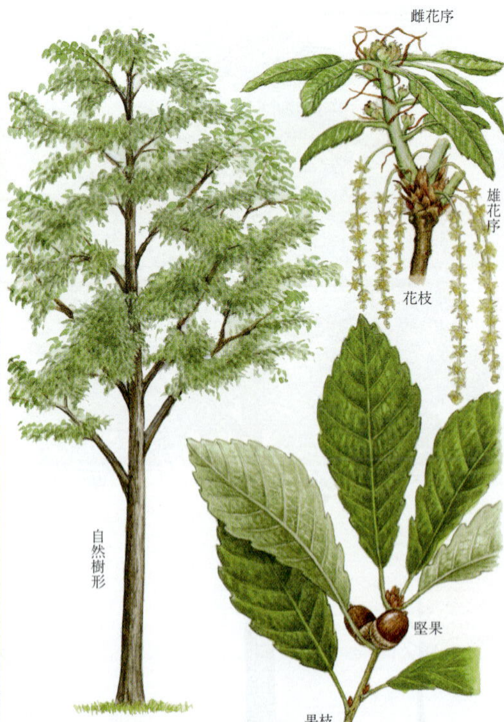

700. **ナラガシワ**（カシワナラ）　〔コナラ属〕
Quercus aliena Blume

【分布】本州（秋田，岩手県以南），四国，九州に分布。**【自然環境】**山地の雑木林にはえる落葉高木。**【用途】**器具，薪炭材，椎木。**【形態】**幹は直立し，高さ 25m，直径 90cm に達し，樹皮は灰色で堅く，不規則な裂け目があり，枝はやや太く，幼枝には毛があるがすぐ無毛となる。葉は互生，有柄，葉身は倒卵状長楕円形で大きく，長さ 10〜25cm，幅 4〜12cm，急鋭尖頭，基部はくさび形，葉縁には鈍い粗大鋸歯があり，質はやや厚く，表面深緑色，無毛，裏面は細かい星状毛が密生し灰白色，側脈は 9〜15 対，葉柄は長さ 1〜3cm。雌雄同株。4 月頃，新葉とともに開花，雄花序は新枝の下部の小鱗葉に腋生し，上部の葉腋に雌花序をつける。雄花序は長さ 6〜8cm，微毛の散生した淡緑色の軸に雄花を多数つけて下垂し，雄しべは 8〜9 本。雌花序は有毛の短い軸に 0.2cm ほどの長さの雌花を 3〜4 個総状につける。花柱は 3〜5 本で淡緑色。果実は年内に熟し，殻斗は高さ 0.8〜0.9cm，径 1.6cm くらいで椀形，褐色で白毛が密生する。鱗片は多数覆瓦状に並び，圧着する。堅果は長さ 1.5cm 内外，楕円状球形。**【特性】**西日本に多い。**【植栽】**繁殖は実生による。**【近似種】**葉の裏の星状毛のないものをアオナラガシワ f. *pellucida* (Blume) Kitam. といい，分布は母種に同じ。**【学名】**種形容語 *aliena* は変わった，の意味。

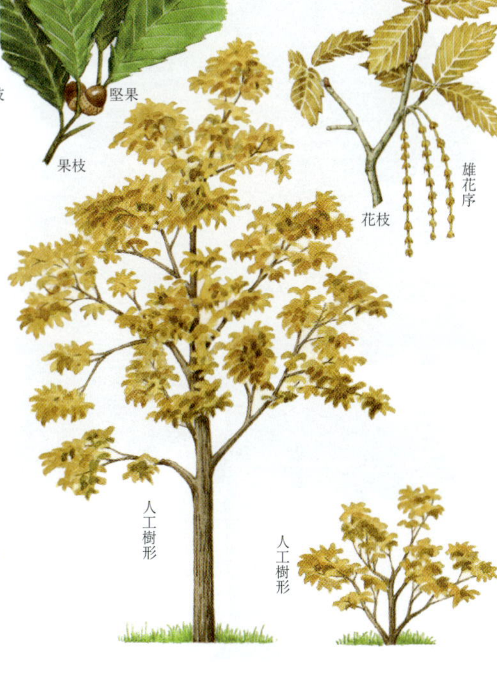

701. オウゴンカシワ　〔コナラ属〕

Quercus aliena Blume 'Lutea'

【分布】自生はなく，庭園に植えられる。母種はナラガシワで，本州（秋田，岩手県以南），四国，九州に分布。【自然環境】庭園に植栽される落葉高木。【用途】庭園樹，切花。【形態】母種は高さ 25m，直径 90cm にも達するが，これよりはるかに小さく，高さ 10m，直径 20cm ぐらいが限度。樹皮は厚く，暗灰褐色で不規則に裂け目が入る。葉は互生，有柄，枝端に集まる傾向がある。葉身は倒卵状長楕円形，長さ 10〜20cm，急鋭頭，基部はくさび形。葉縁に粗い波状鋸歯または鋭鋸歯がある。下面に星状毛を密生する。側脈は 9〜17 対。葉柄の長さは 1〜3cm。葉の色は黄金色で，ことに若葉のうちは美しい。4〜5 月，新葉とともに開花し，雄花序は新枝下部に出て，多数の雄花をつけて下垂し，長さ 7〜9cm，雌花序は葉腋に出て有毛，1〜2 個の雌花をつける。【特性】母種より黄色く見えるのは，葉緑素が少ないためで，それだけ樹勢は弱く，生長は遅い。葉の色以外の形状は母種と同じ。適潤で肥沃な向陽地を好む。【植栽】さし木はできない。繁殖は接木による。【管理】せん定は好まない。移植には弱い。【近似種】アオナラガシワ f. *pellucida* (Blume) Kitam. は母種に比べ，葉裏の星状毛がほとんどないもので，分布は母種と同じ。【学名】種形容語 *aliena* は変わった，園芸品種名 'Lutea' は黄色の，の意味。

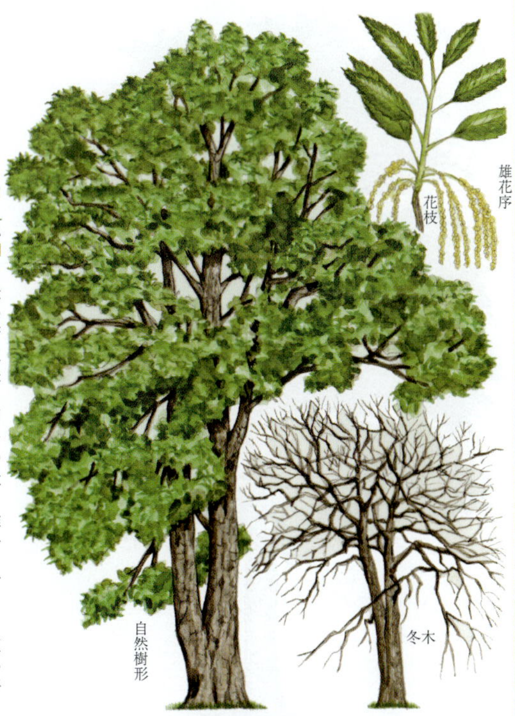

702. アベマキ（ワタクヌギ）　〔コナラ属〕

Quercus variabilis Blume

【分布】本州，四国，九州に分布。【自然環境】暖地の山林に自生し，また植林される落葉高木。【用途】皮はコルクの代用とされるほか，材は薪炭などに用いる。【形態】幹は直立し，高さ 17m，直径 60cm に達し，樹皮は厚く，灰褐色，粗大な深い割れ目が入り，コルク層が発達する。1 年枝は帯褐灰色で太く，初め白毛があり，のち無毛，皮目が多く突出する。葉は互生，有柄，葉身は長楕円状披針形で，長さ 10〜15cm，幅 3〜4cm，鋭尖頭，基部円形，葉縁に波状鋸歯があり，側脈が鋸歯の先より突出して芒となる。側脈は 9〜12 対で平行。上面深緑色，初め軟毛があり，のち無毛，光沢がある。下面は灰白色で，小星状毛が密生する。柄は 2.5〜3.5cm。冬芽は長卵形，先はとがり，20〜30 枚の芽鱗に包まれる。雌雄同株。花期は 5 月，雄花序は新枝の基部から多数出て下垂し，黄褐色。雌花は新枝に腋生する。堅果は 2 年目に熟し，褐色，球形で径 1.8cm ぐらい。殻斗は椀状，外側に多数の線形長鱗片を有し外反し，短毛が密にはえる。【特性】クヌギによく似ているが，成長はやや遅い。【植栽】繁殖は実生により，採りまきか，果実を乾かさないよう貯蔵しておき，春にまく。【学名】種形容語 *variabilis* は多形の，の意味。

703. カシワ 〔コナラ属〕
Quercus dentata Thunb.

【分布】北海道，本州，四国，九州。【自然環境】日あたりのよい山野に自生し，また人家に植える落葉高木。【用途】葉でもち菓子を包む。園芸品種は観賞用に庭園などに植える。【形態】幹や枝は太く樹形は粗大。高さ 17m，直径 60cm に達するものもある。樹皮は灰黒褐色で，深く裂ける。若枝は淡褐色で軟毛が密生し，縦に溝がある。葉は互生，枝先には束生し，有柄，葉身は大きく，長さ 10～30cm，幅 6～18cm，倒卵状長楕円形，鈍頭，基部はくさび形に狭くなり，縁に深い波状鈍鋸歯がある。上面濃緑色，初め星状毛が密生し，しだいに減少，裏面はやや灰白色で，褐色や黒色の小腺点が散在，短毛と星状毛が密生する。側脈は 8～12 対。葉質厚く，冬に枯れても落ちないで残る。冬芽は大きく，卵状長楕円形，鱗片は十字対生し，20～25 枚の芽鱗に包まれる。雌雄同株。雄花序は新枝の基部から下垂し，10cm ぐらい。雌花は新枝の先につく。殻斗は椀形，堅果の半ば以上を包み，ほとんど無柄，鱗片は外反する。堅果は球形，長さ 1.5～2cm，先端に花柱が残る。【特性】皮が厚く山火事でも生き残る。肥沃な深層土を好む。【植栽】繁殖は実生，採りまきによる。【管理】せん定を好まない。【近似種】ほかの同属のものと雑種をつくりやすく，3 種が知られている。園芸品種もハゴロモガシワはじめいくつかある。【学名】種形容語 *dentata* は牙歯のある，の意味。

704. クヌギ（ツルバミ） 〔コナラ属〕
Quercus acutissima Carruth.

【分布】本州，四国，九州に分布。【自然環境】山林に自生，また植林される落葉高木。【用途】器具，椙木，薪炭，染料など。【形態】幹は直立し，高さ 17m，直径 60cm に達し，樹皮は厚く，深い裂け目が密に入り，灰褐色。枝は太く少ない。幼枝は初め軟毛が密生，のち無毛。葉は互生，有柄，長楕円形または長楕円状披針形，鋭尖頭，基部円形，左右不整，葉縁に波状鋸歯があり，側脈が葉身の外までのびている。葉身の長さ 8～15cm，幅 2～4cm，初め両面に軟毛密生，のち上面無毛，緑色，下面は淡緑色，脈腋を除いて無毛，側脈は 12～16 対。冬に葉は枯れるが，新芽展開時まで落ちない。柄は 0.5～2cm。冬芽は灰褐色，粗毛があり，芽鱗は 20～30 枚。雌雄同株。雄花序は新枝の基部に出て細長く下垂，長さ 10cm，軟毛が密生し，雄花は褐色，雄しべは 3～6 個。雌花序は新枝の上部に腋生，1～3 個の雌花をつけ，花柱は 3。堅果は 2 年目の秋に熟し無柄，褐色，大形でほぼ球形，直径 2～2.5cm，コナラ属中で最大のドングリである。殻斗は大形で横形，細長い鱗片多数が外周にらせん状に並び，外側にそり返り，灰白色の短毛が密生する。【特性】肥沃地では生育が早い。【植栽】繁殖は実生による。採りまきか，果実を地中に貯えておいて春まく。【管理】虫えいを取り除く必要がある。【学名】種形容語 *acutissima* は最もとがった，の意味。

705. コルクガシ　〔コナラ属〕
Quercus suber L.

【原産地】地中海西部沿岸地方。【分布】日本では太平洋沿岸暖地にわずかに植栽される。【自然環境】温暖な気候で排水良好な日あたりのよい深い土層か，南または東に面した斜面が生育に適する常緑高木。【用途】樹皮からコルクをとり防音，防湿，断熱材などに利用される。【形態】幹は直立するが分枝し，枝は横に広がる。樹高 20m，幹の直径 1.5m に達する。樹齢 250 年。樹皮のコルク層が著しく発達し 4～5cm に及ぶ。葉は楕円形で長さ約 4cm，革質でやや厚く，表面は濃緑色で光沢があり，裏面は灰白色。波状の粗鋸歯がある。葉脈は中肋の左右に並行に斜走する。晩春に新梢の基部に雄花の花穂が垂下し，雌花は枝先の節につく。初冬に果実は熟し落下する。果実はドングリ状でやや大きく，楕円形をなし，長さ 3～4cm で先がとがる。【特性】根の直根が幼苗時でも 1m くらいにものび，移植の際に直根を切ると樹の生長が阻害され，順調に生育しなくなるので，移植の際には直根を切らないようにしなければならない。深根性なので深い土層あるいは直根が斜面にそってのびられるような傾斜地に植栽する。平地で土の浅い場合は樹が大きくなってから傾伏しやすい。【管理】コルク樹皮の剥皮は夏期に行うとはがれやすい。種子の寿命は短いので，種子落下後早くまくようにする。【学名】種形容語 *suber* はコルクの意味。

706. ウバメガシ（ウマメガシ）　〔コナラ属〕
Quercus phillyreoides A.Gray

【分布】本州（房総半島以西），四国，九州，沖縄，中国に分布。【自然環境】暖地の海辺に自生する常緑小高木，ときに低木。【用途】薪炭材として最高級，防潮・防風用生垣，丸刈用に公園や庭園に植栽。【形態】大きなものは高さ 15m，直径 60cm に達し，枝葉を密につけ，樹皮は灰黒色で浅く縦に裂け目が入るが，多くは 3～5m で細かく分枝する。幼枝には淡黄褐色星状毛が密生する。葉は互生，有柄，葉身は厚い革質で小さく，長さ 3～5cm，幅 1.5～3cm，広楕円形または倒卵状楕円形，鋭頭または円頭，基部円形かやや心臓形。葉縁は内曲し，上半部に波状の粗鋸歯があり，上面濃緑色，下面には白色星状毛が残る。側脈は 5～8 対あるが不明瞭。葉柄は 0.5cm で星状毛密生。雌雄同株。4 月に新葉とともに開花し，雄花序は新枝の下部に腋生，雄花多数をつけ下垂，雌花序は新枝上部の葉腋につき，径 0.7cm ぐらいの雌花を 2～3 個つける。風媒。果実は翌年秋熟し，殻斗は椀状で，総苞鱗片は瓦状に並ぶ。堅果は高さ 1.8cm，径 1.2cm ぐらいで，殻斗から 3/4 ほどとび出し，底部は切形。【特性】土質を選ばない。生長は遅いほう。【植栽】繁殖は実生による。【管理】強い刈込みに耐え，萌芽力強い。病害虫はない。【近似種】ビワバガシ（チリメンガシ）f. *crispa* (Matsum.) Kitam. et T.Horik. は変種でビワの葉を小さくしたような形をしている。愛知県（甚古山）に自生するが多くは植栽される。

707. アラカシ 〔コナラ属〕

Quercus glauca Thunb.

【分布】本州（福島県以南），四国，九州，沖縄。朝鮮半島，台湾，中国，アジア東南部。【自然環境】暖帯の山野に自生する常緑高木。【用途】材は薪炭用のほか諸種の用に供される。とくに関西では生垣や丸刈ものに植栽する。【形態】幹は直立，高さ20m，直径60cmに達し，枝葉を密につける。樹皮は帯緑暗灰色，大きな割れ目はなく，表面は粗い。幼枝は淡緑紫色で，淡褐色の毛がある。葉は互生，有柄，革質，葉身は長楕円状披針形または倒卵状楕円形で，長さ5〜13cm，幅3〜6cm，尖頭，基部鋭形または鈍形，葉縁の上半部に鋭鋸歯があり，下半部は全縁。成葉は表面濃緑色で滑沢，裏面灰白色で無毛，脈上に初め白色の細毛があるが，しだいに無毛となる。葉柄は長さ1.5〜2.5cm。雌雄同株。4〜5月に新葉とともに開花，雄花序は新枝に単独で出るものと，雄花序をつけた新枝の下部に出るものとがあり，多数の雄花をつけて下垂。雌花序は新枝上部に1花序ずつ腋生，2〜3個の雌花をつける。風媒。果実は年内に熟し，球状楕円形，多くの縦線が見える。殻斗は皿形で灰緑色，環状に並ぶ鱗片は通常7層くらいある。【特性】生長は早い。【植栽】繁殖は実生による。園芸品種はさし木か接木でふやす。【近似種】葉端が羽状に裂けるヒリュウガシ‘Lacera’，葉脈間に白紋が入るヨコメガシ‘Fastigiata’がある。【学名】種形容語 *glauca* は灰青色の，の意味。

708. シラカシ 〔コナラ属〕

Quercus myrsinifolia Blume

【分布】本州（福島県以南），四国，九州，朝鮮半島，中国に分布。【自然環境】暖地の山野に自生し，また人家の庭に植えられる常緑高木。【用途】防風・防火，目隠し用や生垣などに植栽。材は道具の柄や器具，櫓木などに用いる。【形態】幹は直立，高さ20m，直径60cmに達し，枝葉を密につける。樹皮は灰黒色，平滑または小さな突起が連続し割れ目はない。葉は互生，有毛，薄い革質で，葉身の長さ5〜12cm，幅2〜3cm，披針形または長楕円状披針形，長鋭尖頭，基部鋭形または鈍形，葉縁の上半部に凸頭の粗鋸歯がある。上面緑色で滑沢，下面灰白色で平滑，両面無毛，側脈が目立ち，葉柄の長さ1〜1.2cm。雌雄同珠。4〜5月頃に新葉とともに開花，雄花序は新枝に尾状に出るか，頂芽ののびた新枝の上部に腋生し，雌花序の下部に出る。いずれも多数の雄花をつけて下垂。雌花序は新枝の上部に腋生し，2〜4個の雌花を総状につける。1花の径は0.1cm。風媒。果実は年内に熟し，殻斗は底の狭い椀状で，環状に並ぶ鱗片は9層ぐらいある。堅果は広楕円形，円頭，高さ1.4cm，径1cm内外。【特性】カシ類の中で最も耐寒性がある。肥沃土を好む。【植栽】繁殖は実生による。【管理】せん定によく耐え，萌芽力が強い。特別な病害虫はない。【学名】種形容語 *myrsinifolia* はツルマンリョウ属 *Myrsine* のような葉をした，の意味。

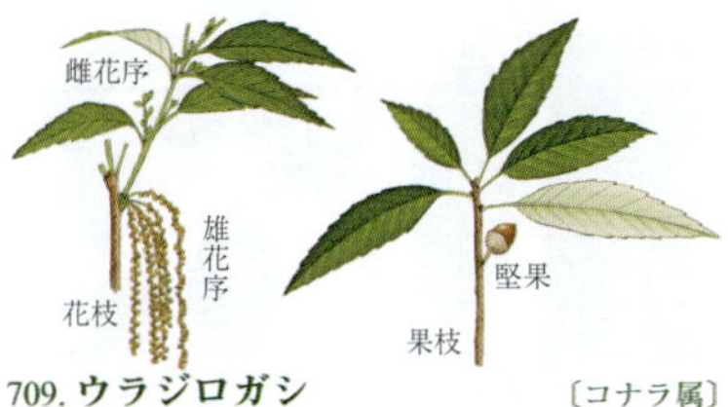

709. ウラジロガシ 〔コナラ属〕
Quercus salicina Blume

【分布】本州（宮城県南部以南），四国，九州，沖縄，済州島，台湾に分布。【自然環境】暖帯の山野に自生する常緑高木。【用途】器具，薪炭用のほか，名古屋地方では庭園樹としてさかんに利用する。【形態】幹は直立，枝葉を密につけ，高さ20m，直径1mに達し，樹皮は灰色または灰黒色，老木になっても平滑。幼枝は淡黄褐色の軟毛密生。葉は互生，有柄，葉身は薄い革質，披針形か広披針形，長鋭尖頭，基部は鋭形または鈍形，長さ9〜15cm，幅2.5〜4cm，葉縁は下から1/3以上に鋭鋸歯がある。上面は濃緑色，無毛で光沢があり，下面はロウ質をかぶり灰白色で無毛，側脈はよく目立ち，葉柄は1〜2cm。雌雄同株。4〜5月に新葉の展開とともに開花，雄花序は新枝の下方に生じ，多数の雄花をつけて下垂。雌花序は新枝の上部葉腋に出て，0.5cm内外の軸に2〜4個の雌花を総状につける。雌花は径0.1cmで3花柱，柱頭は幅広くそり返る。風媒。果実は翌年秋熟し，殻斗は椀状で，底はせばまり，環状の総苞鱗片は7層くらいあり，淡灰緑色で，微毛密生，辺縁に欠刻がある。堅果は広卵状楕円形で高さ1.7cm内外。【特性】シラカシより寒さに弱い。生長は早い。【植栽】繁殖は実生による。【管理】特別な病害虫はない。【学名】種形容語 *salicina* はヤナギのような，の意味。

710. アカガシ 〔コナラ属〕
Quercus acuta Thunb.

【分布】本州（宮城県以南），四国，九州，朝鮮半島南部，台湾，中国に分布。【自然環境】暖帯の山地に自生し，また人家近くに植栽される常緑高木。【用途】庭園樹として植え，材はシラカシより高級で名前のように赤みがあり，器具や船舶，建築，榾木など広く使われる。【形態】幹は直立し，枝葉は密に繁茂し，樹形は雄大，高さ20m，直径70cmに達する。樹皮は灰黒色，粗渋で厚く，老木になると縦に割れ目が入る。幼枝は初め赤褐色，長軟毛が密生し，のち無毛となる。葉は互生，有柄で革質，葉身は大きく，長さ8〜15cm，幅3〜5cm，長卵形か卵状楕円形，急鋭尖頭，基部円形または鈍形，葉縁に少し波状鋸歯があるが全縁に近い。表面波緑色で光沢があり無毛，下面淡緑色で無毛，側脈はよく目立ち，葉柄は長いほうで1.7〜3cm。雌雄同株。5月に葉の展開とともに開花し，雄花序は新枝の下方につき，雄花を密につけて下垂。雌花序は新枝の上部に腋生，2〜4個の雌花をつける。風媒。果実は翌年秋熟し，殻斗は底の広い椀状で，環状の総苞鱗片は6〜7層くらいある。【特性】暖地の肥沃土を好む。生長はやや早い。【植栽】繁殖は実生による。【管理】強いせん定に耐え，移植が可能。【近似種】ツクバネガシとよく似ているが，それより葉柄長く，葉は広く先端に鋸歯がない。【学名】種形容語 *acuta* は鋭い形の，の意味。

711. ツクバネガシ　〔コナラ属〕

Quercus sessilifolia Blume

【分布】本州（宮城県南部以南），四国，九州に分布。**【自然環境】**暖帯の山地に自生する常緑高木。**【用途】**器具や機械，船舶また梢木などに用いられる。**【形態】**幹は直立し，高さ20m，直径60cmに達し，樹皮は灰黒緑色，縦に割れ目が入る。葉は互生，有柄，葉身は長楕円状倒披針形，長さ5～12cm，幅3～4cm，急鋭尖頭，基部は鈍形または鋭形，革質で光沢があり，葉縁の上半部に低鋸歯があるほかは全縁，上面濃緑色で無毛，下面淡緑色，初め星状毛が密生するがのち無毛，側脈は5～12対，柄はアカガシよりはるかに短く0.4～1.2cm。雌雄同株。5月に新葉とともに開花，雄花序は新枝に腋生し，多数の雄花をつけて下垂。雌花序は新枝の上部葉腋につき，淡褐色毛を密生した短軸に，雌花を2～4個総状につける。雌花は3花柱あり，緑色，柱頭の幅は広くそり返る。風媒。果実は翌年の秋に熟し，殻斗は椀状で，6～7層の環状の総苞鱗片があり，淡褐色微毛が密生し，辺縁は浅い欠刻が少しある。堅果は殻斗から2/3くらいとび出し，高さ1.5～1.8cm，径1～1.2cmくらいで，縦線が見える。**【特性】**暖地の肥沃の壌土を好む。**【植栽】**繁殖は実生による。**【近似種】**ツクバネガシとアカガシの雑種にオオツクバネガシ*Q.* × *takaoyamensis* Makinoがある。**【学名】**種形容語*sessilifplia*は無柄葉の，の意味。

712. イチイガシ　〔コナラ属〕

Quercus gilva Blume

【分布】本州（関東南部以西），四国，九州，済州島，台湾，中国に分布。**【自然環境】**暖地の山地に自生する常緑高木。**【用途】**公園や社寺に植えられ，とくに関西以西に多い。材は器具その他に用いられる。**【形態】**幹は直幹性で壮大，高くそびえ，高さ30m，直径1.7mに達し，樹皮は灰黒褐色，薄片になってはがれる。幼枝は黄褐色星状毛が密生し，のち無毛となる。葉は互生，有柄，葉身は革質，倒披針形か広倒披針形，長さ5～15cm，幅2～3cm，急鋭尖頭，基部鋭形または鈍形，葉縁上半部に短鋸歯がある。表面は深緑色，初め星状毛があり，すぐ無毛となる。裏面は黄褐色，同色の星状毛が密生し，側脈はよく目立ち，葉柄は長さ1～1.5cm。雌雄同株。5月に新葉とともに開花，新枝の下部葉腋に出て，多数の雄花をつけて下垂。雌花序は新枝の上部葉腋につき，淡黄褐色星状毛の密生した短軸に2～3個の雌花をつける。風媒。果実は年内に熟し，殻斗は椀状で，環状の総苞鱗片は6～7層見え，淡黄褐色の毛が密生する。堅果は高さ2cmくらい，楕円形，上部には花被，花柱を残存する。**【特性】**生長は早くはない。**【植栽】**繁殖は実生で，採りまきによる。**【管理】**せん定に耐える。特別な病害虫はない。**【学名】**種形容語*gilva*は赤みのある黄色の，の意味。和名イチイガシのカシはカシの類であること，イチイは意味不明。

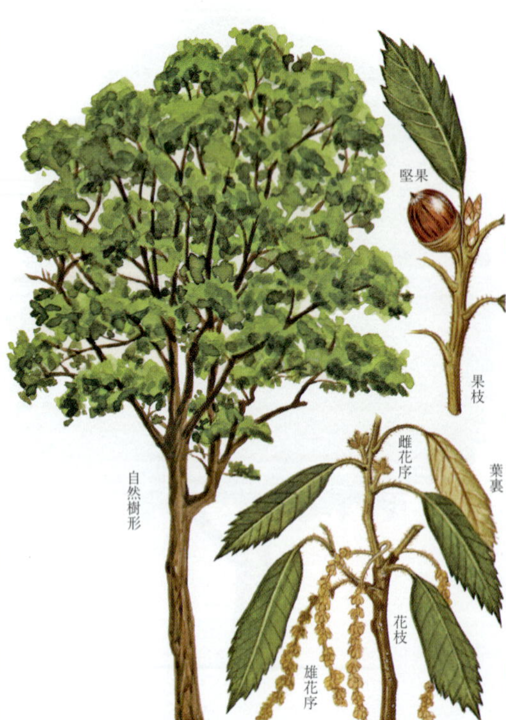

713. シリブカガシ 〔オニガシ属〕

Lithocarpus glaber (Thunb.) Nakai

【分布】本州（近畿以西）四国，九州，沖縄，台湾，中国に分布。【自然環境】暖地に自生する常緑高木。【用途】果実は食用，材は器具，薪炭。【形態】幹は直立して分枝し，高さ 15m に達する。樹皮は暗灰色，割れ目はない。幼枝は淡黄褐色で短毛を密生，のちに灰黒色となる。葉は互生，有柄，葉身は革質，倒披針形または長楕円形，短鋭尖頭，基部はしだいに狭くなるくさび形，長さ 8〜12cm，幅 3〜5cm，全縁，表面は黄緑色，光沢があり，裏面の葉脈にそって短毛があるが，のちに脱落，脈間に密毛が残って銀白色に見える。側脈はよく目立ち，葉柄の長さは 1〜1.5cm。雌雄同株。9〜10 月に開花，当年枝の先端または上部に雄花序，下部に雌花序をつけるのが多いが，この逆あるいは雌雄別々につくこともある。雄花序は 5〜8cm，軸には淡褐色の毛が密生し，雄花を多数つけて上向き。雄しべは 10 本内外。雌花序は 10〜13cm で直立し，軸は淡黄緑色で短毛が密生し，雌花を多数総状につける。果実は翌年秋に熟し，半数は不熟の小さい殻斗に包まれたまま残る。熟したものは浅い椀状の殻斗を有し，多数の鱗片は瓦状に圧着している。堅果は広卵形または長楕円形，長さ 1.5〜2cm，座は円形に深くへこみ，これが和名のもとになっている。【特性】適湿の肥沃地を好む。【植栽】繁殖は実生による。【学名】種形容語 *glaber* は無色の，の意味。

714. マテバシイ 〔オニガシ属〕

Lithocarpus edulis (Makino) Nakai

【分布】九州に自然分布する。【自然環境】暖地の山地に自生し，また植栽される常緑高木。【用途】果実は食用。防風・防火のほか造園用に広く植栽される。【形態】幹は株もとから分枝することが多く，枝は広く広がり，高さ 15m，直径 1m に達し，樹皮は暗褐色，平滑，新枝は無毛。葉は密に繁茂し，互生，有柄，葉身は大形で，倒卵状広披針形または倒卵状長楕円形，長さ 8〜18cm，幅 3〜8cm，短鋭尖頭，鈍端，基部はくさび形，全縁，厚い革質で，上面深緑色，光沢があり，下面帯褐灰緑色，幼時に下面主脈の上と葉柄に斜上毛があるほかは無毛。側脈はよく目立つ。葉柄は長さ 1〜2cm。雌雄同株。花期は 6 月，雄花序は新枝の葉腋から上向し，長さ 5〜9cm で黄褐色。雌花序は雄花序の上位につくか，また枝端に雌花序をみつけることもある。堅果は翌年の秋に熟し，光沢ある褐色で，卵円形または長楕円形，鋭頭，長さ 2〜2.5cm，殻斗は椀状で外側に鱗片が密着して並び，灰白色の短毛が密生。【特性】肥沃な探い壌土を好むが，乾燥にも耐える。生長は早い。食味はシイ属のものより劣る。【植栽】繁殖は採りまきによる。【管理】萌芽力が強く，せん定に耐える。とくに病害虫はない。【学名】種形容語 *edulis* は食べられる，の意味。和名マテバシイのマテは九州地方の方言であるが意味は不明。

715. ツブラジイ (コジイ) 〔シイ属〕

Castanopsis cuspidata (Thunb.) Schottky

【分布】本州(関東以西), 四国, 九州, 沖縄, 台湾, 中国に分布。**【自然環境】**暖地に自生, また植栽される常緑高木。**【用途】**果実は食用。風致樹として公園に, 防火・防風や生垣などの目的で庭園に植える。**【形態】**幹は直立するがよく分枝し, 多くの葉をつけ, 高さ25m, 直径1.5mに達し, 樹皮は黒灰色を呈し, ふつう平滑で, ときに浅い割れ目が少し入る。若枝は緑褐色, 鱗毛を散生する。葉は互生, 有柄, 葉身は楕円状広披針形, 鋭尖頭, 基部は広いくさび形, 長さ5～10cm, 幅2～3cm, 革質で, 上面やや光沢があり深緑色, 上半部に鈍鋸歯があり, またはほとんどなく, 初め有毛, のち無毛。下面は灰褐色, ときに銀灰色の鱗毛が密生する。雌雄同株。5～6月開花。雄花序は新枝の下部葉腋につき, 上向する尾状花序となり, 先は垂れ, 黄色で, 長さ5～10cm。雌花序は雄花序より上位の葉腋に出て上向し, 長さ5～8cm, 10～20個の雌花をつける。虫媒。果実は翌年秋熟し, 堅果は尖頭球形, 赤褐色, 径0.8～1cm, 総苞は堅果を完全に包み, 径0.9～1.1cmの卵円形で先はとがる。表面に輪状の突起が10段ぐらいあり, 灰褐色の短毛が密生し, 熟して褐色, 3裂する。**【特性】**西日本に多い。肥沃地を好み, 暖地産であるが耐寒性がある。**【植栽】**繁殖は実生による。**【近似種】**スダジイの項参照。**【学名】**種形容語 *cuspidata* は凸頭の, の意味。

716. スダジイ (シイ, イタジイ) 〔シイ属〕

Castanopsis sieboldii (Makino) Hatus. ex T.Yamaz. et Mashiba

【分布】本州(福島県, 新潟県以南), 四国, 九州, 沖縄, 済州島に分布。**【自然環境】**暖地に自生する常緑高木。**【用途】**果実は食用にし, 公園に風致樹として植える。庭園には防火・防風・防潮や生垣などの目的で植える。**【形態】**幹は高さ25m, 直径1.5mに達し, 樹冠は広円形を呈する。樹皮は黒灰色, 初め平滑, しだいに縦に深い割れ目が入る。多く分枝し, 若枝は緑褐色, 鱗毛を散生する。葉は密生して互生, 有柄, 葉身は楕円状広披針形, 鋭尖頭, 基部鋭形, 長さ5～15cm, 葉質は厚い革質, 上面深緑色, 下面は灰褐色で, 淡褐色の鱗屑をかぶり, 葉縁上半部に鈍鋸歯があることが多い。雌雄同株。5～6月開花。新枝の葉腋に長さ8～12cmの上向する尾状の雄花序をつけ, 先は垂れ, 黄色で強烈な臭いを放つ。雌花序は雄花序よりやや短く, 上位の葉腋に出る。虫媒。堅果は翌年秋熟し, 円錐状卵形で鋭頭, 長さ1.5cm, 黒褐色, 乾けば褐色。総苞は堅果を完全に包み, 表面に輪状の突起が10段くらいあり, 尖頭長楕円形をなし, 径1.7～2cm, 熟して3裂する。**【特性】**肥沃地を好む。西日本に多いツブラジイよりも耐寒性がある。**【植栽】**繁殖は実生による。**【近似種】**ツブラジイに近いが, 葉がより大きく肉厚で, 堅果が縦長であり, 樹皮に縦のすじが著い。**【学名】**種形容語 *sieboldii* は人名で, シーボルトの, の意味。

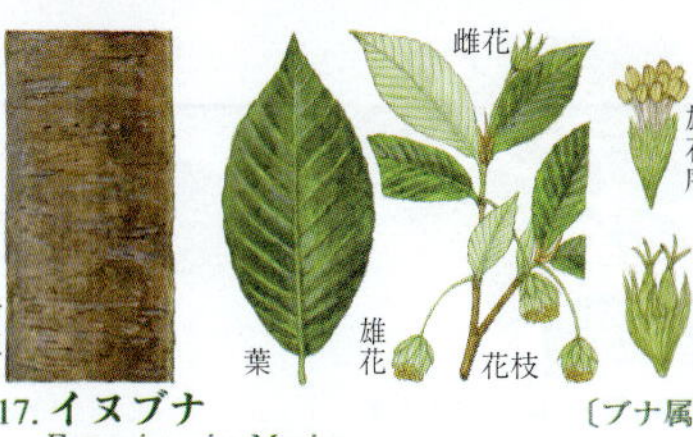

717. イヌブナ 〔ブナ属〕
Fagus japonica Maxim.

【分布】本州，四国，九州。【自然環境】山地帯に自生する落葉高木。【用途】ブナと同様に器具，家具，合板などに用いられるが，ブナより材質が劣るのでイヌブナの名がつく。【形態】幹は単生または数本の株立ちとなり，地ぎわから多くの幼幹を出すことが多い。高さは25m，直径70cmに達し，樹皮は暗灰褐色，いぼ状の皮目がつながる。若枝は灰紫色で淡褐色の長軟毛が密生，のち無毛となり，長楕円形の皮目が多い。葉は互生，有柄，葉身は楕円形，長さ5～10cm，幅3～6cm，鋭尖頭，鈍端，基部は広いくさび形，葉縁には低い波状鋸歯があり，側脈は10～14対，鋸歯の底部に向かう。若葉のうちは両面軟毛があり，のち表面無毛で鮮緑色，裏面は帯白淡緑色で伏毛が残り，葉脈にはとくに多い。葉柄は長さ0.4～0.9cm。雌雄同株。花期は4～5月。雄花序は多数の小黄花が集まり球形，柄は細く，長さ2.5～4.5cm，長軟毛があり，下垂。雄しべは10～12個。雌花序は新枝の上部葉腋に出て長柄があり上向き，長さ2.5～3cmで長軟毛がある。雌花は総苞に囲まれ，細い6片の花被を有し，子房は長卵形で3花柱。果柄は細く下垂。殻斗の深さは堅果の3分の1，熟すと4裂する。風媒。堅果は三角錐形。【特性】太平洋側でブナより低い所に分布する。急斜面にも耐えて生育する。【植栽】繁殖は実生による。【学名】種形容語 *japonica* は日本の，の意味。

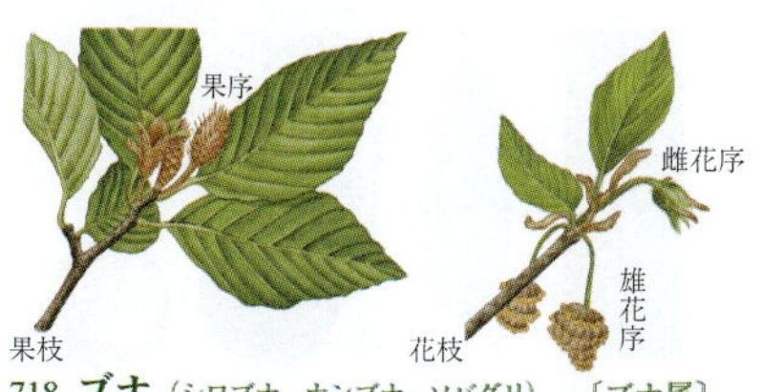

718. ブナ（シロブナ，ホンブナ，ソバグリ） 〔ブナ属〕
Fagus crenata Blume

【分布】北海道南西部，本州，四国，九州。【自然環境】山地帯にはえる落葉高木。【用途】器具，家具，合板，パルプなど。【形態】幹は直立し，高さ30m，直径1.7mに達し，樹皮は灰白色から暗灰白色，平滑で割れ目はない。地衣の斑紋がついていることが多い。若枝には黄褐色の軟毛があり，のちに無毛，長い皮目が多い。葉は互生，有柄，葉身は広卵形または菱形状楕円形，左右不等，長さ5～10cm，幅3～6cm。先端は鋭頭，基部は広いくさび形，葉縁に波伏の鈍鋸歯があり，側脈は7～11対，表面は初め長毛があり，のち無毛，裏面脈上のみ有毛。葉柄は長さ0.5～1cm。冬芽は披針形で先端がとがり，18～26枚の芽鱗に包まれる。雌雄同株。開花は5月。雄花序は長柄，新枝下部の葉腋より下垂する。柄には長軟毛が密生し，雄花は6～15個，雄しべは10～16。雌花序は新枝の上部から腋生して，長軟毛の密生する柄があり，上向きで頭状。子房は卵形で3花柱。風媒。堅果は3稜形。【特性】適湿の肥沃地を好む。【植栽】繁殖は実生による。【近似種】アメリカブナ *F. grandifolia* Ehrh. は葉に小鋸歯がある。

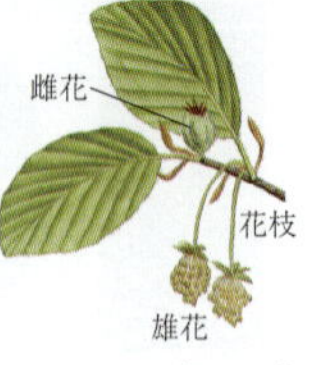

719. ヨーロッパブナ 〔ブナ属〕

Fagus sylvatica L.

【原産地】ヨーロッパ。【分布】ヨーロッパに広く見られ，北は北緯60度まで，東は黒海沿岸まで分布。【自然環境】適湿な山地や平地に自生，または植栽される落葉高木。【用途】公園樹，庭園樹。材は建築，家具材やパルプなどに広く用いる。中世では果実をブタの飼料とした。【形態】幹は直立，分枝し高さ24〜30m，幹の直径約2m。樹皮は灰色で平滑。葉は互生，有柄，葉身は卵形ないし楕円形で先端がとがり，縁には粗い鋸歯がある。長さ6〜10cm，幅3〜5cm，幼時下面に絹毛があり，成葉は上面暗緑色，下面淡緑色。秋に紅葉する。冬芽は長紡錘形。雌雄同株で，花は新芽とともに開花。雄花は新枝の下部から長い柄で垂れ下がる。雌花は新枝の上部の葉腋から出る。殻斗は直立し長さは2.5cm。【特性】陰樹。生長は比較的遅く，適潤で肥沃な土壌を好む。大気汚染には弱い。【植栽】繁殖は実生による。秋採種した種子を春床まきする。移植力は鈍い。【管理】ほとんど手入れの必要がなく，数年に1度枝抜きすればよい。せん定は落葉期。とくにかん水，施肥の必要はない。病害虫は比較的少ない。【近似種】シダレブナ var. *pendula* や，ムラサキブナ var. *purpurea* などの変種があり，庭園樹によく用いられる。【学名】種形容語*sylvatica*は森林生の，の意味。

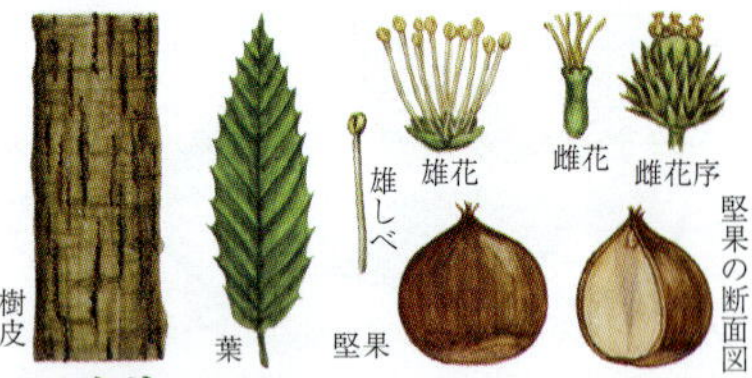

720. クリ（シバグリ） 〔クリ属〕

Castanea crenata Siebold et Zucc.

【分布】北海道（西南部），本州，四国，九州。【自然環境】丘陵帯から山地帯下部の林にごくふつうに自生し，また広く植栽される落葉高木。【用途】果実は食用，花は蜜源，材は建築，家具，土木，船舶，榾木など広く用いられる。【形態】幹は直立し，高さ17m，直径60cmに達し，樹皮は灰色から黒褐色，若木のうちは平滑，老木になると縦に深い割れ目が著しい。1年枝は灰白色の短毛があり皮目は多い。葉は互生，有柄，長楕円状披針形，鋭尖頭，基部鈍形または心臓形，左右不整，葉縁には波状の鋸歯があり，側脈が突出して芒状となるが，クヌギより短い。葉身の長さは8〜15cm，幅3〜4cm。上面深緑色で平滑，下面淡緑色で小腺点があり，脈上は有毛，側脈がめだつ。冬芽は広卵形，先はとがり，3〜4枚の芽鱗に包まれる。雌雄同株。花期は6月。雄花序は新枝の下方の葉腋に直上し，長さ15cmぐらい，多数の黄白色の雄花をつけ，においが強く，虫媒。雌花は雄花序の下部につき，無柄，3個の雌花が集まり，細い鱗片からなる総苞に包まれ，花柱は5〜9。果実はイガに包まれて年内に熟し，4裂して1〜3個の堅果が脱落する。【特性】陽樹で生長は早い。【管理】病害虫に弱い。せん定は不可。移植に弱い。クリタマバチがつかない品種を選ぶ。【学名】種形容語*crenata*は鈍鋸歯のある，の意味。

721. ヨーロッパグリ（セイヨウグリ）〔クリ属〕

Castanea sativa Mill.

【原産地】地中海沿岸，小アジア。【分布】イタリア，フランス，スペインなどラテン系諸国に分布。【自然環境】温暖な乾燥気候を好む落葉高木。【用途】果実を食用とする。マロングラッセは本種を原料としている。材よりタンニンをとる。【形態】幹は直立し，枝は太く平滑，葉は長楕円状披針形，粗鋸歯縁。花は6月，雌雄同株，雄花序は約20〜50cm。芳香を放つ虫媒花。雌花は主枝の先端2〜3本の枝より出た雄花序の基部に1〜3個着生する。果実は堅果で，いがの中に1〜3個入っている。果皮暗褐色，渋皮は果肉内にかん入し除去を困難にしている。【特性】深根性，陽樹，耐寒性大。【植栽】繁殖は実生または接木による。陽樹なので植栽距離を広げて植える。【管理】クリの結果習性は前年中にのびた結果母枝の頂部3〜4芽から出た結果枝に結果する。樹冠の内部にできた細い枝には雌花がつきにくいので，樹冠の内部まで日が入るよう注意してせん定する。セイヨウグリは湿度の高い日本の気候に合わず，また胴枯れ病に弱いため，数度の導入試作が行われたが成功せず，現在ほとんど栽培されていない。【学名】属名の *Castanea* はギリシャ語の kastana（クリ）からきた古代ラテン名，種形容語の *sativa* は栽培する，の意味。

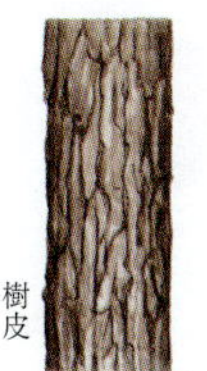

722. アマグリ（シナアマグリ，チュウゴクグリ）〔クリ属〕

Castanea mollissima Blume

【原産地】中国。【分布】中国河北省，河南省，山東省，朝鮮半島。日本での気候風土には合わず，ほとんど栽培されていない。【用途】果実を食用とする。いわゆる天津甘栗は中国より輸入されているアマグリで堅果は小粒，砂糖を混ぜた砂で焼き，少量の油を加え乾燥を防いでいる。【形態】中国北部では非常に高木となっているが，南進するにしたがい矮性化する傾向がある。葉は卵状長楕円形を呈し，縁は粗鋸歯状，裏面に短毛がはえている。雌雄同株。雄花は総状に多数つく。果実は1つのいがに2〜3個入っている。堅果は甘味多く，渋皮ははげやすい。【特性】耐寒性大。深根性の陽樹。【植栽】繁殖は実生，または接木による。中国では台木としてモーバングリ *C. seguinii* を使用している。【管理】結果習性は前年出た枝(結果母枝）から出た枝が結果枝となる。日あたりの悪い枝には雌花はつきにくいので，樹冠内部まで日のあたるように注意してせん定する。【近似種】高知県のボウジグリ（傍士栗）は華中系のもので実生より選抜されたものであるが，クリタマバチに弱く，経済品種となりえないでいる。【学名】属名 *Castanea* はギリシャ語の kastana（クリ）からきた古代ラテン名，種形容語 *mollissima* は非常に軟らかいという意味。

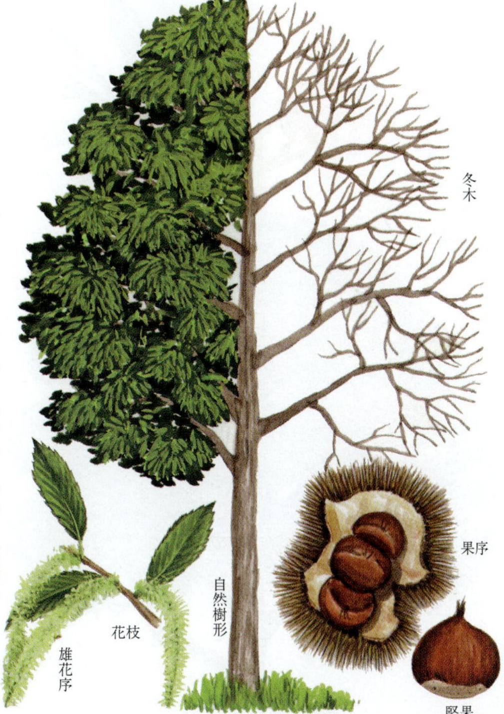

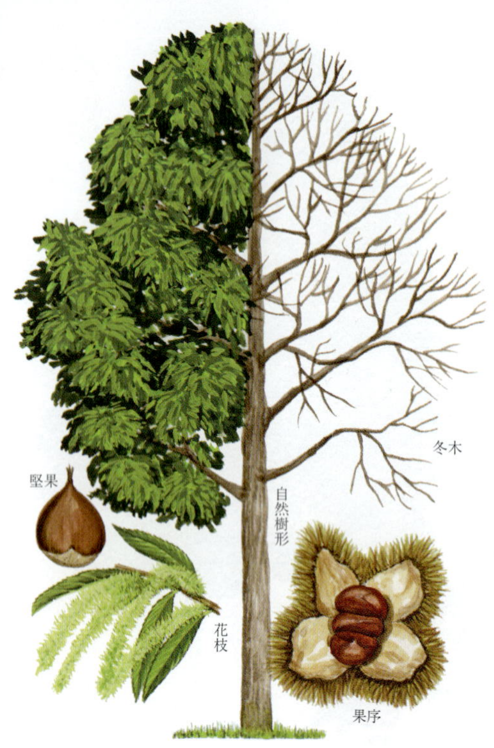

723. アメリカグリ 〔クリ属〕
Castanea dentata (Marshall) Borkh.

【原産地】米国およびカナダ。【分布】米国中西部，西海岸地帯，カナダ南部。日本にはほとんど植えられていない。【自然環境】冷涼な気候を好む落葉高木。【用途】材は鉄道枕木，牧場柵として用いられ，またタンニンの採取原料となる。果実は食用となり，味はよいが，小形で経済価値に乏しい。【形態】高さ 30m にも達する大木となる。幹は灰褐色，樹皮は浅く裂ける。葉は長楕円状披針形を呈し，先端はとがる。粗鋸歯縁。堅果は1つのいがに 2～3 個入っている。ヨーロッパグリに比し小形。【特性】耐寒性大，胴枯れ病に非常に弱い。従来，米国における本種の生産地は東北部各州であったが，胴枯れ病まん延のため，主産地は中西部，西海岸地方に移っている。米国政府は，本種によるタンニンの生産が，世界の需要の半分をまかなっていることを考慮し，胴枯れ病に強いチュウゴクグリおよびニホングリを導入し，大規模な品種改良を開始し，現在その成果が出始めている。【植栽】繁殖は実生または接木による。【管理】樹の仕立て，せん定など，特別の集約的な管理は行われていない。【学名】属名 *Castanea* はギリシャ語の kastana（クリ）からきた古代ラテン名，種形容語 *dentata* は歯牙のあるという意味。

724. ヤマモモ 〔ヤマモモ属〕
Morella rubra Lour.

【分布】本州（房総半島南部，福井県以西），伊豆諸島，四国，九州，済州島，台湾，インドシナ，フィリピン，インド，マレー，中国南部。【自然環境】照葉樹林に自生する常緑高木。【用途】関東南部以南の暖地で庭園樹，公園樹，路樹とする。果実は食用。樹皮を楊梅皮といい薬用にする。【形態】幹は通直とならず多数枝分かれし，ほぼ円形の樹冠となり高さ 20～25m になる。葉は互生し，倒披針形または広倒披針形で全縁であるが，若木の葉はふつう鋸歯がある。革質の葉は 0.51～1cm の柄を含めて長さ 6～12cm，幅 1～3.5cm ある。雌雄異株で 4 月頃開花する。雄花序は前年枝の葉腋に生じ，尾状花序となって上向し，黄褐色で日のあたる部分はときに赤くなる。雌花は緑色の苞内に 1 個つく。花柱は 2 裂し，紅色を呈する。果実は球形で多汁質の突起が密にあり，直径 1～2cm で夏の頃，暗赤色に熟す。【特性】日あたりがよく，寒風のあたらない所を好む。大気汚染には強い。【植栽】繁殖は実生によるが，果実をとる品種は実生苗に接木をする。【近似種】果実が白く熟すシロヤマモモ f. *alba* (Makino) Yonek. がまれに自生し，食用のために植栽もされている。【学名】種形容語 *rubra* は赤い，という意味で果実の色による。

725. **ヤチヤナギ**（エゾヤマモモ）〔ヤチヤナギ属〕

Myrica gale L. var. *tomentosa* C.DC.

【分布】本州（三重県以北），北海道，サハリン，朝鮮半島北部，東シベリア。【自然環境】高層湿原にはえる落葉小低木。【形態】枝は黒褐色でやや光沢があり，よく分枝し，脂を分泌して香気がある。高さは 30〜60cm になる。葉は互生し，短い柄があり，倒卵状披針形で先端はやや鈍頭，基部は狭いくさび形となり，上半部の縁には低い鋸歯がある。革質で，枝とともに両面に密生した毛があり，長さ 2〜4cm，幅 0.7〜1.5cm ほどである。雌雄異株。花は新葉よりも早く，4 月頃に開く。花序は雌雄とも長さ 1〜2cm くらいで前年の葉腋につき，楕円形である。雄花は 1 個の苞の中にあり，雄しべは 6 個内外で苞に抱かれている。雌花は苞内に 1 個あり，子房は 1 個で柱頭は 2 裂し紅色を呈する。果実は広卵形で小さく，長さ約 0.2cm。【近似種】米国，カナダ，北アジア，ヨーロッパに広く分布する母種のセイヨウヤチヤナギは枝葉に毛が少なく，葉の表面は無毛。枝葉の芳香が強く，英国では防虫と芳香をつけるために衣服にはさんでおく。【学名】変種名 *tomentosa* は密綿毛のある，の意味で，葉と枝に密生した毛がはえることによる。和名ヤチヤナギは湿地にはえて外観がヤナギに似ていることによる。別名のエゾヤマモモは北海道のヤマモモの意味であるが，果実は食用とはならない。

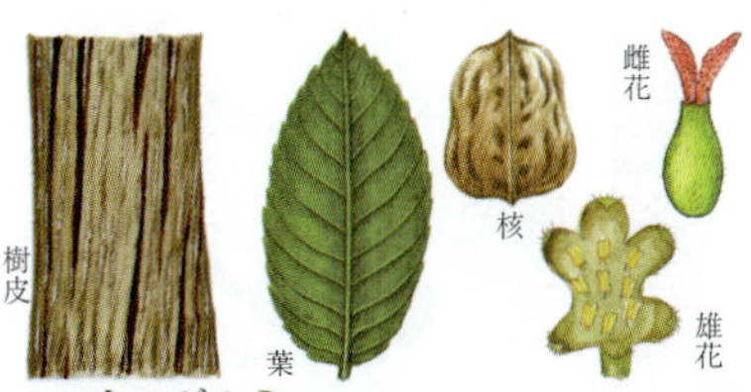

726. **オニグルミ**〔クルミ属〕

Juglans mandshurica Maxim. var. *sachalinensis* (Komatsu) Kitam.

【分布】北海道，本州，四国，九州。【自然環境】日あたりのよい適湿の場所にはえる落葉高木。【用途】果実は食用，材は建築，家具に使われる。【形態】高さ 20m，直径 80cm にも達する。横枝が太く開出し樹形は粗雑。小枝は太く少ない。幼枝に腺毛が密生する。樹皮は暗灰色，縦に深く平行な割れ目が入る。冬芽は裸出し，褐色の短毛が密生する。葉は互生，奇数羽状複葉，長さ 50〜70cm，小葉は 4〜10 対，長楕円形，長さ 5〜15cm，鋭尖頭，基部は切形または円形。上面には星状毛が疎生し，下面は密生，葉軸も褐色の星状毛を密生する。雌雄同株。5 月前後に新葉とともに開花し，雄花序は，前年枝の葉腋から下垂し，長さ 10〜30cm で尾状。雌花序は頂芽から出て穂状に直立し，雌花は 7〜15 個。風媒。果実はほぼ球形，核はきわめて堅く，表面に溝があり広卵形または球形，先はとがる。【特性】水分に富む，肥沃な土質を好み，生長は早い。【植栽】繁殖は実生による。【管理】移植に弱い。暖地では虫害が著しい。せん定はよくない。【近似種】ヒメグルミ var. *cordiformis* (Makino) Kitam. は核は扁平，長野県で栽培される。【学名】属名 *Juglans* はジュピターの堅果，種形容語 *mandshurica* は満州（中国東北部）の，の意味。

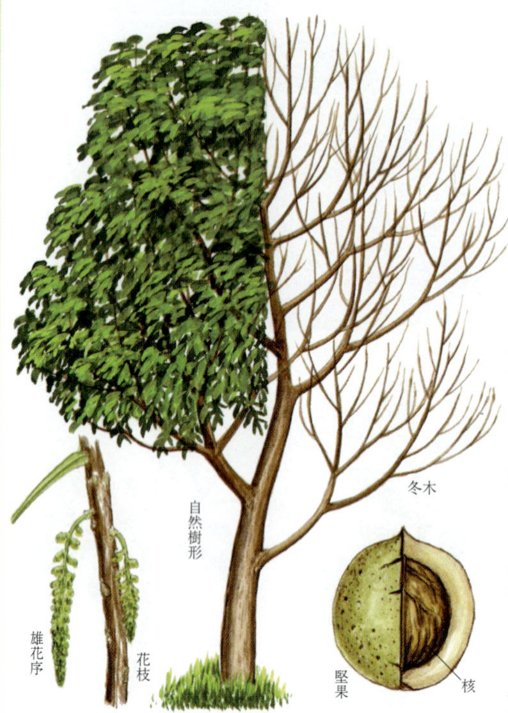

727. ペルシャグルミ（セイヨウグルミ）〔クルミ属〕

Juglans regia L.

【原産地】西アジア。【分布】ヨーロッパ（イタリアおよびその周辺諸国）および米国（カリフォルニア，オレゴン州）が世界の主産地となっている。日本の主産地は長野県。【自然環境】冬温暖で夏の暑さが厳しくない所を好む落葉高木。【用途】核果を食用とするほか，幹は優良な用材となる。【形態】樹冠円形，樹高 30m ぐらいになる。樹皮銀灰色で平滑，老木になると縦に割れ目ができ粗くなる。葉は奇数羽状複葉，小葉 7〜9 枚，長楕円状円形または長楕円状卵形，先端がとがる。全縁。花は雌雄異花，雄花序は尾状，雌花は数花固まってつく。果実は亜球形，緑色，核は卵形または楕円形，鋭頂，表面にしわがある。殻は厚く，裂開性。【特性】雌花の受胎期と花粉の放出期がずれる雌雄異熟現象がある。【植栽】繁殖は接木による。台木は一般にテウチグルミ，オニグルミを使う。耕土深く，排水，通気良好な肥沃地が適地。成木に達したときの植栽本数は 10a あたり 5〜8 本，幼木の場合はこの倍とする。【管理】雌雄異熟現象があるため数品種の混植を要す。樹の支立て方は，主として中心主幹形，変則主幹形が行われている。せん定は樹冠内に日光がよく入るよう密生枝の間引きをする。【学名】属名の *Juglans* はラテン語のジュピター（Jovis）＋堅果（glans）から，種形容語の *regia* は王の，の意味。

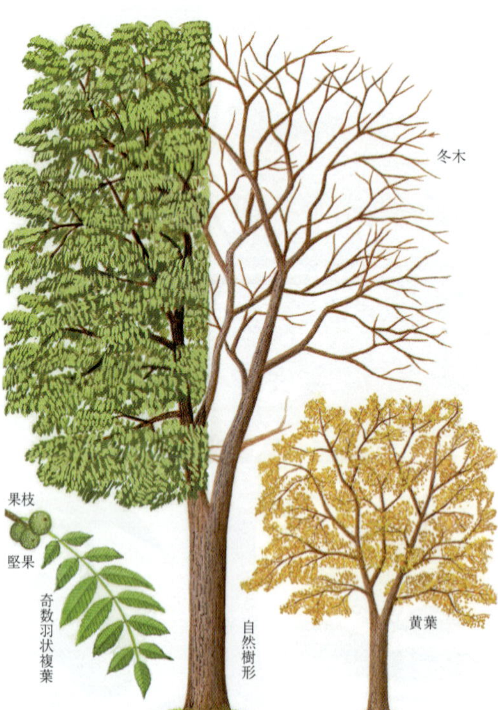

728. クロクルミ（ニグラクルミ，ブラックウォールナット）〔クルミ属〕

Juglans nigra L.

【原産地】北米東部地域。【分布】米国東南部より中部に多く自生し，南西カナダに分布。【自然環境】一般的に山腹盆地をよく好み，メリーランド，ペンシルバニア，バージニア各州の沖積土に植栽されている落葉高木。【用途】街路樹。材はスライスドベニヤ，高級家具，銃床，指物，器具柄などに用い，果実は食用となる。【形態】雌雄同株で樹高 45m，直径 2m に達する。樹皮は褐色で深く裂ける。若枝は有毛。葉は大型の羽状複葉，長さ 35〜50cm，小葉は 7〜10 枚，長さ 6〜14cm，幅 2.4〜5cm で長楕円形もしくは卵状披針形をしており，上面暗緑色で脈上のみに毛がはえ，下面は淡緑色で軟らかい毛がある。果実は 1〜3 個つき，初め淡緑色で芳香を生ずるが，成熟すると黒い殻をやぶり暗褐色となる。略球形で径 4〜7.5cm，核は殻厚くややほぼ球形または扁球形で径 2.5〜4cm，8〜10 年で結実する。【特性】陽樹であるが，幼齢期は適度の日陰に耐える。湿潤地を好むがときに砂地にもよく育ち，採実と用材の二重生産のため植栽されている。【植栽】繁殖は実生による。【管理】幼齢期に気象害を受けやすく，また，ノネズミの害も受けやすい。【近似種】*J. vilmoriniana* はペルシャグルミとクログルミの雑種。【学名】種形容語 *nigra* は，黒色の，黒いという意味。

729. ペカン 〔ペカン属〕

Carya illinoensis (Wangenh.) K.Koch

【原産地】米国およびメキシコ。【分布】米国での主産地は，ルイジアナ，テキサス州。日本には大正初年導入され，関東中部・南部，中国・四国地方でごくわずかずつ栽培されている。【自然環境】温暖な気候を好む落葉高木。【用途】殻果は生食または塩煎りにする。油は上等な食用油となる。材は堅く用材としても優良。【形態】樹高 50m に達するものがある。樹皮は幼時暗灰色，平滑であるが，年を径ると幹に縦の溝ができ表面が粗くなる。葉は互生，奇数羽状複葉，小葉 11〜17 枚，長楕円状披針形，鋸歯縁。花は雌雄異花，花弁を欠く。雄花は雌花のつく枝の基部につく。雄花は集合してひも状となり，それが集まって総状となる。雌花は新梢の先端に数個つく。果実は数個ずつ穂状につき，長楕円形，核は卵形または長楕円形，平滑，淡褐色。殻は薄く，仁は甘く油分に富む。【特性】空気中の湿度が高いと徒長しやすく収量を減じる。とくに斑点病が出やすい。【植栽】繁殖は実生あるいは接木による。植栽は 10a あたり 10 本ぐらい。ペカンは放任すると，枝が繁茂し樹冠内の日光透入が悪くなり，花芽の分化を悪くし，収量が減るから，せん定を十分行う必要がある。【学名】属名 *Carya* はギリシャ語の karyon（クルミ），の意味。

730. ヒッコリー 〔ペカン属〕

Carya ovata (Mill.) K.Koch

【原産地】米国。【分布】米国東部。日本には明治中期に渡来。【自然環境】冷涼な気候を好む落葉高木。【用途】材は辺材はほぼ白色，心材は淡褐色で強靱，スキー，ゴルフ用材として有名。また車用材，家具材としてもよく用いられている。種子は食べられ甘い。【形態】高さ 20〜30m に達する高木で，樹皮が不規則な小片となってはげ落ちる。小枝は淡赤褐色，葉は羽状複葉，小葉 5 枚からなり，長楕円形または長楕円状披針形，鋭尖，鋸歯縁，花は雌雄同株，葉と同時に開き，雄花は下垂する花穂を呈する。雌花は数個が枝の先端に集まってつく。果実は球形または楕円形，直径 3.5〜6cm，殻果で 4 裂する。子葉は食べられ甘い。【特性】コウモリガ，カミキリムシの被害を受けやすい。【植栽】繁殖は実生による。植栽には肥沃地を選ぶ必要がある。【近似種】ヒッコリーの中には米国フロリダ，テキサス州の川ぞい湿地に生育するビターナット *C. cordiformis* (Wangenh.) K.Koch，東部諸州の川ぞい段丘や乾いた地に生育するモッカナット *C. tomentosa* (Poir.) Nutt. などがあり，何れもヒッコリーとして扱われている。【学名】属名 *Carya* はギリシャ語の karyon（クルミ）からきている。別名学名の種形容語 *ovata* は卵円形の，の意味。

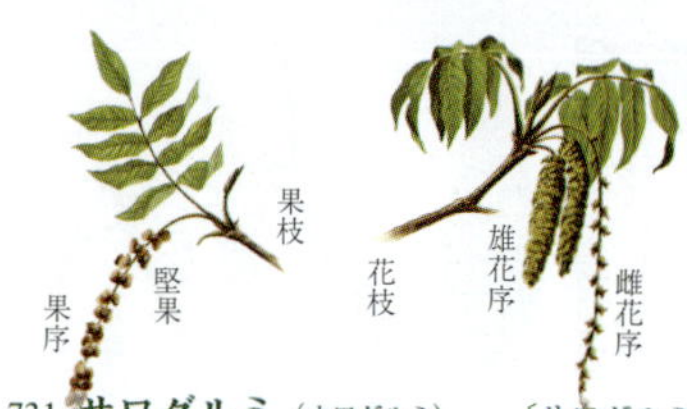

731. サワグルミ（カワグルミ）〔サワグルミ属〕

Pterocarya rhoifolia Siebold et Zucc.

【分布】北海道，本州，四国，九州。【自然環境】渓谷にはえる落葉高木。【用途】マッチの軸木。樹皮は細工物や小屋の屋根材。渓谷の丸木橋にもよく使われる。【形態】高さ30m，直径1mにも達し，幹は通直。樹皮は暗灰色で古くなるとはがれてくる。老木には地衣がよくつく。枝は太くやや斜上する。葉は互生，奇数羽状複葉，全長20～60cm。小葉は無柄，11～21枚で，卵状長楕円形，鋭尖頭，茎部はくさび形，左右不整，細鋭鋸歯がある。表面緑色，裏面白緑色，帯黄色の小腺点があり，中肋にそって灰色の軟毛を密生。葉軸は灰軟毛が密生。冬芽は，初め2～3個の片鱗におおわれるが，越冬中に脱落して裸芽になる。雌雄同株。5月に新葉とともに開花し，長い尾状花序を下垂する。雄花序は葉腋から出て，長さ5～11cm，軸に灰褐色の毛が密生。多数の雄花をつけ，雄しべは7～10個。雌花序は新枝に頂生し，多数の雌花を穂状につけ，長さ15～20cm。果序は長く40～45cm，果実は堅果で翼があり幅2.2cm。【特性】湿気に富む肥沃地を好む。生長は早い。【植栽】繁殖は種子の採りまきによる。【管理】コウモリガ，カミキリムシの食入に弱いので注意が必要。【近似種】カンボウフウ（シナグルミ）は植栽種で，生長が早いので街路樹として植えられている。【学名】属名 *Pterocarya* は翼あるクルミ，種形容語 *rhoifolia* はウルシのような葉の，の意味。

732. ノグルミ（ノブノキ）〔ノグルミ属〕

Platycarya strobilacea Siebold et Zucc.

【分布】本州の東海道以西，四国，九州。【自然環境】日あたりのよい山地に自生する落葉高木。【用途】果序を黒色の染料にした。材は経木や下駄に使われたが，シイタケの榾木にもなる。【形態】幹は直立し，高さ10m，直径60cmに達する。樹皮は灰色，縦に長い裂け目が入る。若枝は褐色の軟毛を密生する。葉は互生，奇数羽状複葉，長さ30cm，小葉は11～15枚，披針形，狭卵形，長鋭尖頭，基部は切形，左右不整脚で，上面暗緑色，下面は黄緑色で脈ぞい以外無毛。葉軸には初め褐色軟毛が密生する。雌雄同株。花期は6月。雄花序は長さ5～8cm，上向き，帯黄色，花被はなく，苞内に6～10個の雄しべがある。雌花序はほとんど無柄，長楕円形，長さ2cm，苞は多数あり両面に短毛密生。雌花は2小苞と，子房，2深裂した花柱とからなる。小苞はのちに果実の翼となる。果序は楕円形，長さ2.5～4cmで直上し，鋭尖頭で披針形をした多数の硬質苞があり，濃褐色で落葉後も枝に残る。【特性】日あたりがよく肥沃な深い土地を好む。葉の汁は魚に対して有毒。【植栽】繁殖は実生による。【管理】ふつうには植えることはない。【学名】属名 *Platycarya* はひらたい堅果の意味。種形容語 *strobilacea* は球果の，の意味で，針葉樹の球果に似ていることによる。

733. トクサバモクマオウ（トキワギョリュウ）〔トクサバモクマオウ属〕

Casuarina equisetifolia L.

【原産地】オーストラリア。【分布】亜熱帯，熱帯各地に広く植栽されている。日本では本州（関東地方南部以西），伊豆諸島，四国，九州，とくに沖縄，小笠原に多く植えられている。【自然環境】深根性で，沿海地に自生する。根に菌根菌がつき共生する常緑高木。【用途】材は建築（屋根板），土木，燃料，樹皮は染料，薬用とする。樹は庭園樹，公園樹，海岸砂地植栽などに広く利用。【形態】大きいものは樹高40m，直径1mに達する。樹皮は褐灰色で粗く，繊維状にはげ，条紋がある。樹冠は円錐形をなす。枝は淡緑色でやや下垂する。根に菌根がつく。枝は細く，若枝はトクサの茎のように節があり，淡緑色円柱形で長さ0.4～0.6cm，径0.1cmばかりで6～8個の縦稜がある。節には褐色で狭披針形の鱗片葉が6～8個輪生する。葉は退化している。雌雄同株。雄花序は新枝の頂に生じ円筒形で長さ1.2～2cmあり，淡紅色である。雌花序は球形で長さ1.2cmぐらい，新枝の基部から側生し，短大な柄には鱗片葉が密生している。雌花に花被はなく，雌しべの先は2岐して長く糸状にのびる。果実（球果）は切頭広楕円形または球形で径0.8～1.1cmあり，小苞には背稜なく，増大し木化して扁平で翼のあるそう果を包む。1果に30～40個の種子がある。種子は扁平で小翼があり，灰褐色で光沢がある。【特性】陽樹。十分な陽光を要求する。【植栽】繁殖はおもに実生による。【管理】せん定はできる。病害虫はほとんどない。【学名】属名 *Casuarina* は casuarius（ヒクイドリ）からとられた名である。種形容語 *equisetifolia* はトクサ属 *Equisetum* のような葉の意味。

734. グラウカモクマオウ〔トクサバモクマオウ属〕

Casuarina glauca Sieber ex Spreng.

【原産地】オーストラリア。【分布】亜熱帯，熱帯各地に植栽されている。日本では温室植物とする。ただし沖縄，小笠原では露地植えでよい。【自然環境】深根性で，沿海地に自生する常緑高木。根に菌根がつき共生する。【用途】材は赤色で建築（屋根板，桶，杭など），土木，燃料に用いる。樹は庭園樹，公園樹，海岸砂地植栽，街路樹とすると美しい。【形態】高さは15m，直径30～60cmとなる。樹皮は灰緑色。根株や根もとから多数の新条を出す特性がある。樹冠は円錐形をなす。枝は灰青色で長くやや下垂する。枝は細く，とくに小枝は繊細で若枝はトクサの茎のように節があり，各節間は1cmぐらいあり，灰青色で円柱形，4個の稜が相抱くようについている。葉は退化している。雌雄同株。雄花序は新枝の頂に生じ円筒形で長さ1～2cmあり，淡紅色である。雌花序は球果状で長さ1～1.2cmで，新枝の基部から側生し，柄には鱗片葉が密にはえている。雌花に花被はない。果実は球形で径1.3～1.5cmあり，小苞には背稜なく，増大し木化して扁平で翼のあるそう果を包む。1果に25～35個の種子がある。種子は扁平で小翼があり灰褐色をなす。【特性】陽樹。幼株から老齢にいたるまで十分な陽光を要求する。【植栽】繁殖はおもに実生によるが，さし木もできる。【管理】萌芽力がありせん定はできる。病害虫はほとんどない。【学名】種形容語 *glauca* は灰青色の，の意味。和名グラウカモクマオウは種形容語を和名としたもの。

735. ハシバミ　〔ハシバミ属〕
Corylus heterophylla Fisch. ex Besser
var. *thunbergii* Blume

【分布】北海道，本州，九州。【自然環境】日のあたる山地にはえる落葉低木。【用途】果実を食用にする。【形態】株立ち状，通常は1～2mだが，ときに5mぐらいの高さにまで達する。若枝には軟毛がある。葉は互生，有柄，広倒卵形から広卵円形，急鋭尖頭，基部浅心形，浅い欠刻のある不整細鋸歯があり，のちに無毛となる。裏面に短毛があり，托葉は早落性，葉柄は0.6～2cm，側脈は明瞭。雌雄同株。風媒。雄花序は秋に現れて越冬，3月，葉に先立って開花し，黄褐色，ひも状に下垂し，長さ3～7cm，径0.4cm，苞の中に1個ずつ雄花をつける。雄しべは8個。雌花序は小さく，小枝に上向きにつき無柄，開花時には柱頭だけが外に現れ，柱頭は2裂。果序は1～3個からなり，総苞は葉状で深裂，頂部は6～9裂，背面の基部に粗毛があり，中の果実は苞に隠れない。果実は10月に熟し，球形で径1.5～2cm。【特性】湿り気のある肥沃土を好む。生長は早い。【植栽】繁殖は実生，株分けによる。ふつうには植栽されない。【学名】属名 *Corylus* は，かぶとの意味。種形容語 *heterophylla* は異種の葉のある，の意味。変種名 *thunbergii* は人名で，チュンベルクの，の意味。

736. ツノハシバミ（ナガハシバミ）　〔ハシバミ属〕
Corylus sieboldiana Blume

【分布】北海道，本州，四国，九州。【自然環境】温帯の山地にはえる落葉低木。【用途】果実は食べられる。果実の形を観賞するため植栽。【形態】株立ち状，高さは普通2～3mであるが，大きくなると高さ5mになる。若枝には毛が密生する。葉は互生，葉身は倒卵形から楕円形，急鋭尖頭，不整重鋸歯があり，基部は円形，長さ5～11cm，幅3～7cm，若いときは紫斑があることが多い。上面には脈間に，下面には脈上に，葉柄と同様に毛がある。雌雄同株。風媒。3月，葉に先立って開花する。雄花序はひも状に長く下垂し，長さ5～7cm，雄花は苞の中に1個ずつあり，花被はない。雌花序は小さく頭状に集まり，赤い花柱だけが外に現れる。各子房に花柱2。果序は1～4の果実からなり，総苞は筒となり，長さ3～5cm，先はくちばし状，湾曲し口端は裂け，緑色，外面に刺毛を密生する。果実はやや円錐形，長さ0.6～0.8cm。【特性】肥沃な土層を好む。【植栽】繁殖は実生，株分けによる。【近似種】総苞が短く1cmぐらいのものをトックリハシバミ，葉の大きなものはオオハシバミといい，中部以北に分布する。【学名】種形容語 *sieboldiana* は人名で，シーボルトの，の意味。

737. セイヨウハシバミ 〔ハシバミ属〕

Corylus avellana L.

【原産地】ヨーロッパ（中・南部），西アジア，北アフリカ，英国南部。【分布】ヨーロッパ，米国で広く栽培される。【自然環境】冷涼で湿気のある山地に適する落葉低木。【用途】食料・菓子の原料，油の原料。【形態】地ぎわから枝を株立ち状に生じ，高さ5m内外，幼枝に軟らかい腺毛が密生する。葉は互生，有柄，卵形か倒卵形，急鋭尖頭，基部心臓形，葉縁は重鋸歯のほか微浅裂する。葉身の長さ5～10cm，質薄く上面わずかに有毛か無毛，下面に軟毛密生。雌雄同株。雄花序は尾状花序で長く下垂，前年秋に枝の上部葉腋に現れて越冬。春早く葉に先立って開花，雄花には花被はなく，4～8個の雄しべがある。雌花序は小さく，芽鱗に包まれて越冬，開花時は柱頭だけが外に現れる。柱頭は2全裂。総苞は堅果より短い。堅果は卵球形，長さ1.5～2cm。【特性】生長が早い。石灰分の多い肥えた土を好む。オウトウのよく生育する所は本種の適地である。【植栽】取り木または株分けがよい。【管理】せん定は，枝抜き程度にとどめる。根もとから出る萌芽は除く。【近似種】ムラサキハシバミ var. *atropurpurea* はヨーロッパ原産で葉と総苞片の色は紫色，葉を観賞の目的で植える。【学名】種形容語*avellana*は，イタリアの都市アベリノによる。

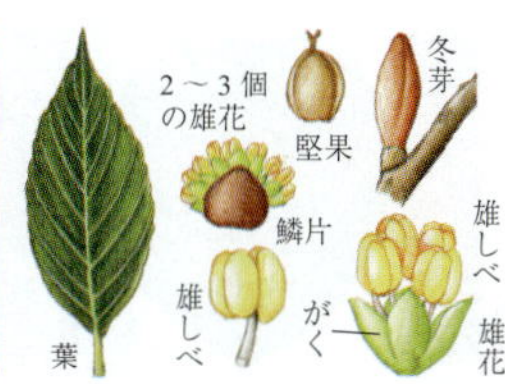

738. ハンノキ 〔ハンノキ属〕

Alnus japonica (Thunb.) Steud.

【分布】北海道，本州，四国，九州，沖縄。【自然環境】水湿のある低地にはえる落葉高木。【用途】水田のあぜに稲架用に植える。球果は染料。【形態】直幹で高さ17m，直径60cmに達し，樹皮は灰褐色，浅い割れ目が入る。小枝はやや細く，帯黄褐色ないし灰褐色，平滑で，若いときは3稜があり，軟毛が疎生することがあるが，のち無毛。皮目は小さく，長楕円形ないし円形，多数。冬芽は長楕円形，長さ0.5～0.8cm，無毛に近く，芽柄があり，長さ0.4～0.6cm。葉は互生，有柄，葉身は卵状長楕円形，鋭尖頭，低い不整鋸歯があり，基部はくさび形，長さ5～13cm，幅2～5.5cm，上面無毛，下面は初め有毛，のち無毛，側脈は7～9対。雌雄同株。風媒。花序は雌雄ともに前年の秋に現れ，ふつう雄花序は越冬時は暗赤紫色，開花時は長く下垂し4～7cm。雌花序は，雄花序より下位の葉腋につき，長さ0.3～0.4cmで黒紫色，花被はなく，柱頭は2個で紅紫色。果序は球果状で，長さ1.5～2cm，径1.3cm。【特性】水湿にとくに強い。生長は早い。【植栽】繁殖は実生による。【管理】水田用に植えたものは下枝を取り除く。【近似種】ケハンノキ f. *koreana* (Callier) H.Ohba は若枝や若葉に毛が密生する。【学名】種形容語 *japonica* は日本の，の意味。

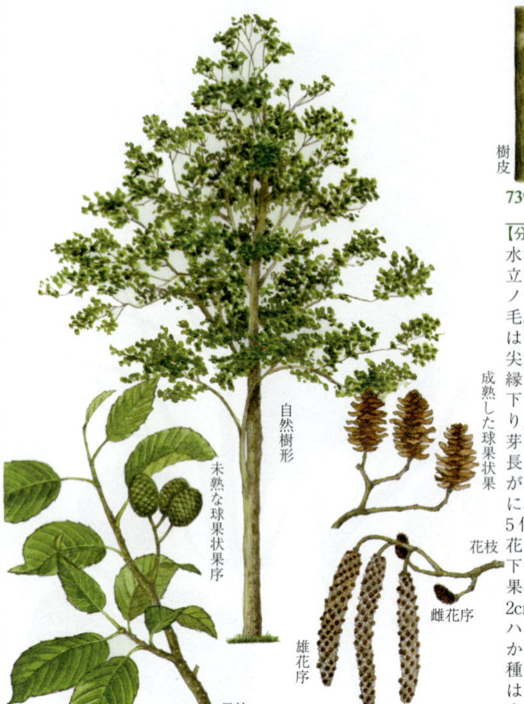

739. サクラバハンノキ 〔ハンノキ属〕
Alnus trabeculosa Hand.-Mazz.

【分布】本州関東以西，九州。中国中南部。**【自然環境】**水湿のある所にはえる落葉小高木。**【形態】**幹は直立し，高さ6m内外，樹皮は灰褐色，平滑でハンノキのように割れ目が入ることはない。枝は無毛。葉は互生，有柄，葉身は倒卵状楕円形または長楕円形で，長さ6～9cm，幅3～5cm，短鋭尖頭または鋭頭，基部は円形または浅心形，葉縁には不整の細鋸歯があり，両面無毛，ときに下面脈上に少し軟毛がある。表面には光沢があり，側脈は9～12対あって下面に隆起する。冬芽は広倒卵形，先端はややとがり，断面は三角形，長さ0.4～0.7cm，3～4枚の芽鱗に包まれ，芽柄がある。雌雄同株。雌雄の花序の蕾は別々に秋に現れて越冬する。雄花序は枝の頂に生じ，3～5個の花序をつけ，直立，3月に葉に先立って開花し，長くのびて下垂する。雌花序は雄花序の下位につき，3～5個の花序よりなる。果序は球果状で，短い柄があり，卵状楕円形，長さ1.5～2cm，幅1～1.4cm，堅果には翼がない。**【特性】**ハンノキに樹形は似ているが，それよりもはるかに稀産で，樹皮や，葉の基部の形，葉脈の数，種子の翼の有無などが識別点となる。**【植栽】**繁殖は実生による。**【学名】**種形容語 *trabeculosa* は横木状の，の意味。

740. ミヤマカワラハンノキ（オバルハンノキ）
〔ハンノキ属〕
Alnus fauriei H.Lév. et Vaniot

【分布】本州北部・中部の日本海側に分布。**【自然環境】**多雪地帯の山地の湿った斜面にはえる落葉小高木。**【形態】**積雪のため根もとは曲がることが多いが，上部は直立し，高さ3～5mぐらいになる。樹皮は暗紫褐色。枝は無毛，皮目は褐色，円形で多数。葉は互生，有柄，葉身は倒卵円形または倒心円形，円頭で凹入，波状低鋸歯があり，基部は広いくさび形，長さ5～15cm，幅4～13cm。表面濃緑色，裏面淡緑色で粘性があり，両面無毛，側脈は6～7対あり裏面に隆起，脈腋に褐色の毛そうがある。葉柄は無毛，長さ0.5～1.5cm。冬芽は長卵形，長さ0.3～0.7cm，2～3枚の芽鱗に包まれ，芽柄がある。雌雄同株。雌雄の花序の蕾は別々に秋に現れて越冬。雄花序は枝端につき，上向き，5月に開花し，長さ10～18cmに伸長して下垂，ハンノキ類の中で最も長い。雌花序は雄花序の下位に4～5個つき，長楕円形。果序は長卵形で，これもハンノキ類の中で最も細長く，長さ2～3cm，幅0.6～0.8cm。堅果は長さ0.3cmぐらい，翼がある。**【特性】**多雪地帯に限って分布し，日本海要素の1つ。枝は密に繁茂する。**【植栽】**繁殖は実生による。発芽率はよい。**【近似種】**カワラハンノキに葉形は似るが，分布域が全く異なる。**【学名】**種形容語 *fauriei* は人名で，フォーリの，の意味。

741. ケヤマハンノキ 〔ハンノキ属〕

Alnus hirsuta (Spach) Turcz. ex Rupr. var. *hirsuta*

【分布】日本全土に広く分布する。**【自然環境】**向陽の山地や丘陵に自生する落葉高木。**【用途】**砂防や，裸地の急速緑化のために植栽される。**【形態】**直幹で，高さ 18m，直径 80cm にも達し，樹皮は帯紫褐灰色ないし黒褐色，平滑。小枝は紫褐色，1 年生枝には軟毛が密生し，平滑で，灰色の皮目がある。冬芽は楕円状卵形，鈍頭，長さは 0.6～1cm，有毛，暗紫色，0.2～0.5cm の長さの芽柄を有する。葉は互生，有柄，葉身は広卵形から広楕円形，鈍頭または鋭頭，縁には欠刻状の浅裂重鋸歯があり，基部は切形または円形，長さ 6～14cm，幅 4～12cm，側脈は 6～8 対，上面は濃緑色，下面灰白色で，脈上有毛。雌雄同株。蕾は前年秋に現れて越冬し，雄花序は有柄，紫褐色，長さ 3～4.5cm，雌花序は雄花序より下位につき，紫褐色，長卵形，長さ 0.3～0.5cm。早春，葉に先立って開花し，雄花序は下垂し 7～9cm にのびる。雌花に花被はなく，柱頭は 2 個ある。風媒。果序は長さ 1.5～2.5cm，径 1～1.3cm。堅果は倒卵形，狭い翼がある。**【特性】**日あたりさえあれば土質を選ばない。生長はきわめて早い。**【植栽】**繁殖は実生による。**【近似種】**葉に毛のないものをヤマハンノキ var. *sibirica* (Spach) C.K.Schneid. といい，分布は母種に同じ。葉の鋸歯が尖り，枝が細く先がしだれるものをタニガワハンノキ *A. inokumae* Murai et Kusaka といい，緑化用に植林される。**【学名】**種形容語 *hirsuta* はやや粗毛のある，の意味。

742. カワラハンノキ 〔ハンノキ属〕

Alnus serrulatoides Callier

【分布】本州（東海，近畿，中国），四国，九州（宮崎県）に分布。**【自然環境】**日あたりのよい川岸に自生する落葉小高木。**【形態】**幹は直立し，高さ 5m 内外，樹皮は暗褐色，枝は無毛で皮目は灰褐色，円形または楕円形で多数。葉は互生，有柄，葉身は広倒卵形，先端の形は個体により差があり，円頭，切頭，凹頭ときに微凸となり，長さ 5～10cm，幅 3～7cm。基部はくさび形，基部を除いて葉縁には微細な波状鋸歯があり，側脈は 6～9 対あって下面に突出する。上面濃緑色，下面淡緑色で脈上のみ有毛。葉柄は 0.7～1cm。冬芽は長卵形で先端がとがり，長さ 0.4～0.8cm，2～3 枚の芽鱗に包まれ芽柄があり，枝に伏生する。雌雄同株。花序は雌雄別々で秋に現れて越冬する。雄花序は枝端に数個が集散状につき直立するが，開花すると長くのびて下垂する。雌花序は雄花序の下位に生ずるが，熟するまでに花序柄がのび，頂生のように見える。花期は 3～4 月。果序はハンノキ類の中では細長いほうで，長さ 1.5～2cm，径 0.8～1.2cm，卵状楕円形で球果状，木質で宿存性の鱗片を密につける。**【植栽】**実生で育つ。まれに植栽される。**【近似種】**ヤマハンノキとの雑種をウラジロカワラハンノキ（ウラジロハンノキ）*A.* × *suginoi* Sugim. という。**【学名】**種形容語 *serrulatoides* は *serrulata* に似た，の意味。

743. ヤハズハンノキ 〔ハンノキ属〕
Alnus matsumurae Callier

【分布】本州中部・北部に分布。【自然環境】亜高山帯の向陽地にはえる落葉高木。【形態】幹は直立し，高さ 10m 内外，直径 30cm ぐらい，樹皮は帯紫灰黒色，平滑。小枝はやや稜があり無毛。皮目は円形または楕円形で多数。冬芽は卵形，円頭，芽柄がある。葉は互生，有柄，葉身は長さ 5～10cm，幅 3～9cm，倒心円形，先は凹入し，ヤハズハンノキの名のもととなる。基部は広いくさび形，縁には不整重鋸歯があり，表面は濃緑色，裏面は灰白色，脈上と脈腋に多少毛が残る。側脈は 6～9 対あり，下面に突出する。葉柄は無毛，長さ 1～3cm。冬芽は広倒卵形または楕円状卵形，先端は丸いかややとがり，2～3 枚の芽鱗に包まれ，芽柄を有する。雌雄同株。花序は雌雄別々に秋に現れて越冬する。5～6 月，葉に先立って開花。雄花序は枝の先につき，雌花序はその下位につく。果穂は球果状で長さ 1.5～1.8cm，幅約 1cm の楕円形。果実は広楕円形，扁平で，横に狭い翼があり，先端に 2 花柱が残る。【特性】深山の崩壊地に一斉林をつくることがある。日あたりのよい所を好む。【植栽】繁殖は実生による。【学名】種形容語 *matsumurae* は人名で，松村任三の，の意味。

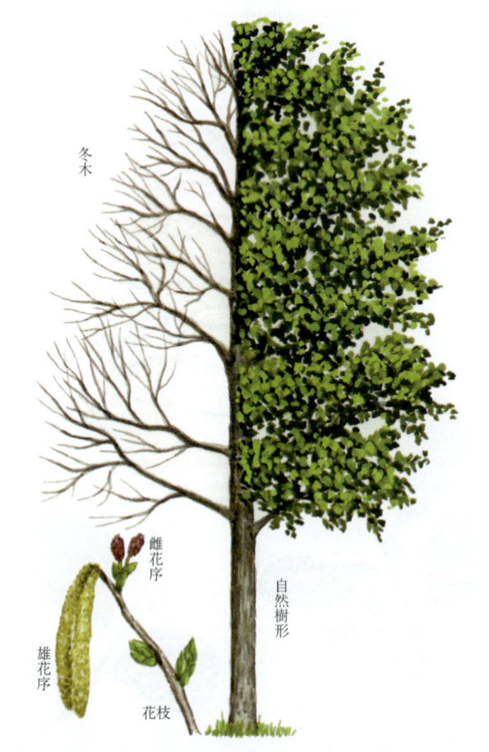

744. ヤシャブシ（ミネバリ） 〔ハンノキ属〕
Alnus firma Siebold et Zucc.

【分布】本州，四国，九州。【自然環境】日あたりのよい山地にはえる落葉高木。【用途】薪炭材，砂防林。実は染料。【形態】幹は直立し，高さ 10m，直径 30cm に達する。樹皮は灰褐色，平滑，古くなるとはがれてそり返る。枝はよく分枝し，若いときは少し毛がある。葉は互生，有柄，卵状披針形または長楕円状披針形や狭卵形，漸鋭尖頭，基部は円形または鈍形，葉縁には低い不整重鋸歯があり，葉身の長さ 4～10cm，幅 2～4.5cm，初めは下面脈上および上面に少し伏毛があるが，のち脈上以外は無毛，上面濃緑色，下面灰緑色，側脈は 10～17 対で，斜めに平行する。葉柄は長さ 0.7～1.2cm。冬芽は披針形，鋭尖頭，3～4 枚の芽鱗に包まれ，無柄。雌雄同株。雄花序の蕾は秋に枝端と，その近くの葉腋に現れ，樹脂を分泌して越冬，3～4 月，葉の開芽と同時に開花する。雄花序は無柄，褐黄色，円柱状で，長さ 4～5cm，径 1cm に伸長して下垂し，多量の黄色い花粉を吐出する。雌花序は雄花序より下位の新枝端に頂生，長楕円形，緑色，長さ 1cm ぐらいで有柄。果序は楕円形，長さ 1.5～2cm，小堅果は長楕円形，扁平で有翼。【特性】生長は早い。崩壊地によくはえる。【植栽】繁殖は実生による。【近似種】枝葉に毛の多いものをミヤマヤシャブシ f. *hirtella* (Franch. et Sav.) H.Ohba といい東日本にはこのほうが多い。【学名】種形容語 *firma* は強剛な，の意味。和名の夜叉は球果の粗いことから。フシは染料にする別の植物名。

745. オオバヤシャブシ 〔ハンノキ属〕
Alnus sieboldiana Matsum.

【分布】本州（関東から紀伊半島までの太平洋に近い地方，伊豆諸島）。【自然環境】海岸近くの山地で日あたりのよい所に自生する落葉小高木。【用途】砂防・緑化用に植えられる。【形態】高さは 10m まで達するものもあるが，低木状を示すものもある。枝はやや太く，灰褐色で，無毛，皮目は多数で円形または楕円形。葉は互生，有柄，葉身は三角状卵形または卵形，長さ 6〜12cm，幅 3〜6cm，鋭尖頭，基部円形，葉縁に鋭い重鋸歯があり，上面鮮緑色，光沢があり，下面淡緑色，幼時下面脈上に伏毛があるほかは無毛，側脈は 12〜16 対，葉柄は長さ 1〜1.5cm で無毛。冬芽は披針形，鋭尖頭，3〜4 枚の芽鱗に包まれ，芽柄はない。雌雄同株。風媒。雄花序は秋に葉腋に裸出し越冬，3〜4 月，葉芽の展開とともに開花し，長くのびて下垂，長さ 4〜5cm，径 1.1cm ぐらいで，褐黄色，無柄，多量の黄色い花粉を吐出する。雌花序は雄花序より上位の側芽から 1 個ずつ，花穂となって出る。柄の長さ 1〜2cm。果序は球果状で広楕円形，長さ 2〜2.5cm。【特性】生長はきわめて早い。【植栽】繁殖は実生による。発芽はよい。【近似種】ヤシャブシに似るが，本種の球果は柄に 1 個ずつつき，より大きい。雌花序が雄花序より上位につくのは識別点。【学名】種形容語 *sieboldiana* は人名で，シーボルトの，の意味。

746. ヒメヤシャブシ（ハゲシバリ）〔ハンノキ属〕
Alnus pendula Matsum.

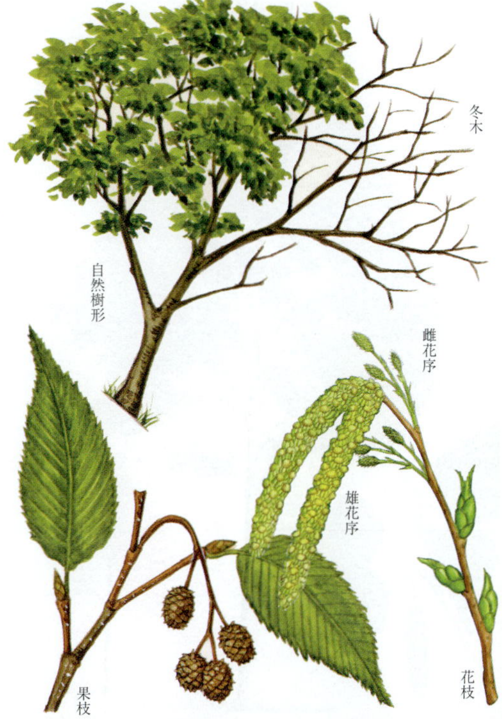

【分布】北海道，本州，四国。【自然環境】崩壊地や日あたりのよい山地にはえる落葉低木。【用途】砂防や地力回復用に植林される。【形態】大きなものでは高さ 6m，直径 30cm に達することがあるが，高さ 1m 内外で低木状を示すことも多い。樹皮は黒褐色，平滑，小枝は灰褐色で細く，無毛，皮目は灰白色，やや突出し，多数。葉は互生，有柄，葉身は卵状長楕円形または長楕円状披針形，長さ 4〜12cm，幅 2〜4.5cm，鋭尖頭，基部は広いくさび形，葉縁には低い細重鋸歯がある。上面は平滑，濃緑色，下面淡緑色，脈上有毛，側脈は 16〜26 対あり，下面に隆起し斜めに平行する。冬芽は無柄，披針形，鋭尖頭，3〜4 枚の芽鱗に包まれ，樹脂をかぶる。雌雄同株。雄花序は秋に枝先に現れ，越冬時は長さ 2〜3cm，上向き，4 月，葉芽の開くとともに開花し，長さ 4〜6cm，幅 0.6cm にのび下垂し，無柄，黄褐色。風媒。雌花序は雄花序の下位の葉腋から出る新枝先端に現れ，有柄，緑色，長楕円形。果序は楕円形，長さ 1.5cm で下垂する。【特性】根粒菌と共生するので，やせ地でもよく生育する。ハゲシバリの名は，崩壊地を固定することから。【植栽】繁殖は実生による。発芽率はよい。【近似種】ヤシャブシとの雑種をタルミヤシャブシ *A.* × *peculiaris* Hiyama という。【学名】種形容語 *pendula* は下垂する，の意味。

747. ミヤマハンノキ 〔ハンノキ属〕
Alnus viridis (Chaix) Lam. et DC.
subsp. *maximowiczii* (Callier) D.Löve

【分布】北海道，本州（大山および白山以北）。【自然環境】亜高山帯上部，高山帯にはえる落葉小高木。【形態】環境のよい所では直立し，高さ 10m，直径 30cm にも達するが，厳しい所では低木状を示す。樹皮は暗灰色で粗面。小枝は灰褐色で，1 年枝は 3 稜があり，無毛，皮目は楕円形ないし円形で多数。葉は互生，有柄，葉身は広卵形または楕円形や卵形で，鋭頭，基部は円形または心臓形，長さ 5～10cm，幅 4～9cm，葉縁には細重鋸歯があり，表面は平滑で深緑色，裏面は淡黄緑色，脈にそって長軟毛があり，脈腋に褐色の毛があるほか無毛，側脈は 8～12 対，質やや厚く，裏は初めのうち粘性がある。冬芽は長卵形で，鋭尖頭，長さ 1～1.5cm，ほぼ無柄，帯黒紫色，無毛，光沢があり，樹脂におおわれる。雌雄同株。雄花序は秋に現れ，枝先につき，赤褐色，長さ 2.5～3.5cm，径 0.4cm ぐらい。5～7 月，新葉とともに開花し，長くのびて下垂し，4～6cm，径 1cm，濃褐紫色。雌花序は雄花序より下位の葉腋から出た新枝の先に数個つき，楕円形で柄がある。果序は広楕円形で 3～5 個つき斜上する。果実は両側に広い翼がある。【特性】森林限界に多くはえ，ハイマツと混生する。【植栽】繁殖は実生による。低地でもよくはえる。【学名】亜種名 *maximowiczii* は人名でマキシモウィッチの，の意味。

748. シラカンバ（シラカバ） 〔カバノキ属〕
Betula platyphylla Sukaczev
var. *japonica* (Miq.) H.Hara

【分布】北海道，本州中部以北。【自然環境】向陽の山地，とくに伐採跡や山火事跡にはえる落葉高木。【用途】パルプ材や割箸，土産物など。樹皮は細工物。【形態】高さ 20m，直径 40cm に達し，幹は直立。樹皮は薄く紙状にはがせるが，自然にははげない。古枝の皮は黒褐色。小枝の皮は明るい褐色，皮目は円形で多数あり，灰白色の油脂腺点がある。葉は互生，有柄，葉身は三角状広卵形，長さ 5～7cm，幅 4～6cm，先端は鋭尖頭，基部は広いくさび形または切形，葉縁に不整重鋸歯をつけ，側脈は 6～11 対，両面無毛または下面脈上および脈腋に毛そうがあり，冬芽は長楕円状卵形で光沢がある。新芽は精油の香りがあり，べとつく。雌雄同株。雄花序の蕾は秋に小枝端に現れ越冬，5 月頃，葉とともに開花，無柄，ひも状に長くのびて下垂，長さ 5～7cm，径 0.6cm，黄色い花粉を吐く。風媒。雌花序は短枝に頂生して上向きにつく。果序は長さ 3～5cm，径 0.8～1cm，柄は細長く 0.1～0.3cm，円柱状に下垂。鱗片は 3 裂，側片は丸く開出，標本にすると脱落しやすい。堅果の翼はよく発達する。【特性】成長はきわめて早く，一斉林をつくりやすい。向陽地ならば土質を選ばない。【植栽】繁殖は実生による。【管理】せん定は不可。害虫に弱く，暖地では直径 20cm が限度。【学名】種形容語 *platyphylla* は広葉の，の意味。

749. ダケカンバ（ソウシカンバ）〔カバノキ属〕
Betula ermanii Cham. var. *ermanii*

【分布】アジア東北部に分布。日本では北海道，本州，四国。【自然環境】亜高山帯から高山帯下部にかけて自生する落葉高木。【用途】材は家具，器具材。【形態】高さ 20m，直径 50cm に達し，林の中ではまっすぐにのびるが，森林限界付近では低木状となるか，激しく曲がる。樹皮は，灰色または淡灰褐色から赤褐色まで変異が大きく，平滑で，自然に薄くはがれるが，老木では不規則にひび割れる。シラカンバと異なり中枝まで幹と同色。小枝は，はっきりした油脂腺点が散在し，2 年枝は暗紫褐色で光沢が強い。葉は長枝で互生，短枝には 2 葉をつける。有柄，葉身は三角状卵形，長さ 5～10cm，幅 3～7cm，鋭尖頭，基部心臓形または円形，葉縁に不整重鋸歯があり，柄は 1～3cm，両面無毛，あるいは裏面脈上と脈腋に毛がある。雌雄同株。雄花序は秋に枝の先に現れて越冬，5～6 月に葉とともに開花，長さ 8cm，径 0.8cm ぐらいにのびて下垂。風媒。雌花序は短枝の先に頂生して直立，長さ 2cm。果序は楕円形，長さ 2～4cm，径 1cm 内外。鱗片は 3 裂し，中央片は側方片よりはるかに長い。堅果に大きな翼が発達する。【特性】日あたりさえよければ土質を選ばない。暖地では栽培困難。【近似種】アカカンバ var. *subcordata* (Regel) Koidz. は葉底が明らかに心臓形である。【学名】種形容語 *ermanii* は人名で，エルマンの，の意味。

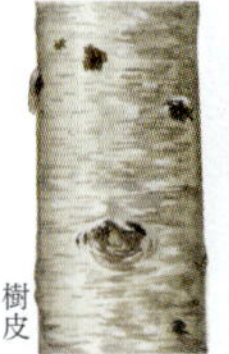

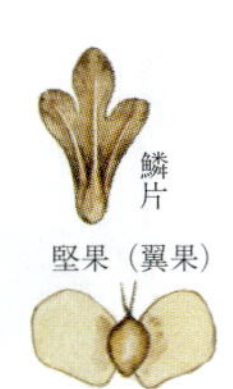

750. ウダイカンバ（サイハダカンバ，マカバ）〔カバノキ属〕
Betula maximowicziana Regel

【分布】北海道，本州中部以北。南千島。【自然環境】ブナ帯の適湿な山地斜面にはえる落葉高木。【用途】建築材や器具，楽器，パルプ材などのほか，樹皮は屋根や鵜松明（うだいまつ）に用いられ，和名はこれから起こっている。【形態】高さ 30m，直径 1m に達し，幹は通直で，カバノキ類で最大。樹皮は平滑で灰色から黄褐色，黒褐色まであり，横に紙状にはがれる。若木の樹皮は灰黒色から赤褐色で平滑，光沢があり，横長の著明な皮目が多い。枝は太く，数が少ない。短枝はよく発達する。皮下にわずかにサリチル酸メチルの香りがある。葉は長枝に互生，短枝では 2 葉つける。有柄，葉身は広卵状心臓形，長さ 8～14cm，幅 6～10cm でカバ類で最大。先端は鋭尖頭，基部深心形，葉緑に不整細鋸歯があり，側脈は 8～14 対，上面は鮮緑色，両面とも新葉のうちは密軟毛があり，のち無毛。雌雄同株。雄花序は秋に長枝の先に現れて越冬，5 月に開花し，長さ 3～4.5cm，径 0.6cm にのびて下垂。雌花序は短枝の先に新葉とともに現れる。果序は長さ 3～9cm，径 1cm になり下垂。鱗片は 3 裂し，裂片の幅は広い。堅果は扁平，長さ 0.3cm，両翼は発達する。【特性】生育は早い。材は優秀。【植栽】繁殖は実生による。暖地での栽培は困難。【学名】種形容語 *maximowicziana* は人名で，マキシモウィッチの，の意味。

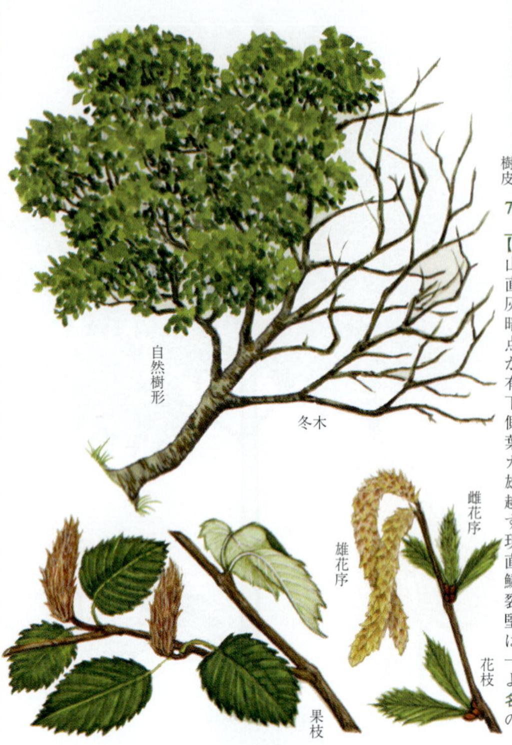

751. ネコシデ(ウラジロカンバ) 〔カバノキ属〕
Betula corylifolia Regel et Maxim.

【分布】本州近畿以東に分布する。【自然環境】亜高山帯林の間にはえる落葉高木。【形態】高さ17m, 直径60cmに達し, 直幹は少し曲がる。樹皮は灰白色で平滑, 横に少し厚くはがれる。小枝は暗紫色で, 光沢があり, 横長の皮目が多く, 腺点はない。枝を折るとサリチル酸メチルの香りがある。葉は長枝には互生, 短枝には2葉つけ, 有柄, 葉身は卵状長楕円形, 初め有毛, のちに下面脈上以外無毛, 長さ4〜8cm, 幅3〜5cm, 側脈は8〜14対, 葉縁に粗い重鋸歯がある。成葉は上面鮮緑色, 下面粉白色のため, ウラジロカンバの名がある。柄は0.7〜1.5cm。雌雄同株。雄花序は秋に小枝端に3〜4個出現し, そのまま越冬, 5月に開花して, ひも状に長くのびて下垂する。風媒。雌花序は短枝の先に新葉とともに現れて上向き, 単生。果序は9月に成熟し, 短柄, 直立, 円柱形で長さ3〜5cm, 径1.5cmぐらい。鱗片は3深裂し, 細い毛があり, 中央裂片は側裂片より長く, 成熟後もしばらくは脱落しない。堅果は広楕円形, 実はわずかにある。【特性】鋸歯はとくに目立つ。亜高山帯林の風倒木の跡地に一斉林をつくることがある。【植栽】繁殖は実生によるが, 平地では栽培はきわめてむずかしい。【学名】種形容語 *corylifolia* はハシバミ属のような葉の, の意味。

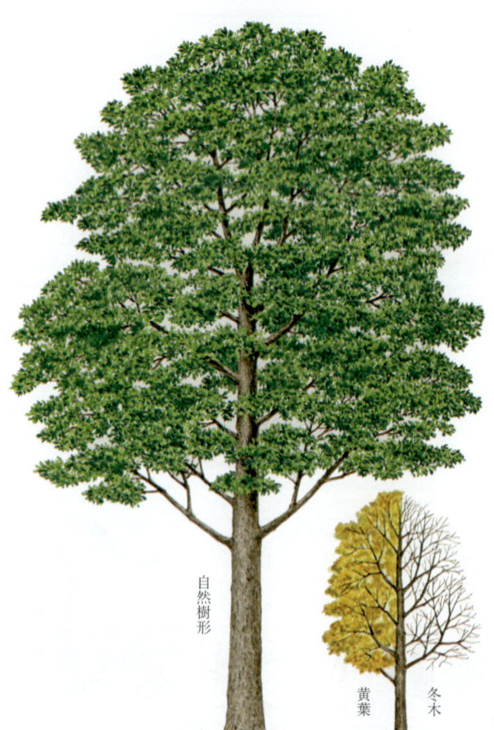

752. ミズメ(ヨグソミネバリ, アズサ) 〔カバノキ属〕
Betula grossa Siebold et Zucc.

【分布】本州, 四国, 九州。【自然環境】山地にはえる落葉高木。【用途】建築, 器具のほか椀・盆などの漆器木地に最適。【形態】高さ20m, 直径60cmに達し, 幹は斜面でも直立する。樹皮は黒灰色から灰褐色, 平滑でサクラ類の皮に似るが, 老木ではめくれてくる。小枝は初め長毛があるが, のちに無毛, 栗褐色で光沢があり, 横楕円形の皮目が顕著。折るとサリチル酸メチルの香りを強く放つ。葉は長枝では互生, 短枝では2葉つけ, 有柄, 葉身は卵形から広卵形, 長さ8〜15cm, 幅3〜6cm, 鋭尖頭, 基部は浅心形か円形, 葉縁には不整の重鋸歯があり, 側脈は8〜15対で下面に突出する。上面は深緑色, 無毛, 下面脈上のみ有毛。葉柄は1〜2.5cmで, 有毛。雌雄同株。雄花序は秋に長枝の先に現れて越冬し, 4〜5月頃開花, ひも状に長くのびて下垂し, 黄褐色, 長さ5〜7cm, 径0.7cm, 黄色い花粉を吐く。風媒。雌花序は短枝の先端に, 葉芽の展開とともに現れ, 単生で直立する。果序は10月頃成熟し, 長さ2〜4cm, 径1.2〜1.5cm, 広楕円形で上向き, 果鱗3尖裂, 成熟してもしばらくは脱落しない。小堅果は楕円形, 両側に狭い翼がある。【特性】生長は早い。カバノキ類で最も低い所まで分布する。【植栽】繁殖は実生による。幼苗の葉は, 小さく細く, 薄い。【学名】種形容語 *grossa* は大きな, の意味。別和名のヨグソとは, この木の香りを悪臭と感じたことによる。

753. **オノオレカンバ**（オノオレ，アズサミネバリ）

〔カバノキ属〕

Betula schmidtii Regel

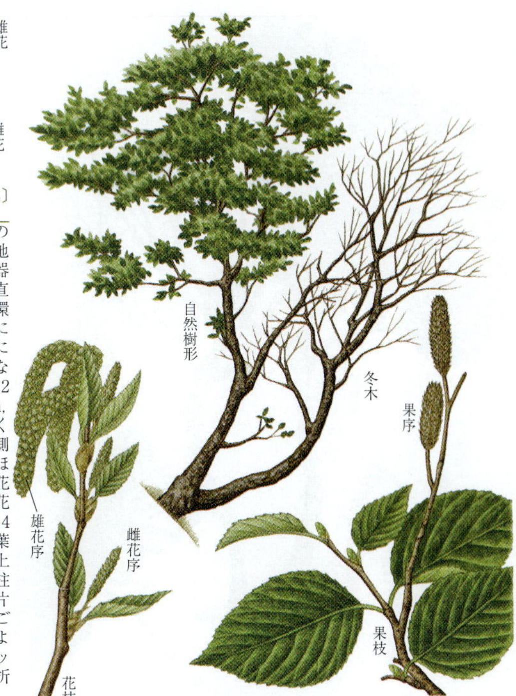

【分布】アジア東北部。本州中部以北の太平洋側の内陸深くに分布。**【自然環境】**ブナ帯山地の岩石地や急斜面にはえる落葉高木。**【用途】**建築材や器具・機械・船舶の材とする。**【形態】**高さ 17m，直径 60cm に達するものもあるが，岩場のような環境の厳しい所では低木となり，急斜面では斜めにはえる。樹皮は灰黒色，表面はざらつき，老木になると亀甲状に厚くはがれそうになるが脱落しないで浮いている。葉は長枝では互生，短枝には 2 葉つけ，有柄，葉身は卵状楕円形，長さ 4～9cm，幅 3～6cm，先端鋭尖頭，基部円形または広いくさび形，葉縁に不整細鋸歯があり，葉質堅く，側脈は 9～11 対，下面に隆起した脈上に毛があるほかは無毛。柄は長さ 0.5～1cm。雌雄同株。雄花序は秋に小枝端に 2～3 個現れて越冬，5 月に開花し，暗黄褐色のひも状に長くのびて下垂，長さ 4～6cm，径 0.6cm で風媒。雌花序は短枝端に新葉とともに出て頂生，緑色で細い円柱状，有柄で上向き。果序は長さ 2～4cm，径 0.7～0.9cm，円柱形で上向き。鱗片は 3 裂し，先はとがる。中裂片は側裂片より長い。堅果は卵状楕円形で，翼はごく狭い。**【特性】**生長は遅い。**【植栽】**繁殖は実生による。**【学名】**種形容語 *schmidtii* は人名で，シュミットの，の意味。材はきわめて堅いので斧の柄が折れるというところからオノオレの和名がある。

754. **ヤエガワカンバ**（コオノオレ）〔カバノキ属〕

Betula davurica Pall.

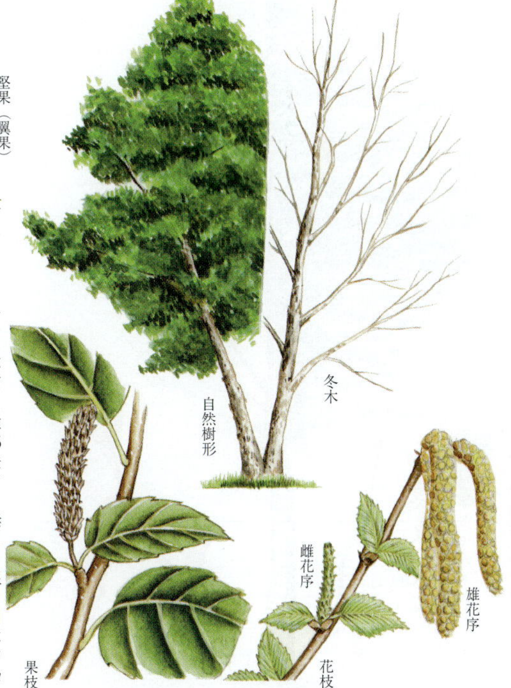

【分布】アジア東北部。北海道，本州中部以北に分布。**【自然環境】**ブナ帯で，よく日のあたる所にはえる落葉高木。**【形態】**高さ 17m, 直径 40cm に達し，樹皮は灰色または灰褐色，縦横に切れて，横にまくれ上がりはがれる。八重皮の名はこれにちなむ。小枝は細く，初め少し有毛，腺点が目立つ。葉は長枝には互生，短枝には 2 葉つけ，有柄。葉身は卵形，長さ 3～7cm，幅 2～4cm，鋭頭または鋭尖頭，基部は広いくさび形，葉縁には不整鋸歯があり，側脈は 6～8 対，上面無毛，下面に腺点があり，脈上に少し有毛。柄は 0.5～1.5cm。冬芽は長楕円形から長卵形，先はとがる。雌雄同株。雄花序は秋には長枝の端に現れて越冬。5 月頃，葉の展開とともに開花，長くのびて下垂し，無柄。風媒。雌花序は短枝の先に頂生して直立，有柄。果序は卵状楕円形で上向き，長さ 2cm，径 1cm，鱗片は光沢があり，3 浅裂し，無毛，裂片はほぼ等長，標本にすると脱落しやすい。堅果は長さ 0.3cm で扁平，両翼は広い。**【特性】**日あたりをたいへん好む。自生地は狭い地域に限られるが，伐採跡や山火事跡に一斉林をつくることがある。**【植栽】**繁殖は実生による。**【近似種】**ヒダカヤエガワ var. *okuboi* Miyabe et Tatew. は北海道に分布し，葉の側脈は 7～9 対，果鱗の中裂片が側裂片より長い。**【学名】**種形容語 *davurica* はダフリア（東シベリア地方の地名）の，の意味。

755. ジゾウカンバ（イヌブシ）　〔カバノキ属〕
Betula globispica Shirai

【分布】本州（関東西部，中部地方東部）。【自然環境】亜高山帯の日のあたる岩石地にはえる落葉高木。【形態】高さ 10m, 直径 40cm に達することがあるが，多くは傾いて幹は曲がり，もっと低い。樹皮は灰色で，不規則にはがれる。1 年枝は有毛，のち無毛。葉は長枝には互生，短枝には 2 葉つけ，有柄，葉身は広卵形でやや菱形となり，長さ 4～7cm，幅 3～5cm，厚手で，細重鋸歯があり，側脈はよく目立つ。表面無毛，下面脈上に白色の長伏毛がある。葉柄は長さ 0.5～1.5cm，まばらな毛がある。雌雄同株。雄花序は秋に長枝の先の葉腋に現れて越冬し，無柄，5 月頃開花し，ひも状に長くのびて下垂し，紫褐色で風媒。雌花序は，短枝の先に，葉芽の展開とともに開花。果序は 10 月成熟，球形で上向きにつき，鱗片は 3 裂し，縁に有毛，中裂片は側裂片に比べてはるかに長く，長さ 1.3～1.5cm，カバノキ類の中では，最も遅くまで脱落しないで果序に残っている。堅果は扁平で翼は非常に狭い。【特性】生育は遅い。【植栽】平地では栽培は困難。【学名】種形容語 *globispica* は球形の穂をもった，の意味。和名ジゾウカンバの起こりは，秩父で発見されたとき，そばに石地蔵があったことによる。

756. アカシデ（ソロ）　〔シデ属〕
Carpinus laxiflora (Siebold et Zucc.) Blume

【分布】北海道，本州，四国，九州。朝鮮半島，中国。【自然環境】雑木林にふつうに産する落葉高木。【用途】床柱，家具，榾木，燃料のほか，盆栽では新葉の赤芽を観賞。【形態】主幹はねじれる。樹皮は灰白色，平滑。老木になると幹に太い脈状の出入りが多くなる。小枝は細長く，幼時は有毛，のち無毛となる。葉は互生，有柄，薄質，新葉は葉柄，枝ともに紅色を帯び，和名のもとになる。葉身は卵形または卵状楕円形，長さ 3～7cm，幅 2～3.5cm，尾状鋭尖頭，基部は円形，不整細重鋸歯を有し，上面無毛，下面は脈上，脈腋にわずかに有毛，側脈は目立つ。葉柄は長さ 0.8～1.2cm，わずかに毛が残る。雌雄同株。尾状花序は 4～5 月，新葉と同時に現れる。雄花序は前年枝の葉腋跡から下垂し，長さ 4～5cm，帯紅黄褐色。雌花序は新枝に頂生して上向し，有柄，緑色。果序は 10 月に成熟し，長さ 4～8cm で下垂する。果苞は 3 裂，粗鋸歯がある。小堅果は広卵形，長さ 0.3cm で果苞に抱かれる。【特性】土質をあまり選ばない。生長は早い。【植栽】繁殖は実生による。【管理】せん定は可能。移植に耐える。特別な病害虫はない。【近似種】枝の下垂するものにシダレアカシデ f. *pendula* (Miyoshi) Sugim. がある。実生からだと，しだれる確率は低い。接木も可能である。【学名】種形容語 *laxiflora* はまばらな花の意味。和名アカシデは葉の赤いシデの意味。

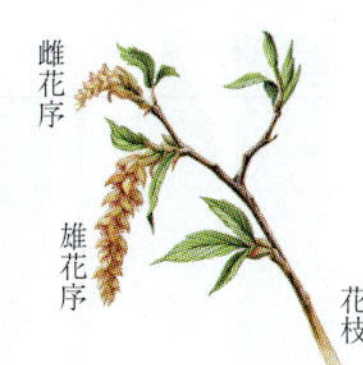

757. イヌシデ（シロシデ）〔シデ属〕
Carpinus tschonoskii Maxim.

【分布】本州, 四国, 九州。朝鮮半島, 中国。**【自然環境】**雑木林にふつうに産する落葉高木。**【用途】**燃料, 床柱, 椎木。**【形態】**幹はややねじれるがアカシデほどではない。高さ 15m, 直径 60cm に達する。樹皮は平滑, 縦に光沢のある白いすじが走る。1年枝には軟毛密生。葉は互生, 葉身は卵形または卵状長楕円形, 長さ 4～8cm, 幅 2～4cm, 鋭頭, 鋭い細重鋸歯があり, 基部は円形, 表面に少し伏毛が残り, 裏面は脈上, 脈ぞいに長軟毛がある。側脈は著明である。葉柄は長さ 0.8～1.2cm で毛を有す。雌雄同株。花は 4～5 月, 新葉と同時に現れる。雄花序は前年枝の葉腋から下垂し, 長さ 4～5cm, 黄褐色。雌花序は新枝の頂から下がり, 淡緑色, 風媒。果序は 10 月に成熟, 有柄で下垂し, 長さ 4～8cm, 小苞をまばらにつける。小苞は斜披針形または半卵形で片側は鋸歯を有し, 広卵形の長さ 0.4～0.5cm の堅果を抱く。**【特性】**土質はあまり選ばない。成長は早い。**【植栽】**繁殖は実生による。**【管理】**せん定は可能だが, 樹形を損ずるので好ましくない。移植に耐える。夏の大気汚染により落葉することがある。

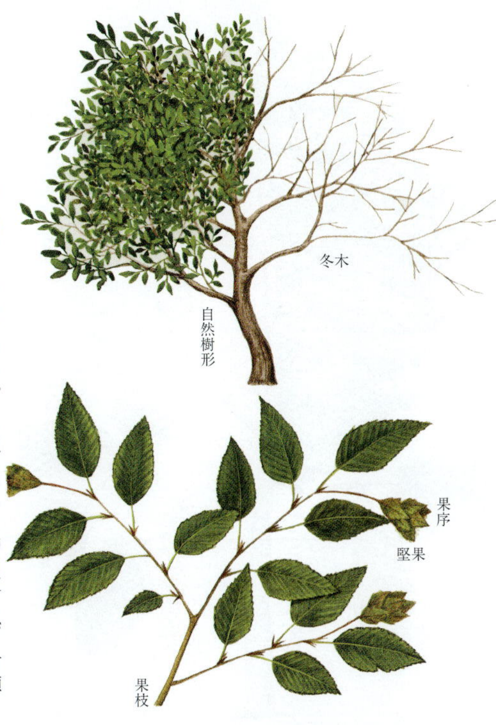

758. イワシデ（コシデ）〔シデ属〕
Carpinus turczaninovii Hance

【分布】本州（中国地方）, 四国, 九州。**【自然環境】**岩石地にはえる落葉低木。**【用途】**盆栽にして観賞する。**【形態】**高さ 2～3m, 枝は密に分枝, 若枝に伏毛がある。本年枝の基部に金褐色の鱗片葉が宿存する。葉は互生, 葉肉厚く, 小形で, 葉身の長さ 2.5～5cm, 幅 1.5～2.5cm, 卵形または長卵形, 先は鋭形または鈍形, 縁に細重鋸歯があり, 上面無毛, 下面淡緑色, 脈上に伏毛がある。側脈は 10 対前後, 主脈は上に隆起する。柄は 0.5～1.2cm で伏毛がある。托葉は褐色, 線形, 長さ 0.7～0.8cm。雌雄同株。尾状花序は新葉とともに現れる。雄花序の苞は紅色で美しい。雌花の花柱は 2 裂。風媒。果序は柄の長さ 1.5cm ぐらい, 有毛で短く, 下垂せず, 開出または斜上し, 4～8 個の小苞からなる。小苞は斜卵形, 長さ 1～1.8cm, 粗い鋸歯があり, ほかのシデ類のように堅果を抱くような形にならない。小堅果は広卵形, 長さ 0.4cm, 先にわずかに毛がある。**【特性】**シデ類の中でとくに小形で, 小豆島以西の石灰岩地に多い。生長は遅い。**【植栽】**繁殖は実生による。**【管理】**せん定に耐える。**【学名】**属名 *Carpinus* は木の頭, 種形容語 *turczaninovii* は人名で, トルチャニノフの, の意味。和名イワシデは岩石地にはえるため。別和名コシデは小形のシデ類の意味である。

759. クマシデ（イソシネ，カナシデ）〔シデ属〕
Carpinus japonica Blume

【分布】本州，四国，九州。【自然環境】暖帯上部，温帯山地に生ずる落葉高木。【用途】家具や器具，薪炭材。【形態】幹は直立し，高さ 13m，直径 60cm に達する。樹皮は若木では平滑，褐灰白色，少し太くなると，わずかに突起した小点が縦に並び，老木になると帯褐黒色で，浅く縦に裂け目が入る。幼枝は軟毛があるが，のち無毛。小枝は細く，楕円形の皮目が目立つ。葉は互生，有柄，狭卵形または卵状長楕円形。葉身の長さ 6〜10cm，幅 2〜4cm，長鋭尖頭，基部はわずかに心臓形かまたは円形，葉縁に重鋸歯が突端まである。側脈は 16〜24 対，上面無毛，下面は脈上，脈腋に毛がある。雌雄同株。4〜5 月頃，尾状花序を新葉とともに現す。雄花序は無柄，前年枝から下垂し，黄褐色，雄花は卵形の苞中にある。風媒。雌花序は新枝に頂生して上向し，緑色。果序は 10 月に成熟し，長楕円状円柱形で長く下垂し，長さ 6〜9cm，径 3〜4cm に達する。果時の小苞は卵形，長さ 1〜2cm，縁には粗鋸歯がある。果実は長楕円形。【特性】イヌシデ，アカシデより生長は遅い。岩石地にも耐える。【植栽】繁殖は実生による。【管理】移植に耐える。せん定可能。特別な病害虫はない。【学名】属名 *Carpinus* は木の頭，種形容語 *japonica* は日本の，の意味。和名クマシデは果序が大きいことから名づけられた。

760. サワシバ〔シデ属〕
Carpinus cordata Blume

【分布】北海道，本州，四国，九州。【自然環境】温帯林の谷ぞいにはえる落葉高木。【用途】床柱，器具材，楕木。【形態】幹は直立し，高さ 15m，直径 60cm に達する。樹皮は灰緑褐色，平滑であるが，菱形の裂け目がたくさんできる。小枝は細く光沢があり，皮目は円形または楕円形で数は多い。葉は互生。葉身は広卵状心臓形，薄く，長さ 7〜14cm，幅 4〜7cm，急鋭尖頭，細重鋸歯があり，基部は深い心臓形，側脈は 14〜22 対，上面無毛，下面脈上に毛がある。雌雄同株。4〜5 月，新葉とともに尾状花序を現す。雄花序は前年枝に側生して下垂し，黄緑色，長さ 5cm，包鱗の縁には長毛がある。風媒。雌花序は新枝に頂生，有柄で下垂し，緑色。雌花は苞内に 2 個あり，小苞に抱かれ，子房には 2 花柱がある。果序は 10 月に熟し，2〜4cm の柄があり，長楕円形で下垂し，長さ 4〜15cm，幅 2〜4cm。小苞は宿存して生長し，卵形，鋭頭，長さ 2cm，基部に長さ 0.4cm の小堅果を抱く。【特性】湿り気のある深い土層を好む。急傾斜地では幹は斜めに曲がる。生長は早い。【植栽】繁殖は実生による。【近似種】葉裏に毛が密生するものをビロードサワシバ var. *chinensis* Franch. として区別することがある。【学名】種形容語 *cordata* は心臓形の意味で，葉の形による。和名サワシバは沢に多い薪になる木の意味。

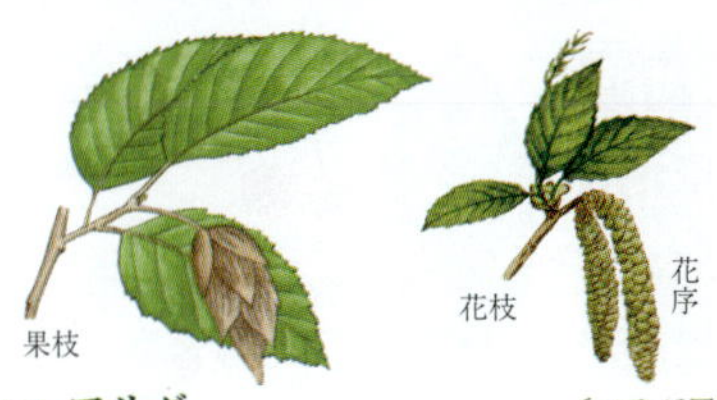

761. アサダ　〔アサダ属〕
Ostrya japonica Sarg.

【分布】北海道，本州，四国，九州。朝鮮半島，中国。【自然環境】温帯の山地にはえる落葉高木。【用途】家屋，船舶，器具などの用材。【形態】幹は直立し，高さ20m，直径60cmにも達する。樹皮は暗灰褐色，若いうちは平滑，生長するにつれ縦に裂け，薄くはげてそり返る。新しい枝には毛と腺毛がある。葉は互生，葉身は卵形か卵状長楕円形，長さ5〜13cm，幅3〜5cm，鋭尖頭，基部は円形，葉縁に不整重鋸歯がある。葉の表面は鮮緑色，裏面は淡緑色，葉質は薄く，初めは軟毛が両面に密生するが，のち脱落して，裏面脈上にだけ残る。側脈は9〜13対。葉柄は0.4〜0.8cmで毛および腺毛がある。雌雄同株。雄花序の蕾は秋に現れて越冬。花期は4〜5月，雄花序は無柄，前年枝の枝端から下垂し，黄褐色，長さ3cm。雄花は細毛が密生する腎臓形の包鱗の中にあり，雄しべ多数。雌花序は新枝の枝端につき上向する。風媒。果序は10月に熟し，長楕円形，長さ4〜5cm，やや垂れる。包鱗は卵状楕円形。基部は袋状で，中に径0.8cmの小堅果を入れる。【特性】生長はやや早い。材は粘り強い。【植栽】繁殖は実生による。【近似種】アメリカアサダ *O. virginiana* (Mill.) K.Koch がある。【学名】属名 *Ostrya* は骨の意味。種形容語 *japonica* は日本の，の意味。

762. ドクウツギ　〔ドクウツギ属〕
Coriaria japonica A.Gray

【分布】北海道，本州（近畿地方まで）。【自然環境】山地のがけや河岸などにはえる落葉低木。【形態】下部からよく枝分かれし高さ1.5mぐらいになる。葉は対生し左右2列に並ぶので，一見羽状複葉のように見える。卵状長楕円形または卵状披針形で先端はとがり，基部は丸く全縁で毛はない。3本の主脈がよく目立ち，長さ4〜10cm，幅2〜3.5cmほどで柄はない。雌雄同株。4〜5月，枝の節に束生する総状花序が出る。花序の基部には鱗片が多い。長い雌花序と短い雄花床が1ヵ所から出る。雌花序は長さ6〜15cm，雄花序は長さ2〜5cmほど。がく片は5個あり，5個の花弁はがくより小さい。雄花には黄色の葯をもった10個の雄しべがある。雌花には熟さない10個の雄しべと，紅色の長い花柱をもった5個の子房がある。果実はがくが宿存し，花弁は花後大きくなって果実を包み，全体で径1cmほどの球形である。初め赤いが，のち5稜をもった紫黒色となり，甘い汁を含む。【特性】果実には強い有毒成分が含まれており，誤って食べると死ぬことがある。ドクウツギの名もそのことに由来する。山野にはえる危険な植物の1つである。【学名】属名 *Coriaria* はなめし皮の意味。種形容語 *japonica* は日本の，という意味。

763. マユミ 〔ニシキギ属〕
Euonymus sieboldianus Blume

【分布】北海道，本州，四国，九州，朝鮮半島，中国大陸，南千島，サハリンに広く分布する。【自然環境】山野にふつうに自生するほか，しばしば植栽される落葉低木または小高木。【用途】家具材，器具材，細工物，樹皮は薬用。【形態】ふつう低木であるが，ときに幹が高さ 15m に達することもある。樹皮は灰褐色で縦に割れ目が入る。材は白く緻密で強靭。枝はやや太く，白いすじが縦に入ることが多い。冬芽は対生し，頂芽は 1 個で側芽より大きく，長さ 0.3〜0.8cm，8〜12 個の芽鱗に包まれる。葉は有柄で対生し，葉身は長楕円形または楕円形，ときに卵状長楕円形と変化が多く，長さ 5〜15cm，幅 2〜8cm，両端は鋭くとがり，縁に細かな鋸歯があり，葉裏中脈・細脈上に小突起毛があるか，または無毛となる。葉柄は長さ 0.8〜2cm。開花は 5〜6 月，長さ 3〜6cm の柄のある集散花序を，前年枝の基部葉腋につけ，淡緑色で径約 0.8cm の小花を多数咲かせる。雌雄異株。がく片は 4 個で円形。花弁は長楕円形で長さ約 0.4cm，内面に微細な毛が密生する。雄花では雄しべは 4 個あり，花糸は長さ 0.15〜0.2cm，花柱は短い。雌花では雄しべは長さ 0.025〜0.05cm と短く，花柱が長い。葯は黒紫色。さく果は 4 稜形で倒三角状，基部は細く淡紅色で，長さ 0.8〜1cm。深く 4 裂し，朱赤色の仮種皮をもった種子を露出する。【学名】種形容語 *sieboldianus* はシーボルトを記念したもの。和名マユミは真弓で，昔これで弓を作ったことによる。

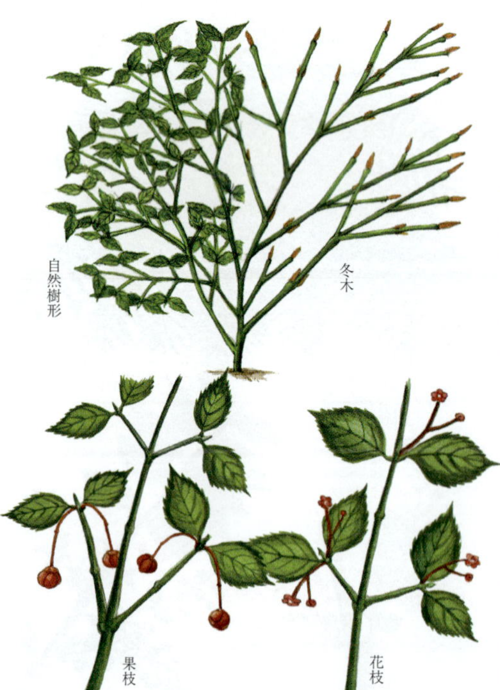

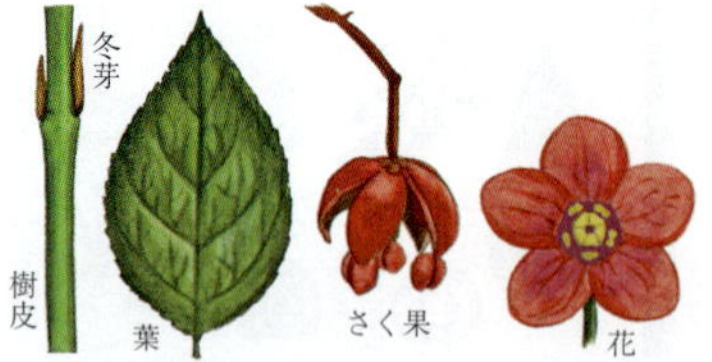

764. サワダツ （アオジクマユミ，サワダチ）〔ニシキギ属〕
Euonymus melananthus Franch. et Sav.

【分布】本州，四国，九州に特産する。【自然環境】深山の樹林下にはえる落葉低木。【形態】幹は直立するか，または多雪地では地面をつる状に長くはい，高さ 1m ぐらいになる。枝は対生し，無毛，緑色で，丸みがあり，4 条線がある。冬芽は対生し，頂芽は 1 個で側芽より大きく，長さ 0.6〜1cm，2 枚の芽鱗に包まれる。皮目は少ない。葉痕は三角形または半円形。葉は有柄で互生し，葉身は卵形または広卵形で，長さ 3〜8cm，幅 2〜4cm，先端は鋭く尾状にとがり，基部は円形または広いくさび形で，縁にはとがった細かい鋸歯があり，葉質は薄い紙質で，両面ともに無毛。葉柄は長さ 0.2〜0.4cm。秋遅く美しく紅葉する。開花は 6〜7 月，本年枝の葉腋から，2〜3cm の柄を出し，1〜3 個の暗紫紅色で径 0.8cm 内外の小花をつける。花柄は細く長さ約 1cm。がく裂片は 5 個で，小形，半円状で縁に細かい鋸歯がある。花弁は 5 個で，円形，長さ約 0.25cm。後方にそり返る。雄しべ 5 個，花糸はごく短く，花盤の縁につく。雌しべ 1 個，子房は下位で花盤と合生し 5 室。さく果は球形で径約 1cm，紅色に熟して 5 裂し，内面は黒紅色。種子は朱赤色の仮種皮に包まれ，果皮の先に吊り下がる。【学名】属名 *Euonymus* はギリシャ古語でよい名の，を意味し，評判のよいという意味。種形容語 *melananthus* は黒い花の意味。和名サワダツは沢立の意味と思われるが不明。

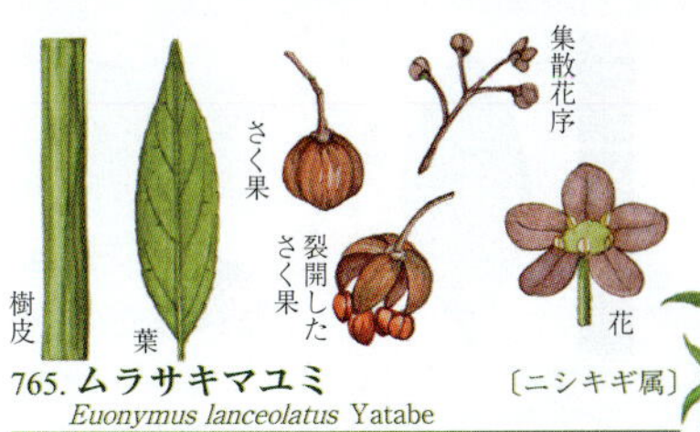

765. ムラサキマユミ 〔ニシキギ属〕

Euonymus lanceolatus Yatabe

【分布】本州（新潟県南部以西），四国，九州（北部）のおもに日本海側に分布する。【自然環境】温帯から暖帯にかけての深山の林下にまれにはえる常緑小低木。【形態】幹の基部はふつう地上に横たわり，先のほうが斜めに立ち上がり，長さ60cm内外になる。枝は四角でやや4稜の細い線があり，緑色で無毛。葉は有柄で対生し，葉身は披針形あるいは長楕円状披針形で，長さ7〜15cm，幅2〜5cm，先端は細長く鋭くとがり，基部は鋭形かまたはくさび形で，縁には細かな鋭鋸歯があり，両面無毛で，質は厚くやや革質。表面は深緑色でやや光沢があり，裏面は淡緑色で脈はわずかに隆起する。葉柄は長さ0.4〜0.7cmで，狭い翼をもつ。開花は7〜8月，葉腋から長さ3cmほどの細い柄を出し，その先に1〜数個の暗紫紅色で径約0.8cmの小花を，まばらな集散花序につける。花柄は約1cm，がく片は5個で半円形，縁に細かな鋸歯がある。花弁は5個，円形で長さ約0.4cm。雄しべは5個で花糸はほとんどない。葯は2室。花柱は1個で短い。果実はさく果で，球形で径約0.8cm，平滑で赤色を帯びる。熟すと果皮は5個に裂開し，中から朱赤色の仮種皮に包まれた種子を露出する。【学名】種形容語 *lanceolatus* は披針形の，の意味で，披針形葉を意味する。和名ムラサキマユミは，紫色の花を咲かせるマユミの意味である。

766. ニシキギ 〔ニシキギ属〕

Euonymus alatus (Thunb.) Siebold var. *alatus* f. *alatus*

【分布】北海道，本州，四国，九州に産する。【自然環境】日本の各地の山野に自生し，また人家に多く植栽されている落葉低木。【用途】庭園や公園に植えられ，野趣を添えたりする添景樹として用いる。秋の紅葉を賞する。材は版木，杖，弓，木釘，樹皮は薬用とする。【形態】単幹または株立ち状で通常高さ2〜3m，幹径は2〜5cm，樹皮は黄灰色，暗灰色，枝は緑色で褐色のコルク質の縦翼がある。葉は対生，短柄で葉身は楕円形または倒披針形で鋭頭，長さ1.5〜6cm，幅1〜4cm，縁には細鋸歯がある。側脈は両面に突出する。花は5〜6月，葉より短い有梗の集散花序に，淡黄緑色で4弁の小花が咲く。果実は10月成熟，さく果，胞背で2〜4片に開裂する。種子はほぼ球形，不斉卵形，鮮紅色で長さ0.4〜0.5cm。【特性】日あたりを好むが半日陰地にも育つ。樹勢強健で萌芽力があり，せん定にも強いし，移植も容易である。生長はやや早い。耐寒性，耐潮性があるが大気汚染には弱い。【植栽】繁殖はさし木と実生による。さし木は春ざしと梅雨ざしによる。実生は秋に採種，保湿低温貯蔵し春に播種する。【管理】手入れは自然樹形を基調とした整枝を行う。施肥は必要ないが，生育の悪いものには春に施す。【近似種】コマユミは枝にコルク質の縦翼のないもの。【学名】種形容語 *alatus* は翼のある，の意味。

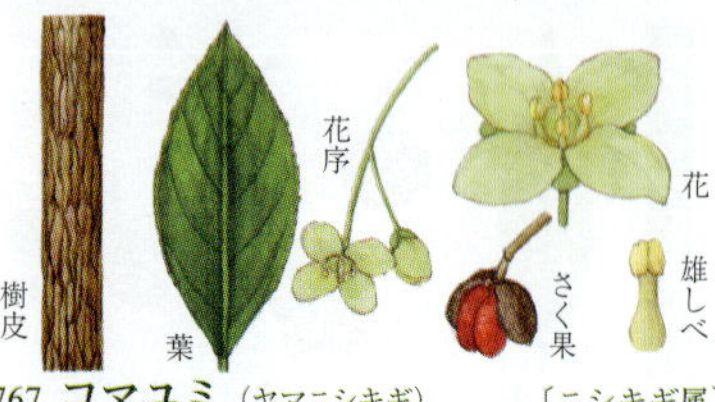

767. コマユミ（ヤマニシキギ）〔ニシキギ属〕

Euonymus alatus (Thunb.) Siebold
f. *striatus* (Thunb.) Makino

【分布】北海道，本州，四国，九州，朝鮮半島，千島，サハリン，中国大陸などに広く分布する。【自然環境】山地，丘陵などに広く分布する落葉低木。【用途】材を器具材（細工物，印材），果実をアタマジラミ駆除剤。【形態】幹は高さ1〜3m。よく分枝し，枝は対生し，緑色で無毛，4稜がある。葉は対生し，葉身は倒卵形または広倒披針形で，長さ2〜7cm，幅1〜3cm，両端は鋭くとがり，縁に細かな鈍鋸歯があり，両面無毛で表面に光沢はない。葉柄は長さ0.1〜0.3cm。開花は5〜6月，葉腋に淡黄色で径約0.5cmの小花を，1〜数個集散状につける。がく片はごく小さく，4個で半円形。花弁は4個で，ほぼ円形で，縁に微細な鋸歯がある。雄しべは短く，4個が花盤の縁に立ち，花糸はきわめて短い。雌しべは1個。子房は4個の心皮からなり，うち1〜2個が発達してさく果になる。さく果は狭倒卵形で，長さ約0.8cm，裂けると朱赤色の仮種皮をもつ種子を露出する。【近似種】葉裏脈上に毛があるものをケコマユミ（ケマユミ，カラコマユミ）f. *apterus* (Regel) Rehderという。本州中部以上に分布する。【学名】属名*Euonymus*はギリシャ古語eu（よい）とonoma（名）からなり，評判のよいの意味。ギリシャ神話の神の名。品種名*striatus*は線条のある，線溝のある，の意味。和名コマユミは小形のマユミの意味。

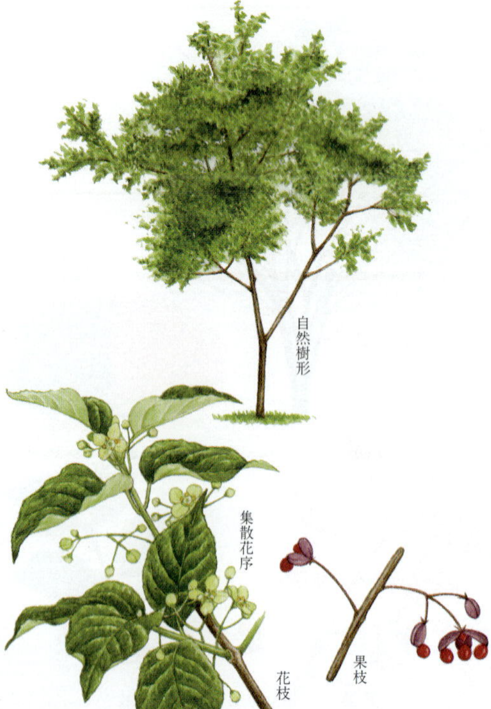

768. オオコマユミ（ソガイコマユミ）〔ニシキギ属〕

Euonymus alatus (Thunb.) Siebold
var. *rotundatus* (Makino) H.Hara

【分布】北海道，本州，四国，九州，済州島に分布する。【自然環境】本州では東北地方から日本海側に分布し，山地にはえる落葉低木。【形態】幹は高さ1〜3mになり，枝はコマユミに比べてやや太く，対生し，よく分枝する。また，若枝は平滑で緑色を帯び，丸みのある鈍4稜形である。冬芽は対生し，長卵形で先はとがり，長さ0.4〜0.6cmで7〜8対の芽鱗が重なる。頂芽はやや大きく，長さ0.4〜0.7cm。葉は短柄があり，対生し，葉身は広い卵形または倒卵形で，長さ4〜10cm，幅2〜7cmでコマユミよりも大きく，先端は短く急にとがり，基部はやや丸いか，または広いくさび形となる。縁には細かい鈍鋸歯がある。両面ともに無毛。開花は5〜6月，葉腋から小形の集散花序を垂れ下げ，花柄は細く，淡黄緑色で，径約0.7cmの小花を1〜5個つける。がく片は4個で小さく，花弁も4個で卵円形，縁に微細な鋸歯がある。雄しべは4個，花盤の縁ぞいにつき，短い。中央に1個の花柱がある。子房は4個の離生する心皮からなり，うち1〜2個の心皮が発達してさく果となる。心皮は成熟すると，しなやかな革質となり1個の種子を包む。種子は朱赤色の仮種皮に包まれ，心皮が裂開して露出する。【学名】変種名*rotundatus*は，葉が円形で丸みのある，の意味。

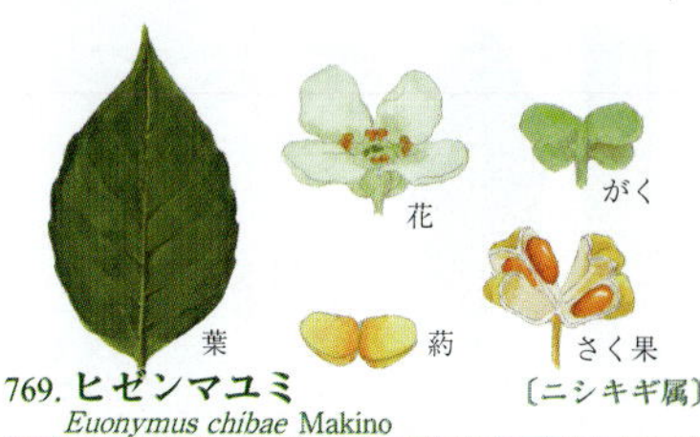

769. ヒゼンマユミ 〔ニシキギ属〕
Euonymus chibae Makino

【分布】九州，沖縄，朝鮮半島南部の暖帯から亜熱帯に分布。【自然環境】やや日あたりのよい山野に自生，ごくまれに植栽されることもある常緑小高木。【用途】ほとんど利用されることはないが，まれに庭園樹とすることがある。【形態】樹高5mぐらいになり，枝は緑色，やや平たく滑らかで，4稜があり無毛。葉は対生または互生，長さ6～8cm，幅2～5cmで，ときに長さ12cmぐらいになる。楕円形，あるいは長楕円形，卵形で，滑らかなやや薄い革質で光沢がある。縁にはまばらに低い鈍鋸歯があり，先端は突出して急鋭尖頭，基部は広いくさび形またはやや円脚になり，長さ1～1.5cmの葉柄がある。花は黄緑色で，4～6月に2～3cmの柄のある集散花序を葉腋に着生する。花弁はほぼ円形で直径約0.2cm，雄しべは4個で，広くやや鈍稜のある花盤につき，花糸はほとんどない。葯は2室，水平に並んで上面で裂開する。果実は淡黄褐色のさく果で，長さ1.2～2cm，幅1～1.5cmの倒卵球形，ふつう4室で4つの鋭い稜がある。晩秋に黄色く熟す表皮は滑らかである。種子はオレンジ色の仮種皮に包まれている。【特性】温暖な水はけのよい，適湿の肥沃地を好む。生長はやや遅い。【植栽】繁殖は実生による。【学名】種形容語*chibae*は採集家千葉常三郎に因む。

770. マサキ (シタワレ，フユシバ) 〔ニシキギ属〕
Euonymus japonicus Thunb.

【分布】北海道南部，本州，四国，九州。【自然環境】自然分布は本州以南で，適湿地を好むが，土性を選ばずに育つ常緑小高木。【用途】庭園，公園などに仕立て物，生垣，目隠し用として植栽される。【形態】幹は直立せず，太枝が横に広がる。高さ2～6m，樹皮は老成すれば暗色となり浅裂する。若枝は緑色，全株無毛。葉は対生し有柄，葉身は倒卵形または楕円形で鈍頭，または鋭頭で長さ3～10cm，幅2～6cm，縁には鈍鋸歯があり，厚質で光沢がある。上面は深緑色で下面は帯青白色である。花は6～7月，長柄ある腋生集散花序に緑白色の花径約0.5cmの花が咲く。がくは4浅裂，花弁は4弁で卵形で平開する。果実は10月成熟，球形で径0.7cmで3～4裂し，黄赤色の仮種皮をもつ種子4個を放出する。【特性】生長早く，樹勢強健，乾湿地に育つ。萌芽力があり，強せん定にも耐える。移植力も強い。耐潮性，耐水力もあり，煙害にも強い。都市環境にも抵抗性がある。【植栽】繁殖はさし木を主とする。実生もできる。さし木は春ざしか土用ざしをする。実生は秋に採種して種子を洗ってまく。【近似種】キンマサキ f. *aureovariegatus* (Regel) Rehder は葉に黄斑があるもの。【学名】種形容語*japonicus*は日本の，の意味。

771. ツルマサキ 〔ニシキギ属〕

Euonymus fortunei (Turcz.) Hand.-Mazz.

【分布】北海道，本州，四国，九州。【自然環境】各地の山地に産し，気根により樹木や岩石などに吸着する常緑つる性植物。【用途】根じめ，添景，植つぶしなど地被材料として公園，庭園に植えられる。【形態】根もとから分枝し横にはう。気根を出して樹などによじ登る。葉は対生，有柄で，葉身は楕円形か長楕円形で長さ 1～4cm，縁には鈍鋸歯がある。上面は暗緑色で無毛。花は6～7月，2～4cm の柄のある集散花序に淡緑色の細小花を密につける。果実は 11 月成熟，四角状扁球形で径 0.6～1cm である。【特性】陰樹で陽光に対しては中性，適湿の壌土を好む。生長の早さは中ぐらい。樹勢強健，萌芽力がありせん定に耐える。移植は容易。都市にも適応性がある。耐寒性もある。【植栽】繁殖はさし木，株分け，実生による。さし木は 7～9 月頃，新梢のつるをさす。【管理】整った形の仕立て物は植栽調和に見合うように，外側にのび出した枝はほどよく切りつめる。生育の悪いものには固形肥料を施す。病害虫にはウドンコ病，ミノウスバがある。【近似種】ヒロハツルマサキ f. *carrierei* (Vauvel) Rehder は葉が大きい品種で卵楕円形をしている。【学名】種形容語 *fortunei* は東亜の植物採集家 R. フォーチュンの，の意味。

772. コクテンギ （クロトチュウ，コクタンノキ） 〔ニシキギ属〕

Euonymus carnosus Hemsl.

【分布】本州（山口県），九州（西部），トカラ列島，沖縄，台湾，中国に分布。【自然環境】海岸地方の山地にまれに自生する常緑小高木。【用途】庭園樹。材は薪炭などに用いる。【形態】大きいものは高さ 10m，幹の直径 20cm となる。新しい枝は緑色で無毛。葉は対生またはときに 3 輪生で有柄，葉身は倒卵状楕円形で先端は鈍いかやや鋭く，基部はくさび形。縁には細鋸歯がある。長さ 10～13cm，幅 4.5～6cm。洋紙質または革質で裏面は淡色。秋にしばしば紅葉する。雌雄同株で，開花は 6～7 月頃，葉腋に長い柄のある集散花序を出し，淡緑色でやや大形の 4 弁花を 10 数花開く。花径は約 1cm，花弁は内側に曲がる。がく片は 4 個で長さ 0.1cm，幅 0.4cm ぐらい。さく果は大形の扁球形で径 1cm ぐらい。著しい 4 稜があり，外面帯紅色，内面は白黄色の 4 枚の殻に裂ける。種子は赤黄色の仮種皮をもつ。長さ，幅ともに 1～1.5cm。【特性】中庸樹。適潤で肥沃な土壌を好むが，ふつうの土で育つ。乾燥に耐える。【植栽】繁殖は実生による。移植はできる。【管理】萌芽力があり，せん定はできる。施肥は寒肥として油かす，鶏ふん，化成肥料などを施す。病虫害はマユミに準ずる。

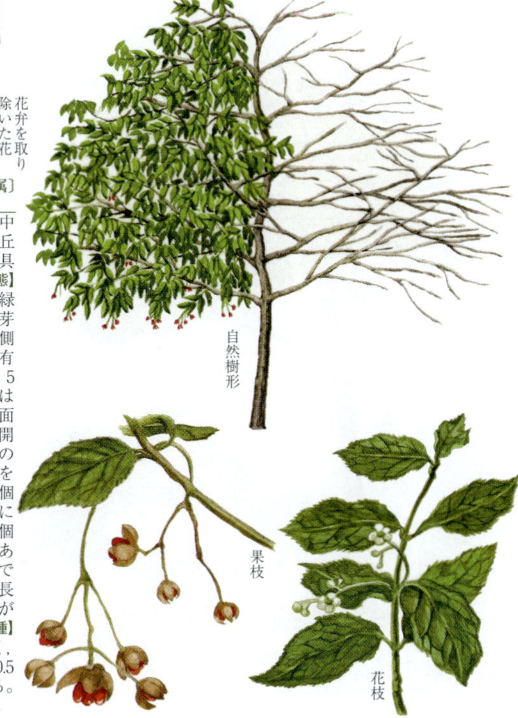

773. ツリバナ　〔ニシキギ属〕
Euonymus oxyphyllus Miq.

【分布】北海道，本州，四国，九州，朝鮮半島，中国大陸，南千島に分布する。**【自然環境】**山地，丘陵の林内にふつうにはえる落葉低木。**【用途】**器具材（弓，杖，印材，将棋の駒，こけし）。**【形態】**幹は高さ 5m になる。枝は丸く無毛で，新枝は緑色，旧枝は紫褐色を帯びる。材は粘り強い。冬芽のうち頂芽は側芽より大きく長さ 0.6～1.5cm，側芽は対生し，7～10 個の芽鱗に包まれる。葉は有柄で対生し，葉身は卵形または長楕円形で長さ 5～10cm，幅 2～5cm，先端は鋭くとがり，基部は広いくさび形で，縁に細かな鈍鋸歯がある。両面無毛で質はやや薄い。葉柄は長さ 0.3～0.6cm。開花は 5～6 月，本年枝の先の葉腋から，3～6cm の細長い柄を出し，径 0.7～0.8cm の小花 10 数個をややまばらに集散状に吊り下げる。がく片は 5 個でごく短く，全縁。花弁 5 個は円形で，白緑色にやや紫色を帯び，長さ 0.3～0.4cm。雄しべは 5 個で短く，花盤の縁につき，中央に 1 個の花柱がある。さく果は球形で径 1～1.2cm，果皮は平滑で赤熟し，5 裂して，朱赤色の仮種皮に包まれた長さ約 0.5cm の種子を露出し，果皮の先に吊り下がる。和名は花が吊り下がることによる。**【近似種】**エゾツリバナ var. *magnus* Honda は葉が大きく，楕円形で長さ 6～13cm，幅 3～7cm，葉柄は長さ 0.5～1cm あり，北海道，本州の日本海側に分布する。**【学名】**種形容語 *oxyphyllus* は鋭形葉の，の意味。

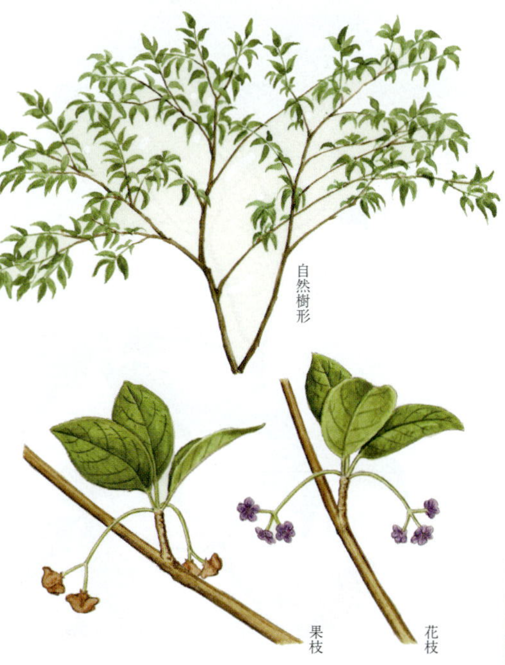

774. クロツリバナ（ムラサキツリバナ）〔ニシキギ属〕
Euonymus tricarpus Koidz.

【分布】北海道，本州（白山，御嶽山，木曽駒ヶ岳，南アルプス以北），四国（剣山），サハリンに分布する。**【自然環境】**温帯上部の高山，亜高山帯にはえる落葉低木。**【形態】**幹は高さ 2～3m になり，よく分枝する。枝は丸く平滑で，若枝は緑色を帯びるが，やがて紫褐色に変わる。葉は有柄で対生し，葉身は楕円形または倒卵形で長さ 5～12cm，幅 3～6cm，先端は鋭くとがり，基部はくさび形またはやや円形で，縁に細かい鈍鋸歯があり，両面無毛で質薄く，葉面は細脈にいたるまでへこみ，しわ状となる。葉柄は長さ 0.8～1.2cm。開花は 6～7 月，本年枝の下部より長さ 3～6cm の細い柄を下げ，長さ 5～7cm の集散花序をつけ，2～3 個の暗紫色で径約 0.8cm の花をつける。花柄は細長く，がく片は 5 個で広卵形，花弁は 5 個でほぼ円形，雄しべは短く，5 個が花盤の縁につく。花柱は 1 個で短い。子房は 3 室ときに 4 室。さく果はほぼ球形で，鎌形の翼が 3 個あり，幅 1.2～1.5cm，高さ 1～1.2cm，中に朱黄色の仮種皮に包まれた種子がある。和名の紫吊花はツリバナに似て暗紫色の花をつけることによる。**【近似種】**カラフトツリバナ *E. sachalinensis* (F.Schmidt) Maxim. はサハリンに自生し，花がやや多く，さく果は 4 個の翼をもつものがふつうである。**【学名】**種形容語 *tricarpus* は 3 果の意味。

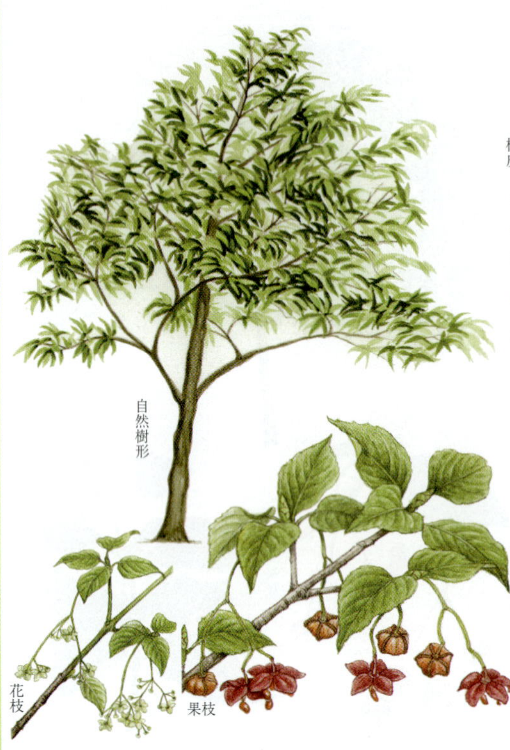

775. **オオツリバナ**（ニッコウツリバナ）〔ニシキギ属〕
Euonymus planipes (Koehne) Koehne

【分布】北海道，本州（北部，中部，近畿北部地方），朝鮮半島，中国大陸東北部，シベリア東部，サハリン，南千島（クナシリ島）に分布する。**【自然環境】**温帯から亜寒帯にかけての深山にはえる落葉低木。**【用途】**材は洋杖。**【形態】**幹は高さ 3～5m となり，枝はやや太く，対生し，丸い。若い枝は緑色を帯びて無毛。樹皮は灰褐紫色を帯び，白色円形で小形の皮目が散生する。冬芽は枝先に 1 個の頂芽と，側芽を対生する。頂芽は紡錘形で先端は鋭くとがり，7～10 個の芽鱗に包まれ，側芽より大きく，長さ 1.4～2cm。葉痕は半円形。葉は有柄で対生し，葉身は倒卵状楕円形または長楕円形で，長さ 7～13cm，幅 4～6cm，先端は急に鋭くとがり，基部は円形またはくさび形で，縁に細かい鋸歯があり，両面無毛で，中脈は両面，とくに裏面に隆起する。葉柄は長さ 0.5～1.2cm。開花は 5～6 月，葉腋から 7～15cm の細長い柄を出し，やや散形状に分枝して 10 数個の花をややまばらにつける。がく片は 5 個で平たく，全縁。花弁は 5 個で円形，長さ 0.3～0.4cm で，白色または白緑色で紫色を帯びる。雄しべは短く 5 個，葯は 1 室で裂開して皿状となる。花糸はほとんどない。花柱 1 個，子房は 5 室。さく果はやや球形で，中央部の側面に 5 個の狭い翼があり，径約 1cm。**【学名】**種形容語 *planipes* は扁平な柄の意味。和名オオツリバナはツリバナに似て葉が大きいことによる。

776. **ヒロハノツリバナ**（ヒロハツリバナ）〔ニシキギ属〕
Euonymus macropterus Rupr.

【分布】北海道，本州（北部，中部，近畿地方），四国（剣山），朝鮮半島，中国東北部，シベリア東部，サハリン，南千島に分布する。**【自然環境】**温帯の山地にはえる落葉低木。**【用途】**用材。**【形態】**幹は高さ 5～10m になる。枝は対生し，丸く無毛。若枝は緑色を帯びる。冬芽のうち頂芽は側芽より大きく，長さ 1.5～2.5cm で先は鋭くとがり，側芽は対生し，8～10 個の芽鱗に包まれる。葉は有柄で対生し，葉身は倒卵形または倒卵状楕円形で，長さ 5～12cm，幅 3～7cm，先端は鋭くとがり，基部は円形か広いくさび形で，縁に細かい鋸歯があり，両面無毛。裏面は淡色で葉脈は隆起する。葉柄は長さ 0.4～0.8cm。開花は 6～7 月，本年枝の下部葉腋から細長い柄を出し，白緑色で径約 0.6cm の 4 弁花を集散状に 10 数個つける。がく片は 4 個，小形で扁円形。花弁は卵円形で長さ約 0.4cm。雄しべは 4 個でごく短い。花柱も短く 1 個。子房は下位で 4 室ある。さく果は平たく著しい 4 翼があり，幅 2～2.5cm，赤色で，中に赤褐色の仮種皮に包まれた長さ約 0.8cm の種子があり，4 裂した果皮の先に吊り下がる。**【近似種】**アオツリバナ *E. yakushimensis* Makino は九州（南部および屋久島）に分布し，4 数性で，果実に翼がなく，葉は狭卵形である。**【学名】**種形容語 *macropterus* は大きな翼のある，の意味。和名ヒロハノツリバナはツリバナに比べて葉が広いことによる。

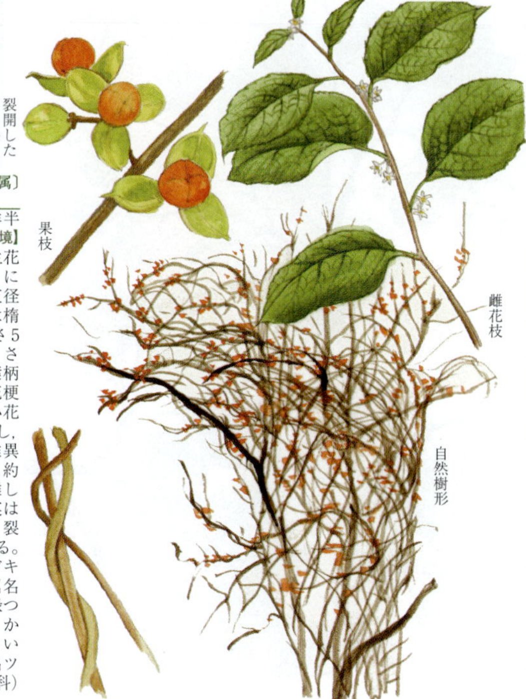

上部の枝のつるは左巻き

777. ツルウメモドキ 〔ツルウメモドキ属〕

Celastrus orbiculatus Thunb.

【分布】北海道，本州，四国，九州，沖縄，朝鮮半島，中国大陸北部，南千島に分布する。【自然環境】山野にふつうにはえる落葉つる性植物。【用途】生花材料，縄材。【形態】枝はつる状となり，左巻きに巻きつく。樹皮は褐色を帯びる。幹はときに直径20cm ほどに達する。葉は有柄で互生し，葉身は楕円形，円形，倒卵状円形など変化が多く，長さ5〜10cm，先は丸く，急にとがる。基部は狭いくさび形か円形。縁に低い鈍鋸歯があり，無毛。葉柄は長さ1〜2cm。開花は5〜6月，葉腋の短い花梗に短い集散花序をつけ，径約0.8cm の黄緑色小花を多数つける。花柄は長さ約0.5cm，がくは5裂し，花弁は5個，狭長楕円形で長さ約0.4cm。雌雄異株で，雄花には雄しべが5個あり，花糸は長さ約0.3cm。雌花には短い5個の雄しべと，1個の雌しべがあり，柱頭は3裂する。子房は上位。果実はさく果で，径0.7〜0.8cm，球形で3室があり，裂開して橙赤色の仮種皮に包まれた種子が露出する。【近似種】仮種皮が黄色のものをキミツルウメモドキ f. *aureoarillatus* (Honda) Ohwi という。【学名】属名 *Celastrus* は，ある種（セイヨウキヅタ）の常緑つる性植物につけられた古代ギリシャ名 celastros から転じたものという。celas は晩秋を意味するという。種形容語 *orbiculatus* は円形葉の意味。和名ツルウメモドキはつる性で，ウメモドキ（モチノキ科）に似た赤い種子をもった木の意味。

778. オオツルウメモドキ（シタキツルウメモドキ） 〔ツルウメモドキ属〕

Celastrus stephanotidifolius (Makino) Makino

【分布】本州（関東地方以西），四国，九州，朝鮮半島南部に分布する。【自然環境】山野にはえる落葉つる性植物。【形態】枝はつる性で，左巻きに巻きついて高く登る。葉は有柄で互生し，葉身は広楕円形またはやや卵円形で，長さ6〜12cm，幅5〜9cm，先端は急にとがり，基部は円形または狭いくさび形で，縁には低い鈍鋸歯があり，上面は平滑で無毛，下面主脈および脈上に淡褐色でちぢれた短い剛毛がはえる。葉質はツルウメモドキよりやや厚い。葉柄は長さ2〜3cm。開花は5〜6月，葉腋の短い花梗の先に，短い集散花序をつけ，径0.8cm ほどの黄緑色小花を多数つける。がくは5裂し，花弁は5個で，長楕円形，長さ約0.4cm。雌雄異株で，雄花には5個の雄しべがあり，雌花には1個の雌しべと5個の短小な雄しべがある。さく果はほぼ球形で，径約1cm，3個の果皮に裂開し，朱赤色の仮種皮をもった種子を現す。和名は，ツルウメモドキに似て，葉がやや大形であることによる。また，下面脈上に立った毛があり，葉質もやや厚いことで区別される。【近似種】オニツルウメモドキ *C. orbiculatus* Thunb. var. *strigillosus* (Nakai) H.Hara は葉の下面脈上に小突起がはえ，北海道，本州（近畿地方以北），九州，朝鮮半島に分布する。【学名】種形容語 *stephanotifolius* は *Stephanotis* 属（キョウチクトウ科）に似た葉の意味。

779. イワウメヅル　〔ツルウメモドキ属〕
Celastrus flagellaris Rupr.

【分布】本州（関東地方以西），四国，九州，朝鮮半島，中国大陸北部，アムール地方に分布する。【自然環境】山地にはえる落葉つる性植物。【形態】枝は細く，初め赤褐色で，微細な乳頭状突起毛が多く，しばしば長くのび，むち状となるが，やがて灰褐色となり，表皮は不規則にはがれる。節から気根を多数出し，岩上や古木にはりついたり，地上をはう。根の内皮は橙黄色。葉は有柄，互生し，葉身は広楕円形または卵形で，長さ2～5cm，幅1.5～4cm，先は急にとがり，基部は切形，葉質はやや薄く，無毛または，ときに下面の脈上にやや小突起状の毛がはえることがある。細脈は下面に明らかである。葉柄は長さ0.5～2cm。葉柄基部の托葉は堅くなって，そり返る短いとげとなる。花は6月頃，葉腋に2～3個つき，径約0.6cmの黄緑色小花をつける。雌雄異株。花柄は長さ0.2～0.6cmで無毛。がくは小さく，5裂し，花弁は5個で長楕円形，長さ0.3～0.4cm。雄花には雄しべが5個，花盤の縁につく。雌花には雌しべ1個と短小な雄しべが5個つく。柱頭はわずかに3裂する。果実はさく果で，球形，径約0.6cm，秋に熟して3裂し，中から朱赤色の仮種皮に包まれた種子が現れる。【学名】種形容語 *flagellaris* はむち状の，葡萄枝のある，の意味。和名イワウメヅルは，岩上にはえるツルウメモドキの意味である。

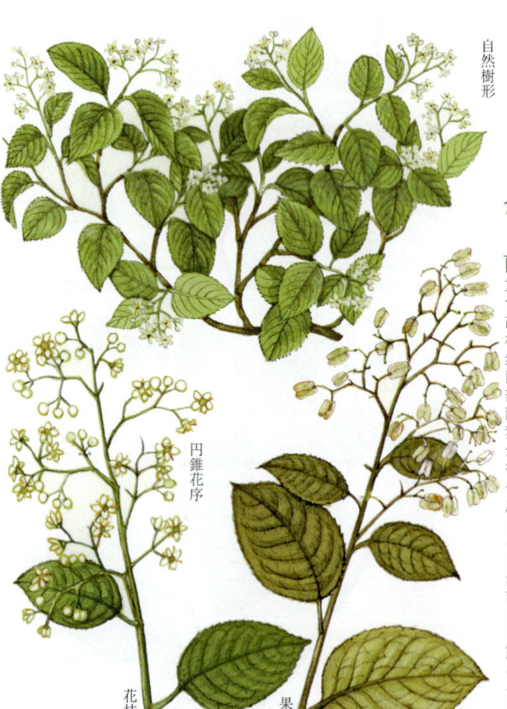

780. クロヅル（アカネカズラ，ギョウジャカズラ，ベニズル）
〔クロヅル属〕
Tripterygium regelii Sprague et Takeda

【分布】本州（兵庫県氷の山以北），四国，九州（九重山，英彦山），朝鮮半島，中国大陸北部に分布する。【自然環境】日本海側の高地および紀伊半島の高地にはえる落葉つる性植物。【用途】つるを生花材料。【形態】つるは赤褐色。若枝はやや稜があり，無毛。葉は有柄で互生。葉身は卵形またはやや楕円形で，長さ5～15cm，先は急に鋭くとがり，基部はやや円形，縁に鈍鋸歯または鋭鋸歯があり，両面無毛で，下面脈上にやや毛状の突起がある。葉柄は長さ1～3cm，基部に早落性で線形の托葉がある。開花は7～8月，枝先に円錐花序をつけ，径0.5～0.6cmの小白花を多数つける。花序の小枝や小花柄には微細な突起毛がある。がくは5裂し，広卵形。花弁は5個で楕円形，長さ約0.3cm。雄しべは5個で，花糸は長さ約0.2cmで無毛。子房は上位で3稜があり，基部に環状の花盤がとりまく。果実はさく果で，3個の翼がある翼果となり淡緑色で紅色を帯びる。長さ，幅とも1.2～1.8cm，両端はへこむ。【学名】属名 *Tripterygium* は treis（3）と ptergion（小翼）で，さく果に3翼があることによる。種形容語 *regelii* はドイツの分類学者 E. A. フォン・レーゲルの名にちなんだもの。和名のクロヅルは意味不明。生花では赤褐色のつるをベニヅルと呼ぶ。アカネカズラは根皮が黄赤色なことによる。ギョウジャカズラは昔，行者の袈裟を織る縦糸にしたことによる。

781. **モクレイシ** 〔モクレイシ属〕
Microtropis japonica (Franch. et Sav.) Hallier f.

【分布】本州（千葉県，神奈川県），九州，沖縄，台湾に分布する。【自然環境】暖地の海岸近くの林下にはえる常緑低木または小高木。【形態】幹は高さ3〜8m。よく分枝し，枝は灰褐色を帯び無毛。葉は有柄で，互生し，托葉は微小。葉身は楕円形から卵状長楕円形で，長さ4〜9cm，先端は鈍頭またはわずかに突き出して鈍頭になり，基部は狭いくさび形で葉柄に流れる。縁は全縁，葉質は厚い革質で，両面無毛，上面は深緑色。葉柄は長さ0.7〜1.2cm。乾くと葉脈は両面にわずかに浮き出す。開花は3〜4月，枝先の葉腋に0.7〜1.2cmの柄をつけ，先に集散状に数個の淡黄緑色で径約0.5cmの小花をつける。花の下部に2個の小形の小苞をつけ，がくは4〜5裂し，裂片は円形で縁に細かな鋸歯がある。花弁は4〜5個あり，円形で長さ約0.3cm，花盤は環状で，花弁につくか，離生する。雌雄異株で，雄花では，雄しべが4〜5個つき，花糸は短く，花盤の縁から出る。葯は淡黄色。雌花では，花弁4〜5個，がく片4〜5個，退化雄しべは雄花に比べて短く4〜5個，子房は2〜3室あり，卵形。花柱は太く，柱頭は小形で2〜4裂する。さく果は1室で，楕円形で長さ1.5〜2cm，緑黄色で平滑，縦に裂開して，赤色の仮種皮に包まれた大形の種子を現す。種子は長楕円形で長さ約0.1〜0.16cm。【学名】属名 *Microtropis* は micros（小）と tropis（龍骨）からなる語。種形容語 *japonica* は日本産の意味。和名モクレイシは果実がツルレイシに似るため。

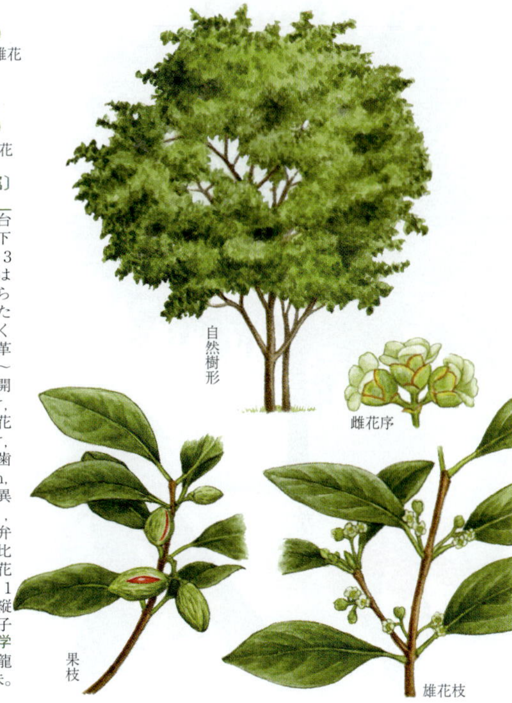

782. **ハリツルマサキ**（トゲマサキ，マッコウ）〔ハリツルマサキ属〕
Gymnosporia diversifolia Maxim.

【原産地】日本，台湾，中国南部，フィリピン。【分布】九州（奄美諸島），沖縄諸島。【自然環境】日あたりのよい，潮風のあたる海岸の隆起サンゴ礁石灰岩地域に多く自生する半つる性の常緑低木。【用途】沖縄ではマッコウと称し盆栽とする。また庭園樹ともする。【形態】半つる性の低木で，細い茎は地上をはい，太くなるにつれ上向きにのび，高さは1〜2mとなる。茎は多く枝分かれし，全木に毛がなく，葉腋または小枝の先にはとげがある。葉は互生し，倒卵形で長さ2〜3cm，幅1〜1.2cm，革質で堅く，表面には光沢があり，先端は丸いかまたはへこみ，基部はくさび形，縁には浅いつぶれた鋸歯がある。葉柄は短いか，またはほとんどない。花は腋生の短い集散花序で，径0.3cmぐらいの小さい白色の5弁花が多数咲く。果実（さく果）は倒卵形でやや扁平状で，4室あり，赤く熟し，径1cmぐらいある。仮種皮に包まれた種子は褐色でつやがある。【特性】陽樹。強健で潮風に耐え，石灰岩質すなわちアルカリ性土壌を好む。大気汚染にはやや強い。【植栽】繁殖は実生とさし木による。【管理】庭木としてロックガーデンなどに植えた場合はほとんど整枝せん定せず，のびすぎた枝を切る程度とする。盆栽の場合は強くせん定整枝して樹形を作る。病害虫は少ない。【学名】種形容語 *diversifolia* は不同の葉のある，の意味。

783. ビリンビ　〔ゴレンシ属〕

Averrhoa bilimbi L.

【原産地】マレーシア。【分布】熱帯各地に栽培される。【自然環境】熱帯の多雨地帯を好む常緑小高木。【用途】未熟果，熟果ともに塩漬（ピクルス）にしたりジャムやプレザーブ，清涼飲料にも作られ，カレーやシチューの材料にもする。【形態】高さ 5～12m。葉は奇数羽状複葉で長さ 34～54cm で互生し，枝先に密生する。小葉は対生，あるいはほとんど対生し 21～35 枚で，長さ約 8～10cm，幅約 2～2.5cm の長楕円形で，葉先方向に多少曲がり尖鋭形，表面は鮮緑色，裏面は灰緑色で，葉裏と葉柄に褐色の軟毛がある。小さい円錐花序は約 10cm 内外で幹や大枝より生じ，花は小さく長さ約 1.5cm の紅紫色で芳香がある。花弁，がくは 5 枚で，花弁は多少ねじれる。果実はほとんど円筒形の，はっきりしない角をとった 5 稜形で長さ 5～8cm，直径 2.5cm で外観がキュウリに似て数個房状につく。熟すと緑黄色半透明となり，多汁ではあるが酸味強く青臭みもある。種子は扁平で，キュウリの種子を小さくした形で多数ある。【植栽】高温多湿の熱帯性気候で雨量が年間を通じて一定している多雨地帯を好み，海抜 500m 以下の低地に適し，それ以上の高地では結実がよくない。土質は選ばないが腐植質に富む肥沃地がよい。花は年中開花し結実する。繁殖は実生や取り木による。苗植付けののち 2～3 年で収穫できる。【学名】種形容語 *bilimbi* はマレーの土名 Bilimbing である。

784. ゴレンシ　〔ゴレンシ属〕

Averrhoa carambola L.

【原産地】マレー地方。【分布】東南アジアに多く，熱帯各地で栽培される。【自然環境】純熱帯気候の年間を通じて均一の雨量である土地を好む常緑小高木。【用途】完熟果を生食し，熟果をジャム，ゼリー，ピクルスなどの貯蔵品の原料にしたり，プレザーブやジュースにも作られ，カレーの材料としたり，甘味の少ないものは切断して濃い塩水に浸してこれ特有の風味を増し野菜として，未熟果は薬味料などとする。【形態】高さ 6～10m。葉は奇数羽状複葉，小葉数 5～11 枚で，長さ約 15cm 内外，互生する。小葉は最先端の 1 枚が最も大きく長さ 5～7cm，幅約 3cm で，基部にいくにつれて小さくなり，楕円形で全縁，無毛，葉頭は鋭くとがり葉底は鈍形，表面は平滑で緑色，裏面は灰褐色である。花は鐘状で香りよく，白色または赤紫色で，枝の葉腋や落葉あとの葉腋より出た小花梗上に密につきわめて小さい。がく，花弁の先端は外側に反転する。果実は先が細めになる楕円形で，縦に鋭い稜がふつう 5 つ走り，これを横に切断すれば星形の面ができる。長さ 8～12cm で果皮は薄く，初め緑色で酸味が強いが，熟すとしだいに甘味と香りが増し黄色くなり，果肉は多汁で半透明となる。甘味，酸味の度合は品種によって異なる。【植栽】繁殖は実生，取り木，実生共台による接木による。土質は選ばない。【学名】種形容語 *carambola* はマラバル地方の土名。

785. セイロンオリーブ　〔ホルトノキ属〕

Elaeocarpus serratus L.

【原産地】インドおよびスリランカ。【分布】インド，マレーシア，スリランカ，台湾。日本には大正末頃導入された。【自然環境】高温多湿の熱帯性気候を好む常緑小高木。【用途】果実を生食するほか，未熟果をオリーブのようにピクルスにする。また清涼飲料にもする。【形態】高さ 7〜10m になる。幹は黒灰色，皮目は粗い。枝は褐色，分枝が少ない。葉は互生，卵状楕円形，長い葉柄がある。葉縁は鋸歯があり，中肋は突出する。花は旧年枝の葉腋に生じる総状花序に 15〜30 個下向きにつく。花弁 5 枚，先端は細裂している。果実は核果で緑色，平滑で光沢があり，オリーブの果実に似る。果肉は粘液質で酸味が強い。種子は 1 個，長楕円形で，表面に 6 条のいぼがある。【特性】熱帯性の気候のもとではどこでも生育する。【植栽】繁殖は実生による。排水がよければ土地を選ばない。植栽距離は 5m ぐらい（10a あたり 40 本）にする。【近似種】ホルトノキは日本（本州のうち千葉県以西，九州，沖縄），中国，台湾に分布している。ホルトノキは元来オリーブにあてられた名が，この種の果実がオリーブに似ているため誤ってつけられたもの。【学名】種形容語 *serratus* は鋸歯のある，の意味。

786. コバンモチ　〔ホルトノキ属〕

Elaeocarpus japonicus Siebold et Zucc.

【分布】本州（紀伊半島），四国，九州，沖縄，台湾，中国大陸中南部に分布する。【自然環境】暖帯南部の常緑広葉樹林にはえる常緑高木。【用途】庭園樹。材は建築材，器具材，しいたけ榾木，薪炭材。【形態】幹は高さ 10〜15m，ときに 20m，胸高直径 30〜40cm，ときに 70cm となる。樹皮は灰色〜灰褐色。枝はやや太く，横に広がる。若枝の先端部やごく若い葉には，白色の細かい圧毛がある。葉は有柄，互生し，葉身は狭楕円形または卵状楕円形，楕円形で，長さ 6〜10cm，幅 3〜5cm，先端部は鋭くとがり，突端は鈍頭，基部は円形で，縁には低い鈍鋸歯がある。葉質は革質。葉面は濃緑色で光沢があり，下面は淡色で中肋はやや赤みを帯びる。葉柄は長さ 3〜5cm で，先端はふくれる特徴があり，紅色を帯びる。雌雄異株。開花は 5〜6 月，前年枝の葉腋に総状花序を上向きにつけ，多数の淡黄色小花をやや片寄って下向きにつける。花径約 0.6cm。がく片 5 個で有毛。花弁 5 個，先端に数個の鈍歯があり両面有毛。雄しべは 10〜12 個，雌しべ 1 個。核果は長楕円状球形で径約 1cm，濃藍色に熟する。種子は 1 個で有毛。11〜2 月に熟し生食される。【近似種】シマホルトノキ *E. photiniifolius* Hook. et Arn. は小笠原諸島に産し，老木では根もとにこぶ状の板根を生じ，葉柄は長く，花弁の先は糸状。【学名】種形容語 *japonicus* は日本産の意味。和名コバンモチは葉形がモチノキに似て幅広く，小判の形に見立てたもの。

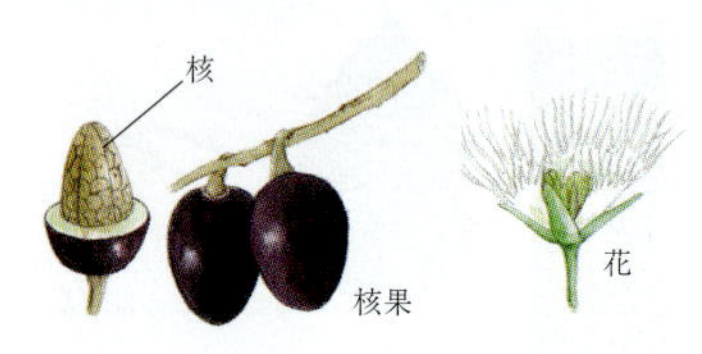

787. ホルトノキ（モガシ）〔ホルトノキ属〕
Elaeocarpus zollingeri K.Koch var. *zollingeri*

【分布】本州（千葉県以西），四国，九州，沖縄，台湾，中国大陸，インドシナに分布する。**【自然環境】**暖地の常緑広葉樹林内にはえる常緑高木。**【用途】**庭園樹。材は建築材，器具材。樹皮は染料。果実は食用。**【形態】**幹は高さ 10～15m，ときに 30m，胸高直径 40～50cm ときに 1.8m に達する。樹皮は灰褐色で不規則にはがれる。枝は太い。葉は有柄，互生し，一見ヤマモモの葉に似る。葉身は倒披針形または長楕円状披針形で，長さ 5～12cm，幅 2～3.5cm，両端はとがり，基部は柄にやや流れる。質は軟らかな革質で無毛，縁に鈍鋸歯がある。主脈は上面に隆起し，しばしば紅色を帯びる。古い葉は赤く色づいて落葉する。開花は 7～8 月，前年枝の葉腋に，長さ 4～8cm の細長い総状花序をつけ，白色小花を多数つける。がく片は 5 個，広披針形で白色短毛があり，花弁は 5 個で，先端は細かく深裂する。雄しべはがく片より短く多数。葯は有毛で先端側面が裂開する。子房は上位で有毛。花柱 1 個。核果は楕円形で，長さ 1.5～1.8cm あり，初め緑色，熟して黒青色となる。核は果肉の中に 1 個あり，木質で大きく，表面に細かなしわがある。11～2 月成熟し生食される。

788. メヒルギ（リュウキュウコウガイ）〔メヒルギ属〕
Kandelia obovata Sheue, H.Y.Liu et W.H.Yong

【分布】南日本，台湾，中国南部。**【自然環境】**熱帯，亜熱帯の海岸の浅い泥湿地に発達するマングローブを形成する常緑小高木。**【用途】**樹皮からタンニンをとり，なめし皮用，染料，薬用とする。**【形態】**幹は高さ 2～5m，ときに 8m に達する。枝は丸く，節は多少ふくらむ。下部から支柱根を少し出す。葉は対生し，倒卵状長楕円形で，長さ 5～10cm，幅 3～5cm，無毛で質厚く革質で，表面に強い光沢がある。全縁。葉柄は長さ 0.8～1cm。花期は 8 月，花序は葉腋から出て，二叉状に分岐し，10 個ほどの花をつける。花序枝には盃状で浅く 2 裂する苞があり，小苞は盃状でがく筒に重なる。がくは下部が短い筒状で多肉質，上半部は 5～6 個に深裂し，裂片は厚い線形でそり返り，長さ約 1.5cm，幅約 0.25cm。花弁は白色で 5～6 個，長さ約 1cm，先端は 2 裂し，さらに糸状に細く裂ける。果実は卵形で反曲するがくが宿存し，中に 1 個の種子がある。種子は樹上で発根し，先端から幼根をのばし，長さ 15～40cm となり，泥中に落下して突きささり，新苗をつくる。和名は雌ヒルギの意味で，雄ヒルギに比べて幼根が細いことによる。**【学名】**属名 *Kandelia* はインドのマラバール地方での呼び名による。

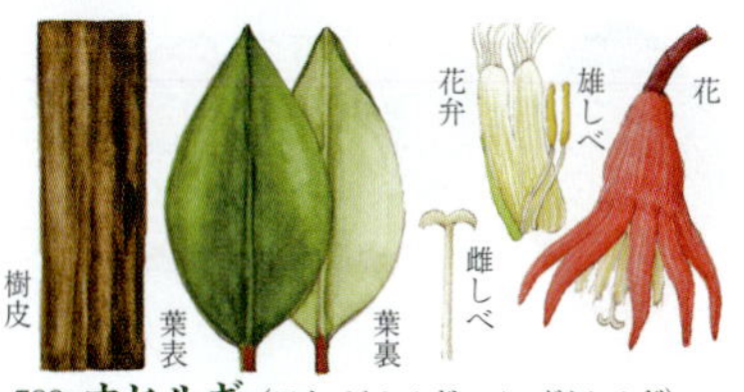

789. オヒルギ（アカバナヒルギ，ベニガクヒルギ）

〔オヒルギ属〕

Bruguiera gymnorrhiza (L.) Lam.

【分布】奄美大島，沖縄，台湾，熱帯アジア，オーストラリア，ポリネシア，アフリカ東部に分布する。**【自然環境】**熱帯，亜熱帯の湾や河口など，浅海の泥中に発達するマングローブ（紅樹林）を形成する常緑小高木。**【用途】**樹皮からタンニンをとり，なめし皮用，染料，薬用とする。**【形態】**幹は高さ 2～8m となり，幹の下部から少数の短い支柱根を出す。根は泥中から繰り返し出る。枝は太く，上方でよく分枝し，横に広がる。葉は革質で厚く，表面に強い光沢がある。葉身は長楕円形で，両端は短くとがり，長さ 8～12cm，幅 3.5～5cm，全縁である。葉柄は赤色を帯びる。葉痕は明らかに残る。開花は夏頃，葉腋に単生し下向きに開く。がくは筒状で多肉質，赤色を帯び，長さ約 3cm，上半部は 8～12 個に深裂し，裂片は線形で，長さ約 3cm。花弁は 8～12 個，淡黄白色で 2 裂し，先端に長い毛がある。果実は楕円形で頭部にがく片が宿存し，長さ約 3cm。種子は樹上で発芽し，円柱状で長さ約 20cm，やや稜があり，オリーブ緑色，ときに帯紅色。和名は雄ヒルギの意味で，雌ヒルギに対し幼根が太く，たくましいことによる。ヒルギは漂木，または蛭木の説がある。**【学名】**属名 *Bruguiera* はフランス人医師 J. G. ブルギエールにちなむ。種形容語 *gymnorrhiza* は根の露出した，の意味。

790. オオバヒルギ（ヤエヤマヒルギ）

〔オオバヒルギ属〕

Rhizophora mucronata Lam.

【分布】沖縄以南，台湾，マレーシア，メラネシア，オーストラリア北部，アフリカ東部に分布する。**【自然環境】**熱帯から亜熱帯にかけて浅海の泥土上に発達するマングローブを形成する常緑小高木。**【用途】**樹皮からタンニンをとり，なめし皮用，染料，薬用とする。材は建築材，薪炭材，パルプ，船舶用，装飾具。**【形態】**幹は高さ 3～10m になり，幹の下部や太い枝から多数の支柱根を弓なりに垂らし，樹体を支える。よく分枝し，小枝は太い。葉痕は明らかに残る。葉は対生し，葉身は長楕円形から広楕円形で長さ 10～18cm，全縁で，先端はわずかに突き出る。葉身は厚く革質で，表面に強い光沢がある。葉柄は太く長さ 3～5cm。托葉は早落性。開花は 8～9 月，葉腋から出た柄の先に 5～8 個の黄白色の花を下向きに集散花序につける。苞は盃状。がく片 4 個。花弁は 4 個で楕円形，舟形で内面に毛がある。雄しべは 8 個，花糸は短く，葯は側面が弁状に裂開する。花柱は花外に出ない。果実は卵円形で長さ約 2cm，反曲するがくが宿存する。種子は樹上で発芽し，先端から緑色の幼根を出し，長さ 20～60cm のこん棒状になり，落下して泥土に突きささる。和名は八重山諸島に多いヒルギの意味。**【学名】**属名 *Rhizophora* は rhiza（根）と phoreo（有する）の合生名。種形容語 *mucronata* は微突頭の意味。

791. ハナキリン 〔トウダイグサ属〕

Euphorbia milii Des Moul.
var. *splendens* (Bojer ex Hook.) Ursch et Leandri

【原産地】マダガスカル島原産。【分布】温室やフレーム内で鉢栽培される。【自然環境】高温，乾燥を好む多肉植物で，常緑低木。日あたり，排水のよい場所を好む。【用途】一般に広く普及している種類で，鉢花として観賞する。【形態】高さ 1～1.8m，直立する茎には強刺があり，生長期に倒長卵形の薄い葉を多数つける。夏を除いて花をつけるが，とくに冬から春が多い。真赤な花に見えるのは２枚の総苞葉。花はその内側につくが，小さく目立たない。【特性】高温，乾燥を好み，多湿と寒さを嫌う。越冬温度は 10℃以上，生育適温 25℃，水をひかえめにすれば 5℃ぐらいまでは耐える。【植栽】繁殖はさし木と株分け，実生もできる。さし木は 7～8 月が適期，茎を 10cm ぐらいの長さに切ってさすが，切口から白い汁液が出るので，微温湯で洗い流し，よく乾かしてから砂に 2cm ぐらいの深さにさす。【管理】鉢替えは 4～6 月が適期。用土は，とくに水はけのよいものがよく，砂質壌土に腐葉土を３割ぐらい混ぜたものを使う。壌土の場合は，軽石砂２割，腐葉土３割を混ぜる。肥料は少し与えればよく，年に１度，4～5 月に油かすの乾燥肥料を置肥として与えるようにする。夏は戸外に出し，よく日にあてるようにするが，あまり長雨にあてないように注意する。【学名】変種名 *splendens* はりっぱな，という意味。

792. ショウジョウボク（ポインセチア） 〔トウダイグサ属〕

Euphorbia pulcherrima Willd. ex Klotzsch

【原産地】メキシコ，中南米原産。明治中頃に日本へ渡来し，観賞用として広く親しまれている。【自然環境】熱帯地方原産の常緑低木。【用途】鉢物，切花（クリスマス飾り），庭園樹，温室用。【形態】熱帯地方では，幹は高さ 2～3m，またはそれ以上となる。枝は平滑でまばらに分枝し，径 1～1.5cm，枝や葉を傷つけると白乳液を出し，有毒である。葉は有柄で，互生し，葉身は濃緑色で，卵状楕円形，先端は鋭くとがり，基部はくさび形。枝端から散形状に 10 数個の花序枝を出し，苞葉を多数輪生状につける。苞葉は葉より短く，多くは細い披針形で全縁。短日植物で，12～2 月頃，朱赤色または桃色，白色などに変わる。クリスマスフラワーの名でクリスマスに飾られるが，それには 7～8 月頃より短日処理を施す。花序の枝先には黄色のつぼ形の小総苞（盃形花序）がつき，小総苞の中には雄しべ１個をもつ雄花数個と，雌しべ１個をもつ雌花１個が入る。雌花の柄は長く，小総苞から抜き出る。小総苞の側面には大形の蜜腺がつく。【特性】陽光を好み，冬期温度 10℃以上が必要。【植栽】繁殖はさし木による（7～8 月）。【管理】栽培温度は 10～15℃以上。冬期のかん水はひかえる。

793. アカリファ・ウィルケシアーナ

〔エノキグサ属〕

Acalypha wilkesiana Müll.Arg.

【原産地】南洋諸島原産。日本には明治末年に渡来した。**【分布】**観葉植物として温室内で栽培される。**【自然環境】**高温多湿，日あたりを好む常緑低木。**【用途】**観葉鉢物として観賞するほか，夏の花壇に用いる。**【形態】**高さ4.5mぐらい，分枝が多い。葉は楕円形で先端がとがり，長さ12〜24cmで鋸歯がある。青銅緑色に銅赤色や紫の斑点がある。穂状花序は枝端の葉腋より生じ，長さ20cmくらいで赤色。**【特性】**高温多湿と強い日照を好む。用土は腐植質に富む排水のよいものがよい。生育はきわめて旺盛。越冬温度10℃。**【植栽】**繁殖はさし木，温室内で2〜3月，または秋にさす。用土は鹿沼土か赤玉土にピートモスを4割ぐらい混合したもの。夏は戸外で日よけをしてさす。**【管理】**鉢植えの用土は，粘質壌土に砂，腐葉土を混ぜたもの。温室内で2〜3月に鉢に植え，摘芯，整枝をして栽培する。周年，十分日光にあてる。夏期は戸外で栽培できる。ハダニやスリップがつきやすいので注意し，早めに駆除する。**【近似種】**本種は園芸変種が多く，葉色の違うものがいくつもある。フクリンアカリファ var. *marginata* は赤色地に鮮紅色と青銅色の斑点が入る。ニシキアカリファ var. *musaica* は，矮性で高さ80cm，緑色地に橙赤色と赤色の模様が入る。園芸品種に覆輪の入り方のおもしろい‘アカリファ・ホフマンニー’がある。

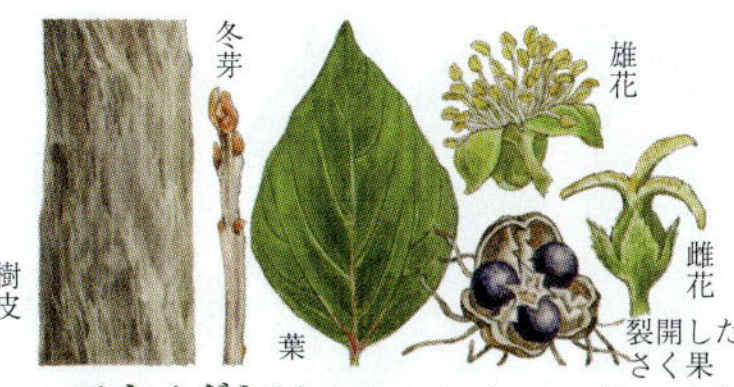

794. アカメガシワ （ゴサイバ） 〔アカメガシワ属〕

Mallotus japonicus (L.f.) Müll.Arg.

【分布】本州，四国，九州，沖縄，台湾，朝鮮半島，中国大陸に分布する。**【自然環境】**山野にふつうにはえる落葉高木。**【用途】**建築材，器具材，薪炭材。薬用（樹皮），染料（樹皮，種子），肥料（葉）。**【形態】**幹は高さ5〜15m，胸高直径20〜60cmとなる。樹皮は暗灰色で細い割れ目が縦にできる。枝は太く，若枝は灰色の星状毛が密生する。冬芽は裸芽で頂芽のみ大形で，卵形，長さ1〜1.3cm，褐黄色の星状毛を密布する。葉は互生し，長柄があり，葉身は倒卵状円形で先端は鋭くとがり，長さ10〜20cm，縁は全縁，しばしば浅く3裂する。表面深緑色，裏面淡緑黄色で黄色の腺点がある。開花は7月頃，雌雄異株で，枝先に長さ8〜20cmの円錐花序をつけ，軸に星状毛が密生する。雄花では，がく（花被）は3〜4裂し，淡黄色で長さ0.3cm，雄しべは多数あり，長さ0.6〜0.7cm。雌花では，がくは2〜3裂し，子房は扁球形で3〜4個の心皮からなり，0.2〜0.3cmの軟らかいとげが多数ある。花柱は3個，そり返る。さく果は三角状球形で径約0.8cm，3片に開裂し軟刺をつける。種子は扁円形で径0.4cm，黒色でしわがある。**【学名】**属名 *Mallotus* はギリシャ語の長羊毛質の意味で，さく果に長軟刺があるため。種形容語 *japonicus* は日本産の意味。和名アカメガシワ，ゴサイバは新葉が赤く，昔はこの葉に食物を盛ったことによるもので，菜盛葉の名もある。

795. オオバベニガシワ（オオバアカメガシワ）

〔アミガサギリ属〕

Alchornea davidii Franch.

【原産地】中国大陸東南部原産。【自然環境】観賞用として庭に植栽されるほか，本州の暖地の一部では野生化している落葉低木。【用途】庭園樹。【形態】幹は高さ1～3m，枝は少なく，若枝はやや太く淡黄色で軟毛を密生する。地下茎を長くのばして新苗をつける。葉は長柄があり，互生。葉身は円心形で，長さ10～25cm，先端はとがり，縁に低い鋸歯がある。両面葉脈にそって短い軟毛があり，とくに裏面は葉脈が隆起して軟毛がはえる。葉柄は長さ20cmになる。柄の上端に針状突起が1対ある。葉柄基部には托葉がある。芽出しから新葉の頃は暗紅色から紅色，淡紅色を帯び，美しい。成葉は上面深緑色，下面緑白色。開花は4月。雌雄同株で，雌雄枝を異にすることが多い。雄花序は旧年枝の葉腋につき，無柄で束生し，苞は広卵形で長さ約0.2cm，有毛。花柄は長さ0.2～0.3cm。がく（花被）は2裂し，長さ約0.2cm。雄しべ8個は放射状にそり返り，基部合生する。雌花序は長さ2～3cmで，苞は葉状。がくは不規則に裂け，長さ約0.1cm。子房は球形で長さ約0.3cm，有毛で3室がある。花柱は3裂し紅色で，長さ約0.8cm。果実はさく果で3室あり，径約1cm。種子は長さ0.65cmでいぼ状突起がある。【学名】属名 *Alchornea* は英国人S.アルコーンの意味。

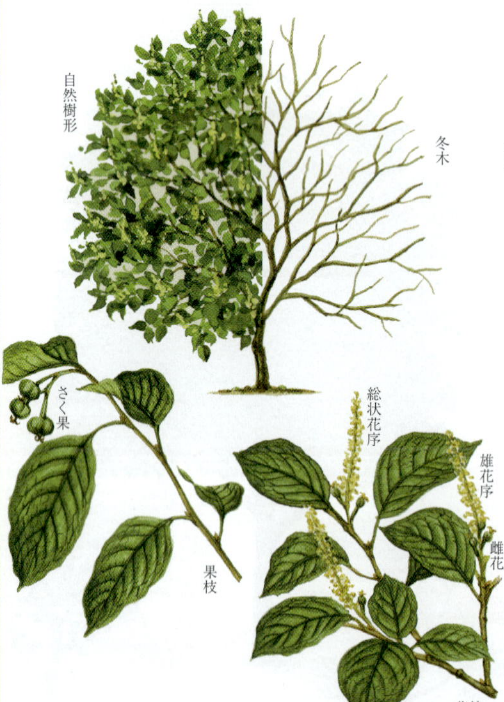

796. シラキ

〔シラキ属〕

Neoshirakia japonica (Siebold et Zucc.) Esser

【分布】本州，四国，九州，沖縄，朝鮮半島，中国大陸。【自然環境】山地や丘陵にはえる落葉小高木。【用途】庭園樹，薪炭材，器具材，種子から採油（食用，灯油，塗料，整髪料）。【形態】幹は高さ5～8m，枝，葉を傷つけると白乳液を出す。樹皮は緑灰白色で平滑。古木では縦に浅く裂ける。冬芽は三角状卵形で先端はとがり，長さ0.3～0.5cmで，2枚の芽鱗に包まれる。皮目は円形，葉痕は半月形または三角形となる。葉は有柄，互生。葉身は楕円形から広卵形で長さは6～17cm，先端は短くとがり，基部は円形を呈し，全縁で無毛。葉柄は長さ2～3cmで，紫色を帯びる。秋の紅葉が美しい。開花は5～6月，新枝の先に長さ5～10cmの総状花序を出し，上部に黄色の雄花を多数つけ，基部に1～3個の雌花をつける。苞は卵形で先はとがり，大きな蜜腺が基部の両側につく。雄花ではがくは皿状，雄しべは2～3個，花糸は短く基部は合生する。雌花ではがく片は3個で長さ約0.1cm，子房は3室で長さ0.2cm，花柱の先端は3裂する。さく果は三角状卵形で直径1.8cm，黒褐色で3片に裂開し，3個の種子が白い糸で吊り下がる。種子は扁球形で径0.8cm。【学名】種形容語 *japonica* は日本の，の意味。和名シラキは材が白いから。

797. ナンキンハゼ 〔ナンキンハゼ属〕

Triadica sebifera (L.) Small

【原産地】中国大陸。【分布】関東以西の暖地に広く植栽されるほか，一部に野生化する落葉高木。【用途】庭園樹，公園樹，街路樹。採ロウ，採油用，器具材，パルプ材，染料（葉），薬用（根）。【形態】幹は高さ15mに達する。樹皮は灰褐色で初め平滑，のち不規則に縦に裂ける。若枝は淡緑色。葉は長柄があり，互生し，無毛。葉身は菱形状広卵形か広卵形で，全縁，先端は尾状に鋭くとがり，基部は広いくさび形か切形で，長さ4〜9cm，質は薄い革質。新葉，紅葉は美しい。6〜7月，枝先に総状花序を出し，香気のある黄色小花をつける。花序は長さ6〜18cm，苞は卵形で基部に腺がある。雌雄同株で，花序の上部に雄花を10〜15個つけ，基部に雌花を2〜3個つける。雄花では，がくは皿状，3浅裂し，雄しべは2個。雌花では，がく片は3個で卵形で長さ約1cm。子房は球形で径0.2cm，花柱は2深裂しそり返る。さく果は扁球形で3室あり，径1.3cm，黒褐色で3分裂し，白色ロウ質物を種皮にかぶり，広卵形の種子を出す。長さ約0.7cmで有毒。【特性】陽樹。生長は早い。【植栽】繁殖は実生による。【管理】強度のせん定を要する。【学名】種形容語 *sebifera* は脂肪のある，の意味。和名ナンキンハゼは中国産のハゼの意味で，種子からロウをとることから，ウルシ科のハゼノキにたとえたもの。

798. キャッサバ（タピオカノキ，イモノキ） 〔キャッサバ属〕

Manihot esculenta Crantz

【原産地】中南米起源だが不明。【分布】熱帯各地で栽培され，品種が多い。【自然環境】栽培は20℃以上の高温が必要な常緑低木。【用途】塊根を煮食，若葉や早どりイモを野菜として煮食する。塊根からデンプンをとり食用としたり，食品・醸造・織物用などの工業原料とする。【形態】高さ1〜5mの草本性の低木で茎は直立，分枝し，枝は細く平滑，淡緑色または暗緑色で淡赤色，暗褐色，紫色などの縞があり，大きな葉痕を残す。葉は3〜9深裂した掌状で裂片は長さ4〜20cm，幅1〜6cmのへら状の披針形で先端がとがり，全縁，表面は緑色平滑，裏面は帯白色，葉柄は緑色または深紅色で長さ5〜30cm，葉身より長い。托葉は早落性で小さい。穂状花序を枝先の葉腋に生じ，雌花を下に雄花を上につけ，ともに花弁を欠く。がくは長さ0.3〜0.8cmで5枚。果実は約1.5cmの球形のさく果で中に3個の種子がある。塊根は長さ15〜130cm，径3〜15cmの円筒状または紡錘形で，外皮は茶褐色，灰白色などがあり，古い塊根や茎近くの部分は木質化する。また樹全体に青酸が含まれ，とくに塊根にその含料の多いものを苦味種 Bitter Cassava，比較的少ないものを甘味種 Sweet Cassavaと分けている。【植栽】繁殖はさし木による。土壌は選ばず，暖地では早生品種を選べば栽培可能。温室内で小鉢にさし木し，越冬して5月上旬頃，畑に定植し，霜の降りる前に収穫する。

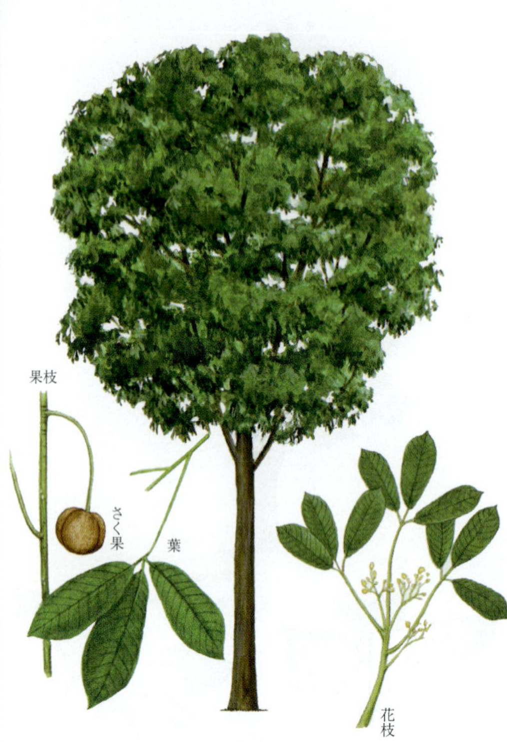

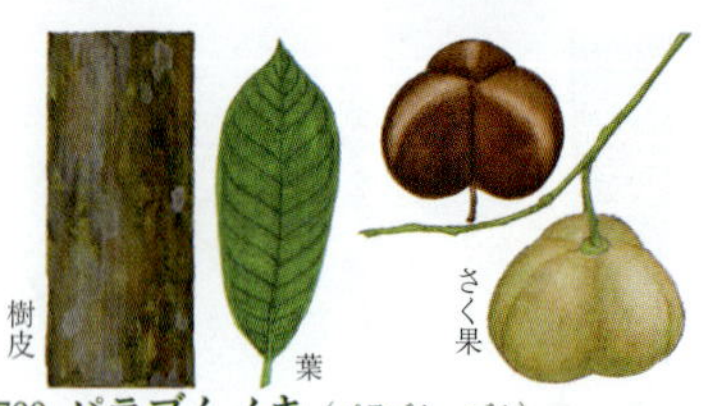

799. パラゴムノキ（パラゴム，ゴム）

〔パラゴムノキ属〕
Hevea brasiliensis (Willd. ex A.Juss.) Müll.-Arg.

【原産地】南米。【分布】アマゾン河・オリノコ河流域地方，ペルー，ボリビア，ブラジルなどに自生し，スリランカ，シンガポール，インド，マレーなどに植栽され産業（プランテーション）となっている。【自然環境】高温多雨帯でよく育つ常緑高木。【用途】天然ゴムの原料，材はマッチ軸，木靴，箱，枠などに用いる。【形態】雌雄同株で樹高 20～30m，直径 60cm になる。樹皮は初め青緑色，のちに褐色，ついで灰白色となり，細く縦に裂ける。枝は粗生で長く，先端の梢は垂れ下がる。葉は 8～25cm で互生し，無毛，革質で長柄がある。若葉は淡紅緑色，落葉前に橙黄色となる。花は白色または卵黄色で小形，微毛があり，香気を発する。花序は円錐形で腋生し，梗に白い軟毛がある。蒴は扁球形の長さ 4cm で浅い 3 稜があり，成熟すると音を発して種子を 20～30m も遠くに放出する。種子は 3 個，チョコレート色で腹面はやや扁平，背面は半球形，斑点がある。【植栽】繁殖は実生による。種子の発芽力保存期間はきわめて短く，1 週間でその能力を失う。一般に 10 日で発芽し，苗が 6cm 程度の頃床替えするが，1.5m くらいまで苗床に置くこともある。多くは森林の伐採跡地，焼跡地を利用し，6m 四方の間隔で植込む。ゴム採集は 4～7 年目に，地上 1m で径 45～60cm の頃に始める。収量は雨量の多いほうが多いが，過湿になると品質が低下する。

800. アブラギリ（ドクエ）

〔アブラギリ属〕
Vernicia cordata (Thunb.) Airy Shaw

【原産地】中国大陸原産。現在自生しない。【分布】本州（関東地方以西），四国，九州，沖縄，台湾に植栽されるほか，暖地の各所に野生化している落葉高木。【用途】種子から乾性油（桐油という）をとり，灯油などに利用する。材は器具材，薪炭材，樹皮からタンニン（なめし皮用），染料。【形態】幹は直立し，高さ 8～18m となる。樹皮は淡灰褐色で平滑。枝は太く，楕円形の皮目が多数ある。葉は長柄をもち，互生し，葉身は心臓形で，しばしば 2～3 裂する。先端はとがり，基部は切形または心臓形，長さ 15～20cm，縁は波状鋸歯となる。葉質はやや厚い。葉柄は長さ 6～23cm，紅色を帯び，上端に有柄の蜜腺が 1 対ある。開花は 5～6 月，枝端に円錐花序をつけ，径約 2cm の紅色を帯びた白色 5 弁花をつける。雌雄同株で，雄花ではがくは 2 裂し，雄しべは 2 列に 10 個つけ，雌花では楕円形で 3 室からなる子房 1 個と，先端が 2 裂する花柱 3 個がある。さく果は扁球形で直径約 2.5cm，外皮は暗褐色で 6 個の溝があり，堅く，3 殻片に裂開する。種子は通常 3（まれに 1～5）個あり，ほぼ球形で長さ約 1.3cm。【近似種】オオアブラギリ（シナアブラギリ）*V. fordii* (Hemsl.) Airy Shaw は中国原産。アブラギリに類似するが，葉柄につく蜜腺は有柄，果実は球形で先がとがり，径 3～4.5cm と大形で種子はふつう 3 個ある。【学名】種形容語 *cordata* は心臓形の意味。和名アブラギリは，キリに似て果実から油をとるため。

801. トックリアブラギリ（サンゴアブラギリ）〔ナンヨウアブラギリ属〕

Jatropha podagrica Hook.

【原産地】中米，西インド諸島原産。【分布】各地で温室栽培される。【自然環境】熱帯の乾期と雨期のある地帯に自生する多肉質の落葉小低木。【用途】観賞用に鉢栽培される。【形態】高さ 30～60cm。幹は短く多肉質で，基部が大きくふくらみ，不規則な徳利形をなし，上部はしだいに細くなる。葉は盾形で掌状に 3～5 裂する。葉長 30cm ぐらい。幅 10～20cm，裂片は鈍頭，全縁，表面に白粉をかぶる。葉の形はアオギリ状で，雨期にだけ 4～5 葉つく。花は朱紅色の 5 弁花で，枝端に長梗がつき，集散花序に多数つく。花期は晩秋，ときに夏，花数多く，蕾も緋紅色に色づくために赤いサンゴのように見え美しい。【特性】多肉の熱帯植物で，高温と日照を好み，乾燥にも強い。越冬温度 10℃ぐらい。【植栽】繁殖は実生，さし木など。【管理】鉢植えの用土は，砂質壌土に腐葉土を 3～4 割混ぜたものを使う。鉢替えは春から初夏の頃が適期。肥料は春から夏の間に，緩効性の置肥を，2ヵ月おきに与える。水は夏の間はたっぷり与えるが，冬期はひかえめにして半休眠状態で越冬させる。【学名】種形容語 *podagrica* は太く膨起した，という意味で，球状に肥大した茎の様子からつけられたもの。【近似種】ニシキサンゴ（錦珊瑚）は赤色の小輪花を夏咲かせる。

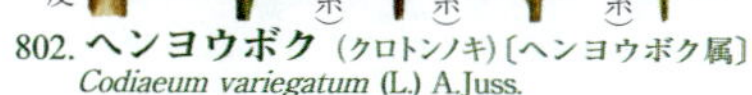

802. ヘンヨウボク（クロトンノキ）〔ヘンヨウボク属〕

Codiaeum variegatum (L.) A.Juss.
var. *pictum* (Lodd.) Müll.-Arg.

【原産地】ズンダ列島，東インド，オーストラリア，モルッカ諸島原産。日本には明治末年に渡来した。【分布】観葉植物として各地の温室内で栽培。【自然環境】高温多湿，日あたりを好む常緑低木。【用途】観葉植物として鉢植えにするほか，生花材料や，夏の花壇に用いる。【形態】高さ 0.5～2.5m。非常に変異の多い植物で，葉は大小，形，色彩といずれも種々。有柄，長楕円状披針形または線形，葉縁も全縁のもの，分裂するものがある。葉の表面は滑らかで鮮緑色，葉脈の部分に黄色，白色，赤色などの模様が入る。葉長 20～28cm，雄花序は長さ 25cm で，下垂する。【特性】高温と強い日ざしを好む。夜間温度は 15℃以上必要，10℃以下では落葉する。環境条件が整えば生育旺盛でよく生育する。【植栽】繁殖は取り木またはさし木で行う。さし木は頂芽ざしまたは節ざしとする。高温を要するので，5～8 月が適期。【管理】鉢植えの用土は枯質壌土に砂 1 割，腐葉土 3 割を混ぜたものがよい。鉢替えの適期は晩春から初夏。秋から春までは温室内で栽培するが，夏期は戸外に出して十分に日光にあてるようにする。光が足りないと葉色が美しく出ない。【学名】種形容語 *variegatum* は斑色の，ある，という意味，変種名 *pictum* は有色を意味する。本種自体変異の多いもので，選抜種，交配種などの園芸品種が多くある。

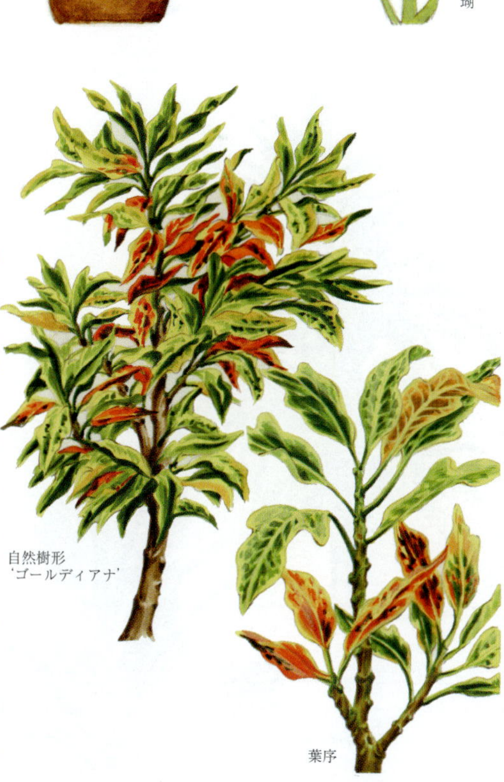

803. クロトンノキ ‘アケボノクロトン’

〔ヘンヨウボク属〕

Codiaeum variegatum (L.) A.Juss. var. *pictum* (Lodd.) Mūll.-Arg. f. *platyphyllum* Pax ‘Akebono’

【原産地】ズンダ列島からオーストラリア，モルッカ諸島を原産とするクロトンノキの広葉系の一園芸品種。昭和５年に日本で実生から選抜されたもの。**【分布】**観葉植物として各地の温室内で栽培される。**【自然環境】**高温と強い日照を好む常緑小低木。**【用途】**観葉植物として，温室内，室内で観賞する。**【形態】**高さ 50〜100cm。葉は広葉で長楕円状披針形，全縁，長さ 10cm，幅 6cm ぐらい。葉肉が薄く，葉縁部は黒緑色，中央部全体が桃色または濃桃色の斑になり，非常に美しい。**【特性】**高温と強い日ざしを好む。生育適温 24〜27℃，冬期も最低 15℃は欲しい。やや性質が弱い。**【植栽】**繁殖は取り木またはさし木により，5〜8 月が適期。さし木は頂芽ざしまたは節ざしで行う。赤玉土か鹿沼土にピートモスを３割ぐらい混ぜた水はけのよい土にさし，半日陰にして管理する。**【管理】**鉢植え用土は，粘質壌土に砂，腐葉土を混ぜたものがよい。鉢替えは晩春から初夏が適期。秋から春までは温室内で栽培するが，夏は戸外に出し，十分直射日光にあてて育てる。光線が足りない場合は葉色がよく出ない。肥料は生育適温下で与える。十分温度があれば冬に与えてもよいが，ふつうは春から夏に与える。**【近似種】**アオキバクロトン ‘Aucubifolium’ がある。**【学名】**品種名 *platyphyllum* は広葉の，の意味。

804. クロトンノキ ‘ハーベスト・ムーン’

〔ヘンヨウボク属〕

Codiaeum variegatum (L.) A.Juss. var. *pictum* (Lodd.) Mūll.-Arg. f. *platyphyllum* Pax ‘Harvest Moon’

【原産地】ズンダ列島からオーストラリア，モルッカ諸島を原産とするクロトンノキの広葉系の一園芸品種。日本には昭和 30 年に渡来した。**【分布】**観葉植物として各地の温室内で栽培される。**【自然環境】**高温と強い日照を好む常緑小低木。**【用途】**観葉鉢物として温室内，室内で観賞する。**【形態】**高さ 50〜100cm。葉は広葉で，長楕円状披針形，全縁，長さ 15cm，幅 8cm ぐらい。葉面は暗緑色地に黄緑斑が葉脈にそって入り，生育が旺盛なときは黄色部分が多くなる。**【特性】**高温と強い日ざしを好む。生育適温 24〜27℃，冬期も最低 15℃は欲しい。性質は強健。**【植栽】**繁殖は取り木またはさし木により，5〜8 月が適期。さし木は頂芽ざしまたは節ざしで行う。赤玉土か鹿沼土にピートモス３割を混ぜたものがよい。さしたものは半日陰に置き，十分葉水をやって湿度を保つようにする。**【管理】**鉢植え用土は，粘質壌土に，砂，腐葉土を混ぜたものがよい。鉢替えは晩春から初夏に行う。肥料も，十分温度がある 5〜8 月に与えるとよい。温室内で栽培するが，夏は戸外に出し，十分直射日光にあてるようにする。光線が不足すると，葉色は緑を増し，色がよく出ない。**【近似種】**同じ広葉系の品種にインディアン・ブランケット ‘Indian Blanket’ がある。長楕円形の葉で，黒緑色の葉面中央部の主脈周辺が赤橙色になる。

805. タカノハ 〔ヘンヨウボク属〕

Codiaeum variegatum (L.) A.Juss. var. *pictum* (Lodd.) Müll.-Arg. f. *ovalifolium* L.H.Bailey

【原産地】マレー半島，および南太平洋諸島原産のクロトンノキの長葉系の一園芸品種。**【分布】**観葉植物として各地の温室内で栽培される。**【自然環境】**高温と強い日照を好む常緑低木。**【用途】**観葉鉢物として温室内，室内で観賞するほか，生花材料にもする。**【形態】**高さ 2m 内外。葉は狭卵形で長く，20cm ぐらい，鮮緑色地に鷹の羽状（歪亀甲状）の黄色斑が鮮やかに入る。**【特性】**高温と強い日ざしを好む。生育適温 24～27℃，10℃以下になると落葉するので，冬期も 15℃を保つようにする。性質強健で栽培しやすい。**【植栽】**繁殖は，取り木，さし木による。気温の高い 5～8 月が適期だが，温室内で 4～5 月にさせば，夏の鉢物になる。さし木用土は，砂にバーミキュライトを混ぜたものか，赤玉土や鹿沼土にピートモスを混ぜたものでもよい。**【管理】**用土は，粘質壌土に，砂，腐葉土を混ぜたものがよい。鉢替えは晩春から初夏が適期。肥料は，油かすの固形肥料を生育適温下の 5～8 月に与える。温度が足りない時期は与えないほうがよい。ふつう温室内で栽培するが，夏は戸外に出して，十分直射日光にあてるようにする。光線不足だと葉色がうまく出ないため，温室や室内においた場合もなるべく日光に長時間あてるようにする。**【近似種】**同じ長葉系の斑入種に‘ショウキッコウ’がある。

806. アカケンバ 〔ヘンヨウボク属〕

Codiaeum variegatum (L.) A.Juss. var. *pictum* (Lodd.) Müll.-Arg. f. *lobatum* Pax

【原産地】マレー半島および南太平洋諸島原産。明治時代に日本に渡来したクロトンノキの矛形系の一園芸品種。**【分布】**観葉植物として各地の温室内で栽培される。**【自然環境】**高温多湿と強い日照を好む常緑低木。**【用途】**観葉鉢物として，温室内や室内で観賞する。**【形態】**高さ 2m ぐらい。葉は先のほうが浅く大きく欠刻し，矛形。長さ 20cm，幅 10cm と矛形系中最大葉。葉色は帯赤褐色に，中支脈部分が赤くなる。**【特性】**高温多湿と強い日ざしを好む。生育適温 24～27℃，冬期も 15℃以上を保つようにする。性質は強健。**【植栽】**繁殖は取り木，さし木により，気温の高い 5～8 月が適期だが，温室内では 4～5 月ざしで，夏の鉢物に仕立てる。さし木は砂にバーミキュライトを混ぜたものか，鹿沼土，赤玉土にピートモスを 3 割混ぜたものを使う。**【管理】**鉢植えの用土は，粘質壌土に，砂，腐葉土を混ぜたものを使う。鉢替えは晩春から初夏にかけてが適期。肥料も気温の高い春から夏に与えるようにする。ふつう温室内で栽培するが，夏は戸外に出し，直射日光に十分あててやるとよい。光線不足の室内に置く場合は，なるべく窓辺に置いて日光に長くあてるようにする。**【近似種】**同じ矛形園芸品種に，‘スナゴツルギバ（砂子剣葉）’がある。正しい矛形で緑色地に黄色の砂子斑点が入る。‘コンパクター’も矛形種。**【学名】**品種名 *lobatum* は，浅裂したという意味で，葉形からきたもの。

807. クロトンノキ**‘ホソキマキ’**（ラセンクロトン）

〔ヘンヨウボク属〕

Codiaeum variegatum (L.) A.Juss.
var. *pictum* (Lodd.) Müll.-Arg. f. *cornutum* André
‘Hosokimaki’

【原産地】マレー半島および南太平洋諸島原産。明治時代に日本に渡来したクロトンノキの有角系園芸品種の1つ。【分布】観葉植物として各地の温室内で栽培される。【自然環境】高温多湿と強い日照を好む常緑低木。【用途】観葉鉢物として温室内や室内で観賞するほか，生花材料に用いる。【形態】高さ2m内外，葉は長さ20cm，幅2cmと狭長，らせん状に曲がり，変化があっておもしろい。葉の先端に小さな突起をもつ。葉の表面は濃緑色地に主脈を中心に黄斑が入る。裏面は紫紅色のぼかしになる。【特性】高温多湿と強い日ざしを好む。生育適温24～27℃，冬期も15℃を確保する。丈夫さは中程度。【植栽】繁殖は取り木，さし木により，気温の高い5～8月が適期だが，温室内では4～5月にさす。さし木用土は，砂にバーミキュライトを混ぜたものや，鹿沼土，赤玉土などにピートモスを3割ぐらい混ぜた水はけ，通気性のよい土を用いるようにする。【管理】鉢植えの用土は，粘質壌土に，砂，腐葉土を混ぜたものを使う。鉢替えは晩春から初夏にかけてが適期。肥料も温度が高い春から夏の間に与えるようにする。油かすの乾燥肥料を置肥として与える。夏は戸外に出し十分日光にあてて，葉水を多く与える。【近似種】‘アカマキ’と‘キンセンコウ’がある。

808. クロトンノキ**‘リュウセイクロトン’**（マツバ）

〔ヘンヨウボク属〕

Codiaeum variegatum (L.) A.Juss.
var. *pictum* (Lodd.) Müll.-Arg.
f. *taeniosum* Müll.-Arg. ‘Van Oosterzeei’

【原産地】マレー半島および南太平洋諸島原産。日本には明治時代に渡来したクロトンノキの細葉系の園芸品種。【分布】各地の温室内で鉢植えにして栽培される。【自然環境】熱帯性の常緑低木で，高温多湿と日照を好む。【用途】小鉢作りに適し，室内観葉植物として観賞する。【形態】茎は細く高さ1m前後。葉は細長く，長さ10cm，幅1cm以下，緑色地に黄色い星形の斑紋が散在する。【特性】樹勢はやや弱く，生育も遅い。寒さに弱いので，冬期も15℃以上を保つようにする。【植栽】繁殖はさし木による。25℃以上に保てばいつでもよいが，7～8月の新梢ざしがつきやすい。取り木もできる。【管理】冬期は温室内に保護するが，夏は戸外に出し，十分直射日光にあてるとよい。夏の間はとくに葉水を多く与えると色つやがよくなる。鉢替えは6～7月頃に行う。用土は粘質壌土に砂1割，腐葉土3割ぐらい混ぜたものを使う。鉢は大きすぎると過湿になり，根腐れを起こしやすいので苗の大きさに応じて選ぶことが大切。肥料は生長のさかんな6～7月に，油かすの乾燥肥料を与えるか，液肥を与える。夏の間，ハダニがつきやすいので注意する。【近似種】‘オウゴンリュウセイ’がある。

809. ハズ（ハズノキ）　〔ハズ属〕
Croton tiglium L.

【原産地】インド，東南アジア，中国大陸南部原産。日本には江戸時代（1721～1790）に薬用として渡来した。【分布】九州南端，沖縄，台湾，中国大陸，東南アジアに植栽される。【自然環境】温暖な地を好む常緑低木または小高木。【用途】種子および根を薬用（下剤，消炎，止痛薬）とする。【形態】幹は高さ3～6mとなる。葉は長柄をもち，互生し，葉先は垂れる。葉身は卵形で先はとがり，基部は心臓形または円形で，長さ8～16cm，縁に浅い鋸歯があり，質はやや薄い革質で，いくぶん赤みを帯びた黄緑色。開花は4～5月，枝先に長さ約10cmの細長い総状花序を立て，悪臭のある淡黄白色の小花をつける。雌雄同株。上部に雄花，下部に雌花をつける。花径約0.6cm。雄花はがく片5個，花弁は5個で，花弁より長い雄しべが15～25個，5個の蜜腺がある。雌花には花弁がなく，がく片は5個。子房は楕円形で星状毛があり，柱頭は3裂し，おのおのがさらに2分する。さく果は倒卵形で淡黄白色，3すじの溝があり，3室に分かれる。長さ約2.5cm。種子は灰褐色，平たい楕円形で毒性がある。【学名】属名 *Croton* はトウゴマのギリシャ語名。ダニに由来する語で，種子が似ていることによる。種形容語 *tiglium* はモルッカ諸島ティグリス産の意味。和名ハズは中国名の巴豆（パートウ）の音読みからの名。

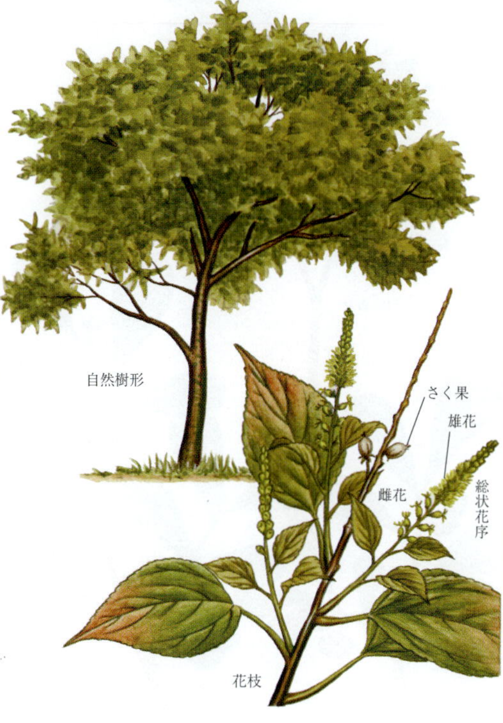

810. コバンノキ　〔コミカンソウ属〕
Phyllanthus flexuosus (Siebold et Zucc.) Müll.-Arg.

【分布】本州（岐阜県，福井県以西），四国，九州，沖縄，中国大陸，ヒマラヤに分布する。【自然環境】山地の谷間などにはえる落葉低木。【用途】薪炭材，杖。【形態】幹は高さ2～3m，全体無毛。枝はよく分枝し，小枝は葉腋からしばしば2個出て水平に開き，長さ8～15cmとなり，葉は小枝に左右2個ずつ互生し，羽状複葉状となる。葉身は卵形または楕円形で長さ2～3cm，鈍頭，基部は円形，全縁，裏面は粉白色を帯びる。葉質はやや薄く，赤みを帯び，葉柄は短い。開花は5月。雌雄同株で，葉腋に数個の雄花と1個の雌花をつける。雄花では，花柄は長さ0.3cm，がく片は4個，紅紫色で長さ0.15cm。雄しべ2個。雌花では，長さ0.4～0.7cmの花柄が果時1cmになる。がく片4個，淡緑色，楕円形で長さ0.15cm。子房は卵形で長さ0.15cm，花柱は3深裂する柱頭をもつ。果実は液果状で扁球形，径約0.6cmで黒熟する。秋遅く複葉状の小枝をふるい落とす性質がある。【学名】属名 *Phyllanthus* はphyllon（葉）とanthos（花）の合成語で，葉状に広がった枝に花がつくことによる。種形容語 *flexuosus* は，ジグザグの意味で，枝がややジグザグに曲がることによる。和名コバンノキは葉の形を小判に見立てたもの。

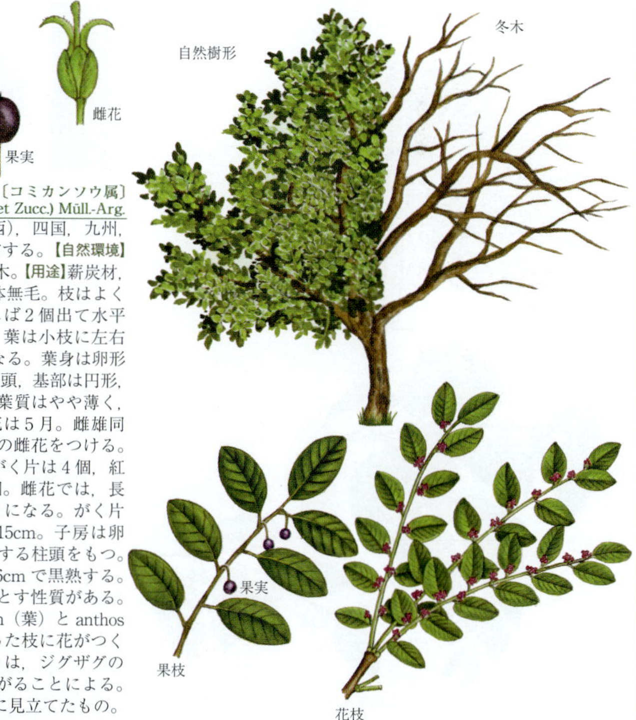

811. カンコノキ 〔カンコノキ属〕
Glochidion obovatum Siebold et Zucc.

【分布】本州（紀伊半島以西），四国，九州，沖縄に分布する。【自然環境】海に近い丘陵などにはえる落葉低木。【用途】器具材（印鑑，櫛），根を染料。【形態】幹は高さ1～6mとなり，よく分枝する。若枝は紫褐色でほとんど無毛。短枝はとげ状となる。葉は互生し，無柄またはごく短い柄がある。葉身はふつう倒卵形で基部はくさび形，若枝のときは先端が切形，凹形，鈍形となり，長さ3～6cm，全縁で両面無毛，質やや堅く，表面に光沢がある。開花は7～10月，ふつう雌雄同株，ときに異株で，雄花，雌花ともに同じ葉腋に束生し，雄花は径約1cm，がく片は6個で，内側3個は外側3個よりやや狭い長楕円状披針形で，長さ約0.25cm，雄しべ3個はほとんど無柄。雌花の柄は雄花の柄より長く，長さ0.2～0.3cm，がく片は6個で3個ずつ2列に並び，楕円形で長さ約0.15cm，外側3個が大きくて広い。花柱は短く，基部は合生する。子房は4～6室で表面に軟毛がある。さく果は菊座形のカボチャに似た扁球形で径約0.6cm，朱赤色に熟す。裂開すれば中軸が残る。各室には2個ずつ種子があり，朱赤色で長さ約0.3cm。【学名】属名 *Glochidion* は先が鉤状になったとげの意味。種形容語 *obovatum* は倒卵形の葉の意味。

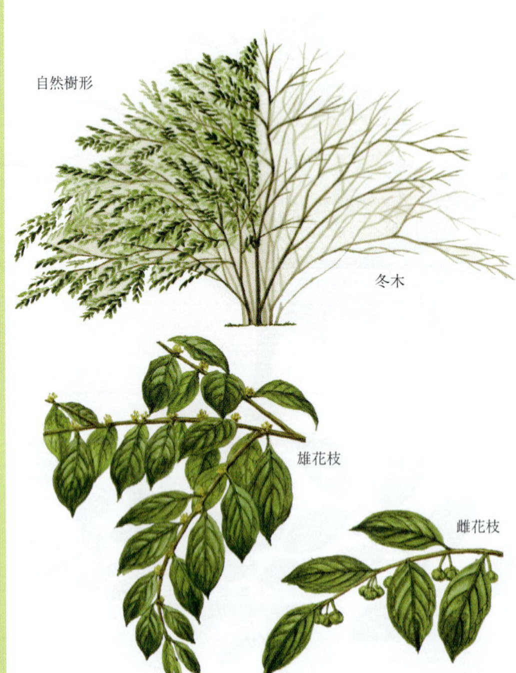

812. ヒトツバハギ 〔ヒトツバハギ属〕
Flueggea suffruticosa (Pall.) Baill.

【分布】本州（関東地方以西），四国，九州（北・中部），朝鮮半島。【自然環境】山野にはえる落葉低木。【形態】幹は高さ1～3m，枝は細く無毛でよく分枝し，淡緑色ときに紫褐色を帯びる。葉は互生し，葉身は長楕円形で，長さ4～7cm，先端はとがるかまたは鈍形，基部はくさび形で，縁は全縁。両面無毛。葉脈は下面に浮き出し，質は薄い。表面は緑色，裏面は白色を帯びる。葉柄は長さ0.3～0.6cm。開花は6～7月，雌雄異株で，雄花は葉腋に多数束生し，花柄は長さ約0.3cm，がく片は5個で楕円形，長さ0.15cm。基部に蜜腺が5個あり，雄しべと互生する。雄しべは5個，花糸は長さ0.2cmで離れてつく。退化雌しべは長さ0.08cm，3中裂する。雌花は葉腋から1～5個つき，花柄は長さ0.8～1cm，蜜腺は環状につき，花床状となり，その上に無柄の子房がある。子房は扁球形で3室ある。花柱は3深裂し，裂片はそり返り，先端は2裂する。さく果は扁球形で3室あり，径0.4～0.5cm，褐色で宿存がくがある。種子は各室2個ずつある。晴天の日に破裂音とともに種子を飛ばす。小枝は秋に落ちる特性がある。【学名】種形容語 *suffruticosa* は半低木の意味。

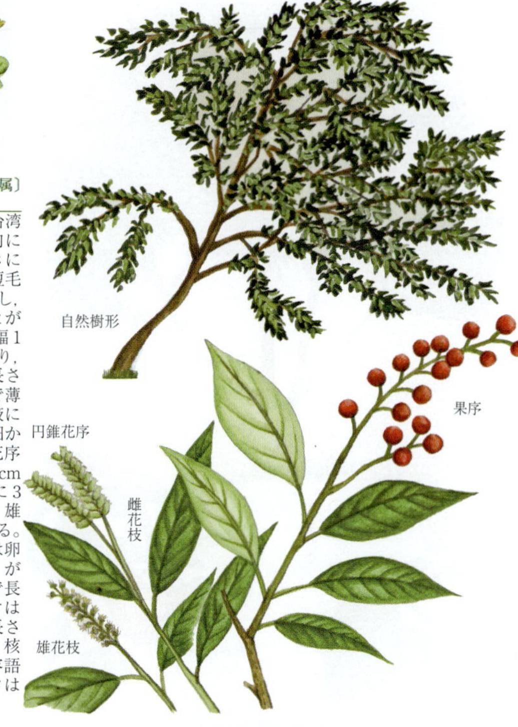

813. ヤマヒハツ（ウグヨシ）〔ヤマヒハツ属〕

Antidesma japonicum Siebold et Zucc.

【分布】本州（和歌山県），四国，九州，沖縄，台湾に分布する。【自然環境】暖地の常緑広葉樹林内にはえる常緑低木。【形態】幹は高さ 2～3m，ときに 5m になり，多くの細い枝を出す。若枝には短毛があり，皮目が多い。葉には短柄があり互生し，葉身は広倒披針形から狭長楕円形で，先端はとがり，基部はほぼくさび形で，長さ 4～10cm，幅 1～3cm，薄い革質で，上面は濃緑色，光沢があり，下面脈上には短毛がある。縁は全縁。葉柄は長さ 0.4～0.5cm で軟毛がある。托葉は線状披針形で薄く，早落性。開花は 6 月，本年枝の枝先や葉腋に総状または少数の枝のある円錐花序をつけ，細かな花を多数密生する。花序は長さ 3～4cm，花序軸には短毛がある。雌雄異株。雄花は長さ 0.15cm ほどの短い花柄の先につき，がくは 4 裂ときに 3～5 裂し，裂片は三角状卵形で長さ約 0.05cm。雄しべは 4 個で，花糸は細長くがくより突き出る。花盤は四角で中に退化した雌しべをもつ。苞は卵形で鋭くとがる。雌花の花柄は長さ約 0.1cm，がくは 3～5 裂，長さ約 0.05cm。子房は狭卵形で長さ約 0.1cm。花柱は短く先が 3～4 裂し，断片はそり返る。核果は液果で，ゆがんだ楕円形で長さ約 0.5cm，がく，花柱が宿存する。赤熟する。核果中にふつう 1 個の種子がある。【学名】種形容語 *japonicum* は日本の，の意味。和名ヤマヒハツは沖縄の呼び名で意味不明。

814. アカギ（カタン）〔アカギ属〕

Bischofia javanica Blume

【分布】沖縄，小笠原諸島，台湾，中国大陸南部，インド，マレーシア，ポリネシア，オーストラリアなどに分布する。【自然環境】古くから植栽されているほか，各地に野生化している常緑高木。【用途】建築材，器具材（桶，臼，槌など），薪炭材，街路樹，防風樹。樹皮から塗料，葉から酒石酸。【形態】幹は高さ 15～25m となり，胸高直径 1～2m に達する。生長は早く，材は暗紫紅色で堅く，そりやすく，また割れやすいが，強度は大である。樹皮は赤褐色。葉は有柄で互生し，葉身は 3 出複葉で，3 枚の小葉をもつ。小葉は卵形または卵状楕円形で，長さ 8～15cm，先端は鋭くとがり，基部は鋭形，縁に鈍鋸歯があり，葉質は軟らかい革質で，無毛，表面は光沢がある。開花は 3 月頃，枝先に近い葉腋に長さ 10～20cm の円錐状の総状花序をのばし，多数の黄緑色小花をつける。雌雄同株または異株で，雄花序は多数花をつけ，雌花序は分枝も少なく，まばらに花をつける。雄花のがく片は 5 個，雄しべ 5 個。雌花のがく片は早落性，仮雄しべ 5 個は小形，またはときとしてない。子房は 3～4 室。果実は核果で，11～12 月に熟し，梨果状で液質，径 1～1.5cm，球形で褐色または帯赤色である。種子は長楕円形で長さ約 0.5cm。食べられる。【学名】属名 *Bischofia* は人名で，G.W. ビショットの意味。種形容語 *javanica* はジャワの意味。和名アカギは樹皮や材が赤いことによる。

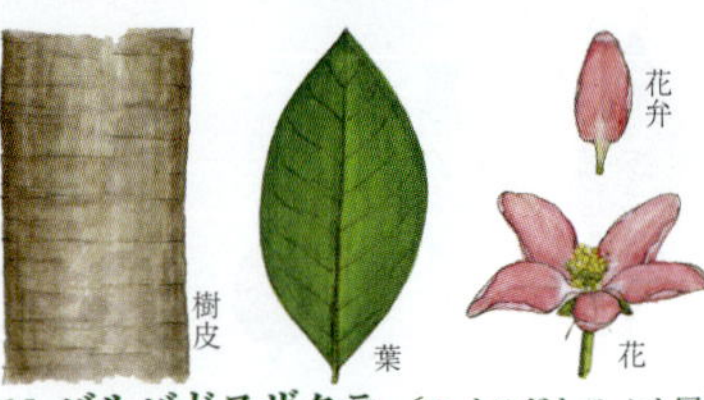

815. バルバドスザクラ 〔ヒイラギトラノオ属〕

Malpighia glabra L.

【原産地】米国テキサス州南部より中米，南米の北部，西インド諸島。【分布】熱帯アメリカで栽培されている常緑低木。【用途】果実を生食するほかジャムや砂糖漬その他に加工して食用とする。花も果も美しいので花木や庭園樹とするほか，生垣としても適し利用される。【形態】高さ 2～3m。樹全体が無毛である。細い枝を下部より多く出す。葉は小さく，長さ 2～4cm の卵形または楕円形で全縁，平滑で光沢があり，葉先と基部が多少鋭形で葉の表面側に少々そり，葉柄は短く対生する。花は直径約 2cm で，腋生する花序上に 3～8 個つけるが，まれに単生する。がくは 5 枚，花弁は 5 枚で白色または桃色に赤紫色を帯び，基部が細くその先が丸くて，その周辺が波状をなしており，雄しべは 10 本で花糸の基部が合着しており無毛，花柱は 3 個で，花期は 3～9 月である。果実は核果で，直径約 1～2cm のサクランボぐらいの大きさで扁球形，果皮は薄く，緑色より熟すと赤色になり，平滑で光沢があり，3～4 のしわ状の起伏がある。果肉は赤色で多汁，酸味が強い。中に 3 個の角ばった種子がある。【植栽】繁殖は実生によるが，さし木も発根容易であり，充実した 1 年生枝を用い湿度の高い場所に置く。【近似種】キントラノオ *Galphimia gracilis* Bartl. やヒイラギトラノオ *M. coccigera* L. はともに中米の原産で，花木として暖地や温室内で栽培されている。【学名】種形容語 *glabra* は無毛の，の意味。

816. ネコヤナギ (カワヤナギ，エノコロヤナギ) 〔ヤナギ属〕

Salix gracilistyla Miq. f. *gracilistyla*

【分布】北海道から九州まで，日本全土に分布。【自然環境】日あたりのよい小川の縁や山地の渓流の岩のすき間などに自生する落葉低木。【用途】早春の銀白色の花穂を観賞用に栽培し切花などとする。葉を茶の代用にする習慣もあった。【形態】そう生し，大きなものでは高さ 3m になる。新枝は灰色の軟毛が密にはえ，のち無毛となる。成葉の葉身は長さ 7～13cm，幅 1.5～3cm。互生，有柄，長楕円形，鋭頭，基部はくさび形，辺縁細鋸歯，表面深緑色，裏面灰白色，初めは両面に絹毛があるが，のち表面は無毛となる。托葉は半月形。花芽は 1 年生枝の中央につき，葉芽は上部と下部につく。雌雄異株。早春，葉に先立って銀白色の大形の尾状花序を上向きにつける。これをネコといい，和名もこれから起こった。雄花序は長さ 3～5cm，径 1～1.5cm，雄しべは 2 個が合体して花糸は 1 本となる。雌花序の長さ 2.5～4cm，雄花序より細い。子房は無柄に近く，白色の毛を密生する。花柱は長く 0.25～0.3cm，柱頭は深く裂けることはない。【特性】日本全土で水辺に見られるが，乾燥地でも栽培できる。生長は早い。【植栽】繁殖はさし木による。【管理】せん定に耐え萌芽力が強いので生垣に作れる。【近似種】枝の垂れるネコシダレ，枝の立つタチネコヤナギ，鱗片の黒いクロヤナギがある。【学名】種形容語 *gracilistyla* は細長い花柱の意味。

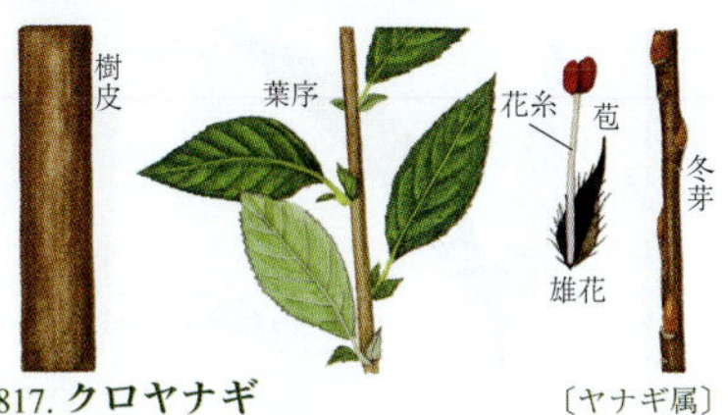

817. クロヤナギ 〔ヤナギ属〕

Salix gracilistyla Miq.
f. *melanostachys* (Makino) H.Ohashi

【分布】日本各地で栽培されている。【自然環境】日あたりを好む落葉低木。【用途】切花用および庭園樹。【形態】高さ 2m ぐらいになる。成葉は完全に無毛で，表面深緑色，裏面灰白色。長さ 7～13cm，幅 1.5～3cm。互生，有柄，長楕円形，鋭頭，基部はくさび形，葉脈の形はネコヤナギと同一。鋸歯はネコヤナギより明瞭。花芽は 1 年生枝の中央につき，葉芽は上部と下部につく。雌雄異株であるが雄株のみ栽培される。早春，葉に先立って黒い尾状花序を上向きにつける。雄花序は長さ 3～5cm，径 1～1.5cm，長楕円形。雄しべは 2 個が合体して花糸は 1 本となる。苞は披針形，鋭尖頭，黒色で，縁辺には長毛がまばらに散生しており，両面は無毛。花穂は鱗片を脱ぐと，苞の色のため真っ黒に見える。和名はこれからつけられている。【特性】各部が無毛なことと苞が黒いこと以外はネコヤナギと変わらない。野生もないことからネコヤナギの突然変異と考えられる。【植栽】繁殖はさし木による。【管理】せん定に耐え，萌芽力は強いので生垣にもなる。とくに手間はかからない。【学名】種形容語 *gracilistyla* は細長い花柱の意味。品種名 *melanostachys* は黒い穂の意味。

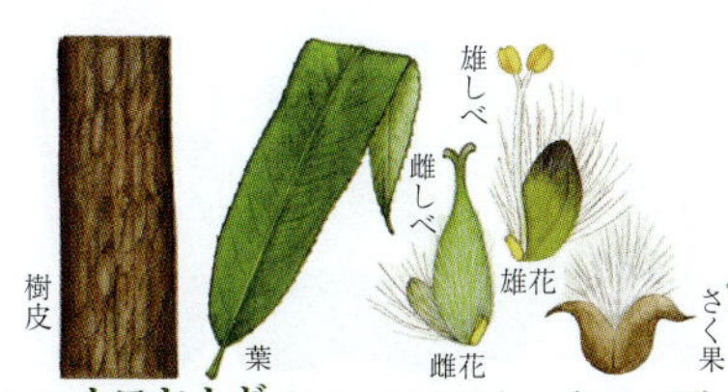

818. カワヤナギ（ナガバカワヤナギ） 〔ヤナギ属〕

Salix miyabeana Seemen
subsp. *gilgiana* (Seemen) H.Ohashi

【分布】北海道から九州まで暖帯，温帯に分布。【自然環境】川べりや水湿地に自生する落葉小高木。【用途】切花。【形態】高さ 5～6m，直径 30cm に達することもあるが，株立ち状で高くならないものを多く見かける。樹皮は薄く，褐灰色，古株では粗く縦に割れ目が入る。小枝は斜上し，新枝は灰白色の細軟毛が密生するが，のち無毛に近くなり，帯褐黄緑色。葉は互生，若葉は細軟毛が多く，縁辺は先端を除き軽く外曲。成葉の葉身は 7～16cm，幅 0.7～2cm，線状披針形，長楕円状披針形あるいは線状倒披針形。先端は鋭頭または漸尖鋭頭，基部は鋭形または鈍形，表面濃緑色，裏面帯白緑色，両面とものちに無毛。雌雄異株。早春，葉に先立って尾状花序を現す。苞は雌雄とも倒卵形，上部黒色，中央部以下淡黄緑色，両面に長軟毛が密生する。雄しべは合体して花糸は 1 本。子房は卵形，苞より長く，白毛密生，柱頭は 2 裂あるいは 4 裂。果序は 5cm ぐらいになる。【特性】葉の形に変化が多い。標本にしたとき葉の一部が黒変することが多い。【植栽】ふつうには植栽されないが，さし木は容易。ヤナギルリハムシに激しく食害される。【学名】亜種名 *gilgiana* は人名で，ギルヒの，の意味。和名は川の柳の意味であるが，カワヤナギはネコヤナギの別名にもあるので，ナガバカワヤナギというと通りやすい。

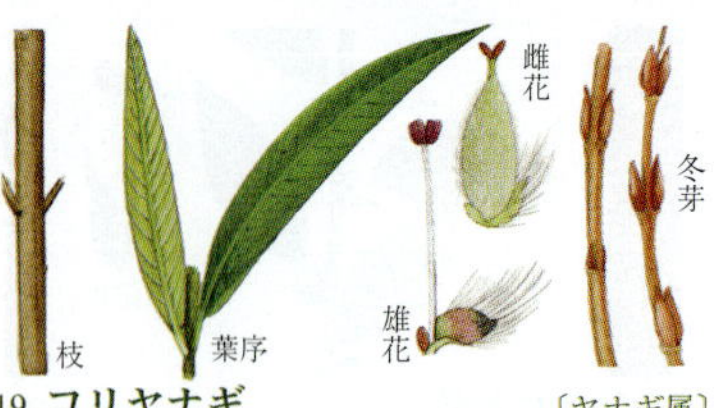

819. **コリヤナギ** 〔ヤナギ属〕
Salix koriyanagi Kimura ex Goerz

【原産地】朝鮮半島。【分布】日本の各地に植栽される。【自然環境】水辺に栽培される落葉低木。ときに庭園で植栽，まれに水湿地に野生化する。【用途】皮を取り去った枝で柳行李を作る。切花にも用いられる。【形態】高さ2～3m，小枝は細長く無毛。成葉の葉身は長さ6～11cm，幅0.5～1.2cm，対生ときに3輪生。線形，先端鋭尖頭，基部鈍形ないし円形。表面深緑色，裏面粉白色，両面無毛で，托葉はない。雌雄異株。3月頃，葉より先に尾状花序を現す。細い円柱状で曲がることが多く，斜上または水平に開出，雄花序は長さ2～3cm，径0.8～0.9cm，苞の先端は黒色，両面に長毛がある。雄しべは2個で花糸は1本に合体，基部有毛。葯は紅色。雌花序は長さ2～3cm，径0.5～0.6cm，苞は雄花に同じ。子房は卵形，柄がなく，白色短毛が密生する。花柱は短く，柱頭は紅色，凹頭ないし2裂。【特性】乾いた所でも生育できるが水辺のほうがはるかに生育がよい。【植栽】繁殖はさし木による。【管理】害虫の食痕から黒枯れ病が枝に発生する。ボルドー液の散布や，ヤナギルリハムシなどの駆除が必要。細長い太さのそろった枝を多く出させるようせん定する。【近似種】生産地では大葉・中葉・細葉の3品種に分けられ，それぞれ性質を異にしている。【学名】種形容語 *koriyanagi* は和名をそのまま用いたもの。

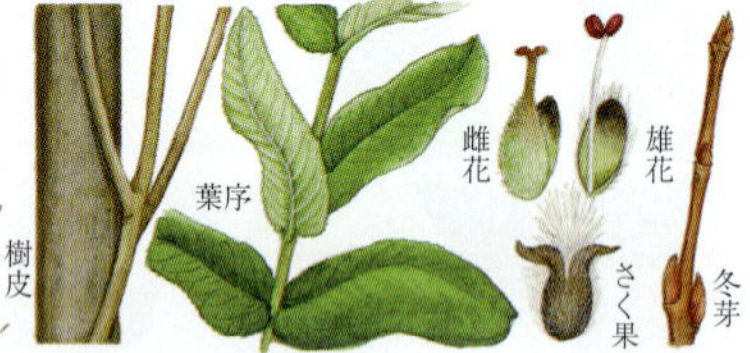

820. **イヌコリヤナギ** 〔ヤナギ属〕
Salix integra Thunb.

【分布】日本全土。アジア東北部。【自然環境】水辺や湿地にはえる落葉低木。【用途】花の少ない時期に咲くので切花とし，刈込みに耐えるので生垣に利用する。【形態】高さは2～3mまでのものがふつう。樹皮は平滑，よく枝を分枝し，無毛。葉は対生または互生。若葉は黄緑色から紅色。成葉は狭長楕円形または長楕円形，葉身の長さは4～10cm，幅1.3～2cm，鋭頭または鈍円頭，基部は円形～浅心形。上面は緑色，下面は粉白色，両面とも無毛で，低細鋸歯縁。葉柄はきわめて短く0.3～0.4cm，托葉はない。冬芽は長卵形で先はとがる。雌雄異株。花期は地域によって異なり，3月から5月，花序は葉より先に現れ，短枝に頂生し，細長い円柱形で斜上または水平に近く開出，基部に小型の葉3～4枚をつける。雄しべは2個，花糸は合体して1本，下部に短毛を密生する。葯は濃紅色，子房は卵形，白色短毛を密生する。花柱は短く，柱頭は2裂。【特性】日本中いたる所に見られ，低地から亜高山帯にまで分布する。性質は強く乾燥地でも育つ。【植栽】繁殖はさし木または実生による。種子の発芽も良好。【近似種】雑種をつくりやすく，多数が記録されている。【学名】種形容語 *integra* は全縁の意味で，鋸歯が目立たないことによる。和名イヌコリヤナギはコリヤナギに似ているが，同じ役には立たないという意味。

821. **フリソデヤナギ**（アカメヤナギ）〔ヤナギ属〕
Salix × leucopithecia Kimura

【分布】東京周辺で植栽される。【自然環境】日あたりのよい平坦地に植えられる落葉低木。【用途】切花用。【形態】高さ5mになる。枝は少なく，太く長くのび，光沢がある。裸材には隆起線がある。新枝は毛があり，のち無毛となる。成葉は長さ10～15cm，幅3～4.5cm，厚みがあり，初めはしわがあるが秋までに平坦になり光沢が出る。長楕円形で先端は鋭形または鋭尖形。基部は円形または浅心形。縁に波状低鋸歯がある。上面深緑色，下面粉白色で白絹毛を密布する。互生。冬芽は大きく，赤色，光沢ある帽子状の芽鱗が目立つ。雌雄異株で雄株のみ知られていたが，最近になって雌株の自生が発見された。3月末，葉より先に雄花序が現れ，長楕円形の密花を開く。長さ4～7cm，径2～3cm，基部に小葉を3～5個つけ，苞は披針形から長楕円形，上部黒色，中央部帯紅色，下部淡黄緑色，両面に白色長軟毛を密生する。雄しべは2個，花糸は長さ1.3cm，基部から途中まで癒着する。【特性】本種はネコヤナギとヤマネコヤナギとの雑種で両方の親の形質が見られる。生花店では赤芽柳といっているがマルバヤナギの別和名と混同しやすい。【植栽】繁殖はさし木による。【学名】種形容語 *leucopithecia* は白い小猿の意。和名フリソデヤナギはこのヤナギが江戸時代の振袖火事で有名な寺の境内で発見されたことによる。

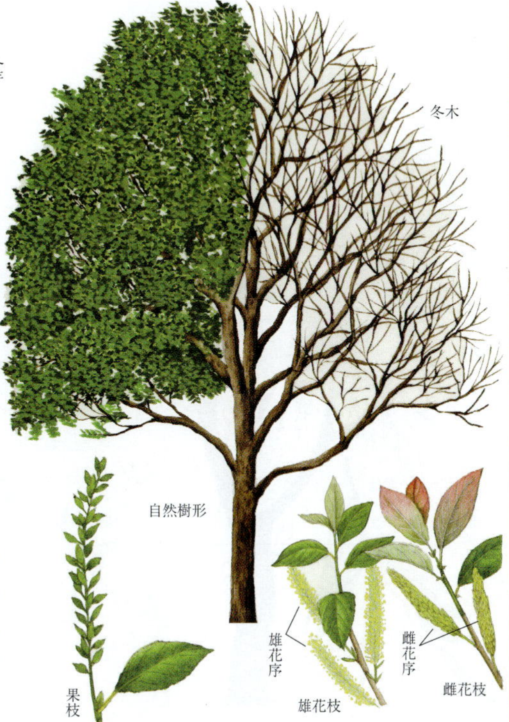

822. **マルバヤナギ**（アカメヤナギ）〔ヤナギ属〕
Salix chaenomeloides Kimura

【分布】本州の東北地方南部以南，四国，九州。【自然環境】日あたりのよい河畔，湖岸など湿地に自生する落葉高木。【用途】軽軟な性質を生かして箱などの用材にする。【形態】高さ20m，直径80cmにも達し，太い枝を横に出して幅の広い樹形を形成する。樹皮は縦に平行な裂け目が入る。冬芽の鱗片は枝側で重なる。若葉は褐赤色を帯びる。互生。成葉は狭楕円形ないし広楕円形，葉身の長さは5～15cm，幅2～6cm，基部は鋭形または円形，幼木では披針形。葉柄は1.5cmに達し，両側に小盤状腺があり，小葉状物をつけることが多い。表面緑色，裏面粉白色，両面とも無毛。托葉は大きく，半心形で腺状鋸歯がある。雌雄異株。4～5月に葉が展開してから尾状花序を出す。雄花序は長さ4.5～7cm，径0.7～0.8cm，中軸に軟毛多く，花序柄には小型の葉4～5枚をつける。苞は黄緑色，有毛，雄しべは4～5個。雌花序は長さ2～4cm，花序柄の葉は雄花に同じ。子房は狭卵形，無毛，長柄があり，花柱は短く，柱頭は2中裂。【特性】幅の広い樹形，円形の托葉，冬芽の鱗片の重なり方，雄しべの本数などが特徴。【植栽】繁殖はさし木による。【学名】種形容語 *chaenomeloides* は托葉の形がボケ属 *Chaenomeles* に似ているの意味。和名マルバヤナギは葉が円形であるという意味であるが，実際には細長い場合もかなりある。

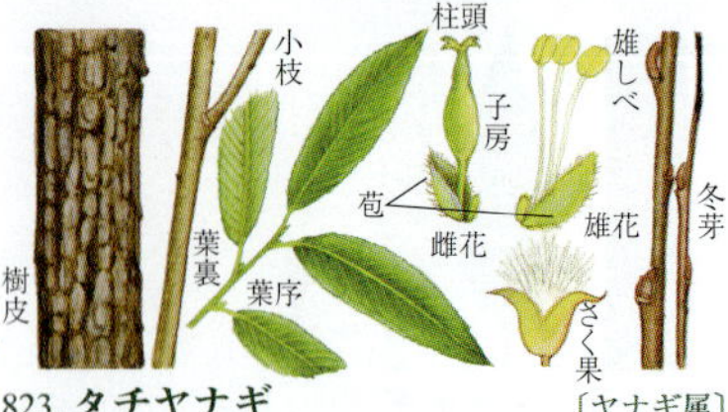

823. タチヤナギ 〔ヤナギ属〕

Salix triandra L.

【分布】北海道から九州までの日本全土に分布。【自然環境】日あたりのよい湿地および水辺に群落をつくる落葉低木または小高木。【用途】護岸に植栽。材は器具材。【形態】高さ 10m，胸高直径 30cm に達する例はあるが，ふつうに見られるものは，高さ 5m 以下，直径 15cm 以下のものが多い。このようなものでは幹は斜めに立ち，株もとから分かれている場合が多い。枝はきわめて雑然と繁茂する。樹皮は褐色。薄くはがれるが，ほかの高木のヤナギのように縦に割れることはない。小枝は灰褐色または淡黄褐色で初めから無毛。葉は互生，有柄で全体に無毛。葉身は披針形または長楕円状披針形。先端鋭く基部はくさび形。辺縁細鋸歯。成葉の葉身は長さ 5～15cm，幅 1.3～2.5cm 内外。表面緑色，裏面は淡緑色で少し白色を帯びる。葉肉はヤナギの中ではやや厚い。新葉では中央部が褐色がかる。托葉は腎臓形。冬芽の鱗片は合一する。雌雄異株。開花は 4 月頃，小形の葉をつけた短い新枝の頂に，長さ 4cm 内外，径 0.8cm ぐらいの尾状花序を上向きにつける。雄花序には多数の黄色い雄花が並ぶ。雄しべは 1 花に 3 本。雌花の苞は淡緑色。子房は緑色，無毛，0.12cm ほどの柄がある。柱頭は 2 深裂する。さく果は 2 裂し，白綿毛に包まれた種子を出す。【植栽】ふつうには植栽されないが，さし木でよく活着する。

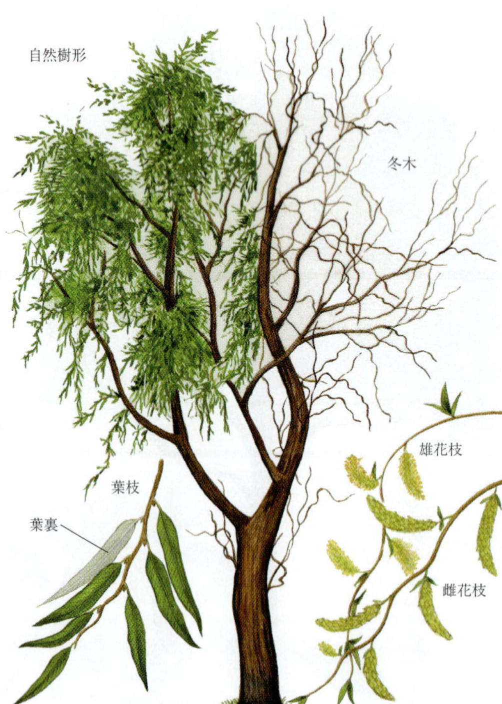

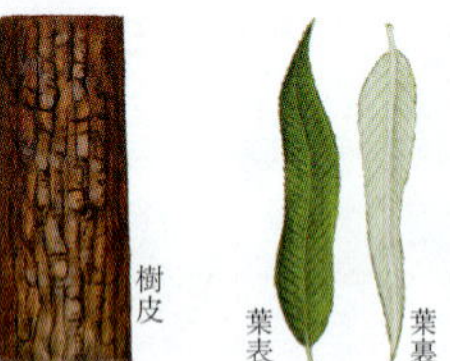

824. ウンリュウヤナギ 〔ヤナギ属〕

Salix matsudana Koidz. ‘Tortuosa’

【原産地】中国。カンリュウ（旱柳）の変種。【分布】日本各地に植栽される。【自然環境】日あたりのよい湿地を好むが，乾燥地でも生育できる落葉高木。ときに水湿地で野生化したものを見る。【用途】庭園樹および花材用。【形態】高さ 10～20m，直径 60cm にも達する。樹皮は灰褐色，縦に割れ目ができる。小枝は細く，平滑無毛，屈曲下垂する。葉は互生，若葉は絹毛を密につけるがすぐ無毛となる。成葉の葉身は長さ 5～10cm，幅 0.8～1.5cm，線状披針形，長鋭尖頭，鋭細鋸歯縁，基部鈍形からやや円形。表面濃緑色，裏面粉白色，葉身も波曲する。雌雄異株。花は 4～5 月，葉とともに現れる。雄花序は円柱状，長さ 2～2.5cm，径 0.8～0.9cm，中軸有毛，苞は淡黄色，長楕円形。雄しべは 2 本。雌花序は長さ 1.2～1.5cm，径 0.5～0.6cm，苞は淡黄緑色。子房は無柄に近く，ほとんど無毛。花柱は短く，柱頭は 2 裂する。【特性】特殊な枝ぶりは目立つ存在である。生長はきわめて早い。寒地でも耐えられる。移植には弱い。日本のものはほとんどが雄株である。【植栽】繁殖はさし木による。【管理】せん定に耐えよく萌芽するが，形が崩れやすい。早くから樹形を考えてせん定することが必要。特別な病害虫はない。【学名】種形容語 *matsudana* は人名で，松田定久の，の意味。園芸品種名 ‘Tortuosa’ は曲がりくねった，の意味。

825. ジャヤナギ（オオシロヤナギ）〔ヤナギ属〕

Salix eriocarpa Franch. et Sav.

【分布】本州，四国，九州に分布。**【自然環境】**小川の縁や湿地に自生する落葉高木。**【形態】**幹は高さ10m，直径25cmに達する。老木では樹皮は灰褐色で縦に深い裂け目が平行に入る。若木の枝は上向きにつくが，老木になると開出し独特の樹冠を形成する。小枝はきわめて折れやすい。葉は互生。若葉はほとんど無毛だが，葉柄に白毛がある。成葉は披針形または長楕円状披針形，長鋭尖頭，基部はくさび形，細鋸歯縁。両面無毛，表面濃緑色，裏面はロウ質が分泌されて粉白色。葉身の長さ10～15cm，幅2～3.5cm，葉柄は0.5～0.7cm。冬芽は無毛，鱗片は合一。雌雄異株。4月頃，葉と同時に尾状花序を上向きにつける。雌花序は楕円形，ヤナギ類では小さいほうで，長さ1～1.7cm，幅0.6～0.9cm。短柄があり，軸とともに白軟毛が密生する。苞は淡緑色，両面に長軟毛があり，子房は無柄，長さ0.18cm，緑色，白毛を密生する。花柱は0.06～0.07cm，柱頭は黄緑色，先は2裂。日本に自生するのはすべて雌株であり，雄株は発見されていない。**【特性】**雌株のみで日本に広く分布する理由は解明されていない。**【植栽】**ふつうには植栽されることはないが，さし木は容易である。**【学名】**種形容語 *eriocarpa* は，果実に毛が多いことによる。和名ジャヤナギは高野山にあったヤナギの名，蛇柳からつけられた。別和名オオシロヤナギは大きな白柳の意味。

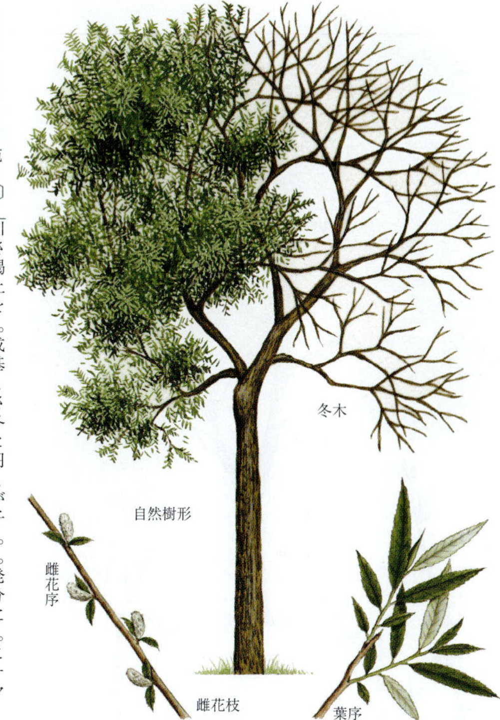

826. シロヤナギ〔ヤナギ属〕

Salix dolichostyla Seemen subsp. *dolichostyla*

【分布】北海道，本州（東北，北陸）。**【自然環境】**河畔や湿地に自生する落葉高木。**【用途】**護岸に植栽。材は器具材。**【形態】**高さ20m，直径1mにもなる。大木の樹皮は白灰褐色，平行に裂け目が入る。小枝をよく分枝し，丸い樹冠を形成する。分枝点ではもろく，折れやすい。新枝には灰白色の短毛が密生し，のち無毛。葉は互生。若葉は両面に白毛がある。成葉は葉身の長さ5～11cm，幅1～2cm，長楕円状披針形から披針形，鋭尖頭，基部は鋭形または鈍形。縁辺に小波状細鋸歯がある。表面は濃緑色，ほとんど無毛，裏面は粉白色，有毛かまたは少し残る程度。葉柄は長さ0.2～0.8cm。托葉は小さい。雌雄異株。4月から5月，葉とともに尾状花序を現す。円柱形で短柄があり，軸上に白毛が密生。雄花序は長さ2.5～4cm，径0.6～1cm，苞は淡黄緑色，外面の下半部に細軟毛がある。雄しべ2個。雌花序は長さ2～3cm，径0.4～0.5cm，苞は雄花に同じ。子房は柄がなく，白色軟毛が密生し，花柱は短く，柱頭は分裂しない。**【特性】**北の地方や多雪地に多い。ヤナギの中では大木になるほうである。**【植栽】**さし木は容易。種子は発芽がよく，湿地に多数の実生苗を見る。**【近似種】**コゴメヤナギとの区別についてはその項を参照。**【学名】**和名シロヤナギは葉の裏が白いことによる。

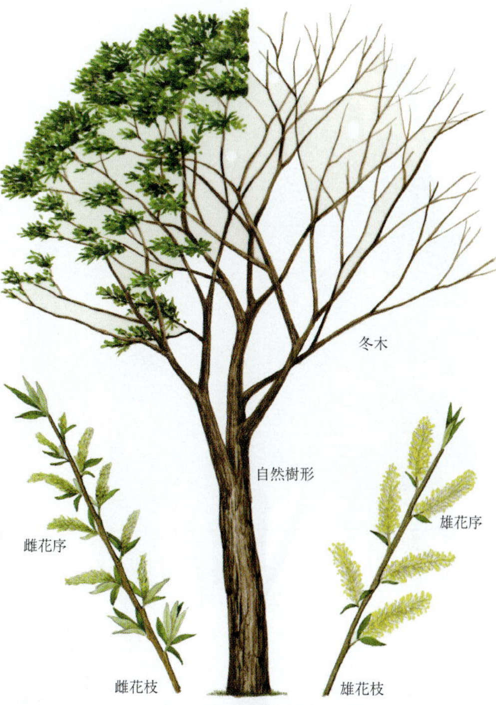

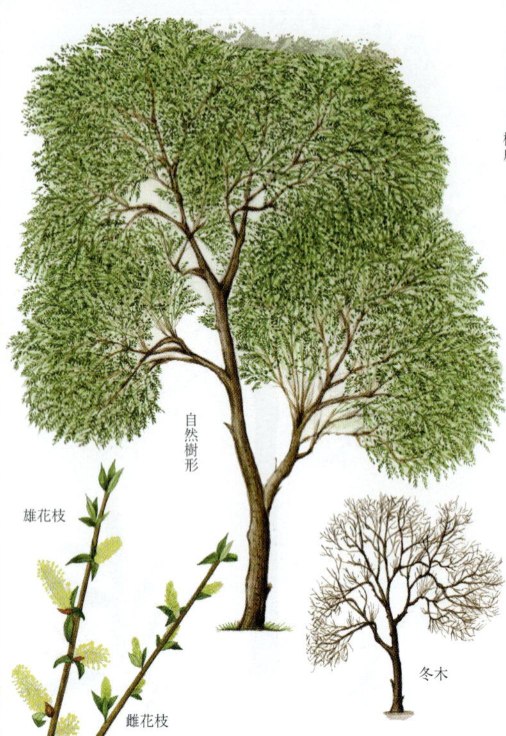

827. コゴメヤナギ（コメヤナギ）〔ヤナギ属〕

Salix dolichostyla Seemen
subsp. *serissifolia* (Kimura) H.Ohashi et H.Nakai

【分布】本州（関東，中部，近畿）。【自然環境】河原や湿地に自生する落葉高木。【用途】庭園樹，器具材。【形態】高さ 25m，直径 1m に達する。樹皮は灰黒褐色で，縦に裂け目が入る。枝は細く分枝し，きわめてもろい。下枝は開出する。新枝は灰色の短い軟毛におおわれるが，しだいに無毛となる。葉は互生。若葉は灰色の短毛が密生し，のち無毛，成葉は小さく，葉身の長さ 4～7cm，幅 0.8～1.2cm，披針形ないし広披針形，上方が細くなり長鋭尖頭，細鋸歯がある。基部は鈍形または鋭形。上面は鮮緑色の光沢があり，下面帯白色，柄に短毛がある。雌雄異株。4 月，小さな尾状花序を葉とともに現す。円柱形，短い柄に 4～7 枚の小葉をつける。雄花序は長さ 1.2～2cm，径 0.6cm，軸に白軟毛が密生し，苞は淡黄色，内側無毛，外側の基部は有毛。雌花序は長さ 1～1.2cm，径 0.5cm，短柄があり，苞は黄緑色，基部有毛。子房は卵形，無柄に近く，基部のみに毛があるかまたは無毛。花柱はきわめて短い。【特性】関東から近畿までの太平洋側の河原で大木になるヤナギはこのコゴメヤナギである。【植栽】繁殖はさし木による。【近似種】シロヤナギに近いが，それよりも，花穂が小さいこと，子房の基部だけ有毛または無毛であること，成葉が小さいことなどで区別できる。分布は異なるが一部で重なる。【学名】亜種名*serissifolia* はハクチョウゲのような葉の意。和名コゴメヤナギは小さな葉による。

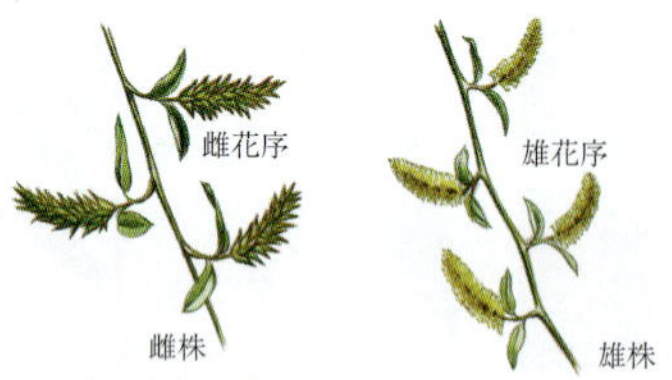

828. シダレヤナギ（イトヤナギ）〔ヤナギ属〕

Salix babylonica L.

【原産地】中国。【分布】本州，四国，九州に広く栽培され，ときにその逸出品も見られる。【自然環境】水に近い所を好むように見えるが，水辺でない所でもよく育つ落葉高木。【用途】街路樹や庭園の風致樹として植えられる。材は軟らかく，まな板などによい。【形態】高さ 17m，直径 70cm にもなる。樹皮は平行に深く裂ける。細い枝は長く下垂し無毛。葉は互生。成葉は長さ 8～13cm，幅 1～2cm，披針形から線状披針形で無毛。表面濃緑色，裏面は粉白色。雌雄異株。雄花序は長さ 2～4cm，径 0.7cm ぐらい，苞は淡黄色，雄しべは 2 本。雌花序は長さ 1.5～2cm，径 0.35～0.5cm，緑色。子房は卵形，無柄でほとんど無毛，花柱は非常に短い。【特性】暖帯，温帯ならどこでもよく育ち，大木になるのも早い。【植栽】さし木はきわめて容易。【管理】手間はあまりかからない。せん定に耐えるが，風致用には枝を切らないほうがよい。大気汚染には弱いほうである。【近似種】枝ぶり，葉形などに変化が多いが，とくに枝が長く垂れるロッカクドウ f. *rokkaku* Kimura，あまり長くならず，葉が小さいセイコヤナギ f. *seiko* Kimura がある。オオシダレ *S. oshidare* Kimura は成葉が大きく，シダレヤナギと他種の雑種かシダレヤナギの 1 型と考えられる。【学名】*babylonica* はバビロニアの，の意味である。

829. ミヤマヤナギ(ミネヤナギ)〔ヤナギ属〕

Salix reinii Franch. et Sav. ex Seemen

【分布】北海道，本州中部以北。南千島。【自然環境】高山および亜高山帯に自生する落葉低木。【用途】盆栽。【形態】高さは環境で大きく変わり，0.3m から 5m にも達する。よく分枝し，枝の色は黄褐色から暗褐色，長さの割に太く，無毛。葉は互生。成葉の葉身の長さは 4～9cm，幅 2.5～5cm，楕円形から倒卵状楕円形まで形の変化に富む。鋭頭または鈍頭，基部は円形から広いくさび形。表面緑色，光沢があり，裏面粉白色，両面無毛。縁辺には波状鋸歯がある。葉柄上面に溝があり，長さ 1.3～2cm。冬芽は卵形で，長さ 0.3cm，無毛。雌雄異株。尾状花序は 5～6 月，葉とともに現れ，円柱形，中軸と短い柄に細軟毛があり，小型の葉 3～5 枚をつける。雄花序は長さ 2.5～6cm，径 1～1.2cm，苞は淡黄緑色，楕円形，上部褐色，両面有毛，雄しべは 2 個。雌花序は長さ 2.5～5cm，径 0.5～0.7cm，苞は雄花に同じ。子房は狭卵形で光沢があり，無毛または基部に少し毛がある。花柱は子房の半分, 柱頭は凹頭または 2 裂。【特性】高山で匍匐形となるが，低山まで下りてきたものは大きくなり，株立ちでよく茂る。ほかのヤナギと雑種をつくることが少ない。【植栽】繁殖はさし木による。【近似種】キヌゲミヤマヤナギ f. *eriocarpa* (Kimura) T.Shimizu は子房全面に絹毛がある。*eriocarpa* は毛のある果の意味。【学名】種形容語 *reinii* は人名で, J. J. レイン氏の, の意味。

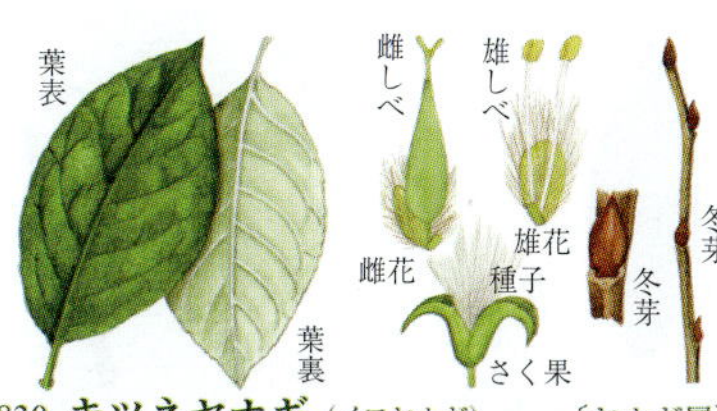

830. キツネヤナギ(イワヤナギ)〔ヤナギ属〕

Salix vulpina Andersson subsp. *vulpina*

【分布】北海道，本州(東北地方，関東北部)。南千島。【自然環境】日あたりのよい山地丘陵に自生する落葉低木。【形態】高さ 0.5～2m，環境によって大きく変異する。裸材には明らかな隆起線が密にある。葉は互生。若葉は鉄さび色，両面に白色または褐色の細軟毛を密生。成葉の葉身は長さ 5～12cm，幅 2.5～5.5cm，楕円形から倒卵形まで変異が多い。先端は鋭頭または短鋭尖頭，基部鋭形ないし円形，上面緑色でしわがあり，下面は粉白または淡緑色。両面とも無毛，あるいは裏面脈上に白または鉄さび色の細軟毛がある。縁辺に波状低鈍鋸歯がある。雌雄異株。花期は 4 月～6 月，葉より先に尾状花序を出す。円柱形で，密毛のある短梗上に小型の葉 3～5 枚をつける。雄花序は長さ 3～5cm，径 0.5～1cm，苞は広楕円形から楕円形，円頭または鈍頭，両面に鉄さび色または白色が混ざった毛がある。雄しべは 2 本。雌花序の大きさや苞の形質は雄花の項に同じ。子房は細長い円錐形で無毛。花柱短く，柱頭は小さい。【特性】変異が大きく，ほかの種と混同されやすい。【植栽】繁殖はさし木による。【近似種】オオキツネヤナギは子房に毛がある。サイコクキツネヤナギ subsp. *alopochroa* (Kimura) H.Ohashi et Yonek. は中部地方西部以西に分布。【学名】種形容語 *vulpina* はキツネ色の意味。和名キツネヤナギは学名からとる。

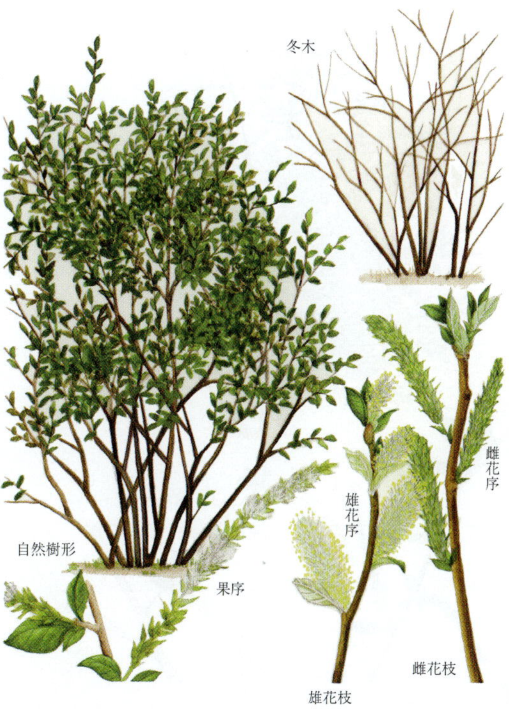

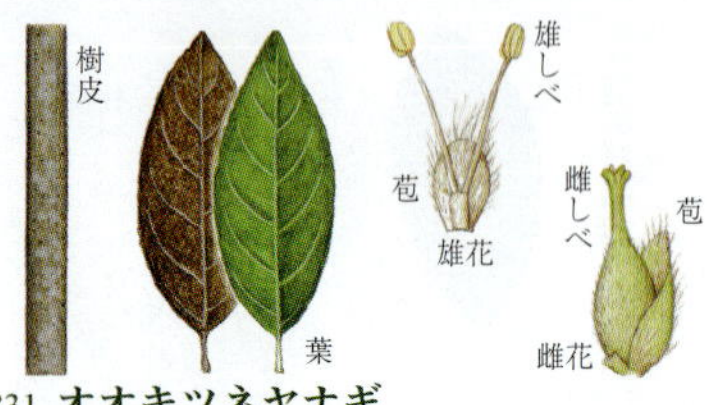

831. オオキツネヤナギ

(オオネコヤナギ，キンメヤナギ)　〔ヤナギ属〕

Salix futura Seemen

【分布】本州東北南部から本州中部地方，滋賀県北部。【自然環境】日あたりのよい山地丘陵に自生する落葉低木。【用途】切花用。【形態】高さ1〜2mで主幹はない。小枝は太く枝数は少ない。裸材には著しい隆起線が密に出る。成葉の葉身は長さ12〜20cm，互生，洋紙質，長楕円形または楕円形，鋭尖頭，基部は鈍形ないし鋭形。縁辺に波状低鋸歯があり，上面は緑色で少ししわがある。中肋を除き無毛，裏面は粉白色で伏軟毛を疎生，中肋上の毛は密。冬芽は大きく狭卵形，鈍頭，濁黄色，長さ1.5cmぐらい。雌雄異株。4〜5月頃，尾状花序は葉に先立って現れ，ほとんど無柄，基部に小さい葉を3〜7枚つける。雄花序は長さ3〜5cm，苞の両面に白色の長軟毛が密生する。雄しべは2本。雌花序は長さ4〜5cm，径0.9〜1cm，苞は雄花に同じ。子房はほとんど無柄，全面に白色絹毛が密生し，柱頭は2中裂。【特性】とくに水湿は必要としない。【近似種】キツネヤナギとは葉が大きく，裏の毛が残ることなどで区別できる。サイコクキツネヤナギは近畿，中国，四国，九州北部に分布する。これはキツネヤナギのほうにより近く，葉身は長さ5〜7cm，幅2.5〜3.3cm。果序基部の下葉が発達しない。【植栽】繁殖はさし木による。【学名】種形容語 *futura* は未来の，の意味。

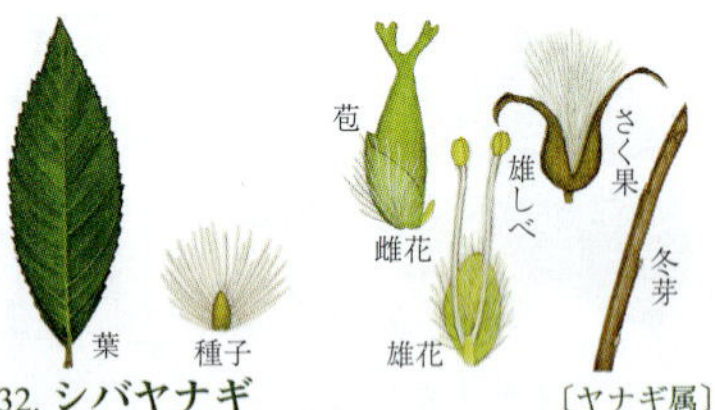

832. シバヤナギ

〔ヤナギ属〕

Salix japonica Thunb.

【分布】福島県南部から愛知県東部までの太平洋側で内陸部まで分布する。【用途】盆栽。【自然環境】日あたりよく乾燥する浅山丘陵地に自生する落葉低木。【形態】高さ1〜2m，よく分枝する。枝は水平に出て先端は下垂，小枝は細く黄褐色や赤褐色など変化が多く，光沢がある。冬芽は長卵形，先端はとがり芽鱗は1枚で帽子状。葉は互生し，披針形〜卵状披針形，狭倒卵状披針形など変異が多い。葉身の長さは4〜10cm，幅1.3〜3cm，夏にのびた葉はことに大きい。先端は尾状に長くのび鋭尖頭，基部鋭形から円形。縁辺は細かく鋭い鋸歯を有し，表面は鮮緑色で光沢がある。裏面は粉白または帯白緑色。両面無毛。雌雄異株。早春，葉とともに尾状花序を現す。花序の先端はしだいに細くなり湾曲することが多い。雄花序は長さ3〜9cm，幅0.5〜0.8cm，苞は淡黄色，雄しべは2個で基部で合生。雌花序は長さ4cm，径0.5cm，苞は淡黄緑色。子房は細長卵形，無毛，短柄，花柱は短い。【特性】日本特産で，おもにがけや林道の法面にはえる。【植栽】繁殖はさし木による。【管理】せん定に耐える。【学名】種形容語 *japonica* は日本の，の意味。和名シバヤナギは，このヤナギは幹といえるものがなく，枝ばかりに見えるので柴柳といったもの。柴とはふぞろいに刈り取った枝のこと。

833. レンゲイワヤナギ（タカネイワヤナギ）

〔ヤナギ属〕

Salix nakamurana Koidz. subsp. *nakamurana*

【分布】本州中部山岳地帯。【自然環境】高山の岩石地にはえる落葉小低木。【形態】枝は地に伏し，途中から根を出す。小枝は褐緑色から褐紫色ですぐ無毛となる。古い枝の皮は縦に裂け目が入る。葉は互生，若葉は両面に白色長毛があり，のち無毛となる。成葉は楕円形から倒卵形まで変化に富む。長さ 2～7cm，幅 2～4cm，上面緑色，無毛，葉脈は強く凹入，下面帯粉白色，葉脈は強く隆起し無毛，全縁またはまばらに波状鈍鋸歯がある。円頭ときに鈍頭。基部は鈍形または鋭形。葉柄は長く，上面に溝があり，長軟毛が目立つ。長さ 1.5～3cm。雌雄異株。7 月，円柱形の花序を側枝に頂生する。雄花序は長さ 2.5～4.5cm，径 1.5cm，苞は狭卵形から長楕円形，鈍頭または円頭，上部褐色，下部淡黄緑色，両面に長軟毛があり，長さ 0.2～0.25cm，雄しべは 2 個。花糸は 0.5～0.6cm，無毛，離生。雌花序は長さ 3cm，径 1cm，苞は雄花に同じ，子房は卵状披針形，緑色，無毛，短柄，花柱は黄緑色，柱頭は 2 浅裂。【特性】高さは 10cm 程度。岩のすき間に根を下ろす。生長はきわめて遅い。【植栽】繁殖はさし木による。【近似種】子房に毛のあるものをケタカネイワヤナギ f. *eriocarpa* (Kimura) T.Shimizu という。【学名】種形容語 *nakamurana* は人名で，中村正雄の，の意味。別和名レンゲイワヤナギは長野県大蓮華岳で発見されたことに因んで名づけられたもの。

834. エゾノタカネヤナギ（マルバヤナギ）

〔ヤナギ属〕

Salix nakamurana Koidz.
subsp. *yezoalpina* (Koidz.) H.Ohashi

【分布】北海道。【自然環境】大雪山，利尻岳の高山帯に自生する落葉小低木。【形態】幹は地に伏し，途中から根を出す。高さ 10cm 以下。樹皮は古くなると縦に裂け目が入る。葉は互生，若葉は両面に白長毛があるがすぐ落ちる。成葉の葉身は革質，円形から広楕円形，円頭，ときに微凹頭，基部は円形または浅心形，縁辺に細低鋸歯があり，長さ 1.5～4.5cm，幅 1～3.5cm，表面は緑色，葉脈にそってへこみ，裏面は粉白色，葉脈は突出し，葉柄は 0.5～1.5cm。托葉はない。冬芽は長楕円形または楕円形，円頭，無毛。雌雄異株。7 月に尾状花序を小枝に頂生。雄花序は長さ 3cm，径 0.8cm，中軸に長軟毛を密生，苞は広楕円形，長さ 0.2cm，黒褐色，両面に長白毛密生。雄しべは 2 個離生，無毛。雌花序は長さ 3cm，径 0.75cm，中軸に長軟毛を密生，苞の色や毛については雄花に同じ。子房は狭卵形，無毛，無柄，花柱細く，柱頭は 2 深裂。果序の長さは 5cm になる。【特性】自生場所はきわめて限られている。【近似種】子房に毛があり裏面に葉脈が著しいものにイヌマルバヤナギ subsp. *yezoalpina* f. *neoreticulata* (Nakai) H.Ohashi がある。ヒダカミネヤナギ subsp. *kurilensis* (Koidz.) H.Ohashi は子房無毛，裏面に葉脈が突出し，日高山脈に産する。【学名】亜種名 *yezoalpina* は北海道の高山の意味。葉が円形なためマルバヤナギの別和名があるが，ほかにも同じ名のヤナギがあってまぎらわしい。

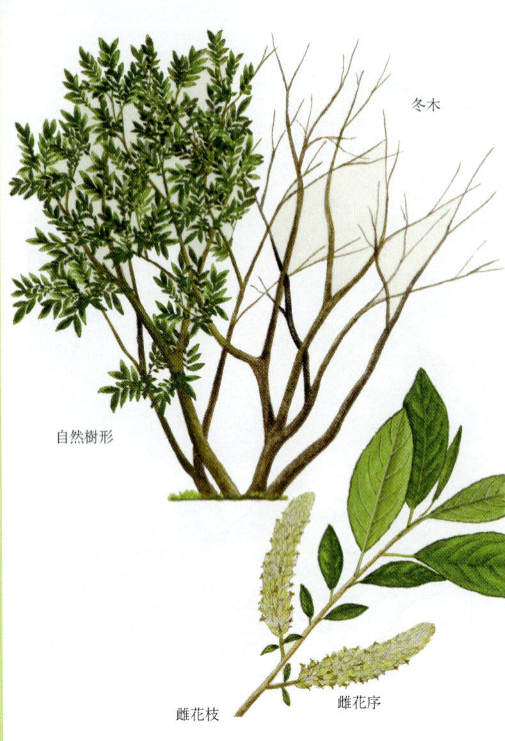

835. ヤマヤナギ 〔ヤナギ属〕

Salix sieboldiana Blume

【分布】本州西部，四国，九州。【自然環境】日あたりのよい丘陵から山地へ広く分布する落葉低木。【形態】樹皮は暗灰色。高さ 3～5m。新枝は初め灰白色の軟毛を密生，のちしだいに無毛。葉は互生，若葉は両面に伏綿毛を密生する。成葉の葉身は長さ 8～14cm，幅 2.5～5cm，披針状長楕円形から楕円形まで変異がある。先端短鋭尖頭，基部鈍形ないし円形。縁辺に波状鋸歯があり，上面は中肋を除き無毛で，光沢があり，裏面は粉白色，無毛。冬芽は褐色で，灰褐色の軟毛を密生する。雌雄異株。3 月，尾状花序は葉とともに現れ，細円柱形。雄花序は長さ 2.5～5cm，径 0.9～1.3cm，斜上し，短い柄に小型の葉 2～5 枚をつける。苞は卵形または楕円形，両面に汚白色の長軟毛を密生。雄しべは 2 本または 1 本。花糸は離生または途中まで癒着，下部に長軟毛がある。雌花序は長さ 3～5cm，径 0.6～0.8cm，苞は雄花に同じ，子房は狭卵形，白色の綿毛を密生，柄は長い。花柱は明らか。柱頭は凹頭から 2 中裂。【特性】九州にはとくに多い。日本で最も南まで分布しているヤナギである。【植栽】ふつうには植えることはないがさし木は容易。【近似種】*S. buergeriana*，*S. harmsiana*，*S. daisenensis* 等がかつて別種として区別されたことがあるが，現在では同じものとされている。【学名】種形容語 *sieboldiana* は人名で，シーボルトの，の意味。

836. ユビソヤナギ 〔ヤナギ属〕

Salix hukaoana Kimura

【分布】群馬県に自生する。【自然環境】湯檜曽川の河川敷とその付近に自生する落葉高木。【形態】高さ 14m に達する。樹皮は灰黒色で，ところどころ縦に裂け目が入る。若枝は緑色で，灰色の短毛があるが，のち無毛。生の皮をむいた部分は黄色くなる。葉は互生。若葉は灰色の綿毛を密生，のちしだいに減少，縁は外曲する。成葉は洋紙質か革質，披針形，鋭尖頭，細鋸歯縁，基部は鋭形または鈍形。葉身の長さ 12～18cm，幅 1.7～2.5cm。表面は緑色で微毛があり，裏面は緑白色で短毛がある。葉柄は長さ 1～1.6cm。花期は 4～5 月，花序は葉より先に現れる。雌雄異株。雄花序は円柱形，長さ 3.5～5cm，径 1.3～1.6cm，柄がなく，苞は倒卵形，円頭，上部黒色，下部黄緑色，両面密に長白毛があり，長さ 0.26cm ぐらい，幅 0.15～0.19cm，雄しべは 2 個，花糸は合体して 1 本となる。雌花序の形および苞については雄花に同じ。子房は無毛，卵形で先は細くなり花柱に移行し，長さ 0.13～0.18cm。柄は無毛，柱頭は淡黄色。果序は 5cm，径 1.5cm ぐらい。【特性】日本特産でしかも限られた狭い地域だけに自生する。黒い樹皮はヤナギの中ではとくに目立つ。【植栽】繁殖はさし木または実生による。ただし採りまき。【学名】種形容語 *hukaoana* は発見者の深尾重光の，の意味。和名ユビソヤナギは産地の群馬県湯檜曽川に因んで名づけられたもの。

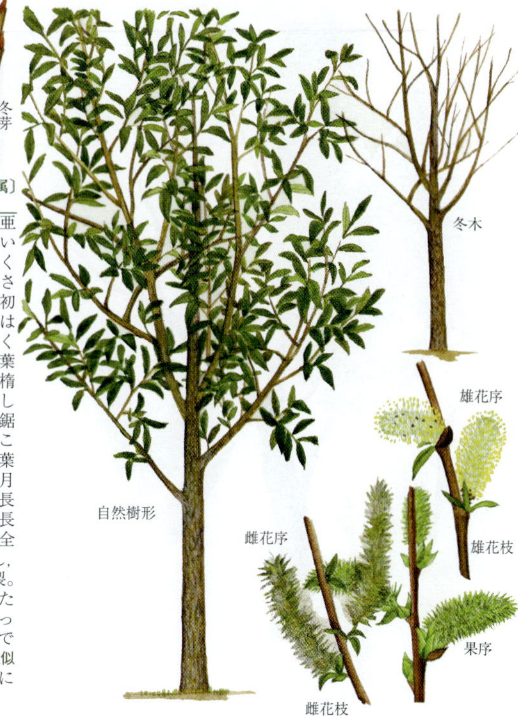

837. バッコヤナギ（ヤマネコヤナギ）〔ヤナギ属〕
Salix caprea L.

【分布】北海道から九州，ユーラシア温帯から亜寒帯。**【自然環境】**日あたりのよい山地丘陵の乾いた所に自生する落葉高木。**【用途】**材は軟らかく木目が出ないので器具材に用いる。**【形態】**高さ10m，径60cmにも達する。樹皮は暗灰色，初め平滑，古くなると縦に割れ目が入る。小枝は灰褐色の光沢があり，太くしなやかで折れにくい。葉は互生，若葉は両面に綿毛があり，成葉の葉身は長さ8～13cm，幅3.5～4cm，革質，楕円形から長楕円形，鋭尖頭。基部は円形ないし鋭形で，縁辺は小さく上下に波曲，不整波状鋸歯ときに全縁，上面深緑色，無毛，葉脈はへこむ。葉の裏面は粉白色，白縮毛が密生する。葉柄1～2cm。托葉は斜腎形。花は3月下旬～5月上旬に葉に先立って咲く。雄花序は楕円形で長さ3～5cm，雌花序は長楕円形でやや曲がり，長さ2～4cm，径1.4～1.7cm，子房は基部卵形，全面に白色の短毛が密生し，長さ0.35cm，柄を有し，長さ0.2～0.3cm，花柱はごく短く，柱頭は2裂。果序は長さ9cmに達し，径2cm。**【特性】**乾いた所にはえるのがふつうであるが，ときには湿った所にもはえる。冬芽は卵形で大きく紅褐色で非常に目立つ。**【植栽】**繁殖はさし木による。**【近似種】**ネコヤナギとの雑種フリソデヤナギはこれに似て雄花序はさらに大きい。

838. エゾマメヤナギ〔ヤナギ属〕
Salix nummularia Andersson

【分布】北海道大雪山。**【自然環境】**高山帯の岩石地にはえる落葉小低木。**【形態】**高さは10～20cm。幹枝は地に伏し根を出す。小枝は初め絹毛がありのち無毛。分枝は多い。葉は互生。若葉は裏に長軟毛があるが，のち無毛。成葉はきわめて小さく，葉身の長さ0.6～1.7cm，幅0.3～1cm，革質で両面に光沢があり，倒卵形から倒卵状楕円形，先は円頭または鈍頭，基部鈍形ないし円形，表面緑色，無毛，裏面淡緑色，中肋に長毛が散生するか無毛。全縁またはわずかに低微鋸歯。葉柄は長さ0.1～0.3cm，冬芽は楕円形，鈍頭。花期は6月下旬から7月上旬，尾状花序が側枝に頂生する。雄花序は球形ないし楕円形，長さ0.4～1cm，径0.3～0.7cm。苞は倒卵形から倒卵状円形，上部紅色，下部淡黄緑色，縁毛がある。雄しべは2個，花糸は無毛，葯は紅色。雌花序は卵状球形，長さ0.3～0.7cm，径0.2～0.45cm，苞は雄花に同じ，子房は無毛，長さ0.18cm。花柱は短く0.05cm。柱頭は2中裂または2裂。**【特性】**一見してヤナギとは見えないほど小さい。大雪山系で黒岳を中心に分布する。氷河期に東シベリアから南下した寒地性植物の遺存種。

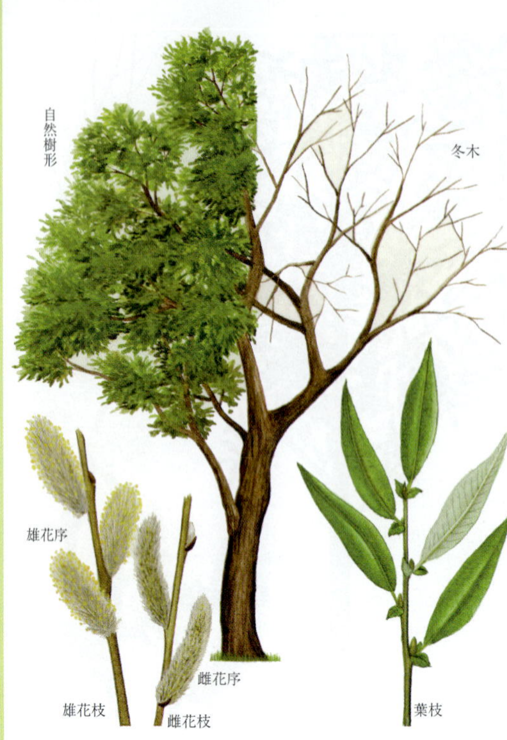

839. エゾヤナギ　〔ヤナギ属〕
Salix rorida Laksch.

【分布】北海道と，本州では上高地に自生している。【自然環境】河原に自生する落葉高木。【用途】護岸。【形態】高さ 15m 以上，直径 1m に達する。小枝は帯褐緑色または紫褐色，無毛，初め白粉を生じ，樹皮をはぐと黄色。葉は互生，若葉は表面に伏毛があるが，すぐ無毛となる。成葉の葉身は長楕円状披針形，長鋭尖頭，基部は鋭形，鈍形ときに円形，表面は深緑色で光沢があり，裏面は粉白色，両面無毛。縁辺に細鋸歯があり，柄の長さ 0.2～0.8cm。托葉は斜卵形で著しい。冬芽は大きく，長さ 1.8cm，径 0.8cm に達し，楕円形で鈍頭，滑らかで薄く白粉がある。雌雄異株。4 月，葉より先に尾状花序を現す。雄花序は無柄に近く，楕円形，長さ 4cm，径 2cm，密花，苞は狭倒卵形，長さ 0.2～0.3cm，両面に密に銀白長毛があり，上部黒色，下部緑色，下部の縁辺に腺がある。雌花序は長さ 3～4cm，径 1～1.5cm，密花，苞の形，毛，腺の色は雄花に同じ。子房は長卵形，無毛，有柄，花柱は細長く，柱頭は 2 裂。果序は長さ 5cm ぐらいになる。【特性】山間の小石の多い所を好んではえる。【植栽】さし木は容易。【近似種】苞の下部縁辺に腺のないものをコエゾヤナギ f. *roridiformis* (Nakai) Kimura ex H.Ohashi といい，長野県上高地に自生がある。【学名】種形容語 *rorida* は露のある，の意味。和名エゾヤナギは北海道にはえることからつけられた名前である。

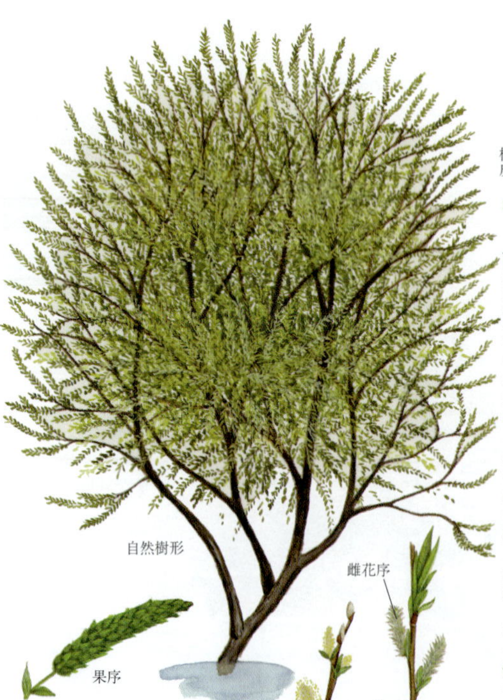

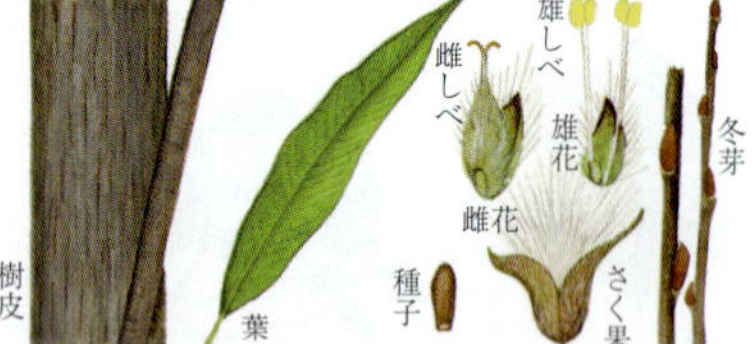

840. オノエヤナギ（ナガバヤナギ，カラフトヤナギ）〔ヤナギ属〕
Salix udensis Trautv. et C.A.Mey.

【分布】北海道，本州，四国。アジア東北部。【自然環境】適応性が強く，亜高山帯から河口まで，川岸や湿地で繁茂する落葉高木。ときに乾燥地にもはえる。【用途】水の滲出する斜面の緑化樹として用いる。枝の石化する株は切花用に栽培する。【形態】高さ 10m に達する。樹皮は縦に裂け目が入る。小枝は褐色。若いうちは軟毛があり，のち無毛となる。葉は互生。若葉の縁は先端部を除き外曲する。裏面には伏短毛があり，脈上に褐色の短毛を密生することがある。成葉の葉身は長さ 10～16cm，幅 1～2cm，革質，披針形から狭披針形，先端は漸尖頭，基部は鋭形ないし鈍形。全縁または波状低鋸歯があり，表面は暗緑色，無毛，光沢がある。裏面は帯白淡緑色，少し短毛がある。葉柄は 1cm ぐらい。托葉は著しい。雌雄異株。花期は分布が広いのでかなり差があり 3 月から 5 月。尾状花序は葉より先に現れ，円柱形。雄花序は長さ 2～4cm，径 1～1.2cm，苞は長楕円形，両面に白長毛があり，雄しべは 2 個。雌花序は長さ 2～4cm，径 0.8cm くらい。苞は雄花に同じ。子房は白色の短毛が密生する。果序は長さ 4cm。種子は多量の白綿毛に包まれて風で散布される。【特性】四国で発見されたときは山の高所で，尾上柳と名づけられたが，実際は渓流に近い所に多い。【植栽】さし木はきわめて容易。【学名】種形容語 *udensis* はウダ川（極東ロシア）産の，の意味。

841. エゾノキヌヤナギ (ウラジロヤナギ)〔ヤナギ属〕

Salix schwerinii E.L.Wolf

【分布】北海道，本州北部。サハリン，南千島。【自然環境】水辺を好んではえる落葉高木。【形態】高さ13m，直径30cmに達する。樹皮は暗灰色または暗褐色，縦に割れ目が入る。小枝は灰褐色，斜上し，初め灰色の密毛があり，のち脱落。葉は互生，若葉の表面に白綿毛，裏面に密生した絹毛があり，先端を除いて外曲する。成葉の葉身は長さ10～20cm，幅1.2～2cm，披針形，長鋭尖頭。基部はくさび形，全縁，表面は無毛，裏面には銀白色の絹毛が多い。冬芽は長楕円形，灰色の密毛がある。雌雄異株。花期は4～5月，尾状花序は葉より先に現れ，無柄。雄花序は卵形から長楕円形，長さ2～3.5cm，幅1～1.5cm，苞は狭長楕円形，上部黒褐色，両面に白色長軟毛がある。花糸は無毛，離生。雌花序は長さ3.5cm，幅0.7～0.9cm，苞は雄花に同じ。子房は卵形で，白色短毛が密生する。果序は10cm。【特性】キヌヤナギに似るが，キヌヤナギは栽培種で北の地方には少なく，雄株は知られていない。【植栽】さし木はきわめて容易。【近似種】キヌヤナギとは以下の点で区別できる。エゾノキヌヤナギはキヌヤナギより小枝がより細く，小枝の毛が密でない。また，冬芽が小さく，密生しない。成葉裏面の銀白毛の光沢が弱い。

842. キヌヤナギ 〔ヤナギ属〕

Salix kinuyanagi Kimura

【原産地】朝鮮半島からの渡来種といわれる。【分布】本州宮城県以南，四国，九州で栽培される。【自然環境】土地を選ばず植栽される落葉小高木。ときに水辺に野生化を見る。【用途】早春の花序を切花として観賞する。【形態】高さ5～6mぐらいになり，よく分枝する。樹皮は黒灰色で，古株では縦に割れ目が入る。小枝は長くて太く，もろい。灰色の軟毛を密生する。葉は互生。若葉は先端を除き縁辺が外曲する。成葉の葉身は長さ10～20cm，幅1～2cm，狭披針形，基部は鋭形または鈍形，枝先に密につく。表面は深緑色，無毛，裏面は銀白色の伏毛密生。托葉は斜披針形，長鋭尖頭。雌雄異株であるが雄株だけしか知られていない。雄花序は，早春，葉に先がけて現れ，楕円形で小枝に密につき，無柄。長さ2.5～3.5cm，径1.5～2cm。苞は披針状楕円形，鋭頭，長軟毛が密生し，上部は黒色。雄しべは2本離生。【特性】枝はきわめて折れやすい。生長は水辺でなくても早い。【植栽】さし木はきわめて容易。【管理】強健で，手間がかからない。【近似種】エゾノキヌヤナギの項を参照。【学名】種形容語 *kinuyanagi* は和名そのままを用いたもの。

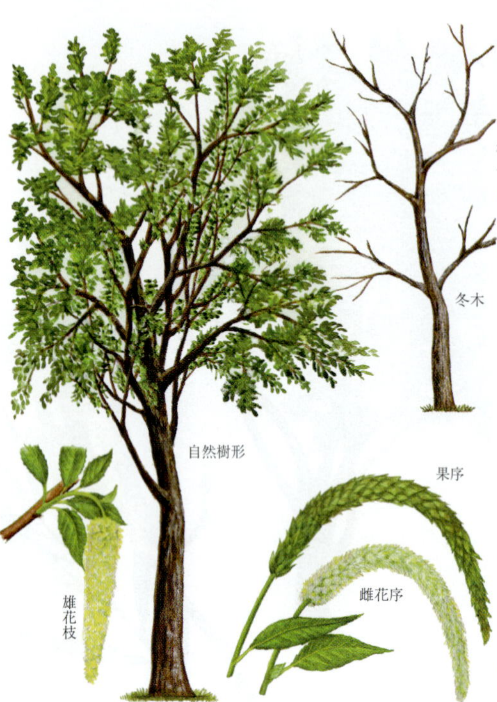

843. オオバヤナギ　〔ヤナギ属〕

Salix cardiophylla Trautv. et C.A.Mey. var. *urbaniana* (Seemen) Kudô

【分布】北海道，本州中部以北。南千島。【自然環境】砂礫の多い河畔に自生する落葉高木。【用途】箱，マッチの軸木など。【形態】幹は直立，高さ 15m，直径 60cm に達し，樹皮は灰褐色で縦に裂け目が入る。小枝はほとんど無毛。成長した 1 年枝は赤褐色で光沢がある。葉は互生。若葉は裏面に軟毛密生。成葉は有柄，楕円形ないし長楕円状披針形，葉身の長さ 10～20cm，幅 3～6cm でヤナギの仲間としては大きいのでこの和名がある。鋭尖頭，基部は鈍形または鋭形，細かい鋸歯がある。表面緑色，裏面粉白色，両面無毛。托葉は明らか。雌雄異株。花序は葉とともに現れ，短枝に頂生して下垂し，円柱形，軸に短毛がある。雄花序は長さ 3～8cm，径 1～1.3cm，苞は淡緑色，縁に密毛がある。雄しべは 5～10 個で不等長。雌花序は長さ 5～10cm，径 0.8cm，苞は縁に疎毛があり，花後落ちる。子房は全体または上半部に灰白毛が密生。花柱 2 本，柱頭は 2 個。果序は下垂し，長さ 10～14cm。【特性】花は虫媒で蜜腺がある。冬芽の鱗片が枝側で重なることや，雄しべが多いこと，花序が下垂することが特徴。【近似種】トカチヤナギ var. *cardiophylla* は子房に毛がない。【学名】変種名 *urbaniana* は人名で，アーバンの，の意味。

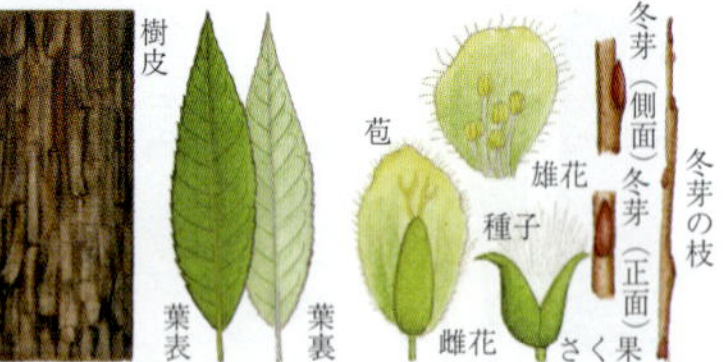

844. ケショウヤナギ　〔ヤナギ属〕

Salix arbutifolia Pall.

【分布】北海道（日高，十勝），本州（長野県梓川）に隔離分布。アジア東北部。【自然環境】砂礫の多い河川の岸にはえる落葉高木。【用途】分布の限られた種で，保護すべきものであり，自然景観の中での美しさを観賞する。【形態】ヤナギ科の中でも大木になるものの 1 つで高さ 25m，直径 1m にも達する。樹皮は，若枝では無毛，平滑，緑色であるが，しだいに亀裂が入り，灰褐色となり，縦に裂け目が入る。芽鱗は 1 枚で，枝側で重なる。葉は互生，有柄。成葉は厚みがあり，倒披針形または長楕円状披針形，鋭頭または鋭尖頭，基部は鋭形，葉身の長さ 4～7.5cm，幅 0.9～2cm，表面緑色，裏面粉白色，托葉はない。雌雄異株。花期は，上高地では 5 月中旬。花序は葉とともに出て下垂。雄花序は長さ 2.7～5cm，径 0.5～0.6cm，苞の上部は紅色を帯び，下部は淡黄色，雄しべは 5 個。雌花序は長さ 2～4cm，径 0.35～0.4cm，苞は淡黄緑色で早落性，子房は細長い卵状円錐形で無毛。花柱は 2，柱頭は 2 深裂。風媒。果序は花が終わると斜上し，長さ 4.5～5cm。【特性】自生は必ず砂礫地であるが，壌土に植えても育つ。【植栽】さし木は難しいが可能。【学名】種形容語 *arbutifolia* はツツジ科の *Arbutus* 属の葉のような，の意味。枝や葉がロウ質でおおわれるため，白く美しいので，ケショウヤナギの和名がつけられた。

845. クロヤマナラシ

（セイヨウヤマナラシ，ヨーロッパクロヤマナラシ）

〔ヤマナラシ属〕

Populus nigra L.

【原産地】ヨーロッパ，西アジア原産。【分布】明治初年渡来し，日本の各地に栽培される。【自然環境】日あたりのよい平地を好む落葉高木。【用途】箱材とするほか，公園，学校などの植栽木に適する。【形態】幹は直立，高さ30m，直径1mに達し，樹皮は灰色，縦に深い裂け目が入り，無数の小萌芽枝がある。枝は横か斜めに出る。1年枝は橙色，2年枝以後は灰色。冬芽は帯赤色で細長く，粘質でおおわれ無毛，頂部は湾曲する。葉は互生，長柄があり，葉身は長さ4～8cm，幅3～8cm，広三角形か菱卵形，長鋭尖頭，基部くさび形か心臓形，細かい鈍鋸歯があり，成葉は全体無毛。雌雄異株，日本には雄株が多く，雌株はまれといわれる。花は葉に先立って現れる。果序は5～6月に熟し，綿に包まれた種子は風にのって飛ぶ。【特性】生育はきわめて早いが，早く老化する。【植栽】さし木は容易。【管理】せん定に耐え，萌芽力は強いが，風には弱い。大きなものは移植困難。【近似種】日本で見られるのは本種より変種のセイヨウハコヤナギのほうが多い。【学名】種形容語 *nigra* は黒い，の意味。幹の中心に黒色のものがあること，または皮が黒いことによる。

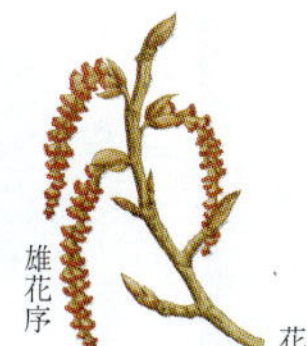

846. セイヨウハコヤナギ（イタリヤヤマナラシ）

〔ヤマナラシ属〕

Populus nigra L. var. *italica* (Duroi) Koehne

【原産地】確定されておらず，ヨーロッパ説と西アジア説とがある。【分布】日本各地で植栽される。【自然環境】日あたりがよければ土地を選ばず生育する落葉高木。【用途】箱材，公園，工場，学校など土質不良地の植栽木として適する。【形態】幹は直立し，高さ40m，直径1mにも達する。樹皮は若いうちは灰色，平滑，肥大すると縦に裂け目が入る。幹には眠芽が多く凹凸がある。枝はほとんど直立し，帯状で幹にそうように茂る。葉は互生，菱卵形で，先は短鋭尖頭，基部は切形またはくさび形，葉縁に細かい鋸歯がある。葉柄は長く4～5cm，縦に扁平，表面濃緑色で光沢があり，裏面淡緑色，両面無毛。冬芽は無毛，粘質をかぶり，帯赤色。雌雄異株。春に葉に先がけて尾状花序を垂らす。日本には雌株は輸入されていないといわれる。【特性】生長きわめて早く，土質を選ばず，やせ地でもよく育つ。【植栽】さし木は容易。【管理】萌芽力強い。風には弱い。大きくなったものは移植が困難。【近似種】クロヤマナラシはその項参照。ほかに人工育種されたものが多い。【学名】変種名 *italica* はイタリアの意味であるが，イタリア原産ではなく，ロンバルジア地方でさかんに栽培されていたことによる。生長がずば抜けて早いイタリアポプラとは別もの。

847. ヤマナラシ (ハコヤナギ) 〔ヤマナラシ属〕
Populus tremula L. var. *sieboldii* (Miq.) Kudô

【分布】北海道, 本州, 四国, 九州。【自然環境】日あたりのよい山地に自生する落葉高木。【用途】マッチの軸木, パルプ材。【形態】幹は直立し, 高さ25m, 直径 80cm にもなる。樹皮は暗灰色, 若いうちは平滑, 老木になると縦に割れ目が入る。枝は太く, 若いときは灰白色の軟毛密生, のち無毛。皮目は楕円形または円形。葉は互生, 若葉の表面は主脈を除き無毛, 裏面は灰白色の軟毛密生。成葉の葉身は長さ 5～10cm, 幅 4～7cm, 表面濃緑色, 下面淡緑色, 両面無毛, 形は広卵形, 卵形または扁円形, 急鋭頭, 基部は円形から鈍形, 縁には腺に終わる細鋸歯がある。葉柄は長さ 4～6.5cm, 縦に平たいため風にゆられやすく, そのふれあう音から和名が起こった。雌雄異株。葉に先立って尾状花序を垂らす。風媒。雄花序は長さ5～13cm, 径 1.2cm, 中軸に短毛密生, 苞は褐色, 雄しべは 10～16 個, 雌花序は長さ 6～10cm, 苞は褐色, 子房は緑色で卵形, 短毛があり, 花柱はごく短く, 柱頭 2 回 2 裂。果序は 15cm に達する。【特性】山火事跡に純林をつくる。生長は早い。【植栽】さし木は不能。種子をまくか, 根先からはえる幼木を移植する。【管理】せん定は不可。暖地では病害虫が多い。【近似種】チョウセンヤマナラシ var. *davidiana* (Dode) C.K.Schneid. は北海道に産し葉は早くから無毛。【学名】変種名 *sieboldii* は人名で, シーボルトの, の意味。

848. ギンドロ (ウラジロハコヤナギ, ハクヨウ)
〔ヤマナラシ属〕
Populus alba L.

【原産地】ヨーロッパ中南部, 西北アジア。【分布】日本ではまれに植栽されている。【自然環境】日あたりのよい所を好む落葉高木。【用途】庭, 公園, 生垣に植栽。【形態】幹は直立, 高さ 25m, 直径50cm にも達するが, ふだん見かけるものは, これよりはるかに小さい。樹皮は新枝では緑褐色, 白色の毛で一面におおわれ, しだいに灰色, 無毛となり, 平滑, 大木になると不規則な割れ目が縦に入り, 根もとのほうは暗色で凹凸が多い。樹冠は広がり, 枝は乱雑に茂る。冬芽は濃褐色, 軟毛があり, 5～6 枚の鱗片でおおわれる。花芽は短枝につく。葉は互生, 広卵形か円形, 若木では 3～5 浅裂, 先は鋭頭または鈍頭, 基部は円脚または浅心脚で, 縁は深い波状の欠刻鋸歯がある。表面は暗緑色, 初め有毛のちに無毛となる。下面は著しい銀白毛が密生し, 和名の起原となる。葉身の長さ 4～7cm, 幼枝では 15cm, 幅 12cm にも達する。雌雄異株。葉に先がけて尾状花序を垂らす。風媒花。【特性】寒地に適し, 土質を選ばない。生長はきわめて早い。【植栽】さし木は容易, 根からも発芽する。【管理】浅根性で大風に弱いので支柱が必要。せん定は強度に行わないと見苦しくなる。【学名】種形容語 *alba* は白い, の意味。葉の裏にちなむ。別和名のギンドロは葉の裏が銀色のドロヤナギの意味である。

849. ドロノキ（ドロヤナギ，デロ）〔ヤマナラシ属〕
Populus suaveolens Fisch.

【分布】北海道，本州の北近畿以北。アジア東北部。【自然環境】日あたりのよい山地の流れに近い所に好んではえる落葉高木。【用途】パルプ材，マッチの軸木。【形態】幹は直立し，高さ30m，直径1mに達する。幼木の樹皮は帯緑白色，平滑で，成木になると暗灰色，縦に裂け目が入る。枝は開出し太く，新枝に軟毛が多く灰褐緑色を呈し，皮目は著しい。冬芽には鱗片が多く，樹脂を分泌する。葉は互生。若葉の表面脈上と，裏面全体に短毛が密生。成葉は革質，卵形，楕円形，広卵形など変異が大きい。先端は微突端，基部は心臓形または鈍形，細鈍鋸歯がある。葉柄は若木では短く，老木では長い。表面濃緑色，裏面やや白色で脈上に毛があり，葉身の長さ6〜15cm，幅3〜7cm。托葉は線形ですぐ落ちる。雌雄異株。帯紅色の尾状花序は葉に先がけて現れ下垂する。雄花序は長さ6〜9cm，雄しべは30〜40本。雌花序は7〜9cm。子房は卵円形，長さ0.25cm，柱頭は2。果序は14cmにものび，さく果は晩夏に成熟し4裂して白綿毛に包まれた種子を吐き出す。【特性】生長がきわめて早い。【植栽】繁殖は実生，さし木による。【管理】せん定に耐え，萌芽力があるが移植に弱い。【学名】和名ドロヤナギはこの木の材がもろく，泥のようだということからの名づけ。

850. クスドイゲ〔クスドイゲ属〕
Xylosma congestum (Lour.) Merr.

【分布】近畿南部以西の本州，九州，沖縄，台湾，中国。【自然環境】主として暖地の海岸または沿海の山地に自生している常緑低木〜小高木。【用途】ときに庭園，植物園などに植えられている。とげがあるので生垣とする。材は櫛，小細工物，柄などに用いる。【形態】幹は直立，または株立ち状で通常高さ3〜5m。胸高直径10〜15cm，樹皮は暗褐灰色で，小枝は赤褐色でときにとげ状となる。葉は互生し短柄があり，葉身は卵形または長楕円形で鋭尖頭，長さ3〜8cm，幅3〜4cm，縁には鋸歯がある。雌雄異株で花は8〜9月頃，黄白色で径約0.25cm，腋生し，総状花序に密につく。雄花は多数の雄しべがあり，がく片の約倍長，雌花には1個の雌しべがある。液果は球形で0.5cm，10〜11月頃に黒く熟す。種子は1果に2〜3個があり，卵形で褐色，黒色の条線がある。【特性】陽樹で向陽地に生ずる。適潤地を好むが乾燥地にも耐える。沿海の林地に多い。【植栽】繁殖は実生による。【近似種】ナガバクスドイゲ *X. longifolium* は中国産で，葉が長楕円形で長さ8〜11cm，葉柄は0.9〜1cmと長い。【学名】種形容語 *congestum* は集積の，いっぱいになった，の意味。和名クスドイゲのイゲはとげの意味。クスドの意味は不明。

851. セイロン・グーズベリー

〔セイロンスグリ属〕

Dovyalis hebecarpa (G.Gardner) Warb.

【原産地】スリランカ，インド。**【分布】**スリランカ，インド，フィリピン，台湾，米国南部。**【自然環境】**亜熱帯気候を好む常緑小高木。**【用途】**果実を食するほか，ジャム，ゼリー，缶詰に加工する。**【形態】**高さ 5～6m になり，枝を多く出す。長く鋭いとげがあり，垂れ下がる。葉は披針形または卵形，鋭尖，全縁または鋸歯縁。雌雄異株。花は小形で緑色，雌花は腋生，雄花は散形状に 15～16 個群生する。果実は球形，直径 2.5～3cm。果皮は濃褐紫色のビロード状毛茸でおおわれている。多汁で，酸味の強いものから甘いものまで種々ある。中に小形の種子 5～6 個を蔵す。**【特性】**耐寒性は小さく－6℃で大害を受ける。酷暑を嫌う。スリランカでは標高 1000m 以下の所は不適とされている。**【植栽】**繁殖は主として実生によるが，取り木，芽接ぎも行われている。土質は排水のよい砂質壌土がよいが，あまり土地を選ばない。植付け距離は 4m × 4m（10a あたり約 60 本）。生垣支立てとする所もある。雌雄異株なので，雌株 12～13 本に雄株 1 本の割に混植する。**【近似種】**近縁種としてケイアップル *D. caffra* がある。南アフリカ原産の小果樹で地中海沿岸，米国南部，西インド諸島に分布。用途は本種に同じ。**【学名】**属名 *Dovyalis* の意味は不詳，種形容語 *hebecarpa* は果実に毛茸があるという意味。

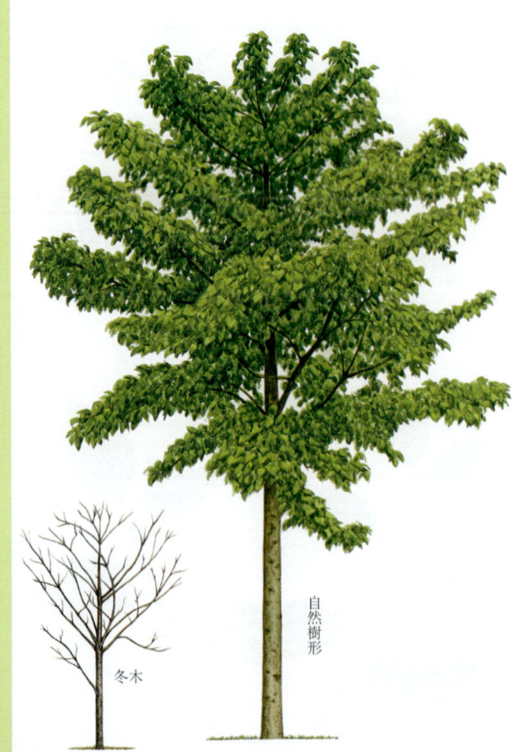

852. イイギリ

〔イイギリ属〕

Idesia polycarpa Maxim.

【分布】本州，四国，九州，沖縄。**【自然環境】**暖地のやや湿気ある肥沃地に自生している落葉高木。**【用途】**庭園，公園，学校の植込みに植栽し実を賞す。材は器具材，下駄材，薪炭材などに用いる。**【形態】**幹は直立，分枝し，高さ 10～15m，幹直径 40～50，樹皮は灰白色で皮目が目立つ。枝条は輪状に出る。枝は灰褐色で無毛，葉は互生，葉柄は長く蜜腺が 2 個ある。葉身は卵円形で鋭尖，長さ 10～20cm，縁には粗鋸歯がある。上面は濃緑色，下面は粉白色，秋に黄葉する。冬芽は赤褐色で大形。雌雄異株。花は 4～5 月，長さ 20～30cm の円錐花序を頂生下垂し，多数の帯緑黄色の小花を開く。雄花は径 1.3～1.6cm，雌花は径 0.8cm，花弁を欠き，花被は 4～6 片である。果実は球形で紅色，径 0.8～1.2cm で長梗に多数ついて下垂する。種子は 1 果に平均 80 個入っている。楕円体で灰白色，長さ 0.2cm。**【特性】**陽樹で適湿地を好む。西日を嫌う。生長は早い。せん定は好まない。移植は容易である。実を賞するには雌木を植える。**【植栽】**繁殖は実生，接木による。実生は水洗生干しし，乾燥させないように 5℃以下で埋蔵し，春にまく。接木は 2 月採穂し 3 月に共台に行う。**【管理】**自然に整うので手入れの必要はない。長すぎる枝は，枝の分かれめから切り返す。病気にはサビ病がある。**【近似種】**シロミイイギリ f. *albobaccata* (Ito) H.Hara は果実が白く熟するもの。**【学名】**種形容語 *polycarpa* は果実の多い，の意味。

853. テリハボク（ヤラボ，タマナ）〔テリハボク属〕
Calophyllum inophyllum L.

【分布】小笠原諸島，沖縄，台湾，マダガスカル，インド，マレーシア，太平洋諸島，オーストラリア。【自然環境】熱帯地方の沿海地などにはえる常緑高木。【用途】円錐形または卵形の樹形と革質の葉を観賞するために庭に植栽。また，防潮，防風の目的でよく植える。木目が美しく，家具，建築用材とする。ポリネシア民族では神聖な木とされ，寺院に植えられる。種子からとる油は発疹性皮膚病の薬となり，樹皮の煎じ汁は駆虫薬となる。【形態】樹高 20m，直径 1m ぐらいになる。樹皮は厚く，灰色または暗褐色でふぞろいな凹凸の縦の溝がある。葉は対生し，堅い革質で厚みがあり，長さ 2～3cm の太い葉柄をもつ。葉身は 8～18cm あり，表面は深緑色で細い多数の平行脈がある。6～8 月，葉腋より花序を出し，白色 4 弁の径 1.8～2cm の花を開く。花には芳香がある。雄しべは束生する。果実は球形で直径 3～4cm あり，黄みがかかった褐色に熟す。【特性】有用植物であるが魚類に有毒である。【植栽】繁殖は実生による。陽樹であるが半日陰ぐらいなら育つ。移植はできるが大木になると 1 年前から根回しが必要である。【学名】属名 *Calophyllum* はギリシャ語で美しい葉の意味。種形容語 *inophyllum* は脈の顕著な葉という意味。

854. フクギ　〔フクギ属〕
Garcinia subelliptica Merr.

【分布】沖縄，台湾，フィリピン。【自然環境】沿海地にはえる常緑高木。【用途】防風，防潮のほか，庭園樹，街路樹ともされる。材は建築材に使われる。樹皮の黄色色素は染料に用いられる。【形態】高さ 18m，直径 1m ぐらいになる。樹形は円錐形となり老木でも整形を保つ。幼時は生長が遅いが壮木になってからは早い。若枝は緑色で太く，四角形で稜があり，短毛がはえている。葉は対生し，厚い革質で光沢があり深緑色で，長さ 7～12cm ほどの長楕円形である。雌雄異株。5～6 月，枝の上の各節に束生して黄白色の花を多数開く。花柄は短く，花の径は 1.5cm 内外である。果実は球形で，黄色く熟し，中に 3～4 個の種子が入っている。【特性】材は白くて堅く，虫害のおそれがないので，縁板やけたなどの建築材として使われる。陽樹で，耐潮および耐風性が強く，火にも強い。【植栽】繁殖は実生による。【管理】あまりせん定をせず，放任しても形は整う。深根性であるために移植は比較的難しく，大木では根回しが必要である。病害虫はほとんどない。肥料は油かす，化成肥料などを施せばよい。【学名】属名 *Garcinia* はフランスの植物学者ローラン・ガルセンにちなんだもの。

855. マンゴスチン　〔フクギ属〕

Garcinia mangostana L.

【原産地】マレー半島およびスンダ列島。**【自然環境】**高温多湿を好む常緑小高木。**【用途】**果実を生食したり砂糖で煮てプレザーブにする。果皮は下痢止めなどの民間薬とする。**【形態】**高さ 6～10m。樹冠は円錐状に広がり全体がフクギに似ている。葉は長さ 15～25cm，幅 6～10cm の長楕円形で，先がとがり全縁の厚い革質で，表面は濃緑色で光沢があり，裏面は緑黄色で，葉柄は長さ約 1.5cm と短く，基部はさや状になって芽を包み対生する。花は雌雄異株または雑性花で，雄花は 3～9 個固まって頂生し，雌花は葉腋より 1 花，枝先より 1～2 花をつけ直径約 5cm，花弁は 4 枚，広卵形で黄橙色に外側が赤みを帯び，厚く落ちやすい。がくは 4 枚で厚く丸く内側にへこみ，果実に最後まで残り，外面は緑色で，内面は赤みを帯びる。果実は直径 4～7cm のカキに似た扁球状で初め緑色，熟すと暗赤紫色になる。果肉は厚く 1cm 内外で赤くタンニンを含み，渋くて食べられない。また黄色色素のマンゴスチンを含み，手や衣服に接すると着色する。種衣は白く多汁で香りよく美味である。種子は長さ約 1.5cm の卵形で，1 果中の完全な種子は 0 から多くて 3 個ときわめて少ない。**【特性】**高温多湿で温度変化が少なく，砂質壌土で耕土が深く肥沃であり，土壌水分が豊富でしかも停滞しない状態がよい。また果実はきわめて風害に弱いなどと栽培適地を極端に選ぶ。**【植栽】**繁殖は実生がふつうだが，根張りが悪いので同属他種を台木にした接木による。**【学名】**種形容語 *mangostana* は現地名に由来する。

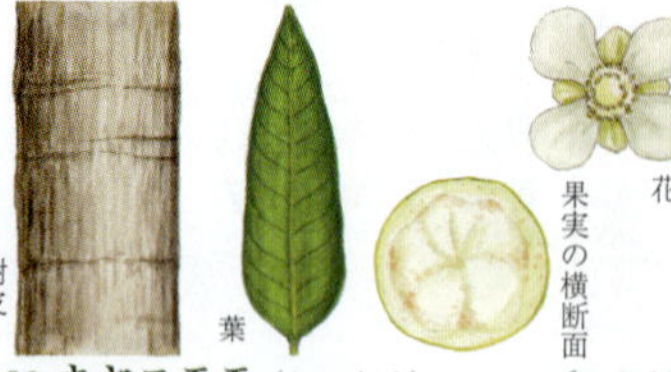

856. キヤニモモ（タマゴノキ）　〔フクギ属〕

Garcinia xanthochymus Hook.f. ex T.Anderson

【原産地】インド，ビルマ，タイ，マレー半島。**【自然環境】**高温多湿な熱帯気候下に生育する常緑小高木。**【用途】**果実を生食や料理用とするほか，ジャムやシャーベット，砂糖漬などに加工する。幹などから出る白い樹液は黄色の染料となるほか，樹皮もまた鮮黄色の染料となる。そのほか，マンゴスチンの台木にされる。**【形態】**高さ 7～10m。枝には縦の溝があり，樹冠は横に広がり円錐状となる。葉はインドゴムに似て長さ 25～40cm，幅 5～8cm と大きく，先端に向かって狭くなり，葉先はとがり，革質，全縁。表面は暗緑色で光沢があり，裏面は鮮緑色に褐色の小斑点があり，葉柄は約 2cm で赤みを帯び対生する。雌雄異株で，雌花は葉腋より生ずる長さ 0.6cm ぐらいの短い花梗上より分岐する長さ 3～4cm の小花梗上に 1～数個をつけ，花弁は緑白色で 4 枚ある。果実は長さ約 4.5cm，直径約 4cm の卵形または円錐形で，先端がとがり少し湾曲する。果皮は平滑で光沢があり，淡緑色で熟すと鮮黄色になる。果肉は黄色で多汁，爽快な強い酸味と多少甘味がある。種子は大きい。花は年中開花結実し，開花より成熟するまでに約 5ヵ月を要する。おもな果期は 12～1 月である。**【植栽】**繁殖は実生による。樹勢強健であるのでどのような土地でもよく育つ。

857. キンシバイ　〔オトギリソウ属〕
Hypericum patulum Thunb.

【原産地】中国。**【自然環境】**庭園に植えられる半常緑の小低木であるが，南面の石垣の間やがけなどに野生化していることもある。**【用途】**庭園や公園，寺院境内などに花木として栽培されている。切花用。**【形態】**枝は褐色で多く枝分かれして茂り，垂れ下がる。高さは1m ぐらいになる。葉は対生し，葉柄はなく，卵状長楕円形で長さ 2cm ほど。縁に鋸歯はなく裏面に油点がある。6〜7 月，枝先に集散花序をつけ，黄色丸弁の花を開く。花径は 4cm ぐらいある。雄しべは多数で 5 つの束となり，花弁より短い。子房には 5 本の花柱がある。さく果は卵形で，秋に褐色に熟し，5 個に裂開する。**【特性】**日あたりがよく，水はけのよい所なら土質を選ばずよく育つ。**【植栽】**繁殖は実生，さし木，株分けによる。実生は 3〜4 月にまく。さし木は前年枝を 3 月頃，新枝を 7 月頃さす。株分けが最も容易で広く行われている。**【管理】**半日陰地でも育つが，日あたりのよい所のほうが花つきがよい。萌芽力はあるがあまりせん定しないほうがよい。移植は簡単で，春秋の彼岸頃に行うとよい。肥料は寒肥として化学肥料などを施す。病虫害はほとんどない。**【学名】**種形容語 *patulum* はやや開出した，という意味。

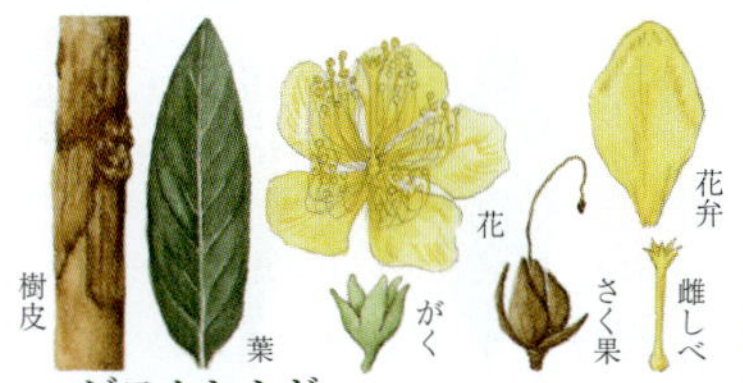

858. ビヨウヤナギ　〔オトギリソウ属〕
Hypericum monogynum L.

【原産地】中国。**【自然環境】**各地の庭園に植えられている半常緑の小低木。**【用途】**花木として庭園などに栽培されている。切花としても使われ，鉢植えにもされる。**【形態】**茎は多く枝分かれし，株立ち状となって高さ 50〜150cm ほどになる。葉は対生し，葉柄はなく，長楕円状披針形で長さ 4〜8cm, 幅 1〜2cm ほどである。葉質は薄く，全縁で，透かしてみると細かい油点がある。6〜7 月，枝の先に集散花序を出し，黄色で 5 弁の花をつける。花は直径 4〜6cm ほどある。雄しべは黄色で多数あり，基部は 5 つの束になっていて花弁より少し長い。花柱は先が 5 裂する。さく果は円錐形で長さ 0.7cm ほどあり，がくが宿存する。9 月頃，褐色に熟し 5 裂する。**【特性】**適潤またはやや湿気のあるところを好み，乾燥地は嫌う。**【植栽】**繁殖は実生，さし木，株分けによる。さし木は前年枝を 3 月頃，新枝を梅雨の頃さす。活着率はよい。実生と株分けは 3 月頃に行う。萌芽力はあるがあまり強くせん定しないほうが形が整う。樹勢は強いので，寒中，暑中を除けばいつでも移植は可能である。病虫害はほとんどないが，ときにカイガラムシがつくことがある。肥料は寒肥として化成肥料などを施せばよい。**【学名】**種形容語 *monogynum* は 1 雌蕊の，の意味。

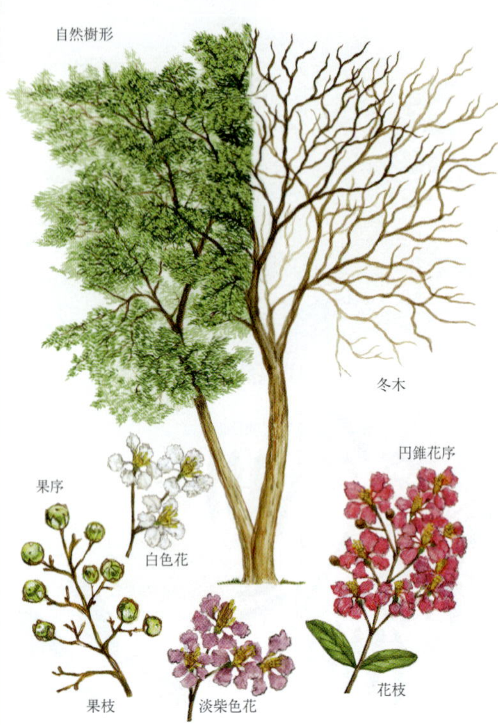

859. サルスベリ（ヒャクジツコウ）〔サルスベリ属〕
Lagerstroemia indica L.

【原産地】中国南部。【分布】北海道南部，本州，四国，九州。【自然環境】おもに温暖地に植栽されている落葉高木。【用途】庭園樹，公園樹。花木。盆栽にもする。【形態】幹は多く屈曲，傾斜する。高さ3～7m，径30cm，樹皮は赤褐色で滑らか，枝条は粗生，伸長力は強い。小枝は方茎で狭く4稜翼がある。葉は対生またはやや対生，あるいは互生，ほとんど無柄で，葉身は卵形または楕円形で鈍頭，円頭で長さ4～10cm，幅2～5cm，縁は全縁でやや革質。花は7～9月，当年枝の先端に長さ10～25cmの円錐花序を直立し，紅色または白色，淡紫色の花を開く。がくは球形，径12cm，6裂，花弁は5枚でまれに6～9片，著しくちぢれたしわがあり長い花爪を有する。果実は10月成熟，楕円体かほぼ球形で径1～1.5cm，中に多数の小粒の種子がある。【特性】陽樹で生長は早い。向陽の地を好む。萌芽力強くせん定に耐える。発芽はきわめて遅い。秋に黄葉する。強健であり，大気汚染にも強い。移植もやや容易である。【植栽】繁殖は実生，さし木，取り木による。【管理】整枝は3月上～中旬がよく，太枝を短く切りつめ，新梢を出させると花房が大きくなる。施肥は1～2月頃，寒肥として堆肥，落葉，鶏ふん，油かすなど。病気には春から夏のウドンコ病，害虫にはカイガラムシがある。【近似種】シマサルスベリは屋久島などにも自生。樹高は10mにもなる。花穂の分枝はサルスベリより多い。

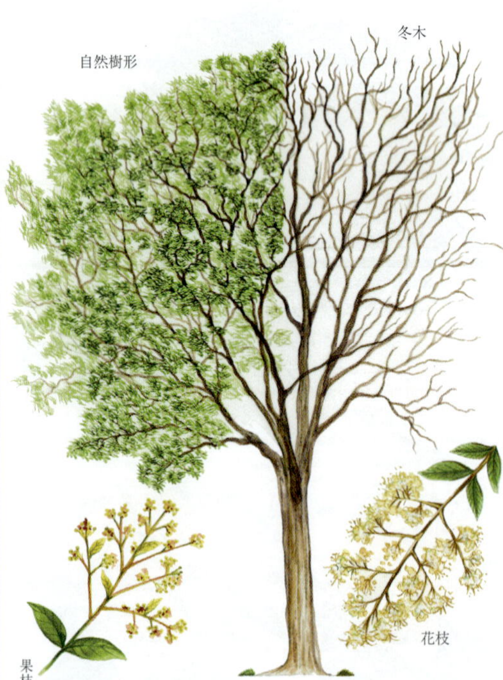

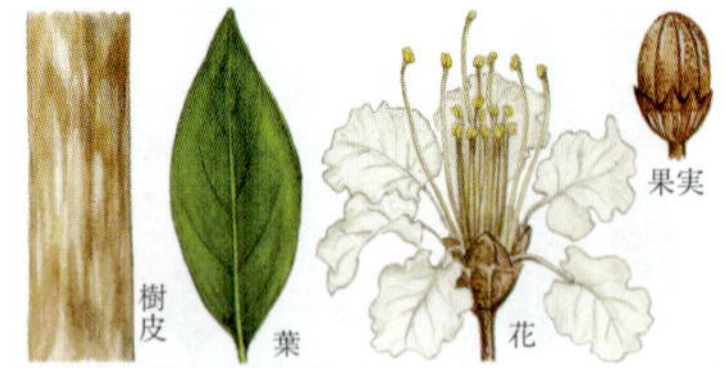

860. シマサルスベリ（アカブラ，タイワンサルスベリ）〔サルスベリ属〕
Lagerstroemia subcostata Koehne

【分布】屋久島，種子島以南の奄美大島，沖縄，台湾，中国の暖帯での自生や，関東以南の各地に植栽が見られる。【自然環境】山地の向陽地や日陰地に生育する落葉高木。【用途】公園樹，街路樹，庭園樹などの造園樹木。材は建築用床柱，農具の柄，ろくろ細工，薪炭材に。葉は染料。中国で花や葉は薬用，食用に利用する。【形態】幹はよく分枝するが直立性。樹皮は赤褐色でやや大きめの薄片となってはげ落ち，淡紅白色，淡褐色の斑紋を現す。枝は灰褐色で丸く，幼枝時は4縦条があり，短毛を有する。葉は対生，0.2～0.3cmの短柄があり，長さ3～8cm，幅2～3cmの卵形，楕円形または倒卵形で，鋭頭または短鋭頭を示す。上面は無毛，下面は脈腋に白色の開出毛がある。花は本年枝の先に毛のある円錐花序をつけ，開花は7～8月，白色の小形花を多数つける。花弁は6，長さ5～6cm，雄しべは多数で，うち6本はとくに長い。果実は秋に成熟，0.8～1cm。【特性】陽樹。腐植質に富んだ砂質壌土を好む。生長は遅く，耐煙・耐潮性は強い。【植栽】繁殖は実生，さし木，取り木による。【管理】病害虫はウドンコ病，スス病，フクロカイガラムシなどに注意する。【近似種】中国南部原産のサルスベリはシマサルスベリよりも庭木として利用度が高い。【学名】種形容語 *subcostata* はやや肋脈のある，の意味。

861. キバナミソハギ 〔キバナミソハギ属〕

Heimia myrtifolia Cham. et Schltdl.

【原産地】ブラジル。日本には明治時代に渡来。【分布】関東以南。【自然環境】暖地に適し，ときに観賞用として栽培される落葉小低木。【用途】庭園樹。鉢植えなどの観賞に用いる。【形態】茎は直立し，高さ1m内外。枝はよく分枝し細い。葉は対生あるいは互生し，ほとんど無柄，葉身は披針形で先端は鋭くとがり，基部は鋭脚，縁は全縁。長さ1.5～5cm，枝葉はオトギリソウ属に似ている。雌雄同株で，開花は6～9月。葉腋に花柄の短い黄色の花を開く。がくは緑色，鐘形で12歯に分裂し，花弁は6枚，円形で平らに開く。花弁の長さ0.4cmぐらい。雄しべ12本。1本の花柱のある1個の子房がある。さく果は球形で，宿存がくに包まれる。【特性】陽樹。日あたりのよい湿潤な土壌を好むが，ふつうの土壌で生育する。樹勢強健であるが寒さには弱い。【植栽】繁殖は実生，さし木，株分けによる。【管理】ほとんど手入れの必要はなく，混みすぎた枝を間引く程度でよい。夏の乾燥時はかん水を行う。施肥は寒肥として堆肥，油かす，鶏ふん，化成肥料などを施す。病害虫は少ない。【学名】属名 *Heimia* はドイツの博物学者 G. C. ハイムを記念したものであり，種形容語の *myrtifolia* はギンバイカ属 *Myrtus* のような葉の，の意味。

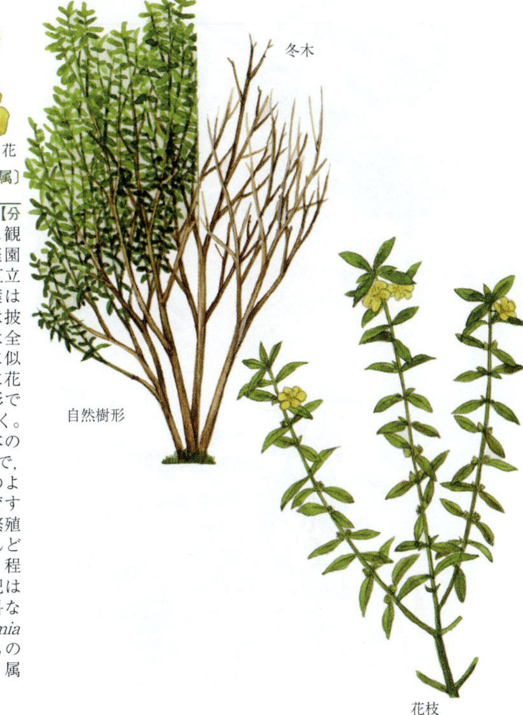

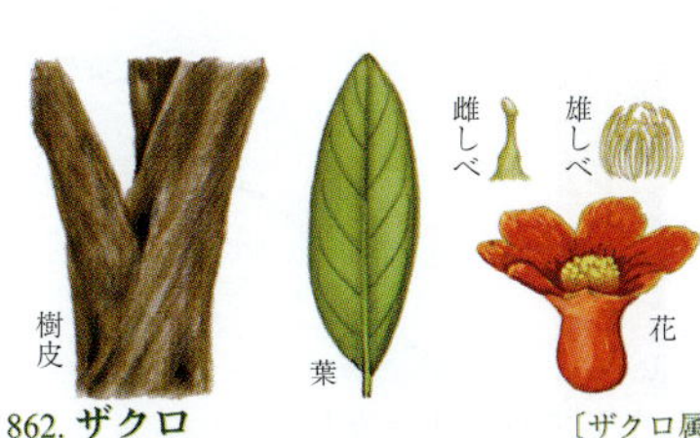

862. ザクロ 〔ザクロ属〕

Punica granatum L.

【原産地】イラン，アフガニスタン。【分布】西アジア，中国，米国。日本には古くから伝わり，東北地方南部以西の暖地に分布している。【自然環境】温暖な気候を好む落葉小高木。【用途】果実は生食，根皮，樹皮は駆虫剤となる。日本では主として観賞用庭園樹として植えられている。【形態】幹は平滑，屈曲する。分枝多く開張性。枝にときにとげがある。葉は対生，長楕円形または倒長卵形，全縁，花は6月頃，枝の先端に数個つく。花弁は赤色でがくは筒状で先端6裂。雄花は倒卵形。雌花は丸みを帯びる。果実は球形，頂部にがくを残す。果皮厚く革質，黄色または赤色，熟すと不規則に裂開する。種子は淡紅色で，外種子は透きとおっており多汁，酸味がある。【特性】樹勢強健で生長が早い。アルカリ土壌に対する抵抗性がオリーブ，イチジクと同程度で比較的強い。【植栽】繁殖はさし木，取り木，株分け，接木，実生いずれも可能であるが，通常3～4月頃さし木を行う。土壌は粘土質で水湿に富む土地が適する。【管理】せん定は徒長枝を切る程度とする。【近似種】ザクロには採実用と花の観賞用があるが，花ザクロとしては一重咲，八重咲がある。【学名】属名 *Punica* はラテン語の Punicus（カルタゴ）に由来する。種形容語 *granatum* は粒状の，の意味。

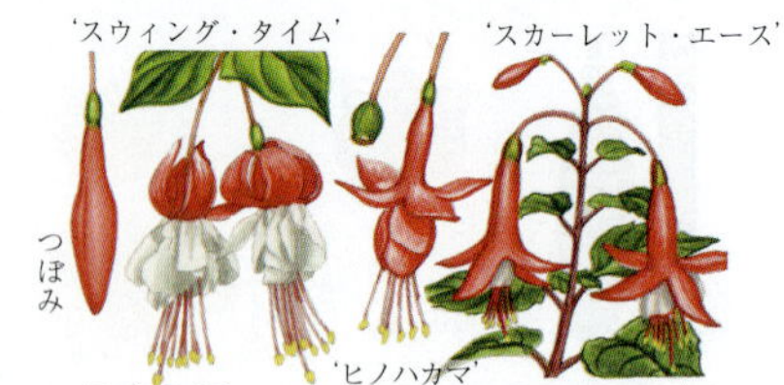

863. フクシア　〔フクシア属〕

Fuchsia × *hybrida* Hort. ex Vilm.

【原産地】ペルー原産の *F. magellanica* とメキシコ原産の *F. fulgens* の交配から出発し，それ以後も数多くの原種が交配されてできた園芸種で，多くの園芸品種がある。日本には昭和初年に渡来した。【分布】フレーム，温室内で，観賞用に鉢栽培される。【自然環境】原産地の気候は比較的冷涼で雨量の多いアンデス山間部なので，現在の園芸種も，涼しく湿り気のある気候を好み，高温乾燥を嫌う常緑低木。【用途】鉢植えとし観賞用に栽培されるほか，夏の花壇植えにも使われる。【形態】樹高 1m 前後，直立，分枝するものが多いが，品種により枝が匍匐するもの，垂下するものがある。葉は対生，互生または 3 葉輪生，卵形または長卵形，全縁または歯牙縁。花は頂生の総状花序または円錐花序に生じ，下垂する。両性花で，着色するがくと，4 枚を基本とする花弁からなり，がくの色と花弁の色が違うものが多く，非常に美しい。花色は紅色，桃色，紫色，白色，淡紫色があり，花形に八重咲と一重咲がある。【特性】夏涼しく冬暖かい場所が適する。生育温度は 3〜25℃ ぐらい，適温は 15〜20℃。【植栽】繁殖はさし木，接木，取り木による。さし木は春か秋，砂とバーミキュライトを半々に混ぜた用土にさす。【栽培】鉢植えの用土は，壌土に砂，腐葉土を混ぜた排水のよいものを使う。日によくあてて育てる。【近似種】'スウィング・タイム'，'ヒノハカマ'，'スカーレット・エース' などがある。

864. ギンマルバユーカリ（シネレア）　〔ユーカリノキ属〕

Eucalyptus cinerea F.Muell. ex Benth.

【原産地】オーストラリア。【分布】本州の関東南部以西，四国，九州，沖縄などに植栽され，世界各地の温暖な地方に分布。【自然環境】日あたりのよい起伏のゆるやかな山野に自生，または植栽される常緑高木。【用途】庭園樹，街路樹，生花材料に用いられる。【形態】幹はやや短く，屈曲しやすく，通常樹高は 8m ぐらい，ときに 15m に達することもある。樹皮は半繊維質で軟らかく，赤褐色でやや厚い。小枝はよく分枝し，枝先はやや下垂し，乳白色，滑らかである。幼葉は対生で無柄または短柄があり，ふつう抱茎となり，長さ 4〜6.5cm，幅 4〜5cm の心臓形または広卵形で，著しい粉白色となる。成葉は半対生または互生で葉柄はなく，半心形または広卵形で，ときに披針形，鎌形に変化することもある。葉質は厚質で，帯青粉白色を呈する。雌雄同株で花はクリーム色または白色で，長さ 0.4〜0.9cm の花柄があり，春から夏に開花する。1 花または 3〜4 花が腋生散形花序となる。果実は半球形または倒円錐形のさく果で長さ 0.5〜0.75cm，幅 0.5〜0.75cm，ほとんど無柄。さく片は 3〜4 個である。【特性】夏の高温（真夏月の平均最高気温 27〜30℃）冬の低温（真冬月の平均最低気温 0〜4℃）に耐え，ユーカリ属の中では耐寒性に優れる。やや乾燥にも耐え，とくに土質を選ばず，やせ地でも生育は可能。【植栽】繁殖は実生による。【近似種】近縁種としてセファロカルパ *E. cephalocarpa* がある。【学名】種形容語 *cinerea* は灰色の，の意味。

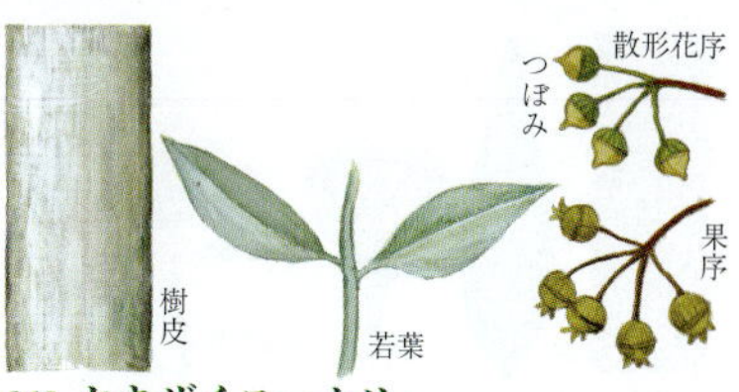

865. セキザイユーカリ

（カマルドレンシス，レッド・リバー・ガム）〔ユーカリノキ属〕
Eucalyptus camaldulensis Dehnh.

【原産地】オーストラリア。【分布】原産地をはじめ，熱帯から温帯の各国に広く分布。日本でも温暖な地方で植栽可能。【自然環境】日あたりのよい河岸などのやや湿潤な肥沃地に自生，または植栽されている常緑高木。【用途】公園樹，街路樹，防風樹，河岸の浸蝕防止用，蜜源樹ともなる。材は角材などに用いる。【形態】幹は直立で分枝し，樹高 25〜35m になる。小枝，葉は下垂する。樹皮は長片状または薄片状に剥離する。新皮は光沢のある白銀色でしだいに鈍い赤褐色に変色する。幹は白銀色と赤褐色の斑模様となる。幼葉は対生でしだいに互生，灰緑色，卵形または広披針形で長さ 6〜9cm，幅 2.5〜4cm，有柄である。成葉は互生，葉柄は長く 1〜3cm，鈍い淡緑色の狭披針形または披針形で長さ 7〜30cm，幅 0.8〜2cm。葉脈は明瞭で側脈は主脈に対し，40〜50 度。雌雄同株。花は白色で 5〜10 花が散形花序に集まり腋生。花序柄は細く，長さ 0.6〜1.5cm，花柄は細く長い。花蓋は細長い円錐形。原産地では 1 年を通して開花する。果実はさく果で半球形または卵切形となる。大きさは 0.5〜0.8cm。さく片は 3〜4 個に裂開する。【特性】穏やかな内陸性気候を好むが，広範な気候条件に耐える。真夏月の平均最高気温 26〜33℃，真冬月の平均最低気温 2〜4℃。湿潤な肥沃地を好み，生長は早い。【植栽】繁殖は実生による。【学名】種形容語 *camaldulensis* は，イタリアのナポリ近郊にあるカマルドリ僧院にちなむ。

866. ユーカリ （ユーカリジュ，ユーカリノキ）

〔ユーカリノキ属〕
Eucalyptus globulus Labill.

【原産地】オーストラリア。日本には明治 10 年頃渡来。【分布】本州の関東南部以西，四国，九州，沖縄などに植栽され，世界各地の温暖な地方に分布。【自然環境】日あたりのよい適潤な肥沃地に自生，または植栽されている常緑高木。【用途】公園樹，庭園樹，建築材，器具材，土木用材，船舶材，薬用として用いる。【形態】幹は直立で分枝し，樹高 30m 以上。胸高直径 2m に達する。樹皮は縦に長くひも状に剥離し，滑らかな灰白色または帯青白色を呈する。枝はよく分枝し，ときに小枝は方茎となる。幼枝にも多少の粘性と芳香がある。葉は互生し長さ 15〜30cm の鎌形披針形，全縁，革質で厚く帯白色を呈し，表裏の区別がなく，油点を散生し，葉肉に樟脳に似た強い香気がある。幼樹，徒長枝，低枝の葉は対生で無柄，卵形，広心形，長楕円状披針形となる。花期は 6〜7 月，直径 2.5〜4cm の青白色あるいは緑白色で無弁の花を葉腋に単生，ときに 2〜3 花つく。短い花柄がある。がく片は合体し帽子状になり，花弁とともに早く落ち，多数の淡白黄色の雄しべが露出する。果実は直径 2.5cm ぐらいの倒卵円形，半球状で角張り，4 稜があり，こぶ状面でざらざらして堅い。種子は微粒で多数ある。【特性】陽樹。比較的土質は選ばず，湿潤な肥沃地を好み，乾燥地は嫌う。強風により害を受ける。大木になると移植は難しい。【植栽】繁殖は実生による。【管理】萌芽力があり強せん定に耐える。【学名】種形容語 *globulus* は小球形の，の意味。

867. ギョリュウバイ （ネズモドキ）〔ネズモドキ属〕
Leptospermum scoparium J.R. et G.Forst.

【原産地】オーストラリア，ニュージーランド。**【分布】**オーストラリアやニュージーランド，マレー諸島にも分布。**【自然環境】**日あたりのよい谷間の林内に自生する常緑小高木。**【用途】**観賞用鉢物，切花用，暖地での庭園樹などに利用される。**【形態】**枝は箒状に立ち上がり赤褐色，高さ3〜4mでわずかに下垂する。葉は互生し全縁で線形，狭披針形または卵形，先端は鋭い尖頭で長さ1.3cm前後，若い葉は下面に絹毛がある。花は淡紅紫色で径0.6〜1.3cm，単生または腋生の短小枝に2〜3個群生する。花弁は5片で，5〜6月頃開花する。果実は果皮の堅いさく果で，半球形，褐色，熟すと先端から胞背裂開し，中には多数の細長い小さな種子がある。**【特性】**陽樹で，樹は丈夫で育ちやすく，排水のよい土壌を好む。暖地性で耐寒性はわずかである。**【植栽】**繁殖は実生およびさし木による。実生は水もちのよい，排水に富んだピートモスや水ごけの床に，秋に採りまきするか2〜3月まで貯蔵してまくとよい。さし木は4月か秋に温室内でさし木するとよく活着する。**【管理】**暖地での庭植えの場合は心配ないが，寒い地方では防寒が必要。鉢植えの用土は，川砂とピートモスの等量か，畑土に腐葉土を混ぜたものを利用する。肥料は7月初旬に油かすを少量置肥する。**【近似種】**一重花で鮮紅色のチャプマニー var. *chapmanii*，一重花で深紅色のニコルシー var. *nicollsii* などの変種がある。**【学名】**種形容語 *scoparium* は箒状の，の意。

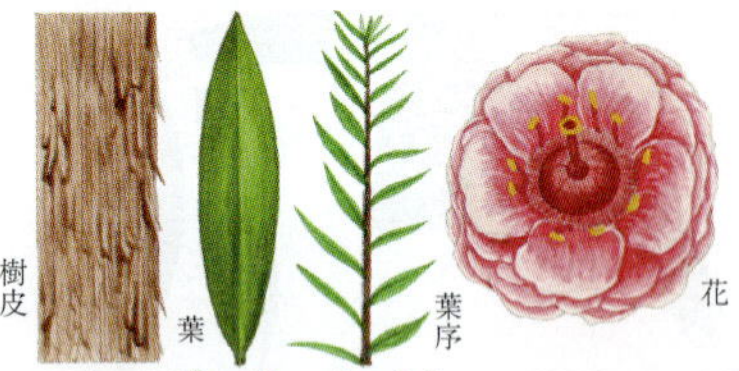

868. ヤエギョリュウバイ 〔ネズモドキ属〕
Leptospermum scoparium J.R. et G.Forst.
var. *chapmannii* Dorr. et Sm. f. *plenum* Hort.

【原産地】オーストラリア，ニュージーランド。**【分布】**本州の関東以南，四国，九州，沖縄などに植栽され，世界各地の温暖な地方に分布。**【自然環境】**日あたりのよい谷間や，起伏のゆるやかな山野などに自生，または植栽されている常緑低木あるいは小高木。**【用途】**庭園樹，鉢植え，切花などに用いる。**【形態】**幹はほとんどなく，下部より分枝し，樹高は通常3mぐらい。枝は赤褐色で先端はやや下垂する。葉は互生で赤褐色を帯びた緑色，長さ1.3cm，線形または線状披針形，ときに卵形となり，全縁。頂端は鋭尖，幼葉の裏面には絹毛がある。花は淡紅紫色の八重咲で，5〜6月に開花する。**【特性】**陽樹であり日照を好む。日本ではおもに温室内で栽培されているが，比較的耐寒性もあり，暖地では露地栽培もされている。寒地では冬期に防寒をする必要がある。耐寒性はエリカと同等とされる。排水のよい土壌を好み，やせ地でも生育する。樹勢は強健である。**【植栽】**繁殖はさし木，取り木による。さし木は4月頃半熟枝を用いるか，秋に成熟枝を温室内でさし木する。**【管理】**鉢植えで栽培するときの用土は堆肥，砂，腐葉土の混合したものがよい。肥料は初夏に油かすを置肥とする。ほとんど手入れの必要はなく，枝が密生したときに枝抜きをして樹形を整える。**【学名】**変種名 *chapmannii* は人名で，チャプマンの，の意。

869. マキバブラシノキ（マキバブラッシノキ）

〔ブラシノキ属〕

Callistemon rigidus R.Br.

【原産地】オーストラリア。**【分布】**本州の関東南部以西，四国，九州，沖縄などに植栽され，世界各地の温暖な地方に分布。**【自然環境】**日あたりのよい，やや乾燥した山野に自生，または植栽されている常緑低木。**【用途】**庭園樹，公園樹，生垣，切花，切枝などに用いる。**【形態】**幹は短く，分枝し，通常樹高は1.5mぐらい，ときに5mに達することもある。枝は剛強でよく伸長する。葉は互生で葉柄はなく，長さ3～15cm，幅0.3～0.5cmの線形から狭披針形で，わずかに扁斜して鎌形となり，葉質は剛質，中すじは明瞭，全縁。頂端は鋭尖。新葉には灰色の絹毛がある。花は3～7月，本年枝の先に長さ12cmぐらいの穂状花序となり，濃赤色の花が密生する。花弁は紅色で5個あり，早く落ちる。がく片は5個，花弁とともに短毛がある。雄しべは濃紅色または紫紅色で，長さ3cmぐらい，約50本を抽出する。葯は帯黒紅色である。果実は木化したさく果で，直径0.6～1cmの球形，扁平不正臼形，上部は浅く凹入，汚灰色を呈し，4～5年前のものも枝についている。種子は多数，微粒で，成熟するまで開花後2～3年かかる。**【特性】**陽樹。湿潤地や日陰地を嫌う。耐寒性は弱い。**【植栽】**繁殖は実生，さし木，取り木による。**【管理】**伸びすぎの枝を間引きせん定する。肥料は化成肥料，抽かすを寒肥として施す。**【近似種】**変種としてホソバマキバブラシノキ var. *linearis* がある。**【学名】**種形容語 *rigidus* は硬直の，の意味。

870. ブラシノキ（ブラッシノキ）

〔ブラシノキ属〕

Callistemon speciosus (Sims) Sweet

【原産地】オーストラリア。**【分布】**関東以南，四国，九州。**【自然環境】**暖地に植栽が見られる常緑低木～小高木。**【用途】**庭園樹として花を賞する。また切花に用いる。**【形態】**幹は通常株立ち状で高さ2～6m。幼枝は有毛，2年枝は紫褐色，旧枝は灰黒色。葉は互生，無柄。葉身は狭披針形で鋭頭，長さ7～10cm，幅0.4～0.6cm，若葉は初め軟毛があるが，のち脱落する。先端は紅褐色をしている。花は4～5月に新梢の上部に着く。花弁5，緑色，雄しべは多数で50個以上ある。花糸は長く濃紅色をしている。花粉は黄色である。果実は10月成熟。ほとんど球形で数年間，枝に着生している。種子は多数入っていて，きわめて微粒である。**【特性】**耐寒性がなく，東京では霜よけを必要とする。向陽の温暖地を好む。生長はやや遅い。根は粗く，中木以上は移植困難である。**【植栽】**繁殖は実生，さし木，取り木による。春まきするとよく発芽する。実生では6年で開花する。さし木は5～7月頃に当年枝をさす。**【管理】**幹が太くなるまで支柱を立ててやる。混みすぎてきたものは根もとからのひこばえを取ってやる。強せん定は避け，しなやかさを出してやる。寒い地方では防寒が必要である。肥料は化成肥料を混ぜたものを施すとよい。病害虫はほとんどない。**【近似種】**マキバブラシノキはブラシノキより葉は狭く，やや長くイヌマキの葉に似ている。がくに短毛がある。**【学名】**種形容語 *speciosus* ははなやかな，の意味。

871. フェイジョア 〔フェイジョア属〕
Acca sellowiana (O.Berg) Burret

【原産地】ウルグアイ，パラグアイ，ブラジル南部。**【分布】**原産地に同じ。南米各地。**【用途】**果実を生食するほかジャム，ゼリーにする。花弁は甘い香りがして料理材料とする。刈込みにも強く，生垣や寄植えや花木として庭に植える。**【形態】**樹高約 5m。幹はなく根元よりそう生する。葉は長さ 5～7cm，幅約 3cm の長楕円形で，オリーブの葉に似て表面は光沢ある緑色で，下面は白色の綿毛におおわれ，全縁，厚い革質で対生する。花は両性花で直径約 4cm，花弁は 4 枚で肉質で厚く，外側は白色，内側は濃紅色で上面に反巻し，雄しべは多数あり，長さ約 2cm で深紅色，葯には黄色い花粉が出てその対比が美しい。果実は品種によって異なり，球形，卵形，長楕円形で長さ 2.5～7.5cm，緑色で白粉を帯びる。果皮に近い果肉は黄白色の粒状，中央部は透明なゼリー状で，中に 15～30 の小さな種子が含まれる。熟果は甘味が強く，香りも高くパイナップルとイチゴを合わせた味がする。成熟は秋から冬にかけてで，熟して落果したものを収穫し，堅ければ追熟して食する。**【植栽】**耐寒性は－10℃ぐらいまで耐えられるが，果実の収穫は望めないのでミカンの栽培される地域が適する。栽培は容易で病害虫の被害も少ない。根は浅く細根が多く横に張り移植は容易。株元より枝がそう生し，強風で倒れやすい。**【学名】**種形容語 *sellowiana* はドイツの植物採集家セローに因む。

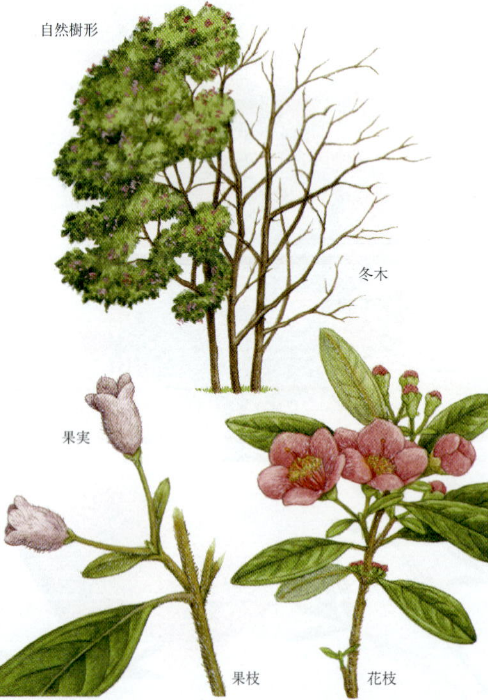

872. テンニンカ（ハシカミ，ローズアップル）
〔テンニンカ属〕
Rhodomyrtus tomentosa (Aiton) Hassk.

【分布】沖縄，台湾，中国南部，東南アジア，インドなどに分布。**【自然環境】**暖地に自生，または植栽される常緑低木。**【用途】**庭園樹，鉢植え。材は堅く杭，棒，薪炭材。実は食用，葉・根・実は民間薬に用いる。**【形態】**茎は直立，分枝し高さ 2m ぐらい。樹皮は薄く帯紅灰白色で平滑。若枝は白い綿毛でおおわれている。葉は対生，有柄，葉身は長楕円形で全縁，3 本の主脈があり，裏面に突出する。長さ 2.5～6cm，幅 2～2.5cm。質は厚く革質で，裏面には白い綿毛が密生する。雌雄同株で，開花は 5 月頃。葉腋に小枝を出して分枝し，先に淡紅色の花を開く。花径は 2cm ぐらいで，のちに白色に変わる。がく片 5 枚，花弁 5 枚で外面に細毛がはえる。雄しべは多数で葯は黄色，花柱は 1 本。果実は広楕円状円形で，宿存がくを伴い，直径 0.9～1.3cm，長さ 1.8cm ぐらいで暗紫色に熟す。表面には軟らかい短毛がはえている。**【特性】**陽樹。日あたりがよく，水はけのよい土地を好む。寒さに弱く，東京などでは野外の越冬はやや困難である。**【植栽】**繁殖は実生とさし木による。さし木は6～7月が適期。**【管理】**せん定の必要はほとんどない。施肥は冬期に鶏ふん，堆肥などを施す。病害虫は少ない。**【学名】**種形容語 *tomentosa* は密に細綿毛がある，の意味。

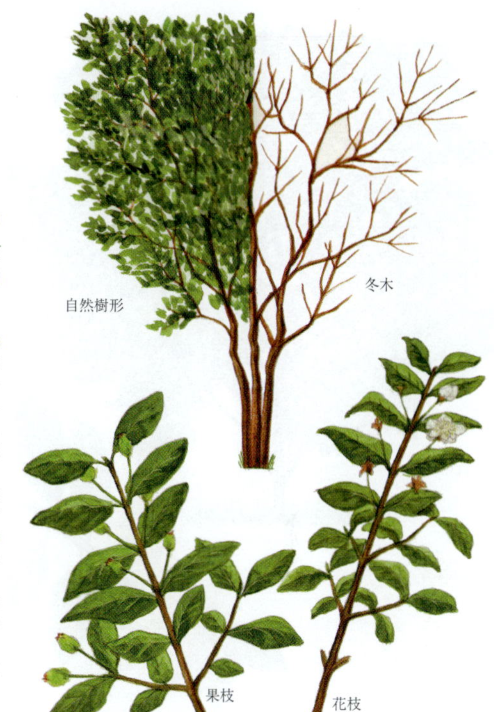

873. ギンバイカ（イワイノキ，ギンコウバイ）

〔ギンバイカ属〕

Myrtus communis L.

【原産地】中近東，地中海沿岸。日本には明治末年頃渡来した。【分布】関東以西の暖地に適する。【自然環境】ヨーロッパやアラビアで古くから栽培されている常緑低木。【用途】庭園樹，鉢植え，切花，香料，ヨーロッパでは結婚式の花輪とする。【形態】高さ2〜3m，枝は密生し，自然に整った樹形になる。葉は対生または3輪生し，短柄，葉身は卵形〜披針形で先端はとがり，全縁。長さ3〜5cm。革質で光沢があり，傷つけると芳香がある。雌雄同株で，開花は5〜7月。葉腋から白色で花径2cm ぐらいの花を1個上向きにつける。がく片5枚，花弁5枚，雄しべは多数で長い。果実は液果で秋に黒青色に熟し，球形で径1.3cm ぐらい。果肉は芳香があり，甘く食用となる。【特性】陽樹。日あたりがよく，肥沃で水はけのよい土壌を最も好む。耐寒性があり，東京付近でも寒風を防げば屋外で越冬できる。【植栽】繁殖は実生とさし木による。実生は春秋15〜20℃の頃播種する。さし木は6〜7月に成熟した枝をさす。移植は可能。【管理】せん定は弱度に行う。施肥は3月に堆肥や冬季に油かすを施す。病害虫は少ない。【学名】種形容語*communis* はふつうの，の意味。

874. カユプテ

〔コバノブラシノキ属〕

Melaleuca cajuputi Powell
subsp. *cumingiana* (Turcz.) Barlow

【原産地】オーストラリア北部，ニューカレドニア，マレーシア，インド。【分布】関東南部以西の暖地では屋外で越冬する。【自然環境】熱帯では庭園樹として植栽する常緑高木。【用途】庭園樹，街路樹，用材（材は堅い），枝を蒸留してカユプテ油をとり，薬用，香料にする。【形態】高さ15〜30m，幹の直径0.4〜1m になる。枝はよく広がり，成木では下垂する。樹皮は灰黒色で海綿状，剥離する。枝は白く，材は雪白色。葉は互生，有柄，葉身は長楕円形〜狭披針形で，両端はとがり，全縁。長さ5〜10cm，幅1〜2cm。質は厚くて堅く，3〜7の平行脈がある。新葉は紅色で絹毛が密生し，成葉には硬毛がある。雌雄同株で，開花は6〜10月。その年にのびた枝の下半部の葉腋から5〜15cm の穂状花序を出す。花は黄白色。ブラシノキ属に似るが，雄しべが5つの束になり，それぞれ花弁に対生することが相違点になる。花穂の軸は，花後に先端がのびて短い新枝を形成する。果実は半球形で数年落下しない。【特性】陽樹。水はけのよい土壌を好み，湿地には適さない。【植栽】繁殖は実生，さし木，取り木による。【管理】せん定は弱度に行う。施肥は冬季に油かすや化成肥料を施す。病害虫は少ない。

875. バンジロウ（グアバ）　〔バンジロウ属〕
Psidium guajava L.

【原産地】熱帯アメリカ。【分布】熱帯，亜熱帯の各地に栽培されている。【自然環境】熱帯気候のもとに生育する常緑低木。【用途】果実を生食するほかジュース，ネクター，ゼリー，ジャム，糖果などに加工する。【形態】高さ 3～5m。低い所から分枝し，幹は紅褐色で平滑，古い樹皮は剥落しサルスベリの幹に似る。幼条は 4 稜形，黄緑色でしだいに紅褐色となる。葉は長さ 5～17cm，幅 4～8cm の長楕円形で，葉先，葉底ともに丸く全縁で，対生する。新葉は赤褐色を帯び白い毛を密生しており，のちに表面は濃緑色，無毛，裏面は淡緑色で細毛を密生させ，葉脈が著しく隆起している。花は腋生まれに頂生し，1～3 花を短花梗上につけ，白色で直径約 3cm，がく片は不規則に 4～5 片に裂け宿存性，花弁は 4 枚，雄しべは多数あり，花糸，雌しべは白色無毛で花弁とほぼ同長である。果実は長さ 3～12cm，球形，卵形，洋ナシ形などで黄緑色，平滑，光沢があり，完熟すると黄白色になる。果肉は白色，黄色，紅色などで，軟らかく多汁で甘く，やや酸味もあり，香りがある。その中に淡黄色の種子が多数ある。【植栽】繁殖は実生，さし木，接木による。強健で土壌も選ばず栽培しやすい。やや乾燥した土地を好む。樹は低温にもよく耐え，暖地では寒風や霜のあたらない軒先などでは越冬する。熱帯ではほとんど年中，開花結実する。【学名】種形容語 *guajava* は南米のスペイン名に由来する。

876. テリハバンジロウ　〔バンジロウ属〕
Psidium cattleyanum Sabine

【原産地】ブラジル原産。【分布】各地の温室内で観賞用に，また果樹として栽培される。【自然環境】熱帯果樹で，高温多湿で日あたりのよい環境を好む常緑高木。【用途】熱帯地方では果樹として栽培される。果実は生食のほか，ジャムなどに用いる。日本では観葉を兼ね，鉢栽培される。【形態】高さ 5～7.5m，樹皮は平滑で灰緑色から褐色，葉は単葉で対生し，楕円状ないし倒卵形，鋭頭，長さ 5～10cm，厚革質，無毛で，表面は暗緑色で光沢がある。花は白色で単生し，径 2.5cm くらい，がくは 4～5 裂し，花弁は倒卵形で薄い。果実は倒卵形ないし球形で，長さ 2.5～3.7cm，紫赤色，果皮は薄く，果肉は白色で，多数の堅い種子を蔵し，イチゴに似た風味がある。花期は晩春，成果は 9～10 月。【特性】高温多湿を好むが，耐寒性もかなりあり，最低 4.4℃で越冬する。【植栽】繁殖は芽接ぎ，切接ぎ，取り木，さし木，実生による。実生では結実まで 4～5 年を要する。【管理】露地での栽培は，オレンジを栽培できる地域ならば可能。鉢植えの場合は，粘質壌土に砂，腐葉土を混ぜた排水のよい土に植える。肥料は春，花蕾のできる前と，結実後に油かすの乾燥肥料を置肥として与えるようにする。【近似種】フイリテリハバンジロウ ‘Variegatum’ がある。黄白色の斑入り葉で美しい。またキミノバンジロウ ‘Lucidum’ は果実がより風味に優れるところから果樹として重要。

877. オールスパイス 〔オールスパイス属〕
Pimenta dioica (L.) Merr.

【原産地】西インド諸島および中南米。**【分布】**ジャマイカ島での栽培が最もさかんである。そのほか，キューバ，メキシコ南部，ハイチ，コスタリカなど。**【自然環境】**熱帯性の高温気候を好む常緑小高木。**【用途】**未熟果を天日で乾燥し，料理用の香辛料とする。果実および葉からピメント油をとる。**【形態】**高さ7～10mぐらいになる小高木で，樹幹は4稜角を呈し，材はきわめてもろい。葉は対生，長楕円形または披針形，全縁，表面は深緑色，光沢があり，裏面は淡色，黒色の腺点がある。花は小形で白色，枝の先近くの花序につき，芳香がある。果実は液果で径1cmぐらい，宿存がくがあり，熟すと暗紫色となる。果肉は甘い。種子を通常2個蔵する。熟すと芳香がなくなるので未熟のうちに収穫する。**【特性】**年間降雨量1000～2500mmぐらいの所で降雨分布が平均している所を好む。**【植栽】**繁殖はふつう実生による。しかしさし木，芽接ぎなどもできる。種子は苗床，鉢などにまき，10ヵ月して苗が10～15cmのとき定植する。果実を目的とする場合は8～9m間隔に，採油の場合は間隔を短めにし，せん定により低木状に支立てる。生育初期は庇蔭が必要で，5年ぐらいして庇蔭樹を除く。**【学名】**属名*Pimenta*はスペイン語名から，の意味。オールスパイスというのは，ニッケイやチョウジ，ニクズクの味がすることから名づけられた。

878. フトモモ 〔フトモモ属〕
Syzygium jambos (L.) Alston

【原産地】熱帯アジア。**【分布】**熱帯各地に栽培され，沖縄，八丈島，小笠原諸島でも栽培されている。**【自然環境】**熱帯の多雨地帯に生育する常緑高木。**【用途】**果実を生食したり，ジャム，ゼリー，プレザーブに加工したり，酒の芳香づけに用いる。**【形態】**高さ約10m。樹皮は褐色，滑らかで比較的下部より分枝する。葉は長さ12～20cm，幅2～4cmの長披針形で，葉先は鋭くとがり葉の基部は鈍形，無毛，平滑で全縁，表面は濃緑色で光沢があり，裏面は淡緑色で葉脈が少し隆起する。新葉は赤みを帯び，葉柄は短く枝と接する所が太くなって対生する。花は白色や帯緑白色，直径約8cmで，頂生する総状花序上に数花をつける。花弁，がく片は4枚，雄しべは非常に多数出て，花糸は長く約2～4cm，雌しべはこれよりさらに長く突き出ており，花柱は白色，子房は下位で1室である。果実は卵形または洋ナシ形で直径2.5～5cm，緑色で熟すと黄白色になり，頂部にがくが残る。果肉はバラの香りを思わせる芳香が強く，やや堅く汁は少なく，リンゴの歯ざわりで甘いが，味は淡白である。種子は1～2個あり，黒褐色で球形に近く，多胚性で1種子より7～8本の苗が得られる。**【植栽】**亜熱帯の乾燥地でもよい成績をあげており，適応性が強く，土壌も選ばない。繁殖は実生，さし木，接木による。**【学名】**種形容語*jambos*はインドの土名に由来する。

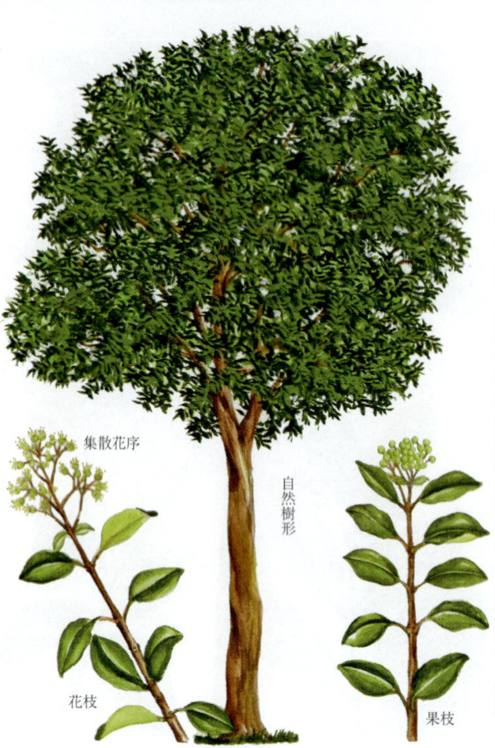

879. アデク（アカテツノキ）　〔フトモモ属〕
Syzygium buxifolium Hook. et Arn.

【分布】九州南部～沖縄，小笠原諸島，台湾，中国南部，インドシナに分布。【自然環境】山地林のやや乾燥した向陽地に生育する常緑小高木。【用途】用材（各種の柄，床柱），果実は食用になる。【形態】高さは通常 3～4m だが，大きいものは高さ 10m，幹の直径 16～20cm に達する。全体無毛。樹皮は赤褐色で，小枝は細く稜があり，断面は四角形。のちに暗茶褐色となる。葉は対生，有柄で長さ 0.2～0.4cm。葉身は楕円形，広卵形または広倒卵形で先端は円頭または鈍頭，基部は急鋭形。全縁。長さ 2～4cm，幅 1～2.5cm。質は厚く，中肋は表面凹入し，裏面に隆起，細脈は羽状に平行する。雌雄同株で，開花は 5～7 月頃。花は腋出または頂生，2～4cm の集散花序を出し，花径 0.3cm ぐらいの多数の白色花をつける。基部に小苞があり，がくは狭鐘形で長さ約 0.3cm。がく歯は低平。果実は 11～12 月に黒く熟し，球形で直径約 0.7cm。【特性】陽樹。水はけのよい肥沃土を好むが，ふつうの土壌で育つ。寒さに弱く，東京付近では冬期は温室でないと生育できない。【植栽】繁殖はおもに実生による。採りまきすると発芽が非常によい。【管理】せん定は従長枝を切る程度。施肥は新芽の出る前に油かすや化成肥料を施す。病害虫は少ない。

880. チョウジノキ（クローブノキ）　〔フトモモ属〕
Syzygium aromaticum (L.) Merr. et L.M.Perry

【原産地】モルッカ諸島。【分布】熱帯各地で栽培され，とくに東アフリカに生産が多い。【自然環境】南北緯 20℃ 以内の熱帯の島の標高 300m 以下の低地に生育する常緑小高木。【用途】蕾を摘んで乾燥させたものを丁字（チョウジ）と称し，香辛料，薬用とするほか，薫香料，化粧用などにする。また精油を抽出してチョウジ油をとり，防腐用としたり，局所麻酔性があるので歯痛，リュウマチ痛などに用いる。【形態】高さ 5～10m まれに 15m になる。主幹は 2～3 本になり，樹皮は灰色，平滑で薄い。小枝は細くてもろく，枝は叉状に分枝して，樹形はやや円錐形となる。葉は長さ 5～10cm，幅 2～4cm の長卵形で両端は鋭くとがり，全縁，表面は暗緑色で光沢があり，裏面は灰色，葉柄の基部は赤みがかり対生する。若葉は淡緑色で紅色の斑点があり芳香がある。広い集散花序を枝先につけ，花は長さ 3～4cm，直径約 0.6cm で著しい芳香がある。がくは筒状で長く，先が 4 裂し，白緑色から赤紫色に変わる。花弁は淡黄緑白色で，蕾のときは球状，短い筒状で先が 4 裂し早落性である。雄しべは多数で，果実は暗紅色，長楕円形の核果となり，種子は長方形で果皮とは分離する。【植栽】おもに実生によって繁殖させる。6～8 年生から開花を始め，9 月から翌年 3 月まで花蕾を摘み，1 本あたり年 3～4kg のチョウジを得る。排水良好な砂質壌土の，海岸に近いゆるい傾斜地が最適地である。【学名】種形容語 *aromaticum* は香気のある，の意味。

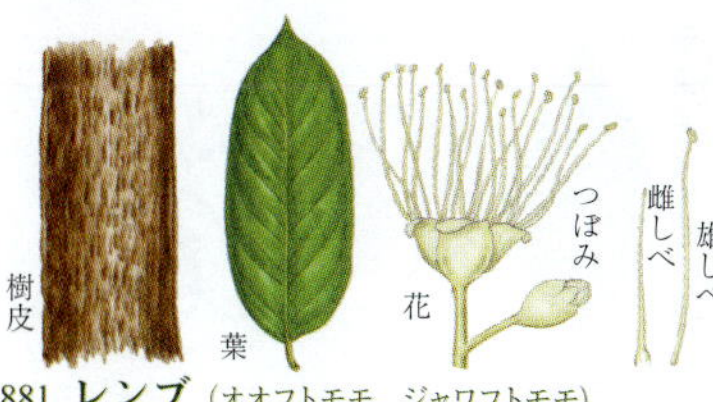

881. レンブ（オオフトモモ，ジャワフトモモ）

〔フトモモ属〕

Syzygium aqueum (Burm.f.) Alston

【原産地】マレー半島，アンダマン諸島。**【分布】**インドネシア，フィリピンなど熱帯アジアに多く，台湾やハワイなど亜熱帯にかけて広く栽培されている。**【自然環境】**熱帯性気候のもとに生育する常緑高木。**【用途】**果実を生食するほか塩水に漬けたり，砂糖漬にして食す。**【形態】**高さは約 12m。低い所から分枝する。枝は直立する傾向があり，初め緑色のちに暗紅褐色から灰褐色になる。葉は 3～4mm の短い葉柄をつけて対生し，長さ 10～25cm，幅 5～12cm の長楕円形で，先端はとがり葉の基部は丸く，全縁，革質で無毛。表面は濃緑色で葉脈は裏面に隆起する。若い葉は初め紫紅色で，のちに緑色となる。花は葉腋から出る小枝に 10 数個咲き，白色で直径 3～4cm で微香がある。がくは鐘状で黄緑色，先端は 4 裂し大小不均等である。花弁は 4 枚で円形，雄しべは多数あり糸状で黄白色，無毛である。果実は数個鈴なりに下垂し，長さ 3～5cm の扁圧した洋ナシ形または円錐形で，果頂は平らで肥厚したがくが宿存し，内側の方向に曲がっている。果皮は白色または紅色で平滑，果肉は白色で海綿質，果汁少なく甘酸味があり，風味はリンゴに似るが肉質が粗く劣る。種子は小さく無種子のものもある。**【植栽】**繁殖はさし木，取り木による。亜熱帯地方でもよく生育する。やせ地でも育つが果実は小さくなり収量も劣る。**【学名】**種形容語 *aqueum* は無色の，水のように透明の，の意味。

882. タチバナアデク（ピタンガ）〔タチバナアデク属〕

Eugenia uniflora L.

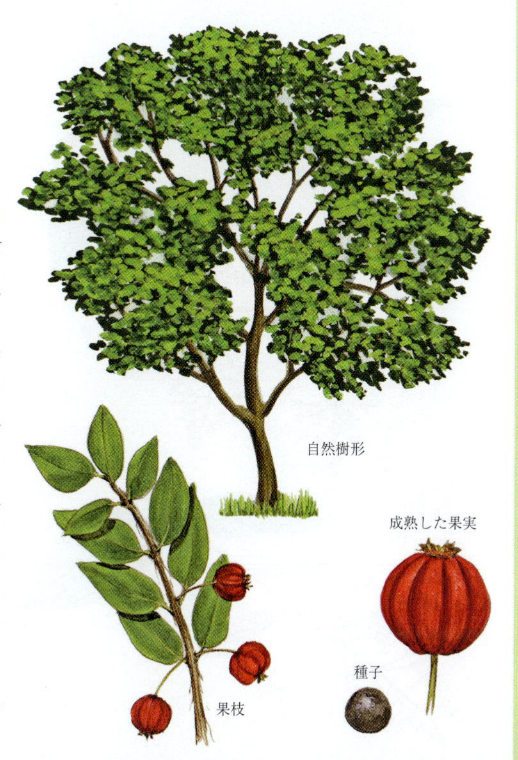

【原産地】ブラジル。**【分布】**早くからインドに伝わり現在熱帯，亜熱帯地方で広く栽培されている。**【自然環境】**湿潤な熱帯性気候下に生育する常緑小高木。**【用途】**果実を生食するほかフルーツソース，ジャム，シャーベット，アイスクリーム，ゼリー，リキュール酒の原料とする。またよく結実し果実が美しいので観賞樹として庭に植えられる。**【形態】**高さ 5～6m。下部よりよく分枝して枝が著しく繁茂し，低くこんもりした樹形となる。葉は長さ 3～5cm，幅 2～2.5cm の卵形で，基部が丸く葉先は徐々に細まってとがり，全縁で革質。新葉は濃赤褐色を呈し，ほとんど無柄で対生する。花は葉腋に生ずる細長い花柄の先に単生し，直径約 1.3cm，白色で芳香があり，花弁 4 枚，がく片 4，雄しべは多数ある。果実は直径 2.5cm の扁球形ではっきりした数条の凹凸の溝と稜があり，初め緑色から黄色，橙色，熟すと濃赤色となり光沢がある。果頂にはがくが残存する。果肉は多汁で軟らかく濃赤色で甘酸味と香気があり，未熟果は樹脂臭がある。中に円形の種子が通常 1 個ある。**【植栽】**繁殖は実生，さし木，接木による。軽い砂地を好み，強健で土壌は選ばず亜熱帯地方でも栽培される。生育はむしろ遅いほうで結実するまでに 4～5 年を要する。**【学名】**種形容語 *uniflora* は 1 花の意味。

883. ノボタン 〔ノボタン属〕

Melastoma candidum D.Don

【分布】屋久島，奄美諸島，沖縄，小笠原諸島，台湾，中国大陸南部，インドシナ半島，フィリピンに広く分布する。**【自然環境】**熱帯，亜熱帯の林内に自生するほか，温室に栽培される常緑低木。**【用途】**温室用花木，庭園樹，染料（果実，葉），まゆの糸口（枝），薬用（葉と根を収斂剤）。**【形態】**幹は高さ1～2m。枝はやや太く，わずかに4稜形，葉柄，葉裏脈上とともに圧着する鱗片状の剛毛が密生する。葉は有柄で対生し，葉身は卵形または卵状長楕円形で，長さ5～12cm，幅2～6cm，先端は鋭くとがり，基部は円形で，縁は全縁，質厚く，5～7脈があり，細脈は横に平行する。葉柄は1～2cm。花期は7～8月，枝先に3～7個の紅紫色で径6～8cmの美花をつける。がく筒はつぼ状鐘形，上半部は5裂し，鋭三角形，淡褐色の鱗毛を密生し，がく裂片は花後脱落する。花弁は約5個，先端はわずかにとがる。雄しべは10個，2形あり，大きいほうの葯は紫色で長さ約1cm，小さいほうの葯は黄色で長さ0.8～0.9cm。花柱1個。子房は下位で5～6室ある。果実は液果でつぼ状鐘形，革質，上半部はがく筒と離れている。がく筒と果皮は不規則に破れ，内に生食できる赤色胎座がある。和名は花が大形で美しいので野生のボタンにたとえたもの。**【近似種】**シコンノボタン *Tibouchina urvilleana* (DC.) Cogn. がある。

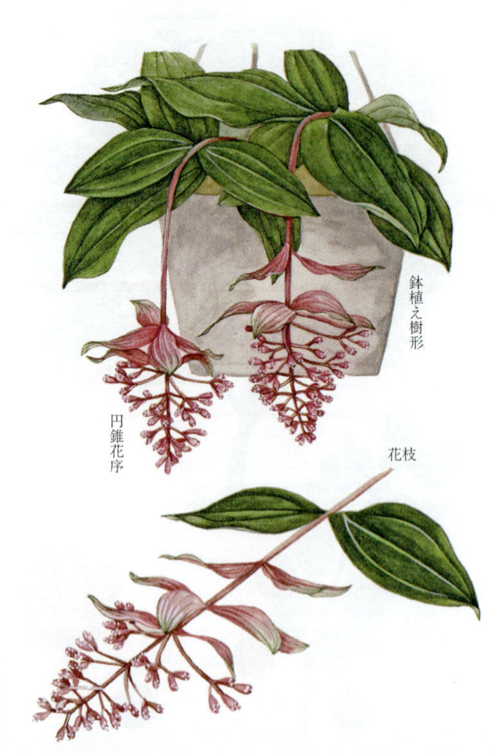

884. メディニラ・マグニフィカ 〔ノボタンカズラ属〕

Medinilla magnifica Lindl.

【原産地】フィリピン原産。日本には昭和38年頃に渡来した。**【分布】**熱帯花木として温室内で地植えするか鉢植えにして栽培される。**【自然環境】**高温多湿で腐植質に富む土地を好む常緑低木。**【用途】**鉢植え，吊鉢仕立てにして花を観賞する。**【形態】**高さ2mぐらい，茎は4稜形，葉は濃緑色で革質，長楕円形で，長さ20cm内外，対生する。花は枝先につき，長さ20－30cmの円錐花序で下垂し，1花房に80～100個の花をつける。基部に桃色の大きな苞が数片つく。花は花径2cmほどの桃色の5弁花で，淡青紫色の大きい葯と，黄色い花糸の対照が美しい。小さな蕾のときから色づき，つぎつぎに咲くので観賞期間が1ヵ月と長い。花期は6～8月。**【特性】**高温多湿と日あたりを好むが，夏は半日陰にする。越冬温度は10℃以上。**【植栽】**繁殖はさし木による。25℃以上必要で，夏が適期。さし木をしたものは翌年開花する。**【管理】**鉢植えの用土は，粘質壌土に砂1割，腐葉土3割ぐらいを混ぜたものがよい。本植えにする鉢は，縦長の6～8号鉢を使う。摘芯，整枝して3本仕立てにするとよい。肥料は油かすの乾燥肥料を2ヵ月に1度置肥として与え，蕾がつく6月頃まで与えるが，チッソ過多にならないように注意する。**【近似種】**メディニラ・スペシオーサ *M. speciosa* がある。インドネシア原産の常緑低木で，メディニラ・マグニフィカによく似ているが四季咲性が強く，蕾の着色も早いので，2ヵ月以上も美しい。**【学名】**種形容語 *magnifica* は壮大な，の意味。

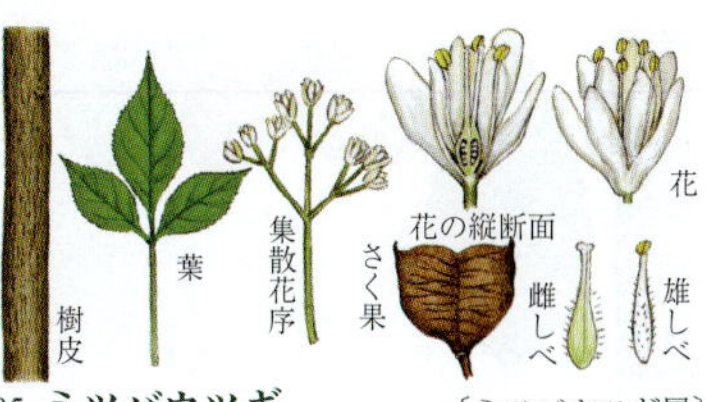

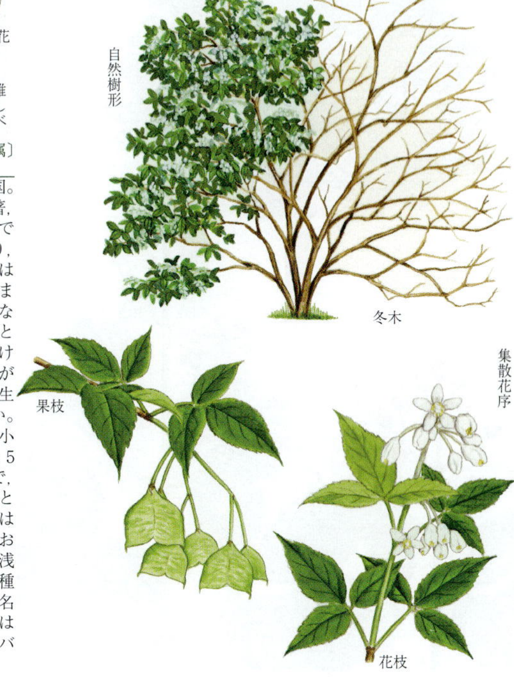

885. ミツバウツギ　〔ミツバウツギ属〕

Staphylea bumalda DC.

【分布】北海道，本州，四国，九州，朝鮮半島，中国。【自然環境】山中にはえる落葉低木。【用途】材を箸，木釘。【形態】高さ2～3mになる。枝は灰褐色で毛がない。葉は対生し2～4cmほどの葉柄があり，3小葉からなる。側小葉は柄がなく，頂小葉は基部が小柄状につながる。葉身はともに卵形または卵状楕円形で，先は鋭形または鋭尖形となり，長さ3～7cm，幅1.5～3cm，表裏ともにほとんど毛はないが，裏面の中肋上に軟短毛をつけることもある。縁には芒状にとがる低い鋸歯があり，裏面は淡色となる。5～6月，枝先に頂生した集散花序に白花をつける。花は平開しない。花序の長さ5～8cm，花には長さ0.8～1.2cmの小柄がある。がく片は5個あり長楕円形，花弁も5個で倒卵状長楕円形の鈍頭，長さ0.7～0.8cmで，がく片よりわずかに長い。5個の雄しべは花弁とほぼ同じ長さで，花糸には毛がある。雌しべは1個あり，子房は上部が2つに分かれ，おのおのが1個の花柱をもつ。袋果は扁平で，先は浅く2裂し，短い柄があって幅2～2.5cmほど。種子は倒卵形の淡黄色で長さ約0.5cm。【学名】属名*Staphylea*は房という意味。種形容語*bumalda*は人名で，Bumaldaの，という意味。和名ミツバウツギは3小葉からなるウツギの意味。

886. ゴンズイ　〔ゴンズイ属〕

Euscaphis japonica (Thunb.) Kanitz

【分布】本州（関東以西），四国，九州，沖縄，台湾，朝鮮半島，中国。【自然環境】日あたりのよい山地や丘陵，明るい山林内などにはえる落葉小高木。【用途】庭園樹。【形態】高さ5～6mがふつうであるが8mに達するものもある。樹皮は黒緑色で皮目は灰緑白色になり，不規則に縦に割れる。小枝は黒紫色でやや太く毛はない。葉は対生し奇数羽状複葉で長さ10～30cmほどになる。小葉は2～5対あり，卵形で長さ4～9cm，幅3～4cm，先は鋭くとがり，芒状の鋸歯がある。厚質で毛はなく，表面にはやや光沢があり，裏面中肋の基部には白毛がある。葉や枝には一種の香りがある。5～6月，若枝の先に幅の広い円錐花序を出し，多数の淡黄緑白色の花を開く。花径は0.4～0.5cm。がく片は5個，花弁も5個あり，楕円形で約0.2cmほどで，がく片とほぼ同じ長さ。雄しべは5個，雌しべは1個。袋果は1つの花から1～3個，反曲して開出し，長さ1.3cmぐらい，裂開すると内面は鮮やかな紅色で美しい。種子は1～3個，黒色の球形で径0.5cm，光沢がある。【学名】属名*Euscaphis*は美しいさく果という意。種形容語*japonica*は日本の，の意味。ゴンズイの名は本種があまり役に立たないことから，役に立たない魚のゴンズイの名をそのままつけたという説がある。

887. ショウベンノキ 〔ショウベンノキ属〕

Turpinia ternata Nakai

【分布】四国（南部），九州，沖縄，台湾。【自然環境】山中の谷間などを好んで生育する常緑高木。【用途】器具材（家具，小細工用）。【形態】高さはふつう 5～8m であるが，大きいものでは 18m に及ぶものもある。樹皮は暗褐色で，小枝は丸く太く赤褐色である。葉は対生して 3 出複葉となる。葉柄は長さ 3～5cm。小葉は革質で光沢があり，濃緑色で狭長楕円形または長楕円形で長さ 6～12cm，幅 2～5cm ほど，先端は鋭くとがり，基部は広いくさび形となり，縁には鈍い鋸歯がある。頂小葉は側小葉よりやや大きい。5～6 月，若枝の先に長さ 10～20cm の円錐花序を出し，径 0.5cm ほどの白色の小さな花を多数開く。がく片は 5 個で楕円形，花弁は倒卵形で長さ 0.35cm ぐらいあり，がく片よりやや長い。雄しべは 5 個，雌しべは 1 個で花柱は直立し，先端がわずかに 3 分する。液果は楕円形で径 0.6～1cm あり，先端はわずかにとがり，赤く熟す。種子は数個あり，灰褐色で径 0.5～0.6cm，表面に細点がある。【学名】属名 *Turpinia* はフランスの植物学者 P.J.F. チュルピンを記念したものである。種形容語 *ternata* は3出の，という意味で本種の葉の形による。ショウベンノキという和名はこの木を切ると水液が多く出ることによる。

888. キブシ（マメブシ） 〔キブシ属〕

Stachyurus praecox Siebold et Zucc.

【分布】北海道（西南部），本州，四国，九州および中国大陸。【自然環境】山地や丘陵にはえる落葉低木。【用途】庭園樹，公園樹，切花。【形態】高さ 3～4m になる。幹は暗褐色で髄は太い。葉は有柄で互生し，葉身は卵形または卵状楕円形で長さ 6～12cm，幅 3～7cm，先は長くとがり，縁には鋭い鋸歯がある。表面は無毛で，裏面脈上にしばしば軟毛がある。葉柄は 1～3cm。雌雄異株。3～4 月，葉の開く前に，前年のびた枝の葉腋から長さ 4～10cm の花穂を垂らし，多数の花柄のない黄色の小花を密につける。がく片は 5 個あり暗褐色。花弁はくさび状倒卵形で長さ 0.5cm ほど，がく片の 2 倍くらいの長さがある。雄しべは 8 個，雌しべは 1 個ある。雄花では雄しべが大きく，雌花は雄花よりやや小さく，わずかに緑色を帯び，子房がよく発達する。雄花では子房は小さく，実らない。果実は広楕円形で長さ 0.8cm ぐらい，初め緑色で熟すと黄色を帯びる。この果実を五倍子（ゴバイシ）の代用にするためキブシまたはマメブシの和名がある。【特性】やや湿気の多い川ぞいの向陽地を好むが，どこでもよく育つ。【植栽】繁殖は実生またはさし木による。【学名】属名 *Stachyurus* は穂状の尾という意味。種形容語 *praecox* は早期の，という意味。

889. カンラン（カナリアノキ）　〔カンラン属〕
Canarium album (Lour.) Raeusch.

【原産地】中国東南部，インドシナ。【分布】日本にも輸入され，九州南部，沖縄，小笠原では露地に植えられている。そのほか日本各地の温室で見本樹として植えられている。【自然環境】日あたりのよい山地または森林中に他樹と混生する常緑高木。【用途】材は建築，器具，家具に利用される。庭園樹，街路樹として植栽。果実は生食または蜜漬，塩漬として食べる。薬酒ともする。果実から油をとり，また乾果を健胃剤，核を念珠とする。【形態】高さ 15〜25m，直径 1m となる。幹は通直，樹皮は灰色で厚く平滑。枝は横に広がる。葉は互生し，奇数羽状複葉。ムクロジに似ている。小葉は対生し，短い葉柄があり，5〜7 対。革質で長楕円形または披針形，先端は尾状鋭尖，基部は円形，質厚く全縁で長さ 6〜12cm。側脈は 7〜8 対。5 月に短枝上の葉腋上部に総状花序を出し，緑白色 3〜4 弁の小さい花を開く。がくの縁には 3 個の歯がある。雄しべは 6 個まれに 10 個のものがある。子房は 1〜3 室。果実は核果で楕円形または卵状楕円形で長さ 3〜4cm，径 1.5〜1.8cm。初め緑色，成熟して黄緑色，のち黒黄色。【特性】陽樹。生長はやや早い。大気汚染にはやや強い。【植栽】繁殖は実生または接木による。【管理】せん定は弱度に行う。害虫のうちシロアリの害が多い。【学名】種形容語 *album* は白い，の意味。

890. ウルシ　〔ウルシ属〕
Toxicodendron vernicifluum (Stokes) F.A.Barkley

【原産地】中国，インド，チベット。【自然環境】漆採取のため山地や河岸などに植栽され，野生化していることもある落葉高木。【用途】樹皮からとる漆汁は漆器などを塗るのに使われる。【形態】幹は高さ 10m ぐらいになる。樹皮は灰色で，皮目は暗褐色をしている。枝分かれはまばらで枝は太く，若枝には皮目が多い。葉は互生し，枝の先に集まり，奇数羽状複葉で長さ 30〜50cm ある。小葉は 3〜7 対あり，卵形または楕円形で先端は鈍くとがり，基部は丸く長さ 8〜12cm，幅 4〜7cm，全縁で質はやや厚く，表面は濃緑色，無毛で光沢があり，裏面は淡緑色となる。雌雄異株。5〜6 月，枝の先の葉腋から 30cm ほどの円錐花序を出し，多数の黄緑色の小さい花を開く。がくは 5 裂し，5 個の花弁は楕円形で長さ 0.25cm ほど。雄花では花弁と同じくらいの長さの雄しべが 5 個と，退化した雌しべがある。雌花では 5 個の小さい雄しべと，3 柱頭のある 1 個の子房がある。核果はゆがんだ扁球形で径 0.7〜0.8cm，淡黄色で滑らか，光沢がある。【特性】冷涼な地域で，陽光がよくあたり，砂礫混じりの肥沃な地を好む。樹液は非常にかぶれやすい。【植栽】繁殖は実生と分根による。【学名】種形容語 *vernicifluum* はワニスを有する，という意味。

891. ヤマウルシ 〔ウルシ属〕
Toxicodendron trichocarpum (Miq.) Kuntze

【分布】北海道，本州，四国，九州，朝鮮半島，中国，南千島。**【自然環境】**山地の日あたりのよい所にはえる落葉低木。**【用途】**和名は山にはえるウルシの意味であるが，漆液はとるにたらない。**【形態】**幹は高さ 8m ぐらいになるものもあるが，3m 内外のものがふつうである。姿はウルシによく似ていて，全体が小さい。若枝は灰白色で，褐色の縦に長い皮目が多く，短くて先の曲がった褐色の毛がはえている。若葉，葉柄ともに赤みがかっている。葉は互生し，枝先に集まってつき，奇数羽状複葉となって長さ 25～50cm ほどある。小葉は 6～10 対あり，卵形または長楕円形で長さ 6～12cm，幅 3～5cm，先はとがり，基部は広いくさび形となり全縁，またはふぞろいな鈍鋸歯がある。両面に短毛を散生し，とくに裏面脈上に多い。秋には美しく紅葉する。雌雄異株。5～6 月の頃，枝の先の葉腋から円錐花序を出し，黄緑色の小さな花を開く。がく片，花弁ともに 5 個。雄花では 5 個の雄しべは花弁とほぼ同じくらいの長さがあり，雌しべは退化している。雌花には小さい雄しべと，3 柱頭のある雌しべがある。核果は淡黄色の剛毛がはえ，ゆがんだ扁球形で幅 0.5～0.6cm ほどである。**【学名】**種形容語 *trichocarpum* は有毛果実の，という意味。

892. ツタウルシ 〔ウルシ属〕
Toxicodendron orientale Greene subsp. *orientale*

【分布】北海道，本州，四国，九州，南千島，サハリン，中国，台湾。**【自然環境】**山地にはえる落葉つる性植物。**【形態】**木や岩の上をはい，付着根を出す。若枝には褐色の細かい伏毛がある。葉は長い柄をもち 3 小葉からなる。柄は長さ 4～7cm。小葉のうち頂小葉は短い柄があり，側小葉はほぼ無柄となる。頂小葉は楕円形もしくは長楕円形で，基部は広いくさび形で長さ 12～15cm。側小葉は卵形で基部は丸く，長さ 8～12cm ほど。いずれも成葉では全縁で表面は無毛，裏面は側脈の腋にのみ褐色の毛を密生する。葉は秋に美しく紅葉する。雌雄異株。5～6 月，本年の枝の葉腋から円錐花序を出し，黄緑色の小さな花を開く。花序は長さ 3～10cm ほどで，褐色の短毛がはえている。花柄は長さ 0.2cm 内外。がくは 5 裂し，裂片は楕円形。花弁は 5 個，楕円形で長さ 0.3cm ぐらいあり，そり返る。雄花には雄しべが 5 個あり，雌花には小形の 5 個の雄しべと 1 個の子房がある。核果は扁球形で径 0.5～0.6cm，縦にすじがあり，ほとんど毛はなく滑らかであるが，わずかに毛を散生することもある。和名は木質のつるがツタに似たウルシの意味である。**【特性】**ウルシと同じく，かぶれることがある。**【学名】**種形容語 *orientale* は東方の，という意味。

893. ヤマハゼ 〔ウルシ属〕
Toxicodendron sylvestre (Siebold et Zucc.) Kuntze

【分布】本州（東海道以西），四国，九州，沖縄，小笠原，台湾，ヒマラヤ，タイ，インドシナ。**【自然環境】**山地の日あたりのよい所にはえる落葉小高木。**【形態】**幹は高さ 6m ぐらいになる。樹皮は暗褐色，枝はまばらに直線的に出る。若枝は紅紫色で，短い褐色の毛を密生する。葉は互生し奇数羽状複葉で長さ 20～35cm ほど。葉軸は暗赤褐色で，短い褐色の毛が密にはえている。小葉は 4～7 対あり，狭楕円形もしくは広披針形で長さ 5～7cm，幅 2～4cm あり，先端は鋭くとがり，葉の基部は広いくさび形または鋭くとがり全縁。両面に短毛を密生するが裏面は粉白色とはならない。秋には美しく紅葉する。雌雄異株。5～6 月，枝の先の葉腋から円錐花序を出し，黄緑色の小さな花を開く。花序は長さ 10～20cm，褐色の毛が密にはえている。雄花は花柄が 0.2cm ぐらい，がくは 5 裂，花弁は 5 個で長楕円形，長さ 0.2cm ほど，雄しべは 5 個，花弁とほぼ同じくらいの長さで，雌しべは退化して小さい。雌花には小さい雄しべが 5 個と 1 個の雌しべがある。果序は垂れ下がり，核果はやや扁平な卵形で径 0.8～1cm ほど，滑らかで毛はなく黄褐色で光沢がある。**【学名】**種形容語 *sylvestre* は野生の，という意味。

894. ハゼノキ（リュウキュウハゼ） 〔ウルシ属〕
Toxicodendron succedaneum (L.) Kuntze

【分布】本州（関東南部以西），四国，九州，沖縄，済州島，台湾，中国，マレーシア，インド。**【自然環境】**やや乾燥する尾根や傾斜面に生育し，多くの沿海地方に見られる落葉高木。**【用途】**果実からロウをとる有用樹。庭園樹としても植栽。**【形態】**幹の高さ 10m ぐらいになる。樹皮は暗赤色で滑らかであるが，老樹になると裂け目ができる。冬芽には黄褐色の毛があるが，そのほかは全株無毛である。葉は互生し奇数羽状複葉で，枝先に集まってつく。小葉は 4～7 対，広披針形または狭長楕円形で全縁，先端と基部はやや鋭形で長さ 4～10cm，幅 1.5～3cm，裏面はしばしば粉白色となる。秋の紅葉が美しいので庭にも植えられ盆栽ともされる。雌雄異株。5～6 月，枝先の葉腋から円錐花序を出し多数の黄緑色の花を開く。がくは 5 裂し，5 個の花弁は卵状楕円形。雄花には 5 個の雄しべがあり，雌花には小さい 5 個の雄しべと，3 つの柱頭のある子房がある。核果は楕円形で径 0.8～1cm，無毛で光沢があり，乾くと表面はしわができて黄緑色になる。**【植栽】**繁殖は実生もできるが，よい品質のものをとるためにはふつうは接木によっている。**【学名】**種形容語 *succedaneum* は汁を有するという意味。

895. ヌルデ（フシノキ）〔ヌルデ属〕
Rhus javanica L.

【分布】北海道，本州，四国，九州，沖縄，台湾，朝鮮半島，中国，ヒマラヤ，インド，インドシナ。**【自然環境】**山野の日あたりのよい所にはえる落葉小高木。**【用途】**ヌルデノフシムシの寄生によって生じる虫えいが五倍子で，タンニン 50～70％を含み，染料などに利用される。**【形態】**高さ 5m 内外になるが大きいものは 10m に達するものもある。樹皮は帯褐灰色で枝は太く，赤褐色の皮目が目立つ。若枝には黄褐色の毛を密生する。葉は互生して奇数羽状複葉で長さ 30～40cm，中軸の両側に翼がある。小葉は 4～6 対あり，長楕円形または卵状長楕円形で長さ 5～12cm，幅 3～6cm，縁には鈍鋸歯があり質は厚い。表面に短い毛がまばらにはえ，裏面には軟らかい毛が密生している。葉は秋に美しく紅葉する。雌雄異株。8～9 月，枝先に円錐花序を出し，小さな黄白色の花を開く。花径は 0.25cm ほど。がく片，花弁ともに 5 個。雄花は 5 個の雄しべと退化した雌しべがある。雌花には退化した 5 個の雄しべと 1 個の雌しべがある。果実は 10～11 月，径 0.4cm ほどの扁球形の核果が黄赤色となり，黄褐色の細毛が密にはえている。成熟すると酸味のある白い粉をかぶる。**【学名】**種形容語 *javanica* はジャバの，という意味。

896. チャンチンモドキ（カナメノキ，クロセンダン）〔チャンチンモドキ属〕
Choerospondias axillaris (Roxb.) B.L.Burtt et A.W.Hill

【分布】九州南部の鹿児島県，熊本県，台湾，タイ，ヒマラヤなどの暖帯，亜熱帯に分布。**【自然環境】**暖地の山中にまれに自生，または植栽される落葉高木。**【用途】**ほとんど利用されることはなく，まれに植物園，樹木園などの標本木として用いる。**【形態】**幹は直立，樹高 10～20m，直径 0.3～0.6m に達する。樹皮は灰紫褐色で粗く縦に裂け，薄くはげる。枝は太く，若枝は淡緑色，次年には褐紫色になる。初め微毛があり，すぐに無毛となる。葉は奇数羽状複葉で長さ 15～35cm，小葉は長さ 5～10cm で 7～13 個ぐらいが対生し，小さな小葉柄がある。葉形は卵状長楕円形，長楕円形，先端は鋭尖または鈍頭，基部は広いくさび形あるいは円脚，急円脚となる。葉縁は波状または全縁。表面は濃緑色，裏面は淡緑色でやや白みを帯びる。雌雄異株。花は 5～6 月頃，新枝の葉腋に円錐状の花序となる。花は短柄があり，がく片と花弁は 5 個，花弁は長楕円形，がく片より長い。雄しべは 10 個，雌しべは 1 個。雌花の子房は卵形で，その上に先端が 5 個に裂けた柱頭がある。果実は楕円体の核果で長さ 2～2.5cm ぐらい，外果皮は汚黄色，内果皮は骨質，内部に 5 つの種子がある。**【特性】**暖地を好み，東京付近では直径 15cm ぐらいまでは冬期防寒する。生長が早く 40 年生で樹高 20m，直径 50cm に達する。**【植栽】**繁殖はおもに実生による。**【学名】**種形容語 *axillaris* は腋生の，の意味。

897. ランシンボク（トネリバハゼノキ，カイノキ）〔ランシンボク属〕

Pistacia chinensis Bunge

【原産地】中国，台湾原産。日本には大正末年以前に渡来した。【分布】庭園樹として，各地に植栽される。【自然環境】耐寒性の強い落葉高木で，日あたりのよい比較的乾燥する土地を好む。【用途】中国ではかつて進士に及第した者に授ける笏を作った樹として有名。杖や碁盤を作る用材に使われる。また若葉は野菜や茶に利用される。日本では庭園樹にする。【形態】幹の高さ 15～25m，幹は屈曲し，全体に多くの小枝を出して茂る。樹皮は茶褐色で，小枝には細い軟毛がはえる。葉は短柄で互生し，偶数羽状複葉で，10～12 枚の小葉からなる。小葉は披針形で長さ 5～10cm，秋に深紅色に紅葉し美しい。雌雄異株，4 月頃，淡黄色の小花を，5～8cm の円錐花序に生じ密につける。核果は球形，長さ 0.3cm～0.6cm で緋色，やがて紫色に変わる。【特性】日あたりを好み，耐寒性強く，性質はきわめて強健。東京近辺でも，よく戸外で生育する。【植栽】繁殖は実生，または接木。さし木による。種は春にまく。まく前に水につけ，十分吸水させてまく。【近似種】地中海地方原産のピスタチオがある。種子を食用として利用する落葉小高木で，とくに乾燥地を好む。【学名】種形容語 *chinensis* は中国産の，という意味。別名カイノキは中国名の楷樹をそのまま日本読みにしたもので，孔子廟の樹として有名であり，外観はハゼノキに似ているが，果実は紫黒色に熟す。

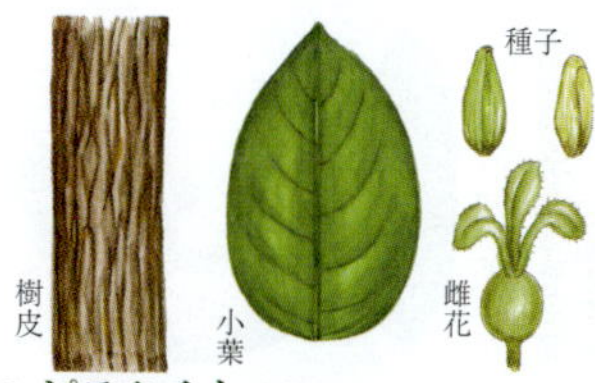

898. ピスタチオ（ピスタシオノキ）〔ランシンボク属〕

Pistacia vera L.

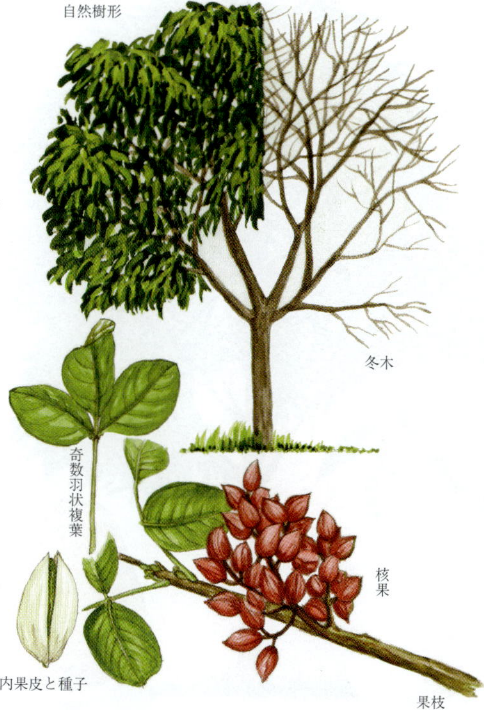

【原産地】地中海沿岸，西アジア。【分布】南ヨーロッパ，米国のカリフォルニア，インド。【自然環境】乾燥する温暖な地域に適する落葉高木。【用途】種子中に養分を蓄えた子葉があり，これは高級なナッツの１つでピスタシオナッツと称する。【形態】高さ約 10m。枝は開張性で横に広がる。葉は羽状複葉で角ばった葉柄があり，互生し，若葉は有毛，のちに毛を失い平滑となる。小葉は３または５枚で長さ 5～10cm の卵形または楕円形，葉先は鈍頭，ほとんど無柄である。雌雄異株で雄花序は尾状，雄しべは５本，雌花は総状花序につき細毛があり，子房は１室である。核果は長さ約 2.5cm，緑色で赤褐色を帯びる。果肉は非常に薄く，核は１個，中の子葉は非常に厚く，脂肪やタンパク質が多く緑色または黄白色，赤褐色の薄い膜に包まれている。【特性】耐寒性はある。亜熱帯性の果樹ではあるが乾燥地の原産であるため，日本のような多湿地での大量栽培は不適であり，オリーブ栽培のできる土地を標準とした，乾燥した温和な気候を好む。【植栽】繁殖は実生，さし木，接木により，接木は耐寒性のランシンボク（カイノキ）を台木にするとよい。大量栽培では雌 6～8 本に雄１本を必要とする。【学名】種形容語 *vera* は典型的，の意味。

899. カスミノキ（スモーク・ツリー，ハグマノキ）

〔ケムリノキ属〕

Cotinus coggygria Scop.

【原産地】中国中部，ヒマラヤから南ヨーロッパ原産。日本には明治初期に渡来した。【分布】庭木として庭園に植栽される。【自然環境】耐寒性の強い落葉低木で，日あたりを好む。【用途】庭園花木として植栽するほか，近年切花にも利用される。【形態】高さ4～5m，幹は基部より分枝し，枝を四方に広げる。葉は卵形，全縁で濃暗緑色。葉長4～7cmほど。6～7月，枝先に帯紫色の小花を15～20cmの長さの円錐花序につける。花径0.3cmぐらい。大部分が不稔性花で，落花後に花梗が伸長し，開出した長毛におおわれるため，煙のように見え，スモーク・ツリーの名が生まれた。核果は小さく腎臓形で0.3～0.4cmの紅色となる。【特性】日あたりのよい場所を好む花木で，排水のよい場所が適地。耐寒性も強く丈夫で栽培しやすい。【植栽】繁殖は実生か取り木による。接木，根ざしもできる。【管理】適地を選んで植えれば，庭木としてよく生育する。日あたり，排水のよい場所で，壌土が適地。せん定は花後適当に行い，株仕立てにする。肥料は寒肥に有機質肥料を与え，花後お礼肥に化成肥料を施す。【近似種】変種に下垂性のvar. *pendula*，葉が濃暗紫色のvar. *atropurpurea*がある。【学名】種形容語*coggygria*は本種の古いギリシア名による。

900. マンゴー

〔マンゴー属〕

Mangifera indica L.

【原産地】インド北東部から北ビルマの熱帯ヒマラヤ地域。【分布】全世界の熱帯地方に広く分布する。【自然環境】熱帯の多雨地域に適する常緑高木。【用途】熟果を生食するほか，加工したり料理に用いる。花や若葉は野菜とし，葉や樹皮より黄色染料をとる。【形態】高さ20～30mに直立し，葉は長さ20～30cm，幅4～10cmの長楕円形で基部は鋭形，先はしだいに細くなってとがり，表面濃緑色で光沢があり，裏面は黄緑色，全縁，革質で，互生し枝先に多くつく。枝先に円錐花序をつけ，黄白色の花を多数つける。花は雑居性（雑性花）で独特の香りがあり，蜜が多い。果実は形や大きさ，色は品種によって異なり，卵形，楕円形，腎臓形などで多少扁平になり，緑，黄，橙黄色と紅や紫色を帯びるものなどがある。果肉は黄色または橙黄色で，甘味が強く多汁で独特の風味がある。果肉中には種子より出た繊維が走り，種子との離別が困難で，松脂臭があり，よい品種ほどこれらが少ない。種子は1個，扁平で単胚と多胚とがある。【植栽】繁殖は実生と接木による。土質は選ばないが深根性で大木になるため，耕土が深く排水良好で高温多湿の熱帯気候を好む。しかし開花期間中の多雨多湿は結果不良になり，この頃乾燥する土地に大産地が多い。成木になると隔年結果をしやすく，結実促進のため樹皮を剥皮したり，断根をして成長を止めたり，カリ肥料を多用する。温室内の越冬最低温度は6℃以上だが，これは短時間で15℃以上が長く続かないと枯死する。【学名】種形容語*indica*はインドの，の意味。

901. クウィニマンゴー　〔マンゴー属〕

Mangifera odorata Griff.

【原産地】マレー諸島。**【分布】**インドから東方のマレー半島，フィリピンにかけて広く栽培されている。**【自然環境】**熱帯の多雨地域に適する常緑高木。**【用途】**果実を生食するほか塩漬，料理用，調味料などにし，マンゴーとほぼ同じで，その他マンゴーの台木とする。**【形態】**高さ 20～30m に達する。樹冠は広卵形ないし球形，樹皮は灰色で樹液はかぶれを起こす。新葉は紅色を帯びるが，のち黄緑色となり，革質，全縁で長楕円形，先はしだいに細くなってとがり，基部もとがり，ふつう長さ 15～25cm，幅 5～10cm で，幼樹や下枝ではこれより大きく，老樹や上枝の葉はこれより小さく短くなりマンゴーに似るが，マンゴーより葉数が少なく葉肉が厚く硬直している。葉柄は長く，大葉で 6～7cm，小葉で 3～4cm。花は頂生。枝先に黄色または紅色の 20～45cm の太くて長い円錐花序をつけ，紅色の小花梗を分枝させて，がくは 5 枚で赤色，黄色で周辺が桃色の 5 枚の花弁のある直径約 0.6cm の小さな花をつける。花は雑居性（雑性花）で臭気がある。果実は長楕円形で長さ 10～15cm，直径 7～10cm，黄緑色で黄色や褐色の斑点を多数つける。果肉は黄色で甘味強く，多汁で香気高いが，強い樹脂臭と繊維が多く，品質はマンゴーに及ばない。種子は扁平で大きく 1 個ある。**【植栽】**繁殖は実生による。マンゴーに適さない多雨地帯でよく生育し結実する点に特徴があり，栽培する価値を認められている。その他はマンゴーに準ずる。**【学名】**種形容語 *odorata* は芳香のある，の意味。

902. カシューナットノキ（カシューナット）　〔カシューナットノキ属〕

Anacardium occidentale L.

【原産地】熱帯アメリカ。**【分布】**熱帯アジア，アフリカ各地で栽培される。**【自然環境】**潮水のくる河岸砂地に野生状態になっている常緑高木。**【用途】**仁をナッツとして炒ってから食用にする。果托をカシューアップルと称し生食する。また果汁でアルコール飲料を作る。**【形態】**高さ 7～14m。枝は開張性で枝葉が密に茂る。葉は長さ 10～20cm，幅 5～10cm の倒卵形で葉頭は凹形または丸く，葉脚はくさび形，全縁，革質，葉柄は長さ 1.3～2cm で互生する。花は小さく直径約 0.8cm，枝先につく円錐花序は長さ 10～25cm で，がくは 5 裂し緑色で直立し，花弁は 5 弁でほとんど線状で，開花すれば外側に反転し白色，内側は鮮紅色，雄しべは 9 本，そのうちの 1 本が長い。果実は腎臓形で，花托の先端が肥大した洋ナシ形の果托上にあり，約 2.5cm で暗黒褐灰色，外皮厚く，この部分に刺激性の酸味を帯びた油状の汁液を含み，皮膚に触れるとかぶれる。核は果実の約 1/3 で，薄い黄白色または緑灰色の皮内の仁は白色，勾玉状で脂肪分に富む。果托の部分は大きいもので長さ 10cm，直径 5cm で，熟すと橙黄色または鮮紅色になり，多汁で軟らかく酸味とよい香りがある。**【栽培】**繁殖は実生，接木による。土質を選ぶことは少ないが，とくに他樹の育たないような砂質土壌によく生育する。高温湿潤の熱帯気候を好む。移植は困難で，樹齢も 18 年程度で短い。**【学名】**属名 *Anacardium* は ana= 似ると kardia= 心臓の意味。種形容語 *occidentale* は西方の，の意味。

903. イロハモミジ（タカオモミジ, イロハカエデ, モミジ）〔カエデ属〕

Acer palmatum Thunb.

【分布】本州の関東以西，四国，九州，朝鮮半島，植栽は北海道南部まで。【自然環境】温暖で多少湿気のある深層地を好んで生育する落葉高木。【用途】庭園樹，盆栽。材は建築材，器具材など。【形態】幹は斜幹，株立ち状などが多い。通常高さ 10～15m，幹径 50～60cm。樹皮は灰褐色で平滑，枝は水平状に出る。葉は対生，葉柄は長柄で帯紅色，葉身はやや円形で掌状に深く 5～7 裂し，長さ 4～7cm，裂片は広披針形または卵状披針形で尾状鋭尖であり，縁には不整の鋭鋸歯か，やや重鋸歯がある。葉脚は心脚。花は 4～5 月，新葉とともに散房状円錐花序が頂生し，長さ 3～4cm の花梗が下垂する。雌雄異株で雄花と両性花がある。小花は暗紅色で花径 0.4～0.6cm，やや垂れ下がって咲く。がく片は 5 で，披針形で濃紅色，花弁も 5 片，楕円形で淡紅色である。果実は 10 月成熟，翼果は長さ 1～2cm，斜開または平開する。【特性】中庸樹。向陽で多少湿気ある深厚の肥沃地を好む。生長は早い，萌芽力があり，せん定にも耐えるが強せん定は好ましくない。移植やや容易，浅根性であり，潮風，大気汚染に弱い。【植栽】繁殖は実生による。【管理】若木のうちは徒長枝が出やすいので，かき取ってやる程度。施肥は乾燥を防ぐのを兼ねて，根もとに堆肥などでマルチング，2 月に寒肥として油かすを与える。病気に粗皮病，害虫にはテッポウムシ，アブラムシ，カイガラムシ。【学名】種形容語 *palmatum* は掌状の，の意味。

904. チリメンカエデ（キレニキシ）〔カエデ属〕

Acer palmatum Thunb.
var. *dissectum* (Thunb.) Miq.

【分布】カエデの 1 変種でまだ野生は見られない。北海道～九州に植栽可能。【自然環境】各地の庭園に植栽される落葉低木。【用途】庭園樹などに用いる。【形態】高さ 2m ぐらいで，枝が広く四方に広がり下垂する。葉は対生，長柄，葉は掌状全裂し，裂片は 7～9 で紫褐色をしている。裂片は線状披針形で，細長く鋭い尖頭をもち，基部は細くせばまる。縁は多数の小さな羽片に深く裂けており，小羽片には細かくとがった鋸歯がある。花および果実は母種に同じである。【特性】陽樹であるが，やや耐陰性を帯び樹陰下でも耐えて育つ。多少湿気のある向陽の肥沃地を好むが，植栽する場合はふつうの土壌で育つ。【植栽】繁殖は一般に接木により，春に呼び接ぎ，5～7 月に緑枝接ぎを行う。移植は 11～12 月が適期。【管理】混みすぎた枝を落葉後に枝抜きする程度がよい。施肥は冬期に堆肥，鶏ふんなどを施し，さらに 4～5 月に化成肥料を追肥するとよい。病気は 6 月，9～10 月にウドンコ病が発生しやすく，また枝枯れ病など多くの病気がある。害虫はとくにテッポウムシの食入に注意する。またアブラムシが発生しやすい。【近似種】タムケヤマ f. *ornatum* は葉が暗紅色のもの。【学名】変種名 *dissectum* は，全裂した，の意味。

905. カエデ‘カセンニシキ’（ハナイズミニシキ）
〔カエデ属〕
Acer palmatum Thunb. ‘Kasennishiki’

【系統】イロハモミジの園芸品種で，江戸時代の記録にはなく，明治15年（1882）の『械品便覧』に初めて記載がある。【用途】庭園樹または鉢栽培で観賞するが，生育は遅く，大きくならず2～3m以上は見られない。【形態】幹は灰褐色で直上および斜上にのび，小枝は密で大枝は少ない。葉は中葉で掌状7裂，裂片は長楕円形で粗鋸歯，尖鋭。葉長3.5～4cm，幅4～4.2cm。葉柄は2cm。夏に生育した徒長枝の葉は大葉も現れて，長さ11cm，幅9cmとなる。葉柄も4cmあまりになり，斑入り葉を現さない枝も出やすいので早く切り除く必要がある。【特性】葉は斑入り葉で，春の萌葉時には紅色や淡紅色の斑が現れ，のちに淡黄色の斑となり，葉縁や鋸歯が斑によって変形して，けこみ斑が入ったり，鋸歯が重鋸歯になったり変化する。斑は夏～秋にかけては淡黄色で，秋には美しく紅葉して終わる。【近似種】‘オリドノニシキ（織殿錦）’はイロハモミジの園芸品種。斑入り葉でよく似ているが，斑が葉辺に入り，白斑で，春の紅斑が鮮明ではない。また鋸歯の変形もなく，樹勢は強くのびる。‘アサヒヅル（旭鶴）’もイロハモミジの園芸品種でよく似るが，旭鶴は花泉錦より完全な覆輪状の斑入り葉種。他のイロハモミジの園芸品種としては，‘ハゴロモ（羽衣）’‘アカヂニシキ（赤地錦）’などがある。

906. カエデ‘セイゲン’　〔カエデ属〕
Acer palmatum Thunb. ‘Seigen’

【系統】イロハモミジの園芸品種で，作出は不詳。昭和30年（1955）頃に一般化した品種である。【用途】盆栽用品種で，矮性樹。もとは茨城県の鹿島での産で，千葉の鉢物栽培業者より販売される。庭木用としては小庭園に適する。【形態】自然樹形では多幹になり，下から密に生育，幹肌は灰褐色になり，若枝は緑褐色で小枝は密で節が短い。葉は小葉で7～9裂して葉長3～5cm，幅もおよそ同じくらい，中裂した小葉は披針形で鋭尖形から芒形になるものもあり，鋭鋸歯状になる。花も咲くが未調査である。【特性】矮性品種で畑地植えで60～90cmになるまで10年あまりかかり，枝張りは40～60cmぐらいに幅ができて，枝は密になる。春の新芽が鮮紅色になり，いちだんと美しく，夏になるとふつうの葉色と同じになる。秋の紅葉もよく，夏に葉刈りを行うとさらに紅葉が美しくなる。【近似種】‘キヨヒメ（清姫）’は新葉の芽先が美しく，‘セイゲン’に似るが，樹姿が立性でやや箒状の樹姿になる。‘タマヒメ（玉姫）’も同一系統で，盆栽や鉢物で生産されている。樹姿が半円状に小枝が密になり，その樹姿が鉢植としてよい形に自然となる。他の品種では‘ヒガサヤマ（日笠山）’，‘シシガシラ（獅子頭）’，‘ヤツブサ（八房）’などがある。【植栽】植替え，移植の適期は10月から12月までがよく，さし木苗で育てたほうがよい。

907. カエデ 'サザナミ' 〔カエデ属〕

Acer palmatum Thunb. 'Sazanami'

【系統】イロハモミジの江戸時代からの園芸銘品。伊藤伊兵衛の『地錦抄附録』（1733）に記載されている品種で，とくに掌状深叉葉の部類に明治年間に分けられて，現代に保存されている。【形態】樹は横張性で太枝も上にのび，樹肌は緑褐色，枝は上部は密になる。葉は掌状 7 裂ぐらいで深く，葉長は 3～4cm，幅は 3～4cm。葉柄は 1.5～2cm。裂片の鋸歯は欠刻状で長披針形か，やや菱形になる。春の芽出しは紅褐色で，のちに濃褐色となる。【特性】葉の変わりが特徴で，葉形が丸みがあり 5～7 裂で深く，鋸歯が二重鋸歯のようになり，先は尖鋭となる。春の紅色葉が夏には紅褐色になり，秋は本紅，薄紅，黄色などの変化がある。本種は葉が密なので紅葉のときに葉が上下に重なり，紅葉した葉に上葉の影が生まれておもしろい。樹勢は強健であるが生育は遅い。【近似種】'ミズクグリ（水潜り）' も江戸時代の品種。掌状 7 裂だが，鋸歯は鋭細鋸歯で二重鋸歯ではない。葉色も緑色で違うが，一見類似している。葉は '水潜り' のほうがやや大きく，長さ 3～4cm，幅 6～7cm，葉柄は 2～2.5cm。春の芽出しは紅色を帯びるが，のち緑色となる。'クラベヤマ（暗部山）' は 7 裂片で基部まで裂け，鋸歯は欠刻状で鋭く葉長 5cm，幅 6cm である。葉は夏には緑色，春は紅褐色である。他に 'シギタツサワ（鴫立沢）'，'アカシギタツサワ（赤鴫立沢）' などもよく似た品種。

908. カエデ 'イイジマスナゴ' 〔カエデ属〕

Acer palmatum Thunb. 'Iizimasunago'

【系統】イロハモミジの園芸品種で明治時代の『械品便覧』（1882）という輸出用の名鑑に初めて現れた。樹形はやや立性の 'ノムラカエデ' に似ている。砂子の意味は斑入り葉の斑点を砂子斑とよんでいるもので，飯島の名は不詳。【用途】鉢作りや庭植え用で，葉色の変化は春から夏，秋と変わり美しい品種。日陰で栽培すると変化は少なく，葉は緑色になる。【形態】葉は掌状で 5～7 裂し，葉長 5cm，幅 9cm と幅のある円形で，深く裂け，裂片はやや菱形に披針形となり，鋭脚に近く，葉身について鋭鋸歯となる。葉柄は長く 3.5cm で，対生した葉はともに葉脚が下の裂片を含めて矛状になるために葉幅は広くなり，ややねじれた感じで盃状となる。小枝は紫紅色になり細く，節は突出して間は長い。【特性】葉は変わり葉の類で，萌芽期は紅色で美しく現れ，のちに紫紅褐色となる。夏葉は日陰では緑色となり，ふつうの葉と大差はないが，紫紅色を帯びた葉には点々と緑色に斑が現れる。【近似種】葉に斑がこのように入る品種はない。葉に斑はないが，'ナナセガワ（七瀬川）' が似ている。色は紫紅色で変化は少ない。葉形は類似する。また 'ユウグレ（夕暮）' も類似するが，葉質がやや薄い。'イイジマスナゴ' のほうが厚さを感じる点と葉が少しよれる性質がある。他の変わり葉種に 'オオサカズキ（大盃）' がある。

909. オオモミジ 〔カエデ属〕

Acer amoenum Carrière var. *amoenum*

【分布】北海道，本州，四国，九州。【自然環境】温帯の山の谷間などに自生する落葉高木。【用途】庭園，公園の植込み，添景樹，盆栽や景観木に用いる。秋の紅葉を賞する。材は器具材，彫刻材などに用いる。【形態】幹は直立か斜幹で分枝し，通常高さ10～15m，胸高直径50～60cm。樹皮は灰褐色で平滑，葉は対生，長柄で葉身はやや円形で掌状に7～9裂し，裂片は長楕円状披針形で先は尾状にやや尖頭である。縁にはやや整正の細鋸歯がある。下面にはやや光沢がある。花は4～5月，若枝の先に複散房状に小さい花を1～数個つけ，やや下垂する。花は暗赤色で径は0.4～0.6cm，果実は9～10月に成熟，翼果は翼を含めて長さ2～2.5cm，翼角は鈍角である。【特性】陽樹であるが耐陰性もある。適湿地を好む。生長は早い。萌芽力はあるが，せん定は好まない。移植力は中ぐらい。浅根性である。潮風や大気汚染に弱い。【植栽】繁殖は実生による。種子を乾燥貯蔵して春に播種する。【管理】自然に樹形が整う。せん定を嫌うので，徒長枝などを除くときは摘芯で行う。枝は途中から切らないようにする。枝を切ると樹液を流出するので，切口にツギロウなどを塗ることが必要である。病気には粗皮病，ウドンコ病，害虫にはアブラムシ，テッポウムシがある。【近似種】イロハモミジは葉縁に重鋸歯があり，オオモミジのように整正ではない。葉もやや小形である。【学名】種形容語 *amoenum* は愛すべき，人に好かれる，の意味。

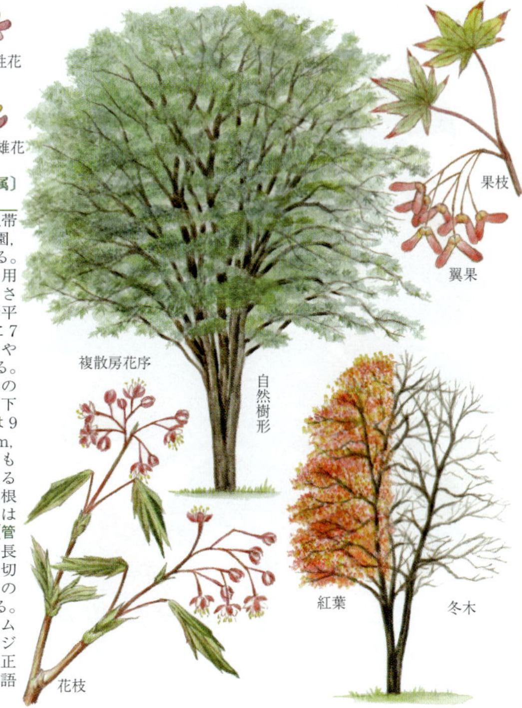

910. カエデ 'ウコン' 〔カエデ属〕

Acer amoenum Carrière 'Ukon'

オオモミジ系の園芸品種で，春の萌芽から夏の成葉に至るまでが，葉が黄色に現れて美しく，順次黄緑色から緑色となり7月中旬頃には緑葉となる。日本で江戸時代に作出された品種で，『広益地錦抄』巻11（1719）に記載がある。【形態】樹高は生育が遅いのか，大木は見当たらず，およそ2～3mまでの樹である。幹は灰褐色で縦に縞状の模様が現れる。枝はやや粗く，葉は掌状5～7深裂で，長さ6～7cm。葉柄は2cm，裂片は長楕円形で，鋸歯はやや粗であるが鋭い。【特性】春の芽先は鮮やかな黄色で，4～5月は黄色の葉は珍しくいちだんと人目を引く。黄色から黄緑色に変化し，夏には緑色になるが，葉柄から新枝が淡緑色であり区別ができる。【植栽】庭植えとしては，春の萌芽に紅色で出る品種群'出猩々'，'千染'，'赤地錦' などとともに群として植えると目立つ品種である。生育は遅いので0.6～1mの場所へ1本で十分である。秋植えが適期である。繁殖は接木によるが，ミストによるさし木繁殖である。【近似種】'錦重' は斑入り葉の品種で黄色い葉をしているものもあるが，濃い緑葉が必ず残っているので区別はできる。他の近似品種として，'カギリニシキ（限り錦）'，'チゾメ（千染）' などがある。

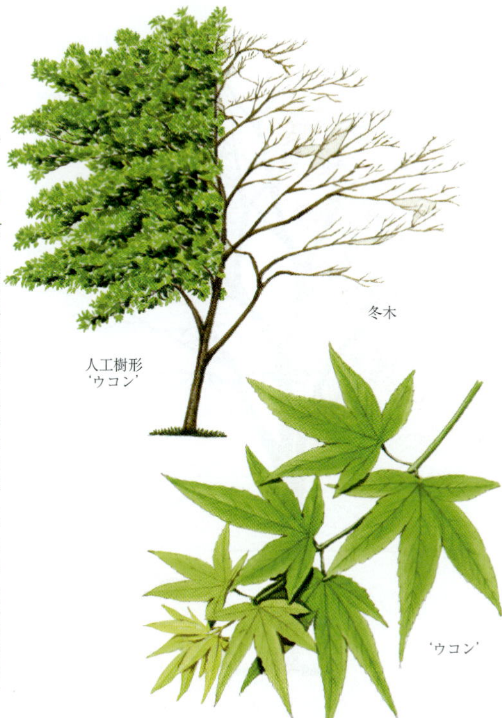

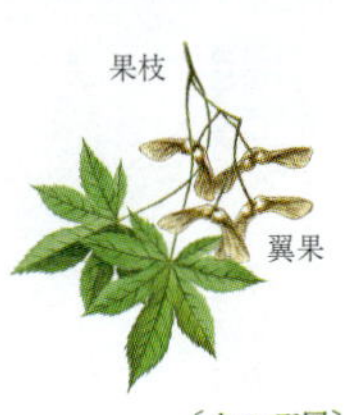

911. ヤマモミジ 〔カエデ属〕
Acer amoenum Carrière
var. *matsumurae* (Koidz.) K.Ogata

【分布】本州の日本海側の青森県から石川，福井県に分布。**【自然環境】**多雪地の山地にはえ，他の落葉樹と混じって自生する落葉高木。**【用途】**公園，街路，緑化，庭園などの造園木。観賞用としての盆栽。材は建築，器具，機械，楽器などの用材に利用される。**【形態】**幹の直上するのは少なく，高さ5～10m，樹皮は帯緑暗褐色，平滑である。小枝は緑灰色，若枝は緑色で多数分枝する。イロハモミジに似るが，葉は長い柄を有し，やや大形で長さ6～8cm，7～8裂し基部は心臓形となる。葉縁には鋭い鋸歯があり，ときに重鋸歯，欠刻状鋸歯となる。花は新葉より早く，枝先に頂生し，散房花序でやや下垂する。小形で雄花と両性花があり，淡紅色の5個の花弁は楕円形で，雄しべの下部には短い翼をもった子房がある。果実は大形で2cmの翼をつけ鈍角をなす。**【特性】**陽樹であるが，やや耐陰性があり，樹陰でも育つ。壌土質を好み耐湿性がある。生長は早く，潮害を受けやすい。**【植栽】**繁殖は実生が主で，秋の採りまきを行う。発芽は，播種の翌春と，2年目の春に発芽する種子があり，発芽したものより順次定植する。**【管理】**手をあまり入れずに，広い場所でのびのび育てる。せん定の必要な場所はむだ枝，徒長枝のみにとどめる。病害虫はアブラムシ，テッポウムシ（カミキリの幼虫）に注意する。**【学名】**変種名 *matsumurae* は松村任三を記念したもの。

912. カエデ‘サンゴカク’ 〔カエデ属〕
Acer amoenum Carrière
var. *matsumurae* (Koidz.) K.Ogata ‘Sangokaku’

【系統】オオモミジの変種であるヤマモミジの園芸品種。**【形態】**葉はオオモミジと変わらず，樹形は小高性，高さ4～5mになるが生育は遅い。冬期には本年生育した枝は鮮紅色となり美しく，サンゴのように見えるために名づけられたのであろう。明治15年（1882）には記録があり，広く栽培されていたものである。葉はオオモミジよりも小形で，長さ3.5～5cm，幅3.5～4.5cm。葉身の3/4は裂け，裂片はやや菱形になり，やや粗に鋭鋸歯と重鋸歯も見られる。**【特性】**ヤマモミジと同じであるが，本年枝が冬期に鮮紅色を現し，葉は春の萌芽も淡緑色から緑色で，秋には少し紅葉するがとくに美しい紅葉ではない。旧年枝は淡紅色を帯び，3年枝では紅褐色程度である。新枝で強くのびた枝は鮮やかで，切花用として冬期に出荷されることもあるが，現在では少なく，サンゴミズキ *Cornus alba* ‘Coral Beauty’に変わってしまった。**【近似種】**ヤマモミジ系の珍しい園芸品種に‘ワビビト（侘人）’があり，‘タムケヤマ（手向山）’に似た葉に紅色の覆輪になる斑入り葉で，小葉のため生育は難しく，鉢栽培でやっと保存し得る。生長は遅い。‘シギタツサワ（鴫立沢）’も同じヤマモミジ系で，葉に特徴があり，春の新緑が葉脈のみ鮮緑色に現れ，他は黄緑色で珍しい。生育は遅い。他の斑入葉種には‘ニシキガサネ（錦重）’，‘マツガエ（松ヶ枝）’がある。

913. ハウチワカエデ（メイゲツカエデ，ウチワカエデ）〔カエデ属〕

Acer japonicum Thunb.

【分布】北海道，本州，四国の剣山，朝鮮半島の温帯に分布。【自然環境】日あたりの比較的よい湿気のある谷すじや，斜面に自生している落葉高木。【用途】庭園樹，公園樹，器具材，建築材，彫刻材，船舶材，薪炭材などに用いる。【形態】幹は通直，分枝し高さ 15m，幹の直径 60cm に達する。樹皮は灰青色，帯紫灰青色を呈し平滑。若枝は無毛で，1 年生枝は帯紫紅色で光沢があり平滑。葉は対生，薄質の円心形で直径 7〜12cm，掌状に浅く 9〜11 裂し，基部は心臓形。裂片は鋭尖頭で粗い重鋸歯がある。若葉は初め全体的に白い綿毛が密生しているが，のちに裏面の葉脈ぞい，とくに脈の基部に残る。花は 4〜5 月頃，当年枝の先端に紫紅色の散房花序を下垂する。がく片，花弁とも 5 個，雄しべは 8 本。雌花と雄花がいっしょの花序と，雄花だけの花序がある。翼果は無毛または有毛，長さ 2〜2.5cm，幅 0.7〜1cm。翼角は鈍角または水平近くに開く。9〜10 月，黄褐色に熟す。【特性】中庸樹であるが日照を要求する。やや湿気のある肥沃な深層土を好むが，多少乾燥にも耐える。生長はやや早い。【植栽】実生，さし木，取り木で繁殖。実生は採りまき，あるいは貯蔵して翌春にまく。果実が乾燥すると著しく発芽率が低下する。【管理】強度のせん定は樹形を崩す。害虫としてカミキリムシ類の幼虫による被害がある。【近似種】本種の変種にはオオメイゲツ，コバコハウチワ，モミジハウチワなどがある。

914. マイクジャク〔カエデ属〕

Acer japonicum Thunb. 'Parsonsii'

【分布】ハウチワカエデの園芸品種で，全国に植栽されている。【自然環境】庭園などに植栽される落葉低木。【用途】庭園樹，盆栽など。【形態】樹形は多く半球形を呈する。若枝は紫紅色で太く，枝は粗生して小枝に乏しい。樹皮は灰青色または帯紫灰青色で平滑。葉は対生，葉柄に白毛がある。葉身は緑色，円形で基部が心臓形となり，掌状にほとんど基部まで 9〜13 裂する。裂片はへら状倒披針形で基部はくさび状に狭くなり，上部は欠刻状に分裂し，裂片の縁には重鋸歯がある。表面は長い毛が粗生し，裏面は特に葉脈上に白く長い毛を密生する。新葉開出時と秋の紅葉が美しい。花は 5 月，若葉ともに出，果実は秋に熟す。花も果実も母種のハウチワカエデに同じ。【特性】中葉樹であるが，やや陽性を帯びる。多少湿気のある肥沃な土壌を好む。生長はやや早い。【植栽】繁殖は実生，接木による。実生は採りまき，または春床まきする。接木は5〜7月に芽接ぎ，春に切接ぎ，呼び接ぎ，7〜8月に腹接ぎを行う。移植は 11〜12 月が適期。【管理】せん定は混みすぎた枝を間引く程度でよい。施肥は冬季に堆肥，鶏ふん，4〜5 月に化成肥料などを施す。病害虫は多いが，とくにテッポウムシの食入に注意する。

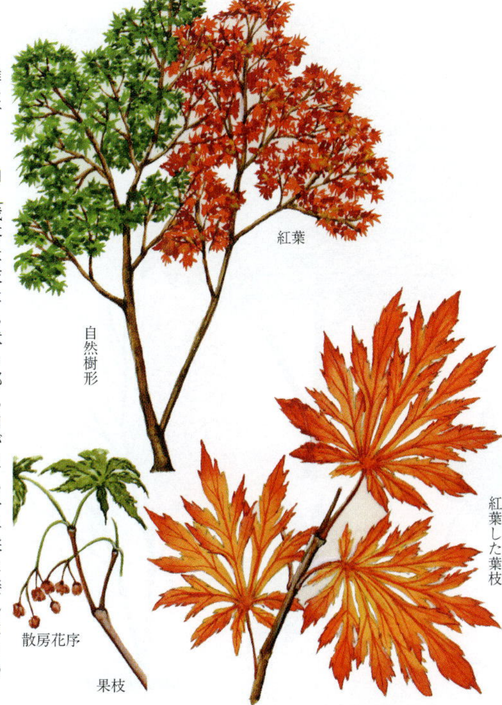

915. コハウチワカエデ

（イタヤメイゲツ，キバナハウチワカエデ）　〔カエデ属〕

Acer sieboldianum Miq.

【分布】北海道，本州，四国，九州の温帯に分布。**【自然環境】**比較的日あたりのよい適湿な緩傾斜地や尾根すじに自生，あるいは植栽されている落葉高木。**【用途】**庭園樹，器具材，鏇作材，薪炭材などに用いる。**【形態】**幹は直立で，分枝した枝もやや直立性。樹高15m。幹の直径60cmに達する。樹皮は暗灰色，灰青褐色でやや平滑。若枝，葉柄に白軟毛がある。葉は対生でやや長い葉柄があり，洋紙質，直径6～8cmの円心形で掌状に7～11裂する。基部は浅心形あるいは切形。初め両面に白軟毛があるが，のちに裏面の葉脈ぞいに残る。裂片は狭卵形または広披針形で先端は鋭い。縁には鋭鋸歯がある。花は淡黄色で5～6月，当年枝の先に複散房花序となり下垂する。がく片，花弁ともに5個，雄しべは8個，花軸や花柄には毛が密生している。翼果は10月頃成熟し，ほとんど毛がなく長さ1～1.5cm，翼角は水平でほぼ一直線に開いている。**【特性】**中庸樹であるが日照を要求する。適潤で肥沃な深層土を好む。生長はやや早い。**【植栽】**実生，さし木，接木，取り木で繁殖。実生は採りまき，あるいは貯蔵して翌春まく。果実は乾燥すると発芽率が低下する。**【管理】**樹形を整えるための枝抜き程度でよい。強せん定は樹形を崩すことがある。害虫は材に侵入するカミキリムシ類の幼虫。**【近似種】**葉が7裂し，対馬壱岐に自生するコバイタヤメイゲツ var. *tsusimense*。

916. オオイタヤメイゲツ　〔カエデ属〕

Acer shirasawanum Koidz.

【分布】本州（宮城県以南），四国に分布。**【自然環境】**深山に自生，または植栽される落葉高木。**【用途】**庭園樹，盆栽，材は器具，薪炭などに用いる。**【形態】**幹は直立，分枝し高さ10～15m，幹の直径30～40cm。樹皮は灰白色で滑らか。若枝は褐色で無毛。葉は対生，長さ3～8cm，無毛の長柄があり，葉身は円形で掌状に9～11中裂し，裂片は狭卵形で先端は鋭くとがり，縁には著しい重鋸歯がある。基部は心臓形で直径は6～10cm，通常幅のほうが広い。厚い洋紙質で，表面は無毛でやや光沢があり，裏面は脈腋に白毛がある。冬芽は三角形または長三角形で，2枚の芽鱗に包まれている。株を異にして雄性花と両性花を生ずる。花は新しい枝の先に5～6月頃，無毛の散房花序を出す。子房には少数の長毛がある。雄しべは8本で，両性花は雄しべが短い。果実は10月に熟し，長さ2cm内外で，短い無毛の翼をもち平開する。**【特性】**中庸樹。樹陰下でも生育する。適潤で肥沃な深層土を好む。**【植栽】**繁殖は実生で，採りまきまたは春まき。移植は11～12月が適期。**【管理】**せん定は混みすぎた枝を落葉後切る。施肥は冬期に堆肥，4～5月に化成肥料などを施す。病害虫はゴマダラカミキリの後食と幼虫の食入に注意。太い枝の切口は腐りやすいので保護をする。**【学名】**種形容語 *shirasawanum* は林学博士白沢保美を記念した名である。

917. ヒナウチワカエデ 〔カエデ属〕

Acer tenuifolium (Koidz.) Koidz.

【分布】本州の関東以西，四国，九州の温帯に分布。**【自然環境】**日あたりのよい山野の谷すじに自生，または植栽される落葉小高木。**【用途】**庭園樹。材は器具材，鏇作材などに用いられることもある。**【形態】**枝は無毛でよく分枝し，樹高 5m ぐらいになる。樹皮は暗灰色，灰白色でやや平滑。葉は幼時に白軟毛を粗生するが，のちに裏面脈腋を除きほとんど無毛となる。葉は対生で長さ 2～5cm の細長い葉柄がある。葉身は直径 4～7cm の円心形で，7～9 裂，ときには 5 裂の掌状形，基部は心臓形，裂片は披針形，菱形状狭卵形で欠刻状重鋸歯があり，先端は鋭尖する。花は淡黄色を帯び 5～6 月に若枝の先に下垂し，雌雄が雑居する。細長い 1.5～4cm の総花梗があり，複散房状に直径約 0.5cm の花を 10 数花つける。子房には白軟毛がやや密生している。翼果は長さ約 2cm で無毛，斜めに開出する。**【特性】**中庸樹であるが日照をやや要求する。適潤で肥沃な深層土を好む。**【植栽】**繁殖は実生，さし木，接木，取り木による。実生は採りまき，あるいは貯蔵して翌春まく。果実は乾燥すると発芽率が低下するので，貯蔵には注意する。**【管理】**ほとんど手入れの必要はなく，樹形を整えるための枝抜き程度でよい。強せん定は樹形を崩すことがある。害虫には材に侵入するカミキリムシ類の幼虫がある。**【学名】**種形容語 *tenuifolium* は薄葉をもつ，の意味。

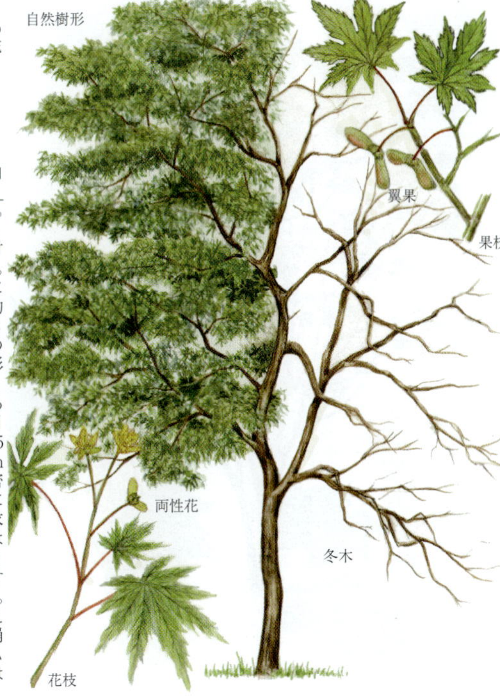

918. アサノハカエデ（ミヤマモミジ） 〔カエデ属〕

Acer argutum Maxim.

【分布】本州（宮城県，新潟県以南），四国の温帯に分布。**【自然環境】**山地の谷間に多く自生する落葉小高木。**【用途】**寒地の庭園樹。材は器具，楽器，薪炭などに用い，樹液から砂糖がとれる。**【形態】**幹は直立，分枝し高さ 5～10m，幹の直径 15～20cm。大きいものは樹高 15m，直径 40cm に達する。樹皮は帯緑暗灰色で平滑である。1 年生枝は暗紅色で軟毛を密生する。葉は対生，3～10cm の長柄がある。葉身は質がやや薄く，円形で掌状に 5～7 裂し，基部は心臓形，アサの葉に似る。上部の 3 裂片はとくに大きく卵状三角形をなす。縁には重鋸歯がある。長さ，幅ともに 5～10cm。表面は無毛，裏面には短い白色の軟毛が散生する。冬芽は卵形または広卵形。雌雄異株で，開花は 5～6 月頃。淡黄色の短い総状花序を出す。雌花序は通常基部に 1 対の葉があるが，雄花序には葉がつかない。果実は 10 月に熟し，無毛で翼とともに長さ 2～2.5cm あり，水平に開出する。**【特性】**中庸樹～陽樹。生長早く，適潤な肥沃地を好む。都市環境には育ちにくい。**【植栽】**繁殖は実生で採りまきまたは春まき。移植は 11～12 月頃。**【管理】**せん定は数年に 1 度枝抜きをする程度でよい。施肥は冬期に堆肥，4～5 月に化成肥料などを施す。病害虫は多いが，とくにテッポウムシの食入に注意。**【学名】**種形容語 *argutum* は鋭鋸歯の，の意味。

919. **オガラバナ**（ホザキカエデ）〔カエデ属〕
Acer ukurunduense Trautv. et C.A.Mey.

【分布】北海道，本州の中部以東，四国の亜高山，朝鮮半島，サハリン，東シベリア，中国東北部の温帯から寒帯に分布。**【自然環境】**適湿な傾斜地などの林中に自生する落葉高木。**【用途】**庭園樹。材は建築材，器具材，彫刻材，旋作材，薪炭材などに用いる。**【形態】**幹は通直，分枝し高さ 15m，直径 40cm に達する。樹皮は灰青色で平滑。若枝は灰青紫紅色で汚黄色の短毛がある。葉は対生で長さ 6～12cm の長い葉柄があり，長さ 8～15cm，幅 7～15cm の卵状円形で 5～7 浅中裂する掌状形。基部は心臓形。裂片は卵形で鋭尖頭，欠刻状鋸歯がある。表面はほとんど無毛，裏面は帯白色で葉脈の近くに汚黄色の毛が密生する。花は 6～8 月に黄緑色の総状花序を上向きにつける。軟らかな短毛を密生し，多数の花を開く。がく片，花弁とも 5 個，雄しべは 8 個，子房にも密毛を生じる。花序は下垂し，翼果は長さ 1.5～2cm で鋭角に開き，ほとんど無毛，ときに短毛がある。9～10 月頃成熟。**【特性】**中庸樹で肥沃な深層土を好む。カエデ属中の寒地性の樹種で，寒地の庭園樹，公園樹に向く。生長の早さは中程度である。**【植栽】**繁殖は実生による。採りまき，または貯蔵して翌春にまく。果実は乾燥すると発芽率が低下するので，貯蔵には注意を要する。**【管理】**ほとんど手入れの必要はないが，樹形を整えるには枝抜きを行う。**【近似種】**葉裏が淡緑色でやや軟毛のあるウスゲオガラバナ f. *pilosum* がある。**【学名】**種形容語 *ukurunduense* はシベリアの Ukrund 産の，の意味。

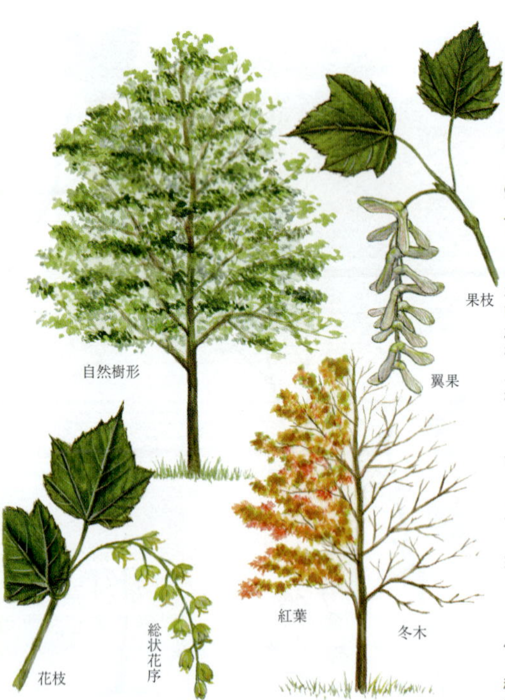

920. **ウリハダカエデ**〔カエデ属〕
Acer rufinerve Siebold et Zucc.

【分布】本州，四国，九州（屋久島まで）。**【自然環境】**山地の向陽適湿地を好み自生している落葉高木。**【用途】**庭園や公園にときに植えられる。材は建築材，器具材，旋作材，経木材，皮は縄や嚢を作る。**【形態】**幹は直立，分枝し，通常高さ 8～10m，幹径 30cm 前後になる。樹皮は帯黒緑色で平滑。枝は帯青緑色で無毛，葉は対生，有柄で葉身は扇状五角形で浅く 3～5 裂し，長さ 8～15cm，縁には粗鋸歯または細鋸歯がある。上面は鮮緑色で無毛，下面は青白色で葉脈にそって褐色の毛がある。花は 4～5 月，総状花序をやや直立または下垂し，淡黄緑色の小花をつける。がく片と花弁は各 5 片である。果実は 10 月成熟，翼果は有毛で翼は斜開，やや直角，長さは 2.5～3cm，濃褐色の毛を密生する。**【特性】**陽樹で肥沃の深層壌土を好む。多少湿気のある土地を好む。生長は早い。寒地では秋に紅葉する。樹皮の色がマクワウリの実の色に似ている。乾燥地，粘土地，海岸地などを嫌う。**【植栽】**繁殖は実生による。乾燥生干しし，翼をとり，若干湿気をもたせて常温貯蔵し，4 月播種する。**【管理】**施肥は早春，病害虫にはテッポウムシ，コウモリガの幼虫の害がある。**【近似種】**ハツユキカエデ f. *alba-limbatum* がある。**【学名】**種形容語 *rufinerve* は赤褐色の脈のある，の意味。

921. ホソエカエデ（ホソエウリハダ，アシボソウリノキ）〔カエデ属〕

Acer capillipes Maxim.

【分布】本州（福島県以南），四国，九州の温帯に分布。【自然環境】山地の谷間や渓流ぞいなどに自生する落葉高木。【用途】庭園樹。材は器具，家具などに用いる。【形態】幹は直立，分枝し高さ 10〜15m，幹の直径 30〜40cm，樹皮は緑色で滑らか，老樹では灰褐色となり少し縦裂する。若枝はわずかに褐色の軟毛がある。葉は対生，有柄，葉身は卵形または広卵形で長さ 8〜15cm，幅 5〜10cm，浅く 3〜5 裂し，中央裂片は大きく三角形で尾状に鋭くとがる。基部は心臓形または円形で，縁に重鋭細鋸歯がある。幼時わずかに褐色の軟毛があり，裏面は灰白色を帯びる。雌雄異株，開花は新葉とともに 5〜6 月頃。1 対の葉のある新枝に，20〜30 花からなる長さ 10cm ぐらいの帯緑白色の総状花序を頂生し，下垂する。花柄は細長く 0.4〜1cm。果実は 10 月に熟し，無毛で両翼は鈍角に開き，長さ 1.5cm ぐらい。【特性】中庸樹。大きくなると陽光を要求する。やや湿気の多い肥沃地を好む。都市環境には育ちにくい。【植栽】〜【管理】他のカエデ類に同じ。【近似種】ヤクシマオナガカエデ *A. morifolium* は母種に比べ葉は全く無毛で，葉柄はやや長い。子房，花序に微毛があり，花径および翼果がやや大きい。屋久島に自生。【学名】種形容語 *capillipes* は，毛管状の（細い）柄の，意味。

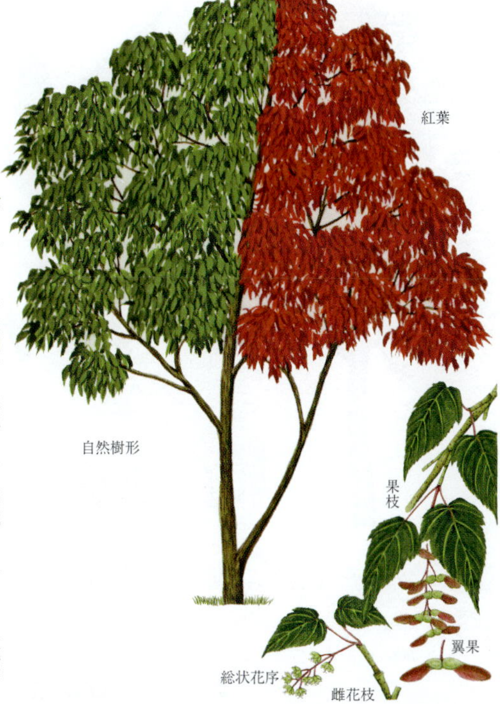

922. ウリカエデ（メウリノキ）〔カエデ属〕

Acer crataegifolium Siebold et Zucc.

【分布】本州，四国，九州。【自然環境】温帯，暖帯の向陽の山地に自生する落葉小高木。【用途】ときに庭園に植えられる。材は器具材，旋作材，樹皮は製紙用糊とする。【形態】幹は直立，分枝し，通常高さ 3〜8m，幹径 5〜10cm，樹皮は帯青緑色，若枝は赤褐色で無毛。葉は対生し有柄で，葉身は広卵形，卵状披針形で，葉先は尾状鋭尖，長鋭尖で長さ 4〜7cm，縁には不整の鋭または鈍細鋸歯がある。上面は無毛，下面はやや粉白色で脈上などに赤褐色の短い軟毛がある。雌雄異株。花は 5 月，小枝の先端に長さ 3〜5cm の総状花序を下垂し，淡黄緑色の小花を開く。がくと花弁は 5 片である。翼果は 10 月成熟，長さ 2cm，翼の角度は斜開または平開する。【特性】中庸樹。適湿の肥沃地を好む。生長はやや早い。浅根性，新緑も紅葉もよい。大気汚染には弱い。【植栽】繁殖は実生による。秋に採種し，日陰に乾燥貯蔵し春に播種する。【管理】自然樹形を維持するように，徒長枝などは摘芯して形を整える。施肥を必要とするものには，2 月に寒肥として油かすなどを施す。害虫には，カミキリムシ，コスカシバ，マイマイガの幼虫などがある。【近似種】フイリウリカエデ 'Veitchii' は葉は芽出しが紅色で，のちに白色の斑が入っているもの。【学名】種形容語 *crataegifolium* はサンザシ属のような葉の，の意味。

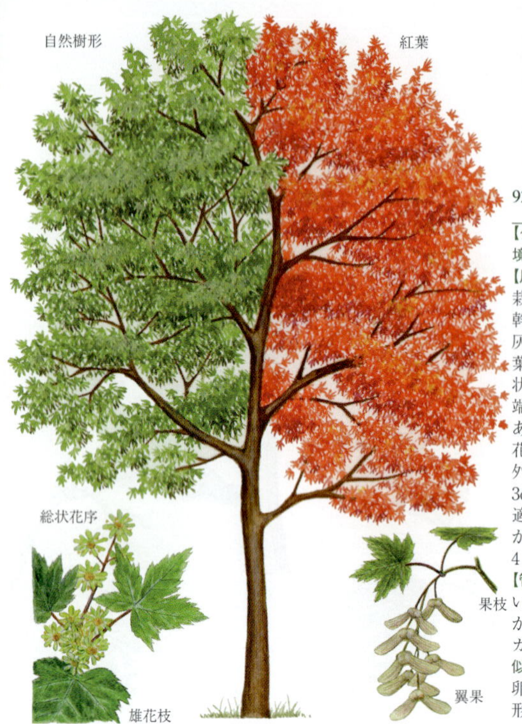

923. ミネカエデ 〔カエデ属〕

Acer tschonoskii Maxim.

【分布】北海道，本州中部以北の高山の産。【自然環境】高山の低木帯や針葉樹帯にはえる落葉高木。【用途】風景地の景観木，寒冷地の庭園にときに植栽される。紅葉美を賞する。【形態】幹には直，曲幹あり，分枝し高さ 10m，幹径 30cm，樹皮は灰色で黒褐色の斑紋が入る。枝は帯紅色，無毛，葉は対生，紅色の長柄があり，葉身は卵形，掌状で 1/2 まで 5 裂し，裂片は菱形，菱卵形で先端は長くとがり，長さ 5〜9cm，上面は鮮緑色であり，下面は褐色，紅色の毛がある。雌雄異株，花は 6〜7 月に短い総状花序を頂生し，花被は内外おのおの 5 片，翼果は 10 月成熟，長さは 2.5〜3cm，幅 2cm，翼の角度は直角に近い。【特性】陽樹。適潤の向陽地を好む。生長はやや遅い。耐寒性がある。【植栽】繁殖は実生と接木による。実生は 4 月頃播種する。園芸品種などは呼び接ぎする。【管理】自然樹形を賞する。若木は徒長枝が出やすいので摘芯する。施肥は 2 月頃，寒肥として油かすなどを施すとよい。害虫には，カミキリムシ，カイガラムシ，アブラムシなどがつきやすい。【近似種】コミネカエデ *A. micranthum* は葉の裂片が卵状披針形，先端が尾状に鋭くとがる。【学名】種形容語 *tschonoskii* は須川長之助の記念名である。

924. コミネカエデ 〔カエデ属〕

Acer micranthum Siebold et Zucc.

【分布】本州，四国，九州。【自然環境】温帯の山地にはえる落葉高木で適潤地を好む。【用途】寒冷地の庭園に植えられる。景観木にもよい。材は把柄類に用いる。秋には美しく紅葉する。【形態】幹は直立，曲立あり，高さ 8〜10m に達する。葉は対生，有柄で掌状に 5 深裂し，長さ，幅はほぼ同様で 5〜9cm，裂片は卵状披針形で先端は尾状にとがる。縁には重鋸歯と欠刻がある。上面は無毛で下面の脈には褐色の毛を生じる。雌雄異株，花は 6〜7 月，葉の間から総状花序を出し帯紅黄色の 5 弁花を開く。翼果は秋に成熟，翼は鈍角で直線に近く開く。【特性】陽樹。多少湿気のある向陽で肥沃な深層土を好む。生長はやや遅い。【植栽】繁殖は実生による。秋に採種し，日陰で乾燥貯蔵し春に播種する。【管理】萌芽力はあるが，せん定は好まない。徒長枝などは摘芯によりかき取ってやる。施肥の必要なものは，早春に油かす，化成肥料を施すとよい。害虫には，カミキリムシ類，マイマイガ，アブラムシなどである。【近似種】ミネカエデは葉の裂片が菱形をしている。【学名】種形容語 *micranthum* は小さい花の，の意味。

925. テツカエデ（テツノキ，コクタン）〔カエデ属〕
Acer nipponicum H.Hara

【分布】本州，四国，九州に分布。【自然環境】日あたりのよい開けた林の谷すじにまれに自生する落葉高木。【用途】工芸，経木，箸，玩具の材とする。樹皮から箕などを作る。【形態】幹は直立，分枝し高さ12m，幹の直径約60cmに達する。樹皮は暗褐色で平滑，老樹では浅く縦裂する。若枝には初め褐色軟毛があり，日あたりの面は暗紅色，日陰の面は緑色。葉は対生，長い8〜17cmの葉柄をもつ大形の扁心状五角形で掌状に浅く5裂する。基部は心臓形。長さ10〜15cm，幅12〜20cm。裂片は広三角形で重鋭鋸歯がある。表面は細脈が凹入し無毛，裏面は有毛であるが，成葉では脈腋を残して無毛となる。葉形はウリハダカエデ，ホソエカエデに似ている。花は黄白色で，6〜8月に若枝の先端に黄褐色の総状円錘花序をつける。花序は下垂し長さ10〜20cmぐらい。両性花と雄花がいっしょの株と，雄花だけの株がある。翼果は長さ3.5〜4cmで初め褐色軟毛があり，のちに無毛となる。翼角は斜めに開出する。【特性】適湿な肥沃地を好む。生長は比較的早い。【植栽】繁殖は実生。採取後採りまきとするか，乾燥を防止して保存し翌春播種する。【管理】強度のせん定は樹形を崩すので形を整える程度にする。病虫害ではカミキリムシ類の害に注意を要する。【学名】種形容語 *nipponicum* は日本の，の意味。和名テツカエデは材の黒色による。

926. カラコギカエデ 〔カエデ属〕
Acer ginnala Maxim. var. *aidzuense* (Franch.) Pax

【分布】北海道，本州，四国，九州。【自然環境】温帯，寒帯地方の谷間や湿原などに多く生育している落葉高木。【用途】ときに庭園樹，街路樹。材は器具材，樹皮は抄紙用，葉は茶の代用や染料とする。【形態】幹は直立，分枝し，樹皮は灰褐色，小枝は紅灰色で無毛。葉は対生，長柄で，葉身は卵状楕円形や卵形，三角状卵形で尾状鋭尖，長さ5〜10cm，幅3〜6cm，洋紙質でやや厚い。縁には不規則な重鋸歯がある。上面は無毛，下面は通常脈上に淡褐色の毛が粗生する。花は5〜6月，小枝の先に複散房状にやや多数の淡黄緑色の小花を開く。花弁，がく片は各5個。雄しべは8本ある。冬芽は小形で紅色。果実は10月成熟し，翼果は長さ2.5〜3cm，翼の角度は鋭角，ときに平行するものもある。長軟毛がある。【特性】中庸樹であるが，やや陽性を帯びる。生長はやや早い。湿気のある土地を好み，乾燥地，粘土地を嫌う。海岸地には不適当である。【植栽】繁殖は実生による。種子を常温貯蔵して3〜4月に播種する。【管理】手入れは，ほとんど必要としない。混みすぎ部分は枝抜きする。施肥は早春，油かす，化成肥料を施す。害虫には，カミキリムシ，コスカシバ，マイマイガの幼虫，アブラムシなどに注意。【近似種】ハナノキ *A. pycnanthum* は葉の下面が粉白色をしている。【学名】種形容語 *ginnala* はシベリアの土名に由来する。

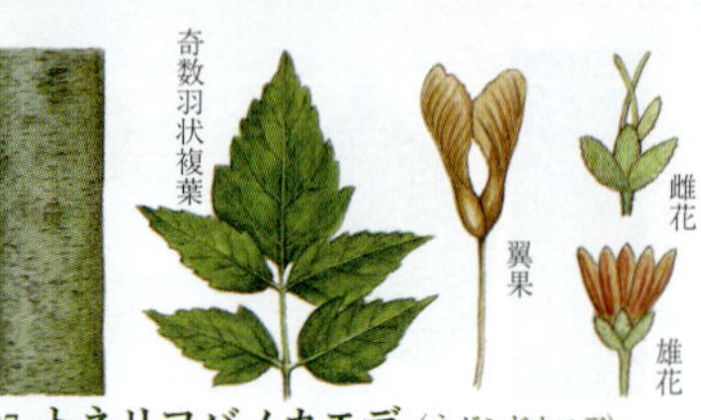

927. トネリコバノカエデ（ネグンドカエデ）〔カエデ属〕

Acer negundo L.

【原産地】北米。【分布】北海道，本州，四国，九州。【自然環境】原産地の米国では太平洋沿岸地帯に多く見られ，日本では寒い地方の湿り気ある深層地を好み，生育している落葉高木。【用途】公園，庭園の植込み，街路樹，緑陰樹に用いる。また樹液より砂糖をとる。【形態】幹は直立，分枝し高さ 15〜20m，幹径 1.3m に達する。樹皮は帯緑灰色，枝は緑色で粉白を帯び無毛，葉は対生，有柄，奇数羽状複葉で長さ 14〜24cm，小葉は有柄で長さ 5〜10cm，卵形または長楕円形，縁は全縁または粗鋸歯がある。下面は無毛または灰白色の毛を粗生する。雌雄異株，花は 4〜5 月頃，葉に先がけて黄緑色の小花を開く。雄花序は散房状，雌花序は総状で腋生してともに長く下垂する。翼果は 10 月成熟，長さ 2.5〜3.5cm，翼角は直角，翼は内方に曲がる。【特性】陽樹だが半日陰地にも耐える。やや湿気ある肥沃地を好み，やせた乾燥地を嫌う。耐寒性はあるが耐暑性は弱い。生長はきわめて早い。萌芽力があり，せん定もできる。移植耐性は中程度である。【植栽】繁殖は実生とさし木による。さし木は開葉前か梅雨期にさす。【管理】徒長枝の整理，支障枝の枝抜きをする。早春に化成肥料，油かすなどを施すとよい。害虫には幹に入るカミキリムシやコウモリガの幼虫，葉を食害するアメリカシロヒトリがある。【近似種】オウゴンネグンドカエデ var. *auratum* は葉が黄金葉で美しいもの。

928. イタヤカエデ（広義）〔カエデ属〕

Acer pictum Thunb.

【分布】北海道，本州，四国，九州。【自然環境】各地の谷間，斜面の向陽地を好んで自生している落葉高木。【用途】ときに庭園樹，街路樹とする。材は建築材，器具材，スキー材，船舶材，楽器材，樹液から砂糖を作る。香料にも使う。【形態】幹は直立，分枝し，通常高さ 18〜20m，幹径 1m，樹皮は灰青色，老木では浅裂する。1 年枝は鮮褐色で軟毛がある。葉は対生，長柄（4〜12cm）で，葉身は扁円形で掌状に 5〜7 に深裂またはやや浅裂する。長さ 5〜12cm，全縁，ときには小数の粗大歯牙縁があり，上面は通常無毛で下面には短毛を生ずる。葉形には変異が多い。冬芽は大形で卵形をしている。花は 4〜5 月，散房状円錐花序を出し黄緑色の小花を開く。がくと花弁とはおのおの 5 片である。果実は 10 月成熟，無毛で，翼の角度は直角または鋭角に開き，翼とともに長さ 2〜3cm で褐色に熟する。【特性】陽樹。適湿の肥沃地を好む。生長は早い。秋に黄葉する。耐寒性がある。【植栽】繁殖は実生による。播種し，乾燥生干しして翼をとり，若干の湿気をもたせ常温で貯蔵し，春 3〜4 月頃まく。【管理】自然に樹形が整うので手入れの必要はない。徒長枝をかき取る程度。施肥は寒肥として 2 月頃施すとよい。【近似種】オニイタヤ f. *ambiguum* は葉の下面に細毛が密布している。母樹より耐陰性が強い。【学名】種形容語 *pictum* は色彩ある，の意味。

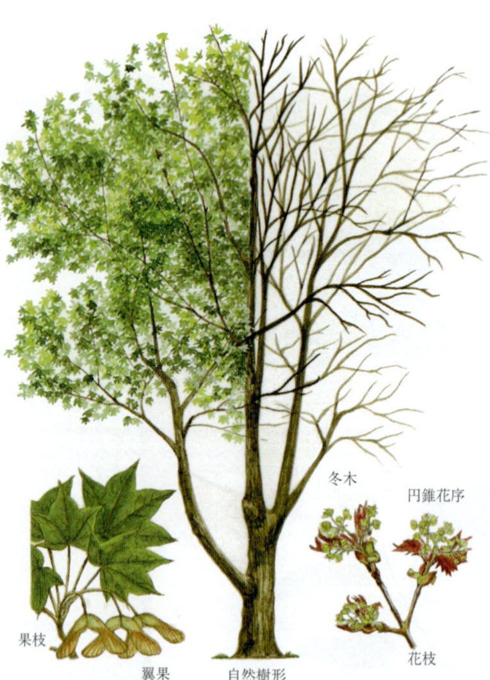

929. エンコウカエデ（アサヒカエデ）〔カエデ属〕

Acer pictum Thunb. subsp. *dissectum* (Wesm.) H.Ohashi f. *dissectum* (Wesm.) H.Ohashi

【分布】本州，四国，九州に分布。【自然環境】山地の谷間などに自生，または植栽される落葉高木。【用途】庭園樹，公園樹などに用いる。【形態】幹は直立，分枝し高さ10～20mぐらい。葉は対生，長柄で，葉身は5～9深裂し，裂片は披針形または披針状楕円形で，先端は尾状に鋭くとがる。縁は全縁で波状をなすこともある。長さ，幅はほぼ同一で7～15cm。葉質は薄く，葉の表裏，葉柄は全く無毛。秋に黄葉する。雌雄同株または異株で，開花は4～5月頃。小枝の先に散房花序を出し，緑黄色の小花を開く。ただし花はかなり咲きにくい。果実は9～10月に熟し，翼は直角または鋭角に開く。【特性】陽樹で日のよくあたる所に生育する。やや湿気のある肥沃地を最も好み，生長は早い。大気汚染には弱い。【植栽】繁殖は実生による。秋採取した種子を採りまきするか，乾燥しないように保存し春床まきする。移植は11月～12月が適期。【管理】イタヤカエデに同じ。【近似種】ウラゲエンコウカエデ f. *connivens* は葉の裏面の脈上と脈腋に毛があるもの。ケウラゲエンコウカエデ f. *puberulum* は若枝に毛のあるもの。ケエンコウカエデ f. *piliferum* も若枝に毛のあるもの。【学名】亜種名*dissectum*は全裂した，の意味。

930. クロビイタヤ（エゾイタヤ，ミヤベイタヤ）〔カエデ属〕

Acer miyabei Maxim.

【分布】北海道，本州（北部・中部）の温帯に分布。【自然環境】山地の谷間などにまれに自生する落葉高木。【用途】庭園樹，公園樹，材は建築，器具，船舶などに用いる。【形態】幹は直立，分枝し高さ通常10～15m，幹の直径30～40cm。樹皮は黒灰色で不規則な縦の裂け目がある。1年生枝は灰褐色で円形の皮目がある。葉は互生，有柄，葉身は扁五角形で長さ7～15cmあり，掌状に5裂する。裂片は倒卵五角形で尾状に伸長する。上方の3裂片は大きく縁に1～2の粗い鈍鋸歯がある。表面は深緑色で初め短軟毛を生ずるがのち無毛となる。裏面は淡緑色で短軟細毛を生じ，とくに脈上には褐色の軟毛を密生。葉柄は5～15cmあり開出毛がある。冬芽は卵形で赤褐色。花は5月頃，短枝に頂生し円錐状散房花序を出す。雄花と両性花があり別の花序につく。がく片には軟毛がある。果実は10月頃熟し，翼とともに2～3cmで汚黄色の毛があるか無毛。翼は水平に開出する。【特性】中庸樹であるがやや陽性を帯びる。やや湿気のある肥沃地を好む。【植栽】繁殖は実生による。秋採種した果実を採りまきまたは春床まきする。移植は11～12月頃。【管理】他のカエデ類に同じ。【近似種】シバタカエデ f. *shibatae* は翼果の無毛のもの。本州中部，関東西北部に分布。【学名】種形容語*miyabei*は宮部金吾博士の記念名である。

931. カジカエデ（オニモミジ）　〔カエデ属〕
Acer diabolicum Blume ex K.Koch

【分布】本州（宮城県以南），四国，九州。【自然環境】おもに温帯の多少湿気のある肥沃な谷間や中腹の緩斜面にはえる落葉高木。【用途】ときに庭園に植える。材は器具材，薪炭材とする。【形態】幹は直立，分枝し，通常高さ 10〜20m，幹径 60cm，樹皮は暗灰色で平滑である。若枝は太く赤褐色で短毛があり，皮目をつける。葉は対生，長柄，8〜14cm で葉身は扁円心形で掌状に 5 裂し，上面は無毛，下面には短毛がある。長さ 6〜15cm，幅 7〜16cm，縁には大きな粗い鋸歯がある。雌雄異株，花は 4〜5 月，葉に先がけて 2 年枝から散房花序を腋生し，暗紅色の小花を開く。がく片，花弁は各 5 個で，雄しべは 8 個ある。子房には毛が密生する。果実は 10 月成熟，翼果は大形で長さ 2.4〜3cm，幅 1.1〜1.5cm で長剛毛におおわれる。翼はほとんど縦に平行している。【特性】中庸樹。適湿深層の壌土を好む。成長はやや早い。せん定は好まない。【植栽】繁殖は実生による。種子を常温貯蔵し春にまく。【管理】徒長枝をかき取る程度。寒肥を 2 月に施すとよい。【近似種】クロビイタヤは樹皮が黒灰色で葉は扁五角形，翼の開度は 180 度である。【学名】種形容語 *diabolicum* は鬼の，または大きく荒々しい，の意味。

932. ハナノキ（ハナカエデ）　〔カエデ属〕
Acer pycnanthum K.Koch

【分布】本州（岐阜，長野，愛知県）に分布。【自然環境】おもに木曽川流域の低山地の窪地や湿地に自生，または植栽される落葉高木。【用途】庭園樹，公園樹，街路樹などに用いる。【形態】幹は直立，分枝し，大きいものは高さ 25m，幹の直径 1m になる。樹皮は帯白色，枝は無毛，節には若時に褐色の毛が少しある。葉は対生，長柄で無毛。葉身は浅く 3 裂し，裂片は卵状三角形でふぞろいの鋸歯があり，基部は円形または浅心形。長さ 4〜7cm，幅 3〜6cm。表面は濃緑色，裏面は粉白色で秋に紅葉する。冬芽は卵形で先端はややとがるか丸く，鱗片は 4〜6 対。雌雄異株で，開花は 4 月頃，葉に先立って開く。花は前年枝の側芽に数個束生する。花弁とがくはともに 5 枚で紅色を帯びる。果実は長柄があり，5 月頃熟し，無毛で翼とともに 2cm ぐらい。翼はあまり開出しない。【特性】中庸樹だがやや陽性を帯びる。自生するものは湿気のある肥沃土を好むが，植栽する場合はふつうの土壌で育つ。生長は早い。大気汚染には弱い。【植栽】繁殖は実生，接木による。移植は 11〜12 月頃が適期。【管理】自然樹形に育てるのがよく，混みすぎた枝などを落葉後せん定する程度でよい。施肥は冬期に堆肥や鶏ふん，4〜5 月に化成肥料などを施す。病害虫は多いが，とくにカミキリムシに注意する。【学名】種形容語 *pycnanthum* は密に花のある，の意味。

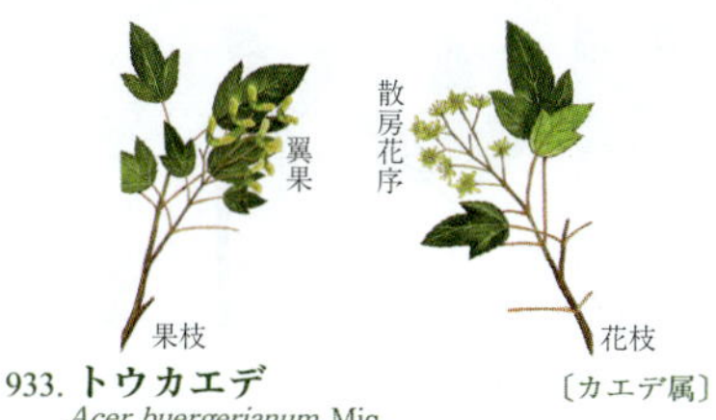

933. トウカエデ 〔カエデ属〕

Acer buergerianum Miq.

【原産地】中国。【分布】北海道南部，本州，四国，九州。【自然環境】中国では揚子江沿岸地帯に生育し，日本では土地を選ばず各地に植栽されている落葉高木。【用途】公園，庭園の植込み，街路樹として植栽，盆栽にもされる。材は建築材，器具材などに用いる。【形態】幹は直立，分枝し，通常高さ10～20m，幹径1m，樹皮は灰褐色で初め平滑，老成すると鱗片状にはげる。枝は伸長し細いが剛強である。葉は対生，有柄で，葉身は狭卵形で長さ4～8cm，上部は3浅裂を通常とする。裂片は三角形でやや鋭頭，縁は全縁または粗鋸歯がある。下面は青緑色かやや帯白色である。幼木，成木の葉形には種々の変異形がある。花は4～5月に散房状の花序に淡黄色の小花をつける。がく片と花弁は各5個である。果実は10月成熟。翼果は長さ1.5～2cm，翼の角度はほとんど水平に開く。【特性】土性を選ばない。成長は早い。萌芽力があり刈込みに耐える。潮風，亜硫酸ガスにも強い。大木移植も可能である。【植栽】繁殖は実生。【管理】病気にはウドンコ病，害虫はカミキリムシ，アブラムシ。

934. アメリカハナノキ （ベニカエデ）〔カエデ属〕

Acer rubrum L.

【原産地】北米東部。【分布】北米東部に分布。ヨーロッパ，日本の本州，四国，九州などに植栽される。【自然環境】低湿地，河畔，山腹，とくに沼沢地に多く自生，また広く植栽もされている落葉高木。【用途】庭園樹，公園樹，街路樹などに用いる。【形態】幹は直立，分枝し，樹高15～20m，ときに40mに達する。枝条は平滑で帯紅色，白色の皮目が明瞭，小枝は帯紫色，冬芽は帯紅色である。葉は対生，長さ8～10cmの広楕円形で，3～5裂する。基部は心臓形または円脚，裂片は卵状の三角形で頂端は鋭尖する。縁には不整の粗鋸歯がある。表面は暗緑色でやや光沢があり，裏面は粉白色であるが，幼時は帯白色。基部の脈上に綿毛がある。夏期にときどき赤色条線が脈ぞいに生じる。葉は秋に鮮紅色または黄色，葉柄は帯紅色になる。花は紅色で，早春，葉よりも先に散状に開く。花色は橙紅色，帯黄色のこともある。果実の翼は長さ2cmぐらいで鋭角に開き，長梗があり，無毛，初め紅色を帯びる。【特性】肥沃な壌土質に適し，湿気を好む。西日，潮風に弱く，とくに乾燥を嫌う。樹勢はふつうであり，生長は比較的早いがやや短命である。【植栽】繁殖は実生，さし木による。実生は秋に採種，冷温保存し，3月頃に赤玉土または川砂に腐葉土を混合した，保水性，通気性のよい用土にまく。育苗は乾燥に注意する。【管理】ほとんど管理の必要はない。萌芽力はあるが，強せん定は避け，樹形を整える程度のせん定とする。害虫は材に侵入するカミキリムシ類がある。

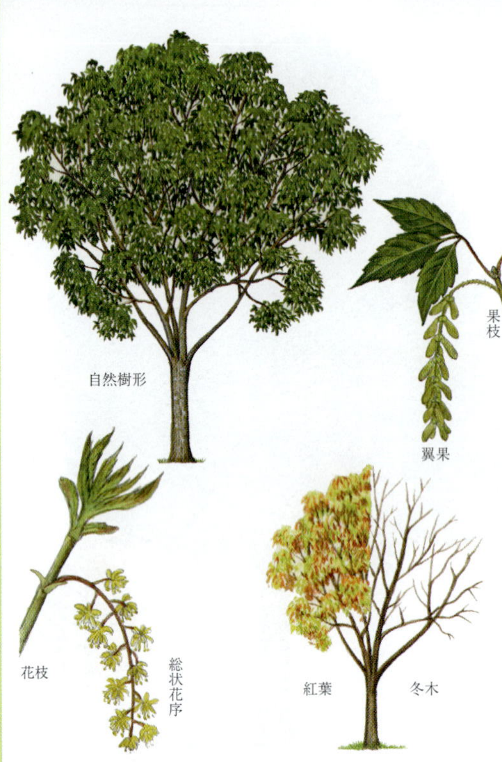

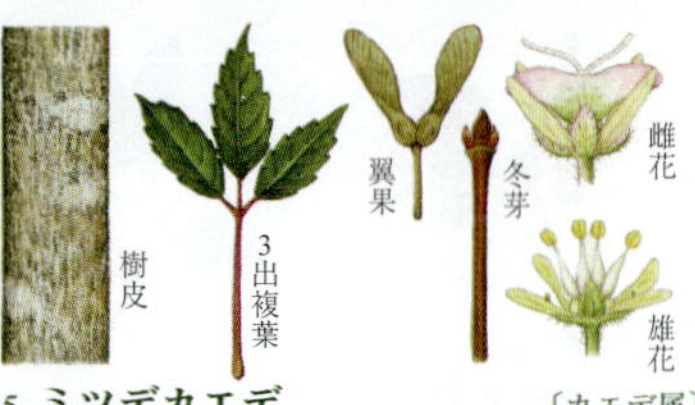

935. ミツデカエデ 〔カエデ属〕

Acer cissifolium (Siebold et Zucc.) K.Koch

【分布】北海道，本州，四国，九州。**【自然環境】**おもに温帯の谷間や中腹の緩傾斜地を好んではえる落葉高木。**【用途】**庭園樹，公園樹，街路樹。材は器具材，薪炭材。**【形態】**幹は直立，分枝し，通常高さは10m，幹径10〜20cm，樹皮は帯黄灰褐色，灰白色の斑点が入る。幼枝は濃紫紅色で白色の軟毛がある。葉は対生，3出複葉，葉柄は長柄で鮮紅色をしている。小葉は卵状楕円形か倒卵形で葉は5〜8cm，葉先は尾状で長鋭尖，縁に粗大な鋸歯がある。上面には剛毛が粗生し，下面にも側脈などに白色の軟毛がある。花は4〜5月，20cmぐらいの総状花序を下垂し，花色は黄緑色，小形花でがく片，花弁は各4片である。翼果は10月成熟，刀形で長さ2.5〜3cm，翼の角度は40〜60度，有毛。**【特性】**中庸樹であるが，やや陽性を帯びる。湿気ある肥沃地を好み，生長は早い。浅根性。せん定には耐えるが強せん定は好ましくない。移植はやや容易である。大気汚染には弱い。秋には紅葉する。**【植栽】**繁殖は実生による。種子を乾燥貯蔵し，春に播種する。**【管理】**手入れは，徒長枝が出やすいので，かき取ってやる。施肥は2月頃に寒肥として油かす，化成肥料などを施す。害虫には，カミキリムシ類，カイガラムシ，アブラムシがある。**【近似種】**メグスリノキは葉縁に不規則の波状鋸歯があり，葉柄や脈上に灰褐色の開出毛を密生する。**【学名】**種形容語 *cissifolium* はヤブガラシ属のような葉の，の意味。

936. サトウカエデ 〔カエデ属〕

Acer saccharum Marshall

【原産地】北米東部。**【自然環境】**寒さに強い落葉高木。**【用途】**砂糖をとるために植えられるほか，街路樹，公園樹，記念樹などにもされる。樹液の流動がさかんになる2〜3月頃，地表から約1mのあたりに穴をあけて甘い樹液を集め，煮つめたものがメープルシロップで，褐色で特徴ある香りがあり，さらに煮つめたものがメープルシュガーで，ホットケーキにかけたり高級菓子やタバコの味つけに利用される。**【形態】**高さ40m，直径1mほどになる。樹皮は灰色を帯びた茶褐色。冬芽は数対の褐色の鱗片で保護される。葉は長さ，幅8〜14cmで，裏面は淡緑色のものが多く，基部は心臓形で先が掌状に3〜5裂し，裂片は先がとがり縁に小数の歯牙があって，葉柄は長く対生し，秋の紅葉は美しい。散房状の円錐花序を頂生および側生する冬芽から出し，基部に数対の葉をつける。花柄が長く，黄緑色の花弁とがくが合着して鐘形になり下垂する。雄しべは8本ある。果実は秋に熟し，翼はやや斜開する。**【植栽】**繁殖は実生による。排水良好な礫や石の多い土地によく生育し，耐寒性や耐陰性は強く，樹林の下木や建物の北側の半日陰地の植栽に適する。**【近似種】**クロカエデ *A. nigrum*，ギンヨウカエデ *A. saccharinum*，トネリコバノカエデ *A. negundo*，イタヤカエデ *A. pictum* などからも砂糖がとれ，同様に採取して利用される。**【学名】**種形容語 *saccharum* は砂糖の，の意味。

937. メグスリノキ（チョウジャノキ）　〔カエデ属〕
Acer maximowiczianum Miq.

【分布】本州（山形，宮城県以南），四国，九州。**【自然環境】**おもに温帯の湿気ある谷間や中腹の緩傾斜地にはえる落葉高木。**【用途】**ときに庭園に植えられる。風景地の景観木。材は器具材，葉は煎じて洗眼用とする。**【形態】**幹は直立，分枝し通常高さ 10～15m，幹径 30～40cm，樹皮は灰黒褐色，枝には軟毛が密生する。葉は対生で 3 出複葉，葉柄は長く灰白色の軟毛が密生する。小葉は楕円形で長さ 5～12cm，幅 2～6cm，ときどき縁には波状鋸歯がある。上面は深緑色でやや無毛，下面はとくに脈上に灰白色の開出軟毛が密生し，全面が灰白色を呈する。雌雄異株，花は5月，若葉とともに枝頭に 3 個ずつ開く。がく片と花弁は各 5 片で淡緑色である。翼果は 10 月成熟，長さ 4～5cm，汚黄褐色の軟毛を密生する。**【特性】**中庸樹だが，やや陽性を帯びる。生長はやや早い。秋に美しく紫紅色に紅葉する。**【植栽】**繁殖は実生による。10～11 月採種，日陰で乾燥貯蔵し春に播種する。**【管理】**自然の樹形を賞する。徒長枝，ふところ枝などを整理。施肥を必要とするときは 2 月に寒肥などを施す。虫害には，カミキリムシ，カイガラムシなどがある。**【近似種】**ミツデカエデは，小葉は長柄で卵状楕円形の尾状鋭尖である。**【学名】**種形容語 *maximowiczianum* は分類学者マキシモウィッチの，の意味。

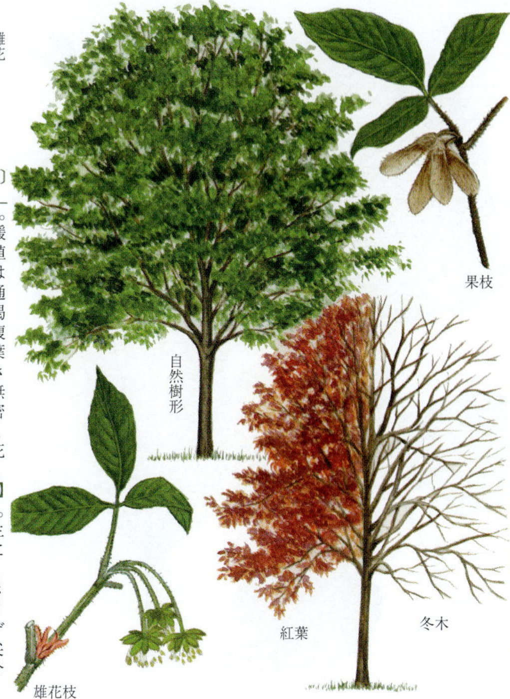

938. チドリノキ（ヤマシバカエデ）　〔カエデ属〕
Acer carpinifolium Siebold et Zucc.

【分布】本州，四国，九州。**【自然環境】**暖帯ならびに温帯の谷間などの，湿気ある肥沃地に群生することが多い落葉高木。**【用途】**ときに庭園樹として植えられる。材は装飾用の建築材，器具材，彫刻材，旋作材などに用いられる。また樹液から砂糖をとる。**【形態】**幹は直立，分枝し，通常高さ 10m ぐらい，幹径 30～40cm，樹皮は黒褐色で平滑であり，幼枝は赤褐色で無毛，葉は対生，有柄（1～1.5cm）で，葉身は卵状長楕円形または長楕円状披針形，尾状鋭尖で長さ 8～15cm，幅 4～7cm，縁は規則正しい鋭い重鋸歯がある。上面は無毛で，下面脈上に圧長毛が密生する。側脈は凹入して多数あり，平行して葉縁に達する。雌雄異株，花は 5 月，小枝の先に総状花序（5～8cm）をつけ下垂し，淡黄緑色の小花をつける。がく片，花弁は各 5 個，雄しべはほとんど 8 本，果実は 10 月成熟，翼果は翼ともに長さ 2.5～3cm，翼の角度は一定しないが直角のものが多い。**【特性】**中庸樹。稚幼樹は樹陰下でも生育する。湿気のある肥沃深土を好む。生長はやや早い。**【植栽】**繁殖は実生による。さし木，取り木でもふやせる。**【管理】**自然の樹形を観賞する樹木。若木のうち徒長枝が出やすいのでかき取る程度。枝の途中から切らないようにする。施肥は 2 月に寒肥を施すとよい。害虫には，カミキリムシなどがつく。**【近似種】**オオバチドリノキ f. *magnificum* は葉が大形で 20cm 以上にもなる。**【学名】**種形容語 *carpinifolium* はシデ属のような葉の，の意味。

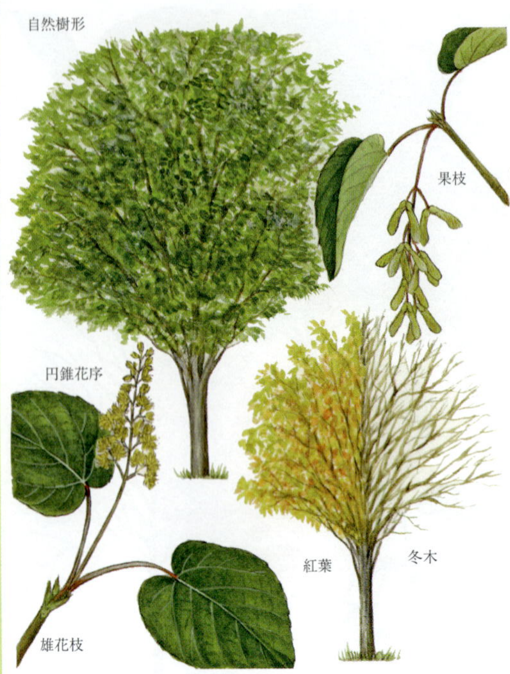

939. ヒトツバカエデ (マルバカエデ) 〔カエデ属〕
Acer distylum Siebold et Zucc.

【分布】本州の中部および近畿の一部。**【自然環境】**温帯のやや湿気のある深山に生育し，またときに植栽される落葉小高木。**【用途】**材は装飾用などの建築材，器具材，旋作材などに用いる。また植物園，学校樹に植栽されている。**【形態】**幹は直立，分枝し高さ5～10m，幹径30～40cm，樹皮は暗灰色で浅い裂け目がある。幼枝に淡褐色の毛がある。葉は対生，長柄（3～5cm），葉身は心卵形，倒卵状円形で尾状急鋭尖，深い心脚で長さ10～20cm，幅5～14cm，縁には波状鈍鋸歯がある。幼葉には褐色の毛があるが，成葉はほとんど無毛となる。花は6月，小枝の先に上向きに長さ7～10cmの狭い円錐花序を出し，淡黄色の小花を開く。がく片，花弁とも5個ある。果実は10月成熟。翼果は長さ2～3cm，2翼間は鋭角で，ほとんど平行に近いものもある。**【特性】**中庸樹。適湿の肥沃地を好む。生長はやや早い。秋に黄葉する。一見してカエデの葉形ではない。**【植栽】**繁殖は実生による。3～4月に播種する。**【管理】**手入れの必要はない。伸長枝は摘芯により形を整える。強せん定は避ける。害虫にはカミキリムシがある。施肥の必要なものには，2月に寒肥として根のまわりに，堆肥，油かす，鶏ふんなどを施す。**【近似種】**クスノハカエデ *A. oblongum* Wall. ex DC. は沖縄にあり，常緑樹で葉は長楕円形，円脚をなし，縁は全縁である。**【学名】**種形容語 *distylum* は2花柱の，の意味。

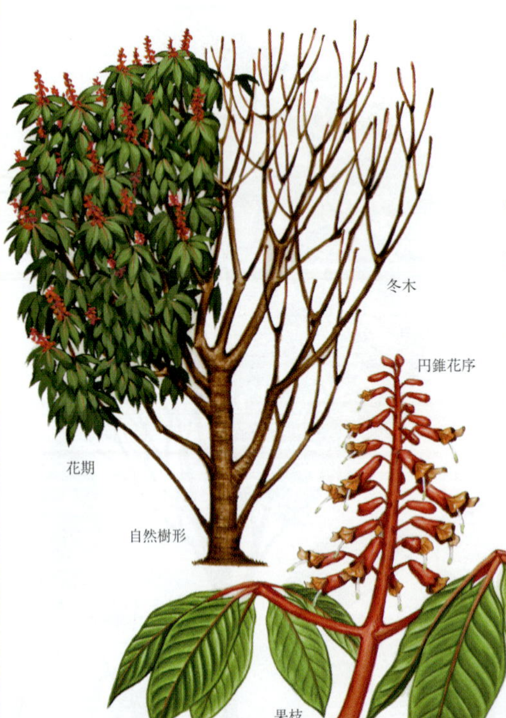

940. アカバナアメリカトチノキ
(アカバナトチノキ) 〔トチノキ属〕
Aesculus pavia L.

【原産地】米国南部。**【分布】**米国のバージニア，ノースカロライナ，テネシー，ケンタッキー，ジョージアなどの諸州に分布し，とくにアレガニー山脈に多い。**【自然環境】**陰樹であまり強くない日陰下に耐えて育つ落葉小高木または高木。しかし大きくなると十分な陽光を要求するようになる。やや湿気のある肥沃な土地の深い谷間または中腹の緩傾斜地を好む。**【用途】**庭園樹，公園樹，鉢植え。材は器具などに用いる。**【形態】**幹は直立，分枝し高さ6～15m。幹の直径20～30cm。小木でもよく開花する特性がある。樹皮は灰褐色。冬芽はやや大形。葉は対生，葉柄は長く10～13cm，掌状複葉をなし，小葉は5個，長披針形または楕円形で，基部は狭いくさび形をなす。5～6月に若枝の先に10～18cmのやや大形の円錐花序を直立して出し，鮮紅色の花が咲く。花弁は完全に開かない。果実は倒卵円形で10月頃成熟する。**【特性】**陰樹。小木でもよく開花する。花弁が完全には開かない。耐寒性はやや弱い。大気汚染と乾燥に弱い。**【植栽】**繁殖は実生，接木による。種子は一度乾燥させると全く発芽しないので，9～10月に採種したらすぐ土中に埋蔵する。または乾燥しないようにし，室内貯蔵してもよい。まくときは，へそを必ず下にする。接木はトチノキまたはセイヨウトチノキの台木に3月開葉前に切接ぎする。**【管理】**せん定は落葉期に弱度に行う。肥料は寒肥として堆肥，鶏ふん，化成肥料を与える。病害虫は少ない。移植の適期は3月。**【学名】**種形容語 *pavia* はオランダ人P. ポーを記念したもの。

941. ベニバナトチノキ 〔トチノキ属〕

Aesculus × *carnea* Heyne

【分布】米国，ヨーロッパの各国，日本の各地，とくに温帯を中心に分布する園芸品種。【自然環境】日照のあまり強くない適湿地に植栽される落葉高木。【用途】庭園樹，公園樹，街路樹として用いられる。【形態】幹は直立，分枝し，樹高 10～15m，ときに 18～24m に達する。葉は対生で無毛，長さ 9～12cm の長柄のある掌状となり，小葉が 5～7 片ある。小葉は長さ 8～15cm のくさび状倒卵形，無柄または短柄で波状鋸歯縁となり，表面はしわがあり，暗緑色でやや光沢がある。葉はセイヨウトチノキよりも小さく，やや鮮やかさに欠ける。花は紅色または朱紅色で，5～6 月に長さ 15～20cm の円錐花序となり，小花梗に数個の花がつく。がくは長さ 1cm ぐらいで帯白色，花冠はがくから直立して開張しない。果実は球形で，表皮には小刺がある。【特性】やや湿気があり，水はけのよい深層土を好み，乾燥地や，やせ地は嫌う。日陰でも生育するが，花つきをよくするには日あたりのよい所に植栽する。樹勢は強健であるが，暑さ，強い日射，乾燥に弱い。生長はやや遅い。【植栽】繁殖は実生，接木による。接木の台木にはトチノキを用いる。【管理】ほとんど手入れの必要はない。枝が混みすぎたときに樹形を整える程度の弱いせん定にとどめ，自然形に育てる。肥料は花後と寒中に，堆肥，油かす，鶏ふん，化成肥料を施す。【学割】種形容語 *carnea* は肉色の，の意味。

942. トチノキ 〔トチノキ属〕

Aesculus turbinata Blume

【分布】北海道，本州，四国，九州。【自然環境】山地の多少湿気ある肥沃の深層土を好み自生している落葉高木。【用途】公園樹，庭園樹，街路樹。材は建築材，器具材，船舶材，経木材などに用いる。【形態】幹は直立，樹形は盃状形で通常高さ 15～20m，幹径 50～60cm，樹皮は灰褐色，主枝は太く，斜向上形に出る。新梢には赤褐色の軟毛があるが，のちに無毛となる。葉は対生，長柄 15～18cm，葉身は大きな掌状複葉，小葉は 5～7 片，長倒卵形，急鋭尖で長さ 20～30cm，縁は鋸歯があり，平行脈が多数ある。表面は濃緑色で無毛，裏面は淡緑色の軟毛がある。冬芽は大形で頂尖卵形で粘液におおわれる。両性また雌しべが退化した雄性。花は 5～6 月，長さ 15～25cm の円錐花序を直立し，白色に帯紅色のぼかしがある径 1.5cm の花を密生する。がくは鐘状不整に 5 裂し，花弁は 4 枚，果実は 10 月成熟，倒卵球形で径 4cm 前後で大形，皮目状のいぼ状突起が全面にある。種子は赤褐色で光沢がある。【特性】若木は耐陰性がある陽樹。生長はやや早い。耐煙，耐潮性がある。せん定に耐え，移植適性は中ぐらいである。【植栽】繁殖は実生，さし木による。実生は湿り気のある砂に混ぜ土中埋蔵，3 月に播種する。発芽率は高い。【管理】一定樹形のものは支障枝の枝抜きをして整える。乾燥時にかん水する。生育の悪いものには施肥する。害虫にはクリケムシ，トチノキシャクトリがつく。【学名】種形容語 *turbinata* は倒円錐形の，の意味。

943. マロニエ（ウマグリ，セイヨウトチノキ）

〔トチノキ属〕

Aesculus hippocastanum L.

【原産地】バルカン半島南部。日本に入ったのは明治中期。【分布】北海道～九州に植栽可能。【自然環境】ヨーロッパから北米の都市に多く植えられ，日本でもときに植栽される落葉高木。【用途】公園樹，街路樹，庭園樹，記念樹。樹皮を薬用に用いる。【形態】幹は直立，分枝し高さ 20～25m，幹の直径 1～1.2m。樹皮は平滑，老木では縦裂する。枝は太く灰褐色。葉は対生で長い柄をもつ大形の掌状葉。小葉は 5～7 個で柄がなく倒披針形。先端は急にとがり，基部は細いくさび形。花は両性花と雄花がある。開花は 5～6 月頃で，枝先にトチノキより大形の円錐花序をつけ，高さ 10～15cm で白に赤みがさして美しい。さく果は球形で径 5cm ぐらいで，果皮に堅くて大きなとげがある。【特性】陽樹。生長早く，適湿で水はけのよい肥沃な土壌を好み，乾燥を嫌う。都市環境にはプラタナス類に比べて育ちにくい。【植栽】繁殖は実生と接木による。移植は 3～4 月が最も適する。【管理】せん定はほとんど必要ない。夏の乾燥時はかん水を行う。アカダニやコウモリガの幼虫の被害がある。

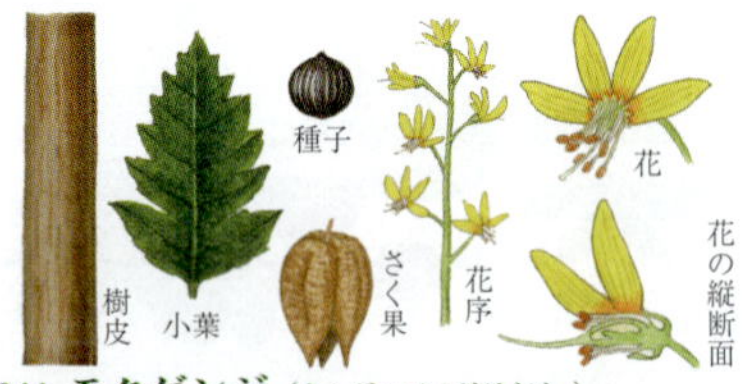

944. モクゲンジ（センダンバノボダイジュ）

〔モクゲンジ属〕

Koelreuteria paniculata Laxm.

【分布】本州，朝鮮半島，中国。中国大陸のものが本来の自生で，日本や朝鮮半島にはえているのは栽培品の逸出であるとする説もある。【自然環境】山中にはえるが，ふつうは植栽されている落葉高木。【用途】庭園樹。寺院の庭などによく植えられる。中国の古代には大夫の墓に植えた。種子で数珠を作る。【形態】高さ 10m ぐらいになる。葉は互生し，羽状またはときに 2 回羽状複葉となり，長さ 20～35cm ほどある。小葉は短柄があり，やや革質の卵形で先は短くとがり，長さ 4～10cm，幅 3～5cm，欠刻状の重鋸歯があり，しばしば下部は羽状に分裂する。7 月頃，枝の先に大形の円錐花序を出し，黄色の花を開く。花序は長さ 30cm ほどあり，開出する短毛がはえている。がく裂片は長楕円形で長さ 0.2cm ほど，花弁 4 個は線状長楕円形で長さ 0.8cm 内外，鈍頭で基部は赤みを帯びる。雄しべは 8 個ある。さく果は三角状卵形で長さ 4～5cm，幅 3cm 内外，洋紙質の 3 個の殻からなる。種子は黒色球形で堅く，径 0.7cm ほど。【学名】属名 *Koelreuteria* はドイツの J.G. ケールロイターの名にちなんだもの。種形容語 *paniculata* は円錐花序の意味。モクゲンジの和名はムクロジの漢名，木患子が誤って使われたもの。

945. ムクロジ 〔ムクロジ属〕
Sapindus mukorossi Gaertn.

【分布】本州（茨城，新潟県以南），四国，九州，沖縄，済州島，台湾，中国，インドシナ，ビルマ，ヒマラヤ。【自然環境】日あたりのよい湿気のある所にはえる落葉高木。【用途】庭園樹，とくに寺院によく植えられる。材は器具材。果皮は洗濯用とした。種子は正月の羽根つきの玉とする。【形態】高さ15mぐらいになる。樹皮は帯黄褐色で滑らかであるが，外皮は厚片となってはげ落ちる。葉は大きく羽状複葉で互生し，長さ30〜70cmほどある。小葉は4〜8対，狭長楕円形で，0.2〜0.5cmの葉柄があり，ふつう左右の羽片がややずれていて対生する。全縁で長さ7〜18cm，幅3〜5cm，薄い革質で無毛である。雌雄同株。6月頃，小枝の先に長さ20〜30cmの有毛の円錐花序を出し，淡黄緑色の小さな花を開く。花には雌雄の別がある。がく片，花弁ともに4〜5個。雄花では8〜10個の雄しべが発達し，雌花では1個の雌しべが発達する。果実は球形で熟すと黄褐色となり，径2cmほどである。中にやや楕円形の堅くて黒い種子が1個入っている。【学名】属名*Sapindus*はラテン語のsapo（石けん）およびindicus（インド）の2語からなる。種形容語*mukurossi*は和名のムクロジよりきたものである。

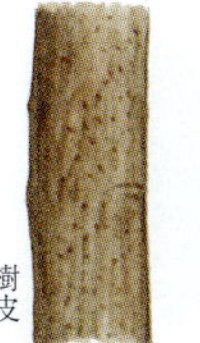

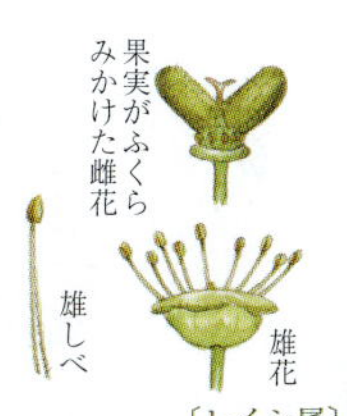

946. レイシ（ライチー） 〔レイシ属〕
Litchi chinensis Sonn.

【原産地】中国南部。【分布】世界の熱帯，亜熱帯各地で栽培される。【自然環境】熱帯，亜熱帯の気温が生育に適する常緑高木。中国南部にとくに多く栽培される。【用途】果樹。果実は生食のほか乾果「茘乾」としても利用される。唐の楊貴妃が好んだことは有名。【形態】幹は直立，分枝し高さ10mくらい。枝は開張性で樹冠は円形をなし，枝の先はやや下垂する。葉は偶数羽状複葉で互生し，小葉は2〜4対，長楕円形または披針形で先はとがり，基部は鋭形またはくさび形，長さ5〜7.5cm。花は小さく多数集まって大きな花序をなす。花色は淡緑色。がく片は4〜5，花弁がなく雄しべは長さ0.2cmくらい，子房は2〜3室，柱頭は先は2つに分かれ反転する。果実は数個ずつ房状となってつき，倒卵形ないし円形で直径2〜3cm。果皮は革質で，表面は亀甲状に隆起しており手ざわりが粗いが，紅色ないし朱紅色で美しい。仮種皮は乳白色で種皮離れがよく，多汁で甘酸調和した風味と特殊な芳香があり美味である。【特性】冬期平均気温9℃までの土地に適し，酸性土壌を好む。【植栽】繁殖は通常取り木による。排水良好な日あたりのよい畑地に植栽する。【管理】肥料は有機質肥料を施す。病害虫はカイガラムシ，ハダニなど。【学名】種形容語*chinensis*は中国の，の意味。

947. リュウガン　〔リュウガン属〕

Dimocarpus longan Lour.

【原産地】インド。【分布】熱帯，亜熱帯で広く栽培されるが，中国南部，台湾，ベトナムなどに生産が多い。【自然環境】亜熱帯性の気候を好む常緑高木。【用途】果実を生食したり乾燥して食用や薬用にする。レイシの台木としたり，街路樹にもする。【形態】高さ 10～15m。幼梢は赤褐色，樹皮は茶褐色である。葉は偶数羽状複葉の長さ 10～40cm で，互生する。小葉は 3～5 対，長さ約 10cm，幅約 4cm の長楕円形で，葉先がとがり全縁の革質で，表面は緑色で光沢がある。新葉は赤褐色で軟毛がある。円錐花序が頂生し長さ約 20～30cm，花は小形で径 0.6cm，黄白色で独特の香りがあり多数つける。果実は直径約 2cm の球形で，果皮は褐色でやや厚く堅くてむきやすい。果肉は白色透明で軟らかく，多汁で甘く独特の臭みがあるが，慣れると芳香に感じる。風味はレイシに劣るが多産である。種子は 1 個あり，黒褐色で光沢がありデンプン質に富む。【植栽】繁殖は実生，取り木，接木による。耐寒性は強く，亜熱帯性の果樹で，熱帯ではむしろ亜熱帯ほどよく結実しない。レイシより低温に耐えるが霜には弱い。土質は選ばない。隔年結果の傾向が著しく，これを防ぐには早めに花序を適度に除いて結果を抑制することと，着果後，多めの肥料を与えて年内に完熟した結果枝の発育を促すようにする。【学名】種形容語 *longan* は中国名の龍眼による。

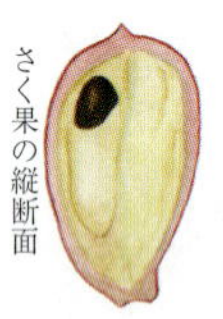

948. アキー　〔アキー属〕

Blighia sapida K.D.König

【原産地】アフリカのギネア。【分布】ギネア，ブラジル西インド諸島，フィリピン。【自然環境】熱帯性気候で湿気に富む低地帯を好む常緑高木。【用途】果実の仮種皮を生食のほかフライにして食べる。【形態】直立性の高木で高さ 30～40m にも達する。葉は 3～4 対の小葉からなる羽状複葉で，小葉は対生，倒卵状長楕円形，全縁。花は腋生，総状花序につき，緑白色。さく果は長さ 7～8cm の卵形，三角状を呈し，熟すと真紅色となり縫合線にそって裂開する。種子は 1 果中 1～3 個，長楕円形，黒色，種子の下部にクリーム色の仮種皮があり食用となる。【特性】多雨の熱帯地に適する。【植栽】繁殖は主として実生によるが，圧条，分根も可能である。栽植距離は 10m 以上離す必要がある。【特性】果実は未熟のものあるいは過熟のものにはサポニンを含み有毒でこれを食べると吐気を催す。また仮種皮の間や外側にある薄皮も有毒である。食用には果実が裂開した時，仮種皮を取り出して食べるようにする。アフリカ原住民は未熟の果実を粉にしたものを魚とりに用い，種子や蒴は灰分に富むので一種の石けんを作っている。【学名】属名 *Blighia* は英国の航海家 C. W. ブライに因んだもの。種形容語 *sapida* はムクロジのようなという意味。

949. ランブータン　〔ランブータン属〕

Nephelium lappaceum L.

【原産地】マレー半島。【分布】広く熱帯で栽培される。【用途】果実を生食やジャムに加工する。熱帯では街路樹にもする。【自然環境】高温多湿の熱帯性気候の地に適する常緑高木。【形態】高さ10～20m。幹は直立し高所より枝を出す。葉は互生，偶数羽状複葉で長さ10～25cm，小葉は2～4対，短い柄がありほとんど対生し，長さ6～15cm，幅3～7cmの長楕円形，全縁，薄い革質で，表面濃緑色で光沢があり，裏面は灰白色で無毛。雌雄異株または同株で，15cm内外の円錐花序を腋生または頂生し，多数分岐して小花をまばらにつける。果実は10～12個房状につけ，長さ4～8cm，直径2～5cmの楕円形で，果皮は熟すと鮮紅色になり，特徴あるクリに似た長さ約1.2cmの軟らかな肉質のとげがあり，先端方向に湾曲しよくむける。果肉は白色透明で多汁，甘酸調和し，おいしい。種皮から出る繊維が果肉内に走り，互いに離れにくい。【植栽】繁殖は実生，接木，取り木による。土壌は選ばず，むしろやせ地に良品を産する。【近似類】マレーリュウガン *N. malaiense* はマレー半島の原産で，果実はリュウガンに非常に似るが多少小粒で，樹形は壮大で多産だが甘味が少ない。プラサン *N. ramboutan-ake* はマレー諸島の原産で，ランブータンに似るが，樹形が小形で熟期が早く，肉刺は暗紫色で短く直立し，果肉は多く堅くて甘味強く酸味が少ない。【学名】種形容語 *lappaceum* は鉤状の刺毛のある，の意味。Ram butan とはマレー語で毛のある果物，の意味。

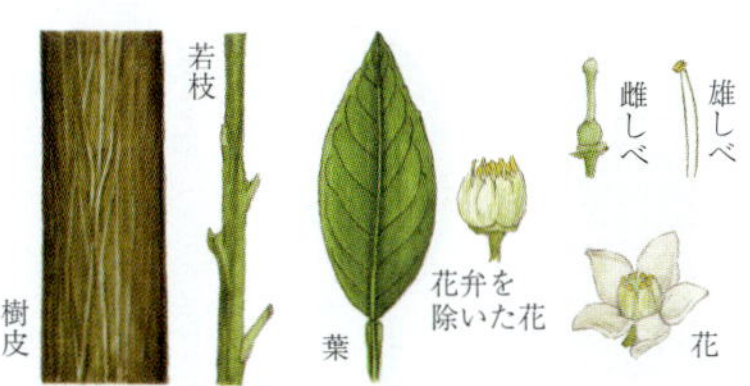

950. タチバナ　〔ミカン属〕

Citrus tachibana (Makino) Tanaka

【分布】日本（四国，九州，山口県，和歌山県，静岡県），済州島，台湾山岳地帯。【自然環境】温暖な気候に適する常緑低木。わずかの降霜には耐える。【用途】古くは観賞用に用いられたが，今日ではほとんど利用されていない。【形態】樹高3～4mに達し直立性である。幹に枝条は密に生じる。生長はやや緩慢で成木に達するのが遅い。枝条は細く，節間は短く屈曲が多い。枝の断面は三角形をなし，0.2～0.3cmのとげがある。葉は小形で披針形をなし，長さ5cm，幅2cm内外。先はとがり，中央部がくぼむ。葉の基部はくさび形をなし，葉縁には浅い鋸歯がある。葉柄は短く長さ0.5cm，径0.15cmくらいで，翼は微小。花は枝の先端または葉腋につき，通常単生する。花蕾は球形または臼形で長さ0.8cm内外，白色で小斑点がある。がくは皿形をなし直径0.7cm内外。花冠は半開性，直径2cmくらいで上に向かって咲く。雄しべは20本内外あり，長さ0.6cmくらい。葯は小形で楕円形をなし，0.15cmくらいで黄色を呈する。雌しべは雄しべよりやや短く，柱頭は球状をなす。果実は扁球形をなし，小形で黄色。縦径2cm，横径2.5cm，重量6gくらいである。果皮は平滑で油胞はごく小さく，1cm平方に100個くらいある。果皮は薄く0.1cmくらいで，剥皮が容易である。果肉は淡黄色で柔軟，多汁であるが，酸味が強く生食には適さない。種子を5～6個有し大きい。円錐状卵形で長さ約1cm。胚は淡緑色で多胚性。【学名】種形容語 *tachibana* は和名による。

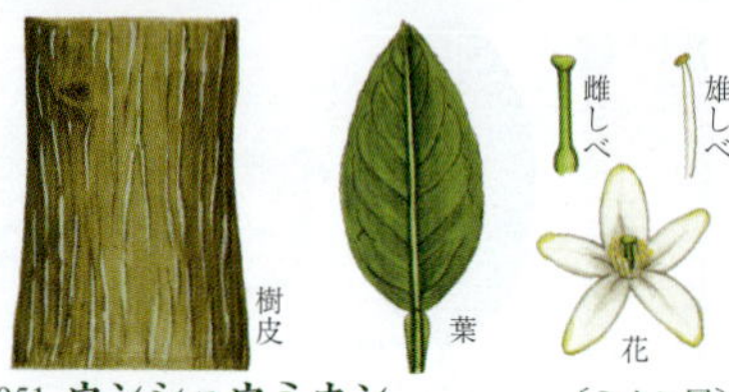

951. ウンシュウミカン　〔ミカン属〕
Citrus unshiu (Swingle) S.Marcov.

【分布】主として日本で栽培されているが外国でも栽培される。【自然環境】温帯の暖地が生育に適する常緑低木。【用途】果樹。生果は生食のほか缶詰，ジュースにも利用される。【形態】栽培樹の樹高は通常 3～4m であるが，6m に達するものもある。幹は直立。樹皮は褐色。枝を多く分枝しとげがなく，無毛，結果母枝の長さは通常 10～20cm。葉は卵状楕円形で長さ 10cm，幅 5cm くらいで先はとがり，その中央がわずかにくぼむ。基部はくさび形を呈し，葉縁には鈍鋸歯がある。支脈は 8～9 対あり，細くて表面にやや突出し，中肋との分生角は約 60 度。葉片は革質で深く内に巻き，表面は濃緑色である。葉柄は長さ 2cm，直径 0.2cm くらいで，翼は線状で幅 0.5cm 内外。花は白色で 5 弁，やや反転して開く。花弁はへら形をなし長さ約 2cm，幅約 0.7cm で先はとがる。雄しべは 25 本内外で長さ 0.9cm くらい。基部は円筒状に集合し，花糸はそれぞれ分離する。葯は倒卵形をなし，通常内部には良好な花粉がない。雌しべは雄しべより長く突出し，柱頭は扁球状をなす。果実は扁球形をなし縦径 5cm，横径 8cm くらいで果頂は平坦である。果面は橙黄色となり美しい。果皮の厚さ 0.25cm くらいで剥皮が容易である。果肉は軟らかく多汁で，甘酸適度で品質は良好である。【植栽】カラタチを台木として接木し栽培される。【学名】種形容語 *unshiu* は中国の温州（地名）の意味。

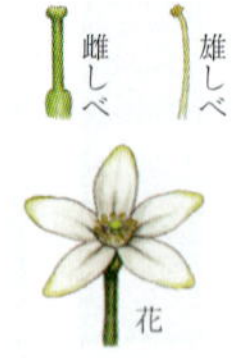

952. ヤツシロ（ヤツシロミカン）　〔ミカン属〕
Citrus yatsushiro Hort. ex Tanaka

【分布】日本。【自然環境】温帯の暖地が生育に適し，とくに土質を選ばない。寒さに比較的強い常緑低木。【用途】果樹。ウンシュウミカンに似た果実で生食が主。【形態】樹高 3m 内外。全体がウンシュウミカンにやや似ているが，樹姿がやや小さく，葉は丸み多く，鋸歯は鮮明である。また果実はやや小さく，果面が平滑でなく粗面である。葉は楕円形，丸み多く長さ 8.5cm，幅 5cm，先はゆるやかにとがる。葉の厚さは中ぐらいで内側に巻き，葉脈はおもなもの 6 対くらいで表面に突出する。葉柄の長さ 1.8cm 内外で狭い翼がある。花は単生または双生し，花色は白色で 5 弁。花弁は披針形をなし，先はとがり外側に著しく反転開する。花の直径は 4cm 内外。雄しべは 20 本内外で集合し円筒形，柱頭は淡黄色。果実は扁球形で，縦径 5cm，横径 7cm，重量 120g 内外で，果頂は深くくぼみ，また果基もくぼむ。果皮は橙色で，果面に目立った小さなくぼみが多く粗面である。油胞は大きく密生する。果皮の厚さ 0.3cm くらいでやや厚く，完熟すると剥皮が容易である。果の内部は 11 室内外で濃橙色，肉質やや粗であるが多汁で甘酸適度である。種子数約 10 個で長卵形をなし，胚は緑色で多胚である。【特性】性質は強健で寒さに強く，栽培は容易である。【植栽】繁殖は接木による。【学名】種形容語 *yatsushiro* は和名による。

953. キシュウミカン （コミカン，ホンミカン）〔ミカン属〕

Citrus kinokuni Hort. ex Tanaka

【原産地】中国。【分布】中国，日本。【自然環境】温帯の暖地でよく生育する常緑小高木。樹齢は長く豊産性である。土質をとくに選ばない。【用途】果樹。生食のほか果皮に芳香があるので乾燥し粉砕，七味トウガラシの原料とする。【形態】樹高数 m になる。樹姿は扁球形を呈する。樹齢を重ねると枝は開張し密につく。枝は細短で節見は短く，稜角発達し断面は不正な三角形を呈する。枝にはとげはない。葉片は楕円状披針形をなし，長さは 7cm，幅 3.5cm 内外で先端に向かってゆるやかにとがり，基部はくさび形をなし，やや内側に巻く。葉脈はおもなものは 5〜6 対あり，わずかに突出する。花は新梢では枝先に，旧梢では葉腋に単生または双生する。花は白色で直径 3cm くらいあり，5 弁でやや反転開する。花弁は小形で長さ 1.5cm くらい，楕円状披針形でやや薄く，やや内側に巻く。雄しべは 20 本内外あり円筒状に集合する。雌しべは雄しべよりやや長く，柱頭は扁球形をなし淡黄色を呈する。果実は扁円形で縦径 4cm，横径 5.5cm，重量 30g 内外。果頂は浅くくぼみ，花柱痕の周囲に数条の深い放射溝がある。果面は黄橙色を呈し，果皮は 0.2cm くらいで軟らかく剥皮容易である。【特性】耐寒性，耐病虫性が優れ，樹齢長命で栽培容易であり，古くから栽培されたが，果実の小さいのが欠点である。【植栽】繁殖は接木による。【学名】種形容語 *kinokuni* は紀州の，の意味。

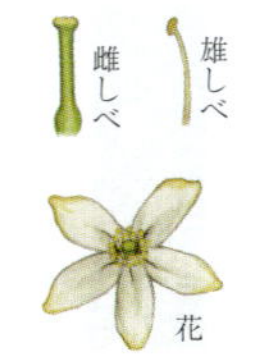

954. ポンカン 〔ミカン属〕

Citrus reticulata Blanco

【原産地】インド北部。【分布】日本，中国，東南アジア，米国，ブラジル。【自然環境】亜熱帯的気候と高温多雨地に適し，年平均 18℃ 以上を必要とする常緑低木。【用途】果樹。亜熱帯カンキツでは最高の品質。【形態】樹高 4m 内外。枝は密生し直立性で，樹冠は帚状をなす。葉はやや小形で線状の翼がある。葉形は楕円状披針形で長さ 10cm，幅 4cm ほどで，葉縁には小形の不鮮明な鈍鋸歯がある。葉片はやや薄く，軽く内側に巻き濃緑色を呈する。葉脈はおもなものが 7〜8 対あり，やや突出するが明瞭ではない。花は枝先に単生し白色，小形で直径 2.8cm 内外。5 弁よりなり，平開し芳香がある。花弁は楕円形，先はとがり基部はやや狭く，厚さはふつう。雄しべは 15〜20 本で長さ 0.6cm 内外，円筒状に集合する。雌しべは雄しべより長く，柱頭は扁球形，淡黄色をなす。果実はやや大きく球形で重量 200〜250g，果頂部はくぼみ放射溝がある。果基部はふくらみ突出するものが多い。果面は濃橙色で平滑。果皮は厚さ 0.3cm 内外で，柔軟で浮皮になりやすく剥皮は容易である。果内の室は 9〜12 で，果心は大きく中空をなす。果肉は柔軟，多汁で，甘味が強く酸味は少ない。種子は胚が濃緑色で多胚。【特性】性質強健で暑さに強く，かいよう病に侵されない。早・晩生，果実の大小，果形などにより多くの系統に分かれている。【植栽】繁殖は接木による。【学名】種形容語 *reticulata* は網状の，の意味。

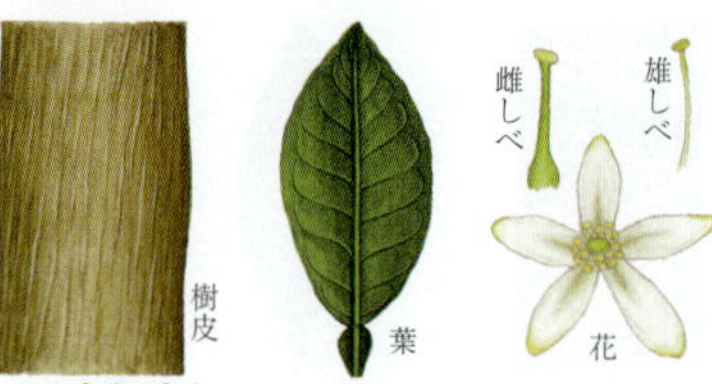

955. ダイダイ（ザダイダイ，カイセイトウ）〔ミカン属〕
Citrus aurantium L.

【原産地】インドヒマラヤ地方。【分布】世界各地の温帯から熱帯に広く分布する。【自然環境】寒さにも比較的強くまた暑さにも強いので，温帯の暖地から熱帯まで生育する常緑小高木。【用途】果樹。花からは香油をとる。正月の飾りつけ。【形態】樹高 5m 内外。樹姿は球形を呈し樹齢は長い。枝には稜角があり断面は三角形をなす。葉は卵状披針形で長さ 8cm，幅 5cm 内外で先は鋭くとがり，基部は楕円状円形をなす。葉片は革質を呈し，厚さ中ぐらいでやや内側に巻く。花は枝先または葉腋につき，3～5 花集合し総状花序をなす。花の直径 4cm 内外で 5 弁よりなり，外側に反転開する。花弁は長さ 2cm くらいで菱形状披針形，先端は鋭くとがり，表面に数条の縦溝がある。雄しべは 25 本内外で集合し円筒状をなす。雌しべは雄しべよりやや長く，柱頭は扁球形をなす。果実は球形で縦径，横径ともに 7cm 内外，重量 150g くらいである。果面は濃橙色をなし，小さなくぼんだ点が多くやや粗面である。がくは著しく肥厚するので，これを座と称する。微小な毛がつく。果肉は淡橙色で肉質は柔軟，多汁，酸味が強い。苦味がある。種子は 20 粒内外で，白色多胚である。越冬した果実は夏になると回青し橙色から緑色に戻る。【植栽】繁殖は接木による。【学名】種形容語 *aurantium* は橙黄色の，の意味。

956. カボス（ダイダイ，カブス）〔ミカン属〕
Citrus sphaerocarpa Y.Nakaj. ex H.Ohba

【原産地】インド東北部。【分布】北は関東地方より南は九州に至る間に点々と植栽される。【自然環境】暖地でよく生育し病虫害にも強い常緑小高木。【用途】果樹。果汁を果実酢として利用し，また正月の飾りつけに用いる。【形態】樹高 5m くらいになる。樹勢強健。枝には稜角が発達し，断面は三角形を呈し，通常 0.2cm 内外の小さなとげがある。葉はふつうの大きさで，葉柄に中形の明瞭な翼がつく。葉形は卵形で長さ 10cm，幅 6cm 内外，先端はとがり基部は円形。葉片は革質で，内側に折れ，葉色は濃緑色。葉脈はおもなもの 8～9 対で脈はやや深くくぼむ。花は単生，または 6～7 花が集まり総状花序をなす。花は白色，直径 4cm 内外で 5 弁よりなり，先端は半開もしくは反転開する。花弁はへら形をなし，長さ 2～3cm 内外でやや厚く内側に曲がる。雄しべは 25 本内外で基部は合着，中途より分離し花糸は細い。果実は球形，縦径 8cm 内外，重量 200g 内外で，果頂部に不明瞭なくぼんだ輪状環があり，果梗部に数条の溝が走る。果面は濃橙色で，油胞には突出するものとくぼむものがあり粗面である。果皮は厚さ 0.6cm 内外で苦味がある。剥皮困難。果肉は黄橙色で柔軟，多汁，酸味が強い。室数 11 内外，種子数 35 粒内外，種子は白色単胚。【植栽】繁殖は接木による。【学名】種形容語 *sphaerocarpa* は球形果の，の意味。

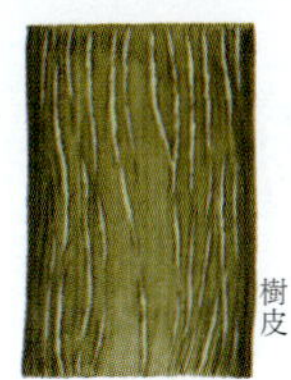

957. タンカン 〔ミカン属〕
Citrus tankan Hayata

【原産地】中国広東省。**【分布】**中国南部，台湾，日本。**【自然環境】**ポンカンよりも耐寒力が強いので日本の暖地以南の気候が適し，多雨地帯でもよく生育する常緑低木。**【用途】**果樹。主として生食する。**【形態】**樹高 3～4m。若木枝は直立性。枝は基部より分枝し密生する。枝は細くほとんどとげがない。枝の断面はやせた三角形を呈する。葉は披針形でやや小形，縦径 9cm，横径 4cm 内外。先端に向かって漸尖し先端部の中央はわずかにへこむ。葉基部はくさび形。葉片は内側に浅く湾曲。葉脈は 8 対内外あり平坦で不明瞭。花は頂生，または葉腋につき総状花序をなす。白色 5 弁で，直径 3cm 内外，平開する。花弁は長楕円形をなし，長さ 1.7cm，幅 0.7cm 内外で先はとがる。雄しべは 20 本内外あり，長さ 1cm くらいで円筒状に集合し先で分かれる。雌しべは雄しべより長く柱頭は扁球形をなす。花柱は長さ 0.6cm 内外で淡緑色をなし，無毛である。果実はほぼ球形で直径 5～6cm 内外，重量 150g 前後。果頂部に凹環を生ずることがある。果梗部には数条の放射状をした溝がある。果面は橙黄色で小じわがあり，やや粗面である。果皮の厚さは 0.3～0.4cm で剥皮しやすい。果内は 9～10 室に分かれ，濃橙色，柔軟多汁で甘味が多く酸味適当で芳香があり，風味良好である。無核果が多いが，種子 2～3 粒のものもある。白色多胚。**【特性】**ポンカンとオレンジの雑種とされている。**【学名】**種形容語 *tankan* は和名タンカンによる。

958. キンクネンボ（スイートオレンジ）〔ミカン属〕
Citrus sinensis (L.) Osbeck

【原産地】インドアッサム地方。**【分布】**世界各地に広く栽培される。とくにネーブルオレンジ，晩生のバレンシアオレンジなどが有名。**【自然環境】**温帯の温暖な気候が適するが熱帯でも生育良好な常緑小高木。**【用途】**果樹。生食のほかジュース，ジャムなどに利用される。**【形態】**樹高 4～6m 内外。樹姿は一般に円形をなす。枝はやや細く，若枝は通常断面は三角形をなす。葉は互生し葉柄に中形の明瞭な翼があり，葉形は一般には卵形で長さ 10cm，幅 6cm 内外で先端は鋭くとがり，基部は円形をなす。葉縁には鈍鋸歯がある。葉片は革質で厚さ中ぐらい，やや内側に曲がり，色は濃緑色である。葉脈のおもなものは 8～9 対あり，くぼむ。花は白色で単生，もしくは総状花序をなし 6～7 花集まってつく。花の直径は 4cm 内外で 5 弁よりなり，花弁の先端が反転開するものが多い。雄しべは 25 本くらいで長さ 1.5cm 内外，基部は合着し中途から分離し，先端はやや開張する。雌しべは雄しべとほぼ同長で，柱頭は扁球形をなす。花柱は長さ 1cm 内外である。果実は一般に球形をなし，縦径 8cm 内外で重量 250g ぐらいのものが多い。果面は平滑で橙色，果皮の厚さ中ぐらいで厚さ 0.6cm 内外，剥皮困難である。果肉は橙色で柔軟，多汁，甘酸適度で芳香があり美味である。種子のあるものとないものとがある。**【特性】**性質強健で良質の果実をつけ，かつ豊産性である。**【植栽】**繁殖は接木による。**【学名】**種形容語 *sinensis* は中国の，の意味。

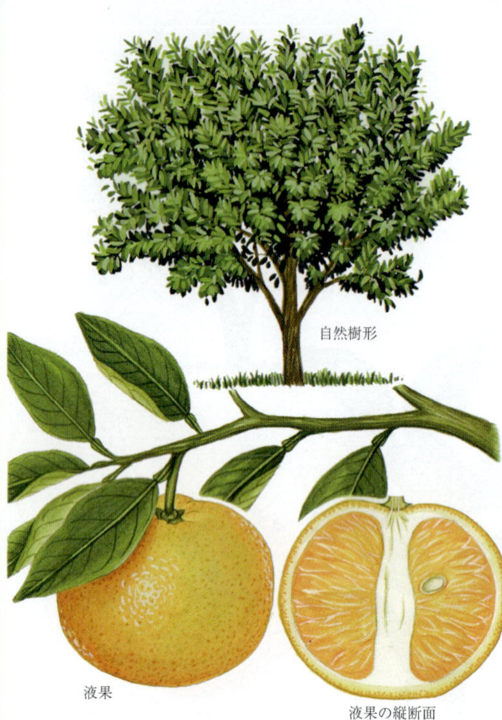

959. コウジ 〔ミカン属〕

Citrus leiocarpa Hort. ex Tanaka

【分布】寒さに強いため昔は北陸，奥羽の一部にまで分布したが，今日では暖地にわずかに残っているだけである。**【自然環境】**温暖地に生育し，性質強健なために土質を選ばない常緑低木。**【用途】**家庭用果樹。**【形態】**樹高 3m くらい。枝は下方より分枝し，樹形は扁円形をなす。枝は斜出し密生する。枝は細く，節間は短くやや屈曲し，断面は三角形でとげはない。葉はやや小形で広楕円状披針形をなし，長さ 7cm，幅 3.5cm くらいで先端はとがり，基部はくさび形。葉縁には浅い鈍鋸歯がある。葉は薄くわずかに内側に巻き，葉脈は 10 対内外で細く不鮮明である。葉柄は短く長さ 0.7cm，直径 0.15cm 内外で翼は微小。花は枝の先あるいは葉腋に単生するが，ときには葉腋に 2～3 花つくこともある。花柄は長さ 0.3cm 内外で先は太り無毛である。花冠は直径 3.5cm くらいで 5 弁よりなり半開性，各片は披針形をなし長さ 1.6cm，幅 0.7cm 内外で内側に湾曲する。雄しべは 25 本くらいあり，円筒状に集合し長さ 0.7cm くらい。花糸は幅広い。雌しべは雄しべより短く，柱頭は扁球形をなし長さ 0.5cm，直径 0.1cm くらいで緑色。果実は小形で扁平，縦径 3.2cm，横径 4.2cm，重量 40g くらいである。果頂はややくぼむ。果皮は濃黄色で平滑，薄くて剥皮が容易である。果実の内部は 9 室内外で黄色，肉質はやや柔軟。**【特性】**性質強健で栽培しやすく豊産性。**【植栽】**繁殖は接木による。**【学名】**種形容語 *leiocarpa* は平滑果の意味。

960. レモン 〔ミカン属〕

Citrus limon (L.) Osbeck

【原産地】インドのヒマラヤ東部山麓。**【分布】**世界各地の温帯の暖地から熱帯において栽培される。**【自然環境】**温帯の暖地から熱帯が生育に適する常緑低木。雨の多い地方は病気にかかりやすいので，雨の少ない地方が栽培に適している。**【用途】**果樹。果皮からレモン油（香料）をとる。**【形態】**樹高 4m 内外。樹姿は円形，新梢時は紫色を呈する。枝にとげのあるものとないものとがある。葉は楕円形で長さ 11cm，幅 6cm 内外，先は鈍くとがり，基部は楕円形をなす。葉縁には鋸歯がある。葉は互生。葉色は一般にやや黄みを帯びた緑色のものが多い。葉柄には翼がない。花は枝先または葉腋につき，おもに単生するか数花集合し総状花序をなすこともある。蕾は淡紫色のものが多い。花は直径 4cm 内外で 5 弁よりなり，先はやや反転開または転開する。花弁は披針形をなし，先はとがり内部は白色，外部は淡紫色を呈する。雄しべは 35 本内外で長さ不同，円筒状に集合し花糸は分離する。雌しべは雄しべと同長かもしくは短く，柱頭は扁球形をなし黄色。果実は楕円形で縦径 8cm，横径 6cm 内外，重量 150g 内外のものが多く，果頂に乳頭がある。果皮は平滑，果色はレモン色，果肉は白色でやや黄みを帯び，果汁は豊富で酸味多く香気がある。種子はないものもあり，数粒含むものもある。白色単胚。**【特性】**一般に耐寒力弱く，暑熱乾湿には強いが病気にかかりやすい。四季咲性。果実に芳香がある。**【植栽】**繁殖は接木による。**【学名】**種形容語 *limon* はイタリア名 limone による。

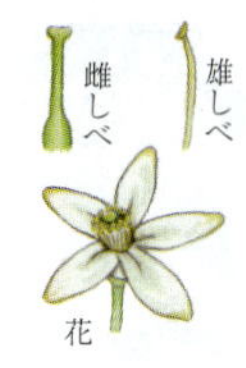

961. ブンタン（ザボン，ウチムラサキ）〔ミカン属〕
Citrus maxima (Burm.) Merr.

【原産地】インド東部地方。**【分布】**東南アジアに多く栽培される。**【自然環境】**高温を好むので熱帯でよく生育し良品質の果実を生産する常緑小高木。年平均気温 18℃以上の温暖地であれば一応適地に入る。**【用途】**果樹。生食のほか果皮などで菓子を作る。**【形態】**樹高は 3m から 10m くらいのものまであり常緑である。樹姿は円形大形を呈し，枝は長大で粗生する。稜角が発達し，断面は不正三角形をなす。表面に短毛茸がある。葉は大形で，葉身は楕円形で縦径 13cm，横径 7.5cm 内外のものが多いが，小さいものもある。先端はゆるやかにとがり，基部は円形または円状楕円形。表面は濃緑色で裏面は淡緑色のものが多い。葉柄に翼があり，広いくさび形をなし，周縁には短毛茸が密生する。花は白色で総状花序をなし 8〜10 花着生する。花の直径 5cm 内外で 4〜5 弁よりなり，著しく反転開するものが多い。花弁には大形の油胞が密生する。雄しべは 25 本内外で集合し円筒状をなす。雌しべは雄しべより長く，柱頭は扁平円盤状をなし淡黄色。果実は球形，扁球形，倒卵形で大きく，2kg 以上になるものも少なくない。果面は平滑で，油胞には大小あり突出するものが多い。果皮は厚く 1〜1.5cm 内外。果の室数 13 内外で果肉の色は淡黄白色，淡黄色，淡紅色。**【特性】**高温多湿の熱帯地で良品質の果実ができ，柔軟多汁で味もよい。**【植栽】**繁殖は接木による。栽培は容易である。

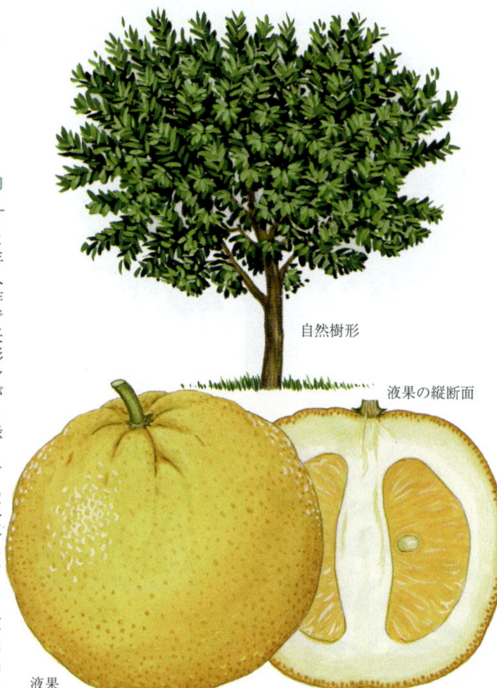

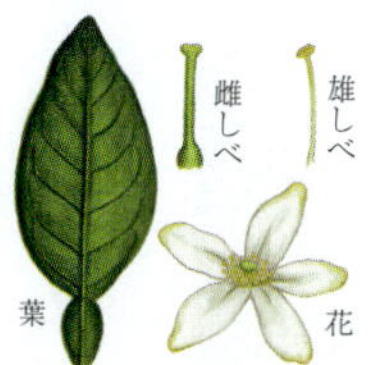

962. バンペイユ〔ミカン属〕
Citrus maxima (Burm.) Merr.

【原産地】本種はブンタンの一品種で，マレーから台湾へ輸入されたものとされるが，正確な原産地は明らかでない。**【分布】**東南アジア，台湾，日本。**【自然環境】**高温な熱帯気候で，年間を通じ適当な降雨があり，土質は排水がよく肥沃な土地に優品が生産される常緑小高木。**【用途】**果樹。生食が主であるが缶詰にも利用される。**【形態】**樹高 4〜6m。生育が早く樹勢は旺盛である。樹姿は球形を呈し，枝は斜生するが成木に達すると下垂性の枝も一部に生ずる。枝の密度は中ぐらい。長大になり，屈曲は少なくとげはほとんどない。稜角が発達し短毛茸を密生する。葉は大形で葉柄に翼があり，葉身は楕円形で長さ 13cm，幅 7cm 内外，先端に向かってとがり，基部は楕円形，葉縁は全縁である。葉片は平開し，表面は濃緑色で光沢があり，裏面は淡緑色である。葉脈はおもなもの 8 対内外で脈の付近はくぼむ。葉は革質を呈し厚い。翼は広いくさび形を呈し長さ 3cm，幅 2cm 内外，葉柄は太く基部の直径は 0.3cm ぐらい。葉柄，中肋の裏面および葉縁に短毛茸がある。花は 9〜12 花集まり総状花序をなす。花の直径 3cm ぐらい，花弁は 5 弁，長楕円形で厚く，大形の油胞が密生し白色。雄しべは 35〜55 本で二重に配列し，上部は開張し分離する。雌しべは雄しべよりやや短く，柱頭は扁球形をなす。果実は球形で大きい。**【植栽】**繁殖は接木による。病害虫の被害は少なく，樹勢強く栽培容易。**【学名】**種形容語 *maxima* は最大の，の意味。

963. グレープフルーツ 〔ミカン属〕
Citrus paradisi Macfad.

【原産地】西インド諸島バルバドス島。【分布】世界各地の温帯から熱帯にわたり広く植栽されている。【自然環境】温帯の暖地から熱帯の気候が適する常緑低木。温帯の暖地の場合にはやや高温でないと，果実は生産できても品質が温度不足のため劣る。【用途】果樹。生食のほかジュース原料，缶詰など。【形態】樹高 4～5m。枝の密度は中ぐらい，成長は早く球形または扁球形の樹姿をなす。枝は長さ中ぐらいでやや太く，節間はやや短い。葉はやや大きく長楕円形を呈し，長さ 11cm，幅 6cm 内外で先端はゆるやかにとがり，基部は楕円状で，葉縁には小形の鈍鋸歯がある。葉片はやや厚く革質を呈し平開性，葉脈は 9 対内外でわずかにくぼむ。葉柄は 3cm 内外で，幅 1cm くらいのくさび形の翼がつく。花は単生，もしくは 7～8 花集まって総状花序をなしてつき，花の直径は 4.7cm 内外，白色で 5 弁よりなり著しく反転開する。花弁はへら形をなし，わずかに内側に曲がり厚みがある。雄しべは 28 本内外で，集合し円筒形をなす。雌しべは雄しべと同長もしくはやや短く，柱頭は扁球形をなす。果実は扁球形で縦径 9cm，横径 12cm，重量 400g 内外，果基豊円で果頂はわずかにくぼむ。果面は平滑で鮮黄色を呈し，果皮は厚さ 0.6cm 内外で剥皮困難である。果実は 13 室内外。果肉は一般には淡黄白色で柔軟，多汁。【植栽】繁殖は接木による。高温地を選んで植える。【学名】種形容語 *paradisi* は美しい，の意味。

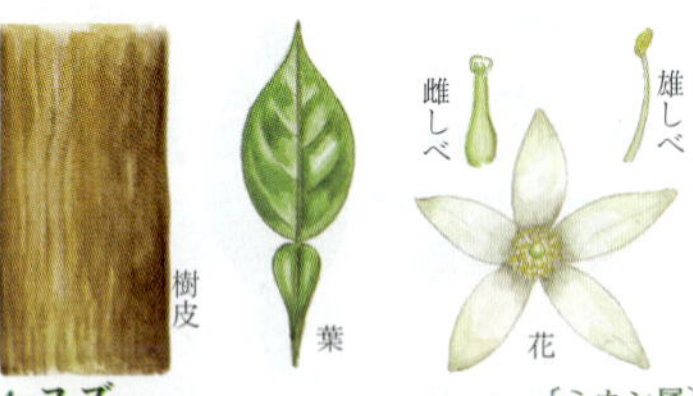

964. ユズ 〔ミカン属〕
Citrus junos (Makino) Siebold ex Tanaka

【原産地】中国奥地，揚子江上流。【分布】中国，日本。【自然環境】耐寒性はカンキツ類で最も強く，日本では東北地方にまで育つ。【用途】果樹。果皮に特有の芳香があり，果汁は豊富で酸味が強いので調理用に使われ，またユズネリと称するジャムや菓子などが作られる。このほか接木用台木として用いられる。【形態】樹高 3～5m。幹は直立性。根は深根性である。枝は細短で節間は短く，稜角を有しやや粗生する。葉は大きさ中ぐらいで長さ 7cm，幅 4.5cm 内外。葉形は卵状披針形で先端に向かってゆるやかにとがり，基部は楕円形をなす。葉縁は鋸歯浅く全縁に近い。葉片はやや薄く革質を呈し，浅く内側に折れる。葉色は濃緑色である。葉脈はおもなものが 8～9 対あり，ほぼ平坦で不鮮明。葉柄には幅 1.2cm 内外の軍配状の翼がある。花は通常枝先に単生し，花の直径 2.6cm くらいで白色 5 弁よりなる。花弁はへら状で半開または平開する。雄しべは 25 本内外あり，円筒状に集合する。雌しべは雄しべと同長かまたは短く，柱頭は長球形をなす。果実は球形で縦径 6.5cm，横径 7.5cm，重量 100～130g 内外で鮮黄色を呈する。果頂には直径 2cm 内外のくぼんだ輪状環がある。果基の果梗部から数条の顕著な縦溝があり，起伏が著しい。果面には大小のしわがあり，凹凸が激しい。油胞は粗。【特性】樹勢旺盛で耐寒，耐乾力があり病害虫に強い。【植栽】繁殖は接木か実生。

965. ハナユ（トコユ，ハナユズ）　〔ミカン属〕

Citrus hanayu Hort. ex Shirai

【原産地】起源不詳。中国よりの渡来品とされ栽培の歴史は古い。【分布】中国，日本。【自然環境】温帯の暖地に適し暑熱，乾燥には弱い常緑低木。病害虫には抵抗力は強い。【用途】花はよい香りがするので花柚と呼ばれ，調理用に使われる。果実は美しいので庭園樹や鉢植えなどの観賞用に植栽される。【形態】樹高 1.5m 内外。枝はやや粗生し樹姿は球形をなす。枝はやや細く稜角が発達し，とげがあり長さ 1cm に及ぶものがある。葉はやや小形で葉柄に小さな翼がある。葉形は楕円状披針形をなし長さ 7.5cm，幅 3.5cm，先端はゆるやかにとがり，基部は楕円形を呈する。葉脈は 7 対内外でやや突出する。葉片はやや薄く内側に折れ，波状を呈し，葉色は淡い。花は枝先または葉腋に単生するがまれに双生する。花の直径 3～3.5cm 内外で 5 弁よりなり，平開し白色。雄しべは 27 本内外あり，雌しべは雄しべより短く，柱頭は短円筒状をなし黄色。果実は扁球形で縦径 5cm，横径 5.5cm，重量 70g 内外で，果頂には明瞭な凹環があり，果基には数条のひだがある。果面は黄色で起伏多く，やや厚く 0.5cm 内外。剥皮は容易で，ユズに似た芳香があるがユズに劣る。果は 10 室内外で，果肉はユズに似て柔軟。【特性】果実は長く樹上にとどまり，トコユ（常柚）の名はこれによる。ヤノネカイガラムシやカイヨウ病に強い。【植栽】繁殖は接木による。【学名】種形容語 *hanayu* は和名による。

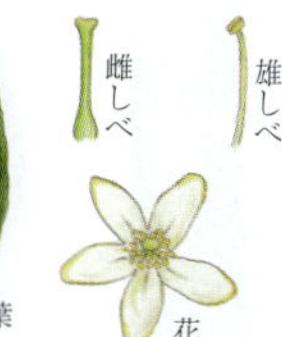

966. スダチ　〔ミカン属〕

Citrus sudachi Hort. ex Shirai

【分布】徳島県の特産。【自然環境】温帯の暖地に適する常緑低木。土質をとくに選ばない。【用途】果樹。果実は酸味強く果汁豊富で芳香があるので，酢として料理に用いられる。【形態】樹高数 m。樹姿は扁球形をなし，枝は斜生してやや広がり密生する。枝の節間は短く屈曲し細い。枝には短いとげがある。葉は小形で披針形をなし長さ 8cm，幅 3.5cm 内外。先端に向かってとがり，基部は楕円形を呈する。葉縁はわずかに波状をなす。色は濃緑色。葉柄は長さ 1.5～2cm で線状くさび形の翼がある。花は枝の先に単生し，白色で 5 弁よりなり直径 1.7cm 内外。半開性で花弁はへら状をなし，先はとがり内側に巻き，厚みがある。雄しべは 20 本内外で長さ 0.8cm くらい，花糸は細く集合する。葯は短楕円形をなし，先がとがり長さ 0.15cm くらいで濃黄色。雌しべは雄しべとほぼ同長で，柱頭は長球状をなし黄色。果実はやや扁平な球形で縦径 3.5cm，横径 4cm，重量 30g 内外。果皮には小形の油胞が密に分布しややくぼむ。厚さは 0.2cm 内外で薄く，剥皮はやや困難である。ユズに似た香気があり苦味はない。果実内部は 9 室内外で淡黄色をなし，柔軟多汁で酸味強く，独特の風味がある。種子数 12 個内外だが無種子の系統もある。胚は多胚。【特性】性質は強健で樹齢長く，栽培は容易である。また耐寒性も比較的強く，豊産性である。【植栽】繁殖は接木による。【学名】種形容語 *sudachi* は和名による。

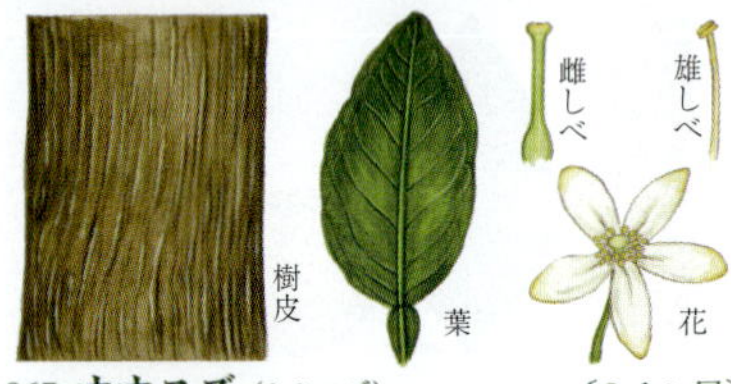

967. オオユズ（シシユズ）　〔ミカン属〕
Citrus pseudogulgul Hort. ex Shirai

【原産地】不明，東南アジアか。**【分布】**日本，中国。**【自然環境】**温帯の暖地および熱帯に生育する常緑低木。**【用途】**果樹および観賞用。果肉の酸味強く食用には適さないが，果皮は厚く香気があるのでジャム様のものを作る。これを柚粘り（ゆねり）と呼ぶ。**【形態】**樹高 2m くらい。枝は太く長く，とげはなく細毛が密生する。葉は大形で楕円形をなし長さ 10cm，幅 6cm 内外，先はとがり基部は円形で，葉縁の鋸歯は浅く不明瞭である。葉脈はおもなものが 7～8 対あり，脈は平坦。花は枝先または葉腋につき 6～7 花集合し総状花序をなす。白色で直径 3.5～4cm 内外。花弁は 4～5 枚で平開し，へら形をなし長さ 2.3cm，幅 1.1cm 内外である。雄しべは 25 本内外で長さ 1.2cm くらい，集合し円筒状をなす。雌しべは雄しべと同長で，柱頭は扁球形をなし，中央は著しくくぼみ淡緑色。果実は大きく球形，縦径 15cm，横径 17cm，重量 1.2kg 内外で，果頂と果基はともに深くくぼむ。果面にはやや深い縦溝が多数あり，また凹凸が複雑にあり鮮黄色。油胞は大で粗に分布しくぼむ。果皮は厚く 3cm 内外で，剥皮はやや容易。苦味はない。果肉の肉質は粗く，汁液が少なく酸味が強い。種子数 20 内外で白色単胚。**【特性】**性質は強健で比較的寒さに強い。病害虫に侵されにくい。開花期は晩生。**【植栽】**繁殖は接木による。**【学名】**種形容語 *pseudogulgul* はオレンジに似た，の意味。

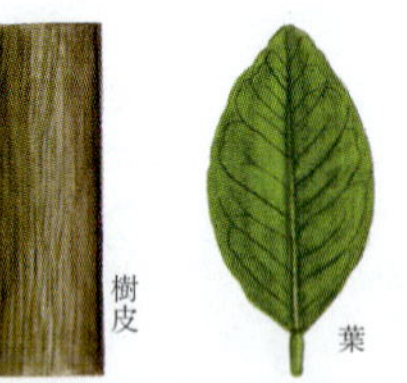

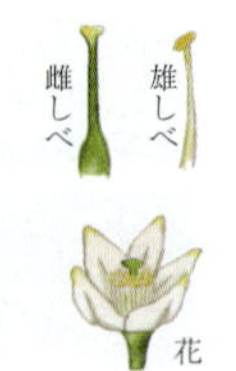

968. フクレミカン（サガミコウジ）　〔ミカン属〕
Citrus fumida Hort. ex Tanaka

【分布】日本の中部以南。**【自然環境】**性質は強健で寒さに比較的に強い常緑低木。**【用途】**昔は果樹として栽培されたが，今日では観賞花木としてわずかに庭などに植えられている。**【形態】**樹高 2～3m。基部から枝を分枝し，枝は密生し，樹姿は球形または楕円形をなす。枝はやや直立性である。耐病性強くまた害虫に侵されにくい。枝は細く節間は短く屈曲し，枝の断面は三角形をなしとげはない。葉は小形で楕円状披針形をなし長さ 7.5cm，幅 3.5cm くらいで，先端は鈍くとがる。基部は幅広いくさび形をなす。花は枝の先につくほか葉腋にもつく。通常単生するが 2 花つく場合がある。花冠は 5 弁で白色，内側に向き，花の直径は 3.2cm くらいである。雄しべは 25 本ぐらいで長さ約 0.6cm，花糸は相互に合着して枝状をなす。柱頭は不正球形をなし黄色。花柱は長さ 0.3cm，直径 0.12cm 内外でやや屈曲し白色。果実は扁球形をなし縦径 3.6cm，横径 5.5cm，重量 40g くらいである。果頂部と果基部は浅くくぼみ，果面には浅い縦溝があり，全面が不規則に起伏し弾力性がある。果皮は黄色で厚さ 0.2cm 内外，薄く軟らかく，果肉との間の空隙が大きくふくれ状をなす。果肉は淡黄橙色で肉質は柔軟。種子は緑色多胚。**【特性】**性質は強健で栽培しやすく寒さにやや強い。豊産性であるが果実の貯蔵力は低い。**【植栽】**繁殖は接木による。**【学名】**種形容語 *fumida* は意味不明。

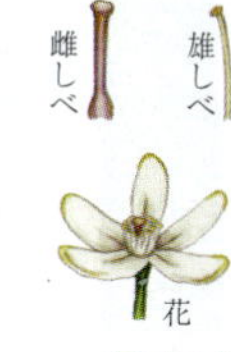

969. シトロン（マルブッシュカン）　〔ミカン属〕
Citrus medica L.

【原産地】インド東南部ヒマラヤ山麓の高地。【分布】イタリア，ギリシャ，フランス（コルシカ）で栽培される。【自然環境】寒さに弱いので主として暖地で栽培される常緑低木。【用途】果樹。酸味強く生食できないが，飲料，すなぬか砂糖煮にする。果実を乾燥し漢方薬とする。【形態】樹高2～3mで樹姿は開張。枝は斜生もしくは湾曲下垂し，枝数は少ない。枝はやや長く太く稜角がなく，断面は円形である。葉は長楕円形で，長さ13cm，幅5cm内外で，先端は鈍頭。基部はくさび形を呈し平坦。葉片は比較的薄く，淡緑色を呈する。花は枝先あるいは葉腋につき，3～8花が集まり総状花序をなし，花梗は短い。花の直径は3.5cm内外で4～5弁よりなり，半開もしくは平開する。花弁は線状楕円形で先端は鈍頭，厚くて内側に巻き，内側は白色で外側は淡紫色である。雄しべは45本内外で花糸細く淡紫色，基部は合着する。雌しべの長さは雄しべと同長で，柱頭は扁球形で黄色。果実は紡錘形をなし縦径10cm，横径7cm内外で，果頂部には乳頭がある。果面は黄色で小起伏があるが光沢がある。果皮はごく厚く芳香がある。果肉は淡黄色で酸味が強い。種子数10個内外。単胚。【特性】寒さに弱く病害に侵されやすい。四季咲性。【植栽】繁殖は接木，さし木による。【学名】種形容語*medica*は薬用の，の意味。

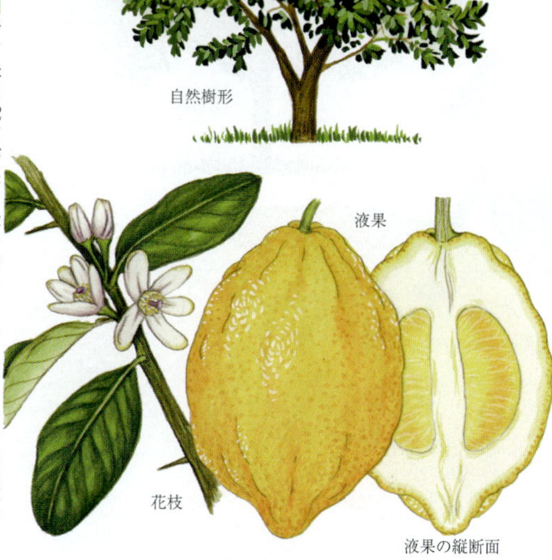

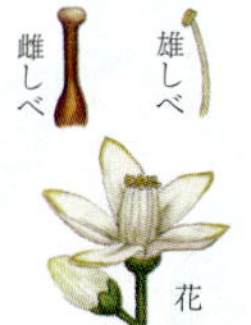

970. ブシュカン（ブッシュカン）　〔ミカン属〕
Citrus medica L. 'Sarcodactylis'

【原産地】インド。【分布】温帯の暖地から熱帯にかけ世界各地で観賞用に栽培されている。【自然環境】寒さに弱いので温帯の暖地でもやや暖かい場所が生育適地となる常緑低木。【用途】観賞用果樹。果実は食用に適さないが，仏像の手指のような果実を観賞するため，庭園樹や盆栽などに用いられる。【形態】樹高3m内外。枝は長大で粗生しやや開張する。枝は稜角が生ぜず，断面は円形をなし，とげはない。葉は大形で翼がない。葉の形状は長楕円形で長さ16cm，幅6cm内外で，先端はとがらず基部は円形をなす。葉片は厚く，わずかに内側に折れ，葉脈はくぼみ，明瞭。花は枝先または葉腋につき，単生あるいは数花集まってつく。花は直径5cmくらいあり，5～6弁よりなり反転開する。花弁は披針形でやや内側に曲がり，内側は白色で外側は淡紫色である。雄しべは50～65本くらいあり，長さ不同で内側のものが短い。雌しべは雄しべと同長で，柱頭は紡錘形をなし，多数に分裂し淡黄紫色を帯びている。果実は奇形を呈し，先端が5～10本くらいに指状をなして分かれる。果実の形は一般には長楕円形であるが，それよりも短い形のものもある。果面には起伏が多く，熟すと鮮濃黄色を呈する。【特性】寒さにやや弱いので注意が肝要である。【植栽】繁殖はさし木による。【学名】種形容語*medica*は薬用の，園芸品種名'Sarcodactylis'は指状物の，の意味。

971. ナルト　〔ミカン属〕

Citrus medioglobosa Hort. ex Tanaka

【分布】日本原産。江戸時代に阿波または淡路において発見された。一説には約 250 年前に現兵庫県洲本市で，丹波藩士陶山某が唐柑と称する（スイートオレンジか？）果実の種子をまいてできた実生とも伝えられている。現在では，兵庫県淡路島に多く栽培されるが，その他の地域でもわずかながら栽培されている。【自然環境】温帯の暖地に適した常緑低木。とくに冬暖かい所がよい。【用途】生食が主で，晩生種のため 4～6 月に食する。【形態】樹高 4～5m で，樹形は球形もしくは楕円形をなす。枝は斜向性でやや長く，一部下垂する習性がある。稜角が著しく発達し，断面は三角形をし，小さなとげがごくわずかにある。葉は一般のものより細長く，葉柄に線状くさび形の翼がある。葉身の形状は披針形で長さ 11cm，幅 4.5cm 内外。先端に向かってとがり，基部は鈍いくさび形を呈する。葉脈は 10 対内外で表面に突出し明瞭。葉片は革質を呈しやや薄く，軽く内側に巻く。葉色は濃緑色を呈する。花は単生するか，または数花集まり総状花序をなす。花の直径 3cm くらいで 5 弁よりなり，半開または平開する。花色は白色。雄しべは 25 本内外で，集合し円筒状をなす。雌しべは雄しべとほぼ同長で，柱頭の中央はくぼみ濃黄色を呈する。果実は球形またはやや倒卵形で淡橙黄色をなし，果皮の厚さ 0.6cm 内外で剥皮容易である。室数 10～12 室。【特性】カラタチ台との親和性が悪い。白根樹は樹勢旺盛。【植栽】繁殖は接木による。【学名】種形容語 *medioglobosa* は中形の球形の，の意味。

972. ライム　〔ミカン属〕

Citrus aurantiifolia (Christm.) Swingle

【原産地】インド北東部からビルマ北部。【分布】世界の熱帯各地に分布し，一部には野生化しているが多くは栽培されている。【自然環境】純熱帯性カンキツで，高温地以外では寒さのため育たない常緑低木。【用途】果樹。果皮から香料。【形態】樹高 2m 内外。樹姿は円形をなす。花は四季咲性で熱帯では年中開花する。枝は細くて短く，斜生または横向し，多数の枝が密生する。とげが非常に多い。葉は小形で葉柄に翼がある。葉形は楕円形で長さ 6cm，幅 3.5cm 内外で，先端は鈍頭で基部は楕円形。葉色はやや黄色を帯びた緑色を呈し，裏面は淡緑色。葉脈はおもなものは 6～7 対内外で，細く不鮮明である。花は枝先または葉腋につき単生するか，数花集まって総状花序をなす。花は白色で 5 弁よりなり，平開し直径 2cm 内外である。花弁はへら形をなし先はとがり，内側に巻き舟形を呈する。雄しべは 20 本内外で円筒状に集合する。雌しべは雄しべより短く，柱頭は球状をなし淡黄色。果実は球形ないし長球形で縦径 4.5cm くらい，重量 30～50g。果頂部に小さな乳頭がある。果面は平滑，黄色を帯びた緑色で，果皮は薄く剥皮困難である。果内は 10 室内外で，果肉は緑黄色で柔軟，多汁。香気高く爽快な酸味をもつ。種子 5 粒内外で，白色多胚。【特性】寒さに弱い。【植栽】繁殖は接木，さし木，実生による。【管理】一般カンキツに準ずるが，病気に弱いので防除の要がある。【学名】種形容語 *aurantiifolia* は黄色葉の，あるいはダイダイ *C. aurantium* の葉に似た，の意味。

973. クネンボ（クニブ）　〔ミカン属〕

Citrus nobilis Lour.

【原産地】インドシナ。【分布】日本，中国。【自然環境】熱帯から温帯の暖地が生育適地で性質は強健，とくに土質を選ばない常緑小高木。【用途】果樹。【形態】樹高 4～6m。枝は斜出するものや開出するもののほか下垂するものがあり，枝数はやや少なく粗生する。樹姿は扁円形。枝はやや長く，太さは中ぐらいで屈曲著しい。稜角鋭く，枝の断面はやせた三角形でとげはない。葉は楕円状披針形をなし長さ 11cm，幅 6cm 内外で，先は鋭くとがり先端部は小さくくぼむ。葉の基部は楕円状披針形をなし，葉縁には二重鋸歯がある。鋸歯は浅く鈍いが明瞭である。葉片は水平に展開し，革質を呈しやや薄い。葉脈はおもなものは 6～7 対あり，平坦である。花は枝先または葉腋につき単生するが，まれに双生する。花の直径は 3.2cm 内外で 5 弁よりなり，平開または反転開する。花色は白色。花弁は楕円形をなし，先端は短くとがり基部は著しくせばまる。油胞は中形で粗生。雄しべ 25 本内外で長さ 0.8cm くらいあり，雌しべは雄しべより長く，柱頭は扁球形をなす。果実は扁球形でウンシュウミカンよりやや大きく，果皮は厚い。果頂部と果基部はともにくぼみ，果基部には数条のひだがある。種子数 10 粒内外で，胚は白色多胚。やや晩熟性。【特性】亜熱帯気候下で優良な果実ができる。【植栽】繁殖は接木と実生による。【近似種】サンキ *C. sunki* がある。多くは台木として供される。【学名】種形容語 *nobilis* は気品のある，の意味。

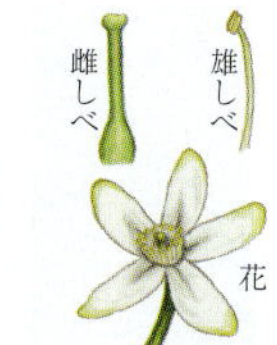

974. シキキツ（トウキンカン）　〔ミカン属〕

Citrus mitis Blanco

【原産地】中国南部か。【分布】中国南部，東南アジア，台湾，日本，フィリピンにとくに多く栽培される。【自然環境】温暖地から熱帯地方にわたり生育し，性質は強健で比較的寒さに強い常緑低木。【用途】果樹。【形態】樹高 3m 内外。枝は密生し，樹姿は球形をなす。枝は細く節間は短い。とげはほとんどない。葉は小形で楕円形をなし，先端はわずかにとがり，基部はくさび形をなす。葉片は薄く，やや革質を呈し，わずかに内側に巻く。葉脈は 9 対内外で，わずかに突出するが細く不鮮明である。花は枝先に単生する。花冠は 5 弁よりなり平開するか，または反転開し直径 2.5cm くらいである。花色は白色。雄しべは 20 本内外で長さ約 1cm，円筒状に集まり，長さやや不同である。雌しべは雄しべより短く，柱頭は円筒状をなし，中央が突出し黄色をなす。花柱は長さ 0.3cm，直径 0.1cm 内外で淡黄緑色。果実はほぼ球形で直径 3cm，重量 30g 内外で，果頂は浅くくぼむ。また果梗の周囲もわずかにくぼむ。果梗は短く長さ 0.5cm 内外。果面は平滑で鮮橙色をなし美しい。果皮は薄く 0.3cm 内外で，剥皮やや容易である。果肉は橙色で柔軟，多汁，酸味強くやや香気がある。【特性】四季咲性で春，夏，秋に開花する。【植栽】耐病虫性が強く，また性質強健で栽培しやすい。

975. ナツミカン（ナツダイダイ）　〔ミカン属〕
Citrus natsudaidai Hayata

【分布】1700年頃に山口県長門市において実生から生じたものといわれる。【自然環境】日本の暖地は生育適地で果実も優品を産するが，比較的寒さにも強く関東地方でも栽培可能な常緑低木。【用途】果樹。【形態】樹高4～5mに達し，樹姿は球形または扁球形をなす。枝はやや細く稜角があり，断面は三角形を呈する。枝にとげはない。葉は大きさ中ぐらいで，くさび形の小さな翼がある。葉の形状は楕円状披針形で，長さ10cm，幅5cm内外。先端はゆるやかにとがり，基部は広いくさび形をなす。葉片の厚さは中ぐらいで舟形に内側に少し折れ，葉色はやや淡い。葉柄は長さ2cmくらいで，わずかに毛茸がある。花は枝先あるいは葉腋につき，通常単生するか数花が集まり総状花序をなす。花は白色で直径3cmくらいあり，5弁よりなり反転開する。花弁はへら形で厚く，舟形に内側に巻き，大形の油胞が密に分布する。雄しべは30本くらいある。果実は扁球形で重量は400～500gある。果頂は扁平で中央部はわずかにくぼむ。果面は黄色で小起伏がある。果皮はやや厚く0.5cmくらいあり，剥皮はやや困難で苦味がある。果実の室数は10～14くらいで，果肉はやや堅い。果汁は多く，酸味が強くやや苦味がある。【特性】性質強健で結果期に入ることが早く豊産性である。【植栽】繁殖は接木による。

976. ハッサク　〔ミカン属〕
Citrus 'Hassaku'

【分布】広島県因島市の寺の境内において万延年間（1860）に発見された。【自然環境】温帯の暖地に生育する常緑低木。【用途】果樹。ハッサク（8月初旬）の頃から食べられるというので，この名がつけられたが，通常12月下旬に収穫し貯蔵，2～4月に生食に供する。【形態】樹高4～5mに達する。枝は太くて粗生し，樹姿はやや直立性である。枝には稜角があり，とげはほとんどなく若枝には短毛がある。葉はやや大きく，葉身は楕円形で，長さ10cm，幅6cm内外，先端はとがり，基部は楕円状くさび形をなす。葉縁には浅い鈍鋸歯がある。葉脈はおもなものが8～9対あり突出する。葉片は厚く，周囲は著しく内側に巻く。葉柄にはくさび形の翼があり，幅1.8cm内外，毛茸がある。花は総状花序に6～7花着き白色，直径5cm内外で5弁よりなり，やや反転開する。雄しべは25本内外で円筒状に集合。果実は扉球形をなし縦径7.5cm，横径9.5cm，重量450g内外で橙黄色を呈する。果面の油胞は大小不同でくぼみ，果面はやや粗い。果皮は1cm内外でよくしまり，剥皮やや困難。室数13内外で，果肉やや堅く淡黄色を呈する。甘酸適度で風味は良好である。種子は大きく30粒内外で白色単胚。【特性】自花不稔性であるからアマナツなどの授粉用樹が必要である。【植栽】繁殖は接木による。【学名】種形容語 'Hassaku' は和名による。

977. イヨカン（イヨ，アナドカン）　〔ミカン属〕
Citrus 'Iyo'

【分布】愛媛県での栽培が多いのでイヨカンの名が生じた。【自然環境】温帯の暖地が生育に適する常緑低木。しかし良果を生産する適地は限られている。【用途】果樹。もっぱら生食用で，12〜1月に収穫し3〜4月まで食用に供せられる晩生柑に属する。【形態】樹高4〜5m。枝はやや立性で，樹姿は円形をなす。枝はやや密生し，生長は早く，長さ0.2cmくらいの小刺がわずかにあり，新梢に短毛茸がある。葉はやや大形で葉柄に小さな翼がある。葉形は卵状楕円形で長さ10cm，幅5cm内外，先端はゆるやかにとがり，基部は楕円形を呈する。葉脈は明瞭である。葉片は革質を呈しやや厚く，内側に巻き濃緑色で光沢がある。花は数花密生し総状花序をなす。花の直径4cm内外で5弁よりなり，白色である。雄しべは20〜25本内外で集合し円筒状をなす。雌しべは雄しべよりやや長く，柱頭は扁球形で黄色を呈する。果実は球状倒卵形で縦径8cm，横径9cm，重量250g内外でやや大きい。果面は油胞がまばらにくぼみ，やや粗いが，赤橙色でつやがあり美しい。果皮は0.8cmくらいで厚く，芳香があり，もろくて剥皮容易である。室数9〜11室。果肉は濃橙色で柔軟，多汁，甘酸適度で風味がよい。種子は10〜15粒で淡緑色単胚。【特性】ミカン類とオレンジ類の雑種であろうといわれている。【植栽】繁殖は接木による。【学名】種形容語'Iyo'は和名による。

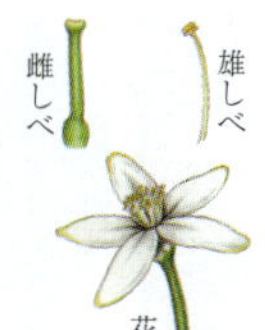

978. サンボウカン　〔ミカン属〕
Citrus sulcata Hort. ex Takah.

【分布】和歌山県海草郡原産。【自然環境】温帯の暖地が生育に適し，土質はとくに選ばない常緑低木。【用途】果樹。晩生柑に属し3〜4月に収穫する。【形態】樹高2.5m内外。葉は楕円形をなし，長さ8cm，幅は4.5cm内外。葉はやや厚く滑沢で，内側にわずかに巻く。葉柄は長さ1cmくらいで線状の不明瞭な翼がある。花は枝先または葉腋に多く単生し，白色で香気がある。花は5弁よりなり，直径3cmくらいで反転開する。花弁は紡錘形をなし長さ1.7cm，幅0.7cm内外で先はとがる。雄しべは25本内外。長さ1cmくらいで円筒状に集合する。柱頭は黄色。花柱は長さ0.25cm，直径0.13cm内外で淡黄色をなす。果実は一見ダルマ形をなすが，倒卵形で縦径8.5cm，横径9cm，重量250g内外である。果頂は浅くくぼみ，果基は乳頭状に突出し途中くびれる。果面は濃黄色で全面に小起伏があり，油胞は小形でくぼみ，密に分布する。油胞の大きさはやや不同。果皮は厚く1cm内外で，剥皮やや容易である。果実の内部は11室内外で淡黄色，肉質柔軟で多汁。種子数は30個ぐらいあり多胚である。【特性】樹勢旺盛で病虫害に侵されにくく，栽培は容易である。暑熱に弱く熱帯には適さない。【植栽】繁殖は接木による。【学名】種形容語 *sulcata* は溝のある，の意味。

979. ヒュウガナツ (ニューサマーオレンジ)〔ミカン属〕
Citrus tamurana Hort. ex Takah.

【分布】宮崎県宮崎市で偶然実生として発見された。宮崎県，高知県のほか和歌山県，静岡県の暖地に分布。**【自然環境】**冬期温暖な寒さで落果しない地方が適する常緑低木。**【用途】**果樹。晩生柑で収穫期は5～6月。**【形態】**樹高は通常2.5mくらいであるが，ときに7mにもなる。枝は密生し，やや細く短く小刺がある。樹形は若齢期には直立状，老木になると半球状を呈する。葉は楕円状紡錘形をなし長さ8cm，幅4.6cmくらいで両端がとがり，葉縁には小形の鈍鋸歯がある。葉柄は長さ1.5cm内外で小翼がある。花は単生または総状花序をなし，白色で香気がある。花の直径は4cmくらいで5弁，各片は広紡錘形をなし長さ2.1cm，幅0.8cm内外で厚みがあり，先端はとがり著しく反転開する。雄しべは25～30本で長さ1cm内外，円筒状に集合する。雌しべは雄しべより長く，柱頭の上部はくぼみ黄色をなす。果実は短卵形で縦径7cm，横径8cm，重量200gくらいで中果，果皮は平滑でやや光沢があり，鮮黄色となり外観は美しい。果皮はやや厚く剥皮困難である。果実の内部は10室内外で，果肉はとくに軟らかく多汁。甘酸適度で香りがある。種子はやや大きく直径1cmくらい。**【植栽】**繁殖は接木による。**【管理】**自花不稔性のため他種の授粉用樹を植える必要がある。**【学名】**種形容語 *tamurana* は田村利親の，の意味。

980. カラタチ 〔ミカン属〕
Citrus trifoliata L.

【原産地】中国中部。**【分布】**日本全土に広く植栽される。日本には古い時代に渡来し，植栽されるもののほか，ときに暖地に野生化する落葉低木または小高木。**【用途】**生垣，ミカン類の台木，薬用（乾果），盆栽（園芸種）。**【形態】**幹は高さ2～3m，まれに5mに達する。よく分枝し，枝は緑色無毛で稜角がある。扁平で鋭い長さ1～5cmのとげを互生する。冬芽は半球形で長さ0.2～0.3cm，2～3個の芽鱗に包まれる。葉は3小葉からなる複葉で，小葉は倒卵状楕円形で長さ3～6cm，幅1～3cm，先端は円頭，基部はくさび形を呈し，縁は低い鈍鋸歯がある。表面には透明な油点があり，中脈に短毛がある。裏面は無毛。葉柄の長さは1～3cmある。開花期は4～5月で，葉に先だって前年枝のとげの基部に，無柄の芳香ある白色5弁花を単生する。がく片5個。花弁は倒披針形で開出し，長さ約1.5cm。雄しべは多数，花糸は離生し無毛。子房は有毛で8～10室がある。果実は球形で10月頃黄熟し，直径3～5cm，表面に微毛が密生する。果皮には油胞があり，独特の臭気と苦味があり，種子も多く食用にならない。**【特性】**耐寒，耐病性があり，適潤で肥沃な陽地を好む。**【植栽】**繁殖は実生（3月）。**【管理】**強せん定に耐える。チッソ肥料はひかえる。移植適期は4～7月。**【学名】**種形容語 *trifoliata* は3出葉の，の意味。

981. キンカン（ナガキンカン）〔ミカン属〕

Citrus japonica Thunb. 'Margarita'

【原産地】中国浙江省温州地方。【分布】中国，日本に多い。【自然環境】温帯の暖地および熱帯の気候に適し，土質をとくに選ばない常緑低木。【用途】果樹。【形態】樹高 1.5m 内外。枝は細く，節間は著しく短く屈曲は少ない。枝の断面は鈍三角形をなし，結果母枝の長さは通常 7～10cm である。葉は小形で長楕円状披針形をなし，先端はとがり基部はくさび形をなす。長さ 7cm，幅 2cm 内外で鋸歯は小形で浅い。葉縁は波状に起伏し，表面は緑色で裏面は灰白色である。葉脈は 12 対内外あり平坦で不鮮明である。葉柄の翼は微小で長さ 1cm，直径 0.12cm 内外である。花は枝の先または葉腋につき，単生もしくは双生する。花冠は 5 弁で平開し，直径 1.7cm 内外である。花弁は披針形で長さ 0.9cm，幅 0.3cm 内外で内側に巻く。雄しべは 17 本内外で長さ 0.5cm くらい。花糸は円筒形に集まり結合する。雌しべは雄しべと長さはほぼ同じで，柱頭は長みを帯びた球状で横径 0.1cm 内外あり黄色をなす。果実は楕円状長円形をなし，両端は丸みを帯び縦径 4cm，横径 2cm，重量 18g 内外である。果面は平滑で橙黄色をなし，小形の油胞が密生する。果皮は厚さ 0.3cm 内外で剥皮困難。軟らかく甘味がある。種子数 4～5 個で長楕円形をなし長さ 1cm。【特性】性質は強健で寒暑に耐え，病気にほとんど侵されない。【植栽】繁殖は接木による。

982. ニンポウキンカン（メイワキンカン）〔ミカン属〕

Citrus japonica Thunb. 'Crassifolia'

【原産地】中国浙江省。【分布】中国，日本およびわずかに熱帯各地に栽培される。【自然環境】温帯の暖地ならびに熱帯地方に産する常緑低木。【用途】果樹。生食のほか製菓原料に使用される。【形態】樹高 2m 内外。枝は直立性で密生する。樹姿円形で先はやや開く。枝は細く短いがマルキンカンよりやや太い。節間は短く屈曲は少ない。とげは 0.2cm くらいの短いものが少しある。葉は小形で長楕円状披針形をなし，長さ 7cm，幅 3cm 内外で先はとがり，基部はくさび形である。葉縁は全縁。葉はやや薄く，浅く内側に曲がり縁部は波状に起伏する。濃緑色で葉脈はおもなものが 10 対内外あり，平坦で不鮮明。葉柄は長さ 1cm，幅 0.16cm。花は単生，ときには 2～3 生する。花の直径は 2.5cm くらいで 5 弁で白色，平開する。花弁は短披針形をなし，先はとがり内側に曲がる。雄しべは 16～21 本で長さ 0.5cm 内外，集まって円筒形をなす。雌しべは雄しべと同長かあるいはやや短い。柱頭は球状をなし黄色，花柱は長さ 0.15cm くらいで淡黄色をなす。果実は短卵円形をなし，縦径 2.5cm，横径 2.2cm，重量 10g 内外で両端は半球形。果面は平滑で橙黄色をなし，油胞は直径 0.08cm 内外で密生し鮮明である。果皮は厚さ 0.4cm 内外で剥皮やや困難，柔軟で甘味と香気がある。果の内部は 5～8 室で果汁少なく酸味が強い。種子数 5～6 個で胚は緑色多胚。【特性】性質は強健で栽培容易。【植栽】繁殖は接木による。

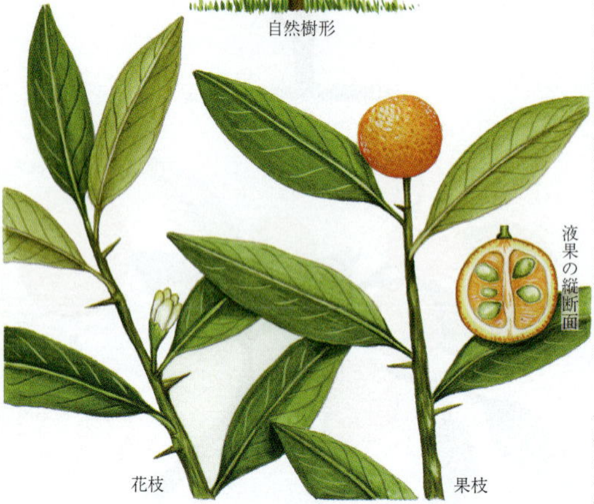

983. マメキンカン（キンヅ）〔ミカン属〕
Citrus japonica Thunb. 'Hindsii'

【原産地】中国南部。**【分布】**中国南部沿岸地帯および日本。**【自然環境】**亜熱帯から温帯の暖地で土質はとくに選ばない。排水のよい所に適する常緑低木。**【用途】**観賞用鉢物。**【形態】**樹高 1m 内外。枝はごく細く屈曲し開張性である。とげは多く長さ 1cm 内外，細くて鋭くとがる。葉は小形で葉柄に線形の翼のあるものと不明瞭なものとがある。披針形，長さ 5〜7cm，幅 1.8〜2cm くらいで先端はとがり，基部はくさび形をなす。葉縁は全縁に近い。葉片は薄く平坦もしくは浅く内側に折れ，表面は淡緑色で裏面はやや白みを帯びる。花は単生。がくは盃状をなして深く裂け，5 裂し各片は三角形，淡黄緑色。花柄は短小で長さ 0.2cm 内外，先は太る。花は直径 0.7cm 内外で 4〜5 弁からなるものをつける。花弁は長楕円形をなし長さ 0.5cm，幅 0.25cm 内外で薄く，内側に曲がり小形の油胞が密生する。花色は白色。雄しべは 15 本内外で長さ 0.25〜0.3cm。花糸は集まりたわら形をなす。雌しべは雄しべより短いかあるいは同長で，柱頭は長楕円形をなし黄色。開花期は年 2〜3 回で一般カンキツに比べ遅い。発芽期も同様である。果実は球形で直径 1cm，重量 1g 内外。果面は平滑で濃橙黄色をなし，果皮は薄い。果実の内部は 2〜3 室で，種子は大きく果肉は少ない。**【特性】**性質は強健で栽培しやすい。**【植栽】**繁殖は接木による。

984. マルキンカン（マルミキンカン）〔ミカン属〕
Citrus japonica Thunb.

【原産地】中国揚子江中流地方。**【分布】**中国，日本のほかわずかながら世界各地で栽培される。**【自然環境】**温帯の暖地および熱帯地方に産する常緑低木。**【用途】**果樹。また庭園樹や鉢植えとして観賞される。**【形態】**樹高 2m 内外。枝は直立性で密生し箒状をなし，頂部は開張する。枝は細く短く節間も短く，通常とげはない。葉は細小で披針形をなし，長さ 7cm，幅 3cm 内外で先端はとがり，基部はくさび形をなし，葉縁はほとんど全縁に近い。葉はやや薄くわずかに内側に折れ濃緑色。葉脈はおもなものが 6〜7 対あり，わずかに突出する。葉柄は長さ 0.7cm，幅 0.12cm ぐらいで翼は微小。花は枝先につくか，または葉腋につき，通常単生する。がくは盃状をなし，直径 0.3cm 内外で先は 5 裂し，各片は三角形をなし，先端はとがり淡緑色をなす。花柄は円筒状をなし，長さ 0.7cm くらいで断面は丸い。花弁は通常 5 弁であるが，まれに 6 弁のこともある。花の直径は 2cm 内外で，花弁の各片は披針形で長さ 1cm，幅 0.35cm 内外。先はとがり厚く，内側に曲がり白色。雄しべは 16〜20 本で長さ約 0.4cm。雌しべは雄しべと同長で，柱頭は球状をなし淡黄色。花柱は長さ 0.2cm, 直径 0.08cm くらいで白色。果実は球形で直径 2cm，重量 8〜10g, 果面平滑で橙黄色をなす。油胞は直径 0.08cm くらいで小さい。**【植栽】**繁殖は接木による。**【学名】**種形容語 *japonica* は日本の，の意味。

985. チョウジュキンカン（フクシュウキンカン）

〔ミカン属〕

Citrus japonica Thunb. 'Obovata'

【原産地】中国福建省。【分布】中国，日本。【自然環境】温帯の暖地および熱帯で生育し，土質はとくに選ばない常緑低木。【用途】果樹。観賞用花木。【形態】樹高 1～2m で枝は細く短いが，他のキンカン類よりやや太く丸みを帯び，分枝性はやや少ない。とげはない。葉は短楕円状披針形をなし長さ 7cm，幅 4cm くらい。先端はわずかにとがるが丸みを帯び，基部は楕円状くさび形をなし，葉縁には小形の浅い鈍鋸歯がある。葉は厚く，浅く内側に巻き，葉脈はおもなものは 6～7 対あるが平担で不鮮明。葉柄は長さ 0.6cm，幅 0.16cm くらいで翼は微小。花は枝先あるいは葉腋につき，単生または双生する。花色は白色で 5 弁よりなり，直径 2.2cm くらいで平開する。雄しべは 15～20 本で長さ不同であるが，0.6cm 前後で円筒状に集合する。雌しべは雄しべと同長で，柱頭は長円形をなし濃緑色，花柱の長さ 0.2cm 内外で淡黄色をなす。果実は短卵形をなし縦径 4cm，横径 3.8cm，重量 35～40g 内外でキンカンのうちでは最も大きく，果頂は開き，頂部には広くて浅いくぼみがある。果面は平滑で濃黄色，油胞は小さく不明瞭。果皮の厚さは 0.5cm くらいで弾力があり，浮皮になりやすい。果実の内部は 5～9 室で果肉は柔軟で多汁，酸味が強い。種子は 6～10 個で，胚は濃緑色をなし多胚性である。【特性】性質は強健，栽培容易で豊産性。【植栽】繁殖は接木による。

986. ミヤマシキミ

〔ミヤマシキミ属〕

Skimmia japonica Thunb. var. *japonica* f. *japonica*

【分布】本州（福島県以南），四国，九州，台湾に分布する。【自然環境】山地の林下にはえる常緑小低木。【用途】庭園樹，仏前花，薬用。【形態】幹は高さ 0.5～1m。下部からよく分枝する。若枝は緑色で，短毛があるかまたはなく，古い枝は灰色となる。葉は枝先に集まり，有柄で互生し，葉身は長楕円状倒披針形で長さ 4～10cm，先端はとがるかまたは鈍頭，全縁，葉面に小油点が散生する。葉質は厚い革質でしなやか。上面に光沢があり，下面は黄緑色。両面無毛。葉柄は長さ 0.3～0.7cm。開花は 4～5 月，枝先に円錐花序をつけ，白色ときに淡紅色の香りある小花を多数密生する。花序は長さ 4～8cm，花序軸には短毛がある。雌雄異株。雄花には長さ 0.25cm の花柄があり，がく片は 4 個，三角状で微毛があり，長さ 0.08cm。花弁は 4 個，透明な油点がある。長楕円形で長さ 0.45cm。雄しべ 4 個，花糸は長さ 0.3cm。雌花には仮雄しべ 4 個，雌しべ 1 個，子房は球形で 4 室があり，花柱は長さ 0.1cm，柱頭はやや大きな頭状で，浅く 4 裂する。果実は液果状の核果で，径 0.8～0.9cm，美しい赤色に熟する。中に 4 個の小核がある。【特性】有毒植物である。【近似種】葉が倒卵形で大きく，静岡県に産するものにモンタチバナ f. *ovata* がある。【学名】属名 *Skimmia* は日本語のシキミに由来したものである。種形容語 *japonica* は日本産の意味。和名ミヤマシキミは，その枝葉の様子がシキミに似て，しかも有毒で，深い山に多く生えるため。

987. ウチダシミヤマシキミ〔ミヤマシキミ属〕

Skimmia japonica Thunb.
var. *japonica* f. *yatabei* H.Ohba

【分布】本州(福島県以南),四国,九州に分布する。【自然環境】山地の林下にはえる常緑小低木。【用途】庭園樹,仏前花,薬用。【形態】幹は高さ0.5～1m。下部からよく分枝する。若枝は緑色,古い枝は灰色となる。葉は枝に集まり,有柄で互生し,葉身は長楕円状倒披針形で長さ4～10cm,先端はとがるか,または鈍頭,全縁,葉面に小油点が散生する。葉質はしなやかな厚い革質で,上面の葉脈は落ち込み,下面に隆起することで母種と区別される。葉柄は長さ0.3～0.7cm。開花は4～5月,枝先に円錐花序をつけ,白色ときに淡紅色の香りのある小花を多数つける。花序は長さ4～8cm,花序の軸には短毛がある。雌雄異株。雄花には長さ0.25cmの花柄があり,がく片は4個,三角状で微毛があり,長さ0.08cm。花弁は4個で,長楕円形,長さ0.45cm。雄しべ4個,花糸は長さ0.3cm。雌花には仮雄しべが4個,雌しべ1個がある。子房は球形で,花柱は長さ約0.1cm,柱頭はやや大きな頭状で浅く4裂する。果実は液果状の核果で球形,径0.8～0.9cm。美しい赤色に熟する。中に4個の小核がある。【特性】有毒植物である。【学名】和名のウチダシは葉脈が葉の下面に隆起していることに基づく。

988. ツルシキミ(ツルミヤマシキミ,ハイミヤマシキミ)〔ミヤマシキミ属〕

Skimmia japonica Thunb.
var. *intermedia* Komatsu f. *repens* (Nakai) Ohwi

【分布】北海道,本州,四国,九州,サハリン,南千島に分布する。【自然環境】ブナ林の林下にはえる常緑小低木。【形態】幹は地面をはって,ところどころで発根し,先端だけが斜めに立ち,高さ30～50cmとなる。葉は枝先に輪生状に集まり,有柄で互生し,葉身は倒披針形から長楕円形で,長さ3～8cm,先端はややとがり,基部は狭いくさび形で,全縁,またはわずかに低い鈍鋸歯が先端部分につく。葉質はしなやかな革質で,下面には油点を散生し,もむと一種の芳香がある。ときに葉の上面脈が落ち込み,下面に隆起するものがあり,ウチコミツルミヤマシキミ(カラフトシキミ,ウチコミツルシキミ)var. *intermedia* f. *intermedia* (Komatsu) T.Yamaz.とよび,学名上の母種となっている。開花は4～5月,枝先に円錐花序を出し,白色または淡紅色を帯びた小花をつける。雌雄異株。花弁およびがく片は4～5個。雄花では雄しべ4～5個。雌花では雌しべ1個がある。果実は球形の液果で赤色に熟し,翌春まで残る。【近似種】リュウキュウミヤマシキミ(スグダチミヤマシキミ)var. *lutchuensis* (Nakai) Hatus. ex T.Yamaz.は,葉身が長さ12～20cmあり,花は大きく,花弁は長さ0.6～0.7cm,果実は径1～1.3cmあり,九州の鹿児島県,屋久島,長崎県壱岐,沖縄県に分布する。【学名】変種名*intermedia*は中間の,の意味。品種名*repens*は匍匐する,の意味。

989. ヒロハノキハダ（カラフトキハダ）〔キハダ属〕
Phellodendron amurense Rupr.

【分布】北海道，本州北部，南千島，サハリンなどに分布する。【自然環境】山地や河岸，砂丘などに自生する落葉高木。【用途】材は建築材，家具材，器具材。内樹皮は薬用。【形態】幹は直立し，樹高は15～25mとなる。樹皮は灰褐色，キハダに似ているが樹皮のコルク層は薄い。内樹皮は鮮黄色。冬芽は裸芽で，葉柄基部に包まれる。葉痕は馬蹄形で冬芽を包む。葉は対生し，奇数羽状複葉で，小葉は4～7対が対生し，キハダよりやや小形で幅広く，卵状楕円形か長楕円形で，先端は尾状に鋭くとがり，縁に低い鈍鋸歯があり，表面深緑色，裏面黄緑色で中脈にそって開出毛が密生する。開花は6～7月，枝先に集散状に円錐花序をつけ，緑白色小花を多数つける。花序はほとんど無毛。がく片，花弁はともに5～8個。雌雄異株で，雄花は5個の雄しべ，雌花は1個の雌しべがある。【近似種】オオバノキハダ var. *japonicum* は，フジキハダともよばれ，本州の関東，中部地方と九州に分布し，葉は4～7対の小葉からなり，やや小形で裏面とくに脈上に開出毛が多く，花序軸にも細毛があり，樹皮は薄い。ミヤマキハダ var. *lavallei* はオオバノキハダに似ているが，樹皮はコルク層が発達して厚く，小葉の基部は広いくさび形である。北海道，本州の北・中部に産する。【学名】和名ヒロハノキハダは葉形によって名づけられた。

990. キハダ〔キハダ属〕
Phellodendron amurense Rupr.

【分布】北海道，本州，四国，九州，朝鮮半島，中国北・東北部，ウスリー，アムールに分布する。【自然環境】山地に自生するほか，植栽される落葉高木。【用途】材は建築材，家具材，器具材。内樹皮は鮮黄色で苦く，黄蘗（オウバク）と呼び，苦味健胃剤とする。陀羅尼助は本種とアオキの葉の水製エキスである。【形態】幹は直立し，高さ25m，胸高直径1mに達する。樹皮は黄褐色でコルク層が発達し，縦溝が多数ある。若枝は無毛。冬芽は裸芽で葉柄基部に包まれる。葉は対生，奇数羽状複葉で長さ20～40cm，葉軸に短毛がある。小葉は2～6対あり，卵状楕円形か長楕円形で長さ5～10cm，先端は鋭くとがり，基部は円形，縁はやや全縁で，しばしば縁毛があるが，のち無毛。腺点がある。裏面は粉白色で中脈にそって白毛がある。開花は5～7月，本年枝の先に円錐花序をつけ，黄緑色小花を多数つける。軸には褐色短毛を密生する。雌雄異株。雄花はがく片5個，花弁5個で長さ約0.4cm，内面に白毛が密生する。雄しべ5個，花糸は0.5cm，基部に白毛がある。【学名】属名 *Phellodendron* は樹皮がコルク質の樹の意味。種形容語 *amurense* はアムール産の意味。和名キハダは黄膚の意味。

991. **サンショウ**（ハジカミ）〔サンショウ属〕

Zanthoxylum piperitum (L.) DC.

【分布】北海道，本州，四国，九州，朝鮮半島南部に分布する。**【自然環境】**山地，丘陵などの林内に自生するほか，人家にも植栽される落葉低木。**【用途】**器具材（すりこぎ），果実を香辛料，駆虫剤，健胃薬，若葉は食用。**【形態】**幹は高さ2〜3mとなり，よく分枝する。若枝は淡緑色，短毛があり，葉柄基部に対生する長さ0.5〜1cmのとげがある。旧年枝は灰黒色で皮目が目立つ。心材は黄色。冬芽は裸芽で球形。葉は互生し，奇数羽状複葉で長さ5〜15cm，葉軸下面に曲がった小刺がある。小葉は5〜9対あり，卵状長楕円形で鈍頭または凹頭，長さ1〜3.5cm，縁に低い鈍鋸歯があり，くぼみに透明な油点がある。上面に短毛が散生する。葉をもむと特有の強い芳香がある。開花は4〜5月，短い新側枝に長さ2〜5cmの小さい円錐花序をつけ，多数の黄緑色小花をつける。花被片（がく片）は広披針形で長さ0.2cm，雌雄異株で，雄花は雄しべ5〜6個。雌花には2〜3個の離生した子房がある。果実はさく果で，楕円状球形，長さ約0.5cm，赤褐色でしわが多く，裂開して，黒色楕円状球形で径0.35cm，光沢ある種子を2〜3個つける。**【近似種】**アサクラザンショウ f. *inerme* はとげのほとんどない品種。リュウジンザンショウ f. *ovatifoliolatum* は小葉が卵形で3〜5個のもの。**【学名】**属名 *Zanthoxylum* は *Xanthoxylum* と同義の綴りで，xanthos（黄）+ xylon（材）で黄色の心材に基づく。種形容語 *piperitum* はコショウのような，の意味。

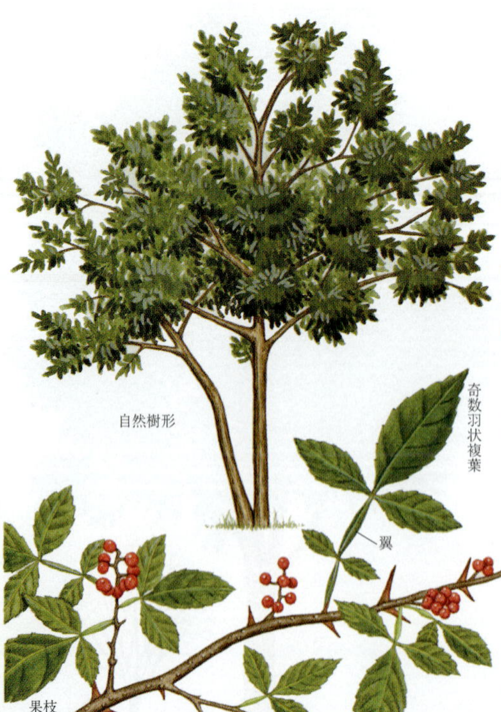

992. **フユザンショウ**（フダンザンショウ）〔サンショウ属〕

Zanthoxylum armatum DC.
var. *subtrifoliatum* (Franch.) Kitam.

【分布】本州（関東地方以西），四国，九州，沖縄，台湾，朝鮮半島，中国大陸に分布する。**【自然環境】**山野に自生する常緑低木。**【用途】**果実を薬用。**【形態】**幹は高さ2〜3mになり，葉柄基部や枝に長さ0.6〜2cmのとげを対生する。若枝には短毛があり，次年枝には皮目が散生する。葉は奇数羽状複葉で長さ9〜14cm，小葉は3〜7個つき，葉軸には狭い翼があり，上面に軸にそって短毛がある。小葉は狭長楕円形で頂小葉が最も大きく，先端はとがり，基部はくさび形で無柄，長さ4〜8cm，縁には低い鈍鋸歯があり，鋸歯のへこみには透明な油点がある。両面中肋にそって短毛があるほか無毛で，葉面光沢があり深緑色で，質はやや厚い。開花は5月，短い新側枝の先に小さい円錐花序または総状花序を出す。花序は長さ1〜3cm，短毛がある。苞は披針形で長さ約0.1cm。雌雄異株であるが，雄株はいまだに知られず，単為生殖をする。雌花には花被片（がく片）は8個あり，淡黄色で広披針形，長さ約0.1cm。子房は2〜3個離生し，花柱は長さ0.02〜0.05cm，柱頭は頭状。果実はさく果で，卵円形，長さ約0.5cm，赤褐色でいぼ状突起が多い。種子は卵円形で長さ0.45cm，黒色光沢がある。**【学名】**種形容語 *armatum* は刺のある，和名フユザンショウは葉が冬も枯れないで残っていることによる。

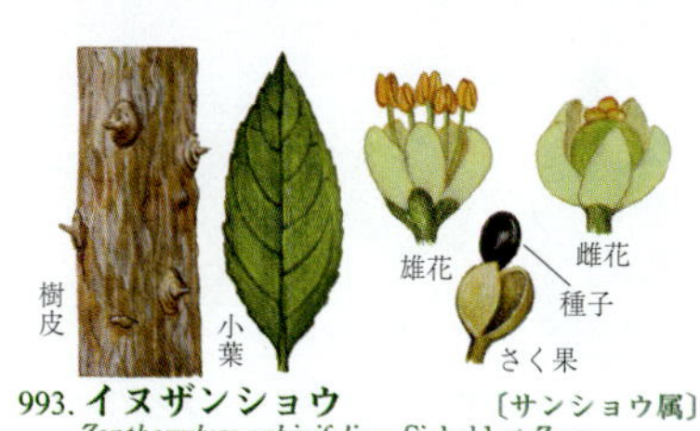

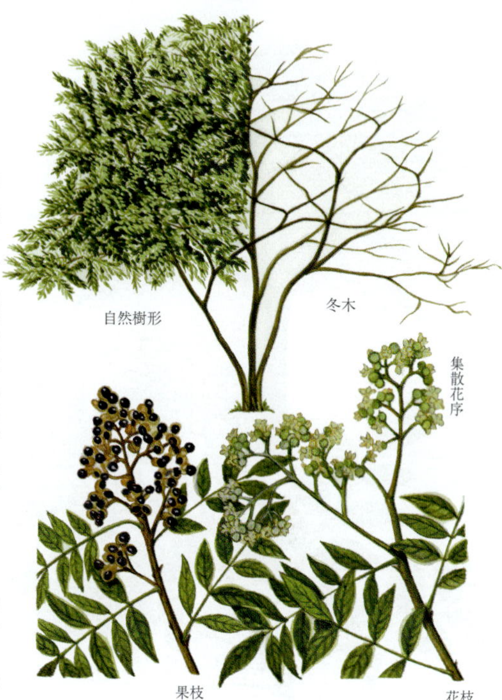

993. イヌザンショウ 〔サンショウ属〕

Zanthoxylum schinifolium Siebold et Zucc.

【分布】本州，四国，九州，朝鮮半島，中国大陸中北部に分布する。【自然環境】山野にふつうにはえる落葉低木。【用途】器具材（杖，傘の柄，細工物）。果実を薬用，灯油。【形態】幹は高さ2〜3mとなり，よく分枝し，若枝は赤褐色で無毛。長さ0.4〜1cmの扁平なとげを散生する。葉は互生し，奇数羽状複葉で，小葉は5〜9対つき，長さ7〜18cm。小葉は広披針形か狭卵形で，長さ1.5〜4cm，縁に波状の低い鋸歯があり，表面濃緑色で短毛を散生するか無毛，裏面は淡緑色でほとんど無毛，鋸歯のへこみに油点がある。小葉柄は0.1〜0.4cm。葉軸下部に上向きの小刺がある。開花は7〜8月，枝先に数個の集散花序をつける。花序は長さ3〜8cm。雌雄異株または同株で，雄花はがく片5個，花弁は5個で淡緑色，長さ0.15cm，雄しべ5個は花弁に互生する。雌花では雌しべは3心皮からなり，花柱はごく短く，下部は合生する。柱頭は円盤状。果実は3心皮に分かれ，各さく果は楕円状球形で，外果皮は紅紫色で油点多く，内果皮ははがれる。種子は卵状球形で長さ0.35cm，黒色光沢がある。【近似種】シマイヌザンショウ var. *okinawense* は葉が細く，表面の油点が大きく多数つき，果実は小さく，長さ0.25cm，奄美大島，沖縄に分布する。【学名】種形容語 *schinifolium* はウルシ科 *Schinus* 属のような葉の，の意味。和名はサンショウに似て役に立たないことによる。

994. カラスザンショウ（アコウザンショウ） 〔サンショウ属〕

Zanthoxylum ailanthoides Siebold et Zucc.

【分布】本州，伊豆諸島，四国，九州，沖縄，台湾，朝鮮半島，小笠原諸島，中国大陸の暖帯から亜熱帯にかけて広く分布する。【自然環境】おもに海に近い山野にはえる落葉高木。【用途】器具材（箱，桶，箸，細工物），下駄材，薪炭材。【形態】幹は高さ5〜15m，ときに25mになる。枝は太く横に広がり，樹皮は灰褐色で，とげ跡がいぼ状突起となって密に散生する。皮目は灰白色で縦に割れる。枝には鋭いとげが多数つく。葉は互生し，大きな奇数羽状複葉で長さ30〜80cm，小葉は9〜15対あり，葉身は長楕円形または広披針形で，先は鋭くとがり，基部は円形で長さ5〜15cm，縁に低い鈍鋸歯があり，下面粉白色を帯び，全面に褐色の油点があり，透かしてみると白く見える。開花は7〜8月，枝先に大形の複数の集散花序をつけ，緑色小花を多数つける。雌雄異株。花は5数性で，がく片は鱗片状で5個，花弁は長さ0.25cm，卵形で5個つき，雄花では雄しべ5個。雌花では雌しべ1個がある。心皮は3個，花柱は短く，柱頭は盤状。さく果は球形で径0.5〜0.6cm，種子は球形で黒色，光沢があり，しわがある。【近似種】とげのないものをトゲナシカラスザンショウ，葉に毛の多いものをケカラスザンショウという。【学名】種形容語 *ailanthoides* は，ニワウルシに似る，の意味。

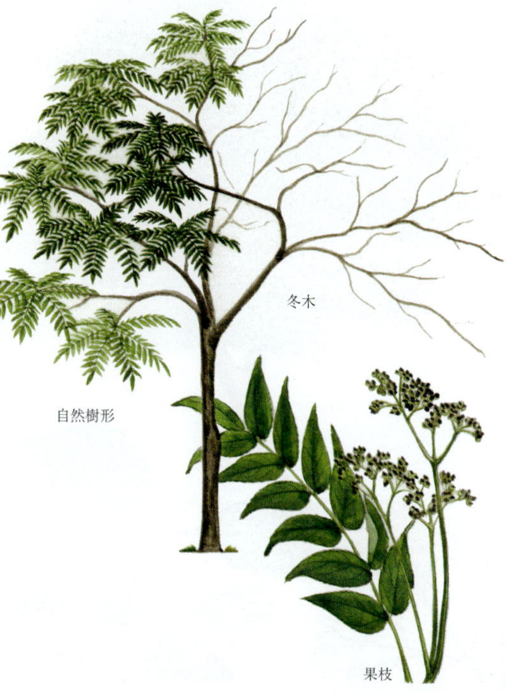

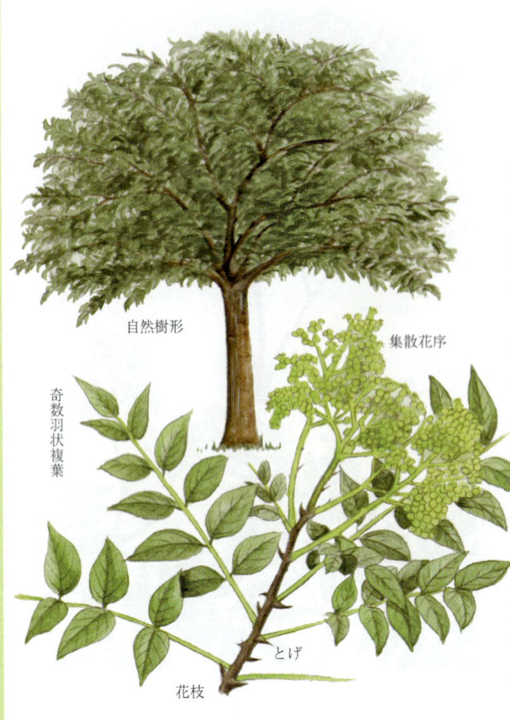

995. コカラスザンショウ 〔サンショウ属〕

Zanthoxylum fauriei (Nakai) Ohwi

【分布】本州（中部地方以西），四国，九州，済州島に分布する。【自然環境】暖地の山中にまれにはえる落葉高木。【形態】枝はやや太く，若い枝は褐色で白粉を帯び，無毛で，基部が扁平な長さ 0.3～1cm のとげがある。葉は奇数羽状複葉で，カラスザンショウより小さく長さ 20～27cm。小葉は 7～14 対あり，広披針形で長さ 5～6cm，先端はとがり，基部は円形で短柄があり，縁には低い鈍鋸歯があり，両面無毛で油点が散生する。裏面は淡緑色。小葉柄は長さ 0.1～0.2cm。開花は 7～8 月，枝の先に数個の集散花序を散房状につけ，多数の緑白色小花をつける。花序の軸の上部にはわずかに微毛がある。雌雄異株。雄花はがく片 5 個，半円形。花弁 5 個，舟形で長さ約 0.2cm。雄しべは 5 個，花糸は長さ 0.25cm でそれぞれ離生し，中央に退化した雌しべがある。雌しべは 3 心皮からなる子房が 1 個あり，卵形で長さ 0.15cm，油点が密生する。花柱はごく短くて太く，柱頭は円盤状で径 0.1cm。果実は 3 心皮に分かれ，裂開する。種子は卵円形で，長さ約 0.4cm で黒く光沢があり，しわがある。【学名】種形容語 *fauriei* は明治時代に日本で採集した宣教師 U. フォーリーを記念した名である。本種はカラスザンショウとイヌザンショウの中間型である。和名コカラスザンショウはカラスザンショウに似て小形であることによる。

996. ゴシュユ（ニセゴシュユ） 〔ゴシュユ属〕

Tetradium ruticarpum (A. Juss.) T. G. Hartley

【原産地】中国中南部原産。日本には江戸時代（享保年間）に渡来。【自然環境】日本各地に植栽されるほか，暖地ではときに野生化する落葉低木または小高木。【用途】果実をはじめ葉，根を薬用とする。【形態】幹は高さ 3～5m になり，よく分枝し，根から新苗をよく出してふえる。樹皮は灰黒色。枝は太く，若枝には褐色短毛を密生する。葉は対生し，奇数羽状複葉で長さ 16～40cm。葉軸，小葉ともに短毛を密生する。小葉は 2～4 対つき，楕円形または倒卵形で長さ 7～14cm，先はとがるか鈍頭，基部は広いくさび形で短柄がある。縁は全縁，表面深緑色，裏面淡緑色。開花は 5～6 月，枝先に集散花序をつけ，多数の緑白色小花をつける。花序軸には褐色短毛が密生する。雌雄異株であるが，日本には雌株だけがある。がくは皿状で 5 浅裂し，褐色短毛を密生する。花弁は 5 個で，卵状長楕円形で長さ約 0.45cm，両面短毛を密生する。仮雄しべは 5 個でへら状。子房は倒卵円形でいぼ状突起が多く，径 0.35cm。花柱は短く，柱頭は円盤状。果実は紫褐色で 5 個の分果があり，ごくまれに黒色種子がある。全株に特異な臭気があり，果実は味がきわめて辛く，苦い。【近似種】イヌゴシュユ（シュユ）*T. daniellii* (Benn.) T.G.Hartley は，中国北・東北部，朝鮮半島に産し，また薬用として栽培する。葉裏に毛があるほかは無毛。【学名】種形容語 *ruticarpum* はヘンルーダ属 *Ruta* のような果実の，の意味。和名ゴシュユは呉のシュユの意味。

997. ハマセンダン（シマクロキ，ウラジロゴシュユ）
〔ゴシュユ属〕

Tetradium glabrifolium (Champ. ex Benth.) T.G.Hartley var. *glaucum* (Miq.) T.Yamaz.

【分布】日本，韓国に分布する。【自然環境】暖地の海岸近くにはえる半常緑高木。【用途】街路樹，器具材（指物，下駄），根汁を糊。【形態】幹は高さ 15～20m。樹皮は灰黒色。若枝には上向きの短毛があり，皮目が多数つく。冬芽は裸芽。葉は対生し，奇数羽状複葉で，長さ 25～35cm，葉軸に上向きの短毛がある。小葉は 3～9 対，狭卵形または長楕円形で，長さ 6～9cm，先端は鋭くとがり，基部は左右不同のくさび形で，長さ 6～8cm の柄がある。縁には低い鈍鋸歯があるか全縁。両面ほとんど無毛で，上面深緑色で光沢があり，下面緑白色。開花は 8～9 月，枝先に大きな集散花序をつけ，緑白色小花を多数つける。花序軸には上向きの微毛を密生する。雌雄異株。雄花のがくは皿状で 5 浅裂し，縁毛がある。花弁は 5 個で長楕円形，長さ 0.35cm，雄しべ 5 個，花糸には白長毛がある。雌花では，子房は球形で長さ約 0.2cm，花柱はごく短く，柱頭は頭状。果実は径 0.7cm，5 室に分かれ，分果の内面には白色短毛を密生する。種子は卵円形で長さ 0.2cm，黒色光沢があり，しわがある。【学名】種形容語 *glabrifolium* は無毛の葉の，変種名 *glaucum* は白粉をかぶったような，帯白色の，の意味。和名ハマセンダンは海岸近くにはえるセンダンに似た樹の意味。

998. コクサギ
〔コクサギ属〕

Orixa japonica Thunb.

【分布】本州，四国，九州，朝鮮半島南部，中国大陸中部に分布する。【自然環境】山野の林下にふつうにはえる落葉低木。【用途】緑肥，駆虫剤（葉）。【形態】幹は高さ 1.5～2m。よく分枝する。若枝には灰白色短毛が列につく。葉は 2 個ずつ互生（コクサギ型葉序）し，葉身は倒卵形で長さ 6～10cm，先端はややとがり，基部はくさび形で，縁にごく低い鋸歯があり，全面に油点がある。葉は軟らかく，上面光沢があり，下面脈上に微毛がある。葉柄は長さ 0.5～1cm。開花は 4～5 月，前年枝の葉腋に黄緑色小花をつける。雌雄異株。雄花は，長さ 3～4cm の総状花序につき，がく片，花弁，雄しべともに 4 個あり，花径約 0.4cm。雌花は単生し，がく片，花弁ともに 4 個で径約 0.5～0.6cm，退化雄しべがある。子房は 4 室あり，花柱 4 個は短く，合生し，柱頭は頭状で 4 裂する。果実は 2～4 個の分果に分かれ，腎臓形で長さ約 1cm，開裂し，堅い内果皮の反転で種子をはじき飛ばす。種子は黒色，卵円形で，長さ約 0.4cm，しわと光沢がある。【学名】属名 *Orixa* はコクサギの仮名文字を誤ってヲリサギと読んだためという。種形容語 *japonica* は日本産の意味。和名コクサギはクサギ（シソ科）に似て全株に強い臭気があり，小形の木であることによる。一説にコクサ（緑肥）として田や畑にすき込むことからきたとの説もある。

999. ニガキ　〔ニガキ属〕
Picrasma quassioides (D.Don) Benn.

【分布】北海道，本州，四国，九州，朝鮮半島，中国，ヒマラヤ。**【自然環境】**山地の日あたりのよい尾根すじや斜面などにはえる落葉高木。**【用途】**材は器具材。樹皮は健胃剤，消化剤などの薬用。**【形態】**幹は高さ 15m ぐらいになる。樹皮は黒褐色で灰色の斑紋があり，滑らかで苦味がある。小枝は褐色で，楕円形の皮目が多い。葉は互生し，奇数羽状複葉で長さ 20～30cm ほどある。小葉は 4～6 対あり，卵状長楕円形もしくは長楕円形で先は鋭くとがり，基部は丸く，長さ 4～10cm，幅 1.5～3cm ほど，ほとんど柄はなく，縁には細かい鋸歯がある。裏面中肋に初めは褐色の毛が多いが，のちに両面ほとんど無毛になる。4～5月，新枝の葉腋から花序を出し，黄緑色の小花をまばらにつける。雌雄異株。がく片，花弁，雄しべはいずれも 4～5 個。雄花では雄しべの花糸は長く，長さ 0.4cm ほど。雌花では退化した 4～5 個の雄しべと 4 つまたは 5 つに裂けた子房があり，先に 1 個の花柱がある。核果は倒卵状球形で長さ 0.6～0.7cm あり，10 月頃緑藍色に熟す。**【学名】**属名 *Picrasma* は苦味という意味。種形容語 *quassioides* は *Quassia* 属に似たという意味。和名ニガキはその枝や葉に強い苦味があることによる。

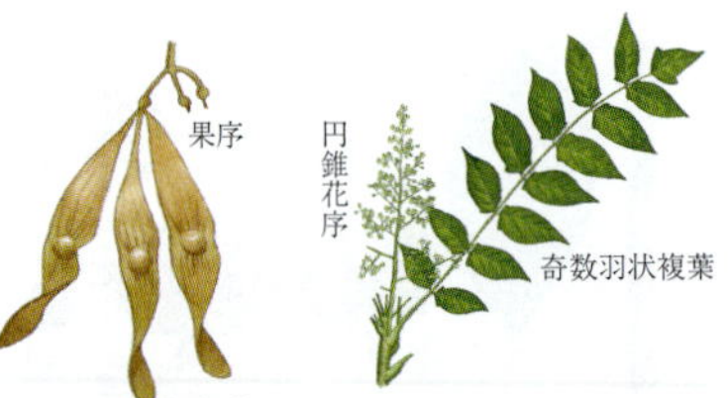

1000. ニワウルシ（シンジュ）　〔ニワウルシ属〕
Ailanthus altissima (Mill.) Swingle

【原産地】中国。**【自然環境】**各地に植栽されている落葉高木。**【用途】**公園樹，庭園樹。**【形態】**生長が早く高さ 20m ぐらいになる。樹皮は灰色で滑らかである。大木になると縦に割れ目ができるが，はげることはない。若枝には短毛がある。葉は互生し，奇数羽状複葉で長さ 40～80cm になる。小葉は 6～8 対あり，長卵形または卵状披針形で長さ 8～10cm，先は鋭くとがり，基部は丸く，基部に近く両側に 1～2 対の鈍鋸歯がある。葉の縁は軽く波を打つ。雌雄異株。7～8 月，枝先に円錐花序を出し，緑色を帯びた白色の小花を開く。花序は長さ 10～22cm ほど。雄花は花柄が細く 0.3cm 内外。がくは 5 裂し，裂片は広卵形で鈍頭，花弁は 5 個，長楕円形で長さ 0.3cm ほどあり，雄しべは 10 個，花糸は長さ 0.3cm ぐらいである。雌花では雌しべが目立ち，柱頭は 5 つに分かれている。果実は褐色に熟し，翼をもち，長さ 4～5cm，薄質の披針形で，中央に径 0.5cm ほどの種子がある。**【特性】**根から新苗をさかんに出し繁殖する。**【学名】**属名 *Ailanthus* はモルッカ島の方言で，天の樹を意味する植物名。種形容語 *altissima* は非常に背が高い，という意味。和名シンジュは英名 Tree of Heaven による。別和名ニワウルシはウルシに似た葉をもつことによる。

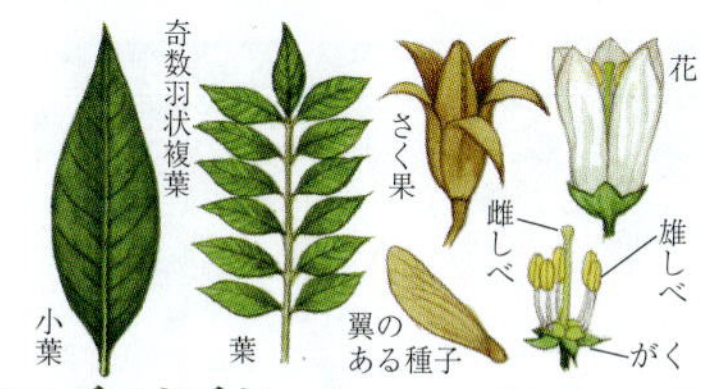

1001. チャンチン 〔チャンチン属〕
Toona sinensis (A.Juss.) M.Roem.

【原産地】中国産。**【分布】**本州，四国，九州，沖縄，台湾，中国。**【自然環境】**向陽の適潤でやや湿気の多い肥沃地を好んで生育する落葉高木。**【用途】**庭園，公園の植込み，街路樹。新葉がとくに美しく，食用や生花とする。材は建築材，器具材，土木用材などに用いる。**【形態】**幹は直立，分枝し，通常樹高 15〜20m，幹径 30〜40cm となる。樹皮は暗褐色で縦に剥離する。特異な臭気がある。枝は太く垂直に直上する。全株無毛で葉は互生で，おもに奇数羽状複葉，長さ 35〜60cm，小葉は卵形または長楕円形で鋭尖，長さ 8〜10cm で 5〜8 双，まれに 11 双，縁は全縁，ときに小鋸歯があり，無毛。主脈と葉軸は帯紅色，花は 6〜7 月に大きな円錐状の花序，長さ 15〜25cm を枝の先端につけ，小形の白花多数を開く。がく片，花弁は 5 個，果実は 10 月成熟，長楕円形で長さ 0.5cm，無毛で褐色〜黄褐色，種子は上部に長翼を有する。**【特性】**陽樹。やや湿気のある所を好み，乾燥地を嫌う。生長はきわめて早い。新葉が白，淡紅，白紅，淡紫紅色で美しい。**【植栽】**繁殖は実生と株分けによる。株分けは根もとから出るひこばえをかき取って育てる。**【管理】**手入れは密枝，曲枝など除去する程度で十分である。肥料は早春に化成肥料を施す。病虫害は少ない。**【近似種】**トーナノキ *T. ciliata* はインドチャンチンともいう常緑高木。奇数羽状複葉，小葉 5〜10 双，長さ 8〜16cm，蜜のような香気がある。**【学名】**種形容語 *sinensis* は中国の，の意味。

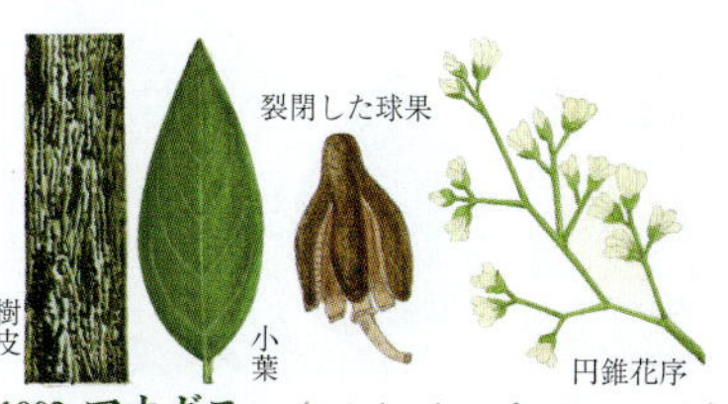

1002. マホガニー（アカジョー） 〔マホガニー属〕
Swietenia mahagoni (L.) Jacq.

【原産地】南米。**【分布】**西インド，中南米，南フロリダに分布。**【自然環境】**熱帯多雨林地帯で多く植栽されている常緑高木。とくにマレーシアでは日陰樹として植えられている。**【用途】**熱帯地方の日陰樹，庭園樹，材は家具，パネル，キャビネット，木型，造船，彫刻などに用い，世界の銘木の 1 つである。**【形態】**樹高 25〜30m，直径 1.2〜2m，枝下高さ 12〜20m に達する。樹皮は紅色を帯び鱗状である。幹は通直であるが基部はかなり肥大する。葉は対生，偶数羽状複葉で長さ 10〜20cm，小葉は 2〜5 対で緑色を呈し，卵状披針形または斜卵形で長く鋭尖，平滑で光沢がある。花は小形で白色または淡紫色の 5 弁花である。8 月頃，腋生またはやや頂生の円錐花序につく。球果は 5 稜状円錐形または卵形で長さ 5〜15cm，径 2.5〜5cm，暗褐色を呈する。10〜11 月に成熟して基部より縦裂する。種子は長さ 5cm，翼があり飛散する。**【特性】**熱帯多雨林の極性層を形成する。板根が発達する。材はチークより軟らかいが多様に活用されている。耐久性がかなり高い。心材は桃色ないし金褐色で光沢がある。肌目は中庸で，木目は一般に通直であるが，浅く交錯するものもある。**【学名】**種形容語 *mahagoni* は西インドの地名に因む。

1003. センダン 〔センダン属〕
Melia azedarach L.

【分布】四国，九州，沖縄，小笠原。【自然環境】伊豆以西の暖地の海辺や山地に自生するか，ふつうに人家に植栽が見られる落葉高木。【用途】庭園樹，街路樹，緑陰樹，材は建築材，器具材として用いる。果実は薬用とする。【形態】幹は直立し，高さ5～20m，幹径30～40cm，樹皮は暗緑色。葉は互生し，2～3回奇数羽状複葉で長さ30～100cm，葉軸は長く基部は肥大している。小葉は卵形で先がとがり，鈍い鋸歯がある。花は5～6月，枝先より大形の円錐花序を出し，淡紫色の香気ある5弁花を多数つける。果実は淡黄色，楕円形で長さ1.7cm，数個の長梗によって下垂する。種子は1個。【特性】陽樹。生長は早い。向陽の地であれば土性はあまり問わない。【植栽】繁殖は実生による。湿砂の中で低温貯蔵，春に播種する。【管理】地ぎわから出るヤゴ，幹ぶきなどは取る。混みすぎた部分は切り詰めする。害虫には幹に食い込むゴマダラカミキリやキクイムシがある。【近似種】アイノコセンダン var. *intermedia* はセンダンとトウセンダンの雑変種，果実がセンダンより大形である。【学名】種形容語 *azedarach* はアラビア名である。

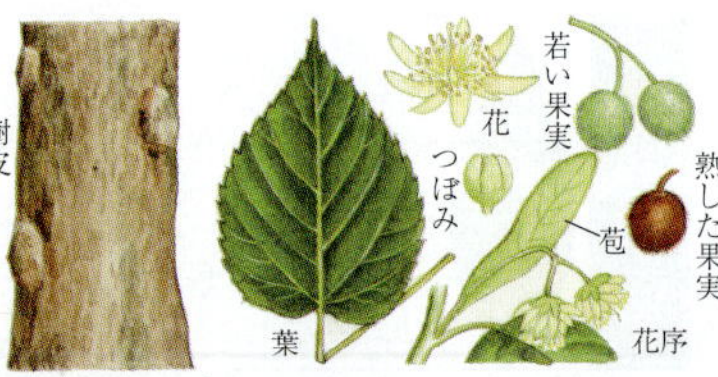

1004. シナノキ 〔シナノキ属〕
Tilia japonica (Miq.) Simonk.

【分布】北海道，本州，四国，九州。【自然環境】各地の山地に自生している落葉高木。【用途】公園やゴルフ場の植込み，街路樹。材は建築材，器具材，鉛筆材，ベニヤ材などに用いる。蜜源植物。【形態】幹は直立，分枝する。高さ15～20m，幹直径50～60cm，樹皮は灰褐色で縦裂する。幼枝は赤褐色で通常無毛でジグザグに伸長する。葉は互生で，有柄（長さ3～5cm），葉身は円心形，左右不等で急鋭尖，長さ6～9cm，縁には低くて鋭い鋸歯がある。冬芽は球形。花は6～7月，当年枝の葉腋に散房状集散花序を出し，花序枝と途中まで合着する1枚のへら形の苞がある。花は小形，帯黄色でレモンの香気がある。がくと花弁は各5片である。果実は10月成熟，卵球形で径0.5～0.6cm，灰褐色で細短毛を密生する。【特性】陽樹で，やや湿気に富む肥沃土を好む。生長は早い。耐寒性がある。萌芽力があり，せん定に耐える。移植はやや困難。【植栽】繁殖は実生とさし木による。実生は10月採種し，ピートモスを湿らせ，中に混ぜてビニール袋に入れ冷蔵庫に入れておき，3月播種する。さし木は若木の穂木をさす。【管理】自然に樹形が整う。街路樹など定まった樹形のものは自然形の相似に縮小する。中枝ぐらいで枝抜きする。施肥は生育の悪いものには春に元肥を施す。害虫にはカミキリムシ，ボクトウガ。【近似種】セイヨウボダイジュ *T. europaea* はヨーロッパ産。裏面に毛が多い。【学名】種形容語 *japonica* は日本の，の意味。

1005. オオバボダイジュ 〔シナノキ属〕
Tilia maximowicziana Shiras.

【分布】北海道に多く，本州中北部に分布する。【自然環境】北方の山地にはえる落葉高木。【用途】ときに庭園に植えられる。風景地の景観木。材は建築材，器具材，機械材，鉛筆材，マッチ軸木材に用いる。【形態】幹は直立，分枝し，通常高さ10～15m，胸高直径40～50cm，樹皮は暗紫灰色で浅裂する。若枝は帯緑青灰色で淡黄色の星状毛がある。葉は互生，有柄で，葉身は円形，心円形で急鋭短尖，長さ7～18cm，幅7～15cmと大形である。縁には三角状鋭鋸歯がある。上面は毛が少ないが，下面には淡褐色の星状毛が密布している。花は6～7月，散房状集散花序は長梗があり，腋生する。これに淡黄色の5弁小花を下向きに開花する。狭楕円形の葉状苞を伴う。果実は10月成熟。核果は小球形または卵球形で長さ0.8～1cm，黄褐色の細毛を密布する。【特性】中庸樹であるが，やや陽性を帯びる。やや湿気のある肥沃土壌を好む。生長はやや早い。蜜源植物である。【植栽】繁殖は実生による。秋に採種して湿り気ある砂に土中埋蔵し，3～4月頃に播種する。【管理】自然の生育にまかせ手入れの必要はない。街路樹などは自然樹形に類似させて縮小する。害虫にはカミキリムシ，ボクトウガなどがある。【近似種】ノジリボダイジュ T. × *noziricola* Hisauti は本州の中部地方以北に見られる。葉の下面が粉白色を帯び星状毛がある。シナノキとオオバボダイジュの雑種といわれている。【学名】種形容語 *maximowicziana* はロシア人，K. J. マキシモウィッチの記念名である。

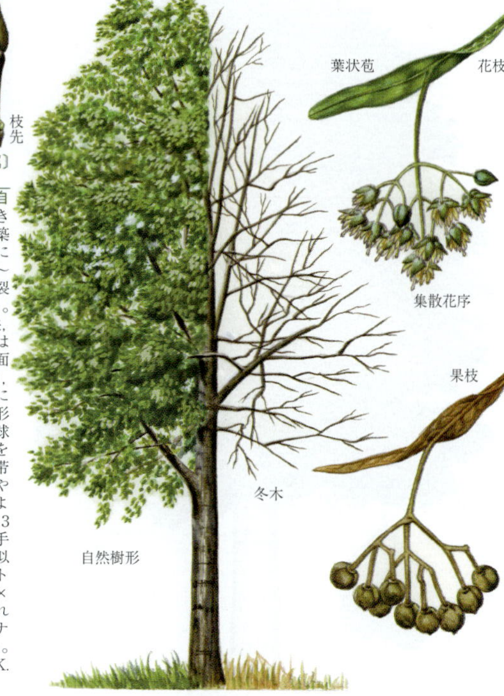

1006. ヘラノキ（トクオノキ） 〔シナノキ属〕
Tilia kiusiana Makino et Shiras.

【分布】本州（奈良県，丹波，山口県），四国，九州に分布。【自然環境】山地の疎開する林中に自生，または植栽される落葉高木。【用途】庭園樹，公園樹。材は器具，機械，下駄，マッチ軸，鉛筆など。樹皮は畳糸，縄などに用いる。【形態】幹は直立，よく分枝し通常高さ10～15m，幹の直径30～40cm。樹皮は帯緑灰褐色で淡褐色の斑点があり，老木では鱗片となってはげ落ちる。若枝は有毛。葉は互生，有柄，葉身はゆがんだ狭卵形で先端は尾状に鋭くとがる。基部は浅いゆがんだ心臓形で，縁には不整鋸歯がある。長さ4～8cm，幅2～5cm。葉柄および葉脈上に短毛があり，裏面の脈腋には黄褐色の毛がある。雌雄同株で，開花は6～7月。新枝の葉腋から散房状の集散花序を出し，軸には狭楕円形をした苞葉があり，15～25個の花を下向きにつける。果実は10～11月に熟し，ほぼ球形で直径0.5～0.7cm，灰褐色の短毛を密生する。【特性】陽樹。生長はやや早く，やや湿気のある肥沃な土壌を好む。【植栽】繁殖は実生による。大木の移植は根回しが必要。適期は3月。【管理】せん定は弱度に行う。施肥は寒肥として堆肥などを施す。病害虫は少ない。【学名】種形容語 *kiusiana* は九州の，の意味である。和名ヘラノキは苞葉の形による。

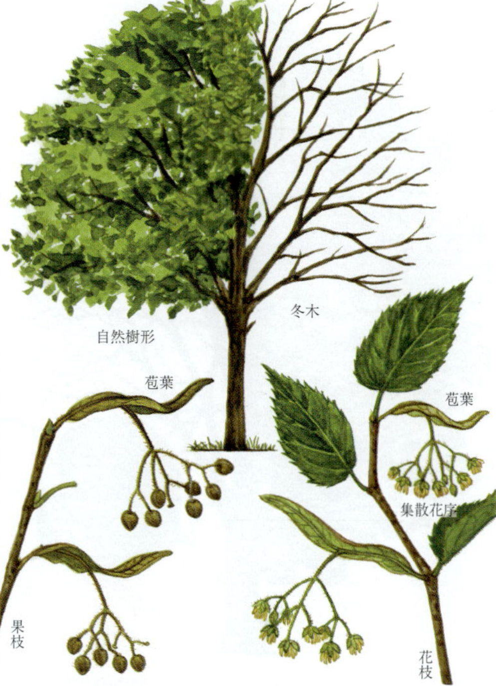

1007. ボダイジュ　〔シナノキ属〕
Tilia miqueliana Maxim.

【原産地】中国。【分布】北海道，関東地方以北の本州。【自然環境】中国では南京江蘇地方に多く見られる落葉高木。【用途】おもに寒い地方の街路樹や庭園，公園に植栽される。材は建築材，器具材に用いる。【形態】幹は直立，分枝し，通常高さ 12～20m，幹直径 60cm，樹皮は帯紫灰色，若枝は黄緑色で灰白色の星状毛が密生する。葉は互生，有柄で，葉身は歪三角状広卵形で鋭鋸歯がある。下面は緑白色で，灰白色の星状毛が密布する。花は 6 月，散房状集散花序を出し，小形で淡黄色の 5 がく，5 弁の花をつける。果実は 10 月に熟し，核果は球形で径 0.7～0.8cm，淡褐色の毛を密生する。種子は 1 個入っている。【特性】陽樹。やや湿り気ある排水のよい肥沃地を好む。生長はやや早い。せん定には耐えるが強せん定は好ましくない。都市環境にはやや耐性がある。移植の難易度はふつう。【植栽】繁殖は実生による，10～11 月頃に採種し，湿り気ある砂に土中埋蔵するか冷蔵庫に入れて貯蔵し，3～4 月頃に播種する。【管理】自然に樹形が整うので手入れの必要はないが，街路樹など一定樹形のものは，切りつめ，中枝ぐらいで枝抜きして自然形の相似に縮小する。生育不良のものには，春に元肥を施す。【近似種】シナノキは葉の下面の脈腋などには毛があるが，ボダイジュのように下面に星状毛が密布していない。【学名】種形容語 *miqueliana* はオランダの分類学者 F.A.W. ミケルに因んで名づけられたもの。

1008. ナツボダイジュ　〔シナノキ属〕
Tilia platyphyllos Scop.

【原産地】ヨーロッパ，コーカサス地方，小アジア。【分布】ヨーロッパ中南部を中心に広く分布。米国，日本にも植栽される。【自然環境】日あたりのよい原野に自生，または植栽される落葉高木。【用途】庭園樹，公園樹，街路樹，緑陰樹，記念樹などに用いる。【形態】幹は直立し，やや低い所から主枝が分枝する。樹高 40m に達し，樹皮は濃灰色で浅裂するが稜がある。幼枝は緑赤色で初め毛がある。葉は濃緑色から黄緑色で互生，長さ 12cm，幅 10cm ぐらいの卵円形または楕円形，先端は鋭尖または急鋭尖，基部は心脚，歪心脚または斜脚で粗鋸歯があり，長い葉柄がある。葉質は厚質である。花は帯黄白色で，6 月に直径 1.2cm の花が 3～6 個，散房集散花序になり，腋生する。がく片は帯黄白色で 5 個，花弁は黄色で 5 個，多くの雄しべがある。果実は長さ 0.8～1cm の核果で 5 稜があり，短褐色毛がある。【特性】陽樹であり，十分な日照を要求する。適湿で排水のよい肥沃土を好み，乾燥を嫌う。樹勢はふつうであるが，生長は早い。【植栽】繁殖は実生によるが発芽率は低い。【管理】ほとんど手入れの必要はないが，一定の樹形を保つには，定期的に枝抜きをする。萌芽力があり，せん定，刈込みにも耐えるが，乾燥に弱いため街路樹には不向きである。【学名】種形容語 *platyphyllos* は，広葉の，または闊葉の，の意味。

1009. フユボダイジュ 〔シナノキ属〕

Tilia cordata Mill.

【原産地】ヨーロッパ, コーカサス, シベリア。【分布】日本各地に植栽可能だが温帯地域が最も適する。【自然環境】ヨーロッパにきわめてふつうの落葉高木。【用途】庭園樹, 公園樹, 蜜源植物。その他の用途はシナノキに準ずる。【形態】幹は直立, 分枝し高さ 25〜30m になる。樹皮は平滑で灰色だが, 老木になると暗灰色で裂け目ができ, はげる。若枝は初め有毛, のちに無毛となる。葉は互生し, 有柄, 葉身はほぼ円形で先端は鋭くとがり, 基部は円形または心臓形。縁に鋭い鋸歯がある。長さ 5〜7cm, 裏面は灰白色, 主脈にそって褐色毛がある。秋に黄葉する。冬芽は卵形または広卵形。雌雄同株で開花は 7 月上旬頃。枝先の葉腋に散房状の集散花序を出し, 狭楕円形をした苞葉があり, 香りの強い 5〜10 個の花を下向きにつける。退化した雄しべがない点が日本産の種と異なる。果実は秋に熟し, 卵球形で直径 0.6cm ぐらい, 薄皮で肋はない。【特性】中庸樹であるが陽性を帯びる。生長はやや早く, 乾燥や日照に対して抵抗力がある。【植栽】繁殖は実生による。大木の移植は根回しが必要で, 移植適期は 2〜3 月。【管理】せん定に耐えるが弱度がよい。施肥は寒肥として堆肥などを施す。病害虫は少ない。【学名】種形容語 *cordata* は心臓形の, の意味。

1010. セイヨウシナノキ 〔シナノキ属〕

Tilia × *vulgaris* Hayne

【原産地】ヨーロッパ。【分布】日本各地に植栽可能だが温帯地域が最も適する。【自然環境】ナツボダイジュとフユボダイジュの雑種といわれ, ヨーロッパに広く分布し, 米国東部でも街路樹として多く植えられている落葉高木。【用途】公園樹, 街路樹, 蜜源植物。その他の用途はシナノキに準ずる。【形態】幹は直立, 分枝し高さ 20〜30m, 幹の直径 2m にもなる。樹皮は平滑, 老木では浅裂する。枝は細く, 長い。葉は互生し, 有柄, 葉身は円形で先端は鋭くとがる。基部はゆがんだ心臓形。表面は無毛, 裏面は有毛。秋には多く黄葉する。冬芽は卵形または広卵形。雌雄同株で, 開花は 7 月上旬頃。新枝の葉腋から散房状の集散花序を出し, 長楕円形をした苞葉があり, 香りのよい 4〜10 の花を下向きにつける。花弁状の仮雄しべのない点が, 日本産の種と異なる。果実は秋に熟し, 卵球形で肋があり, 有毛, 直径 0.8cm ぐらい。【特性】中庸樹であるが陽性を帯びる。生長は早く, 土性は選ばないが肥沃な深層土を好む。【植栽】繁殖は実生により, 20 年生ぐらいで開花。移植は 2〜3 月。【管理】せん定は弱度がよいが, 円形, 楕円形に刈込んだ人工樹形もある。施肥, 病害虫はシナノキに準ずる。【学名】種形容語 *vulgaris* は普通の, 通常の, の意味。

1011. オランダボダイジュ（セイヨウシナノキ）

〔シナノキ属〕

Tilia × vulgaris Hayne

【原産地】交配種であり，原産地は不明。**【分布】**欧米各地に分布。日本でも植栽がみられる。**【自然環境】**欧米の都市等に植栽されている落葉高木。**【用途】**街路樹，緑陰樹，公園樹，庭園樹等に用いる。また教会等にも植栽される。**【形態】**幹は直立，分枝し，樹高 40m，直径 1～2m に達する。樹皮は鈍い灰色，初め平滑であるが，次第に亀裂とともに平らな網状となり，低く隆起する。主枝は半弓状に波打ち，老樹では非常に低く枝があり，その先端は著しく曲がる。枝は緑色で，時に淡い濃赤色となり，しばしば薄い軟毛におおわれる。冬芽は卵形で茶褐色を帯びた緑色である。葉は互生で長さ 9～11cm，幅 7～10cm の広卵形で光沢のある緑色，裏面主脈上に淡色の毛がある。葉質は薄質で先端は鋭尖，基部は心脚または歪脚で鋸歯がある。花は黄白色で集散花序となり，7 月早く 4～10 個の小花を下垂，苞は黄緑色である。果実は 0.8cm ぐらいの球形または卵形で，皮は薄く，軟毛を密生する。**【特性】**本種はフユボダイジュとナツボダイジュの交配種といわれ，ヨーロッパ北西部を中心に欧米各地にさかんに植栽されている。陽樹であり日照を要求し，排水が良好で適潤な肥沃地を好む。寒冷地に適し，生長はやや早い。**【植栽】**繁殖はおもに実生による。**【管理】**萌芽力があり，せん定に耐える。暖地ではキクイムシの害が発生する。**【学名】**種形容語 *vulgaris* はふつうの，の意味。

1012. ハマボウ

〔フヨウ属〕

Hibiscus hamabo Siebold et Zucc.

【分布】本州，四国，九州の暖地，朝鮮半島南部，沖縄に分布。**【自然環境】**日あたりのよい海岸線あるいは河口に自生，または植栽される落葉低木。**【用途】**庭園樹，鉢植え，防潮・防砂林などに用いる。**【形態】**幹はほとんどなく，基部より分枝し株立ち状となる。ふつう樹高 1～3m でまれに 5m に達する。樹皮は帯緑灰色，幼枝をはじめ全株に帯灰色星状毛があり，とくに小枝や葉裏，がくなどに，黄色または黄灰色の毛を密生する。葉は互生，葉柄があり，長さ 3～6cm，幅 3～7cm の円形または扁円形，扁卵形でやや厚質，側脈は 5～7 ある。先端は急鋭頭，基部は円または心脚となり，縁には細鋸歯がある。托葉は楕円形で目立つが，やがて落ちる。花は 7～8 月，枝の先端に直径 5～10cm ぐらいの黄色い花を 1～2 個つける。小苞葉は短い線状披針形で 8～10 個，がくは鐘形で 5 深裂する。花冠はらせん状に巻いた 5 個の花弁からなり，漏斗状になる。基部は暗紅色，雄しべは多数で花糸が合体し 1 単体となる。5 本の花柱はこれを貫く。柱頭は暗紅色。果実は長さ 3cm ぐらいの卵形のさく果で，褐色の細毛がある。10～11 月に黄褐色に熟し 5 裂開する。種子は暗褐色で腎臓形。**【特性】**陽樹。日あたりのよい温暖な砂質壌土を好む。耐寒性は弱い。移植は容易。**【植栽】**繁殖は実生，さし木，接木による。接木はムクゲの台木に切接ぎをする。**【管理】**萌芽力があり強せん定もできる。**【近似種】**モンテンボクなどがある。**【学名】**種形容語 *hamabo* は和名ハマボウによる。

1013. モンテンボク（モンテン，テリハハマボウ）

〔フヨウ属〕

Hibiscus glaber (Matsum. ex Hatt.) Matsum. ex Nakai

【分布】小笠原諸島に分布する固有種。【自然環境】丘陵上に自生する常緑高木。【用途】まれに盆栽や庭園樹として観賞。材は優良。【形態】多く枝分かれして樹は全体に丸く見える。高さ 3～10m，大きいものは高さ 15m，径 1m になる。若枝には軟毛がある。葉は互生し，有柄，葉身は円形または広卵形で先端は鈍頭，基部は浅い心臓形。縁には浅い鋸歯があり，革質で無毛。3～5 個の掌状脈をもち，裏面の基部に近く，脈上に線形の分泌腺がある。雌雄同株で，開花は 1 年中。枝先の葉腋から花柄を出し，直径 6～7cm の黄色い花を開く（夕刻に赤変する）。がくの外の小苞葉は線形で 8～10 個あり，がくは 5 つに裂け，裂片は三角形。花弁はらせん状で 5 個，広い漏斗状をなし，底部は暗紅褐色。多数の雄しべは単体となり，1 本の花柱がこれを貫いて先端は 5 つに分かれる。さく果は 1 年中熟し，ほぼ球形。【特性】陽樹。樹勢強健で土性を選ばないが，適潤な肥沃地では大木になる。【植栽】繁殖は実生，接木，さし木による。【管理】萌芽力があり，せん定は可能。施肥は冬に油かすや化成肥料などを施す。病害虫は少ない。【近似種】小笠原諸島の海岸には類似種のオオハマボウ *H. tiliaceus* L. が分布。【学名】種形容語 *glaber* は，無毛の，の意味。

1014. ムクゲ

〔フヨウ属〕

Hibiscus syriacus L.

【原産地】中国。【分布】北海道南部，本州，四国，九州，沖縄。【自然環境】日あたりのよい地を好むが，土地を選ばずに各地に植栽されている落葉低木～小高木。【用途】庭園樹，公園樹，生垣として植栽されている。【形態】幹は灰色で枝は斜上分枝する。高さ 2～4m，径 30cm，全体ほとんど無毛である。幼枝に星状毛がある。葉は長枝上で互生し，短枝上で束生する。短柄があり，葉身は卵形または広卵形で長さ 4～10cm，幅 2.5～5cm で，ときに 3 裂し不整の粗鋸歯がある。両面に単毛または分枝毛が粗生する。花は 8～9 月，ふつうは紅紫色，また白色もある。5 弁花を腋生または頂生する。花径は 5～6cm，鐘形 5 裂，花弁は 5 片，果実は 10 月に成熟，卵円状で 5 裂し，長さ 2cm で星状毛密布。種子は多数，腎臓形で長さ 0.4～0.5cm で有毛である。【特性】陽樹で生長はきわめて早い。萌芽力があり強せん定に耐える。枝は繊維強く折れにくい。耐寒性が強く寒地の花木（植栽）となる。【植栽】繁殖は実生，さし木，株分けによる。【管理】整枝の必要はない。行う場合は休眠期に行う。吸肥力の強い樹であるので，生育ぐあいをみて冬季に堆肥，鶏ふんを根もとに埋めてやる。6 月，9 月に油かすや化成肥料を根まわりに施す。害虫にはアブラムシがある。大気汚染は中ぐらいに耐える。【近似種】ブッソウゲは花柱が外まで大きく突出している。温室でないと越冬しない。【学名】種形容語 *syriacus* は，シリア，小アジアの，の意味。

1015. ムクゲ‘コバタ’ 〔フヨウ属〕
Hibiscus syriacus L. ‘Kobata’

【系統】ムクゲの園芸品種。【分布】北海道南部，本州，四国，九州，沖縄で植栽。【自然環境】日あたりのよい土地を好むが，土地を選ばず各地に植栽されている落葉低木～小高木。【用途】庭園樹，公園樹，生垣として植栽されている。【形態】花弁数はムクゲの基本数である５枚の一重咲である。雄しべが弁化して小さい内弁が生ずることがあるが，花により差があり外観上問題にならない。花の直径は10cm 程度の中輪。花形は盃状花弁の幅は狭く重ならない。色は純白で基部が紅色，国旗の日の丸の小旗を思わせる。弁先はやや波状で少し切れ込む。葉の３裂の程度は強くない。よく結実する。【近似種】ヒノマルムクゲは‘コバタ’に酷似している。花の直径は 13cm 程度，花弁の幅は広く，少し重なり合う大輪系。花弁は平開し，色は純白で基部が白，日の丸状である。弁先は切れ込まない。ほかに花弁の白色の部分に基部の紅色が脈にそって染められたようになったものなどの変異した株も見られる。これは自然に実生を生ずるためである。ほかに一重咲の園芸品種には‘シングル・レッド’，‘スミノクラ（角の倉）’などがある。いずれも葉の３裂の程度は強くなく，前者は桃紫色で，基部の紅色が花弁の脈にそって半ばまで達している。後者はやや色が薄く，基部の色の広がりも少ない。ときに花弁数が6～10 枚になることがあるが固定的でなく，また花弁が１列になっている。【学名】品種名‘Kobata’は和名による。

1016. ヤエムクゲ 〔フヨウ属〕
Hibiscus syriacus L. f. *plenus* Hort.

【系統】ムクゲの八重咲園芸品種。【分布】北海道南部，本州，四国，九州，沖縄で植栽。【自然環境】日あたりのよい土地を好むが，土地を選ばず各地に植栽されている落葉低木～小高木。【用途】庭園樹，公園樹，生垣として植栽されている。【形態】ヤエムクゲの品種アーデンス‘Ardens’は半八重咲。花糸が合着して大きくなり，バラ咲状。花色は紫紅色で，開花が進むにつれて色が多少薄くなる。ムクゲは１日花であるが，八重咲のものは２日程度花が見られる。葉は明らかに３裂している。‘スミノクラハナガサ(角の倉花笠)’は半八重咲。内弁は小さい。花色は紫紅色で多少濃淡が見られる。花弁の基部は濃紅色。‘ミミハラハナガサ（耳原花笠）’は白花で基部が紅色，一重咲のヒノマルムクゲの弁化したもの。八重咲のものの花径は一般に一重咲より小さく6～8cm 程度である。【特性】八重化は雄しべの花糸や葯が弁化して内弁となり八重咲となったものである。内弁の発達の程度により，基本の５枚の外弁と内弁の大きさに差があり，明らかに区別できる段階のものを半八重咲といい，さらに内弁が発達して外弁と外観上区別できなくなったものを八重咲としている。八重咲も弁化の程度により３型に分けられ，段階により乱れ咲，菊咲，およびポンポン咲と呼び，花の直径も小さくなる。完全に結実しない。【学名】品種名 *plenus* は八重の，の意味。【植栽】【管理】はムクゲに準ずる。

1017. シロバナムクゲ 〔フヨウ属〕

Hibiscus syriacus L. f. *albus* Hort.

【系統】ムクゲの園芸品種。【分布】北海道南部，本州，中国，九州，沖縄で植栽。【自然環境】日あたりのよい土地を好むが，土地を選ばずに各地に植栽されている落葉低木〜小高木。【用途】庭園樹，公園樹，生垣として植栽されている。【形態】一重咲で純白の花をつけるが，花弁の幅には細弁から広弁までの変化があり，その特徴により品種名がつけられている。広弁のほうが大輪になるものが多く花径 12〜13cm になり，細弁のほうが小輪が多く 7〜11cm の花径である。‘ダイトクジシロ（大徳寺白）’は花弁が基本数の 5 枚広弁形で，花弁が重なり合う。花径 12cm 程度の大輪系で平開する。弁先は円形で細かい波状弁となる。葉は浅く 3 裂し，全体的に丸みがある。‘タマウサギ（玉兎）’は，細弁で，弁先は広線形でときに少し切れ込むことがある。花弁の厚みは前者に比べ薄い感じがする。葉は浅く3裂しやや細長い。いずれもよく種子をつけ，自然に発芽するため，個体変異も多く見られる。【特性】アオイ科フヨウ属の木本で耐寒性のある代表的な種類で，北海道でも栽培されている。花芽分化は新梢に早いもので 5 月上旬に分化し，下旬頃から開花する。その後適時分化して秋まで咲き続ける。このため生垣として刈込みを行っても花を咲かせる。【学名】品種名 *albus* は白花の，の意味。【植栽】【管理】はムクゲに準ずる。

1018. シロヤエムクゲ 〔フヨウ属〕

Hibiscus syriacus L. f. *alboplenus* Hort.

【系統】ムクゲの園芸品種。【分布】北海道南部，本州，四国，九州，沖縄で植栽。【自然環境】日あたりのよい土地を好むが，土地を選ばず各地に植栽されている落葉低木〜小高木。【用途】庭園樹，公園樹，生垣として植栽されている。【形態】純白の花で八重咲のもの。八重化の程度によりおのおのに品種名がつけられている。‘シロミダレ（白乱）’，‘シロコミダレ（白小乱）’はともに八重化が少ない乱れ咲で，花径はシロコミダレのほうが小輪で 7.5cm 程度，シロミダレは 8.5cm 程度であるが，時期によりまた同一の木でも差があり，1 つの花だけを見て両品種を同定することは困難である。葉は同じく浅く3裂しやや細長い。【植栽】ムクゲの繁殖は，実生でも 3 年目に開花するが，同一形態のものを得るためにはさし木による。さし木はどの品種でもよく活着し，3〜4 年生の枝でも，また開花中の枝をさしても活着するくらいであるが，2 年枝を 3 月にさし木するのがふつうである。【管理】性質も強く，栽培しやすいが，日陰では花つきが悪くなる。刈込みや大枝の切戻しに強く，昔から生垣樹として広く利用されてきたが，近年，夏の花木や鉢物として重要視されている。【近似種】ムクゲは日本にかなり古くから入り，江戸時代にいろいろな品種が作出され，外国種も多く，花の変化のほか斑入り種もある。【学名】品種名 *alboplenus* は白色の八重の意味。

1019. フヨウ 〔フヨウ属〕
Hibiscus mutabilis L.

【分布】本州，四国，九州の暖地，沖縄，台湾，中国に自然分布。【自然環境】日あたりのよい温暖な海岸線ぞいに自生，または暖地で植栽される落葉低木。【用途】庭園樹，公園樹，鉢植え，まれに生垣とする。樹皮は和紙の補助原料。【形態】幹は直立，または基部近くから分枝し，樹高 1.5〜3m ぐらいになる。全株に灰白色の星状毛がある。樹皮は帯白色で強靱。葉は互生し，やや光沢のある膜質で，直径 10〜20cm の五角状心臓形または卵形，卵状菱形となり，五行脈があり 3〜5 浅裂，ときに 7 浅裂する。基部は心脚またはくさび形，裂片は三角状鋭尖，縁には鈍鋸歯，波状歯牙があり，長さ 9〜12cm の葉柄がある。表面は星状毛および細突起点があり粗渋，裏面は灰色の毛がある。花は 7〜10 月に枝の上部に腋生，まれに頂生する。ふつう淡紅色で直径 10〜13cm，長さ 10cm ぐらいの葉柄があり，朝開花し夕方に萎凋する。花下に線形小苞が 10 個あり，がくは鐘形で 5 裂，花弁は 5 個で縦に脈があり，基部は合着する。雄しべは多数，雌しべは 1 個で柱頭は 5 個に分かれる。果実は直径 2.5cm ぐらいでほぼ球形のさく果，開出長毛があり，5 開裂する。【特性】陽樹であり，樹勢は強健。【植栽】繁殖は実生，株分け，さし木による。【管理】萌芽力が強く刈込みに耐える。【学名】種形容語 *mutabilis* は変形しやすい，の意味。

1020. シロフヨウ 〔フヨウ属〕
Hibiscus mutabilis L. f. *albiflorus* Makino

【分布】北海道（南部）〜沖縄で植栽可能だが，関東以北などの寒地では地上部が枯れる。【自然環境】各地の庭園などに植栽される落葉低木。【用途】庭園樹，公園樹，鉢植え。樹皮は和紙の補助原料。【形態】幹は直立また分枝し，高さ 1.5〜3m ぐらい。全株白色の星状毛でおおわれている。葉は互生，長柄があり，葉身は掌状に浅く 3〜7 裂する。裂片は三角状卵形で先端はとがり，基部は心臓形，縁には鈍鋸歯がある。長さ，幅とも 10〜20cm，表面には星状毛および細突起点があり，裏面には灰色の毛がある。雌雄同株で，開花は 7〜9 月。幹の上部の葉腋に，柄のある白色で 5 弁の花を開く。花径は 10〜15cm あり，1 日でしおれる。花の下部に小苞葉が 10 枚ある。さく果は 10〜11 月頃熟し，球形で堅く開出した毛があり，やや薄い 5 片に開裂し，種子には毛がある。【特性】陽樹。樹勢強健で土性はとくに選ばないが，酸性土の湿地を好む。【植栽】繁殖は実生，さし木，株分けによる。実生は秋採取した種を 4〜5 月にまく。さし木は春ざし，夏ざし。移植は 4〜5 月で大木は困難。【管理】大きな株は外側の枝を切るか株分けする。かん水は夏の乾燥時に行う。施肥は寒肥として油かすや鶏ふんを施す。病気は少ないが，害虫にワタノメイガ，ワタアブラムシなどがある。【学名】品種名 *albiflorus* は白花の，の意味。

1021. スイフヨウ　〔フヨウ属〕

Hibiscus mutabilis L. 'Versicolor'

【分布】本州，四国，九州の暖地，沖縄，台湾，中国に分布。**【自然環境】**日あたりのよい温暖な海岸線ぞいに自生，または暖地で植栽される落葉低木。**【用途】**庭園樹，公園樹，鉢植えなどに用いる。**【形態】**幹は直立，または基部近くから分枝し，樹高1.5〜3m ぐらいに達する。全株に灰白色の星状毛がある。樹皮は帯灰色で強靱。葉は互生し，やや光沢があり膜質，直径 10〜20cm の五角状心臓形，または卵形，卵状菱形となり，五行脈があり 3〜5 浅裂，ときに 7 浅裂する。基部は心臓形またはくさび形，裂片は三角状鋭尖，縁には鈍鋸歯，波状歯牙があり，長さ 9〜12cm の葉柄がある。表面は星状毛および細突起点があり粗渋，裏面は灰色の毛がある。花は 7〜9 月に枝の上部に腋生，まれに頂生する。直径 7〜8cm ぐらいの重花弁で獅子咲となる。花色が，朝の咲き始めは白，昼はピンク，夕方には紅色に変化する。内側の花弁は徐々に小さくなり，不完全な雄しべに接着する。雄しべは母種に比較し少なく，雌しべも不完全で結実しない。**【特性】**陽樹であり，樹勢は強健で陽向地に耐える。生長はきわめて早く，やや水湿に富む肥沃土を好む。母種よりも花数は少ない。**【植栽】**繁殖はさし木，または株分けによる。**【管理】**萌芽力が強く刈込みに耐えるが，強せん定は花つきを悪くする。**【学名】**園芸品種名 'Versicolor' は，斑色の，変色の，の意味。

1022. ブッソウゲ　〔フヨウ属〕

（ハイビスカス，リュウキュウムクゲ）

Hibiscus rosa-sinensis L.

【原産地】不明。中国やインドでは古くから栽培されており，日本では慶長 19 年（1614）に島津家久が徳川家康に献上したという記録が残っている。**【分布】**日本では九州南部や沖縄で屋外に植栽される。**【自然環境】**熱帯各地で広く植栽される常緑低木または小高木。**【用途】**観賞用に庭園や鉢に植栽。また繊維原料，飲料などに用いる。**【形態】**幹は直立，分枝し高さ 2〜6m。葉は互生し，有柄，葉身は広卵形または卵形で先はとがり，縁には不整の粗い鋸歯がある。長さ 10cm 内外，葉柄の基部には線形の托葉がある。雌雄同株で，開花は温度があれば 1 年中開花。新枝の葉腋に径 10〜15cm の赤色の 5 弁花を単生する。品種には種々の色や八重咲種がある。さく果は卵形で無毛。**【特性】**陽樹。樹勢強健で土性を選ばない。**【植栽】**繁殖は実生，さし木などによる。さし木は 1 ヵ月ぐらいで発根する。移植は 5 月頃。**【管理】**せん定はのびすぎた枝を 2〜4 節残して花後に切る。夏の乾燥時はかん水を行い，鉢植えでは地温が上昇しすぎるので半日陰に置くか，根もとにワラなどを厚く敷く。施肥は鉢植えでは春―夏の間は 2 ヵ月に 1 回，骨粉を 3 割混ぜた油かすを施す。病害虫は少ないが，アブラムシやハマキムシがある。**【学名】**種形容語 *rosa-sinensis* は中国のバラ，の意。

1023. フウリンブッソウゲ 〔フヨウ属〕

Hibiscus schizopetalus (Dyer) Hook.f.

【原産地】熱帯アフリカ東部。【分布】熱帯，亜熱帯に分布。日本では九州南部，沖縄に植栽分布。【自然環境】暖かい地方の日あたりのよい所に自生，または植栽される常緑低木。【用途】庭園樹，生垣，鉢植えなどに用いる。【形態】幹はほとんどなく，基部より分枝するが，枝はやや少ない。ときに株立ち状となる。樹高 2～4m になり全株無毛。枝は細長く，弓状に下垂する。葉は濃緑色で互生，長さ 4～9cm，幅 2～5cm の狭卵形または卵状楕円形，先端は鋭頭または鋭尖頭，基部は円脚となる。葉縁は全縁または歯牙縁，あるいは粗鋸歯がある。葉柄の基部には線状の托葉がある。花は 7～9 月に，前年枝から出た成熟した短枝に長い花柄で垂れ下がり，直径 7cm ぐらいの紅色あるいは朱紅色の花を下向きに開く。花弁は 5 個で，深く細く裂けて反巻する。小苞葉は広三角形で 5～8 枚である。雄しべは単体で長さ 8～10cm ぐらいの淡紅色の細い筒となり，先端近くに花糸をもつ多数の葯をつける。雌しべは雄しべの筒から突出し，先端は赤色で 5 つに裂ける。果実は長さ 3.5cm ぐらい，5 稜状長楕円体のさく果で平滑無毛。種子も無毛。【特性】水はけのよい，適潤な砂質壌土を好む。【植栽】繁殖はさし木，取り木による。【管理】萌芽力があり，せん定にも耐える。【学名】種形容語 *schizopetalus* は，分裂花弁の，の意味。

1024. ハワイアン・ハイビスカス 'バルカン' 〔フヨウ属〕

Hibiscus hybridus Hort. 'Vulcan'

【原産地】世界各地の熱帯，亜熱帯，温帯地方に約 250 種分布するハイビスカスのうちで，品種数が多く観賞に最も多く用いられているハワイアン・ハイビスカスの一園芸品種。ハワイアン・ハイビスカスの作出は，1872 年にハワイのオアフ島でハワイ産原種の交配に成功したことに始まる。【用途】観賞用に鉢植えとされる常緑低木。【形態】米国国立アーボレータムで改良された矮性種。鉢植え用の新しい品種である。ビロード色がかった緋赤色の頂天咲，花茎 17cm ぐらい，花弁はやや波状をなし厚く板張りよく，茎は太く，葉は大形で肉質厚い。茎，葉節がつまるので摘芯しなくても矮性に仕上がる。【植栽】繁殖は，発根と生育が悪い品種は古くて強い品種の台木に接木する。温室性のハイビスカスは春遅く露地に植えると，降霜期まで花が咲き，温室で地植え栽培すると大株になる。一定間隔でつぎつぎと周年咲いている。鉢栽培は肥効力のある壌土に，腐葉土（ピートモス）と軽い砂を混合した土に植える。【管理】初夏にはアカダニ，アブラムシが発生しやすいので，殺虫殺菌剤で駆除する。病気はほとんど発生しない。肥料は 2 カ月に 1 回，油かすの置肥とし，液肥をときどき施す。越冬温度は 5℃以上，あまり低温だと落葉するので，15℃を保つ。【近似種】パン・アメリカ 'Pan America' は濃緋紅色，J. F. ケネディー 'J.F.Kennedy' は橙黄色で弁底は鮮紅色。

1025. ハワイアン・ハイビスカス 'スレース・スー'

〔フヨウ属〕

Hibiscus hybridus Hort. 'Sleace Sou'

【原産地】世界各地の熱帯，亜熱帯，温帯地方に約250種分布するハイビスカスのうちで，品種数が多く観賞に最も多く用いられているハワイアン・ハイビスカスの一園芸品種。ハワイアン・ハイビスカスの作出は，1872年にハワイのオアフ島でハワイ産原種の交配に成功したことに始まる。**【用途】**観賞用に庭園樹や鉢植えとされる常緑低木または小高木。**【形態】**花弁はオレンジ，底紅の外側が白い輪状，柱頭は5裂，丸弁大輪，一重咲。葉は丸葉で肉質厚い。樹姿は直立性。**【植栽】**繁殖は，発根と生育が悪い品種は古くて強い品種の台木に接木する。温室性のハイビスカスは春遅く露地に植えると，降霜期まで花が咲き，温室で地植え栽培すると大株になる。一定間隔でつぎつぎと周年咲いている。鉢栽培は肥効力のある壌土に，腐葉土（ピートモス）と軽い砂を混合した土に植える。**【管理】**初夏にはアカダニ，アブラムシが発生しやすいので，殺虫殺菌剤で駆除する。病気はほとんど発生しない。肥料は2ヵ月に1回，油かすの置肥とし，液肥をときどき施す。越冬温度は5℃以上，あまり低温だと落葉するので，つねに15℃を保つようにする。20℃を保てば冬も咲く。**【近似種】**タンジェリン・イエロー 'Tangerine Yellow' は橙黄色の底紅，柱頭5裂。葯は黄色，やや波状をなす丸弁大輪，一重咲き，樹姿は直立性。ソフト・ピンク・タンジェリン・イエロー 'Soft Pink Tangerine Yellow' は淡いピンクがかった橙黄色。

1026. ハワイアン・ハイビスカス 'ダブル・ブラウン'

〔フヨウ属〕

Hibiscus hybridus Hort. 'Double Brown'

【原産地】世界各地の熱帯，亜熱帯，温帯地方に約250種分布するハイビスカスのうちで，品種数が多く観賞に最も多く用いられているハワイアン・ハイビスカスの一園芸品種。ハワイアン・ハイビスカスの作出は，1872年にハワイのオアフ島でハワイ産原種の交配に成功したことに始まる。**【用途】**観賞用に庭園樹や鉢植えとされる常緑低木または小高木。**【形態】**花はカッパー・ブラウンの濃い橙黄色，雄しべは黄色，広い波状弁で八重咲。樹姿は直立性。クワの葉状の葉形で，葉肉質厚く，枝張りよく，茎は太い。鉢植え，庭園樹に好適。**【植栽】**繁殖は，発根と生育が悪い品種は古くて強い品種の台木に接木する。温室性のハイビスカスは春遅く露地に植えると，降霜期まで花が咲き，温室で地植え栽培すると大株になる。一定間隔でつぎつぎと周年咲いている。鉢栽培は肥効力のある壌土に，腐葉土（ピートモス）と軽い砂を混合した土に植える。**【管理】**初夏にはアカダニ，アブラムシが発生しやすいので，殺虫殺菌剤で駆除する。病気はほとんど発生しない。肥料は2カ月に1回，油かすの置肥をし，液肥をときどき施す。越冬温度は5℃以上，あまり低温だと落葉するので，つねに15℃を保つようにする。20℃を保てば冬も咲く。**【近似種】**ジューン・ブライド 'June Bride' は鮮やかな紫紅色，ダブル・イエロー 'Double Yellow' は鮮黄色八重大輪，外花被が大きい。

1027. ハワイアン・ハイビスカス ‘パウダー・パフ’

〔フヨウ属〕

Hibiscus hybridus Hort. ‘Powder Puff’

【原産地】世界各地の熱帯，亜熱帯，温帯地方に約250種分布するハイビスカスのうちで，品種数が多く観賞に最も多く用いられているハワイアン・ハイビスカスの一園芸品種。【用途】観賞用に鉢植え。常緑低木または小高木。【形態】花弁は鮮やかな紅桃色，弁底白色，やや波状弁の花径17cmの豪華な大輪花，頂天咲。葯は黄色。枝は太く枝張りよく，茎太く，葉の肉質厚く，濃緑色。矮性種。【植栽】繁殖は，発根と生育が悪い品種は古くて強い品種の台木に接木する。温室性のハイビスカスは春遅く露地に植えると，降霜期まで花が咲き，温室で地植え栽培すると大株になる。一定間隔でつぎつぎと周年咲いている。鉢栽培は肥効力のある壌土に，腐葉土（ピートモス）と軽い砂を混合した土に植える。【管理】初夏にはアカダニ，アブラムシが発生しやすいので，殺虫殺菌剤で駆除する。病気はほとんど発生しない。肥料は2ヵ月に1回，油かすの置肥とし，液肥をときどき施す。越冬温度は5℃以上，あまり低温だと落葉するので，つねに15℃を保つようにする。20℃を保てば冬も咲く。【近似種】ハロー ‘Hallo’ は鮮紅桃色，柱頭5裂，葯は黄色，やや波状の丸弁大輪，一重咲。葉は幅広の楕円形，肉質厚く濃緑色，茎太く，樹姿は直立性。庭園樹，鉢植え用。ダーク・レッド・シングル ‘Dark Red Single’ は濃緋紅色，丸弁中輪，柱頭赤色で5裂，葯は黄色。茎太く，葉縁が鋸歯状。やや中形のオールドタイプ。

‘ローズ・レッド・ダブル’　‘シャドウ’

1028. ハワイアン・ハイビスカス ‘ニュー・ピンク’

〔フヨウ属〕

Hibiscus hybridus Hort. ‘New Pink’

【原産地】世界各地の熱帯，亜熱帯，温帯地方に約250種分布するハイビスカスのうちで，品種数が多く観賞に最も多く用いられているハワイアン・ハイビスカスの一園芸品種。【用途】観賞用庭園樹や鉢植えとする常緑低木または小高木。【形態】淡いピンクの八重咲大輪，やや波状の丸弁，柱頭赤色，葯は黄色，枝張りよく，茎太く，葉は大形の肉質の厚い濃緑色，樹姿は直立性。【植栽】温室性のハイビスカスは春遅く露地に植えると，降霜期まで花が咲き，温室で地植え栽培すると大株になる。一定間隔でつぎつぎと周年咲いている。鉢栽培は肥効力のある壌土に，腐葉土（ピートモス）と軽い砂を混合した土に植える。【管理】初夏にはアカダニ，アブラムシが発生しやすいので，殺虫殺菌剤で駆除する。病気はほとんど発生しない。肥料は2ヵ月に1回，油かすの置肥とし，液肥をときどき施す。繁殖は，発根と生育が悪い品種は古くて強い品種の台木に接木する。越冬温度は5℃以上，あまり低温だと落葉するので，つねに15℃を保つようにする。20℃を保てば冬も咲く。【近似種】ローズ・レッド・ダブル ‘Rose Red Double’ はローズ色の八重咲大輪。ローザシネンシスの交配種で，夏は八重咲でも冬の温室内では一重咲に変わる。枝張りよく，葉は楕円形。庭園樹，鉢植用。シャドウ ‘Shadow’ はスカーレットレッドの半八重咲，柱頭赤色，葯は黄色。直立性で鉢植え，庭園樹に適する。

‘ニュー・ピンク’

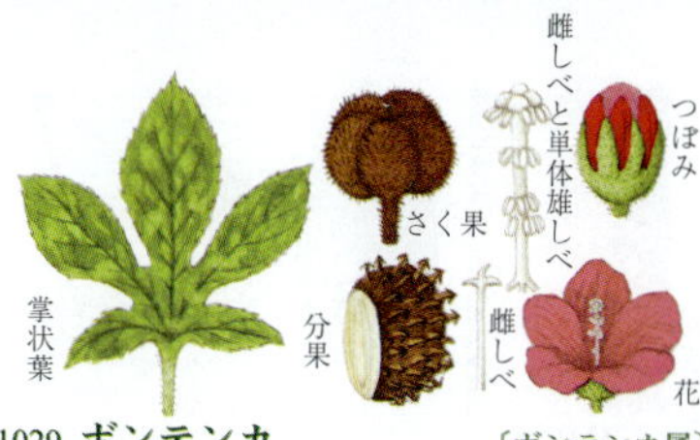

1029. ボンテンカ　〔ボンテンカ属〕
Urena lobata L. subsp. *sinuata* (L.) Borss.Waalk.

【分布】四国（高知），九州（南部，屋久島，種子島），沖縄，小笠原。熱帯地方に分布。【自然環境】原野や海岸，荒地などに自生する落葉小低木。【用途】繊維原料に用いる。【形態】高さ 1m 内外に達して多く分枝し，茎は円柱形で星状毛におおわれる。葉は互生，有柄で線状の小さい托葉がある。葉身は掌状に 5 深裂し，裂片は通常卵形で基部は細くなり，縁には鋸歯がある。長さ，幅ともに 3～8cm。表面は深緑色で通常淡黄色の斑がある。両面には星状毛があり，とくに裏面に密生し白く見える。雌雄同株で，開花は 8～9 月頃。葉腋に短い柄のある直径 2cm ぐらいの淡紅色の花を開く。花の下部にある小苞は5片に切れ込み，がくと合着している。果実は5つの分果に分かれ，倒卵形で長さ 0.4～0.5cm，表面には長さ 0.15cm 内外の鉤のあるとげがはえている。【特性】陽樹。樹勢強健で土地を選ばない。潮害に強く，また都市環境でも育つ。【植栽】繁殖は実生により，秋採種した種子を 5 月頃まく。【管理】ほとんど手入れの必要がなく，混みすぎた枝を間引く程度でよい。施肥の必要はとくになく，病害虫も少ない。【学名】亜種名 *sinuata* は深波状の，の意味である。和名ボンテンカはインドの花の意味で，仏法の守護神梵天の名をつけたものであろう。

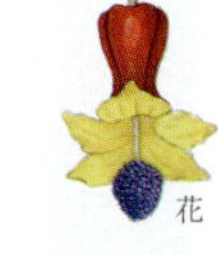

1030. ウキツリボク　〔イチビ属〕
Abutilon megapotamicum A.St.Hil. et Naudin

【原産地】ブラジル。【分布】熱帯，亜熱帯に分布。日本では沖縄に植栽分布。【自然環境】暖かい地方の日あたりのよい所に自生，または植栽される常緑低木。【用途】庭園樹，鉢植えなどに用いる。【形態】樹高 1～1.5m の小低木で，細長い枝が多数生じ下垂する。葉は互生，長さ 7cm ぐらいの卵状披針形，先端は鋭尖頭，基部は心脚または浅い心脚，縁には不整鈍鋸歯があり，長い葉柄と托葉がある。花は葉腋から長梗を出し下垂する。長さ 5～8cm で花弁は鮮黄色，がくは鮮紅色または濃赤色で，肥大した五稜形となる。雄しべは深菫色で突出する。花期は春，夏，冬である。【特性】陽樹であり，十分な日照を要求し，水はけのよい，腐植質に富む肥沃な砂質壌土を好む。冬期は 10～15℃の温度を必要とし，ふつう，本州ではフレームや温室内で越冬させる。温室内に地植えしてもよい。【植栽】繁殖は実生，さし木による。さし木は早春に行う。【管理】萌芽力が比較的あり，せん定にも耐えるが，強せん定は花つきを悪くする。せん定，移植は 3 月頃に行い，肥料は骨粉と油かすを置肥とする。【学名】種形容語 *megapotamicum* はリオ・グランデ河の，の意味。

1031. ドリアン 〔ドリアン属〕

Durio zibethinus Murray

【原産地】東インド，マレーシア。【分布】東南アジア一帯。【自然環境】高温多湿な熱帯性気候のもとに生育する常緑高木。【用途】果実を生食するほか，種子も食用とする。【形態】高さ20～30mになる。葉は長さ6～25cmの長楕円形で表面は緑色，平滑で光沢があり，裏面は褐色の毛におおわれグミの葉に似て互生する。集散花序が太い幹や枝から出る。花は鐘形で下垂し直径約5cm，花弁は黄白色で満開時には外側にそり返る。果実は大小があり，ふつう長さ20～30cm，直径12～25cmの楕円形の人頭大で重さ1～3kg，ときに4kgを超えるものもある。果皮は，品種により大小，長短，疎密や形状の差はあるが，角錐状のとげでおおわれる。内部はふつう5室に分かれ，各室に1～5個の種子がある。厚さ3～8cmの果肉が種子をとりまき，卵白色，淡黄色，淡褐色などで，果汁は少ないが軟らかく粘りがあり，甘味はきわめて強く，強い香りがある。種子は淡褐色から濃褐色でデンプン質に富む。【植栽】いろいろな土壌で生育はするが，とくに乾燥と断根を嫌う。地表はたえず落葉や下草でおおわれ，水分が多くしかも排水のよい斜面などに良好な生育をする。隔年結果の性質が強い。繁殖は実生と芽接ぎによる。【学名】種形容語 *zibethinus* は麝香（じゃこう）の香りのする，の意味。ドリアンはマレー語で「とげのある果物」の意味で，とげのある近づきがたい偉容と，臭気を感ずるほどの芳香と良好な味覚などから「果物の王」と称されている。

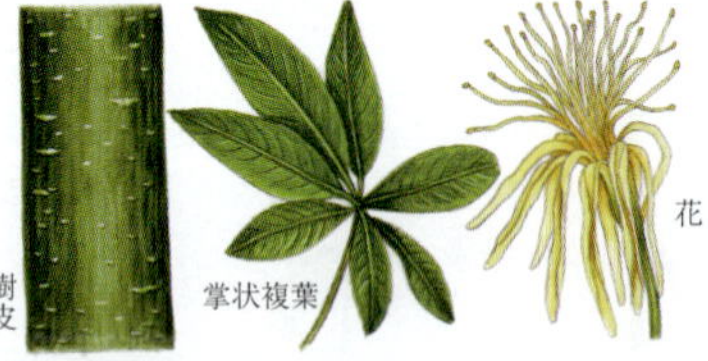

1032. カイエンナッツ 〔パキラ属〕

Pachira aquatica Aubl.

【原産地】南米，西インド諸島原産。【分布】温室内で観賞用に栽培される。【自然環境】高温多湿で日あたりのよい場所を好む常緑小高木。【用途】現地ではおもに果実を生食したり焼いたりして食用にするために栽培するが，日本では観葉植物として鉢栽培する。【形態】幹は直立し，高さ15mになる。葉は掌状複葉で，小葉は5～7枚，倒卵形ないし長楕円状披針形，平滑で全縁，長さ10～30cm。花は葉腋に単生し，大輪で美しい。長さ22～35cm，花弁が条裂する。花色は淡紅色または帯紫色，花糸は紅色，花弁と同長。果実は木質のさく果で卵形，長さ20～30cm，径7.7～12.5cm，多数の種子を蔵する。【特性】高温多湿を好み，越冬温度10℃以上。【植栽】繁殖は実生による。さし木もできる。【管理】鉢栽培は，壌土に腐葉土3割，砂1割を混ぜたものを用いる。鉢替えは4～6月，冬期は温室内，室内に保護するが，夏は戸外に出す。鉢植えの幼樹は半日陰がよい。肥料は生育過程の春から秋に，油かすの乾燥肥料を1ヵ月おきに置肥として与える。【学名】種形容語 *aquatica* は水生の，の意味。

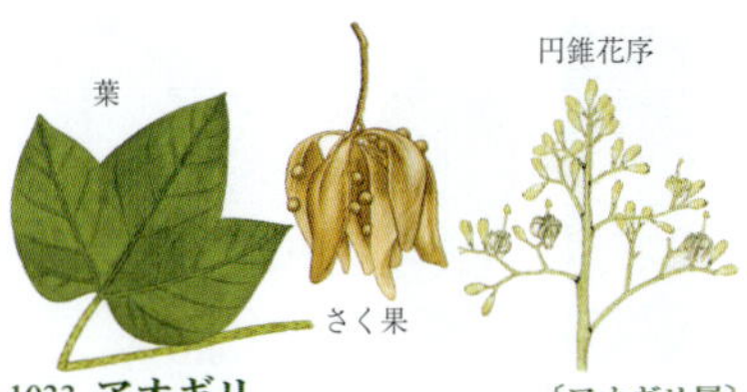

1033. アオギリ 〔アオギリ属〕

Firmiana simplex (L.) W.F.Wight

【分布】沖縄，台湾，中国，インドシナ。ただし本州の伊豆半島，紀伊半島，中国地方などや四国，九州でも野生化している所がある。【自然環境】山地などにはえているのも見るが，ふつうは各地で植栽されている落葉高木。【用途】庭園樹，公園樹，街路樹。【形態】樹皮は緑色で滑らかである。葉は長い葉柄があって互生し，扁円形で長さ 15〜25cm，幅 15〜27cm，掌状に 3〜5 浅裂し，基部は心臓形となって枝先に集まってつく。全縁。6〜7 月，枝先に大きな円錐花序をつけ，多数の小さな淡黄色の花を開く。1 つの花序に雄花と雌花がつく。がく片は細長い楕円形で平開して反曲し，花弁はない。雄花の雄しべは合着して 1 本の筒となる。雌花では雌しべが雄しべの筒上に立ってとがり，柱頭は広がっている。さく果は成熟前に舟形に裂開し，その縁に数個の球形の種子をつける。【特性】十分に日のあたる肥沃な土地を好む。潮風や大気汚染にも比較的強い。【植栽】繁殖はふつう実生によるが，さし木もできる。【学名】属名 *Firmiana* はオーストリアの K.von ファーミアンを記念したもの。種形容語 *simplex* は単一の，という意味。和名アオギリは葉がキリの葉に似ていることと樹皮が緑色であることによっている。

1034. サキシマスオウノキ 〔サキシマスオウノキ属〕

Heritiera littoralis Dryand.

【原産地】インド洋岸，太平洋諸島から北アジア（北限は奄美大島）。【自然環境】マングローブ林の背後の海岸湿地にはえる常緑高木。【用途】材は暗褐色で堅く弾力があり，白アリやフネクイムシに強く第一級の建築材，舟材とされる。材の煎汁で染色し，樹皮よりタンニンをとる。種子は煮食できる。【形態】高さ 12〜15m，枝多く，ときどき屈曲し，幹肌は灰褐色で粗く，幹は単直で径 0.6〜1m，ヘビがのたうちまわるような板根をつけて見事な外観である。葉は長さ 9〜30cm，通常 12〜24cm，幅 6〜12cm の比較的狭い倒卵形または長楕円形で革質，全縁，葉先はとがり基部は丸く，表面は暗緑色で褐色を帯び，裏面は銀白色，鱗片状の毛があり，短柄で互生する。雌雄同株で枝先の葉腋より長さ 9〜12cm の短い円錐花序を出し，花は小形で単性花である。果実は長さ約 5cm，直径約 4cm のさや状の長楕円体または扁球形で，背面に高さ約 0.8cm の竜骨が走り，熟すと茶褐色となり，堅くて中空となっており，海に浮かんで海流に運ばれて各所に伝播する。中に種子が 1 個ある。【植栽】繁殖は実生による。土壌は選ばないが日あたりのよい湿地を好む。【学名】属名 *Heritiera* は人名のヘリチェールにより，種形容語 *littoralis* は海浜生の，の意味。和名サキシマスオウノキは，材を煎じると紅色の汁を出すのでマメ科のスオウになぞらえたもの。

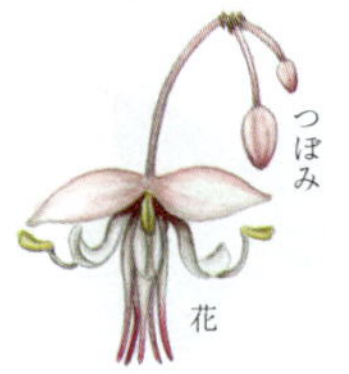

1035. カカオ（カカオノキ）　〔カカオ属〕
Theobroma cacao L.

【原産地】熱帯アメリカ。**【自然環境】**高温多湿な熱帯性気候下に生育する常緑小高木。**【用途】**果実内にある種子を利用する。熟した果実を切り開き種子を取り出し，種子をとりまく粘る物質を除くために数日発酵させ，それを水洗いして乾燥させたものがカカオ豆である。これをチョコレート色になるまで火で炒り，砕いて種皮を取り除く。これをすりつぶしたものがカカオペーストで，圧搾してカカオバターをとり，その残りを乾燥粉末にしたものがココアである。カカオペーストに砂糖，ミルク，香料を加え練り固めたものがチョコレートで，カカオバターは薬用や化粧用にする。**【形態】**高さ約 6m，よく分枝する。葉は長楕円形，長さ約 30cm で先端がとがり互生する。雌雄同株で花は直径 1.5cm の小輪で白色，幹生花で幹または大枝に直接多数固まってつく。花期ははっきりせずほとんど周年開花し結実するが，多数咲く割に結実は少ない。果実は長楕円形で長さ約 20cm，直径約 10cm で，果皮は赤色，黄色，紫色を帯びた褐色等があり厚く堅い。5 室に分かれ，その中に 1 列に 10 数個，計 40～60 個の種子がある。種子にテオブロミン，カフェインを含み，直径約 3cm。**【特性】**典型的な熱帯植物で年平均気温 20℃以上，年降雨量 2000mm 以上の高温多湿下で，風に弱いので風のあたらない傾斜地などの，排水のよい有機質に富む肥沃な土地を好み，重粘土質を嫌う。**【植栽】**繁殖は実生によるが，優良系統は接木される。**【学名】**種形容語 *cacao* はメキシコ土名から転化したスペイン名。

1036. コラノキ（コーラ）　〔コラノキ属〕
Cola nitida (Vent.) A.Cheval.

【原産地】熱帯西アフリカ。**【分布】**熱帯各地で栽培されている。**【自然環境】**黄金海岸から象牙海岸やリビア付近の森林の代表的な常緑高木。**【用途】**原産地では果実を嗜好品，薬用とする。またコラ酒や清涼飲料水の原料とする。この種のコラナットは品質がよく欧米に輸出され，アフリカ内でも交易品とされている。**【形態】**高さ 24m で幹は直立し，葉は 10～33cm，幅 2.5～13cm の広楕円形または楕円状披針形で葉先は急に短くとがり，全縁・革質で表面濃緑色，裏面は白色を帯び，葉柄は長さ 2.5～7.5cm で互生する。花は黄白色で赤褐色の条があり径約 1.3cm，葉腋に 10 花前後を円錐状につけ，花序上に褐色の毛を密生する。果実は緑色で光沢があり滑らかで，長さ 8～13cm の円筒状で縦にしわが多く，コブ状にふくらみ，突出した先端にかけて縫合線上にはっきりした隆起線があり，果梗上に放射状に 3～5 果つく。1 つの果内には 4～10 個の扁球形の種子があり，子葉は 2 枚ある。種子にカフェインとコラニンを含み，生食すると味は渋いがしばらくすると甘く感じ，その後は甘い唾液が湧き出てくるので渇きをいやすのによく，興奮作用があって，しかもその作用が終っても疲労感が残らない。**【植栽】**移植を嫌うので，鉢に種子を 1 個ずつ採りまきして発芽させ，育苗して定植する。高温湿潤な熱帯気候で排水の良い肥沃地を好む。**【学名】**種形容語 *nitida* は光沢のある，の意味。

1037. ヒメコラノキ（ヒメコーラ）〔コラノキ属〕
Cola acuminata (Brenan) Schott et Endl.

【原産地】熱帯西アフリカ。【分布】スーダン，熱帯アジア，西インド諸島，南米などで栽培される。【自然環境】コーラより東の南部ナイジェリアからガボン，コンゴ盆地の赤道付近の森林内にはえる常緑高木。【用途】果実を嗜好品，薬用，コラ酒や清涼飲料の原料とするが，このナッツはコーラより粘りがありナイジェリアではこれがよいとされ，交易品とされている。【形態】高さ約 18m になり樹皮は灰白色で厚い。葉は長さ 10～22cm，幅 3～8cm の披針形または狭い楕円形，倒卵形で先端がしだいに狭くなり，先端はとがり下に向かって曲がり，濃緑色で互生する。円錐花序を腋生，または葉の落ちた古い枝に生じ，花序上の毛はまばらである。果皮は茶褐色で小さい毛によっておおわれ，長さ 15～20cm，幅 6～10cm の先端に狭い長楕円状でコーラより大きく，こぶ状隆起はなく先端は突出せず，縫合線上の隆起線はなく，果梗上に放射状に 3～5 果つく。種子は 1 果内に 14 個内外あり，子葉は 3～4 枚，まれに 2 枚または 5～6 枚ある。【植栽】繁殖は実生で，移植を嫌うので鉢に採りまきをし育苗，定植する。植付け後 4～5 年目から結実しはじめる。高温多湿の熱帯気候を好み，乾燥や強い直射日光に弱い。【近似種】コーラ属は熱帯アフリカに約 50 種知られている。【学名】種形容語 *acuminata* は鋭尖の，の意味。

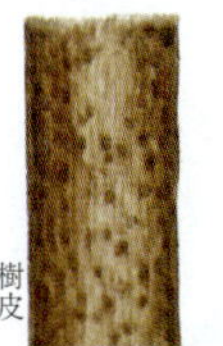

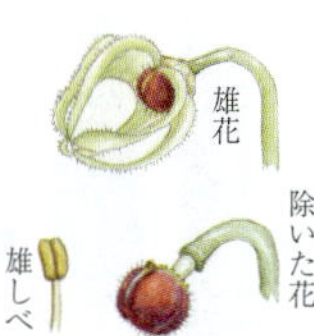

1038. ピンポンノキ（ピンポン）〔ピンポンノキ属〕
Sterculia monosperma Vent.

【原産地】中国南部。【自然環境】熱帯，亜熱帯に産する半落葉高木。【用途】種子を煮るか，または焼いて食す。ギンナンやクリに似た食味で甘味は少ない。そのほか観賞用に温室内の鉢物や地植えにしたり，熱帯・亜熱帯地方では庭園樹や街路樹とする。【形態】高さ約 15m。新梢は褐色を帯びるが枝や幹は灰白色である。葉は長さ 15～30cm，幅約 10cm の卵状長楕円形で鋭尖頭，円脚，表面裏面ともに無毛平滑で 3～6cm の長い葉柄をもち互生する。円錐花序を腋生して下垂し，70～80 個の小花を固めてつける。花は単性花および両性花で白色または淡紅色，5 裂した花弁の先端が接着し丸い鈴のような状態になる特色ある咲き方をする。花期は 5 月頃。果実は長さ 8～10cm，幅 3～4cm の卵形で毛を密生した袋果で，1 果柄に 1～4 個を放射状に固めてつけ，初めは緑色であるが熟すと朱紅色に変わり，1 線で裂関して種子を露出する。種子は 1～4 個入っており，長さ約 2cm，直径 1.5cm のゆがんだ球形で黒褐色，光沢がある。成熟期は 7～8 月頃。【植栽】繁殖は採りまきによる実生，取り木，さし木による。肥沃で排水のよい軽い砂質の壌土を最適とする。耐寒性は暖地では無加温室で越冬するぐらいで，この場合落葉するが春の花はよく見られる。【学名】ピンポンは中国名「蘋婆」（ピンバー）の字音による。

1039. ジンチョウゲ 〔ジンチョウゲ属〕

Daphne odora Thunb.

【原産地】中国大陸。【分布】本州，四国，九州。【自然環境】適湿の肥沃地を好み，各地の人家などに植栽されている常緑低木。【用途】庭園，公園の植込み。早春の花を賞する。【形態】単幹または主幹なく株立ち状，高さ1～2m。樹皮は平滑，暗褐色で皮は強い。葉は互生，短柄。葉身は倒披針形で長さ6～8cm，幅2～3cm，縁は全縁，厚く革質で光沢があり無毛である。雌雄異株，開花は3～4月頃，香りのよい花をつける。がくは筒状で長さ1cm，先が4裂し，外面は紫紅色で内面は白色で肉質，花弁を欠く。果実は6月に成熟，紅色でほぼ球形，長さ1.5cm，径1cm，種子は淡褐色，球形で径0.5cmである。【特性】生長はやや遅い。せん定は好まない。とくに大株の移植は困難。病害虫にも弱いが，大気汚染には比較的強い。【植栽】繁殖は実生，さし木による。実生は種子を採りまきすると翌年6月頃には発芽し，3年目には開花する。【管理】自然に樹形は整うが，刈込みは花の終わった頃がよい。施肥は，根もとの乾燥を防ぐ目的を兼ねて，根もとに腐葉土，堆肥を埋め込み，土中の湿度を高めてやる。さらに5～6月と9月に油かすなどの施肥を行うと効果がある。病気に黒点病。害虫にはアブラムシがある。【近似種】シロバナジンチョウゲは花が純白色，花期が少し遅れ，葯がやや小形である。【学名】種形容語 *odora* は芳香のある，の意味。

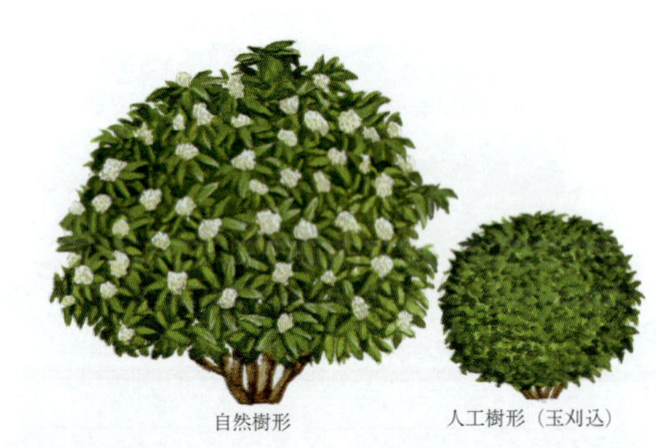

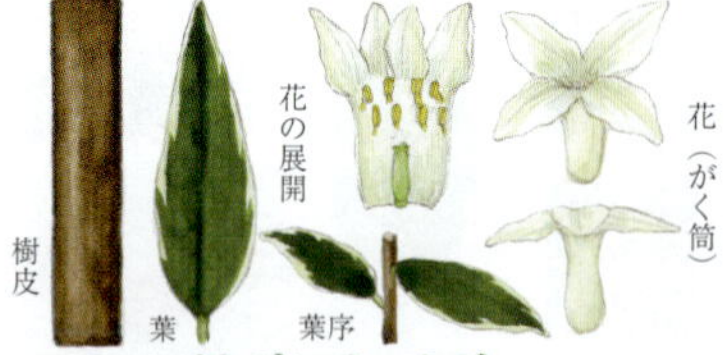

1040. シロバナジンチョウゲ

（フクリンシロバナジンチョウゲ） 〔ジンチョウゲ属〕

Daphne odora Thunb. f. *alba* (Hemsl.) H.Hara

【原産地】中国。日本には室町時代に渡来した。【分布】寒地での露地栽培は難しく東北地方南部以南に適する。【自然環境】庭園や公園に植栽される常緑低木。【用途】庭園樹，公園樹，生花などに用いる。【形態】幹は株立ち状となり，よく分枝し，高さ1～1.5mぐらい。樹皮は平滑で，暗黒褐色。葉は互生，有柄，葉身は倒披針形で，革質で厚く滑らかで全縁。縁に黄白色の覆輪がつく。長さ6～8cm，幅2～3cm。雌雄異株で，開花は3～4月，母種よりも少し遅れる。枝先に10～20個の白い花を開き，よい香りを放つ。無弁花で花のように見えるのはがくで，肉質の筒形で先端が4裂する。果実は赤く熟すが，日本には雄木が多くほとんど結実を見ない。【特性】陽樹。樹勢はやや弱い。日あたりのよい適潤で排水のよい肥沃な土壌を好むが，ふつうの土壌なら育つ。【植栽】繁殖はさし木により，適期は梅雨期。移植は大木では困難であり，2～3年かけて根回しを行い春の彼岸前後か梅雨期に行うとよい。【管理】せん定は4月頃，密生した小枝を透かす程度にする。低い形にするときは，花の直後に切る。施肥は早春に油かすなどを施す。病害虫はジンチョウゲと同じで，排水の悪い所では白紋羽病が発生する。【学名】品種名 *alba* は白色の，の意味。

1041. コショウノキ

（ハナチョウジ，ヤマジンチョウゲ）〔ジンチョウゲ属〕
Daphne kiusiana Miq.

【分布】本州の南関東以西，四国，九州，沖縄，朝鮮半島南部の諸島に自然分布。【自然環境】山地の樹林下に自生，またはまれに植栽される常緑小低木。【用途】ほとんど利用されることはないが，まれに庭園樹や鉢植え，樹木園あるいは植物園の見本木として用いる。【形態】幹は直立，枝はまばらに分枝し，ふつう樹高は1mぐらい，樹皮は褐色で強い繊維がある。枝は無毛で幼枝は光沢がある。葉は互生，枝の上部に束生，長さ7〜14cm，幅1.5〜3.5cmの倒披針形で，先端は鋭頭または鋭尖頭，ときに鈍頭，基部は狭脚で短い葉柄があり，葉質は軟らかい革質で上面は光沢がある。雌雄異株。花は白色で芳香があり，4月頃に前年枝の先端に頭状に密生し，苞は長さ0.8cmぐらいの長楕円状披針形，脱落する。小梗はきわめて短く白色の細毛がある。がく筒は長さ0.7〜0.8cmで，口端は筒の半分ぐらいまで4裂し開出，短毛がある。雄しべは8個で4個はのど部から半ば抽出する。果実は液果，卵球形または広楕円状球形で，長さ0.6〜0.8cm，5〜6月頃成熟，紅色となる。果実は著しく辛い。種子は長さ0.4〜0.6cmの楕円体。【特性】やや耐陰性があり半日陰地でも生育する。適潤な腐植質に富む肥沃地を好む。【植栽】繁殖はおもに実生による。【管理】ほとんど手入れの必要はない。【学名】種形容語 *kiusiana* は九州産の，の意味。

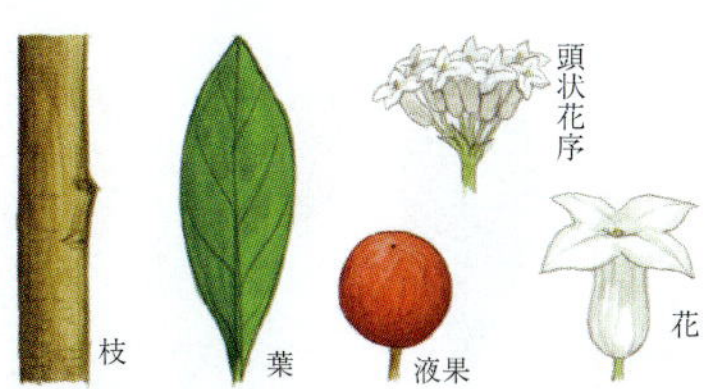

1042. カラスシキミ 〔ジンチョウゲ属〕
Daphne miyabeana Makino

【分布】北海道，本州中北部（田代線以北）。【自然環境】日本海側の深山の林中に生育する常緑低木。【用途】ほとんど利用されることはないが，ごくまれに鉢植えとする。【形態】幹はなく，基部より分枝し太い枝をまばらに出す。樹高1mぐらいになる。枝の表面は滑らかであるが，分枝点には古い花柄が多く突起となり，ときどき幼枝に細毛がある。葉は枝にやや密生し互生，長さ7〜10cm，幅1〜2.5cmぐらいの倒披針形。先端は鋭頭または鋭尖頭で，鈍端またはやや鋭端，基部は狭いくさび形となり短い葉柄がある。無毛で表面には光沢があり，葉質はやや薄い革質である。花は白色で，6〜7月頃，当年枝に頂生し，10数個の花が頭状花序となる。花柄および小花柄は0.2〜0.6cmで毛がある。筒部は長さ0.5cmぐらい，毛はない。裂片は4個，卵形で先端が鋭くとがり，3脈があり外側に向かって開いている。雄しべは8本，その中で4本はがくの上方につき，花の開口部に現れ，下方の4本は筒の内部に隠れる。雌しべは1本である。果実は直径0.8cmぐらいの楕円体の液果で，成熟すると赤くなる。【特性】陰樹であり，直射日光，乾燥を嫌い，適湿な肥沃土を好む。生長はやや遅い。多雪地帯に生育するが，地上に露出した部分は寒害を受ける。【植栽】繁殖は実生による。【管理】ほとんど手入れの必要はない。成木の移植はやや難しい。【学名】種形容語 *miyabeana* は植物学者・宮部金吾を記念。

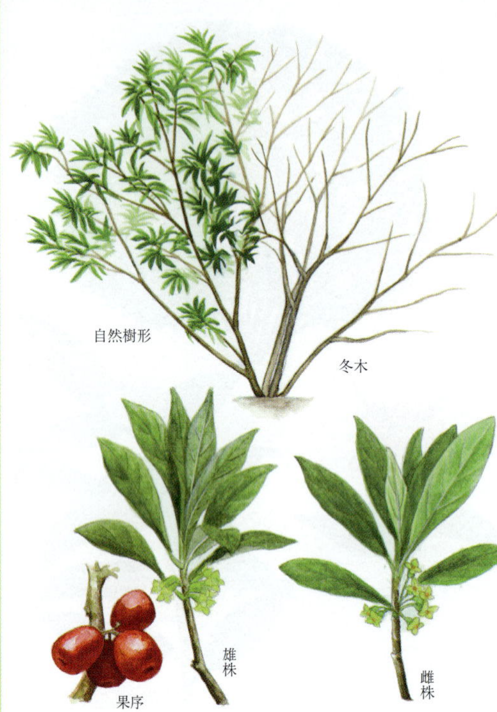

1043. オニシバリ（ナツボウズ）〔ジンチョウゲ属〕
Daphne pseudomezereum A.Gray

【分布】本州，四国，九州。【自然環境】山地の林内に自生している落葉低木。【用途】樹皮は和紙の原料，ごくまれに庭に植栽されることもある。【形態】幹はほとんどなく，基部近くより小数の枝が分枝し，樹高 1m ぐらいになり，全株無毛。枝は汚灰茶色で，太く強靱である。葉は互生で枝先に集まり，長さ 5～10cm，幅 0.8～2cm の倒披針形，先端は円頭または鈍頭，ときに鋭頭，基部はくさび状で細くなり，短い葉柄がある。全縁で葉質は薄くて軟らかく，表面はやや明るい緑色，裏面はわずかに粉白色を帯びる。秋に開葉し，夏に落葉する。花は黄緑色で，3～4 月に枝の上部に頭状束様に数花が集合する。花梗はなく，花柄もごく短い。がく筒は長さ 0.6～0.8cm，先端は 4 裂し花弁はなく，8 本の雄しべと 1 本の雌しべがある。雌雄異株で，雌花は雄花に比べやや小さい。果実は長さ 0.8～1.3cm，直径 0.6～0.8cm ぐらい，楕円体の液果で光沢のある赤色となり，7 月頃熟す。果実は著しく辛い。種子はふつう 2 個あり，黒色で長さ 0.6cm，直径 0.4cm ぐらいの尖頭球形。【特性】多少湿気のある肥沃土を好むが，とくに土性は選ばない。生長はやや遅い。【植栽】繁殖は実生，さし木による。実生は採りまき，さし木は団子ざしによる。【管理】萌芽力が弱くせん定はさけたい。成木の移植は難しい。【近似種】類似種として石灰岩地にはえるチョウセンナニワズ *D. koreana* Nakai があり，夏に落葉しない。【学名】種形容語 *pseudomezereum* は *Mezereum* 属に似ている，の意味。

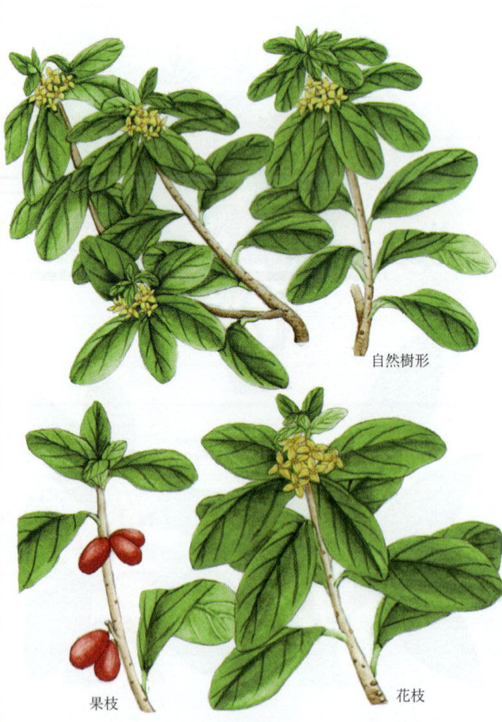

1044. ナニワズ 〔ジンチョウゲ属〕
Daphne jezoensis Maxim.

【分布】北海道，本州（中部以北）の日本海側に分布。【自然環境】低山の落葉樹林下に自生，または植栽される落葉小低木。【用途】庭園樹などに用いる。【形態】全株無毛で高さ 50～70cm，まばらに太い枝を分枝する。葉は互生，短柄，葉身は倒披針形で先端は丸く，基部はくさび形で全縁。質はやや薄く，表面は淡緑色で，裏面はやや粉白を帯びた黄緑色。長さ 4～8cm，幅 2～3cm。初夏に落葉し，8 月末に新葉が出て，同時に翌春咲く蕾をつけ，そのまま冬を雪の下で越す。雌雄異株で，開花は 4～5 月，花は枝先近くに多数集まってつく。花柄は短く，無弁花で花冠様の黄色のがくがある。がくは筒状で口の部分は 4 片に分かれる。果実は花後赤く熟し，初夏には赤い実を残すのみとなる。【特性】陰樹で，強い陽光を好まず，腐植質に富んだ適潤で排水のよい土壌を好む。【植栽】繁殖は実生，さし木，取り木による。実生は採りまき，さし木・取り木は 8 月頃が適期。移植は困難であり，十分に根回しをしてから夏期の落葉期に行うのがよい。【管理】せん定の必要はほとんどない。施肥は早春に堆肥，油かす，化成肥料などを施す。病害虫は少ない。【学名】種形容語 *jezoensis* は北海道に産する，の意味。

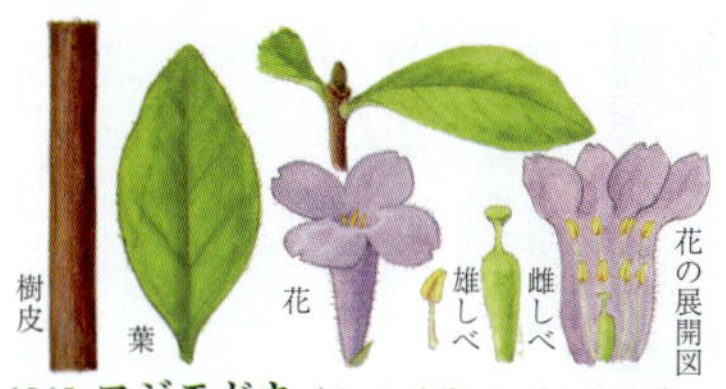

1045. フジモドキ（チョウジザクラ，サツマフジ）

〔ジンチョウゲ属〕

Daphne genkwa Siebld et Zucc.

【原産地】中国，台湾，朝鮮半島南部。日本には江戸時代初期に渡来したという。【分布】関東以南の本州，中国，九州などの暖地で栽培されている。【自然環境】中国の揚子江流域などに自生し，世界各地で栽培されている落葉低木。【用途】庭園樹，公園樹，鉢植え，盆栽，薬用などに用いる。有毒。【形態】主枝は直立するが，よく枝分かれし高さ 1m ぐらい。新枝には細毛がある。長枝の葉は対生，短柄，葉身は長楕円形で両端はとがり，長さ 3〜5cm。質は薄く，表面は無毛だが，裏面の脈上には絹毛がある。雌雄同株で，開花は開葉前の 4 月頃。短枝の先に淡紫色の花が 3〜8 個固まって咲く。がくは筒状で表面に細毛を密生し，先端部は 4 裂する。中に 8 本の雄しべと 1 本の雌しべがあり，上下 2 段になってつく。果実は核果で 9〜10 月に白色に熟し，球形で径 0.7〜0.8cm。日本では結実しにくい。【特性】中庸樹。夏の強い陽光を嫌う。土性は選ばないが排水のよい所を好む。生長遅く，樹勢は弱い。【植栽】繁殖は通常根伏せにより，春に根を 10cm ぐらい切り取り 2〜3cm の深さに埋める。移植はやや困難。【管理】せん定はほとんど必要ない。施肥は 1〜2 月に油かす，骨粉などを施す。病害虫は少ない。【学名】種形容語 *genkwa* は漢名芫花（げんか）の日本読み。

1046. ミツマタ

〔ミツマタ属〕

Edgeworthia chrysantha Lindl.

【原産地】中国，ヒマラヤ産。【分布】本州の関東以南，四国，九州。【自然環境】やや湿気のある肥沃の向陽地を好む落葉低木。【用途】機械製紙，和洋紙の原料とする。庭園で早春に黄花を賞する。【形態】幹は株立ち状で直立，高さ 1〜2m，枝は 3 分枝し，強靭で折れにくい。幼枝は帯緑色で軟毛がある。老皮は黄褐色，葉は互生，短柄で，葉身は広披針形あるいは披針形で先端がとがり，長さ 7〜15cm，幅 2〜4cm，縁は全縁で上面は鮮緑色，下面は帯白色である。花は 3〜4 月，前年枝の上方近くに腋生し，頭状または球状に着生し，花梗は 1〜1.5cm で下向きか横向きに開く。約 40 個の花を集める。がく筒は管状で長さ 1.2〜1.4cm, 4 裂し，外面は乳白色で有毛，内面は黄色である。花色は褐黄色で芳香があり，球状の花序の外側の花から開花する。果実は 7 月成熟，卵形で帯緑色，宿存するがく筒に囲まれる。種子 1 個で小形。【特性】中庸樹から陽樹。生長は早い。萌芽力はあるのでせん定できる。適湿の肥沃地を好む。移植やや困難。【植栽】繁殖は実生，さし木により，根から出る芽を抜き取ってもよい。【管理】のびすぎの枝を枝元から切って整姿する。施肥として油かす，化成肥料を施すとよい。痛害虫は少ない。【近似種】ヒマラヤミツマタ *E. gardneri* (Wall.) Meisn. は半落葉低木。葉は互生，有毛，剛質，絹糸光沢は少ない。原産地はヒマラヤ。【学名】種形容語 *chrysantha* は黄色の花の，の意味。

1047. ガンピ（カミノキ）〔ガンピ属〕
Diplomorpha sikokiana (Franch. et Sav.) Honda

【分布】本州中南部，四国，九州に分布。【自然環境】温暖な地方の山中に自生，まれに植栽されている落葉低木。【用途】製紙原料として著名である。きわめてまれに鉢植えや庭園樹として栽培される。【形態】幹は株立ちで分枝し，樹高1.5～2mに達する。樹皮は滑らかで濃褐色または茶褐色である。枝はよく分枝し，小枝には絹毛がある。葉は互生，まれに対生し枝に粗生する。長さ3～5cm，幅1.5～2.5cmの卵形または卵状披針形で全縁，ほとんど無柄，葉質は洋紙質。葉の表裏に絹毛があるが，とくに裏面には密生する。花は黄色で5～6月に数花が頭状花序となり，当年枝に頂生または梢端近くにつく。花は小形でがくの上部は4裂し，下部は筒状で細毛があり，長さ0.5～1m，花弁はない。8個の雄しべと1個の雌しべがあり，子房にも毛がある。果実は9～10月に成熟し，長さ0.5～0.6cmで褐色の長卵形または卵状紡錘形，白色の毛を散生している。根はつる状となる。【特性】陽樹であり，稚幼樹のときから十分な陽光を要求する。やや乾燥しやせている向陽の斜面を好む。生長は遅い。移植が難しく，比較的栽培が困難。【植栽】繁殖は実生による。【近似種】ガンピ属にはオオシマガンピ *D. phymatoglossa* (Koidz.) Nakai，サクラガンピ *D. pauciflora* (Franch. et Sav.) Nakai var. *pauciflora*，シマサクラガンピ *D. pauciflora* var. *yakushimensis* (Makino) T.Yamanaka などがある。【学名】種形容語 *sikokiana* は四国の，の意味。

1048. コガンピ（イヌガンピ，イヌカゴ）〔ガンピ属〕
Diplomorpha ganpi (Siebold et Zucc.) Nakai

【分布】本州（関東以西），四国，九州に分布。【自然環境】山野の向陽地に自生する落葉小低木。【用途】製紙原料になるが品質良好ではない。【形態】高さ40～60cm，茎は数本束生して直立し，細長く，上部は多くの小枝に分かれる。小枝には白色の伏毛があり，冬は枯死する。葉は互生，ほとんど葉柄はなく，らせん状につく。葉身は卵状楕円形あるいは長楕円形で全縁，全体にまばらに毛があるかほとんど無毛であるが，とくに裏面の脈上にはまばらに伏毛がある。長さ2～4cm，幅0.8～2cm，やや膜質で裏面は淡緑色で脈が隆起する。雌雄同株で，開花は7～9月。各小枝の先に頂生し，白色あるいは淡紅色を帯びた白色の花が短い総状花序になって多数つく。無弁花で，花冠様のがくは細長い円柱形で長さ0.8～1cm，細毛があり，開口部で4裂する。雄しべ8本，雌しべ1本。そう果は有毛で宿存するがくに包まれており，卵状紡錘形で長さ約0.4cm。【特性】陽樹。向陽のやや乾燥した土地を好み，蛇紋岩地帯にもよく生育する。生長は遅い。【植栽】実生によるが，栽培が難しく，通常植栽しない。移植は困難。【管理】ほとんど手入れの必要がなく，施肥もとくに必要がない。病害虫は少ない。【学名】種形容語 *ganpi* は和名ガンピによる。

1049. キガンピ（キコガンピ）　〔ガンピ属〕
Diplomorpha trichotoma (Thunb.) Nakai

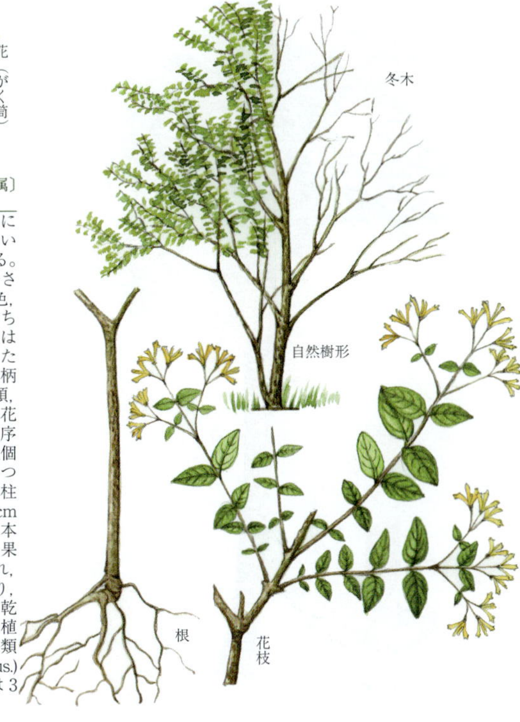

【分布】本州中南部，四国，九州，朝鮮半島南部に分布。**【自然環境】**温暖な地方の山中に自生している落葉低木。**【用途】**製紙原料として用いられる。またきわめてまれに鉢植え，庭園樹として栽培される。**【形態】**樹高 1m ぐらいで，茎は直立し褐色，無毛であり，枝は無毛で細く，初め帯紅色でのちに褐紫色となり，頂端付近でよく分枝する。葉は対生し，長さ 2.4～4.5cm，幅 1～3cm の卵形または長楕円状卵形，ほとんど無柄またはわずかに柄があり，全縁，葉質は膜質。頂端はわずかに鋭頭，基部は円脚，無毛で裏面はやや白色を帯びる。花は黄色で無毛，8～9 月に総状花序となる。花序枝は細く，紅色を帯び，ときに分枝し，先に数個から 10 個内外のきわめて短い花枝をもつ花をつける。がくは黄色，長さ 0.6～0.7cm の細長い円柱形で，頂端は 4 裂する。子房には毛が粗生し，0.1cm ぐらいの柄がある。雄しべは 8 本で雌しべは 1 本である。果実は長さ 0.5cm ぐらいの卵形のそう果で，両端は狭くなり，とくに下部は細長くくびれ，短柄がある。根はつる状となる。**【特性】**陽樹であり，稚幼樹のときから十分な陽光を要求する。やや乾燥している向陽の斜面を好む。生長は遅い。移植が難しい。**【植栽】**繁殖は実生による。**【近似種】**類似のタカクマキガンピ *D.* × *ohsumiensis* (Hatus.) Hamaya がある。**【学名】**種形容語 *trichotoma* は 3 岐の，3・3 に分岐する，の意味。

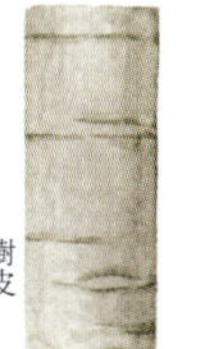

1050. ワサビノキ　〔ワサビノキ属〕
Moringa oleifera Lam.

【原産地】インド，ビルマ。**【分布】**インド，ビルマ，米国カリフォルニア，英国，台湾。**【自然環境】**熱帯性気候のもとに生育する落葉小高木。**【用途】**幼枝および幼葉，花はともに野菜代用とし，未熟のさやは刻んでカレー粉の原料とする。全体に辛味あり，とくに根は辛味強く，わさびの代用とする。種子からベン油をとる。この油は非常に凍結しにくいので，時計など高級機械油として用いられる。またサラダ油，香料採取用油としても用いられている。**【形態】**高さ 7m ぐらいになる小高木で樹皮灰色，横に亀裂あり，葉は 3 回羽状複葉，小葉卵形，裏面に白粉がある。花は腋生の大形円錐花序をなし，白色，擬蝶形花。さやは桿状，3 稜形，稜線 9 本，長さ 20～60cm で下垂する。種子は三角状球形。有翼。**【特性】**樹勢は強く，種子の発芽力も強い。畑の周囲にあるときは畑一面に発芽し，除去に手間どるほどである。**【植栽】**繁殖は実生またはさし木による。排水がよければ特別土地を選ばない。植栽距離は 6～8m とする。粗放的な管理に耐え，特別集約的管理は行われていない。**【学名】**属名 *Moringa* はインドのマラバル地方の名からきており，種形容語 *oleifera* はラテン語の油を有するとの意味である。*Moringa* 属のものはアフリカ，インド，ビルマに産し，幹が肥大し徳利状になっているものが多い。

1051. パパイヤ（パパヤ）　〔パパイヤ属〕

Carica papaya L.

【原産地】熱帯アメリカ。【分布】世界各地の熱帯，亜熱帯地方で栽培される。【自然環境】高温，乾燥の地に生育する常緑高木。【用途】果実をおもに生食する。未熟果に傷をつけて出る乳汁より粗製パパインをとる。【形態】高さ約 10m。若い茎は緑色で中空，3～4 年以上になると灰白色で繊維が多くなる。直幹であり，ときどき分枝するが少ない。葉は幹の上部に束生し，6～11 片に深裂し直径 40～60cm，表面濃緑色，裏面淡緑色で葉縁には不規則な欠刻がある。葉柄は長さ約 1m ある。一般に雌雄異株であるが両性花をつけるものもある。雄花は葉腋より長い柄のある花序を出し，多数の花をつける。花は小さく白色で，基部が筒状に合着する。雌花は 1～5 花を同様に腋生し，がくは小さく花弁は 5 枚，子房上位で 1 室である。果実は初め濃緑色，受粉後 3～4 ヵ月で熟し鮮黄色になる。品種により形の相異や大小はあるが直径約 10～20cm，通常 1～3kg 前後で，果肉は黄色や橙黄色で赤みを帯びるものもあり，軟らかく甘いが乳臭い。タンパク質分解酵素パパインを含みビタミン A や C が多い。種子は楕円形，黒褐色で突起におおわれ多数ある。【植栽】生育が早く定植数 1 年以内で結実する。寿命は短く，経済栽培では約 6 年で更新する。浅根性なので，腐植質に富んだ軽い砂質の排水のよい肥沃な土地がよく，よくかん水される土地に良品ができる。強風に弱い。繁殖は実生。【学名】種形容語 *papaya* はインドのマラバル名に由来する。

1052. ギョボク（アマギ）　〔ギョボク属〕

Crateva formosensis (Jacobs) B.S.Sun

【分布】日本南部，台湾，中国南部に分布する。【自然環境】熱帯から亜熱帯にかけて自生する落葉または半常緑の小高木。【用途】材を細工物，マッチの軸木，釣り具。【形態】幹は高さ 10m になり，よく分枝する。若枝は無毛で灰褐色を帯び，皮目が多い。葉は枝先に集まり，長柄があって互生し，葉身は 3 小葉からなる掌状複葉で，小葉は卵形または卵状披針形で長さ 7～15cm，先端はとがり，基部はくさび形，全縁，無毛，側小葉は左右不同となる。小葉柄は短い。葉柄は長さ 5～12cm。開花は 6 月頃，枝先に散房花序を立て，セイヨウフウチョウソウ（クレオメ）に似た直径 6～9cm の花を多数咲かせる。花柄は長さ 3～3.5cm，がく片は 4 個で緑色，早落性。花柄は左右相称，花弁は 4 個で卵形，基部は爪状で長さ 1.2～1.8cm。雄しべ多数で花糸は長さ 1.5～4cm，雌しべは 1 個，長さ 2.5cm ほどの柄の先に卵形の子房がつく。花柱はごく短い。果実は液果で卵円形，長さ 3～4cm，外果皮は木質で表面はざらつき，紅色に白点が散る。柄は長さ 3～4cm，その下部に果柄がある。種子は卵円形，長さ約 1cm で数個ある。【学名】属名 *Crateva* は人名。和名ギョボクは材が軽く軟らかで，これで偽餌の小魚を作り，イカ釣りに使用するので魚木の名がある。

1053. ムニンビャクダン 〔ビャクダン属〕

Santalum boninense (Nakai) Tuyama

【分布】小笠原諸島。【自然環境】乾いた日あたりのよい岩山の中腹地から尾根にかけてごくまれに自生する半寄生の常緑低木で小笠原特産種。【用途】ビャクダンの類は古くから香料として珍重されたが，本種は個体数が少なく香りもわずかで真正のビャクダンにはとても及ばないため，利用されなかったようである。【形態】高さ 2〜3m になるものがふつうだが，5m に達するものの記録もある。樹冠は丸くなる。シマイスノキ，テリハハマボウ，オガサワラススキなどの根に寄生し，栄養分をそこから吸収する。全株無毛で，葉は対生して小さく，長楕円形ないし線状楕円形をしており，全縁で，表面は淡褐色，裏面は粉白色を帯びている。葉柄は短く，葉脈は主脈以外不明瞭である。岩石地のものは葉が小形で色が淡いが，土壌の深い林の中に産するものはやや大形で緑が濃い。5 月頃，枝の先に 4〜7cm の花序を出し，長さ 0.5cm ほどの小形の黄緑色の花を多数つける。果実は紅紫色に熟し，卵状楕円形で長さ 1.6cm ほどである。【特性】日本に産する唯一のビャクダン属の植物である。材は白いが，心材は黄褐色で芳香がある。ただし本当のビャクダンには及ばない。【学名】種形容語 *boninense* は無人島の，要するに小笠原島の，の意味。

1054. ツクバネ （ハゴノキ，コギノコ） 〔ツクバネ属〕

Buckleya lanceolata (Siebold et Zucc.) Miq.

【分布】本州，四国，九州。【自然環境】日あたりのよいモミやツガ林にはえる落葉低木。【用途】若い果実は塩漬にして料理に用いられる。【形態】高さ 1.5〜2.5m になり，淡灰色の枝を多く出して水平に広がる。根を他の木の根に寄生する半寄生植物。葉は対生し，ほとんど無柄で，長卵形または卵状披針形で先端は長くとがり，下部はくさび形となり，全縁で，長さ 2〜8cm，幅 1〜4cm ほど。雌雄異株。花は 5〜6 月につくが淡緑色で小さく，目立たない。雄花は直径約 0.4cm，がく裂片は三角形で 4 個あり，花弁はない。雄しべは基部にあって短い。雌花は枝先に単生し，太い花柱が中央に直立しており，子房の上端には 4 個の細長い苞がある。果実は卵円形または楕円状円形で，長さ 0.7〜1.3cm あり，その先端には大きく葉状となった線状披針形の長さ 3cm 内外の 4 個の苞が宿存し，羽根つきの羽根によく似ている。【特性】半寄生植物であるために栽培はやっかいである。実生してもさし木をしても一時は生育するが，うまく宿り主に寄生できないと枯死する。【学名】種形容語 *lanceolata* は披針形の，の意味。ツクバネの和名は果実と苞の形による。ハゴノキも同じ意味である。コギノコは胡鬼ノ子の意味で，胡鬼とは羽子板のことである。

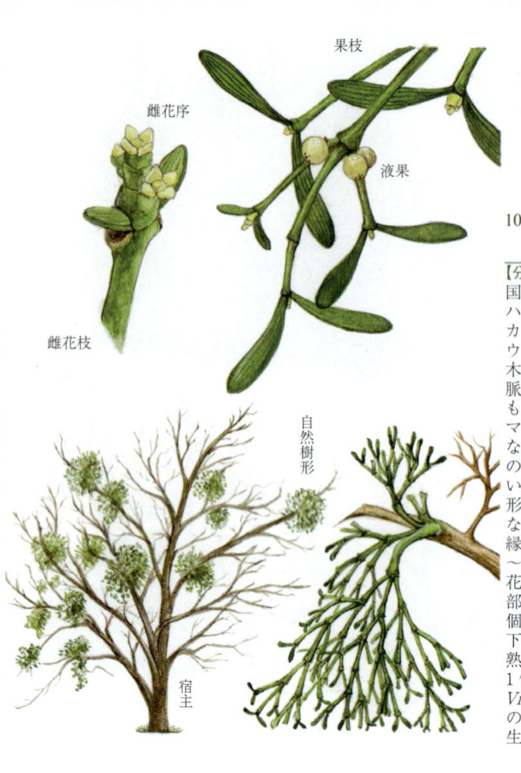

1055. ヤドリギ（ホヤ，ホヨ，トビヅタ）〔ヤドリギ属〕
Viscum album L. subsp. *coloratum* Kom.
f. *lutescens* (Makino) H.Hara

【分布】北海道，本州，四国，九州，朝鮮半島，中国大陸に分布する。**【自然環境】**エノキ，ケヤキ，ハルニレ，アカシデ，クリ，ブナ，ミズナラ，カシワ，クワ，ヤナギ類，サクラ類，ハンノキ，ウメなど落葉広葉樹の枝上にはえる常緑寄生低木。**【用途】**根葉を鎮痛，通経，利尿，高血圧，動脈硬化，てんかんなどの薬に用いる。果実は鳥もち代用，実のついた枝は英国などではクリスマスの飾りとする。**【形態】**茎は高さ 30〜60cm になり，枝は二叉または三叉状に多数分枝し，鳥の巣状に丸く茂る。枝は緑色で，節で折れやすい。枝は軟らかいが強い。葉は対生し，倒披針形で長さ 3〜6cm，幅 0.6〜1.2cm，濃緑色で光沢なく，先は丸く，基部はしだいに細くなり無柄。縁は全縁で質は軟らかい。雌雄異株。開花は 2〜3 月，枝先に通常 1〜3 個の黄色小花をつける。花被（がく）は質厚く 4 裂し，長さ約 0.2cm，基部には皿状の小苞があり，無柄。雄花には葯が 4 個，花被片の内側につき，花糸はない。雌花は下位子房で花柱はごく短い。果実は液果で球形，熟すと半透明の淡黄色で径 0.6〜0.7cm。種子は 1 個，扁平で深緑色，長さ約 0.5cm。**【学名】**属名 *Viscum* は鳥もちの意味。種形容語 *album* は白色の，の意味。和名ヤドリギは他の木に寄生して生活することによる。

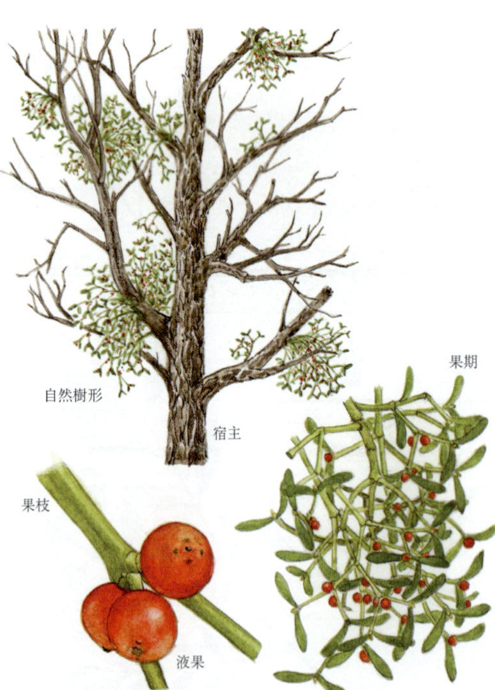

1056. アカミヤドリギ〔ヤドリギ属〕
Viscum album L. subsp. *coloratum* Kom.
f. *rubroaurantiacum* (Makino) Ohwi

【分布】北海道，本州，四国，九州，朝鮮半島，中国大陸に分布する。**【自然環境】**エノキ，ケヤキ，ブナ，ミズナラ，サクラ類など落葉広葉樹の枝上にはえる常緑半寄生低木。**【用途】**枝葉を鎮痛，利尿，通経などの薬に用いる。果実は鳥もち代用，実のついた枝は装飾用。**【形態】**枝は二叉〜三叉状に多数分枝し，鳥の巣状に丸く茂り，径 60〜120cm となる。枝は緑色で，節で折れやすい。枝は軟らかいが強い。葉は対生し，倒披針形で，先端は丸いか鈍頭，基部はしだいに細くなり無柄。縁は全縁で，質は軟らかい革質，3〜5 脈があり，濃緑色で光沢はない。開花は 2〜3 月，枝先に，通常 1〜3 個の無柄の小花をつける。花径は約 0.4cm，花被（がく）は質厚く 4 裂し，雄しべは 4 個，花被片内側につく。花糸はなく，葯は裂片の内側に直接つき，黄色の花粉を出す。雌花は下位子房があり，花柱はごく短い。果実は液果で球形，熟すと半透明の橙赤色となり，径 0.6〜0.7cm。果肉は著しく粘る。種子は扁平，深緑色で 1 個ある。果実は鳥によって運ばれ。他の木に粘着して発芽する。**【近似種】**母種セイヨウヤドリギ subsp. *album* は果実が白く熟す。**【学名】**品種名 *rubroaurantiacum* は赤色を帯びた黄金色の，の意味。

1057. ヒノキバヤドリギ〔ヒノキバヤドリギ属〕
Korthalsella japonica (Thunb.) Engl.

【分布】本州（関東，東海地方以南），四国，九州，沖縄，台湾，中国大陸，インド，マレーシア，太平洋諸島，オーストラリアなどに分布する。【自然環境】ツバキ，サザンカ，ヒサカキ，サカキ，ギンモクセイ，アデク，イヌツゲ，モチノキ，ネズミモチなどの常緑広葉樹の枝上にはえる常緑半寄生小低木。【形態】高さ 10cm 前後。枝は多数の節があってよく分枝し，全体緑色で無毛。節間は倒披針形，やや扁平で長さ 0.2～2cm，葉は各節の上端の両側に，微細な鱗片状となってつく。雌雄同株。開花は春から秋にかけて，各節に黄緑色をした雄，雌の無柄の小花を数個つける。花被は 3 裂し，径 0.1cm 以下。雄花は基部が細くなり，裂片は下半部が合着し，3 個の雄しべは花被片と互生し，ごく短く，葯は 2 室が合着して 1 体となり，半球状で，内側に 2 個の葯室が裂開する。雌花は花被片が合着して，楕円状の筒となり，先は 3 裂する。子房は下位。果実は液果でほぼ球形，径 0.2～0.25cm ほどの小さなもので，熟すと橙黄色となる。種子は 1 個あり，成熟すると果皮を破って飛び出し，粘質物で他の枝につき，そこで発芽して新株となる。【学名】属名 *Korthalsella* は採集家 P.W.Korthals の名の縮小形。種形容語 *japonica* は日本の，の意味。和名ヒノキバヤドリギは細かく分枝した緑色の茎がヒノキの葉のように見えるヤドリギの意味。

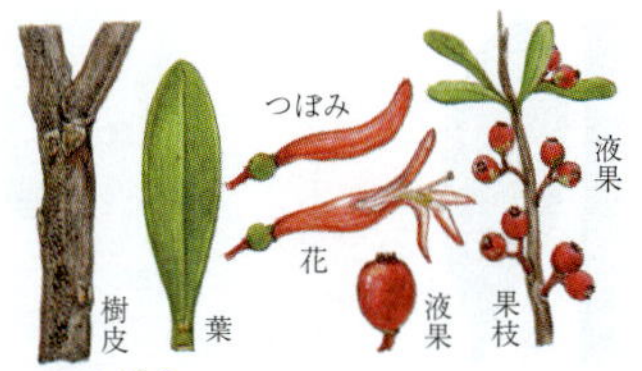

1058. マツグミ〔マツグミ属〕
Taxillus kaempferi (DC.) Danser

【分布】本州（関東地方以西），四国，九州（鹿児島県屋久島まで）に分布する日本特産種。【自然環境】暖地のアカマツやモミなど常緑針葉樹の枝上にはえる常緑半寄生小低木。【用途】地方により，枝，葉を利尿薬とする。【形態】幹は高さ 30～50cm，よく分枝して茂る。樹皮は褐色。基部はしばしば横にはい，宿主に寄生根で吸着する。若い枝は細く強靱で，初め濃い褐色毛が密生するが，やがて無毛となる。葉の落ちたあとはこぶ状に隆起する。葉は小形で密に出，互生または対生し，短い柄がある。葉身は倒披針形で，先端は鈍頭，基部は細く，長さ 1.5～3cm，幅 0.3～0.7cm，全縁で革質。初め下面に濃褐色の毛があるが，やがて無毛となり，光沢はない。開花は 7 月頃，葉腋に短い集散花序を出し，2～4 個の深紅色花をつける。花柄は短く，花の基部に小苞がある。花被（がく）は円筒状で長さ約 1.5cm，先端は 4 裂し，裂片は一方にかたよって開き，そり返り，褐黄色。裂片の基部に雄しべ 4 個が対生する。花柱は糸状で，長く外に突き出し，子房は下位。果実は液果で，球形で径約 0.5cm，翌年春に赤熱する。種子は 1 個で白色。果肉は強い粘性がある。【学名】種形容語 *kaempferi* は江戸中期，日本に来訪したケンフェルを記念したもの。和名マツグミはアカマツの枝上によくはえ，果実がグミに似ているため。

1059. オオバヤドリギ（コガノヤドリギ）

〔マツグミ属〕

Taxillus yadoriki (Siebold ex Maxim.) Danser

【分布】本州（関東地方南部以西），四国，九州，沖縄。【自然環境】カシ類，シイノキ，タブノキ，ヤブニッケイなど常緑広葉樹の枝上にはえる常緑半寄生小低木。【用途】中国では，枝，葉を鎮痛，流産防止薬に使用する。【形態】幹は高さ 1m 前後。枝はよく分枝し，若枝は赤褐色の星状毛を密生する。葉は対生またはずれて互生。葉身は楕円形または広卵形で，長さ 3〜6cm，幅 2〜4cm，先端は円形または鈍頭，基部は円形，質厚く，上面無毛でやや光沢があり，下面は赤褐色の綿毛状星状毛を密生する。葉柄は，長さ 0.7〜1.7cm。開花は 9〜12 月，本年枝の葉腋に小形の集散花序をつける。花被（がく）は筒状で，長さは約 3cm，径 0.4cm，外面は赤褐色の星状毛でおおわれ，内面は鮮やかな緑色で，先端は 4 裂し，裂片はへら形で長さ 0.8〜1cm，そり返る。雄しべは裂片の基部につき，花外に突き出し，花糸は赤色，葯は黄色。花柱は糸状で長くのび出す。子房は下位。果実は液果で，広楕円状球形で径 0.4〜0.5cm，赤褐色の星状毛を残し，年を越して赤く熟す。種子は 1 個。果肉には強い粘り気がある。【学名】種形容語 *yadoriki* はヤドリギの意味。和名オオバヤドリギは葉が大きい宿り木の意味。

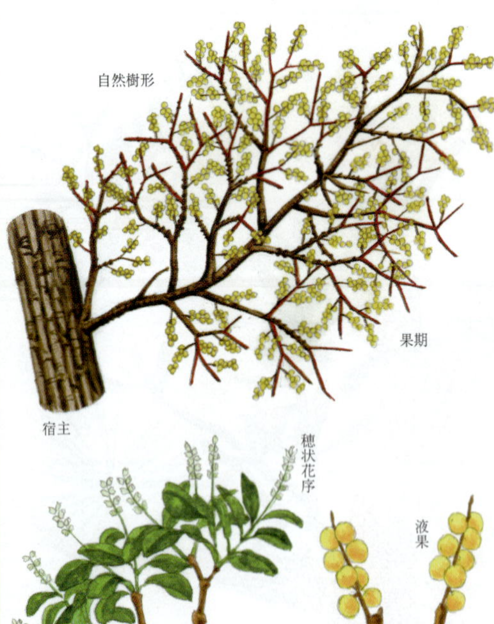

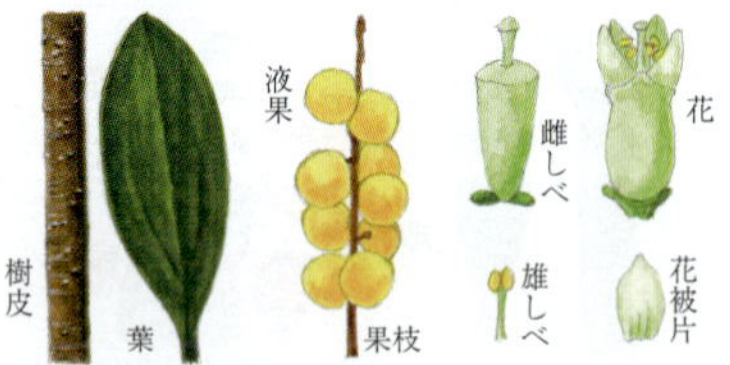

1060. ホザキヤドリギ

〔ホザキヤドリギ属〕

Loranthus tanakae Franch. et Sav.

【分布】本州（中部地方以北），朝鮮半島，中国大陸北部。【自然環境】温帯の落葉広葉樹（おもにミズナラ）の枝上にはえる落葉寄生小低木。【形態】宿り主はミズナラのほかクリ，ハンノキ，サクラ，イタヤカエデ，ナシなど。幹は高さ 30cm 前後。枝は二叉状に分かれ，若枝は濃褐色で無毛，多少光沢があり，稜角がある。古い枝は丸く，皮目が多数散生し，サクラの樹肌に似る。表皮は鱗状にはげ，節はやや高い。葉は対生し，短い柄があり，葉身は長楕円形から長楕円状披針形で，長さ 2〜5cm，幅 1〜2cm，先端はやや丸く，基部はくさび形となる。葉質は軟らかい革質で，無毛，縁は多少波を打つ。開花は 7 月頃，本年枝の先に 3〜5cm の穂状花序をつけ，まばらに無柄で黄緑色の小花を 2 個ずつ対生する。花は両性で，基部に長さ 0.1cm ほどの鐘形の副がく（副花被）がつき，内部に 1 個の子房を包みこむ。花被片は 4〜6 個で，内外にほぼ 2 列に並び三角状長卵形で長さ約 0.1cm。雄しべは 4〜6 個で花被片の基部に対生してつく。子房は下位。花柱は短い。果実は液果で卵状球形，長さ 0.5〜0.6cm，淡黄色に熟し，果肉は強く粘る。種子は 1 個。【学名】種形容語 *tanakae* は人名。

1061. ボロボロノキ　〔ボロボロノキ属〕
Schoepfia jasminodora Siebold et Zucc.

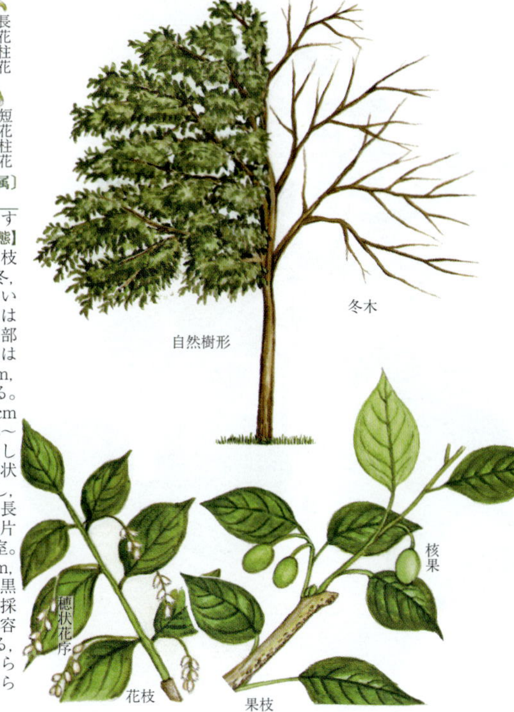

【分布】九州（中南部），沖縄，中国大陸に分布する。【自然環境】山地にはえる落葉小高木。【形態】幹は高さ 3～10m。樹皮は灰白黄色で平滑。枝はもろく折れやすい。若枝は紫色を帯びる。冬，太い枝を残し，小枝は葉とともに脱落するという特別の性質がある。葉は有柄，互生。葉身は卵形または長卵形で先端は尾状で鋭尖頭，基部は円形または切形で長さ 3～8cm，全縁，葉質は洋紙質で軟らかく無毛。葉柄は長さ 0.4～0.7cm，やや翼がある。葉は乾くと黒くなる性質がある。開花は 3～5 月，1 年枝の葉腋に，長さ 3～5cm の小形の穂状花序をつけ，先の方にまばらに 3～4 花をつける。花は無柄で，基部に子房と合着した外花被がつき，長さ約 0.2cm。内花被は筒状で長さ 0.6～0.7cm，帯黄白色で，先端は 4 裂し，やや緑色を帯びる。裂片は卵形でそり返り，長さ約 0.3cm で芳香がある。雄しべは 4 個で裂片と対生し，筒部の上方に着生する。子房は 3 室。柱頭は 3 裂する。核果は楕円形で長さ約 0.8cm，外花被は肉質となって肥大し，赤くなりのち黒熟し，果実を包む。【学名】属名 *Schoepfia* は，採集者 J. D. スコットの名を記念したもの。種形容語 *jasminodora* は，ジャスミンのにおいのある，の意味。和名ボロボロノキは，樹の材質が軟らかくてもろく，ぼろぼろと折れやすいことから名づけられたものであろう。

1062. サツキギョリュウ　〔ギョリュウ属〕
Tamarix chinensis Lour.

【原産地】中国。日本には寛保年間（1741～1744）頃渡来したものといわれる。【自然環境】各地で植栽されている落葉小高木。【用途】庭園樹。【形態】幹は直立してさかんに枝分かれし，高さ 5～8m になる。もくもくした多数の細い枝は冬に黄色くなって落ちる。葉は長楕円状の針形で長さ 0.1～0.2cm，先は細くとがり，枝に密着して互生する。5 月頃と 9 月頃の 2 回，総状花序を出し，淡紅色の小花を多数開く。5 月の花はやや大形で，前年枝に咲き結実しない。9 月の花はやや小形で，本年枝に咲き結実する。がく片は 5 個で広卵形，花弁は 5 個，倒卵形で長さ 0.15cm。雄しべは 5 個あり，花序より超出する。雌しべは 1 個で花柱は 3 裂する。さく果は約 0.3cm で 3 裂する。種子は小さく，先に長毛があって風に乗って飛ぶ。【特性】日あたりのよい水湿地を好むが，ふつうの土壌ならたいてい育つ。耐寒性もあり，北海道の露地で育ち，耐塩性も強い。【植栽】繁殖は実生，さし木，取り木による。さし木は 3 月か梅雨の頃にさすとよい。【管理】萌芽力もあるのでせん定もできるが，初めの花は前年枝につくのでせん定には注意する。【学名】属名 *Tamarix* はスペインのタマリス川に由来する。和名のギョリュウは中国名の御柳に由来する。

1063. ハマベブドウ（ウミブドウ）〔ハマベブドウ属〕

Coccoloba uvifera (L.) L.

【原産地】熱帯アメリカ，とくにフロリダ南部や西インド諸島。【自然環境】海岸地帯の砂浜や砂礫地などのやせ地に多く野生する常緑小高木。【用途】果実を生食するほかゼリーに加工する。ゼリーは白ブドウに似た風味があり，評判がよく，産地では市場に大量に出回る。特色ある丸い大形の葉を観賞する目的で温室内に栽培される。【形態】高さ5～7m。湾曲した多数の枝を生じる。葉は互生し長さ約15cm，幅約17cmの広い心臓形をしており，全縁，革質，濃緑色で光沢があり，葉の縁は多少波を打っている。中央の主葉脈の基部は赤みを帯び，葉柄は短く基部にさや状の托葉がある。枝先に長さ約20cmの総状花序を出し，その上に花を密につける。花は直径約3～7mm，白色で芳香があり，花弁5枚，雄しべ8本，花柱は3で花弁より長い。ふつう9個以上の果実が結実して，のち果実がしだいに肥大するとブドウの房状に下垂して，房の長さは25cm以上となる。果実は洋ナシ形，直径約2cmで緑白色，熟すと赤紫色に緑の斑点を現し甘酸味がある。中に核果が1個あり，円形で短く鋭尖頭をなし，表面には縦のしわが多くある。【植栽】繁殖は実生，さし木，取り木による。【学名】属名*Cocoloba*はcocos＝液果とlobs＝さやからなり，果実の宿存花被が肥大し三角状そう果を内蔵して液果状になっていることによる。種形容語*uvifera*はブドウ状の果実を有する，の意味。

1064. イカダカズラ

（ブーゲンビレア，ココノエカズラ）〔イカダカズラ属〕

Bougainvillea spectabilis Willd.

【原産地】ブラジル。【用途】イカダカズラ属の植物は南米に約10数種あり，熱帯地方の名花といわれ，最近では世界中で観賞用に鉢に植えられている。日本では本種が一般的であるが，改良種も多い。【形態】生育の旺盛なつる性植物で，葉腋にとげがある。葉は有柄で互生し，楕円形もしくは倒卵形で厚く，長さ5～10cmあり，毛を密生する。花は新梢の先に円錐花序につき，花序は大きい。3片の三角形をした苞葉は濃桃色で，各苞片に黄白色の小花を2～3個つける。なお，近年になって，白色，紅色，橙色，樺色，橙黄色，紅紫色，桃色など多くの花色の園芸品種が導入されている。【植栽】繁殖は3～4月にさし木をする。移植を嫌うので古株の植替えには十分気をつける。日本ではふつう温室で栽培するが，冬期5℃で越冬できるので，暖かい地方なら露地栽培も可能である。鉢植えでも楽しめるが，鉢植えの場合，毎年4月下旬から5月上旬に植替える。【学名】原産地はよくメラネシアのブーゲンビル島といわれるがこれは誤りである。ブーゲンビレアの名前はこの島の名に由来するのではなく，18世紀末のフランスの航海家ルイ・アントン・デ・ブーゲンビルにちなんで命名されたもの。種形容語*spectabilis*は優越な，の意味。

1065. ブーゲンビレア 'サンデリアナ' 〔イカダカズラ属〕

Bougainvillea glabra Choisy 'Sanderiana'

【原産地】*B. glabra* の多花性の園芸品種。原種はブラジル原産。【分布】西南暖地の無霜地帯では，花壇や庭園に植栽することもあるが，ふつうは温室内で鉢花として栽培される。【自然環境】高温多湿と日あたりを好む半常緑つる性植物。【用途】鉢花として観賞用に栽培する。【形態】高さ 2～3m，原種の *B. glabra* に比べ，節間短く，分枝が多い。茎には鋭いとげがある。葉は長さ 4～5cm の長楕円状披針形または卵形。花は淡黄色の小形で 1～3 個固まってつく。色づく苞は 3 枚，大形で，三角形状で葉状を呈し，色は菫色。非常に多花性で，春から夏に開花する。【特性】日照を好む。中温性で越冬温度5℃ぐらい。基本種に比べ棲性で，枝はあまり長くのびず節間が短く多花性となる。【植栽】繁殖はさし木で，1～3 月頃温室内で，砂ざしにする。【管理】冬は中温の温室か室内で育てる。夏は戸外に出す。周年日光に十分あてて栽培する。冬はかん水をひかえめにして休眠させる。せん定，植替えは花後に行う。肥料は開花後の春から夏に，油かすの乾燥肥料を置肥にする。秋までチッソ肥料が残らないように注意する。【近似種】サンデリアナの斑入りにフイリブーゲンビレア 'Variegata' がある。白色の斑が葉縁に入り美しいが，性質はやや弱い。【学名】園芸品種名 'Sanderiana' は人名による。

1066. ウリノキ 〔ウリノキ属〕

Alangium platanifolium (Siebold et Zucc.) Harms var. *trilobatum* (Miq.) Ohwi

【分布】北海道，本州，四国，九州，朝鮮半島，中国。【自然環境】山中の樹林内などにはえる落葉低木。【形態】高さ 3m ぐらいになる。まばらに枝分かれし，材は軟らかい。枝には初め少し短毛がある。冬芽は葉柄に包まれる。葉は柄があって互生し，3～5 浅裂し，長さ，幅ともに 7～20cm ほど，裂片部の湾入は広くて鈍頭，基部は心臓形となる。縁には鋸歯はなく，主脈は掌状で 5 本ある。表面にはまばらに毛があり，裏面にはやや密に軟毛がある。葉柄は長さ 5～10cm。6 月の頃，葉腋に花序を出し，上部でまばらに枝分かれし，花柄の先端に変わった形の白色の花をつける。がくは短く小さい。花弁は線形で 6 個あり，長さ 3～3.5cm ほどあって先端は外側に巻く。雄しべは 12 個あり，長さ 3cm ほどあって，葯は黄色く細長く，無毛である。花糸は下部に短毛があり，葯とほぼ同じぐらいの長さである。核果は楕円形で長さ 0.7～0.8cm ぐらいあり，初め緑色で，のち藍色に熟し，滑らかである。ウリノキの和名は葉の形がウリの葉に似ていることに基づく。【学名】属名 *Alangium* はマラバルの土名。種形容語 *platanifolium* はスズカケノキ属 *Platanus* のような葉をしたという意味。

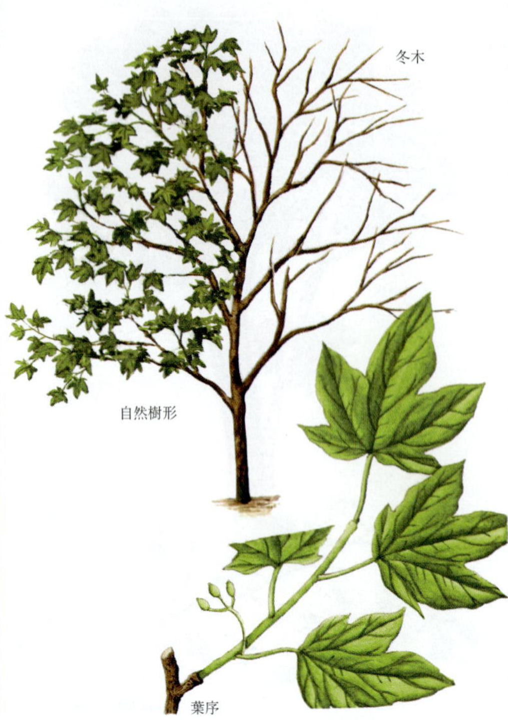

1067. モミジウリノキ　〔ウリノキ属〕

Alangium platanifolium (Siebold et Zucc.) Harms var. *platanifolium*

【分布】本州（西部），四国，九州，朝鮮半島。【自然環境】暖かい地方の山林のやや日陰地などにややまれにはえる落葉低木。【形態】幹は高さ 3m ぐらいになる。まばらに枝分かれして枝数は少なく，材は軟らかい。若枝は緑色をしており，わずかに短毛がある。冬芽は葉柄の基部に包まれる。葉は長い柄があって互生し，四角状心円形または円形で，3～5 中裂またはやや深裂し，長さ，幅とも 7～20cm ほどである。裂片は卵形または狭卵形をなして先端は尾状鋭尖形にのびる。主脈は掌状でふつう 5 本ある。薄質で軟らかく，表面にはまばらに毛がはえ，裏面はやや密に軟らかい毛がある。葉柄は長さ 5～10cm ぐらいある。6 月の頃，葉腋から花序を出し，上部でまばらに枝分かれして，花柄の先端に白色の花をつける。がくは短くて小さい。花弁は卵形で 6 個あり，長さ 3～3.5cm ぐらいあって先端は外側に巻く。雄しべは 12 個，長さ 3cm ほどである。葯は黄色で細長く無毛。花糸は下部に毛がある。核果は楕円形で長さ 0.7～0.8cm あり，藍色に熟す。モミジウリノキの名はウリノキに似て葉がモミジのように深く切れ込むことによる。【学名】種形容語 *platanifolium* はスズカケノキ属 *Platanus* のような葉をしたという意味。学名の上では本種がウリノキの母種にあたる。

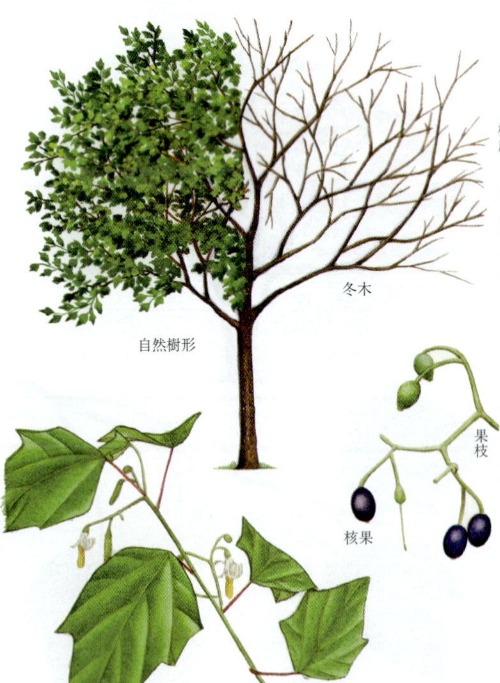

1068. シマウリノキ　〔ウリノキ属〕

Alangium premnifolium Ohwi

【分布】九州（大隅半島，佐多岬，屋久島，種子島），沖縄。【自然環境】暖かい地方の海岸に近い山林内などにはえる落葉低木。【形態】幹はふつう高さ 2～4m ぐらいになる。まばらに枝分かれして枝数は少なく，材は軟らかい。若枝には初め短毛がある。葉は柄があって互生する。葉身はゆがんだ倒卵状長楕円形でシュウカイドウ（シュウカイドウ科）のような形をしており，長さ 10～15cm，幅 5～10cm ぐらい。全縁で，先端は急に鈍頭となる。ウリノキ，モミジウリノキのように葉は切れ込まない。ただし，若い木などでまれに浅く切れ込むものもある。裏面の脈の腋にわずかに毛があるほかは無毛。葉柄は 2～4cm ぐらい。5 月頃，葉の腋から花序を出し，2～5 個の花をつける。花序は短い。がくはほとんど無毛であるが，縁にだけわずかに短毛がある。花弁は 7 個あり，6 個の花弁をもつウリノキ，モミジウリノキと区別がつく。広線形の花弁は長さ 2cm ぐらいでウリノキ，モミジウリノキに比べてだいぶ短く，内面に淡黄色の毛がある。雄しべは長さ 1.8～2cm ほど，花糸には淡黄色の短い毛がはえている。核果は楕円形で長さ 0.8～1.2cm ぐらいあり，青黒色に熟す。和名シマウリノキは島瓜木の意味である。【学名】種形容語 *premnifolium* はハマクサギ属 *Premna*（シソ科）の葉のような，の意味。

1069. ミズキ　〔サンシュユ（ミズキ）属〕
Cornus controversa Hemsl. ex Prain

【分布】北海道，本州，四国，九州。【自然環境】日本各地の山地に自生し，湿気ある深層土を好む落葉高木。【用途】公園や学校の自然風の林中や，自然公園に植えられる。緑陰樹。材は建築材，器具材，下駄材，薪炭材に用いる。【形態】幹は直立，分枝し通常高さ 5～10m，幹径 20～30cm，枝は放射状に派生する。幼枝は濃紅色で無毛。葉は互生，長柄で，葉身は広卵形または楕円形で急鋭尖，長さ 5～14cm，幅 3～9cm，縁は全縁でときに波状縁となる。上面は深緑色，幼時にのみ短伏毛がある。下面は粉白色で，短伏毛がある。側脈は 6～8 双。冬芽は暗褐色，長卵形で有毛。花は 5～6 月，当年枝の先端に大形の集散花序を出し，緑色の花梗を多数有し，小形の白色花が多数咲く。花弁は 4 枚，狭長楕円形で長さ 0.4～0.5cm である。果実は 10 月成熟，核果は球形で径 0.6～0.7cm，初め黄紅色，熟して暗紫色，種子は 1 果 1 個。【特性】中庸樹であるが，日照が十分あるほうがよい。生長は早い。水湿地を好むが，過湿地を嫌う。せん定に耐え，移植容易，都市環境に抵抗性がある。【植栽】繁殖は実生による。秋に採種，春 3 月床まきする。【管理】広い占有面積が必要である。せん定による縮小も容易であるが，樹形が整うので必要ではない。せん定する場合は枝の配置が均等になるように枝抜きする。施肥の必要はない。害虫には葉を食い荒らすクリケムシがある。【近似種】フイリミズキ ‘Variegata’ は葉に白斑が覆輪状に入っているもの。【学名】種形容語 *controversa* は疑わしい，の意味。

1070. クマノミズキ　〔サンシュユ（ミズキ）属〕
Cornus macrophylla Wall.

【分布】本州南部，四国，九州。【自然環境】やや湿気ある肥沃な緩傾斜地や谷間などを好んで生育している落葉高木。【用途】庭園樹，公園樹としてときに植えられる。材は建築材，彫刻材，櫛材，薪炭材などに用いられる。【形態】幹は直立。分枝し，通常高さ 10～15m，幹径 30～40cm，幼枝は赤褐色で稜角が少しあり，軟毛が多い。葉は対生，ときに徒長枝では互生となる。長柄で 1.5～3.5cm，葉身は卵形または卵状長楕円形で急鋭尖，長さ 10～16cm，幅 5～10cm，縁は全縁かまれに微鋸歯がある。上面は濃緑色，下面は粉白色で長毛がある。側脈は 6～18 双，弧状をなす。冬芽は線状紡錘形で頂尖，花は 6～7 月，当年枝に長さ 11～15cm の散房状花序を頂生し，白色の小花多数をつける。がくは細微，花弁は 4 片，果実は 10 月成熟，小球形で 0.5cm，暗紫色または帯黒色をしている。【特性】陽樹で肥沃な深層土を好む。生長はやや早い。樹勢強建で萌芽力があり，強せん定に耐える。【管理】萌芽力がありせん定はできるが，樹形が整うので必要ない。施肥は寒肥として化成肥料などを施す。病害虫は少ない。公害には強いほうである。【近似種】ミズキは葉が互生でクマノミズキより広く全縁。【学名】種形容語 *macrophylla* は大葉の，の意味。

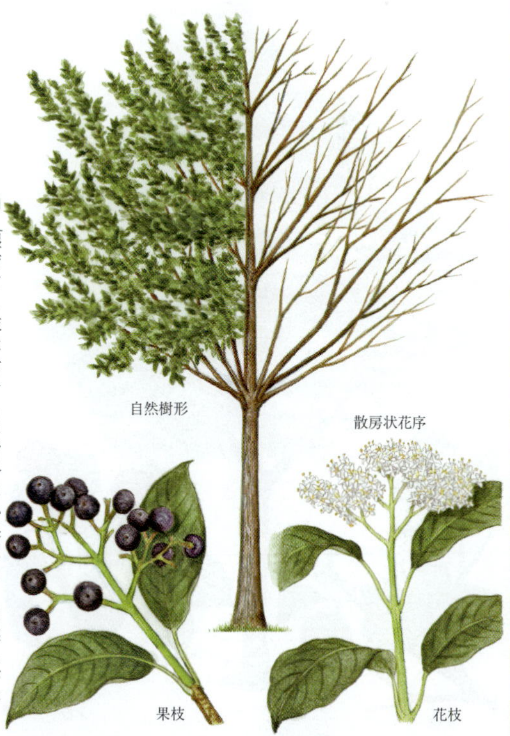

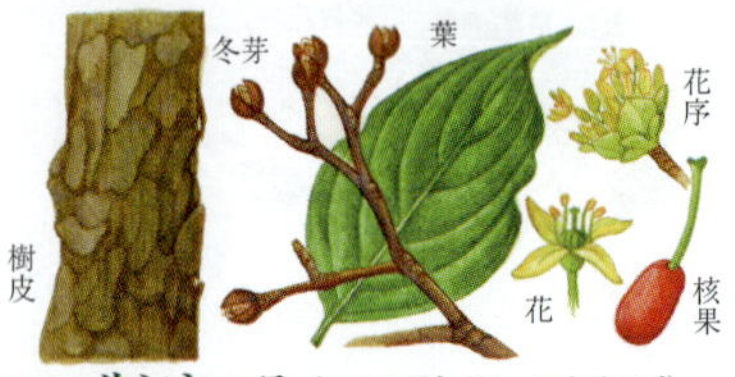

1071. サンシュユ（ハルコガネバナ，アキサンゴ）

〔サンシュユ（ミズキ）属〕

Cornus officinalis Siebold et Zucc.

【原産地】朝鮮半島，中国。【分布】本州の東北南部以西から四国，九州。【自然環境】向陽の肥沃地を好む落葉高木。【用途】庭園，公園の植込み，切花。【形態】幹は直立，分枝する，高さ10〜15cm，径30〜50cm，樹皮は淡褐色で薄くはげる。小枝は対生し帯白緑色。葉は対生，葉柄は0.6〜1cm，葉身は長卵形か楕円形で鋭尖，長さ4〜10cm，幅2〜6cm，葉縁は全縁，上面は暗緑色で幼時だけ有毛。下面は淡緑色か帯黄色で伏毛が粗生する。花は3月，葉より先に黄色の小花を開く。花径は0.4〜0.5cm，花弁は舌状で三角形，黄色で長さ0.3cm，果実は楕円形で赤熟する。【特性】向陽地を好む。生長はやや早い。萌芽力が強く，せん定に耐える。早春の花木。【植栽】繁殖は実生，さし木による。実生は果肉を水洗陰干しし，乾きすぎないよう常温でまたは土中埋蔵し，春に播種する。【管理】手入れは根もとから出るヤゴや徒長枝は発生しだい切る。萌芽力があり，せん定にも耐えるので4〜5年に1度くらい思いきり切りつめ，樹形を更新することもある。施肥は1〜2月頃，堆肥，鶏ふん，油かすなどを寒肥として施す。病害虫はとくにない。【近似種】類似のヤマボウシは集合果が赤く熟し食べられる。4個の総苞片は白色で大形。【学名】種形容語 *officinalis* は薬用の，薬効のある，の意味。

1072. ヤマボウシ

〔サンシュユ（ミズキ）属〕

Cornus kousa Buerger ex Hance subsp. *kousa*

【分布】本州，四国，九州，朝鮮半島，中国。【自然環境】山地の傾斜地，谷間などのやや湿気ある所に生育している落葉高木。【用途】公園や学校などに植栽されている。材は器具材，機械材，下駄材などに用いる。【形態】幹は直立，分枝が多い。通常高さ5〜10m，幹径20〜30cm，樹皮は暗褐色で亀甲状または円形などにはげる。小枝は暗褐色で無毛か，やや無毛。葉は対生，有柄，葉身は広卵形または楕円形，鋭尖頭か短尾状で長さ6〜12cm，幅3.5〜7cm。縁は全縁でやや波状縁，薄質，上面は濃緑色，下面は青白色，両面に軟毛がある。側脈は4〜5対。冬芽は円錐形，鋭尖で紫褐色をしている。花は6〜7月，前年枝の枝端に頭状花序を出し，その先に花を群生する。花弁のように見える大形白色のものは総苞であり，総苞は4片，全花径4〜9cm，花はその中心にあって，多数の小花が球状に集まっている。4花弁，4雄しべ，1雌しべがある。弁長0.1cm。果実は8月に成熟，球状の集合果で赤熟する。果は粘核性で甘味がある。種子は1果に8粒，小形で乳白色。【植栽】繁殖は実生と接木による。種子をピートモスに混ぜ冷蔵庫に入れておき，春に播種する。接木は3月，ヤマボウシの3年生に接木する。【管理】手入れの必要はないが徒長枝の切りつめ，枝抜きなどはときに行う。害虫にボクトウガ，カミキリムシ，カイガラムシがある。【近似種】ハナヤマボウシ f. *magnifica* は総苞片が7〜8cmと大きい。【学名】種形容語 *kousa* はヤマボウシの方言「クサ」をとったもの。

1073. アメリカヤマボウシ (ハナミズキ)

〔サンシュユ(ミズキ)属〕

Cornus florida L.

【原産地】北米。【分布】北海道，本州，四国，九州。【自然環境】日あたりのよい肥沃な深層土を好む落葉高木。【用途】庭園樹，公園樹。花，実，紅葉が美しい。記念樹に適する。【形態】幹は直立，分枝し，通常高さ5～7m，ときには12mに達する。樹皮は灰褐色で縦に溝がある。若枝は紫褐色で初め有毛，のちに無毛となる。葉は対生，有柄で葉身は楕円形または卵円形で長さ8～10cm，全縁であり，上面は暗緑色，下面は粉白色で，初め白色の軟毛があるが，のちに無毛となる。花は4～5月に前年枝の先端に大形で花弁状の総苞の中心に黄緑色の小花を多数つける。果実は10月成熟，卵状形，楕円体で長さ1.2cm，径0.7cm，深紅色で光沢がある。種子は紡錘形，淡褐色で長さ1cm。1果に2個入っている。【特性】陽樹で生長はやや早い。夏の乾燥，やせ地，日陰地を嫌う。【植栽】繁殖は実生，接木，さし木による。実生は秋に採種し果皮を洗い，乾きすぎないように常温で，または土中埋蔵して，3～4月に播種する。さし木は6～7月頃に新梢をさす。【管理】原則としてとくに整枝の必要はない。混みすぎ枝を抜く程度。施肥は8月頃に油かすと化成肥料を混ぜて施す。【近似種】ベニバナハナミズキは総苞が淡紅色で美しいが，樹勢はやや弱い。【学名】種形容語 *florida* は花咲く，の意味。

1074. ヌマミズキ (ツーペロ)

〔ヌマミズキ属〕

Nyssa sylvatica Marshall

【原産地】北米原産。ニューイングランドの沼沢地に最も多く自生する。【分布】日本にも輸入されたが，大学付属植物園。林業試験場見本園，民家などにまれに植えられているにすぎない。湿地でなくてもよく育つ。【自然環境】日あたりのよい沼沢地に多くはえる落葉高木。【用途】新葉，紅葉とも美しいので観賞のためとくに庭園樹，見本林とする。北米，ヨーロッパでは水辺の装飾樹として植えられ，生花店ではサワーガムの名で多く市販されている。【形態】高さは20～30m，直径は50～60cmとなる。枝は細くて開出伸長し先は下垂する。樹皮は深い溝状をなし，六角形の鱗片となりはげ落ちる。葉は互生し，倒卵形または卵形で先端は鋭くとがり，革質で長さ4～10cm，幅3～4cm，裏面には初め脈腋上に毛があるが成葉では無毛となる。雌雄異株または同株異花序。長い花梗の先に雄花は多数，雌花は数個まとまってつく。，ともに緑白色，小形で目立たない。核果は球形で0.8～1.6cmあり，黒色または暗青色に熟す。1～2室あり，各室に卵形で堅い種子がある。【特性】陽樹。水湿地を好む。生長は中ぐらい。大気汚染にはやや弱い。【植栽】繁殖は実生により容易に育苗しうる。採りまきでも春まきでもよい。さし木もできるが活着率は低い。深根性で移植は困難，大きな木は1年ぐらい前に根回しして移植すればつく。せん定は落葉期に行う。肥料は油かす，化成肥料などを寒肥として与える。病害虫は少ない。【学名】属名 *Nyssa* は水の女神。種形容語 *sylvatica* は森林生の，の意味。

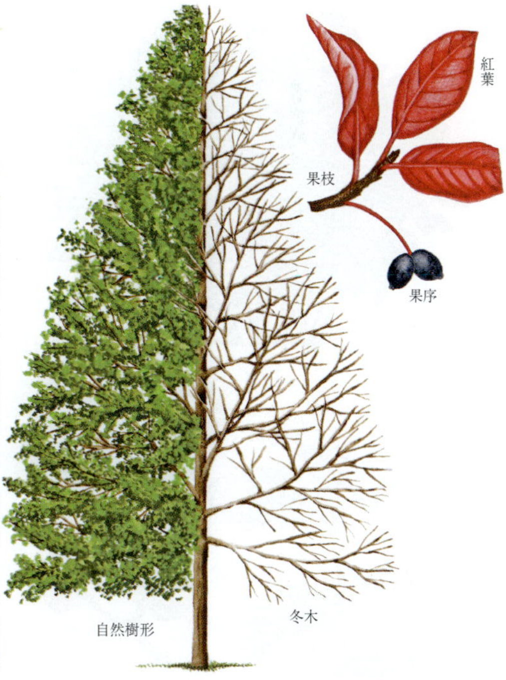

1075. アジサイ（シチヘンゲ）　〔アジサイ属〕

Hydrangea macrophylla (Thunb.) Ser.
f. *macrophylla*

【原産地】日本で生まれた園芸品種。【分布】北海道南部，本州，四国，九州。【自然環境】湿気に富む肥沃地を好む落葉低木で，観賞品として広く栽培されている。【用途】庭園，公園の植込み，花木，切花，鉢物。【形態】株立ち状で高さ1～2m，樹皮は灰褐色，若枝は緑色で太い。葉は対生，有柄で葉身は広卵形または楕円形で，葉先は鋭尖，縁に三角状の鋭鋸歯がある。長さ8～20cm，幅5～15cm，両面は濃緑色である。花は6月頃から8月頃まで次々開く。本年枝の先に散房状の集散花序に装飾花を球状につける。全花径は20cm，がく片は通常4片，花径1～2cmで初め緑色ついで紫色，ついで紅色に花色が変化する。果実は，雄しべと雌しべはあるが退化しているので結実を見ない。【特性】適湿地を好む。日あたりの強い所，赤土や砂混じりの地などはよくない。生長は早い。萌芽力があり，せん定はできる。土壌の酸性が強いと藍紫色，アルカリ性が強いと赤みを増加する。【植栽】繁殖はさし木と株分けによる。さし木は3月と6～7月，株分けは3～4月頃に行う。【管理】せん定は，花が本年枝の先端につくので，花の終わった直後に行うようにする。肥料は油かす，鶏ふんを根もと近くに穴を掘って埋めてやる。病害虫は特にない。浅根性で西日を嫌う。大気汚染には中ぐらいに耐える。【学名】種形容語 *macrophylla* は大葉の，の意味。

1076. ガクアジサイ

（ハマアジサイ，ガクバナ，ガクソウ）　〔アジサイ属〕

Hydrangea macrophylla (Thunb.) Ser.
f. *normalis* (E.H.Wilson) H.Hara

【分布】本州（関東，東海），伊豆七島，四国（高知県），九州南部，小笠原に分布。【自然環境】海岸付近の日あたりのよい草地，疎林地などに自生，または植栽される落葉低木。【用途】庭園樹，公園樹。【形態】幹はそう生し高さ2mぐらい。古枝は灰白色，縦に多くのすじ状の浅い割れ目がある。若枝は微毛があるかまたはほとんど無毛，淡緑色。葉は対生，有柄。葉身は倒卵形で厚質，滑らかで光沢がある。先端が鋭くとがり，基部はくさび形，縁は鈍い鋸歯となる。長さ10～18cm。冬芽は長卵形。雌雄同株で，開花は6～7月頃。枝先に大きな集散花序をつけ，周囲には少数の大きな装飾花を，中央には多数の淡紫色の両性花を開く。両性花は直径0.5cmぐらい，装飾花のがく片は4～5個，大形で花弁状となる。さく果は倒卵形で，先に花柱を宿存。径0.3cm。【特性】陽樹。強健で向陽の地を好むが，植栽の場合は半日陰地でもよい。生長が早く，土性は選ばないが乾燥地は嫌う。都市環境でもよく育つ。【植栽】繁殖は実生，さし木，株分けによる。さし木は開葉前にさすとよくつく。移植は容易。【管理】大きくなりすぎた場合は，花後，根もとまで切り，追肥する。混みあった枝は，7月中に枝抜きをする。施肥は早春と開花後，油かすなどを施す。特別の病虫害はない。【学名】品種名 *normalis* は通常の，正規の，の意味。

1077. セイヨウアジサイ ‘アベ・マリア’

〔アジサイ属〕

Hydrangea macrophylla (Thunb.) Ser. ‘Ave Maria’

【原産地】日本産のガクアジサイが外国で改良された品種で，日本には鉢物用品種として導入され，1969年より栽培され始めた。【分布】耐寒性が弱く暖帯の植栽に適する。【自然環境】一般にハイドランジャーと呼ばれ，世界各地で栽培されている落葉低木。【用途】庭園樹，鉢物などに用いる。【形態】幹はそう生し，高さ1~2m。葉は対生，有柄，葉身は卵形~広卵形で，縁には鋸歯があり，質は厚くつやがある。雌雄同株で，開花は6月，温室では2~3月。枝先に大形の集散花序をつけ，装飾花は白色。果実はつかない。【特性】やや日陰地を好み，土は乾燥地を嫌う。栽培用には肥沃で排水良好な土がよく，腐葉土，川砂，畑土などの混合土を使う。耐寒性は弱い。【植栽】繁殖はさし木により，適期は開葉前と6~7月。移植は開葉前と梅雨期がよい。【管理】施肥は寒肥として堆肥，鶏ふんなどを施し，7~8月に追肥として化成肥料を与える。pHによって花色が変化するので中性土で栽培するのがよい。寒地では寒風害，凍害を避けるため防寒が必要である。その他の管理はアジサイに同じ。【近似種】その他の白花品種には，ホワイト・ウェーブ ‘White Wave’，インマキュラータ ‘Immacrata’，青色花にブルー・キング ‘Blue King’ などがある。

1078. セイヨウアジサイ ‘マダム・プルム・コワ’

〔アジサイ属〕

Hydrangea macrophylla (Thunb.) Ser. ‘Mme. Plume Coq’

【原産地】日本産のガクアジサイが外国で改良された品種で日本に逆輸入されたもの。【分布】耐寒性が弱く暖帯の植栽に適する。【自然環境】一般にハイドランジャーと呼ばれ，世界各地で栽培されている落葉低木。【用途】庭園樹，鉢物に用いる。【形態】幹はそう生し，高さ1~2m。葉は対生，有柄，葉身は卵形~広卵形で，縁には鋸歯があり，質は厚くつやがある。雌雄同株で，開花は6月頃。枝先に大形の集散花序をつけ，径25cm以上になる。一重咲で，1花でも径5cmぐらいある。花色は，咲き始めは白みがかるが，のちピンク色となる。果実はつかない。【特性】やや日陰地を好み，土は乾燥地を嫌う。栽培用には肥沃で排水良好な土がよく，腐葉土，川砂，畑土などの混合土を使う。耐寒性は弱い。【植栽】繁殖はさし木により，適期は開葉前と6~7月。移植は容易で開葉前と梅雨期がよい。【管理】施肥は寒肥として堆肥，鶏ふんなどを施し，7~8月に追肥として化成肥料を数回与える。pHによって花色が変化するので中性土で栽培するのがよい。アルカリ性が強いと赤みが増す。寒地では寒風害，凍害を避けるため防寒が必要である。その他の管理はアジサイに同じ。【近似種】ピンク色の品種には，ロエイト ‘Roeito’，センセイション ‘Sensation’，チャペル・ルージュ ‘Chapel Rouge’ などがある。

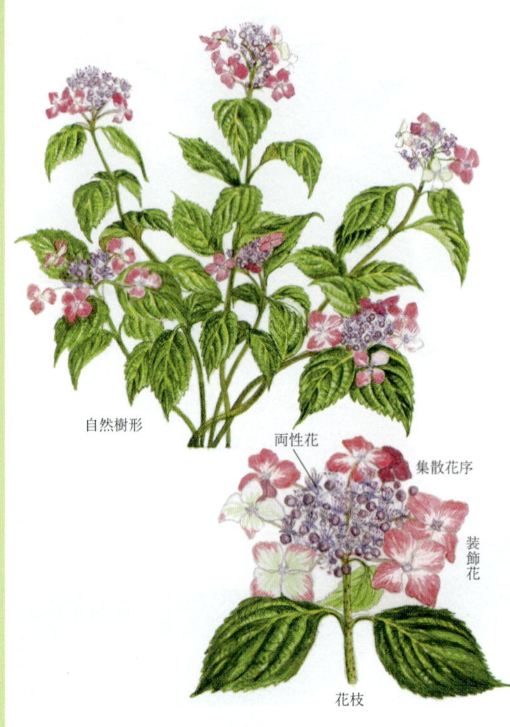

1079. ベニガク 〔アジサイ属〕

Hydrangea serrata (Thunb.) Ser.
var. *japonica* (Siebold) H.Ohba et S.Akiyama

【分布】北海道～九州に植栽される。【自然環境】庭園に植栽される落葉低木。【用途】庭園樹，公園樹。【形態】幹はそう生し高さ2mぐらい。葉は対生，有柄。葉身は薄質で卵形または楕円形で先端は鋭く尾状にとがり，縁には鋭い鋸歯がある。脈上には細かな毛がある。雌雄同株。開花は6～7月頃で集散花序をつけ，多数の花を開く。周囲には数個の中性花があり直径3cmぐらい。装飾花は初め白く，日を経るにしたがい赤色になる。がく片は3～4個で花弁状，心臓形，卵形で，とくに縁に粗い鋸歯がある。中央にある両性花は白色で，小さな5つのがく片と花弁をもつ。さく果は小さくて倒卵形。ヤマアジサイの1型で，がく片の大きな鋸歯，濃紅色などの性質がセイヨウアジサイの改良に用いられた。【特性】日あたりのよい所でも半日陰地でも育つ。生長は早く，土性はとくに選ばないが，湿気のある所がよい。【植栽】繁殖は実生，さし木，株分けによるが，おもにさし木による。前年枝は3月，新枝は6～7月にさす。株分けは3月が適期。移植は3月か梅雨期がよい。【管理】せん定は花の終わった直後に行う。施肥は油かすなどを施す。病害虫は少ない。【学名】種形容語 *serrata* は鋸歯のある，の意味。

1080. エゾアジサイ（ムツアジサイ）〔アジサイ属〕

Hydrangea serrata (Thunb.) Ser.
var. *yesoensis* (Koidz.) H.Ohba

【分布】北海道，本州（東北，北陸地方以西は日本海側），九州に分布。【自然環境】山中の樹陰の湿った所に自生する落葉低木。【用途】庭園樹，若葉は救荒用。【形態】幹はそう生し高さ1～1.5mぐらい。葉は対生，有柄。葉身はヤマアジサイに比べて大きく広楕円形または卵状広楕円形。先端は尾状に鋭くとがり，基部は広いくさび形かやや切形，縁には粗くて鋭い鋸歯がある。長さ10～17cm，幅6～10cm。冬芽は長楕円形。雌雄同株で開花は7～8月頃。集散花序をつけ，ヤマアジサイに比べて大きく，直径10～17cm。装飾花は直径2.5～4cm，がく片は3～5個で菱円形，広楕円形または広卵形，全縁またはまばらな鋸歯がある。色は濃藍色。さく果はヤマアジサイより少し大きく，花柱とともに長さ約0.6cmある。【特性】陰樹であるが，日あたりのよい所でも半日陰地でも育つ。生長が早く植栽する場合，土性は選ばないが，とくに湿気のある所がよい。【植栽】繁殖は主としてさし木による。【近似種】ニワアジサイ f. *cuspidata* (Thunb.) Nakai はエゾアジサイの装飾花の多い品種，ホシザキエゾアジサイは装飾花が重弁化する品種など。【学名】変種名 *yesoensis* は北海道の，の意味。

1081. キヨスミサワアジサイ　〔アジサイ属〕
Hydrangea serrata (Thunb.) Ser. var. *serrata* f. *pulchella* (Hayashi)

【分布】千葉県清澄山にまれに分布。【自然環境】湿った林地や沢などに自生する落葉低木。【用途】庭園樹。【形態】幹はそう生し高さ 1～2m ぐらい。葉は対生，有柄。葉身は楕円形，長楕円形または卵形で先端は尾状に鋭くとがる。縁には著しい鋸歯があり，質薄く光沢がない。葉の両面には毛がある。若葉は緑褐色を帯びる。雌雄同株で開花は 6～8 月頃。枝先に小花が多数集まり，集散花序をなして咲く。花柄に白毛が密生する。不登花のがく片は 3～5 個，大形で花弁状をなし，形は丸く縁は全縁あるいはまれに波状の鋸歯がある。弁に脈が 7～8 個ある。色は白色で縁に紅色のくまどりが一定の幅である。弁全体が白かったり，紅色をなすことはない。さく果は卵形。【特性】陰樹であるが向陽地や半日陰地でも育つ。生長が早く，肥沃な土壌を好む。植栽する場合，土性はとくに選ばないが，湿気のある所がよい。【植栽】繁殖は主としてさし木による。さし木は前年枝なら 3 月，新枝は 7 月にさす。移植は 3 月頃か梅雨期がよい。【管理】せん定は花の終わった直後に行い，3 年目くらいに古い枝を根もとから切り更新する。施肥は早春と開花後に油かすなどを施す。特別の病害虫は少ない。【学名】品種名 *pulchella* は，美しい，の意味。

1082. ヤマアジサイ（サワアジサイ）〔アジサイ属〕
Hydrangea serrata (Thunb.) Ser. var. *serrata*

【分布】本州の関東以西の太平洋側，四国，九州，朝鮮半島南部。【自然環境】山地や山あいの渓谷のやや湿った樹陰などに分布している落葉低木。【用途】ときに花木や下木，添景樹として庭園に植えられる。【形態】茎はそう生，下からよく分枝し，通常高さ 1m ぐらい，若枝は淡緑色で毛が密生し，2 年枝は灰褐色で，古い枝は浅い割れ目がある。葉は対生，有柄，葉身は多くは長楕円形ときに楕円形，長鋭尖頭，基部は狭いくさび形をしている。長さ 6.5～13cm，縁には鋭鋸歯がある。両面脈上に短毛がある。裏面中肋の脈腋に密毛がある。花は 6～8 月，本年枝の先に散房状集散花序をつける。花序は径 7～18cm，縁にある装飾花は径 1.7～3cm，両性花は白または淡い紫色で多数つける。花弁 5，雄しべは 10，果実は倒卵形のさく果で径 0.2cm，種子は褐色の楕円形で長さ 0.05～0.06cm と小形である。【特性】向陽の地を好むが，耐陰性がある。生長はやや早い。強いせん定はできない。移植には中ぐらいに耐える。野趣に富む。【植栽】繁殖は実生，さし木，株分けによる。さし木は 2 月に穂をとり土中に埋めておき，3 月さすか，7 月に新梢をさす。【管理】自然にのばす。一定樹形を維持するには株立ち枝を地ぎわから間引く。花がらを取ってやる。病気にはモザイク病，害虫にはアオバハゴロモがある。【学名】種形容語 *serrata* は鋸歯のある，の意味。

1083. ホソバコガク (コガク)　〔アジサイ属〕
Hydrangea serrata (Thunb.) Ser.
var. *angustata* (Franch. et Sav.) H.Ohba

【分布】本州各地に分布する。【自然環境】山地に自生する落葉低木。【用途】庭園樹。【形態】幹はそう生し高さ1mぐらい。葉は対生，有柄。葉身は小形で長楕円形，先端が尾状に鋭くとがる。薄い質で鋭い鋸歯をもち，両面脈上を細い毛がおおっている。雌雄同株で，開花は7月頃。枝先に集散花序をつけ白い花を開く。中心に両性花を，周囲に少数の装飾花をつける。装飾花は直径2cmぐらいで，がく片は花弁状で，3～4枚ある。両性花は三角形の小さい5個のがく片と，卵形の5個の花弁をもつ。雄しべは約10本で，花柱はおおむね3個ある。さく果は小形で倒卵形，残っている花柱の間にあたるところで裂開する。【特性】やや日陰地を好む。乾燥地を嫌い，肥沃で湿気のある壌土質を好むが，ふつうの土で生育する。【植栽】繁殖は実生，さし木，株分けなどによる。さし木は開葉前または梅雨期がよく，株分けは開葉前が適期。移植は開葉前と梅雨期が適期。【管理】萌芽力強くせん定できる。花後，古花を早く切り取り，古い幹を落葉後に元から間引く。施肥は早春と開花後，油かすや化成肥料を施す。病気には斑点病，モザイク病，害虫にはアオバハゴロモ，テッポウムシなどがある。【学名】変種名 *angustata* は狭くなった，の意味。

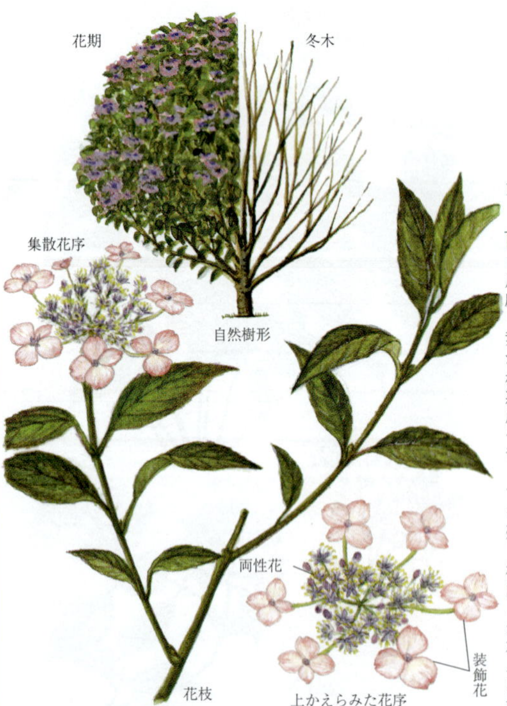

1084. アマチャ (コアマチャ)　〔アジサイ属〕
Hydrangea serrata (Thunb.) Ser.
var. *thunbergii* (Siebold) H.Ohba

【分布】ヤマアジサイの分布区域中にときどき見出されるが，日本各地にも植栽される。【自然環境】薬用に栽培，または庭に植栽される落葉低木。【用途】庭園樹。葉は甘味料，薬に用いる。【形態】幹はそう生し高さ1～2m。ヤマアジサイによく似ている。葉は対生，有柄。葉身は長楕円形で先端は鋭くとがって，縁には鋸歯がみえる。質はやや薄く，紫赤色を帯びる。冬芽は長楕円形。雌雄同株で開花期は7月頃。枝先に多数の花を集散花序につける。周囲には数個の装飾花がある。がく片は3～4個で，やや円形で先は丸く，浅く2裂する。色は，初め青く，のち赤くなる。さく果は倒卵形。生葉は甘くないが乾燥した葉は甘味がある。【特性】向陽地でも半日陰地でも育つ。生長が早く，肥沃地を好むが，植栽する場合は土性を選ばない。【植栽】繁殖は実生，さし木，株分けによるが，主としてさし木，株分けを行う。さし木は前年枝を3月，新枝を6～7月にさす。株分けは7月がよい。移植は開葉前の3月か梅雨期頃がよい。【管理】古くなると樹形が乱れるので，3～4年たった古枝を根もとから切り，新しい枝を育成する。枝抜き，整姿は花後の6～7月に行う。病害虫は少ないが，アオバハゴロモの被害がある。【学名】変種名 *thunbergii* はスウェーデンの植物学者C. P. チュンベルクを記念した名である。

1085. オオアマチャ　〔アジサイ属〕
Hydrangea serrata (Thunb.) Ser.
var. *thunbergii* (Siebold) H.Ohba 'Oamacha'

【分布】本州に分布。【自然環境】山地にまれに自生するが，ふつうは栽培される落葉低木。【用途】庭園樹。甘茶を製し甘味料，薬用などに用いる。【形態】株立ち状となり，高さは1〜2m。枝は太い。葉は対生，有柄，葉身は長楕円形で大きさはコアマチャより大きい。質はやや薄く縁には鋸歯がある。多くは葉が紫赤色を帯びている。雌雄同株で，開花は6〜7月。枝先に集散花序を出し，中央に両性花があり，周辺に装飾花がある。装飾花のがく片は3〜5枚で先端は鈍形。両性花の花弁は5枚で雄しべは10個，3花柱がある。花色は初め白く，のち青や赤になる。さく果は10〜11月に褐色に熟し，倒卵形で小さい。【特性】向陽地でも半日陰地でも育つ。湿気のある肥沃土を好むが，とくに土性は選ばない。【植栽】繁殖は主としてさし木，株分けによる。さし木は前年枝を3月，新枝を梅雨期にさす。株分けは早春と梅雨期がよい。移植は開葉前の3月頃がよい。【管理】せん定は3〜4年たった古枝を根もとから切り，新しい枝を育成する。これらの枝抜き，整姿は花後の6〜7月に行う。施肥は早春と開花後に油かすや化成肥料を施す。病害虫は少ないがアオバハゴロモの被害などがある。【学名】変種名*thunbergii*は植物学者チュンベルクの，の意味。

1086. ノリウツギ（ノリノキ，サビタ）〔アジサイ属〕
Hydrangea paniculata Siebold

【分布】北海道，本州，四国，九州。【自然環境】山地や平原などに広く自生する落葉低木または小高木。【用途】ときに庭園に植栽され，野趣の花を賞する。材は小細工用。幹の内皮から糊を作る。【形態】幹には単幹，株立ち物がある。高さ2〜5m，樹皮は灰褐色，葉は対生，ときどき輪生する。有柄で葉身は卵形または楕円形で急鋭尖頭，葉縁は低い鋸歯がある。長さ5〜12cm，幅3〜8cm。花は7〜8月，枝先に長さ6〜30cmの円錐花序をつけ，中性花は白色の花弁状のがく片をもち，小形の白花はがく片を5個もち，花弁5個，雄しべ10個，花柱3個である。果実は10月に成熟，卵形で長さ0.4〜0.5cm，種子には両端に尾状の翼がある。【特性】陽樹。やや肥沃な適潤地またはやや湿気のある所を好む。生長は早い。【植栽】繁殖は実生，さし木による。実生は秋に採種，乾燥，常温で貯蔵し，春3〜4月に播種する。発芽率は高い。さし木は枝ざしで，春さすものと夏秋に充実した当年枝12〜20cmをさすものがある。【近似種】ミナヅキは花序が長大で，ほとんど中性花からなるもの。【学名】種形容語*paniculata*は円錐花序の意味，和名ノリウツギ，別和名ノリノキは製紙用の糊を幹の内皮からつくるため。サビタは北海道での名。

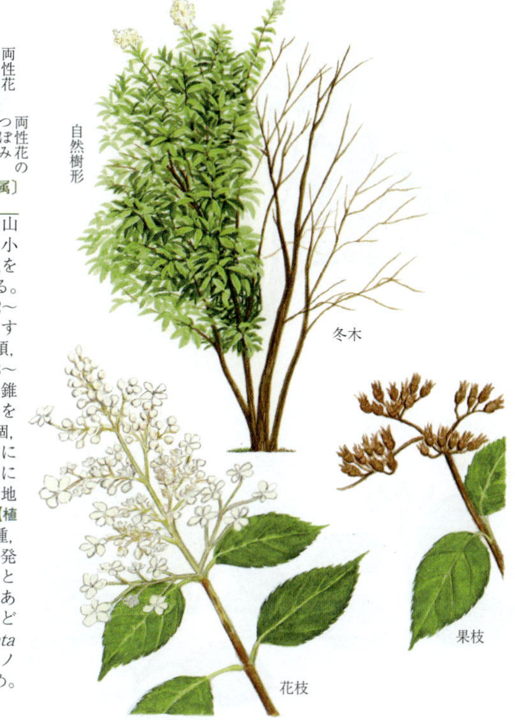

1087. ミナヅキ（ノリアジサイ）　〔アジサイ属〕
Hydrangea paniculata Siebold
f. *grandiflora* (Siebold ex Van Houtte) Ohwi

【分布】日本各地に植栽されるが，まれに本州中部に自生する。**【自然環境】**庭園などに植栽される落葉低木。**【用途】**庭園樹，切花などに用いる。**【形態】**母種ノリウツギに基本的に同じであるが花序が異なる。円錐花序は大形で30cm以上，ほとんど装飾花からなり，白色で美しい。ミナヅキは，日本の寒冷地や欧米などでは，母種よりも多く植栽されている。シーボルトはこの生品を本国へ持ち帰り，欧米では寒さに強い名木として大きな花房をもつものに品種改良した。改良種には早咲種，遅咲種，花色の赤っぽい種がある。**【特性】**陽樹，日あたりのよい，やや湿気のある肥沃な土壌を好むが，植栽する場合，強健で適応性があるため土性を選ばず，半日陰地でも生育する。また都市環境でも生育する。**【植栽】**繁殖はさし木，株分けによる。さし木は前年枝では3月，新枝は6～7月にさす。株分けは3月がよい。移植は3月頃がよい。**【管理】**せん定はできるが花後に軽く行う。施肥は寒肥として堆肥，油かす，鶏ふんなどを与える。特別の病害虫は少ないが，アオバハゴロモの害がある。**【学名】**品種名*grandiflora*は大きい花の，の意味。ミナヅキの和名は陰暦6月頃咲くことからきたものといわれており，『梅園百花図譜』にもその名が出ている。

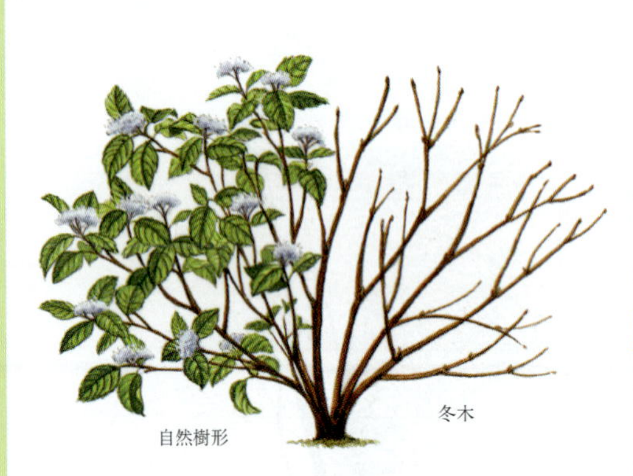

1088. コアジサイ（シバアジサイ）　〔アジサイ属〕
Hydrangea hirta (Thunb.) Siebold et Zucc.

【分布】福島県南部以西の本州に分布する。**【自然環境】**山地の樹陰などに生ずる落葉低木。**【用途】**ときに庭園の下木として植えられている。**【形態】**株立ち状で下部よりよく分枝している。通常高さ1～2m。若枝は紫褐色で毛がある。古い枝は縦にひび割れる。葉は対生，有柄，葉身は卵形または倒卵形。先は短く尾状になる。長さ4～8cm，縁には粗大の鋭鋸歯がある。上面には粗毛が散生する。花は6～7月，枝の先に集散花序をなし，両性花のみの淡青紫色の花径0.4cmの小花を開く。花弁は狭卵形，葯と花弁は各5である。雄しべ10，さく果は円形で径0.2cm，種子は淡褐色の長卵形で長さ0.05～0.06cmである。**【特性】**中庸樹。生長はやや早い。やや日陰になる場所がよい。乾燥地，やせ地を嫌う。強いせん定は好まない。移植は容易である。**【植栽】**繁殖はさし木と株分けによる。2月頃に採穂して3月頃にさし木する。**【管理】**低木であるので自然にのばす。株が混んできたら古い枝を抜くようにする。病気には斑点病，害虫にはアオバハゴロモなどがある。**【近似種】**アマギコアジサイ *H.* × *amagiana* Makinoはコアジサイとコガクウツギの雑種で，コアジサイより葉の幅が狭く，上半部に6～8対の粗鋸歯があり脈上に毛がある。**【学名】**種形容語*hirta*は短い剛毛のある，の意味。

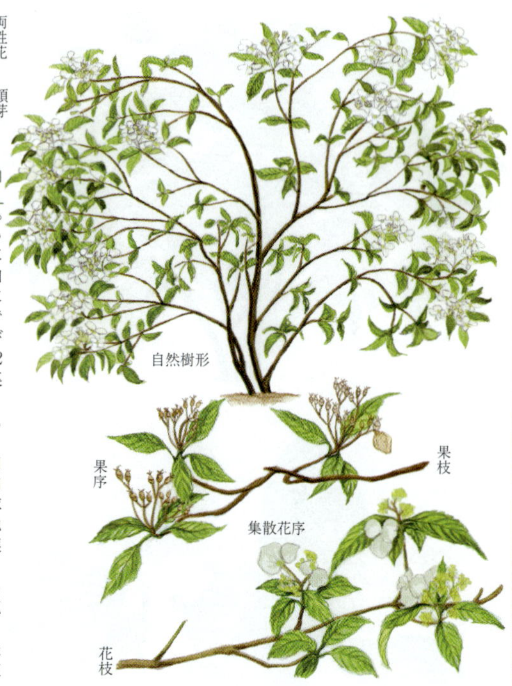

1089. ガクウツギ（コンテリギ） 〔アジサイ属〕

Hydrangea scandens (L.f.) Ser.

【分布】本州（東海道，近畿），四国，九州に分布。【自然環境】山中の樹陰に自生，または植栽される落葉低木。【用途】庭園樹。【形態】幹は株立ち状になり高さ1.5mぐらい。若枝は褐色で小さい曲がった毛が多い。次年枝は灰白色となり，縦に割れ目が入る。葉は対生，有柄。葉身は薄質で長楕円形，先端は尾状にとがり，基部はくさび形。縁には低い鋸歯がある。長さ5～8cm，幅2～3.5cm。表面が紫褐色に色づくことがあり，裏面の脈には毛が密生している。冬芽は長楕円形，先はややとがる。雌雄同株で，開花は5～6月頃。枝先に集散花序を出し，中央部に多数の両性花，周囲に少数の大きな装飾花を開く。両性花は白色。装飾花のがく片は花弁状で3～5個あり，白色であるが乾くと黄色になる。さく果はほぼ球形，秋に褐色に熟す。【特性】陰樹であるが向陽地や半日陰地でも育つ。生長が早く，肥沃な土壌を好む。【植栽】繁殖は主としてさし木による。さし木は前年枝なら3月，新枝は6～7月にさす。移植は3月頃か梅雨期がよい。【管理】せん定は花の終わった直後に行い，3年目くらいの古い枝を根もとから切り更新する。施肥は早春と開花後に油かすなどを施す。病害虫は少ない。【学名】種形容語 *scandens* はよじ登る性質の，の意味。

1090. タマアジサイ 〔アジサイ属〕

Hydrangea involucrata Siebold

【分布】本州の関東南部，東北地方南部。【自然環境】山地の湿気に富む沢すじなどに群生している落葉低木。【用途】野趣的な風情があるので，ときに庭園樹，切花などに用いられる。【形態】株立ち状で枝は太く，通常高さ1～1.5m。葉は対生で淡紅色の柄があり，葉身は長楕円形または広卵形で鋭尖。長さ11～20cm，幅5～10cm。縁には細鋸歯がある。両面は粗渋，有毛でとくに下面には粗毛が多い。花は6～7月頃，本年枝の先に集散花序をなして淡紫色花を開く。花序は蕾のとき，球形で大形の苞数個に包まれている。花序は周囲に少数の中性花があり，がく片は花弁状で3～5個ある。中央部にある両性花はがく片，花弁は小さく各4～5個。雄しべ8～10，花柱は2。さく果は10月成熟，ほぼ球形で径2～3cmである。【特性】やや日陰地に適する。水湿に富む土壌を好む。生長はやや早い。萌芽力はあるが強せん定は好ましくない。【植栽】繁殖はさし木，株分け，取り木，実生による。さし木は3月か，新枝を7～9月に葉をつけてさす。【管理】自然に樹形が整う。樹形維持には地ぎわから古枝を間引いて整理する。花柄を切り取る。生育の悪いものには寒肥として化成肥料を施す。病気には斑点病，害虫にはアオバハゴロモがある。【近似種】ギョクダンカ（ヤエノギョクダンカ）f. *hortensis* (Maxim.) Ohwi は中性花も両性花も重弁であり，両性花のほうがきわめて小形である。【学名】種形容語 *involucrata* は総苞のある，の意味。

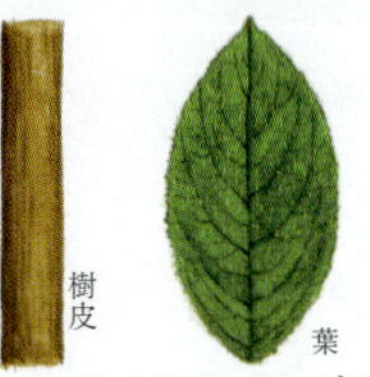

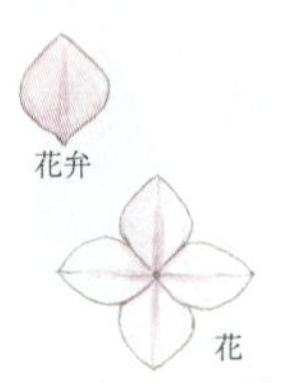

1091. テマリタマアジサイ 〔アジサイ属〕

Hydrangea involucrata Siebold f. *sterilis* Hayashi

【分布】神奈川県（丹沢山）。【自然環境】山地の沢ぞいなど湿った所に自生または植栽される落葉低木。【用途】庭園樹，公園樹，切花など。【形態】葉の形態その他はタマアジサイの基本形と同じであるが，花房が異なる。花房には両性花がなく，すべて一重の装飾花となる。一見アジサイ，テマリバナなどのようで美しい。タマアジサイの品種には，ヤエノギョクダンカ，ヨウラクタマアジサイ，ココノエタマアジサイなどがあるが，これらはいずれも装飾花がいろいろな形で八重化したものであるが，この品種では装飾花は全部一重である。本品種は昭和 30 年に林弥栄が丹沢山で採集したものである。【特性】陰樹であるが向陽地や半日陰地でも育つ。生長が早く，湿潤で肥沃な土壌を好む。よい色を出すには，木陰の水辺に植栽するとよい。大気汚染にはそれほど強くない。【植栽】繁殖はさし木，株分けによる。さし木は前年枝なら 3 月，新枝は 7 月にさす。株分けは 3 月がよい。移植は開葉前の 3 月か梅雨期。【管理】せん定は花の終わった直後に行い，3 年目くらいに古い枝を根もとから切り更新する。施肥は早春と花後に油かすなどを施す。病害虫は少ない。【学名】品種名 *sterilis* は，不妊の，の意味。

1092. ヤハズアジサイ（ウリノキ，ウリバ） 〔アジサイ属〕

Hydrangea sikokiana Maxim.

【分布】本州（紀伊半島），四国，九州（市房山以北）に分布。【自然環境】深山に自生する落葉低木。【形態】幹は株立ち状でまばらに分枝し，枝は太く 2～3 年枝の樹皮は縦に裂け大きく短冊状にはげる。若枝はやや堅い毛を密生し，淡緑褐色。葉は対生，長柄がある。葉身は楕円形ないし広卵形で，先端はふつう 2 分し，3～7 個のとがった浅い裂片に分かれる。縁には細かな鋸歯がある。長さ 10～25cm，幅 7～22cm。質は薄く，両面とも堅い毛がはえてざらざらしている。冬芽は卵形，鱗片に密毛がある。雌雄同株で，開花は 7 月頃。枝先に大きな集散花序を出し，花序は直径 20～25cm，若いときも総苞に包まれることがない。花柄には粗い伏毛が密生する。花序のまわりに少数の白い装飾花がある。装飾花には長い柄があり，卵円形のがく片はふつう 4 個ある。さく果は球形，切頭，がく裂片と花柱を宿存し，直径 0.3～0.4cm。短毛を散生し，縦に数個の凸線がある。葉を傷つけると生ウリの香りがある。【特性】やや日陰地で，湿気のある肥沃な土壌を最も好む。【植栽】繁殖はおもにさし木，株分けによる。さし木は前年枝を 3 月，新枝を梅雨期にさす。株分けは早春と梅雨期がよい。移植も早春と梅雨期。【管理】アジサイに同じ。【学名】種形容語 *sikokiana* は四国産の，の意味。

1093. ツルアジサイ（ツルデマリ，ゴトウヅル）

〔アジサイ属〕

Hydrangea petiolaris Siebold et Zucc.

【分布】北海道，本州，四国，九州の日本全土と，朝鮮半島南部，サハリン，南千島などに分布。【自然環境】山地樹林内の肥沃地で，適潤地またはやや湿気のある所を好み，谷あいの斜面，渓流ぞい，湖畔などにも自生する落葉つる性植物。【用途】造園用や，観賞用などに用いられる。【形態】幹はつる状で長さ 10～20m，つるより多くの気根を発生させ，樹皮は褐色，縦に薄くはげる。葉は対生，長柄を有し深緑色，長さ 4～13cm，幅 3～10cm の卵円形，広卵形，楕円形または長楕円形で先は急にとがり，基部は円形または浅い心臓形を示す。葉縁には鋭く細い鋸歯がある。裏は淡い緑色，葉脈上に粗毛がある。花は 5～6 月頃開花，大形集散花序で径 20～25cm。周囲には大きながく片と退化した雌雄しべをもった装飾花があり，中央には小形で 5 個の花弁が先端で合着し，雄しべ 15～20 本と多い両性花がある。種子は他のアジサイ類に見られない翼がついている。【特性】向陽地を最上とするが半日陰地でもよく生育し，腐植質に富む肥沃な土壌がよい。また，他の樹木の幹にはい登り幹をおおいかくす。【植栽】繁殖はさし木による。さし木は 5 月中旬～6 月下旬までの梅雨ざしとし，緑枝の 15cm ぐらいのものをさすとよい。【近似種】よく似たものにイワガラミがある。【学名】種形容語 *petiolaris* は葉柄上がある，という意味。

1094. イワガラミ（ユキカズラ，ウリヅタ）

〔イワガラミ属〕

Schizophragma hydrangeoides Siebold et Zucc.

【分布】北海道から九州までの日本全土と朝鮮半島に分布。【自然環境】山地の岩場や林内に生ずる落葉つる性植物。【用途】道路緑化，防音壁，トレリス，エスパリアなどの造園木，観賞用，薬用などに利用，葉を食用とする所もある。【形態】つる状の木本で，樹皮は褐色，茎より気根を出し，岩場や他の樹木の幹をはい登る。長さ 7～10m，茎の太いもので径 8cm に達する。葉は対生し，3～10cm で帯紅色の葉柄を有し，やや円形，心臓形で，葉身は長さ幅とも 5～12cm，葉縁は粗雑な鋭い鋸歯があり，上面は暗緑色，無毛でしばしば白緑色の斑点があり，下面は帯白色，葉腋部に有毛もしくは無毛。花序は大形の集散花序，本年枝の先に頂生し，花序の周辺に数個の装飾花をつけ，1 個の卵形白色のがく片が花弁状となる。中央は小形花が密生，花弁 5 個，雄しべ 10 本の両性花となる。開花は 7 月頃。果実は小さく，倒円錐形。【特性】陽樹でよく生育し，壁面などをおおいかくす。耐陰性があり，肥沃な湿潤地でよく生育する。耐潮性はわずかである。【植栽】繁殖はアジサイに準じて行えばよい。【管理】手入れの必要はほとんどないが，開花後，花がらが残るようであれば取り除く。病害虫はほとんどない。【近似種】ツルアジサイによく似ているが，装飾花のがく片の数や，幹が剥裂しないところが本種との相違点。【学名】種形容語 *hydrangeoides* はアジサイ属に似た，の意味。

1095. ウツギ（ウノハナ）〔ウツギ属〕
Deutzia crenata Siebold et Zucc.

【分布】北海道，本州，四国，九州。【自然環境】日本各地の日あたりのよい山野に自生している落葉低木。【用途】農耕地の境界樹，生垣として植栽。材は木釘などに用いる。【形態】株立ち状になり高さ 1～3m，枝は分枝繁密，幹枝とも中空である。幼枝は赤褐色で星状毛を生ずる。葉は対生で短柄，葉身は卵状披針形または披針形で長尖。長さ 3～6cm。縁には低い微凸鋸歯があり，上面はざらつき星状毛がある。下面は常緑白色で星状毛を密布する。花は 5～6 月，総状花序に白色の 5 弁花を開く。花柄は長さ 0.2～0.4cm，がく筒は円錐形，長さ 0.25cm，花冠は白色，鐘形で径 1cm。果実は 9 月に成熟，球形で星状毛を密生する。径 0.35～0.6cm。種子は小形。【特性】陽樹で適湿地を好む。樹勢強健。萌芽力があり強せん定にも耐える。移植は容易。都市環境にも抵抗性がある。【植栽】繁殖は実生，さし木，株分けによる。【管理】古枝を更新する。施肥は堆肥，腐葉土などを樹のまわりに施し土中の温度を高めてやるとよい。病気にはウドンコ病，サビ病，害虫にはアブラムシがある。【近似種】サラサウツギ f. *plena* (Maxim.) C.K.Schneid. は花が八重の園芸品種である。【学名】種形容語 *crenata* は円鋸歯状の，の意味。

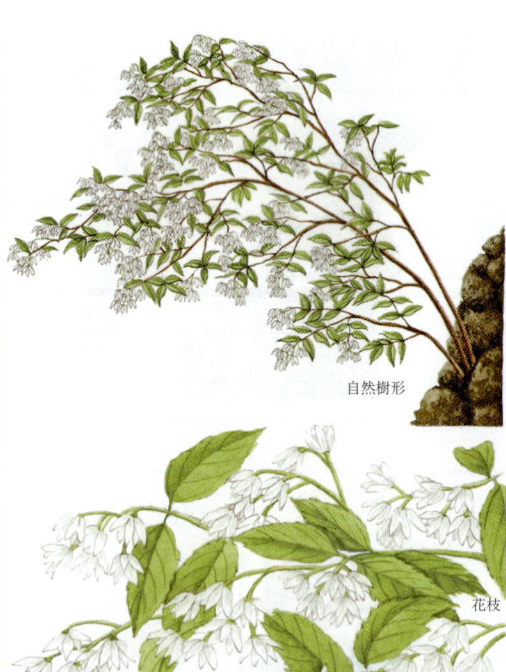

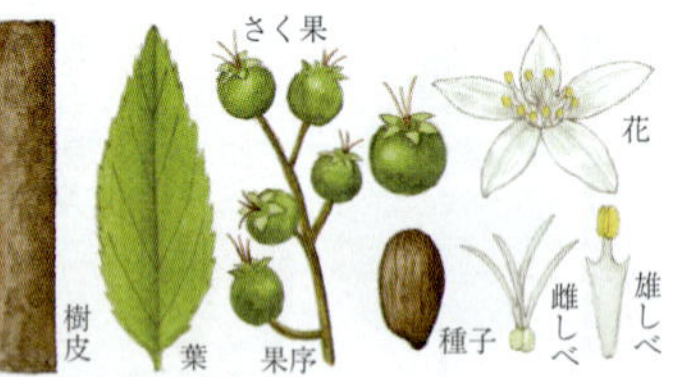

1096. ヒメウツギ〔ウツギ属〕
Deutzia gracilis Siebold et Zucc.

【分布】本州（関東以西），四国，九州に分布。【自然環境】山地の日あたりのよい所に自生，または植栽される落葉低木。【用途】庭園樹，盆栽などに用いる。【形態】よく分枝し高さ 1m ぐらい。樹皮は灰褐色で短冊状にはげる。若枝は細く無毛で緑褐色。葉は対生，有柄。葉身は披針形または卵形で先端は長くとがり，基部はほぼ円形。縁には細かな鋭い鋸歯がある。長さ 4～8.5cm，質やや薄く，表面は星状毛を疎生し，裏面は少し淡色で 5～8 分枝する星状毛を疎生するか，またはやや無毛。冬芽は卵状披針形。雌雄同株で，開花は 5～6 月頃。枝先に円錐花序を出し，白い 5 弁の花を開く。花序は毛がなく，がくには細かな星状毛が疎生する。さく果は球形で小さな星状毛がまばらにはえている。【特性】陽樹。向陽地のやや乾燥する所を好む。都市環境でもよく育つ。【植栽】繁殖は実生，さし木，株分けによる。実生と株分けは 3 月，さし木は 3 月または梅雨期がよい。【管理】大株になると枝が乱れるので，3～4 年生の古枝は冬に切り取る。施肥は寒肥を少量与える。病気は灰斑病，サビ病など。害虫は少ない。【近似種】ブンゴウツギ *D. zentaroana* Nakai は葉が大形，裏面に星状毛が多い。【学名】種形容語 *gracilis* は繊細な，の意味。

1097. マルバウツギ 〔ウツギ属〕

Deutzia scabra Thunb.

【分布】本州（関東以西），四国，九州に分布。【自然環境】山地の日あたりのよい小川の縁などに自生または植栽される落葉低木。【用途】庭園樹。葉は繭の糸口を取り出すのに用いる。【形態】よく分枝し高さ1.5m ぐらい。樹皮は灰色または灰褐色で縦に裂け，短冊状にはげる。髄は中空。若枝は紫褐色で星状毛がある。葉は対生で短柄。葉身は卵形ないし広卵形で，先端が短く鋭くとがる。基部は丸い。花序の下の葉は心臓形の基部をもち，茎を抱く。縁は細かい鋸歯があり，表裏ともに小さな星状毛が多くざらつく。長さ3〜6cm，幅2〜3cm。冬芽は小さく広卵形。雌雄同株で，開花は5〜6月頃。枝先に円錐花序を出し，白い5弁の花を開く。長さ5cm ぐらい。花糸には歯がない。さく果は秋に灰緑色に熟し，球形で星状毛がはえている。【特性】陽樹。樹勢強健で植栽する場合は土地を選ばない。都市環境でもよく育つ。移植は容易。【植栽】繁殖は実生，さし木，株分けによる。実生と株分けは3月，さし木は3月または梅雨期がよい。【管理】大株になると枝が乱れるので，3〜4年生の古枝は冬に切り取る。施肥は寒肥を少量与える程度でよい。病気は灰斑病，サビ病など，害虫は少ない。【学名】種形容語 *scabra* は凸凹のある，ざらついた，の意味。

1098. ウメウツギ（ニッコウウツギ，ミヤマウツギ） 〔ウツギ属〕

Deutzia uniflora Shirai

【分布】本州（関東地方西部），朝鮮半島の温帯に分布。【自然環境】山地，岩上にまれに自生する落葉低木。【用途】庭園樹，材は木釘として丈夫である。【形態】まばらに分枝し，枝は細くてまっすぐである。高さ1m ぐらい。樹皮は古くなると縦に裂け，短冊状にはげる。灰褐色または灰色。若枝は紫褐色で，有柄の星状毛でぎっしりおおわれている。葉は対生，短柄がある。葉身は卵状披針形または卵状楕円形で先端が鋭くとがり，基部は広いくさび形になっている。縁には細い鋸歯がある。長さ4〜7cm，幅2〜3.5cm。質は薄く，両面に3〜4分岐する星状毛を疎生する。裏面はやや淡色で脈が出ている。雌雄同株で，開花は5月頃。前年の枝の葉腋に白い花を単生し，ウメの花のように半開した花が首を垂れて咲く。花の直径は3cm。さく果は球形，径0.4〜0.5cm，花柱とがく片を宿存する。【特性】陽樹，向陽地のやや乾燥した所を好み，石灰岩地にも生育する。【植栽】繁殖は実生，さし木，株分けによる。実生，株分けは3月，さし木は3月または梅雨期がよい。【管理】大株になると枝が乱れるので，古い枝は冬に切り取る。施肥は寒肥を行う。病気は灰斑病，サビ病。害虫は少ない。【学名】種形容語の *uniflora* は単花の，の意味。

1099. ウラジロウツギ 〔ウツギ属〕
Deutzia maximowicziana Makino

【分布】本州（長野県南部以西），四国に分布。【自然環境】山地に自生する落葉低木。【用途】庭園樹。【形態】よく分枝しウツギより細い。高さ1.5mぐらい。樹皮は古くなると縦に裂け，短冊状にはげて灰色となる。若枝は星状毛があり紫褐色。葉は対生，短柄がある。葉身は披針状卵形で先が長くとがり，基部は円形に近い。縁には浅く細かい鋸歯がある。長さ2～8cm，幅1～3.5cm。表面は緑色で細かな5～6分した星状毛があり，裏面には多出の星状毛が密生して灰白色を示す。やや膜質。冬芽は卵形鋭頭。雌雄同株で，開花は4～5月頃。枝先に総状の円錐花序をつけ，白い5弁の花を開く。がくは細かな星状毛におおわれ，灰白色をしている。花糸の両側に歯状の翼がある。さく果は球形で長さ0.3cmぐらい，星状毛が密におおっている。【特性】陽樹，向陽地のやや乾燥した所を好むが，植栽する場合は土質を選ばない。都市環境にもよく育つ。【植栽】繁殖は実生，さし木，株分けによる。実生と株分けは3月，さし木は3月または梅雨期がよい。移植は容易。【管理】大株になると枝が乱れるので，古枝を冬に切り取る。施肥は寒肥として化成肥料などを少量与える。病気は，灰斑病，サビ病など。害虫は少ない。【学名】種形容語 *maximowicziana* はロシアの分類学者マキシモウィッチを記念した名である。

1100. バイカウツギ（サツマウツギ） 〔バイカウツギ属〕
Philadelphus satsumi Siebold ex Lindl. et Paxton

【分布】本州，四国，九州。【自然環境】低山帯の向陽の地に自生する落葉低木。【用途】野趣のある花木として庭園，公園に植えられる。【形態】幹は叉状に分枝し，そう状に生ずる。高さ1～3m，若枝には微毛がある。2年枝は褐色。葉は対生，短柄で，葉身は長卵形または楕円形で，葉先は長鋭尖である。長さ5～8cm，幅2～3.5cm。葉縁には細かい鋸歯が粗生する。5脈が目立つ。上面には細毛が粗生する。花は5～6月頃，枝端に総状集散花序をつける。花は白色で少し香気があり，花弁は4片，がく片は4個で卵形をしている。果実は10月に成熟，倒円錐形である。【特性】日あたりのよい所を好む。樹は強健で生長は早い。【植栽】繁殖は実生，さし木による。実生は秋に採種し，乾燥，常温貯蔵し，春に播種する。【管理】株立ち状で自然に生育し樹形が整うのでせん定の必要はない。施肥を必要とする場合は春に固形肥料などを施す。病気には斑点病，サビ病，害虫にはクワゴマダラヒトリガがある。【近似種】モックオレンジ *P. coronarius* は南ヨーロッパ原産の落葉低木で，花は淡いクリーム色をしている。【学名】種形容語 *satsumi* は薩摩（九州）産の，の意味。和名はウメの花に似ている，の意味。

1101. バイカアマチャ（モッコバナ）

〔バイカアマチャ属〕

Platycrater arguta Siebold et Zucc.

【分布】本州（静岡，奈良，三重，和歌山各県），四国，九州，中国大陸に分布。【自然環境】暖地の山中に自生する落葉低木。【用途】米国では岩石園植栽や温室栽培の装飾樹に用いる。【形態】下部から分枝し高さ1mぐらい。枝は灰褐色で樹皮は薄くはげやすい。若枝は毛を散生する。葉は対生，有柄。葉身は長楕円形で先が尾状に長くとがり，基部はくさび形。縁にはまばらに鋭い鋸歯がある。長さ10～15cm，やや薄い洋紙質で両面の脈上に，細長い毛がまばらにはえている。冬芽は卵形，鋭頭。雌雄同株で，開花は7～8月。枝先に集散花序をつけ，少数の花をまばらに開く。外側の花はしばしば装飾花になり，直径1～2.5cm。両性花の花弁は4枚，卵形で白く，長さ約0.8cm。さく果は倒円錐形で長さ0.6～0.8cm。頂に2花柱が残る。【特性】向陽の肥沃地を好むが土地は選ばない。生長は早い。【植栽】繁殖は実生，さし木，株分けによるが，主としてさし木，株分けによる。さし木は前年枝を3月，新枝を7月にさす。株分けは7月がよい。移植は3月頃。【管理】3～4年たった古枝を根もとから切り取る。せん定は花後に行う。【学名】種形容語の*arguta*は鋭鋸歯の，の意味。

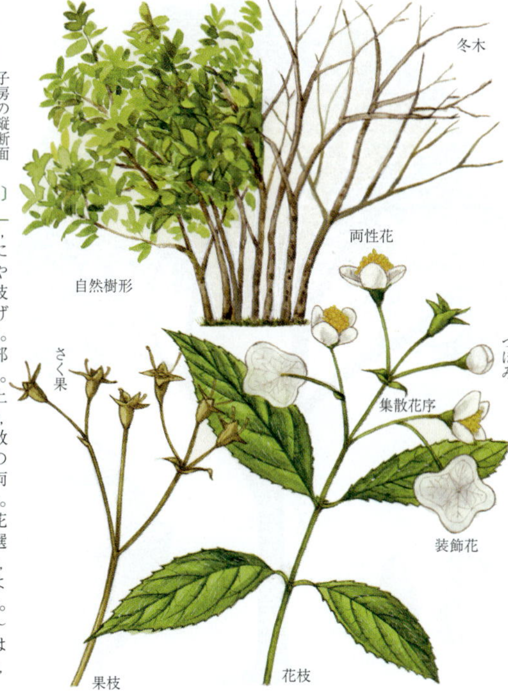

1102. ブラジルナット〔ブラジルナットノキ属〕

Bertholletia excelsa Humb. et Bonpl.

【原産地】ブラジル北部，ギアナ，ベネズエラ。【分布】熱帯アメリカに原生林をつくり栽培もされている。古くに東洋の熱帯に導入され熱帯アジアにも栽培されている。【自然環境】高温多湿の熱帯気候を好む常緑高木。【用途】種子の仁をナッツとして食用にする。チョコレートやアメに混ぜたり製菓用の原料や，油をしぼり食用や薬用とする。【形態】高さ30mにもなる。葉は長さ30～35cm，幅8～10cmの長楕円形で，表面淡緑色で光沢があり，裏面は灰色を帯びた緑色で葉脈が隆起し，革質で波状縁，葉脚は丸く葉頭は突出し，葉柄は長さ約2cmで互生する。円錐花序は頂生または枝先付近に腋生し長さ約25～30cmで，直立した花梗は分岐する。花は大きく直径約3.8cmの白色で花弁は6枚，基部が肉質を帯び，雄しべは多数あり長短奇異な形をなす。果実は多数房状に着果し，直径12～15cmの球形で果頂はへこみ，直径約7.5cmの丸い蓋がある。中に種子を10～20個蔵し，長さ5～6cm，幅3～4cmの不規則な三角形で黒褐色，表面は不規則な凹凸が無数にあり，ざらざらしている。果殻は厚く約1.7cmで堅い木質になっており，種子を取り出すのにのこぎりで切るか斧で割り，種皮も堅くペンチなどで割らねばならない。仁は白色のロウ質でタンパク質や脂肪分に富む。【植栽】繁殖は実生，取り木による。種子の発芽は非常に遅い。【学名】種形容語*excelsa*は高い，の意味。

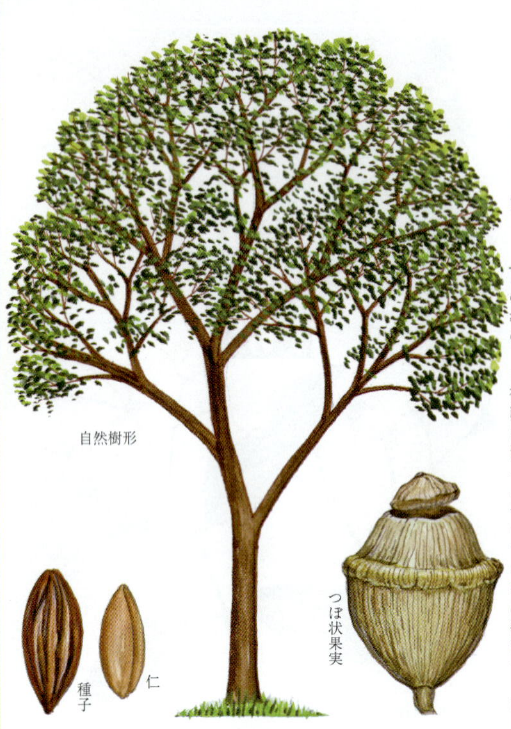

1103. パラダイスナット

〔パラダイスナットノキ属〕

Lecythis pisonis Cambess.
subsp. *usitata* (Miers) S.A.Mori et Prance

【原産地】ブラジル。【分布】ブラジル東部および北部の森林地帯に自生。スリランカ，マレーシアにも導入され試作中。【自然環境】温暖湿潤の熱帯性気候のもとに生育する常緑高木。【用途】種子をナットとして食用，そのほか油を食用，石けん，灯用にする。また種子をとった果実の殻で工芸品を作る。材は橙褐色，濃縞があり，重くて堅く強度は大。加工困難で，構造物に利用している。【形態】高さ30～40mにも達する高木で，樹皮は褐色，葉は互生，楕円形，花は白色または紫色，総状花序に多数開花する。果実は木質つぼ形で頂部に蓋があり垂れ下がる。種によって大きさは異なる。最大径29cm。種子は多数，楕円形，長さ3cm，両端はとがり，深いしわがある。仁は軟らかく甘味がある。香味はブラジルナットにまさる。【特性】陽光のあたる丘陵の頂上部に生育することが多く，湿地を嫌う。【植栽】繁殖は実生による。栽培もされているが一般には野生樹より果実を集めており，まだ栽培体系は確立されていない。【学名】属名 *Lecythis* はギリシャ語の lekythos（油つぼ）で果実の形よりきている。サルがつぼ状果実中に残った種子を食べるため手を突っ込み，種子をつかむと手が抜けず捕らえられるというので monky pot ともいわれている。ナットは少量ではあるが欧米に輸出されている。

1104. モッコク（イク，イイタ）　〔モッコク属〕

Ternstroemia gymnanthera (Wight et Arn.) Bedd.

【分布】本州の中南部，四国，九州。【自然環境】関東南部以西の暖地に自生し，また植栽も多い常緑高木。【用途】庭園の主木，公園の修景用として植栽される。材は建築材，器具材，薪炭材として用いられる。【形態】幹は直立，高さ10～15m，樹皮は黒灰色で滑らか，枝は赤褐色，全株無毛である。葉は互生し，短柄の長楕円状倒卵形で長さ4～7cm，縁は全縁，ただし稚樹やひこばえの葉にときに粗鋸歯がある。花は7月，枝の上部に柄のある白色の小花を下向きに開く。がく片は5個，花弁5個，雄しべ多数，さく果は10月成熟，皮は厚い。種子は濃赤色で長楕円体形。【特性】肥沃の壌土を好む。生長は遅い。耐陰性，耐潮性があり，大気汚染にも強い。【植栽】実生とさし木による。実生は湿り気のある砂中に常温貯蔵し，春に播種する。【管理】樹形が自然に整う。小枝が密生するので適度の枝抜きを行う。施肥を要するときは，2月に寒肥を施す。害虫にはとくにハマキムシが多く発生する。【近似種】ヒメモッコクは矮性の品種で，鋸歯が葉脚部に近い部分にみられる。【学名】種形容語 *gymnanthera* は裸花の，の意味。

1105. ヒサカキ　〔ヒサカキ属〕

Eurya japonica Thunb. var. *japonica*

【分布】本州，伊豆七島，四国，九州，沖縄，朝鮮半島南部，済州島，台湾などの暖帯に広く分布。【自然環境】林内の樹陰下で生じ，また尾根すじ，急傾斜地，ときに海岸の岩上の乾燥地にも自生する常緑低木または小高木。【用途】木は庭園，公園，生垣に植栽，材は器具，薪炭材に，果実は染料に，枝葉は神事，仏事に供し，染料にも用いられる。【形態】樹高はふつう 4〜7m で，樹皮は灰色，外皮はやや浅縦裂する。枝葉はよく茂り，小枝は淡緑色，無毛。葉は短柄を有し互生，革質，倒披針形か楕円形で鋭頭，細鋸歯があり，長さ 3〜8cm。花は 3〜4 月開花，小さな白色で，やや紫色を帯びる。雄花，雌花，稀に両性花があり，通常は雌雄異株，時に雑居性となる。果実は液果，球形，径 0.8cm，10 月に成熟し紫黒色となる。【特性】陰樹。日あたりのよい土地でもよく生育。萌芽性がある。防火，耐煙，耐潮性があり，都市環境でもよく育つ。【植栽】繁殖は実生かさし木で行う。実生は採果後，果肉を水洗いし，採りまきか，5℃で貯蔵後播種する。さし木は夏ざしで実施，本年枝の 15cm をさし木する。【管理】生垣や仕立て物は 7 月と 11 月に基本形にそって刈込む。一般的なせん定は 3 月，11 月に実施する。肥料は腐葉土や堆肥を主に，油かすや鶏ふんを混ぜ施す。病害虫はカイガラムシ，スス病の発生がある。【近似種】ハマヒサカキとの間に雑種とみられる移行形がある。【学名】種形容語 *japonica* は日本の，という意味。

1106. ハマヒサカキ（イリヒサカキ，イリシバ）　〔ヒサカキ属〕

Eurya emarginata (Thunb.) Makino var. *emarginata*

【分布】本州千葉県以西，四国，九州，沖縄。【自然環境】暖地の海岸に自生，植栽もある常緑低木〜小高木。【用途】公園，庭園の植込み，生垣に植栽。材は薪材とする。【形態】幹は地ぎわから分枝し株立ち状になる。高さ 2〜6m，樹皮は灰色，小枝には短毛が密生する。葉は互生，有柄で葉身は長楕円形または長倒卵形，円頭で先端が少し凹入する。長さ 2〜3.5cm，幅 1〜1.2cm，葉縁には波状鈍鋸歯がある。下方に反曲する。雌雄異株。花は 3〜4 月，葉腋に淡緑色の小花が束になってつく。花径は 0.4〜0.5cm，がくと花弁はおのおの 5 個で円頭である。果実は 10 月に成熟，球形の紫黒色で径 0.5cm，細かい種子をもつ。【特性】向陽地で肥瘦を問わず旺盛な生育をする。耐潮性，耐乾性があり，大気汚染にも強い。生長はやや遅い。【植栽】繁殖は実生，さし木による。実生は果肉を水洗陰干しし，やや湿った砂に混ぜて貯蔵し，3〜4 月に播種する。発芽率は中ぐらい。【管理】生長があまり早くないのでせん定などの手入れはあまり必要としないが，計画高に達したら，切りつめ，枝抜き，切替えなどにより樹形を維持する。施肥の必要はない。病害虫も目立つものはない。【近似種】ヒサカキは樹皮が灰褐色，小枝に毛がない。葉は長楕円形で長さ 3〜7cm。【学名】種形容語 *emarginata* は先端に浅い割れ目のある，凹頭の，の意味。

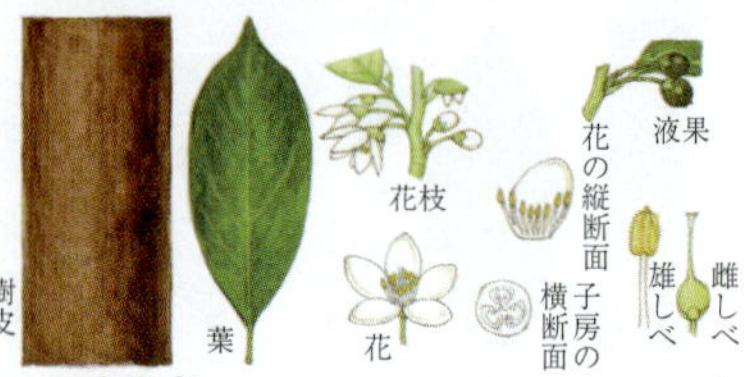

1107. サカキ（マサカキ，ホンサカキ）〔サカキ属〕
Cleyera japonica Thunb.

【分布】本州茨城県以西，四国，九州，沖縄。【自然環境】関東以西の山林中に自生し，また神社などに植栽されている常緑高木。【用途】庭園，神社，生垣に植え，根葉を神事に用いる。材は建築材，器具材，船舶材，櫛材などに用いる。【形態】幹は直立，分枝し，通常高さ 8～10m，幹径 20～30cm，樹皮は暗褐紅色，小枝は緑色，全株無毛，葉は互生，有柄，葉身は卵状長楕円形または狭長楕円形で鋭頭，長さ 7～10cm，幅 2～5cm，全縁でやや革質である。上面は暗緑色で光沢があり，下面は帯青色をしている。冬芽は鎌形をしている。花は5～6月頃，葉腋に白色，5 弁の小花を 1～3 個ずつ下向きに開く。雄しべは多数で葯に毛がある。花径は 1.2～1.5cm，のちに帯黄色となって落花する。果実は 10 月成熟，紫黒色で球形，径 0.6～0.9cm，光沢がある。種子は細小形で多数入っている。【植栽】繁殖は実生，さし木による。実生は秋に採種し，果肉を取り除き，採りまきするか，土中埋蔵か湿った砂に混ぜて常温貯蔵し，翌春にまく。さし木は7～8月に新梢をさす。【管理】仕立て樹形のものは，7 月，11 月頃，基本形にそって刈込むとよい。施肥は堆肥や落葉，鶏ふん，油かすなどを混ぜて与える程度でよい。病害虫はカイガラムシとそれによるスス病が発生する程度【近似種】フクリンサカキ f. *tricolor* (G.Nicholson) Kobuski は葉辺に白と淡紅の斑がある。植栽品。【学名】種形容語 *japonica* は日本の，の意味。

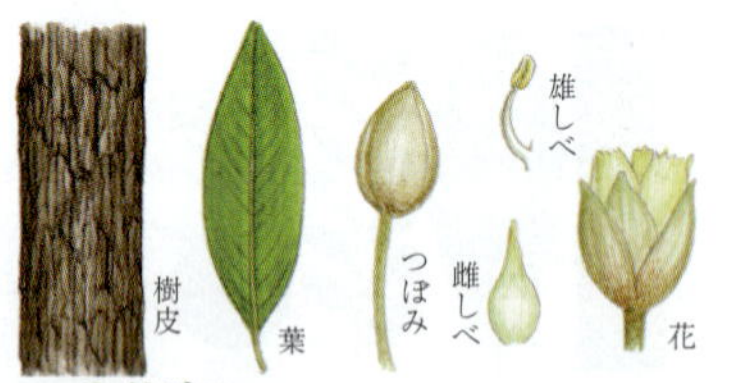

1108. サポジラ（チューインガムノキ）〔サポジラ属〕
Manilkara zapota (L.) P.Royen

【原産地】熱帯アメリカ。【分布】熱帯の各地で栽培されている。【自然環境】高温多湿の熱帯気候を好む常緑高木。【用途】果実を生食するほか料理やシャーベットの原料とする。樹皮を傷つけてとった乳液を煮つめて，酸で固めたあと乾燥させたものがチクルで，軟化点が体温に近く，かんでいるうちに軟らかくなるのでチューインガムの原料とする。【形態】高さ約 15m。樹皮は褐色で粗く，樹冠は円形または円錐形で，枝は水平に張る傾向がある。葉は枝先に密生し長さ 5～15cm，幅 2～7cm の楕円形で全縁，厚い革質で，表面は濃緑色で光沢があり裏面は淡緑色。花は小さく，直径約 1.2cm の白色筒状で有柄，枝先に多数つく。がくは 6 枚，2 列に配列し外側の 3 枚は褐色，内側の 3 枚は白色の毛がある。果実は直径 6～10cm の円形～広楕円形と品種による変化が多い。果皮は薄く表面は褐色のさびを帯びる。果肉は黄褐色で軟らかくざらざらしており，香り，甘味は干柿に似るがきわめて甘い。種子は黒色で光沢がある。【植栽】繁殖は実生によると変異が大きく，発芽後の 1～2 年は生育が遅いので，一般には接木，取り木を行う。高温多湿の熱帯気候を好むが耐寒性も強く，成木は 0℃ 程度の低温には耐え，土壌も選ばない。チクル採集には，雨期でないと樹液が出ないので雨期が採集期間である。【学名】種形容語 *zapota* はメキシコの土名による。

1109. カキノキ（カキ）　〔カキノキ属〕
Diospyros kaki Thunb.

【分布】日本は中国とともにカキの原生分布地域で，本州，四国，九州の山中に野生し，古くから利用された。【自然環境】比較的温暖な気候を好む落葉高木。【用途】果実は生食するが，渋柿は渋抜きをするか干柿にして食べる。材は堅く器具用材に適している。【形態】幹は成木になると樹皮はコルク化して裂け，灰黒褐色となる。材は緻密で堅い。葉は楕円形または卵円形，先端はとがる。花は一般に雌雄異花であるが，雌花のみのもの，両性花を混生するものなどがある。果実は品種により長形，円形，扁形など種々ある。色は黄赤色または赤色，果肉はしまり美味。甘味種と渋味種とがあり，それぞれに多くの品種がある。【特性】甘味種は渋味種より耐寒性が小さく，かつ高温，乾燥に対し弱い傾向がある。【植栽】繁殖は接木による。台木は一般に共台またはマメガキが使われている。カキは土地に対して適応範囲は広いが，粘土質がかった所がよい。10a あたり植栽本数は成木園で 15～20 本。【管理】富有柿では授粉樹の混植が必要。授粉樹は花粉の多い禅寺丸が使われている。単為結果力の強い平無核（ひらたねなし）はその必要が少ない。【近似種】甘柿では富有，次郎，渋柿では平無核，会津身不知（あいづみしらず）などがある。【学名】属名 *Diospyros* はギリシャ語の dios（神）と pyros（穀物）との合成，食用となる果実に由来する。種形容語 *kaki* は和名による。

1110. リュウキュウマメガキ（シナノガキ）　〔カキノキ属〕
Diospyros japonica Siebold et Zucc.

【分布】中国および日本原産のもので，本州中南部，四国，九州，沖縄に分布。【自然環境】温暖な気候を好む落葉高木。【用途】材は建築材，器具材に用いられ，未熟の果実から渋を採取する。【形態】樹皮は灰褐色で縦裂する。小枝は無毛，葉は互生，卵形または長楕円形，先はとがる。全縁。花は新枝の葉腋に短花柄の白色小花を 5～6 月に開く。雌雄異花。果実は長楕円形または円形，小形，10～11 月に熟し淡褐黄色。【特性】耐寒性は小さい。【植栽】繁殖は実生または接木による。土地を選ぶことは少ないが，やや粘土がかった所がよい。【管理】特別集約的な管理は行われていない。【学名】属名 *Diospyros* はギリシャ語の dios（神）と pyros（穀物）との合成語で，神の食べものという意味をもっている。種形容語 *japonica* は日本産の，の意味。牧野富太郎は本種を *D. lotus* L. とし，信濃に多く産するからシナノガキといい，果実の大きいものをマメガキというとしているが，林弥栄はシナノガキとマメガキを区別し，シナノガキの若枝と葉下面は無毛で粉白色をなし，葉柄の長さ 1.5～3cm，雄花の長さ 0.5～0.8cm であるのに対し，マメガキは幼枝と葉下面は有毛，粉灰色，葉柄 0.8～1.5cm で短く，雄花の長さ 1cm と長く，果実は丸くやや大きいとしている。

1111. トキワガキ (クロトキワガキ) 〔カキノキ属〕

Diospyros morrisiana Hance

【分布】本州(東海, 紀伊半島南部, 山陽地方), 九州, 沖縄に分布。【自然環境】暖地の山中にはえる常緑高木。【用途】庭園樹。柿渋をとる。【形態】幹は直立し, 高さ 10m, 直径 40cm に達し, 老木の樹皮は黒色となる。新枝は初め短毛があり, のちに無毛となる。葉は有柄, 互生, 葉身の長さは 5〜10cm, 幅 2.5〜4cm, 楕円形〜長楕円形で両端鋭形, 全縁で厚い革質。葉の表面は深緑色, やや光沢があり, 裏面は淡緑色。両面無毛, 葉柄の長さ 0.7〜1.2cm。雌雄異株, 6 月に開花し, 花は小さく, 葉腋に単生して下向き, 柄はきわめて短い。がくは緑色で 4 裂。花冠は淡黄色, 鐘形で, 下向き, 長さ 1cm 以下, 先端は 4 裂し, 裂片は広卵形。雄花は花筒内に 16 本の雄しべを有し, 葯には細毛がある。雌花には 4 個の雄しべと 1 本の雌しべがあり, 球形の子房は 8 室, 無毛, 花柱は 4 裂し, 柱頭は 2 つに分かれる。液果は球形, 直径 1.5cm ぐらいで, 初め緑色, 10〜11 月に成熟し黄色となり, 乾いて暗褐色となる。【特性】温暖で, 日あたりよく肥沃な土地を好む。生長は早い。【植栽】繁殖は実生による。【学名】属名 *Diospyros* は神の果実, 種形容語 *morrisiana* は人名で, モーリスの, の意味。

1112. ケガキ 〔カキノキ属〕

Diospyros discolor Willd.

【原産地】台湾およびフィリピン。【分布】フィリピン, 台湾, インドネシア, 東インド諸島, 西インド諸島。【自然環境】熱帯気候のもとに生育する常緑高木。【用途】果実は生食, 材は緻密で重く, 辺材は淡紅色, 心材は黒色, 暗紫色または蒼緑色の縞がある。家具の製造に用いられている。また街路樹として植えられている。【形態】高さ 10〜14m。樹冠は円状卵形, 樹皮は黒色に褐色の条線があり粗い。新梢には茶褐色の密毛がある。葉は互生し, 楕円形, 全縁で革質, 表面は暗緑色で光沢があり, 裏面は灰白色, 褐色の毛が密生し, 中肋表面はへこみ裏面に突出する。雌雄異花。雄花は花梗上に数花密生, 雌花は単生, 花冠はつぼ状で先端は 4 裂する。果実はリンゴ大で球形または扁円形。果皮薄く, 橙色または赤橙色, 熟すと紅色となる。表面にビロード状茶褐色の密毛があるが脱落しやすい。果肉に一種の異臭があるが, 優良なものはパイナップル様の香気があり甘い。中に 4〜8 個の大きい種子を蔵する。【特性】樹勢は強く, 生育は早い。【植栽】繁殖は一般に実生によるが, 優良系統のものは接木も行われる。植栽距離は地方により 5〜8m と差がある。【学名】属名 *Diospyros* はギリシャ語の dios (神) と pyros (穀物) からなり, 果実が食用となることから由来。

1113. コクタン 〔カキノキ属〕
Diospyros ebenum J.Koenig

【原産地】インド南部，マレーシア，ボルネオ，セレベス，セイロン島に分布する。【分布】日本には栽培されていない。【自然環境】熱帯にはえる常緑高木。【用途】果実は食用。心材は堅く，漆黒色で磨けば光沢が出るので高級建築や器具，楽器に用いられる。【形態】葉は有柄，互生，葉身は楕円形，全縁，先端と基部はくさび形，鈍頭，革質で，葉脈は両面に隆起し，支脈は斜めに平行する。雌雄異株。花は腋生，雄花は短い柄を有する集散花序を形成し，3〜12花をつける。がくは漏斗形で4裂，花冠は筒状，4裂し，雄しべは16個内外。雌花は単生し，短い柄があり，がくは雄花のものより大きい。1花柱で柱頭4裂。子房は8室。花の色は雌雄ともに淡黄色。果実は球形，赤黄色で径2〜3cm，宿存するがくは半球形，木質で果実に密着する。【近似種】元来コクタンの名は総称名で，1つの種ではなく，ホンコクタン *D. mollis*（タイ国産）が真正のコクタンだという説がある。コクタン類は熱帯には非常に多い。【学名】種形容語 *ebenum* は黒壇の意味。

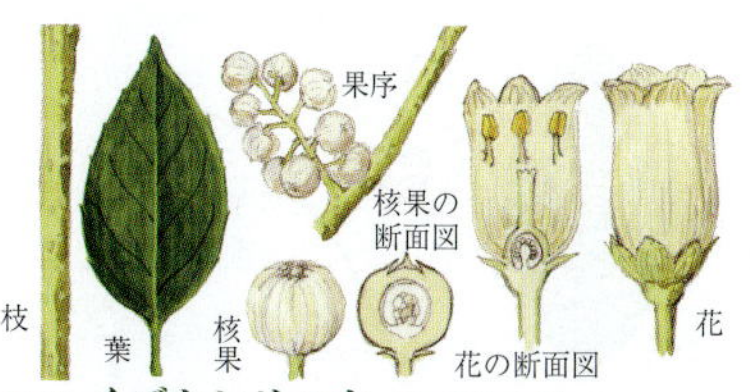

1114. イズセンリョウ（ウバガネモチ）
〔イズセンリョウ属〕
Maesa japonica (Thunb.) Moritzi et Zoll.

【分布】本州（関東地方以西），四国，九州，沖縄，台湾，中国，インドシナ。【自然環境】暖地の山林内にはえる常緑低木。【形態】枝は基部が横に伏し，枝分かれは少なく高さ1mぐらいになる。葉は有柄で互生し，葉身は長楕円形で先は鋭くとがり，基部はくさび形，長さ5〜17cm，幅2〜5cm，縁にはふつう波状の粗い鋸歯があるが，ときにはほぼ全縁となる。徒長した枝につく葉では鋸歯がとくに粗くなる。葉柄は長さ1〜1.5cmほど。雌雄異株。4〜5月，葉腋から長さ1〜3cmの総状花序を出し，短い花柄をもった小花を多数つける。小苞は広卵形で先は鈍頭，長さ0.07cmぐらい。がく片は5個で卵円形。花冠は筒状鐘形で黄白色，長さ約0.5cm，筒先は浅く5裂。雄しべ5個，雌しべが1個ある。果実は残存する花冠につつまれ乳白色の球形で径0.5cmぐらい。【近似種】九州の南部から沖縄，台湾，中国に分布するシマイズセンリョウ *M. perlarius* (Lour.) Merr. var. *formosana* (Mez) Yuen P.Yangは，花冠が広い鐘形で長さ0.25〜0.3cmほどと小さく，小苞は披針形で先がとがり，葉は歯牙状の鋸歯が目立つ。【学名】属名 *Maesa* は本属の1種 *M. lanceolata* につけられたアラビア名の maass に由来する。種形容語 *japonica* は日本の，の意味。イズセンリョウの和名は伊豆の伊豆山神社に多いことに由来する。

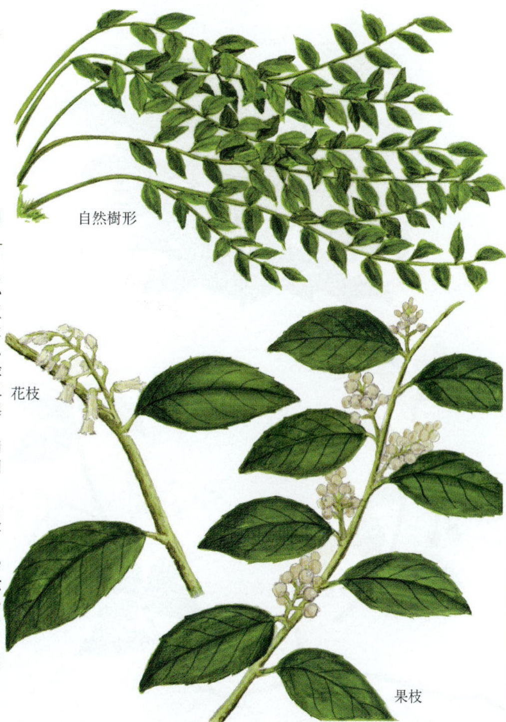

1115. ヤブコウジ　〔ヤブコウジ属〕
Ardisia japonica (Thunb.) Blume

【分布】北海道（奥尻島），本州，四国，九州，朝鮮半島，台湾，中国。**【自然環境】**山地の日陰地にはえる常緑小低木で観賞用としてもよく植えられている。**【用途】**庭園樹，鉢植え。観賞のための栽培品種が多い。正月用の飾りものとする。**【形態】**地下茎をのばして繁殖し，茎は直立してほとんど枝分かれせず，高さ 10〜30cm になる。葉は互生であるが，ふつう茎の上部に 1〜2 段に輪生状につき，1〜1.5cm の葉柄がある。葉身は長楕円形で先端はとがり，基部はくさび形で長さ 4〜13cm，幅 2〜5cm，縁には細かい鋸歯があり，質は厚くつやがあり，中肋のほかは無毛。7〜8月，葉や鱗片葉の腋から花柄を出し 2〜5 個の白色の小花をつける。がくは深く 5 裂し，裂片は卵円形で先はとがり，細かい縁毛があるほかは無毛。花冠は 5 裂し径 0.6〜0.8cm，雄しべは 5 個，雌しべは 1 個ある。果実は球形で径 0.5〜0.6cm，秋に赤く熟す。**【植栽】**繁殖は実生，さし木，株分けによる。園芸品種では 6 月頃さし木をしてふやし，鉢植えとする。**【近似種】**変種のホソバヤブコウジ var. *angusta* (Nakai) Makino et Nemoto は葉が披針形で長さ 2〜5cm，幅 0.6〜2cm，丈は低く，伊豆大島，屋久島，台湾に分布する。**【学名】**種形容語 *japonica* は日本の，という意味。

1116. ツルコウジ　〔ヤブコウジ属〕
Ardisia pusilla A.DC.

【分布】本州（千葉県以西），四国，九州，沖縄，朝鮮半島南部，台湾，中国，フィリピン。**【自然環境】**暖地の低山や丘陵地の林下にはえる常緑小低木。**【用途】**庭園樹。**【形態】**茎は褐色の軟毛におおわれ，下部は地上をはい，先は立ち上がって高さ 10〜15cm になる。葉は有柄で互生であるが，2〜5 個ずつ集まってつく。葉柄は長さ 0.5〜1cm で長毛がある。葉身は洋紙質で光沢がなく暗緑色，卵形または長楕円形で長さ 2〜6cm，幅 1.5〜3cm，両面に軟毛がはえ，縁には粗い鋸歯がある。5〜6 月，鱗片葉の腋から花柄を出し，その先に 2〜4 個の小白花をつける。花梗は細くて長毛があり，長さ 1.5〜6cm，花柄は長さ 0.7〜1.2cm。がくは長毛があり先は 5 裂する。花冠は径 0.6〜0.7cm，広い鐘形で深く 5 裂し，裂片は狭卵形で広く開く。雄しべ 5 個。雌しべの花柱は直立する。果実は球形で径 0.6〜0.7cm，冬近く赤く熟し春まで残る。**【近似種】**オオツルコウジ *A. walkeri* Yuen P.Yang はヤブコウジとツルコウジの中間的な性質をもつ。葉は長さ 5〜13cm，幅 2〜4cm の長楕円形，花柄や茎に長毛がある。がくには縁毛があるだけで背面は無毛。本州（千葉県以西），伊豆諸島，九州に見られる。**【学名】**種形容語 *pusilla* は細小な，という意味。

1117. マンリョウ　〔ヤブコウジ属〕
Ardisia crenata Sims

【分布】本州（関東地方以西），四国，九州，沖縄，朝鮮半島，中国，台湾，インド。【自然環境】暖地の山林内にはえる常緑小低木で，広く観賞用として栽培されている。【用途】庭園樹，鉢植え。【形態】茎は直立し，高さ50～60cmがふつうであるが1mを越すものもある。上部で側枝を四方に出す。葉は有柄で互生し，質は厚く濃緑色で長楕円形，長さ4～13cm，幅2～4cm，縁には波状の鋸歯があり，ややしわ状に波を打つ。葉柄は長さ0.5～1cm。花は7月頃，前年の側枝の先に散房状に10数個つける。がくは5裂し裂片は卵形，花冠は白色で径0.8cmほど，先は5裂し裂片は鋭頭となる。雄しべは5個，雌しべ1個。果実は球形で径0.6cm，赤く熟す。【植栽】繁殖は実生，さし木，接木による。普通種は5月頃採りまきにするとよい。シロミノマンリョウも実生でよい。園芸品種は6月頃，さし木，接木をする。やや湿気のある水はけのよい所を好む。日にあてすぎると弱る。【管理】寒い地方の栽培は野外では無理。萌芽力に乏しいのでせん定はしない。【近似種】細葉のもの，葉に斑の入ったものなど園芸品種が多く，果実の白いシロミノマンリョウもよく栽培されている。【学名】種形容語 *crenata* は鈍鋸歯の，という意味。

1118. カラタチバナ　〔ヤブコウジ属〕
Ardisia crispa (Thunb.) A.DC.

【分布】本州（千葉県，富山県以西），四国，九州，沖縄，台湾，中国。【自然環境】暖地の山林の樹下にはえる常緑小低木で，果実が美しく観賞用としても植えられる。【用途】庭園樹，鉢植え。【形態】茎は直立し，高さ20～90cm，太さは0.3～0.5cm。葉は0.8～1cmの葉柄をもって互生し，葉身は披針形で先は細くとがり，長さ8～20cm，幅1.5～4cm，濃緑色で質厚く，縁に波状の鋸歯がある。7月頃，葉腋または鱗片葉の腋から花梗を出し，散房状に10個内外の小白花を開く。花梗は長さ3～7cm，ときに小さな葉をもつ。がくは5裂，花冠は径0.7～0.8cmで5裂し，裂片は狭卵形でそり返る。雄しべは5個，雌しべは1個ある。果実は球形で径0.6～0.7cm，秋に赤く熟し，翌年も長く落ちない。栽培の園芸品種も多い。【特性】強い光と冬の寒さを嫌い，暖かい日陰の場所を好む。【植栽】繁殖は実生による。園芸品種は実生の台木に6月頃，割接ぎをする。【管理】寒地では鉢植えとし，室内やフレームに置く。東京地方では露地で越冬する。【近似種】果実の白い品種にシロミタチバナ f. *leucocarpa* (Nakai) H.Ohashi がある。【学名】属名 *Ardisia* はギリシャ語で鎗先という意味で，花弁の先がとがることによる。種形容語 *crispa* はしわのある，ちぢれた，という意味。

1119. タイミンタチバナ　〔ツルマンリョウ属〕
Myrsine seguinii H.Lév.

【分布】本州（千葉県以西），四国，九州，沖縄，台湾，中国，インドシナ。【自然環境】暖地の林の中にはえる常緑小高木。【形態】大きいものは高さ7mぐらいになる。若枝は無毛で，しばしば暗紫色を帯びる。葉は有柄で互生し，葉身は倒披針状長楕円形で長さ6～13cm，幅1～2.5cm，先はやや鈍頭で基部は長い鋭形となり，縁には鋸歯はない。質厚く，表面は緑色で裏面は淡緑色となる。葉柄は0.2～1.3cm。雌雄異株。花は3～4月，前年の葉腋に集まってつく。花柄は長さ0.2～0.4cm，花冠は淡緑白色を帯び，暗紫色の点があり径0.3～0.4cm，5裂して開出する。がくは小形で5裂，雄しべ5個，雌しべは1個ある。果実は球形で径0.5～0.7cmで集まってつき，秋に紫黒色に熟す。【近似種】小笠原諸島に産するシマタイミンタチバナ *M. maximowiczii* (Koidz.) E.Walker は高さ4～5m，花柄が短く，葉は鈍頭である。ツルマンリョウ *M. stolonifera* (Koidz.) E.Wakler は小低木で，大きくても1.5mぐらい，茎はつる状に地面をはう。果実は球形で径0.5cmほど，赤く熟す。【学名】属名 *Myrsine* はギリシャ名。和名タイミンタチバナは大明橘の意味で，大明は明国のこと。明国を原産地と考えてつけたものと思われる。

1120. チャノキ（チャ）　〔ツバキ属〕
Camellia sinensis (L.) Kuntze

【原産地】中国および日本。九州に自生。【分布】製茶用として各地で広く栽培され，栽培品種も多い。【用途】庭の下木として植え，製茶と生垣とを兼ねた栽培が多い常緑低木。【形態】高さは通常栽培されるものは1mぐらいで刈込むが，自然木では4～5mになり，樹姿は株立ち状となり枝条は密生する。枝は淡褐色で短毛がある。葉は互生，短柄，披針状長楕円形か長楕円形で鈍頭，鋭脚。革質で光沢があり，鈍鋸歯があり上面は無毛，下面に萌芽期は伏毛がある。葉脈はへこんで著しい。長さ2.5～5cm，幅2～3cm。花は有梗で1～数個腋生し下向する。がく片は5個，花弁は5～7で円形，白色，雄しべは多数，雌しべは1。花柱は上部で3裂が多い。子房は有毛，さく果は3片に裂開し，種子は1～3個で暗褐色。花期は11～12月，結実期は翌年の11月。【近似種】品種としては，花が淡紅色のベニバナチャ f. *rosea*，枝が折曲して伸長するコウテンチャ，斑入り葉で散斑が入るフイリチャ，チャに似るが葉が広楕円形で大きく長さ10～15cmのトウチャ（ニガチャ）f. *macrophylla* がある。変種にはアッサムチャ（ホソバチャ）var. *assamica* があり，葉が長楕円状披針形で，鋭尖し長さ20～25cm，葉脈はへこみ葉が膨出，花は花弁が7～9枚。タイワンヤマチャ *C. formosensis* は台湾固有の野生種で，葉は狭楕円形で厚く，大形で濃緑色，花弁も6～7弁で多い。【学名】種形容語 *sinensis* は中国の，の意味。

1121. ヤブツバキ（ツバキ）〔ツバキ属〕

Camellia japonica L.

【分布】北限は青森と秋田県。それより以南の日本全国に分布し，植栽分布も同様である。【自然環境】海岸から河川の沿岸に多く分布し，適温の壌土に育つ常緑高木。【用途】観賞用庭園樹や防潮および防風林とする。材は楽器や木槌，薪炭材にも利用する。果実から油をとる。【形態】樹高は6～18mになり，幹径は30～50cmになる。樹形は長楕円形か半球形に繁茂し，幹は灰白色で平滑，枝は無毛。葉は互生，楕円形か長楕円形で長さ5～12cm，幅3～7cm，厚革質で細鋸歯があり，急鋭尖頭，円脚が多いが変化は多い。表面は光沢があり濃緑色，裏面は淡緑色。花は2～4月に開花し，無柄，大形で頂生か腋生で一重咲，花弁は5～9弁ぐらいで，花径5～6cm。雄しべは多く，葯は黄色，花糸は白色で子房は無毛，花柱は3頭裂。花色は紅色。9～10月にさく果が熟し，球形で果肉は厚く，種子は3～5個の大形で暗褐色。【特性】変異は多く，ヤエツバキやシロバナヤブツバキ，ナガバヤブツバキ，その他園芸品種としての栽培種が多くある。【植栽】繁殖は実生による。花を賞するものは園芸品種が多いが，防風樹，生垣用，目隠用などは実生品でよい。【管理】生育が遅いため管理は少なくてよい。害虫としてはチャドクガがある。防除は5月と8月中旬～9月上旬の2回，殺虫剤の散布が必要である。【学名】種形容語 *japonica* は日本の，の意味。

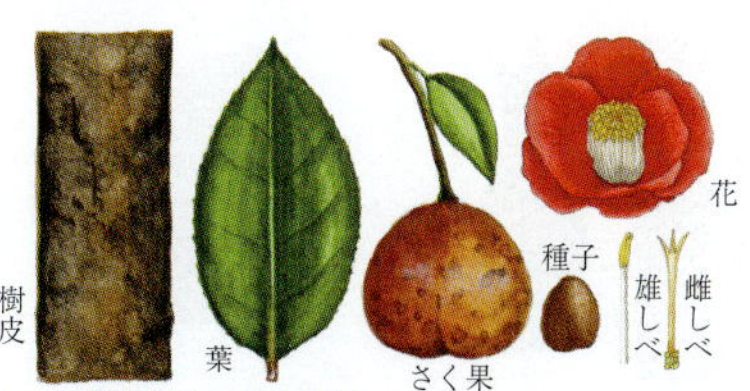

1122. ヤクシマツバキ（リンゴツバキ，オオミツバキ）〔ツバキ属〕

Camellia japonica L. var. *macrocarpa* Masam.

【系統】ツバキの変種。さく果が大形で，リンゴのように垂れ下がるのでその名があり，さく果は5cm以上となる。【分布】屋久島で発見され命名されたが，のちに九州の沿岸や奄美大島，沖縄などから四国南部に分布していることがわかった。本州の関東でも植栽でき，大果を実らせる。【用途】観賞樹としてまれに庭園に栽培，種子は小粒で採油には不適。【形態】樹形はヤブツバキと変わらず，高木となり，灰褐色の樹肌で枝も密になる。葉は屋久島産のものでは特徴があり，やや細長く，長楕円形で先端は鋭尖形，基部は鋭形またはくさび形で，長さ8～10cm，幅3～5cm，葉柄も細長く，1～1.3cmある。花は筒状でヤブツバキより長い。紅色花で花柱に微毛があるものが多い。子房は大きく，秋に果は肥大して，およそ5～8cmぐらいとなる。果皮は厚く，およそ径の2/3～3/4を占める。種子は小さく3～5粒ある。屋久島においても海岸線はふつうのヤブツバキが多いが，山地に入ると，リンゴツバキが多くなる。結実枝は果実が大きくなり，葉は落ちて垂れ下がる姿となる。【植栽】実生によりふやすか，さし木でもよい。実生は生育がやや遅いので，さし木で繁殖する。耐寒性もヤブツバキと大差ない。幼苗に十分な管理をして育苗すればよく，とくに寒風を嫌うので防寒は必要である。

1123. シロバナヤブツバキ（ヤブジロ）〔ツバキ属〕

Camellia japonica L. subsp. *japonica* f. *leucantha* Makino

【系統】ヤブツバキの白花種をシロバナヤブツバキとよび，ヤブジロと略している。【分布】自然状態ではまれに見られるもので，その近くには淡桃色のものも見られる。【用途】観賞用として庭園などに栽培される。【形態】ヤブツバキと同様で花色が白い品をさす。【植栽】繁殖は実生によっても白色花を咲かせることができる。自生地においても白花の株周辺には淡紅色の花を見たりする。白色花は優性遺伝で白花種が多く現れるが，自家授粉性がツバキには多いので白花が生じやすいのである。さし木も可能で，7～9月にさし木でふやすことが多い。【近似種】白花のツバキは記録としては『日本書紀』に，天武天皇に白花のヤブツバキを大和国吉野人が献上した記録（675）があり，当時より白花のツバキは観賞価値も高く珍しかったことがわかる。園芸品種にも現在では多くの一重咲で白花があり，これを総称して「白玉椿」とよび，茶花に使用されている。切花でふつうに白玉椿とよぶと‘初嵐’のことである。そのほかに，‘赤山白玉’，‘葛西白玉’，‘大白玉’，‘弁天白玉’，‘角葉白玉’など特徴が少しずつ異なった園芸品種があり，栽培されている。花形や雄しべの違い，花期などの変異によって園芸品種名がつけられる。古木で白花の名木には，調布市の記念物に指定されている布田のシロバナヤブツバキがある。

1124. ツバキ‘キンギョツバキ’〔ツバキ属〕

Camellia japonica L. ‘Apucaeformis’

【系統】ヤブツバキの葉が変わった園芸品種で，江戸時代に珍しい植物として栽培され現代に至る。【形態】樹形は長楕円形でヤブツバキと同様であるが，葉が異なり，ツバキの葉の先端が3裂し金魚の尾に似た葉形となったものである。さらに葉が変形して，付属的に小さな漏斗状の小葉がつく場合がある。葉先の裏面につくこともあり，この個体が多い株を「らんちう」と称して栽培している。花は紅花一重咲である。秋に結実するがその量は少ない。【植栽】実生によってまれに現れるが，その率は少ないため，さし木でふやす。若木でも春芽はよく金魚葉を出すが，秋に開葉した葉はふつうの葉が多い。【近似種】ツバキの変わり葉は多くあり，キンギョツバキでもその種類は多く，白花一重咲，白八重，白の牡丹咲，紅花の半八重咲などがあり，実生によって多少変わった品種も多く現れる。そのほか，葉の表面がへこんだ盃葉ツバキ，葉が細く鋸歯が鋭い柊葉ツバキと鋸葉ツバキとがあり，鋸葉ツバキは花が小輪で大きく開き，花柱の基部に微毛があるが，柊葉ツバキの花は一重小輪で筒咲であり区別されるが，よく似ている。そのほか桜葉，百合葉，七変化などの葉変わりツバキの品種がある。

1125. ツバキ ‘ニチゲツセイ’ 〔ツバキ属〕

Camellia japonica L. ‘Nichigetsusei’

【系統】ヤブツバキの園芸品種で，江戸時代に肥後で品種改良が行われ，一重咲で雄しべの開いた梅芯咲という花形を好み選別された品種群を「肥後椿」とよび，その園芸品種の一種である。【形態】母樹は‘肥後京錦’の枝変わりであるため，樹形や葉形は‘肥後京錦’と同じで，樹勢は強く樹形は楕円形になり，葉つきはやや少ない。葉は卵状広楕円形で濃緑色，ときに黄色の斑が現れる。若い葉では淡紫紅色の斑が現れて，成葉になり濃緑色となる。枝は太く，花期は3～4月で，花色は紅色地に雲紋状に斑が入る。花径は9～11cmで大輪の一重咲，花弁は5～8弁，雄しべは太く，花糸は淡桃色地に赤い縦すじが入る。梅芯咲で花糸は150～200本，雌しべは3頭裂で花柱も黴紅色か黄緑色，雄しべより短いか同じぐらいである。【近似種】本品種に似た品種は‘絞妙蓮寺’が一重咲であるが雄しべが和芯で異なり，‘白鷗’は関東の品種で雄しべが筒芯で異なる。ユキツバキ系の‘星姫’は富山県産で，花が中輪で小さく，葉が大きい差がある。‘日月星’は‘肥後京錦’からの枝変わりで，この母樹は白地に紫紅色の竪絞りであるが，紅花の花が生まれて‘旭の湊’となり，白覆輪ができて，‘御国の誉’となった。ほかに白色花では‘太田白’がある。

1126. ツバキ ‘ニオイフブキ’ 〔ツバキ属〕

Camellia japonica L. ‘Nioifubuki’

【系統】ヤブツバキの園芸品種で，昭和43年に熊本県の太田沢雄が作出した品種。従来，ツバキには香りがないものであるが，‘ニオイフブキ’には放香性があり，特徴のある品種として注目された。【形態】樹形は楕円形によく育ち，枝も太い強健なのび方をする。葉はふつうの品種より厚みのある中形で，長楕円形，有尾頭，鈍脚，濃緑色で葉は平たく，葉脈は鮮明である。花は一重に近い八重咲で9～15弁になり，大きく開き花径は11～12cmの大輪，雄しべは梅芯で120本あまりになる。ときに葯が弁化して唐子状になることもあるが，ふつうは黄色の葯である。また梅芯がときに2～3群に割しべになる花も生ずる。花色は白地に濃淡の紅色が縦にすじ状に入る竪絞りである。花期は3～4月で，実は少ないが結実する。【植栽】さし木で繁殖し，鉢栽培で作るとにおいもかぐことができるし，樹勢もよく仕立てられる。本来，ヒゴツバキは鉢作りで室内に飾ることもできて，その仕立てもツバキの根を山掘りしてその根に接木して育てる特別な仕立て方をする。【近似種】ヒゴツバキの系統でありながら，花弁がやや多いのでヒゴツバキには入れない品種として区別されている。類似品種には，‘肥後京錦’，‘肥後日本錦’，‘丹頂’などヒゴツバキの類に似ているが，特徴としては香りがあり，とくに日中によくにおう。また花弁数の多い点も特徴である。ほかに薄紅色花の‘長寿楽’がある。

人工樹形
‘チョウセンツバキ’

‘チョウセンツバキ’

‘ユキミグルマ’ ‘シラタマ’

1127. ツバキ‘チョウセンツバキ’ 〔ツバキ属〕
Camellia japonica L. ‘Chōsentsubaki’

【系統】‘チョウセンツバキ’の名があるが，ヤブツバキの園芸品種で，江戸時代から伝えられた品種。朝鮮半島からの渡来であるかは不詳。形態的には，ヤブツバキと同様である。**【形態】**樹勢は通常より弱く，生長も約1/3ぐらいで育ちは悪い。樹形は楕円形で，枝は密となり，葉は倒卵形で，葉柄に毛が若い葉では見られるので，ユキツバキ系でもあるといえる。小形の葉で鋸歯が細かく，冬にやや紫色を帯びる葉色が特徴。花は一重咲，中輪でヤブツバキに似た花で5〜7弁，ややちぢみが入り，花径は9〜10cm。雄しべは筒しべで大きく，花糸は紅色を帯びる。葯は黄色で小さく，雌しべは紅色の花柱で3頭裂，花色は朱紅色で特徴があり，他のヤブツバキと異なった花色である。**【特性】**暖かな肥沃地に植付けるとよく，とくに午前中の日照が入る場所がよい。西日が幹枝にあたるような場所では生育は悪い。生育は遅いので管理的にはらくだが，ふつうのツバキの約半分の生長の早さである。花つきもよいほうではない。**【植栽】**繁殖は一般に7〜9月にさし木でふやし，実はまれにしか結ばない。鹿沼土のさし床へさして春の前に鉢上げして肥培し，2年後に開花株として鉢作りとする。庭植えの場合，植込みの中では生育が悪く，手近な場所へ植栽し肥培して，開花した枝を切花として利用することがよい。**【近似種】**白色花に‘雪見車’，‘白玉’がある。

人工樹形
‘タフクベンテン’

‘タフクベンテン’

‘シロカラコ’ ‘ベニカラコ’

1128. ツバキ‘タフクベンテン’ 〔ツバキ属〕
Camellia japonica L. ‘Tafukubenten’

【系統】ヤブツバキの園芸品種で斑入葉の品種。江戸時代の『草木錦葉集』（文政12年，1829）にすでに描かれて栽培されていた品種である。**【形態】**樹形は長楕円形に立性となり，枝は密に出て，葉は広楕円形で不整形となり，健全葉は鋭頭，鋭脚で葉の周辺から内部に白く覆輪状に斑が入り，新葉はやや紅褐色に現れてのちに白くなる。葉縁は不完全で一部鋸歯が現れる。斑入りの内側は緑色で，外周は淡緑色になったり，反対に内側が淡緑色で外側が濃緑色に入る葉も多い。花は中輪で一重咲，椀状に開花して，花色は淡紅色の地色に白覆輪が入り，いわゆる底紅といった花形。雄しべは花糸は黄色で，葯も中ぐらいで黄色，雌しべは3頭裂で子房は大きい。結実はまれである。**【植栽】**さし木で繁殖して生育はよいが，ときに芽が不完全な場合に芽が出ず繁殖に失敗するときがある。**【管理】**花つきはよいが，樹勢が弱った場合は春にせん定して，5〜6月に丈夫な枝葉をのばして更新させることができる。**【近似種】**覆輪葉の園芸品種は多く，‘覆輪一休’は葉が披針形で黄緑色の斑が入る。‘弁天神楽’の花は獅子咲で大輪に近く，葉は黄色の覆輪が入り，‘大神楽’の斑入り葉である。‘黄覆輪弁天’の花は一重の中輪で，紅花だが葉に黄色の斑が入る品種。ほかに白色花の‘白唐子’，紅色花の‘紅唐子’がありいずれも葉に斑が入る。

1129. ツバキ'ボクハン' 〔ツバキ属〕
Camellia japonica L. 'Bokuhan'

【系統】ヤブツバキの園芸品種。江戸時代に作出された茶花としての品種である。**【形態】**高木性であるが高さ4～5mあまりで立性のため枝は横にのびず，楕円形の樹形であり，結実性がよいために成木後はあまり伸長しない。枝はやや細く，葉は長楕円形で鋭尖頭，鋭脚で葉は主脈にそって折れ，葉脈はへこんで細かい。葉色は濃緑色，ときに黄斑がある。花は濃紅色で一重咲だが，雄しべの葯が白く弁化して，唐子咲となる。花糸は完全であり，一部の葯は花粉があり，結実性が高い。さく果は球形で径2.5～3.5cmあまりで，種子は黒色，2～5粒が入っている。**【特性】**暖地を好み，温帯でも防寒して幼苗を越冬させれば成木後は育つが，冬期の寒乾風には弱く防寒を必要とする。半日陰地でも生育は可能である。生長の早さはツバキとしては中ぐらいのほうである。**【植栽】**さし木や接木でふやす。接木は2～4月頃まで可能であり，芽接ぎでは7～9月に行う。接木でふやせば3年後に開花しはじめるが，実生ではヤブツバキに変わることが多い。**【管理】**植付けや移植の適期は8月下旬～9月中旬が最高で，ほかの時期では根回し品かポット品で植付けるか，春の3～4月か6～7月に移植する。せん定は花後で4～5月に行い，不要枝の枝抜きと徒長枝を切る程度で強せん定の必要はない。施肥は乾燥牛ふんがよく，寒肥として化成肥料とともに施肥する。**【近似種】**唐子咲のものには，ほかに'衆芳唐子'，'不如帰' などがある。

1130. ツバキ'ヒヂリメン' 〔ツバキ属〕
Camellia japonica L. 'Hijirimen'

【系統】ヤブツバキの園芸品種で『広益地錦抄』に記載される。八重咲の中輪で，花色が朱紅色で鮮やかな花色をしているのが特色。庭木としては最も美しい品種である。**【形態】**立性で枝は上向性のものが多く，楕円形の樹形となり，葉は楕円形か長楕円形で，中形の葉は主脈で中折れになり先端は鋭頭，鈍脚で葉脈は突出する。鋸歯はやや粗である。花はやや抱え咲状の半八重咲で朱紅色，中に雄しべの葯があり黄色でとくに鮮明な色彩となり，花糸は紅色，雌しべも花柱は紅色で3頭裂，子房も紅色を帯びる。花径9cmぐらいで花弁は10～15弁。**【特性】**温暖帯を好み，耐陰性があり，公害にも耐え，潮風にも耐える。土質は適湿地で腐植質の多い肥沃な土がよく，pHはやや酸性を好む。生長は他の園芸品種よりは悪く，樹姿もあまり変化しない品種である。**【植栽】**繁殖はさし木による。適期は7月下旬から9月上旬まで。さし木した年の越冬は多少の日照が必要なので，防寒施設の中で越冬させ，春にポット植えして，その春から夏に伸長させる。そのためには液肥を施して育てる。3～4年で開花株となる。**【管理】**生育が遅いのでせん定は少なくてよい。チャドクガには完全な防除が必要で，5月中～下旬と8月上～中旬と9月上旬には殺虫剤を散布する。**【近似種】**'縮緬' は雄しべの葯が不完全で花色も紅色で区別される。'弁慶' は花色も似ている。ほかに '光明'，'白露錦' がある。

1131. ツバキ'ソデカクシ' 〔ツバキ属〕

Camellia japonica L. 'Sodekakushi'

【系統】ヤブツバキの園芸品種で，昭和８年の『椿花集』に新花として皆川治助が発表している。白の極大輪で半八重咲。**【形態】**樹形は楕円形で，枝は太い。葉数はやや少なく，大葉で長さ 11～13cm，幅 7～8cm，楕円形で有尾頭か鋭頭で鋭脚，葉質は厚く主脈および葉脈はへこみ外曲して，鋸歯は粗で浅い。花つきは少ないが，花は大輪で花径 15～17cm，花筒の長さ 15cm ぐらいで玉状になって開花し，抱え咲とよぶ花形である。花弁は 20 枚ぐらいで，三～四重程度，花弁はへこみ盃状となる。雄しべは筒しべかときに不完全で旗弁となり，花糸が弁化する。雌しべは１本で３頭裂。花期は４月に入り遅咲，花が大きいために花が垂れ，下向きに咲く。結実はほとんどせずに終わる。**【特性】**半日陰地に耐え，腐植土の多い肥沃な壌土を好む。乾燥を嫌い，また多湿はなお嫌う。生長は幼苗では早いが成木から遅く，高さ 3m ぐらいになるまでに 20 年以上を要する。**【植栽】**実が結実しないために，さし木か接木で繁殖する。苗木はよく育ち開花まで 3～5 年で咲く。**【管理】**せん定はあまりせずに自然樹形で育て，不要枝のみせん定する。**【近似種】**'天ノ川' は花色，花形などよく似るが，花の大きさが小さく，花径 10～11cm ぐらいである。外国で改良されたコロネーション 'Coronation' によく似るが少し大輪である。ほかに 'シュンショコウ（春曙紅）'，'ヒグラシ（日暮）' がある。

1132. ツバキ'オキノナミ' 〔ツバキ属〕

Camellia japonica L. 'Okinonami'

【系統】ヤブツバキ系の園芸品種で，江戸時代の『増補地錦抄』に記録があり，現代に至る。花色と花形が優良なので，切手の図案にも採用されている品種である。**【形態】**樹形は長楕円形になり，枝数も多く強健である。枝は灰褐色，新枝は茶褐色。葉は倒卵形の中形で，鋭尖頭，鋭脚でややよれる特徴のある葉。葉縁は外曲し葉面は主脈にそって中折れし，葉脈は隆起して，鋸歯は浅くまばらである。花は八重咲で花色が淡紅色地に濃淡の鮮紅色をした竪絞りが入り，花脈も紅色を帯びる。花弁の周辺は白覆輪となる。花弁は 14～16 弁で半八重，先はとがり筒状に咲き始め，上向きのレンゲ状に咲く。雄しべは筒状で完全，花弁より長くならない。雌しべは１本で３頭裂，秋に結実し球形のさく果を結び，種子は黒色で 1～3 個ぐらいである。**【特性】**日陰地に耐え，生長も良好で苗木から 3～4 年で開花し，25 年ぐらいで 3m ぐらいとなり，幹は周囲 27cm あまりになる。**【植栽】**さし木で繁殖し，発根はよいが幼苗のうちはやや弱く，成木後はよく育つ。**【近似種】**本品種から枝変わりが多く生まれ，紅花のみの花を '蜑小船' とよび，花色が朱がかっているのに対し，紫紅色の花になったものを '藻汐' とよんでいる。また，'藻汐' に白い斑点を現す品種を '釣篝り' とよんでいる。枝変わりの多い品種である。ほかに 'ハナフウキ（花富貴）'，'エゾニシキ（蝦夷錦）' がある。

‘トリノコ’　‘タカラアワセ’

1133. ツバキ‘ソウシアライ’ 〔ツバキ属〕

Camellia japonica L. ‘Sōshiarai’

【系統】ヤブツバキ系の園芸品種で，江戸時代の『椿伊呂波名寄色附』に記載がある。半八重咲の竪絞り大輪。【形態】樹姿は大きくならず卵形で 2～3m どまり。横張りになる。枝は密にのび，葉は長楕円形の中形で鋭尖頭，鋭脚，よれ葉で光沢があり鋸歯も鋭く，主脈より中折れとなり，葉脈は突出する。花はよくつき，半八重，花弁は 15 弁あまりで花径 9～11cm の大輪。雄しべは割合に小さく，筒しべで，花糸は細く花弁より短い。雌しべは 1 本で 3 頭裂，花色は淡紅色地に濃い紅色の竪絞りと小絞りが多く入り，半平開に咲く。成木になると白花や紅花，吹掛絞りなどの枝変わりが生じやすい。まれに結実する。【特性】半日陰地に耐えるが，樹勢は強いほうではないので幼苗期は肥培し，寒風に弱いので防寒をする。生長は遅い。【植栽】さし木繁殖で活着はよいが，幼苗期の生育は悪い。葉に新葉のときに紅色の斑点が見られる。【管理】枝変わりの紅花が咲く枝は早く切り除き，品種本来の絞り咲に保つように管理する。肥培は冬に乾燥牛ふんか鶏ふんを根の周辺に施肥する。【近似種】‘エゾニシキ（蝦夷錦）’が花も葉も似るが，立性で 4～5m になり，花の斑入りも竪絞りはよく現すが，小絞りはなく，花の地色は白色である花が多い点を異にする。ほかに‘トリノコ（鶏子）’，‘タカラアワセ（宝合）’がある。

人工樹形
‘ソウシアライ’

‘ソウシアライ’

‘カスガノ’

‘シュチュウカ’

1134. ツバキ‘ケンキョウ’ 〔ツバキ属〕

Camellia japonica L. ‘Kenkyō’

【系統】ヤブツバキ系の園芸品種で，江戸時代の『増補地錦抄』に「白見驚」と書かれているもの。【形態】樹形は立性でよくのび，長楕円形となる。葉は濃緑色の長楕円形で中形，鋭尖頭，鋭脚，主脈より中折れしてよれ，葉脈はへこみ，先端は反転して鋸歯は浅く細かい。葉柄はやや細く長い。花は八重の大輪で花径 10cm あまり，純白で花弁数は 25～30 弁の外弁があり，雄しべが細長く，弁化した花糸と葯の弁化で唐子状となり，多くは旗弁である。雌しべは 3 頭裂で 1 本，子房には無毛。花期は 3 月中～下旬。結実は少しするが多くは落花する。さく果は変形した球形で，種子は 1～3 個で少ない。【特性】肥沃な腐植質の多い壌土でよく育ち，成木になれば強健で生育は遅い。【植栽】さし木か接木で繁殖し，活着はよい。幼苗は弱いので肥培と冬期の防寒が必要である。【管理】枝が細く，垂れ枝があるときは切り除き，樹勢を強くし，枝も更新すると強い枝がのび，よい花を咲かせる。5 年に 1 度くらいに強せん定をして更新するとよい。施肥も必要である。【近似種】‘ミヤコドリ（都鳥）’はよく似た花であるが，雄しべは弁化しない。葉もよれずに細長い特徴がある。‘ツキノミヤコ（月の都）’は白花の八重咲で花弁は丸みがあるが，‘ケンキョウ’はレンゲ咲で唐子の現れる特徴がある。ほかに‘カスガノ（春日野）’，‘シュチュウカ（酒中花）’がある。

人工樹形
‘ケンキョウ’

‘ケンキョウ’

人工樹形
‘クジャクツバキ’
‘クジャクツバキ’

‘フクリンイッキュウ’　‘カゴシマ’

1135. ツバキ‘クジャクツバキ’〔ツバキ属〕
Camellia japonica L. ‘Kujakutsubaki’

【系統】ヤブツバキ系の園芸品種で，江戸時代に「金王百合葉」と『草木錦葉集』に記載あるものと似るが異なり，西尾地方で栽培されていた品種で作出年代は不詳。昭和32年にツバキ展が開かれたときに三井邸より出品のあった品種が一般化したもの。【形態】樹形は楕円形になり，やや枝が下垂し，葉は披針形で長さ12cm，幅3cm，鋭尖頭，鋭脚で葉質は厚く先端のほうが裏面へ曲がり，主脈にそって折れて葉縁は外へ曲がり，鋸歯は目立たないが細鋸歯がある。花は濃紅色に白い斑が入り，八重咲で花弁は15弁ぐらい，狭倒披針形の細長い形で，半開きになり，レンゲ咲の花形となって横向きに咲く。雄しべは細く貧弱で，長さは花弁の1/4ぐらいである。雌しべも長さは同一で，花柱は細く3頭裂。【特性】やや弱い品種で大きくならず，肥沃地に植えて，半日陰で培養する必要がある。【植栽】さし木でふやせるが，一般的には接木で繁殖して生長を早める。接木は2〜3月に切接ぎで行うが，ふつうの切接ぎよりも三角接ぎで行うと接口が早く合わさる。【管理】支柱を施して主幹を立て，透しせん定程度で育てるとよく生育するが，自然樹形では生長は遅い。【近似種】‘ユリツバキ（百合椿）’は花形が一重咲であり，葉の幅はさらに細く狭い。葉も濃緑色である。ほかに‘フクリンイッキュウ（覆輪一休）’，‘カゴシマ（鹿児島）’がある。

人工樹形
‘ミウラオトメ’
‘ミウラオトメ’

‘クマサカ’　‘コンロンコク’

1136. ツバキ‘ミウラオトメ’〔ツバキ属〕
Camellia japonica L. ‘Miuraotome’

【系統】ヤブツバキ系の園芸品種。淡紅色の千重咲で，昭和5年に神奈川県の三浦半島で発見されて一般化した品種。【形態】樹形は楕円形になり，生育はよく，およそ20年で樹高3m，根もと周囲30cmあまり，枝張2mあまりになる。枝は中ぐらいかやや太い。葉は緑色かやや黄緑色で楕円形か広楕円形，鋭頭，鈍脚で主脈は淡黄緑色で明瞭であり，葉脈は突出して平坦状の葉に浮く。花は明るい淡紅色で，花弁は丸く頭部がへこみサクラ状の花弁になり，ときに鋸歯状の花弁を現すこともある。花弁は30弁あまり，外弁から内弁と順次小さくなり，全開する。老木化すると雄しべや不完全な雌しべを現す場合もある。まれに結実するが，不完全なさく果に種子が1粒ぐらいのものをときに結ぶ。【特性】肥沃な土を好み，肥料が多くないと完全な花を咲かせないので，冬期の施肥が必要である。【管理】せん定には耐え，萌芽力もあるので，花後のせん定も行い更新して丈夫に育てる。日照を好み，半日陰では完全な花は咲かずに終わる。【植栽】さし木で活着良好な品種。育苗もよく生育するが，日照を必要とするため，植付け場所を選び，西日のあたらない場所を選ぶことが必要。【近似種】‘オウショウクン（王昭君）’は‘酒中花’の枝変わりで全く異なった花形となり，‘ミウラオトメ’に似るが花色はやや薄く千重咲。ほかに‘クマサカ（熊坂）’，‘コンロンコク（崑崙黒）’がある。

1137. ツバキ ‘カモガワ’ 〔ツバキ属〕

Camellia japonica L. ‘Kamogawa’

【系統】名古屋周辺でのヤブツバキの園芸品種。作出年代は不詳で，中部椿の代表的品種。**【用途】**観賞用であるが，茶花用として中部地方で栽培されている品種。**【形態】**樹形は立性で長楕円形の樹形となり，生育はよく，主幹をのばし枝も多く密となる。枝は中ぐらいの太さ。葉は濃緑色，長楕円形で中形，葉縁は外曲し先端は裏面へ曲がる。長さ 10cm，幅 5cm，葉柄 1.2cm と長いほうである。葉脈はやや突出するが目立たず濃緑色。花は白花で蕾が丸みのある品種で，茶花として使われ，開花して一重咲の抱え咲から盃状の花形へと変わり，雄しべは筒しべで花糸は白く，葯は多く内へ向いて開かず，雌しべは雄しべと同長で 3 頭裂。よく結実して，3cm あまりのさく果に 2〜3 個の種子がある。**【特性】**土質は選ばず温暖地で腐植質の適湿地でよく育つ。性質は強健で生育は良好。**【植栽】**さし木で繁殖して十分に育ち，育苗時の生長もよい。**【管理】**生長がよいために不要枝も多くなり，5〜6 月にせん定して切り除き，結実はさせずに切りおとすとよい。**【近似種】**白花の一重咲は多くの品種があり，‘カモホンアミ（加茂本阿彌）’は関西での代表的な品種で雌しべが長く，蕾のときに花弁のところより出る特徴があり，そのほか ‘大山白’，‘初嵐’，‘白加賀梅’ など地方的な品種でよいものがある。白に対して ‘黒侘助’ が中部地方の品種であり，別名 ‘永楽’ とよぶ。花色は濃紫紅色の一重咲で中輪である。

1138. ツバキ ‘タマノウラ’ 〔ツバキ属〕

Camellia japonica L. ‘Tamanoura’

【系統】ヤブツバキの園芸品種。長崎県福江島の自然生で，花色がふつうの花に白色の覆輪になった珍しい品種。**【形態】**樹形は楕円形で樹皮は灰褐色で滑らか。葉は長楕円形かやや楕円形で，長さ 8〜11cm，幅 4〜5cm，鋭尖頭で先は丸い。鋭脚。葉の主脈より内へ少し曲がり，葉身はやや波状となる。葉脈は目立つ。花はヤブツバキと同様で一重のラッパ咲，中輪で花径 6〜7cm，長さ 4cm あまりで，雄しべは筒状で花糸は乳白色，葯は黄色で中ぐらい。花色は紅色に白覆輪で，白の色が細いものや広いものなど多少の差があり，多くなると底紅とよぶ花色の枝もある。標準的なものは白く，覆輪が 0.3〜0.5cm 程度に白くなるものが好まれる。花期は 3 月上旬。**【近似種】**花色の類似品種は少ない。しかし，近年の傾向は野生のヤブツバキの中から，変わった花，より美しい花を選出する時代が続き，地方のヤブツバキ自生地から選ばれたものが園芸的な価値あるものとして命名されて，苗木が生産されている。その中には島根県で見いだされた ‘大山紅’ がある。一重のヤブツバキであるが，筒咲で細長く開花して，落花まで花形が正しく，茶花向きの品種である。そのほか各地に名品があるが，覆輪のツバキ品種では ‘玉の浦’，‘隠れ磯’，‘王冠’ の 3 種であろう。‘王冠’ は昭和 55 年頃より川口市の業者から紹介されたもので，大輪で白地に紅色の覆輪が入る品種。ほかに ‘細雪’ がある。

1139. ツバキ 'ダイジョウカン' 〔ツバキ属〕
Camellia japonica L. 'Daijōkan'

【系統】ユキバタツバキの園芸品種。名古屋城に植えられて，伝えられている品種で，御殿椿とよばれるものの1つであるとされる。中部地方の代表的な品種である。【形態】樹形は長楕円形に育ち，枝は立性で生育はよく，樹勢も強健である。枝は中ぐらいかやや細いため開花すると花は垂れる傾向がある。葉は緑色で，長楕円形で大きく，長さ12～13cm，幅6～7cm，鋭尖頭，鋭脚で，葉は中央から内折れし，葉先はやや反転する。葉脈はへこみ，鋸歯はまばらで浅く目立たない。花は白色で八重咲，花弁は20弁ぐらいで，倒卵形で長く，厚く，先端は切れ込みができ，花弁が漏斗状に内曲して外弁は先で外曲し，レンゲ咲状になる。雄しべは筒しべで，雌しべは3頭裂で長さは雄しべと同じ，花は大輪，花径11cmぐらいで長さも10cm以上ある。花期は3～4月。【近似種】白花で似た品種に，'都鳥'が関東地方にあるが，花弁はさらに細く，葉も細いので区別ができる。'白拍子'は八重咲でも牡丹咲で，雄しべが弁化する。ユキバタツバキの系統で，'雪燈籠'は富山県のツバキ品種で獅子咲の中輪，淡い鴇色をして，中心部の色が少し濃い品種である。'加賀の夕映'は石川県の品種で，桃紅色の千重咲で中輪。横張性。ユキバタツバキ系は横張りが多く，雪中で越冬するために寒さに耐えるが，ヤブツバキよりも弱く，とくに寒乾風に弱いために防寒が必要である。

1140. ツバキ 'オトメツバキ' 〔ツバキ属〕
Camellia × *intermedia* (Tuyama) Nagam. 'Rosacea'

【系統】ユキツバキの特徴である葉柄の毛が残っている品種。江戸末期には作出されていた。明治12年の『椿花集』に記載があり，ユキバタツバキの系統である。【形態】樹形は楕円形か広楕円形，枝は株もとの近くから多くのび，主幹が不明となるほど立性で枝は密になる。葉は楕円形で中ぐらいの大きさで鋭頭，鈍脚，葉面はやや淡緑色で鋸歯もユキツバキに似た鋭尖の浅い鋸歯があり，葉先は裏面に曲がる。花はピンク色で完全な千重咲，やや抱え咲状から満開して正しい花形となり，花弁は丸弁で凹頭，花が落花しにくく，褐色化して枯れる姿はよいとはいえないが，満開期は美しい品種である。【特性】土壌は火山灰土ではよく育ち，腐植土の多い火山灰地に植える。粘質の壌土では栽培は難しいので，砂や腐葉土を多く混ぜる必要がある。強い日照と乾燥に弱いので注意したい。生育は早い。【植栽】さし木でよく活着し，根は太く短い群根性のものが多くのび，生育も早い。移植もよくできて枯れる率は少ない。本種は強健で移植にも丈夫なので，接木用の台木として利用され，関東地方では多く植栽されるが，関西の土質には不適のようである。潮風にも耐える。【近似種】同一の花形に，白花の'白乙女'，紅花の'紅乙女'，'斑入乙女'などの品種があり，欧米でもOtome PinkまたはLight Pinkとよばれ広く植えられている。またヒイラギの葉に似たものに'ヒイラギバツバキ'がある。

1141. ツバキ‘アマガシタ’ 〔ツバキ属〕
Camellia × *intermedia* (Tuyama) Nagam.
‘Amagashita’

【系統】ユキバタツバキの園芸品種で，来歴は古く，『花壇綱目』（1681）に‘雨ケ下’として書かれている。別名としては，『瓶史草木備考』（1890）には中国のツバキ名称に類似させて‘天ケ下’を‘一捻紅’として書いている。花がちょうどひとひねりしたように紅色に花弁に現れるための名称で『秘伝花鏡』の和訳を日本のツバキ名にあてたものである。【形態】樹形は高くならず，およそ1～2mで，横へ張るのも0.6～1m程度で，樹勢はやや弱いほうである。枝はやや細く開花とともに下へ垂れて咲く。葉はやや小さく，楕円形で先は反曲して，葉柄にはユキバタツバキ系の毛が新葉に見られる。花は一重咲で，濃い紅色に白斑が大きく鮮明に現れる。花径は9cmぐらいの中輪で，花弁は咲きはじめには抱え咲であるが，開いて，ラッパ咲からさらに平開になるほど開花する。【近似種】‘蜀紅’も同じような一重咲の濃紅色地に白斑や大小の斑が入る中輪の花であるが，花形がラッパ咲ぐらいで終わり，雄しべは筒咲である。‘糊こぼし’は奈良の東大寺の開山堂に原木があり，‘良弁椿’ともよばれている。本種もユキツバキ系の特徴である葉柄に毛がある品種で花形もよく似るが，葉形が異なり大葉で花も大きい。花色は紅色に白斑である。そのほか‘曙’，‘弓場紋’，‘霊鑑寺舞鶴’，‘横雲’，‘白鷗’，‘飛龍’など類似した品種が多い。

1142. ツバキ‘ヒシカライト’ 〔ツバキ属〕
Camellia × *intermedia* (Tuyama) Nagam.
‘Hishikaraito’

【系統】ユキバタツバキの園芸品種。江戸時代より栽培されていたらしく，『草木便覧』や『草木自録留』に記載があり，「本紅とゆ咲中輪千重咲」と書かれている。とゆ咲は花弁の竜骨弁になった形をさしてよんでいるものである。【形態】樹形はやや横張りで，生育は遅くなり樹勢はやや弱いが，花弁は非常によく整っている。葉は長楕円形の中形で支頭に鋭脚，主脈より左右は中折れする。葉縁は外曲して支脈は隆起し，葉脈はへこみ，鋸歯は目立たない。花は花弁が20枚ぐらいで3重ぐらいになり，花色は濃い桃色に濃い紅色の花弁脈が現れる。花弁は1枚1枚がクリ形状の弁をしており，一般のツバキ品種としてはたいへんに花形が違っている。花形がちょうど六角状に見え，中央には，花弁化した雄しべが見られる。また，ときに弁化しないで中央に小さく雄しべが残り，葯もまれに現れることがある。花径は8～10cmで中輪，花弁の花形と色彩に特徴があり，がくは花弁とともに落下する。まれに結実してさく果に1～2個の種子がある。【近似種】関西系の品種はこのほかに，‘臘月’とよばれるものがあるが，関東では‘角葉白玉’とよび，秋11月には開花しはじめて秋から初冬に咲き，人気のある品種である。‘紅妙蓮寺’も同様で，紅色の抱え咲。

1143. ツバキ‘シロスミクラ’ 〔ツバキ属〕

Camellia × *intermedia* (Tuyama) Nagam. 'Shirosumikura'

【系統】ユキバタツバキの園芸品種。江戸時代，『剪花翁伝』（1847）に記載があり，切花用として古くから使用されていた品種であり，「白角倉椿，花千重色白，開花二月上旬より四月まで」とあり，「英（はなびら）大きくて心に至りぜんぜん小さく開きのこれるもの玉となりて花心を顕わさず芯なし，剪者略してしらすみと呼べり，上品とす」と書かれて当時の代表的品種と考えられる。【形態】樹形は楕円形になり，生長はよく，立性で花つきもよく，枝は密で中ぐらいの太さ。葉は淡緑色で楕円形の中葉，葉柄に毛がある。花は千重咲で，弁は丸く，約30弁程度であるが外観的には五～六重ぐらいで中心は丸く，宝珠形となる。花色も咲きはじめは淡クリーム色であり，のちに外弁は純白となり，宝珠のみややクリーム色で，特徴ある花色と花形をしている。まれに花は全開して，雄しべが現れることがある。花期は早く2～4月で，温室では1～2月に咲かせることができる。【近似種】‘白乙女’は関東産で，花期は遅く4月になり花色は白色。‘紅乙女’は花形は似るが紅花であり，‘フランス白’は早咲でよく似る。関西系品種で変わったものに，‘桃色卜伴’があり，雄しべが弁化した唐子咲の品種で，その部分が白覆輪となった中輪の品種。花期は3～4月。‘一楽’はユキバタツバキの系統で，新潟産の白一重咲で小輪，切花用品種でもあり，茶花としてよい。花期は春。

1144. ツバキ‘ユキオグニ’ 〔ツバキ属〕

Camellia × *intermedia* (Tuyama) Nagam. 'Yukioguni'

【系統】ユキバタツバキ系の園芸品種。小千谷市周辺で栽培されていた品種で，昭和42年頃に命名され一般化した。ユキツバキの中での代表的品種である。【形態】樹形は広楕円形になり，枝も横張りとなりやすく，枝は太く樹勢は強健。葉は楕円形で鋭頭，鋭脚で葉柄には毛が多く残り，葉は主脈より中折れとなり，葉縁は外曲し，葉全体がやや曲がる。縁には細かな鋸歯がある。花は淡桃色で10～12cmの花径で，厚さ3.5cmの大輪，花形は牡丹咲で花弁は倒卵形，花央は切れ込みがあり，50弁ぐらいで基部はやや黄色を帯び，内弁は波打って大小あり乱れる。雄しべは散しべで100本あまり，花糸は濃黄色。【植栽】繁殖はさし木により，よく活着し強健で育苗はしやすいが，寒風には弱い。鉢植えにも適し，根は多く発根して細かく，群根状になるので用土は鹿沼土に腐葉土を多く加えた用土がよい。植栽適期は9月上～中旬と4月中旬である。ツバキは品種により開花調節が可能で，本種などのユキバタツバキは冷蔵により開花を遅らせたり，温室で早めることができる。鉢作りのときの施肥は液肥を生長期に施肥する。植替えは2～3年に1回で9月上～中旬に行い，根を切断し，枝も間引く。【近似種】‘越の吹雪’，‘金世界’があり，いずれも葉に斑が入る。

1145. ユキツバキ 〔ツバキ属〕
Camellia rusticana Honda

【分布】日本海側の積雪地に多く，山形，福島，秋田，長野，群馬，新潟，富山，石川，福井，鳥取県まで分布し，とくに積雪地で海抜 300～1500m ぐらいまでが多い。【自然環境】ブナ，カエデなどの下に生育し，多くは東南傾斜地で谷間に多い常緑低木。土質は適湿地がよく，冬期は積雪で寒さが保護されるような環境で，雪がとけるとともに開花し，萌芽する。秋に結実するが，その量は少ない。【用途】従来は炭材や炭俵の底に使うさん止めに使用されたくらいであった。【形態】幹は山地で斜向にのびるが，雪でつぶされて高さ 1～2m ぐらい，長さ 3～5m ぐらいとなる。葉は楕円形～倒卵状楕円形で，葉柄は短く短毛があり，葉質はヤブツバキよりやや薄い。葉脈は明らかであり，鋸歯は浅いが鋭い。花は濃紅色で一重咲，花弁数 7～9 程度である。花形は大きく開き，雄しべもともに開いてヤブツバキと異なる。花糸は黄色で花弁は薄く 1～2 日で落花する。一重がおもであるが，まれに半八重や白花や大輪，小輪などの変異が見られる。葉の大小も差が大である。【特性】半陰樹。強健でよく育つが，乾燥に弱く，とくに冬期に枯れることが多い。【植栽】繁殖はさし木により，活着は良好。実生はあまり多く行わないが，ヤブツバキと同様である。【管理】冬期の乾燥した寒風に弱く，防寒が必要である。【学名】種形容語 *rusticana* は野にはえた，の意味。

1146. ウンナンツバキ 〔ツバキ属〕
Camellia yunnanensis Cohen-Stuart

【原産地】中国。【分布】中国の雲南省の北東部に多く，大理を中心に分布し，さらに四川省，貴州省にも分布する。【自然環境】海抜 2000～2600m の雑木林の中にはえている常緑低木。海抜は高いが緯度は低く南で温暖な地であり，霧と小雨の多い地帯に生育する。温度も 1 月で平均 9.8℃である。また 7 月が高温で平均 28.3℃であるが，雨の日が多いので湿度が高く，76％ぐらいになる。ウンナンツバキを栽培するためには多湿で排水のよい用土を使用することが必要。【用途】庭園樹。【形態】樹高 1～4m ぐらいになり，幼枝に軟毛がある。幹は光沢があり，平滑で灰褐色となり，厚くなると外皮は破片状にはがれる。葉は長楕円形か広披針形で長さ 4～6cm，幅 1.5～3cm，葉柄は短く 0.2cm，葉先は鋭尖形で鋭脚。葉は洋紙質で鋸歯は細かくて鋭く浅い。葉の表面は無毛で，裏面の主脈上から全面に軟毛がまばらにあり，葉柄に至る。花は新枝の先端近くに側生し，葉側に 1 個ずつつける。花梗はなく，あっても非常に短い。苞片とがく片は区別がつかず，およそ 10 枚，がく片には広い膜質があって花弁をおおい，花は一重で白色，香りがあり，花径は 6～7cm。花弁は 10～12 枚で丸弁，雄しべは多く元は合着し，花糸は 1.5cm，花柱は基部から 4～5 本に分かれて平滑，子房室数は 4～5 室，花期は 3 月になる。さく果は扁球形で直径 4～6cm，各室に 1～3 粒の種子がある。【学名】種形容語 *yunnanensis* は雲南の，の意味。

1147. ホンコンツバキ 〔ツバキ属〕
Camellia hongkongensis Seem.

【原産地】中国。【分布】中国の広東から香港，ベトナムに分布。日本へは昭和 36 年頃に京都の整薬会農場へ導入され，栽培された。【自然環境】暖帯から気温の高い地域に分布し，山地の疎林に自生している常緑低木。【用途】種子に含まれている油をとる。不干性油で潤滑油として利用する。【形態】高さ 4〜5m になり，幹は直幹で，淡紅褐色となり，小枝は無毛，葉は革質で長楕円形，長さ 7〜13cm，幅 2〜3.8cm で先端は鋭形，鋭脚。葉柄は 0.5〜1.3cm。葉は全縁か細かく，浅くて丸い鋸歯がある。花は枝先に頂生し 1 花のみつけ花色は紅色，花径は約 6.5cm で開花後も苞とがくが不明瞭である。花弁は 6〜7 枚で，子房に毛があり，花柱は元より 3 本に分かれている。さく果は木質化して，直径 2〜3cm，暗褐色，3 室。種子は球形に近く長さ 1.5〜1.7cm あまり。【特性】生育は遅い。暖地で腐植土の多い地方では露地でもよい。半日陰地ではよく育つが，強い日照地では生育は落ちる。【植栽】実生によるか，接木で繁殖する。台木はヤブツバキかサザンカでも可能である。【管理】寒さにやや弱く，暖かく風があたらない日だまりがよく，冬期は防寒を必要とする。せん定はあまり行わないほうがよい。【学名】種形容語 *hongkongensis* は香港の，の意味。

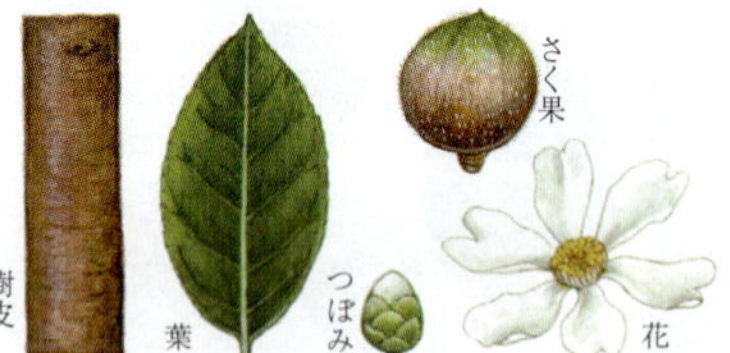

1148. ユチャ（アブラツバキ） 〔ツバキ属〕
Camellia oleosa (Lour.) Rehder

【原産地】中国。【分布】揚子江流域以南の各省で栽培されている。日本では本州の関東以西で露地栽培ができる。植栽分布は中国でも広い。【自然環境】雲南省では昆明から楚雄に自生する常緑低木。海抜 1000m 以下の地で暖帯の植生である。【用途】油料植物として重要な植物として栽培されている。【形態】樹高 3〜4m，幹は直幹で毛はない。小枝は細かい毛があり，古くなって落ちる。葉は革質で楕円形，長さ 3.5〜9cm，幅 1.8〜4.2cm，鋭頭，円脚。表面は主脈上に毛があり，裏面は無毛，葉柄は長さ 0.4〜0.6cm，全体に毛がある。花は小枝の先に 1〜3 花をつけ，花梗はない。側花もできる。苞片とがく片は区別ができにくいが，8〜10 枚で表面には細かい毛がある。苞片とがく片はともに花後に脱落する。花は一重で白色，サザンカに似る。花径 4cm，花弁は 5〜7 枚。雄しべは多く基部から分離するか下部でわずかに合着する。花糸は無毛，花柱は 3 頭裂で，基部に毛があり，子房は 3 室で毛が表面に多く，さく果にも残る。形は球形か楕円形で直径 3.5〜4.5cm，各室に 1〜3 粒の種子がある。花期は 10〜12 月，果実期は 9 月。【特性】暖地で土質は腐植土の多い壌土がよいが，さほど選ばない。生育は早い。【植栽】繁殖は実生でもよいが，さし木も可能。【近似種】コバナユチャ *C. forrestii* は葉が卵形で無毛，花は葉腋に側生し，花径は 1〜2cm で香りがある。

1149. グランサムツバキ 〔ツバキ属〕

Camellia granthamiana Sealy

【原産地】中国。【分布】香港。【自然環境】香港は亜熱帯に近い地域で，海も近く多湿であるが，自生している場所は丘の林中にあり，温度差は少ない。グランサムツバキは他に自生はなく，香港固有植物となっており，その自生地も少ない。岩石地で渓流が下に流れている山腹にはえている常緑低木。【用途】観賞用として栽培もあるが，原種ではさほどの価値は少なく，耐寒性もとぼしい。むしろ，園芸的な交配種の親としての価値が高く，すでに多くの園芸品種が作出されている。【形態】自生地では3～4mであるが，日本で栽培すると3mぐらいになり，横張りの低木となる。枝は太く，細毛がはえており，葉は長楕円形で長さ10～12cm，幅8～9cm。先がとがり，円脚，チャの葉に似ており光沢があり，葉脈が表面はへこみ，裏面は葉脈が明らかで突出している。花は大型で直径15cmに達し，白色でまれに淡桃色となることもある。花弁は7～10弁，しわが多く波状弁となる。雄しべは500本以上もあり，およそ8束に分かれる。花糸は黄色，葯が黄金色で鮮やかである。雌しべは5裂で5～8室，子房は全体に毛が多く花柱に至っている。花は頂生で上に咲くか，ときに葉腋に1～2個をつける。花期は11～12月。結実は戸外ではしないが，ハウス内で可能である。【植栽】実生，さし木などで繁殖し，排水良好な用土で多湿なハウス栽培が適する。【学名】種形容語 *granthamiana* はグランサム卿の，の意味。

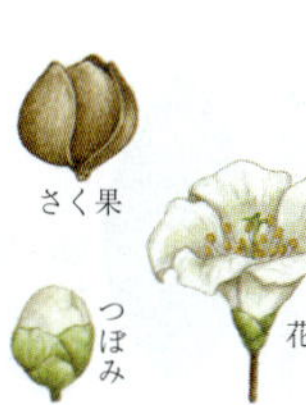

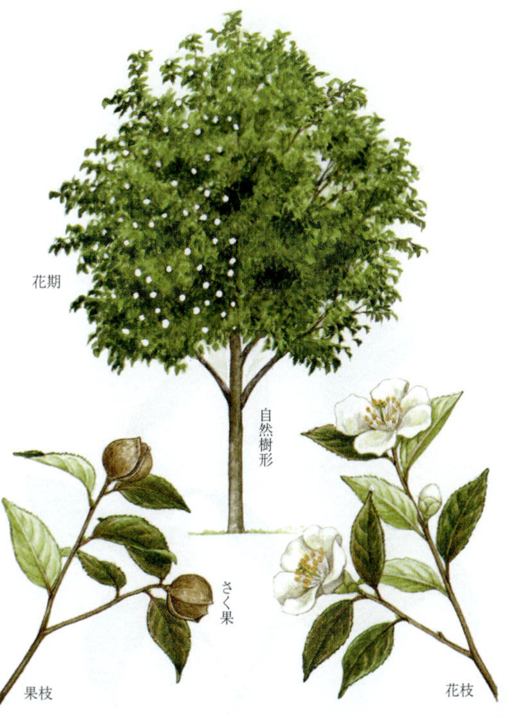

1150. カスピダァータ 〔ツバキ属〕

Camellia cuspidata Wight

【原産地】中国。【分布】中国の揚子江流域から南部の各省に分布。【自然環境】海抜500～1700mの地に自生する常緑小高木。【用途】中国では種子から採油し潤滑油や印刷用の油に使用する。【形態】幹は灰褐色で新枝は褐色，樹高は1～9mになる。葉はやや薄革質で，長楕円形か披針状楕円形で，長さ5～7.5cm，幅1.5～2.5cm。先端は芒形か尾形で，基部は鋭形かくさび形である。葉柄は長さ0.3～0.6cmで帯緑色となる。花は頂生か腋生し，花色は白色で直径3～4cm。がく片は薄革質で，花弁は5～7弁。雄しべは多く，花糸は白色で漏斗状に開き，基部で合着する。雌しべは無毛で花柱は3頭裂。さく果は直径1～1.2cmぐらい，種子は淡褐色で直径1cmになる。【特性】暖地でよく育つが，温暖な寒風のあたらない地域で育ち，土は壌土で生育がよい。【植栽】さし木や実生でふやし，生育は良好で，関東以西では少し暖かい場所を選んで植栽すればよく育つ。寒乾風を嫌うので，幼苗期の冬期はハウス内で育てる。【近似種】交配用の母樹として利用し，多くの優秀花が作出されている。とくにサルウィンツバキ系統との交配により，‘ウィントン Wintton’が英国で1950年に作出されている。同じ兄弟のような品種に‘コーニッシュ・スノウ CornishSnow’があり，このほうが有名で母樹はウィリアムシーである。そのほか，本種とシラハトツバキを交配して，‘ミルキー・ワット Milky Wat’が米国で1965年に作出されている。【学名】種形容語 *cuspidata* は急にとがった，の意味。

1151. シラハトツバキ（フラテルナー）〔ツバキ属〕

Camellia fraterna Hance

【原産地】中国。【分布】福建省，浙江省など中国の華中に分布。【自然環境】中国産で最も北に分布する種類であり，北限は江西省。海抜 150～500m ぐらいの山谷や疎林の中に自生している常緑低木。【用途】交配用母樹として植栽。【形態】樹高 1～5m で，長楕円形の樹形となる。立性の枝は萌芽力があり，細い小枝で粗毛を密生しているが，のちに落ちる。幹は褐色か灰褐色，葉はやや薄い革質で，楕円形か長楕円形，葉先は鋭尖で長く，長さ 4～8cm，幅 1.5～3.5cm，鋸歯は細かい。裏面は柔毛が多いが，のちに落ちる。葉柄は 0.3～0.6cm で有毛。花は白色で花柄があり，葉腋に 1 花が着生する。花径は 3.5cm で 5～6 弁花，2 枚は小さく，他は大きく毛がある。倒卵形。雄しべは多く，筒しべで長さ 1.6～2cm，基部は花弁と合着し，雌しべも同長で 1 本，3 頭裂し，子房も花柱も無毛。花は葉腋に葉ごとに咲かせる多花性で，花期は 4 月～5 月上旬まで。花に香りがある。さく果は径 1.2cm ぐらいで下垂し，種子は通常 1 個。【特性】耐寒性はややあり，腐植質の多い排水良好な地で育ち，乾燥には弱い。生長は遅いが強健である。【植栽】実生は種子が少ないためにあまり行わず，一般にはさし木で多く繁殖されている。本種は種間雑種の母樹として，矮性ツバキの作出用に育種される。‘タイニー・プリンセス Tiny Princess’ は淡い桃色の小輪花で 1961 年に米国で作出された。【学名】種形容語 *fraterna* は親近の，の意味。

1152. サルウィンツバキ（サルインツバキ）〔ツバキ属〕

Camellia saluenensis Stapf ex Bean

【原産地】中国。【分布】中国の雲南省の中部から西北部。【自然環境】海抜 1000～2000m の山の斜面で低木林の中に自生している，温暖な地帯で，霜は降るが雪が積もるようなことはなく，夏は高温にならない地域に生育する常緑低木。【形態】樹高 1～5m，若樹は有毛，のちに落ちて，枝は太く密に茂る。葉は長楕円形で長さ 2.5～5.5cm，幅 1～2.5cm，葉先は鋭形か急にとがり鈍頭，鋭脚，鋸歯は細かい。葉は濃緑色で，葉裏は緑色で主脈上には毛が残る。葉柄は 0.3～0.5cm で短い。花は頂芽に分化し，また葉腋に側生して花をつける。花柄は短くほとんどないくらいである。苞とがくは区別しにくく，7～9 枚，表面に絹毛が密生する。花形は筒咲で，花弁は 6～7 枚の長楕円形，基部は合着する。雄しべは多く，基部は筒状に合着し，花弁につく。花は径 4～5cm，花色は白色から桃色で，パステル調の青紫色を帯びる特徴がある。雌しべは 1 本で 3 頭裂し，子房は絹毛が多く 3 室になる。花期は 3～4 月。さく果は球形で 2～2.5cm，各室に 1～2 粒の種子がある。熟期は 9 月。【特性】温暖な地域で育ち，高温，低温には弱く，生育は早い。実生によって開花株となるのに 4～5 年かかる。【植栽】繁殖は実生によるか，さし木，接木，取り木などによる。【近似種】実生による変異は多く，半八重なども生ずるが，小葉怒江山茶 f. *minor* は，葉が小さく花は淡桃色。【学名】種形容語 *saluenensis* はサルウィン河産の，の意味。

1153. ヒマラヤサザンカ(トガリバサザンカ)

〔ツバキ属〕

Camellia kissii Wall.

【原産地】中国。**【分布】**中国の広東省，広西省，雲南省，ベトナム，ミャンマー，東ヒマラヤ。**【自然環境】**暖帯に生育し，照葉樹林帯の中に自生する常緑低木。南の地方では海抜600〜2100mぐらいに生育する。**【用途】**とくにないが，観賞用として栽培し，また育種用母樹として試作されている。**【形態】**低木で樹高は4mであるが，自生地では13mあまりになる。小枝は柔毛が密生し成木後も毛は残る。葉は革質で楕円形，長さ5.5〜11cm，幅1.7〜3.5cm，葉裏は若葉のときに長い柔毛がはえており，葉柄は長さ0.3〜0.7cm，暗緑色である。花は白色で，蕾から咲きはじめはやや淡緑色を帯びる。枝先近くに1〜2花をつけ，開花とともに小苞片は落ちる。花弁は7〜8弁で，倒卵形か楕円形で長さ0.8〜1.2cmで小さく，初めは筒状から椀状になり，さらに花弁が反曲し，弁質が薄いので落花する。雄しべは黄色で，子房には毛が密生する。花期は2月下旬〜3月で，ハウス内で越冬する。花はわずかに香りがある。**【特性】**適湿の土壌で育つ。寒さに弱く，暖地では戸外で育つが，ハウス栽培がよい。成木は東京では戸外で育つ。**【植栽】**実生およびさし木か接木でふやす。**【管理】**苗木は炭そ病に弱いので注意する。用土は腐植質の壌土でよく育つ。**【近似種】**タイワンサザンカ *C. tenuifolia* は台湾産の固有植物で，花もよく似るが，葉はサザンカの葉に似ているがそれより小形である。**【学名】**種形容語 *kissii* は Kiss 氏の，の意味。

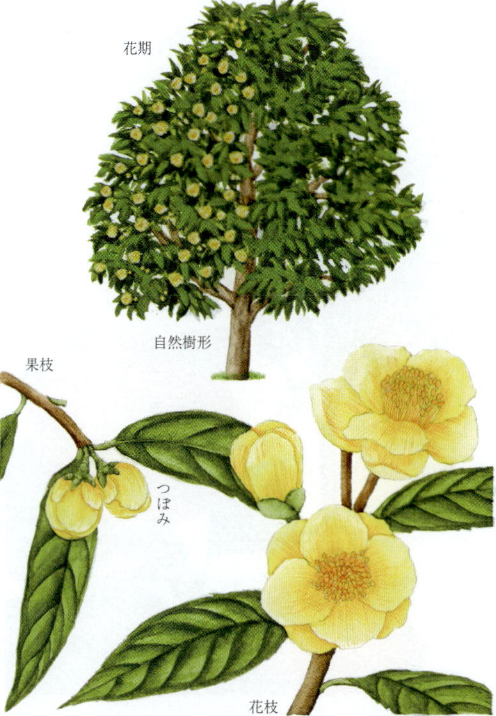

1154. キンカチャ

〔ツバキ属〕

Camellia petelotii (Merr.) Sealy

【原産地】中国。**【分布】**中国の広西省のユンニンと東興に分布する。**【自然環境】**海抜75〜350mの低い山の渓谷ぞいから流れのほとりの常緑広葉樹林の中に自生している常緑低木。**【形態】**樹高2〜5m，立性で幹は茶褐色になり，枝は粗につき，幼枝は無毛で，古くなると灰白色になる。樹形は円錐形か長楕円形になる。葉は革質で披針形から狭線状楕円形で長さ11〜19cm，幅4〜7cmの大葉で，先端は芒形で基部は鋭形かくさび形になる。鋸歯は粗で浅く，葉柄は長さ1.5〜1.8cmで葉全体に無毛。花は春にのびた枝か，春にのびた枝の葉腋に側生し，花芽分化期は7月中〜下旬で1〜2花つく。花梗は長さ1〜1.5cm，苞片は5枚，革質，黄緑色で無毛，さく果まで残る。がく片は5枚で無毛，花形は一重で花径は7〜8cm，花弁は9〜11枚，表面の光沢はワックス状でつやがあり，花色は純黄色。雄しべは多く，下部1/2は合着して，筒状になり，葯も黄金色である。花柱は基部から3〜4本に分かれて，子房は3室，無毛。花期は2〜3月，さく果は扁球形で，先端はへこみ，直径6〜8cmで平滑，無毛。各室に1〜4粒の種子があり，果実期は10〜12月。**【特性】**花芽を分化し，秋に新枝をのばしてくるので落花しやすく，耐寒性も少ないため，鉢栽培し，秋の萌芽を止めると花が開花する。**【植栽】**繁殖は実生，さし木，接木による。現在では接木がおもで，活着は良好である。

1155. ワビスケ 〔ツバキ属〕

Camellia wabiske (Makino) Kitam.

【系統】ツバキの交雑種。母種は不詳。江戸時代から栽培。何百年生のワビスケが金閣寺と大徳寺に現存する。【形態】樹形は不整形でやや横張りの性質があり，幹は灰褐色で新枝は褐色で無毛。葉は長楕円形で中形，濃緑色で葉脈はへこむ。長さ4～5cm。花は白花一重小輪，花径4～5cm，厚さ2.5cm。ラッパ状に咲く。花弁は5枚で円形，弁端は凹頭。雄しべは不完全で葯は退化し，花の半分ぐらいの長さ。花糸は淡黄色，雌しべは雄しべより長く突出し，3頭裂で花柱の基部に絹毛が粗にあり，子房にもわずかに散生している。不稔性で結実を見ない。【特性】温暖な肥沃地を好み，寒乾風を嫌い，生長はやや遅い。【植栽】繁殖はさし木か取り木，接木などによる。【近似種】園芸的には一般にワビスケと総称されるが，その中には次のような園芸品種がある。'ハツカリ'は花色は淡桃色で，子房は絹毛が多い。'コチョウワビスケ'は花は淡紅色に白斑が入る。子房に少し毛がある。'ベニワビスケ'は紅色の花で雄しべは白色，子房には密毛がある。'スキヤワビスケ（モモイロワビスケ）'は花は桃色，雄しべは短く淡黄色，葯は退化，子房は無毛。'シベナシワビスケ'の花は紅紫色，雄しべは退化。【学名】種形容語 *wabiske* は和名による。

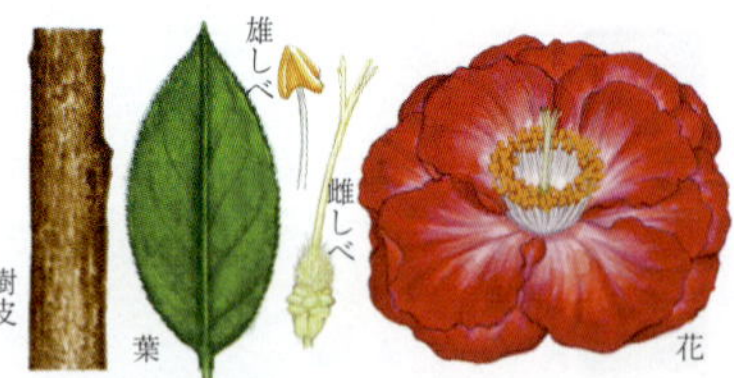

1156. トウツバキ 〔ツバキ属〕

Camellia reticulata Lindl.

【原産地】中国。【分布】中国の雲南省。【自然環境】常春の都，中国の昆明周辺での栽培種が基本型となる常緑高木。夏は涼しく冬は暖かな場所で，日照量も多くはない環境で生育し，寒さにも暑さにも弱い系統といえる。【形態】樹高は10～15m。樹皮は灰褐色，平滑で無毛。幹の直径は30～60cm，新枝は黄褐色で細かい毛がわずかにあり，のち無毛。葉は広楕円形か長楕円形で長さ6～14cm，幅2.5～6cm，鋭形で基部はくさび形か円形が多く，葉縁には鋸歯があり，主脈は表面でへこみ裏面では隆起している。側脈は6～10対あり，網状の葉脈は裏面は淡黄緑色で，主脈にそって短い軟毛があるか無毛。葉柄は0.4～1.5cm。花は小枝の先端におもにつき，葉腋にも側生。雄しべは，長さ2～3cmで基部が合着し花弁ともつく。花柱は1本，子房は上位で3～5室，絹毛が密生する。花柱はときに3～5本に分岐する。さく果は扁球形で直径4～8cm，種子は1～5個である。【特性】温暖な地でよく育ち，強健な枝をのばす。生育は早いが，葉は粗であるため芽数が少なく，萌芽力にとぼしい。【植栽】さし木でふやす。実生も可能だが発芽率は低い。病害は初夏から秋に多い。【管理】移植適期は9月上旬で，強せん定はよくない。病気は炭そ病の発生が多い。【近似種】滇南毛蕊山茶 *C. mairei* var. *velutina* は花径8～9cmで花弁は6～8枚，花期は12～2月。西南山茶 *C. pitardii* は低木または小高木である。【学名】種形容語 *reticulata* は網状の，の意味。

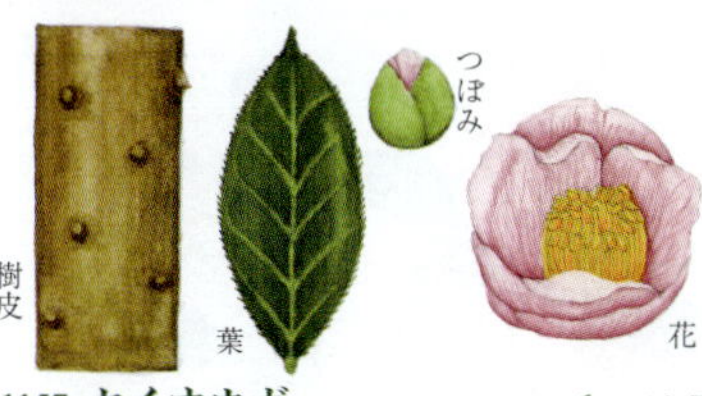

1157. セイオウボ 〔ツバキ属〕
Camellia 'Seiôbo'

【系統】ツバキの交配種。石川県の金沢地方で古くから栽培されていたもの。【形態】樹形は楕円形となり，幹は灰褐色で滑らかな樹皮で，枝は太く横へのびやすい。新枝は無毛。葉は中形で長楕円形，先端は芒形，脚は鋭形，長さ7～10cm，幅3～4cm。葉脈は表面でへこみ主脈より中折れとなってへこむ。葉色はややつやが少ない緑色で特徴があり，鋸歯は浅く細かい。葉柄は1cmぐらいで無毛。花は紫色がかった淡紅色の中に桃色の染めが入った花色で一重咲，筒咲だが，中ほどがふくらみ，満開になると盃状に開く。花弁は5～7弁，楕円形で凹頭，基部は雄しべと合着し，雄しべは太く，筒状で淡黄色，葯は中ぐらいの長さで黄色である。雌しべは雄しべと同長で3頭裂，花柱から子房にわずかに毛がある。花期は11月から咲き，残花は3月までに咲く。結実は少ないが，完全で3室である。結実期は9月。【特性】ヤブツバキと違いは少ないが，花期や花色が変わる。肥沃土であればよく育つ。生育は早い。【植栽】さし木で繁殖されているが，実生は変化する。生育は良好で，さし木から3～5年で開花株となる。【管理】病害虫の被害は少ない。せん定は密生した不要枝を切り除き，樹形を作る。茶花用として利用されるために，この頃にせん定するとよい。【近似種】実生で生まれた品種がある。愛媛県には'微笑'とよばれる品種がよく似ているために'伊予西王母'と名づけられている。【学名】種形容語'Seiôbo'は和名による。

1158. ツバキ'バーバラ・クラーク'〔ツバキ属〕
Camellia 'Barbara Clark'

【系統】トウツバキ系の交配種で，1958年にニュージーランドのドオークにより作出された。サルウィンツバキ *C. saluenensis* × 'キャプテン・ロー' *C. reticulata* 'Captain Rawes' の実生により作出された。【形態】樹勢は強く円錐形に育ち，枝は太く無毛で褐色。立性で密に出る葉は長楕円形で先端は鋭頭，鋭脚，鋸歯は明らかで浅く，長さ7～9cm，幅3cm。主脈は明らかで中折れとなり，葉脈は細かくへこんでいる。花は八重のレンゲ咲の花形で，花色は鮮明なラベンダーピンク。この花色は他に少なく，特徴となっている。サルウィンツバキの特徴が強く現れていて，トウツバキの特徴は見られないほどである。花径は10cmぐらいで花弁は倒卵形，先端はへこみ，12～15弁の半八重咲で上向きに咲く傾向がある。雄しべは多く筒状になり，花糸は白色，雌しべは雄しべより短く1本で3頭裂，子房には多くの絹毛が密にはえている。結実は見られない。【特性】寒さにも耐え，戸外でよく育ち，腐植質の多い壌土を好む。生育はふつう。【植栽】さし木で繁殖し，鉢栽培で育苗，開花後に鉢から戸外へ植付け庭園樹とする。色彩がよく，半日陰に耐え，目隠し用樹にも適する。【管理】せん定はほとんど必要ないが，2～3年に1度，不要枝をせん定することと，施肥を毎年行うことは必要である。【近似種】このほかレンゲ咲の種には'ターリー・クィーン'，'バレンタインデー'などがある。

1159. ツバキ‘フレーグラント・ピンク’ 〔ツバキ属〕

Camellia ‘Fragrant Pink’

【系統】ツバキの交配種でユキツバキとヒメサザンカ *C. lutchuensis* T.Itô との交配種。米国のワシントン植物園で，W.L. アッカーマンが放香性ツバキを目的に人工培養で交配した品種である。**【形態】**樹形は低木で，横に枝をのばし，高さ 1.5m ぐらいになる。枝は褐色で若枝は有毛，葉は楕円形で先端は鋭尖形，鈍脚，長さ 4～7cm，幅 2.5～3cm，葉柄は短く 0.3cm で有毛，鋸歯は鋭く，葉脈は突出し主脈より中折れし，葉先は外曲する。花は小輪の牡丹咲で濃い桃色で，花径は 3cm あまりで葉腋へ 1～2 花つけ，花つきがよい。花柄はほとんどなく苞とがくの差はなく，花弁は 7～12 弁ぐらいで，倒卵形，先端はへこむ。雄しべは多数で基部は合着し，中に花弁が混ざる。雌しべは淡緑色，不完全で，子房とともに無毛。芳香性があり，鉢植えや刈込み縁どり植栽に適している。**【特性】**肥沃地で土質は選ばず，適湿地を好む。生長は良好で伸長がよい。**【植栽】**さし木でよく繁殖できる。**【管理】**横へのびすぎるので，5月頃にせん定して刈込みをするとよい。病害虫は少ないが，カイガラムシがつくと葉が黒くなるスス病になるために注意し，冬期にマシン油乳剤を散布し防除する。**【近似種】**カンツバキに似るが，カンツバキは葉が濃緑色でつやがあるが，‘フレーグラント・ピンク’は葉につやがない点が異なる。ほかの園芸品種には‘ミセス D.W. デービス’や‘サウス・シーズ’がある。

1160. ツバキ‘フラワー・ガール’ 〔ツバキ属〕

Camellia ‘Flower Girl’

【系統】サザンカの園芸品種‘鳴海潟’に，トウツバキ *C. reticulata* の園芸品種‘コーネリアン Cornelian’を交配した園芸品種で，米国のアスパーによって作出された。**【形態】**樹形はサザンカに似て立性でよくのび，新枝は有毛，幹は灰褐色，葉は濃緑色でつやがない中形の葉で，主脈より中折れし，全体が波曲しており，楕円形。葉柄は短く紅褐色，鋸歯は細かく浅い。花は紫紅色で鮮やかな色で，花形は半八重咲，極大輪の 12～14cm。花弁は 17～20 弁で倒卵形，しわが多く，中に紅色の網脈が現れる。弁先はへこむ。咲きはじめは抱え咲でのちに平開咲となり，雄しべが梅芯のように開き，花糸は黄色，雌しべは淡紅色，子房は有毛，結実はしない。**【特性】**耐寒性がトウツバキよりは強くなり強健だが，よい花を咲かせるには暖地のほうがよい。生育は早い。**【植栽】**接木かさし木で繁殖し，苗木の生育もよいほうである。**【管理】**鉢作りでよくできるが，大きくなれば戸外がよく，刈込んで育てるとよい。**【近似種】**同じ交配によって作出された品種に，ショー・ガール‘Show Girl’，ドリーム・ガール‘Dream Girl’の 2 品種があり，花色が多少違う。‘ドリーム・ガール’が最も色が淡く，サーモンピンクで，この品種が植物特許を有する。花もやや大形である。ほかの品種では‘シャーリーン’，‘タイニー・プリンセス’などが著名。

‘エレガント・ビューティー’　‘エンゼル・ウィングス’

1161. ツバキ‘ブライアン’〔ツバキ属〕
Camellia 'Brian'

【系統】トウツバキの交配種。1958年にニュージーランドでドオークにより作出された。サルウィンツバキとトウツバキ‘キャプテン・ロー’*C. reticulata* 'Captain Rawes' の種間雑種である。【形態】樹形はトウツバキの系統が強く現れている品種で，枝は粗に太い枝を立性にのばし，葉数はややまばらである。樹皮は灰褐色で，枝は若いとき茶褐色で，古くなると外皮がはがれて灰褐色となり，葉は少ない。葉は長楕円形で，漸尖形か鋭尖形で鋭脚の大葉，長さ14cm，幅5.5cmで葉柄は1.5cm。花は鮮やかな桃色で光沢がある花弁で，大輪，花径13cm。花弁は20枚で，雄しべは散生，雌しべは2.5cm，花柱より子房に絹毛が多くはえている。花期は4月。【特性】トウツバキ系でありながら，耐寒性が強くなり，花色の変化が特徴となった品種である。庭園や公園などにも植栽できるもので生長は早い。性質も強健である。【植栽】接木かさし木繁殖でふやし，生育は早い。葉数と枝が粗である点が繁殖には困難である。【管理】肥沃地を好むために，施肥管理は必要で，冬期に寒肥を与えて，さらに5〜6月に施肥することが必要である。【近似種】‘エレガント・ビューティー Elegant Beauty’ はサルウィンツバキとヤブツバキの交配種。‘エンゼル・ウィングス Angel Wings’ も桃色多弁花。

人工樹形
‘ブライアン’

花枝
‘ブライアン’

‘ベティー・シェフィールド・シュプリーム’　‘エレガンス・スプレンダー’

1162. ツバキ‘ドーネーション’〔ツバキ属〕
Camellia 'Donation'

【系統】サルウィンツバキの交配種。1941年に英国で，クラークによって作出された。サルウィンツバキとヤブツバキの交配種としてウィリアムシー 'Williamsii' が作出されたが，この品種は結実性もあり，この種類がサルウィンツバキとよばれることが多い。このウィリアムシーとヤブツバキの‘ドンケラリー’*C. japonica* 'Donckelarii' の交配種がドーネーションである。【用途】鉢作り品種で，庭植えも適する。【形態】樹高は3mぐらいになり多花性で，円錐形の樹姿となる。枝葉は密に出る。枝は立性で，若枝も無毛で古くなると灰褐色となる。葉はやや小形で長さ6cm，幅3cmで濃緑色の光沢のある葉で，鋸歯が細かく入る。花は中輪で径10cmぐらいの淡紫桃色をしたパステル調の色彩で，花弁は16枚ぐらいで倒披針形または倒卵形で先端はへこむ。雄しべは細く束生した筒状で，花糸は白く葯は淡黄色，雌しべは同長で子房は有毛，花期は3月下旬〜4月。結実はしにくい。【植栽】繁殖はさし木または接木による。【管理】炭そ病に弱く苗木のとき（6月）に殺菌剤を散布する。【近似種】ベティー・シェーフィールド・シュプリーム 'Betty Sheffield Supreme' とエレガンス・スプレンダー 'Elegans Splender' はいずれも牡丹咲中大輪花。

人工樹形
‘ドーネーション’

花枝
‘ドーネーション’

1163. ツバキ 'E. G. ウォーターハウス'

〔ツバキ属〕

Camellia 'E. G. Waterhouse'

【系統】サルウィンツバキの交配種。1954年，オーストラリアのウォーターハウスにより作出された。**【形態】**樹形は長楕円形で，枝葉は密につき，枝は無毛，葉は楕円形で先端は鋭形で円脚，葉脈はへこみ，明らかである。葉色は緑色で，長さ7cm，幅4.5cm，鋸歯は浅く細かい。花は'乙女椿'によく似る。淡桃色で花弁は多く30枚以上，花弁の先端はへこみ，サクラに似た花弁で，楕円形で順次小さくなる。雄しべは弁化してなくなり，雌しべもない。花弁は老化すれば散り，樹にとどまらない点が'乙女椿'と全く異なる。**【特性】**耐寒性があり，花色が淡桃色で少しやわらかな色彩をもち，樹形もよい姿に密となる特長がある。土質は肥沃地を好み，乾燥を嫌う。生長の早さは中ぐらい。**【植栽】**さし木でよく活着し，強健であるが，肥沃地を好むために液肥散布を行う。**【管理】**とくに必要な管理はさほどないが，成木後も肥沃地で育てるために，寒肥として各年に腐葉と緩効性肥料を根もとに広く施肥してやることが必要である。**【近似種】**'サワダズ・ドリーム Sawada's Dream'はヤブツバキ系統であるが，'E.G. ウォーターハウス'によく似ている。'ウィリアムシー'の系統には，半八重咲大輪の'サイテーショ Citation'，牡丹咲の大輪のエルシー・ジュアリ'Elsie Jury'などがある。'エレガンス・シャンペン Elegance Champagne'と'デビュッタント Debutante'はいずれも米国で産出。

1164. ツバキ 'クリスマス・ビューティー'

〔ツバキ属〕

Camellia 'Christmas Beauty'

【系統】ヤブツバキの園芸品種で，1958年に米国で，V. ハウエルによって作出された品種。**【形態】**立性で長楕円形の樹形となり，枝は立性で多くのび，葉はややまばらで，葉は長楕円形で芒形になり，または鋭尖形になり，大きく波打った葉は外曲して，葉縁の鋸歯も目立つ。花は3～4月に鮮紅色の大輪を咲かせ，花径12cm，花弁は13～15弁で倒卵形，先はへこむ。雄しべは筒状でやや小さく，花糸はクリーム色，葯は黄色で小さい。雌しべは雄しべと同長で3頭裂，子房は無毛である。花形はレンゲ咲状でラッパ状に咲く。**【特性】**強健で生長よく，花つきも良好である。色彩が他の品種より鮮紅色でいちだんと美しさがあり，庭木として優良品である。土質は選ばず腐植質の多い土で，適湿地であればよい。**【植栽】**さし木で繁殖しよく育つ品種。他の品種より倍ぐらいはよく生育する。成木後は生長が止まり，多花性となる。**【管理】**強健であり，枝数が多いために不要枝が多くなる。せん定を5～6月に行うか，9月に行うとよい。施肥は寒肥としてバーク堆肥に緩効性化成肥料を加えて行うとよい。病気は少ない。害虫はチャドクガの被害が全般的に強く，被害防止のために5月下旬と8月中旬～9月上～中旬に殺虫剤散布を必ず2回以上は行う必要がある。**【近似種】**ほかに紅色花の'アドルフ・オーダソン Adolphe Audusson'，桃色花の'ドクター・ティンスリー Doctor Tinsly'がある。

1165. ツバキ 'ジュリオ・ヌチオ' 〔ツバキ属〕

Camellia 'Guilio Nuccio'

【系統】ヤブツバキの園芸品種で，1956年に米国で，ヌチオツバキ園で改良作出された。ローズ・ピンクの極大輪で半八重咲。1962年に英国で品種改良の賞を受賞している。【形態】樹は楕円形になりやや横張り，枝葉は密に茂る。幹は枝葉により見られないが灰褐色となる。枝はのびがよく，濃茶褐色で，葉は楕円形か長楕円形で大葉，長さ11cm，幅7cm，尖鋭形の先端と鈍脚の葉は全体に外曲し，先がとくに曲がる葉形は特徴がある。葉柄1cmでやや紅褐色になる。花は半八重咲で花径は12～13cmぐらいになり，花色は朱を帯びた鮮紅色で花弁11～13弁で倒卵形，先はへこむ。雄しべは大きく束筒状で多く，花糸は乳黄色で基部は紅色で花弁と合着する。葯は中ぐらいの大きさで，鮮黄色。結実は見ない。【特性】適湿の肥沃地なら土質は選ばない。樹勢は強く，生長の早さは中ぐらい。花つきは良好。【植栽】さし木でよく活着し，生長もよい。接木も行われるが，さし木の生育も悪くないので，さし木が多くなった。庭木としての植付けは横張性で高くならないので，前方に植えたい。鉢植えの品種としてもよい。【管理】鉢植の場合，施肥は液肥がよく，3月から6月まで定期的な施肥を行い，7月にはかん水量を少し加減すると花つきはよくなる。【近似種】白斑が多くなった品種を'マックベイズ・ジュリオヌチオ McVay's Guilio Nuccio' とよび，ピンク色の品種と花弁に鋸歯が現れる品種なども生まれている。斑入種にはほかに'トリカラー Tricolor'，'ハワイ Hawaii'がある。

1166. ツバキ 'クレイマーズ・シュプリーム' 〔ツバキ属〕

Camellia 'Kramer's Supreme'

【系統】ヤブツバキの園芸品種で，1958年に米国で，クレイマーツバキ園で作出され，植物特許をもつ品種。日本には1964年に導入された品種である。【形態】樹形は広楕円形になり，やや横張りの品種で，10年生で高さ1.5m，枝張0.6mぐらいになる。枝葉は密につき樹勢は強い。葉は楕円形で大きく，長さ10cm，幅4.5cmで鋭尖形の葉先で基部は円形。全体は外曲し，葉脈は目立たない。鋸歯は深鋭である。花は4月中～下旬の開花で，牡丹咲か獅子咲状に咲く鮮紅赤色の品種で，花弁が厚く波状弁となり，大小の弁は15～18弁ぐらいで，花弁の中に雄しべが散生し，葯の黄色を現す。雌しべは不完全なものが多く，ときに3本あまりがあり，子房は退化するものが多い。結実はしないが，花粉は有効である。【特性】花色のよい点で秀でている。花つきは少ない。肥沃な適湿地なら土質は選ばない。樹勢は強健である。【植栽】繁殖はふつうさし木による。生育の早さは中ぐらいで，幼苗では開花は少ない。鉢作りか，庭に植えて育てるのがよく，植栽適期は4月中旬と9月上～中旬がよく活着する。さし木は9月上旬が適する。【管理】開花後に，不要枝を除く程度のせん定を行う。樹姿を仕立てるためのせん定は花の終わった時期がよい。【近似種】'グラナダ Granada' はよく似た品種だが，花形はやや小さく，雄しべは外へ現れることが少ない。ほかに，よく似たものに'ティファニー Tiffarny'，'トゥモロー Tomorrow'がある。

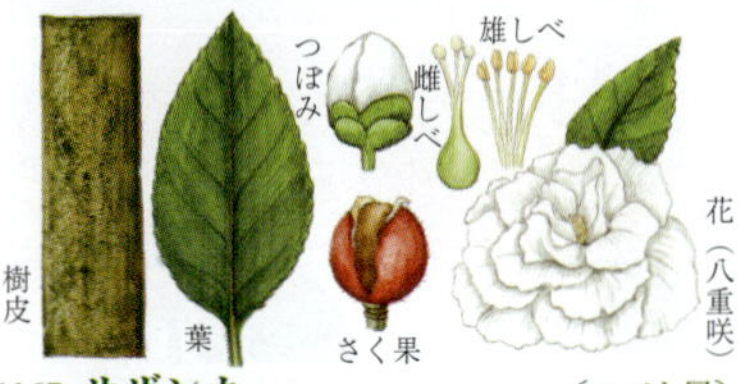

1167. サザンカ 〔ツバキ属〕

Camellia sasanqua Thunb.

【分布】四国西南部から本州南部，九州各地および種子島などに自生。栽培品か自生品かが不詳な地域は広い。植栽分布はさらに広く，北海道南部から本州各地に及ぶ。【自然環境】山地の林中に点在し，湿地を嫌い斜面地に多く生育する常緑小高木。【用途】観賞用として広く植栽され，庭園樹のほかに盆栽，切花などに用いる。種子は油資源となり，材は小細用材や薪炭材となる。【形態】幹は灰褐色で，樹高 3～13m，楕円形か不整形樹冠となり，枝は有毛。葉は長楕円形で鋭尖形の葉頭に鋭脚またはくさび形で，長さ 5cm，幅 2.5cm，葉柄から主脈には毛がある。花は白色でまれに淡桃色か弁端にわずかに淡桃色のぼかしが混じる。一重咲平開で，5～9 弁ぐらい，倒卵形。雄しべは淡黄色の花糸が散生して葯は黄色，雌しべは 1 本で子房とともに有毛である。花期は 10 月から 12 月まで残り，さく果は球形で紅褐色をして，周辺に毛が多い。種子は黒く 3～5 粒で，翌年の 9 月に熟する。【特性】肥沃な壌土で暖地を好み，乾湿の激しい場所を嫌う。生長は実生より 10 年あまりで樹高 3m，幹周囲 5cm ぐらいになる中程度の生育を示す。【植栽】実生繁殖がおもであり，園芸品種はさし木でふやす。生垣用や庭園樹にするなど植栽用途は広い。【管理】植付け適期は 9 月上～中旬，次いで 5 月，7 月。刈込みに耐えるので，3～4 月に刈込み，さらに 7 月に刈る。花芽の分化期が 7 月下旬～8 月である。【学名】種形容語 *sasanqua* は和名による。

1168. サザンカ ‘カイドウマル’ 〔ツバキ属〕

Camellia sasanqua Thunb. ‘Kaidōmaru’

【系統】サザンカの園芸品種で，明治 10 年の『茶梅花大集』に記載があり，栽培はその頃からであろう。【形態】樹勢は強く，樹高 4～5m になり，樹肌は灰褐色で濃く，太い幹となる。枝は立性で枝張 3～4m になる。枝は有毛で，茶褐色の新枝ものちには灰褐色となり，毛も落ちる。葉は楕円形で小形，花は淡紅色のぼかしで，中心部は白く，花弁に厚みがあり，ちぢみがない点が特徴。花径は 8cm ぐらいで花弁は半八重咲の中輪，花形がよく，波状弁にならない。雄しべは太く散生して，雌しべは 1 本，子房は有毛。花期は長く，10 月より 12 月まで咲き，さく果は翌年の 9 月に熟し種子を開裂させる。【特性】肥沃地を好み，とくに強健なほうであるが，炭そ病には弱く注意したい。生長は良好。【植栽】さし木繁殖でふやし，さし木は 8 月下旬～9 月上旬に鹿沼土に箱ざしをして，冬期はハウスで防寒越冬させ，翌年の 5～6 月に床植えして，肥培する。生育は良好で 7～10 年で開花株となる。【管理】苗木から成木に至るまでの間に炭そ病の被害が多く，発病すると生育が悪くなるので，発病初期から殺菌剤を 4～5 回散布する。病葉や病果は焼却する。【近似種】‘メイゲツ（明月）’ は花が大輪で花形が抱え咲，花弁がややちぢれる。ほかに ‘エイキュウシボリ（永久絞）’，‘タマツシマ（玉津島）’ がある。

1169. サザンカ ‘コウギョク’ 〔ツバキ属〕

Camellia sasanqua Thunb. ‘Kōgyoku’

【系統】サザンカの園芸品種で，明治38年頃の記録があり，現代に至っている。花弁数の多いサザンカとして知られている。【形態】樹は立性，枝葉が密で，生長は遅く，樹齢20年ぐらいで高さ2m，枝張1mぐらいの長楕円形となる。葉は小形で長さ4.5cm，幅3cmぐらいの楕円形で鋭頭，鈍脚，枝は細い。花は11月中頃に開花して遅咲，花色は蕾の頃は淡桃色で開きかけ，開花とともに桃色は薄くなり白色花となる。千重咲の中輪で花径6cmぐらい。雄しべ，雌しべは弁化して見られず，花弁は丸く，先はへこむ。花弁は薄い。【特性】樹形は多幹になりやすく，生育が遅くなる。土質は肥沃な壌土を好み，適湿地がよい。【植栽】さし木でふやし，秋9月上～中旬に行い，翌春に床替えをして育苗し，ポットで3年目に開花株となる。庭木には5年あまりの育苗が必要である。【管理】4月に不要枝のせん定を行い，施肥は2～3月に堆肥と緩効性化成肥料を施す。また，生長段階では6月に追肥を行う。【近似種】サザンカの千重咲品種には次のような種類がある。‘オトメサザンカ’は関西で昭和30年頃に作出された。淡いピンク色の千重咲で花は遅く11月中旬に咲く。‘ベニオトメサザンカ’は花期が10月で早く，花色は濃紅色で花弁は多く30弁ぐらいあり，樹形は立性でよくのびる強健品種。‘シノノメ（東雲）’，‘ツメオリガサ（爪折笠）’は桃色～紅色の半八重咲種。

1170. サザンカ ‘シチフクジン’ 〔ツバキ属〕

Camellia sasanqua Thunb. ‘Shichifukujin’

【系統】サザンカの園芸品種で，明治31年の『茶梅花大集』に記載があり，現代でも優良栽培品種とされる。【形態】樹は立性で枝がよくのび，樹形は広倒卵形となり，樹冠はやや不整形，幹は太く樹皮は灰褐色。枝は生育よく折曲して伸長する強靱な種類で，樹齢30年で高さ4～5mになり，枝張2m，幹周囲30cmあまりとなる。他の品種より倍ぐらいの生長の早さである。葉は濃緑色で中ぐらい，長楕円形で鋭尖形，先は丸い。基部は鋭形，鋸歯は明らかである。花は紫紅色で，花つきはよく樹冠全体に開花する。花径は8～9cmで，花弁は10～12弁の平開咲，花弁は厚く先はへこみ，多少のちぢれ弁で広楕円形，雄しべは太く淡黄色で葯は黄色，結実はほとんど見られない。【特性】肥沃な壌土で腐植質に富んだ土を好み，適湿地がよい。生長は早く強健。【植栽】繁殖はさし木により，9月上旬にさし良好な活着をする。育苗は1本立ちで育て，3年後に植替え，畑地植えする。庭園樹としてよく，刈込みに耐えて楕円形に仕立てられる。生垣には生育がよすぎるため不適である。【管理】刈込みは3～4月に行い，さらに6～7月に弱せん定をするとよい。【近似種】‘タイショウニシキ（大正錦）’の花色は濃い紫紅色，半八重咲。‘ツキノカサ（月の笠）’は花色が淡桃色で中心部が濃くなる。ほかに桃色花‘シウンダイ（紫雲台）’，白色花‘チヨノツル（千代の鶴）’がある。

1171. サザンカ 'フジノミネ' 〔ツバキ属〕
Camellia sasanqua Thunb. 'Fujinomine'

【系統】サザンカの園芸品種。明治末期の『茶梅花名鑑』に記録があるが，樹齢100年以上の樹が点在しているので，作出はそれ以前と考えられる。花は白花で八重咲の優良品種で，現在での普及品種とされている。【形態】樹形は不整形で，さし木30年生で高さ3m，枝張2.5mぐらいの横張形で，幹周囲20cmぐらい。枝は密にのび，葉は緑色で楕円形，中形，花は白色か乳白色で，咲き始めは淡緑白色の八重咲で，花弁が多く千重咲のようになり，のちに花弁は乱れて獅子咲となる。花径6～8cm。花弁は25～30弁，完全に開くと雄しべが現れ，20～30本ぐらいで葯も完全である。雌しべは4～5頭裂で子房は絹毛でおおわれている。結実はしない。花期は11月上～中旬。【特性】肥沃な土であれば土質は選ばず，適湿地に植える。生長は早いほうである。【植栽】さし木繁殖がおもで，活着しやすい。生育は早く，苗木では立性でのびて，成木になると横張りの樹形となる。【管理】幼木では支柱を立て，樹姿を仕立てることが必要である。強健であるが寒肥と追肥は行う。せん定は不要枝を3月にせん定する。【近似種】'ミネノユキ（峰の雪）' は樹形が立性であり，花はよく似る。ほかに赤色花 'タムケヤマ（手向山）'，桃色花 'ツキノカサ（月笠）' がある。

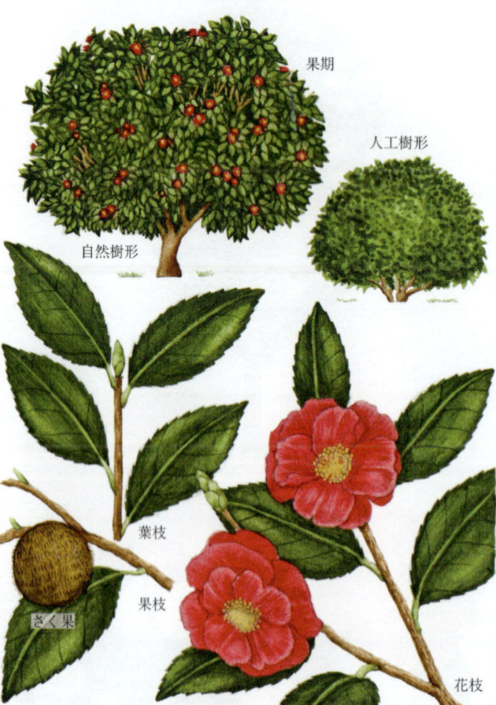

1172. カンツバキ 〔ツバキ属〕
Camellia sasanqua Thunb. 'Shishigashira'

【分布】自生地はなく，交雑種。本州，四国，九州に植栽分布。【自然環境】サザンカの変種で，サザンカと同様に適湿な環境で温暖地を好む常緑低木。【用途】公園樹や庭園樹として植えられる観賞樹。大刈込植栽や生垣など用途は広い。【形態】幹は直立または低く分枝し，高さ3mぐらいになる。新枝は有毛でのちに落ちて無毛となる。葉は有柄，互生で楕円形または尖頭円脚。長さ5～6cm，幅3～3.5cm，鋸歯縁。厚質で葉柄と歯の中肋に毛があるが，のちに落ちる。花期は12～3月で紅色花，花弁は15～20弁の半八重咲，子房は有毛。花糸はクリーム色，葯は黄色，花柱は3頭裂。さく果は球形で外皮は有毛，種子は黒褐色で1～3粒である。【特性】樹形は横張性で花が寒中に咲く。花は紅花の八重化した中輪で花径8～9cm，暖冬の年には結実しやすいが，ふつう結実は少ない。【植栽】庭園では下木として植えられ，石組みや景石の添えに植栽する。公共的には玉仕立ての列植や整形の刈込仕立てものを境栽などに植栽する。【管理】生育はやや遅いために，刈込量は少なくてすみ，樹形は保ちやすい。刈込みやせん定の時期は4月下旬～5月と9～10月で，軽せん定をするとよい姿を保つことができる。施肥は2～3月に元肥として有機質肥料と化成肥料の混合を施肥する。害虫はチャドクガの被害があり，5月上旬と9月上旬に発生する。群生中の初期に捕殺防除する。【近似種】カンツバキ系の園芸品種は多く，とくに立性の品種タチカンツバキは生垣や刈込みに適する。花は半八重咲。

1173. サザンカ 'エガオ' 〔ツバキ属〕
Camellia × vernalis (Makino) Makino 'Egao'

【系統】ハルサザンカ類で，サザンカとツバキ，カンツバキ，ウラクツバキ *C.* 'Uraku' などの交雑種群として考えられるもので，正確な系統は不詳。'エガオ' は九州熊本にて見いだされたもので，昭和 30 年頃に一般化した栽培品種である。【形態】樹は立性で長楕円形の樹形となり，枝葉は密で花つきはよい。枝は若いときに毛を散生して，のちに落毛し，濃褐色の枝は灰褐色となる。葉は萌芽期に葉柄から葉裏の主脈に毛があり，成葉では落ちる。葉は緑色で長楕円形の中葉，葉は厚く鋭尖頭，鋭脚の長楕円形で長さ 11cm，幅 3.5～5cm，葉柄 0.7cm で微紅色。花は明るい淡紅色で八重咲の中輪，花径 9cm，花弁は 16～20 弁で花弁の下部は色が濃く，弁端は凹頭である。雄しべは基部は合着した筒しべで，花糸は淡黄色，葯は黄色。雌しべは雄しべと同長で，花柱は 3 頭裂，子房に絹毛の伏毛がある。花期は 2 月中旬～3 月。果は不結実。染色体数は 4 倍体である。【特性】肥沃な壌土で適湿地がよく，生長の早さは中ぐらい。【植栽】さし木繁殖がおもで，さす時期は 3～4 月と 7 月および 9 月にさすことができる。育種は容易なほうである。【近似種】'オオミ（近江）' はハルサザンカの品種で，花色は桃色，花弁は 5 弁，一重咲，花期は 1 月～3 月。ほかに 'アデスガタ（艶姿）'，'オオニシキ（大錦）' がある。

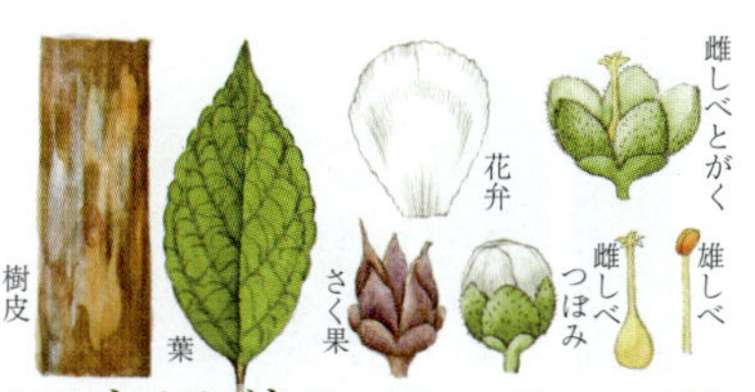

1174. ナツツバキ（シャラノキ） 〔ナツツバキ属〕
Stewartia pseudocamellia Maxim.

【分布】本州（宮城県以南），四国，九州に分布。【自然環境】主として谷間やそれに接する斜面に自生し，また植栽されている落葉高木。【用途】庭園樹，公園樹で幹肌美を観賞する。材は床柱などの建築材や，器具材，彫刻材，薪炭材などに用いる。【形態】単幹，双幹，株立ち物がある。樹高 8～10m。幹径は 60cm，樹皮は帯紅色で美しい。平滑で外面表皮は薄くはがれる。枝条はやや上向し，1 年枝は帯紅色でジグザグに出る。葉は互生，有柄，倒卵形または楕円形で先は短くとがる。長さ 4～12cm，幅 3～5cm。葉縁には低い鋸歯がある。葉の上面は無毛で脈が凹入し，下面には絹状の長毛が粗生する。花は 6 月，柄のある白色花を開く。花径は 5～7cm，がくは緑色で 5 個，花弁も 5 個でともに白絹のような毛がある。雄しべは多数，雌しべは 1 個，花柱は先が 5 分している。果実は 10 月成熟，さく果は尖卵形で長さ 2cm，幅 1.5cm，濃褐色で白毛がある。種子は 0.4cm，濃褐色でレンズ形をしている。【特性】中庸樹であるが，やや陽樹で肥沃の土地を好む。生長はやや早い。【植栽】繁殖は実生，取り木などによる。【管理】自然樹形が望ましい。腐葉土で土質を改良するとともに根もとの乾燥を防ぐ。病害虫はとくにない。【近似種】ヒメシャラは樹皮が淡赤黄色で，葉は長さ 3～8cm，花弁の縁に細い鋸歯がない。【学名】種形容語 *pseudocamellia* は，にせツバキ属の意味。

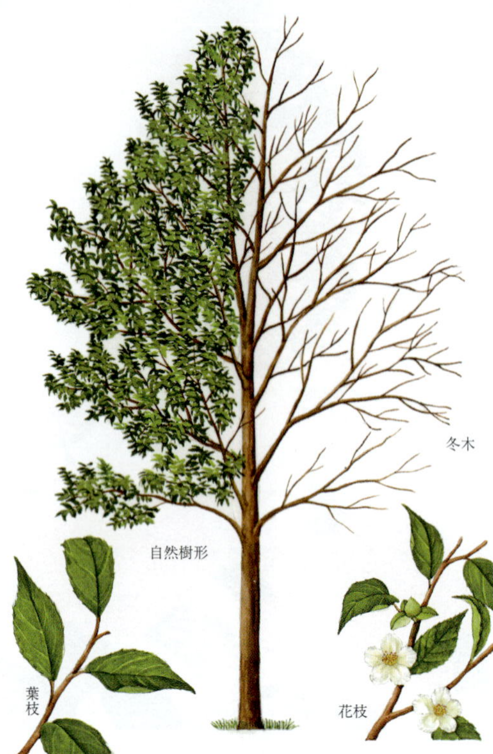

1175. ヒメシャラ（サルタノキ，ヤマチシャ）

〔ナツツバキ属〕

Stewartia monadelpha Siebold et Zucc.

【分布】本州中部・関東以南，四国，九州。【自然環境】向陽地，肥沃地を好み自生する落葉高木。【用途】庭園樹，公園樹。材は皮付床柱などの建築材，農具の柄などの器具材，彫刻材などに用いる。【形態】幹は単幹，双幹，株立ちがある。樹皮は平滑で淡赤褐色で光沢がある。枝は上向き箒状，細枝はジグザグに出る。冬芽は褐色の軟毛を密生する。葉は互生，有柄，葉身は長卵形または長楕円形で鋭尖，鋭脚，葉質はやや薄い。葉縁には低い鋸歯がある。長さ 5cm 前後，花は 6～7 月，当年枝に腋生する。花色は白色，がく 5 個，花弁は 5 個あり，外面には白絹毛が密生し下部は合着する。花径は 2～2.5cm，果実は円錐状卵形，長さ 1.5～1.8cm，径 1cm，種子は長さ 0.5cm，倒卵形で暗褐色，狭翼がある。【特性】中庸樹で適湿地を好む。生長はやや早い。樹林に混植して幹や根もとに日があたらぬようにする。【植栽】繁殖は実生，さし木による。実生は採種後種子を土中に埋蔵し，春に播種する。発芽率は中ぐらい。【管理】手入れはほとんど必要ない。枝が混みすぎると花つきが少なくなるので，太枝では切りつめないで中枝で枝抜きする。害虫にはカミキリムシ類が幹に食い入る。【近似種】ナツツバキはヒメシャラより花や葉が大きい。【学名】種形容語 *monadelpha* は単体雄しべの意味。

1176. ヒコサンヒメシャラ　〔ナツツバキ属〕

Stewartia serrata Maxim.

【分布】本州（群馬県以西），四国，九州の温帯地方に分布する。【自然環境】山中に自生しまたは植栽される落葉高木。【用途】庭園樹，材は建築，器具などに用いる。【形態】幹は直立，高さ 10～15m。幹の直径 30～40cm。樹皮は暗赤褐色，平滑で横縞がある。小枝は灰褐色または暗赤褐色で若時には細点がある。葉は互生，有柄。葉身は卵状楕円形または楕円形で先端は鋭くとがり，基部は鋭形。縁には低平鋸歯がある。長さ 3～9cm，幅 2～4cm。表面は無毛または中肋に毛があり，裏面は淡緑色で脈腋に毛そうがある。冬芽は長楕円形。雌雄同株で，開花は 6～7 月頃。枝先の葉腋から花梗を出し白色の花を単生する。花の直径 3.5～4cm。子房は無毛。さく果は秋成熟し，倒卵球形で 5 稜をもち，無毛で直径約 1.5cm。【特性】やや陽樹，生長はやや早く適度に湿った肥沃な深層土を好む。大気汚染に弱い。移植は容易。【植栽】繁殖は実生，さし木，取り木による。苗木の生長は早い。【管理】萌芽力が弱いのでせん定はしないほうがよい。施肥は 1～2 月。病害虫はほとんどない。【近似種】イチフサヒメシャラ f. *epitricha* は，葉の上面に硬毛の散生するもの。トウゴクヒメシャラ f. *sericea* は下面の中肋に毛の多いもの。【学名】種形容語 *serrata* は鋸歯のあるの意味。

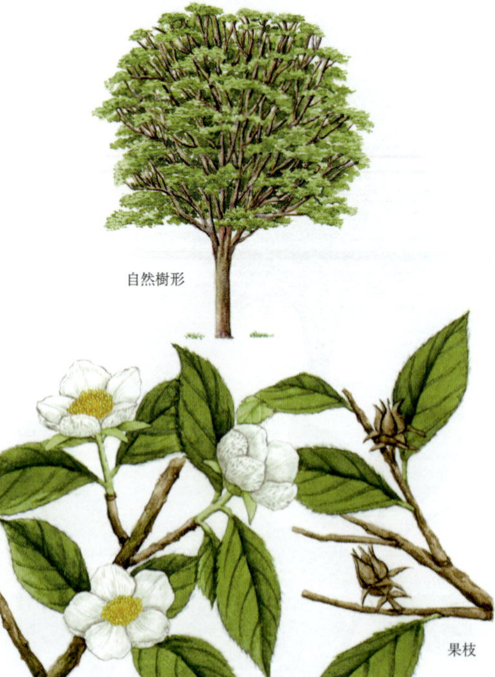

1177. ハイノキ（イノコシバ）　〔ハイノキ属〕
Symplocos myrtacea Siebold et Zucc.

【分布】本州（近畿西南部以西），伊豆諸島（御蔵島のみ），四国，九州。【自然環境】常緑広葉樹林内の適潤な所にはえる常緑小高木。【用途】器具材。【形態】幹は高さふつう 5～6m であるが大きいものは 12m になるものもある。樹皮は暗褐色，小柱は濃褐色で細く，若枝は緑色で乾くと黄緑色になる。葉は有柄で互生し，狭卵形または長楕円形で長さ 4～7cm，幅 1.5～2.5cm，先は長くとがり，基部は急鋭形またはやや円形となる。やや薄い革質で毛はなく，表面は光沢があり裏面は淡緑色で，縁には鈍頭の低い鋸歯がある。葉柄は長さ 0.8～1.5cm ほど。5 月頃，葉のつけ根から総状花序を出し，3～6 個の白色花を開く。花序の中軸は短く，小花柄は細くて長さ 0.8～1.5cm ぐらい。苞は卵形で長さ 0.35cm ほど，背面に褐色の毛があり早落性。がく筒は漏斗状，がく片は 5 裂し，裂片は三角状卵形で先はとがる。花冠は深く 5 裂し，径 1～1.2cm ある。雄しべは多数あり，花冠裂片とほぼ同長。果実は細長い柄の先につき，狭卵形で長さ 0.7～0.8cm あり，10 月頃に紫黒色に熟す。一般に本種をハイノキと呼ぶが，染物に使う灰の木の主原料は同属のクロバイ（ハイノキ）である。【学名】種形容語 *myrtacea* はフトモモ科ギンバイカ属 *Myrtus* の姿の，という意味。

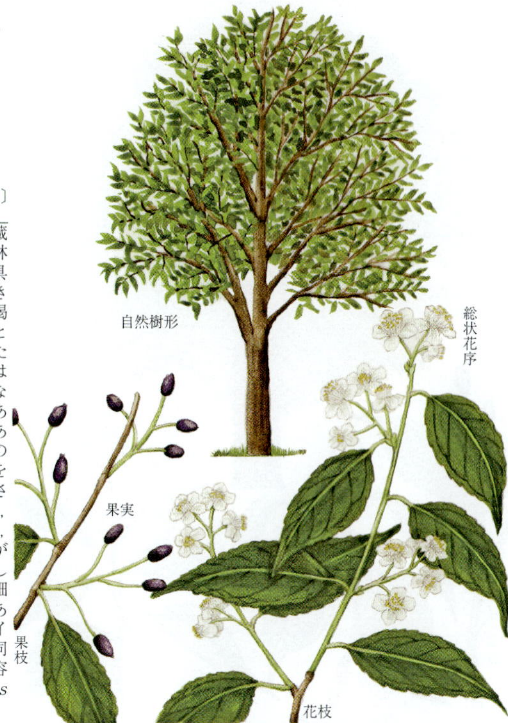

1178. クロキ　〔ハイノキ属〕
Symplocos kuroki Nagam.

【分布】本州（千葉県以西），四国，九州，台湾，済州島。【自然環境】海岸近くの常緑樹林内などにはえる常緑小高木。【用途】器具材。【形態】高さはふつう 6～7m であるが，大きいものでは 15m に達するものもある。樹皮は黒灰色で滑らかである。若枝は淡黄緑色で毛がなく，よく枝分かれし，稜がある。葉は有柄で互生し，葉身は長楕円形または長倒楕円形で長さ 4～7cm，幅 2～4cm，先端はとがるかまたはやや鈍く，基部は鋭形で，長さ 0.7～1.5cm の葉柄につながる。ふつうやや全縁であるが，ときに上部にまばらな波状の低鋸歯があり，厚い革質で光沢がある。表面は濃緑色で無毛である。3～4 月，前年枝の葉の腋にごく短い花柄を出し，2～3 個の白色花を開く。苞および小苞は扁心形で灰褐色の毛がある。がく片は 5 個で裂片は卵円形，縁に細かい毛がある。花冠は深く 5 裂し，径 0.8cm ぐらい，雄しべは多数ある。果実は倒長卵形で長さ 1～1.5cm，先端に宿存がくがあり，紫黒色に熟す。つぶすと紫色の汁が出て悪臭がある。種子は 1 個，紡錘形で淡褐色をしており縦のすじがある。【学名】種形容語 *kuroki* は和名に由来。和名クロキはこの木の樹皮が黒灰色であることによる。

1179. クロバイ（ハイノキ）〔ハイノキ属〕
Symplocos prunifolia Siebold et Zucc.

【分布】本州（関東地方南部以西），四国，九州，沖縄，朝鮮半島南部。【自然環境】暖地の山地にはえる常緑高木。【用途】器具材。【形態】幹は高さ 5～8m になるが，大きいものでは 12m に達するものもある。樹皮は黒灰褐色で滑らか，灰色の皮目が縦にあり，老樹では外皮が鱗状にはげ落ちる。枝は灰褐色または黒褐色でやや太い。葉は有柄で互生し，葉身は楕円形または長楕円形で先端はやや尾状にのびて鈍端，基部は広いくさび形で長さ 4～8cm，幅 2～3cm，縁には低い鋸歯がある。革質で，表面は光沢があり濃緑色，裏面は黄緑色で中肋はやや隆起する。両面に毛はない。5～6 月，前年枝の上部の葉の腋から長さ 4～7cm の総状花序を出し，10～30 個の径 0.8cm 内外の白色の花をつける。花序には，長さ 0.1～0.3cm の花柄とともに淡褐色の斜上する短毛がある。苞は円形で長さ 0.3cm ほど，小苞は 2 個あり卵形でがくよりも短い。がくは 5 裂し縁毛がある。花冠は深く 5 裂し，雄しべは多数ある。果実は狭卵形で長さ 0.6～0.7cm，黒く熟す。【学名】種形容語 *prunifolia* はバラ科 *Prunus* 属のような葉の，という意味。クロバイの和名はこの木の樹皮が黒みを帯びており，そして枝葉の灰を利用することによる。ハイノキも同様の意味で，本種の灰は染物に使う。

1180. シロバイ〔ハイノキ属〕
Symplocos lancifolia Siebold et Zucc.

【分布】本州（近畿地方以西），四国，九州，台湾，中国。【自然環境】暖かい地方のやや乾いた山地によくはえている常緑低木。【形態】高さはふつう 3～4m になる。枝は細くて丸く，暗灰褐色。小枝は淡黄褐色の細かい毛が密にはえ，若枝ではさらにやや長い斜上毛を散生する。葉は短柄があって互生し，葉身は卵状披針形または広披針形で長さ 4～8cm，幅 1.5～3cm，先端は長く尾状にとがり，基部は鋭形で，ときにやや円形となる。縁にはごく低い鋸歯があり，葉質は革質であるがやや薄くて軟らかく，深緑色で多少光沢がある。表面にはふつう中肋上に細かい毛があり，裏面は淡色で初めだけ中肋上に毛がある。葉柄は 0.2～0.4cm ほど。8～10 月，今年のびた枝のつけ根から花序を出す。花序は穂状で長さ 1～3cm，葉より短くてほとんど柄がなく，白色の小さな花を密につける。花径は 0.4～0.6cm ほどで平開する。苞および小苞はがくとほぼ同長。がくは緑色で小さく，裂片は楕円形で背面に毛がある。花冠は深く 5 裂し，裂片は楕円形，雄しべは多数で花冠より長く，5 つの束になっている。葯はごく小さい。果実は倒卵状楕円形で長さ 0.5～0.6cm，黒く熟す。【学名】種形容語 *lancifolia* は披針形の，という意味。

1181. カンザブロウノキ 〔ハイノキ属〕

Symplocos theophrastifolia Siebold et Zucc.

【分布】本州（静岡県以西），四国，九州，沖縄，台湾，中国。【自然環境】暖かい地方の山地にはえる常緑高木。【用途】建築材（板，棟木など）。【形態】高さ 10m ぐらいになる。枝は丸く，やや細く褐色で，初め褐色の短い圧毛があるが，のち無毛となる。葉は長さ 0.7～1.2cm の葉柄をもって互生する。葉身は狭楕円形または狭長楕円形で長さ 8～15cm，幅 3～5cm，先端は鋭くとがり基部は鋭形で，縁には波状の低鋸歯がある。厚い革質で，表面は鮮やかな緑色，裏面は淡緑色で，両面ともに毛はない。裏面の側脈は細く，ほとんど隆起しない。8～9 月，葉のつけ根から長さ 1～3cm の穂状花序を出し，白色で径 0.7～0.8cm の花をつける。花序は葉より短く，褐色の毛がはえ，多くは基部から 3 本に枝分かれして円錐状に見える。花には柄はない。がくは小さく緑色で 5 裂し，細かい毛がある。花冠は深く 5 裂し，裂片は広楕円形で先端は丸い。雄しべは多数で 5 つの束に分かれ，花糸は基部で合着している。果実は小さく，つぼ状で径 0.4cm ぐらい，初め緑色で熟すと暗紫色になる。【学名】種形容語 *theophrastifolia* は *Theophrasta* 属のような葉の，という意味である。和名カンザブロウノキは勘三郎の木と思われるが，この意味は不明である。

1182. アオバノキ（コウトウハイノキ）〔ハイノキ属〕

Symplocos cochinchinensis (Lour.) S.Moore

【分布】九州（屋久島，種子島），沖縄，台湾，フィリピン。【自然環境】山地にはえる常緑小高木。【用途】建築材にするが狂いやすく材としてはよくない。【形態】枝は丸くて太く，初めだけ圧褐色毛がある。葉は有柄で互生し，厚い革質で大きく，楕円形または狭長楕円形，ときに広披針形で長さ 15～23cm，幅 3.5～8cm，先はやや尾状または短尾状となり，基部は鋭形で，縁にはごく短い鋸歯がある。若木では鋸歯が目立つが，老木ではしばしばほぼ全縁となる。表面は無毛で光沢があり，裏面は淡緑色またはかすかに粉白色を帯び，中肋および側脈は隆起し，初めは脈上に淡色の斜上毛を散生するが，のち無毛となる。葉柄は太く，長さ 0.7～1.2cm ほど。8～9 月頃，穂状花序を葉の腋から出し，径 1cm ぐらいの花を開く。花冠は 5 裂する。花序は長さ 4～10cm あり，しばしば下部で枝分かれし，花時には濃褐色の短い綿毛を密生する。苞および小苞は広卵形のがく片とともに密に毛がはえている。果実はつぼ状の球形で長さ 0.6cm ぐらい，黒く熟す。【学名】属名 *Symplocos* は結合したという意味で，雄しべの基部が結合していることによる。種形容語 *cochinchinensis* は交祉支那（今のベトナム辺）の，の意味。和名アオバノキは本種の葉がさっぱりした緑色であることによる。

1183. ヒロハノミミズバイ 〔ハイノキ属〕

Symplocos tanakae Matsum.

【分布】四国，九州（宮崎県，種子島，屋久島），沖縄。【自然環境】暖かい地方の常緑樹林内にはえる常緑小高木。【用途】器具材（板など）。【形態】枝はやや太く，毛はなく，淡黄緑色をしている。ミミズバイに全体として似ているが，ミミズバイの枝には稜はなく，本種の枝には稜角がある。葉は柄があって互生する。葉身は厚い革質で，堅く，狭長楕円形で長さ 10〜15cm，幅 2〜4cm ほど。先端はあまりとがらず，基部は鋭尖形でしだいに長さ 2cm 内外の葉柄となる。表面には光沢があり，乾くと黄緑色になる。裏面はわずかに淡緑色で，ミミズバイのように粉白色とはならない。中肋は表面でわずかにへこむかまたは平坦で，裏面で隆起するが，側脈は細くてあまり明らかではない。葉縁，とくに先端のほうに低い波状の鈍鋸歯がある。花は 11〜12 月頃，上部の葉の腋に集まってつく。花径は 0.8〜1cm ほど，花柄はほとんど発達しない。苞や小苞は扁円形で毛はなく，わずかに縁に縁毛がある。がく裂片は卵円形で長さ 0.3cm ぐらい，わずかに縁毛がある。雄しべは多数あり，花冠裂片より少し長めである。果実は楕円状球形で黒く熟し，長さ 2〜2.2cm ほどである。【学名】種形容語 *tanakae* は人名による。和名ヒロハノミミズバイはミミズバイに比べ，葉がやや広いことによる。

1184. ミミズバイ 〔ハイノキ属〕

Symplocos glauca (Thunb.) Koidz.

【分布】本州（千葉県以西），四国，九州，沖縄，台湾，中国，インドシナ。【自然環境】暖かい地方の山地にはえる常緑高木。【用途】器具材。【形態】幹は高さ 8〜10m になる。樹皮は灰色，滑らかで著しい皮目がある。枝はやや太く，初め褐色の毛があるが，のち無毛となり，赤褐色を帯びる。若枝は丸い。葉は 1〜1.5cm の柄があって互生する。葉身は長楕円状広披針形または広倒披針形で長さ 7〜15cm，幅 2〜3.5cm，両端はとがり，革質で毛がなく，ほぼ全縁かまたは先端部に少数の低い鋸歯がある。表面は濃緑色で光沢があり，裏面は細かい粒状突起を密布して灰白色となる。7〜8 月，本年枝の葉のつけ根から短い総状花序を出し，白色の小さな花を密生してつける。花はほとんど無柄で径 0.7〜0.8cm。がくは小さく，緑色で 5 裂し赤褐色の毛がある。花冠は深く 5 裂し，裂片は楕円形で先端は鈍形。雄しべは多数あり，5 群に分かれ花冠よりも長い。花柱は長く，柱頭は緑色で頭状にふくらむ。果実は卵状長楕円形で長さ 1.2〜1.5cm あり，2 年目の秋に紫黒色に熟す。【学名】種形容語 *glauca* は灰青色の，帯白色の，または蒼白色の，という意味。和名ミミズバイは本種がハイノキの 1 種で，その実の形がミミズの頭に似ていることに基づく。

1185. サワフタギ（ニシゴリ，ルリミノウシコロシ）

〔ハイノキ属〕

Symplocos sawafutagi Nagam.

【分布】北海道，本州，四国，九州，朝鮮半島に分布。【自然環境】山地の谷間など，おもに落葉広葉樹を主とするやや明るい林にはえる落葉低木。【用途】器具材。【形態】高さはふつう 2～3m であるが，まれに 10m に達するものもある。樹皮は縦に裂け，太いものは灰褐色となる。枝は灰褐色でよく枝分かれし，若枝には毛がある。葉は 0.3～0.8cm の柄があって互生する。葉身は倒卵形または長楕円形で，先は急にとがり基部は広いくさび形で，長さ 4～8cm，幅 2～3cm あり，縁には内側に曲がる低い鋸歯がある。表裏ともに短い毛があってざらつき，表面は光沢がなく，裏面は淡緑色を帯びる。5～6 月，今年のびた若枝の先に長さ 3～6cm の円錐花序を出し，多数の白い小さな花を密につける。花枝や花序には毛がある。苞は線形膜質で早く落ちる。がくは小さく，緑色で 5 裂する。花冠は深く 5 裂し，径 0.7～0.8cm ほど。雄しべは多数あり花冠よりやや長く，葯は黄色で目立つ。果実はゆがんだ球形で長さ 0.6～0.7cm，熟すと藍色になる。【学名】種形容語 *sawafutagi* は和名に由来。サワフタギの和名は沢にはえ，沢をふさぐようにはえることからの名と思われる。

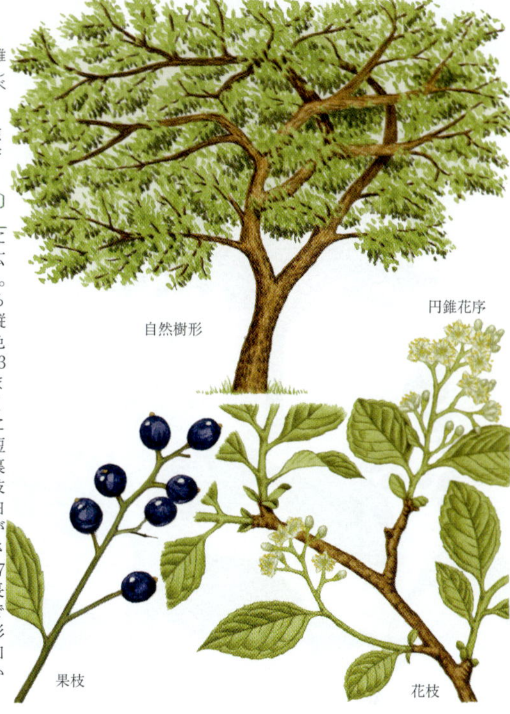

1186. タンナサワフタギ

〔ハイノキ属〕

Symplocos coreana (H.Lév.) Ohwi

【分布】本州（関東地方以西），四国，九州，済州島。【自然環境】暖地の山地によくはえる落葉低木。【用途】材は器具材となる。【形態】樹皮は灰色で，薄くはがれやすい。枝は横に広がる。葉は有柄で互生し，葉身は広倒卵形または倒卵形で先端は尾状に鋭くとがり，基部は広いくさび形で長さ 4～9cm，幅 3～5cm，縁には鋭くやや粗い鋸歯がある。やや革質で，表面には光沢がなく，ほとんど無毛またはまばらに毛があり，裏面は淡緑色でとくに脈上に淡色の毛がある。葉柄は 0.3～0.7cm ほど。6 月頃，小枝の先に円錐花序を出し，多数の白色の小さな花をつける。花序は長さ 4～10cm，まばらに毛があるかまたはほとんど無毛。花径は 0.6～0.7cm ぐらい。がくは緑色で小さく，先は 5 裂し裂片は楕円形で鈍頭。花冠は深く 5 裂し，裂片は先端鈍く楕円形。雄しべは多数あって 5 つの群になっており，花冠よりやや長く，花糸は白色で，葯は黄色。果実は 10 月頃，少しゆがんだ球形の径 0.6～0.7cm ぐらいになり，熟して黒みがかった藍色となる。【学名】種形容語 *coreana* は朝鮮の，という意味。和名のタンナは耽羅で，耽羅（たんな）とは済州島の古名である。本種が最初，この島で発見されたことに基づく名である。

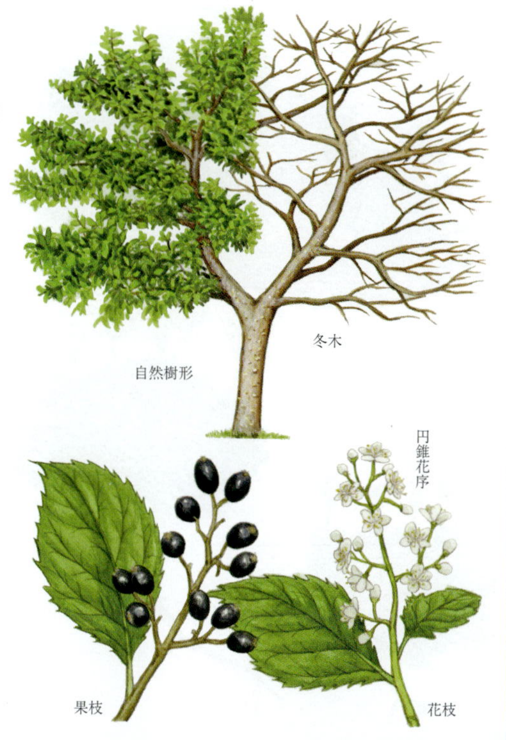

1187. クロミノニシゴリ（シロサワフタギ）

〔ハイノキ属〕

Symplocos paniculata (Thunb.) Miq.

【分布】本州（中部・近畿地方）。**【自然環境】**山地のやや湿地のような所にはえる落葉小高木。**【形態】**高さ7mぐらいになる。サワフタギに似ているが，樹皮は灰褐色で紙状に薄くはがれる。全体無毛で，若い枝は緑色をしており，少し白い粉をふく。葉は0.5～1cmの柄があって互生する。葉身は長楕円形または楕円形で，先端は鋭く急にとがり，基部はくさび形に細くなり，長さ3～10cm，幅2～4cmほど，縁には内曲する低く細かい鋸歯がある。両面ともにやや無毛である。5～6月，若枝の先に円錐花序を出し，白色の小さな花を多数つける。花は径0.8cmぐらい，花序は3～7cmほどあって毛はない。がくは5裂し，裂片は卵形で小さい。花冠は深く5裂し，長さ0.6～0.7cm，裂片は楕円形で平開する。雄しべは多数あり，雌しべは1個。果実はゆがんだ広卵形で長さ0.6～0.7cm，秋に黒く熟す。**【近似種】**クロミノサワフタギ *S. tanakana* Nakai がある。樹皮がちょっとサクラに似た感じで横にはげる。葉の表面は無毛または脈上にわずかに毛があり，裏面は軟毛があり，とくに中肋上に多く，粉白色に見えることもある。本州の中国地方，四国，九州，朝鮮半島に分布する。**【学名】**種形容語 *paniculata* は円錐花序の，という意味。

1188. イワウメ

〔イワウメ属〕

Diapensia lapponica L.
subsp. *obovata* (F.Schmidt) Hultén

【分布】北海道，本州（中部地方以北），千島，サハリン，ウスリー，東シベリア，カムチャツカ，済州島。**【自然環境】**高山の岩のすきまなどにはえる小形の草状の常緑低木。**【形態】**茎は長く岩のすきまをはい，先はよく枝分かれして立ち上がる。多数の個体が密に集まってすきまなく地面をおおう。葉は厚く，革質の長倒卵状へら形，葉柄を含めて長さ0.6～1.5cm，幅0.2～0.5cm，無毛で先端は丸いか，少しへこむ，縁は裏面に反曲し，基部は延下して長さ0.25～0.4cmの葉柄に続く。葉柄の基部は広がって半ば茎を抱く。7月頃，2～3個の苞葉をもつ花茎を直立し，先端に白色の径1cmほどの花を1個上向きに開く。花茎は長さ1～3cmほど。がく片は長楕円形で5個，緑色である。花冠は5裂し，裂片は広倒卵形で幅0.5～0.6cm。雄しべは5個，花弁の内側につき，花糸は長さ0.1～0.2cm。雌しべの花柱は長さ0.5～0.6cmで無毛。さく果は卵状球形で径約0.15cm，残存するがくを伴い熟して3片に裂ける。**【学名】**属名 *Diapensia* はラテン名。種形容語 *lapponica* はスカンジナビア半島の北にある Lapland の，という意味。亜種名 *obovata* は倒卵形の，という意味。和名のイワウメは岩にはえウメのような花をつけることによる。

1189. エゴノキ　〔エゴノキ属〕

Styrax japonica Siebold et Zucc.

【分布】北海道，本州，四国，九州，沖縄。**【自然環境】**各地の山地や原野に多くはえる落葉小高木～高木。**【用途】**庭園樹，公園樹。材は建築材，器具材，薪炭材などに用いる。**【形態】**幹は単幹，または株立ち状で通常高さ 8～10m，幹径 10～20cm，樹皮は暗褐色で滑らか，ときに浅裂する。枝は細くジグザグ状，若枝に淡褐色の星状毛があるが，のちに無毛となる。葉は互生，有柄で，葉身は卵形または狭長楕円形で鋭頭，長さ 4～6cm，縁は上半に波状鈍鋸歯がある。上面は深緑色，下面は淡色である。花は 5～6 月，新枝先端に短い総状花序を出し，長柄のある白色花多数が下向きに咲く。微香がある。がくは杯状，花冠は 5 深裂し，花径は 1.8～2.5cm。雄しべは多数で，葯は黄色である。果実は 10 月成熟，楕円形で緑白色，径 0.9～1.2cm，種子は 1 個でほぼ球形。**【特性】**陽樹だが陰地性もある。萌芽力が強く，せん定にも耐える。生長は早い。移植は容易。耐潮性はあるが大気汚染には強くない。**【植栽】**繁殖は実生による。秋に採種し，乾燥，脱粒，風選し，湿り気のある砂か土中に埋蔵し，春に播種する。**【管理】**自然に樹形が整うのでせん定は必要ないが，混みすぎ部分は中央分枝点で枝抜きする。ひこばえは取る。かん水，施肥の必要はない。**【近似種】**オオバエゴノキ f. *jippei-kawamurae* (Yanagita) T.Yamaz. は伊豆七島にあり，葉が大形である。**【学名】**種形容語 *japonica* は日本の，の意味。

1190. ハクウンボク　〔エゴノキ属〕

Styrax obassia Siebold et Zucc.

【分布】北海道，本州，四国，九州，沖縄。**【自然環境】**各地の山中に自生している落葉高木。**【用途】**庭園，公園の植込みに植え，白雲のような白花を賞する。材は器具材，彫刻材，マッチの軸材などに用いる。**【形態】**幹は直立，分枝し通常高さ 10～12m，幹径 20～25cm，樹皮は暗灰色で光沢があり平滑，老木は縦裂し鱗片状にはげる。枝は紫褐色，若枝は暗褐色で太くジグザグ状，生長すると外皮ははげる。葉は互生，短柄，葉身は卵円形，鋭頭，やや尾状，微凸頭で長さ 10～25cm，幅 6～25cm，冬芽は卵形で黄褐色毛が密布する。葉柄内芽である。花は 5～7 月，長い総状花序に白花が約 20 個咲く。がくは杯状で，花冠は漏斗状で 5 深裂し，長さ 2cm ぐらい。雄しべは多数，葯は黄色である。果実は 10 月に成熟，卵形で長さ約 1.5cm，帯緑白色で星状毛が密生する。**【特性】**陽樹だが半日陰地でも育つ。土地を選ばない。生長は早い。萌芽力があり，せん定に耐える。移植は容易である。**【植栽】**繁殖は実生による。10 月採種し，採りまきするか翌春に播種する。**【管理】**一定樹形を保つものは，枝先の切りつめ，混み枝の枝抜きを落葉期にする。害虫にはイセリヤカイガラムシが枝につく。**【近似種】**コハクウンボクは日光や東海地方などに自生がある落葉低木。

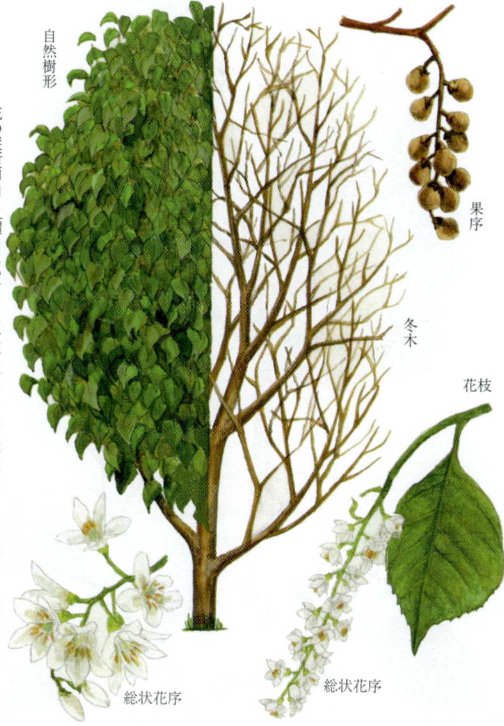

1191. コハクウンボク（ヤマヂシャ）〔エゴノキ属〕
Styrax shiraiana Makino

【分布】本州（関東以西），四国，九州，朝鮮半島南部，中国に分布。【自然環境】温帯の山地に自生，または植栽される落葉小高木。【用途】庭園樹。材は器具，彫刻，経木などに用いる。【形態】幹は分枝し高さはふつう5〜10m，幹の直径は10〜20cm。樹皮は帯紅褐色で平滑，若枝は星状毛を密生するが，のちに表皮がはげ落ち無毛，平滑となる。葉は互生，有柄，葉身は菱形状円形で先端は急に鋭くとがり，基部は急に狭くなる。縁の上部には大きくふぞろいでとがった鋸歯がある。長さ5〜8cm，幅4〜7cm，紙質で濃緑色をなし，表面の葉脈はへこんでしわがよったように見える。裏面は淡緑色で，白色および黄褐色の星状毛を散生する。葉柄は星状毛があり，基部は芽を包んでいる。雌雄同株で，開花は6月頃。枝の先に長さ3〜6cmの総状花序を出し，10個ぐらいの白色花をつける。花は星状毛を密生し，漏斗状鐘形で下部は筒状，上部は5裂する。子房には細毛がある。果実は10月に熟し，楕円形で長さ1cmぐらい，星状毛を密生し灰白色。【特性】〜【管理】ハクウンボクに準ずる。【近似種】ウラジロコハクウンボク f. *discolor* は葉裏の粉白色のもの。本州（静岡県），四国，九州に分布。【学名】種形容語 *shiraiana* は白井光太郎を記念した名である。

1192. アサガラ〔アサガラ属〕
Pterostyrax corymbosa Siebold et Zucc.

【分布】近畿以西の本州，四国，九州の産。【自然環境】山中にはえる落葉小高木〜高木。【用途】ときに野趣に富む花を賞し庭園に植えられる。材は器具材，マッチ軸木，樽呑口，薪炭材などに用いる。【形態】幹は直立，分枝し通常高さ4〜10m，胸高直径15〜20cm。樹皮はコルク質が発達し，浅く縦裂する。枝は帯褐色で幼枝には星状毛が疎生する。葉は互生，有柄（1〜3cm）で，葉身は広楕円形または楕円形で先は短く鋭尖となる。長さ6〜12cm，幅は4〜8cm，縁は全縁または微鈍端の低い鋸歯がある。上面は鮮緑色で粗面であり，下面は淡緑色で両面には小さい星状毛を粗生する。葉脈は5〜8対，花は5〜6月，偏側穂状花序の複生した円錐花序を当年枝に腋生下垂し，多数の白色花が下向きに咲く。がくは細小で5裂，花冠は5深裂，半開状，雄しべは10。果実は10月に成熟，倒卵形で5翼があり長さ0.8〜1.2cm，密に小星状毛がある。種子は1〜数個入っている。【特性】陽樹だが耐陰性もある。生長は早い。【植栽】繁殖は実生による。【管理】枝先の軟らかさが特徴であるので，せん定は好ましくない。【近似種】オオバアサガラは葉が大形で長さ10〜25cm，小枝はほとんど無毛，葉脈は8〜12対とアサガラより多い。【学名】種形容語 *corymbosa* は散房花序のある，の意味。

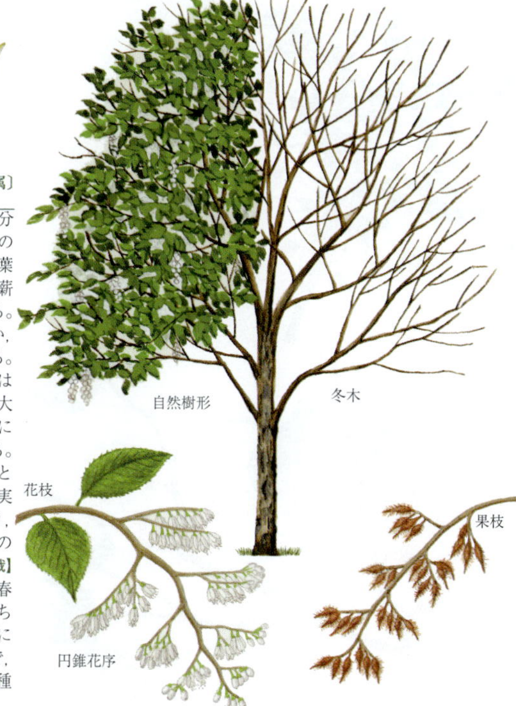

1193. オオバアサガラ（ケアサガラ）〔アサガラ属〕
Pterostyrax hispida Siebold et Zucc.

【分布】本州の山形県以南から四国，九州に広く分布する。【自然環境】山地の渓流ぞい，谷あいなどの湿気のある，日あたりのよい場所に自生する落葉小高木。【用途】材は器具やマッチの軸，箸材，薪炭材などに，また庭園樹として用いる場合もある。【形態】幹は直立で枝分かれし，高さ6～10mぐらい，樹皮は淡褐色か灰白色でコルク層がやや発達する。枝の皮は糸状にはげ，若枝はほとんど無毛。葉は有柄で互生し，長さ10～25cm，幅5～10cm，大形の長楕円形か倒卵状楕円形で先はとがり，縁には小さい鋸歯があり，裏面は灰白色で細毛がある。6月頃，若枝の先に円錐花序を下垂し，星状毛と白色長毛を密生させる。花は白色で小さい。果実は9～10月に成熟し，長楕円形で10本の稜があり，淡黄色の開出毛が多い。【特性】陽樹で，腐葉土の多い肥沃な土壌を好む。やや耐湿性がある。【植栽】繁殖は実生による。秋に採種し，秋から翌年の春までの間に播種する。発芽は2年目の春まで持ち越すことがある。発芽した幼苗は，2年目の春に移植する。【近似種】本種に比べ，葉がやや小形で，下面は緑色で毛のないアサガラがある。【学名】種形容語 *hispida* は剛毛のある，という意味。

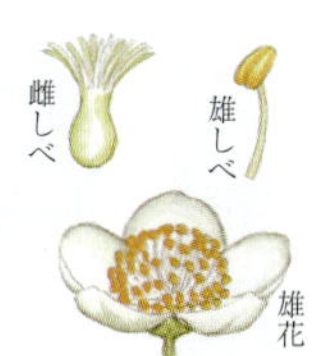

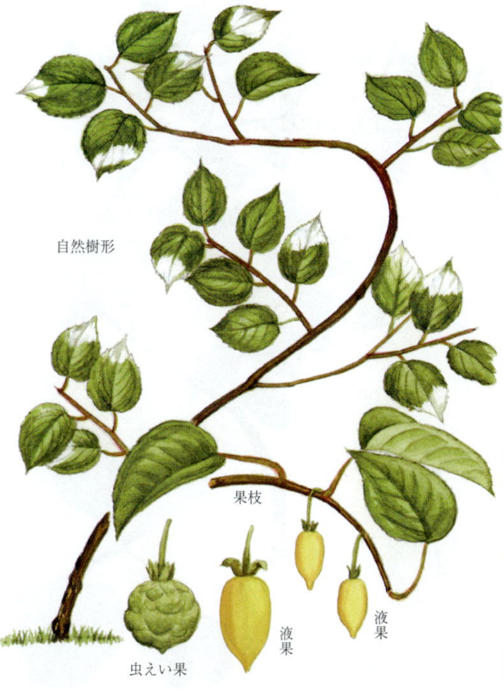

1194. マタタビ〔マタタビ属〕
Actinidia polygama (Siebold et Zucc.) Planch. ex Maxim.

【分布】北海道，本州，四国，九州，朝鮮半島，中国，南千島，サハリン，ウスリー。【自然環境】山地の林縁や林内にはえる落葉つる性植物。【用途】果実の塩漬けを酒のさかなにしたり，果実で果実酒をつくる。虫えいになった果実は薬用にする。【形態】枝は長くのび，褐色である。若枝には細かい毛があり，かむとやや辛味がある。葉は柄があって互生し，葉身は卵形もしくは倒卵形で先は鋭くとがり，長さ5～13cm，幅3～8cmあり，縁には鋸歯がある。葉質は薄く，表面は緑色で裏面は淡緑色となる。枝の上部の葉はしばしば上半部または全体が白くなる特徴がある。5～6月，葉腋にウメの花に似た径2cmほどの白花をつける。がく片は5個で緑色をしており，花弁は5個で丸く白色である。雌雄雑居性で雄花は葉腋からの集散花序に1～3個つけ，多数の雄しべをもつ。雌花は柄があり，1個つき，1個の雌しべがある。しばしば両性花をつけることもある。液果は長楕円形で先はとがり，長さ2.5～3cm，8～9月に黄緑色に熟す。【特性】果実は食用および薬用ともされるが，本種はネコの好む植物として有名である。【学名】種形容語 *polygama* は雑居花をもつ，という意味。マタタビの和名はアイヌ語のマタタンプからきたものといわれる。

1195. ミヤママタタビ　〔マタタビ属〕
Actinidia kolomikta (Maxim. et Rupr.) Maxim.

【分布】本州（中部以北），北海道，南千島，サハリン，アムール，中国。【自然環境】深山にはえる落葉つる性植物。【形態】枝は細く，よく茂り，若枝は初め淡褐色の軟毛がある。葉は有柄で互生する。葉身は卵円形または長楕円形で，先は急にとがり，基部は心臓形もしくは円形となり，長さ6～12cm，幅4～8cmほどで，縁には不規則な細鋸歯がある。葉質は薄く，表面は緑色で裏面は淡緑色となり，両面に細かい毛がある。枝の上部の葉は上半部などが花の頃白色となり，その後これが紅色を帯びてくる。雌雄異株で，まれに両性花をつける株もある。開花期は5～6月，雄花は葉腋から出る集散花序に1～3個つく。雄しべは多数あり，花糸は無毛で長さ0.35～0.4cmほどである。雌花はふつう単独で咲き，雌しべがあり，花柱が多数に裂ける。果実は8～9月に黄緑色に熟す。長楕円形で長さ1.5～2cmあり，種子は多数はいっている。【特性】マタタビによく似ているが，マタタビでは葉面がきれいな白色になるのに対し，本種では花の頃白色を帯びた葉が，のちに紅色を帯びてくるという特徴がある。【学名】種形容語 *kolomikta* はアムール土名。

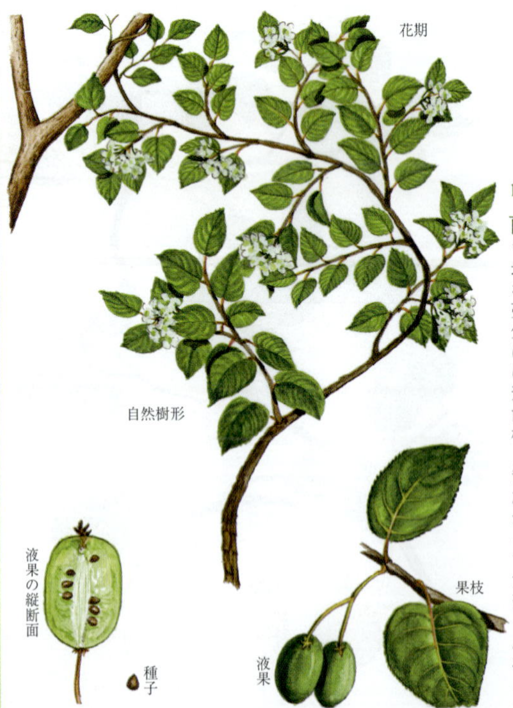

1196. サルナシ（シラクチヅル）　〔マタタビ属〕
Actinidia arguta (Siebold et Zucc.) Planch. ex Miq.

【分布】北海道，本州，四国，九州，千島，サハリン，ウスリー，中国，朝鮮半島。【自然環境】各地の山地にはえる落葉つる性植物。【用途】果実は食用となり，果実酒にもされる。つるは炭俵，筏つなぎ，蔓橋の材料とされる。【形態】つるは長くのびて枝分かれし，他の木にからみついて高く登る。幹は直径15cmぐらいになり，枝は褐色である。葉は長い葉柄があって互生し，楕円形から広楕円形で長さ5～12cm，幅4～7cm，縁にはとげ状鋸歯があり，硬紙質で，裏面は淡緑色となる。葉柄は長さ1.5～8cmで堅い毛がある。6～7月，ウメの花に似た白花を開く。雄花は葉腋からの集散花序につく。がく片5個，花弁5個に多数の雄しべがある。雌花は葉腋に通常単生し，5個のがく片と5個の花弁，1個の雌しべがある。花柱は放射状に多数の切れ込みがあり，子房は無毛である。液果は広楕円形で長さ2～2.5cm，淡緑黄色に熟し，甘酸っぱくて食べられる。【近似種】変種に葉の裏面が粉白色を帯びるウラジロマタタビ var. *hypoleuca* (Nakai) Kitam. がある。【学名】属名 *Actinidia* は放射線形の意味で，花柱が放射状であることによる。種形容語 *arguta* は鋭歯のある，という意味。和名サルナシは果実がナシに似ており，猿の食べるナシの意味である。

1197. シマサルナシ（ナシカズラ）〔マタタビ属〕

Actinidia rufa (Siebold et Zucc.) Planch. ex Miq.

【分布】本州（紀伊半島，山口県），四国，九州，沖縄諸島，朝鮮半島南部。【自然環境】暖地の林内にはえる落葉つる性植物。【用途】果実は食用。【形態】若枝には赤褐色の毛があり，のち無毛となる。葉は長柄があって互生する。葉身は楕円形もしくは広楕円形で，先は急にとがり，基部は円形または浅い心臓形となり，縁に低い鋸歯があって長さ 6～13cm，幅 4～8cm ある。硬紙質の葉は表面は緑色で光沢があり，裏面は淡緑色で，初めは脈上に褐色の軟毛があるが，のちに脈の基部に褐色の毛を残すのみとなる。5 月頃，葉腋から集散花序を出し，数個の花を開く。花序，花柄，がくに褐色の軟毛を密生する。白色の花は直径 1～1.5cm ある。円形の花弁は 5 個。雄花には多数の雄しべがあり，花糸は長さ 3～3.5cm。雌花には 1 本の雌しべがあり，子房は円形または楕円形で，褐色の短い毛が密生しており，花柱は多数放射状に開出する。液果は広楕円体または楕円体で 8～10 月に熟し，長さ 2～4cm，緑黄色で褐色の斑点がある。【特性】果実は霜が降りる頃，甘味を増し，鹿児島などでは店先に出ることもある。【学名】種形容語 *rufa* は赤っぽい，の意味。和名シマサルナシは島猿梨で沖縄諸島に多いことによる。別名のナシカズラはナシのような実のなるつる性植物の意味である。

1198. キウイフルーツ〔マタタビ属〕

Actinidia chinensis Planch.
var. *deliciosa* (A.Cheval.) A.Cheval.

【原産地】中国揚子江以南の地域。【自然環境】暖かい地方に産する落葉つる性植物。【用途】果実を生食したりジャムなどに加工する。【形態】つるは 10 数 m にのびる。雌雄異株で，枝や葉，果実に粗毛を密生させる。葉はほとんど円形，長さ約 15cm で心脚，先がとがり，表面は暗緑色，裏面は白みを帯びる緑色。花は直径 3～4cm，開花時に乳白色で黄から黄褐色へとしだいに変わる。雄花は雄しべがきれいに散生し，退化した子房を小さくつけウメの花に似る。雌花は子房が大きく花柱が多数に裂けて横に広がり，退化した雄しべには花粉は出ない。果実は球形か楕円形だが，改良されたものは長楕円形で長さ約 8cm にもなる。果肉は輝くような緑色で甘味，酸味が調和し，気分さわやかな香りがして多汁である。種子は黒褐色で小さく中心部に多くある。【特性】落葉した休眠期には厳しい冬にも耐えられるが，春の芽や果実は霜に弱く被害を受けるので，暖地での栽培が望ましい。根は浅根性で乾燥や停滞水を嫌う。秋 11 月下旬以降に収穫し，追熟して軟らかくなったものから生食する。つるがのび下になった枝は枯れやすいので，毎年よい結実をさせるためには規則正しいせん定と誘引を冬と夏に必要とする。【植栽】繁殖は実生，さし木，取り木，接木いずれも可能である。【学名】種形容語 *chinensis* は中国の，の意味。

1199. リョウブ　〔リョウブ属〕

Clethra barbinervis Siebold et Zucc.

【分布】北海道（西南部），本州，四国，九州，済州島，中国。【自然環境】山地の日あたりのよい尾根すじや尾根に接する斜面などによくはえる落葉小高木。【用途】庭園樹。材は建築材（皮付き床柱），器具材。【形態】高さ8〜10mになる。樹皮は茶褐色または暗褐色で滑らかであるが，老樹では薄片となってはげる。枝は輪状に出て，若枝には星状毛がある。葉は有柄で互生し，枝先に集まってつく。葉身は倒披針形で長さ8〜13cm，幅3〜9cm，先端は急鋭尖頭となり，基部は鋭形またはくさび形となる。表面は緑色で，無毛か星状毛がまばらにはえ，裏面は淡色で脈上に毛が密生し，脈腋には白色の毛がある。7〜9月，枝先に8〜15cmの総状花序を出し，小さな白花を密につける。がくは小形で5裂する。花冠は径0.5〜0.6cmで深く5裂する。雄しべは10個，雌しべは1個ある。さく果は径0.4〜0.5cmの球形で褐色に熟す。【植栽】繁殖は実生，さし木による。さし木の活着はよくない。【管理】萌芽力もあり，せん定もできる。移植は葉の開く前から梅雨期がよいが，暖地なら秋でもよい。【学名】属名*Clethra*はギリシャ語でハンノキの古名，葉の形が似ているためにあてはめられたもの。種形容語*barbinervis*は脈にひげがあるという意味。

1200. ドウダンツツジ　〔ドウダンツツジ属〕

Enkianthus perulatus (Miq.) C.K.Schneid.

【分布】四国に分布する。【自然環境】山地にはえる落葉低木で，広く植栽される。【用途】庭園樹，鉢物。【形態】幹は高さ1〜3m，ときに5m以上となる。枝は車輪状に分枝し，無毛。葉は倒卵形で長さ2〜4cm，幅1〜1.5cm，先端は急にとがり，基部はしだいに細くなる。縁には微細な鋸歯がある。表面は無毛，裏面は中脈下部に褐色毛が密生する。葉柄は長さ0.6〜1.2cm。開花は4月，葉と同時に枝先に2〜4個の花をつける。花柄は長さ1〜1.5cm，花時には下に向き，果時には直立する。がく裂片は線状披針形で長さ約0.2cm。花冠は白色，つぼ状で長さ0.7〜0.8cm，先端は口がせばまり，浅く5裂する。雄しべは10個，花糸は有毛，前には2個の突起がある。花柱は花冠とほぼ同長で無毛。さく果は狭長楕円形で長さ約0.8cm，直立し無毛。【特性】蛇紋岩地にはえるが，土地を選ばない。【植栽】繁殖は実生，さし木による。移植は容易。【管理】せん定は容易。5〜7月に刈込む。害虫は少なく，カイガラムシに注意する程度。【近似種】ヒロハドウダンツツジ f. *japonicus* (Hook.f.) Kitam. は本州の静岡，愛知，三重，和歌山県，四国，九州にはえ，葉は広倒卵形のもの。【学名】属名*Enkianthus*はenkyos（妊娠する）とanthus（花）の合成語。種形容語*perulatus*は芽鱗片のある，の意味。和名のドウダンは灯台の意味で，輪生する枝を結び灯台に見立てたもの。

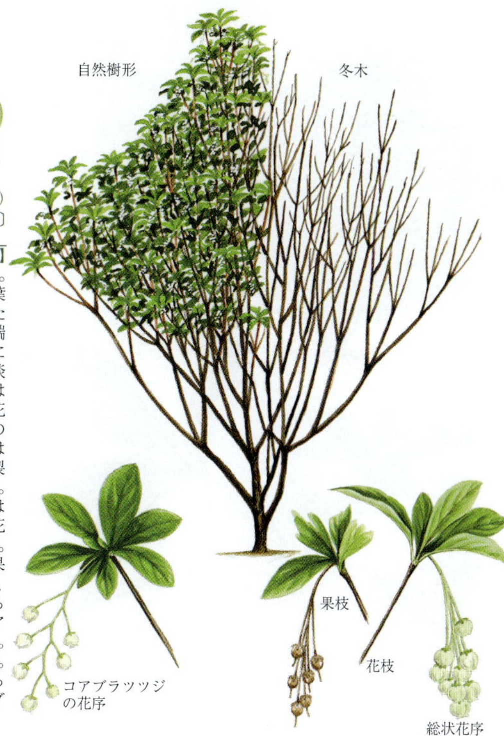

1201. アブラツツジ（ホウキドウダン，ヤマドウダン）
〔ドウダンツツジ属〕
Enkianthus subsessilis (Miq.) Makino

【分布】本州の中部地方以北に分布する。【自然環境】山地に自生する落葉低木。【形態】幹は高さ 1～3m。樹皮は滑らかで灰色。枝は細くよく分枝する。葉は枝先に輪生状に数個集まる。葉身は倒卵形または楕円形で，長さ 2～3.5cm，幅 1～1.5cm，両端はとがり，縁に細かな鋸歯がある。上面中脈上には短い白毛があり，下面は中脈も含めまばらに淡褐色の短毛がはえ，淡緑色で光沢がある。葉柄は長さ 0.2～0.3cm。開花は 5～7 月，枝先に 5～10 花を総状に下垂する。花序の軸には長さ 1～2cm の苞葉が数個つき，白色開出毛が密生する。花柄は長さ約 1cm で無毛。がくは緑白色で 5 深裂し，裂片は狭卵形で長さ約 0.2cm，縁に白色短毛がある。花冠は緑白色でつぼ状，長さ 0.3～0.5cm，先端は浅く 5 裂し，裂片はそり返る。雄しべ 10 個，花糸の下部に細毛がある。葯は 2 個の突起をもつ。花柱は花冠より短く，子房とともに無毛。さく果は楕円状で長さ 0.3～0.4cm，先端に花柱が残存し，花時と同じく下垂する。【近似種】東海道西部から近畿地方南部にかけては，花序軸に毛のないコアブラツツジ *E. nudipes* (Honda) Ohwi が分布する。【学名】種形容語 *subsessilis* は無柄に近い，の意味。和名アブラツツジは葉裏が油を塗ったように滑らかで光沢があることによる。別和名ホウキドウダンは，この枝を束ねて箒としたことによる。

1202. ベニドウダン（ヨウラクツツジ）
〔ドウダンツツジ属〕
Enkianthus cernuus (Siebold et Zucc.) Makino
f. *rubens* (Maxim.) Ohwi

【分布】本州西部，四国，九州に分布する。【自然環境】山地に自生するほか，観賞用に植栽される落葉低木。【用途】庭園樹，生垣。【形態】幹は高さ 2m になる。よく分枝し，若枝は無毛で稜角がある。葉は枝先に輪生状に集まり，倒卵形で長さ 2～4cm，幅 1～2cm，先はとがり基部はくさび形で，縁に細かな鋸歯がある。表面は初め短毛が散生し，裏面には脈上，とくに中脈基部に通常褐色毛を密生する。葉柄は長さ 0.4～0.6cm。開花は 5～6 月，枝先から総状花序を下垂し，多数の紅紫色花が下向きに咲く。花序の軸は長さ 3～5cm で褐色毛がある。花柄は長さ 0.5～1.5cm。がくは 5 裂し，裂片は鋭くとがり長さ約 0.2cm。花冠は広鐘形で長さ 0.6～0.8cm，先は 5 裂し，さらに披針形の裂片に細裂する。雄しべは 10 個，花糸は短く有毛，葯に 2 個の突起がある。花柱は花冠と同長か，やや長く無毛。さく果は楕円状で長さ約 0.5cm，果柄の先は急に曲がって上を向く。【特性】酸性の火山灰土を好む。【植栽】繁殖はさし木による。移植は早春に行う。【管理】施肥は 2～3 月，油かす，骨粉などを施す。【近似種】シロドウダン f. *cernuus* は花色が淡黄白色で，本州には少なく，四国，九州に多く産する。【学名】属名 *Enkianthus* は enkyos（妊娠する）と anthus（花）の合成語で，ふくらんだ花の意味。種形容語 *cernuus* は点頭する，下を向くの意味。品種名 *rubens* は赤色の花の意味。

1203. サラサドウダン（フウリンツツジ）

〔ドウダンツツジ属〕

Enkianthus campanulatus (Miq.) G.Nicholson

【分布】本州の近畿以東から北部と北海道に分布する。**【自然環境】**深山にはえる落葉低木で，観賞用として植栽される。**【用途】**庭園樹，鉢物，盆栽。**【形態】**幹は高さ4～5mとなり，樹皮は灰黒色で滑らか。枝は輪生状に分枝し，葉は枝先に輪生状に集まる。葉身は倒卵形か広楕円形，先はとがり基部はくさび形で，縁に細鋸歯があり，長さ3～6cm，上面は短毛を散生し，下面は中脈にそってちぢれた褐色毛が密生する。葉柄は長さ0.7～1.5cm。開花は6～7月，枝先から多数の小花を総状に下垂する。花序軸は長さ2～3cm。花柄は長さ0.15～0.25cmでちぢれた褐色毛がある。花冠は広鐘形で長さ0.8～1.5cm，先端は約1/4まで5裂し，裂片は楕円状でややそり返る。花色は基部は淡黄色，先端は淡紅色を帯び，紅色のすじが20本ほど入る。雄しべは短く10個，葯の先に2個の突起がある。花柱は花冠より短い。子房は無毛。さく果は卵状長楕円形で長さ0.5～0.7cm，果柄の先は鉤形に曲がり，果実は上向きとなる。**【特性】**弱酸性の関東ローム層などを好む。**【植栽】**繁殖は実生とさし木による。半日陰地がよい。**【管理】**肥料は1～2月に施す。**【近似種】**白花品をシロバナフウリンツツジ f. *albiflorus* (Makino) Makinoという。**【学名】**種形容語 *campanulatus* は鐘形の意味。和名サラサドウダンは花冠が更紗染めの模様に似ていることによる。

1204. ベニサラサドウダン〔ドウダンツツジ属〕

Enkianthus campanulatus (Miq.) G.Nicholson var. *palibinii* (Craib) Bean

【分布】本州の関東北部から新潟県にかけて分布する。**【自然環境】**深山に自生する落葉低木でときに植栽される。**【用途】**庭園樹，鉢物。**【形態】**幹は高さ2mほどで樹皮は平滑。枝は車輪状に互生する。葉は枝先に輪生状に集まり，倒卵形か楕円形で長さ2～4cm，先端はとがり基部は鋭いくさび形，縁に細鋸歯がある。下面中肋基部には褐色毛が密生する。葉柄は長さ0.6～1.2cm。開花は6～7月，枝先に総状花序をつけ下垂する。花柄は長さ1～1.5cm，褐色軟毛がある。がくは5裂し，裂片は披針形で長さ約0.3cm。花冠は広鐘形で先端は浅く5裂し，サラサドウダンに比べやや小さく細形で，長さ0.6～0.8cm，紅色に濃紅色のすじが入る。雄しべは10個，花糸は短く有毛，葯に2個の突起がある。花柱は花冠より短く，子房とともに有毛。さく果は卵状楕円形で長さ0.5～0.6cm，果柄の先端が鉤状に曲がり，果実は上を向く。**【特性】**弱酸性土壌を好む。**【植栽】**繁殖は実生，さし木による。**【管理】**肥料は1～2月に施す。**【近似種】**ツクシドウダン var. *longilobus* (Nakai) Makinoは九州に産し，葉が楕円形または広楕円形で，花冠はやや深く5裂し筒状となる。**【学名】**変種名 *palibinii* は朝鮮植物研究家パリビンの意味。和名ベニサラサドウダンは紅花のサラサドウダンの意味。

1205. カイナンサラサドウダン

〔ドウダンツツジ属〕
Enkianthus sikokianus (Palib.) Ohwi

【分布】本州の東海地方から近畿地方南部，四国に分布する。【自然環境】山地に自生する落葉低木で，ときに植栽される。【用途】庭園樹，鉢物。【形態】幹は高さ2〜4mとなり，枝はよく分枝し，無毛。葉は枝先に輪生状に集まり，葉身は倒卵形または広倒卵形で長さ3〜5cm，幅2〜3cm，先端はとがり，基部はくさび形，縁には細かな鋸歯がある。上面は脈にそってへこみ，短毛を散生するかまたは無毛，下面は葉脈にそって淡褐色の開出毛を密生する。葉柄は長さ0.3〜1cm。開花は5〜6月，枝先に10数個の花を総状に下垂する。花序の軸は長さ6〜8cm，細毛がある。花柄は長さ1〜1.5cm。がくは5深裂し，裂片は狭倒卵形で先は鋭くとがり，長さ0.2〜0.25cm，少し毛を散生する。花冠は広鐘形で長さ0.6〜0.8cm，幅0.7〜0.9cmと横幅のほうが広い。先端は1/4ほどに5裂し，裂片は丸く全縁で，両面に小さな突点が密布する。花色は淡緑色に淡紅褐色のぼかしが入る。雄しべは10個，花糸は短くちぢれた毛を密生する。葯の先端には2個の突起がある。花柱は花冠よりやや長く突き出る。さく果は卵状長楕円形で長さ0.6〜0.7cm，柄の先が鉤形に曲がって上を向く。花柱は果時にも残存する。【学名】和名カイナンサラサドウダンは本種が四国から東海道にかけて太平洋岸ぞいに分布することによる。

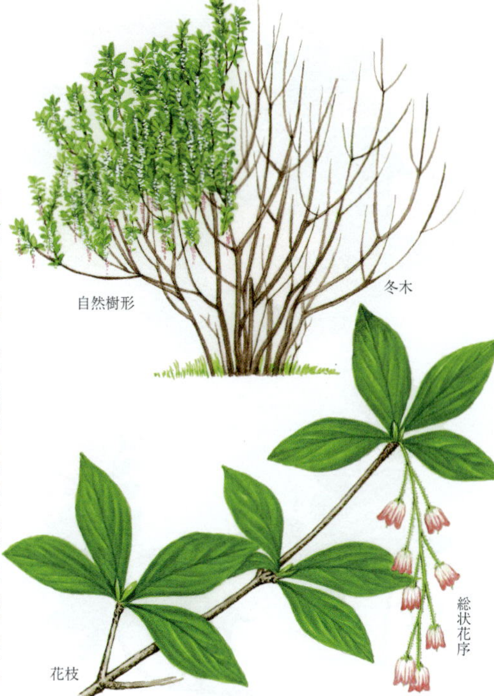

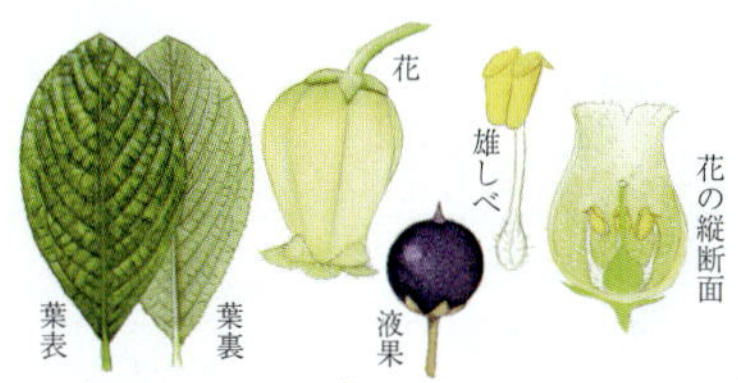

1206. ウラシマツツジ（クマコケモモ）

〔ウラシマツツジ属〕
Arctous alpina (L.) Nied. var. *japonica* (Nakai) Ohwi

【分布】本州（中部以北），北海道，千島，サハリン，朝鮮半島，カムチャツカ，ベーリング。【自然環境】高山帯の岩石地にはえる落葉小低木。【形態】長く地下茎を引いて繁殖し，ところどころで枝分かれする。茎は残存する葉柄の基部におおわれ，高さ3〜6cmばかりである。枝先に数個の葉が集まってつく。葉は0.5〜2cmの葉柄をもつ。葉身は長さ2〜5cm，幅0.5〜1cmの楕円形または倒卵形で，先は鈍く，縁には細かい鈍鋸歯があり，縁の下部にはまばらに毛がある。表面は中肋下部に微毛があるほか毛はなく，葉脈にそってへこみ細かい網目となる。裏面は白色を帯びて無毛，葉脈は突出し，細かい網目がはっきり見える。6〜7月の頃，新葉の間から短い総状花序を2〜3本のばし黄白色のつぼ状の花を2〜5個開く。苞は広卵形で縁に密毛がある。花柄は長さ0.4cm。がくは無毛で5深裂し，裂片は楕円形で長さ0.1cmほど。花冠は長さ0.6〜0.8cm，先は5裂し，裂片は先が丸く，内面全体に細かい軟毛があり，縁はそり返る。雄しべは10本で長さ0.2〜2.5cm，雌しべは長さ0.4cm内外。果実は球形で径0.8〜0.9cmあり，赤から黒紫色に熟す。この頃は葉が美しく紅葉する。【学名】種形容語*alpina*は高山生の，変種名*japonica*は日本の，の意味。和名ウラシマツツジは葉の裏の縞模様によるものである。

1207. エゾツツジ(カラフトツツジ)〔エゾツツジ属〕
Therorhodion camtschaticum (Pall.) Small

【分布】北海道，本州北部（岩手山，岩木山，秋田駒ヶ岳），サハリン，千島，カムチャツカ，アラスカ，オホーツク沿岸など北太平洋の周極地方に分布する。【自然環境】砂礫地や岩地などにはえる落葉小低木。【形態】茎は地表をはい，よく分枝して先々から発根する。高さ 10～30cm。若枝には褐色の開出毛が密生する。葉は枝先に集まり，倒卵形で先は丸く基部はしだいに細くなり，葉柄はほとんどない。上面中肋上には短毛がはえ，下面脈上には縁とともに長い褐色の毛がはえる。開花は 7～8 月，花茎の先に 1～3 個の美しい紅紫色の花を横向きに開く。花柄は長さ 1.5～3cm，1 個の苞と 2 個の小苞がつく。苞は葉状で長楕円形～披針形。がくは基部まで裂け，裂片は狭長楕円形で長さ 1～1.5cm。褐色の開出毛と腺毛を密生する。花冠は広い漏斗状で先は 5 裂し，径 2.5～4cm。上弁 3 個は中裂，下弁 2 個は深裂して長い。花冠外面と内面下部は有毛。雄しべは 10 個。花糸と花柱の基部，子房に白毛が密生する。さく果は立ち上がり，楕円形で長さ 1cm，がくは残存する。【学名】種形容語 *camtschaticum* はカムチャツカにはえるツツジの意味。和名エゾツツジは，北海道やサハリンにはえるツツジの意味。別名カラフトツツジもサハリンにはえるツツジの意味。

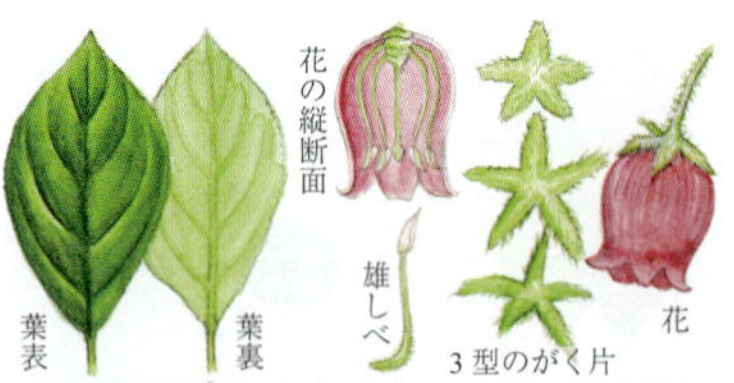

1208. ウラジロヨウラク〔ツツジ属〕
Rhododendron multiflorum (Maxim.) Craven

【分布】本州（東北から関東，中部地方まで）。【自然環境】主として亜高山帯のやや明るい林内に見られる落葉低木。【形態】高さ 1～2m になる。よく枝分かれし，若枝はほとんど無毛。葉は枝先に集まってつき，倒卵形または卵状楕円形で円頭もしくは鈍頭となり，長さ 3～6cm，幅 1.5～4cm である。初め両面に毛があって，縁には長毛があり，裏面は緑白色で中肋上にねた毛を散生する。葉柄は 2～3cm。6～7 月，枝の先に 5～10 個の花を下向きにつける。花序の軸は 0.1～1cm，花柄は細長く，1～2.5cm あり，密に腺毛がある。がく片は 5 個で線状披針形をしており，長さは約 0.5cm，縁に腺毛がある。筒状の花冠は長さ 1.3～1.7cm，淡紫色で先端は 5 裂する。雄しべは 10 本で花冠からは突き出ない。葯は長さ 0.2cm。果実は球形で長さ 0.4cm ぐらい。【近似種】品種としてアズマツリガネツツジ f. *brevicalyx* (Hiyama) Craven があり，がく裂片が全く伸びない，長さ 0.7～0.9cm ある。本州の青森から秋田，山形，福島，新潟県などに見られる。類似のムラサキツリガネツツジ *R. lasiophyllum* var. *lasiophyllum* は花が濃い紫色で花柄に腺毛と長毛を混生し，葉の表面に粗毛が多い。箱根地方に産する。【学名】種形容語 *multiflorum* は多花の，という意味。

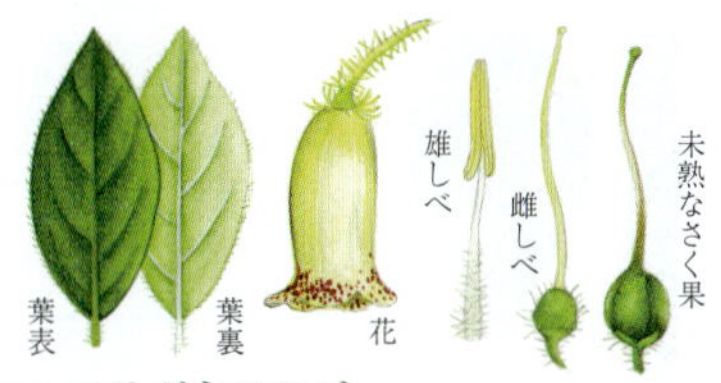

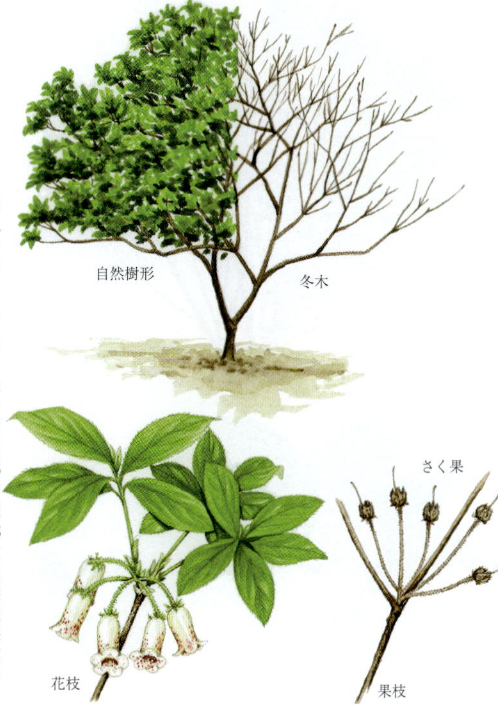

1209. ツリガネツツジ

（ウスギヨウラク，サイリンヨウラク）　〔ツツジ属〕
Rhododendron benhallii Craven

【分布】本州（山梨，静岡以西），四国（徳島県）。【自然環境】山地の林内や林縁にはえる落葉低木。【形態】茎は高さ 1〜2m になる。よく枝分かれし，輪生状に枝が出る。若枝はふつう無毛であるが，わずかに微毛のあることもある。葉は互生してつくが先端に集まり，やや輪状につく感じになる。葉は長楕円形もしくは狭卵形で，先はあまりとがらず，基部は狭くなり，長さ 0.2〜0.3cm の葉柄につづく。葉身は長さ 2.5〜5cm，幅 1〜1.5cm で，質はやや薄く，表面は緑色で裏面は帯白色である。表面にはしばしばまばらに毛があり，裏面脈上および縁には長毛がはえる。5〜6 月の頃，枝の先に筒状の花を 3〜7 個，散状につける。花柄は細く，長さ 1〜2cm ほど，長い腺毛がたくさんはえている。花は淡緑黄色で，長さ 1.3〜1.7cm ぐらいあり，斜め下向きに開く。がくは短く，縁に長い腺毛があり，ほとんど分裂しないか，または分裂し，裂片は三角形となる。雄しべは 10 本，葯は長さ 0.4cm，花糸は下部に毛がある。花柱は無毛で，花筒より少し長い。果実は球形で長さ 0.4cm。【学名】ウスギヨウラクの別和名は花の色が薄い黄色のヨウラクツツジの意味である。

1210. コヨウラクツツジ

〔ツツジ属〕
Rhododendron pentandrum (Maxim.) Craven

【分布】北海道，本州，四国，南千島，サハリン。【自然環境】亜高山帯の林内などにはえる落葉低木。【形態】幹は高さ 2〜3m になり，よく分枝する。枝は輪生して若枝は葉とともに毛がある。葉は枝の先にやや輪生状に互生，長楕円形または倒披針形で，長さ 2.5〜6cm，幅 1〜2.5cm ほどである。表面と縁に毛が多く，裏面は淡緑色で，中肋にそって長毛を散生する。葉柄は 0.2〜0.4cm。5〜6 月，葉の出る前もしくは葉と同時に腺毛のある花柄を 3〜6 本，枝先から出し，その柄の先にゆがんだつぼ状の花を開く。花柄は細く，長さ 1〜1.6cm ほどである。がくは浅く 5 裂し，裂片は丸く，縁に腺毛がある。花は斜め下向きに咲き，黄赤色で長さ 0.5〜0.7cm，縁は短く 5 裂し，裂片は丸い。雄しべは 5 本，葯は長さ 0.17cm ほど，花糸は無毛で長さ 0.35cm ぐらいである。果実は球形で長さ 0.4cm 内外。【近似種】ヨウラクツツジ *R. kroniae* Craven は花が筒状で花冠裂片は 4 裂し，雄しべは 8 本である。九州に産する。なお瓔珞とは仏像の頸や胸にかける珠玉の飾りのことである。【学名】種形容語 *pentandrum* は雄しべが 5 本という意味で，本種の特徴である。コヨウラクツツジの和名はヨウラクツツジに似て，より小さいことによる。

1211. オオバツツジ　〔ツツジ属〕
Rhododendron nipponicum Matsum.

【分布】本州の東北地方（秋田県から石川県白山まで），北陸地方（岐阜県大日岳），関東地方北部（栃木県那須，群馬県尾瀬）に分布する。日本特産種。【自然環境】高山の樹陰にはえる落葉低木。【形態】幹は高さ 1～2m。よく分枝する。若枝は赤褐色で腺毛が多い。樹皮は古くなると縦に細長く裂け，樹肌は紫褐色となる。葉は互生し，枝の先に輪生状に集まり，葉身は倒卵形で先は丸く，少しへこむ。基部はくさび形でほとんど無柄となる。長さ 7～20cm。両面には毛が散生し，縁は全縁で開出毛が多い。葉質はやや薄い。開花は 7～8 月，前年枝の先の花芽から 8～10 個の花をつけ，下を向いて咲く。花柄は長さ 1.5～2cm で褐色の腺毛を密布する。がくは 5 深裂し，裂片は広卵形かまたは長楕円形で，縁に腺毛がはえる。花冠は筒状の鐘形で長さ 1.8～2cm。白色またはやや淡紅色を帯び，先端は浅く 5 裂し，裂片は三角状で長さ 0.6～0.7cm。外面は無毛，内面は緑色の斑点があり，筒の基部には毛がある。雄しべは 10 個，花筒よりやや短く，花糸の下半部に毛がある。雌しべは雄しべと同長で，花柱に毛はない。さく果は円柱状で長さ 1.3～1.5cm，幅 0.5～0.6cm，腺毛がはえる。【学名】種形容語 *nipponicum* は日本産の，の意味である。本種は月山，清水峠が原標本産地。和名オオバツツジは葉が大きいことに基づく。

1212. ムラサキヤシオツツジ（ミヤマツツジ）　〔ツツジ属〕
Rhododendron albrechtii Maxim.

【分布】北海道，本州中部以北に分布する日本特産種。【自然環境】深山にはえる落葉低木。【形態】幹は高さ約 2m でよく分枝し，新枝に長い腺毛がはえる。葉は枝先に車輪状に互生し，広い倒披針形で長さ 5～10cm，先端は鈍頭，基部はしだいに細くくさび形となって葉柄につづく。葉柄は長さ 0.2～0.4cm。葉質は洋紙質。葉は花のあと開くが，初めは外巻きとなり，表面には縁とともに短い粗毛がはえてざらつく。裏面は淡緑色で，中肋に開出する白毛がある。ときに裏面が粉白色のものがある。開花は 5～6 月，葉より先に枝先の花芽から 2～3 個の濃紅紫色の美しい花を咲かせる。がくは小さく，短く 5 裂し，縁に長毛がある。花柄は長さ約 1cm で腺毛がはえる。花冠は広い漏斗状で深く 5 裂し，裂片は丸く，平開する。内面筒部に白色の軟毛が密生する。雄しべは 10 個，花糸の基部に白毛が密生する。花柱は雄しべより長く，基部に白毛がある。子房は褐色の腺毛が密生する。さく果は卵形で長さ 0.8～1.2cm で有毛。【学名】種形容語 *albrechtii* は採集家アルブレヒトの意味。和名ムラサキヤシオツツジの八塩または八汐とは，幾度も繰り返して濃く染めあげる意味で，濃い花の色に基づく。また，ヤシオとは野州（群馬，栃木）のことではないかとの説もある。

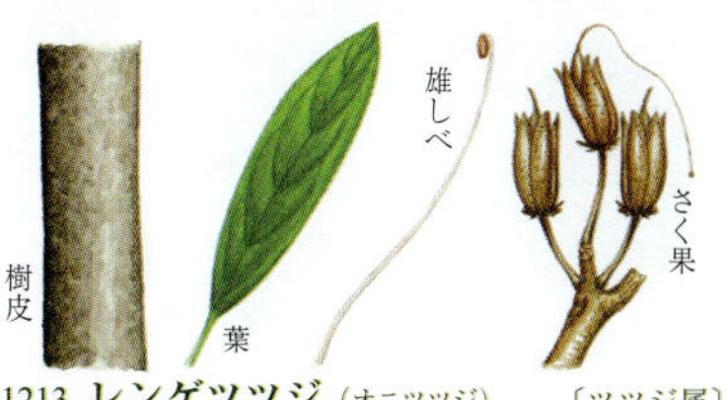

1213. レンゲツツジ（オニツツジ）　〔ツツジ属〕
Rhododendron molle (Blume) G.Don
subsp. *japonicum* (A.Gray) K.Kron

【分布】北海道南部，本州，四国，九州に分布する。日本特産種。【自然環境】高原や湿地などに広く自生する落葉低木。【用途】公園樹，庭園樹。【形態】幹は高さ1～2mでよく分枝する。葉は枝先に集まり，長楕円形で鈍頭，基部はくさび形で全縁，表面に光沢なく，縁とともに剛毛がはえる。裏面は脈上に微毛と剛毛がはえる。葉質は薄く，長さ5～10cm，幅1.5～3cm。葉柄は長さ0.3～0.5cm。開花は5～6月，葉より先または新葉とともに枝先の花芽から2～8個の花を咲かせる。苞は早落性。花柄は長さ1～3cmで微毛と開出毛を密生する。がくは小形。花冠は漏斗状で先は5裂し，径5～6cm。朱紅色から黄色まで変化が多い。外面には微細毛があり，内面上部には濃色の斑点がある。雄しべは5個，花糸の下部に白毛がある。花柱は無毛。子房には密に毛がある。さく果は長楕円形で長さ2～3cm，微毛と褐色の長毛がある。【特性】花や葉は有毒。火山灰土を好む。【植栽】繁殖は実生，さし木による。移植は2～3月に行う。【管理】施肥は早春施す。【近似種】葉裏が粉白色のものをウラジロレンゲツツジ，花弁が10枚以上になるものをレンゲボタン，帯紅黄色をカバレンゲという。【学名】亜種名*japonicum*は日本の，の意味。和名レンゲツツジは花が輪状に並ぶ姿を仏の蓮華にたとえたもの。漢名の羊躑躅は中国産のトウレンゲツツジのこと。

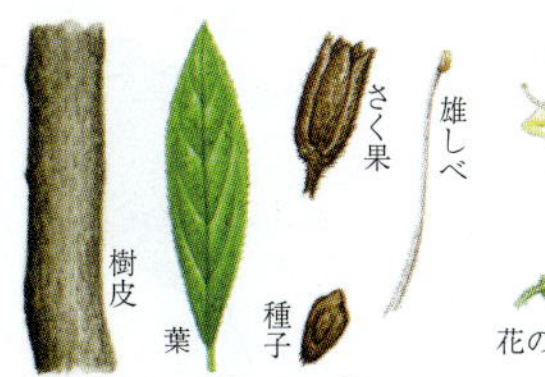

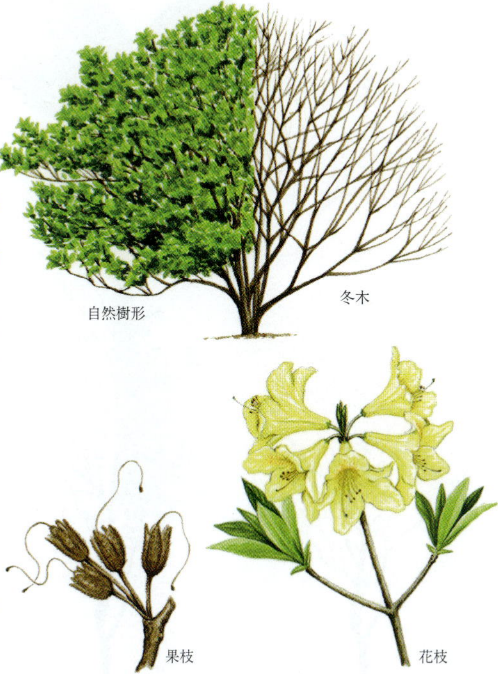

1214. キレンゲツツジ　〔ツツジ属〕
Rhododendron molle (Blume) G.Don
subsp. *japonicum* (A.Gray) K.Kron f. *flavum* (Nakai)

【分布】本州，九州の温帯に分布する。【自然環境】日あたりのよい高原や湿原に，母種に混じってまれにはえるほか，庭などに植栽される落葉低木。【用途】庭園樹，鉢植え。【形態】幹は下部からよく分枝し，高さ1～2mになる。枝は車輪状に分枝し，初め粗い長毛があるが，のち無毛となる。葉は枝先に集まり，互生し，葉身は倒披針形または倒卵形で長さ4～8cm，先端は鈍頭または微凸端，基部はくさび形，全縁で，初め両面に軟毛があるが，のち表面と縁に剛毛があり，裏面は脈上に微毛と剛毛がある。質はやや薄い。葉柄は長さ0.3～0.5cm。花期は5～6月，葉より早く枝先の花芽から2～8個の鮮黄色の花を咲かせる。花冠は漏斗状で先は5裂し，直径5～6cm，上弁に濃黄色斑点を有する。雄しべは5個，花糸の下部に白毛がある。花柱は1個，無毛。子房には密毛がある。がくは小さく，ふぞろいに切れ込み，縁に長い剛毛が密生する。花柄は長さ1～2.8cmで有毛。果実は長楕円形で長さ1.7～3cm，有毛。種子は長楕円形で長さ0.3cm，縁に翼がある。【特性】花，葉は有毒。冷涼，湿潤で排水のよい向陽地を好む。耐暑性はやや劣る。【植栽】繁殖は実生による。【管理】移植は早春または晩秋。強せん定を嫌う。施肥は早春，鶏ふん，油かすなどを施す。害虫はグンバイムシ，ベニモンアオリンガ。【学名】品種名*flavum*は鮮黄色の，の意味。

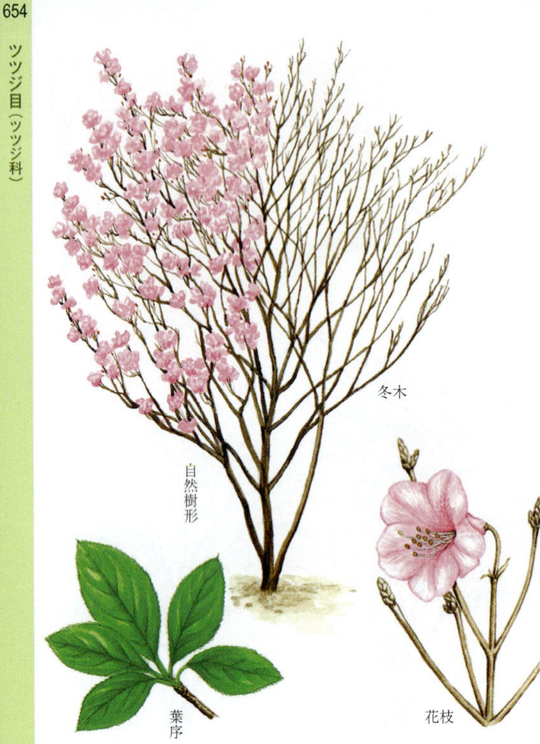

1215. アケボノツツジ 〔ツツジ属〕
Rhododendron pentaphyllum Maxim.
var. *shikokianum* T.Yamaz.

【分布】本州（近畿地方）と四国に分布する日本特産種。【自然環境】1400～1800m の深山に自生する落葉低木。【形態】幹は高さ 3～6m，枝はよく分枝し，小枝は細い。若枝は褐色で無毛。葉は枝先に輪生状に 5 個集まり，葉身は楕円形で，先は鈍頭で微凸端。基部はくさび形で長さ 2.5～5.5cm，幅 1.7～2.5cm。葉質は洋紙質で，表面は中肋にそって微毛と剛毛があり，縁には剛毛が並ぶ。裏面は中肋にまばらに剛毛がある。葉柄は長さ 0.3～0.5cm で長い剛毛がある。開花は 4～5 月，葉に先立って頂生の花芽から 1 個ずつ花を咲かせる。花柄は長さ 1～1.2cm で無毛。苞は早落性。がくは短く，先は 5 裂し，裂片は鋭三角状かまたは鈍三角形で縁に微毛がある。花冠は淡紅色で径 4.5～5cm，広い漏斗形で深く 5 裂し，裂片はゆるく平開する。内面の上部には黄褐色の斑点がある。雄しべは 10 個で花糸は無毛。花柱，子房ともに毛はない。さく果は楕円形で長さ 1～2cm，熟すと縦に 5 片に裂ける。種子は褐色で長さ 0.25～0.3cm。【学名】種形容語 *pentaphyllum* は 5 葉の意味。和名アケボノツツジは，ほんのりとした淡紅色の花の色を，ほのぼのとした明け方の空の色にたとえたもの。

1216. アカヤシオ（アカギツツジ） 〔ツツジ属〕
Rhododendron pentaphyllum Maxim.
var. *nikoense* Komatsu

【分布】本州の東北地方南部から関東，中部地方に分布する。【自然環境】山地に自生する落葉低木。【形態】幹は高さ 3～6m でよく分枝する。葉は枝先に 5 枚ずつ車輪状に集まる。葉身は楕円形で鈍頭，基部はくさび形で長さ 3～6cm，幅 2～2.5cm。洋紙質で，表面は中肋にそって剛毛と微毛があり，縁には剛毛がはえる。裏面は中肋にまばらに剛毛がある。開花は 4～5 月。葉に先立って頂生の花芽から 1 個ずつ花をつける。苞は早落性。花柄は長さ約 1cm で腺毛が密生する。がくは短く，縁は 5 裂し，縁に微毛がある。花冠は淡紅色で径 4.5～5cm，広い漏斗状で深く 5 裂し，裂片は丸く平開する。雄しべは 10 個，半数の花糸の基部には白毛が密生する。花柱，子房ともに毛はない。さく果は楕円形で長さ 1～2cm，熟すと縦に 5 裂する。【近似種】花柄に腺毛があって，花糸は無毛の型が熊本県市房山，鹿児島県高隈山に自生し，ツクシアケボノツツジ var. *pentaphyllum* と呼ぶ。【学名】変種名 *nikoense* は日光周辺に多いことによる。本種はアケボノツツジの変種としているが，分布の違いや花柄，花糸の有毛であることから別種とする説もある。和名は赤八汐（塩）の字をあてているが，ヤシオは野州のことではないか，との説もある。

1217. シロヤシオ（ゴヨウツツジ，マツハダ）

〔ツツジ属〕

Rhododendron quinquefolium Bisset et S.Moore

【分布】本州の東北地方から近畿地方までと四国の太平洋側に分布する。【自然環境】深山にはえる落葉低木。【形態】幹は高さ 4～6m になり，よく分枝する。枝は細く無毛。葉は枝先に 5 個車輪状につく。葉身は倒卵状楕円形で先はややとがり，基部はくさび形で長さ 2～4cm，表面の中肋上に微毛を密生し，裏面の中肋下部には初め白色の短毛がはえる。葉柄は長さ 0.1～0.3cm。開花は 5～6 月，枝の先の混芽から葉とともに 1～2 個の花をつける。花柄は長さ 1.5～2.5cm，無毛または有毛。がくは小形で先は 5 裂し，裂片は披針形，長さ 0.3cm。花冠は広い漏斗状で径 3～4cm，先は 5 裂し，白色で内面上方に緑色の斑点がある。雄しべは 10 個，花糸の基部に白毛がある。花柱は無毛または基部に軟毛がある。子房は無毛で，上方にときに白毛を散生する。さく果は卵状円柱形で長さ 1～1.2cm，細かい粒状突起がある。【近似種】クロフネツツジ *R. schlippenbachii* Maxim. は花が葉とともに出，5 葉を輪生状に広げる種類で，花は淡紅色で内面に赤色斑を有し，江戸時代末期より庭園に植栽される。朝鮮半島，中国東北部，東シベリア原産。【学名】種形容語 *quinquefolium* は 5 葉の意味。和名ゴヨウツツジはこの葉形から，シロヤシオはアカヤシオ（赤八汐）に対する名。マツハダは老木の樹皮が松に似ていることによる。

1218. ミツバツツジ

〔ツツジ属〕

Rhododendron dilatatum Miq.

【分布】本州の関東，中部，東海，近畿の各地方に分布する。【自然環境】山地に自生する落葉低木。【用途】観賞用として庭に植栽する。【形態】幹は高さ 1～2m となり，樹皮は灰褐色を帯びる。枝は互生し数個輪状に出る。葉は枝先に 3 個輪生し，菱形状広卵形で長さ 4～7cm，幅 3～5cm，先端はとがり，基部は広いくさび形。質はやや堅く，両面に腺点があるが無毛。葉柄は長さ 0.5～1.5cm で無毛。若葉の頃は裏側に巻き込み，両面に腺毛があって粘るが，のち無毛となる。頂生の混芽は長卵形で先端はとがり，長さ 1～1.3cm で 16 個前後の芽鱗に包まれる。開花は 3～4 月，葉に先立って頂生の混芽から 1～3 個の紅紫色の花をつける。花柄は長さ 0.5～2cm で短い腺毛がはえ，基部には早落性の褐色の芽鱗が数個重なりあってつく。がくはごく短く皿状で，縁に腺毛がある。花冠は広い漏斗状で，先は中ほどから 5 裂し，径 3～4cm。雄しべは 5 個で花糸は無毛。花柱は雄しべより長く，先は上方に曲がり無毛。子房には密に腺毛がはえる。さく果はゆがんだ卵状円柱形で長さ 1～1.2cm，短い腺毛がはえる。【特性】弱酸性の火山灰土を好む。【植栽】繁殖は実生による。さし木は難しい。【管理】せん定は若芽のうちに弱く行う。移植は芽の出ないうちがよい。【学名】種形容語 *dilatatum* は拡張した，の意味。

1219. トウゴクミツバツツジ 〔ツツジ属〕

Rhododendron wadanum Makino

【分布】本州の宮城県，長野県，岐阜県以南，関東地方から三重県鈴鹿山脈にかけ，太平洋側に分布する。【自然環境】山地に自生する落葉低木。【用途】観賞用に庭に植栽される。【形態】幹は高さ 2～4m でよく分枝し，枝は細く車輪状に出る。若枝は褐色の軟毛があるかまたは無毛。樹皮は灰黒色となる。実は枝先に 3 個輪生し，葉身は菱形状広卵形で先端は鋭くとがり，基部は広いくさび形で，表面には初め褐色の軟毛があり，裏面には短毛があり，中脈にそって淡褐色に変わる白毛が密生し葉柄に及ぶ。葉身は長さ 4～6cm，葉柄は長さ約 0.5cm。頂生の混芽は長卵形で先はとがり，長さ約 1cm，8～10 個の褐色の毛をもった鱗片に包まれる。開花は 5 月，葉より早くかまたは同時に，枝先の混芽から 1～2 個の紅紫色の花をつける。花柄は長さ約 1cm でがくとともに褐色毛を密生する。花冠は広い漏斗状で 5 裂し，径 3～4cm，裂片は広楕円形で平開し，上弁の基部には濃紫色の斑点がある。雄しべは 10 個，花糸は無毛で不同長。花柱は中央部以下に腺毛がある。子房は褐色毛を密生する。さく果はゆがんだ円柱形で長さ約 1cm，褐色毛を密生する。【近似種】花糸が有毛の種をカイミツバツツジ f. *kaimontanum* Okuyama と呼び山梨県に産する。【学名】種形容語 *wadanum* は採集者和田治衛を記念したもの。和名トウゴクミツバツツジは関東地方に多いことによる。

樹皮
葉表
葉裏
さく果
花
雌しべ

1220. コバノミツバツツジ 〔ツツジ属〕

Rhododendron reticulatum D.Don ex G.Don

【分布】本州の中部以西，四国，九州に分布し，関西地方にはふつうに見られる。【自然環境】低い山地に自生する落葉低木。【用途】庭園樹。【形態】幹は高さ 2～3m でよく分枝する。枝は車輪状に出る。若枝には褐色の伏毛が多い。葉は枝先に 3 個輪生し，葉身は菱形状卵形で，先端はとがり基部は広いくさび形で，長さ 3～5cm と小形。両面に褐色の軟毛があるほか，裏面中脈や葉柄には褐色の伏毛が多い。葉柄は長さ 0.3cm。頂芽（混芽）は長卵形で先がとがり長さ約 1cm，10 数個の粘りのある芽鱗に包まれる。開花は 4～5 月，葉に先立って枝先の頂芽から 1～3 個の紅紫色の花をつける。花柄は 0.6～1cm で褐色毛を密生する。がくは小形で縁は有毛。花冠は漏斗状で先は 5 裂し，径約 3cm。雄しべは 10 個で長さは著しく不同。花糸，花柱はともに無毛。子房には白毛が密生する。さく果はゆがんだ卵状円柱形で長さ約 1cm，幅 0.3～0.4cm。【特性】弱酸性の火山灰土を好む。【植栽】繁殖は実生による。移植は 2～3 月に行う。【管理】乾燥や強い日光を避ける。せん定は若芽の頃。施肥は早春，油かすや骨粉を施す。【学名】種形容語 *reticulatum* は網状の意味で，葉脈が細かいことによる。和名コバノミツバツツジはミツバツツジに似て葉が小形であることによる。

1221. サイゴクミツバツツジ（ツクシミツバツツジ）〔ツツジ属〕

Rhododendron nudipes Nakai

【分布】九州中部の山岳地帯に分布する。【自然環境】コバノミツバツツジより高い山地にはえる落葉低木。【用途】庭園樹。【形態】幹は高さ 2～3m でよく分枝する。若枝は褐色，無毛。葉は枝先に 3 個輪生する。葉身は長さ 4～8cm，幅 3～6cm。菱形状広卵形で先はとがり，中ほどからくぼみぎみに基部に流れ，基部はくさび形となる。葉の両面には初め軟毛があるが，やがて脱落する。下面中肋の下部から葉柄上部に密生する褐色毛は結果時にも残る。葉柄は長さ 0.3～0.8cm，上部以外は無毛である。開花は 5～6 月上旬，葉より先または同時に枝先の混芽から，ふつう 1 個の花をつける。花柄は 1～1.2cm，小形で皿状のがくとともに褐色の毛を密生する。花冠は紅紫色，広い漏斗状で先端は 5 裂し，径 3.5～4cm，裂片は平開する。3 個の上弁は中裂し，2 個の下片は深裂し，上弁より長い。雄しべは 10 個で長さは著しく不同。花糸，花柱ともに無毛で，子房に褐色の毛が密生する。さく果は円柱形で下部はやや曲がり，長さ 1.1～1.5cm，幅 0.3～0.4cm，褐色の毛を密生する。【学名】種形容語 *nudipes* は裸の柄の，の意味。和名サイゴクミツバツツジは西国すなわち西日本に多いミツバツツジの意味。

1222. キヨスミミツバツツジ〔ツツジ属〕

Rhododendron kiyosumense (Makino) Makino

【分布】本州の関東地方南部，東海道地方，近畿地方南部に分布する。【自然環境】山地にはえる落葉低木。【形態】幹は高さ 2～3m になる。枝はやや細く初めから無毛。葉は枝先に 3 個輪生状につき，葉身は菱形状広卵形または広卵形で，先端は急にとがるかまたは三角状にとがり，基部は広いくさび形である。上面は初め早落性の長い褐色毛があって，のち無毛となる。下面は淡緑白色で網脈がやや著しく，初め全面に長軟毛があるがやがて無毛となり，中肋にそって白色のち淡褐色の永続性の長軟毛を密生する。長さ 4～8cm，幅 3～6cm。葉柄は長さ 0.4～0.8cm，上部の下面のみ有毛。開花は 4～5 月，枝先の頂芽（混芽）からふつう 1 個，ときに 2 個の花をつける。花柄は長さ 1～1.2cm で褐色の毛をまばらにつけ，とくに下方に圧褐色毛がある。がくは小形でわずかに 5 歯があり，縁に褐色毛がある。花冠は漏斗状で先は 5 裂し，径 3～4cm，紅紫色。雄しべは 10 個あって無毛。花柱は無毛。子房には密に淡褐色の毛がはえる。さく果はゆがんだ短円柱形で，長さ約 1cm，径 0.4～0.5cm，褐色の毛がはえる。【学名】種形容語 *kiyosumense*，和名キヨスミミツバツツジは，ともに千葉県清澄山で最初に発見されたことによる。

1223. アマギツツジ　〔ツツジ属〕
Rhododendron amagianum (Makino) Makino ex Nemoto

【分布】静岡県，伊豆半島の天城山，日金山に特産する。【自然環境】山地に自生する落葉低木。【用途】庭園樹。【形態】幹は高さ 3～5m になり，枝は太く灰褐色を帯びる。若枝には白色軟毛を密生する。葉は枝先に 3 個輪生し，葉身は菱形状広卵形で，長さ 5～10cm，幅 5～7cm，先は急にとがり基部は広いくさび形となる。両面には初め早落性の褐色軟毛がはえる。下面は淡緑色で，中肋の基部から葉柄にかけて白い綿毛と褐色の長軟毛が密生する。葉柄は長さ 0.5～0.8cm。混芽から出る葉は花後にのび出し，葉芽からの葉は開花と同時に開く。開花は 6 月下旬から 7 月にかけて，枝先の混芽から 2～4 個の朱赤色で径 4～6cm の花をつける。花柄は 0.6～1cm，がくとともに褐色毛が密生する。花冠は広い漏斗状で，先は 5 裂し，裂片は平開する。雄しべは 10 個，花冠とほぼ同長。花糸は無毛。花柱は花冠より長く，基部には白毛がつくか，または無毛。子房には白色の軟毛が密生する。さく果は狭い卵状円柱形で下部はやや太まり，長さ 1.5～2cm。褐色の毛が密生する。【特性】樹勢強健。排水性，保水性のよい腐食土を好む。【植栽】繁殖は実生，さし木による。【管理】施肥，せん定は 1～2 月に行う。【学名】種形容語 *amagianum*，和名アマギツツジはともに産地である天城山にちなむ。

1224. オンツツジ（ツクシアカツツジ）　〔ツツジ属〕
Rhododendron weyrichii Maxim.

【分布】本州の近畿南部，四国，九州，それに済州島に分布する。【自然環境】山地にはえる落葉低木。【用途】庭園樹。【形態】幹は高さ 3～6m になり，枝は太い。若枝には褐色毛が多い。葉は枝先に 3 個輪生し，葉身は菱形状広卵形で先は急にとがり基部は広いくさび形で，長さ 5～9cm，表面には初め長軟毛がはえ，のち無毛となる。裏面には褐色の短伏毛がある。葉質はやや堅い。葉柄は長さ 0.8～1.5cm で褐色毛と腺毛を散生する。混芽の葉は花後に出るが，葉芽の葉は花と同時に開く。開花は 5～6 月上旬，枝先の混芽から 2～3 個の花をつける。芽鱗は粘る。花柄は長さ約 0.8cm，褐色毛と腺毛を散生する。がくは小形で褐色毛を密生する。花冠は赤色，漏斗状で先は 5 裂し，径 4～5cm。雄しべは 10 個，花糸は無毛。花柱は花冠より長く，基部は無毛または微毛がある。子房には褐色毛が密生する。さく果は円柱状で長さ 1～1.5cm，褐色毛を密生する。【特性】樹勢強健で耐寒，耐暑性があるが乾燥に弱い。【植栽】繁殖は実生，さし木による。移植は冬期に行う。【管理】施肥は 1～2 月，せん定も 1～2 月に行う。【学名】種形容語 *weyrichii* は採集家ウェイリッチを記念したもの。和名オンツツジは，葉や花が大きく，枝は太く丈が高くなることから男性的なツツジの意味である。

1225. ジングウツツジ（シブカワツツジ）〔ツツジ属〕
Rhododendron sanctum Nakai

【分布】本州の三重県，愛知県，静岡県西部に特産する。【自然環境】蛇紋岩地帯の山地に自生する落葉低木。【用途】庭園樹。【形態】幹は高さ 2〜5m となる。枝はやや太く，若枝には褐色毛を密生する。葉はふつう枝先に 3 個輪生し，葉身は菱形状広卵形で，長さ 4〜8cm，幅 3〜6cm。先は短くとがり，基部は広いくさび形となる。葉質はやや厚く，表面は強い光沢があり，褐色軟毛を散生する。裏面は淡緑色で，中肋の基部から葉柄にかけて褐色の長軟毛が密生する。葉柄は長さ 0.5〜0.8cm。混芽から出る葉は花後にのび，葉芽からの葉は花と同時に開く。開花は 5 月下旬〜6 月上旬，枝先の混芽から 3〜4 個の紅紫色の花を咲かせる。花柄は長さ 0.5〜1cm，小形のがくとともに褐色毛を密生する。花冠は広い漏斗状で先は 5 裂し，径約 4cm。雄しべは 10 個，花冠とほぼ同長で，花糸は無毛。花柱は雄しべとほぼ同長で，基部は無毛かまたは毛が散生する。子房には白色から淡褐色に変わる軟毛が密生する。さく果は卵状円柱形で，長さ 1〜1.5cm，褐色の毛を密生する。【特性】蛇紋岩地帯の乾いた土壌に生育する。オンツツジやアマギツツジと類縁関係がある。【学名】種形容語 *sanctum* は聖域産を意味する。和名ジングウツツジは伊勢神宮の神域で初めて発見された（1932）ことによる。

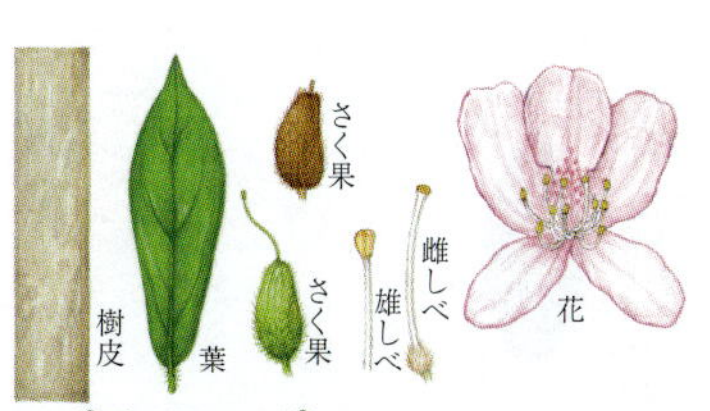

1226. サクラツツジ（カワザクラ）〔ツツジ属〕
Rhododendron tashiroi Maxim. var. *tashiroi*

【分布】四国（高知県），九州（鹿児島県），屋久島，種子島，奄美大島，琉球列島，台湾に分布する。【自然環境】亜熱帯の山地に自生する常緑低木。【用途】観賞用として庭に植栽。鉢物にもする。【形態】幹は高さ 1〜4m でよく分枝する。若枝には基部が平たい褐色の伏毛を密生する。古くなると灰褐色となる。葉は枝先にやや輪生し，多くは翌年まで残る。若葉は両面に長い褐色の軟毛があるが，やがて脱落する。葉身は倒披針形あるいは長楕円形で，両端はとがり，全縁，薄い革質で表面は光沢がある。長さ 3.5〜7cm。葉柄は長さ 0.5〜0.6cm。褐色で平たい毛が密生する。葉は裏面に巻き込む性質がある。開花は 1〜8 月，枝先の混芽から 2〜3 個をつける。花柄は長さ 0.8〜0.9cm，褐色毛を密生する。芽鱗に包まれる。がくは小形，皿状で褐色毛を密布する。花冠は漏斗状で先は深く 5 裂し，径 3.5〜4cm。花色はサクラの花のような淡紅色。無毛。上部裂片の内面には紅色の斑点がある。雄しべ 10 個，花冠よりやや短く，無毛。花柱は雄しべよりやや長く，無毛。さく果はゆがんだ卵状楕円形で長さ 1〜1.2cm，褐色の平たい毛を密生する。【近似種】アラゲサクラツツジ（ケサクラツツジ）var. *lasiophyllum* Hatus. は，葉は中央部が広く，粗毛が多い。九州，トカラ群島産。【学名】種形容語 *tashiroi* は採集家田代善太郎の，の意味。和名サクラツツジはサクラの花を思わせる花色にちなむ。

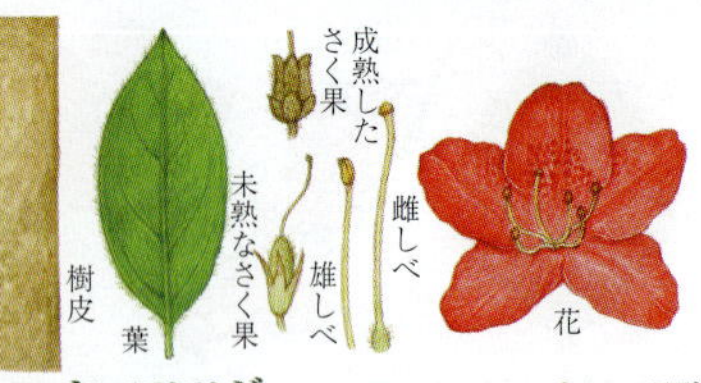

1227. ヤマツツジ 〔ツツジ属〕
Rhododendron kaempferi Planch.

【分布】北海道，本州，四国，九州に分布する。日本特産種。【自然環境】山地，丘陵にふつうにはえる常緑低木で，観賞用に植栽され，多くの園芸品種が作り出されている。【用途】公園樹，庭園樹。【形態】高さ 1～4m となり，よく分枝する。若枝には褐色の伏剛毛をつける。葉は互生し，枝上に集まり，春葉は卵状楕円形～広楕円形で長さ 3～5cm，葉柄は長さ 0.1～0.4cm。質薄く，両面とくに表面中脈に褐色の伏剛毛がある。夏葉は小形で狭倒卵形，越冬する。開花は 4～5 月，枝端に 2～3 個つき，花柄は長さ 0.5～2cm，がくは小形で 5 裂し，ともに褐色毛を密布する。花冠は漏斗状で 5 裂し，径 4～5cm，ふつう朱赤色。雄しべは 5 個で花糸の下半部は有毛。花柱は無毛。さく果は円錐状で長さ約 0.7cm，剛毛を密生する。【特性】酸性土を好み，日照，排水のよい所を好む。【繁殖】さし木，実生による。【管理】植付けは春～秋に行う。施肥は春～夏。【近似種】九州南部に自生するサタツツジ *R. sataense* Nakai はヤマツツジに似るが，夏葉がよく発達し，開花時の葉は長楕円形～倒卵状長楕円形，円頭で長さ 1～3cm，葉柄は長さ 0.2～0.8cm。開花は 3～5 月，葉より先に紅紫色のほか変化のある花をつける。【学名】種形容語 *kaempferi* はケンフェルを記念したもの。

1228. ミヤマキリシマ 〔ツツジ属〕
Rhododendron kiusianum Makino

【分布】雲仙岳，阿蘇山，霧島山，久住山など九州の高山に分布する。【自然環境】火山高地に自生する常緑低木。【用途】盆栽，庭園樹。【形態】幹は高さ 1～2m，高地では倒伏する。枝は下部から密に分枝して茂る。若枝には扁平な褐色剛毛が密生する。葉は小形。高地では小さく下にくるにつれ大きく，倒卵形から広楕円形，長さ 0.7～2cm。表面や縁には褐色軟毛が多く，裏面脈上には剛毛がはえる。質はやや堅い。夏葉は越冬する。開花期は 5～6 月，花は枝先の頂芽から 2～3 個つける。花柄は長さ 0.8～0.9cm，密に扁平な褐色毛がある。がくは小さく 5 裂し，長さ 0.2～0.3cm。花冠は漏斗状で先は深く 5 裂し，径 1.5～2cm，紫紅色，淡紅色，紅色，白色など変化に富む。雄しべは 5 個で，花冠とほぼ同長，花糸の下半部に粒状の突起毛がある。葯は帯紫色。花柱は無毛。さく果は卵形で，長さ 0.5～0.7cm，褐色毛を密生する。【特性】酸性土を好み，日照，保水，排水のよい地を好む。【栽培】繁殖は実生，さし木による。【管理】移植は 3 月，施肥は寒肥などを施す。【近似種】白花品をシロバナミヤマキリシマ，八重咲品をヤエミヤマキリシマと呼ぶ。【学名】種形容語 *kiusianum* は九州の，の意味。和名ミヤマキリシマは雲仙岳産に命名した。

1229. ウンゼンツツジ（コケツツジ）〔ツツジ属〕

Rhododendron serpyllifolium (A.Gray) Miq.

【分布】本州の関東西南部（静岡県天城山）以西，四国，九州（鹿児島県高隈山）にかけて分布する。【自然環境】山地のがけなどにはえる小形の常緑低木。【用途】庭園樹，盆栽。【形態】幹は高さ1～2m，枝は細くよく分枝する。若枝は細く紫褐色で扁平な剛毛がある。葉は新枝では互生し長さ1.2～1.8cm，前年枝では枝端に輪生状につき長さ0.6～1.2cm。葉柄は長さ0.2cmから無柄。葉身は倒卵状の長楕円形で先はとがり，基部はしだいに細まる。上面や縁，下面中肋上に伏した剛毛が散生する。開花は4～5月，前年枝の枝先に頂生する混芽にふつう1個つき，花柄は長さ0.2～0.3cmで褐色毛を密布し，数個の宿存する芽鱗に包まれる。がくは短く浅く5裂する。花冠は漏斗状で深く5裂し，平開する。花冠筒部の内面に短毛がある。花径1.5～2cm，花色は白色または淡紅紫色で，内面上方に斑点がある。雄しべは5個，花糸の下部に粒状突起がある。花柱は無毛で長さ1.5～2cm，ともに花冠からとび出す。子房は褐色毛を密布する。さく果は卵形で長さ約0.4cm，褐色の伏した剛毛がはえる。【近似種】白花品をシロバナウンゼンツツジ var. *albiflorum* Makinoという。【学名】種形容語 *serpyllifolium* はイブキジャコウソウのような葉の，の意味。和名はウンゼンツツジだが長崎県雲仙岳には自生せず，雲仙ではミヤマキリシマをウンゼンツツジと呼ぶ。

1230. フジツツジ（メンツツジ）〔ツツジ属〕

Rhododendron tosaense Makino

【分布】本州の近畿地方南部，中国地方，四国，九州に分布する。【自然環境】平地から山地にかけてはえる半常緑低木。【形態】幹は高さ1～2m，枝は細く，よく分枝し，若枝には褐色の剛毛を圧着する。春葉は花後のび出し，互生し，長楕円状披針形で長さ1.5～3cm，幅0.5～0.8cm，鋭頭かまたはやや鈍頭で基部はくさび形，両面に褐色の毛があり，下面中肋には伏した剛毛がはえる。葉柄は0.15cm。夏葉は小形で細く，披針形または広い線形で長さ1～3cm，幅0.2～0.4cm，枝先に車輪状に集まり，越年する。開花は3～5月，前年枝の先端の混芽から1～3個の淡い紫紅色の花をつける。花柄は0.3～0.9cm，がくは短小で先は5裂し径0.2～0.3cm，褐色の毛を密生する。花冠は漏斗状で先は5個に中裂し，径2～3cm，裂片は楕円形で，上部裂片の内側に濃紅紫色の斑点がある。雄しべは5個で，花冠と同長かまたは少し長く，花糸の下半部には白い突起毛がある。花柱は雄しべより長く無毛。さく果は狭卵形で長さ0.7～0.8cm，褐色の剛毛がはえる。【学名】種形容語 *tosaense* は土佐産の，の意味。和名フジツツジは藤色の花色に基づく。別名メンツツジは雌（めん）ツツジで，葉も大きく赤色の花の雄（おん）ツツジに対し，枝は細く，花は小形で淡い花色を女性にたとえたもので，高知地方の呼び名である。

1231. アシタカツツジ　〔ツツジ属〕
Rhododendron komiyamae Makino

【分布】本州，静岡県愛鷹山に特産する。【自然環境】山地に自生する落葉低木。【形態】幹は高さ2mから10mに達することもある。枝は細く，よく分枝し立ち上がる。若枝は褐色の伏した剛毛を密布するが，古くなると灰黒色となる。春葉は枝先に集まって互生し，広披針形から卵状長楕円形で長さ2～4cm，幅1～1.2cm，両端は鋭くとがり，縁や両面に褐色の毛があり，とくに下面中肋に伏した剛毛がある。葉柄は長さ0.2～0.3cmで剛毛が密生する。夏葉は狭い倒披針形で春葉より小さく，長さ1～2cm。多くは落葉する。開花は4～6月，枝先の混芽から1～4個の花を新葉と同時に開く。花柄は長さ0.5～0.6cm。平たい褐色の剛毛が密生する。がくは5裂し，裂片は卵形で長さ0.3～0.4cm。縁に褐色の毛が多い。花冠は紫紅色で径2～3cm，漏斗状で先は深く5裂し，裂片は縁がやや波状となり，濃色の斑点が出る場合もある。雄しべはふつう7個，ときに5～9個で花冠より長い。花糸は淡紅色を帯び，長短があり，下半部に粒状突起がある。葯は淡黄色。花柱は雄しべより長く，長さ2.5～3cmで無毛。子房は白色の粗毛を密生する。さく果は長楕円状卵形で長さ0.6～0.8cm，褐色毛がある。フジツツジに類似するが雄しべの数が多い。【学名】種形容語 *komiyamae* は人名に由来する。和名アシタカツツジは愛鷹山に特産するツツジの意味。

1232. モチツツジ（イワツツジ）　〔ツツジ属〕
Rhododendron macrosepalum Maxim.

【分布】本州，山梨県南部～静岡県以西の東海地方から近畿地方を経て中国地方の岡山県まで，および四国東部の低山帯に自生し，また植栽される。【自然環境】日あたりのよい林縁にはえる常緑低木。【用途】庭園樹として植栽される。【形態】基部で枝分かれし，のびやすく，2mときに3mにも達することがある。若枝や若葉に密に粘毛がはえる。葉は長楕円形で先は短くとがり，長い軟毛がはえる。5月頃，新葉がのびると同時に枝先に2～4個の花をつける。花冠は5～7cmで淡紅紫色，個体により濃淡さまざまの変化がある。花梗は長く軟らかい立毛と粘毛が密生する。がくは細長く大形で3cm余，雄しべは5本，葯は黄色で子房に粘毛が密生する。【特性】葉やがく，枝などに粘毛が多くよく粘る。【管理】伸長性が強いのでせん定が必要である。また西暦1000年頃から植栽されているので，たくさんの園芸品種がある。病害虫についてはシロリュウキュウに準ずる。【近似種】シロバナモチツツジはモチツツジの白花で，純白色の上弁内面に黄緑色の斑点があり，花形にいろいろの変化がある。アワノモチツツジは四国の徳島から高知にかけて分布するもので，雄しべが7～10本でその点がモチツツジと異なる。【学名】種形容語 *macrosepalum* は大形がくの意味。和名モチツツジは全体に粘毛が多いことに由来する。

1233. キシツツジ 〔ツツジ属〕

Rhododendron ripense Makino

【分布】中国地方西部，四国，九州の山間部に分布し，ごく狭い地域に限定して自生する。【自然環境】川岸の水ぎわに近い岩上，洪水でもあればすぐ冠水しそうな所にはえている半常緑低木。【用途】庭園樹として植栽し，観賞に供される。【形態】高さ1〜1.5mほど，直立性の強い樹性でモチツツジに似るが，葉はやや細く，若枝には粘毛が少なく，斜上する白毛が密にはえる。雄しべは10本，子房には粘毛がほとんどなく，白色長毛が密生する。花期は5月，花冠は5cm内外，淡紫紅色で上面の内面に紅色の斑点があり，わずかに芳香がある。古くからその園芸価値を認められて庭園に植栽されている。【特性】自生地が温暖な地帯であるにもかかわらず耐寒性が強く，かなり寒い地帯にまで植栽可能である。この性質はこのツツジの血を濃く引くリュウキュウ系のツツジに引き継がれ，ツツジの植栽地域を広くすることに貢献している。また根腐れに強い特性があり，この点でも貴重なツツジである。【近似種】シロバナキシツツジはキシツツジの白花で，花色は純白で上弁内面に黄緑色の斑点がある。'ワカサギ' はキシツツジの園芸品種として古くから知られ，花色は淡い紫桃色，花弁の幅は狭く，雄しべの数は不定，上弁の内面上部の斑点は紅紫色，開花しきると色が薄くなる性質があり，花弁の数も変化が多く6弁花が多い。【学名】種形容語 *ripense* は川岸にはえる，の意味。

1234. チョウセンヤマツツジ 〔ツツジ属〕

Rhododendron yedoense Maxim. ex Regel var. *yedoense* f. *poukhanense* (H.Lév.) Sugim. ex T.Yamaz.

【分布】朝鮮半島の中・西部，済州島，長崎県対馬南部に分布する。【自然環境】山地に自生する半常緑低木。【用途】庭園樹，園芸品種の母種。【形態】幹は高さ1〜2m，よく分枝する。枝はやや細く，若枝には伏した褐色剛毛を密布する。春葉は長楕円形または楕円形で両端はとがり，基部は広いくさび形で，長さ2.5〜7cm，幅1〜3cm。上面はややまばらに，下面はとくに脈上に褐色剛毛を密生する。質はやや軟らかい。葉柄は長さ0.3〜0.8cm，密に褐色毛がある。夏葉は倒披針形でしばしば落葉する。頂生の混芽の芽鱗は腺点があって粘る。開花は5月，枝先の混芽から2〜3個のキシツツジによく似た淡紅紫色花をつける。花柄は長さ0.4〜0.9cmで，褐色の毛を密生する。がく片は5個，長楕円形で長さ0.5〜0.6cm，縁や背に褐色の長毛があるが腺毛はない。花冠は漏斗状で先は5裂し，径3〜6cm，内面上部に濃い赤色斑点がある。雄しべは10個，葯は紫色，花糸は花冠より短く，無毛または下半部に突起毛をつける。花柱は花冠より長く，無毛または基部に圧毛がある。子房は褐色剛毛を密布する。さく果は長さ0.6〜0.8cm，卵形で長毛がある。【特性】耐寒性がある。【近似種】シロバナチョウセンヤマツツジと赤花と白花のフジツツジなど。対馬と済州島のものを変種タンナチョウセンヤマツツジ var. *hallaisanense* (H.Lév.) T.Yamaz. とする意見もある。【学名】品種名 *poukhanense* は韓国ソウルの北漢山の意味。

1235. ヨドガワツツジ（ボタンツツジ）〔ツツジ属〕
Rhododendron yedoense Maxim. ex Regel
var. *yedoense* f. *yedoense*

【原産地】朝鮮半島。【分布】チョウセンヤマツツジの園芸品種として古くから栽培されている半常緑低木。【用途】庭園樹，鉢植え。【形態】幹は高さ1～2m。よく分枝する。若枝には伏した褐色剛毛を密布する。春葉は長楕円形または楕円形で両端はとがり，基部は広いくさび形で，長さ3～8cm，幅1～3cm。上面はややまばらに，下面はとくに脈上に褐色剛毛を密生する。質はやや薄い。葉柄は長さ0.3～0.8cm，密に褐色毛をひく。夏葉は倒披針形で，しばしば落葉する。頂生の混芽の芽鱗は腺点があって粘る。開花は5月上旬，枝先の混芽から2～3個の花をつける。花柄は，長さ0.4～0.9cmで，褐色毛を密生する。がくは5裂し，裂片は卵形から長楕円形で長さ0.5～0.6cm，縁や背に褐色の長毛がある。腺毛はない。花冠は漏斗状で先は5裂し，径5～6cm。雄しべは花弁化して八重咲となる。【特性】冬期の耐寒性が強い。排水，保水性のよい弱酸性土を好む。【植栽】繁殖はさし木（6～7月）による。移植は開花後が最良。そのほか早春，秋に行う。【管理】施肥は早春，油かす，骨粉などを施す。【学名】種形容語 *yedoense* は江戸の意味。和名ヨドガワツツジは大阪府の淀川の名にちなんだもので，江戸時代，大阪でさかんに栽培されていたことによる。別名ボタンツツジの名は『花壇綱目』（1681）に見え，その記述から本種とされている。

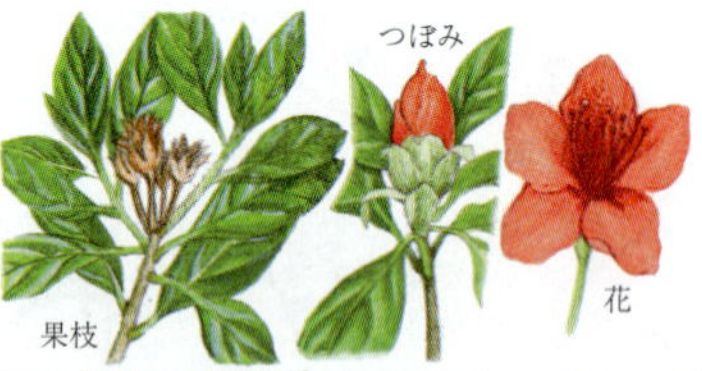

1236. ケラマツツジ（カザンジマ）〔ツツジ属〕
Rhododendron scabrum G.Don

【分布】奄美大島から沖縄に分布する。【自然環境】亜熱帯の丘陵，山地に自生する常緑低木。【用途】徳川時代から沖縄県，九州で庭園樹，盆栽として栽培される。園芸品種の原種。【形態】幹は高さ1～2m。若枝には宿存性の平たい褐色の剛毛が密布する。春葉は互生し，長楕円状倒披針形，先はとがり，基部は広いくさび形か丸く，両面に褐色毛があるが，のち表面の中肋を残して脱落する。長さ4～12cm。質はやや厚い。葉柄は長さ0.7～1cm。夏葉は倒披針形で春葉よりやや小さい。開花は2～5月，枝先の混芽から1～4個，紅赤色で径6～9cmの花をつける。花柄は長さ1～1.5cmで褐色剛毛を密生し，粘毛が混じる。混芽の芽鱗には，褐色伏毛と腺点があり，内面は粘る。がくは楕円形か披針形で長さ0.6～1.1cm，褐色毛と腺毛がある。花冠は漏斗状で先は5裂し，裂片は広く平開する。上片には濃色斑があり，花筒内部に短毛がある。雄しべは10個，花糸の下半部は有毛。花柱は無毛。ともに赤色。さく果はがくに包まれ長さ1～1.5cm，褐色毛を密布する。【特性】火山灰土など酸性土壌を好む。耐寒性がない。【植栽】繁殖は実生，さし木（6～7月）による。移植は容易。【管理】施肥は早春，花後に施す。【学名】種形容語 *scabrum* はざらつくの意味。和名ケラマツツジは沖縄の慶良間列島からきた名である。

1237. サツキ（サツキツツジ）　〔ツツジ属〕
Rhododendron indicum (L.) Sweet

【分布】本州の関東以西，とくに富士山以西の渓流ぞいに自生する。植栽分布は広く，本州以南であるが北海道でも場所により栽培は可能である。【自然環境】渓流で砂地の所を好み，渓流の水しぶきがあたるか，地下水が垂れるような場所に多く，乾燥地にははえない常緑低木。半日陰地でよく育っているが，日陰地でも河川の反射光でよく生育する。【用途】庭園樹。【形態】幹は多く高さ0.3～1mあまりの枝が横に広がる半円形の樹姿になる。枝は新年枝では褐色剛毛が多く，古枝は毛がなくなり灰褐色となる。春の萌芽した葉は披針形か線状披針形であり，秋にのびた葉は倒披針形で，ともに全縁で両端はとがり，厚く褐色剛毛が平臥する。花期は6～7月，花は枝先に単生し，漏斗状で紫紅色の5裂した花を咲かせ，雄しべ5個，がく片は極小形で5裂する。さく果は卵形で剛毛が多く，11～12月に熟す。【植栽】繁殖は実生，さし木による。園芸品種が多く作られ，交配種も多い。実生は5月にピートモスに播種し生育する。さし木は6月に鹿沼土にさすが，よく活着する。【管理】庭木では初夏のグンバイムシとハダニの防除をすること。7～9月に花芽ができるが，蕾を食べるルリチュウレンジハバチ（芯喰虫）の防除が必要である。公園や庭園に使用されている品種の多くは，‘大盃’と‘熊野’が多く，耐病虫品種で栽培しやすい。【学名】種形容語 *indicum* はインドの，の意味。

1238. サツキ‘ハカタジロ’　〔ツツジ属〕
Rhododendron indicum (L.) Sweet ‘Hakatajiro’

【系統】福岡産のサツキの園芸品種。江戸時代の『錦繍枕』にも紹介されている白花の代表種。【形態】雪白地の花底に薄い緑色を帯び花厚の一重単色咲。葉は中形の丸葉で葉肉も厚く葉の照りもよく，とくに秋の風情は美しい。樹勢は強健で枝葉は繁茂し，庭園樹にも適し，盆栽樹としても銘木が多い。古花に属する割にはあまり太い幹は発見されない。サツキの花の形は，一重咲種と重咲種芯咲種の3種に大別できる。一重咲種は花形が端正で整然と咲き，輪が乱れなく咲く光琳咲のほか次のような7種の咲き方がある。桔梗咲－キキョウの花のように花筒が深く，花弁の先がとがったもの。筒深咲－花冠の切れ込みが深く花弁が細くとがっているもの。剣弁咲－花弁の先が剣のようにとがって咲くもの。車咲－花弁が重なりあって6～10弁が車輪のようになって咲くもの。丁字咲－芯の中心から花弁が出ているもの。波打ち咲－花弁が波状になって咲くもので，大波状となるものと小波状の2つに分けられる。大波打には‘玉振’，‘高砂’，‘不二錦’，小波打には‘旭の光’，‘群声’がある。采咲－武将のもつ采の形のように花弁が深く切れ，細く裂けて咲くもの。代表種は‘金采’，‘難波錦’。【近似種】‘博多白’を親とする交配種に‘掬水’，‘白扇の舞’がある。

1239. サツキ 'キンサイ' 〔ツツジ属〕

Rhododendron indicum (L.) Sweet 'Kinsai'

【系統】サツキの園芸品種。『錦繍枕』に「ざい」と紹介されているものがこの品種と思われる。在来品。【形態】花は本紅色，花弁が6弁から12，3弁まで深切れの采咲。采咲の中に5弁咲のものをつけることがあるがこの花の枝を摘みとらないと，5弁咲の枝が繁茂してしまう恐れがある。葉は小葉で葉先が密になる。また秋の蕾の姿と紅葉の姿は美しい。枝先はややつる性で細く軟らかいが，盆栽樹としても太幹のものもある。春の芽吹きのときに葉がよれ，紫紅色の縞の入る葉のあるものがよい采咲となるといわれている。【管理】サツキにつく害虫には，ツツジグンバイムシ，ルリチュウレンジハバチ，コナカイガラがある。ツツジグンバイムシは葉を害し，落葉の原因となる。発生初期に殺虫剤を散布するが，病気を併発した場合は殺菌剤と混用する。ルリチュウレンジハバチは幼虫が葉を食害する。幼虫はツツジの樹の色によく似ているため発見しにくいが，若齢幼虫には殺虫剤を散布する。コナカイガラは枝や葉に寄生する。扁平，楕円形の小さな虫で外見白色。樹勢を弱めるため，捕殺および殺虫剤を散布して防ぐ。そのほか，4月下旬から5月にかけて長い卵のうをつくるヒメワタカイガラモドキも寄生し樹勢を弱めることがあるので注意する。【近似種】'珊瑚采'，'綾錦'などがある。

1240. サツキ 'オオサカズキ' 〔ツツジ属〕

Rhododendron indicum (L.) Sweet 'Osakazuki'

【系統】サツキの園芸品種。サツキの原種に近いもので一名苗間サツキとも呼ばれ，田植の時期に咲く花として自生していた。【形態】紅色を含む桃色咲の単色一重咲。花形は整然として花肉も厚く，赤色の花を代表する品種。葉は照りがよく強健で，密となり晩秋の紅葉も美しい。庭園樹としてとくに近年もてはやされ，盆栽樹としての銘木も多い。'大盃'には一号性と呼ばれる前記のもののほか，二号性と呼ばれる葉性がやや大きく，多少枝打ちの粗く太りの早い性質のものもあるが，品性に欠ける部分がある。'大盃'には一種花芽のつかない性質をもつものがあるので注意する。サツキの品種によって樹勢に強弱があるが，およそ花の色彩によってその強弱の目安とすることができる。色彩を大別すれば，紅色，紫色，紅紫，藤紫，無地，底白，覆輪の7種となるが，紅色系は総じて樹勢は弱く，紅色の色彩が濃くなるほど樹勢は弱く，薄いものはやや強くなる。紫色系は，色彩の濃いものほど強健である。紅紫系は紅色系に準じ，色彩の薄いものが強い。藤紫系は紫色系に準ずる。無地，紫色，紅色，紅紫系の順に強健種であり，底白，覆輪は無地のものに準じ，覆輪は底白よりも強健である。【近似種】この'大盃'から枝変わり品として葉のとくに密な'珍山'，葉先が三角形をした'鹿山'，他に'光琳'などがある。

1241. サツキ‘マツナミ’　〔ツツジ属〕
Rhododendron indicum (L.) Sweet ‘Matsunami’

【系統】サツキの園芸品種。江戸時代から紹介された名花で『錦繍枕』にも紹介された在来種。**【形態】**純白地に鮮紅色の伊達絞りや小紋り咲で通常5弁咲であるが12，3弁に弁変わりをして咲くこともある。葉は細軸で，枝打ちは密となり，つる性で太りが遅いが強健種。太りが遅い割には盆栽樹としての銘木も多く，とくに福島県三春地方には庭園樹の太幹も散見する。花が赤色勝ちに咲く品種もあるので，赤無地，覆輪咲で咲く枝を花期に切り取ることも必要で，この花ばかりで咲く‘松波’を‘小町’と呼び，別品種とする。ところで，サツキには種々の変化に富んだ，無地，絞り，覆輪，底白，玉斑，爪白といった，いわゆる花芸をみせるものがある。1品種で数種の花芸をみせる品種もあり，サツキ栽培の楽しみの1つとなっている。この芸のうちで，とくに絞り咲については花弁の半分を染め分ける半染のほか次のような数々の表現がある。大紋り，小紋り，伊達校り，絞り底白，竪絞り，衝羽根絞り，刷毛目絞り，吹掛け絞り（微塵絞り），さらさ絞り，蛇の目絞り，春雨絞りなどである。**【近似種】**自然実生に，白地に紫紅色の吹掛け絞り，または竪絞り一重中輪の‘荘厳錦’があり，‘玉織姫’とかけた，純白地淡紅色の大小絞り，春雨絞りの丸弁一重中輪の‘好月’，他に‘松の誉’などがある。

‘シボリアサガオ’

1242. サツキ‘コウマンヨウ’　〔ツツジ属〕
Rhododendron indicum (L.) Sweet ‘Kōmanyō’

【系統】サツキの園芸品種。**【形態】**濃い丹紅色の牡丹咲。葉は‘金采’に似た細葉で蕾も小さく，晩秋の紅葉は美しい。強健種であるが太りにくい。近年，葉性のよさと強健種ということで庭園樹として見直され，多く使われている。在来種の割には盆養樹は少ない。ある地方ではコウマンエとかコウマンジュウとか呼ばれる。サツキの重咲には牡丹咲，二重咲，腰蓑咲がある。牡丹咲は雄しべが花弁に変化して重なりあって咲くもので，代表種は‘紅萬重’のほか‘紅牡丹’がある。二重咲は花弁が二重になって咲くもので，‘四季籬’，‘絞り朝顔’などがある。腰蓑咲は，二重咲の外側の弁が発育せず，腰にミノをつけたような形で咲くもの。代表種は‘鈴虫’。芯咲は花弁が退化して芯だけが目立つもので，これには‘唐糸’，‘綾錦’がある。**【植栽】**サツキのさし木適温は20～25℃とされており，5月中旬～6月下旬と9月下旬～10月中旬が適期となる。さす穂木は，一見してすなおなものを選ぶ。病気や虫に侵されているものや，葉につやのないもの，日に十分あたっていないものは避ける。新梢を横に倒すようにしてかき取ると穂木は簡単に取れる。取った穂木は切口をすぐに水につけておく。さし木の用土は，鹿沼土が最適。直射日光と風のあたらない所を選び，粗い鹿沼土を2cm，その上に細かい鹿沼土を4～5cm入れて，たっぷりかん水してさす。

1243. サツキ ‘ゴビニシキ’ 〔ツツジ属〕
Rhododendron indicum (L.) Sweet ‘Gobinishiki’

【系統】サツキの園芸品種。【形態】白地に本紅色の大小絞りで吹よけ絞りなどに咲き分け，紅の色がとくに美しい遅咲種である。樹勢は強健で盆栽として銘品も多い。葉はやや厚みがあり先端がとがっている。【管理】花の咲く時期に，赤無地枝，覆輪咲枝を切り落とさないと樹が赤がちとなってしまう。また，まれに小枝が枯れやすくなり，その後にまた新芽が吹くといったように枝枯れを起こして驚かされることがある。昔この花の美しさに枝を折った者は断罪に処すといったという伝説があり，この品種の歴史の古さをしのばせる。下野喜連川城主の佐馬亮顕照に世嗣がなく，嘉永年中（1850 年代）に細川越中守の子の護美を養子とした。その際，細川家秘蔵のこの花を持ってきたので顕照は非常に喜び，この花にふれる者は断罪すると制札を立てたことからこの花の別名‘断罪’がついたという。後年，護美が病にかかり細川家に帰ったが，この人を慕って‘護美錦’と改名した。これが‘護美錦’の名の由来であるという。いずれにしても，大正 11 年に東京の皐月同好会の陳列展に栃木県の磯親氏が出展して世に広まった銘品である。【近似種】枝変わりに白地に薄紅色または濃紅色の堅絞り，飛入り絞り，花弁の切れ込みが深い一重大輪の‘大星光’，実生種に‘聖運’，‘亀城’，‘暁光’がある。

1244. サツキ ‘コウザン’ 〔ツツジ属〕
Rhododendron indicum (L.) Sweet ‘Kōzan’

【系統】サツキの園芸品種。【形態】薄鴇色の単色咲，やや深切れの細い弁で，筒咲に近い整然とした花をつける。この花の色彩は晃山色と呼ぶとその色彩がわかるほど愛好家のうちでは一般化しているが，寒い地方で咲く花と暖地で咲く花ではその色彩が異なり，寒い地方では色も濃く深みもあって見事であるが，暖地では色彩が白っぽい。それは‘晃山’から出た枝変わり品種についてもいえる。葉は細小形で，秋の留め葉と夏の生長期の葉では極端に大きさが異なるが，秋葉は美しい。強健で太りも早く盆栽として銘木も多いが，庭園樹として発見された品種であるので，今後はその方面にも植樹される品種である。【管理】サツキのかん水では，冬期の乾燥と夜間の乾燥を避ける。1 年中では春の芽吹きから夏にかけては，いちばん水をほしがる時期であるが，この時期にはいくら水をやってもやりすぎるということはない。冬期は凍ってもよいから乾燥させないようにする。1 日に何回水をやるという決まった回数はなく，乾いたらかん水する。夕方から夜間の乾燥は絶対禁物なので，夏などは寝る前に 1 度水やりをするのも 1 つの方法。【近似種】枝変わりに‘日光’，交配実生種に‘晃明’，‘晃山錦’がある。

1245. サツキ **‘チトセニシキ’** 〔ツツジ属〕
Rhododendron indicum (L.) Sweet ‘Chitosenishki’

【系統】サツキの園芸品種。**【形態】**純白地に紅紫色の大小絞りの丸弁花で，花肉厚く花形はやや筒形。福岡県で明治中期に発表されたが，在来種の‘松波’とともに絞り咲種として人気を二分するほどのこともあった。やや早咲種で盆養樹として銘木も多く，葉はあまり輝きはなく緑が濃い。樹勢は強健で太りやすい。**【管理】**庭園でのサツキの利用は，群植して刈込んで，山を象徴させたり，借景庭園の調和連係用としたり，また庭園の主体としてサツキの庭を作ったり，縁どり材料としたり，飛石の根締め物としたり，その利用は非常に多岐にわたる。サツキを庭園樹として用いる場合，刈込みが重要な仕事となる。サツキの刈込みには，サツキの樹形が上昇形ではなく，横張り形であること，太枝を切ると枯枝ができやすいこと，花木であるので開花直後に行うこと，萌芽力が強く刈込みに適していることなどのサツキの特性に注意して行う必要がある。品種ではごく矮性で細小葉のものや立性のものもあるので，その用い方にかなうようせん定する。また庭園の立地では，日陰地を避けて日射地を選ぶことが肝要となる。**【近似種】**枝変わり品種でこの花の中間色（ピンク地）単色咲の‘神聖’は地合咲種の発見第１号で，のちの銘花の‘山の光’や‘暁天’の発見につながる最初の品種である。ほかに‘雲月’がある。

1246. サツキ **‘ヤタノカガミ’** 〔ツツジ属〕
Rhododendron indicum (L.) Sweet ‘Yatanokagami’

【系統】明治時代に作られたサツキの園芸品種。**【形態】**濃い緋紅色の底白，またはそれに白色の大玉斑が入る丸弁の花で整然と咲く。葉は照りが強く紅葉も美しい。培養上，肥料の過多のものは花の色が濃くなり白い大玉斑も出にくく，不足すると底白がちで色彩の鮮明さに欠けたぼけた感じとなる。樹勢は強健で徒長枝がのびやすく，花後，咲き終わった花を花梗から摘み取らないと，いつまでも花実がついている。**【植栽】**サツキの交配は，他種たとえばミヤマキリシマ類やクルメツツジとの交配なども進められている。ツツジとの交配によって，樹形作りに適した枝と葉の密になる品種が作られるが，その結果サツキとツツジの間の線引きが難しくなるといった品種保存上の問題も起きている。また新しい試みとして，香りのあるサツキの研究や，従来なかった色彩，たとえば黄色，青色のサツキの研究も進んでいる。しかし，日本の現状として，新種の育種は篤志家の園芸家の個人的負担によるところが大で，基礎学問の上に立つ育種技術の開発には遅れが見られる。遺伝子の組換えや放射線照射の研究など，今後の研究にまつところが大である。**【近似種】**この品種は‘八咫の采’，‘姫八咫’，‘神鏡’，‘明鏡’，‘桜鏡’，‘金盃’，‘吾妻鏡’，‘東光’などの枝変わり実生品種が多く，鏡系と呼ばれてその人気品種が多い。

1247. サツキ **‘ヤマノヒカリ’** 〔ツツジ属〕
Rhododendron indicum (L.) Sweet ‘Yamanohikari’

【系統】サツキの園芸品種。昭和 10 年代の発見で発見者には諸説があるが，大阪地方で販売されて東京の発見者の名をとって‘山陽’と呼ばれたこともあり，また‘華山’の枝変わり品種で，その中間色（いわゆる地合咲種）ということで‘華山の神聖’と呼ばれたこともあったが，昭和 16 年‘山の光’と命名された。**【形態】**薄い紅色地に濃い紅色の大小絞り，吹掛け絞り，まれには底白も出る。サツキの名花を代表する品種である。花が咲くと全く葉が見えなくなるほど花いっぱいに咲き，初心者を驚かす。花は重なりあって咲き，多少花弁はよれる。葉の色は緑濃くややよれて葉は照り葉で，樹勢強健，伸長性がある。**【植栽】**枝変わり品種は親品種が 1 本でなく，どこの‘華山’からでも，あるとき突然に枝変わり品種が生まれてそれが発見される。中間色の色彩の濃いものから薄いもの，または絞りのないものなど多種多彩であるが，中間色に濃い色彩の絞りの出たものを育種するとよい。また赤無地，白無地，覆輪咲の枝は，花後せん定するとよい。**【管理】**サツキの病気には，主として葉を害するものが多いので，直接花には影響しないが，落葉したりして樹勢が衰えるため，結局花にも影響する。褐斑病は，秋から初春にかけて発生し，葉に褐色から暗褐色の病斑が現れる。発病初期には殺菌剤を散布する。**【近似種】**‘錦の御旗’ほか多くの園芸品種あり。

1248. サツキ **‘ベニガサ’** 〔ツツジ属〕
Rhododendron indicum (L.) Sweet ‘Benigasa’

【系統】戦後のサツキの赤の代表種。アザレアと呼ばれるベルギー，オランダからのツツジとの交配種で，樹の徒長，冬の管理に難点はあるが洋種交配種の代表的品種。**【形態】**濃い朱紅色の単色咲で早咲種である。花肉も厚く花もちもよく，目立つ存在の花である。葉は丸形，厚葉で緑も濃い。強健種で伸長性で太りも早く，育種も容易で，寒気にも強い。昭和 16 年頃に‘天笠’からの枝変わり種として登場した。**【管理】**サツキは関東から西に自生する純日本性のもので寒さには比較的強い。1，2 年生のものは，土室中に入れて越冬させるが，10 年生以上のものは，夜間にヨシズをかける程度で越冬できる。夜間の凍結はあまり気にする必要はない。若苗の場合は土室内で越冬させる。土室内は，いつでも凍らない程度にし，あまり余分な温度をとらないようにする。越冬中に枯れる場合は，極度に水不足をきたした場合と，根が凍ったため水揚げが止まった場合である。水揚げが休止したにもかかわらず，葉面よりの水分の発散が止まらないため枯れるのであるから，葉面からの水分の過激な発散を防いでやる。具体的な方法としては，ビニールハウスのようにビニールで空間を囲ってやり，かん水する際できるだけ葉に水をかけないように注意する。**【近似種】**兄弟実生種に‘天笠’，‘日傘’がある。ほかに‘新太陽’がある。

1249. サツキ ‘カホウ’ 〔ツツジ属〕

Rhododendron indicum (L.) Sweet ‘Kahō’

【系統】近代サツキの代表的園芸品種で‘栄冠’とともに盆栽樹としての人気を二分する。‘栄冠’と‘華宝’は，ともに‘旭鶴’の実生兄弟種で，かつては‘栄冠’がたいへん好まれた。樹の性質からいえば，‘華宝’のほうが飛び芽が少なく丈夫であり，‘栄冠’は木の太り方が早いという特長があり，いずれも一長一短といえる。作出者については山形説と福岡説の2派に分けられる。【形態】花は純白地に紫紅色の大小絞り，花弁の厚い波打ち咲で一重大輪，整然と咲く。葉形は葉の先端が軍配形となり丸みを帯びる。樹勢はきわめて強健で，枝がこずんでできるために盆栽樹としても銘品が多い。サツキの花の美しさと，微妙に変化した色彩を現すために独自で豊かな色彩の表現が用いられている。たとえば白地の表現では次のような10種の表現がある。白地，正白地，純白地，雪白地，純白地に青み，青白地，白金地，乳白地，酔白地。さらに花色は，豊富な花柄の変異との組み合わせによって，独特な色彩効果を出す。これらの微妙な色彩の変化を，ことに海外などに紹介するために，カラーチャートによって標準色名をつける試みも行われている。【近似種】この覆輪花のみをつけるものは‘明宝’となり，‘織女’と呼ばれる。他の品種に‘常盤’や淡い紫色の地に濃紅紫色の伊達絞り，または白絞りの地合わせの‘暁天’は有名。

1250. サツキ ‘アイコク’ 〔ツツジ属〕

Rhododendron indicum (L.) Sweet ‘Aikoku’

【系統】サツキの園芸品種。【形態】花は純白地に濃い鮮やかな藤紫色の細かいすじの入った絞りと衝羽根絞りの，底白性で丸弁の花である。葉はやや大きく，先端がとがっている。枝打ちは粗く徒長枝も出やすい。また秋には狂い咲も咲き，初秋の頃驚くほど花を咲かせるが固定化はしない。【近似種】枝変わり品種として白斑入り葉の‘白富士’，赤と紫の2色咲の‘愛の月’などがあり，枝変わり品種が多い。花の咲く季節に突然従来の赤系の色彩の花に紫系の花が咲き，それが翌年も固定して新しい品種として誕生することがある。近年とくにそのような2色咲の現象が多いが，このような現象を枝変わりという。また，従来は中間色（ピンク地）の花が咲かなかった品種から中間色の花が咲いて新しい品種として認められた‘暁天’，‘山の光’，‘日光’など，枝変わり品種の誕生は多い。ときとして花容が固定して枝変わり種として新品種となった‘優月’，‘如峯山’などの例もある。また従来の葉から白斑の入る葉が生まれた‘白富士’のように，花の咲き方は従来のものと変わらないが，葉の色が全く異なる場合も枝変わり種としてある。また，葉の形が小形になって枝変わり種として登場する場合もある。

1251. サツキ ‘シンニョノツキ’ 〔ツツジ属〕
Rhododendron indicum (L.) Sweet
‘Shinnyonotsuki’

【系統】サツキの園芸品種。【形態】花は濃紫紅色の底白で，花弁が大波打ちで花肉が厚い。一重大輪。葉は緑色の無地葉と黄白色の斑入り葉の２種があり，先端が丸みを帯び紅葉も美しい。サツキの世界では通常○○の月といえば底白性，○○錦といえば絞り種，○○鏡といえば玉斑性，○○の光といえば地合咲（中間色）ピンク地であるが，これは底白性の代表種である。また，サツキの花の大きさには，巨大輪，大輪，中輪，小輪の別がある。『錦繍枕』に記載された元禄のサツキは，直径 7cm ほどの‘博多白’，‘高砂’が「太りん」と呼ばれ，そのほか中りん，小りん，少りんと５段階程度の花輪分類としていたようである。昭和初期のサツキの大きさは，一種のほめ言葉として用いられ，りっぱに咲いたサツキは，やや小ぶりであっても「大輪」として銘鑑上に登場してくるようになった。また洋種交配によって 10cm 以上の花を咲かせることができるようになった結果，巨大輪，最大輪，大々輪などと呼ばなければならない状態になり，昭和 45 年に輪の大きさによって名称を統一することになった。巨大輪を 10cm 以上，大輪を 7〜10cm，中輪を 5〜7cm，小輪を 5cm 以下としたのである。しかし品種が若木の場合は，樹の元気がよく大きく咲くので，10 年を経過すると輪の大きさも固定するため，それによって決定する。【近似種】枝変わりに‘楠玉’，‘楠玉’の枝変わりに‘真如の光’。

1252. サツキ ‘ニッコウ’ 〔ツツジ属〕
Rhododendron indicum (L.) Sweet ‘Nikkō’

【系統】‘晃山’の枝変わりで，近代サツキの代表的園芸品種。【形態】淡い鴇紅色地に濃い鴇紅色の大小絞り，または白絞りの混じる花筒の深い小輪咲の花で，端正で見事である。葉形は細小形で葉毛が深い。盆栽樹としても，また庭園樹として強健種で太りも早い。‘日光’の発表によって一時期，晃山系にあらずばサツキにあらずというような勢いで世に広まった。やはり寒冷地で咲く‘日光’の色彩はことに美しいものがある。‘日光’はかつて‘野州の誉’という名で栃木県のごく一部の愛好家のうちで呼ばれており，‘晃山’の枝変わり種として花の美しさに定評はあったが，世の中には広まっていなかった。当時‘晃山’の絞り品種としては‘晃山錦’があり，‘晃山’から出た絞り品種はこれをコウザンニシキと呼ぶというようなことがあった。当時は大輪の花がもてはやされていたので‘日光’のような輪の小さいものはあまり問題視されなかった。しかし，ひとたび世の中に紹介され，その花の美しさが注目されると，たいへんな人気を呼び，とくに栃木県において‘日光’はもてはやされた。しかし絞りの美しさを求めて苗木を買っても，当時は 100 本の苗木のうち完全に‘日光’の花（絞り品種）の咲くものはそのうちの 40％ほどで，時間を経て絞り品種の出るものが 40％，時間を経ても絞りの出ないものがあった。【近似種】‘光の司’と‘新日光’がある。

‘ヤマトノヒカリ’

‘ハルノヒカリ’

1253. サツキ ‘イッショウノハル’ 〔ツツジ属〕
Rhododendron indicum (L.) Sweet ‘Isshyōnoharu’

【系統】サツキの園芸品種。花が美しく，一生眺めていても見あきないということからこの名がついたという。**【形態】**‘日本の光（ヤマトの光）’の枝変わり品種で，淡い紫色地に本紫色の絞りや白絞りが入り，花形は整然として花肉は厚く，大輪の強健種である。葉は丸葉性で葉肉も厚く緑が濃い。枝の出方は粗く，あまり盆栽樹用とはいえない。**【植栽】**洋種交配の最も成功した品種で，サツキを代表する品種である。この花を見てサツキの愛好家となった人たちも多い。サツキの実生交配の歴史はおよそ大正時代からではないだろうかと推察される。この‘一生の春’の基となった‘日本の光’は洋種交配であり，宇都宮大の森谷憲氏は，大正5年6月11日におけるスミス飛行士の同地方への来訪が1つのきっかけとなりサツキ新種育成がさかんになったと述べている。確かに近代サツキと呼ばれる品種は栃木県の産が多い。サツキの産地は南は九州久留米地方，北は山形県の最上川ぞいがとくに有名で，南北二分して銘品の産出も多いが，現在のサツキ生産地は各地に広がっている。しかし品種作出となると栃木県に軍配は上がるであろう。地の利ということもあるのであろうが，栃木県で生まれた品種は東京の愛好家によって評価されるということが多く，東京の陳列会での新種発表によって各地に広まっていった。**【近似種】**‘春の光’がある。

‘ミネノヒカリ’

‘ミユキ’

1254. サツキ ‘マツノホマレ’ 〔ツツジ属〕
Rhododendron indicum (L.) Sweet ‘Matsunohomare’

【系統】サツキの園芸品種。**【形態】**乳白地に紫色を含む丹紅色の大小絞り5，6弁から10弁ぐらいまで咲く中輪の花。花は多少しわのよることもあるが，強健種で葉形は整然として照り葉であり，秋の蕾はとくに露出して見事である。枝打ちもよく，盆栽に適し，庭園用としても用途が多い。かつて‘今市’と称し‘今一番’ともいわれた品種で，枝もよく密となり太りも早く，花よりも樹としての品種である。**【植栽】**サツキは鉢植の場合も，盆栽に仕立てる場合にも必ず植替えをする。若木で2年に1度，老木で3年に1度，仕上がった銘木でも3年に1度は植替える必要がある。植替えは，根が張りすぎて水の通りが悪くなるのを防いだり，古い土と新しい土を交換したり，根を切ることによって根の働きを活発にし，樹を若返らせるために行う。植替えをするときは，2〜3日かん水をひかえてやや乾燥ぎみにする。鉢から抜いて，張って固まっている細根を十分にほぐし，細根は切る。植替えようとする鉢にすっぽりと入る状態まで根を切り込んで植替える。植替えの適期は，3月下旬〜4月上旬であるが，暑い季節（7〜8月）と寒い季節（12〜2月）を避ければいつでも可能。**【近似種】**‘松の誉’は‘松波’と‘晃山’の実生種であるが，同じ親の兄弟種‘峯の光’がある。他に‘御幸’がある。

1255. サツキ‘ジュコウ’ 〔ツツジ属〕
Rhododendron indicum (L.) Sweet ‘Jukō’

【系統】サツキの園芸品種。【形態】紫色を含む淡い桃色地に紅紫色の大小絞り，吹掛け絞りなどの花が咲く品種で，葉は照り葉で先端がとがり，強健種で，太りも早く枝もよく密となる。多少遅咲の感はあるが，根がつまると通常は色彩が濃くなるがこの品種は淡い桃色地が美しい。【管理】サツキの根はきわめて細い毛根なので，樹勢を落としたときに肥料を与えると根腐れを起こす。また植替えた直後の施肥も絶対に避ける。植替え後は，早くて半月から 20 日間の間をおき，油かすを根もとを避けて少量施し，かん水して，しだいに吸収させるようにする。サツキの施肥の時期は，通常 2 月下旬～3 月下旬。油かすや魚粉などの粉末肥料や水でこねた団子肥料を施すが，団子がカサカサになったら追肥する。水肥でもよいが，水肥の場合つい濃いものをやって根腐れの原因となるので注意が必要。花の咲く時期までにすっかり肥料を食い切るように注意する。花期にまだ肥料が残っていると花が軟らかくなってしまう。花後は，来春の花のために十分施肥する。9 月に入ったら，粉末または団子肥料を切れめなく 11 月まで続ける。サツキが活力を得，また太るのもこの時期なので，秋肥には十分注意する。【近似種】‘寿光’は‘寿’と‘暁天’の実生交配種。

1256. サツキ‘セッチュウノマツ’ 〔ツツジ属〕
Rhododendron indicum (L.) Sweet
‘Settyūnomatsu’

【系統】霧風系を代表するサツキの園芸品種。【形態】白色の花で，雪白地に緑色を帯びる桔梗筒咲の可憐な花である。一重小輪。葉は霧風系を代表する芝舟葉で色も濃く，密生して茂る。観賞上からサツキは花ばかりでなく，葉の美しさも大きな要素となっている。秋の紅葉はことのほか美しく，青葉系の緑の濃さと蕾のそろう美しさも格別である。サツキの葉には次のようなものがある。小葉（金采，光の司，松波），照り葉（赤葉系－八咫の鏡，大盃，金盃。青葉系－博多白，神鏡，明鏡），丸葉（一生の春，薫風，玉振），大葉（真如の月，明朝，紅傘），芝舟葉（雪中の松，霧風），長葉（護美錦，月光），角葉（鹿山），斑入り葉（白富士，浮錦，大正錦），紅葉（八咫の鏡，大盃，紫尾の舞，楠玉）。【近似種】霧風系の始まりは，大正末期に，‘金采’の根もとにはえていた，葉は巻き葉で紫舟形で，朱色の珍しい花をつけた実生の苗木が発見され，これを繁殖して‘霧風’と名づけられたことによる。霧風系は巻き葉という特色のほか，花も絞り咲，底白，形も筒咲など，それまで見られなかった美しいものが現れ，花も葉も観賞できるため，こった人々に愛されるようになった。なお‘雪中の松’の枝変わりには，‘雪中の王’，‘雪山’がある。他に‘月の霜’がある。

1257. サツキ‘シリュウノマイ’　〔ツツジ属〕
Rhododendron indicum (L.) Sweet ‘Shiryūnomai’

【系統】サツキの園芸品種。‘紫丁字’と呼ばれたこともある。【形態】濃い紫色の無地咲の単色に，花心に丁字（旗弁）咲が混じる一重咲種で在来種である。葉は丸葉，厚葉で照りもあり紅葉も美しく，樹勢強健で太りもよく，根の張り方も勢いよく，盆栽，庭園樹として古くから使われている。【植栽】サツキの用土の条件は，まず保水力のある土を選ぶことである。サツキを枯らす大きな要因は水枯れである。またサツキは通気の悪い土では育たない。酸素不足は根の活動に致命的である。そのほか，サツキは酸性土壌を好み，アルカリ性土壌では生育が極端に悪くなる。サツキの根は繊細で密生しているため，ネグサレセンチュウがつくと，発育が悪くなり枯死に至る。このため清潔な土壌を選ぶ必要がある。このようなサツキ用土の条件を満たすものとして鹿沼土があり，サツキ栽培には一般に鹿沼土が用いられる。鹿沼土を用いる場合の留意点は，まずフルイ分けをして，排水をよくするように工夫すること，乾かしすぎないよう過不足なくかん水すること，リン酸の補給をしてやること，山ごけ，水ごけ，ピートモス，モミガラを材料とした堆肥を混用すること，冬期を除いて毎月１回程度追肥することである。【近似種】‘誉の春雨’と‘高砂’がある。

1258. マルバサツキ　〔ツツジ属〕
Rhododendron eriocarpum (Hayata) Nakai

【分布】九州の薩摩半島，屋久島，トカラ列島に自生する。一般にアザレア，またはセイヨウツツジとよばれている園芸品種の母樹である。【用途】マルバサツキは，日本でのサツキを改良する母樹として使用され，盆栽，鉢物，庭園樹とされる。現在の園芸品種‘高砂’，‘夕霧’，‘石山’などはこの種に近い品種である。【形態】常緑低木で高さ1～2mになり，枝は分枝性があり横へ拡開する。枝と葉柄ともに伏剛毛があり，葉は円葉形でキリシマに似る。長さ2～4cm，幅0.8～1.5cm，花は６月に頂生し，1～2花をつける。花梗は短く長剛毛が密生し，花冠は広漏斗状で花径4～5cmの淡紅色がふつうで，そのほか淡紫紅色，濃紅色，白色など変化があり，雄しべは6～10本，葯は淡色である。本種もアザレアの品種に多くの影響を与えている種類である。【管理】空中湿度の高い所を好む。朝夕のかん水は葉水を行うくらいでよく，排水がよく，保水性のある土地に植えて，春から初夏に薄い液肥を月に2回ほど施すとよい。移植，植付け適期は5～6月末までがよい。【学名】種形容語 *eriocarpum* は軟毛ある果実の，の意味。

1259. コメツツジ 〔ツツジ属〕

Rhododendron tschonoskii Maxim.
subsp. *tschonoskii*

【分布】北海道，本州，四国，九州，朝鮮半島南部に分布する。**【自然環境】**亜高山帯の低木林にはえる落葉低木。**【形態】**幹は高さ 1m 内外。枝は短く密に分枝し，若枝には扁平な褐色毛を密生する。葉は枝先に集まってつき，卵形または長楕円形で，両端はとがり，全縁，長さは小さいもので約 0.3cm，大きいもので約 2cm となり，葉柄は長さ 0.1～0.2cm で目立たない。両面に伏毛があり，下面中肋に扁平な褐色毛がある。花期は 7 月，枝先の混芽から 1～4 個の白色ときに紅色を帯びる小花をつける。花柄は長さ 0.3～0.4cm で，がくとともに扁平な褐色毛を密生する。花冠は漏斗状で先は 5 裂（まれに 4 裂）し，平開する。径 0.8～1cm。内面には軟毛がある。雄しべは 5 個（まれに 4 個）で，雌しべとともに花冠より長く外に出る。花糸の下部に白軟毛がある。子房には扁平な褐色毛が密生する。さく果は卵状円柱形で長さ約 0.5cm，短い褐色の伏毛が密生する。**【近似種】**中部地方以南にあるチョウジコメツツジ var. *tetramerum* (Makino) Komatsu は，よく似ているが花冠は小さく径 0.5～0.6cm，筒部が裂片より長く，先は通常 4 裂する。雄しべは 4 個で花冠よりわずかに長い。**【学名】**種形容語 *tschonoskii* は須川長之肋を記念した名。和名コメツツジは，花が白く小形なので米粒に見立てたもの。

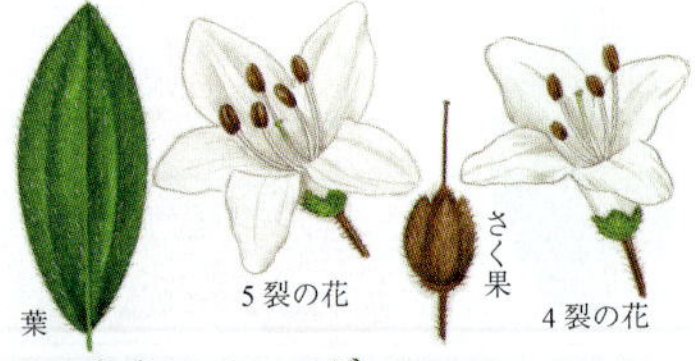

1260. オオコメツツジ (シロバナコメツツジ)

〔ツツジ属〕

Rhododendron tschonoskii Maxim.
subsp. *trinerve* (Franch. ex H.Boissieu) Kitam.

【分布】本州の日本海側を東北地方から北陸地方にかけて分布し，東側は至仏山，飯豊山に及ぶ。日本特産種。**【自然環境】**亜高山帯の低木林にはえる落葉低木。**【形態】**幹は高さ 1.5m ほどになる。枝は短く密に分枝する。若枝は細く，扁平な褐色毛を密生する。葉は小枝の先に車輪状に集まり，コメツツジより大きく，長楕円形で長さ 1.5～4cm，幅 0.7～1.5cm。両端はとがり，全縁で質は厚い。上面に淡褐色の伏毛が密生し，下面中肋にそって扁平な褐色毛がある。著しい 3 脈がある。葉柄は 0.1～0.2cm でほとんど目立たない。開花は 7～8 月，前年枝の先の混芽から，葉がのび出してから 3～7 個の白色小花をつける。花柄は長さ 0.5～1cm，扁平な褐色毛を密布する。がくは小形で 5 歯があり，鈍頭で扁平な褐色毛を密生する。花冠は漏斗状で先は深く 4 裂（ときに 5 裂）し，筒部は短く，裂片は平開する。花径 0.8～1.2cm，内面に白色軟毛がある。雄しべは 4 個ときに 5 個，花糸の下半部に白色軟毛を密生する。花柱は雄しべより短く無毛，または基部有毛。子房に扁平な褐色毛が密生する。**【学名】**亜種名 *trinerve* は 3 脈の意味。和名オオコメツツジは，コメツツジに似て葉が大きく，花もやや大きいことによる。

1261. ハコネコメツツジ 〔ツツジ属〕

Rhododendron tsusiophyllum Sugim.

【分布】本州中部の神奈川県，山梨県，静岡県，東京都，埼玉県および伊豆諸島に特産する。【自然環境】岩礫地や草原，低木林などに自生する半常緑低木。【形態】幹は屈曲して地をはい，高さ20～60cm。密に分枝する。枝はやや細く，褐色の扁平な剛毛を圧着する。葉は密に互生し，短枝では枝端に輪状に多数集まる。葉身は長楕円形から倒卵状楕円形で，長さ0.7～1cm，幅約0.5cm，両端はとがり，質厚く，上面に褐色の剛毛が圧着し，縁，下面脈上には褐色の剛毛が圧着する。葉柄はごく短い。開花は6～7月，枝先に1～3個の白色小花をつける。花柄は短く，長さ0.1～0.3cm，褐色短毛を密生する。がくは5裂し，小形で長い褐色の毛を密生する。花冠は筒状鐘形で，先は浅く5裂ときに4裂し，長さ0.8～1cm，裂片は卵形で長さ約0.4cm。外面，内面ともに密に軟毛がはえる。雄しべは5個で花冠より短く，花糸の中央部に開出毛がある。葯は長さ0.1～0.12cm，縦に裂開して花粉を出す。花柱は雄しべより短く，無毛。子房には長い軟毛が密生する。さく果は広卵形で長さ0.3～0.5cm。【特性】本種はコメツツジ，チョウジコメツツジに近縁の種で，フォッサ・マグナ地域の火山地にのみ特産する。葯が縦裂することから属を独立させる説もある。【学名】種形容語 *tsusiophyllum* は tsutsuzi（つつじ）と phyllon（葉）の合成語。和名ハコネコメツツジは箱根で発見されたことによる。

1262. リュウキュウツツジ（シロリュウキュウ） 〔ツツジ属〕

Rhododendron × mucronatum (Blume) G.Don

【分布】北海道から九州まで日本全土に植栽可能。【自然環境】耐暑性，耐寒性ともにたいへん強い常緑低木。【用途】庭園樹として観賞用に植栽される。【形態】よく分枝し，枝は横張りし，高さより横が広く，根葉が茂ったよい株を自然に形成する。春葉は長楕円形で先がとがり，秋葉は広楕円形でやや丸みを帯びる。若枝や花柄には剛毛とわずかな粘毛がはえる。花期は5月。花冠は白色で上面内面に黄緑色の斑点があり，径6cm。雄しべは10本ある。【特性】このツツジの仲間はその性質からモチツツジとキシツツジの交雑種と考えられているが，性質はキシツツジに近い。江戸にもたらされた時代は古く，『地錦抄附録』（1733）に記載されている。最大の特徴は常緑性のツツジとして抜群の耐寒性をもち，北の寒い地方でも植栽可能な点である。【管理】管理は容易であり，自然によい樹形をつくる。せん定は花後，早めに行う。病害虫は少ないが，多雨の時期にモチ病が発生する。早春に殺菌剤を散布し，防除する。また，高温乾燥期にツツジグンバイやハダニが多発するが，浸透移行性の殺虫剤で防除する。【近似種】リュウキュウシボリ，ムラサキリュウキュウがある。【学名】種形容語 *mucronatum* は微凸頭の，の意味。和名は琉球（沖縄）経由でもたらされたと言われたことによる。

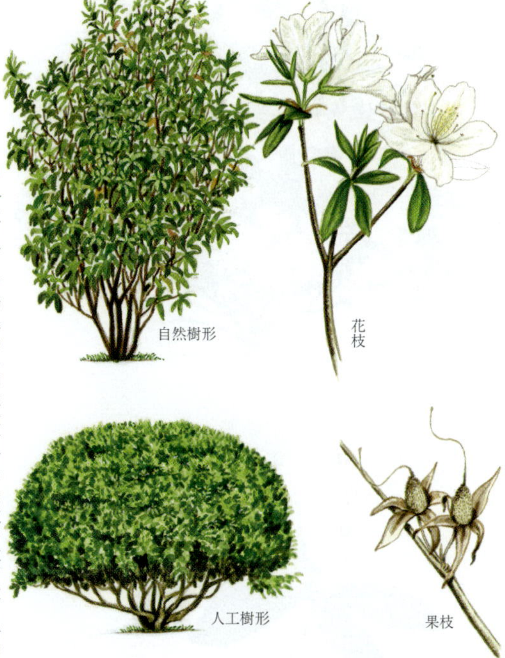

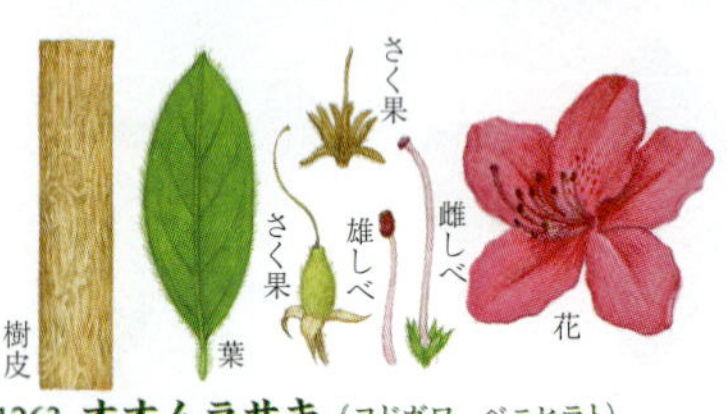

1263. オオムラサキ（ヨドガワ，ベニヒラト）

〔ツツジ属〕

Rhododendron × *pulchrum* Sweet 'Speciosum'

【分布】本州の関東から中部，関西，九州にわたり広く植栽されている。【自然環境】ヒラドツツジの仲間としてはとくに強健な品種で，耐寒性もかなり強く，北関東まで植栽可能な常緑低木。【用途】公害に強い緑化樹として，街路，公園，工場などに広く植栽されている。【形態】生育旺盛で高さ2m ほどに育つが，高さより横に広がる性質が強い。若枝には褐色の剛毛が斜立する。葉は厚く長さ5～6cm，ほぼ楕円形で大形である。がく片は小さく粘毛も少ない。花は紅紫色で径 7cm 前後の大輪である。このオオムラサキは園芸上できた品種で，ケラマツツジとリュウキュウ系のツツジとの交雑種との説があり，現に九州の長崎県下にはこれに近似するものが多数あり，おそらく古い時代はこのうちの１系統が，関西を経て関東へ持ち出され，広く普及したものと思われる。オオリュウキュウとトウツツジとの交配でもオオムラサキに近似したものが多数得られている。【近似種】'センエオオムラサキ' はオオムラサキの八重化したもので，花心まで弁化している。オオキリムラサキは江戸時代の品種でオオムラサキに近いもの。東京・六義園に現存する。【特性】生育旺盛，大気汚染にも強い。【管理】枝の伸長が旺盛なためせん定が必要である。病害虫についてはリュウキュウツツジに準ずる。

1264. ツツジ 'セキデラ'

〔ツツジ属〕

Rhododendron × *pulchrum* Sweet 'Sekidera'

【系統】ツツジの園芸品種。'ミネノマツカゼ' の枝変わりを分離したもの。【分布】北は東北地方の盛岡から南は九州まで植栽可能。【自然環境】耐寒性の強い常緑低木。【用途】庭園樹。【形態】太い枝を勢いよくのばす大形のツツジ。葉は濃緑色で大形，剛毛が密にはえる。花冠は 8cm 前後の大輪で，花色は白色の地に，鮮明な紅色の斑点を上面内面に現す。【特性】'ミネノマツカゼ' から 'セキデラ' の花の出る率は割合高いので，'セキデラ' の起源は多元的なものと考えられ，斑点の濃淡は様々であり，また白地のもののほかに，白地に薄く紅紫色の飛入り斑が入るもの，全体にやや薄く紅色を帯びるもの，花の中形のものや，大形のものなど様々の変異がある。また 'セキデラ' からときおり出現する紫無地の花は，淡紫色の地に，濃紅色の斑点を現す美花で，'セキデラ' から出た紫無地花は必ず紅色の斑点を伴うため，'ミネノマツカゼ' から直接出る淡紫色無地花とは比べものにならぬほど美しい花となる。またこの葉は，冬になると葉に赤味を帯び美しい紅葉が見られる。【近似種】'ウスヨウ' はムラサキリュウキュウのうち，葉幅が広く，紫のかった淡紅紫色のもので，たいへん上品な種類で，樹形もよい。'キョウカノコ' はこの仲間で最も美しい花をつける。淡紅色地に白覆輪，上弁内面の斑点は非常に濃い。

1265. ツツジ‘ミヨノサカエ’ 〔ツツジ属〕
Rhododendron × *pulchrum* Sweet‘Miyonosakae’

【系統】昭和9年頃，久留米市の赤司広楽園においてオオムラサキ系の枝変わり品種‘シロタエ（白妙）’，にアザレアの‘オウカン（王冠）’を交配して作出された品種で，昭和32年に農産種苗法による名称登録品種として登録された。【分布】露地植えは本州の南関東より西の地方に限られる。寒さに対する強さはオオムラサキよりはだいぶ弱く，平戸島産のヒラドツツジよりは強い。【自然環境】日あたりのよい庭園に適する。【用途】庭園用，鉢植え用。【形態】ヒラドツツジに類するが，樹勢は横張形で，枝の生長はよく，美しい樹形を形成する。葉は倒披針形で，少し光沢がある。花は花径10cm以上もある巨大輪の一重咲，花弁は丸く，大きな波打弁である。花色はやわらかい紅桃色で上弁に大きな鮮黄緑色の斑点があり，その周辺が白色に近いぼかしの淡色となる。花つきも良好で，満開となると株全体が花でおおわれ，その姿は見事である。花弁も厚く，花もちがよいので，開花期も長い。たいへん優れたツツジであるが，もう少し耐寒性が強ければ申し分ない。この点が弱点である。【近似種】‘ミズノヤマブキ（水の山吹）’はクルメツツジの園芸品種で，二重の帯黄白花である。‘スソゴノイト（裾濃の糸）’は一重小輪の濃紅紫色花。

1266. ツツジ‘アケボノ’（タカネシボリ）〔ツツジ属〕
Rhododendron × *pulchrum* Sweet‘Akebono’

【系統】オオムラサキの枝変わりとして発生した。【分布】【自然環境】【用途】のほか根葉の形態などすべてオオムラサキに準ずる。【形態】オオムラサキと違うのは花色だけ。オオムラサキの枝変わりのため，ヒラドツツジの同系統色の品種に比較して，耐寒性，生育などすべての性質が強健で，利用価値のたいへん高い良品である。花色は淡桃色で，弁縁は白のぼかしになり，上弁内面に濃紅紫色の斑点がある。この花もオオムラサキがそうであるように，関東にあるものと九州のものとには違いがあり，九州のアケボノは葉が厚く，花もより大輪である。花径は関東のものは7～8cm，九州産は8～9cm。おそらくそれぞれ別の系統のオオムラサキから枝変わりしたものであろう。とにかく丈夫で，花色の美しい品種であるため，もっと大いに植栽利用されてよいと考える。近似品種としてヒラドツツジの桃色系統の茶色のものを以下に掲げたが，耐寒性が弱いため植栽地域が暖地に限定されるという難点があり，アケボノのほうがはるかに利用価値が高い。【近似種】‘ヘイワノヒカリ（平和の光）’は紅桃色の広幅弁大輪，上弁の斑は濃赤色，紫色のぼかし入り。欠点は日焼けするので，午後の日のあたらない所に植える。‘フナイムスメ（府内娘）’は豊後ツツジの新品種，桃色，花径6cmほどの小輪，樹勢は立性，ヒラドツツジより耐寒性強い。

自然樹形
‘シロタエ’

‘シロタエ’　花枝

‘ハクラクテン’　‘ハクオウ’

1267. ツツジ‘シロタエ’　〔ツツジ属〕

Rhododendron × *pulchrum* Sweet ‘Shirotae’

【系統】オオムラサキの系統の枝変わり。**【原産地】【分布】【自然環境】【用途】【植栽】**などすべてオオムラサキの項を参照。**【形態】**花色以外は全くオオムラサキと同様であり，花色だけが白花である点が異なる。この品種は‘アケボノ（曙）’，の枝変わりとしてできたもので，丈夫で美しいため広く利用され，庭園に植栽されるほか，促成切花としても利用されている。‘アケボノ’の項で述べたとおり，この品種も，関東のものと九州のものとは違いがあり，九州のものは大柄で，花弁も厚く，大輪である。ヒラドツツジの白花種と比べると，花そのものは若干小さいものの，性質強健であり，また‘ミネノマツカゼ（峰の松風）’と比較すると，枝が太く，葉もつやがあり，りっぱなので，そう寒くない関東での庭園用大形常緑ツツジとしてこの品種にまさるものはない。**【近似種】**‘ハクラクテン（白楽天）’は平戸島産の白花種。花色は純白，大波打ちの細弁で開張のよい大輪，上弁内面に淡緑色の斑点が入る。多花性で，花形もよく，花期は中生，葉は長楕円形で，大形の濃緑色，やや光沢がある。耐寒性は強くない。‘ハクオウ（白王）’は純白色大波打ちの細弁，淡黄色の斑が上弁内面に入る。大輪。葉は長楕円状披針形，樹勢は強く，よくのびる。花つきもよく4月下旬に開花，やはり耐寒性は弱い。

人工樹形
‘モモヤマ’

‘ユウコウ’　‘オトヒメ’　‘ヒラン’

1268. ツツジ‘モモヤマ’　〔ツツジ属〕

Rhododendron × *pulchrum* Sweet ‘Momoyama’

【系統】ヒラドツツジの園芸品種。**【形態】**樹勢は強くないが，若枝の伸長は非常によく，放任すると若苗は徒長して花つきが悪くなる。せん定して，しめて栽培すると，樹形も整い花つきがよくなる。葉は披針形，光沢は少なく，淡緑色の中葉。花はやや波打ちのある広弁の大輪，花色は濃い色彩の品種の多いヒラドツツジには珍しい色彩の鮮桃色で，美しく，庭園の配色上欠かせない貴重な品種になっている。上弁内面の濃赤色の斑点も少なく，非常に明るいすばらしい花である。雄しべはやや短く，花粉はない。鉢物としても新緑の中から鮮明な桃色の蕾が上がり，配色がよく，また蛍光灯下の花色もよく，室内観賞にも適する。さらに耐寒性も比較的強く，関東中部あたりでも戸外で支障なく生育を続けるほどである。**【近似種】**‘ユウコウ（雄香）’は花径11cm，長弁，大波打ち平咲の巨大輪，花色は淡桃色，上弁とその両側の花弁に濃赤色の斑点が鮮明に入る。樹勢は強く，生育旺盛な上伸性品種で，耐寒性は強くない。‘オトヒメ（乙姫）’は中小輪の淡い桃色で，雄しべは退化し花粉もない。葉や若枝には細毛を生じ，樹勢はあまり強くないが，枝がよく出るので自然によい樹冠となり，耐寒性はあまり強くない。‘ヒラン（飛鸞）’は径12cmもある巨大輪で，わずかに紫を帯びる桃色花を咲かせる。

‘モモヤマ’　花枝

1269. キリシマツツジ 〔ツツジ属〕

Rhododendron × *obtusum* (Lindl.) Planch.

【分布】自生地は不明。【自然環境】江戸初期，薩摩から出た園芸品種で植栽される常緑低木。【用途】公園樹，庭園樹。【形態】幹は高さ 60〜90cm，ときに 1.5〜2m になる。枝はよく分枝して茂る。葉は互生し，枝先に輪状につく。倒卵形で長さ 1.5〜2.5cm，幅 0.8〜1.5cm，鈍頭で両面や縁に伏毛がある。一般に春葉は大きく先はとがり，夏葉は鈍頭で越冬する。開花は 3〜5 月，サツキより早い。前年枝に頂生する混芽から，春葉より早くまたは同時に，2〜3 個の朱赤色の花をつける。花柄は長さ約 0.5cm，がくとともに剛毛が密生する。花冠は漏斗状で深く 5 裂し，径 3〜4cm，上部内面に濃色の斑点がある。雄しべは 5 個，花冠より短く，花糸の下半部は有毛。花柱は花冠よりとび出し無毛。【近似種】白花品をシロキリシマ，紅紫色花をムラサキキリシマ，紫色花をハツキリシマ，二重咲品をヤエキリシマ，がくが不完全に花弁化したものをコシミノと呼ぶ。【学名】種形容語 *obtusum* は鈍形の，の意味。和名キリシマツツジは九州霧島山にちなむ。初出は日本最古の園芸書『花壇綱目』(1681)。キリシマツツジの野生種についてはミヤマキリシマ×ヤマツツジ説，ヤマツツジ説，があるが最近ではサタツツジ説がある。

‘ホンキリシマ’

‘ベニキリシマ’

1270. ツツジ ‘ヒノデキリシマ’ （ヒノデ） 〔ツツジ属〕

Rhododendron × *obtusum* (Lindl.) Planch. ‘Hinodekirishima’

【系統】クルメツツジの園芸品種。【分布】江戸時代に大久保（東京）で育成された。きわめて強健で耐寒性も強く，広く日本全国に植栽されている。【自然環境】日あたりのよい庭園に植栽するのに適する落葉低木。【用途】庭園用，鉢物用に向く。【形態】キリシマツツジの系統に属するが，形態的にはクルメツツジに似て，横張り形の樹形を形成する。分枝が多く，葉は楕円形で先が丸く光沢がある。冬には暗紅色に紅葉して美しい。枝が密であるため鉢植え用として需要が多い。花色は帯紫鮮紅色で一重咲，花弁が厚い。【特性】耐寒性がとくに強く，きわめて強健なため，用途が広く，大量に生産され，かつて大正年間には大量輸出されたことがある。この品種は嘉永年間（1848〜1853），江戸大久保の日の出園（園主山本道綱）のサツキ畑に生じた自然実生から育成され，当初は「山本実生」と呼ばれたが，のちに園名をとり‘ヒノデキリシマ’と呼ばれるようになった。【近似種】エドキリシマには多くの品種があるが，その代表的なものに‘ホンキリシマ（本霧島）’がある。緋色の一重咲，樹形は立性である。‘ベニキリシマ（紅霧島）’は紅色の一重咲，この品種も立性である。キリシマツツジはその特徴としてクルメツツジより耐寒性がさらに強く，そのため日本全土，北海道にまで植栽されている。

1271. ツツジ **‘クレノユキ’** 〔ツツジ属〕

Rhododendron × *obtusum* (Lindl.) Planch. ‘Kurenoyuki’

【系統】クルメツツジの園芸品種。クルメツツジ ‘Sakamotoi’ は天保年間（1830〜1843）に久留米藩士坂本元蔵によって創作されたもので，以来久留米地方で品種改良が進められた。作出品種700，現存する品種300。形質はサタツツジに近い。**【分布】**クルメツツジはキリシマツツジより耐寒性が弱く植栽は本州の東北地方南部以南，寒い地方では露地植えの無理なものが多い。**【用途】**鉢植えおよび庭園用。**【形態】**‘クレノユキ’ は坂本時代に作られた品種で，大輪二重咲，花色は白色，花弁は細く尖端がややとがりぎみとなる。外弁が大きくフリルがある。雄しべは5〜6本，上弁内面に黄緑色の斑がある。葉は丸みのある楕円形，樹形はやや上伸ぎみとなる。花期は早咲。**【特性】**クルメツツジは樹勢強く，樹形および葉形もよく，光沢があり上品なため，鉢植え，庭植えともによく，花色も豊富，世界的に人気が高く広く植栽されている。**【近似種】**‘タゴノウラ（田子の浦）’ は二重咲の白花，雄しべは10本，外弁が内弁より小さく，時として弁化が不完全となることがある。花弁にはフリルがあり，花弁中央の中すじにそって溝があり，樹形は上伸性。‘マツノユキ（松の雪）’ は大輪一重咲，丸弁で切れ込みが深く，フリルが大きく花弁全体が波打つ。葯は茶色で目立つ。上弁の斑は黄緑色，花期は中期。

花枝　‘クレノユキ’

‘ダイキリン’　‘ベニキリン’

1272. ツツジ **‘キリン’** 〔ツツジ属〕

Rhododendron × *obtusum* (Lindl.) Planch. ‘Kirin’

【系統】クルメツツジの園芸品種。**【分布】**本州の東北地方南部以南。寒い地方では露地栽培はできない。**【自然環境】【用途】**‘クレノユキ’ に準ずる。**【形態】**枝は中ぐらいの太さ，樹形は立性で，樹勢は強健，葉はやや長い楕円形で厚く，光沢があり，葉脈がはっきりしているが，やや小形のほうに属する。花は中輪の二重咲，花色はサーモンがかった桃色で，花心部が濃色になる。花形は鐘状で蕾咲となる。外弁と内弁の間はやや離れぎみとなる，雌しべの先が丸くならず切れたような形をしているのも，この品種の特徴である。非常に丈夫な品種なので，広範囲に植栽され，庭園や街路にたくさん植込まれている。花期は早咲の部類に入る。**【特性】**樹勢強健，かつ色彩鮮明なのが特色。利用価値の高い品種である。桃色のクルメツツジの代表品種であるが，育成は古く坂本時代であり，坂本元蔵自身の作品に属する。**【近似種】**‘ダイキリン（大麒麟）’ はキリンによく似た花形の中輪二重咲品種，花色はキリンより濃い桃色で平開咲である。丸形のよい花形をしている。葉は舟底形で光沢あり，花期は早咲性。‘ベニキリン（紅麒麟）’ は中輪の二重咲，濃い紅桃色で，花形はキリンに近いもの。樹形は横開性で，花期は早咲。

花枝　‘キリン’

‘シントコナツ’　‘トコハル’

1273. ツツジ ‘トコナツ’ 〔ツツジ属〕
Rhododendron × *obtusum* (Lindl.) Planch.
‘Tokonatsu’

【系統】クルメツツジの園芸品種。**【形態】**枝は中位の太さ，分枝が多く密生するが，ややのびやすい傾向がある。樹形はやや横開ぎみ。樹勢は強健である。葉は中形で平形，毛は少なく光沢がある。花は中輪，花筒の細い一重咲で，花色は白色の地に濃紅紫色の斑が入る。絞りははっきりしているが，枝変わりで白花や赤花が出やすく安定していない。上弁内側はほとんど目立たない。花弁は細長弁で，その両端が下に巻くのでさらに細く見える。花弁にはまたフリルとしわがある。雄しべは短く，また雌しべは長く突出する。花期は早咲，絞りの花の代表的品種である。**【用途】**横開性の樹形をつくるので庭園用としてよく，また盆栽としても利用が多い。**【近似種】**‘シントコナツ（新常夏）’は大輪一重咲，長弁で切れ込みが深く，花弁が楕円形に近い形となる。花色は濃桃色の絞りで，絞りは安定しており，地色や白花の出る割合は少ない。雄しべはごく淡い桃色で，花弁と同長であるが，雌しべは白く，長く突出する。花弁，雄しべが軟弱なのが欠点であるが絞りが安定しているので栽培が多い。‘トコハル（常春）’は枝は中ぐらいの太さで，樹形は立性，葉は舟底形で，光沢強く，花は大輪二重咲，やや蕾咲で下垂して咲く。外弁が少なく，重なりも密ではないので花形はよくないが，花色は白色に紅紫色の絞りで安定している。

‘ゴセイコン’

‘アゲマキ’

1274. ツツジ ‘イマショウジョウ’ 〔ツツジ属〕
Rhododendron × *obtusum* (Lindl.) Planch.
‘Imashōjō’

【系統】クルメツツジの園芸品種。**【形態】**枝の太さは中位か，やや細めで，樹形は横広がりの張開形だが，その伸長はきわめて遅く，小枝が密生しこんもりとした樹形を形成する。葉は小形の丸葉で，光沢がある。小輪の二重咲で，外弁は内弁より短く，内外弁の重なりはよく，よくしまった花形で，花色は紫色を帯びた濃紅色，上弁内面の斑は同色なのではっきりしないが，花心部が濃く見える。雄しべは濃紅色で突出し，雌しべは雄しべよりやや長めで葯は濃紫褐色を呈する。**【用途】**早咲で，生長が遅いので盆栽に最適，庭園用にもよく使われる。**【特性】**明治中期に育成された比較的新しい品種である。**【近似種】**‘アゲマキ（総角）’は，中輪の一重咲，花弁の幅が広く，肩の張った丸弁であり，角張った花形で花弁の縁にしわがあり，やや波打つ。花色は濃紅紫色で，雌しべの色は雄しべより濃く，雄しべ，雌しべともに長く突出する。葯の色は紫色を帯びた褐色で，葉は厚く丸形で光沢があり枝は中ぐらいの太さで，樹形は横広がり，花期は早咲き。‘ゴセイコン（御成婚）’は樹勢は強く，立性の樹形を形成し，花は大形，花色は濃紫紅色の二重咲，中輪の品種。品種名は皇太子殿下の御成婚にちなんで命名されたもので，最近になって育成された品種である。

1275. ツツジ ‘スエツムハナ’ 〔ツツジ属〕
Rhododendron × *obtusum* (Lindl.) Planch. ‘Suetsumuhana’

【系統】クルメツツジの園芸品種。**【形態】**枝は細く密生し，のびにくく，株立ち状。葉は小形で丸みを帯び，光沢がある。花は小輪の一重咲，花弁の切れ込みが深く，花筒が短く，平開した花形となる。花色は濃紅紫色，雄しべは短く，直線的に出る。雌しべは雄しべよりかなり長く，先端の曲がりが少なく，直線的に突出する。この品種は生長が遅く，樹勢が弱いので盆栽向きの品種である。花期は早咲である。**【植栽】**クルメツツジ独特の仕立て方である傘作り方式の鉢作りは，久留米地方独特のもので，長くのびた一本立ちの徒長枝を利用してスタンダード仕立てのように作られる。この仕立てには技術と年数を要するため，近年はほとんど作られなくなったが，たいへん姿のよいものである。作り方は，まずさし木から 3〜4 年をかけて，下枝を切って 1 本立ち長さ 30cm 程度の直幹木を養成する。ここで割竹をタコ糸でしばりつけて輪形にし，輪台を作る。この輪台に十文字に竹を渡し，中央で結び，これを材料の幹頂にかぶせ，枝を四方に振り分け輪台に結びつける。あとは竹輪から周囲にはみ出る枝を切り，整枝を続け，枝の混んだ樹冠を仕立てていく。**【近似種】**‘コツボ’ は小輪一重，濃い紅紫色。‘スソゴノイト’ は小輪一重，細弁で紫色の濃いもの。ときに盆栽向き。

‘ハルノサト’

1276. ツツジ ‘ミヤギノ’ 〔ツツジ属〕
Rhododendron × *obtusum* (Lindl.) Planch. ‘Miyagino’

【系統】クルメツツジの園芸品種。**【形態】**枝は細く，分枝が多く密生し，横開き形となり，形のよい樹冠を形成する。葉は丸味があり，光沢が強い照葉。花は中輪の二重咲で，花筒が短く花弁は細長いが，外弁が大きく重なりが密であるため，丸弁のように見える。平開咲で，子房が正面からよく見える。花色は濃桃色で花心は白くぬけている。雌しべ，雄しべともに淡桃色で，花弁より少し長めで散開する。また雌しべは雄しべより色が濃く，やや長めである。庭園向きの品種で，花期は早咲である。**【近似種】**‘クライノヒモ（位の紐）’ は大輪，二重咲，弁先の丸い長弁で弁幅が広く，内外弁の重なりが密で，丸い感じの花形である。花弁にフリルがあり，花弁両側が裏面に反巻する。花色は濃紅紫色で，上弁の斑は褐色がかった紅紫色で，大きいがあまり目立たない。雌しべ，雄しべは紅紫色で，花弁と同じくらいの長さで散開している。葉は丸みがあり，光沢は少ない。枝は太く，樹形は横開性，花期は中期咲である。‘ハルノサト（春の里）’ は中輪，二重咲，花色は濃い桃色で，とくに花心部が濃い，上弁内面の斑は濃紫紅色で，少なめ，幅広い三角形の花弁で蕾咲となる。外弁が大きく，内外弁は密に重なり，花弁には大きなフリルがある。

'エゾニシキ'　'コチョウノマイ'

盆栽樹形
'テンニョノマイ'
'テンニョノマイ'
花枝

1277. ツツジ 'テンニョノマイ' 〔ツツジ属〕

Rhododendron × *obtusum* (Lindl.) Planch.
'Tennyono-mai'

【系統】クルメツツジの園芸品種。【形態】樹形はやや上伸性で，枝は中ぐらいの太さ。葉は平形で，表面の光沢は強い。花は，整った花形の中輪，一重咲。花色は濃い桃色で，弁先から中心に向かってしだいに淡くなり，花心は白くぬける。ブロッチはやや濃い。雌しべ，雄しべは先端がやや湾曲する。本種は早咲。【管理】ツツジをたくさん植えていると，よく葉が黄色くなり，元気のなくなることがある。これは葉の鉄分不足による変色で，根に障害があり，鉄分の吸収ができなくなったものである。この現象を起こす原因はいろいろあるので，キレート鉄投与による応急措置をした上で，よくその根本原因を調べ，抜本的な措置をすることが必要である。考えられる原因にはだいたい次のようなものがある。土中の pH 値が高くなり，アルカリ性になり吸収できなくなったもの。同じく土中のカルシウム含有量が多いため。害虫に根を食害され，根が機能障害を起こしたため。根にネマトーダが寄生し障害を起こしたため。過湿により，根に障害が起こったためなどである。【近似種】'エゾニシキ（蝦夷錦）'は白地に淡紅色の絞が入る。'コチョウノマイ（小蝶の舞）'は紅紫色。どちらも二重咲の花である。

'ゼッカ'

'ギョウザンニシキ'

人工樹形
花枝
'ギョウザン'

1278. アザレア 'ギョウザン' 〔ツツジ属〕

Rhododendron 'Gyōzan'

【系統】日本では，単にアザレアと呼んでいるが，このツツジは，19 世紀頃からヨーロッパ，主としてベルギー，オランダ，英国などで中国の *R. smsii* などを親に交配育成されたもので，温室鉢花として育種されたものである。現在，新潟などで大量に栽培され，鉢花として出回っている。【自然環境】十分な日照と暖かい環境の下での栽培がよいが，耐寒性が若干弱いほかは，他のツツジと変わらない。【用途】もっぱら鉢花として使われているが，暖地では成木は庭植えしてもよく育ち，ヒラドツツジの弱い品種よりは耐寒性もむしろ強いほうである。【形態】枝は中ぐらいの太さで，伸長も悪いほうではない。鉢物として育てるため，せん定が必要である。葉は楕円形で，照り葉，花はよく平開する巨大輪（花径約 10cm）の八重咲，花色はサーモンピンクである。【管理】他の常緑ツツジと同様であるが，鉢植えとして育てるため，夏の高温期のグンバイムシやハダニの防除にはとくに十分な注意を払い，浸透移行性の殺虫剤をこまめに散布するよう心がけたい。【近似種】'ギョウザンノヒカリ（暁山の光）'は'ギョウザン'の枝変わり，白地に紅色の吹掛けおよび堅絞りの八重咲。'ギョウザンニシキ（暁山錦）'は桃色地に紅色の吹掛絞のある八重咲大輪，'ゼッカ（絶佳）'は帯紫桃色で，八重咲大輪。

1279. アザレア ‘ハマノヨソオイ’ 〔ツツジ属〕

Rhododendron ‘Hamanoyosooi’

【系統】ベルジウムアザレアに属する園芸品種で，【特性】その他は‘ギョウザン’に準ずるが，この品種は輸入された外国品種ではなく，第二次大戦前に日本で育成されたものである。作者は不詳であるが，両親のいずれかが‘オウカン（王冠）’と考えられている。【形態】枝は中ぐらいの太さであるが伸長はよく，樹形はやや立性となる。花は厚い平弁で巨大輪八重咲，花色はわずかに紫色を帯びる淡紅色で，花弁の場所によって濃淡があり，底曙白で，花形は整っており，国産アザレア中の傑作である。【近似種】‘ハツゲショウ（初化粧）’は‘ハマノヨソオイ’と同じような平弁咲，花色は鮮やかなサーモンピンクに上弁には緑色の斑が入る，底白の八重早咲。‘ハマノヨソオイ’に似るが，やや濃色である。性質はやや弱い。‘ウタゲ（宴）’は野口寅雄育成の国産品種。花期は中生，花色は藤色がかるピンク色で丸弁。花弁はよく開張する。【管理】鉢花としてアザレアは晩秋の頃から出回るが，その促成手法は，まず花後できるだけ早い時期に浅くピンチをして，倒枝の発生を促し，さらに花芽形成を促すため，生長抑制物質のB－9の散布，またはシェードカルチャーによる短日処理を行い，早期に花芽分化をすませる。その上で次に，電照による長日処理，またはジベレリン散布により休眠を打破し，開花を促進する方法が行われている。

1280. アザレア ‘オウカン’ 〔ツツジ属〕

Rhododendron ‘Ōkan’

【系統】白地に赤覆輪のベルジウムアザレアの元祖ともいうべき品種。古くからたいへん人気のあった品種。忘れられずにお目にかかれるなつかしい花であり，今見ても相変わらず美しいと思える古典的な人気品種。【形態】花は白地に濃いピンクの覆輪と絞りが入り，八重咲の大輪で美しく，‘オウカン’という名にふさわしい銘花である。花期は中生である。昔からよく交配に使われるが，稔性はあまりよくなく，なかなか種子が得られない。【管理】他の常緑ツツジと同様であるが，鉢植えとして育てるため，夏の高温期のグンバイムシやハダニの防除にはとくに十分な注意を払い，浸透移行性の殺虫剤をこまめに散布するよう心がけたい。【近似種】最近は国産新花にまで，同じような花が次々と現れ，しかも新品種として種苗登録まで済ませている。‘ハルノヒビキ（春の響）’は白地にピンクの覆輪が鮮やかな巨大輪花で，花つき，花もちのよいのがこの品種の特性。農林種苗登録第 451 号。‘ユウバエ（夕映）’は‘オウカン’の枝変わりでできた他の色彩の花。紅色地に濃い紅の刷毛目絞り，細い糸覆輪がある。中生咲でそのほかの性質は‘オウカン’と同じである。帯紫桃白色に白覆輪の八重咲‘タマダレニシキ（玉垂錦）’や白地に桃色の吹掛絞の入った八重咲の‘フウキニシキ（富貴錦）’などがある。

1281. アザレア‘ジブラルタル’ 〔ツツジ属〕

Rhododendron ‘Gibraltar’

【系統】エクスバレー・アザレアの園芸品種。【形態】‘ジブラルタル’は朱赤系の代表的品種。赤みを帯びた輝かしいオレンジの大輪の花を 12～18 個ボール状に枝先いっぱいにつけた満開時の姿は豪華である。個々の花についても，花弁は豊かに波打ち，美しいフリルがある見事な花である。蕾も濃いオレンジ赤で蕾のうちから見事である。【管理】エクスバレー・アザレアは日本のレンゲツツジと同じグループのツツジの改良種であるが，栽培上はレンゲツツジとほぼ同様と考えてよい。耐寒性はかなり強く北海道でも栽培可能。植栽用土は弱酸性で，有機質の多い膨軟なものを好むが，多少粘質の土で，十分にかん水したほうが生育良好である。日照を十分にすると花つきが良好となるが，夏の午後の日ざしは避け，また根ぎわに夏の直射日光をあてない工夫が必要である。【近似種】‘ブラジル Brazil’も美しい波状弁のタンジェリンレッドの花で，1 花冠の花数も非常に多く，見事なボール状の花房を形成する。1934 年作出。庭植え用としてたいへん見ごたえのある品種である。‘ホワイトスワン White Swan’は白色の巨大輪で，上弁に黄色のブロッチが入り波状。他の 4 弁は中央に溝のある白色弁。また，濃赤色で花弁が剣状の‘ジェイ・ジェニングス’はクルメツツジに似た中輪花をつける。

1282. バイカツツジ 〔ツツジ属〕

Rhododendron semibarbatum Maxim.

【分布】北海道（渡島半島），本州，四国，九州に分布。【自然環境】各地の低山帯に自生する落葉低木。【形態】幹は高さ 1～2m でよく分枝する。若枝には白色の短毛と腺毛がある。葉は枝先に集まり，風車のように見える。葉身は楕円形で長さ 3～5cm，幅 1.5～2.5cm，先はとがり，基部は円形で，長さ 0.5～1cm の葉柄をもつ。縁には細かな鋸歯がある。表面は緑色で光沢があり，ときに青みを帯びる。中肋上に白い短毛がある。裏面中肋上には葉柄とともに白色短毛と腺毛を散生する。開花は 6～7 月，前年枝の先の花芽から 1 個ずつ，数個が集まって横向きに咲き，まるで葉の下に隠れているように見える。花柄は 0.5～1cm で白色短毛と腺毛がはえ，基部には早落性の芽鱗がある。がくは小形で 5 突起があり，縁に腺毛がある。花冠は漏斗状で深く 5 裂し，裂片は広楕円形で平開する。径約 2cm。白色で内面上半部に紅紫色の斑点があり，基部に短軟毛がある。雄しべは 5 個，上方の 2 個は短く，花糸に白色短毛が密生し，役に立たない。下方の 3 個は長く開出し，先端は内側に曲がる。花柱は無毛。子房は有毛。さく果は球形で径約 0.5cm，5 裂し，花柱は残存する。【学名】種形容語 *semibarbatum* はやや粗毛のあるという意味。和名バイカツツジは花形がウメの花に似ていることによる。

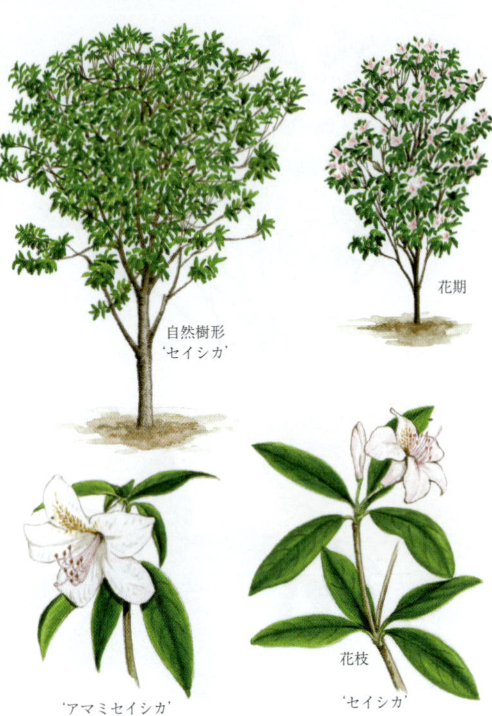

1283. セイシカ（タイトンシャクナゲ）　〔ツツジ属〕
Rhododendron latoucheae Franch.

【分布】沖縄県の奄美大島や石垣島，西表島，台湾，中国に分布する。【自然環境】谷ぞいの広葉樹林の林縁部に自生する常緑低木または小高木。【用途】ときに観賞用として庭園に植栽される。【形態】幹は高さ 2～4m，ときに 7～8m に達することもあり，幹の直径も 20cm になることがある。枝は淡褐色で初めから無毛。葉は互生し，枝の先に車輪状に集まってつき，葉身は長楕円形で両端はとがり，長さ 5～12cm，幅 2～4.5cm，葉質は厚く，無毛でやや光沢があり，脈は表面でへこみ，裏面も緑色。開花は 4～5 月，枝の先に 1～2 個の花をつける。花柄は約 2cm，がくは小形で皿状，浅く 5 裂する。花冠は漏斗状で先は深く 5 裂し，径約 6cm，淡紅色か淡紅白色で，上部の内面に濃色の斑点がある。雄しべは 10 個，雌しべは 1 個，花糸，花柱ともに無毛。子房にも毛はない。さく果は細長く，長さ約 3cm で毛はない。【近似種】奄美大島には，花がやや小さく，花柱に毛があり，葉の先が著しくとがるものがあり，アマミセイシカ var. *amamiense* (Ohwi) T.Yamaz. という。セイシカは，他のシャクナゲ類とは系統がちがって，東南アジアを中心として分布するスタミニウム Staminium 系にふくまれる。【学名】和名セイシカは聖紫花で，その名のごとく上品な美しさをもっている。

1284. キバナシャクナゲ　〔ツツジ属〕
Rhododendron aureum Georgi

【分布】北海道，本州中部以北，朝鮮半島北部，東部シベリア，千島，サハリン，カムチャツカなどに分布する。【自然環境】高山や寒地にはえる常緑低木。【形態】幹は地上をはい，枝は立ち上がり密生する。若枝は赤褐色で，数年を経た黒褐色の芽鱗を残存する。葉は枝先に集まり互生し，葉身は長楕円形で長さ 3～5cm，全縁，円頭，基部はくさび形。表面は小脈にそってへこみ，小じわをつくる。下面は網脈が著しい。葉質は厚い革質。葉柄は長さ 0.6～1.2cm。開花は 6～7 月，枝先の花芽から 4～7 個の花をつける。花芽を包む芽鱗は長年残留し，花柄は長さ 2～4.5cm で褐色の軟毛を密布し，がくは小形皿状で 5 波があり有毛。花冠は広い漏斗状で先端は 5 裂し，平開する。径 2.5～3.5cm。花色は淡黄色で内面上方に斑点と毛を散生する。雄しべ 10 個，花糸の先は上に曲がる。子房には褐色毛が密生する。さく果は長楕円形で，長さ 1～1.5cm，褐色毛がはえる。【近似種】八重咲品をヤエキバナシャクナゲ f. *senanense* (Y.Yabe) H.Hara という。高山に稀産する。キバナシャクナゲとハクサンシャクナゲとの間種をニッコウキバナシャクナゲ（ナンタイシャクナゲ，アサギシャクナゲ）*R.* × *nikomontanum* (Komatsu) Nakai という。【学名】種形容語 *aureum* は黄金色の意味。

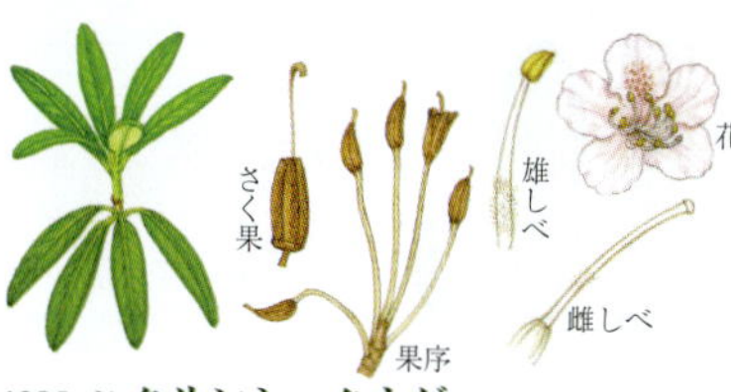

1285. ハクサンシャクナゲ

（ウスキハクサンシャクナゲ，ケナシハクサンシャクナゲ）

〔ツツジ属〕

Rhododendron brachycarpum D.Don ex G.Don

【分布】北海道，本州中・北部に分布する。日本特産種。【自然環境】亜高山から高山の針葉樹林帯からハイマツ帯に自生する常緑低木。【形態】高さ1〜3mでよく分枝する。若枝は通常無毛，ときに褐色軟毛を散生する。葉は枝先に輪状につき，狭い長楕円形で鈍頭，基部は丸いか浅い心臓形。縁は全縁で裏側に巻く。上面は深緑色で無毛。下面は淡緑色で無毛。長さ6〜15cm，幅2〜5cm。葉柄は長さ1〜1.5cm。開花は7〜8月，枝端の頂芽から5〜15個の花をつける。花柄は長さ2〜2.5cmで褐色軟毛がある。芽鱗や苞は早落性。がくはごく小形。花冠は漏斗状で先は5裂し，白色または淡紅色で内面に淡緑色の斑点がある。径3〜4cm。雄しべは10個で花冠とほぼ同長，花糸の下半部に白毛がある。花柱は雄しべよりやや短く無毛。さく果は短円柱形で長さ1〜1.7cm，幅0.5〜0.6cm。【近似種】雄しべが弁化した八重咲品をネモトシャクナゲ（ヤエハクサンシャクナゲ）f. *nemotoanum* (Makino) Murataと呼ぶ。和名，品種名とも根本莞爾の名を記念してつけたものである。ウラゲハクサンシャクナゲ（シロバナシャクナゲ，エゾシャクナゲ）f. *brachycarpum* は葉裏に淡褐色の微毛が密着する。ハクサンシャクナゲとしばしば混生する。【学名】種形容語 *brachycarpum* は短果の意味。和名ハクサンシャクナゲは石川県白山にちなむ。

1286. ツクシシャクナゲ

〔ツツジ属〕

Rhododendron japonoheptamerum Kitam. var. *japonoheptamerum*

【分布】本州の中部以西，四国，九州に分布。日本特産種。【自然環境】1000m以上の山地に自生する常緑低木。【用途】庭園樹。【形態】高さ4mに達し，多く分枝する。樹皮は褐色。若枝に褐色長綿毛がある。葉は枝先に車輪状に互生し，倒披針形で基部は鋭いくさび形。上面は深緑色で光沢があり，革質，全縁，下面に褐色長綿毛が厚く密生する。長さ8〜20cm，幅3〜5cm，葉柄は長さ1〜2cm。開花は5〜6月，前年枝の頂芽に多数の淡紅色花をつける。芽鱗や苞は早落性。花柄は長さ2〜5cm，がくは小形皿状。花冠は広い漏斗状で径4〜5cm，先は7裂する。雄しべは14個，花冠より短く，花糸の下半部に白毛を散生する。花柱は長く無毛。子房は褐色毛を密布する。さく果は卵状円柱形で長さ1.5〜2.5cm，褐色毛を密生する。【特性】腐植質に富み，排水性，保水性良好の土壌を好む。まれに石灰岩地に自生する。【植栽】移植適期は3〜5月。繁殖は実生とさし木による。漢字名の石南花は漢名の誤用。真の石南（石楠）は中国原産のオオカナメモチ（バラ科）である。【学名】属名 *Rhododendron* は rhodon（ばら）と dendron（樹木）の合成語で，古くはセイヨウキョウチクトウに用いた語。

1287. ホンシャクナゲ（シャクナゲ）〔ツツジ属〕
Rhododendron japonoheptamerum Kitam. var. *hondoense* (Nakai) Kitam.

【分布】本州（愛知県，長野県，富山県以西），四国に分布，近畿地方に多い。日本特産種。【自然環境】低山帯にはえる常緑低木。【用途】庭園樹。古くから寺院境内などに植栽され，和歌山県高野山，奈良県室生寺など花の名所も多い。【形態】高さ 4m に達し，よく分枝する。若枝は灰白色の毛を密生する。葉は互生し，枝先に車輪状につき，倒披針形で全縁，基部はくさび形で，革質，上面は深緑色で光沢があり，下面は淡褐色の毛が密生するが，ツクシシャクナゲほど厚くない。長さ 10〜15cm。葉柄は長さ 2〜2.5cm で灰白色の毛を密生する。開花は 4〜5 月，前年枝の頂芽から多数の淡紅色または紅紫色の花をつける。花柄は長さ 2〜5cm，褐色軟毛を密生し，がくは小形で皿状。花冠は広い漏斗状で先は 7 裂し，径 5cm 内外。雄しべは 14 個，花糸の下半部に粒状の白毛がある。花柱は雄しべより長く上方へ曲がり，果時にも残る。子房は褐色毛を密生する。さく果は卵状円柱形で長さ 1.4〜2cm。【特性】弱酸性で腐植質に富み，排水性，保水性のある土壌を好む。【植栽】植栽適期は 3〜5 月。繁殖は実生（3〜4 月），さし木（8〜10 月）による。【管理】施肥は冬期および花後に施す。【近似種】隠岐諸島には葉が短小となったオキシャクナゲ var. *okiense* T.Yamaz. が自生する。【学名】変種名 *hondoense* は日本本土産の，の意味。

1288. アズマシャクナゲ（シャクナゲ）〔ツツジ属〕
Rhododendron degronianum Carrière

【分布】本州の宮城，山形県以南，関東，甲信，静岡県にかけて分布。日本特産種。【自然環境】深山の林下にはえる常緑低木。【用途】庭園樹，鉢物。【形態】高さ 2〜3m，枝は太く曲がりくねる。若枝は灰褐色軟毛を密生する。葉は枝先に車輪状につき，倒披針形または狭長楕円形で鈍頭，基部は広いくさび形で全縁，革質。表面は深緑色で光沢があり，下面は灰褐色の軟毛が厚く密着する。長さ 8〜15cm，幅 3〜5cm。葉柄は長さ約 2cm。開花は 5〜6 月，枝先の頂芽から多数の淡紅色花をつける。花柄は長さ 2〜3cm で褐色毛を密生する。がくは小形で皿状。花冠は広い漏斗状で先は 5 裂し平開する。径 3〜4cm。雄しべは 10 個，花冠より短く，花糸の下半部は有毛。花柱は雄しべより長く無毛。子房は有毛。さく果は円柱形で長さ 1〜1.8cm，褐色毛を密生する。【特性】腐植質に富み，排水，保水性のよい土を好む。【植栽】適期は 3〜5 月。繁殖は実生とさし木による。【管理】肥料は冬期および花後に施す。【近似種】静岡県には花径 6〜7cm の大輪の花をつけるアマギシャクナゲ var. *amagianum* (T.Yamaz.) T.Yamaz. が自生する。アズマシャクナゲに似て葉裏の綿毛が少なく，花冠は 5 裂（6 裂）する。【学名】種形容語 *degronianum* は園芸家デグロンの，の意味。

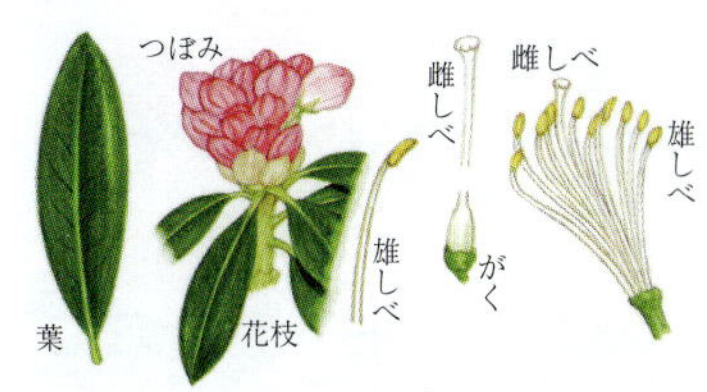

自然樹形

1289. ヤクシマシャクナゲ 〔ツツジ属〕

Rhododendron yakushimanum Nakai

【分布】屋久島に特産する。**【自然環境】**標高 1000m 以上の山地に自生する常緑低木。まれに渓流にそって下部にも生育している。**【用途】**観賞用として庭園樹，鉢物，園芸品種育種の原種として利用されている。**【形態】**幹は標高の低い所では 3m に達し，1600m 以上の高地では 60cm 内外と矮性化する。枝はよく分枝し，葉は枝先に車輪状につく。葉身は倒披針形で先端は鋭頭，基部は広いくさび形で，縁は内側に巻き込む。葉質は革質，表面は深緑色で光沢があり，裏面には標高 1000m 付近では白綿毛が圧着し，1200～1700m では黄褐色の綿毛となり，1600～1900m では褐色綿毛に変化している。葉長 10～15cm。高所ほど小形化する。開花は 5～6 月，枝先の頂生の花芽より多数の淡紅白色の花を咲かせる。花冠は広い漏斗状で先端は 5 裂し，裂片は平開する。花径 5～7cm。雄しべは 10 個で花冠より短く，花糸の下半部は有毛。花柱は雄しべより長く，上方に曲がる。無毛。子房には赤褐色の綿毛が密生する。**【特性】**枝が徒長せず早く開花する。弱酸性で，腐植質に富み，排水，保水のよい土壌を好む。**【植栽】**繁植は実生，さし木による。**【管理】**高温と乾燥に注意。施肥は冬期，油かす，骨粉などを施す。日本原産で高地に自生するシャクナゲは概して平地での生育は難しい。**【学名】**種形容語 *yakushimanum* は産地屋久島に由来。

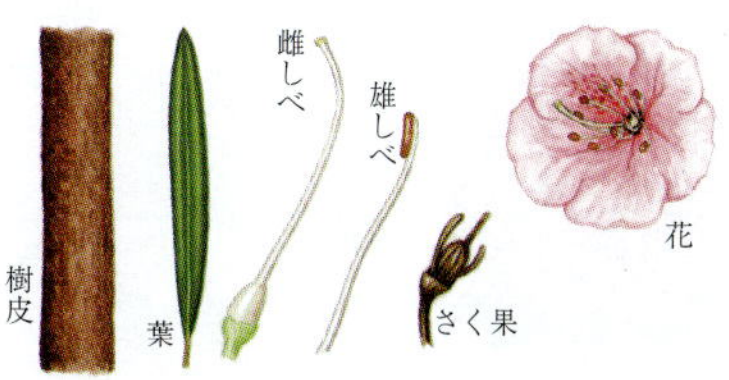

1290. ホソバシャクナゲ（エンシュウシャクナゲ） 〔ツツジ属〕

Rhododendron makinoi Tagg ex Nakai

【分布】本州の愛知県東部，静岡県西部の東海地方に特産する。**【自然環境】**低山帯の山中に自生する常緑低木。**【用途】**庭園樹，盆栽。**【形態】**幹は高さ 1.5m 内外。枝は太く，よく分枝する。若枝には褐色毛を密生し，4～5 年を経た黒褐色披針形の芽鱗が残存する。葉は互生し，枝先に車輪状につく。葉身は線状披針形で，質厚く，長さ 10～20cm，幅 1.5～2.5cm。先端はとがり基部はしだいに狭くなる。表面は細脈がへこみ，小じわが多く光沢がある。裏面には灰褐色の綿毛が密着し，中肋は著しく隆起する。縁は全縁で裏側に巻き込む。葉柄は長さ 1～2cm で表面に溝がある。開花は 4～5 月，前年枝の先端の花芽に 6～8 個の花をつける。花柄は長さ約 2cm，褐色軟毛を密布し，基部は多数の芽鱗片に包まれる。がくは短く，皿状で軟毛が密布する。花冠は漏斗状で中ほどまで深く 5 裂（ときに 7 裂）し，裂片は筒部より短く，先端はへこむ。花径 3～5cm，花色は白色，淡紅色，紅紫色と変化が多い。雄しべは 10 個，花糸の下部に短毛がある。花柱は長さ 3cm，雄しべより長く，先は上方に曲がり無毛。子房には褐色毛が密生する。さく果は長さ 2～2.5cm，5～6 室に分かれ赤褐色の軟毛を密布。

1291. アルボレウム 〔ツツジ属〕

Rhododendron arboreum Sm.

【原産地】スリランカ，インド，ブータン，ネパール。【分布】標高 1500〜3000m の熱帯の照葉樹林帯に分布。【自然環境】日あたりのよい山地に自生する常緑高木。【用途】公園樹。【形態】樹高 7〜14m に及ぶ。枝は有毛。葉は常緑，革質で長さ 10〜25cm，幅 4〜6cm で長楕円状倒披針形または長楕円状披針形，表面は光沢のある緑色，裏面には白色〜肉桂色の綿毛を密生する。頂生花序で，15〜20 花がコンパクトな花房をつくる。花冠は鐘形または筒状鐘形で，長さ 4〜5cm，5 裂する。花色は白色から淡紅色を経て濃緋紅色までの変化があり，上弁内面に濃色の斑点を散布する。雄しべは 10 本，自生地での花期は 1〜4 月，東京では 4 月に開花する。【特性】産地によって差があるが，一般的には耐暑性の強いもので，反面耐寒性が弱く，東京でも冬の寒風を避ける場所に植える必要がある。日本の暖地に適した原種シャクナゲである。【管理】腐植質を多量に施し，排水のよい用土に浅植えにする。なるべく北風と西日を避けた場所を選んで植栽する。病害虫はツツジを参照。【近似種】*R. decorum* は耐暑性が強く，*R. fortunei* は耐寒・耐暑どちらにもすぐれる。*R. macabeanum* は黄色花で葉の大きな原種。*R. racemosum* は小輪の白〜ピンク花を咲かせ交配種が多くある。*R. chapmannii* は米国に自生する。また，アルボレウムの交配種に，赤色の‘ファースト・ステップ’*R. arboreum* ‘First Step’がある。

1292. シャクナゲ‘プレジデント・ルーズベルト’ 〔ツツジ属〕

Rhododendron ‘President Roosvelt’

【系統】シャクナゲの園芸品種。【形態】シャクナゲには珍しい斑入り品種で，その斑は黄色の中斑で非常に鮮明である。日本にはニュージーランドから導入されたものといわれているが，交配親は不明である。耐暑性は強く，夏暑い本州の太平洋岸の平野部でも，ほぼ完全に夏を越せるが，強い日ざしにあたって，日焼けしたり，花が傷んだりする傾向があるので，暖地では半日陰で栽培するほうが無難である。花は蕾のときは濃桃色で，開花すると，淡いピンクの地色に，弁縁は濃桃色の覆輪となる。花が終わっても周年その美しい斑入り葉を観賞できるところから，たいへん人気のある品種である。耐寒性はあまり強くないので，寒い地方では冬期は保護を要する。【近似種】‘ミセス・ルーズベルト’は‘プレジデント・ルーズベルト’の斑がなくなった青葉の品種で，その点を除けば他の特性は同じであるが，いくぶん丈夫である。‘ズイギョク（瑞玉）’は新潟県新津市の木口一二三が発見した，オキシャクナゲの斑入り品種である。‘パープル・スプレンダー’は濃紫色大輪。80 年以上もむかしの品種だが，その美しさは今でも評価されている。‘ゴーマー・ウォータラー’はピンクをおびた白色花で，大輪多花性で大木になり，庭園樹に向く。

1293. エゾムラサキツツジ（トキワゲンカイ）

〔ツツジ属〕

Rhododendron dauricum L.

【分布】北海道，朝鮮半島，中国東北部，サハリン，東部シベリアに分布する。【自然環境】寒帯の岩礫地に自生する半常緑低木。【形態】幹は高さ1〜2m。枝は細く，よく分枝する。若枝には細毛と腺状鱗片とが密生する。葉は互生し，枝先に輪状に集まる。葉身は長楕円形または卵状長楕円形で，先端は鈍頭，基部は鋭形となり，長さ2〜4cm，幅1〜1.5cm。縁は裏面に巻き込む。上面は無毛であるが，しばしば下部に微毛がはえる。下面は淡緑色または帯褐色で，密に腺状鱗片が付着する。葉柄は長さ0.2〜0.5cm。枝端の数枚の葉は越年する。開花は5〜6月，枝先の1〜数個の花芽から，各1個の紅紫色花をつける。花時の花柄は短く，芽鱗に包まれる。がくは小形で波状の5歯がある。花冠は漏斗状で先は5裂し，外側にまばらな毛がある。花径3〜3.5cm。雄しべは10個で，花冠より長く，上方の花糸の下部には白毛がある。花柱は雄しべより長く無毛。果柄は花時より長く0.5〜0.8cm。さく果は円柱状で長さ約1cm，径0.25〜0.3cm，腺状鱗片を密布する。【学名】種形容語 *dauricum* は北太平洋周極地方にあるダフリア地方のこと。和名エゾムラサキツツジは北海道にはえるムラサキツツジの意味。別和名トキワゲンカイは，類似の落葉性ツツジであるゲンカイツツジに似て常緑であることによる。

1294. ゲンカイツツジ

〔ツツジ属〕

Rhododendron mucronulatum Turcz. var. *ciliatum* Nakai

【分布】本州の岡山県以西，九州北部，対馬，済州島，朝鮮半島に分布する。【自然環境】山中に自生する落葉低木。【用途】庭園樹，鉢植え。【形態】幹は高さ2〜4m。よく分枝する。若いときには全株に丸い腺状鱗片が密生する。若枝は赤褐色で開出軟毛が多い。葉は互生し，長楕円形で先端は鋭頭，基部はくさび形となる。両面や縁に毛があり，長さ4〜8cm。紙質。葉柄は長さ0.4〜0.7cmで有毛。開花は3〜4月，葉に先立って枝先の1〜3個の花芽から各1個の花をつける。花柄は短く，花芽の鱗片に包まれ，がくは小形で5歯があり，ともに腺状鱗片を密布する。花冠は漏斗状で先は5裂し，広く平開する。花色は紅紫色または淡紅色。花径3〜4cm。花冠外面に軟毛を散生する。雄しべは10個，花冠より長く，花糸の下部に白毛を密生する。花柱は雄しべより長く無毛。さく果は円柱形で長さ1.5cm内外，腺状鱗片を密布する。【植栽】繁殖は実生による。植付けは発芽前に行う。【近似種】カラムラサキツツジ var. *mucronulatum* は枝葉に毛がほとんどないもので，九州，対馬，朝鮮半島，中国東北部，東部シベリアに分布する。【学名】種形容語 *mucronulatum* は小微突頭の意味，変種名 *cilliatum* は縁毛のある葉の意。和名ゲンカイツツジは玄海灘にそった地域に産するツツジの意味。

1295. ヒカゲツツジ　〔ツツジ属〕

Rhododendron keiskei Miq.

【分布】本州の関東地方以西，四国，九州に分布する。日本特産。**【自然環境】**山地の渓谷に面した斜面の岩地に自生する常緑低木。**【用途】**観賞用として盆栽にし，庭に植栽する。**【形態】**幹は高さ 1～2m でよく分枝する。若枝には腺状の鱗片と細長い毛がある。葉は互生し，枝先に車輪状に集まる。葉身は披針形か広披針形で先端はとがり，基部はくさび形かわずかに心臓形となり，縁は全縁で裏側に少し巻き込む。葉質はやや薄い革質。長さ 4～10cm，幅 1～2cm。若い葉では表面や縁，葉柄に細い毛を散生するが，やがて落ちる。裏面は淡褐色で腺状の鱗片が残存する。開花は 4～5 月，枝先の花芽から 2～5 個の淡黄色の花をつける。花柄は 1～1.5cm，がくは小形で縁は波状の 5 歯がある。柄，がくともに腺状鱗片がつく。花冠は漏斗状で先は 5 裂して平開し，径 2.5～3cm。外面に腺状鱗片が散生する。雄しべは 10 個，花糸の基部には短毛が散生する。花柱は無毛。子房に密に腺状鱗片がつく。さく果は円柱形で長さ 1～1.2cm，幅 0.25～0.3cm。腺状鱗片がつく。**【近似種】**関東の山地にはまれに，葉の裏面に腺状鱗片が密生し粉白色となり，花冠の外面の下半部に綿毛があり，腺状鱗片のほとんどないウラジロヒカゲツツジ var. *hypoglaucum* Sutô et T.Suzuki が分布する。また，屋久島や霧島山の岩裂地にはハイヒカゲツツジ var. *ozawae* T.Yamaz. がある。**【学名】**種形容語 *keiskei* は明治初期の植物学者伊藤圭介を記念したもの。

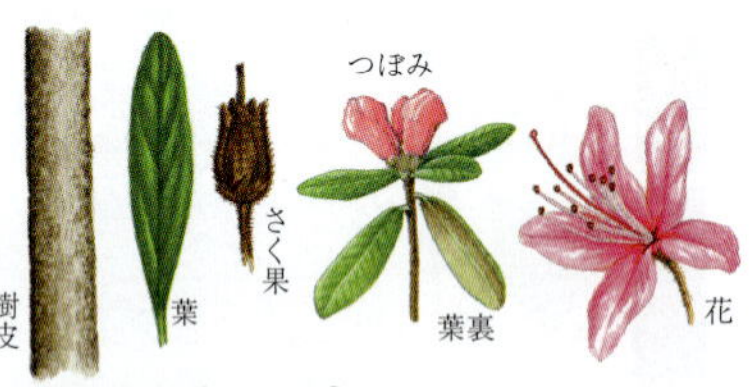

自然樹形

花枝

1296. サカイツツジ　〔ツツジ属〕

Rhododendron lapponicum (L.) Wahlenb. subsp. *parvifolium* (Adams) T.Yamaz.

【分布】北海道の根室市落石岬のみに野生し，天然記念物として保護されている。サハリン，シベリア東部，アラスカ，朝鮮半島北部など寒帯に広く分布する。**【自然環境】**寒地の湿地の水ごけ団塊上に自生する常緑低木。**【形態】**茎は直立，または下部から分枝して広がる。枝は細くよく分枝し，高さ 1m になる。全体に丸い腺状の鱗片を密布する。若い枝は赤褐色で古くなると灰色となる。葉は互生し，枝の先に集まり，楕円形か長楕円形で先端は鈍頭，基部はくさび形で全縁，縁は裏側に巻く。葉質はやや革質。裏面には腺状の鱗片が密生して赤褐色を帯び，中肋だけがとび出る。長さ 1～2cm。葉柄は 0.1～0.3cm。開花は 6～7 月，枝の先に 2～5 個の紅紫色の花をつける。花柄は 0.3～0.5cm，果時には 0.5～0.9cm となる。がくは 5 裂し，裂片は広卵形で長さ 0.1～0.15cm で縁は有毛。花冠は漏斗状で先端は 5 裂し，平開する。花径は 1.5～2cm，花冠の内面下部に毛がある。雄しべは 10 個，花糸の下部は有毛。花柱は無毛。さく果は卵状長楕円形で長さ 0.5～0.6cm，径約 0.3cm。腺状鱗片をつける。**【学名】**亜種名 *parvifolium* は小形の葉の意味。和名サカイツツジはかつて日本の領土であったサハリン（カラフト）の北緯 50 度線とソ連領との国境に多く見られたことによる。

1297. イソツツジ（エゾイソツツジ）〔ツツジ属〕

Rhododendron groenlandicum (Oeder) K.Kron et Judd

【分布】北海道，本州北部のほか東部シベリア，サハリン，千島，朝鮮半島北部に分布する。**【自然環境】**湿原や湿った傾斜地に自生する常緑小低木。**【用途】**薬用，浴用。**【形態】**幹は高さ 1m 内外で下部からよく分枝する。若枝には褐色長軟毛が密生する。葉は披針形，革質で全縁，縁は裏面に巻き込む。上面には早落性の黄色の腺点と軟毛がある。下面には白色短毛と褐色長軟毛を密生する。葉身は長さ 3〜6cm，幅 0.5〜1cm，葉柄は長さ約 0.3cm。開花は 6〜7 月，枝先に 1〜3cm の花柄をもった白花を多数つける。花柄は果時曲がって下を向く。苞は小形卵形で早落性。がくは短く 5 歯があり径約 0.3cm。花は径約 1cm, 花弁は 5 個，楕円形で長さ 0.6〜0.8cm。雄しべ 10 個，雌しべ 1 個，子房には短い白毛と腺点を密布する。さく果は楕円形で長さ約 0.5cm，花柱は残存する。**【特性】**根葉に芳香がある。有毒植物。**【近似種】**ヒメイソツツジ *R. tomentosum*（Stokes）Harmaja var. *decumbens*（Aiton）Elven et D.F.Murray は北海道大雪山，千島，サハリン，朝鮮半島北部，東シベリア，アラスカ，カナダなどに分布し，幹は地をはい，葉は広線形で長さ 2cm，幅 0.2cm 内外，縁は著しく裏面に巻き込む。花も小形。**【学名】**和名イソツツジはエゾツツジが誤り伝えられたという。

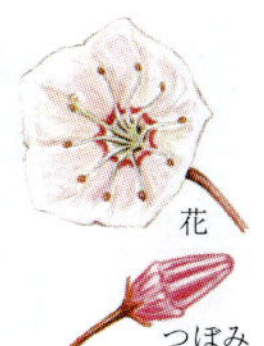

1298. アメリカシャクナゲ（ハナガサシャクナゲ）〔カルミア（ハナガサシャクナゲ）属〕

Kalmia latifolia L.

【原産地】北米東部原産。日本には大正 4 年に渡来した。**【分布】**花木として庭園に植栽され，鉢栽培も行われる。**【自然環境】**湿度が高く，日あたりよく，排水のよい土地が適する常緑低木で，暖地でも寒地でも栽培できる。**【用途】**花木として庭園や鉢に植えて観賞する。**【形態】**高さ 1〜3m，分枝多く，小枝の先にやや厚みのある葉を密生する。葉の形は楕円状披針形で，両端とがり，表面は濃緑色，裏面は淡紅色を帯び，長さ 7〜10cm。花は頂生の集散花序につく。非常に多花性なので傘状の大きな花房になり，非常に見事に見える。一花は径 1.5cm ぐらいの広鐘形で，白色から桃紅色，内側に紫色の斑点がある。花弁に厚みがあり，金平糖のような形の蕾と，5 裂する独特の花形に特徴があり，美しい。花期は 5〜6 月。**【特性】**暑さ，寒さに強く非常に強健な植物だが，夏涼しく冬の乾いた寒風を避ける場所がよい。花をよくつけるためには，冬から春によく日のあたる場所がよい。**【植栽】**繁殖は実生，接木，取り木による。さし木もできるが発根率が低い。実生は秋に採りまきするか，冷蔵した種子を早春にまく。種子が細かいので，ピートモスか水ごけにまき，覆土はしない。**【管理】**北風を避ける日あたりのよい場所に植える。水はけのよい，腐植質に富む，弱酸性の土地がよい。花後すぐに，咲き終った花序（花がら）を摘みとることが，翌年の花つきをよくする方法である。**【学名】**種形容語 *latifolia* は広い葉の，の意味。

1299. カルーナ（ギョリュウモドキ，ナツザキエリカ）
〔ギョリュウモドキ（カルーナ）属〕
Calluna vulgaris (L.) Hull

【原産地】ヨーロッパ西部・北部および小アジア。**【自然環境】**日あたりを好む常緑低木。**【用途】**観賞用に鉢および庭に植栽するほか，水揚げがよく切花にする。**【形態】**高さ 15cm～1m，そう生する。葉は長さ約 0.2cm の長楕円状披針形で鈍頭，平滑または少し毛があり，交互に十字形に対生して鱗片状に密に重なりあい，1 枝を全体に見ると 4 列に並び四角状となる。秋には紅葉して美しい。花は枝の上部がすべて長さ約 25cm の総状花序となり，多数の小形の花が腋生し，それらが集まって密集する。花は長さ約 3cm の鐘状で 4 裂する。がく片は 4 深裂し，花冠より長くてこれを隠し，これらはふつう淡紅紫色でがくに似た苞がある。このがくと葉の並び方などでエリカと区別される。雄しべは 8 個，花筒内にあり，葯には付属物があり，雌しべは花筒より超出する。さく果は 4 室あり，種子は少数である。花期は晩夏の 8～9 月である。**【植栽】**エリカに準じて日あたりのよい場所を好むが，エリカよりは水湿が十分あるほうがよく，乾燥を嫌う。**【学名】**属名 *Calluna* は kallun（掃く）に由来。**【近似種】**カルーナの園芸品種として‘ダークネス’，‘マルチカラー’，‘H.E. ビール’などがある。

1300. ガンコウラン　〔ガンコウラン属〕
Empetrum nigrum L. var. *japonicum* K. Koch

【分布】北海道，本州中部以北に分布する。**【自然環境】**高山帯の日あたりのよい岩石地にはえる常緑小低木。**【用途】**山草として観賞，果実は食べられる。**【形態】**高さ 10～25cm，茎は細く地面にはい，密に分枝し，カーペット状に茂る。若枝は赤褐色，軟毛が密生し，古くなると黒くなる。葉は無柄，革質で堅く，枝に密についており，長さ 0.4～0.7cm，幅 0.07～0.1cm，深緑色，鈍頭，葉の縁は裏に巻いて筒状になる。開花は 6～7 月，立ち上がった枝の上部の葉腋に 1 個の花をつける。雌雄異株，まれに両性花が混じる。花は小さく，3 数性で，がく片は 3，広楕円形で黄緑色，花弁は 3 で暗紫色，雄花には 3 本の雄しべがあり，花糸は暗紅色で長く 0.75cm，雌花は数が少なく，雌しべ 1，花柱はほとんどなく，葉状で濃紫色の柱頭がある。子房は 6～9 室。果実は秋に熟し，球状で径 0.6～1cm，多汁の核果で黒紫色，甘酸っぱい。種子は半円形，長さ 0.15cm。**【特性】**乾燥地に多いが，ときに水ごけの間にもはえる。**【植栽】**早春に水ごけ床にさし木する。**【管理】**水はけのよい土に植える。夏と冬を除いて液肥を少量施す。夏は午前中だけ日にあてる。植替えは早春，2 年に 1 度。早春に切り込みを行うと丈が低くなる。**【近似種】**母種は葉が広く，ヨーロッパ産。**【学名】**種形容語 *nigrum* は黒い，の意味。

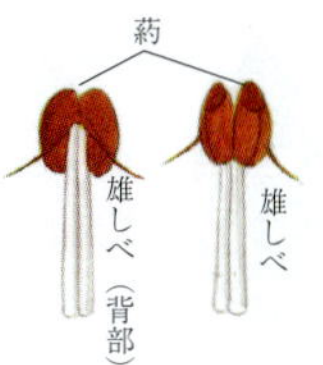

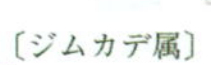

1301. ジムカデ 〔ジムカデ属〕

Harrimanella stelleriana (Pall.) Coville

【分布】北海道，本州中部以北に分布するほか，千島，サハリン，カムチャツカ，北米など北半球の寒帯に分布する。【自然環境】高山帯の岩のすきまや礫地に群生する常緑小低木。【形態】茎や枝は針金状で細く，地表をはって分枝し，根をおろし，先端は立ち上がる。茎には微毛がある。葉は鱗片状で密に枝に互生し，長楕円形で長さ0.2〜0.3cm，幅0.1cm，先端は鈍頭，基部に長さ0.05cmの短柄がつく。質は厚く，無毛で縁は全縁，下面中肋が太く突出する。開花は7月頃，地に伏した茎からところどころ高さ5cm内外の花茎を立て，先端に1個の花を横向きにつける。がくは5全裂し，裂片は楕円形で縁に微毛があり，0.1〜0.15cm，紅紫色を帯びる。花柄は0.2〜0.3cmで微毛がある。花冠は広鐘形で長さ0.4〜0.5cm，先は深く5裂し，裂片は広楕円形で先は丸く，白色。さく果は球形で径0.4cm，短い花柱が残存する。果時，さく果は紅色を帯びて直立し，長さ0.3cmほどの柄がある。雄しべは10個，花糸は短く無毛。葯の背部に細い2個のつのがある。花柱は花冠より短く，基部は太くなり無毛。子房は無毛。種子は楕円形で長さ0.05cm，褐色を帯びる。【学名】属名 *Harrimanella* は採集家ハリマン，種形容語 *stelleriana* は分類学者ステラーを記念した名である。和名ジムカデは地をはう茎や葉の様子に基づく。

1302. スノキ 〔スノキ属〕

Vaccinium smallii A.Gray var. *glabrum* Koidz.

【分布】本州（関東以西），四国。【自然環境】低山の明るい山中などにはえる落葉低木。【形態】高さ1〜2mになり，多数枝分かれする。若枝は緑色を帯びている。葉は互生し，ごく短い葉柄をもつ。葉身は楕円状卵形または長卵形で長さ1.5〜3cm，先端は鋭尖形で，基部は鈍形となり，縁には鈍鋸歯がある。5〜6月の頃，前年枝の葉の腋から短い総状花序を出し，緑白色にやや赤褐色を帯びた小さな花を1〜3個下向きに開く。がく片は緑色で小さく，深く5裂し，裂片は短い広卵形。花冠は鐘形，長さ0.5cm，先端は浅く5裂し，裂片は少しそり返りぎみとなる。雄しべは10本，花糸は葯よりも短くて毛がある。花柱は1本直立する。果実はほぼ球形で稜がなく，紫黒色に熟して酸味があり食べられる。【近似種】北海道，本州（中部地方以北），南千島，サハリンの深山にオオバスノキ var. *smallii* が分布する。スノキに対して葉がより大きく，長さ4〜8cmあり，花冠は鐘形である。【学名】属名 *Vaccinium* はラテン語で液果のことである。変種名 *glabrum* は無毛の，という意味。和名スノキは葉に酸味があることから名づけられたものである。

1303. ウスノキ（カクミノスノキ）　〔スノキ属〕
Vaccinium hirtum Thunb.

【分布】北海道，本州，四国，九州。【自然環境】やせた明るい林の中に見られる落葉低木。【形態】高さ 1m ぐらいになる。枝はよく分枝し，開出する。若枝は細く緑色で，先の曲がった白い微細毛がある。葉はごく短い柄をもって互生する。葉身は卵形または卵状楕円形で先はとがり，基部は丸く，長さ 2～4cm，幅 1～2.5cm ほどである。縁には細かい鈍鋸歯があり，両面の脈にそって微細毛がある。5～6 月，前年の枝の先に短い総状花序を出し 1～3 個の花を下垂する。花柄は 0.3～0.6cm で微細毛がある。がくは緑色で小さく，がく裂片は 5 個，短い卵状三角形で先はとがる。花冠は淡褐紅色で鐘形，長さ 0.6cm ほどで先は 5 裂し，そり返る。雄しべは 10 本，花糸の縁に毛がある。花柱は 1 本直立し，無毛で花冠より少しぬき出る。果実は倒卵球形で径 0.8cm 内外，先端はへこみ，5 片の残存するがくがとりまいている。赤く熟して食べられる。【特性】葉はスノキに似ているが，葉をかむと酸味は少なく，いくらか苦味がある。【学名】種形容語 *hirtum* は短剛毛のある，という意味。和名ウスノキはその実の形が臼を思わせることによる。別名カクミノスノキは角実の酢の木の意味で，その角ばった実の形に由来する。

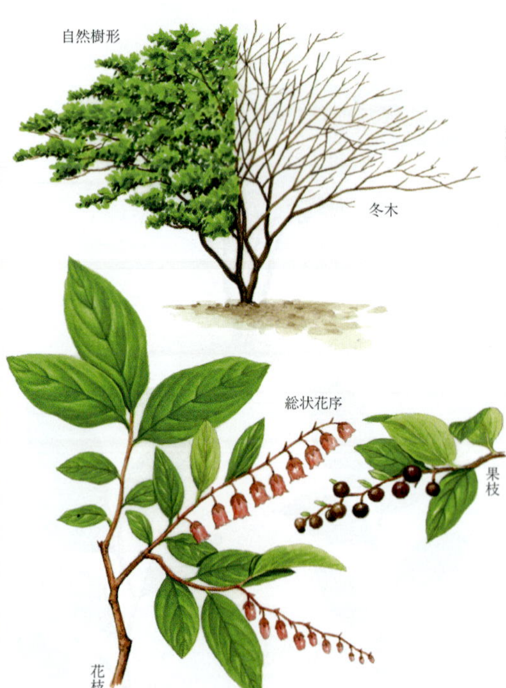

1304. ナツハゼ　〔スノキ属〕
Vaccinium oldhamii Miq.

【分布】北海道，本州，四国，九州，朝鮮半島南部，中国。【自然環境】日あたりのよい山地および丘陵地にはえる落葉低木。【用途】庭園樹，花材。【形態】幹は高さ 2～4m になる。若枝には短い屈毛および腺毛があるが，のち無毛となる。葉は互生し，長楕円形または広卵形で先はとがり，基部は丸いか広いくさび形となり，0.1～0.2cm の葉柄をもつ。葉身は長さ 4～7cm，幅 2～4cm で，縁には細鋸歯状の腺毛があり，両面に粗い毛や腺毛がある。5～6 月，枝の先に長さ 6cm ほどの総状花序を出し，やや水平にのびて，淡黄赤褐色の小さな鐘形の花を多数つける。下部につく苞はふつうの葉より少し小さいくらいであるが，上部の苞は長楕円形または披針形でごく小さくなる。花柄は長さ 0.2～0.3cm で，がく筒とともに曲がった毛と腺毛がある。がくは浅く 5 裂し，裂片は三角形である。花冠は長さ 0.4～0.5cm，先は浅く 5 裂し無毛で，下向きに咲く。雄しべ 10 本，雌しべは 1 本。果実は球形で径 0.6～0.7cm あり，黒紫色に熟してがくのあとは大きい。甘酸っぱくて食べられる。【近似種】ウラジロナツハゼ f. *glaucum* (Koidz.) Hiyama は葉の裏面が粉白色になるもので秋田県や朝鮮半島に産する。【学名】種形容語 *oldhamii* は，学名がオルダムが長崎で採集した標本によってつけられたことによる。

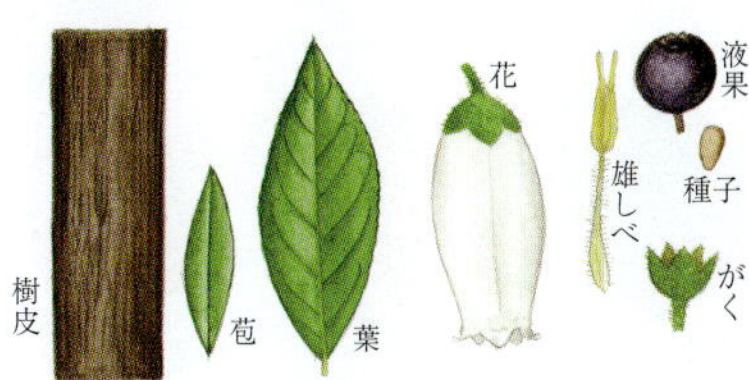

1305. シャシャンボ 〔スノキ属〕

Vaccinium bracteatum Thunb.

【分布】本州（関東南部以西），四国，九州，台湾，朝鮮半島南部，中国。**【自然環境】**暖帯の林にはえる常緑低木または高木。**【形態】**高さはふつう 2〜3m であるが，まれに 10m ほどになるものもある。枝はよく分枝し，初め微毛があるが，のち無毛となり灰白色となる。葉は 0.3cm ほどの短い柄があり，楕円形または楕円状卵形で長さ 3.5〜7cm，幅 1〜2.5cm，先はとがり，基部はくさび形，もしくは鈍形となる。葉質は厚い革質で，縁の上部には低い鋸歯があり，表面は中肋に微毛があるほかは無毛で，裏面は無毛である。7 月頃，長さ 5〜10cm の総状花序を前年の枝の葉腋から出し，つぼ状の長鐘形の白色の花を下垂する。花柄は短い。苞葉は革質で大きく，狭長楕円形で先はとがり，基部はくさび形で柄はなく，長さ 1〜3cm で緑色，微細毛を密生する。がくは先が 5 裂し，裂片は低く先がとがり，微細毛がある。花冠は長さ 0.6〜0.7cm あり，先は浅く 5 裂してそり返る。雄しべは 10 本，筒の中にあり，花柱は 1 本。果実は球形で径 0.6cm，黒紫色に熟し，甘酸っぱく，食べられる。**【学名】**種形容語 *bracteatum* は苞のある，という意味。和名シャシャンボはササンボすなわち小小ん坊の意味で，果実が丸く小さいことによる。

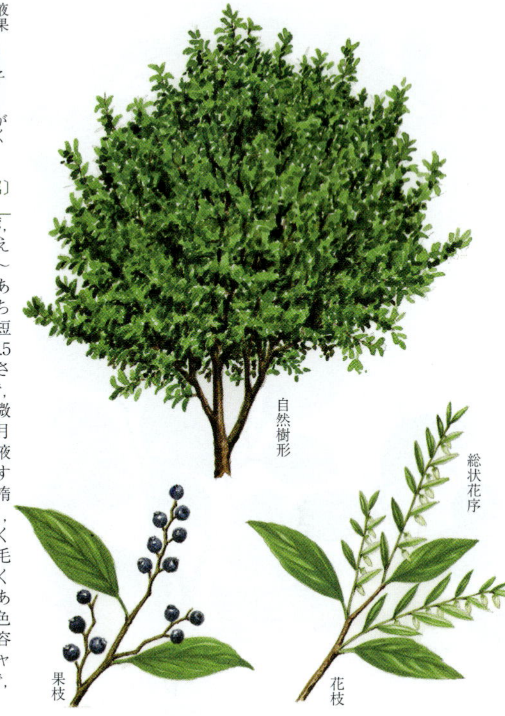

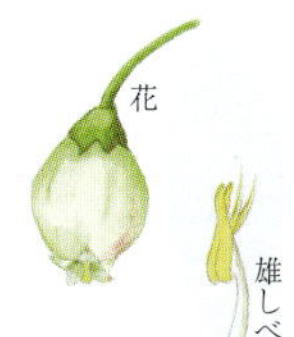

雄しべ　液果

1306. クロウスゴ 〔スノキ属〕

Vaccinium ovalifolium Sm. var. *ovalifolium*

【分布】本州（中部以北），北海道，サハリン，ウスリー，北米。**【自然環境】**高山の半日陰地にはえる落葉小低木。**【形態】**高さ 30〜100cm になる。多くの小枝に分かれ，小枝は黄褐色で稜角があるが古くなると灰白色になり，茎は丸くなる。葉は 0.1〜0.15cm の短い葉柄があって互生する。葉身は広楕円形または広卵形で先は丸く，長さ 2〜4cm，両面に毛がなく，全縁。6〜7 月，本年の枝の下部の葉腋に 0.4〜0.6cm の花柄をもつつぼ形の花を下垂。がくは小さく，花弁は白色にやや紅色を帯びる。雄しべは 10 本，葯には上向する 2 突起がある。雌しべは 1 本，花柱は長さ 0.4cm ほど。果実は球形で，先は浅くへこみ，径 1cm ほどで熟すと紫黒色になり，表面に白い粉があって，食べられる。**【近似種】**変種のミヤマエゾクロウスゴ var. *alpinum* (Tatew.) T.Yamaz. は茎の基部がはい，葉は小さくて下半部に鋸歯があり，北海道の高山に分布する。類似のマルバウスゴ（シコクウスゴ）*V. shikokianum* Nakai は丈が低く，葉が小さく，広卵形から円形で長さ 1〜2.5cm ほど。縁に鋭い鋸歯があり，裏面の葉脈の網目は著しい。本州の北陸の高山に産し，四国には産しない。**【学名】**種形容語 *ovalifolium* は広楕円形の，という意味。

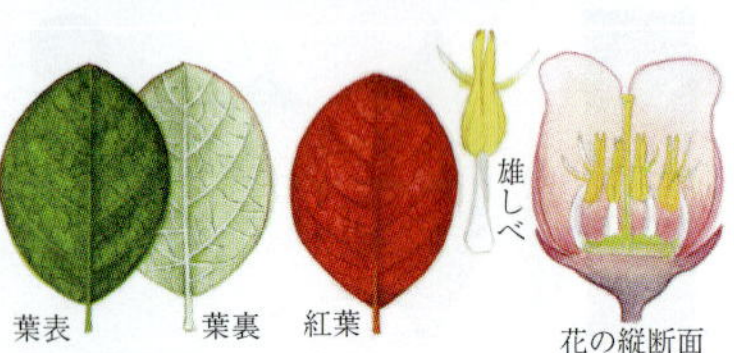

1307. クロマメノキ 〔スノキ属〕
Vaccinium uliginosum L.

【分布】本州（中部以北），北海道，千島，サハリン，朝鮮半島など北半球に広く分布する。【自然環境】高山の日あたりのよい湿地にはえる落葉小低木。【用途】果実は食用になり，ジャム，果実酒などにされる。長野県軽井沢，浅間山には多く，この地方ではアサマブドウと呼ばれ，生食やジャムなどをつくり親しまれている。【形態】高さは 20～80cm になり，よく枝分かれする。小枝は断面が丸く，無毛で密に葉をつける。葉は互生し，倒卵形または楕円形の円頭で基部はくさび形となり全縁，両面に毛がなく，裏面は緑白色で小脈が隆起し，やや網目状となる。葉柄は 0.1～0.2cm。葉身は 1.5～2.5cm で質はやや堅い。7 月頃，前年の枝先に 2～3 個の柄のある花を開く。花柄は長さ 0.4～0.8cm で紅色を帯び，無毛または微毛を散生する。がくは 4～5 裂し，裂片は三角状半円形，花冠は白色ときに淡紅色のつぼ形で長さ 0.5～0.6cm あり，外面は無毛，5 浅裂し，裂片は 0.1～0.15cm で短く反転する。雄しべは 8～10 本，長さ 0.3cm 内外で花糸は無毛，葯の先の管状体は長さ約 0.1cm，背面に 2 本の長さ 0.1cm ほどの突起をつける。花柱は長さ約 0.35cm。果実は球形で紫黒色に熟し，径 0.7～1cm あり，白粉がある。【学名】種形容語 *uliginosum* は沼地にはえる，という意味。

1308. ビルベリー（ハイデルベリー，セイヨウヒメスノキ） 〔スノキ属〕
Vaccinium myrtillus L.

【原産地】ヨーロッパ，アジア北部。【分布】ヨーロッパ，アジア北部。【自然環境】冷涼な気候を好む常緑低木。【用途】果実をジャム，ジュースにする。民間薬として下痢止剤としても用いられている。【形態】高さ 50cm，枝条は緑色。葉は互生し，卵形または楕円形，長さ 1～3cm，鋸歯縁，裏面は葉脈が突き出している。葉柄は短く，花は単立，短柄。花色は紅色，球状，果実は液果で黒色，白い粉をかぶる。直径 0.8cm，甘い。【特性】耐寒性は大。【植栽】繁殖は株分け，さし木による。株分けは早春に行う。さし木は早春発芽前に枝を 5～10cm に切り，砂，鹿沼土などにさし，十分かん水する。【管理】発根したさし木苗を翌春苗床に移植，施肥する。その翌年早春，定植する。施肥は年 1～2 回行い，根もとに敷草をして乾燥を防ぐ。せん定は果実の着生が衰えた古枝を切り，新枝に更新する。【近似種】*Vaccinium* 属には有用な果実類が多い。本種のほかブルーベリー，クランベリーは別項で記述されている。またツルコケモモ，コケモモ，クロマメノキは日本に自生しているもので，別項で記述されている。【学名】属名 *Vaccinium* は古いラテン語の bacca（液果）からきている。種形容語 *myrtillus* は不詳。

1309. ブルーベリー　〔スノキ属〕

Vaccinium corymbosum L.

【原産地】北米。【分布】メーン州よりミネソタ州，南はフロリダにかけて分布する。日本への導入は昭和 26 年以降で，栽培されているのは，おもに次の 2 系統である。ハイブッシュ系は大粒で品質はよいが，栽培が難しく乾燥に弱い寒地系のもので，長野県や北海道で栽培される。ラビットアイ系は耐乾性があり栽培も容易な暖地系のもので，西日本で栽培される。【自然環境】酸性土壌を好む落葉低木。【用途】果実を生食するほかパイ，ジャム，果実酒，冷果などに加工する。【形態】高さ 2～3m。枝条は開張性，若枝は黄緑色である。葉は長さ 3～8cm の卵状楕円形から長楕円状披針形で全縁，秋の紅葉は美しい。花は 4 月に白色または淡桃色の長さ 0.6～0.8cm の鐘状の小花を多数鈴なりに着果し，黒紫色に熟し，甘くやや酸味があり軟らかい。【植栽】繁殖は実生，さし木，根もとに生じるクラウンの株分けなどによる。pH4.5～5.8 の酸性土壌を好み，有機物を多く含む砂質壌土が最適で重粘土壌や肥沃な土壌を嫌う。定植後は乾燥を嫌うので，稲わらや刈り草を敷くとよい。結実には他家受粉が好結果なので，2 品種以上を混植するほうがよい。せん定は混み枝や内向枝を間引く程度でよい。【近似種】*V. pennsylvanicum* や *V. vacillans* もブルーベリーの仲間である。【学名】種形容語 *corymbosum* は散房花のある，の意味。

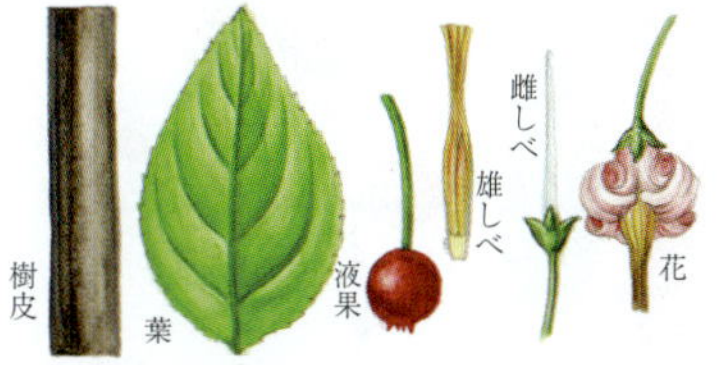

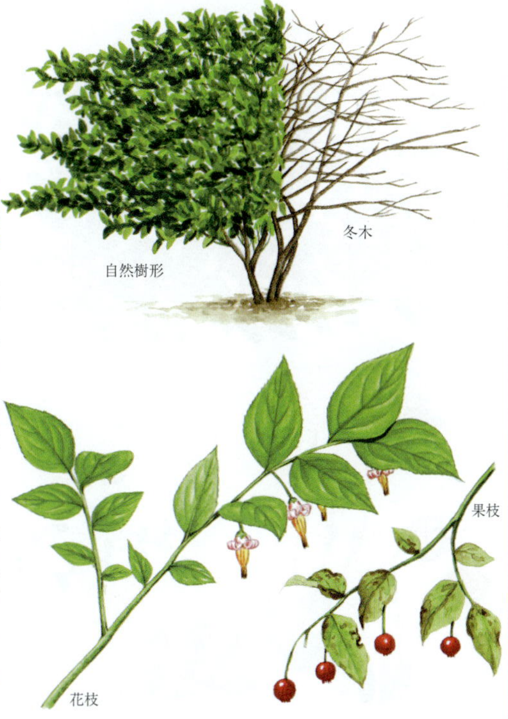

1310. アクシバ　〔スノキ属〕

Vaccinium japonicum Miq.

【分布】北海道，本州，四国，九州，朝鮮半島南部。【自然環境】山地の疎林の下にはえる落葉小低木。【形態】高さ 20～50cm になる。茎は緑色で毛はなく開出して水平に広がる。古くなると灰黒色になる。葉は互生し，葉柄はほとんどない。葉身は卵形または長楕円形で長さ 2～6cm，幅 1～3cm，先はとがり，基部は丸く，縁には細かい鋸歯がある。表面は中肋にそってわずかに細毛があるほかは無毛で，裏面は淡緑色で無毛。6～7 月，葉の腋に長さ 1～2cm の花柄を下垂し，淡紅色を帯びた白色の花を下向きに開く。がくは 4 裂し，裂片は短い三角形となる。花冠は長さ 0.7～1cm，深く 4 裂し，裂片は外側に巻く。雄しべ 8 本，葯は先が長く筒状となり，花冠の外に突き出す。花糸は有毛，花柱は無毛。果実は細い柄に下垂し，球形で径 0.5～0.6cm あり，熟すと赤くなる。種子は楕円形または卵形で，長さ 0.13cm ほどである。【近似種】本種の変種にケアクシバ var. *ciliare* がある。葉がより小形で，若枝，葉，花柄などに腺毛があり，本州の富山県，三重県以西と四国，九州に見られる。また，屋久島の高所に産するアクシバモドキ *V. yakushimense* Makino もよく似ているが，これは果実が紫黒色に熟す。【学名】種形容語 *japonicum* は日本の，の意味。

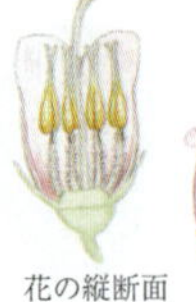

1311. コケモモ 〔スノキ属〕

Vaccinium vitis-idaea L.

【分布】九州，四国，本州，北海道，千島，サハリン，朝鮮半島など北半球に広く分布する。【自然環境】高山帯および亜高山帯の上部の岩場などにはえる常緑小低木。【用途】鉢植えやロックガーデンなどで栽培される。果実はジャム，果実酒に利用。【形態】茎の下部は地中を長くはい，地上茎は地下茎の先から生じて立ち上がり，高さ5〜20cmになる。よく枝分かれした枝には曲がった短毛を密生する。葉は互生し，倒卵状長楕円形で長さ0.8〜2cm，幅0.4〜1cm，円頭または凹頭，基部は広いくさび形，質厚く，鋸歯はごく低く波状となる。表面は無毛または濃緑色で中肋にそって短毛があるほかは無毛，裏面は淡緑色で鱗片状の剛毛がある。7月頃，前年の枝先に総状花序をつけ，その先にやや下垂した花をつける。花序は長さ1〜2cm，基部に鱗片葉がある。花柄は0.15cm。がく裂片は4裂し，縁に微毛がある。花冠は紅色を帯びた白色の鐘形で，長さ0.6cm，先端は4裂する。雄しべは8個，下部は有毛，花糸に毛が多い。花柱は無毛で花冠より少し長い。液果は紅色に熟し，球形で径0.7cmほどあり，甘酸っぱく食べられる。多産する所では，ジャム，果実酒などに利用される。種子は半円形で長さ1.5cmほどである。【学名】種形容語 *vitis-idaea* はIda山のブドウの意味。

1312. ツルコケモモ 〔スノキ属〕

Vaccinium oxycoccos L.

【分布】本州（中部地方以北），北海道，千島，朝鮮半島から北半球の北部に広く分布。【自然環境】高層湿原に水ごけなどとともにはえる常緑小低木。【用途】果実は食べられ，果実酒，菓子などに使う。【形態】茎は細く針金状で横にはい，ところどころで根を出す。枝は斜上して地上茎となり，長さは5〜20cmほどである。常緑の葉は互生し，卵形または長楕円形で長さ0.7〜1.4cm，幅0.4〜0.5cm，鈍頭，基部は円形，全縁で，裏面に少し巻き込む。表面は緑色で，裏面は粉白色を帯びる。7〜8月，新枝の先に数個，長さ2.5〜5cmの花柄のある淡紅色の花を下向きに開く。花柄の中央以下に長さ0.15〜0.2cmの膜質線形の2個の小苞が目につき，この花柄には短縮毛がある。がくは小さく，浅く4裂し，裂片は丸い。花冠は長さ0.7〜1cm，深く4裂し，裂片は著しく外側に曲がる。雄しべは8本，液果は径1cmほどの球形で，赤く熟す。種子は長楕円形で，長さ0.25cmほどである。【近似種】本種と同様の地域に分布するヒメツルコケモモ *V. microcarpum* (Turcz. ex Rupr.) Schmalh. は日本では稀で，葉身が長さ0.3〜0.5cm，花弁も長さ0.4〜0.5cmと全体に小さく，花柄に毛がない。【学名】種形容語 *oxycoccos* は酸味ある液果の意味で，この食べられる果実に由来する。

1313. オオミツルコケモモ (クランベリー)

〔スノキ属〕

Vaccinium macrocarpon Aiton

【原産地】米国東北部，カナダ。【分布】米国の主として東北部から太平洋岸およびカナダ。【自然環境】冷涼な気候で，湿潤地を好む常緑低木。【用途】果実を生食するほか，砂糖煮とする。米国では収穫感謝祭には七面鳥の料理用ソースとしてなくてはならないものとされている。【形態】匍匐性の長い茎があり，枝は立ち上がり高さ 20cm。葉は長楕円形または卵形，鈍頭，革質で暗緑色，裏面は帯白色。花は淡紅色，長い糸状の花柄のある花を 1～10 個，新枝の途中に側生する。花冠は筒状，深く 4 裂する。果実は液果，長楕円形または球形で，紅色ないし暗紅色，酸味多く，やや渋味がある。【特性】泥炭地に適する。耐寒性は大きい。【植栽】繁殖は実生，株分け，さし木などによる。酸性土壌でないとよく育たない。【管理】集約的な管理は行われない。【近似種】ツルコケモモ，ヒメツルコケモモ，イワツツジ *V. praestans* Lamb.，クロマメノキ等は北海道，本州の高山山野に自生している。【学名】属名 *Vaccinium* は古いラテン語に由来する。種形容語 *macrocarpon* は大果，の意味。

1314. ヒメシャクナゲ

〔ヒメシャクナゲ属〕

Andromeda polifolia L.

【分布】本州（中部地方以北），北海道，千島，朝鮮半島など北半球に広く分布。【自然環境】高山の湿原にはえる常緑小低木。【用途】鉢植え。【形態】地下茎は地中を横にはい，ところどころで根を出す。枝は分枝して上向し，高さ 10～20cm ぐらいになる。地上部の枝の下部では葉が枯れ，上部で葉をやや密に互生する。葉は線形ないし広線形で，長さ 1～3cm，幅 0.3～0.6cm，革質で先端はとがり，全縁で葉縁は葉裏に巻く。表面は中央がへこみ，裏面は粉白色を帯びる。葉柄は長さ 0.1cm 内外である。6～7 月，茎の先端に長さ 1～2cm の花柄のある紅色を帯びた白色の花を下垂する。がくは深く 5 裂し，裂片は卵形でとがり，長さ 0.15cm ほどである。花はつぼ状で，長さ約 0.5cm であり，先は浅く 5 裂する。外面は無毛で内面には全体に細かい軟毛がはえる。裂片は卵形で，長さ 0.05cm ほどあり反転する。雄しべは 10 本，長さ 0.25～0.3cm，花糸は基部のほうで幅が広くなり，細かい軟毛がある。雌しべは花冠とほぼ同長。さく果は径 0.3～0.4cm で上向きにつく。【近似種】本種の品種に白花品があり，シロバナヒメシャクナゲ f. *leucantha* (Takeda) Takeda ex H.Hara という。【学名】種形容語 *polifolia* は古代以来の植物名 Polifolia による。

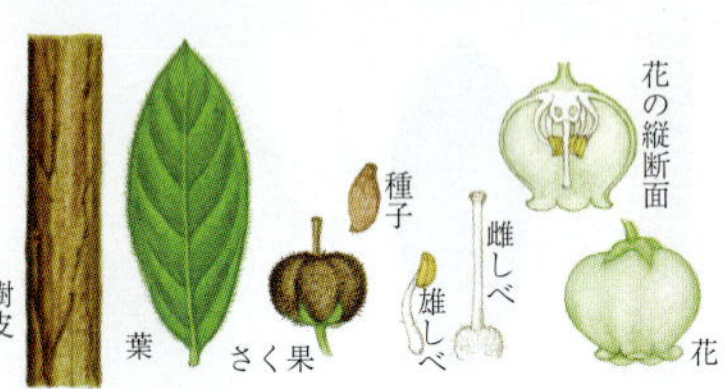

1315. ハナヒリノキ 〔ハナヒリノキ属〕
Eubotryoides grayana (Maxim.) H.Hara
var. *grayana*

【分布】本州（和歌山県，奈良県，京都府以北），北海道。**【自然環境】**山地の明るいところや林縁にはえる落葉低木。**【用途】**有毒植物であり，以前は便所のウジを殺すのに枝葉を入れた。ウジコロシと呼ぶ地方もある。**【形態】**よく枝分かれし，高さ1～2mになる。葉は互生し，ほとんど柄はなく，倒卵形または長楕円形で長さ3～8cm，幅1.5～5cm，先はとがり，基部は丸い。両面にやや堅い細毛がまばらにあり，葉脈は裏面でよく隆起する。7～8月，枝の先の長さ5～15cmの総状花序に多数の花を一方に向けて下向きに開く。花序には細毛があり，苞がある。下部につく苞は長楕円形であるが，上部のものほど小さく，披針形となる。花柄は長さ0.3～0.4cmほど。がくは5裂し，裂片は卵形で先はとがらず，縁にはわずかに腺毛がはえる。花冠は緑白色のつぼ状で，先端は5裂し，径0.35～0.4cmぐらいあり，内面に長毛がはえている。雄しべは10本あり，花糸に毛がある。雌しべは1本で，子房に短毛がある。さく果は扁球形。**【特性】**有毒植物で，この葉を粉末にして鼻に入れるとくしゃみが出る。**【学名】**種形容語 *grayana* は北米の分類学者A. グレイにちなむ。和名のハナヒリとはくしゃみのことである。

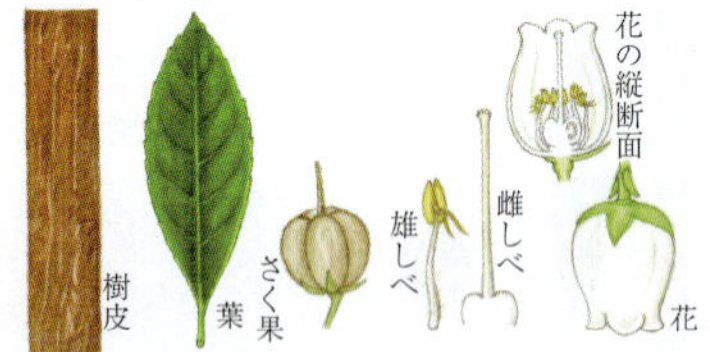

1316. アセビ（アセボ） 〔アセビ属〕
Pieris japonica (Thunb.) D.Don ex G.Don
subsp. *japonica*

【分布】本州（山形，宮城県以南），四国，九州。**【自然環境】**乾燥した山地にはえる常緑低木。**【用途】**庭園樹，公園樹とする。葉に毒性があり，有毒植物であるが，その葉を殺虫剤などにも用いる。**【形態】**高さは1.5～4mになる。葉は枝の先に集まって互生し，広倒披針形で長さ3～8cm，幅1～2cm，先はとがり，革質で縁には細かい鈍頭の鋸歯がある。葉柄は0.2～0.7cmほど。3～4月，枝先に花序を下垂し，多数の白色でつぼ状の花を開く。花冠の長さは0.6～0.8cm，先は短く5裂する。雄しべは10本，雌しべは1本，さく果は扁球形で径0.5～0.6cm，上向きに花柄につく。**【特性】**樹勢強く，土性を選ばず，日照地，半日陰地ともによく生育するが生育は遅い。馬が食べると苦しむといい，馬酔木の名がある。**【植栽】**繁殖は実生，さし木による。梅雨期にさすとよくつく。**【管理】**萌芽力が強く，せん定もでき，移植も容易である。肥料は早春に油かす，骨粉などを施すとよい。病害虫はほとんどない。**【近似種】**本州，四国，九州には，花序が15～30cmと長くなるホナガアセビ f. *monostachya*，そして同じ地域に花がピンク色になるアケボノアセビ f. *rosea* が稀産する。**【学名】**属名 *Pieris* はマケドニアの地名Pieriaに由来する。種形容語 *japonica* は日本の，の意味。

ヒメアセビ

1317. ヒマラヤアセビ（コウザンアセビ）〔アセビ属〕

Pieris formosa (Wall.) D.Don

【原産地】中国（湖北省興山から浙江省平陽までと雲南省）。**【自然環境】**各地に植栽される常緑低木。**【用途】**庭園樹にいる。**【形態】**小枝は多数つき，幹は直立する。葉は互生であるが枝の先に集まってつく。葉は楕円状長楕円形ないし披針形で長さ5〜14cmあり，アセビよりもかなり大きい。質厚く先は短くとがり，縁には密にとがった鋸歯がある。表面の脈は凹入し，裏面でやや隆起する。若葉は紅色であるが，のち濃緑色になる。4月頃，枝の先に円錐花序を出し，径1.3cmぐらいの多数の白色のつぼ状の花を下向きに開く。まれに紅色を帯びる花もある。花冠は5裂し，裂片は卵状披針形。雄しべは10本あり，花糸は有毛である。さく果は球形となる。**【特性】**本種は花も大きく，若葉の出たときの紅色がとくに美しいので，観賞価値は大きい。**【植栽】**繁殖は主としてさし木による。実生は日本ではほとんど行われていない。3月下旬か梅雨期にさす。本種は寒さにも比較的強く，温暖な地方では露地栽培も可能であるが，幼苗のうちは防寒したほうが無難である。**【管理】**萌芽力もあるのでせん定もできるが，やはりせん定はひかえめにして自然形に仕立てたほうがよい。**【学名】**種形容語 *formosa* は華美な，美形の，の意味。別和名コウザンアセビのコウザンは興山で，中国湖北省の地名である。

1318. ネジキ〔ネジキ属〕

Lyonia ovalifolia (Wall.) Drude
var. *elliptica* (Siebold et Zucc.) Hand.-Mazz.

【分布】本州（岩手県以西），四国，九州。**【自然環境】**山地の日あたりのよい所にふつうにはえる落葉小高木。**【用途】**庭園樹。冬枝を花材。**【形態】**高さは4〜5mがふつうであるが9mに及ぶものもある。幹はふつうねじれ，新枝は赤みを帯びている。冬芽も赤く，扁卵形である。葉は柄があって互生する。葉身は広卵形もしくは卵状楕円形で，先端は急にとがり，基部は丸いか，あるいは多少心臓形となり，長さ4〜10cm，幅2〜6cmほどである。洋紙質で，表面はほとんど毛がなく，裏面の葉脈，とくに基部近くに開出した白毛がある。葉柄は0.7〜1.5cm。5〜6月の頃，前年の枝の葉腋から長さ4〜6cmの総状花序を出す。花軸には倒披針形の小さな苞葉がつく。花柄は長さ0.2cmほどで毛がある。がくは先が5裂し，裂片はとがる。花冠は白色のつぼ形で，下垂して並んで咲く。長さ0.7〜0.8cmほどあり，短毛がはえている。雄しべは10本，花糸には長毛があり，葯の下部に2つの角状の突起がある。雌しべは1本，子房にわずかに毛がある。さく果はやや球形で上向きになり，径0.4cmぐらいである。種子は長さ0.12cmほどで淡褐色をしている。**【特性】**蛇紋岩地帯にもよくはえる。**【学名】**幹がねじれる性質があるところからネジキの和名がある。

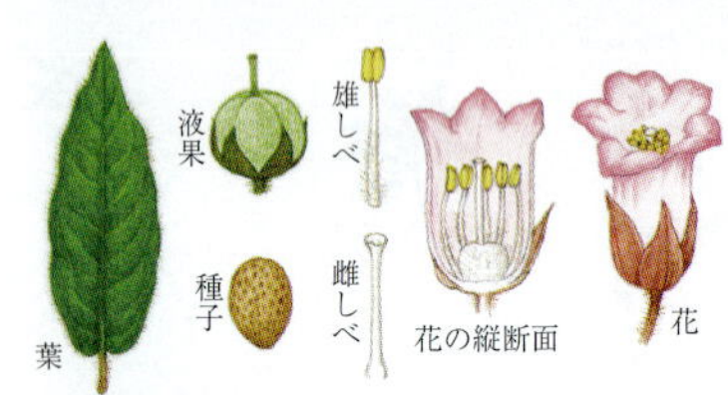

1319. イワナシ 〔イワナシ属〕

Epigaea asiatica Maxim.

【分布】北海道，本州（青森県から島根県の主として日本海側）。**【自然環境】**山地の疎林下にはえる常緑小低木。**【用途】**鉢植え。**【形態】**茎はやや細く，木質で，地面を横にはい，枝は斜上して長さ10〜25cmになる。枝には開出する褐色の長毛がある。葉は枝に数個をまばらにつけ，卵状長楕円形または狭長楕円形で長さ4〜10cm，幅2〜4cmあり，先端はやや鈍く，基部はわずかに心臓形となる。葉質は厚く，革質で，全縁，両面に褐色の短毛があり，縁には長毛がある。表面は葉脈の網目が目立ち，中肋はへこむ。4〜5月の頃，枝先に苞葉のある1〜2cmの総状花序を出し，淡紅色の花を数個開く。花柄は0.4〜0.8cmほどである。がく片は狭卵形で先は急にとがり，長さ0.7〜0.8cmぐらい，無毛であるが，かすかに縁毛をつける。花冠は筒状で長さ1cm内外，先端は5裂し，裂片は長さ0.3cmほどで先は鈍頭となる。花冠の外側は無毛であるが，花筒内部に白毛がある。雄しべは10本，長さ0.6cm内外，花糸に開出する白毛がある。雌しべは1本。果実は扁球形の液果で6月頃熟し，径1cmほどで食べられる。**【特性】**本州では亜高山帯などの深山にはえることがふつうだが，近畿地方では低山の暖帯林内に見られる。**【学名】**種形容語 *asiatica* はアジアの，の意味。和名イワナシは果実がナシの果肉に似ることによる。

1320. ミネズオウ 〔ミネズオウ属〕

Loiseleuria procumbens (L.) Desv.

【分布】本州（中部地方以北），北海道，千島など北半球の北部に自生。**【自然環境】**高山帯の岩上などにはえる常緑小低木。**【形態】**高さ6〜15cmほどでごく小さい。茎は細く，横に伏して地面に広がり，枝はさかんに分枝して斜上し，または横にのびる。葉は密につけて対生し，革質で光沢があり，広い線形で，鈍頭，基部は狭くなり，0.15cmほどの柄がある。葉身は長さ約1cm，幅2.5〜3cmほどである。表面は無毛，裏面は太くてやや隆起する中肋を除いては白色の微毛が密生して白色となり，縁は著しく外側に巻く。7月頃，枝の先に数個の花を散形状につける。花柄は0.4〜1.2cm，白色の微毛があり，基部に卵形の小苞が2個ある。がく片は5個，褐紫色の広披針形で，先端は鈍頭となり長さ約0.2cmほどである。花冠は淡紅色または白色の広い鐘形で，長さ0.6〜0.7cmほど，縁は浅く5裂する。雄しべは5本，花糸は無毛で葯は縦に裂ける。花柱は無毛。さく果は直立し，卵形で長さ0.35〜0.4cmほど。**【特性】**北半球に産し，1属1種の植物である。**【学名】**種形容語 *procumbens* は平臥の，という意味でこの植物の姿による。和名ミネズオウは，峰にはえるスオウの意味である。スオウはアララギ，すなわちイチイのことで，その葉が似ていることによる。

1321. イワヒゲ 〔イワヒゲ属〕
Cassiope lycopodioides (Pall.) D.Don

【分布】本州（三重県御在所山以北），北海道，千島，カムチャツカ，アリューシャン，アラスカ。【自然環境】高山の日あたりのよい岩の割れ目などにはえる常緑小低木。【形態】茎は針金状で，よく枝分かれして岩の上などをはい，ところどころで根を出す。枝は密に葉をつけて4稜をなし，茎に圧着した葉を含めて径 0.15～0.25cm ぐらいである。葉は長さ 0.15～0.2cm，卵形で，鱗片状となり，鈍頭，外面は無毛で溝はなく，内面に微毛を密生し，基部は浅く2裂して微毛を散生する。7～8月の頃，枝の上部の鱗片葉の間から1～2本の細い花柄を出し，その先に鐘形の花を1個ずつ下向きに開く。花柄は長さ 2～3cm で無毛である。がくは5全裂し，裂片は円頭で長さ 0.15～0.2cm，縁にわずかに鋸歯があり無毛で，基部は少しふくらむ。花冠は白色または淡紅色を帯び，長さ 0.5～0.9cm ほど，先は5浅裂し，裂片は斜開する。雄しべは10本，花柱より短く，花糸は無毛で基部にむかって少し広がる。雌しべは1本，花柱は無毛，花冠より短い。さく果は球形で上向きに熟し，径 0.25cm ぐらいである。【学名】属名 *Cassiope* はギリシャ神話の女神カシオペアのことである。種形容語 *lycopodioides* はヒカゲノカズラ属に似た，の意味。和名イワヒゲは岩の間にはえ，茎が細いひげ状であることに由来する。

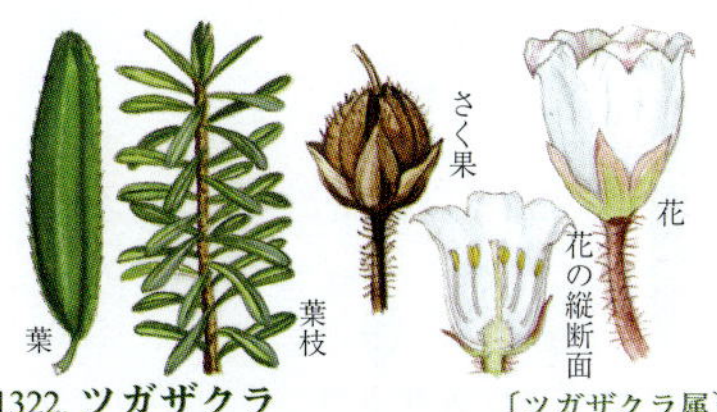

1322. ツガザクラ 〔ツガザクラ属〕
Phyllodoce nipponica Makino

【分布】本州（東北地方南部～中部地方，奈良県，鳥取県），四国（愛媛県）。【自然環境】高山の岩上などにはえる常緑小低木。【用途】鉢植え。【形態】高さは 10～20cm ほどになる。茎の下部は横に伏し，よく枝分かれし，地上部は直立してよく分枝する。若枝にとげ状突起と微毛がある。葉は互生で密生してつき，開出する。葉柄は 0.05cm ほど。葉身は線形で長さ 0.5～0.8cm，幅 0.15cm，表面は濃緑色で光沢があり，無毛で，中肋はへこむ。裏面は褐色を帯び，中肋は露出して白色の微毛を密生する。7月頃，枝の先に，数本の長さ 1～2.5cm の花柄を出し，その先に淡紅紫色の花を開く。花柄は紅紫色で密に腺毛がある。がくは紅色となり，裂片は三角形で長さ 0.2cm 内外，外側は無毛で，縁に少し微毛がある。花は鐘形で径 0.4cm，長さ 0.5～0.6cm ほど，裂片は広楕円形で反曲する。雄しべは10本で花冠より短い。花糸は無毛，花柱は雄しべと同長。【近似種】亜種にナガバツガザクラ subsp. *tsugifolia* (Nakai) Toyok. がある。全体に大きく，高さ 20～30cm になり，葉は長さ 0.8～1.2cm，花柄は 2.5～3cm ある。北海道，東北地方北部に産する。【学名】属名 *Phyllodoce* はギリシャ神話のニンフの名前である。種形容語 *nipponica* は日本本州の，の意味。ツガザクラの和名は葉がツガに似て，花がサクラを思わせることによる。

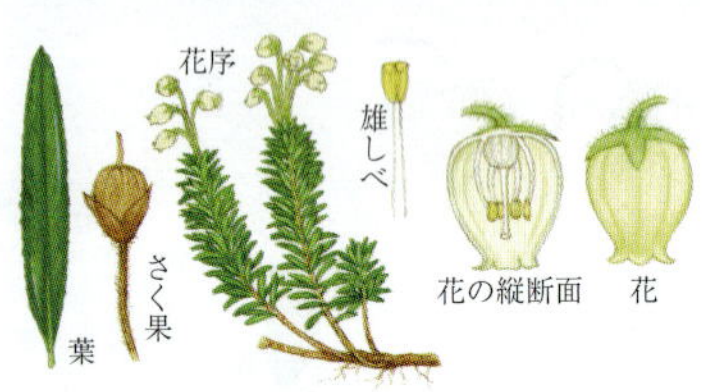

1323. アオノツガザクラ 〔ツガザクラ属〕

Phyllodoce aleutica (Spreng.) A.Heller

【分布】本州（中部以北），北海道，千島，サハリン，カムチャツカ，アリューシャン，アラスカ。【自然環境】高山帯の草地や岩石地などにはえる常緑小低木。【形態】茎は地面をはって根を出し，枝はよく分枝して斜上し，高さ 10〜30cm になる。若枝は黄褐色または赤褐色で，稜があり，微毛はあるがとげ状突起はない。葉は枝に密生してつき，開出する。葉身は長さ 0.8〜1.4cm，幅 0.1〜0.17cm，鈍頭で，表面中央に1条のへこんだ溝があり，裏面中脈には白色の微毛がある。葉柄は長さ 0.05〜0.1cm ほどで目立たない。7〜8月の頃，枝の頂に数本の花柄をのばし，淡黄緑色の卵状つぼ形で口の狭い花をつける。花柄は黄緑色で長さ 2〜3cm あり，微毛を密生し，腺毛もある。がくの裂片は披針形で先はとがり，長さ 0.4〜0.5cm 内外，外面に腺毛を密生し，縁に微毛がある。花冠は長さ 0.6〜0.8cm，内面および縁には微毛があり，裂片は反曲する。雄しべは 10 本あり，長さ約 0.3cm ぐらいで，花糸は無毛である。雌しべは1本，花柱は雄しべよりも少し長い。子房には腺毛がたくさんはえている。さく果は広卵形で上向きにつく。【学名】種形容語 *aleutica* はアリューシャン諸島という意味。和名アオノツガザクラは緑白色の花色に由来する。

1324. エゾノツガザクラ 〔ツガザクラ属〕

Phyllodoce caerulea (L.) Bab.

【分布】本州（岩木山，早池峰山，月山），北海道，千島，サハリン，朝鮮半島など北半球の北部に広く分布。【自然環境】高山の湿生草地などにはえる常緑小低木。【形態】高さ 10〜30cm になる。茎は地面をはって根を出す。枝はよく分枝して斜上する。若枝は黄褐色で稜があり，微毛がある。葉は密生し，開出してつく。葉柄は長さ 0.05cm 内外でよくわからない。葉身は線形で鈍頭，長さ 0.5〜1cm，幅 0.1〜0.15cm あり，表面の中肋には溝があり，裏面の中肋は白色の微毛を密生する。8月頃，枝の先に 2〜7 個の花を下向きにつける。花柄は長さ 1.5〜3cm で，腺毛が密にはえている。がくは紫色を帯びて先は5裂し，裂片は披針形で鋭頭となり，縁には微毛がある。花冠は紅紫色の卵状つぼ形で，口は狭く，長さ 0.7〜1cm ほどである。外面に腺毛があり，裂片は長さ約 0.1cm で反曲する。雄しべは 10 本，長さ約 0.4cm で花冠より短く，花糸は有毛。花柱は無毛で花冠より少し短い。さく果は卵球形で長さ 0.3cm ほどあり，腺毛がある。【近似種】類似のコエゾツガザクラ *P. aleutica* × *P. caerulea* が北海道の大雪山系の雪田に見られる。母種によく似ているが，花色が淡紅紫色または白色で薄く，花冠の外面の腺毛があまり目立たない。【学名】種形容語 *caerulea* は青色の，の意味。

1325. オオツガザクラ（コツガザクラ）

〔ツガザクラ属〕

Phyllodoce × *alpina* Koidz.

【分布】本州（妙高山系，北アルプス，御岳，白山，木曽駒ヶ岳，南アルプス）。【自然環境】高山帯の湿生草地や岩の上などにはえる常緑小低木。【形態】高さ 10～20cm ぐらいになる。茎の下部は地面をはって根を出し，地上部は直立し，その細い茎はよく枝分かれする。葉柄の間のへこみに微毛はあるがとげ状突起はない。葉は互生で，密生してつき開出する。葉は長さ 0.5～0.7cm，幅 0.1～0.15cm ぐらいで，先端はやや鈍頭となり，基部は急に狭くなる。葉柄はほとんど目立たない。生育した葉は無毛であるが，裏面の中肋上に白色の微毛があり，表面中央に 1 条のへこんだ溝がある。7～8 月の頃，2～3cm の花柄を茎の先端に出し，白色，淡紅色または淡緑色の花をつける。がくおよび花柄の色も，紅褐色から緑色までいろいろな変化がある。花柄には開出する白色の微毛がある。がく裂片は卵形，ときにやや狭卵形で，毛がない。花冠は卵球状つぼ形で口は広く，長さ 0.5～0.7cm ぐらいである。子房は卵球形で上半部に微毛と腺毛がある。さく果はほとんど成熟しない。【特性】ツガザクラとアオノツガザクラの自然雑種とみなされており，両者がはえているところにまれに見られる。形態的にも両者の中間的な形である。【学名】種形容語 *alpina* は高山性の，の意味。

自然樹形

ツガザクラに近い型

アオノツガザクラに近い型

花枝

花枝

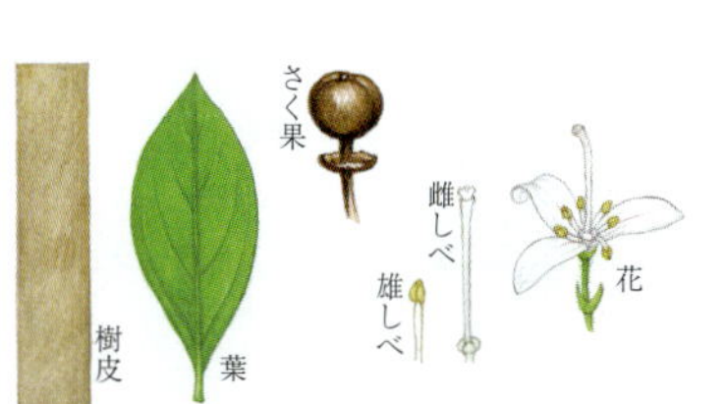

1326. ホツツジ

〔ホツツジ属〕

Elliottia paniculata (Siebold et Zucc.) Hook.f.

【分布】北海道，本州，四国，九州に分布。日本特産種。【自然環境】向陽の山地に自生する落葉低木。【形態】幹は高さ 1～2m でよく分枝し，若枝は赤褐色で鋭い 3 稜形となる。葉は互生し，倒卵形または楕円形で長さ 3～7cm，基部はくさび形で全縁。葉柄は長さ約 0.2cm。葉の上面は中肋に短毛があり，下面は中肋に開出する白毛がある。葉質はやや薄い。開花は 8～10 月，枝先に長さ 5～10cm の円錐花序を直立し，多数の淡紅色を帯びた白色花をつける。花序には短毛が密生する。苞は針状で長さ 0.2～0.4cm。花柄は長さ 0.3～0.5cm，小苞は 0.1cm。がくは小形皿状で径 0.1～0.2cm，縁は全縁かまたは浅い 5 歯となり，花柄とともに微毛がある。花は径 1～1.5cm，3 個の花弁に分かれる。花弁は細い楕円形，長さ 0.6～0.7cm でそりぎみに開く。蕾は下を向く。雄しべは 6 個で短く，花糸は扁平で白色。花柱は長さ 0.7cm で花より突き出し上方に向けて曲がる。さく果は丸く，3 片からなり，径 0.3cm，がくとの間に約 0.1cm の柄がつく。【特性】有毒植物。【学名】種形容語 *paniculata* は円錐花穂の意味。和名ホツツジは花穂をつけるツツジの意味。

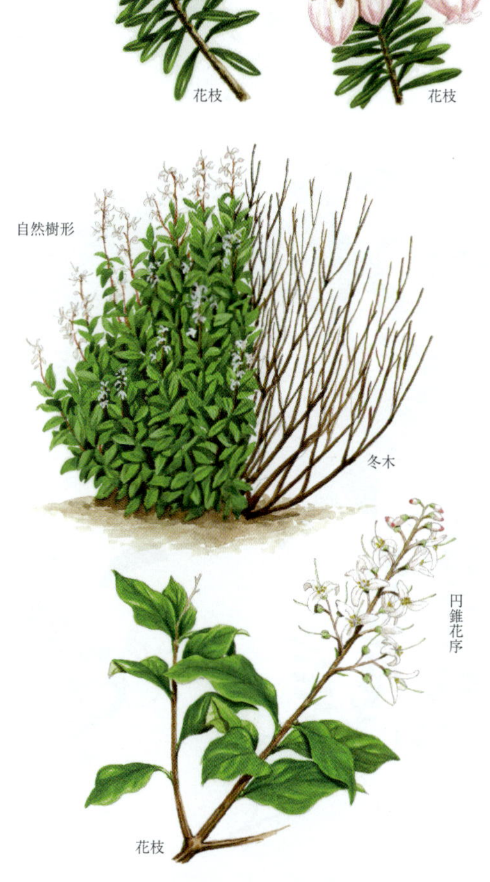

1327. ミヤマホツツジ（ハコツツジ）〔ホツツジ属〕
Elliottia bracteata (Maxim.) Benth. et Hook.f.

【分布】北海道，本州北中部から鳥取県大山，岡山県蒜山まで分布する。日本特産種。【自然環境】高山や亜高山にはえる落葉低木。【形態】高さ 1m 内外で密に分枝する。若枝は赤褐色で鈍い稜がある。葉は互生し，倒卵形で先は丸く，下部へしだいに狭くなり，ほとんど無柄となり，全縁で縁にごく短い毛があるほか無毛。長さ 3～6cm，幅 1～3cm。葉質は薄い。開花は 7～8 月，枝先に長さ 3～10cm の総状花序を出し，花弁の外側が紅色を帯びる白花を 3～8 個つける。花序には短毛が密生する。苞は葉状で大きいものから，針状で小さいものまである。花柄は 1～1.8cm，小苞は 2 個つき，倒針形で長さ約 0.4cm。がくは淡緑色で深く 5 裂し，裂片は披針形で長さ約 0.4cm，縁に短毛がある。花は径 1cm ほどで 3 個の花弁に離生し，花弁は長楕円形で長さ 0.8～1cm，先はそり返る。雄しべは 6 個で星状に開き，花糸は扁平で白く紅色の線が入る。葯は紅紫色。花柱は長さ 0.9cm で突き出し，先は上方へ湾曲する。さく果は丸く 3 片からなり，無柄である。ホツツジとは，葉先の丸いこと，花軸に葉状の苞があり，さく果の下部が無柄であることにより区別される。【学名】和名ミヤマホツツジは深山にはえるホツツジの意味。

1328. シラタマノキ（シロモノ）〔シラタマノキ属〕
Gaultheria pyroloides Hook.f. et Thomson ex Miq.

【分布】本州（鳥取県大山および中部地方以北），北海道，千島，サハリン，アリューシャン。【自然環境】高山の日あたりのよい岩石地にはえる常緑小低木。【用途】鉢植え。【形態】地下茎を長く引き，ときに枝分かれし，先に地上茎を立てて高さ 10～30cm になる。若枝は微毛を密生するが，のちには無毛となる。葉は互生し，0.1cm 内外の短い柄をもつ。葉身は倒卵形から楕円形で長さ 1.5～4cm，幅 0.7～1.5cm，先端は丸く，表面は中肋にそって微毛があり，裏面は緑白色でまばらに短い堅い毛がある。縁には波状の鋸歯があって，鋸歯の先に微突起がある。葉脈は表面でへこみ，裏面で突出する。7～8 月，枝の先に長さ 2～6cm の総状花序を出し，白色の花を 1～6 個開く。花柄は長さ 0.3～0.5cm，基部に卵形ボート形の 1 個の苞，上部にボート形の 2 個の小苞がある。がくは 5 深裂し，裂片は三角形で鈍頭。花冠はつぼ状で長さ 0.4cm，幅 0.5cm，先は 5 浅裂し，裂片は三角形で反曲する。雄しべは 10 本で長さ 0.3cm ほど。葯の先に 4 突起がある。雌しべは長さ 0.5cm ぐらい。果実は球形で径 0.8cm 内外あり，白色に熟し，枝や葉とともにサリチル酸メチルに似た香りがある。【学名】和名シラタマノキはその果実に由来する。別和名シロモノはアカモノに対する呼び名である。

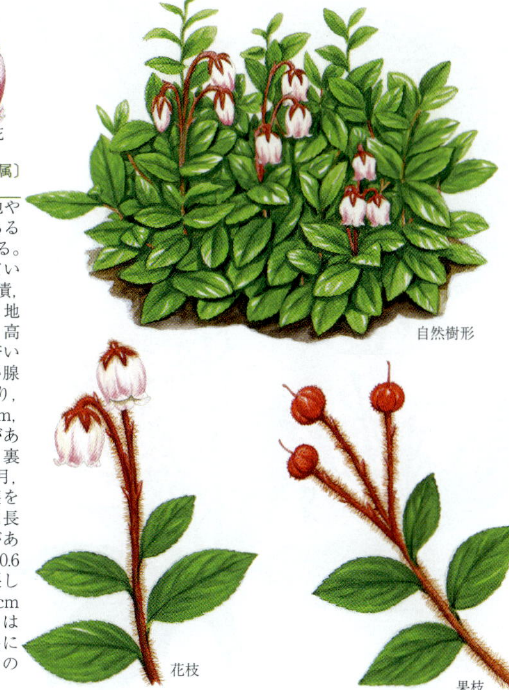

1329. **アカモノ**　〔シラタマノキ属〕

Gaultheria adenothrix (Miq.) Maxim.

【分布】本州，四国，九州。**【自然環境】**高山の草地や亜高山帯の針葉樹林にはえる常緑小低木であるが，西日本では海抜 500m ぐらいまでおりている。本州中部でのその分布は日本海側に片寄っている。**【用途】**鉢植え。果実は食用になり，シロップ漬，果実酒，ジャムに利用される。**【形態】**茎は長く地中をのびて根を出し，分枝して枝は上向し，高さ 10～30cm になる。葉は地上茎に互生し，若い枝には花茎とともに白色の微毛と褐色の長い腺毛を密生する。葉は 0.1～0.2cm の短い柄があり，広卵形で先はとがり基部は丸く，長さ 1.5～3cm，幅 1～2cm，縁には波状の細鋸歯または剛毛がある。革質の葉の表面は無毛で葉脈はへこみ，裏面は剛毛が散生して葉脈が突出する。6～7 月，枝の先端または上部の葉の腋から数本の花茎を出し，その先に 1 花を下向きに開く。花茎は長さ 1.5～4cm ある。がくは先が 5 裂し，微毛がある。花冠は白色で多少紅色を帯び，鐘形で長さ 0.6～0.7cm あり，内外ともに毛はなく，縁は 5 裂しそり返る。雄しべは 10 本。果実は球形で径 1cm ほどあり赤く熟す。**【学名】**種形容語 *adenothrix* は腺毛のあるという意味で，本種の若枝や花茎に腺毛が多いことによる。アカモノの和名はその果実から赤桃がなまったものである。

1330. **トチュウ**　〔トチュウ属〕

Eucommia ulmoides Oliv.

【原産地】中国大陸中部。**【自然環境】**日本には大正年代に入り，植物園などで栽培される落葉高木。**【用途】**漢方では樹皮を強壮，鎮痛薬として用いる。葉はトチュウ茶として飲用とする。**【形態】**幹は高さ 15m に達し，径 40cm ほどになる。樹皮は褐色を帯びた灰白色。枝は無毛。葉は互生し，有柄で，葉身は楕円形または長楕円形で鋭頭，基部は丸いか広いくさび形で，長さ 8～15cm，幅 3～7cm，縁に鋸歯があり，表面は深緑色で無毛，光沢があり，葉脈にそってへこむ。裏面は淡緑色で葉脈はうち出し，早落性の微毛がある。質やや厚く，若枝や果実とともに折ると銀白色のゴム状の糸を引く。葉柄は長さ 1.5～2.5cm。開花は 4 月頃。雌雄異株で，若枝の苞の腋に多数の小花をつける。花被はなく，雄花では雄しべが 6～10 個あり，花糸はごく短く，葯は赤褐色で長さ約 1cm。雌花には 1 個の雌しべがある。子房は 2 心皮からなり，1 室は不稔性。果実はやや下垂し，長楕円形で長さ 3～3.5cm，先端はへこみ，下部はくさび形で柄となり，扁平で中央に 1 個の種子がある。9～10 月に成熟する。**【特性】**樹皮や葉にはグッタペルカ（ゴムの原料になる）が葉で約 2%，樹皮で 7% ほど含まれる。**【学名】**属名 *Eucommia* は，eu（よい）と kommi（ゴム）の合成語。種形容語 *ulmoides* はニレに似た，の意味。

1331. アオキ (アオキバ) 〔アオキ属〕

Aucuba japonica Thunb. var. *japonica*

【分布】関東以西の本州，四国，九州，沖縄，台湾，朝鮮半島。**【自然環境】**谷側，山腹などの陰樹下に生じ，多くは群生する常緑低木。**【用途】**庭園，公園の植込み，根締め。材は箸，杖などや小細工物。葉は飼料。**【形態】**株立ち状で高さ 2～3m, 樹皮は黒褐色，枝は太く緑色。葉は対生し，有柄，2～3cm。葉身は長楕円形で鋭尖，長さ 8～20cm，葉縁には粗い鋸歯がある。革質で，上面は深緑色で光沢がある。花は 4～5 月，雌雄異株。小枝の先に円錐花序をつける。雄花序は 7～10cm と大形で多数花をつけ，雌花序は小形で少数花をつける。花は紫褐色または黄緑色の小さい 4 弁花である。果実は卵状楕円体で長さ 1.5～2cm, 鮮紅色に赤熟する。種子は 7 個，両尖長楕円体で長さ 1～1.8cm，年末から翌春にかけて種子は成熟する。**【特性】**陰樹であり，乾燥地を嫌う。生長はやや早い。適湿地を好む。大気汚染に強い。**【植栽】**繁殖は実生，さし木による。実生は果肉を水洗生干しし，採りまきする。発芽率は高い。さし木は，春は前年枝，夏，秋は当年枝をさす。**【管理】**自然の形を乱すとび枝や枯れ枝，細枝を切る程度。施肥はほとんど必要ない。病害虫にはカイガラムシが発生，スス病を誘発すると緑が汚くなるので，ときどき枝抜きをして通風をよくする。**【近似種】**ヒメアオキはアオキに比して葉が小形である。北海道，本州の日本海側の多雪地に分布している。**【学名】**種形容語 *japonica* は日本の，の意味。

1332. ヒメアオキ 〔アオキ属〕

Aucuba japonica Thunb.
var. *borealis* Miyabe et Kudô

【分布】北海道，本州の日本海沿岸に分布。**【自然環境】**人里や山地の林内，日あたりの少ない傾斜地に自生，もしくは植栽される常緑低木。**【用途】**観賞用として庭園に植栽。材は箸や杖，葉は家畜の飼料。そのほか薬用に利用される。**【形態】**幹は株立ち状，若枝は緑色で微毛がある。葉は対生，微毛のある葉柄があり，長さ 4～15cm，幅 2～10cm の長楕円形で，先端は鋭尖形，縁には粗い鋸歯がある。下面に微毛があり，葉面は乾くと黒色となる。雌雄異株。花は紫褐色の 4 弁花で 4 月頃開花，雄花はやや大形の円錐花序，多数花で，雌花は小形の円錐花序，少数花である。果実は楕円形，11～12 月頃赤く熟す。**【特性】**陰樹。強健で寒さに耐える。粘土質の水分の多い地を好む。また耐煙性があり，工場や都市植栽でも育つ。**【植栽】**繁殖は実生，さし木，株分けによる。実生は採りまきか，冷暗貯蔵後，春先にまく。さし木は前年枝を 4 月にさすか，また 6～7 月に緑枝（本年枝）をさすとよい。**【管理】**せん定は徒長枝，むだ枝，混み枝を切る程度。肥料はほとんど必要ないが，庭園樹の場合は有機質肥料を施すとよい。病害虫は，斑点病やカイガラムシに注意。**【学名】**変種名 *borealis* は北方の，という意味。

1333. ルリミノキ（ルリダマノキ）〔ルリミノキ属〕
Lasianthus japonicus Miq.

【分布】本州（静岡県以西），四国，九州，沖縄，台湾，中国南部。**【自然環境】**暖地の林内にはえる常緑低木。**【形態】**高さ 1.5m ぐらいになり，上部で枝分かれする。枝には初め少し斜上毛がある。葉は長さ 0.6～1cm の柄があって対生する。葉身は長楕円形または楕円状披針形で，先端は長く鋭くとがり，基部はくさび形で長さ 8～15cm，幅 2～4cm，全縁で革質，表面は無毛で光沢があり，裏面は脈上にわずかに毛がある。托葉は狭三角形で長さ 0.1cm ぐらい。5～6 月，数個の花が葉腋に束生し，ほとんど柄はない。がくは小さく，浅く 5 裂し裂片は 0.1cm 内外。花冠は白色の漏斗状で，長さ 1cm ほど，先は 5 裂して毛を散生し，内面には毛が多く，裂片は長さ 0.3cm ぐらい。雄しべは花冠内に，花糸は筒部の中ほどについている。果実は球形で，瑠璃色に熟す。**【近似種】**品種のサツマルリミノキ f. *satsumensis* (Matsum.) Kitam. は枝や葉裏の脈上に帯褐色の開出毛が多く，本州の紀伊半島や四国，九州にはえる。**【学名】**属名 *Lasianthus* は粗剛毛のある花という意味。種形容語 *japonicus* は日本の，という意味である。和名ルリミノキはその実の色に由来する。ルリダマノキも同じ。

1334. ケシンテンルリミノキ〔ルリミノキ属〕
Lasianthus curtisii King et Gamble

【分布】九州（屋久島），沖縄，台湾，中国南部，インドシナ，マレー半島。**【自然環境】**暖地の常緑広葉樹林内にはえる常緑低木。**【形態】**よく枝分かれし，枝には開出する黄褐色の剛毛が密にはえている。葉は 0.3～0.6cm の葉柄があって対生する。葉身は長楕円形もしくは狭長楕円形で先端は鋭くとがり，基部は広いくさび形となって長さ 6～10cm，幅 2～4cm，全縁で，側脈は 5～6 対ある。洋紙質で表面に毛がなく，裏面に褐色の毛があり，とくに裏面脈上には開出する黄褐色の毛が密にはえている。托葉は合生し，幅は狭くて小さく，長さ 0.2cm ぐらいで毛がはえている。花は白色で，数個が葉腋に束生してつき，柄はない。がくは有毛で短く，長さ 0.5cm ぐらいで子房より上は 0.4cm ほど，裂片は線状披針形で 0.25～0.3cm，先はとがる。果実は球形で径 0.4cm ぐらいあり，碧色に熟す。有毛でがく裂片が宿存する。**【近似種】**よく似たものにリュウキュウルリミノキ（ミヤマルリミノキ）*L. fordii* Hance があり，屋久島，種子島，沖縄，台湾，中国南部，インドシナ，フィリピンに分布する。ケシンテンルリミノキでは茎や葉の裏面に開出する黄褐色の密毛があるのに対し，こちらは茎や裏面の毛は斜上し，しかも少ない。**【学名】**種形容語 *curtisii* は人名に基づく。

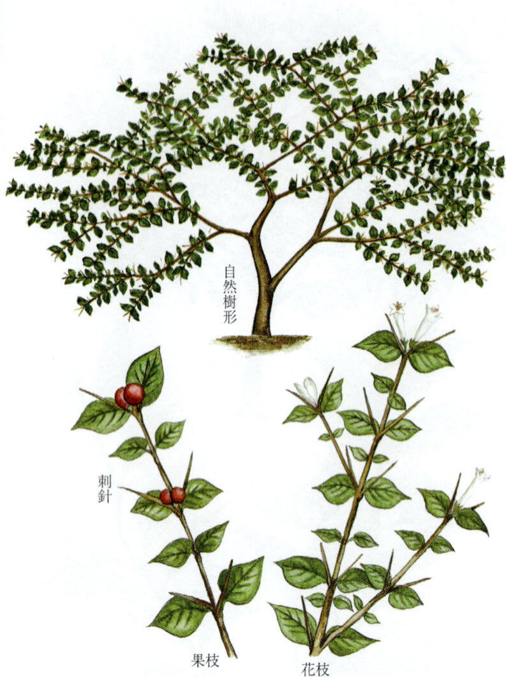

1335. アリドオシ　〔アリドオシ属〕

Damnacanthus indicus C.F.Gaertn. var. *indicus*

【分布】本州（関東以西），四国，九州，沖縄，朝鮮半島南部，台湾，中国南部，タイ，インド東北部。**【自然環境】**山地のやや乾いた樹林内にはえる常緑小低木。**【用途】**庭園樹。**【形態】**高さは30～60cmになる。枝は横に広がる小枝を多数分枝し，若枝には短毛を密生する。根は太く，分枝するが数珠状にふくらまない。葉は対生し，卵円形で長さ1～2.5cm，幅0.7～2cm，先は短くとがり基部は丸く，0.05～0.15cmの短い葉柄がある。質厚く光沢があり，全縁である。托葉は合生し，長さ0.05cmほどで落ちやすい。托葉の基部に長さ1～2cmの刺針がある。5～6月，葉腋に1～3個の花をつける。花柄は0.1cmほど。がくは鐘形で長さ0.15～0.2cmぐらい，短毛があり先は4裂する。花冠は白色，筒状漏斗形で長さ1.2cm内外，先は4裂し裂片は鈍頭，外面は毛がなく，内面の筒の中央部以上に長軟毛を密生する。雄しべ4個，花糸は筒部に密着する。花柱は雄しべより長く，柱頭は4裂する。果実は球形で径0.6～0.7cm，赤く熟し，なかなか落ちず翌年の花の頃でさえまだついている。**【学名】**属名*Damnacanthus*は向かいあった鋭い針がある，という意味。種形容語indicusは東インドの，という意味。和名アリドオシは蟻通しで，刺針の鋭さに由来する。

1336. オオアリドオシ（ニセジュズネノキ）　〔アリドオシ属〕

Damnacanthus indicus C.F.Gaertn. var. *major* (Siebold et Zucc.) Makino

【分布】本州（関東西南部以西），四国，九州，沖縄，朝鮮半島南部。**【自然環境】**暖地の樹林下に多く見られる常緑小低木。**【形態】**高さ30～70cmになる。茎には細かい毛を密生する。枝は灰白色。根はよく分裂し，数珠状にふくらむことはない。葉は1.5～2cmの短い柄があって対生する。葉身は卵形で，先端は鋭くとがり基部は円形または広いくさび形で，長さ2.5～4cm，幅1～2cm，質は堅く，光沢があって両面無毛である。托葉は長さ0.1cmで落ちやすい。托葉の基部から出る刺針は0.5～0.6cmがふつうで，葉よりもはるかに短い。花は4～5月，葉腋に1～3個つく。花柄は0.1～0.15cm。がくは鐘形で長さは0.3cmぐらい，先は4裂し，裂片は長さ0.15cmほどで狭三角形，先はとがる。花冠は白色の筒状漏斗形で長さ1.5～1.8cm，外面は無毛で内面の中央部以上に長軟毛があり，先は4裂する。雄しべは4個，花糸は筒部に密着する。花柱は糸状で雄しべよりも長く，柱頭は4裂する。果実は球形で径0.7～0.8cm，赤く熟し，頂にがく裂片が宿存する。**【学名】**変種名*major*はより大きな，という意味。牧野富太郎は平賀源内のジュズネノキの図を根拠に本種にジュズネノキの和名をあてたが，現在一般にはジュズネノキの和名は*D. macrophyllus* Siebold ex Miq.に用いられている。

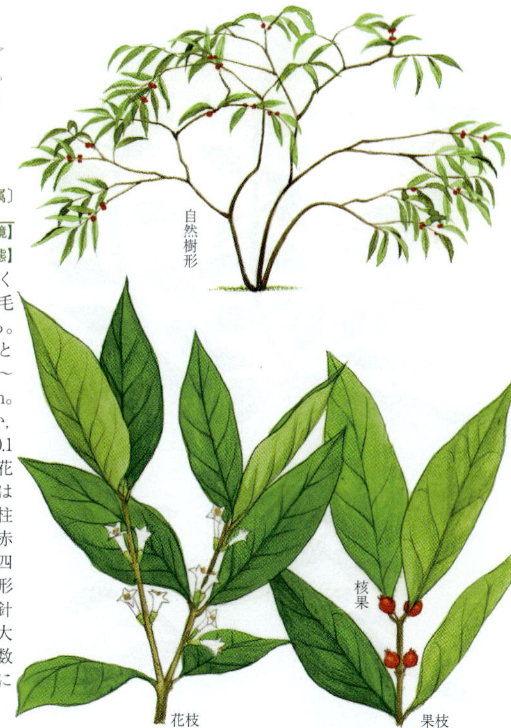

1337. ナガバジュズネノキ〔アリドオシ属〕
Damnacanthus giganteus (Makino) Nakai

【分布】本州（愛知県以西），四国，九州。【自然環境】暖地の常緑広葉樹林内にはえる常緑低木。【形態】根は太くて分枝が多く，しばしば数珠状にふくらむ。若枝にはわずかに毛があるが，のち無毛となる。葉は0.2～0.4cmの柄があって対生する。葉身は広披針形または狭長楕円形で先は長くとがり，基部はくさび形で長さ7～13cm，幅2～4cm，全縁で無毛。托葉は合生し長さ0.1～0.15cm。托葉の腋に0.1～0.2cmの小さい刺針があるか，またはない。花は4～5月，葉腋に1～2個つき，0.1～0.2cmの花柄がある。がくは鐘形で小さい。花冠は白色で長さ1cmほど，筒部は細長く，先は4裂する。雄しべは4個，花筒の上部につく。柱頭は4裂する。果実は球形で径0.5cm内外，赤く熟す。【近似種】母種のオオバジュズネノキは四国，九州にはえ，葉が楕円形または卵状楕円形で基部は丸く，長さ3～8cm，幅1.5～4cm，刺針は0.2～0.4cm。【学名】種形容語 *giganteus* は巨大な，の意味。和名ナガバジュズネノキは長葉数珠根の木で，葉が長く，根がしばしば数珠状にくびれることによる。

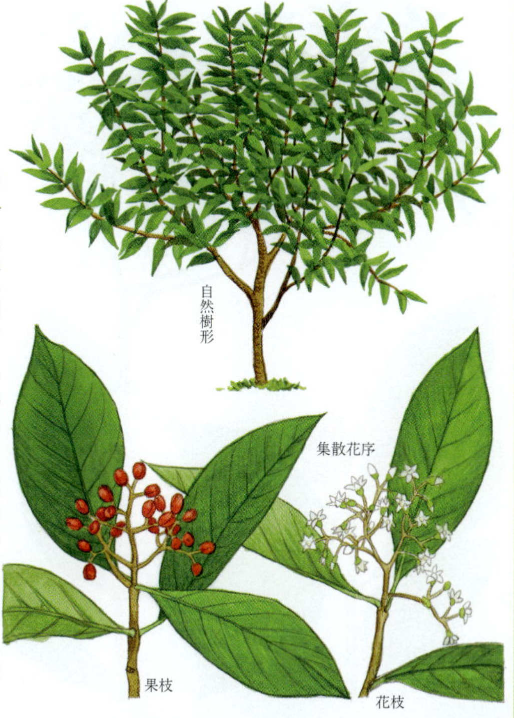

1338. ボチョウジ（リュウキュウアオキ）〔ボチョウジ属〕
Psychotria asiatica L.

【分布】九州（屋久島，種子島），沖縄，中国南部，台湾，インドシナ。【自然環境】暖地の湿った砂土のような所にはえる常緑低木。【形態】高さ2～3mになる。葉は長さ1～2cmの柄があって対生する。葉身は長楕円形または倒披針形で，先は短く鋭くとがり，基部はしだいに狭くなって長さ8～20cm，幅2.5～5cm，質は軟らかくて厚い。全縁で，両面には毛がなく多数の側脈がある。托葉は合生し，半円形で長さ0.3～0.4cm，早く落ちる。5～7月，枝の先に集散花序を出し白色の小さな花を多数つける。花序は径4～7cm，花柄は0.1～0.2cmである。がくは皿状で長さ0.05cmぐらい。花冠は径0.6cm内外，長さ0.4cmほど，漏斗形で5裂し，内面ののど部に白色の毛がある。雄しべは5個あり，葯は楕円形で長く，花糸は短い。雌しべの先端は2裂する。果実は球形で径0.6cmぐらい，赤く熟す。種子は背面に縦の溝がある。【学名】属名 *Psychotria* は気息を保つ，という意味。ボチョウジの和名は花の形が香料のチョウジ（丁字）に似ていることによる。リュウキュウアオキは沖縄に分布し，ガリア科のアオキに似た大きな葉をつけることに由来する。

1339. シラタマカズラ（イワヅタイ，ワラベナカセ）
〔ボチョウジ属〕
Psychotria serpens L.

【分布】本州（和歌山県南部），四国（南部），九州（宮崎，鹿児島県），沖縄，台湾，中国南部，インドシナ。【自然環境】暖地の林縁などにはえる着生の常緑つる性植物。【形態】茎は長くのび，緑色で付着根を出して木や岩によじ登る。葉は長さ0.3〜0.8cmの柄があって対生する。葉身は楕円形もしくは卵状楕円形で鈍頭またはやや鋭頭，基部はくさび形で長さ2〜4cm，幅1〜2.2cm，革質で全縁，多肉で側脈ははっきりしない。托葉は合生し，長さ0.15〜0.2cmで落ちやすい。6〜7月，枝の先に集散花序を出し，白色の小さな花を多数開く。花序は径3〜8cm，小花柄は0.07cmぐらい。苞葉は小さい。がくは0.05cmほどで浅く5裂する。花冠は5裂し，筒部は0.3cm，裂片は0.15cmぐらいでそり返る。筒部内側ののど部に白毛を密生する。雄しべは5個，花糸は筒の中ほどにつき，長さ0.2cm内外。雌しべは1個あり，花柱は長さ0.25cmほど，先は太くなって2裂し，柱頭の先はとがる。果実は球形または楕円形で径0.4〜0.6cm，白色に熟す。【学名】種形容語*serpens*は匍匐する，という意味。和名シラタマカズラは白玉蔓で，その果実に基づく。イワヅタイは岩伝いで，岩の上に茎がはうことによる。ワラベナカセは果実に味がないことからの名である。

1340. ハナガサノキ〔クロバカズラ属〕
Gynochthodes umbellata (L.) Razafim. et B.Bremer

【分布】九州（屋久島，種子島），沖縄，台湾，中国南部，マレーシア。【自然環境】常緑広葉樹林内にはえる常緑つる性植物。【形態】つる性の木本で，林縁などで他のものにからまって繁茂する。乾くと黒くなる。全体平滑で，葉は長さ1cmほどの柄があって対生する。葉身は倒卵状長楕円形で長さ6〜10cm，幅2〜4cm，先端は急にとがり，基部は細くなって葉柄に流れる。洋紙質で両面にわずかに細かい毛があるかまたはほとんど無毛，裏面の中肋と葉脈との間に毛の集まりがある。托葉は筒状に合着して枝を包み，長さ0.3〜0.4cm，膜質で有毛である。5月頃，枝先に頭状花序を傘状につける。花序の柄は長さ1〜2.5cm，短毛がある。頭状花序は径0.7〜0.8cm。がくは短く盃状，花冠は白色で長さ0.4cm内外，内側に密毛があり，深く4〜5裂し裂片の先に突起がある。雄しべは4〜5個，雌しべは1個。集合果は径1cmほどのゆがんだ球形で暗赤色に熟す。【近似種】小笠原諸島に産するムニンハナガサノキ*G. boninensis* (Ohwi) E.Oguri et T.Sugaw.は頭状花序の花数，花序の数が多く，集合果も径1.5cmぐらいあって大きい。【学名】種形容語*umbellata*は散形の，という意味。和名ハナガサノキは花序の形が傘のようになることに由来する。

1341. シチョウゲ（イワハギ）　〔シチョウゲ属〕
Leptodermis pulchella Yatabe

【分布】本州（三重，和歌山，奈良，兵庫各県），四国（高知県）。【自然環境】川の縁の岩の上などにはえている落葉小低木で観賞用にもよく植えられている。【用途】庭園樹，鉢植え。【形態】高さ0.5〜1m ぐらいになる。若枝は淡紫黒色で短毛があるが，のち樹皮はふぞろいに縦に裂ける。葉は 0.2〜0.5cm の柄があって対生する。葉身は狭卵形または広披針形で長さ 1.5〜3.5cm，幅 0.5〜1.5cm，両端はとがり全縁で，両面中肋に短毛がある。托葉は合生して披針形，長さ 0.2cm ほど。7〜8 月，葉腋に数個の紫色の花を開く。がく片は小さく 5 裂する。苞葉は長さ 0.3〜0.4cm，花冠は漏斗状で長さ 1.5〜1.8cm，短毛を密生し，径 0.9cm，先は 5 裂する。雄しべは 5 個，花糸は花筒に合生し，葯は白色で長さ 0.25cm ほど，花筒内部には毛がある。柱頭は 5 裂する。さく果は長楕円形で，宿存がくを含めて長さ 0.5cm ぐらい。【特性】土壌は選ばないが日あたりのよい所を好む。【植栽】繁殖は実生，さし木による。【学名】属名 *Leptodermis* は薄い皮という意味。種形容語 *pulchella* は美しい，また愛らしい，の意味である。和名シチョウゲは紫丁花で，花形が丁字に似て紫色の花をつけることによる。イワハギは岩上にはえ，紫色の花をハギの色にたとえたもの。

1342. ハクチョウゲ　〔ハクチョウゲ属〕
Serissa japonica (Thunb.) Thunb.

【原産地】台湾，中国，インドシナ，タイ。【自然環境】観賞用に各地でよく栽培されている常緑低木。【用途】庭園樹，生垣，公園樹。【形態】高さ 1〜1.5m になり，多数の小枝をさかんに分枝する。若枝は黒紫色を帯び短い毛がはえ，古くなると樹皮は縦に裂けて灰黒色となる。葉はほとんど無柄で対生する。葉身は長楕円形または楕円形で，先はわずかにとがり，基部はくさび形で長さ 0.7〜3cm，全縁で質はやや厚く，表面には光沢がある。托葉は合生し，3 個のとげがある。5〜7 月，白色または淡紅紫色を帯びた花を開く。苞は緑色。がく裂片は緑色で長さ 0.1cm ほど，先はとがる。花冠は漏斗状で長さ 1.2cm ぐらい，先は 5 裂し，裂片は 3 尖裂する。内面には細かい毛がある。雄しべは 5 個。花には 2 形あって，短い花柱で長い雄しべをもつものと，長い花柱で短い雄しべのものがあり，株は別である。果実は倒卵形で宿存がくを含めて長さ 0.4〜0.5cm。ふつう日本では果実はできにくい。【特性】樹勢強く，土質を選ばずよく育つ。【植栽】繁殖はさし木がよい。【管理】萌芽力が強いので強いせん定もできる。【学名】属名 *Serissa* はインド名。種形容語 *japonica* は日本の，という意味。和名ハクチョウゲは白丁花で，丁字咲の白色花の意味である。

1343. ヘクソカズラ（ヤイトバナ，サオトメバナ）

〔ヘクソカズラ属〕

Paederia foetida L.

【分布】北海道，本州，四国，九州，沖縄，朝鮮半島，中国，台湾，フィリピン。【自然環境】山地や野原のやぶ，河川や道のそばなど，どこにでもふつうにはえている落葉つる性植物。【形態】茎は左巻きで長くのび，他物にからみついて繁茂する。草本のように見えるが基部はしばしば木質となって，太いものは径 1.5cm ぐらいになる。葉は有柄で対生する。葉身は楕円形または細長い卵形で先はとがり，基部は心臓形もしくは円形で長さ 4～10cm，幅 1～7cm，茎とともにやや毛があり，悪臭がある。葉柄の間には三角形で先のとがる托葉がある。8～9 月，葉のつけ根や茎の先から集散花序を出し，多数の花をつける。花には短い花柄がある。がくは短く，斜開する。花冠は太い筒形で長さ 1cm ほど，灰白色で内面は中央が紅紫色となり，先は 5 裂する。果実は径 0.6cm ぐらい，黄褐色に熟す。熟すと乾き，冬になって葉が落ちたあとも茎についている。【学名】属名 *Paederia* は悪臭の意味。ヘクソカズラの和名は屁糞蔓または屁臭蔓で，全体に悪臭があることによる。ヤイトバナは花の中央の紅紫色がやいと，つまりお灸のあとに似ていることに由来する。サオトメバナは早乙女花の意味である。

1344. カギカズラ

〔カギカズラ属〕

Uncaria rhynchophylla (Miq.) Miq.

【分布】本州（千葉県以西），四国，九州。【自然環境】暖地の山地の林内にはえる常緑つる性植物。【用途】小枝の変形したかぎ（鉤）の部分を薬用にする。【形態】茎は長くのび，水平に広がり，若い茎は四角で無毛である。葉は 1～1.2cm の柄があって対生する。葉身は長楕円形または卵形で，先は鋭くとがり基部は広いくさび形または円形で，長さ 5～11cm，幅 3～7cm で 4～5 対の側脈がある。全縁で革質，表面は無毛で光沢があり，裏面は中肋と側脈の腋にわずかに毛があるほかは無毛で，やや白色を帯びる。葉の基部に広線形の長さ 0.7～0.8cm の托葉があるが早落性である。葉腋に著しく下側に曲がった太い鉤があり，これが他物に引っかかる。7 月頃，葉腋から花梗を出し，その先に 1 個の頭状花序をつける。頭状花序は径 2cm ほど。花梗は長さ 2～4cm ある。花冠は白線色，細長い筒部の先が 5 裂し，長さ 0.7～0.8cm ある。がく筒は短毛を密生し，先は 5 裂する。花冠は 5 裂し開出する。雄しべは 5 個，花柱は長く花冠から突き出す。果実は長楕円形で長さ 0.5cm ぐらい，短毛を密生し，がく裂片が残る。【学名】種形容語 *rhynchophylla* は嘴状葉の，という意味。

1345. タニワタリノキ 〔タニワタリノキ属〕

Adina pilulifera (Lam.) Franch. ex Drake

【分布】九州（天草島および宮崎県以南，屋久島），中国南部，インドシナ。【自然環境】暖かい地方の山地にはえる常緑小高木。【形態】高さ5〜6mになる。花序および若枝だけに微毛がある。枝は古くなると灰黒色となり縦にすじができる。葉は0.4〜1cmの短い柄があって対生する。葉身は長楕円状披針形で，先端は鋭尖頭で鈍端，基部はくさび形で長さ5〜10cm，幅2〜3.5cm，全縁で，質はあまり厚くない洋紙質，両面は無毛である。托葉は4個あり，披針形で先はとがり，長さ0.3〜0.6cmで早落性である。8〜9月，葉の腋からふつう1個の頭状花序を出す。ときに花序の柄が枝分かれして3個の頭状花序をつけることもある。柄は長さ2.5〜4.5cm，微毛を密生し，中ほどに1対の苞がある。頭状花序は径1.5cmぐらい。花冠は淡黄色，筒状漏斗形で先は5裂して平開し，長さ0.5cmぐらい。がく筒には剛毛がある。雄しべは4〜5個あり筒の上部につき，花糸はきわめて短い。花柱は糸状で，長さ0.7cmぐらいある。さく果は狭倒卵形で長さ0.25cmほど。種子は長楕円形で長さ約0.1cm，両側に翼がある。【学名】属名*Adina*は密集という意味。種形容語*pilulifera*は小球を有するという意味。和名タニワタリノキは本種が谷間を好んではえることに基づく。

1346. ヘツカニガキ（ハニガキ）〔ヘツカニガキ属〕

Sinoadina racemosa (Siebold et Zucc.) Ridsdale

【分布】四国（南部），九州（南部），沖縄，台湾，中国中南部。【自然環境】暖かい地方の山地にはえる落葉小高木。【形態】高さ10〜15mになる。枝はやや太く，若枝には微毛があるが，すじは無毛となる。実は3〜5cmの長い柄があって対生する。葉身は卵形または長楕円状卵形で先端は鋭くとがり，基部は丸いかまたは浅く心臓形となって長さ8〜12cm，幅4〜7cm，全縁で，堅い革質である。表面は光沢があって無毛，裏面の脈上に軟毛がある。托葉は合生し，披針形で膜質，長さ1.3〜1.5cmあり早落性である。7月頃，枝の先に長さ6cmぐらいの花序を出し，球形になる頭状花序を枝の先端に総状につける。頭状花序の柄は1.5〜2.5cm，柄の中頃に初め苞があるが柄ののびる間に落ちてしまう。頭状花序は径2〜2.5cmほど。がく裂片は4〜6個，がく筒とともに褐色の毛がある。花冠は淡黄色，筒状漏斗形で長さ0.7cm内外，外面に短毛を密生し，先は5裂する。雄しべは5個，筒の上部につき，花糸はごく短い。花柱は花筒部の2倍くらいあって長く突き出し，柱頭部はふくらむ。さく果は倒披針形で長さ0.3cmぐらい。【学名】種形容語*racemosa*は総状花序の，という意味。和名ヘツカは辺塚で，鹿児島県大隅半島の1地名である。

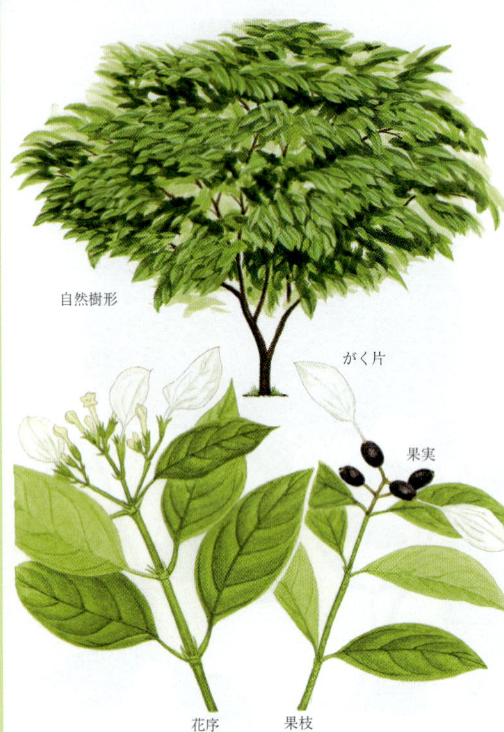

1347. コンロンカ 〔コンロンカ属〕
Mussaenda parviflora Miq.

【分布】九州（鹿児島県，屋久島，種子島），沖縄，台湾。【自然環境】暖かい地方の山地にはえる常緑低木で，まれに観賞のため栽培することもある。【用途】庭園樹。【形態】高さ 1～2m になる。若枝には少し伏毛がある。葉は有柄で対生し，葉身は狭長楕円形または長楕円形で長さ 10～13cm，幅 3～4cm，先端は鋭くとがり基部は広いくさび形または丸く，全縁で，両面に短毛を散生する。葉柄は 0.5～1.5cm。托葉は離生し，披針形で長さ 0.5cm ぐらい。6 月頃，枝の先に集散花序を出し，筒状で長さ 1.5cm 内外の黄色の花をつける。花序は短い伏毛を密生し，花柄は 0.1～0.4cm で苞は線形。がく筒は長楕円形で長さ約 0.3cm，伏毛があり，がく片は 5 裂し，線形で長さ 0.5cm 内外。花序の縁にある花の 1 がく片は大きくなって花弁化し，白色の楕円形で基部はとがり，柄を含めて長さ 2～5cm ある。花冠の外側にはまばらに短い伏毛があり，裂片は 5 裂して広楕円形で開出し，内部の基部に黄色の密毛がある。雄しべは 5 個，筒の下部は合生する。果実は楕円形で長さ 1～1.7cm，黒紫色に熟す。【学名】属名 *Mussaenda* はスリランカ名に由来する。種形容語 *parviflora* は小形花の，という意味。和名コンロンカは白色のがく片を崑崙山の雪にたとえたもの。

1348. ヒロハコンロンカ 〔コンロンカ属〕
Mussaenda shikokiana Makino

【分布】本州（伊豆半島，紀伊半島），四国，九州，中国地方。【自然環境】暖地の山中にはえる落葉低木で，まれに観賞用に栽培される。【用途】庭園樹。【形態】高さ 2m ぐらいになる。若枝は淡緑色で，著しく短毛を密生する。葉は有柄で対生し，葉身は広卵形または広楕円形で長さ 10～16cm，幅 6～12cm，先端は短くとがり，基部は丸く，上方が有翼の柄となるか，または鋭尖形となる。葉柄は 1.5～3cm ほど。葉質は薄く全縁で，両面に短毛がある。側脈は表面でへこみ，裏面で突出する。托葉は合生し，卵形で先はわずかに 2 裂し，褐色で長さ 0.8cm ぐらい，短毛があり早落性である。7 月頃，枝の先に数個の集散花序を出し，黄色の花をやや多数つける。花序は短毛を密生し，花柄は 0.3～0.4cm，苞と小苞は披針形で落ちやすい。がく筒は楕円形で長さ 0.3～0.4cm，伏毛が密にある。がく片は 5 個，卵状披針形で長さ 0.5～0.8cm であるが，花序の縁の花の 1 がく片が大きくなり花弁化し，白色の広楕円形で柄を含めて長さ 4～5cm になる。花冠の筒部は長さ 1cm 内外，裂片は 5 個で開出する。雄しべは 5 個。果実は冬に熟し，球形で径 0.8～0.9cm，黒紫色に熟す。【学名】種形容語 *shikokiana* は四国の，という意味。和名ヒロハコンロンカはコンロンカに比べて葉が広いことによる。

1349. クチナシ 〔クチナシ属〕

Gardenia jasminoides Ellis var. *jasminoides*

【分布】本州（静岡県以西），四国，九州，沖縄，台湾，中国【自然環境】暖地の山地にはえる常緑低木で，観賞用によく栽培されている。【用途】庭園樹，公園樹，鉢植え，切花。果実を薬用や染料とする。【形態】茎はそう生し，高さ3〜4mになる。若枝は緑色で丸く，古くなると灰褐色になる。葉はほとんど無柄で対生，または3輪生する。葉身は長楕円形または倒卵状楕円形で長さ5〜11cm，幅2〜4cm，全縁で表面に光沢があり，両面無毛である。托葉は落ちやすい。6〜7月，枝先に径6〜7cmの高盆状の白色花を開く。花には芳香がある。花柄は0.2〜0.7cm。花冠は質が厚く，ふつう6片に裂ける。裂片は倒卵形で開出し，初め白いがしだいに黄色くなる。蕾のときは全体がねじれる。雄しべは6個。果実は倒卵形で長さ2cmぐらい。6本の縦の稜があり，黄赤色に熟し，頂には宿存性の6個のがく片がある。中に黄色の果肉と種子が入っている。【特性】土性を選ばずよく育つ。【植栽】繁殖は実生，さし木，株分けによる。【管理】オオスカシバの幼虫の食害に気をつける。【学名】属名 *Gardenia* は米国人のガーデンにちなむ。種形容語 *jasminoides* は *Jasminum* 属に類する，の意味。

1350. コクチナシ（ヒメクチナシ） 〔クチナシ属〕

Gardenia jasminoides Ellis var. *radicans* (Thunb.) Makino ex H.Hara

【原産地】中国。【自然環境】庭園，公園に植栽されている常緑小低木。【用途】庭園樹，公園樹，鉢植え，切花。【形態】高さはふつう30〜60cmになる。多数枝分かれして横に広がり，茎は斜上するが地面についた所から根を生ずる。葉は対生し，倒披針形で長さ4〜8cm，幅1〜2cm，両端は鋭くとがり，質は厚く，光沢があって全縁である。6〜7月，枝先に花柄を出し，白色八重の香りのよい花を開く。花冠は径4〜5cmほど。結実は稀。【特性】土性を選ばずどこでもよく育つが，夏の乾燥と冬の風を嫌う。日あたりのよい所か，半日陰ぐらいの暖かい所を好む。【植栽】繁殖はふつうさし木による。3月下旬から4月上旬，もしくは6〜7月にさすとよく活着する。植つけの適期は4〜5月と10月頃である。本種は池の縁，石組みの間，下木用に適している。寒地では鉢植えとする。【管理】6〜9月にオオスカシバの幼虫の害を受けることがあるので見つけしだい，薬剤などで防除する。【近似種】類似種に花が一重のヒトエノコクチナシがある。【学名】変種名 *radicans* は根を生ずる，という意味。和名コクチナシはクチナシに比べ，樹高，葉，花などが小形であることによる。ヒメクチナシも同様の意味。

1351. ヒトエノコクチナシ（ケンサキ）〔クチナシ属〕
Gardenia jasminoides Ellis
var. *radicans* (Thunb.) Makino ex H.Hara
f. *simpliciflora* (Makino) Makino ex H.Hara

【原産地】中国。【自然環境】庭園などによく栽培されている常緑小低木。【用途】庭園樹，公園樹，鉢植え，切花。【形態】高さ 30～60cm になる。多くの枝に分かれ，横に広がり，茎は斜上する。地面に接した部分から根を出す。葉は対生し，倒披針形で長さ 4～8cm，幅 1～2cm，クチナシに比べると幅が狭く，両端は鋭くとがる。質は厚く，光沢があって全縁である。6～7 月，枝の先に花柄を出し，白色の香りのよい花を開く。花径は 4～5cm でクテナシよりも小さい。花冠は 6 裂し，裂片はやや細くとがる。本種の八重咲品がコクチナシで，こちらが学名上の母種となっている。果実もクチナシに比べてやや小さい。【特性】土性を選ばずよく育つ。日陰地でも育つが，日あたりの適当な所，半日陰地のほうがよい。【植栽】繁殖は実生，さし木，株分けによる。横にはって根を出すので株分けは簡単である。さし木もよく活着する。【管理】クチナシ類は寒さには弱いので寒地では鉢植えとする。【学名】変種名 *radicans* は根を生ずるという意味。品種名 *simpliciflora* は単一花の，という意味。ヒトエノコクチナシの和名は花が一重で，クチナシに比べ全体が小さいことによる。ケンサキは剣先で，花弁の先がとがることによる。

1352. アカミズキ（アカミミズキ）〔アカミズキ属〕
Wendlandia formosana Cowan

【分布】奄美大島，沖縄，八重山諸島，台湾。【自然環境】亜熱帯地方にはえる常緑小高木。【用途】器具材。【形態】若枝には細かい伏毛があるが，のち無毛となる。樹皮は褐色である。葉は柄があって対生し，葉柄間にやや広い三角形の永存性の托葉がある。葉身は長楕円形または長楕円状披針形で，先は鋭くとがって鈍端，基部は鋭脚となり，長さ 8～15cm，幅 3～6cm，紙質で，両面に毛がなくざらつかない。4～5 月頃，枝の先に長さ 10～20cm ほどの円錐花序を出し，多数の白色または黄白色の小さな花をつける。花序には細かい伏毛がはえている。がくは先端が 5 裂し，やや毛があるかまたはほとんど無毛である。花冠は筒状で長さ 0.4cm ぐらい，筒部は細長く，内側に細かい毛があり，裂片は 5 個であるがまれに 4 個のこともある。雄しべは花筒の上部につき，葯は線形で花冠の外に突き出す。雌しべの花柱はそれよりもさらに先に突出し，柱頭は 2 裂している。さく果は小球形で径 0.2～0.3cm である。【学名】属名 *Wendlandia* はドイツ人のウェンドランドの，の意味。種形容語 *formosana* は台湾の，の意味。アカミズキの和名は全体の形がミズキ科のミズキに似て，樹皮が褐色であることによる。

1353. ギョクシンカ　〔ギョクシンカ属〕

Tarenna kotoensis (Hayata) Kaneh. et Sasaki var. *gyokushinkwa* (Ohwi) Masam.

【分布】九州，沖縄，台湾。【自然環境】暖地にはえる常緑低木。【形態】若枝や葉は乾くと黒っぽくなる特徴がある。若枝は四角で短い伏毛を密生するが，古くなると灰褐色で丸くなる。葉は柄があって対生する。葉身は長楕円形または楕円形で，先端は鋭くとがり基部は広いくさび形か丸く，長さ 9〜18cm，幅 3〜8cm，縁に鋸歯はない。質は軟らかく表面は無毛で，裏面には短い伏毛を散生する。葉柄は長さ 0.6〜3cm で短毛が密にはえている。托葉は合生し，卵状三角形で先端は鋭くとがり，長さ 0.5〜0.8cm で早落性である。6〜7 月，枝の先の集散花序に白色の花を多数つける。花序は径 6〜12cm あり，短い伏毛が密にはえている。花柄は細く，長さ 0.8〜1.4cm，1〜2 個の小苞がある。がく筒は楕円形で長さ 0.2cm ほど，先端は 5 裂し，裂片は長さ 0.04cm 内外で先はとがらない。白色の花冠は乾くと黒くなる。筒部は長さ 0.6cm ぐらい，外面は無毛で，内側に長い軟毛がある。裂片は 4〜5 裂し，狭楕円形で長さ 0.9cm ほど，蕾のときはねじれている。雄しべは 4〜5 個あり筒の上部につく。花糸は長さ 0.1cm，葯は長さ 0.75cm ある。花柱は長さ 1.6cm ほどで下部に長い軟毛がある。果実は冬に熟し，広楕円形で長さ 0.6〜0.9cm ある。【学老】変種名 *gyokushinkwa* は和名による。

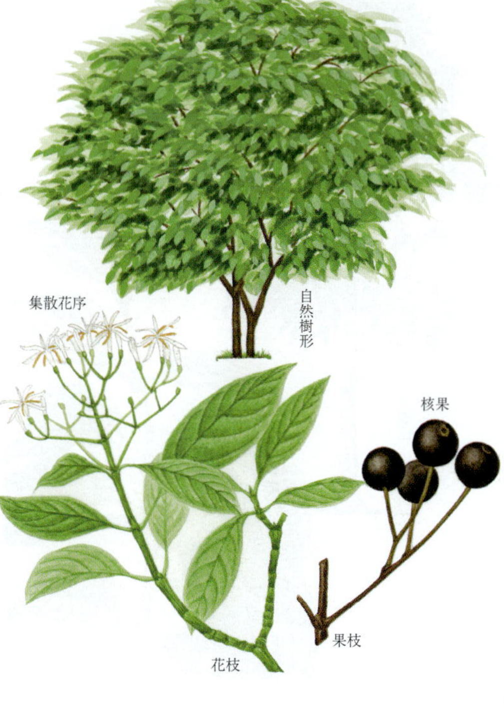

1354. ミサオノキ　〔ミサオノキ属〕

Aidia henryi (E.Pritz.) T.Yamaz.

【分布】本州（和歌山県），四国，九州，沖縄，中国南部，台湾，マレーシア，インド，オーストラリア，ポリネシア。【自然環境】暖かい地方の山地にはえる常緑低木。【形態】高さ 2〜3m になる。若枝は無毛で，古くなると灰褐色になる。よく枝分かれして葉が茂る。葉は 1cm 内外の柄があって対生する。葉身は長楕円形または広披針形で，先は鋭くとがり基部は鋭形で長さ 8〜15cm，幅 2.5〜5cm，やや革質で全縁。表面は無毛で光沢があり，裏面は中肋と側脈の腋にわずかに毛があるほかは無毛である。托葉は合生し，三角形で上方が長くとがり長さ 0.5cm あり，のちに脱落する。5 月頃，集散花序を葉と対生して枝の横に出し，多数の黄色の花を開く。花序は径 4cm ほど，苞は卵形で先はとがり長さ 0.1cm ぐらい。花柄は 0.15〜0.3cm，苞と同形の小苞がある。がくは短い鐘形で長さ 0.3cm，4 裂し，裂片は長さ 0.1cm ほど。花冠は筒部が長さ 0.35cm，上部に密毛がある。先は 4 裂し，裂片は長さ 0.8cm ほどある。蕾のときにはねじれている。花柱は長さ 1.4cm。果実は球形で径 0.5〜0.6cm，黒色に熟す。【学名】和名ミサオノキはつねに青々とした葉を操にたとえたもの。

1355. コーヒーノキ（アラビアコーヒーノキ）

〔コーヒーノキ属〕

Coffea arabica L.

【原産地】熱帯東部アフリカ（エチオピア）。【分布】赤道付近の2000m前後の山岳地帯に良品，名品を産することが多い。ジャマイカのブルーマウンテン，コロンビア，イエメンのモカ，マタリ，タンザニアのキリマンジャロなどがこの例である。【自然環境】良質の土壌と年間平均した気温と降雨量，それに病害虫発生の防除のため適度の冷気が必要とされる常緑低木。【用途】種子を飲料用にする。種子中の主成分のカフェインは興奮，強心，利尿作用があるので抽出して薬用とする。【形態】高さ3～4m。葉は有柄，平滑で対生し，長楕円形または長楕円状卵形で長さ12～15cm，幅3～6cm，葉先は鋭尖頭で全縁，葉の縁は波を打ち，表面は暗緑色で光沢があり，裏面は淡緑色である。花は有柄で香りがよく，純白色の星状5裂花で，裂片は長さ約2cm，葉腋に3～5花を房状につける。果実は長さ約1.5cm，球形で緑色より濃赤色に熟し，やがて黒くしなびて完熟する。種子は半円球状で，果実中に向かい合って2個入っている。多くの品種がある。【特性】サビ病に弱く，現在のところこの病気から隔離されている新大陸に生産が多く，アジアでの栽培は少ない。越冬最低温度は3℃以上で霜に弱い。【植栽】繁殖は実生により，種子は成熟後すぐまく。【学名】種形容語 *arabica* はアラビアの，の意味。

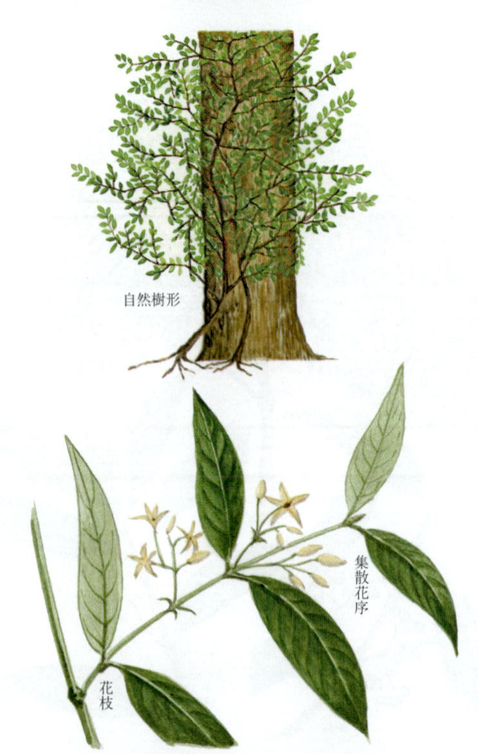

1356. チトセカズラ

〔ホウライカズラ属〕

Gardneria multiflora Makino

【分布】本州（兵庫県以西），中国大陸。【自然環境】森林内に自生する常緑つる性植物。【用途】ふつう利用されないが，まれに庭園樹，鉢植えとする。【形態】枝は円柱形で毛がなく，よく伸長し，節に横線があり，隆起する葉枕をつける。葉は対生し，狭長楕円形または広倒披針形で長さ7～13cm，幅1～3.5cm，濃緑色で光沢があり，全縁，鋭尖頭，基部はやや鋭形，葉柄の長さは0.7～1cm。6～7月ごろに，長さ1～2cmの集散花序を出し3～10個の花が咲く。苞は小形。がくは5裂，がく裂片は半円形で短い縁毛があり，長さ0.07～0.08cm。花冠は黄色で径1.1～1.2cm，ほとんど基部まで5裂し無毛，裂片は線状長楕円形，開出してしだいにゆるくそり返る。雄しべは長さ0.25～0.3cmで無毛。葯は狭長楕円形で長さ0.25～0.3cmで無毛。花柱は長さ0.5cmで雄しべより長い。果実は球形で径1～1.4cm，晩秋に赤く熟して下垂する。種子はやや扁平。【特性】中庸樹。日あたりのよい所でも半日陰地でも生育する。適潤またはやや乾燥地を好む。生長の早さは中ぐらい。【植栽】繁殖はおもに実生による。さし木もできる。【管理】鉢植え栽培の場合は，つるを強くせん定し，樹形をこぢんまり作り培養すると開花，結実する。施肥は油かすと骨粉を与える。移植の適期は3～4月か6～7月の梅雨期，病害虫は少ない。【学名】種形容語 *multiflora* は多花の，の意味。

1357. ホウライカズラ 〔ホウライカズラ属〕

Gardneria nutans Siebold et Zucc.

【分布】本州（千葉県南部以西の暖地および伊豆諸島），四国，九州，沖縄。【自然環境】暖地の日あたりのよい岩石地または森林内にはえる常緑つる性植物。【用途】珍しい植物であるが，利用性はあまりない。暖地でまれに庭園樹，鉢植えとされる程度である。【形態】茎は他物にからまって長くのび，毛がなく，緑色で初めは四角形であるがのちに丸くなり，強靱である。節には横線があって，肥厚した葉枕が残る。葉は対生し，卵形または長楕円形で長さ 5～13cm，幅 2～5cm，鋭尖頭，急鋭脚，全縁をなし，葉質は強くて弾力のある革質で，両面ともに深緑色。7 月頃葉腋から 1～2cm の花柄を出し，1～3 個の花が下垂して咲く。がくは緑色で小さく 5 裂する。裂片は半円形で縁に短細毛がある。花冠は白色で放射状に深く 5 裂し，裂片は三角状披針形で内面に細毛があり，開出して反曲する。雄しべは 5 個で直立し，背面下半部に短毛が密生している。葯は黄色。果実（液果）は球形で径 1～1.5cm，晩秋に赤く熟して下垂する。中に 3～4 個の種子がある。【特性】陽樹。強健。結果するためには十分な日光が必要である。生長はやや早い。土地を選ばず育つ。大気汚染にはやや強い。【植栽】繁殖はおもに実生による。さし木もできる。【管理】鉢植え栽培の場合は，つるを強くせん定し樹形を作り培養すると開花，結実する。【学名】種形容語 *nutans* は下垂の，の意味。

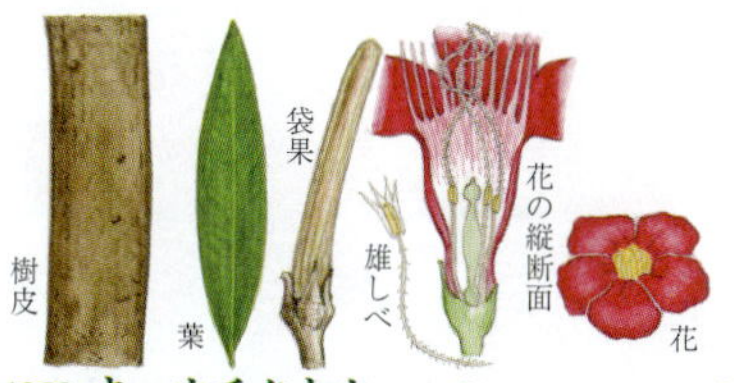

1358. キョウチクトウ 〔キョウチクトウ属〕

Nerium indicum Mill.

【原産地】インド，中近東。【分布】本州の東北南部以南，四国，九州，沖縄。【自然環境】暖地で日あたりのよい砂質地を好む常緑低木～小高木。【用途】公園，庭園の植込み，列植に用いる。【形態】幹は株立ち状，高さ 3～5m。樹皮は暗褐色で平滑，枝は緑色で初め微毛がある。葉は 3 個ずつ輪生する。無柄，狭披針形，鋭頭で長さ 7～15cm，葉縁は全縁で厚く革質，側脈は多数，上面は濃緑色で光沢があり，下面は淡緑色，両面無毛である。花は 7～9 月，枝先に集散花序をなし，紅色花を多数つける。花冠は筒状鐘形で径 3～5cm，5 片に裂けて平開する。果実は 10 月に成熟。日本では結実はまれである。長いさや状で長さ 15～20cm，多数の種子が入っている。【特性】日あたりのよい砂地を好む。生長はやや早い。寒風にあたると脱水症状を呈する。せん定に耐える。枝葉と花は有毒。潮風に耐える。都市環境にも耐える。【植栽】繁殖はさし木により，太い枝でも容易である。水ざしがよい。株分けもできる。【管理】旺盛な生育をするので樹形を整えるために枝を整理し，通風，採光をはかる。整枝は 4 月頃がよい。施肥はほとんど必要ない。やせ地であれば，3 月頃，樹の周囲に堆肥を埋めてやる。8 月下旬に鶏ふん，化成肥料を施す。害虫にはアブラムシ，カイガラムシがある。【近似種】シロバナキョウチクトウは白色一重咲。【学名】種形容語 *indicum* はインドの，の意味。

1359. ヤエキョウチクトウ〔キョウチクトウ属〕
Nerium indicum Mill. 'Plenum'

【原産地】インド，中近東。【自然環境】暖かい気候を好む常緑低木。【用途】庭園樹などの観賞用や，緩衝緑地，公園，道路緑化，遮蔽などの造園樹木，また樹皮や根は強心剤として薬用にも利用される。【形態】キョウチクトウの園芸品種で，葉は肉厚で革質，長さ 10～20cm の線状披針形，3 葉ずつ輪生する。初夏の頃，若枝の先に集散花序を頂生し，八重の赤色花を開花させる。開花期は長く6～8 月にかけて，つぎつぎと咲く。【特性】日あたりを好み，樹勢は強く他の植物の育たない所でも育ち，耐煙性，耐潮性も強く，都市や海岸植栽地などにも植栽される。【植栽】繁殖はおもにさし木で行う。5 月下旬～8 月下旬が時期で，枝を 10cm 前後に切りさし木する。瓶に水ざししてもよく発根する。【管理】手入れは，初夏に枝抜きを行い，大きくなりすぎたものは，3～4 月にかけて少し強めに切りつめて調整する。萌芽力は強いので枝のどこからでも不定芽が出る。肥料は 3 月頃，化成肥料か油かすを施す。病気は灰色かび病，黄斑病，根頭癌腫病などがある。【近似種】シロバナキョウチクトウ var. *leucanthum* がある。【学名】園芸品種名 'Plenum' は八重の，という意味。

1360. キョウチクトウ 'ミセス・スワンソン'
〔キョウチクトウ属〕
Nerium indicum Mill. 'Mrs. Swanson'

【原産地】インド原産のキョウチクトウの一園芸品種。【分布】庭園樹，公園樹として栽培され，また鉢植えにもされる。【自然環境】暖地性の常緑低木で，高温乾燥を好むので，暖地の海岸近くのよく日のあたる場所が適地。【用途】花木として庭園に植えるほか，鉢花として観賞する。【形態】高さ 1～3m で分枝多い。葉は線状披針形で，長さ 10～20cm，ふつう 3 葉ずつ輪生する。花は枝端に集散状につく淡桃色の八重咲で，花径 5～6cm の大輪咲。芳香がある。花期は 6～9 月。【特性】栽培は容易だが，やや寒さに弱いので注意する。花木としては，真夏の炎天下で暑さや乾燥また強い日ざしに負けずよく咲くところから，園芸植物としての価値は高く，公害に強い樹木としても注目され，街路ぞいの植込みや，公園樹としての利用も多くされている。【植栽】繁殖は夏のさし木による。5 月下旬から 8 月が適期。また 5～6 月の取り木もよくできる。さし木，取り木の際，切口から出る乳液は有毒なので注意する。【管理】移植や苗の植付けは，春から夏が適期。日あたりと排水のよい場所を選んで植える。東京以西の暖地が適地で寒さの厳しい地方では冬期に防寒するか，鉢栽培して冬は温室かフレーム内に保護する。【近似種】大輪の一重咲で，鮮桃色の花をつける 'プーラン・グレゴアル' や，桃色一重の中輪花をつける 'イトジマ（糸島）' がある。'イトジマ' は野生種に近い花形で芳香がある。

1361. キョウチクトウ ‘マドンナ・グランディフローラ’ 〔キョウチクトウ属〕

Nerium indicum Mill. ‘Madonna Grandiflora’

【原産地】インド原産のキョウチクトウの一園芸品種で，日本には戦後渡来したもの。【分布】庭園樹，公園樹として栽培され，鉢植えにもされる。【自然環境】暖地性の常緑低木で，高温乾燥を好む。暖地の海浜など，日がよくあたり排水のよい乾燥地が適地。【用途】花木として庭園に植えるほか，公園樹，街路樹としても利用される。また鉢植え花木としても用いる。【形態】高さ2～4m，分枝も多い。葉は線状披針形で革質，長さ10～20cm，3葉ずつ輪生または対生する。花は枝端に集散状につく。白色の巨大輪花で花径5～6cm，半八重咲。弁幅広く整った花形で香気が強い。【特性】生育きわめて旺盛，キョウチクトウの園芸種のうちでは耐寒性も強いほうで，きわめて栽培しやすい。とくに真夏の炎天下でよく咲き，公害に強い。【植栽】繁殖はさし木，取り木による。適期は5～8月。さし木は，よく水揚げしたさし穂を，鹿沼土，赤玉土にさし，半日陰で毎日葉水を与えるようにすれば，3週間ぐらいでよく発根する。【管理】移植，苗の植付けは，春から夏が適期，日あたりと排水のよい場所を選んで植える。東京以西の暖地が適地。肥料は寒肥に有機質肥料を与える。せん定は花の終わる9月が適期。【近似種】黄色の半八重咲の大輪花をつける‘ブライト・ゴールデン・イエロー’や，白色花の‘スウール・アグレ’がある。

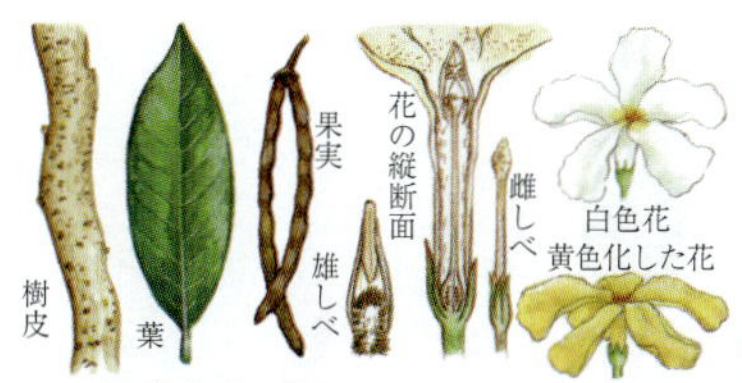

1362. テイカカズラ 〔テイカカズラ属〕

Trachelospermum asiaticum (Siebold et Zucc.) Nakai

【分布】本州の秋田県以南，四国，九州。【自然環境】暖地にあって，山野の樹幹や岩石などに気根を出して着生する常緑つる性植物。【用途】地被材料として群面緑化や袖垣，柵にからませたり，盆栽，鉢物に用いる。【形態】茎は長くのび，太いもので径4cm内外になる。葉は対生で長楕円形または狭長楕円形で，長さは成木で3～7cm，幅1.2～2.5cm，革質で濃緑色であるが，幼木では長さ1～2cmと小形であり，変異が多い。花は5～6月頃，頂生または腋生し，集散花序をつけ，花は初め白色であるが，のちに淡黄色花に変ずる。香りがある。花冠上部は5裂し径約2cm。【特性】土性を選ばず耐陰性があり，樹林下などにも生育する。萌芽力がありせん定できる。移植は容易。綿毛のある種子を飛散する。【植栽】繁殖はさし木。実生による。実生は細長い種子を取り出し，乾燥保存し，春に播種する。【管理】一般には自由に伸長させるが，つるがよくのびるので，ときにせん定を行って形を整えてやる。病害虫は少ない。【近似種】オキナワテイカカズラ var. *liukiuensis* (Hatus.) Hatus. は南西諸島産で花が小形。【学名】種形容語 *asiaticum* はアジアの，の意味。和名は，藤原定家の墓にはえたからという伝説がある。

1363. **フイリテイカカズラ**〔テイカカズラ属〕
Trachelospermum asiaticum (Siebold et Zucc.) Nakai 'Variegatum'

【原産地】日本，台湾を原産地とするテイカカズラの園芸品種。【分布】北海道を除く各地の山野に自生する。ときに庭園に植えたり鉢植えにする。【自然環境】半日陰地を好み他の樹木や石などにからみつく常緑つる性植物。【用途】庭園に植え庭木や石垣にからませる。観葉植物として吊鉢にも利用する。【形態】野生のものは木にからみ高さ 10m にもなるものがあるが，通常は 4～5m，葉は対生で長さ 2～4cm，倒卵状披針形のものが多いが，長短，広狭の変異が多い。革質で葉肉厚く，暗緑色または緑色地に白色や黄白色の覆輪状の斑が入る。花は有梗で白色から淡黄色に変わり芳香がある。花期は 5～6 月。葉腋または枝先に集散花序につく。【特性】性質強健で栽培しやすい。半日陰が適地だが，日なたでもよくできる。【植栽】繁殖はさし木，取り木が容易で，5～6 月が適期。実生もできる。【管理】移植は 5～9 月が適期。露地植えは，排水のよい場所なら土質を選ばずに栽培できるが，鉢植えの場合は，赤玉土に腐葉土を 3 割ぐらい混ぜた土で栽培するとよい。肥料は寒肥を与える。露地作りの場合は，堆肥，鶏ふん，油かすなどの有機質肥料を株もとの土にすき込むようにする。害虫は新梢につくアブラムシ，茎，葉裏につくカイガラムシに注意する。【近似種】変異が多く，近似品種は多いが，矮性品種のヒメテイカカズラ 'Compactum' か鉢植えによく使われる。

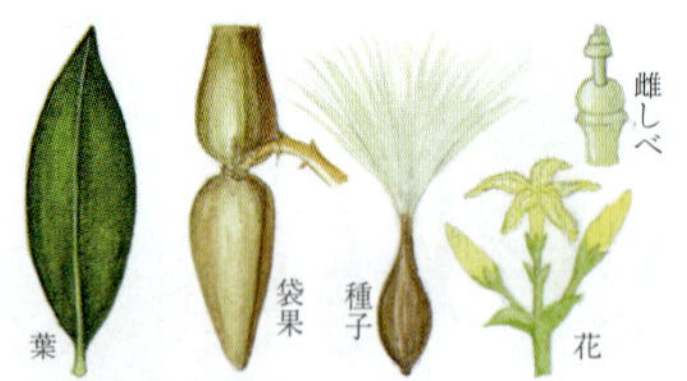

1364. **サカキカズラ**（ニシキラン）〔サカキカズラ属〕
Anodendron affine (Hook. et Arn.) Druce

【分布】本州（千葉県南部以南），四国，九州，沖縄，台湾，中国，インドに分布。【自然環境】暖地の林中に自生する常緑つる性植物。【用途】ときに鉢植えとして観賞する。【形態】茎は他物に巻きついて長く伸長し，茎の直径 12cm 内外にもなる。全体無毛で平滑。枝は暗紫色を帯びる。葉は対生，有柄，葉身は狭長楕円形ないし倒披針形で先端は鋭頭鈍端，基部は鋭形。全縁。長さ 6～10cm，幅 1～25cm，葉質は革質で，表面は暗緑色。雌雄同株で，開花は 6 月頃。枝先に円錐状の集散花序を出し，淡黄色の花を多数集まってつける。花冠は径 0.8～1cm，上部は 5 裂して平らに開き，内面は筒部とともに白色の毛状突起がある。がくは緑色で 5 裂し，長さ約 0.3cm。裂片は鋭頭。苞や小苞は卵状三角形でがく裂片とほぼ同長。果実は角状の袋果で，上部は長くしだいに細まり先は鈍形。外皮は平滑で緑色，質は堅く，2 個結果したときには水平に開き，全長約 22cm になる。種子は先に長さ 3cm ぐらいの冠毛状の毛がある。【特性】耐陰性があり半日陰地でも育つ。適潤で肥沃な深層土を好むがふつうの土壌で育つ。【植栽】繁殖は実生，さし木による。実生は 3 月にまき，さし木は新枝を梅雨期にさす。【管理】のびすぎた枝を切る程度でよい。施肥は寒肥として堆肥や鶏ふんなどを施す。病害虫は少ない。【学名】種形容語 *affine* は近似の，の意味。

1365. カリッサ　〔カリッサ属〕
Carissa carandas L.

【原産地】インド，スリランカ。**【分布】**栽培はビルマ，マレーシア，インドネシア，チモールなどで行われている。熱帯，亜熱帯地方に産する常緑小高木。**【用途】**果実を生食するほか，多量の砂糖を使って糖蔵果としたり，ジャムやゼリーを作る。未熟果はカレーの調味料やピクルスの原料とする。枝葉は繁茂しとげがあって刈込み仕立てが容易なことと，白花や赤い果実も美しいので生垣にもされる。**【形態】**高さ約6m。枝は叉状に分枝し広がる。葉は長さ4〜8cm，幅2〜4cmの広卵形で葉の先や基部は丸く暗緑色で，表面は光沢があり，革質で無毛，ほとんど無柄で対生する。葉腋または節上に長さ2.5〜5cmの鋭いとげがあり，その先端は二叉に分枝するものもある。花は径約5cmで花弁は5裂し，蕾のときには左に巻く。白色または筒部が淡紅色で芳香があり，頂生する太い花梗上に2〜3花群生する。果実は長さ1.5〜2.5cmで，果頂の方向にせばまる卵形で平滑，果皮は薄く緑色，熟すと赤色，のちに黒変する。果肉は軟らかく多汁で紅色，甘味もあるが酸味が強く，未熟果ほど甘味が少なく，乳汁が出て樹脂臭がある。**【植栽】**繁殖は実生，さし木，取り木による。排水良好な砂質の土壌を好む。樹は強健で老枝からも芽が出るので，せん定によって樹形や樹姿を整えやすい。年中新枝を出し，それに開花結実し収穫できる。

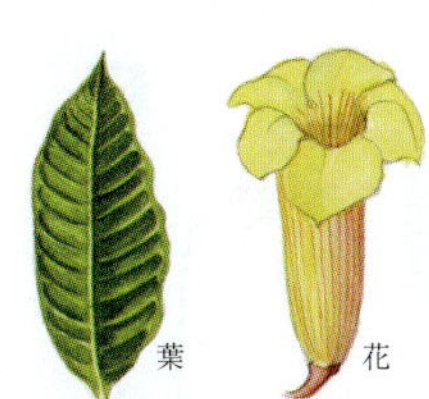

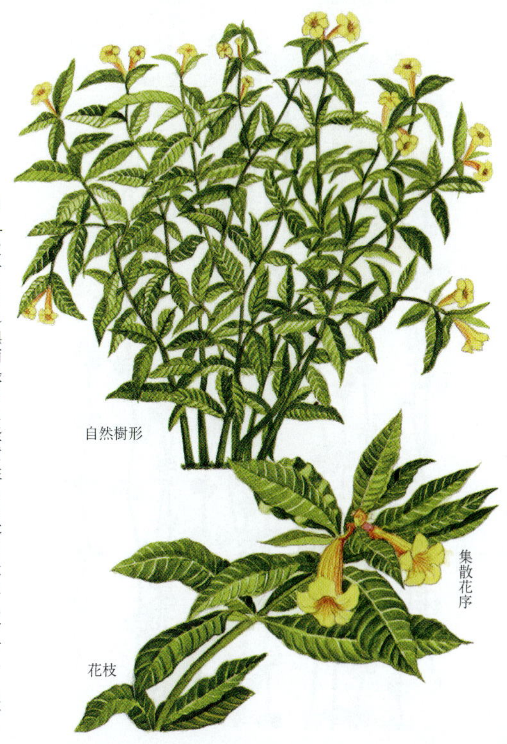

1366. アリアケカズラ　〔アリアケカズラ属〕
Allamanda cathartica L.

【原産地】ブラジル，ギアナなどの海浜地帯原産。日本には明治末年には渡来していた。**【分布】**温室内で，観賞用に栽培される。**【自然環境】**高温で，日あたりよく，排水のよい土質を好む常緑つる性植物。**【用途】**温室鉢物として観賞用に栽培される。行灯仕立てがよい。**【形態】**つる性で，高さ4〜5mになる。葉は葉柄の短い卵状披針形で，両端がややとがる。対生または3〜4輪生。表面緑色で光沢があり，裏面の肋脈に毛がある。長さ10〜14cm，幅2〜4cm，花は夏から秋に茎頂に数花を集散花序につける。鮮黄色，漏斗形，径6〜7cm，丸弁の5裂花で花筒内部の色は濃鮮黄色と濃い。**【特性】**熱帯各地で野生化するほど性質はきわめて強健，温室花木としては耐寒性もあるほうで，水を乾かしぎみにすれば，4〜5℃までは耐える。**【植栽】**さし木繁殖がきわめて容易。前年枝を6〜8月に温室内で半日陰にしてさせば，容易に発根する。**【管理】**性質強健で栽培は容易。砂質壌土に腐葉土2〜3割を混ぜた用土に植える。温室内では日あたりのよい場所に置く。冬期は最低4℃を保ち，水やりをひかえめにする。花は新梢につくため，春の新芽がのび出す前にせん定する。**【近似種】**品種に‘ヘンダーソニー Hendersonii’がある。花径9cmとさらに大きく，蕾が褐色を帯びる。**【学名】**種形容語 *cathartica* は下剤の，の意味。

1367. フイリツルニチニチソウ

（フクリンツルニチニチソウ）　〔ツルニチニチソウ属〕
Vinca major L. 'Variegata'

【原産地】南ヨーロッパおよび北アフリカ原産のツルニチニチソウ *V. major* の変種。【分布】庭園樹や鉢植えとして各地に植栽。【自然環境】耐寒性の強い半日陰地を好む常緑つる性植物。基部は木質化し，低木状をなす。【用途】庭園に植えるほか，垣根にからませたり，吊鉢仕立てにする。【形態】茎は細く長く，匍匐またはよじ登る。長さ 40～80cm。葉は卵円状または卵状披針形で対生する。淡緑色に葉縁の白色斑が美しい。花は直立する短い枝の葉腋に生じる。径 4～5cm の高盆形の花で，花色は淡紫色，花期は 3～5 月，ときに秋にも咲く。【特性】半日陰の多湿な土地を好み，耐寒性強く強健で，よく繁茂する。【植栽】株分け，さし木でふやす。春から初夏にかけてが適期。【管理】半低木だが，宿根草のように扱って管理する。性質きわめて強健で，樹下などに植えておけば，手はかからない。肥料は，寒肥として，冬の間に鶏ふん，油かすを株もとの土にすき込む程度でよい。吊鉢仕立てに向くのでよく鉢植えにされるが，腐葉土を 30～40％混ぜた排水よい用土を使えば，土質はあまり選ばない。鉢植えの場合も半日陰の場所に置くようにする。油かすの乾燥肥料を置肥として与える。【近似種】エレガンティシマ 'Elegantissima' は黄色の斑点と縁どりがある。レティクラータ 'Reticulata' は黄金色の斑紋があり，美しい。【学名】園芸品種名 'Variegata' は斑入りの，の意味。

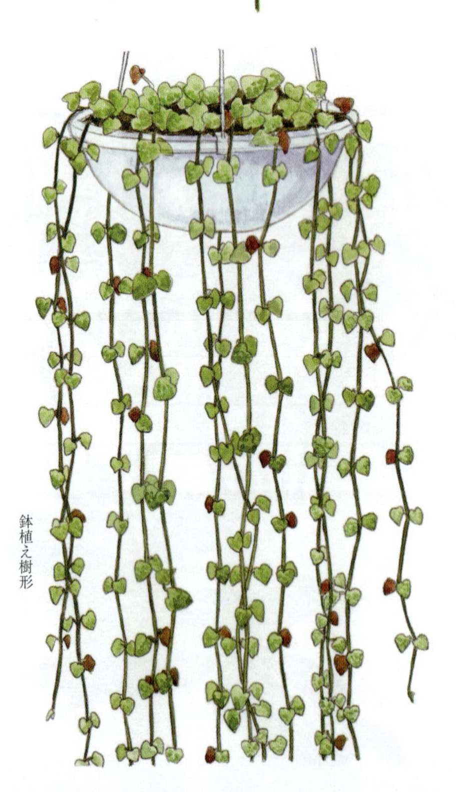

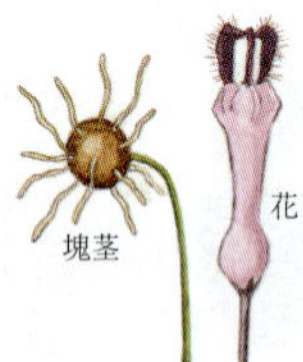

1368. ハートカズラ

〔ハートカズラ属〕
Ceropegia woodii Schltr.

【原産地】南アフリカのナタール地方原産。【分布】温室内の多肉植物として栽培され，また室内植物として栽培される。【自然環境】日あたりのよい場所で，やや乾きやすい土質での栽培を好む常緑つる性植物。【用途】多肉の観用植物として吊鉢にして観賞する。【形態】径 0.1cm 内外と，非常に細く長い茎を垂下し，長さ 1～2cm の心臓形の葉を対生する。多肉質で，上面は灰緑色で灰色の不規則な斑紋が入る。地表近くの地下部に塊根茎ができ，また葉腋にも塊状の肉芽を生じる。花は基部が球状にふくらむ細長い筒状花で，5 裂する花弁の先端が頂部で合わさる長さ 2.5cm のランプ形で，筒状部は肉色，花弁は赤紫色で，同色の短毛がある。【特性】乾きに強く，耐寒性も越冬温度 3℃と比較的あり，過湿にならないよう注意すればよい。性質は強健，日あたりを好むが，夏は半日陰で育てる。【植栽】繁殖はさし木，茎伏せによるが，分球や肉芽からもふやせる。時期は春か秋がよい。茎伏せは，砂とピートモスを混ぜた土の上に，20cm ぐらいの長さにとった茎を横たえ，半日陰に置いて，ときどき土を湿らすかん水をすればよい。発根したら 2～3 節ずつに切り分け，小鉢に植えておけば，葉腋から発芽し，2ヵ月ほどで小苗ができる。【学名】属名 *Ceropegia* は，ギリシャ語の keros（ロウ）と pege（泉）に由来する。種形容語 *woodii* は人名による。

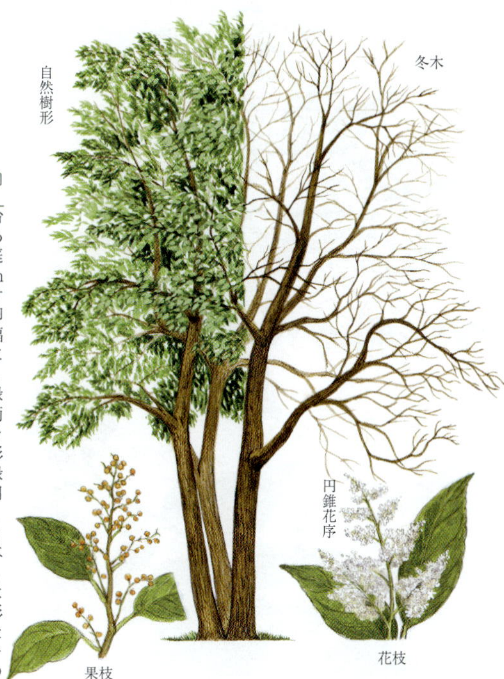

1369. チシャノキ（カキノキダマシ）〔チシャノキ属〕
Ehretia acuminata R.Br.

【分布】本州（中国地方），四国，九州，沖縄，台湾，中国。【自然環境】低地にはえる落葉高木であるが，しばしば人家に植栽されている。【用途】庭園樹。材は建築材，器具材。【形態】幹は高さ 15m ぐらいになる。樹皮は褐灰紫色で外皮は小鱗片となってはげ落ちる。葉は有柄で互生し，倒卵形または倒卵状長楕円形で，長さ 4〜20cm，幅 3〜7cm，先端は急にとがり，基部は丸く，縁には低鋸歯がある。葉質は厚く，表面は深緑色で，灰白色の短い伏した剛毛を散生し，裏面は黄緑色でほとんど無毛。カキの葉に似ている。葉柄は長さ 1.5〜3cm。6〜7 月，枝の先に円錐花序を出し，多数の白い花を密につける。花序は大形で長さ 12〜15cm。がくは長さ 0.15cm ほど，緑色でほぼ半ばまで 5 裂し，裂片は広楕円形の円頭でまばらに縁毛がある。花冠は長さ 0.4〜0.5cm，深く 5 裂し，裂片は広楕円形で平開し，がくとともに外面に毛がある。雄しべは 5 個，雌しべは 1 個。果実は核果となり，球形で径 0.4〜0.5cm，9〜10 月に橙黄色に熟す。【学名】属名 *Ehretia* はドイツの植物画工エーレットにちなむ。種形容語 *acuminata* は鋭尖の，先が次第に尖った (cuspidatus よりはゆるやか)。和名チシャノキの意味は不明である。カキノキダマシは本種の葉がカキに似ていることによる。

1370. マルバチシャノキ　〔チシャノキ属〕
Ehretia dicksonii Hance

【分布】本州（千葉県以西），四国，九州，沖縄，台湾，中国。【自然環境】暖かい地方にはえる落葉小高木または高木。【形態】枝はやや太く横に広がる。樹皮は灰色でコルク層が厚い。葉は有柄で互生し，葉身は広楕円形または倒広卵形で，先端は急にとがってやや鈍頭，基部は広いくさび形かやや心臓形となり，長さ 5〜17cm，幅 5〜12cm，縁にはややふぞろいの三角状牙歯がある。葉質は厚くて堅く，表面には剛毛があって著しくざらつき，裏面には短毛が密生する。葉柄は長さ 2〜4cm。開花は 5〜6 月。枝の先に小数の小枝を分けて散房花序を出し，白色の小さな花を密に集めてつける。がくは緑色を呈し 0.3〜0.4cm，深く 5 裂し，裂片は狭卵型でやや鈍頭，短毛がはえている。花冠は長さ 0.8〜1cm，上部は 5 裂し，裂片は楕円形で平開し，縁は多少外側に巻き，短毛がある。雄しべは 5 個あり，花筒の上端近くにつき先端は外に突き出る。雌しべは 1 個，花柱は直立し，花冠の外に突き出して 2 裂する。果実は核果で球形，径 1.5cm ぐらい，黄色に熟し，滑らかで光沢がある。【学名】種形容語 *dicksonii* は人名で，ディクソンの，という意味。和名マルバチシャノキはチシャノキに比べ葉に丸みがあることによる。

1371. キダチルリソウ（ニオイムラサキ，ヘリオトロープ）〔キダチルリソウ属〕

Heliotropium arborescens L.

【原産地】ペルー。**【自然環境】**温室や，鉢植えの室内植物，初夏の花壇用に楽しまれている常緑小低木。**【用途】**花壇，鉢植え，切花。**【形態】***Heliotropium* 属の植物はふつうヘリオトロープと呼ばれ，多数の園芸品種がある。日本で最も広く栽培されているのが本種である。大輪咲のヘリオトロープで，高さ 1m ほどになる。枝には軟毛がある。葉は互生し，広楕円形で先はとがり，長さ 6cm ぐらい，表面の脈は多数でしわ状となり，裏面は白色で毛がある。花は多数が枝先に房状につく。花冠は短い漏斗状で，縁は星形に 5 裂する。花色は菫色か淡紫色で，のちに白色に変わる。がく裂片は先がとがり毛がある。スイセンに似たよい香りがあり，花期は 4～9 月に及ぶ。**【植栽】**繁殖はふつうさし芽による。さし芽は 10 月頃，温室内で行う。花壇植えには秋のさし芽で作った苗をフレーム，温室で 5℃ 以上に保って越冬させ，4 月末に植える。**【学名】**属名 *Heliotropium* は光のほうへ向かうという意味。

1372. バンマツリ〔バンマツリ属〕

Brunfelsia uniflora D.Don

【原産地】ブラジル，西インド諸島。**【自然環境】**観賞花木として，鉢植えなどにして栽培されている常緑低木。**【用途】**庭園樹，鉢植え。**【形態】**本属中最小の低木で，花も小さいが多数つける。茎は多くの小枝に分かれ，高さ 1～2m になる。葉は短柄をもって互生し，披針状長楕円形で先はとがり，長さ 7cm ぐらい，質は薄く，滑らかで両面に毛がなく，全縁で多少波状となる。表面は濃暗緑色でつやがあり裏面は色が淡い。5 月頃，淡青紫色の花を枝先に 1～2 個つけ，よい香りがある。花はのちに淡紫色から白色に変わる。花冠は下部は細長い筒で，上部は平開して 5 裂し，径 4cm ほど，裂片は丸く，縁は波状となる。雄しべは 4 個，花筒の上部に付着している。**【特性】**日あたりがよく，水はけのよい土地を好む。暖地では露地でも越冬できるが，寒地では鉢植えとする。越冬温度が 10℃ 以上なら落葉しないが，6℃ 以下になると落葉する。**【植栽】**繁殖はふつうさし木による。**【学名】**属名 *Brunfelsia* は 16 世紀のドイツの植物学者 O. ブルンフェルスにちなむ。種形容語 *uniflora* は単花の，という意味。和名バンマツリはバン（蕃）は外国のこと，マツリ（茉莉）はジャスミン類のマツリカのことで，その香りに由来する。

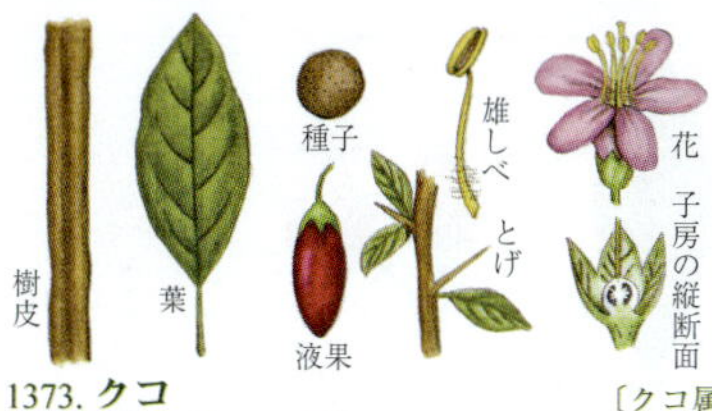

自然樹形

果枝

花枝

1373. クコ 〔クコ属〕

Lycium chinense Mill.

【分布】北海道，本州，四国，九州，沖縄，台湾，朝鮮半島，中国。【自然環境】原野や川の土手，海岸近くなどにふつうに見られる落葉低木。【用途】庭園樹，生垣。若葉を食用。果実は食材にまた果実酒をつくる。【形態】茎は基部から多数枝分かれし，細長く縦のすじがあり，しばしばとげ状の小枝がある。高さ1～2mになる。葉は互生，葉身は倒披針形で鈍頭，長さ2～4cm，幅1～2cm，基部はしだいに細くなって短い葉柄となる。8～9月，葉腋から短枝とともに長さ1cmほどの花柄を出し，淡紫色の小さな花を1～数個つける。がくは短い筒形で先端は浅く5裂する。花冠は下部は鐘形で紫色のすじがあり，先は5裂して平開し，径1cmほどである。雄しべは5個，雌しべは1個ある。果実は液質の楕円形で長さ1.5～2cm，赤く熟す。【特性】日あたりのよい砂地のような所を好むが，土性を選ばずよく育つ。【植栽】繁殖は実生，さし木，株分けによる。生長はよい。【管理】萌芽力もあるので，強いせん定ができる。そのままにしておくと樹形の乱れた木になる。病害虫は少ないがウドンコ病にかかることがある。肥料はあまり与えなくてもよい。【学名】属名 *Lycium* は小アジアの地名。種形容語 *chinense* は中国産の，という意味。

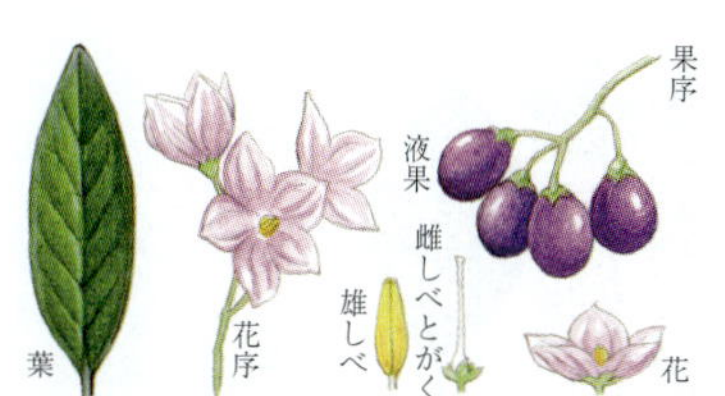

1374. ルリヤナギ（リュウキュウヤナギ） 〔ナス属〕

Solanum glaucophyllum Desf.

【原産地】ブラジル南部，アルゼンチン北部，ウルグアイ。【自然環境】暖かい地方で栽培されている常緑低木。【用途】庭園樹，切花。【形態】高さ1～2mになる。地中に長く地下茎をのばして繁殖する。茎は質軟らかく，粉白色で，あまり枝分かれしない。葉は短い柄があって互生する。葉身は披針形または長楕円状披針形で，長さ12～15cm，幅2～4cm，両端がとがり，全縁で，質は軟らかく両面白緑色である。6～9月，節間の途中から花枝を出し，枝分かれして，下向きに多数の淡紫色の花をつぎつぎに開く。がく片は5裂し，裂片は広披針形，花冠は星形で径2.5cmぐらい，深く5裂して裂片の先はややとがる。雄しべは5個あり，1個の雌しべを囲んで直立する。果実は液果で卵状球形，紫黒色に熟して下垂する。暖地では結実するが，東京周辺ではふつう結実しない。【特性】やや湿気のある所を好む。【植栽】繁殖は地下茎から出た小株を分ける。さし木もできる。寒い地方では戸外では無理。【学名】属名 *Solanum* は麻酔性がある，という意味。種形容語 *glaucophyllum* は灰青色の葉の，という意味である。和名ルリヤナギは瑠璃色の果実の色と，葉の形がヤナギに似ることによる。別和名リュウキュウヤナギは，本種が江戸末期に琉球を経て渡来したことによる。

1375. タマサンゴ（フユサンゴ，リュウノタマ）

〔ナス属〕

Solanum pseudocapsicum L.

【原産地】ブラジル。【自然環境】観賞のために各地で栽培されている常緑小低木。【用途】庭園樹，鉢植え。【形態】露地で栽培すると高さ 1m ぐらいになるが，鉢植えの場合は 30cm 前後のものが多い。枝はさかんに枝分かれし，小枝は緑色である。葉は短い柄があって密に互生する。葉身は披針形または長楕円形で長さ 5〜10cm，先は鈍形で基部はしだいに狭くなって柄につながり，縁は全縁でやや波状となる。無毛で表面には光沢がある。夏から秋にかけ，葉と対生の位置に短い花枝を出し，1〜数個の白色花を開く。がくは小さく，緑色で深く 5 裂する。花冠は径 1〜1.5cm，先は 5 裂し，裂片は広披針形で平開する。雄しべは 5 個あり，1 個の雌しべを囲んで花の中央に直立する。果実は径 1.2cm ほどの球形の液果で熟すと朱紅色となり，長い間脱落しない。【特性】暖地では戸外で越冬できるが，やや寒い地方では鉢植えとする。【植栽】繁殖はさし木による。実生もできる。【管理】整枝せん定はとくにしなくても自然に枝を広げた形に整う。【学名】種形容語 *pseudocapsicum* はにせのトウガラシ属の，という意味。和名タマサンゴ，フユサンゴ，リュウノタマはいずれもその果実の姿による。

1376. ヤマトレンギョウ（ニホンレンギョウ）

〔レンギョウ属〕

Forsythia japonica Makino

【分布】中国地方の山地にまれに自生する。【自然環境】石灰岩地にはえる落葉低木。【用途】庭園樹。【形態】高さ 2〜3m に株立ち状となり，そう生して株もとより多く枝が伸長し，先は下垂して半円状の樹形となる。枝は淡黄褐色で，枝の縦断面の髄には横板がある。葉は卵形で，対生し，6〜8mm の柄があり，長さ 7〜12cm，幅 4〜6cm。葉先は鋭頭で基部は円形か鈍形，葉縁には細鋸歯がある。葉柄から下面に細毛のある点で他の種と区別できる。花は前年枝の腋芽に単生し，花柄は長さ 0.2〜0.3cm，がく裂片は楕円形で長さ 0.25〜0.3cm，縁毛がある。花径 2.5cm ぐらいで黄色，花期は 3 月下旬〜4 月，結実は 9 月，広卵円形で長さ 1cm ぐらい，基部は丸い。【植栽】繁殖はさし木か取り木による。3 月と 6〜7 月にさすか，6〜7 月に取り木をするとよく発根してふやすことができる。【管理】原産地は石灰岩と蛇紋岩の多い地に自生しているので，石灰を散布して土質を適地に改良しておくことが必要である。【近似種】ショウドシマレンギョウ *F. togashii* H.Hara は香川県小豆島産で，葉はやや全縁で花は葉とともに開き，花色も黄緑色である。【学名】属名 *Forsythia* は英国の園芸家である W. A. フォルシスの名で，彼を記念してバールが名づけたもの。種形容語 *japonica* は日本産の，の意味。

1377. レンギョウ 〔レンギョウ属〕

Forsythia suspensa (Thunb.) Vahl

【原産地】原産は中国。【分布】広い地域に分布し中国東北地方，河北，山東，河南，山西，陝西，湖北，雲南省など。栽培は多く日本各地で栽培されている。【用途】切花としても利用され，果実は薬用になり，造園植物として広く庭園などに植栽されている。【形態】落葉低木で3mぐらいになり，幹は直立してのび，枝条は多くは下垂して，枝の切断面は中空である。葉は対生し卵形か広卵形，または長卵形，長さ3〜10cm，幅2〜5cmで単葉だが，長枝の葉は3裂して2〜3の小裂片状に分岐する。葉先は鋭尖で基部は円形，葉の中辺以上にまばらな鋭鋸歯があり，葉質は薄質。葉に先立って花は開花し，前年枝に1〜3花を腋生し，短い花柄があり，花冠は黄色，花径2.5cmで深く4裂し，がく片は長楕円形で長さ2.5cm，内面にやや橙色を帯びる場合がある。雄しべは2個，花冠筒基部に着生し，果実は卵球状になり，2室ある。長さ1.5cm。【植栽】さし木でおもにふやし，株分け，取り木も可能。繁殖した苗は11月に掘り上げて，仮植えしておき，3〜4月に定植する。生長は早く3〜4年で成木となる。【管理】生育しやすい花木で，春にのびた枝が開花枝となるので，開花したのちに早くせん定して，萌芽させることが最も大切な管理である。【学名】種形容語 *suspensa* は吊した，の意味。

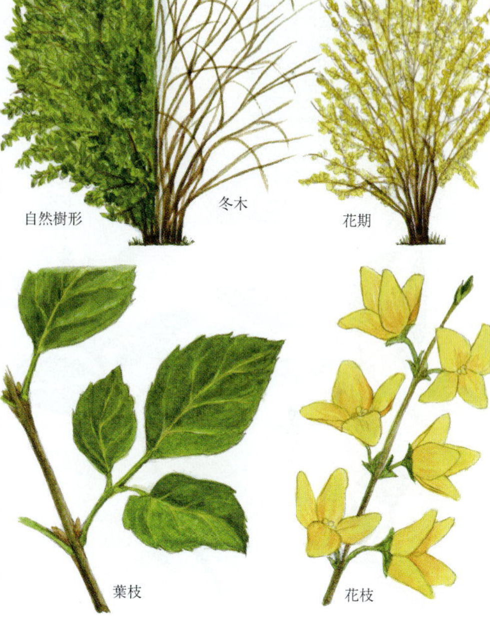

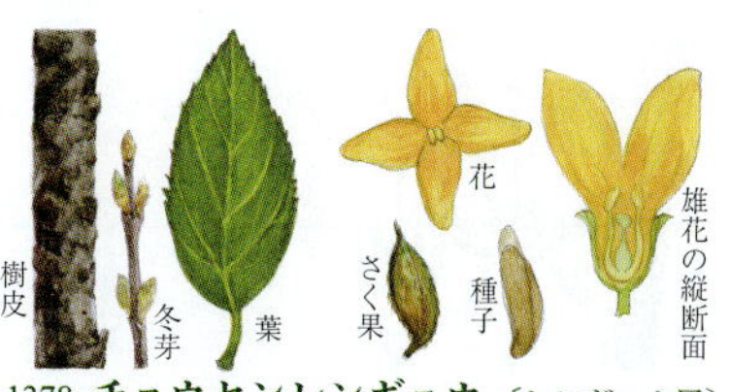

1378. チョウセンレンギョウ 〔レンギョウ属〕

Forsythia viridissima Lindl. var. *koreana* Rehder

【原産地】朝鮮半島。【分布】北海道から九州まで植栽可能。【用途】庭園樹として，早春に咲く花を賞され，切花にも使用される。【形態】落葉低木で高さ3mぐらいになり，幹は弓状に曲がり，直立は少ない点がシナレンギョウと異なる。葉は卵形か，卵状披針形で鋭歯があり，対生。雌雄異株。花は前年枝の腋芽に1〜3個の花をつけ，葉に先立って咲き，小短梗をもち，黄色，径2.5cmぐらい，4深裂し，がく片も大形で少し反曲して長さ0.4〜0.7cm，4個で開出し，筒部よりも著しく長い。芽は覆瓦状で，雄しべは2個，花冠の基部につき，花糸は短い。葯は花の外へは現れない。子房は2室で各室の頂から4〜10個の胚珠を下垂する。果実はさく果で2裂し，中央に隔壁があり，種子には翼があり胚乳はない。日本では結実はあまり見ない。【植栽】繁殖は3月と6〜7月にさし木をするか，5〜6月に取り木でよく発根するのを切り取りふやす。根付けは春が最もよいが，秋も10月頃から12月に関東以西では適している。庭園，都市公園，ときに自然公園の修景に植栽される。生垣用や下木用，縁どり区画として道路の路傍植栽にも適する。【管理】花の終わったときに全体的にせん定すると，夏までに完全な生長をして，花芽を多くつける。【学名】変種名 *koreana* は朝鮮半島産の意味。

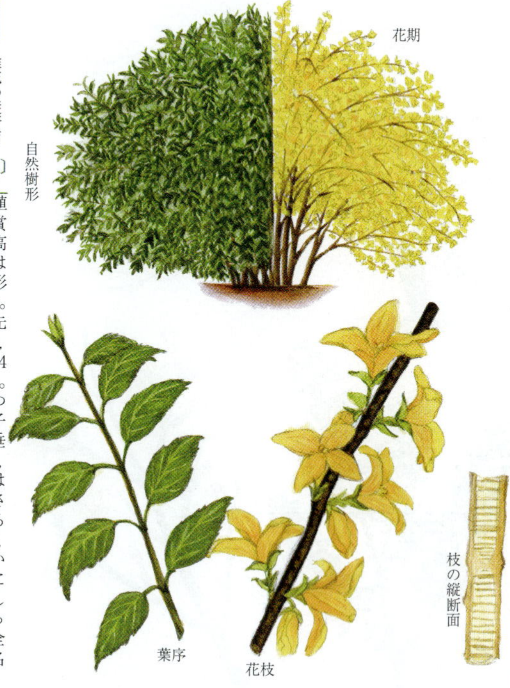

1379. シナレンギョウ　〔レンギョウ属〕
Forsythia viridissima Lindl. var. *viridissima*

【原産地】中国原産で，広く浙江，江西，福建，湖北，貴州，四川省などの山地に分布。【分布】栽培は日本でも広く行われる。【用途】庭園樹，生垣。【形態】落葉低木で高さ2～3m，枝は直立して緑色をしたやや4稜形をしている。枝の切断面は横板があってレンギョウと異なり，枝や幹が直立した姿でチョウセンレンギョウと区別できる。葉は対生で楕円形か披針形，まれに倒卵形で長さ3.5～11cm，幅1～3cm，葉先は鋭尖形，基部はくさび形，上半分に鈍鋸歯があり，葉脈の支脈は上面は凹入し下面に隆起して明らかである。花は葉より先に咲き，深黄色で1節に1～3花腋生し，長さ1.5～2cm，幅1.5～2.5cm。がく裂片は4で舟形で圧伏する。雄しべは2本，花冠筒基部に着生し，果実はさく果で卵球状になり，長さ1.5cm。花期は3～4月，果実の熟期は9月。【植栽】繁殖は3～4月と6～7月にさし木で行い，よく活着する。【管理】生育はよく，2～3年で開花株となる。刈込みに耐えて，生垣などによい。石灰分を好むのでレンギョウ属には冬期に石灰と腐葉土を加えて，根の周辺に施肥することが必要である。せん定はレンギョウに準ずる。害虫には，カイガラムシがあり，冬期中にマシン油乳剤の10～20倍を散布して防ぐ。【近似種】泰連翹*F. giraldiana*が中国南部に分布している。【学名】種形容語*viridissima*は濃緑色の，の意味。

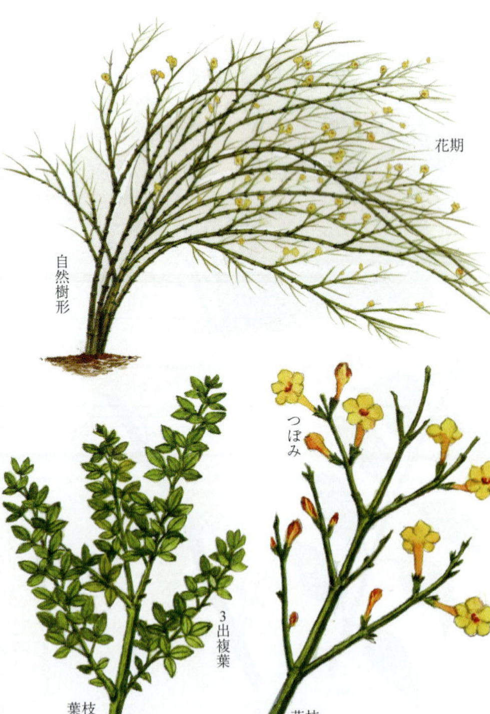

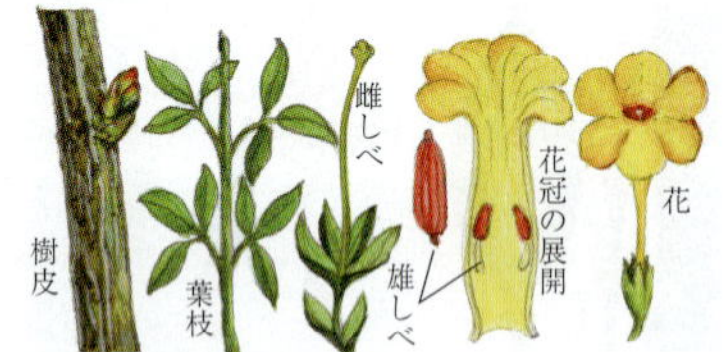

1380. オウバイ　〔ソケイ属〕
Jasminum nudiflorum Lindl.

【原産地】中国北部。【分布】日本全土で栽培。【自然環境】日あたりのよい場所に栽培される落葉低木。【用途】観賞用に庭園や鉢に植えられる。【形態】高さ1m内外，よく分枝し，枝は細長くのび，ややつる性で，垂れて接地した枝からよく発根する。樹皮は灰褐色か灰白色，1年枝は緑色で4稜，無毛。葉は対生，有柄，3出複葉で，柄は長さ0.5～0.7cm，小葉は卵形か披針形，長さは1.5～2cm，幅は0.6～0.8cm，光沢ある深緑色で，全縁。3～4月に，葉に先立って，短柄，鮮緑色の単生花を開く。花は前年枝の葉痕に腋生し，香りはない。花の下部に2緑色苞と緑色芽鱗があり，緑色がくは6深裂。花冠は径2～2.5cm，舷部はふつう6裂して平開，花筒部は細長い。雄しべ2個は花筒に着生し，雌しべは1。八重咲もある。【特性】土質を選ばず，耐寒性強く，早春の花木として用いられる。【植栽】さし木はきわめて容易。株分け，または，自然に発根した枝を分ける。【管理】移植は容易，強いせん定に耐えるが，2年枝を残さないと花はつかない。古い枝は切り取る。栽培は容易。【学名】種形容語*nudiflorum*は無毛花の，の意味。和名オウバイは黄色いウメの意味であるが，ウメとは全く異なり，これは合弁花である。

1381. キソケイ　〔ソケイ属〕

Jasminum humile L. var. *revolutum* (Sims) Stokes

【原産地】マデイラ諸島。【自然環境】亜熱帯にはえる常緑低木で，日本では温室，ときに暖地で栽培する。【用途】庭園樹。また切花用とする。【形態】高さ1.5～2.5m。そう生し四方に分枝し長くのびる。若枝は緑色，無毛で，稜がある。葉は互生，有柄，奇数羽状複葉で3～5枚の小葉からなる。小葉は卵形か卵状楕円形，鋭尖頭，全縁で光沢があり，葉身は長さ2～5cm，幅1～1.5cmで両面無毛。花期は戸外では5～6月，小枝端に散房花序を出し，鮮黄色花を8～20個つける。緑がくは無毛で細小，5裂。花冠は筒部長く1.8cmぐらい，舷部は5裂して平開，径2.5cm内外。本来は芳香があるが，日本では香りがあまり出ない。雄しべ2個で花筒に着生し，花糸は短い。雌しべは1個，柱頭は2裂。【特性】やや耐寒性があり，東京では戸外で越冬可能の温度と日あたりが十分あれば丈夫に育つ。【植栽】春のさし木は容易。取り木は6～7月に行う。【管理】戸外では，日あたりと排水のよい南面の場所を選んで植える。東京より北の地方では冬期は温室に入れる。鉢土には腐葉土と川砂を加える。越冬にあたっては10℃を確保する。花後にせん定する。【近似種】ウンナンソケイ *J. humile* f. *wallichianum* (Lindl.) P.S.Green はヒマラヤ原産で中国，雲南省に野生はしない。【学名】種形容語 *humile* は低い，の意味。

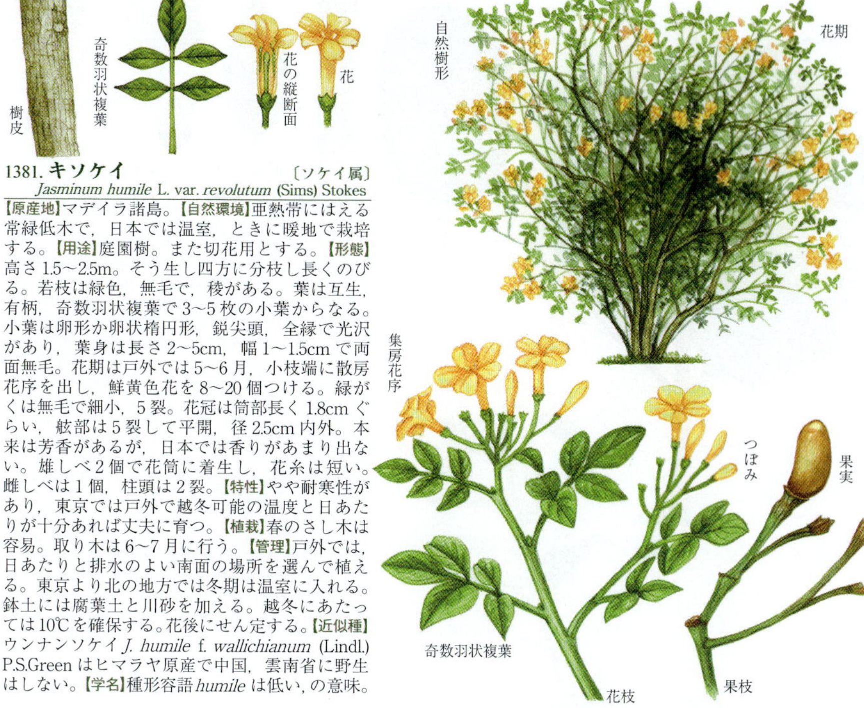

1382. キンモクセイ　〔モクセイ属〕

Osmanthus fragrans Lour. var. *aurantiacus* Makino f. *aurantiacus* (Makino) P.S.Green

【分布】本州の関東以西に多く植えられる常緑低木。中国原産とされる。【用途】花に芳香があるために庭園に植栽する。【形態】幹は高さ4mあまり，直径30cmに達し，樹皮は灰白色，平滑，枝は淡褐色で無毛，分枝多く，葉を密に茂らせる。葉は対生，有柄，葉身は長さ7～12cm，幅2.3～4cm，楕円状披針形か長楕円形，鋭尖頭，基部は鋭形，上部に細鋸歯があるかまたは全縁。表面は深緑色，裏面は帯黄緑色，葉脈はやや不明，全株無毛，ギンモクセイよりもやや薄い革質。葉柄の長さは0.7～1.5cm。花期は9月下旬～10月上旬，葉腋に多数の橙黄色の有柄小花を散形状に束生し，強い芳香がある。がくは細小，4裂する。花冠は4深裂し径0.5cmで肉質。1花に雄しべ2個と雌しべ1個があるが，片方のしべが縮小している雌雄異株で，日本には雄株だけしかない。【特性】土質を選ばない。生長は遅い。大気汚染に弱く，葉は茂るが花がつかなくなる。【植栽】繁殖はさし木，取り木，接木による。【管理】せん定はひかえめに行う。短い刈込みには耐える。刈込みの時期は，花後から厳寒期を除く3月まで。冬に鶏ふんや堆肥を施すと花つきがよくなる。カイガラムシ，ハダニに注意。【学名】種形容語 *fragrans* は強い芳香がある，変種名 *aurantiacus* は橙黄色の，の意味。

1383. ウスギモクセイ（シキザキモクセイ）

〔モクセイ属〕

Osmanthus fragrans Lour. var. *aurantiacus* Makino f. *thunbergii* (Makino) T.Yamaz.

【分布】九州（熊本県南部，鹿児島県中北部）に自生があり，西日本で多く栽培される。【自然環境】暖地の山林にはえる常緑低木。【用途】庭園樹。【形態】幹は高さ4mあまり。樹皮は灰白色で平滑，枝は淡灰褐色，全株無毛。葉は対生，有柄，葉身は狭楕円形から長楕円形，鋭尖頭，基部は鋭形，長さ7〜12cm，幅3〜4cm，薄い革質で，上面は深緑色，裏面は淡緑色，上半部に細鋸歯があるかまたは全縁，柄の長さ0.7〜1.5cm。キンモクセイより葉身は丸みを帯び，やや小形。花は9月末頃に咲くほか，四季にわたりぽつぽつ咲くのでシキザキモクセイの名がある。葉腋に淡黄白色で1cmほどの柄のある小花を散形状に束生する。芳香があるが，キンモクセイより弱い。がくは細小で4裂する。花冠は4深裂し，径0.6cmで肉質。1花に雄しべ2個と雌しべ1個があるが，片方が退化して，雌雄異株。【特性】土質を選ばない。生長は遅い。耐寒性はキンモクセイより劣る。【植栽】繁殖はさし木，取り木，接木による。【管理】せん定はひかえめに行う。短い刈込みには耐える。時期は花後から3月までの厳寒期を除く。冬に鶏ふんや堆肥を施すと花つきがよくなる。【近似種】モクセイ，キンモクセイ。その項を参照。【学名】種形容語 *fragrans* は芳香のある，の意味。

1384. ギンモクセイ（モクセイ）〔モクセイ属〕

Osmanthus fragrans Lour. var. *fragrans*

【原産地】中国。【分布】本州西南部，四国，九州に栽培が多い。【自然環境】暖地に栽培される常緑小高木。【用途】花に香気があるため庭園に植える。【形態】幹は高さ5m，直径30cmに達し，樹皮は灰白色，平滑，枝は淡褐色で無毛，分枝多く，葉を密に茂らせる。葉は対生，有柄，葉身は長さ8〜13cm，幅3〜5cm，長楕円形から狭長楕円形，急鋭尖頭，基部は鈍形，葉縁は細鋸歯があるがときに全縁，葉質厚く革質。上面は深緑色，下面は淡緑色で両面無毛，葉柄の長さ0.7〜1.3cm。開花は9〜10月，葉腋に散形花序を出し，多数の白色花を束生する。がくは緑色で4裂。花冠は4深裂，径0.5cmで肉質。1花には雄しべ2個と雌しべ1個があるが，雄しべか雌しべの一方が退化しているため，機能的には雌雄異株。日本ではすべて雄株で，雌しべは縮小している。【特性】土質を選ばない。生長は遅い。大気汚染に弱く，葉は茂るが花はつかなくなる。【植栽】繁殖はさし木，取り木，接木（ヒイラギ台木に）による。【管理】せん定はひかえめに行う。短い刈込みには耐える。せん定，刈込みの時期は，花後から3月までの厳寒期を除く。冬に鶏ふんや堆肥を施すと花つきがよくなる。カイガラムシ，ハダニに注意。【近似種】キンモクセイ，ウスギモクセイ。その項を参照。

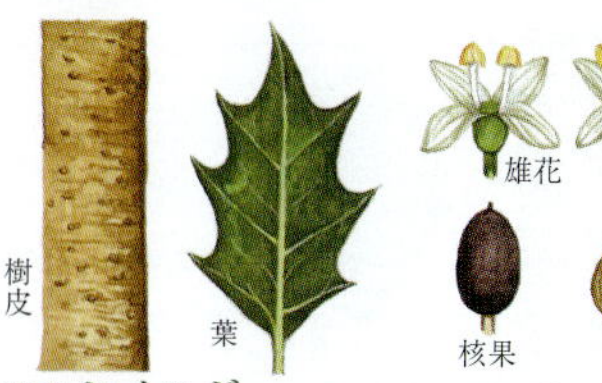

1385. ヒイラギ 〔モクセイ属〕

Osmanthus heterophyllus (G.Don) P.S.Green

【分布】本州（福島県以南），四国，九州に分布。**【自然環境】**暖地の山中に自生する常緑低木。**【用途】**生垣，庭園樹として植え，材は器具や楽器，彫刻，櫛に用いる。小枝は節分の日に用いる。**【形態】**幹は直立し，ふつう見られるものは5m以下，ときに8mに達し，直径30cmになる。樹皮は淡灰白色，多く分枝し，葉を密に茂らせる。葉は対生，有柄，葉身は長さ3～5cm，幅2～3cm，卵形または長楕円形，大木の下方の枝の葉と若木の葉は，先端がとげで終わる大尖歯が葉縁に並ぶ。老木になると，上部の葉は小さく，とげの数が減り，ついに全縁となる。肉厚く，硬質で，表面は暗緑色，光沢があり，下面は淡緑色または黄緑色。花期は10月，葉腋に白色の小花を散形状に束生する。花には芳香がある。がくは4裂し，裂片は全縁，花冠は4深裂，長さ0.4～0.5cm，裂片は楕円形，雄しべ2個と雌しべ1個を有する。花は同形であるが雌雄異株。雌株の花は雌しべが発達して結実する。雄株の花は結実しない。核果は楕円形，翌年7月頃黒紫色に熟し，長さ1.2～1.5cm。**【特性】**かなりの陰樹で，適潤な緩傾斜地を好む。生長は遅い。**【植栽】**繁殖は実生，さし木による。**【管理】**萌芽力が強く，せん定に耐える。移植に弱い。**【近似種】**セイヨウヒイラギ（ホーリー）は似ているがモチノキ科に属し，葉は互生。**【学名】**種形容語*heterophyllus*は異葉性の，の意味。

1386. フイリヒイラギ 〔モクセイ属〕

Osmanthus heterophyllus (G.Don) P.S.Green 'Variegatus'

【分布】自生はなく，栽培のみ。母種は本州（福島県以南），四国，九州。**【自然環境】**母種は暖地の山中に自生する常緑低木であるが，斑入り品種は低木。**【用途】**庭園樹や盆栽。**【形態】**幹は高さ2m内外，樹皮は灰色，枝を密に分枝する。葉は対生，有柄，卵形または長楕円形で，長さ3～5cm，幅2～3cm，若い枝の葉の縁には，先端がとげで終わる尖歯が並び，古い枝の葉はとげが少なくなり，全縁に近くなる。葉質は厚く，光沢があり，濃緑色の表面に，葉縁の白いシラフヒイラギや，黄色の斑紋のあるキフヒイラギなどの園芸品種がある。開花は10月，葉腋に白色の小花を散形状に束生する。花には芳香があり，がくは4裂し，裂片は全縁，花冠は4深裂，長さ0.4～0.5cm，裂片は楕円形，花は同形であるが，雌雄異株で，雄しべ2個と雌しべ1個を有し，雌雄どちらかのしべが発達しない。**【特性】**母種に比べ，樹勢は弱く，生長は遅い。**【植栽】**繁殖は梅雨の頃，熟した新枝をさし木する。またはヒイラギ台木への接木による。**【管理】**斑の入らない枝は除く。せん定は少なめに行う。寒肥を施す。カイガラムシは防除する。**【近似種】**ヒイラギの園芸品種はキッコウヒイラギをはじめ多数ある。**【学名】**園芸品種名‘Variegatus’は斑入りの，の意味。

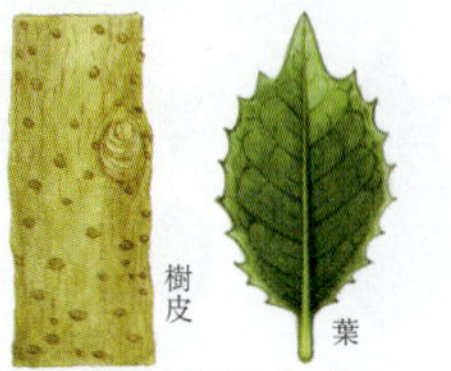

1387. ヒイラギモクセイ　〔モクセイ属〕
Osmanthus × *fortunei* Carrière

【原産地】中国。**【分布】**日本全土で栽培される。**【自然環境】**暖地で栽培される常緑低木。**【用途】**生垣，庭園樹。モクセイ類の台木とされる。**【形態】**幹は高さ2～4m，まれに6m，直径30cmに達する。樹皮は灰白色，皮にコルク質のこぶができる。枝は密に分枝し，多数の葉をつける。葉は小枝の上部に集まる習性がある。葉の形は卵状楕円形から長楕円形，長さ6～9cm，鋭頭，基部鋭形，上面は深緑色，ヒイラギより光沢は少なく，下面は淡緑色。主脈は下面に隆起し，側脈は8～10対，葉身の長さ5～12cm，幅3～7cm，葉縁には6～10対のとげ状の歯牙があり，ときに全縁に近くなる。花は9～10月に，葉腋または枝頂に散形につき，径0.8～1cm，白色で芳香がある。雌雄異株で，日本にあるのは雄株のみ。がくは4裂し小さな鋸歯がある。花冠は4深裂し，裂片は幅広く鈍頭，雄しべは2個で，花筒に着生し，花糸は短い。**【特性】**ヒイラギとギンモクセイとの雑種とみられ，日本に自生はない。葉はヒイラギに近い。土質を選ばず，大気汚染に強い。耐寒性がある。**【植栽】**繁殖はさし木，取り木による。**【管理】**刈込み，せん定に耐える。害虫に5～7月頃に発生するハムシがある。移植は可能。**【近似種】**ヒイラギやモクセイ類の項参照。**【学名】**属名 *Osmanthus* は芳香のある花，種形容語 *fortunei* は人名で，フォーチュンの，の意味。

1388. オリーブ　〔オリーブ属〕
Olea europea L.

【原産地】シリア，トルコ南部，または北アフリカともいわれる。**【分布】**地中海沿岸諸国。日本では東海地方，瀬戸内，九州。**【自然環境】**乾燥した温和な気候を好む常緑高木。**【用途】**オリーブ油をしぼり，食用や薬用とする。また果実を灰汁か2％カセイソーダに浸し，渋抜き加工をしてから塩と香辛料で漬けて貯蔵，食用とする。食用とする果実は未熟な時期に収穫したグリーンオリーブと，よく熟して紫黒色になったライプオリーブの2種があり国によって違う。フランスやスペインでは緑色のものを，米国やイタリアでは黒色のものを使う。**【形態】**高さ15mにおよぶ。葉は披針形で対生し，長さ約5cm，幅約1.5cm，表面は濃緑色，裏面は淡緑白色で細い毛を密生する。花は葉腋より花枝をのばし総状花序につく。黄白色で4裂した花冠は基で合着している。子房は上位。果実は核果で，初め緑色，秋に黄色になり，熟すと黒色になる。果肉，核ともに油分に富み，12～2月頃に含油量が最大となる。オリーブ油採集のためには，黒熟してもこの頃までおいて収穫する。**【特性】**乾燥に耐える性質がある。大気の乾燥した温和な気候を好むが，寒さには比較的強く－8℃ぐらいまでは耐える。停滞水を嫌い，排水のよい土地を選べば土壌は選ばない。根は浅根性であるため強風に弱い。**【植栽】**繁殖はさし木および接木で行う。雌雄同株であるが，他家受精の性質があるので，品種によっては2品種以上の授粉樹が必要となる。**【学名】**種形容語 *europea* はヨーロッパの，の意味。

1389. ヒトツバタゴ（ナンジャモンジャ）

〔ヒトツバタゴ属〕

Chionanthus retusus Lindl. et Paxton

【分布】本州中部（長野県南部，愛知県，岐阜県），九州（対馬）に隔離分布する。【自然環境】丘陵帯の山林にはえる落葉高木。【用途】稀産種で，天然記念物に指定された株が各地にある。まれに公園などに植えられる。【形態】幹は直立して多く分枝し，高さ25m，直径50cmに達するものもある。冬芽は円錐形，4～6枚の芽鱗に包まれる。皮目は多く，明瞭。葉は有柄，対生，葉身は楕円形か倒卵形，長さ4～10cm，幅2～5cm，鈍頭，基部は狭くなりくさび形，全縁，表面は緑色で，葉脈はへこみ，裏面は淡緑色，中肋に褐色の毛がある。雌雄異株。花期は5～6月，小枝に円錐形の集散花序を頂生する。がくは小さく4浅裂，緑色。花冠は細長い4片に深裂し，裂片の長さは1.5cm，白色で，多数の花が枝上に咲いて壮観である。雄しべは2，短くて花筒内部から出ない。雌しべは1，柱頭は大きく，子房は2室。核果は楕円形。【特性】適湿地を好み，乾燥地は生育が悪い。【植栽】繁殖は実生，取り木，接木，さし木による。【管理】温暖で日あたりのよいやや湿り気の多い所に植える。【学名】種形容語 *retusus* は微凹形の，の意味。

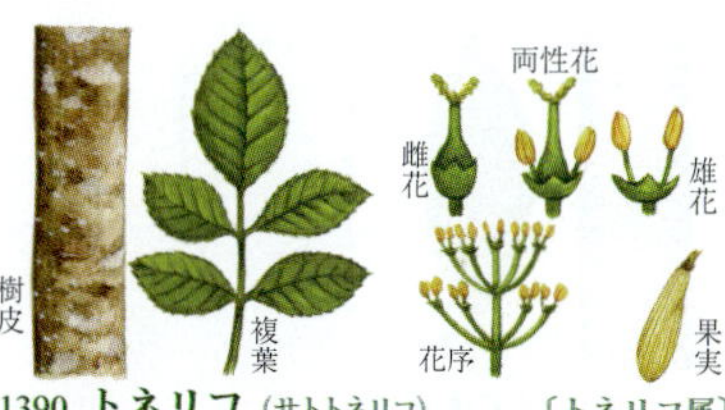

1390. トネリコ（サトトネリコ）

〔トネリコ属〕

Fraxinus japonica Blume ex K.Koch

【分布】本州（中部以北）。【自然環境】温帯まれに暖帯の山地にはえる落葉高木。【用途】材は器具・機械などに用いる。枝に生ずるロウを戸の滑りをよくするのに用いた。庭園樹や田の稲掛用として植える。【形態】幹は直立し，高さ10～12m，直径20～30cm，とくに大きなものでは高さ15m，直径60cmに達する。樹皮は淡褐灰色，平滑，1年枝は太く黄褐色で4稜があり，皮目は目立つ。新枝は初め有毛，すぐに無毛となる。葉は対生，5～9個の小葉からなる奇数羽状複葉で，全長は20～35cm，葉柄の基部はふくらむ。羽片は有柄，長卵形か長楕円形，長さ5～15cm，幅3～6cm，鋭尖頭，葉縁に低鋸歯があり，基部はゆがんだくさび形か円形。つけ根の部分にはとくに褐色毛が密生する。葉の表面は無毛，裏面は中肋にそって白色の開出毛がある。冬芽は心臓形，芽鱗は4個。開花は4～5月，枝の上部に円錐花序を形成し，淡緑白色の細花を多数つける。多くは雌雄異株，ときに同株，まれに雑株。花はふつう花弁がなく，まれに花弁があっても早落性，がくは4裂する。雄花には2個の雄しべ，雌花には雌しべ1個のほか退化雄しべ2個があるものとないものとある。翼果は10月に熟し，倒披針形。【特性】湿り気のある肥沃地を好み，生長はやや早い。【植栽】繁殖は実生による。【管理】せん定は好ましくない。【近似種】果実の幅が狭いものをナガミトネリコ f. *intermedia* (Nakai) H.Hara という。【学名】種形容語 *japonica* は日本の，の意味。

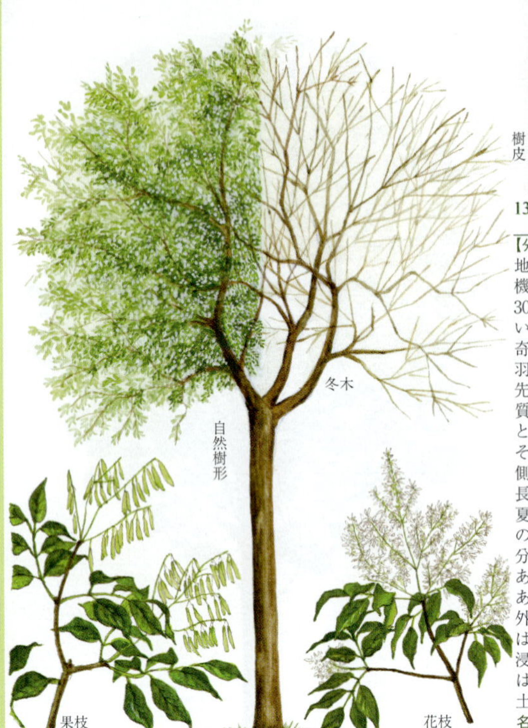

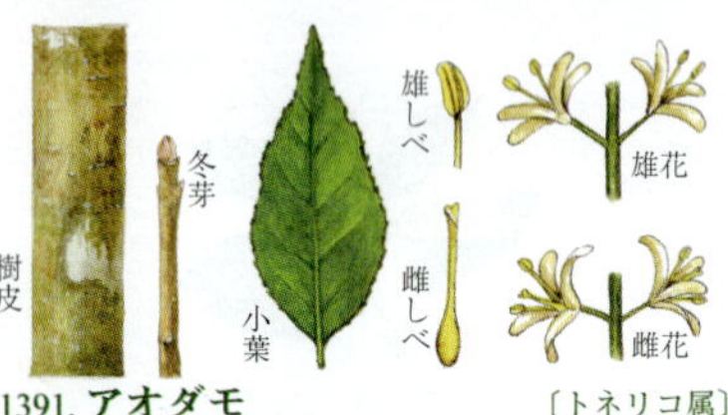

1391. アオダモ 〔トネリコ属〕
Fraxinus lanuginosa Koidz.

【分布】北海道，本州，四国，九州。【自然環境】山地に自生する落葉高木。【用途】建築材，器具材，機械材など。【形態】幹は直立，高さ10m，直径30cm内外。樹皮は灰褐色で平滑。若い枝には粗い毛があり，のちに無毛となる。葉は対生，有柄，奇数羽状複葉，全長10～20cm。小葉は5～7片で，羽片の長さは5～10cm，幅1.5～3.5cm。長卵形，先端は長鋭尖頭，基部はくさび形，低鋸歯があり，質は薄い。側小葉はゆがんだ形をしており，ほとんど無柄。表面は無毛，裏面の中肋や側脈にそって毛がある。冬芽は枝の先端に1個の頂芽，側生する側芽とがある。頂芽は広卵形で大きく，長さ0.5～0.7cm，2～4枚の芽鱗に包まれる。初夏に，上部の新枝端に円錐花序を頂生し，多くの白色小花を密につける。花冠は細長い4弁に分かれる。雌雄異株。雄花には2個の雄しべがあり，雌花には2個の雄しべと1個の雌しべがある。翼果は倒披針形，長さ2.5cm，幅0.4cm内外。特に毛深いものが学名の基準型で，しばしばケアオダモとして分けられる。【特性】枝を水に浸すと水が青くなるのでアオタゴという。タゴはタモと同一。日あたりがよく，適潤で肥沃な土地で生育がよい。【植栽】繁殖は実生による。【学名】種形容語 *lanuginosa* は綿毛のある，の意味。

1392. マルバアオダモ 〔トネリコ属〕
Fraxinus sieboldiana Blume

【分布】北海道，本州，四国，九州（対馬）に分布。【自然環境】山地に自生する落葉高木。【用途】建築材，器具材。庭園にも植栽される。【形態】幹は直立，高さ10m，直径30cm以上にも達するが，二次林でふつうに見られるものはこれよりはるかに細い。樹皮は灰色，平滑。葉は対生，有柄，小葉は5～7個よりなる奇数羽状複葉。小葉の形は卵状長楕円形，鋭尖頭，基部はくさび形。葉身の長さは5～10cm，幅1.5～3.5cm，ほとんど全縁で，頂小葉の柄の長さは1cm内外，側小葉はゆがんだ形で柄は0.1～0.3cm。ふつうは下面中肋にそって白毛がある。花期は4～5月，新枝に円錐花序を頂生し，白色花を密につける。花冠は線状倒披針形の4弁，雌雄異株で，雄花には雄しべ2個，雌花には2個の雄しべと1個の雌しべがある。翼果は倒披針形，長さは2.5cm，幅0.4cm内外。【特性】日あたりよく，適潤な深い土層の場所では肥大生長は早い。乾燥地にも耐えられる。【植栽】繁殖は実生による。【学名】種形容語 *sieboldiana* は人名で，シーボルトの，の意味。和名マルバアオダモの由来は葉縁に鋸歯がなくほとんど全縁であることにあり，円形の葉の意味ではない。

1393. ヤマトアオダモ（オオトネリコ）〔トネリコ属〕

Fraxinus longicuspis Siebold et Zucc.

【分布】本州，四国，九州。【自然環境】山地にはえる落葉高木。【用途】建築材，器具材，機械材。【形態】幹は直立し高さ 20m，直径 80cm に達し，樹皮は淡灰褐色，平滑，小枝は太く，若枝にはちぢれた褐色毛がある。若葉は有柄，十字対生，奇数羽状複葉で全長 15～25cm，小葉は 2～4 対，中軸と実の下面中肋は，若いときは有毛，のちに無毛となる。小葉は披針形から長楕円形，先は尾状鋭尖頭，茎部はくさび形，葉縁に低鋸歯があり，長さ 5～10cm，幅 2～3cm。表面は深緑色，裏面は淡緑色，葉柄の長さ 0.5～1cm。冬芽は円錐形，先端がとがり 2～4 枚の芽鱗に包まれる。花期は 4～5 月，新枝の先端に円錐花序を頂生し，淡緑色の小花を多数つける。がくは小さく，カップ状で深く切れ込む。花冠はない。雌雄異株。雄花だけの株と，両性花をもつ株とがある。雄花には 2 個の雄しべがあり，両性花には雄しべ 2 個と雌しべ 1 個がある。翼果は 10 月に熟し，下垂して倒披針形，長さ 3～4cm，幅 0.5～0.6cm，鈍頭または凹頭，がくは宿存する。【特性】日あたりよく，適潤で肥沃な深層土の所では旺盛な生育をする。乾く所では生育不良。【植栽】繁殖は実生による。【管理】せん定を好まない。【近似種】ツクシトネリコ var. *latifolia* Nakai は葉がとくに広く，幅 4～5cm に達する。【学名】種形容語 *longicuspis* は長突頭の，の意味。

1394. シマトネリコ（タイワンシオジ）〔トネリコ属〕

Fraxinus griffithii C.B.Clarke

【分布】琉球列島に分布する。【自然環境】亜熱帯の山林にはえる常緑高木または半常緑高木。【形態】幹は直立し，高さ 15～20m，直径 45～50cm に達する。小枝は無毛で灰白色，皮目は淡褐色。葉は奇数羽状複葉で，小葉は 5～9 個で洋紙質か革質。頂小葉は葉柄の長さ 1.5～4cm，葉身の長さ 7～13cm，幅 3～4cm，卵状披針形～長楕円形，鋭尖頭または長鋭尖頭，基部はくさび形，全縁，側脈は 7～8 対。側小葉は葉柄の長さ 0.5～1cm，葉身はゆがんだ長卵形で長さ 5～10cm。上面は無毛，下面中央脈下部に開出毛があり，葉柄の長さ 4～5cm。開花は 5 月，雌雄異株。新枝に円錐花序を頂生し，花序の形は卵状三角形，長さ 10～15cm，花軸は短毛がある。小花はやや密につき，白色，長さ 0.2～0.4cm。がくは小花柄とともに全面に鱗状毛をしく。花冠は 5 全裂し，裂片は長楕円形。雄花には雄しべ 4，退化雌しべは 1 個で小さい。雌花には小さな退化雄しべと雌しべがある。翼果は線状披針形，長さ 2.5cm，幅 0.4cm ぐらい。【特性】耐寒性が少しあり，本州の植栽でも越冬可能。【植栽】繁殖は実生による。

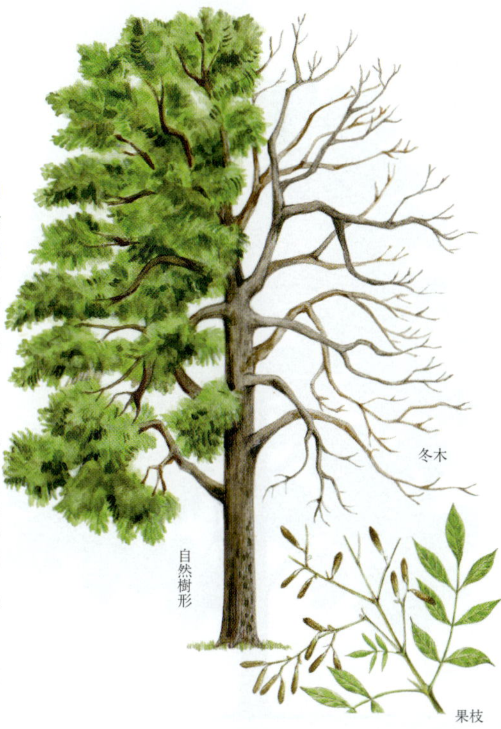

1395. ヤチダモ 〔トネリコ属〕
Fraxinus mandshurica Rupr.

【分布】北海道，本州（中部以北）。【自然環境】温帯，亜寒帯の湿地にはえる落葉高木。【用途】材は良質で建築，家具，車両，船舶，運動具などに用いる。稲掛用に水田のあぜに植える。【形態】幹は直立し，高さ24m，直径1mに達する。樹皮は縦に深く裂け目を生じる。皮目は円形または楕円形。頂芽の冬芽は大きく長さ0.5〜0.8cm，幅は0.5〜1cm，三角形または円錐形でとがっていて，2枚の芽鱗に包まれる。葉柄の基部は肥大しているが，対する側の基部とは接することはない。葉身は奇数羽状複葉で長さ40cm内外，小葉は3〜5対，長楕円形，鋭尖頭，基部は非対称のくさび形，細鋸歯があり，長さ6〜15cm，幅2〜5cm，頂小葉を除いて無柄，上面は無毛，下面は脈ぞいに開出毛があり，小葉基部に著しい褐色毛が密生する。雌雄異株。開花は4〜5月，前年枝の上部に円錐花序を形成し，無花冠の黄褐色の小花をつける。雄花には2個の雄しべがある。雌花には1本の雌しべと2本の退化雄しべがある。翼果は広倒披針形，長さ2.5〜4cm，幅0.7〜0.8cm。【特性】生長はやや早い。寒地や多雪地の植栽樹に適する。【植栽】繁殖は実生による。【管理】せん定に耐える。移植に強い。【学名】種形容語 *mandshurica* は満州（中国東北部）の，の意味。

1396. シオジ 〔トネリコ属〕
Fraxinus platypoda Oliv.

【分布】本州（関東以西），四国，九州に分布。【自然環境】温帯山地の谷にそってはえる落葉高木。【用途】材は建築，家具，運動具，合板などに用いる。【形態】幹は直立し，高さ25m，直径1mに達する。樹皮は褐灰色，縦に平行な裂け目が入る。枝は太く灰黄褐色で無毛。皮目は楕円形または割れ目状で多数あり，葉痕は深い心臓形。葉は対生，有柄，奇数羽状複葉で全長25〜40cm，側葉は2〜4対，中軸の葉柄基部は肥大し，相対する葉柄基部と接し，枝を囲む。小葉は狭卵形，鋭尖頭，基部はくさび形，細鋸歯があり，頂小葉のみ有柄。表面は暗緑色で無毛，葉脈は少しへこみ，下面は淡白緑色，中肋ぞいに白毛があるほか無毛。側小葉の長さは8〜15cm，幅3〜5cm，基部の対ほど小さくなる。冬芽の頂芽は1個で大きく，側芽は対生し，2枚の鱗片に包まれる。雌雄異株。花期は4〜5月，円錐花序は前年枝の葉痕の腋から出て多数の小花をつける。長さ10〜15cm，帯白色で花冠はない。翼果は10月に熟し，長楕円状披針形で，長さ3〜5cm，幅0.8〜1.5cm，下垂する。【特性】湿った斜面を好み，生長は早い。【植栽】繁殖は実生による。【管理】せん定は樹形を乱すので好ましくない。【近似種】ヤマシオジ（カイシジノキ）f. *nipponica* (Koidz.) Yonek. は葉柄や中軸に短毛がある。

1397. ムラサキハシドイ（ライラック，リラ）

〔ハシドイ属〕

Syringa vulgaris L.

【原産地】ヨーロッパ（南東部），コーカサス，アフガニスタン。【自然環境】石灰質の多い土質によく生長する落葉小高木。【用途】庭園樹，公園樹，切花。【形態】樹姿は不整形になり，幹は直立性で6mあまりになり，灰褐色で，枝は密にならず日照度の多いほうへのび，樹形が変形しやすい。頂芽は大きく仮頂芽で2個つける。6～8枚の芽鱗に包まれ，広卵形の先端がとがった冬芽は特徴があり，葉は長柄で1.3～3cm，広卵形か卵形で鋭尖の葉頭で，基部は切形か円形で個体差が多い。葉質は革質で，光沢があり，全縁，上面は濃緑色，下面は淡緑色，長さ5～12cm，幅3.5～5cm，全株無毛である。花は4～5月に開花し，腋生の円錐花序で，長さ10～20cm，直立して花序はやや細長く，小花を着生し，花筒は細くて，1cmあまり，裂片よりも長く，上部は4裂し裂片は卵形で，両縁は梢上部に巻く。長さ約1cm。花色は淡紫色がふつう。園芸品種は多く，花色も白色，藤色，淡桃紫色など多く，品種名のつけられているものが多い。【植栽】接木で繁殖し，台木はオオバイボタが多い。イボタ類に接木して，深く植付けて自根を発生させたほうがよい成木となる。植付けは晩秋から早春が適する。高温多湿を嫌うために関東以南での生育はよくないが，耐暑性品種も生まれている。【学名】種形容語 *vulgaris* はふつうの，という意味。

1398. ムラサキハシドイ‘トウゲン’〔ハシドイ属〕

Syringa vulgaris L. ‘Tōgen’

【系統】ムラサキハシドイの園芸品種で，耐暑性のある日本産。【形態】樹高3mあまりになり，根もとより枝は太くのび，幹は灰褐色で外皮が縦に割れ目ができて剥皮する。幹は多く分枝して不整形の樹形となる。葉は対生，三角状広卵形で，先はとがり，葉脚は腎臓形である。鋸歯はなく無毛である。花は萌芽とともに円錐花序を前年生枝の頂端に対生して，多数の小花をつける。花の色はやや粗に淡桃色をしたライラック色で，花色もよい。花筒は細く，4裂した花弁は丸く，花は芳香性がある。果実は10月によく結実し，さく果で長さ1～1.2cm，鋭頭の筒状で種子は灰褐色で翼があり小さい。【植栽】耐寒性は強く，公害に耐えるので，温帯の都市で多く栽培され，世界的にもその植栽は多い。しかし夏に高温多湿な関東以西では花芽形成も悪く，花穂が短い点などが嫌われ植栽が少ない。【近似種】ムラサキハシドイの園芸品種は最も多くの品種が作出されている。白花で早咲の耐暑性のある品種をシロバナライラックとよび，変種として，var. *alba* とされている。性質が他の品種と異なり，株状となって高さ2～2.5mあまりである。一般には紫系の品種が多く，近年では小花が大輪化した品種や，八重咲の品種などが輸入されて，栽培されている。

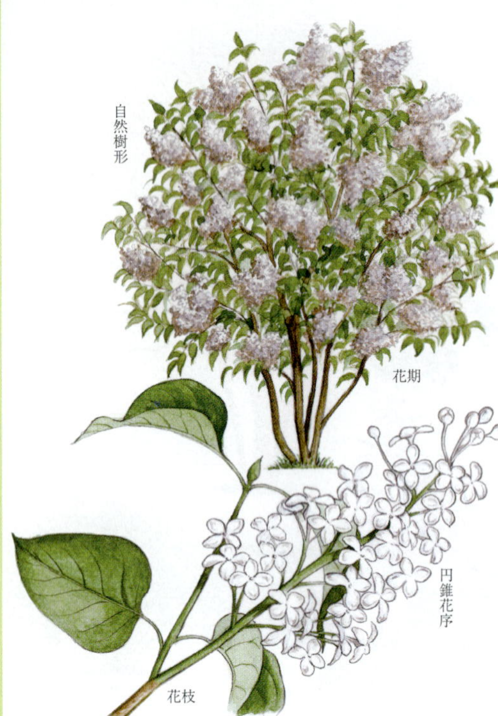

1399. マンシュウハシドイ　〔ハシドイ属〕
Syringa reticulata (Blume) H.Hara
subsp. *amurensis* (Rupr.) P.S.Green et M.C.Chang

【分布】北海道，本州，四国，九州の山地にはえており，またサハリン，朝鮮半島さらに東アジア温帯に分布する。変異は多く，母種との交雑もある。【自然環境】高温を嫌う落葉小高木。夏は日の強くあたらない場所か，高冷地に植栽し，酸性土壌を嫌うために石灰で中性土にすることがよい。【用途】鉢作りや切花として栽培され，観賞される。【形態】ハシドイの変種。高さ5mぐらいになり，栽培すると低木で3mぐらいで開花する。ハシドイのように幹は高く，太くはならない。葉は対生で卵形または広卵形で，基部は円形で長さ6〜10cm，上面は濃緑色で無毛，下面も無毛かわずかに毛がある点でハシドイと異なる。花は頂生が多く，円錐花序で白い小花を多く咲かせる。花冠は鐘状の筒部と卵形の裂片が4個で，ハシドイよりやや大きい。【植栽】株分けで繁殖するか，イボタに接木してふやす。深植えにすれば自根が発生して株も大きくなり，花数も多く，切花用に適する。【近似種】ハシドイ属はヨーロッパからアジアにかけて約30種が調べられているが，交雑性が多く変種にも次のものがある。ケオオバハシドイ var. *tatewakiana* は北海道の石狩地方に分布している。【学名】種形容語 *reticulata* は網状の，亜種名 *amurensis* はアムール地方の，の意味。

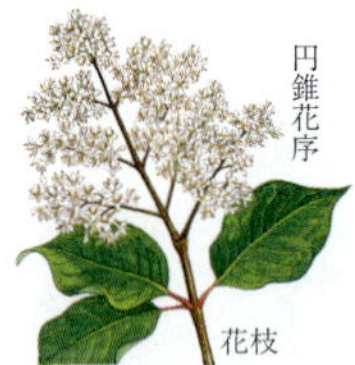

1400. ハシドイ（ドスナラ）　〔ハシドイ属〕
Syringa reticulata (Blume) H.Hara
subsp. *reticulata*

【分布】原産は日本，朝鮮半島南部，南千島で，日本では北海道から九州の山地に自生する。【自然環境】本州の東北から北陸などの高冷地から，温帯地に適する落葉小高木。【用途】まれに庭園樹としたり緑陰樹として植栽される。【形態】高さ7〜10mになり，幹は径30cmになる。灰褐色で枝も直上し無毛である。葉は広卵形か卵円形で全縁，葉先は急鋭尖頭で，基部は円形か微心形，または急鋭形もあり，葉柄は1〜2cm，上面は濃緑色で無毛，下面は淡緑色で葉脈は細く小細脈があり，中助から基部に白色の軟短毛がある。葉長は6〜8cm，幅3.5〜6cm。花は白色で頂生または腋生の円錐花序で，花は径約0.5cm，短い小梗があり，がく歯は低く，花冠は漏斗状に近い形で裂片は卵形，長さ約0.25cm，花筒よりも長く4個つく。蕾のときは内曲，敷石状になって開く。雄しべは2本，花筒の頂部につき，花糸は花冠の裂片より少し長い。果実はさく果で狭長楕円形，長さ1.5〜2cm。種子は扁平で翼がある。【植栽】植付適期は11〜3月。【管理】生育の悪い場合は石灰か草木灰を施す。

1401. ネズミモチ　〔イボタノキ属〕

Ligustrum japonicum Thunb.

【分布】本州（中部以西），四国，九州，沖縄に分布。【自然環境】暖地の山林に自生する常緑低木。【用途】公園や工場，道路の中央帯，生垣などにさかんに植栽される。【形態】幹は直立し，高さ 2〜5m，直径 10〜30cm に達し，樹皮は暗灰色，枝の皮は灰褐色か帯灰色，よく枝葉を茂らせる。葉は有柄，対生，葉身は楕円形か広卵楕円形，長さ 5〜10cm，幅 3〜4.5cm，厚い革質で，鋭頭か急鋭頭，基部は円形または鋭形，全縁，全株無毛，表面は暗緑色で光沢があり，下面は帯黄緑色。中肋は下面に突出，葉柄は赤褐色を帯び，長さ 0.5〜1.2cm，開花は 6 月，枝端に長さ 5〜15cm の円錐花序を出し，白色の小花を多数つける。がくは短筒形，4 歯がある。花冠は漏斗状，長さ 0.5〜0.6cm，4 裂し筒部は裂片より長く，長さ 0.6〜0.7cm。雄しべ 2，雌しべ 1。液果は 11 月に熟し，長楕円形で円頭，長さ 0.8〜1.2cm，紫黒色。種子は 1 個，暗褐色。【特性】樹勢強健で，土質を選ばない。生長はきわめて早い。日なた地にも日陰地にも生育する。耐潮性がある。【植栽】繁殖は実生，さし木による。【管理】萌芽性が強く，せん定に耐える。病害虫はとくにない。移植は可能。【近似種】フクロモチ，イワキの項参照。【学名】種形容語 *japonicum* は日本産の，の意味。和名ネズミモチは実がネズミのふんに似ることに由来する。

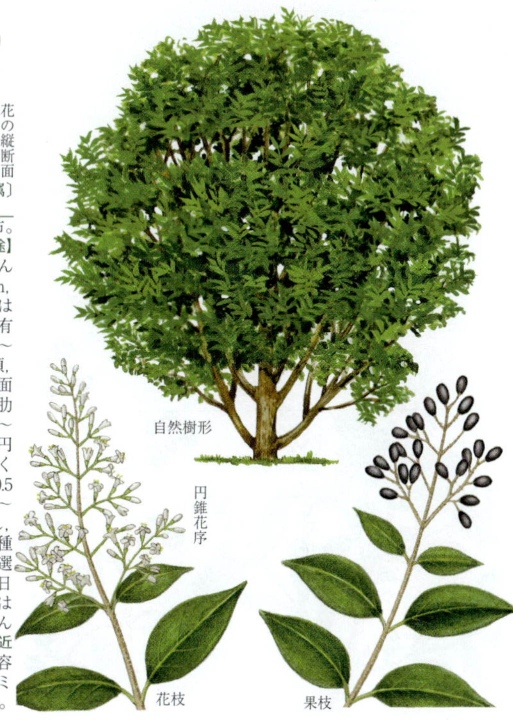

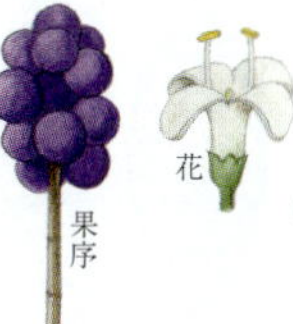

1402. フクロモチ　〔イボタノキ属〕

Ligustrum japonicum Thunb.
f. *rotundifolium* (Blume) Noshiro

【分布】対馬。【自然環境】庭園に植栽される常緑低木。【用途】生垣，庭園樹，鉢植え。【形態】高さ 1〜2m 程度。樹形は箒状，枝は灰褐色，細毛があり，上向きにのびる。葉は枝の上部に密につき，対生，柄は短く 0.3cm 内外。葉身は卵状楕円形から卵円形，円頭または鈍頭，全縁で，縁は反曲する。厚い革質で，上面は光沢のある暗緑色，隆起し，波状のしわができる。長さ 2.5〜4cm，幅 2〜3cm。冬芽は紫褐色。花期は 6 月，花序は幅狭く，中軸に短毛があり，長さ 3〜5cm，密に固まって小花をつけるが，ほとんど脱落する。小花は白色，花梗は短く，花筒は長い。花冠の先は 4 裂。雄しべは 2 個，花筒上部につき，花糸は短い。雌しべは 1 個，柱頭は花冠裂片より上に出ない。果実は小さい球形，晩秋に紫黒色に熟す。【特性】ネズミモチの変種で，生育は遅く，母種のように大きくはならない。実をつけることも少ない。土質は選ばない。暖地を好む。【植栽】繁殖はさし木による。種子をまいても親の形質と同じになることは期待できない。【管理】移植には耐えられる。病害虫はない。【近似種】ネズミモチの変異品はたくさんあり，シロネズミモチ，ハイネズミモチ，フクリンネズミモチ，キマダラネズミモチ，そのほかがある。奄美大島，八丈島，三宅島に自生するイワキは，園芸品として植栽される。【学名】品種名 *rotundifolium* は円形葉の，の意味。

1403. イボタノキ　〔イボタノキ属〕
Ligustrum obtusifolium Siebold et Zucc.

【分布】北海道，本州，四国，九州，沖縄に分布。**【自然環境】**全国の山野にふつうに自生する落葉低木。**【用途】**庭園，公園などの植樹，生垣，切花用。材は，楊子や器具材となる。枝につくロウムシの分泌物からイボタロウをとる。**【形態】**高さ 2〜3m。幹・枝の皮は灰白色，枝は密に茂り細かい毛があるが，のちに無毛。葉は対生，有柄，葉身は長楕円形または広倒披針形，鈍頭，基部は鈍形，全縁，長さ 2〜5cm，幅 0.7〜2cm，下面中肋にまばらな毛があるほか全体無毛，葉質は薄い。花期は 6 月，総状花序は新枝端に頂生し，密に花をつける。がくの縁は有毛，4 歯があり，花冠は白色，長さ 0.7〜0.9cm，筒状で舷部は 4 裂，反曲し裂片の長さ 0.3cm くらい。雄しべは 2 個で，花筒のかなり上部につき，花糸はきわめて短い。雌しべは 1 個で，柱頭は葯よりもはるか下に位置する。核果は短楕円形または球形，径 0.5〜0.6cm，秋に紫黒色に熟す。**【特性】**樹勢は強健，耐寒性があり，潮風や大気汚染にも強い。土地を選ばず，強い日照に耐え，生長は早い。**【植栽】**繁殖は実生，さし木による。**【管理】**せん定，刈込みに耐え，よく萌芽する。ハマキムシを駆除する。**【近似種】**がくが無毛のものをセッツイボタ f. *leiocalyx* (Nakai) Murata という。**【学名】**種形容語 *obtusifolium* は鈍形葉の，の意味。

1404. ミヤマイボタ（オクイボタ）〔イボタノキ属〕
Ligustrum tschonoskii Decne.

【分布】北海道，本州，四国，九州。**【自然環境】**山地に自生する落葉低木。**【用途】**生垣，庭園樹。**【形態】**高さは 1〜3m 程度，ときに 4m に達するものがある。枝は多数分枝し，灰色で細い。1 年枝には，灰色または褐色の短毛がある。葉は対生，葉身は卵状楕円形か菱卵形，鋭尖頭，基部は鋭形か鈍形，全縁で膜質，長さ 2〜5cm，幅 1〜2cm。上面は緑色で中肋に短毛があり，下面は有毛でとくに脈上に開出毛がある。葉柄は短く，長さ 0.2〜0.5cm で有毛。冬芽は卵形で先端がとがり，6〜8 枚の鱗片があり，外側の 2 枚は初めから開出する。開花は 6 月，新枝の先端に総状の円錐花序を出し，長さ 3〜7cm，密毛があり，多数の白色花をつける。がくは無毛，低い 4 歯があり，花冠は長さ 0.6〜0.7cm，長円筒形で上部は 4 深裂し，裂片は開出してややそり返り，先端はとがる。雄しべは 2 個で花筒の上部につく。雌しべは 1 個。柱頭は葯より低い位置にある。果実は秋に熟し，球形で径 0.8〜0.9cm，紫黒色。**【特性】**土地を選ばず，やせ地でもよく育つ。生長は早い。**【植栽】**繁殖は実生，さし木，株分けによる。**【管理】**刈込み，せん定には強い。**【近似種】**無毛に近いものをエゾイボタ f. *glabrescens* (Koidz.) Murata という。キヨズミイボタ var. *kiyozumianum* (Nakai) Ohwi は葉が厚く幅が広い。**【学名】***tschonoskii* は須川長之助の，の意味。

1405. オオバイボタ 〔イボタノキ属〕
Ligustrum ovalifolium Hassk.

【分布】本州，四国，九州に分布。【自然環境】海辺にはえる半常緑低木。【用途】海浜の緑化樹に適し，またライラックの接木台として利用できる。米国では生垣としてさかんに利用する。【形態】幹は高さ2～4m，まれに6mに達し，よく分枝し，枝は灰色，無毛，葉の一部は越冬する。葉は対生，短柄，葉身は楕円形か倒卵形，卵形，鋭尖頭または鈍頭，基部は鋭形，全縁，光沢があり，質厚く無毛，長さ3～7cm，幅2～5cm，表面の葉脈は深くへこむ。葉柄は長さ0.3～0.5cm。開花は5～6月，長さ5～10cmの円錐花序を頂生し，白色小花を多数つける。がくは鐘形，4歯がある。花冠は筒状で，舷部は4裂する。雄しべは2個で花筒から超出する。雌しべは1個で，花筒から出ない。果実は球形で径0.8m，紫黒色に熟す。【特性】大気汚染，潮風に強く，耐寒性もある。土質を選ばず，生長は早い。【植栽】繁殖は実生，さし木による。【管理】せん定に耐え，移植は容易。深植えで根もとから多くの幹を出させ，よく刈込んで，厚みのある生垣を作ることができる。【近似種】フイリオオバイボタ‘Aureum’は黄色の斑が入る。ケオオバイボタ f. *heterophyllum* (Blume) Murataは若枝と花序が有毛で，本州，九州に自生する。【学名】種形容語 *ovalifolium* は卵円形の葉の，の意味。

1406. トウネズミモチ 〔イボタノキ属〕
Ligustrum lucidum Aiton

【原産地】中国，済州島。【分布】明治の初年に日本に渡来し，現在は各地で植栽される常緑小高木。【用途】ネズミモチと同様に，庭園，公園に植える。中国ではシロロウムシの培養木として用いる。【形態】高さ2～10m，直径3～10cm，枝はよく分枝し，全株無毛，樹皮は灰色で皮目が点在する。葉は密に茂り，対生，有柄，葉身は卵形，卵状楕円形，広卵形で，漸尖頭または鋭頭，基部は鋭形または円形，全縁で，厚い革質，長さは6～12cm，幅3～5cm。表面は光沢ある濃緑色，下面は淡緑色，柄の長さは1～2cmで帯褐色。花期は6～7月，三角状円錐花序は頂生，直立し無毛，長さ10～20cm，花冠は白く，長さ0.3～0.4cm，4中裂し，裂片は筒部より少し長く，平開する。雄しべは2個，花筒部に着生，花糸は短い。雌しべは1個，柱頭は花筒から少し出る。果実は楕円体から球形，長さ0.8～1cm，径0.6cm。【特性】全体がネズミモチより大きい。生育はきわめて早く，土質を選ばない。【植栽】繁殖は実生による。【管理】せん定に耐え，萌芽力強く，移植は可能。特別な病虫害はない。【近似種】ネズミモチと比べると，葉が大きく下面の葉脈が著しいことで区別できる。ネズミモチの葉をもむと香りがあるが本種にはない。【学名】種形容語 *lucidum* は強い光沢の，の意味。

1407. シシンラン　〔シシンラン属〕
Lysionotus pauciflorus Maxim.

【分布】本州（伊豆半島および京都府以西），四国，九州，沖縄。【自然環境】古木の樹幹に着生する常緑小低木。【形態】茎はコケのはえた樹幹の上をはい，長さ10～50cm，太さ0.2～0.3cm，灰褐色で全体に毛はない。葉はごく短い柄があって対生，もしくは3～4枚が輪生する。葉身は厚い革質で毛はなく，長楕円状倒披針形で長さ2～7cm，幅0.6～2cm，先は鈍く，下部は柄に向かってしだいに狭くなり，縁には少数のとがった鋸歯がある。表面の中肋はへこみ，裏面は淡色で中肋が目立ち，縁はわずかに外曲する。7～8月，枝の上部の葉の腋に淡紅色の大きな花を1個開く。花柄は長さ1～1.5cmで，早落性の小さな苞がある。がくは深く5裂し，裂片は線状披針形で長さ0.3cmぐらい，先はとがる。花冠は長さ3～4cmほどあり，筒状で先は開いてやや唇形となる。雄しべは4個あり，2個ずつ長さが異なって花筒の中央部についている。花糸は上端に葯より長い突起がある。果実は細長いさく果となり，長さ4～8cm，幅2～2.5cmほどある。種子は紡錘形で小さく，長さ約0.08cm，両端に種子とほぼ同長の細い付属体がある。【学名】属名*Lysionotus*は分離という意味。種形容語*pauciflorus*は少数花の，という意味。

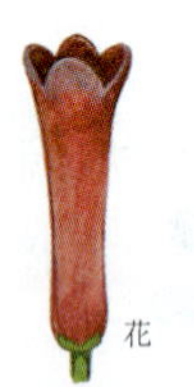

1408. ハナチョウジ　〔ハナチョウジ属〕
Russelia equisetiformis Cham. et Schltdl.

【原産地】メキシコ。日本には明治中期に渡来した。【分布】観賞用に温室内で鉢栽培される。【自然環境】高温性の常緑低木で，日あたりのよい場所を好む。【用途】吊鉢仕立てにして，茎葉と花を観賞する。【形態】高さ0.3～1.2m。分枝多く，全株無毛，茎は4稜形で縦溝がある。枝は細く分かれ，下垂する。葉は対生または輪生，線状披針形，下部のものは卵形，細い枝のものは退化して鱗片状の小さな苞になっている。花は長さ2.5cmくらい，深紅色で，長い花梗をもち，1～3花を総状花序につける。果実は球形のさく果。周年開花するが，とくに夏が多い。【特性】高温性で冬期も10～15℃に保つ。排水のよい土に植えれば，生育もきわめて旺盛で栽培しやすい。【植栽】繁殖はさし木による。春，フレームか温室内でさす。用土は川砂がよく，24℃を保つようにする。【管理】用土は腐植質に富む排水のよい土がよく，砂質壌土に腐葉土を4割ぐらい混ぜたものを使う。鉢替えは4～5月頃に行う。肥料は油かすの乾燥肥料を，置肥として4～6月頃に1ヵ月おきに与える。ふつう温室内で栽培するが，5～9月は戸外でもよい。せん定は，夏の花が一段落した9月頃に行う。【学名】種形容語*equisetiformis*は，トクサ属のような葉をもつという意味。

1409. フジウツギ 〔フジウツギ属〕

Buddleja japonica Hemsl.

【分布】本州，四国に分布。【自然環境】山間の日あたりのよい河岸，林縁などに自生，またはまれに植栽される落葉低木。【用途】野生種で，まれに庭園などで栽培される。【形態】幹はなく，茎が基部より多数そう生し，高さ 0.6～1.5m になる。枝は帯赤褐色で多数分枝し，4 稜形となり翼がある。上部は革質となり，幼時は淡褐色の軟星状毛を粗生する。葉は対生，長さ 8～20cm，幅 3～5cm の長楕円形または広披針形，狭卵形，先端は長鋭尖頭または鋭尖頭，基部はくさび形となり，葉縁には低い波状牙歯があるか全縁となる。基部には長さ 0.2～0.3cm の葉柄があり，線状の托葉によって連絡されている。表面は緑色で幼時に褐色短毛があり，のちに無毛，裏面にはふつう淡褐色の星状毛が粗生する。花は 7～9 月，長さ 10～25cm の下垂した偏側生の円錐花序を頂生する。花序は短毛のある紫色の花を多数つける。花冠は多少湾曲した長さ 1.5～2cm の筒形，先端は短く 4 裂し，外面に密に毛がある。がくは長さ 0.4cm ぐらいの鐘形で，先端は 4 裂し密に毛がある。雄しべは 4 個，花筒の基部から 1/3～1/4 の所につく。果実はさく果で長さ 1cm ぐらいの長卵形となる。種子は長さ 0.18cm ぐらいの紡錘形で両端に尾がある。【特性】日照を好み，排水の良好な砂質壌土に適する。有毒植物。【植栽】繁殖はさし木による。6～7 月に当年枝で行う。【管理】萌芽力があり，強せん定に耐える。病害虫にはモザイク病，アブラムシがある。

1410. コフジウツギ 〔フジウツギ属〕

Buddleja curviflora Hook. et Arn. f. *curviflora*

【分布】四国（南西部），九州（中部以南），種子島，屋久島，沖縄に分布。【自然環境】日あたりのよい草地などに自生，または植栽される落葉低木。【用途】庭園樹。有毒植物で屋久島などでは魚毒として用いることがある。【形態】茎は多く分枝し，枝は丸く，灰褐色の星状毛が密生している。葉は対生，有柄，葉身は狭卵形または広披針形で先端は長くとがり，縁はほぼ全縁。長さ 5～15cm，幅 1.5～6cm，裏面は少数の星状毛がはえ緑白色である。雌雄同株で，開花は 7～10 月。枝先に細長い花序をつけ，紅紫色の花をつける。花序は 8～20cm でほぼ直立し，一方にかたよって多くの花を密につける。花冠は長さ約 1.5cm，外面に星状毛が密生する。花筒の半ばより上に 4 本の雄しべがある。さく果は長卵形で長さ 0.5～0.7cm。【特性】陽樹。日あたりがよく，水はけの良好な砂質壌土を好み，乾燥を嫌う。【植栽】繁殖は実生とさし木による。さし木は新枝を梅雨期にさす。移植は 3 月と 11 月頃が適期だが，根回しをしたほうがよい。【管理】手入れは 12～3 月に強いせん定を行い，樹形を整える。施肥は冬季に油かす，鶏ふんなどを施す。病害虫はモザイク病やアブラムシ，カミキリムシなどに注意が必要。

1411. ウラジロフジウツギ 〔フジウツギ属〕

Buddleja curviflora Hook. et Arn. f. *venenifera* (Makino) T.Yamaz.

【分布】四国，九州に自然分布。日本南部に植栽分布。【自然環境】日あたりのよい谷間の林縁などに自生している落葉低木。【用途】庭園樹，まれに公園樹。【形態】幹はなく，茎が基部より多数そう生し，ふつう高さ 0.6～1.5m，まれに 3m にも達し，葉の上面を除き全面に星状毛を密生して，淡汚褐色となる。枝は丸くてほとんど稜がなく，よく分枝する。葉は，長さ 6～15cm，幅 2.5～7cm ほどの長卵形または広披針形，長卵状披針形，先端は長鋭先頭，基部は円形または鋭形で長さ 0.5～1cm の葉柄があり，葉縁はほとんど全縁でときに少数の波状歯がある。表面は緑色で無毛，裏面はふつう密に星状毛があり，白色または淡褐色を呈する。花は紫色で，7～10 月に長さ 8～30cm の下垂した偏側生の円錐花房を頂生する。花房は短毛のある花を多数つける。がくは長さ 0.25cm ぐらいの鐘形で，先端は 4 裂し密に毛がある。雄しべは 4 個，花筒の中央よりやや上につく。果実はさく果，長さ 0.5～0.6cm ぐらいの卵形で反曲する。【特性】日照を好み，排水のよい良質な砂質壌土に適する。生長は比較的早い。有毒植物であり，魚毒として用いることがある。【植栽】繁殖はさし木により，6～7 月に当年枝で行う。【管理】萌芽力があり強せん定に耐える。肥料は油かす，鶏ふん，化成肥料を寒肥として施す。【近似種】トウフジウツギ *B. lindleyana* Fortune，フサフジウツギ *B. davidii* Franch. などがある。

1412. フジウツギ ‘ファシネイティング’ 〔フジウツギ属〕

Buddleja davidii Franch. ‘Fascinating’

【原産地】フサフジウツギの園芸品種で，基本種は中国原産。【分布】本州，四国，九州に適する。【自然環境】基本種は河岸などの砂礫地に自生。本品種はブッドレアと呼ばれ，広く栽培される落葉低木。【用途】庭園樹，公園樹，鉢植えなどに用いる。【形態】高さ 3～5m になり，枝は横に広がる。葉は対生，有柄，葉身は卵状披針形または披針形で先端は鋭くとがり，全縁または鋸歯がある。長さ 10～25cm。裏面には灰白色の毛が密生する。雌雄同株で，開花は 7～9 月。円錐花序を頂生し，明るい桃色の花を密につける。花にはチョウがよく集まる。花冠は長さ 0.7～1cm で，先は 4 裂し芳香がある。さく果は 9～10 月頃成熟し，種子は多数で，両端に翼がある。【特性】陽樹。水はけがよく肥沃な砂質壌土を好む。耐寒性が強く栽培は容易。【植栽】繁殖はさし木による。徒長していない新枝を梅雨期に赤土にさす。移植は 3 月と 11～12 月が適期だが，根が粗いので根回しが必要。【管理】春先と夏の終わりに長い枝を切りつめて整姿する。施肥は寒肥として堆肥，鶏ふんなどを施し，チッソ過多に注意。病害虫はカミキリムシ，コウモリガ，アブラムシなどがある。【近似種】‘ホワイト・プロフュージョン’ や ‘イルド・フランス’ がある。【学名】種形容語 *davidii* は，中国植物の採集家 A. ダビットを記念した名である。

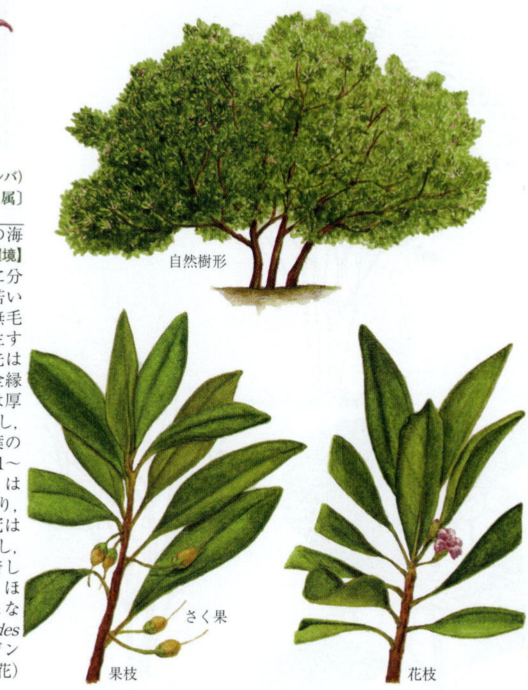

1413. ハマジンチョウ（モクベンケイ，キンギョシバ）
〔ハマジンチョウ属〕
Pentacoelium bontioides Siebold et Zucc.

【分布】本州（三重県五ヶ所湾），九州（西側の海岸，種子島），沖縄，台湾，中国南部。【自然環境】海岸にはえる常緑低木。【形態】茎は多くの枝に分かれ，高さ 1.5m ぐらいになる。枝は太く，若いときだけわずかに毛があるが，のちに全体無毛となる。葉は長さ 1cm ほどの柄があって互生する。葉身は狭長楕円形または広倒披針形で先は短くとがり，長さ 6～12cm，幅 1.5～3cm，全縁もしくは少数の鋸歯が出ることがある。質は厚く，両面ともに毛がなく，中肋は表面で隆起し，側脈は不明である。花はふつう 1～4 月頃，葉の腋に 1～数個を束生してつける。花柄は長さ 1～2cm あり，垂れ下がって横向きに開く。がくは深く 5 裂し，裂片は卵状披針形で先は鋭くとがり，長さ 0.4～0.6cm ほど，いつまでも残る。花冠は紫色で径 2cm 内外，長さ 2.5～3cm，先は 5 裂し，裂片は反曲する。雄しべは 4 個，花筒に付着している。雌しべは 1 個。果実は初め長さ 2cm ほどの花柱が残存しているが，熟すと球形になり，径 1cm ぐらい。【学名】種形容語 *bontioides* は *Bontia* 属に似た，という意味。和名ハマジンチョウは浜にはえ，全体がジンチョウゲ（沈丁花）に似ていることによる。

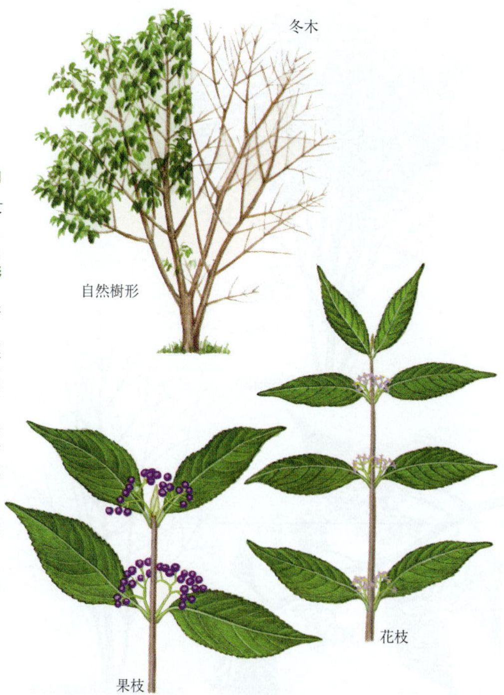

1414. ムラサキシキブ　〔ムラサキシキブ属〕
Callicarpa japonica Thunb.

【分布】北海道南部，本州，四国，九州，沖縄に分布。【自然環境】低山や丘陵の林内にふつうに見られる落葉低木。【用途】実が美しいので，観賞用に庭園に植えられる。実は小鳥のえさとなる。【形態】幹はふつう 1.5m ぐらい，ときに 3m に達し，直径 25cm 内外になり，樹皮は灰褐色，若枝は暗紫色で，初め微細な星状毛があり，のちに無毛。冬芽は対生，長卵形，有柄，先端はとがり，裸出して葉脈が見える。葉は対生，有柄，葉身は長卵形，長さ 5～8cm，幅 3～4.5cm，両面に初め細毛があり，のちに両面無毛，上面は深緑色，下面に帯緑色の腺点がある。花は 6 月開花，葉腋に多数の淡紫色小花を集散花序につける。がくは短い鐘形，5 浅裂，花冠は筒形で，長さ 0.3～0.5cm，4 裂し，4 個の雄しべは片寄って高く抽出する。花には香りがある。果実は 10 月に成熟し，球形，紫色で径 0.3～0.4cm，種子は 1 果に 4 個，扁球形。【特性】土質を選ばず，強健。成長は早い。落葉後も果実は枝に長く残る。【植栽】繁殖は実生またはさし木，取り木による。【管理】特別な病害虫はない。せん定には耐えるが，ひかえめに行ったほうがよい。【近似種】シロシキブ f. *albibacca* H.Hara は花も実も白色のものをつける。【学名】属名 *Callicarpa* は美しい果実，種形容語 *japonica* は日本の，の意味。

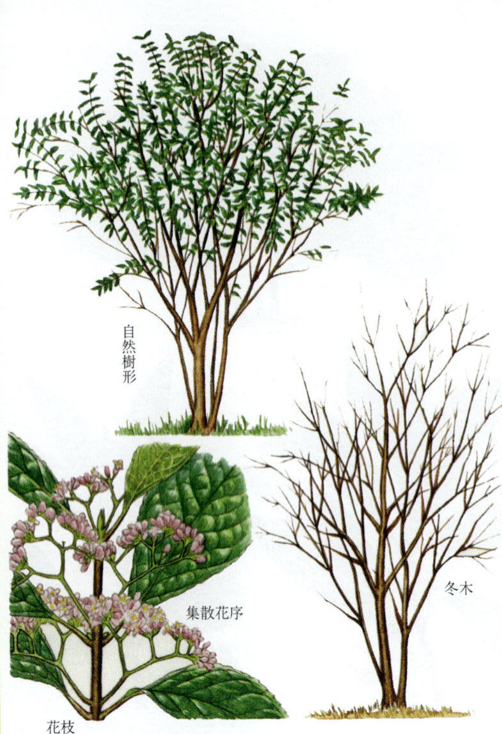

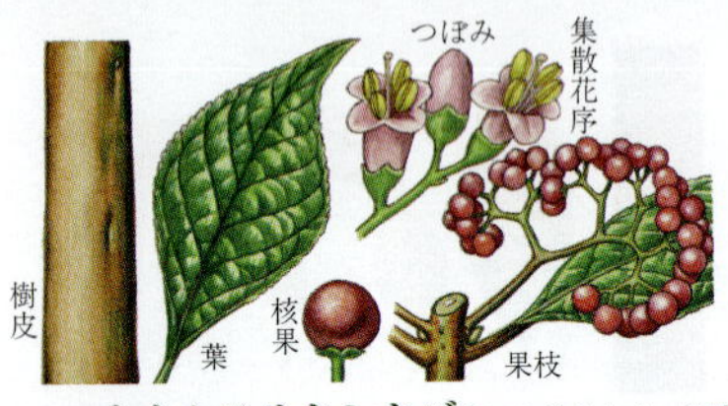

1415. オオムラサキシキブ〔ムラサキシキブ属〕
Callicarpa japonica Thunb. var. *luxurians* Rehder

【分布】本州，四国，九州，沖縄に分布。【自然環境】暖地の低地帯，とくに海岸付近に生育する落葉低木。【用途】実を観賞するために庭園に植栽される。【形態】枝は太く，若いときには灰色の細かい星状毛を密布する。葉は対生，有柄，葉身は楕円形で両端は長鋭尖形，葉縁に細鋸歯があり，ムラサキシキブに比べて大きくて厚く，光沢があり，長さ 10～20cm，幅 3～10cm，初め星状毛があるがまもなく脱落し，平滑，多くの細かい腺点がある。柄の長さ 1～1.5cm，冬芽は裸芽で頂芽は対生する側芽よりはるかに大きい。開花は 5～6 月，葉腋に大きく無毛の長さ 3～5cm の集散花序を出し，多数の小さい淡紅紫色花をつける。がくは盃形，花冠は 4 裂し径約 0.4cm，雄しべ 4，雌しべ 1。果実は 10 月頃に熟し，多果で球形，径 0.5cm くらい，核果で紫色。【特性】ムラサキシキブよりすべての部分で大きい。日あたりのよい所を好むが，土質は選ばない。【植栽】繁殖は実生，株分け，さし木による。【管理】せん定はひかえめに行う。枝を途中で切ることは，樹形を乱す。3～4 年以上の古い幹は元から間引く。特別な病害虫はない。【近似種】熟した実が白いものをオオシロシキブ f. *albifructa* H.Hara という。【学名】種形容語 *japonica* は日本の，変種名 *luxurians* は繁茂した，の意味。

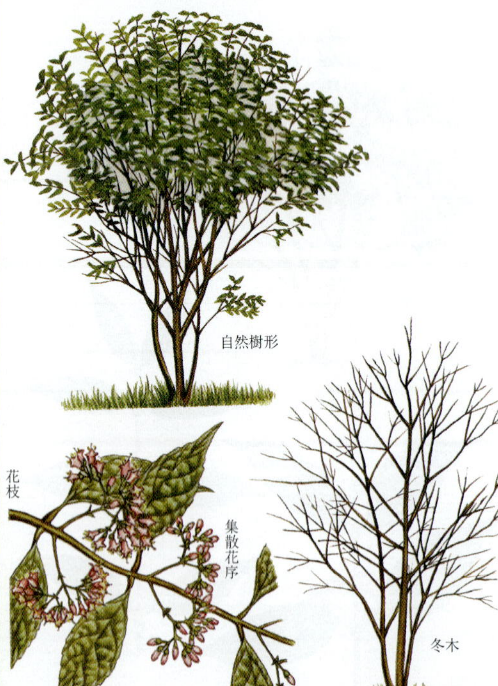

1416. コムラサキ（コムラサキシキブ，コシキブ）〔ムラサキシキブ属〕
Callicarpa dichotoma (Lour.) K.Koch

【分布】本州，四国，九州，沖縄。【自然環境】暖地の原野，山すその湿地に自生する落葉低木。【用途】実を観賞するため，広く植栽される。【形態】幹は高さ 1～1.5m，枝は細長く，樹皮は黄褐色，湾曲する。若い枝に星状毛があるが，のちに無毛。少し稜がある。葉は対生，有柄，葉身は長さ 3～6cm，幅 1.5～3cm，狭卵形から倒卵状長楕円形，急鋭尖頭，基部は鋭形，上半部に粗い鋸歯がある。柄の長さ 0.1～0.4cm。冬芽は裸芽で，対生，球形または卵形で小さく，0.1～0.2cm。花期は 7～8 月，集散花序は葉腋より少し上から出て，1～1.5cm の柄があり，10～20 個の淡紫色花をつける。がくは短鐘形で 4～5 裂，縁に低い鋸歯がある。花冠は短筒形で長さ 0.3cm，先は 4 裂して平開する。雄しべは 4 で等長，花糸は長く，1 個の雌しべとともに花冠から超出する。果実は核果で球形，10～11 月に熟し紫色，径 0.3cm，密につき，長く枝に残る。【特性】日あたりのよい所を好む。【植栽】種子をまけばよく発芽する。さし木も可。【管理】秋に根もとから刈り取って更新すると小さくまとまる。【近似種】まれに果実が白色になるものもある。【学名】属名 *Callicarpa* は美しい果実，種形容語 *dichotoma* は二岐の，の意味。

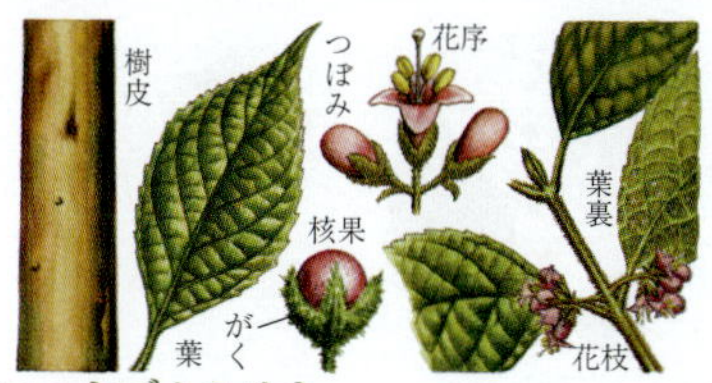

1417. ヤブムラサキ 〔ムラサキシキブ属〕

Callicarpa mollis Siebold et Zucc.

【分布】本州（東北地方中部以南），四国，九州。【自然環境】山地丘陵の明るい林内にふつうに見られる落葉低木。【形態】幹は高さ 2m 内外，小枝は丸く新枝には一面に星状毛があり，皮目は不明瞭。葉痕は半円形または円形，葉は対生，有柄，葉身は長楕円状披針形，長さ 6～12cm，幅 2～5cm，鋭尖頭，基部は円形か広いくさび形。辺縁に鋸歯があり，両面に密毛と腺点がある。柄の長さは 0.3～0.7cm。冬芽は裸芽で，枝先の頂芽は対生する側芽よりはるかに大きい。花期は 6～7 月，葉腋に出る小形の集散花序に 10 個内外の小花をつける。がくは短い鐘形で，4 または 5 深裂，裂片は披針形で密毛がある。花冠は淡紫色，長さ 0.4～0.5cm，筒部上部は 4 裂し，外面に星状毛があり，4 個の雄しべは花冠より超出する。雌しべは雄しべより突出。核果は球形，径 0.4cm，紫色で宿存するがくにやや包まれる。【特性】半日陰のやや湿り気のある所を好み，強健で，生長はやや早い。幹は細く，落葉後も果実は枝に長く残る。【植栽】繁殖は実生，さし木，取り木による。【管理】ムラサキシキブに比べ，植栽することはまれ。特別な病害虫はない。せん定は少なめに行う。【近似種】本種とムラサキシキブとの雑種を *C.* × *shirasawana* Makino といい，葉の裏やがくに粗い星状毛がある。【学名】種形容語 *mollis* は軟毛のある，の意味。

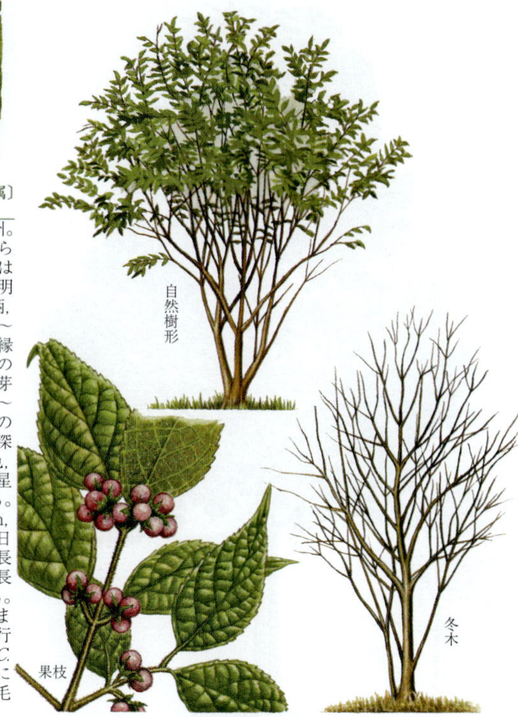

1418. ビロードムラサキ

（コウチムラサキ，オニヤブムラサキ）〔ムラサキシキブ属〕

Callicarpa kochiana Makino

【分布】本州（紀伊半島），四国，九州に分布。【自然環境】暖帯南部から亜熱帯の山林にはえる落葉低木。亜熱帯では常緑。【用途】葉が大きいので供物をのせて神前に供える風習がある。【形態】幹は高さ 1～2m になり，そう生。若枝は太く，径 0.5cm 内外で丸く，淡黄褐色の軟らかい羽状長毛が密生，毛の長さ 0.15～0.3cm，葉は対生，有柄，狭長楕円形から広倒披針形，葉身の長さ 15～30cm，幅 4～8cm，長鋭尖頭，基部は狭鋭形，縁に低い細鋸歯がある。上面は緑色，若葉の表面に白茶色の星状毛が密生し，のちに無毛となる。裏面に淡黄褐色の星状毛を密生するほか腺点があり，側脈は 8～12 対，柄の長さ 2～3.5cm，葉柄と中肋には若枝と同じ羽状の長軟毛を密生する。冬芽は裸出する。花期は 7～8 月，葉腋から羽状毛を密生した集散花序を出し，淡紫色小花を多数つける。がくは羽状毛がある。花冠は先が 4 裂して平開し，長さ 0.3cm 内外。雄しべは 4 個で同長，花筒につき，花冠から長く超出する。雌しべは 1，さらに突出。核果は球形，径 0.2cm，宿存するがくに包まれ，熟して白色となる。【特性】まれに産する植物であるが，高知県にはとくに多い。【植栽】繁殖は実生，株分け，さし木による【学名】種形容語 *kochiana* は高知の，の意味。

1419. チーク（サック，テック，ジャチ）　〔チーク属〕
Tectona grandis L.f.

【原産地】東南アジア。【分布】インド，ビルマ，タイ，ラオスなどに分布。ニューギニア，ソロモン群島，熱帯アフリカ，南米でも植栽。【自然環境】モンスーン影響下の乾期・雨期のはっきりした地域で，湿性落葉樹林の中に生育している落葉高木。【用途】高級家具，キャビネット，建築，高級装飾用，彫刻，テーブル板など高級品の用材として世界的に広く用いられる。そのほか染料，薬品などの原料にもなる。【形態】樹高 30m，直径 60～80cm，円形または楕円形の樹冠を示し，幹は通直である。樹皮は灰褐色または暗褐色で，縦状に細裂する。内樹皮は淡黄色であるが，外気にふれると褐色となる。葉は長さ 30～75cm，幅 15～40cm と大きく，対生で，卵形ないし倒卵形である。生長すると裏面に星状毛が見られる。小枝は鈍形の四角形。花は円錐花序で 30～50cm，白色を呈する。種子は直径 1～1.5cm で暗褐色，球形をなす。タイでの落葉期は 11～1 月，新葉は 4 月～5 月，また雨期の 6～7 月にかけて梢端に小さな花がつく。開花開始期は 5～7 年生，結実は 20 年以内に始まるといわれる。【特性】陽樹。若木の生長は比較的早い。耐久性，耐火性，耐酸性ともに大で，シロアリの害もない。材は心材のみが建築，工芸用となり，辺材はきわめて腐りやすいので立枯らしを行い，辺材の朽ちたのちに伐木する。【学名】種形容語 *grandis* は大形の，偉大な，という意味。

1420. ハマゴウ　〔ハマゴウ属〕
Vitex rotundifolia L.f.

【分布】本州（山形県，神奈川県以西），四国，九州，沖縄に分布。【自然環境】暖地の海岸の砂地にはえる落葉低木。【用途】茎葉は薬用，浴料，線香に用いる。海岸の砂防用に植える。【形態】茎は匍匐するか主茎から分枝して斜上し，高さ 30～60cm。小枝は四角形。葉は対生，有柄，長さ 3～6cm，幅 2～3cm，下面に灰白色の短毛が密生し銀灰白色に見える。側脈は 4～6 対。早くに脱落する托葉がある。開花は盛夏。新枝の先に，長さ 4～12cm の円錐花序を頂生し，小さな紫色の無柄花をつける。がくは鐘形で 5 歯があり，長さ 0.3～0.4cm，灰白色短毛が密生する。花冠は長さ 0.13～0.16cm，外側に短毛が密生，唇形で，上唇は小さく 2 裂，下唇は大きく 3 裂し，中央裂片はとくに長い。雄しべは花筒の中ぐらいにつき，4 個でそのうち 2 個はとくに長い。雌しべは 1 個で，花柱の長さ 1.2cm くらい，先は 2 岐，雄しべとともに花冠から超出する。果実は木質，球形，径 0.5～0.7cm，先はとがる。細毛が全面にある。下半部は宿存するがくに包まれる。【特性】きわめて好陽性で，海岸では生長が早い。【植栽】さし木は容易。【管理】水はけのよい，日あたりの十分な所を選んで植える。特別な病虫害はない。【学名】種形容語 *rotundifolia* は円形葉の，の意味。

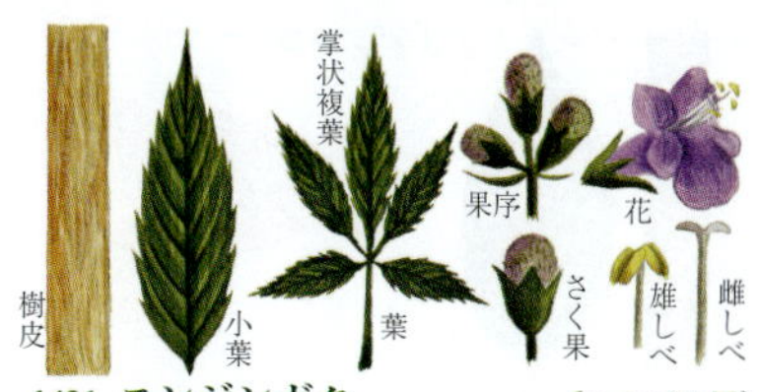

1421. ニンジンボク 〔ハマゴウ属〕

Vitex negundo L.
var. *cannabifolia* (Siebold et Zucc.) Hand.-Mazz.

【原産地】中国。【自然環境】庭園に植えられる落葉低木。【用途】かぜ薬として用い，また食用になる。材はシロアリに強く，垣根などの杭に適する。【形態】幹は高さ3m以上になり，樹皮は灰褐色で浅く不規則に割れる。枝は対生，皮目は円形または楕円形で多数あり，葉痕は半円形または三日月形。葉は対生，有柄，葉身は掌状複葉で，下部は5小葉，上部は3小葉からなり，小葉の葉身は広披針形，粗い鋸歯があるかまたは波状，長鋭尖頭，基部は鋭形または鈍形，表面は無毛，裏面は淡緑色で，脈上に開出毛がある。中央の小葉は長さ5～12cm，幅1.5～4cm，外側のものはこれより小さい。冬芽は対生，球形または広卵形で小さく，0.1cm内外，軟毛が密生する。花は7～8月開花，枝端と葉腋に長さ20cm内外の細長い花序を出し，多数の淡紫色の小唇形花をつけ，がくは5裂，有毛。花冠は径0.8cm，下唇がとくに大きく，基部に長毛がある。果実は倒卵形，宿存するがくに包まれる。【特性】十分な日あたりが必要。【植栽】繁殖は実生，さし木による。【管理】病害虫はとくにない。【近似種】クサニンジンボク var. *incisa* (Lam.) C.B.Clarke，タイワンニンジンボク var. *negundo*，セイヨウニンジンボク *V. agnus-castus* L. など。【学名】変種名 *cannabifolia* は麻のような葉の，の意味。和名ニンジンボクは，チョウセンニンジンの葉に似ていることによる。

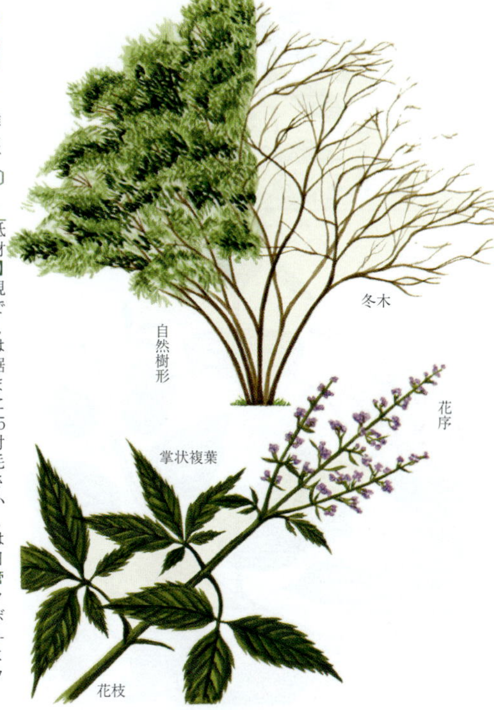

1422. クサギ 〔クサギ属〕

Clerodendrum trichotomum Thunb.

【分布】北海道，本州，四国，九州，沖縄に分布。【自然環境】日あたりのよい山地丘陵の適潤地にはえる落葉低木または小高木。【用途】果実のついた枝は生花材料，若葉は食用となる。【形態】幹は高さ3m，直径15～20cmに達し，樹皮には割れ目形の皮目があり，多くの枝を分かち，樹形は不整形となる。樹皮は暗灰色，小枝には初め帯褐色または白色の軟毛がある。葉は対生，有柄で，広卵形，三角状卵形，漸鋭尖頭，基部は円形または心臓形，全縁または不明瞭な鈍鋸歯がある。下面は脈上に軟毛があり，主脈の基部にそって不明瞭な腺点がある。葉身の長さ8～12cm，幅3～10cm，葉柄は長く6～12cm。葉には強い臭気があり，和名のもとになっている。花は8～9月にかけて，枝端に集散花序を形成して多数の白色花をつける。花には蜜と香りがあり，アゲハチョウ類がよく飛来する。がくは帯紅色，卵円形，先は5深裂，花筒は細長く2～2.5cm，舷部は5片に分かれ，紅色の4個の雄しべと1個の雌しべは花冠より外に超出する。果実は10月に成熟し，核果は球形，碧色，径0.6～0.7cm。星形の大きな紅色の宿存がくは果実とともに目立つ。【特性】日のよくあたる所では土質を選ばず，生長は早い。【植栽】繁殖は実生による。【管理】特別な病害虫はない。【近似種】ビロウドクサギ，ショウロウクサギ，アマクサギなどがある。【学名】属名 *Clerodendrum* は運命の木，種形容語 *trichotomum* は3岐の，の意味。

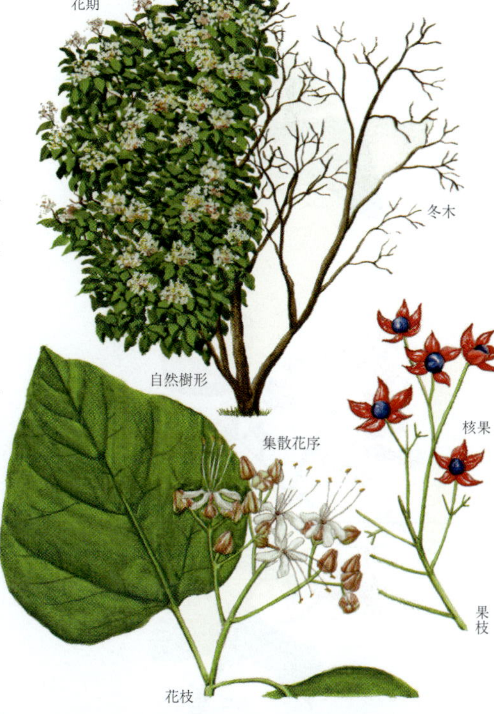

1423. ゲンペイクサギ（ゲンペイカズラ）〔クサギ属〕
Clerodendrum thomsoniae Balf.f.

【原産地】西アフリカ。日本への渡来は明治の中頃。【自然環境】熱帯の原産で，日本では温室で栽培される常緑つる性植物。【用途】観賞用としてふつうは鉢に植える。【形態】つるは長くのびるが，鉢植えでは低く作る。葉は対生し，長卵形，先は鋭頭，基部は鈍形，全縁，表面の主脈は著しくへこむ。初夏の頃，枝先に円錐状の集散花序を出して，多数の花をつける。がくは，鐘状で五角形，5深裂して裂片の先は少し内側に閉じている。花冠は濃紅色で，筒部は長さ2cmあまり，裂片は5個で先は平開する。4個の雄しべと1個の雌しべは花冠から長く超出している。【植栽】さし木，とくに団子ざしで容易に増殖できる。【管理】つるは放置するとよくのびるので，鉢植えではせん定で形を整える。栽培用土は，粘質壌土に，腐葉土，川砂を混ぜて用いる。6〜9月は戸外に出せる。最低気温は10℃を確保する。栽培は容易。【近似種】同じ属で観賞用として栽培されるものにヒギリがある。東南アジア原産で，がくも花冠も朱赤色。【学名】属名*Clerodendrum*は運命の木，種形容語*thomsoniae*はトムソン夫人の，の意味。和名ゲンペイクサギは花冠の紅色と，がくの色とが著しい対照をしているので，紅白の旗にちなんで源平クサギの名がつけられた。

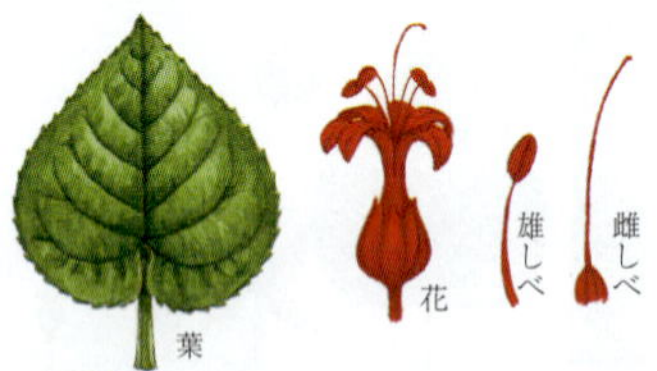

1424. ヒギリ（トウギリ）〔クサギ属〕
Clerodendrum japonicum (Thunb.) Sweet

【原産地】中国南部，東南アジア原産。【分布】江戸時代に日本に渡来し，九州南部，沖縄県に栽培され，野生化する。【自然環境】熱帯，亜熱帯に自生する落葉低木。【用途】花を観賞するために庭園や鉢に植える。【形態】幹は1本立で高さ1〜3m，枝は少なく，全株ほとんど無毛。葉は対生。長い柄を有し，大きな卵円形から心臓形で，短鋭尖頭，基部は深い心臓形，辺縁に細鋸歯があり，葉身の長さ15〜30cm，幅10〜20cm，表面濃緑色，裏面には淡緑色で黄色の腺がある。開花は7〜10月，枝端に大きな円錐花序を頂生し，がくは卵球形で紅色，その中に水を貯える。5裂片は花弁状。花冠は緋紅色で花筒部は長さ1.8〜2.5cm，先は5裂して開く。雄しべは4個で長く抽出，長花柱のある雌しべとともに上に曲がる。核果は碧黒色，球形，直径0.9〜1.2cm，宿存するガクの中に埋まる。【特性】耐寒性弱く，冬も温暖な地方以外では越冬は困難。土質は問わない。【植栽】繁殖は実生，さし木による。【管理】せん定は不可。露地植えで冬に地上部が枯れた場合は，刈取って肥培すると再び生育する。【学名】種形容語*japonicum*は日本の，の意味であるが日本原産ではない。和名はヒギリの花の色が緋色で，花や葉の形がキリに似ていることによる。

1425. ハマクサギ　〔ハマクサギ属〕
Premna microphylla Turcz.

【分布】本州（渥美半島以西），四国，九州，沖縄に分布する。【自然環境】暖地の海に近い所にはえる落葉小高木。【用途】ハエがこの臭いを嫌うので，この植物でハエを追い払うのに利用できる。【形態】幹は高さ2～10m，樹皮には浅い裂け目がある。多数の枝を分枝する。枝は灰褐色，新枝には微毛があり，のちに無毛。冬芽は裸芽で，頂芽は1個で大きく，側芽は対生し小さい。葉痕は隆起し，半月形。葉は対生，有柄，葉身は卵形，全縁または上部に欠刻状の鋸歯があり，鋭尖頭，鈍端，基部はくさび形，長さ5～12cm，幅2～7cm，葉柄の長さ1～3cm，葉柄にそって狭くなる。幼木の葉は小さく鋸歯が深い。葉には悪臭がある。花期は5～6月，枝端に黄色い小花が円錐形の集散花序を形成する。苞は線形，がくは鐘形で5歯があり，長さ0.2cm，花冠は筒状，長さ0.8～1cm，4裂し，裂片は不等長でやや唇形，外側に粒状腺がある。雄しべは4，果実は倒卵状球形，紫黒色，径0.3cmくらい，がくは宿存する。子房は4室，柱頭は2裂。【特性】水はけがよく日あたりの強い所を好む。生長はきわめて早い。【植栽】繁殖は実生，さし木による。【学名】属名*Premna*は木の幹，種形容語*microphylla*は小さい葉の，の意味。

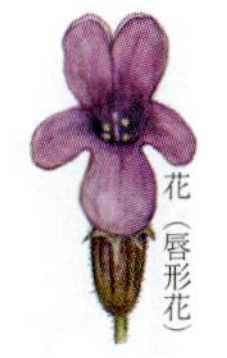

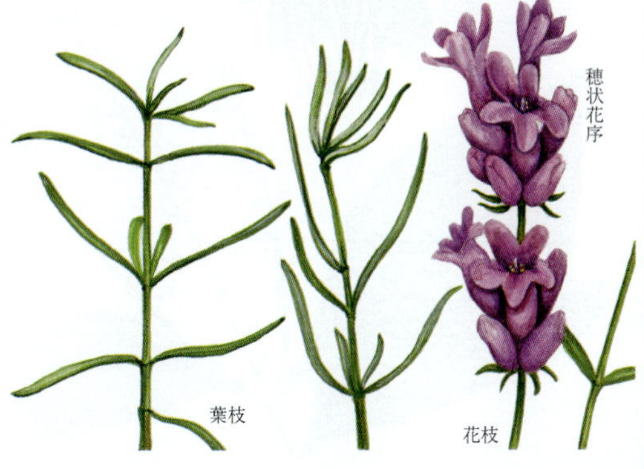

1426. ラベンダー　〔ラベンダー属〕
Lavandula angustifolia Mill.

【原産地】南ヨーロッパ，地中海沿岸。【分布】フランス，英国，イタリア，ロシア，オーストラリア，北米に栽培が多い。日本では全国の涼しい地方に栽培が見られる。【自然環境】温暖な気候の山地に野生する宿根性の落葉低木。【用途】花のついた枝をとり，水蒸気で蒸留して精油（ラベンダー油）をとり，香水・化粧石けん・ローションなどの原料とする。花壇の縁どりや庭に植えたり，鉢植えにして花を観賞する。【形態】高さ0.3～1mで新葉や茎に白色の綿毛を密生し白く見える。葉は長さ3～4cm，幅0.4～0.6cmの楕円状線形または披針形で全縁，葉縁は反曲する。花は頂生する長さ約20cmの穂状花序上に1段6～10花を輪生し，淡紫色（ラベンダー色），花冠は長さ0.6～1.2cmの筒状唇形で芳香がある。【植栽】繁殖は株分け，さし木による。移植適期は3月または9月で，日あたりや排水の良好な，夏は風通しのよい涼しい場所に植え，寒地では冬に霜よけをする。【特性】酷寒と高温多湿を嫌い，日本でも広く普及している。【近似種】欧米では草丈や花色の異なる品種があり，白花種 var. *alba* もある。ヒロハラベンダー *L. latifolia* Vill. も同じ地方に野生し，同様にスパイク油をとり，ラベンダー油の代用とする。

1427. ミカエリソウ（イトカケソウ）〔テンニンソウ属〕

Comanthosphace stellipila (Miq.) S.Moore var. *stellipila*

【分布】本州（近畿以西）に分布する。【自然環境】山地の林床に群生する落葉低木。【用途】観賞用に庭園に植栽する。【形態】高さ 0.5～1m，茎は多数が株立ちとなり，分枝は少ない。下部は木質で淡褐色，上部は淡緑色でやや方形，星状毛が密生。木質部からは側芽を対生する。葉は対生，有柄，葉身は広楕円形，楕円形または広倒卵形，先は鋭尖頭，基部は広いくさび形，葉縁には粗い鈍鋸歯があり，長さ 10～20cm，幅 6～12cm，表面はざらつき，裏面には星状毛が密生し，葉脈が隆起する。葉柄は 1～5cm。花期は 9～10 月，茎頂に輪形に並ぶ円柱状の花序をつけ，全長 10～18cm，初めは広卵形から扁円形の包鱗におおわれ，開花とともに脱落。がくは短筒形，5 浅裂，唇形の花冠はがくよりも長く突き出し，下部は白色，上部は淡紅色に染まる。雄しべは 4 本，そのうち 2 本はとくに長く，1 本の雌しべとともに花冠から超出し，濃紅色で花穂を美しく見せている。別和名イトカケソウの糸掛の名はこれによる。果実は宿存するがくの底で熟す。【特性】秋までに昆虫に食害され，株全体が網状に葉脈を残すだけになることが多い【植栽】繁殖は株分けによる。【管理】葉の害虫の駆除が必要。【近似種】オオマルバノテンニンソウの項を参照。【学名】種形容語 *stellipila* は星状毛の，の意味。

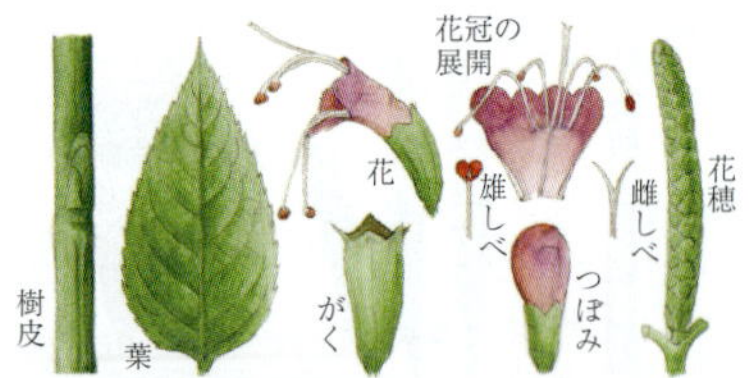

1428. オオマルバノテンニンソウ

（トサノミカエリソウ）〔テンニンソウ属〕

Comanthoshace stellipila (Miq.) S. Moore var. *tosaensis* Makino

【分布】本州（中国地方），四国，九州に分布。【自然環境】山地の林床に群落をつくる落葉低木。【用途】観賞用に庭園に植栽する。【形態】高さは約 1m。茎は多数が株立ちとなり，分枝は少ない。下部は木質で淡褐色，上部は淡緑色でやや方形，無毛，木質部から側枝を対生する。葉は対生，有柄，ミカエリソウより大きく，卵状楕円形，質やや薄く，若いうちだけ裏面に星状毛があるが，成葉になると，星状毛がなく，ミカエリソウと区別しやすい。花期は 9～10 月，茎頂に輪形に並ぶ円柱状の花序をつけ，長さ 10～18cm，初めは広卵形～扁円形の包鱗におおわれ，開花とともに脱落。がくは短筒形，5 浅裂，唇形の花冠はがくより長く突き出し，淡紅紫色。雄しべは 4 本，うち 2 本はとくに長く，1 本ある花柱とともに花冠から超出する。果実は宿存するがくの底で熟す。【特性】半日陰で肥沃，適湿の所を好む。【植栽】繁殖は秋か早秋の株分けによる。【近似種】ミカエリソウの変種であるが，ミカエリソウより茎がやや草質で，若芽や葉柄，葉の裏面中肋上などに，初めは小形の星状毛があるが，成葉ではなくなるのが特徴。【学名】種形容語 *stellipila* は星状毛の，という意味。別和名トサノミカエリソウは四国の土佐にちなむ。

1429. マンネンロウ（マンルソウ，ローズマリー）
〔マンネンロウ属〕
Rosmarinus officinalis L.

【原産地】南ヨーロッパ地中海沿岸地方。**【分布】**日本には文政年間（1818～1829）オランダより輸入され，植物園薬草園などに植えられている。**【自然環境】**地中海沿岸の日あたりのよい海辺を好み自生している常緑小低木。**【用途】**ときに庭園樹，花壇，鉢植えにされる。枝や葉は香料，薬用（皮膚病），採油，調味料とする。花は原地では葬式や婚礼に用いられる。**【形態】**1属1種。高さは1～2mとなる。茎は直立し，あるいは垂れ下がり，木質で多数枝分かれし株立ちとなる。葉は対生し，線形で長さ2～3.5cm，革質。春から夏にかけて葉の腋から短い花序を出し，淡紫色の唇形花を数個開く。がくは上唇と下唇に分かれ，上唇は3裂，下唇は2裂する。花冠は長さ1.2～1.4cm，筒部は短く上唇は先が2裂，下唇は深く3裂し，中央の裂片は大きく前方に突き出し，内側に紫色の斑点がある。雄しべは2個あり，長い葯隔の先の一方の半葯が発達する。花柱は花冠の上唇より少し長くとび出す。堅果は小さく，倒卵形で平滑。**【特性】**陽樹。稚幼樹の頃から成木に至るまでつねに十分な陽光を要求する。生長は中ぐらい。大気汚染にはやや強い。全木に強い芳香があり，葉の裏面が白色であるのが特徴。**【植栽】**繁殖はおもに実生またはさし木による。さし木は春または梅雨期に枝を切り，日陰地にさすかまたは日あたり地のさし床に日よけしてさす。また大きい枝を夏期に圧条してもよい。植栽地は石灰質の日あたりのよい乾燥地が最もよい。移植は4月頃が適期。

1430. イブキジャコウソウ（ヒャクリコウ）
〔イブキジャコウソウ属〕
Thymus quinquecostatus Celak.
var. *ibukiensis* Kudô

【分布】北海道，本州，九州に分布する。**【自然環境】**日あたりのよい山地の岩場，ときに海岸のがけにはえる落葉小低木。**【用途】**薬用，盆栽，花壇用。**【形態】**高さ3～15cm，茎は細く，地表にはって広がる。枝には短毛があり，細かく多数分枝する。花をつける枝は直立する。葉は対生，無柄，葉身は卵形から狭卵形，長さ0.5～1cm，幅0.3～0.6cm，鈍頭，全縁，側脈は2～3対，両面に腺点があり，芳香を出す。6～7月，枝先に短い穂状の花序をつける。がくは緑色で筒状，5裂する。縁毛があり，喉部の内面に密毛がある。花冠は唇形，紅紫色，長さ0.5～0.8cm，上唇は直立し凹頭，下唇は3裂して開出する。雄しべは4個。分果は平滑，扁平，小さく，宿存がくの底につく。**【特性】**乾燥地を好む。茎の途中から根を出す。花枝は結実後枯れる。**【植栽】**さし木は容易で，生長も早い。**【管理】**排水さえよければ土質を選ばない。日あたりよく乾燥ぎみに育てる。古い株もとは葉がなくなって見苦しいので，毎年株分けかさし木で更新する。肥料は少なめに施す。**【近似種】**ヒメヒャクリコウ var. *canescens* (C.A.Mey.) H.Hara は葉面に粗い毛がある。北アルプスに産する。ヨーロッパ原産のタチジャコウソウは香りが強く薬用・香料に用い，栽培される。

1431. タチジャコウソウ（タイム，キダチヒャクリ）

〔イブキジャコウソウ属〕

Thymus vulgaris L.

【原産地】南ヨーロッパ。【分布】スペイン，フランス，ドイツに多い。【用途】観賞用に庭園に植栽されるほか精油をとる目的で畑で栽培する。初夏の頃の開花前に全株を収穫し乾燥させたものをタイム，サイム，チアミンなどとよび，香辛料として利用する。蒸留精油したものをタイム油，サイム油，チアミン油などといい全株の1～1.5％含み，合成成分薬が出回るまでは痛み止め，せき止め，虫下しなどの薬用に重要であったが，最近ではソースやケチャップの香料や防腐の目的に使われている。主成分は殺菌力のあるチモールで50％，ほかにシメン，ピネンなどを含む。【形態】やや直立する小低木で，高さ約30cmで密にそう生する。茎は地面をはうが発根はしない。先端は直立し，丈夫な木質で白い柔毛がある。葉は無柄で長さ約1cm，披針形ないし長楕円形は反巻し，輪生する。花は小形で紅紫色，枝先に総状につけ，花期は7月頃である。【近似種】滋賀県伊吹山にちなんだ名をもつイブキジャコウソウは日本をはじめ東アジアの温帯から寒帯にかけて自生する。精油含量が少なくてタイムほどの実用性はないが全株を乾燥して薬用，香料とする。

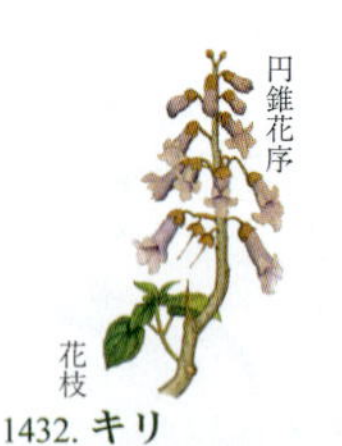

1432. キリ

〔キリ属〕

Paulownia tomentosa (Thunb.) Steud.

【原産地】朝鮮半島説と日本産説がある。【分布】北海道中部，本州，四国，九州，沖縄。【自然環境】北九州や朝鮮半島の山野に野生化し，また各地に植栽されている落葉高木。【用途】実用樹として植えられる。材は建築材，器具材，下駄材，絵画用，木炭に用いる。【形態】幹は直立，分枝し，通常高さ8～10m，幹径30～40cm，樹皮は灰白色で平滑，枝条は太く粗生する。幼枝には軟毛が密生する。葉は対生，長柄（15～40cm）。葉身は大形の広卵形で葉脚は心臓形をしている。長さ12～25cm，縁は全縁，または3～5中裂する。花は5～6月。つぼみは前年の秋に準備され，葉より先に円錐花序を直立し，がくは広鐘形で5裂し，長さ20～30cm。花冠は唇形で径5～6cm。花色は紫色。個体により濃淡がある。果実は10月成熟，尖卵形で長さ3.5～4cm，暗褐色をしている。種子は扁長形で膜翼があり，きわめて小形，1果にきわめて多数入っている。【特性】排水のよい肥沃な深層土を好む。日あたりのよい場所，半日陰地によく生育する。西日を嫌う。生長はきわめて早い。せん定は切口から腐れが入るのでできない。材は軟らかく，軽く，湿気を防ぎ，火にも強い。【植栽】繁殖は実生，根伏せによる。【管理】せん定はできない。病気には，テングス病，癌腫病がある。【近似種】*P. fargesii* は中国産で葉は倒卵形のもの。【学名】種形容語 *tomentosa* は密綿毛のある，の意味。

1433. サンゴバナ（ユスチシア，マンネンカ）
〔キツネノマゴ属〕
Justicia carnea Lindl.

【原産地】ブラジル原産。【分布】日本には江戸時代末期に輸入され，各地で温室やフレームに植えられている。【自然環境】やや日のよくあたる山野に自生する落葉低木。【用途】冬の花を観賞する。切花，花材。【形態】高さは0.5～2mとなる。茎は角ばって節間が短く，多くの枝を出して直立し細毛がある。葉は対生し短い葉柄があり，長卵形または卵形で両端はとがり，長さ15～20cm，幅7～8cm，裏面には白毛があり脈は赤色を帯び，縁は全縁で波状をなすか，または不整の鈍鋸歯がある。7～8月，枝の先に長さ10cmぐらいの花穂をつけ，密に多数の紅紫色の花を開く。花は基部に小さな苞葉をもち花柄はない。花冠は長さ4.8～5cm，下部は細長い筒となり，上部は2つに深く裂けて唇形となり，外側に粘毛がある。花冠上唇は細長く先は浅く2裂し，下唇は少し幅広く先は浅く3裂する。雄しべは2個。さく果は長楕円形。【特性】中庸樹。強健。排水のよい有機質を含んだ壌土を好む。【植栽】繁殖は春に砂床にさし芽する。【管理】栽培は容易で，低温に強く温室またはフレームで越冬できる。用土は壌土2，腐葉土2，砂1を混合したものでよい。冬期は日あたりのよい室内に置き，かん水はやや少なくする。夏期は半日陰地の涼しい所に置く。春から初秋にかけてはかん水を十分行う。開花後は花枝の基部を約3cm残してせん定し，枝を分枝させる。

花期
自然樹形
花枝

1434. パキスタキス・ルテア〔パキスタキス属〕
Pachystachys lutea Nees

【原産地】メキシコ，ペルー原産。日本には1972年にオランダより導入された。【分布】鉢物花木として，温室内で栽培される。【自然環境】高温多湿で，日のよくあたる場所を好む熱帯性の常緑低木。【用途】鉢花や夏の花壇材料に使われる。また切花にもされる。【形態】高さ1～2m，鮮緑色。葉は長卵形で先鋭，長さ12～15cm，対生する。花穂は枝の先端につく。濃黄色の苞が4列に並び，真の花は苞の間から白い唇形の花を咲かせる。花期は四季咲だが，盛期は夏。【特性】暑さに強く，真夏によく咲き，丈夫で栽培しやすい。生育温度は15℃以上。越冬は，水をひかえめにすれば，5℃ぐらいでも越冬する。【植栽】繁殖はさし木が容易。20℃以上の温度で，生育のよい頂芽をさせば3週間ほどでよく発根する。【管理】用土は，排水よく，有機質に富む土がよく，壌土に砂1割，腐葉土3割を混ぜたものを使う。鉢物は，定植後2回摘芯して枝数をふやし，これに咲かせるようにする。適温下では摘芯後50～60日で開花する。なお最近の鉢作りは，矮化剤CCCを処理して，さらにコンパクトな鉢物に仕上げるようにしている。なおカイガラムシ，アブラムシがつくことがあり，スス病の原因にもなるので，早めに駆除する。【学名】種形容語 *lutea* は黄色の，の意味で，苞の色からつけられたもの。属名 *Pachystachys* は太い穂，という意味。

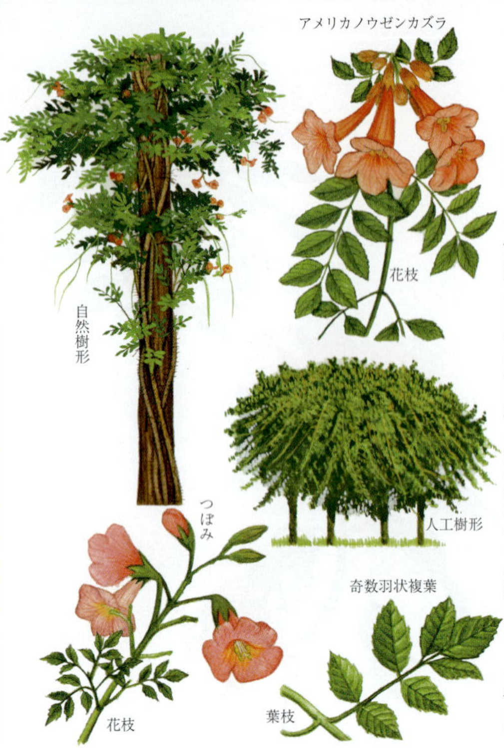

1435. ノウゼンカズラ　〔ノウゼンカズラ属〕

Campsis grandiflora (Thunb.) K.Schum.

【原産地】中国。**【分布】**本州以南，四国，九州。**【自然環境】**庭園，公園の花木。壁面にはわせたりポール仕立て，パーゴラにはわせる。**【形態】**幹はつるとして長くのびる。太いもので径 7cm，茎の節部から気根を出す。葉は対生，奇数羽状複葉で長さ 20〜30cm，小葉は 3〜4 対，卵形または卵状披針形で鋭尖，長鋭頭，葉縁には粗鋸歯があり無毛，長さ 3.5〜6.5cm，幅 2〜4cm，花は 7〜8 月，新枝の先に円錐花序をなし下垂する。花は上向き，横向きに開く。花冠はがくとともに大形，長さ 5〜6cm，径 6〜7cm。**【特性】**強健で生長は早い。向陽地を好む。日陰地では花つきが悪い。強せん定に耐え，移植も容易である。根は浅根性である。**【植栽】**繁殖はさし木がおもで，つる枝をさす。節から発根する。根ざしは 3〜4 月，根を 15cm ぐらいに切ってさす。取り木は 6 月。実生もできる。**【管理】**細かい枝を切り幹だけにする。2 月下旬頃に行う。幹の途中から出るつるや根もとのヤゴ，地下茎は早めに切り取る。ふつうは施肥の必要はない。枝葉が出すぎないようにチッソ肥料はできるだけ避ける。害虫にはカイガラムシがある。**【近似種】**アメリカノウゼンカズラ *C. radicans* (L.) Seem. は北米原産で小葉がノウゼンカズラより多い。花は筒状で小さい。**【学名】**種形容語 *grandiflora* は大きな花の，の意味。

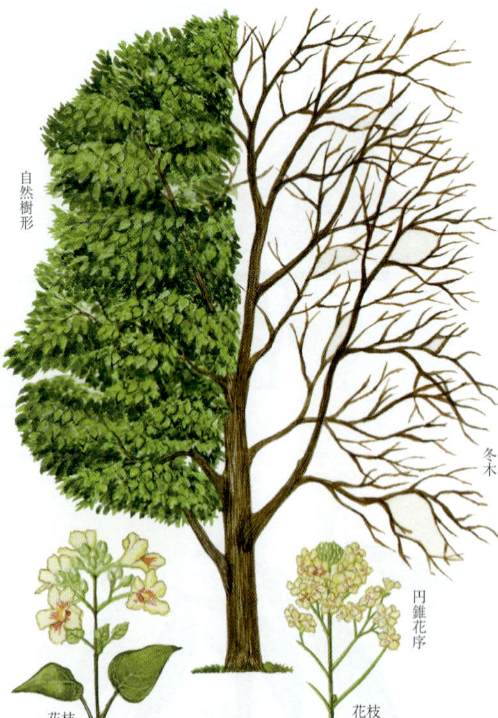

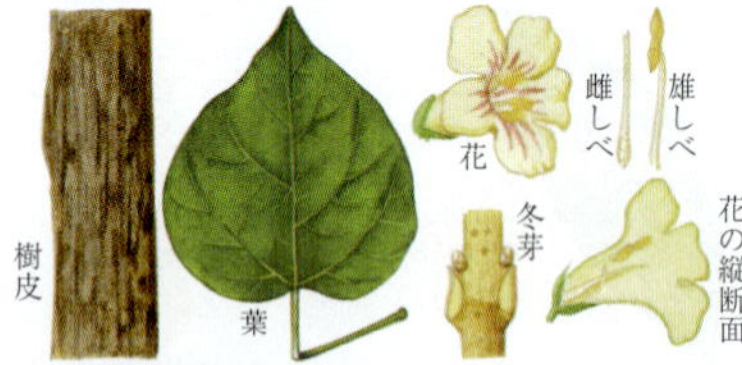

1436. キササゲ　〔キササゲ属〕

Catalpa ovata G.Don

【原産地】中国中部，南部産。**【分布】**北海道中部以南，本州，四国，九州。**【用途】**庭園樹，公園樹。薬用（果実は利尿剤）。**【自然環境】**日あたりのよい湿地を好み，各地に植栽されている落葉高木。**【形態】**主幹は直立し，全体としてまばらな感じで高さ 6〜15m。樹皮は帯褐灰色で縦に裂け目があり，枝は太く粗生，若枝は灰褐色，葉は対生または 3〜4 輪生，長柄があり広卵形で長さ 12〜25cm，幅 9〜15cm，縁は全縁または 3〜5 浅裂。上面は短軟毛があり，下面は淡色で短毛を粗生する。冬芽は淡黒褐色の鱗片が集合する。花は 6〜7 月，円錐花序を枝の先端につけ，帯黄色花が多数開花する。花冠は鐘状漏斗形で 2.5cm，暗色の斑点があり，がくは 2 裂し，雄しべは下側の 2 本が完全で他の 3 本は葯をもたない。柱頭は 2 裂する。果実は 10 月に成熟，細長円筒形で鈍頭，長さ 30cm 内外，太さ 0.4cm 前後，種子は扁平の線形で長さ 0.9cm，幅 0.3cm。**【特性】**陽樹で水湿地を好む。せん定に耐える。生長は早く，耐寒性もある。**【植栽】**繁殖は実生，さし木による。実生は 11 月頃に採種し，日陰に置き，春に播種する。さし木は 2 月にさし穂をとり，3 月まで土中に保存して，春にさす。**【管理】**ほとんど必要ないが，枝抜き，短い枝との切替えなどをときに行う。病気には葉枯れ病，斑点病。**【近似種】**アメリカキササゲは米国原産，葉裏に毛が多く，果実はキササゲより太く短い。花冠がやや大きい。**【学名】**種形容語 *ovata* は卵形の，の意味。

1437. アメリカキササゲ 〔キササゲ属〕

Catalpa bignonioides Walter

【原産地】米国。【分布】北海道南部，本州，四国，九州。【自然環境】日あたりのよいやや湿潤の砂質壌土を好む落葉高木。【用途】公園，学校の緑陰樹，記念樹，街路樹とされる。日本には明治時代に金持ちの木として渡来した。【形態】幹は直立，樹形は広盃状で高さ17mに達する。樹皮は灰褐色，枝は太く横広がりする。葉は対生，ときに輪生。長柄をもち，葉身は心状卵形で先はとがる。長さ15～20cm。縁は全縁ときに浅く3裂する。下面に軟毛を生ずる。花は6～7月，円錐花序を新梢の先端につけ，白色または淡黄色の花が多数咲く。花冠は長さ5cm，2本の黄色のすじがあり，紫褐色の点がある。雄しべ5本，柱頭は2裂する。果実は2.5cm前後，太さ0.6～0.8cmで垂れ下がる。【特性】好陽性で生長は早い。強健で都市環境にも耐え，耐寒性もある。萌芽力があり移植も容易である。【植栽】繁殖は実生とさし木による。実生は採りまき，または3～4月に播種する。さし木は春に新枝をさす。【管理】野生的な自然樹形を保つので手入れの必要はないが，3～5年に1度ぐらい枝抜きをし，長枝は落葉期に短いほうと切り替え，樹形維持に努める。病気には，枯葉病，斑紋病，害虫には葉を食害するアオムシ類がある。【近似種】キササゲの果実は本種より細くて（太さ0.4cm）長い（30cm内外）。葉裏の脈上に細毛を生ずる。【学名】種形容語 *bignonioides* はビグノニア属に似た，の意味。

1438. シチヘンゲ（ランタナ，コウオウカ） 〔シチヘンゲ属〕

Lantana camara L.

【原産地】熱帯アメリカ。日本には1867年に渡来した。【分布】温室で栽培される常緑小低木。【用途】鉢に植えて観賞する。【形態】幹は原産地では1mにもなる。細い枝を多く出して茂り，茎は四角で粗い毛があり，逆刺が散生する。葉は有柄，対生，葉身は卵形で先はとがり，縁に鈍鋸歯があり，長さ3～8cm，幅2～5cm，質はやや厚く，しわがあり，硬い毛が多くざらつく。夏から秋にかけて，葉腋から長い花茎を出し，先端に無柄の花が散形に密集してつく。苞は広披針形，がくはごく小さい。花冠は初め黄色または淡紅色で，のちに橙色または濃赤色に変わる。白花品もある。花筒は細長く，少し湾曲し，先は扁平な4裂片に分かれて平開し，径0.6cmくらい。雄しべ4，雌しべ1。果実は頭状につき，球形で紫黒色，多肉質，径0.3cm。【特性】霜に弱い。暖地では野生化している。【植栽】繁殖は実生，さし木による。さし木は容易。【管理】温室かフレームで，排水よく日あたりのよい場所を選ぶ。5～9月の間は露地に出せる。【近似種】キバナランタナは丈が低く鉢植えに適する。【学名】和名シチヘンゲは花の色が変化するところから名づけられた。コウオウカは紅色から黄色に変わることで紅黄花という。

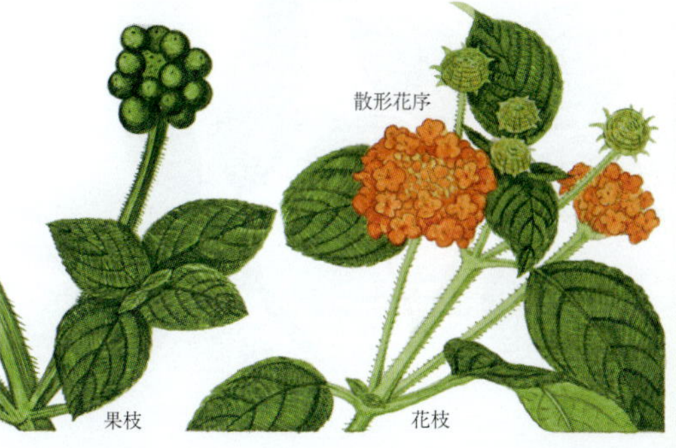

1439. キバナランタナ（ランタナ・ヒブリダ）

〔シチヘンゲ属〕

Lantana × *hybrida* Hort. ex Neubert

【原産地】熱帯アメリカ原産のランタナの園芸品種で，明治初年に渡来した。【分布】熱帯花木として温室内で栽培されるほか，西南暖地では露地植えでも栽培される。【自然環境】高温で，日あたりのよい場所を好む矮性の常緑小低木。【用途】鉢花として観賞するほか，夏の花壇植えにも用いられる。【形態】高さ 30cm 内外，分枝多く，節間短く卵形の葉が対生に密につく。歯牙縁で，長さ 10cm 内外，表面に凹凸があり濃緑色で，短柄がある。花は小形で，径 0.7cm ぐらい，腋生の花茎上に頭状をなして密につく。花冠は 4〜5 裂し，細長い花筒をもち無梗，四季咲，多花性で，黄色，白色，桃色，赤色と豊富な花色がある。花後，肉質球形の核果をつけ，はじめ緑色で，熟すと黒紫色にかわる。【特性】強健な性質で，強い日射しや暑さに強く，真夏の炎天下でもよく花を咲かせる。越冬温度は 5℃ ぐらい。【植栽】繁殖はさし木による。戸外では 7〜9 月が適期。温室内で 20℃ の温度が得られれば，いつでもさせる。さし穂は元気のよい枝先を 10cm ぐらいの長さにとり，砂や赤玉土にさす。実生は温室内で 2〜3 月にまき，20℃ 以上に保つようにすれば，7〜8 月に開花する。【管理】鉢植えの用土は粘質壌土に砂 1 割，腐葉土 3 割ぐらいを混ぜた肥沃なものがよい。鉢替えは 4〜5 月が適期。花壇への植付けは 5〜6 月頃，冬期は温室かフレームに入れ保護する。【学名】種形容語 *hybrida* は雑種という意味。

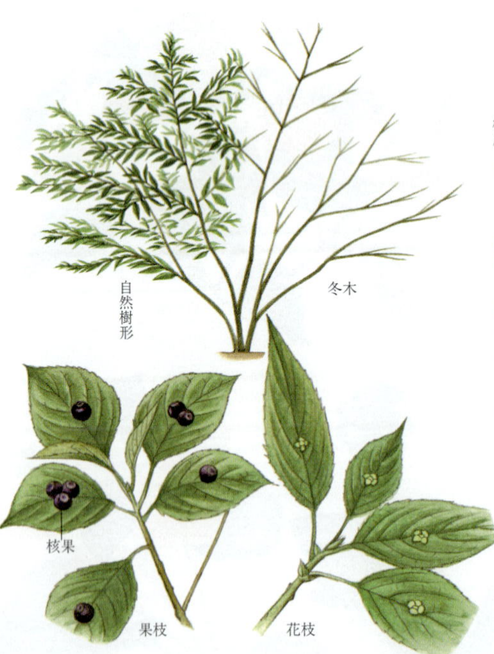

1440. ハナイカダ（ママッコ，ヨメノナミダ）

〔ハナイカダ属〕

Helwingia japonica (Thunb.) F.Dietr. subsp. *japonica* var. *japonica*

【分布】北海道，本州，四国，九州，沖縄に分布。【自然環境】やや湿り気のある山地の木陰などに自生，または植栽される落葉低木。【用途】庭園樹，鉢植え，切枝などに用いる。若葉を食用とすることもある。【形態】明瞭な幹はなく，樹高 1〜2m，しばしば幹の基部より分枝して立つ。樹皮は帯黒色，枝は緑色である。葉は淡緑色で互生，長さ 3〜10cm，幅 2〜6cm の楕円形，卵形。先端は鋭尖，基部は広楔形または鋭脚となる。縁には芒状の低い細鋸歯がある。葉柄は長さ 2〜4cm。雌雄異株。花は淡緑色で，5 月頃に葉の中央主脈上に，直径 0.4〜0.5cm の雄花数個または雌花 1〜3 個をつける。いずれにも小柄があるが，雄花ではやや長く，雌花はやや短い。雄花は雄しべが 4 本，雌花は卵状三角形の花弁が 3 個あるいは 4 個あり，雌しべはふつう 1 個のことが多い。果実は黒色の核果，直径 0.7〜0.9cm の略球形，種子は淡褐色で 2〜4 個あり，長さ 0.5〜0.7cm の扁平長楕円体で，表面に隆起網目があり，8 月頃成熟する。【特性】日陰でも耐え，湿り気の多い肥沃な土地を好み，生長はやや早い。【植栽】繁殖は実生による。【管理】ほとんど手入れの必要はなく，とくに枝が混みすぎたときや樹形の乱れたときに，樹形を整える程度のせん定を行う。【近似種】葉が小形のものをコバノハナイカダ subsp. *japonica* var. *parvifolia* Makino という。そのほか，タイワンハナイカダ subsp. *taiwaniana* Yuen P.Yang et H.Y.Liu，リュウキュウハナイカダ subsp. *liukiuensis* (Hatus.) H.Hara et S.Kuros. などがある。

1441. アオハダ　〔モチノキ属〕
Ilex macropoda Miq.

【分布】北海道, 本州, 四国, 九州, 朝鮮半島, 中国。【自然環境】各地の山地にふつうに見られる落葉高木。【用途】野趣に富み，赤い実が美しいのでときに庭園，公園に植栽される。材は器具材，マッチ軸木材，葉は食用，茶の代用とする。【形態】幹は直立，株立ちもあり，分枝し通常高さ 8〜10m，胸高直径 20〜30cm，樹皮は帯白色，枝は初め帯緑色でのちに灰白色となる。葉は互生し，短枝頂のものは束生する。葉身は卵形または広卵形で急鋭尖，長さ 4〜7cm，幅 2〜4cm，縁には凸端に終わる低い鋸歯がある。上面は細毛があるかまたは無毛，下面は淡緑色で光沢があり，とくに脈上に開出毛がある。花は 5〜6 月，雌雄異株で，雄花は短枝に集まってつき球形をなし，雌花は短枝上に発生し，小形で緑白色をしている。がくは 4 裂，裂片は三角状で毛縁である。花弁は 4 片で卵状または楕円形をしている。果実は 10 月に成熟，核果は球形で径 0.7〜0.8cm，赤熟する。種子は長半球形で 1 果に 4 個あり，長さ 0.5〜0.6cm である。【特性】中庸樹でやや陽性を帯びる。深層の肥沃地を好む。成長は早い。耐寒性がある。【植栽】繁殖は実生またはさし木による。【管理】自然に樹形は整うので手入れの必要はない。【近似種】ケナシアオハダ f. *pseudomacropoda* (Loes.) H.Hara は葉の下面に毛がないもの。【学名】種形容語 *macropoda* は長柄の，の意味。

1442. タマミズキ（アカミズキ）　〔モチノキ属〕
Ilex micrococca Maxim.

【分布】本州（静岡県以西），四国，九州，台湾，中国の暖帯に分布。【自然環境】沿海地の山地の尾根すじや中腹の斜面に多く自生または植栽される落葉高木。【用途】庭園樹，花材，材は器具，薪炭などに用いる。【形態】幹は直立，分枝し通常高さ 10〜15m，幹の直径 30〜40cm。樹皮は薄く灰白色，平滑，若枝は灰褐色で稜がある。葉は互生，有柄，葉身は卵状長楕円形または長楕円形で先端は鋭くとがり，基部は円形，縁に波状の小鋸歯がある。長さ 7〜14cm，幅 3〜5cm。洋紙質で無毛で平滑，裏面は帯黄緑色で中肋は表面が凹入する。雌雄異株，開花は 5〜6 月頃，葉腋に多数の小さな花を集散花序につける。雄花はがく片，花弁，雄しべ各 5〜6 個。雌花はがく片 5〜7，花弁，雄しべは各 8〜9，子房は 8〜9 室。がくは盃状。花弁は緑白色で卵状長楕円形。核果は秋に赤熟し，球形で直径 0.3cm ぐらい。【特性】陽樹。日あたりのよい適潤な肥沃地を最も好む。生長は早い。【植栽】繁殖は実生，さし木，取り木による。高年にならないと結実しない。【管理】せん定の必要はほとんどない。病害虫は少ないがカイガラムシがつく。施肥は寒肥として堆肥や鶏ふんを施す。【学名】種形容語 *micrococca* は小さい果実の，の意味。

1443. ウメモドキ 〔モチノキ属〕

Ilex serrata Thunb.

【分布】本州，四国，九州。【自然環境】北海道南部まで植栽が見られる落葉低木で，湿り気のある肥沃地を好む。【用途】庭園，公園の自然風植栽。おもに紅色の果実を賞する。盆栽，切花用。【形態】株立ち状，単幹がある。高さ2～5m，枝は細く分枝が多い。幼枝には短毛がある。葉は互生，有柄で，葉身は長楕円形または倒卵状楕円形で鋭尖頭，長さ4～8cm，幅3～4cm，縁に低い細鋸歯があり，両面には短毛がある。雌雄異株，花は6月，本年のびた枝に径0.3～0.4cmの淡紫白色の小花が散形状に固まって咲く。果実は11月成熟，小球形で紅色，種子は白色でゴマ粒大，1果に6～8個入っている。【特性】土性を選ばない。乾燥地を嫌う。生長の早さは中ぐらい。萌芽力があり，強せん定に耐える。葉が落ちても，枝間に紅実が残り美しい。【植栽】繁殖は実生または接木する。実生は秋に採種，水洗し，湿った砂か水ごけに包んで保存し，春まきする。接木は3月上旬，雌株を穂木として揚接ぎする。【管理】地ぎわからの間引き，長すぎ枝の切りつめなど。施肥は春に固形肥料などを根もとに施す。病気には白斑が出るウドンコ病がある。【近似種】イヌウメモドキ f. *argutidens* (Miq.) Sa.Kurata は本州中部以南に自生があり，新枝や葉柄に毛がない。【学名】種形容語 *serrata* は鋸歯のある，の意味。

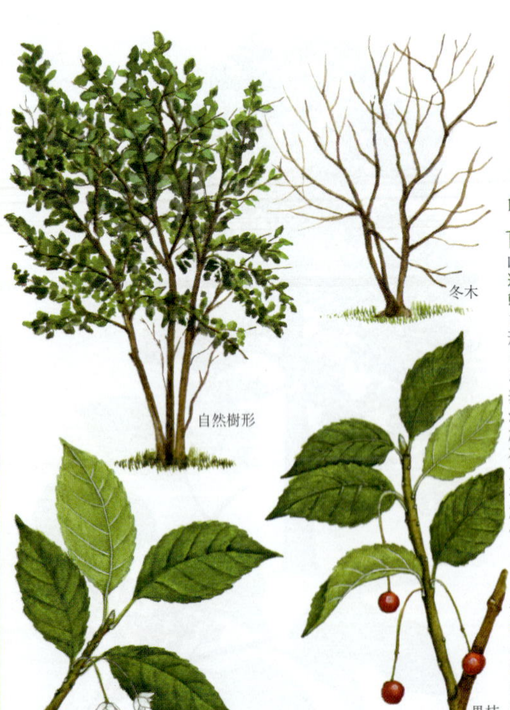

1444. フウリンウメモドキ 〔モチノキ属〕

Ilex geniculata Maxim.

【分布】本州，四国，九州の温帯に分布。【自然環境】山地の林中に自生，または植栽される落葉低木。【用途】庭園樹，盆栽，鉢植え，切花などに用いる。【形態】枝は灰褐色で細く開出し無毛。葉は互生で長さ4～10cm，幅2.5～5cmの楕円形，あるいは卵形，長楕円形，縁には凸端に終わる平鈍鋸歯があり，先端は鋭尖または急鋭尖頭，基部は円脚となる。葉柄は長さ0.7～1cmで細い。葉質は膜質で，表面にはときどき細毛が散生，裏面は淡緑色で脈が著しく明瞭，ときどき脈上に開出毛がある。雌雄異株。花は白色で7～8月頃，長さ1.5～3cmの花柄の先に1～数個散房状に腋生する。小花梗は1～2cm，がく片は5個，卵円形または半円形で微毛縁となる。花弁は白色で，長さ0.2cmの楕円形。雄しべは4～5個。雌花はふつう単生し，まれに3個着生する。果実は紅色に熟す核果で，直径0.4cmぐらい，長さ2～3.5cmの細い長梗があり，下垂して風鈴状になる。種子は平滑で背面に溝がない。【特性】やや日あたりがよく，排水の良好な多少湿気のある肥沃な土壌を好む。生長はやや遅い。【植栽】繁殖は実生，さし木，取り木，接木などによる。実生は秋に採取し果肉を除き，3月頃まで低温，保湿下で貯蔵し播種する。【管理】ほとんど手入れの必要はないが，枝が混みすぎたときなど，軽いせん定で樹形を整える。肥料は寒肥として油かす，鶏ふん，骨粉，化成肥料を施す。

1445. ソヨゴ（フクラシバ）　〔モチノキ属〕

Ilex pedunculosa Miq.

【分布】本州中部以西，四国，九州，北は新潟県北部まで分布している。【自然環境】信州の木曽山中などに多い。落葉樹林中に珍しい常緑小高木。【用途】常緑の少ない地方でときに庭園に植栽される。材は建築材，器具材，櫛材などに用いている。【形態】幹は株立ち状，単幹もある。分枝し，通常高さ5～10m，胸高直径10～20cm，樹皮は灰黒色，枝は灰褐色で全株無毛，葉は互生で，帯紅色の2cmぐらいの柄がある。葉身は卵状楕円形で鋭尖，長さ4～8cm，幅2.5～3cm，縁は全縁で著しく波状縁をしている。上面は深緑色で光沢があり，下面は淡黄色をしている。花は6月，雌雄異株で雌花は通常葉腋に単生，雄花は花序柄のある集散花序に数個ずつつく。ともに小形で黄緑色。がく片は4裂，花弁は広楕円形で4片，雄しべ4。果実は10月成熟，核果は球形で赤熟し径0.7cm，2～5cmの柄がある。種子は四半球形で長さ0.6～0.9cm，淡褐色，1果に3～6個入っている。【特性】寒い地方の常緑広葉樹の1つ。風にゆれてざわざわ音をたてるところからソヨゴの名がある。せん定に耐え，せん定を行えば樹冠が密生する。生長はやや早い。【植栽】繁殖は実生による。【管理】自然に樹形が整う。せん定すれば枝葉が密になる。【近似種】タカネソヨゴ var. *senjoensis* (Hayashi) H.Hara は高地に分布し，葉が披針状楕円形で細長い。がく片，花弁，雄しべはともに6個である。【学名】種形容語 *pedunculosa* は花梗のある，の意味。

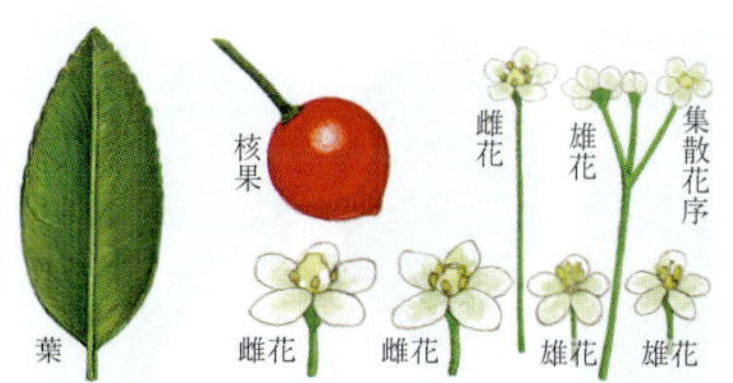

1446. ウシカバ（クロソヨゴ，フブラギ）　〔モチノキ属〕

Ilex sugerokii Maxim. var. *sugerokii*

【分布】本州の中部地方以西，四国。【自然環境】暖地の山地にふつうに見られる常緑低木～小高木。【用途】ときに庭園に植えられる。【形態】幹は株立ち状だが単幹で分枝し，通常高さ2～5m，樹皮，幼枝はともに黒紫色で，若枝には短毛を生ずる。小枝には稜がある。葉は互生で短柄があり，葉身は長楕円形または卵形で長さ3～4cm，幅1.5～2.5cm，縁には上半に少数の低い鈍鋸歯がある。花は6～7月，雌雄異株で，新枝の基部近くに腋生し，雌花は単生，雄花は0.6cm内外の花柄の先に2～3個つける。がくは5個，縁毛がある。花弁はほぼ円形で白色，長さ約0.2cm。果実は球形で赤く熟す。2～4cmの長い柄がある。【植栽】繁殖は実生による。秋に採種し，果肉を水洗して除き，生干しし，土中埋蔵しておき春3～4月頃播種する。【管理】自然に樹形が整う。萌芽力があり，適度のせん定により密集した樹容となる。【近似種】アカミノイヌツゲ var. *brevipedunculata* (Maxim.) S.Y.Hu は北海道および本州中部以北の亜高山帯などにあり，葉はやや細く長さ2～3.5cm，枝は淡褐色をしている。【学名】種形容語 *sugerokii* は名古屋にいた本草学者水谷豊文の，の意味。

1447. イヌツゲ（ヤマツゲ，ニセツゲ）〔モチノキ属〕

Ilex crenata Thunb. var. *crenata* f. *crenata*

【分布】北海道，本州，四国，九州。【自然環境】本州以南の湿気ある土地を好んで自生し，また温帯から暖帯まで広く植栽されている常緑小高木。【用途】庭園樹，公園樹。そのほか，生垣，盆栽などに用いる。【形態】幹は直立，多数分枝し，通常高さ3～5m，幹径10～15cm，樹皮は灰白色で平滑，無毛，若枝にはときに微毛がある。葉は互生，短柄で葉身は楕円形または長楕円形で鈍頭，長さ1～3cm，幅0.6～2cm，縁には鈍鋸歯がある。ときに全縁もある。表面は深緑色で光沢があり，裏面は淡緑色で灰黒色の腺点を散布する。雌雄異株で，花は5～6月，葉腋に淡黄白色の小花を開く。雄花は短い総状または複総状花序につき，雌花は単生，長柄のある4弁花が咲く。果実は10月成熟，球形で径0.6～0.8cm，紫黒色で多汁である。種子は灰白色，淡褐色で四半球形，2～4個入っている。【特性】湿気のある土地を好むが乾燥地にも耐えて育つ。半日陰地，日照地にもよく，耐寒性があり，樹勢強健で萌芽力があり，強せん定にも耐える。また移植も容易である。都市環境に対しても抵抗性がある。【植栽】繁殖は実生，さし木による。【管理】仕立て物は基本形を崩さぬよう枝先の刈込みを回数多く行う。肥料がきれると葉をふるうので，根もとを掘り鶏ふん，堆肥，化成肥料を施す。害虫にはハマキムシ，シャクトリムシなどが発生する。【学名】種形容語 *crenata* は鈍鋸歯のある，の意味。

1448. キッコウツゲ〔モチノキ属〕

Ilex crenata Thunb. var. *crenata* f. *nummularia* (Franch. et Sav.) H.Hara

【分布】園芸品種で北海道，本州，四国，九州に植栽分布。【自然環境】日あたりのよい所，または半日陰の庭園などに植栽される常緑低木。【用途】庭園樹，または鉢植えなどに用いる。【形態】幹はやや直立で分枝し，樹高1～2mになる。枝は暗灰色または灰褐色で太く，分枝はやや粗い。葉は濃緑色で光沢があり互生し，枝先や枝上に輪生状に密生する。葉形は長さ1～2cmの倒卵形または円形で，葉端近くに3～7個の小鋸歯があるか，または全縁となり，わずかに亀甲形となる。先端は鋭尖，基部は円形または鈍脚である。葉質は厚い革質で平滑，葉柄は短い。雌雄異株。花は6～7月，雄花は集合するが雌花は単生する。がくは小形の皿状で4裂片に分かれる。花弁は白色卵形で4個ある。雄しべは4本あり，花弁よりやや短い。【特性】適応力が比較的強く，日なたあるいは半日陰地でも生育する。適潤な肥沃土を好むが，乾燥地にもやや耐える。生長はきわめて遅い。【植栽】繁殖はおもにさし木による。【管理】ほとんど手入れの必要はない。萌芽力はやや弱く，強度のせん定を嫌うので，樹形を整える程度とする。肥料は油かす，鶏ふん，化成肥料などを施す。【学名】品種名の *nummularia* は平円板形の，の意味。

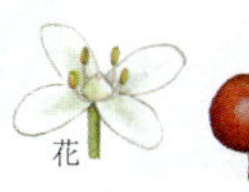

1449. ツルツゲ（イワツゲ，チリメンツゲ）

〔モチノキ属〕

Ilex rugosa F.Schmidt

【分布】北海道，本州（奈良県以北），四国，九州に分布。【自然環境】深山の樹林下に自生する常緑小低木。【用途】まれに庭園樹などに用いる。【形態】長く匍匐し分枝が多く，枝は細長く稜をもち全面に細点をつけ，緑色で所々根を出す。葉は密に互生，有柄，葉身は長楕円形または披針形で両端はややとがり，縁にはまばらな小さい鋸歯がある。長さ 2〜3cm，幅 0.5〜1.5cm。表面は革質で光沢があり暗緑色，脈が陥入して細かいしわとなっている。裏面は淡緑色。雌雄異株，開花は 7 月頃，葉腋に 1〜4 個ずつ白い 4 個の花弁をもった花を開く。花の直径は 0.2cm ぐらいで 0.3〜0.7cm の短い柄をもつ。雌花は葉腋に多くは単生，雄花は数個つき，がく片は 4 個。果実は核果で秋に赤熟し，卵状球形で直径 0.5cm ぐらい。【特性】陰樹。適潤で肥沃な土壌を好む。【植栽】繁殖は実生，取り木，さし木による。実生は採りまき，または春まき。さし木は梅雨期。【管理】混みすぎた枝や徒長枝を取り除く程度でよいが，刈込みにも耐える。施肥は寒肥として堆肥，鶏ふんなどを施す。病害虫は少ないがカイガラムシに注意する。【近似種】ホソバツルツゲ var. *stenophylla* (Koidz.) Sugim. は葉が細く長さ 1〜3cm，幅 0.2〜0.5cm，関西以西に分布。【学名】種形容語 *rugosa* はしわのある，の意味。

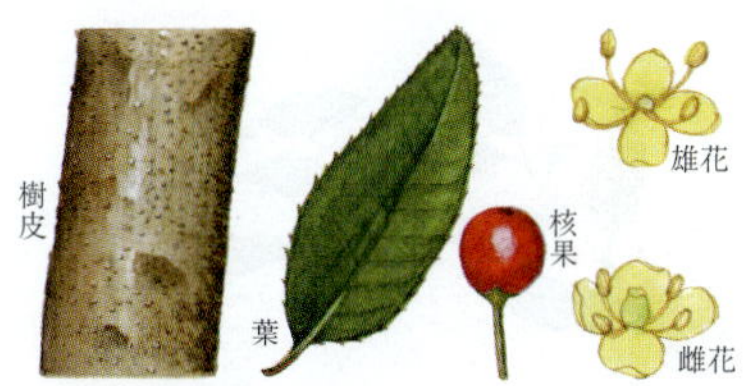

1450. タラヨウ

〔モチノキ属〕

Ilex latifolia Thunb.

【分布】本州中南部，四国，九州。【自然環境】暖地の林などの日陰地に自生し，また寺院に多く植栽される常緑高木。【用途】庭園や寺院，学校などに植栽，材は鏇作材，薪炭材，樹皮から鳥もち，葉は茶の代用。【形態】幹は直上，分枝し通常高さ 10〜12m，幹径 30〜40cm，樹皮は灰黒色，平滑。枝は太く，葉は互生，短柄で，葉身は長楕円形または広楕円形で鋭頭，長さ 10〜18cm，葉縁には鋭鋸歯がある。上面は深緑色で光沢があり，下面は帯淡黄緑色，主脈は上面に陥入，下面に突出する。雌雄異株。花は 5 月，腋生の短い集散花序に黄緑色の小花が固まって咲く。がくは 4 裂，花弁は 4 片，果実は 10 月成熟，球形で紅色，径 0.8cm，種子は帯白色で長形である。【特性】耐陰性がある。葉に文字を書き火であぶると黒く文字が浮かび上がるところから「葉書きの木」といっている。生長はきわめて遅い。萌芽力に乏しくせん定を嫌う。移植力があり，土性を選ばない。【植栽】繁殖はさし木，実生による。さし木は 7〜9 月頃さす。実生は果肉を水洗して干し，土中埋蔵し，播種する。生育が遅い。【管理】自然に樹形が整うが支障枝は中・小枝で枝抜きする。施肥は生育の悪いものについて春に根まわりに施肥する。病害虫には，黒点病，スス病，カイガラムシ。【近似種】フイリタラヨウ f. *variegata* Makino ex H.Hara は葉に斑が入っているもの。【学名】種形容語 *latifolia* は広葉の，の意味。

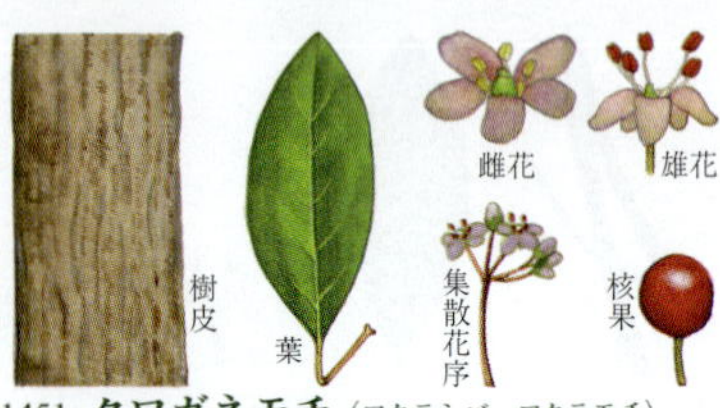

1451. クロガネモチ (フクラシバ, フクラモチ)

〔モチノキ属〕

Ilex rotunda Thunb.

【分布】東北南部以南の本州, 四国, 九州, 沖縄。**【自然環境】**関東以南の暖地に自生し, また植栽されている常緑高木。**【用途】**庭園, 公園の主木, 植込み。紅い果実を賞する。材は器具材, 彫刻材などに用いる。**【形態】**幹は直立し, 分枝する。樹皮は灰白色で平滑, 枝は暗褐色で無毛。新梢は紫色, 葉は互生, 有柄で 2.5cm ぐらいで紫色, 葉身は広楕円形または楕円形で鈍頭, 長さ 5~8cm, 幅 3~4cm, 縁は全縁であるが, 萌芽枝などにときに粗大鋸歯がある。上面は深緑色, 下面はやや淡色。雌雄異株。花は 5~6 月, 新枝に集散花序をなして径約 0.4cm の淡紫白色の花を多数つける。がくは 4~5 浅裂, 裂片は広三角形, 花弁 4~5 枚, 楕円形でがくより長い。**【特性】**中庸樹~陽樹。日陰地にも耐える。湿気ある肥沃地を好む。生長はやや遅い。移植は大木の移植も可能。耐潮性があり, 都市環境にも適応性がある。せん定力はふつう。**【植栽】**繁殖は多くはさし木による。7~9 月に採穂, 水揚げさせたものをさし床にさす。接木は 3 月に行う。実生もできる。**【管理】**実を賞する目的の雌木は支障枝の枝抜き程度にする。強せん定は避ける。雄木はクスノキに準ずる。施肥はチッソ肥料を避け, リン酸, カリ肥料を施す。害虫はカイガラムシ。通風をよくしてやる。**【近似種】**モチノキは葉柄がクロガネモチのように紫色ではない。**【学名】**種形容語 *rotunda* は円形の意。

1452. モチノキ

〔モチノキ属〕

Ilex integra Thunb.

【分布】東北南部以南の本州, 四国, 九州。**【自然環境】**暖地に自生し, 東北南部まで植栽されている常緑高木。**【用途】**庭園, 公園の主木, 植込み。防火, 防風, 防音の目的で植栽する。材は器具材, 彫刻材などに用いられる。**【形態】**幹は直立, 分枝し通常高さ 5~10m, 径 20~30cm, 樹皮は暗灰色で滑らか, のちにやや粗面となる。全株無毛, 枝は太く帯褐色, 葉は互生, 有柄, 葉身は倒卵状楕円形で長さ 5~8cm, 幅 2~4cm, 縁は全縁, 萌芽枝などに粗鋸歯がある葉もある。上面は暗緑色で光沢がある。下面は帯黄淡緑色である。雌雄異株, 花は 4 月頃, 葉腋に黄緑色の 4 弁花が固まって咲く。花径約 0.8cm, 雄花は数個, 雌花は 1~2 花, がくは 4 裂で裂片は円形をしている。果実は 10 月成熟, 球形で紅色, 径 1~1.5cm。種子は 4 個入っており帯白色, 四半球形で長さ 0.8cm。**【特性】**陰樹で生長はやや遅い。湿気ある肥沃地を好む。萌芽力があり, 強せん定に耐える。大木の移植も可能。防火力があり, 都市の諸害にも耐える。**【植栽】**繁殖はさし木と実生による。さし木は 7~9 月, ミスト室でさすとよく活着する。実生は土中埋蔵, 春に播種する。**【管理】**せん定は新梢の固まった 6~7 月上旬と 11 月の 2 回行う。胴ぶき, 徒長枝は早めに取る。施肥は寒肥を 2 月頃, 根の周囲を掘り堆肥を十分施す。害虫にはハマキムシ, ルビーロウムシなど。スス病はカイガラムシを駆除することにより防げる。**【学名】**種形容語 *integra* は全縁の, の意味。和名は樹皮からとりもちを作ることによる。

1453. ツゲモチ（マルバノリュウキョウソヨゴ）

〔モチノキ属〕

Ilex goshiensis Hayata

【分布】本州中部以南，四国，九州，沖縄，台湾，海南島などの暖帯南部から亜熱帯に分布。【自然環境】温暖な地方の適湿な山野の林中に自生，まれに植栽される常緑小高木。【用途】ほとんど利用されることはないが，まれに庭園樹として用いられることもある。【形態】樹皮は灰白色を呈し，滑らかである。枝は暗褐色で細く分枝する。幼枝に微毛がある。葉は互生で長さ 3～6cm，幅 1～2.5cm の楕円形または倒卵形。葉質は革質，全縁。主脈は裏面に少し突出し青白色，頂端は鋭頭，鈍頭または凹頭，基部は鋭形，葉柄は長さ 0.4～0.7cm で帯紅色となり，幼時に微毛を生じる。花は 5 月頃に葉腋に数個，散房状につく。花柄は 0.1～0.6cm で短く，小花柄は 0.2～0.3cm，がく片は低半円形で 4 個，花柄や苞に微毛がある。果実は紅色の核果で直径 0.3～0.4cm ぐらいの球形。【特性】適湿地を好む。生長はやや遅い。【植栽】繁殖は実生，さし木による。さし木の活着率はあまり高くない。【近似種】本種はモチノキに類似しているが，ツゲモチは小枝に微細毛を密生し，葉，果実が小形であることにより区別される。

1454. ナナミノキ（ナナメノキ，カシノハモチ）

〔モチノキ属〕

Ilex chinensis Sims

【分布】本州（静岡県以西），伊豆諸島，四国，九州，中国に分布。【自然環境】山地の川ぞいや谷間に多く自生または植栽される常緑高木。【用途】庭園樹，公園樹，材は印材，櫛材，薪炭材など，樹皮は染料，鳥もちに用いる。【形態】幹は直立，分枝し高さ 8～10m，幹の直径 20～30cm。樹皮は暗灰褐色ではげない。小枝は暗灰色をなし稜がある。葉は互生，有柄，葉身は狭長楕円形または長楕円形で，先端は尾状に伸長してやや鋭くとがり，基部は鋭形。縁はまばらに低い鋸歯がある。長さ 7～12cm，幅 2.5～5cm でやや革質。雌雄異株で，開花は 5～6 月頃。本年枝の葉腋に小形の集散花序をつける。花は淡紫色で，雌花は少数だが雄花は多数ある。がく裂片は広い三角形で縁に毛がある。果実は 10～11 月に紅色に熟し，球形の肉質核果で径 0.6cm ぐらい。【特性】中庸樹であるが，やや陰性を帯びる。生長は遅く，やや湿気のある肥沃な土壌を最も好む。【植栽】繁殖は実生によるが，雌木をふやすにはさし木，接木による。移植は 5～9 月。【管理】せん定はクロガネモチに準ずる。施肥は 2～3 月および 7～8 月に鶏ふんなどを施す。病害虫は少ないがカイガラムシが発生し，スス病を併発することがある。【学名】種形容語 *chinensis* は中国の，の意味。

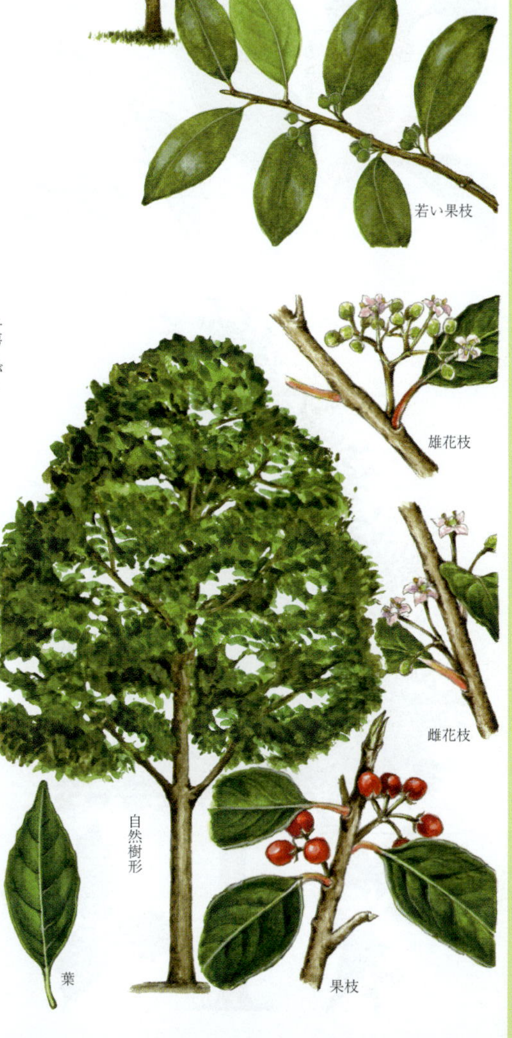

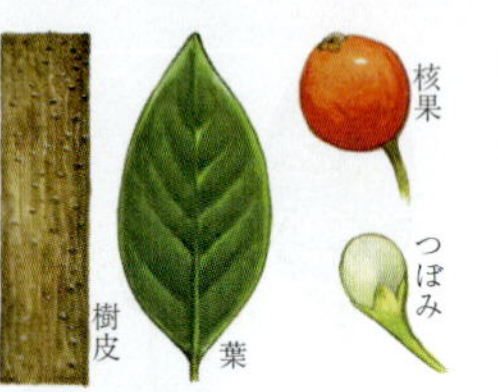

1455. ヒメモチ　〔モチノキ属〕

Ilex leucoclada (Maxim.) Makino

【分布】北海道（西南部），本州（東北，北陸，山陰地方）。【自然環境】日あたりわずかな山陰や樹陰地に自生，もしくは植栽される常緑低木。【用途】寄植え，根じめ，日陰地などの庭園樹，公園樹などに利用。【形態】幹や枝は太く，灰褐色を帯び無毛で，あまり分枝せず，下枝はわずかに横に広がり，高さ 1m ぐらい。葉は互生し，長さ 0.8〜1.5cm の葉柄があり，狭長楕円形，広倒披針形，倒卵形で，葉身長 6〜13cm，幅 2〜4cm，全縁もしくは上部に不鮮明でわずかな鈍鋸歯があり，両端とも鋭くとがる。葉質はモチノキより薄く革質，上面深緑色，下面は鮮緑色である。花は 5〜6 月頃開花，小形の白色花を葉腋に 1〜数個束生する。花弁は 4，楕円形。果実は球形，10 月頃赤熟し，内部に赤褐色で 4 個の種子を有する。【特性】陰樹でわずかな日照でも耐えて育つ。耐寒性が強く寒地向き。肥沃な適潤地では生長がよいが，全体に育ちは遅い。【植栽】繁殖は実生，さし木による。実生は秋に果肉を取り除き，採りまきする。発芽に時間を要するのが特徴で，播種後 2 年目の春に発芽が多い。さし木は 6〜7 月に本年枝を密閉ざしするとよい。【管理】手入れはほとんど必要としないが，せん定の必要な場合は，他の常緑樹と同時期に実施する。病害虫はスス病，カイガラムシに注意する。【学名】種形容語 *leucoclada* は白い枝の意味。

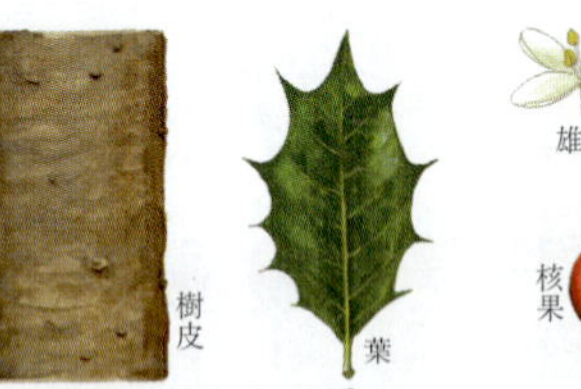

1456. アメリカヒイラギ　〔モチノキ属〕

Ilex opaca Aiton

【原産地】米国東部・中部，メキシコ。【分布】本州（東北南部）〜九州に植栽可能。【自然環境】林内の多湿地に自生または植栽される常緑高木。【用途】庭園樹，公園樹，クリスマスの飾りなどに用いる。【形態】樹形は狭ピラミッド形で高さ 5〜15m，幹の直径 1m になるものもある。枝は分枝開生し密生する。樹皮は平滑，若枝に軟毛密生。葉は互生，有柄，葉身は卵形または楕円状披針形，縁にはとげ状の牙歯がまばらにあり，まれに全縁。表面は暗緑色で裏面は黄緑色，長さ 6〜12cm，幅 2〜4cm。雌雄異株で，開花は 5〜6 月。今年枝の葉腋に白色 4 弁の花を単生する。果実は核果で 10〜11 月に暗紅色に熟し，球形または長楕円形で直径 0.8cm ぐらい。【特性】陰樹。やや湿気のある水はけのよい半日陰地を好む。生長は遅い。大気汚染に比較的強く，都市環境にも育つ。【植栽】繁殖は実生，さし木，接木による。実生は春まき，さし木は 7〜9 月，接木は 6 月に緑枝接ぎを行う。実生 15〜18 年後に開花結実する。移植は 4〜9 月が適期。【管理】萌芽力があり強いせん定もできる。施肥は寒肥として堆肥，鶏ふんなどを施す。夏の乾燥時はかん水を行う。病気は斑点病など，害虫はハマキムシ，ミノガ，カイガラムシなどの被害がある。【学名】種形容語 *opaca* は暗い，の意味。

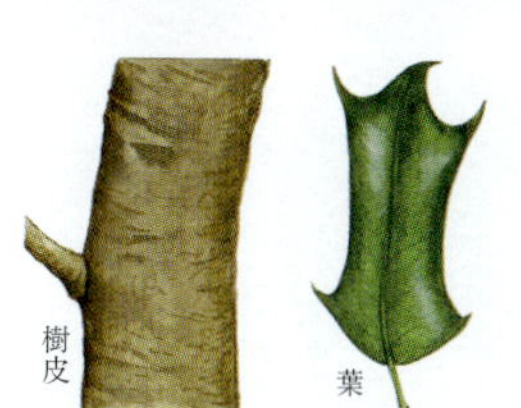

1457. ヤバネヒイラギモチ

（シナヒイラギ，ヒイラギモドキ）　〔モチノキ属〕

Ilex cornuta Lindl. et Paxton

【原産地】中国東北部，朝鮮半島南部。【分布】北海道南部，本州，四国，九州をはじめ，欧米にも植栽され，中国，朝鮮半島南部に分布。【自然環境】山野の谷間や林中の下木として自生，または植栽されている常緑低木または小高木。【用途】庭園樹，公園樹，生垣として用いる。【形態】樹高 3〜5m で，枝はよく分枝し著しく横に開張，樹形がやや不斉形に乱れる。全株無毛。葉は互生，長さ 4〜8cm，幅 2〜3cm の長方形で短柄があり，頂端の 1 辺および先端と基部の 4 辺は稜角状となる。先端はとげ状となり反曲し，鋭い刺縁となる。葉身は波状にねじれ，厚革質で表面は光沢のある暗緑色，基部は切脚となる。成木の葉は全縁になることがある。花は 4〜6 月，細小の白色または黄緑色のものが前年枝に数個腋生する。果実は核果で長梗があり，直径 0.8〜1.2cm の球形で，紅色となる。10 月頃成熟する。【特性】耐陰性があり半日陰地でも生育し，日照地にも耐える。排水のよい湿気のあるやや重い土壌を好む。【植栽】繁殖は実生，さし木，取り木による。さし木，取り木は 7 月上旬に行う。実生は 1〜2 月に採種し，果肉を除いて採りまきとする。【管理】萌芽力があり，せん定，刈込みに耐える。通風，採光の悪いところでは，カイガラムシ，ルビーロウムシが発生しやすい。大気汚染への抵抗性はふつう。【近似種】変種にマルバヒイラギモチ var. *integra* がある。

1458. セイヨウヒイラギ（ヒイラギモチ）

〔モチノキ属〕

Ilex aquifolium L.

【原産地】ヨーロッパ中南部，西アジア，北アフリカ，中国に分布。日本に輸入された年代は不明。【分布】東北（南部）〜九州に植栽可能。【自然環境】各地の庭園などに植栽される常緑小高木または高木で品種が多い。【用途】庭園樹，公園樹，クリスマスの飾りなどに用いる。【形態】高さ 6〜10m，枝は広がり丸い樹冠をつくり，ときに低木状となる。株全体無毛で，葉は互生，短柄，葉身は卵形または長楕円形で鋭くとがり，基部はくさび形，縁には鋭くて大きい鋸歯がある。長さ 4〜8cm，幅 3〜4cm，革質で表面は光沢があり濃緑色。雌雄異株または同株で，開花は 5〜6 月頃，前年枝の葉腋から短い花序を出し数個〜10 数個の淡黄色の花を群生する。花は短い柄をもち直径 0.6cm ぐらい，芳香がある。雄花は雌しべが退化している。果実は 10〜11 月に赤く熟し，球形で直径 0.6〜0.7cm。【特性】陰樹。肥沃でやや湿気のある水はけのよい半日陰地を好む。耐潮性や大気汚染に強く耐寒性もある。【植栽】繁殖は実生，さし木，接木による。実生は 2 年目に発芽。移植は可能で，4〜9 月が適期。【管理】7 月頃浅く刈込む。夏の乾燥時はかん水を行う。施肥は 2〜3 月に鶏ふんや骨粉を施す。病害虫はとくにカイガラムシに注意する。【学名】種形容語 *aquifolium* は凸頭葉の，の意味。

1459. コウヤボウキ 〔コウヤボウキ属〕

Pertya scandens (Thunb.) Sch.Bip.

【分布】本州（関東以西），四国，九州に分布。**【自然環境】**乾燥する山地の日あたりのよい所に自生する落葉小低木。**【用途】**和名のとおり，高野山ではこの茎を束ねて箒を作る。**【形態】**草状で，高さ0.6～1m。幹は細く，よく分捜し，有毛。1年枝の葉は卵形で無柄，互生し，有毛で，葉縁にまばらで低い鋸歯がある。2年枝は，各節に3～5枚のやや細長い小さな葉を節ごとに束生する。9～10月，1年枝の端に白色の頭花を頂生する。頭花は中に13個内外の小花があり，長さ1.5cmぐらい，花冠は筒状で5裂し，裂片は線形でそり返る。総苞は鐘形，総苞片は多列で，覆瓦状に並ぶ。そう果は倒卵状楕円形，両端が狭くなり，長さは0.55cmぐらいで，毛が密毛し冠毛がついている。**【特性】**乾燥地を好み，他の植物の日陰では生育が衰える。**【植栽】**繁殖は実生か株分けによる。**【管理】**日あたりよく，水はけのよい所を選ぶ。**【近似種】**ナガバノコウヤボウキがあり，2年枝の短枝に花をつける。開花期もコウヤボウキのほうが遅い。**【学名】**種形容語 *scandens* はよじのぼる性質の，の意味。

1460. ナガバノコウヤボウキ〔コウヤボウキ属〕

Pertya glabrescens Sch.Bip. ex Nakai

【分布】本州（宮城県以南），四国，九州に分布する。**【自然環境】**乾燥する山地に自生する落葉小低木。**【用途】**コウヤボウキに準ずる。**【形態】**根茎は太い。幹は細く高さ60～90cm，一見草本状で，葉はほとんど無毛，質堅い。1年枝は卵形の葉を互生するが，花をつけることはない。2年枝の葉は狭卵形，鋭頭，浅く鋭い鋸歯があり，三主脈が著しく，短枝に5～6片が束生し，その中央に頭状花序をつける。花は8～10月に開き，花冠は白色，筒状，鱗片は覆瓦状に並ぶ。そう果は0.65～0.7cm，冠毛があり，コウヤボウキより長い。**【特性】**乾燥する日あたりのよい所を好み，他の植物の日陰になると衰える。コウヤボウキに似るが，それよりも全体堅く，平滑，無毛。**【植栽】**実生か株分けによる。**【管理】**日あたりをよくするように努める。特別な病害虫はない。**【近似種】**コウヤボウキがあり，1年枝の枝先に花をつける。花期はナガバノコウヤボウキのほうが早い。**【学名】**属名 *Pertya* は人名で，ペルティの，種形容語 *glabrescens* はやや無毛の，の意味。

1461. ハマギク 〔ハマギク属〕
Nipponanthemum nipponicum
(Franch. ex Maxim.) Kitam.

【分布】本州，青森県から茨城県までの太平洋側に分布する。【自然環境】海岸のがけや砂丘に自生し，また植栽される落葉小低木。【用途】庭木や鉢植えにして観賞する。【形態】茎は60～90cmに達し，木質で，越冬する。基部からそう生し，分枝は少ない。地下茎は横走しない。葉はへら形で，基部はくさび形，無柄，上部に鋸歯がある。肉質で表面は光沢があり，無毛，長さ5～9cm。花は9～11月，茎頂に径6cmぐらいの白色頭状花序をつける。総苞片は4列に並び，緑色，卵形，中心小花は黄色。舌状花のそう果は鈍三角形，筒状花のそう果は円柱形。【特性】草状ではあるが冬に地上部は枯死せず，翌春新茎を出して葉を密に互生する。花は野生のキクの中では最大である。【植栽】春から初夏にかけてさし木をするのが最も早い方法で，樹形も自由に作れる。【管理】排水のよい土に植え，日あたりよく，風通しのよい所で，乾燥ぎみに育てる。肥料は少なめに施す。植替えは毎年行う。アブラムシの駆除を心がける。【近似種】ハマギクとフランスギクとの交配種がシャスターデージー *Leucanthemum maximum* (Ramond) DC. である。【学名】種形容語 *nipponicum* は本州の，の意味。

1462. ヘラナレン 〔アゼトウナ属〕
Crepidiastrum linguifolium (A.Gray) Nakai

【分布】小笠原諸島特産。【自然環境】海岸の岩場にはえる常緑低木。【形態】高さ1～1.5m。まばらに分枝し，茎は太く径2～3cm，葉痕が多数残る。葉は茎頂に密生し，無柄，水平に開出する。葉身は披針形，先端丸く，基部はしだいに狭くなり，全縁で少しうねりがある。長さ15cm，幅3cm内外，表面は鮮緑色，平坦，裏面は淡緑色。11月頃，密集した葉間から多数の側枝を出し，直立，頭花を総状につけ，途中に小葉をつける。頭花は白色，径1.5cm，総苞片は5。結実は翌年1月頃。【特性】小笠原では，開発やほかの優勢な植物のため自生地を失い，減少している。【植栽】繁殖は実生による。種子をまくと，発芽とその後の生育は良好。【管理】タコヅルのような障害になる植物を刈り払ってやると，樹勢が回復する。【近似種】ユズリハワダン *C. ameristophyllum* (Nakai) Nakai も小笠原特産で，葉は互生して枝先に集中し，葉身は長さ7～12cm，幅3～4cm，軟らかく表面に光沢があり，柄は4cm内外で長い。主脈のみ明瞭。よく日のあたる場所で上層木が少しある所が生育適地である。花期は12～1月，果期は3月頃。この種も個体数が減少していて，保護を要する植物である。【学名】種形容語 *linguaefolium* は舌状葉の，の意味。

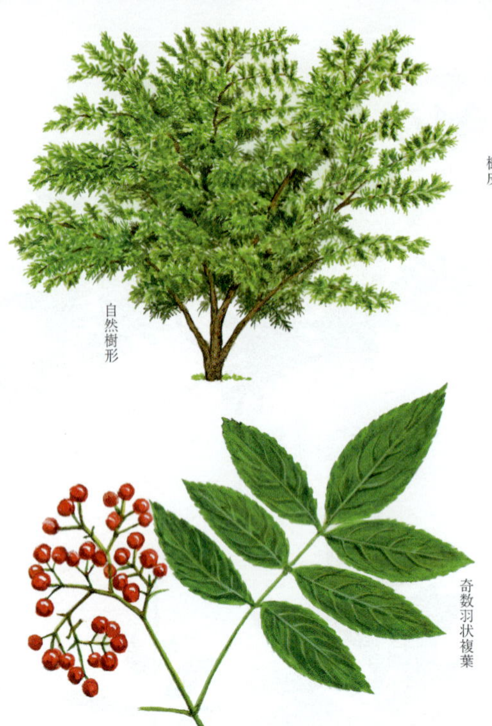

1463. ニワトコ （タズ，タズノキ）　〔ニワトコ属〕

Sambucus racemosa L.
subsp. *sieboldiana* (Miq.) H.Hara

【分布】本州，四国，九州（奄美大島まで），朝鮮半島南部，中国大陸に分布する。【自然環境】山野にふつうにはえる落葉低木。【用途】薬用（花，枝，葉），細工物（材），実験用（髄）。【形態】幹は高さ3～6mとなり，枝は太くよく伸長する。樹皮は灰黄褐色を帯び，コルク質が発達して縦に深く裂ける。若枝は淡緑色で節の部分は紫色を帯び，古くなると灰白色となる。髄は淡褐色で太い。冬芽は対生し，混芽は葉芽より太く球形で，長さ0.6～1cm，4～6枚の芽鱗に包まれる。葉は2～3対の小葉からなる奇数羽状複葉で長さ12～30cm，小葉は長楕円形または広楕円形で長さ5～15cm，先端はとがり，基部は円形。縁に細かい鋸歯があり，小葉柄をもつ。両面脈上は無毛または有毛。開花は4～5月，新葉と同時に小枝の先に長さ3～10cmの円錐花序をつけ，多数の淡黄白色の小花をつける。がく片は5個で低い半円形。花冠は5深裂し，筒部はごく短く，裂片は長楕円形で平開し，径0.4～0.5cm。雄しべは5個，花糸は花冠筒部につき短い。柱頭は浅く3裂し暗紫色。果実は卵円形で径0.3～0.5cm，赤色ときに橙黄色，淡黄色に熟し，3～5個の種子がある。【近似種】エゾニワトコ subsp. *kamtschatica* (E.L.Wolf) Hultén はニワトコより大形で，花序に毛状の粒状突起があり，本州北部，北海道に分布する。【学名】亜種名 *sieboldiana* は人名で，シーボルトの，の意味。

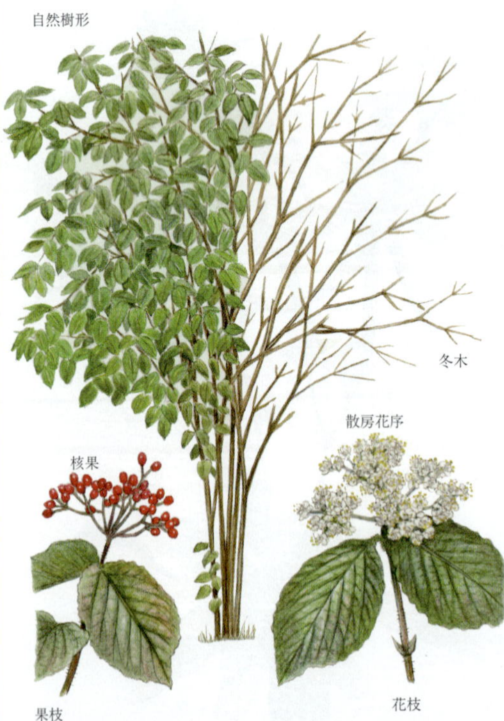

1464. ガマズミ （ヨソゾメ，ヨツヅメ）〔ガマズミ属〕

Viburnum dilatatum Thunb.

【分布】北海道，本州，四国，九州，朝鮮半島，中国大陸に分布する。【自然環境】日あたりのよい山野にふつうにはえる落葉低木。【用途】器具材（杖，柄，輪かんじき），染料。【形態】幹は高さ2～4mとなり，しばしば束生する。若枝には長い星状毛と腺点があり，灰緑色から灰褐色となり，皮目を散生する。冬芽は枝端に1個の頂芽と2個の頂生側芽をつけ，側芽は対生する。頂芽は側芽より大きく，長さ0.4～0.7cm，2～4個の粗毛のはえた濃紅色の芽鱗に包まれる。葉は有柄で対生し，葉身は広卵形または円形で長さ6～15cm，先端は急にとがるか鈍頭，基部は広いくさび形からやや心臓形，縁に低く粗い鋸歯がある。表面は脈上に毛があり，裏面は腺点を密生するほか星状毛や単毛がある。葉柄は長さ0.7～1.6cm。開花は5～6月，本年枝の先端に直径10～15cmの散房花序をつけ，花序には星状毛を密生する。苞は披針形で長さ約0.1cm。がくは5深裂し，小形で有毛。花冠は5深裂し，直径約0.5cm，白色で外面に毛がある。雄しべは5個，花糸は花冠より長く，長さ約0.35cm。花柱は長さ0.06cm，柱頭は3裂する。核果は8～10月頃熟し，紅色で少し扁平な卵状楕円形で長さ5～5.5cm，甘酸っぱく食用とする。【近似種】ときに核果が黄熟するものがあり，キミノガマズミ f. *xanthocarpum* Rehder という。【学名】種形容語 *dilatatum* は拡大した，の意味。

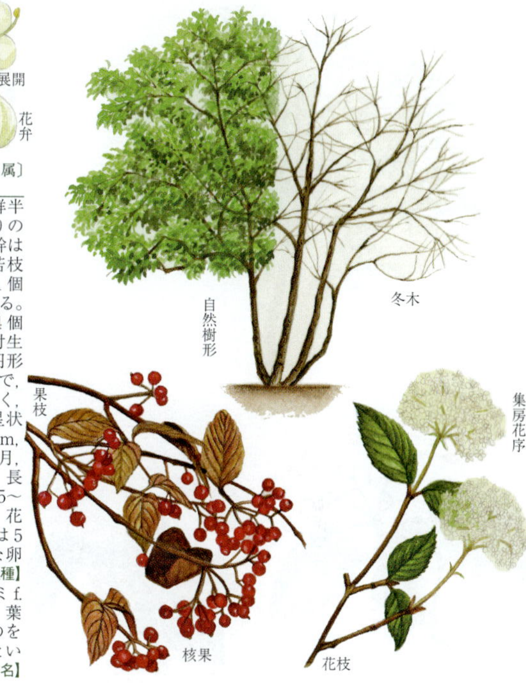

1465. コバノガマズミ 〔ガマズミ属〕

Viburnum erosum Thunb. f. *erosum*

【分布】本州（福島県以南），四国，九州，朝鮮半島，中国大陸に分布する。【自然環境】日あたりのよい山野にふつうにはえる落葉低木。【形態】幹は高さ 2～4m。枝は対生し，よく分枝する。若枝には短い星状毛が密生する。冬芽は枝端に 1 個の頂芽と 2 個の頂生側芽がつき，側芽は対生する。頂芽は側芽より大きく長さ 0.4～0.5cm，2～4 個の粗毛のある芽鱗に包まれる。葉は有柄で対生し，葉身は倒卵状長楕円形または卵状長楕円形で，長さ 4～10cm，先端はとがり，基部は円形で，縁に粗く鋭い鋸歯があり，両面に星状毛が多く，脈にそって長い絹毛がある。ときに表面に星状毛のないものもある。葉柄は短く長さ 0.2～0.4cm，長毛があり，基部に托葉がつく。開花は 4～5 月，本年枝の先に直径 3～8cm の散房花序をつけ，長毛と星状毛を密生する。苞は線形で長さ 0.05～0.2cm。がくは 5 裂し，楕円形で縁は有毛。花冠は径約 0.5cm で 5 深裂し，白色。雄しべは 5 個，花糸は花弁より長い。核果はやや扁平な卵円形で，長さ 0.6～0.7cm，紅色に熟す。【近似種】核果が黄熟するものをキミノコバノガマズミ f. *xanthocarpum* (Sugim.) H.Hara という。また，葉身が卵状披針形で，縁に粗い欠刻があるものをサイコクガマズミ f. *taquetii* (H.Lév.) Sugim. といい，関西地方，四国，九州などに分布する。【学名】種形容語 *erosum* はふぞろいの鋸歯の意味。

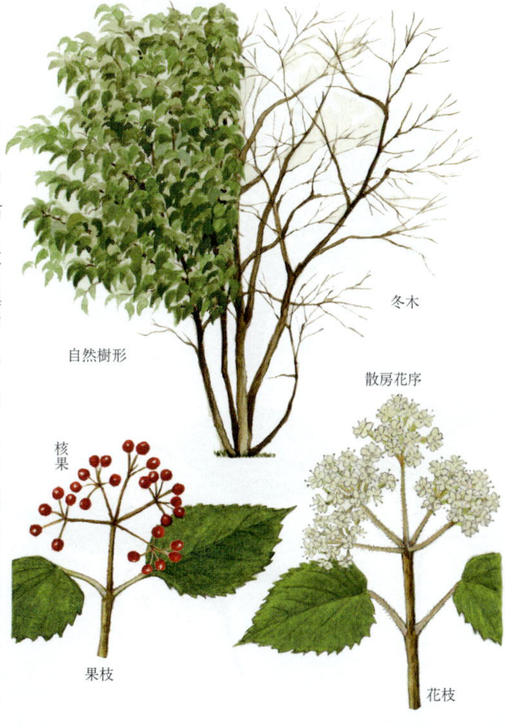

1466. ミヤマガマズミ 〔ガマズミ属〕

Viburnum wrightii Miq. var. *wrightii*

【分布】北海道，本州，四国，九州，朝鮮半島，中国大陸に分布する。【自然環境】山地や丘陵にはえる落葉低木。【形態】幹は高さ 2～4m になる。枝は対生し，若枝は赤色を帯び，無毛で，古くなると紫褐色を帯び，皮目を散生する。冬芽は 4 個の芽鱗に包まれる。葉は有柄で対生し，葉身は広倒卵形または倒卵状円形で長さ 7～15cm，先は短く尾状にとがり，基部は円形，縁に鋭い鋸歯がある。表面は無毛，または絹毛が散生し，やや光沢がある。裏面は腺点が多く，脈上に絹毛がある。葉柄は長さ 0.9～2cm。開花は 5～6 月，本年枝の先に柄のある径 6～10cm の散房花序をつけ，多数の白色小花をつける。花序の枝には開出毛と星状毛が少しある。がくは 5 裂し小形。花冠は 5 裂し，径 0.6～0.8cm，裂片は楕円形。雄しべは 5 個，花糸は花弁より長い。核果は卵円形でガマズミより大きく，長さ 0.6～0.9cm，9 月以後赤熟する。【近似種】葉の表面に星状毛のあるものをオオミヤマガマズミ var. *stipellatum* Nakai といい，その変種の中で葉裏に腺点のないものをホシナシミヤマガマズミという。またミヤマガマズミとオトコヨウゾメの雑種をコミヤマガマズミという。【学名】種形容語 *wrightii* は英国の植物学者 C. H. ライト（1864～1941）を記念した名。

1467. **ハクサンボク**(イセビ)　〔ガマズミ属〕
Viburnum japonicum (Thunb.) Spreng.

【分布】本州(伊豆諸島以西),九州,沖縄,台湾に分布する。【自然環境】暖地の常緑樹林内や縁にはえる常緑低木。【用途】庭園樹,防風・防火樹。器具材(木釘,柄など),切花。【形態】幹は高さ2~6m になる。若枝は緑色,無毛で,古くなると灰黒色となり皮目を散生する。冬芽は4個の芽鱗に包まれる。葉は有柄で対生し,葉身は卵円形または広倒卵形で長さ 7~15cm,先端は短くとがる。基部は円形か切形。縁には中部以上に鈍鋸歯があり,質厚く表面に光沢がある。裏面に腺点がある。葉柄は長さ 2~3cm,垢状の腺点がある。開花は4~5月,枝先に集散花序をつけ,多数の白色小花を密につける。花序の基部につく苞は披針形で長さ 0.5~1cm,がくは小形で先は5裂し,花冠は筒部か長さ約 0.1cm と短く,先は5裂して平開し,直径 0.6~0.8cm となる。雄しべ5個,雌しべ1個。果実は核果で12月頃熟し,広楕円形または卵円形で長さ約 0.8cm,赤く熟する。種子は1個。【特性】花や葉は乾燥すると異臭を発する。【近似種】コハクサンボク var. *fruticosum* Nakai は伊豆諸島に産し,高さ 2m 以下の低木となる。【学名】種形容語 *japonicum* は日本に産する,の意味。和名ハクサンボクは加賀(石川県)の白山に産すると誤認したことによる。別和名イセビの意味は不明。

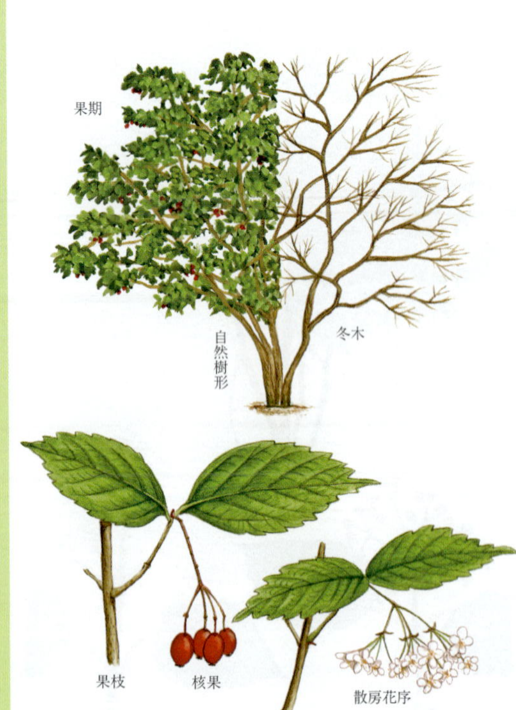

1468. **オトコヨウゾメ**(コネソ)　〔ガマズミ属〕
Viburnum phlebotrichum Siebold et Zucc.

【分布】本州,四国,九州に分布する。【自然環境】日あたりのよい山地,丘陵にふつうにはえる落葉低木。【形態】幹は高さ約 2m。枝は対生し,開出する。若枝は赤褐色,無毛で,のちに灰白色となり皮目を散生する。冬芽は対生し,しばしば枝先に1個の頂芽と2個の頂生側芽をつける。頂芽は広卵形で,芽鱗は濃赤色,外側2個は小形,内側2個は大形。葉は短柄があり,対生し,葉身は卵形で長さ 4~8cm,先端は鋭くとがり,基部は広いくさび形または円形で,縁に鋭い鋸歯があり,表面はほとんど無毛,裏面は葉脈にそって長い伏毛がある。葉は乾くと黒変する。葉柄は長さ 0.3~0.5cm で長毛があり,赤色を帯びる。開花は5~6月,1対の葉のつく短枝の先に,下垂する散房花序をつけ,5~10個の白色で淡紅色を帯びる小花をつける。苞は線形で赤色,長さ0.25~0.5cm。がくは赤色で先端は浅く5裂し長さ 0.05cm。花冠は5中裂し,裂片は円形。雄しべは5個で花筒の上部につき,長さ 0.05cm,花弁より短い。花柱は長さ 0.05cm。核果は9~10月に赤熟し,楕円形で長さ約 0.8cm,果柄は細く下垂する。【学名】種形容語 *phlebotrichum* は毛のある脈の意味。和名オトコヨウゾメはガマカズミ類の方言ヨソゾメ,ヨツドメから,本種の果実がやせて食べられないのでオトコの字をつけたと推定する説がある。

1469. ミヤマシグレ　〔ガマズミ属〕

Viburnum urceolatum Siebold et Zucc. f. *procumbens* (Nakai) H.Hara

【分布】本州（山口県から福島県まで）に分布する。【自然環境】深山の林下にはえる落葉小低木。【形態】茎の下部は長く地面をはい，ところどころから根を出し，先端は立ち上がって高さ0.6～1mとなる。枝は帯紫褐色で平滑，無毛。葉は短い柄があって対生し，葉身は卵状長楕円形または卵形で，長さ6～10cm，幅3～5cm，先端は鋭くとがり，基部は円形で，縁に細かい鈍鋸歯がある。表面はやや光沢があり，側脈はたくさんあり，脈にそってへこむ。表面は主脈にそって短い星状毛があり，裏面は脈にそって星状毛が密生する。葉柄は長さ1～3.5cm，星状毛を密生する。開花は7月，枝先に散房花序をつけ，白色で紅色を帯びた小花を多数密集してつける。苞は披針形から卵形で，長さ0.07～0.2cm。がくには5歯があり，裂片は鈍3稜形，長さ約0.05cm。花冠は短い筒状で先端は5裂し，長さ2.5～3cm，裂片は半円形。雄しべは5個で花筒の中央部につき，花糸は長く花冠を抜き出る。雌しべ1個。果実はやや扁平な広卵形で長さ0.6～0.75cm，赤く熟す。【近似種】本州の近畿地方南部以西，四国，九州に産し，茎がやや立ち，葉が卵形のものをヤマシグレ *V. urceolatum* という。【学名】種形容語 *urceolatum* は花冠がつぼ形の意味。品種名 *procumbens* は茎が匍匐するの意味。

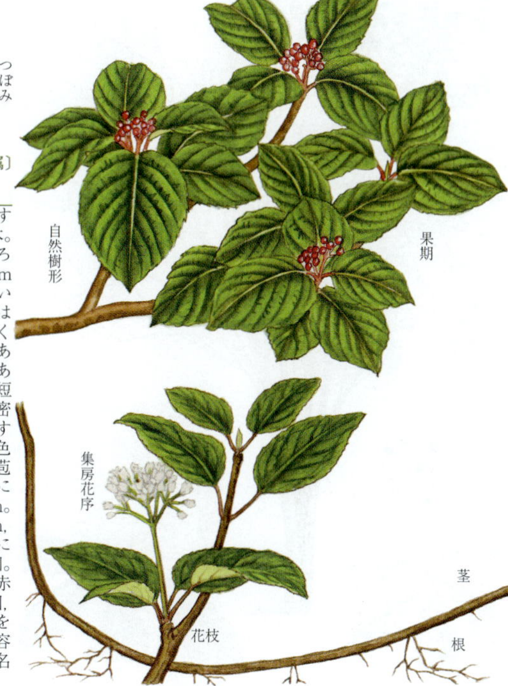

1470. チョウジガマズミ　〔ガマズミ属〕

Viburnum carlesii Hemsl. var. *bitchiuense* (Makino) Nakai

【分布】本州の中国地方，四国，九州，朝鮮半島中南部に分布する。【自然環境】山地，または石灰岩地帯にまれにはえる落葉低木。【用途】ときに庭園樹とする。【形態】幹は高さ1～2mとなり，樹皮は灰褐色を帯び，縦に裂け目が入る。枝はまばらに分枝し，若枝には星状毛と垢状の毛が密生する。葉は有柄で対生し，葉身は長楕円形または卵形で，長さ3～7cm，幅2.5～6cm，先はとがり，基部は円形または切形で，縁に低い鋸歯がある。葉の両面には星状毛があるほか，裏面脈上に垢状の毛がある。側脈は4～6対。葉柄は長さ0.4～0.8cm。開花は4～5月，1対の葉のある本年生の短枝の先に，幅3～5cmの集散花序をつけ，白色または淡紫色を帯びた筒形の花を多数つける。花序には垢状毛がある。がくは小形で先端は5裂する。花冠の筒部は長さ0.8～1.2cmで先端は5裂し，裂片は半円形で筒部より短く平開する。ジンチョウゲに似た強い芳香がある。雄しべ5個は筒部の下部につき，花糸は筒部から出ない。花柱は短く長さ約0.1cm。果実は楕円形で長さ0.7～0.9cm，黒熟する。種子は扁平な楕円形で腹面に3個，背面に2個の縦の溝がある。【近似種】オオチョウジガマズミ var. *carlesii* で，朝鮮半島，済州島のほか日本では対馬のみに分布し，花冠筒部は長さ1～1.3cmと大きく淡紅色を帯びる。

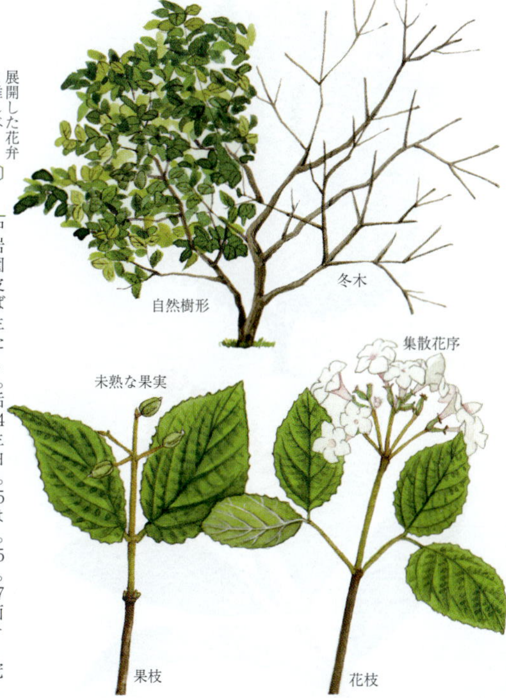

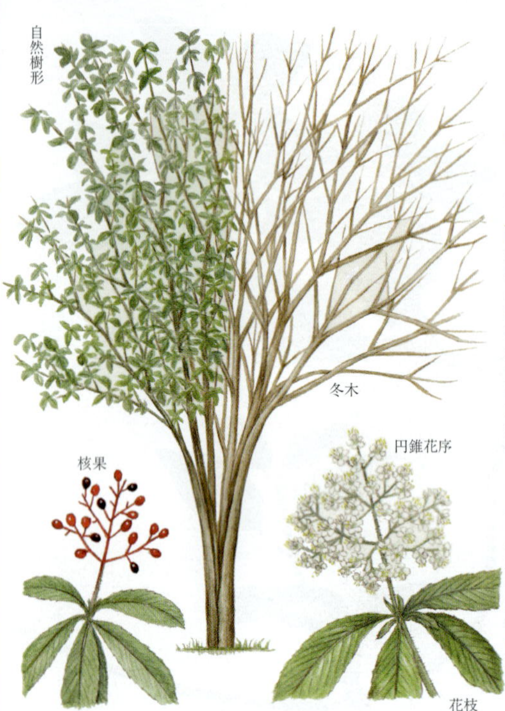

1471. ゴマキ　〔ガマズミ属〕

Viburnum sieboldii Miq. var. *sieboldii*

【分布】本州，四国，九州に分布する。【自然環境】山地や丘陵の谷間，川ぞいの低地などにはえる落葉低木または小高木。【形態】幹は高さ 3〜7m になる。樹皮は淡黄褐色で皮目が散生する。若枝は灰緑色で星状毛があり，皮目が散生する。冬芽は枝端に 1 個の頂芽と，枝に対生する側芽があり，2 個の芽鱗に包まれる。頂芽は側芽より大きく，長楕円形で長さ 1〜2.5cm となる。葉は有柄で対生し，葉身は卵状長楕円形で，長さ 6〜15cm, 先端は鈍くとがり, 基部は広いくさび形で, 縁に低い鋸歯があり，両面とくに裏面脈上に星状毛が密生する。葉柄は長さ 1.3〜1.5cm。開花は 4〜5 月，本年枝の先に径 8〜15cm の円錐花序をつけ，白色小花を多数つける。花序には長い星状毛がある。苞は披針形で長さ 0.15cm。がくは長さ約 0.1cm で先端は浅く 5 裂する。花冠は径約 0.9cm，筒部は高さ 0.15cm，裂片は 5 個で楕円形，平開する。雄しべは 5 個で，花糸は筒部の先端につき，長さ約 0.3cm で花弁より長い。花柱は短く長さ約 0.1cm。核果は楕円形で長さ約 0.8cn，8〜9 月に紅熟し，のちに黒色となる。【近似種】マルバゴマキ var. *obovatifolium* (Yanagita) Sugim. は葉が広倒卵形で，本州北部に分布する。【学名】種形容語 *sieboldii* はオランダの植物研究家シーボルトの意味。和名ゴマキは樹皮や葉を傷つけるとゴマのような臭気があることによる。

1472. サンゴジュ　〔ガマズミ属〕

Viburnum odoratissimum Ker Gawl. var. *awabuki* (K.Koch) Zabel

【分布】本州（関東地方南部以西），四国，九州，沖縄，朝鮮半島南部，台湾に分布する。【自然環境】海岸や山地に自生するほか，広く植栽される常緑低木または小高木。【用途】庭園樹，公園樹，街路樹，防風林，生垣。材は器具材，細工物。【形態】幹はふつう高さ 5〜6m，大きいものは高さ 15m になる。樹皮は暗褐色で皮目が多く横に裂ける。枝は太く灰褐色，若枝は紅色を帯びる。葉は有柄で対生し，葉身は倒披針形，倒卵形，長楕円形で長さ 8〜20cm，幅 4〜9cm，緑の上半部に低い鋸歯があるかまたは全縁。葉質は厚く，表面は濃緑色で光沢があり，たくさんの側脈がある。葉柄は太く長さ 2〜5cm で紅色を帯びる。開花は 6〜7 月，2 対の葉がついた短枝の先に大形の円錐花序をつけ，多数の白色小花をつける。がくは筒状で先は浅く 5 裂し，花冠は筒状で先は 5 裂し，長さ 0.5〜0.6cm。雄しべは 5 個で花糸は短い。雌しべは短く 1 個。果実は楕円形の液果で長さ 0.7〜0 8cm，赤色から黒紫色に熟する。【特性】やや湿り気のある肥沃な粘土質を好むが，乾燥した砂質地でも育つ。【植栽】繁殖は実生，さし木（新枝を 6〜7 月）による。移植は春と秋。【管理】肥料は鶏ふん，油かす，化成肥料を寒肥として施す。【学名】種形容語 *odoratissimum* は非常に香りのよい，の意味。変種名 *awabuki* はアワブキ科のアワブキからきた名。和名のサンゴジュは赤熟した果実が多数ついた花序の姿をサンゴに見立てたものである。

1473. ヤブデマリ　〔ガマズミ属〕

Viburnum plicatum Thunb. var. *tomentosum* Miq.

【分布】本州（関東地方以西），四国，九州，朝鮮半島南部，台湾，中国大陸に分布する。【自然環境】山野の川ぞいに多くはえる落葉低木または小高木。【用途】庭園樹。【形態】幹は高さ 2～4m。樹皮は灰褐色。若枝には褐色の星状毛が密生する。冬芽は 2 枚の芽鱗に包まれ，側芽は対生する。葉は有柄で対生し，葉身は倒卵形または長楕円形で，長さ 5～10cm，先端は急にとがり，基部は円形またはくさび形，縁に鈍鋸歯があり，若いときには裏面に軟毛がある。葉柄は長さ 1.5～2.5cm で星状毛がある。開花は 5～6 月，1 対の葉のある短枝の先に長さ 3～5cm の柄を立て，その先に散形花序をつけ，綾に白色の中性花がとりまく。苞，小苞ともに小形，披針形で早落性。がくは 5 歯があり小形。中性花の花冠は径 2.5～3cm でふぞろいに 5 深裂し，うち 1 片はきわめて小さい。正常花は両性で，花冠は径 0.5～0.6cm，5 深裂し，裂片は円形。雄しべ 5 個，花糸は花筒の中央部から離生する。雌しべ 1 個，柱頭は 3 裂する。【近似種】ケナシヤブデマリ var. *plicatum* f. *glabrum* (Koidz. ex Nakai) Rehder は本州中部，北部の日本海側山地にはえ，全体が大きく，若枝，花序，葉などにほとんど毛がない。【学名】変種名 *tomentosum* は密に細毛がある，の意味。和名ヤブデマリは川ぞいのやぶに多くはえ，花序が丸いことによる。

1474. オオデマリ（テマリバナ）　〔ガマズミ属〕

Viburnum plicatum Thunb. var. *plicatum* f. *plicatum*

【原産地】日本，台湾，中国。【分布】本州中部および中国大陸，台湾。【自然環境】まれに自生するほか，観賞用として庭園に植栽される落葉低木。【用途】庭園樹，公園樹，切花。【形態】幹は高さ 1～3m。樹形の多くは崩れる。枝はまばらに出て，若枝には細毛が密生する。冬芽は 2 個の芽鱗に包まれ，側芽は対生し，頂芽は 1 個で長さ 0.7～1.5cm。樹皮は灰褐色で皮目が多い。葉は有柄で対生し，葉身は広楕円形で長さ 10～16cm，幅 6～10cm，先端は鋭くとがり，基部は円形またはやや心臓形となり，縁に鈍鋸歯がある。葉質は厚く軟らかく，表面の葉脈はへこみ，裏面に打ち出し，しわ状となる。側脈はヤブデマリより多い。ふつう表面の主脈は紅色を帯びる。裏面には密に毛がある。開花は 4～5 月，短枝の先にアジサイに似た白色花を多数，集散花序につける。花はすべて中性花からなる。がくは小形で 5 裂し，花冠は直径 2.5～3cm で深く 5 裂し，裂片は円形。アジサイはがく片が装飾花となる。【特性】肥沃な適潤地でよく日のあたる場所を好む。生長は遅く，樹形は崩れやすい。【植栽】繁殖はおもにさし木によるほか，取り木，株分けによる。適期は 3 月。移植は 3～4 月。【管理】整枝は途中から切らず，元から切る。寒肥は 2 月。花後は油かす，水肥を施す。【学名】種形容語，変種名 *plicatum* は扇形に折りたたむ意味で，葉のしわの様子に基づく。和名オオデマリは球形に花が集まる姿による。

1475. オオカメノキ（ムシカリ）　〔ガマズミ属〕
Viburnum furcatum Blume ex Maxim.

【分布】北海道，本州，四国，九州，南千島，サハリン，済州島，鬱陵島に分布する。【自然環境】温帯から高山下部にかけての山地にはえる落葉低木または小高木。【用途】弓，輪かんじき材。果実は食用。【形態】幹は高さ 2～5m。樹皮は暗灰褐色で皮目が多い。枝は太く横に広がり，黒紫色を帯びる。幼時，全体に垢状の細毛が密生する。冬芽は裸芽。葉は有柄で対生し，葉身は円心形で長さ 10～15cm，先端は鈍頭で，基部は心臓形，縁に鈍鋸歯があり，表面は無毛，裏面脈ぞいに星状毛が多い。7～10 対の羽状脈があり，しわが多い。葉柄は長さ 2～4cm で星状毛が密生する。開花は4～5 月，短枝の先に縁に白色の中性花がとりまく散房花序をつける。苞は落性で長楕円形，長さ 0.8～1cm，小苞は長さ 0.2～0.3cm。がくは小形で 5 歯がある。花冠は，中性花では径 3cm ほどで，ふぞろいに 5 深裂する。両性花は径約 0.6cm で 5 深裂し，雄しべ 5 個，雌しべ 1 個で柱頭は 3 裂する。果実は球形または楕円形で長さ約 0.8cm，紅色から黒色に熟する。【学名】種形容語 *furcatum* は叉状の，フォーク状の，の意味。和名オオカメノキは葉が大形の亀の甲を思わせることによるという。また大神実の木との説もある。また，別和名ムシカリは虫食われからの転訛で，葉がよく虫に食われていることによるという。

1476. カンボク　〔ガマズミ属〕
Viburnum opulus L. var. *sargentii* (Koehne) Takeda

【分布】北海道，本州，四国，九州，千島，サハリン，朝鮮半島，アムール，ウスリー，中国大陸に分布する。【自然環境】温帯の湿性地にはえる落葉低木。【用途】庭園樹。材は器具材，揚子，木釘，樹皮を薬用。【形態】幹は高さ 2～3m。樹皮は灰黒色で，コルク質が発達し，薄く小片に裂ける。若枝は紅色を帯びた緑色で無毛または有毛。冬芽は 1 個の芽鱗に包まれ，側芽は対生する。葉は有柄で対生し，葉身は倒卵状円形で 3 中裂し，長さ，幅とも 6～10cm，基部は切形または円形。裂片は先がとがり，縁に粗く鋭い鋸歯がある。葉の表裏は無毛または有毛。葉柄は 2～5cm。開花は 5～7 月，枝先に径 8～10cm の散房花序をつけ，淡黄白色の小花を多数密生し，縁に白色の中性花がとりまく。苞は披針形で長さ 0.2～0.3cm。がくは小形で 5 歯があり，花冠は中性花では径 2～3cm，5 深裂して平開し，子房，雄しべは退化していない。両性花は径約 0.4cm と小形で 5 裂し，雄しべ 5 個は花冠の基部につき，花糸は花冠を抜き出る。葯は紫色。果実は球形で赤熟し，径 0.7～0.9cm。【近似種】テマリカンボク f. *hydrangeoides* (Nakai) H.Hara は花がすべて中性花で，庭などに植栽される。【学名】変種名 *sargentii* は北米の植物学者 C. S. サージェントの，の意味。

1477. スイカズラ（ニンドウ）　〔スイカズラ属〕
Lonicera japonica Thunb.

【分布】北海道，本州，四国，九州，朝鮮半島，中国大陸に分布する。【自然環境】山野にふつうにはえる半常緑つる性植物。【用途】葉，花を薬用。果実を染料。【形態】茎は右巻きで長くのび，枝は丸く，若枝には開出する褐色の軟毛と腺毛が密生し，のち無毛となり赤褐色を帯びる。樹皮は縦にはげる。髄は中空。葉は有柄で対生し，葉身は楕円形または長楕円形で長さ 3～7cm，先端は鈍くとがるか丸く，基部は円形または広いくさび形で，全縁，両面に多少の毛がある。葉柄は有毛で長さ 0.4～0.8cm。冬期，葉は裏面に巻き込み越冬する。開花は 5～6 月，枝先の葉腋から短枝を出し，2 個の花を対につけ，穂状または円錐花序をつくる。苞は卵形で長さ 0.5～1.9cm。小苞は円形で長さ 0.15cm。がくは 5 裂し，裂片は披針形または卵形で長さ 0.1～0.2cm，有毛。花冠は白色で淡紅色を帯び，のち黄色になり，細長い漏斗状で長さ 3～4.5cm，先は 2 深裂し，上唇は先が 4 裂して立ち，下唇は線形で下方へそり返る。花柄内面には軟毛があり，外面には毛と腺毛がある。雄しべは 5 個，花糸は筒部の上まで合生し，離生部は花冠より突き出る。花柱は細く雄しべよりやや長い。果実は球形の液果で径 0.5～0.6cm，黒色で光沢があり，数個の種子がある。【学名】和名スイカズラは花の蜜を吸うと甘いことによる。

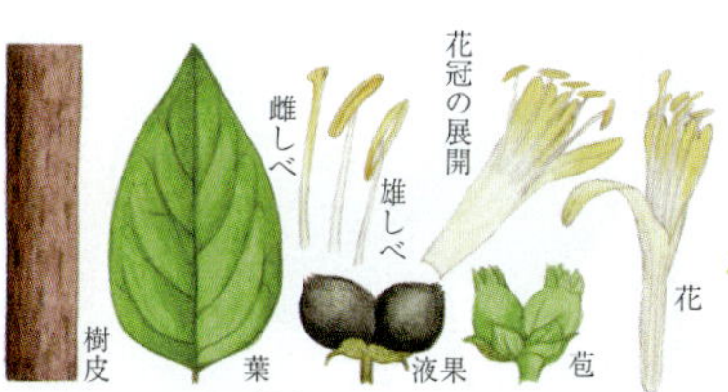

1478. ハマニンドウ（イヌニンドウ）〔スイカズラ属〕
Lonicera affinis Hook. et Arn.

【分布】本州（紀伊半島，中国地方），四国，九州，沖縄，中国大陸東南部に分布する。【自然環境】暖帯から亜熱帯にかけて，近海地の常緑樹林地に自生する常緑つる性植物。【形態】つるは他物に右巻きにからみ，1～2m に及ぶ。若枝の先以外は無毛で，樹皮は褐紫色で縦に薄くはげ落ちる。髄は中空。葉は有柄で対生し，葉身は広卵形あるいは狭卵形で長さ 4～8cm，先端はとがるかまたは鈍頭，基部は円形，全縁で，質厚く，両面はほぼ無毛で，葉の裏面は粉白色を帯びる。葉柄は長さ 0.6～1.2cm でふつう無毛。開花は 3～7 月，本年枝の上部葉腋から長さ 0.3～0.8cm の短い花柄を出し，2 個の花を並んでつける。苞は 2 個，卵状披針形で長さ 0.2～0.3cm，小苞は 4 個あり，円形で長さ約 0.07cm，がくは小形で 5 裂し，裂片は三角状卵形で長さ約 0.07cm で無毛。花冠は咲き始めは白色で，のち黄色に変わり，長さ 4～6cm，外面は有毛，内面に軟毛があり，下半部は狭い筒形で，上半部は深く 2 裂し，上唇は先が 4 裂して直立し，下唇は線形で下方へそり返る。雄しべ 5 個，花糸は筒の上部まで合生する。花柱は雄しべよりやや長い。子房は 2 個並んでつき無毛。果実は液果で球形，黒色で白粉をかぶり，直径 0.7～1cm。【学名】種形容語 *affinis* は酷似した，の意味。和名ハマニンドウは海岸性のニンドウの意味。

1479. キダチニンドウ

（トウニンドウ，チョウセンニンドウ）〔スイカズラ属〕
Lonicera hypoglauca Miq.

【分布】本州（広島県，静岡県），四国，九州，沖縄，台湾，中国大陸南部に分布する。【自然環境】暖帯下部から亜熱帯の近海地にはえる常緑つる性植物。【形態】茎は丸く，若枝は紫褐色で絹毛を密生し，古くなると樹皮は縦にはげ落ちる。髄は中空。葉は有柄で対生し，葉身は狭卵形または卵形で長さ3.5～8cm，先端はとがり，基部は円形を呈し，表面は深緑色で光沢があり，細脈はへこみ，主脈にそって絹毛がはえ，裏面は緑白色で短毛のほか赤褐色の腺点が多い。葉柄は長さ約1cm。開花は5～6月，本年枝の先の葉腋から長さ2～8cmの花柄を出し，2～4個の花をつける。苞は花梗の先につき線形で長さ0.2～0.35cmで有毛。小苞は4個，楕円形で長さ0.05cm。がく筒は無毛。がく裂片は5個で卵状披針形，長さ約0.1cm，有毛。花冠は白色，のちに黄色に変わり，長さ4.5～5.5cm，筒部は細長く，先端は中半部まで2深裂し，上唇は浅く4裂し，下唇は線状長楕円形で下方へそり返る。内面に軟毛が密生する。雄しべは5個，花糸は花筒の先まで合生し，離生部は花弁よりやや長い。花柱は雄しべより長く，花冠より突き出る。果実は液果で球形，直径約0.7cmで黒紫色に熟す。【学名】種形容語 *hypoglauca* は葉の裏面が灰青色を帯びることによる。和名キダチニンドウはつる性であるが下部が低木状となることによる。

1480. ツキヌキニンドウ

〔スイカズラ属〕
Lonicera sempervirens L.

【原産地】北米東部・南部の原産。日本へは明治中期以前に渡来。【自然環境】観賞用として栽培される常緑つる性植物。【用途】庭園樹，公園樹。鉢植え，生垣，切花にもされる。【形態】茎は長さ3～5mになり，多数分枝して茂る。無毛。葉は対生し，葉身は卵形，長楕円形，または倒卵形で長さ4～9cm，先端は丸く，基部は円形，全縁で，表面は灰緑色，裏面は粉白色を帯びる。花枝の下部の1～2対の葉は，基部が接着し，茎が葉を貫く形となる。開花は5～9月と長く，枝先に穂状花序を出し，多数の筒状の花を3～4個ずつ輪生する。花冠は黄赤色，細長い漏斗状で先は5裂し，長さ3～6cm，香気はない。がくは小形で先が5裂する。子房は下位で無毛。花柄はない。雄しべは5個，花糸は花筒の中央部から離生し，花冠とほぼ同長。雌しべは1個で，花柱は雄しべとほぼ同長。果実は液果で，球形，秋に紅熟する。【特性】日あたりを好み，水はけのよい所を好む。土質はとくに選ばない。【植栽】植付けは3～4月および6月，9月。繁殖は実生，さし木（若枝を6～7月）による。【管理】寒肥として油かす，鶏ふん，骨粉，化成肥料を施す。【近似種】園芸品種として‘ミノール’（葉は狭く，花筒も細い），‘サフレア’（半耐寒性で，花色は黄金色），‘スナパーパ’（輝赤色）などがある。【学名】種形容語 *sempervirens* は常緑の意味。和名ツキヌキニンドウは花枝の茎が葉を突き抜いている形状に基づく。

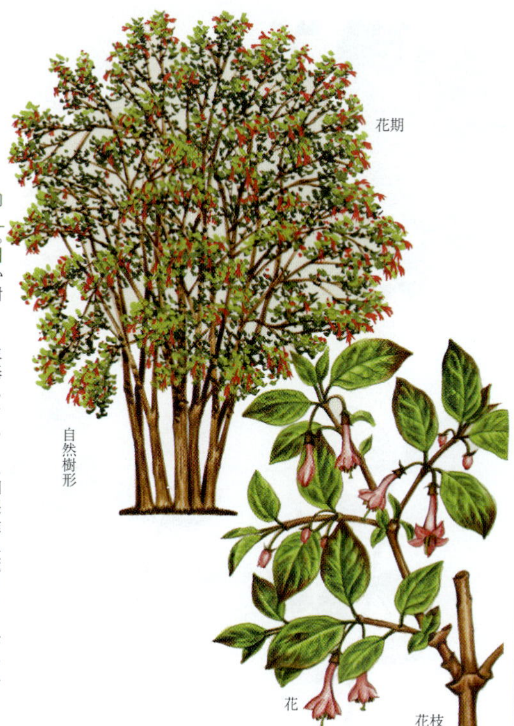

1481. ウグイスカグラ（ウグイスノキ）〔スイカズラ属〕
Lonicera gracilipes Miq. var. *gracilipes*

【分布】北海道（南部），本州，四国，九州に分布する。**【自然環境】**山野にふつうにはえる落葉低木。**【用途】**庭園樹。**【形態】**幹は高さ 1.5〜3m になり，根もとからよく分枝して茂る。若枝は褐色で無毛，のち樹皮は縦にはがれ灰黒色となる。葉は有柄で対生し，葉身は広楕円形から倒卵形で長さ 2.5〜5cm，鈍頭，基部は広いくさび形，全縁で，裏面は緑白色。生育のよい新枝の葉は長さ 6〜7cm になり，葉柄基部は合生してつば状に広がる。葉柄は長さ約 0.2cm。開花は 4〜5 月，葉腋から長さ 1〜2.3cm の花梗をのばし，先端に 1 個，ときに 2 個の花を下垂する。苞は通常 1 個，披針形で長さ約 0.4cm，無毛で，ときにもう 1 個の小形の苞をつける。小苞はない。子房は無毛。がくは長さ 0.03cm で皿状。花冠は細い漏斗状で長さ 1.5〜2cm，淡紅色で，先端は 5 裂し，裂片は短い。花筒の基部一側がふくれる。雄しべは 5 個で，花糸は筒部の先まで合生し，離生部は長さ約 0.1cm。葯は長さ約 0.3cm。花柱は花冠とほぼ同長。果実は液果で 6 月に紅熟し，広楕円形で長さ約 1cm，甘く食べられる。種子は扁平な広楕円形で長さ 0.4〜0.5cm。**【近似種】**変異が多く，無毛種をケナシウグイスカグラ var. *glabra*，葉が有毛のものをヤマウグイスカグラ var. *gracilipes* としてさらに分けることもある。**【学名】**種形容語 *gracilipes* は細長い柄の意味。和名ウグイスカグラはウグイスに関連があるが意味不明。

1482. ミヤマウグイスカグラ〔スイカズラ属〕
Lonicera gracilipes Miq. var. *glandulosa* Maxim.

【分布】本州，四国，九州（北部）に分布する。**【自然環境】**山野にはえる落葉低木。**【用途】**庭園樹。**【形態】**幹は高さ 1.5〜2m になり，よく分枝して茂る。若枝には褐色の毛が密生し，のち樹皮は縦に薄くはがれ灰褐色となる。冬芽は枝の先に頂芽を 1 個つけ，側芽は対生し，2〜4 個の芽鱗に包まれる。葉は短柄があって対生し，葉身は広楕円形あるいは卵状楕円形で長さ 3〜5cm，鈍頭で基部は広いくさび形，全縁で，縁や葉の両面に毛が多い。生育のよい長枝の葉は大きく，葉柄基部は耳状に広がり，1 対が合生してつば状となる。葉柄は長さ約 0.2cm で有毛。開花は 4〜5 月，葉腋に長さ 1〜2.5cm の腺毛のある花梗を出し，先端にふつう 1 個の花を下垂する。苞は線状披針形で 1〜2 個つき，長さ約 0.4cm，通常 1 個が大きい。小苞はない。子房は有毛。花冠は細長い漏斗状で先は 5 裂し，長さ 1.5〜2cm，筒部の基部は一側がふくれる。外面に開出毛がはえる。雄しべ 5 個，花糸は筒部の先まで合生し，離生部は長さ約 0.1cm。花柱は花冠とほぼ同長で，開出毛を密生する。果実は液果で紅熟し，楕円形で長さ 0.8〜0.9cm，表面に腺毛が密生する。甘味があり，食べられる。花柄，葉柄，がく筒，花柱などの毛の有無など変異が多い。**【学名】**変種名 *glandulosa* は腺毛のある，の意味。

1483. コウグイスカグラ　〔スイカズラ属〕
Lonicera ramosissima Franch. et Sav. ex Maxim. var. *ramosissima*

【分布】本州，四国に分布する。【自然環境】山地，とくに石灰岩地に多くはえる落葉低木。【形態】幹は高さ1〜2m。よく分枝する。樹皮は灰色でふぞろいに縦にはげ落ちる。葉は有柄で対生し，葉身は広楕円形または卵形で長さ1.5〜2cm，鈍頭で，基部は広いくさび形，全縁で，両面に細毛がある。葉柄は長さ0.1〜0.2cmと短い。開花は4〜5月，若枝の葉腋から長さ1〜1.5cmの細く，有毛の花梗を出し，先に2花を下向きにつける。苞は2個あり，長楕円形で長さ約0.5cm。小苞は2個で合生し，長さ0.15〜0.3cm。子房は無毛で2個が合生する。がくは高さ0.02cm。花冠は淡黄色で，筒状漏斗形で先は5裂し，裂片は平開し，筒の基部外側は距のようにふくらむ。筒の内部は有毛。雄しべは5個で花冠より少し短く，花糸は筒の上方まで合生し，離生部分は無毛。花柱は花冠より少し長く，無毛またはまばらに毛がある。果実は液果で球形の2個が合生し，長さ0.7〜0.8cm，夏の頃紅熟する。種子は扁平な広楕円形で長さ約0.25cm。【近似種】キンキヒョウタンボク var. *kinkiensis* (Koidz.) Ohwi は葉が広披針形で先はとがり，苞や小苞は小形で線形，長さ0.25cm以下。本州の近畿地方，四国香川県に分布する。【学名】種形容語 *ramosissima* は多数分枝するの意味。和名コウグイスカグラはウグイスカグラに似て全体に小形なことによる。

1484. クロミノウグイスカグラ
（クロミノウグイス，クロウグイス）　〔スイカズラ属〕
Lonicera caerulea L. subsp. *edulis* (Regel) Hultén var. *emphyllocalyx* (Maxim.) Nakai

【分布】北海道，本州（中部以北），カムチャツカ，千島，サハリン，シベリア，中国大陸北部に分布する。【自然環境】高山，亜高山帯の湿った草原などにはえる落葉低木。【形態】幹は高さ1m内外で，よく分枝する。若枝は緑色で，のち褐色となる。樹皮は薄くはげる。葉は短柄で対生し，葉身は長楕円形で長さ2〜4cm，鈍頭で，基部はくさび形か円形，縁は全縁で長毛がある。葉脈は両面ともに浮き出し，表面や裏面脈上に細毛がある。葉柄は長さ0.05〜0.1cm。開花は6〜7月，葉より早く新枝の葉腋に2花を下垂する。花柄は有毛で長さ0.1〜1cm。苞は有毛で線形，長さ0.6〜0.8cm。小苞は合生して筒状となり長さ約0.2cm，2個の子房を包む。花冠は淡黄白色で長さ約2cm，漏斗状鐘形で先は5裂し，両面有毛，基部は外側にふくれる。雄しべ5個は花筒中央部まで合生する。花柱は雄しべよりやや長く無毛で，花冠より出る。果実は液果で楕円形または球形で，長さ1.2〜1.5cm，黒紫色に白粉をかぶり，甘く食べられる。【近似種】マルバヨノミ var. *venulosa* (Maxim.) Rehder は葉が広楕円形で毛が少なく，葉脈は裏面に打ち出す。【学名】種形容語 *caerulea* は青色の，亜種名 *edulis* は食用の，変種名 *emphyllocalyx* は葉状になったがくの，の意味。

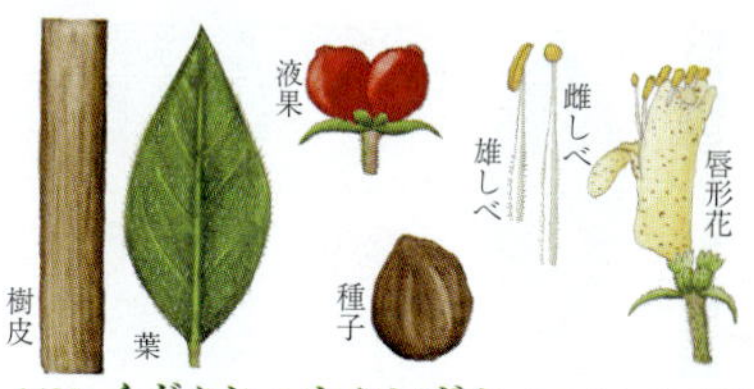

1485. イボタヒョウタンボク 〔スイカズラ属〕

Lonicera demissa Rehder

【分布】本州（長野, 山梨, 静岡の各県）に分布する。【自然環境】富士山, 八ヶ岳, 赤石山脈などの山地にはえる落葉低木。【形態】幹は高さ1〜2m, 細かくよく分枝して茂る。若枝は暗紫色を帯び, 短毛があり, 基部は数対の灰色の小鱗片に包まれる。樹皮は灰黒色となり, 縦に裂ける。葉は短柄があり, 対生し, 葉身は倒卵状長楕円形で長さ1.5〜3.5cm, 先端はとがり, 基部はくさび形で, 全縁, 両面に軟毛が密生し, ごく小さい油点がある。葉柄は長さ0.2〜0.4cmで有毛。開花は5〜6月, 葉腋から長さ1〜1.5cmで有毛の花梗を出し, 先端に2個の花が並んでつく。苞は線形で長さ0.2〜0.3cm, ときに披針形で1cm, 小苞は卵形で長さ0.1cm, ともに有毛。子房には腺点があり, 2個が並ぶ。がくは皿状で5浅裂し, 長さ0.05〜0.07cm, 縁に毛がある。花冠は淡黄色筒状で長さ約1cm, 外面に軟毛があり, 筒の下部は下側にふくれる。先端は中部以下まで2裂し, 上弁は4浅裂し, 下唇は広線形でそり返る。雄しべは5個, 花糸は花筒の先まで合生し, 離生部は長さ0.9cm, 下部は有毛。花柱は雄しべより短く有毛。果実は球形の液果で直径約0.5cm, 2個が接してつき, 腺点と短毛があり, 紅熟する。【学名】種形容語 *demissa* は軟弱の意味。和名イボタヒョウタンボクは葉がイボタに似たヒョウタンボクの意味である。

1486. チシマヒョウタンボク 〔スイカズラ属〕

（クロバナヒョウタンボク）

Lonicera chamissoi Bunge

【分布】北海道, 本州（北・中部）, サハリン, 千島, カムチャツカ, 中国大陸東北部, シベリア東部に分布する。【自然環境】北地や高山の日あたりのよい場所にはえる落葉小低木。【形態】幹は高さ0.3〜1mでよく分枝する。若枝は緑褐色で無毛, 4稜があり, 古くなると樹皮は縦に裂け灰色となる。髄は中実。葉は有柄で対生し, 葉身は楕円形で長さ3.5〜5cm, 円頭, 基部は円形または浅い心臓形で全縁, ほとんど無毛で, 裏面は緑白色, 網状脈が隆起する。葉柄は長さ0.1〜0.2cm, まばらに毛がある。開花は7月, 葉腋から長さ0.7〜1cmの花梗を出し, 先に2花をつける。苞はごく小形, 卵形。小苞は小形で2個が合生する。子房は無毛で2個が合生する。がくは小形でふぞろいに裂ける。花冠は濃紅色で長さ1〜1.5cm, 筒状で, 中央部以下まで2裂し, 上唇は4浅裂し, 下唇は広線形で下方へそる。筒の基部は外側に向け距状にふくれる。雄しべは5個で花冠とほぼ同長で, 花糸は花筒の上部まで合生し, 離生部の下部は有毛。筒の内側に長毛がある。花柱は雄しべより短く, 有毛。果実は球状の液果で, 2個が上方まで合生し, 高さ約0.7cm, 8〜9月頃紅熟する。種子は楕円形扁平で長さ約0.3cm。【学名】種形容語 *chamissoi* はドイツの分類学者シャミッソーの記念名。和名チシマヒョウタンボクは千島に多いことによる。

1487. オオヒョウタンボク 〔スイカズラ属〕

Lonicera tschonoskii Maxim.

【分布】本州（関東地方北部, 中部地方）に分布する。【自然環境】高山のダケカンバ林にはえる落葉低木。【形態】幹は高さ 1～2m で，よく分枝する。若枝は褐色を帯び無毛で，のち灰褐色となり，樹皮は薄くはげ落ちる。葉は大形で，短柄があって対生し，ときに短枝上に束生する。葉身は倒卵形または長楕円形で長さ 4.5～13cm，幅 2～6cm，先端はとがり，基部はくさび形で，全縁，縁に初め細毛がある。表面は中脈上に細毛があるか無毛。裏面は粉白色を帯び，初め細毛があるがやがて無毛となる。きわめて微細な油点がある。葉柄は長さ 0.1～0.5cm。開花は 7～8 月，新枝の葉腋から長さ 3～5cm の花柄を斜上し，その先に 2 個の白色花をつける。花梗は有毛。苞は 2 個で，披針形で長さ 0.1～0.3cm, 縁は有毛。小苞は 2 個，卵形で長さ約 0.2cm，子房はつぼ形で 2 個が中央部以上まで合生する。がく裂片は変化が多く，披針形で長さ 0.05～0.1cm，ふぞろいに切れ込み，縁は有毛。花冠は白色漏斗状で長さ 1.3～1.7cm，先は 2 深裂し，上唇は 4 浅裂し，下唇は 1 個で線形, 下方へそり返る。筒部は全体の 1/3 ほどで，基部下側は距状にわずかにふくらむ。内面有毛。雄しべは 5 個あり，花冠と同長。花糸は 1/3 まで花筒に合生し，離生部は有毛。花柱は花冠と同長で有毛。果実は液果で球形，2 個が合生し，高さ約 0.8cm，赤熟する。

1488. オニヒョウタンボク 〔スイカズラ属〕

Lonicera vidalii Franch. et Sav.

【分布】本州（中国地方，中部地方，福島県），朝鮮半島南部に分布する。【自然環境】深山にはえる落葉低木。【形態】幹は高さ 3m になり，樹皮は薄く縦にはげ，灰黄褐色になる。若枝には腺毛があり，髄は中実。葉は有柄で対生し，葉身は卵形から長楕円形で長さ 5～10cm，先端はとがり，基部は切形，円形，広いくさび形で，全縁，両面にやや堅い毛があり，腺点が散生し，裏面脈上に開出毛がある。葉柄は長さ 1～1.5cm で腺毛がある。開花は 5 月，本年枝の下部から腺毛のある長さ 1～2cm の花梗を出し，先端に 2 花をつける。苞は線形で 2 個，長さ 0.2～0.3cm で腺毛がある。小苞は卵円形で長さ 0.15cm，縁に腺毛がある。がくは小形で 5 裂し，縁に腺毛がある。花冠は黄白色で筒状，先は 2 裂し，長さ 1.3～1.4cm，のち黄色となる。筒部は長さ約 0.5cm，内外とも有毛で，上唇は 4 浅裂し，下唇は広線形で下側にそり返る。筒の下部の片側はふくれる。雄しべは 5 個で花冠よりやや長く，花糸は 1/3 ほどまで花筒に合生し，無毛。花柱は花冠より短く，中央部以下は長毛がはえる。果実は液果で，7 月頃紅熟し，球形で直径約 0.8cm，2 個が中央部まで合生し，下垂する。有毒。【学名】種形容語 *vidalii* は採集家ビダルの意味。和名オニヒョウタンボクは全体が荒々しいヒョウタンボクの意味。

1489. ニッコウヒョウタンボク〔スイカズラ属〕
Lonicera mochidzukiana Makino
var. *mochidzukiana*

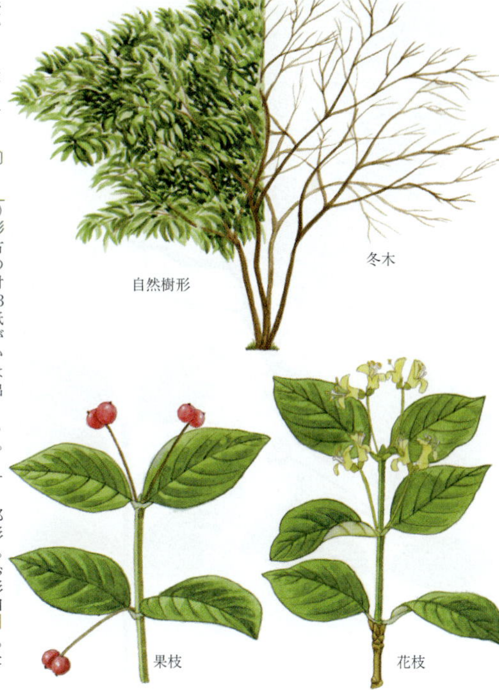

【分布】本州（関東地方，南アルプス，和歌山県）に分布する。【自然環境】山地にはえる落葉低木。【形態】幹は高さ 1m 内外，若枝は 4 稜形で無毛，古くなると樹皮は縦に薄く裂け，灰色となる。枝の基部は数対の堅い鱗片で包まれる。葉は有柄で対生し，葉身は長卵形または卵状長楕円形で長さ 3〜5cm，先端はとがり，基部は円形，全縁，洋紙質で，裏面は粉白色。ときに主脈にまばらに毛があり，細脈は隆起する。若葉のときは主脈を除いて紫色を帯びる。葉柄は長さ 0.3〜0.5cm。開花は 5 月，本年枝の葉腋から長さ 1〜2cm の花梗を出し，2 花をつける。苞は広披針形で長さ 0.1〜0.2cm，小苞は円形で下部合生し長さ約 0.1cm，苞とともにときに腺毛がある。がくは小形で 5 深裂する。花冠は白色でのち黄色を帯びる。長さ 1.1〜1.2cm，筒状で先は 2 深裂，上唇は浅く 4 裂，筒の基部片側はふくらむ。やや紫色を帯びる。雄しべ 5 個，花糸は筒の先まで合生し，花冠と同長。筒の内部は有毛。花柱は有毛。果実は液果で，楕円状球形で 2 個が合生し，7〜8 月紅熟し，高さ約 0.8cm。【近似種】アカイシヒョウタンボク var. *filiformis* Koidz. は葉が鋭頭で長さ 3.5〜5.5cm。苞は線形で長さ 0.2〜0.25cm。がくは長さ 0.2〜0.25cm，四国の愛媛県東赤石山の蛇紋岩地に産する。【学名】種形容語 *mochidzukiana* は採集者望月の記念名。和名ニッコウヒョウタンボクは日光で発見されたことによる。

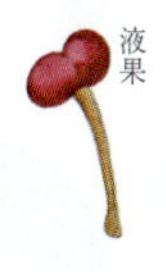

1490. ヤマヒョウタンボク〔スイカズラ属〕
Lonicera mochidzukiana Makino
var. *nomurana* (Makino) Nakai

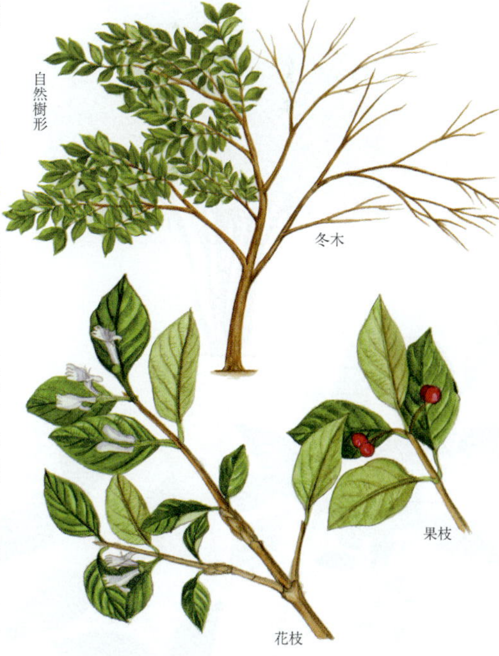

【分布】本州（東海道以西，紀伊半島，中国地方），四国，九州（北部）に分布する。【自然環境】温帯の山地にはえる落葉低木。【形態】蛇紋岩や石灰岩地常にもよく生育し，幹は高さ 1m 内外。若枝は 4 稜形で無毛。古くなると樹皮が縦に薄く裂け，灰色となる。髄は中実。葉は有柄で対生し，葉身は卵形または広卵形で長さ 3〜8cm，先端はとがるかまたは鈍頭，基部は円形か広いくさび形，全縁，両面に毛を散生し，ときに裏面主脈に開出毛がある。白点を密生し，質やや薄く，細脈が裏面に隆起する。葉柄は長さ 0.2〜0.7cm。開花は 5 月，本年枝の葉腋から無毛で長さ 0.7〜1.5cm の花梗を出し，先に 2 花をつける。苞は 2 個，楕円形で長さ約 0.1cm。小苞は 2 個，円形で長さ 0.1cm，下部は合生し，苞とともに縁に腺毛がある。がくは長さ約 0.1cm で 5 裂し，裂片は披針形で縁に腺毛がある。花冠は白色で，長さ 0.9〜1cm，筒状で先は中央部以下まで 2 裂し，上唇は 4 浅裂し，下唇は広線形で下方へそり返る。筒の基部は片側がふくらむ。内面有毛。雄しべは 5 個で花冠と同長，花糸は筒の上部まで合生し離生部の下方に長毛がある。花柱は雄しべより短く毛を散生する。果実は球形の液果で，2 個が中央部まで合生し，高さ約 0.4cm，腺毛があり，6〜7 月に紅熟する。【学名】変種名 *nomurana* は人名による。和名ヤマヒョウタンボクは山地にはえるヒョウタンボクの意味。

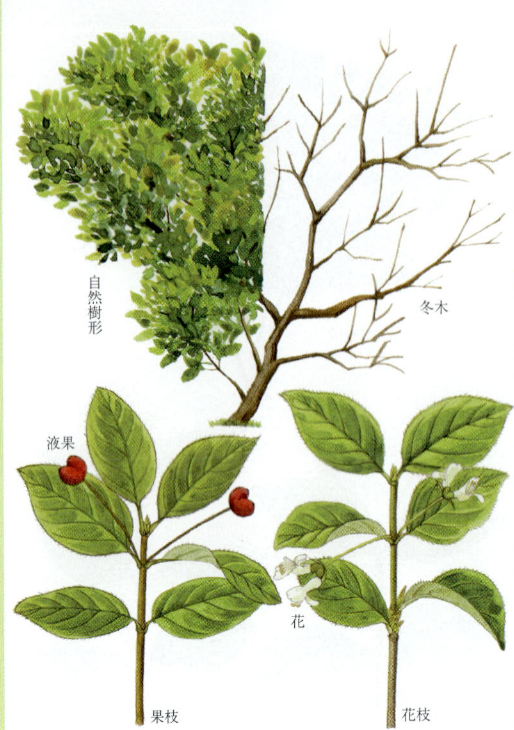

1491. エゾヒョウタンボク

（オオバブシダマ，オオバエゾヒョウタンボク）〔スイカズラ属〕
Lonicera alpigena L.
subsp. *glehnii* (F.Schmidt) H.Hara

【分布】北海道，本州（北部），サハリン，南千島に分布する。**【自然環境】**温帯上部から寒帯の山地にはえる落葉低木。**【形態】**若枝は褐色で鈍い4稜があり，無毛。古くなると樹皮は薄くはがれて灰色となる。葉は有柄で対生し，葉身は卵状長楕円形で長さ6～10cm，幅2.5～5cm，先端はとがり，基部は円形または浅い心臓形で，縁毛があり，表面脈上に細毛があり，裏面脈上に開出毛がある。葉柄は長さ0.5～1cm。開花は5～6月，本年枝の葉腋から長さ3～5cmの花梗を出し，先端に2花をつける。苞は線形で長さ0.5～0.7cm，縁に腺毛がある。小苞はごく小形かほとんどない。がくはごく小形で5歯がある。花冠は緑黄色で長さ1.1～1.3cm，筒状で先端は中央部まで2裂し，上唇は4浅裂し，下唇は広線形で下方へそり返る。花筒の基部片側はふくれる。内面有毛。雄しべは5個で花冠より短く，花糸は花筒に合生し，離生部の下部に長毛がある。花柱は雄しべより短く下部は有毛。果実は球形の液果で2個が合生し，長さ1cm内外，8～9月に紅熟する。**【学名】**種形容語 *alpigena* は高山性の意味。亜種名 *glehnii* はサハリン植物採集家グレーンの意味。

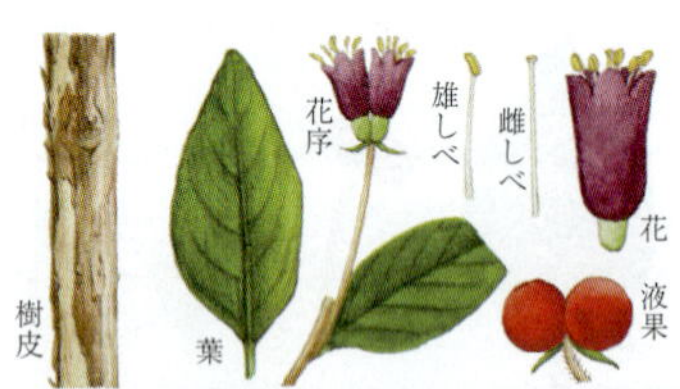

1492. ヤブヒョウタンボク　〔スイカズラ属〕
Lonicera linderifolia Maxim. var. *lilnderifolia*

【分布】本州岩手県の早池峯山，姫神山，五葉山に分布する。**【自然環境】**山地にまれにはえる落葉低木。**【形態】**幹は高さ1.5～2mでよく分枝する。若枝には曲がった小軟毛がある。樹皮は褐色で，古くなると縦にはげ落ちて灰褐色となる。髄は中実。葉は有柄で対生し，葉身は長楕円形から卵状長楕円形で長さ1.5～5cm，先はやや狭く鈍頭，基部は円形，全縁で，小さい曲がった軟毛がある。葉柄は長さ0.15～0.4cm。開花は4～5月，葉腋から細い花柄を出し，その先に2花をつける。花柄は果時長さ1.7～2.5cmで有毛。苞は線形で長さ0.4～0.5cm。小苞はない。がくはごく小形で皿状。花冠は紅紫色，筒形で長さ約0.8cm，外面に短毛を散生し，筒部の基部は片側がふくらみ，しだいに広がってやや鐘形となり，先端は5裂し，平開しない。雄しべは花冠よりやや長い。花柱は雄しべより長く，花冠から突き出る。果実は球形の液果で直径約0.4cm，2個が並んでつき，7月頃紅熟する。種子は楕円形で長さ0.23cm。**【近似種】**コゴメヒョウタンボク（クモイヒョウタンボク）var. *konoi* (Makino) Okuyama は葉が小形で幅広く，卵形から長楕円形で長さ1～2cm，花柄はやや短い。本州中部の高山にはえる。**【学名】**種形容語 *linderifolia* はクロモジ属 *Lindera* のような葉の意味。

1493. キンギンボク（ヒョウタンボク）〔スイカズラ属〕
Lonicera morrowii A.Gray

【分布】北海道，本州，四国，九州に分布する。【自然環境】山地にはえるほか，観賞のために栽培される落葉低木。【用途】庭園樹，盆栽。樹皮を麻代用，製紙。【形態】幹は高さ 1～1.5m でよく分枝する。若枝は淡緑色で軟毛を密生し，古くなると樹皮は縦に裂け，灰褐色となる。髄は中空。葉は有柄で対生し，葉身は長楕円形または卵状長楕円形で長さ 2.5～5.5cm，先端は鈍くとがり，基部は円形で，全縁，両面に軟毛がある。裏面には微細な油点がある。葉柄は有毛で長さ 0.3～0.5cm。開花は 4～6 月，葉腋から花柄を出し，先に 2 花をつける。花梗は細く多毛で長さ 0.8～1.8cm，苞は線形，緑色，有毛で長さ 0.4～1cm。小苞は楕円形で下部は合生し長さ 0.15～0.2cm，縁に毛がある。がくは 5 深裂し，裂片は披針形，有毛で長さ約 0.1cm。花冠は筒状漏斗形で白色のち黄色となり，軟毛があり長さ 1.5～1.7cm，基部は下方にややふくれる。先端は深く均等に 5 裂し平開する。花糸は花筒の上まで合生し，下部に長軟毛がある。葯は長さ 0.3cm。花柱は有毛。果実は球形の液果で，径 0.8cm，6～7 月に赤熟し，2 個が合着してヒョウタン状となり，猛毒。【近似種】果実が黄熟するものをキミノヒョウタンボク f. *xanthocarpa* (Nash) H.Hara という。【学名】種形容語 *morrowii* は採集者モローの意味。和名キンギンボクは金銀木で，黄花，白花が混生する姿を金，銀にたとえたもの。

1494. タニウツギ（ベニウツギ）〔タニウツギ属〕
Weigela hortensis (Siebold et Zucc.) K.Koch

【分布】北海道，本州。【自然環境】山野に自生する落葉低木。【用途】庭園樹。【形態】幹は高さ 2～5m，若枝は紫褐色を帯び，毛を散生する。古くなると樹皮は灰褐色となり，縦に裂ける。葉は有柄で対生し，葉身は楕円形から卵状楕円形で長さ 4～11cm，先端は鋭くとがり，基部は広いくさび形または円形，縁に小さい鋸歯がある。表面は短毛を散生し，裏面は毛を密生する。葉柄は長さ 0.4～0.8cm。開花は 5 月，枝先や葉腋から短い花序柄を出し，散房花序に花をつける。苞は披針形または線形で長さ 0.15～0.65cm。子房は長さ 0.8cm ほどで毛を散生する。がく片は 5 個あり，線形で長さ 0.4～0.5cm，有毛。花冠は先が 5 裂した漏斗状で長さ 2.5～3.5cm，淡紅色で，基部に向かってしだいに細くなる。雄しべは 5 個で，花糸は花冠の中央部まで合生し，下部は毛を散生する。葯は長さ約 0.4cm。花柱は細く，雄しべよりやや長い。柱頭は盤状で縁は内側にそり返る。果実はさく果で円柱形，長さ 1.8～2cm，上部から縦に裂ける。種子は縁に翼があり，径約 0.2cm。【近似種】白花品をシロバナウツギ f. *albiflora* という。【学名】属名 *Weigela* はドイツ人 C. E. ウェイゲル氏の意味。種形容語 *hortensis* は庭園栽培される，の意味。和名タニウツギは谷にはえるウツギの意味。

1495. ハコネウツギ　〔タニウツギ属〕
Weigela coraeensis Thunb.

【分布】北海道南部，本州，四国，九州に分布する。【自然環境】海岸近くにはえるほか，栽培される落葉低木。【用途】庭園樹。【形態】幹は高さ3～4mになる。若枝は緑色で無毛，のちに皮目を散生する。古くなると灰黒色で稜があり，樹皮は縦に裂ける。葉は有柄で対生し，葉身は広楕円形から倒卵形で長さ8～15cm，先はとがり，基部は広いくさび形で，縁に鋸歯があり，質はやや厚く，表面は光沢がある。葉柄は長さ1～1.5cm。開花は5～6月，枝先や葉腋から短い花序柄を出し，2～8個の花をつける。苞は線状披針形，有毛で長さ0.2～1.2cm。子房は無毛。がく片は5個，線形で長さ0.9～1.2cm，やや無毛。花冠は先が5裂した鐘状の漏斗形で長さ3～4cm，筒部は中央から基部に向けて急に細まり，初め白色で，のちにしだいに紅色となる。雄しべは5個，花糸は細い筒部の上まで合生し，離生部は花より短く，基部は有毛。花柱は細長く，長さ2.5～3cm，花冠より出ない。さく果は円柱形で長さ2.5～3cm，縦に2片に裂開する。種子は楕円形で縁に狭い翼があり，長さ0.15cm。【近似種】ニオイウツギ var. *fragrans* (Ohwi) H.Haraは伊豆八丈島に自生し，花冠は短く，長さ約2cmで，花に香気がある。【学名】種形容語 *coraeensis* は朝鮮半島産（高麗産）の意味である。和名ハコネウツギは箱根空木であるが，箱根山に自生はない。

1496. ニシキウツギ（ハコネニシキウツギ）　〔タニウツギ属〕
Weigela decora (Nakai) Nakai

【分布】本州宮城県以南の太平洋側，四国，九州鹿児島屋久島まで分布する。【自然環境】山野にはえる落葉低木。【形態】幹は高さ2～5mになり，若枝は無毛または稜にそって2列の毛がある。樹皮は縦にはがれる。葉は有柄で対生し，葉身は楕円形から広楕円形で長さ5～10cm，先端はとがり，基部は広いくさび形か円形で，縁に細鋸歯があり，両面有毛，とくに裏面主脈に毛を密生する。葉柄は有毛で長さ0.5～1cm。開花は5～6月，枝先や葉腋から短い花序柄を出し，2～3個の花を散房状につける。苞は線形で長さ0.2～0.9cmで有毛。がく片は5個で花冠は先端が5裂する漏斗形で，長さ2.5～3.5cm，初め白色で，のち紅色となり，筒部は基部に向かってしだいに細くなる。雄しべは5個で，花糸は花冠の中央部まで合生し，離生部は長さ0.45cm，花柱は花冠を抜き出る。さく果は円柱状で下半部が内側に曲がり長さ2.5～2.7cm，縦に2裂し，多数の種子がある。種子は楕円形で，周囲に狭い翼がつき，長さ0.15cm。【近似種】花が初めから紅色のものをベニバナニシキウツギ var. *decora* f. *unicolor* (Nakai) H.Haraという。伊豆半島固有の地方変種アマギベニウツギ var. *amagiensis* (Nakai) H.Hara f. *bicolor* Sugim.は葉の両面，子房に毛が多い。【学名】種形容語 *decora* は美しいの意味。和名ニシキウツギは二色空木で，花は初め白色，のちに紅色になり，紅白の花が見られることによる。

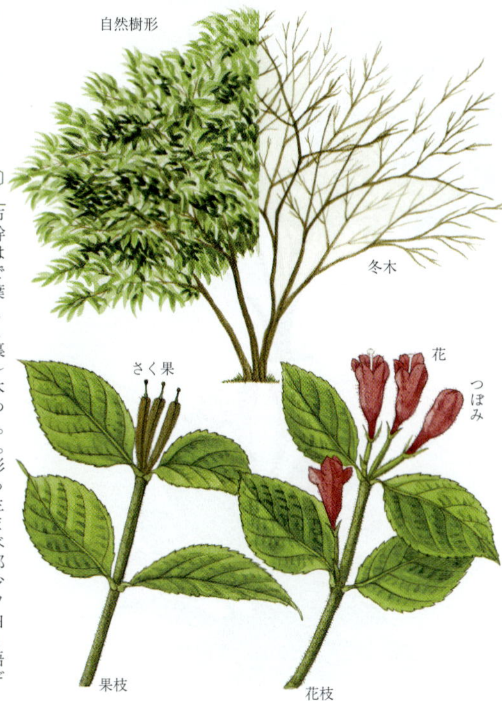

1497. ヤブウツギ 〔タニウツギ属〕

Weigela floribunda (Siebold et Zucc.) K.Koch

【分布】本州の山梨県以西の太平洋側，四国に分布する。【自然環境】山地にはえる落葉低木。【形態】幹は高さ 2〜3m，下部からよく分枝する。若枝は開出する短い軟毛が密生する。樹皮は灰黒色で皮目を散生する。葉は短柄があって対生し，葉身は楕円形または卵状長楕円形で長さ 5〜12cm，先端は尾状にとがり，基部は広いくさび形で，縁に鋸歯があり，両面に短毛がはえ，とくに裏面脈上には開出毛を密生する。葉柄は長さ 0.3〜0.7cm で開出毛を密生する。開花は 5〜6 月，本年枝の葉腋や枝先に短い柄のある 1〜3 花をつける。苞は線形で長さ 0.3〜1.5cm，子房は有毛。がく片は 5 個で線形，有毛で長さ 0.5〜1.5cm。花冠は初めから濃紅紫色で長さ 3〜4cm，漏斗形で上半部は先が 5 裂した鐘形で，基部に向かってしだいに細い筒形となり，外面に短毛を密生する。雄しべ 5 個，花糸は花冠の中央部以上まで合生し，有毛。葯は長さ 0.4cm。花柱は雄しべよりやや長く，花冠とほぼ同長。花筒部の基部内面に蜜腺がある。さく果は円柱形で内側に少し曲がり，密毛があり長さ 2〜2.5cm。【近似種】ツクシヤブウツギ *W. japonica* Thunb. は花冠が白色から紅色に変わり，斜上する毛が多く，九州，四国，本州中国地方に分布する。【学名】種形容語 *floribunda* は花の多い，の意味。和名ヤブウツギは薮空木で，密生してやぶになることによる。

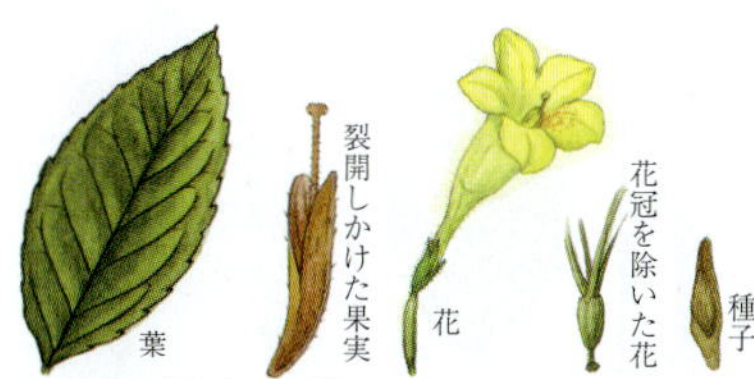

1498. キバナウツギ 〔タニウツギ属〕

Weigela maximowiczii (S.Moore) Rehder

【分布】本州の秋田県から福島県，関東地方，中部山岳地帯を経て静岡県まで分布する。【自然環境】温帯上部の山地にはえる落葉低木。【形態】幹は高さ 1.5〜2m になり，若枝には 2 列の開出毛があり，古い枝は灰色となり，樹皮は縦に裂ける。葉は無柄で対生し，葉身は卵状長楕円形あるいは倒卵状長楕円形で長さ 4〜8.5cm，先端は鋭くとがり，基部は広いくさび形からくさび形で，縁に鋸歯があり，両面に伏毛が散生するが，とくに裏面主脈に開出毛が密生する。葉質はやや薄い。開花は 5〜6 月，本年枝の枝先または葉腋に数個の無柄の花をつける。苞は 2 個，線形で長さ 0.3〜0.7cm，有毛。子房は円柱形で長さ 1.2〜1.5cm，毛を散生する。がくは長さ 0.9〜1.5cm，有毛で，中ほどまで 2 深裂し，上弁は 3 浅裂，下弁は 2 浅裂する。花冠は淡黄白色，漏斗形で長さ 3.5〜4cm，下半部は細い筒状で，先はしだいにふくれ，上半部は鐘形で先は 5 裂し，外面に微毛を散生する。雄しべは 5 個，花糸は筒部の中ほどまで合生し，先は離生し，花柱を囲み，花柱より短い。花柱は花冠から出ない。柱頭は円盤状で縁は下に巻く。蜜腺が花筒内面の基部にあり，楕円形で長さ約 0.2cm。果実はさく果で，円柱形で長さ 2〜3cm，灰黒色で短毛を散生する。【学名】種形容語 *maximowiczii* はロシアの植物学者マキシモウィッチの意味。和名キバナウツギは花色にちなむ。

1499. フジサンシキウツギ（サンシキウツギ）

〔タニウツギ属〕

Weigela × *fujisanensis* (Makino) Nakai

【分布】本州の山梨県，静岡県に分布する。【自然環境】富士，箱根周辺の山地にはえる落葉低木。【形態】幹は高さ 1.5～3m になり，若枝には 2 列の毛があるかまたはほとんど無毛。樹皮は縦にはがれる。葉は短い柄があり，対生し，葉身は倒卵状長楕円形から長楕円形で長さ 6～10cm，幅 2～5cm，先端は細長くとがり，基部はくさび形で，縁に細鋸歯があり，表面はやや無毛。裏面は脈上にとくに多く毛がはえる。葉柄は有毛で長さ 0.1～0.5cm と短い。開花は 5～6 月，枝先や葉腋に 2～3 個の花をつける。苞は線形で有毛，がく片は 5 個，広線形で毛が多い。花冠は先端が 5 裂する鐘状漏斗形で，長さ 2.5～3.5cm，筒部は基部に向かってしだいに細くなる。雄しべは 5 個で，花糸は花冠の中央部まで合生し，離生部は花冠を出ない。花柱は雄しべより長く，花冠をぬき出る。花色や毛の状態など変化が多い。さく果は円柱状で，下半部は内側に曲がり長さ約 0.25cm，縦に 2 裂し，多数の種子を出す。種子は楕円形で周囲に狭い翼がある。ニシキウツギとヤブウツギの雑種と推定される。【近似種】白色または淡黄白色のものをクリームウツギ f. *cremea* (Nakai) H.Hara という。【学名】種形容語 *fujisanensis* は富士山周辺に多いことによる。和名サンシキウツギは株によって花色に濃淡があるため。

1500. ケウツギ（ビロードウツギ，ミヤマウツギ）

〔タニウツギ属〕

Weigela sanguinea (Nakai) Nakai

【分布】本州の長野県，山梨県，東京都西部，静岡県，愛知県東部に分布する。【自然環境】山地にはえる落葉低木。【形態】幹は高さ 2～3m。若枝には開出毛が多いが，ヤブウツギよりは少ない。葉は短柄があって対生し，葉身は倒卵形あるいは楕円形で長さ 5～10cm，幅 2.5～6cm，先は鋭くとがり，基部は広いくさび形で，縁には鋸歯があり，表面には短毛を散生し，裏面，とくに主脈には白色の開出毛が密生する。葉柄は長さ 0.1～0.3cm で開出毛が密生する。開花は 6～7 月，本年枝の葉腋につき，無柄，ときにごく短い柄があり，初めから濃紅色の花を数個つける。苞は線形，子房は有毛，がく片は 5 個，線形で長さ 0.7～1cm，毛が多い。花冠は上半部が鐘形で先端は 5 裂し，下半部は急に細い筒形となり，外面には軟毛が多い。雄しべは 5 個，花糸は花冠筒部の中ほどまで合生する。花冠より短い。花柱は花冠より長く突き出る。さく果は狭い長楕円形で毛が多く，熟して縦に 2 裂する。種子に翼がある。変異が多く，ヤブウツギやフジサンシキウツギ，ニシキウツギに近いものがある。【近似種】白花品をシロバナケウツギ f. *leucantha* (Nakai) H.Hara という。【学名】種形容語 *sanguinea* は血紅色の，の意味で花色にちなむ。別和名ビロードウツギは花や葉，若枝などに軟らかい細毛が多く，ビロード状であることによる。

1501. ウコンウツギ 〔ウコンウツギ属〕

Macrodiervilla middendorffiana (Carrière) Nakai

【分布】北海道，本州（岩手県，青森県），南千島，サハリン，ウスリー，アムール，沿海州に分布する。【自然環境】亜高山帯から高山帯下部の山地にはえる落葉低木。【形態】幹は高さ1～1.5m。若枝には2稜があり，毛がある。古くなると樹皮は縦に裂けて灰色となる。葉は無柄または短い柄があって対生し，葉身は倒卵形または長楕円形で長さ5～12cm，先端はとがり，基部はくさび形で，縁に鋭い鋸歯があり，両面脈ぞいに毛がある。開花は7～8月，枝先や葉腋から1～4個の花をつける。花梗は長さ1～2.5cm。苞は線形，有毛で長さ1～1.2cm。子房は長さ約1cm。がくは2深裂し，上弁は3浅裂，下弁は2深裂し長さ1.2～1.4cmで有毛。花冠は黄色，漏斗形で長さ3～4cm，基部に向かってしだいに細い筒となる。先端は5裂する。雄しべは5個で，花糸は花筒の中央部まで合生し，下部は有毛で長さ約0.7cm。花柱は細長く，雄しべよりやや長く，柱頭は盤状で3裂し，下方へ巻く。筒部の基部内面に蜜腺がある。さく果は長楕円形で長さ2.5～3cm。がく片は宿存することが多い。果体には縦に線があり，無毛。種子は楕円形で長さ約0.15cm，縁に細長い楕円状の翼がつき，長さ0.5～0.7cm。【学名】種形容語 *middendorffiana* はロシアの植物学者ミッデンドルフの意味。

1502. ツクバネウツギ（コツクバネ） 〔ツクバネウツギ属〕

Abelia spathulata Siebold et Zucc.

【分布】本州，四国，九州（宮崎県，佐賀県）に分布する。【自然環境】日あたりのよい山地や丘陵の林下にふつうにはえる落葉低木。【形態】幹は高さ1～2m，枝は細くよく分枝して茂る。若枝は赤褐色，のち樹皮が縦にはげ落ちて灰白色となる。葉は短柄があり対生し，葉身は広卵形または長楕円形で，長さ2～5cm，先は急に細くなり鈍頭，基部は広いくさび形で，縁にふぞろいな鋸歯があり，両面有毛，とくに裏面脈上に開出毛が多い。葉柄は長さ0.1～0.2cm。開花は5月頃，新枝の先に3～5個の長さ0.15～0.2cmの花序柄をつけ，その先に2個の花をつける。花柄の基部に1個の苞と，上部に2個の小苞がある。子房は下位で線形，有毛，長さ0.7～1cm。がく片5個はへら形で長さ0.5～0.8cm。花冠は黄白色の筒状鐘形で長さ2～3cm，先端は5浅裂し，裂片内面に濃黄色の斑紋があり，両面に毛がある。雄しべは4個で，うち2個は長く，花糸は花筒の上部まで合生する。花柱は花筒よりやや長く，柱頭は頭状。果実はやや扁平な線形で有毛，3室のうち1室だけに種子がある。葉や花の大小，毛の多少などに変異が多い。【学名】属名は *Abelia* で英国人医師クラーク・アベルの名にちなんだもの。種形容語 *spathulata* はさじ形の意味。和名ツクバネウツギは果実の先端に5個のがく片が残り，その形が羽根つきのつくばねに似て，木の形がウツギ（アジサイ科）に似ていることによる。

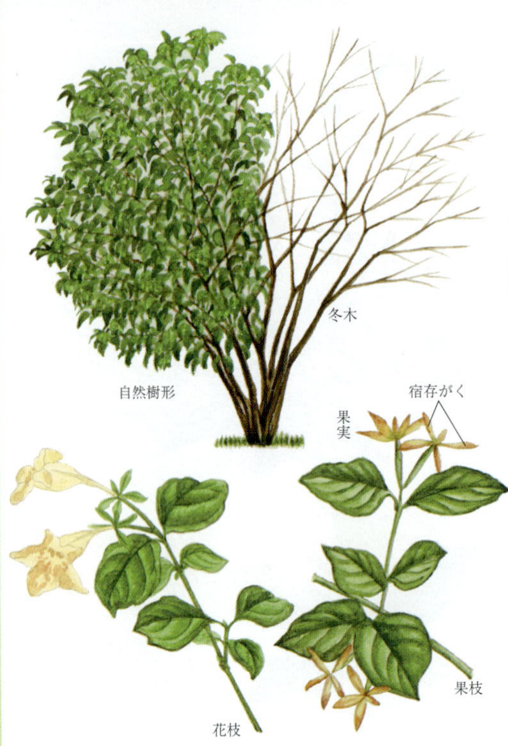

1503. オオツクバネウツギ（メツクバネウツギ）
〔ツクバネウツギ属〕
Abelia tetrasepala (Koidz.) H.Hara et S.Kuros.

【分布】本州（福島県以南），四国，九州（北部）。**【自然環境】**日あたりのよい丘陵や山地にはえる落葉低木。**【用途】**ときに庭園樹とされる。薪炭材ともされる。**【形態】**小枝を多く出し，高さは1～2mとなる。若枝は赤みを帯びた褐色で光沢があるが，年を経た木の表皮は不規則に割れ目ができ灰色を帯びる。葉は対生して毛のある短い柄があり，葉身は卵形または卵状楕円形で長さ3～8cm，幅2～4cm，上半にはまばらな波状の鋸歯があり，先端はとがり，裏面の主脈上に開出する長毛がある。5～6月に3～5個の黄白色の花が集まる集散花序を出す。花冠は筒状鐘形で大きく長さ3～4cm，筒部の下方は細く，中辺から腹面だけがひずんでふくらみ，先端は5浅裂する。裂片は先が丸く，下側のものの内面には濃い黄紋がある。雄しべは4個で花の内部にあり，花柱は1個で雄しべより長い。子房には立毛が多い。がく筒は毛が多く，がく裂片は5個で背面の1個が小さくなるかまたは欠けて4個となる特性がある。果実は長楕円形でがく片が上部につく。**【特性】**中庸樹。適潤またはやや乾燥地を好む。**【植栽】**繁殖は実生およびさし木による。実生は種子をポリ袋に貯蔵しておき，翌春3月頃播種する。さし木は3月の開葉前にさすか，新枝を梅雨期にさす。**【管理】**ほとんど手入れをしなくても育つ。せん定は落葉期に徒長枝や混んだ枝を透かしてやる。木の下などの半日陰が植栽適地。寒肥として堆肥や化成肥料を与える。

1504. コツクバネウツギ（キバナコツクバネ）
〔ツクバネウツギ属〕
Abelia serrata Siebold et Zucc.

【分布】本州（長野，静岡県以西），四国，九州に分布する。**【自然環境】**日あたりのよい丘陵，山地にふつうにはえる落葉低木。**【形態】**幹は高さ1～1.5m，枝は細くよく分枝する。新枝は赤褐色，のち樹皮は縦に不規則に裂け，淡褐色から灰白色に変わる。葉は短柄があって対生し，葉身は卵状披針形または卵形で，長さ2～3cm，先は急に細くなり鈍頭で，基部はくさび形，縁にふぞろいな鈍鋸歯がある。葉の両面に毛を散生するが，とくに裏面脈上に開出毛が密生する。開花は5～6月，新枝の先に長さ0.25cmほどの花序柄を出し，2～7個の花をつける。花序柄の基部に1個の苞，上部に2個の小苞がある。子房は線形で長さ0.5～0.7cmで有毛。がく片はふつう2個，ときに3個で楕円形または卵形で長さ0.5～0.7cm，先端はときに2浅裂する。花冠は黄白色の筒状鐘形で，長さ1.5～2cm，先端は5裂し，外面に微毛，内面に長毛が散生する。花柱は花冠の筒部より長い。蜜腺は平たく花筒基部につく。雄しべは4個あり，うち2個が長い。**【近似種】**ホソバコツクバネウツギf. *obspathulata* (Koidz.) Sugim.は葉が長さ1.5～2cm，幅0.3～0.7cmと細く，和歌山県，高知県に産する。ヒロハコツクバネウツギf. *gymnocarpa* (Graebn.) Sugim.は果実に毛がなく，京都府に産する。**【学名】**種形容語 *serrata* は鋸歯はあるの意味。

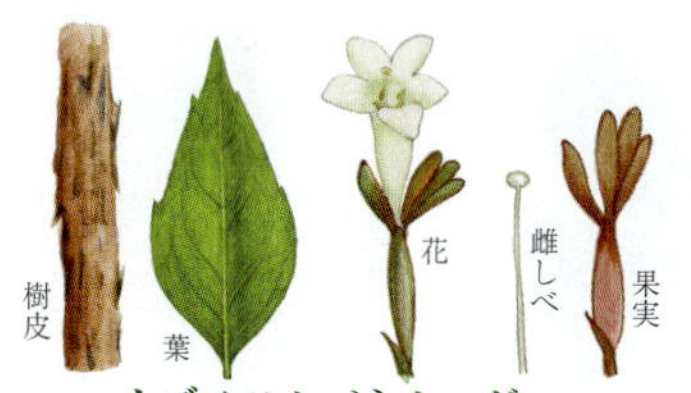

1505. ハナゾノツクバネウツギ（アベリア）

〔ツクバネウツギ属〕

Abelia × *grandiflora* (André) Rehder

【分布】園芸雑種で自生はないが，本州，四国，九州の各地に植栽されている。【自然環境】湿潤な壌土を好むが，ほとんど土性を問わない半常緑低木。【用途】庭園，公園，学校，道路で刈込み物，群植用として用いられている。【形態】幹は地ぎわからそう生する。高さ1～2m。小枝は，鮮紅色で細毛がある。葉は対生，短柄で葉身は卵形，鋭頭で長さ2.5～4cm，縁には粗鋸歯がある。上面は深緑色で無毛，下面は淡色，主脈の下部両側に白毛がある。花は6月から10月頃まで引き続いて開花する。頂生する円錐花序につき，筒形で先が5裂した白色花が咲く。がく片は2～4個，やや香気があり，花径は1.5～2cmである。まだ果実を知らない。【特性】陽樹で生長はきわめて早い。強せん定に耐える。花期が長い。【植栽】繁殖はさし木と株分けによる。さし木は7月頃に新枝ざしをする。【管理】新梢の先に花がつくので，新梢が伸長してきたら枝は切れない。整枝は11月～翌年3月までに行う。徒長枝を除き樹形を整える。ほとんど施肥の必要はないが，土質の悪い所では油かすなどを施すとよい。【近似種】ツクバネウツギは山地に自生している落葉低木。葉身は卵形または卵状楕円形で長さ2～5cm，幅1.5～3cm。【学名】種形容語 *grandiflora* は大きな花の，の意味。

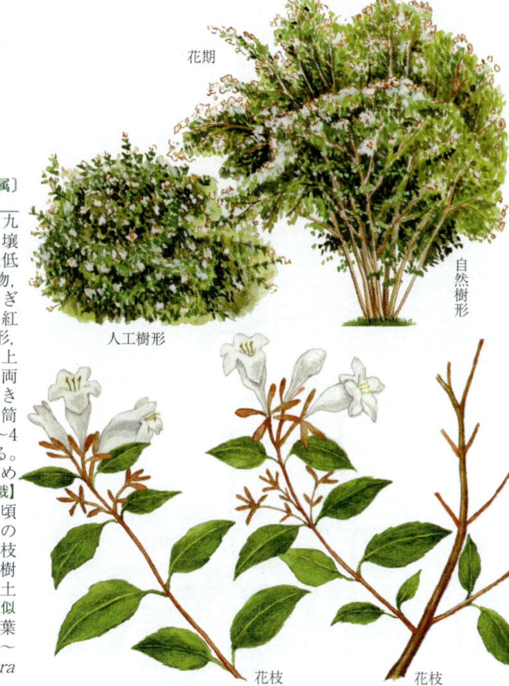

1506. イワツクバネウツギ

〔イワツクバネウツギ属〕

Zabelia integrifolia (Koidz.) Makino ex Ikuse et S.Kuros.

【分布】本州（関東地方以西），四国，九州に分布する。【自然環境】暖地の石灰岩地，ときに蛇紋岩地に点々と自生する落葉低木。【形態】幹は高さ2mほどになり，よく分枝する。幹や枝には6個の縦溝が通る。樹皮は白褐色。材は白く緻密で堅い。若枝は緑色，のち赤褐色。葉は対生し，葉身は倒卵形から卵状披針形で長さ3～6cm，両端はとがり，縁は全縁かまたはふぞろいな鋸歯がある。両面脈上に粗い伏毛がある。葉柄は有毛で長さ0.4～0.7cm，枝の先端の2葉の葉柄基部は合生し，球状にふくれる特徴がある。開花は5月頃，新枝の先に頂生し，花柄はごく短く，苞葉は小形で3深裂し，がく片は4個で長さ1～1.4cm，線状へら形で無毛，果時に残る。花冠は筒状で長さ1.6～1.8cm，先は4裂し平開する。花色は白色で，筒部の先から裂片の内側は紅色を帯び，両面に毛がある。雄しべは4個で，うち2個は長く，ともに花筒部に着生し，花糸に毛がある。花柱は糸状で雄しべよりやや長く，先端はふくらむ。子房は下位で線形，3室あり，うち1室だけに1種子ができる。果実は線形で長さ1.1～1.5cm，細毛が密生する。【学名】属名 *Zabelia* はH.ザベル（1832～1912）にちなむ。種形容語 *integrifolia* は全縁葉の意味。和名イワツクバネウツギは岩上に多くはえることによる。

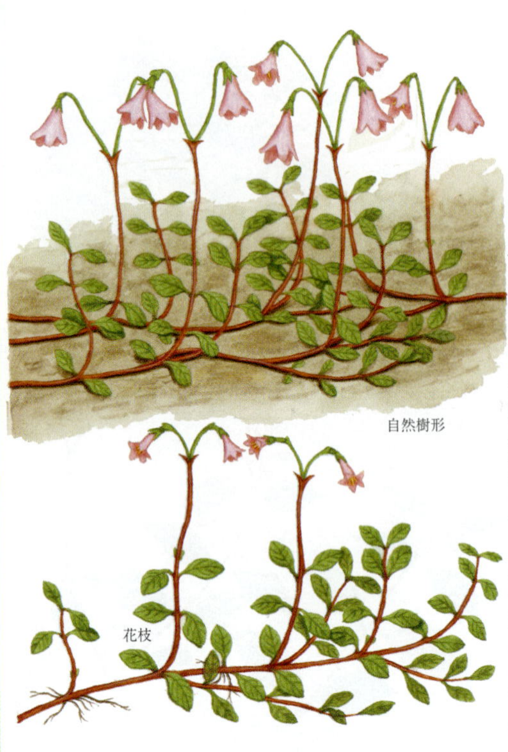

1507. リンネソウ（メオトバナ，エゾアリドオシ）〔リンネソウ属〕

Linnaea borealis L.

【分布】本州（中部以北），北海道，千島，サハリン，アラスカ，朝鮮半島北部のほか北半球の亜寒帯に広く分布する。【自然環境】高山帯や亜高山帯の針葉樹林帯の半日陰地にはえる草状の常緑小低木。【形態】茎は針金状で径約 0.1cm，長く地面をはい，よく分枝して節から発根する。茎には開出する毛がある。葉は有柄で対生し，葉身は卵円形または広楕円形で長さ 0.4〜1.2cm，先端は鈍くとがり，基部は広いくさび形で，緑の上半部に 3〜5 個の鈍鋸歯があり，質は薄く堅く，表面に光沢があり，両面有毛。葉柄は長さ 0.2〜0.3cm。開花は 7〜8 月，腺毛のある長さ 5〜7cm の花茎が立ち上がり，長さ 1.4〜2cm の花柄のある，淡紅色を帯びた白色の小花を 2 個下向きに咲かせる。総苞，小苞はともに 1 対ずつつき，花柄は有毛，がくは長さ 0.2〜0.25cm で先は 4 裂し，裂片は線形。花冠は漏斗状鐘形で，長さ 0.7〜0.9cm，先は 5 裂し，裂片は半円形で広がり，内面に長毛がはえる。雄しべは 4 個で花筒の下部につき，2 個は長く，2 個は短い。花柱は雄しべより長く，開いた花冠から抜き出る。子房は下位で腺毛があり，3 室。うち 2 室は成熟せず，1 室 1 胚珠のみ成熟する。【学名】属名 *Linnaea* は和名リンネソウとともにスウェーデンの植物学者リンネ（1707〜1778）を記念した名。種形容語 *borealis* は北方系の意味。

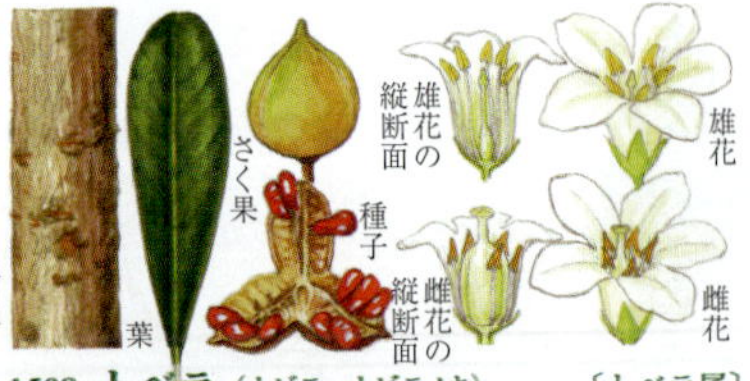

1508. トベラ（トビラ，トビラノキ）〔トベラ属〕

Pittosporum tobira (Thunb.) W.T.Aiton

【分布】本州（宮城県，関東地方以西），四国，九州，沖縄，朝鮮半島南部，中国大陸に分布する。【自然環境】暖地の海岸ぞいに自生するほか植栽される常緑低木または小高木。【用途】防風林，緑化樹，生垣，庭園樹，薬用。【形態】幹は高さ 2〜3m，ときに 10m になり，よく分枝する。若枝は緑色で，若葉，花序，がくとともに微毛を密生し，のち灰緑色，無毛となり皮目が多い。葉は枝先に集まり，有柄で互生し，葉身は長楕円形で長さ 5〜8cm，先端は丸く，基部はくさび形で葉柄に流れる。全縁，革質で，初め微毛が密生するが，のち無毛となる。表面は深緑色で光沢があり，裏面は淡緑色，葉の縁はしばしば裏面に巻き込む。開花は 4〜6 月，本年枝の先に集散花序をつけ，芳香ある白花を多数つける。花柄は長さ 0.7〜1.3cm。がく片 5 個。花弁は 5 個で，へら形で長さ 0.9〜1.1cm，縁に微毛があり，下部は筒状。雌雄異株で，雄花には 5 個の雄しべがあり，花糸は無毛。雌花には退化雄しべ 5 個，雌しべ 1 個。子房は楕円形で褐色毛を密生する。果実は黒褐色，球形で直径 1〜1.5cm，3 裂して多数の赤褐色の種子を 2 列につける。【学名】属名 *Pittosporum* は pitta（ピッチ）と spora（種子）で，種子が黒く光沢があり，粘性のあることによる。和名トベラは大晦日や節分の日に扉に枝をはさみ，疫鬼を追い払う風習があり，扉の木と呼ぶことによる。

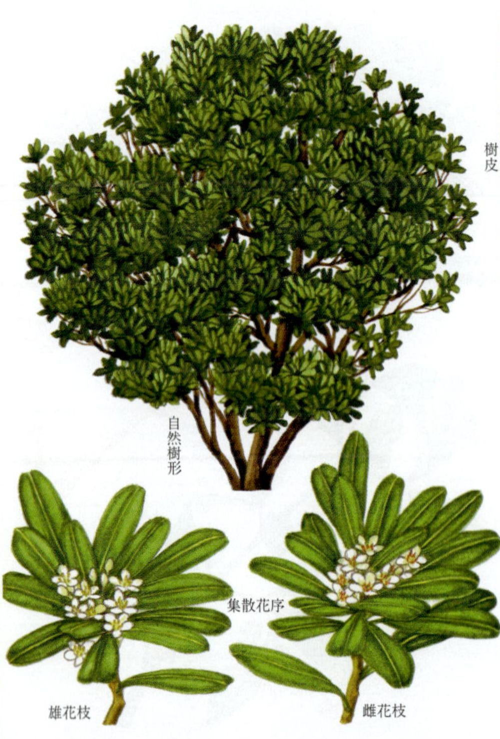

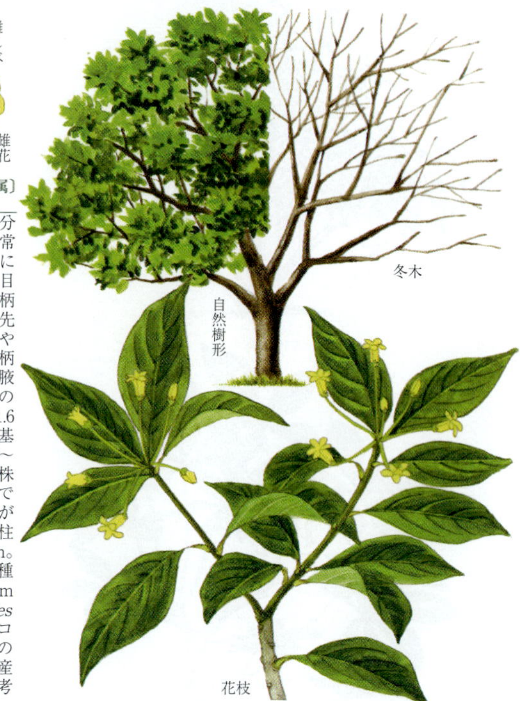

1509. コヤスノキ（ヒメシキミ）　〔トベラ属〕
Pittosporum illicioides Makino

【分布】本州（兵庫県，岡山県），中国，台湾に分布する。**【自然環境】**常緑樹林下にまれにはえる常緑低木。**【形態】**幹は高さ 2m 内外，ときに 5m になり，よく分枝し，若枝は無毛で次年枝は皮目を散生し，樹皮は縦に小さくはげる。葉は有柄で互生し，葉身は長楕円形で長さ 5～15cm，先端はとがり，基部はくさび形で全縁，質はやや厚い革質で両面無毛。表面に光沢がある。葉柄は長さ 0.4～1.5cm。開花は 5～6 月，枝端の葉腋に 2～12 花を束生し，ときにそのうちの 1 個の軸がのび，苞をつけ，3 花をつける。花柄は長さ 1.6～2cm で無毛。がく片は 5 個で長さ 0.2cm，基部は合生する。花弁は 5 個，へら形で長さ 0.7～0.8cm，下部は筒状で上部は平開する。雌雄異株で，雄花には雄しべ 5 個，花糸は長さ 0.5cm で無毛。雌しべは不稔性。雌花には雄しべ 5 個があるが花粉はできない。花柱は長さ 0.2cm で柱頭は頭状。果実は秋に熟し，球形で直径約 1.1cm。花柱は宿存し，3 片に裂開し，果皮は木質。種子は赤褐色で腎臓形，粘液に包まれ長さ約 0.5cm で，2 列に多数つく。**【学名】**種形容語 *illicioides* はモチノキ属 *Ilex* に似ている，の意味。和名コヤスノキは意味不明であるが，日本では神社の境内林に主として知られており，その名が安産と関係あることから，中国大陸からの伝来が考えられる。

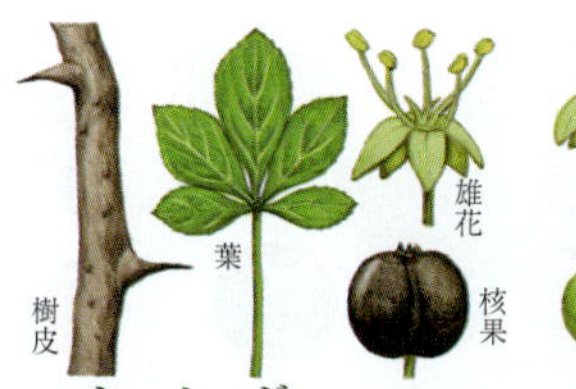

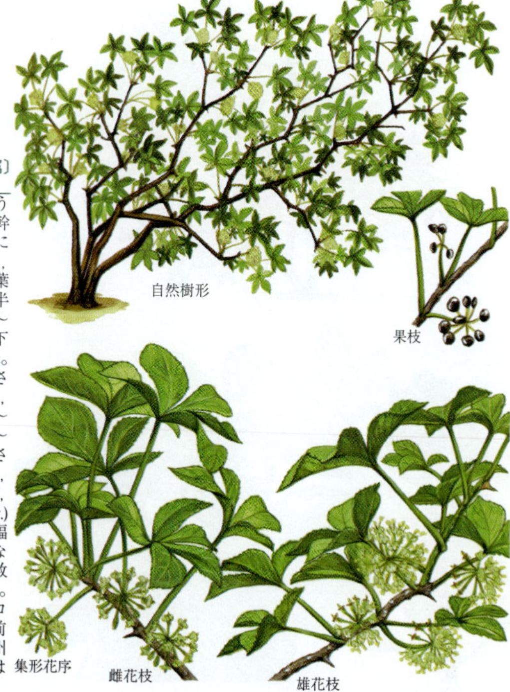

1510. ヤマウコギ（オニウコギ）　〔エゾウコギ属〕
Eleutherococcus spinosus (L.f.) S.Y.Hu

【分布】本州に分布する。**【自然環境】**山野にふつうにはえる落葉低木。**【用途】**若葉を食用。**【形態】**幹は束生または単生し，高さ 2～3m となり，枝には茶褐色で平たく堅いとげがある。葉は互生し，短枝では数個束生する。葉柄は長さ 3～7cm，葉は 5 全裂し，小葉は狭倒卵状長楕円形で，上半部に低い鋸歯があり，長さ 3～7cm，幅 1.5～4cm，ときに上面脈上に少し毛状突起があり，下面脈腋に薄膜がある。開花は 5 月。雌雄異株。短枝に束生する葉の間から，葉柄より短く長さ 2～5cm の花梗を単生し，先に散形花序をつけ，多数の淡緑色の小花をつける。花柄は長さ 0.8～1.2cm。花弁は 5 個，卵状長楕円形で長さ 0.15～0.2cm。雌花の花柱は 2 個で下部は合生し，長さ 0.15～0.2cm。果実はやや扁球形で径 0.5～0.6cm，黒熟する。**【近似種】**オカウコギ（マルバウコギ，ツクシウコギ）var. *japonicus* (Franch. et Sav.) H.Ohba は葉が小さく，小葉は長さ 1.5～4cm，幅 0.7～2cm，鋸歯は若木では欠刻状の重鋸歯となり，脈は多少下面に隆起する。上面脈上に少数の毛状突起はあっても毛はない。花柱は 2 個。本州福島県以南，九州に分布する。ウラゲウコギ var. *nikaianus* (Koidz. ex Nakai) H.Ohba は前種に似るが，下面脈上に短い硬毛があり，本州近畿以西に分布する。**【学名】**種形容語 *spinosus* はとげが多い，の意味。

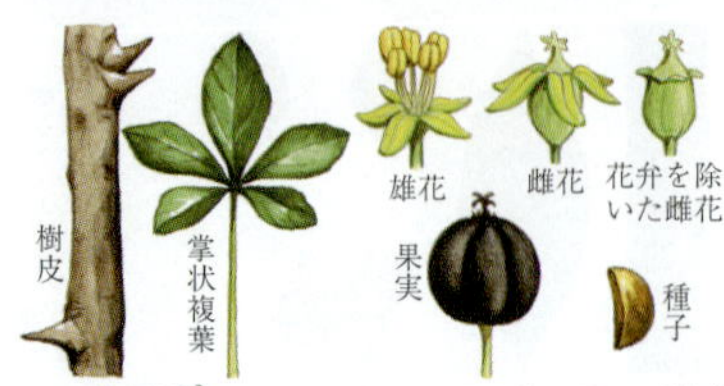

1511. ウコギ（ヒメウコギ）〔エゾウコギ属〕
Eleutherococcus sieboldianus (Makino) Koidz.

【原産地】中国大陸。**【分布】**本州に分布。**【自然環境】**各地の人家にしばしば植栽されるほか，ときに野生化している落葉低木。**【用途】**若葉を食用，根や樹皮を薬用。**【形態】**高さ 2m 内外で，根をのばして新苗をつくり群生する。枝はとげがありよく短枝を出す。葉は長枝では互生し，短枝では数個束生する。葉柄は長さ 3〜10cm，葉は 5 全裂し，小葉は倒披針形から倒卵状長楕円形で長さ 2〜7cm，幅 1〜2.5cm，縁の上半部に数個のやや粗い鋸歯があり，質厚く無毛。開花は 5〜6 月，短枝の先に束生する葉の間から，葉柄とほぼ同長の花梗を単生し，径 2cm ほどの散形花序をつけ，淡緑色の小花を多数つける。花柄は長さ約 1cm，がくは皿状で 5〜7 個のがく歯は鋭頭。花弁は 5〜7 個，卵状長楕円形で長さ約 0.2cm。雌雄異株で，日本には雄株は見られない。雄しべは小さく 5〜7 個あって早落性。花柱は合生して長さ約 0.12cm，先は短く 5〜7 裂する。果実は球形で径 0.6〜0.7cm，5〜7 個の翼状の稜があり，黒熟する。中に 5〜7 個の分核があり，各 1 個ずつ種子をもつ。花柱は残存する。和名は中国名の五加の音読み「ウコ」の木の意味である。**【学名】**種形容語 *sieboldianus* は日本植物研究者シーボルトを記念したもの。

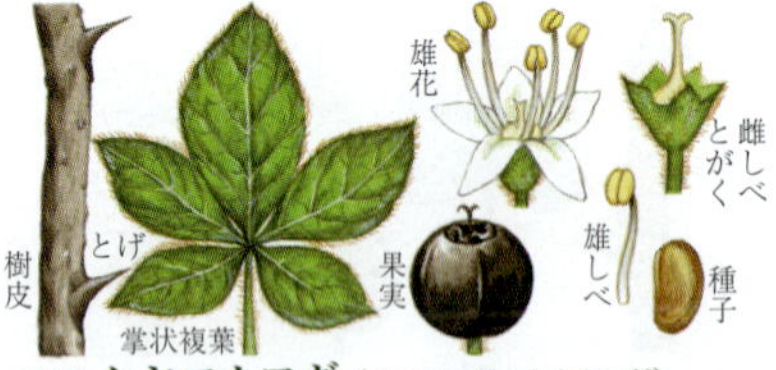

1512. ケヤマウコギ（オニウコギ，オオウコギ）〔エゾウコギ属〕
Eleutherococcus divaricatus (Siebold et Zucc.) S.Y.Hu

【分布】北海道，本州，四国，九州，朝鮮半島，中国大陸北部に分布する。**【自然環境】**山地に自生する落葉低木。**【形態】**幹は高さ 3m になり，枝にはまばらに幅の広いとげがあり，若枝は灰褐色の綿毛を密布するが，やがて無毛となる。樹皮は灰褐色でまばらに皮目が散生する。葉は互生し，葉柄は長さ 3〜8cm，基部に幅の広いとげが 2〜3 個つき，柄には下向きの小刺がまばらにはえる。掌状に 5 個の小葉がつき，倒卵状長楕円形で中央片が最も大きく，長さ 4〜12cm，幅 2〜6cm，質やや厚く，上面葉脈はややへこみ細毛をしく。下面には，淡褐色の縮毛が密生する。縁には細かい鋸歯があり，基部に短い小葉柄がつく。開花は 8〜9 月，今年のびた長枝の先に，丸い散形花序を単生，または分枝した花序枝に円錐状につけ，多数の白色の小花をつける。花序全体に密に淡褐色の縮毛が密生し，基部に小形の葉がつく。ふつう頂生の花序は両性花で大きく，側枝上の花序は雄性でやや小さい。花柄は長さ 0.3〜0.8cm，がくとともに密毛がある。両性花では 5 花弁で径 0.6cm，雄しべ 5 個，花柱は 2 個が合生し，長さ 0.2〜0.25cm，柱頭はわずかに 2 裂する。果実は球形で径 0.6〜0.8cm，黒熟する。和名ケヤマウコギは花序，枝，葉に毛が多いことによる。**【学名】**種形容語 *divaricatus* は広く分枝する，の意味。

1513. コシアブラ（ゴンゼツノキ）〔コシアブラ属〕
Chengiopanax sciadophylloides (Franch. et Sav.) C.B.Shang et J.Y.Huang

【分布】北海道，本州，四国，九州に分布する。【自然環境】山地に自生する落葉高木。【用途】家具用材，樹脂は塗料。【形態】幹は直立し高さ 15〜20m になる。樹皮は灰褐色で平滑。若枝には初め淡褐色の縮毛が密生するが，のち無毛となる。葉は互生し，長さ 7〜30cm の葉柄があり，掌状に 5 小葉がつき，倒卵状長楕円形で，中央片が最も大きく長さ 10〜20cm，幅 4〜10cm。質薄く，縁にとげ状の鋸歯があり，両端はとがり，長さ 1〜2cm の小葉柄がつく。下面脈腋には淡褐色の縮毛がつく。開花は 8 月，今年のびた枝先に大きな花序をつけ，分枝した各枝先に丸い散形花序をつけ，多数の淡黄緑色の小花をつける。花柄は長さ 0.5〜0.7cm，がく片は 5 個で小さい。花弁は 5 個で卵状楕円形，長さ 0.15cm で反曲する。雄しべは 5 個で長い。花柱は短く先はわずかに 2 裂する。果実は扁球形で径 0.4〜0.5cm，黒熟する。和名コシアブラは樹脂液をこして塗料としたことによる。ゴンゼツは金漆で，この特殊な塗料にたとえたもの。【近似種】ウラジロウコギ *Eleutherococcus hypoleucus* (Makino) Nakai は深山にはえる落葉低木で，枝には刺針が密生する。葉は掌状に 5 小葉に分かれ，無毛で下面は緑白色を帯びる。花序はふつう単生し，1〜3 個の散形花序をつける。【学名】種形容語 *sciadophylloides* は傘形葉に類する，の意味。

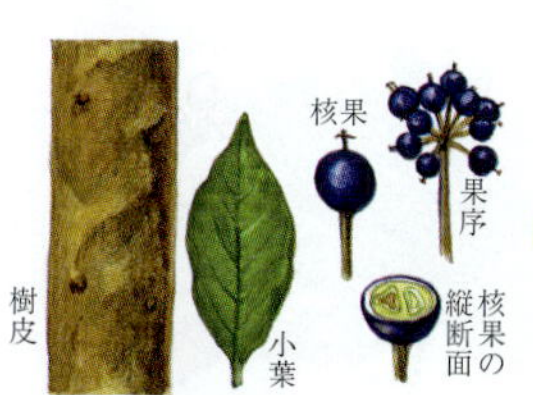

1514. タカノツメ（イモノキ）〔タカノツメ属〕
Gamblea innovans (Siebold et Zucc.) C.B.Shang, Lowry et Frodin

【分布】北海道，本州，四国，九州に特産する。【自然環境】山地にはえる落葉小高木。【用途】用材（経木，箸）。【形態】幹は直立し，高さ 3〜5m から 10m になる。樹皮は黄褐色で平滑。材は白く軟質。小枝は短枝化しやすい。冬芽は卵形で，芽鱗は紫褐色でつやがあり 5〜8 枚ある。頂芽は側芽より大きく長さ 0.6〜0.9cm。葉は短枝の先に集まってつき，葉柄は 3〜15cm，小葉は 3 個，ときに 1〜2 個，長楕円形で両端はとがり，長さ 5〜12cm，幅 2〜6cm，縁に低い鋸歯がある。下面脈腋に著しい軟毛が群生する。雌雄異株。開花は 5〜6 月，短枝の先端に花序柄を数個出し，円錐状に分枝して径 2cm ほどの散形花序をつけ，淡黄緑色の小花を多数つける。花梗は長さ 7〜20cm，花柄は長さ 0.5〜1.2cm，がく片はない。花弁は 4 個，卵状長楕円形で長さ約 0.25cm。雄しべは 4 個で花弁より長い。花柱は下半部が合生し，先端は 2 裂して平開する。子房は下位。果実は球形で径 0.5〜0.6cm，黒熟する。和名タカノツメは短枝が鳥足状に曲がってしわがあり，冬芽が紫色を帯びてつやがあり，つめに見えるからであろう。3 小葉の形によるとの説もある。イモノキは材が軟らかなことによるとの説，短枝の肥大した様子がイモに似ているとの説がある。

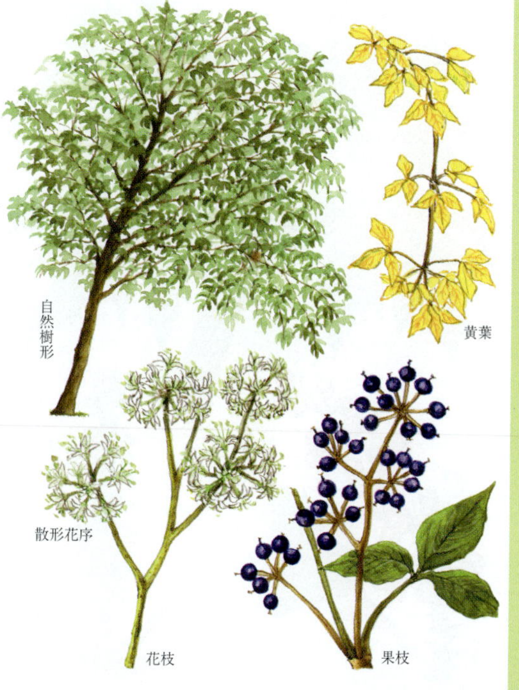

1515. ハリギリ（センノキ）　〔ハリギリ属〕
Kalopanax septemlobus (Thunb.) Koidz.

【分布】北海道，本州，四国，九州，サハリン，南千島，朝鮮半島，中国大陸に分布する。1属1種。**【自然環境】**山地にふつうにはえる落葉高木。**【用途】**家具用材，ベニヤ。樹皮を薬用，若芽を食用。**【形態】**幹は直立し，高さ 20m 以上になる。樹皮は黒褐色で不規則に縦に裂ける。枝は太く幅の広いとげがある。葉は枝先に集まり互生し，葉柄は長さ 10〜30cm，葉身は天狗の羽うちわ状に 5〜9 裂し，径 10〜30cm，縁に細かな鋸歯があり，上面無毛，下面脈上または基部の脈腋に淡褐色の軟らかい縮毛がはえる。開花は 7〜8 月，本年枝の先端に花序をつけ，主軸は短く，側枝を多数出し，各数個の散形花序をつけ，多数の淡黄緑色の小花をつける。苞は早落性で長さ 1〜2cm，花柄は長さ 0.7〜1cm，がく歯は微細で 5 個，花弁は 5 個で長さ約 0.25cm，両性で，雄しべ 5 個は花冠より長い。花柱は 2 個合生し，長さ 0.15〜0.2cm，先端はわずかに 2 裂する。**【近似種】**リュウキュウハリギリ（ミヤコダラ）var. *lutchuensis* (Nakai) Ohwi ex H.Ohba は，南九州から琉球列島に分布する。**【学名】**種形容語 *septemlobus* は 7 裂の，の意味。

1516. ハリブキ　〔ハリブキ属〕
Oplopanax japonicus (Nakai) Nakai

【分布】北海道，本州中部以北，紀伊半島，四国に分布する。**【自然環境】**亜高山帯の針葉樹林下にはえる落葉低木。**【用途】**薬用（民間薬）。**【形態】**茎は多く斜上し高さ 60〜100cm で単立し，円柱状で太く，黄褐色を帯び，鋭い 1cm ほどのとげを密生する。葉は茎の先端に集まり四方に広がる。葉身は円形か円心形で径 20〜40cm，掌状に 7〜9 裂し，裂片はさらに裂け，先端は鋭くとがり，縁に欠刻状の重鋸歯があり，剛毛を密生する。両面脈状にはとげが直立する。開花は 6〜7 月，茎頂に長さ 10〜20cm の円錐状の花序を単生し，剛毛を密生，緑白色の小花からなる散形花序を多数つける。苞は披針形膜質で早落性。花柄は長さ 0.3〜1cm。がく歯は不明瞭。花弁は 5 個で卵状長楕円形，長さ約 0.3cm。両性と雄性がある。雄しべは 5 個で花弁より長い。花柱は 2 個離生し長さ約 0.2cm。果実は楕円状球形で長さ 0.6〜0.7cm，液果状で赤く熟す。分核は 2 個で扁平。和名ハリブキは葉がフキに似て全体にとげが密生することによる。**【近似種】**葉脈上などにほとんどとげがないものをメハリブキ f. *subinermis* という。**【学名】**属名 *Oplopanax* は hoplon（武器）+ *Panax*（トチバニンジン属）で，葉が *Panax* 属に似てとげが多いことによる。

1517. カクレミノ　〔カクレミノ属〕

Dendropanax trifidus (Thunb.) Makino ex H.Hara

【分布】本州の福島県以西，四国，九州，沖縄に分布する。【自然環境】海に近い常緑樹林下にはえるほか庭園樹として広く植栽される常緑小高木または高木。【用途】庭園樹。砂糖樽（沖縄），飼料。【形態】幹は直立し高さ 9～15m。枝は太くよく分枝する。葉は枝先に集まって互生し，葉柄は長短があり長さ 2～7cm。葉身は菱形状広卵形で長さ 6～12cm，幅 4～10cm，鋭頭で基部はくさび形。質厚く無毛で光沢がある。3 本の主脈があり，網脈中に小腺点がある。若木では葉の多くは 3～5 深裂し，成木でも 3 裂葉が混じる。開花は 7～8 月，本年枝の先端に通常 1 個の散形花序をつけ，淡黄緑色の小花を多数つける。花梗は長さ 3～4cm，花柄は 0.6～1.5cm。がく歯は波状。花弁は 5 個で径 3～4mm。雄しべ 5 個は花弁より長い。花柱は短く 5 個が合生する。子房下位で 5～8 室。果実は球形で径 0.7～0.8cm，晩秋黒熟する。果柄は長さ 4～5cm。和名カクレミノはその葉形を身を隠すために着る蓑にたとえたもの。【特性】陰樹。【植栽】繁殖はさし木(6～7 月)，実生による。成木移植は困難。【管理】ふつうに管理。植付けは 4 月。耐寒性があり，0℃以下でも耐える。【学名】属名 *Dendropanax* は dendron（樹木）と *Panax*（トチバニンジン属）の合成語で，*Panax* 属に似て高木になることによる。

1518. ヤツデ（テングノウチワ）　〔ヤツデ属〕

Fatsia japonica (Thunb.) Decne. et Planch.

【分布】本州の東北地方南部以西，四国，九州，沖縄，朝鮮半島に分布する。【自然環境】海に近い常緑林下に自生するほか各地に植栽される常緑低木。【用途】庭園樹。【形態】幹は基部から数本立ち，高さ 2～4m。枝は太くまばらに分枝する。葉は枝先に輪生状に互生し，葉柄は長さ 15～45cm，基部はふくらむ。葉身は大きな掌状で径 20～40cm，7～11 個に深裂し，裂片は卵状楕円形で鋭頭，縁に鋸歯があり，厚く，表面は濃緑色で光沢がある。若葉は花序とともに褐色の綿毛におおわれる。開花は 10～11 月，幹の先端に 40cm 内外の大形の円錐花序を直立し，多数の白色の小花が球状に集まった散形花序をつける。花序を包む苞葉は小苞とともに早落性。花は 5 弁で径 0.5cm 内外。花は両性で雄性先熟。雄しべと花弁が落ちた後，5 本の花柱が発達して雌性期となる。果実は球形で径 0.8cm，翌春，粉白を帯びた黒色に熟す。和名ヤツデは掌状に深裂した多数の葉裂片を「八」で表現したもの。【特性】半日陰で，湿り気のある土壌を好む。【植栽】繁殖は実生，さし木による。移植適期は 4～10 月。【管理】せん定は好まない。施肥は冬期。【近似種】葉縁に白斑のあるものをフクリンヤツデ‘Albo-marginata’という。【学名】属名 *Fatsia* は八(ハチ)，八手(ハッシュ)に由来するという。種形容語 *japonica* は日本の，の意味。

1519. キヅタ（フユヅタ）　〔キヅタ属〕
Hedera rhombea (Miq.) Bean

【分布】本州，四国，九州，沖縄，台湾，朝鮮半島，中国大陸に分布する。【自然環境】山野にふつうにはえる常緑つる性植物。ときに観賞用に植栽される。【用途】庭園樹，生垣。【形態】幹は多数の気根を出して木や石にからみつき，高さはときに10m 以上になる。葉は互生し，厚く，表面深緑色で光沢がある。若木では茎とともに黄褐色の星状鱗片がつくが，やがて無毛となる。葉身は若い匍枝では広卵形で浅く3～5裂し，基部はやや心臓形。花枝では菱形状卵形で長さ5～8cm。葉柄は長さ2～5cm。開花は10～11月，小枝の先端に1～数個の長い花梗を出し，その先に径3cmほどの丸い散形花序をつけ，多数の黄緑色の小花をつける。花序や花梗には星状鱗片が密生する。がくは不明瞭，花柄は長さ約1cm，花弁は5個，長卵形で長さ約0.3cm，ややそり返る。雄しべ5個，花柱はごく短い。子房は下位。果実は球形で径0.6～0.7cm，翌春黒く熟す。和名キヅタはツタに似てより木質であることによる。フユヅタは落葉性のツタ（ブドウ科）をナツヅタと呼ぶのに対応した名。【近似種】ナガボキヅタ f. *pedunculata* (Nakai) Hatus. ex H.Hara は花序が著しく伸長し，花柄も長さ2～4cmとなり，四国，九州，沖縄にまれに自生する。【学名】属名 *Hedera* はヨーロッパ産キヅタの古代ラテン名。種形容語 *rhombea* は菱形葉の意味。

1520. カナリーキヅタ（アオオロメヅタ）〔キヅタ属〕
Hedera canariensis Willd.

【原産地】カナリー諸島，マデイラ諸島，北アフリカの原産。【分布】観葉鉢物として栽培するほか，関東以南の暖地では庭園にも植える。【自然環境】半日陰の湿り気の多い土地を好む常緑つる性植物だが，条件がよいと茎は高くまでよじ登る。【用途】鉢植え，ヘゴ仕立て，吊鉢と観葉植物として用途が広く，生花材料にも使う。庭園では塀や庭木，垣根にからませ，また地表をおおうカバープラントとしても使う。【形態】つる性の茎は長くのび，多数の気根を出して他物に吸着し，10数mも高くよじ登る。葉は長さ15～25cm，幅10～15cmと大形で，卵形，基部は心臓形，全縁で淡緑色，革質で，下葉は3～7浅裂する。花は秋に咲き，緑白色で総状または円錐花序につく。液果は黒色。【特性】生育きわめて旺盛，耐寒性が強く，－5℃ぐらいまではよく耐える。日陰にも強く，室内で長くもつ。【植栽】繁殖はさし木が容易。気根が出ている茎を，葉を2～3枚つけ，赤玉土にさす。天ざしは，枝先を15～20cmの長さに切り，切口に水ごけを巻いて小鉢に植え，半日陰で葉水を与える。時期は春，秋がよい。【管理】栽培は容易，性質強健で，病害虫は少ない。鉢植えは粘質壌土に，腐葉土30％，砂10％を混ぜたものがよい。露地植えの刈込みは，春から初夏の頃に行う。【近似種】本種には園芸品種が多く，フイリカナリーキヅタ 'Variegata' は，緑色の葉に，白い斑が鮮やかに入る。'マルギノ・マキラータ Margino-maculata' は，濃緑色にクリーム色の斑が入る。

1521. セイヨウキヅタ（イングリッシュ・アイビー）〔キヅタ属〕

Hedera helix L.

【原産地】ヨーロッパ，カナリー諸島，北アフリカ，アジア原産で，日本には明治末年に渡来した。**【分布】**観葉植物として室内で栽培するほか，関東以南では，庭園にも植える。**【自然環境】**半日陰の湿り気の多い場所を好む常緑つる性植物。**【用途】**鉢植えにして室内で観賞するほか，カバープラントとして用いる。**【形態】**つるは高さ30mにもなる。茎は細く，しなやかで多数の気根を出して他物に吸着し，よじ登り，また地表をはう。葉は長さ6〜10cmで，3〜5裂し，整った葉で濃緑色，葉脈がやや淡い緑色で，浮き出して見える。葉のつき方は互生で，重なり合うほど密につく。花は散房花序につき，帯緑色，10月に開花し，翌年7月に黒色に熟す。**【特性】**生育旺盛で日陰に強い。耐寒力もかなりあり，－5℃ぐらいまでは楽に耐える。**【植栽】**繁殖はさし木，取り木，実生による。実生は，採りまきしても発芽に2年を要する。さし木，取り木は容易。**【管理】**栽培は容易で，土質を選ばずよくでき，手間がかからない。鉢植えの場合は春に植替える。粘質壌土と腐葉土の混合土がよい。のびすぎた枝の刈込みは春から初夏に行う。大気汚染にも強く，都市環境でもよく育つ。**【近似種】**コルシカキヅタ *H. colchica* は，セイヨウキヅタよりやや葉の形に丸みがある。本種はほかにも園芸品種が多い。**【学名】**種形容語 *helix* はらせん状の，という意味。

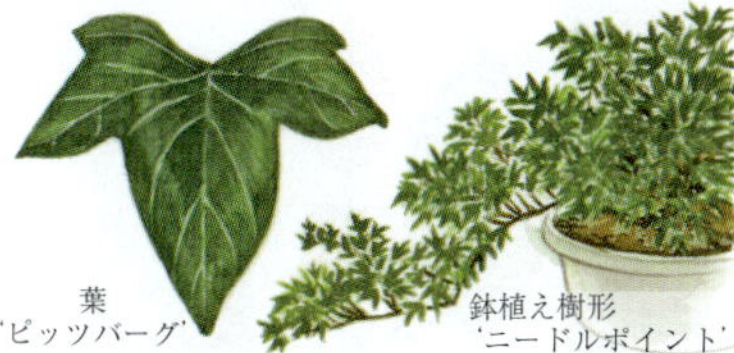

1522. ヘデラ 'ピッツバーグ' 〔キヅタ属〕

Hedera helix L. 'Pittsburgh'

【原産地】ヨーロッパ，カナリー諸島，北アフリカ，アジア原産のセイヨウキヅタの代表的な園芸品種。**【分布】**観葉植物として室内で栽培するほか，関東以南では庭園にも植える。**【自然環境】**半日陰の湿り気の多い場所を好む常緑つる性植物。**【用途】**鉢植えでヘゴにからませたり吊鉢仕立てにもするほか，塀や庭木にからませる。**【形態】**葉は小葉で3〜5裂し，整った形をした葉で全縁。表面は暗緑色。裏面も同色。基本種に比べ茎は細く，葉は小形で長さ3〜5cm，分枝が多い。**【特性】**生育旺盛で日陰にも強く，室内でも長もちする。耐寒力もかなりあり，－5℃ぐらいまでは耐えるが，葉が傷むので鉢植えは0℃以上を保つようにする。**【植栽】**繁殖は，さし木または取り木で，春から夏にかけて行う。発根はきわめて容易。**【管理】**性質強健で栽培しやすく，手間もかからない。鉢植えは，粘質壌土に，砂，腐葉土を配合した通気性のよいものがよい。植替えは春から初夏に行う。日陰にも強く室内でもながもちする。鉢栽培の場合は，ときどき十分葉水を与えるとよい。**【近似種】**同じセイヨウキヅタの園芸品種に葉が3裂し切れ込みが深い 'シャムロック Shamrock' がある。ほかに 'ニードルポイント Needlepoint'，'マンダスクレステッド Manda's Crested' がある。**【学名】**園芸品種名 'Pittsburgh' は米国の都市名。

1523. ヘデラ‘ゴールドハート’ 〔キヅタ属〕

Hedera helix L. ‘Goldheart’

【原産地】ヨーロッパ，カナリー諸島，北アフリカ，アジア原産のセイヨウキヅタの園芸品種。日本には昭和 40 年代に坂田武雄により輸入されたもの。【分布】観葉鉢物として室内で栽培するほか，関東以南では庭園にも植える。【自然環境】半日陰の湿り気の多い場所を好む常緑つる性植物。【用途】鉢植えでヘゴ仕立てや吊鉢仕立てにするほか，ブロック塀やベランダの支柱につける。またカバープラントとしても使える。【形態】高さ 10〜20m，葉の長さ 4〜5cm と中形でやや長葉，3〜5 裂する。葉色は濃緑色で，中心部に黄金色の心臓形の斑が鮮やかに入る。茎は‘グレイシャー’に比べればやや太く，節間もやや長い。新梢の茎の色は赤褐色。【特性】生育きわめて旺盛で日陰地にも強く，室内でも長もちする。耐寒力もあり，－5℃ぐらいまでは耐えるが，鉢植えは葉が寒さでやけるので，0℃以上を保つほうがよい。【植栽】繁殖はさし木または取り木により，春から夏にかけて行う。とくに梅雨期は茎から気根を生じるので，その部分をさせば 20cm を越す枝でも容易に発根する。【管理】鉢植えの用土は，粘土壌土に，砂，腐葉土を混ぜたものがよい。半日陰を好む植物だが，光線不足だと斑の入り方が小さく色も不鮮明にぼやけるので，秋から春はよく日にあて，夏は日中だけ半日陰の場所に置くとよい。【近似種】ほかに‘デンティキュラータ’，‘ファン’，‘エレクタ’などがある。【学名】園芸品種名‘Goldheart’は斑が黄金色で心臓形に入ることによる。

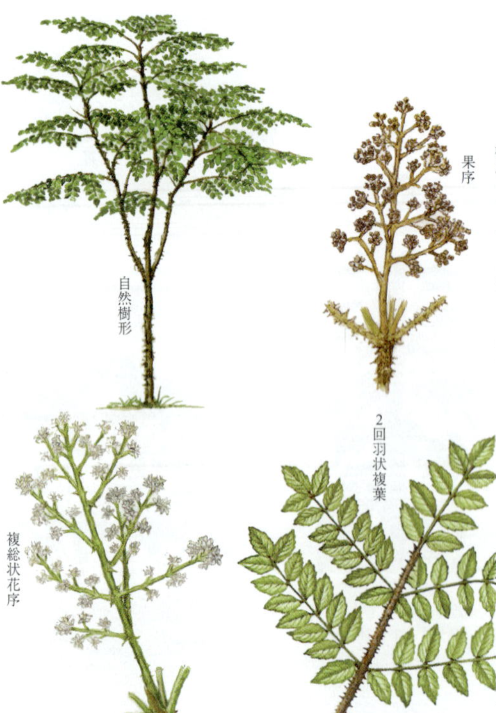

1524. タラノキ 〔タラノキ属〕

Aralia elata (Miq.) Seem. f. *elata*

【分布】北海道，本州，四国，九州，朝鮮半島，中国大陸北部，サハリン，千島などに分布する。【自然環境】山野に広く自生する落葉低木または小高木。【用途】材は器具，樹皮は薬用，若芽は食用。【形態】幹は直立し高さ 3〜5m，ときに 8m になる。樹皮は暗灰色で網状の割れ目が入る。枝は太く鋭い刺針が多数つく。葉は枝先に集まって互生し，葉柄は長さ 15〜30cm で基部はふくらむ。葉身は長さ 50〜100cm の 2 回羽状複葉で，小葉は対生し，5〜9 個つき，卵形か楕円形で鋭頭，縁に鋸歯がある。長さ 5〜12cm，幅 2〜7cm。両面にやや堅い毛が散生し，下面脈上にはとくに多い。小葉軸上には直立した鋭いとげが並ぶ。冬芽は互生し，頂芽は側芽より大きく，円錐状で長さ 1〜1.5cm，3〜4 枚の芽鱗に包まれ，基部に鱗片状の刺針と剛毛が密生する。葉痕は馬蹄形で枝の 3/4 ほどをとり囲む。開花は 8〜9 月，枝先に長さ 30〜50cm の複総状花序を複数つけ，褐色の縮毛がある。花は白色で径約 0.3cm。花弁，雄しべとも 5 個，花柱も 5 個で長さ約 0.15cm，分離して平開する。果実は球形で径約 0.3cm，黒熟する。和名は惣木をあてているが，これはシナタラノキ *A. chinensis* のこと。【学名】属名 *Aralia* はカナダの土地名。種形容語 *elata* は背の高い，の意味。

1525. メダラ 〔タラノキ属〕
Aralia elata (Miq.) Seem. f. *subinermis* (Ohwi) Jotani

【分布】北海道，本州，四国，九州，朝鮮半島，中国大陸北部，サハリンなどに分布する。【自然環境】山野に広く自生する落葉低木または小高木で，食用として近年各地で栽培される。【用途】材は器具，樹皮は薬用，若芽は食用。【形態】幹は直立し，高さ3～6mになる。樹皮は暗灰色で網状の割れ目が入る。枝は太く，刺針はほとんどない。材は軟らかく軽い。葉は枝先に集まって互生し，葉柄は長さ15～30cm，葉身は長さ50～100cmの2回羽状複葉で，小葉は対生し，5～9個つき，卵形か楕円形で鋭頭，縁に鋸歯がある。長さ5～12cm，幅2～7cm。両面にやや硬い毛が散生し，下面は粉白色を帯び，脈上に帯褐色の縮毛がある。葉軸上にとげはほとんどない。開花は8～9月，枝先に長さ30～50cmの複総状花序を数個斜上してつけ，褐色の縮毛がある。花は白色で径約0.3cm。花弁，雄しべ，花柱とも5個。花柱は分離して平開し，長さ約0.15cm。果実は球形で径約0.3cm，黒熟する。和名のメダラは原種に比べ刺針がほとんどないことによる。【特性】典型的な陽樹。適潤な肥沃地を好む。【植栽】繁殖は実生による。3月頃床まきし，1～2年肥培し，定植する。2～3月頃親株の根を切りとり根さしする。11～3月頃，親株の近くに出る新株を切り離して定植する。【学名】品種名 *subinermis* はほとんどとげのない，の意味。

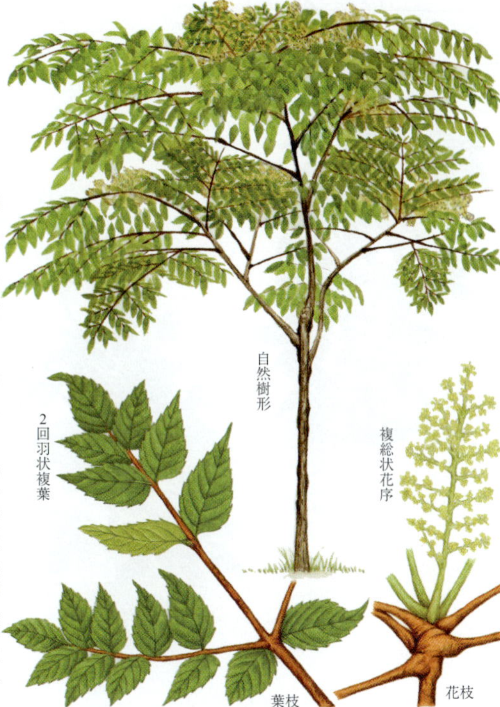

1526. モミジバアラリア（アラリア） 〔プレランドラ属〕
Plerandra elegantissima (Veitch ex Mast.) Lowry, G.M.Plunkett et Frodin

【原産地】ポリネシア群島のニューヘブリデス島原産。日本には昭和30年頃に渡来した。【分布】観葉植物として各地の温室内や室内で栽培される。【自然環境】高温多湿な日なた地を好む常緑小高木。【用途】室内観葉植物として，幼樹を鉢作りにして観賞する。中形の観葉植物として普及している。【形態】幹は直立し，長い葉柄をもつ掌状複葉。小葉は細長く，長さ10～20cm，温室内に地植えにすると径80cmにもなる。茎と葉柄に乳白色の斑点が入る。葉脈は赤褐色，金属光沢があり美しい。【特性】高温性で，越冬温度12℃以上。幼樹は日陰に強く，室内で長もちする。【植栽】繁殖はさし木が容易。初夏の頃，若い枝をさす。【管理】日陰に強い植物だが，半日ぐらいは日にあてたほうが色つやがよい。鉢替えは初夏～夏，砂質壌土に，腐葉土を3割ぐらい混ぜたものがよい。冬のかん水はひかえめにする。古くなった鉢物は，葉が大きくなるのでせん定し，若枝を出させるようにするとよい。【近似種】タチバディジゴテーカ‘Tachiba’は立葉性，ディジゴテーカ・カスター‘Castor’は葉幅が広く矮性なもので，鉢物に向く。【学名】種形容語 *elegantissima* は，繊細で優美な，の意味。園芸上本種はアラリアとよく呼ばれているが，アラリア属の葉は羽状複葉なので区別できる。

1527. ツタヤツデ（ファトスヘデラ）〔ツタヤツデ属〕
× *Fatshedera lizei* (Hort. ex Cochet) Guillaumin

【原産地】日本原産のヤツデの実生園芸種 *Fatsia japonica* 'Moseri' と，アイルランド原産のアイリッシュアイビー *Hedera helix* 'Hibernica' の交配種で，1910 年頃フランスで作出されたもの。日本には昭和 32 年に斑入り葉種が導入され，その後青葉種である本種が枝変わりとして分離された。**【分布】**観葉鉢物として各地の室内で栽培されるほか，関東以南では庭園の植込みにも使われている。**【自然環境】**半日陰の湿り気の多い土地を好む常緑低木。**【用途】**観葉植物として小鉢から大鉢仕立てにまで使われる。暖地では庭園樹としても植える。また生花材料にもする。**【形態】**半つる性で，高さ 1.5～2m。低部で分枝して株立ちになる。高くなると倒伏しやすい。葉はヤツデ形で 5～7 裂し，径 12～16cm，革質で光沢があり濃緑色である。11 月頃，木質化した茎の葉腋部よりヤツデに似た小形の円錐花序を出し，30～40 の球状の花房をつけ，黄緑色の 5 弁花を咲かせる。**【特性】**光線不足には強く，室内で長もちする。耐寒性もあり，－3℃ぐらいまでは耐える。**【植栽】**繁殖はさし木により，春から初夏の頃が適期。天ざしのほか，葉を 1～2 枚つけた茎ざしもできる。**【管理】**性質は強健，病害虫もほとんどなく栽培しやすい。露地植えのせん定は 4～5 月頃，せん定すればよく分枝する。**【近似種】**フイリファトスヘデラ 'Variegata' は白斑入り葉。性質はやや弱く，露地作りには不適。**【学名】**種形容語 *lizei* はフランスの Lize 商会の名に因む。

1528. ヤドリフカノキ（カポック）〔フカノキ属〕
Schefflera arboricola (Hayata) Merr.

【原産地】台湾など熱帯各地に分布し，日本でも植物園では戦前から栽培されていた。**【分布】**観葉鉢物として，室内で栽培される。**【自然環境】**高温多湿の半日陰地を好む常緑低木。**【用途】**観葉植物として人気があり，中作りか大作りにされる。**【形態】**高さ 3～4m，分枝して 7～9 枚の小葉を掌状につける。幹の根もとがふくらみ，上部が細く，葉との対照がおもしろい。小葉は細長く，長さ 20cm ぐらい，淡黄緑色で若々しく美しい。**【特性】**多湿で半日陰地を好み，光線不足の室内でも長もちする。きわめて強健で栽培しやすい。耐寒力も比較的あり，最低 5℃もあれば楽に越冬する。**【植栽】**繁殖はさし木，実生による。**【管理】**栽培はきわめて容易。鉢替えは春から初夏がよい。用土はあまり選ばないが，通気性のよいものがよく，鹿沼土か赤玉土に腐葉土を 3 割ぐらい混ぜたものがよい。**【近似種】**変種にフイリカポック（フイリヤドリフカノキ）'Variegata' がある。葉に不規則な黄斑の入るもので，美しいがやや不鮮明。カポック・コンパクタ 'Compacta' は，矮性で鉢植えに向く。**【学名】**属名 *Schefflera* は，18 世紀のドイツの植物学者 J. C. シェフラーの名にちなむ。

和 名 索 引

〔斜体数字は頁，立体数字は種番号を示す。( )の付してあるものは，その記載中に図示されているか，もしくは近似種として解説されている関連植物である。目・科・属については初出の頁数のみを記した〕

ア

アーモンド *295* 498
アイズシモツケ *305* 518
アイノコセンダン （*548* 1003）
アイラトビカズラ *229* 365
アイリッシュアイビー （*810* 1527）
アイルランドイチイ （*103* 114）
アウストロバイレヤ目 *105*
アオイ科 *548*
アオイ目 *548*
アオオロメヅタ *806* 1520
アオガシ *126* 159, *128* 164
アオカズラ *173* 253, *188* 283
アオカズラ属 *188*
アオキ *712* 1331
アオキ科 *712*
アオキ属 *712*
アオキバ *712* 1331
アオキ目 *711*
アオギリ *563* 1033
アオギリ属 *563*
アオコアカソ （*393* 693）
アオジクマユミ *428* 764
アオジクユズリハ （*212* 332）
アオタゴ （*742* 1391）
アオダモ *742* 1391
アオツヅラ *173* 253
アオツヅラフジ *172* 251
アオツヅラフジ属 *172*
アオツリバナ （*434* 776）
アオトド *72* 52
アオトドマツ （*72* 51），*72* 52
アオナラガシワ （*396* 700），（*397* 701）
アオナリヒラ （*159* 225）
アオノクジャクヒバ *88* 84
アオノツガザクラ *708* 1323, （*709* 1325）
アオハダ *767* 1441
アオバノキ *637* 1182
アオモジ *128* 163
アオモリトドマツ *68* 44
アカイシヒョウタンボク （*791* 1489）
アカエゾマツ *60* 28
アカガシ *401* 710
アカカンバ （*421* 749）
アカギ *453* 814
アカギ属 *453*
アカギツツジ *654* 1216
アカケンバ *449* 806
アカシア属 *245*
アカジクヘビノボラズ （*176* 259）
アカシデ *424* 756
アカジョー *547* 1002
アカダモ *373* 654
アカテツ科 *600*
アカテツナナカマド *313* 534
アカテツノキ *486* 879
アカトドマツ *72* 51
アカネ科 *713*
アカネカズラ *436* 780
アカハザクラ *289* 486
アカバナアメリカトチノキ *516* 940
アカバナエニシダ *236* 380
アカバナ科 *478*
アカバナサンザシ （*308* 524）
アカバナトチノキ *516* 940
アカバナヒルギ *441* 789
アカバナマンサク （*206* 320）
アカフサスグリ *215* 338
アカブラ *476* 860
アカマツ *50* 7, （*50* 8），（*52* 11）
アカミグワ （*390* 687）
アカミサンザシ *307* 521
アカミズキ *722* 1352, *767* 1442
アカミズキ属 *722*
アカミノイヌツゲ （*769* 1446）
アカミホーソン *307* 521
アカミミズキ *722* 1352
アカミヤドリギ *574* 1056
アカメガシワ *443* 794
アカメガシワ属 *443*
アカメモチ *318* 543, （*319* 545）
アカメヤナギ *457* 821, *457* 822
アカモノ *711* 1329
アカヤシオ *654* 1216
アカリファ・ウィルケシアーナ *443* 793
アカリファ・ホフマンニー （*443* 793）
アキー *520* 948
アキー属 *520*
アキグミ *363* 634
アキサンゴ *582* 1071
アキニレ *374* 656
アクシバ *701* 1310
アクシバモドキ （*701* 1310）
アケビ *170* 247, （*171* 249）
アケビ科 *170*
アケビカズラ *170* 247
アケビ属 *170*
アケボノアセビ （*704* 1316），（*705* 1317）
アケボノスギ *84* 76
アケボノスギ属 *84*
アケボノツツジ *654* 1215
アコウ *380* 668
アコウザンショウ *543* 994
アコギ *380* 668
アコミズキ *380* 668
アサ科 *375*
アサガラ *642* 1192, （*643* 1193）
アサガラ属 *642*
アサギシャクナゲ （*688* 1284）
アサクラザンショウ （*542* 991）
アサダ *427* 761
アサダ属 *427*
アサノハカエデ *505* 918
アサヒカエデ *511* 929
アサヒゴムノキ （*379* 666）
アサマツゲ *194* 295
アザレア （*675* 1258）
—‘ウタゲ’（*686* 1279）
—‘オウカン’（*679* 1265），*686* 1280
—‘オオヤシマ’（*686* 1279）
—‘ギョウザン’ *685* 1278
—‘ギョウザンニシキ’（*685* 1278）
—‘ギョウザンノヒカリ’（*685* 1278）
—‘ジェイ・ジェニングス’（*687* 1281）
—‘ジブラルタル’ *687* 1281
—‘シュウコウホウ’（*686* 1279）
—‘ゼッカ’（*685* 1278）
—‘タマダレニシキ’（*686* 1280）
—‘ハツゲショウ’（*686* 1279）
—‘ハマノヨソオイ’ *686* 1279
—‘ハルノヒビキ’（*686* 1280）
—‘フウキニシキ’（*686* 1280）
—‘ブラジル’（*687* 1281）
—‘ホワイト・スワン’（*687* 1281）
—‘ユウバエ’（*686* 1280）
アサン *85* 78
アシウスギ *79* 65
アジサイ *584* 1075
アジサイ科 *584*
アジサイ属 *584*

アシタカツツジ *662* 1231
アシボソウリノキ *507* 921
アズキナシ *316* 540, (*317* 541)
アズキナシ属 *316*
アズサ *422* 752
アズサバラモミ (*63* 34)
アズサミネバリ *423* 753
アスナロ *96* 99
アスナロ属 *96*
アズマイバラ (*351* 610)
アズマザサ *164* 236
アズマザサ属 *164*
アズマシャクナゲ *690* 1288
アズマツリガネツツジ (*650* 1208)
アズマネザサ *167* 241, (*167* 242)
アズマヒガン *251* 410
アゼトウナ属 *777*
アセビ *704* 1316
アセビ属 *704*
アセボ *704* 1316
アダン (*134* 176)
アッサムチャ (*606* 1120)
アツシ *374* 655
アツニ *374* 655
アツバキミガヨラン *139* 186, (*140* 187)
アツバセンネンボクラン (*139* 185)
アテ *96* 99
アデク *486* 879
アテツマンサク (*206* 320)
アトラスシーダー *59* 26
アナドカン *535* 977
アブラギリ *446* 800
アブラギリ属 *446*
アブラスギ *74* 56
アブラスギ属 *74*
アブラチャン *131* 170
アブラツツジ *647* 1201
アブラツバキ *620* 1148
アブラナ目 *571*
アブラヤシ *151* 210
アブラヤシ属 *151*
アベマキ *397* 702
アベリア *799* 1505
アボカド *126* 160
アボカド属 *126*
アポロゴムノキ *380* 667
アマギ *572* 1052
アマギコアジサイ (*590* 1088)
アマギシャクナゲ (*690* 1288)
アマギツツジ *658* 1223
アマギベニウツギ (*794* 1496)
アマグリ *407* 722
アマチャ *588* 1084
アマヅル *220* 348
アマビリスファー *71* 50
アマミゴヨウ *56* 19
アマミセイシカ (*688* 1283)
アミガサギリ属 *444*
アメリカアカミキイチゴ (*340* 587)
アメリカアサダ (*427* 761)
アメリカウロコモミ *76* 59
アメリカオオモミ *73* 54
アメリカキササゲ (*764* 1436), *765* 1437
アメリカキミガヨラン *139* 186
アメリカグリ *408* 723
アメリカシャクナゲ *695* 1298
アメリカスグリ (*214* 336)
アメリカスズカケノキ *190* 287, (*191* 289)
アメリカスモモ *288* 483
アメリカツガ *67* 41
アメリカヅタ *222* 352
アメリカデイゴ *228* 363
アメリカネズコ (*94* 95), *94* 96
アメリカノウゼンカズラ (*764* 1435)
アメリカハナズオウ (*242* 391)
アメリカハナノキ *513* 934
アメリカヒイラギ *774* 1456
アメリカヒノキ *87* 81
アメリカブナ (*405* 718)
アメリカマンサク *208* 323
アメリカヤマボウシ *583* 1073
アメリカロウバイ (*122* 151)
アメリカロウバイ属 *122*
アメントウ *294* 495
アメンドウ *295* 498
アラカシ *400* 707
アラゲサクラツツジ (*659* 1226)
アラスカヒノキ *87* 81
アラビアコーヒーノキ *724* 1355
アララギ *102* 112
アラリア *809* 1526
アリアケカズラ *729* 1366
—'ヘンダーソニー' (*729* 1366)
アリアケカズラ属 *729*
アリゾナトウヒ *65* 38
アリドオシ *714* 1335
アリドオシ属 *714*
アリノミ *325* 557
アルボレウム *692* 1291
アロウカリア *75* 58
アワジイヌビワ (*383* 673)
アワノモナツツジ (*662* 1232)
アワブキ *189* 285
アワブキ科 *188*
アワブキ属 *188*
アワブキ目 *188*
アンズ *275* 458

イ

イイギリ *472* 852
イイギリ属 *472*
イイタ *598* 1104
イエローシーダー *87* 81
イカダカズラ *578* 1064
イカダカズラ属 *578*
イギリスナラ *394* 696
イク *598* 1104
イクリ *287* 482
イザヨイバラ *349* 606
イシゲヤキ *374* 656
イシモモ *294* 496
イズセンリョウ *603* 1114
イズセンリョウ属 *603*
イスノキ *211* 329
イスノキ属 *211*
イセビ *780* 1467
イソシネ *426* 759
イソツツジ *695* 1297
イソナレ *97* 101
イソノキ *371* 650
イソノキ属 *371*
イソヤマアオキ *172* 252
イソヤマダケ *172* 252
イタジイ *404* 716
イタビ *383* 673
イタビカズラ *383* 674
イタヤカエデ *510* 928, (*514* 936)
イタヤメイゲツ *504* 915
イタリアサイプレス *86* 79
イタリヤヤマナラシ *469* 846
イチイ *102* 112, (*103* 113)
イチイ科 *101*
イチイガシ *402* 712
イチイ属 *102*
イチイヒノキ *84* 76
イチイモドキ *84* 75
イチイモドキ属 *84*
イチジク *378* 663
イチジク属 *378*
イチビ属 *561*
イチフサヒメシャラ (*634* 1176)
イチョウ *48* 4
イチョウ科 *48*
イチョウ属 *48*
イチョウ目 *48*
イトカケソウ *760* 1427
イトザクラ *252* 411
イトスギ *86* 79
イトスギ属 *86*
イトスナヅル (*133* 174)
イトヒバ *90* 88
イトヤナギ *460* 828

イトラン *141* 189
イトラン属 *139*
イヌウメモドキ (*768* 1443)
イヌエンジュ *240* 388
イヌエンジュ属 *240*
イヌカゴ *570* 1048
イヌガシ *133* 173
イヌガヤ *101* 109, (*101* 110)
イヌガヤ属 *101*
イヌガンピ *570* 1048
イヌグス *125* 158
イヌゴシュユ (*544* 996)
イヌコリヤナギ *456* 820
イヌザクラ (*272* 452), *273* 454
イヌザンショウ *543* 993
イヌシデ *425* 757
イヌシュロチク *147* 201
イヌスギ *83* 74
イヌスズ (*163* 234)
イヌツゲ *770* 1447
イヌツヅラ *173* 254
イヌナツメ (*366* 640)
イヌニンドウ *785* 1478
イヌビワ *383* 673
イヌブシ *424* 755
イヌブナ *405* 717
イヌマキ (*77* 61), *77* 62
イヌマキ属 *77*
イヌマルバヤナギ (*463* 834)
イネ科 *154*
イネ目 *154*
イノコシバ *635* 1177
イブキ *96* 100
イブキシモツケ *304* 516
イブキジャコウソウ *761* 1430, (*762* 1431)
イブキジャコウソウ属 *761*
イブキビャクシン *96* 100
イボタノキ *748* 1403
イボタノキ属 *747*
イボタヒョウタンボク *789* 1485
イモノキ *445* 798, *803* 1514
イヨ *535* 977
イヨカン *535* 977
イラクサ科 *393*
イラモミ *64* 36
イリシバ *599* 1106
イリヒサカキ *599* 1106
イルカンダ *229* 366
イロハカエデ *498* 903
イロハモミジ *498* 903, (*501* 909)
イワイノキ *483* 873
イワウメ *640* 1188
イワウメ科 *640*
イワウメ属 *640*
イワウメヅル *436* 779
イワガサ *303* 513
イワガネ *394* 695
イワガラミ (*593* 1093), *593* 1094
イワガラミ属 *593*
イワキ (*747* 1402)
イワシデ *425* 758
イワシモツケ *303* 514
イワタバコ科 *750*
イワツクバネウツギ *799* 1506
イワツクバネウツギ属 *799*
イワツゲ *771* 1449
イワヅタイ *716* 1339
イワツツジ *662* 1232, (*703* 1313)
イワテヤマナシ (*324* 556)
イワナシ *706* 1319
イワナシ属 *706*
イワハギ *717* 1341
イワヒゲ *707* 1321
イワヒゲ属 *707*
イワフジ *227* 361
イワヤナギ *461* 830
イングリッシュ・アイビー *807* 1521
インドオウダン *230* 368
インドゴムノキ *378* 664, (*379* 665)
インドシタン属 *230*
インドチャンチン (*547* 1001)
インドトキワサンザシ *310* 528
インドナガコショウ (*108* 124)
インドナギ *76* 60
インドボダイジュ *382* 671

ウ

ウエスタンレッドシーダー *94* 96
ウキツリボク *561* 1030
ウグイスカグラ *787* 1481
ウグイスノキ *787* 1481
ウグヨシ *453* 813
ウケザキオオヤマレンゲ *115* 138
ウケザキカイドウ *324* 555
ウコギ *802* 1511
ウコギ科 *801*
ウコンウツギ *797* 1501
ウコンウツギ属 *797*
ウコンバナ *130* 167
ウサンチク (*157* 222)
ウシカバ *769* 1446
ウシコロシ *317* 542, *371* 649
ウジルカンダ *229* 366
ウスイロフクリンセンネンボク *143* 193
ウスキハクサンシャクナゲ *689* 1285
ウスギモクセイ *738* 1383
ウスギヨウラク *651* 1209
ウスゲオガラバナ (*506* 919)
ウスゲサンカクヅル (*220* 347)
ウスノキ *698* 1303
ウダイカンバ *421* 750
ウチコミツルシキミ (*540* 988)
ウチコミツルミヤマシキミ (*540* 988)
ウチダシミヤマシキミ *540* 987
ウチムラサキ *527* 961
ウチワカエデ *503* 913
ウチワヤシ *149* 206
ウツギ *594* 1095
ウツギ属 *594*
ウツクシマツ *50* 8
ウツクシモミ *71* 50
ウドカズラ *223* 353
ウノハナ *594* 1095
ウバガネモチ *603* 1114
ウバヒガン *251* 410
ウバメガシ *399* 706
ウベ *171* 250
ウマグリ *518* 943
ウマメガシ *399* 706
ウミブドウ *578* 1063
ウメ *276* 459
—'アオジクウメ' *278* 464
—'梓' (*281* 470)
—'梓弓' (*281* 470)
—'アワジ' (*285* 478)
—'イリヒノウミ' (*281* 470), (*285* 478)
—'栄冠' (*284* 476)
—'遠州糸枝垂' (*282* 472)
—'オオミナト' (*281* 470)
—'乙女袖' (*286* 479)
—'カイウンバイ' (*283* 473)
—'カゴシマ' *284* 476
—'カスガノ' *280* 468
—'寒紅梅' (*279* 465)
—'キネンバイ' (*285* 478)
—'キンジシ (金獅子)' (*278* 464), (*283* 473)
—'雲井' (*286* 479)
—'黒雲' (*284* 476)
—'クロダ' *286* 479
—'ケンキョウ' (*286* 479)
—'ケンキョウデン' (*286* 479)
—'コウテンバイ' *279* 466
—'サクラカガミ' (*282* 471)
—'サバシコウ (佐橋紅)' (*280* 467), *284* 475
—'シラタエ (白妙)' (*278* 464), (*283* 473)
—'白玉' (*283* 473)
—'シラタマウメ' (*278* 464)

—‘ソウメイノツキ’ *285* 478
—‘ダイリ’（*280* 467）
—‘ダイリンリョクガク（大輪緑萼）’（*278* 464），（*283* 473）
—‘タニノユキ’（*285* 478）
—‘玉垣枝垂’（*282* 472）
—‘玉牡丹枝垂’（*282* 472）
—‘蝶の羽重’（*286* 479）
—‘ツキカゲ（月影）’（*278* 464），（*283* 473）
—‘ツキカゲシダレ’（*278* 464），*283* 474
—‘ツキノカツラ’（*278* 464），*283* 473
—‘テッケンバイ’ *282* 471
—‘トウバイ’ *285* 477
—‘トヤデノタカ’ *281* 470
—‘ヒノツカサシダレ’（*281* 469）
—‘緋梅’（*284* 475）
—‘フジボタンシダレ’ *282* 472
—‘ベニチドリ（紅千鳥）’（*280* 467），（*284* 475）
—‘紅冬至’（*279* 465）
—‘ベニフデ’（*279* 466）
—‘ホウリュウカク’ *280* 467
—‘ミカイコウ’（*282* 471）
—‘ミチシルベ’ *279* 465
—‘ミヨシノ’（*279* 466）
—‘ムサシノ（武蔵野）’（*283* 473），（*286* 479）
—‘無類絞り’（*280* 468）
—‘メオトシダレ’ *281* 469
—‘流芳’（*280* 467）
—‘緑萼’（*283* 473）
—‘輪違い’（*280* 468）
ウメウツギ *595* 1098
ウメザキウツギ *297* 502
ウメモドキ *768* 1443
ウヤク *131* 169
ウラクツバキ （*633* 1173）
ウラゲウコギ （*801* 1510）
ウラゲエンコウカエデ （*511* 929）
ウラゲハクサンシャクナゲ（*689* 1285）
ウラシマツツジ *649* 1206
ウラシマツツジ属 *649*
ウラジロイチゴ *338* 584
ウラジロウコギ （*803* 1513）
ウラジロウツギ *596* 1099
ウラジロエノキ *377* 661
ウラジロエノキ属 *377*
ウラジロガシ *401* 709
ウラジロカワラハンノキ （*417* 742）
ウラジロカンバ *422* 751
ウラジロゴシュユ *545* 997
ウラジロコハクウンボク （*642* 1191）
ウラジロタイサンボク *116* 139
ウラジロナツハゼ （*698* 1304）
ウラジロナナカマド *315* 538
ウラジロノキ *317* 541
ウラジロハコヤナギ *470* 848
ウラジロハンノキ （*417* 742）
ウラジロヒカゲツツジ （*694* 1295）
ウラジロフジウツギ *752* 1411
ウラジロマタタビ （*644* 1196）
ウラジロムク *377* 661
ウラジロヤナギ *467* 841
ウラジロヨウラク *650* 1208
ウラジロレンゲツツジ （*653* 1213）
ウラスギ *79* 65
ウリカエデ *507* 922
ウリヅタ *593* 1094
ウリノキ *579* 1066，*592* 1092
ウリノキ属 *579*
ウリバ *592* 1092
ウリハダカエデ *506* 920
ウリ目 *427*
ウルシ *491* 890
ウルシ科 *491*
ウルシ属 *491*
ウワミズザクラ *272* 452
ウワミズザクラ属 *272*
ウンシュウミカン *522* 951
ウンゼンツツジ *661* 1229
ウンナンソケイ （*737* 1381）
ウンナンツバキ *619* 1146
ウンリュウバイ *279* 466
ウンリュウヤナギ *458* 824

エ

エイノキ *369* 645
エゴノキ *641* 1189
エゴノキ科 *641*
エゴノキ属 *641*
エゾアジサイ *586* 1080
エゾアリドオシ *800* 1507
エゾイソツツジ *695* 1297
エゾイタヤ *511* 930
エゾイチゴ *339* 585
エゾイヌガヤ *101* 110
エゾイボタ （*748* 1404）
エゾウコギ属 *801*
エゾエノキ *375* 658
エゾサンザシ *309* 525
エゾシモツケ *305* 517
エゾシャクナゲ （*689* 1285）
エゾスグリ *216* 339，（*217* 341）
エゾツツジ *650* 1207
エゾツツジ属 *650*
エゾツリバナ （*433* 773）
エゾニワトコ （*778* 1463）
エゾノウワミズザクラ （*272* 452）
エゾノオオサンザシ *309* 525
エゾノキヌヤナギ *467* 841
エゾノコリンゴ *322* 552
エゾノシロバナシモツケ *301* 509
エゾノタカネヤナギ *463* 834
エゾノツガザクラ *708* 1324
エゾノマルバシモツケ （*300* 508）
エゾハンショウヅル *180* 268
エゾヒョウタンボク *792* 1491
エゾホザキナナカマド （*299* 506）
エゾマツ *61* 29
エゾマメヤナギ *465* 838
エゾムラサキツツジ *693* 1293
エゾヤナギ *466* 839
エゾヤマザクラ *249* 406
エゾヤマモモ *409* 725
エゾユズリハ *213* 333
エドイチゴ *335* 577
エドヒガン *251* 410，（*257* 421）
エニシダ *236* 379
エニシダ属 *235*
エニスダ *236* 379
エノキ （*375* 658），*376* 660
エノキグサ属 *443*
エノキ属 *375*
エノコロヤナギ *454* 816
エビカズラ *221* 349
エビガライチゴ *338* 584
エビヅル *221* 349
エルム （*374* 656），*375* 657
エンゲルマントウヒ *65* 38
エンコウカエデ *511* 929
エンコウスギ *79* 66
エンジュ *240* 387
エンシュウシャクナゲ *691* 1290
エンジュ属 *240*

オ

オウギヤシ *149* 206
オウギヤシ属 *149*
オウゴンイトヒバ *91* 90
オウゴンカシワ *397* 701
オウゴンクジャクヒバ （*88* 84）
オウゴンシノブヒバ （*92* 91），*92* 92
オウゴンスイリュウヒバ （*89* 86）
オウゴンスギ *81* 69
オウゴンタマイブキ （*98* 104）

オウゴンチャボヒバ *89* 85
オウゴンネグンドカエデ （*510* 927）
オウゴンヒバ *89* 85
オウゴンヒヨクヒバ （*90* 88），*91* 90
オウゴンモウソウ （*155* 217）
オウシュウアカマツ *52* 11
オウシュウトウヒ *65* 37
オウシュウナナカマド *314* 536
オウバイ *736* 1380
オオアブラギリ （*446* 800）
オオアマチャ *589* 1085
オオアリドオシ *714* 1336
オオイタビ *384* 675
オオイタヤメイゲツ *504* 916
オオウコギ *802* 1512
オオウラジロノキ *320* 548
オオカナメモチ （*318* 543），*318* 544
オオカマツカ （*317* 542）
オオカメノキ *784* 1475
オオカンザクラ （*271* 450）
オオキツネヤナギ （*461* 830），*462* 831
オオキリムラサキ （*678* 1263）
オオクマヤナギ *367* 642
オオクロウメモドキ *371* 649
オオコマユミ *430* 768
オオコメツツジ *676* 1260
オオサンザシ （*307* 522）
オオシダレ （*460* 828）
オオシマガンピ （*570* 1047）
オオシマザクラ *251* 409，（*257* 421）
オオシマダケ *167* 241
オオシマハイネズ *100* 107
オオシラビソ *68* 44，（*69* 45）
オオシロシキブ （*754* 1415）
オオシロシマセンネンボク （*142* 191）
オオシロヤナギ *459* 825
オオズミ *320* 548
オオタカネバラ （*348* 604）
オオチョウジガマズミ （*781* 1470）
オオツガザクラ *709* 1325
オオツクバネウツギ *798* 1503
オオツクバネガシ （*402* 711）
オオツヅラフジ *173* 253
オオツリバナ *434* 775
オオツルウメモドキ *435* 778
オオツルコウジ （*604* 1116）
オオデマリ *783* 1474
オオトネリコ *743* 1393
オオナラ *395* 698
オオネコヤナギ *462* 831
オオネマガリ （*160* 228）
オオバアカメガシワ *444* 795
オオバアサガラ （*642* 1192），*643* 1193
オオバイボタ *749* 1405
オオバエゴノキ （*641* 1189）
オオバエゾヒョウタンボク *792* 1491
オオバオオヤマレンゲ *115* 137，（*115* 138）
オオバグミ *365* 637
オオバケヤキ （*373* 653）
オオバコ科 *750*
オオバザサ *162* 231
オオハシバミ （*414* 736）
オオバスノキ （*697* 1302）
オオバチドリノキ （*515* 938）
オオバツツジ *652* 1211
オオバノキハダ （*541* 989）
オオバヒルギ *441* 790
オオバヒルギ属 *441*
オオバフウトウカズラ （*109* 126）
オオバブシダマ *792* 1491
オオバベニガシワ *444* 795
オオバボダイジュ *549* 1005
オオハマボウ （*553* 1013）
オオバメギ *175* 257
オオバヤシャブシ *419* 745
オオバヤドリギ *576* 1059
オオバヤドリギ科 *575*
オオバヤナギ *468* 843
オオバライチゴ *342* 592
オオヒョウタンボク *790* 1487
オオフジイバラ （*351* 610）
オオフトモモ *487* 881
オオマキエハギ （*234* 375）
オオマルバノテンニンソウ *760* 1428
オオミサンザシ （*307* 521），*307* 522
オオミツバキ *607* 1122
オオミツルコケモモ *703* 1313
オオミヤマガマズミ （*779* 1466）
オオミヤマナナカマド *315* 537
オオムラサキ *678* 1263
オオムラサキシキブ *754* 1415
オオメイゲツ （*503* 913）
オオモミジ *501* 909
オオヤマザクラ *249* 406
オオユズ *530* 967
オールスパイス *485* 877
オールスパイス属 *485*
オカウコギ （*801* 1510）
オガサワラグワ （*389* 686）
オガサワラニッケイ （*124* 155）
オガサワラビロウ （*148* 203）
オガタマノキ *116* 140，（*117* 141）
オカメザサ *160* 227
オカメザサ属 *160*
オガラバナ *506* 919
オキシャクナゲ （*690* 1287）
オキナマキ （*77* 62）
オキナワテイカカズラ （*727* 1362）
オキナワハイネズ *100* 107
オキナワマツ *51* 10
オクイボタ *748* 1404
オクチョウジザクラ （*254* 415），*254* 416
オシロイバナ科 *578*
オゼトウヒ （*61* 30）
オトギリソウ科 *475*
オトギリソウ属 *475*
オトコブドウ *220* 348
オトコヨウゾメ *780* 1468
オナゴダケ *166* 240
オニイタヤ （*510* 928）
オニウコギ *801* 1510，*802* 1512
オニガシ属 *403*
オニグルミ *409* 726
オニシバリ *568* 1043
オニジュロ *149* 205
オニツツジ *653* 1213
オニツルウメモドキ （*435* 778）
オニナナカマド *313* 534
オニヒョウタンボク *790* 1488
オニモオジ *512* 931
オニヤブムラサキ *755* 1418
オノエヤナギ *466* 840
オノオレ *423* 753
オノオレカンバ *423* 753
オハツキイチョウ （*48* 4）
オバルハンノキ *416* 740
オヒョウ *374* 655
オヒョウニレ *374* 655
オヒルギ *441* 789
オヒルギ属 *441*
オマツ *49* 6
オミノキ *70* 48
オモテスギ *80* 67
オランダドリアン *118* 144
オランダボダイジュ *552* 1011
オランダモミ *82* 72
オリーブ *740* 1388
オリーブ属 *740*
オレゴンパイン *68* 43
オンコ *102* 112
オンツツジ *658* 1224

カ

カイエンナッツ *562* 1032

カイコウズ *228* 363
カイシジノキ（*744* 1396）
カイセイトウ *524* 955
カイヅカイブキ *98* 103
カイヅカビャクシン *98* 103
カイドウ *321* 550，*322* 551
カイドウズミ *319* 546
カイナンサラサドウダン *649* 1205
カイノキ *495* 897
カイミツバツツジ（*656* 1219）
カエデ'アカシギタツサワ'（*500* 907）
—'アカヂニシキ'（*499* 905）
—'アサヒヅル'（*499* 905）
—'イイジマスナゴ' *500* 908
—'ウコン' *501* 910
—'オオサカズキ'（*500* 908）
—'オリドノニシキ'（*499* 905）
—'カギリニシキ'（*501* 910）
—'カセンニシキ' *499* 905
—'キヨヒメ'（*499* 906）
—'クラベヤマ'（*500* 907）
—'サザナミ' *500* 907
—'サンゴカク' *502* 912
—'シギタツサワ'（*500* 907），（*502* 912）
—'シシガシラ'（*499* 906）
—'セイゲン' *499* 906
—'タマヒメ'（*499* 906）
—'タムケヤマ'（*502* 912）
—'チゾメ'（*501* 910）
—'ナナセガワ'（*500* 908）
—'ニシキガサネ'（*502* 912）
—'ノムラカエデ'（*500* 908）
—'ハゴロモ'（*499* 905）
—'ヒガサヤマ'（*499* 906）
—'マツガエ'（*502* 912）
—'ミズクグリ'（*500* 907）
—'ヤツブサ'（*499* 906）
—'ユウグレ'（*500* 908）
—'ワビビト'（*502* 912）
カエデ属 *498*
カエデバスズカケノキ *191* 289
カカオ *564* 1035
カカオ属 *564*
カカオノキ *564* 1035
カカツガユ *392* 692
カカバイ（*121* 149）
カカラ *135* 178
カキ *601* 1109
カギカズラ *718* 1344
カギカズラ属 *718*
カキノキ *601* 1109
カキノキ科 *601*
カキノキ属 *601*
カキノキダマシ *731* 1369
ガクアジサイ *584* 1076
ガクウツギ *591* 1089
ガクソウ *584* 1076
カクダケ *169* 245
ガクバナ *584* 1076
カクバマキ（*77* 62）
カクバモミ *73* 53
カクミノスノキ *698* 1303
カクレミノ *805* 1517
カクレミノ属 *805*
カゴノキ *127* 161
カザグルマ *178* 264
カザンジマ *664* 1236
カザンデマリ *310* 528
カジイチゴ *335* 577
カジカエデ *512* 931
カジノキ *390* 688
カシノハモチ *773* 1454
カシューナット *497* 902
カシューナットノキ *497* 902
カシューナットノキ属 *497*
ガジュマル *382* 672
カショウクズマメ（*229* 366）
カシワ *398* 703
カシワナラ *396* 700
カシワバゴムノキ *381* 670
カスピダァータ *621* 1150
カスミザクラ *250* 407
カスミノキ *496* 899
カタオカザクラ（*265* 437）
カタザクラ *275* 457
カタバミ科 *438*
カタバミ目 *438*
カタン *453* 814
カツラ *212* 331
カツラ科 *211*
カツラ属 *211*
カナウツギ *247* 402
カナクギノキ *129* 166
カナシデ *426* 759
カナダトウヒ *62* 31
カナメノキ *494* 896
カナメモチ *318* 543，（*318* 544），（*319* 545）
カナメモチ属 *318*
カナリアノキ *491* 889
カナリーキヅタ *806* 1520
—'マルギノ・マキラータ'（*806* 1520）
カナリーヤシ *151* 209
カバノキ科 *414*
カバノキ属 *420*
カバレンゲ（*653* 1213）
カブス *524* 956
カブダチクジャクヤシ（*150* 207）
カボス *524* 956
カポック *810* 1528
カポック・コンパクタ（*810* 1528）
カマクラカイドウ *331* 569
カマクラヒバ *88* 83
カマクラビャクシン *96* 100
ガマズミ *778* 1464
ガマズミ属 *778*
カマツカ *317* 542
カマツカ属 *317*
カマノキ *191* 290
カマルドレンシス *479* 865
カミエビ *172* 251
カミノキ *570* 1047
カムシバ *113* 134
カメシパリス・オブツーサ'ナナ' *90* 87
—'ナナ・オーレア'（*90* 87）
—'ナナ・ルテア'（*90* 87）
カヤ（*101* 109），*104* 115
カヤ属 *104*
カヤノキ *104* 115
カユプテ *483* 874
カラウメ *120* 148
カラコギカエデ *509* 926
カラコマユミ（*430* 767）
カラスキバサンキライ *138* 183
カラスザンショウ *543* 994
カラスシキミ *567* 1042
カラタケ *158* 224
カラタチ *536* 980
カラタチバナ *605* 1118
カラタネオガタマ *117* 141
カラフトキハダ *541* 989
カラフトシキミ（*540* 988）
カラフトズミ *322* 552
カラフトツツジ *650* 1207
カラフトツリバナ（*433* 774）
カラフトマツ *58* 23
カラフトヤナギ *466* 840
カラボケ *327* 562
カラマツ *58* 24
カラマツ属 *58*
カラミザクラ *271* 449
カラムラサキツツジ（*693* 1294）
カラヤマグワ *388* 684，（*389* 685）
ガリア科 *712*
ガリア目 *711*
カリッサ *729* 1365
カリッサ属 *729*
カリフォルニアレッドファー *73* 53
カリン *330* 568
カルーナ *696* 1299
—'H.E. ビール'（*696* 1299）
—'ダークネス'（*696* 1299）
—'マルチカラー'（*696* 1299）
カルーナ属 *696*

カルミア属 *695*
カワグルミ *412* 731
カワザクラ *659* 1226
カワシロ *394* 695
カワチハギ （*233* 373）
カワヤナギ *454* 816，*455* 818
カワラゲヤキ *374* 656
カワラハンノキ （*416* 740），*417* 742
カワラフジ *243* 393
カワラフジノキ *243* 394
カンイチゴ *333* 573
カンコウバイ *278* 463
ガンコウラン *696* 1300
ガンコウラン属 *696*
カンコノキ *452* 811
カンコノキ属 *452*
カンザクラ *271* 450
カンザブロウノキ *637* 1181
カンザンチク *165* 238
ガンタチイバラ *135* 178
カンチク *168* 244
カンチク属 *168*
カンツバキ（*626* 1159），*632* 1172，（*633* 1173）
カントンスギ *82* 72
カンノンチク *147* 202
カンパク *292* 491
ガンピ *570* 1047
カンヒザクラ *256* 420
ガンピ属 *570*
カンヒトウ （*291* 490）
カンボウフウ （*412* 731）
カンボク *784* 1476
寒ボタン （*200* 307）
カンラン *491* 889
カンラン科 *491*
カンラン属 *491*

キ

キアカソ *393* 693
キイシモツケ （*303* 514）
キイチゴ属 *332*
キウイフルーツ *645* 1198
キガンピ *571* 1049
キク科 *776*
キクバエビヅル （*221* 349）
キク目 *776*
キコウチク *156* 219
キコガンピ *571* 1049
キササゲ *764* 1436，（*765* 1437）
キササゲ属 *764*
キジカクシ科 *138*
キジカクシ目 *138*
キシツツジ *663* 1233
—'ワカサギ'（*663* 1233）
キシモツケ *300* 507
キシュウミカン *523* 953
キソケイ *737* 1381
キタゴヨウ （*55* 17），*55* 18，（*57* 21）
キタゴヨウマツ *55* 18
キダチニンドウ *786* 1479
キダチヒャクリ *762* 1431
キダチルリソウ *732* 1371
キダチルリソウ属 *732*
キタヤマダイスギ *79* 65
キチジソウ *195* 298
キッコウチク *156* 219
キッコウツゲ *770* 1448
キッコウヒイラギ （*739* 1386）
キヅタ *806* 1519
キヅタ属 *806*
キツネノマゴ科 *763*
キツネノマゴ属 *763*
キツネヤナギ *461* 830，（*462* 831）
キヌガシワ *192* 291
キヌゲミヤマヤナギ （*461* 829）
キヌヤナギ （*467* 841），*467* 842
キハギ *233* 374
キハダ *541* 990
キハダ属 *541*
キバナウツギ *795* 1498
キバナコツクバネ *798* 1504
キバナシャクナゲ *688* 1284
キバナスグリ （*219* 345）
キバナハウチワカエデ *504* 915
キバナミソハギ *477* 861
キバナミソハギ属 *477*
キバナランタナ （*765* 1438），*766* 1439
キヒヨドリジョウゴ *217* 342
キブシ *490* 888
キブシ科 *490*
キブシ属 *490*
キフタコノキ *135* 177
キフヒイラギ （*739* 1386）
キプロスシーダー （*59* 25）
キマダラネズミモチ（*747* 1402）
キミガヨラン （*139* 186），*140* 187
キミツルウメモドキ （*435* 777）
キミノイヌリンゴ （*324* 555）
キミノガマズミ （*778* 1464）
キミノコバノガマズミ （*779* 1465）
キミノシロダモ （*132* 172）
キミノセンリョウ （*107* 121）
キミノバンジロウ （*484* 876）
キミノヒョウタンボク （*793* 1493）
キャッサバ *445* 798
キャッサバ属 *445*
キャニモモ *474* 856
キャラボク （*102* 112），*103* 113
ギュウシンリ *119* 146
ギョウジャカズラ *436* 780
ギョウジャノミズ *220* 347
キョウチクトウ *725* 1358
—'イトジマ'（*726* 1360）
—'スウール・アグレ'（*727* 1361）
—'プーラン・グレゴアル'（*726* 1360）
—'ブライト・ゴールデン・イエロー'（*727* 1361）
—'マドンナ・グランディフローラ' *727* 1361
—'ミセス・スワンソン' *726* 1360
キョウチクトウ科 *725*
キョウチクトウ属 *725*
ギョクシンカ *723* 1353
ギョクシンカ属 *723*
ギョクセイ *115* 138
ギョクダンカ （*591* 1090）
キヨズミイボタ （*748* 1404）
キヨスミサワアジサイ *587* 1081
キヨスミミツバツツジ *657* 1222
ギョボク *572* 1052
ギョボク属 *572*
ギョリュウ科 *577*
ギョリュウ属 *577*
ギョリュウバイ *480* 867
ギョリュウモドキ *696* 1299
ギョリュウモドキ属 *696*
キリ *762* 1432
キリ科 *762*
キリシマツツジ *681* 1269
キリ属 *762*
キレダマ *237* 382
キレニキシ *498* 904
キレバサンザシ （*307* 522）
キレンゲツツジ *653* 1214
キンカチャ *623* 1154
キンカン *537* 981
キンキヒョウタンボク （*788* 1483）
キンキマメザクラ （*255* 417）
キンギョシバ *753* 1413
キンギンチク *157* 221
キンギンボク *793* 1493
キンクジャク （*88* 84）
キンクネンボ *525* 958
ギンコウバイ *483* 873
キンシバイ *475* 857
キンタイザサ （*162* 231）
キンタイチシマ （*160* 228）
キンヅ *538* 983

キントラノオ（*454* 815）
キントラノオ科 *454*
キントラノオ目 *440*
ギンドロ *470* 848
ギンナン *48* 4
ギンバアカシア *245* 397
ギンバイカ *483* 873
ギンバイカ属 *483*
キンヒバ *89* 85
キンポウゲ科 *178*
キンポウゲ目 *169*
キンポウラン *140* 188
キンマ（*108* 124），*109* 125
キンマサキ（*431* 770）
ギンマルバユーカリ *478* 864
キンメイチク *157* 221
キンメイモウソウ *155* 218
キンメヤナギ *462* 831
キンモクセイ *737* 1382
ギンモクセイ *738* 1384
ギンヨウアカシア *245* 397
ギンヨウアトラスシーダー（*59* 26）
ギンヨウカエデ（*514* 936）
キンロウバイ *360* 628
キンロバイ *360* 628，（*361* 629）
ギンロバイ（*360* 628），*361* 629
キンロバイ属 *360*

ク

グアバ *484* 875
グイ *346* 600
グイマツ *58* 23，（*58* 24）
クインスランドナットノキ *192* 292
クウィニマンゴー *497* 901
クコ *733* 1373
クコ属 *733*
クサイチゴ *343* 593
クザカイザサ（*162* 231）
クサギ *757* 1422
クサギ属 *757*
クサスギカズラ科 *138*
クサスギカズラ目 *138*
クサツゲ *194* 296
クサニンジンボク（*757* 1421）
クサハギ *226* 359
クサボケ *326* 560
クサボタン *180* 267
クサマキ *77* 62
クサリスギ *80* 68
クジャクヒバ *88* 84
クジャクヤシ *150* 207
クジャクヤシ属 *150*
クズ *235* 377
クズカズラ *235* 377
クズ属 *235*
クスドイゲ *471* 850
クスドイゲ属 *471*
クスノキ *123* 153
クスノキ科 *123*
クスノキ属 *123*
クスノキ目 *120*
クスノハカエデ（*516* 939）
クズモダマ *229* 366
クチナシ *721* 1349
クチナシ属 *721*
クニブ *533* 973
クヌギ *398* 704
グネツム目 *49*
クネンボ *533* 973
クマイザサ *162* 232
クマイチゴ *335* 578
クマコケモモ *649* 1206
クマザサ *161* 230，（*162* 231）
クマシデ *426* 759
クマツヅラ科 *765*
クマノミズキ *581* 1070
クマヤナギ *367* 641
クマヤナギ属 *367*
グミ科 *361*
グミ属 *361*
クモイヒョウタンボク（*792* 1492）
クモイヤシ *152* 211
クライタボ *384* 676
グラウカモクマオウ *413* 734
クラタエグス・モノギナ *308* 523
グランサムツバキ *621* 1149
グランドヒノキ *86* 80
グランドファー *73* 54
クランベリー *703* 1313
クリ *406* 720
クリームウツギ（*796* 1499）
クリ属 *406*
クルミ科 *409*
クルミ属 *409*
クルメツツジ（*682* 1271）
グレープフルーツ *528* 963
クレタケ *158* 224
クレマチス‘アサウ’（*184* 275）
—‘アサガスミ’ *185* 277
—‘アッパレ’（*185* 277）
—‘イセハラ’ *185* 278
—‘ウンゼン’（*184* 276）
—‘エドムラサキ’ *183* 273
—‘カキオ’ *184* 275
—‘カワサキ’（*184* 275）
—‘キキョウ’（*187* 282）
—‘キリガミネ’（*187* 281）
—‘ギンガ’（*186* 279）
—‘ゲンジグルマ’（*183* 274）
—‘コチョウ’（*187* 282）
—‘ジョウザンノサト’（*186* 279）
—‘ジョウネン’（*183* 274）
—‘シラネ’（*184* 276）
—‘タテシナ’ *187* 281
—‘ツバクロ’（*186* 280）
—‘テシオ’ *184* 276
—‘ノリクラ’（*186* 280）
—‘ハクオウカン’（*185* 277）
—‘ハクチョウ’（*187* 281）
—‘ハコネ’（*185* 278）
—‘ヒサ’ *187* 282
—‘フジナミ’（*183* 273）
—‘フジムスメ’（*183* 273）
—‘フジヤエ’（*185* 278）
—‘ミサヨ’ *183* 274
—‘ミョウコウ’ *186* 280
—‘ワカムラサキ’ *186* 279
クロイチゴ *340* 588
クロウグイス *788* 1484
クロウスゴ *699* 1306
クロウメモドキ *369* 646
クロウメモドキ科 *365*
クロウメモドキ属 *369*
クロエゾ *61* 29
クローブノキ *486* 880
クロカエデ（*514* 936）
クロガネモチ *772* 1451
クロカンバ *370* 647
クロキ *635* 1178
クロクルミ *410* 728
クロスグリ（*216* 340）
クロセンダン *494* 896
クロソヨゴ *769* 1446
クロチク *158* 223
クロツグ *153* 214，（*154* 215）
クロツグ属 *153*
クロッソソマ目 *489*
クロツバラ *371* 649
クロツリバナ *433* 774
クロヅル *436* 780
クロヅル属 *436*
クロトキワガキ *602* 1111
クロトチュウ *432* 772
クロトンノキ *447* 802
—‘アオキバクロトン’（*448* 803）
—‘アカマキ’（*450* 807）
—‘アケボノクロトン’ *448* 803
—‘インディアン・ブランケット’（*448* 804）
—‘オウゴンリュウセイ’（*450* 808）
—‘キンセンコウ’（*450* 807）
—‘ゴールディアナ’（*447* 802）
—‘コンパクター’（*447* 802），（*449* 806）

—'ショウキッコウ' (*449* 805)
—'ショウリボンバ' (*447* 802)
—'スナゴツルギバ' (*449* 806)
—'ハーベスト・ムーン' *448* 804
—'ホソキマキ' *450* 807
—'リュウセイクロトン' *450* 808
—'リュウノヒゲ' (*447* 802)
クロバイ (*635* 1177), *636* 1179
クロバカズラ属 *716*
クロバナハンショウヅル *180* 268
クロバナヒョウタンボク *789* 1486
クロバナロウバイ *122* 151
クロビイタヤ *511* 930, (*512* 931)
クロフネツツジ (*655* 1217)
クロベ *93* 94
クロベ属 *93*
クロマツ *49* 6, (*53* 14)
クロマメノキ *700* 1307, (*703* 1313)
クロミキイチゴ *345* 597
クロミグワ *390* 687
クロミサンザシ *309* 526
クロミノウグイス *788* 1484
クロミノウグイスカグラ *788* 1484
クロミノサワフタギ (*640* 1187)
クロミノニシゴリ *640* 1187
クロモジ *129* 165
クロモジ属 *129*
クロヤナギ (*454* 816), *455* 817
クロヤマナラシ *469* 845, (*469* 846)
クワ科 *378*
クワ属 *388*
クワノハエノキ (*376* 659)

ケ

ケアオダモ (*742* 1391)
ケアサガラ *643* 1193
ケアブラチャン (*131* 170)
ケイアップル (*472* 851)
ケイヌビワ (*383* 673)
ケウツギ *796* 1500
ケウラゲエンコウカエデ (*511* 929)
ケエンコウカエデ (*511* 929)
ケオオバイボタ (*749* 1405)
ケオオバハシドイ (*746* 1399)
ケガキ *602* 1112
ケカラスザンショウ (*543* 994)
ケグワ *389* 686, (*390* 687)
ケケンポナシ (*365* 638)
ケコマユミ (*430* 767)
ケサクラツツジ (*659* 1226)
ケサンカクヅル (*220* 347)
ケシバニッケイ (*124* 156)
ケショウヤナギ *468* 844
ケシンテンルリミノキ *713* 1334
ケスナヅル (*133* 174)
ケタカネイワヤナギ (*463* 833)
ゲッケイジュ *134* 175
ゲッケイジュ属 *134*
ケナシアオハダ (*767* 1441)
ケナシウグイスカグラ (*787* 1481)
ケナシコウモリカズラ (*174* 255)
ケナシハクサンシャクナゲ *689* 1285
ケナシヤシャビシャク (*218* 343)
ケナシヤブデマリ (*783* 1473)
ケネザサ *168* 243
ケハンノキ (*415* 738)
ケマユミ (*430* 767)
ケムリノキ属 *496*
ケモモ *294* 496
ケヤキ *373* 653
ケヤキ属 *373*
ケヤマウコギ *802* 1512
ケヤマザクラ (*250* 407)
ケヤマハンノキ *417* 741
ケラマツツジ *664* 1236
ゲンカイツツジ *693* 1294
ケンサキ *722* 1351
ゲンジグルマ *294* 496
ゲンペイカズラ *758* 1423
ゲンペイクサギ *758* 1423
ケンポナシ *365* 638
ケンポナシ属 *365*

コ

コアカソ *393* 693
コアジサイ *590* 1088
コアブラツツジ (*647* 1201)
コアマチャ *588* 1084
コイチジク *383* 673
コウオウカ *765* 1438
コウカ *244* 396
コウカギ *244* 396
コウグイスカグラ *788* 1483
コウザンアセビ *705* 1317
コウジ *526* 959
コウシュウウヤク *172* 252
コウシュンモダマ (*244* 395)
コウシンバラ *346* 599
コウゾ (*391* 689)
コウゾ属 *390*
コウチニッケイ *124* 156
コウチムラサキ *755* 1418
コウテンチャ (*606* 1120)
コウトウニクズク (*110* 127)
コウトウハイノキ *637* 1182
コウメ *277* 461, *296* 499
コウモリカズラ *174* 255
コウモリカズラ属 *174*
コウヤボウキ *776* 1459, (*776* 1460)
コウヤボウキ属 *776*
コウヤマキ *78* 64
コウヤマキ科 *78*
コウヤマキ属 *78*
コウヤミズキ *210* 328
コウヨウザン *82* 72
コウヨウザン属 *82*
コウライニワフジ *226* 360
コエゾツガザクラ (*708* 1324)
コエゾヤナギ (*466* 839)
コオノオレ *423* 754
コーパルノキ *76* 60
コーヒーノキ *724* 1355
コーヒーノキ属 *724*
コーラ *564* 1036
コガク *588* 1083
コガネエンジュ *175* 258
コガノキ *127* 161
コガノヤドリギ *576* 1059
コカラスザンショウ *544* 995
コガンピ *570* 1048
ゴキダケ *165* 238
コギノコ *573* 1054
コクサギ *545* 998
コクサギ属 *545*
コクタン *509* 925, *603* 1113
コクタンノキ *432* 772
コクチナシ *721* 1350
コクテンギ *432* 772
コケツツジ *661* 1229
コケモモ *702* 1311
ココノエカズラ *578* 1064
ココノエタマアジサイ (*592* 1091)
ココメイワガサ (*303* 513)
コゴメウツギ *247* 401
コゴメシャリントウ (*311* 529)
コゴメヒョウタンボク (*792* 1492)
コゴメヤナギ (*459* 826), *460* 827
ココヤシ *152* 212
ココヤシ属 *152*
ゴサイバ *443* 794
ゴザダケザサ *165* 237
ゴサンチク *157* 222
コシアブラ *803* 1513

コシアブラ属 *803*
コジイ *404* 715
コジキイチゴ （*342* 591），*343* 594
コシキブ *754* 1416
コシデ *425* 758
コシミノ （*681* 1269）
ゴシュユ *544* 996
ゴシュユ属 *544*
コショウ *108* 123，（*108* 124）
コショウ科 *108*
コショウ属 *108*
コショウノキ *567* 1041
コショウ目 *108*
コツガザクラ *709* 1325
コツクバネ *797* 1502
コツクバネウツギ *798* 1504
コデマリ *302* 512
ゴトウヅル *593* 1093
コトリトマラズ（*174* 256）
コナラ *395* 697
コナラ属 *394*
コネソ *780* 1468
コノテガシワ *95* 97
コノテガシワ属 *95*
コバイタヤメイゲツ （*504* 915）
コハウチワカエデ *504* 915
コハギ *233* 373
コハクウンボク （*641* 1190），*642* 1191
コハクサンボク （*780* 1467）
コバコハウチワ （*503* 913）
コバザクラ *269* 446
コバナユチャ（*620* 1148）
コバノガマズミ *779* 1465
コバノコアカソ （*393* 693）
コバノゴムビワ *385* 677
コバノズイナ（*214* 335）
コバノチョウセンエノキ *376* 659
コバノナナカマド *316* 539
コバノナンヨウスギ *75* 58
コバノハナイカダ （*766* 1440）
コバノフユイチゴ *334* 576
コバノブラシノキ属 *483*
コバノミツバツツジ *656* 1220
コバノムレスズメ （*237* 381）
コパラミツ （*388* 683）
コバンノキ *451* 810
コバンボダイジュ *387* 681
コバンモチ *439* 786
コヒガンザクラ *252* 412
コブシ *112* 131，（*113* 134）
コフジウツギ *751* 1410
コブシハジカミ *112* 131
コブニレ *373* 654
コフネヤシ *152* 211
コボタンヅル （*179* 266）
ゴマイザサ *160* 227
コマガタケスグリ （*216* 339），*216* 340，（*217* 341）
ゴマキ *782* 1471
コマチダケ（*154* 216）
コマツナギ *226* 359
コマツナギ属 *226*
ゴマノハグサ科 *751*
コマユミ（*429* 766），*430* 767
コミカン *523* 953
コミカンソウ科 *451*
コミカンソウ属 *451*
コミネカエデ （*508* 923），*508* 924
コミノクロツグ *153* 214
コミヤマガマズミ （*779* 1466）
ゴム *446* 799
コムラサキ *754* 1416
コムラサキシキブ *754* 1416
ゴメゴメジン *172* 252
コメツガ （*66* 39），*66* 40
コメツツジ *676* 1259
コメヤナギ *460* 827
コモチイバラ *346* 600
コモチクジャクヤシ （*150* 207）
コヤスノキ *801* 1509
ゴヨウアケビ *171* 249
ゴヨウイチゴ *332* 572
ゴヨウツツジ *655* 1217
ゴヨウマツ *55* 17
コヨウラクツツジ *651* 1210
コラノキ *564* 1036
コラノキ属 *564*
コリヤナギ *456* 819
コリンゴ *320* 547，（*323* 553）
コルクガシ *399* 705
コルシカキヅタ （*807* 1521）
ゴレンシ *438* 784
ゴレンシ属 *438*
ゴロウヒバ *93* 94
コロラドモミ *71* 49
コロルニクズク （*110* 127）
コンゴウザクラ *272* 452
ゴンズイ *489* 886
ゴンズイ属 *489*
ゴンゼツノキ *803* 1513
コンテリギ *591* 1089
コンロンカ *720* 1347
コンロンカ属 *720*

サ

サイカチ *243* 394
サイカチ属 *243*
サイコクガマズミ （*779* 1465）
サイコクキツネヤナギ （*461* 830），（*462* 831）
サイゴクミツバツツジ *657* 1221
サイハダカンバ *421* 750
ザイフリボク *311* 530
ザイフリボク属 *311*
サイリンヨウラク *651* 1209
サオトメバナ *718* 1343
サカイツツジ *694* 1296
サカキ *600* 1107
サカキ科 *598*
サカキカズラ *728* 1364
サカキカズラ属 *728*
サカキ属 *600*
サガミコウジ *530* 968
サガリバナ科 *597*
サキシマスオウノキ *563* 1034
サキシマスオウノキ属 *563*
サキワケモモ *292* 492
サクラ‘アサヒヤマ’*265* 437
—‘アマノガワ’*260* 428
—‘アマヤドリ’（*266* 440）
—‘アラシヤマ’*267* 441
—‘アリアケ’（*268* 443）
—‘イチハラトラノオ’*248* 404
—‘イチヨウ’*258* 424
—‘イモセ’（*268* 444）
—‘ウコン’*261* 429，（*261* 430）
—‘ウズザクラ’*264* 436
—‘ウスズミ’*263* 434
—‘エド’*268* 444
—‘オオヂョウチン’*268* 443
—‘オオムラザクラ’*263* 433
—‘オシドリザクラ’（*269* 446）
—‘カリギヌ’（*265* 438）
—‘カンザン’*258* 423，（*260* 428）
—‘ギョイコウ’（*261* 429），*261* 430
—‘キリガヤ’（*267* 441）
—‘キリン’（*260* 428）
—‘ケンロクエンキクザクラ’*262* 432
—‘ココノエ’（*259* 425）
—‘ゴショザクラ’（*267* 442）
—‘ゴシンザクラ’*249* 405
—‘コトヒラ’（*249* 405）
—‘サノザクラ’（*248* 404）
—‘シキザクラ’*253* 414
—‘ショウゲツ’*259* 425
—‘シラユキ’（*263* 434）
—‘シロタエ’*259* 426
—‘スジャク’（*266* 439）
—‘スミゾメ’（*263* 434）
—‘スルガダイニオイ’*262* 431
—‘センリコウ’*266* 440
—‘タイザンフクン’*272* 451
—‘タカサゴ’（*272* 451）
—‘タナバタ’（*260* 428）

—'ナラヤエザクラ' *250* 408
—'バイゴジジュズカケザクラ' *264* 435
—'ハタザクラ'(*264* 436)
—'フクロクジュ' *266* 439
—'フゲンゾウ' *257* 422
—'フユザクラ' *269* 446
—'ベニシグレ'(*264* 435)
—'ホウリンジ' *267* 442
—'ホソカワニオイ'(*259* 426)
—'ボタン'(*260* 427)
—'マンリコウ'(*266* 440)
—'ヤエアケボノ'(*265* 437)
—'ヨウキヒ' *260* 427
—'ワシノオ' *265* 438
サクラガンピ(*570* 1047)
サクラソウ科 *603*
サクラ属 *248*
サクラツツジ *659* 1226
サクラバハンノキ *416* 739
ザクロ *477* 862
ザクロ属 *477*
サゴヤシ *144* 196
サゴヤシ属 *144*
ササ属 *160*
サザンカ *630* 1167,(*633* 1173)
—'アデスガタ'(*633* 1173)
—'エイキュウシボリ'(*630* 1168)
—'エガオ' *633* 1173
—'オオニシキ'(*633* 1173)
—'オオミ'(*633* 1173)
—'オトメサザンカ'(*631* 1169)
—'カイドウマル' *630* 1168
—'コウギョク' *631* 1169
—'シウンダイ'(*631* 1170)
—'シチフクジン' *631* 1170
—'シノノメ'(*631* 1169)
—'タイショウニシキ'(*631* 1170)
—'タマツシマ'(*630* 1168)
—'タムケヤマ'(*632* 1171)
—'チヨノツル'(*631* 1170)
—'ツキノカサ'(*631* 1170),(*632* 1171)
—'ツメオリガサ'(*631* 1169)
—'鳴海潟'(*626* 1160)
—'フジノミネ' *632* 1171
—'ベニオトメサザンカ'(*631* 1169)
—'ミネノユキ'(*632* 1171)
—'メイゲツ'(*630* 1168)
ザゼンモモ *291* 489
ザダイダイ *524* 955
サタツツジ(*660* 1227)
サツキ *665* 1237
—'アイコク' *671* 1250
—'アイノツキ'(*671* 1250)
—'旭の光'(*665* 1238)
—'アヅマカガミ'(*669* 1246)
—'天笠'(*670* 1248)
—'アヤニシキ(綾錦)'(*666* 1239),(*667* 1242)
—'イッショウノハル' *673* 1253
—'ウンゲツ'(*669* 1245)
—'オオサカズキ' *666* 1240
—'カザン'(*670* 1247)
—'カホウ' *671* 1249
—'カミカガミ'(*669* 1246)
—'亀城'(*668* 1243)
—'唐糸'(*667* 1242)
—'キクスイ'(*665* 1238)
—'暁光'(*668* 1243)
—'ギョウテン(暁天)'(*669* 1245),(*671* 1249),(*671* 1250),(*674* 1255)
—'玉振'(*665* 1238)
—'キンサイ(金采)'(*665* 1238),*666* 1239
—'金盃'(*669* 1246)
—'クスダマ'(*672* 1251)
—'群声'(*665* 1238)
—'好月'(*667* 1241)
—'コウザン(晃山)' *668* 1244,(*673* 1254)
—'コウザンニシキ'(*668* 1244)
—'コウマンヨウ' *667* 1242
—'コウメイ'(*668* 1244)
—'コウリン'(*666* 1240)
—'コトブキ'(*674* 1255)
—'ゴビニシキ' *668* 1243
—'小町'(*667* 1241)
—'桜鏡'(*669* 1246)
—'サンゴサイ'(*666* 1239)
—'四季籬'(*667* 1242)
—'シボリアサガオ'(*667* 1242)
—'ジュコウ' *674* 1255
—'織女'(*671* 1249)
—'シリュウノマイ' *675* 1257
—'シロフジ'(*671* 1250)
—'シンセイ'(*669* 1245)
—'シンタイヨウ'(*670* 1248)
—'シンニッコウ'(*672* 1252)
—'シンニョノツキ' *672* 1251
—'シンニョノヒカリ'(*672* 1251)
—'鈴虫'(*667* 1242)
—'セイウン'(*668* 1243)
—'セツザン'(*674* 1256)
—'雪中の王'(*674* 1256)
—'セッチュウノマツ' *674* 1256
—'ソウゴンニシキ'(*667* 1241)
—'ダイセイコウ'(*668* 1243)
—'タカサゴ(高砂)'(*665* 1238),(*675* 1257)
—'玉織姫'(*667* 1241)
—'チトセニシキ' *669* 1245
—'チンザン'(*666* 1240)
—'ツキノシモ'(*674* 1256)
—'東光'(*669* 1246)
—'トキワ'(*671* 1249)
—'難波錦'(*665* 1238)
—'ニシキノミハタ'(*670* 1247)
—'ニッコウ(日光)'(*668* 1244),(*671* 1250),*672* 1252
—'如峯山'(*671* 1250)
—'ハカタジロ' *665* 1238
—'ハクセンノマイ'(*665* 1238)
—'ハルノヒカリ'(*673* 1253)
—'ヒガサ'(*670* 1248)
—'ヒカリノツカサ'(*672* 1252)
—'姫八咫'(*669* 1246)
—'不二錦'(*665* 1238)
—'ベニガサ' *670* 1248
—'ベニボタン'(*667* 1242)
—'ホマレノハルサメ'(*675* 1257)
—'マツナミ(松波)' *667* 1241,(*673* 1254)
—'マツノホマレ'(*667* 1241),*673* 1254
—'ミネノヒカリ'(*673* 1254)
—'ミユキ'(*673* 1254)
—'明鏡'(*669* 1246)
—'明宝'(*671* 1249)
—'ヤタノカガミ' *669* 1246
—'八咫の采'(*669* 1246)
—'ヤマトノヒカリ'(*673* 1253)
—'ヤマノヒカリ(山の光)'(*669* 1245),*670* 1247,(*671* 1250)
—'優月'(*671* 1250)
—'鹿山'(*666* 1240)
サツキイチゴ *341* 589
サツキギョリュウ *577* 1062
サツキツツジ *665* 1237
サック *756* 1419
サッコウフジ *225* 358
サツマウツギ *596* 1100
サツマサッコウ(*225* 358)
サツマフジ *569* 1045
サツマルリミノキ(*713* 1333)
サトウカエデ *514* 936
サトウヤシ *154* 215
サトチマキ *161* 229
サトトネリコ *741* 1390
サナギ *70* 48
サナギイチゴ *341* 590
サネカズラ *106* 119
サネカズラ属 *106*
サネブトナツメ(*366* 639),*366* 640
サビタ *589* 1086

サビバナナカマド *313* 534, (*314* 535)
サポジラ *600* 1108
サポジラ属 *600*
ザボン *527* 961
ザミア科 *48*
ザミア属 *48*
サラサウツギ (*594* 1095)
サラサドウダン *648* 1203
サラサレンゲ (*110* 128)
ザリグミ *218* 344
ザリコミ (*216* 339), *218* 344
サルインツバキ *622* 1152
サルウィンツバキ *622* 1152, (*625* 1158), (*627* 1161), (*627* 1162), (*628* 1163)
サルスベリ *476* 859, (*476* 860)
サルスベリ属 *476*
サルタノキ *634* 1175
サルトリイバラ *135* 178
サルトリイバラ科 *135*
サルトリイバラ属 *135*
サルナシ *644* 1196
サルマメ *137* 181
ザロンバイ *276* 460
サワアジサイ *587* 1082
サワグルミ *412* 731
サワグルミ属 *412*
サワシバ *426* 760
サワダチ *428* 764
サワダツ *428* 764
サワフタギ *639* 1185
サワラ *91* 89
サワラトガ *67* 42
サンカオウトウ *270* 448
サンカクヅル *220* 347, (*220* 348)
サンキ (*533* 973)
サンゴアブラギリ *447* 801
サンゴシトウ *228* 364
サンゴジュ *782* 1472
サンゴバナ *763* 1433
サンゴミズキ (*502* 912)
サンザシ *306* 520, (*307* 522)
サンザシ属 *306*
サンシキウツギ *796* 1499
サンシキセンジュラン (*140* 188)
サンシュユ *582* 1071
サンシュユ属 *581*
サンショウ *542* 991
サンショウ属 *542*
サンショウバラ *349* 605
サンダルシタン *230* 367
山桃(サントウ) (*288* 484)
サンボウカン *535* 978

シ

シイ *404* 716
シイ属 *404*
シーボルトノキ *370* 648
シウリザクラ *273* 453
シオジ *744* 1396
シオデ科 *135*
シオデ属 *135*
シオリザクラ *273* 453
シカクダケ *169* 245
シキキツ *533* 974
シキザキモクセイ *738* 1383
シキミ *106* 120
シキミ属 *106*
シキミ目 *105*
シコクウスゴ (*699* 1306)
シコクメギ *175* 257
シコタンマツ *58* 23, *60* 28
シコンノボタン (*488* 883)
シシズク *110* 127
シジミバナ *302* 511
シシユズ *530* 967
シシンデン *95* 98
シシンラン *750* 1407
シシンラン属 *750*
ジゾウカンバ *424* 755
シソ科 *753*
シソ目 *734*
シタキツルウメモドキ *435* 778
シダレアカシデ (*424* 756)
シダレガジュマル *381* 669
シダレザクラ *252* 411
シダレジャノメマツ (*51* 9)
シダレハナカイドウ (*322* 551)
シダレブナ (*406* 719)
シダレヤナギ *460* 828
シタワレ *431* 770
シタン *230* 367
シチク *158* 223
シチヘンゲ *584* 1075, *765* 1438
シチヘンゲ属 *765*
シチョウゲ *717* 1341
シチョウゲ属 *717*
シッシェム *230* 368
シッソノキ *230* 368
シデコブシ *114* 135
シデザクラ *311* 530
シデ属 *424*
シトカトウヒ *64* 35
シトカハリモミ *64* 35
シドミ *326* 560
シトロン *531* 969
シナアブラギリ (*446* 800)
シナアマグリ *407* 722
シナガワダケ *167* 241
シナグルミ (*412* 731)
シナタラノキ (*808* 1524)
シナナシ *325* 558
シナノウメ *277* 461
シナノガキ *601* 1110
シナノキ *548* 1004, (*550* 1007)
シナノキ属 *548*
シナヒイラギ *775* 1457
シナマオウ *49* 5
シナマンサク *207* 322
シナミザクラ *271* 449
シナモン *125* 157
シナユリノキ (*117* 142)
シナレンギョウ *736* 1379
シネレア *478* 864
シノブノキ *192* 291
シノブノキ属 *192*
シノブヒバ *92* 91
シノベ *164* 235
シバアジサイ *590* 1088
シバグリ *406* 720
シバタカエデ (*511* 930)
シバニッケイ (*124* 156)
シバヤナギ *462* 832
シブカワツツジ *659* 1225
シホウチク *169* 245
シマイズセンリョウ (*603* 1114)
シマイヌザンショウ (*543* 993)
シマウリノキ *580* 1068
シマクロキ *545* 997
シマグワ (*389* 685)
シマサクラガンピ (*570* 1047)
シマサルスベリ (*476* 859), *476* 860
シマサルナシ *645* 1197
シマシュロチク (*147* 201)
シマタイミンタチバナ (*606* 1119)
シマトネリコ *743* 1394
シマナンヨウスギ *75* 58
シマホルトノキ (*439* 786)
シマムロ (*99* 106), (*100* 107)
シマユズリハ (*213* 334)
ジムカデ *697* 1301
ジムカデ属 *697*
シモクレン *111* 129, (*112* 132)
シモツケ *300* 507
シモツケ属 *300*
シャカトウ *118* 143
シャクナゲ *690* 1287, *690* 1288
—'ゴーマー・ウォータラー' (*692* 1292)
—'ズイギョク' (*692* 1292)
—'パープル・スプレンダー' (*692* 1292)
—'プレジデント・ルーズベルト' *692* 1292

—'ミセス・ルーズベルト' (*692* 1292)
シャクヤク (*196* 299)
ジャケツイバラ *243* 393
ジャケツイバラ属 *243*
シャコタンチク (*162* 231)
シャシャンボ *699* 1305
シャスターデージー (*777* 1461)
ジャチ *756* 1419
ジャノメアカマツ *51* 9
ジャヤナギ *459* 825
シャラノキ *633* 1174
シャリントウ属 *311*
シャリンバイ *312* 531, (*312* 532)
シャリンバイ属 *312*
ジャワフトモモ *487* 881
ジュウガツザクラ *253* 413
ジュズネノキ (*714* 1336)
ジュモウラン *141* 189
シュユ (*544* 996)
シュロ *146* 199, (*146* 200)
シュロ属 *146*
シュロチク *147* 201
シュロチク属 *147*
ショウジョウボク *442* 792
ショウドシマレンギョウ (*734* 1376)
ショウベンノキ *490* 887
ショウベンノキ属 *490*
シラカシ *400* 708
シラカバ *420* 748
シラガブドウ (*219* 346)
シラカンバ *420* 748
シラキ *444* 796
シラキ属 *444*
シラクチヅル *644* 1196
シラタマカズラ *716* 1339
シラタマノキ *710* 1328
シラタマノキ属 *710*
シラハギ *232* 372
シラハトツバキ *622* 1151
シラビソ (*68* 44), *69* 45
シラフジ (*224* 356)
シラフヒイラギ (*739* 1386)
シラベ *69* 45
シリブカガシ *403* 713
シロイバラ *346* 600
シロキリシマ (*681* 1269)
シロザクラ *273* 454
シロサワフタギ *640* 1187
シロシキブ (*753* 1414)
シロシデ *425* 757
シロシマセンネンボク *142* 191
—'ジャンボ (*142* 191)
—'スノー・クィーン' (*142* 191)
—'ワーネッキー・コンパクト' (*142* 191)
シロダモ *132* 172, (*133* 173)
シロダモ属 *132*
シロドウダン (*647* 1202)
シロネズミモチ (*747* 1402)
シロバイ *636* 1180
シロバナウツギ (*793* 1494)
シロバナウンゼンツツジ (*661* 1229)
シロバナエニシダ *235* 378
シロバナキシツツジ (*663* 1233)
シロバナキョウチクトウ (*725* 1358), (*726* 1359)
シロバナクサボケ (*326* 560)
シロバナケウツギ (*796* 1500)
シロバナコマツナギ (*226* 359)
シロバナコメツツジ *676* 1260
シロバナシャクナゲ (*689* 1285)
シロバナジンチョウゲ (*566* 1039), *566* 1040
シロバナセッカエニシダ (*235* 378)
シロバナチョウセンヤマツツジ (*663* 1234)
シロバナツクシハギ (*231* 370)
シロバナニワフジ (*227* 361)
シロバナハマナス (*347* 602)
シロバナヒメシャクナゲ (*703* 1314)
シロバナフウリンツツジ (*648* 1203)
シロバナフジ (*224* 355)
シロバナミヤマキリシマ (*660* 1228)
シロバナムクゲ *555* 1017
シロバナモチツツジ (*662* 1232)
シロバナヤブツバキ *608* 1123
シロバナヤマハギ (*231* 369)
シロバナヤマブキ (*298* 503)
シロバナライラック (*745* 1398)
シロバラ *346* 600
シロフインドゴムノキ (*378* 664)
シロフシトウ (*227* 362)
シロブナ *405* 718
シロフヨウ *556* 1020
シロマツ *52* 12
シロミイイギリ (*472* 852)
シロミタチバナ (*605* 1118)
シロミノマンリョウ (*605* 1117)
シロモジ *132* 171
シロモッコウ (*350* 608)
シロモノ *710* 1328
シロヤエムクゲ *555* 1018
シロヤシオ *655* 1217
シロヤナギ *459* 826, (*460* 827)
シロヤマザクラ *248* 403
シロヤマブキ *298* 504
シロヤマブキ属 *298*
シロヤマモモ (*408* 724)
シロリュウキュウ *677* 1262
ジングウツツジ *659* 1225
シンコマツ *60* 28
シンジュ *546* 1000
ジンチョウゲ *566* 1039
ジンチョウゲ科 *566*
ジンチョウゲ属 *566*
シンノウヤシ (*151* 209)
シンパク *97* 102

ス

スイートオレンジ *525* 958
スイカズラ *785* 1477
スイカズラ科 *785*
スイカズラ属 *785*
スイシカイドウ *322* 551
スイショウ *83* 74
スイショウ属 *83*
ズイナ *214* 335
ズイナ科 *214*
ズイナ属 *214*
スイフヨウ *557* 1021
スイリュウヒバ *89* 86, (*90* 88)
スギ *80* 67
スギ属 *79*
スグダチミヤマシキミ (*540* 988)
スグリ *214* 336, (*216* 339), (*217* 341)
スグリウツギ属 *247*
スグリ科 *214*
スグリ属 *214*
スズ *163* 234
スズカケノキ *190* 288, (*191* 289)
スズカケノキ科 *190*
スズカケノキ属 *190*
スズコナリヒラ (*159* 225)
スズタケ *163* 234
スダジイ *404* 716
スダチ *529* 966
ステノカルパス・シヌアタス *193* 293
ステノカルパス属 *193*
スドウツゲ *195* 297
ストローブゴヨウ *57* 22
ストローブマツ *57* 22
スナヅル *133* 174
スナヅル属 *133*
スノキ *697* 1302
スノキ属 *697*
ズバイモモ *290* 488
ズミ *320* 547, (*323* 553)
スミミザクラ *270* 448
スモーク・ツリー *496* 899
スモモ *287* 482

スモモ属 *275*
スルガヒメユズリハ (*213* 334)

セ

セイオウボ *625* 1157
セイコヤナギ (*460* 828)
セイシカ *688* 1283
セイヨウアジサイ'アベ・マリア' *585* 1077
—'インマキュラータ' (*585* 1077)
—'センセイション' (*585* 1078)
—'チャペル・ルージュ' (*585* 1078)
—'ブルー・キング' (*585* 1077)
—'ホワイト・ウェーブ' (*585* 1077)
—'マダム・プルム・コワ' *585* 1078
—'ロエイト' (*585* 1078)
セイヨウイチイ *103* 114
セイヨウカナメモチ *319* 545
セイヨウカリン *331* 570
セイヨウカリン属 *331*
セイヨウキヅタ *807* 1521
セイヨウグリ *407* 721
セイヨウグルミ *410* 727
セイヨウサンザシ (*306* 520), *308* 524
セイヨウシナノキ *551* 1010, *552* 1011
セイヨウスグリ *215* 337
セイヨウスモモ *286* 480, (*287* 481)
セイヨウツゲ *195* 297
セイヨウツツジ (*675* 1258)
セイヨウトチノキ *518* 943
セイヨウナシ *326* 559
セイヨウナナカマド *314* 536
セイヨウニンジンボク (*757* 1421)
セイヨウバクチノキ *274* 456
セイヨウハコヤナギ (*469* 845), *469* 846
セイヨウハシバミ *415* 737
セイヨウハナズオウ *242* 392
セイヨウハルニレ *375* 657
セイヨウヒイラギ (*739* 1385), *775* 1458
セイヨウヒイラギガシ *396* 699
セイヨウヒメスノキ *700* 1308
セイヨウボダイジュ (*548* 1004)
セイヨウミザクラ *270* 447
セイヨウヤドリギ (*574* 1056)
セイヨウヤブイチゴ *345* 597
セイヨウヤマナラシ *469* 845
セイヨウリンゴ *321* 549
セイロン・グーズベリー *472* 851
セイロンオリーブ *439* 785
セイロンスグリ属 *472*
セイロンニッケイ *125* 157
セキザイユーカリ *479* 865
セキヤマ *258* 423
セコイア *84* 75
セコイアオスギ *85* 77
セコイアオスギ属 *85*
セコイア属 *84*
セコイアデンドロン *85* 77
セコイアメスギ *84* 75
セッカスギ *81* 70
セッカマキ (*77* 62)
セッカンスギ *81* 69
セッツイボタ (*748* 1403)
セフィロカルパ (*478* 864)
セリ目 *800*
センエオオムラサキ (*678* 1263)
センジュラン (*140* 188)
センダン *548* 1003
センダン科 *547*
センダン属 *548*
センダンバノボダイジュ *518* 944
センニンソウ *179* 265
センニンソウ属 *178*
センネンボク属 *139*
センネンボクラン *139* 185
センノキ *804* 1515
センリョウ *107* 121
センリョウ科 *107*
センリョウ属 *107*
センリョウ目 *107*

ソ

ソウシカンバ *421* 749
ソウシジュ *245* 398
ソガイコマユミ *430* 768
ソケイ属 *736*
ソコベニハクモクレン *112* 132
ソシンロウバイ *121* 150
ソテツ *47* 2
ソテツ科 *47*
ソテツ属 *47*
ソテツ目 *47*
ソナレ *97* 101
ソバグリ *405* 718
ソバノキ *318* 543
ソメイヨシノ *257* 421
ソヨゴ *769* 1445
ソロ *424* 756
ソンノイゲ *392* 692

タ

ダイオウショウ *54* 16
ダイオウマツ *54* 16
タイサンボク *114* 136
ダイスギ *79* 65
ダイダイ *524* 955, *524* 956
タイトンシャクナゲ *688* 1283
ダイミョウチク *159* 226
タイミンタチバナ *606* 1119
タイミンチク *166* 239
タイム *762* 1431
タイワンアカシア *245* 398
タイワンサザンカ (*623* 1153)
タイワンサルスベリ *476* 860
タイワンシオジ *743* 1394
タイワンシジミバナ (*302* 511)
タイワンスギ (*80* 67), *85* 78
タイワンスギ属 *85*
タイワンニッケイ (*124* 155)
タイワンニンジンボク (*757* 1421)
タイワンハナイカダ (*766* 1440)
タイワンヒノキ (*87* 82)
タイワンヘゴ *47* 1
タイワンマツ *382* 672
タイワンモダマ (*244* 395)
タイワンヤマチャ (*606* 1120)
タカオモミジ *498* 903
タカクマキガンピ (*571* 1049)
タカサゴヤマイバラ (*351* 609)
タカネイバラ *348* 604
タカネイワヤナギ *463* 833
タカネザクラ *255* 418
タカネシボリ *679* 1266
タカネソヨゴ (*769* 1445)
タカネナナカマド *315* 537
タカネバラ *348* 604
タカノツメ *803* 1514
タカノツメ属 *803*
タカノハ *449* 805
タギョウショウ (*50* 7), *50* 8
タグリイチゴ *334* 575
ダケカンバ *421* 749
タコノキ *134* 176
タコノキ科 *134*
タコノキ属 *134*
タコノキ目 *134*
タズ *778* 1463
タズノキ *778* 1463
タチカンツバキ (*632* 1172)
タチジャコウソウ *762* 1431
タチシャリンバイ *312* 531
タチネコヤナギ (*454* 816)
タチバゴムノキ (*380* 667)
タチバディジゴテーカ (*809* 1526)
タチバナ *521* 950
タチバナアデク *487* 882
タチバナアデク属 *487*
タチバナモドキ *310* 527
タチバナモドキ属 *310*
タチビャクシン (*96* 100)

タチヤナギ *458* 823
タチラクウショウ (*83* 73)
タツマキスギ *80* 68
タデ科 *578*
タナハシザサ (*162* 231)
タニウツギ *793* 1494
タニウツギ属 *793*
タニガワハンノキ (*417* 741)
タニグワ (*169* 246)
タニワタリノキ *719* 1345
タニワタリノキ属 *719*
タピオカノキ *445* 798
タブノキ *125* 158
タブノキ属 *125*
タマアジサイ *591* 1090
タマイブキ *98* 104
タマゴノキ *474* 856
タマサンゴ *734* 1375
タマナ *473* 853
タマミズキ *767* 1442
タマリンド *241* 389
タマリンド属 *241*
タムケヤマ (*498* 904)
タムシバ *113* 134
ダムソンプラム *287* 481
タラノキ *808* 1524
タラノキ属 *808*
タラヨウ *771* 1450
タルミヤシャブシ (*419* 746)
タンカン *525* 957
ダンコウバイ *121* 149, *130* 167
ダンチク *159* 226
タンナサワフタギ *639* 1186
タンナチョウセンヤマツツジ (*663* 1234)
タンバハンチク (*158* 223)
ダンマルジュ *76* 60

チ

チーク *756* 1419
チーク属 *756*
チェリモヤ *119* 145
チカラシバ *78* 63
チゴザサ (*168* 243)
チシマザクラ (*255* 418)
チシマザサ *160* 228
チシマヒョウタンボク *789* 1486
チシャノキ *731* 1369
チシャノキ属 *731*
チチノミ *383* 673
チトセカズラ *724* 1356
チドリノキ *515* 938
チマキザサ *161* 229, (*162* 231)
チャ *606* 1120
チャセンバイ *282* 471
チャノキ *606* 1120
チャプマニー (*480* 867)
チャボガヤ (*104* 115), *104* 116
チャボトウジュロ *148* 204
チャボトウジュロ属 *148*
チャボネマガリ (*160* 228)
チャボヒバ *88* 83
チャラン *107* 122
チャラン属 *107*
チャンチン *547* 1001
チャンチン属 *547*
チャンチンモドキ *494* 896
チャンチンモドキ属 *494*
チューインガムノキ *600* 1108
チュウゴクエノキ (*376* 659)
チュウゴクグリ *407* 722
チュウゴクザサ (*162* 232)
チュウゴクナシ *325* 558
チューリップヒノキ *117* 142
チョウジガマズミ *781* 1470
チョウジコメツツジ (*676* 1259)
チョウジザクラ *254* 415, *569* 1045
チョウジノキ *486* 880
チョウジャノキ *515* 937
チョウジュキンカン *539* 985
チョウセンゴミシ *105* 118, (*106* 119)
チョウセンゴヨウ *56* 20
チョウセンナニワズ (*568* 1043)
チョウセンニワフジ *226* 360
チョウセンニンドウ *786* 1479
チョウセンハリモミ (*63* 33)
チョウセンマキ *102* 111
チョウセンマツ *56* 20
チョウセンヤマツツジ *663* 1234
チョウセンヤマナラシ (*470* 847)
チョウセンヤマハギ (*232* 372)
チョウセンリンゴ (*324* 555)
チョウセンレンギョウ *735* 1378
チョウノスケソウ *246* 400
チョウノスケソウ属 *246*
チヨヒガン (*252* 412)
チリアロウカリア *76* 59
チリマツ (*75* 57), *76* 59
チリメンカエデ *498* 904
チリメンガシ (*399* 706)
チリメンツゲ *771* 1449
チリメンヒムロ (*93* 93)
チングルマ *345* 598
チングルマ属 *345*
チンバイ *299* 505

ツ

ツーベロ *583* 1074
ツガ *66* 39, (*66* 40)
ツガザクラ *707* 1322, (*709* 1325)
ツガザクラ属 *707*
ツガ属 *66*
ツガマツ *66* 39
ツキヌキニンドウ *786* 1480
ツグ *153* 214
ツクシアカツツジ *658* 1224
ツクシアケボノツツジ (*654* 1216)
ツクシウコギ (*801* 1510)
ツクシクサボタン (*180* 267)
ツクシシャクナゲ *689* 1286
ツクシドウダン (*648* 1204)
ツクシトネリコ (*743* 1393)
ツクシハギ *231* 370
ツクシミツバツツジ *657* 1221
ツクシヤブウツギ (*795* 1497)
ツクバネ *573* 1054
ツクバネウツギ *797* 1502, (*799* 1505)
ツクバネウツギ属 *797*
ツクバネガシ (*401* 710), *402* 711
ツクバネ属 *573*
ツクモヒバ (*93* 93)
ツゲ *194* 295
ツゲ科 *194*
ツゲ属 *194*
ツゲ目 *194*
ツゲモチ *773* 1453
ツタ *222* 351
ツタウルシ *492* 892
ツタカズラ *383* 674
ツタ属 *222*
ツタノハカズラ *173* 253
ツタヤツデ *810* 1527
ツタヤツデ属 *810*
ツツジ‘アケボノ’ *679* 1266
—‘アゲマキ’ (*683* 1274)
—‘イマショウジョウ’ *683* 1274
—‘ウスヨウ’ (*678* 1264)
—‘エゾニシキ’ (*685* 1277)
—‘オトヒメ’ (*680* 1268)
—‘キョウカノコ’ (*678* 1264)
—‘キリン’ *682* 1272
—‘クライノヒモ’ (*684* 1276)
—‘クレノユキ’ *682* 1271
—‘ゴセイコン’ (*683* 1274)
—‘コチョウノマイ’ (*685* 1277)
—‘コツボ’ (*684* 1275)
—‘シロタエ’ (*679* 1265), *680* 1267
—‘シントコナツ’ (*683* 1273)
—‘スエツムハナ’ *684* 1275
—‘スソゴノイト’ (*679* 1265), (*684* 1275)

—‘セキデラ’ *678* 1264
—‘ダイキリン’（*682* 1272）
—‘タゴノウラ’（*682* 1271）
—‘テンニョノマイ’ *685* 1277
—‘トコナツ’ *683* 1273
—‘トコハル’（*683* 1273）
—‘ハクオウ’（*680* 1267）
—‘ハクラクテン’（*680* 1267）
—‘ハルノサト’（*684* 1276）
—‘ヒノデキリシマ’ *681* 1270
—‘ヒラン’（*680* 1268）
—‘フナイムスメ’（*679* 1266）
—‘ヘイワノヒカリ’（*679* 1266）
—‘ベニキリシマ’（*681* 1270）
—‘ベニキリン’（*682* 1272）
—‘ホンキリシマ’（*681* 1270）
—‘マツノユキ’（*682* 1271）
—‘ミズノヤマブキ’（*679* 1265）
—‘ミネノマツカゼ’（*678* 1264）
—‘ミヤギノ’ *684* 1276
—‘ミヨノサカエ’ *679* 1265
—‘モモヤマ’ *680* 1268
—‘ユウコウ’（*680* 1268）
ツツジ科 *646*
ツツジ属 *650*
ツツジ目 *597*
ツヅラフジ *173* 253
ツヅラフジ科 *172*
ツヅラフジ属 *173*
ツノハシバミ *414* 736
ツバキ *607* 1121,（*633* 1173）
—‘アケボノ’（*617* 1141）
—‘旭の湊’（*609* 1125）
—‘アドルフ・オーダソン’（*628* 1164）
—‘蜑小船’（*612* 1132）
—‘アマガシタ’ *617* 1141
—‘天ノ川’（*612* 1131）
—‘E. G. ウォーターハウス’ *628* 1163
—‘イチラク’（*618* 1143）
—‘伊予西王母’（*625* 1157）
—‘ウィリアムシー’（*627* 1162）
—‘ウィントン’（*621* 1150）
—‘永楽’（*615* 1137）
—‘エゾニシキ’（*612* 1132），（*613* 1133）
—‘エルシー・ジュアリ’（*628* 1163）
—‘エレガンス・シャンペン’（*628* 1163）
—‘エレガンス・スプレンダー’（*627* 1162）
—‘エレガント・ビューティー’（*627* 1161）
—‘エンゼル・ウィングス’（*627* 1161）
—‘オウカン’（*615* 1138）
—‘オウショウクン’（*614* 1136）
—‘黄覆輪弁天’（*610* 1128）
—‘大神楽’（*610* 1128）
—‘オオタハク’（*609* 1125）
—‘オキノナミ’ *612* 1132
—‘オトメツバキ（乙女椿）’ *616* 1140,（*628* 1163）
—‘カガノユウバエ’（*616* 1139）
—‘角葉白玉’（*617* 1142）
—‘隠れ磯’（*615* 1138）
—‘カゴシマ’（*614* 1135）
—‘カスガノ’（*613* 1134）
—‘カモガワ’ *615* 1137
—‘カモホンアミ’（*615* 1137）
—‘キンギョツバキ’ *608* 1124
—‘キンセカイ’（*618* 1144）
—‘クジャクツバキ’ *614* 1135
—‘クマサカ’（*614* 1136）
—‘グラナダ’（*629* 1166）
—‘クリスマス・ビューティー’ *628* 1164
—‘クレイマーズ・シュプリーム’ *629* 1166
—‘クロワビスケ’（*615* 1137）
—‘ケンキョウ’ *613* 1134
—‘コウミョウ’（*611* 1130）
—‘コーニッシュ・スノウ’（*621* 1150）
—‘コシノフブキ’（*618* 1144）
—‘コチョウワビスケ’（*624* 1155）
—‘コロネーション’（*612* 1131）
—‘コンロンコク’（*614* 1136）
—‘サイテーション’（*628* 1163）
—‘サウス・シーズ’（*626* 1159）
—‘ササメユキ’（*615* 1138）
—‘サワダズ・ドリーム’（*628* 1163）
—‘シベナシワビスケ’（*624* 1155）
—‘絞妙蓮寺’（*609* 1125）
—‘シャーリーン’（*626* 1160）
—‘シュウホウカラコ’（*611* 1129）
—‘シュチュウカ（酒中花）’（*613* 1134），（*614* 1136）
—‘ジュリオ・ヌチオ’ *629* 1165
—‘シュンショコウ’（*612* 1131）
—‘ショー・ガール’（*626* 1160）
—‘蜀紅’（*617* 1141）
—‘白加賀梅’（*615* 1137）
—‘シラタマ’（*610* 1127）
—‘白拍子’（*616* 1139）
—‘シロカラコ’（*610* 1128）
—‘シロスミクラ’ *618* 1143
—‘スキヤワビスケ’（*624* 1155）
—‘ソウシアライ’ *613* 1133
—‘ソデカクシ’ *612* 1131
—‘ターリー・クィーン’（*625* 1158）
—‘タイサンハク’（*615* 1137）
—‘ダイジョウカン’ *616* 1139
—‘大山紅’（*615* 1138）
—‘タイニー・プリンセス’（*622* 1151），（*626* 1160）
—‘タカラアワセ’（*613* 1133）
—‘タフクベンテン’ *610* 1128
—‘タマノウラ’ *615* 1138
—‘丹頂’（*609* 1126）
—‘チョウジュラク’（*609* 1126）
—‘チョウセンツバキ’ *610* 1127
—‘縮緬’（*611* 1130）
—‘ツキノミヤコ’（*613* 1134）
—‘釣篝り’（*612* 1132）
—‘ティファニー’（*629* 1166）
—‘デビュッタント’（*628* 1163）
—‘トゥモロー’（*629* 1166）
—‘ドーネーション’ *627* 1162
—‘ドクター・ティンスリー’（*628* 1164）
—‘ドリーム・ガール’（*626* 1160）
—‘トリカラー’（*629* 1165）
—‘トリノコ’（*613* 1133）
—‘ドンケラリー’（*627* 1162）
—‘ニオイフブキ’ *609* 1126
—‘ニチゲツセイ’ *609* 1125
—‘糊こぼし’（*617* 1141）
—‘バーバラ・クラーク’ *625* 1158
—‘白鷗’（*609* 1125），（*617* 1141）
—‘白乙女’（*616* 1140），（*618* 1143）
—‘ハクロニシキ’（*611* 1130）
—‘初嵐’（*615* 1137）
—‘ハツカリ’（*624* 1155）
—‘ハナフウキ’（*612* 1132）
—‘バレンタインデー’（*625* 1158）
—‘ハワイ’（*629* 1165）
—‘ヒイラギバツバキ’（*616* 1140）
—‘ヒグラシ’（*612* 1131）
—‘ヒゴキョウニシキ（肥後京錦）’（*609* 1125），（*609* 1126）
—‘ヒシカライト’ *617* 1142
—‘微笑’（*625* 1157）
—‘ヒヂリメン’ *611* 1130
—‘飛龍’（*617* 1141）
—‘斑入乙女’（*616* 1140）
—‘フクリンイッキュウ（覆輪一休）’（*610* 1128），（*614* 1135）

—‘ブライアン’ *627* 1161
—‘フラワー・ガール’ *626* 1160
—‘フランス白’（*618* 1143）
—‘フレーグラント・ピンク’ *626* 1159
—‘ベティー・シェーフィールド・シュプリーム’（*627* 1162）
—‘ベニオトメ（紅乙女）’（*616* 1140），（*618* 1143）
—‘ベニカラコ’（*610* 1128）
—‘ベニミョウレンジ’（*617* 1142）
—‘ベニワビスケ’（*624* 1155）
—‘弁慶’（*611* 1130）
—‘弁天神楽’（*610* 1128）
—‘ボクハン’ *611* 1129
—‘星姫’（*609* 1125）
—‘ホトトギス’（*611* 1129）
—‘マックベイズ・ジュリオヌチオ’（*629* 1165）
—‘ミウラオトメ’ *614* 1136
—‘ミクニノホマレ’（*609* 1125）
—‘ミセスD.W.デービス’（*626* 1159）
—‘ミヤコドリ’（*613* 1134）
—‘ミルキー・ワット’（*621* 1150）
—‘藻汐’（*612* 1132）
—‘モモイロボクハン’（*618* 1143）
—‘モモイロワビスケ’（*624* 1155）
—‘ユキオグニ’ *618* 1144
—‘ユキドウロウ’（*616* 1139）
—‘ユキミグルマ’（*610* 1127）
—‘ユミバモン’（*617* 1141）
—‘ユリツバキ’（*614* 1135）
—‘横雲’（*617* 1141）
—‘霊鑑寺舞鶴’（*617* 1141）
—‘ロウゲツ’（*617* 1142）
—‘良弁椿’（*617* 1141）
ツバキ科 *606*
ツバキ属 *606*
ツブラジイ *404* 715，（*404* 716）
ツマジロヒバ *92* 91
ツリガネツツジ *651* 1209
ツリバナ *433* 773
ツルアジサイ *593* 1093，（*593* 1094）
ツルウメモドキ *435* 777
ツルウメモドキ属 *435*
ツルグミ *364* 636
ツルコウジ *604* 1116
ツルコウゾ *391* 690
ツルコケモモ *702* 1312，（*703* 1313）
ツルコショウ *109* 126
ツルサイカチ属 *230*
ツルシキミ *540* 988
ツルツゲ *771* 1449
ツルデマリ *593* 1093
ツルニチニチソウ（*730* 1367）
—エレガンティシマ（*730* 1367）
—レティクラータ（*730* 1367）
ツルニチニチソウ属 *730*
ツルバミ *398* 704
ツルマサキ *432* 771
ツルマンリョウ（*606* 1119）
ツルマンリョウ属 *606*
ツルミヤマシキミ *540* 988

テ

テイカカズラ *727* 1362
テイカカズラ属 *727*
デイグ *227* 362
デイコ *227* 362
デイゴ *227* 362
デイゴ属 *227*
ディジゴテーカ・カスター（*809* 1526）
テーダマツ *54* 15
デコラゴムノキ *379* 665，（*379* 666），（*380* 667）
テツカエデ *509* 925
テック *756* 1419
テッケンユサン *74* 56
テッセン *182* 272
テツノキ *509* 925
テマリカンボク（*784* 1476）
テマリタマアジサイ *592* 1091
テマリバナ *783* 1474
テリハイカダカズラ（*578* 1064）
テリハコナラ（*395* 697）
テリハコハマナシ（*347* 601）
テリハニレ（*373* 654）
テリハノイバラ *347* 601
テリハハマボウ *553* 1013
テリハバンジロウ *484* 876
テリハボク *473* 853
テリハボク科 *473*
テリハボク属 *473*
デロ *471* 849
テングノウチワ *805* 1518
テンジクボダイジュ *382* 671
テンジクメギ（*176* 260）
テンダイウヤク *131* 169
テンニンカ *482* 872
テンニンカ属 *482*
テンニンソウ属 *760*
テンノウメ *218* 343
テンバイ *218* 343

ト

ドイツトウヒ *65* 37
トウイチゴ *335* 577
トウオガタマ *117* 141
トウカエデ *513* 933
トウギリ *758* 1424
トウキンカン *533* 974
トウグミ *362* 631
トウゴクヒメシャラ（*634* 1176）
トウゴクミツバツツジ *656* 1219
トウジュロ（*146* 199），*146* 200，（*148* 204）
トウダイグサ科 *442*
トウダイグサ属 *442*
ドウダンツツジ *646* 1200
ドウダンツツジ属 *646*
トウチク *159* 226
トウチク属 *159*
トウチャ（*606* 1120）
トウツバキ *624* 1156
—‘キャプテン・ロー’（*625* 1158），（*627* 1161）
—‘コーネリアン’（*626* 1160）
トウナンテン *177* 261
トウニンドウ *786* 1479
トウネズミモチ *749* 1406
トウヒ *61* 30
トウヒ属 *60*
トウフジウツギ（*752* 1411）
トウモウソウ *155* 217
トウモクレン（*111* 129），*111* 130
トウロウバイ *121* 149
トーナノキ（*547* 1001）
トガ *66* 39
トガサワラ *67* 42
トガサワラ属 *67*
トガスグリ（*216* 339），*217* 341
トカチヤナギ（*468* 843）
トガリバサザンカ *623* 1153
トキワアケビ *171* 250
トキワガキ *602* 1111
トキワギョリュウ *413* 733
トキワゲンカイ *693* 1293
トキワサンザシ（*310* 527）
トキワマンサク *209* 325
トキワマンサク属 *209*
トキンイバラ *344* 595
ドクウツギ *427* 762
ドクウツギ科 *427*
ドクウツギ属 *427*
ドクエ *446* 800
トクオノキ *549* 1006
トクサバモクマオウ *413* 733
トクサバモクマオウ属 *413*
ドグラスファー *68* 43

トゲサゴ *145* 197
トゲサゴヤシ *145* 197
トゲナシカラスザンショウ (*543* 994)
トゲナシゴヨウイチゴ (*332* 572)
トゲナシサイカチ (*243* 394)
トゲナシハリエンジュ (*238* 383)
トゲバンレイシ *118* 144
トゲマサキ *437* 782
トコユ *529* 965
トサシモツケ *304* 515
トサノミカエリソウ *760* 1428
トサミズキ *209* 326
トサミズキ属 *209*
ドシャ *392* 691
トショウ *99* 105
ドスナラ *746* 1400
トチノキ *517* 942
トチノキ属 *516*
トチュウ *711* 1330
トチュウ科 *711*
トチュウ属 *711*
トックリアブラギリ *447* 801
トックリハシバミ (*414* 736)
トネリコ *741* 1390
トネリコ属 *741*
トネリコバノカエデ *510* 927, (*514* 936)
トネリバハゼノキ *495* 897
ドバストンイチイ (*103* 114)
トビカズラ *229* 365
トビカズラ属 *229*
トビヅタ *574* 1055
トビラ *800* 1508
トビラノキ *800* 1508
トベラ *800* 1508
トベラ科 *800*
トベラ属 *800*
ドヨウダケ *154* 216
ドヨウフジ *225* 357
トラノオモミ *61* 30
トラフアカマツ (*51* 9)
トラフセンネンボク *144* 195
ドリアン (*119* 145), *562* 1031
ドリアン属 *562*
トリガタハンショウヅル *181* 270
トリトマラズ *175* 258
ドロノキ *471* 849
ドロヤナギ *471* 849

ナ

ナガキンカン *537* 981
ナガサキリンゴ *321* 550
ナガバイヌグス (*126* 159)
ナガバカワヤナギ *455* 818
ナガバクスドイゲ (*471* 850)
ナガハシバミ *414* 736
ナガバジュズネノキ *715* 1337
ナガバツガザクラ (*707* 1322)
ナガバノコウヤボウキ (*776* 1459), *776* 1460
ナガバヤナギ *466* 840
ナカフアオキ (*712* 1332)
ナガボキヅタ (*806* 1519)
ナガミトネリコ (*741* 1390)
ナガミパンノキ (*387* 682), *388* 683
ナギ *78* 63
ナギイカダ *138* 184
ナギイカダ属 *138*
ナギ属 *78*
ナシ *325* 557
ナシカズラ *645* 1197
ナシ属 *324*
ナス科 *732*
ナス属 *733*
ナス目 *732*
ナツグミ *361* 630, (*362* 631)
ナツザキエリカ *696* 1299
ナツダイダイ *534* 975
ナツヅタ *222* 351
ナツツバキ *633* 1174, (*634* 1175)
ナツツバキ属 *633*
ナツハギ *232* 371
ナツハゼ *698* 1304
ナツフジ *225* 357
ナツボウズ *568* 1043
ナツボダイジュ *550* 1008, (*551* 1010), (*552* 1011)
ナツミカン *534* 975
ナツメ *366* 639
ナツメ属 *366*
ナツメヤシ *150* 208, (*151* 209)
ナツメヤシ属 *150*
ナデシコ目 *577*
ナデン *269* 445
ナナカマド *314* 535
ナナカマド属 *313*
ナナミノキ *773* 1454
ナナメノキ *773* 1454
ナニワイバラ *350* 607
ナニワズ *568* 1044
ナニワバラ *350* 607
ナベイチゴ *343* 593
ナベコウジ *371* 649
ナラ *395* 697
ナラガシワ *396* 700
ナラザクラ *250* 408
ナラヤエザクラ (*250* 407)
ナリヒラダケ *159* 225
ナリヒラダケ属 *159*
ナルト *532* 971
ナワシロイチゴ *341* 589
ナワシログミ *364* 635
ナンキンナナカマド *316* 539
ナンキンナナカマドモドキ (*315* 538)
ナンキンハゼ *445* 797
ナンキンハゼ属 *445*
ナンジャモンジャ *741* 1389
ナンタイシャクナゲ (*688* 1284)
ナンテン *178* 263
ナンテン属 *178*
ナンヨウアブラギリ属 *447*
ナンヨウスギ (*75* 58)
ナンヨウスギ科 *75*
ナンヨウスギ属 *75*
ナンヨウスギ目 *75*
ナンヨウソテツ (*47* 2)
ナンヨウナギ *76* 60
ナンヨウナギ属 *76*

ニ

ニオイイバラ *352* 611
ニオイウツギ (*794* 1495)
ニオイコブシ *113* 134
ニオイシュロラン *139* 185
ニオイセンネンボク (*143* 193)
ニオイネズコ (*93* 94)
ニオイヒバ *94* 95
ニオイムラサキ *732* 1371
ニオイロウバイ *122* 151
ニガイチゴ (*335* 577), *336* 579
ニガキ *546* 999
ニガキ科 *546*
ニガキ属 *546*
ニガチャ (*606* 1120)
ニクズク *110* 127
ニクズク科 *110*
ニクズク属 *110*
ニグラクルミ *410* 728
ニコルシー (*480* 867)
ニシキアカリファ (*443* 793)
ニシキウツギ *794* 1496
ニシキエニシダ *236* 380
ニシキギ *429* 766
ニシキギ科 *428*
ニシキギ属 *428*
ニシキギ目 *428*
ニシキサンゴ (*447* 801)
ニシキハギ (*232* 372)
ニシキマンサク (*206* 320)
ニシキモクレン *112* 132
ニシキラン *728* 1364
ニシゴリ *639* 1185
ニセアカシア *238* 383
ニセゴシュユ *544* 996
ニセジュズネノキ *714* 1336
ニセツゲ *770* 1447
ニタグロチク (*158* 223)

ニッケイ *123* 154
ニッコウウツギ *595* 1098
ニッコウキバナシャクナゲ (*688* 1284)
ニッコウシラハギ *231* 370
ニッコウツリバナ *434* 775
ニッコウヒョウタンボク *791* 1489
ニッコウマツ *58* 24
ニッパヤシ *145* 198
ニッパヤシ属 *145*
ニホンナシ *325* 557
ニホンレンギョウ *734* 1376
ニューサマーオレンジ *536* 979
ニュージーランドマツ *53* 13
ニレ科 *373*
ニレザクラ *311* 530
ニレ属 *373*
ニワアジサイ (*586* 1080)
ニワウメ *296* 499, (*296* 500)
ニワウルシ *546* 1000
ニワウルシ属 *546*
ニワザクラ *296* 500
ニワトコ *778* 1463
ニワトコ属 *778*
ニワナナカマド *299* 505
ニワフジ *227* 361
ニンジンボク *757* 1421
ニンドウ *785* 1477
ニンポウキンカン *537* 982

ヌ

ヌマスギ *83* 73
ヌマスギ属 *83*
ヌマスギモドキ *84* 76
ヌマミズキ *583* 1074
ヌマミズキ属 *583*
ヌルデ *494* 895
ヌルデ属 *494*

ネ

ネクタリン *290* 488
ネグンドカエデ *510* 927
ネコシダレ (*454* 816)
ネコシデ *422* 751
ネコノチチ *372* 652
ネコノチチ属 *372*
ネコヤナギ *454* 816
ネザサ (*166* 240), (*167* 241)
ネジイトラン *140* 187
ネジキ *705* 1318
ネジキ属 *705*
ネズ *99* 105
ネズコ *93* 94
ネズミサシ *99* 105
ネズミサシ属 *96*
ネズミモチ *747* 1401, (*749* 1406)
ネズモドキ *480* 867
ネズモドキ属 *480*
ネバリジナ *374* 655
ネブ *244* 396
ネブノキ *244* 396
ネマガリダケ *160* 228
ネムノキ *244* 396
ネムノキ属 *244*
ネモトシャクナゲ (*689* 1285)

ノ

ノイバラ *346* 600
ノウゼンカズラ *764* 1435
ノウゼンカズラ科 *764*
ノウゼンカズラ属 *764*
ノーブルファー *74* 55
ノーブルモミ *74* 55
ノカイドウ *323* 553
ノグルミ *412* 732
ノグルミ属 *412*
ノグワ *389* 686
ノジュロ *146* 199
ノジリボダイジュ (*549* 1005)
ノダフジ *224* 355
ノハギ *233* 374
ノバラ *346* 600
ノフジ *224* 356
ノブドウ属 *223*
ノブノキ *412* 732
ノボタン *488* 883
ノボタン科 *488*
ノボタンカズラ属 *488*
ノボタン属 *488*
ノホテイ (*157* 222)
ノリアジサイ *590* 1087
ノリウツギ *589* 1086
ノリノキ *589* 1086

ハ

バージニアモクレン *116* 139
ハートカズラ *730* 1368
ハートカズラ属 *730*
ハイイヌガヤ *101* 110
ハイイバラ *347* 601
バイカアマチャ *597* 1101
バイカアマチャ属 *597*
バイカウツギ *596* 1100
バイカウツギ属 *596*
バイカシモツケ *297* 502
バイカツツジ *687* 1282
ハイガヤ *104* 116
ハイデルベリー *700* 1308
ハイネズ *99* 106
ハイネズミモチ (*747* 1402)
ハイノキ *635* 1177, *636* 1179
ハイノキ科 *635*
ハイノキ属 *635*
ハイヒカゲツツジ (*694* 1295)
ハイビスカス *557* 1022
ハイビャクシン *97* 101
ハイマツ *57* 21
ハイミヤマシキミ *540* 988
ハウチワカエデ *503* 913
ハカマカズラ *241* 390
ハカマカズラ属 *241*
ハカリノメ *316* 540
ハギ *231* 369
パキスタキス属 *763*
パキスタキス・ルテア *763* 1434
ハギ属 *231*
パキラ属 *562*
ハクウンボク *641* 1190
ハクサンシャクナゲ *689* 1285
ハクサンボク *780* 1467
ハクショウ *52* 12
バクチノキ *274* 455
バクチノキ属 *274*
ハクチョウゲ *717* 1342
ハクチョウゲ属 *717*
ハグマノキ *496* 899
ハクモクレン *110* 128, (*112* 132)
ハクヨウ *470* 848
ハクレン *110* 128
ハクロバイ *361* 629
ハゲシバリ *419* 746
ハコツツジ *710* 1327
ハコネウツギ *794* 1495
ハコネグミ *363* 633
ハコネコメツツジ *677* 1261
ハコネザクラ *255* 417
ハコネダケ *167* 242
ハコネニシキウツギ *794* 1496
ハゴノキ *573* 1054
ハコヤナギ *470* 847
ハゴロモガシワ (*398* 703)
ハゴロモノキ *192* 291
ハゴロモノキ属 *192*
ハシカミ *482* 872
ハジカミ *542* 991
ハシドイ *746* 1400
ハシドイ属 *745*
ハシバミ *414* 735
ハシバミ属 *414*
ハズ *451* 809
ハズ属 *451*
ハズノキ *451* 809
ハスノハイチゴ *338* 583
ハスノハカズラ *173* 254
ハスノハカズラ属 *173*
ハスノハギリ *122* 152
ハスノハギリ科 *122*
ハスノハギリ属 *122*
ハゼノキ *493* 894
ハタンキョウ *287* 482

ハチク （*156* 220），（*158* 223），*158* 224
ハチジョウイチゴ *337* 582
ハチジョウグワ *389* 685
ハツキリシマ （*681* 1269）
バッコヤナギ *465* 837
ハッサク *534* 976
ハツユキカエデ （*506* 920）
ハドノキ属 *394*
ハトヤバラ （*350* 607）
ハナアカシア *238* 384，*245* 397，*246* 399
ハナイカダ *766* 1440
ハナイカダ科 *766*
ハナイカダ属 *766*
ハナイズミニシキ *499* 905
ハナエンジュ *238* 384
ハナカイドウ （*321* 550），*322* 551
ハナカエデ *512* 932
ハナガサシャクナゲ *695* 1298
ハナガサシャクナゲ属 *695*
ハナガサノキ *716* 1340
ハナキリン *442* 791
ハナズオウ *242* 391，（*242* 392）
ハナズオウ属 *242*
ハナスグリ *219* 345
ハナゾノツクバネウツギ *799* 1505
ハナチョウジ *567* 1041，*750* 1408
ハナチョウジ属 *750*
バナナノキ *117* 141
ハナノキ *106* 120，（*509* 926），*512* 932
ハナヒリノキ *704* 1315
ハナヒリノキ属 *704*
ハナミズキ *583* 1073
ハナヤエカイドウ （*322* 551）
ハナヤマボウシ （*582* 1072）
ハナユ *529* 965
ハナユズ *529* 965
ハニガキ *719* 1346
ハネミイヌエンジュ （*240* 388）
パパイヤ *572* 1051
パパイヤ科 *572*
パパイヤ属 *572*
ハハカ *272* 452
ハハソ *395* 697
ババッスーヤシ属 *152*
パパヤ *572* 1051
ハマアジサイ *584* 1076
ハマイバラ *347* 601
ハマギク *777* 1461
ハマギク属 *777*
ハマクサギ *759* 1425
ハマクサギ属 *759*
ハマゴウ *756* 1420
ハマゴウ属 *756*
ハマジンチョウ *753* 1413
ハマジンチョウ属 *753*
ハマセンダン *545* 997
ハマナシ *347* 602
ハマナス （*347* 601），*347* 602
ハマナツメ *372* 651
ハマナツメ属 *372*
ハマニンドウ *785* 1478
ハマヒサカキ *599* 1106
ハマビシ科 *223*
ハマビシ目 *223*
ハマビワ *127* 162
ハマビワ属 *127*
ハマベブドウ *578* 1063
ハマベブドウ属 *578*
ハマボウ *552* 1012
バラ‘アトール’（*354* 616）
—‘アマツオトメ’*353* 614
—‘アントニア・リッジ’（*355* 617）
—‘イングリッド・ウェイブル’（*358* 623）
—‘エヒガサ’*358* 624
—‘オクラホマ’（*355* 618）
—‘オレンジ・メイアンディナ’*360* 627
—‘カンパイ’*355* 617
—‘サザナミ’（*359* 626）
—‘サン・ブライト’（*353* 614）
—‘Cl. フラウカール・ドルスキー’（*359* 625）
—‘シャルル・ド・ゴール’（*356* 620）
—‘シュウゲツ’*353* 613
—‘シュオウ’（*357* 621）
—‘シンセイ’（*353* 613）
—‘シンセツ’*359* 625
—‘シンデレラ’*359* 626
—‘スーザン・ハンプシャー’（*354* 615）
—‘スーパー・スター’*354* 616
—‘スターザンストライプ’（*360* 627）
—‘スプリングフィールズ’（*357* 622）
—‘セイカ’*356* 619
—‘ソニア’（*354* 615）
—‘ニュー・アベマリア’（*354* 616）
—‘パパ・メイアン’*355* 618
—‘ブラック・ティー’*357* 621
—‘ブリリアント・メイアンディナ’（*360* 627）
—‘プリンセス・ミチコ’*357* 622
—‘ブルー・ムーン’*356* 620
—‘ヘルムット・シュミット’（*353* 614）
—‘ホウジュン’*354* 615
—‘ホワイト・クリスマス’（*359* 625）
—‘ミスター・リンカン’（*355* 618）
—‘ヨーロピアーナ’*358* 623
—‘ラバグルート’（*358* 623）
—‘ランドラ’（*353* 613）
—‘ルンバ’（*358* 624）
—‘レディ・エックス’（*356* 620）
—‘ローズ・ゴジャール’（*356* 619）
バラアカシア *238* 384
バライチゴ *344* 596
バラ科 *246*
パラゴム *446* 799
パラゴムノキ *446* 799
パラゴムノキ属 *446*
バラ属 *346*
パラダイスナット *598* 1103
パラダイスナットノキ属 *598*
パラナマツ *75* 57
パラミツ （*387* 682），*388* 683
バラ目 *246*
バラモミ *62* 32
ハリエンジュ *238* 383
ハリエンジュ属 *238*
ハリギ *95* 97
ハリギリ *804* 1515
ハリギリ属 *804*
ハリグワ *392* 691
ハリグワ属 *392*
ハリツルマサキ *437* 782
ハリツルマサキ属 *437*
バリバリノキ *128* 164
バリバリノキ属 *128*
ハリブキ *804* 1516
ハリブキ属 *804*
ハリマキ （*77* 62）
ハリモミ *62* 32
ハルコガネバナ *582* 1071
バルサムファー *69* 46
バルサムモミ *69* 46
ハルニレ *373* 654
バルバドスザクラ *454* 815
パルミラヤシ *149* 206
ハワイアン・ハイビスカス‘J.F. ケネディー’（*558* 1024）
—‘シャドウ’（*560* 1028）
—‘ジューン・ブライド’（*559* 1026）
—‘スレース・スー’*559* 1025
—‘ソフト・ピンク・タンジェリン・イエロー’（*559* 1025）

—'ダーク・レッド・シングル'（*560* 1027）
—'ダブル・イエロー'（*559* 1026）
—'ダブル・ブラウン' *559* 1026
—'タンジェリン・イエロー'（*559* 1025）
—'ニュー・ピンク' *560* 1028
—'パウダー・パフ' *560* 1027
—'バルカン' *558* 1024
—'ハロー'（*560* 1027）
—'パン・アメリカ'（*558* 1024）
—'ローズ・レッド・ダブル'（*560* 1028）
ハンショウダキ *159* 226
ハンショウヅル *181* 269,（*181* 270）
バンジロウ *484* 875
バンジロウ属 *484*
ハンテンボク *117* 142
バントウ（*290* 488）, *291* 489
ハンノキ *415* 738
パンノキ *387* 682
ハンノキ属 *415*
パンノキ属 *387*
バンペイユ *527* 962
バンマツリ *732* 1372
バンマツリ属 *732*
バンヤンジュ *386* 680
バンレイシ *118* 143,（*119* 146）
バンレイシ科 *118*
バンレイシ属 *118*

ヒ

ヒイラギ *739* 1385
ヒイラギガシ *275* 457
ヒイラギトラノオ（*454* 815）
ヒイラギトラノオ属 *454*
ヒイラギナンテン *177* 261
ヒイラギモクセイ *740* 1387
ヒイラギモチ *775* 1458
ヒイラギモドキ *775* 1457
ヒカゲツツジ *694* 1295
ヒカンザクラ *256* 420
ヒガンザクラ *252* 412
ヒギリ（*758* 1423）, *758* 1424
ヒコサンヒメシャラ *634* 1176
ヒサカキ *599* 1105,（*599* 1106）
ヒサカキ属 *599*
ヒシバデイゴ *228* 364
ピスタシオノキ *495* 898
ピスタチオ（*495* 897）, *495* 898
ヒゼンマユミ *431* 769
ビターナット（*411* 730）
ヒダカミネヤナギ（*463* 834）
ヒダカヤエガワ（*423* 754）
ピタンガ *487* 882
ビックリグミ（*362* 631）
ヒッコリー *411* 730
ヒッチョウカ *108* 124
ヒトエニワザクラ *296* 500
ヒトエノコクチナシ（*721* 1350）, *722* 1351
ヒトエノシジミバナ（*302* 511）
ヒトシベサンザシ *308* 523
ヒトツバエニシダ（*236* 379）
ヒトツバカエデ *516* 939
ヒトツバタゴ *741* 1389
ヒトツバタゴ属 *741*
ヒトツバハギ *452* 812
ヒトツバハギ属 *452*
ヒナウチワカエデ *505* 917
ヒナギクザクラ（*254* 415）,（*254* 416）
ヒノキ *87* 82,（*91* 89）
ヒノキアスナロ（*96* 99）
ヒノキ科 *79*
ヒノキ属 *86*
ヒノキバヤドリギ *575* 1057
ヒノキバヤドリギ属 *575*
ヒノキ目 *78*
ヒノデ *681* 1270
ヒノマルムクゲ（*554* 1015）
ヒバ *96* 99
ヒマラヤアセビ *705* 1317
ヒマラヤゴヨウ（*57* 22）
ヒマラヤサザンカ *623* 1153
ヒマラヤシーダー *60* 27
ヒマラヤスギ *60* 27
ヒマラヤスギ属 *59*
ヒマラヤトキワサンザシ *310* 528
ヒマラヤマツ（*54* 16）
ヒマラヤミツマタ（*569* 1046）
ヒムロ *93* 93
ヒムロスギ *93* 93
ヒメアオキ（*712* 1331）, *712* 1332
ヒメアスナロ（*96* 99）
ヒメアセビ（*705* 1317）
ヒメイソツツジ（*695* 1297）
ヒメイタビ *384* 676
ヒメウコギ *802* 1511
ヒメウツギ *594* 1096
ヒメカイドウ（*323* 553）
ヒメカカラ *136* 180
ヒメカジイチゴ（*335* 577）
ヒメクチナシ *721* 1350
ヒメクマヤナギ *368* 644
ヒメグルミ（*409* 726）
ヒメコウゾ *391* 689
ヒメコーラ *565* 1037
ヒメコブシ *114* 135
ヒメコマツ *55* 17,（*56* 20）,（*57* 21）
ヒメゴヨウイチゴ（*332* 572）
ヒメコラノキ *565* 1037
ヒメサザンカ（*626* 1159）
ヒメシキミ *801* 1509
ヒメシャクナゲ *703* 1314
ヒメシャクナゲ属 *703*
ヒメシャラ（*633* 1174）, *634* 1175
ヒメシャリントウ（*311* 529）
ヒメシャリンバイ *313* 533
ヒメタイサンボク *116* 139
ヒメツゲ *194* 296
ヒメツルコケモモ（*702* 1312）,（*703* 1313）
ヒメテイカカズラ（*728* 1363）
ヒメハチク（*158* 224）
ヒメバライチゴ *342* 591
ヒメバラモミ *63* 34
ヒメヒムロ（*93* 93）
ヒメヒャクリコウ（*761* 1430）
ヒメフジ（*225* 357）
ヒメマツハダ（*65* 37）
ヒメモクレン *111* 130
ヒメモチ *774* 1455
ヒメモッコク（*598* 1104）
ヒメヤシャブシ *419* 746
ヒメユズリハ *213* 334
ヒメリンゴ *322* 552
ヒャクジツコウ *476* 859
ビャクシン *96* 100
ビャクダン科 *573*
ビャクダン属 *573*
ビャクダン目 *573*
ヒャクリコウ *761* 1430
ヒュウガナツ *536* 979
ヒュウガミズキ *210* 327
ビヨウタコノキ（*135* 177）
ヒョウタンボク *793* 1493
ビヨウヤナギ *475* 858
ヒヨクヒバ *90* 88
ヒョンノキ *211* 329
ピラカンサス *310* 527
ビラン *274* 455
ビランジュ *274* 455
ヒリュウガシ（*400* 707）
ビリンビ *438* 783
ヒルギ科 *440*
ビルベリー *700* 1308
ビロウ *148* 203
ビロウ属 *148*
ビロードイチゴ *337* 581
ビロードウツギ *796* 1500
ビロードカジイチゴ *337* 582
ビロードサワシバ（*426* 760）
ビロードミヤコザサ（*163* 233）
ビロードムラサキ *755* 1418

ヒロハウバメガシ (*396* 699)
ヒロハオオズミ *322* 552
ヒロハカツラ *211* 330
ヒロハコツクバネウツギ (*798* 1504)
ヒロハコンロンカ *720* 1348
ヒロハザミア *48* 3
ヒロハツリバナ *434* 776
ヒロハツルマサキ (*432* 771)
ヒロハドウダンツツジ (*646* 1200)
ヒロハネム (*244* 396)
ヒロハノキハダ *541* 989
ヒロハノツリバナ *434* 776
ヒロハノナンヨウスギ (*75* 58)
ヒロハノミミズバイ *638* 1183
ヒロハヘビノボラズ *176* 259
ヒロハヤブニッケイ (*124* 156)
ヒロハラベンダー (*759* 1426)
ビワ *332* 571
ビワ属 *332*
ビワバガシ (*399* 706)
ピンポン *565* 1038
ピンポンノキ *565* 1038
ピンポンノキ属 *565*
ビンロウ (*109* 125), *153* 213
ビンロウジ *153* 213
ビンロウジュ *153* 213
ビンロウジュ属 *153*

フ

ファトスヘデラ *810* 1527
フィカス・エラスティカ・デッチェリー (*386* 679)
フィカス・トライアンギュラリス *385* 678
—'バリエガタ' (*385* 678)
フィカス'ラ・フランス' (*379* 666), (*380* 667)
フィカス・ラディカーンス・バリエガタ *386* 679
フィカス・ルビギノーサ 'バリエガタ' (*386* 679)
フィカス・ルビジノサ 'バリエガタ' (*385* 677)
フィカス 'ロブスタ' *379* 666
フイリイカダカズラ (*578* 1064)
フイリインドゴムノキ (*378* 664)
フイリウリカエデ (*507* 922)
フイリオオバイボタ (*749* 1405)
フイリカイドウ (*322* 551)
フイリカナリーキヅタ (*806* 1520)
フイリカポック (*810* 1528)
フイリシダレベンジャミナ (*381* 669)
フイリタコノキ (*135* 177)
フイリタラヨウ (*771* 1450)
フイリチャ (*606* 1120)
フイリツルニチニチソウ *730* 1367
フイリテイカカズラ *728* 1363
フイリデイコ (*227* 362)
フイリデコラゴムノキ (*379* 665)
フイリテリハバンジロウ (*484* 876)
フイリヒイラギ *739* 1386
フイリファトスヘデラ (*810* 1527)
フイリブーゲンビレア (*579* 1065)
フイリベンジャミナ (*381* 669)
フイリミズキ (*581* 1069)
フイリヤドリフカノキ (*810* 1528)
フウ *206* 319
フウ科 *206*
ブーゲンビレア *578* 1064
—'カリフォルニア・ゴールド' (*578* 1064)
—'サンデリアナ' *579* 1065
—'ブライダル・ブーケ' (*578* 1064)
—'ミセス・バット' (*578* 1064)
—'メリー・パーマ' (*578* 1064)
フウ属 *206*
フウチョウボク科 *572*
フウトウカズラ *109* 126
フウリンウメモドキ *768* 1444
フウリンツツジ *648* 1203
フウリンブッソウゲ *558* 1023
フェイジョア *482* 871
フェイジョア属 *482*
フカノキ属 *810*
フクギ *473* 854
フクギ科 *473*
フクギ属 *473*
フクシア *478* 863
—'スウィング・タイム' (*478* 863)
—'スカーレット・エース' (*478* 863)
—'ヒノハカマ' (*478* 863)
フクシア属 *478*
フクシュウキンカン *539* 985
フクラシバ *769* 1445, *772* 1451
フクラモチ *772* 1451
フクリンアオキ (*712* 1332)
フクリンアカリファ (*443* 793)
フクリンサカキ (*600* 1107)
フクリンシロバナジンチョウゲ *566* 1040
フクリンセンネンボク (*143* 193)
フクリンツルニチニチソウ *730* 1367
フクリンネズミモチ (*747* 1402)
フクリンヤツデ (*805* 1518)
フクレミカン *530* 968
フクロモチ *747* 1402
フゲンドウ *257* 422
フサアカシア *246* 399
フサザクラ *169* 246
フサザクラ科 *169*
フサザクラ属 *169*
フサスグリ *215* 338, (*216* 340)
—'レッドダッチ' (*215* 338)
—'ロンドンマーケット' (*215* 338)
フサフジウツギ (*752* 1411)
フジ *224* 355
フジイバラ *351* 610
フジウツギ *751* 1409
—'イルド・フランス' (*752* 1412)
—'ファシネイティング' *752* 1412
—'ホワイト・プロフュージョン' (*752* 1412)
フジウツギ属 *751*
フジキ *239* 385, (*239* 386)
フジキ属 *239*
フジキハダ (*541* 989)
フジザクラ *255* 417
フジサンシキウツギ *796* 1499
フジ属 *224*
フシダカシノ (*165* 237)
フジツツジ *661* 1230, (*663* 1234)
フシノキ *494* 895
フジマツ *58* 24
フジモドキ *569* 1045
ブシュカン *531* 970
フタマタマオウ (*49* 5)
フダンザンショウ *542* 992
フッキソウ *195* 298
フッキソウ属 *195*
ブッシュカン *531* 970
ブッソウゲ (*553* 1014), *557* 1022
ブツメンチク *156* 219
ブドウ *221* 350
ブドウ科 *219*
ブドウ属 *219*
ブドウ目 *219*
フトモモ *485* 878
フトモモ科 *478*
フトモモ属 *485*
フトモモ目 *476*
ブナ *405* 718
ブナ科 *394*

ブナ属 *405*
ブナ目 *394*
フブラギ *769* 1446
フユイチゴ *333* 573
フユサンゴ *734* 1375
フユザンショウ *542* 992
フユシバ *431* 770
フユヅタ *806* 1519
フユボダイジュ *551* 1009, (*551* 1010), (*552* 1011)
フヨウ *556* 1019
フヨウ属 *552*
プラサン (*521* 949)
ブラシノキ *481* 870
ブラシノキ属 *481*
ブラジルナット *597* 1102
ブラジルナットノキ属 *597*
ブラジルマツ *75* 57
プラタナス *190* 288
ブラックウォールナット *410* 728
ブラックベリー *345* 597
ブラッシノキ *481* 870
フラテルナー *622* 1151
フランスゴムノキ *385* 677
フリソデヤナギ *457* 821, (*465* 837)
ブルーベリー *701* 1309
ブレース *287* 481
プレランドラ属 *809*
ブンゴウツギ (*594* 1096)
ブンゴウメ *277* 462
ブンゴザサ *160* 227
ブンタン *527* 961

ヘ

ベイスギ *94* 96
ベイツガ *67* 41
ベイトウヒ *64* 35
ベイヒバ *87* 81
ベイマツ *68* 43
ベイモミ *71* 49
ペカン *411* 729
ペカン属 *411*
ヘクソカズラ *718* 1343
ヘクソカズラ属 *718*
ヘゴ *47* 1
ヘゴ科 *47*
ヘゴ属 *47*
ヘゴ目 *47*
ヘツカニガキ *719* 1346
ヘツカニガキ属 *719*
ヘデラ 'エレクタ' (*808* 1523)
—'ゴールドハート' *808* 1523
—'シャムロック' (*807* 1522)
—'デンティキュラータ' (*808* 1523)
—'ニードルポイント' (*807* 1522)
—'ピッツバーグ' *807* 1522
—'ファン' (*808* 1523)
—'マンダスクレステッド' (*807* 1522)
ベニウツギ *793* 1494
ベニカエデ *513* 934
ベニガク *586* 1079
ベニガクヒルギ *441* 789
ベニカナメモチ *319* 545
ベニコブシ (*114* 135)
ベニサラサドウダン *648* 1204
ベニシダレ (*252* 411)
ベニシタン *311* 529
ベニスモモ *288* 484, *289* 486
ベニズル *436* 780
ベニドウダン *647* 1202
ベニハゴロモ (*192* 291)
ベニバスモモ *289* 486
ベニバナチャ (*606* 1120)
ベニバナトキワマンサク (*209* 325)
ベニバナトチノキ *517* 941
ベニバナニシキウツギ (*794* 1496)
ベニバナハナミズキ (*583* 1073)
ベニヒラト *678* 1263
ベニマンサク *208* 324
ベニヤマザクラ *249* 406
ベニリンゴ *324* 555
ヘビノボラズ *175* 258
ヘラナレン *777* 1462
ヘラノキ *549* 1006
ヘリオトロープ *732* 1371
ヘリトリザサ *161* 230
ペルシャグルミ *410* 727
ベンガルボダイジュ *386* 680
ベンジャミンゴムノキ *381* 669
ペンタフィラクス科 *598*
ヘントウ *295* 498
ヘンヨウボク *447* 802
ヘンヨウボク属 *447*

ホ

ポインセチア *442* 792
ホウオウヒバ *95* 98
ホウキドウダン *647* 1201
ホウザンハリモミ (*63* 33)
ボウジグリ (*407* 722)
ホウライカズラ *725* 1357
ホウライカズラ属 *724*
ホウライチク *154* 216
ホウライチク属 *154*
ホウロクイチゴ *334* 575
ホオガシワ *113* 133
ホオガシワノキ *113* 133
ホオノキ *113* 133, (*115* 138)
ホオベニエニシダ *236* 380
ホーリー (*739* 1385)
ボケ *327* 562
—'カンサラサ' *328* 563
—'カンボケ' *328* 564
—'クロサンゴ' (*329* 566)
—'コクボタン' (*329* 566)
—'コッコウ' *329* 566
—'コッコウツカサ' (*329* 566)
—'日月星' (*330* 567)
—'世界一' (*329* 565)
—'チョウジュバイ' *327* 561
—'チョウジュラク' *329* 565
—'トウヨウニシキ' *330* 567
—'安田錦' (*330* 567)
ボケ属 *326*
ホザキカエデ *506* 919
ホザキシモツケ *306* 519
ホザキナナカマド *299* 506
ホザキナナカマド属 *299*
ホザキヤドリギ *576* 1060
ホザキヤドリギ属 *576*
ホシザキエゾアジサイ (*586* 1080)
ホシセンネンボク *143* 194
—'フロリダ・ビューティー' (*143* 194)
ホシナシミヤマガマズミ (*779* 1466)
ホシヤドリ (*712* 1332)
ホソイトスギ *86* 79
ホソエウリハダ *507* 921
ホソエカエデ *507* 921
ホソバアカメギ *176* 260
ホソバイヌビワ (*383* 673)
ホソバコガク *588* 1083
ホソバコツクバネウツギ (*798* 1504)
ホソバザミア (*48* 3)
ホソバシャクナゲ *691* 1290
ホソバシャリンバイ (*313* 533)
ホソバソウシジュ (*245* 398)
ホソバタイサンボク (*114* 136)
ホソバタブ *126* 159
ホソバチャ (*606* 1120)
ホソバツルツゲ (*771* 1449)
ホソバテンジクメギ *176* 260
ホソバトキワサンザシ *310* 527
ホソバニワウメ (*296* 500)
ホソバヒイラギナンテン *177* 262
ホソバマキバブラシノキ (*481* 869)
ホソバミヤコザサ (*163* 233)
ホソバヤブコウジ (*604* 1115)
ボダイジュ *550* 1007
ホタルヒバ *92* 92
ボタン *196* 299, (*205* 318)
—'アカシガタ' (*199* 306)

—‘アサヒヅル’（*200* 307）
—‘アヤキモン’（*198* 304）
—‘インフモン’（*201* 310）
—‘オキナジジ’（*202* 311）
—‘オリヒメ’（*201* 309）
—‘カスガヤマ’（*200* 307）
—‘カマタフジ’ *203* 313
—‘キンカク’（*205* 318）
—‘キンコウ’（*205* 318）
—‘キンシ’（*205* 318）
—‘キンテイ’ *205* 318
—‘キンヨウ’（*205* 318）
—‘クリカワコウ’（*200* 307）
—‘グンホウデン’（*203* 313）
—‘ゴショザクラ’（*200* 308）
—‘ゴダイシュウ’（*201* 310），*203* 314
—‘コンロンコク’（*199* 305）
—‘サクヘイモン’（*203* 314）
—‘シウンデン’（*197* 302）
—‘シチフクジン’（*198* 303）
—‘ジツゲツニシキ’ *201* 309，（*201* 310）
—‘シロバンリュウ’（*204* 316）
—‘スイガン’ *197* 301
—‘タイショウノヒカリ’（*204* 315）
—‘タイヨウ’ *202* 312
—‘タマフヨウ’ *196* 300，（*201* 310）
—‘ツカサジジ’（*205* 317）
—‘ニッショウ’ *205* 317
—‘ハクオウジジ’ *202* 311
—‘ハツガラス’ *199* 305
—‘ハナキソイ’ *198* 303
—‘ハナダイジン’ *201* 310
—‘ハルノアケボノ’ *199* 306
—‘ヒグラシ’ *200* 307
—‘ヒノデセカイ’（*202* 312）
—‘ビフクモン’ *198* 304
—‘フソウツカサ’ *204* 316
—‘ホウダイ’ *204* 315
—‘ムレガラス’（*200* 307）
—‘ヤエザクラ’（*196* 300）
—‘ヤチヨジジ’（*197* 301）
—‘ヤチヨツバキ’ *200* 308
—‘リンポウ’ *197* 302
ボタンイバラ *344* 595
ボタン科 *196*
ボタン属 *196*
ボタンツツジ *664* 1235
ボタンヅル *179* 266
ボタンノキ *190* 287
ボチョウジ *715* 1338
ボチョウジ属 *715*
ホツツジ *709* 1326
ホツツジ属 *709*
ホテイチク *157* 222
ホナガアセビ（*704* 1316），（*705* 1317）
ホナガクマヤナギ（*368* 643）
ポポー *120* 147
ポポー属 *120*
ホヤ *574* 1055
ホヨ *574* 1055
ホルトノキ（*439* 785），*440* 787
ホルトノキ科 *439*
ホルトノキ属 *439*
ボロボロノキ *577* 1061
ボロボロノキ科 *577*
ボロボロノキ属 *577*
ホワイトファー *71* 49
ホンガヤ *104* 115
ポンカン *523* 954
ホングロ（*158* 223）
ホンコクタン（*603* 1113）
ホンコンツバキ *620* 1147
ホンサカキ *600* 1107
ホンサゴ *144* 196
ホンシャクナゲ *690* 1287
ホンツゲ *194* 295
ボンテンカ *561* 1029
ボンテンカ属 *561*
ポンドサイプレス（*83* 73）
ホンドミヤマネズ（*100* 108）
ホンブナ *405* 718
ボンベイニクズク（*110* 127）
ホンミカン *523* 953

マ

マイカイ *348* 603
マイクジャク *503* 914
マオウ *49* 5
マオウ科 *49*
マオウ属 *49*
マカダミア *192* 292
マカダミア属 *192*
マカバ *421* 750
マキ *77* 62，*80* 67
マキエハギ *234* 375
マキ科 *77*
マキバブラシノキ *481* 869，（*481* 870）
マキバブラッシノキ *481* 869
マクズ *235* 377
マグワ *388* 684，（*389* 685）
マサカキ *600* 1107
マサキ *431* 770
マサゴヤシ *144* 196
マダケ *156* 220，（*158* 224）
マダケ属 *155*
マタタビ *643* 1194
マタタビ科 *643*
マタタビ属 *643*
マチン科 *724*
マツ科 *49*
マツグミ *575* 1058
マツグミ属 *575*
マッコウ *437* 782
マツ属 *49*
マツバ *450* 808
マツハダ *64* 36，*655* 1217
マツブサ *105* 117
マツブサ科 *105*
マツブサ属 *105*
マツムシソウ目 *778*
マツ目 *49*
マツラニッケイ *133* 173
マテバシイ *403* 714
マホガニー *547* 1002
マホガニー属 *547*
ママッコ *766* 1440
マメ科 *224*
マメガキ（*601* 1110）
マメキンカン *538* 983
マメグミ *362* 632
マメザクラ *255* 417
マメブシ *490* 888
マメ目 *224*
マユミ *428* 763
マルキンカン *538* 984
マルスグリ（*214* 336），*215* 337，（*216* 340）
マルバアオダモ *742* 1392
マルバイワシモツケ（*303* 514）
マルバインドゴムノキ *379* 665
マルバウコギ（*801* 1510）
マルバウスゴ（*699* 1306）
マルバウツギ *595* 1097
マルバカイドウ（*324* 555）
マルバカエデ *516* 939
マルバグミ *365* 637
マルバゴマキ（*782* 1471）
マルバサツキ *675* 1258
マルバサンキライ *137* 182
マルバシモツケ *300* 508
マルバシャリンバイ *312* 532
マルハチ（*47* 1）
マルバチシャノキ *731* 1370
マルバデイゴ（*228* 363）
マルバニッケイ *124* 156
マルバノキ *208* 324
マルバノキ属 *208*
マルバノリュウキョウソヨゴ *773* 1453
マルバハギ *233* 373
マルバヒイラギモチ（*775* 1457）
マルバフユイチゴ *334* 576
マルバヘビノボラズ（*176* 259）
マルバマンサク *207* 321
マルバメギ（*176* 259）
マルバヤナギ *457* 822，*463* 834

マルバヤナギザクラ *297* 502
マルバヨノミ (*788* 1484)
マルブッシュカン *531* 969
マルミキンカン *538* 984
マルメロ *331* 569
マルメロ属 *331*
マレーリュウガン (*521* 949)
マロニエ *518* 943
マンゴー *496* 900
マンゴー属 *496*
マンゴスチン (*119* 145), *474* 855
マンサク *206* 320
マンサク科 *206*
マンサク属 *206*
満州黄花カザグルマ (*178* 264)
マンシュウクロマツ (*49* 6)
マンシュウズミ *322* 552
マンシュウハシドイ *746* 1399
マンネンカ *763* 1433
マンネンロウ *761* 1429
マンネンロウ属 *761*
マンリョウ *605* 1117
マンルソウ *761* 1429

ミ

ミカイドウ *321* 550
ミカエリソウ *760* 1427, (*760* 1428)
ミカン科 *521*
ミカンソウ科 *451*
ミカン属 *521*
ミサオノキ *723* 1354
ミサオノキ属 *723*
ミズキ *581* 1069, (*581* 1070)
ミズキ科 *579*
ミズキ属 *581*
ミズキ目 *579*
ミスズ *163* 234
ミズナラ *395* 698
ミズマツ *83* 74
ミズメ *422* 752
ミソハギ科 *476*
ミチノクナシ (*324* 556)
ミツデカエデ *514* 935, (*515* 937)
ミツバアケビ *170* 248, (*171* 249)
ミツバイワガサ (*303* 513)
ミツバウツギ *489* 885
ミツバウツギ科 *489*
ミツバウツギ属 *489*
ミツバウツギ目 *489*
ミツバカイドウ (*323* 553)
ミツバツツジ *655* 1218
ミツバノコマツナギモドキ (*226* 359)
ミツマタ *569* 1046
ミツマタ属 *569*
ミツミネモミ *70* 47
ミドリザクラ (*255* 417)
ミドリスギ *82* 71
ミナヅキ (*589* 1086), *590* 1087
ミネカエデ *508* 923, (*508* 924)
ミネザクラ *255* 418
ミネズオウ *706* 1320
ミネズオウ属 *706*
ミネバリ *418* 744
ミネヤナギ *461* 829
ミミズバイ *638* 1184
ミヤギノハギ *232* 371
ミヤコザサ *163* 233
ミヤコジマツヅラフジ (*173* 254)
ミヤコダラ (*804* 1515)
ミヤベイタヤ *511* 930
ミヤマイチゴ *344* 596
ミヤマイヌザクラ *273* 453
ミヤマイボタ *748* 1404
ミヤマウグイスカグラ *787* 1482
ミヤマウツギ *595* 1098, *796* 1500
ミヤマウラジロイチゴ *339* 586
ミヤマエゾクロウスゴ (*699* 1306)
ミヤマガマズミ *779* 1466
ミヤマカワラハンノキ *416* 740
ミヤマキハダ (*541* 989)
ミヤマキリシマ *660* 1228
ミヤマクマヤナギ *368* 643
ミヤマザクラ *256* 419
ミヤマシキミ (*106* 120), *539* 986
ミヤマシキミ属 *539*
ミヤマシグレ *781* 1469
ミヤマツツジ *652* 1212
ミヤマトサミズキ *210* 328
ミヤマトベラ *234* 376
ミヤマトベラ属 *234*
ミヤマナナカマド (*315* 537)
ミヤマナラ (*395* 698)
ミヤマニガイチゴ (*336* 579)
ミヤマネズ *100* 108
ミヤマハギ *233* 373
ミヤマハハソ *188* 284
ミヤマハンショウヅル *182* 271
ミヤマハンノキ *420* 747
ミヤマビャクシン *97* 102
ミヤマフジキ *239* 386
ミヤマフユイチゴ *333* 574
ミヤマヘビノボラズ *175* 257
ミヤマホウソ *188* 284
ミヤマホツツジ *710* 1327
ミヤマタタビ *644* 1195
ミヤマメギ *175* 257
ミヤマモミジ *505* 918
ミヤマヤシャブシ (*418* 744)
ミヤマヤナギ *461* 829
ミヤマルリミノキ (*713* 1334)
ミロバランスモモ (*289* 486)

ム

ムキミカズラ *391* 690
ムク *377* 662
ムクエノキ *377* 662
ムクゲ *553* 1014
—'アーデンス' (*554* 1016)
—'キジバト' (*554* 1015)
—'コバタ' *554* 1015
—'シロコミダレ' (*555* 1018)
—'シロミダレ' (*555* 1018)
—'シングル・レッド' (*554* 1015)
—'スミノクラ' (*554* 1015)
—'スミノクラハナガサ' (*554* 1016)
—'ダイトクジシロ' (*555* 1017)
—'タマウサギ' (*555* 1017)
—'ミミハラハナガサ' (*554* 1016)
ムクノキ *377* 662
ムクノキ属 *377*
ムクミカズラ *391* 690
ムクロジ *519* 945
ムクロジ科 *498*
ムクロジ属 *519*
ムクロジ目 *491*
ムシカリ *784* 1475
ムシャザクラ *269* 445
ムツアジサイ *586* 1080
ムニンハナガサノキ (*716* 1340)
ムニンビャクダン *573* 1053
ムベ *171* 250
ムベ属 *171*
ムラサキ科 *731*
ムラサキキリシマ (*681* 1269)
ムラサキシキブ *753* 1414
ムラサキシキブ属 *753*
ムラサキツリガネツツジ (*650* 1208)
ムラサキツリバナ *433* 774
ムラサキナツフジ *225* 358
ムラサキナツフジ属 *225*
ムラサキハシドイ *745* 1397
—'トウゲン' *745* 1398
ムラサキハシバミ (*415* 737)
ムラサキブナ (*406* 719)
ムラサキマユミ *429* 765
ムラサキ目 *731*
ムラサキヤシオツツジ *652* 1212
ムラサキリュウキュウ (*677* 1262), (*678* 1264)

ムラダチ *131* 170
ムレスズメ *237* 381
ムレスズメ属 *237*

メ

メイゲツカエデ *503* 913
メイワキンカン *537* 982
メウリノキ *507* 922
メオトバナ *800* 1507
メギ *174* 256
メギ科 *174*
メキシコチモラン *141* 190
メギ属 *174*
メグスリノキ（*514* 935），*515* 937
メクラフジ （*225* 357）
メゴザサ *160* 227
メジロザクラ *254* 415
メダケ *166* 240
メダケ属 *165*
メタセコイア （*84* 75），*84* 76
メタセコイア属 *84*
メダラ *809* 1525
メツクバネウツギ *798* 1503
メディニラ・スペシオーサ （*488* 884）
メディニラ・マグニフィカ *488* 884
メドラー *331* 570
メハリブキ （*804* 1516）
メヒルギ *440* 788
メヒルギ属 *440*
メマツ *50* 7
メンツツジ *661* 1230
メンヤダケ（*164* 235）

モ

モウコグワ（*389* 686），（*390* 687）
モウソウチク *155* 217
モエギクジャク （*88* 84）
モーバングリ （*407* 722）
モガシ *440* 787
モク *377* 662
モクゲンジ *518* 944
モクゲンジ属 *518*
モクセイ *738* 1384
モクセイ科 *734*
モクセイ属 *737*
モクベンケイ *753* 1413
モクマオウ科 *413*
モクレイシ *437* 781
モクレイシ属 *437*
モクレダマ *237* 382
モクレン *111* 129
モクレン科 *110*
モクレン属 *110*
モクレン目 *110*
モダマ *244* 395
モダマ属 *244*
モダマヅル *244* 395
モチツツジ *662* 1232
モチノキ （*772* 1451），*772* 1452，（*773* 1453）
モチノキ科 *767*
モチノキ属 *767*
モチノキ目 *766*
モッカナット（*411* 730）
モックオレンジ（*596* 1100）
モッコウバラ *350* 608
モッコク *598* 1104
モッコク属 *598*
モッコバナ *597* 1101
モミ（*69* 46），*70* 48
モミジ *498* 903
モミジイチゴ *336* 580
モミジウリノキ *580* 1067
モミジバアラリア *809* 1526
モミジハウチワ（*503* 913）
モミジバスズカケノキ *191* 289
モミジバフウ （*206* 319）
モミ属 *68*
モムノキ *70* 48
モモ *290* 487
—‘アツザワ’（*295* 497）
—‘ウンリュウモモ’（*295* 497）
—‘カラモモ’ *294* 495
—‘キクモモ’ *294* 496
—‘キョウサラサ’（*292* 492），（*293* 494）
—‘クロカワ’（*295* 497）
—‘ゲンペイシダレ’（*292* 492），（*293* 494）
—‘ケンペイモモ’ *292* 492
—‘ゲンペイヤエホウキモモ’（*292* 492）
—‘サガミシダレ’（*293* 494）
—‘ザンセツシダレ’ *293* 493
—‘トクマル（徳丸）’（*292* 491），（*295* 497）
—‘中生白’（*292* 491）
—‘ナラヤマ’（*295* 497）
—‘ハクトウ’ *292* 491
—‘ハゴロモシダレ’ *293* 494
—‘ホウキモモ’ *295* 497
—‘モミジモモ’（*295* 497）
—‘ヤグチ’ *291* 490
モリイバラ （*352* 611），*352* 612
モンゴリナラ （*395* 698）
モンタチバナ （*539* 986）
モンテン *553* 1013
モンテンボク（*552* 1012），*553* 1013
モントレーマツ *53* 13

ヤ

ヤイトバナ *718* 1343
ヤエオヒョウモモ *289* 485
ヤエガワカンバ *423* 754
ヤエキバナシャクナゲ （*688* 1284）
ヤエキョウチクトウ *726* 1359
ヤエギョリュウバイ *480* 868
ヤエキリシマ （*681* 1269）
ヤエコウバイ （*285* 477）
ヤエノギョクダンカ （*591* 1090），（*592* 1091）
ヤエハクサンシャクナゲ （*689* 1285）
ヤエヒガン （*252* 412）
ヤエフジ （*224* 355）
ヤエベニシダレ （*252* 411）
ヤエミヤマキリシマ （*660* 1228）
ヤエムクゲ *554* 1016
ヤエヤマヒルギ *441* 790
ヤキバザサ *161* 230
ヤキモチカズラ *173* 254
ヤクシマオナガカエデ （*507* 921）
ヤクシマシャクナゲ *691* 1289
ヤクシマツバキ *607* 1122
ヤクタネゴヨウ *56* 19
ヤシ科 *144*
ヤジナ *374* 655
ヤジノ *164* 235
ヤシ目 *144*
ヤシャビシャク （*216* 339），（*217* 341），*218* 343
ヤシャブシ *418* 744，（*419* 745）
ヤダケ *164* 235
ヤダケ属 *164*
ヤチダモ *744* 1395
ヤチヤナギ *409* 725
ヤチヤナギ属 *409*
ヤツガタケトウヒ *63* 33
ヤツシロ *522* 952
ヤツシロミカン *522* 952
ヤツデ *805* 1518
ヤツデ属 *805*
ヤツブサウメ *276* 460
ヤドリギ *574* 1055
ヤドリギ属 *574*
ヤドリフカノキ *810* 1528
ヤナギイチゴ *393* 694
ヤナギイチゴ属 *393*
ヤナギ科 *454*
ヤナギザクラ属 *297*
ヤナギ属 *454*
ヤニレ *373* 654
ヤネフキザサ *161* 229
ヤハズアジサイ *592* 1092

ヤハズハンノキ　418　743
ヤバネヒイラギモチ　775　1457
ヤブイバラ　352　611
ヤブウツギ　795　1497
ヤブキハギ　231　370
ヤブコウジ　604　1115
ヤブコウジ属　604
ヤブサンザシ　(216　339),(217　341),217　342
ヤブジロ　608　1123
ヤブツバキ　607　1121,(627　1162)
ヤブデマリ　783　1473
ヤブニッケイ　124　155,(124　156)
ヤブヒョウタンボク　792　1492
ヤブマオ属　393
ヤブムラサキ　755　1417
ヤマアジサイ　587　1082
ヤマアララギ　112　131
ヤマイバラ　351　609
ヤマウグイスカグラ　(787　1481)
ヤマウコギ　801　1510
ヤマウルシ　492　891
ヤマエンジュ　239　385,(239　386)
ヤマカイドウ　323　553
ヤマカシュウ　136　179
ヤマグルマ　193　294
ヤマグルマ科　193
ヤマグルマ属　193
ヤマグルマ目　193
ヤマグワ　(389　685)
ヤマコウバシ　130　168
ヤマザクラ　248　403
ヤマシオジ　(744　1396)
ヤマシグレ　(781　1469)
ヤマシバカエデ　515　938
ヤマシュロ　153　214
ヤマジンチョウゲ　567　1041
ヤマチシャ　634　1175
ヤマヂシャ　642　1191
ヤマツゲ　770　1447
ヤマツツジ　660　1227
ヤマテリハノイバラ　(351　610)
ヤマトアオダモ　743　1393
ヤマドウダン　647　1201
ヤマトレンギョウ　734　1376
ヤマナシ　324　556
ヤマナラシ　470　847
ヤマナラシ属　469
ヤマニシキギ　430　767
ヤマネコヤナギ　465　837
ヤマハギ　231　369
ヤマハゼ　493　893
ヤマハンノキ　(417　741)
ヤマヒハツ　453　813
ヤマヒハツ属　453
ヤマヒョウタンボク　791　1490
ヤマビワ　189　286,383　673
ヤマブキ　298　503,(298　504)
ヤマブキ属　298
ヤマフクギ　377　661
ヤマフジ　224　356
ヤマブドウ　219　346
ヤマボウシ　(582　1071),582　1072
ヤマミカン　392　692
ヤマモガシ　191　290
ヤマモガシ科　191
ヤマモガシ属　191
ヤマモガシ目　190
ヤマモミジ　502　911
ヤマモモ　408　724
ヤマモモ科　408
ヤマモモ属　408
ヤマヤナギ　464　835
ヤマリンゴ　320　548
ヤラボ　473　853

ユ

ユーカリ　479　866
ユーカリジュ　479　866
ユーカリノキ　479　866
ユーカリノキ属　478
ユキカズラ　593　1094
ユキツバキ　619　1145,(626　1159)
ユキノシタ目　196
ユキヤナギ　301　510
ユクノキ　(239　385),239　386
ユサン　74　56
ユサン属　74
ユズ　528　964
ユスチシア　763　1433
ユスラウメ　(271　449),297　501
ユズリハ　212　332
ユズリハ科　212
ユズリハ属　212
ユズリハワダン　(777　1462)
ユソウボク　223　354
ユソウボク属　223
ユチャ　620　1148
ユッカ・エレファンティペス　141　190
ユトウ　290　488
ユビソヤナギ　464　836
ユリノキ　117　142
ユリノキ属　117
ユリ目　135

ヨ

ヨウラクタマアジサイ　(592　1091)
ヨウラクツツジ　647　1202,(651　1210)
ヨーロッパアカマツ　52　11
ヨーロッパイチイ　103　114
ヨーロッパウチワヤシ　148　204
ヨーロッパカイドウ　323　554
ヨーロッパキイチゴ　340　587
ヨーロッパグリ　407　721
ヨーロッパクロヤマナラシ　469　845
ヨーロッパスモモ　286　480
ヨーロッパトウヒ　65　37
ヨーロッパナラ　394　696
ヨーロッパブドウ　221　350
ヨーロッパブナ　406　719
ヨグソミネバリ　422　752
ヨコグラノキ　369　645
ヨコグラノキ属　369
ヨコグラブドウ　(220　348)
ヨコメガシ　(400　707)
ヨシノスギ　80　67
ヨソゾメ　778　1464
ヨツヅメ　778　1464
ヨドガワ　678　1263
ヨドガワツツジ　664　1235
ヨメナノキ　214　335
ヨメノナミダ　766　1440
ヨレスギ　80　68
ヨロイスギ　76　59
ヨロイドオシ　(174　256)

ラ

ライチー　519　946
ライム　532　972
ライラック　745　1397
ラカンマキ　77　61
ラクウショウ　83　73
ラジアータマツ　53　13
ラズベリー　340　587
ラセンクロトン　450　807
ラッキョウダケ　(164　235)
ラベンダー　759　1426
ラベンダー属　759
ランシンボク　495　897
ランシンボク属　495
ランダイスギ　(82　72)
ランタナ　765　1438
ランタナ・ヒブリダ　766　1439
ランブータン　521　949
ランブータン属　521

リ

リギダマツ　53　14
リキュウバイ　297　502
リグナムバイタ　223　354
リシリビャクシン　(100　108)
リュウガン　520　947
リュウガン属　520

リュウキュウアオキ *715* 1338
リュウキュウコウガイ *440* 788
リュウキュウシボリ (*677* 1262)
リュウキュウシュロチク *147* 202
リュウキュウチク *165* 237, (*166* 239)
リュウキュウツツジ *677* 1262
リュウキュウハゼ *493* 894
リュウキュウハナイカダ (*766* 1440)
リュウキュウハリギリ (*804* 1515)
リュウキュウヒザクラ (*256* 420)
リュウキュウマツ *51* 10
リュウキュウマメガキ *601* 1110
リュウキュウミヤマシキミ (*540* 988)
リュウキュウムクゲ *557* 1022
リュウキュウヤナギ *733* 1374
リュウキュウルリミノキ (*713* 1334)
リュウケツジュ *142* 192
リュウケツジュ属 *142*
リュウジンザンショウ (*542* 991)
リュウノタマ *734* 1375
リョウブ *646* 1199
リョウブ科 *646*
リョウブ属 *646*
リョクガク *278* 464
リョクガクザクラ (*255* 417)
リラ *745* 1397
リンキ *324* 555
リンゴ *321* 549
リンゴ属 *319*
リンゴツバキ *607* 1122
リンショウバイ *296* 499, *296* 500
リンドウ目 *713*
リンネソウ *800* 1507
リンネソウ属 *800*
リンボク *275* 457

ル

ルテア (*205* 318)
ルリダマノキ *713* 1333
ルリビョウタン *188* 283
ルリミノウシコロシ *639* 1185
ルリミノキ *713* 1333
ルリミノキ属 *713*
ルリヤナギ *733* 1374

レ

レイシ *519* 946
レイシ属 *519*
レダマ *237* 382
レダマ属 *237*
レッド・リバー・ガム *479* 865
レッドロビン *319* 545
レバノンシーダー *59* 25
レモン *526* 960
レンギョウ *735* 1377
レンギョウ属 *734*
レンゲイワヤナギ *463* 833
レンゲツツジ *653* 1213
レンゲボタン (*653* 1213)
レンブ *487* 881
レンプクソウ科 *778*

ロ

ロウバイ *120* 148
ロウバイ科 *120*
ロウバイ属 *120*
ローズアップル *482* 872
ローズウッド (*230* 368)
ローズマリー *761* 1429
ローソンヒノキ *86* 80, (*87* 81)
ロソウ (*389* 685)
ロッカクドウ (*460* 828)

ワ

ワカキノサクラ (*265* 437)
ワサビノキ *571* 1050
ワサビノキ科 *571*
ワサビノキ属 *571*
ワジュロ *146* 199
ワシントンヤシ (*149* 205)
ワシントンヤシ属 *149*
ワシントンヤシモドキ *149* 205
ワセイチゴ *343* 593
ワセダケ *155* 217
ワタクヌギ *397* 702
ワタゲカマツカ (*317* 542)
ワニナシ *126* 160
ワビスケ *624* 1155
ワビャクダン (*95* 97)
ワビロウ *148* 203
ワラベナカセ *716* 1339
ワリンゴ (*324* 555)
ワンジュ *241* 390

学　名　索　引　INDEX

〔斜体数字は頁，立体数字は種番号を示す。( ) の付してあるものは，その記載中に図示されているか，もしくは近似種として解説されている関連植物である〕

A

Abelia ×*grandiflora* *799* 1505
serrata *798* 1504
–f. *gymnocarpa* (*798* 1504)
–f. *obspathulata* (*798* 1504)
spathulata *797* 1502
tetrasepala *798* 1503
Abies amabilis *71* 50
balsamea *69* 46
concolor *71* 49
firma *70* 48
grandis *73* 54
magnifica *73* 53
–var. *argentea* (*73* 53)
–var. *glauea* (*73* 53)
–var. *prostrata* (*73* 53)
–var. *shastensis* (*73* 53)
–var. *xanthocarpa* (*73* 53)
mariesii *68* 44
nordmannniana (*71* 50)
procera *74* 55
sachalinensis var. *mayriana* *72* 52
–var. *sachalinensis* *72* 51
×*umbellata* *70* 47
veitchii *69* 45
Abutilon megapotamicum *561* 1030
Acacia baileyana *245* 397
confusa *245* 398
–var. *inamurai* (*245* 398)
dealbata *246* 399
Acalypha wilkesiana *443* 793
–var. *marginata* (*443* 793)
–var. *musaica* (*443* 793)
Acca sellowiana *482* 871
Acer amoenum var. *amoenum* *501* 909
–var. *matsumurae* *502* 911
–var. *matsumurae* 'Sangokaku' *502* 912
– 'Ukon' *501* 910
argutum *505* 918
buergerianum *513* 933
capillipes *507* 921
carpinifolium *515* 938
–f. *magnificum* (*515* 938)
cissifolium *514* 935
crataegifolium *507* 922
– 'Veitchii' (*507* 922)
diabolicum *512* 931
distylum *516* 939
ginnala var. *aidzuense* *509* 926
japonicum *503* 913
– 'Parsonsii' *503* 914
maximowiczianum *515* 937
micranthum *508* 924
miyabei *511* 930
–f. *shibata* (*511* 930)
morifolium (*507* 921)
negundo *510* 927, (*514* 936)
–var. *auratum* (*510* 927)
nigrum (*514* 936)
nipponicum *509* 925
oblongum (*516* 939)
palmatum *498* 903
–var. *dissectum* *498* 904
–var. *dissectum* f. *ornatum* (*498* 904)
– 'Iizimasunago' *500* 908
– 'Kasennishiki' *499* 905
– 'Sazanami' *500* 907
– 'Seigen' *499* 906
pictum *510* 928, (*514* 936)
–subsp. *dissectum* f. *connivens* (*511* 929)
–subsp. *dissectum* f. *dissectum* *511* 929
–subsp. *dissectum* f. *piliferum* (*511* 929)
–subsp. *dissectum* f. *puberulum* (*511* 929)
–subsp. *pictum* f. *ambiguum* (*510* 928)
pycnanthum *512* 932
rubrum *513* 934
rufinerve *506* 920
–f. *alba-limbatum* (*506* 920)
saccharinum (*514* 936)
saccharum *514* 936
shirasawanum *504* 916
sieboldianum *504* 915
–var. *tsusimense* (*504* 915)
tenuifolium *505* 917
tschonoskii *508* 923
ukurunduense *506* 919
–f. *pilosum* (*506* 919)
Actinidia arguta *644* 1196
–var. *hypoleuca* (*644* 1196)
chinensis var. *deliciosa* *645* 1198
kolomikta *644* 1195
polygama *643* 1194
rufa *645* 1197
Actinodaphne acuminata *128* 164
Adina pilulifera *719* 1345
Aesculus ×*carnea* *517* 941
hippocastanum *518* 943
pavia *516* 940
turbinata *517* 942
Agathis dammara *76* 60
Aidia henryi *723* 1354
Ailanthus altissima *546* 1000
Akebia ×*pentaphylla* *171* 249
quinata *170* 247
trifoliata *170* 248
Alangium platanifolium var. *platanifolium* *580* 1067
–var. *trilobatum* *579* 1066
premnifolium *580* 1068
Albizia julibrissin var. *glabrior* (*244* 396)
–var. *julibrissin* *244* 396
Alchornea davidii *444* 795
Allamanda cathartica *729* 1366
– 'Hendersonii' (*729* 1366)
Alnus fauriei *416* 740
firma *418* 744
–f. *hirtella* (*418* 744)
hirsuta var. *hirsuta* *417* 741
–var. *sibirica* (*417* 741)
inokumae (*417* 741)
japonica *415* 738
–f. *koreana* (*415* 738)
matsumurae *418* 743
×*peculiaris* (*419* 746)
pendula *419* 746
serrulatoides *417* 742
sieboldiana *419* 745
×*suginoi* (*417* 742)
trabeculosa *416* 739
viridis subsp. *maximowiczii* *420* 747
Amelanchier asiatica *311* 530
Ampelopsis cantoniensis var. *leeoides* *223* 353
Amygdalus davidiana (*288* 484)
Anacardium occidentale *497* 902
Andromeda polifolia *703* 1314
–f. *leucantha* (*703* 1314)
Annona cherimola *119* 145
muricata *118* 144
reticulata *119* 146

squamosa 118 143
Anodendron affine 728 1364
Antidesma japonicum 453 813
Aphananthe aspera 377 662
Aralia chinensis (808 1524)
elata f. elata 808 1524
-f. subinermis 809 1525
Araucaria angustifolia 75 57
araucana 76 59
bidwillii (75 58)
cunninghamii (75 58)
heterophylla 75 58
Arctous alpina var. japonica 649 1206
Ardisia crenata 605 1117
crispa 605 1118
-f. leucocarpa (605 1118)
japonica 604 1115
-var. angusta (604 1115)
pusilla 604 1116
walkeri (604 1116)
Areca catechu (109 125), 153 213
Arenga engleri (154 215)
pinnata 154 215
ryukyuensis 153 214
tremula (154 215)
Aria alnifolia 316 540
japonica 317 541
Artocarpus heterophyllus 388 683
incisus 387 682
integer (388 683)
Asimina triloba 120 147
Aucuba japonica var. borealis 712 1332
-var. japonica 712 1331
Averrhoa bilimbi 438 783
carambola 438 784

B

Bambusa multiplex 154 216
Berberis amurensis 176 259
-f. bretschneideri (176 259)
-f. brevifolia (176 259)
fortunei 177 262
japonica 177 261
pruinosa (176 260)
sanguinea 176 260
sieboldii 175 258
thunbergii 174 256
tschonoskyana 175 257
Berchemia lineata 368 644
longiracemosa (368 643)
magna 367 642
pauciflora 368 643
racemosa 367 641
Berchemiella berchemiifolia 369 645
Bertholletia excelsa 597 1102
Betula corylifolia 422 751
davurica 423 754
-var. okuboi (423 754)
ermanii var. ermanii 421 749
-var. subcordata (421 749)
globispica 424 755
grossa 422 752
maximowicziana 421 750
platyphylla var. japonica 420 748
schmidtii 423 753
Bischofia javanica 453 814
Blighia sapida 520 948
Boehmeria spicata 393 693
-var. microphylla (393 693)
-var. spicata f. viridis (393 693)
Borassus flabellifer 149 206
Bougainvillea glabra (579 1065)
-'Sanderiana' 579 1065
-'Variegata' (579 1065)
spectabilis 578 1064
Broussonetia kaempferi 391 690
×kazinoki (391 689)
monoica 391 689
papyrifera 390 688
Bruguiera gymnorrhiza 441 789
Brunfelsia uniflora 732 1372
Buckleya lanceolata 573 1054
Buddleja curviflora f. curviflora 751 1410
-f. venenifera 752 1411
davidii (752 1411)
-'Facinating' 752 1412
japonica 751 1409
lindleyana (752 1411)
Buxus microphylla var. japonica 194 295
-var. microphylla 194 296
sempervirens 195 297

C

Caesalpinia decapetala var. japonica 243 393
Callerya reticulata 225 358
Callicarpa dichotoma 754 1416
japonica 753 1414
-var. luxurians 754 1415
-var. luxurians f. albifructa (754 1415)
-f. albibacca (753 1414)
kochiana 755 1418
mollis 755 1417
×shirasawana (755 1417)
Callistemon rigidus 481 869
-var. linearis (481 869)
speciosus 481 870
Calluna vulgaris 696 1299
Calophyllum inophyllum 473 853
Calycanthus floridus 122 151
-var. glaucus (122 151)
Camellia 'Adolphe Audusson' (628 1164)
'Angel Wings' (627 1161)
'Barbara Clark' 625 1158
'Betty Sheffield Supreme' (627 1162)
'Brian' 627 1161
'Christmas Beauty' 628 1164
'Citation' (628 1163)
'Cornish Snow' (621 1150)
cuspidata 621 1150
'Debutante' (628 1163)
'Doctor Tinsly' (628 1164)
'Donation' 627 1162
'Dream Girl' (626 1160)
'E. G. Waterhouse' 628 1163
'Elegance Champagne' (628 1163)
'Elegans Splender' (627 1162)
'Elegant Beauty' (627 1161)
'Elsie Jury' (628 1163)
'Flower Girl' 626 1160
formosensis (606 1120)
forrestii (620 1148)
'Fragrant Pink' 626 1159
fraterna 622 1151
'Granada' (629 1166)
granthaminana 621 1149
'Guilio Nuccio' 629 1165
'Hawaii' (629 1165)
hongkongensis 620 1147
×intermedia 'Amagashita' 617 1141
-'Hishikaraito' 617 1142
-'Rosacea' 616 1140
-'Shirosumikura' 618 1143
-'Yukioguni' 618 1144
japonica 607 1121
-subsp. japonica f. leucantha 608 1123
-var. macrocarpa 607 1122
-'Apucaeformis' 608 1124
-'Bokuhan' 611 1129
-'Chōsentsubaki' 610 1127
-'Coronation' (612 1131)
-'Daijōkan' 616 1139
-'Donckelarii' (627 1162)

– 'Hijirimen' *611* 1130
– 'Kamogawa' *615* 1137
– 'Kenkyō' *613* 1134
– 'Kujakutsubaki' *614* 1135
– 'Miuraotome' *614* 1136
– 'Nichigetsusei' *609* 1125
– 'Nioifubuki' *609* 1126
– 'Okinonami' *612* 1132
– 'Sodekakushi' *612* 1131
– 'Sōshiarai' *613* 1133
– 'Tafukubenten' *610* 1128
– 'Tamanoura' *615* 1138
kissii *623* 1153
'Kramer's Supreme' *629* 1166
lutchuensis (*626* 1159)
mairei var. *velutina* (*624* 1156)
'McVay's Guilio Nuccio' (*629* 1165)
'Milky Wat' (*621* 1150)
oleosa *620* 1148
petelotii *623* 1154
pitdrdii (*624* 1156)
reticulata *624* 1156
– 'Captain Rawes' (*625* 1158), (*627* 1161)
– 'Cornelian' (*626* 1160)
rusticana *619* 1145
saluenensis *622* 1152, (*625* 1158)
–f. *minor* (*622* 1152)
sasanqua *630* 1167
– 'Fujinomine' *632* 1171
– 'Kaidōmaru' *630* 1168
– 'Kōgyoku' *631* 1169
– 'Shichifukujin' *631* 1170
– 'Shishigashira' *632* 1172
'Sawada's Dream' (*628* 1163)
'Seiôbo' *625* 1157
'Show Girl' (*626* 1160)
sinensis *606* 1120
–var. *assamica* (*606* 1120)
–var. *sinensis* f. *macrophylla* (*606* 1120)
–var. *sinensis* f. *rosea* (*606* 1120)
tenuifolia (*623* 1153)
'Tiffarny' (*629* 1166)
'Tiny Princess' (*622* 1151)
'Tomorrow' (*629* 1166)
'Tricolor' (*629* 1165)
'Uraku' (*633* 1173)
×*vernalis* 'Egao' *633* 1173
wabisuke *624* 1155
'Williamsii' (*627* 1162)
'Wintton' (*621* 1150)
yunnanensis *619* 1146
Campsis grandiflora *764* 1435
radicans (*764* 1435)
Canarium album *491* 889
Caragana microphylla (*237* 381)
sinica *237* 381
Carica papaya *572* 1051
Carissa carandas *729* 1365
Carpinus cordata *426* 760
–var. *chinensis* (*426* 760)
japonica *426* 759
laxiflora *424* 756
–f. *pendula* (*424* 756)
tschonoskii *425* 757
turczaninovii *425* 758
Carya cordiformis (*411* 730)
illinoensis *411* 729
ovata *411* 730
tomentosa (*411* 730)
Caryota mitis (*150* 207)
urens *150* 207
Cassiope lycopodioides *707* 1321
Cassytha filiformis *133* 174
pergracilis (*133* 174)
pubescens (*133* 174)
Castanea crenata *406* 720
dentata *408* 723
mollissima *407* 722
sativa *407* 721
seguinii (*407* 722)
Castanopsis cuspidata *404* 715
sieboldii *404* 716
Casuarina equisetifolia *413* 733
glauca *413* 734
Catalpa bignonioides *765* 1437
ovata *764* 1436
Cedrus atlantica *59* 26
–var. *glauca* (*59* 26)
deodara *60* 27
libani *59* 25
–var. *brevifolia* (*59* 25)
Celastrus flagellaris *436* 779
orbiculatus *435* 777
–var. *strigillosus* (*435* 778)
–f. *aureoarillatus* (*435* 777)
stephanotidifolius *435* 778
Celtis biondii *376* 659
–var. *holophylla* (*376* 659)
boninensis (*376* 659)
jessoensis *375* 658
sinensis *376* 660
Cephalotaxus harringtonia *101* 109
–var. *nana* *101* 110
– 'Fastigiata' *102* 111
Cerasus apetala *254* 415
–var. *pilosa* *254* 416
–var. *pilosa* f. *multipetala* (*254* 415), (*254* 416)
avium *270* 447
campanulata *256* 420
incisa *255* 417
–var. *incisa* f. *yamadae* (*255* 417)
–var. *kinkiensis* (*255* 417)
jamasakura *248* 403
– 'Goshinzakura' *249* 405
– 'Ichihara' *248* 404
×*kanzakura* *271* 450
lannesiana 'Alborosea' *257* 422
– 'Arasiyama' *267* 441
– 'Asahiyama' *265* 437
– 'Contorta' *266* 439
– 'Erecta' *260* 428
– 'Erecta-albida' (*260* 428)
– 'Gioiko' *261* 430
– 'Grandiflora' *261* 429
– 'Hisakura' *258* 424
– 'Horinji' *267* 442
– 'Juzukakezakura' *264* 435
– 'Mirabilis' *263* 433
– 'Mollis' *260* 427
– 'Nigrescens' *263* 434
– 'Nobilis' *268* 444
– 'Ōjōchin' *268* 443
– 'Sekiyama' *258* 423
– 'Senriko' *266* 440
– 'Sirotae' *259* 426
– 'Sphaerantha' *262* 432
– 'Spiralis' *264* 436
– 'Superba' *259* 425
– 'Surugadai-odora' *262* 431
– 'Wasinowo' *265* 438
leveilleana *250* 407
– 'Nara-zakura' *250* 408
mahaleb (*270* 447)
maximowiczii *256* 419
×*miyoshii* 'Ambigua' *272* 451
nipponica *255* 418
–var. *kurilensis* (*255* 418)
parvifolia 'Parviflora' *269* 446
pseudocerasus *271* 449
sargentii *249* 406
sieboldii *269* 445
spachiana f. *ascendens* *251* 410
–f. *spachiana* *252* 411
–f. *spachiana* 'Pendurarosea' (*252* 411)
–f. *spachiana* 'Plenorosea' (*252* 411)

speciosa *251* 409
subhirtella *252* 412
–'Autumnalis' *253* 413
–'Fukubana' (*252* 412)
–'Plenorosea' (*252* 412)
–'Semperflorens' *253* 414
vulgaris *270* 448
×*yedoensis* *257* 421
Cercidiphyllum japonicum *212* 331
magnificum *211* 330
Cercis canadensis (*242* 391)
chinensis *242* 391
siliquastrum *242* 392
Ceropegia woodii *730* 1368
Chaenomeles japonica *326* 560
–f. *alba* (*326* 560)
–'Chōjubai' *327* 561
sinensis *330* 568
speciosa *327* 562
–'Chōjuraku' *329* 565
–'Kanboke' *328* 564
–'Kansarasa' *328* 563
–'Kokkō' *329* 566
–'Tōyōnishiki' *330* 567
Chamaecyparis lawsoniana *86* 80
nootkatensis *87* 81
obtusa *87* 82
–var. *formosana* (*87* 82)
–'Breviramea' *88* 83
–'Breviramea Aurea' *89* 85
–'Filicoides' *88* 84
–'Filicoides-aurea' (*88* 84)
–'Nana' *90* 87
–'Nana Aurea' (*90* 87)
–'Nana Lutea' (*90* 87)
–'Pendula' *89* 86
pisifera *91* 89
–'Filifera' *90* 88
–'Filifera Aurea' *91* 90
–'Plumosa' *92* 91
–'Plumosa Aurea' *92* 92
–'Squarrosa' *93* 93
–'Squarrosa Intermedia' (*93* 93)
–'Squarrosa Leptoclada' (*93* 93)
Chamaerops humilis *148* 204
Chengiopanax sciadophylloides *803* 1513
Chimonanthus praecox *120* 148
–var. *grandiflorus* *121* 149
–var. *grandiflorus* f. *intermedius* (*121* 149)
–f. *concolor* *121* 150
Chimonobambusa marmorea *168* 244
quadrangularis *169* 245
Chionanthus retusus *741* 1389
Chloranthus spicatus *107* 122
Choerospondias axillaris *494* 896
Cinnamomum camphora *123* 153
daphnoides *124* 156
×*durifruticeticola* (*124* 156)
sieboldii *123* 154
verum *125* 157
yabunikkei *124* 155
Citrus aurantiifolia *532* 972
aurantium *524* 955
fumida *530* 968
hanayu *529* 965
'Hassaku' *534* 976
'Iyo' *535* 977
japonica *538* 984
–'Crassifolia' *537* 982
–'Hindsii' *538* 983
–'Margarita' *537* 981
–'Obovata' *539* 985
junos *528* 964
kinokuni *523* 953
leiocarpa *526* 959
limon *526* 960
maxima *527* 961, *527* 962
medica *531* 969
–'Sarcodactylis' *531* 970
medioglobosa *532* 971
mitis *533* 974
natsudaidai *534* 975
nobilis *533* 973
paradisi *528* 963
pseudogulgul *530* 967
reticulata *523* 954
sinensis *525* 958
sphaerocarpa *524* 956
sudachi *529* 966
sulcata *535* 978
sunki (*533* 973)
tachibana *521* 950
tamurana *536* 979
tankan *525* 957
trifoliata *536* 980
unshiu *522* 951
yatsushiro *522* 952
Cladrastis platycarpa *239* 385
sikokiana *239* 386
Clematis alpina subsp. *ochotensis* var. *fusijamana* *182* 271
apiifolia *179* 266
–var. *biternata* (*179* 266)
'Asagasumi' *185* 277
'Edomurasaki' *183* 273
florida *182* 272, (*183* 273)
–'Plena' (*182* 272)
fusca *180* 268
'Hisa' *187* 282
'Isehara' *185* 278
japonica *181* 269
'Kakio' *184* 275
'Misayo' *183* 274
'Myōkō' *186* 280
patens *178* 264
stans *180* 267
'Tateshina' *187* 281
terniflora *179* 265
'Teshio' *184* 276
tosaensis *181* 270
'Wakamurasaki' *186* 279
Clerodendrum japonicum *758* 1424
thomsoniae *758* 1423
trichotomum *757* 1422
Clethra barbinervis *646* 1199
Cleyera japonica *600* 1107
–f. *tricolor* (*600* 1107)
Coccoloba uvifera *578* 1063
Cocculus laurifolius *172* 252
trilobus *172* 251
Cocos nucifera *152* 212
Codiaeum variegatum var. *pictum* *447* 802
–var. *pictum* f. *cornutum* 'Hosokimaki' *450* 807
–var. *pictum* f. *lobatum* *449* 806
–var. *pictum* f. *ovalifolium* *449* 805
–var. *pictum* f. *platyphyllum* 'Akebono' *448* 803
–var. *pictum* f. *platyphyllum* 'Aucubifolium' (*448* 803)
–var. *pictum* f. *platyphyllum* 'Harvest Moon' *448* 804
–var. *pictum* f. *platyphyllum* 'Indian Blanket' (*448* 804)
–var. *pictum* f. *taeniosum* 'Van Oosterzeei' *450* 808
Coffea arabica *724* 1355
Cola acuminata *565* 1037
nitida *564* 1036
Comanthosphace stellipila var. *stellipila* *760* 1427
–var. *tosaensis* *760* 1428
Cordyline australis *139* 185
indivisa (*139* 185)

Coriaria japonica *427* 762
Cornus alba 'Coral Beauty' (*502* 912)
controversa *581* 1069
– 'Variegata' (*581* 1069)
florida *583* 1073
kousa subsp. *kousa* *582* 1072
–subsp. *kousa* f. *magnifica* (*582* 1072)
macrophylla *581* 1070
officinalis *582* 1071
Corylopsis gotoana *210* 328
pauciflora *210* 327
spicata *209* 326
Corylus avellana *415* 737
–var. *atropurpurea* (*415* 737)
heterophylla var. *thunbergii* *414* 735
sieboldiana *414* 736
Cotinus coggygria *496* 899
–var. *atropurpurea* (*496* 899)
–var. *pendula* (*496* 899)
Cotoneaster horizontalis *311* 529
microphyllus (*311* 529)
Crataegus chlorosarca *309* 526
cuneata *306* 520
jozana *309* 525
laevigata *308* 524
– 'Masekii' (*308* 524)
– 'Poul's Scarlet' (*308* 524)
– 'Punicea' (*308* 524)
mollis *307* 521
monogyna *308* 523
pinnatifida (*307* 522)
–var. *major* *307* 522
Crateva formosensis *572* 1052
Crepidiastrum ameristophyllum (*777* 1462)
linguifolium *777* 1462
Croton tiglium *451* 809
Cryptomeria japonica (*79* 65), *80* 67
–var. *radicans* *79* 65
–f. *cristata* *81* 70
–f. *viridis* *82* 71
– 'Araucarioides' *79* 66
– 'Sekkansugi' *81* 69
– 'Spiralis' *80* 68
Cunninghamia lanceolata *82* 72
–var. *konishii* (*82* 72)
Cupressus sempervirens *86* 79
Cyathea mertensiana (*47* 1)
spinulosa *47* 1
Cycas revoluta *47* 2
rumphii (*47* 2)
Cyclea insularis (*173* 254)
Cydonia oblonga *331* 569
Cytisus multiflorus *235* 378
scoparius *236* 379
– 'Andreanus' *236* 380

D

Dalbergia latifolia (*230* 368)
sissoo *230* 368
Damnacanthus giganteus *715* 1337
indicus var. *indicus* *714* 1335
–var. *major* *714* 1336
macrophyllus (*714* 1336)
Daphne genkwa *569* 1045
jezoensis *568* 1044
kiusiana *567* 1041
koreana (*568* 1043)
miyabeana *567* 1042
odora *566* 1039
–f. *alba* *566* 1040
pseudomezereum *568* 1043
Daphniphyllum macropodum subsp. *humile* *213* 333
–subsp. *macropodum* *212* 332
–subsp. *macropodum* f. *viridipes* (*212* 332)
teijsmannii *213* 334
–var. *hisautii* (*213* 334)
–var. *oldhamii* (*213* 334)
Dasiphora fruticosa var. *friedrichsenii* (*360* 628)
–var. *fruticosa* *360* 628
–var. *mandshurica* *361* 629
–var. *ochroleuca* (*360* 628)
–var. *tenuifolia* (*360* 628)
Debregeasia orientalis *393* 694
Dendropanax trifidus *805* 1517
Deutzia crenata *594* 1095
–f. *plena* (*594* 1095)
gracilis *594* 1096
maximowicziana *596* 1099
scabra *595* 1097
uniflora *595* 1098
zentaroana (*594* 1096)
Diapensia lapponica subsp. *obovata* *640* 1188
Dimocarpus longan *520* 947
Diospyros discolor *602* 1112
ebenum *603* 1113
japonica *601* 1110
kaki *601* 1109
lotus (*601* 1110)
mollis (*603* 1113)
morrisiana *602* 1111
Diplomorpha ganpi *570* 1048
×*ohsumiensis* (*571* 1049)
pauciflora var. *pauciflora* (*570* 1047)
–var. *yakushimensis* (*570* 1047)
phymatoglossa (*570* 1047)
sikokiana *570* 1047
trichotoma *571* 1049
Disanthus cercidifolius *208* 324
Distylium racemosum *211* 329
Dovyalis caffra (*472* 851)
hebecarpa *472* 851
Dracaena deremensis var. *bausei* (*142* 191)
–Warnechii group *142* 191
draco *142* 192
fragrans (*143* 193)
– 'Lindenii' *143* 193
– 'Victoriae' (*143* 193)
goldieana *144* 195
surculosa *143* 194
– 'Florida Beauty' (*143* 194)
Dryas octopetala var. *asiatica* *246* 400
Durio zibethinus *562* 1031

E

Edgeworthia chrysantha *569* 1046
gardneri (*569* 1046)
Ehretia acuminata *731* 1369
dicksonii *731* 1370
Elaeagnus glabra *364* 636
macrophylla *365* 637
matsunoana *363* 633
montana *362* 632
multiflora var. *hortensis* *362* 631
–var. *multiflora* *361* 630
pungens *364* 635
umbellata *363* 634
Elaeis guineensis *151* 210
Elaeocarpus japonicus *439* 786
photiniifolius (*439* 786)
serratus *439* 785
zollingeri var. *zollingeri* *440* 787
Eleutherococcus divaricatus *802* 1512
hypoleucus (*803* 1513)
sieboldianus *802* 1511
spinosus *801* 1510
–var. *japonicus* (*801* 1510)

–var. *nikaianus* （*801* 1510）
Elliottia bracteata *710* 1327
paniculata *709* 1326
Empetrum nigrum var.
japonicum *696* 1300
Enkianthus campanulatus *648* 1203
–var. *longilobus* （*648* 1204）
–var. *palibinii* *648* 1204
–f. *albiflorus* （*648* 1203）
cernuus f. *cernuus* （*647* 1202）
–f. *rubens* *647* 1202
nudipes （*647* 1201）
perulatus *646* 1200
–f. *japonicus* （*646* 1200）
sikokianus *649* 1205
subsessilis *647* 1201
Entada phaseoloides （*244* 395）
rheedei （*244* 395）
tonkinensis *244* 395
Ephedra distachya （*49* 5）
sinica *49* 5
Epigaea asiatica *706* 1319
Eriobotrya japonica *332* 571
Erythrina ×*bidwillii* *228* 364
crista-galli *228* 363
variegata *227* 362
Eubotryoides grayana var.
grayana *704* 1315
Eucalyptus camaldulensis *479* 865
cephalocarpa （*478* 864）
cinerea *478* 864
globulus *479* 866
Euchresta japonica *234* 376
Eucommia ulmoides *711* 1330
Eugenia uniflora *487* 882
Euonymus alatus var. *alatus* f.
alatus *429* 766
–var. *rotundatus* *430* 768
–f. *apterus* （*430* 767）
–f. *striatus* *430* 767
carnosus *432* 772
chibae *431* 769
fortunei *432* 771
–f. *carrierei* （*432* 771）
japonicus *431* 770
–f. *aureovariegatus* （*431* 770）
lanceolatus *429* 765
macropterus *434* 776
melananthus *428* 764
oxyphyllus *433* 773
–var. *magnus* （*433* 773）
planipes *434* 775
sachalinensis （*433* 774）
sieboldianus *428* 763
tricarpus *433* 774
yakushimensis （*434* 776）
Euphorbia milii var. *splendens*
442 791
pulcherrima *442* 792
Euptelea polyandra *169* 246
Eurya emarginata var.
emarginata *599* 1106
japonica var. *japonica* *599* 1105
Euscaphis japonica *489* 886
Exochorda racemosa *297* 502

F

Fagus crenata *405* 718
grandifolia （*405* 718）
japonica *405* 717
sylvatica *406* 719
–var. *pendula* （*406* 719）
–var. *purpurea* （*406* 719）
×*Fatshedera lizei* *810* 1527
–'Variegata' （*810* 1527）
Fatsia japonica *805* 1518
–'Albo-marginata' （*805* 1518）
–'Moseri' （*810* 1527）
Ficus bengalensis *386* 680
benjamina *381* 669
–'Penduliramea Variegata' （*381* 669）
–'Variegata' （*381* 669）
carica *378* 663
deltoidea *387* 681
elastica *378* 664, （*379* 665）
–var. *doescheri* （*378* 664）
–'Apollo' *380* 667
–'Decora' *379* 665
–'Decora Variegata' （*379* 665）
–'La France' （*380* 667）
–'Robusta' *379* 666
–'Variegata' （*378* 664）
erecta *383* 673
–var. *beecheyana* （*383* 673）
–var. *erecta* f. *sieboldii* （*383* 673）
lyrata *381* 670
microcarpa *382* 672
nipponica *383* 674
pumila *384* 675
radicans （*386* 679）
–'Variegata' *386* 679
religiosa *382* 671
rubiginosa *385* 677
–'Variegata' （*385* 677）
superba var. *japonica* *380* 668
thunbergii *384* 676
triangularis *385* 678
–'Variegata' （*385* 678）
Firmiana simplex *563* 1033
Flueggea suffruticosa *452* 812
Forsythia giraldiana （*736* 1379）
japonica *734* 1376
suspensa *735* 1377
togashii （*734* 1376）
viridissima var. *koreana* *735* 1378
–var. *viridissima* *736* 1379
Frangula crenata *371* 650
Fraxinus griffithii *743* 1394
japonica *741* 1390
–f. *intermedia* （*741* 1390）
lanuginosa *742* 1391
longicuspis *743* 1393
–var. *latifolia* （*743* 1393）
mandshurica *744* 1395
platypoda *744* 1396
–f. *nipponica* （*744* 1396）
sieboldiana *742* 1392
Fuchsia fulgens （*478* 863）
×*hybrida* *478* 863
magellanica （*478* 863）

G

Galphimia gracilis （*454* 815）
Gamblea innovans *803* 1514
Garcinia mangostana *474* 855
subelliptica *473* 854
xanthochymus *474* 856
Gardenia jasminoides var.
jasminoides *721* 1349
–var. *radicans* *721* 1350
–var. *radicans* f. *simpliciflora* *722* 1351
Gardneria multiflora *724* 1356
nutans *725* 1357
Gaultheria adenothrix *711* 1329
pyroloides *710* 1328
Ginkgo biloba *48* 4
–'Epiphylla' （*48* 4）
Gleditsia japonica *243* 394
–f. *inermis* （*243* 394）
Glochidion obovatum *452* 811
Glyptostrobus pensilis *83* 74
Grevillea robusta *192* 291
–var. *forsteri* （*192* 291）
Guaiacum officinale *223* 354
Gymnosporia diversifolia *437* 782
Gynochthodes boninensis （*716* 1340）
umbellata *716* 1340

H

Hamamelis japonica var.
bitchuensis （*206* 320）

–var. *discolor* f. *flavopurpurascens* (*206* 320)
–var. *discolor* f. *incarnata* (*206* 320)
–var. *discolor* f. *obtusata* *207* 321
–var. *japonica* *206* 320
mollis *207* 322
virginiana *208* 323
Harrimanella stelleriana *697* 1301
Hedera canariensis *806* 1520
– 'Margino-maculata' (*806* 1520)
– 'Variegata' (*806* 1520)
colchica (*807* 1521)
helix *807* 1521
– 'Goldheart' *808* 1523
– 'Hibernica' (*810* 1527)
– 'Manda's Crested' (*807* 1522)
– 'Needlepoint' (*807* 1522)
– 'Pittsburgh' *807* 1522
– 'Shamrock' (*807* 1522)
rhombea *806* 1519
–f. *pedunculata* (*806* 1519)
Heimia myrtifolia *477* 861
Helicia cochinchinensis *191* 290
Heliotropium arborescens *732* 1371
Helwingia japonica subsp. *japonica* var. *japonica* *766* 1440
–subsp. *japonica* var. *parvifolia* (*766* 1440)
–subsp. *liukiuensis* (*766* 1440)
–subsp. *taiwanian* (*766* 1440)
Heritiera littoralis *563* 1034
Hernandia nymphaeifolia *122* 152
Hevea brasiliensis *446* 799
Hibiscus glaber *553* 1013
hamabo *552* 1012
hybridus 'Dark Red Single' (*560* 1027)
– 'Double Brown' *559* 1026
– 'Double Yellow' (*559* 1026)
– 'Hallo' (*560* 1027)
– 'J.F. Kennedy' (*558* 1024)
– 'June Bride' (*559* 1026)
– 'New Pink' *560* 1028
– 'Pan America' (*558* 1024)
– 'Powder Puff' *560* 1027
– 'Rose Red Double' (*560* 1028)
– 'Shadow' (*560* 1028)
– 'Sleace Sou' *559* 1025
– 'Soft Pink Tangerine Yellow' (*559* 1025)
– 'Tangerine Yellow' (*559* 1025)
– 'Vulcan' *558* 1024
mutabilis *556* 1019
–f. *albiflorus* *556* 1020
– 'Versicolor' *557* 1021
rosa-sinensis *557* 1022
schizopetalus *558* 1023
syriacus *553* 1014
–f. *alboplenus* *555* 1018
–f. *albus* *555* 1017
–f. *plenus* *554* 1016
– 'Ardens' (*554* 1016)
– 'Kobata' *554* 1015
tiliaceus (*553* 1013)
Hovenia dulcis *365* 638
trichocarpa var. *robusta* (*365* 638)
Hydrangea ×*amagiana* (*590* 1088)
hirta *590* 1088
involucrata *591* 1090
–f. *hortensis* (*591* 1090)
–f. *sterilis* *592* 1091
macrophylla f. *macrophylla* *584* 1075
–f. *normalis* *584* 1076
– 'Ave Maria' *585* 1077
– 'Blue King' (*585* 1077)
– 'Chapel Rouge' (*585* 1078)
– 'Immacrata' (*585* 1077)
– 'Mme. Plume Coq' *585* 1078
– 'Roeito' (*585* 1078)
– 'Sensation' (*585* 1078)
– 'White Wave' (*585* 1077)
paniculata *589* 1086
–f. *grandiflora* *590* 1087
petiolaris *593* 1093
scandens *591* 1089
serrata var. *angustata* *588* 1083
–var. *japonica* *586* 1079
–var. *serrata* *587* 1082
–var. *serrata* f. *pulchella* *587* 1081
–var. *thunbergii* *588* 1084
–var. *thunbergii* 'Oamacha' *589* 1085
–var. *yesoensis* *586* 1080
–var. *yesoensis* f. *cuspidata* (*586* 1080)
sikokiana *592* 1092
Hypericum monogynum *475* 858
patulum *475* 857

I

Idesia polycarpa *472* 852
–f. *albobaccata* (*472* 852)
Ilex aquifolium *775* 1458
chinensis *773* 1454
cornuta *775* 1457
–var. *integra* (*775* 1457)
crenata var. *crenata* f. *crenata* *770* 1447
–var. *crenata* f. *nummularia* *770* 1448
geniculata *768* 1444
goshiensis *773* 1453
integra *772* 1452
latifolia *771* 1450
–f. *variegata* (*771* 1450)
leucoclada *774* 1455
macropoda *767* 1441
–f. *pseudomacropoda* (*767* 1441)
micrococca *767* 1442
opaca *774* 1456
pedunculosa *769* 1445
–var. *senjoensis* (*769* 1445)
rotunda *772* 1451
rugosa *771* 1449
–var. *stenophylla* (*771* 1449)
serrata *768* 1443
–f. *argutidens* (*768* 1443)
sugerokii var. *brevipedunculata* (*769* 1446)
–var. *sugerokii* *769* 1446
Illicium anisatum *106* 120
Indigofera bungeana *226* 359
–f. *albiflora* (*226* 359)
decora *227* 361
–f. *alba* (*227* 361)
kirilowii *226* 360
trita (*226* 359)
Itea japonica *214* 335
virginica (*214* 335)

J

Jasminum humile var. *revolutum* *737* 1381
–f. *wallichianum* (*737* 1381)
nudiflorum *736* 1380
Jatropha podagrica *447* 801
Juglans mandshurica var. *cordiformis* (*409* 726)
–var. *sachalinensis* *409* 726
nigra *410* 728

regia *410* 727
vilmoriniana (*410* 728)
Juniperus chinensis *96* 100
–var. *jacobiana* (*96* 100)
–var. *procumbens* *97* 101
–var. *sargentii* *97* 102
–'Globosa' *98* 104
–'Kaizuka' *98* 103
communis var. *hondoensis* (*100* 108)
–var. *montana* (*100* 108)
–var. *nipponica* *100* 108
conferta *99* 106
rigida *99* 105
taxifolia var. *lutchuensis* *100* 107
–var. *taxifolia* (*99* 106)
Justicia carnea *763* 1433

K

Kadsura japonica *106* 119
Kalmia latifolia *695* 1298
Kalopanax septemlobus *804* 1515
–var. *lutchuensis* (*804* 1515)
Kandelia obovata *440* 788
Kerria japonica *298* 503
–f. *albescens* (*298* 503)
Keteleeria davidiana *74* 56
Koelreuteria paniculata *518* 944
Korthalsella japonica *575* 1057

L

Lagerstroemia indica *476* 859
subcostata *476* 860
Lantana camara *765* 1438
×*hybrida* *766* 1439
Larix gmelinii var. *japonica* *58* 23
kaempferi *58* 24
Lasianthus curtisii *713* 1334
fordii (*713* 1334)
japonicus *713* 1333
–f. *satsumensis* (*713* 1333)
Laurocerasus officinalis *274* 456
spinulosa *275* 457
zippeliana *274* 455
Laurus nobilis *134* 175
Lavandula angustifolia *759* 1426
–var. *alba* (*759* 1426)
latifolia (*759* 1426)
Lecythis pisonis subsp. *usitata* *598* 1103
Leptodermis pulchella *717* 1341
Leptospermum scoparium *480* 867
–var. *chapmanii* (*480* 867)
–var. *chapmannii* f. *plenum* *480* 868
–var. *nicollsii* (*480* 867)
Lespedeza bicolor *231* 369
–f. *albiflora* (*231* 369)
buergeri *233* 374
cyrtobotrya *233* 373
–f. *kawachiana* (*233* 373)
homoloba *231* 370
–f. *luteiflora* (*231* 370)
×*macrovirgata* (*234* 375)
thunbergii *232* 371
–subsp. *thunbergii* f. *alba* *232* 372
–subsp. *thunbergii* f. *angustifolia* (*232* 372)
–subsp. *thunbergii* 'Nipponica' (*232* 372)
virgata *234* 375
Leucanthemum maximum (*777* 1461)
Ligustrum japonicum *747* 1401
–f. *rotundifolium* *747* 1402
lucidum *749* 1406
obtusifolium *748* 1403
–f. *leiocalyx* (*748* 1403)
ovalifolium *749* 1405
–f. *heterophyllum* (*749* 1405)
–'Aureum' (*749* 1405)
tschonoskii *748* 1404
–var. *kiyozumianum* (*748* 1404)
–var. *tschonoskii* f. *glabrescens* (*748* 1404)
Lindera aggregata *131* 169
erythrocarpa *129* 166
glauca *130* 168
obtusiloba *130* 167
praecox *131* 170
–var. *pubescens* (*131* 170)
triloba *132* 171
umbellata *129* 165
Linnaea borealis *800* 1507
Liquidambar formosana *206* 319
styraciflua (*206* 319)
Liriodendron chinense (*117* 142)
tulipifera *117* 142
Litchi chinensis *519* 946
Lithocarpus edulis *403* 714
glaber *403* 713
Litsea coreana *127* 161
cubeba *128* 163
japonica *127* 162
Livistona boninensis (*148* 203)
chinensis var. *subglobosa* *148* 203
Loiseleuria procumbens *706* 1320
Lonicera affinis *785* 1478
alpigena subsp. *glehnii* *792* 1491
caerulea subsp. *edulis* var. *emphyllocalyx* *788* 1484
–subsp. *edulis* var. *venulosa* (*788* 1484)
chamissoi *789* 1486
demissa *789* 1485
gracilipes var. *glabra* (*787* 1481)
–var. *glandulosa* *787* 1482
–var. *gracilipes* *787* 1481
hypoglauca *786* 1479
japonica *785* 1477
linderifolia var. *konoi* (*792* 1492)
–var. *lilnderifolia* *792* 1492
mochidzukiana var. *filiformis* (*791* 1489)
–var. *mochidzukiana* *791* 1489
–var. *nomurana* *791* 1490
morrowii *793* 1493
–f. *xanthocarpa* (*793* 1493)
ramosissima var. *kinkiensis* (*788* 1483)
–var. *ramosissima* *788* 1483
sempervirens *786* 1480
tschonoskii *790* 1487
vidallii *790* 1488
Loranthus tanakae *576* 1060
Loropetalum chinense *209* 325
Lycium chinense *733* 1373
Lyonia ovalifolia var. *elliptica* *705* 1318
Lysionotus pauciflorus *750* 1407

M

Maackia amurensis *240* 388
floribunda (*240* 388)
Macadamia ternifolia *192* 292
Machilus japonica *126* 159
thunbergii *125* 158
Maclura cochinchinensis var. *gerontogea* *392* 692
tricuspidata *392* 691
Macrodiervilla middendorffiana *797* 1501
Maesa japonica *603* 1114
lanceolata (*603* 1114)

perlarius var. *formosana* (*603* 1114)
Magnolia compressa *116* 140
denudata *110* 128
–var. *purpurascens* (*110* 128)
figo *117* 141
grandiflora *114* 136
kobus *112* 131
liliiflora *111* 129
–var. *gracilis* *111* 130
obovata *113* 133
salicifolia *113* 134
sieboldii subsp. *sieboldii* *115* 137
×*soulangeana* *112* 132
soulangeana (*112* 132)
stellata *114* 135
–var. *keiskei* (*114* 135)
virginiana *116* 139
×*wieseneri* *115* 138
Mallotus japonicus *443* 794
Malpighia coccigera (*454* 815)
glabra *454* 815
Malus baccata var. *mandshurica* *322* 552
floribunda *319* 546
halliana *322* 551
micromalus *321* 550
prunifolia var. *ringo* (*324* 555)
–var. *rinki* *324* 555
pumila *321* 549
spontanea *323* 553
sylvestris *323* 554
toringo *320* 547
tschonoskii *320* 548
Mangifera indica *496* 900
odorata *497* 901
Manihot esculenta *445* 798
Manilkara zapota *600* 1108
Medinilla magnifica *488* 884
speciosa (*488* 884)
Melaleuca cajuputi subsp. *cumingiana* *483* 874
Melastoma candidum *488* 883
Melia azedarach *548* 1003
–var. *intermedia* (*548* 1003)
Meliosma myriantha *189* 285
rigida *189* 286
tenuis *188* 284
Menispermum dauricum *174* 255
–f. *pilosum* (*174* 255)
Mespilus germanica *331* 570
–var. *abortica* (*331* 570)
–var. *gigantea* (*331* 570)
Metasequoia glyptostroboides *84* 76
Metroxylon sagu *144* 196, *145* 197
Microtropis japonica *437* 781
Morella rubra *408* 724
–f. *alba* (*408* 724)
Moringa oleifera *571* 1050
Morus alba *388* 684
–var. *multicaulis* (*389* 685)
australis (*389* 685)
boninensis (*389* 686)
cathayana *389* 686
kagayamae *389* 685
mongolica (*389* 686), (*390* 687)
nigra *390* 687
rubra (*390* 687)
Mucuna macrocarpa *229* 366
membranacea (*229* 366)
sempervirens *229* 365
Mussaenda parviflora *720* 1347
shikokiana *720* 1348
Myrica gale var. *tomentosa* *409* 725
Myristica fragrans *110* 127
Myrsine maximowiczii (*606* 1119)
seguinii *606* 1119
stolonifera (*606* 1119)
Myrtus communis *483* 873

N

Nageia nagi *78* 63
Nandina domestica *178* 263
Neillia incisa var. *incisa* *247* 401
tanakae *247* 402
Neolitsea aciculata *133* 173
sericea *132* 172
–f. *xanthocarpa* (*132* 172)
Neoshirakia japonica *444* 796
Nephelium lappaceum *521* 949
malaiense (*521* 949)
ramboutan-ake (*521* 949)
Nerium indicum *725* 1358
–var. *leucanthum* (*726* 1359)
–'Madonna Grandiflora' *727* 1361
–'Mrs. Swanson' *726* 1360
–'Plenum' *726* 1359
Nipponanthemum nipponicum *777* 1461
Nypa fruticans *145* 198
Nyssa sylvatica *583* 1074

O

Olea europea *740* 1388
Oplopanax japonicus *804* 1516
–f. *subinermis* (*804* 1516)
Oreocnide frutescens *394* 695
Oribignya cohune *152* 211
Orixa japonica *545* 998
Osmanthus ×*fortunei* *740* 1387
fragrans var. *aurantiacus* f. *aurantiacus* *737* 1382
–var. *aurantiacus* f. *thunbergii* *738* 1383
–var. *fragrans* *738* 1384
heterophyllus *739* 1385
–'Variegatus' *739* 1386
Ostrya japonica *427* 761
virginiana (*427* 761)

P

Pachira aquatica *562* 1032
Pachysandra terminalis *195* 298
Pachystachys lutea *763* 1434
Padus avium var. *avium* (*272* 452)
buergeriana *273* 454
grayana *272* 452
ssiori *273* 453
Paederia foetida *718* 1343
Paeonia lemoinei 'L. Esperance' *205* 318
lutea (*205* 318)
suffruticosa *196* 299, (*205* 318)
–var. *hiberniflora* (*200* 307)
–'Bifukumon' *198* 304
–'Fusōtsukasa' *204* 316
–'Godaisyū' *203* 314
–'Hakuōjishi' *202* 311
–'Hanadaijin' *201* 310
–'Hanakisoi' *198* 303
–'Harunoakebono' *199* 306
–'Hatsugarasu' *199* 305
–'Higurashi' *200* 307
–'Hōdai' *204* 315
–'Jitsugetsunishiki' *201* 309
–'Kamatafuji' *203* 313
–'Nisshō' *205* 317
–'Rinpō' *197* 302
–'Suigan' *197* 301
–'Taiyō' *202* 312
–'Tamafuyō' *196* 300
–'Yachiyotsubaki' *200* 308
Paliurus ramosissimus *372* 651
Pandanus boninensis *134* 176

odoratissimus (*134* 176)
tectorius var. *sanderi* *135* 177
utilils (*135* 177)
veitchii (*135* 177)
Parthenocissus inserta *222* 352
tricuspidata *222* 351
Paulownia fargesii (*762* 1432)
tomentosa *762* 1432
Pentacoelium bontioides *753* 1413
Persea americana *126* 160
Pertya glabrescens *776* 1460
scandens *776* 1459
Phanera japonica *241* 390
Phellodendron amurense *541* 989, *541* 990
–var. *japonicum* (*541* 989)
–var. *lavallei* (*541* 989)
Philadelphus coronarius (*596* 1100)
satsumi *596* 1100
Phoenix canariensis *151* 209
dactylifera *150* 208
roebelenii (*151* 209)
Photinia ×*fraseri* 'Red Robin' *319* 545
glabra *318* 543
serratifolia *318* 544
Phyllanthus flexuosus *451* 810
Phyllodoce aleutica *708* 1323
–× *P. caerulea* (*708* 1324)
×*alpina* *709* 1325
caerulea *708* 1324
nipponica *707* 1322
–subsp. *tsugifolia* (*707* 1322)
Phyllostachys aurea *157* 222
edulis *155* 217
– 'Kikko-chiku' *156* 219
– 'Tao Kiang' *155* 218
nigra var. *henonis* *158* 224
–var. *nigra* *158* 223
reticulata *156* 220
sulphurea *157* 221
Picea abies *65* 37
alcoquiana *64* 36
canadensis *62* 31
engelmanii *65* 38
glehnii *60* 28
jezoensis *61* 29
–var. *hondoensis* *61* 30
–var. *hondoensis* f. *ozeensis* (*61* 30)
koraiensis (*63* 33)
koyamae *63* 33
–var. *acicularis* (*65* 37)
maximowiczii *63* 34
pungsanensis (*63* 33)
sitchensis *64* 35
torano *62* 32
Picrasma quassioides *546* 999
Pieris formosa *705* 1317
japonica subsp. *japonica* *704* 1316
–f. *monostachya* (*704* 1316)
–f. *rosea* (*704* 1316)
Pimenta dioica *485* 877
Pinus amamiana *56* 19
bungeana *52* 12
densiflora *50* 7
– 'Oculus-draconis' *51* 9
– 'Tigrina' (*51* 9)
– 'Umbraculifera' *50* 8
koraiensis *56* 20
luchuensis *51* 10
palustris *54* 16
parviflora var. *parviflora* *55* 17
–var. *pentaphylla* *55* 18
pumila *57* 21
radiata *53* 13
rigida *53* 14
roxburghii (*54* 16)
strobus *57* 22
sylvestris *52* 11
tabulaeformis (*49* 6)
taeda *54* 15
thunbergii *49* 6
wallichiana (*57* 22)
Piper betle *109* 125
cubeba *108* 124
kadsura *109* 126
longum (*108* 124)
nigrum *108* 123
Pistacia chinensis *495* 897
vera *495* 898
Pittosporum illicioides *801* 1509
tobira *800* 1508
Platanus ×*acerifolia* *191* 289
occidentalis *190* 287
orientalis *190* 288
Platycarya strobilacea *412* 732
Platycladus orientalis *95* 97
– 'Ericoides' *95* 98
– 'Falcata' (*95* 97)
Platycrater arguta *597* 1101
Pleioblastus chino *167* 241, *167* 242
gramineus *166* 239
hindsii *165* 238
linearis *165* 237
shibuyanus var. *basihirsutus* *168* 243
simonii *166* 240
Plerandra elegantissima *809* 1526
– 'Castor' (*809* 1526)
– 'Tachiba' (*809* 1526)
Podocarpus macrophyllus f. *macrophyllus* *77* 61
–f. *spontaneus* *77* 62
Populus alba *470* 848
nigra *469* 845
–var. *italica* *469* 846
suaveolens *471* 849
tremula var. *davidiana* (*470* 847)
–var. *sieboldii* *470* 847
Pourthiaea villosa var. *villosa* *317* 542
Premna microphylla *759* 1425
Prunus americana *288* 483
armeniaca *275* 458
cerasifera (*289* 486)
– 'Pissardii' *289* 486
communis *295* 498
domestica *286* 480
–var. *insititia* *287* 481
glandulosa *296* 500
– 'Alboplena' (*296* 500)
– 'Rosea' (*296* 500)
– 'Sinensis' (*296* 500)
japonica *296* 499
mume *276* 459
–var. *bungo* *277* 462
–var. *microcarpa* *277* 461
–var. *pleiocarpa* *276* 460
–f. *alphandii* *278* 463
– 'Cryptopetala' *282* 471
– 'Fujibotanshidare' *282* 472
– 'Hōryūkaku' *280* 467
– 'Kagoshima' *284* 476
– 'Kasugano' *280* 468
– 'Kuroda' *286* 479
– 'Meotoshidare' *281* 469
– 'Michishirube' *279* 465
– 'Sabashikō' *284* 475
– 'Sōmeinotsuki' *285* 478
– 'Spiralis' *279* 466
– 'Tōbai' *285* 477
– 'Toyadenotaka' *281* 470
– 'Tsukikageshidare' *283* 474
– 'Tsukinokatsura' *283* 473
– 'Viridicalyx' *278* 464
persica *290* 487
–var. *nucipersica* *290* 488
–var. *platycarpa* *291* 489
–f. *dianthiflora* (*291* 490)
– 'Albo-plena' *292* 491
– 'Densa' *294* 495

– 'Pendula' *293* 493
– 'Pyramidalis' *295* 497
– 'Rubro-pendula' *293* 494
– 'Stellata' *294* 496
– 'Versicolor' *292* 492
– 'Yaguchi' *291* 490
salicina *287* 482
simonii *288* 484
tomentosa *297* 501
triloba 'Petzoldii' *289* 485
Pseudosasa japonica *164* 235
Pseudotsuga japonica *67* 42
menziesii *68* 43
Psidium cattleyanum *484* 876
– 'Lucidum' (*484* 876)
– 'Variegatum' (*484* 876)
guajava *484* 875
Psychotria asiatica *715* 1338
serpens *716* 1339
Pterocarpus santalinus *230* 367
Pterocarya rhoifolia *412* 731
Pterostyrax corymbosa *642* 1192
hispida *643* 1193
Pueraria lobata *235* 377
Punica granatum *477* 862
Pyracantha angustifolia *310* 527
coccinea (*310* 527)
crenulata *310* 528
Pyrus bretschneideri *325* 558
communis *326* 559
pyrifolia *324* 556
–var. *culta* *325* 557
ussuriensis var. *ussuriensis* (*324* 556)

Q

Quercus acuta *401* 710
acutissima *398* 704
aliena *396* 700
–f. *pellucida* (*396* 700), (*397* 701)
– 'Lutea' *397* 701
crispula *395* 698
–var. *horikawae* (*395* 698)
dentata *398* 703
gilva *402* 712
glauca *400* 707
– 'Fasciata' (*400* 707)
– 'Lacera' (*400* 707)
ilex *396* 699
–var. *spinosa* (*396* 699)
mongolica (*395* 698)
myrsinifolia *400* 708
phillyreoides *399* 706
–f. *crispa* (*399* 706)
robur *394* 696
–var. *cordia* (*394* 696)
–var. *filicifolia* (*394* 696)
salicina *401* 709
serrata *395* 697
–f. *donarium* (*395* 697)
sessilifolia *402* 711
suber *399* 705
×*takaoyamensis* (*402* 711)
variabilis *397* 702

R

Rhamnella franguloides *372* 652
Rhamnus costata *370* 647
davurica *371* 649
japonica var. *decipiens* *369* 646
utilis *370* 648
Rhaphiolepis indica var. *liukiuensis* (*313* 533)
–var. *umbellata* *312* 531, *312* 532
–var. *umbellata* f. *minor* *313* 533
Rhapis excelsa *147* 202
humilis *147* 201
–var. *variegata* (*147* 201)
Rhizophora mucronata *441* 790
Rhododendron albrechtii *652* 1212
amagianum *658* 1223
arboreum *692* 1291
– 'First Step' (*692* 1291)
aureum *688* 1284
–f. *senanense* (*688* 1284)
benhallii *651* 1209
brachycarpum *689* 1285
–f. *brachycarpum* (*689* 1285)
–f. *nemotoanum* (*689* 1285)
'Brazil' (*687* 1281)
chapmannii (*692* 1291)
dauricum *693* 1293
decorum (*692* 1291)
degronianum *690* 1288
–var. *amagianum* (*690* 1288)
dilatatum *655* 1218
eriocarpum *675* 1258
fortunei (*692* 1291)
'Gibraltar' *687* 1281
groenlandicum *695* 1297
'Gyōzan' *685* 1278
'Hamanoyosooi' *686* 1279
indicum *665* 1237
– 'Aikoku' *671* 1250
– 'Benigasa' *670* 1248
– 'Chitosenishki' *669* 1245
– 'Gobinishiki' *668* 1243
– 'Hakatajiro' *665* 1238
– 'Isshyōnoharu' *673* 1253
– 'Jukō' *674* 1255
– 'Kahō' *671* 1249
– 'Kinsai' *666* 1239
– 'Kōmanyō' *667* 1242
– 'Kōzan' *668* 1244
– 'Matsunami' *667* 1241
– 'Matsunohomare' *673* 1254
– 'Nikkō' *672* 1252
– 'Osakazuki' *666* 1240
– 'Settyūnomatsu' *674* 1256
– 'Shinnyonotsuki' *672* 1251
– 'Shiryūnomai' *675* 1257
– 'Yamanohikari' *670* 1247
– 'Yatanokagami' *669* 1246
japonoheptamerum var. *hondoense* *690* 1287
–var. *japonoheptamerum* *689* 1286
–var. *okiense* (*690* 1287)
kaempferi *660* 1227
keiskei *694* 1295
–var. *hypoglaucum* (*694* 1295)
–var. *ozawae* (*694* 1295)
kiusianum *660* 1228
kiyosumense *657* 1222
komiyamae *662* 1231
kroniae (*651* 1210)
lapponicum subsp. *parvifolium* *694* 1296
lasiophyllum var. *lasiophyllum* (*650* 1208)
latoucheae *688* 1283
–var. *amamiense* (*688* 1283)
macabeanum (*692* 1291)
macrosepalum *662* 1232
makinoi *691* 1290
molle subsp. *japonicum* *653* 1213
–subsp. *japonicum* f. *flavum* *653* 1214
×*mucronatum* *677* 1262
mucronulatum var. *ciliatum* *693* 1294
–var. *mucronulatum* (*693* 1294)
multiflorum *650* 1208
–f. *brevicalyx* (*650* 1208)
×*nikomontanum* (*688* 1284)
nipponicum *652* 1211
nudipes *657* 1221
×*obtusum* *681* 1269
– 'Hinodekirishima' *681* 1270

- 'Imashōjō' *683* 1274
- 'Kirin' *682* 1272
- 'Kurenoyuki' *682* 1271
- 'Miyagino' *684* 1276
- 'Sakamotoi' (*682* 1271)
- 'Suetsumuhana' *684* 1275
- 'Tennyono-mai' *685* 1277
- 'Tokonatsu' *683* 1273
'Ōkan' *686* 1280
pentandrum *651* 1210
pentaphyllum var. *nikoense* *654* 1216
-var. *pentaphyllum* (*654* 1216)
-var. *shikokianum* *654* 1215
'President Roosvelt' *692* 1292
×*pulchrum* 'Akebono' *679* 1266
- 'Miyonosakae' *679* 1265
- 'Momoyama' *680* 1268
- 'Sekidera' *678* 1264
- 'Shirotae' *680* 1267
- 'Speciosum' *678* 1263
quinquefolium *655* 1217
racemosum (*692* 1291)
reticulatum *656* 1220
ripense *663* 1233
sanctum *659* 1225
sataense (*660* 1227)
scabrum *664* 1236
schlippenbachii (*655* 1217)
semibarbatum *687* 1282
serpyllifolium *661* 1229
-var. *albiflorum* (*661* 1229)
smsii (*685* 1278)
tashiroi var. *lasiophyllum* (*659* 1226)
-var. *tashiroi* *659* 1226
tomentosum var. *decumbens* (*695* 1297)
tosaense *661* 1230
tschonoskii subsp. *trinerve* *676* 1260
-subsp. *tschonoskii* *676* 1259
-subsp. *tschonoskii* var. *tetramerum* (*676* 1259)
tsusiophyllum *677* 1261
wadanum *656* 1219
-f. *kaimontanum* (*656* 1219)
weyrichii *658* 1224
'White Swan' (*687* 1281)
yakushimanum *691* 1289
yedoense var. *hallaisanense* (*663* 1234)
-var. *yedoense* f. *poukhanense* *663* 1234
-var. *yedoense* f. *yedoense* *664* 1235
Rhodomyrtus tomentosa *482* 872
Rhodotypos scandens *298* 504
Rhus javanica *494* 895
Ribes ambiguum *218* 343
-var. *glabrum* (*218* 343)
fasciculatum *217* 342
hirtellum (*214* 336)
japonicum *216* 340
latifolium *216* 339
maximowiczianum *218* 344
nigrum (*216* 340)
odoratum (*219* 345)
rubrum *215* 338
sachalinense *217* 341
sanguineum *219* 345
sinanense *214* 336
uva-crispa *215* 337
Robinia hispida *238* 384
pseudoacacia *238* 383
-f. *inermis* (*238* 383)
Rosa acicularis (*348* 604)
'Amatsuotome' *353* 614
'Antonia Ridge' (*355* 617)
'Atoll' (*354* 616)
banksiae *350* 608
'Black Tea' *357* 621
'Blue Moon' *356* 620
'Brilliant Meillandina' (*360* 627)
brunonii (*351* 609)
'Charles de Gaulle' (*356* 620)
chinensis *346* 599
'CI. Fraukarl Druschki' (*359* 625)
'Cinderella' *359* 626
'Ehigasa' *358* 624
'Europeana' *358* 623
fujisanensis *351* 610
'Helmut Schmidt' (*353* 614)
hirtula *349* 605
'Hōjun' *354* 615
'Ingrid Weibull' (*358* 623)
'Kampai' *355* 617
'Lady X' (*356* 620)
laevigata *350* 607
-f. *rosea* (*350* 607)
'Landora' (*353* 613)
luciae *347* 601
-f. *glandulifera* (*347* 601)
maikwai *348* 603
'Mister Lincoln' (*355* 618)
moschata (*351* 609)
multiflora *346* 600
'New Ave Maria' (*354* 616)
nipponensis *348* 604
'Oklahoma' (*355* 618)
onoei *352* 611
-var. *hakonensis* *352* 612
-var. *oligantha* (*351* 610)
'Orange Meillandina' *360* 627
'Papa Meilland' *355* 618
'Princess Michiko' *357* 622
'Rose Gaujard' (*356* 619)
roxburghii *349* 606
rugosa *347* 602
-f. *alba* (*347* 602)
'Rumba' (*358* 624)
sambucina *351* 609
-var. *pubescens* (*351* 609)
'Seika' *356* 619
'Shinsetsu' *359* 625
'Shūgetsu' *353* 613
'Springfields' (*357* 622)
'Starsand Stripes' (*360* 627)
'Super Star' *354* 616
'Susan Hampshire' (*354* 615)
'White Christmas' (*359* 625)
Rosmarinus officinalis *761* 1429
Rubus buergeri *333* 573
corchorifolius *337* 581
crataegifolius *335* 578
croceacanthus *342* 592
fruticosus *345* 597
hakonensis *333* 574
hirsutus *343* 593
idaeus subsp. *idaeus* *340* 587
-subsp. *melanolasius* *339* 585
-subsp. *nipponicus* *339* 586
ikenoensis *332* 572
illecebrosus *344* 596
×*medius* (*335* 577)
mesogaeus *340* 588
microphyllus *336* 579
minusculus *342* 591
palmatus var. *coptophyllus* *336* 580
parvifolius *341* 589
pectinellus *334* 576
peltatus *338* 583
phoenicolasius *338* 584
pseudojaponicus (*332* 572)
pungens var. *oldhamii* *341* 590
ribisoideus *337* 582
sieboldii *334* 575
strigosus (*340* 587)
subcrataegifolius (*336* 579)
sumatranus *343* 594
tokinibara *344* 595

trifidus *335* 577
Ruscus aculeatus *138* 184
Russelia equisetiformis *750* 1408

S

Sabia japonica *188* 283
Salix arbutifolia *468* 844
babylonica *460* 828
–f. *rokkaku* (*460* 828)
–f. *seiko* (*460* 828)
buergeriana (*464* 835)
caprea *465* 837
cardiophylla var. *cardiophylla* (*468* 843)
–var. *urbaniana* *468* 843
chaenomeloides *457* 822
daisenensis (*464* 835)
dolichostyla subsp. *dolichostyla* *459* 826
–subsp. *serissifolia* *460* 827
eriocarpa *459* 825
futura *462* 831
gracilistyla f. *gracilistyla* *454* 816
–f. *melanostachys* *455* 817
harmsiana (*464* 835)
hukaoana *464* 836
integra *456* 820
japonica *462* 832
kinuyanagi *467* 842
koriyanagi *456* 819
×*leucopithecia* *457* 821
matsudana 'Tortuosa' *458* 824
miyabeana subsp. *gilgiana* *455* 818
nakamurana subsp. *kurilensis* (*463* 834)
–subsp. *nakamurana* *463* 833
–subsp. *nakamurana* f. *eriocarpa* (*463* 833)
–subsp. *yezoalpina* *463* 834
–subsp. *yezoalpina* f. *neoreticulata* (*463* 834)
nummularia *465* 838
oshidare (*460* 828)
reinii *461* 829
–f. *eriocarpa* (*461* 829)
rorida *466* 839
–f. *roridiformis* (*466* 839)
schwerinii *467* 841
sieboldiana *464* 835
triandra *458* 823
udensis *466* 840
vulpina subsp. *alopochroa* (*461* 830)
–subsp. *vulpina* *461* 830
Sambucus racemosa subsp. *kamtschatica* (*778* 1463)
–subsp. *sieboldiana* *778* 1463
Santalum boninense *573* 1053
Sapindus mukorossi *519* 945
Sarcandra glabra *107* 121
–f. *flava* (*107* 121)
Sasa borealis *163* 234
kurilensis *160* 228
megalophylla *162* 231
nipponica *163* 233
palmata *161* 229
senanensis *162* 232
veitchii *161* 230
Sasaella ramosa *164* 236
Schefflera arboricola *810* 1528
–'Compacta' (*810* 1528)
–'Variegata' (*810* 1528)
Schisandra chinensis *105* 118
repanda *105* 117
Schizophragma hydrangeoides *593* 1094
Schoepfia jasminodora *577* 1061
Sciadopitys verticillata *78* 64
Semiarundinaria fastuosa *159* 225
Sequoia sempervirens *84* 75
Sequoiadendron giganteum *85* 77
Serissa japonica *717* 1342
Shibataea kumasasa *160* 227
Sieversia pentapetala *345* 598
Sinoadina racemosa *719* 1346
Sinobambusa tootsik *159* 226
Sinomenium acutum *173* 253
Skimmia japonica (*106* 120)
–var. *intermedia* f. *intermedia* (*540* 988)
–var. *intermedia* f. *repens* *540* 988
–var. *japonica* f. *japonica* *539* 986
–var. *japonica* f. *ovata* (*539* 986)
–var. *japonica* f. *yatabei* *540* 987
–var. *lutchuensis* (*540* 988)
Smilax biflora var. *biflora* *136* 180
china *135* 178
planipedunculata *138* 183
sieboldii *136* 179
stans *137* 182
trinervula *137* 181
Solanum glaucophyllum *733* 1374
pseudocapsicum *734* 1375
Sorbaria kirilowii *299* 505
sorbifolia *299* 506
–f. *incerta* (*299* 506)
Sorbus aucuparia *314* 536
commixta var. *commixta* *314* 535
–var. *rufoferruginea* *313* 534
gracilis *316* 539
matsumurana *315* 538
–f. *pseudogracilis* (*315* 538)
sambucifolia *315* 537
–var. *pseudogracilis* (*315* 537)
Spartium junceum *237* 382
Spiraea betulifolia var. *aemiliana* (*300* 508)
–var. *betulifolia* *300* 508
blumei *303* 513
–var. *blumei* f. *amabilis* (*303* 513)
–var. *obtusa* (*303* 513)
cantoniensis *302* 512
chamaedryfolia var. *pilosa* *305* 518
dasyantha *304* 516
japonica *300* 507
media var. *sericea* *305* 517
miyabei *301* 509
nipponica var. *nipponica* *303* 514
–var. *nipponica* f. *rotundifolia* (*303* 514)
–var. *ogawae* (*303* 514)
–var. *tosaensis* *304* 515
prunifolia *302* 511
–var. *prunifolia* f. *pseudoprunifolia* (*302* 511)
–var. *simpliciflora* (*302* 511)
salicifolia *306* 519
thunbergii *301* 510
Stachyurus praecox *490* 888
Staphylea bumalda *489* 885
Stauntonia hexaphylla *171* 250
Stenocarpus salignus (*193* 293)
sinuatus *193* 293
Stephania japonica *173* 254
Sterculia monosperma *565* 1038
Stewartia monadelpha *634* 1175
pseudocamellia *633* 1174
serrata *634* 1176
–f. *epitricha* (*634* 1176)
–f. *sericea* (*634* 1176)
Styphonolobium japonicum *240* 387

Styrax japonica *641* 1189
–f. *jippei-kawamurae* (*641* 1189)
obassia *641* 1190
shiraiana *642* 1191
–f. *discolor* (*642* 1191)
Swietenia mahagoni *547* 1002
Symplocos cochinchinensis *637* 1182
coreana *639* 1186
glauca *638* 1184
kuroki *635* 1178
lancifolia *636* 1180
myrtacea *635* 1177
paniculata *640* 1187
prunifolia *636* 1179
sawafutagi *639* 1185
tanakae *638* 1183
tanakana (*640* 1187)
theophrastifolia *637* 1181
Syringa reticulata subsp. *amurensis* *746* 1399
–subsp. *amurensis* var. *tatewakiana* (*746* 1399)
–subsp. *reticulata* *746* 1400
vulgaris *745* 1397
–var. *alba* (*745* 1398)
–'Tōgen' *745* 1398
Syzygium aqueum *487* 881
aromaticum *486* 880
buxifolium *486* 879
jambos *485* 878

T

Taiwania cryptomerioides *85* 78
Tamarindus indica *241* 389
Tamarix chinensis *577* 1062
Tarenna kotoensis var. *gyokushinkwa* *723* 1353
Taxillus kaempferi *575* 1058
yadoriki *576* 1059
Taxodium distichum *83* 73
–var. *imbricatum* (*83* 73)
Taxus baccata *103* 114
–var. *dovastonii* (*103* 114)
–var. *fastigiata* (*103* 114)
cuspidata var. *cuspidata* *102* 112
–var. *nana* *103* 113
Tectona grandis *756* 1419
Ternstroemia gymnanthera *598* 1104
Tetradium daniellii (*544* 996)
glabrifolium var. *glaucum* *545* 997
ruticarpum *544* 996
Theobroma cacao *564* 1035
Therorhodion camtschaticum *650* 1207
Thuja koraiensis (*93* 94)
occidentalis *94* 95
plicata *94* 96
standishii *93* 94
Thujopsis dolabrata var. *dolabrata* *96* 99
–var. *hondae* (*96* 99)
–var. *hondae* 'Nana' (*96* 99)
Thymus quinquecostatus var. *canescens* (*761* 1430)
–var. *ibukiensis* *761* 1430
vulgaris *762* 1431
Tibouchina urvilleana (*488* 883)
Tilia cordata *551* 1009
europaea (*548* 1004)
japonica *548* 1004
kiusiana *549* 1006
maximowicziana *549* 1005
miqueliana *550* 1007
×*noziricola* (*549* 1005)
platyphyllos *550* 1008
×*vulgaris* *551* 1010, *552* 1011
Toona ciliata (*547* 1001)
sinensis *547* 1001
Torreya nucifera *104* 115
–var. *radicans* *104* 116
Toxicodendron orientale subsp. *orientale* *492* 892
succedaneum *493* 894
sylvestre *493* 893
trichocarpum *492* 891
vernicifluum *491* 890
Trachelospermum asiaticum *727* 1362
–var. *liukiuensis* (*727* 1362)
–'Compactum' (*728* 1363)
–'Variegatum' *728* 1363
Trachycarpus fortunei *146* 199
wagnerianus *146* 200
Trema orientalis *377* 661
Triadica sebifera *445* 797
Tripterygium regelii *436* 780
Trochodendron aralioides *193* 294
Tsuga diversifolia *66* 40
heterophylla *67* 41
sieboldii *66* 39
Turpinia ternata *490* 887

U

Ulmus davidiana var. *japonica* *373* 654
–var. *japonica* f. *levigata* (*373* 654)
glabra *375* 657
laciniata *374* 655
parvifolia *374* 656
Uncaria rhynchophylla *718* 1344
Urena lobata subsp. *sinuata* *561* 1029

V

Vaccinium bracteatum *699* 1305
corymbosum *701* 1309
hirtum *698* 1303
japonicum *701* 1310
macrocarpon *703* 1313
microcarpum (*702* 1312)
myrtillus *700* 1308
oldhamii *698* 1304
–f. *glaucum* (*698* 1304)
ovalifolium var. *alpinum* (*699* 1306)
–var. *ovalifolium* *699* 1306
oxycoccos *702* 1312
pennsylvanicum (*701* 1309)
praestans (*703* 1313)
shikokianum (*699* 1306)
smallii var. *glabrum* *697* 1302
–var. *smallii* (*697* 1302)
uliginosum *700* 1307
vacillans (*701* 1309)
vitis-idaea *702* 1311
yakushimense (*701* 1310)
Vernicia cordata *446* 800
fordii (*446* 800)
Viburnum carlesii var. *bitchiuense* *781* 1470
–var. *carlesii* (*781* 1470)
dilatatum *778* 1464
–f. *xanthocarpum* (*778* 1464)
erosum f. *erosum* *779* 1465
–f. *taquetii* (*779* 1465)
–f. *xanthocarpum* (*779* 1465)
furcatum *784* 1475
japonicum *780* 1467
–var. *fruticosum* (*780* 1467)
odoratissimum var. *awabuki* *782* 1472
opulus var. *sargentii* *784* 1476
–var. *sargentii* f. *hydrangeoides* (*784* 1476)
phlebotrichum *780* 1468
plicatum var. *plicatum* f. *glabrum* (*783* 1473)
–var. *plicatum* f. *plicatum* *783* 1474
–var. *tomentosum* *783* 1473

sieboldii var. *obovatifolium* （*782* 1471）
–var. *sieboldii* *782* 1471
urceolatum （*781* 1469）
–f. *procumbens* *781* 1469
wrightii var. *stipellatum* （*779* 1466）
–var. *wrightii* *779* 1466
Vinca major （*730* 1367）
– 'Elegantissima' （*730* 1367）
– 'Reticulata' （*730* 1367）
– 'Variegata' *730* 1367
Viscum album subsp. *album* （*574* 1056）
–subsp. *coloratum* f. *lutescens* *574* 1055
–subsp. *coloratum* f. *rubroaurantiacum* *574* 1056
Vitex agunus-castus （*757* 1421）
negundo var. *cannabifolia* *757* 1421
–var. *incisa* （*757* 1421）
–var. *negundo* （*757* 1421）
rotundifolia *756* 1420
Vitis amurensis （*219* 346）
coignetiae *219* 346
ficifolia *221* 349
–f. *sinuata* （*221* 349）
flexuosa *220* 347
–var. *rufotomentosa* （*220* 347）
–var. *tsukubana* （*220* 347）
saccharifera *220* 348
–var. *yokogurana* （*220* 348）
vinifera *221* 350

W

Washingtonia filifera （*149* 205）
robusta *149* 205
Weigela coraeensis *794* 1495
–var. *fragrans* （*794* 1495）
decora *794* 1496
–var. *amagiensis* f. *bicolor* （*794* 1496）
–var. *decora* f. *unicolor* （*794* 1496）
floribunda *795* 1497
×*fujisanensis* *796* 1499
–f. *cremea* （*796* 1499）
hortensis *793* 1494
–f. *albiflora* （*793* 1494）
japonica （*795* 1497）
maximowiczii *795* 1498
sanguinea *796* 1500
–f. *leucantha* （*796* 1500）
Wendlandia formosana *722* 1352
Wisteria brachybotrys *224* 356
–f. *alba* （*224* 356）
floribunda *224* 355
–f. *alba* （*224* 355）
–f. *vaiolaceo-plena* （*224* 355）
japonica *225* 357
–f. *microphylla* （*225* 357）

X

Xylosma congestum *471* 850
longifolium （*471* 850）

Y

Yucca aloifolia （*140* 188）
–var. *tricolor* （*140* 188）
– 'Tricolor' *140* 188
elephantipes *141* 190
flaccida *141* 189
gloriosa var. *gloriosa* *139* 186
–var. *recurvifolia* *140* 187

Z

Zabelia integrifolia *799* 1506
Zamia furfuracea *48* 3
integrifolia （*48* 3）
Zanthoxylum ailanthoides *543* 994
armatum var. *subtrifoliatum* *542* 992
fauriei *544* 995
piperitum *542* 991
–f. *inerme* （*542* 991）
–f. *ovatifoliolatum* （*542* 991）
schinifolium *543* 993
–var. *okinawense* （*543* 993）
Zelkova schneideriana （*373* 653）
serrata *373* 653
Ziziphus jujuba var. *inermis* *366* 639
–var. *spinosa* *366* 640
mauritiana （*366* 640）

APG
Standard
Illustrated
Trees
In Colour

THE HOKURYUKAN CO., LTD.
3-17-8, Kamimeguro, Meguro-ku
Tokyo, 153-0051, Japan

スタンダード版

APG樹木図鑑

平成 30 年 2 月 20 日　初版発行

監修　邑田　仁
　　　米倉浩司

発行者　福田久子

発行所　株式会社　北隆館
〒153-0051　東京都目黒区上目黒 3-17-8
電話03(5720)1161　振替00140-3-750
http://www.hokuryukan-ns.co.jp
e-mail: hk-ns2@hokuryukan-ns.co.jp

印刷所　株式会社　東邦

ISBN978-4-8326-0743-9 C0645